2026 23차개정판

핵심사항정리
적중률 높은 기출문제

10개년 토목기사
과년도문제해설 단기완성

김창원·남수영·심기오·안진수·염창열·정경동 공저

2026 시험대비 Solution

- 콘크리트구조기준 KIC 전면개정
- 전과목에 대해서 공식 암기 수록
- 과목별 핵심사항정리를 중요도(★★★)로 표시
- 10개년 과년도기출문제를 년도별, 회별로 해설 수록
- 과년도 기출문제마다 난이도(★★★)로 표시

학원 : www.inup.co.kr
출판 : www.bestbook.co.kr

한솔아카데미

머리말

이 책은 현재 시행되는 국가기술자격검정에 의해 최근 10개년간 출제되었던 문제를 상세한 해설과 함께 정리하였습니다.

토목기사시험은 10개년 과년도 30일 완성코스에 따라 준비하시면 합격하실 수 있습니다.
이 책은 학원강의를 오랫동안 해오신 여러 선생님들이 그동안 쌓아온 강의기법 및 노하우를 바탕으로 토목기사를 가장 빨리, 가장 쉽게 단시간 내에 합격의 지름길로 안내해 드릴 것입니다. 이 책의 제작을 위해 최선의 노력을 기울였지만 교재에 발생한 오탈자 및 오류 등은 지속적으로 수정 및 보완해 나갈 것을 약속드립니다.

이 책의 특징은

첫째, 전과목에 대해서 공식을 암기할 수 있도록 정리하였습니다.
둘째, 과목별 핵심사항정리를 중요도(★★★)를 표시하여 집중적으로 공부할 수 있도록 구성하였습니다.
셋째, 과목별 핵심정리에서 중요 단어는 굵은 고딕으로 표시하여 반드시 암기할 수 있도록 하였습니다.
넷째, 10개년 과년도 기출문제를 년도별, 회별로 해설과 함께 바로바로 이해될 수 있도록 구성하였습니다.
다섯째, 과년도 기출문제마다 난이도(★★★)를 표시하여 출제빈도가 높은 문제를 집중적으로 이해할 수 있도록 하였습니다.

끝으로 본 교재를 집필하신 저자 선생님을 소개합니다.
응용역학에 염창열선생님, 측량학에 남수영선생님, 수리학 및 수문학에 심기오선생님, 철근콘크리트에 정경동선생님, 토질 및 기초에 안진수선생님, 상하수도에 김창원선생님께 다시 한 번 감사의 말씀드립니다.
마지막으로 한솔아카데미 한병천대표님, 이종권전무님, 이하 편집실 관계자 여러분께 진심으로 감사드립니다.

토목수험연구회 편

HanSolAcademy

Contents

제1부 과목별 핵심사항정리

제1편 응용역학	2
제2편 측 량 학	62
제3편 수리학 및 수문학	98
제4편 철근콘크리트 및 PSC 강구조	128
제5편 토질 및 기초	182
제6편 상하수도공학	230

제2부 10개년 과년도기출문제

제1편 2016년도 과년도기출문제   1 - 1

   ① 토목기사 2016년 제1회 시행   2
   ② 토목기사 2016년 제2회 시행   30
   ③ 토목기사 2016년 제4회 시행   56

제2편 2017년도 과년도기출문제   2 - 1

   ① 토목기사 2017년 제1회 시행   2
   ② 토목기사 2017년 제2회 시행   28
   ③ 토목기사 2017년 제4회 시행   54

제3편 2018년도 과년도기출문제   3 - 1

   ① 토목기사 2018년 제1회 시행   2
   ② 토목기사 2018년 제2회 시행   28
   ③ 토목기사 2018년 제3회 시행   54

제4편 2019년도 과년도기출문제   4 - 1

   ① 토목기사 2019년 제1회 시행   2
   ② 토목기사 2019년 제2회 시행   28
   ③ 토목기사 2019년 제3회 시행   54

HanSolAcademy

Contents

제5편 2020년도 과년도기출문제	5 - 1
① 토목기사 2020년 제1·2회 시행	2
② 토목기사 2020년 제3회 시행	28
③ 토목기사 2020년 제4회 시행	56
제6편 2021년도 과년도기출문제	6 - 1
① 토목기사 2021년 제1회 시행	2
② 토목기사 2021년 제2회 시행	30
③ 토목기사 2021년 제3회 시행	58
제7편 2022년도 과년도기출문제	7 - 1
① 토목기사 2022년 제1회 시행	2
② 토목기사 2022년 제2회 시행	30
③ 토목기사 2022년 제3회 시행	60
제8편 2023년도 과년도기출문제	8 - 1
① 토목기사 2023년 제1회 시행	2
② 토목기사 2023년 제2회 시행	28
③ 토목기사 2023년 제3회 시행	54
제9편 2024년도 과년도기출문제	9 - 1
① 토목기사 2024년 제1회 시행	2
② 토목기사 2024년 제2회 시행	30
③ 토목기사 2024년 제3회 시행	58
제10편 2025년도 과년도기출문제	10 - 1
① 토목기사 2025년 제1회 시행	2
② 토목기사 2025년 제2회 시행	30
③ 토목기사 2025년 제3회 시행	58

- 모멘트 하중이 시계방향이므로 우력모멘트 반력은 반시계방향이 된다.
- 우력은 크기는 같고($V_A = V_B$), 방향이 반대가 된다.
  $V_A(\downarrow), V_B(\uparrow)$
- 우력모멘트=한개의 힘×두힘사이의 거리
  $V_A \times 6m = 6tonf \cdot m$
  $\therefore V_A = 1 tonf(\downarrow), V_B = 1 tonf(\uparrow)$

16 전단력 계산
부재를 수직방향으로 절단하려는 힘을 전단력(Shear Force)라 한다. 전단력을 구할 때는 그 단면의 한 쪽(좌측 또는 우측)만을 생각하여 그 안에 작용하는 수직힘만을 계산한다.

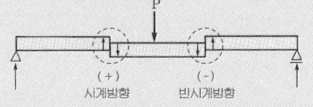

대개 구조재료는 축력에는 잘 견디나 전단력에는 약한 특성을 지닌다.
단순보의 전단력은 지점에서 가장 크므로 지점부근에서 전단응력이 커져서 위험하게 되는데, 이에 대한 보강철근을 전단보강철근 또는 사인장 철근이라 한다.

17 휨모멘트 계산
외력이 부재를 구부리려고 할 때의 힘을 휨모멘트(Bending Moment)라 한다.

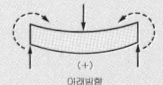 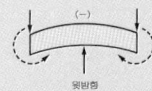

실제 문제에서 휨모멘트 계산문제가 가장 많이 출제된다. 특히 휨모멘트의 부호에 주의해야 한다.
· 휨모멘트의 특성
① 임의 점의 휨모멘트는 그점을 잘라서 한쪽(좌측 또는 우측)만을 보고 휨모멘트의 합력을 구하면 된다.
② 휨모멘트가 최대인 곳에서 전단력은 0이다.
③ 휨모멘트의 부호는 인장측이 하향일때 (+), 상향일 때 (−)이다.

18 캔틸레버보
① 캔틸레버보는 지점이 한 곳이므로 지점(고정단)에서 외력을 모두 받아야 한다.
② 고정단에서는 수직(V), 수평(H), 모멘트(M) 반력이 생길 수 있다.
③ 캔틸레버의 휨은 일반적으로 (−)이다.

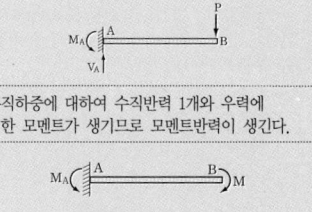

수직하중에 대하여 수직반력 1개와 우력에 의한 모멘트가 생기므로 모멘트반력이 생긴다.

모멘트 하중에 의한 모멘트 반력만 생긴다.

19 내민보
내민보는 단순보에서 지점 1곳 또는 2곳이 부재 안쪽으로 이동한 구조로, 해법상 단순보와 캔틸레버보의 합성 구조물이다. 내민 부분에서 하중이 작용하면, 가까운 지점의 반력은 증가하고, 반대쪽 지점에서는 (−) 반력이 생긴다.

내민부	중앙부	내민부
C.B	S.B	C.B

---

2) 편각
① 진행방향 우측각(시계)
  : 전측선의 방위각 + 우편각
② 진행방향 좌측각(반시계)
  : 전측선의 방위각−좌편각
3) 역방위각 = 방위각 +180°

5. 경·위거의 계산
1) 위거 = l (거리) $\times \cos\theta$
2) 경거 = l (거리) $\times \sin\theta$

6. 폐합오차(E) = $\sqrt{(\text{위거오차})^2 + (\text{경거오차})^2}$
   = $\sqrt{(E_L)^2 + (E_D)^2}$

7. 폐합비(R) $\dfrac{\text{폐합오차}}{\text{전측선의 거리}} = \dfrac{E}{\sum L}$ = 정밀도

8. 두 점의 좌표에 의한 측선의 길이 및 방위계산
1) 실제거리(측선의 길이) = $\sqrt{(\Delta X)^2 + (\Delta Y)^2}$
2) 방위 = $\tan^{-1}\left(\dfrac{\Delta Y}{\Delta X}\right)$

9. 면적계산
1) 배면적 = 배횡거 × 조정위거
2) 면적 = $\dfrac{|\text{배면적}|}{2}$
3) 좌표에 의한 면적 계산
   $A = \dfrac{1}{2} \sum X_i (Y_{i+1} - Y_{i-1})$

6 삼각 측량

1. 삼각측량의 원리(정현비례법칙, sin 법칙)
   $\dfrac{a}{\sin \angle A} = \dfrac{b}{\sin \angle B} = \dfrac{c}{\sin \angle C}$
   $\dfrac{a}{\sin \angle A} = \dfrac{b}{\sin \angle B} \Rightarrow$
   $a = \dfrac{\sin \angle A}{\sin \angle B} \times b$

2. 귀심계산(편심계산)
1) $\theta_1 = \dfrac{e}{l_1} \sin\alpha \times \rho''$
2) $\theta_2 = \dfrac{e}{l_2} \sin(360 - T + \gamma) \times \rho''$
3) $\beta + \theta_1 = \gamma + \theta_2$
   $\therefore \beta = \gamma + \theta_2 - \theta_1$

3. 양차
1) 구차(지구의 곡률오차) $K_1 = \dfrac{D^2}{2R}$ (높게 보정)
2) 기차(대기의 굴절오차) $K_2 = \dfrac{-KD^2}{2R}$ (낮게 보정)
3) 양차 = 구차+기차 = $\dfrac{(1-K)}{2R} D^2$

항력 $D = C_D \cdot A \cdot \dfrac{\rho V^2}{2}$ (kg)
C_D : 항력계수, A : 흐름방향에 투영된 면적

10 오리피스와 유량
1. 수축단면 : 수맥의 단면적이 가장 작은 부분
2. 수축단면
① 발생위치 : 오리피스 직경의 $\dfrac{1}{2}$ 떨어진 지점
② 수축계수 : $C_a = \dfrac{a}{A} = \dfrac{\text{수축단면의 단면적}}{\text{오리피스의 단면적}}$
  표준단관 : $C_a = 1.0$
③ 접근유속수두 : $h_a = \dfrac{V_a^2}{2g}$, V_a : 접근유속
④ 유량계수 : $C = C_a \cdot C_v$

3. 유량
① 큰오리피스(사각형) : $Q = \dfrac{2}{3} Cb\sqrt{2g} (H_2^{3/2} - H_1^{3/2})$
② 작은오리피스 : $Q = CAV = CA\sqrt{2gH}$

4. 배수시간과 경로
  : $T = \dfrac{2 A_1 A_2}{Ca\sqrt{2g}(A_1 + A_2)} (H_1^{1/2} - H_2^{1/2})$

11 위어와 유량
1. 용어
① 면수축 : 수면이 축소(수면수축)
② 정수축 : 위어 마루부의 날카로움으로 인한 수축
③ 연직수축 : 면수축+정수축
④ 단수축 : 측면(notch)의 날카로움
2. 사용목적 : 유량측정, 취수를 위한 수위 증가, 분수(分水), 하천유속의 감소, 친수 공간 조성
3. 전수두=측정수두+접근유속수두
4. 위어의 유량
  사각형 위어 : $Q = \dfrac{2}{3} Cb\sqrt{2g} \ h^{3/2}$
  Francis 공식 : $C = 0.623$ 을 대입 정리하면
    $Q = 1.84 b_o h^{3/2}, \ b_o = b - 0.1 nh (n = 0, 1, 2)$
5. 삼각형 위어 : $Q = \dfrac{8}{15} C \cdot \tan\dfrac{\theta}{2} \sqrt{2g} \ h^{5/2}$
6. 광정위어 : $Q = 1.7 Cb H^{3/2}$
7. 일반형 위어유량 : $Q = CLH^{3/2}$
8. 나팔형 위어(수중)
  $Q = CaH^{1/2} \quad a$: 토출구 단면적

12 유량 오차
1. 수심을 잘못측정
양변을 수심으로 1차 미분하여 정리

종류	유량 오차	오차비
오리피스	$\dfrac{dQ}{Q} = \dfrac{1}{2} \dfrac{dh}{h}$	1
사각형위어	$\dfrac{dQ}{Q} = \dfrac{3}{2} \dfrac{dh}{h}$	3
삼각형위어	$\dfrac{dQ}{Q} = \dfrac{5}{2} \dfrac{dh}{h}$	5

2. 폭을 잘못측정
양변을 폭으로 1차 미분하여 정리

13 관수로 일반
1. 유량 $Q = \dfrac{w \pi h_L}{8\mu l} r^4 = \dfrac{\Delta P \pi}{8\mu l} r^4$
2. 마찰력 크기 : $\tau_o = w \cdot R \cdot I$

응용역학

1 우력모멘트(Couple Moment)

① 우력(偶力) : 힘의 크기는 같고 방향이 반대인 한쌍의 힘을 우력이라 하며, 이 우력에 의해서는 항상 모멘트가 발생한다.

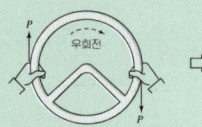
그림. 자동차의 핸들

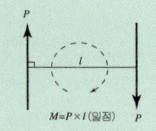
그림. 우력모우멘트의 표시

② 우력모멘트 : 우력에 의해서 생긴 모멘트를 우력모멘트라 한다.

- 크기 : 우력모멘트의 크기는 하나의 힘과 두 힘 사이의 거리의 곱으로 나타낸다.
  ($M = P \times l$)
- 특성 : 우력모멘트의 크기는 그 작용위치와 관계 없이 항상 일정한 값을 갖는다.

2 바리뇽(Varignon)의 정리

나란한 여러 힘이 작용할 때 임의의 한점에 대한 모멘트의 합은 그 점에 대한 합력(R)의 모멘트와 같다. 즉, 분력의 모멘트합은 합력의 모멘트와 같다.

$$R \cdot x = P_1 x_1 + P_2 x_2 + P_3 x_3$$
$$\therefore x = \frac{P_1 x_1 + P_2 x_2 + P_3 x_3}{R}$$

나란한 힘들은 각 힘의 작용점이 서로 다르다. 따라서 이들 나란한 힘의 합력의 작용위치(x)를 구할 때 바리뇽의 정리가 이용된다.

3 라미의 정리(sin 법칙)

① 정의
삼각형 ABC의 세 각의 크기 $\theta_1, \theta_2, \theta_3$와 세 변의 길이 a, b, c 사이엔 다음과 같은 관계식이 성립한다.

$$\frac{a}{\sin\theta_1} = \frac{b}{\sin\theta_2} = \frac{c}{\sin\theta_3}$$

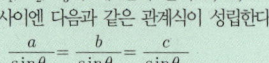

② 적용
세 각 $\theta_1, \theta_2, \theta_3$와 한 힘 P_1을 알고 두 힘 P_2, P_3을 모를 때 P_2와 P_3를 구해보자.

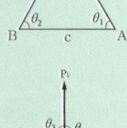

$\frac{P_1}{\sin\theta_1} = \frac{P_2}{\sin\theta_2} = \frac{P_3}{\sin\theta_3}$ 에서
$\therefore P_2 = \frac{\sin\theta_2}{\sin\theta_1} \times P_1, \ P_3 = \frac{\sin\theta_3}{\sin\theta_1} \times P_1$

4 판별식 (부정정 차수구하기)

$$N = N_e + N_i$$

여기서, $N < 0$ 이면 불안정 구조물
$N = 0$ 이면 정정 구조물
$N > 0$ 이면 부정정 구조물

외적부정정차수(N_e)는 구조물의 반력과 관계되고 내적부정정차수(N_i)는 구조물의 부재상태에 관계된다.

5 단면1차 모멘트(G)

임의의 직교좌표축에 대하여 단면내의 미소면적 dA와 x축까지의 거리(y) 또는 y축까지의 거리(x)를 곱하여 적분한 값을 단면1차 모멘트(Geometrical Moment)라 한다.

$$G_x = \int_A y\,dA = A \cdot y_o$$
$$G_y = \int_A x\,dA = A \cdot x_o$$

① 단면의 도심을 구할 때 사용된다.
② 단면의 도심을 통과하는 축에 대한 단면1차 모멘트는 0이다.

측량학

1 측량학 개론

1. 대지측량과 평면측량의 구분
   1) 허용오차 = $\frac{D^3}{12r^2}$
   2) 허용정도 = $\frac{d-D}{D} = \frac{D^3}{12r^2}$
   3) 평면으로 간주할 수 있는 범위(D) = $\sqrt{\frac{12 \cdot R^2}{m}}$

2. 지구의 형상과 크기
   1) 지구를 구로 볼 때
      곡률반경 $R = \frac{2a+b}{3}$
   2) 지구를 회전타원체로 볼 때
      ① 타원방정식의 표준형, $\frac{X^2}{a^2} + \frac{Y^2}{b^2} = 1$
      ② 지구의 편평률 $\epsilon = \frac{a-b}{a}$
      ③ 지구의 편심(이심)률 $e = \sqrt{\frac{a^2-b^2}{a^2}}$
      ④ 중등곡률반경 $R = \sqrt{M \cdot N}$

3. 오차와 정밀도
   1) P(경중률)을 고려하지 않은 경우
      ① 최확치 $L_0 = \frac{\ell_1 + \ell_2 + \ell_3 \cdots + \ell_n}{n} = \frac{(\ell)}{n}$
      ② 개개의 관측치에 대한 m_o, r_o
         $m_o = \pm\sqrt{\frac{\sum V^2}{n-1}}, \ r_o = \pm 0.6745 \times m_o$
      ③ n개의 관측치에 대한 m_o, r_o
         (최확치에 대한 m_o, r_o)
         $m_o = \pm\sqrt{\frac{\sum V^2}{n(n-1)}}, \ r_o = \pm 0.6745 \times m_o$
      ④ 정도(R) = $\frac{오차}{전측선의 길이} = \frac{m_o}{L_o}$ or $\frac{r_o}{L_o} = \frac{1}{m}$

   2) P(경중률)을 고려한 경우
      ① 최확치(L_O)
         $L_O = \frac{P_1\ell_1 + P_2\ell_2 + P_3\ell_3 + \cdots + P_n\ell_n}{P_1 + P_2 + \cdots + P_n}$
         $= \frac{[P\ell]}{[P]}$
      ② 중등오차(m_O) $\pm \sqrt{\frac{\sum PV^2}{P(n-1)}}$
         $r_o = \pm 0.6745 \times m_o$

4. 구과량 : 내각의 합은 180(n-2)보다 반드시 크게 나타난다.
   $$e'' = \frac{F}{r^2} \cdot \rho''$$
   여기서, F : 구면(평면)삼각형의 면적
   r : 지구의 곡률반경

5. 오차 전파의 법칙
   $$M = \pm\sqrt{m_1^2 + m_2^2 + m_3^2 \cdots + m_n^2}$$

2 거리측량

1. 거리 측정방법
   1) $D = L \times \cos\theta$
   2) $H = L \times \sin\theta$
   3) $\tan\theta = \frac{H}{D}$
   4) $D = \sqrt{L^2 - H^2}$
   5) $D = L - \frac{H^2}{2L}, \ \theta = \tan^{-1}\frac{H}{D}$

수리수문학

1 유체의 기본성질

1. 밀도(=비질량)
   ① 정의 : 물체 단위체적당 질량의 크기를 말한다.
   ② 사용 기호 : ρ (단위 : g/cm³, t/m³)
   ③ 특성 : 표준대기압하에서의 물의 밀도는 3.98℃에서 최대를 가진다.

2. 단위중량(=비중량)
   ① 정의 : 물체의 단위체적에 작용하는 물체의 중량이다.
   ② 사용기호 : w (단위 : g/cm³, t/m³)
   ③ 단위중량 = 밀도 × 중력가속도 = $\frac{중량}{체적}$
      $w = \rho g = \frac{W}{V} = \frac{mg}{V}$

3. 비체적 = $\frac{1}{단위중량} = \frac{1}{w}$

4. 비중 = $\frac{물체의\ 밀도}{물의\ 밀도} = \frac{물체의\ 단위중량}{물의\ 단위중량}$

5. 전단응력 = 점성계수 × 속도경사, $\tau = \mu \times \frac{dv}{dy}$
   속도경사($\frac{dv}{dy}$)의 단위는 /sec이다.

6. 점성계수 사용기호 : μ (단위 : poise=g/cm·sec)
7. 동점성계수 = $\frac{점성계수}{밀도}, \ v = \frac{\mu}{\rho}$

2 표면장력과 모관고

1. 평균 압축율
   ① 사용기호 : C (단위 : cm²/kg, cm²/g)
   ② 평균압축율 = $\frac{부피의\ 변화율}{압력의\ 변화량}$ $C = \frac{\frac{dV}{V}}{dP}$
   ③ 특성 : 물은 10℃ 상태에서 1기압에 대해 약 $\frac{5}{100,000}$씩 압축이 된다.
   ※ 체적탄성계수 : $E = \frac{dP}{\frac{dV}{V}} = \frac{1}{C}$

2. 물방울의 표면장력 : $T = \frac{P}{4}d$

3. 모관상승고
   ① 정의 : 액체의 부착력과 응집력이 원인
   ② 유리관 모관고 : $h = \frac{4T\cos\theta}{wd}$
   ③ 연직 평판 모관고 : $h = \frac{2T\cos\theta}{wd}$

4. 유체의 분류
   ① 압축성 유체, 비압축성 유체
   ② 점성 유체, 비점성 유체
   ③ 실제유체, 완전유체

3 단위와 차원

1. 절대단위계와 공학단위계의 상호 교환인자 : $F = ma$
   즉, F = MLT^{-2} 또는 M = FT^2L^{-1}
2. 절대 단위계의 변환
   ① 차원만 변환 : 상호교환인자를 사용
   ② 상수값 변환 : 중력가속도(9.8m/sec²)를 곱한다.
3. 공학단위계의 변환
   ① 차원만 변환 : 상호교환인자를 사용
   ② 상수값 변환 : 중력가속도를 밖으로 나타낸다.

4 정수압

1. 성질
   ① 면의 양측에는 상대적인 운동이 없다.
   ② 점성력이 존재하지 않는다.
   ③ 수압은 항상 면에 직각으로 작용한다.

③ 단위는 cm³이며, 부호는 +, − 값을 갖는다.

6 단면의 도심

단면1차 모멘트가 0인 점을 단면의 도심(圖心, centroid)이라 하며, 도심은 그 단면의 면적중심이 된다.

$$x_o = \frac{G_y}{A},\ y_o = \frac{G_x}{A}$$

7 단면2차 모멘트(I)

단면	사각형	삼각형	원형
도형	X-□-h, b	X-△-h, b	X-○-D
도심 I_X	$\frac{bh^3}{12}$	$\frac{bh^3}{36}$	$\frac{\pi D^4}{64} = \frac{\pi r^4}{4}$
하단 I_x	$\frac{bh^3}{3}$	$\frac{bh^3}{12}$	$\frac{5\pi D^4}{64}$

8 단면계수(Z)

도심축에 대한 단면 2차 모멘트(I_X)를 압축측거리(y_c) 또는 인장측거리(y_t)로 나눈 값

단 면	단 면 계 수
X-□-h, b	$Z = \frac{I_X}{y} = \frac{\frac{bh^3}{12}}{\frac{h}{2}} = \frac{bh^2}{6}$
X-○-D	$Z = \frac{I_X}{y} = \frac{\frac{\pi D^4}{64}}{\frac{D}{2}} = \frac{\pi D^3}{32}$

① 단면계수가 큰 단면이 휨에 대해 크게 저항한다.
② 최대 단면계수를 갖기 위한 조건
 $b : h = 1 : \sqrt{2}$
 $b : d = 1 : \sqrt{3}$

9 단면 2차 반지름(r)

도심축에 대한 단면 2차 모멘트를 단면적으로 나눈값의 제곱근으로 회전반경이라고도 한다.

$$r_x = \sqrt{\frac{I_X}{A}},\ r_y = \sqrt{\frac{I_Y}{A}}$$

① 압축부재(기둥) 설계시 이용되며, 최소단면 2차 반지름(r_{min})으로 설계한다. (안전성 확보를 위해)
② 기둥(장주)의 세장비 $\lambda = \frac{l}{r}$
③ 좌굴에 대한 저항값을 나타내며, 단면 2차 반지름이 클수록 좌굴하지 않는다.

④ 장주에서 단면2차모멘트가 최소인 축이 좌굴에 가장 약한 축이므로 이 축에 대하여 검토하여 안전한 단면설계를 하게 된다.

10 응력(stress)

구조물에 외력(external force)이 작용하면 부재에는 이에 해당하는 부재력이 생긴다. 이때 부재내에서 부재의 형태를 유지하려는 단위면적의 힘을 응력이라 한다.

응력의 종류	공 식
① 수직응력	$\sigma = \frac{P}{A}$
② 전단응력	$\tau = \frac{S}{A}$
③ 비틀림 응력	$\tau = \frac{T \cdot r}{I_P}$
④ 온도응력	$\sigma = E \cdot \alpha \cdot \Delta t$
⑤ 원환응력	$\sigma = \frac{P}{A} = \frac{q \cdot r}{t}$

---

2. 정오차의 보정식(삼각측량 기선측정 보정식)
1) 온도보정(C_t)=±$L \cdot \alpha \cdot (t - t_0)$
 정확한 거리=$L \pm C_t$
2) 장력보정(C_p)=±$\frac{L}{AE}(P - P_0)$, 정확한 거리=$L \pm C_p$
3) 처짐보정(C_s)=−$\frac{L}{24}(\frac{w\ell}{P})^2$, 정확한 거리=$L - C_s$
4) 평균해수면 보정(표고보정)(C_m)
 =−$\frac{H}{R}L$, 정확한 거리=$L - C_m$
5) 경사보정(C_g)=−$\frac{H^2}{2L}$, 정확한 거리=$L - C_g$
6) 표준척 보정(C_u)=±$L \times \frac{\triangle l}{l}$, 정확한 거리=$L \pm C_u$
7) 장력과 처짐의 소거(P_n)=$\sqrt[3]{\frac{AE}{24}(w\ell)^2}$

3. 실제거리 = 도상거리×M, 도상거리 = $\frac{실제거리}{M}$
 실제면적 = 도상면적×M²

4. 정밀도 (오차)
1) 산지 : $\frac{1}{500} - \frac{1}{1,000}$
2) 평지 : $\frac{1}{1,000} - \frac{1}{5,000}$
3) 시가지 : $\frac{1}{5,000} - \frac{1}{50,000}$

3 수준측량

1. 레벨의 조정조건
① C // L
② L ⊥ V (①이 가장 중요)

2. 항정법(항타법) : 덤피레벨의 제3조정과 같다.
1) 조정량(d) = $\frac{l+l\,'}{l}\{(a_1-b_1)-(a_2-b_2)\}$
2) 정확한 b_2의 읽음값 = $b_2 \pm d$

3. 수준측량방법
1) $H_B = H_A \pm H$, H(고저차)
 ① 고차식 야장의 고저차 $H = \sum B.S - \sum T.P$
 ② 기고식, 승강식, $H = \sum B.S - \sum T.P$
 ③ 교호수준측량, $H = \frac{(a_1-b_1)+(a_2-b_2)}{2}$
  $= \frac{(a_1+a_2)-(b_1+b_2)}{2}$
 (시준축오차 소거, 하천 및 계곡에서 많이 사용)

4. 수준기(기포관)의 감도
1) 기포관의 곡률반경
 nd : R = L : D

① $R = \frac{n \times d \times D}{L}$
② $L = \frac{n \times d \times D}{R}$

2) 감도 : 기포관 1눈금이 움직이는데 대한 중심각
 $\frac{\alpha''}{\rho} = \frac{L}{nD}$
① $L = \frac{\alpha''}{\rho} \times n \times D$
② $\alpha'' = \frac{L}{n \times D} \times \rho''$
③ $\alpha'' = \frac{d}{R}\rho''$
 여기서, α'' : 기포관의 감도
  R : 기포관의 곡률반지름
  n : 기포의 이동눈금수
  d : 기포의 한눈금의 크기

3) 각 측정의 정도와 거리 측정의 정도
 $\frac{\triangle l}{l} = \frac{\alpha''}{\rho''} = \frac{1}{M}$
 $\rho'' = \frac{180''}{\pi} = 206265''$

---

④ 수압은 수심에 비례한다. : $p = wh$
⑤ 절대압력 = 계기압력 + 대기압력 : $p = wh + P_a$

※ 표준기압(1기압)
 1atm = 760mmHg = 1,033g/cm² = 1,033cmH₂O

2. Pascal 원리
 정수중의 한점에 압력을 가하면 그 압력은 물속의 모든 곳에 같은 크기로 전달된다.

3. 액주계 : 임의의 동일유체가 관을 따라 아래로 떨어진다고 가정할 때 기준점 ⓐ점에 미치는 압력의 영향이 증가하면(−), 감소하면(+)를 부여하여 압력 항목들을 정리한다.

5 전수압

1. 전수압 $P = w h_G A$
 h_G : 수면으로부터 물체도심 까지의 깊이
2. 작용점의 위치 $h_c = h_G + \frac{I_G}{h_G A}\sin^2\theta$

도 형	단면2차 모멘트(I_G)
x-□-x, h, b	$\frac{bh^3}{12}$
x-△-x, h, b	$\frac{bh^3}{36}$
x-○-x, D	$\frac{\pi D^4}{64}$

3. 곡면에 작용하는 전수압
$$P = \sqrt{P_x^2 + P_y^2}$$
(1) 곡면에 작용하는 수평분력(P_x)
 : 연직면에 투영하였을 때 투영면상(평면)에 작용하는 전수압
 $P_x = w \cdot h_G \cdot A'$

(2) 곡면에 작용하는 연직분력(P_y) : 곡면을 밑면으로 하는 연직 물기둥의 무게와 동일
 ㉠ 연직선에 대하여 중복 부분을 수평면으로 나눈다.

ⓒ 부분별로 연직 분력표시
ⓒ 중복되는 부분은 배제
ⓔ 중복되지 않은 부분의 물무게를 구한다.

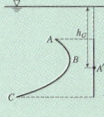

4. 수압에 의한 원관의 두께(t) : $t = \frac{PD}{2\sigma_{ta}}$

※ 주의 : 단위일치

6 부체와 상대정지

1. 부력(B) : 물체가 수중에 있을 때 물체가 받는 연직 상향분력의 힘을 말한다.
 일반식 : $w \cdot V + M = w' \cdot V' + M'$
2. 경심고($\overline{MG}$) : 경심(M)과 무게중심(G)과의 거리
 일반식 : $\overline{MG} \cdot W \cdot \theta = P \cdot l$
3. 안정·불안정

$\frac{I}{V'} - \overline{GC} > 0$: 안정(경심 M이 무게중심 G보다 위)
  $= 0$: 중립 (경심 M이 무게중심 G와 일치)
  < 0 : 불안정 (경심 M이 G보다 아래)
여기서 V' : 물체 수중부분의 체적
 I : 최소 단면2차 모멘트. min[I_x, I_y]

▶ 응용역학

11 프아송비
부재가 축방향력을 받아 길이와 폭의 변형에 대한 비율을 프아송비(Poisson's ratio)라 하며 그 역수를 프아송수라 한다.

- 프아송비 $\nu = \dfrac{\beta}{\epsilon} = \dfrac{\frac{\Delta d}{d}}{\frac{\Delta l}{l}} = \dfrac{l \cdot \Delta d}{d \cdot \Delta l}$

- 프아송수 $m = \dfrac{1}{\nu} = \dfrac{\epsilon}{\beta} = \dfrac{d \cdot \Delta l}{l \cdot \Delta d}$

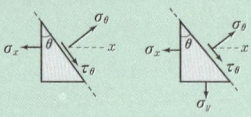

12 탄성계수
① 선형탄성계수(E)
Hooke의 법칙에서 응력과 변형도의 비례 상수(E) 여기서 E의 값이 큰 재료일수록 그 신축이 힘드는 것을 의미한다.
$$E = \dfrac{\sigma}{\epsilon}$$

② 전단탄성계수(G)
전단응력도(τ)와 전단변형도(γ) 사이의 비례 상수를 말한다.
$$G = \dfrac{\tau}{\gamma}$$
$$G = \dfrac{E}{2(1+\nu)}$$

③ 체적탄성계수(K)
$$K = \dfrac{\sigma}{\epsilon_v}$$
$$K = \dfrac{E}{3(1-2\nu)}$$

13 경사면 응력
경사면에서 생기는 법선응력과 전단응력을 구하는 공식과 최대 최소 주응력에 대하여 알아보자.

① 경사면 응력(법선응력, 전단응력)

구분	1축응력	2축응력
수직응력	$\dfrac{\sigma}{2} + \dfrac{\sigma}{2}\cos 2\theta$	$\dfrac{\sigma_x + \sigma_y}{2} + \dfrac{\sigma_x - \sigma_y}{2}\cos 2\theta$
전단응력	$\dfrac{\sigma}{2}\sin 2\theta$	$\dfrac{\sigma_x - \sigma_y}{2}\sin 2\theta$

② 최대 최소 주응력
$$\sigma = \dfrac{\sigma_x + \sigma_y}{2} \pm \sqrt{\left(\dfrac{\sigma_x - \sigma_y}{2}\right)^2 + \tau_{xy}^2}$$

14 집중하중에 의한 반력
힘의 평형방정식을 이용한다.
① $\Sigma M = 0$
② $\Sigma V = 0$
③ $\Sigma H = 0$

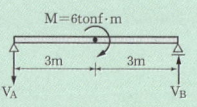

- 하중이 A점쪽 가까이에 작용하므로 A점의 반력이 B점의 반력보다 크다.
- $V_A = \dfrac{BC}{AB} = \dfrac{4m}{6m} = \dfrac{2}{3}$ 의 비율
- $V_B = \dfrac{AC}{AB} = \dfrac{2m}{6m} = \dfrac{1}{3}$ 의 비율

$$\therefore V_A = 6 \times \dfrac{2}{3} = 4\text{tonf}, \quad V_B = 6 \times \dfrac{1}{3} = 2\text{tonf}$$

※ 분포하중이 작용할 때는 분포면적을 구하여 집중하중으로 환산한 후 반력을 구한다.

15 모멘트하중에 의한 반력
단순보에 모멘트 하중이 작용하면 지점에서는 우력모멘트 반력이 생긴다.

▶ 측량학

5. 오차의 허용범위
   1) 왕복 측정할 때의 허용오차(L=km, 노선거리)
      1등 : $\pm 2.5\sqrt{L}$ mm 2등 : $\pm 5.0\sqrt{L}$ mm
   2) 폐합수준측량을 할 때 폐합차
      1등 : $\pm 2.0\sqrt{L}$ mm 2등 : $\pm 5.0\sqrt{L}$ mm

6. 오차는 노선거리의 제곱근에 비례
   $$E = \pm K\sqrt{L}$$

7. 수준측량의 정밀도는 허용오차로 대신한다.
   $$K = \pm \dfrac{E}{\sqrt{L}}$$

4 트랜싯 측량
1. 버어니어(유표)
   버어니어를 읽을 수 있는 최소눈금값 : $C = \dfrac{1}{n}S$

2. 수평각 측정시의 오차
   1) 단측법 : 1각을 1회 측정
   2) 배각(반복)법 : 1각을 2회 이상 측정

① 시준오차 $(n_1) = \pm \sqrt{\dfrac{2\alpha^2}{n}}$

② 읽음오차 $(n_2) = \pm \sqrt{\dfrac{2\beta^2}{n}}$

③ 배각관측오차 (M) = $\pm \sqrt{\dfrac{2}{n}(\alpha^2 + \dfrac{\beta^2}{n})}$

3) 방향관측법 : 한측점에 여러개의 각
   ① 1방향에 생기는 오차 $(m_1) = \pm \sqrt{\alpha^2 + \beta^2}$
   ② 2방향에 생기는 오차 $(m_2) = \pm \sqrt{2(\alpha^2 + \beta^2)}$
   ③ n회 관측한 평균값에 의한 오차
   $$(M) = \pm \sqrt{\dfrac{2}{n}(\alpha^2 + \beta^2)}$$
   n : 관측수
   α : 시준오차
   β : 읽기오차

3. 대회관측 : 정위, 반위로 2회 측정한 값
   1) 교차 : $R_1 - L_1$
   2) 관측차 : $(R_1 - L_1) - (R_2 - L_2)$
   3) 배각차 : $(R_1 + L_1) - (R_2 + L_2)$

5 트래버스 측량
1. 폐합트래버스 오차 검산
   1) 내각 : $[\alpha] - 180(n-2)$
   2) 외각 : $[\alpha] - 180(n+2)$
   3) 편각 : $[\alpha] - 360°$

2. 결합트래버스 오차 검산
   1) $A_1 + [\alpha] - 180(n+1) - An$
   2) $A_1 + [\alpha] - 180(n-1) - An$
   3) $A_1 + [\alpha] - 180(n-3) - An$

3. 측각오차의 허용 범위
   1) 산림지 및 복잡한 경사지 $1.5\sqrt{n}$ (분)
   2) 평지(보통지) : $0.5\sqrt{n} \sim 1.0\sqrt{n}$ (분)
   3) 시가지 및 그 밖의 중요지 : $20\sqrt{n} \sim 30\sqrt{n}$ (초)

4. 방위각 계산
   1) 교각
      ① 진행방향 우측각(시계)
      : 전측선의 방위각 $\pm 180 \mp$ 그 측선의 교각
      ② 진행방향 좌측각(반시계)
      : 전측선의 방위각+180 +그 측선의 교각

▶ 수리수문학

4. 수평가속도(α)를 받는 액체 : $\tan\theta = \dfrac{\alpha}{g}$
5. 연직가속도(α)를 받는 액체의 압력 : $P = wh\left(1 \pm \dfrac{\alpha}{g}\right)$

7 흐름의 분류
1. 유선방정식
   - 유선 : 입자속도 벡터에 접하는 가상의 곡선
   - 유관 : 유선으로 이루어진 가상적인 관
   - 유적선 : 유체입자의 운동경로
   $$\dfrac{dx}{u} = \dfrac{dy}{v} = \dfrac{dz}{w}$$
2. 흐름의 분류
   - 정 류 : 시간에 따라 유동특성이 변하지 않는 흐름
   - 부정류 : 시간에 따라 유동특성이 변하는 흐름
   - 등 류 : 두 단면의 흐름 특성값이 같은 흐름
   - 부등류 : 두 단면의 흐름 특성값이 다른 흐름

3. 층·난류
$$R_e = \dfrac{v \cdot D}{\nu} = \dfrac{\text{유속} \times \text{관경}}{\text{동점성계수}}$$

$R_e \leq 2,000$: 층류
$2,000 < R_e \leq 4,000$: 불완전 층류
$R_e > 4,000$: 난류

4. 상·사류
$$F_r = \dfrac{V}{\sqrt{gh}}$$
< 1 : 상류
$= 1$: 한계류(한계수심, 한계유속)
> 1 : 사류

장파의 전달속도 : $C = \sqrt{gh}$

8 흐름의 방정식
1. 연속 방정식 : 질량보존의 법칙을 기초
$$Q_1 = A_1 V_1 = A_2 V_2 = Q_2$$
2. Bernoulli 정리 : 에너지 불변의 법칙을 기초
$$\dfrac{P_1}{w} + \dfrac{V_1^2}{2g} + z_1 = \dfrac{P_2}{w} + \dfrac{V_2^2}{2g} + z_2 = \text{Const}$$

3. Venturimeter $Q = C \cdot \dfrac{A_1 \cdot A_2}{\sqrt{A_1^2 - A_2^2}} \sqrt{2gh}$

4. 보정계수
① 에너지 보정계수 $\alpha = \int_A \left(\dfrac{V}{V_m}\right)^3 \dfrac{dA}{A}$
   원관내 층류 : $\alpha = 2$
② 운동량 보정계수 $\eta = \int_A \left(\dfrac{V}{V_m}\right)^2 \dfrac{dA}{A}$
   원관내 층류 : $\eta = \dfrac{4}{3}$

5. 정체압력(총압력)
① 총압력 = 정압력 + 동압력 $= wh + \dfrac{1}{2}\rho V^2$

9 충격력과 항력
1. 정지판의 충격력
   작용력(충격력) $\Rightarrow F_x = F_y = \dfrac{w}{g}Q(V_1 - V_2)$
   - V_1, V_2 : 유체의 방향(x, y)을 고려한 유입, 유출 속도
2. 항력(전 저항력)
① 마찰저항(표면저항) : 마찰력의 분력을 적분
② 형상저항(압력저항) : 물체 후류가 원인
③ 조파저항 : 파동을 일으켜 물체에 저항

▶ 응용역학

- 중앙부 : 지점과 지점사이 부분으로 단순보와 같이 해석한다.
- 내민부 : 지점과 자유단사이 부분으로 캔틸레버와 같이 해석한다.

20 겔버보

① 부정정 연속보에 부정정차수 만큼 부재내에 힌지 절점을 넣어 정정으로 만든 보이다.
② 겔버보는 단순보와 내민보, 단순보와 캔틸레버보의 결합으로 간주한다.
③ 반력계산시 힌지 절점을 중심으로 부재를 나누어 불안정 부재(B~C)를 먼저 해석해 나간다.
④ B점에 하중이 전달되어 캔틸레버(A~B)를 푼다.
⑤ 부재내의 힌지절점에서 휨모멘트는 0이다.

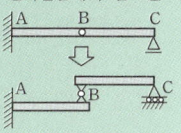

21 휨응력

휨응력이란 수식응력과 인장응력의 조합에 의하여 부재가 휘게될 때의 응력을 말한다.

따라서 중립축을 경계로 하여 중립축 상단으로 갈수록 휨압축응력이 점차 커지고, 중립축 하단으로 갈수록 휨인장응력이 점차커진다.

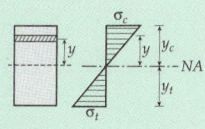

① 휨응력의 일반식 $\sigma = \pm \dfrac{M}{I} y$

② 최대 휨응력 $\sigma_{max} = \pm \dfrac{M_{max}}{Z}$

③ 휨응력 분포
 ㉠ 직선분포
 ㉡ 중립축에서 영(0)
 ㉢ 상하단에서 최대(σ_{max})

22 전단응력

전단응력이란 부재의 직각방향으로 작용하는 힘에 의하여 일그러짐이 생기는 경계면에서 변형에 대응하는 응력을 말한다.
이는 항상 부재축과 나란한 방향과 직각방향으로 직교하여 발생하고 그 크기는 같다.

① 전단응력 일반식 $\tau = \dfrac{GS}{Ib}$

② 최대전단응력 τ_{max}
 ㉠ 단면의 사각형인 경우
  $\dfrac{3}{2} \times \dfrac{S}{A}$
 ㉡ 단면의 원형인 경우
  $\dfrac{4}{3} \times \dfrac{S}{A}$

③ 전단응력분포
 ㉠ 곡선분포
 ㉡ 일반적으로 중립축에서 최대
 ㉢ 상하단에서 영(0)

23 트러스

트러스란 2개 이상의 직선부재의 양단을 마찰없는 힌지(Hinge)로 연결한 구조물이다. 트러스에서 부재력이라 함은 축방향력을 의미하며 따라서 부재는 압축과 인장만을 받게 된다.

24 현재의 부재력

현재(상현재, 하현재)를 구할 때는 모멘트법(Ritter법)을 사용하는데, $\Sigma M=0$의 모멘트 조건식을 이용한다. 상현재(U)를 구할 때는 하현재의 절점에, 하현재(L)를 구할 때는 상현재의 절점에 모멘트를 취하여 부재력을 구한다.

▶ 측량학

7 면적 및 체적계산

1. 면적 계산
 1) 삼변법 : $A = \sqrt{s(s-a)(s-b)(s-c)}$
 2) 심프슨의 1법칙 : $A = \dfrac{d}{3}(y_1 + 4y_2 + y_3)$
 3) 심프슨의 2법칙 : $A = \dfrac{3d}{8}(y_1 + 3y_2 + 3y_3 + y_4)$
 4) 구적기를 사용한 면적계산
  ① 극침을 도형 밖에(작은 면적)
   $A = a \cdot n$
   활주간을 1/L에 맞추고 1/S의 도형을 측정
   $A = (\dfrac{S}{L})^2 a \cdot n$
  ② 극침을 도형 안에(큰 면적)
   $A = a \cdot (n + n_0)$
   활주간을 1/L에 맞추고 1/S의 도형을 측정
   $A = (\dfrac{S}{L})^2 a \cdot (n + n_0)$
  ③ 축척과 단위면적과의 관계
   $a = \dfrac{m^2}{1000} d \cdot \pi \cdot l$
   여기서, d : 측륜의 직경,
   l : 활주간의 길이

2. 체적계산
 1) 양단면 평균법 : $V = \dfrac{A_1 + A_2}{2} \times \ell$
 2) 중앙단면법 : $V = Am \times \ell$
 3) 각주공식 : $V = \dfrac{\ell}{6}(A_1 + 4Am + A_2)$
 4) 점고법(사각형)
  : $V = \dfrac{A}{4}(\Sigma h_1 + 2\Sigma h_2 + 3\Sigma h_3 + 4\Sigma h_4)$
  평균표고(계획고) $h_o = \dfrac{V}{nA}$
 5) 등고선법 $V = \dfrac{h}{3}\{A_o + 4(A_홀) + 2(A_짝) + A_n\}$

3. 토지분할법
 1) 한 변에 평행한 직선에 따른 분할
  $\left(\dfrac{AD}{AB}\right)^2 = \dfrac{m}{m+n}$ $AD = AB\sqrt{\dfrac{m}{m+n}}$
 2) 한 변상의 고정점을 통하는 분할
  $AD = \dfrac{AB \times BC}{AP} \times \dfrac{n}{m+n}$
 3) 삼각형의 정점을 통하는 분할
  $BP = BC\dfrac{m}{m+n}$

4. 면적 측정의 정도 및 평균제곱근 오차의 합
 1) 면적(A)
  $A = x \cdot y$

2) 면적측정의 정도
  $\dfrac{dA}{A} = \dfrac{d_x}{x} + \dfrac{d_y}{y} = 2 \cdot K$(거리측정의 정도)

3) 면적의 오차
  $dA = y \cdot d_x + x \cdot d_y$

4) 면적 측정의 평균 제곱근 오차
  $M = \pm \sqrt{(y \cdot m_x)^2 + (x \cdot m_y)^2}$

8 노선측량

1 단곡선 공식
 1) T.L(접선장) = $R \cdot \tan \dfrac{I}{2}$
 2) C.L(곡선장) = $R \cdot I \, rad = R \cdot I \dfrac{\pi}{180°} = 0.0174533 R \cdot I$
 3) C(현장) = $2R \cdot \sin \dfrac{I}{2}$
 4) M(중앙종거) = $R(1 - \cos \dfrac{I}{2})$
 5) E(S.L) 외할, 외선장 = $R(\sec \dfrac{I}{2} - 1)$
 6) B.C(곡선시점) = ~ I.P거리 − T.L
 7) E.C(곡선종점) = ~ B.C + C.L
 8) l_1(시단현 길이) = B.C 다음 말뚝 값 − B.C
 9) l_2(종단현 길이) = E.C − E.C 전 말뚝 값
 10) δ_o(편각)
  = $\dfrac{\ell}{2R} rad$ = $\dfrac{\ell}{2R}\dfrac{180°}{\pi}$ = $1718.87' \dfrac{\ell}{R}$

▶ 수리수문학

3. 관로의 유속과 마찰력 분포
 최대 유속 = 2×평균유속

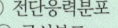

4. 마찰속도(=전단속도) : $U_* = \sqrt{gRI}$

14 마찰 손실 공식

1. 마찰 손실 수두: $h_L = f \cdot \dfrac{l}{D} \cdot \dfrac{V^2}{2g}$
 (Darcy-Weisbach 공식)
2. 마찰 손실 계수 : Moody(무디)도표로서 표시
 Reynolds와 상대조도와의 함수이다.
 층류($R_e < 2000$)의 경우 마찰손실계수 : $f = \dfrac{64}{R_e}$
3. 손실수두
 모든 손실수두는 속도수두$\left(\dfrac{V^2}{2g}\right)$에 비례한다.
 일반적인 손실계수(f) : 유입 = 0.5, 유출 = 1.0
4. 병렬 관수로의 손실 수두
 각 관로마다 손실의 크기가 동일하다.

15 유량과 배수시간

1. 관로의 평균유속
 ① Chezy식 : $V = C\sqrt{RI}$, $C = \sqrt{\dfrac{8g}{f}}$
  Manning 식 : $V = \dfrac{1}{n} R^{2/3} \cdot I^{1/2}$
  $f = \dfrac{124.6 n^2}{D^{1/3}}$ (D : m단위)
  $l/D > 3,000$ 이면 마찰 이외의 손실은 무시한다.
 ② 실제 가능 높이 : 약 8.0m
 ③ 역사이폰은 관로 최하부점이 고압이므로 주의

2. 보정유량 : $\Delta Q = -\dfrac{\Sigma h'_L}{2K'Q}$

16 동력과 수격작용

1. 수차의 출력
 $E = wQH_e\eta (\text{kg} \cdot \text{m/sec}) = 9.8 QH_e\eta (\text{kW})$
  = $13.33 QH_e\eta (\text{HP})$
 여기에서 $H_e = H - \Sigma h_L$

2. 양수 동력
 $E = 9.8 QH_P/\eta (\text{kW}) = 13.33 QH_P/\eta (\text{HP})$
 여기에서 $H_P = H + \Sigma h_L$

3. 수격작용: 밸브의 급조작시 발생
 ① 공동현상 : 국부적인 저압부위의 발생
 ② Pitting : 고체면에 강한 충격을 주는 작용
 ③ 서어징 : 탱크내에서의 수면 진동 현상

17 개수로의 평균유속

1. 한계류 계산을 위한 단면계수 : $Z = A\sqrt{D}$
 $D = \dfrac{A}{B}$ (D : 수리수심, A : 유적, B : 수면폭)

2. 수로 바닥과 벽면에 작용하는 평균 마찰응력 : $\tau = wRI$
 $R = \dfrac{A}{P}$ 늑h : 경심, $I = \sin\theta$ (θ는 바닥경사 각도)

3. 유속 실측방법
 ① 표면법 : $V_m = 0.85 V_s$ ② 1점법 : $V_m = V_{0.6}$
 ③ 2점법 : $V_m = \dfrac{V_{0.8} + V_{0.2}}{2}$
 ④ 3점법 : $V_m = \dfrac{V_{0.2} + 2V_{0.6} + V_{0.8}}{4}$

4. 수리상 유리한 단면
 ① 사각형(구형) 단면 : $B = 2h$
 ② 사다리꼴 단면 : $B = 2l$
 ④ 원형단면에서 Q_{max} 일 때 수심은 $h = 0.94D$ 이다.

35 부정정보의 반력

부정정보의 해석법으로는 다음과 같은 종류가 있다.

① 변위일치법 ② 3연 모멘트법
③ 처짐각법   ④ 모멘트 분배법

부정정보	V_B	M_A
(보 그림: 중앙집중하중 P, 일단고정 타단지점)	$\dfrac{5P}{16}$	$\dfrac{3Pl}{16}$
(보 그림: 등분포하중 w, 일단고정 타단지점)	$\dfrac{3wl}{8}$	$\dfrac{wl^2}{8}$
(보 그림: 중앙집중하중 P, 양단고정)	$\dfrac{P}{2}$	$\dfrac{Pl}{8}$
(보 그림: 등분포하중 w, 양단고정)	$\dfrac{wl}{2}$	$\dfrac{wl^2}{12}$

36 3연 모멘트법

부정정 연속보의 지점모멘트를 구할 때 임의의 연속된 3개지점에서 방정식을 만들어 부정정 보를 해석하는 방법으로 이를 크라페이롱의 3연 모멘트 정리라고 한다.

$$\frac{l_1}{I_1}M_A + 2\left(\frac{l_1}{I_1}+\frac{l^2}{I_2}\right)M_B + \frac{l_2}{I_2}M_C$$
$$= 6E(\theta_{B\cdot l}-\theta_{B\cdot r}) + 6E(\beta_B - \beta_C)$$

여기서, M_A, M_B, M_C : 지점에서의 휨모멘트
θ_{Bl}, θ_{Br} : B점 좌우의 처짐각
β_B, β_C : 지점 침하에 의한 부재각

37 처짐각법

처짐각법은 고정단 모멘트를 공식에 의해 직접 구하는 방법으로 절점방정식과 층방정식에서 절점각과 부재각을 구하여 재단모멘트를 구한다.

① 양단고정일 때
$$M_{AB} = k_{AB}(2\phi_A + \phi_B + \mu) - C_{AB}$$
$$M_{BA} = k_{BA}(2\phi_B + \phi_A + \mu) + C_{BA}$$

② 타단힌지일 때(B점힌지)
$$M_{AB} = k_{AB}(1.5\phi_A + 0.5\mu) - H_{AB}$$
여기서, $\phi = 2EK_o\theta$ (θ 는 처짐각)
고정지점에서 $\theta = 0$이다.
$\mu = -6EK_oR$ (R 는 부재각)
침하가 없으면 $R = 0$이다.

38 모멘트 분배법

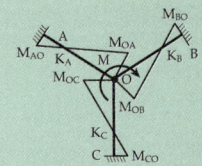

① 강도(K) 및 강비(k)를 계산한다.
② 분배율(f)을 등가강비를 적용시켜 계산한다.
$$f_{OA} = \frac{k_{OA}}{\sum k} \text{ (고정일 때=1, 힌지일 때=}\tfrac{3}{4}\text{)}$$
③ 분배모멘트($D.M$)을 구한다.
$$M_{OA} = M_O \times f_{OA}$$
④ 전달모멘트($C.O.M$)을 구한다.
$$M_{AO} = \frac{1}{2}M_{OA}\text{(고정일 때 전달율}=\frac{1}{2}$$
$$\text{힌지일 때 전달율}= 0)$$

---

26 증발과 침투

1. 증발산 : 증발과 증산의 합성어
2. 증발비 : 토양면과 수면으로 부터의 증발량 비
3. 증발량 산정법
   • 물수지원리에 의한 산정 : $E = P + I - O \pm U \pm S$
4. 증발접시계수 = $\dfrac{\text{저수지의 연 증발량}}{\text{접시의 연 증 발량}}$
5. 침투 지수법
   $\phi-\text{index}(\phi\text{지수})$법 : 유효우량과 손실 우량을 구분
6. 토양의 초기조건을 양적으로 표시하는 방법
   • 선행강수 지수에 의한 방법
   • 지하수 유출량에 의한 방법
   • 토양의 함수조건에 의한 방법

27 유출

1. 유출계수 = $\dfrac{\text{하천유량}}{\text{강수량}} = \dfrac{\text{평균유출고}}{\text{강우량깊이}}$
2. 기저 유출(base flow) : 비가 오기전의 유출
3. 수위-유량 곡선(Rating Curve)
   자연하천의 경우에는 loop형이 된다.

곡선연장방법 : ① 전대수지법
② Stevens법
③ Manning 공식에 의한 법
4. 합리식
불투수성 지역이며 작은 유역 면적(A < 0.4km²)
$Q = 0.2778\,CIA$

28 수문 곡선

1. 지체시간 : 유효우량 주상도의 중심과 첨두유량이 발생하는 시간까지의 시간적 차이
2. 직접유출량 : 유효우량으로 인해 하천으로 유출
3. 기저유출과 직접유출의 분리법
   ① 수평직선 분리법
   ② $N-day$ 법 $N = 0.8267A^{0.2}$ (A : km²)
   ③ 수정 $N-day$ 법
   ④ 지하수 감수곡선법
4. 단위도의 가정
   ① 일정기저시간 가정 : 유하시간은 동일
   ② 비례가정 : 종거는 강우 강도의 크기에 비례
   ③ 중첩가정 : 강우 개개의 유출량을 시간에 따라 산술적으로 합한 것

5. Snyder 방법
$$t_p = C_t\,(L_{ca} \times L)^{0.3}$$
여기서 L_{ca} : 출구점으로부터 유역중심에 가장 가까운 주류하천까지의 측정 거리 (mile)
6. 유량 빈도 곡선 : 경사가 급하면 홍수가 빈번하고 경사가 완만하면 홍수가 드물다.
7. 강우와 토양
   ① $I < f_i,\ F_i < M_d$: 단시간의 이슬비
   ② $I < f_i,\ F_i > M_d$: 장시간의 이슬비
   ③ $I > f_i,\ F_i < M_d$: 단시간의 소나기
   ④ $I > f_i,\ F_i > M_d$: 장시간의 대호우
   여기서 I : 강우강도
   f_i : 침투율
   F_i : 총침투량
   M_d : 토양수분 미흡량

▶ 응용역학

31 캔틸레버의 처짐
캔틸레버는 자유단에서 처짐 및 처짐각이 최대이다.

하 중 조 건	처짐각, θ (rad)	처짐, y(cm)
A ——— M B, l	$\theta_B = \dfrac{Ml}{EI}$	$y_B = \dfrac{Ml^2}{2EI}$
A ——— P↓B, l	$\theta_B = \dfrac{Pl^2}{2EI}$	$y_B = \dfrac{Pl^3}{3EI}$
A ~~w~~ B, l	$\theta_B = \dfrac{wl^3}{6EI}$	$y_B = \dfrac{wl^4}{8EI}$

32 단순보의 처짐
단순보는 일반적으로 중앙에서 처짐이 최대이고, 지점에서 처짐각이 최대이다.

하 중 조 건	처짐각, θ (rad)	처짐, y(cm)
A —l/2— C P↓ —l/2— B	$\dfrac{Pl^2}{16EI}$	$\dfrac{Pl^3}{48EI}$
A ~~w~~ B	$\dfrac{wl^3}{24EI}$	$\dfrac{5wl^4}{384EI}$
A M_A M_B B	$\theta_A = \dfrac{l}{6EI}(2M_A + M_B)$ $\theta_B = \dfrac{l}{6EI}(M_A + 2M_B)$	

33 내력의 일 (W_i)
외력에 의한 구조물 내부의 응력이 생길 때 이 응력이 한 일을 내력의 일(internal work)이라 하며, 변형에너지라고도 한다.

$\therefore W_i = W_{iN} + W_{iM} + W_{iS}$

① 축방향력의 의한 일 : $W_{iN} = \int \dfrac{N^2}{2EA}dx$

② 휨모멘트에 의한 일 : $W_{iM} = \int \dfrac{M^2}{2EI}dx$

③ 전단력에 의한 일 : $W_{iS} = \int \dfrac{kS^2}{2GA}dx$

34 베티와 멕스웰의 상반정리

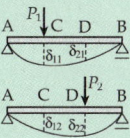

① P_1 작용후 P_2 작용시 외력의 일
$W_{12} = \dfrac{1}{2}P_1\delta_{11} + P_1\delta_{12} + \dfrac{1}{2}P_2\delta_{22}$

② P_2 작용후 P_1 작용시 외력의 일
$W_{21} = \dfrac{1}{2}P_2\delta_{22} + P_2\delta_{21} + \dfrac{1}{2}P_1\delta_{11}$

③ P_1과 P_2가 동시작용시의 외력의 일
$W = \dfrac{1}{2}(P_1\delta_{11} + P_1\delta_{12}) + \dfrac{1}{2}(P_2\delta_{22} + P_2\delta_{21})$

④ $W_{12} = W_{21}$
$P_1\delta_{12} = P_2\delta_{21}$

▶ 수리수문학

22 수리학적 상사
1. 상사 법칙
   ① 기하학적 상사, ② 운동학적 상사, ③ 동역학적 상사
2. 특별상사 법칙
   ① Froude 상사 법칙 : 중력이 흐름지배(개수로)
   ② Reynolds 상사 법칙 : 마찰력과 점성력(관수로)
   ③ Weber 상사 법칙 : 표면장력이 지배
   ④ Cauchy(마하)상사 법칙 : 탄성력이 흐름지배

23 수문학
1. 물의 순환인자
   강수, 증발, 증산, 차단, 저류, 침투, 침루, 유출
2. 강수량 ⇌ 유출량 + 증발산량 + 침투량 + 저유량
   $P \rightleftarrows R + E + C + S$
3. 상대습도 : $h = \dfrac{e}{e_s} \times 100(\%)$
4. 풍속과 고도 : $\dfrac{V}{V_o} = \left(\dfrac{Z}{Z_o}\right)^k$
5. 잠재증기화열 : $H_v = 597.3 - 0.56t$
6. 저수위 : 1년중에 고수위에서부터 275번째의 수위

24 강수
1. 강수형의 분류
   ① 대류형 강수, ② 전선형 강수, ③ 산악형 강수
   ④ 선풍형 강수 : 지각 표면의 압력차로 발생
2. 강수기록의 추정방법(결측강우 발생시)
   ① 산술평균법
   ② 정상 년강수량 비율법 : $P_x = \dfrac{N_x}{3}\left(\dfrac{P_A}{N_A} + \dfrac{P_B}{N_B} + \dfrac{P_C}{N_C}\right)$
   ③ 단순 비례법
3. 용어
   ① 누가우량곡선(mass curve) : 누가 우량의 시간적 변화 상태를 기록, 완경사인 경우 강우강도가 작으며 급경사인 경우 강우강도가 크다.
   ② 이중누가우량분석(double mass curve) : 장기간 강우자료의 일관성 검증을 위해 사용되는 분석
   ③ 가능 최대 강우량(PMP) : 지역 최악의 기상조건 하에서의 최대 강우량.
4. 강우강도
   ① Talbot 형 : $I = \dfrac{a}{t+b}$ ② Sherman 형 : $I = \dfrac{c}{t^n}$
   ③ Japanese 형 : $I = \dfrac{d}{\sqrt{t}+e}$
   ④ 물부(모노베)공식 : $I = \dfrac{R_{24}}{24}\left(\dfrac{24}{t}\right)^{2/3}$ (t : hr)
   ⑤ 강우강도, 지속시간, 생기빈도 곡선(I-D-F)
   $I = \dfrac{kT^x}{t^n}(k, n, x 는 지역상수)$

25 평균우량
1. 평균우량 산정법
   ① 산술평균법 : 비교적 평야지역에서 유역면적이 500km² 미만인 경우에 적용가능
   ② Thiessen의 가중법 : 우량계가 불균등 분포한 경우, 객관성이 있어 널리 사용. 유역면적은 500 ~5000km²에서 많이 사용
   ③ 등우선법 : 산악의 영향을 고려
   $P_m = \dfrac{A_1P_1 + A_2P_2 + \cdots + A_NP_N}{A_1 + A_2 + \cdots + A_N} = \dfrac{\Sigma AP}{\Sigma A}$
2. DAD(Depth - Area - Duration)
   최대우량깊이 - 유역면적 - 지속시간과의 관계를 해석하는 작업

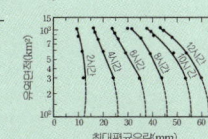

25 사재의 부재력

복재(사재, 수직재)를 구할 때는 전단력법 (Culmann법)을 사용하는데 $\Sigma V=0$의 전단조건식을 이용하여 수직재(V)와 사재(D)의 부재력을 구한다.

26 단주의 응력

기둥이란 일반적으로 축방향 압축력을 받는 부재를 말하며, 단주는 압축응력의 지배를, 장주는 좌굴응력의 지배를 받는다.

압축력이 도심에서 편심거리 e만큼 떨어져 작용하는 경우 단면내에 발생하는 압축응력의 크기는 편심거리에 따라 달라지나, 대개는 사다리꼴의 등변분포 형태이다.

- $\sigma_{max} = \dfrac{P}{A} + \dfrac{M}{Z}$
- $\sigma_{min} = \dfrac{P}{A} - \dfrac{M}{Z}$

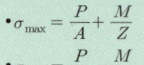

27 단면의 핵

편심하중을 받는 단주에서 인장력이 생기지 않는 편심의 한계점을 단면의 핵(Core)이라 한다.

도 형	단면의 핵
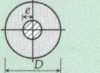	$e_1 = \dfrac{Z}{A} = \dfrac{h}{6}$ $e_2 = \dfrac{Z}{A} = \dfrac{b}{6}$
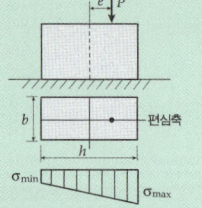	$e = \dfrac{Z}{A} = \dfrac{D}{8}$

28 좌굴길이와 강도

세장비가 일정한 값 이상이 되는 기둥을 장주라 하며, 장주는 좌굴에 의해 지배된다.

지지상태	1단고정 1단자유	양단힌지	1단고정 1단힌지	양단고정
좌굴길이	$l_k = 2l$	$l_k = l$	$l_k = 0.7l$	$l_k = 0.5l$
강도	$n = \dfrac{1}{4}$	$n = 1$	$n = 2$	$n = 4$

29 Euler의 장주공식

좌굴의 지배를 받는 장주는 오일러의 좌굴하중 공식과 세장비계산이 주요내용이 된다.

① 좌굴하중

$$P = \dfrac{\pi^2 EI}{l_k^2} = \dfrac{n\pi^2 EI}{l^2} = \dfrac{\pi^2 EA}{\lambda^2}$$

② 세장비(slenderness ratio)

기둥의 유효길이와 최소단면2차 반지름의 비를 세장비(細長比)라 한다.

$$\text{세장비}(\lambda) = \dfrac{\text{기둥의유효길이}(l_k)}{\text{최소단면2차 반지름}(r_{min})}$$

30 보의 처짐

보에 하중이 작용하면 원래 직선이었던 부재가 변형하여 곡선이 된다. 이 변형된 부재의 곡선을 처짐곡선(탄성곡선)이라 한다.

① 탄성곡선식 $\dfrac{d^2y}{dx^2} = -\dfrac{M}{EI}$

② 곡률 $\dfrac{1}{R} = \dfrac{M}{EI}$

- 처짐의 해법
  ① 미분방정식법 ② 모멘트 면적법
  ③ 탄성하중법   ④ 공액보법
  ⑤ 가상일의 원리 ⑥ 캐스틸리아노의 제2정리

---

11) δ_1 시단현편각 = $\dfrac{l_1}{2R} rad$

12) δ_2 종단현편각 = $\dfrac{l_2}{2R} rad$

13) 총편각 = $\dfrac{I}{2}$

14) 접선편거 $t = \dfrac{l^2}{2R}$

15) 현편거 $d = \dfrac{l^2}{R}$

2. 중앙종거법 $\left(\dfrac{1}{4}법\right)$: 기설곡선의 보정에 편리

$M_1 = R\left(1 - \cos\dfrac{I}{2}\right) \fallingdotseq \dfrac{C_1^2}{8R}$

$M_2 = R\left(1 - \cos\dfrac{1}{4}\right) \fallingdotseq \dfrac{C_2^2}{8R} \fallingdotseq M_1 \dfrac{1}{4}$

$M_3 = R\left(1 - \cos\dfrac{1}{2^3}\right) \fallingdotseq \dfrac{C_3^2}{8R} \fallingdotseq M_2 \dfrac{1}{4}$

3. cant : 바깥 레일을 안쪽보다 높이는 것(편물매, C)

$C = \dfrac{SV^2}{gR}$ (철도 = 150mm)

S : 레일간거리
V : 차량속도(km/hr)
R : 곡선반경(m)
g : 중력가속도(9.8m/sec)

---

4. 슬랙(철도) 확폭(도로)
 : 곡선부에서 안쪽 간격을 넓히는 것(철도 30mm이하)

확폭량$(\epsilon) = \dfrac{L^2}{2R}$

5. 완화곡선
 1) 완화곡선의 길이(L) = $\dfrac{N}{1,000} \cdot C$
 2) 이정(f) = $\dfrac{L^2}{24R}$
 3) 클로소이드의 기본식 $A^2 = R \cdot L$
 4) 클로소이드의 접선각 $\tau = \dfrac{L}{2R}$

6. 종단곡선
 1) 원곡선(철도)
  ① 접선길이 $l = \dfrac{R}{2}\left(\dfrac{m}{1000} - \dfrac{n}{1000}\right)$
  ② 곡선길이 $L \fallingdotseq 2l = R\left(\dfrac{m}{1000} - \dfrac{n}{1000}\right)$
  ③ 종거계산 $y = \dfrac{x^2}{2R}$
 2) 이차포물선(도로)
  ① 곡선길이 $L = \dfrac{R}{100}(m-n)$
  ② 종거 $y = \dfrac{|m-n|}{200 \cdot L}x^2$
  3) 구배선 계획고 : $(H') = H_o + \dfrac{m}{100}x$
  4) 종곡선 계획고 : $(H) = H' - y$

---

9 하천측량

* 평균유속 측정법

1. 1점법(Vm) = $V_{0.6}$

2. 2점법(Vm) = $\dfrac{V_{0.2} + V_{0.8}}{2}$

3. 3점법(Vm) = $\dfrac{V_{0.2} + 2V_{0.6} + V_{0.8}}{4}$

4. 4점법(Vm)

$= \dfrac{1}{5}\left\{(V_{0.2} + V_{0.4} + V_{0.6} + V_{0.8}) + \dfrac{1}{2}\left(V_{0.2} + \dfrac{V_{0.8}}{2}\right)\right\}$

---

18 한계수심과 흐름판별

1. 비에너지 : $H_e = h + \alpha \cdot \dfrac{V^2}{2g}$

2. 한계수심 : $H_c = \dfrac{2}{3}H_e$, 사각형 단면 : $h_C = \left(\dfrac{\alpha Q^2}{gb^2}\right)^{1/3}$

3. 후르드수

$F_r = \dfrac{V}{\sqrt{gh}}$ < 1 : 상류
     = 1 : 한계류(지배단면)
     > 1 : 사류

4. 경사

$I < \dfrac{g}{\alpha C^2}$: 상류(완경사)
$= $: 한계류
$> $: 사류(급경사)

5. Reynolds 수

$R_e = \dfrac{V \cdot R}{\nu}$ ≤ 500 : 층류
           > : 난류

19 비력과 수면형

1. 비력 : 운동량 방정식을 기초

$$M = \eta\dfrac{Q}{g}V + h_G \cdot A = \text{Const}$$

2. 도수
 ① 도수후 수심 : $h_2 = \dfrac{h_1}{2}(-1 + \sqrt{1 + 8F_{r1}^2})$
 ② 에너지 손실 : $\Delta H_e = \dfrac{(h_2 - h_1)^3}{4h_1 h_2}$
 ③ 파상도수(불완전도수) : $1 < F_{r_1} < \sqrt{3}$

3. 수면형
 ① 완경사(Mild Slope) : $h_o > h_c$, $I < \dfrac{g}{\alpha C^2}$
  ㉠ $h > h_o > h_c$ ⋯ M_1곡선(배수) : 월류댐의 상류부
  ㉡ $h_o > h > h_c$ ⋯ M_2곡선(저하) : 자유낙하시
  ㉢ $h_o > h_c > h$ ⋯ M_3곡선 : 수문개방시 하류부 수면

20 지하수

1. Darcy 법칙 $V = Ki$

2. 적용범위 : 일반적으로 $R_e < 4 (1 < R_e < 10)$

21 지하수 유량과 소류력

1. 대수층에서의 유량 $Q = AV = AKi$

2. 굴착정 : 피압 대수층의 물을 양수한다.

$$Q = \dfrac{2\pi ak(H - h_o)}{l_n(R/r)}$$

3. 깊은 우물(심정호) : 집수정 바닥이 불투수층까지 도달한 경우 $Q = \dfrac{\pi k(H^2 - h_o^2)}{l_n(R/r)}$

4. 집수암거 : 불투수층에 도달한 경우

양쪽 측면 유입시 : $Q = \dfrac{KL}{R}(H^2 - h_o^2)$

5. 얕은 우물(천정호)

바닥으로만 유입시 : $Q = 4Kr_o(H - h_o)$

6. 소류력 : $\tau_o = wRI$

7. 한계 소류력 : $D = C_D A \dfrac{\rho V^2}{2}$ (A : 투영면적)

8. 마찰속도 : $U_* = \sqrt{\dfrac{\tau_o}{\rho}} = \sqrt{gRI}$

9. 토립자의 침강속도 : $V_s = \dfrac{(\rho_s - \rho_w)g d^2}{18\mu}$

▶ 철근콘크리트

1 철근콘크리트의 기본 개념

1. RC가 일체식 구조가 되는 이유
   ① 부착강도가 크다.
   ② 철근이 부식되지 않는다.
   ③ 열팽창계수가 거의 같다.
   ④ 콘크리트는 압축, 철근은 인장에 강하다.

2. 콘크리트 강도에 가장 큰 영향을 주는 인자
   : 물-시멘트비(W/C)
   추정식 : $f_{28} = -A + B\dfrac{C}{W}$

3. 콘크리트 탄성계수 : 할선 탄성계수 사용
   $E_c = 8500\sqrt[3]{f_{cm}}(\text{MPa})$
   여기서, $f_{cm} = f_{ck} + \Delta f(\text{MPa})$

f_{ck}(MPa)	40 이하	40 ~ 60	60 이상
Δf(MPa)	4	직선보간	6

4. 철근의 탄성계수(E_c) : $E_c = 2.0 \times 10^5 \text{MPa}$

5. 탄성계수비(n) : $n = \dfrac{E_s}{E_c} = \dfrac{200,000}{8500\sqrt[3]{f_{cm}}}$

6. 콘크리트의 크리프(creep)
   시간의 경과에 따른 변형증가현상
   1) 크리프 계수(ϕ) : $\phi = \dfrac{\epsilon_c}{\epsilon_c'} = \dfrac{\epsilon_c E_c}{f_c} = \dfrac{\epsilon_c E_c A_c}{P}$
   (옥외 : 2.0, 옥내 : 3.0)
   2) 크리프의 특징
   ① 변형의 증가율은 감소된다.
   ② 응력이 큰 경우 크리프는 증가한다.
   ③ 강도가 큰 경우 크리프는 감소한다.

7. 콘크리트의 건조수축(shrinkage)
   콘크리트가 건조하면서 수축하는 현상
   1) 특징
   ① 상재하중과 무관하게 물 때문에 생긴다.
   ② 철근이 건조수축에 저항한다.
   (콘크리트 : 인장응력, 철근 : 압축응력)
   2) 건조수축에 의한 응력
   ① 정정 구조물
   $f_{sc} = \dfrac{E_s \epsilon_{cs}}{1 + n\rho}$, $f_{ct} = \rho f_{sc}$
   ② 부정정 구조물
   $f_{sc} = 0$, $f_{ct} = E_c \epsilon_{cs}$

8. 철근
   1) 철근의 종류
   ① 원형 철근(SR)
   ② 이형 철근(SD)
   • SD 300에서 숫자의 의미 $f_y = 300\text{MPa}$
   • 이형 철근 사용 이유 : 부착강도가 크기 때문
   2) 주철근

   3) 배력철근의 배치목적
   ① 응력분포, 균열분포
   ② 주철근 간격 유지
   ③ 건조수축에 의한 수축균열 감소

   4) 설계기준항복강도
   ① 휨철근 : $f_y \leq 600\text{MPa}$
   ② $f_y > 400\text{MPa}$ 인 경우
   : 변형률 0.0035에 상응하는 응력값 사용
   ③ 전단철근 : $f_y \leq 500\text{MPa}$
   (단, 용접철망 : $f_y \leq 600\text{MPa}$)

▶ 토질 및 기초

제1장 흙의 기본적 성질과 분류

1. 흙의 각 성분의 상관관계
   ① 공극비(e) : $e = \dfrac{V_v}{V_s} = \dfrac{n}{100-n}$
   ② 공극률(n) : $n = \dfrac{V_v}{V} \times 100 = \dfrac{e}{1+e} \times 100(\%)$
   ③ 포화도(S) : $S = \dfrac{V_w}{V_v} \times 100(\%)$
   ④ 함수비(w) : $w = \dfrac{W_w}{W_s} \times 100(\%)$
   ⑤ 비중(G_s)
   ㉮ 비중(G_s) : $G_s = \dfrac{\gamma_s}{\gamma_w} = \dfrac{W_s}{V_s} \cdot \dfrac{1}{\gamma_w}$
   ㉯ T℃에서의 흙 입자의 비중 : $G_T = \dfrac{W_s}{W_s + (W_a - W_b)}$
   ㉰ 15℃에서의 흙 입자의 비중 : $G_s = G_T \cdot K$
   ⑥ 체적과 중량의 관계 : $S \cdot e = w \cdot G_s$

2. 단위무게
   ① 습윤밀도(γ_t) :
   $\gamma_t = \dfrac{W}{V} = \dfrac{G_s + \dfrac{w \cdot G_s}{100}}{1+e} \cdot \gamma_w = \dfrac{G_s + \dfrac{S \cdot e}{100}}{1+e} \cdot \gamma_w$
   ② 건조밀도(γ_d) : $\gamma_d = \dfrac{W_s}{V} = \dfrac{G_s \cdot \gamma_w}{1+e}$
   ③ 건조밀도에 의한 간극비(e) : $e = \dfrac{G_s \cdot \gamma_w}{\gamma_d} - 1$
   ④ 습윤밀도와 건조밀도의 관계 : $\gamma_d = \dfrac{\gamma_t}{1+\dfrac{w}{100}}$
   ⑤ 습윤중량과 건조중량의 관계 : $W_s = \dfrac{W}{1+\dfrac{w}{100}}$
   ⑥ 포화밀도(γ_{sat}) : $\gamma_{sat} = \dfrac{G_s + e}{1+e} \cdot \gamma_w$
   ⑦ 수중밀도(γ_{sub}) : $\gamma_{sub} = \gamma' = \gamma_{sat} - \gamma_w = \dfrac{G_s - 1}{1+e} \cdot \gamma_w$
   ⑧ 상대밀도(D_r) : $D_r = \dfrac{e_{max} - e}{e_{max} - e_{min}} \times 100$
   $= \dfrac{\gamma_{dmax}}{\gamma_d} \cdot \dfrac{\gamma_d - \gamma_{dmin}}{\gamma_{dmax} - \gamma_{dmin}} \times 100(\%)$

3. 흙의 연경도
   ① 수축한계(w_s)
   $w_s = w - \left[\dfrac{(V-V_0) \cdot \gamma_w}{W_s} \times 100\right](\%)$
   $w_s = \left(\dfrac{1}{R} - \dfrac{1}{G_s}\right) \times 100(\%)$
   ② 수축비(R) : $R = \dfrac{W_s}{V_0} \cdot \dfrac{1}{\gamma_w}$
   ③ 비중 값의 근사치(G_s) : $G_s = \dfrac{1}{\dfrac{1}{R} - \dfrac{w_s}{100}}$
   ④ 소성지수(PI, I_p) : $PI = w_L - w_p$
   ⑤ 수축지수(SI, I_S) : $SI = w_p - w_s$
   ⑥ 액성지수(LI, I_L) : $LI = \dfrac{w_n - w_p}{I_P} = \dfrac{w_n - w_p}{w_L - w_p}$
   ⑦ 연경지수(CI, I_c) : $CI = \dfrac{w_L - w_n}{I_P} = \dfrac{w_L - w_n}{w_L - w_p}$
   ⑧ 유동지수(FI, I_f) : $FI = \dfrac{w_1 - w_2}{\log N_2 - \log N_1} = \dfrac{w_1 - w_2}{\log \dfrac{N_2}{N_1}}$
   ⑨ 터프니스지수(I_t) : $TI = \dfrac{PI}{FI}$
   ⑩ 활성도(A) : $A = \dfrac{\text{소성지수}(I_p)}{2\mu\text{보다 작은 입자의 중량백분율}(\%)}$

4. 흙의 입도분석
   ① 잔유율(P_r) : $P_r = \dfrac{W_{sr}}{W_s} \times 100(\%)$
   ② 가적 잔유율(P_r') : $P_r' = \Sigma P_r$
   ③ 가적 통과율(P') : $P' = 100 - P_r'$
   ④ 비중계의 유효깊이 : $L = L_1 + \dfrac{1}{2}\left(L_2 - \dfrac{V_B}{A}\right)$
   ⑤ 균등계수(C_u) : $C_u = \dfrac{D_{60}}{D_{10}}$
   ⑥ 곡률계수(C_g) : $C_g = \dfrac{D_{30}^2}{D_{10} \cdot D_{60}}$

5. 흙의 공학적 분류방법
   ① A선 : $I_p = 0.73(w_L - 20)$
   ② B선 : $w_L = 50\%$
   ③ 군지수(GI) : $GI = 0.2a + 0.005ac + 0.01bd$

▶ 상하수도공학

제1장 상수도시설 계획

1. 상수도 계통도
   수원 → 취수 → 도수 → 정수 → 송수 → 배수 → 급수

2. 상수도 시설계획
   1) 상수도 시설 계획년차 : 5~15년
   2) 계획 급수인구 : 급수구역내 총인구×급수 보급률(%)
   3) 급수보급율(%) = $\dfrac{\text{급수인구}}{\text{급수구역내 총인구}} \times 100$
   ① Goodrich 급수 보급율
   $P = 180t^{-0.10}$ 여기서 t = day

3. 장래인구추정
   1) 등차급수 방법 : $P_n = P_0 + na$
   P_n : n년 후의 추정인구
   P_0 : 현재인구
   n : 현재부터 계획년차 까지의 경과년수
   P_t : 현재부터 1년 전의 인구
   $a = $ 연평균 인구 증가수 $\left(= \dfrac{P_0 - P_t}{t}\right)$

   2) 등비급수 방법 : $P_n = P_0(1+r)^n$
   r : 연평균 인구증가율 $\left(= \left[\dfrac{P_0}{P_t}\right]^{1/t} - 1\right)$

   3) 최소자승법(最小自乘法) : $y = ax + b$
   y : 기준 년으로부터 x년 후의 인구
   x : 기준 년으로부터의 경과년수
   n : 과거의 인구 자료 수
   $\left[a = \dfrac{n\Sigma xy - \Sigma x \Sigma y}{n\Sigma x^2 - \Sigma x \Sigma x}, \; b = \dfrac{\Sigma x^2 \Sigma y - \Sigma x \Sigma xy}{n\Sigma x^2 - \Sigma x \Sigma x}\right]$

   4) Logistic Curve 방법
   $\therefore y = \dfrac{K}{1 + me^{-ax}} = \dfrac{K}{1 + e^{a-bx}}$
   여기서 y : 기준년 으로부터 x년 후의 인구
   x : 기준년 으로부터의 경과년수
   K : 포화인구
   m, a, b : 상수(최소자승법으로 구함)

4. 계획급수량
   1) 계획 1일 평균급수량 = $\dfrac{\text{1년간 총급수량}}{365}$
   2) 계획 1일 평균급수량 = 계획 1일 최대급수량 × [0.7(중소도시), 0.85(대도시, 공업도시)]

   3) 계획 1일 최대급수량 = 계획 1인 1일 최대급수량 × 계획 급수인구
   = 계획 1일 평균급수량 × [1.3 (대도시, 공업도시), 1.5 (중소도시)]

   4) 계획 시간 최대급수량 = $\dfrac{\text{계획 1일 최대급수량}}{24} \times C$
   여기서 $C = 1.3$(대도시, 공업도시), 1.5(중소도시)
   2.0(농촌, 소도시)

제2장 수질관리

1. 음용수 수질기준
   1) 미생물에 관한 기준
   ① 일반세균 - 1㎖ 중 100이하
   ② 대장균군 - 100㎖ 중 검출불가

   2) 무기물질에 대한 기준
   ① 비소 - 0.05mg/ℓ
   ② 암모니아성 질소 : 0.5mg/ℓ 이하

   3) 유기물질에 관한 기준
   ① 페놀 - 0.005mg/ℓ 이하
   ② 총트리할로메탄 - 0.1mg/ℓ 이하

5) 설계휨강도
$$M_d = \phi[A_{sf}f_y(d - \frac{t_f}{2}) + (A_s - A_{sf})f_y(d - \frac{a}{2})]$$

5. 사용성 및 내구성
1) 처짐
① 장기처짐 = (탄성처짐)·λ_Δ
여기서, $\lambda_\Delta = \dfrac{\xi}{1 + 50\rho'}$
ξ : 지속하중 재하기간에 따라 달라지는 계수로 아래 값을 사용한다.
3개월:1.0, 6개월:1.2, 1년: 1.4, 5년 이상: 2.0
압축철근비: $\rho' = \dfrac{A_s'}{bd}$
② 총처짐 = (탄성처짐) + (장기처짐)
③ 처짐을 계산하지 않는 경우의 보 또는 1방향 슬래브의 최소두께

지지조건	1방향 슬래브	보
단순지지	$\dfrac{l}{20}$	$\dfrac{l}{16}$
일단연속	$\dfrac{l}{24}$	$\dfrac{l}{18.5}$
양단연속	$\dfrac{l}{28}$	$\dfrac{l}{21}$
캔틸레버	$\dfrac{l}{10}$	$\dfrac{l}{8}$

$f_y \neq 400$MPa 일 때는 $\left(0.43 + \dfrac{f_y}{700}\right)$를 곱한 값을 사용

2) 표피철근 간격
① $s = 375\left(\dfrac{k_{cr}}{f_s}\right) - 2.5C_c$
② $s = 300\left(\dfrac{k_{cr}}{f_s}\right)$
위의 값 중 작은 값을 표피철근 간격으로 한다.
여기서, $f_s = \dfrac{2}{3}f_y$
C_c : 인장철근이나 표피철근의 피복두께
$k_{cr} = 280$(건조환경), 210(그 외의 환경)
3) 피로
① 기둥은 피로에 내해 검토하지 않아도 된다.
② 피로에 대해 검토하지 않아도 되는 철근응력 범위(130~150)MPa

4 전단 설계
1) 최대전단응력 발생위치 : 중립축 아래
2) 콘크리트가 부담하는 전단강도
$$V_c = \left(\dfrac{\lambda\sqrt{f_{ck}}}{6}\right)b_w d \; (N)$$
3) 전단보강의 판정
① $V_u \leq \phi V_c$: 이론상 전단보강이 불필요
② $\dfrac{1}{2}\phi V_c < V_u \leq \phi V_c$: 최소한의 전단보강
$$A_{v,min} = 0.0625\sqrt{f_{ck}}\dfrac{b_w s}{f_y} \leq 0.35\dfrac{b_w s}{f_y}$$

③ $V_u \leq \dfrac{1}{2}\phi V_c$: 실제 전단보강이 불필요
4) 전단 철근량
① 수직 스터럽 : $A_v = \dfrac{V_s s}{f_y d}$
② 경사스트럽(여러 곳에서 굽힌 굽힘철근)
$$A_v = \dfrac{V_s s}{f_y d(\sin\alpha + \cos\alpha)}$$
③ 한 곳에서 굽힌 굽힘철근 : $A_v = \dfrac{V_s}{f_y \sin\alpha}$
(단, V_s는 $0.25\sqrt{f_{ck}}b_w d$ 이하라야 함)
5) 전단 철근의 간격제한

V_s		$\left(\dfrac{\sqrt{f_{ck}}}{3}\right)b_w d$ 이하	$\left(\dfrac{\sqrt{f_{ck}}}{3}\right)b_w d$ 초과
수직 스트럽	RC	$\dfrac{d}{2}$ 이하, 600mm 이하	간격 절반($\dfrac{1}{2}$)으로 감소
	PSC	$0.75h$ 이하, 600mm 이하	
경사 스트럽 굽힘 철근		$\dfrac{3d}{4}$ 이하	

---

② 파괴면에 작용하는 수직응력(σ)
$$\sigma = \dfrac{\sigma_1 + \sigma_3}{2} + \dfrac{\sigma_1 - \sigma_3}{2}\cos 2\theta$$
③ 파괴면에 작용하는 전단응력(τ)
$$\tau = \dfrac{\sigma_1 - \sigma_3}{2}\sin 2\theta$$
④ 파괴면과 최대주응력면이 이루는 각(θ)
$$\theta = 45° + \dfrac{\phi}{2}$$

2. 전단강도정수를 결정하기 위한 시험
1) 전단응력
① 1면 전단시험 : $\tau = \dfrac{S}{A}$
② 2면 전단시험 : $\tau = \dfrac{S}{2A}$
2) 일축압축강도
① 일축압축강도(q_u)
$$q_u = \dfrac{P}{A_0} = \dfrac{P}{\dfrac{A}{1-\epsilon}} = \dfrac{P \cdot (1-\epsilon)}{A}$$
$$q_u = 2c_u \cdot \tan\left(45° + \dfrac{\phi}{2}\right)$$
$$q_u = \dfrac{N}{8}$$
② 전단강도와 N 값의 관계
$$c_u = \dfrac{q_u}{2} = \dfrac{N}{16} = 0.0625 N$$
③ 변형계수(E_{50}) : $E_{50} = \dfrac{(\dfrac{q_u}{2})}{\epsilon_{50}} = \dfrac{q_u}{2\epsilon_{50}}$

3. 예민비(S_t)
① Terzaghi 공식 : $S_t = \dfrac{q_u}{q_{ur}}$
② Tschebotarioff 공식 : $S_t = \dfrac{q_u}{q_{ur}'}$

4. 현장에서의 전단강도 측정
1) 표준관입 시험의 N 값의 수정
① Rod 길이에 대한 수정 : $N_1 = N' \cdot \left(1 - \dfrac{x}{200}\right)$
② 토질에 의한 수정 : $N_2 = 15 + \dfrac{1}{2}(N_1 - 15)$
③ 상재압에 의한 수정 : $N = N' \cdot \left(\dfrac{5}{1.4P + 1}\right)$
여기서, P : 유효상재하중(kg/cm^2) ≤ 2.8kg/cm^2

2) N 값과 ϕ의 관계

입도 및 입자 상태	내부마찰각
흙 입자가 모가 나고 입도가 양호	$\phi = \sqrt{12N} + 25$
흙 입자가 모가 나고 입도가 불량	$\phi = \sqrt{12N} + 20$
흙 입자가 둥글고 입도가 양호	$\phi = \sqrt{12N} + 20$
흙 입자가 둥글고 입도가 불량	$\phi = \sqrt{12N} + 15$

3) 베인전단시험에 의한 전단강도
$$S = c_u = \dfrac{T}{\pi \cdot D^2 \cdot (\dfrac{H}{2} + \dfrac{D}{6})}$$

5. 공극극수압계수 및 응력경로
1) 공극수압계수
① 공극수압계수 = 간극 압력 계수 = $\dfrac{\Delta u}{\Delta \sigma}$
② 등방압축시 때의 공극수압계수(B 계수)
$$B = \dfrac{\Delta u}{\Delta \sigma_3}$$
③ 일축압축시 때의 공극수압계수(D 계수)
$$D = \dfrac{\Delta u}{\Delta \sigma_1}$$
④ 삼축압축시에 생기는 공극수압
$$\Delta u = B \cdot [\Delta \sigma_3 + A \cdot (\Delta \sigma_1 - \Delta \sigma_3)]$$
2) K_f 선과 ϕ선의 관계
① 내부마찰각(ϕ) : $\phi = \sin^{-1}(\tan\alpha)$
② 점착력(c) : $c = \dfrac{m}{\cos\phi}$

제6장 토 압

1. 토압의 이론
① 수평응력(σ_h)
$$\sigma_h = K_o \cdot \sigma_v = K_o \cdot \gamma \cdot z$$
② 모래 및 정규압밀점토의 정지토압계수(K_0)
$$K_0 = 1 - \sin\phi'$$
③ 과압밀점토의 정지토압계수($K_{0(과압밀)}$)
$$K_{0(과압밀)} = K_{0(정규압밀)}\sqrt{OCR}$$

여기서 v_s : 독립입자의침강속도, g : 중력가속도
ρs : 독립입자의비중, ρ : 액체의비중
μ : 액체의점성계수, d: 독립입자의직경

2) 표(수)면적부하 $\dfrac{Q}{A} = \dfrac{h_o}{t} = v_o$
여기서 t : 침전지 체류시간(침전시간)
h_0 : 침전지 높이

3) 침전제거율 $E = \dfrac{h}{h_0} = \dfrac{v_s}{v_o} = \dfrac{v_s}{\dfrac{Q}{A}}$

4) 약품침전지
① 용량 : 계획 정수량의 3~5시간 분
② 유효수심 : 3~5.5m

5) 보통침전지
① 용량 : 계획 정수량의 8시간 분

6) 여과지
① 완속여과지
㉠ 여과속도 – 4~5m/day
㉡ 여과지면적 : A = Q / V
여기서 Q : 계획정수량 V : 여과속도
㉢ 모래층두께 : 70~90cm
② 급속여과지
㉠ 여과지면적 : 150㎡이하
㉡ 여과속도 : 120~150 m/day

4. 염소소독(Chlorination)
1) 염소주입량 = 염소주입농도 × 유량 × $\dfrac{1}{순도}$
염소주입 농도 = 염소 요구 농도 + 잔류 염소 농도
2) 결합 잔류 염소(클로라민) : NH_2CL, $NHCL_2$, NCL_3
3) 유리 잔류 염소 : $HOCL$, OCL^-

제6장 하수도시설 계획

1. 하수도 기본계획의 목표년도 : 20년

2. 하수도 배제방식
1) 분류식
① 전 오수를 처리장으로 수송 시킬 수 있다.
② 오수관, 우수관을 별도로 매설 하므로 관거 부설 비가 많이 든다.
③ 오염도가 심한 초기 우수를 처리할 수 없다.

2) 합류식
① 관거의 단면적이 커서 관거 내의 검사에 편리하다.
② 오수관과 우수관을 하나로 매설 하므로 관거의 부설비가 저렴하다.
③ 사설 하수도에 연결하기가 쉽다.

3. 계획 우수량 산정
1) 우수유출량 산정식(합리식)
$$Q = \dfrac{1}{360}C \cdot I \cdot A$$
Q : 우수유출량(m^3/sec), C : 유출계수
I : 강우강도(mm/hr), A : 배수면적(ha)
$Q = \dfrac{1}{3.6}C \cdot I \cdot A$ [A : 배수면적(km^2)일 경우]

2) 강우강도식(I)
① Talbot식 $I = \dfrac{a}{t + b}$ ② Sherman식 $I = \dfrac{a}{t^n}$
③ Japanese 식 $I = \dfrac{a}{\sqrt{t} + b}$
여기서 t : 강우 지속시간(min)
a, b, n : 상수

3) 유달시간(min) = 유입시간 + 유하시간

4. 계획오수량
1) 계획오수량 = 생활오수량 + 공장폐수량 + 지하수량
2) 계획 1일 최대오수량 = (1인 1일 최대오수량 × 계획인구) + 공장폐수량 + 지하수량 + 기타 배수량
3) 계획 1일 평균오수량 = 계획 1일 최대오수량 × 0.7(중소도시) 또는 0.8(대도시, 공업도시)

▶ 철근콘크리트

3. 보의 휨 설계

1) 균형 보

① 중립축위치

$$\frac{C_b}{d} = \frac{\epsilon_{cu}}{\epsilon_{cu}+\epsilon_y} \Rightarrow C_b = \frac{\epsilon_{cu}}{\epsilon_{cu}+\frac{f_y}{E_s}}d$$

② 균형철근비

$$\rho_b = \frac{\eta(0.85f_{ck})\beta_1}{f_y} \cdot \frac{\epsilon_{cu}}{\epsilon_{cu}+\epsilon_y}$$

$$= \frac{\eta(0.85f_{ck})\beta_1}{f_y} \cdot \frac{660}{660+f_y}$$

2) 단 철근 직사각형 보

① 등가응력사각형깊이(a)

$$a = \frac{A_s f_y}{\eta(0.85f_{ck})b}$$

② 설계휨강도($M_d = \phi M_n$)

$$M_d = \phi A_s f_y\left(d-\frac{a}{2}\right) = \phi f_{ck}bd^2(1-0.59q)$$

여기서, $q = \frac{\rho f_y}{\eta f_{ck}}$

③ 최대철근비($\rho_{s,max}$)

$$\rho_{s,max} = \frac{\eta(0.85f_{ck})\beta_1}{f_y} \cdot \frac{\epsilon_{cu}}{\epsilon_{cu}+\epsilon_{a,min}}$$

$$= \frac{\epsilon_{cu}+\epsilon_y}{\epsilon_{cu}+\epsilon_{a,min}}\rho_b$$

여기서, $\epsilon_y = \frac{f_y}{E_s}$, $\epsilon_{cu} = 0.0033$

$\epsilon_{a,min}$: 최소허용변형률

f_y : 철근의 설계기준 항복강도(MPa)	휨 부재 허용 값	
	최소허용변형률 ($\epsilon_{a,min}$)	최대철근비 ($\rho_{s,max}$)
300	0.004	$0.658\rho_b$
350	0.004	$0.692\rho_b$
400	0.004	$0.726\rho_b$

④ 유효철근량

$$A_{s,max} = \rho_{s,max}bd$$

⑤ 최 외단 인장철근의 순 인장 변형률

$$c:\epsilon_{cu}=(d_t-c):\epsilon_t \rightarrow \therefore \epsilon_t=\epsilon_{cu}\left(\frac{d_t-c}{c}\right)$$

3) 복철근 직사각형 보

① 등가응력사각형깊이

$$a = \frac{(A_s-A_s')f_y}{\eta(0.85f_{ck})b}$$

② 설계휨강도

$$M_d = \phi M_n$$
$$= \phi\left[(A_s-A_s')f_y\left(d-\frac{a}{2}\right)+A_s'f_y(d-d')\right]$$

4. T형보

1) T형 보의 판정

① 정(+)모멘트 작용 시: 폭 b로 하는 단 철근 직사각형보로 보고 a 값을 구함

$$a = \frac{A_s f_y}{\eta(0.85f_{ck})b}$$

$a \leq t_f$: 폭 b인 직사각형보로 설계
$a > t_f$: T형 보로 설계

② 부(−)모멘트 작용 시 : 폭이 b_w인 직사각형 보로 보고 설계

2) 플랜지 유효 폭

T형보(대칭 T형보)	반T형 보(비대칭 T형보)
① $16t_f+b_w$	① $6t_f+b_w$
② 양쪽 슬래브의 중심간 거리	② 인접 보와 내측거리의 $\frac{1}{2}+b_w$
③ 보의 경간의 $\frac{1}{4}$	③ 보의 경간의 $\frac{1}{12}+b_w$
①,②,③ 중에서 최솟 값	①,②,③ 중에서 최솟 값

3) 등가응력사각형깊이

$$a = \frac{(A_s-A_{sf})f_y}{\eta(0.85f_{ck})b_w}$$

4) 플랜지의 내민 부문에 해당하는 압축력과 균형을 이루는 인장철근량(A_{sf})

$$A_{sf} = \frac{\eta(0.85f_{ck})(b-b_w)t_f}{f_y}$$

▶ 토질 및 기초

4. 분사현상

1) 한계동수경사(i_c)

$$i_c = \frac{\gamma_{sub}}{\gamma_w} = \frac{G_s-1}{1+e}$$

2) 분사현상

① 분사현상이 안 일어날 조건 : $i<i_c=\frac{\gamma_{sub}}{\gamma_w}=\frac{G_s-1}{1+e}$

② 분사현상이 일어날 조건 : $i\geq i_c=\frac{\gamma_{sub}}{\gamma_w}=\frac{G_s-1}{1+e}$

③ 안전율 : $F_s=\frac{i_c}{i}=\frac{\frac{G_s-1}{1+e}}{\frac{h}{L}}$

5. 지중응력

1) 집중하중에 의한 연직응력 증가량($\Delta\sigma_z$)

① 연직응력 증가량($\Delta\sigma_z$) : $\Delta\sigma_z=\frac{Q}{z^2}\cdot I$

② 영향계수(I) : $I=\frac{3\cdot z^5}{2\cdot\pi\cdot R^5}$

2) 사각형 등분포하중에 의한 응력증가

① 연직응력 증가량($\Delta\sigma_z$) : $\Delta\sigma_z=q_s\cdot I$

② 영향계수 : $I=f(m,n)$

3) New−Mark 영향원법

$$\Delta\sigma_z = 0.005\cdot n\cdot q_s$$

4) 2 : 1분포법($\tan\theta=\frac{1}{2}$ 법, kögler 간편법)

$$\Delta\sigma_z = \frac{Q}{(B+z)\cdot(L+z)}=\frac{q_s\cdot B\cdot L}{(B+z)\cdot(L+z)}$$

제4장 흙의 압축성

1. 압밀이론

① 압밀계수(C_v) : $C_v=\frac{K}{m_v\cdot\gamma_w}$

② 압축계수(a_v) : $a_v=\frac{\Delta e}{\Delta\sigma'}=\frac{e_1-e_2}{\sigma_2'-\sigma_1'}$

③ 체적변화계수(m_v) : $m_v=\frac{\frac{\Delta V}{V}}{\Delta\sigma'}=\frac{a_v}{1+e_1}$

④ 압축지수(C_c) : $C_c=\frac{e_1-e_2}{\log\sigma_2'-\log\sigma_1'}=\frac{e_1-e_2}{\log\frac{\sigma_2'}{\sigma_1'}}$

⑤ 시간계수(T_v) : $T_v=\frac{C_v\cdot t}{d^2}$

⑥ 압밀도(U)

㉮ 압밀량 : $U=\frac{\Delta H_t}{\Delta H}\times 100(\%)$

㉯ 과잉간극수압의 소산정도

$$U=\frac{u_i-u_e}{u_i}\times 100 = \left(1-\frac{u_e}{u_i}\right)\times 100(\%)$$

㉰ 시간계수 : $U=f(T_v)\propto\frac{C_v\cdot t}{d^2}$

2. 압밀시험

① 흙 입자의 높이(H_s) : $H_s=\frac{W_s}{A\cdot G_s\cdot\gamma_w}$

② 초기 간극비(e_0) : $e_0=\frac{V_v}{V_s}=\frac{H-H_s}{H_s}=\frac{H}{H_s}-1$

③ 과압밀비(OCR) : $OCR=\frac{\text{선행압밀하중}(P_c)}{\text{현재의 유효상재하중}(P_0)}$

3. 압밀침하량 및 압밀시간

① $\sqrt{t}$ 법에 의한 압밀계수(C_v)

$$C_v=\frac{T_{90}\cdot d^2}{t_{90}}=\frac{0.848d^2}{t_{90}}$$

② log t 법에 의한 압밀계수(C_v)

$$C_v=\frac{T_{50}\cdot d^2}{t_{50}}=\frac{0.197d^2}{t_{50}}$$

③ 압밀시간(t) : $t=\frac{T\cdot d^2}{C_v}$

④ 압밀침하량(ΔH) : $\Delta H=\frac{C_c}{1+e_1}\cdot\log\left(\frac{\sigma_2'}{\sigma_1'}\right)\cdot H$

제5장 흙의 전단강도

1. Mohr−Coulomb의 파괴이론

① 흙의 전단강도

종류	일반 흙	모래	포화점토
공식	$\tau=c'+\sigma'\cdot\tan\phi$	$\tau=\sigma'\cdot\tan\phi$	$\tau=c_u$

▶ 상하수도공학

2. 상수관로 설계공식

1) 평균유속 공식

① Hazen-Williams공식(관수로)

$$v=0.84935CR^{0.63}I^{0.64}$$

여기서 v : 평균유속(m/sec) C : 평균유속계수
R : 동수반경(m) I : 수면경사

② Manning공식(개수로)

$$v=\frac{1}{n}R^{2/3}I^{1/2}$$

여기서 n : 조도계수(0.013~0.015)

③ Chezy공식(개수로, 관수로 공통)

$$v=C\sqrt{RI}$$

2) 관수로의 손실수두

① 마찰손실수두 (대손실)

$$h_L=f\cdot\frac{l}{D}\cdot\frac{v^2}{2g} \quad \text{(Darcy-Weisbach공식)}$$

여기서 h_L : 손실수두(m), l : 관수로의길이(m)
D : 관의직경(m), v : 유속(m/sec)
g : 중력가속도(m/sec²) f : 마찰손실계수

② 미소손실수두(h_s)

$$h_S=f_x\cdot\frac{v^2}{2g}$$

여기서 k : 미소손실계수 $f_i=0.5, f_o=1.0$

3) 관두께 결정식(t)

$$t=\frac{pD}{2\sigma_{ta}}$$

여기서 t : 관의 두께(mm), p : 관내 수압(kg/cm²)
D : 관의 내경(mm),
σ_{ta} : 관의 허용응력(kg/cm²)

3. 배수계획

1) 계획배수량

① 평상시 : 계획 시간 최대급수량
② 화재시 : 계획 1일 최대급수량의 1시간당 수량 + 소화 용수량

2) 배수시설

① 배수지유효용량
㉮ 표준용량 : 계획 1일 최대 급수량의 12시간 분 이상
㉯ 최소용량 : 계획 1일 최대 급수량의 6시간 분
② 배수지 위치 : 배수구역 중앙에 위치하여 관말에서 압력이 최소동수압 1.5kg/cm²이상 나타나는 곳

제5장 정수장시설

1. 정수장 계획

1) 계획정수량 : 계획1일 최대급수량 기준
2) 정수처리 계통도
① 완속여과 : 취수→도수→착수정→보통침전지→완속여과지→염소소독
② 급속여과 : 취수→도수→착수정→혼화지→플록 형성지→약품침전지→급속여과지→염소소독

2. 응집시설

1) 플록형성지
① 용량 – 계획 정수량의 20~40분간 체류할 수 있는 용량
② 속도경사(G)

$$G=\sqrt{\frac{P\cdot\eta}{\mu\cdot V}}$$

여기서 P : 축동력($watt$) η : 효율
μ : 점성계수(kg/m·sec) V : 응집지 부피(m³)

3. 침전지 및 여과지

1) 침전속도(Stokes 법칙)

$$v_s=\frac{g(\rho_s-\rho)d^2}{18\mu}$$

2 강도설계법의 개요

1) 재료가 파단점 또는 파단점 부근에 위치
2) RC를 완전(탄)소성체로 취급
3) 소성이론 적용
4) 안전성 확보가 가장 중요
5) 설계 개념
   ① 인장지배단면 : $M_u \leq \phi M_n (\phi = 0.85)$
   ② 전단부재 : $V_u \leq \phi V_n (\phi = 0.75)$
   ③ 비틀림부재 : $T_u \leq \phi T_n (\phi = 0.75)$
   ④ 압축지배단면 : $P_u \leq \phi P_n$
      띠철근 : $\phi = 0.65$
      나선철근 : $\phi = 0.70$
6) 계수하중(U)
   $U = 1.2D + 1.6L \geq 1.4D$
7) 설계 시 기본가정
   ① 철근과 콘크리트의 변형률은 중립축으로부터 비례. 단, 깊은 보의 경우 비선형분포 또는 스트럿 타이 모델을 적용
   ② 콘크리트의 압축 측 연단의 극한변형률(ϵ_{cu})
      $f_{ck} \leq 40$MPa인 경우: $\epsilon_{cu} = 0.0033$
      $f_{ck} > 40$MPa인 경우 매 10MPa 증가 시 0.0001씩 감소
   ③ 철근의 변형률과 응력(f_s)
      $f_s \leq f_y \rightarrow f_s = E_s \epsilon_s$
      $\epsilon_s > \epsilon_y \rightarrow f_y = E_s \epsilon_y$
   ④ 콘크리트의 인장강도는 부재단면의 축강도와 휨강도 계산에서 무시
   ⑤ 콘크리트의 압축응력 변형률 관계 등가 직사각형 압축응력블록으로 가정하는 경우, 압축 측 연단에서 콘크리트 응력의 크기 $\eta(0.85f_{ck})$, 압축응력 블록의 깊이 $a = \beta_1 c$

등가 직사각형 응력분포 변수 값

f_{ck}(MPa)	ϵ_{cu}	η	β_1
< 40	0.0033	1.00	0.80

포물선 직선 형상의 응력-변형률 관계로 나타낼 경우, 압축 측 연단의 압축응력 평균값 $\alpha(0.85f_{ck})$, 압축응력분포의 깊이 $a = 2\beta c$

응력분포 변수 및 계수 값

f_{ck}(MPa)	ϵ_{cu}	α	β
≤ 40	0.0033	0.8	0.40

8) 강도감소계수(ϕ)

적용부재	강도감소계수	적용부재	강도감소계수
인장지배단면	0.85	전단력과 비틀림	0.75
압축지배단면	띠철근기둥: 0.65 나선철근기둥: 0.70	포스트텐션 정착구역	0.85
변화구간단면	0.65(0.70) ~ 0.85 직선보간	무근 콘크리트	0.55

9) 지배 단면에 따른 강도감소계수(ϕ)

지배단면	최 외단 인장철근의 순 인장 변형률(ϵ_t)	강도감소계수(ϕ)
압축지배단면	$\epsilon_t \leq \epsilon_y$	• 띠철근: 0.65 • 나선철근: 0.70
변화구간단면	1) $f_y \leq 400$MPa인 경우 $\epsilon_y < \epsilon_t < 0.005$ 2) $f_y > 400$MPa인 경우 $\epsilon_y < \epsilon_t < 2.5\epsilon_y$	• 띠철근(기타) $\phi = 0.65$ $+0.2(\frac{\epsilon_t - \epsilon_y}{0.005 - \epsilon_y})$ • 나선철근 $\phi = 0.70$ $+0.15(\frac{\epsilon_t - \epsilon_y}{0.005 - \epsilon_y})$
인장지배단면	1) $f_y \leq 400$MPa인 경우 : $\epsilon_t \geq 0.005$ 2) $f_y > 400$MPa인 경우 : $\epsilon_t \geq 2.5\epsilon_y$	0.85

여기서, $\epsilon_t = \epsilon_{cu}(\frac{d_t - c}{c})$, $\epsilon_{cu} = 0.0033$, $\epsilon_y = \frac{f_y}{E_s}$

제2장 흙의 투수성과 침투

1. 모관현상

① 모관상승고(h_c) : $h_c = \frac{4 \cdot T \cdot \cos\alpha}{\gamma_w \cdot D}$

② 표준온도(15℃)에서의 모관상승고 : $h_c = \frac{0.3}{D}$

③ Hazen 공식 : $h_c = \frac{c}{e \cdot D_{10}}$

2. Darcy의 법칙

① 전수두(h_t) : $h_t = \frac{u}{\gamma_w} + z$

② 동수경사(i) : $i = \frac{\Delta h}{L}$

③ Darcy의 법칙 : $v = K \cdot i = K \cdot \frac{h}{L}$

④ 실제 침투속도(v_s) : $v_s = \frac{v}{\frac{n}{100}}$

3. 투수계수

① 투수계수 : $K = D_s^2 \cdot \frac{\gamma_w}{\eta} \cdot \frac{e^3}{1+e} \cdot C$

② 정수위 투수시험 : $K = \frac{Q \cdot L}{A \cdot h \cdot t}$

③ 변수위 투수시험 : $K = \frac{2.3 \cdot a \cdot L}{A \cdot T} \log \frac{h_1}{h_2}$

④ 압밀시험 : $K = C_v \cdot m_v \cdot \gamma_w = C_v \cdot \frac{a_v}{1 + e_1} \cdot \gamma_w$

⑤ Hazen 공식 : $K = C \cdot D_{10}^2$

4. 비균질 토층의 평균투수계수

① 수평방향 평균투수계수(K_h)
$K_h = \frac{1}{H}(K_1 \cdot H_1 + K_2 \cdot H_2 + K_3 \cdot H_3)$

② 수직방향 평균투수계수(K_z)
$K_z = \frac{H}{\frac{H_1}{K_1} + \frac{H_2}{K_2} + \frac{H_3}{K_3}}$

③ 등가등방성 투수계수(K')
$K' = \sqrt{K_h \cdot K_z}$

④ 침투수량(단위폭당 침투량)
$q = K \cdot H \cdot \frac{N_f}{N_d}$

5. 간극수압

① 임의의 점에서의 전수두(h_t) : $h_t = \frac{n_d}{N_d} \cdot H$

② 위치수두(h_e)
위치수두는 하류수면을 기준으로 하여 높이를 측정하는데 기준선 아래에 위치하는 경우 (−)값을 가진다.

③ 압력수두(h_p) : $h_p = h_t - h_e$

④ 간극수압(u_p) : $u_p = \gamma_w \cdot h_p$

6. 동결심도(Z)

$Z = C \cdot \sqrt{F} = C \cdot \sqrt{\theta \cdot t}$

제3장 유효응력

1. 유효응력의 개념

① 전응력(σ) : $\sigma = \gamma \cdot z$

② 중립응력(u) : $u = \gamma_w \cdot H$

③ 유효응력(σ') : $\sigma' = \sigma - u$

2. 모관영역의 유효응력

① 완전히 포화된 흙의 모관포텐셜(ϕ)
$\phi = -\gamma_w \cdot h$

② 부분적으로 포화된 흙의 모관포텐셜(ϕ)
$\phi = -\frac{S}{100} \cdot \gamma_w \cdot h$

③ 모관영역의 유효응력(σ')
$\sigma' = \sigma - u = \sigma - (-\gamma_w \cdot h) = \sigma + \gamma_w \cdot h$

3. 침투수압

① 단위면적당 침투수압(F)
$F = i \cdot \gamma_w \cdot z$

② 단위체적당 침투수압(j)
$j = i \cdot \gamma_w$

---

4) 심미적 영향물질에 관한 기준
   ① 탁도 − 2도 이하   ② 색도 − 5도 이하
   ③ 경도 − 300mg/ℓ 이하

2. 물의 자정작용

1) 자정작용
   ① 자정작용인자 − 물리적 작용, 화학적 작용, 생물학적 작용(가장 큰 역할 담당)
   ② 자정계수 : $f = \frac{재폭기계수}{탈산소계수} = \frac{k_2(day^{-1})}{k_1(day^{-1})}$

3. 호소의 순환 및 부영양화

1) 호소의 순환
   ① 전도현상 − 봄, 가을
   ② 성층현상 − 여름(가장 두드러짐), 겨울
2) 부영양화
   ① 원인물질: 질소, 인, 등의 영양염류
   ② 조류제거 : 황산구리
3) 수질관계식
   ① BOD 잔존량 공식
   $L_t = L_a \cdot e^{-k_1 \cdot t} = L_a \cdot 10^{-k_1' \cdot t}$

L_t : t 일후 잔존하는 BOD(mg/ℓ)
L_a : 최초 BOD(mg/ℓ) 또는 최종BOD(BOD_u)
k_1 : 탈산소계수(day^{-1}) t : day
e : 자연로그의 밑(2.71...)

   ② BOD 소모량 공식
   $Y = L_a - L_t = L_a(1 - 10^{-k_1 \times t})$
   Y : t일 동안 소비된 BOD (mg/ℓ)

   ③ 수소이온 농도 (pH)
   $pH = \log \frac{1}{[H^+]} = -\log[H^+] = \log \frac{10^{-14}}{[OH^-]}$

   pH < 7 : 산성, pH = 7 : 중성
   pH > 7 : 알칼리성

제3장 수원 취수

1. 수원

1) 수원의 종류 : 지표수(상수원수 대부분 차지), 지하수, 천수

2. 취수

1) 계획취수량 − 계획1일 최대 급수량기준 그 외에 5~10 % 정도 여유를 둔다.
2) 취수방법 − 취수관, 취수문, 취수탑, 취수문 등
3) 저수지취수

   ① 저수지 용량(가정법) : $C = \frac{5,000}{\sqrt{0.8R}}$

   C : 저수지 용량(계획 1일 급수량의 배수)
   R : 연평균 강우량(mm)

   ② 유량누가곡선법 (리플법)

제4장 상수관로 시설

1. 도수 및 송수계획

1) 계획 도·송수량
   ① 계획도수량 : 계획 취수량을 기준
   ② 계획송수량 : 계획 1일 최대급수량을 기준 그 외 손실량 고려

2) 도·송수방식
   ① 자연유하식 : 수원의 위치가 높고 도수로 길 때, 수압 신뢰성 좋다.
   ② 펌프압송식 : 지하수 수원일 경우, 수로를 짧게 할 수 있어 건설비 저렴하다.

3) 도·송수관로의 유속
   ① 최소유속 : 0.3m/sec 이상
   ② 최대유속 : 3m/sec 이하

5 철근의 정착과 이음

1. 철근 간격
1) 주철근의 수평 순간격
   ① 25mm 이상 ② d_b 이상 ③ $\frac{4}{3}G_{max}$ 이상
2) 주철근의 연직 순간격
   ① 25mm 이상 ② 동일연직면내에 위치
3) 축방향철근의 간격
   ① 40mm 이상 ② $1.5d_b$ 이상

3. 철근의 정착
1) 이론상 정착길이 : $l_d = \frac{f_y d_b}{4v_u}$
2) 기본 정착길이
   ① 인장을 받는 경우 : $\frac{0.6 d_b f_y}{\lambda \sqrt{f_{ck}}}$
   ② 압축을 받는 경우 : $\frac{0.25 d_b f_y}{\lambda \sqrt{f_{ck}}}$
   ③ 갈고리를 갖는 경우 : $\frac{0.24 \beta d_b f_y}{\lambda \sqrt{f_{ck}}}$
3) 정착길이의 제한
   ① 인장을 받는 경우 : 300mm 이상
   ② 압축을 받는 경우 : 200mm 이상
   ③ 갈고리를 갖는 경우 : 150mm 이상, $8d_b$ 이상
4) 경량콘크리트계수(λ)
   ① f_{sp}값이 없는 경우
   - 전경량콘크리트 : $\lambda = 0.75$
   - 모래경량콘크리트 : $\lambda = 0.85$
   ② f_{sp}값이 있는 경우
   $$\lambda = \frac{f_{sp}}{0.56\sqrt{f_{ck}}} \leq 1.0$$

4. 다발철근의 정착길이
① 3다발 철근 : 20%증가 ② 4다발 철근 : 33%증가

5. 겹침 이음
1) D35 이하인 이형철근을 대상으로 한다.
2) 다발철근의 겹침이음길이
   ① 3다발 철근 : 20% 증가
   ② 4다발 철근 : 33% 증가
3) 완전이음은 철근 항복강도의 125% 이상을 발휘하여야 한다.
4) 겹침이음 길이
   ① A급 이음 : $1.0l_d$ 이상, 300mm 이상
   ② B급 이음 : $1.3l_d$ 이상, 300mm 이상

6 기둥

1. 구조상세
1) 축방향 철근의 최소개수
   ① 띠철근   삼각형 : 3개 이상
              사각형, 원형 : 4개 이상
   ② 나선철근 : 6개 이상(원형)
2) 축방향 철근비 : (1~8)%
3) 띠철근의 간격
   - 축방향철근 지름의 16배 이하
   - 띠철근 지름의 48배 이하
   - 단면최소치수 이하
4) 나선철근기둥의 설계기준강도 : 21MPa이상
5) 나선철근비
$$\rho_s = \frac{\text{나선철근의 전체적}}{\text{심부체적}} \geq 0.45\left(\frac{A_g}{A_{ch}}-1\right)\frac{f_{ck}}{f_{yt}}$$

2. 최소 편심(e_{min})
① 나선철근 : 0.05t (t : 원의 지름)
② 띠철근 : 0.10t (t : 단면최소치수)

3. 중심축하중을 받는 기둥의 설계강도
1) 띠철근 기둥
   $P_d = 0.80\phi P_n = 0.80\phi[0.85f_{ck}(A_g - A_{st}) + f_y A_{st}]$
2) 나선철근 기둥
   $P_d = 0.85\phi P_n = 0.85\phi[0.85f_{ck}(A_g - A_{st}) + f_y A_{st}]$

4. 편심하중을 받는 기둥의 설계강도
$P_d = \phi(C_c + C_s - T_s)$
$\quad = \phi[0.85f_{ck}\,ab + (A_s' - A_s)f_y]$

---

2. Rankine의 토압이론
1) 사질토인 경우의 연직옹벽에 작용하는 토압
   ① 주동토압계수(K_A) : $K_A = \tan^2(45°-\frac{\phi}{2}) = \frac{1-\sin\phi}{1+\sin\phi}$
   ② 주동토압강도(σ_{ha}) : $\sigma_{ha} = K_A \cdot \sigma_v$
   ③ 전주동토압(P_A) : $P_A = \frac{1}{2}\cdot K_A \cdot \gamma \cdot H^2$
   ④ 작용점($\bar{y}$) : $\bar{y} = \frac{1}{3}H$
2) 수동토압
   ① 수동토압계수(K_P) : $K_P = \tan^2(45°+\frac{\phi}{2}) = \frac{1+\sin\phi}{1-\sin\phi}$
   ② 수동토압강도(σ_{hp}) : $\sigma_{hp} = K_P \cdot \sigma_v$
   ③ 전수동토압(P_P) : $P_P = \frac{1}{2}\cdot K_P \cdot \gamma \cdot H^2$
   ④ 작용점($\bar{y}$) : $\bar{y} = \frac{1}{3}H$
3) 상재하중이 있는 경우의 연직옹벽에 작용하는 토압
   ① 임의의 점에서 수직응력(σ_v) : $\sigma_v = \gamma \cdot z + q_s$
   ② 임의의 점에서 수평응력(σ_{ha}) : $\sigma_{ha} = K_A \cdot (\gamma \cdot z + q_s)$
   ③ 전주동토압(P_A)
   $P_A = P_{A1} + P_{A2} = K_A \cdot q_s \cdot H + \frac{1}{2}\cdot K_A \cdot \gamma \cdot H^2$
   ④ 작용점($\bar{y}$) : $\bar{y} = \frac{(P_{A1}\times \frac{H}{2} + P_{A2}\times \frac{H}{3})}{P_{A1}+P_{A2}}$

4) 뒤채움 흙이 이질층인 경우의 토압
   ① 전주동토압(P_A)
   $P_A = P_{A1} + P_{A2} + P_{A3}$
   $= \frac{1}{2}\cdot K_{A1}\cdot \gamma_1 \cdot H_1^2 + K_{A2}\cdot \gamma_1 \cdot H_1 \cdot H_2$
   $\quad + \frac{1}{2}\cdot K_{A2}\cdot \gamma_2 \cdot H_2^2$
   ② 작용점($\bar{y}$)
   $\bar{y} = \frac{(\frac{H_1}{3}+H_2)\cdot P_{A1} + (\frac{H_2}{2})\cdot P_{A2} + (\frac{H_2}{3})\cdot P_{A3}}{P_A}$
5) 지하수가 있는 경우의 토압
   ① 전주동토압(P_A)
   $P_A = P_{A1} + P_{A2} + P_{A3} + P_{A4}$
   $= \frac{1}{2}\cdot K_A \cdot \gamma_t \cdot H_1^2 + K_A \cdot \gamma_t \cdot H_1 \cdot H_2 + \frac{1}{2}$
   $\quad \cdot K_A \cdot \gamma_{sub}\cdot H_2^2 + \frac{1}{2}\cdot \gamma_w \cdot H_2^2$
   ② 작용점($\bar{y}$)
   $\bar{y} = \frac{(\frac{H_1}{3}+H_2)\cdot P_{A1} + (\frac{H_2}{2})\cdot P_{A2} + (\frac{H_2}{3})\cdot P_{A3} + (\frac{H_2}{3})\cdot P_{A4}}{P_A}$

3. 옹벽의 안정
① 활동에 대한 안정 : $F_s = \frac{R_v \cdot \tan\delta}{R_h} > 1.5$
② 전도에 대한 안정 : $F_s = \frac{M_r}{M_t} > 2$

③ 지반의 지지력에 대한 안정
$\sigma = \frac{P}{A} \pm \frac{M}{I}\cdot y = \frac{R_v}{B}\cdot(1\pm\frac{6e}{B})$

제7장 사면의 안정

1. 안전율(F_s)

종 류	공 식
① 전단에 대한 안전율	$F_s = \frac{\text{전단강도}(\tau_f)}{\text{전단응력}(\tau_d)}$
② 모멘트에 대한 안전율	$F_s = \frac{\text{저항 모멘트}(M_R)}{\text{회전 모멘트}(M_D)}$
③ 평면 활동에 대한 안전율	$F_s = \frac{\text{활동에 저항하는 힘}(P_R)}{\text{활동을 일으키려는 힘}(P_D)}$
④ 높이에 대한 안전율	$F_s = \frac{\text{한계고}(H_c)}{\text{사면의 높이}(H)}$

2. 평면파괴면을 지닌 유한사면의 안정해석
① 한계고(H_c) : $H_c = \frac{4c}{\gamma_t}\cdot\frac{\sin\beta \cdot \cos\phi}{1-\cos(\beta-\phi)}$
② 안전율(F_s) : $F_s = \frac{H_c}{H}$

제7장 하수관로시설

1. 하수관로 계획
1) 하수관거의 계획 하수량
   ① 오수관거 : 계획시간 최대오수량
   ② 우수관거 : 계획우수량
   ③ 합류관거 : 계획시간 최대오수량 + 계획우수량
   ④ 차집관거 : 우천시 계획 우수량 (계획 시간 최대 오수량의 3배)

2. 하수관거 수리공식
1) 유량 : $Q = A \cdot v$
   A : 관의 단면적(m²) v : 유속(m/sec)
2) 유속공식
   ① Manning $v = \frac{1}{n}\cdot R^{2/3}\cdot I^{1/2}$
   n : 조도계수, R : 경심, I : 동수구배
   ② Chezy공식 $v = C\sqrt{RI}$
   $C = \frac{1}{n}R^{1/6} = \sqrt{\frac{8g}{f}}$
3) 관거의 외압 산정식(Marston식)
   $W = C_1 \cdot r \cdot B^2$
   여기서 r : 매설토의 밀도(t/m³) C_1 : 상수
   B : 폭요소 $B = \frac{3}{2}d + 30$

제8장 하수 처리장 시설

1. 하수처리 개요
1) 하수처리 흐름도
   하수 → 침사지 및 스크린 → 최초 침전지
   → 폭기조 → 최종침전지
2) 침사지
   ① 평균유속 : 0.3m/sec
   ② 체류시간 : 30~60sec
3) 최초침전지
   ① 유효수심 및 표면적부하 : 유효수심 2.5~4.0m, 표면적부하 : 25~40m³/m²·day
   ② 체류시간 : 2~4시간
   ③ 바닥기울기 : 직사각형 1/100~1/50
                 원형 및 정사각형 1/20~1/10
4) 최종침전지
   ① 유효수심 및 표면부하 : 유효수심 2.5~4.0m, 표면부하 : 20~30m³/m²·day
   ② 체류시간 : 3~5시간
   ③ 바닥기울기 : 직사각형 1/100~1/50
                 원형 및 정사각형 1/20~1/10

2. 활성슬러지법 설계공식
1) BOD 용적부하(kgBOD/m³·day) :
   $\frac{BOD \cdot Q}{V} = \frac{BOD \cdot Q}{Q \cdot t} = \frac{BOD}{t}$
2) BOD 슬러지부하(kgBOD/kgMLSS·day)
   $= \frac{BOD \cdot Q}{MLSS \cdot V} = \frac{BOD}{MLSS \cdot \frac{V}{Q}}$
3) 체류시간(t) $= \frac{\text{폭기조 부피}(\text{m}^3)}{\text{유입수량}(\text{m}^3/\text{day})\times(1+r)}$
   $= \frac{V}{Q(1+r)}$
4) 슬러지 일령(SA) $= \frac{V \cdot X}{SS \cdot Q} = \frac{V \cdot X}{SS \cdot \frac{V}{Q}} = \frac{X \cdot t}{SS}$
5) 고형물체류시간(SRT) $= \frac{V \cdot X}{X_r Q_w + (Q - Q_w)X_e} \fallingdotseq \frac{V \cdot X}{X_r Q_w}$
6) 슬러지용적지수(SVI) $= \frac{SV(\%)}{MLSS\text{농도}(mg/\ell)}\times 10,000$
   $= \frac{mm/\ell}{MLSS(mg/\ell)}\times 1,000$
7) 슬러지밀도지수(SDI) $= \frac{100}{SVI}$

3. 슬러지 처리시설
1) 슬러지 처리 계통도 : 농축 → 소화 → 개량 → 탈수 → 처분
2) 함수율과 슬러지 부피와의 관계
   $\frac{V_1}{V_2} = \frac{100 - W_2}{100 - W_1}$

10 강구조

1. 리벳의 강도
1) 전단강도(ρ_s)
   ① 단전단 : $\rho_s = v_a\left(\dfrac{\pi d^2}{4}\right)$
   ② 복전단 : $\rho_s = v_a\left(\dfrac{\pi d^2}{2}\right)$
2) 지압강도(ρ_b)
   $\rho_b = f_{ba}(d\, t_{min})$
3) 리벳강도(ρ_a)
   ρ_s와 ρ_b중 작은 값

2. 리벳수(n)
$n = \dfrac{\text{전하중}(P)}{\text{리벳강도}(\rho_a)}$

3. 부재강도
1) 압축재 : 전단면이 유효
   $P_a = f_a A_g = f_a(b_g t)$
2) 인장재 : 순폭을 고려
   $P_a = f_a A_n = f_a(b_n t)$

4. 순폭의 계산
1) 리벳이 일직선 배치 : 리벳구멍의 지름을 공제
2) 리벳이 지그재그 배치
   최초구멍은 리벳구멍의 지름을 공제하고 그 후는 순차적으로 $\left(d - \dfrac{p^2}{4g}\right)$을 공제한다.
3) L형강 : 전개한 폭에 대해 계산
   ① 총폭 : $b_g = b_1 + b_2 - t$
   ② $g = g_1 - t$
   ③ $\dfrac{p^2}{4g} \geq d : b_n = b_g - d$
   ④ $\dfrac{p^2}{4g} < d : b_n = b_g - d - \left(d - \dfrac{p^2}{4g}\right)$

5. 용접부 단면
1) 목두께(a) : 용접부의 유효두께
   ① 홈용접 : 모재면에 90° 방향
      $a = t$
   ② 필렛용접 : 모재면에 45° 방향
      $a = \dfrac{s}{\sqrt{2}} = 0.707s$
2) 유효길이(l) : 투영시킨 길이

6. 용접부 응력
1) 인장(압축)응력 : $f = \dfrac{P}{\sum al}$
2) 전단응력 : $v = \dfrac{P}{\sum al}$
3) 휨응력
   ① 일반식 : $f = \dfrac{12M}{\sum al^3} y$
   ② 연응력 : $f = \dfrac{6M}{\sum al^2}$

7. 용접부 강도
(허용응력)×(용접부 단면)=(허용응력)×(목두께)×(유효길이)

8. 교량
1) 충격계수
   $I = \dfrac{15}{40 + L} \leq 0.3$
2) 판형교
   ① 복부판의 전단응력(v)
      $v = \dfrac{V}{A_{wy}}$
   ② 주형의 경제적인 높이(h)
      $h = 1.1\sqrt{\dfrac{M}{f_a t_w}}$
   ③ 플랜지의 단면적(A_f)
      $A_f = \dfrac{M}{f_a h} - \dfrac{A_w}{6}$
   ④ 스티프너(stiffner) : 복부판의 좌굴방지
   ⑤ 브레이싱(Bracing)
      • 횡력에 저항
      • 주형의 상호위치 유지
      • 비틀림 방지
   ⑥ 스터드(stud)
      콘크리트 상부 플랜지와 강재를 일체를 위하여 사용하는 연결재

---

② Engineering news 공식
   ㉮ Drop hammer의 극한지지력 : $Q_a = \dfrac{W_h \cdot H}{6(S + 2.5)}$
   ㉯ 단동식 Steam hammer의 극한지지력
      $Q_a = \dfrac{W_h \cdot H}{6(S + 0.25)}$
   ㉰ 복동식 Steam hammer의 극한지지력
      $Q_a = \dfrac{(W_h + A_P \cdot P) \cdot H}{6(S + 0.25)}$
③ Sander의 공식 : $Q_a = \dfrac{W_h \cdot H}{8S}$

6. 군말뚝
1) 판정기준(D_0) : $D_0 = 1.5\sqrt{r \cdot L}$
2) 군말뚝의 허용지지력
   ① ϕ 각 : $\phi = \tan^{-1}\dfrac{D}{S}$
   ② 효율(Converse-Labarre) 공식
      $E = 1 - \dfrac{\phi}{90} \cdot \left[\dfrac{(m-1) \cdot n + (n-1) \cdot m}{m \cdot n}\right]$
   ③ 군말뚝의 허용지지력(Q_{ag}) : $Q_{ag} = E \cdot N \cdot Q_a$

7. 즉시침하량(S_i) : $S_i = q \cdot B \cdot \dfrac{(1-\mu^2)}{E} \cdot I_s$

8. 최대압축응력(q_{max}) : $q_{max} = \dfrac{P}{A} + \dfrac{M}{I} \cdot y$

9. 순압력(q_{net}) : $q_{net} = \dfrac{Q}{A} - \gamma \cdot D_f$

10. 완전보상기초의 깊이(D_f) : $D_f = \dfrac{Q}{A \cdot \gamma_t}$

11. Prakash의 침하각(θ) : $\theta = \sin^{-1}\left(\dfrac{S_1 - S_2}{\dfrac{B}{2} - e}\right)$

제10장 연약지반 개량공법

1. 샌드 드레인 공법
① 모래 말뚝의 배열에 따른 영향원의 직경(D_e)
   ㉮ 정 삼각형 배열 : $D_e = 1.05S$
   ㉯ 정 사각형 배열 : $D_e = 1.13S$
② 평균 압밀도(U_{age})
   $U_{age} = 1 - (1 - U_v) \cdot (1 - U_h)$

2. 페이퍼 드레인 공법에서 환산 직경(D)
$D = \alpha \cdot \dfrac{2(t+b)}{\pi}$

3. 토질 조사
① 면적비(A_r)
   $A_r = \dfrac{D_o^2 - D_e^2}{D_e^2} \times 100(\%)$
② 회수율
   회수율 = $\dfrac{\text{회수된 암석의 길이}}{\text{암석 코어의 이론상 길이}} \times 100(\%)$
③ 암질지수(RQD)
   $RQD = \dfrac{10\text{cm}\text{이상으로 회수된 암석조각들의 길이의 합}}{\text{암석 코어의 이론상 길이}} \times 100(\%)$

▶ 철근콘크리트

9 프리스트레스트 콘크리트(PSC)
미리 압축응력을 준 콘크리트

1. PSC의 단점
   ① 열에 약하다.   ② 강성이 적다.
   ③ 시공이 어렵다. ④ 공사비가 비싸다.

2. 콘크리트의 설계기준강도
   ① 프리텐션 부재 : $f_{ck} \geq 35\text{MPa}$
   ② 포스트텐션 부재 : $f_{ck} \geq 30\text{MPa}$

3. PS 강재
   ① 인장강도의 크기 : 강연선〉 강선〉 강봉
   ② 탄성계수(E_{PS}) : $E_{PS} = 2.0 \times 10^5 \text{MPa}$

4. PS 강재 긴장 방법
   ① 기계적 방법 : 가장 일반적
   ② 화학적 방법
   ③ 전기적 방법
   ④ 프리플렉스 방법 : 구조용 강재를 대상

5. 프리텐션 공법 : 부착에 의함
   ① 롱라인 공법 : 연속식
   ② 인디비듀얼 몰드 공법 : 단독식

6. 포스트텐션 공법 : 정착에 의함

7. PSC의 기본개념
   ① 제1개념(응력개념, 균등질보의 개념)
   • 일반식 : $f = \dfrac{P}{A} \pm \dfrac{M}{I}y \mp \dfrac{Pe}{I}y$
   • 연응력 : $f_{\text{상연}}^{\text{하연}} = \dfrac{P}{A} \pm \dfrac{M}{Z} \mp \dfrac{Pe}{Z}$
   ② 제2개념(강도개념, 내력모멘트개념)
   RC와 같이 보고 외력모멘트는 내력모멘트가 저항한다는 개념
   ③ 제3개념(하중평형개념, 등가하중개념)
   등분포 상향력 : $u = \dfrac{8Ps}{l^2}$

8. 프리스트레스 도입시 응력
   ① 프리텐션 부재 : $f_{ck} \geq 30\text{MPa}$
   ② 포스트텐션 부재 : $f_{ck} \geq 25\text{MPa}$

9. 즉시 손실(프리스트레스 도입시 손실)
   ① 탄성수축에 의한 손실
   • 프리텐션 부재 : $\Delta f_P = n f_c$
   • 포스트텐션 부재 : $\Delta f_P = \dfrac{1}{2} n f_c \cdot \dfrac{N-1}{N}$
   ② 활동에 의한 손실
   • 일단정착 : $\Delta f_P = E_P \cdot \dfrac{\Delta l}{l}$
   • 양단정착 : $\Delta f_P = E_P \cdot \dfrac{2\Delta l}{l}$
   ③ 마찰에 의한 손실
   감소율= $\mu \alpha + kl$

10. 시간적 손실(프리스트레스 도입후 손실)
    ① 건조수축에 의한 손실 : $\Delta f_P = E_P \epsilon_{sh}$
    ② 크리프에 의한 손실 : $\Delta f_P = n \phi f_c$
    ③ 릴랙세이션에 의한 손실 : $\Delta f_P = r f_P$
    (강선 및 강연선 : $r = 5\%$, 강봉 : $r = 3\%$)

11. 콘크리트의 허용응력
    ① 프리스트레스 도입직후(손실 발생전)
    휨압축응력 : $f_{ca} = 0.6 f_{ci}$
    ② 모든 손실 발생후
    휨압축응력 : $f_{ca} = 0.4 f_{ck}$

12. 강재의 허용응력
    ① 긴장시
    $0.8 f_{pu}$와 $0.94 f_{py}$ 중 작은값 이하
    ② 프리스트레스 도입직후
    • 프리텐션 : $0.74 f_{pu}$와 $0.82 f_{py}$ 중 작은값 이하
    • 포스트텐션 : $0.70 f_{pu}$

▶ 토질 및 기초

제9장 기초

1. Terzaghi의 극한지지력 공식
   1) 전반전단파괴의 극한지지력
      ① 극한지지력
      $q_u = \alpha \cdot c \cdot N_c + \beta \cdot \gamma_1 \cdot B \cdot N_r + \gamma_2 \cdot D_f \cdot N_q$
      ② 형상계수

기초 형상계수	연속	원형	정사각형	직사각형
α	1.0	1.3	1.3	$1 + 0.3\dfrac{B}{L}$
β	0.5	0.3	0.4	$0.5 - 0.1\dfrac{B}{L}$

   2) 국부전단파괴의 극한지지력
      $c_l = \dfrac{2}{3}c$
      $\phi_l = \tan^{-1}\left(\dfrac{2}{3}\tan\phi\right)$
   3) 지하수위의 영향
      ① 지하수위가 기초의 저면보다 위에 위치한 경우
      $\gamma_1 = \gamma_{\text{sub}}$
      $\gamma_2 = \gamma_t - \dfrac{D}{D_f} \cdot (\gamma_t - \gamma_{\text{sub}})$
      ② 지하수위가 기초의 저면에 위치한 경우
      $\gamma_1 = \gamma_{\text{sub}}$
      $\gamma_2 = \gamma_t$
      ③ 지하수위가 기초 저면보다 밑에 위치한 경우
      ㉮ D〈B인 경우
      $\gamma_1 = \gamma_{\text{sub}} + \dfrac{D}{B} \cdot (\gamma_t - \gamma_{\text{sub}})$
      $\gamma_2 = \gamma_t$
      ㉯ D≥B인 경우
      지지력에 영향이 없다.

2. Skempton 공식(점토 지반의 극한지지력)
   $q_u = c \cdot N_c + \gamma \cdot D_f$

3. Meyerhof 공식(모래 지반의 극한지지력)
   $q_u = 3 \cdot N \cdot B \cdot \left(1 + \dfrac{D_f}{B}\right)$

4. 재하 시험에 의한 지지력 결정
   1) 장기 허용지지력
      $q_a = q_t + \dfrac{1}{3} \cdot \gamma \cdot D_f \cdot N_q$
      여기서, q_t : 항복강도의 $\dfrac{1}{2}$
      또는, 극한강도의 $\dfrac{1}{3}$ 중 작은 값
   2) 단기 허용지지력 : $q_a = 2q_t + \dfrac{1}{3} \cdot \gamma \cdot D_f \cdot N_q$

5. 말뚝의 지지력
   1) 정역학적 지지력
      ① Terzaghi의 공식
         ㉮ 극한지지력
         $Q_u = Q_p + Q_f$
         $= (\alpha \cdot c \cdot N_c + \beta \cdot \gamma_1 \cdot B \cdot N_r + \gamma_2 \cdot D_f \cdot N_q) \cdot A_P + U \cdot L \cdot f_s$
         ㉯ 허용지지력 : $Q_a = \dfrac{Q_u}{F_s} = \dfrac{Q_u}{3}$
      ② Meyerhof의 공식
         ㉮ 극한지지력
         $Q_u = Q_p + Q_f = 40 \cdot N \cdot A_p + \dfrac{1}{5} \cdot \overline{N_s} \cdot A_s$
         ㉯ 말뚝 둘레의 모래층의 평균 N치($\overline{N_s}$)
         $\overline{N_s} = \dfrac{N_1 \cdot H_1 + N_2 \cdot H_2 + N_3 \cdot H_3}{H_1 + H_2 + H_3}$
         ㉰ 허용지지력
         $Q_a = \dfrac{Q_u}{F_s} = \dfrac{Q_u}{3}$
   2) 동역학적 공식
      ① Hiley의 공식
      $Q_u = \dfrac{W_h \cdot h \cdot e}{S + \dfrac{1}{2}(C_1 + C_2 + C_3)} \left(\dfrac{W_h + n^2 \cdot W_P}{W_h + W_P}\right)$

7 슬래브

1. 슬래브의 판별방법
1) 1방향 슬래브 : $\frac{L}{S} \leq 2$
2) 2방향 슬래브 : $\frac{L}{S} > 2$

2. 주철근 간격
1) 위험단면(최대 휨모멘트 발생단면)
   슬래브 두께의 2배 이하, 300mm 이하
2) 기타 단면
   슬래브 두께의 3배 이하, 450mm 이하

3. 전단에 대한 위험단면
1) 1방향 슬래브 : d 떨어진 곳
2) 2방향 슬래브 : $\frac{d}{2}$ 떨어진 곳

4. 2방향 슬래브의 분담하중

구분	단변(S)	장변(L)
등분포하중	$w_s = \frac{L^4}{L^4+S^4}w$	$w_L = \frac{S^4}{L^4+S^4}w$
집중하중	$P_s = \frac{L^3}{L^3+S^3}P$	$P_L = \frac{S^3}{L^3+S^3}P$

5. 직접 설계법의 제한 사항
1) $w_L \leq 2w_D$
2) 3경간 이상
3) 경간 길이의 차이는 장경간의 $\frac{1}{3}$이하
4) 기둥의 어긋남은 10% 이하
5) 보의 상대강성은 0.2~5.0

8 옹벽과 확대기초

1. 옹벽
1) 옹벽의 안정조건
   ① 전도에 대한 안정
   $F_s = \frac{\text{저항}M}{\text{전도}M} \geq 2.0$
   (R의 작용점이 옹벽저면 중앙 $\frac{1}{3}$이내)

   ② 활동에 대한 안정 : $F_s = \frac{\text{마찰저항력}}{\text{주동토압}} \geq 1.5$

   ③ 지반지지력에 대한 안정 : $q_{max} \leq q_a$

2. 옹벽의 설계
1) 캔틸레버식 옹벽
   캔틸레버로 설계
2) 부벽식 옹벽
   ① 앞부벽 : 직사각형보로 설계
   ② 뒷부벽 : T형보로 설계

3. 확대기초
1) 기초판의 저면적 : $A = \frac{P}{q_a - \gamma h}$

2) 휨모멘트에 대한 위험단면 : 기둥 외면
   - 위험단면의 계수휨모멘트 : $M_u = \frac{q_u S(L-t)^2}{8}$

3) 전단에 대한 위험단면
   ① 1방향 작용시 : d 떨어진 곳
   ② 2방향 작용시 : $\frac{d}{2}$ 떨어진 곳
   - 2방향 작용시 위험단면의 계수전단력
   : $V_u = q_u\{SL - (t+1.5d)^2\}$

4) 구조상세
   ① 유효높이
   - 직접기초 : 150mm 이상
   - 말뚝기초 : 300mm 이상
   ② 말뚝 위에 무근콘크리트 확대기초를 두어선 안 된다.
   ③ 무근 콘크리트 확대기초의 높이 : 200mm 이상
   (무근콘크리트의 $f_{ck} \geq 18MPa$)

---

3. 직립사면의 안정해석
① 한계고(H_c)
   $H_c = 2Z_0 = \frac{4c}{\gamma_t} \cdot \tan(45° + \frac{\phi}{2})$
   $H_c = \frac{2q_u}{\gamma_t}$
② 안전율(F_s) : $F_s = \frac{H_c}{H}$

4. 단순사면의 안정해석
① 심도계수(N_d) : $N_d = \frac{H'}{H}$
② 한계고(H_c) : $H_c = \frac{c}{\gamma_t} \cdot N_s$
③ 안전율(F_s) : $F_s = \frac{H_c}{H}$

5. 무한사면의 안정
1) 지하수위가 파괴면 아래에 있는 경우
   ① 수직응력(σ) : $\sigma = \gamma \cdot H \cdot \cos^2\beta$
   ② 전단응력(τ) : $\tau = \gamma \cdot H \cdot \cos\beta \cdot \sin\beta$
   ③ 안전율
   ㉮ 일반적인 흙
   $F_s = \frac{\tau_f}{\tau_d} = \frac{c'}{\gamma_t \cdot H \cdot \cos\beta \cdot \sin\beta} + \frac{\tan\phi}{\tan\beta}$
   ㉯ 모래지반 : $F_s = \frac{\tan\phi}{\tan\beta}$

2) 지하수위가 지표면과 일치하는 경우
   ① 일반적인 흙
   $F_s = \frac{\tau_f}{\tau_d} = \frac{c'}{\gamma_{sat} \cdot H \cdot \cos\beta \cdot \sin\beta} + \frac{\gamma_{sub}}{\gamma_{sat}}\frac{\tan\phi}{\tan\beta}$
   ② 모래지반 : $F_s = \frac{\gamma_{sub}}{\gamma_{sat}} \cdot \frac{\tan\phi}{\tan\beta}$

6. $\phi = 0°$(비배수 상태)인 균질한 점성토의 사면
① 원호의 길이(L_a) : $L_a = 2 \cdot \pi \cdot r \cdot \frac{\theta}{360}$
② 안전율(F_s) : $F_s = \frac{M_R}{M_D} = \frac{c_u \cdot L_a \cdot r}{W \cdot d}$

제8장 흙의 다짐

1. 다짐이론
① 다짐에너지(E) : $E = \frac{W_R \cdot H \cdot N_B \cdot N_L}{V}$
② 다짐도(R) : $R = \frac{\text{현장의 } \gamma_d}{\text{실내다짐시험에 의한 } \gamma_{d\max}} \times 100(\%)$

2. 현장 다짐
1) 모래치환법(들밀도 시험)
   ① 시험 구멍의 체적(V) : $V = \frac{W_{sand}}{\gamma_{sand}}$
   ② 습윤단위중량(γ_t) : $\gamma_t = \frac{W}{V}$

---

2) 평판재하시험
① 지지력 계수 : $K = \frac{q}{y}$
② 재하판 크기에 따른 지지력계수
   $K_{30} = 2.2K_{75}$
   $K_{40} = 1.5K_{75}$
③ 재하판 크기에 의한 영향

	점 토	모 래
지지력	$q_{u(\text{기초})} = q_{u(\text{재하})}$	$q_{u(\text{기초})} = q_{u(\text{재하})} \cdot \frac{B_{(\text{기초})}}{B_{(\text{재하})}}$
침하량	$S_{(\text{기초})} = S_{(\text{재하})} \cdot \frac{B_{(\text{기초})}}{B_{(\text{재하})}}$	$S_{(\text{기초})} = S_{(\text{재하})} \cdot [\frac{2B_{(\text{기초})}}{B_{(\text{기초})} + B_{(\text{재하})}}]^2$

3) 노상토 지지력비 시험(CBR)
① 팽창비
   팽창비 = $\frac{\text{다이얼게이지 최종읽음} - \text{다이얼게이지최초읽음}}{\text{공시체의 최초높이}} \times 100(\%)$
② 노상토 지지력비(CBR)
   $CBR = \frac{\text{시험하중}}{\text{표준하중}} \times 100 = \frac{\text{시험단위하중}}{\text{표준단위하중}} \times 100(\%)$

4) 계획 시간 최대 오수량 = 계획 1일 최대오수량
   1시간당 수량의 1.3~1.8배

여기서 V_1 : 농축전슬러지부피
       V_2 : 농축후슬러지부피
       W_1 : 농축전슬러지함수율
       W_2 : 농축후슬러지함수율

제9장 펌프장시설

1) 펌프의 전양정(H)
   $H = h_a + \Sigma h_f + h_o$
   여기서 h_a : 실양정(m)
          Σh_f : 총손실수두(m)
          h_o : 토출관 말단의 잔류 속도수두

2) 펌프의 흡입구경(D)
   $D = 146\sqrt{\frac{Q}{v}}$
   여기서 v : 흡입구 유속(m/sec)
          Q : 펌프의 토출유량(m³/min)

3) 펌프의 축동력(P_s)
   $P_s = \frac{1,000QH}{75\eta} = \frac{13.33QH}{\eta}(HP)$
   $P_s = \frac{1,000QH}{102\eta} = \frac{9.8QH}{\eta}(KW)$
   여기서 Q : 양수량(m³/sec)
          H : 펌프의 전양정(m)
          η : 펌프의 효율(0~1)

4) 비교회전도(N_s)
   $N_s = N \times \frac{Q^{1/2}}{H^{3/4}}$
   여기서 N : 펌프의 회전수(rpm)
          Q : 펌프 양수량(m³/min)
          H : 전양정(m)

5) 펌프의 특성곡선 : 양수량과 양정, 효율, 동력과의 관계곡선

6) 펌프의 시스템 수두곡선 : 총수두와 양수량과의 관계곡선

7) 펌프의 운전
   ① 직렬운전 : 양정의 변화가 크고 양수량 변화가 작은 경우
   ② 병렬운전 : 양정의 변화가 작고 양수량의 변화가 큰 경우

8) 펌프공동현상 방지대책
   ① 펌프의 설치위치를 낮추고 흡입수두를 작게 한다.
   ② 펌프의 회전수를 낮춘다.
   ③ 임펠러(impeller)를 수중에 잠기도록 한다.
   ④ 흡입관의 직경을 크게 하고 가능한 한 손실수두를 줄인다.

9) 펌프의 수격작용 방지대책
   ① 펌프의 속도가 급변하는 것을 방지한다.
   ② 펌프에 플라이 휠(fly wheel)을 부착하여 펌프의 관성을 증가시킨다.
   ③ 토출측 관로에 안전밸브 또는 공기밸브를 설치한다.
   ④ 펌프의 급정지를 피한다.
   ⑤ 관내의 유속을 저하시킨다.

I

과목별 핵심요약

01 응용역학 ···················· *2*

02 측량학 ···················· *62*

03 수리학 및 수문학 ············ *98*

04 철근콘크리트 및 PSC강구조 ·· *128*

05 토질 및 기초 ················ *182*

06 상하수도 ···················· *230*

제1편 응용역학

1 우력모멘트

section 1. 우력모멘트(Couple Moment) (중요도 ★☆☆)

1 우력(偶力) : 힘의 크기는 같고 방향이 반대인 한쌍의 힘을 우력이라 하며, 이 우력에 의해서는 항상 모멘트가 발생한다.

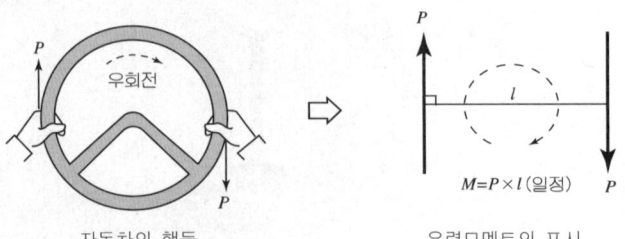

자동차의 핸들   우력모멘트의 표시

2 우력모멘트 : 우력에 의해서 생긴 모멘트를 **우력모멘트**라 한다.

- 크기 : 우력모멘트의 크기는 하나의 힘과 두힘 사이의 거리의 곱으로 나타낸다.
  ($M = P \times l$)
- 특성 : 우력모멘트의 크기는 그 작용위치와 관계없이 **항상 일정한 값**을 갖는다.

문제

다음 설명 중 옳지 않은 것은?

① 우력의 합은 0이며 그 크기는 우력모멘트로 표시한다.
② 세 개의 힘 P_1, P_2, P_3가 서로 균형되어 있을 때 이 세 개의 힘은 동일평면상에 있고 1점에서 만난다.
③ 임의 점의 우력모멘트는 항상 일정하다.
④ 힘의 3요소는 작용선, 크기, 방향이다.

해설
① 우력의 합은 0이다. ⇒ +P−P=0
② 세 힘이 평형을 이루고 있을 때 이 힘들은 동일 평면상에 있고 1점에서 만난다.
③ 우력 모멘트의 크기는 작용점에 관계없이 항상 일정하다.
④ 힘의 3요소는 크기, 방향, 작용점이다.
   (작용선은 4요소에 해당됨)

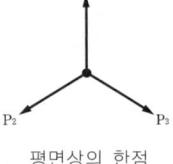

평면상의 한점

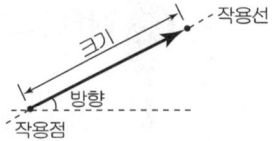

답 ④

한번 더 보기

그림과 같이 지간이 l인 캔틸레버에 하중 P가 작용하면 A점에는 반력 $V_A = P$가 생긴다.
이때, 하중 P와 반력 V_A는 우력이 되므로 시계방향의 우력모멘트가 발생된다. 따라서 평형을 위해 A점에서는 반시계방향의 모멘트반력이 생기는 것이다.

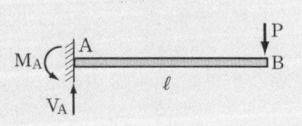

section 2. 바리뇽(Varignon)의 정리 (중요도 ★☆☆)

1 정 의
나란한 여러 힘이 작용할 때 임의의 한점에 대한 모멘트의 합은 그 점에 대한 합력 (R)의 모멘트와 같다.
즉, **분력의 모멘트 합은 합력의 모멘트와 같다.**

① P_1, P_2, P_3 의 합력(R)
   $R = P_1 + P_2 + P_3$
② P_1, P_2, P_3 의 O점에 대한 모멘트
   $M_o = P_1 x_1 + P_2 x_2 + P_2 x_3$
③ 합력 R의 O점에 대한 모멘트
   $M = Rx$
   따라서, ②=③이므로
   $M_o = Rx = P_1 x_1 + P_2 x_2 + P_3 x_3$
   여기서 합력의 작용위치 x를 구하면

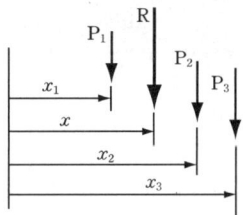

$$\therefore x = \frac{P_1 x_1 + P_2 x_2 + P_3 x_3}{R}$$

2 적 용
나란한 힘들은 각 힘의 작용점이 서로 다르다.(P_1, P_2, P_3)
따라서 이들 **나란한 힘의 합력의 작용위치(x)**를 구할 때 바리뇽의 정리가 이용된다.

문 제

다음 그림에서와 같은 평행력에 있어서 P_1, P_2, P_3, P_4 의 합력의 위치는 O점에서 얼마의 거리에 있겠는가?

① 5.4 m
② 5.7 m
③ 6.0 m
④ 6.4 m

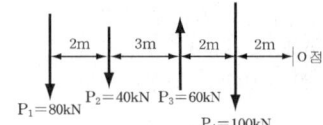

해설 우선, 나란한 여러 힘의 합력을 구한다.
   $R = -80\text{kN} - 40\text{kN} + 60\text{kN} - 100\text{kN} = -160\text{kN}(\downarrow)$
O점에 대한 합력의 작용위치 x를 구하면
   $Rx = P_1 x_1 + P_2 x_2 + P_3 x_3 + P_4 x_4$
   $-160\text{kN} \cdot x = -80\text{kN} \times 9\text{m} - 40\text{kN} \times 7\text{m} + 60\text{kN} \times 4\text{m} - 100\text{kN} \times 2\text{m}$
   $\therefore x = 6\text{m}$

답 ③

제1편 응용역학

라미의 정리

section 3 라미의 정리 (sin 법칙)

(중요도) ★★☆

1 정의

삼각형 ABC의 세 각의 크기 $\theta_1, \theta_2, \theta_3$ 와 세변의 길이 a, b, c 사이의 관계를 생각해 보자. 각 θ_1의 크기가 커지고 작아짐에 따라 상대변의 길이 a 가 함께 변화하게 된다.
즉 다음과 같은 관계식이 성립한다.

$$\frac{a}{\sin\theta_1} = \frac{b}{\sin\theta_2} = \frac{c}{\sin\theta_3}$$

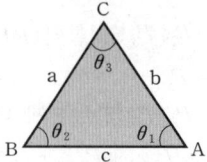

2 적용

세 각 $\theta_1, \theta_2, \theta_3$ 와 한 힘 P_1을 알고 두 힘 P_2, P_3 모를 때 P_2와 P_3를 구해보자.

$$\frac{P_1}{\sin\theta_1} = \frac{P_2}{\sin\theta_2} = \frac{P_3}{\sin\theta_3}$$ 에서

$$\therefore P_2 = \frac{\sin\theta_2}{\sin\theta_1} \times P_1, \quad P_3 = \frac{\sin\theta_3}{\sin\theta_1} \times P_1$$

문제

그림과 같은 크레인 D_1의 부재의 부재력은?

① 4.3 tonf
② 5.0 tonf
③ 7.5 tonf
④ 10.0 tonf

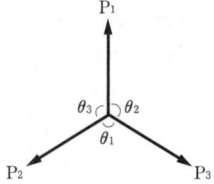

해설 sin 법칙 = 마주보는 변과 각의 비는 일정

$$\frac{50kN}{\sin 30°} = \frac{D_1}{\sin 90°}$$

$$\therefore D_1 = 100kN \text{ (인장)}$$

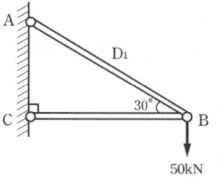

답 ④

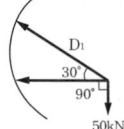

한번 더 보기

한점에 작용하는 세 힘이 평형상태(균형상태)를 이루고 있을 때 각 힘들의 사이각과 세 힘 중 하나의 힘만 주어지면 나머지 두 힘의 크기를 sin 법칙으로 구할 수 있다.

section 4. 힘의 평형조건식 (중요도 ★★★)

1 조건식
힘의 평형상태는 작용점의 조건에 따라 다음 두 가지로 나뉜다.

구 분	해석법	도해법
작용점이 같을 때	·수직력의 합이 0 $\sum V=0$ ·수평력의 합이 0 $\sum H=0$	시력도가 폐합되어야 한다.
작용점이 다를 때	·수직력의 합이 0 $\sum V=0$ ·수평력의 합이 0 $\sum H=0$ ·모멘트의 합이 0 $\sum M=0$	시력도가 폐합되어야 한다. 연력도가 폐합되어야 한다.

2 해석법 해설
① 작용점이 같은 경우(힘들이 한점에 작용할 경우)에는 모멘트가 생기지 않으므로 모멘트식을 넣지 않아도 된다.
② 일반적으로 작용점이 다를 경우가 많으며, 이 경우 모멘트식을 사용하면 편리하다.

3 도해법 해설
① 시력도 : 힘의 합력을 구하기 위해 힘을 순서대로 이동시켜 힘의 삼각형에 의해 합력을 구하는 그림으로 합력(R)이 발생한다는 의미는 결국 평형상태가 아니므로 평형을 이루기 위해서는 합력이 생기지 않는 폐합상태가 되어야 한다.
② 연력도 : 작용점이 다른 여러 힘의 합력을 구할 때 합력의 작용점을 찾기 위한 그림으로 우력이 발생하지 않도록 연력도가 폐합되어야 평형상태가 된다.

문 제

그림과 같은 구조물에서 T부재가 받는 힘은?
① 577.3 kgf
② 166.7 kgf
③ 400.0 kgf
④ 333.3 kgf

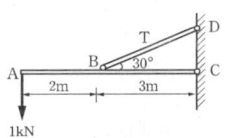

해설 T부재의 분력을 계산하면
수직분력 $V = T \cdot \sin 30°$
수평분력 $H = T \cdot \cos 30°$

한편, 구조물은 평형상태이고, 각 힘의 작용점이 서로 다른 경우이므로 모멘트식을 사용할 수 있다.
A, B, C, D점 중에서 하중작용점 A와 T부재가 연결된 B, D점을 제외한 C점에 모멘트를 취하면
$\sum M_c = 0$ 에서
$-1\text{kN} \times 5\text{m} + T\sin 30° \times 3\text{m} = 0$
∴ $T = 3.33 \text{ kN}$

답 ④

제1편 응용역학

5 판별식

section 5 판별식(부정정 차수구하기)

(중요도 ★★☆)

1 부정정 차수

부정정 차수는 아래 식에 의해서 구한다.

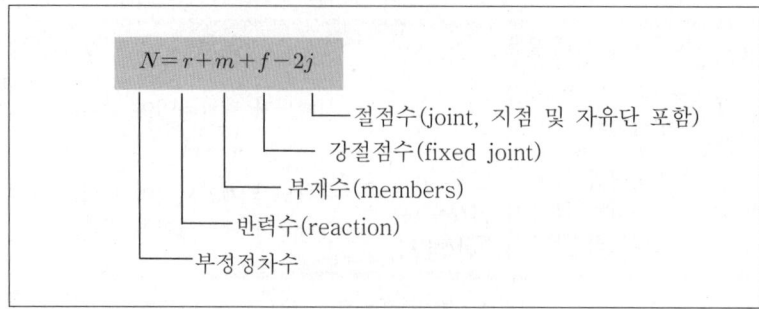

$N = r + m + f - 2j$
- 부정정차수
- 반력수(reaction)
- 부재수(members)
- 강절점수(fixed joint)
- 절점수(joint, 지점 및 자유단 포함)

여기서, $N < 0$ 이면 불안정 구조물로 판정
$N = 0$ 이면 정정 구조물로 판정
$N > 0$ 이면 부정정 구조물로 판정

2 세부 부정정 차수

- 전체 부정정 차수 $N = N_e + N_i$
- 외적 부정정 차수 $N_e = r - 3$
- 내적 부정정 차수 $N_i = N - N_e$

외적 부정정 차수(N_e)는 구조물의 반력과 관계되고 내적 부정정 차수(N_i)는 구조물의 부재상태에 관계된다.

문제

다음 구조물의 부정정 차수를 구한 값은?

① 1차 부정정 구조물
② 3차 부정정 구조물
③ 6차 부정정 구조물
④ 9차 부정정 구조물

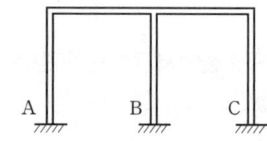

해설 구조물을 분석해보면

구 분	분 석	개 수
반력수(r)	고정지점은 반력 3개	3개 × 3곳 = 9개
부재수(m)	절점에서 부재는 별개 취급	세로 3개 + 가로 2개 = 5개
강절점수(f)	용접한 횟수로 계산	상부 좌우 1개씩 + 상부 중앙 2개 = 4개
절점수(j)	지점수도 포함	상부 3개 + 지점 3개 = 6개

따라서,
$N = r + m + f - 2j$
$= 9 + 5 + 4 - 2 \times 6$
$= 6$차 부정정 구조물

답 ③

section 6 단면1차모멘트(G) (중요도 ★★☆)

1 정의
임의의 직교좌표축에 대하여 단면내의 미소면적 dA와 x축까지의 거리(y) 또는 y축까지의 거리(x)를 곱하여 적분한 값을 단면1차 모멘트(Geometrical Moment)라 한다.

2 공식
$$G_x = \int_A y\,dA = A \cdot y_o$$
$$G_y = \int_A x\,dA = A \cdot x_o$$

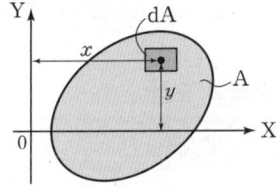

3 특징
① 단면의 도심을 구할 때 사용된다.
② 단면의 도심을 통과하는 축에 대한 **단면1차 모멘트는 0**이다.
③ 단위는 cm³이며, 부호는 +, - 값을 갖는다.

문제

다음 도형(빗금친 부분)의 X축에 대한 단면 1차 모멘트는?

① 5,000cm³
② 10,000cm³
③ 15,000cm³
④ 20,000cm³

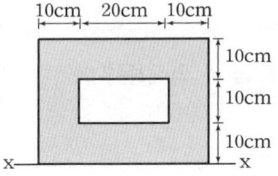

해설 단면이 BOX형(공중형)이므로 바깥쪽 사각형에서 안쪽 사각형을 뺀다.

① 바깥쪽 사각형(G_1)

    단면적 $A_1 = 40\text{cm} \times 30\text{cm} = 1200\text{cm}^2$

    도심거리 $y_1 = x$ 축으로부터 높이의 $\frac{1}{2} = 15\text{cm}$

② 안쪽 사각형(G_2)

    단면적 $A_2 = 20\text{cm} \times 10\text{cm} = 200\text{cm}^2$

    도심거리 $y_2 = x$ 축으로부터 떨어진 거리 = 10cm + 5cm = 15cm

$$\therefore G = G_1 - G_2 = (A_1 y_1) - (A_2 y_2)$$
$$= (1200\text{cm}^2 \times 15\text{cm}) - (200\text{cm}^2 \times 15\text{cm})$$
$$= 15,000\text{cm}^3$$

답 ③

제1편 응용역학

단면의 도심

section 7 단면의 도심

(중요도 : ★☆☆)

1 정의

단면1차 모멘트가 0인 점을 단면의 도심(圖心, centroid)이라 하며, 도심은 그 단면의 면적 중심이 된다.

$$x_o = \frac{G_y}{A}, y_o = \frac{G_x}{A}$$

2 특수단면의 면적과 도심

단면	2차 포물선	1/2 원	중공형 원
도형	2차곡선, b, h, x, G	r, r, y, G	r, y, G
도심	$x = \frac{1}{4}b$	$y = \frac{4r}{3\pi}$	$y = \frac{5}{6}r$
면적	$\frac{1}{3}bh$	$\frac{\pi r^2}{2}$	$\frac{3}{4}\pi r^2$

문제

다음 L형 단면에서 도심 x_o의 값은?

① 1.1cm
② 0.8cm
③ 1.4cm
④ 1.6cm

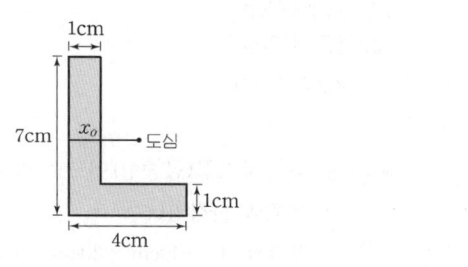

해설 y축을 기준으로 도심거리 x를 구해야 하므로 y축에 대하여 단면1차모멘트를 구한다.

① G_y 계산

$G_y = A_1 x_1 + A_2 x_2$
$= 1\text{cm} \times 7\text{cm} \times 0.5\text{cm} + 3\text{cm} \times 1\text{cm} \times (1 + 1.5)$
$= 11\text{cm}^3$

② A 계산

$A = A_1 + A_2$
$= 1\text{cm} \times 7\text{cm} + 3\text{cm} \times 1\text{cm} = 10\text{cm}^2$

$\therefore x_o = \frac{G_y}{A} = \frac{11\text{cm}^3}{10\text{cm}^2} = 1.1\text{cm}$

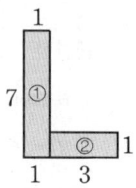

답 ①

section 8 단면2차모멘트(I) (중요도 ★★★)

1 정의
임의의 직교좌표축에 대하여 단면내의 미소면적 dA와 양축까지의 거리의 제곱을 곱하여 적분한 값을 단면2차모멘트(Moment of Inertia)라 한다.

2 공식
$I_x = \int_A y^2 dA$

$I_y = \int_A x^2 dA$

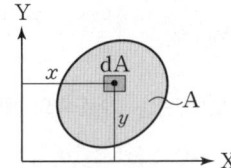

3 기본단면의 단면2차모멘트

단면	사각형	삼각형	원 형
도형			
도심 I_X	$\dfrac{bh^3}{12}$	$\dfrac{bh^3}{36}$	$\dfrac{\pi D^4}{64} = \dfrac{\pi r^4}{4}$
하단 I_x	$\dfrac{bh^3}{3}$	$\dfrac{bh^3}{12}$	$\dfrac{5\pi D^4}{64}$

4 축이동에 대한 단면2차모멘트
X축에서 y_o 만큼 떨어진 x축으로 축이동했을 때의 단면2차모멘트

$$I_x = I_X + Ay_o^2$$

문제
다음 도형에서 X축에 대한 단면 2차 모멘트값 중 옳은 것은?

① $\dfrac{100 \times 20^3}{12} + \dfrac{40 \times 80^3}{12}$

② $\dfrac{100 \times 20^3}{12} + 100 \times 20 \times 15 + \dfrac{40 \times 80^3}{12}$

③ $\dfrac{100 \times 20^3}{12} + 100 \times 20 \times 10^2 + \dfrac{40 \times 80^3}{12} + 40 \times 80 \times 20^2$

④ $\dfrac{100 \times 20^3}{12} + 100 \times 20 \times 20^2 + \dfrac{40 \times 80^3}{12} + 40 \times 80 \times 30^2$

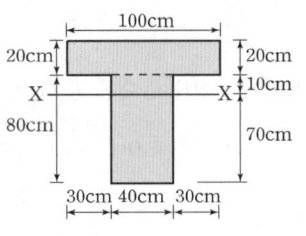

해설 플랜지(100×20)와 복부(40×80)로 나누어 계산하여 합한다.

$I_x = (I_{x1} + A_1 y_{o1}^2) + (I_{x2} + A_2 y_{o2}^2)$

$= \left(\dfrac{100 \times 20^3}{12} + 100 \times 20 \times 20^2\right) + \left(\dfrac{40 \times 80^3}{12} + 40 \times 80 \times 30^2\right)$

답 ④

제1편 응용역학

9 단면2차 극모멘트

section 9 단면2차 극모멘트(I_P) (중요도 ★☆☆)

1 정의

미소면적으로 부터 좌표축 원점까지의 거리(c)의 제곱을 적분한 값으로 극관성 모멘트라고도 부른다. 단면2차 극모멘트는 x 축에 대한 단면2차 모멘트와 y 축에 대한 단면2차모멘트를 합한 것이다.

$$I_P = I_x + I_y$$

따라서, 단면 2차 극모멘트는 좌표축의 회전에 관계없이 항상 일정하다.

2 단면2차 극모멘트 계산 예

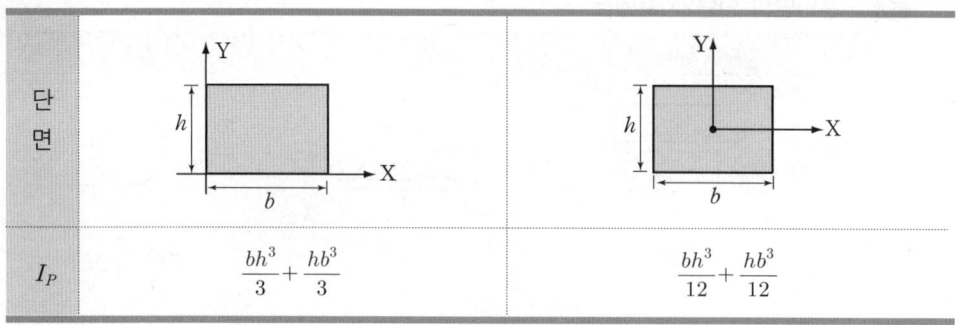

단면		
I_P	$\dfrac{bh^3}{3} + \dfrac{hb^3}{3}$	$\dfrac{bh^3}{12} + \dfrac{hb^3}{12}$

문제

다음 그림과 같은 구형단면의 도심에 대한 극관성 모멘트는? (단, $h = 2b$ 이다.)

① $\dfrac{4}{3}b^4$

② $\dfrac{5}{6}b^4$

③ $\dfrac{7}{6}b^4$

④ $\dfrac{3}{4}b^4$

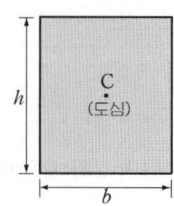

해설 도심축에 대한 I_P를 묻는 문제이므로

$$I_P = I_X + I_Y = \frac{bh^3}{12} + \frac{hb^3}{12} = \frac{bh}{12}(b^2 + h^2)$$

여기서, $h = 2b$ 라는 조건에 따라

$$= \frac{b(2b)}{12}(b^2 + (2b)^2) = \frac{b^2}{6}(b^2 + 4b^2) = \frac{5}{6}b^4$$

답 ②

section 10 단면2차 상승모멘트(I_{xy})

(중요도 : ★☆☆)

1 정의
단면내의 미소면적 dA와 직교좌표축까지의 거리(x, y)를 각각 곱한 것을 적분한 값을 단면2차 상승모멘트라 한다.

$$I_{xy} = \int_A xy\,dA$$

2 특성
① 대칭단면에서 $I_{xy} = Ax_o y_o$ 이다.
② 대칭단면에서 X축 또는 Y축 가운데 한 개의 축이 도심을 지나 $I_{xy} = 0$ 면이다.
③ $I_{xy} = 0$ 가 되는 직교축을 그 **단면의 주축**이라 한다.
④ 주축이란 임의의 단면에 생기는 여러 직교좌표축에 대한 I 값 중에서 I_{max} 와 I_{min} 이 생기는 직교축을 말한다.
⑤ 축이동에 대한 단면 2차 상승모멘트 $I_{xy} = I_{XY} + Ax_o y_o$

■ 단면상승 모멘트는 (-)값이 나올 수 있다.

문제

그림과 같은 정사각형(abcd) 단면에서 $x-y$ 축에 관한 단면 상승 모멘트 (I_{xy})의 값은?

① $I_{xy} = 3.6 \times 10^5 \text{cm}^4$
② $I_{xy} = 4.2 \times 10^5 \text{cm}^4$
③ $I_{xy} = 6.8 \times 10^5 \text{cm}^4$
④ $I_{xy} = 8.4 \times 10^5 \text{cm}^4$

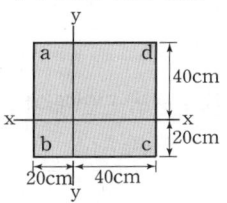

해설 주어진 x, y 축으로부터 도심거리 x_o와 y_o를 구하면

$x_o = \dfrac{60}{2} - 20 = 10\text{cm}$

$y_o = \dfrac{60}{2} - 20 = 10\text{cm}$

따라서 $I_{xy} = Ax_o y_o = 60 \times 60 \times 10 \times 10$
$= 360,000 \text{cm}^4 = 3.6 \times 10^5 \text{cm}^4$

답 ①

단면2차 상승모멘트

단면계수

SECTION 11 단면계수(Z) (중요도) ★★☆

1 정의

도심축에 대한 단면2차모멘트(I_X)를 압축측거리(y_c) 또는 인장측거리(y_t)로 나눈 값

단 면	단 면 계 수
직사각형 (폭 b, 높이 h)	$Z = \dfrac{I_X}{y} = \dfrac{\frac{bh^3}{12}}{\frac{h}{2}} = \dfrac{bh^2}{6}$
원형 (지름 D)	$Z = \dfrac{I_X}{y} = \dfrac{\frac{\pi D^4}{64}}{\frac{D}{2}} = \dfrac{\pi D^3}{32}$

2 특성

① 단면계수가 큰 단면이 **휨에 대해 크게 저항**한다.
② 최대 단면계수를 갖기 위한 조건

$$b : h = 1 : \sqrt{2}$$
$$b : d = 1 : \sqrt{3}$$

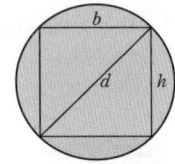

문 제

단면적이 같은 정사각형과 원의 단면계수비로 옳은 것은? (단, 정사각형 단면의 일변은 h이고, 단면의 지름은 D임)

① 1 : 3.58
② 1 : 0.85
③ 1 : 1.18
④ 1 : 0.46

해설 정사각형의 면적 $= h^2$

원형의 면적 $= \dfrac{\pi D^2}{4}$

단면적이 같다고 주어졌으므로

$h^2 = \dfrac{\pi D^2}{4}$ 에서 $h = \dfrac{\sqrt{\pi}\, D}{2}$

한편

정사각형 $Z_1 = \dfrac{bh^2}{6} = \dfrac{h^3}{6} = \dfrac{\left(\frac{\sqrt{\pi}\,D}{2}\right)^3}{6} = \dfrac{\pi\sqrt{\pi}\,D^3}{48}$

원형 $Z_2 = \dfrac{\pi D^3}{32}$

$Z_1 : Z_2 = \dfrac{\pi\sqrt{\pi}\,D^3}{48} : \dfrac{\pi D^3}{32} = \dfrac{\sqrt{\pi}}{48} : \dfrac{1}{32} = 1 : 0.85$

답 ②

section 12 단면2차반지름(r)

(중요도 ★☆☆)

1 정의
도심축에 대한 단면 2차 모멘트를 단면적으로 나눈 값의 제곱근으로 회전반경이라고도 한다.

$$r_x = \sqrt{\frac{I_x}{A}}, \quad r_y = \sqrt{\frac{I_y}{A}}$$

2 특성
① 압축부재(기둥) 설계시 이용되며, 이때 기둥의 좌굴에 대한 안전성을 확보하기 위해 최소단면 2차 반지름($r_{\min}$)으로 설계한다.
② **좌굴에 대한 저항값**을 나타내며, 단면 2차 반지름이 클수록 좌굴하지 않는다.
③ 장주에서 단면2차모멘트가 최소인 축이 좌굴에 가장 약한 축이므로 이 축에 대하여 검토하여 안전한 단면설계를 하게 된다.

문제

그림과 같은 T형 단면의 x-x축에 대한 회전 반지름은?

① 7.16cm
② 7.97cm
③ 8.34cm
④ 9.62cm

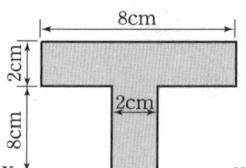

해설 먼저 x 축에 대한 단면2차 모멘트를 구한다.
$I_x = \frac{1}{3}(BH^3 - bh^3) = \frac{1}{3}(8 \times 10^3 - 6 \times 8^3) = 1642.7 \text{cm}^4$
$A = 8 \times 2 + 8 \times 2 = 32 \text{cm}^2$
$r_x = \sqrt{\frac{I_x}{A}} = \sqrt{\frac{1642.7}{32}} = 7.16 \text{cm}$

답 ①

한번 더 보기

좌굴현상(Buckling)
우리가 흔히 말하는 허리띠의 고리를 버클(buckle)이라 하며, 사전적 의미로는 구부러지고 휘어지는 것을 말한다. 압축을 받는 기둥에서 긴 기둥인 장주가 압축력에 의한 편심모멘트로 휘어져 버리는 현상을 좌굴이라 한다. 이와 같이 힘의 작용방향이 수직방향인데 변위는 수평방향으로 나타나는 것을 의미한다. 길거리에 걸려있는 현수막이 수평방향의 강한바람으로 인하여 수직방향으로 펄럭일 때도 일종의 좌굴현상으로 볼 수 있다.

제1편 응용역학

03 응력

SECTION 13 응력(stress) (중요도 ★☆☆)

1 정의
구조물에 외력(external force)이 작용하면 부재에는 이에 해당하는 부재력이 생긴다. 이때 부재내에서 부재의 형태를 유지하려는 단위면적의 힘을 응력이라 한다.

2 응력의 종류

① 수직응력	② 전단응력
$f = \dfrac{P}{A}$	$\tau = \dfrac{S}{A}$
③ 비틀림응력	④ 원환응력
$\tau = \dfrac{T \cdot r}{I_P}$	$f = \dfrac{P}{A} = \dfrac{q \cdot r}{\tau}$

⑤ 온도응력 $f_t = E \cdot \varepsilon_t = E \cdot \alpha \cdot \triangle t$

문제

그림과 같은 원통형 봉이 비틀림 모멘트(torsional moment) $T = 50\text{kN} \cdot \text{m}$ 을 받고 있다면 최대 전단응력도의 크기는? (단, 원통의 지름은 30cm)

① $\tau_{\max} = 9.43\text{MPa}$
② $\tau_{\max} = 9.15\text{MPa}$
③ $\tau_{\max} = 9.05\text{MPa}$
④ $\tau_{\max} = 10.0\text{MPa}$

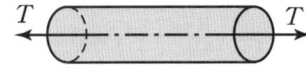

해설 비틀림에 의한 응력 $\tau = \dfrac{T \cdot r}{I_P}$

$$I_P = I_X + I_Y = 2I_X = \dfrac{\pi \cdot 30^4}{64} \times 2 = 79{,}481.25 \text{cm}^4$$

$$\therefore \tau = \dfrac{T \cdot r}{I_P} = \dfrac{5000 \text{kN} \cdot \text{cm} \times 15 \text{cm}}{79{,}481.25 \text{cm}^4} = \dfrac{0.943 \text{kN}}{\text{cm}^2} = \dfrac{0.943 \times 1000 \text{N}}{100 \text{mm}^2}$$

$$= \dfrac{9.43 \text{N}}{\text{mm}^2} = 9.43 \text{MPa}$$

답 ①

section 14 프아송비

(중요도 ★★☆)

1 변형율(strain)

구조물이 외력을 받는 경우 부재에는 변형을 가져오게 된다. 이때 단위길이에 대한 변형량의 값을 변형율이라 한다.

그림과 같이 길이방향으로 인장력을 받고 있을 때 길이방향으로는 $\triangle l$ 만큼의 변형량이 생기고, 지름방향으로는 $\triangle d$ 만큼의 변형량이 발생하게 된다.

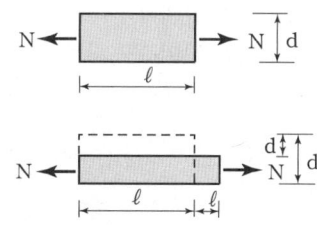

- 길이방향 변형율 $\epsilon = \dfrac{\triangle l}{l}$
- 지름방향 변형율 $\beta = \dfrac{\triangle d}{d}$

2 프아송비

부재가 축방향력을 받아 길이와 폭의 변형에 대한 비율을 **프아송비**(Poisson's ratio)라 하며 그 역수를 **프아송수**라 한다.

- 프아송비 $\nu = \dfrac{\beta}{\epsilon} = \dfrac{\dfrac{\triangle d}{d}}{\dfrac{\triangle l}{l}} = \dfrac{l \cdot \triangle d}{d \cdot \triangle l}$

- 프아송수 $m = \dfrac{1}{\nu} = \dfrac{\epsilon}{\beta} = \dfrac{d \cdot \triangle l}{l \cdot \triangle d}$

문제

다음 그림에서 Poisson 수의 정의는? (단, A 는 부재의 단면적이다.)

① $\dfrac{l \cdot \triangle b}{\triangle l \cdot b}$

② $\dfrac{\triangle l \cdot b}{l \cdot \triangle b}$

③ $\dfrac{\triangle l}{l} \cdot E$

④ $\dfrac{Pl}{EA}$

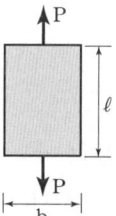

해설 프와송수 $m = \dfrac{\epsilon}{\beta} = \dfrac{\dfrac{\triangle l}{l}}{\dfrac{\triangle b}{b}} = \dfrac{\triangle l \, b}{l \, \triangle b}$

답 ②

15 탄성계수

section 15 탄성계수

(중요도)
(★☆☆)

1 선형탄성계수(E)

Hooke의 법칙에서 응력과 변형도의 비례상수(E)를 말한다.
여기서 E의 값이 큰 재료일수록 그 신축이 힘드는 것을 의미한다.

$$E = \frac{f}{\epsilon} = \frac{\frac{P}{A}}{\frac{\triangle l}{l}} = \frac{P \cdot l}{A \cdot \triangle l}$$

2 전단탄성계수(G)

전단응력도(τ)와 전단변형도(γ)사이의 비례상수를 말한다.

$$G = \frac{\tau}{\gamma}$$
$$G = \frac{E}{2(1+\nu)}$$

3 체적탄성계수(K)

$$K = \frac{\sigma}{\epsilon_v}$$
$$K = \frac{E}{3(1-2\nu)}$$

문제

지름 $d=3$cm, 길이 $l=1$m인 강봉에 축방향 인장력 $P=74$kN이 작용했을 때 길이는 0.05cm 늘어나고, 지름은 0.00045cm 줄어들었다. 탄성계수 $E=2.1\times 10^5$MPa라면 전단탄성계수 G는?

① $G=0.808\times 10^5$MPa
② $G=0.708\times 10^5$MPa
③ $G=0.607\times 10^5$MPa
④ $G=0.507\times 10^5$MPa

해설 문제에서 탄성계수 E와 프아송비를 구할 수 있는 수치가 주어졌으므로
$G = \frac{E}{2(1+\nu)}$를 이용하여 계산한다.

$$\nu = \frac{\beta}{\epsilon} = \frac{\frac{\triangle d}{d}}{\frac{\triangle l}{l}} = \frac{\frac{0.00045}{3}}{\frac{0.05}{100}} = 0.3$$

$$G = \frac{2.1\times 10^5}{2(1+0.3)} = 0.808\times 10^5 \text{MPa}$$

답 ①

section 16 경사면 응력 (중요도 ★☆☆)

그림과 같이 인장을 받는 부재의 단면의 m-n과 단면 p-q에서의 응력에 대하여 생각해 보기로 한다.

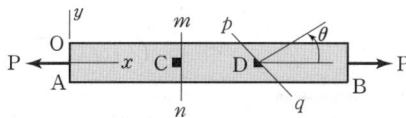

이때, 수직단면인 m-n에서는 수직응력(σ_x)이 생기고, 경사단면인 p-q 에서는 법선응력(σ_θ)이 생기며, 이들 단면의 응력요소를 C점과 D점에서 표현해 보기로 한다.

C점의 응력요소	D점의 응력요소

1 경사면 응력(법선응력, 전단응력)

구 분	1축응력	2축응력
법선응력	$\dfrac{\sigma}{2} + \dfrac{\sigma}{2}\cos 2\theta$	$\dfrac{\sigma_x + \sigma_y}{2} + \dfrac{\sigma_x - \sigma_y}{2}\cos 2\theta$
전단응력	$\dfrac{\sigma}{2}\sin 2\theta$	$\dfrac{\sigma_x - \sigma_y}{2}\sin 2\theta$

2 최대 최소 주응력

$$\sigma = \dfrac{\sigma_x + \sigma_y}{2} \pm \sqrt{\left(\dfrac{\sigma_x - \sigma_y}{2}\right)^2 + \tau_{xy}^2}$$

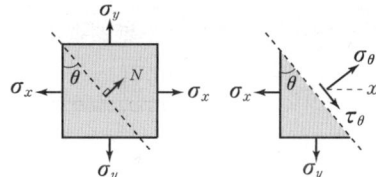

문 제

다음 그림과 같이 단면적이 1000mm²인 균일 단면보에 축인장하중 10kN이 작용하고 있다. 이 때 경사면 ab에 작용하는 수직응력(σ_θ) 및 전단응력(τ_θ)을 구한 값은?

① σ_θ(MPa) = 6.72, τ_θ(MPa) = 3.46
② σ_θ(MPa) = 7.50, τ_θ(MPa) = 4.33
③ σ_θ(MPa) = 8.24, τ_θ(MPa) = 6.0
④ σ_θ(MPa) = 8.50, τ_θ(MPa) = 8.50

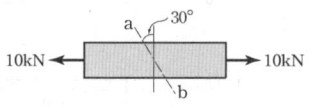

해설 $\sigma = \dfrac{P}{A} = \dfrac{10000N}{1000\text{mm}^2} = 10\text{MPa}$

- 수직응력 $\sigma_\theta = \dfrac{\sigma}{2} + \dfrac{\sigma}{2}\cos 2\theta = \dfrac{10}{2} + \dfrac{10}{2}\cos 60° = 7.5\text{MPa}$
- 전단응력 $\tau_\theta = \dfrac{\sigma}{2}\sin 2\theta = \dfrac{10}{2}\sin 60° = 4.33\text{MPa}$

답 ②

제1편 응용역학

section 17 정정보

(중요도) ★☆☆

보(Beam)란 1개의 부재를 몇 개의 지점으로 지지하고, 부재의 축에 직각 또는 경사진 외력이 작용하는 상태로 만들어진 부재를 말하며 "들보"라고도 불리며 교량에서는 형(桁, Girder)이라고 불린다.

1 보의 종류

종류	작용상태	특징
단순보		1개의 보의 일단은 보의 방향으로 이동할 수 있는 이동지점이고 타단은 회전(힌지)지점으로 된 보를 말한다.
캔틸레버		일단이 고정지점이고 다른 한단은 지점이 없는 자유단으로 된 보를 말한다.
내민보		단순보에서 일단 또는 양단이 지점 밖으로 내밀어 자유단을 가진 보로서 캔틸레버 부분을 가진 단순보를 말한다.
겔버보		n개의 지점을 가진 보에 (n-2)개의 힌지(Hinge)를 넣은 연속보와 일단고정 타단이 동단을 가진 부정정보에 부정정 차수만큼 힌지를 넣어 정정보로 만든 보를 말한다.

2 하중의 종류

하중은 작용상태에 따라 다음과 같이 구분된다.

종류	작용상태	특징
집중하중(P)		하중의 작용점이 한 곳이므로 모멘트 계산시 편리하다.
등분포하중(w)		사각형 분포의 면적을 구하여 중심에 집중하중으로 바꾸어 반력을 구한다.
등변분포하중(w)		삼각형 분포의 면적을 구하여 삼등분점에 집중하중으로 바꾸어 반력을 구한다.
모멘트 하중(M)		모멘트 하중은 그 작용위치에 관계없이 반력의 크기가 일정하다.

section 18 집중하중에 의한 반력 (중요도 ★★☆)

예제 지간이 6m인 단순보 위에 60kN의 집중하중이 작용한 경우의 반력을 구해보자.

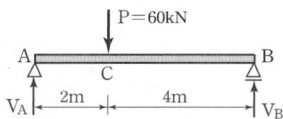

연구
- 하중이 A점쪽 가까이에 작용하므로 A점의 반력이 B점의 반력보다 크다.
- $V_A = \dfrac{BC}{AB} = \dfrac{4m}{6m} = \dfrac{2}{3}$ 의 비율

  $V_B = \dfrac{AC}{AB} = \dfrac{2m}{6m} = \dfrac{1}{3}$ 의 비율

  $\therefore V_A = 60 \times \dfrac{2}{3} = 40kN, \quad V_B = 60 \times \dfrac{1}{3} = 20kN$

풀이

> 힘의 평형방정식을 이용한다.
> ① $\Sigma M = 0$ ② $\Sigma V = 0$ ③ $\Sigma H = 0$

A점의 반력을 구하기 위해 B점에 모멘트식을 적용한다.

① $\Sigma M_B = 0$ 에서

  $V_A \times 6m - 60kN \times 4m = 0$

  $\therefore V_A = 40kN$

② $\Sigma V = 0$ 에서

  $40 - 60 + V_B = 0$

  $\therefore V_B = 20kN$

문제

다음 보에서 지점 반력 $R_B = 2R_A$ 이다. 하중의 위치 x 의 값은?

① 7.2m
② 6.4m
③ 5.3m
④ 4.8m

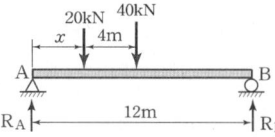

해설 반력의 비율이 주어졌으므로 평형조건식을 적용한다.

① $\Sigma V = 0$ 에서

  $-20kN - 40kN + R_A + R_B = 0$

  $R_B = 2R_A$ 이므로 $-60kN + 3R_A = 0$

  $\therefore R_A = 20kN, \; R_B = 40kN$

② A점에 모멘트를 취하면

  $\Sigma M_A = 0$ 에서

  $20kN \times x + 40kN(4+x) - R_B \times 12m = 0$

  $\therefore x = 5.3m$

답 ③

제1편 응용역학

section 19 경사하중에 의한 반력

19 경사하중에 의한 반력

(중요도 ★☩☩)

예제 지간이 6m인 단순보 위에 60kN의 집중하중이 60°의 경사를 이루고 작용한 경우의 반력을 구해보자.

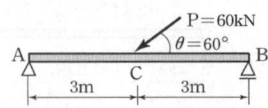

연구 경사하중을 수직(P_V)과 수평(P_H)으로 나눈다.

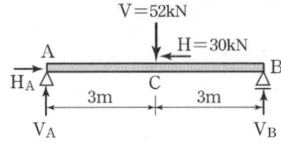

- 수직분력 $P_V = P\sin\theta = 60\text{kN} \times \sin 60° = 52\text{kN}$
- 수평분력 $P_H = P\cos\theta = 60\text{kN} \times \cos 60° = 30\text{kN}$

풀이
- 결국 수직하중과 수평하중이 동시에 작용하므로 수직반력(V_A, V_B)뿐만 아니라 수평반력(H_A)도 생긴다.

$$\therefore V_A = V_B = \frac{P_V}{2}, \quad H_A = P_H,$$

$$V_A = V_B = 26\text{kN}, \quad H_A = 30\text{kN}$$

문제 그림과 같은 구조물에서 A점의 수평방향의 반력은?

① 40kN
② 50kN
③ 45kN
④ 55kN

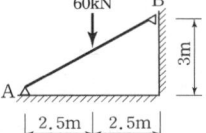

해설 반력의 방향을 생각하면
A는 회전지점(↑, →), B는 이동지점(←)

① $\Sigma V = 0$ 에서
$-60\text{kN} + V_A = 0$
$\therefore V_A = 60\text{kN}(\uparrow)$

② $\Sigma M_B = 0$ 에서
$V_A \times 5\text{m} - H_A \times 3\text{m} - 60\text{kN} \times 2.5\text{m} = 0$
$\therefore H_A = 50\text{kN}(\rightarrow)$

답 ②

 # 등분포하중에 의한 반력

(중요도 ★★☆)

예제 지간이 8m인 단순보 위에 등분포하중이 일부분 작용할 때의 반력을 구해 보자.

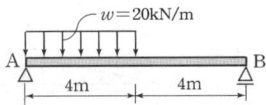

연구

> 등분포 하중이 작용할 때는 면적을 구한 후 집중하중으로 환산하여 반력을 구한다.

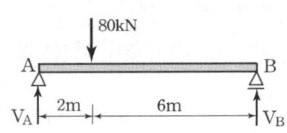

- 사각형의 면적 : $20 \times 4 = 80$kN
- 8tonf의 집중하중이 A지점에 가까이 작용하는 경우와 같으므로

$$V_A = \frac{6m}{8m} = \frac{3}{4} \text{ 의 비율}$$

$$V_B = \frac{2m}{8m} = \frac{1}{4} \text{ 의 비율}$$

$$\therefore V_A = 80 \times \frac{3}{4} = 60\text{kN}, \ V_B = 80 \times \frac{1}{4} = 20\text{kN}$$

풀이 ① $\sum M_B = 0$ 에서

$V_A \times 8\text{m} - 80\text{kN} \times 6\text{m} = 0 \ \therefore V_A = 60\text{kN}$

② $\sum V = 0$ 에서

$V_B = 80\text{kN} - 60\text{kN} = 20\text{kN}$

문제

그림과 같은 경우에 지점 A에 일어나는 반력 V_A를 구하시오.

① 91kN
② 81kN
③ 59kN
④ 49kN

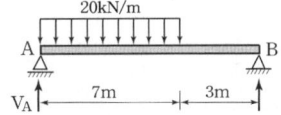

해설 사각형의 면적을 구한다.

$\frac{20\text{kN}}{\text{m}} \times 7\text{m} = 140\text{kN}$

7m의 중앙에 집중하중으로 작용하면

$\sum M_B = 0$ 에서

$V_A \times 10\text{m} - 140 \times (3\text{m} + 3.5\text{m}) = 0$

$\therefore V_A = 91\text{kN}$

답 ①

제1편 응용역학

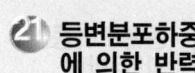

section 21 등변분포하중에 의한 반력

(중요도) ★★☆

예제 지간이 6m인 단순보 위에 등변분포하중이 작용할 때의 반력을 구해보자.

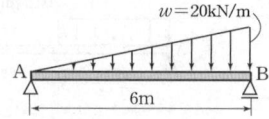

연구 삼각형하중 작용시 삼각형의 면적을 구한 후 집중하중으로 환산하여 반력을 구한다.

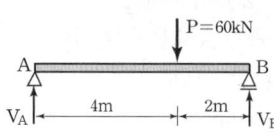

- 삼각형의 면적 : $\frac{1}{2} \times 6 \times 20 = 60\text{kN}$
- 삼각형의 도심에 집중하중 60kN이 작용하는 경우와 똑같다.

  $V_A = \frac{2\text{m}}{6\text{m}} = \frac{1}{3}$ 의 비율

  $V_B = \frac{4\text{m}}{6\text{m}} = \frac{2}{3}$ 의 비율

  $\therefore V_A = 60 \times \frac{1}{3} = 20\text{kN}, \; V_B = 60 \times \frac{2}{3} = 40\text{kN}$

풀이
① $\sum M_B = 0$ 에서
  $V_A \times 6\text{m} - 60\text{kN} \times 2\text{m} = 0$
  $\therefore V_A = 20\text{kN}$
② $\sum V = 0$ 에서
  $V_B = 60\text{kN} - 20\text{kN} = 40\text{kN}$

문제 다음 그림에서 반력 R_A 및 R_B를 구한 값은?

① $R_A = \frac{1}{2}wl, \; R_B = \frac{1}{2}wl$

② $R_A = \frac{1}{3}wl, \; R_B = \frac{2}{3}wl$

③ $R_A = \frac{1}{6}wl, \; R_B = \frac{1}{3}wl$

④ $R_A = \frac{1}{4}wl, \; R_B = \frac{3}{4}wl$

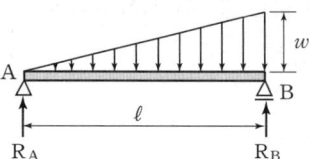

해설 삼각형의 면적 $= \frac{1}{2} \times wl$

$\sum M_B = 0$ 에서
$R_A \times l - \frac{wl}{2} \times \frac{l}{3} = 0 \qquad \therefore R_A = \frac{wl}{6}$

$\sum V = 0$ 에서
$\frac{wl}{6} - \frac{wl}{2} + R_B = 0 \qquad \therefore R_B = \frac{wl}{3}$

답 ③

section 22 모멘트하중에 의한 반력

(중요도 ★★☆)

예제 지간이 6m인 단순보 위에 모멘트 하중이 작용한 경우의 반력을 구해보자.

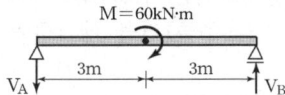

풀이 ① $\sum M_B = 0$ 에서
$- V_A \times 6\text{m} + 60\text{kN} \cdot \text{m} = 0$
$\therefore V_A = 10\text{kN}(\downarrow)$

② $\sum V = 0$ 에서
$-10\text{kN} + V_B = 0 \quad \therefore V_B = 10\text{kN}(\uparrow)$

문제

그림과 같은 보의 지점 반력 R_A, R_B가 옳은 것은?

    R_A R_B
① 8kN (↑), 8kN (↓)
② 8kN (↑), 8kN (↑)
③ 8kN (↓), 8kN (↓)
④ 8kN (↓), 8kN (↑)

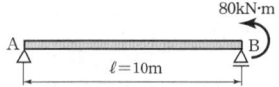

해설 ① $\sum M_B = 0$ 에서
$R_A \times 10\text{m} - 80\text{kN} \cdot \text{m} = 0$
$\therefore R_A = 8\text{kN}(\uparrow)$

② $\sum V = 0$ 에서
$R_A + R_B = 0$
$\therefore R_B = -R_A = -8\text{kN}(\downarrow)$

답 ①

제1편 응용역학

23 전단력 계산

(중요도 ★★☆)

1 정의
부재를 수직방향으로 절단하려는 힘을 전단력(Shear Force)라 한다. 전단력을 구할때는 그 단면의 한 쪽(좌측 또는 우측)만을 생각하여 그 안에 작용하는 **수직힘**만을 계산한다.

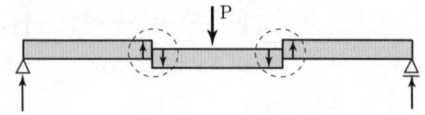

2 특성
① 대개 구조재료는 축력에는 잘 견디나 전단력에는 약한 특성을 지닌다.
② 단순보의 전단력은 지점에서 가장 크므로 지점부근에서 전단응력이 커져서 위험하게 되는데, 이에 대한 보강철근을 전단보강철근 또는 사인장 철근이라 한다.
③ 전단력이 0인 곳에서 최대 휨모멘트가 생긴다.

문제 1
그림과 같은 하중을 받는 단순보에서 C점의 전단력 값으로 맞는 것은?
① 40kN
② −40kN
③ 50kN
④ −50kN

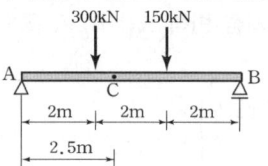

해설
① 좌측부분의 수직력의 합력을 구하기 위해서는 A점의 반력을 구해야 하므로
$\Sigma M_B = 0$ 에서
$V_A \times 6m - 300 \times 4m - 150 \times 2m = 0$
$\therefore V_A = 250kN$
② C점을 잘라서 좌측만 생각한다.
③ 부호를 감안하여 수직력의 합력을 구한다.
$\therefore S_c = 250kN - 300kN = -50kN$

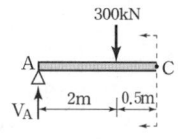

답 ④

문제 2
다음 그림에서 $x = \dfrac{l}{2}$인 점의 전단력(S.F)는?
① 40kN
② 30kN
③ 20kN
④ 10kN

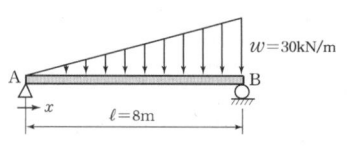

해설
① $\Sigma M_B = 0$ 에서
$V_A \times 8m - \dfrac{1}{2} \times 30kN/m \times 8m \times \dfrac{8}{3}m = 0$
$\therefore V_A = 40kN$
② 한편, 중앙점(C)에서의 $w = 15kN/m$ 이므로
$S_C = 40kN - \dfrac{1}{2} \times 15kN/m \times 4m = 10kN$

답 ④

1 정의

외력이 부재를 구부리려고 할때의 힘을 휨모멘트(Bending Moment)라 한다. 실제 문제에서 휨모멘트 계산문제가 가장 많이 출제된다. 특히 휨모멘트의 부호에 주의해야 한다.

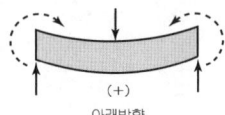
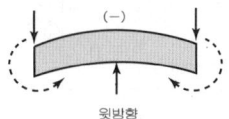

2 휨모멘트의 특성

① 휨모멘트가 최대인 곳에서 전단력은 0이다.
② 휨모멘트의 부호는 인장측이 하향일 때 (+), 상향일 때 (−)이다.

문제 1

그림과 같은 단순보의 D점의 휨모멘트 값은?

① $-60\text{kN} \cdot \text{m}$
② $-44\text{kN} \cdot \text{m}$
③ $44\text{kN} \cdot \text{m}$
④ $60\text{kN} \cdot \text{m}$

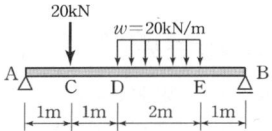

해설 ① A점의 반력을 구한다.
$\sum M_B = 0$에서
$V_A \times 5\text{m} - 20\text{kN} \times 4\text{m} - 20\text{kN/m} \times 2\text{m} \times 2\text{m} = 0$
∴ $V_A = 32\text{kN}$

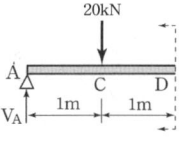

② D점을 잘라서 좌측만 생각하고 계산한다.
③ 부호를 고려하여 모멘트의 합력을 구한다.
이때, 부호는 단면의 좌측에서 상향의 힘(V_A)이 (+), 하향의 힘(20kN)이 (−) 휨모멘트가 되므로
∴ $M_D = 32\text{kN} \times 2\text{m} - 20\text{kN} \times 1\text{m} = 44\text{kN} \cdot \text{m}$

답 ③

문제 2

다음 그림과 같이 삼각형 분포하중을 받는 단순보의 중앙에서의 휨모멘트는 얼마인가?

① $2\text{ t} \cdot \text{m}$
② $3\text{ t} \cdot \text{m}$
③ $4\text{ t} \cdot \text{m}$
④ $5\text{ t} \cdot \text{m}$

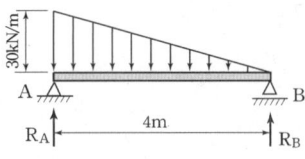

해설 $\sum M_A = 0$에서
$\dfrac{1}{2} \times 30\text{kN/m} \times 4\text{m} \times \dfrac{4}{3}\text{m} - R_B \times 4\text{m} = 0$
∴ $R_B = 20\text{kN}(\uparrow)$
∴ $M_C = 20\text{kN} \times 2\text{m} - \dfrac{1}{2} \times 15\text{kN/m} \times 2\text{m} \times \dfrac{2}{3}\text{m} = 30\text{kN} \cdot \text{m}$

답 ②

25 단면력도

section 25 단면력도(1) (중요도 ★★☆)

1 집중하중시 단면력도

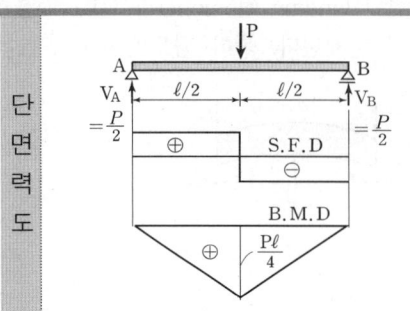

단면력도

전단력도: 전단력도(SFD)는 수직인 힘에 관계되므로 A점에서 $V_A(\frac{P}{2})$만큼 올라가서, C점까지 일정하게 가다가, C점에서 P만큼 내려가고, 다시 일정하게 가다가 $V_B(\frac{P}{2})$만큼 올라간다.
즉, 전체적으로 **사각형 분포**이다.

휨모멘트도: 휨모멘트도(BMD)에서 일반적으로 휨은 아래방향(+)이며 경사직선분포를 하고, 하중 작용점에서 최대값($\frac{Pl}{4}$)을 갖는다.
즉, 전체적으로 **삼각형 분포**이다.

2 등분포하중시 단면력도

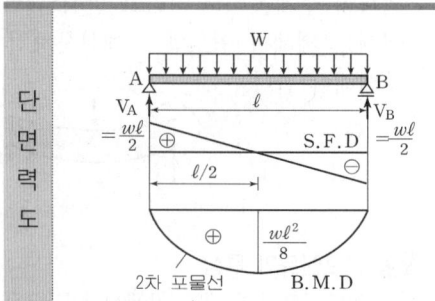

단면력도

전단력도: 전단력도는 중앙에서 S=0이며, 지점에서 전단력이 최대이다.
($S_{max} = V_A = V_B$)
전체적으로 **삼각형 분포**이다.

휨모멘트도: 전단력이 0인 중앙점에서 휨은 최대값($\frac{wl^2}{8}$)을 갖는다.
전체적으로 **2차 포물선 분포**이다.

문제

다음 그림에서 중앙점의 휨모멘트는 얼마인가?

① $\frac{Pl}{4} - \frac{wl^2}{8}$
② $\frac{Pl}{4} + \frac{wl}{8}$
③ $\frac{Pl}{8} + \frac{wl}{4}$
④ $\frac{Pl}{4} + \frac{wl^2}{8}$

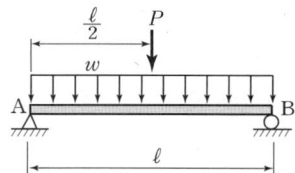

해설 집중하중(P)에 의한 $M_C = \frac{Pl}{4}$

등분포하중(w)에 의한 $M_C = \frac{wl^2}{8}$

∴ $M_C = \frac{Pl}{4} + \frac{wl^2}{8}$

답 ④

section 26 단면력도(2)

3 등변분포하중시 단면력도

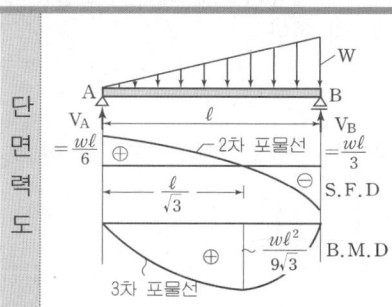

전단력도: 2차 포물선 분포이며, 전단력이 0인 위치는 A점으로부터 $\dfrac{l}{\sqrt{3}}$ 만큼 떨어진 곳이다.

휨모멘트도: 3차 포물선 분포이며, 전단력이 0인 곳에서의 최대 휨모멘트 값은 $\dfrac{wl^2}{9\sqrt{3}}$ 이다.

4 모멘트하중시 단면력도

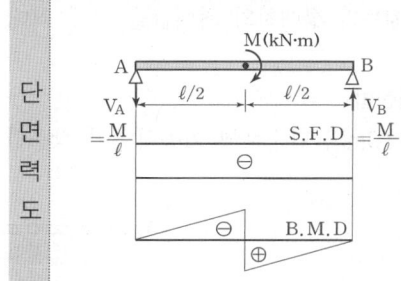

전단력도: 모멘트 하중에 다른 우력모멘트 반력이 생기게 되며, 반력의 크기는 $\dfrac{M}{l}$ 이며 따라서 전단력도는 $\dfrac{M}{l}$ 으로 일정한 사각형 분포이다.

휨모멘트도: 삼각형 분포이며, 모멘트 하중이 작용하는 위치에서 휨모멘트의 부호가 바뀐다.

문제

다음 보에서 최대 휨모멘트가 발생되는 위치는 지점 A로부터 얼마인가?

① $\sqrt{\dfrac{4}{5}}\, l$
② $\dfrac{2}{3} l$
③ $\dfrac{1}{\sqrt{3}} l$
④ $\dfrac{1}{\sqrt{2}} l$

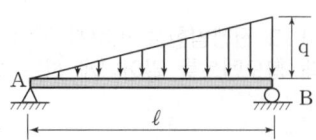

해설: 등변분포하중이 작용할 때의 전단력이 0인 위치는 A점으로부터 $\dfrac{l}{\sqrt{3}}$ 만큼 떨어진 곳이다.

$(x = \dfrac{l}{\sqrt{3}} = 0.577l)$

답 ③

절대 최대 휨모멘트

section 27 절대 최대 휨모멘트 (중요도 ★☆☆)

1 정의
기차나 자동차와 같은 이동하중이 교량 위를 지날 때 이동하중에 의해 구조물에 발생되는 휨모멘트의 절대치의 최대값을 절대 최대 휨모멘트라 한다.

2 계산법
지간 10m의 단순보에 이동하중이 작용하는 경우 절대 최대 휨모멘트를 구하여 보자.

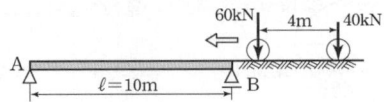

① 이동하중의 합력(R)과 그 작용위치를 바리뇽(Varignon)의 정의에 의하여 구한다.
- 합력 $R = 60kN + 40kN = 100kN(↓)$
- 작용위치(x)를 구하면
  $Rx = P_1 x_1 + P_2 x_2$ 에서
  $100 \times x = 60 \times 0m + 40 \times 4m$
  $\therefore x = 1.6m$

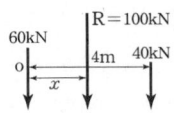

② 합력(R)과 가까운 하중(60kN)과의 거리를 a라 할 때 $\frac{a}{2}$ 되는 점을 찾는다.

$x = a$ 가 되며, $\frac{a}{2} = 0.8m$ 가 된다.

③ $\frac{a}{2}$ 점을 보의 중앙점에 일치시킨다.

- 중앙점(C)에서 0.8m 왼편에 60kN이 놓이며 절대 최대 휨모멘트는 D점에서 생기게 된다.
  $\Sigma M_B = 0$ 에서
  $V_A \times 10m - 60kN \times 5.8m - 40kN \times 1.8m = 0$
  $\therefore V_A = 42kN$
  $\therefore M_{max} = 42kN \times 4.2m = 176.4kN \cdot m$

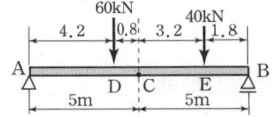

문제

그림(a)와 같은 하중이 그 진행방향을 바꾸지 아니하고, 그림 (b)와 같은 단순보 위를 통과할 때, 이 보에 절대 최대 휨모멘트를 일어나게 하는 하중 90kN의 위치는? (단, B지점으로부터 거리임)

① 2m
② 5m
③ 6m
④ 7m

해설 ① 합력의 위치를 구한다.
$R = 60 + 90 = 150kN$
$150x = 60 \times 5$
$\therefore x = 2m$
② $\frac{a}{2}$ 의 위치를 중앙점에 위치시킨다.

$\therefore$ 90kN의 위치는 5m가 된다.

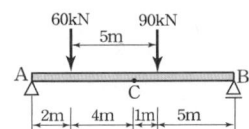

답 ②

■ 절대최대 휨모멘트 발생하는 곳 : 합력과 인접한 하중이 작용하고 있는 점

section 28 캔틸레버보 (중요도 ★☆☆)

1 특징
① 캔틸레버보는 지점이 한 곳이므로 지점(고정단)에서 외력을 모두 받아야 한다.
② 고정단에서는 수직(V), 수평(H), 모멘트(M) 반력이 생길 수 있다.
③ 캔틸레버의 휨은 일반적으로 (−)이다.

2 단순보와의 차이
① 집중하중 작용시

단 순 보	캔틸레버보

수직하중에 대하여 수직반력이 2개 (V_A, V_B)가 생긴다.	수직하중에 대하여 수직반력 1개와 우력에 의한 모멘트가 생기므로 모멘트반력이 생긴다.

② 모멘트하중 작용시

단 순 보	캔틸레버보
모멘트 하중에 대하여 우력의 모멘트 반력이 생긴다. (반력의 방향이 반대)	모멘트 하중에 의한 모멘트 반력만 생긴다.

문제
다음 외팔보의 C점에 $P_1 = 20\text{kN}$의 하중이 아래로, B점에 $P_2 = 40\text{kN}$의 하중이 위로 작용한다. 이때 점 A에서의 휨모멘트는?

① $0.00\,\text{kN}\cdot\text{m}$
② $60\,\text{kN}\cdot\text{m}$
③ $30\,\text{kN}\cdot\text{m}$
④ $180\,\text{kN}\cdot\text{m}$

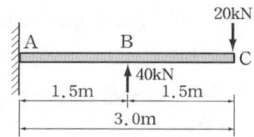

해설 $M_A = -20 \times 3 + 40 \times 1.5 = 0$
(휨 계산시 휨의 부호에 특히 주의한다.)
휨의 부호는 시계, 반시계 방향에 의해 결정되는 것이 아니라, 휨의 인장방향이 아래쪽이면 ⊕, 윗쪽이면 ⊖가 된다.

답 ①

 (중요도 ★☆☆)

1 내민보의 종류

내민보는 단순보에서 지점 1곳 또는 2곳이 부재 안쪽으로 이동한 구조로 내민부의 위치에 따라 다음과 같이 나뉜다.

오른쪽 내민보	왼쪽 내민보	양쪽 내민보
중앙부 | 내민부 S.B | C.B	내민부 | 중앙부 C.B | S.B	내민부 | 중앙부 | 내민부 C.B | S.B | C.B

- 중앙부 : 지점과 지점사이 부분으로 단순보와 같이 해석한다.
- 내민부 : 지점과 자유단사이 부분으로 캔틸레버와 같이 해석한다.

2 반력과 단면력

① 내민보는 해법상 단순보와 캔틸레버보의 합성 구조물이다.
② 내민 부분에서 하중이 작용하면, **가까운 지점의 반력은 증가**하고, 반대쪽 지점에서는 **(−) 반력**이 생긴다.
③ 내민보의 반력은 내민 부분을 캔틸레버보와 같이 구하고, 그 모우먼트 반력을 단순보 구간에 작용시켜서 반력을 구한다.

문 제

다음 내민보를 가진 단순 지지보의 A점에서 반력을 구한 값은?

① 10kN(상향)
② 10kN(하향)
③ 125kN(상향)
④ 260kN(하향)

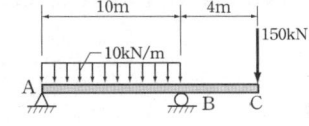

해설 $\sum M_B = 0$ 에서

$V_A \times 10\mathrm{m} - 10\mathrm{kN/m} \times 10\mathrm{m} \times 5\mathrm{m} + 150\mathrm{kN} \times 4\mathrm{m} = 0$

∴ $V_A = -10\mathrm{kN}(\downarrow)$

A−B의 등분포하중에 의한 영향보다 B−C의 집중하중에 의한 영향이 크게 나타나 A점의 반력이 하향이다.

답 ②

section 30 겔버보 (중요도 ★★☆)

1 특징
① 부정정 연속보에 부정정차수 만큼 부재내에 힌지 절점을 넣어 정정으로 만든 보를 겔버보(Gerber)라 한다.
② 겔버보는 단순보와 내민보, 단순보와 캔틸레버보의 결합으로 간주한다.
③ 부재내의 **힌지절점에서 휨모멘트는 0**이다.

2 풀이순서
① 반력계산시 힌지 절점을 중심으로 부재를 나누어 불안정 부재(B~C)를 먼저 해석해 나간다.
② B점에 하중이 전달되어 캔틸레버(A~B)를 푼다.

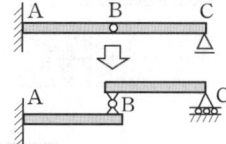

문제 1
그림과 같은 보의 A점의 반력은?
① 10kN
② 16kN
③ 20kN
④ 30kN

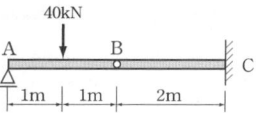

해설 겔버보를 단순보 구간(A-B)과 캔틸레버 구간(B-C)으로 나누어서 단순보 구간을 먼저 풀어야 한다.

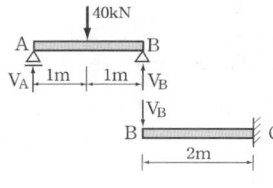

B점은 지점이 아니기 때문에 반력이 생길 수 없으므로 V_B를 외력으로 다시 작용시킨다.
따라서 단순보 구간(A-B)을 해석하면
$\sum M_B = 0$ 에서
$V_A \times 2m - 40kN \times 1m = 0$
∴ $V_A = 20kN$ 답 ③

문제 2
다음 구조물에서 A지점에 대한 휨모멘트의 값은?
① 80kN·m
② -80kN·m
③ 120kN·m
④ -120kN·m

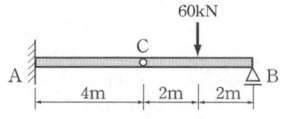

해설 ① 단순보 구간 (C-B)을 먼저 계산한다.
∴ $V_C = 30kN$
② 캔틸레버 구간(A-C)에 V_C를 하중으로 작용시켜서 A점의 휨모멘트를 구한다. 이때 부호에 특히 주의한다.
$M_A = -30kN \times 4m = -120kN \cdot m$

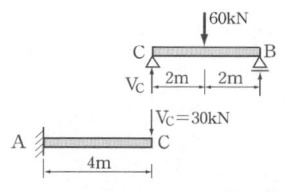

답 ④

section 31 휨응력

1 정의
휨응력이란 수직응력과 인장응력의 조합에 의하여 부재가 휘게 될 때의 응력을 말한다. 따라서 중립축을 경계로 하여 중립축 **상단**으로 갈수록 **휨압축응력**이 점차 커지고, 중립축 **하단**으로 갈수록 **휨인장응력**이 점차 커진다.

2 공식

1) 휨응력의 일반식　$\sigma = \pm \dfrac{M}{I} y$

2) 최대 휨응력　$\sigma_{max} = \pm \dfrac{M_{max}}{Z}$

여기서 M : 휨모멘트
I : 중립축에 대한 단면2차모멘트
y : 중립축에서 구하고자 하는 점까지의 거리

3) 휨응력 분포
  ① 직선분포
  ② 중립축에서 영(0)
  ③ 상하단에서 최대(σ_{max})

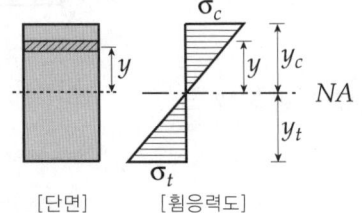

[단면]　[휨응력도]

문제

그림과 같은 단순보의 최대 휨응력은?

① 4.44MPa
② 17.78MPa
③ 26.67MPa
④ 35.56MPa

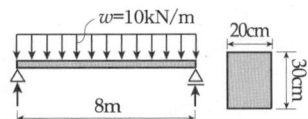

해설　직사각형 단면에서의 최대휨응력 공식 $\sigma_{max} = \dfrac{M_{max}}{Z}$

① M_{max} 계산
　단순보에 등분포하중 만재시 최대 휨모멘트는 중앙에서 생기며 그 값은
　$M_{max} = \dfrac{wl^2}{8} = \dfrac{10 \times 8^2}{8} = 80\text{kN} \cdot \text{m} = 80 \times 10^6 \text{N} \cdot \text{mm}$

② 단면계수
　$Z = \dfrac{bh^2}{6} = \dfrac{20 \times 30^2}{6} = 3,000 \text{cm}^3 = 3,000,000 \text{mm}^3$

　$\therefore \sigma_{max} = \dfrac{M_{max}}{Z} = \dfrac{80 \times 10^6 \text{N} \cdot \text{mm}}{3,000,000 \text{mm}^3} = 26.67 \text{N/mm}^2 = 26.67 \text{MPa}$

답 ③

section 32 보의 합성응력

1 정의
보에 수직하중에 의한 휨응력과 축방향력에 의한 축응력이 동시에 작용하게 되면 이들 두 힘에 의하여 합성응력이 생기게 된다.

① 휨에 의한 응력(σ_b)　　　② 축력에 의한 응력(σ_c, σ_t)

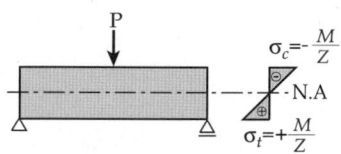
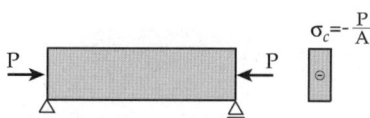

2 합성응력

① 압축력인 경우

$$\sigma = \sigma_b + \sigma_c = \pm \frac{M}{Z} - \frac{P}{A}$$

휨응력　　압축응력　　합성응력

② 인장력인 경우

$$\sigma = \sigma_b + \sigma_t = \pm \frac{M}{Z} + \frac{P}{A}$$

휨응력　　인장응력　　합성응력

문제

폭 b=150mm, 높이 h=300mm 인 직사각형 단면보에 그림과 같이 하중이 작용했을 때 보의 최대 인장응력은? (단, P는 수직하중, N은 축방향력이다.)

① 2.56MPa
② 3.87MPa
③ 3.57MPa
④ 4.09MPa

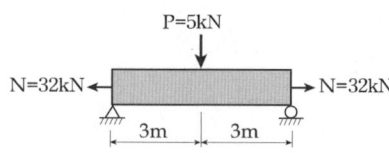

해설 합성응력에서 최대인장응력은 보의 하단에서 생기므로

$\sigma = \sigma_b + \sigma_t = \dfrac{M}{Z} + \dfrac{N}{A}$ 에서

$M = \dfrac{Pl}{4} = \dfrac{5 \times 6}{4} = 7.5 \text{kN} \cdot \text{m} = 7.5 \times 10^6 \text{N} \cdot \text{mm}$

$Z = \dfrac{bh^2}{6} = \dfrac{150 \times 300^2}{6} = 2,250,000 \text{mm}^3$

$\therefore \sigma = \dfrac{7.6 \times 10^6}{2,250,000} + \dfrac{32,000}{150 \times 300} = 4.09 \text{MPa}$

답 ④

section 33 전단응력

(중요도 ★★☆)

1 정의
전단응력이란 부재의 직각방향으로 작용하는 힘에 의하여 일그러짐이 생기는 경계면에서 변형에 대응하는 응력을 말한다.
이는 항상 부재축과 나란한 방향과 직각방향으로 직교하여 발생하고 그 크기는 같다.

2 공식

1) 전단응력 일반식 $\tau = \dfrac{GS}{Ib}$

여기서 G : 구하고자 하는 외측단면에 대한 중립축에서의 단면1차모멘트
S : 전단력
I : 중립축에 대한 단면2차모멘트
b : 구하고자 하는 위치의 단면 폭

2) 최대전단응력 τ_{max}
   ① 단면이 **사각형**인 경우

   $\dfrac{3}{2} \times \dfrac{S}{A}$

   ② 단면이 **원형**인 경우

   $\dfrac{4}{3} \times \dfrac{S}{A}$

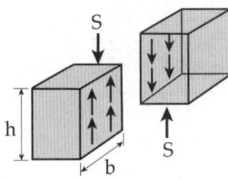
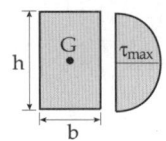

3) 전단응력분포
   ① 곡선분포
   ② 일반적으로 중립축에서 최대
   ③ 상하단에서 영(0)

문제
그림과 같은 조건일 때 최대 전단응력도는 얼마인가?

① 0.732MPa
② 0.667MPa
③ 0.826MPa
④ 1.0MPa

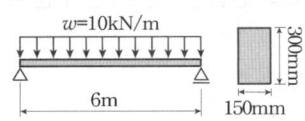

해설 단면이 직사각형이므로 최대전단응력 $\tau_{max} = \dfrac{3}{2} \times \dfrac{S}{A}$ 에서

① S_{max} 계산
   단순보에 등분포하중 만재시 최대전단력은 지점에서 생기며 지점반력과 같다.
   $S_{max} = V_A = \dfrac{wl}{2} = \dfrac{10 \times 6}{2} = 30\text{kN} = 30,000\text{N}$

② A 계산
   $A = 150 \times 300 = 45,000 \text{mm}^2$

   $\therefore \tau_{max} = \dfrac{3}{2} \times \dfrac{S_{max}}{A} = \dfrac{3}{2} \times \dfrac{30,000}{45,000} = 1\text{MPa}$

답 ④

section 34. 보의 설계 (중요도 ★☆☆)

탄성설계에서 허용휨응력(σ_a)와 허용전단응력(τ_a)이 결정되면 설계하중에 따라 최대 휨응력과 최대 전단응력에 대하여 검토한다.

1 최대 휨응력 검토

$$\sigma_{max} = \frac{M_{max}}{Z} \leq \sigma_a$$

2 최대 전단응력 검토

$$\tau_{max} = \frac{GS_{max}}{Ib} \leq \tau_a$$

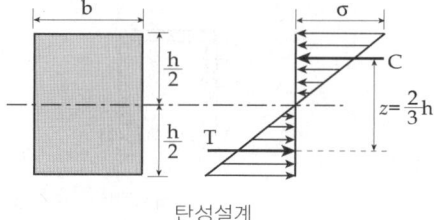

탄성설계

3 저항모멘트

$$M_r = \sigma Z \,(Z = \frac{bh^2}{6} : 단면계수)$$

4 소성모멘트

$$M_p = \sigma_y J \,(J = \frac{bh^2}{4} : 소성계수)$$

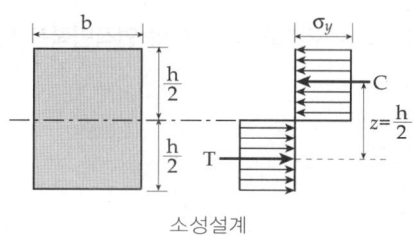

소성설계

문제

그림과 같은 단순보에서 허용 휨응력 σ_{ba} = 5MPa, 허용 전단응력 τ_a = 0.5MPa일 때 하중 P의 한계치는?

① 16.67kN
② 25.17kN
③ 25kN
④ 23.15kN

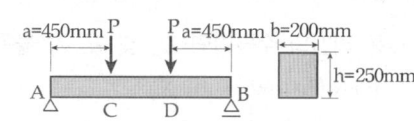

해설 허용 휨응력과 허용 전단응력이 주어졌으므로 두 가지에 대하여 검토하여 모두 만족하는 값을 선택한다.

$M = V_A \times 450 = 450P$
$S = V_A = P$

① 휨응력 검토
$M = \sigma_{ba} Z$에서 $450P = 5 \times \frac{200 \times 250^2}{6}$
∴ $P = 23148.1N = 23.1kN$

② 전단응력 검토
$\tau = 1.5 \frac{S}{A}$에서 $0.5 = 1.5 \frac{P}{200 \times 250}$
∴ $P = 16666.7N = 16.67kN$

따라서 모두 만족하는 값은 둘 중 작은 값이므로 $P = 16.67kN$ **답** ①

section 35 라멘의 반력

(중요도)
★★☆

1 특성

라멘은 구조상 수평재와 수직재로 구성되어 있는데 수평재는 보와 같은 방법으로 해석하면 되고 수직재는 기둥으로 압축력을 주로 받게 된다.

따라서 라멘을 해석할 때는 하중에 따른 반력의 형태와 방향을 결정하고 이에 따라 기둥, 보 순서로 풀어 가면 된다.

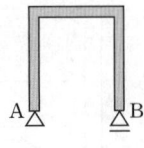

단순보형 라멘

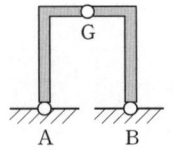

3힌지형 라멘

문제 1

다음과 같은 구조물에서 D점의 연직반력은 얼마인가?

① 100kN
② 75kN
③ 50kN
④ 87.5kN

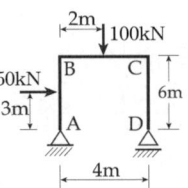

해설 D점의 반력을 구하기 위해 A점에 모멘트를 취하면

$\sum M_A = 0$ 에서

$50\text{kN} \times 3\text{m} + 100\text{kN} \times 2\text{m} - V_D \times 4\text{m} = 0$

$\therefore V_D = 87.5\text{kN}$

답 ④

문제 2

그림과 같은 라멘의 수평반력 H_A 및 H_D 가 옳은 것은?

① $H_A = 10\text{kN}(\rightarrow)$, $H_D = 10\text{kN}(\leftarrow)$
② $H_A = 10\text{kN}(\leftarrow)$, $H_D = 10\text{kN}(\rightarrow)$
③ $H_A = 20\text{kN}(\rightarrow)$, $H_D = 20\text{kN}(\leftarrow)$
④ $H_A = 20\text{kN}(\leftarrow)$, $H_D = 20\text{kN}(\rightarrow)$

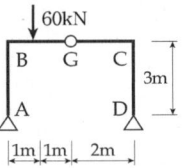

해설 3힌지 라멘은 구조상 부재내 힌지(G)로 인하여 불안정한 요소가 있으므로 수평반력이 생기게 된다.

D점에 모멘트를 취하면

① $\sum M_D = 0$ 에서 $V_A \times 4\text{m} - 60\text{kN} \times 3\text{m} = 0$ $\therefore V_A = 45\text{kN}(\uparrow)$
② $\sum V = 0$ 에서 $V_A - 60 + V_D = 0$ $\therefore V_D = 15\text{kN}(\uparrow)$
③ $\sum H = 0$ 에서 $H_A - H_D = 0$ $\therefore H_A = H_D$

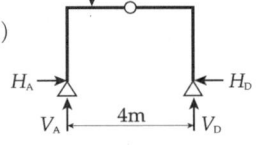

힌지 절점(G)을 중심으로 한쪽(좌측 또는 우측)만을 대상으로 모멘트를 취한다.
부재내 힌지 절점(G)의 오른쪽 부분을 선택하면

$\sum M_{GR} = 0$ 에서

$-V_D \times 2\text{m} + H_D \times 3\text{m} = 0$ (여기서 $V_D = 15\text{kN}$이므로)

$\therefore H_D = 10\text{kN}(\leftarrow)$ $\therefore H_A = 10\text{kN}(\rightarrow)$

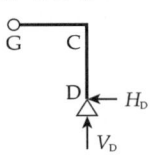

답 ①

라멘의 단면력도

라멘의 단면력도 중에는 휨모멘트도(B.M.D)가 종종 출제되므로 한번씩 그려보면서 익혀두도록 한다.

1 캔틸레버형 라멘

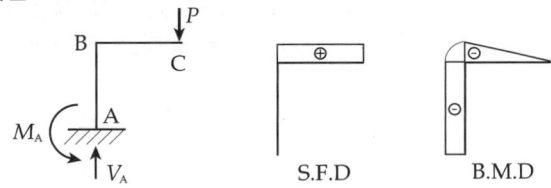

2 단순보형 라멘

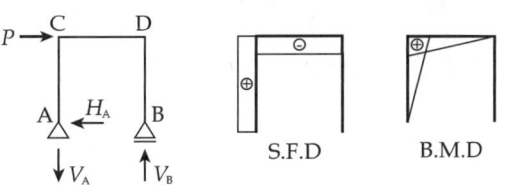

3 3힌지형 라멘

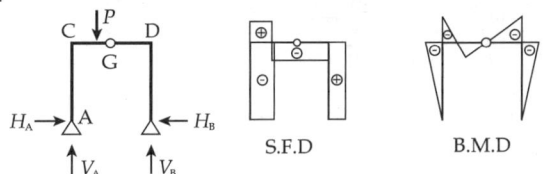

문제

다음 라멘의 B.M.D는?

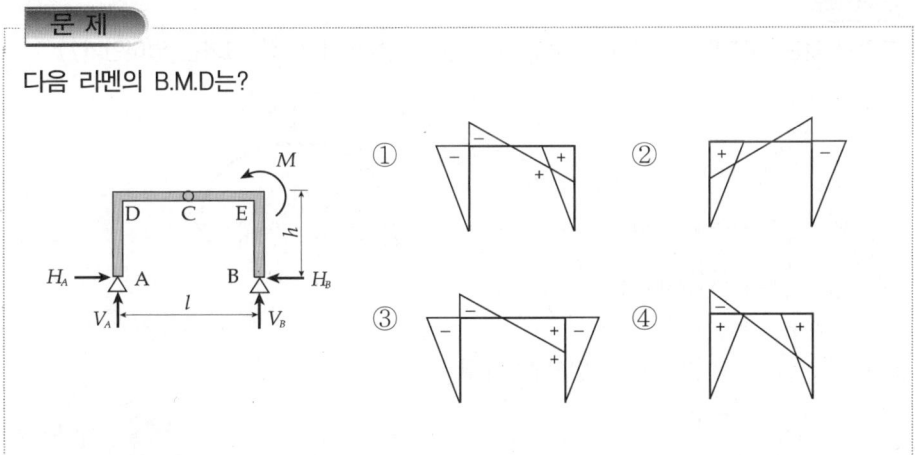

해설 반력의 방향을 우선 고려한다. 3힌지라멘이므로 수평반력이 생기며, 수직반력은 우력을 만든다.

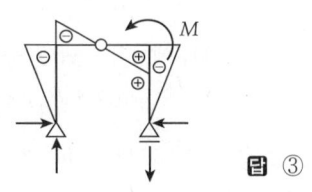

답 ③

section 37 아치

1 정의

곡선재로 구성되어 있는 구조물로써 아치는 해석상 라멘구조와 동일하다.
다만 부재가 곡선재로 중심각 θ 에 따라 부재력이 달라진다.
일반적으로 축방향력의 영향이 가장 크고, 전단력 및 휨에 의한 영향은 비교적 작다.
특히 등분포 하중을 받는 아치는 구조물내에 **축방향력만** 존재한다.

2 아치의 단면력도

① 단순지지 아치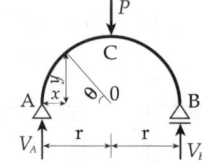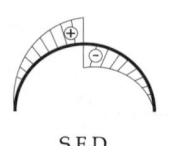

S.F.D   B.M.D

② 3힌지 아치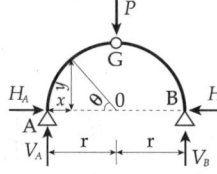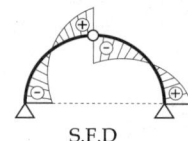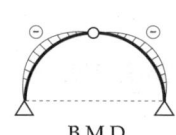

S.F.D   B.M.D

문제

그림과 같은 반경이 r인 반원 아치에서 D점의 축방향력 N_o 의 크기는 얼마인가?

① $N_o = \dfrac{P}{2}(\cos\theta - \sin\theta)$

② $N_o = \dfrac{P}{2}(r\cos\theta - \sin\theta)$

③ $N_o = \dfrac{P}{2}(\cos\theta - r\sin\theta)$

④ $N_o = \dfrac{P}{2}(\sin\theta + \cos\theta)$

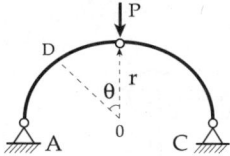

해설 ① A점의 수직반력과 수평반력을 구한다.

$V_A = \dfrac{P}{2}$ 이고,

$H_A = \dfrac{P}{2}$ 가 된다.

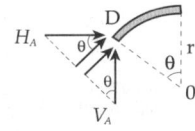

② D점에서의 축방향 분력을 구하면

$N_o = V_A \sin\theta + H_A \cos\theta$

$\quad = \dfrac{P}{2}\sin\theta + \dfrac{P}{2}\cos\theta$

답 ④

section 38 트러스

(중요도) ★☆☆

1 트러스의 부재구성

트러스란 2개 이상의 직선부재의 양단을 마찰없는 힌지(Hinge)로 연결한 구조물이다. 트러스에서 부재력이라 함은 축방향력을 의미하며 따라서 부재는 압축과 인장만을 받게 된다.

① 현재(弦材) : 트러스의 외부를 형성하는 부재
  ㉠ 상현재(U)   ㉡ 하현재(L)
② 복재(腹材) : 상현재와 하현재의 중간에서 연결하는 부재
  ㉠ 수직재(V)   ㉡ 사 재(D)

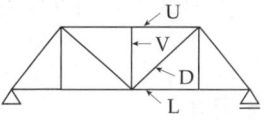

2 트러스의 종류

① 와렌(warren)트러스   ② 프랫(pratt) 트러스   ③ 하우(howe) 트러스

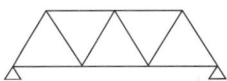 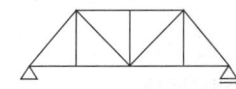 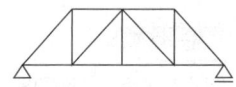

3 부재력이 0인 부재

① 경우 I	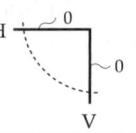	$\sum V=0$ 에서 $\therefore V=0$ $\sum H=0$ 에서 $\therefore H=0$
② 경우 II	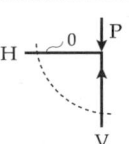	$\sum V=0$ 에서 $\therefore V=P$ $\sum H=0$ 에서 $\therefore H=0$
③ 경우 III	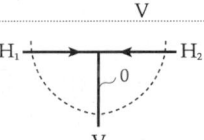	$\sum V=0$ 에서 $\therefore V=0$ $\sum H=0$ 에서 $\therefore H_1=H_2$

문 제

다음 트러스에서 부재력이 0(Zero)이 되는 것은?
① AB 부재
② BC 부재
③ CB 부재
④ DB 부재

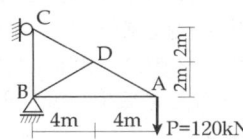

해설 0부재 원칙 중 ③번째 원칙에 따라 절점 D에서 DC와 DA는 부재력이 서로 같고, DB부재는 0부재이다.

참고 A점에 작용하는 하중 P에 의하여 AC부재는 인장력을 받고, AB부재는 압축력을 받게 된다. 한편 BD부재는 부재력이 0이나 역학적인 의미에서 부재를 사용하게 된다.

답 ④

제1편 응용역학

현재의 부재력

section 39 현재의 부재력 (중요도 ★★★)

1 해법
① 현재(상현재, 하현재)를 구할 때는 **모멘트법**(Ritter법)을 사용하는데, $\sum M=0$의 모멘트 조건식을 이용한다.
② 상현재(U)를 구할 때는 하현재의 절점에, 하현재(L)을 구할 때는 상현재의 절점에 모멘트를 취하여 부재력을 구한다.

2 부호 규약

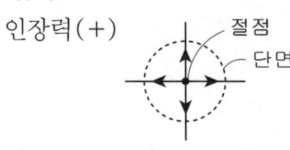
인장력(+)
절점에서 단면방향

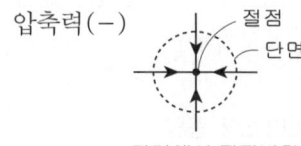
압축력(-)
단면에서 절점방향

문제

그림과 같은 구조물에서 Ⓣ 부재의 응력은?

① 10kN
② -10kN
③ 20kN
④ -20kN

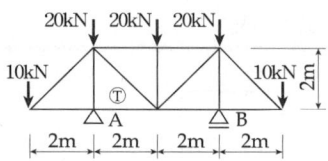

해설 절단법에 의한 Ⓣ 부재력 계산
① Ⓣ부재를 잘라서 좌측을 취한다.
② 고려조건
   ㉠ 하중(10kN, 20kN) ㉡ 반력(V_A) ㉢ 잘린 부재력(ⓐ, ⓑ, Ⓣ)
③ 반력계산
   구조물과 하중이 좌우대칭이므로 하중의 절반을 A반력이 감당한다.
   $$\therefore V_A = \frac{1}{2}(10+20+20+20+10) = 40\text{kN}$$

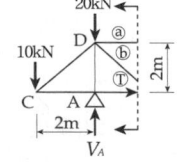

④ Ⓣ 부재력 계산
   ㉠ 고려 조건 3가지 가운데 하중과 반력을 구했으므로 잘린 부재력을 고려하여 Ⓣ 부재력을 구한다.
   ㉡ 잘린 부재력 가운데 Ⓣ만 남기고 ⓐ, ⓑ를 없애기 위해 ⓐ부재와 ⓑ부재가 만나는 그림의 D점에 (상현재의 절점) 모멘트를 취한다.
   ㉢ 따라서 D점에 모멘트를 취하게 되면 미지의 부재력 ⓐ, ⓑ, Ⓣ가운데 ⓐ와 ⓑ 부재에 대한 D점의 모멘트가 0이기 때문에 계산에서 미지수가 자연스럽게 제거되고 Ⓣ 부재만 남게 된다.
⑤ 하현재 Ⓣ의 부재력을 구하기 위해 Ⓣ의 방향을 가정한다.(→)
⑥ D점에 모멘트를 취한다.
   $\sum M_D = 0$에서
   $-10\text{kN} \times 2\text{m} - Ⓣ \times 2\text{m} = 0$ $\therefore Ⓣ = -10\text{kN}$

답 ②

section 40 사재의 부재력 (중요도 ★★★)

1 해법
① 복재(사재, 수직재)를 구할때는 **전단력법**(Culmann법)을 사용하는데 $\Sigma V=0$의 전단조건식을 이용하여 수직재(V)와 사재(D)의 부재력을 구한다.
② 사재의 경우 수직분력을 구하기 위해 직각삼각형의 비례식을 적용하여 부재력을 구한다.

문제

그림에서 S부재의 응력은?

① 7.73kN　② 10.42kN
③ 7.69kN　④ 9.55kN

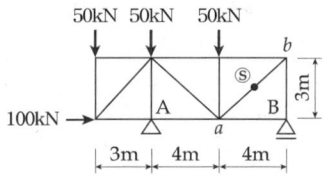

해설 절단법에 의한 ⑤부재력 계산
① ⑤부재를 잘라서 우측을 취한다.
② 고려조건
　㉠ 하중(없음)
　㉡ 반력(V_B)
　㉢ 잘린 부재력(Ⓤ, Ⓢ, Ⓛ)
③ 반력계산
　B점의 반력을 구하기 위해서 A점에 모멘트를 취한다.
　$\Sigma M_A = 0$ 에서
　$-50\text{kN}\times 3\text{m} + 50\text{kN}\times 4\text{m} - V_B \times 8\text{m} = 0$
　$\therefore V_B = 6.25\text{kN}(\uparrow)$
④ ⑤부재력 계산
　㉠ 고려 조건 3가지 가운데 반력을 구했으므로 잘린 부재력을 고려하여 Ⓢ 부재력을 구한다.
　㉡ 잘린 부재력 가운데 Ⓤ부재와 Ⓛ부재는 현재이고 Ⓢ부재만 복재이므로, 이때 전단력법을 이용하여 $\Sigma V=0$를 적용하면 현재는 수평부재이므로 관련이 없게 되어 자연스럽게 제거되고 Ⓢ부재만 남게 되어 부재력을 구할 수 있다.
⑤ 사재 Ⓢ의 부재력을 구하기 위해 Ⓢ의 방향을 그림과 같이 가정한다.
⑥ 단면의 우측에 대하여 전단력법을 이용한다.
　$\Sigma V=0$
　$V_B - Ⓢ \times \cos\theta = 0$
　$6.25 - Ⓢ \times \dfrac{3}{5} = 0$
　$\therefore Ⓢ = 10.42\text{kN}$

답 ②

제1편 응용역학

단주의 응력

section 41 단주의 응력 (중요도 ★★☆)

1 기둥

기둥이란 일반적으로 **축방향 압축력**을 받는 부재를 말하며, 단주는 압축응력의 지배를, 장주는 좌굴응력의 지배를 받는다.

2 단주의 응력

압축력이 도심에서 편심거리 e만큼 떨어져 작용하는 경우 단면내에 발생하는 압축응력의 크기는 편심거리에 따라 달라지나, 대개는 사다리꼴의 등변분포 형태이다.

① 최대, 최소 압축응력

- $\sigma_{max} = \dfrac{P}{A} + \dfrac{M}{Z}$
- $\sigma_{min} = \dfrac{P}{A} - \dfrac{M}{Z}$

② 높이(h)의 산정
단면계수(Z)에서 높이 계산시 편심축이 높이가 된다.

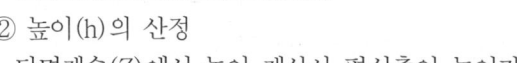

$Z = \dfrac{bh^2}{6} = \dfrac{yx^2}{6}$

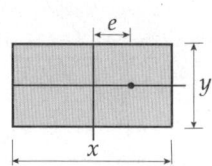

문제

그림과 같이 편심하중 300kN을 받는 단주에서 A점의 응력은? (단, 편심거리 e=40mm 임)

① 1MPa(인장)
② 1MPa(압축)
③ 9MPa(인장)
④ 9MPa(압축)

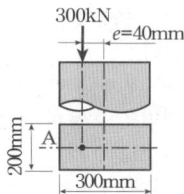

해설 편심이 발생하므로 편심모멘트를 구하면
$M = P \cdot e = 300 \times 40 = 12,000 \text{kN} \cdot \text{mm} = 12,000,000 \text{N} \cdot \text{mm}$

$Z = \dfrac{200 \times 300^2}{6} = 3,000,000 \text{mm}^3$

$\therefore \sigma_A = \dfrac{P}{A} + \dfrac{M}{Z}$

$= \dfrac{300,000}{300 \times 200} + \dfrac{12,000,000}{3,000,000} = \dfrac{9 \text{N}}{\text{mm}^2} = 9\text{MPa} \text{(압축)}$

답 ④

section 42 단면의 핵

(중요도 ★★☆)

1 정의

편심하중을 받는 단주에서 도심으로부터의 편심거리(e)가 멀어짐에 따라 단면내 발생하는 최소응력(σ_{min})은 압축응력 또는 인장응력이 발생하게 된다.

① 핵점(core point) : 단면내에 압축응력만 일어나게 되는 편심거리의 한계점
② 단면의 핵 : 핵점에 의해 둘러싸인 부분
③ 핵점의 위치

단면의 핵점은 순수압축응력($\frac{P}{A}$)와 편심으로 인한 휨응력($\frac{M}{Z}$)이 같을 때의 편심위치를 뜻한다.

$$\frac{P}{A} = \frac{M}{Z} = \frac{Pe}{Z}$$

$$\therefore \text{핵점} \quad e = \frac{Z}{A} = \frac{I}{Ay}$$

2 단면의 핵

구 분	도 형	단면의 핵
직사각형		$e_1 = \frac{Z}{A} = \frac{\frac{bh^2}{6}}{b \times h} = \frac{h}{6}$ $e_2 = \frac{Z}{A} = \frac{\frac{hb^2}{6}}{b \times h} = \frac{b}{6}$
원 형		$e = \frac{Z}{A} = \frac{\frac{\pi D^3}{32}}{\frac{\pi D^2}{4}} = \frac{D}{8}$

문제

그림과 같은 단면의 단주(短柱)에 하중 P가 단면의 중심으로부터 편심거리 e 만큼 떨어져서 작용한다. 틀린 것은 어느 것인가? (단, A : 단면적)

① 하중 P가 E_1에 작용하면 AD에 연하여 인장 응력이 생긴다.
② 하중 P가 K_1에 작용하면 AD에 연하여 응력은 0이다.
③ 하중 P가 도심에 작용할 때 압축 응력의 크기는 P/A이다.
④ 하중 P가 K_2에 작용할 때 AD에 연하여 응력은 $\sigma = -\frac{P}{A}\left(1 - \frac{6e}{h}\right)$이다.

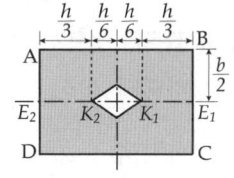

해설 하중 P가 K_2에 작용할 때

$$\sigma_{AD} = \frac{P}{A} + \frac{M}{Z} = \frac{P}{bh} + \frac{Pe}{\frac{bh^2}{6}} = \frac{P}{bh}\left(1 + \frac{6e}{h}\right) = \frac{P}{A}\left(1 + \frac{6e}{h}\right)$$

답 ④

제1편 응용역학

43 장주의 좌굴

(중요도 ★★★)

1 좌굴(Buckling)
단면에 비하여 길이가 긴 장주에서 중심축 하중을 받는데도 부재의 불균일성에 기인하여 하중이 집중되는 부분에 편심 모멘트가 발생함에 따라 압축응력이 허용강도에 도달하기 전에 휘어져 버리는 현상을 말한다. 이 경우 좌굴은 **단면2차 반지름이 최소인 축**을 중심으로 일어난다.

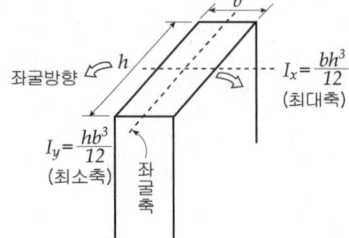

2 좌굴길이와 강도
세장비가 일정한 값 이상이 되는 기둥을 장주라 하며, 장주는 좌굴에 의해 지배된다.

	1단고정 1단자유	양단힌지	1단고정 1단힌지	양단고정
지지 상태				
좌굴 길이	$l_k = 2l$	$l_k = l$	$l_k = 0.7l$	$l_k = 0.5l$
강도	$n = \dfrac{1}{4}$	$n = 1$	$n = 2$	$n = 4$

문 제

오일러 장주 공식에서 좌굴응력은 $\sigma_{cr} = \dfrac{\pi^2 E}{\left(\dfrac{KL}{r}\right)^2}$ 이다. 여기서, KL은 장주의 유효길이이다. 다음 설명 중 잘못된 것은?

① 양단고정의 경우 : $\sigma_{cr} = \dfrac{\pi^2 E}{(L/2r)^2}$

② 양단힌지의 경우 : $\sigma_{cr} = \dfrac{\pi^2 E}{(L/r)^2}$

③ 1단고정 타단힌지의 경우 : $\sigma_{cr} = \dfrac{\pi^2 E}{(0.7L/r)^2}$

④ 1단고정 타단자유의 경우 : $\sigma_{cr} = \dfrac{\pi^2 E}{(4L/r)^2}$

해설 1단 고정 타단자유인 경우는 $l_k = 2l$ 이다.

답 ④

section 44 Euler의 장주공식 (중요도 ★★★)

좌굴의 지배를 받는 장주는 오일러의 좌굴하중 공식과 세장비계산이 주요내용이 된다.

1 좌굴하중

장주의 좌굴하중(강도)을 계산할 때는 좌굴에 대한 안전을 고려하여 최소 단면2차 모멘트에 의한 최소단면2차 반지름이 되도록 설계한다.

$$P = \frac{\pi^2 EI}{l_k^2} = \frac{n\pi^2 EI}{l^2} = \frac{\pi^2 EA}{\lambda^2}$$

2 좌굴응력도

$$\sigma = \frac{P}{A} = \frac{\pi^2 EI}{l_k^2 A} = \frac{\pi^2 Er^2}{l_k^2} = \frac{\pi^2 E}{\lambda^2} \leq f_k$$

3 세장비(slenderness ratio)

기둥의 유효길이와 최소단면2차 반지름의 비를 세장비(細長比)라 한다.

$$\text{세장비}(\lambda) = \frac{\text{기둥의유효길이}(l_k)}{\text{최소단면2차 반지름}(r_{min})}$$

문제 1

그림과 같은 긴기둥의 좌굴응력을 구하는 식은? (단, 탄성계수 E, 세장비 λ)

① $\frac{\pi^2 E}{4\lambda^2}$
② $\frac{2\pi^2 E}{\lambda^2}$
③ $\frac{4\pi^2 E}{\lambda^2}$
④ $\frac{\pi^2 E}{L^2}$

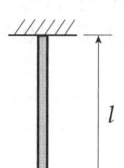

해설 양단고정의 좌굴하중 $P = \frac{4\pi^2 EI}{l^2}$ 이므로

좌굴응력 $\sigma = \frac{P}{A} = \frac{4\pi^2 EI}{l^2 A} = \frac{4\pi^2 Er^2}{l^2} = \frac{4\pi^2 E}{\lambda^2}$

답 ③

문제 2

가로 8cm, 세로 12cm의 단면적을 가진 길이 3.45m의 양단 힌지 기둥의 세장비(λ)는?

① 99.6　　② 69.7
③ 149.4　④ 104.6

해설 $r_{min} = \sqrt{\frac{I}{A}} = \sqrt{\frac{\frac{12 \times 8^3}{12}}{8 \times 12}} = 2.31$

∴ $\lambda = \frac{l}{r_{min}} = \frac{345}{2.31} = 149.4$

답 ③

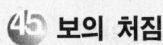

section 45 보의 처짐

1 탄성곡선(elastic curve)

보가 하중을 받으면 원래 직선이였던 축이 변형하여 곡선이 된다. (그림참조) 즉, 처음 ACB 였던 직선축이 하중을 받은 후 AC'B인 곡선이 되며, 이 변형된 곡선을 탄성곡선(또는 처짐곡선)이라 한다.

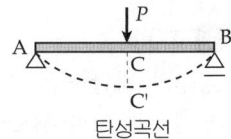

탄성곡선

2 탄성곡선식

① 탄성곡선식

탄성곡선식은 미분방정식으로 표현된다.

$$\frac{d^2y}{dx^2} = -\frac{M_x}{EI}$$

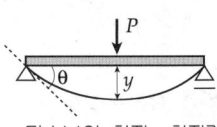

단순보의 처짐·처짐각

② 곡률반경(R)

일반적으로 모멘트가 크면 많이 휘므로 곡률반지름은 작아지고, 휨강성(EI)이 크면 곡률반지름은 커진다.

곡률 $\frac{1}{R} = \frac{M}{EI}$

$$\therefore R = \frac{EI}{M}$$

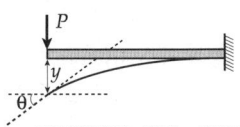

캔틸레버의 처짐·처짐각

문제

폭이 200mm, 높이가 300mm 인 직사각형 단순보에서 최대 휨모멘트가 20kN·m일 때 처짐곡선의 곡률 반지름의 크기는? (단, E = 10,000MPa)

① 4500m
② 450m
③ 2250m
④ 225m

해설 곡률 $\frac{1}{R} = \frac{M}{EI}$ 에서

곡률반지름 $R = \frac{EI}{M}$

여기서 $I = \frac{bh^3}{12} = \frac{200 \times 300^3}{12} = 4.5 \times 10^8 \text{mm}^4$, $M = 20\text{kN} \cdot \text{m} = 20 \times 10^6 \text{N} \cdot \text{mm}$

$\therefore R = \frac{10,000 \times 4.5 \times 10^8}{20 \times 10^6} = 225,000\text{mm} = 225\text{m}$

답 ④

한번 더 보기

• 처짐의 특성
① 휨모멘트가 커지면 처짐도 증가한다.
② 단면2차모멘트가 크면 휨강성(EI)이 증가하므로 처짐은 감소한다.

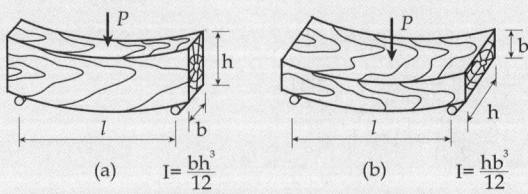

(a) $I = \frac{bh^3}{12}$ (b) $I = \frac{hb^3}{12}$

* (a)가 (b)보다 단면2차모멘트가 크다.

Section 46. 처짐의 해법(1)

(중요도 ★☆☆)

1 미분방정식법 (이중적분법)
① 탄성곡선을 수식으로 표현할 수 있다는 특징이 있으나 해법이 다소 불편하다. (연립방정식 이용)
② 공식

$\dfrac{d^2y}{dx^2} = -\dfrac{M_x}{EI}$ 에서

㉠ $\theta = \dfrac{dy}{dx} = -\displaystyle\int \dfrac{M_x}{EI}dx + C_1$

㉡ $y = -\displaystyle\int\int \dfrac{M_x}{EI}dxdx + C_1 x + C_2$

2 모멘트 면적법 (Green 의 정리)
① 단순보의 변형계산에 편리한 방법이다.
② 공식

$\dfrac{M}{EI}$ 도에서

㉠ $\theta = \dfrac{A}{EI}$

㉡ $y = \dfrac{A \cdot x}{EI}$

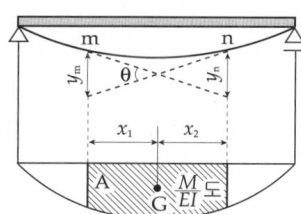

3 탄성하중법 (Mohr의 정리)
① 보의 변형계산에 이용되며 모멘트 면적법에 비하여 간편하다.
② 공식

㉠ $\theta = \dfrac{1}{EI}(V_A' - A)$

㉡ $y = \dfrac{1}{EI}(V_A' x - Ax_1)$

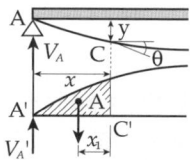

문제
다음 그림은 어떤 단순보의 탄성변형과 이 때의 휨모멘트를 나타낸 그림이다. 면적 모멘트의 정리를 이용하여 처짐각 θ 및 δ를 표현한 식 중 옳은 것은? (단, F는 휨모멘트의 면적, ζ는 B 점으로부터 모멘트도의 도심거리, EI는 휨 강성 계수이다.)

① $\theta = \dfrac{F \cdot \zeta}{EI}$, $\delta = \dfrac{F}{EI}$

② $\theta = \dfrac{F}{EI}$, $\delta = \dfrac{F \cdot \zeta^2}{EI}$

③ $\theta = \dfrac{F \cdot \zeta^2}{EI}$, $\delta = \dfrac{F \cdot \zeta^3}{EI}$

④ $\theta = \dfrac{F}{EI}$, $\delta = \dfrac{F \cdot \zeta}{EI}$

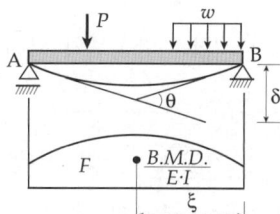

해설 처짐각 $\theta = \dfrac{A}{EI} = \dfrac{F}{EI}$

처짐 $y = \dfrac{A \cdot x}{EI} = \dfrac{F \cdot \zeta}{EI}$

답 ④

section 47 처짐의 해법(2)

4 공액보법

① 공액보
탄성하중법의 원리를 적용시킬 수 있도록 단부의 조건을 변화시킨 보를 말한다.
즉, 휨모멘트도(B.M.D)를 하중으로 생각한 보를 공액보라 한다.

② 공액보의 가정
탄성하중법의 원리를 적용시키기 위해 실제보의 지지조건을 다음과 같이 변화시킨다.

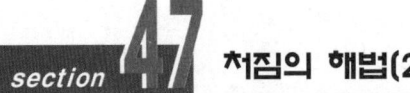

③ 해법순서
공액보법을 이용하여 다음의 해법순서에 따라 처짐을 구한다.
㉠ 주어진 보에서 휨 모멘트도(B.M.D)를 그린다.
㉡ 실제보를 공액보로 만든다.
㉢ 공액보상에 휨 모멘트도를 하중으로 작용시킨다.
㉣ 공액보상에서 반력을 구한다.

$$\text{처짐각 } \theta = \frac{S'}{EI}$$
$$\text{처짐 } y = \frac{M'}{EI}$$

예제 단순보에서의 처짐계산

단순보에 집중하중 작용시 중앙점에 최대 처짐을 구하기 위해 공액보상에 휨모멘트도를 하중으로 작용시켜 반력을 구한다.
여기서, 하중이 대칭으로 작용하므로 하중의 절반이 V_A' 가 된다.

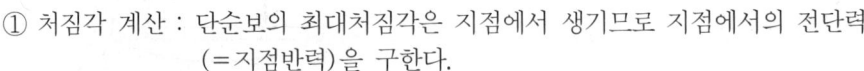

$$\therefore V_A' = \frac{1}{2} \times \frac{l}{2} \times \frac{Pl}{4} = \frac{Pl^2}{16}$$

① 처짐각 계산 : 단순보의 최대처짐각은 지점에서 생기므로 지점에서의 전단력(=지점반력)을 구한다.

$$\therefore \theta_{\max} = \frac{S_A'}{EI} = \frac{V_A'}{EI} = \frac{Pl^2}{16EI}$$

② 처짐계산 : 단순보의 최대처짐은 보의 중앙(C점)에서 생기므로 휨모멘트를 구한다.

$$M_c' = V_A' \times \frac{l}{2} - \frac{1}{2} \times \frac{l}{2} \times \frac{Pl}{4} \times \left(\frac{l}{2} \times \frac{1}{3}\right) = \frac{Pl^3}{48}$$

$$\therefore y_{\max} = \frac{M_c'}{EI} = \frac{Pl^3}{48EI}$$

 처짐의 해법(3)   (중요도 ★☆☆)

5 가상일의 원리

① 에너지 보존법칙에 근거를 둔 방법으로 구조물의 탄성변형을 구하는 편리한 방법이다.

② 공식

$$\bigcirc\ \theta = \int \frac{M \cdot M_m}{EI} dx$$
$$\bigcirc\ y = \int \frac{M \cdot M_P}{EI} dx$$

여기서, M : 주어진 하중에 의한 휨모멘트
M_m : 단위 모멘트 하중($M=1$)에 의한 휨모멘트
M_P : 단위하중($P=1$)에 의한 휨모멘트

6 캐스틸리아노의 제 2정리

① 에너지법의 일종으로 트러스나 라멘구조의 탄성변형계산에 이용된다.

② 공식

$$\bigcirc\ \theta = \frac{\partial W}{\partial M} \quad \bigcirc\ y = \frac{\partial W}{\partial P}$$

문제 1

그림과 같은 보의 처짐을 공액보의 방법에 의하여 풀려고 한다. 주어진 실제의 보에 대한 공액보(가상적인 보)는?

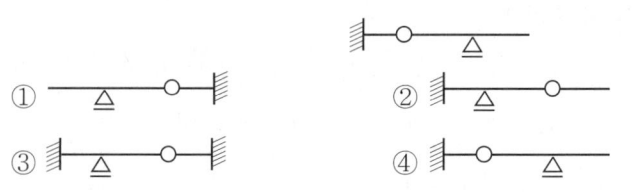

해설 ① 고정지점 → 자유단   ② 자유단 → 고정지점
③ 부재내 지점 → 힌지절점   ④ 부재내 절점 → 지점   **답** ①

문제 2

다음 단순보의 m점에 생기는 하중 방향의 처짐 변위 δ를 가상일의 원리를 이용하여 구하는 방법은? (단, M : 하중에 의한 휨모멘트, M' : 단위 하중에 의한 휨모멘트)

① $\delta = \int_0 MM' dx$
② $\delta = \int \frac{MM'}{EI} dx$
③ $\delta = \int \frac{MM'}{2EI} dx$
④ $\delta = \int \frac{M^2 M'}{EI} dx$

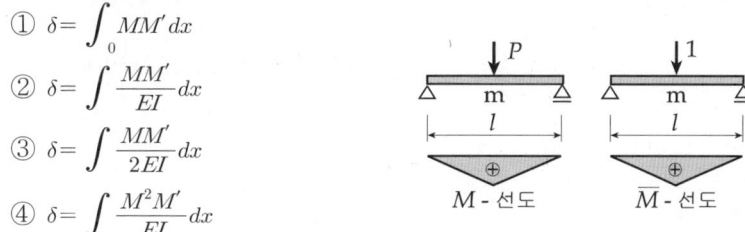

해설 가상일의 원리에서 처짐 $y = \int \frac{MM'}{EI} dx$ **답** ②

제1편 응용역학

49 단순보의 처짐

section 49 **단순보의 처짐** (중요도 ★★★)

1 집중하중에 의한 처짐 및 처짐각

단순보는 일반적으로 중앙에서 처짐이 최대이고, 지점에서 처짐각이 최대이다.

하 중 조 건	처짐각, θ (rad)	처짐, y(cm)
A ─ l/2 ─ C ─ l/2 ─ B, P↓, l	$\theta_A = -\theta_B = \dfrac{Pl^2}{16EI}$	$y_{max} = y_c = \dfrac{Pl^3}{48EI}$
A ─ a ─ C ─ b ─ B, P↓, l	$\theta_A = \dfrac{Pab}{6EIl}(a+2b)$ $\theta_B = -\dfrac{Pab}{6EIl}(2a+b)$	$y_c = \dfrac{Pa^2b^2}{3EIl}$ $y_{max} = \dfrac{Pb}{9\sqrt{3}\,EIl}\sqrt{(l^2-b^2)^3}$

2 분포하중에 의한 처짐 및 처짐각

하 중 조 건	처짐각, θ (rad)	처짐, y(cm)
A ═══ w ═══ B, l	$\theta_A = -\theta_B = \dfrac{wl^3}{24EI}$	$y_{max} = \dfrac{5wl^4}{384EI}$
A ─ (삼각분포) ─ B, w, l	$\theta_A = \dfrac{7wl^3}{360EI}$ $\theta_B = -\dfrac{8wl^3}{360EI}$	$y_{max} = \dfrac{wl^4}{153EI}$

3 모멘트하중에 의한 처짐 및 처짐각

하 중 조 건	처짐각, θ (rad)	처짐, y(cm)
A ↶M_A ─ M_B↷ B, l	$\theta_A = \dfrac{l}{6EI}(2M_A + M_B)$ $\theta_B = -\dfrac{l}{6EI}(M_A + 2M_B)$	$M_A = M_B = M$ 일 때 $y_{max} = \dfrac{Ml^2}{8EI}$

문제

길이가 같고 EI가 일정한 단순보 (a), (b)에서 (a)의 중앙처짐 ΔC는 (b)의 중앙처짐 ΔC의 몇 배인가?

① 1.6배
② 2.4배
③ 4.8배
④ 3.2배

(a)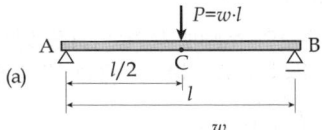

(b)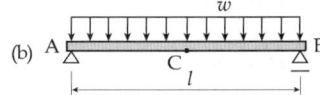

해설

$$y_a = \dfrac{Pl^3}{48EI} = \dfrac{wl^4}{48EI}$$

$$y_b = \dfrac{5wl^4}{384EI}$$

$$\therefore \dfrac{y_a}{y_b} = \dfrac{\frac{1}{48}}{\frac{5}{384}} = \dfrac{384}{240} = 1.6$$

답 ①

section 50 캔틸레버의 처짐 (중요도 ★★★)

1 집중하중에 의한 처짐 및 처짐각

캔틸레버는 자유단에서 처짐 및 처짐각이 최대이다.

하중조건	처짐각, θ (rad)	처짐, y (cm)
(A고정, B자유단에 P 작용, 길이 l)	$\theta_B = \dfrac{Pl^2}{2EI}$	$y_B = \dfrac{Pl^3}{3EI}$
(A고정, C점(a,b)에 P 작용)	$\theta_C = \dfrac{Pa^2}{2EI}$ $\theta_B = \dfrac{Pa^2}{2EI}$	$y_C = \dfrac{Pa^3}{3EI}$ $y_B = \dfrac{Pa^2}{6EI}(3l-a)$

2 분포하중에 의한 처짐 및 처짐각

하중조건	처짐각, θ (rad)	처짐, y (cm)
등분포하중 w	$\theta_B = \dfrac{wl^3}{6EI}$	$y_B = \dfrac{wl^4}{8EI}$
삼각형분포하중 w	$\theta_B = \dfrac{wl^3}{24EI}$	$y_B = \dfrac{wl^4}{30EI}$

3 모멘트하중에 대한 처짐 및 처짐각

하중조건	처짐각, θ (rad)	처짐, y (cm)
B단에 모멘트 M 작용	$\theta_B = \dfrac{Ml}{EI}$	$y_B = \dfrac{Ml^2}{2EI}$

문제

다음 그림과 같은 구조물에서 A점의 수직처짐은?
(단, $E = 2 \times 10^5$ MPa, $I = 5 \times 10^7$ mm^{4}이다.)

① 0.583cm
② 0.0583cm
③ 0.204cm
④ 0.0204cm

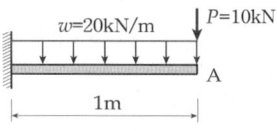

해설 $W = 20$kN/m $= 20$N/mm, $P = 10$kN $= 10000$N

$$y_A = \frac{PL^3}{3EI} + \frac{WL^4}{8EI} + \frac{1}{EI}\left(\frac{PL^3}{3} + \frac{WL^4}{8}\right)$$

$$= \frac{1}{2 \times 10^5 \times 5 \times 10^7}\left(\frac{10000 \times 1000^3}{3} + \frac{20 \times 1000^4}{8}\right)$$

$$= 0.583\text{mm} = 0.0583\text{cm}$$

답 ②

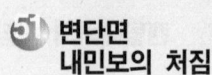

 **변단면 내민보의 처짐**

(중요도)
★☆☆

1 변단면 내민보

보의 단면이 길이에 따라 일정한 경우에는 앞에서 살펴본 바와 같이 하나의 단면2차모멘트에 의하여 계산되어지나 단면이 길이에 따라 변하여 단면2차모멘트 값이 달라질 경우에는 부분별로 나누어 처짐을 구한다.

문제

다음 그림과 같은 변단면 내민보에서 A점에서의 처짐량은? (단, 보의 재료의 탄성계수는 E임)

① $\dfrac{3PL^3}{32EI}$ ② $\dfrac{3PL^3}{16EI}$

③ $\dfrac{6PL^3}{16EI}$ ④ $\dfrac{PL^3}{8EI}$

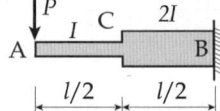

해설 I값이 길이에 따라 다르므로 면적별로 분할하여 계산한다.

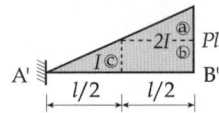

ⓐ면적에 대한 $M = \dfrac{1}{2} \times \dfrac{Pl}{2} \times \dfrac{l}{2} \times \dfrac{5l}{6} = \dfrac{5Pl^3}{48}$

ⓑ면적에 대한 $M = \dfrac{Pl}{2} \times \dfrac{l}{2} \times \dfrac{3l}{4} = \dfrac{3Pl^3}{16}$

ⓒ면적에 대한 $M = \dfrac{1}{2} \times \dfrac{Pl}{2} \times \dfrac{l}{2} \times \dfrac{l}{3} = \dfrac{Pl^3}{24}$

여기서 ⓐ, ⓑ는 2I, ⓒ는 I이므로 나누어 구하면

$y = \dfrac{ⓐ+ⓑ}{E \times 2I} + \dfrac{ⓒ}{E \times I}$ (여기서, ⓐ+ⓑ $= \dfrac{5Pl^3}{48} + \dfrac{3Pl^3}{16} = \dfrac{7Pl^3}{24}$)

$= \dfrac{7Pl^3}{48EI} + \dfrac{Pl^3}{24EI} = \dfrac{9Pl^3}{48EI} = \dfrac{3Pl^3}{16EI}$

답 ②

별해 다음과 같이 구하여도 결과는 같다.

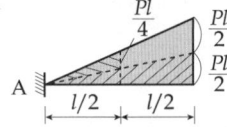

I값이 다르므로 면적을 절반으로 나누어 처음부터 I값을 통일시켜 계산한다.
빗금친 부분의 면적을 계산하면

$M = \left[\dfrac{1}{2} \times \dfrac{Pl}{4} \times \dfrac{l}{2} \times \left(\dfrac{l}{2} \times \dfrac{2}{3} \right) \right] + \left[\dfrac{1}{2} \times \dfrac{Pl}{2} \times l \times \dfrac{2l}{3} \right]$

$= \dfrac{Pl^3}{48} + \dfrac{Pl^3}{6} = \dfrac{9Pl^3}{48} = \dfrac{3Pl^3}{16}$

∴ $y = \dfrac{M}{EI} = \dfrac{3Pl^3}{16EI}$

section 52 트러스의 처짐

(중요도) ★☆☆

1 가상일법

트러스의 처짐계산은 가상일법(단위하중법)에 의하여 구하면 편리하다.
트러스 구조는 부재의 축방향력만 생기므로 축방향력에 의한 가상일법을 적용한다.

$$처짐\ y = \sum \frac{l}{EA} S\overline{S}$$

여기서 S : 하중에 의한 축방향력
$\overline{S}$: 단위하중($P=1$)에 의한 축방향력

문제 1

트러스의 격점에 외력이 작용할 때 어떤 격점 i 의 특정 방향으로의 처짐성분 Δi를 가상일법으로 구하는 식은? (여기서, m.f.s 는 단위하중이 작용할 때 휨모멘트, 축방향력, 전단력이며, M.F.S는 실하중에 의한 휨모멘트, 축방향력, 전단력이다.)

① $\Delta i = \int \frac{f \cdot F}{EA} dx$
② $\Delta i = \sum \frac{f \cdot F}{EA} l$
③ $\Delta i = \int \frac{a \cdot f \cdot \delta}{GA} dx$
④ $\Delta i = \sum [\int \frac{m \cdot M}{EI} dx + \frac{f/F}{EA} l]$

해설 가상일 방법에 의한 트러스 처짐

$$\Delta i = \sum \frac{l}{EA}(F \cdot f)$$

답 ②

문제 2

다음과 같이 A점에 연직으로 하중 P가 작용하는 트러스에서 A점의 수직 처짐량은?
(단, AB 부재의 축강도는 EA, AC 부재의 축강도는 $\sqrt{3} EA$)

① $\frac{17}{2} \frac{Pl}{EA}$
② $\frac{17}{3} \frac{Pl}{EA}$
③ $\frac{17}{4} \frac{Pl}{EA}$
④ $\frac{17}{5} \frac{Pl}{EA}$

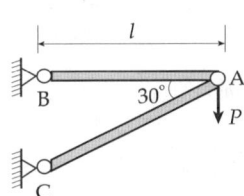

해설 ① 각 부재의 부재력을 구하기 위해 sin 법칙을 적용한다.

$$\frac{P}{\sin 30°} = \frac{AB}{\sin 60°} = \frac{AC}{\sin 90°}$$

$$\therefore AB = \sqrt{3} P \text{ (인장)}, \quad AC = 2P \text{ (압축)}$$

② 가상일에 의한 AB부재와 AC부재의 처짐을 구하면

$$y = \sum \frac{l}{EA} S\overline{S} \text{ 에서}$$

㉠ AB의 처짐(EA)

$$y_1 = \sum \frac{l}{EA}(\sqrt{3} P \times \sqrt{3}) = \frac{3Pl}{EA}$$

㉡ AC의 처짐($\sqrt{3} EA$)

$$y_2 = \sum \frac{\frac{2}{\sqrt{3}} l}{\sqrt{3} EA}(2P \times 2) = \frac{8Pl}{3EA}$$

③ 따라서 $y = y_1 + y_2 = \frac{17Pl}{3EA}$

답 ②

탄성변형

탄성체인 구조물에 외력(하중)이 작용하면 구조물 내부에는 에너지가 축적이 되는데 이를 내력이라고 한다.
이때, 에너지 불변의 원칙에 따라 외력에 의한 일과 내력에 의한 일은 같다.

$$\text{외력의 일}(W_e) = \text{내력의 일}(W_i)$$

1 외력의 일 (W_e)

구조물에 외력이 작용하여 변형이 생길 때의 일을 외력의 일(external work)이라 한다.

① 축방향력에 의한 일

$$W_e = \frac{1}{2}P\delta$$

② 휨모멘트에 의한 일

$$W_e = \frac{1}{2}M\theta$$

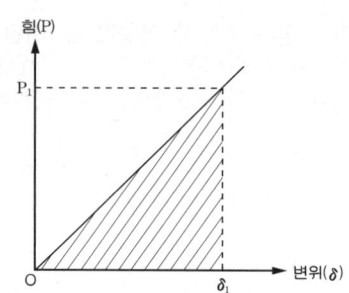

2 내력의 일 (W_i)

외력에 의한 구조물 내부의 응력이 생길 때 이 응력이 한 일을 내력의 일(internal work) 이라 한다.
내력의 일은 부재 내부에 축적되는 변형에너지(strain energy) 또는 리질리언스라고 한다.

① 축방향력에 의한 일

$$W_{iN} = \int \frac{N^2}{2EA} dx$$

② 휨모멘트에 의한 일

$$W_{iM} = \int \frac{M^2}{2EI} dx$$

③ 전단력에 의한 일

$$W_{iS} = \int \frac{kS^2}{2GA} dx$$

■ 휨모멘트에 의한 변형에너지(U)

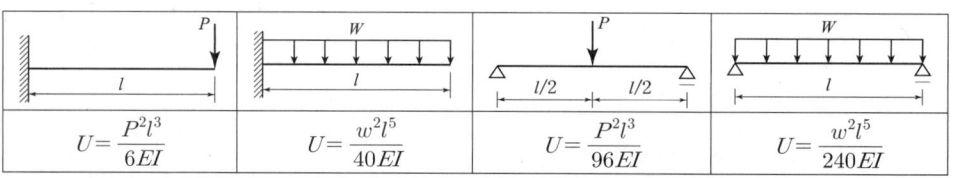

$U = \dfrac{P^2l^3}{6EI}$	$U = \dfrac{w^2l^5}{40EI}$	$U = \dfrac{P^2l^3}{96EI}$	$U = \dfrac{w^2l^5}{240EI}$

문 제

다음 그림과 같이 자유단에 집중하중 P를 받고 있는 캔틸레버보에서 굽힘 모멘트에 의한 변형에너지는?

① $\dfrac{P^2l^3}{4EI}$ ② $\dfrac{P^2l^3}{6EI}$

③ $\dfrac{P^2l^3}{8EI}$ ④ $\dfrac{P^2l^3}{10EI}$

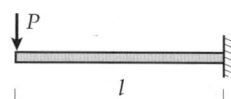

해설
$$U = \int \frac{M^2}{2EI} dx = \frac{1}{2EI} \int_0^l (Px)^2 dx$$
$$= \frac{P^2}{2EI} \int_0^l (x^2) dx = \frac{P^2}{2EI} \left[\frac{x^3}{3}\right]_0^l = \frac{P^2l^3}{6EI}$$

답 ②

section 54 처짐이론

(중요도) ★☆☆

1 베티와 맥스웰의 상반작용

- P_1이 작용하여 C점의 처짐을 δ_{11}, D점의 처짐은 δ_{21}이라 한다.
- P_2이 작용하여 C점의 처짐을 δ_{21}, D점의 처짐은 δ_{22}이라 한다.

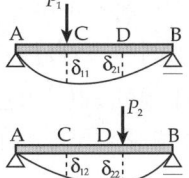

(1) Betti의 정리
① P_1과 P_2에 의한 일
$$W = \frac{1}{2}(P_1\delta_{11} + P_1\delta_{12}) + \frac{1}{2}(P_2\delta_{22} + P_2\delta_{21})$$

② $P_1\delta_{12} = P_2\delta_{21}$

(2) Maxwell의 정리
① Betti의 정리에서 하중 P=1로 한 것이 맥스웰의 정리이다.
$\delta_{12} = \delta_{21}$
② 맥스웰의 정리를 이용하여 부정정구조물의 영향선을 구하면 편리하다.

2 캐스틸리아노의 정리

(1) 캐스틸리아노의 제1정리
① 정의 : 탄성체가 가지고 있는 탄성변형에너지를 변위(처짐, 처짐각)로 1차편미분하면, 힘 또는 모멘트가 된다.
② 식 : $P = \dfrac{\partial U}{\partial \delta}$, $M = \dfrac{\partial U}{\partial M}$

(2) 캐스틸리아노의 제2정리
① 정의 : 탄성체가 가지고 있는 탄성변형에너지를 하중, 모멘트로 1차편미분하면, 그 작용점에서 변위(δ, θ)가 된다.
② 식 : $\delta = \dfrac{\partial U}{\partial P}$, $\theta = \dfrac{\partial U}{\partial M}$

문제

그림에서 P_1이 단순보의 C점에 작용했을 때, C 및 D점의 수직변위가 각각 0.4cm, 0.3cm이고, P_2가 D점에 단독으로 작용했을 때 C, D점의 수직변위는 0.2cm, 0.25cm이었다. P_1과 P_2가 동시에 작용하였을 때, P_1 및 P_2가 하는 일은?

① $W = 2.05 \text{t} \cdot \text{cm}$
② $W = 1.45 \text{t} \cdot \text{cm}$
③ $W = 2.85 \text{t} \cdot \text{cm}$
④ $W = 1.90 \text{t} \cdot \text{cm}$

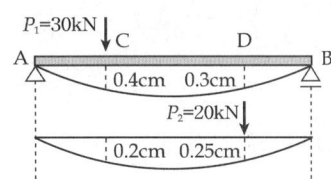

해설
$W = \dfrac{1}{2}(P_1\delta_{11} + P_1\delta_{12}) + \dfrac{1}{2}(P_2\delta_{22} + P_2\delta_{21})$
$= \dfrac{1}{2}(30 \times 0.4 + 30 \times 0.2) + \dfrac{1}{2}(20 \times 0.25 + 20 \times 0.3)$
$= 1.45 \text{t·cm}$

답 ②

제1편 응용역학

section 55 부정정 구조물

(중요도 ★★☆)

1 정의
구조물의 해석상 미지수가 3개 이상이면 힘의 평형조건식 $\Sigma V=0$, $\Sigma H=0$, $\Sigma M=0$를 이용해서는 해석이 불가능하므로 구조물의 변형, 지점의 변형 등에 대한 구속조건식을 이용해서 반력과 부재력을 구할 수 있는 구조물을 부정정 구조물이라 한다.

① 힘의 평형조건식 : $\Sigma V=0$, $\Sigma H=0$, $\Sigma M=0$
② 탄성방정식(구속조건식) : 부재의 변형, 지점의 변형

2 부정정 구조물의 장단점
① 장점
  ㉮ 부재내에 발생하는 휨모멘트의 감소로 인하여 단면이 작아지므로 경제적이다.
  ㉯ 동일 단면인 경우 정정구조물에 비해 더 많은 하중을 받을 수 있다.
     즉, 동일 하중인 경우 스팬(span)을 길게 할 수 있다.
  ㉰ 강성이 크므로 처짐 등 변형이 적게 일어난다.
② 단점
  ㉮ 해석과 설계가 까다롭다.
  ㉯ 지반의 부동침하에 취약하며 온도변화, 제작 오차 등으로 인하여 큰 응력이 발생하기 쉽다.

3 부정정 구조물의 해법
① 응력법(force method)
   반력 및 부재력을 부정정 여력으로 취급하고 적합조건을 적용하여 해석하는 방법으로 변위일치법, 3연 모멘트법, 최소일법, 가상일법 등이 있다.
② 변위법(displacement method)
   절점의 변위를 미지수로 택하고 적합조건을 적용하여 해석하는 방법으로 처짐각법, 모멘트 분배법 등이 있다.
③ 기타 유한차분법(finite difference method) 또는 유한요소법(finite element method) 등으로 해석한다.

4 주요하중에 따른 반력
부정정보를 크게 1차부정정보와 3차부정정보로 나누어 반력값을 암기해 두면 편리하다.

일단고정	V_B	M_A	양단고정	V_B	M_A
중앙집중하중 P, $l/2$	$\dfrac{5}{16}P$	$\dfrac{3}{16}Pl$	중앙집중하중 P, $l/2$	$\dfrac{P}{2}$	$\dfrac{Pl}{8}$
등분포하중 w, l	$\dfrac{3}{8}wl$	$\dfrac{wl^2}{8}$	등분포하중 w, l	$\dfrac{wl}{2}$	$\dfrac{wl^2}{12}$
집중하중 P, a, b	$\dfrac{Pa^2}{2l^3}\times(3l-a)$	$\dfrac{Pab}{2l^2}\times(l+b)$	집중하중 P, a, b	$\dfrac{Pa^2}{l^3}\times(l+2b)$	$\dfrac{Pab^2}{l^2}$

section 56 변위일치법 (★★☆)

다음과 같은 부정정보의 반력을 변위일치법에 의하여 구해보자

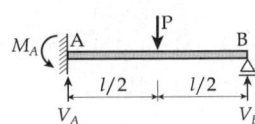

변위일치법은 「지점B가 없는 상태의 하중에 의한 B점의 가상처짐」과 「하중이 없는 상태의 반력 V_B가 하중으로 작용할 때의 B점의 가상처짐」은 서로 일치한다는 법칙이다.

1 하중(P)에 의한 처짐(y_{B1}) 계산

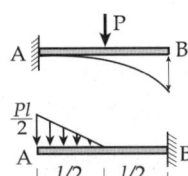

캔틸레버보로 만들어 P에 의한 처짐 y_{B1}을 공액보법에 의해 구한다.

$$M_B = \frac{1}{2} \times \frac{Pl}{2} \times \frac{l}{2} \times \frac{5l}{6} = \frac{5Pl^3}{48}$$

$$\therefore y_{B1} = \frac{M_B}{EI} = \frac{5Pl^3}{48EI}$$

2 반력(V_B)에 의한 처짐(y_{B2})의 계산

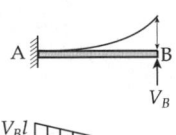

캔틸레버보로 만들어 V_B에 의한 처짐 y_{B2}을 공액보법에 의해 구한다.

$$M_B = \frac{1}{2} \times V_B l \times l \times \frac{2l}{3} = \frac{V_B l^3}{3}$$

$$\therefore y_{B2} = \frac{M_B}{EI} = \frac{V_B l^3}{3EI}$$

3 부정정보의 반력계산

① $y_{B1} - y_{B2} = 0$ 이어야 하므로

$$\frac{5Pl^3}{48EI} - \frac{V_B l^3}{3EI} = 0 \quad \therefore V_B = \frac{5}{16}P$$

② $\Sigma V = 0$ 에서

$$-P + V_A + V_B = 0 \quad \therefore V_A = \frac{11}{16}P$$

③ $\Sigma M_A = 0$ 에서

$$-M_A + P \times \frac{l}{2} - \frac{5}{16}P \times l = 0 \quad \therefore M_A = \frac{3}{16}Pl$$

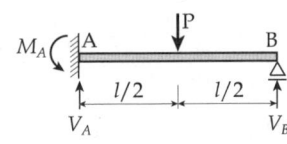

문제

다음과 같은 부정정보에서 A점으로부터 전단력이 0이 되는 위치 x의 값은?

① $\frac{3}{4}l$ ② $\frac{3}{8}l$
③ $\frac{5}{8}l$ ④ $\frac{5}{11}l$

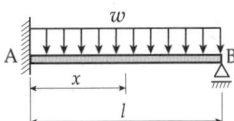

해설 $V_B = \frac{3}{8}wl$ 이므로

$$S = -\frac{3}{8}wl + w(l-x) = 0$$

$$\frac{5}{8}wl - wx = 0$$

$$\therefore x = \frac{5}{8}l$$

답 ③

section 57. 3연 모멘트법

(중요도: ★☆☆)

1 정의
부정정 연속보의 지점모멘트를 구할때 임의의 연속된 3개 지점에서 방정식을 만들어 부정 정보를 해석하는 방법으로 이를 크라빼이롱의 3연 모멘트 정리라고 한다.

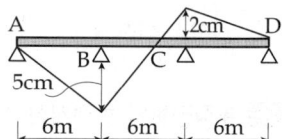

2 공식
연속보의 해석을 위한 3연 모멘트식은 다음과 같다.

$$\frac{l_1}{I_1}M_A + 2\left(\frac{l_1}{I_1}+\frac{l_2}{I_2}\right)M_B + \frac{l_2}{I_2}M_C = 6E(\theta_{Bl}-\theta_{Br}) + 6E(\beta_B-\beta_C)$$

여기서, M_A, M_B, M_C : 지점에서의 휨모멘트
   θ_{Bl}, θ_{Br} : B점 좌우의 처짐각
   β_B, β_C : 지점 침하에 의한 부재각

참고 침하에 의한 부재각 계산의 예
부재각 $\beta = \frac{\delta}{l}$ (하향⊕, 상향⊖)

① $\beta_B = \frac{\delta_B}{l_{AB}} = \frac{+5}{600}$

② $\beta_C = \frac{\delta_C}{l_{BC}} = \frac{-5+2}{600} = \frac{-7}{600}$

③ $\beta_D = \frac{\delta_D}{l_{CD}} = \frac{+2}{600}$

문제
단면이 일정한 그림과 같은 2경간 연속보의 중간 지점의 휨모멘트를 구하기 위한 3연 모멘트 방정식이 옳은 것은?

① $20M_1 + 30M_2 + 10M_3 = -\frac{4\times 10^4}{12}$

② $0 + 60M_2 + 0 = -10^4$

③ $0 + 30M_2 + 0 = -6\times\frac{4\times 10^4}{12}$

④ $20M_1 + 60M_2 + 0 = -6\times\frac{4\times 10^4}{4}$

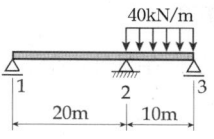

해설 조건식 적용
① 양단지점에서 휨모멘트는 0이므로 $M_1 = M_3 = 0$이고, $I_1 = I_2$이다.
② 지점2의 우측에만 하중이 있으므로 $\theta_{2\cdot r} = \frac{wl^3}{24EI}$이다.

$2\left(\frac{20}{I}+\frac{10}{I}\right)M_2 = 6E\left(-\frac{wl^3}{24EI}\right)$

따라서, $\frac{60}{I}M_2 = 6E\left(-\frac{40\times 10^3}{24EI}\right)$

∴ $60M_2 = -10^4$

답 ②

section 58 처짐각법 (중요도 ★★☆)

처짐각법은 고정단 모멘트를 공식에 의해 직접 구하는 방법으로 절점방정식과 층방정식에서 절점각과 부재각을 구하여 재단모멘트를 구한다.

1 양단고정일 때의 기본식

$$M_{AB} = k_{AB}(2\phi_A + \phi_B + \mu) - C_{AB}$$
$$M_{BA} = k_{BA}(2\phi_B + \phi_A + \mu) + C_{BA}$$

여기서, $\phi = 2EK_o\theta$ (θ 는 처짐각)
$\mu = -6EK_oR$ (R 는 부재각)
C = 고정일 때의 하중항

① 양단고정지점일 때의 조건

고정지점에서의 처짐각은 0이므로
$\theta_A = 0$ 에서 $\phi_A = 0$
$\theta_B = 0$ 에서 $\phi_B = 0$

② 일단고정지점 타단고정절점일 때의 조건

B는 고정절점이므로 처짐각이 생긴다.
$\theta_A = 0$ 에서 $\phi_A = 0$
$\theta_B \neq 0$ 에서 $\phi_B \neq 0$

2 타단힌지일 때 (B점 힌지)의 기본식

$$M_{AB} = k_{AB}(1.5\phi_A + 0.5\mu) - H_{AB}$$
$$M_{BA} = 0$$

여기서, H = 힌지일 때의 하중항

① 일단고정 타단힌지일 때의 조건

B는 힌지(이동)지점이므로
$\theta_A = 0$ 에서 $\phi_A = 0$

② 일단고정절점 타단힌지일 때의 조건

A는 고정절점이므로
$\theta_A \neq 0$ 에서 $\phi_A \neq 0$

문제

다음 여러가지 부재에서 처짐각법의 기본 공식을 잘못 적용한 것은 어느 것인가?

① $M_{AB} = -6EKR - C_{AB}$
② $M_{AB} = -H_{AB}$
③ $M_{BA} = 3EK\theta_B + C_{BA}$
④ $M_{BA} = 2EK\theta_A + C_{BA}$

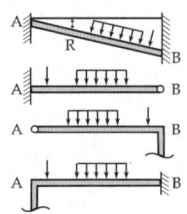

해설 ㉮는 A, B 모두 고정단이므로 $\theta_A = \theta_B = 0$
R 이 생기므로 $\mu = -6EK_oR$ ∴ $M_{AB} = -6EK_oR - C_{AB}$
㉯는 $\theta_A = 0$, 부재각이 없으므로 $R = 0$ ∴ $M_{AB} = -H_{AB}$
㉰는 $1.5\phi_B = 1.5 \times 2EK_o\theta_B = 3EK_o\theta_B$ ∴ $M_{BA} = 3EK_o\theta_B + H_{BA}$
㉱는 $\theta_B = 0, R = 0$ ∴ $M_{BA} = 2EK_o\theta_A + C_{BA}$

답 ③

제1편 응용역학

section 59 절점방정식과 층방정식 (중요도 ★☆☆)

1 절점 방정식(모멘트 평형조건식, joint equilibrium equation)

n개의 절점을 갖는 라멘에서 n개의 절점각이 존재하게 되고 각 절점의 모멘트 평형조건에 의하여 만들어지는 n개의 절점방정식을 얻게 된다. (절점방정식은 절점의 수만큼 얻어진다.)

즉, $M_O + (-M_{OA} - M_{OB} - M_{OC}) = 0$

$$\therefore M_{OA} + M_{OB} + M_{OC} = M_O$$

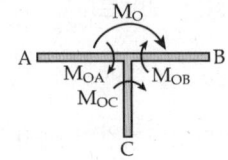

2 층 방정식(전단력 평형조건식, shear equilibrium equation)

수평하중에 의하여 절점이 이동하는 경우에는 절점각 이외에 부재각(R)이 미지수로 추가된다. 이때에 각 층수에 해당하는 미지수가 증가한다.
따라서, 층수에 해당하는 층 방정식(shear equation)을 합하여 쓸 필요가 있다.

① 층 전단력
  2층 전단력 : $S_2 = P_2$
  1층 전단력 : $S_1 = P_2 + P_1$

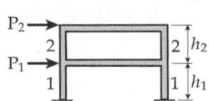

② 층 모멘트
  2층 휨모멘트 : $M_2 = S_2 \times h_2 = P_2 \times h_2$
  1층 휨모멘트 : $M_1 = S_1 \times h_1 = (P_2 + P_1) \times h_1$

③ 라멘의 층방정식
  $P \cdot h = M_{上} + M_{下}$
  $\quad = (M_{BA} + M_{CD}) + (M_{AB} + M_{DC})$

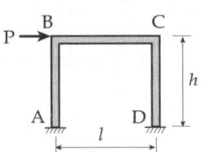

문제

다음 라멘에서 미지의 절점각과 부재각을 합한 최소수는?

① 3개
② 4개
③ 5개
④ 6개

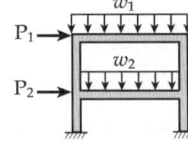

해설 ① 미지의 절점각 = 절점방정식
  ⇒ 4개 (지점을 제외한 절점수)
② 미지의 부재각 = 층방정식
  ⇒ 2개 (구조물의 층수)

답 ④

section 60 모멘트 분배법 (중요도 ★★★)

1 정의
한 절점에서 모멘트 합이 0이 되어야 한다는 조건으로 부재를 해석하는 방법(처짐 각법의 절점방정식과 동일)이다.

① 고정단 모멘트(Fixed End Moment, F.E.M)
   절점과 절점을 고정단으로 가정할 때의 재단 모멘트(즉, 하중항)을 말한다.
   그림과 같이 하중 P가 작용하면 B 절점은 회전하게 되며 인위적으로 회전을 못하도록 구속(고정)시키는데 필요한 모멘트(C_{BC})를 고정단 모멘트라 한다.

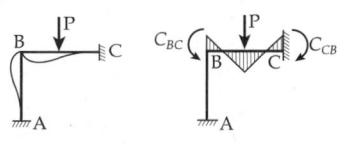

② 유효강비

조 건	등가강비	모멘트 도달율	모멘트 분포도
타단고정	k	$\frac{1}{2}$	$M_{BA} = \frac{1}{2}M_{AB}$
타단힌지	$\frac{3}{4}k$ ($=0.75k$)	0	$M_{BA}=0$

③ 분배율(distributed factor, D.F=f)
   절점에서 각 부재로 분배되는 비율(率)을 분배율이라 한다.
④ 분배모멘트(distributed moment. D.M)
   여러 부재가 강접합된 한 절점에 모멘트 M_O가 작용하면 M_O는 절점에 모인 각 부재의 등가강비에 비례하여 분배된다. 이를 분배 모멘트 또는 분할 모멘트라 한다.

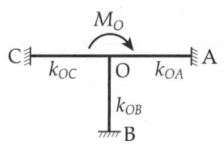

즉, $M_{OA} = f_{OA} \cdot M_O = \frac{k_{OA}}{\sum k} M_O$

여기서 분배율(f_{OA})을 계산할 때 각 부재의 유효강비를 적용시킨다.
⑤ 전달모멘트(carry-over moment. C.O.M)
   전달율에 의해 한쪽에 작용된 모멘트의 $\frac{1}{2}$이 다른 고정단으로 전달되는 모멘트로 도달모멘트라고도 한다.

문제
절점 O는 이동하지 않으며, 재단 A, B, C가 고정일 때, M_{CO}는 얼마인가? (단, K는 강비이다.)

① 2.5 t·m
② 3 t·m
③ 3.5 t·m
④ 4 t·m

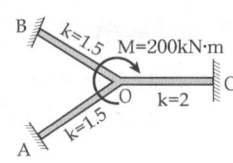

해설 분배율 $f_{OC} = \frac{k_{OC}}{\sum k} = \frac{2}{1.5+1.5+2} = \frac{2}{5}$

분배모멘트 $M_{OC} = 200 \times \frac{2}{5} = 80 \text{kN} \cdot \text{m}$

도달모멘트 $M_{CO} = M_{OC} \times \frac{1}{2} = 40 \text{kN} \cdot \text{m}$

답 ④

제2편 측량학

1. 측량지역의 대·소에 따른 분류

section 1. 측량지역의 대·소에 따른 분류 (중요도 ★★★)

1 평면측량(국지적 측량)

지구의 곡률을 고려하지 않은 측량

2 대지측량(측지학적 측량)

지구의 곡률을 고려하여 지표면을 곡면으로 보고 행하는 정밀측량
① 기하학적 측지학 : 지구 표면상에 있는 모든 점들 사이의 상호 위치 관계를 결정
② 물리학적 측지학 : 지구 내부의 특성, 지구의 형태 및 운동등 물리학적 요소를 결정
③ 기하학적 측지학과 물리학적 측지학의 분류

기하학적 측지학(일반측량)	물리학적 측지학
① 측지학적 3차원 위치의 결정	① 지구의 형상 해석
② 길이 및 시의 결정	② 중력측정
③ 수평위치의 결정	③ 지자기측정
④ 높이의 결정	④ 탄성파측정
⑤ 천문측량	⑤ 대륙의 부동
⑥ 위성측량	⑦ 지구의 극운동과 자전운동
⑦ 하해측량	⑧ 지구의 열
⑧ 면적 및 체적 산정	⑨ 해양의 조류
⑨ 지도제작	⑩ 지구 조석
⑩ 사진측정	

■ 측량의 3요소
좁은 의미에서 측량이란 점들의 위치를 결정하기 위하여 거리, 방향(각), 고저차(높이)를 측정하는 것을 말하는데 이를 측량의 3요소라 한다.
현대의 측량은 이 3요소(X, Y, Z)에 시간 T를 포함시켜 4차원 측정이 가능하다.

3 대지 측량과 평면 측량의 구분

① 거리오차 $\quad (d-D) = \dfrac{1}{12}\dfrac{D^3}{R^2}$

② 허용 정밀도 $\quad \left(\dfrac{d-D}{D}\right) = \dfrac{1}{12}\left(\dfrac{D}{R}\right)^2 = \dfrac{1}{m}$

③ 평면으로 간주되는 범위 $\quad (D) = \sqrt{\dfrac{12 \cdot R^2}{m}}$

즉, 거리측정의 허용오차를 1/1,000,000이라 하면 $\dfrac{1}{10^6} = \dfrac{1}{12} \cdot \left(\dfrac{D}{R}\right)^2$

∴ $D = 22\text{km}$

즉, 반경 11km 이내(면적 400km² 이내)를 평면 측량으로 간주

문제

지구곡률을 고려한 대지측량을 해야 하는 범위는? (단, 정도는 $\dfrac{1}{100만}$로 한다.)

① 반경 11km, 넓이 200km² 이상인 지역 ② 반경 11km, 넓이 300km² 이상인 지역
③ 반경 11km, 넓이 400km² 이상인 지역 ④ 반경 11km, 넓이 500km² 이상인 지역

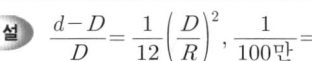 $\dfrac{d-D}{D} = \dfrac{1}{12}\left(\dfrac{D}{R}\right)^2$, $\dfrac{1}{100만} = \dfrac{1}{12}\left(\dfrac{D}{6370}\right)^2$

∴ $D = \sqrt{\dfrac{12 \times 6370^2}{100만}} ≒ 22\text{km}$

∴ 반경 $r = \dfrac{D}{2} = 11\text{km}$, 면적 $A = \pi r^2 ≒ 400\text{km}^2$

답 ③

section 2. 지구의 형상과 크기 (중요도 ★★☆)

1 지구를 구로 간주할 때
천문학, 지구물리학등에 사용되며 회전 타원체의 삼축반경을 산술평균하여 R을 구함

① 곡률반경 $R = \dfrac{2a+b}{3}$

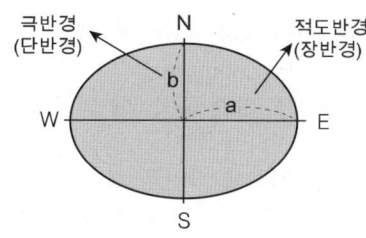

적도반경과 극반경

2 지구를 회전타원체로 간주할 때
지구의 모습은 적도 반경이 극반경보다 약간 부풀려진 회전 타원체

① 지구의 이심률(편심률) : $e = \dfrac{\sqrt{a^2-b^2}}{a}$

② 지구의 편평률 : $\boxed{\epsilon = \dfrac{a-b}{a}}$

③ 횡의 곡률반경 : $N = \dfrac{a}{W}$

④ 자오선의 곡률반경 : $M = \dfrac{a(1-e^2)}{W^3}$

⑤ 중등 곡률반경 : $R = \sqrt{M \cdot N}$

3 지오이드
평균 해수면을 육지내부까지 연장했을 때 지구 전체를 둘러싼 가상적인 공간으로 높이가 0m인 수준측량의 기준면이 된다.

문제

지구를 구체로 취급할 때 위도 1° 간의 거리는? (단, 지구의 반지름은 6,370km로 한다.)

① 약 91km ② 약 101km
③ 약 111km ④ 약 121km

해설 지구의 둘레는 중심각이 360°일 때의 거리이고, 이때 위도 1°에 대하여 정리하면

$2\pi R \times \dfrac{1°}{360°}$
$= 2 \times 3.14 \times 6370 \times \dfrac{1}{360}$
$= 111.12$ km

답 ③

제2편 측량학

2 지구의 형상과 크기

■ 지오이드와 지구타원체

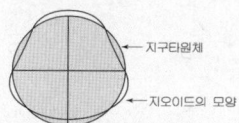

평균 해수면을 육지까지 연장하는 가상인인 곡면을 지오이드라 하며, 육지에서 지오이드는 운하나 터널을 파서 해수면을 끌어들인 것과 같다.
지오이드 모양은 서양 배 모양으로 남·북반구가 비대칭형이다.

제2편 측량학

지구물리측량

section 3 지구물리측량 (중요도 ★★★)

■ 중력 $(F) = G \cdot \dfrac{M \cdot m}{R^2}$
여기서, G : 만유인력 상수
M, m : 두 물체의 질량
R : 지구 반지름
(즉, 어느 지점에서 지구 중심까지의 거리)
이 식에서 중력의 크기는 R 값이 커질수록(표고가 높을수록) 작아짐을 알 수 있다.

1 중력측량
중력 기준점에서의 절대측정, 중력분포측량, 중력 이상을 이용한 지하자원 측량, 지각변동, 지구형상 해석을 위한 자료 제공

(1) 적도에 가까울수록 중력은 감소한다.(Huygens)
(2) 중력의 단위 : g·cm/sec² 이고 gal이라고 부른다.
(3) 중력이상(重力異常 : gravity anomaly)
  ① **중력이상 = 실제 관측된 중력값 – 표준 중력식에 의한 값**
  ② 중력이상의 값이 (+)이면 지하에 무거운 물질(철, 금속, …)이 있다.
  ③ 중력이상의 값이 (-)이면 지하에 가벼운 물질(석유, 가스, 물, …)이 있다.
  ④ 중력이상이 생기는 것은 지구 내부의 지질밀도가 균일하지 않기 때문이다.

2 지자기 측정의 3요소
(1) 편각 : 자오선과 지자기의 방향과의 각
(2) 복각 : 수평면과 지자기의 방향과의 각
(3) 수평분력 : 수평면내에서 자기장의 크기

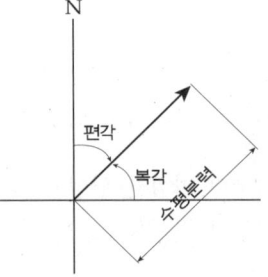

3 탄성파(지진파) 측량
탄성파 측량은 자연 지진이나 인공적 지진(화약폭발 등으로 발생)에 의하여 지진파를 발생시킨 후 이것의 관측으로 지하구조를 탐사하는 것으로 낮은 곳 → 굴절법, 깊은 곳 → 반사법을 이용한다.

문제

지구 물리측정에서 지자기의 방향과 자오선과의 각을 무엇이라 하는가?
① 복각
② 수평각
③ 편각
④ 수직각

해설 지자기 측정의 3요소
① 복각 : 지자기의 방향과 수평면과의 각
② 편각 : 지자기의 방향과 자오선과의 각
③ 수평분력 : 수평면 내에서 자기장의 크기   답 ③

한번 더 보기

지구물리 측량에는 지자기 측정, 지하구조를 탐사하기 위한 탄성파 측정, 지하자원이나 지구형상해석을 위한 중력측량 등이 있다.
① 지자기 측정의 3요소는 편각, 복각, 수평분력이다.
② 탄성파 측정시 낮은 곳 → 굴절법, 깊은 곳 → 반사법을 사용한다.
③ 중력은 표고와 지하의 물질분포에 따라 그 값이 달라진다.

section 4 경중률

(중요도 ★★★)

제2편 측량학

4 경중률

1 무게(또는 경중률)
측정값의 신뢰 정도를 표시하는 값
측정값을 $l_1, l_2, l_3, \cdots, l_n$ 각 측정값의 경중률을 $P_1, P_2, P_3, \cdots, P_n$ 최확값을 L_0 이라 하면

2 최확값 (L_0)
어떤 관측량에서 가장 높은 확률을 가지는 값으로 참값을 대신해 쓰인다.

① 각 측정의 경중률이 같을 경우
$$L_0 = \frac{l_1+l_2+l_3+\cdots+l_n}{n} = \frac{[l]}{n}$$

② 각 측정의 경중률이 다를 경우
$$L_0 = \frac{P_1l_1+P_2l_2+P_3l_3+\cdots+P_nl_n}{P_1+P_2+P_3+\cdots+P_n} = \frac{[Pl]}{[P]}$$ 이 된다.

3 경중률(무게 또는 비중)과 오차와의 관계
① 경중률(P)은 정밀도의 제곱에 비례한다.
② 경중률(P)은 중등오차의 제곱에 반비례한다.
③ 경중률(P)은 관측회수에 비례한다.
④ 직접수준측량에서 오차는 노선거리의 제곱근에 비례한다.
⑤ 직접수준측량에서 경중률은 노선거리에 반비례한다.
⑥ 간접수준측량에서 오차는 노선거리에 비례한다.
⑦ 간접수준측량에서 경중률은 노선거리의 제곱에 반비례한다.

■ 참값과 참오차
① 참값이란 이론적으로 정확한 값으로 오차가 없는 값을 말하며 존재하지 않는다.
② 따라서 아무리 주의 깊게 측정해도 참값을 얻을 수는 없다.
③ 그래서 참값을 대신해서 최확값을 사용한다.
④ 참오차 : (참값-측정값)으로 존재하지 않는다.

문제

경중률에 대한 설명 중 틀린 것은?
① 같은 정도로 측정했을 때에는 측정회수에 비례한다.
② 경중률은 정밀도의 제곱에 비례한다.
③ 직접수준측량에서는 측량거리에 반비례한다.
④ 간접수준측량에서는 측량거리에 반비례한다.

해설 경중률
측정값의 신뢰정도를 표시하는 값으로 경중률이 클수록 신뢰도가 크다는 것을 나타내며 그 특징은 다음과 같다.
① 간접수준측량에서는 측량거리의 제곱에 반비례한다.
② 경중률은 신뢰의 정도를 표시한다.
③ 경중률이 크면 오차는 작아지고 정밀도는 높아진다.

답 ④

제2편 측량학

5 거리측정의 비교

section 5 거리측정의 비교

1 GPS(Global position system)
미국방성에서 개발한 전세계 어느 곳에서나 24시간 일기에 관계없이 3차원 좌표를 결정할 수 있는 체계

위성에 근거한 측위체계 미국 : GPS, 러시아 : GLONASS, 유럽공동체 : 갈릴레오

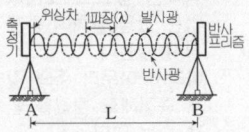

전자파거리
측정기의 원리

2 GPS와 NNSS의 비교

항 목	N.N.S.S (Navy Navigation Satellite System)	G.P.S (Global Positioning System)
개발시기	1950년대 (1964년 실용화)	NNSS의 개량 발전형(1973년대)
궤 도	극궤도운동	원궤도운동
고 도	약 1,075km	약 20,183km
거리관측법	인공위성전파의 도플러효과 이용	전파의 도달소요시간 이용. (위성으로부터 거리관측)
이용좌표계	WGS-72	WGS-84
구 성	위성 5개	총 위성 26개 (6개의 궤도에 4개씩의 위성+보조 위성 2개 포함)
정확도	수m	$10^{-6} \sim 10^{-7}$m
응 용	선박의 항법, 측지기준점	・범세계위치 결정체계. ・3차원 위치 결정가능 ・선박, 항공기, 로켓의 항법원조, 지각변동의 관측 등

3 GPS의 일반적 특징
① 측량거리에 비하여 상대적으로 높은 정확도(수 mm~수십 mm)
② 지구상 어느 곳에서나 3차원 측정이 가능
③ 기상에 관계없이 상호 시통이 안되는 곳이라도 위치결정이 가능
④ 하루 24시간 어느 시간에서나 이용이 가능

문제
NNSS와 GPS에 대한 설명 중 잘못된 것은?

① NNSS는 전파의 도달 소요시간을 이용하여 거리 관측을 한다.
② NNSS는 극궤도 운동을 하는 위성을 이용하여 지상위치 결정을 한다.
③ G.P.S는 원궤도 운동을 하는 위성을 이용하여 지상위치 결정을 한다.
④ G.P.S는 범지구적 위치 결정 시스템이다.

해설 거리의 관측방법
① NNSS : 인공위성의 도플러 효과를 이용
② GPS : 원궤도 운동을 하는 정확한 위치를 알고 있는 위성에서 발사한 전파를 수신하여 관측점까지의 소요시간을 관측함으로써 관측점의 위치를 구하는 체계

답 ①

section 6. 거리 측정값의 보정 (중요도 ★★★)

1 표준 테이프에 대한 보정(C_0)

기선 측량에 사용한 테이프가 표준줄자에 비하여 얼마나 차이가 있는지를 검사하여 보정한다. 검사하여 구한 보정값을 테이프의 특성값이라 한다.

$$C_0 = \pm \frac{\Delta l}{l} L$$
$$L_0 = L + C_0$$

여기서, Δl : 테이프의 특성값
l : 사용 테이프의 길이
L_0 : 보정한 길이
L : 측정길이

2 표고에 대한 보정

기선은 평균 해수면에 평행한 곡선으로 측정하므로 이것을 평균 해수면에서 측정한 길이로 환산해야 한다. 따라서 보정량 C_h는 다음과 같다.

$$C_h = -\frac{LH}{R}$$

여기서, C_h : 평균 해수면상의 길이로 환산하는 보정량
R : 지구의 평균 반지름(약 6370km)
H : 기선 측정 지점의 표고

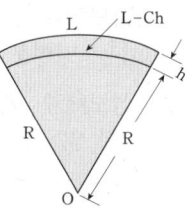

그림. 표고보정

3 경사에 대한 보정(C)

수평 거리를 직접 측정하지 못하고 그림과 같이 경사거리 L을 측정하였다면, 다음과 같이 보정한다.

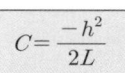

여기서, h : 기선 양 끝의 고저차

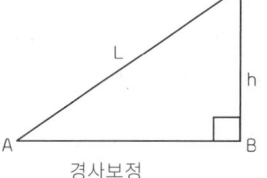

경사보정

제2편 측량학

6 거리 측정값의 보정

■ 처짐 보정
$$C_s = -\frac{n \cdot l}{24}\left(\frac{wl}{P}\right)^2$$
$$= -\frac{L}{24}\left(\frac{wl}{P}\right)^2$$

■ 표고 보정
$$C_h = -\frac{LH}{R}$$

■ 장력 보정
$$C_p = (P - P_0)\frac{L}{AE}$$

■ 거리 측정값의 보정시 항상 (−)가 붙는 경우
① 경사보정
② 처짐 보정
③ 표고보정

문제

30m의 테이프가 표준자보다 1cm 짧다고 할 때 이 테이프로 측정한 300m의 길이는 얼마인가?

① 289.9m ② 299.9m
③ 300.1m ④ 300.01m

해설 정오차(표준테이프)
① 관측횟수(n)
$$n = \frac{L}{l} = \frac{300}{30} = 10회$$
② 정오차의 크기
$$= n\Delta l = 10 \times (-1\text{cm})$$
$$= -10\text{cm} = -0.1\text{m}$$
③ 보정한 길이
$$= 300 - 0.1 = 299.9\text{m}$$

답 ②

제2편 측량학

지형공간
정보체계
(GSIS)

section 7 지형공간 정보체계(GSIS)

1 GSIS(Geo-Spatial information system)
국토계획, 자원개발계획, 공사계획 등의 각종 계획을 성공적으로 수행하기 위해 컴퓨터를 기반으로 공간자료를 입력, 저장, 관리, 분석, 표현하는 체계를 말한다.

2 GSIS분류
(1) 지리정보계계 : GIS(Geographic Information System)
  지리에 관련된 위치 및 특성정보를 효율적으로 수집, 저장, 처리, 분석

(2) 도시정보체계 : UIS(Urban Information System)
  도시지역의 위치 및 특성정보를 데이터베이스화 하여 도시기반시설관리, 도시행정 등의 분야에 활용

(3) 토지정보체계 : LIS(Land Information system)
  토지이용, 지형분석, 다목적 지적 등 토지자원 관련 문제해결

(4) 교통정보체계 : TIS(Transportation Information system)
  교통계획 및 교통영향평가에 활용

(5) 환경정보시스템 : UIS(Environmental Information system)
  대기, 수질, 폐기물 관련정보 관리에 활용

3 자료처리체계
(1) 자료입력
  ① 자료입력 : 수동방식, 자동방식
  ② 부호화 : 선추석방식(Vector), 격자방식(Raster)

(2) 자료처리
  ① 자료정비
  ② 조작처리

(3) 자료출력
  ① 도면 또는 도표로 검색 및 출력
  ② 사진 또는 필름기록으로 출력

문 제

지리정보시스템(GIS) 데이터의 형식 중에서 벡터 형식의 객체자료 유형이 아닌 것은?
① 격자(Cell) ② 점(Point)
③ 선(Line)   ④ 면(Polygon)

해설 GIS자료는 벡터 자료(Vecter data)와 래스터 자료(Raster data)로 구분되며, 위치를 나타내는 단위로는 Vecter data는 점, 선, 면으로 Raster data는 격자(Cell)로 나타낸다.

답 ①

section 8. 정밀도(precision) (중요도 ★★★)

1 정밀도(precision)
정밀도란 어떤 양을 측정했을 때에 정확도의 정도를 나타내는 방법으로 오차와 측정량과의 비로서 분자를 1로 나타낸다. 여기서 오차란 우연오차다.
① 정밀도가 좋다 : 분모수가 크다.
② 정밀도가 나쁘다 : 분모수가 작다.

2 경중률을 포함하는 최확값, 중등오차, 확률오차의 관계

구분 항목	경중률(P)이 일정한 경우	경중률(P)이 다른 경우
최확값 (L_o)	$L_o = \dfrac{l_1+l_2+\cdots+l_n}{n}$ $= \dfrac{[l]}{n}$	$L_o = \dfrac{P_1l_1+P_2l_2+\cdots+P_nl_n}{P_1+P_2+\cdots+P_n}$ $= \dfrac{[Pl]}{[P]}$
평균제곱근 오차, 중등오차 (m_o)	① 1회 관측(개개의 관측값)에 대한 $m_o = \pm\sqrt{\dfrac{[vv]}{n-1}}$ ② n개의 관측값(최확값)에 대한 $m_o = \pm\sqrt{\dfrac{[vv]}{n(n-1)}}$	① 1회 관측(개개의 관측값)에 대한 $m_o = \pm\sqrt{\dfrac{[Pvv]}{n-1}}$ ② n개의 관측값(최확값)에 대한 $m_o = \pm\sqrt{\dfrac{[Pvv]}{[P](n-1)}}$
확률오차 (r_o)	① 1회 관측(개개의 관측값)에 대한 $r_o = \pm 0.6745\, m_o$ ② n개의 관측값(최확값)에 대한 $r_o = \pm 0.6745\, m_o$	① 1회 관측(개개의 관측값)에 대한 $r_o = \pm 0.6745\, m_o$ ② n개의 관측값(최확값)에 대한 $r_o = \pm 0.6745\, m_o$

■ 각각의 측량결과에 따른 최확값.

	경중율이 같을 경우	경중률이 다를 경우
거리	$L_o = \dfrac{[l]}{n}$	$L_o = \dfrac{[Pl]}{[P]}$
각	$\alpha_o = \dfrac{[\alpha]}{n}$	$\alpha_o = \dfrac{[P\cdot\alpha]}{[P]}$
높이	$H_o = \dfrac{[H]}{n}$	$H_o = \dfrac{[P\cdot H]}{[P]}$

이처럼 최확값을 구하는 방식은 모든 측량방법이 같으며 단지, 경중률[P]을 구하는 것이 문제 해결의 열쇠가 된다.

문제

정밀도에 관한 다음 설명 중 옳지 않은 것은?
① 정밀도란 어떤 양을 측정했을 때 그 정확성의 정도를 말한다.
② 정밀도는 확률오차 또는 중등오차와 최확치와의 비율로 표시하는 방법이 있다.
③ 정밀도는 2회 측정치의 차이와 평균치와의 비율로 표시하는 방법이 있다.
④ 확률오차 r_0와 중등오차 m_0 사이에는 $m_0 = 0.6745 r_0$의 관계식이 성립된다.

해설 중등오차 $(m_0) = \pm\sqrt{\dfrac{[vv]}{n(n-1)}}$

확률오차 $(r_0) = \pm 0.6745 \cdot m_0$
$= \pm 0.6745 \sqrt{\dfrac{[vv]}{n(n-1)}}$

답 ④

9 GNSS 개요

■ GNSS
(Global Navigation Satellite System)
· GNSS: 인공위성을 이용한 위치결정 체계
· GNSS 위성측량시스템
  - 미국-GPS
  - EU-Galileo
  - 러시아-GLONASS
  - 일본-QZSS
  - 중국-Beidou

1 GPS구성

1) 우주부문: GPS를 유지하기 위한 위성부문으로 궤도 수 6개, 위성 수 24개, 사용좌표계 WGS-84 사용.
2) 제어부문: 지상에 설치된 시설물로 우주부분의 위성들을 관리하기 위한 지휘통제소로 위성의 신호상태 점검, 궤도위치에 대한 정보를 모니터링 등 각종 제어작업 시행.
3) 사용자부문 : 사용자에게 위치, 속도 및 시간을 제공하기 위한 응용장비들과 계산 기법을 포함.

2 GPS 위성 신호

1) PRN(Pseudo Random Noise)유사랜덤코드: C/A코드, P코드, M코드
2) 반송파(Carrier Wave): L_1, L_2, L_5
3) 항법메시지(Navigation Message): 위성의 상태정보, 위성시계의 시각과 오차 등.

3 GPS 측위원리

1) 코드기반 거리 측정방식
   ① C/A코드, P코드를 이용하여 위성으로부터 수신기까지의 거리를 구하는 방식
   ② 의사거리= $C \times \Delta t$
      여기서, 의사거리=오차가 포함된 수신기와 위성사이의 거리
             C : 광속, Δt: 전파 도달 시간
   ③ 반송파 측정방식에 비해 정밀도가 낮다.
2) 반송파측정방식(위상기반측정방식)
   ① C/A코드, P코드보다 반송파의 파장이 훨씬 작으므로 정밀한 측정이 가능.
   ② 위성과 수신기 사이의 거리는 위상차(Phase shift)를 관측함으로 얻을 수 있음.
      위성과 수신기 사이의 거리=(완전한 위상 수+조각위상)×위상 파장
   ③ 위상차 측정방법
      - 단일 차분법(Single differencing): 한 개의 수신기로 두 대의 위성자료를 수신하여 동시에 공통적인 오차를 제거하는 방법
        • 제거 가능한 오차: SA에 의한 오차, 위성 시계 오차, 위성 궤도 오차, 대기 효과
      - 이중 차분법(Double differencing): 두 개의 수신기로 두 대의 위성자료를 수신하여 동시에 공통적인 오차를 제거하는 방법
        • 제거 가능한 오차: 수신기의 시계 오차, 전리층 지연 오차, 대류권 지연 오차.
      - 삼중 차분법(Triple differencing): 두 개의 이중 차분한 값을 서로 다른 시간에 따라 차분하는 방식
        • 제거 가능한 오차: 모호정수 소거, 사이클 슬립 검출.

문제

GPS 구성 부문 중 위성의 신호 상태를 점검하고 궤도 위치에 대한 정보를 모니터링 하는 임무를 수행하는 부문은?

① 우주부문   ② 제어부문   ③ 사용자부문   ④ 개발부문

해설 제어부문은 지상에 설치된 시설물로 우주부분의 위성들을 관리하기 위한 지휘통제소로 위성의 신호상태 점검, 궤도위치에 대한 정보를 모니터링 등 각종 제어작업을 시행한다.

답 ②

section 10 GNSS 측위방법 (중요도 ★★☆)

1 GNSS 측위방법
1) 단독측위
   ① 코드파를 이용하여 실시간으로 한 대의 수신기를 이용하여 위치를 결정하는 방법.
   ② 정밀도가 낮아 주로 항법이나 항해에 사용.
2) 상대측위
   ① 두 대 이상의 수신기를 동시에 조합하여 위치를 결정하는 방법.
   ② 정밀도가 상대적으로 높아 측지측량에 사용

2 상대측위의 개요
1) 상대측위
   ① 다른 측점으로부터 보정정보를 받아 오차 보정을 할 수 있는 방법
   ② 오차보정을 무엇하느냐에 따라 코드방식, 반송파 방식으로 구분
   ③ data처리 방식에 따라 후처리와 실시간방식으로 구분
2) 상대측위의 종류

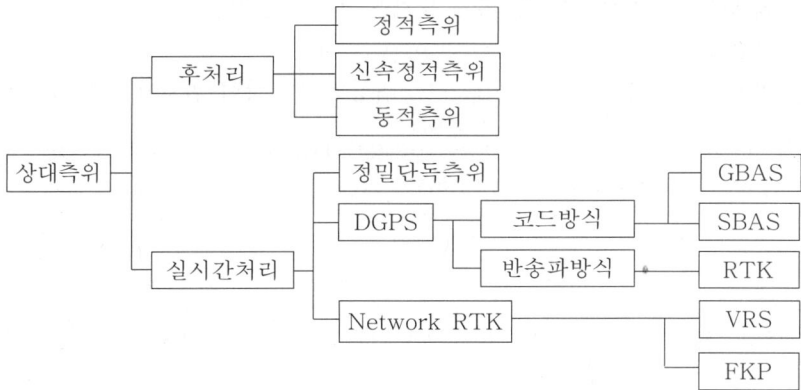

① 정적측위
   • 두 대의 수신기를 각 측점에 고정하여 4대 이상의 위성으로부터 위성신호를 받아서 동일시간대 관측
   • 정밀도가 가장 좋아서 국가 기준점측량에 사용
   • 장시간 관측이 필요

② 동적측위(Kinematic)
   • 1대의 수신기는 기지점에 고정, 다른 수신기는 미지점을 옮겨가며 측량하는 기법

③ 차분측위(DGPS)
   • 이미 좌표를 알고 있는 기지 점에 고정용 수신기를 설치하여 보정자료를 생성하고 이와 동시에 미지 점에 또 다른 수신기를 설치하여 고정점에서 생성된 보정자료를 이용해 미지 점의 관측 자료를 보정함으로 높은 정확도를 얻는 측위기법.

④ RTK(Real time kinematic)
- 라디오 모뎀으로 GPS 데이터와 보정자료를 고정국에서 이동국(Rover)으로 전송하여 현장에서 측량성과를 취득하는 측량기법
- 실시간 이동측량으로 현황측량, 공사측량 등에 사용되나 비용이 과다함.

⑤ Network RTK
- VRS(Virtual Reference station): 현재의 이동국(Rover)의 위치를 VRS서버(국토정보 지리원 운용)로 전송하면 VRS서버에서 인근 이동국에 가상기준점을 생성 후 이동국에 오차정보를 전송하여 높은 수준의 정확도의 측위결과를 얻을 수 있음. (단, sever 접속자의 제한이 있음)
- FKP(Flachen korrektur parameter): VRS서비스를 시작한 후 사용자가 늘어남에 따라 국토지리정보원에서 사용자의 제한 없이 사용할 수 있는 FKP sever운영함.

문 제

GPS의 의사거리 결정에 영향을 주는 오차와 거리가 먼 것은?
① 위성의 궤도오차　　　　② AS오차
③ 위성의 시계오차　　　　④ 위성의 기하학적 위치에 따른 오차

해설 의사거리는 위성과 수신기 사이의 오차를 포함한 거리를 말한다. AS오차는 군사목적의 P코드를 적의 교란으로 부터 방지하기 위한 암호화 기법을 말한다.

답 ②

section 11 GNSS 측위오차 (중요도 ★★☆)

1 위성에서 발생하는 오차
위성궤도 오차, 위성시계오차

2 대기권 전파 지연 오차
전리층오차(2주파 수신기를 이용하면 소거가능), 대류권오차

3 수신기에서 발생하는 오차
다중경로오차(Multi path), 신호단절(Cycle slip) 등.

4 DOP(Dilution of precision)
① DOP : 위성의 기하학적 배치에 따른 정밀도 저하율.
② DOP에 따른 측량상태

DOP	1~3	4~5	6	>6
양호한정도	매우 좋음	좋음	보통	불량

③ DOP종류

GDOP(Geometric Dilution of precision)	기하학적 정밀도
PDOP(Position Dilution of precision)	3차원 위치결정의 정밀도
HDOP(Horizontal Dilution of precision)	2차원 위치의 정밀도
VDOP(Vertical Dilutionof precision)	높이의 정밀도
TDOP(Time Dilution of precision)	시간의 정밀도

문제

GPS위성의 기하학적 배치상태에 따른 정밀도의 저하율을 나타내는 용어는?
① Hi-Pass   ② RTK
③ S/A   ④ DOP

해설 DOP는 위성의 기하학적 배치상태에 따라 측위의 정밀도 저하율을 말하며 DOP값이 작을수록 정밀하며 5까지는 지장이 없다.

답 ④

section 12 수준측량시의 용어 (중요도 ★★☆)

1 수준측량의 용어

(1) 연직선 : 지표면의 어느 점으로부터 지구 중심에 이르는 선을 말한다.
(2) 수준면(level surface) : 각 점들이 중력방향에 직각으로 이루어진 곡면
(3) 수준선(level line) : 지구의 중심을 포함한 평면과 수준면이 교차하는 곡선으로 보통 시준거리의 범위에서는 수평선과 일치한다.
(4) 기준면 : 지반고의 기준이 되는 면을 말하며 이 면의 모든 높이는 '0'이다. 일반적으로 기준면은 평균해수면을 사용하고 나라마다 독립된 기준면을 가진다.
(5) 수평면 : 연직선에 직교하는 곡면으로 시준거리의 범위에서는 수준면과 일치한다.

2 수준측량시의 용어

(1) 후시(back sight, B.S.) : 기지점(높이를 알고 있는 점)에 세운 표척의 눈금을 읽는 것
(2) 전시(fore sight, F.S.) : 표고를 구하려는 점에 세운 표척의 눈금을 읽는 것
(3) 기계고(instrument height, I.H.) : 기계를 수평으로 설치했을 때 기준면으로부터 망원경의 시준선까지의 높이

$$I.H. = G.H. + B.S.$$

(4) 지반고(ground height, G.H.) : 기준면에서 그 측점까지의 연직거리

$$G.H. = I.H. - F.S.$$

(5) 이기점(turning point, T.P.) : 전후의 측량을 연결하기 위하여 전시와 후시를 함께 취하는 점으로 다른 점에 영향을 주므로 정확하게 관측해야 한다.
(6) 중간점(intermediate point, I.P.) : 전시만 관측하는 점

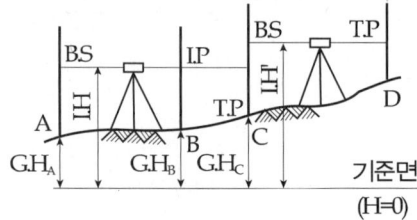

수준측량의 용어

문제

수준 측량을 할 때 전시라 함은?

① 진행방향에 대한 전방 표척의 읽음값.
② 기지점에 세운 함척의 읽음값
③ 동일측량에서 2개의 읽음 중 처음 읽은 것
④ 미지점에 세운 함척의 읽음값

해설
① 후시($B \cdot S$) : 기지점에 세운 표척의 읽음값
② 전시($F \cdot S$) : 미지점에 세운 표척의 읽음값
③ 전시에는 전·후의 수준측량을 연결하기 위한 이기점과 그 점의 지반고만을 구하기 위한 중간점이 있다.

답 ④

section 13 기포관 (중요도 ★★☆)

1 기포관의 구비조건
(1) 곡률 반지름이 클 것
(2) 액체의 점성 및 표면장력이 작을 것
(3) 관의 곡률이 일정하고, 관의 내면이 매끈할 것.
(4) 기포의 길이는 될 수 있는 한 길어야 할 것.

2 기포관의 감도
(1) 기포가 1눈금 이동하는데 기포관축을 기울여야 하는 각도
(2) 기포가 1눈금 이동하는데 끼인 기포관의 중심각을 기포관의 감도라 한다.

3 감도의 측정
- L : 기포가 n눈금 움직였을 때 스타프의 읽음값의 차이
- d : 기포관 1눈금의 길이로 2mm
- D : 레벨과 스타프의 거리라 하면

(1) 기포관의 곡률반경(R)

$$nd : R = L : D \qquad \therefore R = \frac{nd}{L}D$$

또한, 호도법을 이용하여 감도(P)를 구하면
$nd = R \cdot \theta$ (θ는 라디안)

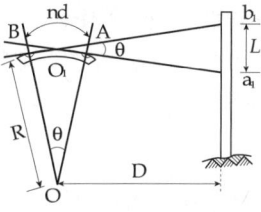

기포관의 감도

(2) 기포관의 감도(P)

$$\therefore P = \rho'' \cdot \frac{L}{nD} = 206265'' \times \frac{L}{nD}$$

여기서, $P(감도) = \frac{\theta}{n}$

문제

레벨로부터 40m 떨어진 곳에 세운 수준척의 읽음값이 2.125m이었다. 레벨의 기포를 2눈금 이동시켜 다시 수준척을 읽으니 2.150m이었다. 이때 레벨 기포관의 감도는? (단, 기포관의 한눈금 길이는 2mm이다.)

① 45.6″
② 53.8″
③ 59.6″
④ 64.5″

해설 감도 $(\theta) = \rho'' \frac{L}{nD}$
$= 206265'' \times \frac{(2.150 - 2.125)}{2 \times 40}$
$= 64.5''$

답 ④

제2편 측량학

section 14 수준측량방법 (중요도 ★★☆)

1 직접 수준측량의 시준거리
① 아주 높은 정확도의 수준측량 : 40m
② 보통 정확도의 수준측량 : 50~60m
③ 그 외의 수준측량 : 5~120m

2 직접 수준측량의 방법
기계고(I.H.) = 지반고(G.H.) + 후시(B.S.)
지반고(G.H.) = 기계고(I.H.) − 전시(F.S.)
그림에서
$I.H. = H_A + b_A$
$H_B = I.H. - f_B$
$\quad = H_A + b_A - f_B$

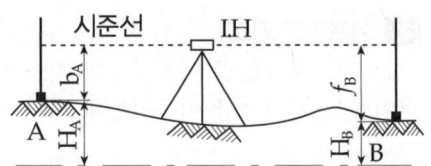

■ 교호수준측량으로 소거되는 오차
① 레벨의 시준축오차 : 가장 큰 영향을 줌
② 지구의 곡률에 의한 오차
③ 광선의 굴절에 의한 오차

3 교호수준측량
수준측량은 전·후시를 등거리로 취해야 시준축 오차를 줄일 수 있는데 측선중에 계곡, 하천 등이 있으면 측선의 중앙에 레벨을 세우지 못하므로 정밀도를 높이기 위해 양측점에서 측량하여 2점의 표고차를 2회 산출하여 평균하는 방법이다.

$$H_B - H_A = \Delta h = \frac{(a_1 - b_1) + (a_2 - b_2)}{2}$$
$$= \frac{(a_1 + a_2) - (b_1 + b_2)}{2}$$

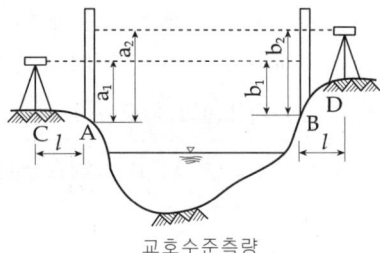

교호수준측량

문제
교호 수준측량을 하여 다음과 같은 결과를 얻었을 때 B점의 표고는?
① 99.35m
② 100.63m
③ 100.65m
④ 100.67m

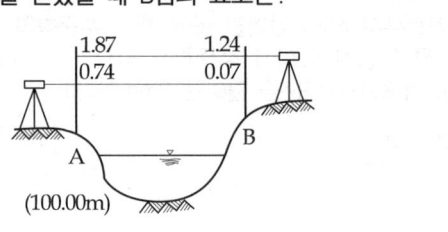

해설 두 지점의 높이차(Δh)는 두 측정값의 평균이므로
$\Delta h = \dfrac{1}{2}\{(a_1 - b_1) + (a_2 - b_2)\}$
$\quad = \dfrac{1}{2}\{(0.74 - 0.07) + (1.87 - 1.24)\} = 0.65\text{m}$
$\therefore H_B = H_A + \Delta h$
$\quad\quad = 100 + 0.65 = 100.65\text{m}$

답 ③

section 15. 수준측량의 오차와 정밀도 (★★★)

1 직접수준측량의 오차
거리와 측정회수의 제곱근에 비례

$$E = \pm K\sqrt{L} = C\sqrt{n}$$

여기서, K : 1km 수준측량시의 오차
L : 수준측량의 거리(km)
C : 1회의 관측에 의한 오차

2 수준측량의 정밀도는 허용오차로 대신한다.
$E = \pm K\sqrt{L}$

$K = \pm \dfrac{E}{\sqrt{L}}$

수준측량의 정밀도는 K값(1km당 수준측량의 오차)의 크기가 작을수록 정밀하다고 판단한다.

3 오차의 조정
(1) 폐합, 왕복, 결합수준측량의 경우
측점간의 거리에 정비례하여 생긴 것으로 하여 각 수준점에 배분한다.

오차조정량 $(E_i) = \dfrac{L_i}{[L]} \times E$

(2) 각 기지점으로부터 미지점을 측량한 경우
경중률은 노선의 길이에 반비례하는 것으로 하여 P점의 표고를 구한다.

$$H_P = \dfrac{P_1 \cdot H_1 + P_2 \cdot H_2 + P_3 \cdot H_3}{P_1 + P_2 + P_3} = \dfrac{[PH]}{[P]}$$

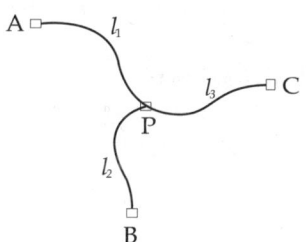

■ 경중률과 최확값의 관계
① 거리측량
$L_P = \dfrac{[P \cdot L]}{[P]}$
② 수준측량
$H_P = \dfrac{[P \cdot H]}{[P]}$
③ 각측량
$\alpha_P = \dfrac{[P \cdot \alpha]}{[P]}$
④ 이와 같이 경중률과 최확값과의 관계는 일정하며 문제를 해결하는 핵심은 경중률(P)을 구하는 것이다.

문제

직접수준측량에 있어서 2km 왕복하는데 허용오차를 3mm로 한다면 4km 왕복의 허용오차는?

① 4.00mm   ② 4.24mm
③ 4.50mm   ④ 6.00mm

해설 수준측량의 오차는 K(1km 수준측량시의 오차)를 구한 후 K를 사용하여 E를 구하는 2단계 과정을 거친다.
$E_1 = \pm K\sqrt{L_1}$
$K = \pm \dfrac{E_1}{\sqrt{L_1}} = \dfrac{3}{\sqrt{4}} = \pm 1.5\text{mm}$
$\therefore E = \pm 1.5\sqrt{8} = \pm 4.24\text{mm}$

답 ②

제2편 측량학

section 16 트랜싯의 구조 (중요도 ★★☆)

1 망원경
(1) 대물렌즈계
대물렌즈는 구면수차나 색수차를 제거하고자 합성렌즈를 사용함.
(2) 십자선
 ① 광축 : 렌즈 두 구면의 중심을 연결한 직선으로 망원경에서는 대물렌즈와 접안렌즈의 광심을 연결한 선
 ② 광심 : 렌즈에서 입사광선과 투과광선이 꺾이지 않고 직선이 되는 한 점으로 광축상에 있다.
 ③ 시준선 : 대물렌즈의 광심과 십자선의 교점을 연결한 직선으로 항상 광축과 일치한다.

2 분도원과 버니어
(1) 분도원
수평각 관측을 위한 수평분도원과 연직각 관측을 위한 연직 분도원이 있다.
(2) 버니어 : 분도원의 최소눈금 이하를 정확히 읽기 위한 장치
 ① 순버니어 : 어미자 $(n-1)$의 눈금을 아들자에서는 n 등분한 것이다.

$$C = S - V = \frac{1}{n}S$$

 여기서, S : 어미자(주척) 1눈금의 크기
  V : 아들자(버니어) 1눈금의 크기
  C : 버니어의 최소 읽음값

 ② 역버니어 : 어미자의 $(n+1)$ 눈금을 아들자에서는 n 등분한 것으로 순버니어의 반대방향으로 눈금을 읽는다.
 $C = S - V = \theta \frac{1}{n} S$ (θ는 반대방향)

3 자기편차(편차)
자북선과 자오선(또는 진북선)이 이루는 각으로 자침이 동쪽으로 기울면 동편차, 서쪽으로 기울면 서편차라 한다.

■ 버니어
버니어에서 문제는 주로 2가지 형태로 출제된다.
① 최소 눈금값(C)을 구하는 문제 : 어미자 $(n-1)$눈금을 아들자에서 n등분.
∴ $C = \frac{1}{n} \cdot S$
② C 값을 주고 버니어를 등분한 n값을 구하는 문제 : 어미자 1눈금의 크기가 20′일 때 20″ 읽기 버니어를 만들려면 버니어의 등분은?
∴ $n = \frac{S}{C} = \frac{20'}{20''} = 60$

문제

트랜싯에 장치된 버니어에서 주척의 최소 잣눈금이 L이고 이것을 (n-1)개 취하여 n등분한 눈금의 크기를 N이라 할 때 이 버니어의 최소 읽음값은?

① $\alpha = L/(n-1)$ ② $\alpha = L/N$
③ $\alpha = N/n$ ④ $\alpha = L/n$

해설 순버니어 : 어미자(n-1)눈금을 아들자에서는 n등분한 것
$L(n-1) = n \cdot N, N = \frac{L(n-1)}{n}$
∴ $C = L - N = \frac{1}{n}L$
여기서, L : 어미자(주척) 1눈금의 크기 N : 아들자(버니어) 1눈금의 크기
 C : 버니어의 최소 읽음값

답 ④

section 17 각 측정법 (중요도 ★★☆)

각 측정법

1 한 점 주위의 각을 잴 경우

(1) 단측법
1개의 각을 1회 측정하는 방법으로 단각법이라고도 한다.

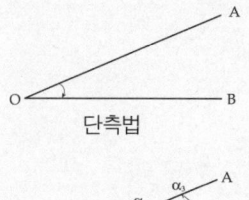
단측법

(2) 배각법
1개의 각을 2회 이상 반복 관측하여 어느 각을 측정하는 방법으로 반복법이라고도 한다.

① 배각법은 방향각법과 비교하여 읽기오차(β)의 영향을 적게 받는다.
② 눈금을 직접 측정할 수 없는 미량의 값을 누적하여 반복횟수로 나누면 세밀한 값을 읽을 수 있다.
③ 배각법은 방향수가 적은 경우에 편리하다.

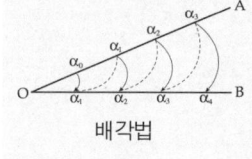
배각법

(3) 방향각법
1점 주위에 있는 각을 연속해서 측정할 때 사용하는 방법으로 시간이 절약된다.

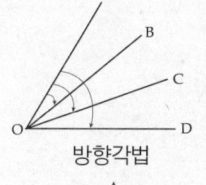
방향각법

(4) 각 관측법
수평각 관측법 중 가장 정확한 방법으로 1, 2등 삼각측량에 주로 사용한다.

• 총 관측수 $= \dfrac{N(N-1)}{2}$ • 조건식의 수 $= \dfrac{(N-1)(N-2)}{2}$

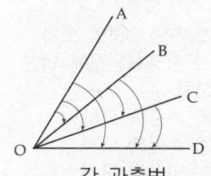
각 관측법

2 측선과 측선사이의 각을 잴 경우

(1) 교각법 : 어떤 측선이 그 앞의 측선과 이루는 각을 관측하는 방법
(2) 편각법 : 어떤 측선이 그 앞 측선의 연장선과 이루는 각을 측정하는 방법
(3) 방위각법 : 각 측선이 진북(자오선)방향과 이루는 각을 시계방향으로 관측하는 방법

3 대회관측

(1) 기계의 정위와 반위로 한각을 두 번 관측하며 이것을 1대회 관측이라 하고 측정 정도에 따라 n대회까지 관측한다. 보통 1, 3, 5대회 관측을 많이 사용한다.

(2) n 대회 관측시 초독의 위치는 $\dfrac{180°}{n}$ 씩 이동한다.

문제

31° 46′ 09″인 각을 1′까지 읽을 수 있는 트랜싯(transit)을 사용하여 6회의 배각법으로 관측하였을 때 각 관측값은? (단, 기계오차 및 관측오차는 없는 것으로 한다.)

① 31° 46′ 08″   ② 31° 46′ 09″
③ 31° 46′ 10″   ④ 31° 46′ 11″

해설 ① 31° 46′ 09″ × 6 = 190° 36′ 54″
② 1′ 독 트랜싯을 사용하면 1904° 37′ 으로 관측된다.
∴ 관측값 $= \dfrac{190° 37′}{6} = 31° 46′ 10″$

답 ③

제2편 측량학

section 18 트랜싯 측량의 오차와 처리방법 (중요도 ★★★)

1 배각법(반복법)의 오차

$$배각법의 오차\ (M) = \pm\sqrt{\frac{2}{n}(\alpha^2 + \frac{\beta^2}{n})}$$

여기서, α : 1회 시준시의 오차
β : 1회 읽을 때의 오차

2 방향각법의 오차

$$n\ 회\ 관측한\ 평균값에\ 의한\ 오차\ M = \pm\sqrt{\frac{2}{n}(\alpha^2 + \beta^2)}$$

3 측각오차와 측거오차의 관계

각과 거리의 관측정도가 비슷하다면

$$\frac{측각오차}{\rho''} = \frac{거리오차}{측선거리(l)}$$

$$\frac{\varepsilon''}{\rho''} = \frac{\Delta l}{l}$$

4 총합에 대한 허용 오차

삼각형, 다각형 또는 수 개의 각이 있을 때, 각 오차의 총합은 다음과 같다.

$$E = \pm E_a \sqrt{n}$$

여기서, E_s : n개의 각의 총합에 대한 각 오차
E_a : 한 각에 대한 오차
n : 각의 수

■ 트랜싯 측량의 오차
1. 조정의 불완전에 의한 오차
   ① 시준축 오차
   ② 수평축 오차
   ③ 연직축 오차
2. 기계의 구조상 결점에 의한 오차
   ① 내심 오차
   ② 외심 오차
   ③ 분도원의 눈금오차

문제

트랜싯에서 기계의 수평회전축과 수평분도원의 중심이 일치되지 않으므로 생기는 오차는?

① 연직축 오차　　　　② 회전축의 편심오차
③ 시준축의 편심오차　　④ 수평축 오차

해설 내심 오차(회전축의 편심오차)는 기계의 수평회전축(연직축)과 수평분도원의 중심이 일치하지 않아 발생하며 A, B 버니어의 읽음값을 평균하여 소거한다.

답 ②

section 19 트래버스의 계산 (중요도 ★★★)

1 방위각 계산
(1) 방위각 : 자북 또는 진북을 기준으로 시계방향으로 그 측선에 이르는 각을 말한다.
(2) 교각 측정시
    전측선의 방위각 ±180° ∓ 그 측점의 교각
(3) 편각 측정시
    전측선의 방위각 +편각(우편각) or -편각(좌편각)
(4) 이렇게 계산한 방위각이 ⊖값이면 ⊕360°, 360°가 넘으면 ⊖360°를 한다.
(5) 역 방위각 : 방위각 +180°
    ex) $\overline{AB}$측선의 방위각=$\overline{BA}$측선의 방위각 +180°

2 방위각과 방위

상 한	방 위 각(α)	방 위
제1상한	0° ~ 90°	$N\alpha_1 E$
제2상한	90° ~ 180°	$S(180-\alpha_2)E$
제3상한	180° ~ 270°	$S(\alpha_3-180°)W$
제4상한	270° ~ 360°	$N(360°-\alpha_4)W$

3 위거 및 경거의 계산
(1) 위거(Latitude) 위거(L) = 측선의 길이(l) × cos α
(2) 경거(Departure) 경거(D) = 측선의 길이(l) × sin α

4 합위거와 합경거
그 측점의 좌표로 원점에서 그 점까지 각 측선의 위거, 경거의 합

■ 트래버스의 계산 과정
① 측각오차의 조정
② 방위각 계산
③ 방위 계산
④ 경·위거 계산
⑤ 경·위거 조정
⑥ 합위거와 합경거
⑦ 배횡거 계산
⑧ 배면적→면적 계산
⑨ 폐합비 계산

문제
다각측량망에서 C점의 좌표는 얼마인가 ? (단, $\overline{AB}=\overline{BC}$=100m)
① X=48.27m Y=256.28m
② X=53.08m Y=275.08m
③ X=62.31m Y=281.31
④ X=69.49m Y=287.49m

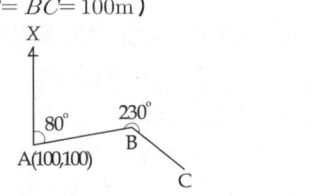

해설 ① $\overline{BC}$의 방위각=80°+180°+230°
          =490°-360°=130°
      ② 좌표 계산

측점	L	D	X	Y
A			100	100
B	+17.36	+98.48	117.36	198.48
C	-64.28	+76.60	53.08	275.08

답 ②

제2편 측량학

삼각측량의 개요

section 20 삼각측량의 개요 (중요도 ★★☆)

1 삼각측량의 정의
각종 측량의 골격이 되는 기준점인 삼각점의 위치를 삼각법으로 결정하기 위한 측량을 말하며 높은 정밀도를 요한다.

2 삼각측량의 원리

$$\frac{a}{\sin A} = \frac{b}{\sin B} = \frac{c}{\sin C}$$

$$a = \frac{\sin A}{\sin B} \times b = \frac{\sin A}{\sin C} \times c$$

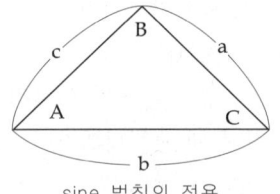

sine 법칙의 적용

3 삼각망의 종류
① 단열 삼각망 : 하천, 도로, 터널측량 등 좁고 긴 지역에 적합하며 경제적이나 정도가 낮다.
② 사변형 삼각망 : 가장 정도가 높으나 피복면적이 작아 비경제적이므로 중요한 기선 삼각망에 사용한다.
③ 유심 삼각망 : 측점수에 비해 피복면적이 가장 넓고 정밀도도 좋다.

■ 삼각망의 비교

	단열	유심	사변형
정도	낮다	중간	높다
피복면적	중간	넓다	좁다
사용	하천, 터널등 좁고 긴지역	공단, 택지조성	기선삼각망

4 기선확대
기선 측정은 매우 힘들고 어려운 작업이므로 확대하여 사용하는데 너무 확대하면 정밀도에 영향을 미치므로 다음과 같이 제한한다.
1회에 3배 이내
2회에 8배 이내
3회에 10배 이내 즉, 최대 3회, 10배 이내까지 확대하여 사용한다.

5 수평각 관측
삼각측량의 수평각 관측은 주로 각 관측법을 사용하고 소규모 지역의 측량일 경우 배각법이나 방향각법도 가능하다.

> **문제**
> 삼각 측량에서 삼각망에 대한 도형의 강도(strength of figure)의 설명 중 잘못된 것은?
> ① 삼각망의 동일한 정확도를 얻기 위해 계산한다.
> ② 삼각 측량의 예비 작업에서 도형의 강도를 결정한다.
> ③ 도형의 강도는 관측 정확도가 좋으면 값이 커진다.
> ④ 삼각망의 기하학적 정확도를 나타내 준다.
>
> **해설** 도형의 강도는 조건식과 관측식의 수와 삼각형의 기하학적 성질에만 관계되고 관측 정확도와는 무관하다.
> 즉 삼각망이 기하학적으로 얼마나 안정한가를 나타내준다.
>
> 답 ③

section 21 삼각수준측량 (중요도 ★★★)

삼각수준측량

1 곡률오차(구차) : 지표면이 곡면이므로 발생

넓은 지역에서 수평선에 대한 높이와 지평면에 대한 높이는 차이가 나는데 이 차를 곡률 오차(구차)라 한다.

$$구차 = \oplus \frac{D^2}{2R}$$

2 기차(굴절오차) : 광선이 대기 중을 통과할 때는 밀도가 다른 공기중을 통과하면서 휘어져 더 높게 보이는 오차

$$기차 = \ominus \frac{K \cdot D^2}{2R}$$

여기서, K : 굴절율

3 양차

양차란 기차와 구차를 합한 값으로 A, B양 지점에서 측정을 해서 높이의 평균을 구하면 없어진다.

$$양차 = \frac{(1-K)}{2R} \cdot D^2$$

4 삼각수준측량 : 양차를 고려한다.

$$H_P = H_A + H + 양차 = H_A + I + D\tan\theta + 양차$$

$$= H_A + I + D\tan\theta + \frac{D^2}{2R}(1-K)$$

① 구차 : $+\frac{D^2}{2R}$
- 지구의 곡률 때문에 발생
- 항상 작게 나타남
  → ⊕해준다

② 기차 : $-\frac{KD^2}{2R}$
- 빛의 굴절 때문에 발생
- 항상 크게 나타남
  → ⊖해준다.

③ 양차 : $\frac{(1-K)}{2R} \cdot D^2$
- 구차+기차의 값
- 양지점 측정
  → 평균값으로 소거

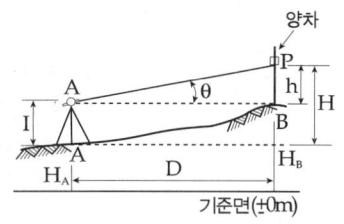

삼각수준측량

문제

평탄한 지역에서 5km 떨어진 지점을 관측하려면 측표의 높이는 얼마로 하여야 하는가? (단, 지구의 곡률반경은 6,370km이다.)

① 약 1m   ② 약 2m
③ 약 3m   ④ 약 4m

해설 ① 구차는 지구의 곡률 때문에 발생한다.
② 구차는 항상 작게 나타나므로 크게(+) 해준다.
③ 구차 $= +\frac{D^2}{2R} = 1.96m$
④ 이 문제에서 측표는 구차의 값보다 더 높아야 한다.

답 ②

제2편 측량학

지형측량의 개요

section 22 지형측량의 개요

(중요도 ★★☆)

1 지형측량의 정의
지물(하천, 호수, 건축물 등)과 지모(산, 언덕, 평지 등)를 측정하여 지표의 기복상태를 표시하는 지형도를 만들기 위한 측량

2 지성선
지표의 불규칙한 곡면을 몇 개의 평면의 집합으로 생각할 때 이들 평면이 서로 만나는 선으로 지표면의 형상을 나타내는 골조가 된다.
지성선의 종류는 다음과 같다.

① 능선(凸선) : 지표면의 높은 점들을 연결한 선으로 분수선이라고도 한다.
② 계곡선(凹선) : 지표면의 낮은 점들을 연결한 선으로 합수선이라고도 한다.
③ 경사변환선 : 동일 방향의 경사면에서 경사의 크기가 다른 두 면의 교선을 말한다.
④ 최대경사선(유하선) : 지표의 임의의 한 점에서 그 경사가 최대로 되는 방향을 표시한 선으로 등고선에 직각으로 교차하며 물이 흐르는 선이란 의미에서 유하선이라 한다.

■ 지형측량
① 지물 : 지표상의 자연 및 인위적인 것으로 하천, 호수, 도로, 철도, 건축물 등
② 지모 : 산정, 구릉, 계곡, 평야 등
③ 지형측량이란 지물과 지모를 측정하여 일정한 축척과 도식으로 지형도를 작성하기 위한 측량을 말한다.
④ 지형도는 토목, 광산, 농림, 공사 등에 이용되는 기초자료이다.

3 지형의 표시법
(1) 자연적 도법
그림자로 지표면의 기복을 나타내는 음영법과 선으로 나타내는 우모법이 있다.
(2) 부호적 도법
① 점고법(spot height system) : 하천, 항만, 해양 등에서의 심천측량을 점에 숫자를 기입하여 높이를 표시하는 방법
② 등고선법(contour system) : 등고선 (일정한 간격의 수평면과 지표면이 교차하는 선을 기준면 위에 투영시켜 생긴 선)으로 지표면의 기복을 나타내는 방법으로 높이를 숫자로 알 수 있고 임의 방향의 경사도를 쉽게 산출할 수 있다.

문제

지형측량에서 지성선(地性線)을 설명한 것 중 옳은 것은?

① 등고선이 수목에 가리워져 불명확할 때 이어주는 선을 말한다.
② 지모(地貌)의 골격이 되는 선을 말한다.
③ 등고선에 직각방향으로 내려 그은 선을 말한다.
④ 곡선(谷線)이 합류되는 점들을 서로 연결한 선을 말한다.

해설 지성선
지표면을 여러 개의 평면이 이루어졌다고 가정하면 그 평면이 만나는 지모의 골격이 되는 선을 말하며 지형을 표시하는 중요한 요소이다.

답 ②

section 23. 등고선의 종류와 성질 (중요도 ★★☆)

1 등고선의 종류와 간격

등고선의 종류	기 호	$\frac{1}{10,000}$	$\frac{1}{25,000}$	$\frac{1}{50,000}$
주 곡 선	가는 실선	5	10	20
간 곡 선	가는 긴 파선	2.5	5	10
조 곡 선	가는 파선	1.25	2.5	5
계 곡 선	굵은 실선	25	50	100

(1) 등고선의 간격
 ① 측량의 목적, 지형, 축척에 맞게 결정한다.
 ② 대축척에서 등고선 간격은 대략 축척분모의 1/2,000정도이다.

2 등고선의 성질
① 같은 등고선 위의 모든 점은 높이가 같다.
② 한 등고선은 반드시 도면 안이나 밖에서 폐합되며, 도중에서 없어지지 않는다.
③ 등고선이 도면 안에서 폐합되면 산정이나 오목지가 된다.
  오목지의 경우 대개는 물이 있으나, 없는 경우 낮은 방향으로 화살표시를 한다.
④ 높이가 다른 두 등고선은 동굴이나 절벽의 지형이 아닌 곳에서는 교차하지 않는다. 동굴이나 절벽에서는 2점에서 교차한다.
⑤ 경사가 일정한 곳에서는 평면상 등고선의 거리가 같고, 같은 경사의 평면일 때에는 평행한 선이 된다.
⑥ 등고선의 경사가 급한 곳에서는 간격이 좁고, 완만한 경사에서는 넓어진다.
⑦ 최대 경사의 방향은 등고선과 직각으로 교차한다.
⑧ 등고선이 골짜기를 통과할 때에는 한쪽을 따라 거슬러 올라가서 곡선을 직각 방향으로 횡단한 다음 곡선 다른 쪽을 따라 내려간다.
⑨ 등고선이 능선을 통과할 때에는 능선 한쪽을 따라 내려가서 능선을 직각 방향으로 횡단한 다음, 능선 다른 쪽을 따라 거슬러 올라간다.

■ 등고선의 용도
① 계곡선 : 표고의 읽음을 쉽게 하기 위함
② 주곡선 : 지형을 나타내는데 기본이 되는 선
③ 간곡선 : 완경사지 이외에 지모의 상태를 상세하게 설명하기 위함
④ 조곡선 : 간곡선만으로 지형의 상태를 상세하게 나타낼 수 없을 때 사용

문 제

1/50,000 국토기본도에서 500m의 산정과 300m의 산정사이에는 주곡선이 몇 본 들어가는가?
 ① 8본   ② 9본
 ③ 10본   ④ 11본

해설 1/50,000 지도에서 주곡선 간격은 20m이다.

주곡선 갯수 = $\frac{500-300}{20} - 1 = 9$

답 ②

제2편 측량학

24 등고선 측정

Section 24 등고선 측정

(중요도 ★★☆)

1 등고선을 그리는 방법

① 계산에 의한 방법 : 비례식을 이용한다.

$$D : H_B - H_A = d : H_C - H_A$$

$$\therefore d = \frac{H_C - H_A}{H_B - H_A}D = \frac{h}{H}D$$

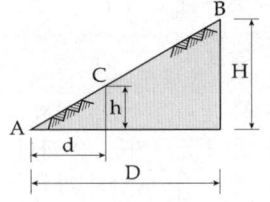

2 노선의 도상선정

① 등물매선(등구배선) : 수평면에 대하여 일정한 기울기를 가지는 지표면의 선
② 철도나 도로 등의 노선 선정시 등물매선을 사용하면 성토나 절토량이 줄어들어 경제적이다.

■ 등고선의 간접측정법의 이용
1. 좌표 점고법 : 택지, 건물부지 등 평지의 정밀한 등고선 측정에 이용된다.
2. 종단점법 : 정밀을 요하지 않는 소축적의 산지 등의 등고선 측정에 이용된다.
3. 횡단점법 : 도로, 철도, 수로 등의 노선측량의 등고선 측정에 이용된다.
4. 기준점법 : 지역이 넓은 소축적 지형도의 등고선 측정에 이용된다.

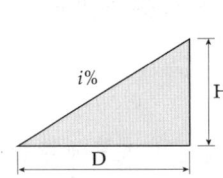 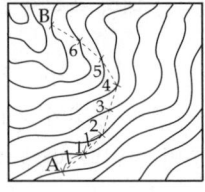

그림. 노선의 도상 선정

③ 그림에서

$$\frac{H}{D} = \frac{i}{100} \qquad \therefore D = \frac{100H}{i}$$

여기서, H : 등고선 간격   D : 수평거리
      i : 필요한 등물매   S : 축척분모

기울기가 i이고 고저차가 H인 2점사이의 도상거리(l)을 구하면

$$l = D\frac{1}{S} = \frac{100H}{iS}$$

문제

다음 1/50,000 도면상에서 AB간의 도상수평거리 10cm일 때 AB간의 실수평 거리와 AB선의 경사를 구한 값은?

	실수평 거리	경사
①	50m	1/3.3
②	500m	1/33.3
③	5000m	1/333
④	50000m	1/3333

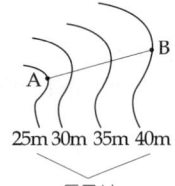

해설 1. 실수평거리
   0.1m×50,000=5,000m
2. AB선의 경사
   $$\frac{40-25}{5,000} = \frac{1}{333.3}$$

답 ③

section 25 곡선으로 둘러싸인 면적 계산   (중요도 ★★☆)

1 지거법의 평균높이와 면적

(1) 사다리꼴 공식

$$A = \frac{(y_1 + y_2)}{2} \cdot d$$

여기서, $y_1, y_2, ... y_n$: 지거
d : 지거의 간격

(2) 심프슨의 제 1법칙

$$A = \frac{(y_1 + 4y_2 + y_3)}{6} \times 2d = \frac{d}{3}(y_1 + 4y_2 + y_3)$$

(3) 심프슨의 제 2법칙

$$A = \frac{(y_1 + 3y_2 + 3y_3 + y_4)}{8} \times 3d = \frac{3d}{8}(y_1 + 3y_2 + 3y_3 + y_4)$$

2 플라니미터(Planimeter)를 사용한 면적계산

(1) 극침을 도형밖에 놓았을 때(작은 면적)

$A = a \cdot n$ 여기서, a : 단위면적(m^2)
n : ($n_2 - n_1$)으로 측륜의 회전 눈금수

활주간의 위치를 축척 $\frac{1}{L}$ 의 표시선에 맞추고, 축척 $\frac{1}{S}$ 의 도형의 면적을 측정할 때

$$A = \left(\frac{S}{L}\right)^2 a \cdot n$$

(2) 극침을 도형안에 놓았을 때(큰 면적)

$A = a(n + n_o)$

여기서, n_o : 영원(zero circle)의 가수

(3) 축척과 단위면적과의 관계

$$a = \frac{m^2}{1,000} d \cdot \pi \cdot l$$

여기서, a : 축척 $\frac{1}{m}$ 인 경우의 단위면적
d : 측륜의 직경
l : 측간(활주간)의 길이

문제

측륜 직경이 19mm인 구적기로 축척 1/400인 면적을 단위면적 0.4m²로 정하려면 측간의 위치는 얼마인가?

① 41.904mm   ② 42.904mm
③ 43.904mm   ④ 44.904mm

해설 구적기에 의한 면적 측정은 측륜의 회전눈금수에 단위면적(a)를 곱해서 구한다.
단위면적은 활주간의 위치에 따라 달라진다.

$a = \frac{M^2}{1000} d \pi l$ 에서

$\therefore l = \frac{a \times 1000}{M^2 d \pi} = \frac{0.4 \times 1000}{400^2 \times 0.019 \times 3.14} = 0.041904m = 41.904mm$

답 ①

section 26 체적계산법 (중요도 ★★☆)

1 단면법
철도, 수로, 도로 등 선상의 물체를 축조하고자 할 경우 중심 말뚝과 중심 말뚝 사이의 횡단면사이의 절토량 또는 성토량을 계산할 경우에 이용되는 방법

(1) 양단면 평균법
$$V = \left(\frac{A_1 + A_2}{2}\right) \cdot l$$

(2) 중앙 단면법
$$V = A_m \cdot l$$

(3) 각주공식(prismoidal formula)
$$V = \frac{l}{6}(A_1 + 4A_m + A_2)$$

(4) 단면법의 체적산정 결과는
 (1) > (3) > (2)의 크기를 나타낸다.
 즉, 각주공식이 가장 정확하다.

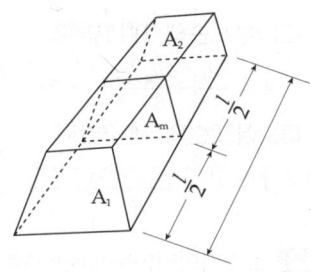

단 면 법

2 점고법
이 방법은 건물부지의 정지, 택지조성공사, 토취장 및 토사장의 용량관측과 같이 넓은 면적의 토공용적을 산정하기에 적합한 방법이다.

(1) 직사각형 공식
$$V = \frac{a}{4}(\Sigma h_1 + 2\Sigma h_2 + 3\Sigma h_3 + 4\Sigma h_4)$$

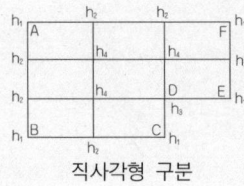

직사각형 구분

(2) 삼각형 공식
$$V = \frac{a'}{3}\{\Sigma h_1 + 2 \cdot \Sigma h_2 + 3 \cdot \Sigma h_3 + \cdots + 6 \cdot \Sigma h_6\}$$
여기서, a' : 1개의 삼각형 면적

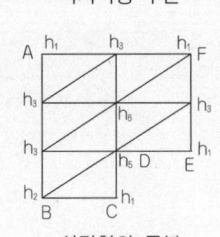

삼각형의 구분

3 등고선법 : 토공량, 저수량 산정 등에 사용

문 제

토량계산 공식중 양단면의 면적차가 심할 때 산출된 토량의 대소 관계가 옳은 것은?
(단, 중앙단면법 : A, 양단면평균법 : B, 각주공식 : C로 한다.)

① A = C < B
② A < C = B
③ A < C < B
④ A > C > B

해설 체적의 크기 비교
① 양단면 평균법이 가장 크게 나타난다.
$$각뿔의 체적 = \frac{1}{3}A \cdot h$$
$$양단면 평균법 = \frac{(A+0)}{2} \cdot h = \frac{1}{2}A \cdot h$$
② 중앙 단면법이 가장 작게 나타난다.
③ 각주 공식이 가장 정확하다.

답 ③

section 27 면적과 체적측정의 정확도 및 토지분할법 (★★★)

제2편 측량학

27 면적과 체적측정의 정확도 및 토지분할법

1 면적 측정의 정확도

(1) 면적$(A) = x \cdot y$

(2) dA (면적의 오차) $= y \cdot d_x + x \cdot d_y$

(3) 양변을 A로 나누면

$$\frac{dA}{A} \text{ (면적의 정도)} = \frac{yd_x}{x} \cdot y + x \cdot \frac{d_y}{x} \cdot y = \frac{d_x}{x} + \frac{d_y}{y}$$

∴ 면적의 정도 = 거리정도의 합

2 체적측정의 정확도

$$\frac{dV}{V} = 3 \cdot \frac{dl}{l} \qquad \frac{dl}{l} = \frac{1}{3}\frac{dV}{V}$$

3 면적의 분할

(1) 삼각형의 분할

한 변에 평행한 직선에 의한 분할

$AD = AB\sqrt{\dfrac{m}{m+n}}$, $AE = AC\sqrt{\dfrac{m}{m+n}}$

삼각형의 분할

(2) 사다리꼴의 분할

위 그림에서 밑변에 평행한 직선으로 분할 할 때

$EF = \sqrt{\dfrac{m \cdot AD^2 + n \cdot BC^2}{m+n}}$

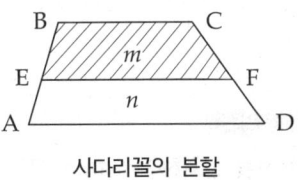

사다리꼴의 분할

■ 삼각형의 분할
1. 삼각형의 분할은 면적비에 따라 분할한다.
2. 면적을 구할 때는 면적비에 따르므 $\dfrac{1}{2}$로 이나 $\sin\theta$등 공통으로 들어가는 항목은 삭제한다.
3. 면적비를 구할 때
   ① 면적=거리의 제곱 (평행선의 분할)
   ② 면적=밑변 (꼭지점으로 분할)
   ③ 면적=두 변의 곱 (한 변상의 고정점을 지나는 직선으로 분할)으로 구한다.

문제

그림과 같은 토지를 한변 BC에 평행한 XY로 분할하여 m : n = 1 : 3의 면적비가 되었다. AB=50m라면 AX는 얼마인가?

① 10m
② 15m
③ 20m
④ 25m

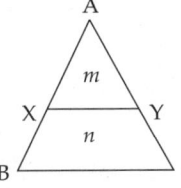

해설 $\overline{AX}^2 : \overline{AB}^2 = m : (m+n)$

∴ $\overline{AX} = \overline{AB}\sqrt{\dfrac{m}{m+n}} = 50\sqrt{\dfrac{1}{1+3}} = 25\text{m}$

답 ④

제2편 측량학

단곡선 공식

section 28 단곡선 공식 (중요도 ★★★)

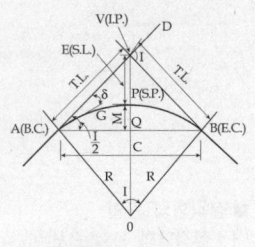

단곡선의 기호

1 단곡선의 기본공식

(1) 옆 그림에서 $\angle AOV = \angle BOV = \dfrac{I°}{2}$

$\angle VAQ = \angle VBQ = \dfrac{I°}{2}$ 가 되므로 다음 공식들이 유도된다.

(2) $\overline{VA} = \overline{VB} = $ 접선 길이 $=$ T.L.(tangent length) $= R\tan\dfrac{I}{2}$

(3) $\overset{\frown}{APB} = $ 곡선 길이 $=$ C.L.(curve length) $= R \cdot I$ rad
$\dfrac{\pi R I°}{180} = 0.0174533 R I°$ (다만, I는 radian, I°는 도 단위)

(4) $E = $ 외할 $=$ S.L. (external secant) $= R\left(\sec\dfrac{I}{2} - 1\right)$

(5) $\overline{PQ} = $ 중앙 종거 $=$ M(middle ordinate) $= R\left(1 - \cos\dfrac{I}{2}\right)$

(6) $\overline{AB} = $ 현 길이 $=$ C(chord length) $= 2R\sin\dfrac{I}{2}$

(7) $\angle VAG = $ 편각 $= \delta$ (deflection angle)
$= \dfrac{l}{2R}$ (radian) $= 1718.87 \times \dfrac{l}{R}$ 분

(8) $\angle VAB = \angle VBA = $ 총 편각 $= \dfrac{I}{2}$ (total deflection angle)

2 각 측점의 거리

(1) ~B.C의 거리 $=$ ~I.P의 거리 $-$ T.L
(2) ~E.C의 거리 $=$ ~B.C의 거리 $+$ C.L

문제

단곡선을 설치하기 위하여 교각 I = 80°를 측정하고 외선장 S.L(E) = 10m로 하고 싶다. 이 때의 곡선장은? (단, $\rho'' = 57°$)

① 23m ② 46m
③ 74m ④ 117m

해설 △AOV 에서(위 그림 참고)

$E = VO - R$

$= \dfrac{R}{\cos\dfrac{I}{2}} - R = R(\sec\dfrac{I}{2} - 1)$

$\therefore R = \dfrac{E}{\sec\dfrac{I}{2} - 1} = \dfrac{10}{\sec\dfrac{80°}{2} - 1} = 32.74\text{m}$

$C.L. = R \cdot I°(rad) = R \cdot I° \cdot \dfrac{\pi}{180°}$

$= 32.74 \times 80° \times \dfrac{\pi}{180°} = 45.71\text{m}$

답 ②

section 29 곡선설치법 (중요도 ★★☆)

1 편각 설치법
(1) 편각 : 단곡선에서 접선과 현이 이루는 각
(2) 편각법은 정밀도가 가장 높아 많이 이용된다.
(3) 편각$(\delta) = \dfrac{l}{2R} \times \dfrac{180°}{\pi}$
여기서, l : 현의 길이로 시단현(l_1), 종단현(l_2), 그 사이 20m 간격
(4) 총편각$(\Sigma \delta) = \dfrac{I°}{2}$

2 중앙 종거법
곡선길이가 작고 편각법등으로 이미 설치된 중심말뚝 사이에 다시 세밀하게 설치하는 방법

$M_1 = R\left(1 - \cos\dfrac{I}{2}\right) \fallingdotseq \dfrac{C_1^2}{8R}$

$M_2 = R\left(1 - \cos\dfrac{I}{2^2}\right) \fallingdotseq \dfrac{C_2^2}{8R} \fallingdotseq \dfrac{M_1}{4}$

이와 같이 대략 1/4씩 줄어들어 1/4법이라고도 한다.

3 지거법
편각법으로 설치하기 곤란한 곳에 사용하며 삼림등에서 벌채량을 줄일 수 있다.

■ 접선편거(t)와 현편거(d)
① 접선편거
$(t) = \dfrac{l^2}{2R}$
② 현편거$(d) = \dfrac{l^2}{R}$
③ 현편거(d)는 접선편거(t)의 2배이다.
④ 이 방법은 tape와 pole만으로 설치하며 정도가 낮다.

문제
AC와 BD선 사이에 곡선을 설치할 때 교점에 장애물이 있어 교각을 측정하지 못하기 때문에 ∠ACD, ∠CDB 및 CD의 거리를 측정하여 다음과 같은 결과를 얻었다. 이때 C점으로부터 곡선의 시점까지의 거리는? (단, ∠ACD = 150°, ∠CDB = 90°, CD = 100m, 곡선반경 R = 500m)

① 530.27m
② 657.04m
③ 750.56m
④ 796.09m

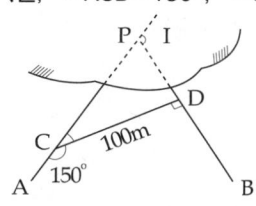

해설
① 교각 I의 결정
∠PCD = 180° − 150° = 30°
∠CPD = 180° − 90° − 30° = 60°
∴ I = 180° − ∠CPD = 120°

② $\overline{CP}$ 의 거리
$\dfrac{\overline{CP}}{\sin 90} = \dfrac{100}{\sin 60°}$ ∴ $\overline{CP}$ = 115.47m

③ $T.L. = R \cdot \tan\dfrac{I}{2} = 500 \cdot \tan\dfrac{120°}{2} = 866.30$m

④ C점~곡선시점의 거리 = $T.L - \overline{CP}$ = 866.03 − 115.47 = 750.56m

답 ③

제2편 측량학

완화곡선의 개요

section 30 완화곡선의 개요 (중요도 ★★★)

1 완화곡선
직선과 원곡선 사이에 반지름이 무한대로부터 점점 작아져서 원곡선에 일치하도록 설치하는 특수곡선

2 완화곡선의 성질
(1) 곡선반경은 완화곡선의 시점에서 무한대, 종점에서 원곡선 R로 된다.
(2) 완화곡선의 접선은 시점에서 직선에, 종점에서 원호에 접한다.
(3) 완화곡선에 연한 곡률반경의 감소율은 캔트의 증가율과 동률(부호는 반대)로 된다.
(4) 완화곡선의 종점에서의 캔트는 원곡선의 캔트와 같다.
(5) 완화곡선의 곡률은 $(\frac{1}{R})$ 곡선길이에 비례한다.

3 캔트와 편물매 : 차량이 곡선을 따라 주행할 때 원심력을 줄이기 위해 곡선의 바깥쪽을 높여 차량의 주행을 안전하도록 하는 것.

$$C = \frac{SV^2}{gR} = \frac{S(V/3.6)^2}{gR} = \frac{SV^2}{127R}$$

4 확폭(slack widening)과 슬랙(slack) : 곡선부의 안쪽부분을 넓게 하여 차량의 뒷바퀴가 노면밖으로 탈선되지 않게 하는 것.

$$확폭량(\epsilon) = \frac{L^2}{2R}$$

5 완화곡선의 길이
곡선길이 L(m)를 캔트 C(mm)의 N배에 비례인 경우

$$L = \frac{N}{1,000} \cdot C = \frac{N}{1,000} \cdot \frac{S \cdot V^2}{gR}$$

6 3차 포물선(철도에 사용)

$$f(이정량) = \frac{1}{4}d = \frac{L^2}{24R}$$

■ 꼭 알아야 할 공식
완화곡선에는 수많은 공식들이 있는데 모두를 이해하기는 힘들며 다음 식들은 꼭 알아야 한다.
① C (캔트) $= \frac{SV^2}{gR}$
② ε (확폭량) $= \frac{L^2}{2R}$
③ L(완화곡선의 길이)
$= \frac{N}{1000} \cdot C$
④ f(이정량) $= \frac{1}{4}d$
$= \frac{L^2}{24R}$

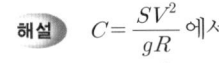

노선에 있어서 곡선의 반경만이 2배로 증가하면 캔트의 크기는?
① $\frac{1}{\sqrt{2}}$ 로 줄어든다.
② $\frac{1}{2}$ 로 줄어든다.
③ $\frac{1}{2^2}$ 로 줄어든다.
④ 같다.

해설 $C = \frac{SV^2}{gR}$ 에서
곡선반경(R)을 2배로 하면 캔트(C)는 $\frac{1}{2}$ 배로 된다.

답 ②

section 31. 클로소이드 곡선 (중요도 ★★☆)

1 클로소이드 곡선(clothoid curve)
곡률이 곡선길이에 비례하여 증가하는 일종의 나선형 곡선

2 단위 클로소이드
(1) 클로소이드 곡선의 기본식

$$R \cdot L = A^2$$

여기서, A : 매개변수(클로소이드의 파라미터)
L : 완화곡선의 길이

(2) 단위 클로소이드
클로소이드의 매개변수 $A=1$ 인 클로소이드
매개변수가 A인 클로소이드의 요소 중

① 길이의 단위를 가진 것(R, L, X, Y, T_L 등)은 단위 클로소이드 요소를 A배 하여 사용하고

② 길이의 단위가 없는 요소 (τ, σ, $\frac{\Delta r}{r}$)는 그대로 사용한다.

3 클로소이드의 성질
(1) 클로소이드는 나선의 일종이다.
(2) 모든 클로소이드는 닮음꼴이다. 따라서 매개변수 A를 바꾸면 크기가 다른 클로소이드를 무수히 만들 수 있다.
(3) 클로소이드의 요소는 길이의 단위를 가진 것과 단위가 없는 것이 있다.
(4) 어떤 점에 관한 2가지의 클로소이드 요소가 정해지면 클로소이드를 해석할 수 있고, 단위의 요소가 하나 주어지면 단위 클로소이드 표를 유도할 수 있다.
(5) 접선각 τ는 45° 이하가 좋으며 작을수록 정확하다.
(6) 곡선길이가 일정할 때 곡률 반경이 크면 접선각은 작아진다.

■ 클로소이드의 성질
① $A^2 = R \cdot L$과
② $\tau = \frac{L}{2R}$의 기본식으로부터 유도된다.

문제

다음은 클로소이드 곡선에 대한 설명이다. 틀린 것은?

① 곡률이 곡선의 길이에 비례하는 곡선이다.
② 단위 클로소이드란 매개변수 A가 1인 클로소이드이다.
③ 클로소이드는 닮음 꼴인 것과 닮음 꼴이 아닌 것 두 가지가 있다.
④ 클로소이드에서 매개변수 A가 정해지면 클로소이드의 크기가 정해진다.

해설 모든 클로소이드는 닮은꼴이다.
따라서 매개변수 A를 바꾸면 크기가 다른 클로소이드를 무수히 만들 수 있다.

답 ③

제2편 측량학

종단곡선

section 32 종단곡선 (중요도 ★★☆)

1 종단곡선(종곡선)
노선의 종단구배가 변하는 곳에 충격을 완화하고 충분한 시거를 확보해 줄 목적으로 적당한 곡선을 설치하여 차량이 원활하게 주행할 수 있도록 한 것.

2 원곡선에 의한 종단곡선 설치(철도)
(1) 종단곡선의 길이(L) 계산

종단곡선의 길이(L) : 접선길이(l)의 2배로 해도 큰 차이가 없다.

$$L = 2l = R\left(\frac{m}{1000} - \frac{n}{1000}\right)$$

여기서, $\frac{m}{1000}, \frac{n}{1000}$: 두 직선의 구배로 천분율(‰)로 나타냄

(2) 종거계산

$$y = \frac{x^2}{2R}$$

여기서, x : 횡거
y : 횡거 x에 대한 종거

3 2차 포물선에 의한 종단곡선 설치(도로)
(1) 종단곡선의 길이

$$L = \frac{R}{100}(m-n)$$

m, n : 종단구배(%)

(2) 종거계산

$$y = \frac{|m-n|}{200 \cdot L}x^2$$

■ 종단곡선의 비교

	원곡선 (철도)	2차포물선 (도로)
L	$R\left(\frac{m}{1000} - \frac{n}{1000}\right)$	$R\left(\frac{m}{100} - \frac{n}{100}\right)$
y	$\frac{x^2}{2R}$	$\frac{|m-n|}{200L}$
종단구배	m, n은 ‰	m, n은 %

문제

다음 그림과 같은 종단 곡선을 설치하려 한다면 B점의 계획고는 얼마인가? (단, 종단곡선은 포물선이고 A점의 계획고는 78.63m이다.)

① 81.13m
② 80.51m
③ 81.51m
④ 85.13m

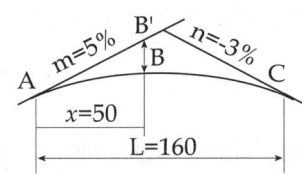

해설 B'점의 높이를 H_B'라 하면

① $H_B' = H_A + \frac{m}{100}x = 78.63 + \frac{5}{100} \times 50 = 81.13\text{m}$

② $y = \frac{|m-n|}{200 \cdot L}x^2$ ($y = \overline{BB'}$의 길이로 종거)

$= \frac{|5-(-3)|}{200 \times 160} \times 50^2 = 0.625\text{m}$

③ $H_B = H_B' - y = 81.13 - 0.625 = 80.505\text{m}$

답 ②

section 33. 하천의 수준측량 (중요도 ★☆☆)

제2편 측량학
하천의 수준측량

1 수준기표의 설치
① 양안 5km마다 설치한다.
② 구조는 길이 1.2m, 15cm×15cm의 형으로 만들어 매립

2 거리표(distance mark)의 설치
설치간격은 하천의 중심을 따라 200m를 표준으로 하나 실제로는 좌안을 따라 200m 간격으로 설치하는 것이 많다.

거리표 설치

3 종단측량
종단면도의 축척은 종 1/100, 횡 1/1,000~1/10,000로 한다.

4 횡단측량
횡단측량은 200m마다 양안에 설치한 거리표를 기준으로 실시한다.

5 심천측량
하천의 수심 및 유수부분의 하저상황을 조사하고 횡단면도를 제작하는 측량

심천 측량용 기계, 기구
① 로드(rod) : 측간이라고도 하며 수심 1~2m의 얕은 곳에 효과적
② 레드(red) : 측심간이라고도 하며 와이어나 로우프의 끝부분에 납으로 된 추가 붙어 있어 수심 5m이상인 곳에 사용
③ 음향측심기 : 초음파를 사용하며 수심 30m까지의 깊은 곳에 사용

문제

수심이 수십 m 이내이고 소규모의 하구의 수심도를 작성하고자 한다. 이때 사용되는 기계, 기구, 장비의 조합 중 가장 적절한 것은?

① 육분의, 음향측심기, 측량선
② 트랜싯, 광파측거의, 음향측심기, 측량선
③ Trisponder, 탄성파측량기, 음향측심기, 측량선
④ 유속계, 육분의, 전파측거의, 음향측심기, 측량선

해설
① 문제에서 음향측심기와 측량선은 공통으로 들어간다.
② 하천측량시 선상에서의 측각은 육분의를 사용한다.
③ 수심도 작성에서 유속계는 필요 없다.

답 ①

한번 더 보기
① 수준기표는 5km마다 설치한다.
② 거리표는 좌안 200m 간격으로 설치한다.
③ 종단면도의 축척은 종 1/100, 횡 1/1,000~1/10,000로 한다.

제2편 측량학

수위관측

section 34 수위관측 (중요도 ★★☆)

1 하천의 수위

(1) 평균최고수위(N.H.W.L)와 평균최저수위(N.L.W.L)
년과 월에 있어서의 최고, 최저의 평균으로 나타낸다. 평균최고수위는 축제나 가교, 배수 공사 등의 치수목적으로 이용되고 평균최저수위는 주운, 발전, 관개 등 이수관계에 이용된다.

(2) 평균 수위(M.W.L)
어떤 기간의 관측수위를 합계하여 관측회수로 나누어 평균값을 구한 값

(3) 평수위(O.W.L)
어떤 기간에 있어서의 수위 중 이것보다 높은 수위와 낮은 수위의 관측회수가 똑같은 수위로 평균수위보다 약간 낮다.

(4) 지정수위 : 홍수시에 매시 수위를 관측하는 수위

(5) 통보수위 : 지정된 통보를 개시하는 수위

(6) 경계수위 : 수방요원의 출동을 필요로 하는 수위

■ 이수면에서의 수위
① 갈수위 : 1년에 355일 이상 이보다 적어지지 않는 수위
② 저수위 : 1년에 275일 이상 이보다 적어지지 않는 수위
③ 평수위 : 1년에 185일 이상 이보다 적어지지 않는 수위
④ 고수위 : 1년에 2~3회 이상 이보다 적어지지 않는 수위
⑤ 홍수위 : 최대수위

2 수위 관측소 설치시 고려사항

(1) 그 상하류의 상당한 범위까지 하안과 하상이 안전하고 세굴이나 퇴적이 되지 않아야 한다.
(2) 상하류의 길이 약 100m 정도는 직선이고 유속의 크기가 크지 않은 곳
(3) 수위 관측시 교각이나 기타 구조물에 의하여 수위에 영향을 받지 않아야 한다.
(4) 지천의 합류점 및 분류점 같은 수위의 변화가 생기지 않는 곳
(5) 잔류 및 역류가 없는 장소일 것.

문제

하천의 수위에서 제방, 교량, 배수 등 치수목적에 이용되는 수위는?

① 평균최고수위
② 최고수위
③ 최저수위
④ 평균최저수위

해설 일반적으로 교량, 제방 등 치수목적의 공사는 홍수를 대비한 공사이므로 최고수위(평균)를 사용하고 발전, 운하, 농업용수(관개)등 이수목적의 공사는 갈수기에도 이용이 가능해야 하므로 최저수위(평균)를 사용한다.
① 치수목적 : 평균최고수위
② 이수목적 : 평균최저수위

답 ①

한번 더 보기
① 평균 수위(M.W.L)
어떤 기간의 관측수위를 합계하여 관측회수로 나누어 평균값을 구한 값
② 평수위(O.W.L)
어떤 기간에 있어서의 수위 중 이것보다 높은 수위와 낮은 수위의 관측회수가 똑같은 수위로 평균수위보다 약간 낮다.

section 35. 유속측정

1 부자를 사용한 유속 측정

(1) 부자의 종류
① 표면부자 : 홍수시의 표면유속 관측에 사용되며 평균유속(V_m)은 표면부자에 의한 표면유속을 V_s로 할 때 큰 하천 V_s 0.9, 얕은 하천 V_s 0.8로 한다.
② 이중부자 : 표면부자에 실이나 가는 쇠줄을 사용하여 수중부자와 연결한 것
③ 봉부자 : 전수심의 유속에 영향을 받으므로 평균유속을 구하기 쉽다.

(2) 부자에 의한 유속 관측
① 직류부의 길이는 하천폭의 2~3배, 30~200m로 한다.
② 부자의 투하점에서 제1관측점까지는 부자가 도달하는데 약 30초 정도가 소요되는 위치로 한다.
③ 부자의 투하는 교량, 또는 부자 투하장치를 이용한다.

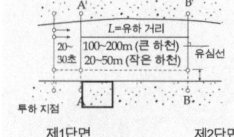

부자 투하점과 구간

2 평균유속 측정법

(1) 1점법
$$V_m = V_{0.6}$$

(2) 2점법
$$V_m = \frac{1}{2}(V_{0.2} + V_{0.8})$$

(3) 3점법
$$V_m = \frac{1}{4}(V_{0.2} + 2V_{0.6} + V_{0.8})$$

(4) 4점법
$$V_m = \frac{1}{5}\left\{(V_{0.2} + V_{0.4} + V_{0.6} + V_{0.8}) + \frac{1}{2}(V_{0.2} + \frac{V_{0.8}}{2})\right\}$$

여기서, $V_{0.2}$, $V_{0.4}$, … 등은 수면에서 $0.2H$, $0.4H$, … 되는 깊이의 유속

수심에 따른 유속분포도

문 제

어느 하천의 최대 수심 4m의 장소에서 깊이를 변화시켜 유속관측을 행할 때, 표와 같은 결과를 얻었다. 3점법에 의해서 유속을 구하면 그 값은?

수심(m)	0.0	0.4	0.8	1.2	1.6	2.0
유속(m/s)	3.0	4.2	5.0	5.4	4.9	4.3

수심(m)	2.4	2.8	3.2	3.6	4.0
유속(m/s)	4.0	3.3	2.6	1.9	1.2

① 3.9m/s
② 4.1m/s
③ 4.3m/s
④ 5.3m/s

해설 전체수심이 4m이므로
$V_{0.2}$ (4×0.2=0.8m인 곳의 유속)=5.0m/s $V_{0.6}$ (4×0.6=2.4m인 곳의 유속)=4.0m/s
$V_{0.8}$ (4×0.8=3.2m인 곳의 유속)=2.6m/s
∴ $V_m = \frac{1}{4}(V_{0.2} + 2V_{0.6} + V_{0.8}) = \frac{1}{4}(5.0 + 2 \times 4.0 + 2.6) = 3.9$m/s

답 ①

제3편 수리학 및 수문학

1 기본성질

section 1 기본성질 (중요도 ★☆☆)

1 단위중량(=비중량)

(1) 정의 : 물체의 단위체적에 작용하는 물체의 중량이다.
(2) 사용기호 : w (단위 : kN/m^3)
(3) 단위중량 = 밀도 × 중력가속도 = $\dfrac{중량}{체적}$ = $\dfrac{질량 \times 중력가속도}{체적}$

$$w = \rho g = \dfrac{W}{V} = \dfrac{mg}{V}$$

※ 물의 단위중량 = $\dfrac{9.8 kN}{m^3}$ = $\dfrac{980 dyne}{cm^3}$

(4) 특성 : 물의 단위중량은 온도 약 4℃에서 **최대값**을 가지며 이때 밀도도 최대값이 된다.

$$비중 = \dfrac{물체의\ 밀도}{물의\ 밀도} = \dfrac{물체의\ 단위중량}{물의\ 단위중량}$$

$$= \dfrac{물체의\ 질량}{동일체적의\ 물의\ 질량} = \dfrac{물체의\ 중량}{동일체적의\ 물의\ 중량}$$

■ $1N = 1kg \times 1m/sec^2$
  $1dyne = 1g \times 1cm/sec^2$

문제

체적이 $4m^3$, 중량이 $120kN$인 액체의 비중은?

① 3.0
② 4.1
③ 1.0
④ 2.1

해설 ① 비중 = $\dfrac{물체의\ 밀도}{물의\ 밀도} = \dfrac{물체의\ 단위중량}{물의\ 단위중량}$에서 단위중량 = $\dfrac{중량}{체적}$이다.

② 물의 단위중량은 $9.8 kN/m^3$이고, 물체의 단위중량 = $\dfrac{물체의\ 중량}{물체의\ 체적} = \dfrac{120kN}{4m^3} = 30 kN/m^3$

③ ∴ 액체의 비중 = $\dfrac{30 kN/m^3}{9.8 kN/m^3} ≒ 3.0$

답 ①

2 전단응력(=내부마찰력)

(1) 사용기호 : τ (단위 : N/cm^2)
(2) 전단응력 = 점성계수 × 속도경사

$$\tau = \mu \times \dfrac{dv}{dy}$$

속도경사 ($\dfrac{dv}{dy}$)의 단위는 $\dfrac{cm/sec}{cm}$이다.

※ 동점성계수 : $\nu = \dfrac{점성계수}{밀도}$

$$\nu = \dfrac{\mu}{\rho}$$ (단위 : stokes = cm^2/sec)

■ 점성계수와 온도와의 관계
$\mu = \dfrac{0.0179}{1 + 0.0337t + 0.000221t^2}$

한번 더 보기

• 물 : 약 4℃에서 물의 단위중량과 밀도는 최대값이 된다.
• 비중 : 모든 물체에 대해서 물을 기준으로 할 때 물체 특성값의 비를 말한다.

 **표면장력과 모관고** (중요도 ★★☆)

제3편 수리학 및 수문학

❷ 표면장력과 모관고

1 평균 압축율

(1) 사용기호 : C (단위 : $\dfrac{cm^2}{N}$)

(2) 평균압축율 = $\dfrac{부피의\ 변화율}{압력의\ 변화량}$

(3) 특성 : 물은 10℃ 상태에서 1기압에 대해 약 $\dfrac{5}{100,000}$씩 압축이 된다.

※ 체적탄성계수 : E (단위 : N/cm^2) = $\dfrac{압력의\ 변화량}{부피의\ 변화율}$

$$E = \dfrac{dP}{\dfrac{dV}{V}} = \dfrac{1}{C}$$

■ 압축율은 매우 작으므로 분모에는 큰 수(dP), 분자에는 작은 수$\left(\dfrac{dV}{V}\right)$가 와야한다.

2 표면장력

(1) 사용기호 : T (단위 : dyne/cm, g/cm)
(2) 물방울의 표면장력 :

$$T = \dfrac{P}{4}d$$

여기서 P : 물방울 내부의 압력, d : 물방울 직경

3 모관상승고

(1) 유리관
$h = \dfrac{4T\cos\theta}{wd}$

(2) 연직 평판
$h = \dfrac{2T\cos\theta}{wd}$

θ : 접촉각
d : 관의 직경(판의 거리)

4 유체의 분류

(1) 실제유체 : 점성도 있고 압축성도 있는 유체 즉, 이 세상에 존재하는 유체이다.
(2) 완전유체 : 비점성 비압축성 유체로서 이상유체라고도 한다. 이 세상에 존재하지 않는다.

문제

직경 0.15cm의 매끈한 유리관을 15℃의 물속에 세웠을 경우 접촉각이 9°였다. 모세관 현상에 의한 물의 높이는? (단, cos9° = 0.988, 15℃의 표면장력 T_{15} = 73.5dyne/cm)

① 1.976cm ② 0.384cm
③ 0.988cm ④ 2.831cm

■ $w = 980 dyne/cm^3$

해설 $h = \dfrac{4T\cos\theta}{wd} = \dfrac{4 \times 73.5 \times dyne/cm \times 0.988}{980 dyne/cm^3 \times 0.15cm} = 1.976 cm$

답 ①

 한번 더 보기

압축율은 부피의 변화율/압력의 변화량 이며 물은 10℃ 1기압에서 5/100,000 씩 압축된다.

제3편 수리학 및 수문학

3 단위와 차원

section 3 단위와 차원 (중요도 ★☆☆)

1 절대 단위계의 변환
LMT계를 LFT계로 변환시킬 경우
(1) 차원만을 변환 : 상호교환인자를 사용하여 변환한다. ($F=MLT^{-2}$)
(2) 상수값도 변환 : 단위의 분모·분자에 **중력가속도($9.8m/sec^2$)를 곱한다.**
  예) 밀도 $1g/cm^3$를 LFT계로 변환
   ① 차원변환 : $ML^{-3}=FT^2L^{-1}\cdot L^{-3}=FT^2L^{-4}$ (상호교환인자)
   ② 상수값 고려 : $\dfrac{1g}{cm^3}\times\dfrac{980cm/sec^2}{980cm/sec^2}=\dfrac{1}{980}g\cdot sec^2/cm^4$

문제 1
점성계수 $\mu=Ag/cm\cdot sec$를 공학단위로 표시한 값은? (단, g은 질량의 단위)
① $\dfrac{A}{98}kg\cdot sec/m^2$ ② $\dfrac{A}{980}kg\cdot sec/m^2$
③ $\dfrac{A}{98}kg\cdot m^2/sec$ ④ $\dfrac{A}{980}kg\cdot m^2/sec$

해설
$\mu=Ag/cm\cdot sec\,[LMT]$
$=\dfrac{Ag/cm\cdot sec}{980cm/sec^2}=\dfrac{A}{980}g\cdot sec/cm^2\,[LFT]$
$=\dfrac{A}{980}\cdot\dfrac{100^2}{1,000}kg\cdot sec/m^2=\dfrac{A}{98}kg\cdot sec/m^2$ 답 ①

■ LFT계 단위에는 중력가속도가 포함되어 있으므로 LMT계로 변환시키기 위해서는 LFT계의 단위에 포함되어 있던 중력가속도가 밖으로 나와서 정리되어야 한다.

2 공학단위계의 변환
LFT계를 LMT계로 변환시킬 경우
(1) 차원만을 변환 : 상호교환인자를 사용하여 변환한다. ($F=MLT^{-2}$)
(2) 상수값도 변환 : 단위의 분모 또는 분자에 숨어 있는 **중력가속도가 밖으로 모습을 나타낸다.**
  예) 단위중량 $1g/cm^3$를 LMT계로 변환
   ① 차원변환 : $FL^{-3}=MLT^{-2}\cdot L^{-3}=ML^{-2}T^{-2}$ (상호 교환인자)
   ② 상수값 고려 : $\dfrac{1g\times 980cm/sec^2}{cm^3}=980g/cm^2\cdot sec^2$

문제 2
공학단위로 표시된 물의 밀도는 다음 중 어느 것인가?
① $900g/cm\cdot sec^2$ ② $1,000kg/m^3$
③ $102kg\cdot m^4/sec$ ④ $102kg\cdot sec^2/m^4$

해설 물의 밀도(ρ)
$\rho=\dfrac{1000kg}{m^3}\times\dfrac{9.8m/sec^2}{9.8m/sec^2}$
$\fallingdotseq 102kg\cdot sec^2/m^4$ 답 ④

> **한번 더 보기**
> • 공학단위계(LFT) 단위를 절대단위계(LMT) 단위로 변화시키기 위해서는 LFT계 단위에 포함되어 있는 중력가속도가 밖으로 나와 정리되어야 한다.
> • 절대단위계(LMT) 단위를 공학단위계(LFT) 단위로 바꾸기 위해서는 단위의 분자, 분모에 중력가속도($980cm/sec^2$)를 곱한 후 정리한다.

section 4 정수압 (★★★)

1 정수압

(1) 성질
① 한 단면을 기준으로 면의 양측에는 상대적인 운동이 없다.
② 점성력이 존재하지 않는다.
③ 수압은 항상 면에 직각으로 작용한다.
④ 수압은 수심에 비례한다.

$$p = wh$$

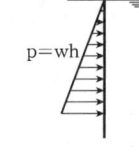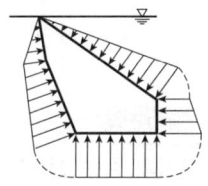

⑤ 깊이가 같은 임의의 점에 대한 수압은 항상 같다.
⑥ 정수 중 한 점의 수압 크기는 모든 방향에서 같다.

(2) 사용기호 : p(단위 : kg/cm^2, t/m^2)
  ※ 압력측정기구 : 마노미터, 피에조미터
  ※ 등압면 평형조건식 : $Xdx + Ydy + Zdz = 0$
  • 미소육면체부피의 x, y, z축에 대한 길이 : dx, dy, dz
  • 미소육면체의 질량력의 x, y, z축방향 성분 : X, Y, Z

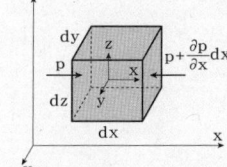

> **문제**
> 물속에 존재하는 임의의 면에 작용하는 정수압의 작용방향에 대한 설명으로 옳은 것은?
> ① 정수압은 수면에 대하여 수평방향으로 작용한다.
> ② 정수압은 수면에 대하여 수직방향으로 작용한다.
> ③ 정수압은 임의의 면에 직각으로 작용한다.
> ④ 정수압의 수직압은 존재하지 않는다.

해설 정수압은 전단력 또는 마찰력이 작용하지 않기 때문에 물체의 면에 직각으로 작용한다.
답 ③

2 수압기

(1) Pascal 원리

$$P_B = P_A + wh$$

(2) 액주계

$$P_A + w_1 h_1 - w_2 h_2 = 0$$

$$P_A = w_2 h_2 - w_1 h_1$$

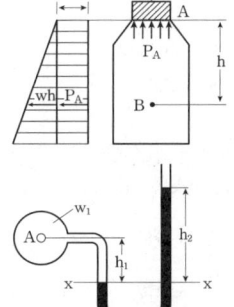

4 정수압

■ 관속의 임의의 유체가 관을 따라 아래로 떨어진다고 가정할 때 기준점 ④점에 미치는 압력의 영향이 증가하면(-), 감소하면(+)를 부여하여 각 유체들의 압력 항목들을 정리한다.

 한번 더 보기
관속의 임의의 유체가 관을 따라 아래로 떨어진다고 가정할 때 기준점 ④점에 미치는 압력의 영향이 증가하면 (-), 감소하면 (+)를 부여하여 각 유체들의 압력 항목들을 정리한다.

5 전수압

section 5 전수압 (★★★)

1 평면에 작용하는 전수압

(1) 전수압

$$P = w\, h_G\, A$$

■ $w = 9.8 \text{kN/m}^3$

h_G : 수면으로부터 물체 도심까지의 연직 깊이

문제 1

그림과 같은 삼각형 단면이 받는 총수압의 크기는?

① 112.5kN
② 132.3kN
③ 160.1kN
④ 213.2kN

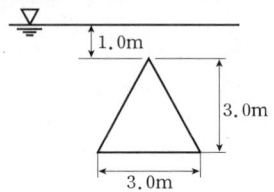

해설
① $h_G = 1 + \dfrac{2}{3} \times 3 = 3\text{m}$
② $P = w\, h_G\, A = 9.8 \times 3 \times \left(\dfrac{1}{2} \times 3 \times 3\right)$
   $= 132.3 \text{kN}$

답 ②

■ 단면2차모멘트
직사각형 $= \dfrac{bh^3}{12}$
삼각형 $= \dfrac{bh^3}{36}$
원 $= \dfrac{\pi D^4}{64}$

(2) 작용점의 위치

$$h_c = h_G + \dfrac{I_G}{h_G A}\sin^2\theta$$

h_c : 수면으로부터 작용점까지의 깊이
I_G : 물체 단면의 중립축에 대한 단면2차 모멘트
θ : 수평면과 물체평면과의 사이각

문제 2

정지한 담수 중에 잠겨 있는 평판에 작용하는 전수압과 전수압의 작용점 위치 S_c 를 구한 것 중 옳은 것은?

① $P = 4.5\text{kN}$ $S_c = 3.11\text{m}$
② $P = 3\text{kN}$ $S_c = 3.0\text{m}$
③ $P = 29.4\text{kN}$ $S_c = 3.11\text{m}$
④ $P = 4.5\text{kN}$ $S_c = 3.0\text{m}$

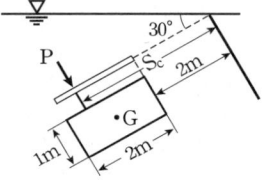

해설 평면에 작용하는 전수압
$P = w\, h_G\, A = 9.8 \times (3\sin30°) \times 2 \times 1 = 29.4 \text{kN}$

전수압의 작용점 위치
$h_c = h_G + \dfrac{I_G}{h_G A}\sin^2\theta = 3 \cdot \sin30 + \dfrac{\dfrac{1 \times 2^3}{12}}{3\sin30 \times 2 \times 1} \times \sin^2 30 = 1.56\text{m}$

그림에서 $S_c \cdot \sin30 = 1.56$, $S_c ≒ 3.11\text{m}$

답 ③

한번 더 보기

평면인 물체가 연직 또는 경사진 경우에도 작용점 위치를 구하는 공식은 동일하다.

$$h_c = h_G + \dfrac{I_G}{h_G A}\sin^2\theta$$

2 곡면에 작용하는 전수압

$$P = \sqrt{P_x^2 + P_y^2}$$

(1) 곡면에 작용하는 수평분력(P_x) : 가상의 연직면에 투영하였을 때 투영면상 (평면)에 작용하는 전수압

$$P_x = w \cdot h_G' \cdot A'$$

A' : 연직면에 투영된 면적
h_G : 수면으로부터 연직 투영면 도심까지의 거리

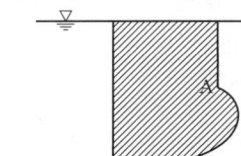

■ 곡면에 작용하는 수평분력은 곡면을 연직면에 투영하였을 때 투영면에 작용하는 전수압과 같다.

(2) 곡면에 작용하는 연직분력(P_y) : **곡면을 밑면으로 하는 연직 물기둥의 무게와** 같으며 다음의 순서에 의해 구한다.
① 임의의 연직선에 대하여 중복되는 부분을 수평면으로 나눈다.
② 각 부분별로 연직 분력을 나타낸다.
③ 도면상에 중복되는 부분은 배제시킨다.
④ 중복되지 않은 부분의 물무게를 구한다.
  P_y : 연직분력(빗금친 부분)

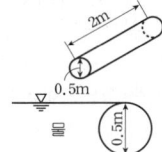

문제 3

그림과 같은 길이 2m, 지름 0.5m의 원주(圓柱)가 수평으로 놓여 있다. 원주의 한쪽에 원주의 윗단까지 물이 차 있다고 하면 이 원주에 작용하는 전수압의 수평분력은?

① 12.5kN
② 10kN
③ 5kN
④ 2.45kN

해설 곡면에 작용하는 전수압은 수평분력과 연직분력의 합이다.
수평분력의 크기는 물체를 연직면상에 투영시켰을 때 투영된 면적에 작용하는 전수압이며, 연직분력은 물체의 면을 밑면으로 하는 물기둥의 무게이다.
수평분력 $P = w\,h_G'\,A' = 9.8 \times \dfrac{0.5}{2} \times 0.5 \times 2 = 2.45\text{kN}$

답 ④

3 수압에 의한 원관의 두께(t)

$$t = \dfrac{PD}{2\sigma_{ta}}$$

P : 관에 작용하는 압력
D : 관의 지름
σ_{ta} : 강의 인장응력

■ 원관의 두께를 구하는 공식의 경우 단위일치를 시켜 공식에 대입한다.

 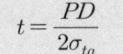

원관의 두께를 결정하는 공식의 사용에 있어 단위를 잘 일치시켜 공식에 적용함으로써 원관의 두께를 산정하도록 하자.

제3편 수리학 및 수문학

6 부체와 상대정지

section 6 부체와 상대정지

(중요도 ★★☆)

■ 용어
① 부심(C) : 부체가 배제한 물의 무게중심
② 흘수(H) : 수면에서 물체의 최심부까지의 수심
③ 무게중심(G) : 물체의 전체무게중심(도심)
④ 경심(M) : 부체의 중심선과 부력의 작용선과의 교점
⑤ 부양면 : 부체가 수면에 의해 절단된 가상적인 면

1 부체

(1) 부력(B) : 유체에 의해 유체중의 물체가 상승하려는 힘

$$B = w' \cdot V'$$

일반식 : $w \cdot V + M = w' \cdot V' + M'$

w : 물체의 단위중량
V : 물체의 전체적
M : 물체에 추가되는 중량
w' : 유체의 단위중량
V' : 수중부분 물체의 체적(배제된 유체의 체적)
M' : 가라앉은 경우 바닥에서의 물체 중량

문제
단면 40×40cm, 길이 4m, 단위중량 5.88kN/m³의 물체를 물 속에 완전히 가라 앉히려 할 때 가해야 할 힘은 얼마 이상이어야 하는가?

① 1.28kN　　　　　　② 3.136kN
③ 3.84kN　　　　　　④ 6.40kN

해설 $wV + M = w'V' + M'$에서 물체를 가라앉히기 위해서는 공기 중에서의 중량이 더 커야하므로 $wV + M > w'V' + M'$
$5.88 \times (4 \times 0.4 \times 0.4) + M \geq 9.8 \times 0.4 \times 0.4 \times 4 + 0$
∴ $M \geq 3.136$kN

답 ②

■ 안정상태의 순서
· M (경심)
· G (무게중심)
· C (부심)

(2) 안정·불안정

$$\frac{I}{V'} - \overline{GC} \begin{cases} > 0 : \text{안정 (경심 M이 무게중심 G보다 위에 있다.)} \\ = 0 : \text{중립 (경심 M이 무게중심 G와 일치한다.)} \\ < 0 : \text{불안정 (경심 M이 무게중심 G보다 아래에 있다.)} \end{cases}$$

여기에서　V' : 물체 수중부분의 체적(배제된 유체의 체적)
　　　　　I : 물체 부양면에서의 도심축에 대한 최소 단면2차 모멘트.
　　　　　　즉, $\min[I_x, I_y]$
　　　　　$\overline{GC}$: 무게 중심(G)과 부심(C)과의 거리

2 상대정지

(1) 수평가속도(α)를 받는 액체 : $\tan\theta = \dfrac{\alpha}{g}$
　• θ : 수면의 기울어진 각도
　• g : 중력 가속도

(2) 연직가속도(α)를 받는 액체의 압력 : $P = wh\left(1 \pm \dfrac{\alpha}{g}\right)$
　• + : 상향,　− : 하향

한번 더 보기
부체에 관한 일반식을 인식하여 어려운 문제도 풀 수 있도록 실력을 갖추자.
일반식 : $wV + M = w'V' + M'$

Section 7 흐름의 분류 (중요도 ★★★)

7 흐름의 분류

1 유선 방정식

$$\frac{dx}{u} = \frac{dy}{v} = \frac{dz}{w}$$

(1) 유선 : 입자속도 벡터에 접하는 가상의 곡선을 말하며 방향은 접선방향과 일치한다.
(2) 유적선 : 유체입자의 운동경로를 말하며 정류에서는 유선과 일치한다.

2 흐름의 분류

(1) 정 류 : 시간에 따라 유동특성이 변하지 않는 흐름($\partial t = 0$).
    즉, 평상시 하천의 흐름을 일컫는다.
(2) 부정류 : 시간에 따라 유동특성이 변하는 흐름($\partial t \neq 0$)
    즉, 강우 발생시의 홍수류의 흐름을 일컫는다.
(3) 등 류 : 두 단면의 흐름 특성 비교에서 그 특성값(수심, 유속 등)이 같은 흐름
(4) 부등류 : 두 단면의 흐름 특성 비교에서 그 특성값(수심, 유속 등)이 다른 흐름

■ 경심(R) = 동수반경
$= \frac{A}{P} = \frac{유수단면적}{윤변}$

3 층·난류

$$R_e = \frac{v \cdot D}{\nu} = \frac{유속 \times 관경}{동점성계수}$$

$R_e \leq 2,000$: 층류
$2,000 < R_e \leq 4,000$: 불완전 층류(난류)
$R_e > 4,000$: 난류

■ $Re = \frac{관성력}{점성력}$

4 상·사류

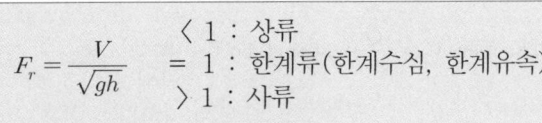

$$F_r = \frac{V}{\sqrt{gh}} \begin{matrix} <1 : 상류 \\ =1 : 한계류(한계수심, 한계유속) \\ >1 : 사류 \end{matrix}$$

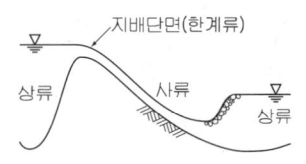

장파의 전달속도 : $C = \sqrt{gh}$

■ 상류 : 하류부의 교란이 상류쪽으로 전달된다.

■ 사류 : 하류부의 교란이 상류부의 흐름에 영향을 주지 못한다.

문 제

지름 10cm의 관에 물이 흐를 때 층류가 되자면 관의 평균유속이 몇 cm/sec 이하를 유지하여야 하는가? (단, 동점성계수는 0.012cm²/sec이다.)

① 10cm/sec ② 8cm/sec
③ 6.4cm/sec ④ 2.4cm/sec

해설 층류영역은 이므로 $R_e \leq 2000$

$R_e = \frac{V \cdot D}{\nu} = \frac{V \times 10}{0.012} \leq 2000$ $V \leq 2.4 \text{cm/sec}$

답 ④

한번 더 보기

흐름의 판별방법에는 층·난류의 판별은 Reynolds수(=2000), 상·사류의 판별에는 Froude 수(=1)를 이용한다.

제3편 수리학 및 수문학

8 흐름의 방정식

section 8 흐름의 방정식 (중요도 ★★★)

1 연속 방정식

$$Q_1 = A_1 V_1 = A_2 V_2 = Q_2$$

→ 질량보존의 법칙을 기초

2 Bernoulli 정리

$$\frac{P_1}{w} + \frac{V_1^2}{2g} + z_1 = \frac{P_2}{w} + \frac{V_2^2}{2g} + z_2 = \text{Const}$$

→ 에너지 보존의 법칙을 기초

- 위치수두
- 속도수두
- 압력수두

Venturimeter :
$$Q = C \cdot \frac{A_1 \cdot A_2}{\sqrt{A_1^2 - A_2^2}} \sqrt{2gH}$$

■ 베르누이정리 응용
- 토리첼리정리
  $V = \sqrt{2gh}$
- 피토관
  $V = \sqrt{2gh}$
- 벤츄리미터
  $Q = C \dfrac{A_1 \cdot A_2}{\sqrt{A_1^2 - A_2^2}} \sqrt{2gH}$

문제

그림과 같은 관로에 0.8 m³/sec 의 유량으로 물이 흐르고 있다. 직경이 1m인 단면에서의 압력이 12kPa이었다면 0.7m인 단면에서의 압력은? (단, 관은 수평으로 놓여 있다.)

① 9kPa
② 10.36kPa
③ 10.74kPa
④ 11.10kPa

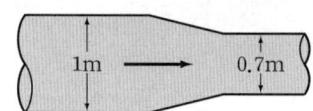

해설

$V_1 = \dfrac{Q}{A_1} = \dfrac{0.8}{\pi \times 1^2/4} = 1.02\text{m/sec},\ V_2 = \dfrac{Q}{A_2} = 2.08\text{m/sec}$

Bernoulli의 정리에 의해

$$\frac{P_2}{w} = \frac{V_1^2}{2g} - \frac{V_2^2}{2g} + \frac{P_1}{w}$$

$$\therefore P_2 = \left(\frac{V_1^2}{2g} - \frac{V_2^2}{2g} + \frac{P_1}{w}\right) \times w = \left(\frac{1.02^2}{2 \times 9.8} - \frac{2.08^2}{2 \times 9.8} + \frac{12}{9.8}\right) \times 9.8$$

$= 10.357\text{kN/m}^2 ≒ 10.36\text{kPa}$

답 ②

3 보정계수

■ 보정계수는 이상유체에서 적용되는 방정식을 실제 유체에 적용하기 위해 도입된 것이다.

(1) 에너지 보정계수 :
원관내 층류 : $\alpha = 2$

$$\alpha = \int_A \left(\frac{V}{V_m}\right)^3 \frac{dA}{A}$$

(2) 운동량 보정계수 :
원관내 층류 : $\eta = \dfrac{4}{3}$

$$\eta = \int_A \left(\frac{V}{V_m}\right)^2 \frac{dA}{A}$$

4 정체압력(총압력)

총압력 = 정압력 + 동압력 $= wh + \dfrac{1}{2}\rho V^2$

한번 더 보기

수리학에서 문제화되는 대부분의 흐름관련 문제들은 연속방정식과 베르누이 방정식을 이용하여 해결이 가능하므로 철저히 학습하자.

section 9 충격력과 항력 (중요도 ★★☆)

1 정지판의 충격력

$$F = \sqrt{F_x^2 + F_y^2}$$

- F_x : x 방향의 분력
- F_y : y 방향의 분력

작용력(충격력) ⇒ $F_x = F_y = \dfrac{w}{g} Q(V_1 - V_2)$ → 운동량 방정식을 기초

반력 ⇒ $F_x = F_y = \dfrac{w}{g} Q(V_2 - V_1)$

[해설]
- V_1 : 유체의 x, y 방향을 고려한 유입속도
- V_2 : 유체의 x, y 방향을 고려한 유출속도

■ $F = m \cdot \Delta V$
$= \rho Q \cdot \Delta V$
$= \dfrac{w}{g} Q(V_1 - V_2)$

문제
그림과 같은 곡면관에 접선방향으로 들어온 분류가 60°방향으로 유출된다. 분류는 지름 40cm의 원관에서 1m/sec의 유속으로 분출된다. 이 때 곡면관에 가해지는 힘은?

① 0.88kN
② 0.10kN
③ 0.13kN
④ 0.15kN

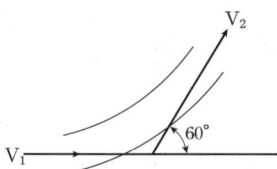

해설 유체가 가하는 힘은 유체에 의한 충격력을 구하라는 의미이다.
$F = \sqrt{F_x^2 + F_y^2}$
$F_x = \dfrac{w}{g} Q(V_1 - V_2) = \dfrac{9.8}{9.8} \times \dfrac{\pi \cdot 0.4^2}{4} \times 1 \times (1 - 1 \cdot \cos 60) = 0.063\text{kN}$
$F_y = \dfrac{9.8}{9.8} \times \dfrac{\pi \cdot 0.4^2}{4} \times 1 \times (0 - 1 \cdot \sin 60) = -0.11\text{kN}$
$F = \sqrt{0.063^2 + 0.11^2} ≒ 0.13\text{kN}$

답 ③

2 항력(전 저항력)

(1) 마찰저항(표면저항) : 전 표면에 대하여 흐름방향 마찰력의 분력을 적분한 것.
(2) 형상저항(압력저항) : 물체로 인한 후류가 원인이 되므로 물체의 형상과 관계
(3) 조파저항 : 파동을 일으켜 물체에 저항하는 항력

항력
$$D = C_D \cdot A \cdot \dfrac{\rho V^2}{2}$$
C_D : 항력계수
A : 흐름방향에 투영된 면적

■ 항력계수, 양력계수는 Reynolds의 함수이다.

한번 더 보기
충격력을 구하고자 할 경우에는 **방향을 고려한 유속값(유입, 유출 속도)**을 대입하여 산정하여야 한다.

제3편 수리학 및 수문학

오리피스와 유량

section 10 오리피스와 유량 (중요도 ★★☆)

1 오리피스

(1) 오리피스의 구분
 ① 작은 오리피스 : $H > 5d$ (H : 수심, d : 오리피스)
 ② 큰 오리피스 : $H < 5d$

(2) 수축계수 : $$C_a = \frac{a}{A} = \frac{수축단면의 단면적}{오리피스의 단면적}$$ 표준단관 : $C_a = 1.0$

(3) 유량계수 : $C = C_a \cdot C_v$ = 수축계수 × 유속계수(0.60~0.64)

(4) 큰오리피스(사각형) : $$Q = \frac{2}{3}Cb\sqrt{2g}(H_2^{3/2} - H_1^{3/2})$$

(5) 작은오리피스 : $$Q = CAV = CA\sqrt{2gH}$$

■ 오리피스의 표준단관에서는 수축이 발생하지 않는다. ($C_a = 1.0$)

문제

그림과 같은 수조에 연결된 지름 30cm의 관로의 끝에 지름 7.5cm의 노즐이 부착되어 있다. 관로의 노즐을 지날 때까지의 모든 손실수두의 크기가 10m일 때 이 노즐에서의 유출량을 계산하시오.

① 0.138m³/sec
② 0.124m³/sec
③ 1.979m³/sec
④ 2.213m³/sec

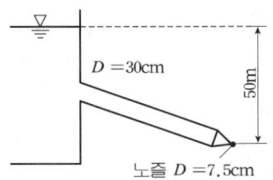

해설 $Q = A \cdot \sqrt{2gh} = \frac{\pi \cdot 0.075^2}{4}\sqrt{2 \times 9.8 \times (50-10)} ≒ 0.124\text{m}^3/\text{sec}$

답 ②

2 배수시간

$$T = \frac{2A_1 A_2}{Ca\sqrt{2g}(A_1 + A_2)}(H_1^{1/2} - H_2^{1/2})$$

A_1, A_2 : 탱크수면의 면적, a : 오리피스 단면적
H_1 : 탱크수면의 최초 수위차, H_2 : 탱크수면의 나중 수위차

3 jet의 경로

$$x = \frac{V^2}{2g}\sin 2\alpha$$

$$y = \frac{V^2}{2g}\sin^2 \alpha$$

x : 최대 수평거리(최고점)
y : 최대 연직높이

한번 더 보기

유출량 기본공식은 $Q = CAV$에서 출발하지만 사각형 오리피스 유량공식 등을 암기하여 활용한다.

section 11 위어와 유량

(중요도 ★★★)

위어와 유량

1 위어
(1) 사용목적 : 유량측정, 취수를 위한 수위 증가, 분수(分水), 하천유속의 감소, 친수 공간 조성
(2) 전수두 = 측정수두 + 접근유속수두

$$H = h + \frac{\alpha V^2}{2g}$$ α : 속도수두 보정계수

2 유량
(1) 사각형 위어

$$Q = \frac{2}{3} Cb \sqrt{2g}\, h^{3/2}$$

Francis 공식 : $C = 0.623$ 을 대입하여 정리하면

$Q = 1.84\, b_o\, h^{3/2}$
$b_o = b - 0.1\, nh$
 $n = 0$: 단수축이 없다.
 $n = 1$: 일단수축
 $n = 2$: 양단수축

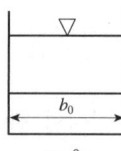

문제
폭 3.5m, 월류 수심 0.4m인 사각형 수로의 유량은 Francis 공식에 의하면 얼마인가? (단, 접근유속은 무시하며, 양단 수축이다.)

① 1.59m³/sec ② 3.42m³/sec
③ 4.66m³/sec ④ 5.43m³/sec

해설 $Q = 1.84\, b_o h^{3/2}$
$b_o = b - 0.1nh = 3.5 - 0.1 \times 2 \times 0.4 = 3.42\text{m}$ (양단수축 : n = 2)
$Q = 1.84 \times 3.42 \times 0.4^{3/2} = 1.59\text{m}^3/\text{sec}$

답 ①

(2) 삼각형 위어

$$Q = \frac{8}{15} C \sqrt{2g} \cdot \tan\frac{\theta}{2}\, h^{5/2}$$

θ : 위어의 사이각

■ 삼각형 위어는 작은 유량의 측정에 유리하다.

(3) 광정위어 : 수심에 비해 폭이 대단히 넓은 위어

$$Q = 1.7 CbH^{3/2}$$

C : 유량계수

(4) 일반형 위어유량

$$Q = CLH^{3/2}$$

C : 위어계수
L : 위어 마루부의 길이

한번 더 보기
실험실에서 사용되는 위어는 삼각형 또는 사각형 위어가 사용되며 사각형 위어의 경우 프란시스 공식을 많이 사용한다.

제3편 수리학 및 수문학

section 12 유량 오차

1 수심을 잘못측정

수심을 잘못 측정한 경우 양변을 수심(h)으로 1차 미분하여 오차비 항목으로 정리

(1) 오리피스 : $Q = CA\sqrt{2gh}$

$$\frac{dQ}{dh} = CA\sqrt{2g} \cdot \frac{1}{2} h^{-\frac{1}{2}}$$

$$\frac{dQ}{Q} = \frac{CA\sqrt{2g} \cdot \frac{1}{2} h^{-\frac{1}{2}} \cdot dh}{CA\sqrt{2gh}} = \frac{1}{2} \cdot \frac{dh}{h}$$

$$\therefore \frac{dQ}{Q} = \frac{1}{2} \frac{dh}{h}$$

(2) 사각형 위어 : $Q = \frac{2}{3} Cb\sqrt{2g} h^{\frac{3}{2}}$

$$\frac{dQ}{Q} = \frac{3}{2} \frac{dh}{h}$$

(3) 삼각형 위어 : $Q = \frac{8}{15} C \cdot \tan\frac{\theta}{2} \sqrt{2g} h^{\frac{5}{2}}$

$$\frac{dQ}{Q} = \frac{5}{2} \frac{dh}{h}$$

■ 유량오차
오리피스 $\frac{dQ}{Q} = \frac{1}{2} \frac{dh}{h}$
사각형위어 $\frac{dQ}{Q} = \frac{3}{2} \frac{dh}{h}$
삼각형위어 $\frac{dQ}{Q} = \frac{5}{2} \frac{dh}{h}$

문제

오리피스의 유량 측정에서 3%의 수두(H) 측정에 오차가 있었다면 유량(Q)에 미치는 오차는?

① 1% ② $\frac{3}{2}$ %

③ 2% ④ $\frac{5}{2}$ %

해설 $Q = A\sqrt{2gH}$ $\frac{dQ}{dh} = A \cdot \sqrt{2g} \cdot \frac{1}{2} H^{-\frac{1}{2}}$

$\frac{dQ}{Q} = \frac{1}{2} \frac{dh}{H} = \frac{1}{2} \cdot 3\% = \frac{3}{2}\%$

답 ②

2 폭을 잘못 측정한 경우

폭을 잘못 측정한 경우 양변을 폭(b)으로 1차 미분하여 오차비 항목으로 정리

사각형 위어 : $Q = \frac{2}{3} Cb\sqrt{2g} h^{\frac{3}{2}}$

$$\frac{dQ}{Q} = \frac{db}{b}$$

■ 유량오차
사각형위어 $\frac{dQ}{Q} = \frac{db}{b}$

한번 더 보기

유량오차에 있어서는 수심을 잘못 측정한 경우 수심으로 양변을 1차 미분하고, 폭을 잘못 측정한 경우 폭으로 양변을 1차 미분하여 유량오차 항목으로 정리한다.

section 13 관수로 일반 (중요도 ★☆☆)

1 Hazen-Poiseuille 법칙
(1) 관수로 정의 : 유수가 단면내를 완전히 충만하면서 흐르는 흐름.
즉, **압력에 의해 흐름방향이 결정**되며 관로 단면의 형상과는 관계가 없다.

(2) 유량
$$Q = \frac{w\pi h_L}{8\mu l}r^4$$

- 기본성질 : ① 유량은 반지름의 4승에 비례한다.
  ② 유량은 동수경사에 비례한다.
  ③ 유량은 점성계수에 반비례한다.
  ④ 유량은 손실압력에 비례한다.

2 마찰력 크기
$$\tau_o = w \cdot R \cdot I$$

- R : 경심

■ 유량
$$Q = \frac{w\pi h_L}{8\mu l}r^4$$
$$= \frac{w\pi i}{128\mu}D^4$$

주의 : 공식에 수치를 대입할 때는 항상 단위를 생각한다.

문제

지름이 30cm, 길이가 1m인 관의 손실수두가 30cm일 때 관 벽면에 작용하는 마찰력 τ_o는?

① 0.45kPa   ② 0.22kPa
③ 0.10kPa   ④ 0.50kPa

해설 마찰력
$$\tau = wRI = w \cdot \frac{D}{4} \cdot \frac{h_L}{l}$$
$$= \frac{9.8\text{kN}}{\text{m}^3} \times \frac{0.3\text{m}}{4} \times \frac{0.3\text{m}}{1\text{m}} = 0.22\text{kN/m}^2 = 0.22\text{kPa}$$

답 ②

---

3 관로의 유속과 마찰력 분포
(1) 최대 유속 = 2 × 평균유속
$$V_{max} = 2 \cdot V_{mean}$$

(2) 마찰속도(=전단속도)
$$U_* = \sqrt{\frac{\tau_o}{\rho}}$$
$$U_* = \sqrt{gRI}$$

R : 경심

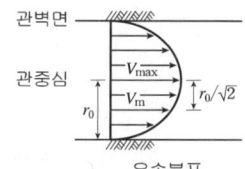
유속분포

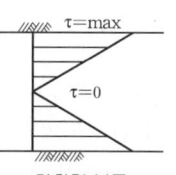
마찰력 분포

한번 더 보기

관로의 흐름에서 유속의 분포 크기는 관 벽면에서 0이고, 관 중심에서는 최대가 되며, 포물선 분포를 한다. 또한 마찰력의 크기는 관 벽면에서 최대, 관 중심에서 0이 되며 직선분포를 한다.

제3편 수리학 및 수문학

section 14 마찰손실공식 (★★★)

1 마찰 손실 수두

$$h_L = f \cdot \frac{l}{D} \cdot \frac{V^2}{2g}$$ (Darcy-Weisbach 공식)

2 마찰 손실 계수

Moody(무디)도표로서 표시되며 Reynolds수와 상대조도(e/D)와의 함수이다.

층류($R_e < 2,000$)의 경우 마찰손실계수 : $f = \dfrac{64}{R_e}$ (Nikuradse 공식)

- 손실계수 f는 R_e수에 반비례하며 R_e수는 점성계수와 반비례하므로 결국 손실계수는 점성계수에 비례한다.

- R_e수
  - $R_e \leq 2,000$ 층류
  - $2,000 < R_e \leq 4,000$ 불안전 층류
  - $R_e > 4,000$ 난류

문제

지름 1cm, 길이 3m인 원형관에 유속 0.2m/sec의 물이 흐른다. 관 길이에 대한 마찰손실수두는? (단, $\nu = 1.12 \times 10^{-2} \text{cm}^2/\text{sec}$, $\rho = 1000 \text{kg/m}^3$)

① 1.023cm ② 6.525cm
③ 4.388cm ④ 2.194cm

해설 마찰손실수두 $h_L = f \dfrac{l}{D} \dfrac{V^2}{2g}$

① $R_e = \dfrac{VD}{\nu} = \dfrac{20 \times 1}{1.12 \times 10^{-2}} = 1786 < 2000$ 층류영역이므로

∴ $f = \dfrac{64}{R_e} = \dfrac{64}{1786} = 0.036$

② $h_L = f \dfrac{l}{D} \dfrac{V^2}{2g} = 0.036 \times \dfrac{3}{0.01} \times \dfrac{0.2^2}{2 \times 9.8} = 0.022\text{m} = 2.2\text{cm}$

답 ④

(1) 미소손실수두

모든 손실수두는 속도수두 $\left(\dfrac{V^2}{2g}\right)$에 비례한다.

| 미소손실수두 = 미소손실계수 × 속도수두 |

일반적인 손실계수(f) : 유입 = 0.5, 유출 = 1.0

급확 = $\left(1 - \dfrac{a}{A}\right)^2 = \left(1 - \dfrac{d^2}{D^2}\right)^2$

(2) 병렬 관수로의 손실 수두

병렬 관수로의 손실 수두는 각 관로마다 손실의 크기가 동일하다.
즉, 그림에서 ABC 손실 수두와 ADC 손실 수두는 동일하다.

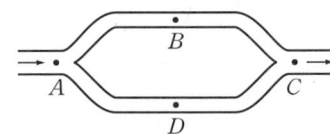

한번 더 보기

관수로에서 가장 큰 부분을 차지하는 손실이 마찰손실이며, 그 크기를 구할 때 사용하는 마찰손실수두공식은 $h_L = f \dfrac{l}{D} \dfrac{v^2}{2g}$ 이다.

section 15. 관로 유량과 배수시간 (중요도 ★★☆)

1 관로의 평균유속

(1) Chezy식: $V = C\sqrt{RI},\ C = \sqrt{\dfrac{8g}{f}}$

(2) Kutter식: $V = C\sqrt{RI}$

2 Manning 식:

$V = \dfrac{1}{n}R^{2/3} \cdot I^{1/2}$ $f = \dfrac{124.6n^2}{D^{1/3}}(D : \text{m단위})$

$C = \dfrac{1}{n}R^{1/6}$ (C : chezy의 유속계수)

3 단일 관로의 경우

$Q = AV = \dfrac{\pi D^2}{4} \cdot \sqrt{\dfrac{2gH}{f_i + f_o + f\dfrac{l}{D}}}$

> **문제**
>
> 그림과 같은 단선 관로에 있어서 안지름 D=20 cm, l=650 m, H=65 cm일 때 유량을 구한 값은? (단, $f_i = 0.5$, $f_o = 1$, $f = 0.03$이다)
>
> ① 0.11m³/sec
> ② 0.011m³/sec
> ③ 1.10m³/sec
> ④ 11.0m³/sec
>
>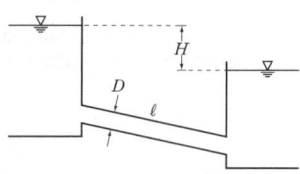

해설 수두차 $H = h_i + h_L + h_o = \dfrac{V^2}{2g}\left(f_i + f\dfrac{l}{D} + f_o\right)$

$\therefore V = \sqrt{\dfrac{2gh}{f_i + f\dfrac{l}{D} + f_o}} = \sqrt{\dfrac{2 \times 9.8 \times 0.65}{0.5 + 0.03 \times \dfrac{650}{0.2} + 1}} = 0.36\text{m/sec}$

$\therefore Q = AV = \dfrac{\pi \times 0.2^2}{4} \times 0.36 = 1.127 \times 10^{-2}\text{m}^3/\text{sec}$

답 ②

4 자유방출 배수시간

$T = \dfrac{2A}{a\sqrt{\dfrac{2g}{f_i + f_o + f\dfrac{l}{D}}}}(H_1^{1/2} - H_2^{1/2})$

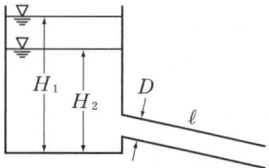

5 사이폰

(1) 이론적 최대 가능 높이 : 10.33m(1기압 수두)
(2) 실제 가능 높이 : 약 8.0m(이유 : 각종손실 수두)
(3) 역사이폰은 관로 최하부점에 고압이 걸리게 되므로 주의하여야 한다.

6 Hardy Cross 방법의 유량

보정유량: $\Delta Q = \dfrac{-\Sigma h_L}{2\Sigma KQ}$

제3편 수리학 및 수문학

15 관로 유량과 배수시간

■ 관로를 흐르는 평균 유속은 한 가지 값을 갖게되므로 Chezy유속과 Manning 유속은 같은 크기이어야 한다.

■ 각관로에 유량을 배분함에 있어 합리적인 가정유량을 할당한 다음 각 관로의 유량을 보정한다.

section 16 동력과 수격작용

1 수차의 출력

수차에 의한 출력은 모든 손실을 제외한 수두에서 출력을 얻는다.

$$E = wQH_e\eta \,(\text{kg} \cdot \text{m/sec})$$
$$= 9.8\,QH_e\eta \,(KW)$$
$$= 13.33\,QH_e\eta \,(HP)$$

$H_e = H - \sum h_L$ (H_e : 유효수두) η : 효율

2 양수 동력

양수하기 위한 동력은 모든 손실을 고려한 수두에서 동력을 산정한다.

$$E = 9.8\,QH_P/\eta \,(KW)$$
$$= 13.33\,QH_P/\eta \,(HP)$$

$H_P = H + \sum h_L$ (H_P : 총수두)

문제

양수 발전소에서 상·하 두 저수지의 수면차가 80m, 양수 관로내의 손실 수두가 5m, 펌프의 효율이 85%일 때 양수 동력이 100,000 HP이면 양수량은?

① 50m³/sec   ② 75m³/sec
③ 100m³/sec   ④ 200m³/sec

해설 양수동력(HP) : $E = \dfrac{13.33\,QH_P}{\eta}$

$H_P = 80 + 5 = 85\text{m}$

$100,000 = \dfrac{13.33 \times Q \times 85}{0.85}$ $Q = 75\text{m}^3/\text{sec}$

답 ②

3 수격작용

밸브의 급조작시 압력의 증가로 인하여 발생(Water Hammer)

(1) 공동현상
국부적인 저압부위의 발생으로 물속에 기포가 생기는 현상이며 이때 압력은 0(영)이 아니다.

(2) Pitting
공동현상과 이어져서 발생하며 **고체면에 강한 충격**을 주는 작용으로 관로 파괴를 가져올 수 있다.

(3) 서어징
수격작용에 의한 **수격압을 완화**하기 위해 설치된 탱크내에서의 수면 진동 현상을 말한다.

한번 더 보기

수차에 의한 출력에 있어 손실 및 효율의 고려시 출력이 작아지는 방향으로 반영을 하여야 하며, 양수동력의 산정에 있어서는 손실 및 효율의 고려시 동력이 커지는 방향으로 고려한다.

■ H와 η의 결정
· 출력의 경우 : 출력값이 작아지는 방향으로 H와 η 결정
· 양수의 경우 : 동력이 커져야 하는 방향으로 H와 η 결정

section 17 개수로의 평균유속 (중요도 ★☆☆)

1 개수로의 단면계수

(1) 한계류 계산을 위한 단면계수 $Z = A\sqrt{D}$

여기서 $D = \dfrac{A}{B}$

- D : 수리수심
- A : 유수단면적
- B : 수면폭

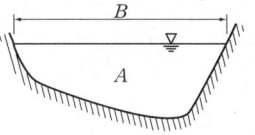

(2) 수로 바닥과 벽면에 작용하는 평균 마찰응력 : $\tau = wRI$

2 평균유속

(1) 3점법 : $V_m = \dfrac{V_{0.2} + 2V_{0.6} + V_{0.8}}{4}$

(2) 이론방법
  ① Chezy : $V_m = C\sqrt{RI}$
  ② Manning : $V_m = \dfrac{1}{n} R^{2/3} \cdot I^{1/2}$

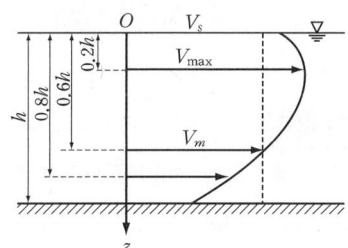

■ 하천의 평균유속
- 표면법
  $V_m = 0.85 V_s$
- 1점법
  $V_m = V_{0.6}$
- 2점법
  $V_m = \dfrac{V_{0.2} + V_{0.8}}{2}$
- 4점법
  $V_m = \dfrac{1}{5}(V_{0.2} + V_{0.4} + V_{0.6} + V_{0.8} + \dfrac{V_{0.2} + V_{0.8}}{2})$

문제

다음 그림과 같은 양 측면의 경사가 같은 사다리꼴 단면의 경심(R), 수리수심(D), 단면계수(Z)를 구하라.

① R=2.21m, D=3.77m, Z=59.92m$^{2.5}$
② R=2.21m, D=2.77m, Z=59.92m$^{2.5}$
③ R=3.21m, D=2.77m, Z=69.92m$^{2.5}$
④ R=3.21m, D=3.77m, Z=69.92m$^{2.5}$

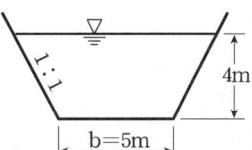

해설 $R = \dfrac{A}{P} = \dfrac{36}{16.31} = 2.21\text{m}, \; P = 5 + 4\sqrt{2} \times 2 = 16.31\text{m}$

$A = \dfrac{(5+13) \times 4}{2} = 36\text{m}^2, \; D = \dfrac{A}{B} = \dfrac{36}{13} = 2.77\text{m}$

$Z = A\sqrt{D} = 36 \times \sqrt{2.77} = 59.91\text{m}^{5/2}$

답 ②

3 수리상 유리한 단면

(1) 사각형(구형) 단면 : $B = 2h$ h : 수심 B : 수면폭

(2) 사다리꼴 단면 : $B = 2l$ l : 경사면 길이

■ 수리상 유리한 단면이라는 것은 동일한 단면적을 가지고 최대의 유량을 흘려보낼 수 있는 단면을 말한다.

> 한번 더 보기
> 개수로의 단면에 있어 수리학적으로 가장 유리한 단면은 반원형단면이 내접하는 단면 또는 반원형단면에 외접하는 하천의 단면이 가장 유리한 단면이 된다.

section 18 한계수심과 흐름판별

1 비에너지

$$H_e = h + \alpha \cdot \frac{V^2}{2g}$$

($Q=$ 일정)

2 한계수심

$$h_C = \frac{2}{3} H_e$$

사각형 단면 :
$$h_C = \left(\frac{\alpha Q^2}{gb^2}\right)^{1/3}$$

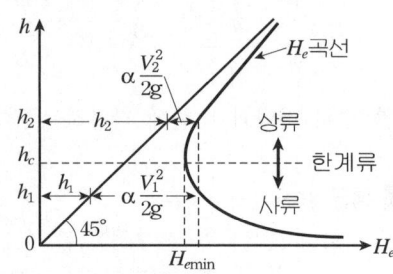

h_1, h_2 : 대응수심

■ 수심이 한계수심으로 흐를 때 유량은 최대가 된다.

문제

최소 비에너지가 1m인 직사각형 수로에서 폭 1.4m일 때의 최대 유량은?

① 2.35m³/sec　　② 2.26m³/sec
③ 2.41m³/sec　　④ 2.38m³/sec

해설 최대유량은 한계수심으로 흐를 때 이므로
$$h_c = \left(\frac{\alpha Q^2}{gb^2}\right)^{1/3} = \frac{2}{3} H_e$$
$$\left(\frac{1 \times Q^2}{9.8 \times 1.4^2}\right)^{1/3} = \frac{2}{3} \times 1 \qquad Q = 2.386 \text{m}^3/\text{sec}$$

답 ④

3 흐름의 판별

(1) 후르드수

$$F_r = \frac{V}{\sqrt{gh}} \begin{array}{l} <1 : 상류 \\ =1 : 한계류(지배단면, h_c) \\ >1 : 사류 \end{array}$$

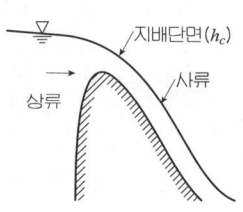

■ 지배단면 : 한계 경사인 곳의 단면 즉, 상류의 흐름에서 사류의 흐름으로 변화될 때 경계가 되는 단면

(2) 경사

$$\begin{array}{l} I < \dfrac{g}{\alpha C^2} : 상류(완경사) \\ = \phantom{\dfrac{g}{\alpha C^2}} : 한계류 \\ > \phantom{\dfrac{g}{\alpha C^2}} : 사류(급경사) \end{array}$$

(3) Reynolds 수

$$R_e = \frac{V \cdot R}{\nu} \begin{array}{l} \leq 500 : 층류 \\ > : 난류 \end{array}$$

section 19 비력과 수면형 (중요도 ★★☆)

1 비력(M)

운동량 방정식을 기초로 만들어진 방정식(충력치)

$$M = \eta \frac{Q}{g} V + h_G \cdot A = \text{Const}$$

(1) 도수후 수심: $h_2 = \dfrac{h_1}{2}(-1 + \sqrt{1 + 8F_{r1}^2})$ $F_{r1} = \dfrac{V_1}{\sqrt{gh_1}}$

h_1, h_2 : 공액수심

(2) 에너지 손실: $\Delta H_e = \dfrac{(h_2 - h_1)^3}{4h_1 h_2}$

(3) 파상도수(불완전도수): $1 < F_{r1} < \sqrt{3}$ (4) 완전도수: $F_{r1} \geq \sqrt{3}$

문제

구형수로에서 도수가 일어날 때 유량 $Q = 42\text{m}^3/\text{sec}$이고, 수로폭 $B = 10\text{m}$, 수심 $h_1 = 0.5\text{m}$였다. 이에 대응하는 상류수심 h_2를 구하면 얼마인가?

① 1.25m ② 1.42m
③ 1.82m ④ 2.45m

해설 $h_2 = \dfrac{h_1}{2}(-1 + \sqrt{1 + 8F_{r1}^2})$ 여기서

$F_{r1} = \dfrac{V}{\sqrt{gh}} = \left(\dfrac{Q}{A}\right) \times \dfrac{1}{\sqrt{gh_1}} = \dfrac{42}{10 \times 0.5} \times \dfrac{1}{\sqrt{9.8 \times 0.5}} = 3.79$

$\therefore h_2 = \dfrac{0.5}{2}(-1 + \sqrt{1 + 8 \times 3.79^2}) = 2.44\text{m}$

답 ④

2 수면형

(1) 완경사(Mild Slope): $h_o > h_c$, $I < \dfrac{g}{\alpha C^2}$

 $h > h_o > h_c$ ① … M_1 곡선(배수곡선): 월류댐의 상류부 수면
 $h_o > h > h_c$ ② … M_2 곡선(저하곡선): 자유낙하시의 수면
 $h_o > h_c > h$ ③ … M_3 곡선: 수문개방시 하류부 수면

(2) 부등류의 수면 곡선법
 ① 시산법은 상류흐름인 경우: 하류 → 상류방향으로 계산
       사류흐름인 경우: 상류 → 하류방향으로 계산
 ② 직접축차법: 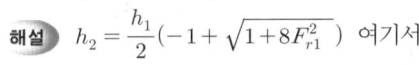 $L = \dfrac{\Delta E}{S_o - S_e}$

  ΔE : 흐름의 비에너지
  S_o : 하상경사
  S_f : 에너지 선의 경사 또는 마찰 경사

계산방법: 수심을 가정한 후에 식을 이용하여 구간 길이 L을 계산한다.

제3편 수리학 및 수문학

지하수

section 20 지하수

1 Darcy 법칙 : $V = Ki$ (i : 수두경사, k : 투수계수)

적용범위 : 일반적으로 $R_e < 4$ ($1 < R_e < 10$)   (지하수 층류 저층흐름이다.)

문제 1
지하의 사질여과층에서 수두차가 0.4m이며, 투과거리 3m일 경우에 이곳을 통과하는 지하수의 유속은 다음 중 어느 것인가? (단, 투수계수는 0.2cm/sec 이다.)

① 0.0135cm/sec   ② 0.0267cm/sec
③ 0.0324cm/sec   ④ 0.0417cm/sec

해설 Darcy 법칙에 의해
$$V = KI = 0.2 \times \frac{0.4}{3} = 2.67 \times 10^{-2}\,\text{cm/sec}$$

답 ②

2 투수계수 인자
(1) 흙 입자의 모양 및 크기
(2) 공극비
(3) 포화도
(4) 흙 입자의 구조 및 구성
(5) 유체의 점성
(6) 유체의 단위 중량, 밀도

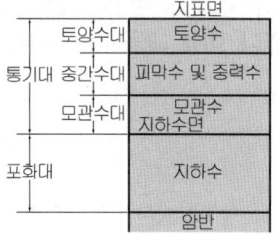

■ 지하수의 부정류 해석방법
• Theis 방법
• Jacob 방법
• chow 방법

3 부정류 지하수를 해석하는 방법
(1) Theis 법
(2) Chow 법
(3) Jacob 법

$$\frac{\partial^2 h}{\partial x^2} + \frac{\partial^2 h}{\partial y^2} + \frac{\partial^2 h}{\partial z^2} = 0$$

문제 2
지하수의 투수계수와 관계없는 것은?

① 지하수의 온도   ② 물의 단위중량
③ 토사의 입도   ④ 토사의 단위중량

해설 투수계수에 영향을 미치는 인자 : 흙 입자의 모양, 크기, 구조, 구성, 공극비와 유체의 점성, 포화도, 유체의 단위중량 등이다.

답 ④

한번 더 보기
Darcy 법칙의 유속공식($V = Ki$)은 매우 작은 지하수 흐름에 적합하며 $1 < R_e < 10$에서 적용가능하다.

지하수 유량과 소류력

1 투수유량

(1) 대수층에서의 유량 : $Q = AV = AKi$

(2) 침윤선 공식의 단위폭당 유량 : $q = \dfrac{K}{2l}(h_1^2 - h_2^2)$

문제 1

투수계수 k = 2m/hr, 단면적 A = 4m², 수면차 h = 6.5m, 길이 10m의 여과지를 통과하는 유량은?

① 5.8m³/hr　　② 5.6m³/hr
③ 5.4m³/hr　　④ 5.2m³/hr

해설 $Q = AV = AKi = 4 \times 2 \times \dfrac{6.5}{10} = 5.2 \text{m}^3/\text{hr}$

답 ④

2 관정 유량

(1) 굴착정 : 피압 대수층의 물을 양수한다.

$$Q = \dfrac{2\pi ak(H - h_o)}{L_n(R/r)}$$

a : 피압 대수층의 깊이
R : 영향원반경

문제 2

직경 0.5m, 수심 10m인 굴착정에서 $Q = 5l/\sec$의 물을 양수할 때 우물의 수심은? (단, 대수층의 두께 3.5m, 투수계수 5m/hr, 영향원의 반경은 500m이다.)

① 8.2m　　② 8.5m
③ 8.8m　　④ 9.1m

해설 굴착정의 양수량

$Q = \dfrac{2\pi Ka(H - h_o)}{L_n(R/r_o)}$ 에서 $H - h_o = \dfrac{Q\, L_n(R/r_o)}{2\pi Ka}$

$\therefore h_o = H - \dfrac{Q\, L_n(R/r_o)}{2\pi Ka} = 10 - \dfrac{5 \times 10^{-3}\, L_n(500/0.5)}{2\pi \times 5/(60 \times 60) \times 3.5} = 8.87\text{m}$

답 ③

(2) 깊은 우물(심정호) : 집수정 바닥이 제1불투수층까지 도달한 경우

$$Q = \dfrac{\pi k(H^2 - h_o^2)}{L_n(R/r)}$$

R : 영향원의 반경, r : 관정의 반경

(3) 얕은 우물(천정호) : 집수정 바닥이 불투수층까지 도달하지 않은 경우
　바닥으로만 유입시 : $Q = 4Kr_o(H - h_o)$

■ 일반적으로 관정의 깊이가 깊은 것부터 나열하면 다음과 같다.
① 굴착정
② 심정호
③ 암거
④ 얕은 우물(천정호)

문제 3

얕은 우물을 파서 양수할 때 수위저하를 2m로 하여 6m³/min의 물을 양수하려면 적당한 우물의 반지름은? (단, 투수계수 K를 0.8cm/sec로 한다.)

① 1.76m ② 1.56m
③ 1.96m ④ 1.86m

해설 $Q = 4Kr_o(H-h_o)$

$r_o = \dfrac{Q}{4K(H-h_o)} = \dfrac{\frac{6}{60}}{4 \times 0.8 \times 10^{-2} \times 2} = 1.56\text{m}$

답 ②

3 소류력

(1) 소류력 : $\tau_o = wRI$

(2) 항력 : $D = C_D A \dfrac{\rho V^2}{2}$ C_D : 항력계수 (층류 영역에서는 $\dfrac{24}{Re}$ 이다.)
   A : 흐름방향에의 투영면적

(3) 마찰속도 : $U_* = \sqrt{\dfrac{\tau_o}{\rho}} = \sqrt{gRI}$

(4) 토립자의 침강속도 : $V_s = \dfrac{(\rho_s - \rho_w)\,gd^2}{18\mu}$ d : 토립자의 직경
   (stokes 법칙)

문제 4

우물의 일정한 물을 양수하면 수면이 양수의 영향을 받지 않고 처음과 같은 수위를 갖는 점과 우물사이를 무엇이라 하는가?

① 대수층 ② 물기둥
③ 영향원 ④ 용수효율

해설 대수층에 우물을 파고 양수시 우물에 물이 고이는 범위를 영향원이라 한다.

답 ③

한번 더 보기

관정의 유량은 피압지하수를 양수하는 굴착정과 불투수층까지 도달한 심정호에 대한 유량공식 산정문제가 자주 출제된다.

section 22 수리학적 상사

1 상사 법칙

(1) 기하학적 상사 … 길이의 비가 일정 ($L_r = \text{const}$)

$$L_r = \frac{L_m}{L_p}, \text{축척비} = \frac{\text{모형 (Model)}}{\text{원형 (Prototype)}}$$

(2) 운동학적 상사 … 속도의 비가 일정 ($V_r = \text{const}$)

(3) 동역학적 상사 … 힘, 질량비가 일정 ($M_r = \text{const}$)

2 특별상사 법칙

(1) Froude 상사 법칙 : 중력과 관성력이 흐름지배 – **개수로에 적용**

   원형수로의 F_r수 = 모형수로의 F_r수

(2) Reynolds 상사 법칙 : 마찰력과 점성력이 흐름지배 – **관수로에 적용가능**

   원형관로의 Reynolds수 = 모형관로의 Reynolds수

(3) Weber 상사 법칙 : 표면장력이 지배 – 파고가 극히 **작은 파동**에 적용가능

(4) Cauchy(마하)상사 법칙 : 탄성력이 흐름지배 – **압축성 유체**에 적용가능

문제

물 위를 2m/sec의 속도로 항진하는 길이 2.5m의 모형에 작용하는 조파저항이 5kg이었다. 길이 40m인 실물의 배가 이것과 상사인 조파상태로 항진한다면 속도는?

① 8m/sec ② 7m/sec
③ 5m/sec ④ 4m/sec

해설 개수로와 같은 중력이 흐름을 지배하는 경우이므로 Froude법칙을 적용시킨다.

원형의 F_r수 = 모형의 F_r수

$$\frac{V_p}{\sqrt{g_p h_p}} = \frac{V_m}{\sqrt{g_m h_m}}$$

$$V_p = V_m \cdot \sqrt{\frac{h_p}{h_m}} = 2 \cdot \sqrt{\frac{40}{2.5}} = 8\text{m/sec}$$

답 ①

 한번 더 보기

원형에 대한 모형을 계획할때는 개수로의 경우에는 Froude 상사 법칙, 관수로의 경우에는 Reynolds 상사 법칙을 적용한다.

제3편 수리학 및 수문학

수리학적 상사

■ 개수로(하천)의 수리모형 제작에 있어서는 Froude 상사법칙을 적용한다.

■ 가느다란 바늘을 물위에 가만히 놓을 때 바늘이 물위에 떠 있는 것은 표면장력이 작용하기 때문이다.

제3편 수리학 및 수문학

수문학

section 23 수문학 (중요도 ★★☆)

1 물의 순환

(1) 물의 순환인자 : 강수, 증발, 증산, 차단, 저류, 침투, 침루, 유출

■ 침투(Infiltration) : 물이 토양면을 통해 토양속으로 스며드는 현상

■ 침루(Percolation) : 토양면으로 스며든 물이 지하수면까지 도달하는 현상

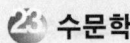

(2) 강수량 ⇌ 유출량 + 증발산량 + 침투량 + 저유량

$$P \rightleftarrows R + E + C + S$$

■ 증발산량 : 증발과 증산의 합성어이다.

(3) 상대습도

$$h = \frac{e}{e_s} \times 100(\%)$$

e_s : 포화증기압
e : 실제증기압

문제

대기의 온도 t_1, 상대습도 75%인 상태에서 증발이 진행되어 온도는 t_2로 상승하고 대기중의 증기압은 20% 증가하였다. 온도 t_1 및 t_2 에서의 포화 증기압을 각각 10.0mmHg와 18.0mmHg라 할 때 온도 t_2 에서의 상대습도는?

① 50%   ② 75%
③ 90%   ④ 95%

해설

온 도	상대습도	대기중의 증기압	포화 증기압
t_1	75%	x	10
t_2	y	$x + 0.2x$	18

$75 = \frac{x}{10} \times 100, \ x = 7.5 \mathrm{mmHg}$

$y = \frac{실제증기압}{포화증기압} \times 100\% = \frac{7.5 + 0.2 \times 7.5}{18} \times 100 = 50\%$

답 ①

2 기온

(1) 연평균 기온 : 월 평균 기온의 평균치
 • 월 평균 기온 : 월 평균 최고와 최저의 산술평균온도
 • 일 평균 기온 : 일 최고와 최저의 산술평균온도
 • 연평균 기온 : 월평균기온의 평균치

section 24 강수 (중요도 ★★★)

1 강우의 측정
(1) 보통우량계 : 사람의 **개인 오차**가 클 수 있다.
(2) 자기우량계 : 기계에 의한 것이므로 **개인의 오차를 배제**시킬 수 있다.
(3) 강수기록의 추정방법(결측강우 발생시)
  ① 산술평균법 : 인근 관측점의 정상 년평균 강수량의 차가 10%이내
  $$P_x = \frac{1}{3}(P_A + P_B + P_C)$$
  ② 정상 년강수량 비율법 : 3개의 관측점 중에 강수량의 차가 10%이상
  $$P_x = \frac{N_x}{3}\left(\frac{P_A}{N_A} + \frac{P_B}{N_B} + \frac{P_C}{N_C}\right)$$
  ③ 단순 비례법 : 인근의 관측점이 1개(A점)만 있는 경우
  $$P_x = \frac{P_A}{N_A} N_x$$

- 누가우량곡선(mass curve) : **누가 우량의 시간적 변화 상태**를 기록
- 이중누가우량분석(double mass curve) : **장기간 강우자료의 일관성 검증**
- 가능 최대 강우량(PMP) : **지역 최악의 기상조건**하에서의 최대 강우량.

■ 우리나라는 국지성 집중호우의 빈발로 인하여 정상 연강수량 비율법을 사용하는 것이 적합하다.

■ 누가우량곡선
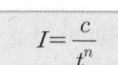
① 큰 강우강도
② 무강우 (수평)
③ 작은 강우 강도

2 강우 강도
(1) Talbot 형 : $I = \dfrac{a}{t+b}$
(2) Sherman 형 : $I = \dfrac{c}{t^n}$
(3) Japanese 형 : $I = \dfrac{d}{\sqrt{t}+e}$ (t : min)
(4) 강우강도, 지속시간, 생기빈도 곡선(I-D-F) : $I = \dfrac{kT^x}{t^n}, T = \dfrac{1}{F}$ (F: 생기빈도)

■ IDF
Intensity
Duration
Frequency

문제
어떤 유역의 하천 개수계획을 위하여 20분간의 강우 강도 $I = \dfrac{b}{t+a}$를 사용했을 때, 20분간의 강우량은? (단, 계수 $a = 40, b = 5,000$ 이다.)
① 27.8mm
② 166.8mm
③ 126.4mm
④ 83.3mm

해설 $I = \dfrac{b}{t+a}$에서 $I = \dfrac{5,000}{20+40} = 83.3$mm/hr 이므로

20분간의 강수량은 $R = 83.3 \times \dfrac{20}{60} = 27.8$mm

답 ①

한번 더 보기
우량계 고장으로 인한 결측치 보완방법으로는 대부분 정상연강수량 비율법을 사용하고 있으므로 결측시 강수추정방법을 알아둔다.

제3편 수리학 및 수문학

평균우량

SECTION 25 평균우량 (중요도 ★★★)

1 평균우량 산정법

(1) **산술평균법** : 비교적 평야지역에서 강우분포가 균일하고 우량계가 등분포 되어 있는 경우 적용가능하다.

$$P_m = \frac{P_1 + P_2 + \cdots + P_N}{N} = \frac{\sum P}{N}$$

(2) **Thiessen의 가중법** : 산악의 영향이 비교적 적고 우량계의 분포상태를 고려하고자 할 경우 적용하며, 객관성이 우수하여 가장 널리 사용한다.

$$P_m = \frac{A_1 P_1 + A_2 P_2 + \cdots + A_N P_N}{A_1 + A_2 + \cdots + A_N} = \frac{\sum AP}{\sum A}$$

(3) **등우선법** : 우량계가 조밀하게 설치되어 있어 산악의 영향을 고려하고자 할 때 적용한다.

$$P_m = \frac{A_1 P_1 + A_2 P_2 + \cdots + A_N P_N}{A_1 + A_2 + \cdots + A_N} = \frac{\sum AP}{\sum A}$$

■ 우리나라는 산지가 많기 때문에 산술평균법의 적용은 무리가 따르므로 대부분의 설계에 객관성을 확보할 수 있는 티센의 가중법을 사용하고 있다.

> **문제**
>
> 우량계의 지배면적이 $A_1 = 40\text{km}^2$, $A_2 = 118\text{km}^2$, $A_3 = 99\text{km}^2$, $A_4 = 95\text{km}^2$ 이고, 유역내 관측점에 기록된 강우량이 $P_1 = 15\text{mm}$, $P_2 = 28\text{mm}$, $P_3 = 31\text{mm}$, $P_4 = 22\text{mm}$ 이라면 Thiessen의 가중법을 사용한 평균 강우량은?
>
> ① 36mm ② 30mm
> ③ 26mm ④ 20mm
>
> **해설**
> $P_m = \dfrac{\sum PA}{\sum A} = \dfrac{15 \times 40 + 28 \times 118 + 31 \times 99 + 22 \times 95}{40 + 118 + 99 + 95}$
> $= 25.7\text{mm}$
>
> 답 ③

2 DAD해석

최대우량깊이(Depth) – 유역면적(Area) – 지속기간(Duration)의 관계를 해석

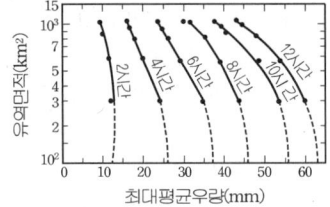

■ DAD해석
• 우량깊이 : 강우량 기록지 필요
• 유역면적 : 구적기 필요
• 지속기간 : 자기우량 기록지 필요

• 특징 : 유역면적이 증가할수록 최대평균우량은 작아진다.
  지속기간이 커질수록 최대평균우량은 증가한다.

> **한번 더 보기**
>
> 유역에 대한 평균우량의 산정방법 종류를 파악하고 그 특성을 숙지하여야 한다.
> 특히 Thiessen의 가중법은 매우 많이 사용하고 있는 것이므로 계산방법까지 완전히 파악한다.

section 26 증발과 침투 (중요도 ★☆☆)

1 증발산 : 증발과 증산의 합성어
2 증발비 : 토양면으로부터의 증발량과 수면으로부터의 증발량과의 비
3 증발량 산정법

물수지원리에 의한 산정 : $E = P + I - O \pm U \pm S$

$$증발접시 계수 = \frac{저수지의 연 증발량}{접시의 연 증발량}$$

▣ 증발량은 총강수량에서 유입량은 +, 유출량은 -, 유출입량은 ±의 부호를 갖는다.

문제 1

어느 지역의 증발접시에 의한 연 증발량이 750mm이다. 증발접시계수가 0.7일 때 저수지의 연 증발량을 구한 값은?

① 525mm
② 535mm
③ 750mm
④ 1,071mm

해설 증발접시계수 = $\frac{저수지의\ 연\ 증발량}{접시의\ 연증발량}$

∴ 저수지의 연 증발량 = 증발접시계수 × 접시의 연 증발량 = 0.7 × 750 = 525mm

답 ①

4 침투 지수법

(1) ϕ-index(ϕ지수)법 : 우량주상도에서 **유효우량**과 **손실우량**을 구분하는 수평선의 강우 강도의 크기(=손실우량의 크기)

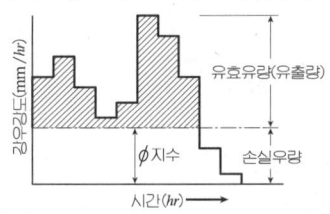

- Horton의 침투능 곡선식
- 토양의 초기조건을 양적으로 표시하는 방법 : 선행강수 지수에 의한 방법, 지하수 유출량에 의한 방법, 토양의 함수조건에 의한 방법

문제 2

어떤 지역에 내린 총 강우량 75mm의 시간적분포가 다음 우량 주상도로 나타났다. 이 유역의 출구에서 측정한 지표 유출량이 33mm였다면 ϕ-index는?

① 9mm/hr
② 8mm/hr
③ 7mm/hr
④ 5mm/hr

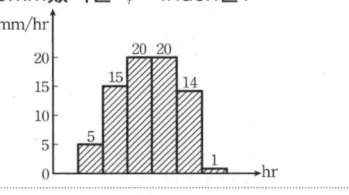

해설 ① 손실우량 = 총 강우량 - 지표유출량 = 75 - 33 = 42mm
② ϕ선을 대략 가정한다.
ϕ선 밑의 면적이 손실우량 이므로
$5 < \phi\text{-index} < 14$
③ ϕ-index 계산
$(15-\phi) + (20-\phi) + (20-\phi) + (14-\phi) = 33$
$69 - 4\phi = 33$ ∴ $\phi = 9\text{mm/hr}$

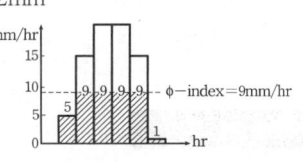

답 ①

유출

1 유출의 구분

(1) 유출계수 = $\dfrac{\text{하천유량}}{\text{강수량}} = \dfrac{\text{평균유출고}}{\text{강우량깊이}}$

(2) 유출에 영향을 미치는 인자
   ① 유역 특성인자 : 유역의 면적, 경사, 방향성, 고도, 수계조직의 구성양상, 저류지, 유역의 형상
   ② 기후 특성인자 : 강수, 차단, 증발, 증산, 기온, 바람, 대기압

2 수위-유량 곡선(Rating Curve)

하천의 한 관측점에서 수위의 변화에 대한 유량을 구하여 X축에 유량, Y축에 수위를 나타낸 관계곡선이다.

곡선연장법 : ① 전대수지법
② stevens법
③ Manning 공식에 의한 법

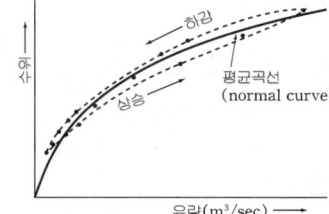

■ 동일한 수위에 대해서 홍수가 시작되는 수위 상승 시에는 유량이 많으며 홍수가 끝나가는 경우에는 수위에 비해 유량이 적다.

3 합리식

유역이 불투수성 지역이며 작은 유역 면적에 적합하다 (A < 0.4 km²)

$$Q = 0.2778\, CIA$$

여기서, Q : 첨두유량(m³/sec)
C : 유출계수
I : 강우강도(mm/hr)
A : 유역면적(km²)

문 제

신도시에 위치한 택지조성 지구의 우수배제를 위하여 우수거를 설계하고자 한다. 신도시에서 재현기간 10년의 강우 강도식이 $I = \dfrac{6{,}000}{(t+40)}$ 라 하면 합리식에 의한 설계유량은? (단, 유역의 평균유출계수는 0.5, 유역면적은 1km², 우수의 도달시간은 20분이다.)

① 4.6m³/s ② 13.9m³/s
③ 16.7m³/s ④ 20.8m³/s

해설
$I = \dfrac{6{,}000}{(20+40)} = 100\,\text{mm/hr}$

$Q = 0.2778\, C \cdot I \cdot A$
$= 0.2778(0.5)(100\text{mm/hr})(1\text{km}^2)$
$= 13.9\,\text{m}^3/\text{sec}$

답 ②

🔔 **한번 더 보기**

유출량 산정에 있어 유역면적이 큰 경우에도 이론적인 방법으로 계산의 간편성 때문에 합리식($Q = 0.2778\, CIA$)을 많이 사용한다.

section 28 수문 곡선 (중요도 ★★☆)

1 기저유출과 직접유출의 분리법
(1) 수평직선 분리법 : AB_1
(2) $N-day$ 법 : AB_3

$$N = 0.8267 A^{0.2} \quad (A : \text{km}^2)$$

(3) 수정 $N-day$ 법 : ACB_3
(4) 지하수 감수곡선법

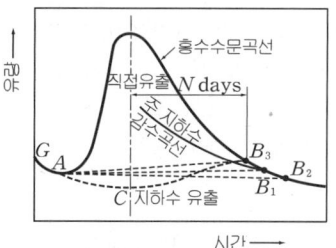

2 단위도
(1) 단위유효우량 : 유역 전체에 **유효우량이 1cm 또는 1 inch**의 등가 우량 깊이로 측정되는 우량으로써 유역출구점의 전체 유량에 기여한다.

(2) 단위도의 가정
① 일정기저시간 가정
② 비례가정
③ 중첩가정

(3) 합성 단위 유량도
① Snyder방법

$$t_p = C_t \, (L_{ca} \times L)^{0.3}$$

② SCS방법(무차원 수문곡선)
③ Clark 법

3 강우와 토양
① $I < f_i,\ F_i < M_d$: 유출이 발생하지 않는다. (예, 단시간의 이슬비)
② $I < f_i,\ F_i > M_d$: 중간유출과 지하수 유출이 발생한다. (예, 장시간의 이슬비)
③ $I > f_i,\ F_i < M_d$: 지표면 유출만 발생한다. (예, 단시간의 소나기)
④ $I > f_i,\ F_i > M_d$: 모든 유출이 발생한다. (예, 장시간의 대호우)

여기서 I : 강우강도
  f_i : 침투율
  F_i : 총침투량
  M_d : 토양수분 미흡량

■ 단위도의 면적은 유역에 내린 단위유효우량의 총량이 된다.

■ 지속기간 변환방법
 · 정수배 방법
 · S-Curve 방법

■ Snyder 방법
 · t_p : 지속시간(hr)
 · L_{ca} : 출구점에서 본류의 유역중심까지의 거리(mile)
 · L : 출구에서 본류를 따라 유역 경계선까지의 거리(mile)

문제
일정 기간동안 균일한 강도를 가진 일련의 유효강우량에 의한 총유출은 각 기간의 유효강우량에 의한 개개 유출량을 산술적으로 합한 것과 같다는 가정은?
① 중첩가정(Principle of SuperPosition)
② 일정기저시간 가정(Principle of Equal Base Time)
③ 단위 유효우량 가정(Unit Effective Rainfall)
④ 비례가정(Principle of Proportionality)

해설 중첩가정을 설명한다. 답 ①

제4편 철근콘크리트 및 강구조

철근콘크리트의 기본개념

section 1 철근콘크리트의 기본개념 (중요도 ★☆☆)

1 철근콘크리트의 정의
콘크리트가 휨을 받게 되면 인장측에 균열이 발생하여 파괴시 급작스러운 취성파괴가 발생하게 된다. 이와 같이 콘크리트는 압축에는 강하지만 인장에는 약하기 때문에 인장구역에 철근을 묻어서 효율적으로 외력에 저항하도록 만든 일체식구조를 철근콘크리트(Reinforced Concrete)라 한다.

- 효율적으로 외력에 저항한다.
  → 콘크리트는 압축을 부담하고, 철근은 인장을 부담한다.
- 일체식 구조(합성체)
  → 철근이 있는 위치에서 철근과 콘크리트의 변형률은 같다.

2 철근콘크리트의 성립 이유
① 철근과 콘크리트의 부착력이 크다. → 일체식으로 거동
② 콘크리트가 불투수층이므로 철근은 녹슬지 않으므로 내구성이 크다.
③ 철근과 콘크리트의 열팽창계수가 거의 같다 → 두 재료 사이의 온도응력 무시할 수 있다.
④ 철근 탄성계수는 콘크리트 탄성계수보다 n 배(탄성계수비)만큼 크다.
$$n = \frac{E_s}{E_c} \Rightarrow \therefore E_s = n E_c$$

문제
철근콘크리트의 특징에 관한 설명이다. 옳지 않은 것은?
① 두 재료의 탄성계수가 거의 같다.
② 내구성과 내화성이 좋다.
③ 철근과 콘크리트의 부착강도가 크다.
④ 철근과 콘크리트는 온도에 대한 신축계수가 거의 같다.

해설 일반적으로 철근의 탄성계수가 콘크리트의 탄성계수보다 크다.

답 ①

한번 더 보기
- 철근콘크리트의 성립이유
  ① 부착강도가 크다.   ② 부식하지 않는다.
  ③ 열팽창계수가 거의 같다.   ④ 콘크리트는 압축, 철근은 인장에 강하다.

section 2. 철근콘크리트의 장점 및 단점 (중요도 ★☆☆)

1 철근콘크리트의 장점 및 단점

장 점	단 점
① 구조물의 형상과 치수에 제약을 받지 않는다.	① 자중이 크다.
② 경제적, 내구적, 내화적이다.	② 균열 및 국부적 파손이 생기기 쉽다.
③ 충격 및 진동에 강하다.	③ 검사, 개조 및 보강이 어렵다.
④ 유지수선비가 저렴하다.	④ 시공기간이 길다.
⑤ 일체식 구조물을 만들 수 있다.	⑤ 해체가 어렵다.
	⑥ 시공이 조잡해 질 수 있다.

2 콘크리트의 실험 강도

(1) 압축강도 : $f_{cu} = \dfrac{P}{A} = \dfrac{P}{\dfrac{\pi d^2}{4}}$ (MPa)

(2) 인장강도 : $f_{sp} = \dfrac{2P}{\pi dl}$ (MPa)

(3) 휨 인장강도 : $f_r = \dfrac{M_{cr}}{I_g} y_t = \dfrac{M_{cr}}{Z}$ (MPa)

※ 시험을 하지 않은 경우: $f_r = 0.63\sqrt{f_{ck}}$ (MPa)

2 경량 콘크리트 계수(λ)

(1) f_{sp}가 주어진 경우

$\lambda = \dfrac{f_{sp}}{0.56\sqrt{f_{ck}}} \leq 1.0$

(2) f_{sp}가 규정되어 있지 않은 경우
  ① 전 경량 콘크리트: $\lambda = 0.75$
  ② 모래 경량 콘크리트: $\lambda = 0.85$

(3) 보통 중량 콘크리트: $\lambda = 1.0$

문제

콘크리트 강도에 영향을 주는 요인을 기술한 것 중 잘못된 것은?

① 물-시멘트 비가 작으면 작을수록 콘크리트 강도는 증가한다.
② 하중을 장시간에 걸쳐 서서히 가하면 콘크리트 강도는 적게 나타난다.
③ 공시체의 형상이 원주형이라도 치수가 작으면 작을수록 콘크리트의 강도는 적게 나타난다.
④ 원주형 공시체와 입방체 공시체를 비교하면 입방체 공시체가 큰 압축강도를 나타낸다.

해설 압축강도 $f_{cu} = \dfrac{P}{A}$ 에서
공시체 단면(A)이 작으면 작을수록 콘크리트 강도는 크게 나타난다. **답** ③

한번 더 보기

단면의 균열모멘트(M_{cr})

$f_r = \dfrac{M_{cr}}{I_g} y_t = \dfrac{M_{cr}}{Z}$ 에서 → $M_{cr} = f_r \cdot Z$

Section 3. 콘크리트의 응력 – 변형률 선도와 탄성계수 (중요도 ★★☆)

1 콘크리트의 응력 – 변형률 선도

(1) 원점에서 최대응력에 처음 도달할 때까지의 상승 곡선부 구간의 콘크리트응력

$$f_c = 0.85 f_{ck} \left[1 - \left(1 - \frac{\varepsilon_c}{\varepsilon_{co}}\right)^n\right]$$

여기서 n : $f_{ck} \leq 40\text{MPa}$: $n = 2.0$

$f_{ck} > 40\text{MPa}$: $n = 1.2 + 1.5\left(\frac{100 - f_{ck}}{60}\right)^4 \leq 2.0$

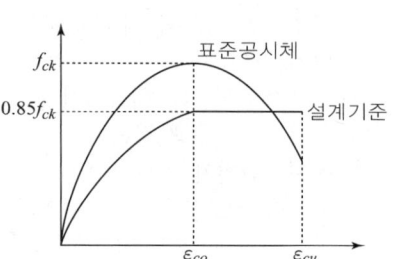

(2) 상승 곡선부 이후 극한변형률(ε_{cu})까지

$f_c = 0.85 f_{ck}$

(3) 최대응력 시의 변형률(ε_{co}), 극한변형률(ε_{cu})

$f_{ck} \leq 40\text{MPa}$: $\varepsilon_{co} = 0.002$, $\varepsilon_{cu} = 0.0033$

(4) $f_{ck} > 40\text{MPa}$

$\varepsilon_{co} = 0.002 + \left(\frac{f_{ck} - 40}{100,000}\right) \geq 0.002$

$\varepsilon_{cu} = 0.0033 - \left(\frac{f_{ck} - 40}{100,000}\right) \leq 0.0033$

2 콘크리트의 탄성계수

응력–변형률 선도에서 초기점과 최대응력의 절반($0.5f_{ck}$)되는 점을 연결한 직선의 기울기인 할선탄성계수(시컨트탄성계수)를 사용한다.

(1) 일반식 : $E_c = 0.077 m_c^{1.5} \sqrt[3]{f_{cm}}\,(\text{MPa})$

(2) 보통 콘크리트($m_c = 2300\text{kg/m}^3$)

$E_c = 8500 \sqrt[3]{f_{cm}}\,(\text{MPa})$

여기서, $f_{cm} = f_{ck} + \Delta f\,(\text{MPa})$

f_{ck} (MPa)	40MPa 이하	(40~60)MPa	60MPa 이상
Δf (MPa)	4MPa	직선보간	6MPa

문제

콘크리트의 압축강도가 30MPa를 초과하고 보통골재를 사용한 콘크리트의 탄성계수 값으로 옳은 것은?

① $E_c = 4,700\sqrt{f_{ck}}\,\text{MPa}$
② $E_c = 0.043\,W_C^{1.5}\sqrt{f_{ck}}\,\text{MPa}$
③ $E_c = 8,500\sqrt[3]{f_{cm}}\,\text{MPa}$
④ $E_c = 200,000\,\text{MPa}$

해설 보통 골재를 사용한 콘크리트의 탄성계수

$E_c = 8500\sqrt[3]{f_{cm}}\,(\text{MPa})$

($f_{cm} = f_{ck} + 8$)

답 ③

한번 더 보기

- 우리나라에서 사용하는 콘크리트의 탄성계수는 시컨트탄성계수(할선탄성계수)를 사용한다.

  일반식 : $E_c = 0.077 m_c^{1.5}\sqrt[3]{f_{cm}}\,(\text{MPa})$

  보통콘크리트 : $E_c = 8,500\sqrt[3]{f_{cm}}\,(\text{MPa})$

  여기서, $f_{cm} = f_{ck} + \Delta f$

 **콘크리트의 크리프** (중요도 ★★☆)

4 콘크리트의 크리프

콘크리트의 자중과 같은 장기하중 재하 시 시간의 경과와 함께 소성변형이 증가하는 현상

1 크리프 계수(ϕ)

$$\phi = \frac{\text{크리프 변형률}(\epsilon_c)}{\text{탄성 변형률}(\epsilon_e)} = \frac{E_c \epsilon_c}{f_c} = \frac{A_c E_c \epsilon_c}{P}$$

(옥내 : 3.0, 옥외 : 2.0, 수중 : 1.0 이하)

2 크리프의 특징

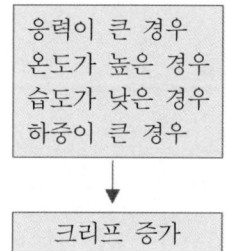
응력이 큰 경우
온도가 높은 경우
습도가 낮은 경우
하중이 큰 경우
↓
크리프 증가

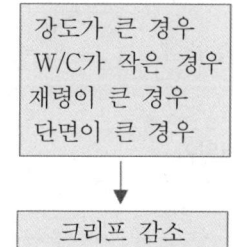
강도가 큰 경우
W/C가 작은 경우
재령이 큰 경우
단면이 큰 경우
↓
크리프 감소

문제 1

$f_{ck} = 21\text{MPa}$인 보통중량 콘크리트로 된 기둥이 9MPa의 응력을 장기하중으로 받을 때 이 기둥은 크리프로 인하여 그 길이가 얼마나 줄어들겠는가? (단, 기둥의 길이는 5m이고, 옥외에 있다.)

① 2.6mm ② 3.6mm
③ 4.6mm ④ 6.6mm

해설 Davis-Graville의 법칙에 의해

$$\epsilon_c = \frac{\delta_c}{l} = \phi \epsilon_e = \phi \frac{f_c}{E_c} \text{에서 } \delta_c = \phi \frac{f_c l}{E_c} = \phi \left(\frac{f_c l}{8,500^3 \sqrt{f_{ck} + \Delta f}} \right)$$

$$= 2.0 \times \left(\frac{9 \times 5,000}{8,500^3 \sqrt{21+4}} \right) = 3.62\text{mm}$$

답 ③

문제 2

콘크리트의 크리프에 대한 설명으로 틀린 것은?
① 일정한 응력이 장시간 계속하여 작용하고 있을 때 변형이 계속 진행되는 현상을 말한다.
② 물-시멘트비가 큰 콘크리트는 물-시멘트비가 적은 콘크리트보다 크리프가 크게 일어난다.
③ 고강도 콘크리트는 저강도 콘크리트보다 크리프가 크게 일어난다.
④ 콘크리트가 놓이는 주위의 온도가 높을수록 크리프 변형은 크게 일어난다.

해설 고강도 콘크리트일수록 크리프는 작아진다.

답 ③

 한번 더 보기

크리프는 응력증가 현상이 아니라 지속하중에 의한 소성변형증가 현상이다.

제4편 철근콘크리트 및 강구조

5 콘크리트의 건조수축

section 5 콘크리트의 건조수축 (중요도 ★☆☆)

콘크리트 경화 시 수화작용에 필요한 양 이상의 물이 증발되면서

> 증발한 물의 양만큼 콘크리트의 체적이 수축하는 현상

1 건조수축에 의한 응력
철근에는 압축응력, 콘크리트에는 인장응력이 생긴다.

응 력	정정 구조물	부정정 구조물
철근의 압축응력	$f_{sc} = \dfrac{E_s \epsilon_{sh}}{1+n\rho}$	$f_{sc} = 0$
콘크리트의 인장응력	$f_{ct} = \rho f_{sc} = \dfrac{\rho E_s \epsilon_{sh}}{1+n\rho}$	$f_{ct} = E_s \epsilon_{sh}$

2 건조수축의 발생원인
건조수축은 상재하중과는 무관하고 물때문에 발생한다.

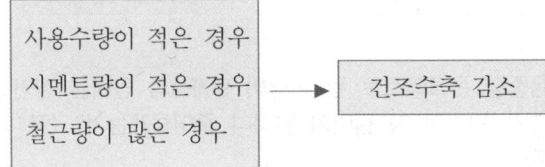

사용수량이 적은 경우
시멘트량이 적은 경우   → 건조수축 감소
철근량이 많은 경우

문 제

그림과 같이 상단 자유, 하단 고정인 대칭단면 철근콘크리트 기둥이 재하(載荷)하지 않은 채 시일이 경과되어 건조상태에 있다. 이 기둥 상부에서 다음 중 맞는 것은?

① 철근에는 인장력이 생겨있고 콘크리트에는 압축력이 생겨있다.
② 철근에는 압축력이 생겨있고 콘크리트에는 인장력이 생겨있다.
③ 재하되지 않았음으로 아무 응력도 생기지 않았다.
④ 기둥이므로 철근과 콘크리트에 모두 압축력이 생겨있다.

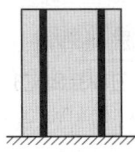

해설 건조수축에 의해 철근에는 압축(응)력, 콘크리트에는 인장(응)력이 생긴다.

답 ②

한번 더 보기

① 크리프와 건조수축은 수년간 지속되지만 초기에 크고 점차 변형의 증가율은 둔화되어 수년 후 종결된다.
② 크리프는 반드시 하중이 재하되어야 하나 건조수축은 상재하중과는 무관하다.

철근

1 철근의 종류
(1) 원형 철근(SR) : 표면이 매끈한 봉강
(2) 이형 철근(SD) : 표면에 리브와 마디를 가진 철근

- 이형철근을 주로 사용하는 이유 : 원형철근에 비해 부착강도가 크기 때문에
- 부착에 대해 반드시 검토해야 하는 철근 : 인장을 받는 원형철근

2 철근의 설계기준항복강도
① 휨철근의 설계기준항복강도
$f_y \leq 600(\mathrm{MPa})$

② 전단·비틀림철근의 설계기준항복강도
$f_{yt} \leq 500(\mathrm{MPa})$ (사인장균열 억제)

3 철근의 탄성계수(E_s) : PS 강재의 탄성계수와 같다.
$E_s = 200,000(\mathrm{MPa})$

4 철근과 콘크리트의 비로 표시되는 공식

탄성계수비(n)	철근비(ρ)
$n = \dfrac{E_s}{E_c}$	$\rho = \dfrac{A_s}{A_c} = \dfrac{A_s}{b_w d}$

문제 1

프리스트레싱 긴장재를 제외한 철근의 설계기준항복강도의 상한값으로 옳은 것은?

① 600MPa　　② 500MPa
③ 450MPa　　④ 400Mpa

해설 철근의 설계 기준 항복강도(f_y)
① 휨철근 : $f_y \leq 600\mathrm{MPa}$
② 전단 및 비틀림 철근 : $f_{yt} \leq 500\mathrm{MPa}$

답 ①

한번 더 보기

```
SR (또는 D) 300
             └→ 최소 항복점 강도($f_y$) : 300MPa
         └→ 이형(Deformed)
   └→ 원형(Round)
 └→ 철근(Steel)
```

문제 2

단철근 직사각형보의 단면의 폭 $b=400\text{mm}$, 유효높이 $d=800\text{mm}$ 일 때 $\phi 16\text{mm}$ 의 원형철근 10개를 사용하였을 때의 철근비는 얼마인가?

① $\rho = 0.003$
② $\rho = 0.004$
③ $\rho = 0.006$
④ $\rho = 0.008$

해설 $\rho = \dfrac{A_s}{b_w d} = \dfrac{\dfrac{\pi \times 16^2}{4} \times 10}{400 \times 800} = 0.006$

답 ③

문제 3

$f_{ck} = 24\text{MPa}$ 이고, 보통중량 골재를 사용한 콘크리트와 철근의 탄성계수비(n)는?

① 6
② 7
③ 8
④ 9

해설
1) $f_{cm} = f_{ck} + \Delta f = 24 + 4 = 28\text{MPa}$
   $f_{ck} \leq 40\text{MPa} \rightarrow \Delta f = 4\text{MPa}$
2) $n = \dfrac{E_s}{E_c} = \dfrac{2.0 \times 10^5}{8{,}500 \sqrt[3]{f_{cm}}} = \dfrac{2.0 \times 10^5}{8{,}500 \sqrt[3]{28}} = 7.74$
   ∴ $n = 8$
   ※ 탄성계수비는 가까운 정수를 사용하고, 6 이상의 값을 갖는다.

답 ③

문제 4

다음과 같은 철근의 설명 중에서 틀린 것은?
① 정철근 : 보에서 정(+)의 휨모멘트가 작용할 때 인장응력을 받도록 배치한 주철근
② 부철근 : 보에서 부(-)의 휨모멘트가 작용할 때 보의 하단에 배치하는 주철근
③ 배력철근 : 응력을 분포시킬 목적으로 주철근과 직각 또는 직각에 가까운 방향으로 배치하는 보조적인 철근
④ 스터럽 : 정철근 또는 부철근을 둘러싸고 이에 직각되게 또는 경사지게 배치한 복부철근

해설
1) 부철근: 보의 상단에 배근
2) 정철근: 보의 하단에 배근

답 ②

한번 더 보기

휨철근의 설계기준항복강도는 600MPa 이하로 하고, 전단철근의 설계기준항복강도는 500MPa 이하로 한다.(단 용접철망을 전단보강철근으로 사용하는 경우는 600MPa 이하로 한다.)

section 7. 휨부재의 해석과 설계(강도설계법)

1 설계개념 : 안전성 확보가 가장 중요

RC부재가 파괴 또는 파괴에 근접한 상태에 있다고 보고 어떠한 하중에 대해서도 안전하도록 설계하는 것

$$\phi M_n \geq M_u$$

여기서, ϕ : 강도감소계수, M_n : 공칭휨강도, ϕM_n : 설계휨강도, M_u : 계수휨강도

2 강도감소계수(ϕ)

적용부재	강도감소계수(ϕ)	적용부재	강도감소계수(ϕ)
인장지배 단면	0.85	전단력과 비틀림	0.75
압축지배 단면	띠철근기둥: 0.65 나선철근기둥: 0.70	포스트텐션 정착구역	0.85
변화구간 단면	0.65(0.70) ~ 0.85 직선보간	무근 콘크리트	0.55

3 지배 단면에 따른 강도감소계수(ϕ)

지배단면	최 외단 인장철근의 순 인장 변형률(ϵ_t)	강도감소계수(ϕ)
압축지배단면	$\epsilon_t \leq \epsilon_y$	띠철근: 0.65 나선철근: 0.70
변화구간단면	① $f_y \leq 400$: $\epsilon_y < \epsilon_t < 0.005$ ② $f_y > 400\text{MPa}$: $\epsilon_y < \epsilon_t < 2.5\epsilon_y$	띠철근(기타): $\phi = 0.65 + 0.2\left(\dfrac{\epsilon_t - \epsilon_y}{0.005 - \epsilon_y}\right)$ 나선철근: $\phi = 0.70 + 0.15\left(\dfrac{\epsilon_t - \epsilon_y}{0.005 - \epsilon_y}\right)$
인장지배단면	① $f_y \leq 400$: $\epsilon_t \geq 0.005$ ② $f_y > 400\text{MPa}$: $\epsilon_t \geq 2.5\epsilon_y$	0.85

여기서, $\epsilon_t = \epsilon_{cu}\left(\dfrac{d_t - c}{c}\right)$, $\epsilon_{cu} = 0.0033$, $\epsilon_y = \dfrac{f_y}{E_s}$

4 계수하중

계수하중(U) : 사용하중 × 하중계수

$$U = 1.2D + 1.6L \geq 1.4D$$

여기서, D : 고정하중, L : 활하중

문제

강도감소계수를 나타낸 것 중 잘못된 것은?

① 인장지배단면에 대한 강도 감소계수는 0.85이다.
② 전단과 비틀림에 대한 강도 감소계수는 0.75이다.
③ 나선철근으로 보강된 철근 콘크리트 부재의 강도 감소계수는 0.65이다.
④ 스트럿-타이 모델의 절점부 강도 감소계수는 0.75이다.

해설 나선철근 기둥일 경우 강도 감소 계수는 0.70이다.

답 ③

한번 더 보기

고정하중(D)과 활하중(L) 조합시 하중계수
∴ $U = 1.2D + 1.6L \geq 1.4D$

section 8 강도설계의 가정사항 (중요도 ★★★)

1. 철근과 콘크리트의 변형률은 중립축으로부터 비례한다. 단, 깊은 보의 경우 비선형분포 또는 스터럿 타이 모델을 적용 할 수도 있다.

2. 콘크리트의 압축 측 연단의 극한변형률(ϵ_{cu})
   ① $f_{ck} \leq 40$MPa인 경우: $\epsilon_{cu} = 0.0033$
   ② $f_{ck} > 40$MPa인 경우는 매 10MPa 강도증가에 대하여 0.0001씩 감소시킨다.

3. 철근의 변형률과 응력(f_s)
   ① 철근의 응력이 설계기준항복강도 이하인 경우: $f_s \leq f_y \rightarrow f_s = E_s \epsilon_s$
   ② 철근의 변형률이 항복변형률보다 큰 경우: $\epsilon_s > \epsilon_y \rightarrow f_y = E_s \epsilon_y$

4. 콘크리트의 인장강도는 부재단면의 축강도와 휨강도 계산에서 무시한다.

5. 콘크리트의 압축응력 변형률 관계는 직사각형, 사다리꼴, 포물선형 등으로 가정할 수 있다.
   ① 등가 직사각형 압축응력블록으로 가정하는 경우, 압축 측 연단에서 콘크리트 응력의 크기는 $\eta(0.85f_{ck})$이고, 압축응력 블록의 깊이 $a = \beta_1 c$가 된다.

   등가 직사각형 응력분포 변수 값

f_{ck}(MPa)	ϵ_{cu}	η	β_1
≤ 40	0.0033	1.00	0.80

   ② 포물선 직선 형상의 응력-변형률 관계로 나타낼 경우, 콘크리트 압축 측 연단의 압축응력의 평균값은 $\alpha(0.85f_{ck})$이고, 압축응력분포의 깊이 $a = 2\beta c$가 된다.

   응력분포 변수 및 계수 값

f_{ck}(MPa)	ϵ_{cu}	η	β
≤ 40	0.0033	0.8	0.40

문제

단 철근 직사각형 보에서 $f_{ck} = 38$MPa인 경우, 콘크리트 등가 직사각형 압축응력블록의 깊이를 나타내는 계수 β_1은?

① 0.74   ② 0.76   ③ 0.80   ④ 0.85

해설 $f_{ck} \leq 40$MPa이므로 $\beta_1 = 0.80$이다.

답 ③

한번 더 보기

$f_{ck} \leq 40$MPa : $\epsilon_{cu} = 0.0033$
$f_{ck} \leq 40$MPa : $\beta_1 = 0.80$

section 9 단철근 직사각형보 (중요도 ★★★)

1 균형보(평형보, balanced beam)
인장철근이 항복강도(f_y)에 도달함과 동시에 콘크리트의 변형률이 극한변형률($\varepsilon_c = \varepsilon_{cu} = 0.0033$)에 도달하는 보를 말한다.

중립축 위치(c_b)	균형철근비
$\dfrac{C_b}{d} = \dfrac{\epsilon_{cu}}{\epsilon_{cu} + \epsilon_y} \Rightarrow C_b = \dfrac{\epsilon_{cu}}{\epsilon_{cu} + \dfrac{f_y}{E_s}} d$	$\rho_b = \dfrac{\eta(0.85 f_{ck})\beta_1}{f_y} \dfrac{\epsilon_{cu}}{\epsilon_{cu} + \epsilon_y}$

2 철근비에 따른 보의 파괴형태

명 칭	철근비	파괴형태	특 징
저보강보 (과소철근보)	$\rho_s < \rho_b$	연성파괴	· 인장철근이 먼저 파괴 · 중립축이 압축 측으로 이동 · 철근의 연성을 이용한 바람직한 파괴 형태
과보강보 (과다철근보)	$\rho_s > \rho_b$	취성파괴	· 압축 측 콘크리트가 먼저 파괴 · 중립축이 인장 측으로 이동 · 급작스런 파괴
균형보	$\rho_s = \rho_b$	취성파괴	· 인장철근과 압축 측 콘크리트가 동시에 파괴 · 보의 설계방향 제시 · 이론적인 파괴 형태

여기서, 철근비: $\rho_s = \dfrac{A_s}{bd}$

3 철근비 제한
(1) 최대철근비($\rho_{s,\max}$) : 인장철근의 연성파괴를 유도하기 위함.

$$\rho_{s,\max} = \dfrac{\eta(0.85 f_{ck})\beta_1}{f_y} \dfrac{\epsilon_{cu}}{\epsilon_{cu} + \epsilon_{a,\min}} = \dfrac{\epsilon_{cu} + \epsilon_y}{\epsilon_{cu} + \epsilon_{a,\min}} \rho_b$$

여기서, $\epsilon_y = \dfrac{f_y}{E_s}$, $\epsilon_{cu} = 0.0033$, $\epsilon_{a,\min}$: 최소허용변형률

f_y : 철근의 설계기준 항복강도(MPa)	휨 부재 허용 값	
	최소허용변형률 ($\epsilon_{a,\min}$)	최대철근비 ($\rho_{s,\max}$)
300	0.004	0.658 ρ_b
350	0.004	0.692 ρ_b
400	0.004	0.726 ρ_b

9 단철근 직사각형보

(2) 최소철근비(ρ_{min})

① 최소철근비는 $\phi M_n \geq 1.2 M_{cr} = 1.2[f_r \cdot Z]$을 만족하는 인장철근비

여기서, M_{cr} : 균열 휨모멘트, Z(단면계수) $= \dfrac{bh^2}{6}$

f_r : 휨 인장강도(파괴계수), $f_r = 0.63\lambda\sqrt{f_{ck}}$

② 부재의 모든 단면에서 해석에 필요한 철근량보다 1/3 이상 인장철근이 더 배치된 경우는 최소철근비 규정을 적용하지 않는다.

문제

유효깊이가 600mm인 단철근 직사각형보에서 균형단면이 되기 위한 압축연단에서 중립축까지의 거리는? (단, f_{ck}=28MPa, f_y=300MPa 강도설계법에 의한다.)

① 494.5mm ② 412.5mm ③ 390.5mm ④ 293.5mm

해설

$$C_b = \frac{\epsilon_{cu}}{\epsilon_{cu}+\epsilon_y}d = \frac{\epsilon_{cu}}{\epsilon_{cu}+\dfrac{f_y}{E_s}}d$$

$$= \frac{0.0033}{0.0033+\dfrac{300}{200,000}} \times 600 = 412.5\mathrm{mm}$$

답 ④

한번 더 보기

철근비를 제한하는 이유는 RC보의 취성파괴를 막고 연성파괴로 유도하기 위함이다.

section 10 단철근 직사각형보 (중요도 ★★★)

1 보의 해석

등가응력사각형깊이(a)	설계휨강도($M_d = \phi M_n$)
$a = \dfrac{A_s f_y}{\eta(0.85 f_{ck})b}$	$\begin{aligned} M_d &= \phi M_n \\ &= \phi A_s f_y \left(d - \dfrac{a}{2}\right) \\ &= \phi f_{ck} b d^2 (1 - 0.59 q) \end{aligned}$ 여기서, $q = \dfrac{\rho f_y}{\eta f_{ck}}$

2 공칭모멘트 강도

$M_n = A_s f_y \left(d - \dfrac{a}{2}\right)$

3 유효철근량

$A_{s,\max} = \rho_{s,\max} bd$

여기서, $\rho_{s,\max} = \dfrac{\eta(0.85 f_{ck})\beta_1}{f_y} \dfrac{\epsilon_{cu}}{\epsilon_{cu} + \epsilon_{a,\min}} = \dfrac{\epsilon_{cu} + \epsilon_y}{\epsilon_{cu} + \epsilon_{a,\min}} \rho_b$

$\epsilon_{a,\min}$: 최소허용변형률, $\epsilon_y = \dfrac{f_y}{E_s}$, $\epsilon_{cu} = 0.0033$

4 최 외단 인장철근의 순 인장 변형률

변형률선도의 닮음비를 이용하면

$c : \epsilon_{cu} = (d_t - c) : \epsilon_t \;\rightarrow\; \therefore \epsilon_t = \epsilon_{cu}\left(\dfrac{d_t - c}{c}\right)$

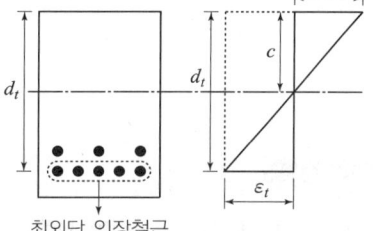

최외단 인장철근

[문제]

단철근 직사각형 보의 폭 250mm, 유효깊이 $d = 500$mm인 단면에서 중립축까지 거리는?
단, 콘크리트의 설계기준압축강도 $f_{ck} = 24$MPa, 철근량 $A_s = 2,027$mm², $f_y = 400$MPa
콘크리트의 압축응력은 등가 직사각형 분포한다.

① 151mm ② 159mm ③ 181mm ④ 199mm

해설 1) 등가응력깊이

$a = \dfrac{A_s f_y}{\eta(0.85 f_{ck})b} = \dfrac{2027 \times 400}{1.0 \times 0.85 \times 24 \times 250} = 159\text{mm}$

여기서, $f_{ck} \leq 40$MPa 이므로 $\eta = 1.0$

2) 중립축 위치(c)

$a = \beta_1 c \;\Rightarrow\; c = \dfrac{a}{\beta_1} = \dfrac{159}{0.8} \fallingdotseq 199\text{mm}$

여기서, $f_{ck} \leq 40$MPa 이므로 $\beta_1 = 0.8$

답 ④

한번 더 보기

최대철근비 : $\rho_{s,\max} = \dfrac{\eta(0.85 f_{ck})\beta_1}{f_y} \dfrac{\epsilon_{cu}}{\epsilon_{cu} + \epsilon_{a,\min}} = \dfrac{\epsilon_{cu} + \epsilon_y}{\epsilon_{cu} + \epsilon_{a,\min}} \rho_b$

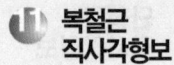

section 11 복철근 직사각형보 (중요도 ★★☆)

1 보의 해석

등가응력사각형깊이	설계휨강도
$a = \dfrac{(A_s - A_s')f_y}{\eta(0.85f_{ck})b}$	$M_d = \phi M_n$ $= \phi\left[(A_s - A_s')f_y\left(d - \dfrac{a}{2}\right) + A_s'f_y(d-d')\right]$

2 압축철근의 항복조건

변형률선도의 닮음비를 이용하면

$\dfrac{\epsilon_s'}{\epsilon_{cu}} = \dfrac{c-d'}{c}$ 에서

$\therefore \epsilon_s' = \dfrac{c-d'}{c} \times \epsilon_{cu} = \epsilon_{cu} - \epsilon_{cu}\dfrac{d'}{c} \geq \epsilon_y$

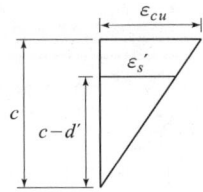

3 최대철근비

① 압축철근이 항복하는 경우

$\rho_{s,\max} = \rho_{\max} + \rho'$

여기서, $\rho_{\max} = \dfrac{\eta(0.85f_{ck})\beta_1}{f_y}\dfrac{\epsilon_{cu}}{\epsilon_{cu}+\epsilon_{a,\min}}$, ρ'(압축철근비) $= \dfrac{A_s'}{bd}$

② 압축철근이 항복하지 않는 경우

$\rho_{s,\max} = \rho_{\max} + \rho'\dfrac{f_s'}{f_y}$

문제

강도설계 시 복철근 직사각형 보에서 $b = 200\text{mm}$, $A_s = 2,000\text{mm}^2$, $A_s' = 1,000\text{mm}^2$, $f_{ck} = 20\text{MPa}$, $f_y = 200\text{MPa}$, $d = 300\text{mm}$, $d' = 50\text{mm}$인 경우 응력사각형의 깊이는?

① 39mm ② 49mm ③ 59mm ④ 69mm

해설 $a = \dfrac{(A_s - A_s')f_y}{\eta(0.85f_{ck})b} = \dfrac{(2000-1000) \times 200}{1.0 \times (0.85 \times 20) \times 200} = 59\text{mm}$

여기서, $f_{ck} \leq 40\text{MPa}$이므로 $\eta = 1.0$

답 ③

한번 더 보기

단철근 직사각형보 : $a = \dfrac{A_s f_y}{\eta(0.85f_{ck})b}$

복철근 직사각형보 : $a = \dfrac{(A_s - A_s')f_y}{\eta(0.85f_{ck})b}$

section 12 T형보 → 자중을 줄인 경제적인 단면   (중요도 ★★☆)

1 T형보의 판정

① 정(+)모멘트 작용 시 : 우선 폭 b로 하는 단 철근 직사각형보로 보고 a값을 구하여 아래와 같이 판정한다.

$$a = \frac{A_s f_y}{\eta(0.85 f_{ck}) b}$$

　$a \leq t_f$: 폭 b인 직사각형보로 설계
　$a > t_f$: T형 보로 설계

② 부(−)모멘트 작용 시 : 폭이 b_w인 직사각형보로 보고 설계한다.

문제 1

강도 설계시 T형보에서 $t=100$mm, $d=300$mm, $b_w=200$mm, $f_{ck}=20$MPa, $f_y=420$MPa, $A_s=2000$mm², $b=800$mm일 때 등가응력 사각형의 깊이는? (단, $E_s=200,000$MPa)

① 51.8 mm
② 61.8 mm
③ 71.8 mm
④ 81.8 mm

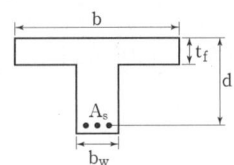

해설 $a = \dfrac{A_s f_y}{\eta(0.85 f_{ck}) b} = \dfrac{2000 \times 420}{1.0 \times 0.85 \times 20 \times 800} = 61.8\text{mm} < 100$

여기서, $f_{ck} \leq 40$MPa 이므로 $\eta = 1.0$

∴ $a \leq t_f$인 경우 폭 b인 직사각형보로 설계한다.　　　**답** ②

2 플랜지의 유효폭

T형보(대칭 T형보)	반T형 보(비대칭 T형보)
① $16 t_f + b_w$	① $6 t_f + b_w$
② 양쪽 슬래브의 중심간 거리	② 인접 보와 내측거리의 $\dfrac{1}{2} + b_w$
③ 보의 경간의 $\dfrac{1}{4}$	③ 보의 경간의 $\dfrac{1}{12} + b_w$
①,②,③ 중에서 최솟값	①,②,③ 중에서 최솟값

문제 2

경간 $l=10$m 인 대칭 T형보에서 양쪽 슬래브의 중심간격 2100mm, 슬래브의 두께 $t=100$mm, 복부의 폭 $b_w=400$mm 일 때 플랜지의 유효폭은?

① 2000mm
② 2100mm
③ 2300mm
④ 2500mm

해설 ① $16t + b_w = 16 \times 100 + 400 = 2000$mm
　　② 양쪽슬래브의 중심간 거리 $= 2100$mm
　　③ 경간의 $\dfrac{1}{4} = \dfrac{10 \times 10^3}{4} = 2500$mm
　∴ 최솟값 2000mm가 유효폭이다.　　　**답** ①

제4편 철근콘크리트 및 강구조

13 T형보의 해석

section 13 T형보의 해석 (중요도 ★★☆)

1 플랜지의 내민 부분에 해당하는 압축력과 균형을 이루는 인장철근량(A_{sf})

$$A_{sf} = \frac{\eta(0.85 f_{ck})(b-b_w)t_f}{f_y}$$

2 등가응력깊이(a)와 설계휨강도(M_d)

등가응력사각형깊이	설계휨강도
$a = \dfrac{(A_s - A_{sf})f_y}{\eta(0.85 f_{ck})b_w}$	$M_d = \phi(M_{nf} + M_{nw})$ $= \phi\left[A_{sf}f_y\left(d-\dfrac{t_f}{2}\right)+(A_s-A_{sf})f_y\left(d-\dfrac{a}{2}\right)\right]$

3 공칭모멘트 강도

$$M_n = M_{nf} + M_{nw} = \left[A_{sf}f_y\left(d-\frac{t_f}{2}\right)+(A_s-A_{sf})f_y\left(d-\frac{a}{2}\right)\right]$$

문제

강도 설계시 T형보에서 $b=1000$mm, $t_f=80$mm, $A_s=3500$mm², $b_w=300$mm, $f_{ck}=21$MPa, $f_y=450$MPa 일 때 응력 사각형의 깊이 a는?

① 95.0mm ② 97.5mm ③ 105.0mm ④ 107.5mm

해설 (1) T형보의 판정

$$a = \frac{A_s f_y}{\eta(0.85 f_{ck})b} = \frac{3,500 \times 450}{1.0 \times 0.85 \times 21 \times 1,000} = 88.2\text{mm} > t_f$$

∴ T형 보로 해석한다.

(2) T형 보의 등가응력 사각형 깊이(a)

① $A_{sf} = \dfrac{\eta(0.85 f_{ck})(b-b_w)t_f}{f_y}$

$= \dfrac{1.0 \times 0.85 \times 21 \times (1,000-300) \times 80}{450} = 2,221\text{mm}^2$

② $a = \dfrac{(A_s - A_{sf})f_y}{\eta(0.85 f_{ck})b_w} = \dfrac{(3,500-2,221) \times 450}{1.0 \times 0.85 \times 21 \times 300} = 107.5\text{mm}$

답 ④

한번 더 보기

- T형보의 해석 순서
  (1) 폭 b인 단 철근 직사각형보로 보고 등가응력사각형깊이를 계산한다.

  $$a = \frac{A_s f_y}{\eta(0.85 f_{ck})b}$$

  (2) T형 보의 판정

  $a \le t_f$: 폭 b인 직사각형보로 설계

  $a > t_f$: T형 보로 설계

section 14 처짐

(중요도 ★☆☆)

1 탄성처짐 : 역학적 방법에 의해 계산

구 조 물	최대처짐($\delta_{\max}$)
(중앙집중하중 P, 단순보, 지간 l)	$\delta_{\max} = \dfrac{Pl^3}{48E_cI}$
(등분포하중 w, 단순보, 지간 l)	$\delta_{\max} = \dfrac{5wl^4}{384E_cI}$

※ 단면2차모멘트

구 분		단면2차모멘트	공 식
비균열 단면	$\dfrac{M_a}{M_{cr}} < 1$	총단면2차모멘트 (I_g) 사용	사각형단면($b \times h$)인 경우 $I_g = \dfrac{bh^3}{12}$
균열 단면	$\dfrac{M_a}{M_{cr}} \geq 1$	유효환산단면 2차모멘트(I_e)사용	$I_e = \left(\dfrac{M_{cr}}{M_a}\right)^3 I_g + \left[1 - \left(\dfrac{M_{cr}}{M_a}\right)^3\right] I_{cr}$
		균열환산 단면2차모멘트(I_{cr})	여기서, I_{cr} : 균열환산단면2차모멘트 · 단철근 직사각형 : $I_{cr} = \dfrac{bx^3}{3} + nA_s(d-x)^2$ · 복철근 직사각형 : $\quad I_{cr} = \dfrac{bx^3}{3} + 2nA_s{}'(x-d')^2 + nA_s(d-x)^2$

M_a : 최대 휨모멘트, M_{cr} : 균열모멘트 $\left(f_r \cdot \dfrac{I_g}{y_t} = f_r \cdot Z\right)$

> 단면2차모멘트의 크기 : $I_g > I_e > I_{cr}$

문제

우리나라 콘크리트구조기준에서 처짐의 검사는 다음 어느 하중에 의하도록 되어 있는가?
① 계수하중(factored load)   ② 설계하중(design load)
③ 사용하중(service load)   ④ 상재하중(surcharge)

해설 처짐, 균열, 진동 등의 사용성은 사용하중으로 검사한다.

답 ③

한번 더 보기

균열이 생기지 않은 경우 즉 전단면이 유효한 경우에 적용하는 총단면2차모멘트 I_g 는 철근의 단면적 또는 PS 강재의 단면적을 무시한 단면2차모멘트로 역학과 같은 값을 갖는다.

구형단면 : $I_g = \dfrac{bh^3}{12}$, 원형단면 : $I_g = \dfrac{\pi D^4}{64}$

section 15 장기처짐 = (탄성처짐)·λ_Δ

1 장기처짐 = (탄성처짐)·λ_Δ

$$\lambda_\Delta = \frac{\xi}{1+50\rho'}$$

여기서, ξ : 재하기간에 따른 계수

재하기간	3개월	6개월	12개월	5년 이상
ξ	1.0	1.2	1.4	2.0

ρ' : 압축철근비 $\left(\dfrac{A_s'}{b_w d}\right)$

단순보 및 연속보	캔틸레버보
중앙 단면의 ρ'	지지부 단면의 ρ'

2 최종처짐(총처짐)

탄성처짐 + 장기처짐

3 처짐의 제한

처짐을 계산하지 않는 경우의 보 또는 1방향 슬래브의 최소두께

부재	최소두께 또는 높이			
	캔틸레버	단순지지	일단연속	양단연속
1방향 슬래브	$\dfrac{l}{10}$	$\dfrac{l}{20}$	$\dfrac{l}{24}$	$\dfrac{l}{28}$
보	$\dfrac{l}{8}$	$\dfrac{l}{16}$	$\dfrac{l}{18.5}$	$\dfrac{l}{21}$

여기서, l은 경간의 길이(mm), $f_y = 400$MPa를 기준으로 한 것이며,
그 외의 경우에는 표에 의해 계산된 값에 $\left(0.43 + \dfrac{f_y}{700}\right)$를 곱하여 구한다.

문제 1

휨부재의 강도설계법에서 장기처짐 계수는 $\lambda_\Delta = \dfrac{\xi}{1+50\rho'}$로 구한다. 이 식에 대한 설명 중 잘못된 것은?

① ρ'는 단순 및 연속 경간에서는 경간 중앙 단면의 압축철근비이다.
② ρ'는 캔틸레버보에서는 지지부 단면의 인장철근비이다.
③ ξ는 지속하중의 재하기간에 따라 달라지는 계수로서 12개월이면 1.4를 사용한다.
④ ξ에 2.0을 사용하는 지속하중의 재하기간이 5년 이상인 경우이다.

해설 ρ'는 압축 철근비 $\left(\dfrac{A_s'}{b_w d}\right)$이다.

답 ②

한번 더 보기

처짐 계산시 문제조건상에 단철근보라는 조건이 있는 경우
압축철근비 $\rho' = 0$
장기처짐 계수 $\lambda_\Delta = \xi$

section 16 균열

안전성, 사용성, 내구성, 수밀성, 미관이 중요한 구조는 균열에 대해 검토하나 기타의 경우는 최외단 인장철근의 중심간격 규정을 만족하면 균열에 대한 검토가 이루어진 것으로 본다.

1 표피철근

전체깊이가 900mm를 초과하는 휨부재 복부의 양 측면에 부재 축방향으로 배치하는 철근

2 표피철근 간격

① $s = 375\left(\dfrac{k_{cr}}{f_s}\right) - 2.5\,C_c$

② $s = 300\left(\dfrac{k_{cr}}{f_s}\right)$

k_{cr} : 철근의 노출을 고려한 계수로 건조 환경은 280, 그 외의 환경은 210이다.

$f_s = \dfrac{2}{3} f_y$

C_c : 표피철근 표면에서 부재 측면까지 최단거리

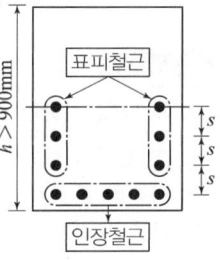

3 균열에 대한 대책

① 이형철근을 사용한다.
② 배근간격을 작게 한다.
③ 피복두께를 작게 한다.
④ 지름이 작은 철근을 사용한다.
⑤ 저강도 철근을 사용한다.

4 균열을 검토하지 않아도 되는 경우

최외단 인장철근의 중심간격 규정을 만족하는 경우
(단, 안전성, 사용성, 내구성, 수밀성, 미관이 중요한 구조는 균열 검토)

문제

처짐과 균열에 대한 다음 설명 중 틀린 것은?

① 크리프, 건조수축 등으로 인하여 시간의 경과와 더불어 진행되는 처짐이 탄성처짐이다.
② 처짐에 영향을 미치는 인자로는 하중, 온도, 습도, 재령, 함수량, 압축철근의 단면적 등이다.
③ 균열폭을 최소화하기 위해서는 적은 수의 굵은 철근보다는 많은 수의 가는 철근을 인장측에 잘 분포시켜야 한다.
④ 콘크리트 표면의 균열폭은 철근에 대한 콘크리트 피복두께에 비례한다.

해설 크리프, 건조수축 등으로 인하여 시간의 경과와 더불어 진행되는 처짐은 장기처짐이다.

답 ①

한번 더 보기

• 균열의 검토
① 안전성, 사용성, 내구성, 수밀성(누수), 미관이 중요한 구조물은 균열을 검토한다.
② ①의 경우를 제외한 구조물이 최외단 인장철근의 중심간격 규정을 만족하면 균열을 검토하지 않아도 된다.

피로

section 17 피로 (중요도: ★☆☆)

1 기둥은 피로에 대해 검토하지 않아도 좋다.

2 피로에 대해 검토하지 않아도 되는 철근의 응력범위 : (130~150)MPa

철근의 종류	충격을 포함한 사용 활하중에 의한 철근의 최대응력과 최소응력의 차(MPa)
SD 300	130
SD 350	140
SD 400 이상	150

문제 1
피로에 대해 기술한 것 중 잘못된 것은?

① 보 및 슬래브의 피로에 대하여는 휨 및 전단에 대하여 검토하는 것이 일반적이다.
② 기둥의 피로에 대해서도 검토하는 것이 원칙이다.
③ 피로의 검토가 필요한 구조부재에서는 높은 응력을 받는 부분의 철근은 구부리지 않는다.
④ 충격을 포함한 사용 활하중에 의한 철근의 응력 범위는 130MPa에서 150MPa 사이에 들면 피로에 대해 검토할 필요가 없다.

해설 기둥은 피로에 대해 반드시 검토하지 않아도 좋다.

답 ②

문제 2
피로에 대한 안전성 검토는 철근의 응력범위의 값으로 평가하게 되는데 이때 철근의 응력범위에 대한 설명으로 옳은 것은?

① 충격을 포함한 사용 활하중에 의한 철근의 최대 응력 값
② 충격을 포함한 사용 활하중에 의한 철근의 최대 응력에서 충격을 포함한 사용 활하중에 의한 철근의 최소응력을 뺀 값
③ 계수하중에 의한 철근의 최대응력
④ 충격을 포함한 사용 활하중에 의한 철근의 최대응력에서 고정하중에 의한 철근의 응력을 뺀 값

해설 피로에 대해 안정성을 검토할 경우 충격을 포함한 사용 활하중에 의한 최대응력에서 최소응력을 뺀 값이 허용범위 내에 들면 피로에 대하여 검토할 필요가 없다.

답 ②

 한번 더 보기

피로에 대해 검토하지 않아도 되는 구조물 : 기둥

section 18 보의 전단 설계 (중요도 ★★☆)

1 전단설계의 필요성
전단에 의해 RC보가 파괴될 때에는 급취성 파괴가 발생하므로 전단설계는 필수적이다.

2 전단응력(v)
① 비균열 단면 : 역학과 동일

$$v = \frac{VG}{Ib}$$

여기서, I : 도심축에 대한 단면2차모멘트
b : 구하는 축의 단면의 폭
V : 구하는 단면의 전단력
G : 구하는 축의 상부 또는 하부단면에 대한 중립축 단면1차모멘트

② 균열 단면

$$v = \frac{V}{b_w d}$$

(V : 지점에서 유효높이 d 만큼 떨어진 곳의 전단력)

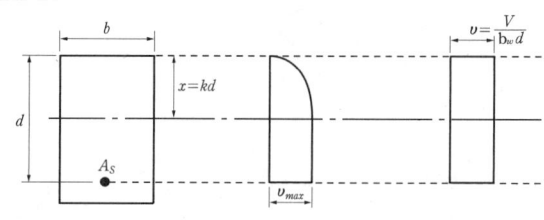

RC보의 실제 전단응력선도   RC보의 가정 전단응력선도

철근콘크리트보의 단면에서 전단응력이 가장 크게 발생하는 곳은?

① 압축측 상단　　② 압축측 중간
③ 중립축　　　　④ 전단면에 균일

해설

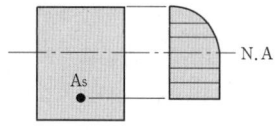

전단응력 분포도

답 ③

 한번 더 보기

RC보에서 최대 전단응력이 발생하는 위치는 중립축 아래쪽 단면이다.

3 전단철근(사인장철근, 복부철근)
① 주축에 수직배치되는 수직스터럽 및 용접철망
② 주철근에 45° 이상의 경사로 배치되는 **경사스터럽**
③ 주철근을 30° 이상의 경사로 구부린 **굽힘철근**
④ 스터럽과 굽힘철근의 병용 : 지점부근
   → 보 중앙부 : 스트럽만 사용
   → 스터럽끼리의 병용은 불가능
⑤ 띠철근 및 후프철근, **나선철근**

4 스터럽의 형태에 따른 분류
① U형 스터럽
② 복U형(W형) 스터럽
③ 폐합스터럽
→ 부(-)의 휨을 받거나, 압축철근이 있거나, 비틀림을 받는 경우 폐합스터럽을 사용한다.

문 제

다음 설명 중 옳지 않은 것은?

① 단순지지된 단철근 철근 콘크리트보(철근은 하측에 있음)의 콘크리트가 균일하게 수축하면, 보는 하측으로 수축처짐이 발생한다.
② 균일단면의 철근콘크리트 단순보에 있어서 외력에 의한 휨모멘트의 크기가 일정한 구간에서는 전단력에 의한 부착응력은 계산상으로는 생기지 않는다.
③ 철근콘크리트보의 설계에서 휨모멘트에 의한 콘크리트의 인장응력, 전단력에 의한 사인장응력을 무시한다.
④ 철근콘크리트 기둥은 기둥의 높이와 단부조건의 영향을 크게 받는다.

해설 보의 설계에서 인장응력은 무시하나 전단설계를 위해 사인장 응력은 고려하여야 한다.

답 ③

 한번 더 보기
• 전단철근의 개요
  전단응력이 콘크리트의 사인장강도를 초과하면 전단균열(사인장 균열)이 생기게 되는데 이를 방지할 목적으로 사용하는 철근을 전단철근이라 한다.

section 19 설계개념 : 안전성 확보가 가장 중요 (중요도 ★★☆)

19 설계개념

$$V_u \leq \phi V_n \quad (V_n = V_c + V_s)$$

여기서, V_u : 계수전단강도
ϕ : 강도감소계수(0.75)
V_n : 공칭전단강도($V_n = V_c + V_s$)
V_c : 콘크리트가 부담하는 전단강도
V_s : 전단철근이 부담하는 전단강도

1 계수전단력(V_u)
위험단면에서의 전단력으로 지점에서 유효높이 d 만큼 떨어진 곳의 전단력이다.

단순보 (등분포하중 w_u, 경간 l)	$V_u = \dfrac{w_u l}{2} - w_u d$ ($w_u = 1.2 w_d + 1.6 w_l$)
캔틸레버보 (등분포하중 w_u, 경간 l)	$V_u = w_u l - w_u d$ ($w_u = 1.2 w_d + 1.6 w_l$)

2 콘크리트가 부담하는 전단강도
$$V_c = \frac{1}{6} \lambda \sqrt{f_{ck}}\, b_w d \,(\text{N})$$

3 전단철근이 받을 수 있는 전단강도
$$V_s = \frac{V_u}{\phi} - V_c \leq 0.2 \left(1 - \frac{f_{ck}}{250}\right) f_{ck} b_w d$$
$$V_s > 0.2 \left(1 - \frac{f_{ck}}{250}\right) f_{ck} b_w d \;\rightarrow\; \text{콘크리트 단면을 증가시킴}$$

문제
철근콘크리트보에서 콘크리트만으로 지지할 수 있는 공칭전단강도는?

① $\dfrac{1}{6} \lambda \sqrt{f_{ck}}\, b_w d$
② $\dfrac{1}{4} \lambda \sqrt{f_{ck}}\, b_w d$
③ $\dfrac{1}{3} \lambda \sqrt{f_{ck}}\, b_w d$
④ $\dfrac{2}{3} \lambda \sqrt{f_{ck}}\, b_w d$

해설 콘크리트가 부담하는 전단강도
$$V_c = \frac{1}{6} \lambda \sqrt{f_{ck}}\, b_w d$$

답 ①

한번 더 보기
전단설계의 개요
전단은 콘크리트가 1차적으로 저항을 하므로 콘크리트만으로 전단에 부족한 경우는 전단철근을 사용한다.
$$V_c = \frac{1}{6} \lambda \sqrt{f_{ck}}\, b_w d \,(N)$$

Section 20. 전단보강 여부 판정

강도의 범위	전단 보강 여부
$V_u \leq \frac{1}{2}\phi V_c$	실제로 전단보강이 불필요
$\frac{1}{2}\phi V_c < V_u \leq \phi V_c$	최소한의 전단보강 $A_{vmin} = 0.0625\sqrt{f_{ck}}\frac{b_w s}{f_{yt}} \geq 0.35\frac{b_w s}{f_{yt}}$
$V_u \leq \phi V_c$	이론상 전단보강이 불필요
$V_u > \phi V_c$	전단 보강을 실시

※ 최소전단보강을 하지 않아도 되는 경우

① 슬래브와 확대기초
② 콘크리트 장선구조
③ 총높이가 250mm 이하인 보
④ I형보, T형보의 총높이가 $2.5t_f$ 와 $b_w/2$ 중 큰 값 이하인 보
⑤ 교대의 벽체 및 흉벽, 옹벽의 벽체, 암거

문제 1

전단에 대한 설명 중 잘못된 것은?
① 휨모멘트가 작게 생기는 단면에서 전단강도를 $0.29\sqrt{f_{ck}}\,b_w d$ 까지 볼 수 있다.
② 설계 전단강도 ϕV_c 가 계수 전단강도 V_u 이상이면 전단보강은 필요하지 않다.
③ 전단철근으로 부담하는 전단강도 V_s 가 $0.2\left(1-\dfrac{f_{ck}}{250}\right)f_{ck}\,b_w d$ 이상이면 복부 콘크리트의 압축파괴가 일어난다.
④ 전단철근, 복부철근, 사인장 철근은 전단보강이라는 면에서 같은 의미를 나타낸다.

해설 전단보강이 필요 없는 경우 : $V_u \leq \dfrac{1}{2}\phi V_c$

답 ②

문제 2

철근콘크리트보에서 전단철근의 설계에 대한 설명 중 틀린 것은?
① 계수 전단강도 V_u 가 ϕV_c 보다 작으면 전단보강이 필요 없다.
② 전단철근의 f_{yt} 는 항상 500MPa 이하라야 한다.
③ 수직스터럽의 간격은 $d/2$ 이하, 600mm 이하라야 한다.
④ 전단철근이 받아야 할 전단강도 V_s 는 $0.2\left(1-\dfrac{f_{ck}}{250}\right)f_{ck}\,b_w d$ 이하라야 한다.

해설 $V_u \leq \phi V_c$ → 이론상 전단보강이 불필요하다.
∴ $\dfrac{1}{2}\phi V_c < V_u \leq \phi V_c$ → 최소한의 전단보강을 실시한다.

답 ①

한번 더 보기

전단보강을 하지 않는 경우 필요한 콘크리트의 단면적($b_w d$)

$V_u \leq \phi V_c = \dfrac{1}{2}\phi\left(\dfrac{1}{6}\lambda\sqrt{f_{ck}}\,b_w d\right)$ ∴ $b_w d = \dfrac{12 V_u}{\phi\lambda\sqrt{f_{ck}}}$

section 21. 전단보강방법 (중요도 ★★★)

1. 전단철근량(A_v)과 전단철근간격(s)

전단철근	전단철근량(A_v)	전단철근의 간격(s)
수직 스터럽	$A_v = \dfrac{V_s s}{f_{yt} d}$	$s = \dfrac{A_v f_{yt} d}{V_s}$
경사스터럽, 여러 곳에서 굽힌 굽힘철근	$A_v = \dfrac{V_s s}{f_{yt} d(\sin\alpha + \cos\alpha)}$	$s = \dfrac{A_v f_{yt} d(\sin\alpha + \cos\alpha)}{V_s}$
한 곳에 굽힌 굽힘철근	$A_v = \dfrac{V_s}{f_{yt} \sin\alpha}$	없음

2. 전단철근의 간격 제한

구 분		$V_s \leq \dfrac{1}{3}\lambda\sqrt{f_{ck}} b_w d$	$\dfrac{1}{3}\lambda\sqrt{f_{ck}} b_w d < V_s \leq 0.2\left(1-\dfrac{f_{ck}}{250}\right)f_{ck}b_w d$
수직 스터럽	RC	$\dfrac{d}{2}$ 이하, 600mm 이하	간격을 절반($\dfrac{1}{2}$)으로 감소
	PSC	0.75h 이하, 600mm 이하	
경사 스터럽 및 굽힘 철근		$\dfrac{3}{4}d$ 이하	

3. 전단철근의 간격 계산 방법

① 전단철근이 부담하는 전단강도(V_s) 계산

$$V_s = \frac{V_u - \phi V_c}{\phi}$$

② $\dfrac{1}{3}\lambda\sqrt{f_{ck}} b_w d$ 와 비교

전단철근의 강도	$V_s \leq \dfrac{1}{3}\lambda\sqrt{f_{ck}} b_w d$	$V_s > \dfrac{1}{3}\lambda\sqrt{f_{ck}} b_w d$
수직스터럽	$s = \dfrac{A_v f_{yt} d}{V_s}$ 이하, 600mm 이하	$s = \dfrac{A_v f_{yt} d}{V_s}$ 이하, 300mm 이하
경사스터럽	$s = \dfrac{A_v f_{yt} d(\sin\alpha + \cos\alpha)}{V_s}$ 이하	$s = \dfrac{A_v f_{yt} d(\sin\alpha + \cos\alpha)}{V_s}$ 이하

문 제

다음 전단철근에 관한 설명 중 옳지 않은 것은?

① 부재축에 직각인 스터럽(stirrup)이라 한다.
② 전단철근의 항복강도는 400MPa를 초과할 수 없다.
③ 전단철근의 부재축에 직각으로 설치되는 스터럽의 간격은 0.5d 이하, 600mm 이하라야 한다.
④ 최소 전단철근은 $A_v = 0.0625\sqrt{f_{ck}}\dfrac{b_w \cdot s}{f_{yt}}$의 단면적을 두어야 하며, 이 값은 $0.35\dfrac{b_w \cdot s}{f_{yt}}$ 보다 작지 않아야 한다.

해설 전단철근의 설계기준항복강도(f_{yt})는 500MPa을 초과할 수 없다.

답 ②

section 22 전단마찰과 깊은 보의 전단설계

(중요도 ★☆☆)

1 전단마찰
전단력의 작용방향으로 균열발생
① 전단마찰이 고려되는 경우
  ㉠ 균열이 발생하거나 발생할 가능성이 있는 면
  ㉡ 서로 다른 재료사이의 접촉면
  ㉢ 서로 다른 시기에 친 두 콘크리트 사이의 접촉면
② 전단강도(V_n)의 제한(보통 콘크리트)
  $0.2 f_{ck} b_w d$, $(3.3+0.08 f_{ck}) b_w d$ 및 $11 b_w d$ 중 가장 작은 값

2 깊은보
① 정의
  l_n/h이 4보다 작거나 하중이 받침부로부터 부재깊이의 2배 이내에 작용하고 하중의 작용점과 받침부가 서로 반대면에 있어서 그 사이에 압축대가 형성될 수 있는 보
② 해석방법
  비선형 해석 또는 스트럿-타이 모델 해석
③ 공칭 강도(V_n)
  $$V_n \le \left(\frac{5\sqrt{f_{ck}}}{6}\right) b_w d$$
④ 최소전단철근량과 전단철근의 간격

구 분	수직 전단철근	수평 전단철근
철근량	$0.0025 b_w \cdot s$ 이상	$0.0015 b_w \cdot s$ 이상
간 격	$\frac{d}{5}$ 이하, 300mm 이하	$\frac{d}{5}$ 이하, 300mm 이하

※ 수직방향의 전단철근이 더 유리하므로 수직방향으로 더 많은 전단철근이 배치된다.

문 제
철근콘크리트의 시공 이음은 어느 위치에 하는 것이 가장 좋은가?
① 받침부
② 전단력이 작은 위치
③ 받침부로부터 경간의 1/3되는 받침부
④ 받침부로부터 경간의 1/4되는 받침부

해설 시공이음이 있는 위치에서는 전단마찰이 우려되므로 전단력이 작은 위치에 두어야 한다.

답 ②

제4편 철근콘크리트 및 강구조

비틀림 설계

1 비틀림 설계 원칙

$$T_u \leq \phi T_n = \phi\left(\frac{2A_o A_t f_{yt}}{s}\right)\cot\theta$$

2 비틀림 보강 여부 판정

$$T_u \geq \phi\left(\frac{\lambda\sqrt{f_{ck}}}{12}\right) \cdot \frac{A_{cp}^2}{p_{cp}}$$

여기서, p_{cp} : 콘크리트 단면의 둘레의 길이
A_{cp} : 콘크리트 단면의 바깥 둘레로 둘러싸인 단면적

3 비틀림 철근량

① 횡방향 철근량 : $A_t = \dfrac{s \cdot T_n}{2A_o f_{yt}\cot\theta}$

② 종방향 철근량 : $A_l = \left(\dfrac{p_h}{s}\right)A_t\left(\dfrac{f_{yt}}{f_y}\right)$

4 비틀림 철근의 간격

① 횡방향 비틀림 철근 : $\dfrac{P_h}{8}$ 이하, 300mm 이하

② 종방향 비틀림 철근 : 300mm 이하

5 종방향 비틀림 철근의 지름

스터럽 간격의 1/24 이상, D10 이상

6 비틀림 철근의 설계기준항복강도

$f_{yt} \leq 500\text{MPa}$

$A_{oh} = x_o \cdot y_o$
(폐쇄스터럽 중심선으로 둘러쌓인 면적)
$A_o = 0.85 A_{oh}$

A_t : 간격 s 내의 비틀림에 저항하는 폐쇄스터럽 한 가닥의 단면적

$P_h = 2(x_o + y_o)$
(폐쇄스터럽 중심선 둘레길이)

문제

비틀림 철근에 대한 설명 중 잘못된 것은?

① 계수 비틀림 모멘트 T_u 가 $\phi\left(\dfrac{\lambda\sqrt{f_{ck}}}{12}\right) \cdot \dfrac{A_{cp}^2}{p_{cp}}$ 보다 크거나 같으면
$(A_v + 2A_t) = 0.0625\dfrac{b_w s}{f_{yt}}$ 이고 $0.35\dfrac{b_w s}{f_y}$ 이상이어야 한다.

② 횡방향 비틀림 철근의 간격은 $\dfrac{p_h}{6}$ 이상, 300mm 이상이라야 한다.

③ 스터럽의 각 모서리에는 적어도 1개의 종방향 철근을 두어야 한다.

④ 비틀림 철근의 설계기준 항복강도는 500MPa 이하로 해야 한다.

해설 횡방향 비틀림철근(폐쇄스터럽)의 간격 : $\dfrac{p_h}{8}$ 이하, 300mm 이하
(p_h : 폐쇄스터럽 중심선의 둘레길이)

답 ②

한번 더 보기

$T_u \geq \phi\left(\dfrac{\lambda\sqrt{f_{ck}}}{12}\right) \cdot \dfrac{A_{cp}^2}{p_{cp}}$ 이면 비틀림 보강을 실시해야 하며 모든 비틀림 철근의 간격은 300mm 이하로 해야 한다.

Section 24 철근 상세

1 철근의 간격

주철근의 순간격		축방향 철근의 순간격
수평 순간격	연직 순간격	
① 25mm 이상 ② $\frac{4}{3}G_{max}$ 이상 ③ d_b 이상	① 25mm 이상 ② 동일 연직면내에 위치해야 한다.	① 40mm 이상 ② $\frac{4}{3}G_{max}$ 이상 ③ $1.5d_b$ 이상

여기서, G_{max} : 굵은 골재의 최대치수, d_b : 철근의 공칭 지름

2 철근의 최소피복두께

① 최소 피복두께를 두는 이유: 내구성 증진, 내화성 증진, 부식방지, 부착강도 증진
② 최소피복 두께 제한

구 분	현장타설 콘크리트
수중 콘크리트	100mm
콘크리트를 친 후 영구히 흙에 묻혀있는 콘크리트	75mm
흙에 접하거나 옥외의 공기에 직접 노출	·D19 이상 : 50mm ·D16 이하 : 40mm
옥외의 공기나 흙에 직접 접하지 않는 콘크리트	·슬래브, 벽체 - D35 초과 : 40mm - D35 이하 : 20mm ·보, 기둥 : 40mm

3 다발철근

D35이하의 이형 철근을 대상으로 4다발 이하로 하며, 스터럽이나 띠철근으로 둘러싸야 하고 휨부재의 경간 내에서 끝나는 경우 다발철근 내의 개개철근은 $40\,d_b$ 이상 서로 엇갈리게 끝나야 한다.

4 표준 갈고리

갈고리는 압축구역에서는 효과가 없으므로 인장구역에만 사용한다.
따라서 인장을 받는 원형철근은 갈고리를 두는 것이 좋다.
① 주철근용 표준갈고리 : 180°, 90° 표준갈고리 사용
② 스터럽 및 띠철근용 표준갈고리 : 90°, 135° 표준갈고리 사용

문제

정철근 또는 부철근을 2단 이상으로 배치할 경우에 그 연직 순간격의 최소 값은?

① 25mm   ② 40mm
③ 직경의 1.5배   ④ 골재의 최대치수

해설 주철근(정·부철근)의 연직 순간격은 25mm 이상이며, 동일 연직면내에 있어야 한다.

답 ①

한번 더 보기

개별철근, 다발철근, 긴장재, 덕트의 순간격은 골재의 걸림을 방지하기 위해 $\frac{4}{3}G_{max}$ 이상이라야 한다.

$$(순간격) \geq \frac{4}{3}G_{max}$$

 정착과 부착 (중요도 ★☆☆)

1 정착 : 뽑힘에 대한 저항성
(1) 정착 방법
① 묻힘길이에 의한 정착방법
② 표준갈고리에 의한 정착방법
③ 철근의 가로방향으로 T형의 용접을 하는 기계적 정착방법

(2) 이론상 정착길이
철근이 항복한 후에도 뽑히지 않고 저항할 수 있는 최소한의 묻힘길이

$$l_d = \frac{A_s f_y}{U v_u} = \frac{d_b f_y}{4 v_u}$$

여기서, U : 철근의 둘레길이
v_u : 극한 부착응력
A_s : 철근의 공칭단면적
d_b : 철근의 공칭지름
f_y : 철근의 항복강도

2 부착 : 활동에 대한 저항성
(1) 부착효과가 생기는 이유
① 이형철근표면의 리브와 마디에 의한 기계적 정착작용
② 콘크리트와 철근사이의 마찰작용
③ 시멘트풀과 철근사이의 교착작용

(2) 부착에 영향을 주는 인자
① 철근의 표면상태 : 이형철근의 부착강도가 원형철근보다 크다.
② 콘크리트 강도 : 콘크리트 압축강도가 클수록 부착강도가 크다.
③ 철근의 지름 : 많은 수의 가는 철근이 부착강도가 크다.
④ 콘크리트 피복두께 : 피복두께가 클수록 부착강도가 크다.
⑤ 철근의 배치방향 : 블리딩에 의한 수막이 형성되므로 연직철근, 하부수평철근이 부착 강도가 크다.

연직철근 > 수평철근
하부수평철근 > 상부수평철근

문 제

철근콘크리트가 일체식 거동을 나타낼 수 있도록 두 재료 사이의 부착 효과를 일으키는 것이 아닌 것은?
① 이형철근의 정착효과   ② 시멘트풀과 철근의 정착력
③ 물과 시멘트의 수화반응에 의한 수화열   ④ 철근과 철근 사이의 마찰

해설 부착효과가 생기는 이유
① 이형철근 표면의 마디에 의한 기계적 정착효과
② 콘크리트와 철근 사이의 마찰작용
③ 시멘트풀과 철근 사이의 교착작용

답 ③

 한번 더 보기
① 이형철근을 주로 사용하는 이유 : 부착강도가 크기 때문에
② 부착에 대해 반드시 검토해야 하는 철근 : 인장을 받는 원형철근

철근의 정착길이

(정착길이) = (기본정착길이) × (모든 보정계수)

1 기본정착길이

인장이형철근	압축이형철근	갈고리를 갖는 인장이형철근
$l_{db} = \dfrac{0.6 d_b f_y}{\lambda \sqrt{f_{ck}}}$	$l_{db} = \dfrac{0.25 d_b f_y}{\lambda \sqrt{f_{ck}}} \geq 0.043 d_b f_y$	$l_{dh} = \dfrac{0.24 \beta d_b f_y}{\lambda \sqrt{f_{ck}}}$

여기서, λ : 경량콘크리트계수,
(단, $\sqrt{f_{ck}} \leq 8.4\text{MPa}$)

2 보정계수

인장이형철근	갈고리를 갖는 인장이형철근
① 상부철근 : 1.3 ② 피복두께 $3d_b$ 미만 또는 순간격이 $6d_b$ 미만인 에폭시 도막철근 : 1.5 (기타 에폭시 도막철근 : 1.2) · 미도막 철근과 아연도금 철근 : 1.0 ③ 경량콘크리트 : 경량콘크리트계수로 통합	에폭시도막계수(β) 및 경량콘크리트계수(λ) : 인장이형철근과 동일

※ 압축이형철근의 보정계수는 0.75 하나뿐이다.
※ 공통으로 적용되는 보정계수 : 소요량보다 많은 철근을 배치한 경우

$$\text{보정계수} = \left(\dfrac{\text{소요}A_s}{\text{배근}A_s}\right) < 1.0$$

3 정착길이의 제한

인장이형철근	압축이형철근	갈고리를 갖는 인장이형철근
300mm 이상	200mm 이상	150mm 이상, $8d_b$ 이상

4 다발철근의 정착길이와 겹침이음길의 증가
① 3다발철근 : 20% 증가
② 4다발철근 : 33% 증가

> **한번 더 보기**
>
> 인장, 압축, 표준갈고리를 갖는 철근에 공통적으로 적용되는 보정계수는 필요한 철근보다 더 많이 배치되는 경우로 항상 1보다 작은 값을 갖는다.
>
> $$\text{보정계수} = \left(\dfrac{\text{소요}A_s}{\text{배근}A_s}\right) < 1.0$$

문제 1

인장철근 D32(공칭 지름 $d_b = 31.80\text{mm}$ 임)를 정착시키는데 소요되는 기본 정착길이는? (단, 보통중량 콘크리트이며, $f_{ck} = 21\text{MPa}$, $f_y = 350\text{MPa}$)

① 1205mm
② 1197mm
③ 1182mm
④ 1457mm

해설 기본정착길이

$$l_{db} = \frac{0.6 d_b f_y}{\lambda \sqrt{f_{ck}}} = \frac{0.6 \times 31.8 \times 350}{1.0 \times \sqrt{21}} = 1457\text{mm}$$

[보통중량 콘크리트의 경량콘크리트계수 $\lambda = 1.0$이다.]

답 ④

문제 2

보통중량 콘크리트이고, $f_{ck} = 28\text{MPa}$, $f_y = 350\text{MPa}$로 만들어지는 보에서 압축이형철근으로 D29(공칭지름 28.6 mm)를 사용한다면 기본정착길이는?

① 400mm
② 440mm
③ 473mm
④ 520mm

해설
$$l_{db} = \frac{0.25 d_b f_y}{\lambda \sqrt{f_{ck}}} = \frac{0.25 \times 28.6 \times 350}{1.0 \times \sqrt{28}} = 473\text{mm}$$

$\leq 0.043 d_b f_y = 0.043 \times 28.6 \times 350 = 403.43\text{mm}$

∴ 둘 중 큰 값 473mm로 한다.

답 ③

문제 3

인장을 받는 표준 갈고리가 SD300이고, $f_{ck} = 27\text{MPa}$, D10($d_b = 9.5\text{mm}$)을 사용할 때 기본정착길이는 콘크리트구조기준을 따르면 얼마인가?(단, 보통중량 콘크리트이며, 도막하지 않은 철근을 사용한다.)

① 120mm
② 137mm
③ 140mm
④ 150mm

 기본정착길이

$$l_{hb} = \frac{0.25 \beta d_b f_y}{\lambda \sqrt{f_{ck}}} = \frac{0.25 \times 1.0 \times 9.5 \times 300}{1.0 \times \sqrt{27}} = 137.12\text{mm}$$

답 ②

section 27 휨철근의 정착규정

(중요도 ★☆☆)

1 휨철근의 정착에 대한 위험단면
① 최대응력점
② 철근을 구부린 점
③ 철근이 끝나는 점

2 휨철근의 정착규정
① 휨철근은 이론상 절단점에서 d 이상, $12d_b$ 이상을 더 연장
② 연속철근은 이론상 절단점에서 l_d 이상을 더 연장

3 휨철근을 끝내는 위치
휨철근은 압축구역에서 끝내는 것이 원칙이다.

4 휨철근을 인장구역에서 끝낼 수 있는 경우
① 절단점에서 V_u 가 $\frac{2}{3}\phi V_n$ 을 초과하지 않는 경우

② 절단점 전후 $\frac{3}{4}d$ 구간에 필요한 양 이상의 스트럽이 배치된 경우

$$s \leq \frac{d}{8\beta_b}, \quad A_v \geq 0.42\frac{b_w s}{f_y}$$

(β_b : 끊는 단면에서 전체 철근량에 대한 절단철근량의 비)

③ D35이하의 철근에서 연속철근이 절단점에서 휨에 필요한 철근량의 2배 이상 배치되어 있고 V_u 가 $\frac{3}{4}\phi V_n$ 을 초과하지 않는 경우

5 절단 철근량의 제한
전체철근량의 50% 이하로 절단해야 한다.

6 정철근의 정착규정
① 단순보 : 정철근량의 1/3 이상을 받침부 내로 150mm 이상 연장
② 연속보 : 정철근량의 1/4 이상을 받침부 내로 150mm 이상 연장

7 부철근의 정착규정
부철근량의 1/3 이상을 변곡점을 지나 d 이상, $12d_b$ 이상, $l_n/16$ 이상을 연장

한번 더 보기

휨철근을 끝내는 위치는 압축구역에서 끝내는 것이 원칙이나 전단에 대해 문제가 없는 경우에는 인장구역에서 끝낼 수 있다.

 **철근의 이음**

1 이음 일반
① D35이하의 철근은 겹침이음을 하고, D35를 초과하는 철근은 용접이음을 한다.
② 휨부재에서 서로 직접 접촉되지 않게 겹침이음된 철근은 횡방향의 순간격이 겹침이음길이의 1/5 이하, 150mm 이하라야 한다.
③ 완전한 이음은 125% 이상의 f_y를 발휘할 수 있는 것이라야 한다.

2 이음의 분류

이음의 등급	판정 방법	겹침이음 길이
A급 이음	$\begin{cases} \dfrac{겹침이음\ A_s}{총\ A_s} \leq \dfrac{1}{2} \\ \dfrac{배근\ A_s}{소요\ A_s} \geq 2 \end{cases}$	• 300mm 이상 • $1.0l_d$ 이상
B급 이음	기타	• 300mm 이상 • $1.3l_d$ 이상

※ 겹침이음길이는 어떠한 경우라도 300mm 이상으로 한다.
※ 서로 다른 크기의 인장철근을 겹침이음하는 경우 이음길이
 : 큰 철근의 정착길이와 작은 철근의 겹침이음길이 중 큰 값 이상

3 다발철근의 겹침이음길이 증가
① 3다발철근 : 20% 증가
② 4다발철근 : 33% 증가

4 압축이형철근의 겹침이음길이

$$l_s = \left(\frac{1.4 f_y}{\lambda \sqrt{f_{ck}}} - 52 \right) d_b$$

$f_{ck} \geq$ 21MPa 인 경우		$f_{ck} <$ 21MPa 인 경우
$f_y \leq$ 400MPa	$f_y >$ 400MPa	겹침이음길이를 1/3 증가
$0.072 f_y d_b$ 이하	$(0.13 f_y - 24) d_b$ 이하	

※어느 경우에도 300mm 이상이어야 하고 인장철근의 겹침이음길이보다 길 필요는 없다.

문 제
철근콘크리트보의 주철근을 이음하는데 가장 적당한 곳은?
① 보의 중앙
② 지점으로부터 경간의 $\dfrac{1}{3}$ 되는 지점
③ 지점으로부터 경간의 $\dfrac{1}{4}$ 되는 지점
④ 휨응력이 가장 작은 곳

해설 주철근은 휨에 저항하는 철근이므로 휨응력이 가장 작은 곳에서 이음을 한다.

답 ④

 한번 더 보기
겹침이음과 다발철근은 D35 이하인 가벼운 철근을 대상으로 해야 한다.

section 29 기둥

1 정의
① 기둥 : 높이가 단면최소치수의 3배 이상인 압축부재
② 주각 : 높이가 단면최소치수의 3배 미만인 압축부재

2 기둥의 구조세목

구 분		띠철근 기둥	나선철근 기둥
단면		주로 사각형 단면에 사용	주로 원형단면에 사용
축방향 철근 (축철근)	최소개수	4개 이상	6개 이상
	지름	16mm 이상	
	철근비 $\left(\dfrac{A_{st}}{A_g}\right)$	(1~8%) $\begin{cases} A_{st,\,min} = 0.01 A_g \\ A_{st,\,max} = 0.08 A_g \end{cases}$ 단, 겹침이음부는 (1~4)%	
	간격	40mm 이상, $\dfrac{4}{3}G_{max}$ 이상, $1.5 d_b$ 이상	
보조철근 (띠철근과 나선철근)	지름	① D32 이하의 축철근 : D10 이상의 띠철근 사용 ② D35 이상의 축철근 : D13 이상의 띠철근 사용	10mm 이상
	간격	• 축철근 지름의 16배 이하 • 띠철근 지름의 48배 이하 • 단면최소치수 이하	(25~75)mm
기타사항	콘크리트의 강도		$f_{ck} \geq 21\text{MPa}$
	나선철근비(ρ_s)		$\dfrac{\text{나선철근의 전체적}}{\text{심부 체적}}$ $\geq 0.45 \left(\dfrac{A_g}{A_{ch}} - 1\right) \dfrac{f_{ck}}{f_{yt}}$
	나선철근의 겹침이음길이 (f_{yt}가 400MPa 이하일 때만 가능)		이형철근 : $48 d_b$ 이상, 300mm 이상 원형철근 : $72 d_b$ 이상, 300mm 이상
	나선철근의 항복강도		$f_{yt} \leq 700\text{MPa}$
	나선철근의 정착길이		1.5회전 더 연장

※ 띠철근과 나선철근을 사용하는 이유 : 축철근의 위치를 확보하고 좌굴을 방지

문제

철근콘크리트의 기둥에 관한 구조세목으로 틀린 것은?

① 압축부재의 축방향 주철근 단면적은 전체 단면적의 1%~8%로 해야 한다.
② 축방향 부재의 주철근의 최소개수는 원형 나선철근으로 둘러싸인 철근의 경우는 6개로 해야 한다.
③ 나선철근기둥의 설계기준압축강도는 21MPa 이상으로 해야 한다.
④ 띠철근 압축부재에 배치되는 축방향철근의 지름은 D35 이상이어야 한다.

해설 압축부재의 축방향철근 지름은 16mm 이상으로 하여야 한다.

답 ④

한번 더 보기

롱다리 압축부재(h ≥ 3t)는 기둥이라 하고, 숏다리 압축부재 (h < 3t)는 주각(받침대)이라 한다.

section 30 기둥의 판정 : 세장비 이용 (중요도 ★☆☆)

1 횡구속 골조
$\lambda = \dfrac{kl_u}{r} \leq \left(34 - 12\dfrac{M_1}{M_2}\right)$ 인 경우 : 단주

2 비횡구속 골조
$\lambda = \dfrac{kl_u}{r} \leq 22$ 인 경우 : 단주

여기서, r : 최소회전 반경(구형단면 : 0.3t, 원형단면 : 0.25t, t : 단면최소치수)
　　　 k : 유효길이계수(횡구속 : $k=1.0$, 비횡구속 : $k > 1.0$)
　　　 l_u : 기둥의 비지지 길이(균일단면의 기둥 길이)
　　　 M_1 : 단모멘트 중 작은 값(단일곡률 : ⊕, 이중곡률 : ⊖)
　　　 M_2 : 단모멘트 중 큰 값(항상 ⊕)

3 최소회전 반경(r)

사각형 단면	원형 단면
0.3t	0.25t

4 유효길이 계수(k)
① 횡방향 상대변위가 방지된 경우 : $k = 1.0$
② 횡방향 상대변위가 방지되지 않은 경우 : $k > 1.0$
③ 기둥의 단부조건이 주어진 경우

양단고정	일단고정 타단힌지	일단고정 타단자유	양단힌지
$k = 0.5$	$k = 0.7$	$k = 2.0$	$k = 1.0$

> **문제**
> 400mm×400mm의 단면을 가진 띠철근 기둥이 양단 힌지로 구속되어 있으며, 횡방향 상대변위가 방지되어 있지 않은 경우의 단주의 한계 높이는 얼마인가?
> ① 2.25m　　　② 2.64m
> ③ 3.12m　　　④ 3.23m

해설 횡방향 상대 변위가 방지되어 있지 않을 경우는 $\dfrac{kl}{r} \leq 22$ 일 때가 단주이다.
기둥의 양단이 힌지로 되어 있으므로 $k=1$ 이고, 회전반지름 $r = 0.3t$ 이다.
세장비 $= \dfrac{kl_u}{r} = \dfrac{1.0 \times h}{0.3t} \leq 22$ 에서
∴ $h \leq 2640\text{mm} = 2.64\text{m}$

답 ②

> 기둥의 비지지장 l_u 는 지판(Drop pannel)이나 기둥머리를 제거한 균일단면의 기둥길이를 말한다.

section 31 기둥의 해석

1 중심축하중을 받는 단주의 설계축강도
최소편심(나선철근 : 0.05t, 띠철근 : 0.10t)에 의한 강도감소를 고려한다.

1) 띠철근 기둥($\phi=0.65$)
$$P_u = 0.80\phi P_n = 0.80\phi\{0.85f_{ck}(A_g - A_{st}) + f_y A_{st}\}$$

2) 나선철근 기둥($\phi=0.70$)
$$P_u = 0.85\phi P_n = 0.85\phi\{0.85f_{ck}(A_g - A_{st}) + f_y A_{st}\}$$

2 기둥의 평형(균형)상태
콘크리트의 변형률이 0.0033에 도달함과 동시에 모든 철근의 응력이 f_y에 도달하는 상태를 균형상태라 한다.

3 기둥의 파괴형태

압축파괴	균형파괴	인장파괴
$e < e_b,\ P_u > P_b$	$e = e_b,\ P_u = P_b$	$e > e_b,\ P_u < P_b$

여기서, e_b : 균형 편심, P_u : 계수축하중, P_b : 균형 축하중

4 축하중과 휨을 동시에 받는 기둥
$$P_n = C_c + C_s - T = 0.85f_{ck}ab + A_s'f_s' - A_s f_s$$
$$\therefore P_u = \phi P_n = \phi\{0.85f_{ck}ab + A_s'f_s' - A_s f_s\}$$

5 장주의 해석
오일러 이론공식 적용

좌굴하중 $P_c = \dfrac{\pi^2 EI}{(kl_u)^2}$

단부조건	양단고정	일단고정 타단힌지	일단고정 타단자유	양단힌지
고정계수(n)	4	2	$\dfrac{1}{4}$	1
좌굴계수(k)	0.5	0.7	2	1

> **한번 더 보기**
>
> 강도설계법에서 균형상태란 콘크리트와 철근이 동시에 최대변형률에 도달하는 상태이다.
>
> $\therefore \begin{cases} \epsilon_c = 0.0033 \\ \epsilon_s = \epsilon_y = \dfrac{f_y}{E_s} \end{cases}$ 에 동시 도달하는 상태

문제 1

계수 축방향 하중 P_u =2500kN에 대한 정사각형 띠철근 단주 설계 시 한 변의 길이가 400mm인 정사각형 기둥의 축방향 철근량은? (단, 콘크리트의 설계기준압축강도는 24MPa이고, 철근의 설계기준항복강도는 300MPa이며, 강도 감소계수 ϕ는 0.65로 계산한다.)

① 4293mm²   ② 5521mm²
③ 6576mm²   ④ 7513mm²

해설
$P_u = 0.80\phi\{0.85f_{ck}(A_g - A_{st}) + f_y A_{st}\}$
$= 0.80 \times 0.65 \times \{0.85 \times 24(400 \times 400 - A_{st}) + 300 A_{st}\}$
$= 1,697,280 - 10.608 A_{st} + 156 A_{st} = 2500 \times 10^3$
$\therefore A_{st} = \dfrac{2500 \times 10^3 - 1,697,280}{156 - 10.608} = 5521 \text{mm}^2$

답 ②

문제 2

그림과 같은 나선철근 단주의 계수 중심축하중 P_u는 얼마인가? (단, $f_{ck}=28\text{MPa}$, $f_y=350\text{MPa}$, 축방향 철근은 D25-8개($A_s=4050\text{mm}^2$) 사용함)

① 1787 kN
② 1854 kN
③ 1021 kN
④ 2020 kN

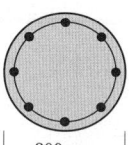

해설
$P_u = 0.85\phi P_n = 0.85\phi\{0.85f_{ck}(A_g - A_{st}) + f_y A_{st}\}$
$= 0.85 \times 0.70 \left\{ 0.85 \times 28 \left(\dfrac{\pi \times 300^2}{4} - 4050 \right) + 350 \times 4050 \right\}$
$= 1,787,043\text{N} \fallingdotseq 1787\text{kN}$

답 ①

문제 3

양단이 단순지지된, 그림과 같은 단면을 갖는 기둥의 오일러 좌굴하중은 얼마인가?(단, 기둥의 길이는 L=6m이며, 탄성계수 E=200,000MPa이다.)

① 3,564 kN
② 4,541 kN
③ 4,948 kN
④ 5,401 kN

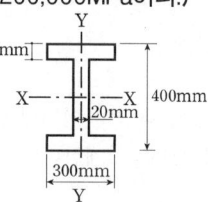

해설 좌굴하중 $P_c = \dfrac{n\pi^2 EI_{\min}}{L^2} = \dfrac{1.0 \times \pi^2 \times 200,000 \times 10^6 \times 9024 \times 10^4}{6000^2}$
$= 4,947,961\text{N} \fallingdotseq 4,948\text{kN}$

$\begin{cases} \text{고정계수}: n=1 \text{ (양단힌지이므로)} \\ I_{\min} = I_y = \dfrac{20 \times 300^3}{12} \times 2 + \dfrac{360 \times 20^3}{12} = 9,024 \times 10^4 \text{mm}^4 \end{cases}$

답 ③

슬래브

section 32 슬래브 (중요도 ★☆☆)

1 슬래브의 종류와 설계방법

구 분	1방향 슬래브	2방향 슬래브
정의	$\dfrac{L}{S} \geq 2$	$1 \leq \dfrac{L}{S} < 2$
설계방법	단변을 경간으로 하는 폭 1m인 보로 보고 설계	직접 설계법, 등가 뼈대법

2 슬래브의 설계경간

구 분	단순 슬래브	연속슬래브(l_n : 순경간)	
		$l > 3.0m$	$l_n \leq 3.0m$
설계경간	순경간+슬래브 두께 ≤ 받침부 중심간 거리	받침부 중심간 거리 단, 받침부의 일체로 된 보에서는 순경간 내면의 휨모멘트 사용	지지폭을 무시한 순경간

3 슬래브의 휨모멘트 수정

부(−)모멘트	정(+)모멘트	순경간 내면의 휨모멘트 ($l_n > 3.0m$)
$\dfrac{1}{2}$만 취함	양단고정보의 고정단모멘트 이상	순경간을 경간으로 하는 양단고정보의 고정단모멘트 이상

문제

슬래브에서 긴 변과 짧은 변의 비가 2를 넘으면 짧은 변을 경간으로 하는 1방향 슬래브로 설계해야 한다. 그 이유는?

① 계산이 간편하기 때문에
② 철근이 절약되기 때문에
③ 하중의 대부분이 짧은 변 방향으로 작용하기 때문에
④ 휨모멘트가 작기 때문에

해설 1방향 슬래브는 대부분의 하중이 단변방향으로 전달되므로 단변을 경간으로 하는 단위 폭 1m인 직사각형보로 설계한다.

답 ③

한번 더 보기

1방향 슬래브는 1방향으로 길이가 긴 슬래브로 단변으로 주철근, 장변으로 수축·온도철근을 배치하고, 2방향 슬래브는 2방향으로 길이가 긴 슬래브로 두 방향으로 주철근을 배치한다.

section 33. 슬래브의 하중전달과 분담하중 (★★☆)

1 1방향 슬래브 : 대부분의 하중이 단변방향으로 전달
① 단변방향 : 주철근 배치
② 장변방향 : 수축 및 온도 철근 배치

2 2방향 슬래브

집중하중(P)이 작용	등분포하중(w)이 작용
$P_S = \dfrac{L^3}{L^3+S^3}P$ $P_L = \dfrac{S^3}{L^3+S^3}P$	$w_s = \dfrac{L^4}{L^4+S^4}w$ $w_L = \dfrac{S^4}{L^4+S^4}w$

※ 단변방향으로 더 큰 하중이 전달되므로 단변방향의 주철근을 슬래브 바닥에 더 가깝게 배치한다.

3 슬래브의 구조세목

구 분	1방향 슬래브	2방향 슬래브
슬래브의 두께(t)	100mm 이상(과다처짐 방지)	경우에 따라 다름
주철근의 간격	위험단면 : 2t 이하, 300mm 이하 기타단면 : 3t 이하, 450mm 이하 (t : 슬래브 두께)	
수축 및 온도 철근비	① $f_y \leq 400MPa \rightarrow 0.0020$ 이상 ② $f_y > 400MPa \rightarrow 0.0020 \times \dfrac{4,000}{f_y} \geq 0.0014$ ∴ 어떠한 경우에도 0.0014 이상이라야 한다.	
전단에 대한 위험 단면	d 떨어진 단면	$\dfrac{d}{2}$ 떨어진 단면

문제

강도설계법에 의한 2방향 슬래브의 구조세목을 기술한 것 중 틀린 것은?

① 단경간에서 불연속단에 수직한 정철근은 슬래브의 연단으로 연장하여 150mm 이상의 길이를 벽체에 묻어야 한다.
② 위험단면에서 철근의 간격은 특별한 경우를 제외하고는 슬래브 두께의 3배를 초과하지 않아야 한다.
③ 지판의 두께는 지판이 없는 슬래브 두께의 1/4 이상이어야 한다.
④ 주열대와 중간대가 겹치는 구역에서는 1/4 이상의 철근이 개구부에 의하여 차단되어서는 안 된다.

해설 2방향 슬래브에서 위험단면의 정·부철근 간격은 슬래브 두께의 2배 이하라야 한다.

답 ②

한번 더 보기

슬래브에 배근되는 주철근의 간격은 위험단면에서는 좁게 2t 이하, 300mm 이하로 하고 기타단면에서는 넓게 3t 이하, 450mm 이하로 한다. 또한 수축 및 온도철근의 간격은 5t 이하, 450mm 이하로 한다.

section 34 옹벽

1 옹벽의 안정조건(전도, 활동, 지지력)

(1) 전도에 대한 안정

① 안전율 = $\dfrac{\text{저항모멘트}(V \cdot x)}{\text{전도모멘트}(H \cdot y)} \geq 2.0$

② 합력의 작용선이 옹벽 저면 중앙 $\dfrac{1}{3}$ 이내에 있어야 한다.

(2) 활동에 대한 안정

안전율 = $\dfrac{\text{마찰력}(V \cdot \mu)}{\text{수평력}(H)} \geq 1.5$

만약, 활동에 대해 부족한 경우 : 활동방지벽 또는 횡방향앵커를 설치

(3) 지반지지력에 대한 안정

최대 지반 반력(q_{max}) ≤ 허용 지지력(q_a)

2 옹벽 구조 세목

(1) 캔틸레버식 옹벽 : 캔틸레버로 설계

(2) 부벽식 옹벽

① 부벽 : 앞부벽은 직사각형보, 뒷부벽은 T형보로 설계
② 저판 : 고정보 또는 연속보로 설계
③ 전면벽 : 3변 지지된 2방향슬래브로 설계

문 제

옹벽에 관련된 설명 중에서 옳지 않은 것은?

① 옹벽이란 토압에 저항하여 토사의 붕괴를 방지하기 위하여 축조한 구조물의 일종이다.
② 옹벽은 작용하는 하중에 대하여 전도(over-turning), 활동(sliding) 및 지반지지력에 대하여 안정해야 한다.
③ 활동에 대한 저항성을 크게 하기 위하여 돌출부(shear key)를 설치할 때 돌출부와 저판을 별개의 구조물로 만들어야 한다.
④ 뒷부벽은 T형보, 앞부벽은 직사각형보로 설계하여야 한다.

 활동에 대한 저항성을 크게 하기 위하여 활동방지벽을 설치하는 경우 활동 방지벽과 저판은 일체로 만들어야 한다.

답 ③

한번 더 보기

캔틸레버식 옹벽은 캔틸레버로 보고 설계하며 부벽식 옹벽의 앞부벽은 직사각형보, 뒷부벽은 T형보로 보고 설계한다.

SECTION 35 확대기초 (중요도 ★☆☆)

상부하중을 지반에 안전하게 전달하기 위해 설치하는 구조물

1 소요밑면적

$$A = \frac{\text{사용하중}(P)}{\text{허용지지력}(q_a)}$$

2 위험단면

① 휨에 대한 위험 단면(=정착에 대한 위험단면)

콘크리트 기둥을 지지하는 경우	조적조 벽체를 지지하는 경우	강재밑판을 갖는 경우
기둥 외면	조적조 벽체의 중심선과 기둥외면의 중간	강재밑판의 연단과 기둥외면과의 중간

② 위험단면에 대한 휨모멘트

$$M = \frac{q_u S(L-t)^2}{8} = \frac{P_u}{SL} \cdot \frac{S(L-t)^2}{8}$$

③ 전단에 대한 위험단면

구 분	1방향 거동	2방향 거동
파괴 양상	사인장 파괴	펀칭(원추형, 피라미드형) 파괴
위험 단면	d 떨어진 곳	$\frac{d}{2}$ 떨어진 곳

※ 기둥면에서 0.75h 내의 지반력은 무시하고 계수전단력을 구한다.

3 확대기초의 구조상세

철근 중심에서 기초 상연까지의 거리(유효높이)

직접기초 (흙 위에 놓인 경우)	말뚝기초 (말뚝 위에 놓인 경우)
150mm 이상	300mm 이상

문 제

확대기초의 전단파괴(Punching shear)가 일어나는 점은? (단, d 는 유효높이)
① 지점에서 d 되는 점
② 지점
③ 지점에서 $d/2$ 되는 점
④ 지점에서 $3/4d$ 되는 점

해설 펀칭 전단파괴는 확대기초가 2방향 작용할 때 발생하므로 지점에서 $d/2$ 되는 점에서 일어난다.

답 ③

 한번 더 보기

자중을 별도로 고려하는 경우 확대기초의 소요저면적

$$A = \frac{P}{q_a - \gamma h}$$

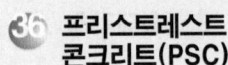

section 36 프리스트레스트 콘크리트(PSC)

미리 압축응력을 준 콘크리트

1 PS강재 긴장 방법
① 기계적 방법 : 가장 일반적
② 화학적 방법
③ 전기적 방법
④ 프리플렉스 방법 : 형하공간확보(벨기에 개발)

2 PSC의 장점
① 인장응력이 상쇄되어 균열이 생기지 않으므로 강재의 부식 위험이 없고 전단면이 유효하다.
② 과다한 하중에 의해 균열이 생겼다하더라도 하중을 제거하면 원상태로 회복되는 복원성이 우수하다.
③ PS 강재를 곡선 또는 절곡배치하면 전단력이 감소되어 전단력이 크게 작용하는 복부단면을 줄일 수 있어 자중이 경감되므로 장대지간의 교량가설에 유리하다.
④ 외관이 수려하고 처짐이 작으며 취성파괴의 위험이 적어 안전성이 높다.

3 PSC의 단점
① 강성이 적어 진동 및 변형되기 쉽다.
② 열에 약하다.
③ 공사비가 비싸다.
④ 시공이 어렵다.

문제

프리스트레스트 콘크리트를 사용하는 가장 큰 이점은 다음 중 무엇인가?
① 고강도 콘크리트의 이용
② 고강도 강재의 이용
③ 콘크리트의 균열 감소
④ 변형의 감소

해설 프리스트레스트 콘크리트는 인장응력을 상쇄시키기 위하여 미리 압축응력을 도입한 콘크리트로 RC에 비해 균열이 크게 감소한다.

답 ③

한번 더 보기

철근콘크리트(RC)는 항상 수많은 미세균열이 존재하지만 프리스트레스트 콘크리트(PSC)는 균열을 정복한 콘크리트이다.

Section 37. PSC의 분류(긴장 시기에 따른 분류) (중요도 ★★☆)

구 분	프리텐션방식	포스트텐션방식
프리스트레스 도입원리	부착	정착
종 류	• 롱라인공법(연속식) • 인디비듀얼 몰드공법(단독식)	• 부착된 포스트텐션 • 부착되지 않은 포스트텐션
특 징	• 신뢰도 높다. • 대량생산이 가능하다.	• 강재의 곡선배치가 가능하다. • 대형구조물 제작이 가능하다.

1 프리텐션 방식 : 부착에 의해 프리스트레스가 도입되는 방식

① 롱라인 공법(long-line method, 연속식)
   1회 긴장으로 비교적 크기가 작은 여러 개의 부재를 제작하는 방식

② 인디비듀얼 몰드 공법(individual mold method, 단독식)
   거푸집 자체를 긴장대로 하여 별도의 지지대 없이 1회 긴장으로 비교적 크기가 큰 1개의 부재를 제작하는 방식

2 포스트텐션 방식 : 정착에 의해 프리스트레스가 도입되는 방식

① 포스트텐션 공법 제작순서
   ㉠ 거푸집조립과 쉬스 배치
   ㉡ 콘크리트 타설
   ㉢ PS강재 긴장 후 정착
   ㉣ PS강재의 부식을 막고 부착을 위해 그라우팅 실시

② 포스트텐션 공법의 정착방법

정착방식		대표적공법	공법 요약
쐐기식		Freyssinet 공법	PS강재를 12개를 한꺼번에 긴장시
		CCL 공법 (VSL 공법)	PS강재를 1개씩 긴장시
		Magnel 공법	PS강재를 8개를 한꺼번에 긴장시
지압식	볼트식	B.B.R.V 공법	PS강재 끝에 리벳머리를 만들어 정착
	너트식	Dywidag 공법	PS강봉을 대상으로 하여 특수접속장치 커플러에 의한 정착
루프식		Leonhart 공법	가동콘크리트 블록을 사용

> **한번 더 보기**
> 프리텐션 방식은 부착에 의해 프리스트레스가 도입되고, 포스트텐션 방식은 정착에 의해 프리스트레스가 도입된다.

PSC의 주재료

section 38 PSC의 주재료

1 콘크리트

압축강도가 크고, 건조수축과 크리프가 작아야 한다.

구 분	설계기준강도(f_{ck})	프리스트레스도입시 응력(f_{ci})
프리텐션	35MPa 이상	30MPa 이상
포스트텐션	30MPa 이상	• 한 개의 강재 : 17MPa 이상 • 여러 개의 강재 : 28MPa 이상

2 PS강재

① PS강재에 요구되는 성질

㉠ 강도가 크고, 릴렉세이션이 작아야 한다.

강 재	인장강도	릴렉세이션(r)
PS 강선(wire)	中	크다(r=5%)
PS 강연선(strand)	大	
PS 강봉(steel)	小	작다(r=3%)

㉡ 항복비가 크고, 적당한 인성과 연성이 있어야 한다.
㉢ 응력부식에 대한 저항성이 커야 한다.
㉣ PS강재가 곧게 펴지는 신직성(직진성)이 좋아야 한다.
㉤ 연성이 크고, 취성이 작아야 한다.

② PS강재의 탄성계수(=철근의 탄성계수)

$E_{ps} = E_s = 200,000\text{MPa}$

③ 탄성계수비

$n = \dfrac{E_{ps}}{E_c} = \dfrac{23.5}{\sqrt[3]{f_{cm}}}$ (단, $f_{cm} = f_{ck} + \Delta f$)

④ PS강재의 항복강도 결정 방법

off-set방법 이용 : 0.2%의 영구변형이 생기는 점이 f_y이다.

문제

일반적으로 PSC에 사용되는 긴장강재의 항복점은 뚜렷하지가 않다. 다음 그림은 인장 시험에 의해 PS강재의 항복강도를 구하는 방법이다. 그림에서 일반적인 항복강도 결정시의 변형률 ϵ_r의 값은?

① 0.2%
② 0.3%
③ 0.02%
④ 0.03%

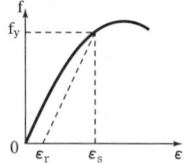

해설 오프-셋(off-set) 방법에 의하면 0.2%의 영구변형(잔류변형)이 생기는 점을 항복점으로 한다.

답 ①

section 39. 기타재료 (중요도 ★★☆)

1 기타재료 : 포스트 텐션부재에서만 사용

덕트	긴장재를 수용하기 위해 콘크리트 속에 두는 구멍
쉬스	덕트를 형성하기 위해 사용하는 관
정착장치	PSC부재 단부에 긴장재를 고정하는 장치
그라우트	PS강재의 부식을 막고 부착을 위해 쉬스 속을 메우는 작업

2 기타 재료의 구조세목

구 분	프리텐션방식	포스트텐션방식
긴장재의 중심간격	강선 : $5\,d_b$ 이상 강연선 : $4\,d_b$ 이상 · $f_{ci} \geq$ 28MPa, $d_b <$ 13mm인 강연선 : 45mm 이상 · $f_{ci} \geq$ 28MPa, $d_b \geq$ 15mm인 강연선 : 50mm 이상	작업에 지장 없게 배치 (다발로 사용 가능)
덕트 순간격	$\frac{4}{3}G_{max}$ 이상, 25mm 이상	
굵은 골재 최대치수	긴장재 또는 덕트 순간격의 $\frac{3}{4}$ 배 이하	

한번 더 보기

그라우팅은 PS강재의 부식을 방지하고 콘크리트와의 부착을 위해 실시하는 쉬스 속을 메우는 작업이다.(주목적은 부식방지)

section 40 PSC의 기본개념 (중요도 ★★★)

1 제1개념(응력개념, 균등질보의 개념) → 압축 ⊕, 인장 ⊖
PSC를 탄성체로 보고 Hooke의 법칙을 적용시켜 해석한다는 개념이다.

(1) PS강재가 도심배치

일반식 : $f = \dfrac{P}{A} \pm \dfrac{M}{I}y$

$\therefore f_{\substack{상연 \\ 하연}} = \dfrac{P}{A} \pm \dfrac{M}{Z}$

(2) PS강재가 편심배치

일반식 : $f = \dfrac{P}{A} \mp \dfrac{Pe}{I}y \pm \dfrac{M}{I}y$

$\therefore f_{\substack{상연 \\ 하연}} = \dfrac{P}{A} \mp \dfrac{Pe}{Z} \pm \dfrac{M}{Z}$

※ 완전 프리스트레싱이 되기 위한 조건

$f_{하연} \geq 0$

2 제2개념(강도개념, 내력 모멘트 개념)
PSC를 RC와 같이 콘크리트가 압축, PS강재가 인장을 받는다고 보고 내력모멘트가 외력모멘트에 저항한다는 개념이다.

3 제3개념(하중 평형 개념, 등가하중 개념)
프리스트레싱에 의한 작용력이 평형을 이룬다는 개념이다.

PS 강재가 곡선 배치된 경우	PS 강재가 절곡 배치된 경우
등분포 상향력 $u = \dfrac{8Ps}{l^2}$	집중상향력 $U = \sum P\sin\theta$

문제

그림과 같은 PSC보에 자중을 포함한 등분포하중이 15kN/m으로 작용한다면, 지간 중앙단면의 하연 응력은 얼마인가? (단, 지간은 10m, 긴장력 P=1200kN이다.)

① 9.82 MPa
② 5.81 MPa
③ 3.84 MPa
④ 0.19 MPa

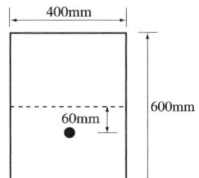

해설
$f_{하연} = \dfrac{P}{A} - \dfrac{M}{I}y + \dfrac{P \cdot e}{I}y$

$= \dfrac{1200 \times 10^3}{400 \times 600} - \dfrac{18.75 \times 10^7}{72 \times 10^8} \times \dfrac{600}{2} + \dfrac{(1200 \times 10^3) \times 60}{72 \times 10^8} \times \dfrac{600}{2}$

$= 0.1875 \text{N/mm}^2 ≒ 0.19 \text{MPa}$

$\left(\begin{array}{l} M = \dfrac{wl^2}{8} = \dfrac{15 \times 10{,}000^2}{8} = 18.75 \times 10^7 \text{N} \cdot \text{mm} \\ I = \dfrac{bh^3}{12} = \dfrac{400 \times 600^3}{12} = 72 \times 10^8 \text{mm}^4 \end{array} \right)$

답 ④

section 41 PSC의 손실 (중요도 ★★★)

1 감소율(손실율)

$$\frac{\Delta P}{P_i} = \frac{\Delta f_p}{f_{pi}}$$

2 유효율(R)

$$R = \frac{P_e}{P_i} = \frac{\Delta f_p}{f_{pi}}$$

(프리텐션 : $R = 0.80$, 포스트텐션 : $R = 0.85$)

3 프리스트레스를 도입할 때 생기는 손실(즉시손실)
① 콘크리트의 탄성수축(탄성변형)
② PS강재의 활동
③ PS강재의 쉬스 사이의 마찰

4 프리스트레스 도입후 생기는 손실(시간적 손실)
① 콘크리트의 건조수축
② 콘크리트의 크리프
③ PS강재의 릴렉세이션

문제

프리스트레스 감소 원인 중 프리스트레스 도입 후 시간경과에 따라 생기는 것이 아닌 것은?
① PC강재의 릴렉세이션
② 콘크리트의 건조 수축
③ 정착 장치의 활동
④ 콘크리트의 크리프

해설 정착장치의 활동에 의한 손실은 즉시손실이다.

답 ③

 한번 더 보기

• 포스트텐션 방식에서만 생기는 손실
① PS강재와 쉬스 사이의 마찰에 의한 손실
② PS강재의 활동에 의한 손실

section 42 즉시 손실 계산

1 탄성수축에 의한 손실
① 프리텐션 방식 : $\Delta f_p = nf_c$
② 포스트 텐션 방식
  • 한꺼번(동시)에 긴장시 : 손실이 없다.
  • 차례로 긴장시 ┌ 최초 긴장재 : 최대손실발생
              └ 마지막 긴장재 : 손실 없음

  (평균 손실량) = $\frac{1}{2}$ × (최초긴장재의 손실량)

  $\Delta f_P = \frac{1}{2} nf_c \frac{N-1}{N}$ (N : 긴장재수)

2 PS강재의 활동에 의한 손실

일단 정착	양단 정착
$\Delta f_p = E_p\left(\dfrac{\Delta l}{l}\right)$	$\Delta f_p = E_p\left(2\dfrac{\Delta l}{l}\right)$

3 PS 강재의 마찰에 의한 손실 : 근사식 적용
① 근사식의 적용조건 : $l \leq 40\text{m}$, $\alpha \leq 30°$, $\mu\alpha + kl \leq 0.3$
② 감소율 : $\dfrac{\Delta P}{P_o} = \mu\alpha + kl$

문제1
그림과 같은 직사각형 단면의 프리텐션 부재에 편심배치한 직선 PS강재를 760kN로 긴장했을 때 탄성수축으로 인한 프리스트레스의 감소량은?
(단, $I = 2.5 \times 10^9 \text{mm}^4$, $e = 80\text{mm}$, $n = 6$)

① 43.7 MPa
② 45.7 MPa
③ 47.7 MPa
④ 49.7 MPa

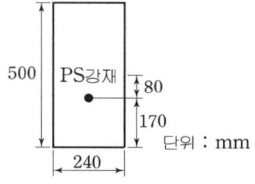

해설 $\Delta f_p = nf_c = 6 \times 8.28 = 49.68\text{MPa} ≒ 49.7\text{MPa}$

$\left[f_c = \dfrac{P}{A} + \dfrac{M}{I}y = \dfrac{760 \times 10^3}{240 \times 500} + \dfrac{(760 \times 10^3) \times 80}{2.5 \times 10^9} \times 80 = 8.28\text{N/mm}^2 = 8.28\text{MPa}\right]$

손실계산시 콘크리트 응력(f_c)은 강재가 있는 위치의 콘크리트 응력이라야 한다.

답 ④

문제2
300mm×400mm의 콘크리트 단면에 200mm²의 PS강선 4개를 대칭으로 배치한 포스트텐션부재에 있어서 PS강선을 1개씩 차례로 긴장하는 경우 콘크리트의 탄성수축에 의한 프리스트레스의 평균손실량의 근사값은 얼마인가?
(단, 초기 프리스트레스 1,000MPa, n=6.0)

① 13.6 MPa   ② 15.0 MPa
③ 16.8 MPa   ④ 17.5 MPa

해설 $\Delta f = \dfrac{1}{2} nf_c \dfrac{N-1}{N} = \dfrac{1}{2} \times 6 \times \dfrac{1,000(200 \times 4)}{300 \times 400} \times \dfrac{4-1}{4} = 15.0\text{MPa}$

답 ②

section 43 시간적 손실 (★★★)

1 콘크리트의 건조수축에 의한 손실 : 가장 영향이 큼

$\Delta f_p = E_p \cdot \epsilon_{sh}$

2 콘크리트의 크리프에 의한 손실

$\Delta f_p = n \phi f_c$

3 PS강재의 릴렉세이션에 의한 손실

$\Delta f_p = r f_{pi}$
강선 및 강연선 : $r = 5\%$, 강봉 : $r = 3\%$

문제 1

PS 강재의 탄성계수 $E_p = 200,000\text{MPa}$, 콘크리트의 건조수축률 $\epsilon_{cs} = 18 \times 10^{-5}$ 일 때 PS강재의 프리스트레스 감소율은 얼마인가? (단, 초기 프리스트레스는 1,200MPa이다.)

① 1%   ② 2%
③ 3%   ④ 4%

해설 감소량 $\Delta f_p = E_p \epsilon_{cs} = 200,000 \times 18 \times 10^{-5} = 36\text{MPa}$

감소율 $= \dfrac{\Delta f_p}{f_p} \times 100 = \dfrac{36}{1,200} \times 100 = 3\%$

답 ③

문제 2

PS강재응력 $f_{ps} = 1,200\text{MPa}$, PS강재 도심위치에서의 콘크리트의 압축응력 $f_c = 7\text{MPa}$ 일 때 크리프에 의한 PS 강재의 인장력 손실률은? (단, 크리프계수는 2이고 탄성계수비는 6이다.)

① 7%   ② 8%
③ 9%   ④ 10%

해설 손실량 $\Delta f_p = n \phi f_c = 6 \times 2 \times 7 = 84\text{MPa}$

손실률 $\dfrac{\Delta f_p}{f_p} \times 100 = \dfrac{84}{1,200} \times 100 = 7\%$

답 ①

문제 3

다음 중 프리스트레스의 손실을 줄이는 방법이 될 수 없는 것은?

① 항복강도가 큰 강재를 사용한다.
② 물-시멘트비가 작은 콘크리트를 사용한다.
③ 단위 시멘트량이 큰 콘크리트를 사용한다.
④ 저릴랙세이션 강재를 사용한다.

해설 단위 시멘트량이 많을수록 건조수축이 커지므로 단위 시멘트량을 적게 해야 손실을 줄일 수 있다.

답 ③

허용응력

section 44 허용응력

콘크리트	손실전	허용 휨 압축응력	$f_{ca} = 0.60 f_{ci}$	
		단순지지부재 단부의 허용인장응력	$f_{ca} = 0.70 f_{ci}$	
		허용 휨 인장응력	$f_{ca} = 0.25 \sqrt{f_{ci}}$	
		단순지지부재 단부의 허용인장응력	$f_{ca} = 0.50 \sqrt{f_{ci}}$	
	손실후	허용 휨 압축응력	유효프리스트레스+지속하중	$f_{ca} = 0.45 \sqrt{f_{ck}}$
			유효프리스트레스+전체하중	$f_{ca} = 0.60 \sqrt{f_{ck}}$
강재	긴장시		$0.80 f_{pu}$ 와 $0.94 f_{py}$ 중 작은 값	
	도입후	프리텐션	$0.74 f_{pu}$ 와 $0.82 f_{py}$ 중 작은 값	
		포스트텐션 정착구와 커플러	$0.70 f_{pu}$	

 강구조 (중요도 ★☆☆)

1 형강의 종류
① L형강(angle) : 산형강
② ㄷ형강(channel) : 구형강

2 형강의 표시 → 「(총높이)×(총폭)×(W-F의 두께)×(길이)」

3 리벳강도(ρ_a)
리벳 1개가 받을 수 있는 최대하중

	전단강도(ρ_s)	지압강도(ρ_b)
단전단	$v_a\left(\dfrac{\pi d^2}{4}\right)$	$f_{ba}(dt_{\min})$
복전단	$v_a\left(\dfrac{\pi d^2}{2}\right)$	

※ ρ_s 와 ρ_b 중 작은 값을 리벳강도 ρ_a로 한다.

4 리벳수(n)
$$n = \frac{\text{전하중}(P)}{\text{리벳강도}(\rho_a)}$$

문 제

그림과 같은 강재의 겹침이음에서 리벳값은?
(단, $d=22\text{mm}$, $t=10\text{mm}$, $v_{sa}=100\text{MPa}$, $f_{ba}=210\text{MPa}$)

① 36,960 N
② 73,920 N
③ 38,013 N
④ 46,200 N

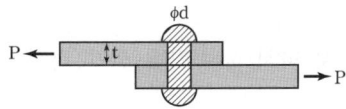

해설 ① 전단강도 : $\rho_s = v_a\left(\dfrac{\pi d^2}{4}\right) = 100 \times \left(\dfrac{\pi \times 22^2}{4}\right) = 38,013\text{N}$

② 지압강도 : $\rho_b = f_{ba}(dt) = 210 \times (22 \times 10) = 46,200\text{N}$

∴ $\rho_a = 38,013\text{N}$ (ρ_s와 ρ_b 중 작은 값)

답 ③

 한번 더 보기

전단강도(ρ_s)
· 단전단 : $\rho_s = v_a \times A = v_a\left(\dfrac{\pi d^2}{4}\right)$
· 복전단 : $\rho_s = v_a \times 2A = v_a\left(\dfrac{\pi d^2}{2}\right)$

section 46 부재강도

1 판의 강도(P)

① 압축부재

$P = f_{ca} A_g$

여기서, f_{ca} : 부재의 허용압축응력, A_g : 부재의 총 단면적

② 인장부재

$P = f_{ta} A_n$

여기서, f_{ta} : 부재의 허용인장응력, A_n : 부재의 순 단면적

2 순 단면적: $A_n = $ 순폭$(b_n) \times $ 부재의 두께(t)

3 순폭 계산

① 구멍이 판형에 일직선으로 배치된 경우

$b_n = b_g - nd$

여기서, b_g : 총폭, n : 일직선으로 배치된 구멍의 수, d : 구멍의 지름

리벳 지름	구멍의 지름	고 장력 볼트 지름	구멍의 지름
20mm 미만	리벳의 지름+1mm	27mm 미만	볼트의 지름+2.0mm
20mm 이상	리벳의 지름+1.5mm	27mm 이상	볼트의 지름+3.0mm

② 구멍이 판형에 지그재그로 배치된 경우

총 폭에서 첫 번째 구멍의 지름을 빼고 그 후는 순차적으로 $\left(d - \dfrac{P^2}{4g}\right)$을 빼서 계산한다.

$b_n = b_g - d - \sum \left(d - \dfrac{P^2}{4g}\right)$

여기서, P : 리벳 피치, g : 리벳 선간 거리

㉠ $ABCD$: $b_n = b_g - 2d$

㉡ $ABEH$: $b_n = b_g - d - \left(d - \dfrac{P^2}{4g}\right)$

㉢ $ABECD$ or $ABEFG$

: $b_n = b_g - d - \left(d - \dfrac{P^2}{4g}\right) - \left(d - \dfrac{P^2}{4g}\right)$

위의 값 중 가장 작은 값을 순폭으로 한다.

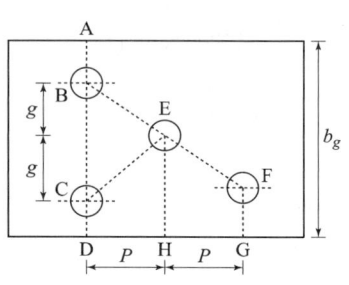

그림. 지그재그배열된 강판

③ L 형강인 경우의 순폭: 전개한 단면에 대해 계산

전개 총 폭 : $b_g = b_1 + b_2 - t$

리벳 선간거리 : $g = g_1 - t$

L 형강의 순폭계산 : $b_n = b_g - d$

$b_n = b_g - d - \left(d - \dfrac{P^2}{4g}\right)$

위의 값 중 작은 값을 순폭으로 한다.

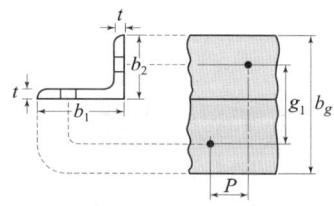

그림. L형강의 순폭 계산

문제 1

아래 그림과 같은 인장재의 순단면적은 약 얼마인가?
(단, 구멍의 지름은 25mm이고, 강판두께는 10mm이다.)

① 2,323mm²
② 2,439mm²
③ 2,500mm²
④ 2,595mm²

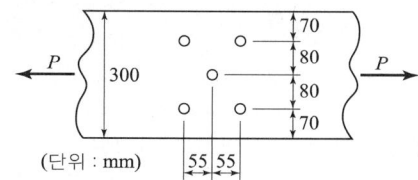

해설 (1) 순폭 : 파괴 단면에 대해 최초 구멍은 d를 공제하고, 그 후는 $d - \dfrac{p^2}{4g}$을 공제하면

$$b_n = b_g - 2d = 300 - 2 \times 25 = 250 \, \text{mm}$$

$$b_n = b_g - d - 2\left(d - \dfrac{p^2}{4g}\right)$$

$$= 300 - 25 - 2\left(25 - \dfrac{55^2}{4 \times 80}\right) \simeq 243.9 \, \text{mm}$$

∴ 최솟값 243.9mm가 순폭이 된다.

➡ $d - \dfrac{p^2}{4g}$을 계산한 값이 음(−)이므로 순폭은 일직선 파괴시의 값이다.

(2) 순단면적

$$A_n = b_n t = 243.9 \times 10 = 2,439 \, \text{mm}^2$$

답 ②

문제 2

강판을 리벳(Rivet)이음할 때 지그재그로 리벳을 체결한 모재의 순폭은 총폭으로부터 고려하는 단면의 최초의 리벳 구멍에 대하여 그 지름을 공제하고 이하 순차적으로 다음 식을 각 리벳 구멍으로 공제하는데 이때의 식은? (단, g : 리벳 선간의 거리, d : 리벳 구멍의 지름, p : 리벳 피치)

① $d - \dfrac{p^2}{4g}$ ② $d - \dfrac{g^2}{4p}$ ③ $d - \dfrac{4p^2}{g}$ ④ $d - \dfrac{4g^2}{p}$

해설 강판의 순폭은 총폭에서 고려하는 단면의 최초 리벳 구멍은 그 지름을 공제하고, 그 후는 $d - \dfrac{p^2}{4g}$을 공제하여 구한다.

답 ①

한번 더 보기

(강판의 허용인장력) = (허용인장응력) × (단면적)
= (허용인장응력) × (순폭) × (강판두께)

47 용접 이음

(중요도) ★★★

1 용접부 단면($\sum al$)
① 목두께(a) : 용접부의 유효두께

홈용접	필렛용접
$a = t$ (t : 모재두께)	$a = \dfrac{s}{\sqrt{2}} = 0.707s$ (s : 용접치수)

② 용접부 유효길이: 이론상의 완전한 목두께를 가지는 길이.
  ㉠ 홈용접: 용접선이 응력방향에 경사진 경우 응력방향에 투영시킨 길이.
    $l = l_1 \sin\theta$
  ㉡ 필렛용접: 총길이에서 용접부 개시점과 종료점의 치수(s)를 뺀 길이.
    $l_e = (l - 2s) \times 2 \Rightarrow$ 그림(가)
    $l_e = (2l_1 + l_2 - 2s) \Rightarrow$ 그림(나)

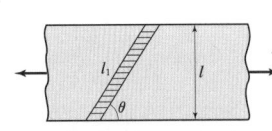 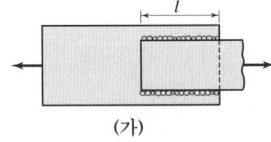 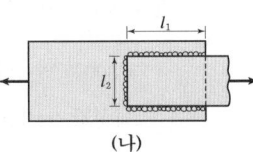

그림. 홈 용접의 유효길이   그림. 필렛 용접의 유효 길이

2 용접치수(s) : 등치수가 원칙
$t_1 < s \leq \sqrt{2t_2}$
(t_1 : 얇은 쪽 모재두께, t_2 : 두꺼운 쪽 모재 두께)

3 용접부 응력

수직응력(f)	전단응력(v)	휨응력(f)
$f = \dfrac{P}{\sum al}$	$v = \dfrac{V}{\sum al}$	·일반식 : $f = \dfrac{12M}{\sum al^3} y$ ·최대응력식 : $f_{\max} = \dfrac{6M}{\sum al^2}$

4 용접부 강도
(허용응력) × (단면적) = (허용응력) × (목두께) × (유효길이)

> **문제**
> 아래와 같은 맞대기 이음부에 생기는 응력의 크기는? (단, $P = 360,000$ N, 강판두께 12mm)
> ① 압축응력 $f_c = 14.4$MPa
> ② 인장응력 $f_t = 3,000$MPa
> ③ 전단응력 $v = 150$MPa
> ④ 압축응력 $f_c = 120$MPa
>
>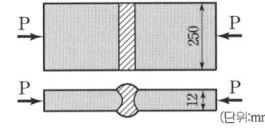

해설 압축력이 작용하므로
$f_c = \dfrac{P}{\sum al} = \dfrac{360,000}{12 \times 250} = 120$MPa(압축응력)

답 ④

> **한번 더 보기**
> 용접부의 단면은 목두께(a)를 폭으로 하고, 유효길이(l)를 높이로 하는 구형단면으로 취급한다.
> ∴ (용접부 단면) = (목두께) × (유효길이)

section 48 교 량

1 판형교

복부판의 전단응력	판형의 경제적인 높이	플랜지의 단면적
$v = \dfrac{V}{A_{wg}}$	$h = 1.1\sqrt{\dfrac{M}{f_a t}}$	$A_f = \dfrac{M}{f_a h} - \dfrac{A_w}{6}$

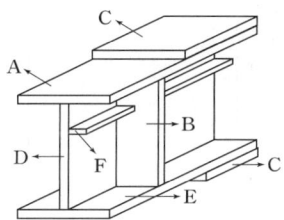

A : 상부플랜지
B : 보강재(스티프너)
C : 덮개판
D : 복부판
E : 하부플랜지
F : 브레이싱

2 용어설명

① 보강재(stiffner) : 복부판의 좌굴방지
② 브레이싱(bracing)
 ㉠ 주형의 위치확보
 ㉡ 횡력에 저항
 ㉢ 비틀림 방지
③ 전단연결재 : 재료 사이의 수평전단력에 저항할 목적으로 두는 것으로 스터드를 사용한다.
④ 복부판의 두께 제한 이유 : 복부판의 좌굴방지

문 제

판형에서 복부판에 전단력 $V = 800\text{kN}$ 가 작용할 때 전단응력은?
(단, 복부판의 순단면적 $A_{wn} = 9000\text{mm}^2$ 이고, 총단면적 $A_{wg} = 1200\text{mm}^2$ 이다.)

① 86.89 MPa ② 87.89 MPa
③ 88.89 MPa ④ 66.67 MPa

해설 $v = \dfrac{V}{A_{wg}} = \dfrac{800 \times 10^3}{12000} = 66.67 \text{N/mm}^2 = 66.67 \text{MPa}$

답 ④

제5편 토질 및 기초

흙의 체적 관계

section 1 흙의 체적 관계 (중요도 ★★☆)

1 공극비(e) : 흙 입자만의 체적에 대한 공극의 체적비로 나타내며 단위는 무차원이다.

$$e = \frac{V_v}{V_s} = \frac{n}{100-n}$$

$$e = \frac{G_s \cdot \gamma_w}{\gamma_d} - 1$$

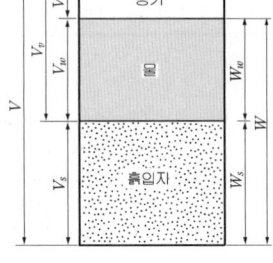

삼상으로 나타낸 흙의 성분

2 공극률(n) : 흙 전체의 체적에 대한 공극의 체적을 백분율로 나타내며 단위는 %이다.

$$n = \frac{V_v}{V} \times 100 = \frac{e}{1+e} \times 100$$

3 포화도(S) : 공극 속에 물이 차 있는 정도를 나타내며 단위는 %이다.

$$S = \frac{V_w}{V_v} \times 100$$

4 체적과 중량의 상관관계

$$S \cdot e = w \cdot G_s$$

문 제

100% 포화된 흐트러지지 않은 시료의 부피가 20.5cm³이고, 무게는 34.44g이었다. 이 시료를 오븐에서 건조시킨 후의 무게가 22.55g일 때 공극비는 얼마인가?

① 1.24　　　　　　　　② 1.39
③ 1.46　　　　　　　　④ 1.58

해설 ① 물의 중량(W_w)
$W_w = 34.44 - 22.55 = 11.89g$

② 물의 체적(V_w)

$\gamma_w = \dfrac{W_w}{V_w} = 1g/cm^3$ 이므로　$V_w = \dfrac{W_w}{\gamma_w} = \dfrac{W_w}{1} = 11.89cm^3$ 이다.

③ 공극의 체적(V_v)

포화토이므로 포화도 S=100%이며,　$S = \dfrac{V_w}{V_v} \times 100$ 이므로　$V_v = V_w = 11.89cm^3$ 이다.

④ 공극비(e)
$e = \dfrac{V_v}{V_s} = \dfrac{V_v}{V - V_v} = \dfrac{11.89}{20.5 - 11.89} = 1.38$

답 ②

 **한번 더 보기**

① 공극비는 1보다 클 수 있지만 공극률은 100% 보다 클 수 없다.
② 포화점토는 포화도가 100%이다.

section 2 흙의 중량 관계 (중요도 ★★☆)

1 함수비(w) : 흙 입자만의 중량에 대한 물의 중량을 백분율로 나타내며 단위는 %이다.

$$w = \frac{W_w}{W_s} \times 100$$

2 함수율(w') : 흙 전체의 중량에 대한 물의 중량을 백분율로 나타내며 단위는 %이다.

$$w' = \frac{W_w}{W} \times 100$$

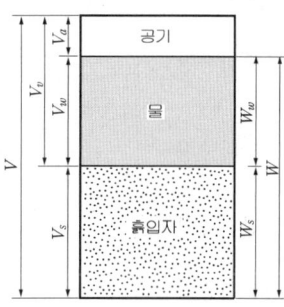

삼상으로 나타낸 흙의 성분

3 습윤중량과 건조중량의 관계

$$W_s = \frac{W}{1 + \frac{w}{100}}$$

4 비중(G_s) : 흙 입자 실질부분의 중량과 같은 체적의 15℃ 증류수 중량의 비로 나타내면 단위는 무차원이다.

$$G_s = \frac{\gamma_s}{\gamma_w} = \frac{W_s}{V_s} \cdot \frac{1}{\gamma_w}$$

여기서, γ_s : 흙 입자만의 단위중량
γ_w : 물의 단위중량

문제

어떤 흙 시료의 비중이 2.50이고 흙 중의 물의 무게가 100g이면, 순 흙 입자의 부피가 200cm³일 때 이 시료의 함수비는 얼마인가?

① 10% ② 20%
③ 30% ④ 40%

해설 ① 흙 입자의 중량(W_s)

$G_s = \frac{\gamma_s}{\gamma_w} = \frac{W_s}{V_s} \cdot \frac{1}{\gamma_w}$ 이므로 $W_s = G_s \cdot V_s \cdot \gamma_w = 2.5 \times 200 \times 1 = 500\text{g}$

② 함수비(w)

$w = \frac{W_w}{W_s} \times 100 = \frac{100}{500} \times 100 = 20\%$

답 ②

한번 더 보기

항온 건조기의 온도를 110±5℃로 하는 이유는 흙의 자유수만을 증발하기 위해서이며, 석고나 유기물을 다분히 함유한 흙은 80℃이하로 한다.

제5편 토질 및 기초

❸ 흙의 단위중량

section 3 흙의 단위중량 (중요도 ★★★)

1 단위중량

종류	공식
습윤단위중량	$\gamma_t = \dfrac{W}{V} = \dfrac{G_s \cdot \left(1 + \dfrac{w}{100}\right)}{1+e} \cdot \gamma_w = \dfrac{G_s + \dfrac{S \cdot e}{100}}{1+e} \cdot \gamma_w$
건조단위중량	$\gamma_d = \dfrac{W_s}{V} = \dfrac{G_s}{1+e} \cdot \gamma_w$
포화단위중량	$\gamma_{\text{sat}} = \dfrac{G_s + e}{1+e} \cdot \gamma_w$
수중단위중량	$\gamma_{\text{sub}} = \gamma_{\text{sat}} - \gamma_w = \dfrac{G_s - 1}{1+e} \cdot \gamma_w$

2 습윤단위무게와 건조단위무게의 관계

$$r_d = \frac{r_t}{1 + \dfrac{w}{100}}$$

3 간극비

$$e = \frac{G_s \cdot r_w}{r_d} - 1$$

4 상대밀도(D_r) : 사질토의 다짐 정도를 표시한다.
즉, 느슨한 상태에 있는가 촘촘한 상태에 있는가를 나타내며 단위는 %이다.

$$D_r = \frac{e_{\max} - e}{e_{\max} - e_{\min}} \times 100 = \frac{\gamma_{d\max}}{\gamma_d} \frac{\gamma_d - \gamma_{d\min}}{\gamma_{d\max} - \gamma_{d\min}} \times 100$$

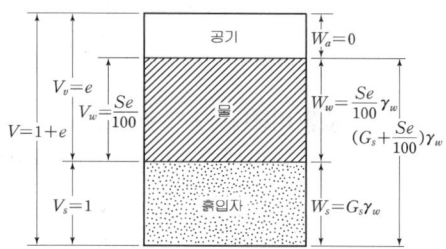

$V_s = 1$인 경우의 심상도

문제

토립자의 비중이 2.60인 흙의 전체단위중량이 20kN/m³이고, 함수비가 20%라고 할 때 이 흙의 포화도는? (단, 물의 단위중량은 9.81kN/m³ 이다.)

① 67.7%   ② 81.2%
③ 98.1%   ④ 73.4%

해설 ① 건조단위중량(γ_d)

$$\gamma_d = \frac{\gamma_t}{1 + \dfrac{w}{100}} = \frac{20}{1 + \dfrac{20}{100}} = 16.67 \text{kN/m}^3$$

② 간극비(e)

$$e = \frac{G_s \cdot \gamma_w}{\gamma_d} - 1 = \frac{2.60 \times 9.81}{16.67} - 1 = 0.53$$

③ 포화도(S)

$$S = \frac{w}{e} \cdot G_s = \frac{20}{0.53} \times 2.60 = 98.1\%$$

답 ③

한번 더 보기

모래가 느슨한 상태에 있는가 조밀한 상태에 있는가는 공극비, 건조단위중량으로 알 수 있다.

section 4. 흙의 연경도 (중요도 ★★★)

함수량이 감소함에 따라 액성, 소성, 반고체, 고체 상태로 변하는 성질을 연경도 (consistency)라 한다.

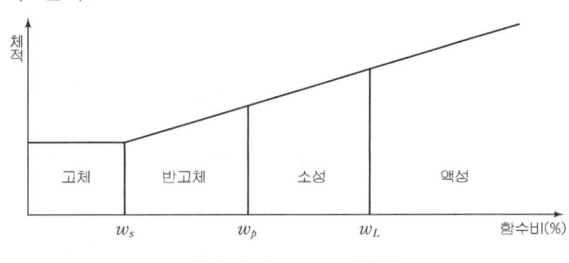

아터버그(Atterberg)한계

종류	내용
액성 한계 (w_L)	① 액성상태에서 소성상태로 변하는 경계 함수비이다. ② 소성을 나타내는 최대함수비이다. ③ 점성 유체가 되는 최소함수비이다. ④ **점토분이 많을수록 액성한계가와 소성지수가 크며**, 함수비 변화에 대한 수축, 팽창이 크다. 따라서, 노반의 재료로 부적당하다. ⑤ 자연함수비가 액성한계보다 크거나 같아지면 그 지반은 대단히 연약한 상태이다.
소성 한계 (w_p)	① 반고체에서 소성상태로 변하는 경계 함수비이다. ② 소성을 나타내는 최소함수비이다. ③ 반고체 영역의 최대함수비이다.
수축 한계 (w_s)	① 고체에서 반고체상태로 변하는 경계 함수비이다. ② 고체 영역의 최대함수비이다. ③ 반고체 상태를 유지할 수 있는 최소함수비이다. ④ 함수량을 감소해도 체적이 감소하지 않고 함수비가 증가하면 체적이 증대한다.

문제

A, B 두 종류의 흙에 관한 토질시험결과가 표와 같다. 다음 내용 설명 중 옳은 것은?

구분	A	B
액성한계	30%	10%
소성한계	15%	5%
함수비	23%	12%
비중	2.73	2.67

① A는 B보다 공극비가 크다.
② A는 B보다 점토분을 많이 함유하고 있다.
③ A는 B보다 습윤밀도가 크다.
④ A는 B보다 건조밀도가 크다.

해설 ① 소성지수(PI, I_p)
  A 흙의 소성지수 $PI = w_L - w_p = 30 - 15 = 15\%$
  B 흙의 소성지수 $PI = w_L - w_p = 10 - 5 = 5\%$
② 액성한계와 소성지수가 클수록 점토의 함유율이 크다.
  따라서, 액성한계와 소성지수가 큰 A흙이 점토분을 많이 함유하고 있다.

답 ②

section 5. 연경도에서 구하는 지수 (중요도 ★★★)

1 소성지수(PI, I_P) : 흙이 소성상태로 존재할 수 있는 함수비의 범위를 표시한다.

$$PI = w_L - w_p$$

① 점토의 함유율이 클수록 소성지수는 증가한다.
② 소성지수가 클수록 연약지반이므로 기초에 적합하지 않다.

2 수축지수(SI, I_S) : 흙이 반고체 상태로 존재할 수 있는 함수비의 범위를 표시한다.

$$SI = w_p - w_s$$

3 액성지수(LI, I_L) : 흙이 자연상태에서 함유하고 있는 함수비의 정도를 표시한다.

$$LI = \frac{w_n - w_p}{I_P} = \frac{w_n - w_p}{w_L - w_p}$$

① 액성지수 $LI < 0$이 되면 전단시 흙이 잘게 쪼개진다.
② 액성지수 $LI \geq 1$이 되면 **액성상태가 되어 아주 예민한 구조가 된다.**

4 연경지수(CI, I_c) : 액성한계와 자연함수비의 차를 소성지수로 나눈 값이다.

$$CI = \frac{w_L - w_n}{I_P} = \frac{w_L - w_n}{w_L - w_p}$$

① 연경지수 $CI = 1$이 되면 비예민성 흙이 된다.
② 연경지수 $CI = 0$이 되면 **액성상태가 되어 불안정하게 된다.**

5 유동지수(FI, I_f) : 유동곡선의 기울기를 말한다. 점토의 함유율이 클수록 유동지수는 감소하여 유동곡선의 기울기가 완만하다.

$$FI = \frac{w_1 - w_2}{\log N_2 - \log N_1} = \frac{w_1 - w_2}{\log \frac{N_2}{N_1}}$$

6 터프니스지수(TI, I_t) : 유동지수에 대한 소성지수의 비를 터프니스지수라 한다. 터프니스지수는 colloid가 많은 흙일수록 값이 크다.

문제

다음은 흙의 액성한계 시험으로부터 유동곡선을 그리고 이를 설명한 것이다. 가장 적합한 것은?

① (B)는 (A)보다 함수비의 변화에 따른 전단강도의 변화가 크다.
② (A)와 (B)의 액성한계는 서로 같다.
③ (A)는 (B)보다 점토함유량이 더 많다.
④ (A)는 (B)보다 유동지수의 값이 더 작다.

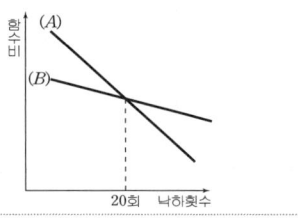

해설 A, B 흙의 비교

변 수	A	B
액성한계	작다	크다
점토 함유율	작다	크다
유동지수	크다	작다
함수비의 변화에 따른 전단강도 변화	작다	크다

답 ①

section 6 활성도와 점토광물 (중요도 ★☆☆)

1 활성도(A) : 점토 함유율에 대한 소성지수를 점토의 활성도라 한다.

$$A = \frac{소성지수(I_p)}{2\mu 보다 \ 작은 \ 입자의 \ 중량백분율(\%)}$$

2 활성도에 따른 점토의 분류

점토	활성도	점토광물	수축, 팽창	결합력	공학적안정	결합구조
비활성	A<0.75	Kaolinite	없다	크다	크다	2층구조 (수소 결합)
보통	0.75<A<1.25	Illite	거의 없다	중간	중간	3층구조 (불치환성 양이온)
활성	A>1.25	Montmorillonite	크다	작다	작다	3층구조 (치환성 양이온)

3 점토광물의 구조

① 기본단위

기본단위	구 조
규산 사면체	1개의 규소원자(Si) 주위에 4개의 산소원자(O)로 된 사면체이다.
알루미늄 팔면체	1개의 알루미늄원자(Al) 주위에 6개의 수산기로 된 팔면체이다.

② 기본구조단위

기본구조단위	구 조
규토판	규산 사면체 단위들의 결합이다.
팔면체판	깁사이트판(gibbsite sheet) : 알루미늄 팔면체 단위들의 결합이다. 부루사이트판(brucite sheet) : 마그네슘 팔면체 단위들의 결합이다.

문 제

어느 점토의 체가름 시험과 액성, 소성 시험결과 0.002mm(2μ) 이하의 입경이 전 시료 중량의 90%, 액성한계 60%, 소성한계 20%이었다. 이 점토의 광물의 주성분은 어느 것으로 추정되는가?

① Kaolinite　　　　　② Illite
③ Halloysite　　　　 ④ Montmorillonite

해설 ① 소성지수(PI, I_P)

　　　$PI = w_L - w_p = 60 - 20 = 40\%$

　　② 활성도(A)

　　　$A = \dfrac{소성지수(I_p)}{2\mu 보다 \ 작은 \ 입자의 \ 중량백분율(\%)} = \dfrac{40}{90} = 0.44$

　　③ 활성도 $A = 0.44$이므로 점토광물은 카올리나이트이다.　　**답** ①

제5편 토질 및 기초

입도분포곡선(입경가적곡선)

section 7 입도분포곡선(입경가적곡선) (중요도 ★★☆)

1 유효입경(D_{10}) : 통과중량 백분율 10%에 해당되는 입자의 지름으로 투수계수의 추정 등 공학적인 목적으로 이용한다.

2 균등계수(C_u)

$$C_u = \frac{D_{60}}{D_{10}}$$

여기서, D_{60} : 통과중량 백분율 60%에 해당되는 입자의 지름
① 균등계수(C_u)가 크면, 입경가적곡선의 기울기가 완만하다. 즉, 입도분포가 양호하다.
② 균등계수(C_u)가 작으면, 입경가적곡선의 기울기가 급하다. 즉, 입도분포가 불량하다.

3 곡률계수(C_g)

$$C_g = \frac{D_{30}^{\ 2}}{D_{10} \cdot D_{60}}$$

여기서, D_{30} : 통과중량 백분율 30%에 해당되는 입자의 지름

4 양입도(Well graded)한 경우
① 흙일 때   : $C_u > 10$, 그리고 $C_g = 1 \sim 3$
② 모래일 때 : $C_u > 6$, 그리고 $C_g = 1 \sim 3$
③ 자갈일 때 : $C_u > 4$, 그리고 $C_g = 1 \sim 3$

5 빈입도(Poorly graded)
균등계수(C_u)와 곡률계수(C_g) 둘 중 어느 하나라도 만족하지 못하면 입도분포가 나쁘다.

문제

그림과 같은 입도곡선에서 다음 설명 중 틀린 것은?

① 횡축은 입경의 크기를 log좌표로 잡는다.
② 횡축의 오른편으로 갈수록 입경의 크기는 작다.
③ 입도곡선이 오른편에 있을수록 입경이 작다.
④ 입도곡선의 중간에서 요철(凹, 凸) 부분이 있을 수 있다.

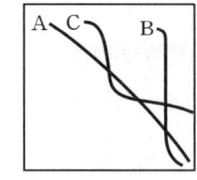

해설 입도곡선은 통과중량 백분율과 입자지름과의 관계곡선이므로 곡선 중간에 요철(凹, 凸)은 있을 수 없다.

답 ④

한번 더 보기

입경가적곡선은 가로축에는 입자지름을 대수눈금을 표시하고 세로축에는 통과중량 백분율을 산술눈금으로 표시하므로 요철(凹, 凸)은 있을 수 없다.

# 통일분류법 (중요도 ★★★)

제5편 토질 및 기초

8 통일분류법

1 흙을 분류하는데 필요한 요소
① No.200체 통과율
② No.4체 통과율
③ 액성한계(w_L)
④ 소성한계(w_p)
⑤ 소성지수(I_p)

2 통일분류법에 사용되는 기호

흙의 종류		제1문자	흙의 특성	제2문자	
조립토	자갈	G	**입도분포 양호**, 세립분 5% 이하	W	조립토
	모래	S	**입도분포 불량**, 세립분 5% 이하	P	
세립토	실트	M	세립분 12% 이상, A선 아래에 위치, 소성지수 4이하	M	세립토
	점토	C	세립분 12% 이상, A선 위에 위치, 소성지수 7이상	C	
	유기질의 실트 및 점토	O	**압축성 낮음**, $w_L \leq 50$	L	
유기질토	이탄	Pt	**압축성 높음**, $w_L \geq 50$	H	

문제

입도시험결과 #4체 통과백분율이 65%, #10체 통과백분율이 40%, #200체 통과백분율이 8%이었다. 이 흙의 입도 분포가 비교적 양호할 때 통일분류법에 의한 흙의 분류는?

① GP
② GP-GM
③ SW
④ SW-SM

해설 No.200체 통과량이 50%이하이므로 조립토(G, S)이며, No.4체 통과량이 50% 이상이므로 모래(S)이다. 그러나, No.200체 통과량이 5~12%에 있으므로 이중기호를 사용하여야한다. 즉, SW-SM이다.

답 ④

 한번 더 보기

도로 노반으로 가장 좋은 토질은 GW이며, No.200체 통과율이 5~12%이면 이중기호를 사용하여야 한다.

제5편 토질 및 기초

9 모관현상

section 9 모관현상

1 모관상승고(h_c)

$$h_c = \frac{4 \cdot T \cdot \cos\alpha}{\gamma_w \cdot D}$$

흙의 종류에 따른 모관상승고는 점토, 실트, 모래, 자갈 순서이다.

2 표준온도(15℃)에서의 모관상승고

표준온도(15℃)에서는 표면장력 $T=0.075$g/cm이고, 접촉각 $\alpha=0°$이면 $\cos 0°=1$이므로

$$h_c = \frac{4 \cdot T \cdot \cos\alpha}{\gamma_w \cdot D} = \frac{4 \times 0.075 \times \cos 0°}{1 \times D} = \frac{0.3}{D}$$

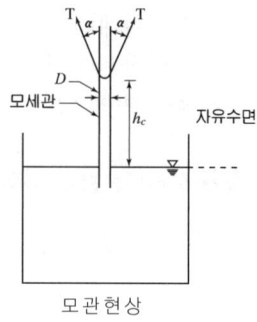

모관현상

3 Hazen 공식

$$h_c = \frac{c}{e \cdot D_{10}}$$

여기서, c : 입자의 모양, 상태에 의한 상수(0.1~0.5cm²)
  e : 공극비
  D_{10} : 유효입경(cm)

문제

물의 온도 15℃에서 표면장력은 73.5dyne/cm이다. 이 물이 안지름 0.20mm의 유리관 속을 상승하는 높이는 몇 cm인가? (단, 여기서, 접촉각은 0°로 한다.)

① 5cm
② 10cm
③ 15cm
④ 20cm

해설 ① 유리의 안지름의 단위 환산
  0.2mm=0.02cm
② 물의 단위중량
  $r_w = 980$dyne/cm³
③ 모관상승고(h_c)
  $$h_c = \frac{4 \cdot T \cdot \cos\alpha}{\gamma_w \cdot D} = \frac{4 \times 73.5 \times \cos 0°}{980 \times 0.02} = 15\text{cm}$$

답 ③

한번 더 보기

표준온도에서의 모관상승고 공식에서 모세관의 지름(D)과 Hazen 공식에서 유효입경(D_{10})은 반듯이 cm로 대입하여야 한다.

section 10 Darcy의 법칙 (중요도 ★★☆)

1 전수두(h_t)

$$h_t = \frac{u}{\gamma_w} + z$$

토질역학에서는 속도수두를 무시한다.

2 동수경사(i)

$$i = \frac{수두차}{이동거리} = \frac{\Delta h}{L}$$

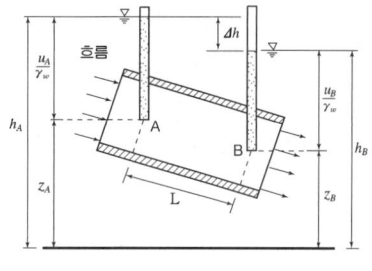

흙 속의 물의 흐름으로 인한 수두

3 Darcy의 법칙

$$v = K \cdot i = K \cdot \frac{h}{L}$$

Darcy의 법칙은 층류에서 성립한다.

4 전투수량(Q)

$$Q = q \cdot t = A \cdot v \cdot t = A \cdot K \cdot i \cdot t$$

여기서, q : 단위시간당 유량
  A : 시료의 전단면적

5 실제 침투속도(v_s)

$$v_s = \frac{v}{\frac{n}{100}}$$

공극률의 범위가 0~100%이므로 **실제 침투속도(v_s)는 평균유속(v)보다 크다.**

문제

흙의 투수성에 관한 Darcy의 법칙 $Q = K \cdot \frac{\Delta h}{l} \cdot A$을 설명하는 말 중 옳지 않은 것은?

① 투수계수 K의 차원은 속도의 차원(cm/sec)과 같다.
② A는 실제로 물이 통하는 공극부분의 단면적이다.
③ Δh는 수두차이다.
④ 물의 흐름이 난류인 경우에는 Darcy의 법칙이 성립하지 않는다.

해설 $Q = A \cdot K \cdot i \cdot t$에서 A는 흐름에 직각인 시료의 전단면적(cross section)이다.

답 ②

한번 더 보기

전투수량(Q)에서 A는 시료의 전단면적이며, 실제 침투속도는 평균유속보다 크다.

Darcy의 법칙

제5편 토질 및 기초

투수계수

section 11 투수계수

(중요도 ★★☆)

1 투수계수

투수계수는 유속과 같은 차원이다.

$$K = D_s^2 \cdot \frac{\gamma_w}{\eta} \cdot \frac{e^3}{1+e} \cdot C$$

2 투수계수에 영향을 미치는 요소

요소	상관관계
간극비	$K_1 : K_2 \fallingdotseq e^2 : e_2^2 1$
점성계수	$K_1 : K_2 = \dfrac{1}{\eta_1} : \dfrac{1}{\eta_2}$

3 투수계수의 결정

시험 방법	적용범위	적용지반	공 식
정수위투수 시험	$K = 10^{-2} \sim 10^{-3}$ cm/sec	투수계수가 큰 **모래지반**	$K = \dfrac{Q \cdot L}{A \cdot h \cdot t}$
변수위투수 시험	$K = 10^{-3} \sim 10^{-6}$ cm/sec	투수성이 **작은 흙**	$K = \dfrac{2.3 \cdot a \cdot L}{A \cdot T} \log \dfrac{h_1}{h_2}$
압밀 시험	$K = 10^{-7}$ cm/sec 이하	**불투수성 흙**	$K = C_v \cdot m_v \cdot \gamma_w$

4 Hazen 공식

$$K = C \cdot D_{10}^2$$

여기서, C : 100~150/cm·sec
D_{10} : 유효입경(cm)

즉, 조립토의 투수계수는 일반적으로 그 흙의 유효입경(D_{10})의 제곱에 비례한다.

문제

다음 그림에서 수위차 35cm를 유지하면서 시료의 단면적($A = 78.50 \text{cm}^2$)을 통하여 물을 흘려 보냈을 때 10분간에 5,400cc의 투수량이 측정되었다면 이 시료의 투수계수는?

① 0.09cm/sec
② 0.13cm/sec
③ 0.25cm/sec
④ 0.34cm/sec

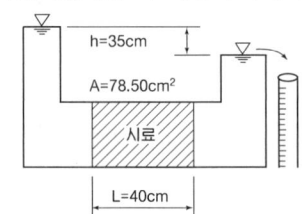

해설 정수위 투수시험에 의한 투수계수(K)

$$K = \frac{Q \cdot L}{A \cdot h \cdot t} = \frac{5,400 \times 40}{78.50 \times 35 \times 600} = 0.13 \text{cm/sec}$$

답 ②

section 12 비균질 토층의 평균투수계수 (중요도 ★★☆)

1 수평방향 평균투수계수(K_h)

$$K_h = \frac{1}{H}(K_1 \cdot H_1 + K_2 \cdot H_2 + K_3 \cdot H_3)$$

여기서, $H = H_1 + H_2 + H_3$

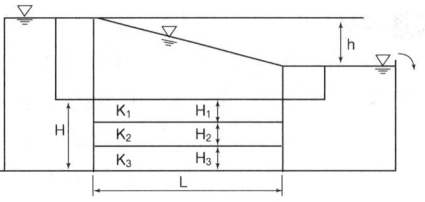

수평방향 평균투수계수(K_h)

2 수직방향 평균투수계수(K_z)

$$K_z = \frac{H}{\dfrac{H_1}{K_1} + \dfrac{H_2}{K_2} + \dfrac{H_3}{K_3}}$$

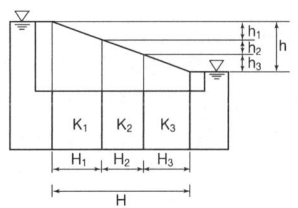

수직방향 평균투수계수(K_z)

3 등가등방성 투수계수(K')

$K' = \sqrt{K_h \cdot K_z}$

4 방향에 따른 투수계수의 크기

① 수평방향의 투수계수가 수직방향의 투수계수보다 크다.
② 수평방향의 투수계수가 등가등방성 투수계수보다 크다.

문 제

그림과 같이 3층으로 된 토층의 수평방향과 수직방향의 평균투수계수는 몇 cm/sec인가?

	수평방향 투수계수	수직방향 투수계수
①	1.372×10^{-3}	3.129×10^{-4}
②	3.129×10^{-4}	1.372×10^{-3}
③	1.372×10^{-5}	3.129×10^{-6}
④	3.129×10^{-6}	1.372×10^{-5}

2.8m $K_1 = 4 \times 10^{-4}$ cm/sec
3.6m $K_2 = 2 \times 10^{-4}$ cm/sec
1.5m $K_3 = 6 \times 10^{-3}$ cm/sec
(7.9m)

해설 ① 수평방향 평균투수계수(K_h)

$$K_h = \frac{1}{H}(K_1 \cdot H_1 + K_2 \cdot H_2 + K_3 \cdot H_3)$$
$$= \frac{1}{790}[(4 \times 10^{-4}) \times 280 + (2 \times 10^{-4}) \times 360 + (6 \times 10^{-3}) \times 150]$$
$$= 1.372 \times 10^{-3} \text{cm/sec}$$

② 수직방향 평균투수계수(K_v)

$$K_v = \frac{H}{\dfrac{H_1}{K_1} + \dfrac{H_2}{K_2} + \dfrac{H_3}{K_3}}$$
$$= \frac{790}{\dfrac{280}{4 \times 10^{-4}} + \dfrac{360}{2 \times 10^{-4}} + \dfrac{150}{6 \times 10^{-3}}} = 3.129 \times 10^{-4} \text{cm/sec}$$

답 ①

한번 더 보기
- 수평방향에 있어서는 각층에서 동수경사가 같고 전체층의 유량은 각층의 유량의 합이다.
- 수직방향에 있어서는 각층에서 유출속도가 같고 전수두손실은 각층의 손실수두의 합이다.

section 13 유선망 (중요도 ★★☆)

1 특성
① 각 유로(인접한 두 유선)의 **침투유량**은 같다.
② 각 등수두면 간의 **손실수두**는 모두 같다.
③ 유선과 등수두선은 서로 **직교한다**.
④ 유선망으로 되는 사각형은 **이론상 정사각형**이므로 유선망의 폭과 길이는 같다.
⑤ 침투속도 및 동수구배는 **유선망 폭에 반비례**한다.

2 경계조건
① 투수층의 **상류표면(ab), 하류표면(de)**은 등수두선이다.
② 선 ab와 de는 등수두선이므로 모든 유선은 이 선에 직교한다.
③ **불투수층의 경계면(fg)**은 유선이다.
④ 널말뚝(acd)도 불투수층이므로 유선이다.
⑤ 선 acd, fg는 유선이므로 모든 등수두선은 이 선에 직교한다.

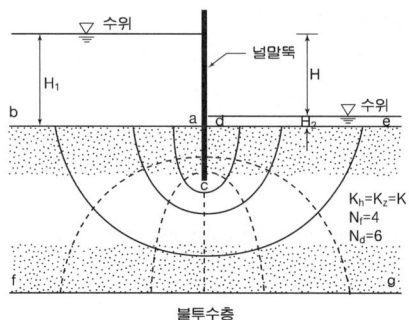

유선망의 작도

> **문 제**
>
> 그림의 유선망에 대한 것 중 틀린 것은?(단, 흙의 투수계수는 2.5×10^{-3}cm/s 이다.)
> ① 유선의 수 = 6
> ② 등수두선의 수 = 6
> ③ 유로의 수 = 5
> ④ 전침투유량 $Q = 0.278$cm³/s
>
>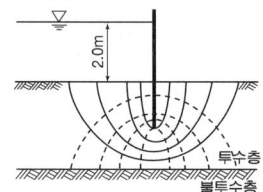

해설 ① 유선의 수는 6개이면, 유로의 수는 5개이다.
② 상, 하류면은 등수두선이므로 등수두선의 수는 10개이며, 등수두면의 수는 9개이다.
③ 침투수량(폭 1cm당 침투량)
$$q = K \cdot H \cdot \frac{N_f}{N_d} = (2.5 \times 10^{-3}) \times 200 \times \left(\frac{5}{9}\right) = 0.278 \text{cm}^3/\text{sec}$$

답 ②

> **한번 더 보기**
>
> 유선망에서 인접한 등수두선간의 수두손실은 서로 같다. 이 때 수두는 전수두이다.
> 또한 동수경사는 두 등수두선의 간격에 반비례한다.

section 14. 침투수량 (중요도 ★★★)

1 침투수량(q)

$$q = K \cdot H \cdot \frac{N_f}{N_d}$$

여기서, q : 침투유량 H : 전수두차
N_f : 유로수 N_d : 등수두면의 수

2 간극수압

① 임의의 점에서의 전수두(h_t)

$$h_t = \frac{n_d}{N_d} \cdot H$$

여기서, n_d : 하류에서부터 구하는 점까지의 등수두면 수

② 위치수두(h_e)
위치수두는 하류수면을 기준으로 하여 높이를 측정하는데 **기준선 아래에 위치하는 경우 (−)값**을 가진다.

③ 압력수두(h_p)

$$h_p = h_t - h_e$$

④ 간극수압(u_p)

$$u_p = \gamma_w \cdot h_p$$

문제
아래 그림에 보인 댐에 대하여 A점에 대한 간극수압은?

① 30KN/m²
② 40KN/m²
③ 49KN/m²
④ 60KN/m²

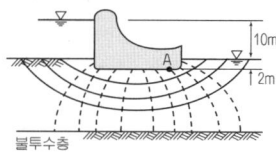

해설 ① 임의의 A점에서의 전수두(h_t)

$$h_t = \frac{n_d}{N_d} \cdot H = \frac{3}{10} \times 10 = 3\text{m}$$

② 위치수두(h_e)
$h_e = -2\text{m}$

③ 압력수두(h_p)
$h_p = h_t - h_e = 3 - (-2) = 5\text{m}$

④ 간극수압(u_p)
$u_p = \gamma_w \cdot h_p = 9.81 \times 5 = 49.05\text{KN/m}^2$

답 ③

한번 더 보기
임의의 점에서 전수두를 구할 때 등수두면의 수는 하류에서부터 구하여야 하며 위치수두는 기준선 아래에 위치하므로 (−)값을 가진다.

section 15 유효응력의 개념

(중요도) ★★☆

1 유효응력(σ') : 지반 내에서 흙의 파괴, 체적변화(침하), 강도를 지배한다.

$$\sigma' = \sigma - u$$

2 유효응력의 계산

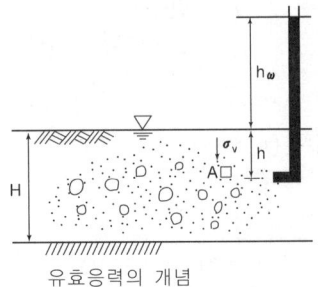

유효응력의 개념

① 전응력(σ)

$$\sigma = \gamma_w \cdot h_w + \gamma_{sat} \cdot h$$

② 중립응력(u)

$$u = \gamma_w \cdot h_w + \gamma_w \cdot h = \gamma_w \cdot (h_w + h)$$

③ 유효응력(σ')

$$\sigma' = \sigma - u = \gamma_w \cdot h_w + \gamma_{sat} \cdot h - \gamma_w \cdot h_w - \gamma_w \cdot h$$
$$= \gamma'$$

즉, A점의 유효응력은 물의 수위와 무관하고 임의 지점의 깊이에 따라 증가한다.

문제

다음 그림에서 흙 속 6m 깊이에서의 중립응력은?(단, 포화된 흙의 단위체적중량은 19kN/m³ 이다.)

① 10.4kN/m²
② 15.8kN/m²
③ 55.1kN/m²
④ 50.4kN/m²

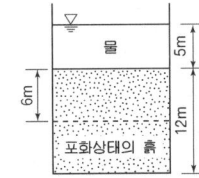

해설 ① 전응력(σ)

$$\sigma = \gamma_w \cdot h_w + \gamma_{sat} \cdot h = 9.81 \times 5 + 19 \times 6 = 163.05 \text{kN/m}^2$$

② 간극수압(중립응력, u)

$$u = \gamma_w \cdot h_w + \gamma_w \cdot h = \gamma_w \cdot (h_w + h) = 9.81 \times (5+6) = 107.91 \text{kN/m}^2$$

③ 유효응력(σ')

$$\sigma' = \sigma - u = 163.05 - 107.91 = 55.14 \text{kN/m}^2$$

답 ③

한번 더 보기

정수압 상태에 있는 지반의 유효응력은 전응력과 중립응력의 차이며 흙의 변형을 지배한다.

section 16 모관영역의 유효응력 (중요도 ★★★)

1 모관포텐셜

① 완전히 포화된 흙의 모관포텐셜

$$\phi = -\gamma_w \cdot h$$

여기서, h : 지하수면으로부터 구하고자 하는 임의지점까지 측정한 높이

② 부분적으로 포화된 흙의 모관포텐셜

$$\phi = -\frac{S}{100} \cdot \gamma_w \cdot h$$

2 해석방법

모관상승 현상이 있는 부분은 ($-$)공극수압이 생겨서 유효응력이 증가한다.

$$\sigma' = \sigma - u = \sigma - (-\gamma_w \cdot h) = \sigma + \gamma_w \cdot h$$

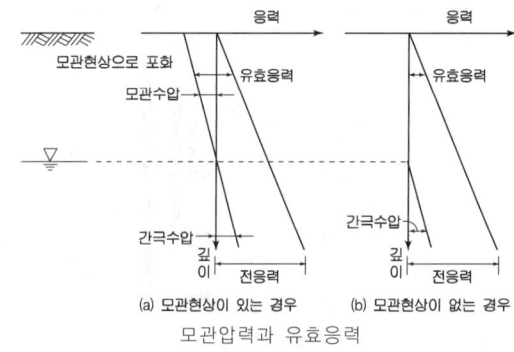

모관압력과 유효응력

문제

그림에서 A점의 유효응력 σ' 를 구하면?

① $\sigma' = 40 \text{kN/m}^2$
② $\sigma' = 46 \text{kN/m}^2$
③ $\sigma' = 42 \text{kN/m}^2$
④ $\sigma' = 58 \text{kN/m}^2$

해설 ① 전응력(σ)
$\sigma = \gamma_d \cdot h_1 + \gamma_t \cdot h_2 = 16 \times 2 + 18 \times 1 = 50 \text{kN/m}^2$

② 모관포텐셜(간극수압)
$u = -\dfrac{S}{100} \cdot \gamma_w \cdot h = -\dfrac{40}{100} \times 9.81 \times 2 = -7.848 \text{kN/m}^3$

③ 유효응력(σ')
$\sigma' = \sigma - u = 50 - (-7.848) ≒ 58 \text{kN/m}^2$

답 ④

한번 더 보기

지하수면은 모관현상과는 관계가 없으며, 모관상승이 있는 부분은 ($-$)공극수압이 생겨 유효응력이 증가한다.

제5편 토질 및 기초

section 17 침투수가 있는 경우의 유효응력 (중요도 ★★★)

1 단위면적당 침투수압(F)

$$F = i \cdot \gamma_w \cdot z$$

여기서, z : 임의의 점의 깊이

2 상향 침투

① 상향침투시 유효응력은 침투수압만큼 감소한다.
② 상향침투시 간극수압은 침투수압만큼 증가한다.

	정수압상태의 유효응력	침투수압	상향침투시 유효응력
A 지점	$\sigma_A' = 0$	$F = 0$	$\sigma_A' = 0$
C 지점	$\sigma_C' = \gamma_{sub} \cdot z$	$F = i \cdot \gamma_w \cdot z$	$\sigma_C' = \gamma_{sub} \cdot z - i \cdot \gamma_w \cdot z$
B 지점	$\sigma_B' = \gamma_{sub} \cdot H_2$	$F = \gamma_w \cdot h$	$\sigma_B' = \gamma_{sub} \cdot H_2 - \gamma_w \cdot h$

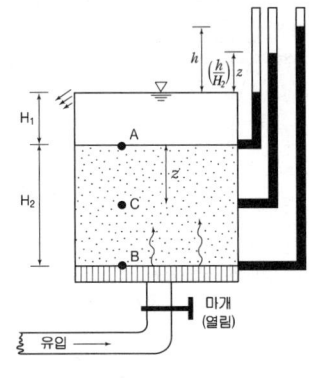

상향침투

문제

그림에서 A-A 면에 작용하는 유효수직응력은? (단, 흙의 포화단위중량은 18kN/m³이다.)

① 0.2kN/m²
② 0.4kN/m²
③ 0.8kN/m²
④ 2.8kN/m²

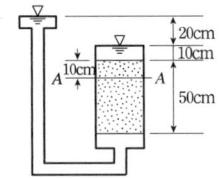

해설 ① 침투수압(F)
수두차가 20cm이고, 시료의 길이가 50cm이므로
$$F = i \cdot \gamma_w \cdot z = \frac{20}{50} \times 9.81 \times 0.1 = 0.392 \text{kN/m}^2$$

② 상향침투시 유효응력(σ_A')
$$\sigma_A' = \gamma_{sub} \times z - F = (18 - 9.81) \times 0.1 - 0.392 ≒ 0.4 \text{kN/m}^2$$

답 ②

한번 더 보기

물은 전수두가 높은 곳에서 낮은 곳으로 흐르며 상향 침투가 발생하면 유효응력은 침투수압만큼 감소한다.

section 18 분사현상 (중요도 ★☆☆)

제5편 토질 및 기초

18 분사현상

1 한계동수경사(i_c)

$$i_c = \frac{\gamma_{sub}}{\gamma_w} = \frac{G_s - 1}{1+e}$$

2 분사현상(Quick sand)

모래 지반에서 유효응력이 0(zero)이 되는 곳인 $F = \sigma'$ 일 때가 분사현상의 한계점이 된다.

① 분사현상이 안 일어날 조건

$$i < i_c = \frac{\gamma_{sub}}{\gamma_w} = \frac{G_s - 1}{1+e}$$

② 분사현상이 일어날 조건

$$i \geq i_c = \frac{\gamma_{sub}}{\gamma_w} = \frac{G_s - 1}{1+e}$$

분사현상

3 안전율

$$F_s = \frac{i_c}{i} = \frac{\dfrac{G_s - 1}{1+e}}{\dfrac{h}{L}}$$

여기서, L : 널말뚝의 관입깊이

문제

공극률 $n = 40\%$, 비중 $G_s = 2.65$인 어느 사질토층의 한계동수구배 i_c은 얼마인가?

① 0.99
② 1.34
③ 1.62
④ 1.99

해설 ① 공극비(e)

$$e = \frac{n}{100-n} = \frac{40}{100-40} = 0.67$$

② 한계동수경사(i_c)

$$i_c = \frac{\gamma_{sub}}{\gamma_w} = \frac{G_s - 1}{1+e} = \frac{2.65 - 1}{1 + 0.67} = 0.99$$

답 ①

한번 더 보기

분사현상은 모래 지반에서 일어나며 동수경사가 한계동수경수보다 클 때 발생한다.

section 19 지중응력

1 집중하중에 의한 응력증가

① 연직응력 증가량($\Delta\sigma_z$)

$$\Delta\sigma_z = \frac{3 \cdot Q \cdot Z^3}{2 \cdot \pi \cdot R^5} = \frac{Q}{z^2} \cdot I$$

여기서, $R = \sqrt{r^2 + z^2}$

② 영향계수(I)

$$I = \frac{3 \cdot z^5}{2 \cdot \pi \cdot R^5}$$

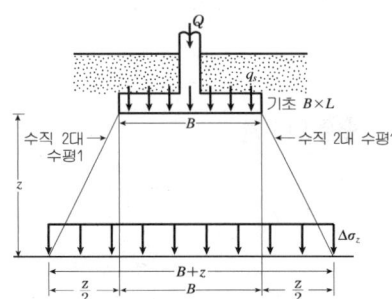

탄성지반의 집중하중으로 인한 응력 증가

2 사각형 등분포하중에 의한 응력증가

① 연직응력 증가량($\Delta\sigma_z$)

사각형 등분포하중 모서리 직하의 깊이 z점

$$\Delta\sigma_z = q_s \cdot I$$

② 영향계수

$I = f(m, n)$

여기서, $m = \dfrac{B}{z}$, $n = \dfrac{L}{z}$ 이다.

3 지중응력의 약산법(2 : 1분포법)

$$\Delta\sigma_z = \frac{Q}{(B+z) \cdot (L+z)} = \frac{q_s \cdot B \cdot L}{(B+z) \cdot (L+z)}$$

2:1 분포법

문제

다음과 같은 구형 단면상에 등분포하중 $q_s = 150 \text{kN/m}^2$ 가 작용할 때 중심점 아래 깊이 6.25m에서의 연직응력 증가를 구하시오.(단, 연직응력 증가 $\Delta\sigma_v = q_s I_{\sigma(m,n)}$ 이고, $m = \dfrac{B}{z}$, $n = \dfrac{L}{z}$ 이다. 여기서, B, L, z 는 폭, 길이, 깊이이다.)

영향계수표

m	0.2	0.4	2.5	5.0
n	0.4	0.8	2.5	2.5
	0.033	0.090	0.22	0.24

① 19.8kN/m²
② 5kN/m²
③ 52.8kN/m²
④ 13.2kN/m²

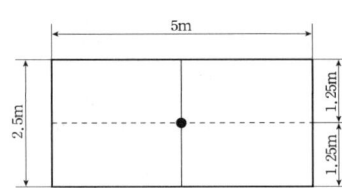

해설 ① 4등분한 사각형의 연직응력의 증가량($\Delta\sigma_v$)I_σ

$m = \dfrac{B}{z} = \dfrac{1.25}{6.25} = 0.2$, $n = \dfrac{L}{z} = \dfrac{2.5}{6.25} = 0.4$이므로 $I = 0.033$ 이며

$\Delta\sigma_v = q_s \cdot z = 150 \times 0.033 = 4.95\text{kN/m}^2$

② 전체 연직응력 증가량

한 개의 사각형에 대한 연직응력 증가량의 4배이므로 $\Delta\sigma_v = 4.95 \times 4 = 19.8\text{kN/m}^2$이다.

답 ①

 압밀의 개요

1 과잉간극수압(u_e) : 외부하중으로 인하여 간극수에 작용하는 간극수압을 말한다.

2 초기과잉간극수압(u_i) : 시간 $t=0$일 때의 과잉간극수압.
즉, 물이 배출되기 직전인 하중 재하 순간의 과잉간극수압을 말한다.

3 간극수압과 유효응력의 관계

경과 시간(t)	과잉간극수압(u_e)	유효응력(σ')	피스톤에 가해진 힘(σ)
압밀순간(t = 0)	$u_e = u_i$	$\sigma' = 0$	$\sigma = u_i$
압밀진행(0< t<∞)	u_e	σ'	$\sigma = \sigma' + u_e$
압밀종료(t = ∞)	$u_e = 0$	σ'	$\sigma = \sigma'$

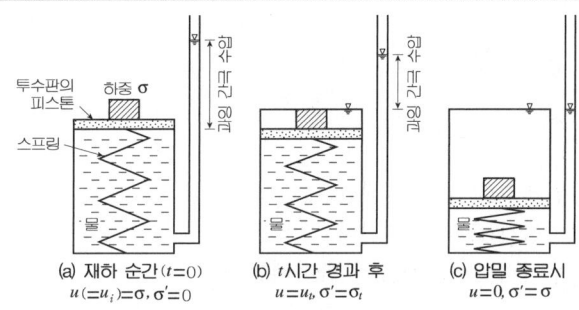

간극수압과 유효응력의 관계

문제

그림에 나타낸 바와 같이 지하수위가 지표면과 일치하는 지반에 하중을 올렸더니 수위가 3m 증가하였다. 과잉공극수압은?

① 80KN/m²
② 50.2KN/m²
③ 40.1KN/m²
④ 29.4KN/m²

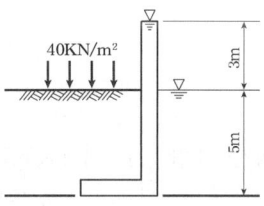

해설 과잉공극수압(u_e)
$u_e = \gamma_w \cdot h = 9.81 \times 3 = 29.43 \text{KN/m}^2$

답 ④

한번 더 보기

외력이 가해지는 순간은 외력을 모두 간극수가 받으며 이로 인해 증가된 수압을 초기과잉간극수압이라 한다. 따라서 스프링은 힘을 받지 않는다.

4 압밀도

section 21 압밀도 (중요도 ★★★)

1 압밀도(U) : 압밀의 진행정도를 말한다.

① 압밀량

$$U = \frac{\text{현재의 압밀량}}{\text{최종 압밀량}} \times 100 = \frac{\Delta H_t}{H} \times 100(\%)$$

여기서, ΔH_t : 임의 시간 t에서의 침하량
 H : 어느 하중에 의한 최종압밀침하량

② 과잉간극수압의 소산정도

$$U = \frac{\text{소산된 과잉간극수압}}{\text{초기과잉간극수압}} \times 100$$
$$= \frac{u_i - u_e}{u_i} \times 100 = \left(1 - \frac{u_e}{u_i}\right) \times 100(\%)$$

③ 시간계수

압밀도는 시간계수의 함수이다.

$$U = f(T_v) \propto \frac{C_v \cdot t}{d^2}$$

㉮ 압밀도는 압밀계수(C_v)에 비례한다.
㉯ 압밀도는 압밀시간(t)에 비례한다.
㉰ 압밀도는 배수거리(d)의 제곱에 반비례한다.

문제

그림에서 지하 3m지점의 현재 압밀도는?

① 0.39
② 0.4
③ 0.5
④ 0.71

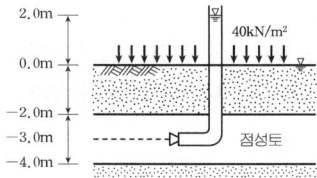

해설
① 초기과잉간극수압 : $u_i = 40\text{kN/m}^2$
② 현재의 과잉간극수압 : $u_e = \gamma_w \cdot \Delta h = 9.81 \times 2 = 19.62\text{kN/m}^2$
③ 압밀도(U)
$$U = \frac{u_i - u_e}{u_i} \times 100 = \frac{40 - 19.62}{40} ≒ 0.5$$

답 ③

한번 더 보기

임의의 지점의 압밀도는 과잉간극수압에 반비례하므로 과잉간극수압이 소산됨에 따라 증가한다.
즉, 압밀도는 과잉간극수압의 소산정도에 비례한다.

section 22. 압밀침하량 및 압밀시간

(중요도 ★★★)

1 압밀계수(C_v)

① $\sqrt{t}$ 법

$$C_v = \frac{T_{90} \cdot d^2}{t_{90}} = \frac{0.848 d^2}{t_{90}}$$

여기서, T_{90} : 압밀도 90%에 해당되는 시간계수
t_{90} : 압밀도 90%에 소요되는 압밀시간

($T_{90} = 0.848$)

② log t 법

$$C_v = \frac{T_{50} \cdot d^2}{t_{50}} = \frac{0.197 d^2}{t_{50}}$$

여기서, T_{50} : 압밀도 50%에 해당되는 시간계수
t_{50} : 압밀도 50%에 소요되는 압밀시간

($T_{50} = 0.197$)

2 압밀시간(t)

$$t = \frac{T \cdot d^2}{C_v}$$

여기서, d : 배수거리

3 압밀침하량(ΔH)

$$\Delta H = m_v \cdot \Delta \sigma \cdot H = \frac{C_c}{1+e_1} \cdot \log\left(\frac{\sigma_2}{\sigma_1}\right) \cdot H$$

문제

두께가 5m인 점토층에서 시료를 채취하여 압밀 시험을 한 결과 하중강도가 200kPa에서 400kPa으로 증가될 때 간극비는 2.0에서 1.8로 감소하였다. 이 5m 점토층에서 최종 압밀침하량의 50% 압밀에 해당하는 침하량은?

① 16.5cm
② 33cm
③ 36.5cm
④ 41cm

해설 ① 압축지수(C_c)

$$C_c = \frac{e_1 - e_2}{\log \sigma_2 - \log \sigma_1} = \frac{2 - 1.8}{\log 400 - \log 200} = 0.664$$

② 압밀침하량(ΔH)

$$\Delta H = \frac{C_c}{1+e_1} \cdot \log\left(\frac{\sigma_2}{\sigma_1}\right) \cdot H = \frac{0.664}{1+2} \times \log\left(\frac{400}{200}\right) \times 5 = 0.333\text{m} = 33.3\text{cm}$$

③ 압밀도 50%의 압밀량(ΔH_{50})

$$\Delta H_{50} = \frac{50}{100} \cdot \Delta H = \frac{50}{100} \times 33.33 = 16.65\text{cm}$$

답 ①

한번 더 보기

점토층에 있어서 아래쪽은 암반층이 존재하고 위쪽은 모래층이 존재하는 경우에 비하여 양쪽이 모래인 경우는 압밀시간이 1/4배로 줄어든다.

제5편 토질 및 기초

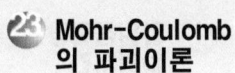

section 23 Mohr-Coulomb의 파괴이론 (중요도 ★★☆)

1 흙의 전단강도 : 흙의 전단강도는 점착력과 내부마찰력으로 이루어진다.

$$\tau = c + \overline{\sigma} \cdot \tan\phi$$

여기서, τ : 전단강도(MPa), c : 점착력(MPa)
$\overline{\sigma}$: 유효수직응력(MPa), ϕ : 내부마찰각(°)

2 Mohr의 응력원

① 파괴면에 작용하는 수직응력(σ)

$$\sigma = \frac{\sigma_1 + \sigma_3}{2} + \frac{\sigma_1 - \sigma_3}{2}\cos 2\theta$$

② 파괴면에 작용하는 전단응력(τ)

$$\tau = \frac{\sigma_1 - \sigma_3}{2}\sin 2\theta$$

여기서, θ : 수평면(최대주응력면)과 파괴면이 이루는 각

③ 파괴면과 최대주응력면이 이루는 각(θ)

$$\theta = 45° + \frac{\phi}{2}$$

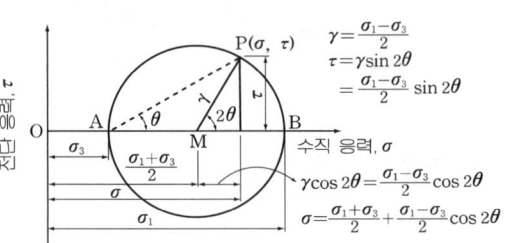

Mohr의 응력원

문 제

아래 그림에서 A점 흙의 강도정수가 $c' = 30\text{kN/m}^2$, $\phi' = 30°$일 때 A점의 전단강도는?

① 69.30kN/m²
② 73.88kN/m²
③ 99.30kN/m²
④ 103.90kN/m²

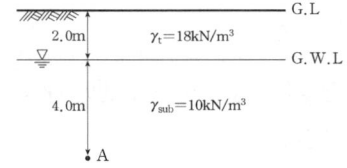

해설 ① A점의 유효응력(σ')
  $\sigma' = \gamma_t \times 2 + \gamma_{sub} \times 4 = 18 \times 2 + 10 \times 4 = 76\text{kN/m}^2$
② 전단강도(τ)
  $\tau = c' + \sigma' \cdot \tan\phi' = 30 + 76 \times \tan 30° = 73.88\text{kN/m}^2$

답 ②

한번 더 보기

① 전단강도에 있어서 조립토는 입자간의 마찰력, 점성이 큰 흙은 점착력에 의하여 지배된다.
② 모래, 무기질흙, 정규압밀점토의 유효응력에 의한 파괴포락선은 원점을 지나고 과압밀점토는 원점을 지나지 않는다.

section 24. 전단강도정수를 결정하기 위한 시험 (★★★)

1 일축압축 시험
비압밀 비배수 시험에서 $\sigma_3 = 0$인 상태의 삼축압축 시험과 같다.

$$\sigma_1 = q_u = \frac{P}{A_0} = \frac{P}{\dfrac{A}{1-\epsilon}} = \frac{P \cdot (1-\epsilon)}{A}$$

여기서, P : 환산 하중(kg) ϵ : 변형률
A_0 : 환산 단면적(cm^2) H : 시료의 최초 높이(cm)
A : 시료의 처음 단면적(cm^2)

$$q_u = 2\,c_u \cdot \tan\left(45° + \frac{\phi}{2}\right)$$

$$q_u = \frac{N}{8}$$

2 삼축압축 시험

배수방법	적용
비압밀 비배수 (UU-test)	① 점토지반이 시공 중 또는 성토한 후 급속한 파괴가 예상될 때 ② 압밀이나 함수비의 변화 없이 급속한 파괴가 예상될 때 ③ 점토지반의 단기적 안정해석
압밀 비배수 (CU-test)	① 성토 하중으로 어느 정도 압밀된 후 급속한 파괴가 예상될 때 ② 기존의 제방, 흙 댐에서 수위가 급강하할 때의 안정해석 ③ 사전압밀(Pre-loading) 후 급격한 재하시의 안정해석
압밀 배수 (CD-test)	① 압밀이 서서히 진행되고 파괴도 완만하게 진행될 때 ② 간극수압의 측정이 곤란할 때 ③ 점토지반의 장기적 안정해석 ④ 흙 댐의 정상류에 의한 장기적인 공극수압을 산정할 때

문제

성토된 하중에 의해 서서히 압밀이 되고 파괴도 완만하게 일어나 간극수압이 발생되지 않거나 측정이 곤란한 경우 실시하는 시험은?

① 압밀 배수 전단시험(CD-시험)
② 비압밀 비배수 전단시험(UU-시험)
③ 압밀 비배수 전단시험(CU-시험)
④ 급속 전단시험

해설 압밀이 되고 파괴도 완만하게 일어나는 경우 압밀 배수 시험(CD-test)을 적용한다.
답 ①

한번 더 보기
배수 방법에 있어서 비압밀 또는 압밀의 문제는 지반의 압밀 상태를 말하며, 배수 또는 비배수는 재하속도이다. 따라서, 비배수는 급속한 파괴이며 배수는 완만한 파괴를 나타낸다.

제5편 토질 및 기초

section 25 토질에 따른 전단특성 (중요도) ★☆☆

1 점토지반의 전단특성

① 예민비(S_t)

$$S_t = \frac{q_u}{q_{ur}}$$

여기서, q_u : 자연상태 시료의 일축압축강도
q_{ur} : 흐트러진 시료의 일축압축강도

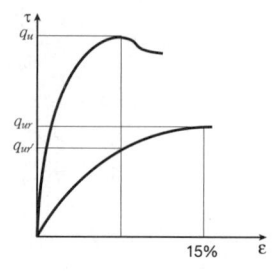

② 틱소트로피(Thixotrophy) 현상 : 흐트러진 시료를 두면 **시간이 경과함에 따라 강도가 회복되는 현상**을 말한다.

③ 리칭(Leaching) 현상 : 해수에 퇴적된 점토가 담수에 의해 오랜 시간에 걸쳐 염분이 빠져나가 강도가 저하되는 현상을 말한다.

2 모래지반의 전단특성

① 다일러턴시(Dilatancy) 현상 : 시료가 조밀하게 채워져 있는 경우 전단시험을 할 때 전단면의 모래가 이동하면서 다른 입자를 누르고 넘어가기 때문에 **체적이 팽창하는 현상**을 말한다.

흙의 종류	체적변화	다일러턴시	간극수압
촘촘한 모래(과압밀 점토)	체적이 팽창	(+)다일러턴시	(−)간극수압 발생
느슨한 모래(정규압밀 점토)	체적이 수축	(−)다일러턴시	(+)간극수압 발생

② 액화 현상(Liquefaction) : 느슨하고 포화된 가는 모래에 충격을 주면 체적이 수축하여 **정(+)의 간극수압이 발생하여 유효응력이 감소되어 전단강도가 작아지는 현상**을 말한다.

문제

다음 그림은 삼축압축 시험결과 변형 ϵ(%)과 체적변화($\frac{\Delta V}{V}$)를 나타낸 것이다. 옳지 않은 것은?

① 조밀한 모래의 시험결과이다.
② 느슨한 모래의 시험결과이다.
③ 과압밀점토의 시험결과이다.
④ 이러한 현상을 다일러턴시 현상이라 한다.

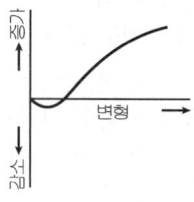

해설 조밀한 모래는 전단시험을 할 때 전단면의 모래가 이동하면서 다른 입자를 누르고 넘어가기 때문에 체적이 팽창하는 현상을 Dilatancy 현상이라 한다.

답 ②

한번 더 보기

전단특성에 있어서 조밀한 모래는 전단이 진행됨에 따라 체적에 증가하여 (+)다일러턴시, (−)간극수압이 발생한다.

section 26 현장에서의 전단강도 측정 (중요도 ★☆☆)

1 표준관입 시험

보링을 한 구멍에 스플릿 스푼 샘플러를 넣고, 처음 흐트러진 시료 15cm 관입한 후 **63.5kg의 해머**로 **76cm 높이**에서 자유 낙하시켜 샘플러를 **30cm 관입**시키는데 필요한 타격횟수를 표준관입시험 값, 또는 N 값이라 한다.

① Rod 길이에 대한 수정

$$N_1 = N' \cdot (1 - \frac{x}{200})$$

여기서, N' : 실측 N 값
x : Rod의 길이(m)

② 토질에 의한 수정

$$N_2 = 15 + \frac{1}{2}(N_1 - 15)$$

단, $N_1 \leq 15$일 때는 토질에 의한 수정을 할 필요가 없다.

③ 상재압에 의한 수정

$N = N' \cdot (\frac{5}{1.4P+1})$

여기서, P : 유효상재하중(kg/cm²) $\leq$ 2.8kg/cm²

2 베인전단 시험

연약점토지반의 점착력을 측정하는 시험이다.

$$c_u = \frac{T}{\pi \cdot D^2 \cdot (\frac{H}{2} + \frac{D}{6})}$$

여기서, c_u : 점착력(MPa)
T : 회전저항모멘트(kN·cm)
D : 날개의 폭(cm)
H : 날개의 높이(cm)

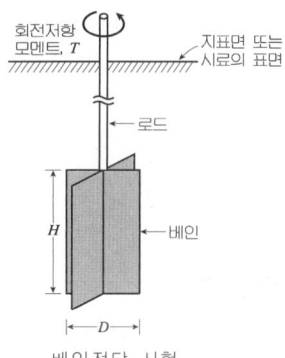

베인전단 시험

문제

물로 포화된 실트질 세사의 N 값을 측정한 결과 $N = 33$이 되었다고 할 때 수정 N 값은? (단, 측정지점까지의 로드(Rod)의 길이는 35m라고 한다.)

① 43　　② 35
③ 21　　④ 18

해설 ① Rod 길이에 의한 수정
$N_1 = N' \cdot (1 - \frac{x}{200}) = 33 \times (1 - \frac{35}{200}) = 27.23$

② 토질에 의한 수정
$N_2 = 15 + \frac{1}{2} \times (N_1 - 15) = 15 + \frac{1}{2} \times (27.23 - 15) = 21.12$회

답 ③

> **한번 더 보기**
> 표준관입 시험에 있어서 모래의 내부마찰각과 N값의 관계는 $\phi = \sqrt{12N} + C$이다.

section 27 간극수압계수 및 응력경로

(중요도 ★★★)

1 간극수압계수 : 전응력의 증가량에 대한 간극수압의 증가량의 비를 간극수압계수라 한다.

$$간극수압계수 = \frac{간극수압의 증가량}{전응력의 증가량} = \frac{\Delta u}{\Delta \sigma}$$

① 완전포화($S=100\%$)이면, $B=1$이다.
② 완전건조($S=0\%$)이면, $B=0$이다.
③ 정규압밀 점토의 A값 : $0.5 \sim 1$
④ 과압밀된 점토의 A값 : $-0.5 \sim 0$

2 응력경로 : 응력이 변화하는 동안 각 응력상태에 대한 Mohr원의 (p, q)점들을 연결하는 선으로 지반 내 임의의 요소에 작용되어온 하중의 변화과정을 응력평면 위에 나타낸 것을 응력경로라 한다.

① 전응력경로(Total stress path, TSP)
② 유효응력경로(Effective stress path, ESP)

3 K_f 선(응력경로)과 ϕ 선(Mohr-Coulomb의 파괴포락선)의 상관관계

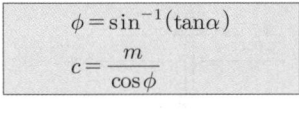

$$\phi = \sin^{-1}(\tan\alpha)$$
$$c = \frac{m}{\cos\phi}$$

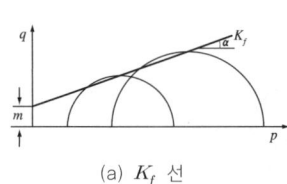
(a) K_f 선

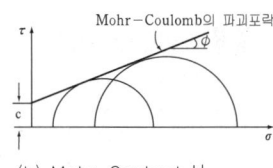
(b) Mohr-Coulomb선

K_f 선과 Mohr-Coulomb의 관계

문제

점성토에 대한 압밀배수 삼축압축 시험결과를 p-q diagram에 그린 결과 K_1-line의 경사각 α는 $20°$이고 절편 m은 340kN/m^2이었다. 이 점성토의 내부마찰각(ϕ) 및 점착력(c)은?

① $\phi=21.34°$, $c=365\text{kN/m}^2$
② $\phi=23.54°$, $c=343\text{kN/m}^2$
③ $\phi=24.21°$, $c=347\text{kN/m}^2$
④ $\phi=24.52°$, $c=352\text{kN/m}^2$

해설

① 내부마찰각(ϕ)
$$\phi = \sin^{-1}(\tan\alpha) = \sin^{-1}(\tan 20°) = 21.344°$$

② 점착력(c)
$$c = \frac{m}{\cos\phi} = \frac{340}{\cos 21.344°} = 365\text{kN/m}^2$$

답 ①

한번 더 보기

간극수압계수중 B계수는 시료의 포화상태를 점검하는데 유용하며, A계수는 과압밀점토에서 ⊖값을 갖는다.

section 28 토압의 이론 (★☆☆)

1 토압의 종류 : 정지토압, 주동토압, 수동토압이 있다.

2 정지토압

$\sigma_v = \gamma \cdot z$

$$\sigma_h = K_o \cdot \sigma_v = K_o \cdot \gamma \cdot z$$

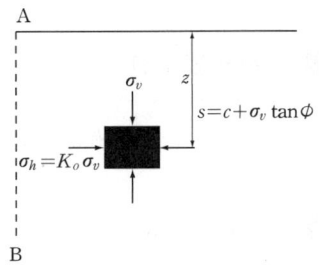

정지토압

여기서, K_o : 정지토압계수
  σ_v : 수직응력
  σ_h : 수평응력

① 모래 및 정규압밀점토인 경우(Jaky의 이론)

$$K_0 = 1 - \sin\phi'$$

여기서, ϕ' : 유효응력으로 구한 내부마찰각
모래 및 정규압밀점토의 정지토압계수는 1보다 작다.

② 과압밀점토인 경우

$$K_{0(과압밀)} = K_{0(정규압밀)} \sqrt{OCR}$$

여기서, OCR : 과압밀비
정지토압계수가 1보다 큰 경우는 과압밀점토이다.

3 토압의 대소
수동토압계수(K_P) > 정지토압계수(K_o) > 주동토압계수(K_A)

문제

흙의 단위중량이 18kN/m³이고, 정지토압계수가 0.5인 균질토층이 있다. 지표면 아래 10m 깊이에서의 연직응력과 수평응력은?

① $\sigma_v = 90\text{kN/m}^2$, $\sigma_h = 180\text{kN/m}^2$
② $\sigma_v = 180\text{kN/m}^2$, $\sigma_h = 90\text{kN/m}^2$
③ $\sigma_v = 80\text{kN/m}^2$, $\sigma_h = 40\text{kN/m}^2$
④ $\sigma_v = 40\text{kN/m}^2$, $\sigma_h = 8\text{kN/m}^2$

해설 ① 수직응력(σ_v) : $\sigma_v = \gamma \cdot z = 18 \times 10 = 180\text{kN/m}^2$
  ② 수평응력(σ_h) : $\sigma_h = K_o \cdot \sigma_v = 0.5 \times 180 = 90\text{kN/m}^2$

답 ②

한번 더 보기
어떤 지반의 정지토압계수가 1보다 큰 경우 이 지반은 과압밀 상태에 있다.

제5편 토질 및 기초

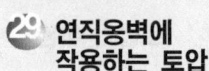
연직옹벽에 작용하는 토압

연직옹벽에 작용하는 토압

(중요도)
★★☆

1 주동토압계수(K_A)

$$K_A = \tan^2\left(45° - \frac{\phi}{2}\right) = \frac{1-\sin\phi}{1+\sin\phi}$$

2 전주동토압(P_A)

$$P_A = \frac{1}{2} \cdot K_A \cdot \gamma \cdot H^2$$

3 토압의 작용점($\bar{y}$)

$$\bar{y} = \frac{1}{3}H$$

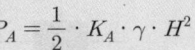

토압의 분포

문제

다음 그림에서 전주동토압은 얼마인가?

① 84kN/m
② 94kN/m
③ 108kN/m
④ 114kN/m

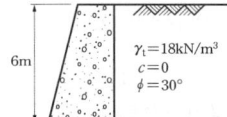

해설

① $K_A = \dfrac{1-\sin\phi}{1+\sin\phi} = \dfrac{1}{3}$

② 전주동토압
$$P_A = \frac{1}{2} K_A \gamma_t H^2$$
$$= \frac{1}{2} \times \frac{1}{3} \times 18 \times 6^2$$
$$= 108\text{kN/m}$$

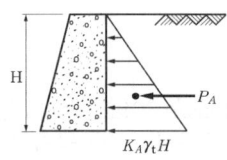

답 ③

한번 더 보기

전주동토압의 크기는 토압분포도의 면적이며 작용점은 토압분포도의 도심이다.

상재하중이 있는 경우의 토압 (중요도 ★★☆)

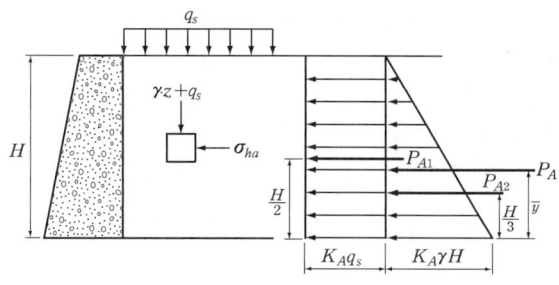

상재하중이 있는 경우의 토압분포

1 전주동토압(P_A)

$$P_A = P_{A1} + P_{A2} = K_A \cdot q_s \cdot H + \frac{1}{2} \cdot K_A \cdot \gamma \cdot H^2$$

2 토압의 작용점($\bar{y}$)

$$\bar{y} \cdot P_A = P_{A1} \times \frac{H}{2} + P_{A2} \times \frac{H}{3}$$

$$\bar{y} = \frac{(P_{A1} \times \frac{H}{2} + P_{A2} \times \frac{H}{3})}{P_{A1} + P_{A2}}$$

문제

다음 그림에서 상재하중만으로 인한 주동토압과 작용위치는?

① $P_{A(qs)} = 90\text{kN/m}, \quad x = 2\text{m}$
② $P_{A(qs)} = 90\text{kN/m}, \quad x = 3\text{m}$
③ $P_{A(qs)} = 540\text{kN/m}, \quad x = 2\text{m}$
④ $P_{A(qs)} = 540\text{kN/m}, \quad x = 3\text{m}$

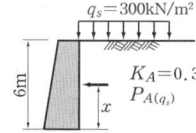

해설 ① 상재하중에 의한 토압 P_{A1}

$P_{A1} = K_A \cdot q_s \cdot H = 0.3 \times 300 \times 6 = 540\text{kN/m}^2$

② 상재하중에 의한 토압 작용점($\bar{y}$)

$\bar{y} = \frac{H}{2} = 3\text{m}$

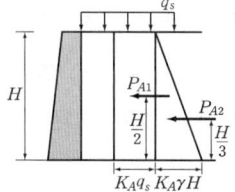

답 ④

제5편 토질 및 기초

3 뒤채움 흙이 이질 층인 경우의 토압

section 31 뒤채움 흙이 이질 층인 경우의 토압 (중요도 ★★★)

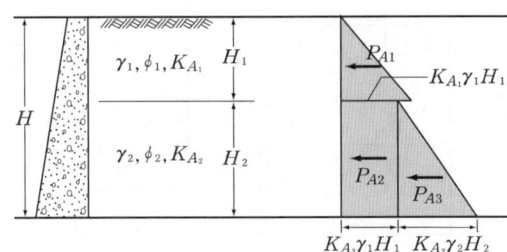

뒤채움 흙이 이질 층인 경우의 토압분포

1 전주동토압(P_A)

$$P_A = \frac{1}{2} \cdot K_{A1} \cdot \gamma_1 \cdot H_1^2 + K_{A2} \cdot \gamma_1 \cdot H_1 \cdot H_2 + \frac{1}{2} \cdot K_{A2} \cdot \gamma_2 \cdot H_2^2$$

2 토압의 작용점($\bar{y}$)

$$\bar{y} \cdot P_A = (\frac{H_1}{3} + H_2) \cdot P_{A1} + (\frac{H_2}{2}) \cdot P_{A2} + (\frac{H_2}{3}) \cdot P_{A3}$$

$$\bar{y} = \frac{(\frac{H_1}{3} + H_2) \cdot P_{A1} + (\frac{H_2}{2}) \cdot P_{A2} + (\frac{H_2}{3}) \cdot P_{A3}}{P_A}$$

문제

그림과 같이 성질이 다른 층으로 뒤채움 흙이 이루어진 옹벽에 작용하는 주동토압은?

① 156kN/m
② 114kN/m
③ 98kN/m
④ 86kN/m

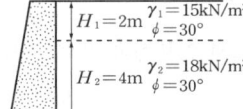

해설 전주동토압

$$P_{A1} = \frac{1}{2} \cdot K_A \cdot \gamma_1 \cdot H_1^2 = \frac{1}{2} \times \frac{1}{3} \times 15 \times 2^2 = 10\text{kN/m}$$

$$P_{A2} = K_A \cdot \gamma_1 \cdot H_1 \cdot H_2 = \frac{1}{3} \times 15 \times 2 \times 4 = 40\text{kN/m}$$

$$P_{A3} = \frac{1}{2} \cdot K_A \cdot \gamma_2 \cdot H^2 = \frac{1}{2} \times \frac{1}{3} \times 18 \times 4^2 = 48\text{kN/m}$$

$$P_A = P_{A1} + P_{A2} + P_{A3} = 10 + 40 + 48 = 98\text{kN/m}$$

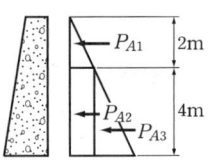

답 ③

한번 더 보기

아래층의 흙은 위층 흙의 중량을 상재하중으로 간주한 높이 H_2의 옹벽으로 가정하여 계산하면 된다.

section 32 지하수가 있는 경우의 토압 (중요도 ★★★)

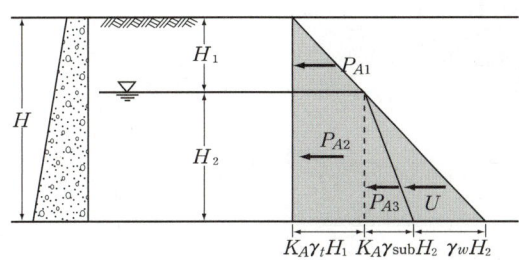

지하수가 있는 경우의 토압분포

1 전주동토압(P_A)

$$P_A = \frac{1}{2} \cdot K_A \gamma_t H_1^2 + K_A \cdot \gamma_t \cdot H_1 \cdot H_2 + \frac{1}{2} \cdot K_A \cdot \gamma_{sub} \cdot H_2^2 + \frac{1}{2} \cdot \gamma_w \cdot H_2^2$$

2 작용점($\bar{y}$)

$$\bar{y} \cdot P_A = (\frac{H_1}{3} + H_2) \cdot P_{A1} + (\frac{H_2}{2}) \cdot P_{A2} + (\frac{H_2}{3}) \cdot P_{A3} + (\frac{H_2}{3}) \cdot P_{A4}$$

$$\bar{y} = \frac{(\frac{H_1}{3} + H_2) \cdot P_{A1} + (\frac{H_2}{2}) \cdot P_{A2} + (\frac{H_2}{3}) \cdot P_{A3} + (\frac{H_2}{3}) \cdot P_{A4}}{P_A}$$

문제

그림과 같은 옹벽에 작용하는 주동토압의 합력은? (단, $\gamma_{sat} = 18kN/m^3$, $\phi = 30°$, 벽마찰각 무시)

① 100.32kN/m
② 111.10kN/m
③ 137.0kN/m
④ 181.0kN/m

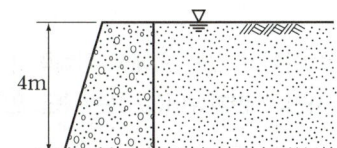

해설

① 주동토압계수(K_A)

$$K_A = \frac{1-\sin\phi}{1+\sin\phi} = \frac{1-\sin 30°}{1+\sin 30°} = \frac{1}{3}$$

② 주동토압의 합력(P_A)

$$P_A = \frac{1}{2} \cdot K_A \cdot \gamma_{sub} \cdot H^2 + \frac{1}{2} \cdot \gamma_w \cdot H_2^2$$
$$= \frac{1}{2} \times \frac{1}{3} \times (18-9.81) \times 4^2 + \frac{1}{2} \times (9.81) \times 4^2 = 100.32kN/m$$

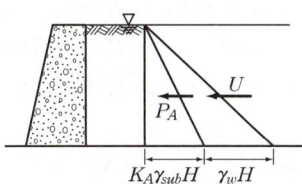

답 ①

한번 더 보기

지하수가 있는 경우의 지하수위 아래 토층에 대한 토압은 수중단위중량을 사용하며 수압계산에 있어서는 토압계수를 곱하지 않는다.

3 유한사면의 안정

section 33 유한사면의 안정 (중요도 ★☆☆)

1 한계고(H_c) : 구조물의 설치없이 사면이 유지되는 높이 즉, 토압의 합력이 0이 되는 깊이를 한계고라 한다.

$$H_c = 2Z_0 = \frac{4c}{\gamma_t} \cdot \tan(45° + \frac{\phi}{2})$$

$$H_c = \frac{2q_u}{\gamma_t}$$

$$H_c = \frac{c}{\gamma_t} \cdot N_s$$

여기서, q_u : 일축압축강도
 H_c : 한계고
 Z_0 : 인장균열깊이
 N_s : 안정계수($N_s = \frac{1}{안정수}$)

2 심도계수(N_d)

$$N_d = \frac{H'}{H}$$

여기서, H : 사면의 높이
 H' : 사면의 상부에서 견고한 지반까지의 깊이

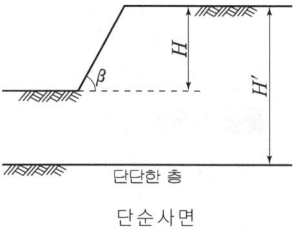

단순사면

3 안전율(F_s)

$$F_s = \frac{H_c}{H}$$

여기서, H : 사면의 높이

문제

그림과 같은 사면을 이루고 있는 흙에서 점착력이 $c = 20\text{kN/m}^2$, 단위중량이 $\gamma_t = 17\text{kN/m}^3$일 때 심도계수($N_d$), 사면의 한계높이($H_c$)는? (단, 안정계수 $N_s = 6.2$ 이다.)

① $N_d = 1.5$, $H_c = 7.29\text{m}$
② $N_d = 1.33$, $H_c = 7.29\text{m}$
③ $N_d = 1.5$, $H_c = 5.27\text{m}$
④ $N_d = 3.0$, $H_c = 5.27\text{m}$

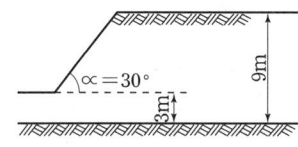

해설 ① 심도계수(N_d)
$$N_d = \frac{H'}{H} = \frac{9}{6} = 1.5$$
② 한계고(H_c)
$$H_c = \frac{c}{\gamma_t} \cdot N_s = \frac{20}{17} \times 6.2 = 7.29\text{m}$$

답 ①

한번 더 보기

구조물 설치없이 사면이 유지되는 한계고는 인장균열깊이의 2배이다.

section 34. 무한사면의 안정 (중요도 ★★☆)

1 지하수위가 파괴면 아래에 있는 경우

① 일반적인 흙

$$F_s = \frac{\tau_f}{\tau_d} = \frac{c' + \gamma_t \cdot H \cdot \cos^2\beta \cdot \tan\phi}{\gamma_t \cdot H \cdot \cos\beta \cdot \sin\beta}$$

$$= \frac{c'}{\gamma_t \cdot H \cdot \cos\beta \cdot \sin\beta} + \frac{\tan\phi}{\tan\beta}$$

② 모래지반

모래지반의 경우에는 점착력(c)이 0(zero)이므로

$$F_s = \frac{\tan\phi}{\tan\beta}$$

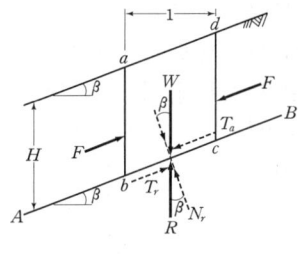

무한사면의 안정

2 지하수위가 지표면과 일치하는 경우

① 일반적인 흙

$$F_s = \frac{\tau_f}{\tau_d} = \frac{c' + \gamma_{\text{sub}} \cdot H \cdot \cos^2\beta \cdot \tan\phi}{\gamma_{\text{sat}} \cdot H \cdot \cos\beta \cdot \sin\beta}$$

$$= \frac{c'}{\gamma_{\text{sat}} \cdot H \cdot \cos\beta \cdot \sin\beta} + \frac{\gamma_{\text{sub}}}{\gamma_{\text{sat}}} \cdot \frac{\tan\phi}{\tan\beta}$$

② 모래지반

모래지반의 경우에는 점착력(c)이 0(zero)이므로

$$F_s = \frac{\gamma_{\text{sub}}}{\gamma_{\text{sat}}} \cdot \frac{\tan\phi}{\tan\beta}$$

즉, $\frac{\gamma_{\text{sub}}}{\gamma_{\text{sat}}} \fallingdotseq \frac{1}{2}$ 이므로 지하수위가 파괴면 아래에 있는 경우에 비하여 **안전율이 반감한다**.

문제

$\gamma_{\text{sat}} = 20\text{kN/m}^3$ 인 사질토가 20°로 경사진 반무한 사면이 있다. 침투류가 지표면과 일치하는 경우 이 사면이 안정하기 위해서는 흙의 내부마찰각이 최소 몇 도 이상이어야 하는가?

① 18°   ② 20°
③ 36°   ④ 45°

해설 $F_s = \frac{\gamma_{\text{sub}}}{\gamma_{\text{sat}}} \cdot \frac{\tan\phi}{\tan\beta}$ 에서 사면이 안전하기 위하여서는 $F_s \geq 1$ 이 되어야 하므로

$$\frac{(20-9.8)}{20} \times \frac{\tan\phi}{\tan 20°} = 1$$

$\therefore \phi \geq 36°$

답 ③

한번 더 보기

모래지반에 있어서 무한사면의 안전율은 지하수위가 파괴면 아래에 있으면 $F_s = \frac{\tan\phi}{\tan\beta}$, 지표면과 일치하면 $F_s = \frac{\gamma_{\text{sub}}}{\gamma_{\text{sat}}} \cdot \frac{\tan\phi}{\tan\beta}$ 이다.

section 35 사면안정 해석법

1 질량법(Mass procedure)

활동을 일으키는 파괴면 위의 흙을 하나로 취급하는 방법으로 흙이 균질한 경우에 적용 가능한 방법이나 자연사면의 경우 거의 적용할 수 없다.

$$F_s = \frac{M_R}{M_D} = \frac{c_u \cdot L_a \cdot r}{W \cdot d}$$

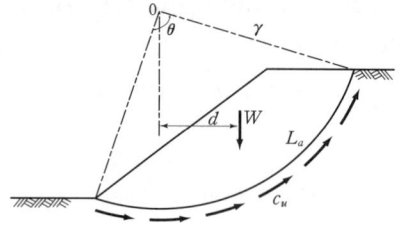

$\phi = 0°$의 비배수 상태의 안정해석

2 절편법(Slice method, 분할법)

① 개요

활동을 일으키는 파괴면 위의 흙을 여러 개의 절편으로 나눈 후 각각의 절편에 대해 해석을 하는 방법이다. 따라서, **이질토층, 지하수위**가 있는 경우에 적용할 수 있다.

② 해석방법

Fellenius 방법(Swedish method)	Bishop 방법(Bishop simplified method)
㉮ 사면의 단기적 안정해석에 유효하다. ㉯ $\phi = 0$ 해석법이다. ㉰ 절편에 작용하는 외력들의 합이 0이다. ㉱ 공극수압을 고려하지 않는다. ㉲ 전응력 해석이다.	㉮ 사면의 장기적 안정해석에 유효하다. ㉯ $c - \phi$ 해석법이다. ㉰ 절편에 작용하는 연직방향의 힘의 합력은 0이다. ㉱ 공극수압을 고려한다. ㉲ 유효응력 해석이다.

문 제

사면의 안정해석법의 하나인 절편법에 대한 설명 중 틀린 것은?

① 사면이 이질의 지층으로 되어있을 경우 적용할 수 없다.
② 예상 파괴활동면은 원호라고 가정한다.
③ 각 절편의 바닥은 직선이라 가장한다.
④ 어떤 한 절편에 작용하는 힘은 정역학적으로 구할 수 없다.

해설 절편법은 이질토층이나 지하수위의 변화가 있는 경우에도 해석이 가능하다.

답 ①

한번 더 보기

질량법과 절편법에 의한 사면안정해석에서 제일 먼저 행하여야 할 사항은 활동면의 가정이다.

SECTION 36 다짐이론 (중요도) ★☆☆

1 다짐에너지(E) : 단위체적당 흙에 가해지는 에너지를 다짐에너지라 한다.

$$E = \frac{W_R \cdot H \cdot N_B \cdot N_L}{V}$$

여기서, W_R : Rammer의 무게(kg) N_L : 다짐층수
N_B : 각 층의 다짐횟수 H : 낙하고(cm)
V : mold의 체적(cm³)

2 다짐 곡선

① 최대건조단위중량($\gamma_{d\max}$) : 다짐 곡선의 최대점을 나타내는 건조단위중량
② 최적함수비(OMC, w_{opt}) : 최대건조단위중량을 얻을 때의 함수비

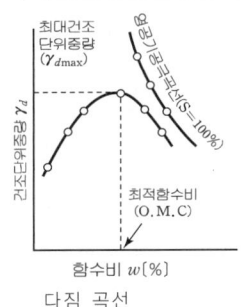

다짐 곡선

3 영공기공극 곡선 : 포화도 100%(공기함율 0%)일 때의 건조단위중량과 함수비 관계 곡선을 영공극 곡선, 또는 포화 곡선이라 한다. 다짐 곡선의 하향선 오른쪽에 위치한다.

문 제

다짐에너지에 관한 설명 중 옳지 않은 것은?

① 다짐에너지는 래머중량에 비례한다.
② 다짐에너지는 래머의 낙하고에 비례한다.
③ 다짐에너지는 시료의 체적에 비례한다.
④ 다짐에너지는 타격수에 비례한다.

해설 다짐에너지는 시료의 체적에 반비례한다.

답 ③

한번 더 보기

다짐방법의 종류에 있어서 A다짐의 허용최대입경은 19mm, B다짐의 허용최대입경은 37.5mm, 1층당 다짐횟수가 가장 많은 다짐방법은 E방법이다.

section 37 다짐의 효과

(중요도 ★★★)

1 다짐 곡선의 성질

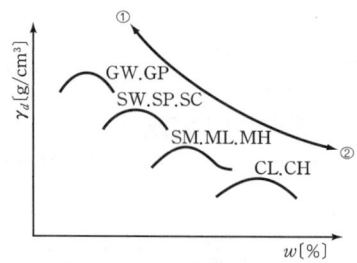

	① 방향으로 갈수록	② 방향으로 갈수록
흙의 종류	조립토	세립토
입도분포	양입도	빈입도
다짐에너지	증대	감소
최대건조단위중량	증대	감소
최적함수비	감소	증가
다짐 곡선	날카롭다.	완만하다.

2 다짐이 점토에 미치는 영향

① 최적함수비(OMC)보다 **약간 습윤측**에서 **최소투수계수**를 얻을 수 있다.
② 최적함수비(OMC)보다 **건조측**에서 최대전단강도를 얻을 수 있다.
③ 최적함수비(OMC)에서 최소공극비를 얻을 수 있다.
④ 점토는 **습윤측**으로 다지면 이산구조, 건조측은 면모구조를 이룬다.

문 제

다짐 시험에서 몇 개의 흙에다 동일한 다짐에너지(Compactive effect)를 가했을 때 건조밀도가 큰 것에서 작아지는 순서로 되어 있는 것은?

① SW-ML-CH
② SW-CH-ML
③ CH-ML-SW
④ ML-CH-SW

해설 다짐에너지가 동일한 경우 조립토일수록 세립토보다 최대건조단위중량이 크다.
따라서, 조립토 순서로 하면 되므로 모래, 실트, 점토 순으로 배열하여야한다.

답 ①

한번 더 보기

조립토일수록 최대건조단위중량이 증대하고, 최적함수비가 감소하며, 다짐곡선이 날카롭다.

 현장 다짐 (중요도) ★☆☆

제5편 토질 및 기초

현장 다짐

1 평판재하 시험 : 콘크리트 포장과 같은 강성포장의 두께를 산정할 때 사용한다.

① 지지력 계수

$$K = \frac{q}{y}$$

여기서, K : 지지력 계수(MN/m³)
q : 하중강도(KN/m²)
y : 침하량(보통 0.125cm를 표준으로 한다.)

② 지지력계수 결정

$$K_{30} = 2.2 K_{75} \qquad K_{40} = 1.7 K_{75}$$
$$K_{30} = 1.3 K_{40}$$

$K_{30} > K_{40} > K_{75}$

여기서, K_{30}, K_{40}, K_{75} : 지름이 각각 300mm, 400mm, 750mm의 지지력 계수(MN/m³)

2 노상토 지지력비 시험 : 아스팔트 포장과 같은 연성포장(가요성 포장) 두께를 산정할 때 사용한다.

$$CBR = \frac{시험하중}{표준하중} \times 100 = \frac{시험단위하중}{표준단위하중} \times 100(\%)$$

① $CBR_{2.5} > CBR_{5.0}$이면 CBR값은 $CBR_{2.5}$이다.
② $CBR_{2.5} < CBR_{5.0}$이면 재시험한다. 재시험을 한 후, 다시
　㉮ $CBR_{2.5} > CBR_{5.0}$이면 CBR값은 $CBR_{2.5}$이다.
　㉯ $CBR_{2.5} < CBR_{5.0}$이면 CBR값은 $CBR_{5.0}$이다.

> **문 제**
>
> CBR 시험에서 CBR 값이 100%라는 것은 지름 5cm의 관입 피스톤이 2.5mm 관입될 경우 얼마의 시험단위하중을 받는가?
>
> ① 19.9MPa　　② 13.7MPa
> ③ 10.3MPa　　④ 6.9MPa

해설 ① 노상토지지력비(CBR)

$$CBR = \frac{시험단위하중}{표준단위하중} \times 100(\%)$$

② 관입량 2.5mm에 대한 노상토지지력비

$$100 = \frac{시험단위하중}{6.9} \times 100$$

따라서, 시험단위하중은 6.9MN/m²=6.9MPa이다.　　**답** ④

 한번 더 보기

현장 모래 치환법에 의한 단위중량 시험방법에서 모래는 **시험구멍의 체적을 알기 위해서** 이다.

Section 39. 얕은 기초의 종류

(중요도) ★☆☆

직접 기초(얕은 기초) $\dfrac{D_f}{B}$: ≤1인 기초를 직접 기초라 한다.

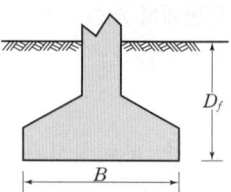

1 푸팅 기초(확대 기초)

① 독립 푸팅 기초 : 한 개의 기둥만 지지하는 기초
② 복합 푸팅 기초 : 2개 이상의 기둥을 지지하는 기초
③ 캔틸레버 푸팅 기초 : 스트럽이라 부르는 보로 2개의 푸팅을 연결한 복합 푸팅 기초
④ 연속 푸팅 기초 : 일련의 기둥이나 벽체를 지지하는 기초

2 전면 기초(Mat 기초) : 기초바닥 면적이 시공 면적의 $\dfrac{2}{3}$ 이상인 경우이며, 연약 지반에 많이 사용한다.

3 얕은 기초의 굴착

굴착 방법	방법
① Open cut 공법	지반이 양호하고 여유있을 때 사용하는 공법
② Island 공법	중앙부를 먼저 굴착하여 기초 축조 후 버팀대를 받치고, 주변부 굴착하여 주변부 기초 축조 완성하는 공법
③ Trench cut 공법	주변부를 먼저 굴착하고 기초의 일부분을 만든 후 중앙을 굴착 시공하는 공법

문제

다음은 직접 기초에 대한 설명이다. 틀린 것은?
① 두 개의 푸팅을 스트랩(strap)으로 연결한 것을 캔틸레버 푸팅이라고 한다.
② 캔틸레버 푸팅은 기둥이 용지에 경계선에 접근해서 기초 부지를 침범하게 되는 경우는 사용할 수 없다.
③ 푸팅의 전면적이 커져서 그의 합계가 시공면적의 $\dfrac{2}{3}$ 를 초과하면 일반적으로 전면 기초가 경제적이다.
④ 푸팅의 깊이는 동결작용을 받지 않은 깊이까지 기초를 해야 한다.

해설 캔틸레버 푸팅을 사용하는 경우
① 2개의 기둥이 가까이 있어서 각각의 독립 푸팅을 2개 설치하기 힘든 경우
② 기둥이 용지의 경계선에 매우 접근하고 있어서 경계선을 침범하지 않도록 독립 푸팅 기초를 설치하면 심한 편심이 생겨서 불리한 경우
③ 2개의 기둥을 서로 높이가 다른 위치에 설치해야 하는 경우

답 ②

한번 더 보기

Terzaghi의 지지력 이론에서 극한지지력은 전반전단파괴에 적용되며 허용지지력은 극한지지력을 안전율로 나눈 값이다.

section 40 얕은 기초의 지지력 (중요도 ★★☆)

1 극한지지력

극한지지력은 점착력과 마찰력, 덮개토압에 의한 지지력으로 이루어진다.

$$q_u = \alpha \cdot c \cdot N_c + \beta \cdot \gamma_1 \cdot B \cdot N_r + \gamma_2 \cdot D_f \cdot N_q$$

여기서, N_c, N_r, N_q : 지지력계수
 c : 점착력
 B : 기초의 폭
 γ_1 : 기초바닥 아래 흙의 단위중량
 γ_2 : 근입깊이 흙의 단위중량
 D_f : 근입깊이
 α, β : 형상계수

① 형상계수

기초 형상계수	연 속	원 형	정사각형	직사각형
α	1.0	1.3	1.3	$1 + 0.3\dfrac{B}{L}$
β	0.5	0.3	0.4	$0.5 - 0.1\dfrac{B}{L}$

여기서, B : 기초바닥의 짧은 변이 길이, L : 기초바닥의 긴 변의 길이

② 지지력계수
지지력계수는 **수동토압계수의 함수**이며, 이는 내부마찰각의 함수이다.

③ 흙의 단위중량
수중 상태에서는 수중단위중량을 사용하므로 **지하수위가 지표면에 일치**하면 지지력은 대략 반감한다.

2 허용지지력

$$q_a = \dfrac{q_u}{F_s}$$

문제

다음 그림과 같은 연속기초가 있다. Terzaghi식으로 이 기초의 극한지지력을 구하면? (단, 흙의 단위중량은 18kN/m³, 점착력 $c = 10\text{kN/m}^2$, 내부마찰각 $\phi = 20°$이고, $\phi = 20°$일 때 **지지력 계수** $N_c = 7.9$, $N_r = 2.0$, $N_q = 5.9$이다.)

① 268.9kN/m²
② 345.4kN/m²
③ 402.7kN/m²
④ 304.6kN/m²

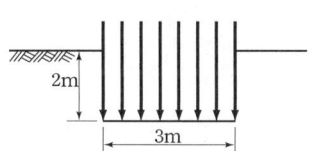

해설 ① 흙이 점착력(c)
 $c = 10\text{kN/m}^2$
② 극한지지력(q_u)
 $q_u = \alpha \cdot c \cdot N_c + \beta \cdot \gamma_1 \cdot B \cdot N_r + \gamma_2 \cdot D_f \cdot N_q$
 $= 1 \times 10 \times 7.9 + 0.5 \times 18 \times 3 \times 2.0 + 18 \times 2 \times 5.9 = 345.4\text{kN/m}^2$

답 ②

4 말뚝의 지지력

section 41 말뚝의 지지력 (중요도 ★★★)

1 정역학적 공식

① Terzaghi의 공식

$$Q_u = Q_p + Q_f = q_u \cdot A_p + A_s \cdot f_s$$

② Meyerhof의 공식

$$Q_u = 40 \cdot N \cdot A_p + \frac{1}{5} \cdot \overline{N_s} \cdot A_s$$

③ Dörr의 공식

④ Dunham의 공식

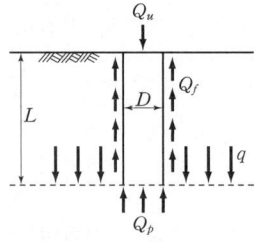

정역학적 지지력 상태

2 동역학적 공식

① Hiley의 공식

$$Q_u = \frac{W_h \cdot h \cdot e}{S + \frac{1}{2}(C_1 + C_2 + C_3)} \left(\frac{W_h + n^2 \cdot W_P}{W_h + W_P} \right)$$

② Engineering news 공식

종류	극한지지력	허용지지력
낙하 해머	$Q_u = \dfrac{W_h \cdot H}{S + 2.5}$	$Q_a = \dfrac{W_h \cdot H}{6(S + 2.5)}$
단동식 증기 해머	$Q_u = \dfrac{W_h \cdot H}{S + 0.25}$	$Q_a = \dfrac{W_h \cdot H}{6(S + 0.25)}$
복동식 증기 해머	$Q_u = \dfrac{(W_h + A_P \cdot P) \cdot H}{S + 0.25}$	$Q_a = \dfrac{(W_h + A_P \cdot P) \cdot H}{6(S + 0.25)}$

③ Sander의 공식

$$Q_a = \frac{W_h \cdot H}{8S}$$

문제

다음은 말뚝의 지지력에 관한 여러 가지 공식 이름이다. 정역학적 지지력 공식이 아닌 것은?

① Dörr의 공식
② Terzaghi 공식
③ Meyerhof 공식
④ Engineering-News 공식(또는 AASHO 공식)

해설 Engineering-News 공식은 동역학적 지지력 공식이다.

답 ④

한번 더 보기

정역학적 공식에서는 안전율이 3이며, 동역학적 공식에서는 Hiley 공식은 3, Engineering news 공식은 6, sander 공식은 8이다.

section 42 부마찰력과 군말뚝 (중요도 ★★☆)

1 **부마찰력** : 연약지반에 말뚝을 박은 다음 성토한 경우에는 성토하중에 의하여 압밀이 진행되어 말뚝의 주면에 발생하는 (−)의 마찰력을 부마찰력이라 한다. 따라서, **부마찰력에 의해 극한지지력은 감소한다.**

2 **군말뚝** : 지반 중에 박은 2개 이상의 말뚝에서 **지중응력이 서로 중복되는 경우 군말뚝**으로 판정한다.

① 판정기준

$$D_0 = 1.5\sqrt{r \cdot L}$$

여기서, D_0 : 군말뚝의 최대중심간격
L : 말뚝의 관입깊이
r : 말뚝의 반지름

② ϕ각

$$\phi = \tan^{-1}\frac{D}{S}$$

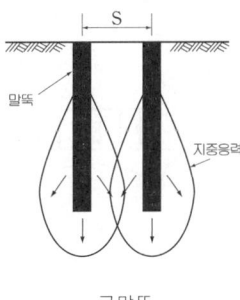

군말뚝

③ 효율(Converse−Labarre) 공식

$$E = 1 - \frac{\phi}{90} \cdot \left[\frac{(m-1) \cdot n + (n-1) \cdot m}{m \cdot n}\right]$$

④ 군말뚝의 허용지지력

$$Q_{ag} = E \cdot N \cdot Q_a$$

문제

다음은 말뚝 기초를 시공하는 데 있어서 유의해야 할 사항 중 옳지 않은 것은?

① 말뚝을 좁은 간격으로 시공했을 때는 단항인가 군항인가를 따져야 한다.
② 군항일 경우는 말뚝 1본당 지지력을 말뚝수로 곱한 값이 지지력이다.
③ 말뚝이 점토지반을 관통하고 있을 때는 부마찰력에 대해서 검토를 할 필요가 있다.
④ 말뚝간격이 너무 좁으면 단항에 비해서 훨씬 깊은 곳까지 응력이 미치므로 그 영향을 검토해야 한다.

해설 군항의 허용지지력은 말뚝 1본당 지지력을 말뚝수로 곱하고 여기에 효율을 곱한 값이 지지력이다.

답 ②

한번 더 보기

① 연약한 지반에 말뚝을 박았을 때 부마찰력이 생긴다면 극한지지력은 감소한다.
② 군말뚝은 단항보다 각각의 말뚝이 발휘하는 지지력이 작다.

section 43 접지압과 침하량의 분포

(중요도) ★★☆

1 접지압과 침하량 분포

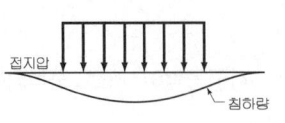
(a) 유연기초

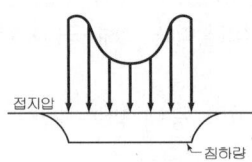
(b) 강성기초

점토지반

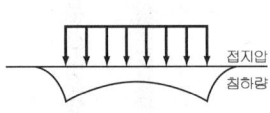
(a) 유연기초

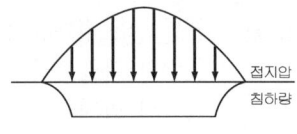
(b) 강성기초

모래지반

2 재하판 크기에 의한 영향

	점 토	모 래
지지력	$q_{u(기초)} = q_{u(재하)}$	$q_{u(기초)} = q_{u(재하)} \cdot \dfrac{B_{(기초)}}{B_{(재하)}}$
침하량	$S_{(기초)} = S_{(재하)} \cdot \dfrac{B_{(기초)}}{B_{(재하)}}$	$S_{(기초)} = S_{(재하)} \cdot \left[\dfrac{2B_{(기초)}}{B_{(기초)} + B_{(재하)}}\right]^2$

문제

접지압(또는, 지반반력)이 그림과 같이 되는 경우는?

① 푸팅 : 강성, 기초지반 : 점토
② 푸팅 : 강성, 기초지반 : 모래
③ 푸팅 : 휨성, 기초지반 : 점토
④ 푸팅 : 휨성, 기초지반 : 모래

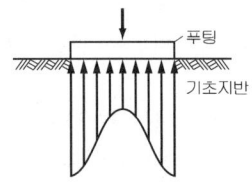

해설 강성기초가 점토지반에 위치하면 가장자리에서 **최대접지압**이 발생하며, 기초 중앙에서 최소 접지압이 발생한다.

답 ①

한번 더 보기

흙의 종류에 관계없이 강성기초에서는 침하가 일정하고 유연기초에서는 접지압이 일정하다.

section 44. 연약지반 개량공법의 종류

(중요도 ★☆☆)

대상지반	공법의 종류
점토지반	① 치환 공법 ② 프리 로딩 공법(사전 압밀 공법) ③ 샌드 드레인 공법 ④ 페이퍼 드레인 공법 ⑤ Pack drain 공법 ⑥ Wick drain 공법 ⑦ **전기 침투 공법** ⑧ 침투압 공법(MAIS 공법) ⑨ 생석회 말뚝 공법
모래지반	① 다짐 말뚝 공법 ② 다짐 모래 말뚝 공법(컴포져 공법) ③ 바이브로플로테이션 공법 ④ 폭파 다짐 공법 ⑤ **전기 충격 공법** ⑥ 약액 주입 공법
일시적	① 웰 포인트 공법 ② 대기압 공법 ③ 동결 공법 ④ 소결 공법

문제

다음 중 사질지반의 개량공법에 속하지 않는 것은?

① 다짐 말뚝 공법
② 바이브로플로테이션(Vibroflotation) 공법
③ 전기 충격 공법
④ 생석회 말뚝 공법

해설 ① 모래지반 개량공법은 진동이나 충격에 의해 간극을 줄이는 공법을 주로 적용한다.
② 탈수에 의한 연약지반 개량공법은 점토지반에 적용하는 공법이다.
  즉, 탈수에 의해 압밀을 촉진하는 공법이다.
③ 생석회 말뚝 공법은 점토지반에 적용하는 개량공법이다.

답 ④

한번 더 보기

연약지반이란 점토지반에서는 함수비가 큰 지반, 모래지반에서는 느슨한 지반이므로 점토지반은 배수에 의한 압밀, 모래지반은 진동 충격에 의한 조밀한 지반을 만드는 것이다.

제5편 토질 및 기초

section 45 점토지반 개량공법 (중요도 ★★★)

1 샌드 드레인 공법 : 연약 점토지반에 모래 말뚝을 설치하여 배수거리를 단축하여 압밀을 촉진시켜 압밀시간을 단축시키는 공법이다.

① 배수는 주로 수평방향으로 이루어진다.
② 모래 말뚝의 간격이 길이 $\frac{1}{2}$의 이하인 경우에는 연직방향의 배수는 무시한다.
③ 평균 압밀도(U_{age})

$$U_{age} = 1 - (1-U_v) \cdot (1-U_h)$$

여기서, U_v : 연직방향의 평균 압밀도
U_h : 수평방향의 평균 압밀도

2 샌드 매트(Sand mat) : 모래 말뚝을 설치하기 전에 **지표면에 50~100cm 정도의 모래**를 까는 것을 말한다.

3 페이퍼 드레인 공법 : 샌드 드레인 공법과 유사하며, **모래 말뚝 대신에 합성수지로 된 페이퍼**를 땅 속에 박아 압밀을 촉진시키는 공법이다.

① 시공속도가 빠르다.
② 단기 배수효과가 좋다.
③ 지반의 교란이 거의 없으므로 수평방향의 압밀계수 $C_h ≒ (2~4)C_v$로 설계 한다.
④ 배수 단면이 깊이에 대하여 일정하다.
⑤ 대량생산이 가능한 경우 공사비가 싸다.

문제

다음의 샌드 드레인 공법에 대한 설명 중 옳지 않은 것은?

① 샌드 드레인 공법은 연약지반의 압밀 촉진 공법의 하나이다.
② 샌드 드레인 공법은 압밀에 의한 배수가 수평방향으로 일어나므로 압밀계수는 수평방향 압밀계수 C_h를 쓰는 것이 원칙이다.
③ 샌드 드레인 공법을 사용할 때는 먼저 목표하는 압밀도와 압밀 소요 일수를 정해 놓고 설계한다.
④ 샌드 드레인 공법은 모래 기둥을 점토층에 시공하는 것이므로 압밀 하중은 필요 없다.

해설 ① 샌드 드레인 공법은 연약 점토지반에 모래 말뚝을 설치하여 압밀을 촉진하는 공법이다.
② 압밀 촉진 공법으로 샌드 드레인 공법, 페이퍼 드레인 공법 등이 있다.
③ 샌드 드레인 공법은 압밀이론에 근거하기 때문에 압밀하중이 필요하다.

답 ④

한번 더 보기

샌드 드레인 공법의 주된 목적은 압밀침하를 촉진시키는 것이며, 배수거리에 대한 영향원의 이론을 제기한 사람은 Barron이다.

section 46 모래지반 개량공법 (중요도 ★☆☆)

1 다짐 모래 말뚝 공법(Compozer 공법) : 다짐 말뚝 공법과 원리가 같지만, 충격 또는 진동타입에 의해서 지반에 모래를 압입하여 모래 말뚝을 만드는 공법이다.

Hammering compozer 공법	Vibro compozer 공법
① 전력설비 없어도 시공이 가능하다. ② 충격시공이므로 **소음, 진동이 크다.** ③ **시공 관리가 힘들다.** ④ 주변 흙을 교란시킨다. ⑤ 낙하고의 조절이 가능하므로 강력한 타격에너지를 얻을 수 있다.	① 시공상 무리가 없으므로 기계고장이 적다. ② 충격, 진동, 소음이 작다. ③ **시공 관리가 쉽다.** ④ 균질한 모래기둥을 만들 수 있다. ⑤ 진동은 모래의 다짐에 유효하지만 지표면은 다짐효과가 적으므로 Vibro tamper로 다진다.

2 바이브로 플로테이션(Vibroflotation) 공법 : 느슨한 모래지반에 Vibroflot 끝에 설치된 노즐로부터 **물분사와 수평방향의 진동작용을 동시에** 일으켜서 소정의 깊이까지 관입시켜 지반 내에 생긴 빈틈에 모래나 자갈을 채우면서 지표면까지 끌어 올려 지반을 개량하는 공법이다.

문제

다음 Compozer 공법에 대한 설명 중 적당하지 않은 것은?
① 느슨한 모래지반을 개량하는 데 좋은 공법이다.
② 충격, 진동에 의해 지반을 개량하는 공법이다.
③ 효과는 의문이나 연약한 점토지반에도 사용할 수 있는 공법이다.
④ 시공 관리가 매우 간편한 공법이다.

해설 Hammering compozer 공법은 시공 관리가 힘들며, Vibro compozer 공법은 시공 관리가 쉽다.

답 ④

한번 더 보기

① compozer 공법에 있어서 Hammering compozer 공법은 시공관리가 어려우므로 시공관리가 간편하다고 할 수가 없다.
② 바이브로 플로테이션 공법은 물분사와 수평방향의 진동작용을 동시에 한다.

제5편 토질 및 기초

47 사운딩 (Sounding)

section 47 사운딩(Sounding)

(중요도)
(★☆☆)

1 사운딩(Sounding) : Rod 선단에 설치한 저항체를 땅 속에 삽입하여 관입, 회전, 인발 등의 저항에서 토층의 성질을 탐사하는 것을 사운딩이라 한다.

2 사운딩의 종류

정역학적 사운딩	동역학적 사운딩
㉮ 휴대용 원추 관입시험 ㉯ 화란식 원추 관입시험 ㉰ 스웨덴식 관입시험 ㉱ 이스키 미터 ㉲ 베인 전단 시험	㉮ 동적 원추 관입시험 ㉯ 표준 관입시험

문제

토질 조사에서 사운딩(Sounding)에 관한 설명 중 옳은 것은?

① 동적인 사운딩 방법은 주로 점성토에 유효하다.
② 표준관입 시험(S.P.T)은 정적인 사운딩이다.
③ 사운딩은 보링이나 시굴보다 확실하게 지반 구조를 알아낸다.
④ 사운딩은 주로 원위치 시험으로서 의의가 있고 예비 조사에 사용하는 경우가 많다.

해설 ① 동적 사운딩 방법은 사질지반에 적합하다.
② 표준관입 시험(S.P.T)은 동적 사운딩이다.
③ 사운딩은 개략적으로 지반구조를 조사한다.

답 ④

한번 더 보기

동역학적 사운딩은 모래지반에 가장 적합하며 가장 대표적인 것에는 표준관입시험이 있다.

section 48 시료의 채취 (중요도 ★☆☆)

1 면적비 : 일반적으로 면적비가 10% 이하이면 잉여토의 혼입이 불가능한 것으로 보며, 흐트러지지 않은 시료로 간주한다.

$$A_r = \frac{D_o^2 - D_2^2}{D_e^2} \times 100(\%)$$

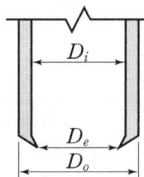

여기서, A_r : 면적비
D_o : 샘플러의 외경
D_e : 샘플러의 내경

2 회수율

$$\text{회수율} = \frac{\text{회수된 암석조각들의 길이의 합}}{\text{암석 코어의 이론상 길이}} \times 100(\%)$$

3 암질지수(RQD)

$$RQD = \frac{10\text{cm 이상으로 회수된 암석조각들의 길이의 합}}{\text{암석 코어의 이론상 길이}} \times 100(\%)$$

문제

다음 그림과 같은 Sampler에서 면적비는 얼마인가?

① 5.97%
② 14.72%
③ 5.81%
④ 14.79%

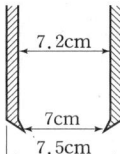

해설 면적비(A_r)

$$A_r = \frac{D_o^2 - D_e^2}{D_e^2} \times 100$$
$$= \frac{7.5^2 - 7^2}{7^2} \times 100 = 14.79\%$$

답 ④

한번 더 보기

불교란 시료 채취시 샘플러의 두께를 얇게 하기 위하여 면적비를 10%이하로 하는데 가장 큰 이유는 샘플러 주위의 잉여토의 혼입이 불가능하게 하기 위해서이다.

제6편 상하수도공학

상수도구성 및 계통도

section 1 상수도구성 및 계통도 (중요도 ★★☆)

1 수도의 종류

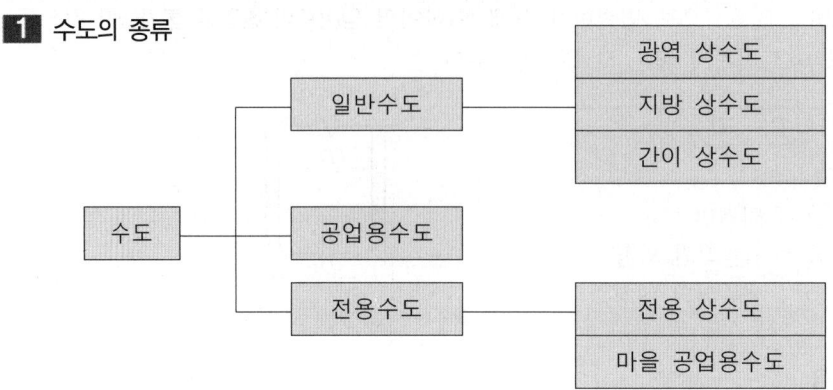

2 상수도 구성의 3요소
① 풍부한 수량
② 뛰어난 수질
③ 적절한 수압

■ 상수 공급과정
수원→취수→도수
→정수→송수→
배수→급수

3 상수도의 구성 체계
① 수원 : 수돗물의 원료가 되는 물.
② 취수 : 수원에서 필요한 수량을 취입하는 과정.
③ 도수 : 수원에서 취수한 원수를 정수처리 하기 위하여 정수장으로 이송하는 과정.
④ 정수 : 원수의 수질을 사용목적에 적합하게 개선하는 과정.
⑤ 송수 : 정수장에서 정수된 물을 배수지까지 보내는 과정.
⑥ 배수 : 배수지로 송수된 물을 배수관을 통해 급수지역으로 보내는 과정.
⑦ 급수 : 배수관을 통해 운반된 물을 사용자에게 급수관을 통해 공급하는 과정.

> **문제**
>
> 다음 중 상수의 공급 과정을 올바르게 나타낸 것은?
> ① 취수 → 송수 → 도수 → 정수 → 배수 → 급수
> ② 취수 → 송수 → 정수 → 도수 → 배수 → 급수
> ③ 취수 → 도수 → 송수 → 정수 → 배수 → 급수
> ④ 취수 → 도수 → 정수 → 송수 → 배수 → 급수

해설 수원→ 취수 → 도수 → 정수 → 송수 → 배수 → 급수

답 ④

> **한번 더 보기**
>
> 도수는 원수를 이송하는 것이고 송수는 정수된 물을 이송한다.

section 2. 상수도의 시설계획 (중요도 ★★☆)

1 상수도 시설별 계획년차
상수도 시설의 신설 및 확장은 5~15년간의 경제성을 고려하여 계획년차를 결정한다.

2 계획년차 결정시 고려할 사항
① 채용하는 구조물과 시설의 내용년수
② 시설확장의 난이도
③ 도시의 산업발전 정도와 인구증가에 대한 전망
④ 금융사정, 자금취득의 난이, 건설비
⑤ 수도수입의 연차별 예상

3 계획 급수인구

(1) 계획 급수인구
① 급수인구는 급수구역내의 상주인구만을 고려한다.
② 계획 급수인구 : 급수구역내 총인구×상수도 보급율(%)
③ 계획 급수인구의 계획년한 : 보통 15~20년을 표준으로 한다.

(2) 급수보급율
① 급수보급율(%) = $\dfrac{\text{급수인구}}{\text{급수구역내 총인구}} \times 100$
② 대도시의 보급율이 소도시에 비해 높다.
③ 항만 및 공업도시가 일반도시보다 평균적으로 보급율이 높다.
④ Goodrich공식

$$P = 180\, t^{-0.10}$$

여기서 P : 연평균 소비율에 대한 비율(%)
　　　t : 시간(day)

■ 우리나라 급수보급률은 약 85% 정도이고 1인 1일당 급수량은 400~450 lpcd정도다.

문제
어느 도시의 연평균 상수 소비량은 240 ℓ/인/일 이다. Goodrich공식에 의한 1인 1일 월 최대 급수량은 얼마인가?

① 192 ℓ/인/일 　② 264 ℓ/인/일
③ 307 ℓ/인/일 　④ 312 ℓ/인/일

해설 Goodrich공식에서 1개월은 보통 30일로 간주한다.
$P = 180 \times t^{-0.1} = 180 \times 30^{-0.1} = 128.1(\%)$
∴ 월 최대급수량 = 연평균 상수 소비량 × P
＝ 240 × 1.281 ≒ 307 (ℓ/인/일)

답 ③

■ 유능한 사람은 언제나 배우는 사람이다.
　　－ 괴테 －

제6편 상하수도공학

3 장래인구의 추정

section 3 장래인구의 추정 (중요도 ★★★)

- 과거 약 20년간의 인구자료와 도시의 특수성, 발전가능성 등을 고려하여 결정한다.
- 추정 년도가 커질수록, 인구가 감소되는 경우가 많을수록, 인구증가율이 높아질수록 인구추정의 신뢰도는 낮아진다.

1 등차급수 방법
연평균 인구증가수가 일정하다는 가정 하에 발전이 느린 도시에 적용한다.

$$P_n = P_0 + na$$

- P_n : n년 후의 추정인구
- P_0 : 현재인구
- n : 현재부터 계획년차까지의 경과년수
- P_t : 현재부터 t년 전의 인구
- a = 연평균인구증가수 $\left(a = \dfrac{P_0 - P_t}{t}\right)$

■ 등차급수법의 인구 증가 경향선

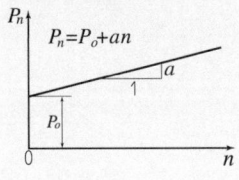

2 등비급수 방법
연평균 인구증가율이 일정하다는 가정 하에 장차 발전 가망성이 있는 도시에 적용한다.

$$P_n = P_0(1+r)^n$$

r : 연평균 인구증가율 $\left(= \left[\dfrac{P_0}{P_t}\right]^{1/t} - 1\right)$

■ 등비급수법의 인구 증가 경향선

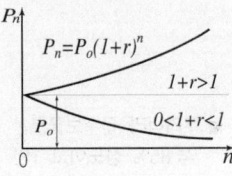

3 최소자승법(最小自乘法)

$$y = ax + b$$

- y : 기준년으로부터 x년 후의 인구
- x : 기준년으로부터의 경과년수
- n : 과거의 인구 자료수

$$\left[a = \dfrac{n\Sigma xy - \Sigma x \Sigma y}{n\Sigma x^2 - \Sigma x \Sigma x}, \ b = \dfrac{\Sigma x^2 \Sigma y - \Sigma x \Sigma xy}{n\Sigma x^2 - \Sigma x \Sigma x}\right]$$

4 Logistic Curve 방법
장래인구 추정방법중 가장 정확한 방법으로 포화인구를 추정하는 것이 어렵다.

$$\therefore y = \dfrac{K}{1 + me^{-ax}} = \dfrac{K}{1 + e^{a-bx}}$$

여기서 y : 기준년으로부터 x년 후의 인구 x : 기준년으로부터의 경과년수
K : 포화인구 m, a, b : 상수(최소자승법으로 구함)

문제

현재의 인구가 100,000명인 발전 가능성 있는 도시의 장래 급수량을 추정하기 위해 인구 증가 현황을 조사하니 연평균 인구 증가율이 5%로 일정하였다. 이 도시의 20년 후 추정 인구는?

① 15,050명 ② 116,440명
③ 200,000명 ④ 265,330명

해설 $P_n = P_0(1+r)^n$ 여기서 $P_0 = 100,000$명, $n = 20$년, $r = 0.05$

$\therefore P_n = P_0(1+r)^n = 100,000(1+0.05)^{20}$
≒ 265,330명

답 ④

section 4. 계획 급수량 (★★☆)

1 계획 급수량 결정시 고려사항
① 기후조건
② 생활수준
③ 상수도의 설비정도
④ 산업의 발달정도
⑤ 사용목적에 따른 수질관계
⑥ 배수관망의 수압

2 계획 급수량의 종류
① 계획 1일 평균급수량 : 계획 1일 최대급수량의 70~85%를 표준약품, 전력사용량의 산정, 유지관리비등 상수도요금의 산정에 사용되는 수량이다.

- 계획 1일 평균급수량 = $\dfrac{1년간\ 총급수량}{365}$
- 계획 1일 평균급수량 = 계획 1일 최대급수량 × [0.7(중소도시), 0.85(대도시, 공업도시)]

② 계획 1일 최대급수량 : 상수도시설 규모 결정의 기초가 되는 수량이다.
- 계획 1일 최대급수량 = 계획 1인 1일 최대급수량 × 계획 급수인구
  = 계획 1일 평균급수량 × [1.3(대도시, 공업도시), 1.5(중소도시)]

③ 계획 시간 최대급수량 : 1일 중에 사용수량이 최대가 될 때의 1시간당의 급수량을 말한다.

$$계획\ 시간\ 최대급수량 = \dfrac{계획\ 1일\ 최대급수량}{24} \times \begin{matrix} 1.3\,(대도시,\ 공업도시) \\ 1.5\,(중소도시) \\ 2.0\,(농촌,\ 소도시) \end{matrix}$$

■ 계획 1일 최대급수량으로 수도시설 규모를 결정한다.

계획 급수량과 수도시설의 규모계획

계획 급수량 종류	연평균 1일 사용수량에 대한 비율(%)	수도 구조물의 명칭
1일 평균급수량	100	수원지, 저수지, 유역면적의 결정
1일 최대급수량	150	취수, 도‧송수, 정수, 배수시설(여과지 면적, 송수관구경, 배수지)의 결정
시간 최대급수량	225	배수본관의 구경 결정

■ 시간 최대 급수량은 1일 평균 급수량의 2.25배에 해당하는 수량이다.

문제

다음은 계획 급수량에 대한 설명이다. 틀린 것은?

① 일 평균급수량은 연간급수량을 365일로 나눈 값이다.
② 일 평균과 일 최대의 비는 대도시일수록 커진다.
③ 일 최대급수량은 연간 1일급수량이 최대인 날의 급수량이다.
④ 시간 최대급수량은 1일 총급수량을 24로 나누어 여기에 1.3~2.0 범위의 값을 곱한 것이다.

해설 계획 1일 최대급수량 = 계획 1일 평균급수량 × [1.3(대도시, 공업도시), 1.5(중소도시)]
∴ 일 평균과 일 최대의 비는 대도시일수록 작아진다. **답** ②

제6편 상하수도공학

section 5 수질관리

(중요도: ★☆☆)

■ 원수의 수질기준
- 하천수 – BOD
- 호소수·해수 – COD

1 음용수의 수질기준
- 환경부 고시 (2002년 6월 21일)

구 분		항 목	기 준
먹는물수질기준	미생물에 대한 기준	일반세균	1mℓ 중 100CFU 이하
		총대장균군	100mℓ 중 검출불가
		대장균·분원성대장균군	
	건강상 유해영향 무기물질	납(Pb)	0.05mg/ℓ
		불소(F)	1.5mg/ℓ
		비소(As)	0.05mg/ℓ
		수은(Hg)	0.001mg/ℓ
		시안(CN)	0.01mg/ℓ
		암모니아성질소(NH_3-N)	0.5mg/ℓ
		질산성질소(NO_3-N)	10mg/ℓ
		카드뮴(Cd)	0.005mg/ℓ
	건강상 유해영향 유기물질	페놀	0.005mg/ℓ
		총 트리할로메탄	0.1mg/ℓ
		유리잔류염소	4.0mg/ℓ
	심미적 영향물질	경도	300mg/ℓ
		과망간산칼륨소비량($KMnO_4$)	10mg/ℓ
		냄새와 맛	소독으로 인한 냄새와 맛 이외의 냄새와 맛이 있어서는 아니될 것
		탁도	0.5 NTU 이하
		색도	5도 이하
		수소이온농도(PH)	5.8~8.5
		염소이온(Cl^-)	250mg/ℓ
		증발잔류물	500mg/ℓ

■ 상수원수(하천)수질 기준

상수원수	1급	2급	3급
pH	6.5~8.5	6.5~8.5	6.5~8.5
BOD	1mg/ℓ 이하	3mg/ℓ 이하	5mg/ℓ 이하
SS	25mg/ℓ 이하	25mg/ℓ 이하	25mg/ℓ 이하
DO	7.5mg/ℓ 이상	5mg/ℓ 이상	5mg/ℓ 이상
대장균군수(MPN/100mℓ)	50이하	1,000 이하	5,000 이하

■ 경도 : 수중의 칼슘, 마그네슘등을 탄산칼슘량으로 환산하여 나타낸 값으로 물의 세기를 나타낸다.

문 제

다음은 우리나라 음용수 수질기준이다. 잘못된 내용은 어느 것인가?

① 일반세균은 1mℓ 중 100을 넘지 아니할 것
② 암모니아성 질소는 0.5mg/ℓ를 넘지 아니할 것
③ 페놀은 0.005mg/ℓ를 넘지 아니할 것
④ 색도는 2도를 넘지 아니할 것

해설 색도는 5도를 넘지 아니할 것.

답 ④

section 6 물의 자정 작용 (중요도 ★☆☆)

1 자정작용(自淨作用)의 정의
① 오염된 하천 등의 물이 인위적으로 오염물질을 제거하지 않아도 깨끗한 물로 회복되는 현상이다.
② 자정작용은 겨울보다 여름이, 수심이 얕고 급류인 하천과 하상의 요철이 클수록 자정작용이 활발하다.

2 자정작용의 인자
① 물리적 작용 : 희석, 확산, 혼합, 침전, 여과, 흡착 등으로 침전작용이 가장 중요한 요소이다.
② 화학적 작용 : 산화, 환원, 중화 등의 작용이 있다.
③ 생물학적 작용 : 미생물이 유기물질을 무기물질로 분해하는 작용으로 자정작용 중 가장 큰 역할을 담당한다.

■ 자정 작용 중 유기물 분해과정에서 가장 중요한 인자는 생물학적 작용이다.

3 자정계수
① 공식 :
$$\text{자정계수} = \frac{\text{재폭기계수}}{\text{탈산소계수}} = \frac{k_2(day^{-1})}{k_1(day^{-1})}$$

(f 가 1보다 클때 $k_1 > k_2$: 자정작용)

② 자정계수에 영향을 크게 미치는 인자

영향인자	항목	k_1 (탈산소계수)	k_2 (재폭기계수)	f (자정계수)	비 고
수온	높아지면	커진다	커진다	작아진다	
	낮아지면	작아진다	작아진다	커진다	
수심	깊을수록	–	작아진다	작아진다	
	얕을수록	–	커진다	커진다	
유속, 난류, 구배	클수록	–	커진다	커진다	구배가 커지면 유속과 난류가 커진다.
	작을수록	–	작아진다	작아진다	

4 하천의 수질변화 (Whipple의 4단계)
수질변화단계 : 분해지대 → 활발한 분해지대 → 회복지대 → 정수지대

■ 하천의 수질변화단계에서 용존산소(DO)가 가장 낮은 단계는 활발한 분해지대다.

문제
하천의 재폭기(reaeration) 계수가 0.2/day, 탈산소 계수가 0.1/day이면 이 하천의 자정계수는 얼마인가?
① 0.1
② 0.2
③ 0.5
④ 2.0

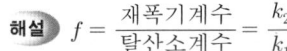 $f = \dfrac{\text{재폭기계수}}{\text{탈산소계수}} = \dfrac{k_2}{k_1}$

$f > 1$즉, 재폭기 계수 > 탈산소 계수 : 자정작용 유지된다.
$f < 1$즉, 재폭기 계수 < 탈산소 계수 : 자정작용 파괴 즉, 물이 오염되기 시작한다.

$\therefore f = \dfrac{\text{재폭기계수}}{\text{탈산소계수}} = \dfrac{k_2}{k_1} = \dfrac{0.2}{0.1} = 2.0$

답 ④

제6편 상하수도공학

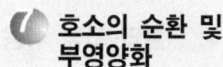

section 7 호소의 순환 및 부영양화 (중요도 ★★☆)

1 호소(湖沼)의 정체와 전도현상

(1) 정체(성층)현상
  호소의 물이 수심에 따라 여러 개의 층으로 분리되는 현상으로 여름과 겨울에 발생한다.

(2) 전도(turnover) 현상
  호소의 물이 수직으로 혼합되는 현상으로 봄과 가을에 발생한다.

(3) 취수시 계절별 특징
  ① 여름, 겨울 : 정체현상으로 물의 상·하층부 이동이 없어 깨끗한 물의 취수가 가능하다.
  ② 봄, 가을 : 전도현상 발생으로 수질교란이 일어나 물이 혼탁해져 양질의 물을 취수하기가 곤란하다.
  ③ 여름은 겨울보다 수심에 따른 수온차이가 더 커서 호소가 가장 안정된 성층현상을 이룬다.

■ 부영양화 원인물질
  - 질소(N), 인(P)등의 영양염류

■ 부영양화 지표항목
  - 총인(T-P)
  - 총질소(T-N)
  ※ 장래에 추가 되어야 할 항목
    chlorophyll-a 농도와 투명도

2 부영양화

(1) 정의 : 가정하수, 공장폐수 등이 호소, 저수지 등에 유입되어 질소(N), 인(P) 등 각종 영양물질의 농도 증가로 인하여 조류(식물성)가 과도하게 번식되어 호소의 수질이 악화되는 현상을 말한다.

(2) 부영양화의 현상
  ① 탁도 증가, 색도 증가, COD 증가(BOD 증가)
  ② pH 증가(조류에 의한 CO_2 흡수로 발생하며 pH 9~10까지 상승함)
  ③ DO 감소, 투명도의 저하.

(3) 부영양화의 방지대책
  ① 질소, 인의 유입을 방지해야 한다.
  ② 하수내 영양원인 질소, 인을 제거하기 위해 하수의 3차 처리(고차처리)를 실시한다.
  ③ 인을 함유한 합성세제의 사용금지 또는 사용량을 감소시킨다.
  ④ 조류의 이상번식시 황산동($CuSO_4$) 또는 염산동($CuCl_2$)을 투입하여 제거한다.

문제

호수, 저수지 등 정체된 수원에 대한 다음 설명 중 틀린 것은?
① 하천수에 비해 부영양화 현상이 나타나기 쉽다.
② 봄철과 가을철에 연직방향의 순환이 일어난다.
③ 상층과 하층의 수온 차이는 겨울철이 여름철보다 크다.
④ 여름철에는 중간층 부근에서 취수하는 것이 좋다.

해설 여름이 겨울보다 수심에 따른 수온차이가 더 많아 정체현상이 더욱 강하게 나타난다.

답 ③

 한번 더 보기

조류(식물성 플랭크톤) 이상 번식시 황산구리($CuSO_4$)로 투입 제거한다.

section 8. 수질검사 (중요도 ★★★)

1 정수장에서의 검사
① 매일 1회 이상 : 색도, 탁도, 잔류염소, 맛, 냄새, pH.
② 매주 1회 이상 : NH_3-N, NO_3-N, $KMnO_4$ 소비량, 일반세균, 대장균군, 증발잔류물.

2 주요수질항목
① 생물화학적 산소요구량 (BOD)
수중의 유기물질이 20℃에서 5일간 호기성 미생물 작용으로 분해될 때 소비되는 용존산소량을 말한다.

㉠ BOD 잔존량 공식
$$L_t = L_a \cdot e^{-k_1 \cdot t} \fallingdotseq L_a \cdot 10^{-k_1 t}$$

L_t : t 일후 잔존하는 BOD(mg/ℓ)
L_a : 최초 BOD(mg/ℓ) 또는 최종BOD(BOD_u)
k_1 : 탈산소계수(day^{-1})
t : day
e : 자연로그의 밑(2.71…)

㉡ BOD 소모량 공식
$$Y = L_a - L_t = L_a(1 - 10^{-k_1 t})$$

Y : t 일동안 소비된 BOD(mg/ℓ)

3 화학적 산소요구량 (COD)
유기물 및 무기물을 $KMnO_4$, $K_2Cr_2O_7$등의 산화제로 산화시킬 때 소요되는 산화제의 양을 산소량으로 치환한 것을 말한다.

4 용존산소 (Dissolved Oxygen : DO)
수중에 용해되어 있는 산소의 양을 말한다.

5 수소이온 농도 (pH)
정의 : 수소이온 농도 역수의 로그값을 말한다.

계산식: $pH = \log \dfrac{1}{[H^+]} = -\log[H^+] = \log \dfrac{10^{-14}}{[OH^-]}$

pH < 7 : 산성, pH = 7 : 중성, pH > 7 : 알칼리성

문제
탈산소계수가 0.1/day인 어느 폐수의 5일 BOD가 300mg/ℓ이었다고 한다. 이 폐수의 3일 후에 남아 있는(미처리된유기물) BOD는 얼마인가?

① 100mg/ℓ ② 150mg/ℓ
③ 180mg/ℓ ④ 220mg/ℓ

해설 BOD 소모량 $Y = L_a - L_t = L_a(1 - 10^{-k_1 t})$
$Y = 300$mg/ℓ, $k_1 = 0.1$, $t = 5$day
$\therefore L_a = \dfrac{300}{1 - 10^{-0.1 \times 5}} = 439$(mg/ℓ)

BOD 잔존량 $L_t = L_a \times 10^{-k_1 t}$
$\therefore L_3 = 439 \times 10^{-0.1 \times 3} = 220$(mg/ℓ)

답 ④

---

8 수질검사

■ BOD 곡선
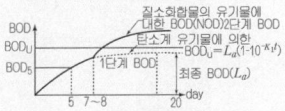

■ 소비된 BOD(Y)와 잔존 BOD(L_t)의 관계
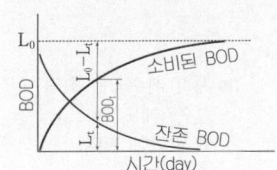

제6편 상하수도공학

수원

section 9 수원   (중요도) (★☆☆)

1 수원(水源)의 종류 및 특징

■ 수원중 수질의 계절적인 요인에 의해 가장 크게 영향을 받는 것은 하천수다.

수원	천수 (天水)	· 상수원으로는 수량이 적고 일정하지 못하여 부적합하다.
	지표수 (地表水)	· 하천수, 호소수, 저수지수 등으로 부유물질이 많으나 경도는 낮다. · 수원으로 가장 널리 이용되며 그 중 하천수를 가장 많이 사용한다. · 주위의 오염원으로 인해 오염가능성이 높다.
	지하수 (地下水)	· 천층수, 심층수, 복류수, 용천수 등으로 구성된다. · 무기질이 풍부하며 경도가 높고 지표수보다 수질이 깨끗하다. · 지표수 다음으로 많이 이용된다.

※ 수원의 이용빈도 순서 : 지표수(하천) > 지하수 > 천수

2 수원선정시 고려해야 할 사항

■ 계획 취수량은 최대갈수기에도 확보될 수 있어야 한다.

① 계획 취수량이 최대갈수기에도 확보될 수 있어야 하고 수질이 양호해야한다.
② 수리권이 확보될 수 있어야 하고 주위의 오염원이 없는 곳이 좋다.
③ 건설비 및 유지관리비가 저렴해야 하고 장래 시설의 확장이 가능한 곳이좋다.
④ 상수 소비지에서 가까운 곳에 위치하여야한다.

3 지하수

① 자유수면 지하수 (천층수) : 제1불투수층 위에 고인 자유수면 지하수.
② 피압면 지하수 (심층수) : 제1불투수층과 제2불수투층 사이의 피압면 지하수.
③ 복류수 : 하천 및 호소의 바닥이나 변두리의 자갈·모래층에 함유되어 있는 물.
    - 철(Fe), 망간(Mn) 및 부유물질의 함유량이 적고 수량도 풍부해 수원으로 가장 적합하다.
④ 용천수 : 지하수가 자연스럽게 지표로 용출되는 물로 지하수 특성을 갖는다.

문 제

다음 상수도 수원에 관한 설명 중 틀린 것은?

① 수원은 일반적으로 지표수, 지하수, 천수 등으로 대별할 수 있다.
② 저수지수는 부영양화 현상에 의한 조류의 발생이 하천수보다 많다.
③ 현재 공공 상수도 수원으로서 지표수 이용량이 지하수 이용량보다 적다.
④ 복류수는 지표수에 비하여 수질면에서 일반적으로 양호하다.

해설 현재 공공 상수도 수원으로 가장 많이 이용되고 있는 것은 지표수로 지하수 이용량보다 훨씬 크다.

답 ③

 한번 더 보기

BOD 잔존량 공식 $L_t = L_a \cdot e^{-k_1 \cdot t} ≒ L_a \cdot 10^{-k_1 t}$

BOD 소모량 공식 $Y = L_a - L_t = L_a(1 - 10^{-k_1 t})$

section 10 취수 (중요도 ★★☆)

1 계획취수량
계획취수량은 계획 1일 최대급수량을 기준으로 하고, 그 외에 5~10%정도 여유를 둔다.

2 취수지점 선정
(1) 취수지점의 선정요건
  ① 계획수량을 확실히 취수할 수 있어야 하고 수질오염을 받을 우려가 적어야 한다.
  ② 수리권 확보가 가능해야 하고 장래의 시설확장에 유리해야 한다.
  ③ 해수의 영향이 없어야 하고 건설비와 유지비가 저렴해야 한다.

(2) 취수지점 선정시 조사해야 할 사항
  ① 수량 (최대홍수량, 최대갈수량, 홍수량, 갈수량, 평수량)
  ② 수위 (최대홍수수위, 평수위 및 최대갈수위)
  ③ 수질 (강우와 탁도 및 기타 수질과의 상관관계)

3 하천지표수 취수시설
(1) 취수관 : 하천의 하류에 관을 부설
  - 수위변화에 영향을 받지 않고 안전하게 취수할 수 있는 지점에 설치한다.
(2) 취수문 : 하천의 중·상류부 지점에 설치
  - 일반적으로 농업용수의 취수나 하천유량이 안정된 곳의 취수에 사용된다.
(3) 취수탑 : 하천의 중·하류부, 저수지 및 호소 등에서 사용
  ① 대량 취수시 유리하며, 여러 개의 취수구를 설치하여 양질의 물을 취수할 수 있다.
  ② 연간 수위변화가 큰 지점에서 안정된 취수를 가능하게 한다.
  ③ 하천수 취수방법으로 비교적 널리 사용되고 있으나 건설비가 과대하다.

4 하천표류수의 취수지점
(1) 수심의 변화가 적고 유속이 완만한 곳 이어야 한다.
(2) 취수지점 및 그 주위지역의 지질이 견고한 곳 이어야 한다.
(3) 하수에 의한 오염, 바닷물 역류에 영향을 받지 않는 곳 이어야 한다.

■ 호소 및 저수지수 취수시설
  ① 취수문   ② 취수탑
  ③ 취수관   ④ 취수틀

■ 취수탑

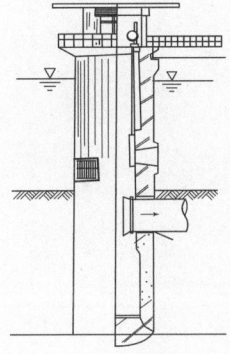

문제

하천수의 취수지점으로 적당하지 않은 곳은?

① 상류에서 공장폐수, 하수의 유입이 없는 곳
② 계획취수량을 확실히 취수할 수 있는 곳
③ 빠른 유속으로 충분한 유량을 확보할 수 있는 곳
④ 하상침하, 지반침하, 유량감소 등에 의하여 해수의 혼입이 되지 않는 곳

해설 취수지점의 유속이 빠를 경우 하상에 침전되어 있던 탁질 등이 부상할 수 있으므로 양질의 물을 취수하기 어렵다.

답 ③

제6편 상하수도공학

저수지 취수

section 11 저수지 취수 (중요도 ★★★)

1 저수지 용량
① 저수지의 유효저수량은 10년 빈도정도의 갈수년을 기준으로 정한다.
② 강우량이 많은 지방 120일분, 적은 지방은 200일분으로 용량을 결정한다.

■ 저수지 취수는 일반적으로 취수탑이 가장 많이 사용된다.

2 저수지 용량 결정법
① 가정법(假定法)
연평균 강우량으로부터 계획 1일 급수량의 배수(倍數)로 표현되는 저수용량을 결정하는 방법이다.

$$C = \frac{5,000}{\sqrt{0.8R}}$$

C : 저수지 용량(계획 1일 급수량의 배수)   R : 연평균 강우량(mm)

② 유량 누가곡선법(Ripple's Method)

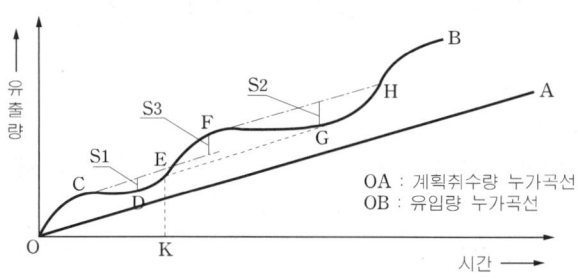

㉠ 저수용량 : C, F점에서 OA직선과 평행선을 그었을 때 최대종거(S2)의 크기.
㉡ 만수점 : C, E, F, H
㉢ 월류량 : S3
㉣ 저수시작일 : K
㉤ 수위하강구간 : CD 구간, FG 구간
㉥ 수위 상승구간 : DE, GH구간

3 호소 및 저수지수 취수지점
얕은 호수나 저수지에서의 취수는 수면에서 3~4m 깊이에서, 큰 호소에서는 10m 이상 깊이에서 취수하여 외기의 온도변화, 파도, 결빙으로 인한 취수장애를 받지 않게 해야 한다.

■ 그대는 인생을 사랑하는가?
그렇다면 시간을 낭비하지 말라.
– B.프랭클린 –

> **문 제**
> 얕은 호수나 저수지로부터 취수하는 경우 취수지점은 수면으로부터 몇 m정도 떨어져 있어야 가장 좋은가?
> ① 0~1m   ② 2~3m
> ③ 3~4m   ④ 4~5m

해설 ▶ 얕은 호수나 저수지에서의 취수는 수면으로부터 3~4m 깊이에서 취수한다.   답 ③

section 12. 지하수 취수 및 침사지 (중요도 ★★☆)

1 자유수면 지하수(천층수) 취수
① 천정호 : 관정이 제 1불투수층 바닥까지 도달하지 않은 우물로 수질이 양호 하지 않다.
② 심정호 : 관정이 제 1불투수층 바닥까지 완전히 도달된 우물로 수질이 양호하다.

2 피압면 지하수(심층수) 취수
굴정호 : 제 1불투수층과 제 2 불투수층 사이에 있는 피압 지하수로 양질의 물을 취수할 수 있다.

3 복류수 취수
① 집수매거 : 복류수 취수 시 가장 흔히 쓰이는 방법으로 유공 철근 콘크리트 관을 매설한 구조다.
② 관거의 매설 : 복류수의 흐름방향에 직각으로 매설해야 한다.
③ 집수공의 유입속도 : 3cm/sec 이하.
④ 집수매거내 유속 : 1m/sec 이하.
⑤ 집수매거의 경사 : 1/500 이하.

4 침사지
(1) 설치목적
취수펌프의 보호 및 도수관에서의 모래침전을 방지 하고 침전지로의 모래유입을 방지한다.

(2) 침사지 제원

구분	용량	평균유속	유효수심	여유고	길이
기준	계획 취수량을 10~20분간 저류할 수 있는 크기	2~7cm/sec	3~4m	0.5~1.0m	폭의 3~8배

※ 침사지 바닥구배는 종방향 1/100, 횡방향 1/50 이다.

■ 지하수 취수시 침사지는 생략한다.

■ 복류수는 지표수에 비해 수질이 양호하다.

문제

상수도 취수시설에 있어서 침사지의 유효수심은 다음 중 어느 것을 표준으로 하는가?
① 5 ~ 6m
② 4 ~ 5m
③ 3 ~ 4m
④ 2 ~ 3m

해설 침사지의 유효수심은 3 ~ 4m이다.

답 ③

section 13 상수관로 시설

1 도수 및 송수계획
(1) 계획도수량 : 계획취수량을 기준으로 하되 장래의 확장분을 고려하여야 한다.
(2) 계획송수량 : 계획 1일 최대급수량을 기준으로 하되 누수 등의 손실량을 고려한다.

2 도수 및 송수방식
(1) 자연유하식
① 도수, 송수가 안전하고 확실하다. 즉 수압의 신뢰성이 좋다.
② 유지관리가 용이하여 관리비가 적게 소요되므로 경제적이다.
③ 수로가 길어지면 건설비가 많이 든다.
④ 수원의 위치가 높고 도수로가 길 때 적당하다.

(2) 펌프압송식
① 수리학적으로 전부 관수로식이고 지하수가 수원일 경우 적당하다.
② 수원이 급수지역과 가까운 곳에 있을 경우에 적당하다.
③ 수로를 짧게 할 수 있어 건설비의 절감이 가능하다.
④ 자연유하식에 비해 전력비 등 유지관리비가 많이 든다.
⑤ 정전, 펌프 고장 등으로 도수 및 송수의 안정성과 확실성이 부족하다.

3 도수 및 송수방식 선정

■ 송수관은 오염방지를 위해 설계시 관수로를 원칙으로 한다.

(1) 도수 및 송수방식 선정시 유의할 사항
① 최소 동수구배선 이하가 되게 하고 가급적 단거리로 한다.
② 수평, 수직의 급격한 굴곡은 피하고 관내의 마찰손실수두가 최소가 되도록 한다.
③ 이상수압을 받지 않도록 한다.
④ 공사비를 최소한도로 줄일 수 있는 곳을 택한다.

(2) 도·송수관로의 유속
① 최대유속 : 수로내면의 마모방지를 위해 3.0m/sec이하로 설정한다.
② 최소유속 : 도수관거에 모래가 침전되는 것을 방지하기 위해 0.3m/sec이상 설정한다.

문 제

상수도 계통에 있어서 도수 및 송수관로를 선정할 때 고려하여야 할 사항 중 적당하지 않은 것은?
① 가급적 단거리가 되어야 한다.
② 이상수압(異常水壓)을 받지 않도록 한다.
③ 공사비를 최소한 줄일 수 있는 곳을 택한다.
④ 수평, 수직의 급격한 굴곡을 많이 이용하여 자연유하식이 되도록 한다.

해설 수평, 수직의 급격한 굴곡은 피하고 관내의 마찰손실수두가 최소가 되도록 한다.

답 ④

section 14 관로의 종류 (중요도 ★☆☆)

관로의 종류

1 개수로(開水路)
자유수면을 가지고 흐르는 흐름으로 흐름을 지속시키는 요소는 중력과 관성력이다.

■ 개수로와 관수로의 차이는 자유수면의 유·무로 결정한다.

2 관수로(管水路)
자유수면이 없는 흐름으로 흐름을 지속시키는 요소는 점성력과 두 단면의 압력차이다.

3 관로의 결정
① 수평 또는 수직방향의 급격한 굴곡을 피하고 최소 동수구배선 이하가 되도록 한다.
② 관로가 최소 동수구배선 위에 있을 경우 상류측 관경을 크게 하거나 접합정을 설치하여 동수구배선을 상승시킨다.
③ 필요에 따라 관로에 안전밸브 또는 조압탱크를 설치하여 수격작용에 대비해야 한다.

■ 동수구배 상승법

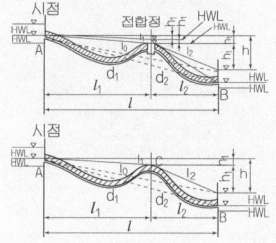

4 부속설비(附屬設備)
① 제수밸브(Gate Valve)
유지관리 및 사고시에 있어서 통수량을 조절하는 장치로 도수·송수관의 시점, 종점, 분기장소, 또는 그 이외의 중요한 관로 구조물의 전후에 설치한다.

② 공기밸브(Air Valve)
관내 공기를 자동적으로 배제 또는 흡입하는 시설로 배수본관의 凸부에 설치한다.

③ 역지밸브(Check Valve)
물을 한쪽 방향으로 흐르게 하는 밸브로 물의 역류를 방지한다.

④ 안전밸브(Safety Valve)
관수로내에 이상수압이 발생하였을 때 관로의 안전을 도모하기 위한 밸브로 수격작용이 일어나기 쉬운 곳에 설치한다.

■ 높은 압력이 걸리는 관에서 제수밸브를 개폐시 급격한 압력 변화를 막기 위해 천천히 열고 천천히 닫는다.

⑤ 배슬러지밸브(니토밸브)
관로내에 퇴적하는 찌꺼기를 배출하고 유지관리를 위해 관로의 凹부에 설치한다.

⑥ 접합정
물의 흐름을 원활히 하기 위하여 수로의 분기, 합류 및 관수로로 변하는 곳에 설치한다.

문제

다음은 급수시설에 설치되는 각종 밸브들이다. 역류를 방지하기 위한 밸브는 어느 것인가?

① stop valve ② check valve
③ safety valve ④ gate valve

해설 역지밸브(check valve)는 관의 파열, 정전 등으로 대량의 물이 역류하는 것을 방지하기 위한 시설이다.

답 ②

제6편 상하수도공학

section 15 상수관로의 설계공식

(중요도 ★★☆)

1 수로 내의 평균유속 공식

(1) Hazen-Williams공식(관수로)

$$v = 0.84935\, C R^{0.63} I^{0.54}$$

여기서 v : 평균유속(m/sec)   C : 평균유속계수
R : 경심(m)   I : 수면경사

■ 경심(R)
$R = \dfrac{A}{P}$
A : 유수단면적
P : 윤변

(2) Manning공식(개수로)

$$v = \frac{1}{n} R^{2/3} I^{1/2}$$ 여기서 n : 조도계수(0.013~0.015)

(3) Chezy공식(개수로, 관수로 공통)

$$v = C\sqrt{RI} \qquad C = \frac{1}{n} R^{1/6} = \sqrt{\frac{8g}{f}} \qquad f : 마찰손실계수$$

2 관수로의 손실수두

① 마찰손실수두 (대손실)

$$\boxed{h_L = f \cdot \frac{l}{D} \cdot \frac{v^2}{2g} \;(\text{Darcy-Weisbach공식})}$$

여기서 h_L : 손실수두(m), l : 관수로의 길이(m)
  D : 관의 직경(m), v : 유속(m/sec)
  g : 중력가속도(m/sec²), f : 마찰손실계수($= \dfrac{124.6\, n^2}{D^{1/3}}$)

② 미소손실수두

$$\boxed{h_L = k \cdot \frac{v^2}{2g}}$$

여기서 k : 미소손실계수

■ 관의 두께 결정

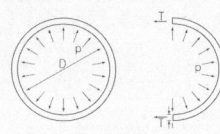

3 관의 두께 결정

$$t = \frac{pD}{2\sigma_{ta}}$$

여기서 t : 관의 두께(mm), p : 관내 수압(MPa)
  D : 관의 내경(mm), σ_{ta} : 관의 허용응력(MPa)

■ MPa과 kPa
MPa = 10³kPa
1kPa = $\dfrac{\text{MPa}}{10^3}$

문제

내경 600mm인 원형 주철관에 수두 100m의 수압이 작용하고 주철관의 허용 인장응력 σ_{ta}=12MPa 일 때 강관의 소요두께는?

① 0.4cm   ② 25.0cm
③ 1.5cm   ④ 2.5cm

해설
$P = wh = \dfrac{9.8\text{kN}}{\text{m}^3} \times 100\text{m} = \dfrac{980\text{kN}}{\text{m}^2} = 980\text{kPa} = 0.98\text{MPa}$

$t = \dfrac{Pd}{2\sigma_{ta}} = \dfrac{0.98 \times 600}{2 \times 12} = 24.5\text{mm} ≒ 2.5\text{cm}$

답 ④

section 16 상수도관

(중요도) ★☆☆

1 상수도관의 선정조건
(1) 내·외압에 대하여 안전해야 한다.
(2) 관경에 대하여 적당해야 한다.
(3) 수질에 나쁜 영향을 미치지 않아야 한다.

2 상수도관의 종류

종류	장점	단점
주철관	· 내식성(耐蝕性)이 크다. · 강도가 크고 내구성이 강하다. · 시공이 간단하고 확실하다.	· 강관에 비하면 충격에 약하고, 무겁다. · 접합부 이탈이 용이하다. · 관내면에 스케일이 발생한다.
강관	· 내외압 및 충격에 강하다. · 가볍고 시공이 용이하다. · 지반변형에 적응도가 높다.	· 처짐이 크고 부식되기 쉽다. · 전식(電蝕)에 약하다. · 스케일이 많이 발생한다.
경질염화 비닐관 (PVC관)	· 내식성, 내전식성이 크다. · 가볍고 시공이 용이하다. · 가격이 저렴하다.	· 강도가 작다. · 충격에 약하다. · 유기용제, 열, 자외선에 약하다.

■ 소켓접합

■ 칼라접합
고무링

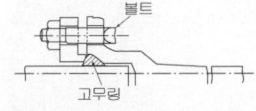

■ 메카니칼접합
볼트
고무링

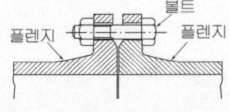

■ 플렌지접합
볼트
플렌지 플렌지

3 상수도관의 접합
① 소켓접합 : 철근콘크리트관, PVC관 등의 소구경관 접합에 이용된다.
② 칼라접합 : 흄관의 접합에 주로 사용되고 수밀성이 부족하다.
③ 메커니컬접합 : 덕타일주철관(송,배수관)에 이용되고 수밀은 고무링과 압륜에 의해 확보된다.
④ 플렌지접합 : 펌프의 주위 배관, 제수밸브, 공기밸브 등의 밸브전후에 사용된다.
⑤ 내면접합 : 관경 1,000mm 이상의 대구경에만 사용되는 특수접합이다.

4 배수관의 매설깊이
① 관경 350mm 이하 : 100cm 정도의 깊이로 매설한다.
② 관경 400~900mm 이하 : 120cm 정도의 깊이로 매설한다.
③ 관경 1,000mm 이상 : 150~200cm 정도의 깊이로 매설한다.

문제

배수관(配水管)으로 이용되는 주철관의 특징 중에서 틀린 것은?
① 두께가 얇으므로 중량이 적어 운반비가 적다.
② 재질이 약해서 파열되기 쉽다.
③ 이음부가 비교적 굴곡성이 풍부하다.
④ 주형에 의하여 직관이나 이형관을 임의로 주조할 수 있다.

해설 재질이 약해 관의두께를 두껍게 하여 강도를 확보하므로 중량이 무거워져 운반비가 많이 드는 단점이 있다.   **답** ①

제6편 상하수도공학

배수계획

section 17 배수계획

(중요도 ★★☆)

1 계획배수량
① 평상시 : 계획 시간 최대급수량을 기준으로 한다.
② 화재시 : 계획 1일 최대급수량의 1시간당 수량+소화용수량으로 한다.

2 배수시설

■ 수압(P) : 단위면적
당 물기둥 무게
$P = w \cdot h$
w : 물의 단위중량
h : 연직 물기둥
높이(수두)

① 배수지(配水池)
정수를 저장하였다가 배수량의 시간적 변화를 조절하는 시설을 말한다.
  ㉠ 위치 및 높이 : 가능한 한 배수구역 중앙에 위치하여 관말에서 최소동수압(1.5kg/cm²) 이상 유지할 수 있는 높이로 만들어야 한다.
  ㉡ 유효용량 : 계획 1일 최대급수량의 12시간분 이상으로 하며, 최소 6시간분 이상으로 해야 한다.

$$C = 계획1일최대급수량 \times \frac{t}{24}$$

  C : 배수지 유효용량(m³)
  t : 배수지내 저수시간(hr)

  ㉢ 유효수심 : 3~6m를 표준으로 한다.
  ㉣ 구조 : 철근콘크리트조의 수밀한 구조로 하고 복토 한다.

② 배수탑과 고가탱크
  ㉮ 배수지를 설치할 적당한 고지대가 없을 때 배수구역 말단의 급수불량을 보완하기 위해 설치한다.
  ㉯ 배수지에 비해 단위용적당 건설비가 높다.
  ㉰ 용량은 배수지 용량에 준하나 공사비 등의 관계로 계획 1일 최대급수량의 1~3시간분 정도로 한다.
  ㉱ 배수탑의 총수심은 20m 정도로, 고가탱크의 수심은 3~6m 정도로 설정한다.

■ 배수관 설계시 사용
하는 계획급수량은
시간 최대 급수량이다.

③ 배수관
  ㉮ 관말수압 : 최소동수압은 1.53kg/cm²(150KPa)로 하며, 최대동수압은 5.1kg/cm²(500KPa)로 한다.
  ㉯ 배수관 매설시 고려사항
    : 도로하중의 크기(토압), 차량에 의한 윤하중, 동결깊이, 지하수위.

문 제

다음 배수(配水)시설에 관한 사항으로 옳지 않은 것은?

① 배수지의 유효수심은 3~6m를 표준으로 한다.
② 배수탑의 총수심은 20m 정도를 한계로 하여야 한다.
③ 배수지의 유효용량은 급수구역의 계획 1일 최대급수량의 8~12시간분을 표준으로 한다.
④ 배수관의 계획배수량은 평상시에는 해당 배수구역의 계획 1일 최대급수량으로 하고 화재시 에는 계획1일 최대급수량과 소화용수량을 합한 것으로 한다.

해설 배수관의 계획배수량은 평상시 계획시간 최대 급수량이 기준으로 하고 화재시에는 계획1일 최대 급수량의 1시간당 수량 + 소화용수량이 기준이다.

답 ④

section 18. 배수관의 배치방식 및 관망계산 (중요도 ★☆☆)

1 배수관의 배치방식

구 분	장 점	단 점
격자식	· 물이 정체하지 않는다. · 수압의 유지가 용이하다. · 단수시 대상지역이 좁아진다.	· 관망의 수리계산이 복잡하다. · 건설비가 많이 소요된다.
수지상식	· 관망 수리계산이 간단하다. · 제수 밸브가 적게 설치된다. · 시공이 용이하다.	· 수량의 상호보충이 불가능하다. · 관 말단에 물이 정체되어 맛, 냄새, 적수(赤水) 등이 발생한다.

■ 수지상식

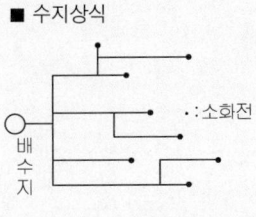

■ 격자식

2 배수관망의 계산

(1) 등치관법(等値管法)

① 등치관 : 손실수두의 크기가 같으면서 직경이 다른 관.

② $L_2 = L_1 (\frac{D_2}{D_1})^{4.87}$, $Q_2 = Q_1 (\frac{L_1}{L_2})^{0.54}$

여기서 L : 관의 길이
D : 관의 직경
Q : 유량

(2) Hardy-Cross법 (기본가정)

① 각 점의 수량은 정지하지 않고 전부 유출된다. ($\Sigma Q\,in = \Sigma Q\,out$)
② 각 폐합관에 대한 마찰손실수두의 합은 흐름의 방향에 관계없이 0이다.
③ 마찰 이외의 손실은 무시한다.

문제

다음은 배수관망의 구성방법에서 격자식이 수지상식 보다 유리한 점을 기술한 내용이다. 틀린 것은?

① 물이 정체되지 않는다.
② 수압을 유지하기 쉽다.
③ 관로의 설비비가 적게 든다.
④ 단수시 그 대상지역이 좁아진다.

해설 격자식은 수지상식에 비해 관을 많이 매설 하므로 관로의 설비비가 많이 든다.

답 ③

한번 더 보기

등치관 : 손실수두의 크기가 같으면서 직경이 다른 관.
$L_2 = L_1 (\frac{D_2}{D_1})^{4.87}$

제6편 상하수도공학

급수계획

section 19 급수계획 (중요도 ★☆☆)

1 급수방식

(1) 직결식(直結式) 급수방식
배수관의 관경과 수압이 급수장치의 사용수량에 대해 충분한 경우 적용한다.

(2) 탱크식 급수방식
수압이 낮아 직접 급수가 불가능할 경우 탱크에 물을 일단 저수했다가 급수하는 간접적인 방식으로 탱크식 급수방식을 적용하는 경우는
① 배수관의 수압이 소요수압에 비해 부족할 경우
② 일시에 많은 수량 또는 항상 일정한 수량을 필요로 하는 경우
③ 급수관의 고장에 따른 단수 시 에도 어느 정도의 급수를 지속시킬 필요가 있을 경우

■ 급수관의 마찰 손실 수두 계산 시 관경 50mm 이하는 웨스턴(weston) 공식으로 계산한다.

2 급수시설

(1) 급수장치의 구조와 재질
① 수압, 토압, 부등침하 등에 대해 안전하고 내구성이 크며 누수가 없어야 한다.
② 물이 오염되거나 역류할 위험이 없어야 한다.
③ 유지관리가 용이하며 위생상 안전해야 한다.
④ 손실수두가 작고, 과대한 수격작용이 발생되지 않아야 한다.

3 교차연결(Cross Connection)

(1) 정의
음용수를 공급하는 수도에 위생관리가 불충분하고 부적당한 물을 공급하는 공업용수도 등과 배수관을 서로 연결한 것을 말한다.

(2) 교차연결의 방지 대책
① 수도관과 공업용 수도관, 하수관 등을 같은 곳에 매설하지 않는다.
② 수도관의 진공 발생을 방지하기 위해 공기밸브를 부착한다.
③ 연결관에 제수밸브, 역지밸브 등을 설치한다.
④ 오염된 물의 유출구를 상수관보다 낮게 설치한다.

■ 인간은 패배하였을 때 끝나는 것이 아니라 포기했을 때 끝나는 것이다.
— 닉슨 —

문 제

다음 중 저수탱크를 설치하여 급수하는 방식이 아닌 것은?
① 배수관의 수압이 소요량에 충분한 경우.
② 일시에 많은 수량을 필요로 하는 경우.
③ 항시 일정한 수량을 필요로 하는 경우.
④ 배수관의 수압이 과대하여 급수장치에 영향을 줄 염려가 있는 경우.

해설 배수관의 수압이 소요량에 충분한 경우는 직결식 급수방식으로 선정한다.

답 ①

section 20 정수장 계획 (중요도 ★★☆)

1 계획정수량(計劃淨水量)
(1) 계획정수량은 계획 1일 최대급수량을 기준으로 정한다.
(2) 작업용수, 잡용용수, 기타 손실수량을 고려하여 계획 1일 최대급수량의 10%를 여유수량으로 추가한다.

2 정수장 입지계획시 고려해야 할 사항
(1) 오염의 염려가 적은 위생적인 환경이어야 한다.
(2) 형상이 좋고 충분한 면적의 용지가 확보되어야 한다.
(3) 유지관리상 유리한 위치이어야 한다.
(4) 건설 및 장래에 확장하기에 유리한 곳이어야 한다.

3 정수처리의 개념
(1) 정수처리 계통도
 ① 완속여과일 경우

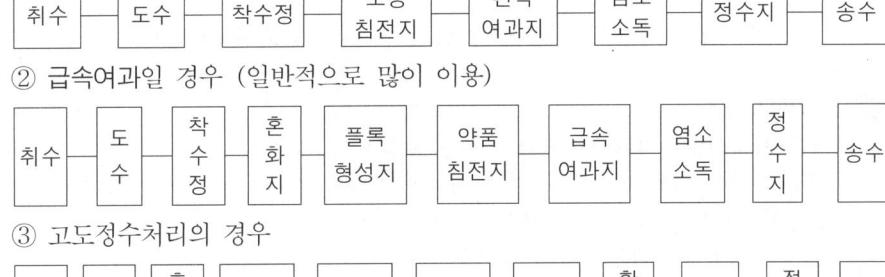

 ② 급속여과일 경우 (일반적으로 많이 이용)

 ③ 고도정수처리의 경우

■ 정수처리대상물질
 ① 부유물질 : 침전, 여과등으로 제거
 ② 용해성물질 : 약품 침전등을 통해 불용성 물질로 전환제거
 ③ 세균, 미생물 : 소독으로 제거

문제

정수장에서 가장 널리 사용되고 있는 정수방식인 급속여과 시스템의 5개 과정으로 가장 옳은 것은?

① 응결 → floc 형성 → 침전 → 살균 → 심층여과
② floc 형성 → 응결 → 침전 → 살균 → 심층여과
③ 응결 → floc 형성 → 침전 → 급속여과 → 살균
④ floc 형성 → 응결 → 침전 → 급속여과 → 살균

해설 수원 → 취수시설 → 착수정 → 혼화지(응결) → floc형성지 → 침전지 → 여과지 → 염소소독 → 정수지 → 송수

답 ③

제6편 상하수도공학

4 착수정 및 응집시설

section 21 착수정 및 응집시설 (중요도 ★☆☆)

1 착수정
(1) 정수처리장에서 최초로 도입하는 공정으로 원수의 수위를 안정시키고 원수량을 조절한다.
(2) 용량은 체류시간이 1.5분 이상으로 하며 수심은 3~5m로 한다.

2 응집시설(혼화 및 응집지)

■ 혼화지에서는 급속 교반하고 플록형성지에서는 완속교반한다.

(1) 혼화지(응결단계)
 ① 혼화시간 : 계획 정수량에 대하여 1분 내외를 표준으로 한다.
 ② 속도 : 유속은 1.5m/sec 정도로 급속교반 하여 탁질 성분을 미세한 플록으로 응결시킨다.

(2) 플록형성지(플록형성단계)
 ① 용량 : 계획 정수량의 20~40분간을 체류할 수 있는 용량으로 한다.
 ② 속도 : 평균 유속은 15~30cm/sec를 표준으로 하고 혼화단계에서 생성된 미세한 플록을 완속교반으로 한층 큰 입자의 플록으로 응집시킨다.
 ③ 교반조건 : 속도경사(G)는 10~75m/sec정도가 적당하다.

$$G = \sqrt{\frac{P\eta}{\mu \cdot V}}$$

여기서 P : 축동력(watt) η : 효율
μ : 점성계수(kg/m·sec) V : 응집지부피(m³)

3 응집제(凝集劑)

■ Jar-Test
최적의 응집제량이나 응집 조건을 찾는 응집반응 실험

(1) 응집제(황산알루미늄(황산반토 ; $Al_2(SO_4)_3 \cdot nH_2O$))
 ① 저렴, 무독성 때문에 대량첨가가 가능하고 대부분의 수질에 적합하다.
 ② 결정은 부식성, 자극성이 없어 취급이 쉽다.
 ③ 황산반토의 수용액은 강산성이므로 취급에 주의가 요망된다.
 ④ 철염에 비해 생성된 플록이 가볍고 적정 pH(pH 7부근)의 폭이 좁은 것이 단점이다.

(2) 응집보조제 : 알긴산나트륨, 활성규산($Na_2SiO_3 \cdot nSiO_2$) 등이 있다.

(3) 알칼리제(pH 첨가제)
 ① 저하된 pH를 알칼리제를 투입, 상승시켜 응집효율을 높인다.
 ② 생석회(CaO), 소석회($Ca(OH)_2$), 소다회(Na_2CO_3), 가성소다(NaOH) 등이 있다.

문제

다음 상수도에 널리 사용되는 응집제인 황산알루미늄($Al_2(SO_4)_3, 18H_2O$)에 대한 설명 중 옳지 않은 것은?

① 저렴, 무독성
② 수중 탁질에 적합
③ 부식성, 자극성이 없음
④ 적정 pH는 3.5~5.0

해설 황산알루미늄의 적정 pH는 7부근이다.

답 ④

section 22 침전이론

침전이론

1 입자의 침전형태
(1) Ⅰ형 침전(독립침전) : 비응집성 입자의 단독침전.
(2) Ⅱ형 침전(응집침전) : 응집성 입자의 플록응집침전.
(3) Ⅲ형 침전(지역·간섭침전) : 입자의 농도에 의한 경계면 침전.
(4) Ⅳ형 침전(압축침전) : 물리적인 경계면에 의한 기계적 압축, 탈수 침전.

2 독립입자의 침전속도(Stokes 법칙)

$$v_s = \frac{(\rho_s - \rho_w)gd^2}{18\mu}$$

3 침전제거율
- 침전이론

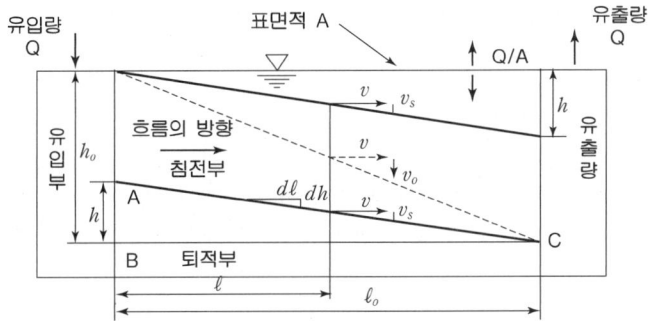

문제

침사지 내에서 다른 모든 조건은 동일할 때 비중이 1.8인 입자는 비중이 1.2인 입자에 비하여 침강속도가 얼마나 큰가?

① 동일하다.
② 1.5배 크다.
③ 2배 크다.
④ 4배 크다.

해설 침전속도 : $\nu_s = \dfrac{(\rho_s - \rho w)gd^2}{18\mu}$ (침전속도는 비중차에 비례한다.)

$\therefore \dfrac{\nu_{s1}}{\nu_{s2}} = \dfrac{1.8-1}{1.2-1} = 4$

답 ④

한번 더 보기

플록 형성지(응집지)의 용량은 계획 정수량의 20~40분간을 체류할 수 있는 용량으로 한다.

제6편 상하수도공학

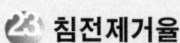
침전제거율

section 23 침전제거율 (중요도 ★★★)

■ 수면적 부하는 침전속도를 의미한다.

1 표(수)면적부하 ($\dfrac{Q}{A}$)

① 정의 : 침전지 단위면적당 처리할 일 유량으로 100% 침전 제거되는 입자들 중 가장 작은 입자의 침전속도 (v_o)를 의미한다.

② 공식

$$\dfrac{Q}{A} = \dfrac{h_o}{t} = v_o$$

여기서 t : 침전지 체류시간(침전시간)
h_0 : 침전지 높이
v_s : (독립입자 침강속도) $\geq v_0$: 모든 퇴적부에 침전된다.
$v_s < v_0$: 유출부로 유출된다.

■ 스톡스(stokes)법칙은 침전지에 적용되는 이론이다.

2 침전제거율(E)

① 정의 : 독립입자의 침전속도(v_s) 와 표면적부하(v_o)와의 비

② 공식

$$E = \dfrac{h}{h_0} = \dfrac{v_s}{v_o} = \dfrac{v_s}{\dfrac{Q}{A}}$$

③ 침전지의 제거효율을 향상시키기 위한 방법
– 침전지의 침전면적 A를 크게, 유량 Q를 적게, 침강속도 v_s를 크게 한다.

문제

유효수심 4.3m, 체류시간 4시간인 최종 침전지의 수면적 부하는 얼마인가?

① 17.2m³/m²·day
② 25.8m³/m²·day
③ 56.0m³/m²·day
④ 103.2m³/m²·day

■ 자기 신뢰가 성공의 제1비결이다.
– 에머슨 –

해설 수면적부하 = $\dfrac{Q}{A} = \dfrac{h}{t}$

∴ $\dfrac{Q}{A} = \dfrac{4.3\text{m}}{4\text{hr}} \times \dfrac{24\text{hr}}{1\text{day}}$
= 25.8(m/day)
= 25.8(m³/m² day)

답 ②

한번 더 보기

표(수)면적부하 ($\dfrac{Q}{A}$) : $\dfrac{Q}{A} = \dfrac{h_o}{t} = v_o$

section 24 침전지 (중요도 ★★☆)

1 약품침전지(藥品沈澱池)

보통침전으로 제거하지 못하는 미세한 부유물질, 콜로이드성 물질, 미생물 및 비교적 분자가 큰 용해성 물질의 제거에 약품을 투입하여 제거한다.

① 구성 및 구조
  ㉠ 보통 2지로 설치하며, 지(池)의 형상은 직사각형으로 하고 길이는 폭의 3~8배를 표준으로 한다.
  ㉡ 유효수심은 3~5.5m, 슬러지의 퇴적 심도로서 30cm 이상을 두어야 하며, 편류와 밀도류를 방지하기 위해 정류설비를 설치한다.
  ㉢ 용량은 계획정수량의 3~5시간분, 평균유속은 0.4m/min 이하를 표준으로 한다.

2 보통침전지(普通沈澱池)

약품을 사용하지 않고 중력침전(비중 2.65정도)으로 부유물질이 제거되며 세균 등도 상당히 제거된다.

① 구성 및 구조 : 보통침전지의 구성 및 구조는 약품침전지 기준에 준한다.
② 용량 : 계획정수량의 8시간분, 평균유속은 0.3m/min 이하, 표면부하율은 5~10mm/min을 표준으로 한다.

3 고속응집 침전지

약품혼화, 플록형성, 침전 등이 동시에 하나의 반응조내에서 이루어지는 침전지를 말한다.

■ 약품침전후에는 급속여과를 실시한다.

■ 보통 침전후에는 완속여과를 실시한다.

■ 침전공정 운전시 가장 중요한 공정관리용 수질지표는 탁도와 부유물질 농도다.

문 제

약품 침전지의 용량은 용량 효율 등을 고려하여 계획 정수량의 몇 시간분을 표준으로 하는가?

① 1~3
② 2~4
③ 3~5
④ 4~6

해설 약품침전지의 용량은 3~5 시간분으로 한다.

답 ③

 한번 더 보기

일반적인 정수처리 계통은 침전 → 여과 → 소독 순이다.

제6편 상하수도공학

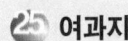

section 25 여과지 (중요도 ★★★)

1 완속여과지(緩速濾過池)

(1) 원리
① 모래층 표면에 증식된 미생물 군에 의해 유기물질 등을 산화, 분해 시켜 제거한다.
② 완속여과는 표면여과작용을 한다.
③ 완속여과의 주기능 : 여별작용, 흡착 및 침전, 생물학적 작용, 산화작용 등이다.

(2) 여과속도 : 4~5m/day

(3) 완속여과지 제원
① 모래층 및 자갈층 두께 : 유효경 0.3~0.45mm의 모래를 70~90cm 두께로 하며, 자갈층은 40~60cm 두께로 설치한다.
② 모래의 최대경은 2.0mm 이하, 균등계수는 2.0 이하로 한다.
③ 수심 : 90~120cm이며 여유고는 30cm 정도로 한다.

2 급속여과지(急速濾過池)

(1) 원리
① 약품응집 및 침전을 전제로 침전지를 통과한 침전수를 모래 여과하여 물을 정화하는 시설을 말한다.
② 급속여과는 내부여과 작용을 한다.
③ 전처리로 응집침전이 요구되며 탁도는 잘 제거되나 세균, NH_3, 망간(Mn), 냄새 등은 잘 제거되지 않는다.

(2) 구조
① 형상 : 직사각형이 표준이며 2지 이상으로 한다.
② 면적 : 여과지 1지의 면적이 150m² 이하이어야 한다.

(3) 여과속도 : 120~150m/day

(4) 급속여과지 제원
① 모래층 : 유효경 0.45~1.0mm 모래를 60~120cm 두께로 설치한다.
② 자갈층 두께 : 자갈층 두께와 입경은 하부집수장치에 적합하도록 설치한다.
③ 모래의 최대경 : 2.0mm 이하, 최소경 0.3mm 이상, 균등계수 1.7 이하로 한다.
④ 수심 : 100~150cm이며 여유고는 30cm 정도가 표준이다.

■ 완속여과는 모래층 표면에 증식된 미생물막에 의한 표면여과방식이다.

■ 여과지 손실수두(h_L)

$$h_L = \frac{KH\mu V}{d^2}\left(\frac{1-n}{n^3}\right)^2$$

V : 여과속도
d : 모래의 평균입경
H : 모래층 두께
K : 정수
n : 공극율
μ : 점성계수

■ 막여과방식
(1) 정밀여과
  (Micro-filtration: MF)
(2) 한외여과
  (Ultra-filtration: UF)
(3) 나노여과
  (Nano-filtration: NF)
(4) 역삼투법
  (Reverse osmosis: RO)
  : 해수의 담수화

문제

완속여과에 대한 설명 중 틀린 것은?

① 부유물질 외에 세균도 제거가 가능하다.
② 급속여과에 비해 일반적으로 수질이 좋다.
③ 여과속도는 4~5m/day를 표준으로 한다.
④ 전처리로서 응집침전과 같은 약품처리가 필수적이다.

해설 완속여과는 일반적으로 응집제를 사용하지 않는 보통침전의 후속공정으로 많이 이용된다.

답 ④

section 26 염소소독(Chlorination) (중요도 ★★☆)

1 염소의 성질
(1) 염소를 물에 주입하면 차아염소산과 염산으로 되며 차아염소산은 pH가 높아지면 차아 염소산이온과 수소이온으로 해리분해 된다.

$Cl_2 + H_2O \Leftrightarrow HOCl + H^+ + Cl^-$ (낮은 pH에서)

$HOCl \Leftrightarrow H^+ + OCl^-$ (높은 pH에서)

(2) 여기서 차아염소산 $HOCl$ 과 차아염소산이온 OCl^- 을 유리염소라 한다.
(3) 염소를 계속 주입하면 수소이온 발생으로 인해 pH는 저하된다.

2 염소처리의 효과
(1) pH가 낮은 쪽(pH4~5 정도)이 살균효과가 가장 높다.
(2) 접촉시간이 길수록 살균력도 증가한다.
(3) 염소의 농도가 증가하면 살균력도 증가한다.
(4) 염소는 기화열이 필요하므로 수온이 높을수록 염소 및 클로라민의 살균력은 증대된다.
(5) 살균력의 세기는 O_3(오존) > $HOCl$ > OCl^- > 클로라민 순이다.

3 염소주입량
(1) 농도 : 혼합액의 각 구성성분 비율로 물1ℓ당 투입염소량(㎎)과의 비를 말한다.
(2) 염소요구량 : 물속의 유기, 무기물을 산화·분해하는데 필요한 염소량 이다.
(3) 잔류염소량 : 세균의 부활 등을 막기 위해 필요한 물속에 녹아있는 유리잔류염소량
(4) 염소주입농도(mg/ℓ) = 염소요구농도(mg/ℓ) + 잔류염소농도(mg/ℓ)
(5) 염소주입량 = 염소주입농도 × 유량 × 1/순도

4 소독능(CT, mg · min /L)
(1) 소독능력(CT)=소독제 접촉시간(min)×잔류소독제 농도(mg /L)
(2) 소독제 접촉시간 $t = \dfrac{V}{Q} \times 24 \times 60 (min)$

Q : 정수유량(m^3/day), V : 정수지 용량

[문제]

처리 수량이 6,000㎥/day인 정수장에서 염소를 6mg/ℓ의 농도로 주입한다. 잔류 염소농도가 0.2mg/ℓ이었다면 염소 요구량은 얼마인가? (단, 염소의 순도는 75%이다.)

① 36kg/day ② 46.4kg/day
③ 100kg/day ④ 480kg/day

해설 염소요구량 농도=염소주입농도−잔류염소 농도
= 6.0 − 0.2 = 5.8(mg/ℓ) = 5.8(g/㎥)

염소요구량(kg/day) = 염소요구량 농도(g/㎥) × 유량(㎥/day) × $\dfrac{1}{순도}$
= 5.8(g/㎥) × 6,000(㎥/day) × $\dfrac{1}{0.75}$
= 46400(g/day) = 46.4(kg/day)   **답** ②

염소소독

■ 유리염소의 종류
  HOCl : 차아염소산
  OCl⁻ : 차아염소산이온

■ 염소요구농도(mg/l)
  =염소주입농도−잔류염소농도

제6편 상하수도공학

염소처리방법

section 27 염소처리방법

(중요도 ★★☆)

1 전염소처리(prechlorination)
(1) 주입장소 : 침전지이전에 주입한다.
(2) 제거대상 : 세균, 조류, 철, 망간, 암모니아성 질소 등 이다.

2 후염소처리
(1) 주입장소 및 목적 : 여과지 이후의 염소 혼화지에 주입한다.
(2) 주입목적 : 살균과 적정 잔류 염소농도를 유지 하는 데 있다.
(3) 유리잔류염소농도 : 평상시 0.2mg/ℓ 이상, 소화기 계통의 전염병 유행시 0.4mg/ℓ로 한다.

■ 유리잔류염소 존재비

3 불연속점(파괴점) 염소처리법
수중에 암모니아성 질소가 있어 클로라민을 생성하는 경우에 생성된 클로라민을 모두 파괴하고 유리잔류염소에 의하여 소독을 행하는 방법으로 파괴점을 넘어서 염소를 주입하는 방법을 파괴점 염소처리법이라 한다.

4 기타소독법
(1) 결합염소(클로라민)에 의한 소독법
① 수중에 암모니아 화합물이 있는 경우 염소를 주입하면 결합형 잔류염소를 생성한다.
— 종류는 NH_2Cl (모노클로라민), $NHCl_2$ (디클로라민), NCl_3 (트리클로라민)이 있다.
② 소독 후에 물에 맛과 냄새를 주지 않고 살균작용이 오래 지속된다.
③ 살균력이 약해 주입량이 많이 요구되고 접촉시간은 30분 이상 요구된다.

(2) 이산화염소
① 살균력이 크고 잔류효과도 양호하고 THM 생성반응을 일으키지 않는다.
② 페놀화합물을 분해하며 이취미와 색도제거에 효과적이다.
③ 염소와 같은 소독의 효과를 얻기 위해서는 염소주입량의 반만 주입하면 된다.

문제

염소 소독을 위한 염소 투입량 시험결과는 그림과 같다. 결합염소가 분해되는 구간과 파괴점 (break point)은?

① AB, C
② BC, D
③ CD, D
④ AB, D

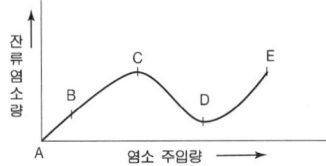

해설
AB 구간 : 환원성 유기·무기물성분에 의한 염소소비
BC 구간 : 클로라민(결합 잔류염소)형성
CD 구간 : 클로라민 산화
DE 구간 : 주입에 비례한 유리염소량 증가
D점 : 불연속점 (파괴점)

답 ③

section 28 고도정수처리 (중요도 ★☆☆)

1 오존(O_3)처리법
강력한 산화제이며 바이러스에 대해서도 매우 유효한 소독제이다.

장 점	단 점
① 물에 화학물질이 남지 않는다. ② 물에 염소와 같은 맛, 냄새가 남지 않는다. ③ 유기물에 의한 이취미(異臭味)가 제거된다. ④ 철, 망간의 제거능력이 크다.	① 경제성이 낮다. ② 소독의 잔류효과(지속시간)가 없다. ③ 복잡한 오존 발생장치가 필요하다. ④ 수온이 높아지면 오존소비량이 많아진다.

2 활성탄처리법
맛, 냄새, 페놀, 유기물, 합성세제 등을 활성탄의 흡착반응을 통해 제거하는 것을 말한다.

(1) 분말활성탄(Powdered Activated Carbon ; PAC)
응집 전이나 응집 중에 주입시키는 것으로 주로 응급처리용이며 단시간 사용할 때에 적합하다.

(2) 입상활성탄(Granular Activated Carbon ; GAC)
① 여과와 염소소독의 중간에 실시하며 활성탄층을 만들어 물을 여과시킨다.
② 여과속도 : 240~480m/day (급속여과의 2~4배)

■ 등온 흡착식

$$q = \frac{X}{M} = K\,C^{\frac{1}{n}}$$

q : 흡착량
X : 흡착된 용질량
M : 흡착제의 중량
C : 평형농도
K, n : 상수

3 기타 정수처리 방법
(1) 경수의 연수화(softening)
① 탄산경도(일시경도) 제거 : 소석회($Ca(OH)_2$), 생석회(CaO), 수산화나트륨(NaOH) 등으로 침전, 제거한다.
② 비탄산경도(영구경도) 제거 : 소다회(Na_2CO_3)를 첨가하여 침전, 제거한다.
(2) 생물(조류 등)제거 : Microstrainer법, 약품주입($CuSO_4$, $CuCl_2$)으로 제거한다.
(3) 암모니아 제거 : 제거방법은 생물처리, 염소처리, 폭기법, 이온교환 등이 있다.
(4) 철, 망간제거 : 폭기법, 전염소 처리, pH값 조정처리, 약품침전처리, 이온교환법 등이 있다.

문 제
다음은 상수의 오존처리에 대한 장점을 설명한 것이다. 잘못된 것은?

① 냄새, 색도제거에 효과가 크다.
② 효과의 지속성이 있다.
③ 바이러스의 불활성화에 우수한 효과를 갖고 있다.
④ 병원균에 대한 살균효과가 크다.

해설 오존은 염소보다 산화력 및 살균력이 뛰어나 유기물 분해와 소독작용이 강하다. 그러나 오존은 살균효과의 지속성이 없는 단점이 있다.

답 ②

제6편 상하수도공학

정수장 배출수 처리

section 29 정수장 배출수 처리 (중요도 ★☆☆)

배출수 처리는 조정 → 농축 → 탈수 → 건조 → 처분 과정을 거치고 처리대상은 침전 슬러지, 응집물질, 역세척수 등이 있다.

■ 배출수 처리계통
조정 → 농축 → 탈수 → 처분

1 조정시설(調整施設)
① 배출수지 : 여과지로부터 세척 배출수를 받아들이는 시설을 말한다.
② 배슬러지지 : 침전지로부터 슬러지를 받아들이는 시설을 말한다.

2 농축시설(濃縮施設)
배출수 농도를 높여 배출수의 부피를 감소시키기 위한 시설을 말한다.
① 용량은 계획 슬러지량의 24~48시간 분으로 하며 2조 이상으로 설치한다.
② 고형물 부하량은 10~20kg/m²·day을 표준으로 한다.

3 탈수시설(脫水施設)
■ 탈수기중 가압여과기가 함수율이 가장 낮다.

농축슬러지의 함수량을 감소시켜 체적을 줄이면서 운반 및 최종처분을 쉽게 하기 위한 시설을 말한다.
① 진공여과기 : 슬러지 함수율은 60~80% 정도이다.
② 가압여과기 : 슬러지 함수율은 55~70% 정도이다.
③ 원심분리기 : 슬러지 함수율은 60~80% 정도이다.
④ 조립탈수기 : 슬러지 함수율은 65~80% 정도이다.

4 슬러지 처분(處分)
■ 슬러지 처분 방법중 가장 경비가 적게 들고 바람직한 방법은 퇴비활용이다.

탈수완료 후에 발생한 케이크를 매립, 해양투기, 토지살포, 소각처리 하는 것을 말한다.

문제

정수장 슬러지 농축조의 용량 (계획 슬러지 양의 몇 시간분) 및 고형물 부하를 옳게 나타낸 것은?

① 12~24시간분, 5~10kg/m²/day
② 12~24시간분, 10~20kg/m²/day
③ 24~48시간분, 5~10kg/m²/day
④ 24~48시간분, 10~20kg/m²/day

해설 정수장슬러지 농축조 용량은 계획슬러지량의 24~48시간분이며 고형물부하는 10~20 kg/m²/day이다.

답 ④

한번 더 보기

유리염소의 종류 : $HOCl$, OCl^-
결합형 잔류염소 : NH_2Cl, $NHCl_2$, NCl_3

section 30 하수도 시설계획 (중요도 ★★★)

1 하수도(下水道)
(1) 설치목적
 ① 하수내의 오염물질을 제거하여 공공수역의 수자원을 오염으로부터 보호.
 ② 우수의 신속한 배제로 침수 등에 의한 재해를 방지.
 ③ 도시의 오수를 배제, 처리하여 쾌적한 생활환경을 도모.

2 하수도 계획
(1) 하수도의 효과
 ① 하천의 수질보전 및 보건위생상의 효과.
 ② 우수에 의한 시가지침수 및 하천범람의 방지.
 ③ 토지이용 증대 및 도시미관의 개선, 도로 및 하천유지비의 감소.
(2) 하수도 기본계획
 하수도 계획의 목표년도는 20년을 원칙으로 한다.
(3) 오수관거 계획
 ① 오수관거 : 계획 시간 최대오수량을 기준으로 계획한다.
 ② 차집관거 : 합류식에서의 차집관거는 우천시 계획오수량(계획 시간 최대오수량의 3배)으로 계획한다.
 ③ 합류식 관거 : [계획우수량 + 계획 시간 최대오수량]을 기준으로 계획한다.
 ④ 관거는 원칙적으로 암거로 하고 침전물이 퇴적되지 않도록 적당한 유속을 확보하고 역사이펀은 가능한 한 피한다.
(4) 우수관거 계획
 ① 우수관거 : 계획우수량을 기준으로 계획한다.
 ② 수두손실이 최소가 되도록 하고 동수구배선이 지표면보다 높지 않도록 한다.
 ③ 관거내에 침전물이 퇴적되지 않도록 적당한 유속을 확보해야 한다.
(5) 하수처리장 계획
 하수처리장 시설은 계획 1일 최대오수량을 기준으로 계획한다.

■ 하수도 계획시 사용되는 실측 평면도의 축척정도는 1/3000이다.

■ 오수관거로 유입 되는 오수는 반드시 하수처리장으로 이송되도록 시공한다.

문제
하수도시설의 내용년수, 장기간의 건설기간, 관거 하수량의 증가에 따라 단계적으로 단면을 증가시키기가 곤란하다. 장기적인 관거계획을 수립할 때 필요가 있는 하수도 계획의 목표년도는 몇년 후를 원칙으로 하는가?

① 10년 ② 20년
③ 30년 ④ 40년

해설 하수도 계획 목표 년도는 20년을 원칙으로 한다.

답 ②

제6편 상하수도공학

3 하수배제 방식

section 31 하수배제 방식 (중요도 ★★★)

■ 분류식이 합류식보다 유속의 변화폭이 작다.

1 분류식(分流式)
오수는 오수관으로 우수는 우수관으로 배제하는 방식.

장 점	단 점
- 관거내 오물의 퇴적이 적다. - 오수만을 처리하므로 처리 비용이 저렴하다. - 모든 오수를 처리장으로 수송시킬 수 있다. - 청천시 합류식에 비해 오수관의 유속이 비교적 빠르다. - 관거내의 청소가 비교적 용이하다.	- 오수 및 우수관거로 매설해야 하므로 부설비가 비싸다. - 강우초기의 오염된 우수 및 노면의 오염물질이 처리되지 못하고 공공수역으로 방류된다. - 오수관거에서 소구경관거에 의한 폐쇄 우려가 있고, 수세(水洗)효과가 없다.

■ 합류식은 분류식에 비해 관거의 단면이 크므로 관거 경사를 완만하게 한다.

2 합류식(合流式)
오수와 우수를 1개의 관거로 배제하는 방식.

장 점	단 점
- 관거의 부설비가 저렴하고 시공이 용이하다. - 침수피해의 다발지역, 우수배제시설이 정비되어 있지 않은 지역에서 유리하다. - 관거의 단면적이 크기 때문에 폐쇄의 염려가 없고 검사, 보수가 용이하지만 청소에 시간이 걸린다. - 강우시 수세(水洗)효과가 있다.	- 청천시에는 수위가 낮고 유속이 작아 고형물이 퇴적되기 쉽다. - 강우시에 비점원 오염물질을 하수처리장에 유입시켜 이것에 대한 대책이 필요하다. - 우천시에 다량의 토사가 유입되어 침전지 등에 퇴적된다.

> **문제**
> 오수 및 우수의 배제방식에는 분류식과 합류식이 있다. 분류식과 합류식의 장단점중 옳지 않는 것은?
> ① 합류식은 관의 단면적이 크기 때문에 검사 등이 편리하고 환기가 잘 된다.
> ② 수질보전 측면에서는 전 오수를 정화할 수 있는 분류식이 우수하다.
> ③ 분류식은 합류식에 비하여 일반적으로 관거의 부설비가 많이 든다.
> ④ 분류식은 오염도가 심한 초기우수를 처리할 수 있다.
>
> **해설** 분류식은 오염도가 심한 초기우수를 처리할 수 없다.
>
> 답 ④

section 32 하수관거 배치 (중요도 ★★★)

1 간선(幹線)의 배치
(1) 간선은 하수의 종말처리장 지점에 연결, 도입되는 모든 노선을 말한다.
(2) 하류로 갈수록 단면이 커지고 매설깊이도 깊어져 공사비가 증대되므로 자연유하식으로 배치한다.

2 지선의(支線)배치
(1) 각 건물로부터의 배수와 노면배수를 원활하게 하기 위하여 설치된 하수관.
(2) 지선 배치시 주의할 점
① 우회 및 굴곡을 피하고 신속히 간선에 유입시킨다.
② 교통이 복잡한 도로나 지하매설물이 많은 곳은 대구경관 매설을 피하도록 한다.
③ 급한 언덕에는 경사를 급하게 하지 않고 계단을 두며 특히 대구경관의 급경사는 피하도록 한다.

3 하수관거 배치방식
(1) 직각식(수직식 : perpendicular system)
① 하수관거를 하천에 직각으로 배치하는 방식으로 하수배제가 신속하며 경제적이지만 토구수가 많아진다.
② 하천이 도시의 중심을 지나거나 해안을 따라 발달한 도시에 적당한 방식이다.

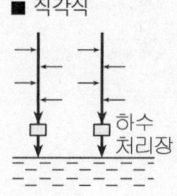
■ 직각식

(2) 차집식(intercepting system)
직각식을 개량한 것으로 하천 등에 나란히 차집관거를 설치하여 오수를 하류지점으로 수송하고 그 곳에 하수처리장을 설치하여 하수를 배수시키는 방식이다.

(3) 선형식(선상식 : fan system)
지형이 한쪽 방향으로 경사되어 있는 경우 그 배수계통을 나뭇가지형으로 배치하는 방식이다.

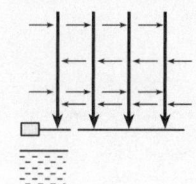
■ 차집식

(4) 방사식(radial system)
지역이 광대해서 하수를 한 곳으로 배수하기 곤란할 때 중앙으로부터 방사형으로 배관하여 각 개별로 배제하는 방식으로 시가지 중앙부가 높고 방류수역이 낮은 경우에 적합하다.

(5) 평행식(parallel system)
도시가 고지대와 저지대로 구분되는 경우에 적합하며 지대별로 독립된 간선을 만들어 배수하는 방식으로 광대한 대도시에 합리적이고 경제적이다.

(6) 집중식(centralization system)
도심지 중심부가 저지대인 경우에 적합한 방식이다.

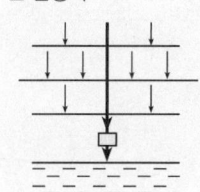
■ 선형식

문제
배수계통의 특징이 잘못 서술된 것은?
① 직각식 : 도시 중앙에 큰 강이 관통할 때 적합하다.
② 차집식 : 하수 방류수가 많아지는 단점이 있다.
③ 선형식 : 한 방향으로 규칙적 경사가 진 지역에 알맞다.
④ 방사식 : 중앙이 고지대인 지역에 적합하다.

해설 방류구가 많아지는 직각식의 단점을 개선하여 차집거를 설치하여 차집간선을 통해 방류하는 방식이다.　　**답** ②

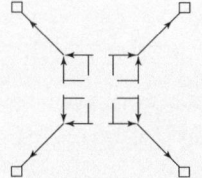
■ 방사식

제6편 상하수도공학

③ 계획우수량 산정

section 33 계획우수량 산정 (중요도 ★★★)

1 우수유출량 산정식(합리식)

$$Q = \frac{1}{360} C \cdot I \cdot A$$

Q : 우수유출량(m³/sec) C : 유출계수
I : 강우강도(mm/hr) A : 배수면적(ha)

$$Q = \frac{1}{3.6} C \cdot I \cdot A \ [A : 배수면적(km^2)일 경우]$$

2 강우강도와 확률년수(강우빈도)

(1) 강우강도
① 강우의 깊이를 1시간당 우량(mm/hr)으로 환산한 값을 강우강도라고 한다.
② Talbot강우강도식

$$I = \frac{a}{t+b}$$

여기서 I : 강우강도, t : 강우 지속시간(min), a, b : 상수

③ 그 외에 Sherman형, Japanese형 등이 있다.

■ 강우강도식
① sherman형 :
$$I = \frac{C}{t^n}$$
② Japanese형 :
$$I = \frac{a}{\sqrt{t}+b}$$

3 유달시간

(1) 유입시간(t_1)
유역의 가장 먼 곳에 내린 우수가 하수관거의 입구에 유입하기까지의 시간을 말한다.

(2) 유하시간(t_2)
유입된 우수가 하수관거를 흘러가는데 소요되는 시간을 말한다..

$$t_2 = \frac{L}{v}$$

여기서 t_2 : 유하시간(min) L : 관거길이(m) v : 관거내의 평균유속(m/min)

(3) 유달시간 = 유입시간 + 유하시간 으로 반드시 분(min)으로 계산한다.

(4) 지체현상
① 전 배수구역에서 강우가 동시에 최하류 지점에 모이는 경우가 없을 때 이것을 지체현상이라 한다.
② 지체현상의 발생 조건
$T > t$ 일 경우에 지체현상이 발생된다.
여기서 T : 도달시간, t : 강우지속시간

■ 유달시간
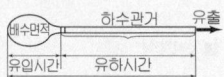

문 제

유출계수 0.6, 강우강도 2mm/min, 유역면적 2km² 인 지역의 우수량을 합리식으로 구하면?

① 0.007m³/sec ② 0.4m³/sec
③ 0.667m³/sec ④ 40m³/sec

해설 $Q = \frac{1}{3.6} CIA$

강우강도(I) = 2mm/min = 120 mm/hr

$= \frac{1}{3.6} \times 0.6 \times 120 \times 2 = 40 (\text{m}^3/\text{sec})$

답 ④

section 34. 계획오수량 (중요도 ★★☆)

1 계획오수량의 구성
(1) 계획오수량 = 생활오수량+공장폐수량+지하수량
(2) 생활오수량
 ① 가정오수량과 영업오수량을 합친 수량을 말한다.
 ② 1인 1일 최대오수량 = 1인 1일 최대 상수소비량+손실량 (증발, 침투 등)
(3) 공장폐수량
(4) 지하수량 = 지하수량은 1인 1일 최대오수량의 10~20%를 원칙으로 한다.

2 계획오수량의 산정
(1) 계획 1일 최대오수량
 ① 하수처리 시설의 처리용량을 결정하는 기준이 되는 수량이다.
 ② 계획 1일 최대오수량=(1인 1일 최대오수량×계획인구)+공장폐수량+지하수량
  +기타 배수량
(2) 계획 1일 평균오수량
 ① 하수처리장 유입하수의 수질을 추정하는데 사용된다.
 ② 일반적으로 계획 1일 최대오수량의 70~80%의 범위로 나타낸다.
 ③ 계획 1일 평균오수량 = 계획 1일 최대오수량 × 0.7(중소도시)
                                      0.8(대도시, 공업도시)
(3) 계획 시간 최대오수량 = 계획 1일 최대 오수량의 1시간 당 수량의 1.3~1.8배로 한다.

■ 가정 오수량
 ① 대도시 : 180~250l
 ② 중소도시 : 120~180l

문제
다음 계획오수량에 대한 설명 중 틀린 것은?
① 지하수량은 1인 1일 최대오수량의 5~10%로 한다.
② 계획 1일 최대오수량은 처리시설의 용량을 결정하는 기초가 되는 값이다.
③ 계획 1일 평균오수량은 계획 1일 최대오수량의 70~80%를 표준으로 한다.
④ 계획 시간 최대오수량은 계획 1일 최대오수량의 1시간당 수량의 1.3~1.8배로 한다.

해설 지하수량은 1인 1일 최대오수량의 10~20%를 원칙으로 한다.
답 ①

한번 더 보기

우수유출량 산정(합리식) : $Q = \dfrac{1}{3.6} C \cdot I \cdot A$

제6편 상하수도공학

35 하수관로 시설

1 하수관로 계획
(1) 오수관거 : 계획 시간 최대오수량을 기준으로 계획한다.
(2) 우수관거 : 계획우수량을 기준으로 계획한다.
(3) 합류관거 : (계획 시간 최대오수량+계획우수량)을 기준으로 계획한다.
(4) 차집관거 : 우천시 계획오수량(계획 시간 최대오수량의 3배)을 기준으로 계획한다.

2 하수관거의 수리공식
(1) 유량공식

$$Q = A \cdot v$$

A : 관의 단면적(m^2) v : 유속(m/sec)

(2) 유속공식
① Manning공식

$$v = \frac{1}{n} \cdot R^{2/3} \cdot I^{1/2}$$

n : 조도계수 R : 경심(동수반경) I : 동수경사

② Chezy공식

$$v = C\sqrt{RI}$$

$$C = \frac{1}{n} R^{1/6} = \sqrt{\frac{8g}{f}}$$: (Chezy계수 : 평균 유속계수)

■ 동수경사(I)
$I = \dfrac{\text{손실수두}(h_L)}{\text{관거길이}(L)}$

3 하수관거의 유속 및 구배
(1) 하수관거 내의 유속
① 하류로 갈수록 유량이 증대되고 관경이 커지므로 유속도 하류로 갈수록 점차 커지도록 한다.
② 오수관거 : 0.6~3.0m/sec, 우수 및 합류관거 : 0.8~3.0m/sec
  이상적인 유속 : 1.0~1.8m/sec

■ 하수관거의 유속은 침전속도 이상, 세굴속도 이하로 한다.

(2) 하수관거의 구배(경사)
① 구배는 하류로 갈수록 완만하게 하고, 하류에서의 유속은 상류보다 크게 해야 한다.
② 평탄지 : $\dfrac{1}{\text{관경(mm)}}$

문제

다음은 하수관거별 계획하수량을 나타낸 것이다. 틀린 것은?

① 오수관거 : 계획 시간 최대오수량
② 우수관거 : 계획 시간 최대우수량
③ 합류관거 : 계획 시간 최대오수량+계획우수량
④ 차집관거 : 우천시 계획오수량

해설 우수관거는 계획우수량을 기준으로 계획한다.

답 ②

section 36 하수도관 (중요도 ★☆☆)

제6편 상하수도공학

36 하수도관

1 하수도관의 구비조건
(1) 외압에 대한 강도가 충분하고 파괴에 대한 저항력이 커야 한다.
(2) 관거내면이 매끈하고 조도계수가 작고 가격이 저렴해야 한다.
(3) 유량변동에 대해서 유속변동이 적은 수리특성을 가진 단면형이어야 한다.
(4) 산·알칼리에 대한 내구성이 좋고 내마모성이 강해야 한다.
(5) 이음(joint)의 시공이 용이하고 수밀성과 신축성이 높아야 한다.

■ 조도계수는 관의 요철의 크기를 나타내는 값이다.

2 하수도관의 종류
(1) 원심력 철근 콘크리트관(흄관) : 수밀성과 강도가 크고 외압에 대한 강도가 크나 산성 및 알칼리성에 약하다.
(2) 철근 콘크리트관 : 흄관 등에 비해 강도가 떨어져 현재는 많이 사용되고 있지 않다.
(3) 주철관 : 내식성이 뛰어나고 강성 및 내충격성도 크다.

3 하수관거의 단면
(1) 하수관거의 구비조건
 ① 수리학상 유리하여 하수량의 변동에 대해서 유속변동이 적어야 한다.
 ② 노면하중과 토압에 대하여 안전하여야 한다.
 ③ 제작 및 설치가 쉬워야 하고, 유지관리가 쉽고 경제적이어야 한다.

(2) 하수관거 단면별 특징
 ① 원형 : 수리학적으로 유리, 역학계산이 간단하고, 공장제품을 사용할 수 있어 공기가 단축된다.
 ② 장방형 : 단면치수에 제한을 받는 경우에 유리하며 역학계산이 간단, 만수까지 수리학상 유리하다.

■ 대규모의 공사에서 가장 많이 이용되는 하수관거는 장방형이다.

문제

하수관거의 특성이 아닌 것은?
① 외압에 대한 강도가 충분하고 파괴에 대한 저항이 커야 한다.
② 유량의 변동에 대해서 유속의 변동이 큰 수리특성을 지닌 단면형이어야 한다.
③ 산 및 알카리의 부식성에 대해서 강해야 한다.
④ 이음의 시공이 용이하고 수밀성과 신축성이 높아야 한다.

해설 유량의 변동에 대해서 유속의 변동이 적은 수리특성을 가진 단면형이어야 한다.

답 ②

 한번 더 보기

하수관거의 구배(경사)는 하류로 갈수록 완만하게 하고, 하류에서의 유속은 상류보다 크게 해야 한다.

제6편 상하수도공학

37 하수관거 매설깊이 및 외압 산정

section 37 하수관거 매설깊이 및 외압 산정 (★☆☆)

1 최소관경 및 매설깊이

관거의 종류	최소관경	관거의 최소 매설깊이
오수관거	200mm	· 관거의 최소 매설깊이는 1m로 한다. · 차도는 1.2m, 보도는 1.0m이상으로 한다. · 대개의 경우 1.5~2.0m 정도로 매설한다.
우수 및 합류식 관거	250mm	

2 관거의 외압 산정식

Marston공식 : 토압계산에 가장 많이 이용되고 있는 식이다.

$$W = C_1 \cdot r \cdot B^2$$

  r : 매설토의 밀도(t/m³)
  C_1 : 상수
  B : 폭요소, $B = \dfrac{3}{2}d + 30 \text{(cm)}$

■ Marston공식에서 B값의 단위는 cm이므로 문제를 풀때는 단위를 통일시킨다.

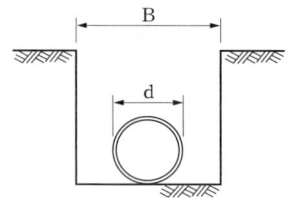

문제

직경 800mm인 하수관을 매설하고자 한다. 매설 지점의 흙의 밀도가 19.2kN/m³ 일 때 매설 하수관이 받는 하중을 Marston의 방법에 의하여 계산하면 얼마인가?
(단, $C_1 = 1.24$, $B = \dfrac{3}{2}d + 30 \text{cm}$)

① 35.7kN/m²
② 53.5kN/m²
③ 19.04kN/m²
④ 22.92kN/m²

 해설

① $W = C_1 \cdot r \cdot B^2 = 1.24 \times 19.2 \times 1.50^2 = 53.5 \text{kN/m}^2$

② $B = \dfrac{3}{2}d + 30 \text{(cm)} = 150 \text{(cm)} = 1.50 \text{(m)}$

답 ②

 한번 더 보기

오수관거 : 최소관경 200 mm
우수 및 합류식 관거 : 최소 250 mm

section 38. 하수관거의 접합

(중요도 ★★★)

1 관거의 접합시 고려할 사항
① 수위(수면)접합 또는 관정접합으로 하고 지표의 경사가 급한 경우는 단차접합 또는 계단접합으로 한다.
② 관거가 합류하는 경우의 중심교각은 될 수 있는 한 60° 이하로 하고 곡선으로 합류하는 경우의 곡률반경은 내경의 5배 이상으로 한다.
③ 대구경관거에 소구경관거가 합류하는 경우는 중심교각은 30~45° 가 이상적, 최소한 60° 이하가 되도록 한다.

2 관거의 접합
① 수위(수면)접합
   ㉠ 관내의 수면을 일치시키는 방식, 수리학적으로 가장 좋은 방법으로 정류흐름을 얻을 수 있다.
   ㉡ 수리계산이 복잡하지만 널리 이용되는 방식이다.

■ 수위접합
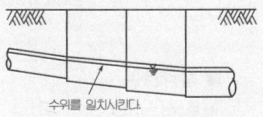
수위를 일치시킨다.

② 관정접합
   ㉠ 관거의 내면상부를 일치시키는 방식, 비교적 정류흐름을 얻을 수 있다.
   ㉡ 지세가 급한곳 적합, 굴착깊이가 증가되어 공사비가 증대되고 펌프배수시에는 배수양정이 증대된다.

■ 관정접합
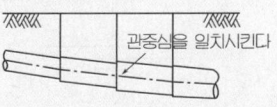
관중심을 일치시킨다

③ 관중심접합
   관의 중심을 일치시키는 방식으로 수위접합과 관정접합의 중간방법으로 수위계산을 할 필요가 없다.

■ 관중심접합

관정을 일치시킨다

④ 관저접합
   ㉠ 관거의 내면바닥을 일치시키는 방식, 평탄한 지형에서 토공량을 줄여 공사비의 절감이 가능하다.
   ㉡ 수리학적으로 좋지 않고 하수관거의 접합방식으론 가장 부적절하다.

■ 관저접합
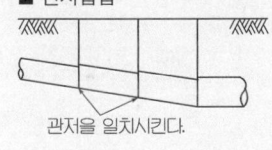
관저을 일치시킨다.

⑤ 단차접합, 계단접합
   지세가 아주 급한 경우에 관거의 기울기와 토공량을 줄이기 위해 사용되는 방식이다.

문제
개수로 관거의 접합 방법 중에서 수리학적으로 가장 유리한 방법은?
① 수면접합   ② 관정접합
③ 관저접합   ④ 관중심접합

해설 수리학적으로 가장 유리한 접합은 수면접합이다.
수리학적으로 정류를 얻을 수 있어 좋으나 수위계산의 어려움이 있다.

답 ①

한번 더 보기
관거접합 방법 중 수리학적으로 가장 좋은 방법은 수면접합 방식이고 가장 좋지 않은 방식은 관저접합 방식이다.

제6편 상하수도공학

39 관거연결방법 및 우수조정지

section 39 관거연결방법 및 우수조정지 (중요도 ★★☆)

1 관거연결방법
(1) 소켓연결 : 시공이 쉬우나 수밀성이 문제, 600mm 이하의 소구경관에 많이 사용된다.
(2) 맞물림연결 : 배수가 곤란한 곳에서 시공이 용이하며 대구경관에 사용된다.
(3) 칼라연결 : 흄관의 연결에 사용되며 연결강도는 크지만 수밀성이 부족하다.

■ 소켓연결
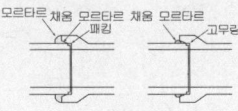

■ 맞물림연결
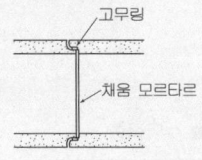

■ 칼라연결
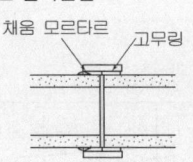

2 우수조정지
(1) 우수조정지(유수지)
 ① 정의 : 일시적으로 늘어난 우수 유출량을 임시로 저장하여 유량을 조정한 후 하수관거로 유하시키는 시설을 말한다.
 ② 우수조정지의 위치
  하수관거의 유하능력이 부족한 곳, 펌프장 배수능력이 부족한 곳, 방류수역의 유하능력이 부족한 곳 등이 있다.
 ③ 우수조정지 구조형식
  댐식, 굴착식, 지하식, 현지저류식 등이 있다
 ④ 우수저류지의 효과 : 시가지 침수방지, 첨두유량 감소, 유달시간 증대.

3 관정의 부식(Crown Corrosion)
(1) 부식과정
 하수가 혐기성 상태에서 분해되어 황화수소(H_2S)가 생성, 호기성 미생물에 의해 SO_2, SO_3로 산화되어 관정부의 물방울에 녹아 황산(H_2SO_4)으로 되어 콘크리트관을 부식, 파괴시키는 현상으로 원인물질은 **황화합물**(SO_4^{--})이다.
(2) 관정부식의 대책
 ① 하수의 유속을 증가시켜 하수관내 유기물질의 퇴적을 방지 해야하고 용존산소 농도를 증가시킨다.
 ② 호기성 상태로 유지하여 황화수소의 발생을 방지하도록 한다.
 ③ 염소 등의 소독제를 주입하여 관내의 미생물을 제거하고 관 내부를 PVC나 기타 물질로 피복한다.

문제

다음 중 우수조정지의 설치 위치로 가장 부적당한 곳은?

① 기설관거 등의 유하능력이 부족한 곳
② 펌프장의 능력이 부족한 곳
③ 방류지역 수로 등의 유하능력이 부족한 곳
④ 배수구역의 오염부하량이 부족한 곳

해설 우수조정지의 설치위치
 ① 하수관거의 유하능력이 부족한 곳
 ② 하류지역의 펌프장 능력이 부족한 곳
 ③ 방류수역의 유하능력이 부족한 곳

답 ④

section 40 하수도 부대시설

1 역사이폰(Inverted Siphon)
(1) 정의
 하수관거가 지하매설물을 횡단할 경우 평면교차로서는 관거접합이 되지 않아 그 밑을 통과해야 하는데 이러한 하수관거를 역사이폰이라 한다.

(2) 역사이폰 설계시 고려사항
 ① 단면을 축소시켜 상류측 관거내의 유속보다 20~30% 정도 증가시킨다.
 ② 역사이폰실에는 수문설비 및 깊이 0.5m 정도의 니토실을 설치한다.
 ③ 유입 및 유출구는 손실수두를 작게 하기 위해 종구(Bell mouth)형으로 한다.

2 맨홀(manhole)
(1) 설치 목적
 맨홀은 하수관거의 청소, 점검, 장애물 제거, 보수를 위한 사람 및 기계의 출입을 가능하게 하고, 악취나 부식성 가스의 환기, 관거의 접합을 위한 시설이다.

(2) 설치 장소
 관거의 방향이나 경사 및 관경 등이 변하는 곳이나 단차가 발생하는 곳, 관거의 시점, 관거가 합류하는 곳, 관거의 유지관리상 필요한 장소에 설치한다.

(3) 부속물
 인버트(invert) : 맨홀 저부에 반원형의 홈을 만들어 하수를 원활히 흐르게 하는 것으로 오수받이 저부에 설치한다.

(4) 맨홀의 관경별 최대간격

관경(mm)	300 이하	600 이하	1,000 이하	1,500 이하	1,650 이상
최대간격(m)	50	75	100	150	200

3 받이
(1) 우수받이
 우수내의 부유물이 관거내에서 침전해 일어나는 부작용을 방지하기 위해 설치한다.

(2) 오수받이
 분류식의 경우 오수만을 수용하며, 합류식의 경우 오수 및 우수를 동시에 수용, 배제하는 것을 원칙으로 하고, 오수받이 저부에는 인버트(invert)를 설치한다.

문 제

하수관거가 하천, 지하철, 기타 이설 불가능한 지하매설물을 횡단하는 경우에는 역사이펀(Invert Siphon)공법을 사용하는데 역사이펀 설계시 주의사항으로 가장 거리가 먼 것은?
① 역사이펀의 관내유속은 상류측 관거의 유속보다 작게 한다.
② 상하류 복월실(伏越室)에는 깊이 0.5m 이상의 진흙받이를 설치한다.
③ 양측끝 복월실에는 물막이용 수문 또는 각락공(角落工)의 설비를 한다.
④ 역사이펀의 입구, 출구는 손실수두를 적게 하기 위하여 Bell Mouth 형으로 한다.

해설 역사이펀 내의 유속은 토사나 슬러지가 퇴적되는 것을 방지하기 위하여 단면을 축소시켜 상류관거의 유속보다 20~30%정도 증가시킨다. **답** ①

제6편 상하수도공학

④ 하수처리 개요

section 41 하수처리 개요 (중요도 ★★☆)

1 하수처리의 개념
하수관거를 통해 배제된 하수를 인공적으로 처리하여 무해화, 안정화 시키는 과정.

2 하수처리 흐름도

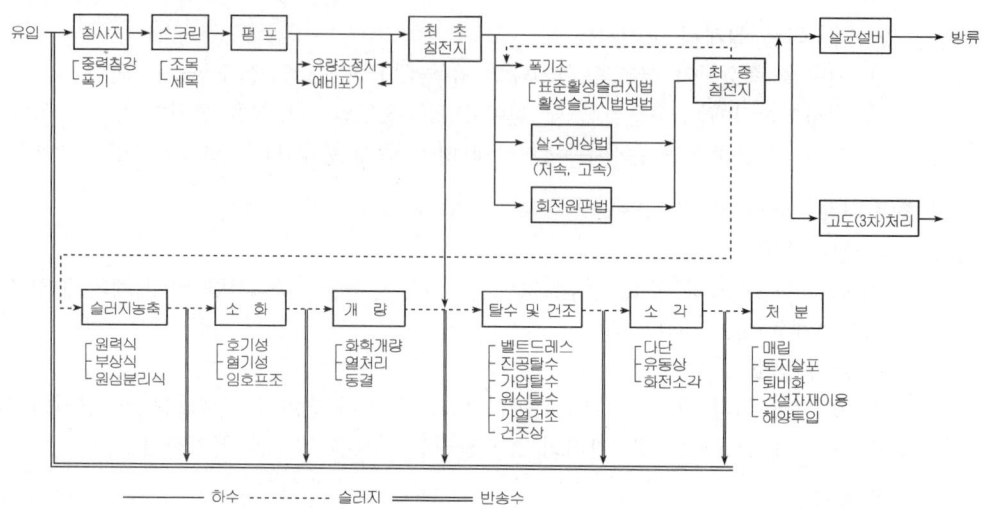

하수처리 흐름도

■ 미생물의 고정 여부에 따른 분류
① 고정상 생물법 : 살수여상법, 회전원판법
② 부유성장 생물법 : 활성오니법 및 활성오니변법, 산화지등.

3 하수처리공정(처리순서에 따른 분류)
(1) 예비처리 : 하수를 고체와 액체로 분리하는 과정으로, 스크린, 침사지 등이 있다.
(2) 1차처리 : 부유물질제거와 BOD의 일부를 물리적으로 제거하는 과정으로 최초침전지, 약품침전지 등이 있다.
(3) 2차처리(생물학적 처리) : 하수 중에 남아 있는 BOD등을 미생물에 의해 제거하는 생물학적인 처리방법을 말한다.
(4) 3차처리(고도처리) : 부영양화와 적조현상의 방지, 하수처리수의 재이용 등을 목적으로 도입되는 처리과정으로 주로 영양염류인 N, P 등 부영양화 유발물질들이 제거대상이 된다.

> **문제**
>
> 다음 하수처리방법에 관한 설명 중 틀린 것은?
> ① 하수의 예비처리란 처리조작, 공정 및 보조시설에 유지 관리문제를 일으키는 하수성분을 제거하는 것이다.
> ② 하수의 1차 처리란 부유물과 유기물질의 일부를 화학적 조작으로 제거하는 것이다.
> ③ 하수의 2차 처리는 생물학적으로 분해가능한 유기물질과 부유물질을 제거하는데 그 목적이 있다.
> ④ 하수 처리 중 영양소의 제거와 관리는 부영양화 방지와 밀접한 관계가 있다.
>
> **해설** 하수의 1차 처리란 부유물과 유기물질의 일부를 물리적 조작으로 제거하는 것이다.
>
> **답** ②

Section 42. 하수의 예비처리 및 최초침전지 (중요도 ★★☆)

1 예비처리시설

(1) 스크린(Screen)
- 하수 중에 비교적 큰 부유물을 제거하기 위한 시설이다.

(2) 침사지(Grit Chamber)
- 하수 중의 비중이 큰입자(모래, 사석 등)를 중력침전 제거하기 위한 시설을 말한다.
- 평균유속 : 0.3m/sec를 표준으로 한다.
- 체류시간 : 30~60초를 표준으로 한다.
- 표면부하율 : 오수침사지는 1,800m³/m²·day, 우수침사지는 3,600m³/m²·day 정도로 한다.

2 1차 처리시설

(1) 최초 침전지(1차 침전지)
- 예비처리로써 비중이 비교적 큰 부유물질을 제거하기 위한 시설이다.
① 제원
  ㉠ 형상은 원형, 직사각형 또는 정사각형으로 한다.
  ㉡ 유효수심은 2.5~4.0m, 수면의 여유고는 40~60cm 정도로 한다.
  ㉢ 체류시간은 보통 계획 1일 최대오수량에 대해 2~4시간으로 한다.
  ㉣ 표면부하율 : 계획 1일 최대오수량에 대해 합류식은 25~50m³/m²·day
              분류식은 35~70m³/m²·day로 한다.
  ㉤ 바닥의 기울기는 직사각형 1/100~1/50, 원형 및 정사각형 1/20~1/10로 한다.
  ㉥ 유출설비 : 보통 월류위어를 설치하며 부하율은 250m³/m·day로 한다.

문제

다음은 하수도 시설 중 최초 침전지에 대한 설명이다. 틀린 것은?
① 슬러지 제거기 설치의 경우 침전지 바닥의 경사는 장방형에 있어 1 : 100 ~ 1 : 50의 경사이다.
② 표면 부하율은 계획 1일 최대 오수량을 기준으로 25~40m³/m²·day 이내로 하여야 한다.
③ 유효 수심은 2.5~4m를 표준으로 한다.
④ 침전지의 수면 여유고는 20~30cm정도를 두어야 한다.

해설 최초 침전지 수면의 여유고는 40~60cm 정도로 한다.

답 ④

■ 체류시간(t)
$$t = \frac{V}{Q}$$
Q : 유입유량(m³/day)
V : 조의 부피(m³)

■ 언제(월류) 부하
$$= \frac{\text{일유량(m³/day)}}{\text{위어길이}(L)}$$

한번 더 보기

침사지 평균유속 : 0.3m/sec
         체류시간 : 30~60초

Section 43 최종침전지와 폭기조

1 최종침전지(2차 침전지)
① 개요 : 폭기조로부터 유입된 하수 중에서 활성슬러지를 침전시켜 상징수을 얻기 위한 시설.
② 제원
- 형상은 원형, 직사각형 또는 정사각형으로 하고 최소2지 이상으로 한다.
- 유효수심은 2.5~4.0m, 수면의 여유고는 40~60cm정도로 한다.
- 체류시간은 보통 계획 1일 최대오수량에 대해 3~5시간으로 한다.
- 표면부하율 : 계획 1일 최대오수량에 대해 20~30m³/m²·day로 한다.
- 바닥의 기울기는 직사각형 1/100~1/50, 원형 및 정사각형 1/20~1/10로 한다.
- 언제부하 : 보통 월류위어를 설치하며 부하율은 190m³/m·day로 한다.

2 폭기조(曝氣槽)
① 폭기의 목적
- 호기성 미생물의 생물화학적 반응에 필요한 산소를 공급하고 폭기조 내에 활성슬러지의 침전을 방지한다.
② 폭기조의 구조
- 용량결정인자 : 계획하수량, BOD농도, F/M비, MLSS농도, 폭기시간
- 형상 : 직사각형 또는 정사각형으로 2조 이상으로 한다.
- 유효수심 : 4~6m

■ 침전지 유출구에 삼각위어를 사용하는 이유는 물의 흐름을 양호하게 분산시키기 위함이다.

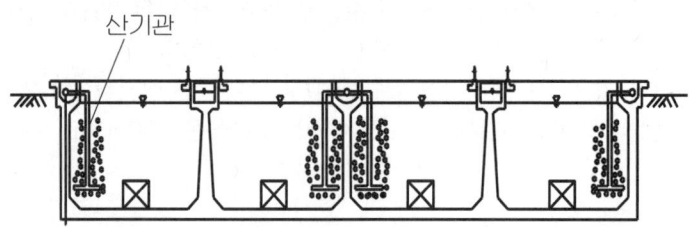

폭기조 구조

문제
활성슬러지 법에서 MLSS란?
① 폐수중의 부유물질
② 폭기조중의 부유물질
③ 원수중의 부유물질
④ 방류수중의 부유물질

해설) MLSS란 폭기조내의 혼합액 부유물질로서 폭기조내의 미생물 농도를 나타내는 지표다.

답 ②

한번 더 보기
최초 및 최종침전지의 유효수심은 2.5~4.0m, 수면의 여유고는 40~60cm정도로 한다.

section 44 활성슬러지법 (중요도 ★★★)

1 활성슬러지법 개요
폭기조로 유입되는 하수에 산소를 공급하면 호기성 미생물이 번식하고 이 미생물들이 하수 중에 있는 BOD성분들을 흡착, 산화, 동화작용으로 이들을 분리 안정화 시키는 방법이다.

■ 활성슬러지(오니)란 살아 있는 미생물이란 뜻이다.

2 생물학적 처리의 조건
영양소 구성조건 : BOD : N : P = 100 : 5 : 1

3 활성슬러지법의 흐름도

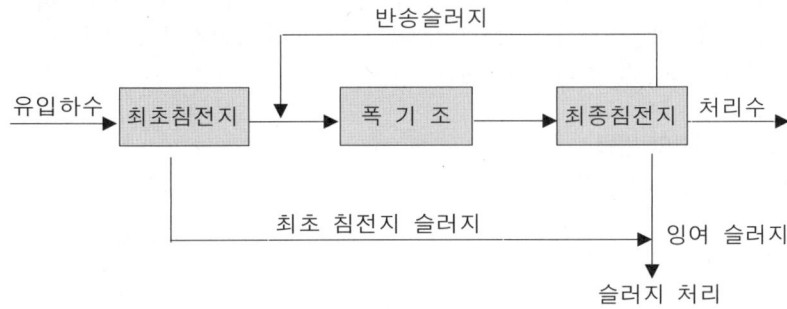

4 활성슬러지법의 특징

장 점	단 점
- 설치 면적이 작게 든다. - 처리수의 수질이 특히 우수하다. - 악취나 파리의 발생이 거의 없다. - BOD, SS의 제거율이 높다.	- 유지관리에 상당한 기술을 요한다. - 운전비가 많이 든다. - 수량, 수질 등에 영향을 받기 쉽다. - 슬러지 생성량이 많다. - 슬러지의 벌킹현상이 발생할 우려가 있다.

■ 활성슬러지법에서 주로 제거 되는 물질은 BOD 성분이다.

문제

일반적인 표준 활성슬러지 공정을 바르게 나타낸 것은?

① 침사지 − 1차침전지 − 폭기조 − 2차침전지 − 소독조
② 1차침전지 − 침사지 − 폭기조 − 2차침전지 − 방류
③ 침사지 − 소독조 − 1차침전지 − 폭기조 − 2차침전지 − 방류
④ 침사지 − 폭기조 − 1차침전지 − 2차침전지 − 소독조

해설 스크린 → 침사지 → 1차침전지 → 폭기조 → 2차침전지 → 소독조 → 방류

답 ①

제6편 상하수도공학

활성슬러지법의 종류

section 45 활성슬러지법의 종류 (중요도 ★☆☆)

1 표준 활성슬러지법 (폭기시간 : 6~8시간)
가장 널리 사용되는 방식으로 BOD, SS제거율이 가장 좋다.

■ 계단식 폭기법

2 계단식 폭기법 (폭기시간 : 4~6시간)
유입하수를 폭기조에 분할하여 유입시켜 산소 이용량을 균등화시킬 수 있는 방법이다.

3 장시간 폭기법 (폭기시간 : 18~24시간)
폭기조내에서 하수를 장시간 체류시키는 방법으로 최초침전지를 별도로 두지 않는다.

■ 장시간 폭기법

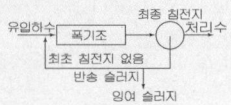

4 접촉 안정법 (폭기시간 : 5시간 이상)
접촉조(폭기조)에서는 하수와 활성슬러지의 흡착과 응집에 의한 처리를 하고, 안정화조(재폭기조)에서는 반송슬러지를 장시간 재폭기시켜 반송슬러지의 안정화 및 흡착, 응집력 회복을 도모하여 하수를 처리한다.

■ 접촉 안정법

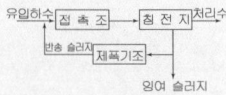

5 기타 활성슬러지의 변법
- 수정식 폭기법, 산화구법, 호기성 소화법 등이 있다.

6 활성슬러지법 운전시 문제점
① 슬러지 팽화(彭化, Bulking)
최종침전지에서 슬러지가 잘 침전되지 않고 부풀어 오르는 현상으로 주로 사상형 미생물이 서식할 때 발생한다.

② 슬러지 부상(浮上, Rising)
최종침전지에서 용존산소가 부족하면 탈질화 현상이 일어나며 이때 발생하는 질소(N_2) 기포가 슬러지를 부상시키는 현상을 말한다.

문제

일반적인 활성오니법을 사용하는 하수처리장에서 주로 제거되는 물질은 어느 것인가?

① BOD성분
② BOD성분, 질소성분
③ BOD성분, 중금속
④ BOD성분, 질소성분, 중금속

해설 활성오니법은 미생물의 대사작용을 이용하므로 주로 유기물(BOD)제거에 이용하는 방법이고 질소, 인 등 영양염류는 3차 처리인 고도 처리법으로 한다.

답 ①

⏰ **한번 더 보기**

일반적인 표준 활성슬러지 공정은 침사지 – 1차침전지 – 폭기조 – 2차침전지 – 소독조 순이다.

section 46 활성슬러지법 설계공식(1) (중요도 ★★★)

1 BOD 용적부하(kgBOD/m³day)

$$BOD\ 용적부하 = \frac{1일\ BOD\ 유입량(kgBOD/day)}{폭기조\ 부피(m^3)}$$

$$= \frac{BOD농도(kg/m^3) \times 유입수량(m^3/day)}{폭기조부피(m^3)}$$

$$= \frac{BOD \cdot Q}{V} = \frac{BOD \cdot Q}{Q \cdot t} = \frac{BOD}{t}$$

여기서 t : 폭기시간

2 BOD 슬러지부하(kgBOD/kgMLSS·day)

$$BOD\ 슬러지부하 = \frac{1일\ BOD\ 유입량(kgBOD/day)}{MLSS\ 양(kg)}$$

$$= \frac{BOD농도(kg/m^3) \times 유입수량(m^3/day)}{MLSS농도(kg/m^3) \times 폭기조부피(m^3)}$$

$$= \frac{BOD \cdot Q}{MLSS \cdot V} = \frac{BOD}{MLSS \cdot t}$$

여기서, MLSS : 폭기조 혼합액의 부유고형물

■ MLSS(Mixed Liquor Suspened Solids)
: 폭기조 혼합액 부유물질

3 폭기시간(Aeration Time)과 체류시간(Retention Time)

$$폭기시간(hr) = \frac{폭기조\ 부피}{유입수량} = \frac{V(m^3)}{Q(m^3/day)} \times 24(hr)$$

$$체류시간(day) = \frac{폭기조\ 부피(m^3)}{유입수량(m^3/day) \times (1+r)} = \frac{V}{Q(1+r)}$$

$$반송비\ r = \frac{반송수량(m^3/day)}{유입수량(m^3/day)}$$

■ 폭기시간(t)
$$t\ (day) = \frac{V(m^3)}{Q(m^3/day)}$$
$$t\ (hr) = \frac{V(m^3)}{Q(m^3/day)} \times \frac{24hr}{day}$$

문제

유량 3,000m³/day, BOD 농도 200mg/ℓ 하수를 용량 500m³인 폭기조(aeration tank)로 처리할 때 BOD용적 부하는 얼마인가?

① 0.12kg/m³/day ② 0.30kg/m³/day
③ 1.20kg/m³/day ④ 3.00kg/m³/day

해설

$$BOD용적부하 = \frac{1일\ BOD\ 유입량(kgBOD/day)}{폭기조\ 용적(m^3)}$$

$$= \frac{BOD농도(kg/m^3) \times 유량(m^3/d)}{폭기조\ 용적(m^3)}$$

$$= \frac{0.2 \times 3,000}{500} = 1.20\ (kgBOD/m^3 \cdot day)$$

* $BOD = 200mg/\ell = 0.2kg/m^3$

답 ③

제6편 상하수도공학

section 47 활성슬러지법 설계공식(2)

1 고형물 체류시간 (SRT)

① 정의 : 최종 침전지내에서 분리된 고형물은 일부는 폐기되고 일부는 다시 반송되어 슬러지는 폭기시간보다 긴 체류시간동안 폭기조내에 체류하게 되는데 이를 슬러지일 령 또는 고형물 체류시간이라고 한다.

② 공식 : $SRT = \dfrac{V \cdot X}{SS \cdot Q} = \dfrac{V \cdot X}{X_r Q_w + (Q - Q_w) X_e} \fallingdotseq \dfrac{V \cdot X}{X_r Q_w}$

V : 폭기조 부피(m³)　　　　　X : 폭기조내의 MLSS농도(mg/ℓ)
X_r : 반송 슬러지 SS농도(mg/ℓ)　X_e : 유출수 내의 SS농도(≒ 0) (mg/ℓ)
Q_w : 잉여슬러지량(m³/day)　　　Q : 유입하수량(m³/day)

2 슬러지 용적지수(SVI)와 슬러지 밀도지수(SDI)

① 슬러지용적지수(SVI)정의 : 폭기조 혼합액(MLSS) 1ℓ를 30분간 침전시킨 후 1g의 MLSS가 슬러지로 형성시 차지하는 부피(mℓ)를 말한다.

② 용도 : SVI 및 SDI는 슬러지의 침강 농축성을 나타내는 지표로 사용된다.

③ 공식 : $SVI = \dfrac{30분간\ 침전된\ 슬러지부피(SV)(ml/\ell)}{MLSS농도(mg/\ell)} \times 1{,}000$

$= \dfrac{SV(\%)}{MLSS농도(mg/\ell)} \times 10{,}000 = \dfrac{SV(\%)}{MLSS(\%)}$

④ 슬러지밀도지수(SDI) : $SDI = \dfrac{100}{SVI}$

- SVI 50~150이면 침전성이 양호, 200이상이면 슬러지 벌킹(Bulking)을 의미한다.
- 적정 SDI는 0.83~1.76일 때 침강성이 좋다.

3 반송슬러지 농도와 슬러지 용적지수와의 관계

$X_r = \dfrac{10^6}{SVI}$

■ SVI는 슬러지의 침강 농축성을 나타내는 지표로 폭기조 혼합액을 채취하여 측정한다.

MLSS가 2,000 mg/ℓ이고, 30분간 정치했을때 침강용적이 30%(SV)일 때 SVI는 얼마인가?

① 100　　　　② 150
③ 200　　　　④ 300

해설　$SVI = \dfrac{30분간\ 침전된\ 슬러지부피(SV)(ml/\ell)}{MLSS농도(mg/\ell)} \times 1{,}000$

$= \dfrac{SV(\%)}{MLSS농도(mg/\ell)} \times 10{,}000 = \dfrac{SV(\%)}{MLSS(\%)}$

∴ $SVI = \dfrac{30 \times 10^4}{2000} = 150$

답 ②

section 48 기타 생물학적 처리법 (중요도 ★★☆)

1 살수여상법
여재상을 하수가 통과하는 동안 여재표면에 부착되어 성장한 호기성 미생물의 생물학적 작용으로 하수 중의 유기물을 제거하는 방법을 말한다.

(1) 설계공식

BOD 면적부하 $(kgBOD/m^2 \cdot day)$

$$= \frac{BOD \text{ 유입량}(kgBOD/day)}{\text{여재상 면적}(m^2)}$$

$$= \frac{BOD \text{농도}(kg/m^3) \times \text{유입수량}(m^3/day)}{\text{여재상 면적}(m^2)} = \frac{BOD \cdot Q}{A}$$

(2) 여재의 구비조건
 ① 여재표면은 생물막의 부착이 잘 되도록 거칠고 표면적이 넓고 내구성이 좋아야 한다.
 ② 공극의 폐쇄가 우려되므로 입도가 비교적 균일한 것을 사용해야 한다.

(3) 살수여상법의 특징
 ① 유입하수의 부하변동에 강하다.
 ② 강제 폭기를 할 필요가 없고 bulking현상이 없다.
 ③ 유지관리가 쉽고, 건설비 및 유지비가 싸다.

2 회전원판법
원판에 고정된 생물막을 하수와 공기 사이로 교대로 이동시켜 하수중에서 유기물을 흡착시키고 공기중에서 산소와 접촉시켜 하수를 처리하는 호기성처리 방식이다.

(1) 특징
 ① 질산화가 일어나기 쉬워 질소(N)의 제거가 가능하다.
 ② 폭기장치와 슬러지 반송이 필요 없다.
 ③ 슬러지 팽화현상이 발생할 염려가 없다.
(2) 침적률 : 원판의 40~45%가 수면에 잠기도록 한다.
(3) 원판의 회전속도 : 원판의 주변속도는 15 m/min 정도이다.

3 산화지법(酸化池法)
얕은 연못에서 박테리아(bacteria)와 조류(algae)사이의 공생관계에 의해 유기물을 분해 처리하는 방식이다.

문제

다음 회전원판법에 관한 사항 중 옳지 않은 것은?

① 회전원판법은 원판 표면에서 부착, 번식한 미생물군을 이용해서 하수를 정화한다.
② 회전속도는 보통 주변속도로 표시되고 일반적으로 15m/min 정도이다.
③ 일반적으로 40~45%의 침적률이 채택되고 있다.
④ 회전원판법도 생물학적 처리이므로 Blower에 의한 강제 폭기장치가 반드시 있어야 한다.

해설 회전원판법은 원판이 회전하면서 공기와 접하므로 별도로 폭기장치가 필요 없다.

답 ④

---

48 기타 생물학적 처리법

■ 살수여상 구조

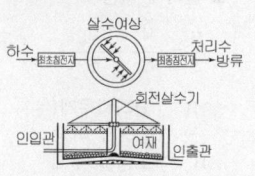

■ 회전원판 장치

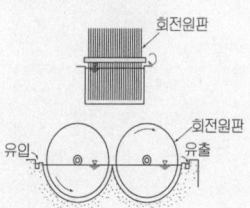

제6편 상하수도공학

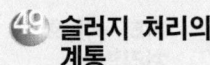

section 49 슬러지 처리의 계통 (중요도 ★★☆)

■ 슬러지 비중

$$\frac{W}{S} = \frac{W_s}{S_s} + \frac{W_w}{S_w}$$

- W : 슬러지무게(=1)
- S : 슬러지 비중
- W_s : 고형물 무게
- S_s : 고형물 비중
- W_w : 물의 무게
- S_w : 물의 비중(=1)

1 슬러지 처리의 목적
(1) 슬러지 중의 유기물을 무기물로 바꾸는 생화학적 안정화.
(2) 병원균을 제거하여 위생적인 안전화.
(3) 슬러지 처리·처분량을 적게 하는 부피의 감량화.
(4) 처분의 확실성.

2 슬러지 처리 계통도

슬러지 → 농축 → 소화 → 개량 → 탈수 → 최종처분

3 함수율과 슬러지 부피의 관계

$$\frac{V_1}{V_2} = \frac{100 - W_2}{100 - W_1}$$

여기서 V_1 : 농축전 슬러지 부피(m³)
 V_2 : 농축후 슬러지 부피(m³)
 W_1 : 농축전 슬러지 함수율(%)
 W_2 : 농축후 슬러지 함수율(%)

4 처리공정에 따른 잉여슬러지 부피감소율

처리공정	잉여슬러지	농축	소화	탈수	소각
부피감소	1	1/3	1/6	1/25	1/125

문제

다음 중 슬러지 처리 목표가 아닌 것은?

① 슬러지의 생화학적 안정화
② 최종적인 슬러지의 감량화
③ 병원균의 처리
④ 중금속 처리

해설 슬러지 처리의 목표 : 슬러지 중의 유기물을 무기물로 바꾸는 생화학적 안정화, 병원균을 제거하여 위생적인 안전화, 슬러지 처리·처분량을 적게 하는 감량화, 처분의 확실성.

답 ④

 한번 더 보기

슬러지 처리 : 농축 → 소화 → 개량 → 탈수 → 처분

section 50 슬러지 처리 (중요도 ★★☆)

1 슬러지 농축(濃縮, thickening)
① 목적 : 슬러지 부피를 감소시켜 후속 공정의 규모를 줄이고 처리효율을 향상시킨다.
② 종류 : 중력식 농축조, 부상식 농축조, 원심분리식 농축조 등이있다.

2 슬러지 소화(消化, digestion)
슬러지내의 유기물을 무기물화 시키는 안정화과정.
(1) 호기성 소화 : 호기성 미생물을 이용하는 방법
   최종생성물 : CO_2, H_2O
(2) 혐기성 소화 : 혐기성 미생물을 이용하는 방법
 ① 조건
   ㉠ 미생물이 필요로 하는 무기성 영양소(N, P 등)가 충분하여야 한다.
   ㉡ 독성물질이 유입되지 않도록 하고, 적정 알카리도(pH 7.5)가 유지되어야 한다.
   ㉢ 유기물 농도가 높아야 하며 특히 탄수화물 보다 단백질이나 지방질이 높아야 좋다.
 ② 소화 단계
   ㉠ 1차 단계(유기산 생성단계) : 각종 휘발산과 아세트산, 수소, CO_2 등이 생성된다.
   ㉡ 2차 단계(메탄생성단계) : 주로 메탄(CH_4)과 CO_2가 2/3 : 1/3 비율로 생성되며 기타 황화수소(H_2S), 암모니아(NH_3) 등이 소량 생성된다.
 ③ 최종생성물 : CH_4, CO_2, H_2S, NH_3, H_2O

3 슬러지 개량(改良)
① 목적 : 슬러지의 성질을 개선, 탈수효율을 높이기 위하여 실시하는 전처리과정이다.
② 종류 : 약품개량, 열처리, 슬러지 세정, 동결법 등이 있다.

4 슬러지 탈수(脫水)
① 목적 : 슬러지 부피를 감소시키므로 슬러지처리 및 처분비용을 감소시킨다.
② 종류 : 진공탈수, 가압탈수, 벨트 프레스, 원심탈수, 슬러지 건조상 등이 있다.

5 슬러지 최종처분(最終處分)
- 매립처분, 퇴비화, 토양살포, 해양투기, 소각 등이 있다.

■ 혐기성 소화과정

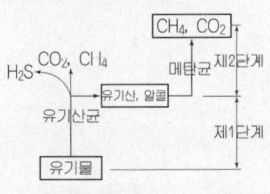

■ 가압탈수기의 슬러지 케이크 함수율은 55~70% 정도다.

문제
혐기성 소화에 관한 다음 설명 중 틀린 것은?
① 혐기성 소화를 위해서는 유기물 농도가 높고 특히 탄수화물 보다 단백질이나 지방질이 높아야 한다.
② 혐기성 소화는 1단계인 유기산 생성단계와 2단계인 메탄 생성단계로 구분된다.
③ 혐기성 소화에 작용하는 유기산균과 메탄균은 임의성균이다.
④ 정상적인 소화 시 생성가스의 구성은 메탄이 2/3, 이산화탄소가 1/3이다.

해설 유기산균은 임의성균이고 메탄균은 혐기성균이다. 답 ③

제6편 상하수도공학

51 펌프장 시설

section 51 펌프장 시설 (중요도 ★☆☆)

■ 펌프장의 종류
① 저양정 펌프장 : 수원에서 물을 취수하여 정수장으로 양수시 이용
② 고양정 펌프장 : 가압식 배수관로에 정수를 양수하는데 이용
③ 가압펌프 : 배수시설의 관내수압을 높이는데 이용

1 상수도 펌프장

계획수량과 펌프대수

용도	기준수량	수량	설치 대수
취수 및 도수 펌프	계획 1일 최대 취수량	· 2,800m³/일 이하 · 2,500~10,000m³/일 · 9,000m³/일 이상	· 2대(예비 1대 포함) · 3대(예비 1대 포함) · 4대(예비 1대 포함) 이상
배수 펌프	계획시간 최대 급수량	· 125m³/hr 이하 · 120~450m³/hr · 400m³/hr 이상	· 3대(예비 1대 포함) · 대형 2대(예비 1대 포함), 소형 1대 · 대형 4~6대(예비 1대 포함) 이상, 소형 1대

2 하수도 펌프장

계획수량과 펌프대수

오수 펌프		우수 펌프	
수량(m³/sec)	설치 대수	수량(m³/sec)	설치 대수
0.5 이하	2~4(예비 1대 포함)	3 이하	2~3
0.5~1.5	3~5(예비 1대 포함)	3~5	3~4
1.5 이상	4~6(예비 1대 포함)	5~10	4~6

3 펌프대수 결정기준

① 펌프는 가능한 한 최대 효율 점 부근에서 운전할 수 있도록 펌프 용량과 펌프대수를 결정한다.
② 유지관리에 편리하도록 펌프대수는 줄이고 동일 용량의 것을 사용한다.
③ 펌프 효율은 대용량일수록 좋기 때문에 가능한 한 대용량을 사용한다.
④ 건설비를 절약하기 위하여 펌프의 예비대수는 가능한 한 적게 한다.

문제

다음 중 필요한 펌프의 수를 결정할 때 고려하지 않아도 되는 사항은?

① 가능한 한 최고 효율 점 부근에서 운전할 수 있도록 용량과 펌프 수를 정한다.
② 유지관리상 펌프 수는 가능한 한 적게 하고 용량이 다른 것을 사용한다.
③ 펌프는 대용량의 것일수록 효율이 좋으므로 가능한 한 대용량을 사용한다.
④ 수량변동이 심한 곳에서는 용량이 다른 펌프를 설치하면 편리하다.

해설 유지관리에 편리하도록 펌프의 대수는 줄이고 동일 용량의 것을 사용하여야 한다.

답 ②

section 52 펌프의 종류 및 선정

(중요도 ★★☆)

제6편 상하수도공학

52 펌프의 종류 및 선정

1 원심력(와권)펌프

(1) 원리
① 임펠러 회전에 의해 물에 생기는 원심력을 케이싱을 통하여 압력으로 바꾸는 펌프이다.
② 전 양정이 4m이상인 경우에 적합하며, 상·하수도용으로 많이 사용된다.

(2) 특성
① 운전과 수리가 용이하고 최초시설비가 저렴하다.
② 효율이 높고 적용범위가 넓고 주로 상하수도용으로 사용된다.
③ 흡입성능이 우수하고 공동현상이 잘 발생하지 않는다.
④ 임펠러의 교환에 따라 특성이 변한다.

■ 원심력 펌프는 상하수도용으로 널리 사용된다.

2 축류펌프(axial flow pump)

(1) 원리
① 임펠러의 양력작용에 의하여 물이 축방향으로 들어와 축방향으로 토출하는 펌프.
② 전 양정이 4m 이하인 경우에 경제적으로 유리하다.

3 사류펌프(mixed flow pump)

(1) 원심력 펌프와 축류펌프의 중간 형태로 양정의 큰 변화에 대응하기 쉽고 운전 시 동력이 일정하다.
(2) 양정은 원심력펌프와 축류펌프의 중간인 3~12m정도이다.

4 펌프의 선정

(1) 전양정이 6m 이하, 구경이 200mm 이상인 경우 사류 또는 축류펌프를 선정함을 표준으로 한다.
(2) 전양정이 20m 이상이고 구경이 200mm 이하의 경우 원심펌프를 선정함을 표준으로 한다.
(3) 흡입실양정이 −6m 이상일 때 또는 구경이 1500mm를 초과하는 경우 사류 또는 축류 펌프는 입축형 펌프를 선정한다.
(4) 침수의 위험이 있는 장소는 입축형 펌프를 선정한다.
(5) 깊은 우물의 경우는 수중모터펌프 또는 깊은 우물용 펌프를 사용한다.

■ 펌프 선택 시 고려할 사항
펌프의 특성, 동력, 양정, 효율.

문제

하수도용으로 사용하는 펌프(pump)의 종류 중 가장 널리 사용되는 펌프는?
① 터빈펌프   ② 원심력펌프
③ 사류펌프   ④ 축류펌프

해설 원심력펌프는 상·하수도용으로 많이 사용된다.

답 ②

제6편 상하수도공학

펌프의 관련식

section 53 펌프의 관련식 (중요도 ★★★)

■ 펌프의 전양정

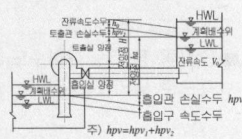

1 펌프의 양정(揚程)

(1) 실양정 : 펌프가 실제적으로 물을 양수한 높이를 말한다.
(2) 전양정 : 실양정과 총 손실수두 및 토출관 말단에서의 속도수두의 합을 말한다.

$$H = h_a + \Sigma h_f + h_o$$

여기서 h_a : 실양정(m), Σh_f : 총 손실수두(m), h_o : 토출관 말단의 잔류 속도수두

2 펌프의 흡입구경(D)

(1) 흡입구경 : 토출량과 흡입구의 유속에 의해 결정되고 흡입구 유속은 1.5~3.0m/sec가 표준이다.

$$D = 146 \sqrt{\frac{Q}{v}}$$

여기서 v : 흡입구 유속(m/sec), Q : 펌프의 토출유량(m³/min)

3 펌프의 축동력(P_s)

$$P_s = 13.33 \frac{QH}{\eta} \text{(HP)}$$

$$P_s = 9.8 \frac{QH}{\eta} \text{(kW)}$$

여기서 Q : 양수량(m³/sec), H : 펌프의 전양정(m), η : 펌프의 효율(0~1)

4 비교회전도 (N_s)

(1) 기하학적으로 닮은 임펠러가 유량 1m³/min을 1m 양수하는데 필요한 회전수를 말한다.

$$N_s = N \times \frac{Q^{1/2}}{H^{3/4}}$$

여기서 N : 펌프의 회전수(rpm)
Q : 펌프 양수량(m³/min)
H : 전양정(m)

■ 비교회전도 계산에서 펌프의 회전수는 분당 회전수(rpm)를 말한다.

(2) N_s 가 작으면 유량이 적은 고양정의 펌프이며, N_s 가 크면 유량이 많은 저양정의 펌프가 된다.
(3) 유량과 양정이 동일하면 회전수가 클수록 N_s 가 커진다.
(4) N_s 가 커짐에 따라 펌프는 소형이 되어 펌프의 값이 저렴해진다.
(5) N_s 가 같으면 펌프의 크고 작은 것도 관계없이 모두 같은 형식으로 되며 특성도 대체로 같다.
(6) 일반적으로 N_s 가 크게 될수록 흡입성능이 나쁘고 공동현상이 발생하기 쉽다.
(7) N_s 값은 축류펌프가 가장 크다.

> **문제**
>
> 구경 400mm인 모터의 직결펌프에서 양수량 10m³/min, 전양정 40m, 회전수 1,050rpm일 때 비교회전도(N_s)는 얼마인가?
>
> ① 209 ② 189
> ③ 168 ④ 148

해설 비교회전도 $N_s = N \cdot \dfrac{Q^{1/2}}{H^{3/4}} = 1,050 \times \dfrac{10^{1/2}}{40^{3/4}} = 208.8$

답 ①

section 54 펌프의 특징 (중요도 ★★☆)

1 펌프 특성곡선
펌프의 양수량과 양정(H), 효율(η), 축동력(P_s)과의 관계를 나타낸 곡선을 말한다.

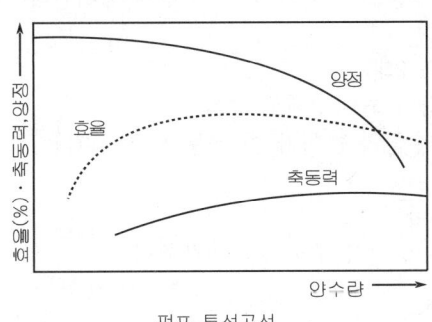

펌프 특성곡선

■ 펌프의 특성곡선은 펌프의 입·출력곡선이다.

2 시스템 수두곡선(System Head Curve)
총동수두(TDH)와 양수량(Q)간의 관계를 나타낸 곡선을 말한다.

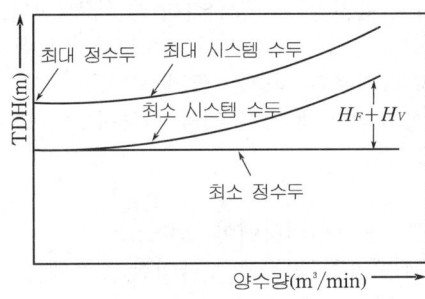

시스템 수두곡선

■ 총동수두(TDH)
$$TDH = H_L + H_F + H_V$$
H_L : 정수두
H_F : 마찰수두
H_V : 속도수두

문제

펌프의 특성곡선(characteristic curve)은 펌프의 양수량과 무엇들과의 관계를 나타낸 것인가?
① 비속도, 수중압력, 양정
② 양정, 효율, 동력
③ 운전방법, 수중압력, 양정
④ 공동지수, 양정, 효율

해설 펌프의 특성곡선은 펌프의 회전속도를 일정하게 고정하고 토출관의 밸브를 조절하여 펌프용량을 변화시킬 때 나타나는 양정, 효율, 축동력이 펌프용량(Q)의 변화에 따라 변하는 관계를 각기의 최대 효율점에 대한 비율로 나타낸(입력과 출력) 곡선을 말한다.

답 ②

제6편 상하수도공학

55 펌프의 운전

section 55 펌프의 운전 (중요도 ★☆☆)

■ 펌프의 운전방식

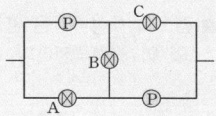

① 직렬운전시는 A와 C 밸브 닫고 B밸브 연다.
② 병렬운전시는 A와 C 밸브열고 B밸브를 잠근다.

1 직렬운전(특성이 같은 펌프 2대)
(1) 단독운전시 보다 양정이 약 2배정도 증가한다.
(2) 양정의 변화가 크고 양수량의 변화가 작은 경우에 실시한다.

2 병렬운전(특성이 같은 펌프 2대)
(1) 단독운전시 보다 양수량이 최대 2배로 증가한다.
(2) 양정의 변화가 작고 양수량의 변화가 큰 경우에 실시한다.

3 펌프의 공동현상(cavitation)
(1) 발생장소 : 주로 펌프의 임펠러 부분에서 발생한다.
(2) 공동현상으로 인한 장애
  ① 소음, 진동이 생겨서 펌프의 성능이 저하되고 더욱 압력이 저하되면 양수가 불가능해진다.
  ② 공동현상이 오래 지속되면 심한 소음, 진동이 있고 심할 경우 내부에 구멍을 만들어 재료를 손상시킨다.
(3) 공동현상 방지법
  ① 펌프 설치위치를 낮게 하고 흡입양정(-5m 이하)을 작게 한다.
  ② 흡입측에서 펌프의 토출량을 감소시키는 일은 절대 피해야 한다.
  ③ 흡입관은 가능한 한 짧게 흡입관의 직경은 크게 한다.
  ④ 임펠러의 재질을 공동현상의 파손에 강한 것을 사용하도록 한다.

4 펌프의 일반사항
① 펌프 한대마다 하나의 흡입관을 설치하여야 한다.
② 흡입관을 수평으로 설치하는 것을 피하고 부득이한 경우에는 가능한 한 짧게 하고 펌프를 향하여 1/50 이상의 경사로 한다.
③ 흡입관은 연결부나 기타 부분으로부터 절대로 공기가 흡입하지 않도록 한다.
④ 유속은 1.5m/sec 이하로 하는 것이 경제적이다.

문제

펌프의 흡입관에 대한 다음 사항 중 틀린 것은?

① 충분한 흡입수두를 가질 수 있도록 한다.
② 흡입관은 가능하면 수평으로 설치되도록 하다.
③ 흡입관에는 공기가 유입되지 않도록 한다.
④ 펌프 한 대에 하나의 흡입관을 설치한다.

해설 흡입관은 가능한 한 수평으로 설치하는 것을 피한다.
부득이한 경우에는 가능한 한 짧게 하고 펌프를 향하여 1/50 이상의 경사로 한다.

답 ②

2016년도

과년도기출문제

01 토목기사 2016년 제1회 시행 ……… *2*

02 토목기사 2016년 제2회 시행 ……… *30*

03 토목기사 2016년 제4회 시행 ……… *56*

2016년 과년도출제문제

응용역학

1. 아래 그림과 같은 캔틸레버 보에서 B점의 연직변위(δ_B)는? (단, $M_o = 0.4\text{t}\cdot\text{m}$, $P = 1.6\text{t}$, $L = 2.4\text{m}$, $EI = 600\text{t}\cdot\text{m}^2$이다.)

① 1.08cm (↓)
② 1.08cm (↑)
③ 1.37cm (↓)
④ 1.37cm (↑)

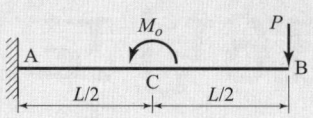

해설

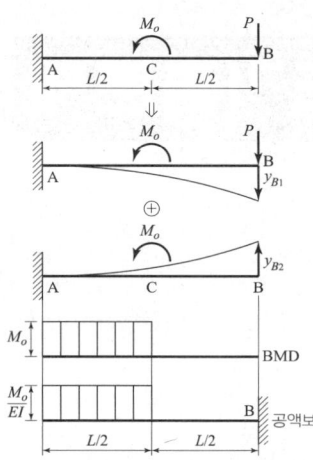

처짐

(1) $y_{B1} = \dfrac{PL^3}{3EI} = \dfrac{1.6 \times 2.4^3}{3 \times 600}$
$= 0.01229\text{m} = 1.229\text{cm}$ (하향처짐)

(2) $y_{B2} = \left(\dfrac{M_o}{EI}\right)\left(\dfrac{L}{2}\right)\left(\dfrac{L}{2} + \dfrac{L}{4}\right) = \dfrac{3M_oL^2}{8EI}$
$= \dfrac{3 \times 0.4 \times 2.4^2}{8 \times 600} = 0.00144\text{m} = 0.144\text{cm}$ (상향처짐)

(3) $y_B = y_{B1} - y_{B2} = 1.08\text{cm}$ (하향처짐)

2. 다음 그림과 같은 세 힘이 평형 상태에 있다면 점 C에서 작용하는 힘 P와 BC 사이의 거리 x로 옳은 것은?

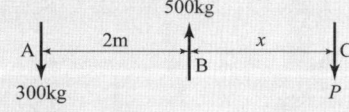

① $P = 200\text{kg}$, $x = 3\text{m}$
② $P = 300\text{kg}$, $x = 3\text{m}$
③ $P = 200\text{kg}$, $x = 2\text{m}$
④ $P = 300\text{kg}$, $x = 2\text{m}$

해설 힘의 평형

(1) $\sum V = 0$
$-300 + 500 - P = 0$
$\therefore P = 200\text{kg}$

(2) $\sum M_A = 0$
$-500 \times 2 + 200 \times (2 + x) = 0$
$\therefore x = 3\text{m}$

3. 다음 그림과 같은 3활절 포물선 아치의 수평반력(H_A)은?

① 0
② $\dfrac{Wl^2}{8h}$
③ $\dfrac{3Wl^2}{8h}$
④ $\dfrac{5Wl^2}{8h}$

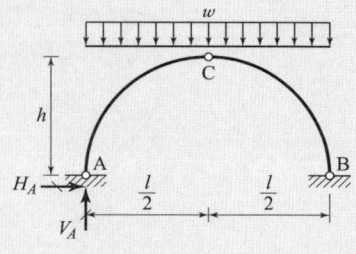

해설 3-Hinge 라멘

(1) $\sum M_B = 0$
$V_A \times l - W \times l \times \dfrac{l}{2} = 0$
$\therefore V_A = \dfrac{Wl}{2}$

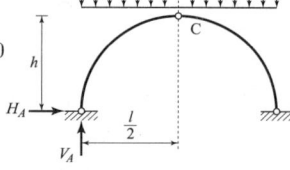

(2) $\sum M_{CL} = 0$
$V_A \times \dfrac{l}{2} - H_A \times h - W \times \dfrac{l}{2} \times \dfrac{l}{4} = 0$
$\therefore H_A = \dfrac{Wl^2}{8h}$

4. 그림과 같이 속이 빈 직사각형 단면의 최대 전단응력은? (단, 전단력은 2t)

① 2.125kg/cm^2
② 3.22kg/cm^2
③ 4.125kg/cm^2
④ 4.22kg/cm^2

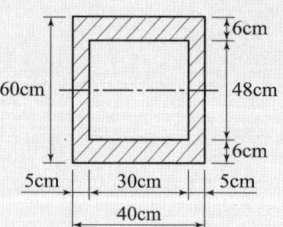

해답 1. ① 2. ① 3. ② 4. ④

해설 　최대전단응력
(1) 최대전단응력은 중립축에서 발생한다.
① $S = 2t = 2,000\text{kg}$
② $G = (40 \times 6 \times 27) + (5 \times 24 \times 12) \times 2 = 9,360\text{cm}^3$
③ $I = \dfrac{40 \times 60^3}{12} - \dfrac{30 \times 48^3}{12} = 443,520\text{cm}^4$
④ $b = 10\text{cm}$
(2) 최대전단응력($\tau_{\max}$)
$$\tau_{\max} = \dfrac{SG}{Ib} = \dfrac{2,000 \times 9,360}{443,520 \times 10} = 4.22\text{kg/cm}^2$$

5 ★★ 다음 그림과 같은 보에서 B 지점의 반력이 $2P$가 되기 위해서 $\dfrac{b}{a}$는 얼마가 되어야 하는가?

① 0.50
② 0.75
③ 1.00
④ 1.25

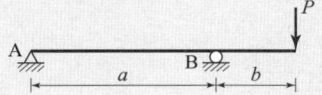

해설
$\sum M_A = 0$
$-(2p \times a) + p(a+b) = 0$
$-2pa + pa + pb = 0$
$pa = pb \quad \therefore \dfrac{b}{a} = 1$

6 ★★ 직경 d인 원형단면의 단면 2차 극모멘트 I_P의 값은?

① $\dfrac{\pi d^4}{64}$
② $\dfrac{\pi d^4}{32}$
③ $\dfrac{\pi d^4}{16}$
④ $\dfrac{\pi d^4}{4}$

해설 　단면2차 극모멘트
(1) 원형단면의 단면 2차모멘트
$$I_X = \left(\dfrac{\pi d^4}{64}\right)$$
(2) 단면2차 극모멘트
$$I_P = I_X + I_Y = 2I_X = 2\left(\dfrac{\pi d^4}{64}\right) = \dfrac{\pi d^4}{32}$$

7 ★★ 다음 그림에서 빗금친 부분의 x축에 관한 단면 2차 모멘트는?

① 56.2cm^4
② 58.5cm^4
③ 61.7cm^4
④ 64.4cm^4

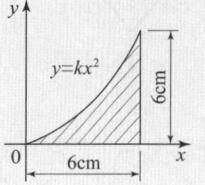

해설 　단면2차모멘트
(1) $y = kx^2$에서 k를 구하면
$x = 6$일때 $y = 6$이므로
$6 = k(6^2) \Rightarrow k = \dfrac{1}{6}$
$y = kx^2$에서 $\Rightarrow y = \dfrac{1}{6}x^2$
$\therefore x = \sqrt{6y}$

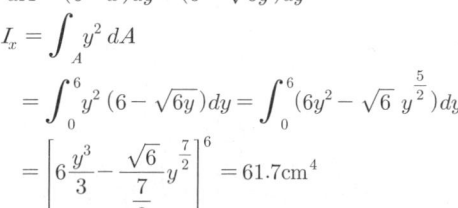

(2) $dA = (6-x)dy = (6-\sqrt{6y})dy$
$$I_x = \int_A y^2 \, dA$$
$$= \int_0^6 y^2(6 - \sqrt{6y})dy = \int_0^6 (6y^2 - \sqrt{6}\, y^{\frac{5}{2}})dy$$
$$= \left[6\dfrac{y^3}{3} - \dfrac{\sqrt{6}}{\frac{7}{2}} y^{\frac{7}{2}}\right]_0^6 = 61.7\text{cm}^4$$

8 ★★★ B점의 수직변위가 1이 되기 위한 하중의 크기 P는? (단, 부재의 축강성은 EA로 동일하다.)

① $\dfrac{E\cos^3\alpha}{AH}$
② $\dfrac{2E\cos^3\alpha}{AH}$
③ $\dfrac{EA\cos^3\alpha}{H}$
④ $\dfrac{2EA\cos^3\alpha}{H}$

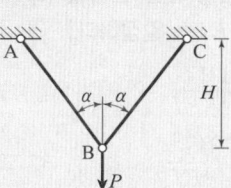

해설 　트러스변위(가상일정리)
(1) 트러스의 변위(δ)는 가상일정리로 구한다.
① $\delta_B = \sum \dfrac{F \times f \times l}{AE}$
$= \dfrac{F_{AB} \times f_{AB} \times l_{AB}}{AE} + \dfrac{F_{BC} \times f_{BC} \times l_{BC}}{AE}$
F : 실제하중(P) 재하시 부재력
f : 가상하중($\overline{P} = 1$) 재하시 부재력
② 가상하중($\overline{P} = 1$)은 B점에 하방향으로 작용시킨다.

해답　5. ③　6. ②　7. ③　8. ④

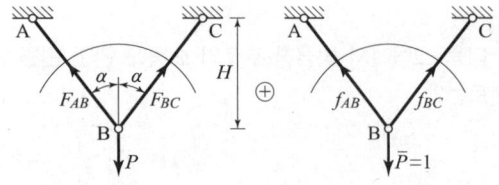

(2) $\sum H = 0$
$-F_{AB}\sin\alpha + F_{BC}\sin\alpha = 0$
$\therefore F_{AB} = F_{BC}$

(3) $\sum V = 0$
$-P + F_{AB}\cos\alpha + F_{BC}\cos\alpha = 0$
$-P + F_{AB}\cos\alpha + F_{AB}\cos\alpha = 0$
$\therefore F_{AB} = \dfrac{P}{2\cos\alpha} \quad f_{AB} = \dfrac{1}{2\cos\alpha}$
$\therefore F_{BC} = \dfrac{P}{2\cos\alpha} \quad f_{BC} = \dfrac{1}{2\cos\alpha}$

가상역계 부재력 : 실제하중 재하 시 구한 부재력의 값에 $P=1$ 을 대입하면 부재력 값이 된다.

(4) $l_{AB} = l_{BC} = \dfrac{H}{\cos\alpha}$

(5) $\delta_B = \left[\dfrac{1}{EA}\left(\dfrac{P}{2\cos\alpha}\right)\left(\dfrac{1}{2\cos\alpha}\right)\left(\dfrac{H}{\cos\alpha}\right)\right]$
$\quad + \left[\dfrac{1}{EA}\left(\dfrac{P}{2\cos\alpha}\right)\left(\dfrac{1}{2\cos\alpha}\right)\left(\dfrac{H}{\cos\alpha}\right)\right]$
$1 = \dfrac{PH}{2EA\cos^3\alpha} \Rightarrow \therefore P = \dfrac{2EA\cos^3\alpha}{H}$

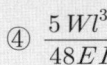

9 그림과 같은 캔틸레버보에서 최대 처짐각(θ_B)은? (단, EI는 일정하다.)

① $\dfrac{3Wl^3}{48EI}$
② $\dfrac{7Wl^3}{48EI}$
③ $\dfrac{9Wl^3}{48EI}$
④ $\dfrac{5Wl^3}{48EI}$

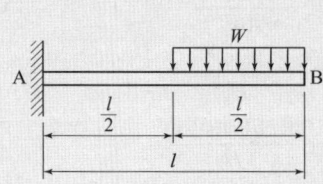

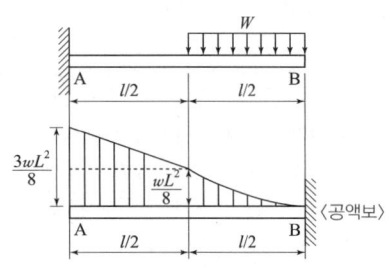

처짐각
$\theta_B = \dfrac{S_B}{EI}$
$= \dfrac{1}{EI}\left[\left(\dfrac{1}{3}\times\dfrac{wl^2}{8}\times\dfrac{l}{2}\right) + \left(\dfrac{wl^2}{8}\times\dfrac{l}{2}\right)\right.$
$\quad \left. + \left(\dfrac{1}{2}\times\dfrac{2wl^2}{8}\times\dfrac{l}{2}\right)\right]$
$= \dfrac{7wl^3}{48EI}$

10 다음 그림과 같은 구조물에서 B점의 수평변위는? (단, EI는 일정하다.)

① 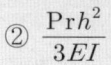 $\dfrac{Prh^2}{4EI}$
② 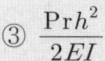 $\dfrac{Prh^2}{3EI}$
③  $\dfrac{Prh^2}{2EI}$
④ $\dfrac{Prh^2}{EI}$

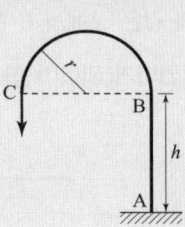

해설

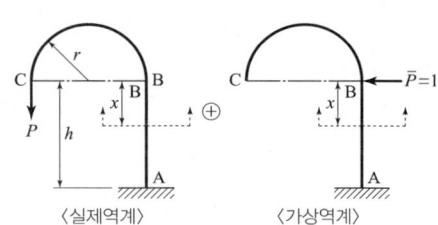

구조물의 변위
(1) 가상일 정리로 구한다.
$\delta_B = \int_0^L \dfrac{Mm}{EI}dx$
M : 실하중 재하시 휨모멘트
m : 가상하중($\overline{P}=1$) 재하시 휨모멘트

(2) CB구간은 가상하중에 의한 휨모멘트 값이 없으므로 BA구간만 계산하면 된다.

부재	M	m
BA	$P \times 2r = 2Pr$	$(1)(x) = x$

(3) $\delta_B = \int_0^h \dfrac{(2pr)(x)}{EI}dx = \dfrac{2pr}{EI}\int_0^h xdx$
$= \dfrac{2Pr}{EI}\left[\dfrac{x^2}{2}\right]_0^h = \dfrac{Prh^2}{EI}$

해답 9. ② 10. ④

11 아래 그림과 같은 단순보의 B점에 하중 5t이 연직 방향으로 작용하면 C점에서의 휨모멘트는?

① 3.33 t·m
② 5.4 t·m
③ 6.67 t·m
④ 10.0 t·m

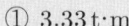

해설 휨모멘트
(1) $\sum M_A = 0$
   $-(V_D \times 6) + (5 \times 2) = 0$
   $\therefore V_D = 1.6667 t$
(2) $M_c = V_D \times 2 = 1.6667 \times 2 = 3.33 t \cdot m$

12 평균 지름 $d = 1,200mm$, 벽두께 $t = 6mm$를 갖는 긴 강제수도관(鋼製水道管)이 $P = 10kg/cm^2$의 내압을 받고 있다. 이 관벽 속에 발생하는 원환응력(圓環應力)의 크기는?

① $16.6 kg/cm^2$ ② $450 kg/cm^2$
③ $900 kg/cm^2$ ④ $1000 kg/cm^2$

해설 원환응력
(1) $d = 120 cm$, $t = 0.6 cm$
(2) 원환응력(σ)
   $\sigma = \dfrac{PD}{2t} = \dfrac{10 \times 120}{2 \times 0.6} = 1,000 \dfrac{kg}{cm^2}$

13 다음 트러스에서 CD의 부재의 부재력은?

① 5.542 t (인장)
② 6.012 t (인장)
③ 7.211 t (인장)
④ 6.242 t (인장)

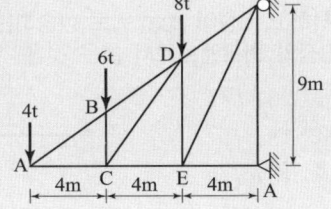

해설 트러스해석(격점법)
(1) DE 부재 길이
   $8 : DE = 12 : 9 \quad \therefore DE = 6m$
(2) $\sum V = 0$
   $-6 - F_{BC} = 0 \quad \therefore F_{BC} = -6t$

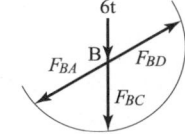

(3) $\sum V = 0$
   $F_{BC} + F_{CD}\left(\dfrac{6}{\sqrt{52}}\right) = 0$
   $(-6) + F_{CD}\left(\dfrac{6}{\sqrt{52}}\right) = 0$
   $\therefore F_{CD} = 7.221 t (인장)$

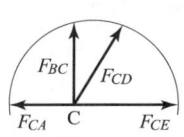

14 다음 그림과 같은 보에서 휨모멘트에 의한 탄성변형에너지를 구한 값은?

① $\dfrac{W^2 l^5}{8EI}$
② $\dfrac{W^2 l^5}{24EI}$
③ $\dfrac{W^2 l^5}{40EI}$
④ $\dfrac{W^2 l^5}{48EI}$

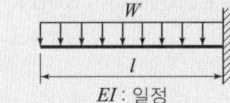

해설

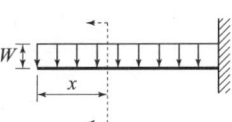

탄성변형에너지
(1) 자유단에서 x 만큼 떨어진 점의 휨모멘트
   $M_x = -\left(wx \times \dfrac{x}{2}\right) = -\dfrac{wx^2}{2}$
(2) 휨모멘트에 의한 탄성변형에너지
   $= \int_0^\ell \dfrac{M_x^2}{2EI} dx = \dfrac{1}{2EI} \int_0^\ell \left(-\dfrac{wx^2}{2}\right)^2 dx = \dfrac{w^2}{8EI} \int_0^\ell x^4 dx$
   $= \dfrac{w^2}{8EI} \left[\dfrac{x^5}{5}\right]_0^\ell = \dfrac{w^2 l^5}{40EI}$

15 길이 10m, 폭 20cm, 높이 30cm인 직사각형 단면을 갖는 단순보에서 자중에 의한 최대 휨응력은? (단, 보의 단위중량은 $25 kN/m^3$으로 균일한 단면을 갖는다.)

① 6.25 MPa ② 9.375 MPa
③ 12.25 MPa ④ 15.275 MPa

해답 11. ① 12. ④ 13. ③ 14. ③ 15. ①

해설 휨응력

(1) 보의 자중=보의 단위중량×보의 단면적
$$= 25\frac{kN}{m^3} \times 0.2m \times 0.3m = 1.5 kN/m$$

(2) 최대휨모멘트
$$M_{max} = \frac{wl^2}{8} = \frac{1.5 \times 10^2}{8} = 18.75 kN \cdot m$$

(3) 단면계수(Z)
$$Z = \frac{0.2 \times 0.3^2}{6} = 0.003 m^3$$

(4) 최대휨응력(σ_{max})
$$\sigma_{max} = \frac{M_{max}}{Z} = \frac{18.75}{0.003} = 6{,}250\frac{kN}{m^2}$$
$$= 6{,}250 kPa = 6.25 MPa$$

★
16 무게 1kgf의 물체를 두 끈으로 늘여 뜨렸을 때 한 끈이 받는 힘의 크기 순서가 옳은 것은?

① B > A > C
② C > A > B
③ A > B > C
④ C > B > A

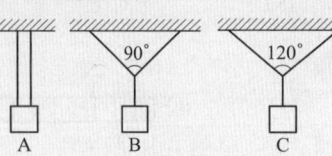

해설 Sine법칙

(1) A의 경우 : $T = \frac{1 kgf}{2} = 0.5 kgf$

(2) B의 경우 : $\frac{1 kgf}{\sin 90°} = \frac{T}{\sin 135°}$ ∴ $T = 0.707 kgf$

(3) C의 경우 : $\frac{1 kgf}{\sin 120°} = \frac{T}{\sin 120°}$ ∴ $T = 1 kgf$

★★★
17 절점 O는 이동하지 않으며, 재단 A, B, C가 고정일 때 M_{co}의 크기는 얼마인가? (단, K는 강비이다.)

① 2.5 t·m
② 3 t·m
④ 3.5 t·m
⑤ 4 t·m

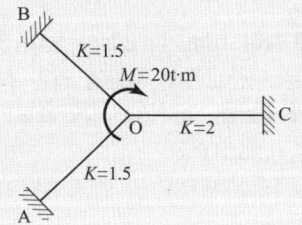

해설 모멘트분배법

(1) 분배율(f_{OC})
$$f_{OC} = \frac{k_{OC}}{\Sigma k} = \frac{2}{1.5 + 1.5 + 2} = 0.4$$

(2) 분배모멘트(DM_{OC})
$$DM_{OC} = f_{oc} \times M = 0.4 \times 20 = 8 t \cdot m$$

(3) 전달모멘트(CM_{CO})
$$CM_{CO} = \frac{1}{2} \times DM_{OC} = \frac{1}{2} \times 8 = 4 t \cdot m$$

★★★
18 변의 길이 a인 정사각형 단면의 장주(長柱)가 있다. 길이가 l이고, 최대임계축하중이 P이고 탄성계수가 E라면 다음 설명 중 옳은 것은?

① P는 E에 비례, a의 3제곱에 비례, 길이 l^2에 반비례
② P는 E에 비례, a의 3제곱에 비례, 길이 l^3에 반비례
③ P는 E에 비례, a의 4제곱에 비례, 길이 l^2에 반비례
④ P는 E에 비례, a의 4제곱에 비례, 길이 l에 반비례

해설 좌굴하중=최대임계축하중(P)

(1) 단면2차모멘트(I)
$$I = \frac{a^4}{12}$$

(2) 최대임계축하중(P)
$$P = \frac{n\pi^2 EI}{l^2} = \frac{n\pi^2 E \; a^4}{12 l^2}$$

(3) P는 n, E, a^4에 비례하고, 길이 l^2에 반비례한다.

★★
19 그림과 같은 2경간 연속보에서 B점이 5cm 아래로 침하하고, C점이 2cm 위로 상승하는 변위를 각각 취했을 때 B점의 휨모멘트로서 옳은 것은?

① $20EI/l^2$
② $18EI/l^2$
③ $15EI/l^2$
④ $12EI/l^2$

해설

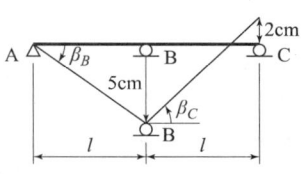

삼연모멘트
(1) 지점 침하에 의한 부재각(β)

$\beta_B = \dfrac{\delta_1}{l_{AB}} = +\dfrac{5}{l}$ (시계방향),

$\beta_C = \dfrac{\delta_2}{l_{BC}} = -\dfrac{5+2}{l} = -\dfrac{7}{l}$ (반시계방향)

부재각은 시계방향회전(+)부호, 반시계 방향 회전(-) 부호를 붙인다.

(2) 삼연모멘트법 적용

① $M_A\left(\dfrac{l_1}{I_1}\right) + 2M_B\left(\dfrac{l_1}{I_1} + \dfrac{l_2}{I_2}\right) + M_C\left(\dfrac{l_2}{I_2}\right)$
$= 6E(\theta_{BL} - \theta_{BR}) + 6E(\beta_B - \beta_C)$

② 최 외측 지점의 휨모멘트는 "0"이고, 상재하중이 없으므로 $\theta = 0$ 이다.

$M_A = 0$, $M_C = 0$, $\theta_{BL} = \theta_{BR} = 0$,
$I_1 = I_2 = I$, $l_1 = l_2 = l$

$2M_B\left(\dfrac{l}{I} + \dfrac{l}{I}\right) = 6E\left[\left(+\dfrac{5}{l}\right) - \left(-\dfrac{7}{l}\right)\right]$

$\therefore M_B = \dfrac{18EI}{l^2}$

★★ **20** 다음에서 부재 BC에 걸리는 응력의 크기는?

① $\dfrac{2}{3}\,\text{t/cm}^2$

② $1\,\text{t/cm}^2$

③ $\dfrac{3}{2}\,\text{t/cm}^2$

④ $2\,\text{t/cm}^2$

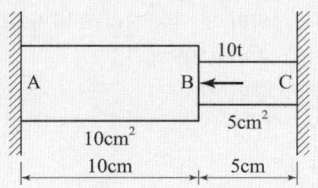

해설

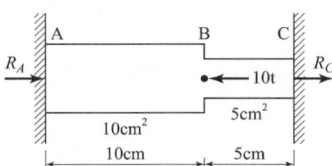

부재의 수직응력
(1) 조건 : $\delta = 0$ 이 되어야 한다.
즉 $\delta_{AB} = \delta_{BC}$

$\dfrac{R_A l_{AB}}{E\,A_{AB}} = \dfrac{R_C l_{BC}}{E\,A_{BC}} \Rightarrow \dfrac{R_A \times 10\text{cm}}{10\text{cm}^2} = \dfrac{R_C \times 5\text{cm}}{5\text{cm}^2}$

$\therefore R_A = R_C$

(2) $\sum H = 0$
$R_A + R_C - P = 0 \Rightarrow R_A + R_A - 10 = 0$
$\therefore R_A = 5\text{t}$, $R_C = 5\text{t}$

(3) $\sigma_{BC} = \dfrac{R_C}{A_{BC}} = \dfrac{5\text{t}}{5\text{cm}^2} = 1\,\text{t/cm}^2$

측 량 학

★★★ **21** 축척 1:2,000 도면상의 면적을 축척 1:1,000으로 잘못 알고 면적을 관측하여 24,000m²을 얻었다면 실제 면적은?

① $6,000\,\text{m}^3$
② $12,000\,\text{m}^2$
③ $48,000\,\text{m}^2$
④ $96,000\,\text{m}^2$

해설 축척
(1) 축척과 면적과의 관계
$\left(\dfrac{1}{m}\right)^2 = \dfrac{a(\text{도상면적})}{A(\text{실제면적})} \Rightarrow A = am^2$

(2) 실제면적은 축척분모수 제곱에 비례한다.
$1,000^2 : 24,000 = 2,000^2 : A$ $\therefore A = 96,000\text{m}^2$

★★ **22** 지표면상의 A, B간의 거리가 7.1km라고 하면 B점에서 A점을 시준할 때 필요한 측표(표척)의 최소 높이로 옳은 것은? (단, 지구의 반지름은 6,370km이고, 대기의 굴절에 의한 요인은 무시한다.)

① 1m
② 2m
③ 3m
④ 4m

해설 구차(h)
(1) 구차
$h = \dfrac{D^2}{2R} = \dfrac{7.1^2}{2 \times 6,370} = 0.0039\text{km}$

(2) 측표 높이
$\therefore h \geq 3.9\text{m}$

★ **23** 3차 중첩 내삽법(Bubic convolution)에 대한 설명으로 옳은 것은?

① 계산된 좌표를 기준으로 가까운 3개의 화소 값의 평균을 취한다.
② 영상분류와 같이 원영상의 화소 값과 통계치가 중요한 작업에 많이 사용된다.
③ 계산이 비교적 빠르며 출력영상이 가장 매끄럽게 나온다.
④ 보정 전 자료와 통계치 및 특성의 손상이 많다.

해설 3차 중첩 내삽법(Cubic convolution)
(1) 위성영상의 기하학적 왜곡을 보정하는 방법으로 보간하고 싶은 점의 주위 16개 관측점의 화소값을 이용하여 3차회선함수를 이용하여 보간 한다.
(2) 보정전 자료와 통계치 및 특성의 손상이 많으므로 계산시간이 많이 소요 된다.

해답 20. ② 21. ④ 22. ④ 23. ④

24 하천에서 2점법으로 평균유속을 구할 경우 관측하여야 할 두 지점의 위치는?

① 수면으로부터 수심의 $\frac{1}{5}, \frac{3}{5}$ 지점
② 수면으로부터 수심의 $\frac{1}{5}, \frac{4}{5}$ 지점
③ 수면으로부터 수심의 $\frac{2}{5}, \frac{3}{5}$ 지점
④ 수면으로부터 수심의 $\frac{2}{5}, \frac{4}{5}$ 지점

해설 평균유속(V_m)
(1) 1점법 = $V_{0.6}$
(2) 2점법 = $\frac{1}{2}(V_{0.2} + V_{0.8})$
(3) 3점법 = $\frac{1}{4}(V_{0.2} + 2V_{0.6} + V_{0.8})$

25 확폭량이 S인 노선에서 노선의 곡선 반지름(R)을 두 배로 하면 확폭량(S')은?

① $S' = \frac{1}{4}S$ ② $S' = \frac{1}{2}S$
③ $S' = 2S$ ④ $S' = 4S$

해설 확폭량(S)
(1) $S = \frac{L^2}{2R}$
  L : 차량전면에서 뒷축까지 거리.
  R : 곡선반지름.
(2) 확폭량은 곡선반지름에 반비례하므로
  $S' = \frac{1}{2}S$

26 등경사인 지성선 상에 있는 A, B표고가 각각 43m, 63m이고 AB의 수평거리는 80m이다. 45m, 50m 등고선과 지성선 AB의 교점을 각각 C, D라고 할 때 AC의 도상 길이는? (단, 도상축척은 1:100이다.)

① 2cm
② 4cm
③ 8cm
④ 12cm

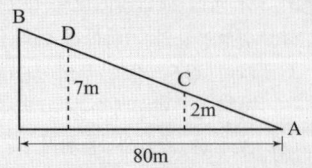

해설 축척
(1) 비례식을 이용하여 거리를 구한다.
  ① A와 B지점의 지반고 차 : 63-43=20m
  ② A와 C지점의 지반고 차 : 2m
  ③ A와 C의 수평거리
   $2 : x = 20 : 80$ ∴ $x = 8m = 800cm$
(2) 축척과 거리와의 관계
  $\frac{1}{m} = \frac{l(도상거리)}{L(실제거리)}$
  ∴ $l = \frac{L}{m} = \frac{800}{100} = 8cm$

27 종단면도에 표기하여야 하는 사항으로 거리가 먼 것은?

① 흙깎기 토량과 흙쌓기 토량
② 거리 및 누가거리
③ 지반고 및 계획고
④ 경사도

해설 종단면도 표기 사항
(1) 흙 깎기 높이, 흙 쌓기 높이
(2) 거리 및 추가거리(누가거리)
(3) 지반고 및 계획고
(4) 물매(경사도)

28 그림과 같이 △P_1P_2C는 동일 평면상에서 $\alpha_1 = 62°8'$, $\alpha_2 = 56°27'$, $B=60.00m$이고 연직각 $v_1 = 20°46'$일 때 C로부터 P까지의 높이 H는?

① 24.23m
② 22.90m
③ 21.59m
④ 20.58m

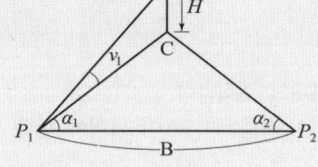

해설 (1) sin법칙으로 $\overline{CP_1}$의 거리를 구한다.
  $\frac{B}{\sin(180° - \alpha_1 - \alpha_2)} = \frac{\overline{CP_1}}{\sin\alpha_2}$
  $\frac{60}{\sin 61°25'} = \frac{\overline{CP_1}}{\sin 56°27'}$ ∴ $\overline{CP_1} = 56.94m$
(2) $\tan 20°46' = \frac{H}{\overline{CP_1}}$
  ∴ $H = 56.94 \times \tan 20°46' = 21.59m$

해답 24. ② 25. ② 26. ③ 27. ① 28. ③

29. 직사각형 두 변의 길이를 $\frac{1}{100}$ 정밀도로 관측하여 면적을 산출할 경우 산출된 면적의 정밀도는?

① $\frac{1}{50}$ ② $\frac{1}{100}$
③ $\frac{1}{200}$ ④ $\frac{1}{300}$

해설 면적의 정밀도$\left(\frac{dA}{A}\right)$와 거리정밀도$\left(\frac{dl}{l}\right)$와의 관계

$$\frac{dA}{A} = 2\left(\frac{dl}{l}\right) = 2\left(\frac{1}{100}\right) = \frac{1}{50}$$

30. 수준측량과 관련된 용어에 대한 설명으로 틀린 것은?

① 수준면(level surface)은 각 점들이 중력방향에 직각으로 이루어진 곡면이다.
② 지구곡률을 고려하지 않는 범위에서는 수준면(level surface)을 평면으로 간주한다.
③ 지구의 중심을 포함한 평면과 수준면이 교차하는 선이 수준선(level line)이다.
④ 어느 지점의 표고(elevation)라 함은 그 지역 기준타원체로부터의 수직거리를 말한다.

해설 수준측량용어
(1) 표고 : 평균해수면으로부터 수직거리
(2) 타원체고 : 기준타원체면으로부터 수직거리
(3) 지오이드고 : 타원체고-표고

31. 지구의 곡률에 의하여 발생하는 오차를 $1/10^6$까지 허용한다면 평면으로 가정할 수 있는 최대 반지름은? (단, 지구곡률반지름 $R = 6,370$km)

① 약 5km ② 약 11km
③ 약 22km ④ 약 110km

해설 평면측량 범위

(1) $\frac{d-D}{D} = \frac{D^2}{12R^2} = \frac{1}{m}$

$\frac{1}{10^6} = \frac{D^2}{12 \times 6,370^2}$

$\therefore D = 22$km

(2) $D = 2r \Rightarrow 22 = 2r$

$\therefore r = 11$km

32. 높이 2,774m인 산의 정상에 위치한 저수지의 가장 긴 변의 거리를 관측한 결과 1950m이었다면 평균해수면으로 환산한 거리는? (단, 지구반지름 $R = 6,377$km)

① 1949.152 m ② 1950.849 m
③ −0.848 m ④ +0.848 m

해설 평균해수면에 대한 보정
(1) 비례식으로 계산하는 경우
$6,377,000 : L_o = (6,377,000 + 2,774) : 1,950$

$\therefore L_o = \frac{6,377,000 \times 1,950}{(6,377,000 + 2,774)} = 1,949.152$m

(2) 보정량식으로 계산으로 경우
$C_h = -\frac{LH}{R} = -\frac{1,950\text{m} \times 2,774}{6,377,000} = -0.848$m

$\therefore 1,950 - 0.8480 = 1,949.152$m

33. 그림과 같은 복곡선(Compound Curve)에서 관계식으로 틀린 것은?

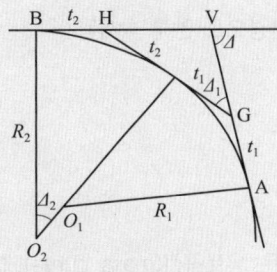

① $\triangle_1 = \triangle - \triangle_2$
② $t_2 = R_2 \tan\frac{\triangle_2}{2}$
③ $VG = (\sin\triangle_2)\left(\frac{GH}{\sin\triangle}\right)$
④ $VB = (\sin\triangle_2)\left(\frac{GH}{\sin\triangle}\right) + t_2$

해설 복곡선
(1) sine법칙으로 VH거리를 구한다.
① $\sin(180 - \triangle) = \sin\triangle$
② $\frac{VH}{\sin\triangle_1} = \frac{GH}{\sin\triangle} \Rightarrow \therefore VH = \frac{GH}{\sin\triangle}\sin\triangle_1$

(2) $VB = VH + t_2 = \frac{GH}{\sin\triangle}\sin\triangle_1 + t_2$

해답 29. ① 30. ④ 31. ② 32. ① 33. ④

34 삼각측량을 위한 삼각망 중에서 유심다각망에 대한 설명으로 틀린 것은?
① 농지측량에 많이 사용된다.
② 방대한 지역의 측량에 적합하다.
③ 삼각망 중에서 정확도가 가장 높다.
④ 동일측점 수에 비하여 포함면적이 가장 넓다.

해설 삼각망
(1) 사변형망
① 조건식의 수가 가장 많아 삼각망 중에서 정확도가 가장 높다.
② 조정이 복잡하고 포함면적이 적다.
(2) 단열삼각망
① 폭이 좁고 길이가 긴 지역에 적합하다.
② 조건식이 적어 정도가 가장 낮다.

35 삭제문제

출제기준 변경으로 인해 삭제됨

36 그림과 같은 유토곡선(mass curve)에서 하향구간이 의미하는 것은?
① 성토구간
② 절토구간
③ 운반토량
④ 운반거리

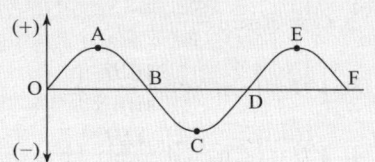

해설 유토곡선 특징
(1) 곡선의 상향구간 : 절토구간
(2) 곡선의 하향구간 : 성토구간
(3) 곡선의 저점 : 성토에서 절토로 변하는 변이점
(4) 곡선의 정점 : 절토에서 성토로 변하는 변이점
(5) 평균운반거리 : 평형선에서 유토곡선의 정점까지 높이를 이등분하는 수평선과 유토곡선의 교점사이 거리

37 삭제문제

출제기준 변경으로 인해 삭제됨

38 그림과 같이 수준측량을 실시하였다. A점의 표고는 300m이고, B와 C구간은 교호수준측량을 실시하였다면, D점의 표고는? (표고차 : A→B=+1.233m, B→C=+0.726m, C→B=−0.720m, C→D=−0.926m)
① 300.310 m
② 301.030 m
③ 302.153 m
④ 302.882 m

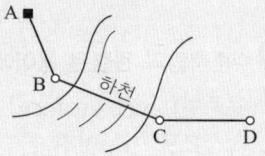

해설 교호수준측량
(1) BC의 지반고차(h)
$$h = \frac{1}{2}(0.726 + 0.720) = 0.723\text{m}$$
(2) D점의 표고
$$H_D = 300 + 1.233 + 0.723 - 0.926$$
$$= 301.03\text{m}$$

39 트래버스 측량에 관한 일반적인 사항에 대한 설명으로 옳지 않은 것은?
① 트래버스 종류 중 결합트래버스는 가장 높은 정확도를 얻을 수 있다.
② 각관측 방법 중 방위각법은 한번 오차가 발생하면 그 영향은 끝까지 미친다.
③ 폐합오차 조정방법 중 컴퍼스법칙은 각관측의 정밀도가 거리관측의 정밀도보다 높을 때 실시한다.
④ 폐합트래버스에서 편각의 총합은 반드시 360°가 되어야 한다.

해설 트래버스측량
(1) 컴퍼스법칙 : 각 관측 정밀도와 거리관측의 정밀도가 동일할 때 실시
(2) 트랜싯법칙 : 각 관측 정밀도가 거리관측의 정밀도보다 더 높을 때 실시

해답 34. ③ 35. 삭제문제 36. ① 37. 삭제문제 38. ② 39. ③

40 다각측량을 위한 수평각 측정방법 중 어느 측선의 바로 앞 측선의 연장선과 이루는 각을 측정하여 각을 측정하는 방법은?

① 편각법 ② 교각법
③ 방위각법 ④ 전진법

해설 수평각관측법
(1) 편각법
 ① 정의 : 전 측선의 연장선과 그 측선이 이루는 각
 ② 폐합트래버스에서 편각의 합은 360°이다.
(2) 방위각법
 ① 정의 : 진북선에서 그 측선까지 시계방향으로 측정한 각
 ② 한번 오차가 발생하면 그 영향은 끝까지 영향을 준다.

수리학 및 수문학

41 부피가 4.6m³인 유체의 중량이 51.548kN일 때 이 유체의 비중은?

① 1.14 ② 5.26
③ 11.40 ④ 1143.48

해설 비중(S)
(1) 1kg = 9.8N
(2) 물의 단위중량(ω)
$$\omega = \frac{1,000\text{kg}}{\text{m}^3} = \frac{9,800\text{N}}{\text{m}^3} = \frac{9.8\text{kN}}{\text{m}^3}$$
(3) 유체의 단위중량
$$\omega' = \frac{51.548\text{kN}}{4.6\text{m}^3} = 11.21\text{kN/m}^3$$
(4) 비중(S)
$$S = \frac{\text{유체의 단위중량}}{\text{물의 단위중량}} = \frac{11.21\text{kN/m}^3}{9.8\text{kN/m}^3} = 1.14$$

42 직사각형의 단면(폭 4m×수심 2m) 개수로에서 Manning공식의 조도계수 $n=0.017$이고 유량 $Q=15\text{m}^3$/s일 때 수로의 경사(I)는?

① 1.016×10^{-3} ② 4.548×10^{-3}
③ 15.365×10^{-3} ④ 31.875×10^{-3}

해설 수로경사
(1) 유수단면적(A)
$$A = 4 \times 2 = 8\text{m}^2$$
(2) 유속(V)
$Q = AV$에서
$$V = \frac{Q}{A} = \frac{15}{8} = 1.875\text{m/sec}$$
(3) 경심(R)
$$R = \frac{A}{P} = \frac{8}{4+(2\times 2)} = 1\text{m}$$
(4) Manning 평균유속
$$V = \frac{1}{n}R^{\frac{2}{3}}I^{\frac{1}{2}} \Rightarrow 1.875 = \frac{1}{0.017} \times 1^{\frac{2}{3}} \times I^{\frac{1}{2}}$$
$$\therefore I = 1.016 \times 10^{-3}$$

43 수평으로 관 A와 B가 연결되어 있다. 관 A에서 유속은 2m/s, 관 B에서의 유속은 3m/s이며, 관 B에서의 유체압력이 9.8kN/m²이라 하면 관 A에서의 유체압력은? (단, 에너지 손실은 무시한다.)

① 2.5kN/m^2 ② 12.3kN/m^2
③ 22.6kN/m^2 ④ 37.6kN/m^2

해설 베르누이 정리
(1) 물의 단위중량(ω)
$$\omega = \frac{1,000\text{kg}}{\text{m}^3} = \frac{9,800\text{N}}{\text{m}^3} = \frac{9.8\text{kN}}{\text{m}^3}$$
(2) 베르누이 방정식
$$Z_A + \frac{P_A}{w} + \frac{v_A^2}{2g} = Z_B + \frac{P_B}{w} + \frac{v_B^2}{2g}$$
관이 수평으로 설치 되어있으므로, $Z_A = Z_B = 0$
$$\frac{P_A}{w} - \frac{P_B}{w} = \frac{V_B^2}{2g} - \frac{V_A^2}{2g}$$
$$P_A - P_B = \omega\left(\frac{V_B^2}{2g} - \frac{V_A^2}{2g}\right)$$
$$P_A - 9.8 = 9.8\left(\frac{3^2}{2\times 9.8} - \frac{2^2}{2\times 9.8}\right)$$
$$\therefore P_A = 12.3\text{kN/m}^2$$

해답 40. ① 41. ① 42. ① 43. ②

44 저수지의 물을 방류하는데 1 : 225로 축소된 모형에서 4분이 소요되었다면, 원형에서의 소요시간은?
① 60분 ② 120분
③ 900분 ④ 3,375분

해설 수리학적 상사

(1) 시간비(T_r)
$$T_r = \frac{T_m(\text{모형시간})}{T_P(\text{원형시간})}$$

(2) 축척비=길이비(L_r)
$$L_r = \frac{L_m(\text{모형길이})}{L_P(\text{원형길이})}$$

(3) 시간비와 축척비 관계
$$T_r = (L_r)^{\frac{1}{2}}$$
$$\frac{4}{T_P} = \left(\frac{1}{225}\right)^{\frac{1}{2}} \Rightarrow T_P = 60분$$

45 직사각형 단면의 수로에서 최소비에너지가 1.5m라면 단위폭당 최대유량은? (단, 에너지보정계수 $\alpha = 1.0$)
① 2.86m³/s/m ② 2.98m³/s/m
③ 3.13m³/s/m ④ 3.32m³/s/m

해설 최대유량

(1) 한계수심(h_c)

① $h_c = \left(\frac{\alpha Q^2}{gb^2}\right) = \left(\frac{1 \times Q^2}{9.8 \times 1^2}\right)^{\frac{1}{3}}$

② 한계수심으로 흐를 때 최대유량이 된다.

(2) 한계수심과 비에너지(H_e) 관계
$$h_c = \frac{2}{3}H_e$$
$$\left(\frac{1 \times Q^2}{9.8 \times 1}\right)^{\frac{1}{3}} = \frac{2}{3} \times 1.5 \Rightarrow \left(\frac{1 \times Q^2}{9.8 \times 1}\right) = \left(\frac{2}{3} \times 1.5\right)^3$$
$$\therefore Q = 3.13 \text{m}^3/\text{s/m}$$

46 지속기간 2hr인 어느 단위유량도의 기저시간이 10hr이다. 강우강도가 각각 2.0, 3.0 및 5.0cm/hr이고 강우지속기간은 똑같이 모두 2hr인 3개의 유효강우가 연속에서 내릴 경우 이로 인한 직접유출수문곡선의 기저시간은?
① 2 hr ② 10 hr
③ 14 hr ④ 16 hr

해설 기저시간(T)

(1) 강우강도 크기가 다를지라도 기저시간은 동일하다. ($T_1 = T_2 = T_3$)

(2) 지속기간(t)이 2hr인 강우강도 i_1에 대한 수문곡선을 기저시간 $T_1 = 10$hr으로 작도한다.

(3) 2시간 후 i_2 수문곡선을 $T_2 = 10$hr으로 작도하고, 다시 2시간 후 i_3 수문곡선을 $T_3 = 10$hr으로 하여 작도한다.

$\therefore T = 10 + 2 + 2 = 14$hr

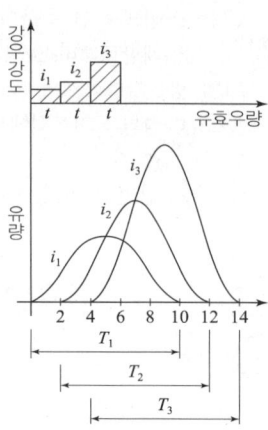

47 그림과 같은 액주계에서 수은면의 차가 10cm이었다면 A, B점의 수압차는? (단, 수은의 비중 = 13.6, 무게 1kg = 9.8N)
① 133.5 kPa
② 123.5 kPa
③ 13.35 kPa
④ 12.35 kPa

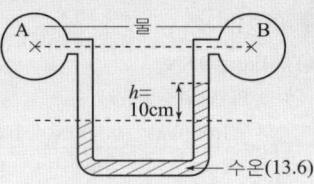

해설 액주계

(1) 수은의 단위중량 = $13.6 \times 9.8 = 133.28$kN/m³

(2) A와 B점의 압력차
$$P_A + wH = P_B + w(H-h) + w'h$$
$$P_A - P_B = h(w' - w)$$
$$= 0.1(133.28 - 9.8) = 12.348 \text{kN/m}^2$$
$$\therefore P_A - P_B = 12.35 \text{kPa}$$

해답 44. ① 45. ③ 46. ③ 47. ④

48 개수로 지배단면의 특성으로 옳은 것은?
① 하천흐름이 부정류인 경우에 발생한다.
② 완경사의 흐름에서 배수곡선이 나타나면 발생한다.
③ 상류 흐름에서 사류 흐름으로 변화할 때 발생한다.
④ 사류인 흐름에서 도수가 발생할 때 발생한다.

해설 개수로
(1) 지배단면(Control section) : 상류에서 사류로 변하는 지점의 단면
(2) 도수(hydraulic jump) : 사류에서 상류로 변할 때 수면이 불연속적으로 뛰어오르는 현상.

49 하상계수(河狀係數)에 대한 설명으로 옳은 것은?
① 대하천의 주요 지점에서의 강우량과 저수량의 비
② 대하천의 주요 지점에서의 최소유량과 최대유량의 비
③ 대하천의 주요 지점에서의 홍수량과 하천유지유량의 비
④ 대하천의 주요 지점에서의 최소유량과 갈수량의 비

해설 유역형태에 관한 용어
(1) 하상계수 = 최대유량/최소유량
(2) 유역의 형상계수 = 유역면적/(유로연장)^2

50 관 벽면의 마찰력 τ_σ, 유체의 밀도 ρ, 점성계수를 μ라고 할 때 마찰속도(U_*)는?
① $\dfrac{\tau_\sigma}{\rho\mu}$
② $\sqrt{\dfrac{\tau_\sigma}{\rho\mu}}$
③ $\sqrt{\dfrac{\tau_\sigma}{\rho}}$
④ $\sqrt{\dfrac{\tau_\sigma}{\mu}}$

해설 마찰속도와 마찰력
(1) 마찰속도(U_*)
$U_* = \sqrt{\dfrac{\tau_\sigma}{\rho}}$
(2) 마찰력
$\tau_\sigma = \omega RI$
경심 $\left(R = \dfrac{A}{P}\right)$, 동수구배 $\left(I = \dfrac{h_L}{l}\right)$

51 안지름 2m의 관내를 20℃의 물이 흐를 때 동점성계수가 0.0101cm^2/s이고 속도가 50cm/s라면 이 때의 레이놀즈수(Reynolds number)는?
① 960,000
② 970,000
③ 980,000
④ 990,000

해설 레이놀즈수(R_e)
(1) $D = 2m = 200cm$
(2) $R_e = \dfrac{VD}{v} = \dfrac{50 \times 200}{0.0101} = 990,000$

52 2개의 불투수층 사이에 있는 대수층의 두께 a, 투수계수 k인 곳에 반지름 r_0인 굴착정(artesian well)을 설치하고 일정 양수량 Q를 양수하였더니, 양수 전 굴착정 내의 수위 H가 h_0로 하강하여 정상흐름이 되었다. 굴착정의 영향원 반지름을 R이라 할 때 $(H - h_0)$의 값은?

① $\dfrac{2Q}{\pi ak} ln\left(\dfrac{R}{r_0}\right)$
② $\dfrac{Q}{2\pi ak} ln\left(\dfrac{R}{r_0}\right)$
③ $\dfrac{2Q}{\pi ak} ln\left(\dfrac{r_0}{R}\right)$
④ $\dfrac{Q}{2\pi ak} ln\left(\dfrac{r_0}{R}\right)$

해설 굴착정
(1) 정의 : 제1불수층과 제2불투수층 사이에 있는 피압 대수층 물을 양수하는 우물
(2) $Q = \dfrac{2\pi ak(H-h)}{ln\left(\dfrac{R}{r_0}\right)}$

53 관로 길이 100m, 안지름 30cm의 주철관에 0.1m^3/s의 유량을 송수할 때 손실수두는?
(단, $v = C\sqrt{RI}$, $C = 63m^{\frac{1}{2}}/s$이다.)
① 0.54m
② 0.67m
③ 0.74m
④ 0.88m

해설 관 마찰 손실수두(h_L)
(1) $Q = AV \Rightarrow V = \dfrac{Q}{A} = \dfrac{0.1}{\dfrac{\pi \times 0.3^2}{4}} = 1.414 m/sec$
(2) $R = \dfrac{d}{4} = \dfrac{0.3}{4} = 0.075m$
(2) $v = C\sqrt{RI} \Rightarrow I = \dfrac{v^2}{RC^2} = \dfrac{1.414^2}{0.075 \times 63^2} = 0.0067$
$I = \dfrac{h_L}{l} \Rightarrow \therefore h_L = I \times l = 0.0067 \times 100 = 0.67m$

해답 48. ③ 49. ② 50. ③ 51. ④ 52. ② 53. ②

54 베르누이 정리를 $\frac{\rho}{2}V^2 + wZ + P = H$로 표현할 때, 이 식에서 정체압(stagnation pressure)은?

① $\frac{\rho}{2}V^2 + wZ$로 표시한다.
② $\frac{\rho}{2}V^2 + P$로 표시한다.
③ $wZ + P$로 표시한다.
④ P로 표시한다.

해설 베르누이방정식
(1) 수두 항으로 표시
$$Z_1 + \frac{P_1}{w} + \frac{V_1^2}{2g} = Z_2 + \frac{P_2}{w} + \frac{V_2^2}{2g}$$
(2) 압력 항으로 표시
 ① 수두 항으로 표시한 식의 양변에 ρg를 곱하면 된다.
 ② $\rho g Z_1 + P_1 + \frac{\rho V_1^2}{2} = \rho g Z_2 + P_2 + \frac{\rho V_2^2}{2}$
(3) 정체압력=정압력(P) +동압력$\left(\frac{\rho V^2}{2}\right)$

55 강우강도(I), 지속시간(D), 생기빈도(F) 관계를 표현하는 식 $I = \frac{kT^x}{t^n}$에 대한 설명으로 틀린 것은?

① t : 강우의 지속시간(min)으로서, 강우가 계속 지속될수록 강우강도(I)는 커진다.
② I : 단위시간에 내리는 강우량 (mm/hr)인 강우강도이며 각종 수문학적 해석 및 설계에 필요하다.
③ T : 강우의 생기빈도를 나타내는 연수(年數)로 재현기간(년)을 의미한다.
④ k, x, n : 지역에 따라 다른 값을 가지는 상수이다.

해설 강우강도(I) – 지속시간(D) – 생기빈도(F) 관계
(1) 강우강도
$$I = \frac{kT^x}{t^n}$$
(2) 강우강도와 지속시간과의 관계
 ① 강우강도(I)는 강우지속시간의 지수함수(t^n)에 반비례한다.
 ② 강우가 계속될수록 강우강도는 작아진다.

56 연직오리피스에서 일반적인 유량계수 C의 값은?
① 대략 1.00 전후이다. ② 대략 0.80 전후이다.
③ 대략 0.60 전후이다. ④ 대략 0.40 전후이다.

해설 유량계수(C)
(1) C_a(수축계수) = 평균 $0.64(0.612 \sim 0.72)$
   C_v(유속계수) = 평균 $0.97(0.95 \sim 0.99)$
(2) $C = C_a \times C_v \fallingdotseq 0.62$

57 도수(hydraulic jump) 전후의 수심 h_1, h_2의 관계를 도수 전의 Froude수 Fr_1의 함수로 표시한 것으로 옳은 것은?

① $\frac{h_1}{h_2} = \frac{1}{2}\left(\sqrt{8Fr_1^2 + 1} - 1\right)$
② $\frac{h_1}{h_2} = \frac{1}{2}\left(\sqrt{8Fr_1^2 + 1} + 1\right)$
③ $\frac{h_2}{h_1} = \frac{1}{2}\left(\sqrt{8Fr_1^2 + 1} - 1\right)$
④ $\frac{h_2}{h_1} = \frac{1}{2}\left(\sqrt{8Fr_1^2 + 1} + 1\right)$

해설 도수
(1) 도수 전 Froude수(F_{r1})
$$F_{r1} = \frac{V_1}{\sqrt{gh_1}}$$
V_1 = 도수 전 평균유속, h_1 = 도수 전 수심
(2) 도수 후 수심(h_2)
$$h_2 = \frac{h_1}{2}\left(\sqrt{8F_{r1}^2 + 1} - 1\right)$$

58 여과량이 2m³/s이고 동수경사가 0.2, 투수계수가 1cm/s일 때 필요한 여과지 면적은?
① 2,500m²   ② 2,000m²
③ 1,500m²   ④ 1,000m²

해설 여과지면적(A)
(1) $V = Ki = 1 \times 0.2 = 0.2 \text{cm/s} = 0.002 \text{m/s}$
(2) $Q = AV$
$$A = \frac{Q}{V} = \frac{2}{0.002} = 1,000\text{m}^2$$

해답 54. ② 55. ① 56. ③ 57. ③ 58. ④

59 어떤 유역에 표와 같이 30분간 집중호우가 발생하였다. 지속시간 15분인 최대 강우 강도는?

시간(분)	0~5	5~10	10~15
우량(mm)	2	4	6

시간(분)	15~20	20~25	25~30
우량(mm)	4	8	6

① 80mm/hr ② 72mm/hr
③ 64mm/hr ④ 50mm/hr

해설 최대강우강도(I)
(1) 0~15분: $2+4+6=12mm$
    5~20분: $4+6+4=14mm$
    10~25분: $6+4+8=18mm$
    15~30분: $4+8+6=18mm$
(2) 15분간 최대강우강도
    $I = \frac{18mm}{15min} \times \frac{60min}{hr} = 72mm/hr$

60 합성 단위유량도의 모양을 결정하는 인자가 아닌 것은?
① 기저시간   ② 첨두유량
③ 지체시간   ④ 강우강도

해설 합성단위 유량도
(1) 정의: 강우량과 유출 자료 등이 없는 경우, 다른 지역에서 얻은 자료를 토대로 단위도를 합성하여 미계측 유역에서 경험적으로 단위도를 구하는 방법
(2) 모양결정인자 = 매개변수
    ① 지체시간
    ② 첨두유량
    ③ 기저시간

철근콘크리트 및 강구조

61 그림과 같이 활하중(w_L)은 30kN/m, 고정하중(w_D)은 콘크리트의 자중(단위무게 23kN/m³)만 작용하고 있는 캔틸레버보가 있다. 이 보의 위험단면에서 전단철근이 부담해야 할 전단력은? (단, 하중은 하중조합을 고려한 소요강도(U)를 적용하고, $f_{ck}=24MPa$, $f_y=300MPa$이다.)

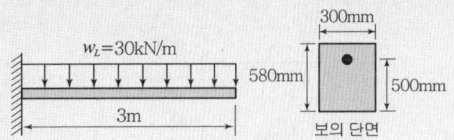

① 88.7kN   ② 53.5kN
③ 21.3kN   ④ 9.5kN

해설 전단철근
(1) 계수하중(W_u)
    $W_u = 1.2D + 1.6L$
    $= 1.2 \times (23 \times 0.3 \times 0.58) + (1.6 \times 30) = 52.8kN/m$
(2) 계수전단력: 고정지점에서 d만큼 떨어진 곳에서 전단력
    $V_u = 52.8 \times (3 - 0.5) = 132kN$
(3) 콘크리트가 부담하는 공칭전단강도(V_c)
    $V_c = \frac{1}{6}\lambda\sqrt{f_{ck}}\,b_w d$
    $= \frac{1}{6} \times 1.0 \times \sqrt{24} \times 300 \times 500 = 122474N = 122.474kN$
(4) 전단철근이 부담할 전단력(V_s)
    $V_s = \frac{V_u}{\phi} - V_c$
    $= \frac{132}{0.75} - 122.474 = 53.5kN$

62 설계기준 압축강도(f_{ck})가 24MPa이고, 쪼갬인장강도(f_{sp})가 2.4MPa인 경량골재 콘크리트에 적용하는 경량콘크리트계수(λ)는?
① 0.75   ② 0.85
③ 0.87   ④ 0.92

해설 경량콘크리트 계수(λ)
$\lambda = \left(\frac{f_{sp}}{0.56\sqrt{f_{ck}}}\right) \leq 1.0$
$= \left(\frac{2.4}{0.56\sqrt{24}}\right) = 0.87$

해답 59. ② 60. ④ 61. ② 62. ③

63 아래 그림과 같은 두께 12mm평판의 순단면적을 구하면? (단, 구멍의 직경은 23mm이다.)

① $2,310\,mm^2$
② $2,340\,mm^2$
③ $2,772\,mm^2$
④ $2,928\,mm^2$

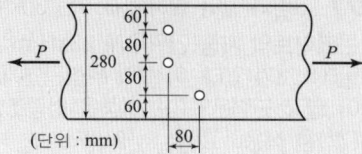

해설

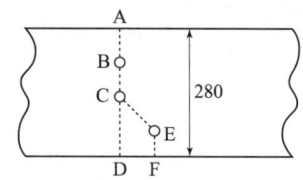

순단면적
(1) 순폭(b_n)
① ABCD단면
$$b_n = b_g - nd = 280 - 2 \times 23 = 234\,mm$$
② ABCEF단면
$$b_n = b_g - d - d - \left(d - \frac{P^2}{4g}\right)$$
$$= 280 - 23 - 23 - \left(23 - \frac{80^2}{4 \times 80}\right) = 231\,mm$$
둘 중 작은 값이 순폭이므로
∴ $b_n = 231\,mm$
(2) 순단면적 = 순폭 × 부재 두께
$$= 231 \times 12 = 2,772\,mm$$

64 $b = 350mm$, $d = 550mm$인 직사각형 단면의 보에서 지속하중에 의한 순간처짐이 16mm였다. 1년 후 총 처짐량은 얼마인가? (단, $A_s = 2,246mm^2$, $A_s{'} = 1,284mm^2$, $\xi = 1.4$)

① 20.5mm
② 32.8mm
③ 42.1mm
④ 26.5mm

해설 총 처짐량
(1) 압축철근비(ρ')
$$\rho' = \frac{A_s{'}}{bd} = \frac{1,284}{350 \times 550} = 0.00667$$
(2) 장기처짐 = 순간처짐 × 장기처짐계수(λ_Δ)
$$\lambda_\Delta = \frac{\xi}{1+50\rho'} = \frac{1.4}{1+50 \times 0.00667} = 1.05$$
∴ 장기처짐 = 16 × 1.05 = 16.8mm
(3) 총 처짐량 = 순간처짐 + 장기처짐
$$= 16 + 16.8 = 32.8\,mm$$

65 콘크리트 설계기준강도가 28MPa, 철근의 항복강도가 350MPa로 설계된 내민길이 4m인 캔틸레버 보가 있다. 처짐을 계산하지 않는 경우 최소 두께는?

① 340mm
② 465mm
③ 512mm
④ 600mm

해설 보의 최소두께
(1) 처짐을 계산하지 않는 경우의 보의 최소두께

부재	최소두께			
	캔틸레버	단순지지	일단연속	양단연속
보	$\frac{l}{8}$	$\frac{l}{16}$	$\frac{l}{18.5}$	$\frac{l}{21}$

(2) 수정계수 : (1)표는 $f_y = 400MPa$인 경우를 기준으로 한 것이며, 그 이외의 경우 수정계수 $\left(0.43 + \frac{f_y}{700}\right)$를 곱하여 구한다.

(3) 캔틸레버보의 최소두께
$$= \frac{l}{8}\left(0.43 + \frac{f_y}{700}\right)$$
$$= \frac{4,000}{8}\left(0.43 + \frac{350}{700}\right) = 465\,mm$$

66 용접이음에 관한 설명으로 틀린 것은?

① 리벳구멍으로 인한 단면 감소가 없어서 강도 저하가 없다.
② 내부 검사(X-선 검사)가 간단하지 않다.
③ 작업의 소음이 적고 경비와 시간이 절약된다.
④ 리벳이음에 비해 약하므로 응력 집중 현상이 일어나지 않는다.

해설 용접이음 장·단점
(1) 장점
① 구멍이 없으므로 단면 감소가 없어서 강도 저하가 없다.
② 시공 시 소음이 없다.
③ 재료가 절약된다.
(2) 단점
① 용접 부 결함 검사가 어렵다.
② 반복하중에 의한 피로에 약하고, 응력집중 현상이 생기기 쉽다.
③ 부분적으로 가열되었다 냉각되기 때문에 잔류응력이 남는다.

해답 63. ③ 64. ② 65. ②

67 PSC콘크리트의 균등질 보의 개념(homogeneous beam concept)을 설명한 것으로 가장 적당한 것은?
① 콘크리트에 프리스트레스가 가해지면 PSC부재는 탄성재료로 전환되고 이의 해석은 탄성이론으로 가능하다는 개념
② PSC보를 RC보처럼 생각하여, 콘크리트는 압축력을 받고 긴장재는 인장력을 받게 하여 두 힘의 우력 모멘트로 외력에 의한 휨모멘트에 저항시킨다는 개념
③ PS콘크리트는 결국 부재에 작용하는 하중의 일부 또는 전부를 미리 가해진 프리스트레스와 평행이 되도록 하는 개념
④ PS콘크리트는 강도가 크기 때문에 보의 단면을 강재의 단면으로 가정하여 압축 및 인장을 단면 전체가 부담할 수 있다는 개념

해설 PS보의 기본 3개념
(1) 응력개념=균등질 보의 개념 : ①
(2) 강도 개념 : ②
(3) 하중평형 개념 : ③

68 다음과 같은 옹벽의 각 부분 중 직사각형보로 설계해야 할 부분은?
① 앞부벽
② 부벽식 옹벽의 전면벽
③ 캔틸레버식 옹벽의 전면벽
④ 부벽식 옹벽의 저판

해설 옹벽
(1) 앞부벽식옹벽 : 직사각형보로 설계한다.
(2) 뒷부벽식 옹벽 : T형보로 설계한다.

69 2방향 슬래브 설계 시 직접설계법을 적용할 수 있는 제한사항에 대한 설명으로 틀린 것은?
① 각 방향으로 3경간 이상 연속되어야 한다.
② 슬래브 판들은 단변 경간에 대한 장변 경간의 비가 2 이하인 직사각형이어야 한다.
③ 연속한 기둥 중심선을 기준으로 기둥의 어긋남은 그 방향 경간의 15% 이하이어야 한다.
④ 각 방향으로 연속한 받침부 중심간 경간 차이는 긴 경간의 1/3 이하이어야 한다.

해설 직접설계법 제한사항
(1) 경간 : 3경간 이상 연속.
(2) 경간 비 : 단변 경간에 대한 장변 경간의 비는 2 이하.
(3) 기둥의 이탈 : 이탈방향 경간의 최대 10%.
(4) 하중 : 활하중은 고정하중의 2배 이하.
(5) 경간 길이 차 : 긴 경간의 1/3 이하.

70 사용 고정하중(D)와 활하중(L)을 작용시켜서 단면에서 구한 휨모멘트는 각각 $M_D = 30\text{kN·m}$, $M_L = 3\text{kN·m}$이었다. 주어진 단면에 대해서 현행 콘크리트 구조설계기준에 따라 최대 소요강도를 구하면?
① 30kN·m
② 40.8kN·m
③ 42kN·m
④ 48.2kN·m

해설 소요강도(M_u)
$$M_u = 1.2 M_d + 1.6 M_L \geq 1.4 M_D$$
$$= 1.2 \times 30 + 1.6 \times 3 \geq 1.4 \times 30$$
$$\therefore M_u = 42\text{kN·m}$$

71 깊은보에 대한 전단 설계의 규정 내용으로 틀린 것은? (단, l_n : 받침부 내면 사이의 순경간, λ : 경량콘크리트 계수, b_w : 복부의 폭, d : 유효깊이, s : 종방향 철근에 평행한 방향으로 전단철근의 간격, s_h : 종방향 철근에 수직방향으로 전단철근의 간격)
① l_n이 부재 깊이의 3배 이상인 경우 깊은보로서 설계한다.
② 깊은보의 V_n은 $(5\lambda\sqrt{f_{ck}}/6)b_w d$ 이하이어야 한다.
③ 휨인장철근과 직각인 수직전단철근의 단면적 A_v를 $0.0025 b_w s$ 이상으로 하여야 한다.
④ 휨인장철근과 평행한 수평전단철근의 단면적 A_{vh}를 $0.0015 b_w s_h$ 이상으로 하여야 한다.

해설 깊은 보 설계조건
(1) l_n이 부재 깊이의 4배 이하인 경우 ($\frac{l_n}{h} \leq 4$)
(2) 받침부 내면에서 부재 깊이의 2배 이하인 위치에 집중하중이 작용 하는 경우는 집중하중과 받침부 사이의 구간($\frac{a}{h} \leq 2$인 a구간)

해답 66. ④ 67. ① 68. ① 69. ③ 70. ③ 71. ①

2016년 과년도출제문제

72 다음 단면의 균열 모멘트 M_{cr}의 값은? (단, 보통중량 콘크리트로서, $f_{ck}=25\text{MPa}$, $f_y=400\text{MPa}$)

① 16.8 kN·m
② 41.58 kN·m
③ 63.88 kN·m
④ 85.05 kN·m

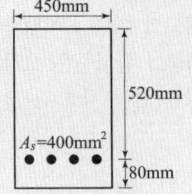

해설 균열모멘트(M_{cr})
(1) 균열모멘트(M_{cr}) : 보의 인장연단에서 콘크리트의 강도가 휨 인장강도($f_r = 0.63\sqrt{f_{ck}}$)에 도달할 때 휨모멘트 크기를 말한다.
(2) $M_{cr} = 0.63\sqrt{f_{ck}} \times Z$
$= 0.63\sqrt{25} \times \dfrac{450 \times 600^2}{6} = 85,050,000\,\text{N·mm}$
$= 85.05\,\text{kN·m}$

73 폭 $b=300\text{mm}$, 유효깊이 $d=500\text{mm}$, 철근단면적 $A_s=2,200\text{mm}^2$을 갖는 단철근 콘크리트 직사각형 보를 강도설계법으로 휨 설계할 때, 설계 휨모멘트 강도(ϕM_n)는? (단, 콘크리트 설계기준강도 $f_{ck}=27\text{MPa}$, 철근항복강도 $f_y=400\text{MPa}$)

① 186.6 kN·m
② 234.7 kN·m
③ 284.5 kN·m
④ 326.2 kN·m

해설 1) 등가직사각형 응력블록깊이(a)
① $f_{ck} \leq 40\text{MPa} \Rightarrow \eta = 1.0,\ \beta_1 = 0.8$
② $a = \dfrac{A_s f_y}{\eta(0.85 f_{ck})b} = \dfrac{2,200 \times 400}{1.0 \times 0.85 \times 27 \times 300}$
$= 127.81\,\text{mm}$

2) 최외단 인장철근의 순인장변형률(ϵ_t)
① $c = \dfrac{a}{\beta_1} = \dfrac{127.81}{0.8} = 159.76\,\text{mm}$
② $\epsilon_t = \epsilon_{cu}\left(\dfrac{d-c}{c}\right) = 0.0033\left(\dfrac{500-159.76}{159.76}\right) = 0.0070$

3) 강도감소계수
$\epsilon_t > 0.005$ (인장지배변형률 한계) $\Rightarrow$ 인장지배단면
$\therefore \phi = 0.85$

4) $\phi M_n = \phi\left[A_s f_y\left(d - \dfrac{a}{2}\right)\right]$
$= 0.85\left[2,200 \times 400 \times \left(500 - \dfrac{127.81}{2}\right)\right]$
$= 326,199,060\,\text{N·mm} \fallingdotseq 326.2\,\text{kN·m}$

74 아래 그림의 빗금친 부분과 같은 단철근 T형보의 등가응력깊이(a)는? (단, 보의 경간 = 10m, $A_s=6,354\text{mm}^2$, $f_{ck}=24\text{MPa}$, $f_y=400\text{MPa}$)

① 96.7 mm
② 111.5 mm
③ 121.3 mm
④ 128.6 mm

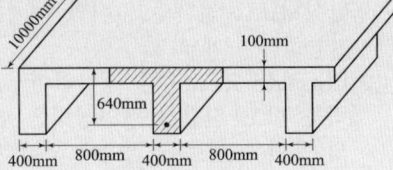

해설 1) 플랜지 유효 폭
① $16t_f + b_w = 16 \times 100 + 400 = 2,000\,\text{mm}$
② 양쪽슬래브 중심간 거리
$= (800/2) + 400 + (800/2) = 1,200\,\text{mm}$
③ 보의 경간 $\times \dfrac{1}{4} = 10,000\,\text{mm} \times \dfrac{1}{4} = 2,500\,\text{mm}$
$\therefore$ 위의 값 중 최솟값이 유효 폭 $= 1,200\,\text{mm}$

2) T형보의 판정 : 폭 b인 단철근 직사각형 보로 보고 등가 직사각형 응력 블록 깊이를 구하면
$a = \dfrac{A_s f_y}{\eta(0.85 f_{ck})b}$
$= \dfrac{6,354 \times 400}{1.0 \times 0.85 \times 24 \times 1,200} = 103.82\,\text{mm}$
$\therefore$ T형보로 설계한다. ($\because a > t_f = 100$)
여기서, $f_{ck} \leq 40\text{MPa} \Rightarrow \eta = 1.0$

3) 등가직사각형 응력블록깊이(a)
① $A_{sf} = \dfrac{\eta 0.85 f_{ck}(b-b_w)t_f}{f_y}$
$= \dfrac{1.0 \times 0.85 \times 24 \times (1,200-400) \times 100}{400}$
$= 4,080\,\text{mm}^2$
② $a = \dfrac{(A_s - A_{sf})f_y}{\eta(0.85 f_{ck})b_w} = \dfrac{(6,354-4,080) \times 400}{1.0 \times 0.85 \times 24 \times 400}$
$= 111.47\,\text{mm}$

75 유효깊이(d)가 500mm인 직사각형 단면보에 $f_y=400\text{MPa}$인 인장철근이 1일로 배치되어 있다. 중립축(c)의 위치가 압축연단에서 200mm인 경우 강도감소계수(ϕ)는?

① 0.804
② 0.846
③ 0.834
④ 0.842

해답 72. ④　73. ④　74. ②　75. ②

해설 1) 최 외단 인장철근의 순인장변형률

$$\epsilon_t = \epsilon_{cu}\left(\frac{d-c}{c}\right) = 0.0033\left(\frac{500-200}{200}\right) = 0.00495$$

∴ 변화구간 단면 (∵ $0.002 < \epsilon_t < 0.005$)

2) $\phi = 0.65 + 0.20\left(\dfrac{\epsilon_t - \epsilon_y}{\epsilon_{t,td} - \epsilon_y}\right)$

$= 0.65 + 0.20\left(\dfrac{0.00495 - 0.002}{0.005 - 0.002}\right) \fallingdotseq 0.846$

여기서, $\epsilon_y = \dfrac{f_y}{E_s} = \dfrac{400}{200,000} = 0.002$

★★★
76 그림과 같은 나선철근 단주의 공칭 중심축하중(P_n)은? (단, $f_{ck} = 24\text{MPa}$, $f_y = 400\text{MPa}$, 축방향 철근은 8-D25($A_{st} = 4,050\text{mm}^2$)를 사용)

① 2125.2kN
② 2734.3kN
③ 3168.6kN
④ 3485.8kN

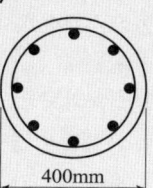

해설 나선철근기둥

(1) 기둥의 총 단면적(A_g)

$$A_g = \frac{\pi d^2}{4} = \frac{\pi \times 400^2}{4} = 125,663.71\text{mm}^2$$

(2) 나선철근 단주 공칭중심축하중(P_n)

$P_n = 0.85[0.85f_{ck}(A_g - A_{st}) + A_{st}f_y]$
$= 0.85[0.85 \times 24 \times (125,663.71 - 4,050) + (4,050 \times 400)]$
$= 3,485,781.73\text{N} \fallingdotseq 3,485.8\text{kN}$

★★★
77 초기 프리스트레스가 1,200MPa이고, 콘크리트의 건조수축 변형률 $\epsilon_{sh} = 1.8 \times 10^{-4}$일 때 긴장재의 인장응력의 감소는? (단, PS강재의 탄성계수 $E_P = 2.0 \times 10^5$MPa)

① 12MPa
② 24MPa
③ 36MPa
④ 48MPa

해설 콘크리트의 건조수축에 의한 손실

$\triangle f_p = E_p \epsilon_{sh} = (2.0 \times 10^5) \times (1.8 \times 10^{-4}) = 36\text{MPa}$

★★★
78 그림과 같은 단면의 도심에 PS강재가 배치되어 있다. 초기 프리스트레스 힘을 1,800kN 작용시켰다. 30%의 손실을 가정하여 콘크리트의 하연 응력이 0이 되도록 하려면 이때의 휨모멘트 값은? (단, 자중은 무시)

① 120 kN·m
② 126 kN·m
③ 130 kN·m
④ 150 kN·m

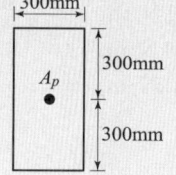

해설 (1) 유효 프리스트레스(P_e)

$P_e = (1 - 0.3)1,800 = 1,260\text{kN}$

(2) $\dfrac{P}{A} = \dfrac{M}{Z}$ 에서

$M = \dfrac{P}{A} \times Z = \dfrac{1,260}{0.3 \times 0.6} \times \dfrac{0.3 \times 0.6^2}{6} = 126\text{kN} \cdot \text{m}$

★
79 철골 압축재의 좌굴 안정성에 대한 설명으로 틀린 것은?

① 좌굴길이가 길수록 유리하다.
② 힌지지지보다 고정지지가 유리하다.
③ 단면2차모멘트 값이 클수록 유리하다.
④ 단면2차반지름이 클수록 유리하다.

해설 좌굴하중(P_c)

$$P_c = \frac{n\pi^2 EI}{l^2} = \frac{\pi^2 EI}{l_k^2}$$

(1) 좌굴하중은 l_k^2에 반비례 하므로 좌굴길이가 짧을수록 유리하다.
(2) 고정지지가 힌지지지보다 좌굴길이가 짧으므로 유리하다.
(3) 단면2차모멘트 값이 클수록 유리하다.

해답 76. ④   77. ③   78. ②   79. ①

2016년 과년도출제문제

80 그림과 같은 복철근 직사각형 보에서 공칭모멘트 강도 (M_n)는? (단, f_{ck} =24MPa, f_y =350MPa, A_s =5,730mm², A_s' =1,980mm²)

① 947.7kN·m
② 886.5kN·tm
③ 805.6 kN·m
④ 725.3 kN·m

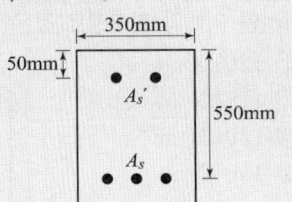

해설
1) 등가직사각형 응력블록깊이(a)
$$a = \frac{(A_s - A_{sf})f_y}{\eta(0.85f_{ck})b_w} = \frac{(5,730-1,980)\times 350}{1.0\times 0.85\times 24\times 350}$$
$$= 183.82\text{mm}$$
여기서, $f_{ck} \leq 40\text{MPa} \Rightarrow \eta = 1.0$

2) 공칭모멘트강도
$$M_n = \left[(A_s - A_s')f_y\left(d-\frac{a}{2}\right) + A_s'f_y(d-d')\right]$$
$$= \left[(5,730-1,980)\times 350\times\left(550-\frac{183.82}{2}\right)\right.$$
$$\left. + 1,980\times 350\times (550-50)\right]$$
$$= 947,743,125\text{N}\cdot\text{mm} \fallingdotseq 947.7\text{kN}\cdot\text{m}$$

토질 및 기초

81 그림과 같은 20×30m 전면기초인 부분보상기초 (partially compensated foundation)의 지지력 파괴에 대한 안전율은?

① 3.0
② 2.5
③ 2.0
④ 1.5

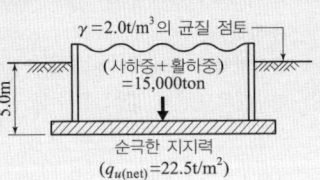

해설 부분보상기초
(1) 순압력(q_{net})
$$q_{net} = \frac{Q}{A} - \gamma\ D_f = \frac{15,000}{20\times 30} - (2\times 5) = 15\text{t/m}^2$$
(2) 안전율(F_s)
$$F_s = \frac{\text{순극한지지력}}{\text{순압력}} = \frac{22.5}{15} = 1.5$$

82 흙 속에서 물의 흐름을 설명한 것으로 틀린 것은?
① 투수계수는 온도에 비례하고 점성에 반비례한다.
② 불포화토는 포화토에 비해 유효응력이 작고, 투수계수가 크다.
③ 흙 속의 침투수량은 Darcy 법칙, 유선망, 침투해석 프로그램 등에 의해 구할 수 있다.
④ 흙 속에서 물이 흐를 때 수두차가 커져 한계동수구배에 이르면 분사현상이 발생한다.

해설 투수
(1) 투수계수(k)
$$k = D_s^2\frac{\rho g}{\mu}\frac{e^3}{1+e}C$$
① 수온이 상승하면 점성계수는 작아지므로 투수계수는 증가한다. 즉 수온과 투수계수는 비례한다.
② 투수계수와 점성계수는 반비례한다.
(2) 유효응력
① 불포화토인 경우 : $\bar{\sigma} = \gamma_t h$
② 포화토인 경우 : $\bar{\sigma} = (\gamma_{sat} - \gamma_w)h = \gamma_{sub}h$
③ 유효응력크기 : 불포화토 > 포화토
(3) 분사현상 발생조건
① $i > i_c$
② $i = \frac{h}{L}$ 에서 수두차(h)가 커지면 동수구배 상승하므로 분사현상이 발생한다.

83 흙의 비중 2.60, 함수비 30%, 간극비는 0.80일 때 포화도는?
① 24.0%
② 62.4%
③ 78.0%
④ 97.5%

해설 부피와 무게와의 관계
$$\omega\times G_s = S\times e$$
$$30\times 2.60 = S\times 0.8 \Rightarrow \therefore S = 97.5\%$$

해답 80. ① 81. ④ 82. ② 83. ④

84
아래 표의 식은 3축 압축시험에 있어서 간극수압을 측정하여 간극수압계수 A를 계산하는 식이다. 이 식에 대한 설명으로 틀린 것은?

$$\Delta u = B[\Delta\sigma_3 + A(\Delta\sigma_1 - \Delta\sigma_3)]$$

① 포화된 흙에서는 B=1이다.
② 정규압밀 점토에서는 A값이 1에 가까운 값을 나타낸다.
③ 포화된 점토에서 구속압력을 일정하게 할 경우 간극수압의 측정값과 축차응력을 알면 A값을 구할 수 있다.
④ 매우 과압밀된 점토의 A값은 언제나 (+)의 값을 갖는다.

해설 간극수압계수
(1) 과압밀된 점토의 A값 : −0.5~0
(2) 정규압밀 점토의 A값 : 0.5~1

85
내부마찰각이 30°, 단위중량이 1.8t/m³인 흙의 인장균열깊이가 3m일 때 점착력은?

① $1.56 t/m^2$ ② $1.67 t/m^2$
③ $1.75 t/m^2$ ④ $1.81 t/m^2$

해설 인장균열 깊이(Z_c)

$$Z_c = \frac{2C}{\gamma_t}\tan\left(45+\frac{\phi}{2}\right) \text{에서}$$

$$C = \frac{\gamma_t \cdot Z_c}{2\tan\left(45+\frac{\phi}{2}\right)} = \frac{1.8 \times 3}{2\tan\left(45+\frac{30°}{2}\right)} = 1.56 t/m^2$$

86
시료가 점토인지 아닌지를 알아보고자 할 때 다음 중 가장 거리가 먼 사항은?
① 소성지수
② 소성도 A선
③ 포화도
④ 200번(0.075mm)체 통과량

해설 통일분류법
(1) 소성도표
 ① 가로축에 액성한계, 세로축에 소성지수를 이용하여 만든 표로 세립토를 분류하는데 이용한다.
 ② A선은 $I_p = 0.73(\omega_L - 20)$으로 A선 위는 점토, 아래는 실트 및 유기질토를 나타낸다.
 ③ B선은 액성한계 50%를 나타내는 선으로 B선 왼쪽은 저압축성 흙을 B선 오른쪽은 고압축성 흙을 나타낸다.
(2) 조립토와 세립토 분류
 ① 조립토 : No 200체 통과량이 50% 이하
 ② 세립토 : No 200체 통과량이 50% 이상

87
현장 도로 토공에서 모래치환법에 의한 흙의 밀도 시험을 하였다. 파낸 구멍의 체적이 $V=1,960 cm^3$, 흙의 질량이 3,390g이고, 이 흙의 함수비는 10%이었다 실험실에서 구한 최대 건조밀도 $\gamma_{d\max} = 1.65 g/cm^3$일 때 다짐도는?

① 85.6%   ② 91.0%
③ 95.3%   ④ 98.7%

해설 다짐도
(1) 습윤단위중량(γ_t)
$$\gamma_t = \frac{W}{V} = \frac{3,390}{1,960} = 1.73 g/cm^3$$
(2) 건조단위중량(γ_d)
$$\gamma_d = \frac{\gamma_t}{1+\frac{\omega}{100}} = \frac{1.73}{1+\frac{10}{100}} = 1.57 g/cm^3$$
(3) 다짐도(U)
$$U = \frac{\gamma_d}{\gamma_{d\max}} \times 100 = \frac{1.57}{1.65} \times 100 = 95.3\%$$

88
점착력이 5t/m², $\gamma_t = 1.8 t/m^3$의 비배수상태($\phi=0$)인 포화된 점성토 지반에 직경 40cm, 길이 10m의 PHC 말뚝이 항타시공되었다. 이 말뚝의 선단지지력은? (단, Meyerhof 방법을 사용)

① 1.57t   ② 3.23t
③ 5.65t   ④ 45t

해설 말뚝의 선단지지력(Q_u)
(1) 단위면적당 선단지지력(q_u)
$$q_u = CN_c + \gamma D_f N_q = 5 \times 9 + 0 = 45 t/m^2$$
(2) 말뚝의 선단지지력(Q_u)
$$Q_u = q_u A_p = 45 \times \left(\frac{\pi \times 0.4^2}{4}\right) = 5.65 t$$

해답 84. ④　85. ①　86. ③　87. ③　88. ③

2016년 과년도출제문제

89 그림과 같은 지반에 널말뚝을 박고 기초굴착을 할 때 A점의 압력수두가 3m이라면 A점의 유효응력은?

① $0.1\,t/m^2$
② $1.2\,t/m^2$
③ $4.2\,t/m^2$
④ $7.2\,t/m^2$

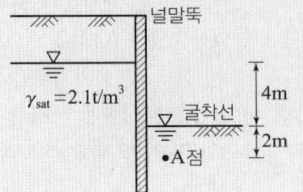

해설 유효응력($\overline{\sigma}$)

(1) 전응력(σ)
$\sigma = \gamma_{sat}\,h = 2.1 \times 2 = 4.2\,t/m^2$

(2) 공극수압(u)
$u = \gamma_w\,h = 1 \times 3 = 3\,t/m^2$

(3) 유효응력($\overline{\sigma}$)
$\overline{\sigma} = \sigma - u = 4.2 - 3 = 1.2\,t/m^2$

90 다져진 흙의 역학적 특성에 대한 설명으로 틀린 것은?

① 다짐에 의하여 간극이 작아지고 부착력이 커져서 역학적 강도 및 지지력은 증대하고 압축성, 흡수성 및 투수성은 감소한다.
② 점토를 최적함수비보다 약간 건조측의 함수비로 다지면 면모구조를 가지게 된다.
③ 점토를 최적함수비보다 약간 습윤측에서 다지면 투수계수가 감소하게 된다.
④ 면모구조를 파괴시키지 못할 정도의 작은 압력으로 점토시료를 압밀할 경우 건조측 다짐을 한 시료가 습윤측 다짐을 한 시료보다 압축성이 크게 된다.

해설 흙의 다짐

(1) 면모구조를 파괴시키지 못할 정도의 작은 압력으로 점토시료를 압밀할 경우, 습윤측 다짐된 흙이 건조측 다짐된 흙보다 압축성이 크다.
(2) 면모구조를 파괴시킬 정도의 높은 압력으로 점토시료를 압밀할 경우, 건조측 다짐된 흙이 습윤측 다짐된 흙보다 압축성이 크다.

91 그림과 같은 점토지반에 재하순간 A점에서의 물의 높이가 그림에서와 같이 점토층의 윗면으로부터 5m이었다. 이러한 물의 높이가 4m까지 내려오는 데 50일이 걸렸다면, 50% 압밀이 일어나는 데는 며칠이 더 걸리겠는가? (단, 10% 압밀시 시간계수 $T_v = 0.008$
20% 압밀시 $T_v = 0.031$
50% 압밀시 $T_v = 0.197$이다.)

① 268일
② 618일
③ 1181일
④ 1231일

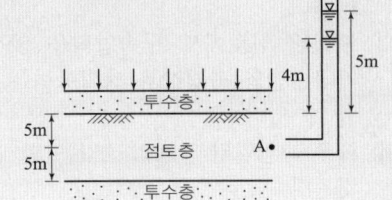

해설 압밀

(1) 압밀도(U)
$U = \dfrac{u_i - u_e}{u_i} \times 100 = \dfrac{5-4}{5} \times 100 = 20\%$

(2) 압밀계수(C_v)
$C_v = \dfrac{T_v \cdot H^2}{t} \Rightarrow t = \dfrac{T_v \cdot H^2}{C_v}$

(3) 압밀시간과 시간계수는 비례한다.
$t_{50} : t_{20} = T_{50} : T_{20}$
$t_{50} : 50 = 0.197 : 0.031 \quad \therefore\ t_{50} = \dfrac{50 \times 0.197}{0.031} = 317.74$일

(4) 20% 압밀에서 50% 압밀이 일어나는데 필요한 시간
$t = t_{50} - t_{20} = 317.74 - 50 = 267.74$일

92 시험 종류와 시험으로부터 얻을 수 있는 값의 연결이 틀린 것은?

① 비중계분석시험 - 흙의 비중(G_s)
② 삼축압축시험 - 강도정수(c, ϕ)
③ 일축압축시험 - 흙의 예민비(S_t)
④ 평판재하시험 - 지반반력계수(k_s)

해설 토질시험

(1) 비중계분석시험은 흙의 입도를 구하는 시험이다.
(2) 현탁액 속의 흙의 입경(d)
$d = c\sqrt{\dfrac{L}{t}}$

해답 89. ②   90. ④   91. ①   92. ①

★★★
93 사질토에 대한 직접전단시험을 실시하여 다음과 같은 결과를 얻었다. 내부마찰각은 약 얼마인가?

수직응력(t/m²)	3	6	9
최대전단응력(t/m²)	1.73	3.46	5.19

① 25° ② 30°
③ 35° ④ 40°

해설 직접전단시험

(1) $\tau = \bar{\sigma} \tan\phi \Rightarrow 1.73 = 3\tan\phi$
$\phi = \tan^{-1}\left(\dfrac{1.73}{3}\right) \fallingdotseq 30°$ 또는

(2) 내부마찰각은 파괴포락선의 기울기이므로
$\phi = \tan^{-1}\left(\dfrac{3.46-1.73}{6-3}\right) = 30°$

★★★
94 지름 $d=20$cm인 나무말뚝을 25본 박아서 기초 상판을 지지하고 있다. 말뚝의 배치를 5열로 하고 각 열은 등간격으로 5본씩 박혀있다. 말뚝의 중심간격 $S=1$m이고 1본의 말뚝이 단독으로 10t의 지지력을 가졌다고 하면 이 무리 말뚝은 전체로 얼마의 하중을 견딜 수 있는가? (단, Converse Labbarre식을 사용한다.)

① 100t ② 200t
③ 300t ④ 400t

해설 무리말뚝

(1) $\phi = \tan^{-1}\left(\dfrac{d}{s}\right) = \tan^{-1}\left(\dfrac{20}{100}\right) = 11.3°$

(2) 무리말뚝 효율 (E)
$E = 1 - \dfrac{\phi}{90}\left[\dfrac{(m-1)n + (n-1)m}{m \cdot n}\right]$
$= 1 - \dfrac{11.3}{90}\left[\dfrac{(5-1)5 + (5-1)5}{5 \times 5}\right] = 0.8$

(3) 무리말뚝의 지지력 (Q_{ag})
$Q_{ag} = E \times q_a \times N$
$= 0.8 \times 10 \times 25 = 200$t

★
95 사면안정계산에 있어서 Fellenius법과 간편 Bishop법의 비교 설명으로 틀린 것은?

① Fellenius법은 간편 Bishop법보다 계산은 복잡하지만 계산결과는 더 안전측이다.
② 간편 Bishop법은 절편의 양쪽에 작용하는 연직 방향의 합력은 0(zero)이라고 가정한다.
③ Fellenius법은 절편의 양쪽에 작용하는 합력은 0(zero)이라고 가정한다.
④ 간편 Bishop법은 안전율을 시행착오법으로 구한다.

해설 사면안정해석법

(1) Fellenius
① 절편의 양쪽에 작용하는 힘의 합력은 "0"이라 가정한다.
$\sum X = 0, \quad \sum E = 0$
② 사면의 단기안정해석에 유효하며 Bishop법보다 계산이 간단하다.
③ 공극수압을 고려하지 않는 전응력 해석이다.

(2) Bishop
① 절편 양측에 작용하는 연직 방향의 합력은 "0"이라 가정한다.
$\sum X = 0$
② Bishop법은 안전율(Fs)이 식의 양변에 있으므로 시행 착오법으로 구한다.
③ 사면의 장기안정해석에 유효하며 공극수압을 고려한 유효응력 해석이다.

★★★
96 다음 그림에서 흙의 저면에 작용하는 단위면적당 침투수압은?

① 8t/m²
② 5t/m²
③ 4t/m²
④ 3t/m²

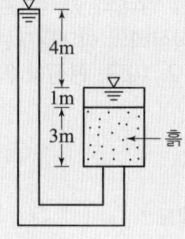

해설 침투수압 (F)

(1) 동수구배 (i)
$i = \dfrac{h}{L} = \dfrac{4}{3}$

(2) 침투수압 (F)
$F = i \cdot Z \cdot \gamma_w = \dfrac{4}{3} \times 3 \times 1 = \dfrac{4\text{t}}{\text{m}^2}$

해답 93. ② 94. ② 95. ① 96. ③

97 그림에서 안전율 3을 고려하는 경우, 수두차 h 를 최소 얼마로 높일 때 모래시료에 분사현상이 발생하겠는가?

① 12.75cm
② 9.75cm
③ 4.25cm
④ 3.25cm

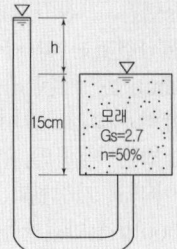

해설 분사현상

(1) 동수구배
$$i = \frac{h}{L} = \frac{h}{15cm}$$

(2) 공극비(e)
$$e = \frac{n}{100-n} = \frac{50}{100-50} = 1$$

(3) 한계동수구배(i_c)
$$i_c = \frac{G_s - 1}{1 + e} = \frac{2.7 - 1}{1 + 1} = 0.85$$

(4) 분사현상에 대한 안전율
$$F_s = \frac{i_c}{i}$$
$$3 = \frac{0.85}{\frac{h}{15}} \Rightarrow \therefore h = 4.25cm$$

98 모래지반의 현장상태 습윤단위중량을 측정한 결과 1.8t/m³으로 얻어졌으며 동일한 모래를 채취하여 실내에서 가장 조밀한 상태의 간극비를 구한 결과 $e_{min} = 0.45$, 가장 느슨한 상태의 간극비를 구한 결과 $e_{max} = 0.92$를 얻었다. 현장상태의 상대밀도는 약 몇 %인가? (단, 모래의 비중 $G_s = 2.70$이고, 현장상태의 함수비 $w = 10\%$이다.)

① 44% ② 57%
③ 64% ④ 80%

해설 상대밀도

(1) 현장의 건조단위중량(γ_d)
$$\gamma_d = \frac{\gamma_t}{1 + \frac{w}{100}} = \frac{1.8}{1 + \frac{10}{100}} = 1.64 t/m^3$$

(2) 현장의 공극비(e)
$$e = \frac{G_s \gamma_w}{\gamma_d} - 1 = \frac{2.7 \times 1}{1.64} - 1 = 0.65$$

(3) 상대밀도(D_r)
$$D_r = \frac{e_{max} - e}{e_{max} - e_{min}} \times 100$$
$$= \frac{0.92 - 0.65}{0.92 - 0.45} \times 100 = 57\%$$

99 포화된 점토지반 위에 급속하게 성토하는 제방의 안정성을 검토할 때 이용해야 할 강도정수를 구하는 시험은?

① $CU-test$
② $UU-test$
③ $\overline{CU}-test$
④ $CD-test$

해설 삼축압축시험

(1) 비압밀 비배수시험
① 흙 시료에서 물이 빠져나가지 못하도록 하고 구속응력을 가한 다음 비배수 상태로 시료를 파괴시키는 시험.
② 포화된 점토지반위에 급속하게 성토한 후 급속한 파괴가 예상될 때.
③ 압밀이나 함수비 변화가 없이 급속한 파괴가 예상될 때.

100 일반적인 기초의 필요조건으로 틀린 것은?

① 동해를 받지 않는 최소한의 근입깊이를 가져야 한다.
② 지지력에 대해 안정해야 한다.
③ 침하를 허용해서는 안 된다.
④ 사용성, 경제성이 좋아야 한다.

해설 기초의 구비조건
침하량이 허용치 이내이어야 한다.

해답 97. ③ 98. ② 99. ② 100. ③

상하수도공학

101 상수도에서 배수지의 용량설계 시 기준이 되는 것은?
① 계획시간 최대급수량의 12시간분 이상
② 계획시간 최대급수량의 24시간분 이상
③ 계획1일 최대급수량의 12시간분 이상
④ 계획1일 최대급수량의 24시간분 이상

해설 배수지용량
(1) 유효용량은 시간변동조정용량과 비상대처용량을 합하여 급수구역의 계획 1일 최대급수량의 12시간분 이상으로 한다.
(2) 유효수심 : 3~6m

102 관거의 보호 및 기초공에 대한 설명으로서 옳지 않은 것은?
① 관거의 부등침하는 최악의 경우에 관거의 파손을 유발할 수 있다.
② 관거가 철도 밑을 횡단하는 경우 외압에 대한 관거 보호를 고려한다.
③ 경질염화비닐관 등의 연성관거는 콘크리트기초를 원칙으로 한다.
④ 강성관거의 기초공사에서는 지반이 양호한 경우에 기초를 생략할 수 있다.

해설 관거의 기초공
경질염화비닐관 등의 연성관거는 자유받침의 모래 기초를 원칙으로 하며, 조건에 따라 말뚝기초 등을 설치한다.

103 정수처리 시 정수유량이 100m³/day이고 정수지 용량이 10m³, 잔류 소독제 농도가 0.2mg/L일 때 소독능 (CT, mg·min/L)의 값은? (단, 장폭비에 따른 환산계수는 1로 한다.)
① 28.8   ② 34.4
③ 48.8   ④ 54.4

해설 소독능(CT, mg·min/L)
(1) 체류시간=접촉시간(t)
$$t = \frac{V}{Q} \times 24$$
$$= \frac{10}{100} \times 24 = 2.4\ hr = 144min$$
(2) 소독능(CT, mg·min/L) = 잔류소독제 농도×접촉시간
$$= \frac{0.2mg}{L} \times 144min = 28.8 mg \cdot min/L$$
(3) 소독능의 단위에서 접촉시간은 분으로 계산해야 한다.

104 하수도의 구성 및 계통도에 관한 설명으로서 옳지 않은 것은?
① 하수의 집배수시설은 가압식을 원칙으로 한다.
② 하수처리시설은 물리적, 생물학적, 화학적 시설로 구별된다.
③ 하수의 배제방식은 합류식과 분류식으로 대별된다.
④ 분류식은 합류식보다 방류하천의 수질보전을 위한 이상적인 배제방식이다.

해설 하수도 구성 및 계통도
하수의 집·배수시설은 자연유하식을 원칙으로 한다.

105 침전지의 표면부하율이 19.2m³/m²·day, 체류시간이 5시간일 때 침전지의 유효수심은?
① 2.5 m   ② 3.0 m
③ 3.5 m   ④ 4.0 m

해설 침전지 유효수심
(1) 체류시간
$$t = \frac{V}{Q} \times 24 = \frac{A \times h}{Q} \times 24 에서$$
(2) 표면부하율
$$\frac{Q}{A} = \frac{24 \times h}{t}$$
$$19.2 = \frac{24 \times h}{5} \quad \therefore\ h = 4m$$

해답 101. ③   102. ③   103. ①   104. ①   105. ④

★★★
106 하수관거 설계 시 계획하수량에서 고려사항으로 옳은 것은?

① 오수관거에서는 계획최대 오수량으로 한다.
② 우수관거에서는 계획시간 최대우수량으로 한다.
③ 합류식 관거에서는 계획시간 최대오수량에 계획우수량을 합한 것으로 한다.
④ 지역의 실정에 따른 계획하수량의 여유는 고려하지 않는다.

해설 하수관거 설계
(1) 오수관거 : 계획시간 최대오수량
(2) 우수관거 : 계획우수량
(3) 합류관거 : 계획시간 최대오수량 + 계획우수량
(4) 지역의 실정에 따른 계획수량의 여유를 고려해야 한다.

★★★
107 슬러지의 호기성 소화를 혐기성 소화법과 비교 설명한 것으로서 옳지 않은 것은?

① 상징수의 수질이 양호하다.
② 폭기에 드는 동력비가 많이 필요하다.
③ 악취발생이 감소한다.
④ 가치있는 부산물이 생성된다.

해설 슬러지 소화
혐기성 소화법에서 가치 있는 부산물(메탄가스)이 생성된다.

★★★
108 호수의 부영양화에 대한 설명으로서 옳지 않은 것은?

① 조류의 이상증식으로 인하여 물의 투명도가 저하된다.
② 부영양화의 주된 원인물질은 질소와 인이다.
③ 조류의 발생이 과다하면 정수공정에서 여과지를 폐색시킨다.
④ 조류제거 약품으로는 주로 황산알루미늄을 사용한다.

해설 부영양화
(1) 발생장소 : 정체성 수역의 상층 부
(2) 원인물질 : 질소, 인 등의 영양염류
(3) 조류제거 약품 : 황산구리(C_uSO_4)

★★★
109 수중의 질소화합물의 질산화 진행과정으로서 옳은 것은?

① $NH_3-N \rightarrow NO_2-N \rightarrow NO_3-N$
② $NH_3-N \rightarrow NO_3-N \rightarrow NO_2-N$
③ $NO_2-N \rightarrow NO_3-N \rightarrow NH_3-N$
④ $NO_3-N \rightarrow NO_2-N \rightarrow NH_3-N$

해설 (1) 질산화
NH_3-N(암모니아성 질소) $\Rightarrow NO_2-N$(아질산성 질소)
$\Rightarrow NO_3-N$(질산성 질소)
(2) 탈질법
$NO_3-N \Rightarrow NO_2-N \Rightarrow N_2$(질소가스)

★★
110 관의 길이가 1,000m, 직경 20cm인 관을 직경 40cm의 등치관으로 바꿀 때, 등치관의 길이는?
(단, Hazen-Williams 공식을 사용할 것.)

① 2924.2 m
② 5924.2 m
③ 19242.6 m
④ 29242.6 m

해설 등치관
(1) 정의 : 손실수두 크기가 같으면서 직경이 다른 관.
(2) $L_2 = L_1 \left(\dfrac{D_2}{D_1}\right)^{4.87} = 1,000 \left(\dfrac{40}{20}\right)^{4.87} = 29,242.6m$

★★
111 하수관로 내의 유속에 대한 설명으로서 옳은 것은?

① 유속은 하류로 갈수록 점차 작아지도록 설계한다.
② 관거의 경사는 하류로 갈수록 점차 커지도록 설계한다.
③ 오수관거는 계획1일 최대오수량에 대하여 유속을 최소 1.2 m/sec로 한다.
④ 우수관거 및 합류관거는 계획우수량에 대하여 유속을 최대 3 m/sec로 한다.

해설 하수관로의 유속
(1) 유속 : 하류로 갈수록 점차 커져야 하수가 정체되지 않는다.
(2) 관거 경사 : 하류로 갈수록 완경사로 한다.
하류로 갈수록 급경사로 하면 최대유속을 초과해 하수관거가 손상된다.
(3) 오수관거 : 계획 시간 최대오수량에 대하여 최소 0.6 m/sec로 한다.

해답 106. ③ 107. ④ 108. ④ 109. ① 110. ④ 111. ④

112 슬러지의 처분에 관한 일반적인 계통도로서 옳은 것은?

① 생슬러지 - 개량 - 농축 - 소화 - 탈수 - 최종처분
② 생슬러지 - 농축 - 소화 - 개량 - 탈수 - 최종처분
③ 생슬러지 - 농축 - 탈수 - 개량 - 소각 - 최종처분
④ 생슬러지 - 농축 - 탈수 - 소각 - 개량 - 최종처분

해설 슬러지 처분
(1) 하수슬러지 처리 순서
  생슬러지 - 농축 - 소화 - 개량 - 탈수 및 처분
(2) 정수장의 슬러지 처리 순서
  조정 - 농축 - 탈수 - 건조 - 반출

113 자연유하식인 경우 도수관의 평균유속의 최소한도는?

① 0.01 m/sec   ② 0.1 m/sec
③ 0.3 m/sec   ④ 3.0 m/sec

해설 도수관거의 유속
(1) 최소유속 : 0.3m/sec
(2) 최대유속 : 3m/sec

114 상수도 계획 및 설계 단계에서 펌프의 공동현상(cavitation) 방지대책으로서 옳지 않은 것은?

① 펌프의 회전속도를 낮게 한다.
② 흡입쪽 밸브에 의한 손실수두를 크게 한다.
③ 흡입관의 구경은 가능하면 크게 한다.
④ 펌프의 설치 위치를 가능한 한 낮게 한다.

해설 펌프의 공동현상
흡입측 밸브에 의한 손실수두를 작게 한다.

115 완속여과지의 구조와 형상의 설명으로서 틀린 것은?

① 여과지의 총 깊이는 4.5~5.5m를 표준으로 한다.
② 형상은 직사각형을 표준으로 한다.
③ 배치는 1열이나 2열로 한다.
④ 주위벽 상단은 지반보다 15cm 이상 높인다.

해설 완속여과지
(1) 여과지 깊이 : 자갈층 두께, 모래층 두께, 모래면 위의 수심과 여유고를 더하여 2.5~3.5m를 표준으로 한다.
(2) 형상 : 직사각형이 원형보다 건설면이나 유지관리면에서 유리하므로 표준으로 한다.
(3) 주위벽 상단은 지표면으로부터 오염수나 토사 등의 유입을 방지하기위해 여과지 주위벽 상단은 지반보다 15cm 이상 높게 한다.

116 계획1일 최대급수량을 시설 기준으로 하지 않는 것은?

① 배수시설   ② 정수시설
③ 취수시설   ④ 송수시설

해설 설계정수량
(1) 계획1일최대급수량 : 상수도의 취수, 도수, 정수, 송수시설 규모 결정시 사용한다.
(2) 계획시간최대급수량 : 배수시설 중에서 배수본관 구경 결정시 사용한다.

117 하천, 수로, 철도 및 이설(移設)이 불가능한 지하매설물의 아래에 하수관을 통과시킬 경우 필요한 하수관로 시설은?

① 간선   ② 관정접합
③ 맨홀   ④ 역사이펀

해설 역사이펀
(1) 하천, 도로, 철도 등의 이설(移設)이 불가능한 지하매설물 횡단하기위한 하수관로 시설이다.
(2) 내부검사 및 보수가 곤란하므로 가급적 역사이펀은 피한다.
(3) 관내의 토사퇴적 및 침전방지 위해 토사받이를 설치하고 복수관로가 유리하다.

해답 112. ② 113. ③ 114. ② 115. ① 116. ① 117. ④

2016년 과년도출제문제

118 저수시설의 유효저수량 결정방법이 아닌 것은?
① 물수지계산
② 합리식
③ 유량도표에 의한 방법
④ 유량누가곡선 도표에 의한 방법

해설 저수시설 유효저수량 결정방법
(1) 물수지 계산 : 저수시설 지점의 하천유량과 계획취수량과의 차를 계산하여 결정한다.
(2) 합리식 : 최대 계획 우수유출량 산정에 사용한다.
(3) 유량도표 : 가로축에 시간, 세로축에 유량을 표시하여 하천유량의 변화선도곡선 작성하고 계획취수량선도를 그린 다음, 계획취수량선도보다 하천유량 변화선도 곡선의 아래 부분 면적을 구하여 최댓값을 필요 저수용량으로 결정하는 방법이다.
(4) 유량누가곡선법(Ripple법)
매월 또는 매분기마다 하천유량 및 계획취수량은 누가하고 각각의 유량누가 곡선도표를 작성하여 비교하는 방법이다.

119 하천 및 저수지의 수질해석을 위한 수학적 모형을 구성하고자 할 때 가장 기본이 되는 수학적 방정식은?
① 에너지보전의 식
② 질량보존의 식
③ 운동량보존의 식
④ 난류의 운동방정식

해설 수질해석을 위한 기본 방정식
(1) 수학적 모형화 : 흐름해석, 물질 이동, 수온 변화, 등의 수식화를 의미한다.
(2) 수질해석의 가장 기본이 되는 수학적방정식은 질량보존법칙이다.
예) 하천 완전 혼합(희석) 모델
$(Q_1 \times C_1) + (Q_2 \times C_2) = C_m(Q_1 + Q_2)$
$\therefore C_m = \dfrac{(Q_1 C_1 + Q_2 C_2)}{Q_1 + Q_2}$
Q : 유량(m^3/day), $C =$ BOD농도(mg/L)

120 하수 배제방식 중 분류식의 특성에 해당되는 것은?
① 우수를 신속하게 배수하기 위해서 지형조건에 적합한 관거망이 된다.
② 대구경관거가 되면 좁은 도로에서의 매설에 어려움이 있다.
③ 시공 시 철저한 오접여부에 대한 검사가 필요하다.
④ 대구경 관거가 되면 1계통으로 건설되어 오수관거와 우수관거의 2계통을 건설하는 것보다는 저렴하지만 오수관거만을 건설하는 것보다는 비싸다.

해설 하수배제방식(분류식)
(1) 관거오접 : 오수관이 우수관으로 접합되어 오수가 하천으로 유입되는 경우를 말한다.
(2) 분류식은 시공 시 철저한 관거오접에 대한 감시가 필요하다.

해답 118. ② 119. ② 120. ③

MEMO

응용역학

1 아래 그림과 같은 봉에 작용하는 힘들에 의한 봉 전체의 수직처짐의 크기는?

① $\dfrac{PL}{A_1 E_1}$
② $\dfrac{2PL}{3A_1 E_1}$
③ $\dfrac{4PL}{3A_1 E_1}$
④ $\dfrac{3PL}{2A_1 E_1}$

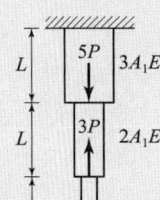

해설

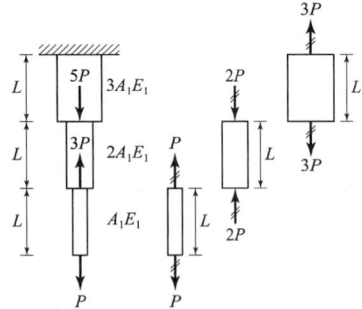

수직처짐량
(1) 인장부재 : +부호, 압축부재 : (−)부호
(2) $\Delta l = \dfrac{PL}{AE}$
$= \dfrac{(P)(L)}{A_1 E_1} - \dfrac{(2P)(L)}{2A_1 E_1} + \dfrac{(3P)(L)}{3A_1 E_1}$
$= \dfrac{PL}{A_1 E_1}$

2 그림과 같은 양단 고정보에서 지점 B를 반시계 방향으로 1rad 만큼 회전시켰을 때 B점에 발생하는 단모멘트의 값이 옳은 것은?

① $\dfrac{2EI}{L^2}$
② $\dfrac{4EI}{L}$
③ $\dfrac{2EI}{L}$
④ $\dfrac{4EI^2}{L}$

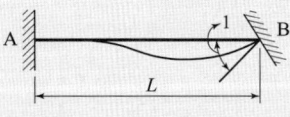

해설 처짐각법
(1) $\theta_A = 0$ (∵ 고정지점),
$\theta_B = 1$, $R = 0$ (∵ 지점침하 없으므로),
$C_{BA} = 0$ (∵ 재하된 하중 없으므로)
(2) $M_{BA} = 2EK_{BA}(2\theta_B + \theta_A - 3R) + C_{BA}$
$= 2E\dfrac{I}{L}[(2 \times 1) + 0 - (3 \times 0)] + 0$
∴ $M_{BA} = \dfrac{4EI}{L}$

3 다음 그림과 같은 양단고정인 보가 등분포하중 w 를 받고 있다. 모멘트가 0이 되는 위치는 지점 A로부터 약 얼마 떨어진 곳에 있는가? (단, EI 는 일정하다.)

① $0.112L$
② $0.212L$
③ $0.332L$
④ $0.412L$

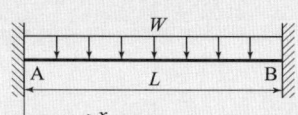

해설

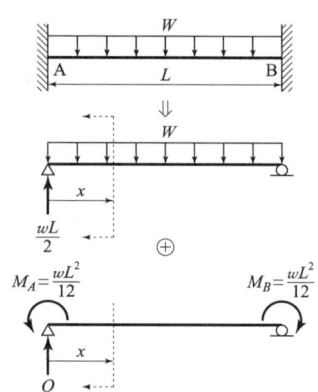

양단고정보
(1) 양단고정보의 모멘트가 0인 위치 조건
$\left(\dfrac{wLx}{2} - \dfrac{wx^2}{2}\right) + \left(-\dfrac{wL^2}{12}\right) = 0$
$\dfrac{w}{2}(Lx - x^2) = \dfrac{wL^2}{12}$
$6x^2 - 6Lx + L^2 = 0$
(2) 근의 공식
$x = \dfrac{-(-6L) \pm \sqrt{(-6L)^2 - 4 \times 6 \times L^2}}{2 \times 6}$
$= \dfrac{6L \pm \sqrt{12L^2}}{12} = \dfrac{(6 \pm 2\sqrt{3})L}{12}$
∴ $x = 0.21L$ or $0.79L$

해답 1. ① 2. ② 3. ②

★★★
4 아치축선이 포물선인 3활절 아치가 그림과 같이 등분포 하중을 받고 있을 때, 지점 A의 수평반력은?

① $\dfrac{wL^2}{8h}(\leftarrow)$
② $\dfrac{wh^2}{8L}(\leftarrow)$
③ $\dfrac{wL^2}{8h}(\rightarrow)$
④ $\dfrac{wh^2}{8L}(\rightarrow)$

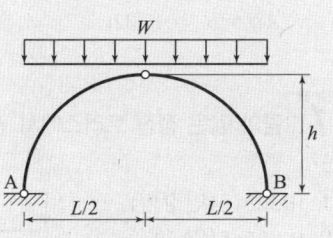

해설

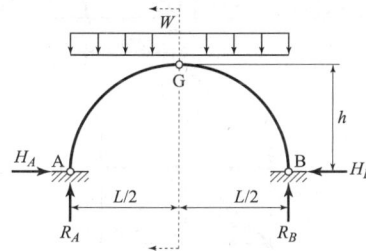

3-Hinge 아치의 수평반력
(1) 대칭하중이므로
$$R_A = \dfrac{wL}{2}$$
(2) $\sum M_{GL} = 0$
$$R_A \times \dfrac{L}{2} - H_A \times h - w \times \dfrac{L}{2} \times \dfrac{L}{4} = 0$$
$$\therefore H_A = \dfrac{wL^2}{8h}(\rightarrow)$$

★★
5 아래 그림과 같은 보에서 A점의 휨 모멘트는?

① $\dfrac{PL}{8}$ (시계방향)
② $\dfrac{PL}{2}$ (시계방향)
③ $\dfrac{PL}{2}$ (반시계방향)
④ PL (시계방향)

해설 휨모멘트
(1) B점의 모멘트하중
$M_B = 2PL$ (시계방향)
(2) B점의 모멘트 하중은 A점(고정지점)으로 $\dfrac{1}{2}$만큼 전달된다.
$M_A = \dfrac{1}{2} M_B = \dfrac{1}{2}(2PL) = PL$ (시계방향)

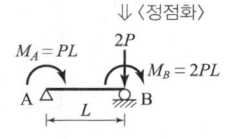

★★★
6 그림과 같이 길이 20m인 단순보의 중앙점 아래 1cm 떨어진 곳에 지점 C가 있다. 이 단순보가 등분포하중 $w = 1tf/m$를 받는 경우 지점 C의 수직반력 R_{cy}는? (단, $EI = 2.0 \times 10^{12} kg \cdot cm^2$이다.)

① 200kg
② 300kg
③ 400kg
④ 500kg

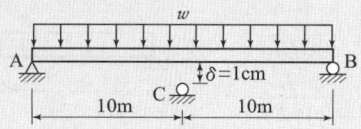

해설

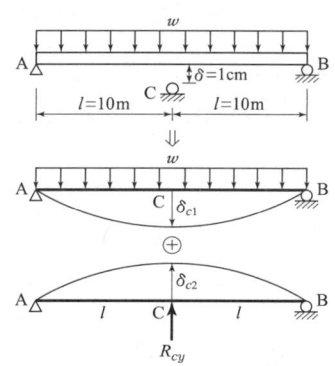

변형일치법
(1) $w = \dfrac{1t}{m} = \dfrac{1,000kg}{100cm} = \dfrac{10kg}{cm}$
(2) $\delta_{c1} = \dfrac{5w(2l)^4}{384EI}$ (하향처짐),
$\delta_{c2} = \dfrac{R_c(2l)^3}{48EI}$ (상향처짐)
(3) $\delta_c = \delta_{c1} - \delta_{c2}$
$$1 = \left(\dfrac{5 \times 10 \times 2,000^4}{384 \times 2 \times 10^{12}}\right) - \left(\dfrac{R_c \times 2,000^3}{48 \times 2 \times 10^{12}}\right)$$
$\therefore R_c = 500kg$

★★
7 그림과 같은 사다리꼴의 도심 G의 위치 $\bar{y}$로 옳은 것은?

① $\bar{y} = \dfrac{h}{3} \dfrac{a+b}{a+2b}$
② $\bar{y} = \dfrac{h}{3} \dfrac{a+b}{2a+b}$
③ $\bar{y} = \dfrac{h}{3} \dfrac{a+2b}{a+b}$
④ $\bar{y} = \dfrac{h}{3} \dfrac{2a+b}{a+b}$

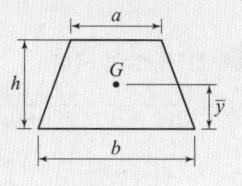

해설 사다리꼴 도심
(1) 사다리꼴 도심
$$\bar{y} = \dfrac{h}{3} \dfrac{2a+b}{a+b}$$
(2) 반원도심
$$\bar{y} = \dfrac{4r}{3\pi}$$

해답 4. ③   5. ④   6. ④   7. ④

8 그림과 같은 단순보에서 휨모멘트에 의한 탄성변형에너지는? (단, EI는 일정하다.)

① $\dfrac{w^2L^5}{40EI}$

② $\dfrac{w^2L^5}{96EI}$

③ $\dfrac{w^2L^5}{240EI}$

④ $\dfrac{w^2L^5}{384EI}$

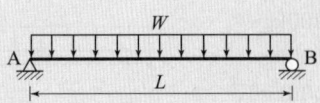

해설 탄성변형에너지

(1) $M_x = \left(\dfrac{wL}{2}\times x\right) - \left(w\times x \times \dfrac{x}{2}\right) = \dfrac{w}{2}(Lx - x^2)$

(2) 탄성변형에너지

$= \displaystyle\int_0^L \dfrac{M_x^2}{2EI}dx$

$= \dfrac{1}{2EI}\displaystyle\int_0^L\left[\dfrac{w}{2}(Lx-x^2)\right]^2 dx$

$= \dfrac{w^2}{8EI}\displaystyle\int_0^L (L^2x^2 - 2Lx^3 + x^4)dx$

$= \dfrac{w^2}{8EI}\left[\left(\dfrac{L^2x^3}{3}\right)-\left(\dfrac{2Lx^4}{4}\right)+\left(\dfrac{x^5}{5}\right)\right]_0^L$

$= \dfrac{w^2}{8EI}\left(\dfrac{20L^5-30L^5+12L^5}{60}\right) = \dfrac{w^2L^5}{240EI}$

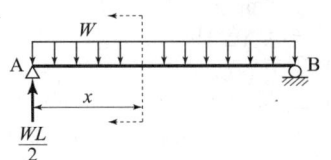

9 탄성계수 $2.3\times 10^6 \text{kg/cm}^2$, 프와송비는 0.35일 때 전단탄성계수의 값을 구하면?

① $8.1\times 10^5 \text{kg/cm}^2$
② $8.5\times 10^5 \text{kg/cm}^2$
③ $8.9\times 10^5 \text{kg/cm}^2$
④ $9.3\times 10^5 \text{kg/cm}^2$

해설 전단탄성계수(G)

$G = \dfrac{E}{2(1+\nu)} = \dfrac{2.3\times 10^6}{2(1+0.35)} = 8.5\times 10^5 \text{kg/cm}^2$

10 다음 그림에서 지점 A와 C에서의 반력을 각각 R_A와 R_C라고 할 때, R_A의 크기는?

① 20t
② 17.32t
③ 10t
④ 8.66t

해설 sine법칙

$\dfrac{10}{\sin 30°} = \dfrac{AB}{\sin 60°}$

∴ $AB = R_A = 17.32\text{t}$

11 그림과 같은 정정 트러스에서 D_1부재($\overline{AC}$)의 부재력은?

① 0.625tf (인장력)
② 0.625tf (압축력)
③ 0.75tf (인장력)
④ 0.75tf (압축력)

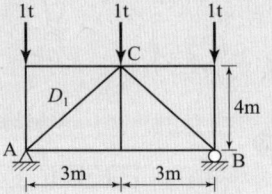

해설
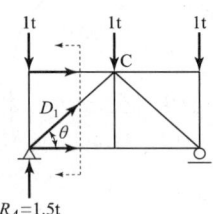

트러스 부재력
(1) 대칭하중이 작용하므로
$R_A = \dfrac{3t}{2} = 1.5\text{t}$

(2) $\sum V = 0$
$1.5 - 1 + D\times \sin\theta = 0$

∴ $D = \dfrac{-0.5}{4/5} = -0.625\text{t}$ (압축재)

12 그림과 같은 T형 단면을 가진 단순보가 있다. 이 보의 지간은 3m이고, 지점으로부터 1m 떨어진 곳에 하중 $P=450\text{kg}$이 작용하고 있다. 이 보에 발생하는 최대전단응력은?

① 14.8kg/cm^2
② 24.8kg/cm^2
③ 34.8kg/cm^2
④ 44.8kg/cm^2

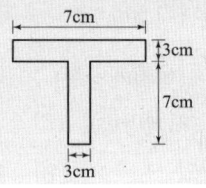

해설
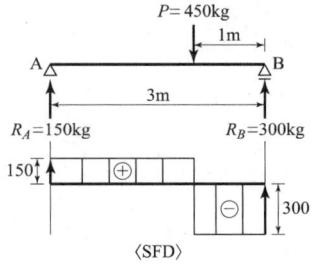

최대전단응력
(1) 최대전단력(S_{max})
오른쪽지점에서 왼쪽으로 1m 떨어진 곳에 하중을 재하한 후 B지점의 반력을 구하면 반력의 크기가 최대전단력이 된다.
$\sum M_A = 0$
$-R_B \times 3 + 450 \times 2 = 0$
$\therefore R_B = 300\text{kg} = S_{max}$

(2) 중립축결정(y_o) – 하단기준
$y_0 = \dfrac{G_x}{A} = \dfrac{(7 \times 3 \times 8.5) + (3 \times 7 \times 3.5)}{(7 \times 3) + (3 \times 7)} = 6\text{cm}$

(3) 중립축에 대한 단면1차모멘트
$G = A \times y_o = 3 \times 6 \times 3 = 54\text{cm}^3$

(4) 중립축에 대한 단면2차모멘트
$I_X = \dfrac{7 \times 3^3}{12} + 7 \times 3 \times 2.5^2 + \dfrac{3 \times 7^3}{12} + 3 \times 7 \times 2.5^2 = 364\text{cm}^4$

(5) 최대 전단응력
$\tau_{max} = \dfrac{SG}{Ib} = \dfrac{300 \times 54}{364 \times 3} = 14.8\text{kg/cm}^2$

★★★
13 평면응력을 받는 요소가 다음과 같이 응력을 받고 있다. 최대 주응력은?

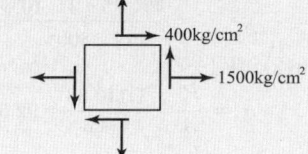

① 640kg/cm²
② 360kg/cm²
③ 1360kg/cm²
④ 1640kg/cm²

해설 최대주응력
(1) 최대주응력 : 전단응력이 "0"이 될 때 최대수직응력의 크기
(2) $\sigma_{max} = \dfrac{\sigma_x + \sigma_y}{2} + \sqrt{\left(\dfrac{\sigma_x - \sigma_y}{2}\right)^2 + (\tau_{xy})^2}$
$= \dfrac{1,500 + 500}{2} + \sqrt{\left(\dfrac{1,500 - 500}{2}\right)^2 + (400)^2}$
$= 1,640\text{kg/cm}^2$

★★★
14 직경 d인 원형단면 기둥의 길이가 4m이다. 세장비가 100이 되도록 하려면 이 기둥의 직경은?

① 9cm   ② 13cm
③ 16cm ④ 25cm

해설 세장비
(1) 최소 단면2차 반지름
$\gamma_{min} = \sqrt{\dfrac{I_{min}}{A}} = \sqrt{\dfrac{\pi d^4/64}{\pi d^2/4}} = \dfrac{d}{4}$

(2) 세장비
$\lambda = \dfrac{l}{\gamma_{min}} = \dfrac{l}{d/4}$
$\therefore d = \dfrac{4l}{\lambda} = \dfrac{4 \times 400\text{cm}}{100} = 16\text{cm}$

★★
15 그림과 같은 게르버보의 E점(지점 C에서 오른쪽으로 10m 떨어진 점)에서의 휨모멘트 값은?

① 600kg·m
② 640kg·m
③ 1000kg·m
④ 1600kg·m

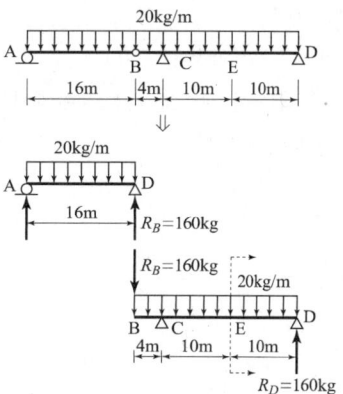

게르버보
(1) AB구간을 단순보로 가정하고 R_B를 구한다.
$\sum M_A = 0$
$-R_B \times 16 + 20 \times 16 \times 8 = 0$
$\therefore R_B = 160\text{kg}$

(2) 내민보의 B점에 R_B와 크기는 같고 방향은 반대로 하여 하중으로 재하한다.
$\sum M_c = 0$
$-R_D \times 20 - 160 \times 4 + 20 \times 24 \times (12-4) = 0$
$\therefore R_D = 160\text{kg}$

(3) $M_E = R_D \times 10 - 20 \times 10 \times 5 = 600\text{kg}$

★
16 그림과 같은 보에서 최대처짐이 발생하는 위치는? (단, 부재의 EI는 일정하다.)

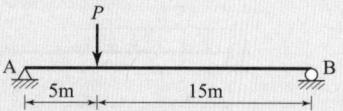

① A점으로부터 5.00m 떨어진 곳
② A점으로부터 6.18m 떨어진 곳
③ A점으로부터 8.82m 떨어진 곳
④ A점으로부터 10.00m 떨어진 곳

해설

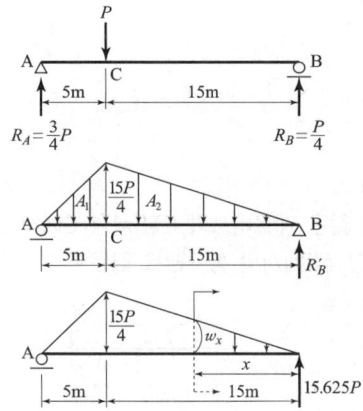

최대처짐

(1) $\sum M_B = 0$

$R_A \times 20 - P \times 15 = 0$ ∴ $R_A = \dfrac{3P}{4}$

(2) 휨모멘트 선도를 그리고 하중으로 재하한다.

$M_c = R_A \times 5 = \dfrac{15P}{4}$

$A_1 = \dfrac{1}{2} \times 5 \times \dfrac{15P}{4} = \dfrac{75P}{8}$

$A_2 = \dfrac{1}{2} \times 15 \times \dfrac{15P}{4} = \dfrac{225P}{8}$

$\sum M_A = 0$

$-R'_B \times 20 + \left(\dfrac{75P}{8}\right)\left(\dfrac{2}{3} \times 5\right) + \left(\dfrac{225P}{8}\right) \times \left(5 + \dfrac{1}{3} \times 15\right) = 0$

∴ $R'_B = 15.625P$

(3) 전단력이 "0"이 되는 곳에서 최대 처짐이 발생한다.

$x : W_x = 15 : \dfrac{15P}{4} \quad W_x = \dfrac{Px}{4}$

$15.625P = \dfrac{1}{2} \times \dfrac{Px}{4} \times x \Rightarrow \therefore x = 11.18\text{m}$

(4) A점으로부터 최대 처짐이 발생하는 곳

∴ $5 + (15 - 11.18) = 8.82\text{m}$

★★
17 그림과 같은 단순보의 최대 전단응력 τ_{max} 를 구하면?
(단, 보의 단면은 지름이 D인 원이다.)

① $\dfrac{WL}{2\pi D^2}$

② $\dfrac{9WL}{4\pi D^2}$

③ $\dfrac{3WL}{2\pi D^2}$

④ $\dfrac{2WL}{\pi D^2}$

해설 (1) $\sum M_B = 0$

$R_A \times L - w \times \dfrac{L}{2} \times \left(\dfrac{L}{2} + \dfrac{L}{4}\right) = 0$

∴ $R_A = \dfrac{3wL}{8} = S_{max}$

(2) $\tau_{max} = \dfrac{4}{3} \dfrac{S_{max}}{A} = \dfrac{4}{3} \times \dfrac{3wL/8}{\pi D^2/4} = \dfrac{2wL}{\pi D^2}$

★★★
18 길이가 8m이고, 단면이 3cm×4cm인 직사각형 단면을 가진 양단 고정인 장주의 중심축에 하중이 작용할 때 좌굴응력은 약 얼마인가? (단, $E = 2 \times 10^6 \text{kg/cm}^2$이다.)

① 74.7kg/cm^2 ② 92.5kg/cm^2
③ 143.2kg/cm^2 ④ 195.1kg/cm^2

해설 (1) 좌굴하중(P_c)

① 단부 지지조건 : 양단고정이므로 $n = 4.0$

② $I_{min} = \dfrac{4 \times 3^3}{12} = 9\text{cm}^4$

③ $P_c = \dfrac{n \pi^2 E I_{min}}{L^2}$

$= \dfrac{4 \times \pi^2 \times 2 \times 10^6 \times 9}{800^2} = 1,110.33\text{kg}$

(2) 좌굴응력

$\sigma_c = \dfrac{P_c}{A} = \dfrac{1,110.33}{4 \times 3} = 92.53\text{kg/cm}^2$

★★
19 그림과 같은 구조물에 하중 W가 작용할 때 P의 크기는? (단, $0° < \alpha < 180°$이다.)

① $P = \dfrac{W}{2\cos\dfrac{\alpha}{2}}$

② $P = \dfrac{W}{2\cos\alpha}$

③ $P = \dfrac{W}{\cos\dfrac{\alpha}{2}}$

④ $P = \dfrac{2W}{\cos\dfrac{\alpha}{2}}$

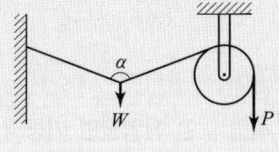

해답 17. ④ 18. ② 19. ①

해설

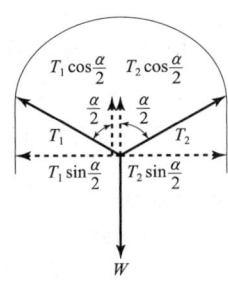

힘의 평형
(1) $\Sigma H = 0$
$-T_1 \sin\frac{\alpha}{2} + T_2 \sin\frac{\alpha}{2} = 0 \Rightarrow \therefore T_1 = T_2 = T$
(2) $\Sigma V = 0$
$T_1 \cos\frac{\alpha}{2} + T_2 \cos\frac{\alpha}{2} - W = 0$
$2T\cos\frac{\alpha}{2} = W$
고정도로래 이므로 $T = P$
$2P\cos\frac{\alpha}{2} = W \quad \therefore P = \frac{W}{2\cos\frac{\alpha}{2}}$

20 그림과 같이 속이 빈 원형단면(빗금친 부분)의 도심에 대한 극관성 모멘트는?

① 460cm^4
② 760cm^4
③ 840cm^4
④ 920cm^4

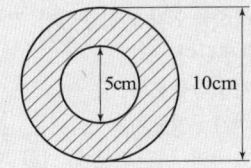

해설 극관성 모멘트=단면2차 극모멘트(I_P)
(1) $I_X = \frac{\pi}{64}(D^4 - d^4) = \frac{\pi}{64}(10^4 - 5^4) = 460\text{cm}^4$
(2) $I_P = I_X + I_Y = 2I_X$
$= 2 \times 460 = 920\text{cm}^4$

 측 량 학

21 삭제문제

출제기준 변경으로 인해 삭제됨

22 거리 2.0km에 대한 양차는? (단, 굴절계수 k는 0.14, 지구의 반지름은 6,370km이다.)
① 0.27m ② 0.29m
③ 0.31m ④ 0.33m

해설 양차
(1) 구차
$\frac{D^2}{2R} = \frac{(2,000)^2}{2 \times 6,370,000} = 0.314\text{m}$
(2) 기차
$-\frac{kD^2}{2R} = -\frac{0.14 \times (2,000)^2}{2 \times 6,370,000} = -0.044\text{m}$
(3) 양차=구차+기차
$= (0.314) + (-0.044) = 0.27\text{m}$

23 지오이드(Geoid)에 대한 설명으로 옳은 것은?
① 육지와 해양의 지형면을 말한다.
② 육지 및 해저의 요철(凹凸)을 평균한 매끈한 곡면이다.
③ 회전타원체와 같은 것으로 지구의 형상이 되는 곡면이다.
④ 평균해수면을 육지내부까지 연장했을 때의 가상적인 곡면이다.

해설 지오이드
(1) 평균해수면을 육지내부에 연장했을 때 생기는 가상적인 곡면이다.
(2) 지오이드와 회전타원체는 일치하지 않는다.
(3) 지오이드는 수준측량의 기준면으로 등포텐셜면이 된다.

24 축척 1:5000의 지형도 제작에서 등고선 위치오차가 ±0.3mm, 높이 관측오차가 ±0.2mm로 하면 등고선 간격은 최소한 얼마 이상으로 하여야 하는가?
① 1.5m ② 2.0m
③ 2.5m ④ 3.0m

해설 등고선간격(dl)
$dl \geq 0.3\text{mm} \times 5000 \quad \therefore dl \geq 1,500\text{mm} = 1.5\text{m}$

해답 20. ④ 21. 삭제문제 22. ① 23. ④ 24. ①

25.
직사각형 토지를 줄자로 측정한 결과가 가로 37.8m, 세로 28.9m이었다. 이 줄자는 표준길이 30m당 4.7cm가 늘어있었다면 이 토지의 면적 최대 오차는?

① 0.03m² ② 0.36m²
③ 3.42m² ④ 3.53m²

해설 면적오차(dA)

(1) 거리오차

$30 : 4.7 = 37.8 : dx \Rightarrow dx = \dfrac{37.8}{30} \times 4.7 = 5.92\text{cm} = 0.0592\text{m}$

$30 : 4.7 = 28.9 : dy \Rightarrow dy = \dfrac{28.9}{30} \times 4.7 = 4.53\text{cm} = 0.0453\text{m}$

(2) $(x+dx)(y+dy) = xy + xdy + ydx + dxdy$에서
 ① 면적 : $A = xy$
 ② 면적오차 : $dA = xdy + ydx$
  $= (37.8 \times 0.0453) + (28.9 \times 0.0592) = 3.42\text{m}^2$

26.
그림과 같이 2회 관측한 ∠AOB의 크기는 21°36′28″, 3회 관측한 ∠BOC는 63°18′45″, 6회 관측한 ∠AOC는 84°54′37″일 때 ∠AOC의 최확값은?

① 84°54′25″
② 84°54′31″
③ 84°54′43″
④ 84°54′49″

해설 조건부 최확치

(1) 각 관측오차(ϵ'')
 $\epsilon'' = (\angle AOB + \angle BOC) - (\angle AOC)$
 $= (21°36′28″ + 63°18′45″) - (84°54′37″) = 36″$

(2) 경중률
 ① 조건부의 오차조정에서 경중률(P)은 관측횟수에 반비례한다.
 ② $P_1 : P_2 : P_3 = \dfrac{1}{N_1} : \dfrac{1}{N_2} : \dfrac{1}{N_3} = \dfrac{1}{2} : \dfrac{1}{3} : \dfrac{1}{6} = 3 : 2 : 1$

(3) 조정량(d)
 ① 오차조정
  $(\angle AOB + \angle BOC) > (\angle AOC)$이므로
  ∠AOB, ∠BOC : 조정량만큼 (−)빼주고
  ∠AOC : 조정량만큼 (+)더해준다.
 ② $d = \dfrac{\epsilon''}{\sum P} \times$조정할 각의 경중률
  $= \dfrac{36″}{3+2+1} \times 1 = 6″$
 ∴ ∠AOC = 84°54′37″ + 6″ = 84°54′43″

27.
GNSS 위성측량시스템으로 틀린 것은?

① GPS ② GSIS
③ QZSS ④ GALILEO

해설 GNSS(Global Navigation Satellite System)
(1) 위성측위시스템을 말한다.
 측위 : GPS를 사용하거나 무선네트워크의 기지국위치를 활용하여 서비스요청 단말기의 정확한 위치를 파악하는 기술.
(2) 각국의 위성측위 시스템
 GPS : 미국, GALILEO : 유럽, QZSS : 일본, GLONASS : 러시아.
(3) GSIS(Geospatial information system)는 지형공간정보체계를 말한다.

28.
수준측량에서 전·후시의 거리를 같게 취해도 제거되지 않는 오차는?

① 지구곡률오차 ② 대기굴절오차
③ 시준선오차   ④ 표척눈금오차

해설 전·후시 거리를 같게 취하면 소거되는 오차
(1) 시준축오차 : 시준선이 기포관축가 평행하지 않을 때 발생한다.
(2) 지구곡률오차.
(3) 대기굴절오차.
(4) 표척의 눈금부정에 의한 오차는 고저 차에 비례해서 조정한다. 전·후시 거리를 같게 취해도 소거되는 오차가 아니다.

29.
수면으로부터 수심(H)의 0.2H, 0.4H, 0.6H, 0.8H 지점의 유속($V_{0.2}, V_{0.4}, V_{0.6}, V_{0.8}$)을 관측하여 평균유속을 구하는 공식으로 옳지 않은 것은?

① $V = V_{0.6}$
② $V = \dfrac{1}{2}(V_{0.2} + V_{0.8})$
③ $V = \dfrac{1}{3}(V_{0.2} + V_{0.6} + V_{0.8})$
④ $V = \dfrac{1}{4}(V_{0.2} + 2V_{0.6} + V_{0.8})$

해답 25. ③ 26. ③ 27. ② 28. ④ 29. ③

해설 평균유속(3점법)

(1) $V = \frac{1}{4}(V_{0.2} + 2V_{0.6} + V_{0.8})$

(2) 수면에서 수심의 60%지점이 평균유속에 가장 가깝기 때문에 가중치를 두어 평균유속을 계산한다.

30 그림과 같은 반지름=50m인 원곡선을 설치하고자 할 때 접선거리 $\overline{AI}$ 상에 있는 $\overline{HC}$의 거리는?
(단, 교각=60°, $\alpha = 20°$, $\angle AHC = 90°$)

① 0.19m
② 1.98m
③ 3.02m
④ 3.24m

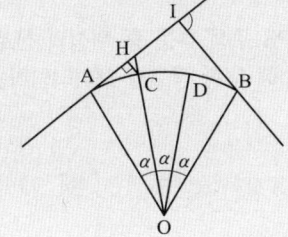

해설

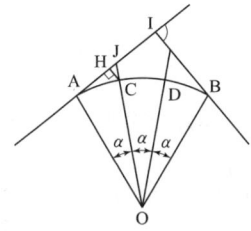

원곡선 설치
(1) OJ거리

$OJ \times \cos\alpha = OA$

$OJ = \dfrac{OA}{\cos\alpha} = \dfrac{50}{\cos 20°} = 53.208\text{m}$

(2) $CJ = OJ - OC = 53.208 - 50 = 3.208\text{m}$

∴ $HC = CJ \times \cos 20° = 3.015\text{m}$

31 삼각측량에서 시간과 경비가 많이 소요되나 가장 정밀한 측량성과를 얻을 수 있는 삼각망은?
① 유심망
② 단삼각형
③ 단열삼각망
④ 사변형망

해설 삼각망 특징
(1) 사변형망
  ① 조건식이 가장 많아 가장 정밀한 삼각측량을 할 수 있다.
  ② 삼각점 하나의 포함면적이 가장 적다.
(2) 단열삼각망
  ① 조건식이 가장 적어 가장 정밀도가 떨어진다.
  ② 하천측량처럼 폭이 좁고 길이가 긴 지역에 적합하다.

(3) 유심삼각망
  ① 방대한 지역의 측량에 적합하다.
  ② 삼각점 하나의 포함면적이 가장 넓다.

32 지형도의 이용법에 해당되지 않는 것은?
① 저수량 및 토공량 산정
② 유역면적의 도상 측정
③ 간접적인 지적도 작성
④ 등경사선 관측

해설 지형도 이용
(1) 종횡단면도 작성
(2) 저수량 및 토공량 산정
(3) 등경사선 결정
(4) 면적의 도상 측정
(5) 지형도는 정밀도가 낮으므로 지적도를 작성하는데 사용하지 않는다.

33 다음 설명 중 틀린 것은?
① 측지학이란 지구 내부의 특성, 지구의 형상 및 운동을 결정하는 측량과 지구표면상 모든 점들 간의 상호위치 관계를 산정하는 측량을 위한 학문이다.
② 측지측량은 지구의 곡률을 고려한 정밀측량이다.
③ 지각변동의 관측, 항로 등의 측량은 평면측량으로 한다.
④ 측지학의 구분은 물리측지학과 기하측지학으로 크게 나눌 수 있다.

해설 측량의 분류
(1) 물리학적 측지학
  ① 지구내부의 특성, 지구의 형태 및 운동 등 물리학적 요소를 결정한다.
  ② 중력측정, 지자기측정, 탄성파 측정, 지구의 운동 등이 있다.
(2) 기하학적 측지학
  ① 지구표면상의 길이, 각 및 높이의 관측에 의한 3차원 위치관계를 산정한다.
  ② 수평위치 결정, 천문 측량, 길이 및 시의 결정 등이 있다.
(3) 지각변동의 관측, 항로 등의 측량은 지구 곡률을 고려한 측지측량으로 해야 한다.

해답 30. ③ 31. ④ 32. ③ 33. ③

34 다각측량에서 토털스테이션의 구심오차에 관한 설명으로 옳은 것은?
① 도상의 측점과 지상의 측점이 동일연직선상에 있지 않음으로써 발생한다.
② 시준선이 수평분도원의 중심을 통과하지 않음으로써 발생한다.
③ 편심량의 크기에 반비례한다.
④ 정반관측으로 소거된다.

해설 토털스테이션
(1) 전자식 데오돌라이트와 광파측거기를 하나의 기기로 통합한기기를 말한다.
(2) 구심 : 지상측점과 도상의 측점을 동일 연직선 상에 일치하도록 맞추는 것.

35 표고 $h=326.42$m인 지대에 설치한 기선의 길이가 $L=500$m일 때 평균해면상의 보정량은? (단, 지구 반지름 $R=6,367$km이다.)
① -0.0156m ② -0.0256m
③ -0.0356m ④ -0.0456m

해설

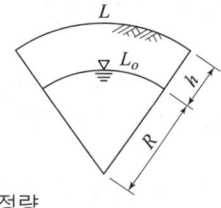

평균해면상 보정량
(1) 항상 $(-)$값을 가진다.
(2) 보정량
$$L-L_0=-\frac{Lh}{R}=-\frac{500\times 326.42}{6,367,000}=-0.0256\text{m}$$

36 클로소이드곡선에 관한 설명으로 옳은 것은?
① 곡선반지름 R, 곡선길이 L, 매개변수 A와의 관계식은 $RL=A$이다.
② 곡선반지름에 비례하여 곡선길이가 증가하는 곡선이다.
③ 곡선길이가 일정할 때 곡선반지름이 커지면 접선각은 작아진다.
④ 곡선반지름과 곡선길이가 매개변수 A의 1/2인 점 $(R=L=A/2)$을 클로소이드 특성점이라 한다.

해설 클로소이드곡선
(1) 매개변수 : $A=\sqrt{RL}$
(2) 완화곡선 : 곡률$\left(\dfrac{1}{R}\right)$이 곡선길이에 비례하는 곡선.
(3) 접선각(τ) : 곡선반지름이 커지면 접선각은 작아진다.
$\tau=\dfrac{L}{2R}$ 여기서 R : 곡선반지름, L : 완화곡선길이
(4) 특성점 : $R=L=A$인 점을 의미한다.

37 GPS 구성 부문 중 위성의 신호 상태를 점검하고, 궤도 위치에 대한 정보를 모니터링하는 임무를 수행하는 부문은?
① 우주부문 ② 제어부문
③ 사용자부문 ④ 개발부문

해설 GPS의 구성
(1) 우주 부문
 ① 우주공간을 날고 있는 GPS위성에 대한 부분으로,
 ② 위성의 궤도 부분, 정밀한 시각 측정시스템인 시계부문, 수신기와 통신을 위한 신호체계로 구성된다.
(2) 사용자 부문
 GPS수신기와 자료처리를 위한 위성으로부터 전송되는 시간과 위치 정보를 처리해 정확한 위치와 속도를 구하는 분야이다.
(3) 제어 부문
 ① 주관제국 : GPS위성 총지휘, 위성발사와 예비 위성 작동 조절
 ② 부관제국 : GPS 신호점검, 시계오차계산, 궤도추적/예측

38 수평 및 수직거리를 동일한 정확도로 관측하여 육면체의 체적을 3,000m³로 구하였다. 체적계산의 오차를 0.6m³ 이하로 하기 위한 수평 및 수직거리 관측의 최대허용 정확도는?
① $\dfrac{1}{15,000}$ ② $\dfrac{1}{20,000}$
③ $\dfrac{1}{25,000}$ ④ $\dfrac{1}{30,000}$

해설 체적정도$\left(\dfrac{dV}{V}\right)$와 거리정도$\left(\dfrac{dl}{l}\right)$ 관계
(1) $\dfrac{dV}{V}=3\dfrac{dl}{l}$
(2) $\dfrac{0.6}{3,000}=3\dfrac{dl}{l}$ ∴ $\dfrac{dl}{l}=\dfrac{0.6}{3,000\times 3}=\dfrac{1}{15,000}$

해답 34. ① 35. ② 36. ③ 37. ② 38. ①

39 노선에 곡선반지름 $R=600$m인 곡선을 설치할 때, 현의 길이 $L=20$m에 대한 편각은?

① 54′18″　　② 55′18″
③ 56′18″　　④ 57′18″

해설 편각설치법
(1) 편각(δ) : 접선과 현이 이루는 각
(2) $\delta = \dfrac{L}{2R} \rho°$
$= \dfrac{20}{2 \times 600}\left(\dfrac{180°}{\pi}\right) = 57′18″$

40 삭제문제

출제기준 변경으로 인해 삭제됨

수리학 및 수문학

41 물의 순환과정인 증발에 관한 설명으로 옳지 않은 것은?

① 증발량은 물수지방정식에 의하여 산정될 수 있다.
② 증발은 자유수면 뿐만 아니라 식물의 엽면 등을 통하여 기화되는 모든 현상을 의미한다.
③ 증발접시계수는 저수지 증발량의 증발접시 증발량에 대한 비이다.
④ 증발량은 수면온도에 대한 공기의 포화증기압과 수면에서 일정 높이에서의 증기압의 차이에 비례한다.

해설 물의 순환
(1) 식물의 엽면을 통해 지중의 물이 대기 중으로 방출되는 현상은 증발이 아니고 증산이라고 한다.
(2) 물수지방정식
$E = P + I - O \pm U \pm S$
E : 증발량, P : 강수량, I : 지표유입량,
O : 지표유출량, U : 지하 유출입량,
S : 저유량의 변화량

42 개수로에서 일정한 단면적에 대하여 최대 유량이 흐르는 조건은?

① 수심이 최대이거나 수로 폭이 최소일 때
② 수심이 최소이거나 수로 폭이 최대일 때
③ 윤변이 최소이거나 경심이 최대일 때
④ 윤변이 최대이거나 경심이 최소일 때

해설 수리상 유리한 단면
(1) $Q = AV = AC\sqrt{RI} = AC\sqrt{\dfrac{A}{P}I}$ 이므로
(2) 최대유량 조건 : 윤변(P)이 최소이거나 경심(R)이 최대일 때

43 강수량 자료를 해석하기 위한 DAD해석 시 필요한 자료는?

① 강우량, 단면적, 최대수심
② 적설량, 분포면적, 적설일수
③ 강우량, 집수면적, 강우기간
④ 수심, 유속단면적, 홍수기간

해설 DAD해석
(1) 최대우량깊이(Depth) − 유역면적(Area) − 지속시간(Duration)과의 관계를 해석하는 작업
(2) DAD곡선작도
유역면적은 종좌표, 강우량은 횡좌표, 지속시간은 매개변수로 작도한다.
(3) DAD해석 시 필요한 자료
우량깊이 : 강우량 기록 지
유역면적 : 구적기
지속기간 : 자기우량 기록지

44 원형관의 중앙에 피토관(Pitot tube)을 넣고 관벽의 정수압을 측정하기 위하여 정압관과의 수면차를 측정하였더니 10.7m이었다. 이 때의 유속은? (단, 피토관 상수 $C=1$이다.)

① 8.4m/s　　② 11.7m/s
③ 13.1m/s　　④ 14.5m/s

해설 피토관(Pitot tube)
(1) 피토관은 정압관과의 수면차(동압력수두)를 측정하여 유속을 구한다.
(2) $V = C\sqrt{2gh} = 1 \times \sqrt{2 \times 9.8 \times 10.7} = 14.5$m/sec

---

해답 39. ④　40. 삭제문제　41. ②　42. ③　43. ③　44. ④

45. 단위무게 5.88kN/m³, 단면 40cm×40cm, 길이 4m인 물체를 물속에 완전히 가라앉히려 할 때 필요한 최소힘은?

① 2.51kN ② 3.76kN
③ 5.88kN ④ 6.27kN

해설 부력(B)
W(물체무게) + M
= B(액체단위중량 × 배수용적) + W'(물체수중무게)
$\omega V + M = \omega' V' + W'$
$\dfrac{5.88\text{kN}}{\text{m}^3} \times (0.4 \times 0.4 \times 4) + M = \dfrac{9.8\text{kN}}{\text{m}^3} \times (0.4 \times 0.4 \times 4) + 0$
$M = 2.51$ kN

46. 다음 설명 중 기저유출에 해당되는 것은?

- 유출에 유수의 생기원천에 따라 (A)지표면 유출, (B)지표하(중간)유출, (C)지하수 유출로 분류되며, 지표하 유출은 (B₁)조기 지표하 유출(prompt subsurface runoff), (B₂)지연 지표하 유출(delayed subsurface runoff)로 구성된다.
- 또한 실용적인 유출해석을 위해 하천수로를 통한 총 유출은 직접유출과 기저유출로 분류된다.

① (A)+(B)+(C) ② (B)+(C)
③ (A)+(B₁) ④ (C)+(B₂)

해설 유출(Runoff)
(1) 기저유출
 ① 비가 오기 전의 건기 시에 하천유량에 기여하는 유출
 ② 기저유출=지연 지표 하 유출+지하수 유출
(2) 직접유출
 ① 강수 후에 비교적 단시간 내에 하천유량에 기여하는 유출
 ② 직접유출=조기 지표 하 유출+지표면 유출+수로 상 강수

47. 단위유량도에 대한 설명 중 틀린 것은?

① 일정기저시간가정, 비례가정, 중첩가정은 단위도 3대 기본가정이다.
② 단위도의 정의에서 특정 단위시간은 1시간을 의미한다.
③ 단위도의 정의에서 단위 유효우량은 유역 전 면적상의 등가우량 깊이로 측정되는 특정량의 우량을 의미한다.
④ 단위 유효우량은 유출량의 형태로 단위도상에 표시되며, 단위도 아래의 면적은 부피의 차원을 가진다.

해설 단위유량도
(1) 정의 : 특정 단위시간동안 균일한 강도로 유역전반에 걸쳐 균등하게 내린 단위 유효우량으로 인한 직접유출의 수문곡선을 말한다.
(2) 단위시간 : 단위유량도의 특정 단위시간은 유효우량의 지속기간을 의미한다.

48. 그림과 같은 수로의 단위폭당 유량은? (단, 유출계수 C=1이며 이외 손실은 무시함)

① 2.5m³/s/m
② 1.6m³/s/m
③ 2.0m³/s/m
④ 1.2m³/s/m

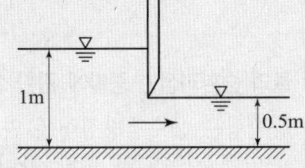

해설 수문
(1) $V = \sqrt{2gh} = \sqrt{2 \times 9.81 \times (1-0.5)} = 3.13$m/sec
(2) $Q = CAV = (1) \times (0.5 \times 1) \times (3.13) = 1.6$m³/s/m

49. 강우 강도 $I = \dfrac{5,000}{t+40}$[mm/hr]로 표시되는 어느 도시에 있어서 20분 간의 강우량 R_{20}은? (단, t의 단위는 분이다.)

① 17.8mm ② 27.8mm
③ 37.8mm ④ 47.8mm

해답 45. ① 46. ④ 47. ② 48. ② 49. ②

해설 강우량(R_{20})
(1) 강우강도
$$I = \frac{5,000}{t+40} = \frac{5,000}{20+40} = 83.33 \text{mm/hr}$$
(2) 20분간 강우량
$$R_{20} = \frac{83.33\text{mm}}{60\text{min}} \times 20\text{min} = 27.8\text{mm}$$

★★★
50 그림과 같이 물속에 수직으로 설치된 2m×3m 넓이의 수문을 올리는 데 필요한 힘은? (단, 수문의 물속 무게는 1,960N이고, 수문과 벽면 사이의 마찰계수는 0.25이다.)

① 5.45kN
② 53.4kN
③ 126.7kN
④ 271.2kN

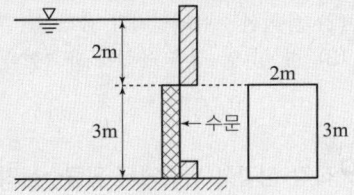

해설 수문을 들어 올리는데 필요한 힘
(1) 전수압: $P = \omega h_G A = 9.8 \times \left(2 + \frac{3}{2}\right) \times 2 \times 3 = 205.8\text{kN}$
(2) 마찰력 = 마찰계수 × 전수압
$= 0.25 \times 205.8 = 51.45\text{kN}$
(3) 수문을 들어올리는데 필요한 힘 = 마찰력 + 수문의 수중무게
$= 51.45 + 1.96 = 53.41\text{kN}$

★★
51 관망(pipe network) 계산에 대한 설명으로 옳지 않은 것은?

① 관내의 흐름은 연속 방정식을 만족한다.
② 가정 유량에 대한 보정을 통한 시산법(trial and error method)으로 계산한다.
③ 관내에서는 Darcy-Weisbach공식을 만족한다.
④ 임의 두 점간의 압력강하량은 연결하는 경로에 따라 다를 수 있다.

해설 관망 기본가정
(1) 연속 방정식이 성립(유입수량=유출수량)
(2) 관 마찰 손실 수두만 고려(Darcy Weisbach)
(3) 임의 두 점간의 압력강하량의 동질성(두점간의 압력강하량의 크기는 같다)

★
52 위어(weir)에 관한 설명으로 옳지 않은 것은?

① 위어를 월류하는 흐름은 일반적으로 상류에서 사류로 변한다.
② 위어를 월류하는 흐름이 사류일 경우(완전월류) 유량은 하류 수위의 영향을 받는다.
③ 위어는 개수로의 유량 측정, 취수를 위한 수위 증가 등의 목적으로 설치된다.
④ 작은 유량을 측정할 경우 삼각위어가 효과적이다.

해설 위어(Weir)
위어를 월류하는 흐름이 사류일 경우(완전월류) 유량은 하류수위의 영향을 받지 않는다.

53 다음 중 부정류 흐름의 지하수를 해석하는 방법은?

① Theis방법 ② Dupuit방법
③ Thiem방법 ④ Laplace방법

해설 부정류 해석방법
(1) Theis 방법
(2) Jacob 방법
(3) chow 방법

★★★
54 경심이 5m이고 동수경사가 1/200인 관로에서 Reynolds 수가 1,000인 흐름의 평균유속은?

① 0.70m/s ② 2.24m/s
③ 5.00m/s ④ 5.53m/s

해설 평균유속(V)
(1) $f = \frac{64}{R_e} = \frac{64}{1,000} = 0.064$
(2) $C = \sqrt{\frac{8g}{f}} = \sqrt{\frac{8 \times 9.8}{0.064}} = 35$
(3) $V = C\sqrt{RI} = 35\sqrt{5 \times \frac{1}{200}} = 5.53\text{m/sec}$

해답 50. ② 51. ④ 52. ② 53. ① 54. ④

2016년 과년도 출제문제

55 흐르는 유체 속에 물체가 있을 때, 물체가 유체로부터 받는 힘은?
① 장력(張力)   ② 충력(衝力)
③ 항력(抗力)   ④ 소류력(掃流力)

해설 항력(D)
 (1) 수중물체가 유체로부터 받는 힘의 크기
 (2) $D = C_D A \dfrac{\rho v^2}{2}$

56 폭이 1m인 직사각형 개수로에서 0.5m³/s의 유량이 80cm의 수심으로 흐르는 경우, 이 흐름을 가장 잘 나타낸 것은? (단, 동점성 계수는 0.012cm²/s, 한계수심은 29.5cm이다.)
① 층류이며 상류   ② 층류이며 사류
③ 난류이며 상류   ④ 난류이며 사류

해설 개수로 흐름의 분류
 (1) 층류와 난류 : R_e 수로 판별한다.
  $V = \dfrac{Q}{A} = \dfrac{0.5}{1 \times 0.8} = 0.625 \text{m/s} = 62.5 \text{cm/s}$
  $R = \dfrac{A}{P} = \dfrac{1 \times 0.8}{(1)+(2 \times 0.8)} = 0.308 \text{m} = 30.8 \text{cm}$
  $R_e = \dfrac{VR}{\nu} = \dfrac{62.5 \times 30.8}{0.012} = 160,416.7$ (∴ 난류)
  층류 : $R_e < 500$, 난류 : $R_e > 500$
 (2) 상류와 사류 : F_r 수로 판별한다.
  $F_r = \dfrac{V}{\sqrt{gh}} = \dfrac{0.625}{\sqrt{9.8 \times 0.8}} = 0.223$ (∴ 상류)
  상류 : $F_r < 1$, 사류 : $F_r > 1$

57 다음의 손실계수 중 특별한 형상이 아닌 경우, 일반적으로 그 값이 가장 큰 것은?
① 입구 손실계수(f_e)
② 단면 급확대 손실계수(f_{se})
③ 단면 급축소 손실계수(f_{sc})
④ 출구 손실계수(f_o)

해설 손실계수
 (1) 입구손실계수 : $f_e = 0.5$
 (2) 단면 급확대 손실계수
  : $f_{se} = \left(1 - \dfrac{a}{A}\right)^2 = \left[1 - \left(\dfrac{d^2}{D^2}\right)\right]^2$
 (3) 단면 급축소 손실계수 : $f_{sc} = \left(\dfrac{1}{C_a} - 1\right)$
 (4) 출구손실계수 : $f_o = 1.0$
 ∴ 출구손실계수가 가장 크다.

58 유선(streamline)에 대한 설명으로 옳지 않은 것은?
① 유선이란 유체입자가 움직인 경로를 말한다.
② 비정상류에서는 시간에 따라 유선이 달라진다.
③ 정상류에서는 유적선(pathline)과 일치한다.
④ 하나의 유선은 다른 유선과 교차하지 않는다.

해설 유선
 (1) 유선 : 어느 한 순간에 있어서 속도벡터의 접선.
 (2) 유적선 : 유체입자가 움직이는 경로.
 (3) 정상류인 경우 유선과 유적선은 일치한다.

59 직각 삼각형 위어에서 월류수심의 측정에 1%의 오차가 있다고 하면 유량에 발생하는 오차는?
① 0.4%   ② 0.8%
③ 1.5%   ④ 2.5%

해설 삼각위어의 유량오차 $\left(\dfrac{dQ}{Q}\right)$
 (1) $Q = \dfrac{8}{15} \tan\dfrac{\theta}{2} \sqrt{2g} \, h^{\frac{5}{2}}$
 (2) 유량오차 = 월류수심의 지수(k) × 월류수심 측정오차 $\left(\dfrac{dh}{h}\right)$
  ∴ $\dfrac{dQ}{Q} = k \dfrac{dh}{h} = \dfrac{5}{2} \times (1\%) = 2.5\%$

60 Darcy의 법칙에 대한 설명으로 옳은 것은?
① 지하수 흐름이 층류일 경우 적용된다.
② 투수계수는 무차원의 계수이다.
③ 유속이 클 때에만 적용된다.
④ 유속이 동수경사에 반비례하는 경우에만 적용된다.

해설 Darcy법칙
 (1) 지하수 흐름이 층류일 경우 적용된다.
 (2) 투수계수는 속도차원 이다.
 (3) 유속이 클 때에는 난류인 상태이므로 적용할 수 없다.
 (4) 유속과 동수구배는 비례한다.

해답 55. ③   56. ③   57. ④   58. ①   59. ④   60. ①

철근콘크리트 및 강구조

61 인장응력 검토를 위한 L-150×90×12인 형강(angel)의 전개 총폭 b_g는 얼마인가?

① 228mm ② 232mm
③ 240mm ④ 252mm

해설 L형강 전개 총폭(b_g)

$b_g = b_1 + b_2 - t$
$= 150 + 90 - 12 = 228 \text{mm}$

62 직사각형 단면의 보에서 계수 전단력 $V_u = 40\text{kN}$을 콘크리트만으로 지지하고자 할 때 필요한 최소 유효깊이 (d)는? (단, $f_{ck} = 25\text{MPa}$이고, $b_w = 300\text{mm}$이다.)

① 320mm ② 348mm
③ 384mm ④ 427mm

해설 전단보강철근

(1) 콘크리트가 부담하는 공칭전단강도

$V_c = \dfrac{1}{6} \lambda \sqrt{f_{ck}} \, b_w \, d$
$= \dfrac{1}{6} \times 1.0 \times \sqrt{25} \times 300 \times d = 250d$

(2) 전단보강철근이 필요 없는 조건

$V_u \leq \dfrac{1}{2} \phi V_c$

$40,000 \leq \dfrac{1}{2} \times 0.75 \times 250d$

$\therefore d \geq 426.67 \text{mm}$

63 경간 25m인 PS콘크리트 보에 계수하중 40kN/m이 작용하고, $P = 2,500\text{kN}$의 프리스트레스가 주어질 때 등분포 상향력 u를 하중평형(Balanced Load)개념에 의해 계산하여 이 보에 작용하는 순수하향 분포하중을 구하면?

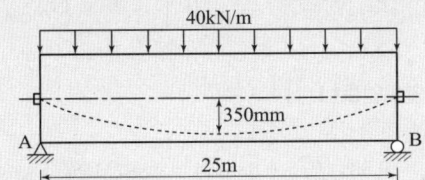

① 26.5kN/m ② 27.3kN/m
③ 28.8kN/m ④ 29.6kN/m

해설 PSC 하중평형개념

(1) 프리스트레스에 의한 등분포 상향력(u)

$u = \dfrac{8PS}{l^2} = \dfrac{8 \times 2,500 \times 0.35}{25^2} = 11.2 \text{kN/m}$

(2) 순수 하향하중

$= w - u$
$= 40 - 11.2 = 28.8 \text{kN/m}$

64 그림과 같은 원형철근기둥에서 콘크리트구조설계기준에서 요구하는 최대 나선철근의 간격은 약 얼마인가? (단, $f_{ck} = 24\text{MPa}$, $f_{yt} = 400\text{MPa}$, D10철근의 공칭단면적은 71.3mm²이다.)

① 35mm
② 38mm
③ 42mm
④ 45mm

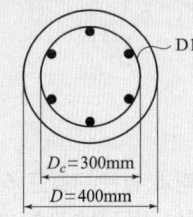

해설 나선철근기둥

(1) 나선철근체적
= 나선철근 공칭단면적 × πD_c
$= 71.3 \times \pi \times 300 = 67,198.67 \text{mm}^3$

(2) 심부체적 = 심부단면적 × 피치

$= \dfrac{\pi D_c^2}{4} \times P = \dfrac{\pi \times 300^2}{4} \times P = 70,685.83 P$

(3) 나선철근비(ρ_s)

① $\dfrac{A_g}{A_{ch}} = \dfrac{\pi D^2/4}{\pi D_c^2/4} = \dfrac{D^2}{D_c^2} = \dfrac{400^2}{300^2} = 1.78$

② $\rho_s = 0.45 \left(\dfrac{A_g}{A_{ch}} - 1 \right) \dfrac{f_{ck}}{f_{yt}}$

$= 0.45(1.78-1) \dfrac{24}{400} = 0.0211$

(4) 나선철근비(ρ_s) = 나선철근체적/심부체적

$0.0211 = \dfrac{67,198.67}{70,685.83 P}$ $\therefore P = 45 \text{mm}$

해답 61. ① 62. ④ 63. ③ 64. ④

2016년 과년도출제문제

65 프리스트레스트 콘크리트 구조물의 특징에 대한 설명으로 틀린 것은?
① 철근콘크리트의 구조물에 비해 진동에 대한 저항성이 우수하다.
② 설계하중하에서 균열이 생기지 않으므로 내구성이 크다.
③ 철근콘크리트 구조물에 비하여 복원성이 우수하다.
④ 공사가 복잡하여 고도의 기술을 요한다.

해설 프리스트레스콘크리트 단점
(1) PSC 화재시에 폭발할 염려가 있다.
(2) 변형이 크고 진동하기 쉽다.
(3) 공사비가 많이 든다.

66 아래 그림과 같은 단철근 직사각형 보에서 설계휨강도 계산을 위한 강도감소계수(ϕ)는? (단, $f_{ck}=35\text{MPa}$, $f_y=400\text{MPa}$, $A_s=3{,}500\text{mm}^2$)
① 0.826
② 0.813
③ 0.85
④ 0.839

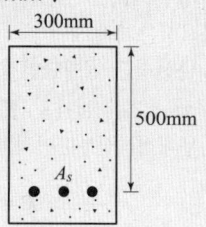

해설 1) 등가직사각형 응력블록깊이(a)
① $f_{ck} \leq 40\text{MPa} \Rightarrow \eta=1.0$, $\beta_1=0.8$
② $a = \dfrac{A_s f_y}{\eta(0.85 f_{ck})b}$
$= \dfrac{3{,}500 \times 400}{1.0 \times 0.85 \times 35 \times 300} = 156.86\text{mm}$

2) 최 외단 인장철근의 순인장변형률(ϵ_t)
① $c = \dfrac{a}{\beta_1} = \dfrac{156.86}{0.8} = 196.075\text{mm}$
② $\epsilon_t = \epsilon_{cu}\left(\dfrac{d-c}{c}\right) = 0.0033\left(\dfrac{500-196.075}{196.075}\right)$
$= 0.00512$

3) 강도감소계수
$\epsilon_t > 0.005$ (인장지배변형률 한계) $\Rightarrow$ 인장지배단면
$\therefore \phi = 0.85$

67 인장 이형철근의 정착길이 산정 시 필요한 보정계수에 대한 설명으로 틀린 것은? (단, f_{sp}는 콘크리트의 쪼갬인장강도)
① 상부철근(정착길이 또는 겹침이음부 아래 300mm를 초과되게 굳지 않은 콘크리트를 친 수평철근)인 경우, 철근배근 위치에 따른 보정계수 1.3을 사용한다.
② 에폭시 도막철근인 경우, 피복두께 및 순간격에 따라 1.2나 2.0의 보정계수를 사용한다.
③ f_{sp}가 주어지지 않은 전경량콘크리트인 경우, 보정계수(λ)는 0.75를 사용한다.
④ 에폭시 도막철근이 상부철근인 경우에 상부철근의 위치계수와 철근 도막계수의 곱이 1.7보다 클 필요는 없다.

해설 정착길이
(1) 에폭시 도막철근인 경우, 피복두께 및 순간격에 따라 1.5나 1.2의 보정계수를 사용한다.
(2) 경량콘크리트계수(λ)
① f_{sp}(콘크리트 인장강도)가 주어지지 않은 경우
전 경량 콘크리트 : $\lambda=0.75$,
모래경량콘크리트 : $\lambda=0.85$
② f_{sp}가 주어진 경우
$\lambda = \dfrac{f_{sp}}{0.56\sqrt{f_{ck}}} \leq 1.0$
③ 보통콘크리트 : $\lambda=1.0$

68 아래 그림과 같은 직사각형 단면의 균열 모멘트(M_{cr})는? (단, 보통중량 콘크리트를 사용한 경우로서, $f_{ck}=21\text{MPa}$, $A_s=4{,}800\text{mm}^2$)
① 36.13kN·m
② 31.25kN·m
③ 27.98kN·m
④ 23.65kN·m

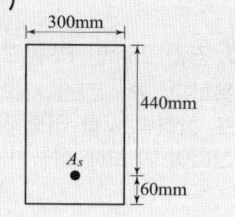

해설 균열모멘트(M_{cr})
(1) 휨 인장강도
$f_r = 0.63\sqrt{f_{ck}} = 0.63\sqrt{21} = 2.887\text{MPa}$

해답 65. ① 66. ③ 67. ② 68. ①

(2) 단면계수
$$Z = \frac{bh^2}{6} = \frac{300 \times 500^2}{6} = 12,500,000 \text{mm}^3$$
(3) 균열모멘트
$$M_{cr} = f_r Z = 2.887 \times 12,500,000$$
$$= 36,087,500 \text{N} \cdot \text{mm} = 36.09 \text{kN} \cdot \text{m}$$

해설 처짐을 계산하지 않는 경우의 보의 최소두께
(1) 수정계수
$$= \left(0.43 + \frac{350}{700}\right) = 0.93$$
(2) 단순지지보의 최소두께
$$= \frac{l}{16} \times 수정계수$$
$$= \frac{12000}{16} \times 0.93 = 697.5 \text{mm}$$

69 아래 그림과 같은 복철근 직사각형 보의 공칭 휨모멘트 강도 M_n은? (단, $f_{ck} = 28 \text{MPa}$, $f_y = 350 \text{MPa}$, $A_s = 4,500 \text{mm}^2$, $A_s' = 1,800 \text{mm}^2$이며, 압축, 인장 철근 모두 항복한다고 가정한다.)

① 724.3kN · m
② 765.9kN · m
③ 792.5kN · m
④ 831.8kN · m

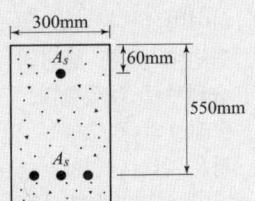

71 다음 그림과 같이 $w = 40 \text{kN/m}$일 때 PS강재가 단면중심에서 긴장되며 인장측의 콘크리트 응력이 "0"이 되려면 PS 강재의 얼마의 긴장력이 작용하여야 하는가?

① 4,605kN
② 5,000kN
③ 5,200kN
④ 5,625kN

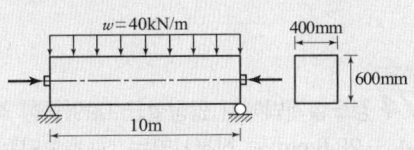

해설
1) 등가직사각형 응력블록깊이(a)
$$a = \frac{(A_s - A_{sf})f_y}{\eta(0.85f_{ck})b_w} = \frac{(4,500-1,800) \times 350}{1.0 \times 0.85 \times 28 \times 300}$$
$$= 132.353 \text{mm}$$
여기서, $f_{ck} \leq 40 \text{MPa} \Rightarrow \eta = 1.0$
2) 공칭모멘트강도
$$M_n = \left[(A_s - A_s')f_y\left(d - \frac{a}{2}\right) + A_s'f_y(d-d')\right]$$
$$= \left[(4,500-1,800) \times 350 \times \left(550 - \frac{132.353}{2}\right)\right.$$
$$\left. + 1,800 \times 350 \times (550-60)\right]$$
$$= 765,913,207 \text{N} \cdot \text{mm} \fallingdotseq 765.91 \text{kN} \cdot \text{m}$$

해설 PSC 보의 응력계산
(1) $Z = \frac{bh^2}{6} = \frac{0.4 \times 0.6^2}{6} = 0.024 \text{m}^3$,
$M = \frac{wl^2}{8} = \frac{40 \times 10^2}{8} = 500 \text{kN} \cdot \text{m}$
(2) $\frac{P}{A} = \frac{M}{Z}$에서
$P = \frac{M}{Z} \times A = \frac{500}{0.024} \times (0.4 \times 0.6) = 5,000 \text{kN}$

72 직접 설계법에 의한 슬래브 설계에서 전체 정적계수 휨모멘트 $M_0 = 340 \text{kN} \cdot \text{m}$로 계산되었을 때, 내부 경간의 부계수 휨모멘트는 얼마인가?

① 102kN · m
② 119kN · m
③ 204kN · m
④ 221kN · m

해설 내부경간의 부계수 휨모멘트
(1) 양 단부에서는 부($-$)모멘트가 발생하므로, 내부 경간에서 부계수휨모멘트는 전체 정적 계수휨모멘트의 65%가 분배된다.
(2) 부 계수 휨모멘트
$$= 0.65 \times M_o = 0.65 \times 340 = 221 \text{kN} \cdot \text{m}$$

70 아래 표와 같은 조건에서 처짐을 계산하지 않는 경우의 보의 최소 두께는 약 얼마인가?

【조 건】
- 경간 12m인 단순지지보
- 보통 중량콘크리트($m_c = 2,300 \text{kg/m}^3$)를 사용
- 설계기준항복강도 350MPa 철근을 사용

① 680mm
② 700mm
③ 720mm
④ 750mm

해답 69. ②   70. ②   71. ②   72. ④

73 압축철근비가 0.01이고, 인장철근비가 0.03 철근콘크리트보에서 장기 추가처짐에 대한 수(λ_Δ)의 값은? (단, 하중재하기간은 5년 6개월이다.)

① 0.80 ② 0.933
③ 2.80 ④ 1.333

해설 장기 추가처짐 계수(λ_Δ)
(1) 지속하중 재하기간에 따른 계수
 3개월 : ξ=1.0, 6개월 : ξ=1.2,
 12개월 : ξ=1.4, 5년 이상 : ξ=2.0
(2) 장기 추가처짐 계수
$$\lambda_\Delta = \frac{\xi}{1+50\rho'} = \frac{2.0}{1+(50\times 0.01)} = 1.333$$

74 강도설계법에서 인장철근 D29(공칭 직경 d_b=28.6mm)을 정착시키는 데 소요되는 기본 정착길이는? (단, f_{ck}=24MPa, f_y=300MPa으로 한다.)

① 682mm ② 785mm
③ 827mm ④ 1,051mm

해설 기본 정착길이
$$l_{db} = \frac{0.6 d_b f_y}{\sqrt{f_{ck}}} = \frac{0.6\times 28.6\times 300}{\sqrt{24}} = 1,050.83\text{mm}$$

75 아래와 같은 맞대기 이음부에 발생하는 응력의 크기는? (단, P=360kN, 강판두께 12mm)

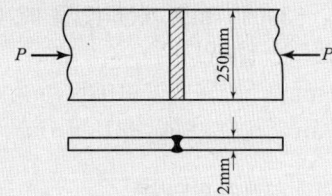

① 압축응력 $f_c = 14.4$MPa
② 인장응력 $f_t = 3,000$MPa
③ 전단응력 $\tau = 150$MPa
④ 압축응력 $f_c = 120$MPa

해설 용접 부 응력
(1) 용접 부 유효면적=목 두께×용접 부 유효길이
=12×250=3,000mm²
(2) 용접 부 압축응력
$$f_c = \frac{P}{A} = \frac{360,000\text{N}}{3,000\text{mm}^2} = 120\text{MPa}$$

76 철근콘크리트 1방향 슬래브의 설계에 대한 설명 중 틀린 것은?

① 1방향 슬래브의 두께는 최소 100mm 이상으로 하여야 한다.
② 단변에 대한 장변의 비가 2배를 넘으면 1방향 슬래브로 해석한다.
③ 슬래브의 정모멘트 및 부모멘트 철근의 중심 간격은 위험단면에서는 슬래브 두께의 3배 이하이어야 하고, 또한 450mm 이하로 하여야 한다.
④ 슬래브의 단변방향 보의 상부에 부모멘트로 인해 발생하는 균열을 방지하기 위하여 슬래브의 장변 방향으로 슬래브 상부에 철근을 배치하여야 한다.

해설 1방향슬래브 설계
(1) 슬래브의 정모멘트 및 부모멘트 철근의 중심 간격
 ① 위험단면(최대휨모멘트 발생하는 단면) : 슬래브 두께의 2배 이하, 또한 300mm 이하.
 ② 기타단면 : 슬래브 두께의 3배 이하, 450mm 이하
(2) 수축·온도 철근의 간격 : 슬래브 두께의 5배 이하, 450mm 이하

77 PSC 보를 RC 보처럼 생각하여, 콘크리트는 압축력을 받고 긴장재는 인장력을 받게 하여 두 힘의 우력 모멘트로 외력에 의한 휨모멘트에 저항시킨다는 생각은 다음 중 어느 개념과 같은가?

① 응력개념(stress concept)
② 강도개념(strength concept)
③ 하중평형개념(load blancing concept)
④ 균등질 보의 개념(homogeneous beam concept)

해설 PSC콘크리트의 기본 3개념
(1) 응력개념(균등질보의 개념)
(2) 강도개념(내부 우력 모멘트 개념)
(3) 하중평형개념

해답 73. ④ 74. ④ 75. ④ 76. ③ 77. ②

78 직사각형 단면(300×400mm)인 프리텐션 부재에 550mm²의 단면적을 가진 PS강선을 콘크리트 단면 도심에 일치하도록 배치하였다. 이때 1,350MPa의 인장응력이 되도록 긴장한 후 콘크리트에 프리스트레스를 도입한 경우 도입직후 생기는 PS강선의 응력은? (단, $n=6$, 단면적은 총단면적 사용)

① 371MPa ② 398MPa
③ 1,313MPa ④ 1,321MPa

해설 PS강선의 응력
(1) 콘크리트 탄성변형에 의한 프리스트레스 손실
$$\triangle f_p = nf_c = 6 \times \frac{1,350 \times 550}{300 \times 400} = 37.125\text{MPa}$$
(2) PS강선의 응력
$= 1,350 - 37.125 = 1,312.88\text{MPa}$

79 그림과 같은 띠철근 단주의 균형상태에서 축방향 공칭하중(P_b)은 얼마인가? (단, $f_{ck}=27$MPa, $f_y=400$MPa, $A_{st}=4-D35=3,800$mm²)

① 1328.2KN
② 1520.0kN
③ 3645.2kN
④ 5165.3kN

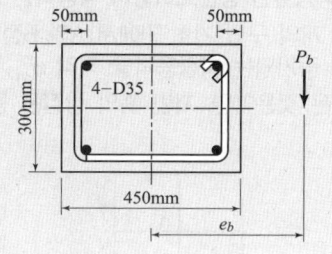

해설
1) 중립축위치
$$\frac{C_b}{d} = \frac{\epsilon_{cu}}{\epsilon_{cu}+\epsilon_y} \Rightarrow \frac{C_b}{(450-50)} = \frac{0.0033}{0.0033+0.002}$$
$\therefore C_b = 249.06\text{mm}$
여기서, $\epsilon_y = \frac{f_y}{E_s} = \frac{400}{200,000} = 0.002$

2) $a_b = \beta_1 C_b = 0.8 \times 249.06 = 199.248\text{mm}$
여기서, $f_{ck} \leq 40\text{MPa} \Rightarrow \beta_1 = 0.8, \eta = 1.0$

3) 압축철근의 응력
$$f_s' = E_s \epsilon_s' = E_s \times \left(\frac{C_b - d'}{C_b}\right) \times \epsilon_{cu}$$
$$= 200,000 \times \left(\frac{249.06-50}{249.06}\right) \times 0.0033 = 527.5\text{MPa}$$
$\therefore$ 압축철근이 항복한 상태($\because f_s' > f_y$)이다.
$f_s' = f_y$

4) 축 방향 공칭 하중
① $A_s' = A_s = \frac{3,800}{2} = 1,900\text{mm}^2$
② $P_b = \eta 0.85 f_{ck}(a_b b - A_s') + A_s' f_y - A_s f_y$
$= \eta 0.85 f_{ck}(a_b b - A_s')$
$= 1.0 \times 0.85 \times 27 \times (199.248 \times 300 - 1,900)$
$= 1,328,217\text{N} \fallingdotseq 1328.2\text{kN}$

80 1방향 철근콘크리트 슬래브의 전체 단면적이 2,000,000mm²이고, 사용한 이형 철근의 설계기준항복강도가 500MPa인 경우, 수축 및 온도철근량의 최소값은?

① 1,800mm² ② 2,400mm²
③ 3,200mm² ④ 3,800mm²

해설 수축 및 온도 철근량
(1) $f_y > 400$MPa인 경우
$$\rho = 0.0020 \times \frac{400}{f_y} \geq 0.0014$$
$$\rho = 0.002 \times \frac{400}{500} = 0.0016$$
(2) $A_s = \rho bd = 0.0016 \times 2,000,000 = 3,200\text{mm}^2$

토질 및 기초

81 그림과 같이 흙입자가 크기가 균일한 구(직경: d)로 배열되어 있을 때 간극비는?

① 0.91
② 0.71
③ 0.51
④ 0.35

해설 간극비(e)
(1) 입방체 체적: $V = d^3$
(2) 토립자 체적(V_s)
V_s = 구체적
$= \frac{4\pi r^3}{3} = \frac{4\pi(d/2)^3}{3} = \frac{\pi d^3}{6}$

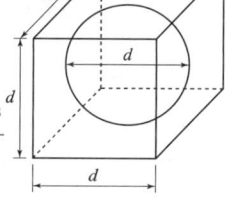

(3) 간극비(e)
$$e = \frac{V_v}{V_s} = \frac{V-V_s}{V_s} = \frac{d^3 - \frac{\pi d^3}{6}}{\frac{\pi d^3}{6}} = 0.91$$

해답 78. ③ 79. ① 80. ③ 81. ①

2016년 과년도출제문제

82 흙의 다짐에 있어 램머의 중량이 2.5kg, 낙하고 30cm, 3층으로 각층 다짐회수가 25회일 때 다짐에너지는? (단, 몰드의 체적은 1,000cm³이다.)

① 5.63 kg·cm/cm³ ② 5.96 kg·cm/cm³
③ 10.45 kg·cm/cm³ ④ 0.66 kg·cm/cm³

해설 다짐에너지(E_c)
(1) 정의 : 단위체적당 가해지는 에너지로 체적에 반비례한다.
(2) $E_c = \dfrac{W_R \times H \times N_B \times N_L}{V}$
$= \dfrac{2.5 \times 30 \times 25 \times 3}{1,000} = 5.625 \text{kg} \cdot \text{cm/cm}^3$

83 간극률 50%이고, 투수계수가 9×10^{-2}cm/sec인 지반의 모관상승고는 대략 어느 값에 가장 가까운가? (단, 흙입자의 형상에 관련된 상수 $C = 0.3\text{cm}^2$, Hazen 공식 : $k = c_1 \times D_{10}^2$에서 $c_1 = 100$으로 가정)

① 1.0cm ② 5.0cm
③ 10.0cm ④ 15.0cm

해설 모관상승고(h_c)
(1) $e = \dfrac{n}{100-n} = \dfrac{50}{100-50} = 1$
(2) $k = c_1 D_{10}^2$ 에서
$D_{10} = \sqrt{\dfrac{k}{c_1}} = \sqrt{\dfrac{9 \times 10^{-2}}{100}} = 0.03\text{cm}$
(3) $h_c = \dfrac{C}{e \times D_{10}} = \dfrac{0.3}{1 \times 0.03} = 10\text{cm}$

84 다음 그림에서 C점의 압력수두 및 전수두 값은 얼마인가?

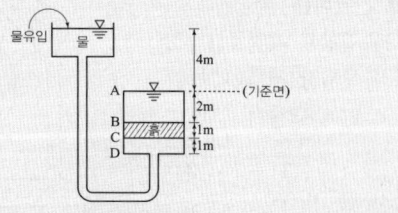

① 압력수두 3m, 전수두 2m
② 압력수두 7m, 전수두 0m
③ 압력수두 3m, 전수두 3m
④ 압력수두 7m, 전수두 4m

해설 전수두
(1) 위치수두 : 기준면을 기준으로 하여 아래에 위치하면, (−)부호, 위쪽은 (+)를 붙인다.
A점 : 0m(기준면), B점 : −2m, C점 : −3m, D점 : −4m
(2) 압력수두
① A, B점은 물이 흙층을 통과했으므로 손실수두 크기를 고려한다.
압력수두 = 왼쪽 수조의 자유수면 까지 높이
− 손실수두(4m)
A점 : 4m−4m=0m, B점 : 6m−4m=2m
② C, D점은 물이 흙층을 통과하기 전 이므로 손실수두가 없다.
압력수두=왼쪽 수조의 자유수면 까지 높이
C점:7m, D점:8m
(3) 전 수두
① 전 수두=위치수두+압력수두
② A=0m, B=0m, C=4m, D=4m

85 동일한 등분포하중이 작용하는 그림과 같은 (A)와 (B) 두 개의 구형 기초 판에서 A와 B점의 수직 z되는 깊이에서 증가되는 지중응력을 각각 σ_A, σ_B라 할 때 다음 중 옳은 것은?(단, 지반 흙의 성질은 동일함)

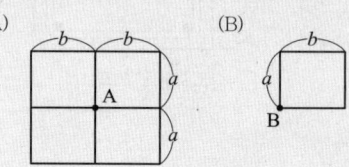

① $\sigma_A = \dfrac{1}{2}\sigma_B$ ② $\sigma_A = \dfrac{1}{4}\sigma_B$
③ $\sigma_A = 2\sigma_B$ ④ $\sigma_A = 4\sigma_B$

해설 지중응력
(1) A그림에서 A점 지중응력(중첩법)
$\sigma_A = q_s I_{\sigma 1} + q_s I_{\sigma 2} + q_s I_{\sigma 3} + q_s I_{\sigma 4}$ 에서
∴ $\sigma_A = 4q_s I_\sigma$ (∵ $I_{\sigma 1} = I_{\sigma 2} = I_{\sigma 3} = I_{\sigma 4} = I_\sigma$)
(2) B그림에서 B점 지중응력
$\sigma_B = q_s I_\sigma$

해답 82. ① 83. ③ 84. ④ 85. ④

86 최대주응력이 10t/m², 최소주응력이 4t/m²일 때 최소주응력면과 45°를 이루는 평면에 일어나는 수직응력은?

① 7t/m²   ② 3t/m²
③ 6t/m²   ④ 4√2 t/m²

해설 임의 평면에서 수직응력(σ_θ)
(1) 최대주응력 : $\sigma_1 = 10$t/m², 최소주응력 : $\sigma_3 = 4$t/m²
(2) $\sigma_\theta = \dfrac{\sigma_1 + \sigma_3}{2} + \dfrac{\sigma_1 - \sigma_3}{2}\cos 2\theta$
$= \dfrac{10+4}{2} + \dfrac{10-4}{2}\cos(2\times 45°) = 7$t/m²

87 그림과 같은 지층단면에서 지표면에 가해진 5t/m²의 상재하중으로 인한 점토층(정규압밀점토)의 1차 압밀최종 침하량(S)을 구하고, 침하량이 5cm일 때 평균압밀도(U)를 구하면?

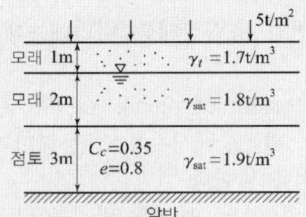

① $S=18.5$cm, $U=27$%
② $S=14.7$cm, $U=22$%
③ $S=18.5$cm, $U=22$%
④ $S=14.7$cm, $U=27$%

해설 압밀침하량(S)
(1) $P_1 = 1.7\times 1 + (1.8-1)\times 2 + (1.9-1)\times \dfrac{3}{2}$
$= 4.65$t/m²
* P_1 계산은 점토층 중앙부분에서 계산해야 한다.
(2) $P_2 = P_1 + \triangle P = 4.65 + 5 = 9.65$t/m²
(3) $S = \dfrac{C_c}{1+e}\log\left(\dfrac{P_2}{P_1}\right)H$
$= \dfrac{0.35}{1+0.8}\times \log\left(\dfrac{9.65}{4.65}\right)\times 300 = 18.496$cm
(4) $U = \dfrac{\text{현재까지 침하량}}{\text{최종침하량}}\times 100$
$= \dfrac{5}{18.496}\times 100 = 27$%

88 다음 중 사면의 안정해석 방법이 아닌 것은?
① 마찰원법
② 비숍(Bishop)의 방법
③ 펠레니우스(Fellenius) 방법
④ 테르자기(Terzaghi)의 방법

해설 사면안정해석법
(1) 질량법($\phi=0°$), 마찰원법($\phi>0°$)
(2) 절편법
① Fellenius 방법, ② Bishop 방법, ③ Spencer 방법

89 말뚝재하 시험시 연약점토지반인 경우 pile의 타입 후 20여일이 지난 다음 말뚝재하 시험을 한다. 그 이유는?
① 주면 마찰력이 너무 크게 작용하기 때문에
② 부마찰력이 생겼기 때문에
③ 타입시 주변이 교란되었기 때문에
④ 주위가 압축되었기 때문에

해설 말뚝재하시험
(1) 연약지반에 말뚝을 타입하면 타입 시 지반이 교란된다.
(2) 지반교란에 대한 영향을 줄이기 위해 즉 틱스트로피 효과에 의한 강도 증진의 효과를 고려하기 위해 재하 시험은 3주 이상의 시간이 경과 후에 하는 것이 좋다.

90 두께가 4미터인 점토층이 모래층 사이에 끼어있다. 점토층에 3t/m²의 유효응력이 작용하여 최종침하량이 10cm가 발생하였다. 실내압밀시험결과 측정된 압밀계수(C_v)=2×10^{-4}cm²/sec라고 할 때 평균압밀도 50%가 될 때까지 소요일수는?

① 288일   ② 312일
③ 388일   ④ 456일

해설 압밀시간(t)
(1) 시간계수 : $T_{50} = 0.197$
(2) 배수거리 : 양면배수일 때 배수거리는 점토 두께의 1/2로 한다.
$d = \dfrac{4\text{m}}{2} = 2\text{m} = 200\text{cm}$
(3) $C_v = \dfrac{T_v \cdot d^2}{t}$ 에서
$t = \dfrac{T_v \cdot d^2}{C_v}$
$= \dfrac{0.197 \times 200^2}{2\times 10^{-4}} = 39,400,000$sec $= 456$day

해답 86. ① 87. ① 88. ④ 89. ③ 90. ④

2016년 과년도출제문제

91 연약한 점성토의 지반특성을 파악하기 위한 현장조사 시험방법에 대한 설명 중 틀린 것은?
① 현장베인시험은 연약한 점토층에서 비배수 전단강도를 직접 산정할 수 있다.
② 정적콘관입시험(CPT)은 콘지수를 이용하여 비배수 전단강도 추정이 가능하다.
③ 표준관입시험에서의 N값은 연약한 점성토 지반 특성을 잘 반영해 준다.
④ 정적콘관입시험(CPT)은 연속적인 지층분포 및 전단강도 추정 등 연약점토 특성분석에 매우 효과적이다.

해설 토질조사
표준관입시험에서의 N값은 사질토 지반특성을 잘 반영해 준다.

92 표준관입시험(S.P.T)결과 N치가 25이었고, 그때 채취한 교란시료로 입도시험을 한 결과 입자가 둥글고, 입도분포가 불량할 때 Dunham공식에 의해서 구한 내부마찰각은?
① 32.3° ② 37.3°
③ 42.3° ④ 48.3°

해설 N치와 흙의 내부마찰각(ϕ)
(1) $\phi = \sqrt{12N} + 15°$ (토립자 둥근 경우, 빈 입도)
$\phi = \sqrt{12N} + 20°$ (토립자 둥근 경우, 양 입도)
(토립자 모난 경우, 빈 입도)
$\phi = \sqrt{12N} + 25°$ (토립자 모난 경우, 양 입도)
(2) $\phi = \sqrt{12N} + 15° = \sqrt{12 \times 25} + 15° = 32.3°$

93 흙의 분류에 사용되는 Casagrande 소성도에 대한 설명으로 틀린 것은?
① 세립토를 분류하는 데 이용한다.
② U선은 액성한계와 소성지수의 상한선으로 U선 위쪽으로는 측점이 있을 수 없다.
③ 액성한계 50%를 기준으로 저소성(L) 흙과 고소성(H) 흙으로 분류한다.
④ A선 위의 흙은 실트(M) 또는 유기질토(O)이며, A선 아래의 흙은 점토(C)이다.

해설 통일분류법(소성도)
(1) A선 $I_P = 0.73(\omega_L - 20)$
(2) A선 위의 흙은 점토(C), A선 아래의 흙은 실트(M) 또는 유기질토(O)이다.

94 점착력이 1.4t/m², 내부마찰각이 30°, 단위중량이 1.85t/m³인 흙에서 인장균열깊이는 얼마인가?
① 1.74m ② 2.62m
③ 3.45m ④ 5.24m

해설 인장균열깊이(Z_c)
$$Z_c = \frac{2C}{\gamma_t}\tan\left(45 + \frac{\phi}{2}\right)$$
$$= \frac{2 \times 1.4}{1.85}\tan\left(45 + \frac{30°}{2}\right) = 2.62m$$

95 Mohr 응력원에 대한 설명 중 옳지 않은 것은?
① 임의 평면의 응력상태를 나타내는데 매우 편리하다.
② 평면기점(origin of plane, O_p)은 최소주응력을 나타내는 원호상에서 최소주응력면과 평행선이 만나는 점을 말한다.
③ σ_1과 σ_3의 차의 벡터를 반지름으로 해서 그린 원이다.
④ 한 면에 응력이 작용하는 경우 전단력이 0이면, 그 연직응력을 주응력으로 가정한다.

해설 Mohr응력원
(1) 임의 평면에 대한 응력상태를 나타내며, σ_1과 σ_3 차의 벡터를 지름으로 해서 그린원이다.
(2) 주응력 : 전단응력이 "0"이 될 때 연직응력 크기.

96 그림과 같은 지반에서 유효응력에 대한 점착력 및 마찰각이 각각 $c' = 1.0t/m²$, $\phi' = 20°$일 때, A점에서의 전단강도(t/m²)는?
① 3.4t/m²
② 4.5t/m²
③ 5.4t/m²
④ 6.6t/m²

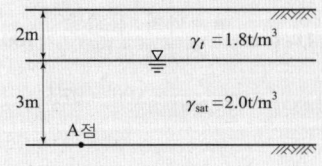

해답 91. ③ 92. ① 93. ④ 94. ② 95. ③ 96. ①

해설 전단강도(τ)

(1) $\overline{\sigma_A} = \gamma_t h_1 + \gamma_{sub} h_2$
$= 1.8 \times 2 + (2-1) \times 3 = 6.6 \text{t/m}^2$

(2) $\tau = c' + \overline{\sigma} \tan\phi$
$= 1.0 + 6.6 \tan 20° = 3.4 \text{t/m}^2$

97 폭 10cm, 두께 3mm인 Paper Drain설계시 Sand drain의 직경과 동등한 값(등치환산원의 지름)으로 볼 수 있는 것은?

① 2.5cm ② 5.0cm
③ 7.5cm ④ 10.0cm

해설 등치 환산 원 지름(D_e)

(1) 형상계수 : $\alpha = 0.75$
(2) 등치 환산 원 지름
$D_e = \alpha \dfrac{2(b+t)}{\pi}$
$= 0.75 \times \dfrac{2(10+0.3)}{\pi} = 4.92 \text{cm}$

98 콘크리트 말뚝을 마찰말뚝으로 보고 설계할 때, 총 연직하중을 200ton, 말뚝 1개의 극한지지력을 89ton, 안전율을 2.0으로 하면 소요말뚝의 수는?

① 6개 ② 5개
③ 3개 ④ 2개

해설 소요 말뚝 수

(1) 말뚝 1개의 허용하중
$Q_a = \dfrac{Q_u}{F_s} = \dfrac{89}{2} = 44.5 \text{t}$

(2) 소요 말뚝 수
$N = \dfrac{\text{총연직하중}}{\text{허용지지력}} = \dfrac{200}{44.5} = 5$개

99 수평방향투수계수가 0.12cm/sec이고, 연직방향투수계수가 0.03cm/sec일 때 1일 침투유량은?

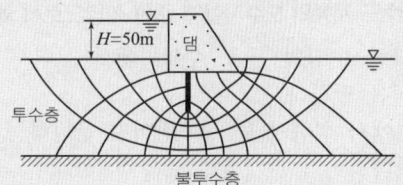

① 970m³/day/m ② 1,080m³/day/m
③ 1,220m³/day/m ④ 1,410m³/day/m

해설 유선망

(1) $k = \sqrt{K_v \cdot K_h} = \sqrt{0.12 \times 0.03} = 0.06 \text{cm/sec}$
(2) $N_f = 5, \quad N_d = 12$
(3) $Q = KH \dfrac{N_f}{N_d}$
$= 0.06 \times 10^{-2} \times 50 \times \dfrac{5}{12} \times 24 \times 3,600$
$= 1,080 \text{m}^3/\text{day/m}$

100 흙의 다짐에 대한 설명으로 틀린 것은?

① 다짐에너지가 증가할수록 최대 건조단위중량은 증가한다.
② 최적함수비는 최대 건조단위중량을 나타낼 때의 함수비이며, 이때 포화도는 100%이다.
③ 흙의 투수성 감소가 요구될 때에는 최적함수비의 습윤측에서 다짐을 실시한다.
④ 다짐에너지가 증가할수록 최적함수비는 감소한다.

해설 흙의 다짐

(1) 영 공기 공극 곡선(Zero Air Void Curve) : 포화도 100% 곡선으로 다짐곡선보다 윗쪽에 위치하며 대략 습윤 측과 평행하다.
(2) 다짐곡선 : 함수비와 건조단위중량과의 곡선으로 최대 건조단위중량일 때 함수비를 최적함수비라고 하며 이때의 포화도는 100%보다 작다.

해답 97. ② 98. ② 99. ② 100. ②

상하수도공학

101 상수도 계통의 도수시설에 관한 설명으로서 옳은 것은?
① 적당한 수질의 물을 수원지에서 모아서 취하는 시설을 말한다.
② 수원에서 취한 물을 정수장까지 운반하는 시설을 말한다.
③ 정수 처리된 물을 수용가에서 공급하는 시설을 말한다.
④ 정수장에서 정수 처리된 물을 배수지까지 보내는 시설을 말한다.

해설 도수시설
(1) 도수시설 : 정수 처리되지 않은 원수이송(수원 → 정수장)
(2) 송수시설 : 정수 처리된 물 이송(정수장 → 배수지)

102 급수용 저수지의 필요수량을 결정하기 위한 유량 누가곡선도에 대한 설명으로서 틀린 것은?

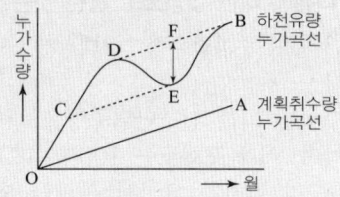

① 필요(유효)저수량은 $\overline{EF}$이다.
② 저수시작점은 C이다.
③ $\overline{DE}$ 구간에서는 저수지의 수위가 상승한다.
④ 이론적 산출방법으로 Ripple's method라 한다.

해설 유량누가곡선법(Ripple's method)
(1) 계획취수량 누가곡선 : 저수지로부터의 유출 누가 수량을 의미한다.
(2) 하천유량 누가곡선 : 저수지로 유입 누가 수량을 의미한다.
(3) $\overline{DE}$구간 : 유출량이 유입량보다 많으므로 저수지 수위가 저하한다.

103 관로시설의 설계시 계획하수량으로서 옳지 않은 것은?
① 우수관거 : 계획우수량
② 오수관거 : 계획1일 최대오수량
③ 차집관거 : 우천시 계획오수량
④ 합류식 관거 : 계획시간 최대오수량 + 계획우수량

해설 관거 설계 시 계획하수량
오수관거는 계획시간 최대오수량을 기준으로 한다.

104 막 여과 시설의 약품세척에서 무기물질 제거에 사용되는 약품이 아닌 것은?
① 염산   ② 차아염소산 나트륨
③ 구연산   ④ 황산

해설 막 여과 시설
(1) 막 여과 : 여과 막에 물을 통과시켜서 원수중의 현탁 물질이나 콜로이드성 물질을 제거한다.
(2) 무기물질 제거 : 황산과 염산 등 무기산과 구연산, 옥살산 등의 무기물질은 유기산으로 제거한다.
(3) 유기물질 제거 : 유기물질은 차아염소산나트륨 등의 산화제로 제거한다.

105 배수관을 다른 지하매설물과 교차 또는 인접하여 부설할 경우에는 최소 몇 cm 이상의 간격을 두어야 하는가?
① 10cm   ② 30cm
③ 80cm   ④ 100cm

해설 배수관과 지하매설물 간격
배수관과 지하매설물 간격은 적어도 30cm 이상 떨어지게 매설한다.

해답 101. ②   102. ③   103. ②   104. ②   105. ②

106 BOD 250mg/L의 폐수 30,000m³/day를 활성슬러지법으로 처리하고자 한다. 반응조 내의 MLSS 농도가 2,500mg/L, F/M비가 0.5kgBOD/kgMLSS·day로 처리하고자 하면 BOD 용적부하는?

① 0.5kgBOD/m³·day
② 0.75kgBOD/m³·day
③ 1.0kgBOD/m³·day
④ 1.25kgBOD/m³·day

해설 BOD용적부하

(1) BOD농도 $= \dfrac{250mg}{L} \times \dfrac{1,000}{1,000} = \dfrac{0.25kg}{m^3}$

MLSS농도 $= \dfrac{2,500mg}{L} \times \dfrac{1,000}{1,000} = \dfrac{2.5kg}{m^3}$

(2) F/M 비 $= \dfrac{BOD농도 \times Q}{MLSS \times V}$ 에서

$V = \dfrac{BOD농도 \times Q}{MLSS \times F/M비} = \dfrac{0.25 \times 30,000}{2.5 \times 0.5} = 6,000m^3$

(3) BOD용적부하
$= \dfrac{BOD농도 \times Q}{V}$
$= \dfrac{0.25 \times 30,000}{6,000} = 1.25kg\ BOD/m^3 \cdot day$

107 다음 그림은 펌프특성곡선이다. 펌프의 양정을 나타내는 곡선 형태는?

① A
② B
③ C
④ D

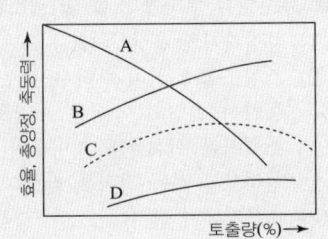

해설 펌프특성곡선
(1) 양수량과 양정고, 효율, 축동력 과의 관계 곡선
(2) 양정곡선 : A
   효율곡선 : C
   축동력곡선 : D

108 합류식 하수도의 시설에 해당되지 않는 것은?

① 오수받이   ② 연결관
③ 우수토실   ④ 오수관거

해설 하수도의 시설
오수관거는 분류식 하수도 시설에 해당된다.

109 BOD_5가 155mg/L인 폐수에서 탈산소계수(K_1)가 0.2/day일 때 4일 후에 남아있는 BOD는? (단, 탈산소계수는 상용대수 기준이다.)

① 27.3mg/L   ② 56.4mg/L
③ 127.5mg/L   ④ 172.2mg/L

해설 잔존 BOD량
(1) BOD소모량(Y)
$Y = L_a(1 - 10^{-k_1 \cdot t})$ 에서
$L_a = \dfrac{Y}{1 - 10^{-k_1 \cdot t}} = \dfrac{155}{1 - 10^{-0.2 \times 5}} = 172.22mg/L$

(2) BOD잔존량(L_t)
$L_t = L_a 10^{-k_1 \cdot t} = 172.22 \times 10^{-0.2 \times 4} = 27.3mg/L$

110 하수도시설에 관한 설명으로서 옳지 않은 것은?

① 하수도시설은 관거시설, 펌프장시설 및 처리장시설로 크게 구별할 수 있다.
② 하수배제는 자연유하를 원칙으로 하고 있으며 펌프시설도 사용할 수 있다.
③ 하수처리장시설은 물리적 처리시설을 제외한 생물학적, 화학적 처리시설을 의미한다.
④ 하수 배제방식은 합류식과 분류식으로 대별할 수 있다.

해설 하수도 시설
하수처리장 시설은 물리적, 생물학적, 화학적 처리시설 모두를 의미한다.

해답 106. ④ 107. ① 108. ④ 109. ① 110. ③

111 금속이온 및 염소이온(염화나트륨 제거율 93% 이상)을 제거할 수 있는 막여과 공법은?
① 역삼투법
② 정밀여과법
③ 한외여과법
④ 나노여과법

해설) 막 여과법(공경 크기에 따른 분류)
(1) 정밀여과(Microfiltration) : $0.1\,\mu m$
(2) 한외여과(Ultrafiltration) : $0.01\,\mu m$
(3) 역삼투법(Reverse osmosis) : $0.001\,\mu m$
 * 일반적으로 정수장에서 사용하는 여과법 : 정밀여과, 한외여과
 * 해수 담수화 할 때 사용 하는 여과법 : 역삼투법

112 맨홀에 인버트(invert)를 설치하지 않았을 때의 문제점이 아닌 것은?
① 맨홀 내에 퇴적물이 쌓이게 된다.
② 맨홀 내에 물기가 있어 작업이 불편하다.
③ 환기가 되지 않아 냄새가 발생한다.
④ 퇴적물이 부패되어 악취가 발생한다.

해설) 맨홀 인버트
(1) 맨홀 내에 퇴적물을 막기 위해 맨홀 저부에 판 반원형의 홈을 말한다.
(2) 인버트를 설치하지 않았을 때 퇴적물의 부패로 냄새가 발생하는 것이며 환기가 되지 않아 냄새가 발생하는 것은 아니다.
(3) 오수맨홀에는 반드시 인버트를 설치해야 한다.

113 장기 폭기법에 관한 설명으로서 옳은 것은?
① F/M비가 크다.
② 슬러지 발생량이 적다.
③ 부지가 적게 소요된다.
④ 대규모 처리장에 많이 이용된다.

해설) 장기 폭기법
(1) 폭기시간(18~24Hr)을 길게 한다.
(2) BOD-SS부하를 아주 작게 하여 잉여슬러지량을 크게 감소시키기 위한 방법이다.
(3) 소규모 하수처리장에 적합하다.

114 하수관거의 단면에 대한 설명으로서 옳지 않은 것은?
① 계란형은 유량이 적은 경우 원형거에 비해 수리학적으로 유리하다.
② 말굽형은 상반부의 아치작용에 의해 역학적으로 유리하다.
③ 원형, 직사각형은 역학계산이 비교적 간단하다.
④ 원형은 주로 공장제품이므로 지하수의 침투를 최소화할 수 있다.

해설) 하수관거 단면형
(1) 원형관은 주로 공장에서 생산한 제품으로 현지에서 관을 이어 가면서 작업한다.
(2) 원형관은 이음부가 많으므로 지하수의 침투가 많아진다.

115 합류식 하수도는 강우시에 처리되지 않은 오수의 일부가 하천 등의 공공수역에 방류되는 문제점을 갖고 있다. 이에 대한 대책으로서 적합하지 않은 것은?
① 차집관거의 축소
② 실시간 제어방법
③ 스월조절조(swirl regulator)설치
④ 우수저류지 설치

해설) 우수방류 부하량 조절 및 감소시설
(1) 차집관거의 용량 증대
(2) 스월조절조 설치 : 하수 관로 상에 설치하여 하수를 통하여 유입되는 각종 오염물질을 소거하는 장치로 스월이란 선회류를 의미하며, 조절조란 선회류를 형성하도록 하는 장치를 말한다.
(3) 우수저류지 설치
(4) 실시간 제어

해답 111. ① 112. ③ 113. ② 114. ④ 115. ①

116 분말활성탄과 입상활성탄의 비교 설명으로서 틀린 것은?
① 분말활성탄은 재생사용이 용이하다.
② 분말활성탄은 기존시설을 사용하여 처리할 수 있다.
③ 입상활성탄은 누출에 의한 흑수현상(검은 물 발생) 우려가 거의 없다.
④ 입상활성탄은 비교적 장기간 처리하는 경우에 유리하다.

해설 활성탄
(1) 분말활성탄
① 응급용으로 재생사용이 어렵다.
② 흑수(검은물)현상이 발생한다.
(2) 입상활성탄
① 장시간 처리하는 경우에 유리하며 반복사용이 가능하다.
② 생물발생 우려가 있다.

117 계획인구 150,000명인 도시의 수도계획에서 계획급수인구가 142,500명일 때 1인 1일 최대급수량을 450L로 하면 1일 최대급수량은?
① 6,750,000 m^3/day   ② 67,500 m^3/day
③ 333,333 m^3/day   ④ 64,125 m^3/day

해설 1일 최대급수량
(1) 1인 1일 최대급수량 = 450L/인·일 = 0.45m^3/인·일
(2) 1일 최대급수량
= 계획급수인구 × 1인 1일 최대급수량
= 142500 × 0.45 = 64,125m^3/day

118 상수 원수에 포함된 색도 제거를 위한 단위조작으로서 거리가 먼 것은?
① 폭기처리   ② 응집침전처리
③ 활성탄처리 ④ 오존처리

해설 색도제거
(1) 색도제거방법 : 응집침전처리, 활성탄처리, 오존처리
(2) 암모니아제거방법 : 생물처리, 염소처리, 이온교환, 폭기법

119 혐기성 소화 공정의 영향인자가 아닌 것은?
① 체류시간   ② 메탄함량
③ 독성물질   ④ 알칼리도

해설 혐기성 소화 공정의 영향인자
(1) 메탄만 측정할 경우에는 단순히 발생된 양만 확인 가능하므로 소화효율을 알 수 없다.
(2) 영향인자 : 유기물 부하, 소화온도, PH와 알카리도, C/N 비, 독성물질, 가스발생량과 조성

120 상수의 완속여과방식 정수과정으로 옳은 것은?
① 여과 → 침전 → 살균
② 살균 → 침전 → 여과
③ 침전 → 여과 → 살균
④ 침전 → 살균 → 여과

해설 완속여과 계통도
(1) 여과속도 : 4~5m/day
(2) 계통도 : 보통침전 → 완속여과 → 염소소독(살균)

해답 116. ① 117. ④ 118. ① 119. ② 120. ③

응용역학

1 반지름이 r인 중실축(中實軸)과 바깥 반지름이 r이고 안쪽 반지름이 $0.6r$인 중공축(中空軸)이 동일 크기의 비틀림 모멘트를 받고 있다면 중실축(中實軸) : 중공축(中空軸)의 최대 전단응력비는?

① 1 : 1.28
② 1 : 1.24
③ 1 : 1.20
④ 1 : 1.15

해설

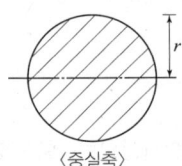
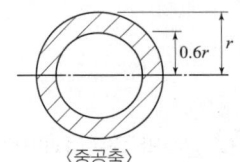

최대 전단응력 비
(1) 중실축의 최대전단응력(τ_1)
  ① $I_P = I_x + I_y = 2I_x = 2 \times \dfrac{\pi r^4}{4} = \dfrac{\pi r^4}{2}$
  ② $\tau_1 = \dfrac{T \times r}{I_p} = \dfrac{T \times r}{\pi r^4/2}$

(2) 중공축에 대한 최대전단응력(τ_2)
  ① $I_P = I_x + I_y = 2I_x$
  $\qquad = 2 \times \dfrac{\pi}{4}[r^4 - (0.6r)^4] = \dfrac{\pi r^4}{2} \times 0.8704$
  ② $\tau_2 = \dfrac{T \times r}{I_p} = \dfrac{T \times r}{(\pi r^4/2) \times 0.8704}$

(3) 최대전단응력 비
  ∴ $\tau_1 : \tau_2 = 1 : 1.15$

2 그림과 같은 캔틸레버보에서 자유단 A의 처짐은? (단, EI는 일정함)

① $\dfrac{3ML^2}{8EI}(\downarrow)$
② $\dfrac{13ML^2}{32EI}(\downarrow)$
③ $\dfrac{7ML^2}{16EI}(\downarrow)$
④ $\dfrac{15ML^2}{32EI}(\downarrow)$

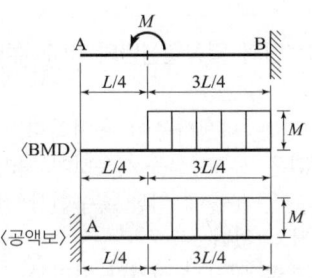

해설

처짐
$$\delta_A = \dfrac{M_A}{EI}$$
$$= \dfrac{\left(M \times \dfrac{3L}{4}\right)\left(\dfrac{L}{4} + \dfrac{3L}{8}\right)}{EI} = \dfrac{15ML^2}{32EI}(\downarrow)$$

3 그림에서 직사각형의 도심축에 대한 단면상승모멘트 I_{xy}의 크기는?

① 576cm^4
② 256cm^4
③ 142cm^4
④ 0cm^4

해설 단면상승모멘트
$I_{xy} = A \times x_o \times y_o$
$\qquad = 6 \times 8 \times 0 \times 0 = 0 \text{cm}^4$

4 길이가 3m이고 가로 20cm, 세로 30cm인 직사각형 단면의 기둥이 있다. 좌굴응력을 구하기 위한 이 기둥의 세장비는?

① 34.6
② 43.3
③ 52.0
④ 60.7

해설 세장비(λ)
(1) 최소단면2차반지름(r)
  ① 최소단면2차모멘트
  $I_{\min} = \dfrac{30 \times 20^3}{12} = 20{,}000 \text{cm}^4$
  ② 최소단면2차 반지름
  $r = \sqrt{\dfrac{I_{\min}}{A}} = \sqrt{\dfrac{20{,}000}{20 \times 30}} = 5.77 \text{cm}$
(2) 세장비
  $\lambda = \dfrac{L}{r} = \dfrac{300}{5.77} = 51.99$

해답 1. ④ 2. ④ 3. ④ 4. ③

5. 다음의 단순보에서 A점의 반력이 B점의 반력의 3배가 되기 위한 거리 x는 얼마인가?

① 3.75m
② 5.04m
③ 6.06m
④ 6.66m

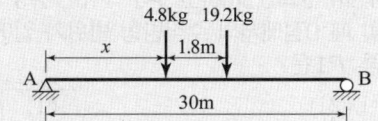

해설

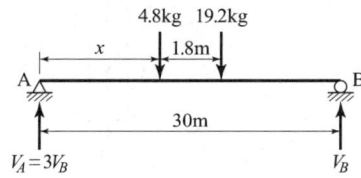

단순보의 반력

(1) $\Sigma V = 0$
$V_A + V_B = 4.8 + 19.2$
$3V_B + V_B = 24$
$\therefore V_B = 6\text{kg}, \ V_A = 18\text{kg}$

(2) $\Sigma M_A = 0$
$4.8 \times x + 19.2 \times (x+1.8) - 6 \times 30 = 0$
$24x = 145.44 \quad \therefore x = 6.06\text{m}$

6. 아래 그림과 같은 라멘구조물에서 A점의 반력 R_A는?

① 3t
② 4.5t
③ 6t
④ 9t

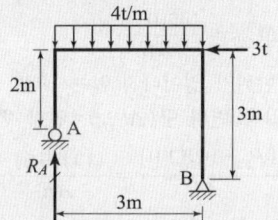

해설 라멘

$\Sigma M_B = 0$
$R_A \times 3 - 4 \times 3 \times 1.5 - 3 \times 3 = 0$
$\therefore R_A = 9\text{t}$

7. 그림과 같은 트러스에서 A점에 연직하중 P가 작용할 때 A점의 연직처짐은? (단, 부재의 축 강도는 모두 EA이고, 부재의 길이는 $AB=3l$, $AC=5l$, 지점 B와 C의 거리는 $4l$이다.)

① $8.0 \dfrac{Pl}{AE}$
② $8.5 \dfrac{Pl}{AE}$
③ $9.0 \dfrac{Pl}{AE}$
④ $9.5 \dfrac{Pl}{AE}$

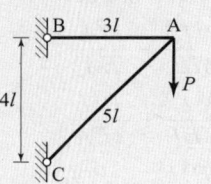

해설

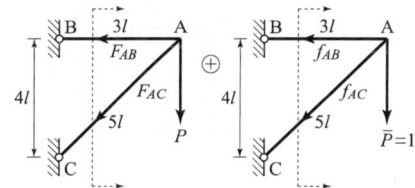

트러스 처짐

(1) 실제역계에 대한 부재력
$\Sigma V = 0$
$-P - F_{AC} \times \dfrac{4}{5} = 0$
$\therefore F_{AC} = -\dfrac{5P}{4}$

$\Sigma H = 0$
$-F_{AB} - F_{AC} \times \dfrac{3}{5} = 0$
$-F_{AB} - \left(-\dfrac{5P}{4}\right) \times \dfrac{3}{5} = 0$
$\therefore F_{AB} = \dfrac{3P}{4}$

(2) 가상역계에 대한 부재력
※ 실제 역계에 대한 부재력의 P값에 "$p=1$"을 대입하면 가상역계의 부재력이 된다.

$f_{AC} = -\dfrac{5}{4} \qquad f_{AB} = \dfrac{3}{4}$

(3) $\delta_A = \Sigma \dfrac{F \cdot f \cdot l}{AE}$

$= \dfrac{\left(\dfrac{3P}{4}\right)\left(\dfrac{3}{4}\right)(3l)}{AE} + \dfrac{\left(-\dfrac{5P}{4}\right)\left(-\dfrac{5}{4}\right)(5l)}{AE}$

$= \dfrac{27Pl}{16AE} + \dfrac{125Pl}{16AE} = 9.5\dfrac{Pl}{AE}$

해답 5. ③ 6. ④ 7. ④

8 다음 구조물의 변형에너지의 크기는? (단, E, I, A는 일정하다.)

① $\dfrac{2P^2L^3}{3EI}+\dfrac{P^2L}{2EA}$

② $\dfrac{P^2L^3}{3EI}+\dfrac{P^2L}{EA}$

③ $\dfrac{P^2L^3}{3EI}+\dfrac{P^2L}{2EA}$

④ $\dfrac{2P^2L^3}{3EI}+\dfrac{P^2L}{EA}$

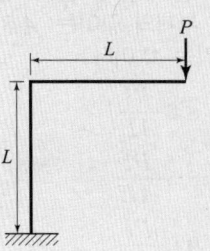

해설

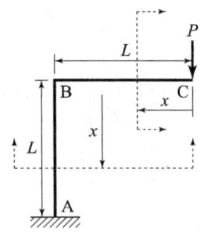

변형에너지

(1) 휨모멘트에 의한 변형에너지(U)
수평부재 $M_x=(-Px)$, 수직부재 $M_x=(-PL)$ 이므로,

$$U_M=\int_0^L \dfrac{M_x^2}{2EI}dx$$
$$=\int_0^L \dfrac{(-Px)^2}{2EI}dx+\int_0^L \dfrac{(-PL)^2}{2EI}dx$$
$$=\dfrac{P^2}{2EI}\left[\dfrac{x^3}{3}\right]_0^L+\dfrac{(-PL)^2}{2EI}[x]_0^L$$
$$=\dfrac{P^2L^3}{6EI}+\dfrac{P^2L^3}{2EI}=\dfrac{2P^2L^3}{3EI}$$

(2) 축방향력에 의한 변형에너지
수평부재 축방향력=0, 수직부재 축방향력 $N_x=-P$ 이므로,

$$U_N=\int_0^L \dfrac{N_x^2}{2AE}dx$$
$$=\int_0^L \dfrac{(-p)^2}{2AE}dx=\dfrac{P^2}{2AE}[x]_0^L=\dfrac{P^2L}{2AE}$$

(3) 변형에너지
$$=U_M+U_N=\dfrac{2P^2L^3}{3EI}+\dfrac{P^2L}{2AE}$$

9 균질한 단면봉이 그림과 같이 $P1$, $P2$, $P3$의 하중을 B, C, D점에서 받고 있다. 각 구간의 거리 $a=1.0$m, $b=0.5$m, $c=0.5$m이고 $P2=10$t, $P3=4$t의 하중이 작용할 때 D점에서의 수직방향 변위가 일어나지 않기 위한 하중 $P1$은?

① 21t
② 22t
③ 23t
④ 24t

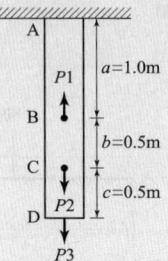

해설

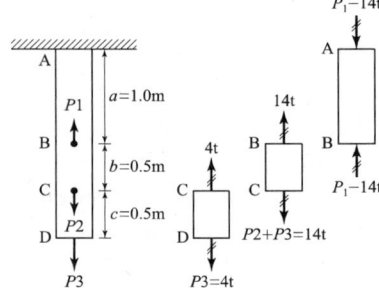

변위량(Δl)

(1) $\Delta l = \dfrac{PL}{AE}$ 에서

$\Delta l_{AB}=\dfrac{(P_1-14)(1.0)}{AE}$, $\Delta l_{BC}=\dfrac{(14)(0.5)}{AE}$,

$\Delta l_{CD}=\dfrac{(4)(0.5)}{AE}$

(2) 변위가 일어나지 않는 조건
압축 변위량(Δl_{AB})=인장 변위량($\Delta l_{BC}+\Delta l_{CD}$)

$$\dfrac{(P_1-14)(1.0)}{AE}=\dfrac{(14)(0.5)}{AE}+\dfrac{(4)(0.5)}{AE}$$

$\therefore P_1=23$t

10 그림의 보에서 지점 B의 휨모멘트는? (단, EI는 일정하다)

① 6.75t·m
② -9.75t·m
③ 12t·m
④ -16.5t·m

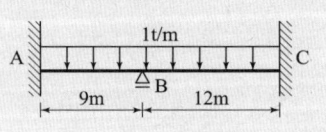

해설 처짐각 방정식

(1) 처짐각 기본방정식

$M_{BA} = 2EK_{BA}(2\theta_B + \theta_A - 3R) + C_{BA}$ 에서

$\theta_A = 0 (\because$ 고정지점$), R = 0 (\because$ 지점침하량$= 0)$

$M_{BA} = 2E\dfrac{I}{9}(2\theta_B + 0 - 0) + \dfrac{1 \times 9^2}{12}$

$= \dfrac{4EI\theta_B}{9} + 6.75$

$M_{BC} = 2EK_{BC}(2\theta_B + \theta_C - 3R) - C_{BC}$

$\theta_C = 0 (\because$ 고정지점$), R = 0 (\because$ 지점침하량$= 0)$

$M_{BC} = 2E\dfrac{I}{12}(2\theta_B + 0 - 0) - \dfrac{1 \times 12^2}{12} = \dfrac{EI\theta_B}{3} - 12$

(2) 절점방정식

$M_{BA} + M_{BC} = 0$ 에서

$\dfrac{4EI\theta_B}{9} + 6.75 + \dfrac{EI\theta_B}{3} - 12 = 0$

$\dfrac{7EI\theta_B}{9} = 5.25 \Rightarrow EI\theta_B = 6.75$

$\therefore M_{BA} = \dfrac{4 \times 6.75}{9} + 6.75 = 9.75 \text{t} \cdot \text{m}$

$M_{BC} = \dfrac{6.75}{3} - 12 = -9.75 \text{t} \cdot \text{m}$

★★★
11 그림의 트러스에서 a 부재의 부재력은?

① 13.5t(인장)
② 17.5t(인장)
③ 13.5t(압축)
④ 17.5t(압축)

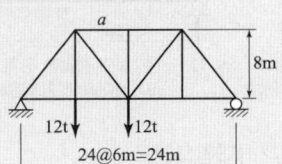

해설

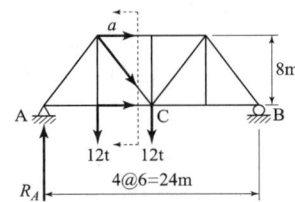

트러스의 부재력

(1) $\Sigma M_B = 0$

$R_A \times 24 - 12 \times 18 - 12 \times 12 = 0$

$\therefore R_A = 15 \text{t}$

(2) $\Sigma M_C = 0$

$15 \times 12 - 12 \times 6 + a \times 8 = 0$

$\therefore a = -13.5 \text{t} (압축)$

★★
12 다음의 그림에 있는 연속보의 B점에서의 반력을 구하면? ($E = 2.1 \times 10^6 \text{kg/cm}^2$, $I = 1.6 \times 10^4 \text{cm}^4$)

① 6.3t
② 7.5t
③ 9.7t
④ 10.1t

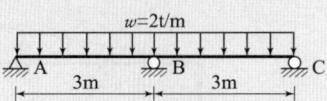

해설

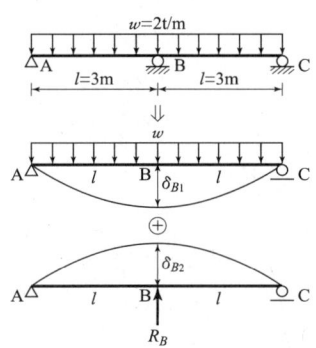

변위일치법

(1) 단순보로 정정화시킨 후 처짐값을 구한다.

$\delta_{B1} = \dfrac{5w(2l)^4}{384EI}(\downarrow), \quad \delta_{B2} = \dfrac{R_B(2l)^3}{48EI}(\uparrow)$

(2) 적합방정식을 적용한다.

$\delta_B = 0$ 이므로 $\delta_{B1} = \delta_{B2}$

$\dfrac{5w(2l)^4}{384EI} = \dfrac{R_B(2l)^3}{48EI}$

$\therefore R_B = \dfrac{5wl}{4} = \dfrac{5 \times 2 \times 3}{4} = 7.5 \text{t}$

★★★
13 다음 단순보의 지점 B에 모멘트 M_B가 작용할 때 지점 A에서의 처짐각(θ_A)은? (단, EI는 일정하다.)

① $\dfrac{M_B l}{2EI}$

② 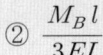 $\dfrac{M_B l}{3EI}$

③ $\dfrac{M_B l}{6EI}$

④ $\dfrac{M_B l}{8EI}$

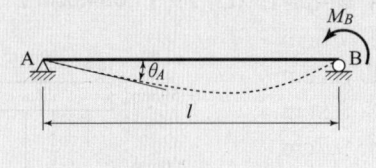

해답 11. ③ 12. ② 13. ③

해설

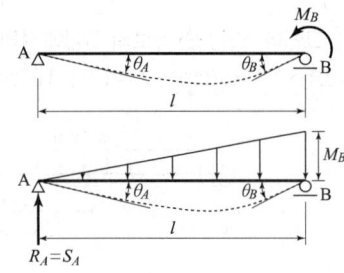

처짐각(θ_A)

(1) $\sum M_B = 0$

$$R_A \times l - \frac{1}{2} \times M_B \times l \times \frac{1}{3}l = 0$$

$$\therefore R_A = \frac{M_B l}{6}$$

(2) $\theta_A = \frac{S_A}{EI} = \frac{M_B l / 6}{EI} = \frac{M_B l}{6EI}$

(3) $\theta_B = \frac{S_B}{EI} = \frac{M_B l / 3}{EI} = \frac{M_B l}{3EI}$

14 다음 중에서 정(+)과 부(−)의 값을 모두 갖는 것은?

① 단면계수   ② 단면2차모멘트
③ 단면상승모멘트   ④ 단면 회전반지름

해설 단면상승모멘트(I_{xy})

(1) $I_{xy} = A \times x_o \times y_o$
(2) x_o, y_o 값에 따라 정(+)과 부(−)의 값이 나올 수 있다.

15 그림과 같이 두 개의 나무판이 못으로 조립된 T형보에서 단면에 작용하는 전단력(V)이 155kg이고 한 개의 못이 전단력 70kg을 전달할 경우 못의 허용 최대 간격은 약 얼마인가? (단, $I = 11,354.0\text{cm}^4$)

① 7.5cm
② 8.2cm
③ 8.9cm
④ 9.7cm

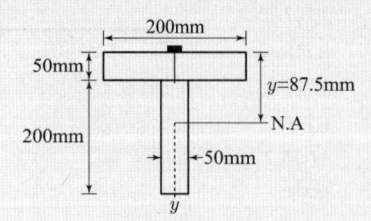

해설 전단흐름

(1) 플랜지와 복부 경계면에서 상단까지 단면의 중립축에 대한 단면1차모멘트(G)

$$G = 20 \times 5 \times \left(8.75 - \frac{5}{2}\right) = 625\text{cm}^3$$

(2) 전단흐름

$$f = \frac{VG}{I} = \frac{155 \times 625}{11,354} = 8.532 \text{kg/cm}$$

(3) 못의 최대 배치간격

$$S_{\max} = \frac{F}{f} = \frac{70}{8.532} = 8.204 \text{cm}$$

16 다음 그림과 같은 단순보에 이동하중이 작용하는 경우 절대 최대 휨모멘트는 얼마인가?

① 17.64t · m
② 16.72t · m
③ 16.20t · m
④ 12.51t · m

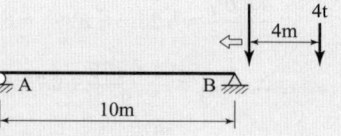

해설

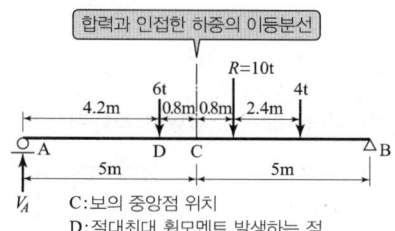

C: 보의 중앙점 위치
D: 절대최대 휨모멘트 발생하는 점

절대최대휨모멘트

(1) 합력의 작용점 위치를 구한다.
 ① $R = 6 + 4 = 10t$
 ② $10 \times x = 4 \times 4$ $\therefore x = 1.6\text{m}$

(2) 합력과 인접한 하중(6t)과의 이등분선 작도 후 보의 중앙점과 일치시킨다.

$\sum M_B = 0$

$V_A \times 10 - 6 \times 5.8 - 4 \times 1.8 = 0$

$\therefore V_A = 4.2t$

(3) 절대휨모멘트 발생위치: 합력과 인접한 하중(6t) 작용점에서 발생한다.

(4) $\therefore M_{b\max} = V_A \times 4.2$
    $= 4.2 \times 4.2 = 17.64\text{t} \cdot \text{m}$

해답 14. ③   15. ②   16. ①

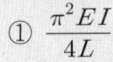**17** 바닥은 고정, 상단은 자유로운 기둥의 좌굴형상이 그림과 같을 때 임계하중은 얼마인가?

① $\dfrac{\pi^2 EI}{4L}$

② $\dfrac{9\pi^2 EI}{4L^2}$

③ $\dfrac{13\pi^2 EI}{4L^2}$

④ $\dfrac{25\pi^2 EI}{4L^2}$

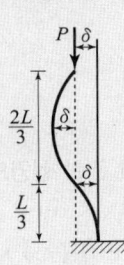

해설 장주의 임계하중(P_c)

(1) $KL = \dfrac{2L}{3}$ 과 $KL = \dfrac{L}{3}$ 중에서 유효좌굴길이가 긴 쪽이 임계하중이 된다.

(2) 오일러의 임계하중(=좌굴하중)

$$P_c = \dfrac{\pi^2 EI}{(KL)^2} = \dfrac{\pi^2 EI}{\left(\dfrac{2L}{3}\right)^2} = \dfrac{9\pi^2 EI}{4L^2}$$

18 아래의 표에서 설명하는 것은?

> 탄성체에 저장된 변형에너지 U를 변위의 함수로 나타내는 경우에, 임의의 변위 Δ_i에 관한 변형에너지 U의 1차편도함수는 대응되는 하중 P_i와 같다.
> 즉, $P_i = \dfrac{\partial U}{\partial \Delta_i}$ 이다.

① Castigliano의 제1정리
② Castigliano의 제2정리
③ 가상일의 원리
④ 공액보법

해설 Castigliano정리

(1) Castigliano 1정리 : 탄성체가 가지고 있는 탄성변형에너지를 변위로 편미분하면 하중이 된다.

$$P_i = \dfrac{\partial U}{\partial \Delta_i}, \quad M_i = \dfrac{\partial U}{\partial \theta_i}$$

(2) Castigliano 2정리 : 탄성체가 가지고 있는 탄성변형에너지를 작용하고 있는 하중으로 편미분하면 그 하중 점에서의 작용방향의 변위(처짐, 처짐각)가 된다.

$$\Delta_i = \dfrac{\partial U}{\partial P_i}, \quad \theta_i = \dfrac{\partial U}{\partial M_i}$$

19 다음 그림과 같은 $r=4$m인 3힌지 원호아치에서 지점 A에서 2m 떨어진 E점의 휨모멘트의 크기는 약 얼마인가?

① 0.613t·m
② 0.732t·m
③ 0.827t·m
④ 0.916t·m

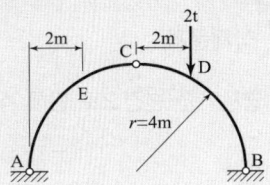

해설

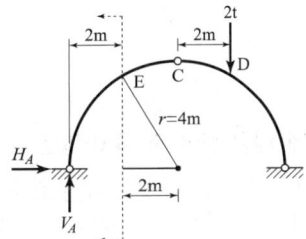

아치

(1) $\sum M_B = 0$
$V_A \times 8 - 2 \times 2 = 0 \Rightarrow \therefore V_A = 0.5$t

(2) $\sum M_{CL} = 0$
$0.5 \times 4 - H_A \times 4 = 0 \Rightarrow \therefore H_A = 0.5$t

(3) $M_E = 0.5 \times 2 - 0.5 \times \sqrt{(4^2 - 2^2)}$
$= -0.732$t·m

20 그림의 AC, BC에 작용하는 힘 F_{AC}, F_{BC}의 크기는?

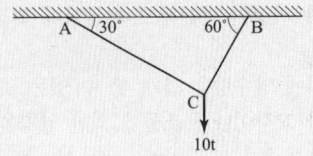

① $F_{AC} = 10$t, $F_{BC} = 8.66$t
② $F_{AC} = 8.66$t, $F_{BC} = 5$t
③ $F_{AC} = 5$t, $F_{BC} = 8.66$t
④ $F_{AC} = 5$t, $F_{BC} = 17.32$t

해설

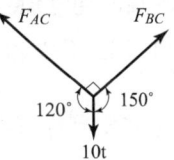

Sine법칙

(1) $\dfrac{10}{\sin 90°} = \dfrac{F_{AC}}{\sin 150°}$ ∴ $F_{AC} = 5$t

(2) $\dfrac{10}{\sin 90°} = \dfrac{F_{BC}}{\sin 120°}$ ∴ $F_{BC} = 8.66$t

해답 17. ② 18. ① 19. ② 20. ③

측량학

21 삭제문제

출제기준 변경으로 인해 삭제됨

★★★
22 하천측량에 대한 설명 중 옳지 않은 것은?
① 하천측량시 처음에 할 일은 도상조사로서 유로상황, 지역면적, 지형지물, 토지이용 상황 등을 조사하여야 한다.
② 심천측량은 하천의 수심 및 유수부분의 하저사항을 조사하고 횡단면도를 제작하는 측량을 말한다.
③ 하천측량에서 수준측량을 할 때의 거리표는 하천의 중심에 직각방향으로 설치한다.
④ 수위관측소의 위치는 지천의 합류점 및 분류점으로서 수위의 변화가 뚜렷한 곳이 적당하다.

해설 수위관측소의 위치
(1) 지천의 합류점 및 분류점 같은 수위의 변화가 생기지 않는 곳
(2) 하안과 하상이 안전하고 세굴이나 퇴적이 되지 않는 장소
(3) 홍수시에 양수량을 쉽게 볼 수 있는 곳
(4) 수위가 교각이나 구조물에 의한 영향을 받지 않는 곳일 것

★★
23 등고선의 성질에 대한 설명으로 옳지 않은 것은?
① 동일 등고선상의 모든 점은 기준면으로부터 같은 높이에 있다.
② 지표면의 경사가 같을 때는 등고선의 간격은 같고 평행하다.
③ 등고선은 도면 내 또는 밖에서 반드시 폐합한다.
④ 높이가 다른 두 등고선은 절대로 교차하지 않는다.

해설 등고선 성질
높이가 다른 두 등고선은 동굴이나 절벽의 지형이 아닌 곳에서는 교차하지 않으나 동굴이나 절벽에서는 2점에서 교차한다.

★
24 수준측량에 관한 설명으로 옳은 것은?
① 수준측량에서는 빛의 굴절에 의하여 물체가 실제로 위치하고 있는 곳보다 더욱 낮게 보인다.
② 삼각수준측량은 토털스테이션을 사용하여 연직각과 거리를 동시에 관측하므로 레벨측량보다 정확도가 높다.
③ 수평한 시준선을 얻기 위해서는 시준선과 기포관축은 서로 나란하여야 한다.
④ 수준측량의 시준 오차를 줄이기 위하여 기준점과의 구심 작업에 신중을 기울여야 한다.

해설 수준측량
(1) 빛의 굴절에 의하여 물체가 실제보다 높게 보이므로 기차를 보정 할 때는 낮게 조정한다.

기차 : $-\dfrac{KD^2}{2R}$

(2) 직접수준측량(레벨측량)이 간접수준측량(삼각수준측량)보다 정확도가 높다.
(3) 시준선 오차는 전·후시거리를 등거리로 취하면 소거된다.

★★
25 수준측량에서 발생할 수 있는 정오차에 해당하는 것은?
① 표척을 잘못 뽑아 발생되는 읽음오차
② 광선의 굴절에 의한 오차
③ 관측자의 시력 불완전에 의한 오차
④ 태양의 광선, 바람, 습도 및 온도의 순간변화에 의해 발생되는 오차

해설 수준측량 정오차
(1) 정오차
　① 광선의 굴절에 의한 오차(기차)
　② 지구의 곡률에 의한 오차(구차)
　③ 시준선 오차
(2) 부정오차
　① 시차에 의한 오차
　② 기상변화에 의한 오차
　③ 표척을 잘못 뽑아 발생되는 읽음 오차

26 완화곡선에 대한 설명으로 틀린 것은?
① 단위 클로소이드란 매개 변수 A가 1인, 즉 $R \times L = 1$의 관계에 있는 클로소이드이다.
② 완화곡선의 접선은 시점에서 직선에, 종점에서 원호에 접한다.
③ 클로소이드의 형식 중 S형은 복심곡선 사이에 클로소이드를 삽입한 것이다.
④ 캔트(Cant)는 원심력 때문에 발생하는 불리한 점을 제거하기 위해 두는 편경사이다.

해설 클로소이드 형식
(1) 기본형 : 직선, 클로소이드, 원곡선 순으로 나란히 설치한 것.
(2) 난형 : 복심곡선 사이에 클로소이드를 삽입한 것.
(3) S형 : 반향곡선 사이에 클로소이드를 삽입한 것.

27 그림과 같은 도로 횡단면도의 단면적은? (단, O을 원점으로 하는 좌표(x, y)의 단위 : [m])
① 94m²
② 98m²
③ 102m²
④ 106m²

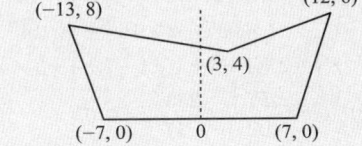

해설 좌표법
(1) y좌표 : 0, 0, 8, 4, 6, 0, 0
   x좌표 : 0, -7, -13, 3, 12, 7, 0
(2) $A = \frac{1}{2}\sum x_i(y_{i+1} - y_{i-1})$ or $\frac{1}{2}\sum y_i(x_{i+1} - x_{i-1})$
   $= \frac{1}{2}[8 \times \{3-(-7)\} + 4 \times \{12-(-13)\} + 6 \times (7-3)]$
   $= 102\text{m}^2$

28 지리정보시스템(GIS) 데이터의 형식 중에서 벡터 형식의 객체자료 유형이 아닌 것은?
① 격자(Cell)
② 점(Point)
③ 선(Line)
④ 면(Polygon)

해설 지리정보시스템(GIS)
(1) GIS : 지리정보를 효율적으로 활용하기 위한 시스템, 다양한 지리 정보를 수집, 저장, 처리, 분석, 출력하는 정보체계
(2) 공간자료 구조
  ① 벡터구조 : 점, 선, 면을 기본으로 위치, 방향성, 크기를 가지고 공간정보 표현.
  ② 격자구조 : 사각형구조(=격자구조)를 말하며, 모든 지역은 격자로 나뉘며 각각의 격자는 행(Row)과 열(Colume)로 표시된다.

29 삭제문제

출제기준 변경으로 인해 삭제됨

30 대단위 신도시를 건설하기 위한 넓은 지형의 정지공사에서 토량을 계산하고자 할 때 가장 적당한 방법은?
① 점고법
② 비례 중앙법
③ 양단면 평균법
④ 각주공식에 의한 방법

해설 점고법
(1) 점고법 : 운동장이나 비행장과 같은 시설을 건설하기 위한 넓은 지형의 정지공사의 토량을 계산 할 경우 적합한 방법이다.
(2) 직사각형 공식
$$V = \frac{a}{4}(\sum h_1 + 2\sum h_2 + 3\sum h_3 + 4\sum h_4)$$

해답 26. ③ 27. ③ 28. ① 29. 삭제문제 30. ①

③ 2016년 과년도출제문제

31 표준길이보다 5mm가 늘어나 있는 50m 강철줄자로 250m×250m 정사각형 토지를 측량하였다면 이 토지의 실제면적은?

① 62,487.50m² ② 62,493.75m²
③ 62,506.25m² ④ 62,512.50m²

해설 정오차

(1) 정오차 $= a \times n = a \times \dfrac{L}{l}$

(2) 보정된 거리
$$L_0 = L + a\dfrac{L}{l} = L\left(1 + \dfrac{a}{l}\right)$$

(3) 실제면적
$$A_0 = (L_0)^2 = \left[L\left(1 + \dfrac{a}{l}\right)\right]^2$$
$$A_0 = A\left(1 + \dfrac{a}{l}\right)^2$$
$$= (250 \times 250)\left(1 + \dfrac{0.005}{50}\right)^2 = 62,512.5\text{m}^2$$

32 정확도 1/5,000을 요구하는 50m 거리 측량에서 경사거리를 측정하여도 허용되는 두 점간의 최대 높이차는?

① 1.0m ② 1.5m
③ 2.0m ④ 2.5m

해설 경사보정

(1) 거리 정확도
$$\dfrac{1}{m} = \dfrac{dl}{l} \Rightarrow \dfrac{1}{5,000} = \dfrac{dl}{50\text{m}}$$
∴ $dl = 0.01$m

(2) 경사거리에 대한 보정
$$dl = \dfrac{h^2}{2l} \Rightarrow h = \sqrt{2l \times dl} = \sqrt{2 \times 50 \times 0.01} = 1\text{m}$$

33 A와 B의 좌표가 다음과 같을 때 측선 AB의 방위각은?

A점의 좌표=(179,847.1m, 76,614.3m)
B점의 좌표=(179,964.5m, 76,625.1m)

① 5°23′15″ ② 185°15′23″
③ 185°23′15″ ④ 5°15′22″

해설 방위각 계산

(1) $\tan\alpha = \dfrac{Y_B - Y_A}{X_B - X_A}$ 에서
$$\alpha = \tan^{-1}\left(\dfrac{Y_B - Y_A}{X_B - X_A}\right)$$
$$= \tan^{-1}\left(\dfrac{76625.1 - 76614.3}{179964.5 - 179847.1}\right) = 5°15′22″$$

(2) 측선이 1사분면에 있으므로 방위각은 $\alpha = 5°15′22″$ 이다.

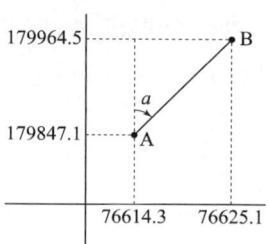

34 어느 각을 관측한 결과가 다음과 같을 때, 최확값은? (단, 괄호 안의 숫자는 경중률)

| 73°40′12″(2), 73°40′10″(1) |
| 73°40′15″(3), 73°40′18″(1) |
| 73°40′09″(1), 73°40′16″(2) |
| 73°40′14″(4), 73°40′13″(3) |

① 73°40′10.2″ ② 73°40′11.6″
③ 73°40′13.7″ ④ 73°40′15.1″

해설 경중률이 다른 경우 최확값

(1) 경중률과 관측횟수는 비례한다.
$[Pa] = 2 \times 12″ + 1 \times 10″ + 3 \times 15″ + 1 \times 18″$
 $+ 1 \times 09″ + 2 \times 16″ + 4 \times 14″ + 3 \times 13″ = 233″$
$[P] = 2 + 1 + 3 + 1 + 1 + 2 + 4 + 3 = 17$

(2) $\alpha_0 = \dfrac{[P\alpha]}{[P]} = \dfrac{233″}{17} = 13.7″$

(3) 최확값=73°40′13.7″

35 단곡선 설치에 있어서 교각 $I = 60°$, 반지름 $R = 200$m, 곡선의 시점 B.C.=No.8+15m일 때 종단현에 대한 편각은? (단, 중심말뚝의 간격은 20m이다.)

① 0°38′10″ ② 0°42′58″
③ 1°16′20″ ④ 2°51′53″

해설 편각법

(1) 곡선길이
$$CL = \dfrac{\pi}{180°}RI° = \dfrac{\pi}{180°} \times 200 \times 60° = 209.44\text{m}$$

(2) 노선의 시점에서 단곡선 종점까지 추가거리
 =노선시점에서 BC까지거리+CL
 $= (No.8+15) + CL$
 $= (8 \times 20 + 15) + 209.44 = 384.44$m
∴ 종단현길이$(l_2) = 384.44 - 380 = 4.44$m

(3) 종단현에 대한 편각
$$\delta_2 = \dfrac{l_2}{2R}\rho° = \dfrac{4.44}{2 \times 200} \times \dfrac{180°}{\pi} = 0°38′10″$$

해답 31. ④ 32. ① 33. ④ 34. ③ 35. ①

36 지형을 표시하는 방법 중에서 짧은 선으로 지표의 기복을 나타내는 방법은?
① 점고법   ② 영선법
③ 단체법   ④ 등고선법

해설 영선법(hachuring)
(1) 소의 털처럼 가는 선으로 지형을 표시하는 방법으로 우모법이라고도 한다.
(2) 급경사 : 굵고 짧은 선으로 지형을 표시한다.
    완경사 : 가늘고 긴 선으로 지형을 표시한다.

37 수심이 H인 하천의 유속을 3점법에 의해 관측할 때, 관측 위치로 옳은 것은?
① 수면에서 0.1H, 0.5H, 0.9H가 되는 지점
② 수면에서 0.2H, 0.6H, 0.8H가 되는 지점
③ 수면에서 0.3H, 0.5H, 0.7H가 되는 지점
④ 수면에서 0.4H, 0.5H, 0.6H가 되는 지점

해설 평균유속 측정법(3점법)
(1) 수면으로부터 0.2H, 0.6H, 0.8H 지점에서의 유속을 측정한다.
(2) 수심 0.6H 위치의 유속이 평균유속에 가장 가깝기 때문에 2배의 가중치를 주어 계산한다.

$$V_m = \frac{1}{4}(V_{0.2} + 2V_{0.6} + V_{0.8})$$

38 GNSS 측량에 대한 설명으로 옳지 않은 것은?
① 3차원 공간 계측이 가능하다.
② 기상의 영향을 거의 받지 않으며 야간에도 측량이 가능하다.
③ Bessel 타원체를 기준으로 경위도 좌표를 수집하기 때문에 좌표정밀도가 높다.
④ 기선 결정의 경우 두 측점 간의 시통에 관계가 없다.

해설 GNSS(Global Navigation Satellite System)
(1) 위성측위시스템으로 수평성분과 수직성분을 제공하므로 3차원 공간 계측이 가능하다.
(2) 날씨, 기상에 관계없이 위치결정이 가능하고, 기선결정의 경우 두 측점간의 시통에 무관하다.
(3) WGS-84 타원체를 사용한다.

39 완화곡선 중 클로소이드에 대한 설명으로 틀린 것은?
① 클로소이드는 나선의 일종이다.
② 매개변수를 바꾸면 다른 무수한 클로소이드를 만들 수 있다.
③ 모든 클로소이드는 닮은 꼴이다.
④ 클로소이드 요소는 모두 길이의 단위를 갖는다.

해설 클로소이드 성질
(1) 클로소이드 요소는 길이를 단위를 가진 것과 단위가 없는 것이 있다.
(2) 단위를 가진 것 : R, L, X
    단위가 없는 것 : τ, σ

40 삼각측량을 위한 기준점성과표에 기록되는 내용이 아닌 것은?
① 점번호
② 천문경위도
③ 평면직각좌표 및 표고
④ 도엽명칭

해설 삼각측량 성과표 내용
(1) 삼각점의 등급, 부호 및 명칭
(2) 측점 및 시준 점
(3) 방위각
(4) 진북방향각
(5) 평면직각좌표
(6) 측지 경·위도
(7) 삼각점 표고

해답 36. ② 37. ② 38. ③ 39. ④ 40. ②

수리학 및 수문학

41 직경 10cm인 연직관 속에 높이 1m만큼 모래가 들어 있다. 모래면 위의 수위를 10cm로 일정하게 유지시켰더니 투수량 Q = 4L/hr이었다. 이 때 모래의 투수계수 k는?

① 0.4m/hr ② 0.5m/hr
③ 3.8m/hr ④ 5.1m/hr

해설 $Q = AKI = AK\dfrac{dh}{dl}$ 에서

$$4 \times 10^{-3} = \dfrac{\pi \times 0.1^2}{4} \times K \times \dfrac{1.1}{1}$$

∴ $K = 0.46\text{m/hr}$

42 개수로의 흐름에 대한 설명으로 옳지 않은 것은?

① 사류(supercritical flow)에서는 수면변동이 일어날 때 상류(上流)로 전파될 수 없다.
② 상류(subcritical flow)일 때는 Froude 수가 1보다 크다.
③ 수로경사가 한계경사보다 클 때 사류(supercritical flow)가 된다.
④ Reynolds 수가 500보다 커지면 난류(turbulent flow)가 된다.

해설 개수로 흐름의 분류
(1) 층류와 난류 : R_e수로 판별한다.
$$R_e = \dfrac{VR}{\nu} \quad (\therefore\ \text{난류})$$
층류 : $R_e < 500$, 난류 : $R_e > 500$
(2) 상류와 사류 : F_r수로 판별한다.
$$F_r = \dfrac{V}{\sqrt{gh}}$$
상류 : $F_r < 1$, 사류 : $F_r > 1$

43 반지름($\overline{OP}$)이 6m이고, $\theta' = 30°$인 수문이 그림과 같이 설치되었을 때, 수문에 작용하는 전수압(저항력)은?

① 185.5kN/m
② 179.5kN/m
③ 169.5kN/m
④ 159.5kN/m

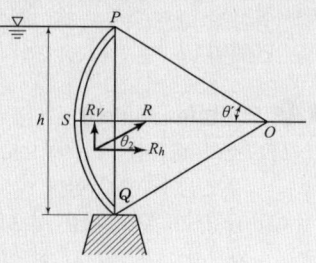

해설 전수압
(1) 물의 단위중량 : $w = 9.8\text{kN/m}^3$
(2) 수평수압 : 곡면을 연직면에 투영한 투영면적(A')에 작용하는 수압
$$R_h = wh_G A'$$
$$= 9.8 \times 3 \times 6\sin(30°) \times 2 \times 1(\text{단위폭})$$
$$= 176.4\text{kN/m}$$
(3) 연직수압 : 곡면을 저면으로 하는 연직물기둥무게
단, 중복부분은 빼준다.
$$R_v = \left[\left(\pi \times 6^2 \times \dfrac{60°}{360°}\right) - (6\sin30° \times 6\cos30°)\right] \times 9.8$$
$$= 31.96\text{kN/m}$$
(4) 전수압
$$P = \sqrt{R_h^2 + R_v^2} = \sqrt{176.4^2 + 31.96^2} = 179.27\text{kN/m}$$

44 유효 강수량과 가장 관계가 깊은 유출량은?

① 지표하 유출량 ② 직접 유출량
③ 지표면 유출량 ④ 기저 유출량

해설 유효강수량
(1) 유효강수량 : 강수 후 비교적 짧은 시간 내에 하천유량에 기여하는 직접유출량
(2) 직접유출량 = 지표면 유출 + 조기 지표 하 유출 + 수로 상 강수

해답 41. ② 42. ② 43. ② 44. ②

45 강우강도 공식에 관한 설명으로 틀린 것은?
① 강우강도(I)와 강우지속시간(D)과의 관계로서 Talbot, Sherman, Japanese형의 경험공식에 의해 표현될 수 있다.
② 강우강도공식은 자기우량계의 우량자료로부터 결정되며, 지역에 무관하게 적용 가능하다.
③ 도시지역의 우수거, 고속도로 암거 등의 설계시에 기본자료로서 널리 이용된다.
④ 강우강도가 커질수록 강우가 계속되는 시간은 일반적으로 작아지는 반비례 관계이다.

해설 강우강도
(1) 강우강도공식은 지역특성에 따라 다르게 적용 한다.
① $Talbot : I = \dfrac{a}{t+b}$ (광주)
② $Sherman : I = \dfrac{c}{t^n}$ (서울, 부산)
③ $Japanese : I = \dfrac{d}{\sqrt{t}+e}$ (인천, 대구)
(2) 강우강도가 커질수록 강우지속 시간은 일반적으로 작아진다.
$I = \dfrac{a}{t+b}$ 에서,
t (강우지속시간)가 작을수록 I는 증가한다.

46 하천의 임의 단면에 교량을 설치하고자 한다. 원통형 교각 상류(전면)에 2m/s의 유속으로 물이 흘러간다면 교각에 가해지는 항력은? (단, 수심은 4m, 교각의 직경은 2m, 항력계수는 1.5이다.)
① 16kN
② 24kN
③ 43kN
④ 62kN

해설 항력(D)
(1) 투영면적
$A = D \times H = 2 \times 4 = 8\text{m}^2$
(2) 항력 : 수중물체가 유체로부터 받는 힘의 크기
$D = C_D A \dfrac{wv^2}{2g} = 1.5 \times 8 \times \dfrac{9.8 \times 2^2}{2 \times 9.8} = 24\text{kN}$

47 원형 단면의 수맥이 그림과 같이 곡면을 따라 유량 0.018m³/s가 흐를 때 x 방향의 분력은? (단, 관내의 유속은 9.8m/s, 마찰은 무시한다.)
① −18.25N
② 37.83N
③ −64.56N
④ 17.64N

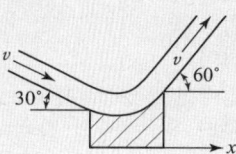

해설 운동량 방정식
(1) $F_x = \dfrac{wQ}{g}(V_{2x} - V_{1x})$
$= \dfrac{9.8 \times 0.018}{9.8}(9.8\cos 60° - 9.8\cos 30°)$
$= -0.06456\text{kN} = -64.56\text{N}$
(2) (−)값의 의미는 가정방향이 아니고 반대방향으로 F_x가 작용함을 의미한다.

48 강수량 자료를 분석하는 방법 중 이중누가해석(double mass analysis)에 대한 설명으로 옳은 것은?
① 강수량 자료의 일관성을 검증하기 위하여 이용한다.
② 강수의 지속기간을 알기 위하여 이용한다.
③ 평균 강수량을 계산하기 위하여 이용한다.
④ 결측자료를 보완하기 위하여 이용한다.

해설 이중누가 우량분석법
(1) 우량계의 위치, 노출상태, 관측방법, 주위 환경 변화로 인한 강수자료의 일관성을 상실한 경우, 기록치를 교정하는 방법을 말한다.
(2) 장기간에 걸친 강수자료의 일관성에 대한 검사 및 교정하는 방법이다.

49 지름 D인 원관에 물이 반만 차서 흐를 때 경심은?
① $D/4$
② $D/3$
③ $D/2$
④ $D/5$

해설 경심(R)
(1) 윤변 : 관 벽과 유체가 접하는 길이
$P = \pi D/2$
(2) 유수단면적 : 유체흐름의 단면적
$A = \dfrac{\pi D^2}{4} \times \dfrac{1}{2} = \dfrac{\pi D^2}{8}$
(3) $R = \dfrac{A}{P} = \dfrac{\pi D^2/8}{\pi D/2} = \dfrac{D}{4}$

해답 45. ② 46. ② 47. ③ 48. ① 49. ①

50 SCS방법(NRCS 유출곡선 번호방법)으로 초과강우량을 산정하여 유출량을 계산할 때에 대한 설명으로 옳지 않은 것은?

① 유역의 토지이용형태는 유효우량의 크기에 영향을 미친다.
② 유출곡선지수(runoff curve number)는 총우량으로부터 유효우량의 잠재력을 표시하는 지수이다.
③ 투수성 지역의 유출곡선지수는 불투수성지역의 유출곡선지수보다 큰 값을 갖는다.
④ 선행토양함수조건(antecedent soil moisture condition)은 1년을 성수기와 비성수기로 나누어 각 경우에 대하여 3가지 조건으로 구분하고 있다.

해설 SCS방법
유출곡선지수 : 불투수성지역이 투수성지역보다 더 큰 값을 갖는다.

51 그림에서 A와 B의 압력차는?
(단, 수은의 비중=13.50)

① 32.85kN/m²
② 57.50kN/m²
③ 61.25kN/m²
④ 78.94kN/m²

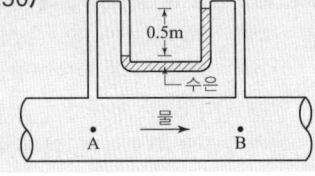

해설 액주계

(1) 비중 = $\dfrac{\text{수은의 단위중량}}{\text{물의 단위중량}}$

$13.50 = \dfrac{\text{수은의 단위중량}}{9.8\text{kN/m}^3}$

∴ 수은 단위중량 = 132.3kN/m³

(2) $P_A - P_B = h(w' - w)$
$= 0.5(132.3 - 9.8) = 61.25\text{kN/m}^2$

52 xy평면이 수면에 나란하고, 질량력의 x, y, z축 방향성분을 X, Y, Z라 할 때, 정지평형상태에 있는 액체 내부에 미소 육면체의 부피를 dx, dy, dz라 하면 등압면(等壓面)의 방정식은?

① $Xdx + Ydy + Zdz = 0$
② $\dfrac{X}{dx} + \dfrac{Y}{dy} + \dfrac{Z}{dz} = 0$
③ $\dfrac{dx}{X} + \dfrac{dy}{Y} + \dfrac{dz}{Z} = 0$
④ $\dfrac{X}{x}dx + \dfrac{Y}{y}dy + \dfrac{Z}{z}dz = 0$

해설 등압면 방정식
(1) $dP = \rho(Xd_x + Yd_y + Zd_z)$ 에서
(2) 등압면이므로 $dP=0$, $\rho \neq 0$ 이므로
$Xd_x + Yd_y + Zd_z = 0$ 되어야 한다.

53 오리피스에서 C_c를 수축계수, C_v를 유속계수라 할 때 실제유량과 이론유량과의 비(C)는?

① $C = C_c$
② $C = C_v$
③ $C = C_c/C_v$
④ $C = C_c \cdot C_v$

해설 유량계수(C)

(1) $C_c = \dfrac{\text{수축 단면적}}{\text{오리피스 단면적}}$

(2) $C_v = \dfrac{\text{실제유속}}{\text{이론유속}}$

(3) $C = C_c \cdot C_v$

54 유역내의 DAD해석과 관련된 항목으로 옳게 짝지어진 것은?

① 우량, 유역면적, 강우지속시간
② 우량, 유출계수, 유역면적
③ 유량, 유역면적, 강우강도
④ 우량, 수위, 유량

해설 DAD(Depth-Area-Duration)해석
(1) 최대우량깊이-유역면적-강우지속기간 관계곡선이다.
(2) DAD 해석시 필요한 자료
 ① 자기우량 기록지
 ② 유역면적
 ③ 최대강우량 자료

55 사각형 개수로 단면에서 한계수심(h_c)과 비에너지(h_e)의 관계로 옳은 것은?

① $h_c = \dfrac{2}{3}h_e$
② $h_c = h_e$
③ $h_c = \dfrac{3}{2}h_e$
④ $h_c = 2h_e$

해설 한계수심과 비에너지

(1) 한계수심(h_c)
$$h_c = \left(\frac{\alpha Q^2}{gb^2}\right)^{\frac{1}{3}}$$

(2) 비에너지(H_e)
$$H_e = h + \alpha \frac{v^2}{2g}$$

(3) 한계수심과 비에너지 관계
$$h_c = \frac{2}{3} H_e$$

56 매끈한 원관 속으로 완전발달 상태의 물이 흐를 때 단면의 전단응력은?

① 관의 중심에서 0이고 관 벽에서 가장 크다.
② 관 벽에서 변화가 없고 관의 중심에서 가장 큰 직선 변화를 한다.
③ 단면의 어디서나 일정하다.
④ 유속분포와 동일하게 포물선형으로 변화한다.

해설 전단응력(τ)

(1) 전단응력은 관 중심으로부터 떨어진 거리에 비례해서 증가한다.
(2) 전단응력은 직선 변화한다.
(3) 최소전단응력 : 관 중심($\tau = 0$)
   최대전단응력 : 관 벽($\tau = \tau_{\max}$)

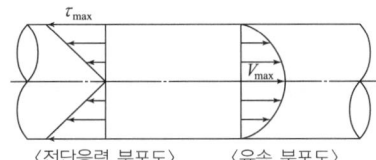

〈전단응력 분포도〉   〈유속 분포도〉

57 폭 9m의 직사각형수로에 16.2m³/s의 유량이 92cm의 수심으로 흐르고 있다. 장파의 전파속도 C와 비에너지 E는? (단, 에너지보정계수 $\alpha = 1.0$)

① $C = 2.0$m/s, $E = 1.015$m
② $C = 2.0$m/s, $E = 1.115$m
③ $C = 3.0$m/s, $E = 1.015$m
④ $C = 3.0$m/s, $E = 1.115$m

해설 (1) 장파 전파속도
$$C = \sqrt{gh} = \sqrt{9.8 \times 0.92} = 3.0 \text{m/sec}$$

(2) 비에너지
① $V = \frac{Q}{A} = \frac{16.2}{9 \times 0.92} = 1.957$m/sec
② $H_e = h + \alpha \frac{V^2}{2g} = 0.92 + 1.0 \frac{1.957^2}{2 \times 9.8} = 1.115$m

58 폭 35cm인 직사각형 위어(weir)의 유량을 측정하였더니 0.03m³/s이었다. 월류수심의 측정에 1mm의 오차가 생겼다면, 유량에 발생하는 오차(%)는? (단, 유량계산은 프란시스(Francis) 공식을 사용하되 월류 시 단면수축은 없는 것으로 가정한다.

① 1.84%   ② 1.67%
③ 1.50%   ④ 1.16%

해설 유량오차 $\left(\frac{dQ}{Q}\right)$와 수두측정오차 $\left(\frac{dh}{h}\right)$ 관계

(1) $Q = 1.84 b_0 h^{\frac{3}{2}}$에서, 단면수축이 없으므로 $b = b_0$
$$h = \left(\frac{Q}{1.84 \times b}\right)^{\frac{2}{3}} = \left(\frac{0.03}{1.84 \times 0.35}\right)^{\frac{2}{3}} = 0.129\text{m}$$

(2) $\frac{dQ}{Q} = \frac{3}{2} \frac{dh}{h}$
$= \frac{3}{2} \times \frac{0.001}{0.129} = 0.0116$

59 관수로에서의 미소 손실(Minor Loss)는?

① 위치수두에 비례한다.
② 압력수두에 비례한다.
③ 속도수두에 비례한다.
④ 레이놀드수의 제곱에 반비례한다.

해설 미소 손실수두(h_m)

(1) $h_m = f_m \frac{v^2}{2g}$
   여기서, f_m : 미소 손실계수, $\frac{v^2}{2g}$: 속도수두

(2) 미소손실 수두는 미소 손실계수와 속도수두에 비례한다.

60 동해의 일본 측으로부터 300km 파장의 지진해일이 발생하여 수심 3,000m의 동해를 가로질러 2,000km 떨어진 우리나라 동해안에 도달한다고 할 때, 걸리는 시간은? (단, 파속 $C = \sqrt{gh}$, 중력가속도는 9.8m/s²이고 수심은 일정한 것으로 가정)

① 약 150분   ② 약 194분
③ 약 274분   ④ 약 332분

해설 지진해일 도달시간

(1) 파속도
$$C = \sqrt{gh} = \sqrt{9.8 \times 3,000} = 171.464 \text{m/sec}$$

(2) 도달시간
$$t = \frac{L}{C} = \frac{2,000,000\text{m}}{171.464\text{m/sec}} = 11,664.26\text{sec} \fallingdotseq 194\text{min}$$

해답 56. ① 57. ④ 58. ④ 59. ③ 60. ②

철근콘크리트 및 강구조

61 그림과 같은 복철근 직사각형 단면에서 응력 사각형의 깊이 a의 값은 얼마인가? (단, $f_{ck}=24$MPa, $f_y=350$MPa, $A_s=5,730$mm^3, $A_s'=1,980$mm^2)

① 227.2mm
② 199.6mm
③ 217.4mm
④ 183.8mm

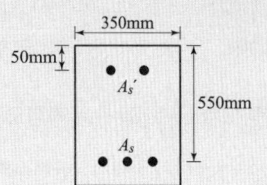

해설 등가직사각형 응력블록깊이(a)

$$a = \frac{(A_s - A_{sf})f_y}{\eta(0.85f_{ck})b_w} = \frac{(5,730-1,980)\times 350}{1.0 \times 0.85 \times 24 \times 350}$$
$$= 183.82\text{mm}$$

여기서, $f_{ck} \leq 40$MPa $\Rightarrow \eta = 1.0$

62 연속보 또는 1방향 슬래브의 철근콘크리트 구조를 해석하고자 할 때 근사해법을 적용할 수 있는 조건에 대한 설명으로 틀린 것은?

① 부재의 단면 크기가 일정한 경우
② 인접 2경간의 차이가 짧은 경간의 50% 이하인 경우
③ 등분포 하중이 작용하는 경우
④ 활하중이 고정하중의 3배를 초과하지 않는 경우

해설 1방향 슬래브의 근사해법 제한사항
(1) 경간 수 : 2경간 이상
(2) 경간 길이 차 : 인접 2경간차이가 짧은 경간의 20% 이상 차이가 나지 않을 경우
(3) 하중재하 : 등분포 하중이 작용할 경우
(4) 활하중의 크기 : 고정하중의 3배를 초과하지 않는 경우
(5) 부재단면 : 부재의 단면크기가 일정한 경우

63 압축 이형철근의 겹침이음길이에 대한 다음 설명으로 틀린 것은? (단, d_b는 철근의 공칭지름)

① 겹침이음길이는 300mm 이상이어야 한다.
② 철근의 항복강도(f_y)가 400MPa 이하인 경우의 겹침이음길이는 $0.072f_yd_b$보다 길 필요가 없다.
③ 서로 다른 크기의 철근을 압축부에서 겹침이음하는 경우, 이음길이는 크기가 큰 철근의 정착길이와 크기가 작은 철근의 겹침이음길이 중 큰 값 이상이어야 한다.
④ 압축철근의 겹침이음길이는 인장철근의 겹침이음길이보다 길어야 한다.

해설 압축이형철근의 겹침이음길이
(1) $f_y \leq 400$MPa
  ① $0.072\,d_bf_y$ 이하
  ② 인장철근의 겹침이음길이 이하
  ③ 300mm 이상
(2) $f_y > 400$MPa
  ① $(0.13f_y - 24)d_b$ 이하
  ② 인장철근의 겹침이음길이 이하
  ③ 300mm 이상

64 옹벽의 구조해석에 대한 설명으로 잘못된 것은?

① 부벽식 옹벽 저판은 정밀한 해석이 사용되지 않는 한, 부벽 간의 거리를 경간으로 가정한 고정보 또는 연속보로 설계할 수 있다.
② 저판의 뒷굽판은 정확한 방법이 사용되지 않는 한, 뒷굽판 상부에 재하되는 모든 하중을 지지하도록 설계하여야 한다.
③ 캔틸레버식 옹벽의 전면벽은 저판에 지지된 캔틸레버로 설계할 수 있다.
④ 뒷부벽식 옹벽의 뒷부벽은 직사각형보로 설계하여야 한다.

해설 옹벽의 설계
(1) 뒷부벽식 옹벽 : T형보로 설계
(2) 앞부벽식 옹벽 : 직사각형보로 설계

해답 61. ④ 62. ② 63. ④ 64. ④

65 그림과 같은 캔틸레버보에 활하중 $w_L = 25$kN/m이 작용할 때 위험단면에서 전단철근이 부담해야 할 전단력은? (단, 콘크리트의 단위무게 $= 25$kN/m³, $f_{ck} = 24$MPa, $f_y = 300$MPa이고, 하중계수와 하중조합을 고려하시오.)

① 69.5kN
② 73.7kN
③ 84.8kN
④ 92.7kN

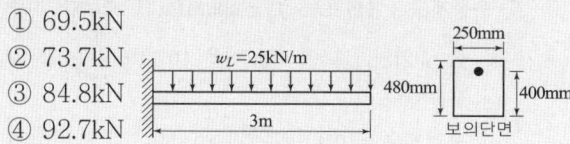

해설 전단철근이 부담해야 할 전단력

(1) 고정하중
$$W_D = \frac{25\text{kN}}{\text{m}^3} \times 0.25\text{m} \times 0.48\text{m} = 3\text{kN/m}$$

(2) 계수하중
$$W_u = 1.2 W_D + 1.6 W_L = 1.2 \times 3 + 1.6 \times 25 = 43.6\text{kN/m}$$

(3) 계수 전단력(V_u)
$$V_u = W_u(L-d) = 43.6(3-0.4) = 113.36\text{kN}$$

(4) 콘크리트가 부담해야 할 전단력
$$V_c = \frac{1}{6} \lambda \sqrt{f_{ck}} \, b_w d$$
$$= \frac{1}{6} \times 1.0 \times \sqrt{24} \times 250 \times 400 = 81,649.66\text{N} = 81.65\text{kN}$$

(5) 전단철근이 부담해야할 전단력
$$V_s = \frac{V_u}{\phi} - V_c = \frac{113.6}{0.75} - 81.65 \fallingdotseq 69.5\text{kN}$$

66 그림과 같은 용접 이음에서 이음부의 응력은 얼마인가?

① 140MPa
② 152MPa
③ 168MPa
④ 180MPa

해설 용접이음부의 인장응력

(1) $P = 420$kN $= 420,000$N

(2) $f = \dfrac{P}{\sum al} = \dfrac{420,000\text{N}}{250 \times 12} = 140$MPa

67 $b = 300$mm, $d = 450$mm, $A_s = 3$-D25 $= 1,520$mm²가 1열로 배치된 단철근 직사각형 보의 설계 휨강도(ϕM_n)은 약 얼마인가? ($f_{ck} = 28$MPa, $f_y = 400$MPa이고 과소철근보이다.)

① 192.4kN·m
② 198.2kN·m
③ 204.7kN·m
④ 210.5kN·m

해설
1) 등가직사각형 응력블록깊이(a)
  ① $f_{ck} \leq 40$MPa $\Rightarrow \eta = 1.0$
  ② $a = \dfrac{A_s f_y}{\eta(0.85 f_{ck})b} = \dfrac{1,520 \times 400}{1.0 \times 0.85 \times 28 \times 300}$
    $= 85.15$mm

2) $\phi M_n = \phi \left[A_s f_y \left(d - \dfrac{a}{2}\right)\right]$
  $= 0.85 \left[1,520 \times 400 \times \left(450 - \dfrac{85.15}{2}\right)\right]$
  $= 210,557.24$N·mm $\fallingdotseq 210.6$kN·m

68 강도설계법에 의해서 전단 철근을 사용하지 않고, 계수 하중에 의한 전단력 $V_u = 50$kN을 지지하려면 직사각형 단면보의 최소 면적($b_w d$)은 약 얼마인가? (단, $f_{ck} = 28$MPa 최소 전단철근도 사용하지 않는 경우)

① 151,190mm²
② 123,530mm²
③ 97,840mm²
④ 49,320mm²

해설 전단보강이 필요 없는 경우의 보의 최소면적

(1) $V_c = \dfrac{1}{6} \lambda \sqrt{f_{ck}} \, b_w d$
  $= \dfrac{1}{6} \times 1.0 \times \sqrt{28} \times b_w \times d = 0.8819 \, b_w d$

(2) $V_u = 50$kN $= 50,000$N

(3) 전단보강이 필요 없는 조건
  $V_u \leq \dfrac{1}{2} \phi V_c$ 이므로
  $50,000 = \dfrac{1}{2} \times 0.75 \times 0.8819 \, b_w d$
  $\therefore b_w d = 151,189\text{mm}^2$

해답 65. ① 66. ① 67. ④ 68. ①

69 프리스트레스 콘크리트에 대한 설명 중 잘못된 것은?

① 프리스트레스트 콘크리트는 외력에 의하여 일어나는 응력을 소정의 한도까지 상쇄할 수 있도록 미리 인공적으로 내력을 가한 콘크리트를 말한다.
② 프리스트레스트 콘크리트 부재는 설계하중 이상으로 약간의 균열이 발생하더라도 하중을 제거하면 균열이 폐합되는 복원성이 우수하다.
③ 프리스트레스트를 가하는 방법으로 프리텐션방식과 포스트텐션 방식이 있다.
④ 프리스트레스트 콘크리트 부재는 균열이 발생하지 않도록 설계되기 때문에 내구성(耐久性) 및 수밀성(水密性)이 좋으며 내화성(耐火性)도 우수하다.

해설 프리스트레스트 콘크리트 단점
(1) 프리스트레스트 콘크리트는 내화성에 있어서는 불리하다.
(2) 변형이 크고 진동하기 쉽다.
(3) 공사비가 많이 든다.

70 지름 450mm인 원형 단면을 갖는 중심축하중 받는 나선 철근 기둥에서 강도 설계법에 의한 축방향 설계강도 (ϕP_n)는 얼마인가? (단, 이 기둥은 단주이고, f_{ck} = 27MPa, f_y = 350MPa, A_{st} = 8-D22 = 3,096mm², 압축지배단면이다.)

① 1,166kN ② 1,299kN
③ 2,425kN ④ 2,774kN

해설 나선철근 기둥
(1) $\phi = 0.70$
(2) $A_c = A_g - A_{st} = \dfrac{\pi \times 450^2}{4} - 3,096 = 155,947\text{mm}^2$
(3) $\phi P_n = \phi \times 0.85 \times (0.85 f_{ck} A_c + A_{st} f_y)$
$= 0.70 \times 0.85 \times (0.85 \times 27 \times 155,947 + 3,096 \times 350)$
$= 2,774,237\text{N} = 2,774\text{kN}$

71 처짐을 계산하지 않는 경우 단순지지된 보의 최소 두께 (h)로 옳은 것은? (단, 보통콘크리트(m_c = 2,300kg/m³) 및 f_y = 300MPa인 철근을 사용한 부재의 길이가 10m인 보)

① 429mm ② 500mm
③ 537mm ④ 625mm

해설 (1) 처짐을 계산하지 않는 경우의 보의 최소두께

부재	최소두께			
	캔틸레버	단순지지	일단연속	양단연속
보	$\dfrac{l}{8}$	$\dfrac{l}{16}$	$\dfrac{l}{18.5}$	$\dfrac{l}{21}$

(2) 수정계수 : (1)표는 f_y = 400MPa인 경우를 기준으로 한 것이며, 그 이외의 경우 $\left(0.43 + \dfrac{f_y}{700}\right)$를 곱하여 구한다.
∴ 수정계수 $= \left(0.43 + \dfrac{300}{700}\right) = 0.859$

(3) 단순지지 보의 최소두께
$= \dfrac{l}{16} \times$ 수정계수
$= \dfrac{10,000}{16} \times 0.859 = 537\text{mm}$

72 전단철근이 부담하는 전단력 V_s = 150kN일 때, 수직스터럽으로 전단보강을 하는 경우 최대 배치간격은 얼마 이하인가? (단, f_{ck} = 28MPa, 전단철근 1개 단면적 = 125mm², 횡방향 철근의 설계기준항복강도 f_{yt} = 400MPa, b_w = 300mm, d = 500mm)

① 600mm ② 333mm
③ 250mm ④ 167mm

해설 전단철근 간격
(1) 전단철근의 전단강도 검토
$\dfrac{1}{3}\lambda\sqrt{f_{ck}}\,b_w d = \dfrac{1}{3} \times 1.0 \times \sqrt{28} \times 300 \times 500$
$= 264,575.1\text{N} = 264.6\text{kN}$
∴ $V_s = 150\text{kN} < \dfrac{1}{3}\lambda\sqrt{f_{ck}}\,b_w d$

(2) $V_s \leq \dfrac{1}{3}\lambda\sqrt{f_{ck}}\,b_w d$ 경우 전단철근 간격조건
① $s = \dfrac{A_v f_{yt} d}{V_s} = \dfrac{(125 \times 2) \times 400 \times 500}{150,000} = 333.3\text{mm}$
전단철근단면적 = 전단철근 1개 단면적 × 2
(∵ 다리 2개)
② $\dfrac{d}{2} = \dfrac{500}{2} = 250\text{mm}$
③ 600mm 이하
∴ 최솟값 250mm 이하로 한다.

해답 69. ④ 70. ④ 71. ③ 72. ③

73 그림과 같은 단면의 균열모멘트 M_{cr} 은?
(단, $f_{ck}=24$MPa, $f_y=400$MPa)

① 30.8kN·m
② 38.6kN·m
③ 28.2kN·m
④ 22.4kN·m

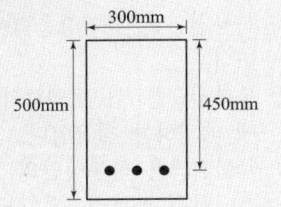

해설 균열모멘트(M_{cr})
(1) 균열모멘트(M_{cr}) : 보의 인장연단에서 콘크리트의 강도가 휨 인장강도($f_r=0.63\sqrt{f_{ck}}$)에 도달할 때 휨모멘트 크기를 말한다.
(2) $M_{cr}=0.63\sqrt{f_{ck}}\times Z$
$=0.63\sqrt{24}\times\dfrac{300\times 500^2}{6}=38,579,463.45$ N·mm
$\fallingdotseq 38.6$ kN·m

74 주어진 T형 단면에서 전단에 대해 위험단면에서 $V_u d/M_u=0.28$이었다. 휨철근 인장강도의 40% 이상의 유효, 프리스트레스트 힘이 작용할 때 콘크리트의 공칭 전단강도(V_c)는 얼마인가? (단, $f_{ck}=45$MPa, V_u : 계수 전단력, M_u : 계수휨모멘트, d : 압축측 표면에서 긴장재 도심까지의 거리)

① 185.7kN
② 230.5kN
③ 321.7kN
④ 462.7kN

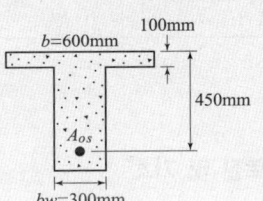

해설 콘크리트의 전단강도(근사식)
$V_c=\left(0.05\sqrt{f_{ck}}+4.9\dfrac{V_u d}{M_u}\right)b_w d$
$=(0.05\sqrt{45}+4.9\times 0.28)\times 300\times 450$
$=230,500.38$N $\fallingdotseq 230.5$kN

75 설계기준 항복강도가 400MPa인 이형철근을 사용한 철근 콘크리트 구조물에서 피로에 대한 안전성을 검토하지 않아도 되는 철근 응력범위로 옳은 것은? (단, 충격을 포함한 사용 활하중에 의한 철근의 응력범위)

① 150MPa ② 170MPa
③ 180MPa ④ 200MPa

해설 피로를 고려하지 않아도 좋은 철근의 응력범위

이형 철근의 항복강도 f_y(MPa)	철근응력의 범위(MPa)
300	130
350	140
400 이상	150

76 다음 그림과 같이 직경 25mm의 구멍이 있는 판(plate)에서 인장응력 검토를 위한 순폭은 약 얼마인가?

① 160.4mm
② 150mm
③ 145.8mm
④ 130mm

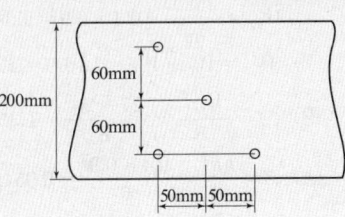

해설 순폭
(1) 리벳구멍이 일직선인 경우 : 총 폭에서 구멍수만큼 빼서 계산한다.
(2) 리벳구멍이 지그재그로 배치된 경우 : 순폭 계산은 최초의 지름에 대해서는 그 지름을 빼고 그 후는 $\left(d-\dfrac{P^2}{4g}\right)$을 순차적으로 빼서 계산한다.
(3) 순폭계산
$w=\left(d-\dfrac{P^2}{4g}\right)=\left(25-\dfrac{50^2}{4\times 60}\right)=14.583$mm
① ABCD : $b_n=b_g-2d=200-2\times 25=150$mm
② ABEF : $b_n=b_g-d-w=200-25-14.583$
$=160.4$mm
③ ABECD or ABEGH : $b_n=b_g-d-2w$
$=200-25-2\times 14.583$
$=145.8$mm
∴ 순폭은 최솟값 145.8mm이다.

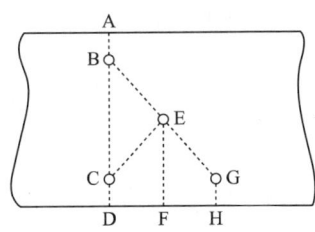

해답 73. ② 74. ② 75. ① 76. ③

77 아래 그림과 같은 PSC보에 활하중(w_l) 18kN/m이 작용하고 있을 때 보의 중앙단면 상연에서 콘크리트 응력은? (단, 프리스트레스 힘(P)은 3,375kN이고, 콘크리트의 단위중량은 25N/m³을 적용하여 자중을 산정하며, 하중계수와 하중조합은 고려하지 않는다.)

① 18.75MPa
② 23.63MPa
③ 27.25MPa
④ 32.42MPa

해설 PSC보의 응력

(1) 고정하중(보의 자중)
$$W_D = \frac{25\text{kN}}{\text{m}^3} \times 0.4 \times 0.9 = 9\text{kN/m}$$

(2) $W_u = W_L + W_D = 18 + 9 = 27\text{kN/m}$

(3) $M = \frac{W_u l^2}{8} = \frac{27 \times 20^2}{8} = 1,350\text{kN}\cdot\text{m}$

(4) $Z = \frac{bh^2}{6} = \frac{0.4 \times 0.9^2}{6} = 0.054\text{m}^3$

$\therefore f = \frac{P}{A} - \frac{Pe}{Z} + \frac{M}{Z}$

$= \frac{3,375}{0.4 \times 0.9} - \frac{3,375 \times 0.25}{0.054} + \frac{1,350}{0.054}$

$= 18,750\text{kN/m}^2 = 18,750 \times 10^3 \text{N}/10^6 \text{mm}^2$

$= 18.75\text{N/mm}^2 = 18.75\text{MPa}$

78 그림의 단면을 갖는 저보강 PSC보의 설계휨강도(ϕM_n)는 얼마인가? (단, 긴장재 단면적 $A_p = 600\text{mm}^2$, 긴장재 인장응력 $f_{ps} = 1,500\text{MPa}$, 콘크리트 설계기준강도 $f_{ck} = 35\text{MPa}$)

① 187.5kN·m
② 225.3kN·m
③ 267.4kN·m
④ 293.1kN·m

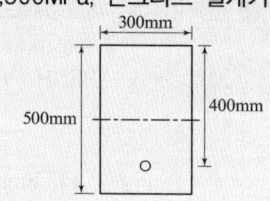

해설 1) 등가직사각형 응력블록깊이(a)
① $f_{ck} \leq 40\text{MPa} \Rightarrow \eta = 1.0$
② $a = \frac{A_p f_{ps}}{\eta(0.85 f_{ck})b} = \frac{600 \times 1,500}{1.0 \times 0.85 \times 35 \times 300}$
$= 100.84\text{mm}$

2) $\phi M_n = \phi \left[A_s f_y \left(d - \frac{a}{2} \right) \right]$
$= 0.85 \left[600 \times 1,500 \times \left(400 - \frac{100.84}{2} \right) \right]$
$= 267,428,700\text{N}\cdot\text{mm} \fallingdotseq 267.43\text{kN}\cdot\text{m}$

79 철근콘크리트보의 배치하는 복부철근에 대한 설명으로 틀린 것은?

① 복부철근은 사인장응력에 대하여 배치하는 철근이다.
② 복부철근은 휨 모멘트가 가장 크게 작용하는 곳에 배치하는 철근이다.
③ 굽힘철근은 복부철근의 한 종류이다.
④ 스터럽은 복부철근의 한 종류이다.

해설 복부철근
복부철근은 휨모멘트 보강철근이 아니고 전단응력 보강철근이다.

80 강도설계법에서 휨부재의 등가직사각형 압축응력분포의 깊이 $a = \beta_1 c$로서 구할 수 있다. 이 때 f_{ck}가 60MPa인 고강도 콘크리트에서 β_1의 값은?

① 0.85
② 0.734
③ 0.76
④ 0.626

해설 등가직사각형 응력분포 변수 값(β_1)

f_{ck}(MPa)	40이하	50	60
β_1	0.80	0.80	0.76

토질 및 기초

81 다음은 정규압밀점토의 삼축압축시험결과를 나타낸 것이다. 파괴시의 전단응력 τ와 수직응력 σ를 구하면?

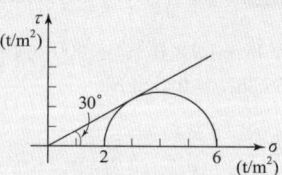

① $\tau = 1.73\text{t/m}^2$, $\sigma = 2.50\text{t/m}^2$
② $\tau = 1.41\text{t/m}^2$, $\sigma = 3.00\text{t/m}^2$
③ $\tau = 1.41\text{t/m}^2$, $\sigma = 2.50\text{t/m}^2$
④ $\tau = 1.73\text{t/m}^2$, $\sigma = 3.00\text{t/m}^2$

해답 77. ① 78. ③ 79. ② 80. ③ 81. ④

해설
(1) Mohr 원
① 최대주응력(σ_1)=6t/m², 최소주응력(σ_3)=2t/m²
② 내부마찰각 : $\phi=30°$, 점착력 : $C=0$
③ 수평면과 파괴면이 이루는 각
$$\theta = 45° + \frac{\phi}{2} = 45° + \frac{30°}{20} = 60°$$
(2) 파괴면에 작용하는 수직응력
$$\sigma = \frac{\sigma_1+\sigma_3}{2} + \frac{\sigma_1-\sigma_3}{2}\cos2\theta$$
$$= \frac{6+2}{2} + \frac{6-2}{2}\cos(2\times60°) = 3\text{t/m}^2$$
(3) 파괴면에 작용하는 전단응력
$$\tau = \frac{\sigma_1-\sigma_3}{2}\sin2\theta$$
$$= \frac{6-2}{2}\sin(2\times60°) = 1.73\text{t/m}^2$$

★★★ 82 그림과 같은 조건에서 분사현상에 대한 안전율을 구하면? (단, 모래의 $\gamma_{sat}=2.0\text{tf/m}^3$이다.)
① 1.0
② 2.0
③ 2.5
④ 3.0

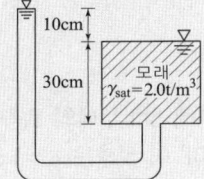

해설 분사현상
(1) 동수구배
$$i = \frac{h}{L} = \frac{10}{30} = \frac{1}{3}$$
(2) 한계동수구배
$$i_c = \frac{\gamma_{sub}}{\gamma_w} = \frac{(2-1)}{1} = 1$$
(3) 안전율
$$F_s = \frac{i_c}{i} = \frac{1}{1/3} = 3$$

★★ 83 3층 구조로 구조결합 사이에 치환성 양이온이 있어서 활성이 크고, 시트 사이에 물이 들어가 팽창 수축이 크고 공학정 안정성은 제일 약한 점토광물은?
① Kaolinite   ② Illite
③ Montmorillonite   ④ Sand

해설 점토광물 종류

점토광물	활성도	공학적 안정	결합구조
Kaolinite	A<0.75	크다	2층 구조
illite	0.75<A<1.25	중간	3층 구조 구조결합 사이에 불치환성 양이온
Montmorillonite	A>1.25	불안정	3층 구조 구조결합 사이에 양이온

★★ 84 다음 중 일시적인 지반개량공법에 속하는 것은?
① 다짐 모래말뚝 공법
② 약액주입 공법
③ 프리로딩 공법
④ 동결 공법

해설 연약지반 개량공법
(1) 다짐 모래말뚝 공법 : 모래지반 개량
(2) 약액주입공법 : 모래지반 개량
(3) 프리로딩공법 : 점토지반 개량
(4) 동결공법 : 일시적 지반 개량

★★ 85 강도정수가 $c=0$, $\phi=40°$인 사질토 지반에서 Rankine 이론에 의한 수동토압계수는 주동토압계수의 몇 배인가?
① 4.6   ② 9.0
③ 12.3   ④ 21.1

해설 토압계수
(1) 주동토압계수
$$K_a = \frac{1-\sin\phi}{1+\sin\phi} = \frac{1-\sin40°}{1+\sin40°} = 0.217$$
(2) 수동토압계수
$$K_p = \frac{1}{K_a} = \frac{1}{0.217} = 4.6$$
(3) $\frac{K_p}{K_a} = \frac{4.6}{0.217} ≒ 21$

해답 82. ④ 83. ③ 84. ④ 85. ④

86 그림과 같이 6m 두께의 모래층 밑에 2m 두께의 점토층이 존재한다. 지하수면은 지표아래 2m지점에 존재한다. 이때, 지표면에 $\Delta P = 5.0 t/m^2$의 등분포하중이 작용하여 상당한 시간이 경과한 후, 점토층의 중간높이 A점에 피에조미터를 세워 수두를 측정한 결과, $h = 4.0m$로 나타났다면 A점의 압밀도는?

① 20%
② 30%
③ 50%
④ 80%

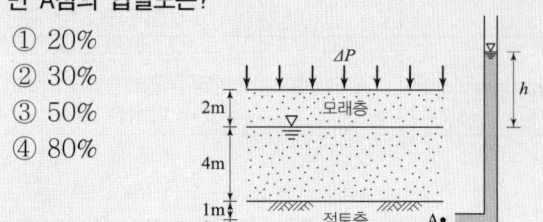

해설 압밀도

(1) 초기 과잉공극수압 = 상재하중 크기
$U_i = 5t/m^2$

(2) 현재 과잉공극수압
$U_e = \gamma_w h = 1 \times 4 = 4t/m^2$

(3) 압밀도
$U = \dfrac{U_i - U_e}{U_i} \times 100$
$= \dfrac{5-4}{5} \times 100 = 20\%$

87 다짐에 대한 다음 설명 중 옳지 않은 것은?

① 세립토의 비율이 클수록 최적함수비는 증가한다.
② 세립토의 비율이 클수록 최대건조단위중량은 증가한다.
③ 다짐에너지가 클수록 최적함수비는 감소한다.
④ 최대건조단위중량은 사질토에서 크고 점성토에서 작다.

해설 다짐

(1) 세립토가 많을수록 최적함수비는 증가하고, 최대건조단위중량은 감소한다.
(2) 조립토가 많을수록 최적함수비는 감소하고, 최대건조단위중량은 증가한다.

88 어느 지반에 30cm×30cm 재하판을 이용하여 평판재하 시험을 한 결과 항복하중이 5t, 극한하중이 9t이었다. 이 지반의 허용지지력은?

① 55.6t/m²
② 27.8t/m²
③ 100t/m²
④ 33.3t/m²

해설 평판재하시험

(1) 항복강도
$q_y = \dfrac{P_y}{A} = \dfrac{5}{0.3 \times 0.3} = 55.55 t/m^2$

(2) 극한강도
$q_u = \dfrac{P_u}{A} = \dfrac{9}{0.3 \times 0.3} = 100 t/m^2$

(3) 시험 허용지지력 결정

① 항복강도$\times \dfrac{1}{2}$, 극한강도$\times \dfrac{1}{3}$
둘 중 작은 값을 허용지지력으로 결정한다.

② $q_{t1} = \dfrac{q_y}{2} = \dfrac{55.55}{2} = 27.8 t/m^2$
$q_{t2} = \dfrac{q_u}{3} = \dfrac{100}{3} = 33.33 t/m^2$
∴ 허용지지력 $= 27.8 t/m^2$

89 암반층 위에 5m 두께의 토층이 경사 15°의 자연사면으로 되어 있다. 이 토층은 $c = 1.5 t/m^2$, $\phi = 30°$, $\gamma_{sat} = 1.8 t/m^3$이고, 지하수면은 토층의 지표면과 일치하고 침투는 경사면과 대략 평행이다. 이때의 안전율은?

① 0.8
② 1.1
③ 1.6
④ 2.0

해설 무한사면 안전율

(1) 전단응력
$= \gamma_{sat} h \sin\beta \cos\beta$
$= 1.8 \times 5 \times \sin 15° \times \cos 15° = 2.25 t/m^2$

(2) 전단강도

① $C = 1.5 t/m^2$
② $\sigma = \gamma_{sat} h \cos^2\beta$
$= 1.8 \times 5 \times \cos^2 15° = 8.397 t/m^2$
$u = \gamma_w h \cos^2\beta$
$= 1 \times 5 \times \cos^2 15° = 4.665 t/m^2$
$\overline{\sigma} \tan\phi = (\sigma - u)\tan\phi$
$= (8.397 - 4.665)\tan 30° = 2.15 t/m^2$
③ $C + \overline{\sigma}\tan\phi = 1.5 + 2.15 = 3.65 t/m^2$

(3) $F_s = \dfrac{전단강도}{전단응력} = \dfrac{3.65}{2.25} = 1.62$

해답 86. ① 87. ② 88. ② 89. ③

90 연약 점성토층을 관통하여 철근콘크리트 파일을 박았을 때 부마찰력(Negative friction)은? (단, 지반의 일축압축강도 $q_u = 2t/m^2$, 파일직경 $D = 50cm$, 관입 길이 $l = 10m$이다.)

① 15.71t ② 18.53t
③ 20.32t ④ 24.24t

해설 부마찰력
(1) 단위면적당 부주면마찰력 크기
$$f_{ns} = \frac{q_u}{2} = \frac{2}{2} = 1t/m^2$$
(2) 말뚝의 주면적
$$A_s = \pi DL = \pi \times 0.5 \times 10 = 15.71 m^2$$
(3) 부주면 마찰력
$$Q_{NS} = f_{ns} A_s = 1 \times 15.71 = 15.71t$$

91 4m×4m 크기인 정사각형 기초를 내부마찰각 $\phi = 20°$, 점착력 $c = 3t/m^2$인 지반에 설치하였다. 흙의 단위중량 $\gamma = 1.9t/m^3$이고 안전율을 3으로 할 때 기초의 허용하중을 Terzaghi 지지력 공식으로 구하면? (단, 기초의 깊이는 1m이고, 전반전단파괴가 발생한다고 가정하며, $N_c = 17.69$, $N_q = 7.44$, $N_\gamma = 4.97$이다.)

① 478t ② 524t
③ 567t ④ 621t

해설 기초의 허용하중
(1) 정사각형 기초의 형상계수
$\alpha = 1.3$, $\beta = 0.4$
(2) 극한지지력
$q_u = \alpha C N_c + \beta B \gamma_1 N_r + \gamma_2 D_f N_q$
$= 1.3 \times 3 \times 17.69 + 0.4 \times 4 \times 1.9 \times 4.97 + 1.9 \times 1 \times 7.44$
$= 98.24 t/m^2$
(3) 허용지지력
$$q_a = \frac{q_u}{3} = \frac{98.24}{3} = 32.75 t/m^2$$
(4) 기초의 허용하중
$Q_a = q_a \times A_f = 32.75 \times 4 \times 4 = 524t$

92 어떤 퇴적층에서 수평방향의 투수계수는 $4.0 \times 10^{-4} cm/sec$이고, 수직방향의 투수계수는 $3.0 \times 10^{-4} cm/sec$이다. 이 흙을 등방성으로 생각할 때 등가의 평균 투수계수는 얼마인가?

① $3.46 \times 10^{-4} cm/sec$ ② $5.0 \times 10^{-4} cm/sec$
③ $6.0 \times 10^{-4} cm/sec$ ④ $6.93 \times 10^{-4} cm/sec$

해설 등가등방성 투수계수
$K = \sqrt{K_h \cdot K_v}$
$= \sqrt{(4 \times 10^{-4}) \cdot (3 \times 10^{-4})} = 3.46 \times 10^{-4} cm/sec$

93 직접전단 시험을 한 결과 수직응력이 12kg/cm²일 때 전단저항이 5kg/cm², 또 수직응력이 24kg/cm²일 때 전단저항이 7kg/cm²이었다. 수직응력이 30kg/cm²일 때의 전단저항은 약 얼마인가?

① 6kg/cm² ② 8kg/cm²
③ 10kg/cm² ④ 12kg/cm²

해설 전단강도(저항)
(1) $5 = C + 12\tan\phi$
(2) $7 = C + 24\tan\phi$
(1)×2−(2)를 하면
∴ $C = 3 kg/cm^2$, $\tan\phi = \frac{1}{6}$
(3) 전단저항
$\tau = C + \sigma \tan\phi$
$= 3 + 30\tan\phi = 3 + 30 \times \frac{1}{6} = 8 kg/cm^2$

94 크기가 1m×2m인 기초에 10t/m²의 등분포하중이 작용할 때 기초 아래 4m인 점의 압력증가는 얼마인가? (단, 2 : 1 분포법을 이용한다.)

① 0.67t/m² ② 0.33t/m²
③ 0.22t/m² ④ 0.11t/m²

해설 2 : 1 분포법
$$\Delta\sigma_z = \frac{q_s \times B \times L}{(B+Z)(L+Z)} = \frac{10 \times 1 \times 2}{(1+4)(2+4)} = 0.67 t/m^2$$

해답 90. ① 91. ② 92. ① 93. ② 94. ①

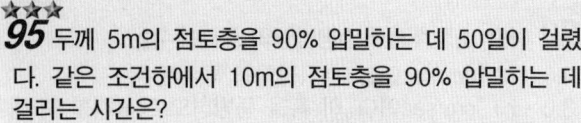

95. 두께 5m의 점토층을 90% 압밀하는 데 50일이 걸렸다. 같은 조건하에서 10m의 점토층을 90% 압밀하는 데 걸리는 시간은?

① 100일 ② 160일
③ 200일 ④ 240일

해설 압밀시간

(1) 압밀시간 $t = \dfrac{T_v H^2}{C_v}$ 이므로

압밀시간은 배수거리의 제곱에 비례한다.

(2) $t_1 : t_2 = H_1^2 : H_2^2$ 에서

$50 : t_2 = 5^2 : 10^2$ ∴ $t_2 = 200$일

96. 흙의 내부마찰각(ϕ)은 20°, 점착력(c)이 2.4t/m²이고, 단위중량(γ_t)은 1.93t/m³인 사면의 경사각이 45°일 때 임계높이는 약 얼마인가? (단, 안정수 $m = 0.06$)

① 15m ② 18m
③ 21m ④ 24m

해설 한계고(=임계높이)

(1) 안정계수

$N_s = \dfrac{1}{m} = \dfrac{1}{0.06} = 16.67$

(2) 한계고

$H_C = \dfrac{C \cdot N_s}{\gamma_t} = \dfrac{2.4 \times 16.67}{1.93} = 20.73\text{m}$

97. 다음 현장시험 중 Sounding의 종류가 아닌 것은?

① Vane 시험   ② 표준관입 시험
③ 동적원추관입 시험 ④ 평판재하 시험

해설 Sounding

(1) Sounding : 로드의 끝에 설치한 저항체를 땅속에 삽입하여 관입, 회전, 인발 등의 저항에서 토층의 성질을 탐사하는 것

(2) 사운딩의 종류
    동적 사운딩 : 표준관입시험, 동적원추관입시험.
    정적 사운딩 : 베인 전단 시험, 이스키 미터, 휴대용 원추 관입 시험 등.

98. Paper drain 설계 시 Drain Paper의 폭이 10cm, 두께가 0.3cm일 때 Drain Paper의 등치환산원의 직경이 얼마이면 Sand Drain과 동등한 값으로 볼 수 있는가? (단, 형상계수 : 0.75)

① 5cm   ② 8cm
③ 10cm ④ 15cm

해설 등치환산원의 직경

$D = \alpha \dfrac{2(b+t)}{\pi} = 0.75 \dfrac{2(10+0.3)}{\pi} = 4.92\text{cm}$

99. 흙의 연경도(Consistency)에 관한 설명으로 틀린 것은?

① 소성지수는 점성이 클수록 크다.
② 터프니스지수는 Colloid가 많은 흙일수록 값이 작다.
③ 액성한계시험에서 얻어지는 유동곡선의 기울기를 유동지수라 한다.
④ 액성지수와 컨시스턴시지수는 흙지반의 무르고 단단한 상태를 판정하는 데 이용된다.

해설 터프니스지수(TI)

(1) 터프니스지수(TI)

$TI = \dfrac{PI(소성지수)}{FI(유동지수)}$

(2) 점토분이 많을수록 유동지수는 작아지고, 소성지수는 커지므로 터프니스지수는 커진다.
(3) 터프니스지수는 Colloid가 많은 흙일수록 값이 크고, 값이 크면 활성도도 크다.

100. 암질을 나타내는 항목과 직접 관계가 없는 것은?

① N치   ② RQD값
③ 탄성파 속도 ④ 균열의 간격

해설 암질 평가요소

(1) 암질지수(RQD) : RQD값이 클수록 암질이 우수하다.

$RQD = \dfrac{10\text{cm 이상 회수된 코어길이의 합}}{굴진깊이} \times 100$

(2) 탄성파 속도 : 탄성파 속도에 의해 지표면으로부터 암반분류, 단층, 파쇄대 등의 존재를 파악하는 것이다.
(3) N치 : 표준관입시험의 N치로 모래지반, 점토지반의 흙의 공학적성질을 추정한다.

해답 95. ③ 96. ③ 97. ④ 98. ① 99. ② 100. ①

상하수도공학

101 다음 하수량 산정에 관한 설명 중 틀린 것은?
① 계획오수량은 생활오수량, 공장폐수량 및 지하수량으로 구분된다.
② 계획오수량 중 지하수량은 1인1일 최대오수량의 10~20% 정도로 한다.
③ 우수량의 산정공식 중 합리식($Q = CIA$)에서 I는 동수경사이다.
④ 계획1일 최대오수량은 처리시설의 용량을 결정하는데 기초가 된다.

해설 ▶ 하수량산정
(1) 계획우수량(합리식)
$$Q = \frac{1}{3.6}CIA$$
(2) C=유출계수, I=강우강도(mm/hr), A=유역면적(km²)

102 정수시설 중 급속여과지에서 여과모래의 유효경이 0.45~0.7mm의 범위에 있는 경우에 대한 모래층의 표준 두께는?
① 60~70cm ② 70~90cm
③ 150~200cm ④ 300~450cm

해설 ▶ 급속여과지 제원
(1) 모래층두께는 여과모래의 유효경이 0.45~0.7mm의 범위인 경우에는 60cm~70cm를 표준으로 한다.
(2) 균등계수는 1.70 이하일 것.

103 합류식 하수도에 대한 설명으로 옳은 것은?
① 관거 내의 퇴적이 적다.
② 강우시 오수의 일부가 우수와 희석되어 공공용수의 수질보전에 유리하다.
③ 합류식 방류부하량 대책은 폐쇄성수역에서 특히 요구된다.
④ 관거오접의 철저한 감시가 요구된다.

해설 ▶ 합류식 하수도 특징
(1) 관거내의 퇴적이 많다.
(2) 강우 시 오수의 일부가 우수와 희석되어 미처리된 채 방류되므로 수질보전에 불리하다.
(3) 관거 오접은 오수관이 우수관으로 접합되어 오수가 하천으로 유입되는 경우를 말한다.
특히, 분류식은 시공 시 철저한 관거오접에 대한 감시가 필요하다.
(4) 폐쇄성수역 : 물의 순환이 원활하지 못하여 오염 및 정체가 쉬운 지역을 말한다.

104 정수처리 시 생성되는 발암물질인 트리할로메탄(THM)에 대한 대책으로 적합하지 않은 것은?
① 오존, 이산화염소 등의 대체 소독제 사용
② 염소소독의 강화
③ 중간염소처리
④ 활성탄흡착

해설 ▶ 트리할로메탄 제거 방식
(1) 중간염소처리
(2) 클로라민 처리
(3) 활성탄 처리
(4) 오존 처리
(5) 응집침전 처리
※ 트리할로메탄은 염소소독으로 인해 발생하는 소독 부산물이다.

105 다음 중 일반적으로 적용되는 펌프의 특성곡선에 포함되지 않는 것은?
① 토출량 – 양정 곡선
② 토출량 – 효율 곡선
③ 토출량 – 축동력 곡선
④ 토출량 – 회전도 곡선

해설 ▶ 펌프특성곡선
펌프특성곡선은 토출량과 양정고, 효율, 축동력 관계곡선을 말한다.

해답 101. ③   102. ①   103. ③   104. ②   105. ④

③ 2016년 과년도출제문제

106 반송슬러지의 SS농도가 6,000mg/L이다. MLSS 농도를 2,500mg/L로 유지하기 위한 슬러지 반송비는?
① 25%   ② 55%
③ 71%   ④ 100%

해설 슬러지 반송률(γ)

(1) $\gamma = \dfrac{\text{폭기조의 MLSS 농도} - \text{유입수의 SS 농도}}{\text{반송슬러지의 SS 농도} - \text{폭기조의 MLSS 농도}} \times 100$

$= \dfrac{2,500 - 0}{6,000 - 2,500} \times 100 = 71.43\%$

(2) 유입수의 SS농도는 무시한다.

107 상수도 취수시설 중 침사지에 관한 시설기준으로 틀린 것은?
① 침사지의 체류시간은 계획취수량의 10~20분을 표준으로 한다.
② 침사지의 유효수심은 3~4m를 표준으로 한다.
③ 길이는 폭의 3~8배를 표준으로 한다.
④ 침사지 내의 평균유속은 20~30cm/s로 유지한다.

해설 상수도 침사지
(1) 평균유속 : 2~7cm/sec
(2) 용량 : 계획취수량을 $t = 10$~20분간 저류할 수 있는 크기를 표준으로 한다.
$t = \dfrac{V}{Q} \times 24 \times 60$ 에서
$\therefore V = \dfrac{Q \cdot t}{24 \times 60}$

108 활성슬러지 공법의 설계인자가 아닌 것은?
① 먹이/미생물 비   ② 고형물체류시간
③ 비회전도   ④ 유기물질 부하

해설 활성슬러지 공법의 설계인자
(1) HRT(수리학적 체류시간)
(2) SRT(고형물 체류시간)
(3) F/M비(먹이/미생물 비)
(4) 폭기
(5) 슬러지 침전성 및 반송율
※ 비교회전도 : 기하학적으로 닮은 임펠러가 유량 $1m^3$/min을 1m 양수하는데 필요한 회전수로 펌프와 관련된 용어이다.

109 하수량 $1,000m^3$/day, BOD 200mg/L인 하수를 $250m^3$ 유효용량의 포기조로 처리할 경우 BOD 용적부하는?
① $0.8kgBOD/m^3 \cdot day$ ② $1.25kgBOD/m^3 \cdot day$
③ $8kgBOD/m^3 \cdot day$ ④ $12.5kgBOD/m^3 \cdot day$

해설 BOD용적부하

(1) BOD농도 $= \dfrac{200mg}{L} \times \dfrac{1,000}{1,000} = \dfrac{200g}{m^3} = \dfrac{0.2kg}{m^3}$

(2) BOD량 $=$ BOD농도 $\times Q$

$= \dfrac{0.2kg}{m^3} \times \dfrac{1,000m^3}{day} = \dfrac{200kg}{day}$

(3) BOD용적부하 $= \dfrac{\text{BOD 량}}{V}$

$= \dfrac{200kg/day}{250m^3} = 0.8kg\ BOD/m^3 day$

110 배수 및 급수시설에 관한 설명으로 틀린 것은?
① 배수지의 건설에는 토압, 벽체의 균열, 지하수의 부상, 환기 등을 고려한다.
② 배수본관은 시설의 신뢰성을 높이기 위해 2개열 이상으로 한다.
③ 급수관 분기지점에서 배수관의 최대정수압은 1000kPa 이상으로 한다.
④ 관로공사가 끝나면 시공의 적합 여부를 확인하기 위하여 수압 시험 후 통수한다.

해설 배수 및 급수시설
배수관의 최대정수압 : 700kPa 이상

111 취수탑(intake tower)의 설명으로 옳지 않은 것은?
① 일반적으로 다단수문형식의 취수구를 적당히 배치한 철근콘크리트 구조이다.
② 갈수시에도 일정 이상의 수심을 확보할 수 있으면, 연간의 수위변화가 크더라도 하천, 호소, 댐에서의 취수시설로 적합하다.
③ 제내지에의 도수는 자연유하식으로 제한되기 때문에 제내지의 지형에 제약을 받는 단점이 있다.
④ 특히 수심이 깊은 경우에는 철골구조의 부자(float)식의 취수탑이 사용되기도 한다.

해답 106. ③   107. ④   108. ③   109. ①   110. ③   111. ③

해설 취수탑
제내지에서 도수는 자연유하 외에 펌프에 의해 압송 할 수 있기 때문에 제내지의 지형에 제약을 받지 않는다.

해설 관의 직경과 유량과의 관계
(1) 관경 d인 경우 유수단면적 : $A = \dfrac{\pi d^2}{4}$

관경 $2d$인 경우 유수단면적 : $A = \dfrac{\pi (2d)^2}{4} = \pi d^2$

(2) $Q = AV$이므로
∴ 유량은 4배 증가한다.

112 하수처리 재이용 기본계획에 대한 설명으로 틀린 것은?
① 하수처리 재이용수는 용도별 요구되는 수질기준을 만족하여야 한다.
② 하수처리수 재이용지역은 가급적 해당지역 내의 소규모 지역 범위로 한정하여 계획한다.
③ 하수처리수 재이용량은 해당지역 하수도정비 기본계획의 물순환이용계획에서 제시된 재이용량 이상으로 계획하여야 한다.
④ 하수처리 재이용수의 용도는 생활용수, 공업용수, 농업용수, 유지용수를 기본으로 계획한다.

해설 하수처리수 재이용
(1) 중수도 : 한 건물 또는 좁은 지구 내에서 사용된 물을 처리하여 재이용 하는 것.
(2) 하수처리수 재이용 : 하수처리장을 거친 방류수를 재처리하여 이용하는 것으로 가급적 해당지역내의 대규모 지역범위로 계획한다.

115 부영양화로 인한 수질변화에 대한 설명으로 옳지 않은 것은?
① COD가 증가한다.
② 탁도가 증가한다.
③ 투명도가 증가한다.
④ 물에 맛과 냄새를 발생시킨다.

해설 부영양화
(1) 원인물질 : 질소, 인 등의 영양염류
(2) 부영양화 현상
 ① 투명도 저하, 색도, 탁도 증가
 ② BOD, COD 증가
 ③ 용존산소 감소
 ④ PH증가

113 착수정의 체류시간 및 수심에 대한 표준으로 옳은 것은?
① 체류시간 : 1분 이상, 수심 : 3~5m
② 체류시간 : 1분 이상, 수심 : 10~12m
③ 체류시간 : 1.5분 이상, 수심 : 3~5m
④ 체류시간 : 1.5분 이상, 수심 : 10~12m

해설 착수정 제원
(1) 체류시간 : 1.5분 이상, 수심 : 3~5m
(2) 여유고 : 60cm 이상
(3) 형상 : 원형 또는 장방형

116 다음 중 하수도 시설의 목적과 가장 거리가 먼 것은?
① 하수의 배제와 이에 따른 생활환경의 개선
② 슬러지 처리 및 자원화
③ 침수방지
④ 지속발전 가능한 도시구축에 기여

해설 하수도 시설 목적
(1) 하수내의 오염물질을 제거하여 수자원보호
(2) 우수의 신속한 배제로 침수 등에 의한 재해방지
(3) 도시의 오수를 배제, 처리하여 쾌적한 생활환경 도모 및 지속발전 가능한 도시구축에 기여
(4) 슬러지처리 및 자원화는 슬러지처리 목적이다.

114 상수도의 배수관 직경을 2배로 증가시키면 유량은 몇 배로 증가되는가? (단, 관은 가득차서 흐른다고 가정한다.)
① 1.4배   ② 1.7배
③ 2배   ④ 4배

해답 112. ②   113. ③   114. ④   115. ③   116. ②

117 펌프의 분류 중 원심펌프의 특징에 대한 설명으로 옳은 것은?

① 일반적으로 효율이 높고, 적용 범위가 넓으며, 적은 유량을 가감하는 경우 소요동력이 적어도 운전에 지장이 없다.
② 양정변화에 대하여 수량의 변동이 적고 또 수량 변동에 대해 동력의 변화도 적으므로 우수용 펌프 등 수위변동이 큰 곳에 적합하다.
③ 회전수를 높게 할 수 있으므로, 소형으로 되며 전양정이 4m 이하인 경우에 경제적으로 유리하다.
④ 펌프와 전동기를 일체로 펌프흡입실 내에 설치하며, 유입수량이 적은 경우 펌프장의 크기에 제한을 받는 경우 등에 사용한다.

해설 펌프 특징
(1) 원심펌프
  ① 운전과 수리가 용이하고 공동현상이 잘 발생하지 않는다.
  ② 효율이 높고 적용범위가 넓으며 작은 유량의 가감 시 소요동력이 적어도 운전에 지장이 없다.
(2) 사류펌프
  수위변동이 큰 곳에 적합하다.
(3) 축류펌프
  회전수를 높게 할 수 있으므로 소형으로 되며 전양정이 4m 이하인 경우에 적합하다.

118 급수량에 관한 설명으로 옳은 것은?

① 계획1일최대급수량은 계획1일평균급수량에 계획 첨두율을 곱해 산정한다.
② 계획1일평균급수량은 시간최대급수량에 부하율을 곱해 산정한다.
③ 시간최대급수량은 일최대급수량보다 작게 나타난다.
④ 소화용수는 일최대급수량에 포함되므로 별도로 산정하지 않는다.

해설 급수량 산정

(1) 첨두부하율 = $\dfrac{계획1일최대급수량}{계획1일평균급수량}$

∴ 계획1일 최대급수량=첨두부하율×계획1일평균급수량

(2) 부하율 = $\dfrac{계획1일평균급수량}{계획1일최대급수량}$

∴ 계획1일평균급수량=부하율×계획1일최대급수량

(3) 시간최대급수량=계획 1일 평균급수량×2.25
   1일최대급수량=계획 1일 평균급수량×1.5
   ∴ 시간최대급수량 > 1일최대급수량
(4) 소화용수는 별도로 산정한다.

119 우수유출량이 크고 하류시설의 유하능력이 부족한 경우에 필요한 우수저류형 시설은?

① 우수받이
② 우수조정지
③ 우수침투 트랜치
④ 합류식 하수관거 월류수 처리장치

해설 우수조정지 설치위치
(1) 하수관거의 유하능력이 부족한 곳
(2) 하류지역의 펌프장 배수능력이 부족한 곳
(3) 방류수로의 유하능력이 부족한 곳

120 인구 15만의 도시에 급수계획을 하려고 한다. 계획 1인1일최대급수량이 400L/인·day이고, 보급률이 95%라면 계획1일최대급수량은?

① 57,000m³/day   ② 59,000m³/day
③ 61,000m³/day   ④ 63,000m³/day

해설 계획 1일 최대급수량
(1) 급수인구 = 급수보급률×급수구역 내 총인구
   = 0.95×150,000 = 142,500명
(2) 계획 1인 1일 최대급수량=400L/인·일=0.4m³/인·일
(3) 계획 1일 최대급수량=계획 1인 1일 최대급수량×급수인구
   = 0.4×142,500 = 57,000m³/day

해답 117. ①   118. ①   119. ②   120. ①

2017년도

과년도기출문제

01 토목기사 2017년 제1회 시행 ……… *2*

02 토목기사 2017년 제2회 시행 ……… *28*

03 토목기사 2017년 제4회 시행 ……… *54*

2017년 과년도출제문제

응용역학

1 외반경 R_1, 내반경 R_2인 중공(中空)원형 단면의 핵은? (단, 핵의 반경을 e로 표시함)

① $e = \dfrac{(R_1^2 + R_2^2)}{4R_1}$ ② $e = \dfrac{(R_1^2 + R_2^2)}{4R_1^2}$

③ $e = \dfrac{(R_1^2 - R_2^2)}{4R_1}$ ④ $e = \dfrac{(R_1^2 - R_2^2)}{4R_1^2}$

해설 (1) $Z = \dfrac{I}{y} = \dfrac{\left(\dfrac{\pi}{4}(R_1^4 - R_2^4)\right)}{(R_1)} = \dfrac{(\pi(R_1^4 - R_2^4))}{(4R_1)}$

(2) $e = \dfrac{Z}{A} = \dfrac{\left(\dfrac{\pi(R_1^4 - R_2^4)}{4R_1}\right)}{(\pi(R_1^2 - R_2^2))}$

$= \dfrac{(R_1^2 + R_2^2)(R_1^2 - R_2^2)}{4R_1(R_1^2 - R_2^2)} = \dfrac{R_1^2 + R_2^2}{4R_1}$

2 다음 그림의 단순보에서 최대 휨모멘트가 발생되는 위치는 지점 A로부터 얼마나 떨어진 곳인가?

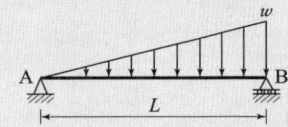

① $\dfrac{4}{5}L$ ② $\dfrac{2}{3}L$

③ $\dfrac{1}{\sqrt{3}}L$ ④ $\dfrac{1}{\sqrt{2}}L$

해설

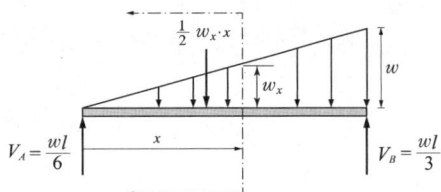

(1) $\sum M_B = 0$

$V_A \times l - \left(\dfrac{1}{2}w \cdot l\right)\left(\dfrac{l}{3}\right) = 0$

$V_A = \dfrac{wl}{6}$

(2) $S_x = 0$

$\dfrac{wl}{6} - w_x \cdot x \cdot \dfrac{1}{2} = 0$

※ $l : w = x : w_x \rightarrow w_x = \dfrac{wx}{l}$

$\dfrac{wl}{6} - \dfrac{w}{l} \cdot x \cdot x \cdot \dfrac{1}{2} = 0$

$x = \dfrac{l}{\sqrt{3}} = 0.577 l$

3 그림과 같은 2부재 트러스의 B에 수평하중 P가 작용한다. B절점의 수평변위 δ_B는 몇 m인가? (단, EA는 두 부재가 모두 같다.)

① $\delta_B = \dfrac{0.45P}{EA}$

② $\delta_B = \dfrac{2.1P}{EA}$

③ $\delta_B = \dfrac{4.5P}{EA}$

④ $\delta_B = \dfrac{21P}{EA}$

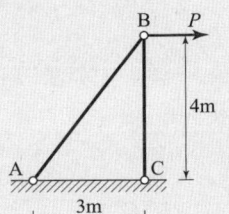

해설 (1) 가상일법의 적용 : BA 부재와 BC 부재의 축력을 두 번 산정하며, B점에 단위수평집중하중 $P=1$을 작용시키는 것이 핵심이다.

(2) 실제 역계에서 B점에 작용되는 수평하중과 같은 방향으로 가상 역계에 단위수평집중하중 $P=1$을 작용시키게 되므로 가상 역계에서 부재력을 또다시 구할 필요가 없고 $f = 1 \cdot F$의 관계가 있다는 것을 관찰할 수 있다면 계산은 더욱 손쉬워질 것이다.

실제 역계(F)	가상 역계(f)
$F_{BA} = \dfrac{5}{3}P$, $F_{BC} = -\dfrac{4}{3}P$	$F_{BA} = \dfrac{5}{3}$, $F_{BC} = -\dfrac{4}{3}$
① $\sum H = 0$: $+(P) - \left(F_{AB} \cdot \dfrac{3}{5}\right) = 0$ $\therefore F_{AB} = +\dfrac{5}{3}P$ (인장) ② $\sum V = 0$: $-(F_{BC}) - \left(F_{AB} \cdot \dfrac{4}{5}\right) = 0$ $\therefore F_{BC} = -\dfrac{4}{3}P$ (압축)	$f = 1 \cdot F$

$\delta_C = \dfrac{1}{EA}\left(+\dfrac{5}{3}P\right)\left(+\dfrac{5}{3}\right)(5) + \dfrac{1}{EA}\left(-\dfrac{4}{3}P\right)\left(-\dfrac{4}{3}\right)(4)$

$= 21 \cdot \dfrac{P}{EA}$

해답 1. ① 2. ③ 3. ④

4 그림과 같은 속이 찬 직경 6cm의 원형축이 비틀림 $T=400\text{kg}\cdot\text{m}$를 받을 때 단면에서 발생하는 최대 전단응력은?

① 926.5kg/cm²
② 932.6kg/cm²
③ 943.1kg/cm²
④ 950.2kg/cm²

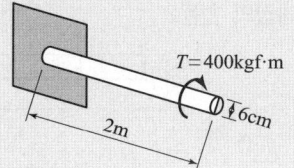

해설 (1) 원형 단면의 단면2차극모멘트

$$I_P = I_x + I_y = 2I_x = 2\left[\frac{\pi(6^4)}{64}\right] = 127.235\text{cm}^4$$

(2) 비틀림응력

$$\tau = \frac{T\cdot r}{I_P} = \frac{(400\times 10^2)(3)}{(127.235)} = 943.137\text{kgf/cm}^2$$

5 아래 그림과 같은 단순보에 등분포하중 w 가 작용하고 있을 때 이 보에서 휨모멘트에 의한 변형에너지는? (단, 보의 EI는 일정하다.)

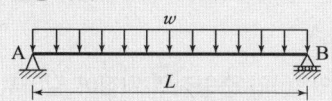

① $\dfrac{w^2 L^5}{384EI}$ ② $\dfrac{w^2 L^5}{240EI}$

③ $\dfrac{7w^2 L^5}{384EI}$ ④ $\dfrac{w^2 L^5}{48EI}$

해설 (1) $M_x = \left(\dfrac{wL}{2}\right)(x) - (w\cdot x)\left(\dfrac{x}{2}\right)$

$= \dfrac{wL}{2}x - \dfrac{w}{2}x^2 = \dfrac{w}{2}(Lx - x^2)$

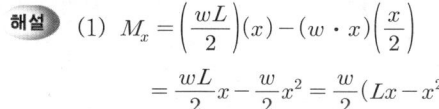

(2) $U = \int \dfrac{M_x^2}{2EI}dx = \dfrac{1}{2EI}\int_0^L \left[\dfrac{w}{2}(Lx - x^2)\right]^2 dx$

$= \dfrac{w^2}{8EI}\int_0^L (L^2 x^2 - 2Lx^3 + x^4)dx$

$= \dfrac{w^2}{8EI}\left[\dfrac{L^2}{3}x^3 - \dfrac{2L}{4}x^4 + \dfrac{1}{5}x^5\right]_0^L$

$= \dfrac{1}{240}\cdot\dfrac{w^2 L^5}{EI}$

6 그림과 같은 트러스에서 AC부재의 부재력은?

① 인장 4t
② 압축 4t
③ 인장 8t
④ 압축 8t

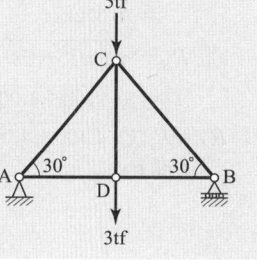

해설 (1) $\sum H = 0: +(H_A) = 0 \quad \therefore H_A = 0$

(2) 하중 대칭, 좌우 대칭구조이므로

$V_A = +\dfrac{5+3}{2} = +4\text{tf}(\uparrow)$

(3) 절점A에서 절점법을 적용

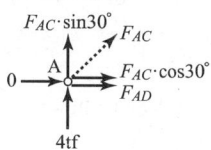

$\sum V = 0: +(4) + (F_{AC}\cdot\sin 30°) = 0$

$\therefore F_{AC} = -8\text{tf}(압축)$

7 15cm×25cm의 직사각형 단면을 가진 길이 5m인 양단 힌지 기둥이 있다. 세장비는?

① 139.2 ② 115.5
③ 93.6   ④ 69.3

해설 (1) 단부 지지조건: 양단힌지이므로 $K = 1.0$

(2) $\lambda = \dfrac{KL}{r_{min}} = \dfrac{KL}{\sqrt{\dfrac{I_{min}}{A}}} = \dfrac{(1.0)(5\times 10^2)}{\sqrt{\dfrac{\left(\dfrac{(25)(15)^3}{12}\right)}{(25\times 15)}}} = 115.47$

8 다음 그림과 같이 강선 A와 B가 서로 평형상태를 이루고 있다. 이때 각도 θ 의 값은?

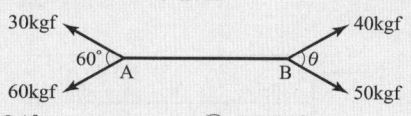

① 67.84° ② 56.63°
③ 42.26° ④ 28.35°

해답 4. ③ 5. ② 6. ④ 7. ② 8. ②

해설 (1) A점의 합력과 B점의 합력이 같아야 한다.

① $R_A = \sqrt{(30)^2+(60)^2+2(30)(60)\cos(60°)}$
   $= 79.372 \text{kgf}$

② $R_B = \sqrt{(40)^2+(50)^2+2(40)(50)\cos\theta}$
   $= \sqrt{4,100+4,000\cos\theta}$

(2) $R_A = R_B : \sqrt{4,100+4,000\cos\theta} = 79.372 \text{kgf}$
   ∴ $\theta = 56.63°$

★
9 단면 2차모멘트의 특성에 대한 설명으로 옳지 않은 것은?

① 도심축에 대한 단면 2차모멘트는 0이다.
② 단면 2차모멘트는 항상 정(+)의 값을 갖는다.
③ 단면 2차모멘트가 큰 단면은 휨에 대한 강성이 크다.
④ 정다각형의 도심축에 대한 단면 2차모멘트는 축이 회전해도 일정하다.

해설 ① 단면2차모멘트의 최소값은 도심에 대한 것이며 그 값은 "0"이 아니다.

★★
10 그림과 같은 내민보에서 D점에 집중하중 $P=5$t이 작용할 경우 C점의 휨모멘트는 얼마인가?

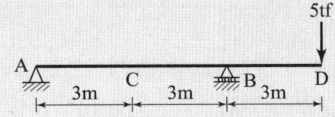

① -2.5t·m
② -5t·m
③ -7.5t·m
④ -10t·m

해설 (1) $\sum M_B = 0 : +(V_A)(6)+(5)(3) = 0$
   ∴ $V_A = -2.5 \text{tf}(\downarrow)$

(2) $M_{C,Left} = +[-(2.5)(3)] = -7.5 \text{tf}\cdot\text{m}$

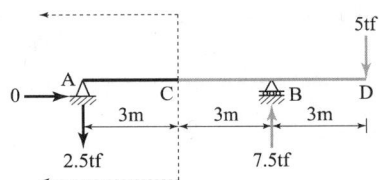

★★
11 그림과 같은 양단 고정보에 등분포하중이 작용할 경우 지점 A의 휨모멘트 절대값과 보 중앙에서의 휨모멘트 절대값의 합은?

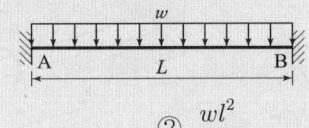

① $\dfrac{wl^2}{8}$ ② $\dfrac{wl^2}{12}$

③ $\dfrac{wl^2}{24}$ ④ $\dfrac{wl^2}{36}$

해설

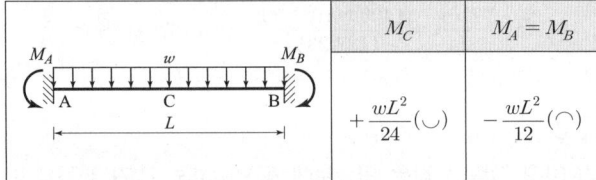

★★★
12 그림(a)와 (b)의 중앙점의 처짐이 같아지도록 그림(b)의 등분포하중 w를 그림(a)의 하중 P의 함수로 나타내면?

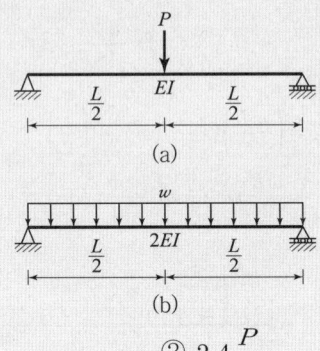

① $1.6\dfrac{P}{l}$ ② $2.4\dfrac{P}{l}$

③ $3.2\dfrac{P}{l}$ ④ $4.0\dfrac{P}{l}$

해설 (1) (A)의 중앙점 처짐 : $\delta = \dfrac{1}{48}\cdot\dfrac{PL^3}{EI}$

(2) (B)의 중앙점 처짐 :
$\delta = \dfrac{5}{384}\cdot\dfrac{wL^4}{(2EI)} = \dfrac{5}{768}\cdot\dfrac{wL^4}{EI}$

(3) $\dfrac{1}{48}\cdot\dfrac{PL^3}{EI} = \dfrac{5}{768}\cdot\dfrac{wL^4}{EI}$ 이므로 $w = 3.2\dfrac{P}{L}$

해답 9. ① 10. ③ 11. ① 12. ③

13 아래 그림과 같은 하중을 받는 단순보에 발생하는 최대 전단응력은?

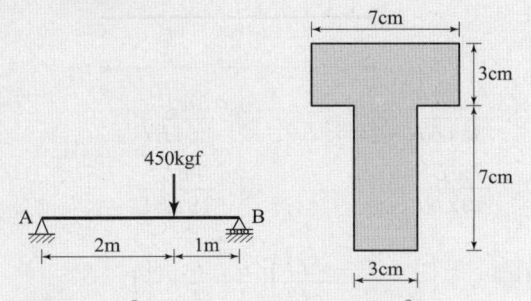

① 44.8kg/cm^2 ② 34.8kg/cm^2
③ 24.8kg/cm^2 ④ 14.8kg/cm^2

해설 (1) 전단응력 산정 제계수

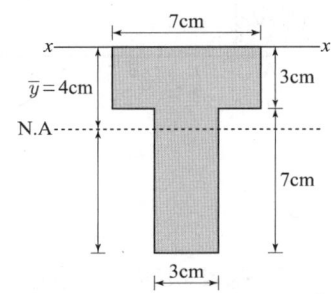

① $\bar{y} = \dfrac{G_x}{A} = \dfrac{(7 \times 3)(1.5) + (3 \times 7)(6.5)}{(7 \times 3) + (3 \times 7)} = 4\text{cm}$
 (상연으로부터)

② $I_x = \left[\dfrac{(7)(3)^3}{12} + (7 \times 3)(2.5)^2\right] + \left[\dfrac{(3)(7)^3}{12} + (3 \times 7)(2.5)^2\right]$
 $= 364 \text{cm}^4$

③ $b = 3\text{cm}$

④ $Q = (3 \times 6)(3) = 54\text{cm}^3$

⑤ $V_A = 150\text{kgf}$, $V_B = 300\text{kgf}$ ∴ $V_{\max} = 300\text{kgf}$

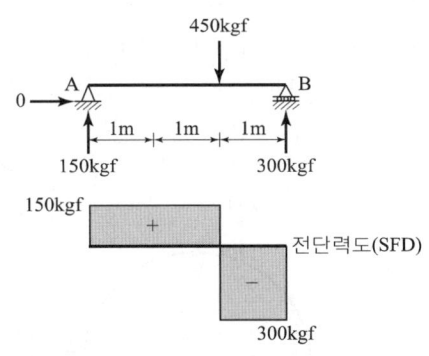

(2) $\tau_{\max} = \dfrac{V \cdot G}{I \cdot b} = \dfrac{(300)(54)}{(364)(3)} = 14.835 \text{kgf/cm}^2$

14 그림과 같은 사다리꼴 단면에서 x축에 대한 단면 2차 모멘트 값은?

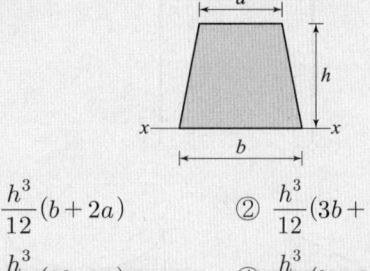

① $\dfrac{h^3}{12}(b + 2a)$ ② $\dfrac{h^3}{12}(3b + a)$
③ $\dfrac{h^3}{12}(2b + a)$ ④ $\dfrac{h^3}{12}(b + 3a)$

해설 (1) 삼각형 $\dfrac{bh}{2}$ (편심거리 $\dfrac{h}{3}$), 삼각형 $\dfrac{ah}{2}$ (편심거리 $\dfrac{2h}{3}$)로 분해한다.

(2) $I_x = \left[\dfrac{bh^3}{36} + \left(\dfrac{bh}{2}\right)\left(\dfrac{h}{3}\right)^2\right] + \left[\dfrac{ah^3}{36} + \left(\dfrac{ah}{2}\right)\left(\dfrac{2h}{3}\right)^2\right]$
 $= \dfrac{bh^3}{12} + \dfrac{3ah^3}{12} = \dfrac{h^3}{12}(b + 3a)$

15 켄틸레버 보에서 보의 끝 B점에 집중하중 P와 우력 모멘트 M_o가 작용하고 있다. B점에서의 연직변위는 얼마인가? (단, 보의 EI는 일정하다.)

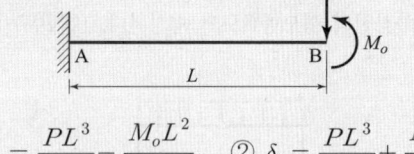

① $\delta_b = \dfrac{PL^3}{4EI} - \dfrac{M_oL^2}{2EI}$ ② $\delta_b = \dfrac{PL^3}{3EI} + \dfrac{M_oL^2}{2EI}$
③ $\delta_b = \dfrac{PL^3}{3EI} - \dfrac{M_oL^2}{2EI}$ ④ $\delta_b = \dfrac{PL^3}{4EI} + \dfrac{M_oL^2}{2EI}$

해설 (1) 집중하중에 의한 처짐 : $\delta_{B1} = \dfrac{1}{3} \cdot \dfrac{PL^3}{EI}$ (↓)

(2) 모멘트하중에 의한 처짐 : $\delta_{B2} = \dfrac{1}{2} \cdot \dfrac{M_oL^2}{EI}$ (↑)

(3) 중첩의 원리 : 하방향 처짐(+), 상방향 처짐(−)
$\delta_B = (\delta_{B1}) + (-\delta_{B2}) = \dfrac{PL^3}{3EI} - \dfrac{M_oL^2}{2EI}$

해답 13. ④ 14. ④ 15. ③

16 그림과 같은 3힌지 라멘의 휨모멘트선도(BMD)는?

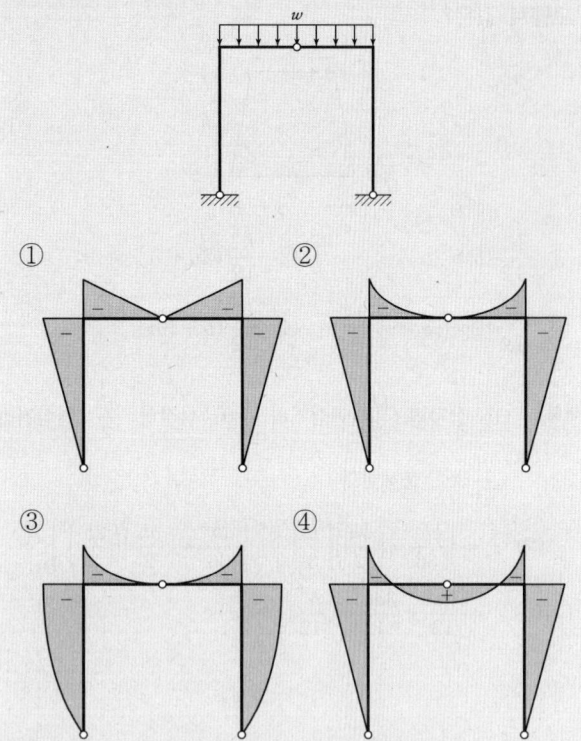

해설 (1) 등분포하중이 보에 작용하므로 보에는 2차곡선의 휨모멘트도가 형성된다. (①번 부적합)
(2) 보 중앙점 힌지에서 휨모멘트는 0이다. (④번 부적합)
(3) 양쪽 지점에서의 수평반력에 의해 양쪽 기둥에서는 1차직선의 휨모멘트도가 형성된다. (③번 부적합)

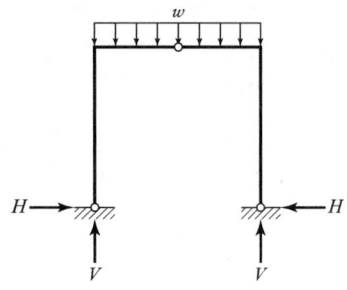

17 다음 보의 C점의 수직처짐량은?

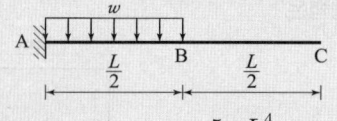

① $\dfrac{7wL^4}{384EI}$ ② $\dfrac{5wL^4}{384EI}$
③ $\dfrac{7wL^4}{192EI}$ ④ $\dfrac{5wL^4}{192EI}$

해설 $\delta_C = \left(\dfrac{1}{3} \cdot \dfrac{L}{2} \cdot \dfrac{wL^2}{8EI}\right)\left(\dfrac{L}{2} + \dfrac{L}{2} \cdot \dfrac{3}{4}\right)$

$= \dfrac{7}{384} \cdot \dfrac{wL^4}{EI}$

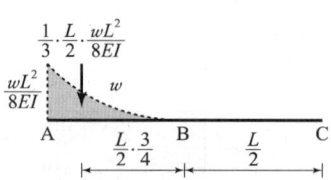

18 그림과 같은 3활절 아치에서 D점에 연직하중 20t이 작용할 때 A점에 작용하는 수평반력 H_A는?

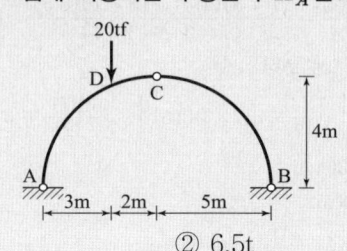

① 5.5t ② 6.5t
③ 7.5t ④ 8.5t

해설 (1) $\sum M_B = 0 : +(V_A)(10) - (20)(7) = 0$
∴ $V_A = +14\text{tf}(\uparrow)$
(2) $\sum M_{C,Left} = 0 : -(H_A)(4) + (14)(5) - (20)(2) = 0$
∴ $H_A = +7.5\text{tf}(\rightarrow)$

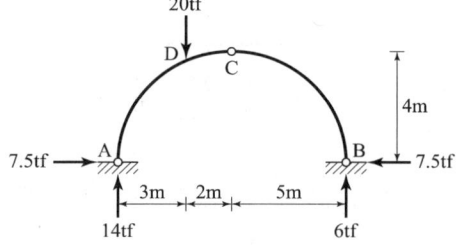

해답 16. ② 17. ① 18. ③

19
그림과 같이 길이가 2L인 보에 w의 등분포하중이 작용할 때 중앙지점을 δ만큼 낮추면 중간지점의 반력(R_B) 값은 얼마인가?

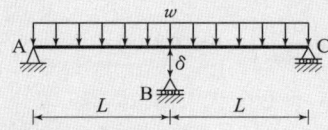

① $R_B = \dfrac{wL}{4} - \dfrac{6\delta EI}{L^3}$

② $R_B = \dfrac{3wL}{4} - \dfrac{6\delta EI}{L^3}$

③ $R_B = \dfrac{5wL}{4} - \dfrac{6\delta EI}{L^3}$

④ $R_B = \dfrac{7wL}{4} - \dfrac{6\delta EI}{L^3}$

해설
(1) $\delta_{B1} = \dfrac{5}{384} \cdot \dfrac{w(2L)^4}{EI} = \dfrac{5}{24} \cdot \dfrac{wL^4}{EI}(\downarrow)$

(2) $\delta_{B2} = \dfrac{1}{48} \cdot \dfrac{R_B(2L)^3}{EI} = \dfrac{1}{6} \cdot \dfrac{R_B \cdot L^3}{EI}(\uparrow)$

(3) 변형의 적합조건 : 문제의 조건에서 중앙지점을 δ 만큼 낮춘다고 하였으므로
$\delta_B = \delta_{B1}(\downarrow) + \delta_{B2}(\uparrow)$
$= \dfrac{5}{24} \cdot \dfrac{wL^4}{EI} - \dfrac{1}{6} \cdot \dfrac{R_B \cdot L^3}{EI} = \delta$

이것을 R_B에 대해 정리하면 $R_B = \dfrac{5wL}{4} - \dfrac{6EI \cdot \delta}{L^3}$

20
지름 2cm, 길이 2m인 강봉에 3,000kg의 인장하중을 작용시킬 때 길이가 1cm가 늘어났고, 지름이 0.002cm 줄어 들었다. 이 때 전단 탄성계수는 약 얼마인가?

① $6.24 \times 10^4 \text{kg/cm}^2$
② $7.96 \times 10^4 \text{kg/cm}^2$
③ $8.71 \times 10^4 \text{kg/cm}^2$
④ $9.67 \times 10^4 \text{kg/cm}^2$

해설
(1) 프와송 비 : $\nu = \dfrac{\beta}{\epsilon} = \dfrac{\frac{\Delta D}{D}}{\frac{\Delta L}{L}} = \dfrac{\frac{(0.002)}{(2)}}{\frac{(1)}{(200)}} = 0.2$

(2) R.Hooke의 법칙 : $\sigma = E \cdot \epsilon$ 에서
$E = \dfrac{P \cdot L}{A \cdot \Delta L} = \dfrac{(3,000)(2 \times 10^2)}{\left(\dfrac{\pi(2)^2}{4}\right)(1)} = 190,986 \text{kgf/cm}^2$

(3) $G = \dfrac{E}{2(1+\nu)} = \dfrac{(190,986)}{2(1+(0.2))} = 79,577 \text{kgf/cm}^2$

측량학

21
노선측량에서 교각이 32°15′00″, 곡선 반지름이 600m일 때의 곡선장(C.L.)은?

① 355.52m
② 337.72m
③ 328.75m
④ 315.35m

해설
$C.L = R \cdot I° rad$
$= 600 \times 32°15′ \times \dfrac{\pi}{180°}$
$= 337.72 \text{m}$

22
삼각형 A, B, C의 내각을 측정하여 다음과 같은 결과를 얻었다. 오차를 보정한 각 B의 최확값은?

∠A = 59°59′27″ (1회 관측)
∠B = 60°00′11″ (2회 관측)
∠C = 59°59′49″ (3회 관측)

① 60°00′20″
② 60°00′22″
③ 60°00′33″
④ 60°00′44″

해설 각 관측에서 경중률은 측정회수에 비례
$P_A : P_B : P_C = 1 : 2 : 3$

① 측각오차 = (∠A + ∠B + ∠C) - 180° = -33″

② 조정량은 경중률에 반비례
조정량 = $-E \times \dfrac{1/P_B}{[1/P]}$
$= 33″ \times \dfrac{3}{6+3+2} = 9″$

③ ∴ ∠B = 60°00′11′ + 09″
$= 60°00′20″$

23
답사나 홍수 등 급하게 유속관측을 필요로 하는 경우에 편리하여 주로 이용하는 방법은?

① 이중부자
② 표면부자
③ 스크루(screw)형 유속계
④ 프라이스(price)식 유속계

해답 19. ③ 20. ② 21. ② 22. ① 23. ②

2017년 과년도출제문제

해설
- 이중부자 : 표면부자와 수중부자를 연결한 것으로 수심의 $\frac{3}{5}$ 되는 곳에 가라앉혀서 직접 평균 유속을 구함
- 표면부자 : 홍수시의 유속 관측에 사용

해설 면적의 정밀도 $\left(\dfrac{dA}{A}\right)$와 거리정밀도 $\left(\dfrac{d\ell}{\ell}\right)$와의 관계

① $d\ell = 0.2 \times 600 = 120\text{mm} = 0.12\text{m}$

② $\dfrac{dA}{A} = 2\left(\dfrac{d\ell}{\ell}\right)$

$\dfrac{dA}{A} = 2\left(\dfrac{0.12}{10}\right) \times 100 = 2.4\%$

★★★
24 완화곡선에 대한 설명으로 옳지 않은 것은?
① 완화곡선의 곡선 반지름은 시점에서 무한대, 종점에서 원곡선의 반지름 R로 된다.
② 클로소이드의 형식에는 S형, 복합형, 기본형 등이 있다.
③ 완화곡선의 접선은 시점에서 원호에, 종점에서 직선에 접한다.
④ 모든 클로소이드는 닮은꼴이며 클로소이드 요소에는 길이의 단위를 가진 것과 단위가 없는 것이 있다.

해설 완화곡선의 접선은 시점에서 직선에, 종점에서 원호에 접한다.

★★
27 지구의 형상에 대한 설명으로 틀린 것은?
① 회전타원체는 지구의 형상을 수학적으로 정의한 것이고, 어느 하나의 국가에 기준으로 채택한 타원체를 기준타원체라 한다.
② 지오이드는 물리적인 형상을 고려하여 만든 불규칙한 곡면이며, 높이 측정의 기준이 된다.
③ 지오이드 상에서 중력 포텐셜의 크기는 중력이상에 의하여 달라진다.
④ 임의 지점에서 회전타원체에 내린 법선이 적도면과 만나는 각도를 측지위도라 한다.

해설 지오이드는 높이가 '0'인 높이의 기준면이므로 위치에너지가 '0'인 등포텐셜면이다.

25 삭제문제

출제기준 변경으로 인해 삭제됨

★★
28 그림과 같은 수준망을 각각의 환(Ⅰ~Ⅳ)에 따라 폐합 오차를 구한 결과가 표와 같다. 폐합 오차의 한계가 $\pm 1.0\sqrt{S}$ cm일 때 우선적으로 재 관측할 필요가 있는 노선은? (단, S : 거리[km])

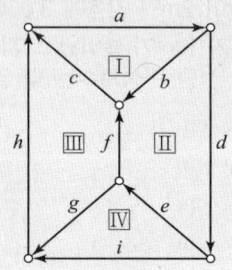

★★
26 한 변의 길이가 10m인 정사각형 토지를 축척 1:600 도상에서 관측한 결과, 도상의 변 관측 오차가 0.2mm씩 발생하였다면 실제 면적에 대한 오차 비율(%)은?
① 1.2% ② 2.4%
③ 4.8% ④ 6.0%

노선	거리(km)	노선	거리(km)	환	폐합오차(m)
a	4.1	f	4.0	Ⅰ	-0.017
b	2.2	g	2.2	Ⅱ	0.048
c	2.4	h	2.3	Ⅲ	-0.026
d	6.0	i	3.5	Ⅳ	-0.083
e	3.6			외주	-0.031

① e노선 ② f노선
③ g노선 ④ h노선

해답 24. ③ 25. 삭제문제 26. ② 27. ③ 28. ①

해설 ① 각 노선의 길이

Ⅰ = $a+b+c$ = 8.7
Ⅱ = $b+d+e+f$ = 15.8
Ⅲ = $c+f+g+h$ = 10.9
Ⅳ = $e+g+i$ = 9.3
외주 = $a+d+i+h$ = 15.9

② 각 노선의 오차 한계

Ⅰ = $\pm 1.0\sqrt{8.7}$ = ±2.95cm
Ⅱ = $\pm 1.0\sqrt{15.8}$ = ±3.98cm
Ⅲ = $\pm 1.0\sqrt{10.9}$ = ±3.30cm
Ⅳ = $\pm 1.0\sqrt{9.3}$ = ±3.05cm
외주 = $\pm 1.0\sqrt{15.9}$ = ±3.99cm

③ 여기서 Ⅱ와 Ⅳ 노선의 폐합 오차가 오차 한계 보다 크므로 공통으로 속한 'e' 노선을 우선적으로 재측한다.

★★★
29 하천의 유속측정결과, 수면으로부터 깊이의 2/10, 4/10, 6/10, 8/10되는 곳의 유속(m/s)이 각각 0.662, 0.552, 0.442, 0.332이었다면 3점법에 의한 평균유속은?
① 0.4603m/s ② 0.4695m/s
③ 0.5245m/s ④ 0.5337m/s

해설 3점법

$V_m = \dfrac{1}{4}(V_{0.2} + 2V_{0.6} + V_{0.8})$

$= \dfrac{1}{4}(0.662 + 2 \times 0.442 + 0.332)$

$= 0.4695 \text{m/s}$

30 삭제문제

출제기준 변경으로 인해 삭제됨

★★
31 토털스테이션으로 각을 측정할 때 기계의 중심과 측점이 일치하지 않아 0.5mm의 오차가 발생하였다면 각 관측오차를 2″ 이하로 하기 위한 변의 최소 길이는?
① 82.501m ② 51.566m
③ 8.250m ④ 5.157m

해설 $\dfrac{\Delta l}{l} = \dfrac{\varepsilon''}{\rho''}$ 에서

$l = \Delta l \times \dfrac{\rho''}{\varepsilon''}$

$= 0.5 \times \dfrac{206265''}{2''}$

$= 51.566 \text{m}$

★★
32 토적곡선(mass curve)을 작성하는 목적으로 가장 거리가 먼 것은?
① 토량의 운반거리 산출
② 토공기계의 선정
③ 토량의 배분
④ 교통량 산정

해설 토적곡선은 토량을 누적한 것으로 토량의 배분, 운반 거리에 따른 기계의 선정 등으로 경제적인 노선을 만들기 위함이다.

★★★
33 등고선의 성질에 대한 설명으로 옳지 않은 것은?
① 등고선은 분수선(능선)과 평행하다.
② 등고선은 도면 내·외에서 폐합하는 폐곡선이다.
③ 지도의 도면 내에서 폐합하는 경우 등고선의 내부에는 산꼭대기 또는 분지가 있다.
④ 절벽에서 등고선이 서로 만날 수 있다.

해설 등고선은 분수선(능선)과 직교한다.

해답 29. ② 30. 삭제문제 31. ② 32. ④ 33. ①

1 2017년 과년도출제문제

34 노선 설치 방법 중 좌표법에 의한 설치방법에 대한 설명으로 틀린 것은?
① 토털스테이션, GPS 등과 같은 장비를 이용하여 측점을 위치시킬 수 있다.
② 좌표법에 의한 노선의 설치는 다른 방법보다 지형의 굴곡이나 시통 등의 문제가 적다.
③ 좌표법은 평면곡선 및 종단곡선의 설치 요소를 동시에 위치시킬 수 있다.
④ 평면적인 위치의 측설을 수행하고 지형표고를 관측하여 종단면도를 작성할 수 있다.

해설 노선 설치 방법에서 좌표법은 평면적인 위치(x, y)의 측설을 수행하고 지형표고를 관측하여 종단면도를 작성할 수 있다.

35 삼각수준측량에서 정밀도 10^{-5}의 수준차를 허용할 경우 지구곡률을 고려하지 않아도 되는 최대시준거리는? (단, 지구곡률반지름 $R=6{,}370$km이고, 빛의 굴절계수는 무시)
① 35m ② 64m
③ 70m ④ 127m

해설 $1:10^5 = \dfrac{D^2}{2R} : D$ 에서

$D = \dfrac{2R}{10^5} = 127.4\text{m}$

36 국토지리정보원에서 발급하는 기준점 성과표의 내용으로 틀린 것은?
① 삼각점이 위치한 평면좌표계의 원점을 알 수 있다.
② 삼각점 위치를 결정한 관측방법을 알 수 있다.
③ 삼각점의 경도, 위도, 직각좌표를 알 수 있다.
④ 삼각점의 표고를 알 수 있다.

해설 삼각점의 위치를 결정한 작업방법은 '삼각점 측량 작업 규정'에 따른다.

37 다음 설명 중 옳지 않은 것은?
① 측지학적 3차원 위치결정이란 경도, 위도 및 높이를 산정하는 것이다.
② 측지학에서 면적이란 일반적으로 지표면의 경계선을 어떤 기준면에 투영하였을 때의 면적을 말한다.
③ 해양측지는 해양상의 위치 및 수심의 결정, 해저 지질조사 등을 목적으로 한다.
④ 원격탐사는 피사체와의 직접 접촉에 의해 획득한 정보를 이용하여 정량적 해석을 하는 기법이다.

해설 원격탐사란 어떤 대상물 또는 현상에 관한 정보를 접촉에 의하지 않고 원격적으로 수집하는 방법이다.

38 다음 중 다각측량의 순서로 가장 적합한 것은?
① 계획 – 답사 – 선점 – 조표 – 관측
② 계획 – 선점 – 답사 – 조표 – 관측
③ 계획 – 선점 – 답사 – 관측 – 조표
④ 계획 – 답사 – 선점 – 관측 – 조표

해설 다각측량의 순서
계획 – 답사 – 선점 – 조표 – 관측

39 측점 M의 표고를 구하기 위하여 수준점 A, B, C로부터 수준측량을 실시하여 표와 같은 결과를 얻었다면 M의 표고는?

측점	표고(m)	관측방향	고저차(m)	노선길이
A	11.03	A→M	+2.10	2km
B	13.60	B→M	−0.30	4km
C	11.64	C→M	+1.45	1km

① 13.09m ② 13.13m
③ 13.17m ④ 13.22m

해답 34. ③ 35. ④ 36. ② 37. ④ 38. ① 39. ②

해설 직접 수준 측량의 경중율은 노선길이에 반비례

① $P_A : P_B : P_C = \dfrac{1}{2} : \dfrac{1}{4} : \dfrac{1}{1} = 2 : 1 : 4$

② $H_A = 13.13$
$H_B = 13.30$
$H_C = 13.09$

③ $H_M = \dfrac{[P \cdot H]}{[P]}$
$= 13 + \dfrac{2 \times 0.13 + 0.3 + 4 \times 0.09}{2 + 1 + 4}$
$= 13.13 \text{m}$

★★★
40 지성선에 해당하지 않는 것은?
① 구조선　　　　② 능선
③ 계곡선　　　　④ 경사변환선

해설 지성선이란 지표의 불규칙한 곡면을 몇 개의 평면의 집합으로 생각할 때 이들 평면이 서로 만나는 선으로 지표면의 형상을 나타내는 능선, 계곡선, 경사변환선, 최대 경사선 들을 말한다.

수리학 및 수문학

★
41 수심 h, 단면적 A, 유량 Q로 흐르고 있는 개수로에서 에너지 보정계수를 α라고 할 때 비에너지 H_e를 구하는 식은? (단, h=수심, g=중력가속도)

① $H_e = h + \alpha\left(\dfrac{Q}{A}\right)$

② $H_e = h + \alpha\left(\dfrac{Q}{A}\right)^2$

③ $H_e = h + \alpha\left(\dfrac{Q^2}{2g}\right)$

④ $H_e = h + \dfrac{\alpha}{2g}\left(\dfrac{Q}{A}\right)^2$

해설 비에너지 $H_e = h + \dfrac{\alpha V^2}{2g}$

$V = \dfrac{Q}{A}$ 이므로

$H_e = h + \dfrac{\alpha}{2g}\left(\dfrac{Q}{A}\right)^2$

★★
42 두 수조가 관길이 $L=50\text{m}$, 지름 $D=0.8\text{m}$, Manning의 조도계수 $n=0.013$인 원형관으로 연결되어 있다. 이 관을 통하여 유량 $Q=1.2\text{m}^3/\text{s}$의 난류가 흐를 때, 두 수조의 수위차(H)는? (단, 마찰, 단면 급확대 및 급축소 손실만을 고려한다.)
① 0.98m　　　　② 0.85m
③ 0.54m　　　　④ 0.36m

해설 $Q = AV = \dfrac{\pi D^2}{4} \times \sqrt{\dfrac{2gh}{f_i + f\dfrac{l}{D} + 1}}$

$f = \dfrac{124.5 n^2}{D^{1/3}} = \dfrac{124.5 \times 0.013^2}{0.8^{1/3}}$
$= 0.023$

$1.2 = \dfrac{\pi \cdot 0.8^2}{4} \times \sqrt{\dfrac{2 \times 9.8 \times h}{0.5 + 0.023 \times \dfrac{50}{0.8} + 1}}$

$h = 0.854\text{m}$

★★
43 어떤 유역에 내린 호우사상의 시간적 분포가 표와 같고 유역의 출구에서 측정한 지표유출량이 15mm일 때 ϕ-지표는?

시간(hr)	0~1	1~2	2~3	3~4	4~5	5~6
강우강도 (mm/hr)	2	10	6	8	2	1

① 2mm/hr　　　　② 3mm/hr
③ 5mm/hr　　　　④ 7mm/hr

해설
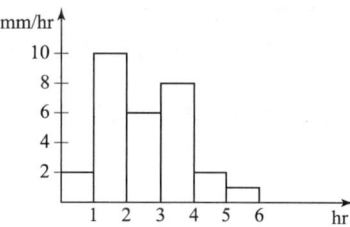

① 손실우량 = 총강우량 − 지표유출량
$= (2+10+6+8+2+1) - 15 = 14\text{mm}$

② ϕ선을 기준으로 위쪽은 유출량, 아래쪽은 손실우량을 의미한다.

③ ϕ선을 강우강도 2~6사이로 가정한 후 계산한다.
$(10-\phi) + (6-\phi) + (8-\phi) = 15$
$24 - 3\phi = 15$
$\therefore \phi = 3\text{mm/hr}$

해답　40. ①　41. ④　42. ②　43. ②

44 DAD(depth-area-duration)해석에 관한 설명으로 옳은 것은?
① 최대 평균 우량깊이, 유역면적, 강우강도와의 관계를 수립하는 작업이다.
② 유역면적을 대수축(logarithmic scale)에 최대평균강우량을 산술축(arithmetic scale)에 표시한다.
③ DAD 해석 시 상대습도 자료가 필요하다.
④ 유역면적과 증발산량과의 관계를 알 수 있다.

해설 DAD해석
① DAD해석은 최대우량깊이, 유역면적, 강우지속시간과의 관계를 수립하는 작업으로 유역면적을 대수축에 최대평균강우량을 산술축에 표시한다.
② DAD해석 시 상대습도 자료는 필요 없다.

45 정상류(steady flow)의 정의로 가장 적합한 것은?
① 수리학적 특성이 시간에 따라 변하지 않는 흐름
② 수리학적 특성이 공간에 따라 변하지 않는 흐름
③ 수리학적 특성이 시간에 따라 변하는 흐름
④ 수리학적 특성이 공간에 따라 변하는 흐름

해설 정상류는 평상시의 흐름을 설명하고자 하는 것으로 시간에 따라 흐름 특성이 변화하지 않는 것이다.

46 개수로 내 흐름에 있어서 한계수심에 대한 설명으로 옳은 것은?
① 상류쪽의 저항이 하류쪽의 조건에 따라 변한다.
② 유량이 일정할 때 비력이 최대가 된다.
③ 유량이 일정할 때 비에너지가 최소가 된다.
④ 비에너지가 일정할 때 유량이 최소가 된다.

해설 한계수심에서는 유량이 일정할 때 비에너지가 최소가 된다.

47 단위유량도 작성 시 필요 없는 사항은?
① 유효우량의 지속시간 ② 직접유출량
③ 유역면적   ④ 투수계수

해설 단위유량도 작성에는 강우지속기간, 직접유출량, 유역면적 등이 필요하다.

48 컨테이너 부두 안벽에 입사하는 파랑의 입사파고가 0.8m이고, 안벽에서 반사된 파랑의 반사파고가 0.3m일 때 반사율은?
① 0.325   ② 0.375
③ 0.425   ④ 0.475

해설 파랑에 의한 반사율은 $\dfrac{반사에너지}{입사에너지}$ 이므로
$\dfrac{0.3}{0.8} = 0.375$

49 댐의 여수로에서 도수를 발생시키는 목적 중 가장 중요한 것은?
① 유수의 에너지 감세
② 취수를 위한 수위상승
③ 댐 하류부에서의 유속의 증가
④ 댐 하류부에서의 유량의 증가

해설 도수(Hydraulic jump)
① 정의 : 사류에서 상류로 흐를 때 수면이 불연속적으로 뛰는 현상을 도수현상이라고 한다.
② 목적 : 유체의 에너지를 감세시키는 것이 목적이다.

50 강우계의 관측분포가 균일한 평야지역의 작은 유역에 발생한 강우에 적합한 유역 평균 강우량 산정법은?
① Thiessen의 가중법 ② Talbot의 강도법
③ 산술평균법   ④ 등우선법

해설 작은 유역이면서 균일한 평야지역의 경우 강우량 산정은 산술 평균법을 사용한다.

51 흐름에 대한 설명 중 틀린 것은?
① 흐름이 층류일 때는 뉴튼의 점성 법칙을 적용할 수 있다.
② 등류란 모든 점에서의 흐름의 특성이 공간에 따라 변하지 않는 흐름이다.
③ 유관이란 개개의 유체입자가 흐르는 경로를 말한다.
④ 유선이란 각 점에서 속도벡터에 접하는 곡선을 연결한 선이다.

해설 유관이란 유선으로 이루어진 가상적인 관을 말한다.

해답 44. ② 45. ① 46. ③ 47. ④ 48. ② 49. ① 50. ③ 51. ③

52 우량관측소에서 측정된 5분단위 강우량 자료가 표와 같을 때 10분 지속 최대 강우강도는?

시각(분)	0	5	10	15	20
누가우량(mm)	0	2	8	18	25

① 17mm/hr ② 48mm/hr
③ 102mm/hr ④ 120mm/hr

해설 0~10분 : $8 \times \frac{60}{10} = 48 \text{mm/hr}$

5~15분 : $(18-2) \times \frac{60}{10} = 96 \text{mm/hr}$

10~20분 : $(25-8) \times \frac{60}{10} = 102 \text{mm/hr}$

53 흐르는 유체 속에 잠겨있는 물체에 작용하는 항력과 관계가 없는 것은?
① 유체의 밀도 ② 물체의 크기
③ 물체의 형상 ④ 물체의 밀도

해설 유체속의 물체가 받은 항력은 $D = C_D A \frac{\rho V^2}{2}$
물체의 형상, 크기, 속도, 유체의 밀도, 투영면적

54 그림과 같이 반지름 R인 원형관에서 물이 층류로 흐를 때 중심부에서의 최대속도를 V라 할 경우 평균속도 V_m은?

① $V_m = \frac{V}{2}$
② $V_m = \frac{V}{3}$
③ $V_m = \frac{V}{4}$
④ $V_m = \frac{V}{5}$

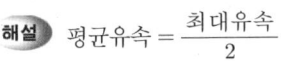

해설 평균유속 $= \frac{\text{최대유속}}{2}$

55 관수로의 흐름이 층류인 경우 마찰손실계수(f)에 대한 설명으로 옳은 것은?
① 조도에만 영향을 받는다.
② 레이놀즈수에만 영향을 받는다.
③ 항상 0.2778로 일정한 값을 갖는다.
④ 조도와 레이놀즈수에 영향을 받는다.

해설 층류인 경우 $f = \frac{64}{Re}$ 이다.

56 중량이 600N, 비중이 3.0인 물체를 물(담수)속에 넣었을 때 물 속에서의 중량은?
① 100N ② 200N
③ 300N ④ 400N

해설 부력 관련한 문제이므로 $wV + M = w'V' + M'$
중량 $W = wV$, $600 = 3 \times V$
$V = 200$
$600 + 0 = 1 \times 200 + M'$
$M' = 400\text{N}$

57 물 속에 존재하는 임의의 면에 작용하는 정수압의 작용방향은?
① 수면에 대하여 수평방향으로 작용한다.
② 수면에 대하여 수직방향으로 작용한다.
③ 정수압의 수직압은 존재하지 않는다.
④ 임의의 면에 직각으로 작용한다.

해설 정수압은 면에 직각방향으로 작용한다.

58 저수지의 측벽에 폭 20cm, 높이 5cm의 직사각형 오리피스를 설치하여 유량 200L/s를 유출시키려고 할 때 수면으로부터의 오리피스 설치 위치는? (단, 유량계수 $C = 0.62$)
① 33m ② 43m
③ 53m ④ 63m

해설 $Q = CAV = c \cdot bd \sqrt{2gh}$
$200 \times 10^{-3} = 0.62 \times (0.2 \times 0.05) \times \sqrt{2 \times 9.8 \times h}$
$h = 53.1\text{m}$

해답 52. ③ 53. ④ 54. ① 55. ② 56. ④ 57. ④ 58. ③

59 대수층에서 지하수가 2.4m의 투과거리를 통과하면서 0.4m의 수두손실이 발생할 때 지하수의 유속은? (단, 투수계수 = 0.3m/s)

① 0.01m/s ② 0.05m/s
③ 0.1m/s   ④ 0.5m/s

해설 $V = ki$
$= 0.3 \times \dfrac{0.4}{2.4} = 0.05 \text{m/sec}$

60 삼각위어에 있어서 유량계수가 일정하다고 할 때 유량 변화율(dQ/Q)이 1% 이하가 되기 위한 월류 수심의 변화율(dh/h)은?

① 0.4% 이하 ② 0.5% 이하
③ 0.6% 이하 ④ 0.7% 이하

해설 ① $Q = \dfrac{8}{15} C \tan\dfrac{\theta}{2} \sqrt{2g}\, h^{\frac{5}{2}}$

② $\dfrac{dQ}{dh} = \dfrac{8}{15} C \tan\dfrac{\theta}{2} \sqrt{2g}\, \dfrac{5}{2} h^{\frac{3}{2}}$

③ $\dfrac{dQ}{Q} = \dfrac{5}{2}\dfrac{dh}{h}$

∴ $\dfrac{dh}{h} = \dfrac{2}{5} \times (1\%) = 0.4\%$

철근콘크리트 및 강구조

61 나선철근으로 둘러싸인 압축부재의 축방향 주철근의 최소 개수는?

① 3개 ② 4개
③ 5개 ④ 6개

해설 나선철근으로 둘러싸인 경우 축방향 주철근의 최소 개수는 6개이다.
[보충] 축방향 주철근의 최소 개수
• 삼각형 띠철근 : 3개
• 사각형 및 원형 띠철근 : 4개
• 나선철근 : 6개

62 순단면이 볼트의 구멍 하나를 제외한 단면(즉, A-B-C 단면)과 같도록 피치(s)를 결정하면? (단, 구멍의 직경은 18mm이다.)

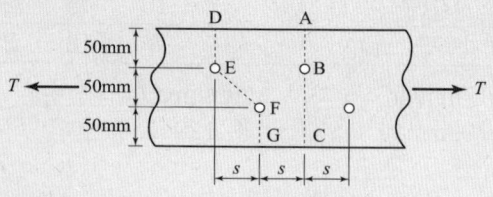

① 50mm ② 55mm
③ 60mm ④ 65mm

해설 (1) ABC단면의 순폭 : $b_n = b_g - d$

(2) DEFG 단면의 순폭 : $b_n = b_g - d - \left(d - \dfrac{p^2}{4g}\right)$
$= b_g - d - \left(d - \dfrac{s^2}{4g}\right)$

(3) 순폭이 같을 조건
$b_g - d \le b_g - d - \left(d - \dfrac{S^2}{4g}\right)$에서 괄호항이 0이어야 한다.
∴ $s = \sqrt{4gd} = \sqrt{4(50)(18)} = 60\text{mm}$

63 아래 그림과 같은 보의 단면에서 표피철근의 간격 s는 약 얼마인가? (단, 습윤환경에 노출되는 경우로서, 표피철근의 표면에서 부재 측면까지 최단거리(c_c)는 50mm, $f_{ck} = 28\text{MPa}$, $f_y = 400\text{MPa}$이다.)

① 170mm
② 190mm
③ 220mm
④ 240mm

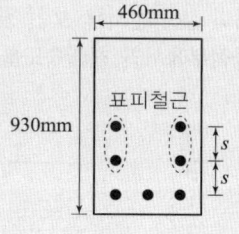

해설 표피철근의 간격은 최외단 인장철근의 중심간격과 같다.
$s = \min\left\{375\left(\dfrac{k_{cr}}{f_s}\right) - 2.5c_c,\ 300\left(\dfrac{k_{cr}}{f_s}\right)\right\}$
$= \min\left\{375\left(\dfrac{210}{\frac{800}{3}}\right) - 2.5(50),\ 300\left(\dfrac{210}{\frac{800}{3}}\right)\right\}$
$= (170.313\text{mm},\ 236.25\text{mm}) \approx 170\text{mm}$

여기서, $f_s = \dfrac{2}{3}f_y = \dfrac{2}{3}(400) = \dfrac{800}{3}\text{MPa}$
k_{cr} : 건조환경은 280, 기타 환경은 210

해답 59. ② 60. ① 61. ④ 62. ③ 63. ①

64 옹벽의 구조해석에 대한 설명으로 틀린 것은?

① 뒷부벽은 직사각형보로 설계하여야 하며, 앞부벽은 T형보로 설계하여야 한다.
② 저판의 뒷굽판은 정확한 방법이 사용되지 않는 한, 뒷굽판 상부에 재하되는 모든 하중을 지지하도록 설계하여야 한다.
③ 캔틸레버식 옹벽의 저판은 전면벽과의 접합부를 고정단으로 간주한 캔틸레버로 가정하여 단면을 설계할 수 있다.
④ 부벽식 옹벽의 전면벽은 3변 지지된 2방향 슬래브로 설계할 수 있다.

해설 부벽식 옹벽에서 앞부벽은 직사각형보로 설계하여야 하며, 뒷부벽은 T형보로 설계하여야 한다.

65 프리스트레스의 손실을 초래하는 요인 중 포스트텐션 방식에서만 두드러지게 나타나는 것은?

① 마찰
② 콘크리트의 탄성수축
③ 콘크리트의 크리프
④ 정착장치의 활동

해설 마찰에 의한 손실은 포스트텐션에서만 발생한다.

66 $b_w = 250\text{mm}$, $d = 500\text{mm}$, $f_{ck} = 21\text{MPa}$, $f_y = 400\text{MPa}$인 직사각형 보에서 콘크리트가 부담하는 설계전단강도(ϕV_c)는?

① 71.6kN
② 76.4kN
③ 82.2kN
④ 91.5kN

해설 설계전단강도

$$\phi V_c = \phi\left(\frac{\lambda\sqrt{f_{ck}}}{6}\right)b_w d = 0.75\left(\frac{1.0 \times \sqrt{21}}{6}\right) \times 250 \times 500$$
$$= 71,602.7\text{N} \approx 71.6\text{kN}$$

67 설계기준 압축강도(f_{ck})가 35MPa인 보통중량 콘크리트로 제작된 구조물에서 압축이형 철근으로 D29(공칭지름 28.6mm)를 사용한다면 기본정착길이는? (단, $f_y = 400\text{MPa}$)

① 483mm
② 492mm
③ 503mm
④ 512mm

해설 압축이형철근의 기본정착길이

$$l_{db} = \max\left(\frac{0.25 f_y d_b}{\lambda\sqrt{f_{ck}}}, \; 0.043 f_y d_b\right) = 0.043 f_y d_b$$
$$= 0.043 \times 400 \times 28.6 = 491.92\text{mm} \approx 492\text{mm}$$

68 아래 그림에서 빗금 친 대칭 T형보의 공칭모멘트강도(M_n)는? (단, 경간은 3,200mm, $A_s = 7,094\text{mm}^2$, $f_{ck} = 28\text{MPa}$, $f_y = 400\text{MPa}$)

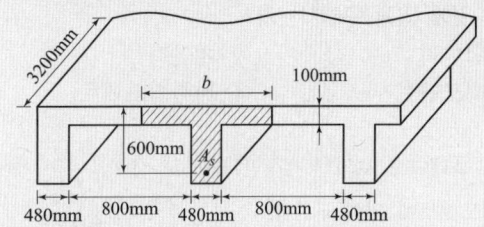

① 1475.9kN·m
② 1583.2kN·m
③ 1648.4kN·m
④ 1721.6kN·m

해설
1) 플랜지 유효 폭
① $16t_f + b_w = 16 \times 100 + 480 = 2,080\text{mm}$
② 양쪽슬래브 중심간거리
$= \frac{800}{2} + 480 + \frac{800}{2} = 1,280\text{mm}$
③ 보의 경간 $\times \frac{1}{4} = 3,200 \times \frac{1}{4} = 800\text{mm}$
∴ 위의 값 중 최솟값이 플랜지 유효폭 = 800mm

2) T형보의 판정 : 폭 b인 단철근 직사각형 보로 보고 등가 직사각형 응력 블록 깊이를 구하면
① $f_{ck} \leq 40\text{MPa} \Rightarrow \eta = 1.0$
② $a = \dfrac{A_s f_y}{\eta(0.85 f_{ck})b} = \dfrac{7,094 \times 400}{1.0 \times 0.85 \times 28 \times 800}$
$= 149.03\text{mm}$
∴ T형보로 설계한다. ($\because a > t_f = 100\text{mm}$)

해답 64. ① 65. ① 66. ① 67. ② 68. ①

3) 공칭 휨 강도

① $A_{sf} = \dfrac{\eta 0.85 f_{ck}(b-b_w)t_f}{f_y}$

$= \dfrac{1.0 \times 0.85 \times 28 \times (800-480) \times 100}{400}$

$= 1,904 \text{mm}^2$

② $a = \dfrac{(A_s - A_{sf})f_y}{\eta(0.85f_{ck})b_w} = \dfrac{(7,094-1,904) \times 400}{1.0 \times 0.85 \times 28 \times 480}$

$= 181.72 \text{mm}$

③ $M_n = \left[A_{sf}f_y\left(d-\dfrac{t_f}{2}\right) + (A_s - A_{sf})f_y\left(d-\dfrac{a}{2}\right)\right]$

$= \left[1,904 \times 400 \times \left(600 - \dfrac{100}{2}\right) + (7,094-1,904)\right.$

$\left. \times 400 \times \left(600 - \dfrac{181.72}{2}\right)\right]$

$= 1,475.9 \times 10^6 \text{N} \cdot \text{mm} ≒ 1,475.9 \text{kN} \cdot \text{m}$

69 플레이트 보(plate girder)의 경제적인 높이는 다음 중 어느 것에 의해 구해지는가?
① 전단력
② 지압력
③ 휨모멘트
④ 비틀림모멘트

해설 플레이트 보의 경제적인 높이 $h = 1.1\sqrt{\dfrac{M}{f_a t_w}}$ 에서 휨모멘트에 의해 구한다.

70 ★★★ 지간이 4m이고 단순지지된 1방향 슬래브에서 처짐을 계산하지 않는 경우 슬래브의 최소두께로 옳은 것은? (단, 보통중량 콘크리트를 사용하고, $f_{ck} = 28\text{MPa}$, $f_y = 400\text{MPa}$인 경우)
① 100mm
② 150mm
③ 200mm
④ 250mm

해설 단순 지지된 1방향 슬래브의 최소두께 일반식

$t_{min} = \dfrac{l}{20}\left(0.43 + \dfrac{f_y}{700}\right)(1.65 - 0.00031 m_c \geq 1.09)$

$\geq 100\text{mm}$ 에서 보통중량콘크리트이고,

$f_y = 400\text{MPa}$인 표준상태이므로

$t_{min} = \max\left(\dfrac{l}{20}, 100\text{mm}\right) = \max\left(\dfrac{4000}{20}, 100\right) = 200\text{mm}$

71 $M_u = 170\text{kN} \cdot \text{m}$의 계수 모멘트 하중을 지지하기 위한 단철근 직사각형 보의 필요한 철근량(A_s)을 구하면? (단, $b_w = 300\text{mm}$, $d = 450\text{mm}$, $f_{ck} = 28\text{MPa}$, $f_y = 350\text{MPa}$, $\phi = 0.85$이다.)
① $1,070\text{mm}^2$
② $1,175\text{mm}^2$
③ $1,280\text{mm}^2$
④ $1,375\text{mm}^2$

해설 1) $a = \dfrac{A_s f_y}{\eta(0.85 f_{ck})b}$

여기서, $f_{ck} \leq 40\text{MPa} \Rightarrow \eta = 1.0$

2) $M_u \leq \phi M_n = \phi\left[A_s f_y\left(d - \dfrac{a}{2}\right)\right]$

$170 \times 10^6 \leq 0.85\left[A_s \times 350 \times \left(450 - \dfrac{1}{2} \times \right.\right.$
$\left.\left. \times \dfrac{A_s \times 350}{1.0 \times 0.85 \times 28 \times 300}\right)\right]$

$\therefore A_s = 1,372.43\text{mm}^2$ (계산기의 solve 기능 사용)

72 다음 중 최소 전단철근을 배치하지 않아도 되는 경우가 아닌 것은? (단, $\dfrac{1}{2}\phi V_c < V_u$인 경우)
① 슬래브나 확대기초의 경우
② 전단철근이 없어도 계수휨모멘트와 계수전단력에 저항할 수 있다는 것을 실험에 의해 확인할 수 있는 경우
③ T형보에서 그 깊이가 플랜지 두께의 2.5배 또는 복부폭의 1/2 중 큰 값 이하인 보
④ 전체깊이가 450mm 이하인 보

해설 전체깊이가 250mm 이하인 경우에 최소 전단철근을 배치하지 않는다.

73 처짐과 균열에 대한 다음 설명 중 틀린 것은?
① 처짐에 영향을 미치는 인자로는 하중, 온도, 습도, 재령, 함수량, 압축철근의 단면적 등이다.
② 크리프, 건조수축 등으로 인하여 시간의 경과와 더불어 진행되는 처짐이 탄성처짐이다.
③ 균열폭을 최소화하기 위해서는 적은 수의 굵은 철근보다는 많은 수의 가는 철근을 인장측에 잘 분포시켜야 한다.
④ 콘크리트 표면의 균열폭은 피복두께의 영향을 받는다.

해설 크리프, 건조수축 등으로 인하여 시간의 경과와 더불어 진행되는 처짐이 장기처짐이다.

해답 69. ③ 70. ③ 71. ④ 72. ④ 73. ②

74 다음 그림과 같은 맞대기 용접 이음에서 이음의 응력을 구하면?

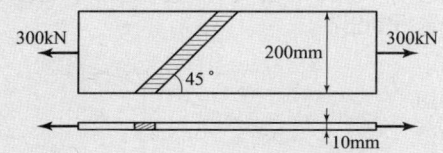

① 150.0MPa   ② 106.1MPa
③ 200.0MPa   ④ 212.1MPa

해설 홈용접이므로

$$f_t = \frac{P}{\sum al} = \frac{P}{tl} = \frac{300 \times 10^3}{10(200)} = 150\,\text{MPa}$$

75 폭(b_w) 300mm, 유효깊이(d) 450mm, 전체 높이(h) 550mm, 철근량(A_s) 4,800mm²인 보의 균열 모멘트 M_{cr}의 값은? (단, f_{ck}가 21MPa인 보통중량 콘크리트 사용)

① 24.5kN·m   ② 28.9kN·m
③ 35.6kN·m   ④ 43.7kN·m

해설 균열모멘트

$$M_{cr} = f_r Z = 0.63\lambda\sqrt{f_{ck}}\left(\frac{bh^2}{6}\right) = 0.63 \times 1.0\sqrt{21}\left(\frac{300 \times 550^2}{6}\right)$$
$$= 43,666,218\,\text{N·m} \simeq 43.7\,\text{kN·m}$$

76 폭(b_w)이 400mm, 유효깊이(d)가 500mm인 단철근 직사각형보 단면에서, 강도설계법에 의한 균형철근량은 약 얼마인가? (단, f_{ck}=35MPa, f_y=400MPa)

① 6,135mm²   ② 6,623mm²
③ 7,400mm²   ④ 7,841mm²

해설 1) 균형철근비(ρ_b)

$$\rho_b = \frac{\eta(0.85f_{ck})\beta_1}{f_y}\cdot\frac{\epsilon_{cu}}{\epsilon_{cu}+\epsilon_y}$$
$$= \frac{1.0 \times (0.85 \times 35) \times 0.8}{400} \cdot \frac{0.0033}{0.0033 + \frac{400}{200,000}}$$
$$= 0.0370$$

여기서, $\epsilon_y = \frac{f_y}{E_s}$, $f_{ck} \leq 40\text{MPa} \Rightarrow \eta = 1.0$, $\beta_1 = 0.8$,

2) 균형철근량(A_{sb})

$$A_{sb} = \rho_b bd = 0.0370 \times 400 \times 500 = 7,400\,\text{mm}^2$$

77 그림과 같은 단면을 갖는 지간 10m의 PSC보에 PS강재가 100mm의 편심거리를 가지고 직선배치 되어있다. 자중을 포함한 계수등분포하중 16kN/m가 보에 작용할 때, 보 중앙단면 콘크리트 상연응력은 얼마인가? (단, 유효프리스트레스 힘 P_e=2,400kN)

① 11.2MPa
② 12.8MPa
③ 13.6MPa
④ 14.9MPa

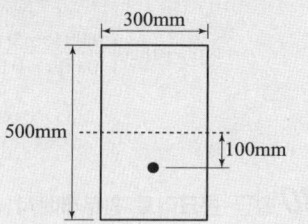

해설
$$f_{상연} = \frac{P}{A}\left(1 - \frac{6e}{h}\right) + \frac{M_{중앙}}{Z}$$
$$= \frac{2,400 \times 10^3}{300 \times 500}\left(1 - \frac{6 \times 100}{500}\right) + \frac{\frac{16 \times 10^2}{8} \times 10^6}{\frac{300 \times 500^2}{6}}$$
$$= 12.8\,\text{MPa}$$

78 정착구와 커플러의 위치에서 프리스트레스 도입 직후 포스트텐션 긴장재의 응력은 얼마 이하로 하여야 하는가? (단, f_{pu}는 긴장재의 설계기준인장강도)

① $0.6f_{pu}$ ② $0.74f_{pu}$
③ $0.70f_{pu}$ ④ $0.85f_{pu}$

해설 정착구와 커플러 위치에서 프리스트레스 도입직후 포스트텐션 긴장재의 응력은 $0.70f_{pu}$ 이하라야 한다.

79 아래 그림과 같은 단면을 가지는 단철근 직사각형보에서 최외단 인장철근의 순인장변형률(ϵ_t)이 0.0045일 때 설계휨강도를 구할 때 적용하는 강도감소계수(ϕ)는? (단, f_{ck}=28MPa, f_y=400MPa)

① 0.804
② 0.817
③ 0.826
④ 0.839

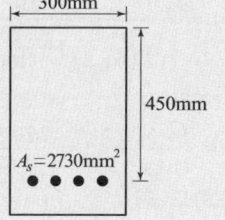

해답 74. ① 75. ④ 76. ③ 77. ② 78. ③ 79. ②

해설
1) 변화구간 단면의 조건 : $\epsilon_y < \epsilon_t < \epsilon_{t,td}$
   ∴ $\epsilon_t = 0.0045$ 이므로 변화구간단면이다.
   여기서, $\epsilon_y = \dfrac{f_y}{E_s} = \dfrac{400}{200,000} = 0.002$, $\epsilon_{t,td} = 0.005$

2) $\phi = 0.65 + 0.20\left(\dfrac{\epsilon_t - \epsilon_y}{\epsilon_{t,td} - \epsilon_y}\right)$
   $= 0.65 + 0.20\left(\dfrac{0.0045 - 0.002}{0.005 - 0.002}\right) \fallingdotseq 0.817$

80 철근 콘크리트 휨부재에서 최소철근비를 규정한 이유로 가장 적당한 것은?
① 부재의 경제적인 단면 설계를 위해서
② 부재의 사용성을 증진시키기 위해서
③ 부재의 시공 편의를 위해서
④ 부재의 급작스런 파괴를 방지하기 위해서

해설 휨부재에서 철근비를 제한하는 이유는 취성파괴를 막고, 연성파괴를 유도하기 위함이다.

[보충] 철근비 제한 이유
(1) 최대철근비 제한 이유 : 압축측 콘크리트의 취성파괴 방지
(2) 최소철근비 제한 이유 : 인장측 콘크리트의 취성파괴 방지

토질 및 기초

81 어떤 흙의 습윤 단위중량이 2.0t/m³, 함수비 20%, 비중 $G_s = 2.7$인 경우 포화도는 얼마인가?
① 84.1%   ② 87.1%
③ 95.6%   ④ 98.5%

해설 ① 건조단위중량(γ_d)
$\gamma_d = \dfrac{\gamma_t}{1 + \dfrac{w}{100}} = \dfrac{2.0}{1 + \dfrac{20}{100}} = 1.67 \text{g/cm}^3$

② 간극비(e)
$e = \dfrac{G_s \cdot \gamma_w}{\gamma_d} - 1 = \dfrac{2.70 \times 1}{1.67} - 1 = 0.62$

③ 포화도(S)
$S = \dfrac{w}{e} \cdot G_s = \dfrac{20}{0.62} \times 2.70 = 87.10\%$

82 아래 그림과 같은 무한 사면이 있다. 흙과 암반의 경계면에서 흙의 강도정수 $c = 1.8\text{t/m}^2$, $\phi = 25°$이고, 흙의 단위중량 $\gamma = 1.9\text{t/m}^3$인 경우 경계면에서 활동에 대한 안전율을 구하면?
① 1.55
② 1.60
③ 1.65
④ 1.70

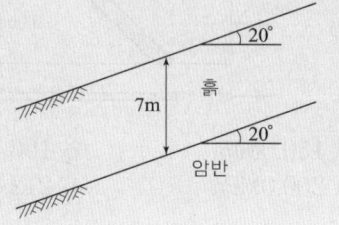

해설
1) 반무한 사면의 안정에서 지하수위가 파괴면 아래에 있는 경우
$F_s = \dfrac{\tau_f}{\tau_d} = \dfrac{c' + \gamma_t \cdot H \cdot \cos^2\beta \cdot \tan\phi}{\gamma_t \cdot H \cdot \cos\beta \cdot \sin\beta}$
$= \dfrac{c'}{\gamma_t \cdot H \cdot \cos\beta \cdot \sin\beta} + \dfrac{\tan\phi}{\tan\beta}$

2) 문제에서
$F_s = \dfrac{\tau_f}{\tau_d} = \dfrac{c' + \gamma_t \cdot H \cdot \cos^2\beta \cdot \tan\phi}{\gamma_t \cdot H \cdot \cos\beta \cdot \sin\beta}$
$= \dfrac{c'}{\gamma_t \cdot H \cdot \cos\beta \cdot \sin\beta} + \dfrac{\tan\phi}{\tan\beta}$
$F_s = \dfrac{c'}{\gamma_t \cdot H \cdot \cos\beta \cdot \sin\beta} + \dfrac{\tan\phi}{\tan\beta}$
$= \dfrac{1.8}{1.9 \times 7 \times \cos 20° \times \sin 20°} + \dfrac{\tan 25°}{\tan 20°} = 1.70$

(별해)
$F_s = \dfrac{\tau_f}{\tau_d} = \dfrac{c' + (\sigma - u)\tan\phi}{\tau_d}$

① 수직응력(σ)
$\sigma = \gamma_t \cdot H \cdot \cos^2 i = 1.9 \times 7 \times \cos^2 20° = 11.744 \text{t/m}^2$

② 전단응력(τ_d)
$\tau_d = \gamma_t \cdot H \cdot \cos i \cdot \sin i = 1.9 \times 7 \times \cos 20° \times \sin 20°$
$= 4.275 \text{t/m}^2$

③ 안전율(F_s)
$F_s = \dfrac{\tau_f}{\tau_d} = \dfrac{c' + (\sigma - u)\tan\phi}{\tau_d}$
$= \dfrac{1.8 + (11.744 - 0) \times \tan 25°}{4.275} = 1.70$

83 말뚝기초의 지반거동에 관한 설명으로 틀린 것은?

① 연약지반상에 타입되어 지반이 먼저 변형하고 그 결과 말뚝이 저항하는 말뚝을 주동말뚝이라 한다.
② 말뚝에 작용한 하중은 말뚝주변의 마찰력과 말뚝 선단의 지지력에 의하여 주변 지반에 전달된다.
③ 기성말뚝을 타입하면 전단파괴를 일으키며 말뚝 주위의 지반은 교란된다.
④ 말뚝 타입 후 지지력의 증가 또는 감소 현상을 시간효과(time effect)라 한다.

해설
① 수평력을 받는 말뚝은 말뚝과 지반 중에 어느 것이 움직이는 주체인가에 따라 주동말뚝과 수동말뚝으로 구분된다.
② 주동말뚝(Active Pile)은 말뚝이 지표면에서 수평력을 받는 경우 말뚝이 변형함에 따라 지반이 저항하게 된다. 즉, 말뚝이 움직이는 주체가 된다.
③ 수동말뚝(Passive Pile)은 어떤 원인에 의해 지반이 먼저 변형하고 그 결과 말뚝에 측방토압이 작용하게 되며 이 경우 지반이 움직임의 주체가 된다.
④ 시간효과(Time effect)란 말뚝 항타를 하면 지반 내의 과잉간극수압이 발생하고 시간이 경과하면 과잉간극수압이 소산하는데 따라 지반 내의 유효응력이 변화하며 말뚝의 지지력이 변화하는 것을 시간효과(Time effect)라 한다.

84 지반내 응력에 대한 다음 설명 중 틀린 것은?

① 전응력이 커지는 크기만큼 간극수압이 커지면 유효응력은 변화없다.
② 정지토압계수 K_0는 1보다 클 수 없다.
③ 지표면에 가해진 하중에 의해 지중에 발생하는 연직응력의 증가량은 깊이가 깊어지면서 감소한다.
④ 유효응력이 전응력보다 클 수도 있다.

해설
① 모래 및 정규압밀점토인 경우
$K_O = 1 - \sin\phi'$
② 과압밀점토인 경우
$K_{0(과압밀)} = K_{0(정규압밀)}\sqrt{OCR}$
즉, 과압밀토는 과압밀비 즉 OCR가 클수록 K_o가 증가한다.
③ 정규압밀점토의 정지토압계수는 $K_0 = 1 - \sin\phi'$이므로 1보다 작지만 과압밀점토의 정지토압계수는 $K_o(과압밀) = K_o(정규압밀)\sqrt{OCR}$이며, 과압밀비가 1보다 클 수 있다.

85 흐트러지지 않은 연약한 점토시료를 채취하여 일축압축시험을 실시하였다. 공시체의 직경이 35mm, 높이가 100mm이고 파괴 시의 하중계의 읽음값이 2kg, 축방향의 변형량이 12mm일 때 이 시료의 전단강도는?

① 0.04kg/cm^2 ② 0.06kg/cm^2
③ 0.09kg/cm^2 ④ 0.12kg/cm^2

해설
① 단면적(A)
$A = \dfrac{\pi \cdot d^2}{4} = \dfrac{\pi \times 3.5^2}{4} = 9.621 \text{cm}^2$
② 환산단면적(A_0)
$A_0 = \dfrac{A}{1-\epsilon} = \dfrac{9.621}{1 - \left(\dfrac{12}{100}\right)} = 10.933 \text{cm}^2$
③ 일축압축강도(σ_1)
$\sigma_1 = q_u = \dfrac{P}{A_O} = \dfrac{2.0}{10.933} = 0.183 \text{kg/cm}^2$
④ 전단강도(τ)
$\tau = c_u = \dfrac{q_u}{2} = \dfrac{0.183}{2} = 0.09 \text{kg/cm}^2$

86 다음의 연약지반개량공법에서 일시적인 개량공법은?

① well point 공법
② 치환공법
③ paper drain 공법
④ sand compaction pile 공법

해설 일시적인 개량공법의 종류
① 웰 포인트(Well point) 공법
② 대기압 공법(진공 압밀 공법)
③ 동결 공법

87 흐트러지지 않은 시료를 이용하여 액성한계 40%, 소성한계 22.3%를 얻었다. 정규압밀 점토의 압축지수(C_c)값을 Terzaghi와 Peck이 발표한 경험식에 의해 구하면?

① 0.25   ② 0.27
③ 0.30   ④ 0.35

해설 압축지수(C_c)
① e-log P 곡선의 직선부분의 기울기이다.
② Terzaghi와 Peak의 경험식
$C_c = 0.009(w_L - 10) = 0.009 \times (40 - 10) = 0.27$

해답 83. ① 84. ② 85. ③ 86. ① 87. ②

88 간극비 $e_1 = 0.80$인 어떤 모래의 투수계수 $k_1 = 8.5 \times 10^{-2}$cm/sec일 때 이 모래를 다져서 간극비를 $e_2 = 0.57$로 하면 투수계수 k_2는?

① 8.5×10^{-3}cm/sec ② 3.5×10^{-2}cm/sec
③ 8.1×10^{-2}cm/sec ④ 4.1×10^{-1}cm/sec

해설 ① 투수계수(K_2)

$$K_2 = \frac{\frac{e_2^3}{1+e_2}}{\frac{e_1^3}{1+e_1}} \cdot K_1$$

$$= \frac{\frac{0.57^3}{1+0.57}}{\frac{0.80^3}{1+0.80}} \times 8.5 \times 10^{-2} = 3.5 \times 10^{-2} \text{cm/sec}$$

② 약식에 의한 투수계수(K_2)

$$K_2 = \frac{e_2^2}{e_1^2} \times K_1 = \frac{0.57^2}{0.80^2} \times 8.5 \times 10^{-2}$$

$$= 4.3 \times 10^{-2} \text{cm/sec}$$

이것은 약식이므로 $K_2 = 3.5 \times 10^{-2}$cm/sec으로 하여야 한다.

89 흙막이 벽체의 지지없이 굴착 가능한 한계굴착깊이에 대한 설명으로 옳지 않은 것은?

① 흙의 내부마찰각이 증가할수록 한계굴착깊이는 증가한다.
② 흙의 단위중량이 증가할수록 한계굴착깊이는 증가한다.
③ 흙의 점착력이 증가할수록 한계굴착깊이는 증가한다.
④ 인장응력이 발생되는 깊이를 인장균열 깊이라고 하며, 보통 한계굴착깊이는 인장균열깊이의 2배 정도이다.

해설 ① 한계고(H_c)의 위치

$$H_c = 2Z_0 = \frac{4c}{\gamma_t} \cdot \tan\left(45° + \frac{\phi}{2}\right)$$

$$H_c = \frac{2q_u}{\gamma_t}$$

$$H_c = \frac{c}{\gamma_t} \cdot N_s$$

② 흙의 단위중량이 증가할수록 한계굴착깊이는 감소한다.

90 중심간격이 2.0m, 지름 40cm인 말뚝을 가로 4개, 세로 5개씩 전체 20개의 말뚝을 박았다. 말뚝 한 개의 허용지지력이 15ton이라면 이 군항의 허용지지력은 약 얼마인가? (단, 군말뚝의 효율은 Converse-Labarre 공식을 사용)

① 450.0t ② 300.0t
③ 241.5t ④ 114.5t

해설 ① ϕ각

$$\phi = \tan^{-1}\frac{D}{S} = \tan^{-1}\frac{0.4}{2.0} = 11.31°$$

② 효율(Converse-Labarre 공식)

$$E = 1 - \frac{\phi}{90} \cdot \left[\frac{(m-1) \cdot n + (n-1) \cdot m}{m \cdot n}\right]$$

$$= 1 - \frac{11.31}{90} \times \left[\frac{(4-1) \times 5 + (5-1) \times 4}{4 \times 5}\right]$$

$$= 0.805$$

③ 군항의 허용지지력(Q_{ag})

$$Q_{ag} = E \cdot N \cdot Q_a = 0.805 \times 20 \times 15 = 241.5\text{t}$$

91 연속 기초에 대한 Terzaghi의 극한지지력 공식은 $q_u = c \cdot N_c + 0.5 \cdot \gamma_1 \cdot B \cdot N_\gamma + \gamma_2 \cdot D_f \cdot N_q$로 나타낼 수 있다. 아래 그림과 같은 경우 극한지지력 공식의 두 번째 항의 단위중량 γ_1의 값은?

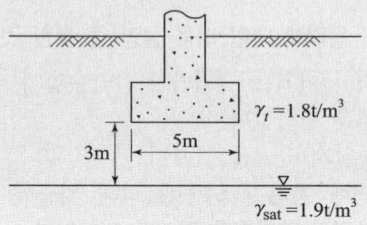

① 1.44t/m³ ② 1.60t/m³
③ 1.74t/m³ ④ 1.82t/m³

해설 두 번째 항의 단위중량(γ_1)
지하수위가 기초 저면보다 밑에 위치한 D < B인 경우

$$\gamma_1 = \gamma_{sub} + \frac{D}{B} \cdot (\gamma_t - \gamma_{sub})$$

$$= 0.9 + \frac{3}{5} \times (1.8 - 0.9) = 1.44\text{t/m}^3$$

해답 88. ② 89. ② 90. ③ 91. ①

92 흙의 다짐에 관한 설명 중 옳지 않은 것은?

① 조립토는 세립토보다 최적함수비가 작다.
② 최대 건조단위중량이 큰 흙일수록 최적함수비는 작은 것이 보통이다.
③ 점성토 지반을 다질 때는 진동 로울러로 다지는 것이 유리하다.
④ 일반적으로 다짐 에너지를 크게 할수록 최대 건조단위중량은 커지고 최적함수비는 줄어든다.

해설 현장 다짐기계
① 사질토 : 진동 롤러(vibratory roller)
② 점성토 : 탬핑 롤러(tamping roller), 양족 롤러(sheeps foot roller)

93 표준관입시험에 관한 설명 중 옳지 않은 것은?

① 표준관입시험의 N값으로 모래지반의 상대밀도를 추정할 수 있다.
② N값으로 점토지반의 연경도에 관한 추정이 가능하다.
③ 지층의 변화를 판단할 수 있는 시료를 얻을 수 있다.
④ 모래지반에 대해서도 흐트러지지 않은 시료 얻을 수 있다.

해설
1) 표준관입 시험(SPT)의 목적
   ① 현장 지반의 강도를 추정(N 값)
   ② 흐트러진 시료 채취
2) 표준관입 시험으로 흐트러지지 않은 시료를 얻을 수 없다.

94 유선망은 이론상 정사각형으로 이루어진다. 동수경사가 가장 큰 곳은?

① 어느 곳이나 동일함
② 땅속 제일 깊은 곳
③ 정사각형이 가장 큰 곳
④ 정사각형이 가장 작은 곳

해설 ① 인접한 두 등수두선 사이의 동수경사는 두 등수두선의 간격에 반비례한다.
$v = K \cdot i = K \cdot \dfrac{h}{L}$
즉, 이동경로의 거리에 반비례한다.
② 동수경사가 가장 큰 곳은 사각형이 가장 작은 곳이다.

95 아래 그림과 같은 점성토 지반의 토질시험결과 내부 마찰각(ϕ)은 30°, 점착력(c)은 $1.5 t/m^2$일 때 A점의 전단강도는?

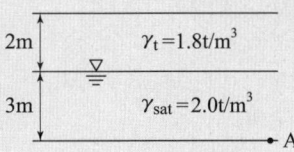

① $3.84 t/m^2$
② $4.27 t/m^2$
③ $4.83 t/m^2$
④ $5.31 t/m^2$

해설 ① A점의 유효응력(σ')
$\sigma' = \gamma_t \times H_1 + \gamma_{sub} \times H_2 = 1.8 \times 2 + (2.0 - 1.0) \times 3$
$= 6.6 t/m^2$
② 흙의 전단강도(τ)
$\tau = c' + \sigma' \cdot \tan\phi' = 1.5 + 6.6 \times \tan 30°$
$= 5.31 t/m^2$

96 침투유량(q) 및 B점에서의 간극수압(u_B)을 구한 값으로 옳은 것은? (단, 투수층의 투수계수는 3×10^{-1} cm/sec이다.)

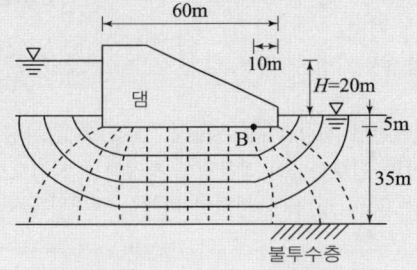

① $q = 100 cm^3/sec/cm$, $u_B = 0.5 kg/cm^2$
② $q = 100 cm^3/sec/cm$, $u_B = 1.0 kg/cm^2$
③ $q = 200 cm^3/sec/cm$, $u_B = 0.5 kg/cm^2$
④ $q = 200 cm^3/sec/cm$, $u_B = 1.0 kg/cm^2$

해설 1) 침투유량(q)
① 유선의 수는 5개이면, 유로의 수는 4개이다.
② 상, 하류면은 등수두선이므로 등수두면의 수는 13개이며, 등수두면의 수는 12개이다.
③ 침투수량(폭 1cm 당 침투량)
㉮ 수두차 $H = 20m = 2,000 cm$
㉯ $q = K \cdot H \cdot \dfrac{N_f}{N_d} = (3 \times 10^{-1}) \times 2,000 \times \left(\dfrac{4}{12}\right)$
$= 200 cm^3/sec/cm$

해답 92. ③ 93. ④ 94. ④ 95. ④ 96. ④

2) 간극수압(u_B)

① 임의의 점에서의 전수두(h_t)
$$h_t = \frac{n_d}{N_d} \cdot H = \frac{3}{12} \times 20 = 5\text{m}$$

② 위치수두(h_e)
$$h_e = -5\text{m}$$

③ 압력수두(h_p)
$$h_p = h_t - h_e = 5 - (-5) = 10\text{m}$$

④ 간극수압(u_B)
$$u_B = \gamma_w \cdot h_p = 1 \times 10 = 10\text{t/m}^2 = 1.0\text{kg/cm}^2$$

97 베인전단시험(vane shear test)에 대한 설명으로 옳지 않은 것은?
① 베인전단시험으로부터 흙의 내부마찰각을 측정할 수 있다.
② 현장 원위치 시험의 일종으로 점토의 비배수전단강도를 구할 수 있다.
③ 십자형의 베인(vane)을 땅속에 압입한 후, 회전모멘트를 가해서 흙이 원통형으로 전단파괴될 때 저항모멘트를 구함으로써 비배수 전단강도를 측정하게 된다.
④ 연약점토지반에 적용된다.

해설 베인전단 시험(Vane Shear Test)은 깊이 10m 미만의 연약한 점토지반의 점착력을 측정하는 시험으로 회전저항모멘트(kg·cm)를 측정하여 비배수 점착력을 측정한다.

98 정규압밀점토에 대하여 구속응력 1kg/cm²로 압밀배수 시험한 결과 파괴 시 축차응력이 2kg/cm²이었다. 이 흙의 내부마찰각은?
① 20°   ② 25°
③ 30°   ④ 40°

해설 내부마찰각(ϕ)
△ABC에서 $\sin\phi = \frac{1}{2}$
$\phi = \sin^{-1}\left(\frac{1}{2}\right) = 30°$

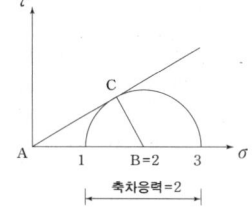
축차응력=2

99 사질토 지반에서 직경 30cm의 평판재하시험 결과 30t/m²의 압력이 작용할 때 침하량이 10mm라면, 직경 1.5m의 실제 기초에 30t/m²의 하중이 작용할 때 침하량의 크기는?
① 14mm   ② 25mm
③ 28mm   ④ 35mm

해설 기초의 침하량($S_{(기초)}$)
$$S_{(기초)} = S_{(재하)} \cdot \left[\frac{2B_{(기초)}}{B_{(기초)} + B_{(재하)}}\right]^2$$
$$= 10 \times \left[\frac{2 \times 1.5}{1.5 + 0.3}\right]^2 = 27.78\text{mm}$$

100 아래의 표와 같은 조건에서 군지수는?

- 흙의 액성한계 : 49%
- 흙의 소성지수 : 25%
- 10번체 통과율 : 96%
- 40번체 통과율 : 89%
- 200번체 통과율 : 70%

① 9   ② 12
③ 15   ④ 18

해설 ① a값
a = No.200체 통과율 - 35 = 70 - 35 = 35
② b값
b = No.200체 통과율 - 15 = 70 - 15 = 55
(b : 0~40의 상수)
따라서, b = 40
③ c값
c = 액성한계 - 40 = 49 - 40 = 9
④ d값
d = 소성지수 - 10 = 25 - 10 = 15
⑤ 군지수(GI)
$GI = 0.2a + 0.005ac + 0.01bd$
$= 0.2 \times 35 + 0.005 \times 35 \times 9 + 0.01 \times 40 \times 15$
$= 14.58$
군지수(GI) 값은 가장 가까운 정수로 반올림하므로 군지수(GI)는 15이다.

해답 97. ① 98. ③ 99. ③ 100. ③

상하수도공학

101 하수도시설에서 펌프장시설의 계획하수량과 설치대수에 대한 설명으로 옳지 않은 것은?

① 오수펌프의 용량은 분류식의 경우, 계획시간 최대오수량으로 계획한다.
② 펌프의 설치대수는 계획오수량과 계획우수량에 대하여 각 2대 이하를 표준으로 한다.
③ 합류식의 경우, 오수펌프의 용량은 우천 시 계획오수량으로 계획한다.
④ 빗물펌프는 예비기를 설치하지 않는 것을 원칙으로 하지만, 필요에 따라 설치를 검토한다.

해설 펌프장시설
① 오수펌프
  - 분류식 : 계획시간 최대오수량을 기준으로 결정
  - 합류식 : 우천 시 계획오수량을 기준으로 결정
② 펌프의 설치 대수 : 펌프의 설치 대수는 계획하수량에 따라 다르다.

오수펌프		우수펌프	
계획오수량 (m³/sec)	설치대수	계획우수량 (m³/sec)	설치대수
0.5 이하	2~4(예비 1대 포함)	3 이하	2~3
0.5~1.5	3~5(예비 1대 포함)	3~5	3~4
1.5 이상	4~6(예비 1대 포함)	5~10	4~6

102 지하수를 취수하기 위한 시설이 아닌 것은?

① 취수틀   ② 집수매거
③ 얕은 우물 ④ 깊은 우물

해설 지하수 취수시설
① 자유수면 지하수(비피압지하수)취수 : 얕은 우물, 깊은 우물
② 피압지하수 취수 : 굴정호
③ 복류수 취수 : 집수매거
④ 취수틀 : 호소 및 저수지수 취수시설

103 상수 취수시설인 집수매거에 관한 설명으로 틀린 것은?

① 철근콘크리트조의 유공관 또는 권선형 스크린관을 표준으로 한다.
② 집수매거의 경사는 수평 또는 흐름방향으로 향하여 완경사로 설치한다.
③ 집수매거의 유출단에서 매거내의 평균유속은 3m/s 이상으로 한다.
④ 집수매거는 가능한 직접 지표수의 영향을 받지 않도록 매설깊이는 5m 이상으로 하는 것이 바람직하다.

해설 집수매거
① 집수매거 : 복류수 취수시설
② 매거내의 평균유속 : 집수매거 유출단에서 1m/sec 이하

104 BOD가 200mg/L인 하수를 1,000m³의 유효용량을 가진 포기조로 처리할 경우 유량이 20,000m³/day이면 BOD 용적부하량은?

① 2.0kg/m³ · day   ② 4.0kg/m³ · day
③ 5.0kg/m³ · day   ④ 8.0kg/m³ · day

해설 BOD용적부하
① BOD 농도 = $\frac{200mg}{l} \times \frac{1,000}{1,000} = \frac{0.2kg}{m^3}$
② 하수량 : 20,000m³/day
③ 포기조 부피(V) : 1,000m³
④ BOD 용적부하 = $\frac{BOD농도 \times Q}{V} = \frac{0.2 \times 20,000}{1,000}$
  = 4kg/m³ · day

105 급수관의 배관에 대한 설비기준으로 옳지 않은 것은?

① 급수관을 부설하고 되메우기를 할 때에는 양질토 또는 모래를 사용하여 적절하게 다짐한다.
② 동결이나 결로의 우려가 있는 급수장치의 노출부에 대해서는 적절한 방한 장치가 필요하다.
③ 급수관의 부설은 가능한 한 배수관에서 분기하여 수도미터 보호통까지 직선으로 배관한다.
④ 급수관을 지하층에 배관할 경우에는 가급적 지수밸브와 역류방지장치를 설치하지 않는다.

해답 101. ② 102. ① 103. ③ 104. ② 105. ④

2017년 과년도출제문제

해설 급수관의 배관
① 급수관을 지하층 또는 2층 이상에 배관할 경우에는 각 층마다 지수밸브와 함께 진공파괴기 등의 역류방지밸브를 설치해서 보수나 개조공사 등에 대비해야 한다.
② 급수관을 공공도로에 부설하는 경우 다른 매설물과의 간격은 30cm 이상 확보한다.

106 ★★★ 상수도의 펌프설비에서 캐비테이션(공동현상)의 대책에 대한 설명으로 옳은 것은?
① 펌프의 설치위치를 높게 한다.
② 펌프의 회전속도를 낮게 선정한다.
③ 펌프를 운전할 때 흡입측 밸브를 완전히 개방하지 않도록 한다.
④ 동일한 토출량과 회전속도이면 한쪽흡입펌프가 양쪽흡입펌프보다 유리하다.

해설 펌프 공동현상의 대책
① 펌프의 설치위치를 낮춘다.
② 펌프의 회전속도를 낮게 한다.
③ 펌프 운전 시 흡입측 밸브를 완전히 개방하여야 한다.
④ 동일한 토출량과 회전속도이면 양쪽흡입펌프가 한쪽흡입펌프보다 유리하다.

107 ★★ 고도정수처리 단위 공정 중 하나인 오존처리에 관한 설명으로 옳지 않은 것은?
① 오존은 철·망간의 산화능력이 크다.
② 오존의 산화력은 염소보다 훨씬 강하다.
③ 유기물의 생분해성을 증가시킨다.
④ 오존의 잔류성이 우수하므로 염소의 대체 소독제로 쓰인다.

해설 오존처리
① 오존살균은 염소살균에 비해 잔류성이 약하다.
② 살균효과의 지속성이 없다.

108 ★★★ 하수도시설기준에 의한 관거별 계획하수량에 대한 설명으로 틀린 것은?
① 오수관거에서는 계획1일최대오수량으로 한다.
② 우수관거에서는 계획우수량으로 한다.
③ 합류식 관거에서는 계획시간최대오수량에 계획우수량을 합한 것으로 한다.
④ 차집관거에서는 우천 시 계획오수량으로 한다.

해설 관거별 계획하수량
오수관거 : 계획시간 최대오수량을 기준으로 계획한다.

109 ★★★ 강우강도 $I = \dfrac{3,500}{t(분)+10}$ (mm/hr), 유입시간 7분, 유출계수 $C=0.7$, 유역면적 2.0km², 관내유속이 1m/s인 경우 관의 길이 500m인 하수관에서 흘러나오는 우수량은?
① 35.8m³/s
② 45.7m³/s
③ 48.9m³/s
④ 53.7m³/s

해설 계획우수량
① 유달시간 = 유입시간 + 유하시간
$= 7분 + \dfrac{500}{1\times 60}분$
$= 15.33분$
② 강우강도 $I = \dfrac{3500}{15.33+10} = 138.18\text{mm}$
③ 우수량(Q)
$Q = \dfrac{1}{3.6}CIA$
$= \dfrac{1}{3.6}\times 0.7 \times 138.18 \times 2 = 53.74\text{m}^3/\text{sec}$

110 ★★★ 하수의 처리방법 중 생물막법에 해당되는 것은?
① 산화구법
② 심층포기법
③ 회전원판법
④ 순산소활성슬러지법

해설 생물막법
① 생물막법 : 회전원판법, 살수여상법 등.
② 부유생물법 : 활성슬러지법, 활성슬러지 변법(산화구법, 수정식 폭기법, 심층폭기법 등)

해답 106. ② 107. ④ 108. ① 109. ④ 110. ③

111 저수지를 수원으로 하는 원수에서 맛과 냄새를 유발할 경우 기존 정수장에서 취할 수 있는 가장 바람직한 조치는?
① 적정위치에 활성탄 투여
② 취수탑 부근에 펜스설치
③ 침사지에 모래제거
④ 응집제의 다량주입

해설 맛·냄새 제거법
활성탄처리, 염소처리, 폭기 법, 오존처리 및 생물처리 등

112 우수조정지에 대한 설명으로 틀린 것은?
① 하류관거의 유하능력이 부족한 곳에 설치한다.
② 하류지역의 펌프장 능력이 부족한 곳에 설치한다.
③ 우수의 방류방식은 펌프가압식을 원칙으로 한다.
④ 구조형식은 댐식, 굴착식 및 지하식으로 한다.

해설 우수조정지
우수의 방류방식은 자연유하식을 원칙으로 한다.

113 오수 및 우수의 배제방식인 분류식과 합류식에 대한 설명으로 틀린 것은?
① 합류식은 관의 단면적이 크기 때문에 폐쇄의 염려가 적다.
② 합류식은 일정량 이상이 되면 우천 시 오수가 월류할 수 있다.
③ 분류식은 2계통을 건설하는 경우, 합류식에 비하여 일반적으로 관거의 부설비가 많이 든다.
④ 분류식은 별도의 시설 없이 오염도가 높은 초기 우수를 처리장으로 유입시켜 처리한다.

해설 하수배제방식
① 합류식 : 강우초기우수는 합류식관거를 통해 처리장으로 유입시켜 처리가 가능하다.
② 분류식 : 강우의 초기우수는 우수관을 통하여 하천으로 방류되므로 처리가 불가능하다.

114 하천수의 5일간 BOD(BOD_5)에서 주로 측정되는 것은?
① 탄소성 BOD
② 질소성 BOD
③ 산소성 BOD 및 질소성 BOD
④ 탄소성 BOD 및 산소성 BOD

해설 생물화학적 산소요구량(BOD)
① BOD_5 = BOD : 수중의 유기물질이 20℃에서 5일간 호기성 미생물의 작용으로 분해될 때 소비되는 용존산소량으로 간접적으로 표현한다.
② BOD는 탄소화합물을 호기성 조건에서 미생물에 의해 산화시키는데 필요한 산소량을 의미한다.

115 계획우수량 산정에 있어서 하수관거의 확률년수는 원칙적으로 몇 년으로 하는가?
① 2~3년
② 3~5년
③ 10~30년
④ 30~50년

해설 계획우수량 산정시 확률년수
① 계획우수량(Q)
$$Q = \frac{1}{3.6} CIA$$
② I : 유달시간에 해당하는 강우강도
③ 강우강도 확률 년수 : 10~30년

116 하수처리·재이용계획의 계획오수량에 대한 설명으로 틀린 것은?
① 계획시간최대오수량은 계획1일최대오수량의 1시간당 수량의 1.3~1.8배를 표준으로 한다.
② 계획오수량은 생활오수량, 공장폐수량 및 지하수량으로 구분할 수 있다.
③ 지하수량은 1인1일평균오수량의 5% 이하로 한다.
④ 계획 1일 평균오수량은 계획 1일 최대오수량의 70~80%를 표준으로 한다.

해설 계획오수량
지하수량은 1인 1일 최대오수량의 10~20%를 원칙으로 한다.

해답 111. ① 112. ③ 113. ④ 114. ① 115. ③ 116. ③

2017년 과년도출제문제

117 접합정(接合井 : Junction well)에 대한 설명으로 옳은 것은?

① 수로에 유입한 토사류를 침전시켜서 이를 제거하기 위한 시설
② 종류가 다른 도수관 또는 도수거의 연결 시, 도수관 또는 도수거의 수압을 조정하기 위하여 그 도중에 설치하는 시설
③ 양수장이나 배수지에서 유입수의 수위조절과 양수를 위하여 설치한 작은 우물
④ 배수지의 유입지점과 유출지점의 부근에 수질을 감시하기 위하여 설치하는 시설

해설 접합정
① 침사지 : 수로에 유입한 토사류를 침전시켜서 이를 제거하기 위한 시설
② 접합정 : 종류가 다른 도수관을 연결하거나, 또는 동수구배를 상승시키기 위해 도수관로 도중에 설치하는 저수조

118 1인1일평균급수량에 대한 일반적인 특징으로 옳지 않은 것은?

① 소도시는 대도시에 비해서 수량이 크다.
② 공업이 번성한 도시는 소도시보다 수량이 크다.
③ 기온이 높은 지방이 추운 지방보다 수량이 크다.
④ 정액급수의 수도는 계량급수의 수도보다 소비수량이 크다.

해설 1인1일 평균급수량 특징
① 대도시·공업도시가 소도시에 비해 수량이 크다.
② 기온이 높을수록, 정액급수 방식일수록 수량이 크다.
③ 생활수준이 높을수록, 수압이 클수록 수량이 크다.

119 깊이 3m, 폭(너비) 10m, 길이 50m인 어느 수평류 침전지에 1000m³/hr의 유량이 유입된다. 이상적인 침전지임을 가정할 때, 표면부하율은?

① 0.5m/hr   ② 1.0m/hr
③ 2.0m/hr   ④ 2.5m/hr

해설 표면부하율 $\left(\dfrac{Q}{A}\right)$

① 표면부하율 : 침전지 단위면적에 대한 유입수량과의 비로 100% 침전되는 입자 중 가장 작은 입자의 침전속도를 의미한다.

② $\dfrac{Q}{A} = \dfrac{1,000}{10 \times 50} = \dfrac{2\text{m}^3}{\text{m}^2 \cdot \text{hr}} = \dfrac{2\text{m}}{\text{hr}}$

120 하수슬러지 소화공정에서 혐기성 소화법에 비하여 호기성 소화법의 장점이 아닌 것은?

① 유효 부산물 생성
② 상징수 수질 양호
③ 악취발생 감소
④ 운전용이

해설 유효부산물(메탄가스) 생성은 혐기성소화의 장점이다.

해답 117. ②   118. ①   119. ③   120. ①

MEMO

② 2017년 과년도출제문제

응용역학

1 그림과 같은 2경간 연속보에 등분포하중 $w=400$kg/m 가 작용할 때 전단력이 "0"이 되는 위치는 지점 A로부터 얼마의 거리(x)에 있는가?

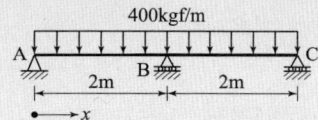

① 0.75m ② 0.85m
③ 0.95m ④ 1.05m

해설

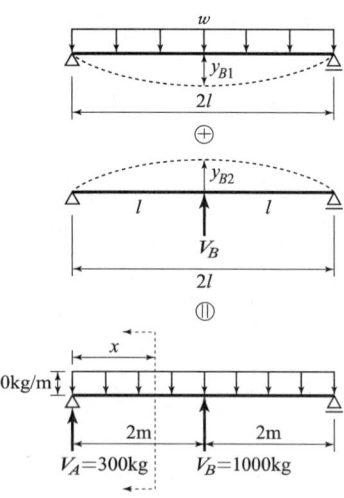

① 적합조건을 이용하여 V_B를 구한다.
$y_B = 0 \Rightarrow y_{B1} = y_{B2}$
$$\frac{5w(2\ell)^4}{384EI} = \frac{V_B(2\ell)^3}{48EI}$$
$$\therefore V_B = \frac{5w\ell}{4} = \frac{5 \times 400 \times 2}{4} = 1,000 \text{kg}$$

② 좌우대칭 하중이므로
$$V_A = \frac{(400 \times 2 \times 2) - 1,000}{2} = 300 \text{kg}$$

③ 전단력이 '0'이 되는 위치
$300 = 400 \times x$
$\therefore x = 0.75$m

2 주어진 단면의 도심을 구하면?

① $\bar{x}=16.2$mm, $\bar{y}=31.9$mm
② $\bar{x}=31.9$mm, $\bar{y}=16.2$mm
③ $\bar{x}=14.2$mm, $\bar{y}=29.9$mm
④ $\bar{x}=29.9$mm, $\bar{y}=14.2$mm

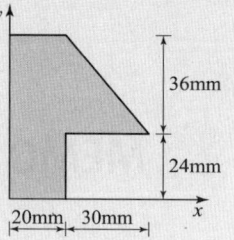

해설 (1) 사각형 단면(20×60)과 삼각형 단면($\frac{1}{2} \times 30 \times 36$)을 더한다.

(2) 도심

① $\bar{x} = \frac{G_y}{A} = \frac{(60 \times 20)(10) + \left(\frac{1}{2} \times 36 \times 30\right)(30)}{(60 \times 20) + \left(\frac{1}{2} \times 36 \times 30\right)} = 16.2$mm

② $\bar{y} = \frac{G_x}{A} = \frac{(20 \times 60)(30) + \left(\frac{1}{2} \times 30 \times 36\right)(36)}{(20 \times 60) + \left(\frac{1}{2} \times 30 \times 36\right)} = 31.9$mm

3 그림과 같은 단순보에서 B단에 모멘트 하중 M이 작용할 때 경간 AB 중에서 수직 처짐이 최대가 되는 곳의 거리 x는? (단, EI는 일정하다.)

① $x=0.500L$
② $x=0.577L$
③ $x=0.667L$
④ $x=0.750L$

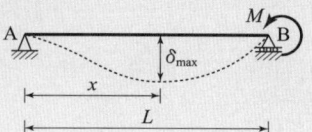

해설

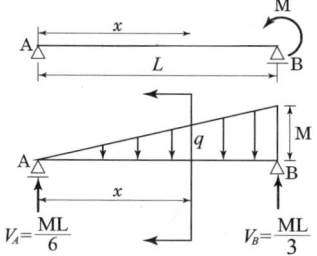

(1) $x : q = L : M$
$q = \frac{M}{L}x$

(2) $S_x = 0$인 위치에서 최대처짐 발생
$$\frac{ML}{6} = \frac{1}{2} \cdot q \cdot x$$
$$\frac{ML}{6} = \frac{1}{2}\left(\frac{M}{L}x\right) \cdot x$$
$$\therefore x = \frac{L}{\sqrt{3}} = 0.577L$$

해답 1. ① 2. ① 3. ②

4 그림과 같은 강재(steel) 구조물이 있다. AC, BC 부재의 단면적은 각각 10cm², 20cm²이고 연직하중 $P=9t$이 작용할 때 C점의 연직처짐을 구한 값은? (단, 강재의 종탄성계수는 $2.0 \times 10^6 \text{kg/cm}^2$이다.)

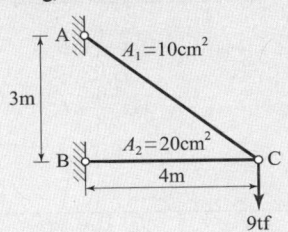

① 0.624cm   ② 0.785cm
③ 0.834cm   ④ 0.945cm

해설 (1) 가상일법의 적용 : CA 부재와 CB 부재의 축력을 두 번 산정하며, C점에 단위수직집중하중 $P=1$을 작용시키는 것이 핵심이다.

(2) 실제 역계에서 C점에 작용되는 수직하중과 같은 방향으로 가상 역계에 단위수직집중하중 $P=1$을 작용시키게 되므로 가상 역계에서 부재력을 또 다시 구할 필요가 없고 $f = \frac{1}{9} \cdot F$의 관계가 있다는 것을 관찰할 수 있다면 계산은 더욱 손쉬워질 것이다.

실제 역계(F)	가상 역계(f)
A $A_1=10\text{cm}^2$ 3m 5m $F_{CA}=15\text{tf}$ $F_{CB}=-12\text{tf}$ B $A_2=20\text{cm}^2$ C 4m ↓9tf	A $A_1=10\text{cm}^2$ 3m 5m $f_{CA}=-\frac{15}{9}$ $f_{CB}=-\frac{12}{9}$ B $A_2=20\text{cm}^2$ C 4m ↓1
① $\Sigma V = 0$: $-(9) + \left(F_{CA} \cdot \frac{3}{5}\right) = 0$ $\therefore F_{CA} = +15\text{tf}$ (인장) ② $\Sigma H = 0$: $-(F_{CB}) - \left(F_{CA} \cdot \frac{4}{5}\right) = 0$ $\therefore F_{CB} = -12\text{tf}$ (압축)	$f = \frac{1}{9} F$
$\delta_C = \frac{(15 \times 10^3)\left(\frac{15}{9}\right)}{(2.0 \times 10^6)(10)}(5 \times 10^2) + \frac{(-12 \times 10^3)\left(-\frac{12}{9}\right)}{(2.0 \times 10^6)(20)}(4 \times 10^2)$ $= 0.785\text{cm}$	

5 그림과 같은 직육면체의 윗면에 전단력 $V=540\text{kg}$이 작용하여 그림(b)와 같이 상면이 옆으로 0.6cm만큼의 변형이 발생되었다. 이 재료의 전단탄성계수(G)는 얼마인가?

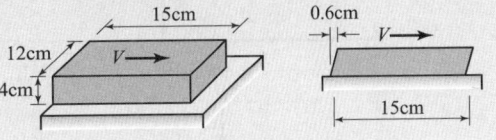

① 10kg/cm²   ② 15kg/cm²
③ 20kg/cm²   ④ 25kg/cm²

해설 후크의 법칙 : $\tau = G \cdot \gamma$에서

$$G = \frac{\tau}{\gamma} = \frac{\frac{V}{A}}{\frac{\Delta}{L}} = \frac{\frac{(540)}{(12 \times 15)}}{\frac{(0.6)}{(4)}} = 20\text{kgf/cm}^2$$

6 그림과 같이 C점이 내부힌지로 구성된 게르버보에서 B지점에 발생하는 모멘트의 크기는?

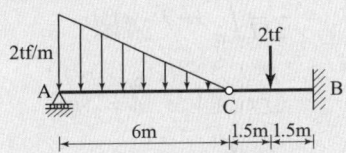

① 9t·m   ② 6t·m
③ 3t·m   ④ 1t·m

해설 (1) AC 단순보 : $V_C = +\left(\frac{1}{2} \times 6 \times 2\right)\left(\frac{1}{3}\right) = +2\text{tf}(\uparrow)$

(2) CB 캔틸레버보 :
$M_{B,Left} = +[-(2)(3) - (2)(1.5)] = -9\text{tf} \cdot \text{m}(\frown)$

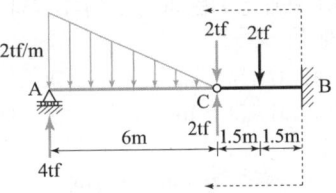

해답 4. ②   5. ③   6. ①

7 그림과 같은 2개의 캔틸레버보에 저장되는 변형에너지를 각각 $U_{(1)}$, $U_{(2)}$라고 할 때 $U_{(1)} : U_{(2)}$의 비는?

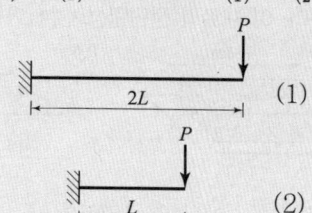

① 2 : 1
② 4 : 1
③ 8 : 1
④ 16 : 1

해설 (1) $M_x = -(P)(x) = -P \cdot x$

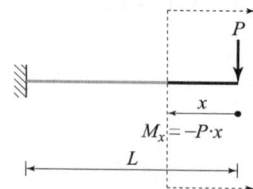

(2) $U = \int \dfrac{M_x^2}{2EI} dx$

① $U_{(1)} = \dfrac{1}{2EI} \int_0^{2L} (-P \cdot x)^2 dx$

$= \dfrac{P^2}{2EI} \left[\dfrac{x^3}{3} \right]_0^{2L} = \dfrac{8}{6} \cdot \dfrac{P^2 L^3}{EI}$

② $U_{(2)} = \dfrac{1}{2EI} \int_0^L (-P \cdot x)^2 dx$

$= \dfrac{P^2}{2EI} \left[\dfrac{x^3}{3} \right]_0^L = \dfrac{1}{6} \cdot \dfrac{P^2 L^3}{EI}$

∴ $U_{(1)} : U_{(2)} = 8 : 1$

8 지간 10m인 단순보 위를 1개의 집중하중 $P=20t$이 통과할 때 이 보에 생기는 최대 전단력 S와 최대 휨모멘트 M이 옳게 된 것은?

① $S=10t$, $M=50t \cdot m$
② $S=10t$, $M=100t \cdot m$
③ $S=20t$, $M=50t \cdot m$
④ $S=20t$, $M=100t \cdot m$

해설 (1) 집중하중 $P=20tf$가 왼쪽이든 오른쪽이든 지점 위에 위치할 때 최대전단력이 형성된다.
∴ $S = V_{\max} = 20tf$

(2) 집중하중 $P=20tf$가 보의 중앙에 위치할 때 최대휨 모멘트가 형성된다.
∴ $M = M_{\max} = \dfrac{PL}{4} = \dfrac{(20)(10)}{4} = 50 tf \cdot m$

9 아래 그림과 같은 부정정보에서 B점의 연직반력(R_B)은?

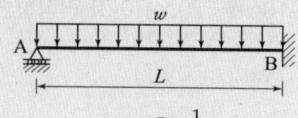

① $\dfrac{3}{8} wL$
② $\dfrac{1}{2} wL$
③ $\dfrac{5}{8} wL$
④ $\dfrac{6}{8} wL$

해설

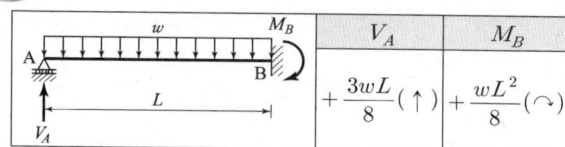

	V_A	M_B
	$+\dfrac{3wL}{8}(\uparrow)$	$+\dfrac{wL^2}{8}(\curvearrowleft)$

$\sum V = 0 : +(V_A) + (V_B) - (w \cdot L) = 0$

∴ $V_B = +\dfrac{5wL}{8}(\uparrow)$

10 장주의 탄성좌굴하중(Elastic buckling Load) P_{cr}은 아래의 표와 같다. 기둥의 각 지지조건에 따른 n의 값으로 틀린 것은? (단, E : 탄성계수, I : 단면 2차 모멘트, l : 기둥의 높이)

$$\dfrac{n\pi^2 EI}{l^2}$$

① 양단힌지 : $n = 1$
② 양단고정 : $n = 4$
③ 일단고정 타단자유 : $n = 1/4$
④ 일단고정 타단힌지 : $n = 1/2$

해설 ④ $n = \dfrac{1}{(0.7)^2} = 2.04082 ≒ 2$

11 다음 중 정(+)의 값 뿐만 아니라 부(-)의 값도 갖는 것은?

① 단면계수
② 단면2차모멘트
③ 단면2차반경
④ 단면상승모멘트

해설 직교좌표의 원점과 단면의 도심이 일치하지 않을 경우 원점으로부터 도심위치가 오른쪽과 위쪽에 있을 때 (+), 왼쪽과 아래쪽에 있을 때 (-)로 좌표계산을 하여 단면상승 모멘트를 계산하게 되므로 결과값이 (-)가 될 수도 있다.

해답 7. ③ 8. ③ 9. ③ 10. ④ 11. ④

12 단면이 20cm×30cm인 압축부재가 있다. 그 길이가 2.9m일 때 이 압축부재의 세장비는 약 얼마인가?

① 33　　② 50
③ 60　　④ 100

해설 (1) 문제의 조건에서 지지단에 대한 조건이 없으므로 가장 전형적인 양단힌지 조건($K=1.0$)을 적용한다.

(2) $\lambda = \dfrac{KL}{r_{\min}} = \dfrac{KL}{\sqrt{\dfrac{I_{\min}}{A}}} = \dfrac{(1.0)(2.9 \times 10^2)}{\sqrt{\dfrac{\left(\dfrac{(30)(20)^3}{12}\right)}{(30 \times 20)}}} = 50.229$

13 그림과 같은 단면에 전단력 $V=60t$이 작용할 때 최대 전단응력은 약 얼마인가?

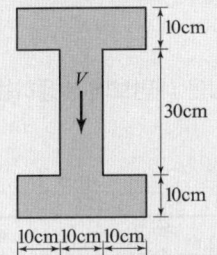

① 127kg/cm²　　② 160kg/cm²
③ 198kg/cm²　　④ 213kg/cm²

해설 (1) 전단응력 산정 제계수
① $I_x = \dfrac{1}{12}(30 \times 50^3 - 20 \times 30^3) = 267,500 \text{cm}^4$
② I형 단면의 최대 전단응력은 단면의 중앙부에서 발생한다.
∴ $b = 10$cm

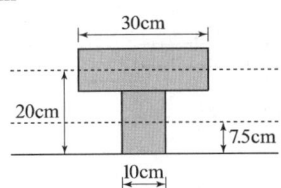

③ $V = 60\text{tf} = 60 \times 10^3 \text{kgf}$
④ $Q = (30 \times 10)(15+5) + (10 \times 15)(7.5) = 7,125 \text{cm}^3$

(2) $\tau_{\max} = \dfrac{V \cdot G}{I \cdot b}$
$= \dfrac{(60 \times 10^3)(7,125)}{(267,500)(10)} = 159.813 \text{kgf/cm}^2$

14 그림과 같이 케이블(cable)에 500kg의 추가 매달려 있다. 이 추의 중심을 수평으로 3m 이동시키기 위해 케이블 길이 5m 지점인 A점에 수평력 P를 가하고자 한다. 이때 힘 P의 크기는?

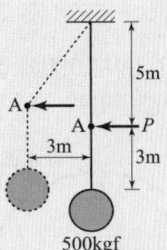

① 375kg　　② 400kg
③ 425kg　　④ 450kg

해설 (1) 추가 중심선에 위치할 때 평형이 된다.

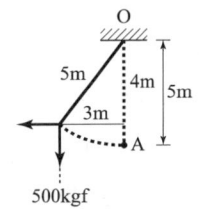

(2) $\Sigma M_O = 0 : -(500)(3) + (P)(4) = 0$
∴ $P = 375 \text{kgf}$

15 아래 그림과 같은 양단고정보에 3t/m의 등분포하중과 10t의 집중하중이 작용할 때 A점의 휨모멘트는?

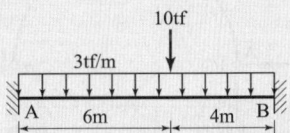

① $-31.6 \text{t} \cdot \text{m}$　　② $-32.8 \text{t} \cdot \text{m}$
③ $-34.6 \text{t} \cdot \text{m}$　　④ $-36.8 \text{t} \cdot \text{m}$

해설

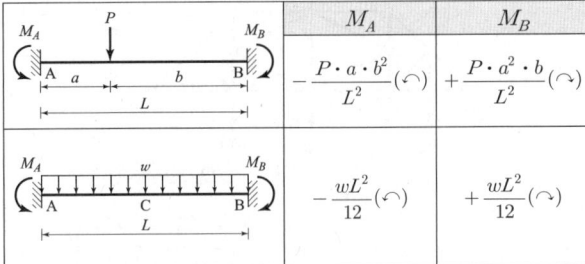

정답 12. ②　13. ②　14. ①　15. ③

(1) $M_A = -\dfrac{(10)(6)(4)^2}{(10)^2} - \dfrac{(3)(10)^2}{12}$
$= -34.6\text{tf}\cdot\text{m}(\frown)$

(2) $M_{A,Left} = +[-(34.6)] = -34.6\text{tf}\cdot\text{m}(\frown)$

★★★

16 다음 그림과 같은 3힌지 아치에 집중하중 P가 가해질 때 지점 B에서의 수평반력은?

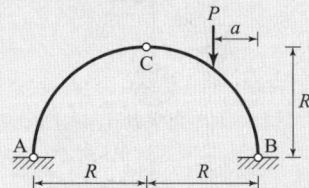

① $\dfrac{Pa}{4R}$ ② $\dfrac{P(R-a)}{2R}$

③ $\dfrac{P(R-a)}{4R}$ ④ $\dfrac{Pa}{2R}$

해설 (1) $\sum M_B = 0: +(V_A)(2R) - (P)(a) = 0$
$\therefore V_A = +\dfrac{Pa}{2R}(\uparrow)$

(2) $\sum M_{C,Left} = 0: +\left(\dfrac{Pa}{2R}\right)(R) - (H_A)(R) = 0$
$\therefore H_A = +\dfrac{Pa}{2R}(\rightarrow)$

(3) $\sum H = 0: +(H_A) + (H_B) = 0$ 이므로
$\therefore H_B = -\dfrac{Pa}{2R}(\leftarrow)$

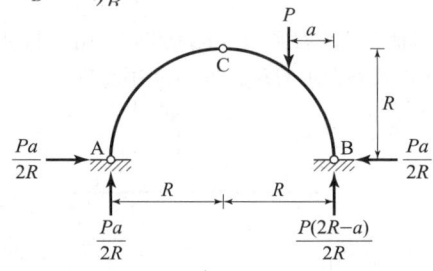

★★

17 아래 그림과 같은 트러스에서 부재 AB의 부재력은?

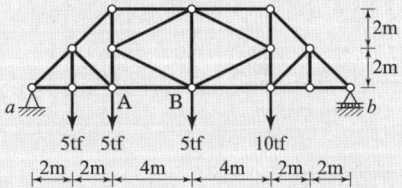

① 10.625t(인장)   ② 15.05t(인장)
③ 15.05t(압축)   ④ 10.625t(압축)

해설 (1) $\sum M_b = 0: +(V_a)(16) - (5)(14) - (5)(12)$
$- (5)(8) - (10)(4) = 0$
$\therefore V_a = +13.125\text{tf}(\uparrow)$

(2) 하현재 AB부재가 지나가도록 그림과 같이 절단하여 좌측을 고려한다.

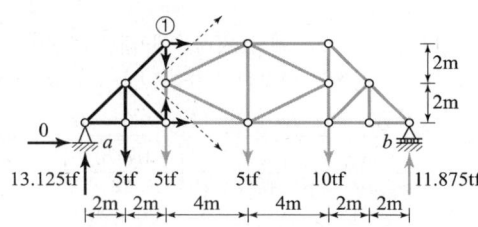

(3) $M_① = 0: +(13.125)(4) - (5)(2) - (F_{AB})(4) = 0$
$\therefore F_{AB} = +10.625\text{tf}(\text{인장})$

★★★

18 아래 그림과 같은 내민보에 발생하는 최대 휨모멘트를 구하면?

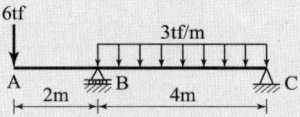

① $-8\text{t}\cdot\text{m}$ ② $-12\text{t}\cdot\text{m}$
③ $-16\text{t}\cdot\text{m}$ ④ $-20\text{t}\cdot\text{m}$

해설 (1) $\sum M_C = 0: +(V_B)(4) - (6)(6) - (3\times4)(2) = 0$
$\therefore V_B = +15\text{tf}(\uparrow) \Rightarrow \therefore V_B = +3\text{tf}(\uparrow)$

(2) 하중과 지점반력, 휨모멘트도(BMD)

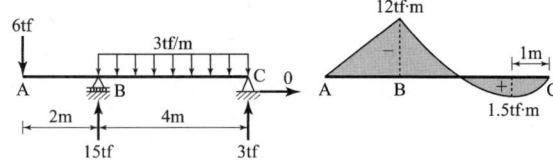

해답 16. ④ 17. ① 18. ②

19 아래 그림에서 블록 A를 뽑아내는데 필요한 힘 P는 최소 얼마 이상이어야 하는가? (단, 블록과 접촉면과의 마찰계수 $\mu = 0.3$)

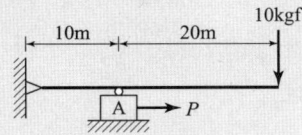

① 3kg 이상 ② 6kg 이상
③ 9kg 이상 ④ 12kg 이상

해설 (1) 수평평형이 깨지는 순간을 고려한다.
(2) 마찰력은 수직력에 비례하므로 V_A를 구하기 위해 벽체 절점에 모멘트를 취하면
$+(10)(30)-(V_A)(10)=0$
∴ $V_A = +30\,\text{kgf}(\uparrow)$
(3) 수평력 P가 수직력(V_A)와 마찰계수의 곱보다 커야 블록이 뽑힐 것이다.
∴ $P > V_A \cdot \mu = (30)(0.3) = 9\,\text{kgf}$

20 탄성계수가 E, 프와송비가 ν인 재료의 체적 탄성계수 K는?

① $K = \dfrac{E}{2(1-\nu)}$ ② $K = \dfrac{E}{2(1-2\nu)}$
③ $K = \dfrac{E}{3(1-\nu)}$ ④ $K = \dfrac{E}{3(1-2\nu)}$

해설 (1) 탄성계수 E와 전단탄성계수 G와의 관계
$G = E \cdot \dfrac{1}{2(1+\nu)}$
(2) 탄성계수 E와 체적탄성계수 K와의 관계
$K = \dfrac{E}{3(1-2\nu)}$

측량학

21 측량의 분류에 대한 설명으로 옳은 것은?

① 측량 구역이 상대적으로 협소하여 지구의 곡률을 고려하지 않아도 되는 측량을 측지측량이라 한다.
② 측량정확도에 따라 평면기준점측량과 고저기준점 측량으로 구분한다.
③ 구면 삼각법을 적용하는 측량과 평면 삼각법을 적용하는 측량과의 근본적인 차이는 삼각형의 내각의 합이다.
④ 측량법에는 기본측량과 공공측량의 두 가지로만 측량을 분류한다.

해설 ① 측량구역이 반경 11km 이내의 곡률을 고려하지 않아도 되는 좁은 지역의 측량을 평면측량이라 한다.
② 평면기준점 측량과 고저기준점 측량은 측량 순서에 따른 분류로 볼 수 있다.
③ 측량법에는 기본측량, 공공측량, 일반측량으로 분류한다.

22 수준측량에서 시준거리를 같게 함으로써 소거할 수 있는 오차에 대한 설명으로 틀린 것은?

① 기포관축과 시준선이 평행하지 않을 때 생기는 시준선 오차를 소거할 수 있다.
② 시준거리를 같게 함으로써 지구곡률오차를 소거할 수 있다.
③ 표척 시준시 초점나사를 조정할 필요가 없으므로 이로 인한 오차인 시준오차를 줄일 수 있다.
④ 표척의 눈금 부정확으로 인한 오차를 소거할 수 있다.

해설 수준측량에서 시준거리를 같게 하면 오차가 서로 상쇄되는 원리를 이용한다. 표척의 눈금 부정확은 정확한 표척을 사용한다.

23 UTM 좌표에 대한 설명으로 옳지 않은 것은?

① 중앙 자오선의 축척 계수는 0.9996이다.
② 좌표계는 경도 6°, 위도 8° 간격으로 나눈다.
③ 우리나라는 40구역(ZONE)과 43구역(ZONE)에 위치하고 있다.
④ 경도의 원점은 중앙자오선에 있으며 위도의 원점은 적도상에 있다.

해답 19. ③   20. ④   21. ③   22. ④   23. ③

2017년 과년도출제문제

해설 UTM 좌표에서 우리나라는 51, 52 종대 및 ST 횡대에 속한다.

---

24 1600m²의 정사각형 토지 면적을 0.5m²까지 정확하게 구하기 위해서 필요한 변길이의 최대 허용오차는?
① 2.25mm ② 6.25mm
③ 10.25mm ④ 12.25mm

해설 면적의 정밀도 $\left(\dfrac{dA}{A}\right)$ 와 거리정밀도 $\left(\dfrac{d\ell}{\ell}\right)$ 와의 관계

① $\ell = \sqrt{1600} = 40\text{m}$
② $\dfrac{dA}{A} = 2\left(\dfrac{d\ell}{\ell}\right)$
$\dfrac{0.5}{1600} = 2\left(\dfrac{d\ell}{40}\right)$ ∴ $d\ell = 0.00625\text{m}$

---

25 도로공사에서 거리 20m인 성토구간에 대하여 시작단면 $A_1 = 72\text{m}^2$, 끝 단면 $A_2 = 182\text{m}^2$, 중앙 단면 $A_m = 132\text{m}^2$라고 할 때 각주공식에 의한 성토량은?
① 2,540.0m³ ② 2,573.3m³
③ 2,600.0m³ ④ 2,606.7m³

해설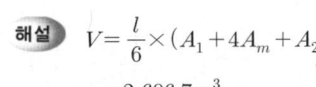
$= 2,606.7\text{m}^3$

---

26 도로 기점으로부터 교점(I.P)까지의 추가거리가 400m, 곡선 반지름 $R=200$m, 교각 $I=90°$인 원곡선을 설치할 경우, 곡선시점(B.C)은? (단, 중심말뚝거리=20m)
① No.9 ② No.9+10m
③ No.10 ④ No.10+10m

해설 ① $T.L = R \cdot \tan\dfrac{I°}{2} = 200\text{m}$
② $B.C = \sim I.P - T.L = 400 - 200 = 200\text{m}$
③ $\dfrac{200}{20} = 10$ ∴ $B.C = N_0 10$

---

27 곡선설치에서 교각 $I=60°$, 반지름 $R=150$m일 때 접선장(T.L)은?
① 100.0m ② 86.6m
③ 76.8m ④ 38.6m

해설 $T.L = R \cdot \tan\dfrac{I°}{2}$
$= 150 \times \tan\dfrac{60°}{2} = 86.6\text{m}$

---

28 수평각 관측 방법에서 그림과 같이 각을 관측하는 방법은?

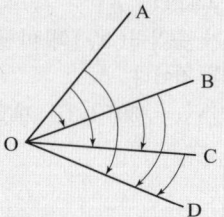

① 방향각 관측법 ② 반복 관측법
③ 배각 관측법 ④ 조합각 관측법

해설 조합각 관측법(or 각 관측법)은 수평각 관측법 중 가장 정확한 방법으로 조건식이 많아 1, 2등 삼각측량에 주로 사용한다.

---

29 수치지형도(Digital Map)에 대한 설명으로 틀린 것은?
① 우리나라는 축척 1:5000 수치 지형도를 국토기본도로 한다.
② 주로 필지정보와 표고자료, 수계정보 등을 얻을 수 있다.
③ 일반적으로 항공사진측량에 의해 구축된다.
④ 축척별 포함 사항이 다르다.

해설 필지정보는 지적측량의 결과인 지적도에서 얻을 수 있다.

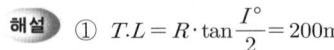

30 수준측량의 야장기입방법 중 가장 간단한 방법으로 전시(B.S.)와 후시(F.S.)만 있으면 되는 방법은?
① 고차식 ② 교호식
③ 기고식 ④ 승강식

해설 수준측량의 야장 기입법
① 고차식 : 단지 두 점 사이의 높이를 구할 때 사용하며 전시와 후시만 있다.
② 기고식 : 기계의 높이를 기준으로 지반고를 구하는 방식으로 중간점이 많을 때 편리하다.
③ 승강식 : 가장 정밀한 야장 기입법

31 수면으로부터 수심의 $\frac{2}{10}, \frac{4}{10}, \frac{6}{10}, \frac{8}{10}$인 곳에서 유속을 측정한 결과가 각각 1.2m/s, 1.0m/s, 0.7m/s, 0.3m/s이었다면 평균 유속은? (단, 4점법 이용)
① 1.095m/s ② 1.005m/s
③ 0.895m/s ④ 0.775m/s

해설 $V_m = \frac{1}{5}\left\{(V_{0.2} + V_{0.4} + V_{0.6} + V_{0.8}) + \frac{1}{2}\left(V_{0.2} + \frac{V_{0.8}}{2}\right)\right\}$
$= 0.775 \text{m/s}$

32 삼각망 조정에 관한 설명으로 옳지 않은 것은?
① 임의 한 변의 길이는 계산경로에 따라 달라질 수 있다.
② 검기선은 측정한 길이와 계산된 길이가 동일하다.
③ 1점 주위에 있는 각의 합은 360°이다.
④ 삼각형의 내각의 합은 180°이다.

해설 삼각망 조정에서 임의의 한 변의 길이는 어떤 경로로 계산하든 일정하다. (변조건)

33 삭제문제
출제기준 변경으로 인해 삭제됨

34 클로소이드 곡선(clothoid curve)에 대한 설명으로 옳지 않은 것은?
① 고속도로에 널리 이용된다.
② 곡률이 곡선의 길이에 비례한다.
③ 완화곡선(緩和曲線)의 일종이다.
④ 클로소이드 요소는 모두 단위를 갖지 않는다.

해설 클로소이드 요소는 길이의 단위를 갖는 것과 단위를 갖지 않는 것이 있다.

35 삭제문제
출제기준 변경으로 인해 삭제됨

36 측점 A에 각관측 장비를 세우고 50m 떨어져 있는 측점 B를 시준하여 각을 관측할 때, 측선 AB에 직각방향으로 3cm의 오차가 있었다면 이로 인한 각관측 오차는?
① 0°1′13″ ② 0°1′22″
③ 0°2′04″ ④ 0°2′45″

해설 $\frac{\Delta \ell}{\ell} = \frac{\varepsilon''}{\rho''}$ 에서
$\varepsilon'' = 206,265'' \times \frac{0.03}{50}$
$= 123.8'' = 0°2'4''$

37 직접법으로 등고선을 측정하기 위하여 A점에 레벨을 세우고 기계고 1.5m를 얻었다. 70m 등고선 상의 P점을 구하기 위한 표척(staff)의 관측값은? (단, A점 표고는 71.6m이다.)
① 1.0m ② 2.3m
③ 3.1m ④ 3.8m

해설 $H_A + i - z = 70$
$\therefore z = 71.6 + 1.5 - 70 = 3.1\text{m}$

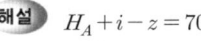

해답 30. ① 31. ④ 32. ① 33. 삭제문제 34. ④ 35. 삭제문제 36. ③ 37. ③

2017년 과년도출제문제

38 하천에서 수애선 결정에 관계되는 수위는?
① 갈수위(DWL)
② 최저수위(HWL)
③ 평균최저수위(NLWL)
④ 평수위(OWL)

해설 평수위
어떤 기간에 있어서의 수위 중 이것보다 높은 수위와 낮은 수위의 관측 회수가 똑같은 수위를 말한다. 수애선은 평수위 일때의 물가선이다.

39 20m 줄자로 두 지점의 거리를 측정한 결과가 320m이었다. 1회 측정마다 ±3mm의 우연오차가 발생한다면 두 지점 간의 우연오차는?
① ±12mm
② ±14mm
③ ±24mm
④ ±48mm

해설 우연오차는 측정회수의 제곱근에 비례
$E = \pm E_a \cdot \sqrt{n}$
$= \pm 3 \times \sqrt{\dfrac{320}{20}} = \pm 12\,mm$

40 시가지에서 5개의 측점으로 폐합 트래버스를 구성하여 내각을 측정한 결과, 각관측 오차가 30″이었다. 각관측의 경중률이 동일할 때 각오차의 처리방법은? (단, 시가지의 허용오차 범위= $20''\sqrt{n} \sim 30''\sqrt{n}$)
① 재측량한다.
② 각의 크기에 관계없이 등배분한다.
③ 각의 크기에 비례하여 배분한다.
④ 각의 크기에 반비례하여 배분한다.

해설 ① 허용오차 범위
$E = 20''\sqrt{5} \sim 30''\sqrt{5}$
$= 44.7'' \sim 67''$
② ∴ 허용범위 이내이므로 모든 각에 등배분(경중율 같으므로) 한다.

수리학 및 수문학

41 삼각위어에서 수두를 H라 할 때 위어를 통해 흐르는 유량 Q와 비례하는 것은?
① $H^{-1/2}$
② $H^{1/2}$
③ $H^{3/2}$
④ $H^{5/2}$

해설 $Q = \dfrac{8}{15} C \tan\dfrac{\theta}{2} \sqrt{2g}\, H^{\frac{5}{2}}$

42 도수(hydraulic jump)에 대한 설명으로 옳은 것은?
① 수문을 급히 개방할 경우 하류로 전파되는 흐름
② 유속이 파의 전파속도보다 작은 흐름
③ 상류에서 사류로 변할 때 발생하는 현상
④ Froude수가 1보다 큰 흐름에서 1보다 작아질 때 발생하는 현상

해설 도수는 사류인 흐름이 상류로 변할 때 에너지 급감쇠로 발생하는 현상. 즉, $Fr > 1$인 것이 $Fr < 1$ 일 때 발생

43 어떤 계속된 호우에 있어서 총유효우량 $\sum R_e$(mm), 직접유출의 총량 $\sum Q_e$(m³), 유역면적 A(km²) 사이에 성립하는 식은?
① $\sum R_e = A \times \sum Q_e$
② $\sum R_e = \dfrac{10^3 \times A}{\sum Q_e}$
③ $\sum R_e = 10^3 \times A \times \sum Q_e$
④ $\sum R_e = \dfrac{\sum Q_e}{10^3 \times A}$

해설 직접유출의 총량=총유효우량×유역면적
$Q_e(\text{m}^3) = R_e(10^{-3}\text{m}) \times A(1{,}000\text{m})^2$
$R_e = \dfrac{Q_e}{10^3 \cdot A}$

해답 38. ④ 39. ① 40. ② 41. ④ 42. ④ 43. ④

44 DAD 해석에 관계되는 요소로 짝지어진 것은?
① 강우깊이, 면적, 지속기간
② 적설량, 분포면적, 적설일수
③ 수심, 하천 단면적, 홍수기간
④ 강우량, 유수단면적, 최대수심

해설 DAD 해석 요소는 강우깊이, 유역면적, 강우의 지속시간이다.

45 그림과 같이 원형관 중심에서 V의 유속으로 물이 흐르는 경우에 대한 설명으로 틀린 것은? (단, 흐름은 층류로 가정한다.)

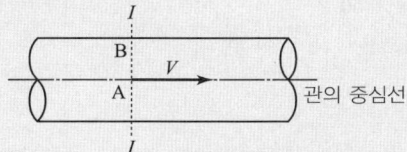

① A점에서의 유속은 단면 평균유속의 2배다.
② A점에서의 마찰력은 V^2에 비례한다.
③ A점에서 B점으로 갈수록 마찰력은 커진다.
④ 유속은 A점에서 최대인 포물선 분포를 한다.

해설 관중심에서의 마찰력은 0이다.

46 두 개의 수평한 판이 5mm 간격으로 놓여 있고, 점성계수 0.01N·s/cm²인 유체로 채워져 있다. 하나의 판을 고정시키고 다른 하나의 판을 2m/s로 움직일 때 유체 내에서 발생되는 전단응력은?
① 1N/cm²   ② 2N/cm²
③ 3N/cm²   ④ 4N/cm²

해설 $\tau = \mu \cdot \dfrac{dV}{dy}$
$= 0.01 \times \dfrac{200}{0.5} = 4\text{N/cm}^2$

47 관내의 손실수두(h_L)와 유량(Q)과의 관계로 옳은 것은? (단, Darcy-Weisbach 공식을 사용)
① $h_L \propto Q$ ② $h_L \propto Q^{1.85}$
③ $h_L \propto Q^2$ ④ $h_L \propto Q^{2.5}$

해설 $h_L = f \dfrac{\ell}{D} \cdot \dfrac{V^2}{2g}$
$V = \dfrac{Q}{A}$ 이므로
$h_L = f \dfrac{\ell}{D} \cdot \dfrac{1}{2g} \times \left(\dfrac{Q}{A}\right)^2$
∴ $h_L \propto Q^2$

48 유역의 평균 폭 B, 유역면적 A, 본류의 유로연장 L인 유역의 형상을 양적으로 표시하기 위한 유역형상계수는?
① $\dfrac{A}{L}$ ② $\dfrac{A}{L^2}$
③ $\dfrac{B}{L}$ ④ $\dfrac{B}{L^2}$

해설 하상계수(F)
① $F = \dfrac{A}{L^2}$
② F가 크면 유로연장에 비해서 폭이 넓은 유역으로 유하시간이 짧고 최대유량은 크다.

49 지하수 흐름과 관련된 Dupuit의 공식으로 옳은 것은? (단, q=단위폭당의 유량, l=침윤선 길이, k=투수계수)
① $q = \dfrac{k}{2l}(h_1^2 - h_2^2)$ ② $q = \dfrac{k}{2l}(h_1^2 + h_2^2)$
③ $q = \dfrac{k}{l}(h_1^{\frac{3}{2}} - h_2^{\frac{3}{2}})$ ④ $q = \dfrac{k}{l}(h_1^{\frac{3}{2}} + h_2^{\frac{3}{2}})$

해설 Dupuit 유량공식
$q = \dfrac{k}{2l}(h_1^2 - h_2^2)$

해답 44. ① 45. ② 46. ④ 47. ③ 48. ② 49. ①

50 강우자료의 변화요소가 발생한 과거의 기록치를 보정하기 위하여 전반적인 자료의 일관성을 조사하려고 할 때, 사용할 수 있는 가장 적절한 방법은?
① 정상연강수량비율법
② Thiessen의 가중법
③ 이중누가우량분석
④ DAD분석

해설 강우자료의 일관성을 조사하는 방법은 이중누가우량분석

51 수면폭이 1.2m인 V형 삼각 수로에서 2.8m³/s의 유량이 0.9m 수심으로 흐른다면 이때의 비에너지는? (단, 에너지보정계수 $\alpha = 1$로 가정한다.)

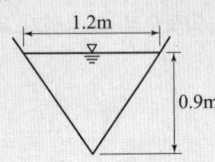

① 0.9m
② 1.14m
③ 1.84m
④ 2.27m

해설 $h_e = h + \dfrac{\alpha V^2}{2g}$

$V = \dfrac{Q}{A} = \dfrac{2.8}{1.2 \times 0.9 / 2} = 5.2$

$h_e = 0.9 + \dfrac{1 \times 5.2^2}{2 \times 9.8} = 2.28\text{m}$

52 층류영역에서 사용 가능한 마찰손실계수의 산정식은? (단, Re : Reynolds수)
① $\dfrac{1}{Re}$
② $\dfrac{4}{Re}$
③ $\dfrac{24}{Re}$
④ $\dfrac{64}{Re}$

해설 층류에서 $f = \dfrac{64}{Re}$

53 수심 10.0m에서 파속(C_1)이 50.0m/s인 파랑이 입사각(β_1) 30°로 들어올 때, 수심 8.0m에서 굴절된 파랑의 입사각(β_2)은? (단, 수심 8.0m에서 파랑의 파속(C_2) = 40.0m/s)

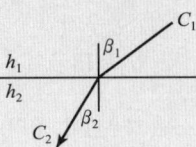

① 20.58°
② 23.58°
③ 38.68°
④ 46.15°

해설 $\dfrac{\sin(굴절각)}{\sin(입사각)} = \dfrac{굴절파속}{입사파속}$

$\dfrac{\sin(\beta_2)}{\sin(\beta_1)} = \dfrac{C_2}{C_1}$

$\dfrac{\sin \beta_2}{\sin 30} = \dfrac{40}{50}$

$\sin \beta_2 = 0.4, \ \beta_2 = 23.58°$

54 벤츄리미터(Venturi meter)의 일반적인 용도로 옳은 것은?
① 수심 측정
② 압력 측정
③ 유속 측정
④ 단면 측정

해설 벤츄리미터는 유량 측정, 유속 측정 기구이다.

55 단면적 20cm²인 원형 오리피스(orifice)가 수면에서 3m의 깊이에 있을 때, 유출수의 유량은? (단, 유량계수는 0.6이라 한다.)
① 0.0014m³/s
② 0.0092m³/s
③ 0.0119m³/s
④ 0.1524m³/s

해설 $Q = CAV$
$= 0.6 \times 20 \times \sqrt{2 \times 980 \times 300}$
$= 9200 \text{cm}^3/\text{sec}$
$= 0.0092 \text{m}^3/\text{sec}$

해답 50. ③ 51. ④ 52. ④ 53. ② 54. ③ 55. ②

56 그림과 같은 관로의 흐름에 대한 설명으로 옳지 않은 것은? (단, h_1, h_2는 위치 1, 2에서의 수두, h_{LA}, h_{LB}는 각각 관로 A 및 B에서의 손실수두이다.)

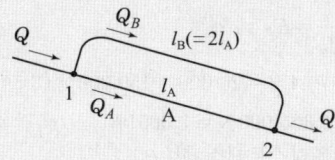

① $h_{LA} = h_{LB}$
② $Q = Q_A + Q_B$
③ $Q_A = Q_B$
④ $h_2 = h_1 - h_{LA}$

해설) A, B는 관로의 길이가 다르므로 $Q_A \neq Q_B$이다.

★★★
57 1시간 간격의 강우량이 15.2mm, 25.4mm, 20.3mm, 7.6mm이고, 지표 유출량이 47.9mm일 때 ϕ-index는?

① 5.15mm/hr
② 2.58mm/hr
③ 6.25mm/hr
④ 4.25mm/hr

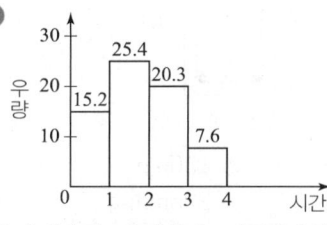

① 손실우량＝총강우량－지표유출량
  $= (15.2 + 25.4 + 20.3 + 7.6) - 47.9 = 20.6$mm
② ϕ선을 기준으로 위쪽은 유출량, 아래쪽은 손실우량을 의미한다.
③ ϕ선을 강우강도 7.6~15.2 사이로 가정한 후 계산한다.
  $(15.2-\phi) + (25.4-\phi) + (20.3-\phi) + (7.6-\phi) = 47.9$
  $68.5 - 4\phi = 47.9$
  ∴ $\phi = 5.15$mm/hr

★★
58 비중 γ_1의 물체가 비중 $\gamma_2(\gamma_2 > \gamma_1)$의 액체에 떠 있다. 액면 위의 부피($V_1$)과 액면 아래의 부피($V_2$) 비 $\left(\dfrac{V_1}{V_2}\right)$는?

① $\dfrac{V_1}{V_2} = \dfrac{\gamma_2}{\gamma_1} + 1$
② $\dfrac{V_1}{V_2} = \dfrac{\gamma_2}{\gamma_1} - 1$
③ $\dfrac{V_1}{V_2} = \dfrac{\gamma_1}{\gamma_2}$
④ $\dfrac{V_1}{V_2} = \dfrac{\gamma_2}{\gamma_1}$

해설)
$wV + M = w'V' + M'$
$\gamma_1(V_1 + V_2) + 0 = \gamma_2 \times V_2 + 0$
$\gamma_1 V_1 + \gamma_1 V_2 = \gamma_2 V_2$
$\gamma_1 V_1 = V_2(\gamma_2 - \gamma_1)$
$\dfrac{V_1}{V_2} = \dfrac{\gamma_2 - \gamma_1}{\gamma_1} = \dfrac{\gamma_2}{\gamma_1} - 1$

59 기계적 에너지와 마찰손실을 고려하는 베르누이 정리에 관한 표현식은? (단, E_P 및 E_T는 각각 펌프 및 터빈에 의한 수두를 의미하며, 유체는 점1에서 점2로 흐른다.)

① $\dfrac{v_1^2}{2g} + \dfrac{p_1}{\gamma} + z_1 = \dfrac{v_2^2}{2g} + \dfrac{p_2}{\gamma} + z_2 + E_P + E_T + h_L$
② $\dfrac{v_1^2}{2g} + \dfrac{p_1}{\gamma} + z_1 = \dfrac{v_2^2}{2g} + \dfrac{p_2}{\gamma} + z_2 - E_P - E_T - h_L$
③ $\dfrac{v_1^2}{2g} + \dfrac{p_1}{\gamma} + z_1 = \dfrac{v_2^2}{2g} + \dfrac{p_2}{\gamma} + z_2 - E_P + E_T + h_L$
④ $\dfrac{v_1^2}{2g} + \dfrac{p_1}{\gamma} + z_1 = \dfrac{v_2^2}{2g} + \dfrac{p_2}{\gamma} + z_2 + E_P - E_T + h_L$

해설) 유체흐름에서 펌프수두는 －, 터빈수두는 ＋ 한다.
$\dfrac{v_1^2}{2g} + \dfrac{p_1}{\gamma} + z_1 = \dfrac{v_2^2}{2g} + \dfrac{p_2}{\gamma} + z_2 - E_P + E_T + h_L$

★★
60 수심 2m, 폭 4m, 경사 0.0004인 직사각형 단면수로에서 유량 14.56m³/s가 흐르고 있다. 이 흐름에서 수로표면 조도계수(n)는? (단, Manning 공식 사용)

① 0.0096
② 0.01099
③ 0.02096
④ 0.03099

해설)
$Q = AV$
$= bd \cdot \dfrac{1}{n} R^{2/3} \cdot I^{1/2}$
$14.56 = (4 \times 2) \times \dfrac{1}{n} \times \left(\dfrac{4 \times 2}{4 + 2 \times 2}\right)^{2/3} \times 0.0004^{1/2}$
$n = 0.01099$

해답 56. ③ 57. ① 58. ② 59. ③ 60. ②

철근콘크리트 및 강구조

61 인장 이형철근의 정착길이 산정시 필요한 보정계수 (α, β)에 대한 설명으로 틀린 것은?

① 피복두께가 $3d_b$ 미만 또는 순간격이 $6d_b$ 미만인 에폭시 도막철근일 때 철근 도막계수(β)는 1.5를 적용한다.
② 상부철근(정착길이 또는 겹침이음부 아래 300mm를 초과되게 굳지 않은 콘크리트를 친 수평철근)인 경우 철근배치 위치계수(α)는 1.3을 사용한다.
③ 아연도금 철근은 철근 도막계수(β)를 1.0으로 적용한다.
④ 에폭시 도막철근이 상부철근인 경우 상부철근의 위치계수(α)와 철근 도막계수(β)의 곱, $\alpha\beta$가 1.6보다 크지 않아야 한다.

해설 에폭시 도막 철근이 상부 철근인 경우에 상부 철근의 보정계수 α와 에폭시 도막 계수 β의 곱 $\alpha\beta$는 1.7보다 클 필요는 없다.

62 그림과 같은 용접부에 작용하는 응력은?

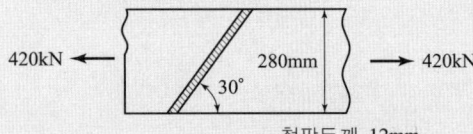

① 112.7MPa ② 118.0MPa
③ 120.3MPa ④ 125.0MPa

해설 $f = \dfrac{P}{\Sigma al} = \dfrac{420{,}000}{280 \times 12} = 125\,\text{MPa}$

63 T형 PSC보에 설계하중을 작용시킨 결과 보의 처짐은 0이었으며, 프리스트레스 도입단계부터 부착된 계측장치로부터 상부 탄성변형률 $\epsilon = 3.5 \times 10^{-4}$을 얻었다. 콘크리트 탄성계수 $E_c = 26{,}000\,\text{MPa}$, T형보의 단면적 $A_g = 150{,}000\,\text{mm}^2$, 유효율 $R = 0.85$일 때, 강재의 초기 긴장력 P_i를 구하면?

① 1,606kN ② 1,365kN
③ 1,160kN ④ 2,269kN

해설 (1) 유효프리스트레스 힘(P_e)
설계하중이 재하 된 후 처짐이 없으므로 프리스트레스 힘만의 응력을 받고 있다.

$f_c = \dfrac{P_e}{A_g} = E_c \epsilon_{\text{상연}}$ 에서

$\therefore P_e = E_c A_g \epsilon = 26{,}000 \times 150{,}000 \times (3.5 \times 10^{-4})$
$= 1{,}365{,}000\,\text{N} = 1{,}365\,\text{kN}$

(2) 초기 프리스트레스 힘(P_i)

$R = \dfrac{P_e}{P_i}$ 에서

$P_i = \dfrac{P_e}{R} = \dfrac{1{,}365}{0.85} \fallingdotseq 1{,}606\,\text{kN}$

64 아래 그림과 같은 보에서 계수전단력 $V_u = 225\,\text{kN}$에 대한 가장 적당한 스터럽간격은? (단, 사용된 스터럽은 철근 D13이며, 철근 D13의 단면적은 $127\,\text{mm}^2$, $f_{ck} = 24\,\text{MPa}$, $f_y = 350\,\text{MPa}$이다.)

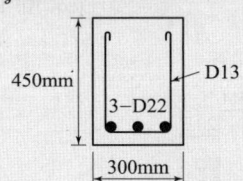

① 110mm ② 150mm
③ 210mm ④ 225mm

해설 (1) 전단철근의 전단강도(V_s) 산정
$V_u \leq \phi V_n = \phi(V_c + V_s)$ 에서

$V_s = \dfrac{V_u}{\phi} - V_c = \dfrac{V_u}{\phi} - \left(\dfrac{\lambda\sqrt{f_{ck}}}{6}\right) b_w d$

$= \dfrac{225 \times 10^3}{0.75} - \left(\dfrac{1.0\sqrt{24}}{6}\right) \times 300 \times 450$

$= 189{,}773\,\text{N} = 189.773\,\text{kN}$

(2) 전단철근의 전단강도 검토

$\left(\dfrac{\lambda\sqrt{f_{ck}}}{3}\right) b_w d = \left(\dfrac{1.0 \times \sqrt{24}}{3}\right) \times 300 \times 450 = 220{,}454\,\text{N}$

$\therefore V_s = 189.773\,\text{kN} < \left(\dfrac{\lambda\sqrt{f_{ck}}}{3}\right) b_w d$

(3) 전단철근의 간격

$s = \dfrac{A_v f_{yt} d}{V_s} = \dfrac{(127 \times 2) \times 350 \times 450}{189.773 \times 10^3} \fallingdotseq 210.8\,\text{mm}$

$\dfrac{d}{2} = \dfrac{450}{2} = 225\,\text{mm}$ 이하

600mm 이하

∴ 이 중 최솟값 210.8mm로 한다.

해답 61. ④ 62. ④ 63. ① 64. ③

65 강도 설계에서 $f_{ck}=29$MPa, $f_y=300$MPa일 때 단철근 직사각형보의 균형철근비(ρ_b)는?

① 0.034
② 0.0452
③ 0.051
④ 0.067

해설
1) 인장철근의 항복변형률
$$\epsilon_y = \frac{f_y}{E_s} = \frac{300}{200,000} = 0.0015$$
2) 균형철근비(ρ_b)
$$\rho_b = \frac{\eta(0.85 f_{ck})\beta_1}{f_y}\frac{\epsilon_{cu}}{\epsilon_{cu}+\epsilon_y}$$
$$= \frac{1.0 \times (0.85 \times 29) \times 0.8}{300}\frac{0.0033}{0.0033+0.0015} = 0.0452$$
여기서, $f_{ck} \leq 40$MPa $\Rightarrow \eta = 1.0$, $\beta_1 = 0.8$

66 철근콘크리트의 강도설계법을 적용하기 위한 기본가정으로 틀린 것은?
① 철근의 변형률은 중립축으로부터의 거리에 비례한다.
② 콘크리트의 변형률은 중립축으로부터의 거리에 비례한다.
③ 인장 측 연단에서 철근의 극한변형률은 0.003으로 가정한다.
④ 항복강도 f_y 이하에서 철근의 응력은 그 변형률의 E_s 배로 본다.

해설 압축 측 연단에서 콘크리트의 극한변형률은 0.003으로 가정한다.

67 보의 활하중은 1.7t/m, 자중은 1.1t/m인 등분포하중을 받는 경간 12m인 단순 지지보의 계수 휨모멘트(M_u)는?

① 68.4t · m
② 72.7t · m
③ 74.9t · m
④ 75.4t · m

해설
$$M_u = \frac{w_u l^2}{8} = \frac{4.04 \times 12^2}{8} = 72.7 \text{t} \cdot \text{m}$$
$$\begin{bmatrix} w_u = 1.2w_d + 1.6w_l \\ = 1.2 \times 1.1 + 1.6 \times 1.7 \\ = 4.04 \text{t/m} \end{bmatrix}$$

68 삭제문제

출제기준 변경으로 인해 삭제됨

69 아래의 그림과 같은 복철근 보의 탄성처짐이 15mm라면 5년 후 지속하중에 의해 유발되는 전체 처짐은?
(단, $A_s = 3,000$mm², $A_s' = 1,000$mm², $\xi = 2.0$)

① 35mm
② 38mm
③ 40mm
④ 45mm

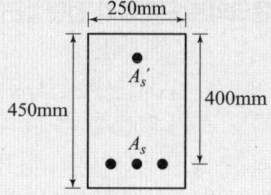

해설 (1) 장기처짐
(장기처짐) = (탄성처짐) × λ_Δ
= (탄성처짐) × $\frac{\xi}{1+50\rho'}$
$$= 15 \times \frac{2.0}{1+50\left(\frac{1000}{250 \times 400}\right)} = 20 \text{mm}$$
(2) 총처짐
(탄성처짐) + (장기처짐) = 20 + 15 = 35mm

70 철근콘크리트 부재의 철근 이음에 관한 설명 중 옳지 않은 것은?
① D35를 초과하는 철근은 겹침이음을 하지 않아야 한다.
② 인장 이형철근의 겹침이음에서 A급 이음은 $1.3l_d$ 이상, B급 이음은 $1.0l_d$ 이상 겹쳐야 한다. (단, l_d는 규정에 의해 계산된 인장 이형철근의 정착길이이다.)
③ 압축 이형철근의 이음에서 콘크리트의 설계기준 압축강도가 21MPa 미만인 경우에는 겹침이음길이를 1/3 증가시켜야 한다.
④ 용접이음과 기계적이음은 철근의 항복강도의 125% 이상을 발휘할 수 있어야 한다.

해설 인장철근의 겹침이음길이
(1) A급 이음 : $1.0l_d$ 이상, 300mm 이상
(2) B급 이음 : $1.3l_d$ 이상, 300mm 이상

해답 65. ② 66. ③ 67. ② 68. 삭제문제 69. ① 70. ②

71 프리스트레스의 손실을 초래하는 원인 중 프리텐션 방식보다 포스트텐션 방식에서 크게 나타나는 것은?
① 콘크리트의 탄성수축
② 강재와 쉬스의 마찰
③ 콘크리트의 크리프
④ 콘크리트의 건조수축

해설 강재와 시스 사이의 마찰은 프리텐션 방식에서는 생기지 않으므로 포스트텐션 방식에서 나타나는 손실이다.

72 철근콘크리트 구조물의 전단철근에 대한 설명으로 틀린 것은?
① 이형철근을 전단철근으로 사용하는 경우 설계기준 항복강도 f_y는 550MPa을 초과하여 취할 수 없다.
② 전단철근으로서 스터럽과 굽힘철근을 조합하여 사용할 수 있다.
③ 주인장철근에 45° 이상의 각도로 설치되는 스터럽은 전단철근으로 사용할 수 있다.
④ 경사스터럽과 굽힘철근은 부재 중간높이인 0.5d 에서 반력점 방향으로 주인장철근까지 연장된 45° 선과 한 번 이상 교차되도록 배치하여야 한다.

해설 전단철근의 설계기준항복강도는 500MPa을 초과할 수 없다.

73 다음은 L형강에서 인장응력 검토를 위한 순폭계산에 대한 설명이다. 틀린 것은?

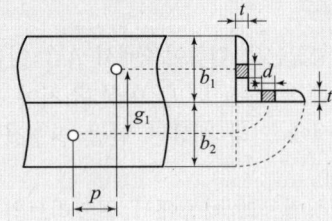

① 전개 총폭$(b) = b_1 + b_2 - t$이다.
② $\dfrac{P^2}{4g} \geq d$인 경우 순폭$(b_n) = b - d$이다.
③ 리벳선간거리$(g) = g_1 - t$이다.
④ $\dfrac{P^2}{4g} < d$인 경우 순폭$(b_n) = b - d - \dfrac{P^2}{4g}$이다.

해설 $\dfrac{p^2}{4g} < d$인 경우 순폭$(b_n) = b - d - \left(d - \dfrac{p^2}{4g}\right)$이다.

74 직사각형 단순보에서 계수 전단력 $V_u = 70$kN을 전단철근 없이 지지하고자 할 경우 필요한 최소 유효깊이 d는? (단, $b = 400$mm, $f_{ck} = 24$MPa, $f_y = 350$MPa)
① 426mm
② 572mm
③ 611mm
④ 751mm

해설 $V_u \leq \dfrac{1}{2} \phi V_c = \dfrac{1}{2} \phi \left(\dfrac{\lambda \sqrt{f_{ck}}}{6}\right) b_w d$

$\therefore d \geq \dfrac{12 V_u}{\phi \lambda \sqrt{f_{ck}} b_w} = \dfrac{12 \times (70 \times 10^3)}{0.75 \times 1.0 \times \sqrt{24} \times 400}$
$\simeq 572$mm

75 경간이 8m인 직사각형 PSC보($b = 300$mm, $h = 500$mm)에 계수하중 $w = 40$kN/m가 작용할 때 인장측의 콘크리트 응력이 0이 되려면 얼마의 긴장력으로 PS강재를 긴장해야 하는가? (단, PS강재는 콘크리트 단면도심에 배치되어 있음)

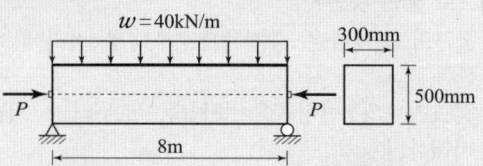

① $P = 1,250$kN
② $P = 1,880$kN
③ $P = 2,650$kN
④ $P = 3,840$kN

해설 $f_{하연} = \dfrac{P}{A} - \dfrac{M}{Z} = 0$에서

$P = \dfrac{AM}{Z} = \dfrac{bh \times \left(\dfrac{wl^2}{8}\right)}{\dfrac{bh^2}{6}} = \dfrac{3wl^2}{4h}$

$= \dfrac{3 \times 40 \times 8^2}{4 \times 0.5} = 3840$kN

76 $b = 300$mm, $d = 500$mm, $A_s = 3-D25 = 1,520$mm^{2}가 1열로 배치된 단철근 직사각형 보의 설계 휨강도 ϕM_n은 얼마인가? (단, $f_{ck} = 28$MPa, $f_y = 400$MPa이고, 과소철근보이다.)
① 132.5kN·m
② 183.3kN·m
③ 236.4kN·m
④ 307.7kN·m

해답 71. ② 72. ① 73. ④ 74. ② 75. ④ 76. ③

해설 1) 등가직사각형 응력블록깊이(a)
① $f_{ck} \leq 40\text{MPa} \Rightarrow \eta = 1.0, \beta_1 = 0.8$
② $a = \dfrac{A_s f_y}{\eta(0.85 f_{ck})b}$

$= \dfrac{1,520 \times 400}{1.0 \times 0.85 \times 28 \times 300} = 85.15\text{mm}$

2) 최외단 인장철근의 순인장변형률(ϵ_t)
① 중립축까지거리(c)
$c = \dfrac{a}{\beta_1} = \dfrac{85.15}{0.8} = 106.438\text{mm}$
② $\epsilon_t = \epsilon_{cu}\left(\dfrac{d-c}{c}\right) = 0.0033\left(\dfrac{500-106.438}{106.438}\right)$
$= 0.0122$

3) 강도감소계수
$\epsilon_t > 0.005$ (인장지배변형률 한계) ⇒ 인장지배단면
∴ $\phi = 0.85$

4) $\phi M_n = \phi\left[A_s f_y\left(d - \dfrac{a}{2}\right)\right]$
$= 0.85\left[1,520 \times 400 \times \left(500 - \dfrac{85.15}{2}\right)\right]$
$= 236,397,240\text{N}\cdot\text{mm} \fallingdotseq 236.4\text{kN}\cdot\text{m}$

77 ★★★ 슬래브와 보가 일체로 타설된 비대칭 T형보(반T형보)의 유효폭은 얼마인가? (단, 플랜지 두께=100mm, 복부폭=300mm, 인접보와의 내측거리=1,600mm, 보의 경간=6.0m)
① 800mm ② 900mm
③ 1000mm ④ 1100mm

해설 비대칭 T형보의 유효폭
(1) $6t_f + b_w = 6 \times 100 + 300 = 900\text{mm}$
(2) 인접한 보와의 내측거리의 $\dfrac{1}{2} + b_w$
$= \dfrac{1,600}{2} + 300 = 1,100\text{mm}$
(3) 보의 경간의 $\dfrac{1}{12} + b_w = \dfrac{6,000}{12} + 300 = 800\text{mm}$
유효폭은 최소값 800mm로 한다.

78 ★★★ 강도 설계법에서 그림과 같은 T형보의 응력 사각형블록의 깊이(a)는 얼마인가? (단, $A_s = 14-D25 = 7,094\text{mm}^2$, $f_{ck} = 21\text{MPa}$, $f_y = 300\text{MPa}$)

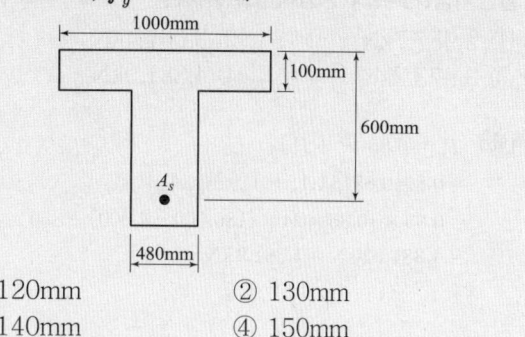

① 120mm ② 130mm
③ 140mm ④ 150mm

해설 1) T형보의 판정 : 폭 b인 단철근 직사각형 보로 보고 등가 직사각형 응력 블록 깊이를 구하면
$a = \dfrac{A_s f_y}{\eta(0.85 f_{ck})b}$
$= \dfrac{7,094 \times 300}{1.0 \times 0.85 \times 21 \times 1,000} = 190.76\text{mm}$
여기서, $f_{ck} \leq 40\text{MPa} \Rightarrow \eta = 1.0$
∴ T형보로 설계한다. (∵ $a > t_f = 100\text{mm}$)

2) 등가직사각형 응력블록깊이(a)
① $A_{sf} = \dfrac{\eta 0.85 f_{ck}(b-b_w)t_f}{f_y}$
$= \dfrac{1.0 \times 0.85 \times 21 \times (1,000-480) \times 100}{300}$
$= 3,094\text{mm}^2$
② $a = \dfrac{(A_s - A_{sf})f_y}{\eta(0.85 f_{ck})b_w}$
$= \dfrac{(7,094-3,094) \times 300}{1.0 \times 0.85 \times 21 \times 480} \fallingdotseq 140\text{mm}$

79 프리스트레스트 콘크리트 중 포스트텐션 방식의 특징에 대한 설명으로 틀린 것은?
① 부착시키지 않은 PSC 부재는 부착시킨 PSC 부재에 비하여 파괴강도가 높고, 균열 폭이 작아지는 등 역학적 성능이 우수하다.
② PS 강재를 곡선상으로 배치할 수 있어서 대형 구조물에 적합하다.
③ 프리캐스트 PSC 부재의 결합과 조립에 편리하게 이용된다.
④ 부착시키지 않은 PSC 부재는 그라우팅이 필요하지 않으며, PC 강재의 재긴장도 가능하다.

해설 부착시키지 않은 경우는 일체로 되지 않은 구조이므로 강도가 낮고, 균열폭도 커지게 된다.

해답 77. ① 78. ③ 79. ①

80 $A_g = 180,000\text{mm}^2$, $f_{ck} = 24\text{MPa}$, $f_y = 350\text{MPa}$이고, 종방향 철근의 전체 단면적(A_{st}) = 4,500mm²인 나선철근기둥(단주)의 공칭축강도(P_n)는?

① 2,987.7kN　② 3,067.4kN
③ 3,873.2kN　④ 4,381.9kN

해설
$$P_n = 0.85(P_c + P_s)$$
$$= 0.85\{0.85f_{ck}(A_g - A_{st}) + f_y A_{st}\}$$
$$= 0.85 \times \{0.85 \times 24 \times (180,000 - 4,500) + 350 \times 4,500\}$$
$$= 4,381,920\text{N} = 4,381.9\text{kN}$$

토질 및 기초

81 Vane Test에서 Vane의 지름 5cm, 높이 10cm, 파괴 시 토오크가 590kg·cm일 때 점착력은?

① 1.29kg/cm²　② 1.57kg/cm²
③ 2.13kg/cm²　④ 2.76kg/cm²

해설 베인전단 시험에 의한 전단강도(c_u)
$$S = c_u = \frac{T}{\pi \cdot D^2 \cdot \left(\frac{H}{2} + \frac{D}{6}\right)}$$
$$= \frac{590}{\pi \times 5^2 \times \left(\frac{10}{2} + \frac{5}{6}\right)} = 1.288\text{kg/cm}^2$$

82 단면적 20cm², 길이 10cm의 시료를 15cm의 수두차로 정수위 투수시험을 한 결과 2분 동안에 150cm³의 물이 유출되었다. 이 흙의 비중은 2.67이고, 건조중량이 420g이었다. 공극을 통하여 침투하는 실제 침투유속 V_s는 약 얼마인가?

① 0.018cm/sec　② 0.296cm/sec
③ 0.437cm/sec　④ 0.628cm/sec

해설 ① 단위환산 : 측정시간 2분 = 2×60 = 120초
② 정수위 투수시험에 의한 투수계수(K)
$$K = \frac{Q \cdot L}{A \cdot h \cdot t} = \frac{150 \times 10}{20 \times 15 \times 120} = 0.042\text{cm/sec}$$
③ 동수경사(i)
$$i = \frac{h}{L} = \frac{15}{10}$$

④ 평균유속(유출유속, v)
$$v = K \cdot i = 0.042 \times \left(\frac{15}{10}\right) = 0.063\text{cm/sec}$$
⑤ 시료의 부피(V)
$$V = A \cdot L = 20 \times 10 = 200\text{cm}^3$$
⑥ 건조단위중량(γ_d)
$$\gamma_d = \frac{W_s}{V} = \frac{420}{200} = 2.1\text{g/cm}^3$$
⑦ 간극비(e)
$$e = \frac{G_s \cdot \gamma_w}{\gamma_d} - 1 = \frac{2.67 \times 1}{2.1} - 1 = 0.27$$
⑧ 간극률(n)
$$n = \frac{e}{1+e} \times 100 = \frac{0.27}{1+0.27} \times 100 = 21.26\%$$
⑨ 침투유속(v_s)
$$v_s = \frac{v}{\frac{n}{100}} = \frac{0.063}{\frac{21.26}{100}} = 0.296\text{cm/sec}$$

83 단위중량이 1.8t/m³인 점토지반의 지표면에서 5m되는 곳의 시료를 채취하여 압밀시험을 실시한 결과 과압밀비(over consolidation ratio)가 2임을 알았다. 선행압밀압력은?

① 9t/m²　② 12t/m²
③ 15t/m²　④ 18t/m²

해설 ① 현재의 유효상재하중(유효응력, σ')
$$\sigma = \gamma_t \cdot h = 1.8 \times 5 = 9.0\text{t/m}^2$$
② 선행압밀압력(σ_c')
과압밀비(OCR)　$OCR = \frac{\text{선행압밀하중}}{\text{현재의 유효상재하중}}$ 이므로
선행압밀하중 = $OCR \times$ 현재의 유효상재하중 = 2×9
$$= 18\text{t/m}^2$$

84 연약지반에 구조물을 축조할 때 피조미터를 설치하여 과잉간극수압의 변화를 측정했더니 어떤 점에서 구조물 축조 직후 10t/m²이었지만, 4년 후는 2t/m²이었다. 이때의 압밀도는?

① 20%　② 40%
③ 60%　④ 80%

해설 ① 초기과잉간극수압 : $u_i = 10\text{t/m}^2$
② 현재의 과잉간극수압 : $u_e = 2\text{t/m}^2$
③ 압밀도(U)
$$U = \frac{u_i - u_e}{u_i} \times 100 = \frac{10-2}{10} \times 100 = 80\%$$

해답　80. ④　81. ①　82. ②　83. ④　84. ④

85 다음 그림과 같은 $p-q$ 다이아그램에서 K_f 선이 파괴선을 나타낼 때 이 흙의 내부마찰각은?

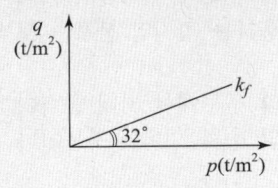

① 32° ② 36.5°
③ 38.7° ④ 40.8°

해설 내부마찰각(ϕ)
$$\phi = \sin^{-1}(\tan\alpha) = \sin^{-1}(\tan 32°) = 38.67°$$

86 다음 그림에서 A점의 간극 수압은?

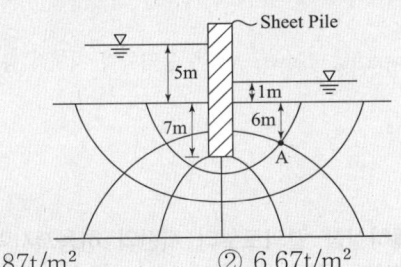

① 4.87t/m² ② 6.67t/m²
③ 12.31t/m² ④ 4.65t/m²

해설 ① A점에서의 전수두(h_t)
$$h_t = \frac{n_d}{N_d} \cdot H = \frac{1}{6} \times 4 = 0.67\text{m}$$
② 위치수두(h_e)
위치수두(h_e) = −6m
③ 압력수두(h_p)
압력수두(h_p) = 전수두(h_t) − 위치수두(h_e)
$$= 0.67 - (-6) = 6.67\text{m}$$
④ 간극수압(u_p)
간극수압(u_p) = γ_w × 압력수두(h_p) = 1 × 6.67
$$= 6.67\text{t/m}^2$$

87 연약지반 위에 성토를 실시한 다음, 말뚝을 시공하였다. 시공 후 발생될 수 있는 현상에 대한 설명으로 옳은 것은?

① 성토를 실시하였으므로 말뚝의 지지력은 점차 증가한다.
② 말뚝을 암반층 상단에 위치하도록 시공하였다면 말뚝의 지지력에는 변함이 없다.
③ 압밀이 진행됨에 따라 지반의 전단강도가 증가되므로 말뚝의 지지력은 점차 증가된다.
④ 압밀로 인해 부의 주면마찰력이 발생되므로 말뚝의 지지력은 감소된다.

해설 ① 부마찰력(Q_{NS})
연약지반에 말뚝을 박은 다음 성토한 경우에는 성토하중에 의하여 압밀이 진행되어 말뚝이 아래로 끌려가 하중 역할을 한다. 이 경우의 극한지지력은 감소한다.
② 부마찰력은 말뚝 주변의 지반이 압밀이 발생할 때 발생한다.

88 얕은 기초에 대한 Terzaghi의 수정지지력 공식은 아래의 표와 같다. 4m×5m의 직사각형 기초를 사용할 경우 형상계수 α와 β의 값으로 옳은 것은?

$$q_u = \alpha c N_c + \beta \gamma_1 B N_\gamma + \gamma_2 D_f N_q$$

① $\alpha = 1.2$, $\beta = 0.4$ ② $\alpha = 1.28$, $\beta = 0.42$
③ $\alpha = 1.24$, $\beta = 0.42$ ④ $\alpha = 1.32$, $\beta = 0.38$

해설 1) 형상계수

기초 형상계수	연속	원형	정사각형	직사각형
α	1.0	1.3	1.3	$1 + 0.3\frac{B}{L}$
β	0.5	0.3	0.4	$0.5 - 0.1\frac{B}{L}$

2) 직사각형 기초
$$\alpha = 1 + 0.3\frac{B}{L} = 1 + 0.3 \times \frac{4}{5} = 1.24$$
$$\beta = 0.5 - 0.1\frac{B}{L} = 0.5 - 0.1 \times \frac{4}{5} = 0.42$$

해답 85. ③ 86. ② 87. ④ 88. ③

89 다짐되지 않은 두께 2m, 상대밀도 40%의 느슨한 사질토 지반이 있다. 실내시험결과 최대 및 최소 간극비가 0.80, 0.40으로 각각 산출되었다. 이 사질토를 상대 밀도 70%까지 다짐할 때 두께의 감소는 약 얼마나 되겠는가?

① 12.4cm
② 14.6cm
③ 22.7cm
④ 25.8cm

해설 ① 상대밀도 40%의 간극비

$$D_r = \frac{e_{max} - e}{e_{max} - e_{min}} \times 100 = \frac{0.80 - e}{0.80 - 0.40} \times 100 = 40$$에서

$e_0 = 0.64$

② 상대밀도 70%의 간극비

$$D_r = \frac{e_{max} - e}{e_{max} - e_{min}} \times 100 = \frac{0.80 - e}{0.80 - 0.40} \times 100 = 70$$에서

$e_1 = 0.52$

③ 두께의 감소(ΔH)

$$\frac{\Delta e}{1 + e_0} = \frac{\Delta H}{H_0}$$에서

$$\frac{0.64 - 0.52}{1 + 0.64} = \frac{\Delta H}{200}$$이므로

$\Delta H = 14.63$cm

90 $\phi = 33°$인 사질토에 25° 경사의 사면을 조성하려고 한다. 이 비탈면의 지표까지 포화되었을 때 안전율을 계산하면? (단, 사면 흙의 $\gamma_{sat} = 1.8\text{t/m}^3$)

① 0.62
② 0.70
③ 1.12
④ 1.41

해설 사질토이므로 $c = 0$이고, 침투류가 지표면과 일치되어 있을 때 안전율은

$$F_s = \frac{\gamma_{sub}}{\gamma_{sat}} \cdot \frac{\tan\phi}{\tan i}$$

$$= \frac{0.8}{1.8} \times \frac{\tan 33°}{\tan 25°}$$

$= 0.62$

91 사질토 지반에 축조되는 강성기초의 접지압 분포에 대한 설명 중 맞는 것은?

① 기초 모서리 부분에서 최대 응력이 발생한다.
② 기초에 작용하는 접지압 분포는 토질에 관계없이 일정하다.
③ 기초의 중앙 부분에서 최대 응력이 발생한다.
④ 기초 밑면의 응력은 어느 부분이나 동일하다.

해설 사질지반에 있어서 강성기초의 접지압 분포는 기초의 중앙부에서 최대접지압이 발생한다.

92 말뚝 지지력에 관한 여러 가지 공식 중 정역학적 지지력 공식이 아닌 것은?

① Dörr의 공식
② Terzaghi의 공식
③ Meyerhof의 공식
④ Engineering-News 공식

해설 Engineering-News 공식은 동역학적 지지력 공식이다.

93 평판재하실험 결과로부터 지반의 허용지지력 값은 어떻게 결정하는가?

① 항복강도의 $\frac{1}{2}$, 극한강도의 $\frac{1}{3}$ 중 작은 값
② 항복강도의 $\frac{1}{2}$, 극한강도의 $\frac{1}{3}$ 중 큰 값
③ 항복강도의 $\frac{1}{3}$, 극한강도의 $\frac{1}{2}$ 중 작은 값
④ 항복강도의 $\frac{1}{3}$, 극한강도의 $\frac{1}{2}$ 중 큰 값

해설 장기 허용지지력

$$q_a = q_t + \frac{1}{3} \cdot \gamma \cdot D_f \cdot N_q$$

여기서,
q_t : 재하 시험에 의한 항복강도의 $\frac{1}{2}$ 또는, 극한강도의 $\frac{1}{3}$ 중 작은 값(t/m²)
D_f : 기초에 근접된 최저 지반면에서 기초 하중면까지의 깊이(m)
N_q : 지지력계수

해답 89. ② 90. ① 91. ③ 92. ④ 93. ①

94 흙의 다짐에 관한 설명으로 틀린 것은?
① 다짐에너지가 클수록 최대건조단위중량($\gamma_{d\max}$)은 커진다.
② 다짐에너지가 클수록 최적함수비(W_{opt})는 커진다.
③ 점토를 최적함수비(W_{opt})보다 작은 함수비로 다지면 면모구조를 갖는다.
④ 투수계수는 최적함수비(W_{opt}) 근처에서 거의 최소값을 나타낸다.

해설 다짐에너지가 클수록 최대건조단위중량($\gamma_{d\max}$)은 증가하고, 최적함수비(w_{opt})는 감소한다.

95 아래 그림에서 A점 흙의 강도정수가 $c = 3\text{t/m}^2$, $\phi = 30°$일 때 A점의 전단강도는?

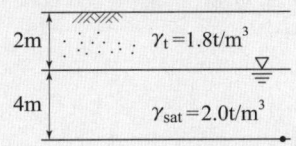

① 6.93t/m^2 ② 7.39t/m^2
③ 9.93t/m^2 ④ 10.39t/m^2

해설 ① A점의 유효응력(σ')
$\sigma' = \gamma_t \cdot H_1 + \gamma_{sub} \cdot H_2 = 1.8 \times 2 + 1 \times 4 = 7.6\text{t/m}^2$
② 흙의 전단강도(τ)
$\tau = c' + \sigma' \cdot \tan\phi' = 3.0 + 7.6 \times \tan 30° = 7.39\text{t/m}^2$

96 점토지반으로부터 불교란 시료를 채취하였다. 이 시료는 직경 5cm, 길이 10cm이고, 습윤무게는 350g이고, 함수비가 40%일 때 이 시료의 건조단위무게는?
① 1.78g/cm^3 ② 1.43g/cm^3
③ 1.27g/cm^3 ④ 1.14g/cm^3

해설 ① 시료의 부피(V)
$V = \dfrac{\pi \cdot D^2}{4} \cdot H = \dfrac{\pi \times 5^2}{4} \times 10 = 196.35\text{cm}^3$
② 건조중량(W_s)
$W_s = \dfrac{W}{1 + \dfrac{w}{100}} = \dfrac{350}{1 + \dfrac{40}{100}} = 250\text{g}$
③ 건조단위무게(γ_d)
$\gamma_d = \dfrac{W_s}{V} = \dfrac{250}{196.35} = 1.27\text{g/cm}^3$

97 $\gamma_t = 1.9\text{t/m}^3$, $\phi = 30°$인 뒤채움 모래를 이용하여 8m 높이의 보강토 옹벽을 설치하고자 한다. 폭 75mm, 두께 3.69mm의 보강띠를 연직방향 설치간격 $S_v = 0.5\text{m}$, 수평방향 설치간격 $S_h = 1.0\text{m}$로 시공하고자 할 때, 보강띠에 작용하는 최대힘 $T_{\max}$의 크기를 계산하면?
① 1.53t ② 2.53t
③ 3.53t ④ 4.53t

해설 ① 주동토압계수(K_A)
$K_A = \tan^2\left(45° - \dfrac{\phi}{2}\right) = \tan^2\left(45° - \dfrac{30°}{2}\right) = \dfrac{1}{3}$
② 옹벽밑면에 작용하는 수평응력(주동토압강도)
$\sigma_{ha} = K_A \cdot \gamma \cdot z = \dfrac{1}{3} \times 1.9 \times 8 = 5.067\text{t/m}^2$
③ 최대힘($T_{\max}$)
$T_{\max} = \sigma_{ha} \cdot S_v \cdot S_h = 5.067 \times 0.5 \times 1.0 = 2.5335\text{t}$

98 아래 표의 설명과 같은 경우 강도정수 결정에 적합한 삼축 압축 시험의 종류는?

최근에 매립된 포화 점성토지반 위에 구조물을 시공한 직후의 초기 안정 검토에 필요한 지반 강도정수 결정

① 압밀배수 시험(CD)
② 압밀비배수 시험(CU)
③ 비압밀비배수 시험(UU)
④ 비압밀배수 시험(UD)

해설 비압밀 비배수 시험(UU-test)을 적용하는 경우
① 점토지반이 시공 중 또는 성토한 후 압밀이나 함수비의 변화가 없이 급속한 파괴가 예상될 때 적용한다.
② 점토의 단기간 안정해석에 이용한다.

해답 94. ② 95. ② 96. ③ 97. ② 98. ③

99 두 개의 규소판 사이에 한 개의 알루미늄판이 결합된 3층구조가 무수히 많이 연결되어 형성된 점토광물로서 각 3층구조 사이에는 칼륨이온(K^+)으로 결합되어 있는 것은?
① 몬모릴로나이트(montmorillonite)
② 할로이사이트(halloysite)
③ 고령토(kaolinite)
④ 일라이트(illite)

해설 일라이트(Illite)
① 2개의 실리카판과 1개의 알루미나판으로 이루어진 구조이다.
② 3층 구조로 구조결합 사이에 불치환성 양이온(K+)이 있다.
③ 중간 정도의 결합력을 가진다.

100 두께 2m인 투수성 모래층에서 동수경사가 $\frac{1}{10}$이고, 모래의 투수계수가 5×10^{-2}cm/sec라면 이 모래층의 폭 1m에 대하여 흐르는 수량은 매분당 얼마나 되는가?
① 6000cm³/min ② 600cm³/min
③ 60cm³/min   ④ 6cm³/min

해설 1) 단위 일치
① 단위 폭은 1m이므로 100cm이다.
② 분당 투수량이므로 60초로 환산한다.
2) 시간 t 사이에 면적 A를 통과하는 전투수량(Q)
$Q = A \cdot K \cdot i \cdot t$
$= (200 \times 100) \times (5 \times 10^{-2}) \times \frac{1}{10} \times 60$
$= 6,000$cm³/min

상하수도공학

101 그림은 급속여과지에서 시간경과에 따른 여과유량(여과속도)의 변화를 나타낸 것이다. 정압 여과를 나타내고 있는 것은?

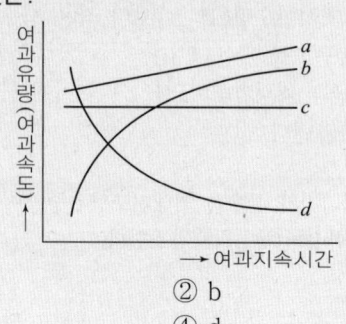

① a   ② b
③ c   ④ d

해설 급속여과법
① d : 정압여과 방식
② C : 정속여과 방식

102 유입하수의 유량과 수질변동을 흡수하여 균등화함으로서 처리시설의 효율화를 위한 유량조정조에 대한 설명으로 옳지 않은 것은?
① 조의 유효수심은 3～5m를 표준으로 한다.
② 조의 형상은 직사각형 또는 정사각형을 표준으로 한다.
③ 조 내에서 오염물질의 효율적 침전을 위하여 난류를 일으킬 수 있는 교반시설을 하지 않도록 한다.
④ 조의 용량은 유입하수량 및 유입부하량의 시간변동을 고려하여 설정수량을 초과하는 수량을 일시 저류하도록 정한다.

해설 유량조절조
유량조정조는 침전과 부패방지를 위해 난류를 일으킬 수 있는 교반시설로 교반을 해야 한다.

해답 99. ④   100. ①   101. ④   102. ③

103 관망에서 등치관에 대한 설명으로 옳은 것은?
① 관의 직경이 같은 관을 말한다.
② 유속이 서로 같으면서 관의 직경이 다른 관을 말한다.
③ 수두손실이 같으면서 관의 직경이 다른 관을 말한다.
④ 수원과 수질이 같은 주관과 지관을 말한다.

해설 등치관
① 정의 : 수두손실이 동일하면서 관의 직경이 다른 관.
② $L_2 = L_1 \left(\dfrac{D_2}{D_1}\right)^{4.87}$

104 하수도계획의 원칙적인 목표년도로 옳은 것은?
① 10년 ② 20년
③ 50년 ④ 100년

해설 하수도계획의 목표연도
하수도시설의 내용년수, 건설기간, 관거 하수량의 증가에 대처하기위해 하수도 계획의 목표년도는 20년을 원칙으로 한다.

105 용존산소 부족곡선(DO Sag Curve)에서 산소의 복귀율(회복속도)이 최대로 되었다가 감소하기 시작하는 점은?
① 임계점 ② 변곡점
③ 오염 직후 점 ④ 포화 직전 점

해설 용존산소부족곡선
변곡점 : 용존산소 복귀율이 최대로 되었다가 점차 감소하기 시작하는 점.

106 도수 및 송수관로 중 일부분이 동수경사선보다 높은 경우 조치할 수 있는 방법으로 옳은 것은?
① 상류 측에 대해서는 관경을 작게 하고, 하류측에 대해서는 관경을 크게 한다.
② 상류 측에 대해서는 관경을 작게 하고, 하류측에 대해서는 접합정을 설치한다.
③ 상류 측에 대해서는 관경을 크게 하고, 하류측에 대해서는 관경을 작게 한다.
④ 상류 측에 대해서는 접합정을 설치하고, 하류측에 대해서는 관경을 크게 한다.

해설 동수구배 상승법
① 상류측에 대해서는 관경을 크게 하고, 하류측에 대해서는 관경을 작게 한다.
② 접합정을 설치한다.

107 슬러지지표(SVI)에 대한 설명으로 옳지 않은 것은?
① SVI는 침전슬러지량 100mL 중에 포함되는 MLSS를 그램(g)수로 나타낸 것이다.
② SVI는 활성슬러지의 침강성을 보여주는 지표로 광범위하게 사용된다.
③ SVI가 50~150일 때 침전성이 양호하다.
④ SVI가 200 이상이면 슬러지 팽화가 의심된다.

해설 슬러지용적지수(SVI)
① SVI : 폭기조 혼합액 1L를 30분간 침전시킨 후 1g의 MLSS가 슬러지로 형성시 차지하는 부피
② 적정 SVI : 50~150
③ 슬러지 팽화 : SVI ≥ 200

108 유량이 100,000m³/d이고 BOD가 2mg/L인 하천으로 유량 1,000m³/d, BOD 100mg/L인 하수가 유입된다. 하수가 유입된 후 혼합된 BOD의 농도는?
① 1.97mg/L ② 2.97mg/L
③ 3.97mg/L ④ 4.97mg/L

해설 BOD농도(C_m)
$C_m = \dfrac{C_1 \times Q_1 + C_2 \times Q_2}{Q_1 + Q_2}$
$= \dfrac{2 \times 100,000 + 1,000 \times 100}{100,000 + 1,000} = 2.97 \text{mg/L}$

해답 103. ③ 104. ② 105. ② 106. ③ 107. ① 108. ②

109 계획급수인구를 추정하는 이론곡선식이 $y = \dfrac{K}{1+e^{a-bx}}$로 표현될 때, 식 중의 K가 의미하는 것은? (단, y : x년 후의 인구, x : 기준년부터의 경과년수, e : 자연대수의 밑, a, b : 상수)

① 현재인구
② 포화인구
③ 증가인구
④ 상주인구

해설 논리곡선법(Logistic)
① 대상지역의 포화인구(K)를 추정한 후 인구를 추정하는 방법으로 가장 정확한 방법이다.
② $y = \dfrac{K}{1+e^{a-bx}}$

110 80%의 전달효율을 가진 전동기에 의해서 가동되는 85% 효율의 펌프가 300L/s의 물을 25.0m 양수할 때 요구되는 전동기의 출력(kW)은? (단, 여유율은 $\alpha = 0$으로 가정)

① 60.0kW
② 73.3kW
③ 86.3kW
④ 107.9kW

해설 전동기 출력
① 합성효율(η)
$\eta = \eta_1 \times \eta_2 = 0.8 \times 0.85 = 0.68$
② 전동기 출력
$= 9.8 \times Q \times H / \eta$
$= 9.8 \times 0.3 \times 25 / 0.68 = 108.08$kW

111 호수나 저수지에서 발생되는 성층현상의 원인과 가장 관계가 깊은 요소는?

① 적조현상
② 미생물
③ 질소(N), 인(P)
④ 수온

해설 성층현상
① 원인 : 물이 상하로 섞이지 않고 수평으로 몇 개의 층을 이루는 현상으로 수온이 원인이다.
② 발생하는 계절 : 여름, 겨울

112 하수관거 직선부에서 맨홀(Man hole)의 관경에 대한 최대 간격의 표준으로 옳은 것은?

① 관경 600mm 이하의 경우 최대간격 50m
② 관경 600mm 초과 1,000mm 이하의 경우 최대간격 100m
③ 관경 1,000mm 초과 1,500mm 이하의 경우 최대간격 125m
④ 관경 1,650mm 이상의 경우 최대간격 150m

해설 맨홀 설치 간격

관경(mm)	300 이하	600 이하	1,000 이하	1,500 이하	1,650 이상
최대간격(m)	30	75	100	150	200

113 정수장에서 1일 50,000m³의 물을 정수하는데 침전지의 크기가 폭 10m, 길이 40m, 수심 4m인 침전지 2개를 가지고 있다. 2지의 침전지가 이론상 100% 제거할 수 있는 입자의 최소 침전속도는? (단, 병렬연결 기준)

① 31.25m/d
② 62.5m/d
③ 125m/d
④ 625m/d

해설 수면적부하 $\left(\dfrac{Q}{A}\right)$
① 수면적부하 : 100% 제거할 수 있는 가장 작은 입자의 침전속도
② 침전지면적(A)
$A = 10 \times 40 \times 2\text{지} = 800\text{m}^2$
③ 수면적부하 $\left(\dfrac{Q}{A}\right)$
$\dfrac{Q}{A} = \dfrac{50,000}{800} = 62.5$m/day

114 급수방법에는 고가수조식과 압력수조식이 있다. 압력수조식을 고가수조식과 비교한 설명으로 옳지 않은 것은?

① 조작 상에 최고·최저의 압력차가 적고, 급수압의 변동 폭이 적다.
② 큰 설비에는 공기 압축기를 설치해서 때때로 공기를 보급하는 것이 필요하다.
③ 취급이 비교적 어렵고 고장이 많다.
④ 저수량이 비교적 적다.

해설 급수방식
압력수조식(펌프압송식)은 조작 상에 최고·최저의 압력차가 크고, 급수압의 변동 폭이 크다.

해답 109. ② 110. ④ 111. ④ 112. ② 113. ② 114. ①

115 하수의 배제방식 중 분류식 하수도에 대한 설명으로 틀린 것은?

① 우수관 및 오수관의 구별이 명확하지 않은 곳에서는 오접의 가능성이 있다.
② 강우초기의 오염된 우수가 직접 하천 등으로 유입될 수 있다.
③ 우천 시에 수세효과가 있다.
④ 우천 시 월류의 우려가 없다.

해설 하수배제방식
우천 시 하수량과 유속의 증가로 인한 수세효과가 있는 방식은 합류식 하수도의 특징이다.

116 수질시험 항목에 관한 설명으로 옳지 않은 것은?

① DO(용존산소)는 물속에 용해되어 있는 분자상의 산소를 말하며 온도가 높을수록 DO농도는 감소한다.
② COD(화학적 산소요구량)는 수중의 산화 가능한 유기물이 일정 조건에서 산화제에 의해 산화되는 데 요구되는 산소량을 말한다.
③ 잔류염소는 처리수를 염소소독하고 남은 염소로 차아염소산이온과 같은 유리잔류염소와 클로라민 같은 결합잔류염소를 말한다.
④ BOD(생물화학적 산소요구량)는 수중 유기물이 혐기성 미생물에 의해 3일간 분해될 때 소비되는 산소량을 ppm으로 표시한 것이다.

해설 생물화학적 산소요구량(BOD)
① BOD : 수중 유기물이 호기성 미생물에 의해 5일간 분해될 때 소비되는 산소량을 PPm(mg/L)으로 표시한다.
② $BOD_5 = BOD$

117 어떤 지역의 강우지속시간(t)과 강우강도역수(1/I)와의 관계를 구해보니 그림과 같이 기울기가 1/3,000, 절편이 1/1500이 되었다. 이 지역의 강우강도를 Talbot형 $\left(I = \dfrac{a}{t+b}\right)$으로 표시한 것으로 옳은 것은?

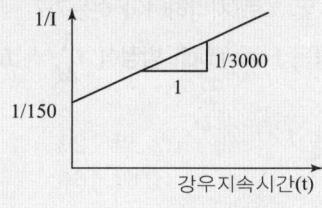

① $\dfrac{3000}{t+20}$
② $\dfrac{20}{t+3000}$
③ $\dfrac{10}{t+1500}$
④ $\dfrac{1500}{t+10}$

해설 강우강도(Talbot)
① Talbot의 강우강도(I)
$$I = \dfrac{a}{t+b}$$
② 강우강도식의 역수를 취하면
$$\dfrac{1}{I} = \dfrac{t+b}{a} = \dfrac{1}{a}t + \dfrac{b}{a}$$
기울기 : $\dfrac{1}{a} = \dfrac{1}{3,000}$ ⇒ ∴ $a = 3,000$
절편 : $\dfrac{b}{a} = \dfrac{1}{150}$ ⇒ ∴ $b = \dfrac{1}{150} \times 3,000 = 20$
∴ $I = \dfrac{a}{t+b} = \dfrac{3,000}{t+20}$

118 우수조정지의 설치장소로 적당하지 않은 곳은?

① 토사의 이동이 부족한 장소
② 하수관거의 유하능력이 부족한 장소
③ 방류수로의 유하능력이 부족한 장소
④ 하류지역 펌프장 능력이 부족한 장소

해설 우수조정지
① 목적 : 유달시간 증대, 첨두유량 감소, 도시 침수방지
② 설치위치
  - 하수관거의 유하능력이 부족한 곳
  - 방류수로의 유하능력이 부족한 곳
  - 하류지역의 펌프장 능력이 부족한 곳

해답 115. ③ 116. ④ 117. ① 118. ①

119 특정오염물의 제거가 필요하여 활성탄 흡착으로 제거하고자 한다. 연구결과 수량 대비 5%의 활성탄을 사용할 때 오염물질의 75%가 제거되며, 10%의 활성탄을 사용한 때는 96.5%가 제거되었다. 이 특정오염물의 잔류농도를 처음 농도의 0.5% 이하로 처리하기 위해서는 활성탄을 수량대비 몇 %로 처리하여야 하는가?
(단, 흡착과정은 Freundlich 방정식 $\dfrac{X}{M} = K \cdot C^{1/n}$을 만족한다.)

① 약 10%   ② 약 12%
③ 약 14%   ④ 약 16%

해설 활성탄 처리

① $\dfrac{X}{M} = K \cdot C^{\frac{1}{n}}$

$\dfrac{75}{5} = K \times (100-75)^{\frac{1}{n}}$ → ①

$\dfrac{96.5}{10} = K \times (100-96.5)^{\frac{1}{n}}$ → ②

① 식을 ②식으로 나누고 양변에 Log를 취하면
$Log(1.55) = \dfrac{1}{n} Log(7.14)$
$0.19\, n = 0.85 \quad \therefore n = 4.49$
$n = 4.5$를 ①식에 대입
$15 = K \times 25^{\frac{1}{4.49}} \Rightarrow \therefore K = 7.32$

② $\dfrac{X}{M} = K \cdot C^{\frac{1}{n}}$ 에서

$\dfrac{99.5}{M} = 7.32 \times (100-99.5)^{\frac{1}{4.49}}$

$\dfrac{99.5}{M} = 6.27 \quad \therefore M = 15.86\%$

120 계획오수량 산정시 고려 사항에 대한 설명으로 옳지 않은 것은?
① 지하수량은 1인1일최대오수량의 10~20%로 한다.
② 계획1일평균오수량은 계획1일최대오수량의 70~80%를 표준으로 한다.
③ 계획시간최대오수량은 계획1일평균오수량의 1시간당 수량의 0.9~1.2배를 표준으로 한다.
④ 계획1일최대오수량은 1인1일최대오수량에 계획인구를 곱한 후 공장폐수량, 지하수량 및 기타 배수량을 더한 값으로 한다.

해설 계획 시간 최대오수량
① 계획 시간 최대오수량은 계획1일 최대오수량의 1시간당 수량의 1.3~1.8배를 표준으로 한다.
② 계획 시간 최대오수량 = $\dfrac{\text{계획 1일 최대오수량}}{24} \times k$
여기서, $k=1.3$(대도시), $k=1.5$(중소도시),
$k=1.8$(아파트, 주택단지)

해답 119. ④   120. ③

MEMO

응용역학

1 다음과 같은 단면의 상승모멘트(I_{xy})는?

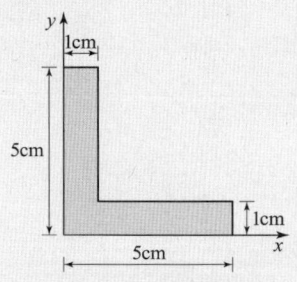

① 7.75cm⁴ ② 9.25cm⁴
③ 12.25cm⁴ ④ 15.75cm⁴

해설 (1) 1×5 직사각형 단면의 도심좌표는 (+0.5, +2.5)이고, 4×1 직사각형 단면의 도심좌표는 (+3, +0.5)이며, 구하고자 하는 x, y축은 원점이므로 (0, 0)이다.

(2) $I_{xy} = (A_1 \cdot x_1 \cdot y_1) + (A_2 \cdot x_2 \cdot y_2)$
$= (1 \times 5)(0.5-0)(2.5-0) + (4 \times 1)(3-0)(0.5-0)$
$= 12.25 \text{cm}^4$

2 중앙에 집중하중 P를 받는 그림과 같은 단순보에서 지점 A로부터 $l/4$인 지점(점 D)의 처짐각(θ_D)과 수직처짐량(δ_D)은? (단, EI는 일정)

① $\theta_D = \dfrac{5PL^2}{64EI}$, $\delta_D = \dfrac{3PL^3}{768EI}$

② $\theta_D = \dfrac{3PL^2}{128EI}$, $\delta_D = \dfrac{5PL^3}{384EI}$

③ $\theta_D = \dfrac{3PL^2}{64EI}$, $\delta_D = \dfrac{11PL^3}{768EI}$

④ $\theta_D = \dfrac{3PL^2}{128EI}$, $\delta_D = \dfrac{11PL^3}{384EI}$

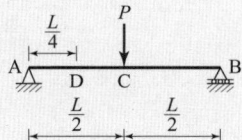

해설

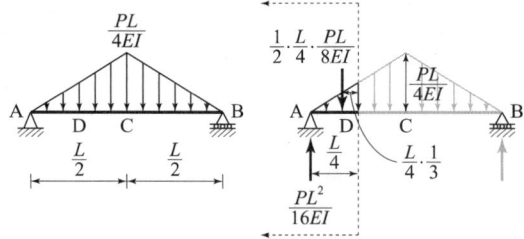

(1) 공액보에서 D점의 전단력이 실제 구조물에서 D점의 처짐각이다.

$\theta_D = +\left(\dfrac{PL^2}{16EI}\right) - \left(\dfrac{1}{2} \cdot \dfrac{L}{4} \cdot \dfrac{PL}{8EI}\right) = \dfrac{3PL^2}{64EI}$

(2) 공액보에서 D점의 휨모멘트가 실제 구조물에서 D점의 처짐이다.

$\delta_D = +\left(\dfrac{PL^2}{16EI}\right)\left(\dfrac{L}{4}\right) - \left(\dfrac{1}{2} \cdot \dfrac{L}{4} \cdot \dfrac{PL}{8EI}\right)\left(\dfrac{L}{4} \cdot \dfrac{1}{3}\right)$
$= \dfrac{11PL^3}{768EI}$

3 탄성계수 $E = 2.1 \times 10^6 \text{kg/cm}^2$, 프와송비 $\nu = 0.25$일 때 전단탄성계수는?

① $8.4 \times 10^5 \text{kg/cm}^2$ ② $1.1 \times 10^6 \text{kg/cm}^2$
③ $1.7 \times 10^6 \text{kg/cm}^2$ ④ $2.1 \times 10^6 \text{kg/cm}^2$

해설 $G = \dfrac{E}{2(1+\nu)} = \dfrac{(2.1 \times 10^6)}{2(1+(0.25))} = 8.4 \times 10^5 \text{kgf/cm}^2$

4 다음 그림과 같은 연속보가 있다. B점과 C점 중간에 10t의 하중이 작용할 때 B점에서의 휨 모멘트는? (단, EI는 전 구간에 걸쳐 일정하다.)

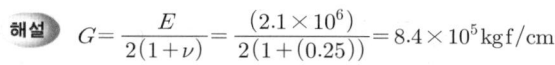

① $-5\text{t} \cdot \text{m}$ ② $-7.5\text{t} \cdot \text{m}$
③ $-10\text{t} \cdot \text{m}$ ④ $-12.5\text{t} \cdot \text{m}$

해설 (1) 보 A–B–C에서 $M_A = 0$, $M_C = 0$

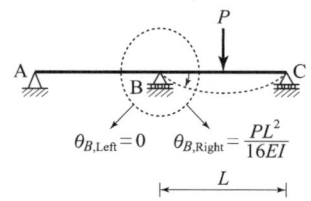

$\theta_{B,\text{Left}} = 0$ $\theta_{B,\text{Right}} = \dfrac{PL^2}{16EI}$

(2) $2\left(\dfrac{L}{I} + \dfrac{L}{I}\right)M_B = 6E\left(-\dfrac{PL^2}{16EI}\right)$에서

$4M_B = -\dfrac{6PL}{16}$ 이므로

$M_B = -\dfrac{6PL}{64} = -\dfrac{6(10)(8)}{64} = -7.5\text{tf} \cdot \text{m}$

해답 1. ③ 2. ③ 3. ① 4. ②

5 주어진 T형보 단면의 캔틸레버보에서 최대 전단 응력을 구하면 얼마인가? (단, T형보 단면의 $I_{N.A}=86.8\text{cm}^4$이다.)

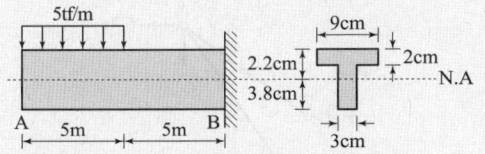

① 1,256.8kg/cm² ② 1,797.2kg/cm²
③ 2,079.5kg/cm² ④ 2,433.2kg/cm²

해설 (1) 전단응력 산정 제계수 : $I_{N.A}=86.8\text{cm}^4$, $b=3\text{cm}$
(2) 고정단의 수직반력이 최대전단력이다.
$V_{max}=5\times5=25\text{tf}$
(3) $Q=(3\times3.8)(1.9)=21.66\text{cm}^3$
(4) $\tau_{max}=\dfrac{V\cdot G}{I\cdot b}=\dfrac{(25\times10^3)(21.66)}{(86.8)(3)}$
$=2,079.49\text{kgf/cm}^2$

6 그림과 같은 내민보에서 C점의 휨 모멘트가 영(零)이 되게 하기 위해서는 x가 얼마가 되어야 하는가?

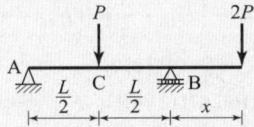

① $x=\dfrac{L}{4}$ ② $x=\dfrac{L}{3}$
③ $x=\dfrac{L}{2}$ ④ $x=\dfrac{2L}{3}$

해설 (1) $\sum M_B=0$: $+(V_A)(L)-(P)\left(\dfrac{L}{2}\right)+(2P)(x)=0$
$\therefore V_A=+\dfrac{P}{2}-\dfrac{2P}{L}\cdot x(\uparrow)$
(2) $M_{C,Left}=+\left[+\left(\dfrac{P}{2}-\dfrac{2P}{L}\cdot x\right)\left(\dfrac{L}{2}\right)\right]=0$ 이라는 조건에서
$\dfrac{P}{2}-\dfrac{2P}{L}\cdot x=0$ 이므로 $x=\dfrac{L}{4}$

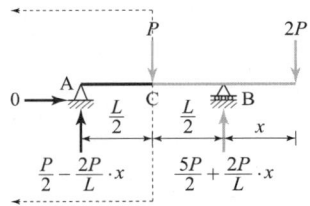

7 그림과 같이 강선과 동선으로 조립되어 있는 구조물에 200kg의 하중이 작용하면 강선에 발생하는 힘은?
(단, 강선과 동선의 단면적은 같고, 강선의 탄성계수는 $2.0\times10^6\text{kg/cm}^2$, 동선의 탄성계수는 $1.0\times10^6\text{kg/cm}^2$임)

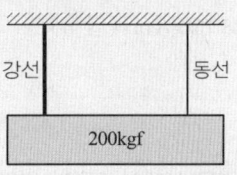

① 66.7kg ② 133.3kg
③ 166.7kg ④ 233.3kg

해설 (1) 강선만의 응력 : $\sigma_s=\dfrac{P_s}{A_s}$
(2) 합성부재에서 강선의 응력 :
$\sigma_s=n\cdot\dfrac{P}{A_c+n\cdot A_s}$ 에서 $A_c=A_s$이므로
$\sigma_s=n\cdot\dfrac{P}{A_s(1+n)}$
(3) $\dfrac{P_s}{A_s}=n\cdot\dfrac{P}{A_s(1+n)}$ 로부터
$P_s=n\cdot\dfrac{P}{1+n}=\left(\dfrac{2.0\times10^6}{1.0\times10^6}\right)\cdot\dfrac{(200)}{1+\left(\dfrac{2.0\times10^6}{1.0\times10^6}\right)}$
$=133.333\text{kgf}$

8 그림과 같은 단주에 편심하중이 작용할 때 최대 압축 응력은?

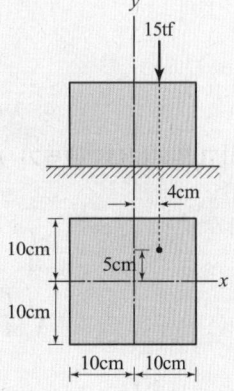

① 138.75kg/cm² ② 172.65kg/cm²
③ 245.75kg/cm² ④ 317.65kg/cm²

해답 5. ③ 6. ① 7. ② 8. ①

해설
$$\sigma_{max} = -\frac{P}{A} - \frac{P \cdot e_y}{Z_x} - \frac{P \cdot e_x}{Z_y}$$
$$= -\frac{(15 \times 10^3)}{(20 \times 20)} - \frac{(15 \times 10^3)(5)}{\frac{(20)(20)^2}{6}} - \frac{(15 \times 10^3)(4)}{\frac{(20)(20)^2}{6}}$$
$$= -138.75 \text{kg/cm}^2 \text{(압축)}$$

★
9 아래 그림과 같은 보에서 A점의 반력은?

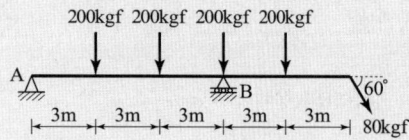

① $H_A = 87.1 \text{kg}(\leftarrow)$, $V_A = 40 \text{kg}(\uparrow)$
② $H_A = 40 \text{kg}(\leftarrow)$, $V_A = 87.1 \text{kg}(\uparrow)$
③ $H_A = 69.3 \text{kg}(\rightarrow)$, $V_A = 87.1 \text{kg}(\uparrow)$
④ $H_A = 40 \text{kg}(\rightarrow)$, $V_A = 69.3 \text{kg}(\uparrow)$

해설
(1) $\Sigma H = 0$: $+(H_A) + (80 \cdot \cos 60) = 0$
 $\therefore H_A = -40 \text{kgf}(\leftarrow)$
(2) $\Sigma M_B = 0$: $+(V_A)(9) - (200)(6) - (200)(3)$
 $+ (200)(3) + (80 \cdot \sin 60)(6) = 0$
 $\therefore V_A = +87.1 \text{kgf}(\uparrow)$

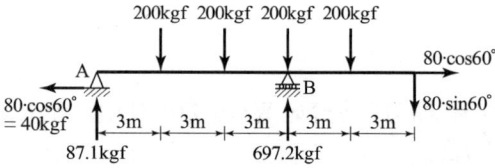

★
10 단면적이 A이고, 단면2차모멘트가 I인 단면의 단면2차반경(r)은?

① $r = \frac{A}{I}$
② $r = \frac{I}{A}$
③ $r = \frac{\sqrt{I}}{A}$
④ $r = \sqrt{\frac{I}{A}}$

해설 단면2차반경 $r = \sqrt{\frac{I}{A}}$ 로 정의되는 지표이다.

★★★
11 그림과 같은 구조물에서 부재 AB가 받는 힘의 크기는?

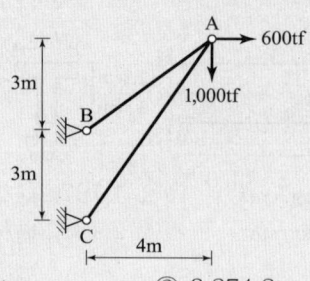

① 3,166.7ton
② 3,274.2ton
③ 3,368.5ton
④ 3,485.4ton

해설 (1) 절점 A에서 절점법을 적용

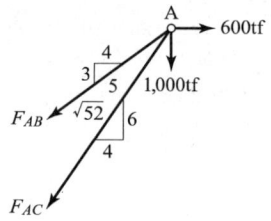

① $\Sigma H = 0$: $-\left(F_{AB} \cdot \frac{4}{5}\right) - \left(F_{AC} \cdot \frac{4}{\sqrt{52}}\right) + 600 = 0$
② $\Sigma V = 0$: $-\left(F_{AB} \cdot \frac{3}{5}\right) - \left(F_{AC} \cdot \frac{6}{\sqrt{52}}\right) - 1,000 = 0$

(2) ①, ② 두 식을 연립하면
 $F_{AB} = +3,166.67 \text{tf (인장)}$, $F_{AC} = -3,485.37 \text{tf (압축)}$

★
12 지름 D인 원형단면보에 휨모멘트 M이 작용할 때 최대휨응력은?

① $\frac{64M}{\pi D^3}$
② $\frac{32M}{\pi D^3}$
③ $\frac{16M}{\pi D^3}$
④ $\frac{8M}{\pi D^3}$

해설 $\sigma_{max} = \frac{M}{Z} = \frac{M}{\frac{\pi D^3}{32}} = \frac{32M}{\pi D^3}$

해답 9. ② 10. ④ 11. ① 12. ②

13 단순보 AB 위에 그림과 같은 이동하중이 지날 때 A점으로부터 10m 떨어진 C점의 최대 휨모멘트는?

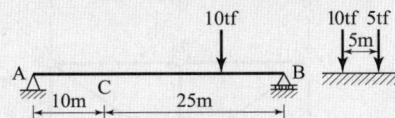

① 85tf·m ② 95tf·m
③ 100tf·m ④ 115tf·m

 (1) 10tf의 하중이 C점에 위치할 때의 A지점 수직반력과 C점에서의 휨모멘트를 구한다.
(2) $\sum M_B = 0: +(V_A)(35) - (10)(25) - (5)(20) = 0$
∴ $V_A = +10tf(\uparrow)$
(3) $M_{C,Left} = +[+(10)(10)] = +100tf \cdot m$

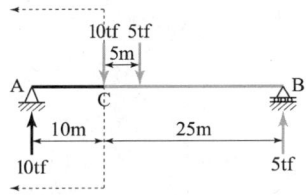

14 아래 그림과 같은 단순보의 지점 A에 모멘트 M_a가 작용할 경우 A점과 B점의 처짐각 비 $\left(\dfrac{\theta_a}{\theta_b}\right)$의 크기는?

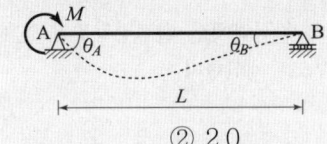

① 1.5 ② 2.0
③ 2.5 ④ 3.0

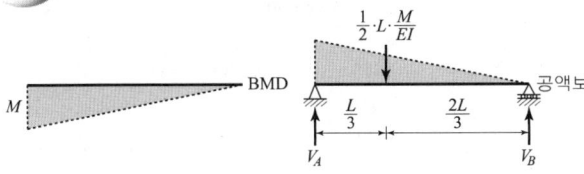

(1) $\theta_A = V_A = \left(\dfrac{1}{2} \cdot L \cdot \dfrac{M}{EI}\right)\left(\dfrac{2}{3}\right) = \dfrac{1}{3} \cdot \dfrac{ML}{EI}$

(2) $\theta_B = V_B = \left(\dfrac{1}{2} \cdot L \cdot \dfrac{M}{EI}\right)\left(\dfrac{1}{3}\right) = \dfrac{1}{6} \cdot \dfrac{ML}{EI}$

(3) $\dfrac{\theta_A}{\theta_B} = \dfrac{\frac{1}{3}}{\frac{1}{6}} = 2.0$

15 아래와 같은 라멘에서 휨모멘트도(B.M.D)를 옳게 나타낸 것은?

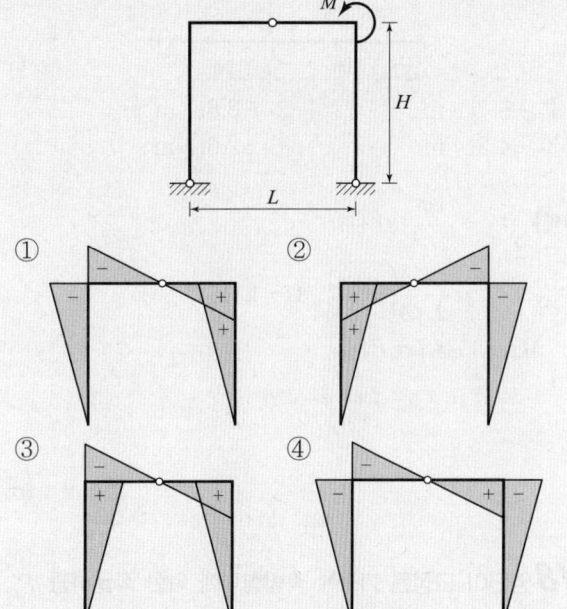

16 보의 탄성변형에서 내력이 한 일을 그 지점의 반력으로 1차 편미분한 것은 "0"이 된다는 정리는 다음 중 어느 것인가?
① 중첩의 원리 ② 맥스웰베티의 상반원리
③ 최소일의 원리 ④ 카스틸리아노의 제1정리

해설 최소일의 원리(Theorem of Least Work)
(1) 외력을 받고 있는 부정정 구조물의 각 부재에 의하여 발생한 내적인 일(Work)은 평형을 유지하기 위하여 필요한 최소의 일이라는 개념을 최소일의 원리라고 한다.
(2) 일반식 : $\delta_i = \dfrac{\partial U}{\partial P_i} = \int \dfrac{M}{EI}\left(\dfrac{\partial M}{\partial P_i}\right)dx = 0$

해답 13. ③ 14. ② 15. ④ 16. ③

17 그림과 같은 부정정보에 집중 하중이 작용할 때 A점의 휨모멘트 M_A를 구한 값은?

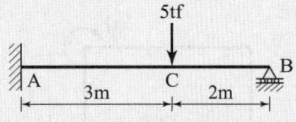

① $-5.7t \cdot m$ ② $-3.6t \cdot m$
③ $-4.2t \cdot m$ ④ $-2.6t \cdot m$

해설
$$V_B = \frac{Pa^2}{2L^3}(3L-a)$$
$$= \frac{5 \times 3^2}{2 \times 5^3}(3 \times 5 - 3) = 2.16t$$
$$M_A = V_B \times L - P \times a$$
$$= 2.16 \times 5 - 5 \times 3 = -4.2t \cdot m$$

18 양단이 고정된 기둥에 축방향력에 의한 좌굴하중 P_{cr}을 구하면? (단, E : 탄성계수 I : 단면2차모멘트 L : 기둥의 길이)

① $P_{cr} = \frac{\pi^2 EI}{L^2}$ ② $P_{cr} = \frac{\pi^2 EI}{2L^2}$
③ $P_{cr} = \frac{\pi^2 EI}{4L^2}$ ④ $P_{cr} = \frac{4\pi^2 EI}{L^2}$

해설 (1) 단부 지지조건 : 양단고정이므로 $K=0.5$
(2) Euler의 좌굴하중 :
$$P_{cr} = \frac{\pi^2 EI}{(KL)^2} = \frac{\pi^2 EI}{(0.5L)^2} = 4 \cdot \frac{\pi^2 EI}{L^2}$$

19 그림과 같은 트러스에서 부재력이 0인 부재는 몇 개인가?

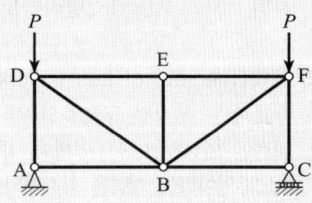

① 3개 ② 4개
③ 5개 ④ 7개

해설

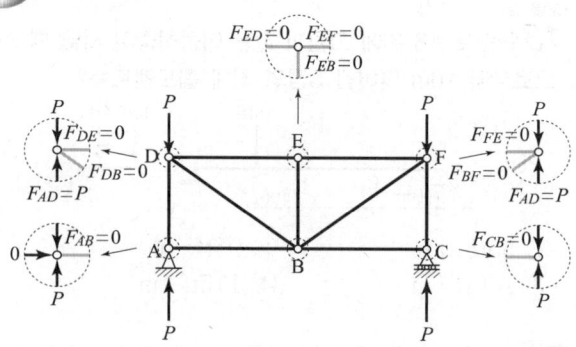

20 그림과 같이 밀도가 균일하고 무게가 W인 구(球)가 마찰이 없는 두 벽면 사이에 놓여 있을 때 반력 R_B의 크기는?

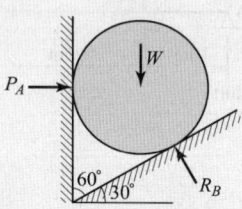

① $0.5W$ ② $0.577W$
③ $0.866W$ ④ $1.155W$

해설 (1) 구의 중심점에서 절점평형조건 $\Sigma V = 0$ 을 적용하여 R_B를 계산한다.

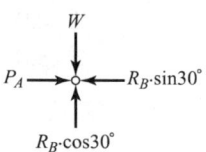

(2) $\Sigma V = 0 : -(W) + (R_B \cdot \cos 30°) = 0$
$$\therefore R_B = \frac{W}{\cos 30°} = 1.155W$$

해답 17. ③ 18. ④ 19. ④ 20. ④

측량학

21 트래버스 측량의 각 관측 방법 중 방위각법에 대한 설명으로 틀린 것은?
① 진북을 기준으로 어느 측선까지 시계 방향으로 측정하는 방법이다.
② 험준하고 복잡한 지역에서는 적합하지 않다.
③ 각이 독립적으로 관측되므로 오차 발생 시, 개별 각의 오차는 이후의 측량에 영향이 없다.
④ 각 관측값의 계산과 제도가 편리하고 신속히 관측 할 수 있다.

해설 방위각법은 직접 방위각이 관측되어 편리하나 오차가 이후의 측량에 계속 누적되는 단점이 있다.

22 지형측량의 순서로 옳은 것은?
① 측량계획 - 골조측량 - 측량원도작성 - 세부측량
② 측량계획 - 세부측량 - 측량원도작성 - 골조측량
③ 측량계획 - 측량원도작성 - 골조측량 - 세부측량
④ 측량계획 - 골조측량 - 세부측량 - 측량원도작성

해설 지형측량의 순서
측량 계획 – 골조 측량 – 세부 측량 – 측량 원도

23 삭제문제
출제기준 변경으로 인해 삭제됨

② $N = \dfrac{F}{A}(1+안전율)$ 에서

$$A = (a \cdot m)^2 \left(1 - \dfrac{p}{100}\right)\left(1 - \dfrac{q}{100}\right)$$
$$= (0.23 \times 19{,}737)^2 \left(1 - \dfrac{60}{100}\right)\left(1 - \dfrac{30}{100}\right)$$
$$= 5.77 \text{km}^2$$
$$\therefore N = \dfrac{800}{5.77} \times \left(1 + \dfrac{30}{100}\right)$$
$$= 180.24 = 181 \text{ 매}$$

24 홍수 때 급히 유속을 측정하기에 가장 알맞은 것은?
① 봉부자   ② 이중부자
③ 수중부자 ④ 표면부자

해설 표면부자
홍수시의 표면유속 관측에 사용되며 평균유속(V_m)은 표면유속이 V_S일 때 큰 하천 $0.9 V_S$, 작은 하천 $0.8 V_S$

25 노선측량에 관한 설명으로 옳은 것은?
① 일반적으로 단곡선 설치 시 가장 많이 이용하는 방법은 지거법이다.
② 곡률이 곡선길이에 비례하는 곡선을 클로소이드 곡선이라 한다.
③ 완화곡선의 접선은 시점에서 원호에, 종점에서 직선에 접한다.
④ 완화곡선의 반지름은 종점에서 무한대이고 시점에서는 원곡선의 반지름이 된다.

해설 ① 단곡선 설치시 가장 많이 사용하는 방법은 편각법이다.
② 완화곡선의 접선은 시점에서 직선에, 종점에서 원호에 접한다.
③ 완화곡선의 반지름은 시점에서 무한대, 종점에서 원곡선의 반지름이 된다.

③ 2017년 과년도출제문제

26 지오이드(geoid)에 대한 설명 중 옳지 않은 것은?
① 평균해수면을 육지까지 연장한 가상적인 곡면을 지오이드라 하며 이것은 지구타원체와 일치한다.
② 지오이드는 중력장의 등포텐셜면으로 볼 수 있다.
③ 실제로 지오이드면은 굴곡이 심하므로 측지 측량의 기준으로 채택하기 어렵다.
④ 지구타원체의 법선과 지오이드의 법선 간의 차이를 연직선 편차라 한다.

해설 지오이드는 평균해수면을 육지까지 연장한 가상적인 곡면으로 수학적으로 정의된 지구타원체와 일치하지 않는다.

27 $100m^2$의 정사각형 토지면적을 $0.2m^2$까지 정확하게 계산하기 위한 한 변의 최대허용오차는?
① 2mm
② 4mm
③ 5mm
④ 10mm

해설 면적의 정밀도 $\left(\dfrac{dA}{A}\right)$와 거리정밀도 $\left(\dfrac{d\ell}{\ell}\right)$와의 관계
① $\ell = \sqrt{100} = 10m$
② $\dfrac{dA}{A} = 2\left(\dfrac{d\ell}{\ell}\right)$
$\dfrac{0.2}{100} = 2\left(\dfrac{d\ell}{10}\right)$ ∴ $d\ell = 0.01m$

28 노선측량으로 곡선을 설치할 때에 교각(I) 60°, 외선길이(E) 30m로 단곡선을 설치할 경우 곡선반지름(R)은?
① 103.7m
② 120.7m
③ 150.9m
④ 193.9m

해설 $E = R\left(\sec\dfrac{I}{2} - 1\right)$에서
$R = \dfrac{E}{\sec\dfrac{I}{2} - 1}$
$= \dfrac{30}{\dfrac{1}{\cos 30°} - 1} = 193.9m$

29 GNSS 측량에 대한 설명으로 틀린 것은?
① 다양한 항법위성을 이용한 3차원 측위방법으로 GPS, GLONASS, Galileo 등이 있다.
② VRS 측위는 수신기 1대를 이용한 절대 측위 방법이다.
③ 지구질량중심을 원점으로 하는 3차원 직교좌표 체계를 사용한다.
④ 정지측량, 신속정지측량, 이동측량 등으로 측위방법을 구분할 수 있다.

해설 VRS 측위는 절대측위 방식이 아닌 상대측위 방식인 RTK 측량의 일종이다. VRS 측위는 전국의 위성 기준점을 이용해 가상 기준점을 생성하고 이 가상 기준점과 이동국과 통신하여 정밀한 이동국의 위치를 결정하는 측량방법이다.

30 측량에 있어 미지값을 관측할 경우에 나타나는 오차와 관련된 설명으로 틀린 것은?
① 경중률은 분산에 반비례한다.
② 경중률은 반복 관측일 경우 각 관측값 간의 편차를 의미한다.
③ 일반적으로 큰 오차가 생길 확률은 작은 오차가 생길 확률보다 매우 작다.
④ 표준편차는 각과 거리 같은 1차원의 경우에 대한 정밀도의 척도이다.

해설 경중률은 반복관측일 경우 각 관측값 간의 신뢰도를 의미한다.

31 삼각측량과 삼변측량에 대한 설명으로 틀린 것은?
① 삼변측량은 변 길이를 관측하여 삼각점의 위치를 구하는 측량이다.
② 삼각측량의 삼각망 중 가장 정확도가 높은 망은 사변형삼각망이다.
③ 삼각점의 선점 시 기계나 측표가 동요할 수 있는 습지나 하상은 피한다.
④ 삼각점의 등급을 정하는 주된 목적은 표석설치를 편리하게 하기 위함이다.

해설 삼각측량의 등급을 정하는 목적은 측량의 중요도에 맞는 정밀도로 경제적인 측량을 하기 위함이다.

해답 26. ① 27. ④ 28. ④ 29. ② 30. ② 31. ④

32 삭제문제

출제기준 변경으로 인해 삭제됨

33 수준측량의 부정오차에 해당되는 것은?
① 기포의 순간 이동에 의한 오차
② 기계의 불완전 조정에 의한 오차
③ 지구곡률에 의한 오차
④ 빛의 굴절에 의한 오차

해설 부정오차란 그 크기가 정해지지 않아 우연히 발생하는 오차이다. 여기서 ②, ③, ④는 모두 오차의 크기가 결정되므로 제거할 수 있는 오차이다. 기포의 순간이동에 의한 오차나 온도가 계속 변화되어 발생하는 오차는 부정오차이다.

34 측점 A에 토털스테이션을 정치하고 B점에 설치한 프리즘을 관측하였다. 이때 기계고 1.7m, 고저각 +15°, 시준고 3.5m, 경사거리가 2,000m이었다면, 두 측점의 고저차는?
① 495.838m
② 515.838m
③ 535.838m
④ 555.838m

해설 높이차(H) $= i + \ell \cdot \sin\theta - z$
$= 1.7 + 2,000 \times \sin 15° - 3.5$
$= 515.838\text{m}$

35 도면에서 곡선에 둘러싸여 있는 부분의 면적을 구하기에 가장 적합한 방법은?
① 좌표법에 의한 방법
② 배횡거법에 의한 방법
③ 삼사법에 의한 방법
④ 구적기에 의한 방법

해설 ①, ②, ③은 직선으로 둘러싸인 부분의 면적을 구하는 방법이다. 곡선으로 둘러싸인 면적은 구적기를 사용하면 쉽게 구할 수 있다.

36 하천측량에 대한 설명으로 옳지 않은 것은?
① 수위관측소의 위치는 지천의 합류점 및 분류점으로서 수위의 변화가 일어나기 쉬운 곳이 적당하다.
② 하천측량에서 수준측량을 할 때의 거리표는 하천의 중심에 직각 방향으로 설치한다.
③ 심천측량은 하천의 수심 및 유수부분의 하저상황을 조사하고 횡단면도를 제작하는 측량을 말한다.
④ 하천측량 시 처음에 할 일은 도상 조사로서 유로 상황, 지역면적, 지형, 토지이용 상황 등을 조사하여야 한다.

해설 수위관측소의 위치는 지천의 합류점이나 분류점 같은 수위변화가 일어나기 쉬운 곳은 피한다.

37 트래버스 측량의 결과로 위거 오차 0.4m, 경거 오차 0.3m를 얻었다. 총 측선의 길이가 1,500m이었다면 폐합비는?
① 1/2,000
② 1/3,000
③ 1/4,000
④ 1/5,000

해설 폐합비(R) $= \dfrac{E}{\Sigma\ell}$
$= \dfrac{\sqrt{0.3^2 + 0.4^2}}{1,500}$
$= \dfrac{1}{3,000}$

38 그림과 같은 수준환에서 직접수준측량에 의하여 표와 같은 결과를 얻었다. D점의 표고는? (단, A점의 표고는 20m, 경중률은 동일)

구분	거리(km)	표고(m)
A→B	3	B=12.401
B→C	2	C=11.275
C→D	1	D=9.780
D→A	2.5	A=20.044

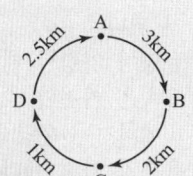

① 6.877m
② 8.327m
③ 9.749m
④ 10.586m

해답 32. 삭제문제 33. ① 34. ② 35. ④ 36. ① 37. ② 38. ③

해설
① 폐합오차 = 20.044 − 20 = 0.044m
② 측선간의 경중률은 동일하므로 조정량은 측선거리에 비례

$$D_H = -E \times \frac{A \sim D}{\Sigma\ell}$$
$$= -0.044 \times \frac{6}{8.5} = -0.031$$

③ $H_D = 9.780 - 0.031 = 9.749$m

39 캔트가 C인 노선에서 설계속도와 반지름을 모두 2배로 할 경우, 새로운 캔트 C'는?
① $\frac{C}{2}$ ② $\frac{C}{4}$
③ $2C$ ④ $4C$

해설 $C = \frac{sV^2}{gR}$에서 V와 R을 2로 하면
$C' = \frac{2^2}{2} \cdot C = 2C$

40 지형측량에서 등고선의 성질에 대한 설명으로 옳지 않은 것은?
① 등고선은 절대 교차하지 않는다.
② 등고선은 지표의 최대 경사선 방향과 직교한다.
③ 동일 등고선 상에 있는 모든 점은 같은 높이이다.
④ 등고선간의 최단거리의 방향은 그 지표면의 최대 경사의 방향을 가리킨다.

해설 등고선은 동굴이나 절벽을 제외하고는 교차하지 않는다.

수리학 및 수문학

41 개수로 흐름에 대한 설명으로 틀린 것은?
① 한계류 상태에서는 수심의 크기가 속도수두의 2배가 된다.
② 유량이 일정할 때 상류에서는 수심이 작아질수록 유속은 커진다.
③ 비에너지는 수평기준면을 기준으로 한 단위무게의 유수가 가진 에너지를 말한다.
④ 흐름이 사류에서 상류로 바뀔 때에는 도수와 함께 큰 에너지 손실을 동반한다.

해설 비에너지(H_e)
① 비에너지는 수로바닥을 기준으로 한 단위무게의 유수가 가진 에너지를 말한다.
② $H_e = h + \alpha\frac{V^2}{2g}$

42 밀도가 p인 유체가 일정한 유속 V_O로 수평방향으로 흐르고 있다. 이 유체 속에 지름 d, 길이 ℓ인 원주가 그림과 같이 놓였을 때 원주에 작용되는 항력(抗力)을 구하는 공식은?(단, C_D는 항력계수)

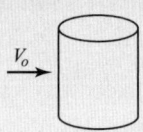

① $C_D \cdot \frac{\pi d^2}{4} \cdot \frac{\rho V_O}{2}$ ② $C_D \cdot d \cdot \ell \cdot \frac{\rho V_O^2}{2}$
③ $C_D \cdot \frac{\pi d^2}{4} \cdot \ell \cdot \frac{\rho V_O}{2}$ ④ $C_D \cdot \pi d \cdot \ell \cdot \frac{\rho V_O}{2}$

해설 항력(D)
① $D = C_D \cdot A \cdot \frac{\rho V_o^2}{2}$
② $A = $ 투영면적($d \times \ell$)

43 폭 3.5m, 수심 0.4m인 직사각형 수로의 Francis 공식에 의한 유량은?(단, 접근유속을 무시하고 양단수축이다.)
① 1.59m³/s ② 2.04m³/s
③ 2.19m³/s ④ 2.34m³/s

해설
$Q = 1.84 b_o h^{3/2}$
$b_o = b - 0.1nh$
$= 3.5 - 0.1 \times 2 \times 0.4$
$= 3.42$
$Q = 1.84 \times 3.42 \times 0.4^{3/2}$
$= 1.59$m³/sec

해답 39. ③ 40. ① 41. ③ 42. ② 43. ①

44 개수로에서 단면적이 일정할 때 수리학적으로 유리한 단면에 해당되지 않는 것은? (단, H : 수심, R_h : 동수반경, l : 측면의 길이, B : 수면폭, P : 윤변, θ : 측면의 경사)

① H를 반지름으로 하는 반원에 외접하는 직사각형 단면
② R_h가 최대 또는 P가 최소인 단면
③ $H = B/2$이고 $R_h = B/2$인 직사각형 단면
④ $l = B/2$, $R_h = H/2$, $\theta = 60°$인 사다리꼴 단면

해설 수리학적으로 유리한 단면(직사각형 단면)
① 조건 : $B = 2H$
② 경심 : $R_h = \dfrac{A(유수단면적)}{P(윤변)}$
$= \dfrac{H \times 2H}{H + 2H + H} = \dfrac{H}{2}$

45 Thiessen 다각형에서 각각의 면적이 20km², 30km², 50km²이고, 이에 대응하는 강우량이 각각 40mm, 30mm, 20mm일 때, 이 지역의 면적평균 강우량은?

① 25mm ② 27mm
③ 30mm ④ 32mm

해설 $P = \dfrac{A_1 P_1 + A_2 P_2 + A_3 P_3}{A_1 + A_2 + A_3}$
$= \dfrac{20 \times 40 + 30 \times 30 + 50 \times 20}{20 + 30 + 50}$
$= 27\text{mm}$

46 미소진폭파(small-amplitude wave)이론을 가정할 때, 일정 수심 h의 해역을 전파하는 파장 L, 파고 H, 주기 T의 파랑에 대한 설명 중 틀린 것은?

① h/L이 0.05보다 작을 때, 천해파로 정의한다.
② h/L이 1.0보다 클 때, 심해파로 정의한다.
③ 분산관계식은 L, h 및 T 사이의 관계를 나타낸다.
④ 파랑의 에너지는 H^2에 비례한다.

해설 심해파는 수심 > $\dfrac{1}{2}$ 파장인 경우를 심해파라 한다.

47 면적 10km²인 저수지의 수면으로부터 2m 위에서 측정된 대기의 평균온도가 25℃, 상대습도가 65%, 풍속이 4m/s일 때 증발률이 1.44mm/day이었다면 저수지 수면에서 일증발량은?

① 9,360m³/day ② 3,600m³/day
③ 7,200m³/day ④ 14,400m³/day

해설 일증발량 = 증발율×수면적
$= 1.44 \times 10^{-3} \times 10 \times 1,000^2$
$= 14,400\text{m}^3/\text{day}$

48 정상류의 흐름에 대한 설명으로 옳은 것은?

① 흐름특성이 시간에 따라 변하지 않는 흐름이다.
② 흐름특성이 공간에 따라 변하지 않는 흐름이다.
③ 흐름특성이 단면에 관계없이 동일한 흐름이다.
④ 흐름특성이 시간에 따라 일정한 비율로 변하는 흐름이다.

해설 정상류
① 정상류란 흐름특성이 시간의 변화에 따라 변하지 않는 흐름을 말한다.
② 정상류에는 등류와 부등류가 있으며 등류는 흐름특성이 공간의 변화에 따라 변하지 않고, 부등류는 흐름특성이 공간의 변화에 따라 변하는 흐름을 말한다.

49 지하수의 투수계수에 영향을 주는 인자로 거리가 먼 것은?

① 토양의 평균입경 ② 지하수의 단위중량
③ 지하수의 점성계수 ④ 토양의 단위중량

해설 투수계수 영향인자 : 토양의 평균 입경, 지하수의 단위 중량, 점성계수, 지하수 온도 등

50 차원계를 [MLT]에서 [FLT]로 변환할 때 사용하는 식으로 옳은 것은?

① $[M] = [LFT]$ ② $[M] = [L^{-1}FT^2]$
③ $[M] = [LFT^2]$ ④ $[M] = [L^2FT]$

해설 상호 교환인자 $F = ma$
즉 $F = MLT^{-2}$ 또는 $M = L^{-1}FT^2$이다.

해답 44. ③ 45. ② 46. ② 47. ④ 48. ① 49. ④ 50. ②

51 수면 높이차가 항상 20m인 두 수조가 지름 30cm, 길이 500m, 마찰손실계수가 0.03인 수평관으로 연결되었다면 관 내의 유속은?(단, 마찰, 단면 급확대 및 급축소에 따른 손실을 고려한다.)

① 2.76m/s ② 4.72m/s
③ 5.76m/s ④ 6.72m/s

해설
$$V = \sqrt{\frac{2gh}{f_o + f\frac{\ell}{D} + f_i}}$$
$$= \sqrt{\frac{2 \times 9.8 \times 20}{1 + 0.03 \times \frac{500}{0.3} + 0.5}}$$
$$= 2.75 \text{m/sec}$$

52 그림에서 배수구의 면적이 5cm²일 때 물통에 작용하는 힘은?(단, 물의 높이는 유지되고, 손실은 무시한다.)

① 1N
② 10N
③ 100N
④ 102N

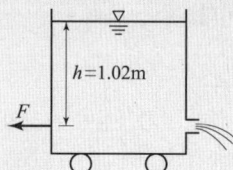

해설
$F = P \cdot A$
$= w \cdot h_G \cdot A$
$= 1 \times 1.02 \times 5 \times 10^{-4}$
$= 5.1 \times 10^{-4} t = 0.51 \text{kg}$
$= 0.51 \times 9.8 = 5\text{N}$
작용력+반작용력=10N

53 수심 H에 위치한 작은 오리피스(orifice)에서 물이 분출할 때 일어나는 손실수두(Δh)의 계산식으로 틀린 것은?(단, V_a는 오리피스에서 측정된 유속이며 C_v는 유속계수이다.)

① $\Delta h = H - \frac{V_a^2}{2g}$ ② $\Delta h = H(1 - C_v^2)$
③ $\Delta h = \frac{V_a^2}{2g}\left(\frac{1}{C_v^2} - 1\right)$ ④ $\Delta h = \frac{V_a^2}{2g}\left(\frac{1}{C_v^2 + 1}\right)$

해설 손실수두(Δh)
① $\Delta h = H - \frac{V_a^2}{2g}$
$= H - \frac{(C_v\sqrt{2gH})^2}{2g} = H(1 - C_v^2)$

② $V_a = C_v\sqrt{2gH}$ 양변에 제곱
$V_a^2 = C_v^2 \cdot 2gH \Rightarrow H = \frac{V_a^2}{C_v^2 \cdot 2g}$
$\Delta h = H - \frac{V_a^2}{2g}$
$= \frac{V_a^2}{C_v^2 \cdot 2g} - \frac{V_a^2}{2g} = \frac{V_a^2}{2g}\left(\frac{1}{C_v^2} - 1\right)$

54 그림과 같이 정수 중에 있는 판에 작용하는 전수압을 계산하는 식은?

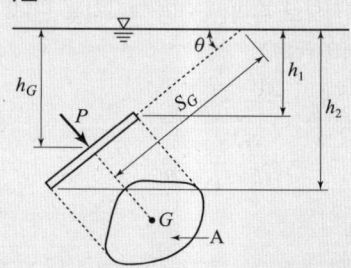

① $P = \gamma S_G A$ ② $P = \gamma \frac{h_1 + h_2}{2} A$
③ $P = \gamma h_G A$ ④ $P = \gamma h_G A \sin\theta$

해설 전수압(P)
① $P = \gamma \cdot h_G \cdot A$
② h_G=수면에서 판의 도심까지 연직거리

55 다음 중에서 차원이 다른 것은?
① 증발량 ② 침투율
③ 강우강도 ④ 유출량

해설 증발량= mm/day = LT^{-1}
침투율= cm/hr = LT^{-1}
강우강도= mm/hr = LT^{-1}
유출량= cm³/sec = L^3T^{-1}

56 두께가 10m인 피압대수층에서 우물을 통해 양수한 결과, 50m 및 100m 떨어진 두 지점에서 수면강하가 각각 20m 및 10m로 관측되었다. 정상상태를 가정할 때 우물의 양수량은?(단, 투수계수는 0.3m/hr)

① 7.6×10^{-2} m³/s ② 6.0×10^{-3} m³/s
③ 9.4 m³/s ④ 21.6 m³/s

해답 51. ① 52. ② 53. ④ 54. ③ 55. ④ 56. ①

해설 굴착정(Q)

$$Q = 2\pi b k \frac{(H-h_o)}{l_n\left(\frac{R}{r_o}\right)}$$

$$= 2\times\pi\times 10\times 0.3\times \frac{(20-10)}{l_n\left(\frac{100}{50}\right)}$$

$$= \frac{271.9\text{m}^3}{\text{hr}}\times\frac{\text{hr}}{3600\text{sec}} = 7.5\times 10^{-2}\text{m}^3/\text{sec}$$

★ 57 폭이 넓은 하천에서 수심이 2m이고 경사가 $\frac{1}{200}$인 흐름의 소류력(tractive force)은?

① 98N/m² ② 49N/m²
③ 196N/m² ④ 294N/m²

해설 소류력(τ)
① 물의 단위중량 = 9,800N/m³
② 하천 폭이 매우 넓다면 경심과 수심의 크기는 같다.
③ $\tau = wRI = \frac{9,800\text{N}}{\text{m}^3}\times 2\text{m}\times\frac{1}{200} = 98\text{N/m}^2$

★ 58 강우량자료를 분석하는 방법 중 이중누가곡선법에 대한 설명으로 옳은 것은?
① 평균강수량을 산정하기 위하여 사용한다.
② 강수의 지속기간을 구하기 위하여 사용한다.
③ 결측자료를 보완하기 위하여 사용한다.
④ 강수량자료의 일관성을 검증하기 위하여 사용한다.

해설 이중누가우량곡선법은 강수량 자료의 일관성을 검증하는 방법이다.

59 지름이 4cm인 원형관 속에 물이 흐르고 있다. 관로 길이 1.0m 구간에서 압력강하가 0.1N/m²이었다면 관벽의 마찰응력은?

① 0.001N/m² ② 0.002N/m²
③ 0.01N/m² ④ 0.02N/m²

해설 마찰응력(τ)
① $R = \frac{D}{4} = \frac{0.04}{4}$, $\Delta h = \frac{\Delta P}{w} = \frac{0.1\text{N/m}^2}{9,800\text{N/m}^3}$
② $\tau = wRI = wR(\Delta h/\ell)$
$= 9,800\times\frac{0.04}{4}\times\frac{\frac{0.1}{9,800}}{1} = 0.001\text{N/m}^2$

60 관수로 흐름에서 난류에 대한 설명으로 옳은 것은?
① 마찰손실계수는 레이놀즈수만 알면 구할 수 있다.
② 관벽 조도가 유속에 주는 영향은 층류일 때보다 작다.
③ 관성력의 점성력에 대한 비율이 층류의 경우보다 크다.
④ 에너지 손실은 주로 난류효과보다 유체의 점성 때문에 발생된다.

해설
① $R_e = \frac{VD}{\nu} = \frac{\text{관성력}}{\text{점성력}}$
② 층류: $R_e \leq 2,000$, 난류: $R_e > 4,000$
③ 관성력의 점성력에 대한 비율은 난류일수록 큰 것을 의미한다.

철근콘크리트 및 강구조

61 아래의 표와 같은 조건의 경량콘크리트를 사용할 경우 경량 콘크리트계수(λ)로 옳은 것은?

<조건>
• 콘크리트 설계기준 압축강도(f_{ck}): 24MPa
• 콘크리트 인장강도(f_{sp}): 2.17MPa

① 0.72 ② 0.75
③ 0.79 ④ 0.85

해설 쪼갬인장강도가 주어졌으므로
$$\lambda = \frac{f_{sp}}{0.56\sqrt{f_{ck}}} = \frac{2.17}{0.56\sqrt{24}} \simeq 0.79$$

★ 62 유효깊이(d)가 910mm인 아래 그림과 같은 단철근 T형보의 설계휨강도(ϕM_n)를 구하면?(단, 인장철근량(A_s)은 7,652mm², f_{ck}=21MPa, f_y=350MPa, 인장지배단면으로 ϕ=0.85, 경간은 3,040mm이다.)

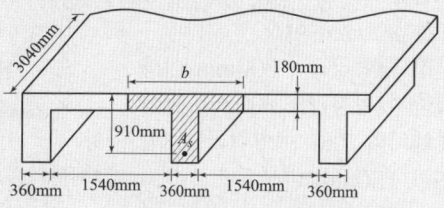

① 1,803kN·m ② 1,845kN·m
③ 1,883kN·m ④ 1,981kN·m

해답 57. ① 58. ④ 59. ① 60. ③ 61. ③ 62. ②

해설 1) 플랜지 유효 폭
① $16t_f + b_w = 16 \times 180 + 360 = 3,240$mm
② 양쪽슬래브 중심간 거리
$= \dfrac{1,540}{2} + 360 + \dfrac{1,540}{2} = 1,900$mm
③ 보의 경간 $\times \dfrac{1}{4} = 3,040 \times \dfrac{1}{4} = 760$mm
∴ 위의 값 중 최솟값이 플랜지 유효폭 = 760mm

2) T형보의 판정 : 폭 b인 단철근 직사각형 보로 보고 등가 직사각형 응력 블록 깊이를 구하면
① $f_{ck} \leq 40$MPa $\Rightarrow \eta = 1.0$
② $a = \dfrac{A_s f_y}{\eta(0.85 f_{ck})b}$
$= \dfrac{7,652 \times 350}{1.0 \times 0.85 \times 21 \times 760} = 197.42$mm
∴ T형보로 설계한다. ($\because a > t_f = 180$mm)

3) 설계 휨 강도
① $A_{sf} = \dfrac{\eta 0.85 f_{ck}(b - b_w)t_f}{f_y}$
$= \dfrac{1.0 \times 0.85 \times 21 \times (760 - 360) \times 180}{350}$
$= 3,672$mm²
② $a = \dfrac{(A_s - A_{sf})f_y}{\eta(0.85 f_{ck})b_w}$
$= \dfrac{(7,652 - 3,672) \times 350}{1.0 \times 0.85 \times 21 \times 360} \fallingdotseq 216.78$mm
③ $\phi M_n = \phi\left[A_{sf}f_y\left(d - \dfrac{t_f}{2}\right) + (A_s - A_{sf})f_y\left(d - \dfrac{a}{2}\right)\right]$
$= 0.85\left[3,672 \times 350 \times \left(910 - \dfrac{180}{2}\right)\right.$
$\left. + (7,652 - 3,672) \times 350 \times \left(910 - \dfrac{216.78}{2}\right)\right]$
$= 1,844.93 \times 10^6$N·mm $\fallingdotseq 1,845$kN·m

63 이형 철근의 정착길이에 대한 설명으로 틀린 것은? (단, d_b = 철근의 공칭지름)
① 표준갈고리가 있는 인장 이형철근 : $10d_b$ 이상, 또한 200mm 이상
② 인장 이형철근 : 300mm 이상
③ 압축 이형철근 : 200mm 이상
④ 확대머리 인장 이형철근 : $8d_b$ 이상, 또한 150mm 이상

해설 표준갈고리가 있는 인장 이형철근의 최소정착길이 : $8d_b$ 이상, 150mm 이상

64 리벳으로 연결된 부재에서 리벳이 상·하 두 부분으로 절단되었다면 그 원인은?
① 연결부의 인장파괴 ② 리벳의 압축파괴
③ 연결부의 지압파괴 ④ 리벳의 전단파괴

해설 리벳이 상·하 두 부분으로 절단되는 원인은 리벳의 전단 파괴 때문이다.

★★★
65 그림과 같은 맞대기 용접의 용접부에 발생하는 인장응력은?

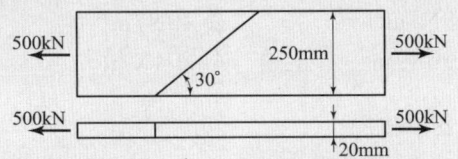

① 100MPa ② 150MPa
③ 200MPa ④ 220MPa

해설 $f_t = \dfrac{P}{\sum al} = \dfrac{500 \times 10^3}{20 \times 250} = 100$MPa

66 아래 그림과 같은 단철근 직사각형보에서 최외단 인장철근의 순인장변형률(ε_t)는? (단, $A_s = 2,028$mm², $f_{ck} = 35$MPa, $f_y = 400$MPa)

① 0.00432
② 0.00648
③ 0.00948
④ 0.00934

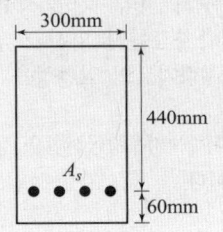

해설 1) 등가직사각형 응력블록깊이(a)
① $f_{ck} \leq 40$MPa $\Rightarrow \eta = 1.0$, $\beta_1 = 0.8$
② $a = \dfrac{A_s f_y}{\eta(0.85 f_{ck})b}$
$= \dfrac{2,028 \times 400}{1.0 \times 0.85 \times 35 \times 300} = 90.89$mm

2) 최외단 인장철근의 순인장변형률(ϵ_t)
① $c = \dfrac{a}{\beta_1} = \dfrac{90.89}{0.8} = 113.613$mm
② $\epsilon_t = \epsilon_{cu}\left(\dfrac{d-c}{c}\right) = 0.0033\left(\dfrac{440 - 113.613}{113.613}\right) = 0.00948$

해답 63. ①　64. ④　65. ①　66. ③

67 프리스트레스의 손실 원인 중 프리스트레스 도입 후 시간이 경과함에 따라서 생기는 것은 어느 것인가?
① 콘크리트의 탄성수축
② 콘크리트의 크리프
③ PS 강재와 쉬스의 마찰
④ 정착단의 활동

해설 프리스트레스 도입 후 생기는 손실(시간적 손실)
(1) 콘크리트의 건조수축에 의한 손실
(2) 콘크리트의 크리프에 의한 손실
(3) PS 강재의 릴랙세이션에 의한 손실

68 다음과 같은 띠철근 단주 단면의 공칭 축하중 강도(P_n)는?(단, 종방향 철근(A_{st})=4-D29=2,570mm², f_{ck}=21MPa, f_y=400MPa)

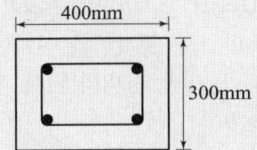

① 3,331.7kN   ② 3,070.5kN
③ 2,499.3kN   ④ 2,187.2kN

해설 $P_n = 0.80\{0.85f_{ck}(A_g - A_{st}) + f_y A_{st}\}$
$= 0.8 \times \{0.85 \times 21 \times (400 \times 300 - 2,570) + 400 \times 2,570\}$
$= 2,499,300\,\text{N} = 2,499.3\,\text{kN}$

69 폭(b)이 250mm이고, 전체높이(h)가 500mm인 직사각형 철근콘크리트 보의 단면에 균열을 일으키는 비틀림모멘트 T_{cr}는 약 얼마인가?(단, f_{ck}=28MPa이다.)
① 9.8kN·m   ② 11.3kN·m
③ 12.5kN·m   ④ 18.4kN·m

해설 $T_{cr} = \left(\dfrac{\sqrt{f_{ck}}}{3}\right)\dfrac{A_{cp}^2}{p_{cp}} = \left(\dfrac{\sqrt{f_{ck}}}{3}\right) \cdot \dfrac{(bh)^2}{2(b+h)}$
$= \left(\dfrac{\sqrt{28}}{3}\right) \times \dfrac{(250 \times 500)^2}{2 \times (250+500)}$
$= 18,372,916\,\text{N·mm} \simeq 18.4\,\text{kN·m}$

70 그림과 같이 단면의 중심에 PS강선이 배치된 부재에 자중을 포함한 계수하중(w) 30kN/m가 작용한다. 부재의 연단에 인장응력이 발생하지 않으려면 PS강선에 도입되어야 할 긴장력(P)은 최소 얼마 이상인가?

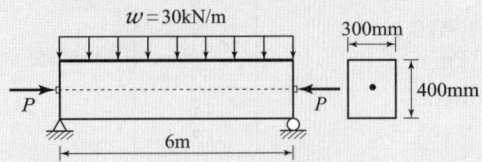

① 2,005kN   ② 2,025kN
③ 2,045kN   ④ 2,065kN

해설 $f_{하연} = \dfrac{P}{A} - \dfrac{M}{Z} \geq 0$에서

$P \geq \dfrac{AM}{Z} = \dfrac{bh \times \left(\dfrac{wl^2}{8}\right)}{\dfrac{bh^2}{6}} = \dfrac{3wl^2}{4h} = \dfrac{3 \times 30 \times 6^2}{4 \times 0.4}$
$= 2,025\,\text{kN}$

71 그림과 같은 포스트텐션 보에서 마찰에 의한 B점의 프리스트레스 감소량(ΔP)의 크기는?(단, 긴장단에서 긴장재의 긴장력(P_{pj})=1,000kN, 근사식을 사용하며, 곡률마찰계수(μ_p)=0.3/rad, 파상마찰계수(K)=0.004/m)

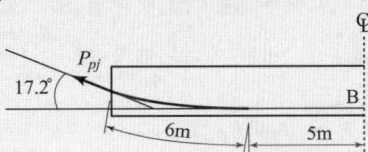

① 54.68kN   ② 81.23kN
③ 118.17kN   ④ 141.74kN

해설 (1) B점의 긴장력
$P_B = \dfrac{P_{pj}}{1+\mu\alpha+kx} = \dfrac{1,000}{1+0.3 \times 17.2\left(\dfrac{\pi}{180}\right)+0.004(6+5)}$
$= 881.788\,\text{kN}$
(2) 손실량
$\Delta P = P_{pj} - P_B = 1,000 - 881.788 \simeq 118.21\,\text{kN}$

해답 67. ②   68. ③   69. ④   70. ②   71. ③

3 2017년 과년도출제문제

72 $A_s = 3,600mm^2$, $A_s' = 1,200mm^2$로 배근된 그림과 같은 복철근 보의 탄성처짐이 12mm라 할 때 5년 후 지속하중에 의해 유발되는 추가 장기처짐은 얼마인가?

① 36mm
② 18mm
③ 12mm
④ 6mm

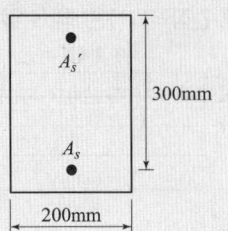

해설 장기처짐 = 탄성처짐 × $\dfrac{\xi}{1+50\rho'}$

$= 12 \times \dfrac{2.0}{1+50 \times \dfrac{1,200}{200 \times 300}}$

$= 12\,\text{mm}$

73 강도설계법에 대한 기본가정 중 옳지 않은 것은?

① 철근 및 콘크리트의 변형률은 중립축으로부터의 거리에 비례한다.
② 콘크리트의 인장강도는 휨계산에서 무시한다.
③ 압축 측 연단에서 콘크리트의 극한변형률은 0.0033으로 가정한다.
④ 항복강도 f_y 이하에서 철근의 응력은 그 변형률에 관계없이 f_y와 같다고 가정한다.

해설 항복강도 f_y 이하에서 철근의 응력은 그 변형률의 E_s 배를 취한다.
∴ $f_s \leq f_y \Rightarrow f_s = E_s \epsilon_s$

74 철근콘크리트 구조물에서 연속 휨부재의 모멘트 재분배를 하는 방법에 대한 다음 설명 중 틀린 것은?

① 근사해법에 의하여 휨모멘트를 계산한 경우에는 연속 휨부재의 모멘트 재분배를 할 수 없다.
② 휨모멘트를 감소시킬 단면에서 최외단 인장철근의 순인장변형률 ϵ_t가 0.0075 이상인 경우에만 가능하다.
③ 경간내의 단면에 대한 휨모멘트의 계산은 수정된 부모멘트를 사용하여야 한다.
④ 재분배량은 산정된 부모멘트의 $20\left[1-\dfrac{\rho-\rho'}{\rho_b}\right]\%$이다.

해설 연속 휨부재의 부모멘트 재분배
(1) 근사해법에 의해 휨모멘트를 계산한 경우를 제외하고, 어떠한 가정의 하중을 적용하여 탄성이론에 의하여 산정된 연속 휨부재 받침부의 부모멘트는 20% 이내에서 $1,000\epsilon_t\%$만큼 증가 또는 감소시킬 수 있다.
(2) 경간 내의 단면에 대한 휨모멘트의 계산은 수정된 부모멘트를 사용하여야 한다.
(3) 부모멘트의 재분배는 휨모멘트를 감소시킬 단면에서 최외단 인장철근의 순인장 변형률 ϵ_t가 0.0075 이상인 경우에만 가능하다.

75 계수전단력(V_u)이 콘크리트에 의한 설계전단 강도(ϕV_c)의 1/2을 초과하는 철근콘크리트 휨부재에는 최소 전단철근을 배치하도록 규정하고 있다. 다음 중 이 규정에서 제외되는 경우에 대한 설명으로 틀린 것은?

① 슬래브와 기초판
② 전체 깊이가 400mm 이하인 보
③ I형보, T형보에서 그 깊이가 플랜지 두께의 2.5배 또는 복부폭의 1/2 중 큰 값 이하인 보
④ 교대 벽체 및 날개벽, 옹벽의 벽체, 암거 등과 같이 휨이 주거동인 판 부재

해설 전체 깊이가 250mm 이하인 경우 최소 전단철근을 배치하지 않는다.

76 옹벽의 설계 및 해석에 대한 설명으로 틀린 것은?

① 옹벽 저판의 설계는 슬래브의 설계방법 규정에 따라 수행하여야 한다.
② 앞 부벽식 옹벽에서 앞 부벽은 직사각형 보로 설계한다.
③ 부벽식 옹벽의 전면벽은 3변 지지된 2방향 슬래브로 설계할 수 있다.
④ 옹벽은 상재하중, 뒷채움 흙의 중량, 옹벽의 자중 및 옹벽에 작용하는 토압, 필요에 따라서 수압에도 견디도록 설계하여야 한다.

해설 옹벽 저판의 설계
(1) 캔틸레버식 옹벽 : 접합부를 고정단으로 하는 캔틸레버로 설계
(2) 부벽식 옹벽 : 고정보나 연속보로 설계

해답 72. ③ 73. ④ 74. ④ 75. ② 76. ①

77
그림과 같은 복철근 보의 유효깊이(d)는? (단, 철근 1개의 단면적은 250mm²이다.)

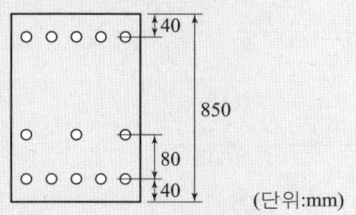

① 730mm ② 740mm
③ 760mm ④ 780mm

해설
$$d = \frac{3(850-120) + 5(850-40)}{3+5} = 780\,mm$$

78
순단면이 볼트의 구멍 하나를 제외한 단면(즉, A-B-C 단면)과 같도록 피치(s)를 결정하면?
(단, 구멍의 직경은 22mm이다.)

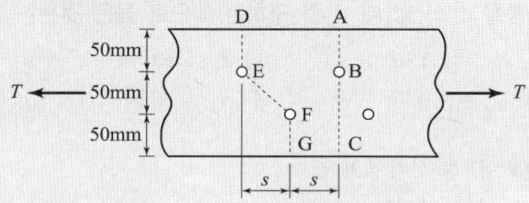

① 114.9mm ② 90.6mm
③ 66.3mm   ④ 50mm

해설 순단면이 같으려면 순폭이 같아야 하므로
$$b_g - d - \left(d - \frac{s^2}{4g}\right) = b_g - d \text{ 에서 } d - \frac{s^2}{4g} = 0$$
$$s = \sqrt{4gd} = \sqrt{4 \times 50 \times 22} \simeq 66.3\,mm$$

79
활하중 20kN/m, 고정하중 30kN/m를 지지하는 지간 8m의 단순보에서 계수모멘트(M_u)는?(단, 하중계수와 하중조합을 고려할 것)

① 512kN·m ② 544kN·m
③ 576kN·m ④ 605kN·m

해설
$$M_u = \frac{w_u l^2}{8} = \frac{68 \times 8^2}{8} = 544\,kN \cdot m$$
$$\begin{bmatrix} w_u = 1.2w_d + 1.6w_l \\ = 1.2 \times 30 + 1.6 \times 20 \\ = 68\,kN/m \end{bmatrix}$$

80
1방향 슬래브에 대한 설명으로 틀린 것은?

① 1방향 슬래브의 두께는 최소 80mm 이상으로 하여야 한다.
② 4변에 의해 지지되는 2방향 슬래브 중에서 단변에 대한 장변의 비가 2배를 넘으면 1방향 슬래브로서 해석한다.
③ 슬래브의 정모멘트 철근 및 부모멘트 철근의 중심 간격은 위험단면에서는 슬래브 두께의 2배 이하이어야 하고, 또한 300mm 이하로 하여야 한다.
④ 슬래브의 정모멘트 철근 및 부모멘트 철근의 중심 간격은 위험단면을 제외한 단면에서는 슬래브 두께의 3배 이하이어야 하고, 또한 450mm 이하로 하여야 한다.

해설 1방향 슬래브의 두께는 최소 100mm 이상으로 해야 한다.

토질 및 기초

81
어떤 굳은 점토층을 깊이 7m까지 연직 절토하였다. 이 점토층의 일축압축 강도가 1.4kg/cm², 흙의 단위 중량이 2t/m³라 하면 파괴에 대한 안전율은? (단, 내부마찰각은 30°)

① 0.5 ② 1.0
③ 1.5 ④ 2.0

해설
① 일축압축강도의 단위환산
$1.4\,kg/cm^2 = 14\,t/m^2$
② 한계고(H_c)
$$H_c = \frac{2q_u}{\gamma_t} = \frac{2 \times 14}{2} = 14\,m$$
여기서, q_u : 일축 압축강도
③ 안전율(F_s)
$$F_s = \frac{H_c}{H} = \frac{14}{7} = 2.0$$

해답 77. ④ 78. ③ 79. ② 80. ① 81. ④

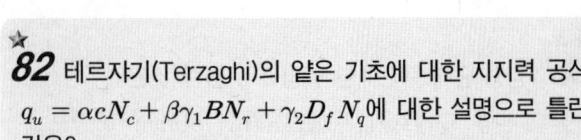

82 테르쟈기(Terzaghi)의 얕은 기초에 대한 지지력 공식 $q_u = \alpha c N_c + \beta \gamma_1 B N_r + \gamma_2 D_f N_q$에 대한 설명으로 틀린 것은?

① 계수 α, β를 형상 계수라 하며 기초의 모양에 따라 결정된다.
② 기초의 깊이 D_f가 클수록 극한지지력도 이와 더불어 커진다고 볼 수 있다.
③ N_c, N_r, N_q는 지지력 계수라 하는데 내부마찰각과 점착력에 의해서 정해 진다.
④ γ_1, γ_2는 흙의 단위 중량이며 지하수위 아래에서는 수중단위 중량을 써야 한다.

해설 N_c, N_r, N_q는 지지력계수로서 흙의 내부마찰각(ϕ)에 의해서 결정된다.

83 자연상태의 모래지반을 다져 $e_{\min}$에 이르도록 했다면 이 지반의 상대밀도는?
① 0% ② 50%
③ 75% ④ 100%

해설 상대밀도(D_r)
$D_r = \dfrac{e_{\max} - e}{e_{\max} - e_{\min}} \times 100$에서 $e = e_{\min}$을 대입하면
$D_r = \dfrac{e_{\max} - e_{\min}}{e_{\max} - e_{\min}} \times 100 = 100\%$
즉, 간극비가 $e_{\min}$이 되면, 가장 촘촘한 상태가 되므로 상대밀도는 100%이다.

84 간극비(e)와 간극률(n, %)의 관계를 옳게 나타낸 것은?
① $e = \dfrac{1 - n/100}{n/100}$ ② $e = \dfrac{n/100}{1 - n/100}$
③ $e = \dfrac{1 + n/100}{n/100}$ ④ $e = \dfrac{1 + n/100}{1 - n/100}$

해설 ① 간극비(e)
공극비와 공극률의 상호 관계식에서
$e = \dfrac{V_v}{V_s} = \dfrac{V_v}{V - V_v} = \dfrac{\dfrac{V_v}{V}}{\dfrac{V}{V} - \dfrac{V_v}{V}}$
$= \dfrac{\dfrac{n}{100}}{1 - \dfrac{n}{100}} = \dfrac{n}{100 - n}$

② 간극률(n)
$n = \dfrac{V_v}{V} \times 100 = \dfrac{V_v}{V_s + V_v} \times 100 = \dfrac{\dfrac{V_v}{V_s}}{\dfrac{V_s}{V_s} + \dfrac{V_v}{V_s}} \times 100$
$= \dfrac{e}{1 + e} \times 100$

85 Sand drain 공법의 지배 영역에 관한 Barron의 정사각형의 배치에서 사주(Sand pile)의 간격을 d, 유효원의 지름을 d_e라 할 때 d_e를 구하는 식으로 옳은 것은?
① $d_e = 1.13d$ ② $d_e = 1.05d$
③ $d_e = 1.03d$ ④ $d_e = 1.50d$

해설 ① 정 삼각형 배열
$d_e = 1.05\,d$
② 정 사각형 배열
$d_e = 1.13\,d$

86 도로 연장 3km 건설 구간에서 7개 지점의 시료를 채취하여 다음과 같은 CBR을 구하였다. 이때의 설계 CBR은 얼마인가?

| 7개의 CBR : 5.3, 5.7, 7.6, 8.7, 7.4, 8.6, 7.2 |

[설계 CBR 계산용 계수]

개수 (n)	2	3	4	5	6	7	8	9	10 이상
d_2	1.41	1.91	2.24	2.48	2.67	2.83	2.96	3.08	3.18

① 4 ② 5
③ 6 ④ 7

해답 82. ③ 83. ④ 84. ② 85. ① 86. ③

해설 ① 각 지점의 CBR 평균

각 지점의 CBR 평균 = $\frac{5.3+5.7+7.6+8.7+7.4+8.6+7.2}{7} = 7.21$

② $n=7$이므로 $d_2 = 2.83$이다.

③ 설계 CBR

설계 CBR = 각 지점의 CBR 평균 − $\left(\frac{CBR 최대치 - CBR 최소치}{d_2}\right)$

$= 7.21 - \left(\frac{8.7-5.3}{2.83}\right) = 6.01 = 6$

여기서, 설계 CBR은 절사하여야 한다.

87 ★★ 수직방향의 투수계수가 4.5×10^{-8}m/sec이고, 수평방향의 투수계수가 1.6×10^{-8}m/sec인 균질하고 비등방(非等方)인 흙댐의 유선망을 그린 결과 유로(流路)수가 4개이고 등수두선의 간격수가 18개이었다. 단위길이(m)당 침투수량은? (단, 댐의 상하류의 수면의 차는 18m이다.)

① $1.1 \times 10^{-7} \text{m}^3/\text{sec}$ ② $2.3 \times 10^{-7} \text{m}^3/\text{sec}$
③ $2.3 \times 10^{-8} \text{m}^3/\text{sec}$ ④ $1.5 \times 10^{-8} \text{m}^3/\text{sec}$

해설 단위시간당 침투수량(폭 1cm당 침투량, q)

$q = \sqrt{K_h \cdot K_z} \cdot H \cdot \frac{N_f}{N_d}$

$= \sqrt{(4.5 \times 10^{-8}) \times (1.6 \times 10^{-8})} \times 18 \times \frac{4}{18}$

$= 1.07 \times 10^{-7} \text{m}^3/\text{sec}$

88 성토나 기초지반에 있어 특히 점성토의 압밀 완료 후 추가 성토 시 단기 안정문제를 검토하고자 하는 경우 적용되는 시험법은?

① 비압밀 비배수시험   ② 압밀 비배수시험
③ 압밀 배수시험   ④ 일축압축시험

해설 1) 압밀 비배수 시험(CU-test)을 적용하는 경우
① 성토 하중으로 어느 정도 압밀된 후 급속한 파괴가 예상될 때
② 기존의 제방, 흙 댐에서 수위가 급강하할 때의 안정 해석
③ 사전압밀(Pre-loading)후 급격한 재하시의 안정 해석

2) 점성토의 압밀 완료 후이므로 압밀이며, 단기안정문제를 검토할 때이므로 비배수 시험이다. 즉, 압밀 비배수 시험이다.

89 다음 중 시료채취에 대한 설명으로 틀린 것은?

① 오거보링(Auger Boring)은 흐트러지 않은 시료를 채취하는데 적합하다.
② 교란된 흙은 자연상태의 흙보다 전단강도가 작다.
③ 액성한계 및 소성한계 시험에서는 교란시료를 사용하여도 괜찮다.
④ 입도분석시험에서는 교란시료를 사용하여도 괜찮다.

해설 오거 보링(Auger boring)은 현장에서 간단히 할 수 있으며, 흐트러진 시료를 채취할 수 있다.

90 흙의 다짐에 대한 설명으로 틀린 것은?

① 조립토는 세립토보다 최대 건조단위중량이 커진다.
② 습윤측 다짐을 하면 흙 구조가 면모구조가 된다.
③ 최적 함수비로 다질 때 최대 건조단위중량이 된다.
④ 동일한 다짐 에너지에 대해서는 건조측이 습윤측보다 더 큰 강도를 보인다.

해설 다짐이 점토에 미치는 영향
① 최적함수비보다 약간 습윤측에서 최소투수계수를 얻을 수 있다.
② 최적함수비보다 약간 건조측에서 최대전단강도를 얻을 수 있다.
③ 최적함수비보다 건조측에서는 확산 이중층 구조가 발달하지 못하여 반발력이 작아져서 면모구조가 되기 쉽다.
④ 최적함수비보다 습윤측에서는 확산 이중층이 팽창하여 반발력이 커져서 이산구조가 되기 쉽다.

91 다음 중 연약 점토 지반 개량 공법이 아닌 것은?

① Preloading 공법   ② Sand drain 공법
③ Paper drain 공법   ④ Vibro floatation 공법

해설 바이브로 플로테이션(Vibro floatation) 공법은 물분사와 수평방향의 진동작용을 동시에 하는 모래지반 개량공법이다.

해답 87. ①   88. ②   89. ①   90. ②   91. ④

2017년 과년도출제문제

92 기초폭 4m인 연속기초에서 기초면에 작용하는 합력의 연직성분은 10t이고 편심거리가 0.4m일 때, 기초지반에 작용하는 최대 압력은?

① $2t/m^2$ ② $4t/m^2$
③ $6t/m^2$ ④ $8t/m^2$

해설 ① 편심거리(e)

편심거리 $e = 0.4 < \dfrac{B}{6} = \dfrac{4}{6} = 0.67m$

② 최대 압축응력(q_{max})

$q_{max} = \dfrac{Q}{B} \cdot \left(1 + \dfrac{6e}{B}\right)$

$= \dfrac{10}{4} \times \left(1 + \dfrac{6 \times 0.4}{4}\right) = 4.0 t/m^2$

93 샘플러(sampler)의 외경이 6cm, 내경이 5.5cm일 때, 면적비(A_r)는?

① 8.3%   ② 9.0%
③ 16%   ④ 19%

해설 면적비(A_r)

$A_r = \dfrac{D_w^2 - D_e^2}{D_e^2} \times 100(\%)$ 에서

$A_r = \dfrac{6^2 - 5.5^2}{5.5^2} \times 100 = 19\%$

94 분사현상에 대한 안전율이 2.5 이상이 되기 위해서는 Δh를 최대 얼마 이하로 하여야 하는가? (단, 간극률(n) = 50%)

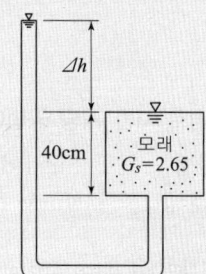

① 7.5cm   ② 8.9cm
③ 13.2cm ④ 16.5cm

해설 ① 공극비(e)

$e = \dfrac{n}{100 - n} = \dfrac{50}{100 - 50} = 1.0$

② 안전율(F_s)

$F_s = \dfrac{i_c}{i} = \dfrac{\dfrac{G_s - 1}{1 + e}}{\dfrac{h}{L}}$ 에서

$2.5 = \dfrac{i_c}{i} = \dfrac{\dfrac{2.65 - 1}{1 + 1.0}}{\dfrac{\Delta h}{40}} = \dfrac{66}{2\Delta h}$

$h = 13.2cm$

95 옹벽배면의 지표면 경사가 수평이고, 옹벽배면 벽체의 기울기가 연직인 벽체에서 옹벽과 뒷채움 흙사이의 벽면마찰각(δ)을 무시할 경우, Rankine토압과 Coulomb토압의 크기를 비교하면?

① Rankine토압이 Coulomb토압 보다 크다.
② Coulomb토압이 Rankine토압 보다 크다.
③ Rankine토압과 Coulomb토압의 크기는 항상 같다.
④ 주동토압은 Rankine토압이 더 크고, 수동토압은 Coulomb토압이 더 크다.

해설 연직옹벽에서 지표면이 수평이고 벽마찰각이 0인 경우, 즉 벽마찰을 무시하면 Rankine의 토압과 Coulomb의 토압은 동일하다.

96 사면안정 해석방법에 대한 설명으로 틀린 것은?

① 일체법은 활동면 위에 있는 흙덩어리를 하나의 물체로 보고 해석하는 방법이다.
② 절편법은 활동면 위에 있는 흙을 몇 개의 절편으로 분할하여 해석하는 방법이다.
③ 마찰원방법은 점착력과 마찰각을 동시에 갖고 있는 균질한 지반에 적용된다.
④ 절편법은 흙이 균질하지 않아도 적용이 가능하지만, 흙속에 간극수압이 있을 경우 적용이 불가능하다.

해설 절편법은 흙이 균질하지 않아도 적용이 가능하지만, 흙속에 간극수압이 있을 경우도 적용이 가능하다.

해답 92. ② 93. ④ 94. ③ 95. ③ 96. ④

97 아래 그림에서 투수계수 $K=4.8\times10^{-3}$cm/sec일 때, Darcy의 유출속도(v)와 실제 물의 속도(침투속도, v_s)는?

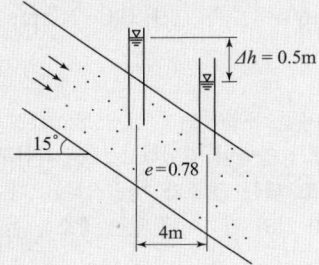

① $v=3.4\times10^{-4}$cm/sec, $v_s=5.6\times10^{-4}$cm/sec
② $v=3.4\times10^{-4}$cm/sec, $v_s=9.4\times10^{-4}$cm/sec
③ $v=5.8\times10^{-4}$cm/sec, $v_s=10.8\times10^{-4}$cm/sec
④ $v=5.8\times10^{-4}$cm/sec, $v_s=13.2\times10^{-4}$cm/sec

해설 ① 이동경로(L)

$$L=\frac{4}{\cos 15°}=4.14\text{m}$$

② 동수경사(i)

$$i=\frac{\Delta h}{L}=\frac{0.5}{4.14}=\frac{1}{8.28}$$

③ 평균유속(유출유속, v)

$$v=K\cdot i=4.8\times10^{-3}\times\left(\frac{1}{8.28}\right)=5.8\times10^{-4}\text{cm/sec}$$

④ 간극률(n)

$$n=\frac{e}{1+e}\times100=\frac{0.78}{1+0.78}\times100=43.82(\%)$$

⑤ 침투유속(v_s)

$$v_s=\frac{v}{\frac{n}{100}}=\frac{5.8\times10^{-4}}{\frac{43.82}{100}}=13.2\times10^{-4}\text{cm/sec}$$

98 10m 두께의 점토층이 10년 만에 90% 압밀이 된다면, 40m 두께의 동일한 점토층이 90% 압밀에 도달하는 소요되는 기간은?

① 16년 ② 80년
③ 160년 ④ 240년

해설 ① 압밀시간(t)
양면배수이므로 $d_1=10\text{m}$, $d_2=40\text{m}$이다.
$t_1:t_2=d_1^2:d_2^2$에서

$$t_2=\frac{d_2^2}{d_1^2}\cdot t_1=\frac{40^2}{10^2}\times10=160\text{년}$$

② 압밀시간(t)은 배수거리(d)의 제곱에 비례한다.

99 아래 그림과 같은 지표면에 2개의 집중하중이 작용하고 있다. 3t의 집중하중 작용점 하부 2m 지점 A에서의 연직하중의 증가량은 약 얼마인가? (단, 영향계수는 소수점 이하 넷째자리까지 구하여 계산하시오.)

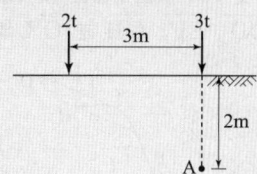

① 0.37t/m^2 ② 0.89t/m^2
③ 1.42t/m^2 ④ 1.94t/m^2

해설 ① 3t하중으로 인한 A점의 지중응력 증가량($\Delta\sigma_{Z1}$)

$$I=\frac{3}{2\pi}=0.4775$$

$$\Delta\sigma_{Z1}=I\frac{Q}{z^2}=0.4775\times\frac{3}{2^2}=0.358\text{t/m}^2$$

② 2t하중으로 인한 A점의 지중응력 증가량($\Delta\sigma_{Z2}$)

$$R=\sqrt{2^2+3^2}=3.61\text{m}$$

$$I=\frac{3}{2\pi}\frac{z^5}{R^5}=0.4775\times\frac{2^5}{3.61^5}=0.02492$$

$$\Delta\sigma_{Z2}=I\times\frac{Q}{z^2}=0.02492\times\frac{2}{2^2}=0.0125\text{t/m}^2$$

③ 연직응력증가량($\Delta\sigma_Z$)

$$\Delta\sigma=\Delta\sigma_{Z1}+\Delta\sigma_{Z2}=0.37\text{t/m}^2$$

100 어떤 지반의 미소한 흙요소에 최대 및 최소주응력이 각각 1kg/cm² 및 0.6kg/cm²일 때, 최소주응력면과 60°를 이루는 평면상의 전단응력은?

① 0.10kg/cm^2 ② 0.17kg/cm^2
③ 0.20kg/cm^2 ④ 0.27kg/cm^2

해설 ① 파괴면과 최대주응력면이 이루는 각(θ)
최소주응력면과 이루는각이 60°이므로
$\theta=90°-\theta'=90°-60°=30°$

② 파괴면에 작용하는 전단응력(τ)

$$\tau=\frac{\sigma_1-\sigma_3}{2}\sin2\theta=\frac{1-0.6}{2}\sin(2\times30°)$$

$$=0.17\text{kg/cm}^2$$

여기서, θ : 수평면(최대주응력면)과 파괴면이 이루는 각

해답 97. ④ 98. ③ 99. ① 100. ②

상하수도공학

101 Ripple's method에 의하여 저수지 용량을 결정하려고 할 때 그림에서 최대 갈수량을 대비한 저수개시 시점은?(단, $\overline{AB}$, $\overline{CD}$, $\overline{EF}$, $\overline{GH}$ 는 $\overline{OX}$ 와 평행)

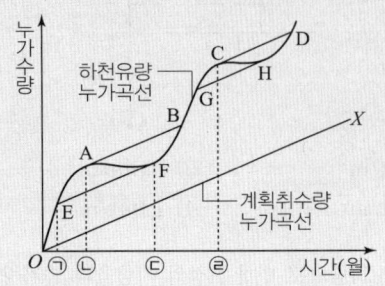

① ㉠시점　　② ㉡시점
③ ㉢시점　　④ ㉣시점

해설 리플법(Ripple's Method)
① AF, CH구간 : 저수지로의 유입량(하천유량누가곡선) 보다 소요수량(계획취수량 누가곡선) 많은 기간으로 저수지 수위가 낮아진다.
② 저수 개시 시점 : F(최대부족수량)점에서 계획취수량 누가곡선과 평행선을 작도 후 하천유량 누가곡선과의 교점(E)에서 연직선을 그어 시간 축과 만난 ㉠점이 저수 개시 시점이 된다.

102 상수도 계획에서 계획 년차 결정에 있어서 일반적으로 고려해야 할 사항으로 틀린 것은?
① 장비 및 시설물의 내구년한
② 시설확장 시 난이도와 위치
③ 도시발전 상황과 물사용량
④ 도시급수지역의 전염병 발생상황

해설 상수도 계획 년차 결정시 고려사항
① 도시의 발전상황 및 인구증가의 전망
② 구조물의 내용년수
③ 시설확장의 난이도
④ 금융사정 및 설비
  - 급수지역의 전염병 발생상황은 무관하다.

103 취수보의 취수구에서의 표준 유입속도는?
① 0.3~0.6m/s　　② 0.4~0.8m/s
③ 0.5~1.0m/s　　④ 0.6~1.2m/s

해설 취수보
① 취수구 표준 유입속도 : 0.4~0.8m/sec
② 취수지점 : 양안이 평행하고 또한 직선부가 하천 폭의 2배 정도 되는 장소가 바람직하고 취수구는 가능한 유심부가 하안 가까이에 있는 장소를 선정한다.

104 다음 중 하수 고도처리의 주요 처리대상 물질에 해당하는 것은?
① 질소, 인　　② 유기물
③ 소독부산물　　④ 미생물

해설 하수의 고도처리 대상물질
① 대상물질 : 질소, 인등을 제거하여 부영양화 방지
② 질소제거 : 생물학적 질화 – 탈질법, 이온교환법, 파괴점 염소주입법.
③ 인 제거 : A/O(혐기 호기 조합법), Phostrip 법.
④ 질소, 인 동시제거 : A^2/O(혐기 무산소 호기 조합법), UCT 법 등.

105 합류식과 분류식에 대한 설명으로 옳지 않은 것은?
① 합류식의 경우 관경이 커지기 때문에 2계통인 분류식보다 건설비용이 많이 든다.
② 분류식의 경우 오수와 우수를 별개의 관로로 배제하기 때문에 오수의 배제계획이 합리적이 된다.
③ 분류식의 경우 관거 내 퇴적은 적으나 수세효과는 기대할 수 없다.
④ 합류식의 경우 일정량 이상이 되면 우천시 오수가 월류한다.

해설 하수배제 방식
① 건설비 : 분류식이 합류식보다 많이 든다.
② 초기우수 해결 : 분류식 가능하나 합류식은 불가능하다.
③ 강우 시 수세효과 : 분류식은 없고 합류식은 있다.

해답 101. ①　102. ④　103. ②　104. ①　105. ①

106 완속여과지와 비교할 때, 급속여과지에 대한 설명으로 옳지 않은 것은?
① 유입수가 고탁도인 경우에 적합하다.
② 세균처리에 있어 확실성이 적다.
③ 유지관리비가 적게 들고 특별한 관리기술이 필요치 않다.
④ 대규모처리에 적합하다.

해설 여과지
① 완속여과지 : 저탁도에 적합, 세균제거율이 높다. 유지관리비 적게 소요 된다.
② 급속여과지 : 고탁도에 적합하다. 세균제거율이 낮다. 유지관리비 많이 들고 관리기술이 필요하다.

107 물의 맛·냄새의 제거 방법으로 식물성 냄새, 생선비린내, 황화수소냄새, 부패한 냄새의 제거에 효과가 있지만 곰팡이 냄새 제거에는 효과가 없으며 페놀류는 분해할 수 있지만, 약품냄새 중에는 아민류와 같이 냄새를 강하게 할 수도 있으므로 주의가 필요한 처리 방법은?
① 폭기방법
② 염소처리법
③ 오존처리법
④ 활성탄처리법

해설 염소처리법
① 염소처리법은 식물성냄새(조류냄새, 풀냄새), 생선비린내, 황화수소냄새, 부패한 냄새의 제거에 효과가 있지만 곰팡이 냄새 제거에는 효과가 없다.
② 곰팡이 냄새 제거는 응집침전, 오존처리, 분말활성탄 처리 등으로 제거가 가능하다.

108 펌프의 토출량이 0.94m³/min이고, 흡입구의 유속이 2m/s라 가정할 때 펌프의 흡입구경은?
① 100mm
② 200mm
③ 250mm
④ 300mm

해설 펌프의 흡입구경
① $Q = AV$에서 ⇒ $Q = \dfrac{\pi D^2}{4} \times V$

$D = \sqrt{\dfrac{4Q}{\pi V}} = \sqrt{\dfrac{4 \times 0.0157}{\pi \times 2}} = 0.01\text{m} = 100\text{mm}$

여기서 $Q = \dfrac{0.94\text{m}^3}{\text{min}} \times \dfrac{\text{min}}{60\text{sec}} = 0.0157\text{m}^3/\text{sec}$

② $D = 146\sqrt{\dfrac{Q}{v}}$

$= 146\sqrt{\dfrac{0.94}{2}} = 100\text{mm}$

109 인구 30만의 도시에 급수계획을 하고자 한다. 계획 1인 1일 최대 급수량을 350L로 하고 계획급수 보급률을 80%라 할 때 계획 1일 평균급수량은? (단, 이 도시는 중소도시로 계획첨두율은 1.5로 가정한다.)
① 126,000m³/day
② 84,000m³/day
③ 73,500m³/day
④ 56,000m³/day

해설 계획 1일 평균급수량
① 계획 1인 1일 최대급수량 = 350L/인·일
= 0.35m³/인·일
② 계획 1일 최대급수량 = 계획 1인 1일 최대급수량 × 계획 급수인구 × 급수보급율
= 0.35/인·일 × 300,000인 × 0.8
= 84,000m³/day
③ 첨두율 = $\dfrac{\text{일최대급수량}}{\text{일평균급수량}}$

∴ 일 평균급수량
$= \dfrac{\text{일최대급수량}}{\text{첨두율}} = \dfrac{84,000}{1.5} = 56,000\text{m}^3/\text{day}$

110 하수도계획의 목표년도는 원칙적으로 몇 년으로 설정하는가?
① 5년
② 10년
③ 15년
④ 20년

해설 하수도계획의 목표연도
하수도계획의 목표연도는 시설의 내용년수 및 건설기간이 길고 특히 관거의 경우는 하수량 증가에 따라 단계적으로 단면을 증가시키기가 곤란하기 때문에 장기적인 관거 계획을 수립할 필요가 있으므로 20년 후를 목표로 하는 것이 좋다.

해답 106. ③　107. ②　108. ①　109. ④　110. ④

111 하수관거의 설계기준에 대한 설명으로 틀린 것은?
① 경사는 상류에서 크게 하고 하류로 갈수록 감소시켜야 한다.
② 유속은 하류로 갈수록 작게 하여야 한다.
③ 오수관거의 최소관경은 200mm를 표준으로 한다.
④ 관거의 최소 흙두께는 원칙적으로 1m로 한다.

해설 하수관거의 설계기준
① 유속 : 하류로 갈수록 크게 해야 하수가 정체되지 않는다.
② 경사 : 하류로 갈수록 완만하게 한다.
③ 최소관경 : 분류식: 200mm, 합류식: 250mm

112 펌프대수 결정을 위한 일반적인 고려사항에 대한 설명으로 옳지 않은 것은?
① 건설비를 절약하기 위해 예비는 가능한 대수를 적게 하고 소용량으로 한다.
② 펌프의 설치대수는 유지관리상 가능한 적게하고 동일용량의 것으로 한다.
③ 펌프는 가능한 최고효율점 부근에서 운전하도록 대수 및 용량을 정한다.
④ 펌프는 용량이 작을수록 효율이 높으므로 가능한 소용량의 것으로 한다.

해설 펌프대수 결정
① 펌프의 설치대수는 계획오수량, 계획우수량을 기본으로 해서 정한다.
② 펌프는 용량이 클수록 효율이 높으므로 가능한 한 대용량을 사용한다.
③ 건설비를 절약하기 위해 예비는 가능한 한 대수를 적게 하고 소용량으로 한다.

113 양수량이 8m³/min, 전양정이 4m, 회전수 1,160rpm인 펌프의 비교회전도는?
① 316
② 985
③ 1,160
④ 1,436

해설 비교회전도(N_s)
① 정의 : 기하학적으로 닮은 임펠러가 유량 $1m^3/min$을 1m 양수하는데 필요한 회전수.
② $N_s = N \times \dfrac{Q^{1/2}}{H^{3/4}}$

$= 1,160 \times \dfrac{8^{1/2}}{4^{3/4}} = 1,160$

114 활성탄흡착 공정에 대한 설명으로 옳지 않은 것은?
① 활성탄은 비표면적이 높은 다공성의 탄소질 입자로, 형상에 따라 입상활성탄과 분말활성탄으로 구분된다.
② 분말활성탄의 흡착능력이 떨어지면 재생공정을 통해 재활용한다.
③ 활성탄흡착을 통해 소수성의 유기물질을 제거할 수 있다.
④ 모래여과 공정 전단에 활성탄흡착 공정을 두게되면, 탁도 부하가 높아져서 활성탄 흡착효율이 떨어지거나 역세척을 자주 해야 할 필요가 있다.

해설 분말활성탄
분말활성탄은 재활용 못하고(응급용), 입상활성탄은 반복 사용이 가능하다.

115 하수처리·재이용계획의 계획오수량에 대한 설명 중 옳지 않은 것은?
① 계획1일최대오수량은 1인1일최대오수량에 계획인구를 곱한 후, 공장폐수량, 지하수량 및 기타 배수량을 더한 것으로 한다.
② 계획오수량은 생활오수량, 공장폐수량, 지하수량으로 구분한다.
③ 지하수량은 1인1일최대오수량의 10~20%로 한다.
④ 계획시간최대오수량은 계획1일평균오수량의 1시간당 수량의 2~3배를 표준으로 한다.

해설 계획 오수량
① 계획 시간최대오수량 $= \dfrac{계획1일\ 최대오수량}{24} \times K$
$K=1.3$(대도시), $K=1.5$(중소도시), $K=1.8$(아파트, 주택단지)
② 계획시간 최대오수량은 계획1일 최대오수량의 1시간당 수량에 1.3~1.8배가 표준이다.

해답 111. ② 112. ④ 113. ③ 114. ② 115. ④

116
배수면적 2km²인 유역 내 강우의 하수관거 유입시간이 6분, 유출계수가 0.70일 때 하수관거 내 유속이 2m/s인 1km 길이의 하수관에서 유출되는 우수량은?
(단, 강우강도 $I = \dfrac{3,500}{t+25}$ mm/h, t의 단위 : [분])

① 0.3m³/s　　② 2.6m³/s
③ 34.6m³/s　　④ 43.9m³/s

해설 우수유출량(Q)

① 유속 = $\dfrac{2\text{m}}{\sec} \times \dfrac{60\sec}{\min} = 120\text{m/min}$

② 유달시간(t) = 유입시간(t_1) + 유하시간(t_2)
= $6\min + \dfrac{1000\text{m}}{120\text{m/min}} = 14.33\min$

③ 강우강도(I) = $\dfrac{3500}{14.33+25} = 88.99\text{mm/hr}$

④ $Q = \dfrac{1}{3.6}CIA = \dfrac{1}{3.6} \times 0.7 \times 88.99 \times 2 = 34.60\text{m}^3/\sec$

117 도수거에 대한 설명으로 틀린 것은?
① 개거나 암거인 경우에는 대개 30~50m 간격으로 시공조인트를 겸한 신축조인트를 설치한다.
② 개수로의 평균유속 공식은 Manning공식을 주로 사용한다.
③ 도수거에서 평균유속의 최대한도는 5m/s로 한다.
④ 도수거의 최소유속은 0.3m/s로 한다.

해설 도수관거 평균유속
① 최대한도 : 3m/sec(마모방지)
② 최소한도 : 0.3m/sec(침사방지)

118
하수처리장 유입수의 SS농도는 200mg/L이다. 1차 침전지에서 30% 정도가 제거되고 2차침전지에서 85%의 제거효율을 갖고 있다. 하루 처리용량이 3,000m³/day일 때 방류되는 총 SS량은?

① 6,300kg/day　　② 6,300mg/day
③ 63kg/day　　④ 2,800g/day

해설 하수처리장의 총SS 방류량

① 유입수의 SS농도 = $\dfrac{200\text{mg}}{\text{L}} \times \dfrac{1000}{1000} = \dfrac{200\text{g}}{\text{m}^3} = \dfrac{0.2\text{kg}}{\text{m}^3}$

② 총 유입 SS량 = 유입수의 SS농도 × 하수처리용량
= 0.2kg/m³ × 3000m³/day = 600kg/day

③ 1차 침전지의 SS미제거량 = 총 유입 SS량 × 미제거율
= 600kg/day × 0.7 = 420kg/day

④ 방류되는 총 SS량 = 2차 침전지로의 SS유입량 × 미제거율
= 420kg/day × (1-0.85) = 63kg/day

119 상수도 배수관에 사용하는 관 종류와 특징으로 옳지 않은 것은?
① 경질폴리염화비닐(PVC)관은 내식성이 크고 유기용제, 열 및 자외선에 강하다.
② 덕타일주철관은 강도가 커서 충격에 강하나 비교적 무겁다.
③ 강관은 내압 및 충격에 강하나 부식에 약하며 처짐이 크다.
④ 스테인리스강관은 강도가 크지만 다른 금속과의 절연처리가 필요하다.

해설 경질폴리염화비닐관 특징
경질폴리염화비닐(PVC)관은 가볍고 내식성이 크나 유기용제, 열 및 자외선에 약하다.

120 활성슬러지법과 비교하여 생물막법의 특징으로 옳지 않은 것은?
① 운전조작이 간단하다.
② 다량의 슬러지 유출에 따른 처리수 수질악화가 발생하지 않는다.
③ 반응조를 다단화하여 반응효율과 처리안정성 향상이 도모된다.
④ 생물종 분포가 단순하여 처리효율을 높일 수 있다.

해설 생물막 법
① 종류 : 살수여상법, 회전원판법 등.
② 특징
- 생물종 분포가 다양하여 처리효율을 높일 수 있다.
- 운전조작이 간단하다.
- 반응조를 다단화하여 반응효율과 처리안정성 향상이 도모된다.

해답 116. ③　117. ③　118. ③　119. ①　120. ④

MEMO

2018년도

과년도기출문제

- **01** 토목기사 2018년 제1회 시행 ········ *2*
- **02** 토목기사 2018년 제2회 시행 ········ *28*
- **03** 토목기사 2018년 제3회 시행 ········ *54*

2018년 과년도출제문제

응용역학

★★

1 탄성변형에너지는 외력을 받는 구조물에서 변형에 의해 구조물에 축적되는 에너지를 말한다. 탄성체이며 선형거동을 하는 길이가 L인 캔틸레버 보에 집중하중 P가 작용할 때 굽힘모멘트에 의한 탄성변형에너지는? (단, EI는 일정)

① $\dfrac{P^2L^2}{6EI}$ ② $\dfrac{P^2L^2}{2EI}$

③ $\dfrac{P^2L^3}{6EI}$ ④ $\dfrac{P^2L^3}{2EI}$

해설 (1) $M_x = -(P)(x) = -P \cdot x$

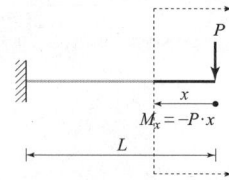

(2) $U = \int \dfrac{M_x^2}{2EI}dx = \dfrac{1}{2EI}\int_0^L (-P \cdot x)^2 dx$

$= \dfrac{P^2}{2EI}\left[\dfrac{x^3}{3}\right]_0^L = \dfrac{1}{6} \cdot \dfrac{P^2L^3}{EI}$

★★

2 다음 그림과 같은 구조물의 BD부재에 작용하는 힘의 크기는?

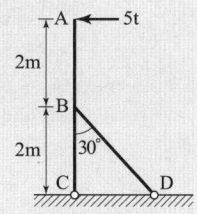

① 10t   ② 12.5t
③ 15t   ④ 20t

해설

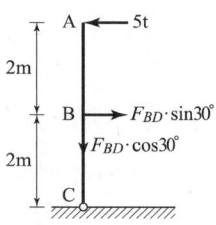

$\sum M_C = 0 : -(5)(4) + (F_{BD} \cdot \sin 30)(2) = 0$

$\therefore F_{BD} = +20t(인장)$

★★★

3 다음 그림과 같이 A지점이 고정이고 B지점이 힌지(hinge)인 부정정보가 어떤 요인에 의하여 B지점이 B'로 Δ만큼 침하하게 되었다. 이때 B'의 지점반력은?

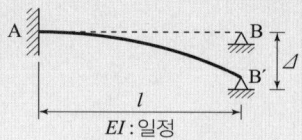

① $\dfrac{3EI\Delta}{l^3}$ ② $\dfrac{4EI\Delta}{l^3}$

③ $\dfrac{5EI\Delta}{l^3}$ ④ $\dfrac{6EI\Delta}{l^3}$

해설 지점 B가 B'로 변위가 발생한 만큼 수직하중의 작용으로 생각할 수 있고, 이 값이 B'의 지점반력과 같게 된다. 따라서 캔틸레버의 자유단에 수직하중 R_B가 작용할 때의 처짐을 구하면 $\Delta_B = \dfrac{1}{3} \cdot \dfrac{R_B \cdot L^3}{EI}$ 으로부터

$R_B = \dfrac{3EI \cdot \Delta_B}{L^3}$

★★

4 그림과 같은 구조물에서 C점의 수직처짐은? (단, $EI = 2 \times 10^9 kg \cdot cm^2$, 자중은 무시한다.)

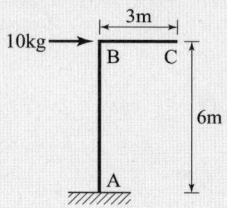

① 2.7mm   ② 3.6mm
③ 5.4mm   ④ 7.2mm

해설 (1) 가상일법의 적용 : BC 보 부재와 BA 기둥 부재에 대해 휨모멘트식을 두 번 적용하며, C점에 단위 수직집중하중 $P=1$을 작용시키는 것이 핵심이다.

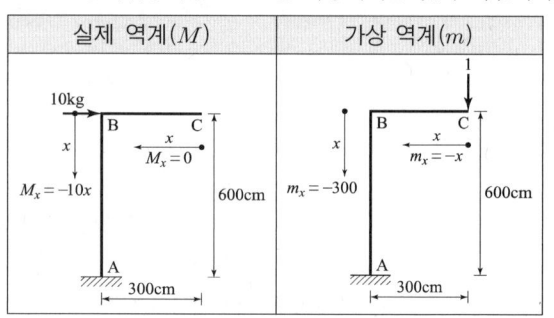

해답 1. ③ 2. ④ 3. ① 4. ①

(2) $\delta_B = \dfrac{1}{EI}\displaystyle\int_o^{600}[(-10x)(-300)]dx = \dfrac{5.4\times 10^8}{EI}$

$= \dfrac{5.4\times 10^8}{(2\times 10^9)} = 0.27\text{cm} = 2.7\text{mm}$

[※ 문제의 조건에서 휨강성 $EI = 2\times 10^9 \text{kg}\cdot\text{cm}^2$의 단위에 초점을 맞추어 힘은 kg, 거리는 cm로 통일하여 적분식에 적용한다.]

★★

5 단면이 원형(반지름 r)인 보에 휨모멘트 M이 작용할 때 이 보에 작용하는 최대 휨응력은?

① $\dfrac{2M}{\pi r^3}$ ② $\dfrac{4M}{\pi r^3}$

③ $\dfrac{8M}{\pi r^3}$ ④ $\dfrac{16M}{\pi R^3}$

해설 $\sigma_{\max} = \dfrac{M}{Z} = \dfrac{M}{\dfrac{\pi D^3}{32}} = \dfrac{32M}{\pi D^3} = \dfrac{32M}{\pi(2r)^3} = \dfrac{4M}{\pi r^3}$

★★

6 다음 그림과 같은 보에서 두 지점의 반력이 같게 되는 하중의 위치(x)를 구하면?

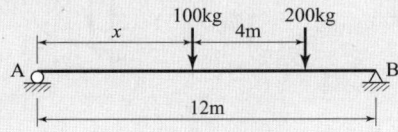

① 0.33m ② 1.33m
③ 2.33m ④ 3.33m

해설 (1) $\sum V = 0;\ V_A + V_B - 300 = 0$

문제조건에서 $V_A = V_B$이므로

$2V_B = 300\quad \therefore V_B = 150\text{kg}$

(2) $\sum M_A = 0$

$-(150)(12) + (100)(x) + (200)(x+4) = 0$

$\therefore x = 3.33\text{m}$

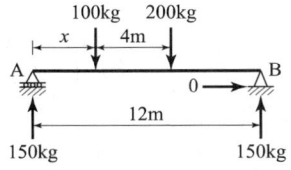

★★

7 반지름 25cm인 원형 단면을 갖는 단주에서 핵의 면적은 약 얼마인가?

① 122.7cm² ② 168.4cm²
③ 245.4cm² ④ 336.8cm²

해설 (1) 핵반경: $e = \dfrac{D}{8} = \dfrac{(25\times 2)}{8} = 6.25\text{cm}$

(2) 핵면적: $A = \pi r^2 = \pi(e)^2 = \pi(6.25)^2 = 122.718\text{cm}^2$

★

8 같은 재료로 만들어진 반경 r인 속이 찬 축과 외반경 r이고 내반경 $0.6r$인 속이 빈 축이 동일 크기의 비틀림모멘트를 받고 있다. 최대 비틀림응력의 비는?

① 1 : 1   ② 1 : 1.15
③ 1 : 2   ④ 1 : 2.15

해설 (1) 원형 단면의 단면2차극모멘트: $I_P = I_x + I_y = 2I$

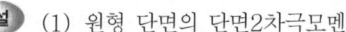

① $I_{P_1} = 2I = 2\left(\dfrac{\pi r^4}{4}\right) = \dfrac{\pi r^4}{2}$

② $I_{P_2} = 2I = 2\left[\dfrac{\pi}{4}(r^4 - 0.6^4 r^4)\right] = \dfrac{\pi r^4}{2}\times 0.8704$

(2) $\tau_1 : \tau_2 = \dfrac{T\cdot r}{I_{P_1}} : \dfrac{T\cdot r}{I_{P_2}} = \dfrac{1}{1} : \dfrac{1}{0.8704} = 1 : 1.15$

★

9 그림과 같은 단순보에서 초대휨모멘트가 발생하는 위치 x(A점으로부터의 거리)와 최대휨모멘트 M_x는?

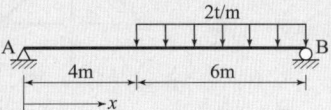

① $x = 4.0\text{m},\ M_x = 18.02\text{t}\cdot\text{m}$
② $x = 4.8\text{m},\ M_x = 9.6\text{t}\cdot\text{m}$
③ $x = 5.2\text{m},\ M_x = 23.04\text{t}\cdot\text{m}$
④ $x = 5.8\text{m},\ M_x = 17.64\text{t}\cdot\text{m}$

해답 5. ② 6. ④ 7. ① 8. ② 9. ④

해설 (1) $\sum M_A = 0$

$-(V_B)(10) + (2 \times 6)(7) = 0$

$\therefore V_B = 8.4\,t$

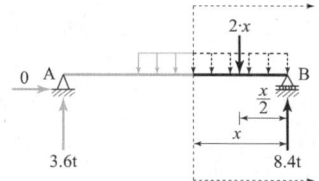

(2) 최대휨모멘트 발생위치: 전단력이 "0"이 되는 점에서 발생
  ① $S_x = 0$에서 $2x = 8.4$ $\therefore x = 4.2\,m$
  ② 최대휨모멘트 발생위치: A점으로 부터 10-4.2=5.8m
(3) 최대휨모멘트: 전단력이 "0"이 되는 점에서 발생
(4) $M_{max} = 8.4 \times 4.2 - 2 \times 4.2 \times \dfrac{4.2}{2} = 17.64\,t\cdot m$

★★
10 그림과 같은 트러스의 상현재 U의 부재력은?

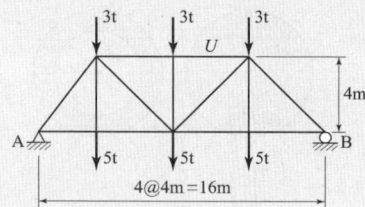

① 인장을 받으며 그 크기는 16t이다.
② 압축을 받으며 그 크기는 16t이다.
③ 인장을 받으며 그 크기는 12t이다.
④ 압축을 받으며 그 크기는 12t이다.

해설 (1) U부재가 지나가도록 수직절단하여 우측을 고려한다.

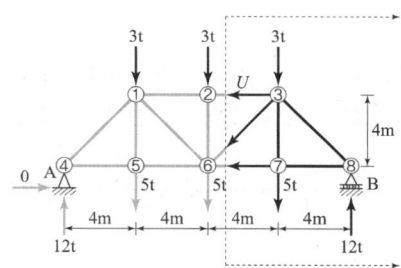

(2) 상현재 U의 부재력을 구하기 위해 ⑥에서 모멘트법을 적용한다.
  $M_⑥ = 0: -(F_U)(4) + (3)(4) + (5)(4) - (12)(8) = 0$
  $\therefore F_U = -16\,t\,(압축)$

★★
11 다음 단면에서 y축에 대한 회전반지름은?

① 3.07cm
② 3.20cm
③ 3.81cm
④ 4.24cm

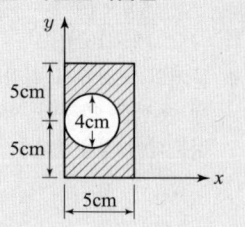

해설 $r = \sqrt{\dfrac{I}{A}}$

$= \sqrt{\dfrac{\left[\dfrac{(10)(5)^3}{12} + (10 \times 5)(2.5)^2\right] - \left[\dfrac{\pi(4)^4}{64} + \dfrac{\pi(4)^2}{4}(2)^2\right]}{(10 \times 5) - \left(\dfrac{\pi(4)^2}{4}\right)}}$

$= 3.074\,cm$

★★★
12 그림과 같은 단면적 A, 탄성계수 E인 기둥에서 줄음량을 구한 값은?

① $\dfrac{2PL}{AE}$
② $\dfrac{3PL}{AE}$
③ $\dfrac{4PL}{AE}$
④ $\dfrac{5PL}{AE}$

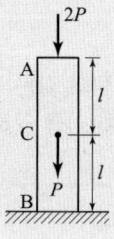

해설 (1) 구간에 따라 하중이 다르므로 구간별로 나누어 계산한다.
(2) 자유물체도

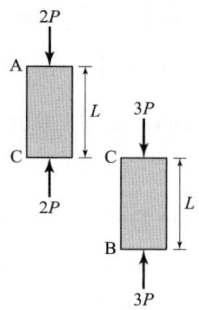

$\Delta L = \Delta L_1 + \Delta L_2 = \dfrac{(-2P)L}{EA} + \dfrac{(-3P)L}{EA} = -5 \cdot \dfrac{PL}{EA}$
(압축 변위)

★★★
13 다음과 같은 3활절 아치에서 C점의 휨모멘트는?

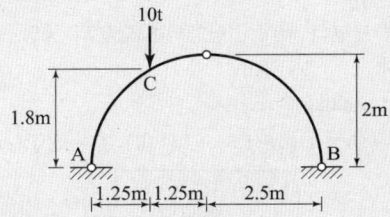

① 3.25t·m ② 3.50t·m
③ 3.75t·m ④ 4.00t·m

해설 (1) $\sum M_B = 0 : +(V_A)(5) - (10)(3.75) = 0$
∴ $V_A = +7.5t(↑)$

(2) $\sum M_{G,Left} = 0 : +(7.5)(2.5) - (H_A)(2) - (10)(1.25) = 0$
∴ $H_A = +3.125t(→)$

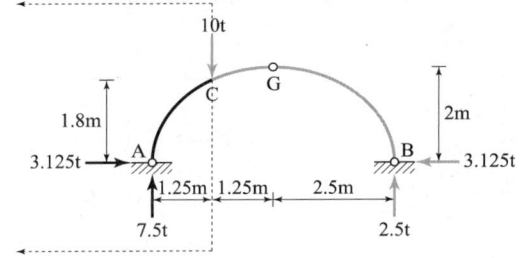

(3) $M_{C,Left} = +(7.5)(1.25) - (3.125)(1.8)$
$= +3.75t·m$

★★
14 그림과 같은 보에서 휨모멘트의 절대값이 가장 큰 곳은?

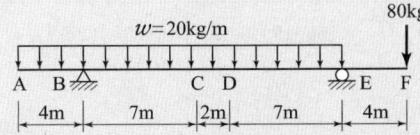

① B점 ② C점
③ D점 ④ E점

해설 (1) $\sum M_E = 0: +(V_B)(16) - (20 \times 20)(10) + (80)(4) = 0$
∴ $V_B = +230kg(↑)$

(2) $\sum V = 0: +(V_B) + (V_E) - (20 \times 20) - (80) = 0$
∴ $V_E = +250kg(↑)$

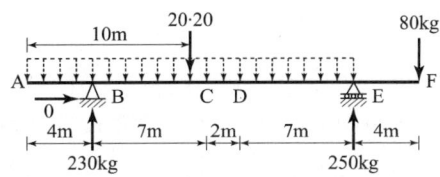

(3) 각 점에서의 휨모멘트
① $M_{B,Left} = +(20)(4)(2) = +160kg·m$
② $M_{C,Left} = +(230)(7) - (20 \times 11)\left(\frac{11}{2}\right)$
$= +400kg·m$
③ $M_{D,Left} = +(230)(9) - (20 \times 13)\left(\frac{13}{2}\right)$
$= +380kg·m$
④ $M_{E,Right} = -(80)(4) = -320kg·m$

★★★
15 그림과 같은 뼈대 구조물에서 C점의 수직반력(↑)을 구한 값은? (단, 탄성계수 및 단면은 전부재가 동일)

① $\frac{9wl}{16}$
② $\frac{7wl}{16}$
③ $\frac{wl}{8}$
④ $\frac{wl}{16}$

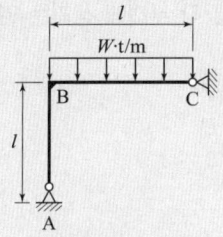

해설 (1) 고정단모멘트
① $FEM_{BC} = -\frac{wL^2}{12}(↶)$
② $FEM_{CB} = +\frac{wL^2}{12}(↷)$

(2) 해제모멘트:
$\overline{M_C} = -FEM_{CB} = -\frac{wL^2}{12}(↶)$

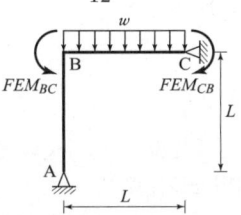

(3) 절점 C에서 B쪽으로의 분배율 $DF_{CB} = 1$이다.
(4) 분배모멘트, 전달모멘트
① 분배모멘트: $M_{CB} = \overline{M_C} \cdot DF_{CB} = -\frac{wL^2}{12}(↶)$
② 전달모멘트: $M_{BC} = \frac{1}{2}M_{CB} = -\frac{wL^2}{24}(↶)$

(5) B점의 휨모멘트:
$$M_B = FEM_{BC} + M_{BC} = -\frac{wL^2}{12} - \frac{wL^2}{24} = -\frac{wL^2}{8} (\frown)$$

(6) BC와 BA가 강성조건이 동일하고, 경간(Span)이 같으므로 $DF_{BA} = \frac{1}{2}$이므로
$$M_{BC} = \left(-\frac{wL^2}{8}\right)\left(\frac{1}{2}\right) = -\frac{wL^2}{16} (\frown)$$

(7) 평형조건:

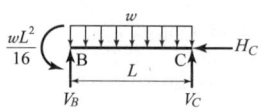

$$\sum M_B = 0: -\left(\frac{wL^2}{16}\right) + (w \cdot L)\left(\frac{L}{2}\right) - (V_C)(L) = 0$$
$$\therefore V_C = +\frac{7wL}{16} (\uparrow)$$

★★
16 정6각형 틀의 각 절점에 그림과 같이 하중 P가 작용할 때 각 부재에 생기는 인장력의 크기는?
① P
② $2P$
③ $\frac{P}{2}$
④ $\frac{P}{\sqrt{2}}$

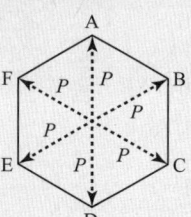

해설 (1) 내부의 6개 삼각형 모두 60°의 정삼각형이므로 각 부재력은 P와 같다.
(2) 절점 A에서 $AF = AB$이고 세 힘이 평형이므로

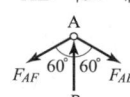

$$\sum V = 0: +(P) - (F_{AF} \cdot \cos 60°) \times 2 = 0$$
$$\therefore F_{AF} = +P \text{ (인장)}$$

★★★
17 그림과 같은 단면에 1,000kg의 전단력이 작용할 때 최대 전단응력의 크기는?
① 23.5kg/cm^2
② 28.4kg/cm^2
③ 35.2kg/cm^2
④ 43.3kg/cm^2

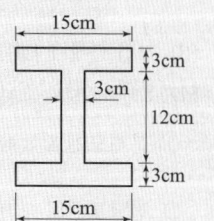

해설 (1) 전단응력 산정 제계수
① $I_x = \frac{1}{12}(15 \times 18^3 - 12 \times 12^3) = 5,562\text{cm}^4$
② I형 단면의 최대 전단응력은 단면의 중앙부에서 발생한다. ∴ $b = 3\text{cm}$
③ $V = 1,000\text{kg}$
④ $Q = (15 \times 3)(6 + 1.5) + (3 \times 6)(3) = 391.5\text{cm}^3$

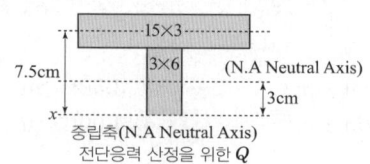

(2) $\tau_{\max} = \frac{V \cdot Q}{I \cdot b} = \frac{(1,000)(391.5)}{(5,562)(3)} = 23.5\text{kg/cm}^2$

★★★
18 다음 그림과 같은 T형 단면에서 도심축 C-C 축의 위치 $\bar{y}$는?
① 2.5h
② 3.0h
③ 3.5h
④ 4.0h

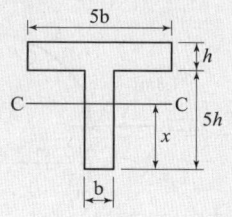

해설
(1) 플랜지($5b \cdot h$)와 웨브($b \cdot 5h$)로 구분하여 더한다.

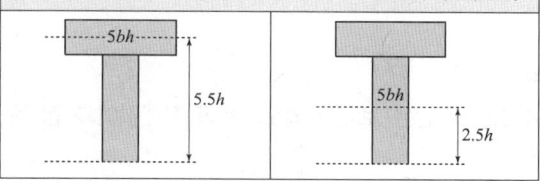

(2) $\bar{y} = \frac{G_x}{A} = \frac{(5b \cdot h)(5.5h) + (b \cdot 5h)(2.5h)}{(5b \cdot h) + (b \cdot 5h)} = 4h$

★★★
19 그림과 같은 겔버보에서 하중 P만에 의한 C점의 처짐은? (단, EI는 일정하고 $EI = 2.7 \times 10^{11}\text{kg} \cdot \text{cm}^2$)
① 2.7cm
② 2.0cm
③ 1.0cm
④ 0.7cm

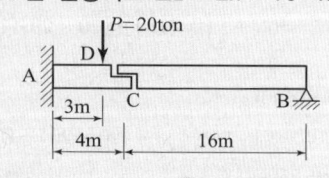

해답 16. ① 17. ① 18. ④ 19. ③

해설 (1) BMD : 겔버보에서 하중 P가 A-C구간인 캔틸레버 구간에만 작용하므로 C-B를 무시하고 A-C구간만 고려하여 C점의 처짐을 구한다.
(2) BMD와 공액보

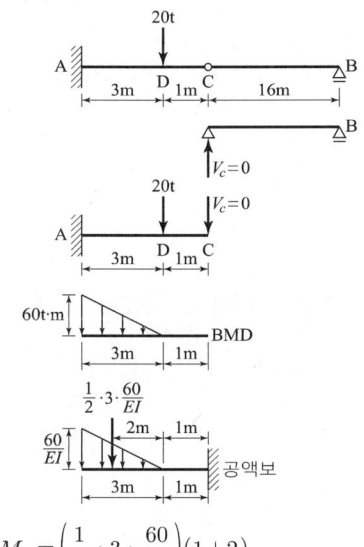

$$\delta_C = M_C = \left(\frac{1}{2} \cdot 3 \cdot \frac{60}{EI}\right)(1+2)$$
$$= \frac{270 \text{tf} \cdot \text{m}^3}{EI} = \frac{(270 \times 10^9)}{(2.7 \times 10^{11})} = 1\text{cm}$$

★★★
20 중공 원형 강봉에 비틀림력 T가 작용할 때 최대 전단변형률 $\gamma_{max} = 750 \times 10^{-6}$으로 측정되었다. 봉의 내경은 60mm이고 외경은 75mm일 때 봉에 작용하는 비틀림력 T를 구하면?
(단, 전단탄성계수 $G = 8.15 \times 10^5 \text{kg/cm}^2$)
① 29.9t·cm ② 32.7t·cm
③ 35.3t·cm ④ 39.2t·cm

해설 (1) 전단탄성계수 $G = \frac{\tau}{\gamma}$에서
$\tau = G \cdot \gamma = (8.15 \times 10^5)(750 \times 10^{-6})$
$= 611.25 \text{kg/cm}^2$
(2) 원형 단면의 단면2차극모멘트
$I_P = I_x + I_y = 2I_x = 2\left[\frac{\pi}{64}(7.5^4 - 6^4)\right] = 183.397 \text{cm}^4$
(3) 비틀림응력 $\tau = \frac{T \cdot r}{I_P}$에서 비틀림력 $T = \frac{\tau \cdot I_P}{r}$
$T = \frac{(611.25)(183.397)}{\left(\frac{7.5}{2}\right)} = 29,893 \text{kg} \cdot \text{cm}$
$= 29.893 \text{t} \cdot \text{cm}$

측량학

★★★
21 클로소이드 곡선에서 곡선 반지름(R) = 450m, 매개변수(A) = 300m일 때 곡선길이(L)는?
① 100m ② 150m
③ 200m ④ 250m

해설 $A^2 = R \cdot L$에서
$L = \frac{A^2}{R} = \frac{300^2}{450} = 200\text{m}$

★★★
22 축척 1:25,000 지형도에서 거리가 6.73cm인 두 점 사이의 거리를 다른 축척의 지형도에서 측정한 결과 11.21cm이었다면 이 지형도의 축척은 약 얼마인가?
① 1:20,000 ② 1:18,000
③ 1:15,000 ④ 1:13,000

해설 ① $\frac{1}{m} = \frac{도상거리(\ell)}{실제거리(L)} \Rightarrow \frac{1}{25,000} = \frac{6.73\text{cm}}{L}$
∴ $L = 168,250\text{cm}$
② $\frac{1}{m} = \frac{\ell}{L} \Rightarrow \frac{1}{m} = \frac{11.21\text{cm}}{168,250\text{cm}}$
∴ $\frac{1}{m} \fallingdotseq \frac{1}{15,000}$

★★
23 다음은 폐합 트래버스 측량성과이다. 측선 CD의 배횡거는?

측선	위거(m)	경거(m)
AB	65.39	83.57
BC	-34.57	19.68
CD	-65.43	-40.60
DA	34.61	-62.65

① 60.25m ② 115.90m
③ 135.45m ④ 165.90m

해설 AB의 배횡거 = 83.57
BC의 배횡거 = 83.57 + 83.57 + 19.68
= 186.820
CD의 배횡거 = 186.820 + 19.67 - 40.60
= 165.90
※ 임의 측선의 배횡거 = 전 측선의 배횡거 + 전 측선의 경거 + 그 측선의 경거

해답 20. ① 21. ③ 22. ③ 23. ④

2018년 과년도 출제문제

24 어떤 횡단면의 도상면적이 40.5cm²이었다. 가로 축척이 1:20, 세로 축척이 1:60이었다면 실제면적은?

① 48.6m² ② 33.75m²
③ 4.86m² ④ 3.375m²

해설 ① 축척과 면적관계

$$\frac{도상면적(a)}{실제면적(A)} = \frac{\ell_1 \times \ell_2}{L_1 \times L_2} = \frac{1}{m_1} \times \frac{1}{m_2}$$

② 가로와 세로 축척이 같은 경우($m_1 = m_2$)

$$\frac{a}{A} = \left(\frac{1}{m}\right)^2$$

③ 가로와 세로 축척이 다른 경우($m_1 \neq m_2$)

$$\frac{a}{A} = \left(\frac{1}{m_1} \times \frac{1}{m_2}\right)$$

$$\therefore A = a \times m_1 \times m_2$$
$$= 40.5 \times 20 \times 60 = 48600\text{cm}^2 = 4.86\text{m}^2$$

25 수심 H인 하천의 유속측정에서 수면으로부터 깊이 0.2H, 0.6H, 0.8H인 점의 유속이 각각 0.663m/s, 0.532m/s, 0.467m/s 이었다면 3점법에 의한 평균유속은?

① 0.565m/s ② 0.554m/s
③ 0.549m/s ④ 0.543m/s

해설 $V_m = \frac{1}{4}(V_{0.2} + 2V_{0.6} + V_{0.8}) = 0.549\text{m/s}$

26 삭제문제

출제기준 변경으로 인해 삭제됨

27 교점(I.P)은 도로 기점에서 500m의 위치에 있고 교각 $I = 36°$일 때 외선길이(외할)=5.00m라면 시단현의 길이는? (단, 중심말뚝거리는 20m이다.)

① 10.43m ② 11.57m
③ 12.36m ④ 13.25m

해설 ① $E = R\left(\sec\frac{I}{2} - 1\right)$에서 $R = \frac{E}{\left(\sec\frac{I}{2} - 1\right)} = 97.16\text{m}$

② $T.L = R \cdot \tan\frac{I}{2} = 31.57\text{m}$

③ 도로 기점에서 원곡선 시점 까지 거리
= 500 − T.L = 468.43m
= No23 + 8.43m(∵ 말뚝은 20m간격으로 박음)

④ 시단 현 길이 : No24 − 기점에서 원곡선 시점까지 거리
= 480m − 468.43m = 11.57m

28 단일삼각형에 대해 삼각측량을 수행한 결과 내각이 $\alpha = 54°25'32''$, $\beta = 68°43'23''$, $\gamma = 56°51'14''$이었다면 β의 각 조건에 의한 조정량은?

① −4″ ② −3″
③ +4″ ④ +3″

해설 ① 측각오차$(w) = \alpha + \beta + \gamma − 180° = +9''$

② 조정량 $= -\frac{w}{3} = -3''$

29 30m당 0.03m가 짧은 줄자를 사용하여 정사각형 토지의 한 변을 측정한 결과 150m이었다면 면적에 대한 오차는?

① 41m² ② 43m²
③ 45m² ④ 47m²

해설 면적오차와 거리오차

① $A = 150 \times 150 = 22500\text{m}^2$

② $\frac{dA}{A} = 2\frac{d\ell}{\ell}$, $\frac{dA}{22500} = 2\frac{0.03}{30}$ $\therefore dA = 45\text{m}^2$

30 삭제문제

출제기준 변경으로 인해 삭제됨

해답 24. ③ 25. ③ 26. 삭제문제 27. ② 28. ② 29. ③ 30. 삭제문제

★★
31 직사각형의 가로, 세로의 거리가 그림과 같다. 면적 A의 표현으로 가장 적절한 것은?

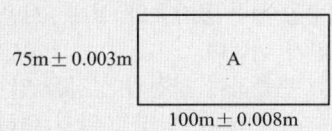

① $7500m^2 \pm 0.67m^2$
② $7500m^2 \pm 0.41m^2$
③ $7500.9m^2 \pm 0.67m^2$
④ $7500.9m^2 \pm 0.41m^2$

해설
① $A_0 = 75 \times 100 = 7500m^2$
② $dA = \pm \sqrt{(100 \times 0.003)^2 + (75 \times 0.008)^2}$
   $= \pm 0.67m^2$
③ $A = 7500 \pm 0.67m^2$

★★
32 GNSS 관측성과로 틀린 것은?
① 지오이드 모델
② 경도와 위도
③ 지구중심좌표
④ 타원체고

해설 GNSS 측량은 공간상의 3차원 좌표를 얻기 위한 측량이며 이때 얻은 높이는 타원체고라 한다. 높이(정표고) = 타원체고-지오이드고. 지오이드고는 지오이드 모델을 이용하여 구한다. 즉, GNSS 높이 측량은 지오이드모델을 이용한 높이변환이 반드시 필요하다.

★★★
33 중심말뚝의 간격이 20m인 도로구간에서 각 지점에 대한 횡단면적을 표시한 결과가 그림과 같을 때, 각주공식에 의한 전체토공량은?

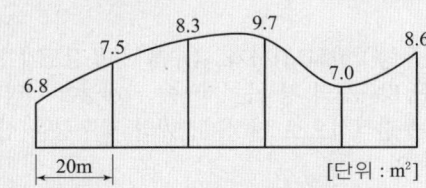

① $156m^3$
② $672m^3$
③ $817m^3$
④ $920m^3$

해설 각주공식과 양 단면 평균법 적용
$V = \dfrac{L(=2\ell)}{6}(A_1 + 4A_m + A_2)$
$= \dfrac{2 \times 20}{6}(6.8 + 4 \times 7.5 + 8.3) + \dfrac{2 \times 20}{6}(8.3 + 4 \times 9.7 + 7.0)$
$+ \dfrac{20}{2}(7.0 + 8.6)$
$= 817.33m^3$

★★
34 그림과 같이 4개의 수준점 A, B, C, D에서 각각 1km, 2km, 3km, 4km 떨어진 P점의 표고를 직접 수준 측량한 결과가 다음과 같을 때 P점의 최확값은?

A→P = 125.762m
B→P = 125.750m
C→P = 125.755m
D→P = 125.771m

① 125.755m
② 125.759m
③ 125.762m
④ 125.765m

해설 ① 수준측량의 경중률(P)은 거리에 반비례.
$P_A : P_B : P_C : P_D = \dfrac{1}{1} : \dfrac{1}{2} : \dfrac{1}{3} : \dfrac{1}{4} = 12 : 6 : 4 : 3$
② $H_P = \dfrac{[P \cdot H]}{[P]}$
$= 125.7 + \dfrac{12 \times 0.062 + 6 \times 0.050 + 4 \times 0.055 \cdots}{12 + 6 + 4 + 3}$
$= 125.759m$

★★★
35 삼각망의 종류 중 유심삼각망에 대한 설명으로 옳은 것은?
① 삼각망 가운데 가장 간단한 형태이며 측량의 정확도를 얻기 위한 조건이 부족하므로 특수한 경우 외에는 사용하지 않는다.
② 가장 높은 정확도를 얻을 수 있으나 조정이 복잡하고 포함된 면적이 작으며 특히 기선을 확대할 때 주로 사용한다.
③ 거리에 비하여 측점수가 가장 적으므로 측량이 간단하며 조건식의 수가 적어 정확도가 낮다.
④ 광대한 지역의 측량에 적합하며 정확도가 비교적 높은 편이다.

해설 유심삼각망 특징
① 삼각점 하나의 포함면적이 가장 넓다.
② 신도시, 공단 조성 등의 광대한 측량에 적합하다.
③ 정밀도: 사변형삼각망 > 유심삼각망 > 단열삼각망

해답 31. ① 32. ① 33. ③ 34. ② 35. ④

★★
36 노선측량에 대한 용어 설명 중 옳지 않은 것은?
① 교점 – 방향이 변하는 두 직선이 교차하는 점
② 중심말뚝 – 노선의 시점, 종점 및 교점에 설치하는 말뚝
③ 복심곡선 – 반지름이 서로 다른 두 개 또는 그 이상의 원호가 연결된 곡선으로 공통접선의 같은 쪽에 원호의 중심이 있는 곡선
④ 완화곡선 – 고속으로 이동하는 차량이 직선부에서 곡선부로 진입할 때 차량의 원심력을 완화하기 위해 설치하는 곡선

해설 ① 중심말뚝: 20m간격으로 설치한다.
② 평면상으로 곡선의 시점, 종점에 설치한다.
③ 종단곡선의 시점과 종점에도 설치한다.

★★
37 트래버스측량(다각측량)에 관한 설명으로 옳지 않은 것은?
① 트래버스 중 가장 정밀도가 높은 것은 결합트래버스로서 오차점검이 가능하다.
② 폐합 오차 조정에서 각과 거리측량의 정확도가 비슷한 경우 트랜싯 법칙으로 조정하는 것이 좋다.
③ 오차의 배분은 각 관측의 정확도가 같을 경우 각의 대소에 관계없이 등분하여 배분한다.
④ 폐합 트래버스에서 편각을 관측하면 편각의 총합은 언제나 360°가 되어야 한다.

해설 ① 컴퍼스법칙: 거리정도와 각관측정도가 비슷할 때 사용한다.
② 트랜싯법칙: 각 관측정도가 거리관측 정도보다 좋을 때 사용한다.

★★★
38 등고선의 성질에 대한 설명으로 옳지 않은 것은?
① 등고선은 도면 내외에서 폐합하는 폐곡선이다.
② 등고선은 분수선과 직각으로 만난다.
③ 동굴 지형에서 등고선은 서로 만날 수 있다.
④ 등고선의 간격은 경사가 급할수록 넓어진다.

해설 등고선의 간격은 경사가 급할수록 좁아지고 완만할수록 넓어진다.

★★★
39 하천측량을 실시하는 주목적에 대한 설명으로 가장 적합한 것은?
① 하천 개수공사나 공작물의 설계, 시공에 필요한 자료를 얻기 위하여
② 유속 등을 관측하여 하천의 성질을 알기 위하여
③ 하천의 수위, 기울기, 단면을 알기 위하여
④ 평면도, 종단면도를 작성하기 위하여

해설 하천측량은 하천의 형상, 수위, 단면, 경사 등을 측정하여 평면도, 종횡단면도 등을 작성하여 각종 수공설계, 시공에 필요한 자료를 얻기 위함이다.

★★★
40 지반의 높이를 비교할 때 사용하는 기준면은?
① 표고(elevation)
② 수준면(level surface)
③ 수평면(horizontal plane)
④ 평균해수면(mean sea level)

해설 수준측량에서 높이의 기준은 평균해수면으로 한다. 이 평균해수면을 높이의 기준면으로 결정하며 이 면의 모든 점들의 높이는 '0'이다.

수리학 및 수문학

★
41 누가우량곡선(Rainfall mass curve)의 특성으로 옳은 것은?
① 누가우량곡선의 경사가 클수록 강우강도가 크다.
② 누가우량곡선의 경사는 지역에 관계없이 일정하다.
③ 누가우량곡선으로 일정기간내의 강우량을 산출할 수는 없다.
④ 누가우량곡선은 자기우량 기록에 의하여 작성하는 것보다 보통우량계의 기록에 의하여 작성하는 것이 더 정확하다.

해설 누가우량곡선
(1) 강우량에 대해 시간에 따른 관측결과를 누가하여 종축에는 누가우량, 횡축에는 시간을 표시하여 나타낸 곡선.
(2) 누가우량곡선 경사가 큰 경우: 강우강도가 크다.
(3) 누가우량곡선의 경사가 완만한 경우: 강우강도가 작다.

해답 36. ② 37. ② 38. ④ 39. ① 40. ④ 41. ①

42 비에너지와 한계수심에 관한 설명으로 옳지 않은 것은?

① 비에너지가 일정할 때 한계수심으로 흐르면 유량이 최소가 된다.
② 유량이 일정할 때 비에너지가 최소가 되는 수심이 한계수심이다.
③ 비에너지는 수로바닥을 기준으로 하는 단위 무게당 흐름에너지이다.
④ 유량이 일정할 때 직사각형단면 수로내 한계수심은 최소 비에너지의 $\frac{2}{3}$이다.

해설 비에너지와 한계수심
비에너지가 일정할 때 한계수심으로 흐르면 유량이 최대가 된다.

43 폭이 b인 직사각형 위어에서 접근유속이 작은 경우 월류수심이 h일 때 양단수축 조건에서 월류수맥에 대한 단수축 폭(b_o)은? (단, Francis 공식을 적용)

① $b_o = b - \frac{h}{5}$
② $b_o = 2b - \frac{h}{5}$
③ $b_o = b - \frac{h}{10}$
④ $b_o = 2b - \frac{h}{10}$

해설 직사각형위어(Fransis)

(1) $Q = 1.84\, b_0\, h^{\frac{3}{2}}$
(2) 단 수축을 고려한 월류 수맥 폭(b_0)

$b_0 = b - \frac{1}{10}nh$

① 양단수축: n=2.0   ② 일단수축: n=1.0
③ 무 수축: n=0

44 하천의 모형실험에 주로 사용되는 상사법칙은?

① Reynolds의 상사법칙
② Weber의 상사법칙
③ Cauchy의 상사법칙
④ Froude의 상사법칙

해설 Froude의 상사법칙
(1) 중력이 흐름을 지배하는 경우의 상사법칙으로 개수로의 흐름에 적용한다.
(2) 원형의 Fr수 = 모형의 Fr수

$$\frac{V_P}{\sqrt{g_P h_P}} = \frac{V_m}{\sqrt{g_m h_m}}$$

45 수리학에서 취급되는 여러 가지 양에 대한 차원이 옳은 것은?

① 유량 = $[L^3 T^{-1}]$
② 힘 = $[MLT^{-3}]$
③ 동점성계수 = $[L^3 T^{-1}]$
④ 운동량 = $[MLT^{-2}]$

해설 차원방정식

(1) 힘: $F = ma$에서 $F = MLT^{-2}$
(2) 동점성계수: $\nu = \frac{\mu}{\rho} = \frac{g/cm \cdot sec}{g/cm^3} = \frac{cm^2}{sec} = L^2 T^{-1}$
(3) 운동량: $mv = MLT^{-1}$

46 A저수지에서 200m 떨어진 B저수지로 지름 20cm, 마찰손실계수 0.035인 원형관으로 0.0628m³/s의 물을 송수하려고 한다. A저수지와 B저수지 사이의 수위차는? (단, 마찰손실, 단면급확대 및 급축소 손실을 고려한다.)

① 5.75m   ② 6.94m
③ 7.14m   ④ 7.45m

해설

$$Q = AV = A\sqrt{\frac{2gh}{f_i + f\frac{\ell}{D} + f_o}}$$

$$0.0628 = \frac{\pi \cdot 0.2^2}{4} \times \sqrt{\frac{2 \times 9.8 \times h}{0.5 + 0.035\frac{200}{0.2} + 1.0}}$$

$h = 7.44m$

47 배수곡선(backwater curve)에 해당하는 수면곡선은?

① 댐을 월류할 때의 수면곡선
② 홍수시의 하천의 수면곡선
③ 하천 단락부(段落部) 상류의 수면곡선
④ 상류 상태로 흐르는 하천에 댐을 구축했을 때 저수지의 수면곡선

해설 배수곡선
(1) 배수 : 상류(常流)수로에 댐, 위어 등의 수리구조물로 인해 수위상승이 상류(上流)쪽으로 미치는 현상
(2) 배수곡선 : 배수현상으로 생기는 수면곡선

해답 42. ①   43. ①   44. ④   45. ①   46. ④   47. ④

48 비력(special force)에 대한 설명으로 옳은 것은?
① 물의 충격에 의해 생기는 힘의 크기
② 비에너지가 최대가 되는 수심에서의 에너지
③ 한계수심으로 흐를 때 한 단면에서의 총 에너지 크기
④ 개수로의 어떤 단면에서 단위중량당 운동량과 정수압의 합계

해설 비력(M)
(1) 정의: 개수로의 한 단면에서 운동량과 정수압의 합을 물의 단위중량으로 나눈 값을 말한다.
(2) $M = h_G A + \eta \dfrac{Q}{g}$

49 오리피스(orifice)의 이론유속 $V = \sqrt{2gh}$ 이 유도되는 이론으로 옳은 것은? (단, V : 유속, g : 중력가속도, h : 수두차)
① 베르누이(Bernoulli)의 정리
② 레이놀즈(Reynolds)의 정리
③ 벤츄리(Venturi)의 이론식
④ 운동량 방정식 이론

해설 베르누이 정리응용
(1) 토리첼리정리(오리피스): $V = \sqrt{2gh}$
(2) 피토관: $V = \sqrt{2gh}$
(3) 벤츄리미터: $Q = C \dfrac{A_1 A_2}{\sqrt{A_1^2 - A_2^2}} \sqrt{2gh}$

50 폭 4.8m, 높이 2.7m의 연직 직사각형 수문이 한쪽 면에서 수압을 받고 있다. 수문의 밑면은 힌지로 연결되어 있고 상단은 수평체인(Chain)으로 고정되어 있을 때 이 체인에 작용하는 장력(張力)은?
(단, 수문의 정상과 수면은 일치한다.)

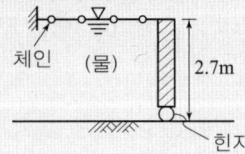

① 29.23kN   ② 57.15kN
③ 7.87kN   ④ 0.88kN

해설 $P = w \cdot h_G \cdot A$
$= 9.81 \times \dfrac{2.7}{2} \times 4.8 \times 2.7 = 171.636 \text{kN}$

힌지를 중심으로 모멘트를 구하면
$17.5 \times \dfrac{1}{3} \times 2.7 = 2.7 \times T$
$T = 5.8 \text{t} = 57.15 \text{kN}$

51 어느 소유역의 면적이 20ha, 유수의 도달시간이 5분이다. 강수자료의 해석으로부터 얻어진 이 지역의 강우강도식이 아래와 같을 때 합리식에 의한 홍수량은?

강우강도식 : $I = \dfrac{6,000}{(t+35)} [\text{mm/hr}]$
여기서, t : 강우지속시간[분]

(단, 유역의 평균 유출계수는 0.60이다.)
① 18.0m³/s   ② 5.0m³/s
③ 1.8m³/s   ④ 0.5m³/s

해설 합리식
(1) 강우강도: $I = \dfrac{6,000}{5+35} = 150 \text{mm/hr}$
(2) 홍수량: $Q = \dfrac{1}{360} \times C \times I \times A$
$= \dfrac{1}{360} \times 0.6 \times 150 \times 20 = 5 \text{m}^3/\text{sec}$

★★
52 다음 중 단위유량도 이론에서 사용하고 있는 기본가정이 아닌 것은?
① 일정 기저시간 가정
② 비례가정
③ 푸아송 분포 가정
④ 중첩가정

해설 단위유량도의 기본가정은 일정기저시간 가정, 비례가정, 중첩가정이다.

★
53 3차원 흐름의 연속방정식을 아래와 같은 형태로 나타낼 때 이에 알맞은 흐름의 상태는?

$$\dfrac{\partial u}{\partial x} + \dfrac{\partial v}{\partial y} + \dfrac{\partial w}{\partial z} = 0$$

① 비압축성 정상류   ② 비압축성 부정류
③ 압축성 정상류   ④ 압축성 부정류

해답 48. ④ 49. ① 50. ② 51. ② 52. ③ 53. ①

해설 오일러의 연속방정식
(1) 압축성유체, 부정류:
$$\frac{\partial \rho}{\partial t}+\frac{\partial(\rho u)}{\partial x}+\frac{\partial(\rho v)}{\partial y}+\frac{\partial(\rho w)}{\partial z}=0$$
(2) 비압축성유체, 정류: $\frac{\partial u}{\partial x}+\frac{\partial v}{\partial y}+\frac{\partial w}{\partial z}=0$

54 토양면을 통해 스며든 물이 중력의 영향 때문에 지하로 이동하여 지하수면까지 도달하는 현상은?
① 침투(infiltration)
② 침투능(infiltration capacity)
③ 침투율(infiltration rate)
④ 침루(percolation)

해설 침루
(1) 침투: 강수가 중력에 의해 땅속으로 스며드는 현상.
(2) 침루: 토양면을 통해 스며든 물이 지하수면까지 도달하는 현상

★
55 레이놀즈(Reynolds) 수에 대한 설명으로 옳은 것은?
① 중력에 대한 점성력의 상대적인 크기
② 관성력에 대한 점성력의 상대적인 크기
③ 관성력에 대한 중력의 상대적인 크기
④ 압력에 대한 탄성력의 상대적인 크기

해설 레이놀드수(R_e)
$$R_e=\frac{VD}{\nu}=\frac{관성력}{점성력}$$

★★★
56 동력 20,000kW, 효율 88%인 펌프를 이용하여 150m 위의 저수지로 물을 양수하려고 한다. 손실수두가 10m일 때 양수량은?
① 15.5m³/s   ② 14.5m³/s
③ 11.2m³/s   ④ 12.0m³/s

해설 펌프의 동력(E)
(1) $E=9.8\frac{Q(H+\sum H_L)}{\eta}$
$20,000=9.8\frac{Q\times(150+10)}{0.88}$ ∴ $Q=11.2$m³/sec
(2) 동력을 구할 때는 실 양정에 손실수두를 더한 전 양정으로 계산해야 한다.

57 Darcy의 법칙에 대한 설명으로 옳지 않은 것은?
① Darcy의 법칙은 지하수의 흐름에 대한 공식이다.
② 투수계수는 물의 점성계수에 따라서도 변화한다.
③ Reynolds수가 클수록 안심하고 적용할 수 있다.
④ 평균유속이 동수경사와 비례관계를 가지고 있는 흐름에 적용될 수 있다.

해설 Darcy의 법칙
(1) $V=Ki$
(2) $K=D_s^2\frac{\rho g}{\mu}\frac{e^3}{1+e}$
(3) Reynold수가 작을수록 적합하다(1 < Re < 4)

★★★
58 항만을 설계하기 위해 관측한 불규칙 파랑의 주기 및 파고가 다음 표와 같을 때, 유의파고($H_{1/3}$)는?

연번	파고(m)	주기(s)
1	9.5	9.8
2	8.9	9.0
3	7.4	8.0
4	7.3	7.4
5	6.5	7.5
6	5.8	6.5
7	4.2	6.2
8	3.3	4.3
9	3.2	5.6

① 9.0m   ② 8.6m
③ 8.2m   ④ 7.4m

해설 유의파고(H)
(1) 정의: 특정시간 주기 내에서 일어나는 모든 파고 중 큰 순서로 3분의 1안에 드는 파고의 평균 높이.
(2) 유의파고: $H=\frac{9.5+8.9+7.4}{3}=8.6$m

★
59 지름이 20cm인 관수로에 평균유속 5m/s로 물이 흐른다. 관의 길이가 50m일 때 5m의 손실수두가 나타났다면, 마찰속도(U_*)는?
① $U_*=0.022$m/s   ② $U_*=0.22$m/s
③ $U_*=2.21$m/s   ④ $U_*=22.1$m/s

해답 54. ④ 55. ② 56. ③ 57. ③ 58. ② 59. ②

해설 마찰속도(U_*)

(1) 경심 : $R = \dfrac{D}{4} = \dfrac{0.2}{4} = 0.05\text{m}$

(2) 마찰속도 : $U_* = \sqrt{gRI}$
$= \sqrt{9.8 \times 0.05 \times \dfrac{5}{50}} = 0.22\text{m/s}$

60 측정된 강우량 자료가 기상학적 원인 이외에 다른 영향을 받았는지의 여부를 판단하는, 즉 일관성(consistency)에 대한 검사방법은?

① 순간 단위 유량도법
② 합성 단위 유량도법
③ 이중 누가 우량 분석법
④ 선행 강수 지수법

해설 이중누가우량 분석법
(1) 용도 : 강수량 자료의 일관성 검증 또는 교정하는 방법이다.
(2) 강수량 자료의 일관성이 부족한 이유는 우량계위치, 노출상태, 관측방법 및 주위환경에 변화가 생긴 경우 등이다.

철근콘크리트 및 강구조

61 강도설계법에서 사용하는 강도감소계수(ϕ)의 값으로 틀린 것은?

① 무근콘크리트의 휨모멘트 : $\phi = 0.55$
② 전단력과 비틀림모멘트 : $\phi = 0.75$
③ 콘크리트의 지압력 : $\phi = 0.70$
④ 인장지배단면 : $\phi = 0.85$

해설 콘크리트가 지압을 받을 경우 강도감소계수는 0.65이다.

62 철근 콘크리트 보에 배치되는 철근의 순간격에 대한 설명으로 틀린 것은?

① 동일 평면에서 평행한 철근 사이의 수평 순간격은 25mm 이상이어야 한다.
② 상단과 하단에 2단 이상으로 배치된 경우 상하 철근의 순간격은 25mm 이상으로 하여야 한다.
③ 철근의 순간격에 대한 규정은 서로 접촉된 겹침이음 철근과 인접된 이음철근 또는 연속철근 사이의 순간격에도 적용하여야 한다.
④ 벽체 또는 슬래브에서 휨 주철근의 간격은 벽체나 슬래브 두께의 2배 이하로 하여야 한다.

해설 현행 구조기준에서는 벽체 및 슬래브에서의 휨 주철근의 간격은 중심간격을 규정하며, 두께의 3배 이하, 450mm 이하로 규정하고 있다.

63 아래 그림과 같은 단철근 직사각형보가 공칭휨강도(M_n)에 도달할 때 인장철근의 변형률은 얼마인가?
(단, 철근 D22 4개의 단면적 1,548mm², $f_{ck} = 35$MPa, $f_y = 400$MPa)

① 0.0102
② 0.0138
③ 0.0186
④ 0.0198

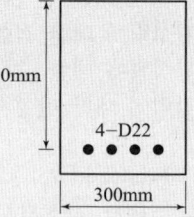

해설 1) 등가직사각형 응력블록깊이(a)

① $f_{ck} \leq 40$MPa $\Rightarrow \eta = 1.0, \beta_1 = 0.8$

② $a = \dfrac{A_s f_y}{\eta(0.85 f_{ck})b}$
$= \dfrac{1,548 \times 400}{1.0 \times 0.85 \times 35 \times 300} = 69.378\text{mm}$

2) 최외단 인장철근의 순인장변형률(ϵ_t)

① $c = \dfrac{a}{\beta_1} = \dfrac{69.378}{0.8} = 86.723\text{mm}$

② $\epsilon_t = \epsilon_{cu}\left(\dfrac{d-c}{c}\right) = 0.0033\left(\dfrac{450 - 82.723}{86.723}\right) = 0.0138$

해답 60. ③ 61. ③ 62. ④ 63. ②

64 그림의 PSC 콘크리트보에서 PS강재를 포물선으로 배치하여 프리스트레스 $P=1,000$kN이 작용할 때 프리스트레스의 상향력은? (단, 보 단면은 $b=300$mm, $h=600$mm이고, $s=250$mm이다.)

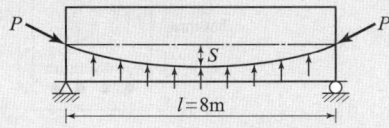

① 51.65kN/m ② 41.76kN/m
③ 31.25kN/m ④ 21.38kN/m

해설 $u = \dfrac{8Ps}{l^2} = \dfrac{8 \times 1,000 \times 0.25}{8^2} = 31.25$ kN/m

65 그림의 T형보에서 $f_{ck}=28$MPa, $f_y=400$MPa일 때 공칭모멘트강도(M_n)를 구하면? (단, $A_s=5,000$mm²)

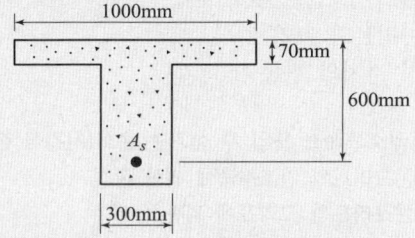

① 1,110.5kN·m ② 1,251.0kN·m
③ 1,372.5kN·m ④ 1,434.0kN·m

해설 1) T형보의 판정 : 폭 b인 단철근 직사각형 보로 보고 등가 직사각형 응력 블록 깊이를 구하면
① $f_{ck} \leq 40$MPa $\Rightarrow \eta = 1.0$
② $a = \dfrac{A_s f_y}{\eta(0.85 f_{ck})b}$
$= \dfrac{5,000 \times 400}{1.0 \times 0.85 \times 28 \times 1,000} = 84.03$mm
∴ T형보로 설계한다. ($\because a > t_f = 70$mm)

2) 공칭모멘트 강도
① $A_{sf} = \dfrac{\eta 0.85 f_{ck}(b-b_w)t_f}{f_y}$
$= \dfrac{1.0 \times 0.85 \times 28 \times (1,000-300) \times 70}{400}$
$= 2,915.5$mm²
② $a = \dfrac{(A_s - A_{sf})f_y}{\eta(0.85 f_{ck})b_w}$
$= \dfrac{(5,000-2,915.5) \times 400}{1.0 \times 0.85 \times 28 \times 300} ≒ 116.78$mm

③ $M_n = \left[A_{sf}f_y\left(d - \dfrac{t_f}{2}\right) + (A_s - A_{sf})f_y\left(d - \dfrac{a}{2}\right) \right]$
$= \left[2,915.5 \times 400 \times \left(600 - \dfrac{70}{2}\right) \right.$
$\left. + (5,000 - 2,915.5) \times 400 \left(600 - \dfrac{116.78}{2}\right) \right]$
$= 1,110,497,418$N·mm ≒ $1,110.5$kN·m

66 다음 중 적합비틀림에 대한 설명으로 옳은 것은?
① 균열의 발생 후 비틀림모멘트의 재분배가 일어날 수 없는 비틀림
② 균열의 발생 후 비틀림모멘트의 재분배가 일어날 수 있는 비틀림
③ 균열의 발생 전 비틀림모멘트의 재분배가 일어날 수 없는 비틀림
④ 균열의 발생 전 비틀림모멘트의 재분배가 일어날 수 있는 비틀림

해설 모멘트 재분배는 항복 후 발생하므로 균열 후 비틀림 모멘트의 재분배가 일어나지 않는 경우를 평형비틀림, 재분배가 일어나는 경우를 적합비틀림이라 한다.

67 용접 시의 주의 사항에 관한 설명 중 틀린 것은?
① 용접의 열을 될 수 있는 대로 균등하게 분포시킨다.
② 용접부의 구속을 될 수 있는 대로 적게 하여 수축변형을 일으키더라도 해로운 변형이 남지 않도록 한다.
③ 평행한 용접은 같은 방향으로 동시에 용접하는 것이 좋다.
④ 주변에서 중심으로 향하여 대칭으로 용접해 나간다.

해설 용접 시 열을 분산하기 위해 중심에서 주변을 향해 용접한다.

68 콘크리트의 강도설계에서 등가 직사각형 응력블록의 깊이 $a = \beta_1 c$로 표현할 수 있다. f_{ck}가 60MPa인 경우 β_1의 값은 얼마인가?
① 0.85 ② 0.732
③ 0.76 ④ 0.626

해답 64. ③ 65. ① 66. ② 67. ④ 68. ③

해설 등가직사각형 응력분포 변수 값(β_1)

f_{ck}(MPa)	40이하	50	60
β_1	0.80	0.80	0.76

★

69 $A_s = 4,000\text{mm}^2$, $A_s' = 1,500\text{mm}^2$로 배근된 그림과 같은 복철근 보의 탄성처짐이 15mm이다. 5년 이상의 지속하중에 의해 유발되는 장기처짐은 얼마인가?

① 15mm
② 20mm
③ 25mm
④ 30mm

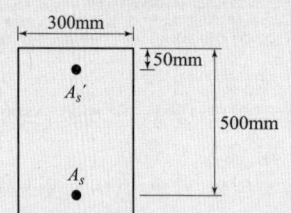

해설 장기처짐 = 탄성처짐 × λ_Δ
= 탄성처짐 × $\left(\dfrac{\xi}{1+50\rho'}\right)$
= $15 \times \left(\dfrac{2}{1+50 \times \dfrac{1,500}{300 \times 500}}\right) = 20\,\text{mm}$

★★★

70 $M_u = 200\text{kN} \cdot \text{m}$의 계수모멘트가 작용하는 단철근 직사각형보에서 필요한 철근량(A_s)은 약 얼마인가? (단, $b = 300\text{mm}$, $d = 500\text{mm}$, $f_{ck} = 28\text{MPa}$, $f_y = 400\text{MPa}$, $\phi = 0.85$이다.)

① 1,072.7mm²
② 1,266.3mm²
③ 1,524.6mm²
④ 1,785.4mm²

해설 1) $a = \dfrac{A_s f_y}{\eta(0.85 f_{ck})b}$

여기서, $f_{ck} \leq 40\text{MPa} \Rightarrow \eta = 1.0$

2) $M_u \leq \phi M_n = \phi[A_s f_y (d - \dfrac{a}{2})]$

$200 \times 10^6 \leq 0.85[A_s \times 400$
$\times (500 - \dfrac{1}{2} \times \dfrac{A_s \times 400}{1.0 \times 0.85 \times 28 \times 300})]$

∴ $A_s = 1,266.3\text{mm}^2$ (계산기의 solve 기능 사용)

71 아래 그림과 같은 보통 중량콘크리트 직사각형 단면의 보에서 균열모멘트(M_{cr})는? (단, $f_{ck} = 24\text{MPa}$이다.)

① 46.7kN · m
② 52.3kN · m
③ 56.4kN · m
④ 62.1kN · m

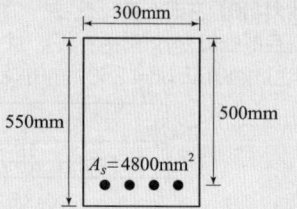

해설 $M_{cr} = f_r Z = 0.63\lambda \sqrt{f_{ck}} \left(\dfrac{bh^2}{6}\right)$
= $(0.63 \times 1.0 \times \sqrt{24}) \times \left(\dfrac{300 \times 550^2}{6}\right)$
= $46,681,151\,\text{N} \cdot \text{mm} \simeq 46.7\,\text{kN} \cdot \text{m}$

72 프리스트레스 감소 원인 중 프리스트레스 도입 후 시간의 경과에 따라 생기는 것이 아닌 것은?
① PC강재의 릴랙세이션
② 콘크리트의 건조수축
③ 콘크리트의 크리프
④ 정착 장치의 활동

해설 프리스트레스 도입 후 생기는 손실(시간적 손실)
(1) 콘크리트의 건조수축에 의한 손실
(2) 콘크리트의 크리프에 의한 손실
(3) PS 강재의 릴랙세이션에 의한 손실

73 서로 다른 크기의 철근을 압축부에서 겹침이음하는 경우 이음길이에 대한 설명으로 옳은 것은?
① 이음길이는 크기가 큰 철근의 정착길이와 크기가 작은 철근의 겹침이음길이 중 큰 값 이상이어야 한다.
② 이음길이는 크기가 작은 철근의 정착길이와 크기가 큰 철근의 겹침이음길이 중 작은 값 이상이어야 한다.
③ 이음길이는 크기가 작은 철근의 정착길이와 크기가 큰 철근의 겹침이음길이의 평균값 이상이어야 한다.
④ 이음길이는 크기가 큰 철근의 정착길이와 크기가 작은 철근의 겹침이음길이를 합한 값 이상이어야 한다.

해설 서로 다른 크기의 겹침이음 길이는 크기가 큰 철근의 정착길이와 크기가 작은 철근의 겹침이음길이 중 큰 값 이상이어야 한다.

해답 69. ② 70. ② 71. ① 72. ④ 73. ①

★★★
74 주어진 T형 단면에서 부착된 프리스트레스트 보강재의 인장응력(f_{ps})은 얼마인가?
(단, 긴장재의 단면적 $A_{ps}=1,290mm^2$이고, 프리스트레싱 긴장재의 종류에 따른 계수 $\gamma_p=0.4$, 긴장재의 설계기준 인장강도 $f_{pu}=1,900MPa$, $f_{ck}=35MPa$)

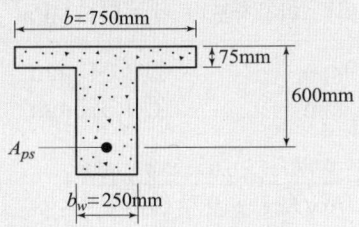

① 1,900MPa   ② 1,861MPa
③ 1,804MPa   ④ 1,752MPa

해설
$$f_{ps}=f_{pu}\left[1-\frac{\gamma_p}{\beta_1}\left\{\rho_p\frac{f_{pu}}{f_{ck}}+\frac{d}{d_p}(w-w')\right\}\right]$$

여기서, ρ_p : 프리스트레스 보강재비 $\left(\dfrac{A_{ps}}{bd_p}\right)$

w : 인장철근의 강재지수 $\left(\rho\dfrac{f_y}{f_{ck}}\right)$

w' : 압축철근의 강재지수 $\left(\rho'\dfrac{f_y}{f_{ck}}\right)$

$$\therefore f_{ps}=1,900\left[1-\frac{0.4}{0.80}\left(\frac{1,290}{750\times600}\times\frac{1,900}{35}\right)\right]$$
$$\fallingdotseq 1,752MPa$$
여기서, $f_{ck}\le 40MPa \Rightarrow \beta_1=0.8$

★★★
75 그림과 같은 복철근 보의 유효깊이(d)는?
(단, 철근 1개의 단면적은 250mm²이다.)

① 810mm
② 780mm
③ 770mm
④ 730mm

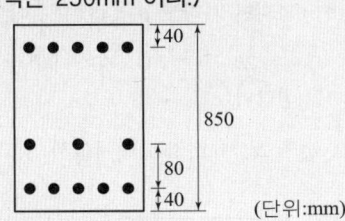
(단위:mm)

해설 $d=\dfrac{3(850-120)+5(850-40)}{3+5}=780mm$

★★★
76 철근의 부착응력에 영향을 주는 요소에 대한 설명으로 틀린 것은?
① 경사인장균열이 발생하게 되면 철근이 균열에 저항하게 되고, 따라서 균열면 양쪽의 부착응력을 증가시키기 때문에 결국 인장철근의 응력을 감소시킨다.
② 거푸집 내에 타설된 콘크리트의 상부로 상승하는 물과 공기는 수평으로 놓인 철근에 의해 가로막히게 되며, 이로 인해 철근과 철근 하단에 형성될 수 있는 수막 등에 의해 부착력이 감소될 수 있다.
③ 전단에 의한 인장철근의 장부력(dowel force)은 부착에 의한 쪼갬 응력을 증가시킨다.
④ 인장부 철근이 필요에 의해 절단되는 불연속 지점에서는 철근의 인장력 변화정도가 매우 크며 부착응력 역시 증가한다.

해설 콘크리트에 인장균열이 발생하게 되면 인장 측의 콘크리트가 힘을 받지 못하게 되어 부착응력 뿐만 아니라 철근의 인장응력도 증가하게 된다.

★★
77 그림과 같은 용접부의 응력은?
① 115MPa
② 110MPa
③ 100MPa
④ 94MPa

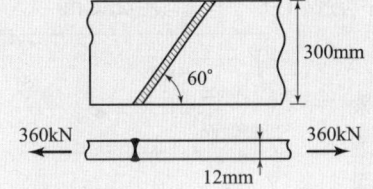

해설 $f_t=\dfrac{P}{\sum al}=\dfrac{360\times10^3}{12\times300}=100MPa$

★★★
78 계수전단력(V_u)이 262.5kN일 때 아래 그림과 같은 보에서 가장 적당한 수직스터럽의 간격은?
(단, 사용된 스터럽은 D13을 사용하였으며, D13철근의 단면적은 127mm², $f_{ck}=28MPa$, $f_y=400MPa$이다.)

① 195mm
② 201mm
③ 233mm
④ 265mm

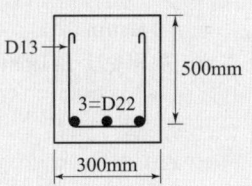

해답 74. ④   75. ②   76. ①   77. ③   78. ③

해설 (1) 전단철근의 전단강도(V_s) 산정

$V_u \leq \phi V_n = \phi(V_c + V_s)$ 에서

$V_s = \dfrac{V_u}{\phi} - V_c = \dfrac{V_u}{\phi} - \left(\dfrac{\lambda\sqrt{f_{ck}}}{6}\right)b_w d$

$= \dfrac{262.5 \times 10^3}{0.75} - \left(\dfrac{1.0\sqrt{28}}{6}\right) \times 300 \times 500$

$= 217,712\,\text{N} = 227.712\,\text{kN}$

(2) 전단철근의 전단강도 검토

$\left(\dfrac{\lambda\sqrt{f_{ck}}}{3}\right)b_w d = \left(\dfrac{1.0 \times \sqrt{28}}{3}\right) \times 300 \times 500 = 264,575\,\text{N}$

$\therefore V_s = 217.712\,\text{kN} < \left(\dfrac{\lambda\sqrt{f_{ck}}}{3}\right)b_w d$

(3) 전단철근의 간격

$s = \dfrac{A_v f_{yt} d}{V_s} = \dfrac{(127 \times 2) \times 400 \times 500}{217.712 \times 10^3} \simeq 233\,\text{mm}$

$\dfrac{d}{2} = \dfrac{500}{2} = 250\,\text{mm}$ 이하

600mm 이하

∴ 이 중 최솟값 233mm로 한다.

79 아래 그림의 지그재그로 구멍이 있는 판에서 순폭을 구하면? (단, 구멍직경은 25mm)

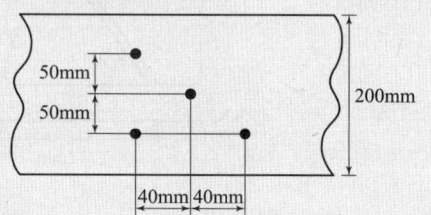

① 187mm ② 141mm
③ 137mm ④ 125mm

해설 (1) $b_n = b_g - 2d = 200 - 2 \times 25 = 150\,\text{mm}$

(2) $b_n = b_g - d - 2\left(d - \dfrac{p^2}{4g}\right)$

$= 200 - 25 - 2 \times \left(25 - \dfrac{40^2}{4 \times 50}\right)$

$= 141\,\text{mm}$

∴ 둘 중 최솟값 141mm를 순폭으로 한다.

80 아래의 표와 같은 조건의 경량콘크리트를 사용하고, 설계기준항복강도가 400MPa인 D25(공칭직경 : 25.4mm)철근을 인장철근으로 사용하는 경우 기본정착길이(l_{db})는?

【조건】
• 콘크리트 설계기준 압축강도(f_{ck}) : 24MPa
• 콘크리트 인장강도(f_{sp}) : 2.17MPa

① 1,430mm ② 1,515mm
③ 1,535mm ④ 1,575mm

해설 $l_{db} = \dfrac{0.6 d_b f_y}{\lambda\sqrt{f_{ck}}} = \dfrac{0.6 \times 25.4 \times 400}{0.79 \times \sqrt{24}}$

$\simeq 1,575\,\text{mm}$

여기서, $\lambda = \dfrac{f_{sp}}{0.56\sqrt{f_{ck}}} = \dfrac{2.17}{0.56\sqrt{24}} \simeq 0.79$

토질 및 기초

81 어떤 흙에 대해서 일축압축시험을 한 결과 일축압축강도가 1.0kg/cm²이고 이 시료의 파괴면과 수평면이 이루는 각이 50°일 때 이 흙의 점착력(c_u)과 내부마찰각(ϕ)은?

① $c_u = 0.60\,\text{kg/cm}^2,\ \phi = 10°$
② $c_u = 0.42\,\text{kg/cm}^2,\ \phi = 50°$
③ $c_u = 0.60\,\text{kg/cm}^2,\ \phi = 50°$
④ $c_u = 0.42\,\text{kg/cm}^2,\ \phi = 10°$

해설 ① 내부마찰각(ϕ)

파괴면의 각도 $\theta = 45° + \dfrac{\phi}{2}$ 이므로

$\phi = 2\theta - 90° = 2 \times 50° - 90° = 10°$

② 점착력(c_u)

$q_u = 2c_u \cdot \tan\left(45° + \dfrac{\phi}{2}\right)$ 에서

$c_u = \dfrac{q_u}{2\tan\left(45° + \dfrac{\phi}{2}\right)} = \dfrac{1.0}{2\tan\left(45° + \dfrac{10°}{2}\right)} = 0.42\,\text{kg/cm}^2$

해답 79. ② 80. ④ 81. ④

82 피조콘(piezocone) 시험의 목적이 아닌 것은?
① 지층의 연속적인 조사를 통하여 지층 분류 및 지층 변화 분석
② 연속적인 원지반 전단강도의 추이 분석
③ 중간 점토 내 분포한 sand seam 유무 및 발달 정도 확인
④ 불교란 시료 채취

해설 원추관입시험은 사질토와 점성토에 모두 적용할 수 있으며 지층의 관입저항을 연속적으로 측정할 수 있는 이점이 있다. 표준관입시험(SPT)에서는 연속적 측정이 불가능하다. 반면 원추관입시험은 샘플러(sampler)가 없으므로 시료 채취는 불가능하다

83 포화된 지반의 간극비를 e, 함수비를 w, 간극률을 n, 비중을 G_s라 할 때 다음 중 한계동수경사를 나타내는 식으로 적절한 것은?
① $\dfrac{G_s+1}{1+e}$ ② $\dfrac{e-w}{w(1+e)}$
③ $(1+n)(G_s-1)$ ④ $\dfrac{G_s(1-w+e)}{(1+G_s)(1+e)}$

해설 한계동수경사(i_c)
① $w \cdot G_s = S \cdot e \Rightarrow G_s = \dfrac{S \cdot e}{w}$
② $i_c = \dfrac{G_s-1}{1+e}$
$= \dfrac{\dfrac{S \cdot e}{w}-1}{1+e} = \dfrac{\dfrac{S \cdot e - w}{w}}{1+e} = \dfrac{S \cdot e - w}{w(1+e)}$
여기서, $S = 100\% = 1$이므로
∴ $i_c = \dfrac{e-w}{w(1+e)}$

84 다음 중 투수계수를 좌우하는 요인이 아닌 것은?
① 토립자의 비중   ② 토립자의 크기
③ 포화도   ④ 간극의 형상과 배열

해설 ① 투수계수에 영향을 미치는 요소
$K = D^2 \cdot \dfrac{\gamma_w}{\eta} \cdot \dfrac{e^3}{1+e} \cdot C_s$
② 흙 입자의 비중은 투수계수와 관계가 없다.

85 어떤 점토의 압밀계수는 $1.92 \times 10^{-3}\text{cm}^2/\text{sec}$, 압축계수는 $2.86 \times 10^{-2}\text{cm}^2/\text{g}$이었다. 이 점토의 투수계수는?(단, 이 점토의 초기간극비는 0.8이다.)
① 1.05×10^{-5}cm/sec
② 2.05×10^{-5}cm/sec
③ 3.05×10^{-5}cm/sec
④ 4.05×10^{-5}cm/sec

해설 ① 체적변화계수(m_v)
$m_v = \dfrac{a_v}{1+e_1} = \dfrac{2.86 \times 10^{-2}}{1+0.8} = 1.589 \times 10^{-2}\text{cm}^2/\text{g}$
② 투수계수(K)
$K = C_v \cdot m_v \cdot \gamma_w = (1.92 \times 10^{-3}) \times (1.589 \times 10^{-2}) \times 1$
$= 3.051 \times 10^{-5}\text{cm/sec}$

86 반무한 지반의 지표상에 무한길이의 선하중 q_1, q_2가 다음의 그림과 같이 작용할 때 A점에서의 연직응력 증가는?

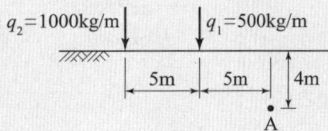

① 3.03kg/m^2 ② 12.12kg/m^2
③ 15.15kg/m^2 ④ 18.18kg/m^2

해설 ① 선하중 작용시 편심거리 x만큼 떨어진 곳에서의 연직응력 증가량($\Delta\sigma_z$)
$\Delta\sigma_z = \dfrac{2 \cdot q \cdot z^3}{\pi \cdot (x^2+z^2)^2} = \dfrac{2q}{\pi}\dfrac{z^3}{R^4}$
② q_1하중에 의한 연직응력 증가량($\Delta\sigma_{z1}$)
$\Delta\sigma_{z1} = \dfrac{2 \cdot q \cdot z^3}{\pi \cdot (x^2+z^2)^2} = \dfrac{2 \times 500 \times 4^3}{\pi \cdot (5^2+4^2)^2} = 12.12\text{kg/m}^2$
③ q_2하중에 의한 연직응력 증가량($\Delta\sigma_{z1}$)
$\Delta\sigma_{z2} = \dfrac{2 \cdot q \cdot z^3}{\pi \cdot (x^2+z^2)^2} = \dfrac{2 \times 1,000 \times 4^3}{\pi \cdot (10^2+4^2)^2} = 3.03\text{kg/m}^2$
④ q_1하중과 q_2하중에 의한 연직응력 증가량($\Delta\sigma_z$)
$\Delta\sigma_z = \Delta\sigma_{z1} + \Delta\sigma_{z2} = 12.12 + 3.03 = 15.15\text{kg/m}^2$

해답 82. ④ 83. ② 84. ① 85. ③ 86. ③

87 크기가 30cm×30cm의 평판을 이용하여 사질토 위에서 평판재하 시험을 실시하고 극한 지지력 20t/m²을 얻었다. 크기가 1.8m×1.8m인 정사각형 기초의 총허용하중은 약 얼마인가?(단, 안전율 3을 사용)

① 22t
② 66t
③ 130t
④ 150t

해설 ① 기초의 극한지지력($q_{u(기초)}$)

$$q_{u(기초)} = q_{u(재하판)} \cdot \frac{B_{(기초)}}{B_{(재하판)}} = 20 \times \frac{1.8}{0.3} = 120 t/m^2$$

② 허용지지력(q_a)

$$q_a = \frac{q_u}{F_s} = \frac{120}{3} = 40 t/m^2$$

③ 총허용하중(Q_a)

$$Q_a = q_a \cdot A = 40 \times (1.8 \times 1.8) = 129.6 t$$

88 $\gamma_{sat} = 2.0 t/m^3$인 사질토가 20°로 경사진 무한사면이 있다. 지하수위가 지표면과 일치하는 경우 이 사면의 안전율이 1 이상이 되기 위해서는 흙의 내부마찰각이 최소 몇 도 이상이어야 하는가?

① 18.21°
② 20.52°
③ 36.06°
④ 45.47°

해설 내부마찰각(ϕ)

$F_s = \frac{\gamma_{sub}}{\gamma_{sat}} \cdot \frac{\tan\phi}{\tan\beta}$ 에서 사면이 안전하기 위하여서는

$F_s \geq 1$이 되어야 하므로

$$\phi = \tan^{-1}\left(\frac{\gamma_{sat}}{\gamma_{sub}} \cdot \tan\beta\right)$$
$$= \tan^{-1}\left(\frac{2.0}{1.0} \times \tan 20°\right) = 36.05°$$

따라서 $\beta = 36.05°$ 이상이 되어야 한다.

89 깊은 기초의 지지력 평가에 관한 설명으로 틀린 것은?

① 현장 타설 콘크리트 말뚝 기초는 동역학적 방법으로 지지력을 추정한다.
② 말뚝 항타분석기(PDA)는 말뚝의 응력분포, 경시효과 및 해머 효율을 파악할 수 있다.
③ 정역학적 지지력 추정방법은 논리적으로 타당하나 강도정수를 추정하는데 한계성을 내포하고 있다.
④ 동역학적 방법은 항타장비, 말뚝과 지반조건이 고려된 방법으로 해머 효율의 측정이 필요하다.

해설 ① 설계의 관점에서 하중 전달 방법으로 접근하는 것은 서로 다르기 때문에 항타와 매입으로 말뚝들 분류하는 것이 편리하다. 항타 말뚝은 동역학적 공식이 사용되고 매입 말뚝은 정역학적 공식이 사용된다. 정역학적 공식은 특히 점착력이 없는 지반의 항타 공식에 사용될 수 있다.
② 현장 타설 콘크리트 말뚝 기초는 정역학적 방법으로 지지력을 추정한다.

90 Terzaghi의 극한지지력 공식에 대한 설명으로 틀린 것은?

① 기초의 형상에 따라 형상계수를 고려하고 있다.
② 지지력계수 N_c, N_q, N_γ는 내부마찰각에 의해 결정된다.
③ 점성토에서의 극한지지력은 기초의 근입깊이가 깊어지면 증가된다.
④ 극한지지력은 기초의 폭에 관계없이 기초 하부의 흙에 의해 결정된다.

해설 Terzaghi의 극한지지력(q_u)

$$q_u = \alpha \cdot c \cdot N_c + \beta \cdot \gamma_1 \cdot B \cdot N_r + \gamma_2 \cdot D_f \cdot N_q$$

따라서 기초의 폭(B)이 증가할수록 기초의 극한지지력은 증가한다.

91 흙의 다짐시험에서 다짐에너지를 증가시킬 때 일어나는 결과는?

① 최적함수비는 증가하고, 최대건조 단위중량은 감소한다.
② 최적함수비는 감소하고, 최대건조 단위중량은 증가한다.
③ 최적함수비와 최대건조 단위중량이 모두 감소한다.
④ 최적함수비와 최대건조 단위중량이 모두 증가한다.

해설 다짐에너지를 증가시키면, 최대건조단위중량은 커지고, 최적함수비는 작아진다.

해답 87. ③ 88. ③ 89. ① 90. ④ 91. ②

92 유선망(Flow Net)의 성질에 대한 설명으로 틀린 것은?

① 유선과 등수두선은 직교한다.
② 동수경사(i)는 등수두선의 폭에 비례한다.
③ 유선망으로 되는 사각형은 이론상 정사각형이다.
④ 인접한 두 유선 사이, 즉 유로를 흐르는 침투수량은 동일하다.

해설
① 인접한 두 등수두선 사이의 전수두(손실수두)는 일정하다.
② 인접한 두 등수두선 사이의 동수경사는 두 등수두선의 간격에 반비례한다.
$$v = K \cdot i = K \cdot \frac{h}{L}$$
즉, 이동경로의 거리에 반비례한다.

93 아래 그림에서 토압계수 $K=0.5$일 때의 응력경로는 어느 것인가?

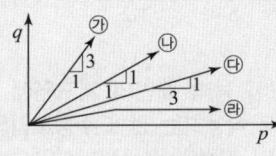

① ㉮
② ㉯
③ ㉰
④ ㉱

해설
① 응력비 : $K = \frac{\sigma_h}{\sigma_v} \Rightarrow \sigma_h = K\sigma_v$

② 기울기 : $\tan\beta = \frac{q}{p} = \frac{\frac{\sigma_v - \sigma_h}{2}}{\frac{\sigma_v + \sigma_h}{2}}$
$= \frac{\sigma_v - \sigma_h}{\sigma_v + \sigma_h} = \frac{\sigma_v - K \cdot \sigma_v}{\sigma_v + K \cdot \sigma_v} = \frac{1-K}{1+K}$

∴ $\tan\beta = \frac{1-0.5}{1+0.5} = \frac{1}{3}$

94 다음 중 부마찰력이 발생할 수 있는 경우가 아닌 것은?

① 매립된 생활쓰레기 중에 시공된 관측정
② 붕적토에 시공된 말뚝 기초
③ 성토한 연약점토지반에 시공된 말뚝 기초
④ 다짐된 사질지반에 시공된 말뚝기초

해설
① 부마찰력(Q_{NS})
연약지반에 말뚝을 박은 다음 성토한 경우에는 성토하중에 의하여 압밀이 진행되어 말뚝이 아래로 끌려가 하중 역할을 한다. 이 경우의 극한지지력은 감소한다.
② 부마찰력은 말뚝 주변의 지반이 압밀이 발생할 때 발생한다. 그러나 다짐된 사질지반에서는 압밀현상이 일어나지 않는다.

95 흙 시료의 전단파괴면을 미리 정해놓고 흙의 강도를 구하는 시험은?

① 직접전단시험
② 평판재하시험
③ 일축압축시험
④ 삼축압축시험

해설 직접전단시험
직접전단시험은 전단 상자가 움직이는 방향으로 전단 파괴면이 결정되므로 전단 파괴 면이 미리 정해진 시험이다.

96 4.75mm체(4번 체) 통과율이 90%이고, 0.075mm체(200번 체) 통과율이 4%, $D_{10}=0.25$mm, $D_{30}=0.6$mm, $D_{60}=2$mm인 흙을 통일분류법으로 분류하면?

① GW
② GP
③ SW
④ SP

해설
① 균등계수(C_u)
$$C_u = \frac{D_{60}}{D_{10}} = \frac{2}{0.25} = 8$$
② 곡률계수(C_g)
$$C_g = \frac{D_{30}^2}{D_{10} \cdot D_{60}} = \frac{0.6^2}{0.25 \times 2} = 0.72$$
③ 입도분포
균등계수 $C_u = 8 > 6$이나, 곡률계수 $C_g = 0.72$이므로 입도분포가 나쁘다.
④ 판정
No.200체 통과량이 50%이하이므로 조립토(G, S)이며, No.4체 통과량이 50% 이상이므로 모래(S)이다. 따라서 입도분포가 나쁜 모래(SP)가 된다.

97 표준관입 시험에서 N치가 20으로 측정되는 모래 지반에 대한 설명으로 옳은 것은?

① 내부마찰각이 약 30° ~ 40° 정도인 모래이다.
② 유효상재 하중이 20t/m²인 모래이다.
③ 간극비가 1.2인 모래이다.
④ 매우 느슨한 상태이다.

해답 92. ② 93. ③ 94. ④ 95. ① 96. ④ 97. ①

해설 ① N 값과 모래의 상대밀도의 관계

N값	상대밀도
2 ~ 4	아주 느슨
4 ~ 10	느슨
10 ~ 30	보통
30 ~ 50	조밀
50 이상	아주 조밀

② Dunham 공식에 의한 내부마찰각(ϕ)

입도 및 입자 상태	내부마찰각
흙 입자가 모가 나고 입도가 양호	$\phi = \sqrt{12N}+25$
흙 입자가 모가 나고 입도가 불량 흙 입자가 둥글고 입도가 양호	$\phi = \sqrt{12N}+20$
흙 입자가 둥글고 입도가 불량	$\phi = \sqrt{12N}+15$

따라서 입도 및 입자 상태에 따라 내부마찰각은 30°~ 40°인 모래이다.
$\phi = \sqrt{12N}+15 = \sqrt{12 \times 20}+15 = 30.5°$
$\phi = \sqrt{12N}+25 = \sqrt{12 \times 20}+25 = 40.5°$

98 그림과 같은 지반에서 하중으로 인하여 수직응력($\Delta\sigma_1$)이 1.0kg/cm² 증가되고 수평응력($\Delta\sigma_3$)이 0.5kg/cm² 증가되었다면 간극수압은 얼마나 증가되었는가? (단, 간극수압계수 A=0.5이고 B=1이다.)

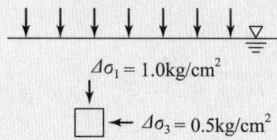

① 0.50kg/cm² ② 0.75kg/cm²
③ 1.00kg/cm² ④ 1.25kg/cm²

해설 삼축압축시에 생기는 공극수압
$\Delta u = B \cdot \Delta\sigma_3 + D \cdot (\Delta\sigma_1 - \Delta\sigma_3)$
$\quad = B \cdot [\Delta\sigma_3 + A \cdot (\Delta\sigma_1 - \Delta\sigma_3)]$
$\quad = 1 \times [0.5 + 0.5 \times (1.0 - 0.5)] = 0.75\text{kg/cm}^2$

★
99 아래 그림과 같은 폭(B) 1.2m, 길이(L) 1.5m인 사각형 얕은 기초에 폭(B) 방향에 대한 편심이 작용하는 경우 지반에 작용하는 최대압축응력은?

① 29.2t/m²
② 38.5t/m²
③ 39.7t/m²
④ 41.5t/m²

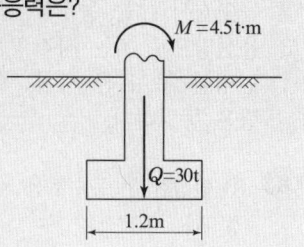

해설 ① 편심거리(e)
$e = \dfrac{M}{Q} = \dfrac{4.5}{30} = 0.15\text{m}$

② 판별
편심거리 $e < \dfrac{B}{6} = \dfrac{1.2}{6} = 0.2\text{m}$

③ 최대압축응력(q_{max})
$q_{max} = \dfrac{Q}{B \cdot L}\left(1 + \dfrac{6e}{B}\right)$
$\quad = \dfrac{30}{1.2 \times 1.5}\left(1 + \dfrac{6 \times 0.15}{1.2}\right) = 29.17\text{t/m}^2$

100 그림과 같이 옹벽 배면의 지표면에 등분포하중이 작용할 때, 옹벽에 작용하는 전체 주동토압의 합력(P_a)과 옹벽 저면으로부터 합력의 작용점까지의 높이(h)는?

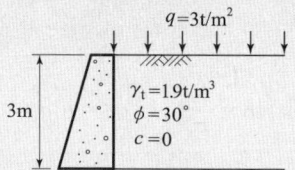

① $P_a = 2.85$t/m, $h = 1.26$m
② $P_a = 2.85$t/m, $h = 1.38$m
③ $P_a = 5.85$t/m, $h = 1.26$m
④ $P_a = 5.85$t/m, $h = 1.38$m

해설 ① 주동토압계수(K_A)
$K_A = \dfrac{1-\sin\phi}{1+\sin\phi} = \dfrac{1-\sin 30°}{1+\sin 30°} = \dfrac{1}{3}$

② 전주동토압(P_A)
$P_A = P_{A1} + P_{A2} = K_A \cdot q \cdot H + \dfrac{1}{2}K_A \cdot \gamma \cdot H^2$
$\quad = \dfrac{1}{3} \times 3 \times 3 + \dfrac{1}{2} \times \dfrac{1}{3} \times 1.9 \times 3^2 = 5.85\text{t/m}$

③ 작용점(h)
$h \cdot P_A = P_{A1} \times \dfrac{H}{2} + P_{A2} \times \dfrac{H}{3}$
$h \times 5.85 = 3 \times \dfrac{3}{2} + 2.85 \times \dfrac{3}{3}$
$h = 1.26\text{m}$

해답 98. ②   99. ①   100. ③

상하수도공학

101 일반적인 상수도 계통도를 바르게 나열한 것은?

① 수원 및 저수시설 → 취수 → 배수 → 송수 → 정수 → 도수 → 급수
② 수원 및 저수시설 → 취수 → 도수 → 정수 → 급수 → 배수 → 송수
③ 수원 및 저수시설 → 취수 → 도수 → 정수 → 송수 → 배수 → 급수
④ 수원 및 저수시설 → 취수 → 배수 → 정수 → 급수 → 도수 → 송수

해설 상수도 계통도
수원 → 취수 → 도수 → 정수 → 송수 → 배수 → 급수

102 하수도의 목적에 관한 설명으로 가장 거리가 먼 것은?

① 하수도는 도시의 건전한 발전을 도모하기 위한 필수시설이다.
② 하수도는 공중위생의 향상에 기여한다.
③ 하수도는 공공용 수역의 수질을 보전함으로써 국민의 건강보호에 기여한다.
④ 하수도는 경제발전과 산업기반의 정비를 위하여 건설된 시설이다.

해설 하수도 설치 목적
① 하수 내 오염물질을 제거하여 수자원 보호
② 우수의 신속한 배제에 의한 침수 등의 재해 방지
③ 쾌적한 생활환경 도모

103 고도처리를 도입하는 이유와 거리가 먼 것은?

① 잔류 용존유기물의 제거
② 잔류염소의 제거
③ 질소의 제거
④ 인의 제거

해설 고도처리
① 고도처리 목적 : 부영양화와 적조현상의 방지, 하수처리수의 재이용, 방류수역의 수질환경기준 달성 등을 목적으로 한다.
② 처리대상물질 : 잔류 용존 유기물, 질소, 인 등

104 어느 도시의 인구가 200,000명, 상수보급률이 80%일 때 1인1일 평균급수량이 380L/인·일 이라면 연간 상수 수요량은?

① 11.096×10^6 m³/년
② 13.874×10^6 m³/년
③ 22.192×10^6 m³/년
④ 27.742×10^6 m³/년

해설 연간 상수 수요량
① 1일 상수수요량
=급수인구(인구수×상수보급률)×1인1일 평균 급수량
$= 200,000 \times 0.8 \times 0.38$ m³/day
$= 60,800$ m³/day
② 연간 상수 수요량 = 1일 상수수요량 × 365일
$= \dfrac{60,800 \text{m}^3}{\text{일}} \times \dfrac{365\text{일}}{1\text{년}} = 22.192 \times 10^6 \text{m}^3/\text{년}$

105 계획 시간최대 배수량 $q = K \times \dfrac{Q}{24}$에 대한 설명으로 틀린 것은?

① 계획 시간최대 배수량은 배수구역내의 계획급수 인구가 그 시간대에 최대량의 물을 사용한다고 가정하여 결정한다.
② Q는 계획 1일평균 급수량으로 단위는 [m³/day]이다.
③ K는 시간계수로 주야간의 인구변동, 공장, 사업소 등의 계절적 인구이동에 의하여 변한다.
④ 시간계수 K는 1일최대 급수량이 클수록 작아지는 경향이 있다.

해설 계획시간최대배수량(q)
① Q는 계획1일 최대급수량(m³/day)을 의미한다.
② K는 시간계수로 대도시는 1.3, 중소도시는 1.5, 소도시는 2.0을 사용한다.
③ $q = K \times \dfrac{Q}{24} \Rightarrow K = \dfrac{24 \times q}{Q}$ 이므로 K와 Q는 반비례한다.

해답 101. ③ 102. ④ 103. ② 104. ③ 105. ②

★★★
106 호기성 소화의 특징을 설명한 것으로 옳지 않은 것은?
① 처리된 소화 슬러지에서 악취가 나지 않는다.
② 상징수의 BOD 농도가 높다.
③ 폭기를 위한 동력 때문에 유지관리비가 많이 든다.
④ 수온이 낮을 때에는 처리 효율이 떨어진다.

해설 호기성 소화의 특징
① 상징수(처리수)의 BOD농도가 낮다
② 혐기성처리에 비해 반응이 빠르고 생물의 에너지 효율이 높다.

★
107 정수장으로부터 배수지까지 정수를 수송하는 시설은?
① 도수시설   ② 송수시설
③ 정수시설   ④ 배수시설

해설 송수시설
① 송수시설 : 정수 처리된 물을 배수지로 수송하는 시설
② 도수시설 : 원수를 정수장으로 이송하는 시설

★★★
108 합류식 하수도에 대한 설명으로 옳지 않은 것은?
① 청천시에는 수위가 낮고 유속이 적어 오물이 침전하기 쉽다.
② 우천시에 처리장으로 다량의 토사가 유입되어 침전지에 퇴적된다.
③ 소규모 강우시 강우 초기에 도로나 관로내에 퇴적된 오염물이 그대로 강으로 합류할 수 있다.
④ 단일관로로 오수와 우수를 배제하기 때문에 침수 피해의 다발 지역이나 우수배제 시설이 정비되지 않은 지역에서는 유리한 방식이다.

해설 합류식 하수도
대규모 강우 시 강우 초기의 노면세정수나 관로내의 퇴적된 오염물이 그대로 처리되지 않은 채 직접 강으로 합류할 수 있다.

★★
109 Jar-Test는 적정 응집제의 주입량과 적정 pH를 결정하기 위한 시험이다. Jar-Test시 응집제를 주입한 후 급속교반 후 완속교반을 하는 이유는?
① 응집제를 용해시키기 위해서
② 응집제를 고르게 섞기 위해서
③ 플록이 고르게 퍼지게 하기 위해서
④ 플록을 깨뜨리지 않고 성장시키기 위해서

해설 Jar-Test
① 급속교반(미세플록 형성) : 응집제를 고르게 섞기 위함.
② 완속교반(거대플록 형성) : 플록을 깨뜨리지 않고 성장시키기 위함.

★
110 정수지에 대한 설명으로 틀린 것은?
① 정수지란 정수를 저류하는 탱크로 정수시설로는 최종단계의 시설이다.
② 정수지 상부는 반드시 복개해야 한다.
③ 정수지의 유효수심은 3~6m를 표준으로 한다.
④ 정수지의 바닥은 저수위보다 1m 이상 낮게 해야 한다.

해설 정수지
① 정수지 상부는 복개해서 햇빛을 차단하여 생물발생을 방지한다.
② 정수지 유효수심 : 3~6m
③ 정수지 바닥은 저수위보다 15cm 이상 낮게 설치해야 한다.

★
111 상수시설 중 가장 일반적인 장방형 침사지의 표면부하율의 표준으로 옳은 것은?
① 50~150mm/min   ② 200~500mm/min
③ 700~1,000mm/min   ④ 1,000~1,250mm/min

해설 침사지 구조
① 표면부하율은 200~500mm/min을 표준으로 한다.
② 지(池)내 평균유속은 2~7cm/sec를 표준으로 한다.
③ 지(池)의 길이는 폭의 3~8배를 표준으로 한다.

해답 106. ② 107. ② 108. ③ 109. ④ 110. ④ 111. ②

★★★
112 펌프의 회전수 $N=3,000$rpm, 양수량 $Q=1.7$m³/min, 전양정 $H=300$m인 6단 원심펌프의 비교회전도 N_s는?

① 약 100회   ② 약 150회
③ 약 170회   ④ 약 210회

해설 비교회전도(N_s)

$$N_s = N \times \frac{Q^{\frac{1}{2}}}{H^{\frac{3}{4}}} = 3,000 \times \frac{1.7^{\frac{1}{2}}}{\left(\frac{300}{6}\right)^{\frac{3}{4}}} = 208.03 회$$

★
113 주요 관로별 계획하수량으로서 틀린 것은?

① 우수관로 : 계획우수량 + 계획오수량
② 합류식관로 : 계획 시간최대 오수량 + 계획우수량
③ 차집관로 : 우천시 계획오수량
④ 오수관로 : 계획 시간최대 오수량

해설 계획하수량
우수관로는 계획 우수량으로 계획한다.

★★★
114 계획하수량을 수용하기 위한 관로의 단면과 경사를 결정함에 있어 고려할 사항으로 틀린 것은?

① 우수관로는 계획우수량에 대하여 유속을 최소 0.8m/s, 최대 3.0m/s로 한다.
② 오수관로의 최소관경은 200mm를 표준으로 한다.
③ 관로의 단면은 수리적 특성을 고려하여 선정하되 원형 또는 직사각형을 표준으로 한다.
④ 관로경사는 하류로 갈수록 점차 급해지도록 한다.

해설 하수관로 경사 및 유속
① 관로 경사 : 하류로 갈수록 완만 하게한다.
② 관로 유속 : 하류로 갈수록 크게 한다.

★★★
115 계획급수인구가 5,000명, 1인1일 최대급수량을 150L/(인·day), 여과속도는 150m/day로 하면 필요한 급속여과지의 면적은?

① 5.0m²   ② 10.0m²
③ 15.0m²   ④ 20.0m²

해설 급속여과지 면적
① 1일 최대급수량 = 급수인구 × 1인 1일 최대급수량
$$Q = 5,000인 \times \frac{0.15m^3}{인 \cdot 일} = 750m^3/일$$
② $Q = A \times V$ 에서
$$A = \frac{Q}{V} = \frac{750}{150} = 5m^2$$

★★★
116 지름 15cm, 길이 50m인 주철관으로 유량 0.03m³/s의 물을 50m 양수하려고 한다. 양수시 발생되는 총손실수두가 5m이었다면 이 펌프의 소요 축동력(kW)은? (단, 여유율은 0이며 펌프의 효율은 80%이다.)

① 20.2kW   ② 30.5kW
③ 33.5kW   ④ 37.2kW

해설 펌프의 소요 축동력(P)
① 축 동력 계산 시 전 수두를 사용한다.
 전 수두 = 실 양정 + 손실수두
② $P = 9.8 \times \dfrac{Q \times H_t}{\eta}$
$= 9.8 \times \dfrac{0.03 \times (50+5)}{0.8} = 20.2$kW

★★
117 배수관망의 구성방식 중 격자식과 비교한 수지상식의 설명으로 틀린 것은?

① 수리계산이 간단하다.
② 사고 시 단수구간이 크다.
③ 제수밸브를 많이 설치해야 한다.
④ 관의 말단부에 물이 정체되기 쉽다.

해설 배수관망(수지상 식)
① 수지상 식 : 제수밸브가 적게 설치되므로 사고 시 단수구역이 확대되고 수압보완도 용이하지 않다.
② 격자 식 : 제수밸브가 많이 설치되므로 사고 시 단수구역이 좁고 수압보완도 용이하다.

해답 112. ④   113. ①   114. ④   115. ①   116. ①   117. ③

118 하수처리시설의 펌프장시설에서 중력식 침사지에 관한 설명으로 틀린 것은?

① 체류시간은 30~60초를 표준으로 하여야 한다.
② 모래퇴적부의 깊이는 최소 50cm 이상이어야 한다.
③ 침사지의 평균유속은 0.3m/sec를 표준으로 한다.
④ 침사지 형상은 정방형 또는 장방형 등으로 하고, 지수는 2지 이상을 원칙으로 한다.

해설 하수 침사지 제원
모래 퇴적부의 깊이는 최소 30cm 이상이어야 한다.

119 하수도시설의 1차 침전지에 대한 설명으로 옳지 않은 것은?

① 침전지의 형상은 원형, 직사각형 또는 정사각형으로 한다.
② 직사각형 침전지의 폭과 길이의 비는 1:3 이상으로 한다.
③ 유효수심은 2.5~4m를 표준으로 한다.
④ 침전시간은 계획1일 최대오수량에 대하여 일반적으로 12시간 정도로 한다.

해설 일차침전지=최초침전지
① 침전시간 : 2~4시간
② 유효수심 : 2.5~4m, 수면의 여유고는 40~60cm 정도로 한다.

120 하수처리계획 및 재이용계획을 위한 계획오수량에 대한 설명으로 옳은 것은?

① 계획 1일최대 오수량은 계획 시간최대 오수량을 1일의 수량으로 환산하여 1.3~1.8배를 표준으로 한다.
② 합류식에서 우천 시 계획오수량은 원칙적으로 계획 1일평균 오수량의 3배 이상으로 한다.
③ 계획 1일평균 오수량은 계획 1일최대 오수량의 70~80%를 표준으로 한다.
④ 지하수량은 계획 1일평균 오수량의 10~20%로 한다.

해설 하수처리 계획 및 재이용계획
① 계획시간최대오수량 = 계획1일 최대오수량×(1.3~1.8)
② 합류관거 : 계획 시간 최대오수량 +계획 우수량
③ 지하수량 : 계획1일 최대오수량의 10~20%로 한다.

해답 118. ② 119. ④ 120. ③

MEMO

응용역학

1 지름이 D인 원형 단면의 단주에서 핵(Core)의 지름은?

① $\dfrac{D}{2}$ ② $\dfrac{D}{3}$
③ $\dfrac{D}{4}$ ④ $\dfrac{D}{8}$

해설

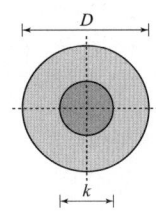

핵반지름이 $\dfrac{D}{8}$ 이므로 핵지름은 $\dfrac{D}{4}$ 가 된다.

2 다음과 같은 보의 A점의 수직반력 V_A는?

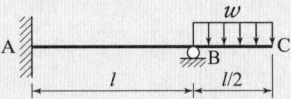

① $\dfrac{3}{8}wl(\downarrow)$ ② $\dfrac{1}{4}wl(\downarrow)$
③ $\dfrac{3}{16}wl(\downarrow)$ ④ $\dfrac{3}{32}wl(\downarrow)$

해설 (1) 절점B에서의 휨모멘트 : BC 캔틸레버 구간

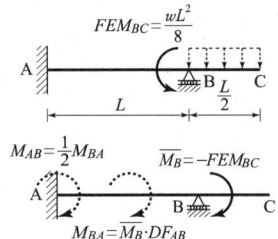

① 절점모멘트 : $M_B = -\left(w\cdot\dfrac{L}{2}\right)\left(\dfrac{L}{4}\right) = -\dfrac{wL^2}{8}(\curvearrowleft)$

② 해제모멘트 : $\overline{M_B} = +\dfrac{wL^2}{8}(\curvearrowright)$

③ 분배모멘트 : $M_{BA} = \overline{M_B}\cdot DF_{BA} = +\dfrac{wL^2}{8}(\curvearrowright)$

④ 전달모멘트 :

$M_{AB} = \dfrac{1}{2}M_{BA} = \dfrac{1}{2}\left(+\dfrac{wL^2}{8}\right) = +\dfrac{wL^2}{16}(\curvearrowright)$

(2) 모멘트평형조건 :

$\Sigma M_B = 0 : +\left(\dfrac{wL^2}{16}\right) + \left(\dfrac{wL^2}{8}\right) + (V_A)(L) = 0$

$\therefore V_A = -\dfrac{3wL}{16}(\downarrow)$

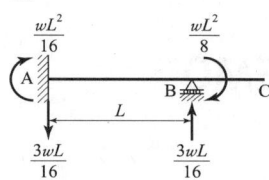

3 다음과 같은 부재에서 길이의 변화량(δ)은 얼마인가?
(단, 보는 균일하며 단면적 A와 탄성계수 E는 일정하다.)

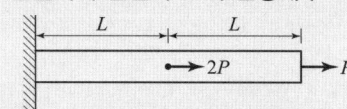

① $\dfrac{4PL}{EA}$ ② $\dfrac{3PL}{EA}$
③ $\dfrac{1.5PL}{EA}$ ④ $\dfrac{PL}{EA}$

해설 (1) 구간에 따라 하중이 다르므로 구간별로 나누어 계산한다.
(2) 자유물체도

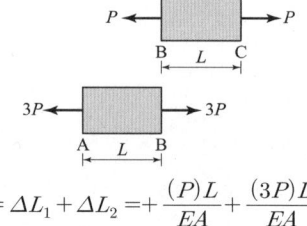

$\delta = \Delta L = \Delta L_1 + \Delta L_2 = +\dfrac{(P)L}{EA} + \dfrac{(3P)L}{EA}$

$= +4\cdot\dfrac{PL}{EA}$ (인장 변위)

4 무게 1kg의 물체를 두 끈으로 늘어뜨렸을 때 한 끈이 받는 힘의 크기 순서가 옳은 것은?

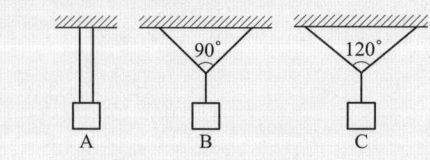

① B > A > C ② C > A > B
③ A > B > C ④ C > B > A

해답 1. ③ 2. ③ 3. ① 4. ④

해설 (1) A : $\sum V = 0$; $\quad 2T - 1\text{kg} = 0 \quad \therefore T = 0.5\text{kg}$
(2) B : $\sum V = 0$; $\quad 2T\cos 45° - 1\text{kg} = 0 \quad \therefore T = 0.707\text{kg}$
(3) C : $\sum V = 0$; $\quad 2T\cos 60° - 1\text{kg} = 0 \quad \therefore T = 1\text{kg}$

★★
5 정삼각형 도심을 지나는 여러 축에 대한 단면2차모멘트의 값에 대한 다음 설명 중 옳은 것은?

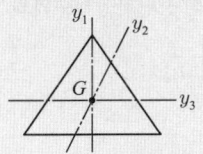

① $I_{y1} > I_{y2}$
② $I_{y2} > I_{y1}$
③ $I_{y3} > I_{y2}$
④ $I_{y1} = I_{y2} = I_{y3}$

해설 정사각형, 정삼각형, 원형, 정다각형 등과 같이 대칭인 단면의 도심축에 대한 단면2차모멘트의 값은 모두 같다.

★★
6 그림과 같은 직사각형 단면의 단주에 편심축하중 P가 작용할 때 모서리 A점의 응력은?

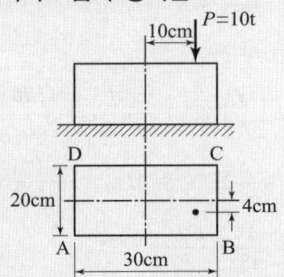

① 3.4kg/cm^2
② 30kg/cm^2
③ 38.6kg/cm^2
④ 70kg/cm^2

해설 $\sigma_{max} = -\dfrac{P}{A} - \dfrac{P \cdot e_y}{Z_x} + \dfrac{P \cdot e_x}{Z_y}$

$= -\dfrac{(10 \times 10^3)}{(20 \times 30)} - \dfrac{(10 \times 10^3)(4)}{\left(\dfrac{(30)(20)^2}{6}\right)} + \dfrac{(10 \times 10^3)(10)}{\left(\dfrac{(20)(30)^2}{6}\right)}$

$= -3.33\text{kg/cm}^2$ (압축)

★★★
7 그림과 같은 단순보의 단면에 발생하는 최대 전단응력의 크기는?

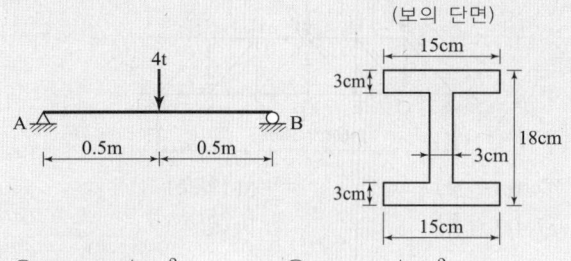

① 27.3kg/cm^2
② 35.2kg/cm^2
③ 46.9kg/cm^2
④ 54.2kg/cm^2

해설 (1) 전단응력 산정 제계수
① $I = \dfrac{1}{12}(15 \times 18^3 - 12 \times 12^3) = 5,562\text{cm}^4$
② I형 단면의 최대 전단응력은 단면의 중앙부에서 발생한다.
$\therefore b = 3\text{cm}$
③ $V = 2,000\text{kg}$
④ $Q = (15 \times 3)(6 + 1.5) + (3 \times 6)(3) = 391.5\text{cm}^3$

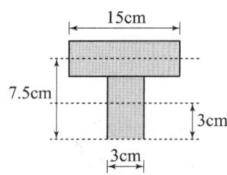

전단응력 산정을 위한 Q

(2) $\tau_{max} = \dfrac{V \cdot Q}{I \cdot b} = \dfrac{(2,000)(391.5)}{(5,562)(3)} = 46.925\text{kg/cm}^2$

★★
8 구조해석의 기본 원리인 겹침의 원리(Principal of Superposition)를 설명한 것으로 틀린 것은?
① 탄성한도 이하의 외력이 작용할 때 성립한다.
② 외력과 변형이 비선형관계가 있을 때 성립한다.
③ 여러 종류의 하중이 실린 경우 이 원리를 이용하면 편리하다.
④ 부정정 구조물에서도 성립한다.

해설 ② 겹침의 원리는 중첩의 원리라고도 하며, 외력과 변형이 선형 탄성한도(Linear Elastic) 이하의 관계에서만 성립한다.

해답 5. ④ 6. ① 7. ③ 8. ②

9 그림과 같은 트러스의 부재 EF의 부재력은?

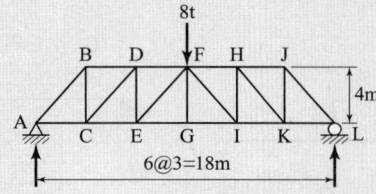

① 3t (인장) ② 3t (압축)
③ 4t (압축) ④ 5t (압축)

해설 EF부재가 지나가도록 수직절단하여 좌측을 고려한다.

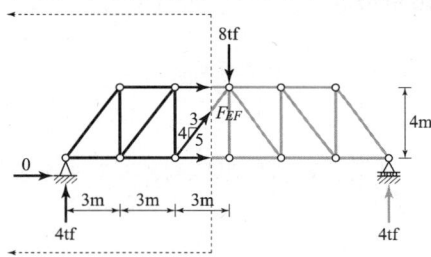

$$V=0 : +(4)+\left(F_{EF}\cdot\frac{4}{5}\right)=0 \quad \therefore \ F_{EF}=-5t(압축)$$

★★★
10 그림과 같은 캔틸레버보에서 휨모멘트에 의한 탄성변형에너지는? (단, EI는 일정)

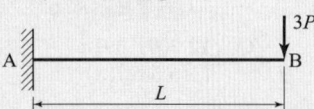

① $\dfrac{2P^2L^3}{3EI}$ ② $\dfrac{3P^2L^3}{2EI}$
③ $\dfrac{2P^2L^3}{9EI}$ ④ $\dfrac{9P^2L^3}{2EI}$

해설 (1) $M_x=-(3P)(x)=-3P\cdot x$

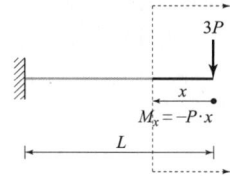

(2) $U=\displaystyle\int\dfrac{M_x^2}{2EI}dx=\dfrac{1}{2EI}\int_0^L(-3P\cdot x)^2dx$
$=\dfrac{9P^2}{2EI}\left[\dfrac{x^3}{3}\right]_0^L=\dfrac{3}{2}\cdot\dfrac{P^2L^3}{EI}$

★
11 체적탄성계수 K를 탄성계수 E와 푸아송비 ν로 옳게 표시한 것은?

① $K=\dfrac{E}{3(1-2\nu)}$ ② $K=\dfrac{E}{2(1-3\nu)}$
③ $K=\dfrac{2E}{3(1-2\nu)}$ ④ $K=\dfrac{3E}{2(1-3\nu)}$

해설 (1) 탄성계수 E와 체적탄성계수와의 관계:
$$K=\dfrac{E}{3(1-2\nu)}$$
(2) 탄성계수 E와 전단탄성계수와의 관계:
$$G=E\cdot\dfrac{1}{2(1+\nu)}$$

★★
12 다음과 같은 부정정보에서 A의 처짐각 θ_A는? (단, 보의 휨강성은 EI이다.)

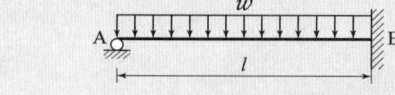

① $\dfrac{1}{12}\cdot\dfrac{wl^3}{EI}$ ② $\dfrac{1}{24}\cdot\dfrac{wl^3}{EI}$
③ $\dfrac{1}{36}\cdot\dfrac{wl^3}{EI}$ ④ $\dfrac{1}{48}\cdot\dfrac{wl^3}{EI}$

해설 (1) 처짐각 방정식:
$$M_{AB}=2E\left(\dfrac{I}{L}\right)(2\theta_A)-\dfrac{wL^2}{12}=\dfrac{4EI\theta_A}{L}-\dfrac{wL^2}{12}$$
(2) 절점방정식: $\sum M_A=M_{AB}=\dfrac{4EI\theta_A}{L}-\dfrac{wL^2}{12}=0$ 으로부터 $\theta_A=\dfrac{1}{48}\cdot\dfrac{wL^3}{EI}$

해답 9. ④ 10. ② 11. ① 12. ④

★★★
13 그림과 같은 3힌지 아치의 중간 힌지에 수평하중 P가 작용할 때 A지점의 수직반력과 수평반력은? (단, A지점의 반력은 그림과 같은 방향을 정(+)으로 한다.)

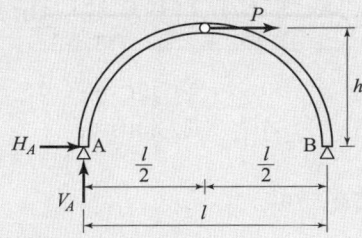

① $V_A = \dfrac{Ph}{l}$, $H_A = \dfrac{P}{2}$

② $V_A = \dfrac{Ph}{l}$, $H_A = -\dfrac{P}{2h}$

③ $V_A = -\dfrac{Ph}{l}$, $H_A = \dfrac{P}{2h}$

④ $V_A = -\dfrac{Ph}{l}$, $H_A = -\dfrac{P}{2}$

해설 (1) $\sum M_B = 0 : +(V_A)(L) + (P)\left(\dfrac{L}{2}\right) = 0$

$\therefore V_A = -\dfrac{Ph}{L} (\downarrow)$

(2) $\sum M_{C,Left} = 0 : -(H_A)(h) - \left(\dfrac{Ph}{L}\right)\left(\dfrac{L}{2}\right) = 0$

$\therefore H_A = -\dfrac{P}{2} (\leftarrow)$

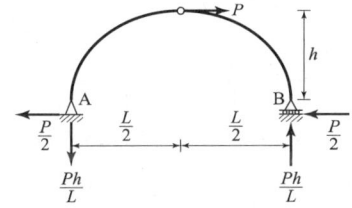

★★
14 단면이 원형(반지름 R)인 보에 휨모멘트 M이 작용할 때 이 보에 작용하는 최대 휨응력은?

① $\dfrac{4M}{\pi R^3}$　　② $\dfrac{12M}{\pi R^3}$

③ $\dfrac{16M}{\pi R^3}$　　④ $\dfrac{32M}{\pi R^3}$

해설 $\sigma_{max} = \dfrac{M}{Z} = \dfrac{M}{\dfrac{\pi D^3}{32}} = \dfrac{32M}{\pi D^3} = \dfrac{32M}{\pi (2R)^3} = \dfrac{4M}{\pi R^3}$

★★
15 그림과 같이 겔버보에 연행하중이 이동할 때 지점 B에서 최대 휨모멘트는?

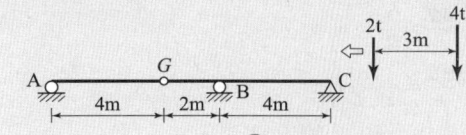

① $-9t \cdot m$　　② $-11t \cdot m$
③ $-13t \cdot m$　　④ $-15t \cdot m$

해설 (1) A-G구간을 단순보로 가정해서 해석한다.
4t의 하중이 G점에 재하될 때 V_G가 최대가 되며 이때 최대휨모멘트가 발생된다.

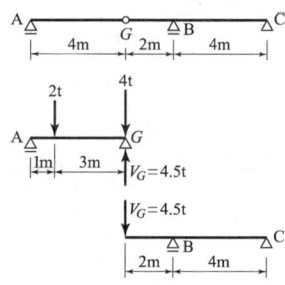

$\sum M_A = 0$
$-(V_G)(4) + (2)(1) + (4)(4) = 0$
$\therefore V_G = 4.5t$

(2) B점의 최대휨모멘트
$M_{max} = -(4.5)(2) = -9\, t \cdot m$

★★★
16 다음 구조물에서 최대처짐이 일어나는 위치까지의 거리 x 를 구하면?

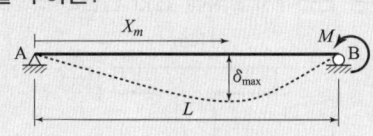

① $\dfrac{L}{2}$　　② $\dfrac{2L}{3}$

③ $\dfrac{L}{\sqrt{3}}$　　④ $\dfrac{2L}{\sqrt{3}}$

해설
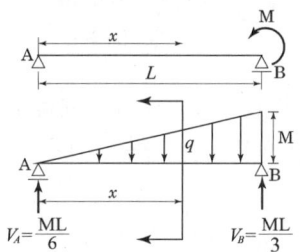

해답 13. ④ 14. ① 15. ① 16. ③

(1) $x : q = L : M$

$q = \dfrac{M}{L}x$

(2) $S_x = 0$인 위치에서 최대처짐 발생

$\dfrac{ML}{6} = \dfrac{1}{2} \cdot q \cdot x$

$\dfrac{ML}{6} = \dfrac{1}{2}\left(\dfrac{M}{L}x\right) \cdot x$

$\therefore x = \dfrac{L}{\sqrt{3}} = 0.577L$

★★

17 그림(b)는 그림(a)와 같은 겔버보에 대한 영향선이다. 다음 설명 중 옳은 것은?

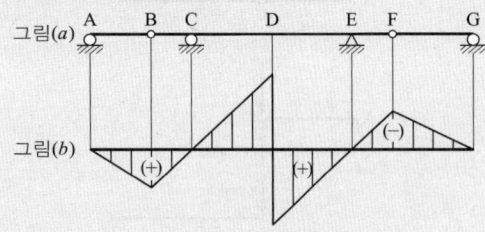

① 힌지점 B의 전단력에 대한 영향선이다.
② D점의 전단력에 대한 영향선이다.
③ D점의 휨모멘트에 대한 영향선이다.
④ C지점의 반력에 대한 영향선이다.

해설 D점의 전단력에 대한 영향선(Influence Line)이다.

★★★

18 다음 T형 단면에서 x축에 관한 단면2차모멘트 값은?

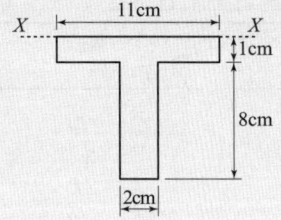

① 413cm^4　　② 446cm^4
③ 489cm^4　　④ 513cm^4

해설 (1) 사각형 11×1, 2×8로 구분해서 더한다.

(2) $I = \left[\dfrac{(11)(1)^3}{12} + (11 \times 1)(0.5)^2\right]$
$+ \left[\dfrac{(2)(8)^3}{12} + (2 \times 8)(5)^2\right] = 489\text{cm}^4$

★

19 그림과 같은 단순보에서 C점의 휨모멘트는?

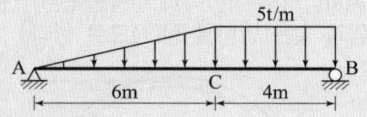

① 32t·m　　② 42t·m
③ 48t·m　　④ 54t·m

해설 (1) $\sum M_A = 0$:

$+\left(\dfrac{1}{2} \times 6 \times 5\right)(4) + (5 \times 4)(8) - (V_B)(10) = 0$

$\therefore V_B = +22\text{t}(\uparrow)$

(2) $M_{C,Right} = -[+(5 \times 4)(2) - (22)(4)] = +48\text{t·m}$

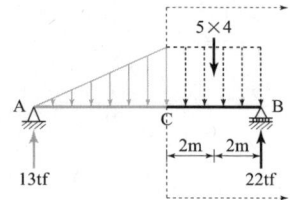

★★

20 그림과 같이 세 개의 평행력이 작용할 때 합력 R의 위치 x는?

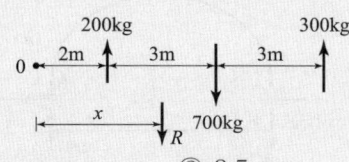

① 3.0m　　② 3.5m
③ 4.0m　　④ 4.5m

해설 (1) 합력: $R = -(200) + (700) - (300) = +200\text{kg}(\uparrow)$

(2) O점에서 모멘트를 계산한다.
$-(200)(x) = +(200)(2) - (700)(5) + (300)(8)$

$\therefore x = 3.5\text{m}$

해답　17. ②　18. ③　19. ③　20. ②

측량학

21 지형의 토공량 산정 방법이 아닌 것은?
① 각주공식   ② 양단면 평균법
③ 중앙단면법   ④ 삼변법

해설 지형의 토공량 산정법은
① 단면법 : 각주공식, 양단면평균법, 중앙단면법
② 점고법 : 직사각형공식, 삼각형공식 등이 있다.
삼변법은 면적측정법이다.

22 그림에서 $\overline{AB}=500m$, $\angle a = 71°33'54''$, $\angle b_1 = 36°52'12''$, $\angle b_2 = 39°05'38''$, $\angle c = 85°36'05''$ 를 관측하였을 때 $\overline{BC}$ 의 거리는?

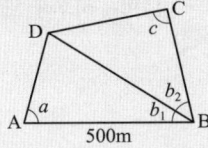

① 391m   ② 412m
③ 422m   ④ 427m

해설 ① $\dfrac{500}{\sin(180°-a-b_1)} = \dfrac{BD}{\sin a}$ 에서
∴ $BD = \dfrac{500 \times \sin 71°33'54''}{\sin 71°33'54''} = 500m$
② $\dfrac{BD}{\sin c} = \dfrac{BC}{\sin(180°-b_2-c)}$ 에서
∴ $BC = \dfrac{500 \times \sin 55°18'17''}{\sin 85°36'05''} = 412.3m$

23 삭제문제
출제기준 변경으로 인해 삭제됨

24 삭제문제
출제기준 변경으로 인해 삭제됨

25 클로소이드(clothoid)의 매개변수(A)가 60m, 곡선길이(L)가 30m일 때 반지름(R)은?
① 60m   ② 90m
③ 120m   ④ 150m

해설 $A^2 = R \cdot L$ 에서
$R = \dfrac{A^2}{L} = \dfrac{60^2}{30} = 120m$

26 하천측량에 대한 설명으로 틀린 것은?
① 제방중심선 및 종단측량은 레벨을 사용하여 직접수준측량 방식으로 실시한다.
② 심천측량은 하천의 수심 및 유수부분의 하저상황을 조사하고 횡단면도를 제작하는 측량이다.
③ 하천의 수위경계선인 수애선은 평균수위를 기준으로 한다.
④ 수위 관측은 지천의 합류점이나 분류점 등 수위 변화가 생기지 않는 곳을 선택한다.

해설 ① 수면과 하안과의 경계선을 수애선이라 한다.
② 수애선은 평수위일 때의 물가선을 말한다.

27 지형의 표시법에서 자연적 도법에 해당하는 것은?
① 점고법   ② 등고선법
③ 영선법   ④ 채색법

해설 ① 자연적 도법 : 음영법, 영선법(우모법)
② 부호적 도법 : 점고법, 채색법, 등고선법

해답 21. ④ 22. ② 23. 삭제문제 24. 삭제문제 25. ③ 26. ③ 27. ③

28. 도로 설계시에 단곡선의 외할(E)은 10m, 교각은 60°일 때, 접선장(T.L)은?

① 42.4m ② 37.3m
③ 32.4m ④ 27.3m

해설
① $E = R\left(\sec\dfrac{I}{2} - 1\right)$ 에서

$R = \dfrac{E}{\sec\dfrac{I}{2} - 1} = \dfrac{10}{\sec\dfrac{60°}{2} - 1} = 64.64\text{m}$

② $T.L = R \cdot \tan\dfrac{I}{2} = 64.64 \times \tan\dfrac{60°}{2} = 37.32\text{m}$

29. 레벨을 이용하여 표고가 53.85m인 A점에 세운 표척을 시준하여 1.34m를 얻었다. 표고 50m의 등고선을 측정하려면 시준하여야 할 표척의 높이는?

① 3.51m ② 4.11m
③ 5.19m ④ 6.25m

해설
① $53.85 + 1.34 = 50 + F \cdot S$ ∴ $F \cdot S = 5.19\text{m}$
② 전시(F·S)를 5.19m로 관측한 점을 연결하면 50m 등고선이 된다.

30. 다각측량에 관한 설명 중 옳지 않은 것은?

① 각과 거리를 측정하여 점의 위치를 결정한다.
② 근거리이고 조건식이 많아 삼각측량에서 구한 위치보다 정확도가 높다.
③ 선로와 같이 좁고 긴 지역의 측량에 편리하다.
④ 삼각측량에 비해 시가지 또는 복잡한 장애물이 있는 곳의 측량에 적합하다.

해설 측량의 정밀도는
삼각측량 > 다각측량 > 세부측량 순이다.
즉, 근거리의 세부측량 일수록 정밀도가 낮다.

31. 기지의 삼각점을 이용하여 새로운 도근점들을 매설하고자 할 때 결합 트래버스측량(다각측량)의 순서는?

① 도상계획 → 답사 및 선점 → 조표 → 거리관측 → 각관측 → 거리 및 각의 오차 배분 → 좌표계산 및 측점 전개
② 도상계획 → 조표 → 답사 및 선점 → 각관측 → 거리관측 → 거리 및 각의 오차 배분 → 좌표계산 및 측점 전개
③ 답사 및 선점 → 도상계획 → 조표 → 각관측 → 거리관측 → 거리 및 각의 오차 배분 → 좌표계산 및 측점 전개
④ 답사 및 선점 → 조표 → 도상계획 → 거리관측 → 각관측 → 좌표계산 및 측점 전개 → 거리 및 각의 오차 배분

해설 측량을 계획하고 실시할 때 제일 먼저 할 일은 지도상에서 계획을 세우는 일이다. 이후에 답사하여 선점하고 측표를 설치(조표)한다.

32. 완화곡선에 대한 설명으로 옳지 않은 것은?

① 완화곡선은 모든 부분에서 곡률이 동일하지 않다.
② 완화곡선의 반지름은 무한대에서 시작한 후 점차 감소되어 원곡선의 반지름과 같게 된다.
③ 완화곡선의 접선은 시점에서 원호에 접한다.
④ 완화곡선에 연한 곡선 반지름의 감소율은 캔트의 증가율과 같다.

해설 완화곡선의 접선은 시점에서 직선에 접하고 종점에서 원호에 접한다.

33. 축척 1:600인 지도상의 면적을 축척 1:500으로 계산하여 38.675m²을 얻었다면 실제면적은?

① 26.858m² ② 32.229m²
③ 46.410m² ④ 55.692m²

해설
① 축척과 면적
$\dfrac{a}{A} = \left(\dfrac{1}{m}\right)^2 \Rightarrow A = am^2$
② 면적은 축척의 분모수의 제곱에 비례한다.
$500^2 : 38.675 = 600^2 : A$ ∴ $A = 55.692\text{m}^2$

해답 28. ② 29. ③ 30. ② 31. ① 32. ③ 33. ④

34. A, B 두 점간의 거리를 관측하기 위하여 그림과 같이 세 구간으로 나누어 측량하였다. 측선 $\overline{AB}$ 의 거리는?
(단, Ⅰ:10m±0.01m, Ⅱ : 20m±0.03m, Ⅲ : 30m±0.05m이다.)
① 60m±0.09m
② 30m±0.06m
③ 60m±0.06m
④ 30m±0.09m

해설 ① $L_0 = 10 + 20 + 30 = 60m$
② $M = \pm \sqrt{m_1^2 + m_2^2 + m_3^2}$
$= \pm \sqrt{0.01^2 + 0.03^2 + 0.05^2} \fallingdotseq \pm 0.06m$
∴ $\overline{AB} = 60m \pm 0.06m$

35. 그림과 같은 터널 내 수준측량의 관측결과에서 A점의 지반고가 20.32m일 때 C점의 지반고는? (단, 관측값의 단위는 m이다.)

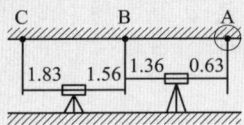

① 21.32m
② 21.49m
③ 16.32m
④ 16.49m

해설 수준측량의 높이 계산은 기준면을 기준으로 올라가면 (+), 내려가면 (-)해준다.
$20.32 - 0.63 + 1.36 - 1.56 + 1.83 = H_C$
∴ $H_C = 21.32m$

36. 그림의 다각측량 성과를 이용한 C점의 좌표는? (단, $\overline{AB} = \overline{BC} = 100m$이고, 좌표 단위는 m이다.)

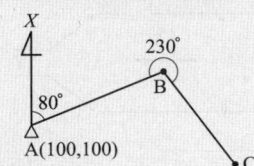

① $X = 48.27m$, $Y = 256.28m$
② $X = 53.08m$, $Y = 275.08m$
③ $X = 62.31m$, $Y = 281.31m$
④ $X = 69.49m$, $Y = 287.49m$

해설 AB의 위거 $= \ell \times \cos\theta = 100 \times \cos 80° = 17.36$
AB의 경거 $= \ell \times \sin\theta = 100 \times \sin 80° = 98.48$
BC의 방위각 $= 80° - 180° + 230° = 130°$
BC의 위거 $= 100 \times \cos 130° = -64.28$
BC의 경거 $= 100 \times \sin 130° = 76.60$
∴ $X_C = 100 + 17.36 - 64.28 = 53.08m$
$Y_C = 100 + 98.48 + 76.60 = 275.08m$

37. A, B, C, D 네 사람이 각각 거리 8km, 12.5km, 18km, 24.5km의 구간을 왕복 수준측량하여 폐합차를 7mm, 8mm, 10mm, 12mm 얻었다면 4명 중에서 가장 정확한 측량을 실시한 사람은?
① A
② B
③ C
④ D

해설 수준측량의 정밀도는 K값(1km 당 수준측량의 오차)로 결정한다.
$E = \pm K\sqrt{L}$ 에서
$K = \pm \dfrac{E}{\sqrt{L}}$ 이다.
∴ $\dfrac{E_A}{\sqrt{L_A}} : \dfrac{E_B}{\sqrt{L_B}} : \dfrac{E_C}{\sqrt{L_C}} : \dfrac{E_D}{\sqrt{L_D}}$
$= 6.1 : 5.1 : 5.6 : 5.9$
따라서 K값이 가장 작은 B가 제일 정밀하다.

38. 삭제문제

출제기준 변경으로 인해 삭제됨

② 2018년 과년도출제문제

39 수준점 A, B, C에서 수준측량을 하여 P점의 표고를 얻었다. 관측거리를 경중률로 사용한 P점 표고의 최확값은?

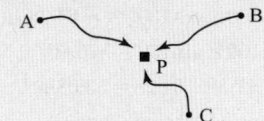

노선	P점 표고값	노선거리
A→P	57.583 m	2 km
B→P	57.700 m	3 km
C→P	57.680 m	4 km

① 57.641m ② 57.649m
③ 57.654m ④ 57.706m

해설 ① 직접수준측량의 경중률은 거리에 반비례

$P_A : P_B : P_C = \dfrac{1}{2} : \dfrac{1}{3} : \dfrac{1}{4} = 6 : 4 : 3$

② $H_P = \dfrac{[P \cdot H]}{[P]}$

$= 57 + \dfrac{6 \times 0.583 + 4 \times 0.700 + 3 \times 0.680}{6+4+3}$

$= 57.641\text{m}$

40 지구상에서 50km 떨어진 두 점의 거리를 지구곡률을 고려하지 않은 평면측량으로 수행한 경우의 거리오차는? (단, 지구의 반지름은 6,370km이다.)

① 0.257m ② 0.138m
③ 0.069m ④ 0.005m

해설 대지측량과 평면측량의 구분에서
$\dfrac{d-D}{D} = \dfrac{1}{12} \left(\dfrac{D}{R} \right)^2$

수리학 및 수문학

41 다음 중 유효강우량과 가장 관계가 깊은 것은?
① 직접유출량 ② 기저유출량
③ 지표면유출량 ④ 지표하유출량

해설 유효강우량
(1) 정의: 직접유출의 근원이 되는 강수
(2) 직접유출: 강수 후 단시간 내에 하천유량에 기여하는 유량으로 지표면 유출 수, 조기 지표 하 유출, 수로상 강수등으로 구성된다.

42 지하수의 투수계수에 관한 설명으로 틀린 것은?
① 같은 종류의 토사라 할지라도 그 간극률에 따라 변한다.
② 흙입자의 구성, 지하수의 점성계수에 따라 변한다.
③ 지하수의 유량을 결정하는데 사용된다.
④ 지역 특성에 따른 무차원 상수이다.

해설 투수계수(K)
(1) 투수계수 : $K = D_s^2 \dfrac{\rho g}{\mu} \dfrac{e^3}{1+e}$
(2) 차원 : $V = Ki$ 이므로 속도차원이다.(LT^{-1})
(3) 유량 : $Q = AV = AKi$

43 그림과 같은 노즐에서 유량을 구하기 위한 식으로 옳은 것은?(단, 유량계수는 1.0으로 가정한다.)

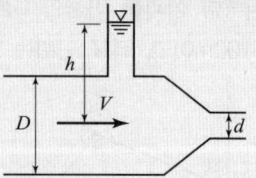

① $\dfrac{\pi d^2}{4} \sqrt{\dfrac{2gh}{1-(d/D)^2}}$ ② $\dfrac{\pi d^2}{4} \sqrt{\dfrac{2gh}{1-(d/D)^4}}$

③ $\dfrac{\pi d^2}{4} \sqrt{\dfrac{2gh}{1+(d/D)^2}}$ ④ $\dfrac{\pi d^2}{4} \sqrt{2gh}$

해답 39. ① 40. ① 41. ① 42. ④ 43. ②

해설 관 노즐의 유량
(1) 연속방정식
$$Q = A_1 V_1 = A_2 V_2$$
$$= \frac{\pi D^2}{4} V_1 = \frac{\pi d^2}{4} V_2 \quad \therefore V_1 = \left(\frac{d}{D}\right)^2 V_2$$
(2) 베르누이 방정식을 관 중심에 적용
$$h + \frac{V_1^2}{2g} = \frac{V_2^2}{2g}$$
$$h + \frac{1}{2g}\left(\frac{d}{D}\right)^4 V_2^2 = \frac{V_2^2}{2g} \quad \therefore V_2 = \sqrt{\frac{2gh}{1-(d/D)^4}}$$
(3) $Q = A_2 V_2$
$$= \frac{\pi d^2}{4} \sqrt{\frac{2gh}{1-(d/D)^4}}$$

★
44 물의 점성계수를 μ, 동점성계수를 ν, 밀도를 ρ라 할 때 관계식으로 옳은 것은?
① $\nu = \rho \mu$
② $\nu = \frac{\rho}{\mu}$
③ $\nu = \frac{\mu}{\rho}$
④ $\nu = \frac{1}{\rho \mu}$

해설 동점성계수 : $\nu = \frac{\mu}{\rho}$

45 폭 2.5m, 월류수심 0.4m인 사각형 위어(weir)의 유량은? (단, Francis 공식 : $Q = 1.84 B_o h^{3/2}$에 의하며, B_o : 유효폭, h : 월류수심, 접근유속은 무시하며 양단수축이다.)
① 1.117m³/s ② 1.126m³/s
③ 1.145m³/s ④ 1.164m³/s

해설 직사각형위어(Fransis)
(1) 단 수축을 고려한 월류 수맥 폭(b_0)
$$b_0 = b - 0.1 n h$$
$$= 2.5 - 0.1 \times 2 (\because 양단수축) \times 0.4 = 2.42m$$
(2) $Q = 1.84 \, b_0 \, h^{\frac{3}{2}}$
$$= 1.84 \times 2.42 \times 0.4^{\frac{3}{2}} = 1.126 m^3/sec$$

★★
46 흐름의 단면적과 수로경사가 일정할 때 최대유량이 흐르는 조건으로 옳은 것은?
① 윤변이 최소이거나 동수반경이 최대일 때
② 윤변이 최대이거나 동수반경이 최소일 때
③ 수심이 최소이거나 동수반경이 최대일 때
④ 수심이 최대이거나 수로 폭이 최소일 때

해설 수리상 유리한 단면
(1) 최대유량: $Q_{max} = A \times V_{max} = A \times C\sqrt{R_{max} I}$
(2) 동수반경: $R = \frac{A}{P}$에서 윤변(P)가 최소일 때 동수반경(R)이 최대가 된다.

★
47 그림과 같이 단위폭당 자중이 3.5×10⁶N/m인 직립식 방파제에 1.5×10⁶N/m의 수평 파력이 작용할 때, 방파제의 활동 안전율은?(단, 중력가속도=10.0m/s², 방파제와 바닥의 마찰계수=0.7, 해수의 비중=1로 가정하며, 파랑에 의한 양압력은 무시하고, 부력은 고려한다.)

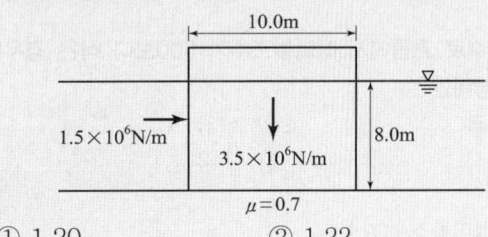

① 1.20 ② 1.22
③ 1.24 ④ 1.26

해설 활동 안전율 = $\frac{연직력 \times 마찰계수}{수평력}$
수평력 $P_h = 1.5 \times 10^6 N/m$
연직력 $W = 3.5 \times 10^6 N/m - 8 \times 10 \times 9,800 N/m$
$$= 2.716 \times 10^6 N/m$$
$$F = \frac{2.716 \times 10^6 \times 0.7}{1.5 \times 10^6} = 1.267$$

48 유역면적이 4km²이고 유출계수가 0.8인 산지하천에서 강우강도가 80mm/hr이다. 합리식을 사용한 유역출구에서의 첨두홍수량은?
① 35.5m³/s ② 71.1m³/s
③ 128m³/s   ④ 256m³/s

해답 44. ③ 45. ② 46. ① 47. ④ 48. ②

해설 합리식
(1) 강우강도 : $I = 80mm/hr$
(2) 홍수량 : $Q = \dfrac{1}{3.6} \times C \times I \times A$
$= \dfrac{1}{3.6} \times 0.8 \times 80 \times 4 = 71.1 m^3/sec$

$= \left(\dfrac{1 \times 16^2}{9.8 \times 1}\right)^{\frac{1}{3}} = 2.97m$

$16 = 1 \times 2.97 \times \dfrac{1}{0.02} \times 2.97^{\frac{2}{3}} \times I^{\frac{1}{2}}$

$I = I_c = 2.72 \times 10^{-3}$

49 Manning의 조도계수 $n = 0.012$인 원관을 사용하여 $1m^3/s$의 물을 동수경사 $1/100$로 송수하려 할 때 적당한 관의 지름은?
① 70cm   ② 80cm
③ 90cm   ④ 100cm

해설 $Q = AV = A \cdot \dfrac{1}{n} R^{\frac{2}{3}} \cdot I^{\frac{1}{2}}$

$1 = \dfrac{\pi D^2}{4} \times \dfrac{1}{0.012} \times \left(\dfrac{D}{4}\right)^{\frac{2}{3}} \times \left(\dfrac{1}{100}\right)^{\frac{1}{2}}$

$1 = 2.6 D^{\frac{8}{3}}$

$D = 0.7m = 70cm$

★
52 개수로 흐름에 관한 설명으로 틀린 것은?
① 사류에서 상류로 변하는 곳에 도수현상이 생긴다.
② 개수로 흐름은 중력이 원동력이 된다.
③ 비에너지는 수로 바닥을 기준으로 한 에너지이다.
④ 배수곡선은 수로가 단락(段落)이 되는 곳에 생기는 수면곡선이다.

해설 수면곡선
(1) 배수곡선: 상류(常流) 수로에 댐, 위어 등의 수리구조물로 인해 수위상승이 상류(上流)쪽으로 미치는 현상을 배수현상이라 하고, 이로 인해 생기는 곡선을 배수곡선이라 한다.
(2) 저하곡선: 수로가 단락(段落)된 곳에서 생기는 수면곡선

★
50 관수로 흐름에서 레이놀즈수가 500보다 작은 경우의 흐름 상태는?
① 상류   ② 난류
③ 사류   ④ 층류

해설 레이놀즈수(R_e)
(1) 정심: $R_e = \dfrac{VD}{\nu}$
(2) 층류: $R_e \leq 2000$, 난류: $R_e > 4000$

53 정지유체에 침강하는 물체가 받는 항력(drag force)의 크기가 관계가 없는 것은?
① 유체의 밀도   ② Froude수
③ 물체의 형상   ④ Reynolds수

해설 항력(D)
(1) $D = C_D \, A \, \dfrac{\rho V^2}{2}$
(2) ρ : 유체의 밀도, A : 투영면적, C_D : 항력계수
(3) 구(球) 항력계수
$C_D = \dfrac{24}{R_e}$ 여기서, R_e = Reynolds 수

★★
51 광폭 직사각형 단면 수로의 단위폭당 유량이 $16m^3/s$일 때, 한계경사는? (단, 수로의 조도계수 $n = 0.020$이다.)
① 3.27×10^{-3} ② 2.73×10^{-3}
③ 2.81×10^{-2} ④ 2.90×10^{-2}

해설 $Q = AV = A \cdot \dfrac{1}{n} R^{\frac{2}{3}} \cdot I^{\frac{1}{2}}$
광폭이므로 $R = h$
$Q = 1 \cdot h \cdot \dfrac{1}{n} \cdot h^{\frac{2}{3}} \cdot I^{\frac{1}{2}}$
직사각형 수로이므로
$h_c = \left(\dfrac{\alpha Q^2}{g b^2}\right)^{\frac{1}{3}}$

54 $\triangle t$ 시간동안 질량 m인 물체에 속도변화 $\triangle v$가 발생할 때, 이 물체에 작용하는 외력 F는?
① $\dfrac{m \cdot \triangle t}{\triangle v}$ ② $m \cdot \triangle v \cdot \triangle t$
③ $\dfrac{m \cdot \triangle v}{\triangle t}$ ④ $m \cdot \triangle t$

해설 $F = ma = m \cdot \dfrac{\triangle v}{\triangle t}$

해답 49. ①   50. ④   51. ②   52. ④   53. ②   54. ③

55 다음 중 평균 강우량 산정방법이 아닌 것은?
① 각 관측점의 강우량을 산술평균하여 얻는다.
② 각 관측점의 지배면적을 가중인자로 잡아서 각 강우량에 곱하여 합산한 후 전유역면적으로 나누어서 얻는다.
③ 각 등우선 간의 면적을 측정하고 전유역면적에 대한 등우선 간의 면적을 등우선 간의 평균 강우량에 곱하여 이들을 합산하여 얻는다.
④ 각 관측점의 강우량을 크기순으로 나열하여 중앙에 위치한 값을 얻는다.

해설 평균강우량 산정(P_m)
(1) 산술평균법
 ① 각 관측점의 강우량 산술평균한다.
 ② $P_m = \frac{1}{N}(P_a + P_b \cdots P_n)$
(2) Thiessen의 가중법
 ① 각 관측점의 지배면적을 가중인자로 잡아 계산한다.
 ② $P_m = \frac{\sum A_i P_i}{\sum A_i}$
(3) 등우선법
 ① 산악의 영향을 고려할 수 있다.
 ② $P_m = \frac{\sum A_i P_{mi}}{\sum A_i}$

56 강우 자료의 일관성을 분석하기 위해 사용하는 방법은?
① 합리식
② DAD 해석법
③ 누가 우량 곡선법
④ SDCS(Soil Conservation Service) 방법

해설 이중누가우량 분석법
(1) 용도 : 강수량 자료의 일관성 검증 또는 교정하는 방법이다.
(2) 강수량 자료의 일관성이 부족한 이유는 우량계위치, 노출상태, 관측방법 및 주위환경에 변화가 생긴 경우 등이다.

57 부체의 안정에 관한 설명으로 옳지 않은 것은?
① 경심(M)이 무게중심(G)보다 낮을 경우 안정하다.
② 무게중심(G)이 부심(B)보다 아래쪽에 있으면 안정하다.
③ 부심(B)과 무게중심(G)이 동일 연직선 상에 위치할 때 안정을 유지한다.
④ 경심(M)이 무게중심(G)보다 높을 경우 복원 모멘트가 작용한다.

해설 부체의 안정 조건
(1) 경심(M)이 무게중심(G)보다 위에 있을 때
(2) 경심고 : $\overline{MG} = \frac{I_{min}}{V'} - \overline{GC} > 0$

58 다음 중 물의 순환에 관한 설명으로서 틀린 것은?
① 지구상에 존재하는 수자원이 대기권을 통해 지표면에 공급되고, 지하로 침투하여 지하수를 형성하는 등 복잡한 반복과정이다.
② 지표면 또는 바다로부터 증발된 물이 강수, 침투 및 침류, 유출 등의 과정을 거치는 물의 이동현상이다.
③ 물의 순환 과정에서 강수량은 지하수 흐름과 지표면 흐름의 합과 동일하다.
④ 물의 순환과정 중 강수, 증발 및 증산은 수문기상학 분야이다.

해설 물의 순환에는 증발, 증산 등도 포함된다.

59 압력수두 P, 속도수두 V, 위치수두 Z라고 할 때 정체압력수두 P_s는?
① $P_s = P - V - Z$ ② $P_s = P + V + Z$
③ $P_s = P - V$ ④ $P_s = P + V$

해설 정체압력수두(P_s)
(1) $P_s = P$(압력수두) $+ V$(속도수두)
(2) 정체압력 : 정압력 + 동압력

60 관수로에서 관의 마찰손실계수가 0.02, 관의 지름이 40cm일 때, 관내 물의 흐름이 100m를 흐르는 동안 2m의 마찰손실수두가 발생하였다면 관내의 유속은?

① 0.3m/s ② 1.3m/s
③ 2.8m/s ④ 3.8m/s

해설 관내의 유속

(1) $f = \dfrac{124.5 n^2}{D^{\frac{1}{3}}} \Rightarrow 0.02 = \dfrac{124.5 n^2}{0.4^{\frac{1}{3}}}$

∴ $n = 0.011$

(2) $V = \dfrac{1}{n} R^{\frac{2}{3}} I^{\frac{1}{2}}$

$= \dfrac{1}{0.011}\left(\dfrac{0.4}{4}\right)^{\frac{2}{3}}\left(\dfrac{2}{100}\right)^{\frac{1}{2}} = 2.77 \text{m/sec}$

철근콘크리트 및 강구조

61 아래 T형보에서 공칭모멘트강도(M_n)는?
(단, $f_{ck} = 24\text{MPa}$, $f_y = 400\text{MPa}$, $A_s = 4,764\text{mm}^2$)

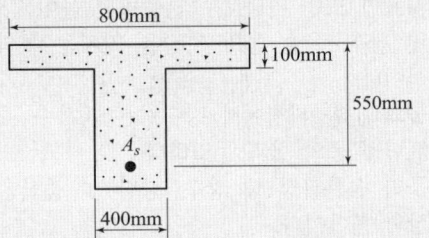

① 812.7kN·m ② 871.6kN·m
③ 912.4kN·m ④ 934.5kN·m

해설 1) T형보의 판정 : 폭 b인 단철근 직사각형 보로 보고 등가 직사각형 응력 블록 깊이를 구하면

① $f_{ck} \leq 40\text{MPa} \Rightarrow \eta = 1.0$

② $a = \dfrac{A_s f_y}{\eta(0.85 f_{ck})b} = \dfrac{4,764 \times 400}{1.0 \times 0.85 \times 24 \times 800}$

$= 116.77\text{mm}$

∴ T형보로 설계한다. (∵ $a > t_f = 100\text{mm}$)

2) 공칭 모멘트 강도

① $A_{sf} = \dfrac{\eta 0.85 f_{ck}(b - b_w)t_f}{f_y}$

$= \dfrac{1.0 \times 0.85 \times 24 \times (800-400) \times 100}{400}$

$= 2,040\text{mm}^2$

② $a = \dfrac{(A_s - A_{sf})f_y}{\eta(0.85 f_{ck})b_w}$

$= \dfrac{(4,764 - 2,040) \times 400}{1.0 \times 0.85 \times 24 \times 400} \fallingdotseq 133.53\text{mm}$

③ $M_n = \left[A_{sf}f_y\left(d - \dfrac{t_f}{2}\right) + (A_s - A_{sf})f_y\left(d - \dfrac{a}{2}\right)\right]$

$= \left[2,040 \times 400 \times \left(550 - \dfrac{100}{2}\right)\right.$

$\left. + (4,764 - 2,040) \times 400 \times \left(550 - \dfrac{133.53}{2}\right)\right]$

$= 934,532,865\text{N·mm} \fallingdotseq 934.5\text{kN·m}$

62 PSC 보의 휨 강도 계산 시 긴장재의 응력 f_{ps}의 계산은 강재 및 콘크리트의 응력-변형률 관계로부터 정확히 계산할 수도 있으나 콘크리트구조기준에서는 f_{ps}를 계산하기 위한 근사적 방법을 제시하고 있다. 그 이유는 무엇인가?

① PSC 구조물은 강재가 항복한 이후 파괴까지 도달함에 있어 강도의 증가량이 거의 없기 때문이다.
② PS 강재의 응력은 항복응력 도달 이후에도 파괴 시까지 점진적으로 증가하기 때문이다.
③ PSC보를 과보강 PSC보로부터 저보강 PSC 보의 파괴상태로 유도하기 위함이다.
④ PSC 구조물은 균열에 취약하므로 균열을 방지하기 위함이다.

해설 PS 강재의 응력은 항복이후에도 파괴 시까지 점진적인 강도의 증가를 보이므로 f_{ps}를 근사적으로 구한다.

63 직사각형 보에서 계수 전단력 $V_u = 70\text{kN}$을 전단철근 없이 지지하고자 할 경우 필요한 최소 유효깊이 d는 약 얼마인가?(단, $b = 400\text{mm}$, $f_{ck} = 21\text{MPa}$, $f_y = 350\text{MPa}$)

① $d = 426\text{mm}$ ② $d = 556\text{mm}$
③ $d = 611\text{mm}$ ④ $d = 751\text{mm}$

해설 $V_u \leq \dfrac{1}{2}\phi V_c = \dfrac{1}{2}\phi\left(\dfrac{\lambda\sqrt{f_{ck}}}{6}\right)b_w d$

∴ $d \geq \dfrac{12 V_u}{\phi\lambda\sqrt{f_{ck}}b_w} = \dfrac{12 \times (70 \times 10^3)}{0.75 \times 1.0 \times \sqrt{21} \times 400}$

$= 611\text{mm}$

해답 60. ③ 61. ④ 62. ② 63. ③

★★★
64 철근의 겹침이음 등급에서 A급 이음의 조건은 다음 중 어느 것인가?

① 배치된 철근량이 이음부 전체 구간에서 해석결과 요구되는 소요 철근량의 3배 이상이고 소요 겹침이음길이 내 겹침이음된 철근량이 전체 철근량의 1/3 이상인 경우
② 배치된 철근량이 이음부 전체 구간에서 해석결과 요구되는 소요 철근량의 3배 이상이고 소요 겹침이음길이 내 겹침이음된 철근량이 전체 철근량의 1/2 이하인 경우
③ 배치된 철근량이 이음부 전체 구간에서 해석결과 요구되는 소요 철근량의 2배 이상이고 소요 겹침이음길이 내 겹침이음된 철근량이 전체 철근량의 1/3 이상인 경우
④ 배치된 철근량이 이음부 전체 구간에서 해석결과 요구되는 소요 철근량의 2배 이상이고 소요 겹침이음길이 내 겹침이음된 철근량이 전체 철근량의 1/2 이하인 경우

해설 인장력을 받는 이형철근 및 이형철선의 겹침이음
- A급 이음 : 배치된 철근량이 이음부 전체 구간에서 해석결과 요구되는 소요철근량의 2배 이상이고 소요 겹침이음길이 내 겹침이음된 철근량이 전체 철근량의 1/2 이하인 경우
- B급 이음 : A급 이음에 해당되지 않는 경우

★★★
65 철근콘크리트 부재의 전단철근에 관한 다음 설명 중 옳지 않은 것은?

① 주인장철근에 30° 이상의 각도로 구부린 굽힘철근도 전단철근으로 사용할 수 있다.
② 부재축에 직각으로 배치된 전단철군의 간격은 d/2 이하, 600mm 이하로 하여야 한다.
③ 최소 전단철근량은 $0.35\dfrac{b_w \cdot s}{f_{yt}}$보다 작지 않아야 한다.
④ 전단철근의 설계기준항복강도는 300MPa을 초과할 수 없다.

해설 전단철근의 설계기준항복강도는 500MPa을 초과할 수 없다.

★★★
66 다음 중 반T형보의 유효폭(b)을 구할 때 고려하여야 할 사항이 아닌 것은?
(단, b_w는 플랜지가 있는 부재의 복부폭)

① 양쪽 슬래브의 중심 간 거리
② (한쪽으로 내민 플랜지 두께의 6배) + b_w
③ (보의 경간의 1/12) + b_w
④ (인접 보와의 내측 거리의 1/2) + b_w

해설 반T형보의 유효폭
- (한쪽으로 내민 플랜지 두께의 6배)+b_w
- (인접 보와의 내측 거리의 1/2)+b_w
- (보의 경간의 1/12)+b_w
이 중 최솟값을 유효폭으로 한다.

★★★
67 아래 그림과 같은 필렛용접의 형상에서 $S=9$mm일 때 목두께 a의 값으로 적당한 것은?

① 5.46mm
② 6.36mm
③ 7.26mm
④ 8.16mm

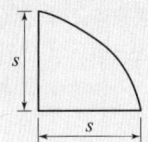

해설 필렛용접의 목두께 방향은 모재면에 45° 방향이므로
$a = \dfrac{s}{\sqrt{2}} = 0.707s = 0.707 \times 9 = 6.363\,\text{mm}$

★★★
68 옹벽에서 T형보로 설계하여야 하는 부분은?
① 뒷부벽식 옹벽의 뒷부벽
② 뒷부벽식 옹벽의 전면벽
③ 앞부벽식 옹벽의 저판
④ 앞부벽식 옹벽의 앞부벽

해설 (1) 뒷부벽식옹벽의 뒷부벽 : T형보의 복부로 보고 설계한다.
(2) 앞부벽식옹벽의 앞부벽 : 직사각형보의 복부로 보고 설계한다.

해답 64. ④ 65. ④ 66. ① 67. ② 68. ①

69 복철근 보에서 압축철근에 대한 효과를 설명한 것으로 적절하지 못한 것은?
① 단면 저항 모멘트를 크게 증대시킨다.
② 지속하중에 의한 처짐을 감소시킨다.
③ 파괴시 압축 응력의 깊이를 감소시켜 연성을 증대시킨다.
④ 철근의 조립을 쉽게 한다.

[해설] 복철근 보는 단면의 저항모멘트가 약간 증가하기는 하지만 큰 증가는 기대할 수 없다.

70 PSC 부재에서 프리스트레스의 감소 원인 중 도입 후에 발생하는 시간적 손실의 원인에 해당하는 것은?
① 콘크리트의 크리프
② 정착장치의 활동
③ 콘크리트의 탄성수축
④ PS 강재와 쉬스의 마찰

[해설] 프리스트레스 도입 후 생기는 손실(시간적 손실)
(1) 콘크리트의 건조수축에 의한 손실
(2) 콘크리트의 크리프에 의한 손실
(3) PS 강재의 릴랙세이션에 의한 손실

71 휨부재 설계시 처짐계산을 하지 않아도 되는 보의 최소 두께를 콘크리트구조기준에 따라 설명한 것으로 틀린 것은? (단, 보통중량콘크리트(m_c = 2,300kg/m³)와 f_y는 400MPa인 철근을 사용한 부재이며, l은 부재의 길이이다.)
① 단순지지된 보 : $l/16$
② 1단 연속 보 : $l/18.5$
③ 양단 연속 보 : $l/21$
④ 캔틸레버 보 : $l/12$

[해설] 처짐을 계산하지 않는 경우 보의 최소 두께규정
(m_c = 2300kg/m³, f_y = 400MPa인 경우)

부재	단순 지지	일단 연속	양단 연속	캔틸레버
1방향 슬래브	$l/20$	$l/24$	$l/28$	$l/10$
보 또는 리브가 있는 1방향 슬래브	$l/16$	$l/18.5$	$l/21$	$l/8$

72 다음 중 콘크리트구조물을 설계할 때 사용하는 하중인 "활하중(live load)"에 속하지 않는 것은?
① 건물이나 다른 구조물의 사용 및 점용에 의해 발생되는 하중으로서 사람, 가구, 이동칸막이 등의 하중
② 적설하중
③ 교량 등에서 차량에 의한 하중
④ 풍하중

[해설] 활하중은 점용에 의한 발생하는 하중이므로 풍하중은 활하중에 속하지 않는다.

73 그림과 같은 두께 13mm의 플레이트에 4개의 볼트 구멍이 배치 되어있을 때 부재의 순단면적은?
(단, 구멍의 직경은 24mm이다.)

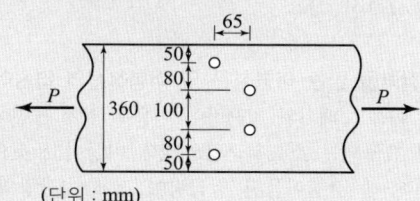

(단위 : mm)

① 4056mm²   ② 3916mm²
③ 3775mm²   ④ 3524mm²

[해설] (1) 순폭(b_n)
- $b_n = b_g - 2d = 360 - 2 \times 24 = 312\,\text{mm}$
- $b_n = b_g - 2d - \left(d - \dfrac{p^2}{4g}\right)$
  $= 360 - 2 \times 24 - \left(24 - \dfrac{65^2}{4 \times 80}\right)$
  $= 301.2\,\text{mm}$
- $b_n = b_g - 2d - 2\left(d - \dfrac{p^2}{4g}\right)$
  $= 360 - 2 \times 24 - 2\left(24 - \dfrac{65^2}{4 \times 80}\right) = 290.4\,\text{mm}$

∴ 이 중 최솟값 $b_n = 290.4\,\text{mm}$

(2) 순단면적(A_n)
$A_n = b_n t = 290.4 \times 13 = 3,775.2\,\text{mm}^2$

해답 69. ①　70. ①　71. ④　72. ④　73. ③

74 다음 중 용접부의 결함이 아닌 것은?

① 오버랩(overlap) ② 언더컷(undercut)
③ 스터드(stud) ④ 균열(crack)

해설 (1) 용접부 결함에는 균열, 슬래그 잠입, 오버랩 언더컷 보강덧붙이 과다, 치수부족, 다리길이부족 등이 있다.
(2) 스터드는 콘크리트와 강의 일체화를 위해 사용하는 전단연결재이다.

75 철근콘크리트 보를 설계할 때 변화구간에서 강도감소계수(ϕ)를 구하는 식으로 옳은 것은?(단, 나선철근으로 보강되지 않은 부재이며, ε_t는 최외단 인장철근의 순인장변형률이다.)

① $\phi = 0.65 + (\varepsilon_t - 0.002)\dfrac{200}{3}$

② $\phi = 0.7 + (\varepsilon_t - 0.002)\dfrac{200}{3}$

③ $\phi = 0.65 + (\varepsilon_t - 0.002) \times 50$

④ $\phi = 0.7 + (\varepsilon_t - 0.002) \times 50$

해설 일반적인 철근 $f_y = 400\,\text{MPa}$로 가정하고 $\phi - \epsilon_t$ 그래프에서 직선보간법을 적용하면

$\phi = 0.65 + (0.85 - 0.65)\left(\dfrac{\epsilon_t - 0.002}{0.005 - \epsilon_y}\right)$

$= 0.65 + 0.2\left(\dfrac{\epsilon_t - 0.002}{0.005 - 0.002}\right) = 0.65 + (\epsilon_t - 0.002)\dfrac{200}{3}$

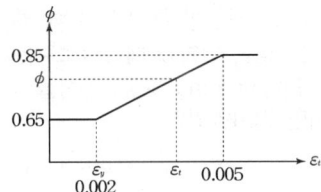

76 아래 그림과 같은 복철근 직사각형보에서 압축연단에서 중립축까지의 거리(c)는?(단, $A_s = 4{,}764\,\text{mm}^2$, $A_s' = 1{,}284\,\text{mm}^2$, $f_{ck} = 38\,\text{MPa}$, $f_y = 400\,\text{MPa}$)

① 143.74mm
② 153.91mm
③ 168.62mm
④ 178.41mm

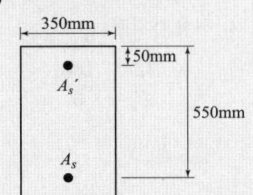

해설 등가직사각형 응력블록깊이(a)

1) $a = \dfrac{(A_s - A_{sf})f_y}{\eta(0.85f_{ck})b_w} = \dfrac{(4{,}764 - 1{,}284) \times 400}{1.0 \times 0.85 \times 38 \times 350}$

$= 123.13\,\text{mm}$

여기서, $f_{ck} \leq 40\,\text{MPa} \Rightarrow \eta = 1.0,\ \beta_1 = 0.8$

2) 중립축까지 거리

$c = \dfrac{a}{\beta_1} = \dfrac{123.13}{0.8} = 153.91\,\text{mm}$

77 그림과 같은 띠철근 기둥에서 띠철근의 최대 간격은? (단, D10의 공칭직경은 9.5mm, D32의 공칭직경은 31.8mm)

① 400mm
② 456mm
③ 500mm
④ 509mm

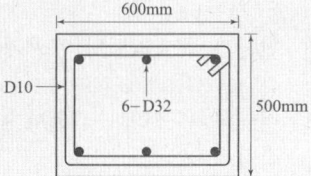

해설 띠철근의 최대간격
- 종방향 철근 지름의 16배 = $31.8 \times 16 = 508.8\,\text{mm}$ 이하
- 띠철근이나 철선 지름의 48배 = $9.5 \times 48 = 456\,\text{mm}$ 이하
- 기둥 단면 최소치수 = 500mm 이하
∴ 이 중 최솟값 456mm가 띠철근의 최대간격이다.

78 단순 지지된 2방향 슬래브의 중앙점에 집중하중 P가 작용할 때 경간비가 1:2라면 단변과 장변이 부담하는 하중비($P_S : P_L$)는?(단, P_S : 단변이 부담하는 하중, P_L : 장변이 부담하는 하중)

① 1 : 8 ② 8 : 1
③ 1 : 16 ④ 16 : 1

해설 (1) $P_L = \dfrac{S^3}{S^3 + L^3}P = \dfrac{S^3}{S^3 + (2S)^3}P = \dfrac{1}{9}P$

(2) $P_s = \dfrac{L^3}{S^3 + L^3}P = \dfrac{(2S)^3}{S^3 + (2S)^3}P = \dfrac{8}{9}P$ ∴ $\dfrac{P_s}{P_L} = \dfrac{8}{1}$

79 경간 6m인 단순 직사각형 단면($b = 300\,\text{mm}$, $h = 400\,\text{mm}$)보에 계수하중 30kN/m가 작용할 때 PS강재가 단면도심에서 긴장되며 경간 중앙에서 콘크리트 단면의 하연 응력이 0이 되려면 PS강재에 얼마의 긴장력이 작용되어야 하는가?

① 1,805kN ② 2,025kN
③ 3,054kN ④ 3,557kN

해답 74. ③ 75. ① 76. ② 77. ② 78. ② 79. ②

해설 $f_{하연} = \dfrac{P}{A} - \dfrac{M}{Z} = 0$ 에서

$$P = \dfrac{AM}{Z} = \dfrac{bh \times \left(\dfrac{wl^2}{8}\right)}{\dfrac{bh^2}{6}} = \dfrac{3wl^2}{4h} = \dfrac{3 \times 30 \times 6^2}{4 \times 0.4} = 2,025\,\text{kN}$$

★★★
80 철근콘크리트가 성립하는 이유에 대한 설명으로 잘못된 것은?
① 철근과 콘크리트와의 부착력이 크다.
② 콘크리트 속에 묻힌 철근은 녹슬지 않고 내구성을 갖는다.
③ 철근과 콘크리트의 무게가 거의 같고 내구성이 같다.
④ 철근과 콘크리트는 열에 대한 팽창계수가 거의 같다.

해설 철근과 콘크리트의 단위질량이 다르므로 무게가 다르며, 내구성 또한 다르다.

토질 및 기초

★★
81 어떤 시료에 대해 액압 1.0kg/cm²를 가해 다음 표와 같은 결과를 얻었다. 파괴시 축차응력은?(단, 피스톤의 지름과 시료의 지름은 같다고 보며 시료의 단면적 A_o = 18cm², 길이 L = 14cm이다.)

ΔL (1/100mm)	0	…	1,000	1,100	1,200	1,300	1,400
P(kg)	0	…	54.0	58.0	60.0	59.0	58.0

① 3.05kg/cm²   ② 2.55kg/cm²
③ 2.05kg/cm²   ④ 1.55kg/cm²

해설 ① 파괴 시의 시료의 평균 단면적

$$A_1 = \dfrac{A_o}{1-\varepsilon} = \dfrac{A_o}{1-\dfrac{\Delta L}{L}} = \dfrac{18}{1-\dfrac{1.0}{14}} = 19.38\,\text{cm}^2$$

표에서, ΔL의 단위가 (1/100)mm 이므로,

1,000 ; $\dfrac{1}{100} \times 1,000 = 10\,\text{mm} = 1.0\,\text{cm}$

1,100 ; $\dfrac{1}{100} \times 1,100 = 11\,\text{mm} = 1.1\,\text{cm}$

② 축차응력($\sigma_1 - \sigma_3$)

ΔL (1/100mm)	1,000	1,100	1,200	1,300	1,400
P(kg)	54.0	58.0	60.0	59.0	58.0
A_1(cm²)	19.38	19.53	19.69	19.84	20.0
$\sigma_1 - \sigma_3 = \dfrac{P}{A_1}$	2.79	2.97	3.05	2.97	2.90

∴ ($\sigma_1 - \sigma_3$) 값 중 최댓값(3.05kg/cm²)이 최대축차응력이다.

★
82 전단마찰각이 25°인 점토의 현장에 작용하는 수직응력이 5t/m²이다. 과거 작용했던 최대 하중이 10t/m²이라고 할 때 대상지반의 정지토압계수를 추정하면?
① 0.40   ② 0.57
③ 0.82   ④ 1.14

해설 ① 과압밀비
$$OCR = \dfrac{\text{선행압밀하중}}{\text{현재의 유효상재하중}} = \dfrac{10}{5} = 2$$
② 모래 및 정규압밀점토인 경우
$K_O = 1 - \sin\phi' = 1 - \sin 25 = 0.577$
③ 과압밀점토인 경우
$K_{0(과압밀)} = K_{0(정규압밀)}\sqrt{OCR} = 0.577\sqrt{2} = 0.817$

83 무게 3ton인 단동식 증기 hammer를 사용하여 낙하고 1.2m에서 pile을 타입할 때 1회 타격당 최종 침하량이 2cm이었다. Engineering News 공식을 사용하여 허용 지지력을 구하면 얼마인가?
① 13.3t   ② 26.7t
③ 80.8t   ④ 160t

해설 ① 단동식 Steam hammer의 극한지지력(Q_u)
$$Q_u = \dfrac{W_h \cdot H}{S + 0.25} = \dfrac{3 \times 120}{2 + 0.25} = 160\,\text{t}$$
② 엔지니어링 뉴스 공식의 안전율은 $F_s = 6$이다.
③ 허용지지력(Q_a)
$$Q_a = \dfrac{Q_u}{F_s} = \dfrac{160}{6} = 26.67\,\text{t}$$

해답 80. ③   81. ①   82. ③   83. ②

84 점토 지반의 강성 기초의 접지압 분포에 대한 설명으로 옳은 것은?
① 기초 모서리 부분에서 최대응력이 발생한다.
② 기초 중앙 부분에서 최대응력이 발생한다.
③ 기초 밑면의 응력은 어느 부분이나 동일하다.
④ 기초 밑면에서의 응력은 토질에 관계없이 일정하다.

해설 강성기초의 접지압 분포
① 점토지반: 최대접지압은 기초의 모서리에서 발생한다.
② 모래지반: 최대접지압은 기초의 중앙부에서 발생한다.

85 다음 그림과 같이 피압수압을 받고 있는 2m 두께의 모래층이 있다. 그 위의 포화된 점토층을 5m 깊이로 굴착하는 경우 분사현상이 발생하지 않기 위한 수심(h)은 최소 얼마를 초과하도록 하여야 하는가?

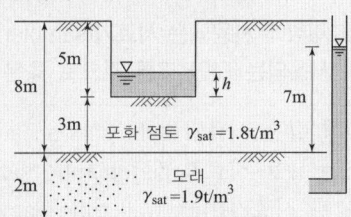

① 1.3m ② 1.6m
③ 1.9m ④ 2.4m

해설 ① 정수압 조건의 유효응력
$\sigma' = 0.8 \times 3 = 2.4 t/m^2$
② 침투수압
$F = \gamma_w \cdot \Delta h = 1 \times [7-(3+h)] = 1 \times (4-h) = 4-h$
③ 상향침투 상태의 유효응력
$\sigma' - F = 2.4 - (4-h) = -1.6 + h$
④ 분사현상이 발생하지 않기 위한 수심(h)
유효응력 $\sigma' > 0$일 때 분사현상이 발생하므로
$\sigma' - F = 2.4 - (4-h) = -1.6 + h > 0$
$h > 1.6m$

86 내부마찰각 $\phi_u = 0$, 점착력 $c_u = 4.5 t/m^2$, 단위중량이 $1.9 t/m^3$되는 포화된 점토층에 경사각 45°로 높이 8m인 사면을 만들었다. 그림과 같은 하나의 파괴면을 가정했을 때 안전율은?(단, ABCD의 면적은 70m²이고, ABCD의 무게중심은 O점에서 4.5m거리에 위치하며, 호 AC의 길이는 20.0m이다.)

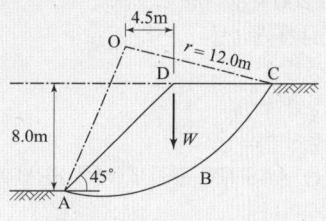

① 1.2 ② 1.8
③ 2.5 ④ 3.2

해설 안전율(F_s)
$F_s = \dfrac{c_u \cdot L_a \cdot r}{W \cdot d}$
$= \dfrac{4.5 \times 20 \times 12.0}{133 \times 4.5} = 1.8$

87 다음 중 임의 형태 기초에 작용하는 등분포하중으로 인하여 발생하는 지중응력계산에 사용하는 가장 적합한 계산법은?
① Boussinesq 법 ② Osterberg 법
③ Newmark 영향원법 ④ 2 : 1 간편법

해설 New-Mark 영향원법은 하중의 모양이 불규칙할 때 쓰는 방법으로 방사선의 간격 20개, 동심원 10개를 그렸을 때 200개의 요소가 생긴다. 따라서 영향치는 0.005 $\left(\dfrac{1}{200}\right)$이다.

88 노건조한 흙 시료의 부피가 1,000cm³, 무게가 1,700g, 비중이 2.65이라면 간극비는?
① 0.71 ② 0.43
③ 0.65 ④ 0.56

해설 ① 현장의 건조단위중량(γ_d)
$\gamma_d = \dfrac{W_s}{V} = \dfrac{1,700}{1,000} = 1.70 g/cm^3$
② 공극비(e)
$e = \dfrac{G_s \cdot \gamma_w}{\gamma_d} - 1 = \dfrac{2.65 \times 1}{1.70} - 1 = 0.56$

해답 84. ① 85. ② 86. ② 87. ③ 88. ④

89 흙의 공학적 분류방법 중 통일분류법과 관계없는 것은?
① 소성도
② 액성한계
③ No.200체 통과율
④ 군지수

해설 1) 통일 분류법(USCS)
① No.200체 통과량
② No.4체 통과량
③ 액성한계
④ 소성한계
⑤ 소성지수
2) 군지수는 AASHTO 분류법(개정 PR법)에서 사용되는 토질정수이다.

★★
90 수조에 상방향의 침투에 의한 수두를 측정한 결과, 그림과 같이 나타났다. 이 때, 수조 속에 있는 흙에 발생하는 침투력을 나타낸 식은?(단, 시료의 단면적은 A, 시료의 길이는 L, 시료의 포화단위중량은 γ_{sat}, 물의 단위중량은 γ_w이다.)

① $\triangle h \cdot \gamma_w \cdot \dfrac{A}{L}$
② $\triangle h \cdot \gamma_w \cdot A$
③ $\triangle h \cdot \gamma_{sat} \cdot A$
④ $\dfrac{\gamma_{sat}}{\gamma_w} \cdot A$

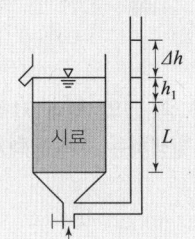

해설 ① 전 침투수압(J)
침투수압은 침투수의 흐르는 방향으로 $\gamma_w \cdot \triangle h$ 만큼 작용하므로
$J = i \cdot \gamma_w \cdot L \cdot A = \triangle h \cdot \gamma_w \cdot A$
② 단위면적당 침투수압(F)
$F = i \cdot \gamma_w \cdot z$
여기서, z : 임의의 점의 깊이
③ 단위체적당 침투수압(j)
$j = i \cdot \gamma_w$

91 포화단위중량이 $1.8t/m^3$인 흙에서의 한계동수경사는 얼마인가?
① 0.8
② 1.0
③ 1.8
④ 2.0

해설 ① 수중단위중량(γ_{sub})
$\gamma_{sub} = \gamma_{sat} - \gamma_w = 1.8 - 1.0 = 0.8 t/m^3$

② 한계동수경사(i_c)
$i_c = \dfrac{\gamma_{sub}}{\gamma_w} = \dfrac{0.8}{1.0} = 0.8$

★★★
92 입경이 균일한 포화된 사질지반에 지진이나 진동 등 동적하중이 작용하면 지반에서는 일시적으로 전단강도를 상실하게 되는데, 이러한 현상을 무엇이라고 하는가?
① 분사현상(quick sand)
② 틱소트로피 현상(Thixotropy)
③ 히빙현상(heaving)
④ 액상화현상(liquefaction)

해설 액화현상(Liquefaction, 액상화현상)
느슨하고 포화된 가는 모래에 충격을 주면 체적이 수축하여 정(+)의 간극수압이 발생하여 유효응력이 감소되어 전단강도가 작아지는 현상을 액화현상이라 한다. 방지대책은 자연간극비를 한계간극비 이하로 한다.

★
93 다음 시료채취에 사용되는 시료기(sampler) 중 불교란 시료 채취에 사용되는 것만 고른 것으로 옳은 것은?

(1) 분리형 원통 시료기(split spoon sampler)
(2) 피스톤 튜브 시료기(piston tube sampler)
(3) 얇은 관 시료기(thin wall tube sampler)
(4) Laval 시료기(Laval sampler)

① (1), (2), (3)
② (1), (2), (4)
③ (1), (3), (4)
④ (2), (3), (4)

해설 분리형 원통 시료기(split spoon sampler)는 교란된 시료 채취가 가능하다.

★
94 점토의 다짐에서 최적함수보다 함수비가 적은 건조측 및 함수비가 많은 습윤측에 대한 설명을 옳지 않은 것은?
① 다짐의 목적에 따라 습윤 및 건조측으로 구분하여 다짐계획을 세우는 것이 효과적이다.
② 흙의 강도 증가가 목적인 경우, 건조측에서 다지는 것이 유리하다.
③ 습윤측에서 다지는 경우, 투수계수 증가 효과가 크다.
④ 다짐의 목적이 차수를 목적으로 하는 경우, 습윤측에서 다지는 것이 유리하다.

해답 89. ④ 90. ② 91. ① 92. ④ 93. ④ 94. ③

해설 ① 최적함수비보다 약간 습윤측에서 최소투수계수를 얻을 수 있다.
② 최적함수비보다 건조측에서 최대전단강도를 얻을 수 있다.

★
95 어떤 지반에 대한 토질시험결과 점착력 $c=0.50kg/cm^2$, 흙의 단위중량 $\gamma=2.0t/m^3$이었다. 그 지반에 연직으로 7m를 굴착했다면 안전율은 얼마인가?(단, $\phi=0$이다.)
① 1.43   ② 1.51
③ 2.11   ④ 2.61

해설 ① 단위 환산
$c=0.50kg/cm^2=5.0t/m^2$
② 한계고(H_c)
$H_c=2Z_0=\dfrac{4c}{\gamma_t}\cdot\tan\left(45°+\dfrac{\phi}{2}\right)$
$=\dfrac{4\times5.0}{2.0}\tan\left(45°+\dfrac{0°}{2}\right)=10m$
③ 안전율(F_s)
$F_s=\dfrac{H_c}{H}=\dfrac{10}{7}=1.43$

96 다음 그림과 같이 점토질 지반에 연속기초가 설치되어 있다. Terzaghi 공식에 의한 이 기초의 허용지지력은? (단, $\phi=0$이며, 폭(B)=2m, $N_c=5.14$, $N_q=1.0$, $N_\gamma=0$, 안전율 $F_s=3$이다.)

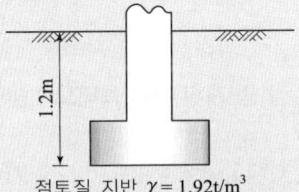
점토질 지반 $\gamma=1.92t/m^3$
일축 압축 강도 $q_u=14.86t/m^2$

① $6.4t/m^2$ ② $13.5t/m^2$
③ $18.5t/m^2$ ④ $40.49t/m^2$

해설 ① 비배수전단강도(c_u)
$c_u=\dfrac{q_u}{2}\tan\left(45°-\dfrac{\phi}{2}\right)$에서 $\phi=0°$이므로
$c_u=\dfrac{q_u}{2}=\dfrac{14.86}{2}=7.43t/m^2$
여기서, q_u: 일축압축강도

② 극한지지력(q_u)
$N_c=5.14$, $N_r=0$, $N_q=1.0$이고, 연속기초의 형상계수 $\alpha=1.0$, $\beta=0.5$이므로
$q_u=\alpha\cdot c\cdot N_c+\beta\cdot\gamma_1\cdot B\cdot N_r+\gamma_2\cdot D_f\cdot N_q$
$=1.0\times7.43\times5.14+0+1.92\times1.2\times1=40.49t/m^2$
③ 허용지지력(q_a)
$q_a=\dfrac{q_u}{F_s}=\dfrac{40.49}{3}=13.50t/m^2$

★★
97 Meyerhof의 극한지지력 공식에서 사용하지 않는 계수는?
① 형상계수   ② 깊이계수
③ 시간계수   ④ 하중경사계수

해설 Meyerhof의 지지력 공식에 영향을 미치는 요소
① 형상계수
② 깊이계수
③ 하중경사계수

★★
98 토질조사에 대한 설명 중 옳지 않은 것은?
① 사운딩(Sounding)이란 지중에 저항체를 삽입하여 토층의 성상을 파악하는 현장 시험이다.
② 불교란시료를 얻기 위해서 Foil Sampler, Thin wall tube sampler 등이 사용된다.
③ 표준관입시험은 로드(Rod)의 길이가 길어질수록 N치가 작게 나온다.
④ 베인 시험은 정적인 사운딩이다.

해설 ① 포일 샘플러(Foil Sampler)는 연약한 점성토의 시료를 연속적으로 길게 채취하기 위한 샘플러를 말한다.
② 심도가 깊어지면 Rod의 변형에 의한 타격에너지의 손실과 마찰로 인해 N치가 크게 나오므로 라드(Rod) 길이에 대한 수정을 한다.

해답 95. ① 96. ② 97. ③ 98. ③

99 2.0kg/cm²의 구속응력을 가하여 시료를 완전히 압밀시킨 다음, 축차응력을 가하여 비배수 상태로 전단 시켜 파괴시 축변형률 $\epsilon_f = 10\%$, 축차응력 $\Delta\sigma_f = 2.8$kg/cm², 간극수압 $\Delta u_f = 2.1$kg/cm²를 얻었다. 파괴시 간극수압계수 A를 구하면?(단, 간극수압계수 B는 1.0으로 가정한다.)

① 0.44 ② 0.75
③ 1.33 ④ 2.27

해설 간극수압계수(A)

$$A = \frac{\Delta u_f}{\Delta\sigma_f} = \frac{2.1}{2.8} = 0.75$$

100 아래 그림과 같이 3개의 지층으로 이루어진 지반에서 수직방향 등가투수계수는?

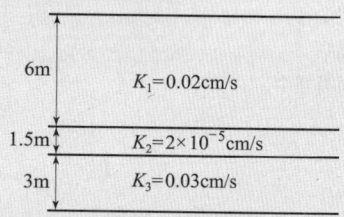

① 2.516×10^{-6} cm/s
② 1.274×10^{-5} cm/s
③ 1.393×10^{-4} cm/s
④ 2.0×10^{-2} cm/s

해설 ① 전 지층 두께(H)

$H = H_1 + H_2 + H_3 = 600 + 150 + 300 = 1,050$cm

② 수직방향 등가투수계수(K_v)

$$K_v = \frac{H}{\frac{H_1}{K_1} + \frac{H_2}{K_2} + \frac{H_3}{K_3} + \frac{H_4}{K_4}}$$

$$= \frac{1,050}{\frac{600}{0.02} + \frac{150}{2 \times 10^{-5}} + \frac{300}{0.03}}$$

$$= 0.0001393 = 1.393 \times 10^{-4} \text{cm/sec}$$

상하수도공학

101 도수(conveyance of water)시설에 대한 설명으로 옳은 것은?

① 상수원으로부터 원수를 취수하는 시설이다.
② 원수를 음용 가능하게 처리하는 시설이다.
③ 배수지로부터 급수관까지 수송하는 시설이다.
④ 취수원으로부터 정수시설까지 보내는 시설이다.

해설 도수시설
① 도수시설: 수원으로부터 정수시설까지 보내는 시설
② 송수시설: 정수지에서 배수지까지 보내는 시설

102 양수량이 50m³/min, 전양정이 8m일 때 펌프의 축동력은? (단, 펌프의 효율(η) = 0.8)

① 65.2kW ② 73.6kW
③ 81.5kW ④ 92.4kW

해설 펌프의 축동력(P)

① $Q = \frac{50\text{m}^3}{\text{min}} \times \frac{1\text{min}}{60\text{sec}} = 0.83\text{m}^3/\text{sec}$

② $P = 9.8 \times \frac{Q \times H_t}{\eta}$

$= 9.8 \times \frac{0.83 \times 8}{0.8} = 81.67$kW

103 계획오수량 중 계획 시간 최대오수량에 대한 설명으로 옳은 것은?

① 계획 1일 최대오수량의 1시간당 수량의 1.3~1.8배를 표준으로 한다.
② 계획 1일 최대오수량의 70~80%를 표준으로 한다.
③ 1인 1일 최대오수량의 10~20%로 한다.
④ 계획 1일 평균오수량의 3배 이상으로 한다.

해설 계획오수량
① 계획시간최대오수량

$= \frac{\text{계획1일 최대오수량}}{24} \times (1.3 \sim 1.8)$

② 계획1일 평균오수량 = 계획1일 최대오수량의 70~80%를 표준으로 한다.

해답 99. ② 100. ③ 101. ④ 102. ③ 103. ①

104 완속여과와 급속여과의 비교 설명으로 틀린 것은?
① 원수가 고농도의 현탁물일 때는 급속여과가 유리하다.
② 여과속도가 다르므로 용지 면적의 차이가 크다.
③ 여과의 손실수두는 급속여과보다 완속여과가 크다.
④ 완속여과는 약품처리 등이 필요하지 않으나 급속여과는 필요하다.

해설 여과지의 손실수두(ΔH)
① $\Delta H = \dfrac{k \cdot L \cdot \mu \cdot v}{d^2}\left(\dfrac{1-\varepsilon}{\varepsilon^3}\right)$
여기서 k : 상수, L : 모래층두께, μ : 물의 점성계수, v : 여과속도, d : 모래의 평균입경, ε : 공극률
② 여과속도
급속여과 : 120~150m/day, 완속여과 : 4~5m/day
③ 여과속도와 손실수두는 비례하므로 급속여과 방법이 완속여과 방법보다 크다.

105 수질오염 지표항목 중 COD에 대한 설명으로 옳지 않은 것은?
① COD는 해양오염이나 공장폐수의 오염지표로 사용된다.
② 생물분해 가능한 유기물도 COD로 측정할 수 있다.
③ $NaNO_2$, SO_2^-는 COD값에 영향을 미친다.
④ 유기물 농도값은 일반적으로 COD > TOD > TOC > BOD이다.

해설 COD
1) COD : 화학적 산소 요구량으로 산화제 ($KMnO_4$, $K_2Cr_2O_7$)를 이용하여 측정한다.
2) 유기물농도 :
① TOD(Total Oxygen Demand) : 총 산소 요구량으로 어떤 유기화합물이 900℃ 백금 촉매 하에서 연소될 때 산소량을 말한다.
② TOC(Total Organic Carbon) 총 유기탄소로 시료 적당량을 산화성 촉매로 충전된 고온의 연소기에 넣은 후에 연소를 통해서 수중의 유기탄소를 이산화탄소로 산화시켜 정량하는 방법이다.
③ TOD > COD > BOD > TOC

106 고형물 농도가 30mg/L인 원수를 Alum 25mg/L를 주입하여 응집 처리하고자 한다. 1,000m³/day 원수를 처리할 때 발생 가능한 이론적 최종 슬러지($Al(OH)_3$)의 부피는? (단, Alum= $Al_2(SO_4)_3 \cdot 18H_2O$, 최종 슬러지 고형물 농도 = 2%, 고형물 비중 = 1.2)

[반응식] $Al_2(SO_4)_3 \cdot 18H_2O + 3Ca(HCO_3)_2$
$\rightarrow 2Al(OH)_3 + 3CaSO_4 + 18H_2O + 6CO_2$
[분자량] $Al_2(SO_4)_3 \cdot 18H_2O = 666$,
$Ca(HCO_3)_2 = 162$, $Al(OH)_3 = 78$,
$CaSO_4 = 136$

① 1.1m³/day ② 1.5m³/day
③ 2.1m³/day ④ 2.5m³/day

해설 슬러지 부피($Al(OH)_3$)
① 분자량 비율 :
$2Al(OH)_3/Al_2(SO_4)_3 \cdot 18H_2O = 156/666$
② 고형물농도 $= \dfrac{30mg}{L} \times \dfrac{1,000}{1,000} = \dfrac{30g}{m^3} = \dfrac{0.03kg}{m^3}$
③ 응집제 주입농도 $= \dfrac{25mg}{L} \times \dfrac{1,000}{1,000} = \dfrac{25g}{m^3} = \dfrac{0.25kg}{m^3}$
④ 고형물량 = 처리수량 × [고형물 농도 + (응집제 주입농도 × 분자량비율)]
$= 1,000 \times [0.03 + (0.025 \times 0.234)] = 35.85kg/day$
$= 0.03585 m^3/day$
⑤ 최종슬러지의 부피(V)
고형물 2%일 때 0.03585m³/day 이므로 최종슬러지 (고형물 : 2% + 물 : 98%) 부피는
2% : 0.03585 = 100% : X ∴ X = 1.7925m³/day
부피와 비중과 반비례하므로
∴ $V = 1.7925 \times \dfrac{1}{1.2} ≒ 1.5 m^3/day$

107 다음 중 하수슬러지 개량방법에 속하지 않는 것은?
① 세정 ② 열처리
③ 동결 ④ 농축

해설 슬러지 개량방법
① 개량목적 : 슬러지 탈수효율을 좋게 한다.
② 종류 : 약품개량, 동결, 세정, 열처리, 동결

해답 104. ③   105. ④   106. ②   107. ④

108 합리식을 사용하여 우수량을 산정할 때 필요한 자료가 아닌 것은?
① 강우강도
② 유출계수
③ 지하수의 유입
④ 유달시간

해설 합리식(Q)
① $Q = \dfrac{1}{3.6} C \cdot I \cdot A$
  C : 유출계수, I : 강우강도(mm/hr), A : 유역면적(km²)
② 강우강도의 크기는 최대우수유출량을 구하기 위해 유달시간에 대한 강우강도를 사용한다.

109 일반적인 하수처리장의 2차 침전지에 대한 설명으로 옳지 않은 것은?
① 표면부하율은 표준활성슬러지의 경우, 계획 1일 최대오수량에 대하여 20~30m³/m²·day로 한다.
② 유효수심은 2.5~4m를 표준으로 한다.
③ 침전시간은 계획 1일 평균오수량에 따라 정하며 5~10시간으로 한다.
④ 수면의 여유고는 40~60cm 정도로 한다.

해설 2차 침전지
침전시간은 계획1일 최대오수량에 대해 3~5시간으로 한다.

110 어느 도시의 인구가 10년 전 10만명에서 현재는 20만명이 되었다. 등비급수법에 의한 인구증가를 보였다고 하면 연평균 인구증가율은?
① 0.08947
② 0.07177
③ 0.06251
④ 0.03589

해설 등비급수법
① $P_t = 100{,}000$명, $P_0 = 200{,}000$명
② $\gamma = \left(\dfrac{P_o}{P_t}\right)^{\frac{1}{t}} - 1$
  $= \left(\dfrac{200{,}000}{100{,}000}\right)^{\frac{1}{10}} - 1 = 0.07177$

111 하수도용 펌프 흡입구의 유속에 대한 설명으로 옳은 것은?
① 0.3~0.5m/sec를 표준으로 한다.
② 1.0~1.5m/sec를 표준으로 한다.
③ 1.5~3.0m/sec를 표준으로 한다.
④ 5.0~10.0m/sec를 표준으로 한다.

해설 펌프 흡입구 유속
① 펌프의 흡입구 유속은 펌프의 회전수 및 흡입 실양정 등을 고려하여 1.5~3.0m/sec를 표준으로 한다.
② 펌프의 흡입구경(mm)
  $D = 146\sqrt{\dfrac{Q}{V}}$

112 상수도 배수관망 중 격자식 배수관망에 대한 설명으로 틀린 것은?
① 물이 정체하지 않는다.
② 사고시 단수구역이 작아진다.
③ 수리계산이 복잡하다.
④ 제수밸브가 적게 소요되며 시공이 용이하다.

해설 격자식 배수관망 특징
제수밸브가 많이 소요되므로 시공이 복잡하고 건설비도 많이 소요된다.

113 정수처리 시 트리할로메탄 및 곰팡이 냄새의 생성을 최소화하기 위해 침전지와 여과지 사이에 염소제를 주입하는 방법은?
① 전염소처리
② 중간염소처리
③ 후염소처리
④ 이중염소처리

해설 염소처리
① 전 염소처리 : 침전지 이전에 염소주입
② 중간 염소처리 : 침전지와 여과지 사이에 염소주입
③ 후 염소처리 : 여과지 다음에 염소주입

해답 108. ③ 109. ③ 110. ② 111. ③ 112. ④ 113. ②

★★★
114 호수의 부영양화에 대한 설명으로 틀린 것은?
① 부영양화는 정체성 수역의 상층에서 발생하기 쉽다.
② 부영양화된 수원의 상수는 냄새로 인하여 음료수로 부적당하다.
③ 부영양화로 식물성 플랑크톤의 번식이 증가되어 투명도가 저하된다.
④ 부영양화로 생물활동이 활발하여 깊은 곳의 용존산소가 풍부하다.

[해설] 부영양화
수심이 깊은 곳은 죽은 조류의 사체 등으로 인한 용존산소의 농도가 낮다.

★★★
115 콘크리트 하수관의 내부 천정이 부식되는 현상에 대한 대응책으로 틀린 것은?
① 방식재료를 사용하여 관을 방호한다.
② 하수 중의 유황 함유량을 낮춘다.
③ 관내의 유속을 감소시킨다.
④ 하수에 염소를 주입하여 박테리아 번식을 억제한다.

[해설] 관정부식대책
관내의 유속을 증가 시켜 침전물을 감소시켜야 한다.

★★★
116 하수 배제방식의 특징에 관한 설명으로 틀린 것은?
① 분류식은 합류식에 비해 우천시 월류의 위험이 크다.
② 합류식은 분류식(2계통 건설)에 비해 건설비가 저렴하고 시공이 용이하다.
③ 합류식은 단면적이 크기 때문에 검사, 수리 등에 유리하다.
④ 분류식은 강우초기에 노면의 오염물질이 포함된 세정수가 직접 하천 등으로 유입된다.

[해설] 하수 배제방식 특징
① 분류식은 오수는 오수관으로 우수는 우수관으로 처리하는 방식이다.
② 합류식은 오수와 우수를 관 하나로 처리하므로 우천 시 계획하수량 이상이 되면 하수의 월류현상이 발생한다.

★★
117 1인 1일 평균급수량의 일반적인 증가·감소에 대한 설명으로 틀린 것은?
① 기온이 낮은 지방일수록 증가한다.
② 인구가 많은 도시일수록 증가한다.
③ 문명도가 낮은 도시일수록 감소한다.
④ 누수량이 증가하면 비례하여 증가한다.

[해설] 1인 1일 평균 급수량
기온이 높은 지방일수록 증가한다.

★★★
118 하수고도처리에서 인을 제거하기 위한 방법이 아닌 것은?
① 응집제 첨가 활성슬러지법
② 활성탄 흡착법
③ 정석 탈인법
④ 혐기호기 조합법

[해설] 하수고도처리(인 제거)
① 응집제 첨가 활성슬러지법 : 활성슬러지공정의 포기조에 무기계 응집제를 직접 첨가하여 인을 불용성 염으로 제거하는 방법.
② 정석탈인법 : 인산염이 존재하는 수중에 소석회를 첨가해 석출 제거 하는 방법.
③ 혐기호기조합법(Anaerobic Anoxic Oxic) : 질소, 인 동시제거

★★★
119 상수도 계통에서 상수의 공급과정으로 옳은 것은?
① 취수 - 정수 - 도수 - 배수 - 송수 - 급수
② 취수 - 도수 - 정수 - 송수 - 배수 - 급수
③ 취수 - 배수 - 정수 - 도수 - 급수 - 송수
④ 취수 - 정수 - 송수 - 배수 - 도수 - 급수

[해설] 상수도 계통도
① 취수 → 도수 → 정수 → 송수 → 배수 → 급수
② 도수는 원수를 이송하므로 정수 전의 과정이고, 송수는 정수를 이송하므로 정수 다음으로 해야 한다.

해답 114. ④　115. ③　116. ①　117. ①　118. ②　119. ②

★★★
120 우수관거 및 합류관거 내에서의 부유물 침전을 막기 위하여 계획우수량에 대하여 요구되는 최소 유속은?
① 0.3 m/sec   ② 0.6 m/sec
③ 0.8 m/sec   ④ 1.2 m/sec

해설 하수관거 내의 유속
① 최소유속 : 관내 부유물 침전 방지
  - 우수 및 합류관거 : 0.8m/sec
  - 분류식 관거 : 0.6m/sec
② 우수 및 합류관거 내 부유물의 비중이 더 크므로 분류식 관거에 비해 최소유속을 조금 크게 한다.

해답 120. ③

MEMO

응용역학

1 상·하단이 고정인 기둥에 그림과 같이 힘 P가 작용한다면 반력 R_A, R_B의 값은?

① $R_A = \dfrac{P}{2}$, $R_B = \dfrac{P}{2}$
② $R_A = \dfrac{P}{3}$, $R_B = \dfrac{2P}{3}$
③ $R_A = \dfrac{2P}{3}$, $R_B = \dfrac{P}{3}$
④ $R_A = P$, $R_B = 0$

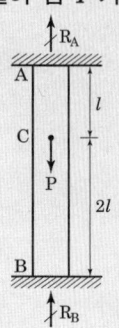

해설

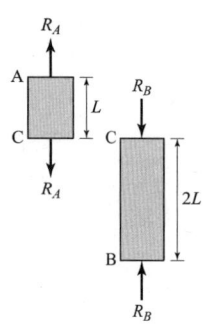

(1) 힘의 평형조건 : $R_A + R_B = P$
(2) 변형의 적합조건 : 하중작용점 C점에서의 변위 $\left(\delta = \dfrac{PL}{EA}\right)$는 같다.
$\dfrac{R_A \cdot L}{EA} = \dfrac{R_B \cdot 2L}{EA}$ 이므로 $R_A = 2R_B$
(3) $2R_A + R_B = P$ 에서
$R_A = \dfrac{2}{3}P$, $R_B = \dfrac{1}{3}P$

2 그림과 같이 2개의 집중하중이 단순보 위를 통과할 때 절대최대휨모멘트의 크기($M_{\max}$)와 발생위치(x)는?

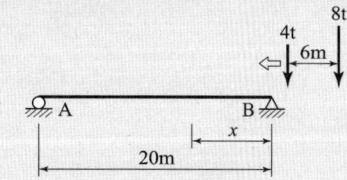

① $M_{\max} = 36.2\text{t} \cdot \text{m}$, $x = 8\text{m}$
② $M_{\max} = 38.2\text{t} \cdot \text{m}$, $x = 8\text{m}$
③ $M_{\max} = 48.6\text{t} \cdot \text{m}$, $x = 9\text{m}$
④ $M_{\max} = 50.6\text{t} \cdot \text{m}$, $x = 9\text{m}$

해설 (1) 합력의 작용점 위치
① $R = 4+8 = 12\text{t}$
② 바리뇽의 정리
$-(12)(\overline{x}) = -(4)(6) + (8)(0)$ ∴ $\overline{x} = 2\text{m}$

(2) 합력과 인접한 하중(8t)과의 이등분선을 보의 중앙점에 일치시킨다.

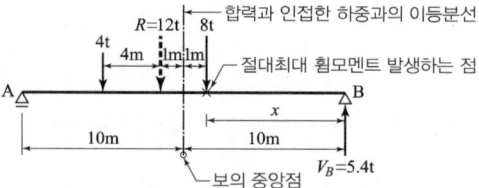

(3) 합력과 인접한 하중작용점에서 절대최대휨모멘트가 발생한다.
① 절대최대휨모멘트 발생 위치 : $x = 10 - 1 = 9\text{m}$
② 절대최대휨모멘트의 크기($M_{b\max}$)
$\sum M_A = 0$
$(4)(5) + (8)(11) - (V_B)(20) = 0$
∴ $V_B = 5.4\text{t}$
∴ $M_{b\max} = -(V_B)(9) = 48.6\text{ t}\cdot\text{m}$

3 단면2차모멘트가 I, 길이 L인 균일한 단면의 직선상(直線狀)의 기둥이 있다. 지지상태가 1단 고정, 1단 자유인 경우 오일러(Euler) 좌굴하중(P_{cr})은? (단, 기둥의 영(Young)계수는 E이다.)

① $\dfrac{\pi^2 EI}{4L^2}$ ② $\dfrac{\pi^2 EI}{L^2}$
③ $\dfrac{2\pi^2 EI}{L^2}$ ④ $\dfrac{4\pi^2 EI}{L^2}$

해설 (1) 단부 지지조건 : 1단 고정, 1단 자유이므로 $K = 2$
(2) Euler의 좌굴하중 :
$P_{cr} = \dfrac{\pi^2 EI}{(KL)^2} = \dfrac{\pi^2 EI}{(2L)^2} = \dfrac{1}{4} \cdot \dfrac{\pi^2 EI}{L^2}$

해답 1. ③ 2. ③ 3. ①

4 부양력 200kg인 기구가 수평선과 60° 각도로 정지상태에 있을 때 기구의 끈에 작용하는 인장력(T)과 풍압(W)을 구하면?

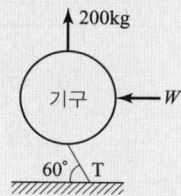

① $T = 220.94$kg, $W = 105.47$kg
② $T = 230.94$kg, $W = 115.47$kg
③ $T = 220.94$kg, $W = 125.47$kg
④ $T = 230.94$kg, $W = 135.47$kg

해설 (1) 기구를 하나의 절점으로 간주한다.

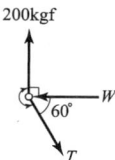

(2) $\dfrac{T}{\sin 90°} = \dfrac{200\text{kg}}{\sin 60°}$ ∴ $T = 230.94$kg (인장)

(3) $\dfrac{W}{\sin 210°} = \dfrac{200\text{kg}}{\sin 60°}$ ∴ $W = -115.47$kg (압축)

5 그림과 같이 지름 D인 원형 단면에서 최대 단면계수를 갖는 직사각형 단면을 얻으려면 $\dfrac{b}{h}$는?

① 1
② $\dfrac{1}{2}$
③ $\dfrac{1}{\sqrt{2}}$
④ $\dfrac{1}{\sqrt{3}}$

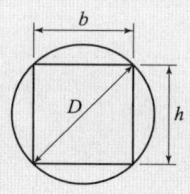

해설 (1) $D^2 = b^2 + h^2$ 에서 $h^2 = D^2 - b^2$
(2) 단면계수(Z)
$Z = \dfrac{bh^2}{6} = \dfrac{b(D^2-b^2)}{6} = \dfrac{1}{6}(bD^2 - b^3)$
(3) 최대단면계수 조건 : $\dfrac{dZ}{db} = 0$ 일 때 발생
$\dfrac{dZ}{db} = \dfrac{1}{6}(D^2 - 3b^2) = 0$ ∴ $D = \sqrt{3}\,b$

(4) $h^2 = D^2 - b^2$
$= (\sqrt{3}b)^2 - b^2 = 2b^2 \Rightarrow h = \sqrt{2}\,b$
∴ $\dfrac{b}{h} = \dfrac{1}{\sqrt{2}}$

6 그림과 같은 구조물에서 C점의 수직처짐을 구하면? (단, $EI = 2 \times 10^9$kg·cm², 자중은 무시한다.)

① 2.70mm
② 3.57mm
③ 6.24mm
④ 7.35mm

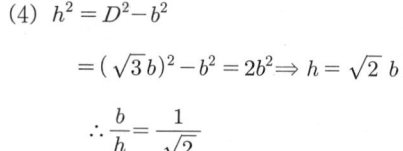

해설 (1) 가상일법의 적용 : BC 보 부재와 BA 기둥 부재에 대해 휨모멘트식을 두 번 적용하며, C점에 단위 수직집중하중 $P=1$을 작용시키는 것이 핵심이다.

실제 역계(M)	가상 역계(m)
15kgf, B→C, x, $M_x=0$, $M_x=-15x$, 700cm, A, 400cm	1, B→C, x, $m_x=-x$, $m_x=-400$, 700cm, A, 400cm

(2) 문제의 조건에서 휨강성 $EI = 2 \times 10^9$kg·cm²의 단위에 초점을 맞추어 힘은 kg, 거리는 cm로 통일하여 적분식에 적용한다.]

(3) $\delta_C = \dfrac{1}{EI}\displaystyle\int_0^{700}(-15x)(-400)\cdot dx = \dfrac{1.47 \times 10^9}{EI}$
$= \dfrac{1.47 \times 10^9}{(2 \times 10^9)} = 0.735$cm $= 7.35$mm

7 다음 인장부재의 수직변위를 구하는 식으로 옳은 것은? (단, 탄성계수는 E)

① $\dfrac{PL}{EA}$
② $\dfrac{3PL}{2EA}$
③ $\dfrac{2PL}{EA}$
④ $\dfrac{5PL}{2EA}$

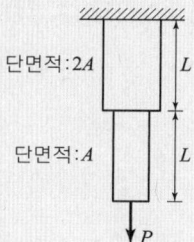

해답 4. ② 5. ③ 6. ④ 7. ②

해설 (1) 구간에 따라 면적이 다르므로 구간별로 나누어 계산한다.
(2) 자유물체도

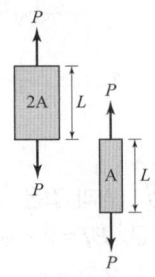

$$\Delta L = \Delta L_1 + \Delta L_2 = \frac{PL}{E(2A)} + \frac{PL}{E(A)} = \frac{3}{2} \cdot \frac{PL}{EA}$$

8 그림과 같이 속이 빈 직사각형 단면의 최대 전단응력은? (단, 전단력은 2t)

① 2.125kg/cm^2
② 3.22kg/cm^2
③ 4.125kg/cm^2
④ 4.22kg/cm^2

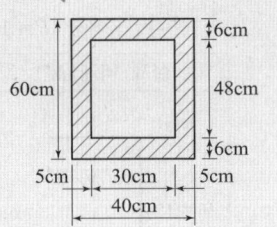

해설 (1) 전단응력 산정 제계수

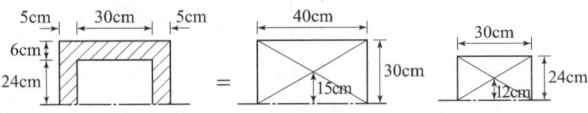

① $I = \frac{1}{12}(40 \times 60^3 - 30 \times 48^3) = 443,520 \text{cm}^4$
② 중공형 단면의 최대 전단응력은 단면의 중립축에서 발생한다.
∴ $b = 5 + 5 = 10 \text{cm}$
③ $V = 2\text{tf} = 2 \times 10^3 \text{kg}$
④ $G = (40 \times 30)(15) - (30 \times 24)(12) = 9,360 \text{cm}^3$

(2) $\tau = \frac{V \cdot G}{I \cdot b} = \frac{(2 \times 10^3)(9,360)}{(443,520)(10)} = 4.220 \text{kg/cm}^2$

9 그림과 같은 캔틸레버보에 굽힘으로 인하여 저장된 변형에너지는? (단, EI는 일정하다.)

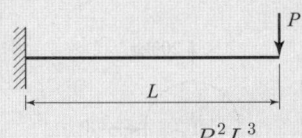

① $\dfrac{P^2 L^3}{6EI}$ ② $\dfrac{P^2 L^3}{48EI}$
③ $\dfrac{P^2 L^3}{12EI}$ ④ $\dfrac{P^2 L^3}{38EI}$

해설 (1) $M_x = -(P)(x) = -P \cdot x$

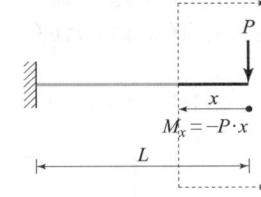

(2) $U = \int \dfrac{M_x^2}{2EI} dx = \dfrac{1}{2EI} \int_0^L (-P \cdot x)^2 dx$

$= \dfrac{P^2}{2EI} \left[\dfrac{x^3}{3} \right]_0^L = \dfrac{1}{6} \cdot \dfrac{P^2 L^3}{EI}$

10 그림과 같은 T형 단면에서 $x-x$축에 대한 회전반지름(r)은?

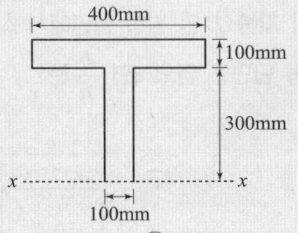

① 227mm   ② 289mm
③ 334mm   ④ 376mm

해설 (1) x축에 대한 단면2차모멘트

$I_x = \left[\dfrac{(400)(100)^3}{12} + (400 \times 100)(350)^2 \right]$
$\quad + \left[\dfrac{(100)(300)^3}{12} + (100 \times 300)(150)^2 \right]$
$= 5.833 \times 10^9 \text{mm}^4$

(2) $r_x = \sqrt{\dfrac{I_x}{A}} = \sqrt{\dfrac{(5.833 \times 10^9)}{(400 \times 100) + (100 \times 300)}}$
$= 288.667 \text{mm}$

해답 8. ④   9. ①   10. ②

11 다음 내민보에서 B점의 휨모멘트와 C점의 휨모멘트의 절대값의 크기를 같게 하기 위한 $\dfrac{L}{a}$의 값은?

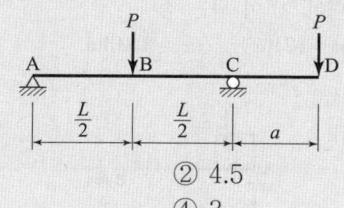

① 6   ② 4.5
③ 4   ④ 3

해설 (1) $\sum M_C = 0: +(V_A)(L) - (P)\left(\dfrac{L}{2}\right) + (P)(a) = 0$

$$\therefore V_A = +\dfrac{P}{2} - \dfrac{Pa}{L}(\uparrow)$$

(2) B점의 휨모멘트

$$M_{B,Left} = +\left[+\left(\dfrac{P}{2} - \dfrac{Pa}{L}\right)\left(\dfrac{L}{2}\right)\right] = +\dfrac{PL}{4} - \dfrac{Pa}{2}$$

(3) C점의 휨모멘트

$$M_{C,Right} = -(P)(a) = -Pa$$

(4) B점의 휨모멘트와 C점의 휨모멘트의 절대값의 크기가 같다는 조건에 의해 $|M_B| = |M_C|$에서

$$\dfrac{PL}{4} - \dfrac{Pa}{2} = Pa \text{ 이므로}$$

$$\therefore \dfrac{L}{a} = 6$$

12 어떤 재료의 탄성계수를 E, 전단탄성계수를 G라 할 때 G와 E의 관계식으로 옳은 것은? (단, 이 재료의 푸아송비는 ν이다.)

① $G = \dfrac{E}{2(1-\nu)}$ ② $G = \dfrac{E}{2(1+\nu)}$

③ $G = \dfrac{E}{2(1-2\nu)}$ ④ $G = \dfrac{E}{2(1+2\nu)}$

해설 (1) 탄성계수 E와 체적탄성계수와의 관계:

$$K = \dfrac{E}{3(1-2\nu)}$$

(2) 탄성계수 E와 전단탄성계수와의 관계:

$$G = E \cdot \dfrac{1}{2(1+\nu)}$$

13 다음 트러스의 부재력이 0인 부재는?

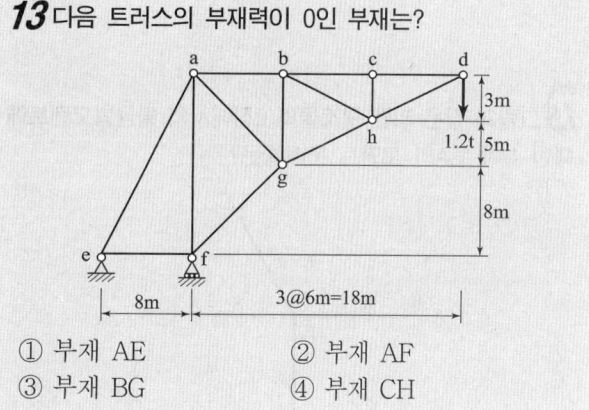

① 부재 AE   ② 부재 AF
③ 부재 BG   ④ 부재 CH

해설 절점 C에서 수평으로 나란한 CB부재와 CD부재의 부재력은 서로 같고, 절점 C에 수직하중이 작용하지 않으므로 CH부재의 부재력은 0이다.

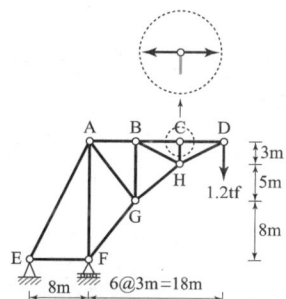

14 다음 구조물은 몇 부정정 차수인가?

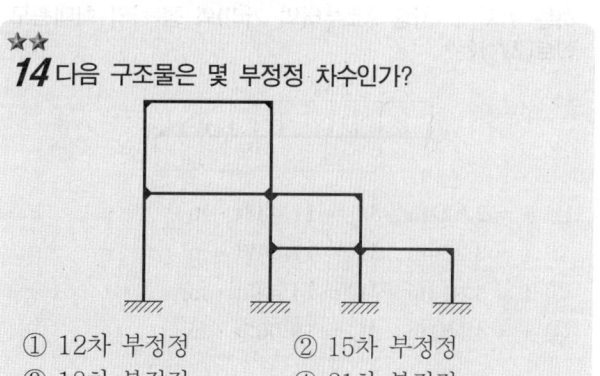

① 12차 부정정   ② 15차 부정정
③ 18차 부정정   ④ 21차 부정정

해답 11. ①   12. ②   13. ④   14. ②

해설 (1) $N_e = r - 3 = (3+3+3+3) - 3 = 9$
(2) $N_i = (+3) \times 2 = 6$

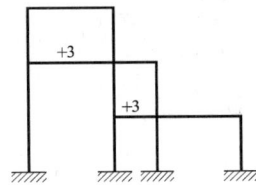

(3) $N = N_e + N_i = (9) + (6) = 15$차

★★
15 그림과 같은 라멘 구조물의 E점에서의 불균형모멘트에 대한 부재 EA의 모멘트 분배율은?

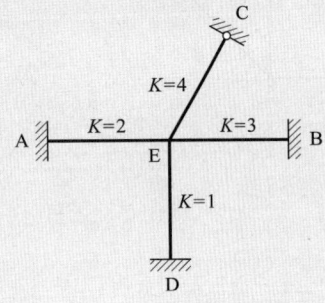

① 0.222 ② 0.1667
③ 0.2857 ④ 0.40

해설 (1) 지점C는 힌지이므로 수정강도계수 $K^R = \frac{3}{4}K$ 를 적용한다.

(2) $DF_{EA} = \dfrac{2}{2+3+4\times\frac{3}{4}+1} = \dfrac{2}{9} = 0.222$

★
16 그림과 같은 내민보에서 정(+)의 최대휨모멘트가 발생하는 위치 x (지점 A로부터의 거리)와 정(+)의 최대휨모멘트(M_x)는?

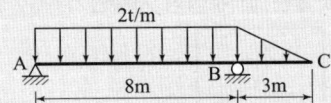

① $x = 2.821$m, $M_x = 11.438$t·m
② $x = 3.256$m, $M_x = 17.547$t·m
③ $x = 3.813$m, $M_x = 14.535$t·m
④ $x = 4.527$m, $M_x = 19.063$t·m

해설 (1) $\sum M_B = 0$
$(V_A)(8) + (2 \times 8)(4) - \left(\frac{1}{2} \times 3 \times 2\right)\left(3 \times \frac{1}{3}\right) = 0$
∴ $V_A = 7.625$t

(2) 전단력이 "0"이 되는 점
$7.625t = (2)(x)$ ∴ $x = 3.813$m

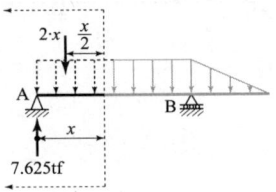

(3) 최대휨모멘트 : 전단력이 "0"이 되는 점에서 발생
$M_{max} = (7.625)(3.813) - (2)(3.813)\left(\dfrac{3.813}{2}\right)$
$= 14.535$ t·m

★★★
17 그림과 같은 반원형 3힌지 아치에서 A점의 수평반력은?

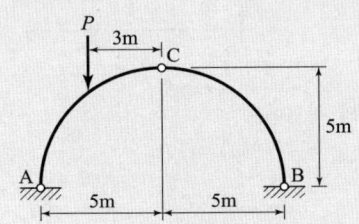

① P ② $P/2$
③ $P/4$ ④ $P/5$

해설 (1) $\sum M_B = 0$: $+(V_A)(10) - (P)(8) = 0$
∴ $V_A = +\dfrac{8}{10}P(\uparrow)$

(2) $\sum M_{C, Left} = 0$:
$+\left(\dfrac{8}{10}P\right)(5) - (H_A)(5) - (P)(3) = 0$
∴ $H_A = +\dfrac{P}{5}(\rightarrow)$

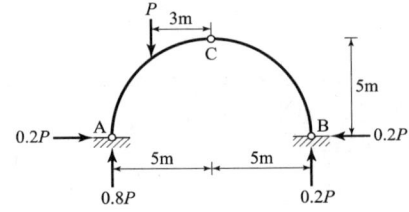

해답 15. ① 16. ③ 17. ④

18 휨모멘트가 M 인 다음과 같은 직사각형 단면에서 $A-A$ 에서의 휨응력은?

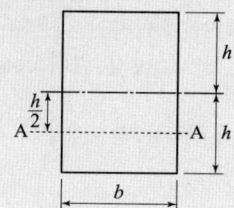

① $\dfrac{3M}{bh^2}$ ② $\dfrac{3M}{4bh^2}$

③ $\dfrac{3M}{2bh^2}$ ④ $\dfrac{M}{4b^2h^2}$

해설 $\sigma_{A-A} = \dfrac{M}{I} \cdot y = \dfrac{M}{\dfrac{b(2h)^3}{12}} \cdot \left(\dfrac{h}{2}\right) = \dfrac{3M}{4bh^2}$

19 그림과 같은 내민보에서 C점의 처짐은?
(단, $EI = 3.0 \times 10^9 \text{kg} \cdot \text{cm}^2$으로 일정)

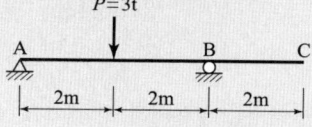

① 0.1cm   ② 0.2cm
③ 1cm   ④ 2cm

해설 (1) 처짐곡선을 관찰하여 B점의 연속조건을 이용한 해석이 간명하다.

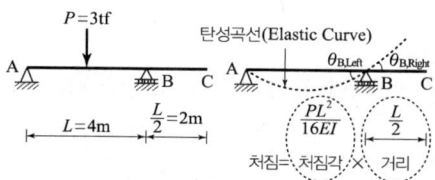

(2) $P = 3\text{t}$, $L = 4\text{m}$, $\dfrac{L}{2} = 2\text{m}$

(3) $\theta_B = \theta_{B,Left} = \theta_{B,Right} = \dfrac{1}{16} \cdot \dfrac{PL^2}{EI}$

(4) $\delta_C = \theta_B \times 거리 = \left(\dfrac{1}{16} \cdot \dfrac{PL^2}{EI}\right)\left(\dfrac{L}{2}\right)$

$= \dfrac{1}{32} \cdot \dfrac{PL^3}{EI} = \dfrac{1}{32} \cdot \dfrac{(3 \times 10^3)(4 \times 10^2)^3}{(3.0 \times 10^9)} = 2\text{cm}$

20 그림에서 블록 A를 뽑아내는데 필요한 힘 P 는 최소 얼마 이상이어야 하는가? (단, 블록과 접촉면의 마찰계수 $\mu = 0.3$)

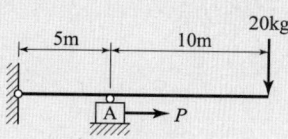

① 6kg   ② 9kg
③ 15kg   ④ 18kg

해설 (1) $\sum M_B = 0$

$(20)(15) - (N \times 5) = 0 \quad \therefore N = 60\text{kg}$

(2) $P \geq \mu \cdot N$

$P \geq 0.3 \times 60\text{kg} \quad \therefore P \geq 18\text{kg}$

측량학

21 트래버스 ABCD에서 각 측선에 대한 위거와 경거 값이 아래 표와 같을 때, 측선 BC의 배횡거는?

측선	위거(m)	경거(m)
AB	+75.39	+81.57
BC	−33.57	+18.78
CD	−61.43	−45.60
DA	+44.61	−52.65

① 81.57m   ② 155.10m
③ 163.14m   ④ 181.92m

해설 ① 제1측선의 배횡거=제1측선의 경거
$\overline{AB}$측선의 배횡거 $= 81.57\text{m}$

② 임의 측선의 배횡거=전 측선의 배횡거+전 측선의 경거+그 측선의 경거
$\overline{BC}$측선의 배횡거 $= 81.57 + 81.57 + 18.78 = 181.92\text{m}$

해답 18. ②   19. ④   20. ④   21. ④

22. DGPS를 적용할 경우 기지점과 미지점에서 측정한 결과로부터 공통오차를 상쇄시킬 수 있기 때문에 측량의 정확도를 높일 수 있다. 이때 상쇄되는 오차요인이 아닌 것은?

① 위성의 궤도정보오차
② 다중경로오차
③ 전리층 신호지연
④ 대류권 신호지연

해설 DGPS 란 GPS가 갖는 오차를 보정하여 정확도를 높이고자 기준국을 설치하고 여기서 보정신호를 받아 수신기의 위치오차를 보정하는 방식이다.
① 보정되는 오차 : 위성의 궤도 오차, 위성의 시계오차, 전리층 신호 지연, 대류권 신호지연 등
② 다중경로 오차 : 수신기에서 신호의 세기를 비교하여 약한 신호를 제거하여 오차를 보정한다.

23. 삭제문제

출제기준 변경으로 인해 삭제됨

24. 완화곡선에 대한 설명으로 옳지 않은 것은?

① 모든 클로소이드(clothoid)는 닮음 꼴이며 클로소이드 요소는 길이의 단위를 가진 것과 단위가 없는 것이 있다.
② 완화곡선의 접선은 시점에서 원호에, 종점에서 직선에 접한다.
③ 완화곡선의 반지름은 그 시점에서 무한대, 종점에서는 원곡선의 반지름과 같다.
④ 완화곡선에 연한 곡선반지름의 감소율은 캔트(cant)의 증가율과 같다.

해설 완화곡선의 접선은 시점에서 직선에, 종점에서 원호에 접한다.

25. 삼변측량에 관한 설명 중 틀린 것은?

① 관측요소는 변의 길이 뿐이다.
② 관측값에 비하여 조건식이 적은 단점이 있다.
③ 삼각형의 내각을 구하기 위해 cosine 제2법칙을 이용한다.
④ 반각공식을 이용하여 각으로부터 변을 구하여 수직위치를 구한다.

해설 삼변측량은 반각공식을 이용하여 변으로부터 각을 구하여 수평위치를 구한다.

26. 교호수준측량에서 A점의 표고가 55.00m이고 $a_1 = 1.34m$, $b_1 = 1.14m$, $a_2 = 0.84m$, $b_2 = 0.56m$일 때 B점의 표고는?

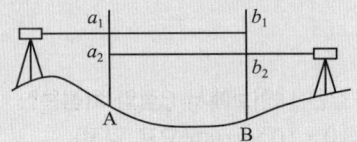

① 55.24m   ② 56.48m
③ 55.22m   ④ 56.42m

해설 교호수준 측량은 높이차의 평균($\triangle H$)을 구해 시준축오차, 양차를 상쇄시킨다.

$$\triangle H = \frac{1}{2}\{(a_1 - b_1) + (a_2 - b_2)\} = 0.24$$

$$\therefore H_B = H_A + \triangle H = 55.24m$$

27. 하천측량 시 무제부에서의 평면측량 범위는?

① 홍수가 영향을 주는 구역보다 약간 넓게
② 계획하고자 하는 지역의 전체
③ 홍수가 영향을 주는 구역까지
④ 홍수영향 구역보다 약간 좁게

해설 하천측량에서 평면측량의 범위
① 제외지 : 전지역
② 제내지 : 300m 내외
③ 무제부 : 홍수시의 물가선보다 약간 넓게(약 100m 정도)

해답 22. ② 23. 삭제문제 24. ② 25. ④ 26. ① 27. ①

28 어떤 거리를 10회 관측하여 평균 2,403.557m의 값을 얻고 잔차의 제곱의 합 8,208mm²을 얻었다면 1회 관측의 평균 제곱근 오차는?

① ±23.7mm ② ±25.5mm
③ ±28.3mm ④ ±30.2mm

해설 ① 최확치에 대한 평균제곱근오차
$$=\pm\sqrt{\frac{VV}{n(n-1)}}$$
② 1회 관측에 대한 평균제곱근오차
$$=\pm\sqrt{\frac{VV}{(n-1)}}=\pm\sqrt{\frac{8208}{(10-1)}}=\pm30.2\text{mm}$$

29 지반고(h_A)가 123.6m인 A점에 토털스테이션을 설치하여 B점의 프리즘을 관측하여, 기계고 1.5m, 관측사거리(S) 150m, 수평선으로부터의 고저각(α) 30°, 프리즘고(P_h) 1.5m를 얻었다면 B점의 지반고는?

① 198.0m ② 198.3m
③ 198.6m ④ 198.9m

해설 수준측량의 높이 계산은 기준면($H=0$)에서 올라가면 ⊕, 내려가면 ⊖로 계산한다.
$H_B = h_A + 1.5 + S \cdot \sin\alpha - P_h$
$= 123.6 + 1.5 - 150 \times \sin30° - 1.5$
$= 198.6\text{m}$

30 측량성과표에 측점A의 진북방향각은 0°06′17″이고, 측점A에서 측점B에 대한 평균방향각은 263°38′26″로 되어 있을 때에 측점 A에서 측점 B에 대한 역방위각은?

① 83°32′09″ ② 83°44′43″
③ 263°32′09″ ④ 263°44′43″

해설 문제에서 측점 A의 진북방향각은 AB 측선의 자오선 수차가 정확한 표현임
① AB의 방위각 = $(-0°0.6′17″) + 263°38′26″$
$= 263°32′09″$
② AB의 역방위각 = ① $- 180° = 83°32′09″$

31 수심이 h인 하천의 평균 유속을 구하기 위하여 수면으로부터 0.2h, 0.6h, 0.8h가 되는 깊이에서 유속을 측량한 결과 0.8m/s, 1.5m/s, 1.0m/s이었다. 3점법에 의한 평균 유속은?

① 0.9m/s ② 1.0m/s
③ 1.1m/s ④ 1.2m/s

해설 $V_m = \frac{1}{4}(V_{0.2} + 2V_{0.6} + V_{0.8})$
$= \frac{1}{4}(0.8 + 2 \times 1.5 + 1.0) = 1.2\text{m/s}$

32 위성에 의한 원격탐사(Remote Sensing)의 특징으로 옳지 않은 것은?

① 항공사진측량이나 지상측량에 비해 넓은 지역의 동시측량이 가능하다.
② 동일 대상물에 대해 반복측량이 가능하다.
③ 항공사진측량을 통해 지도를 제작하는 경우보다 대축척 지도의 제작에 적합하다.
④ 여러 가지 분광 파장대에 대한 측량자료 수집이 가능하므로 다양한 주제도 작성이 용이하다

해설 위성에 의한 원격탐사는 항공사진측량을 통해 지도를 제작하는 경우 보다 넓은 지역의 소축척 지도 제작에 적합하다.

33 교각이 60°이고 반지름이 300m인 원곡선을 설치할 때 접선의 길이(T.L.)는?

① 81.603m ② 173.205m
③ 346.412m ④ 519.615m

해설 $T.L = R \cdot \tan\frac{I}{2} = 300 \times \tan\frac{60°}{2} = 173.205\text{m}$

34 지상 1km²의 면적을 지도상에서 4cm²으로 표시하기 위한 축척으로 옳은 것은?

① 1 : 5,000 ② 1 : 50,000
③ 1 : 25,000 ④ 1 : 250,000

해설 ① 면적
$A = 1\text{km} \times 1\text{km}$
$= 100,000\text{cm} \times 100,000\text{cm} = 1.0 \times 10^{10}\text{cm}^2$
$a = 4\text{cm}^2$
② 축척과 면적과의 관계
$\left(\frac{1}{m}\right)^2 = \frac{a}{A}$
$\frac{1}{m} = \sqrt{\frac{a}{A}} = \sqrt{\frac{4}{1 \times 10^{10}}} = \frac{1}{50,000}$

해답 28. ④ 29. ③ 30. ① 31. ④ 32. ③ 33. ② 34. ②

2018년 과년도출제문제

35 수준측량에서 레벨의 조정이 불완전하여 시준선이 기포관축과 평행하지 않을 때 생기는 오차의 소거 방법으로 옳은 것은?
① 정위, 반위로 측정하여 평균한다.
② 지반이 견고한 곳에 표척을 세운다.
③ 전시와 후시의 시준거리를 같게 한다.
④ 시작점과 종점에서의 표척을 같은 것을 사용한다.

해설 전,후시 거리를 같게 하면 제거되는 오차
① 시준축오차
② 구차, 기차
③ 초점나사를 움직일 필요가 없으므로 그로 인해 생기는 오차

36 △ABC의 꼭지점에 대한 좌표값이 (30,50), (20,90), (60,100)일 때 삼각형 토지의 면적은?
(단, 좌표의 단위 : m)
① $500m^2$
② $750m^2$
③ $850m^2$
④ $960m^2$

해설 좌표법을 사용
$A = \frac{1}{2}|\Sigma x_i(y_{i+1} - y_{i-1})|$
$= \frac{1}{2}|30(90-100) + 20(100-50) + 60(50-90)|$
$= \frac{1}{2}|-1700| = 850m^3$

37 GNSS 상대측위 방법에 대한 설명으로 옳은 것은?
① 수신기 1대만을 사용하여 측위를 실시한다.
② 위성과 수신기 간의 거리는 전파의 파장 개수를 이용하여 계산할 수 있다.
③ 위상차의 계산은 단순차, 2중차, 3중차와 같은 차분기법으로는 해결하기 어렵다.
④ 전파의 위상차를 관측하는 방식이나 절대측위 방법보다 정확도가 낮다.

해설 ① 상대측위란 두 대 이상의 수신기를 사용하여 동시에 측량을 한 후 데이터를 처리하여 측량정도를 높이는 GNSS 측량법
② 거리계산은 GPS 수신기로 수신된 반송파 위상의 개수를 기록한 자료로 계산한다.
③ 위상차의 계산은 단일차분, 이중차분, 삼중차분 기법으로 한다.
④ 절대측위보다 정밀도가 높다.

38 노선 측량의 일반적인 작업 순서로 옳은 것은?

| A : 종·횡단측량 | B : 중심선 측량 |
| C : 공사측량 | D : 답사 |

① A→B→D→C
② D→B→A→C
③ D→C→A→B
④ A→C→D→B

해설 노선측량의 작업순서
계획 - 답사 - 선점 - 중심선측량 - 종·횡단측량 - 공사측량

39 삼각형의 토지면적을 구하기 위해 밑변 a와 높이 h를 구하였다. 토지의 면적과 표준오차는? (단, $a = 15 \pm 0.015m$, $h = 25 \pm 0.025m$)
① $187.5 \pm 0.04m^2$
② $187.5 \pm 0.27m^2$
③ $375.0 \pm 0.27m^2$
④ $375.0 \pm 0.53m^2$

해설 $A = \frac{1}{2}(ah \pm dA)$
$= \frac{1}{2}(15 \times 25 \pm \sqrt{(15 \times 0.025)^2 + (25 \times 0.015)^2})$
$= 187.5 \pm 0.27m^2$

40 축척 1:5,000 수치지형도의 주곡선 간격으로 옳은 것은?
① 5m
② 10m
③ 15m
④ 20m

해설 지형도의 주곡선 간격
1/50,000 : 20m
1/25,000 : 10m
1/5,000 : 5m

해답 35. ③ 36. ③ 37. ② 38. ② 39. ② 40. ①

수리학 및 수문학

41 유속이 3m/s인 유수 중에 유선형 물체가 흐름방향으로 향하여 $h=3$m 깊이에 놓여 있을 때 정체압력 (stagnation pressure)은?

① 0.46kN/m² ② 12.21kN/m²
③ 33.90kN/m² ④ 102.35kN/m²

해설 정체압력(P)
(1) 물의 단위중량: $w = 9.8$kN/m³
(2) 정체압력(P) = 정압력 + 동압력
(3) $P = wh + \dfrac{wv^2}{2g}$
$= (9.8 \times 3) + \left(\dfrac{9.8 \times 3^2}{2 \times 9.8}\right) = 33.9$kN/m²

42 다음 중 직접 유출량에 포함되는 것은?

① 지체지표하 유출량 ② 지하수 유출량
③ 기저 유출량 ④ 조기지표하 유출량

해설 유출
(1) 직접유출: 단 시간 내에 하천유량에 기여하는 유출로 지표면 유출, 조기 지표 하 유출, 수로 상 강수 등으로 구성된다.
(2) 기저유출: 비가 오기 전의 하천 유출을 말하며 지체 지표 하 유출, 지하수유출이 해당된다.

43 직사각형 단면수로의 폭이 5m이고 한계수심이 1m일 때의 유량은? (단, 에너지 보정계수 $\alpha = 1.0$)

① 15.65m³/s ② 10.75m³/s
③ 9.80m³/s ④ 3.13m³/s

해설 $h_c = \left(\dfrac{\alpha Q^2}{gb^2}\right)^{\frac{1}{3}}$

$1 = \left(\dfrac{1 \times Q^2}{9.8 \times 5^2}\right)^{\frac{1}{3}}$

$Q = 15.65 \, \text{m}^3/\text{sec}$

44 표와 같은 집중호우가 자기기록지에 기록되었다. 지속기간 20분 동안의 최대강우강도는?

시간(분)	5	10	15	20	25	30	35	40
누가우량(mm)	2	5	10	20	35	40	43	45

① 95mm/hr ② 105mm/hr
③ 115mm/hr ④ 135mm/hr

해설 최대강우강도(I_{max})
(1) 20분간 최대 강우강도
$I_{5 \sim 20} = 20$mm
$I_{10 \sim 25} = 35 - 2 = 33$mm
$I_{15 \sim 30} = 40 - 5 = 35$mm
$I_{20 \sim 35} = 43 - 10 = 33$mm
(2) 1시간 최대강우강도
$I_{max} = \dfrac{35\text{mm}}{20\text{min}} \times \dfrac{60\text{min}}{1\text{hr}} = 105\text{mm/hr}$

45 단위유량도 이론의 가정에 대한 설명으로 옳지 않은 것은?

① 초과강우는 유효지속기간 동안에 일정한 강도를 가진다.
② 초과강우는 전 유역에 걸쳐서 균등하게 분포된다.
③ 주어진 지속기간의 초과강우로부터 발생된 직접 유출수문곡선의 기저시간은 일정하다.
④ 동일한 기저시간을 가진 모든 직접유출 수문곡선의 종거들은 각 수문곡선에 의하여 주어진 총 직접유출수문곡선에 반비례한다.

해설 단위유량도
직접유출 수문곡선의 종거들은 각 수문곡선에 의하여 주어진 총 직접유출수문곡선에 비례한다.

46 사각 위어에서 유량산출에 쓰이는 Francis 공식에 대하여 양단 수축이 있는 경우에 유량으로 옳은 것은?
(단, B: 위어 폭, h: 월류수심)

① $Q = 1.84(B - 0.4h)h^{\frac{3}{2}}$
② $Q = 1.84(B - 0.3h)h^{\frac{3}{2}}$
③ $Q = 1.84(B - 0.2h)h^{\frac{3}{2}}$
④ $Q = 1.84(B - 0.1h)h^{\frac{3}{2}}$

해답 41. ③ 42. ④ 43. ① 44. ② 45. ④ 46. ③

해설 직사각형위어(Fransis)

(1) 단 수축을 고려한 월류 수맥 폭(B_0)

$B_0 = B - 0.1nh$

① 양단수축 : $n=2.0$ ② 일단수축 : $n=1.0$
③ 무 수축 : $n=0$

(2) $Q = 1.84 B_0 h^{\frac{3}{2}}$

47 비에너지(specific energy)와 한계수심에 대한 설명으로 옳지 않은 것은?

① 비에너지는 수로의 바닥을 기준으로 한 단위무게의 유수가 가진 에너지이다.
② 유량이 일정할 때 비에너지가 최소가 되는 수심이 한계수심이다.
③ 비에너지가 일정할 때 한계수심으로 흐르면 유량이 최소가 된다.
④ 직사각형 단면에서 한계수심은 비에너지의 2/3가 된다.

해설 한계수심으로 흐르게 되면 유량은 최대가 된다.

48 관수로의 마찰손실공식 중 난류에서의 마찰손실계수 f는?

① 상대조도만의 함수이다.
② 레이놀즈수와 상대조도의 함수이다.
③ 후르드수와 상대조도의 함수이다.
④ 레이놀즈수만의 함수이다.

해설 마찰손실계수(f)

(1) $f = F\left(\dfrac{1}{R_e}, \dfrac{e}{D}\right)$
(2) 층류인 경우 : f는 R_e의 함수. $\left(f = \dfrac{64}{R_e}\right)$
(3) 난류인 경우
① 매끈한 관 : f는 R_e의 함수. $\left(f = 0.3164\, R_e^{-\frac{1}{4}}\right)$
② 거친 관 : f는 $\dfrac{e}{D}$의 함수.

49 우물에서 장기간 양수를 한 후에도 수면강하가 일어나지 않는 지점까지의 우물로부터 거리(범위)를 무엇이라 하는가?

① 용수효율권 ② 대수층권
③ 수류영역권 ④ 영향권

해설 수면강하가 일어나는 지점까지를 영향권이라 함

50 빙산(氷山)의 부피가 V, 비중이 0.92이고, 바닷물의 비중은 1.025라 할 때 바닷물 속에 잠겨있는 빙산의 부피는?

① $1.1\,V$ ② $0.9\,V$
③ $0.8\,V$ ④ $0.7\,V$

해설 $wV + M = w'V' + M'$

$0.92 \times V + 0 = 1.025 \times V' + 0$

$V' = \dfrac{0.92}{1.025} V = 0.9\,V$

51 지름 d인 구(球)가 밀도 ρ의 유체 속을 유속 V로 침강할 때 구의 항력 D는? (단, 항력계수는 C_D라 한다.)

① $\dfrac{1}{8} C_D \pi d^2 \rho V^2$ ② $\dfrac{1}{2} C_D \pi d^2 \rho V^2$
③ $\dfrac{1}{4} C_D \pi d^2 \rho V^2$ ④ $C_D \pi d^2 \rho V^2$

해설 $D = C_D \cdot A \dfrac{\rho V^2}{2}$

$= C_D \cdot \dfrac{\pi d^2}{4} \times \dfrac{\rho V^2}{2}$

$= \dfrac{1}{8} C_D \pi d^2 \cdot \rho V^2$

52 수리실험에서 점성력이 지배적인 힘이 될 때 사용할 수 있는 모형법칙은?

① Reynolds 모형법칙 ② Froude 모형법칙
③ Weber 모형법칙 ④ Cauchy 모형법칙

해설 수리학적 상사

(1) Froude상사
① 중력이 흐름을 지배하는 경우의 상사법칙으로 개수로의 흐름에 적용한다.
② 원형의 Fr수 = 모형의 Fr수
(2) Reynolds 상사
① 점성력이 흐름을 지배하는 경우의 상사법칙으로 관수로의 흐름에 적용한다.
② 원형의 R_e수 = 모형의 R_e수

해답 47. ③ 48. ② 49. ④ 50. ② 51. ① 52. ①

53 개수로의 상류(subcritical flow)에 대한 설명으로 옳은 것은?
① 유속과 수심이 일정한 흐름
② 수심이 한계수심보다 작은 흐름
③ 유속이 한계유속보다 작은 흐름
④ Froud수가 1보다 큰 흐름

해설 흐름의 분류
(1) 상류
$F_r < 1$, $h > h_c$(한계수심), $V < V_c$(한계유속)
(2) 사류 : $F_r > 1$, $h < h_c$, $V > V_c$
(3) $F_r = \dfrac{V}{\sqrt{gh}}$

54 그림과 같이 높이 2m인 물통에 물이 1.5m만큼 담겨져 있다. 물통이 수평으로 4.9m/s²의 일정한 가속도를 받고 있을 때, 물통의 물이 넘쳐흐르지 않기 위한 물통의 길이(L)는?

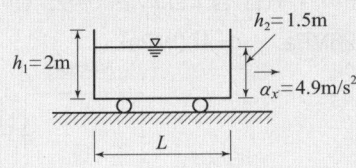

① 2.0m ② 2.4m
③ 2.8m ④ 3.0m

해설 $\tan\theta = \dfrac{\alpha}{g}$

$\dfrac{0.5}{\frac{L}{2}} = \dfrac{4.9}{9.8}$

$L = 2m$

55 미소진폭파(small-amplitude wave) 이론에 포함된 가정이 아닌 것은?
① 파장이 수심에 비해 매우 크다.
② 유체는 비압축성이다.
③ 바닥은 평평한 불투수층이다.
④ 파고는 수심에 비해 매우 작다.

해설 미소진폭파
(1) 정의 : 파장에 비해 진폭 또는 파고가 매우 작은 파

(2) 가정사항
① 유체는 비압축성이다.
② 비회전류이고 속도포텐셜을 가지고 있다.
③ 바닥은 평평한 불투수층이다.

56 관수로에 대한 설명 중 틀린 것은?
① 단면 점확대로 인한 수두손실은 단면 급확대로 인한 수두손실보다 클 수 있다.
② 관수로 내의 마찰손실수두는 유속수두에 비례한다.
③ 아주 긴 관수로에서는 마찰 이외의 손실수두를 무시할 수 있다.
④ 마찰손실수두는 모든 손실수두 가운데 가장 큰 것으로 마찰손실계수에 유속수두를 곱한 것과 같다.

해설 손실수두
(1) 관 마찰 손실수두(h_L)
$h_L = f \dfrac{L}{D} \dfrac{v^2}{2g}$
(2) 손실수두 중 가장 큰 값으로 마찰손실계수에 유속수두와 관의 길이를 곱한 후 관의 지름으로 나누어 계산한다.

57 수문자료의 해석에 사용되는 확률분포형의 매개변수를 추정하는 방법이 아닌 것은?
① 모멘트법(method of moments)
② 회선적분법(convolution integral method)
③ 확률가중모멘트법(method of probability weighted moments)
④ 최우도법(method of maximum likelihood)

해설 확률분포 매개변수 추정법
• 모멘트법
• 확률 가중 모멘트법
• 최우도법

58 에너지선에 대한 설명으로 옳은 것은?
① 언제나 수평선이 된다.
② 동수경사선보다 아래에 있다.
③ 속도수두와 위치수두의 합을 의미한다.
④ 동수경사선보다 속도수두만큼 위에 위치하게 된다.

해답 53. ③　54. ①　55. ①　56. ④　57. ②　58. ④

해설 에너지선
(1) 에너지선=위치수두+압력수두+속도수두
(2) 동수구배선=위치수두+압력수두
(3) 에너지선은 동수구배선보다 속도수두만큼 위에 있다.

59 대기의 온도 t_1, 상대습도 70%인 상태에서 증발이 진행되었다. 온도가 t_2로 상승하고 대기 중의 증기압이 20% 증가하였다면 온도 t_1 및 t_2에서의 포화 증기압이 각각 10.0mHg 및 14.0mmHg라 할 때 온도 t_2에서의 상대습도는?

① 50% ② 60%
③ 70% ④ 80%

해설

온도	상대습도	대기증기압	포화증기압
t_1	70%	x	10
t_2	Y	$x+0.2x$	14

$70 = \dfrac{x}{10} \times 100, \ x = 7\text{mmHg}$

$Y = \dfrac{\text{실제증기압}}{\text{포화증기압}} \times 100$

$= \dfrac{7 + 0.2 \times 7}{14} \times 100$

$= 0.6 = 60\%$

60 다음 물리량 중에서 차원이 잘못 표시된 것은?

① 동점성계수 : $[FL^2 T]$
② 밀도 : $[FL^{-4} T^2]$
③ 전단응력 : $[FL^{-2}]$
④ 표면장력 : $[FL^{-1}]$

해설 동점성계수 : $\nu = \dfrac{\mu}{\rho}$

$= \dfrac{ML^{-1}T^{-1}}{ML^{-3}} = L^2 T^{-1}$

철근콘크리트 및 강구조

61 그림과 같은 나선철근단주의 설계축강도(P_n)을 구하면? (단, D32 1개의 단면적=794mm², $f_{ck}=24$MPa, $f_y=420$MPa)

① 2,648kN
② 3,254kN
③ 3,797kN
④ 3,972kN

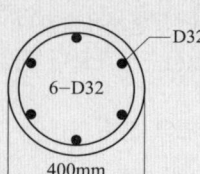

해설 문제가 설계 축강도라 했으나 P_n임으로 고려하여 구하면

$P_n = 0.85\{0.85 f_{ck}(A_g - A_{st}) + f_y A_{st}\}$

$= 0.85\left\{0.85 \times 24\left(\dfrac{\pi \times 400^2}{4} - 794 \times 6\text{개}\right) + 420(794 \times 6\text{개})\right\}$

$= 3,797,148.90\text{N} \simeq 3,797\text{kN}$

62 그림에 나타난 직사각형 단철근 보의 설계휨강도(ϕM_n)를 구하기 위한 강도감소계수(ϕ)는 얼마인가? (단, $f_{ck}=28$MPa, $f_y=400$MPa)

① 0.85
② 0.82
③ 0.79
④ 0.76

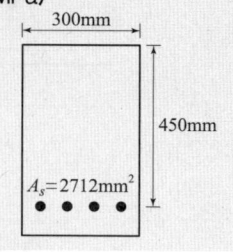

해설
1) 등가직사각형 응력블록깊이(a)
  ① $f_{ck} \leq 40$MPa $\Rightarrow \eta = 1.0, \ \beta_1 = 0.8$
  ② $a = \dfrac{A_s f_y}{\eta(0.85 f_{ck})b} = \dfrac{2,712 \times 400}{1.0 \times 0.85 \times 28 \times 300}$
    $= 151.93$mm

2) 최외단 인장철근의 순인장변형률(ϵ_t)
  ① $c = \dfrac{a}{\beta_1} = \dfrac{151.93}{0.8} = 189.912$mm
  ② $\epsilon_t = \epsilon_{cu}\left(\dfrac{d-c}{c}\right) = 0.0033\left(\dfrac{450 - 189.912}{189.912}\right)$
    $= 0.00452$

3) 강도감소계수
  ① 변화구간 단면에 속하므로 직선 보간 한다.
    $\therefore \epsilon_y(=0.002) < \epsilon_t < \epsilon_{t,td}(=0.005)$
  ② $\phi = 0.65 + 0.2\left(\dfrac{\epsilon_t - \epsilon_y}{\epsilon_{t,td} - \epsilon_y}\right)$
    $= 0.65 + 0.2\left(\dfrac{0.00452 - 0.002}{0.005 - 0.002}\right) \fallingdotseq 0.82$

해답 59. ② 60. ① 61. ③ 62. ②

63 옹벽의 구조해석에 대한 설명으로 틀린 것은?
① 저판의 뒷굽판은 정확한 방법이 사용되지 않는 한, 뒷굽판 상부에 재하되는 모든 하중을 지지하도록 설계하여야 한다.
② 부벽식 옹벽의 전면벽은 저판에 지지된 캔틸레버로 설계하여야 한다.
③ 부벽식 옹벽의 저판은 정밀한 해석이 사용되지 않는 한, 부벽 사이의 거리를 경간으로 가정한 고정보 또는 연속보로 설계할 수 있다.
④ 뒷부벽은 T형보로 설계하여야 하며, 앞부벽은 직사각형보로 설계하여야 한다.

해설 부벽식 옹벽의 전면벽은 3변 지지된 2방향 슬래브로 설계한다.

64 강도설계법의 기본 가정을 설명한 것으로 틀린 것은?
① 철근과 콘크리트의 변형률은 중립축에서의 거리에 비례한다고 가정한다.
② 콘크리트 압축연단의 극한변형률은 0.003으로 가정한다.
③ 철근의 응력이 설계기준항복강도(f_y) 이상일 때 철근의 응력은 그 변형률에 E_s를 곱한 값으로 한다.
④ 콘크리트의 인장강도는 철근콘크리트의 휨계산에서 무시한다.

해설 (1) 철근의 응력이 설계기준항복강도 이상일 때는 철근의 응력은 항복변형률에 E_s를 곱한 값으로 한다.
$f_s \geq f_y, \ \varepsilon_s \geq \varepsilon_y \Rightarrow f_s = f_y = E_s \varepsilon_y$
(2) 철근의 응력이 설계기준항복강도 이하인 경우 철근의 응력은 그 변형률에 E_s를 곱한 값으로 한다.
$f_s = E_s \times \varepsilon_s$

★★★
65 길이가 7m인 양단 연속보에서 처짐을 계산하지 않는 경우 보의 최소두께로 옳은 것은? (단, $f_{ck}=28$MPa, $f_y=400$MPa)
① 275mm ② 334mm
③ 379mm ④ 438mm

해설 처짐 계산을 않는 양단연속보의 최소두께 일반식
$t_{min} = \frac{l}{21}\left(0.43 + \frac{f_y}{700}\right)(1.65 - 0.00031 m_c \geq 1.09)$에서
보통중량콘크리트이고, $f_y = 400$MPa인 표준상태이므로
$t_{min} = \frac{l}{21} = \frac{7,000}{21} \approx 334$mm

66 계수 전단강도 $V_u = 60$kN을 받을 수 있는 직사각형 단면이 최소전단철근 없이 견딜 수 있는 콘크리트의 유효깊이 d는 최소 얼마 이상이어야 하는가? (단, $f_{ck}=24$MPa, 단면의 폭(b)=350mm)
① 560mm ② 525mm
③ 434mm ④ 328mm

해설 $V_u \leq \frac{1}{2}\phi V_c$ 일 경우 최소 전단철근을 보강하지 않아도 된다.
$V_u \leq \frac{1}{2}\phi V_c = \frac{1}{2}\phi\left(\frac{\lambda\sqrt{f_{ck}}}{6}\right)b_w d$
$\therefore d = \frac{12 V_c}{\phi \lambda \sqrt{f_{ck}} b_w} = \frac{12 \times (60 \times 10^3)}{0.75 \times 1.0 \times \sqrt{24} \times 350} = 560$mm

★★★
67 전단철근에 대한 설명으로 틀린 것은?
① 철근콘크리트 부재의 경우 주인장 철근에 45° 이상의 각도로 설치되는 스터럽을 전단철근으로 사용할 수 있다.
② 철근콘크리트 부재의 경우 주인장 철근에 30° 이상의 각도로 구부린 굽힘철근을 전단철근으로 사용할 수 있다.
③ 전단철근으로 사용하는 스터럽과 기타 철근 또는 철선은 콘크리트 압축연단부터 거리 d만큼 연장하여야 한다.
④ 용접 이형철망을 사용할 경우 전단철근의 설계기준항복강도는 500MPa을 초과할 수 없다.

해설 용접철망을 사용할 경우 전단철근의 설계기준항복강도는 600MPa를 초과할 수 없다.

★★★
68 비틀림철근에 대한 설명으로 틀린 것은? (단, A_{oh}는 가장 바깥의 비틀림 보강철근의 중심으로 닫혀진 단면적이고, P_h는 가장 바깥의 횡방향 폐쇄스터럽 중심선의 둘레이다.)
① 횡방향 비틀림철근은 종방향 철근 주위로 135° 표준갈고리에 의해 정착하여야 한다.
② 비틀림모멘트를 받는 속빈 단면에서 횡방향 비틀림철근의 중심선으로부터 내부 벽면까지의 거리는 $0.5 A_{oh}/P_h$ 이상이 되도록 설계하여야 한다.
③ 횡방향 비틀림철근의 간격은 $P_h/6$ 및 400mm 보다 작아야 한다.
④ 종방향 비틀림철근은 양단에 정착하여야 한다.

해답 63. ② 64. ③ 65. ② 66. ① 67. ④ 68. ③

해설 횡방향 비틀림 철근의 간격은 $p_h/8$ 이하, 300mm 이하라야 한다.

69 휨부재에서 철근의 정착에 대한 안전을 검토하여야 하는 곳으로 거리가 먼 것은?
① 최대 응력점
② 경간내에서 인장철근이 끝나는 곳
③ 경간내에서 인장철근이 굽혀진 곳
④ 집중하중이 재하되는 점

해설 정착에 대한 검토단면(정착에 대한 위험단면)
(1) 최대 응력점
(2) 경간 내에서 인장철근이 끝나는 곳
(3) 경간 내에서 인장철근이 굽혀진 곳

70 다음 필렛용접의 전단응력은 얼마인가?

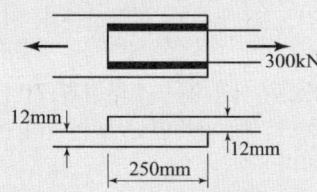

① 67.72MPa ② 70.72MPa
③ 72.72MPa ④ 75.72MPa

해설 전단응력 $v = \dfrac{V}{\sum al} = \dfrac{P}{0.707s(2l)}$
$= \dfrac{300 \times 10^3}{0.707 \times 12 \times (2 \times 250)} = 70.72\,\text{MPa}$

71 단면이 400×500mm이고 150mm²의 PSC강선 4개를 단면 도심축에 배치한 프리텐션 PSC부재가 있다. 초기 프리스트레스가 10,000MPa일 때 콘크리트의 탄성변형에 의한 프리스트레스 감소량의 값은? (단, $n=6$)
① 22MPa ② 20MPa
③ 18MPa ④ 16MPa

해설 $\Delta f_p = nf_c = n\left(\dfrac{f_p A_p N}{bh}\right) = 6 \times \left(\dfrac{1,000 \times 150 \times 4}{400 \times 500}\right)$
$= 18\,\text{MPa}$

72 다음 그림과 같이 $W=40$kN/m 일 때 PS강재가 단면 중심에서 긴장되며 인장측의 콘크리트 응력이 "0"이 되려면 PS 강재에 얼마의 긴장력이 작용하여야 하는가?

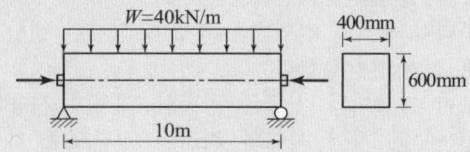

① 4,605kN ② 5,000kN
③ 5,200kN ④ 5,625kN

해설 $f_{하연} = \dfrac{P}{A} - \dfrac{M}{Z} = 0$ 에서
$P = \dfrac{AM}{Z} = \dfrac{bh \times \left(\dfrac{wl^2}{8}\right)}{\dfrac{bh^2}{6}} = \dfrac{3wl^2}{4h} = \dfrac{3 \times 40 \times 10^2}{4 \times 0.6}$
$= 5,000\,\text{kN}$

73 그림과 같은 직사각형 단면의 보에서 인장철근은 D22 철근 3개가 윗부분에, D29철근 3개가 아랫부분에 2열로 배치되었다. 이 보의 공칭 휨강도(M_n)는?
(단, 철근 D22 3본의 단면적은 1,161mm², 철근 D29 3본의 단면적은 1,927mm², $f_{ck}=24$MPa, $f_y=350$MPa)
① 396.2kN·m
② 424.6kN·m
③ 467.3kN·m
④ 512.4kN·m

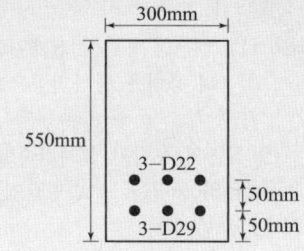

해설 1) 보의 유효깊이
$d = \dfrac{1,161(550-50-50) + 1,927(550-50)}{1,161+1,927}$
$= 481.201\,\text{mm}$

2) 등가직사각형 응력블록깊이(a)
$a = \dfrac{A_s f_y}{\eta(0.85 f_{ck})b} = \dfrac{(1,161+1,927) \times 350}{1.0 \times 0.85 \times 24 \times 300}$
$= 176.601\,\text{mm}$
여기서, $f_{ck} \leq 40$MPa $\Rightarrow \eta = 1.0$

3) $M_n = \left[A_s f_y\left(d - \dfrac{a}{2}\right)\right]$
$= \left[(1,161+1,927) \times 350 \times \left(481.201 - \dfrac{176.601}{2}\right)\right]$
$= 424,646,860\,\text{N·mm} \fallingdotseq 424.6\,\text{kN·m}$

해답 69. ④ 70. ② 71. ③ 72. ② 73. ②

74 프리스트레스트콘크리트의 원리를 설명할 수 있는 기본 개념으로 옳지 않은 것은?
① 균등질 보의 개념
② 내력 모멘트의 개념
③ 하중평형의 개념
④ 변형도 개념

해설 PSC구조물의 해석 개념
(1) 제 1개념 : 응력 개념(균등질보의 개념)
(2) 제 2개념 : 강도 개념(내력모멘트의 개념)
(3) 제 3개념 : 하중평형 개념(등가하중의 개념)

75 콘크리트의 강도설계법에서 $f_{ck}=38MPa$일 때 직사각형 응력분포의 깊이를 나타내는 β_1의 값은 얼마인가?
① 0.78　　② 0.92
③ 0.80　　④ 0.75

해설 $f_{ck} \leq 40MPa \Rightarrow \beta_1 = 0.8$

76 4변에 의해 지지되는 2방향 슬래브 중에서 1방향 슬래브로 보고 해석할 수 있는 경우에 대한 기준으로 옳은 것은? (단, L : 2방향 슬래브의 장경간, S : 2방향 슬래브의 단경간)
① $\frac{L}{S}$가 2보다 클 때　　② $\frac{L}{S}$가 1일 때
③ $\frac{L}{S}$가 $\frac{3}{2}$이상일 때　　④ $\frac{L}{S}$가 3보다 작을 때

해설 (1) 1방향슬래브
① 마주보는 두변에 의해서만 지지된 경우.
② 네 변이 지지된 슬래브인 경우 $\frac{L}{S} > 2$일 경우.
③ 대부분 단변방향으로 하중이 작용하므로 주 철근을 단변방향에 배근한다.
(2) 2방향슬래브
① 네 변이 지지된 슬래브로서 $1 \leq \frac{L}{S} \leq 2$인 경우.
② 주 철근을 단변과 장변방향으로 배근한다.

77 폭 400mm, 유효깊이 600mm인 단철근 직사각형 보의 단면에서 콘크리트구조기준에 의한 최대 인장철근량은? (단, $f_{ck}=28MPa$, $f_y=400MPa$)
① 4,552mm²　　② 4,877mm²
③ 5,160mm²　　④ 5,526mm²

해설
1) $\rho_{s,max} = \frac{\eta(0.85f_{ck})\beta_1}{f_y} \frac{\epsilon_{cu}}{\epsilon_{cu}+\epsilon_a}$
$= \frac{1.0 \times 0.85 \times 28 \times 0.8}{400} \frac{0.0033}{0.0033+0.004}$
$= 0.0215$
여기서, $f_{ck} \leq 40MPa \rightarrow \eta = 1.0, \beta_1 = 0.8$
2) $A_{s\,max} = \rho_{max}bd = 0.0215 \times 400 \times 600 = 5,160mm^2$

78 강판형(Plate girder) 복부(web) 두께의 제한이 규정되어 있는 가장 큰 이유는?
① 시공상의 난이　　② 공비의 절약
③ 자중의 경감　　④ 좌굴의 방지

해설 복부판의 두께가 너무 얇으면 지간 중앙부의 휨모멘트가 증가하여 복부판에는 큰 압축응력이 생기므로 좌굴의 우려가 있다. 따라서 강종에 따라 복부판의 두께를 제한하고 있다.

79 인장응력 검토를 위한 L-150×90×12인 형강(angle)의 전개 총폭(b_g)은 얼마인가?
① 228mm　　② 232mm
③ 240mm　　④ 252mm

해설 $b_g = A(총높이) + B(총폭) - t(두께)$
$= 150 + 90 - 12 = 228mm$

80 깊은 보(deep beam)의 강도는 다음 중 무엇에 의해 지배되는가?
① 압축　　② 인장
③ 휨　　④ 전단

해설 깊은 보의 강도는 전단에 의해 지배된다.

해답 74. ④　75. ③　76. ①　77. ③　78. ④　79. ①　80. ④

3 2018년 과년도출제문제

토질 및 기초

81 점성토를 다지면 함수비의 증가에 따라 입자의 배열이 달라진다. 최적함수비의 습윤측에서 다짐을 실시하면 흙은 어떤 구조로 되는가?
① 단립구조　② 봉소구조
③ 이산구조　④ 면모구조

해설 ① 점토는 습윤측으로 다지면 입자가 서로 평행한 분산구조를 이룬다.
② 점토는 건조측으로 다지면 입자가 엉성하게 엉기는 면모구조를 이룬다.

82 토질실험 결과 내부마찰각(ϕ)=30°, 점착력 c=0.5kg/cm², 간극수압이 8kg/cm²이고 파괴면에 작용하는 수직응력이 30kg/cm²일 때 이 흙의 전단응력은?
① 12.7kg/cm²　② 13.2kg/cm²
③ 15.8kg/cm²　④ 19.5kg/cm²

해설 전단강도(s)
$s = c' + \sigma' \cdot \tan\phi'$
$= 0.5 + (30-8) \times \tan30° = 13.2\text{kg/cm}^2$

83 다음 그림과 같은 점성토 지반의 굴착 저면에서 바닥 융기에 대한 안전율을 Terzaghi의 식에 의해 구하면?(단, γ=1.731t/m³, c=2.4t/m³이다.)

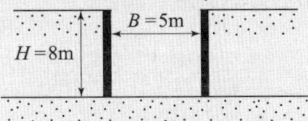

① 3.21　② 2.32
③ 1.64　④ 1.17

해설 안전율(F_s)
$$F_s = \frac{5.7c}{\gamma \cdot H - \frac{c \cdot H}{0.7B}} > 1.5$$

$$= \frac{5.7 \times 2.4}{1.731 \times 8 - \frac{2.4 \times 8}{0.7 \times 5}} = 1.636$$

84 흙의 투수계수에 영향을 미치는 요소들로만 구성된 것은?

> ㉮ 흙입자의 크기
> ㉯ 간극비
> ㉰ 간극의 모양과 배열
> ㉱ 활성도
> ㉲ 물의 점성계수
> ㉳ 포화도
> ㉴ 흙의 비중

① ㉮, ㉯, ㉱, ㉳　② ㉮, ㉯, ㉰, ㉲, ㉳
③ ㉮, ㉯, ㉱, ㉲, ㉴　④ ㉯, ㉰, ㉲, ㉴

해설 1) 투수계수
$$K = D_s^2 \cdot \frac{\gamma_w}{\eta} \cdot \frac{e^3}{1+e} \cdot C$$

여기서, D_s : 흙입자의 입경(보통 D_{10})
γ_w : 물의 단위중량 (g/cm³)
η : 물의 점성계수(g/cm·sec)
e : 공극비
C : 합성형상계수(composite shape factor)
K : 투수계수(cm/sec)

① 흙입자의 크기가 클수록 투수계수가 증가한다.
② 물의 밀도와 농도가 클수록 투수계수가 증가한다.
③ 물의 점성계수가 클수록 투수계수가 감소한다.
④ 온도가 높을수록 물의 점성계수가 감소하여 투수계수는 증가한다.
⑤ 간극비가 클수록 투수계수가 증가한다.
⑥ 지반의 포화도가 클수록 투수계수가 증가한다.
⑦ 점토의 구조에 있어서 면모구조가 이산구조(분산구조)보다 투수계수가 크다.
⑧ 점토는 입자에 붙어 있는 이온농도와 흡착수 층의 두께에 영향을 받는다.
⑨ 흙 입자의 비중은 투수계수와 관계가 없다.

2) 문제에서
투수계수에 영향을 미치지 않는 것은 활성도, 흙의 비중이다.

해답　81. ③　82. ②　83. ③　84. ②

85 흙의 다짐에 대한 일반적인 설명으로 틀린 것은?
① 다진 흙의 최대건조밀도와 최적함수비는 어떻게 다짐하더라도 일정한 값이다.
② 사질토의 최대건조밀도는 점성토의 최대건조밀도보다 크다.
③ 점성토의 최적함수비는 사질토보다 크다.
④ 다짐에너지가 크면 일반적으로 밀도는 높아진다.

해설 동일한 흙이라도 최대건조단위중량과 최적함수비의 크기는 다짐에너지, 다짐방법에 따라 다른 결과가 나온다.

86 고성토의 제방에서 전단파괴가 발생되기 전에 제방의 외측에 흙을 돋우어 활동에 대한 저항모멘트를 증대시켜 전단파괴를 방지하는 공법은?
① 프리로딩공법   ② 압성토공법
③ 치환공법   ④ 대기압공법

해설 압성토 공법
① 성토 비탈면 옆에 소단 모양의 압성토를 만들어 활동에 대한 저항모멘트를 증가시키는 공법이다.
②

87 말뚝의 부마찰력(Negative Skin Friction)에 대한 설명 중 틀린 것은?
① 말뚝의 허용지지력을 결정할 때 세심하게 고려해야 한다.
② 연약지반에 말뚝을 박은 후 그 위에 성토를 한 경우 일어나기 쉽다.
③ 연약한 점토에 있어서는 상대변위의 속도가 느릴수록 부마찰력은 크다.
④ 연약지반을 관통하여 견고한 지반까지 말뚝을 박은 경우 일어나기 쉽다.

해설 ① 부마찰력이 발생하면 지지력이 크게 감소하므로 세심하게 고려한다.
② 상대변위 속도가 클수록 부마찰력이 크다.

88 다음 그림의 파괴포락선 중에서 완전포화된 점토를 UU(비압밀 비배수)시험했을 때 생기는 파괴포락선은?

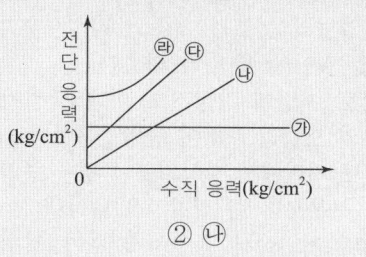

① 가   ② 나
③ 다   ④ 라

해설 비압밀 비배수 전단시험(UU-test)
① 포화토의 경우 내부마찰각 $\phi=0°$이다. 즉, 파괴포락선은 수평선으로 나타난다.
② 완전히 포화되지 않은 흙의 경우는 $\phi \neq 0°$이다.
③ 내부마찰 $\phi=0°$인 경우 전단강도 $\tau = c_u$이다.
즉, 전단강도는 Mohr원의 반경과 같다.

89 그림과 같은 지반에 대해 수직방향 등가투수계수를 구하면?

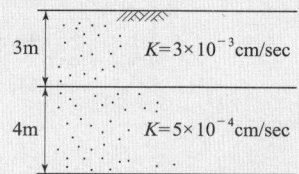

① 3.89×10^{-4} cm/sec   ② 7.78×10^{-4} cm/sec
③ 1.57×10^{-3} cm/sec   ④ 3.14×10^{-3} cm/sec

해설 ① 전체층 두께(H)
$H = H_1 + H_2 = 300 + 400 = 700$ cm
② 수평방향 등가투수계수(K_h)
$K_h = \dfrac{1}{H}(K_1 \cdot H_1 + K_2 \cdot H_2)$
$= \dfrac{1}{700} \times [(3 \times 10^{-3}) \times 300 + (5 \times 10^{-4}) \times 400]$
$= 1.57 \times 10^{-3}$ cm/sec
③ 수직방향 등가투수계수(K_v)
$K_v = \dfrac{H}{\dfrac{H_1}{K_1} + \dfrac{H_2}{K_2}}$
$= \dfrac{700}{\dfrac{300}{3 \times 10^{-3}} + \dfrac{400}{5 \times 10^{-4}}}$
$= 7.78 \times 10^{-4}$ cm/sec

해답 85. ① 86. ② 87. ③ 88. ① 89. ②

90 얕은 기초 아래의 접지압력 분포 및 침하량에 대한 설명으로 틀린 것은?

① 접지압력의 분포는 기초의 강성, 흙의 종류, 형태 및 깊이 등에 따라 다르다.
② 점성토 지반에 강성기초 아래의 접지압 분포는 기초의 모서리 부분이 중앙부분보다 작다.
③ 사질토 지반에서 강성기초인 경우 중앙부분이 모서리 부분보다 큰 접지압을 나타낸다.
④ 사질토 지반에서 유연성 기초인 경우 침하량은 중심부보다 모서리 부분이 더 크다.

해설 강성기초의 접지압 분포
① 점토지반 : 최대접지압은 기초의 모서리에서 발생한다.
② 모래지반 : 최대접지압은 기초의 중앙부에서 발생한다.

91 아래 그림에서 활동에 대한 안전율은?

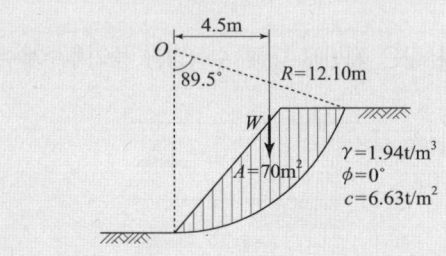

① 1.30
② 2.05
③ 2.15
④ 2.48

해설 질량법
① 토체의 중량(W)
$W = \gamma \times A \times 1m = 1.94 \times 70 \times 1 = 135.8t$
② 활동모멘트(M_D)
$M_D = W \times d = 135.8 \times 4.5 = 611.1 t \cdot m$
③ 원호의 길이(L)
$L = 2 \times \pi \times R \times \dfrac{89.5°}{360°} = 18.901m$
④ 저항모멘트(M_R)
$M_R = C \times L \times 1m \times R$
$= 6.63 \times 18.901 \times 1 \times 12.10 = 1516.3 t \cdot m$
⑤ 안전율(F_s)
$F_s = \dfrac{M_R}{M_D} = \dfrac{1516.3}{611.1} = 2.48$

92 연약점토지반에 압밀촉진공법을 적용한 후, 전체 평균압밀도가 90%로 계산되었다. 압밀촉진공법을 적용하기 전, 수직방향의 평균압밀도가 20%였다고 하면 수평방향의 평균압밀도는?

① 70%
② 77.5%
③ 82.5%
④ 87.5%

해설 수평방향의 평균압밀도
$U_{age} = 1 - (1 - U_v) \cdot (1 - U_h)$
$= 1 - (1 - 0.2) \cdot (1 - U_h) = 0.9$
에서
$U_h = 0.875 = 87.5\%$

93 아래 표와 같은 흙을 통일분류법에 따라 분류한 것으로 옳은 것은?

- No.4번체(4.75mm체) 통과율이 37.5%
- No.200번체(0.075mm체) 통과율이 2.3%
- 균등계수는 7.9
- 곡률계수는 1.4

① GW
② GP
③ SW
④ SP

해설 ① No.200체(0.075mm) 통과율이 50% 이하이고 No.4체(4.75mm) 통과율이 50% 이하이므로 제1문자는 G(자갈)이다.
② 균등계수 $C_u = 7.9 > 4$이고, 곡률계수 $C_g = 1.4$이므로 입도분포가 양입도(W)이다.
③ 즉, 입도분포가 좋은 자갈이므로 GW이다.

94 실내시험에 의한 점토의 강도증가율($\dfrac{c_u}{p}$) 산정 방법이 아닌 것은?

① 소성지수에 의한 방법
② 비배수 전단강도에 의한 방법
③ 압밀비배수 삼축압축시험에 의한 방법
④ 직접전단시험에 의한 방법

해설 점토의 강도증가율($\dfrac{c_u}{p}$) 산정 방법
① 소성지수에 의한 방법
② 비배수 전단강도에 의한 방법
③ 압밀 비배수 삼축압축 시험에 의한 방법

해답 90. ② 91. ④ 92. ④ 93. ① 94. ④

95 간극률이 50%, 함수비가 40%인 포화토에 있어서 지반의 분사현상에 대한 안전율이 3.5라고 할 때 이 지반에 허용되는 최대동수경사는?

① 0.21　② 0.51
③ 0.61　④ 1.00

해설 ① 공극비(e)
$$e = \frac{n}{100-n} = \frac{50}{100-50} = 1$$
② 비중(G_s)
$$G_s = \frac{S \cdot e}{w} = \frac{100 \times 1}{40} = 2.5$$
③ 한계동수경사(i_c)
$$i_c = \frac{G_s - 1}{1+e} = \frac{2.5-1}{1+1} = 0.75$$
④ 동수경사(i)
$F_s = \dfrac{i_c}{i}$ 에서
$$i = \frac{i_c}{F_s} = \frac{0.75}{3.5} = 0.214$$

96 다음 그림과 같이 2m×3m 크기의 기초에 10t/m²의 등분포하중이 작용할 때, A점 아래 4m 깊이에서의 연직응력 증가량은? (단, 아래 표의 영향계수 값을 활용하여 구하며, $m = \dfrac{B}{z}$, $n = \dfrac{L}{z}$이고, B는 직사각형 단면의 폭, L은 직사각형 단면의 길이, z는 토층의 깊이이다.

【영향계수(I) 값】

m	0.25	0.5	0.5	0.5
n	0.5	0.25	0.75	1.0
I	0.048	0.048	0.115	0.122

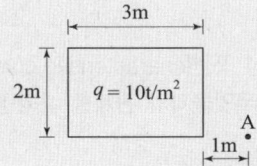

① 0.67t/m²　② 0.74t/m²
③ 1.22t/m²　④ 1.70t/m²

해설 사각형 등분포하중 모서리 직하의 깊이 z되는 점에서 생기는 연직응력 증가량은 $\Delta\sigma_z = q_s \cdot I$ 이므로
① $q=10t/m^2$이 전체 단면에 작용하는 경우
$m = \dfrac{B}{z} = \dfrac{2}{4} = 0.5$, $n = \dfrac{L}{z} = \dfrac{4}{4} = 1$이므로 $I = 0.122$이며, $\Delta\sigma_{z1} = q_s \cdot I = 10 \times 0.122 = 1.22t/m^2$

② $q=10t/m^2$이 작은 단면에 작용하는 경우
$m = \dfrac{B}{z} = \dfrac{1}{4} = 0.25$, $n = \dfrac{L}{z} = \dfrac{2}{4} = 0.5$이므로
$I = 0.048$이며, $\Delta\sigma_{z2} = q_s \cdot I = 10 \times 0.048 = 0.48t/m^2$
③ 중첩원리의 적용
$\Delta\sigma_z = \Delta\sigma_{z1} - \Delta\sigma_{z2} = 1.22 - 0.48 = 0.740t/m^2$

97 토립자가 둥글고 입도분포가 양호한 모래지반에서 N치를 측정한 결과 $N=19$가 되었을 경우, Dunham의 공식에 의한 이 모래의 내부마찰각 ϕ는?

① 20°　② 25°
③ 30°　④ 35°

해설 1) Dunham 공식
① 흙 입자가 모가 나고 입도가 양호 :
$\phi = \sqrt{12N} + 25$
② 흙 입자가 모가 나고 입도가 불량 :
$\phi = \sqrt{12N} + 20$
③ 흙 입자가 둥글고 입도가 양호 :
$\phi = \sqrt{12N} + 20$
④ 흙 입자가 둥글고 입도가 불량 :
$\phi = \sqrt{12N} + 15$
2) 문제에서
토립자가 둥글고 입도분포가 양호한 모래지반이므로
$\phi = \sqrt{12N} + 20 = \sqrt{12 \times 19} + 20 = 35.1°$

98 포화된 흙의 건조단위중량이 1.70t/m³이고, 함수비가 20%일 때 비중은 얼마인가?

① 2.58　② 2.68
③ 2.78　④ 2.88

해설 ① 간극비(e)
포화점토에서 포화도는 100%이므로
$$e = \frac{w}{S} \cdot G_s = \frac{20}{100} \times G_s = 0.20G_s$$
② 비중(G_s)
$\gamma_d = \dfrac{G_s \cdot \gamma_w}{1+e}$ 에서
$1.7 = \dfrac{G_s \times 1}{1+0.20G_s}$
$1.7 \times (1+0.2G_s) = G_s$
$0.66G_s = 1.7$
$G_s = 2.58$

해답　95. ①　96. ②　97. ④　98. ①

99 표준관입시험에 대한 설명으로 틀린 것은?

① 질량(63.5±0.5)kg인 해머를 사용한다.
② 해머의 낙하높이는 (760±10)mm이다.
③ 고정 piston 샘플러를 사용한다.
④ 샘플러를 지반에 300mm 박아 넣는 데 필요한 타격 횟수를 N값이라고 한다.

해설
1) N 값
보링을 한 구멍에 스플릿 스푼 샘플러를 넣고, 처음 흐트러진 시료 15cm 관입한 후 63.5kg의 해머로 76cm 높이에서 자유 낙하시켜 샘플러를 30cm 관입시키는 데 필요한 타격횟수를 표준관입시험 값, 또는 N 값이라 한다.
2) 표준관입 시험(SPT)
① 샘플러 : 스플릿 스푼 샘플러
② 해머무게 : 64kg
③ 낙하높이 : 76cm
④ 관입깊이 : 30cm

100 얕은기초의 지지력 계산에 적용하는 Terzaghi의 극한지지력 공식에 대한 설명으로 틀린 것은?

① 기초의 근입깊이가 증가하면 지지력도 증가한다.
② 기초의 폭이 증가하면 지지력도 증가한다.
③ 기초지반이 지하수에 의해 포화되면 지지력은 감소한다.
④ 국부전단 파괴가 일어나는 지반에서 내부마찰각 (ϕ')은 $\frac{2}{3}\phi$를 적용한다.

해설 국부전단파괴의 극한지지력
$c_l = \frac{2}{3}c$
$\phi_l = \tan^{-1}\left(\frac{2}{3}\tan\phi\right)$
따라서 국부전단파괴의 극한지지력은 전반전단파괴의 극한지지력보다 작다.

상하수도공학

101 $Q = \frac{1}{360}CIA$는 합리식으로서 첨두유량을 산정할 때 사용된다. 이 식에 대한 설명으로 옳지 않은 것은?

① C는 유출계수로 무차원이다.
② I는 도달시간내의 강우강도로 단위는 mm/hr이다.
③ A는 유역면적으로 단위는 km²이다.
④ Q는 첨두유출량으로 단위는 m³/sec이다.

해설 합리식
① $Q = \frac{1}{3.6}C \cdot I \cdot A \Rightarrow A$: 유역면적(km²)
② $Q = \frac{1}{360}C \cdot I \cdot A \Rightarrow A$: 유역면적(h_a)

102 정수시설로부터 배수시설의 시점까지 정화된 물, 즉 상수를 보내는 것을 무엇이라 하는가?

① 도수 ② 송수
③ 정수 ④ 배수

해설 상수도 계통
① 도수는 원수를 이송하므로 원수를 정수장으로 이송하는 과정이다.
② 송수는 정수된 물을 이송하므로 정수지에서 배수지로 이송하는 과정이다.

103 펌프의 특성 곡선(characteristic curve)은 펌프의 양수량(토출량)과 무엇들과의 관계를 나타낸 것인가?

① 비속도, 공동지수, 총양정
② 총양정, 효율, 축동력
③ 비속도, 축동력, 총양정
④ 공동지수, 총양정, 효율

해설 펌프의 특성곡선
양수량과 총양정, 효율, 축동력 과의 곡선으로 펌프의 입·출력 곡선을 의미한다.

해답 99. ③ 100. ④ 101. ③ 102. ② 103. ②

104 혐기성 소화공정에서 소화가스 발생량이 저하될 때 그 원인으로 적합하지 않은 것은?
① 소화슬러지의 과잉배출
② 조내 퇴적 토사의 배출
③ 소화조내 온도의 저하
④ 소화가스의 누출

해설 혐기성 소화 시 가스발생량 저하원인
① 저 농도 슬러지 유입
② 소화조내 온도의 저하
③ 소화가스의 누출
④ 소화슬러지 과잉배출
⑤ 과다한 산 생성

105 다음 중 일반적으로 정수장의 응집처리 시 사용되지 않는 것은?
① 황산칼륨
② 황산알루미늄
③ 황산 제1철
④ 폴리염화알루미늄(PAC)

해설 응집제종류
① 응집제 : 황산알루미늄, 폴리염화알루미늄(PAC), 철 염계(황산제1철, 황산제2철, 염화제2철)
② 황산칼륨(K_2SO_4) : 칼륨의 황산염으로 주로 비료로 사용된다.

106 수원 선정 시의 고려사항으로 가장 거리가 먼 것은?
① 갈수기의 수량
② 갈수기의 수질
③ 장래 예측되는 수질의 변화
④ 홍수 시의 수량

해설 수원 선정 시의 고려사항
홍수 시의 수량은 문제가 되지 않고 수질에 문제가 있으므로 수질만 고려하면 된다.

107 부유물 농도 200mg/L, 유량 3000m³/day인 하수가 침전지에서 70% 제거된다. 이때 슬러지의 함수율이 95%, 비중 1.1일 때 슬러지의 양은?
① 5.9m³/day
② 6.1m³/day
③ 7.6m³/day
④ 8.5m³/day

해설 슬러지발생량
① 부유물농도 $= \dfrac{200\text{mg}}{\text{L}} \times \dfrac{1,000}{1,000} = \dfrac{200\text{g}}{\text{m}^3} = \dfrac{0.2\text{kg}}{\text{m}^3}$
② 슬러지의 비중이 1.1이므로, 슬러지 단위중량 $= \dfrac{1,100\text{kg}}{\text{m}^3}$
③ 슬러지발생량
$=$ 처리수량 $\times$ 제거된 부유물 농도 $\times \dfrac{100}{100-\text{함수율}} \times \dfrac{1}{\text{단위중량}}$
$= \dfrac{3,000\text{m}^3}{\text{day}} \times \dfrac{0.2\text{kg}}{\text{m}^3} \times \dfrac{70}{100} \times \dfrac{100}{100-95} \times \dfrac{\text{m}^3}{1,100\text{kg}} = \dfrac{7.64\text{m}^3}{\text{day}}$

108 하수관로의 접합 중에서 굴착깊이를 얕게 하여 공사비용을 줄일 수 있으며, 수위상승을 방지하고 양정고를 줄일 수 있어 펌프로 배수하는 지역에 적합한 방법은?
① 관정접합
② 관저접합
③ 수면접합
④ 관중심접합

해설 관저접합
① 관의 내면 하부를 일치시키는 방법이다.
② 하수관저의 접합 방법 중에서 수리학적으로 가장 좋지 않다.

109 하수도의 관로계획에 대한 설명으로 옳은 것은?
① 오수관로는 계획 1일 평균오수량을 기준으로 계획한다.
② 관로의 역사이펀을 많이 설치하여 유지관리 측면에서 유리하도록 계획한다.
③ 합류식에서 하수의 차집관로는 우천 시 계획오수량을 기준으로 계획한다.
④ 오수관로와 우수관로가 교차하여 역사이펀을 피할 수 없는 경우는 우수관로를 역사이펀으로 하는 것이 바람직하다.

해설 하수관로의 계획
① 오수관로 : 계획시간최대오수량
② 내부검사 및 보수가 곤란하므로 가급적 역사이펀을 피하는 것이 좋다.
③ 오수관로와 우수관로가 교차하여 역사이펀을 피할 수 없는 경우는 오수관로를 역사이펀으로 한다.

해답 104. ② 105. ① 106. ④ 107. ③ 108. ② 109. ③

110 펌프의 비교회전도(specific speed)에 대한 설명으로 옳은 것은?
① 임펠러(impeller)가 배출량 1m³/min을 전양정 1m로 운전 시 회전수
② 임펠러(impeller)가 배출량 1m³/sec을 전양정 1m로 운전 시 회전수
③ 작은 비회전도 값에 대한 대유량, 저양정의 정도
④ 큰 비회전도 값에 대한 소유량, 대양정의 정도

해설 비교회전도(N_s)
① 정의 : 기하학적으로 닮은 임펠러가 유량 1m³/min을 1m 양수하는데 필요한 회전수
② $N_s = N \times \dfrac{Q^{\frac{1}{2}}}{H^{\frac{3}{4}}}$

111 집수매거(infiltration galleries)에 관한 설명 중 옳지 않은 것은?
① 집수매거는 하천부지의 하상 밑이나 구하천 부지 등의 땅속에 매설하여 복류수나 자유수면을 갖는 지하수를 취수하는 시설이다.
② 철근콘크리트조의 유공관 또는 권선형 스크린관을 표준으로 한다.
③ 집수매거 내의 평균유속은 유출단에서 1m/sec 이하가 되도록 한다.
④ 집수매거의 집수개구부(공) 직경은 3~5cm를 표준으로 하고, 그 수는 관거표면적 1m² 당 5~10개로 한다.

해설 집수암거
① 집수개구부(공) 직경 : 1~2cm를 표준으로 한다.
② 집수개구부(공) 수 : 1m² 당 20~30개로 한다.

112 정수방법 선정 시의 고려사항(선정조건)으로 가장 거리가 먼 것은?
① 원수의 수질
② 도시발전 상황과 물 사용량
③ 정수수질의 관리목표
④ 정수시설의 규모

해설 정수 방법 선정
정수방법은 먹는 물 수질기준에 적합한 수돗물을 안정적으로 급수할 수 있는 것으로서 원수수질, 정수수질의 관리목표, 정수시설의 규모, 운전제어 및 유지관리기술의 수준 등에 따라 소독만의 방식, 완속여과 방식, 급속여과 방식, 막여과 방식 중에서 선정해야 하며 필요에 따라 고도정수처리방식 등을 조합할 수 있다.

113 하수관로에 대한 설명으로 옳지 않은 것은?
① 관로의 최소 흙두께는 원칙적으로 1m로 하나, 노반두께, 동결심도 등을 고려하여 적절한 흙두께로 한다.
② 관로의 단면은 단면형상에 따른 수리적 특성을 고려하여 선정하되 원형 또는 직사각형을 표준으로 한다.
③ 우수관로의 최소관경은 200mm를 표준으로 한다.
④ 합류관로의 최소관경은 250mm를 표준으로 한다.

해설 하수관로
① 우수 및 합류관로 최소관경 : 250mm
② 오수관거의 최소관경 : 200mm

114 계획급수인구 50,000인, 1인 1일 최대급수량 300L, 여과속도 100m/day로 설계하고자 할 때, 급속여과지의 면적은?
① 150m² ② 300m²
③ 1,500m² ④ 3,000m²

해설 급속여과지 면적
① 1인 1일 최대급수량 = 0.3m³/인·일
② 1일 최대 급수량
= 1인 1일 최대 급수량 × 급수인구
= 0.3m³/인·일 × 50,000인 = 15,000m³/day
③ 여과지 면적
$A = \dfrac{Q}{V} = \dfrac{15,000 \text{m}^3/\text{day}}{100 \text{m}/\text{day}} = 150 \text{m}^2$

해답 110. ① 111. ④ 112. ② 113. ③ 114. ①

115 그림은 Hardy-Cross 방법에 의한 배수관망의 도해법이다. 그림에 대한 설명으로 틀린 것은? (단, Q는 유량, H는 손실수두를 의미한다.)

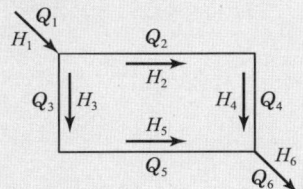

① Q_1과 Q_6은 같다.
② Q_2의 방향은 +이고, Q_3의 방향은 −이다.
③ $H_2+H_4+H_3+H_5$는 0이다.
④ H_1은 H_6과 같다.

해설 배수관망 기본가정(Hardy cross법)
① 연속방정식이 성립한다.($Q_1 = Q_6$)
② Q의 방향 : 시계방향 흐름(+), 반시계방향 흐름(−)
③ 손실수두 합은 "0"이 되어야 한다.
$H_2+H_4+H_3+H_5 = 0 \Rightarrow H_2+H_4 = H_3+H_5$
④ $H_1 \neq H_6$

116 대장균군의 수를 나타내는 MPN(최확수)에 대한 설명으로 옳은 것은?
① 검수 1mL 중 이론상 있을 수 있는 대장균군의 수
② 검수 10mL 중 이론상 있을 수 있는 대장균군의 수
③ 검수 50mL 중 이론상 있을 수 있는 대장균군의 수
④ 검수 100mL 중 이론상 있을 수 있는 대장균군의 수

해설 MPN(최확수)
① most probable number
② 검수 100mL 중 이론상 있을 수 있는 대장균군의 수를 의미한다.

117 침전지 내에서 비중이 0.7인 입자의 부상속도를 V라 할 때, 비중이 0.4인 입자의 부상속도는? (단, 기타의 모든 조건은 같다.)
① $0.5V$ ② $1.25V$
③ $1.75V$ ④ $2V$

해설 부상속도(V)
① $V = \dfrac{(\rho_w - \rho_0)gd^2}{18\mu}$

여기서, μ : 점성계수, ρ_w : 물의 밀도, g : 중력가속도, d : 부상 입자의 직경
② 부상 속도 비는 밀도 차에 비례한다.
$(1-0.7) : V = (1-0.4) : x \Rightarrow x = 2V$

118 하수 중의 질소와 인을 동시에 제거할 때 이용될 수 있는 고도처리시스템은?
① 혐기 호기조합법
② 3단 활성슬러지법
③ Phostrip법
④ 혐기 무산소 호기조합법

해설 고도하수처리(질소와 인 동시제거)
1) 질소 제거
① 제거원리
 − 질산화 : 폐수 중에 질소가 암모니아 상태로 존재한다면 암모니아는 호기성상태에서 질산화 미생물에 의하여 NO_3 형태로 산화된다.
 − 탈질 : 산화된 NO_3 형태의 질소는 무 산소 상태에서 탈질 미생물에 의하여 N_2 가스로 환원되어 대기 중으로 방출된다.
② 처리방법 : Wuhrmann법, Ludzack-Ettinger 법, 3단계 Bardenpho 법 등.
2) 인 제거 : 혐기조(Anaerobic) → 호기조(Oxic)
① 제거원리
 − 혐기조 : 인 축척 미생물이 BOD를 체내저장 후 체내에 있던 인 방출
 − 호기조 : 체내에 저장된 인을 산화 시킨 후 다시 인 섭취 시 과잉의 인이 섭취 되면서 인이 제거 됨.
② 처리방법 : 혐기 호기 조합법(A/O), Phostrip 법 등
3) 질소, 인 동시 제거
① 제거원리 : 혐기조(Anaerobic) → 무산소조(Anoxic) → 호기조(Oxic)
 − 혐기조 : DO = 0, NO_3 = 0 반응조로 인 축적 미생물이 BOD를 이용하여 인을 방출하는 반응 조
 − 무산소조 : DO = 0, NO_3이 있는 반응조로 탈질미생물이 BOD를 이용하여 NO_3-N을 N_2가스로 전환하는 공정.
 − 호기조 : DO가 있으며 미생물 체내에 저장된 인을 산화 시킨 후 다시 인 섭취 시 과잉의 인이 섭취 되면서 인이 제거 됨.
② 처리방법 : A^2/O(혐기 무산소 호기조합), 수정 Phostrip법 등.

해답 115. ④ 116. ④ 117. ④ 118. ④

3 2018년 과년도출제문제

119 상수도의 구성이나 계통에서 상수원의 부영양화가 가장 큰 영향을 미칠 수 있는 시설은?

① 취수시설　　② 정수시설
③ 송수시설　　④ 배·급수시설

해설　정수시설 내의 생물제거 방법
1) 약제로 생물을 죽여서 침전처리 등으로 제거하는 방법
　: 염소 제, 황산구리 이용
2) 생물을 여과로 제거하는 방법
　① 마이크로스트레이너로 생물을 기계적으로 여과제거하는 방법
　② 침전처리수에 응집제를 주입하여 여과층에서 제거하는 방법
　③ 다층여과로 생물을 제거하는 방법 등이 있다.

120 하수배제 방식에 대한 설명 중 틀린 것은?

① 분류식 하수관거는 청천 시 관로 내 퇴적량이 합류식 하수관거에 비하여 많다.
② 합류식 하수배제 방식은 폐쇄의 염려가 없고 검사 및 수리가 비교적 용이하다.
③ 합류식 하수관거에서는 우천 시 일정유량 이상이 되면 하수가 직접 수역으로 방류될 수 있다.
④ 분류식 하수배제 방식은 강우초기에 도로 위의 오염물질이 직접 하천으로 유입되는 단점이 있다.

해설　하수배제방식
1) 관로 내 퇴적
　① 분류식 : 관거 내 퇴적이 적다.
　② 합류식 : 관거 내 퇴적이 많다
2) 관거의 보수
　① 분류식 : 합류식관거에 비해 소구경이므로 폐쇄의 염려가 있고 검사 및 수리가 용이하지 않다.
　② 합류식 : 분류식에 비해 관경이 크므로 폐쇄의 염려가 없고 검사 및 수리가 용이하다.
3) 강우 초기 노면 세정수
　① 분류식 : 강우 초기 노면세정수가 우수관을 통해 직접하천으로 유입된다.
　② 합류식 : 강우 초기 노면세정수는 합류관거를 통해 하수처리장으로 유입되므로 처리가 가능하다.

해답　119. ②　120. ①

2019년도

과년도기출문제

01 토목기사 2019년 제1회 시행 ……… *2*

02 토목기사 2019년 제2회 시행 ……… *28*

03 토목기사 2019년 제3회 시행 ……… *54*

1 2019년 과년도출제문제

응용역학

1 아래 그림과 같은 기둥에서 좌굴하중의 비 (a) : (b) : (c) : (d)는?(단, EI와 기둥의 길이(l)는 모두 같다.)

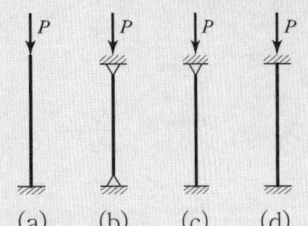

① 1 : 2 : 3 : 4
② 1 : 4 : 8 : 12
③ $\frac{1}{4}$: 2 : 4 : 8
④ 1 : 4 : 8 : 16

해설 좌굴하중(P_{cr})

1) $P_{cr} = \frac{n\pi^2 EI}{l^2}$

2) 강도의 비(n)
   ① 캔틸레버 : $n = 1/4$
   ② 양단힌지 : $n = 1$
   ③ 한쪽고정 타단 힌지 : $n = 2$
   ④ 양단고정 : $n = 4$

3) 좌굴하중은 n과 비례하므로
   좌굴하중의 비는 1/4(1) : 1(4) : 2(8) : 4(1)6

2 양단 고정보에 등분포 하중이 작용할 때 A점에 발생하는 휨 모멘트는?

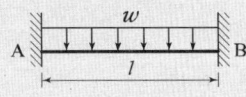

① $-\frac{Wl^2}{4}$
② $-\frac{Wl^4}{6}$
③ $-\frac{Wl^2}{8}$
④ $-\frac{Wl^2}{12}$

해설 변위일치법(처짐각조건)

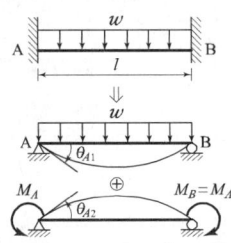

1) $\theta_{A1} = \frac{wl^3}{24EI}$, $\theta_{A2} = -\frac{M_A l}{2EI}$

2) 적합조건 : 고정지점이므로 $\theta_A = 0$

$$\left(\frac{wl^3}{24EI}\right) + \left(-\frac{M_A l}{2EI}\right) = 0$$

$$\therefore M_A = \frac{wl^2}{12}$$

3) A점의 휨모멘트 : $M_A = -\frac{wl^2}{12}$

3 직사각형 단면 보의 단면적을 A, 전단력을 V라고 할 때 최대 전단응력 τ_{max}은?

① $\frac{2}{3}\frac{V}{A}$
② $1.5\frac{V}{A}$
③ $3\frac{V}{A}$
④ $2\frac{V}{A}$

해설 최대전단응력(τ_{max})과 평균전단응력$\left(\frac{V}{A}\right)$

1) 삼각형, 사각형단면 : $\tau_{max} = \frac{3}{2}\frac{V}{A}$

2) 원형단면 : $\tau_{max} = \frac{4}{3}\frac{V}{A}$

4 지름이 d인 원형 단면의 회전반경은?

① $\frac{d}{2}$
② $\frac{d}{3}$
③ $\frac{d}{4}$
④ $\frac{d}{8}$

해설 회전반경

$$\gamma = \sqrt{\frac{I}{A}} = \sqrt{\frac{\pi d^4/64}{\pi d^2/4}} = \frac{d}{4}$$

5 단주에서 단면의 핵이란 기둥에서 인장응력이 발생되지 않도록 재하되는 편심거리로 정의된다. 지름 40cm인 원형단면의 핵의 지름은?

① 2.5cm
② 5.0cm
③ 7.5cm
④ 10.0cm

해설 핵 지름

1) 핵 반경 : $r = \frac{Z}{A} = \frac{\pi d^3/32}{\pi d^2/4} = \frac{d}{8}$

2) 핵 지름 : $d = 2 \times r = 2 \times \frac{d}{8} = 2 \times \frac{40}{8} = 10cm$

해답 1. ④ 2. ④ 3. ② 4. ③ 5. ④

★★
6 각 변의 길이가 a로 동일한 그림 A, B 단면의 성질에 관한 내용으로 옳은 것은?

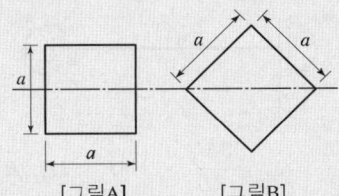

[그림A]   [그림B]

① 그림 A는 그림 B보다 단면계수는 작고, 단면 2차 모멘트는 크다.
② 그림 A는 그림 B보다 단면계수는 크고, 단면 2차 모멘트는 작다.
③ 그림 A는 그림 B보다 단면계수는 크고, 단면 2차 모멘트는 같다.
④ 그림 A는 그림 B보다 단면계수는 작고, 단면 2차 모멘트는 같다.

해설 단면의 성질
1) 단면2차모멘트 : $I_A = I_B$ (∵ 정사각형의 도심 축에 대한 단면2차모멘트의 크기는 모두 같다.)
2) $y_A = \dfrac{a}{2}$, $y_B = a \times \sin 45° = \dfrac{\sqrt{2}}{2}a$
3) 단면계수 : $Z = \dfrac{I}{y}$ 이므로 ∴ $Z_A > Z_B$

★★
7 그림과 같은 내민보에서 자유단의 처짐은?
(단, $EI = 3.2 \times 10^{11} \text{kg} \cdot \text{cm}^2$)

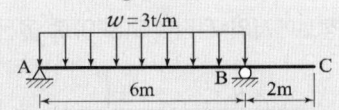

① 0.169cm   ② 16.9cm
③ 0.338cm   ④ 33.8cm

해설 처짐

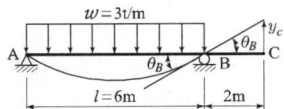

1) $w = 3\text{t/m} = 30\text{kg/cm}$, $l = 6\text{m} = 600\text{cm}$
2) $\theta_B = \dfrac{wl^3}{24EI}$
   $y_C = \theta_B \times 200\text{cm} = 0.169\text{cm}$

★★★
8 다음 그림과 같은 구조물에서 C점의 수직처짐은?
(단, AC 및 BC 부재의 길이는 L, 단면적은 A, 탄성계수는 E이다.)

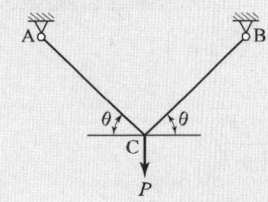

① $\dfrac{PL}{2AE\sin^2\theta}$ ② $\dfrac{PL}{2AE\cos^2\theta}$
③ $\dfrac{PL}{2AE\sin\theta\cos\theta}$ ④ $\dfrac{PL}{2AE\sin\theta}$

해설 트러스처짐

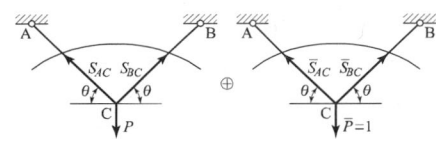

1) $\sum V = 0$
   $-P + S_{AC}\sin\theta + S_{BC}\sin\theta = 0$
   $S_{AC} = S_{BC}$ 이므로
   $-P + 2S_{AC}\sin\theta = 0$
   ∴ $S_{AC} = \dfrac{P}{2\sin\theta}$ ∴ $S_{BC} = \dfrac{P}{2\sin\theta}$

2) $\overline{S_{AC}}$, $\overline{S_{BC}}$ 는 가상의 단위하중($\overline{P}=1$) 재하시의 부재력이므로
   S_{AC}, S_{BC} 부재력의 값 P에 '1'을 대입하면 된다.

3) $y = \dfrac{S_{AC}\overline{S_{AC}}L_{AC}}{EA} + \dfrac{S_{BC}\overline{S_{BC}}L_{BC}}{EA}$
   $= \dfrac{L}{EA}\left(\dfrac{P}{2\sin\theta} \times \dfrac{1}{2\sin\theta}\right) + \dfrac{L}{EA}\left(\dfrac{P}{2\sin\theta} \times \dfrac{1}{2\sin\theta}\right)$
   $= \dfrac{PL}{2EA\sin^2\theta}$

★★
9 다음에서 부재 BC에 걸리는 응력의 크기는?

① $\dfrac{2}{3}\text{t/cm}^2$
② 1t/cm^2
③ $\dfrac{3}{2}\text{t/cm}^2$
④ 2t/cm^2

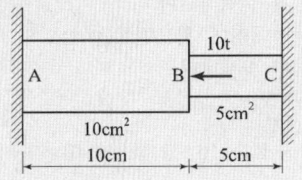

해답 6. ③ 7. ① 8. ① 9. ②

해설

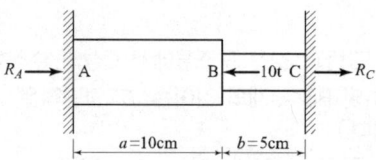

1) 적합조건: $\triangle_B = 0$

$\triangle \ell_{BA} = \triangle \ell_{BC}$

$\dfrac{R_A a}{A_{BA} E} = \dfrac{R_c b}{A_{BC} E}$

$\dfrac{R_A \times 10}{10 \times E} = \dfrac{R_C \times 5}{5 \times E} \Rightarrow \therefore R_A = R_C$

2) $\sum H = 0$
$R_A + R_C - 10 = 0$

$2R_C = 10 \Rightarrow \therefore R_C = 5t$

3) $\sigma_{BC} = \dfrac{R_C}{A_{BC}} = \dfrac{5t}{5cm^2} = 1t/cm^2$

★★★

10 그림과 같이 단순보에 이동하중이 재하될 때 절대 최대 모멘트는 약 얼마인가?

① 33t·m
② 35t·m
③ 37t·m
④ 39t·m

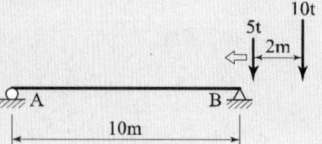

해설 절대최대 휨모멘트($M_{b\max}$)

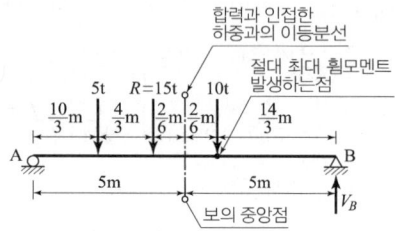

1) 합력의 작용점 위치

$(5+10)x = 5 \times 2 \Rightarrow x = \dfrac{10}{15} = \dfrac{2}{3}m$

2) 합력과 인접한 하중(10t)과의 이등분선을 보의 중심선과 일치시킨다.

3) 절대최대 휨모멘트는 합력과 인접한 하중의 작용점에서 발생한다.

$\sum M_A = 0$

$-V_B \times 10 + 5 \times \dfrac{10}{3} + 10 \times \dfrac{16}{3} = 0 \Rightarrow \therefore V_B = 7t$

$\therefore M_{b\max} = V_B \times \dfrac{14}{3} = 32.67 t \cdot m$

★★★

11 주어진 보에서 지점 A의 휨모멘트(M_A) 및 반력(R_A)의 크기로 옳은 것은?

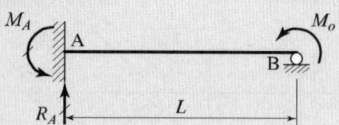

① $M_A = \dfrac{M_0}{2}$, $R_A = \dfrac{3M_0}{2L}$ ② $M_A = M_0$, $R_A = \dfrac{M_0}{L}$

③ $M_A = \dfrac{M_0}{2}$, $R_A = \dfrac{5M_0}{2L}$ ④ $M_A = M_0$, $R_A = \dfrac{2M_0}{L}$

해설 모멘트 분배법

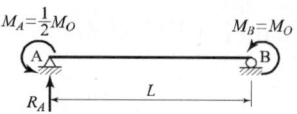

1) B점의 분배모멘트: $M_B = M_o$
2) A점의 전달모멘트(M_A)
   ① 타단이 고정단인 경우의 전달률 = $\dfrac{1}{2}$
   ② 전달모멘트 = 전달률 × 분배모멘트
   $\therefore M_A = \dfrac{1}{2} \times M_0$

3) $\sum M_B = 0$

$R_A \times L - \dfrac{M_o}{2} - M_o = 0$

$\therefore R_A = \dfrac{3M_o}{2L}$

★★

12 다음 정정보에서의 전단력도(SFD)로 옳은 것은?

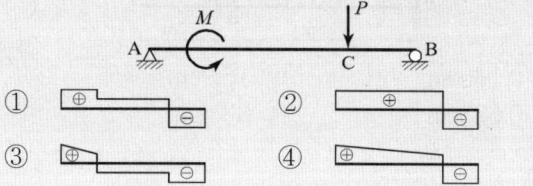

해설 전단력도(SFD)

1) 전단력: 축에 직각으로 작용하여 물체를 자르려고 하는 힘을 전단력이라 한다.
2) 축에 직각으로 작용하는 힘 V_A, P, V_B이므로
   ① A에서~C까지 전단력의 크기 = V_A
   ② B에서~C까지 전단력의 크기 = V_B
   ③ 모멘트하중은 전단력이 아니다.

해답 10. ① 11. ① 12. ②

13 다음 중 단위 변형을 일으키는데 필요한 힘은?
① 강성도 ② 유연도
③ 축강도 ④ 프아송비

해설 강성도(Stiffness)
1) 강성도 : 단위 변형을 일으키는데 필요한 힘
2) 유연도 : 단위하중으로 인한 변형
3) 축강도 : $E \cdot A$
4) 프아송비 : $\nu = \dfrac{\beta(가로변형률)}{\varepsilon(세로변형률)}$

14 탄성계수가 $2.0 \times 10^6 \text{kg/cm}^2$인 재료로 된 경간 10m의 켄틸레버 보에 $W = 120 \text{kg/m}$의 등분포하중이 작용할 때, 자유단의 처짐각은?
(단, I_N : 중립축에 관한 단면 2차 모멘트)

① $\theta = \dfrac{10^2}{I_N}$ ② $\theta = \dfrac{10^3}{I_N}$
③ $\theta = 1.5 \times \dfrac{10^3}{I_N}$ ④ $\theta = \dfrac{10^4}{I_N}$

해설 처짐각(θ)
1) $W = 120 \text{Kg/m} = 1.2 \text{kg/cm}$, $l = 10\text{m} = 1000\text{cm}$
2) $\theta = \dfrac{Wl^3}{6EI_N}$
$= \dfrac{1.2 \times 1000^3}{6 \times 2 \times 10^6 \times I_N} = \dfrac{100}{I_N}$

15 다음 라멘의 수직반력 R_B는?
① 2t
② 3t
③ 4t
④ 5t

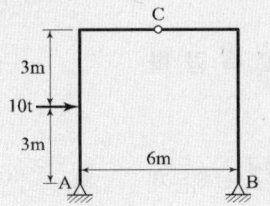

해설 라멘의 수직반력
$\sum M_A = 0$
$-V_B \times 6 + 10 \times 3 = 0$
$\therefore V_B = 5\text{t}$

16 분포하중(W), 전단력(S) 및 굽힘 모멘트(M) 사이의 관계가 옳은 것은?

① $W = \dfrac{dM}{dx} = \dfrac{d^2S}{dx^2}$

② $W = \dfrac{dM}{dx} = \dfrac{d^2M}{dx^2}$

③ $-W = \dfrac{dS}{dx} = \dfrac{d^2M}{dx^2}$

④ $-W = \dfrac{dM}{dx} = \dfrac{d^2S}{dx^2}$

해설 하중, 전단력, 굽힘 모멘트 관계
1)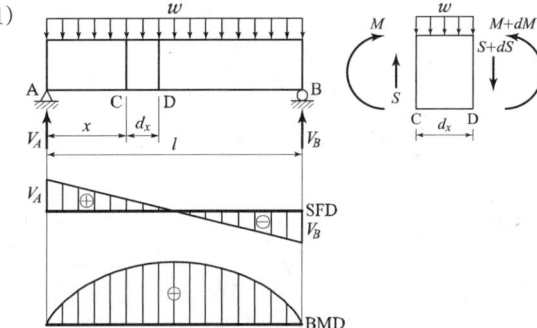

2) $\sum V = 0$
$S - (S + dS) - wdx = 0 \Rightarrow \therefore \dfrac{dS}{dx} = -w$

$\sum M_D = 0$
$M + S \times dx - (M + dM) - w \times dx \times \dfrac{dx}{2} = 0$
여기서, $\left(w \times dx \times \dfrac{dx}{2} \right)$는 미소하므로 무시하면
$Sdx = dM \Rightarrow \therefore \dfrac{dM}{dx} = S$

3) $\dfrac{dM}{dx} = S$에서 양변을 $\dfrac{d}{dx}$ 하면
$\dfrac{d}{dx} \dfrac{dM}{dx} = \dfrac{d}{dx} S = -w$
$\therefore \dfrac{d^2M}{dx^2} = \dfrac{dS}{dx} = -w$

해답 13. ① 14. ① 15. ④ 16. ③

★★★
17 다음 그림과 같은 보에서 C점의 휨 모멘트는?

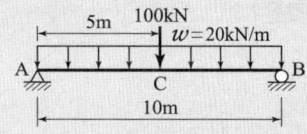

① 0t·m ② 40t·m
③ 45t·m ④ 50t·m

해설 휨 모멘트 계산

1) 집중하중으로 인한 C점의 휨모멘트 :
$$M_C = \frac{Pl}{4} = \frac{10 \times 10}{4} = 25t \cdot m$$

2) 등분포하중으로 인한 C점의 휨모멘트 :
$$M_C = \frac{wl^2}{8} = \frac{2 \times 10^2}{8} = 25t \cdot m$$

∴ $M_C = 25 + 25 = 50 t \cdot m$

★★
18 아래에서 설명하는 정리는?

> 동일 평면상의 한 점에 여러 개의 힘이 작용하고 있는 경우에 이 평면상의 임의점에 관한 이들 힘의 모멘트의 대수합은 동일점에 관한 이들 힘의 합력의 모멘트와 같다.

① Lami의 정리 ② Green의 정리
③ Pappus의 정리 ④ Varignon의 정리

해설 바리뇽 정리 (Varignon)
1) 정의 : 여러 개의 평면력들의 1점에 대한 모멘트의 합은 이들 평면력의 합력이 그 점에 대한 모멘트와 같다.
2) 목적 : 합력의 작용점 위치를 구한다.

★★★
19 그림과 같은 트러스에서 부재 U의 부재력은?

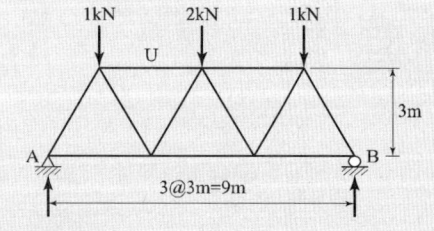

① 1.0kN(압축) ② 1.2kN(압축)
③ 1.3kN(압축) ④ 1.5kN(압축)

해설 트러스의 부재력

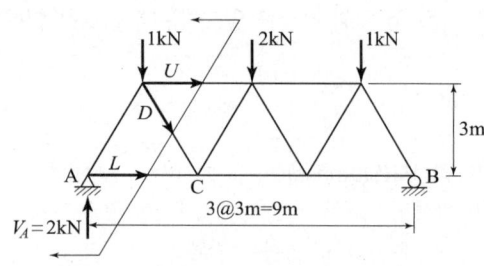

1) 좌우 대칭하중이므로 ∴ $V_A = 2kN$
2) D와 L이 만나는 'C'점에서 모멘트를 취하면
$$\sum M_C = 0$$
$2 \times 3 - 1 \times 1.5 + U \times 3 = 0$
∴ $U = -1.5kN$(압축)

★
20 20cm×30cm인 단면의 저항 모멘트는?
(단, 재료의 허용 휨 응력은 70kg/cm²이다.)
① 2.1t·m ② 3.0t·m
③ 4.5t·m ④ 6.0t·m

해설 휨응력(σ)

1) 단면계수 : $Z = \frac{bh^2}{6} = \frac{20 \times 30^2}{6} = 3000 cm^3$

2) 휨응력 :
$\sigma = \frac{M}{Z}$ 에서
∴ $M = \sigma \times Z = 70 \times 3000 = 210000 kg \cdot cm = 2.1t \cdot m$

측 량 학

21 삭제문제

출제기준 변경으로 인해 삭제됨

해답 17. ④   18. ④   19. ④   20. ①   21. 삭제문제

22 철도의 궤도간격 $b=1.067$m, 곡선반지름 $R=600$m 인 원곡선 상을 열차가 100km/h로 주행하려고 할 때 캔트는?

① 100mm ② 140mm
③ 180mm ④ 220mm

해설 캔트(Cant)

1) 열차속도 : $V=\dfrac{100\text{km}}{\text{hr}}=\dfrac{100\times1000\text{m}}{3600\text{sec}}=27.78\text{m/sec}$

2) 캔트 : $C=\dfrac{V^2 S}{gR}=\dfrac{27.78^2\times1.067}{9.8\times600}=0.14\text{m}=140\text{mm}$

23 교각(I) 60°, 외선 길이(E) 15m인 단곡선을 설치할 때 곡선길이는?

① 85.2m ② 91.3m
③ 97.0m ④ 101.5m

해설 단곡선

1) 외선길이(E)

$E=R\left(\sec\dfrac{I}{2}-1\right)$에서

$R=\dfrac{15}{\left(\sec\dfrac{60°}{2}-1\right)}=96.96\text{m}$

2) 곡선길이(CL)

$CL=\dfrac{\pi}{180°}RI°=\dfrac{\pi}{180°}\times96.96\times60°=101.53\text{m}$

24 수준측량에서 발생하는 오차에 대한 설명으로 틀린 것은?

① 기계의 조정에 의해 발생하는 오차는 전시와 후시의 거리를 같게 하여 소거할 수 있다.
② 표척의 영눈금 오차는 출발점의 표척을 도착점에서 사용하여 소거할 수 있다.
③ 측지삼각수준측량에서 곡률오차와 굴절오차는 그 양이 미소하므로 무시할 수 있다.
④ 기포의 수평조정이나 표척면의 읽기는 육안으로 한계가 있으나 이로 인한 오차는 일반적으로 허용오차 범위 안에 들 수 있다.

해설 수준측량의 오차

1) 전시와 후시를 같게 하면 소거되는 오차
  ① 기계조정이 불완전 하여 발생하는 오차(시준축 오차)
  ② 지구의 곡률오차, 빛의 굴절오차
  ③ 초점나사를 움직이므로 발생하는 오차
2) 표척의 0눈금 오차 소거 방법
  ① 표척의 영점오차 : 표척의 밑면덮개가 마모, 변형, 등으로 정확한 '0'선이 될 수 없을 때 발생한다.
  ② 소거방법 : 표척 2개를 사용하는 경우 교대로 표척을 사용하며 출발점에 세운 표척을 도착점에 세우거나, 레벨의 설치횟수를 짝수회로 하면 소거된다.

25 일반적으로 단열삼각망으로 구성하기에 가장 적합한 것은?

① 시가지와 같이 정밀을 요하는 골조측량
② 복잡한 지형의 골조측량
③ 광대한 지역의 지형측량
④ 하천조사를 위한 골조측량

해설 단열삼각망 특징

1) 폭이 좁고 거리가 긴 지역(하천측량, 노선측량)에 적합하다.
2) 조건식의 수가 적어서 정도가 낮다.

26 삼각측량의 각 삼각점에 있어 모든 각의 관측시 만족되어야 하는 조건이 아닌 것은?

① 하나의 측점을 둘러싸고 있는 각의 합은 360°가 되어야 한다.
② 삼각망 중에서 임의의 한 변의 길이는 계산의 순서에 관계없이 같아야 한다.
③ 삼각망 중 각각 삼각형 내각의 합은 180°가 되어야 한다.
④ 모든 삼각점의 포함면적은 각각 일정하여야 한다.

해설 삼각측량의 조건식

1) 측점 조건 : 하나의 측점을 둘러싸고 있는 측각의 합은 360°가 되어야 한다.
2) 변조건 : 임의의 한 변의 길이는 계산의 순서에 관계없이 같아야 한다.
3) 각조건 : 삼각형 내각의 합은 180°가 되어야 한다.
4) 삼각점 포함 면적 : 평균변장에 따라 삼각점의 포함면적은 다를 수 있다.

해답 22. ② 23. ④ 24. ③ 25. ④ 26. ④

27 삭제문제

출제기준 변경으로 인해 삭제됨

28 수준측량의 야장 기입법에 관한 설명으로 옳지 않은 것은?
① 야장 기입법에는 고차식, 기고식, 승강식이 있다.
② 고차식은 단순히 출발점과 끝점의 표고차만 알고자 할 때 사용하는 방법이다.
③ 기고식은 계산과정에서 완전한 검산이 가능하여 정밀한 측량에 적합한 방법이다.
④ 승강식은 앞 측점의 지반고에 해당 측점의 승강을 합하여 지반고를 계산하는 방법이다.

해설 야장 기입법
1) 고차식 : 가장 간단한 방법으로 후시와 전시만 있으면 된다.
2) 기고식 : 중간점이 많을 경우 편리하고, 가장 일반적으로 사용한다.
3) 승강식 : 완전한 검사가 가능하므로 정밀 측량에 사용한다.

29 위성측량의 DOP(Dilution of Precision)에 관한 설명 중 옳지 않은 것은?
① 기하학적 DOP(GDOP), 3차원위치 DOP(PDOP), 수직위치 DOP(VDOP), 평면위치 DOP(HDOP), 시간 DOP(TDOP) 등이 있다.
② DOP는 측량할 때 수신 가능한 위성의 궤도정보를 항법메시지에서 받아 계산할 수 있다.
③ 위성측량에서 DOP가 작으면 클 때보다 위성의 배치상태가 좋은 것이다.
④ 3차원위치 DOP(PDOP)는 평면위치 DOP(HDOP)와 수직위치 DOP(VDOP)의 합으로 나타난다.

해설 DOP(Dilution of precision)
1) DOP : 위성의 배치에 따른 측위의 정밀도 저하율로 숫자가 작을수록 위성배치 상태가 양호한 것을 나타내며 1~3사이이면 매우 양호, 6이상이면 의심스러운 상태를 나타낸다.
2) PDOP(Position Dilution of precision)위치 정밀도 저하율(3차원 위치)
$$PDOP = \sqrt{HDOP^2 + VDOP^2}$$

30 완화곡선에 대한 설명으로 옳지 않은 것은?
① 곡선반지름은 완화곡선의 시점에서 무한대, 종점에서 원곡선의 반지름으로 된다.
② 완화곡선의 접선은 시점에서 직선에, 종점에서 원호에 접한다.
③ 완화곡선에 연한 곡선반지름의 감소율은 캔트의 증가율의 2배가 된다.
④ 완화곡선 종점의 캔트는 원곡선의 캔트와 같다.

해설 완화곡선 성질
완화곡선에 연한 곡선반지름의 감소율은 캔트의 증가율과 동률(부호는 반대)로 된다.

31 축척 1:500 지형도를 기초로 하여 축척 1:5000의 지형도를 같은 크기로 편찬하려 한다. 축척 1:5000 지형도의 1장을 만들기 위한 축척 1:500 지형도의 매수는?
① 50매 ② 100매
③ 150매 ④ 250매

해설 축척과 면적과의 관계
1) 1:5000 지형도의 포함면적
$$\left(\frac{1}{m}\right)^2 = \frac{a(도상면적)}{A_1(실제면적)} 에서\ A_1 = a \times 5000^2$$
2) 1:500 지형도의 포함면적
$$\left(\frac{1}{m}\right)^2 = \frac{a}{A_2} 에서\ A_2 = a \times 500^2$$
3) 필요한 지형도의 매수
$$\therefore \frac{A_1}{A_2} = \frac{a \times 5000^2}{a \times 500^2} = 100매$$

해답 27. 삭제문제 28. ③ 29. ④ 30. ③ 31. ②

***

32 거리와 각을 동일한 정밀도로 관측하여 다각측량을 하려고 한다. 이때 각 측량기의 정밀도가 10″라면 거리측량기의 정밀도는 약 얼마 정도이어야 하는가?

① $\dfrac{1}{15000}$ ② $\dfrac{1}{18000}$
③ $\dfrac{1}{21000}$ ④ $\dfrac{1}{25000}$

해설 거리관측$\left(\dfrac{d\ell}{\ell}\right)$과 각 관측$\left(\dfrac{d\theta''}{\rho''}\right)$의 정밀도

1) 거리관측과 각 관측의 정밀도는 같다.
$$\dfrac{d\ell}{\ell}=\dfrac{d\theta''}{\rho''}$$
2) $\dfrac{d\ell}{\ell}=\dfrac{10''}{206265''}≒\dfrac{1}{21000}$

***

33 지오이드(Geoid)에 대한 설명으로 옳은 것은?

① 육지와 해양의 지형면을 말한다.
② 육지 및 해저의 요철(凹凸)을 평균한 매끈한 곡면이다.
③ 회전타원체와 같은 것으로서 지구의 형상이 되는 곡면이다.
④ 평균해수면을 육지내부까지 연장했을 때의 가상적인 곡면이다.

해설 지오이드

1) 평균해수면을 육지내부 까지 연장했을 때 생기는 가상적인 곡면을 지오이드라고 한다.
2) 수준측량의 기준면이다.
3) 지오이드는 중력방향에 수직이다.
4) 지오이드와 회전타원체는 일치하지 않는다.

**

34 평야지대에서 어느 한 측점에서 중간 장애물이 없는 26km 떨어진 측점을 시준할 때 측점에 세울 표척의 최소 높이는? (단, 굴절계수는 0.14이고 지구곡률반지름은 6370km이다.)

① 16m ② 26m
③ 36m ④ 46m

해설 양차

1) 구차 $=+\dfrac{D^2}{2R}$ (높게 조정)
2) 기차 $=-\dfrac{kD^2}{2R}$ (낮게 조정)
3) 양차(h) = 구차+기차
$$h=\dfrac{D^2}{2R}(1-k)$$
$$=\dfrac{26^2}{2\times 6370}(1-0.14)=0.0456\text{km}≒46\text{m}$$

***

35 다각측량 결과 측점 A, B, C의 합위거, 합경거가 표와 같다면 삼각형 A, B, C의 면적은?

측점	합위거(m)	합경거(m)
A	100.0	100.0
B	400.0	100.0
C	100.0	500.0

① 40000m² ② 60000m²
③ 80000m² ④ 120000m²

해설 좌표법

1) x좌표: 100, 400, 100, 100
   y좌표: 100, 100, 500, 100
2) $A=\dfrac{1}{2}\sum x_i(y_{i+1}-y_{i-1})$
$=\dfrac{1}{2}[100(100-500)+400(500-100)+100(100-100)]$
$=60000\text{m}^2$

***

36 A, B, C 세 점에서 P점의 높이를 구하기 위해 직접수준측량을 실시하였다. A, B, C점에서 구한 P점의 높이는 각각 325.13m, 325.19m, 325.02m이고 AP=BP=1km, CP=3km일 때 P점의 표고는?

① 325.08m ② 325.11m
③ 325.14m ④ 325.21m

해설 고저측량

1) 직접수준측량에서 경중률과 노선거리는 반비례한다.
$$P_1:P_2:P_3=\dfrac{1}{1}:\dfrac{1}{1}:\dfrac{1}{3}=3:3:1$$
2) $H_P=\dfrac{[PH]}{[P]}$
$=\dfrac{3\times 325.13+3\times 325.19+1\times 325.02}{3+3+1}=325.14\text{m}$

해답 32. ③ 33. ④ 34. ④ 35. ② 36. ③

37 비행장이나 운동장과 같이 넓은 지형의 정지공사시에 토량을 계산하고자 할 때 적당한 방법은?
① 점고법
② 등고선법
③ 중앙단면법
④ 양단면 평균법

해설 점고 법
1) 적용 : 넓은 지형의 정지공사에서 토량 계산할 때 편리하다.
2) 종류
 ① 사각형공식
 $$V=\frac{a}{4}[\sum h_1 + 2\sum h_2 + 3\sum h_4 + 4\sum h_4]$$
 ② 삼각형 공식
 $$V=\frac{a}{3}[\sum h_1 + 2\sum h_2 + \cdots + 8\sum h_8]$$

38 방위각 265°에 대한 측선의 방위는?
① S85°W
② E85°W
③ N85°E
④ E85°N

해설 방위
1) 방위는 자오선을 기준으로 표시한다.
2) 방위각 265°는 3사분면에 있으므로 S85°W이다.

39 100m²인 정사각형 토지의 면적을 0.1m²까지 정확하게 구현하고자 한다면 이에 필요한 거리관측의 정확도는?
① $\frac{1}{2000}$
② $\frac{1}{1000}$
③ $\frac{1}{500}$
④ $\frac{1}{300}$

해설 면적정확도 $\left(\frac{dA}{A}\right)$과 거리정확도 $\left(\frac{d\ell}{\ell}\right)$
1) $\frac{dA}{A}=2\frac{d\ell}{\ell}$ 에서
2) $\frac{d\ell}{\ell}=\frac{1}{2}\frac{dA}{A}=\frac{1}{2}\times\frac{0.1}{100}=\frac{1}{2000}$

40 지형측량에서 지성선(地性線)에 대한 설명으로 옳은 것은?
① 등고선이 수목에 가려져 불명확할 때 이어주는 선을 의미한다.
② 지모(地貌)의 골격이 되는 선을 의미한다.
③ 등고선에 직각방향으로 내려 그은 선을 의미한다.
④ 곡선(谷線)이 합류되는 점들을 서로 연결한 선을 의미한다.

해설 지성선
1) 정의 : 지모의 골격이 되는 선.
2) 종류 : 분수선, 합수선, 경사변환선, 최대경사선(유하선)

수리학 및 수문학

41 흐르지 않는 물에 잠긴 평판에 작용하는 전수압(全水壓)의 계산 방법으로 옳은 것은?
(단, 여기서 수압이란 단위 면적당 압력을 의미)
① 평판도심의 수압에 평판면적을 곱한다.
② 단면의 상단과 하단 수압의 평균값에 평판면적을 곱한다.
③ 작용하는 수압의 최대값에 평판면적을 곱한다.
④ 평판의 상단에 작용하는 수압에 평판면적을 곱한다.

해설 평판에 작용하는 전수압(P)
1) $P=w\times h_G \times A$
2) 전 수압은 평판도심의 수압에 판의 면적을 곱해서 산정한다.

42 직사각형 단면의 위어에서 수두(h) 측정에 2%의 오차가 발생했을 때, 유량(Q)에 발생되는 오차는?
① 1%
② 2%
③ 3%
④ 4%

해답 37. ① 38. ① 39. ① 40. ② 41. ① 42. ③

해설 유량오차$\left(\dfrac{dQ}{Q}\right)$와 수두측정오차$\left(\dfrac{dh}{h}\right)$

1) 직사각형 위어의 유량

$Q = \dfrac{2}{3} C b \sqrt{2g}\ h^{\frac{3}{2}}$

2) 유량오차와 수두측정 오차의 관계 : 오차원인(h)의 지수 $\left(n = \dfrac{3}{2}\right)$에 비례한다.

$\dfrac{dQ}{Q} = n\ \dfrac{dh}{h} \Rightarrow \dfrac{dQ}{Q} = \dfrac{3}{2} \times 2\% = 3\%$

★★★
43 물체의 공기 중 무게가 750N이고 물속에서의 무게는 250N일 때 이 물체의 체적은? (단, 무게 1kg중=10N)

① 0.05m³ ② 0.06m³
③ 0.50m³ ④ 0.60m³

해설 부력

1) 물의 단위중량

$w' = \dfrac{1000\text{kg중}}{\text{m}^3} = \dfrac{10000\text{N}}{\text{m}^3}$

2) $wV + M = w'V' + M'$에서 물체가 수중에 가라 앉은 경우이므로 $V = V'$이다.

$750 + 0 = 10000 \cdot V' + 250$

$V' = \dfrac{750 - 250}{10000} = 0.05\text{m}^3$

★★
44 그림과 같은 병열관수로 ㉠, ㉡, ㉢에서 각 관의 지름과 관의 길이를 각각 D_1, D_2, D_3, L_1, L_2, L_3라 할 때 $D_1 > D_2 > D_3$이고 $L_1 > L_2 > L_3$이면 A점과 B점 사이의 손실수두는?

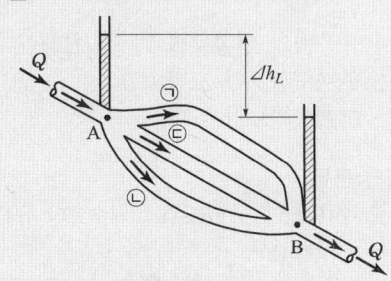

① ㉠의 손실수두가 가장 크다.
② ㉡의 손실수두가 가장 크다.
③ ㉢에서만 손실수두가 발생한다.
④ 모든 관의 손실수두가 같다.

해설 병렬관수로의 특징

1) $Q_A = Q_B$
2) 손실수두의 크기는 방향에 관계없이 동일하다.

★★★
45 지름 200mm인 관로에 축소부 지름이 120mm인 벤츄리미터(venturimeter)가 부착되어 있다. 두 단면의 수두차가 1.0m, $C = 0.98$일 때의 유량은?

① 0.00525m³/s ② 0.0525m³/s
③ 0.525m³/s   ④ 5.250m³/s

해설 벤츄리미터

1) $A_1 = \dfrac{\pi d_1^2}{4} = \dfrac{\pi \times 0.2^2}{4} = 0.0314\text{m}^2$

$A_2 = \dfrac{\pi d_2^2}{4} = \dfrac{\pi \times 0.12^2}{4} = 0.0113\text{m}^2$

2) $Q = C \dfrac{A_1 A_2}{\sqrt{A_1^2 - A_2^2}} \sqrt{2gh}$

$= 0.98 \times \dfrac{0.0314 \times 0.0113}{\sqrt{0.0314^2 - 0.0113^2}} \times \sqrt{2 \times 9.8 \times 1}$

$= 0.0525\text{m}^3$

★★★
46 수조의 수면에서 2m 아래 지점에 지름 10cm의 오리피스를 통하여 유출되는 유량은? (단, 유량계수 $C = 0.6$)

① 0.0152m³/s ② 0.0068m³/s
③ 0.0295m³/s ④ 0.0094m³/s

해설 오리피스

1) $A = \dfrac{\pi \times 0.1^2}{4} = 0.0785\text{m}^2$

2) $Q = CA\sqrt{2gh}$

$= 0.6 \times 0.0785 \times \sqrt{2 \times 9.8 \times 2} = 0.0295\text{m}^3$

해답 43. ① 44. ④ 45. ② 46. ③

47 유량 147.6L/s를 송수하기 위하여 안지름 0.4m의 관을 700m의 길이로 설치하였을 때 흐름의 에너지 경사는? (단, 조도계수 $n=0.012$, Manning 공식 적용)

① $\dfrac{1}{700}$ ② $\dfrac{2}{700}$
③ $\dfrac{3}{700}$ ④ $\dfrac{4}{700}$

해설 에너지 경사

1) $Q = 147.6\text{L/sec} = 0.1476\text{m}^3/\text{sec}$
2) $R = \dfrac{A}{P} = \dfrac{\pi d^2/4}{\pi d} = \dfrac{d}{4}$
3) $Q = A \cdot \dfrac{1}{n} R^{\frac{2}{3}} I^{\frac{1}{2}}$

$0.1476 = \dfrac{\pi \times 0.4^2}{4} \times \dfrac{1}{0.012} \times \left(\dfrac{0.4}{4}\right)^{\frac{2}{3}} \times I^{\frac{1}{2}}$

$\therefore I = \dfrac{3}{700}$

48 단위도(단위 유량도)에 대한 설명으로 옳지 않은 것은?

① 단위도의 3가지 가정은 일정기저시간 가정, 비례 가정, 중첩 가정이다.
② 단위도는 기저유량과 직접유출량을 포함하는 수문곡선이다.
③ S-Curve를 이용하여 단위도의 단위시간을 변경할 수 있다.
④ Snyder는 합성단위도법을 연구 발표하였다.

해설 단위 유량도

1) 단위도 : 단위유효우량으로 인한 직접유출의 수문곡선이므로 기저유량을 포함하지 않는다.
2) S-Curve : 긴 지속 기간을 가진 단위도로부터 짧은 지속 기간을 가진 단위도를 유도할 때 사용한다.
3) 합성단위 유량도 : 우량과 유출량 자료가 없는 경우 다른 지역에서 얻은 자료를 바탕으로 단위도를 합성하여 만든 유량도를 말한다.

49 지하수에서 Darcy 법칙의 유속에 대한 설명으로 옳은 것은?

① 영향권의 반지름에 비례한다.
② 동수경사에 비례한다.
③ 동수반지름(hydraulic radius)에 비례한다.
④ 수심에 비례한다.

해설 Darcy 법칙

1) $V = K \times I$
2) 유속은 투수계수와 동수경사에 비례한다.

50 유출(runoff)에 대한 설명으로 옳지 않은 것은?

① 비가 오기 전의 유출을 기저유출이라 한다.
② 우량은 별도의 손실 없이 그 전량이 하천으로 유출된다.
③ 일정기간에 하천으로 유출되는 수량의 합을 유출량이라 한다.
④ 유출량과 그 기간의 강수량과의 비(比)를 유출계수 또는 유출률이라 한다.

해설 유출(Runoff)

1) 기저유출은 비가 오기 전의 유출을 말한다.
2) 강우량은 일부는 손실되고 나머지부분이 하천으로 유출된다.
3) 유출계수=유출량/강수량

51 상류(subcritical flow)에 관한 설명으로 틀린 것은?

① 하천의 유속이 장파의 전파속도보다 느린 경우이다.
② 관성력이 중력의 영향보다 더 큰 흐름이다.
③ 수심은 한계수심보다 크다.
④ 유속은 한계유속보다 작다.

해설 흐름의 분류

1) 프루드 수(Froude number) : 개수로의 유체의 흐름을 표현하는 무차원수

$Fr = \dfrac{\text{관성력}}{\text{중력}} = \dfrac{V(\text{유속})}{\sqrt{gh}(\text{장파의 전달속도})}$

2) 상류조건
① $Fr<1$, 관성력<중력, 유속<장파전달속도
② $h>h_c$, $V<V_c$, $I<I_c$
③ 여기서 h_c, V_c, I_c는 한계수심, 한계유속, 한계경사

해답 47. ③ 48. ② 49. ② 50. ② 51. ②

52 그림과 같은 굴착정(artesian well)의 유량을 구하는 공식은?(단, R: 영향원의 반지름, K: 투수계수, m: 피압대수층의 두께)

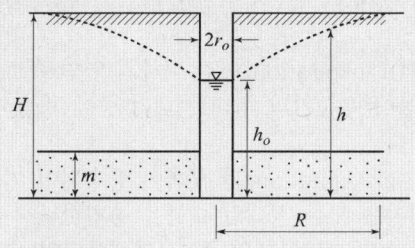

① $Q = \dfrac{2\pi mK(H+h_o)}{\ln(R/r_o)}$ ② $Q = \dfrac{2\pi mK(H+h_o)}{\ln(r_o/R)}$

③ $Q = \dfrac{2\pi mK(H-h_o)}{\ln(R/r_o)}$ ④ $Q = \dfrac{2\pi mK(H-h_o)}{\ln(r_o/R)}$

해설 굴착정
1) 굴착정 : 제1불투수층과 제2불투수층 사이의 피압대수층의 물을 양수하는 우물
2) $Q = 2\pi mk \dfrac{(H-h_o)}{\ln\left(\dfrac{R}{r_o}\right)}$

53 개수로의 흐름에서 비에너지의 정의로 옳은 것은?
① 단위 중량의 물이 가지고 있는 에너지로 수심과 속도수두의 합
② 수로의 한 단면에서 물이 가지고 있는 에너지를 단면적으로 나눈 값
③ 수로의 두 단면에서 물이 가지고 있는 에너지를 수심으로 나눈 값
④ 압력 에너지와 속도 에너지의 비

해설 비에너지(H_e)
1) 수로 바닥을 기준으로 한 단위 중량의 물이 가지고 있는 에너지
2) $H_e = h(수심) + \alpha \dfrac{V^2}{2g}(속도수두)$

54 대규모 수공구조물의 설계우량으로 가장 적합한 것은?
① 평균면적우량
② 발생가능최대강수량(PMP)
③ 기록상의 최대우량
④ 재현기간 100년에 해당하는 강우량

해설 발생 가능 최대 강수량(PMP)
1) PMP(probable Maximum precipitation) : 특정지역, 특정 지속기간, 가장 극심한 기상조건에서 발생 가능한 최대강수량이다.
2) 대규모 수공구조물 설계우량으로 사용된다.

55 댐의 상류부에서 발생되는 수면 곡선으로 흐름 방향으로 수심이 증가함을 뜻하는 곡선은?
① 배수 곡선 ② 저하 곡선
③ 수리특성 곡선 ④ 유사량 곡선

해설 배수곡선(Back water Curve)
1) 배수곡선(M1 곡선) : 개수로의 흐름에서 위어, 댐 등의 구조물이 생겼을 때 그 영향이 상류(上流)로 전달되어 발생하는 수면곡선
2) 저하곡선(M2 곡선) : 수로가 계단처럼 떨어지는 곳에 생기는 수면곡선

56 관속에 흐르는 물의 속도수두를 10m로 유지하기 위한 평균 유속은?
① 4.9m/s ② 9.8m/s
③ 12.6m/s ④ 14.0m/s

해설 평균유속(V)
1) 속도수수 : $h = \dfrac{V^2}{2g}$ 에서
2) $V = \sqrt{2gh} = \sqrt{2 \times 9.8 \times 10} = 14\text{m/s}$

해답 52. ③ 53. ① 54. ② 55. ① 56. ④

57 층류와 난류(亂流)에 관한 설명으로 옳지 않은 것은?

① 층류란 유수(流水)중에서 유선이 평행한 층을 이루는 흐름이다.
② 층류와 난류를 레이놀즈 수에 의하여 구별할 수 있다.
③ 원관 내 흐름의 한계 레이놀즈 수는 약 2000 정도이다.
④ 층류에서 난류로 변할 때의 유속과 난류에서 층류로 변할 때의 유속은 같다.

해설 층류와 난류

1) 레이놀즈 수(R_e)를 이용하여 층류와 난류를 판별한다.
   $$R_e = \frac{VD}{\nu} = \frac{관성력}{점성력}$$
2) 층류 : $R_e \leq 2000$, 난류 : $R_e > 4000$
3) 상한계유속 : 층류에서 난류로 변하는 유속
4) 하한계유속 : 난류에서 층류로 변하는 유속
5) 상한계유속과 하한계유속의 크기는 같지 않다.

59 수문에 관련한 용어에 대한 설명 중 옳지 않은 것은?

① 침투란 토양면을 통해 스며든 물이 중력에 의해 계속 지하로 이동하여 불투수층 까지 도달하는 것이다.
② 증산(transpiration)이란 식물의 옆면(葉面)을 통해 물이 수증기의 형태로 대기 중에 방출되는 현상이다.
③ 강수(precipitation)란 구름이 응축되어 지상으로 떨어지는 모든 형태의 수분을 총칭한다.
④ 증발이란 액체상태의 물이 기체상태의 수증기로 바뀌는 현상이다.

해설 수문 용어

1) 침투 : 물이 중력에 의해 토양면속으로 스며드는 현상을 말한다.
2) 침루 : 토양면을 통해 침투한 물이 계속 지하로 이동하여 지하수면까지 도달하는 현상을 말한다.

58 물리량의 차원이 옳지 않은 것은?

① 에너지 : $[ML^{-2}T^{-2}]$
② 동점성계수 : $[L^2T^{-1}]$
③ 점성계수 : $[ML^{-1}T^{-1}]$
④ 밀도 : $[FL^{-4}T^2]$

해설 차원방정식

1) $F = ma \Rightarrow F = [MLT^{-2}]$
2) 에너지=힘(F)×변위(L)
   LFT계=F·L
   LMT계=$[MLT^{-2}] \cdot [L] = [ML^2T^{-2}]$

60 개수로에서 한계수심에 대한 설명으로 옳은 것은?

① 사류 흐름의 수심
② 상류 흐름의 수심
③ 비에너지가 최대일 때의 수심
④ 비에너지가 최소일 때의 수심

해설 한계수심(h_c)

1) 한계수심 : 한계유속일 때의 수심으로 유량이 일정할 때 비에너지가 최소로 되는 수심을 말한다.
2) 사각형 단면 수로의 한계수심 : $h_c = \left(\frac{n\alpha Q^2}{gb^2}\right)^{\frac{1}{3}}$

해답 57. ④ 58. ① 59. ① 60. ④

철근콘크리트 및 강구조

61 다음 중 철근콘크리트 보에서 사인장철근이 부담하는 주된 응력은?
① 부착응력 ② 전단응력
③ 지압응력 ④ 휨인장응력

해설 사인장철근
1) 사인장철근 : 사인장응력을 부담하는 철근으로 사인장 균열을 방지하기 위한 전단철근.
2) 전단철근종류 : 수직스터럽, 경사스터럽, 굽힘철근, 수직 스터럽+굽힘철근의 조합 등.

62 그림과 같은 인장철근을 갖는 보의 유효 깊이는?
(단, D19철근의 공칭단면적은 287mm²이다.)

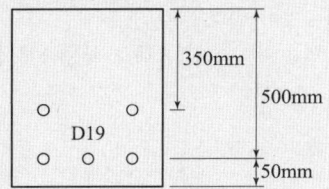

① 350mm ② 410mm
③ 440mm ④ 500mm

해설 보의 유효깊이
1) 유효깊이 : 압축연단으로 부터 인장철근의 도심까지 거리
2) 유효깊이 계산 : 압축연단을 기준 축으로하여 단면1차 모멘트를 이용해 도심을 구한다.
$(2개 \times A_s \times 350) + (3개 \times A_s \times 500) = 5개 \times A_s \times d$
$\therefore d = \dfrac{(2개 \times 350) + (3개 \times 500)}{5개} = 440\text{mm}$

63 길이 6m의 단순지지 보통중량 철근콘크리트 보의 처짐을 계산하지 않아도 되는 보의 최소두께는?
(단, $f_{ck} = 21\text{MPa}$, $f_y = 350\text{MPa}$이다.)
① 349mm ② 356mm
③ 375mm ④ 403mm

해설 처짐을 계산하지 않아도 되는 보의 최소두께
1) 처짐을 계산하지 않아도 되는 보의 최소두께

부재	보의 최소 두께 ($f_y = 400\text{MPa}$)			
	캔틸레버	단순지지	일단연속	양단연속
보	$\dfrac{\ell}{8}$	$\dfrac{\ell}{16}$	$\dfrac{\ell}{18.5}$	$\dfrac{\ell}{21}$

2) $f_y \neq 400MPa$ 인 경우는 위의 표에 의한 값에 수정계수 $\left(0.43 + \dfrac{f_y}{700}\right)$를 곱해서 구한다.
3) 최소두께 $= \dfrac{\ell}{16}\left(0.43 + \dfrac{f_y}{700}\right)$
$= \dfrac{6000}{16}\left(0.43 + \dfrac{350}{700}\right) = 349\text{mm}$

64 그림과 같은 캔틸레버 옹벽의 최대 지반 반력은?
① 10.2t/m^2
② 20.5t/m^2
③ 6.67t/m^2
④ 3.33t/m^2

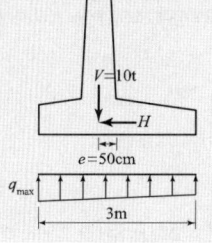

해설 최대지반반력(q_{max})
1) 옹벽의 단위길이(1m)에 작용하는 반력으로 계산한다.
$A = 3 \times 1 = 3\text{m}^2$, $M = 10 \times 0.5 = 5\text{t} \cdot \text{m}$,
$Z = \dfrac{1 \times 3^2}{6} = 1.5\text{m}^3$
2) $q_{max} = \dfrac{V}{A} + \dfrac{M}{Z}$
$= \dfrac{10}{3} + \dfrac{5}{1.5} = 6.67\text{t/m}^2$

65 강도설계법에 의한 휨 부재의 등가사각형 압축응력 분포에서 $f_{ck} = 40\text{MPa}$일 때 β_1의 값은?
① 0.800 ② 0.766
③ 0.833 ④ 0.850

해설 $f_{ck} \leq 40\text{MPa} \Rightarrow \beta_1 = 0.8$

해답 61. ②　62. ③　63. ①　64. ③　65. ①

66. 그림과 같은 직사각형 단면의 프리텐션 부재에 편심배치한 직선 PS강재를 760kN 긴장했을 때 탄성수축으로 인한 프리스트레스의 감소량은?
(단, $I = 2.5 \times 10^9 \text{mm}^4$, $n = 6$이다.)

① 43.67MPa
② 45.67MPa
③ 47.67MPa
④ 49.67MPa

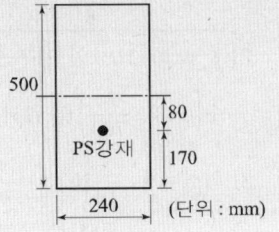

해설 콘크리트 탄성수축으로 인한 프리스트레스 감소량
1) $P = 760\text{kN} = 760000\text{N}$
2) $f_c = \dfrac{P}{A} + \dfrac{P \cdot e}{I} y_P$
   $= \dfrac{760000}{240 \times 500} + \dfrac{760000 \times 80}{2.5 \times 10^9} \times 80 = 8.279\text{MPa}$
3) $\Delta f_p = n f_c = 6 \times 8.279 = 49.67\text{MPa}$

67. 표준갈고리를 갖는 인장 이형철근의 정착에 대한 설명으로 옳지 않은 것은? (단, d_b는 철근의 공칭지름이다.)

① 갈고리는 압축을 받는 경우 철근정착에 유효하지 않은 것으로 본다.
② 정착길이는 위험단면부터 갈고리의 외측단까지 길이로 나타낸다.
③ f_{sp} 값이 규정되어 있지 않은 경우 모래경량콘크리트의 경량콘크리트계수 λ는 0.7이다.
④ 기본 정착 길이에 보정계수를 곱하여 정착길이를 계산하는 데 이렇게 구한 정착길이는 항상 $8d_b$ 이상, 또한 150mm 이상이어야 한다.

해설 경량콘크리트 계수(λ)
1) f_{sp}가 주어지지 않은 경우의 경량콘크리트 계수(λ)
   ① 모래경량 콘크리트 : $\lambda = 0.85$
   ② 전 경량 콘크리트 : $\lambda = 0.75$
2) f_{sp}가 주어진 경우의 경량콘크리트 계수(λ)
   $\lambda = \dfrac{f_{sp}}{0.56\sqrt{f_{ck}}} \leq 1.0$

68. 용접작업 중 일반적인 주의사항에 대한 내용으로 옳지 않은 것은?

① 구조상 중요한 부분을 지정하여 집중 용접한다.
② 용접은 수축이 큰 이음을 먼저 용접하고, 수축이 작은 이음은 나중에 한다.
③ 앞의 용접에서 생긴 변형을 다음 용접에서 제거할 수 있도록 진행시킨다.
④ 특히 비틀어지지 않게 평행한 용접은 같은 방향으로 할 수 있으며 동시에 용접을 한다.

해설 용접 작업 시 주의사항
1) 집중응력(구조상 중요한 부분)이 발생하는 곳은 용접을 피하도록 한다.
2) 용접은 수축이 큰 이음을 먼저하고 수축이 작은 이음은 나중에 한다.
3) 용접은 중심에서 대칭으로 주변으로 향해서 하는 것이 변형을 적게 한다.
4) 비틀어지지 않게 평행한 용접은 같은 방향으로 동시에 용접하는 것이 좋다.
5) 용접의 열은 될 수 있는 대로 균등하게 분포시킨다.

69. 옹벽의 구조해석에 대한 내용으로 틀린 것은?

① 부벽식 옹벽의 전면벽은 3변 지지된 2방향 슬래브로 설계할 수 있다.
② 캔틸레버식 옹벽의 전면벽은 저판에 지지된 캔틸레버로 설계할 수 있다.
③ 뒷부벽은 T형 보로 설계하여야 하며, 앞부벽은 직사각형 보로 설계하여야 한다.
④ 부벽식 옹벽의 저판은 정밀한 해석이 사용되지 않는 한, 부벽의 높이를 경간으로 가정한 고정보 또는 연속보로 설계할 수 있다.

해설 옹벽의 설계
부벽식 옹벽의 저판은 앞부벽 또는 뒷부벽 간의 거리를 경간으로 보고 고정보 또는 연속보로 설계 되어야 한다.

해답 66. ④ 67. ③ 68. ① 69. ④

70 아래와 같은 맞대기 이음부에 발생하는 응력의 크기는? (단, $P=360kN$, 강판두께 $=12mm$)

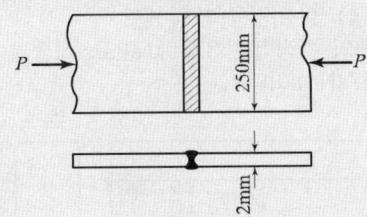

① 압축응력 $f_c = 14.4MPa$
② 인장응력 $f_t = 3000MPa$
③ 전단응력 $\tau = 150MPa$
④ 압축응력 $f_c = 120MPa$

해설 용접부의 압축응력
1) P=360KN=360000N
2) $f_c = \dfrac{P}{\sum al} = \dfrac{360000}{12 \times 250} = 120MPa$

71 단철근 직사각형 보의 설계휨강도를 구하는 식으로 옳은 것은? (단, $q = \dfrac{\rho f_y}{\eta f_{ck}}$ 이다.)

① $\phi Mn = \phi[f_{ck}bd^2 q(1-0.59q)]$
② $\phi Mn = \phi[f_{ck}bd^2(1-0.59q)]$
③ $\phi Mn = \phi[f_{ck}bd^2(1+0.59q)]$
④ $\phi Mn = \phi[f_{ck}bd^2 q(1+0.59q)]$

해설 1) $\phi M_n = \phi\left[A_s f_y\left(d - \dfrac{a}{2}\right)\right]$에서
여기서, $A_s = \rho bd$, $a = \dfrac{A_s f_y}{\eta(0.85 f_{ck})b}$를 대입해서 정리

2) $\phi M_n = \phi[f_{ck} qbd^2(1-0.59q)]$
여기서, $q = \dfrac{\rho f_y}{\eta f_{ck}}$

72 철근콘크리트 부재의 비틀림철근 상세에 대한 설명으로 틀린 것은? (단, P_h : 가장 바깥의 횡방향 폐쇄스터럽 중심선의 둘레(mm)이다.)

① 종방향 비틀림철근은 양단에 정착하여야 한다.
② 횡방향 비틀림철근의 간격은 $P_h/4$ 보다 작아야 하고, 또한 200mm보다 작아야 한다.
③ 종방향 철근의 지름은 스터럽 간격의 1/24 이상이어야 하며, 또한 D10 이상의 철근이어야 한다.
④ 비틀림에 요구되는 종방향 철근은 폐쇄스터럽의 둘레를 따라 300mm 이하의 간격으로 분포시켜야 한다.

해설 비틀림철근 상세
1) 횡 방향 비틀림 철근의 간격은 $\dfrac{P_h}{8}$ 작아야 되고, 300mm보다 작아야 된다.
2) P_h : 비틀림 철근의 중심선 둘레 길이를 말한다.
$P_h = 2(x_o + y_o)$

73 철근 콘크리트에서 콘크리트의 탄성계수로 쓰이며, 철근콘크리트 단면의 결정이나 응력을 계산할 때 쓰이는 것?

① 전단 탄성계수   ② 할선 탄성계수
③ 접선 탄성계수   ④ 초기접선 탄성계수

해설 콘크리트 탄성계수(E_c)
1) 할선탄성계수 : 응력과 변형률 선도의 $\dfrac{f_{ck}}{2}$ 점에서 수평선을 그었을 때의 교점과 축의 원점과의 기울기 값으로 시컨트 탄성계수라고도 한다.
2) $E_c = 8500 \sqrt[3]{f_{cu}}$ (보통골재 사용 시)

74 단철근 직사각형 보에서 폭 300mm, 유효깊이 500mm, 인장철근 단면적 1700mm²일 때 강도해석에 의한 직사각형 압축응력 분포도의 깊이(a)는? (단, $f_{ck}=20MPa$, $f_y=300MPa$이다.)

① 50mm   ② 100mm
③ 200mm   ④ 400mm

해설 등가직사각형 응력블록깊이(a)
$a = \dfrac{A_s f_y}{\eta(0.85 f_{ck})b} = \dfrac{1,700 \times 300}{1.0 \times 0.85 \times 20 \times 300} = 100mm$
여기서, $f_{ck} \leq 40MPa \Rightarrow \eta = 1.0$

해답 70. ④ 71. ① 72. ② 73. ② 74. ②

75 강도설계법에서 강도감소계수(ϕ)를 규정하는 목적이 아닌 것은?

① 부정확한 설계 방정식에 대비한 여유를 반영하기 위해
② 구조물에서 차지하는 부재의 중요도 등을 반영하기 위해
③ 재료 강도와 치수가 변동할 수 있으므로 부재의 강도 저하 확률에 대비한 여유를 반영하기 위해
④ 하중의 변경, 구조해석 할 때의 가정 및 계산의 단순화로 인해 야기될지 모르는 초과하중에 대비한 여유를 반영하기 위해

해설 강도감소계수
1) 하중계수 : 하중의 변경, 구조해석 할 때의 가정 및 계산의 단순화로 인해 야기될지 모르는 초과하중에 대한 여유를 반영한다.
2) ①,②,③은 강도감소계수에 대한 설명이고, ④는 하중계수에 대한 설명이다.

76 그림과 같은 필렛 용접에서 일어나는 응력으로 옳은 것은?

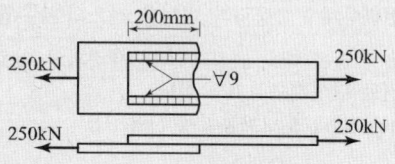

① 97.3MPa
② 98.2MPa
③ 99.2MPa
④ 100.0MPa

해설 용접부의 전단응력(v)
1) $a = 0.707S = 0.707 \times 9 = 6.363\,\text{mm}$,
   $V = 250\text{kN} = 250000\text{N}$
2) $v = \dfrac{V}{\sum al} = \dfrac{250000}{6.363 \times (2 \times 200)} = 98.2\,\text{MPa}$

77 다음 그림과 같은 직사각형 단면의 단순보에 PS강재가 포물선으로 배치되어 있다. 보의 중앙단면에서 일어나는 상연응력(㉠) 및 하연응력(㉡)은?
(단, PS강재의 긴장력은 3300kN이고, 자중을 포함한 작용하중은 27kN/m이다.)

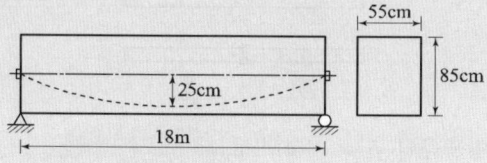

① ㉠ : 21.21MPa, ㉡ : 1.8MPa
② ㉠ : 12.07MPa, ㉡ : 0MPa
③ ㉠ : 8.6MPa, ㉡ : 2.45MPa
④ ㉠ : 11.11MPa, ㉡ : 3.00MPa

해설 PSC보의 응력
1) $M = \dfrac{wl^2}{8} = \dfrac{27 \times 18^2}{8} = 1093.5\,\text{kN}\cdot\text{m}$
2) $Z = \dfrac{bh^2}{6} = \dfrac{0.55 \times 0.85^2}{6} = 0.0662\,\text{m}^3$
3) 보의 중앙단면 상연에서 응력
$f = \dfrac{P}{A} - \dfrac{Pe}{Z} + \dfrac{M}{Z}$
$= \dfrac{3300}{0.55 \times 0.85} - \dfrac{3300 \times 0.25}{0.0662} + \dfrac{1093.5}{0.0662}$
$= 11114.73\,\text{kPa} \fallingdotseq 11.11\,\text{MPa}$
4) 보의 중앙단면 하연에서 응력
$f = \dfrac{P}{A} + \dfrac{Pe}{Z} - \dfrac{M}{Z}$
$= \dfrac{3300}{0.55 \times 0.85} + \dfrac{3300 \times 0.25}{0.0662} - \dfrac{1093.5}{0.0662}$
$= 3010.48\,\text{kPa} \fallingdotseq 3\,\text{MPa}$

78 캔틸레버식 옹벽(역 T형 옹벽)에서 뒷굽판의 길이를 결정할 때 가장 주가 되는 것은?
① 전도에 대한 안정
② 침하에 대한 안정
③ 활동에 대한 안정
④ 지반 지지력에 대한 안정

해설 역T옹벽
역T형 옹벽의 뒷굽판의 길이를 결정 시 활동에 대한 안정 검토가 최우선으로 고려된다.

해답 75. ④ 76. ② 77. ④ 78. ③

79 콘크리트 슬래브 설계 시 직접설계법을 적용할 수 있는 제한사항에 대한 설명 중 틀린 것은?
① 각 방향으로 3경간 이상 연속되어야 한다.
② 각 방향으로 연속한 받침부 중심간 경간 차이는 긴 경간의 1/3 이하이어야 한다.
③ 슬래브 판들은 단변 경간에 대한 장변 경간의 비가 2 이하인 직사각형이어야 한다.
④ 연속한 기둥 중심선을 기준으로 기둥의 어긋남은 그 방향 경간의 15% 이하이어야 한다.

해설 직접설계법 제한사항
'연속한 기둥 중심선을 기준으로 기둥의 어긋남은 그 방향 경간의 10% 이하이어야 한다.

80 철근콘크리트 구조물의 균열에 관한 설명으로 옳지 않은 것은?
① 하중으로 인한 균열의 최대폭은 철근 응력에 비례한다.
② 인장측에 철근을 잘 분배하면 균열폭을 최소로 할 수 있다.
③ 콘크리트 표면의 균열폭은 철근에 대한 피복두께에 반비례한다.
④ 많은 수의 미세한 균열보다는 폭이 큰 몇개의 균열이 내구성에 불리하다.

해설 균열
피복두께가 크면 균열 폭도 크다.

토질 및 기초

81 다음 중 Rankine 토압이론의 기본가정에 속하지 않는 것은?
① 흙은 비압축성이고 균질의 입자이다.
② 지표면은 무한히 넓게 존재한다.
③ 옹벽과 흙과의 마찰을 고려한다.
④ 토압은 지표면에 평행하게 작용한다.

해설 Rankine 토압의 기본가정
1) Rankine토압 : 옹벽과 흙과의 마찰을 무시한다.
2) Coulomb토압 : 옹벽과 흙과의 마찰을 고려한다.

82 다음의 투수계수에 대한 설명 중 옳지 않은 것은?
① 투수계수는 간극비가 클수록 크다.
② 투수계수는 흙의 입자가 클수록 크다.
③ 투수계수는 물의 온도가 높을수록 크다.
④ 투수계수는 물의 단위중량에 반비례한다.

해설 투수계수(K)
1) $K = D_s^2 \dfrac{\rho g}{\eta} \dfrac{e^3}{1+e} C$ 이므로
2) 물의 단위중량(ρg)과 투수계수는 비례한다.

83 보링(boring)에 관한 설명으로 틀린 것은?
① 보링(boring)에는 회전식(rotary boring)과 충격식(percussion boring)이 있다.
② 충격식은 굴진속도가 빠르고 비용도 싸지만 분말상의 교란된 시료만 얻어진다.
③ 회전식은 시간과 공사비가 많이 들뿐만 아니라 확실한 코어(core)도 얻을 수 없다.
④ 보링은 지반의 상황을 판단하기 위해 실시한다.

해설 보링(boring)
1) 충격식 보링
 ① 단단한 흙이나 암반 등에 구멍을 뚫을 때 이용하는 방법이다.
 ② 코어(core) 채취가 불가능하다.
2) 회전식 보링
 ① 가장 많이 사용하는 방법으로 시간과 공사비가 많이 든다.
 ② 확실한 코어를 얻을 수 있다.

84 아래 그림과 같은 모래지반에서 깊이 4m 지점에서의 전단강도는? (단, 모래의 내부마찰각 $\phi = 30°$이며, 점착력 $C=0$)
① 4.50t/m²
② 2.77t/m²
③ 2.32t/m²
④ 1.86t/m²

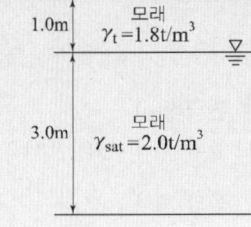

해설 전단강도(τ)
1) $\sigma = r_t h_1 + r_{sat} h_2 = 1.8 \times 1 + 2 \times 3 = 7.8 \text{t/m}^2$
2) $u = r_w h_2 = 1 \times 3 = 3 \text{t/m}^2$
3) $\tau = C + (\sigma - u)\tan\phi$
 $= 0 + (7.8 - 3)\tan 30° = 2.77 \text{t/m}^2$

해답 79. ④ 80. ③ 81. ③ 82. ④ 83. ③ 84. ②

① 2019년 과년도출제문제

85 시료가 점토인지 아닌지 알아보고자 할 때 가장 거리가 먼 사항은?
① 소성지수
② 소성도표 A선
③ 포화도
④ 200번체 통과량

해설 점토 흙의 분류(Clay)
1) 소성지수는 7 이상이고 A선 위에 위치한다.
2) 200번체 통과량은 12% 이상이다.

86 비중이 2.67, 함수비가 35%이며, 두께 10m인 포화점토층이 압밀 후에 함수비가 25%로 되었다면, 이 토층 높이의 변화량은 얼마인가?
① 113cm
② 128cm
③ 135cm
④ 155cm

해설 압밀 침하량(ΔH)
1) 함수비 35%인 경우 공극비(e_1)
$wG_s = Se$ 에서
$35 \times 2.67 = 100 \times e_1$ ∴ $e_1 = 0.93$
2) 함수비 25%인 경우 공극비(e_2)
$25 \times 2.67 = 100 \times e_2$ ∴ $e_2 = 0.67$
3) $\Delta H = \dfrac{e_1 - e_2}{1 + e_1} H = \dfrac{0.93 - 0.67}{1 + 0.93} \times 1000 \text{cm} = 134.7 \text{cm}$

87 100% 포화된 흐트러지지 않은 시료의 부피가 20.5cm³이고 무게는 34.2g이었다. 이 시료를 오븐(Oven) 건조시킨 후의 무게는 22.6g이었다. 간극비는?
① 1.3
② 1.5
③ 2.1
④ 2.6

해설 간극비(e)
1) 물의 무게 : $W_w = 34.2 - 22.6 = 11.6 \text{g}$
2) 물의 체적 : $V_w = \dfrac{W_w}{r_w} = \dfrac{11.6}{1} = 11.6 \text{cm}^3$
3) 공극의 체적 : $S = \dfrac{V_w}{V_v} \times 100 \rightarrow S = 100\%$ 이므로
$V_v = V_w = 11.6 \text{cm}^3$
4) 공극비 : $e = \dfrac{V_v}{V_s} = \dfrac{V_v}{V - V_v} = \dfrac{11.6}{20.5 - 11.6} = 1.3$

88 흙의 강도에 대한 설명으로 틀린 것은?
① 점성토에서는 내부마찰각이 작고 사질토에서는 점착력이 작다.
② 일축압축 시험은 주로 점성토에 많이 사용한다.
③ 이론상 모래의 내부마찰각은 0이다.
④ 흙의 전단응력은 내부마찰각과 점착력의 두 성분으로 이루어진다.

해설 흙의 강도
이론상 점토의 내부마찰각은 0이다.

89 흙댐에서 상류면 사면의 활동에 대한 안전율이 가장 저하되는 경우는?
① 만수된 물의 수위가 갑자기 저하할 때이다.
② 흙댐에 물을 담는 도중이다.
③ 흙댐이 만수되었을 때이다.
④ 만수된 물이 천천히 빠져나갈 때이다.

해설 사면의 안전율
흙 댐의 상류면 사면의 안전율이 가장 저하되는 경우는 일반적으로 만수된 물의 수위 급강하 시에 발생한다.

90 어떤 사질 기초지반의 평판재하 시험결과 항복강도가 60t/m², 극한강도가 100t/m²이었다. 그리고 그 기초는 지표에서 1.5m 깊이에 설치 될 것이고 그 기초 지반의 단위중량이 1.8t/m³일 때 지지력계수 $N_q = 5$이었다. 이 기초의 장기 허용지지력은?
① 24.7t/m²
② 26.9t/m²
③ 30t/m²
④ 34.5t/m²

해설 재하시험에 의한 지지력결정
1) 시험허용지지력(q_t)
$q_t = \dfrac{\text{항복강도}}{2}$ or $\dfrac{\text{극한강도}}{3}$ 둘 중 작은 값
$= \dfrac{60}{2}$ or $\dfrac{100}{3}$ ⇒ ∴ $q_t = 30 \text{t/m}^2$
2) 장기 허용 지지력(q_a)
$q_a = q_t + \dfrac{1}{3} r D_f N_q$
$= 30 + \dfrac{1}{3} \times 1.8 \times 1.5 \times 5 = 34.5 \text{t/m}^2$

해답 85. ③ 86. ③ 87. ① 88. ③ 89. ① 90. ④

91 Meyerhof의 일반 지지력 공식에 포함되는 계수가 아닌 것은?
① 국부전단계수 ② 근입깊이계수
③ 경사하중계수 ④ 형상계수

해설 Meyerhof 지지력공식
1) 극한지지력(q_u)
$$q_u = c N_c F_{cs} F_{cd} F_{ci} + \frac{1}{2} r B N_r F_{rs} F_{rd} F_{ri} + q N_q F_{qs} F_{qd} F_{qi}$$
2) 형상계수 : F_{cs}, F_{rs}, F_{qs}
   근입깊이계수 : F_{cd}, F_{rd}, F_{qd}
   하중경사계수 : F_{ci}, F_{ri}, F_{qi}

92 세립토를 비중계법으로 입도분석을 할 때 반드시 분산제를 쓴다. 다음 설명 중 옳지 않은 것은?
① 입자의 면모화를 방지하기 위하여 사용한다.
② 분산제의 종류는 소성지수에 따라 달라진다.
③ 현탁액이 산성이면 알칼리성의 분산제를 쓴다.
④ 시험도중 물의 변질을 방지하기 위하여 분산제를 사용한다.

해설 비중계법
1) 분산제 종류 : 규산나트륨($PI<20$), 과산화수소($PI \geq 20$)
2) 분산제 사용 목적 : 시료의 면모화 방지.
3) 현탁액이 산성이면 알카리성의 분산제 사용.

93 다음 지반 개량공법 중 연약한 점토지반에 적당하지 않은 것은?
① 샌드 드레인 공법
② 프리로딩 공법
③ 치환 공법
④ 바이브로 플로테이션 공법

해설 연약지반 개량공법
1) 점토지반개량 공법 : 탈수(압밀)에 의한 연약지반 개량 공법
   ① 샌드 드레인 공법, 페이퍼 드레인 공법 등
   ② 프리로딩 공법(사전압밀 공법), 압성토 공법 등

2) 모래지반개량공법 : 진동이나 충격에 의해 공극을 줄이는 개량 공법
   ① 다짐공법 : 다짐말뚝, 다짐모래말뚝, 바이브로 플로테이션 공법 등
   ② 약액주입공법

94 흙의 다짐시험을 실시한 결과 다음과 같았다. 이 흙의 건조단위중량은 얼마인가?

① 몰드 + 젖은 시료 무게 : 3612g
② 몰드 무게 : 2143g
③ 젖은 흙의 함수비 : 15.4%
④ 몰드의 체적 : 944cm³

① $1.35 g/cm^3$ ② $1.56 g/cm^3$
③ $1.31 g/cm^3$ ④ $1.42 g/cm^3$

해설 흙의 다짐시험
1) 습윤단위중량
$$r_t = \frac{젖은\ 시료\ 무게}{몰드의\ 체적} = \frac{3612-2143}{944} = 1.556 g/cm^3$$
2) 건조단위중량
$$r_d = \frac{r_t}{1+\frac{w}{100}} = \frac{1.556}{1+\frac{15.4}{100}} = 1.35 g/cm^3$$

95 연약점토지반에 성토제방을 시공하고자 한다. 성토로 인한 재하속도가 과잉간극수압이 소산되는 속도보다 빠를 경우, 지반의 강도정수를 구하는 가장 적합한 시험방법은?
① 압밀 배수시험 ② 압밀 비배수시험
③ 비압밀 비배수시험 ④ 직접전단시험

해설 비압밀 비배수 시험(UU-Test)
1) 점토지반의 단기 안정해석
2) 성토로 인한 재하속도가 과잉간극수압이 소산되는 속도보다 빠를 경우
3) 즉각적인 함수비변화, 체적변화가 없이 급속한 파괴가 예상될 때

해답 91. ① 92. ④ 93. ④ 94. ① 95. ③

2019년 과년도출제문제

96 기초가 갖추어야 할 조건이 아닌 것은?
① 동결, 세굴 등에 안전하도록 최소의 근입깊이를 가져야 한다.
② 기초의 시공이 가능하고 침하량이 허용치를 넘지 않아야 한다.
③ 상부로부터 오는 하중을 안전하게 지지하고 기초지반에 전달하여야 한다.
④ 미관상 아름답고 주변에서 쉽게 구득할 수 있는 재료로 설계되어야 한다.

해설 기초의 구비조건
1) 지지력이 충분해야 한다.
2) 기초의 근입 깊이가 충분해야 한다.
3) 침하량이 허용치를 넘지 않아야 한다.
4) 경제적, 기술적으로 시공이 가능해야 한다.

97 유선망의 특징을 설명한 것 중 옳지 않은 것은?
① 각 유로의 투수량은 같다.
② 인접한 두 등수두선 사이의 수두손실은 같다.
③ 유선망을 이루는 사변형은 이론상 정사각형이다.
④ 동수경사는 유선망의 폭에 비례한다.

해설 유선망의 특징
동수경사는 유선망의 폭에 반비례한다.

98 유효응력에 관한 설명 중 옳지 않은 것은?
① 포화된 흙인 경우 전응력에서 공극수압을 뺀 값이다.
② 항상 전응력보다는 작은 값이다.
③ 점토지반의 압밀에 관계되는 응력이다.
④ 건조한 지반에서는 전응력과 같은 값으로 본다.

해설 유효응력($\bar{\sigma}$)
1) 포화된 흙의 유효응력 : $\bar{\sigma} = r_{sat}h - r_w h$
2) 모관영역에서는 유효응력이 전 응력보다 크다.
3) 압밀, 토압 등의 계산은 유효응력으로 한다.
4) 건조한 지반에서는 공극수압이 0이므로 전 응력과 유효응력 크기가 같다.

99 말뚝에서 부마찰력에 관한 설명 중 옳지 않은 것은?
① 아래쪽으로 작용하는 마찰력이다.
② 부마찰력이 작용하면 말뚝의 지지력은 증가한다.
③ 압밀층을 관통하여 견고한 지반에 말뚝을 박으면 일어나기 쉽다.
④ 연약지반에 말뚝을 박은 후 그 위에 성토를 하면 일어나기 쉽다.

해설 부마찰력
1) 말뚝의 침하량보다 지반의 상대침하량이 클 때 아래방향으로 작용하는 주면마찰력
2) 부마찰력은 하중으로 작용하여 말뚝의 지지력은 감소한다.

100 흙이 동상을 일으키기 위한 조건으로 가장 거리가 먼 것은?
① 아이스 렌즈를 형성하기 위한 충분한 물의 공급이 있을 것
② 양(+)이온을 다량 함유 할 것
③ 0°C 이하의 온도가 오랫동안 지속될 것
④ 동상이 일어나기 쉬운 토질일 것

해설 흙의 동상조건
1) 음(−)이온이 많을수록 잘 발생한다.
2) 동상은 실트, 점토, 모래, 자갈 순으로 일어나기 쉽다.

상하수도공학

101 취수보에 설치된 취수구의 구조에서 유입속도의 표준으로 옳은 것은?
① 0.5~1.0cm/s   ② 3.0~5.0cm/s
③ 0.4~0.8m/s   ④ 2.0~3.0m/s

해설 취수구의 구조
1) 계획취수량을 언제든지 취수할 수 있고 취수구에 퇴사가 퇴적되거나 유입되지 않으며 또한 유지관리가 용이해야 한다.
2) 취수구 높이는 배사문(排砂門)의 바닥높이보다 0.5~1.0m 이상 높게 한다.
3) 유입속도는 0.4~0.8m/sec를 표준으로 한다.

해답 96. ④ 97. ④ 98. ② 99. ② 100. ② 101. ③

102 하수의 배제방식에 대한 설명 중 옳지 않은 것은?
① 합류식은 2계통의 분류식에 비해 일반적으로 건설비가 많이 소요된다.
② 합류식은 분류식보다 유량 및 유속의 변화폭이 크다.
③ 분류식은 관로내의 퇴적이 적고 수세효과를 기대할 수 없다.
④ 분류식은 관로오접의 철저한 감시가 필요하다.

해설 하수의 배제방식
분류식은 오수 및 우수 관거의 2계통을 도로에 매설하므로 합류식에 비해 건설비가 많이 소요된다.

103 호기성 처리방법과 비교하여 혐기성 처리방법의 특징에 대한 설명으로 틀린 것은?
① 유용한 자원인 메탄이 생성된다.
② 동력비 및 유지관리비가 적게 든다.
③ 하수찌꺼기(슬러지) 발생량이 적다.
④ 운전조건의 변화에 적응하는 시간이 짧다.

해설 혐기성 소화 특징
운전조건의 변화에 적응속도가 느리며 미생물의 에너지 효율도 낮다.

104 관로별 계획하수량에 대한 설명으로 옳지 않은 것은?
① 오수관로에서는 계획시간최대오수량으로 한다.
② 우수관로에서는 계획우수량으로 한다.
③ 합류식 관로는 계획시간최대오수량에 계획우수량을 합한 것으로 한다.
④ 차집관로는 계획1일최대오수량에 우천시 계획우수량을 합한 것으로 한다.

해설 관로별 계획하수량
차집관로 : 우천 시 계획 오수량(계획 시간 최대 오수량의 3배 이상)을 기준으로 한다.

105 그림은 유효저수량을 결정하기 위한 유량누가곡선도이다. 이 곡선의 유효저수용량을 의미하는 것은?

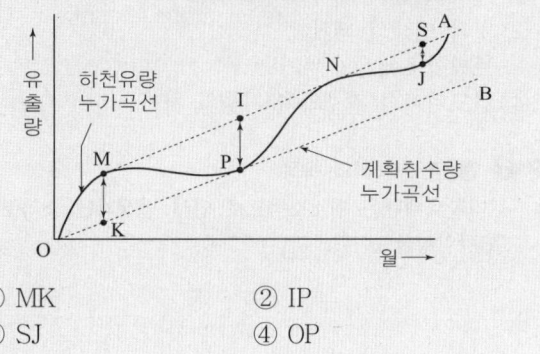

① MK
② IP
③ SJ
④ OP

해설 유량누가곡선(Ripple's method)
1) 유효저수용량 : IP, SJ는 부족수량을 의미하며, 최대 세로 길이(IP)가 유효저수용량이 된다.
2) MP, NJ구간 : 저수지의 수위저하.
3) OM, PN구간 : 저수지의 수위상승.

106 계획수량에 대한 설명으로 옳지 않은 것은?
① 송수시설의 계획송수량은 원칙적으로 계획1일최대급수량을 기준으로 한다.
② 계획취수량은 계획1일최대급수량을 기준으로 하며, 기타 필요한 작업용수를 포함한 손실수량 등을 고려한다.
③ 계획배수량은 원칙적으로 해당 배수구역의 계획1일최대급수량으로 한다.
④ 계획정수량은 계획1일최대급수량을 기준으로 하고, 여기에 정수장내 사용되는 작업용수와 기타용수를 합산 고려하여 결정한다.

해설 계획배수량
1) 평상 시 : 계획 시간 최대급수량을 기준으로 한다.
2) 화재 시 : 계획1일 최대급수량의 1시간당수량에 소화용수량을 더한 값을 기준으로 한다.

해답 102. ① 103. ④ 104. ④ 105. ② 106. ③

2019년 과년도출제문제

107 정수과정에서 전염소처리의 목적과 거리가 먼 것은?
① 철과 망간의 제거
② 맛과 냄새의 제거
③ 트리할로메탄의 제거
④ 암모니아성 질소와 유기물의 처리

해설 전 염소 처리의 목적
트리할로메탄은 염소소독으로 인해 발생되는 소독부산물로 발암성물질이다.

108 양수량이 15.5m³/min이고 전양정이 24m일 때, 펌프의 축동력은? (단, 펌프의 효율은 80%로 가정한다.)
① 75.95kW
② 7.58kW
③ 4.65kW
④ 46.57kW

해설 펌프의 축 동력(P_s)

1) $Q = \dfrac{15.5\,m^3}{min} \times \dfrac{min}{60\,sec} = 0.2583\,m^3/sec$

2) $P_s = \dfrac{9.8\,Q\,H}{\eta} = \dfrac{9.8 \times 0.2583 \times 24}{0.8} = 75.94\,kW$

109 반송찌꺼기(슬러지)의 SS농도가 6000mg/L이다. MLSS 농도를 2500mg/L로 유지하기 위한 찌꺼기(슬러지)반송비는?
① 25%
② 55%
③ 71%
④ 100%

해설 슬러지 반송률(γ)

1) 슬러지를 반송 이유는 MLSS 농도를 일정하기 유지하기 위함이다.

2) $\gamma = \dfrac{X}{X_r - X} \times 100(\%)$
$= \dfrac{2500}{6000 - 2500} \times 100 = 71.43\%$

110 정수장으로 유입되는 원수의 수역이 부영양화되어 녹색을 띠고 있다. 정수방법에서 고려할 수 있는 가장 우선적인 방법으로 적합한 것은?
① 침전지의 깊이를 깊게 한다.
② 여과사의 입경을 작게 한다.
③ 침전지의 표면적을 크게 한다.
④ 마이크로 스트레이너로 전처리 한다.

해설 생물(조류)제거
1) Microstrainer : 물에 맛과 냄새를 유발하는 조류를 제거하기 위해 미세 망을 사용하여 전 처리 하는 방법이다.
2) 이외에 다층여과법, 약품주입($CuSO_4$)으로 제거한다.

111 도수 및 송수 관로 내의 최소 유속을 정하는 주요 이유는?
① 관로 내면의 마모를 방지하기 위하여
② 관로 내 침전물의 퇴적을 방지하기 위하여
③ 양정에 소모되는 전력비를 절감하기 위하여
④ 수격작용이 발생할 가능성을 낮추기 위하여

해설 도·송수 관로내의 유속
1) 최소유속 : 관로 내의 퇴적방지를 위해 0.3m/sec 이상으로 한다.
2) 최대유속 : 관로 내면의 마모 방지를 위해 3m/sec 이하로 한다.

112 펌프의 비속도(비교회전도, N_s)에 대한 설명으로 틀린 것은?
① N_s가 작으면 유량이 많은 저양정의 펌프가 된다.
② 수량 및 전양정이 같다면 회전수가 클수록 N_s가 크게 된다.
③ 1m³/min의 유량을 1m 양수하는데 필요한 회전수를 의미한다.
④ N_s가 크게 되면 사류형으로 되고 계속 커지면 축류형으로 된다.

해설 펌프의 비교회전도(N_s)
1) 비교회전도
$N_s = N \dfrac{Q^{\frac{1}{2}}}{H^{\frac{3}{4}}}$
2) N_s가 작으면 유량이 적은 고양정의 펌프가 된다.

해답 107. ③ 108. ① 109. ③ 110. ④ 111. ② 112. ①

113 침전지의 유효수심이 4m, 1일 최대 사용수량이 450m³, 침전시간이 12시간일 경우 침전지의 수면적은?

① 56.3m² ② 42.7m²
③ 30.1m² ④ 21.3m²

해설 침전시간(t)

$$t = \frac{V}{Q} \times 24 = \frac{Ah}{Q} \times 24$$

$$12 = \frac{A \times 4}{450} \times 24 \Rightarrow \therefore A = 56.25\text{m}^2$$

114 1개의 반응조에 반응조와 이차침전지의 기능을 갖게 하여 활성슬러지에 의한 반응과 혼합액의 침전, 상징수의 배수, 침전찌꺼기(슬러지)의 배출공정 등을 반복해 처리하는 하수처리공법은?

① 수정식폭기조법
② 장시간폭기법
③ 접촉안정법
④ 연속회분식활성슬러지법

해설 연속 회분 식 활성슬러지법(SBR)
1) 하나의 반응 조에서 유입, 반응, 침전, 배출 공정을 연속적으로 처리하는 공법이다.
2) 한 개의 조에서 반응과 침전이 진행되므로 최종침전지가 필요 없고 슬러지 반송 설비가 필요 없다.
3) 단일 반응 조 내에서 1주기 중에 호기-무 산소-혐기의 조건을 설정하여 질산화 및 탈질 반응을 도모할 수 있다.

115 수원의 구비요건에 대한 설명으로 옳지 않은 것은?

① 수량이 풍부해야 한다.
② 수질이 좋아야 한다.
③ 가능하면 낮은 곳에 위치해야 한다.
④ 상수 소비지에서 가까운 곳에 위치해야 한다.

해설 수원의 구비조건
수원은 가능하면 높은 곳에 위치해야 도수를 자연유하식으로 할 수 있고 수압의 신뢰성과 경제적인 면에서 유리하다.

116 하수도의 계획오수량에서 계획1일최대오수량 산정식으로 옳은 것은?

① 계획배수인구 + 공장폐수량 + 지하수량
② 계획인구 × 1인1일최대오수량 + 공장폐수량 + 지하수량 + 기타 배수량
③ 계획인구 × (공장폐수량 + 지하수량)
④ 1인1일최대오수량 + 공장폐수량 + 지하수량

해설 계획 1일 최대오수량
1) 하수처리장의 설계기준이 되는 수량이다.
2) 계획 1일 최대오수량 = 1인 1일 최대오수량×계획인구 +공장폐수량+지하수량+기타배수량

117 어느 지역에 비가 내려 배수구역내 가장 먼 지점에서 하수거의 입구까지 빗물이 유하하는데 5분이 소요되었다. 하수거의 길이가 1200m, 관내 유속이 2m/s일 때 유달시간은?

① 5분 ② 10분
③ 15분 ④ 20분

해설 유달시간(T)
1) 유입시간 : $t_1 = 5$분
2) 유하시간 : $t_2 = \frac{L}{V} = \frac{1200\text{m}}{2\text{m/sec}} = 600\text{sec} = 10$분
3) 유달시간 : $t = t_1 + t_2 = 15$분

118 수격작용(water hammer)의 방지 또는 감소대책에 대한 설명으로 틀린 것은?

① 펌프의 토출구에 완만히 닫을 수 있는 역지밸브를 설치하여 압력상승을 적게 한다.
② 펌프 설치 위치를 높게 하고 흡입양정을 크게 한다.
③ 펌프에 플라이휠(fly wheel)을 붙여 펌프의 관성을 증가시켜 급격한 압력강하를 완화한다.
④ 토출측 관로에 압력조절수조를 설치한다.

해설 수격작용 대책
1) 펌프의 토출구에 완폐 역지밸브, 플라이휠 등을 설치하여 급격한 압력저하를 방지한다.
2) 펌프의 설치 위치를 낮게 하고 흡입양정을 작게 해야 한다.
3) 관내의 유속을 감소시킨다.
4) 압력조정 수조를 설치한다.

해답 113. ① 114. ④ 115. ③ 116. ② 117. ③ 118. ②

2019년 과년도출제문제

★★★
119 하수도 계획의 원칙적인 목표년도로 옳은 것은?
① 10년 ② 20년
③ 30년 ④ 40년

해설 하수도 목표년도
시설의 내용 년 수 및 건설기간이 길고 특히 관거의 경우는 하수량의 증가에 따라 단계적으로 단면을 증가시키기가 곤란하기 때문에 장기적인 계획을 수립할 필요가 있으므로 20년 후를 목표로 한다.

★★★
120 도수 및 송수관로 계획에 대한 설명으로 옳지 않은 것은?
① 비정상적 수압을 받지 않도록 한다.
② 수평 및 수직의 급격한 굴곡을 많이 이용하여 자연유하식이 되도록 한다.
③ 가능한 한 단거리가 되도록 한다.
④ 가능한 한 적은 공사비가 소요되는 곳을 택한다.

해설 도수 및 송수관로 계획
1) 수평 및 수직의 급격한 굴곡을 피하고 가급적 단거리가 되도록 해야 한다.
2) 최소동수구배선 이하로 매설해야 한다.

해답 119. ② 120. ②

MEMO

2019년 과년도출제문제

응용역학

1 길이가 4m인 원형단면 기둥의 세장비가 100이 되기 위한 기둥의 지름은? (단, 지지상태는 양단 힌지로 가정한다.)
① 12cm ② 16cm
③ 18cm ④ 20cm

해설 세장비(λ)

1) 최소 단면 2차 반지름

$$\gamma_{min} = \sqrt{\frac{I_{min}}{A}} = \sqrt{\frac{\pi d^4/64}{\pi d^2/4}} = \frac{d}{4}$$

2) 기둥의 유효길이(l_k) : 양단힌지인 경우 $k = 1.0$

$l_k = k\,l = 1.0 \times 400cm = 400cm$

3) 세장비 $\lambda = \dfrac{l_k}{\gamma_{min}}$

$100 = \dfrac{400}{d/4}$ $\therefore d = 16cm$

2 연속보를 삼연모멘트 방정식을 이용하여 B점의 모멘트 $M_B = -92.8\,t \cdot m$ 을 구하였다. B점의 수직반력은?

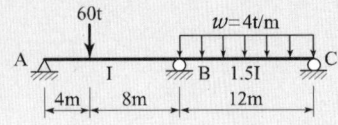

① 28.4 t ② 36.3 t
③ 51.7 t ④ 59.5 t

해설 삼연모멘트 방정식

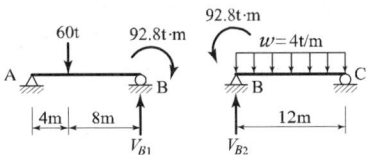

1) 단순보로 나눈 다음 M_B를 하중으로 재하해서 해석한다.

$\sum M_A = 0$

$-V_{B1} \times 12 + 60 \times 4 + 92.8 = 0$

$\therefore V_{B1} = 27.73t$

2) $\sum M_c = 0$

$V_{B2} \times 12 - 4 \times 12 \times 6 - 92.8 = 0$

$\therefore V_{B2} = 31.73t$

$\therefore V_B = V_{B1} + V_{B2} = 59.46t$

3 내민보에 그림과 같이 지점 A에 모멘트가 작용하고, 집중하중이 보의 양 끝에 작용한다. 이 보에 발생하는 최대 휨모멘트의 절대값은?

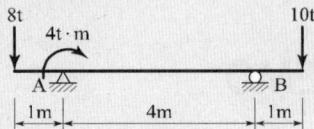

① 6t·m   ② 8t·m
③ 10t·m ④ 12t·m

해설 최대휨모멘트(M_{max})

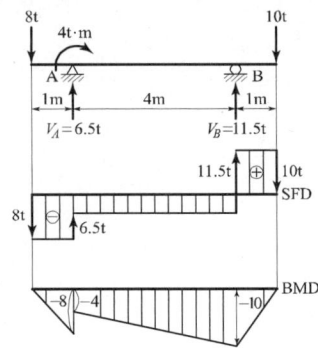

1) $\sum M_B = 0$

$V_A \times 4 - 8 \times 5 + 4 + 10 \times 1 = 0$

$\therefore V_A = 6.5\,t$

2) $\sum V = 0$

$6.5 - 8 + V_B - 10 = 0$

$\therefore V_B = 11.5\,t$

3) 최대휨모멘트는 전단력의 부호가 바뀌는 점(B점)에서 발생한다.

$M_{max} = -10 \times 1 = -10\,t \cdot m$

$\therefore M_{max} = |-10| = 10\,t \cdot m$

4 그림과 같은 단주에서 800kg의 연직하중(P)이 편심거리 e에 작용할 때 단면에 인장력이 생기지 않기 위한 e의 한계는?

① 5cm
② 8cm
③ 9cm
④ 10cm

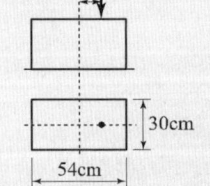

해답 1. ② 2. ④ 3. ③ 4. ③

해설 핵 거리(e)

1) y축에 대해 모멘트 하중이 발생하므로 y축과 평행한 변(b)을 폭으로 생각한다.
2) $e = \dfrac{Z}{A} = \dfrac{hb^2/6}{bh} = \dfrac{b}{6}$

   $\therefore e = \dfrac{54}{6} = 9\text{cm}$

★★★

5 그림과 같은 비대칭 3힌지 아치에서 힌지 C에 연직하중(P) 15t이 작용한다. A지점의 수평반력 H_A는?

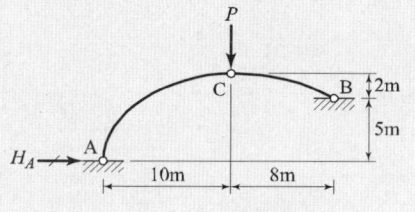

① 12.43 t ② 15.79 t
③ 18.42 t ④ 21.05 t

해설 3힌지 아치

1) $\sum M_B = 0$
   $V_A \times 18 - H_A \times 5 - 15 \times 8 = 0$
2) $\sum M_{CL} = 0$
   $V_A \times 10 - H_A \times 7 = 0 \Rightarrow \therefore V_A = 0.7H_A$
3) $\sum M_B = 0$
   $0.7H_A \times 18 - H_A \times 5 - 15 \times 8 = 0$
   $\therefore H_A = 15.79\text{t}$

★

6 그림과 같은 캔틸레버 보에서 A점의 처짐은? (단, AC 구간의 단면2차모멘트는 I이고 CB 구간은 $2I$이며, 탄성계수 E는 전 구간이 동일하다.)

① $\dfrac{2PL^3}{15EI}$
② $\dfrac{3PL^3}{16EI}$
③ $\dfrac{5PL^3}{18EI}$
④ $\dfrac{7PL^3}{24EI}$

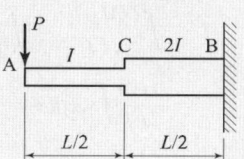

해설 처짐(y)

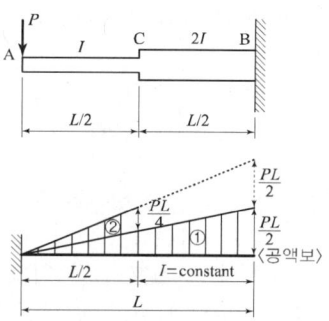

1) 휨모멘트를 작도한 후 공액보로 치환 한다.
2) 전 구간의 단면 2차 모멘트가 일정하다고 가정한다.
3) 단면 2차 모멘트와 처짐은 반비례하고, 하중의 크기와는 비례하므로, 단면2차모멘트가 $2I$인 구간은 하중의 크기를 $\dfrac{1}{2}$로 줄여 탄성하중으로 재하 한다.

   ① 면적 $= \dfrac{1}{2} \times \dfrac{pL}{2} \times L = \dfrac{pL^2}{4}$
   ② 면적 $= \dfrac{1}{2} \times \dfrac{pL}{4} \times \dfrac{L}{2} = \dfrac{pL^2}{16}$

   $\therefore M_A = ① \times \dfrac{2}{3}L + ② \times \dfrac{2}{3}\left(\dfrac{L}{2}\right) = \dfrac{3pL^3}{16}$

   $\therefore y_A = \dfrac{M_A}{EI} = \dfrac{3pL^3}{16EI}$

★★

7 아래 그림과 같은 불규칙한 단면의 A-A축에 대한 단면 2차 모멘트는 $35 \times 10^6 \text{mm}^4$ 이다. 단면의 총 면적이 $1.2 \times 10^4 \text{mm}^2$ 이라면, B-B축에 대한 단면 2차 모멘트는? (단, D-D축은 단면의 도심을 통과한다.)

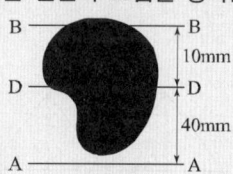

① $17 \times 10^6 \text{mm}^4$ ② $15.8 \times 10^6 \text{mm}^4$
③ $17 \times 10^5 \text{mm}^4$ ④ $15.8 \times 10^5 \text{mm}^4$

해설 축 이동에 대한 단면이차모멘트

1) $I_A = I_D + A y_o^2$
   $35 \times 10^6 = I_D + 1.2 \times 10^4 \times 40^2$
   $I_D = 15.8 \times 10^6 \text{mm}^4$
2) $I_B = I_D + A y_o^2$
   $= 15.8 \times 10^6 + 1.2 \times 10^4 \times 10^2$
   $= 17 \times 10^6 \text{mm}^4$

해답 5. ② 6. ② 7. ①

8 평면응력상태 하에서의 모아(Mohr)의 응력원에 대한 설명으로 옳지 않은 것은?

① 최대 전단응력의 크기는 두 주응력의 차이와 같다.
② 모아 원으로부터 주응력의 크기와 방향을 구할 수 있다.
③ 모아 원이 그려지는 두 축 중 연직(y)축은 전단응력의 크기를 나타낸다.
④ 모아 원 중심의 x 좌표 값은 직교하는 두 축의 수직응력의 평균값과 같고, y 좌표 값은 0 이다.

해설 모아(Mohr)의 응력원

최대 전단응력의 크기는 두 주응력 차 값의 $\frac{1}{2}$ 크기이다.

---

10 탄성계수 E, 전단탄성계수 G, 푸아송 수 m 사이의 관계가 옳은 것은?

① $G = \dfrac{m}{2(m-1)}$ ② $G = \dfrac{F}{2(m-1)}$
③ $G = \dfrac{mE}{2(m+1)}$ ④ $G = \dfrac{E}{2(m+1)}$

해설 각 탄성계수들의 관계

1) 프와송 비(ν) : $\nu = \dfrac{1}{m}$
2) $G = \dfrac{mE}{2(m+1)} = \dfrac{E}{2(1+\nu)}$

---

9 아래 그림과 같은 트러스에서 U 부재에 일어나는 부재내력은?

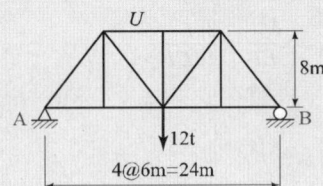

① 9 t (압축) ② 9 t (인장)
③ 15 t (압축) ④ 15 t (인장)

해설 트러스

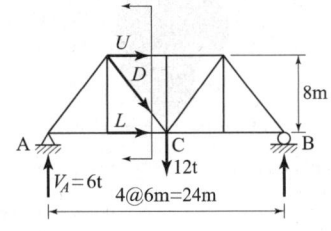

1) 지점반력을 구한다.
   $\sum M_B = 0$
   $V_A \times 24 - 12 \times 12 = 0$ $\therefore V_A = 6\text{t}$
2) U 부재를 끼고 연직으로 자른 다음 부재력을 가정한 후 D와 L이 만나는 C점에서 모멘트를 취한다.
   $\sum M_C = 0$
   $6 \times 12 + U \times 8 = 0$ $\therefore U = -9\text{t}(압축)$

---

11 아래 그림과 같은 캔틸레버 보에서 휨에 의한 탄성변형에너지는? (단, EI는 일정하다.)

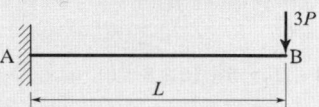

① $\dfrac{P^2 L^3}{3EI}$ ② $\dfrac{P^2 L^3}{2EI}$
③ $\dfrac{2P^2 L^3}{3EI}$ ④ $\dfrac{3P^2 L^3}{2EI}$

해설 탄성변형 에너지

1) $M_x = -3P \cdot x$
2) 탄성변형 에너지(U)

$U = \displaystyle\int_0^L \dfrac{M_x^2}{2EI} dx = \int_0^L \dfrac{(-3px)^2}{2EI} dx$
$= \dfrac{9P^2}{2EI} \displaystyle\int_0^L x^2 dx = \dfrac{9P^2}{2EI} \left[\dfrac{x^3}{3}\right]_0^L = \dfrac{3P^2 L^3}{2EI}$

해답 8. ① 9. ① 10. ③ 11. ④

★★★
12 그림과 같이 이축응력을 받고 있는 요소의 체적변형률은? (단, 탄성계수 $E = 2 \times 10^6 \text{kg/cm}^2$, 푸아송 비 $\nu = 0.3$)

① 2.7×10^{-4}
② 3.0×10^{-4}
③ 3.7×10^{-4}
④ 4.0×10^{-4}

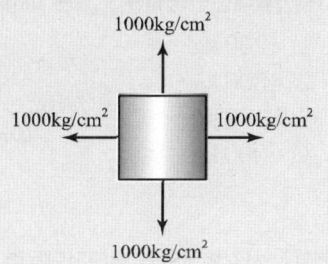

해설 체적변형률(ε_v)

$$\varepsilon_v = \frac{(1-2\nu)}{E}(\sigma_x + \sigma_y)$$

$$= \frac{(1-2\times 0.3)}{2\times 10^6}(1000+1000) = 4\times 10^{-4}$$

★★
13 다음 그림과 같은 단순보의 중앙점 C에 집중하중 P가 작용하여 중앙점의 처짐 δ가 발생했다. δ가 0이 되도록 양쪽지점에 모멘트 M을 작용시키려고 할 때, 이 모멘트의 크기 M을 하중 P와 지간 L로 나타낸 것으로 옳은 것은? (단, EI는 일정하다.)

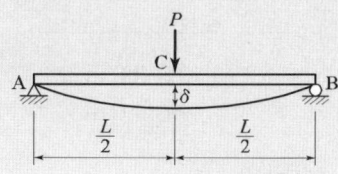

① $M = \dfrac{PL}{2}$ ② $M = \dfrac{PL}{4}$
③ $M = \dfrac{PL}{6}$ ④ $M = \dfrac{PL}{8}$

해설 단순보의 처짐

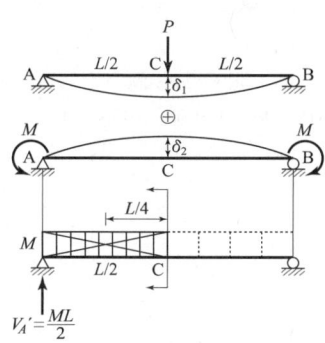

1) 보의 중앙 점C에 집중하중이 작용할 때의 처짐
$$\delta_1 = \frac{PL^3}{48EI}(\downarrow)$$

2) 양쪽지점에 모멘트하중이 작용할 때의 처짐
$$\delta_2 = \frac{M_C}{EI}$$
$$= \frac{\frac{ML}{2}\times\frac{L}{2} - M\times\frac{L}{2}\times\frac{L}{4}}{EI} = \frac{ML^2}{8EI}(\uparrow)$$

3) 보의 중앙 점에서 $\delta = 0$인 조건이므로 $\delta_1 = \delta_2$가 되어야 한다.
$$\frac{PL^3}{48EI} = \frac{ML^2}{8EI} \Rightarrow \therefore M = \frac{PL}{6}$$

★★★
14 그림과 같은 단순보에 이동하중이 작용할 때 절대최대휨모멘트는?

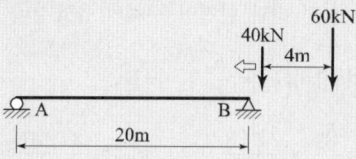

① $387.2 \text{ kN}\cdot\text{m}$ ② $423.2 \text{ kN}\cdot\text{m}$
③ $478.4 \text{ kN}\cdot\text{m}$ ④ $531.7 \text{ kN}\cdot\text{m}$

해설 절대최대 휨모멘트($M_{b\max}$)

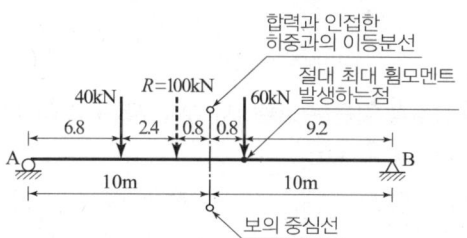

1) 합력의 작용점 위치를 구한다.
$(60+40)x = 40\times 4 \Rightarrow x = 1.6\text{m}$

2) 합력과 인접한 하중(60kN)과의 이등분선을 보의 중심선과 일치시킨 후 B점의 수직반력을 구한다.
$\sum M_A = 0$
$-V_B \times 20 + 40\times 6.8 + 60\times 10.8 = 0$
or $-V_B \times 20 + 100\times 9.2 = 0$
$\therefore V_B = 46\text{kN}$

3) 절대최대 휨모멘트는 합력과 인접한 하중의 작용점에서 발생한다.
$\therefore M_{b\max} = V_B \times 9.2 = 423.2 \text{ kN}\cdot\text{m}$

해답 12. ④ 13. ③ 14. ②

2019년 과년도출제문제

★★★

15 다음의 부정정 구조물을 모멘트 분배법으로 해석하고자 한다. C점이 롤러 지점임을 고려한 수정강도계수에 의하여 B점에서 C점으로 분배되는 분배율 f_{BC}를 구하면?

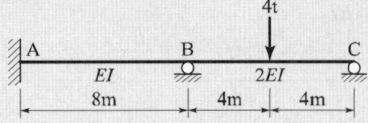

① $\dfrac{1}{2}$ ② $\dfrac{3}{5}$

③ $\dfrac{4}{7}$ ④ $\dfrac{5}{7}$

해설 모멘트 분배법

1) 부재의 강도 $\left(K = \dfrac{I}{l}\right)$

$K_{BA} = \dfrac{I}{8}$, $K_{BC} = \dfrac{2I}{8} \times \dfrac{3}{4} = \dfrac{3I}{16}$, K_o(기준강도) $= \dfrac{I}{16}$

* 일단 고정 타단 힌지인 부재의 유효강비: $K \times \dfrac{3}{4}$

2) 부재의 강비 $\left(k_x = \dfrac{K_x}{K_o}\right)$

$k_{BA} = \dfrac{K_{BA}}{K_o} = \dfrac{I/8}{I/16} = 2$, $k_{BC} = \dfrac{3I/16}{I/16} = 3$

3) 분배율 $\left(f_x = \dfrac{k_x}{\sum k}\right)$

$f_{BC} = \dfrac{3}{2+3} = \dfrac{3}{5}$

★★★

16 그림과 같은 구조물에서 부재 AB가 6t의 힘을 받을 때 하중 P의 값은?

① 5.24 t
② 5.94 t
③ 6.27 t
④ 6.93 t

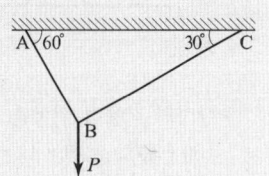

해설 sine 법칙

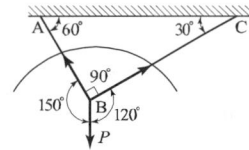

$\dfrac{6t}{\sin 120°} = \dfrac{P}{\sin 90°}$

$\therefore P = 6.93t$

★★

17 어떤 보 단면의 전단응력도를 그렸더니 아래의 그림과 같았다. 이 단면에 가해진 전단력의 크기는?
(단, 최대전단응력($\tau_{\max}$)은 6kg/cm²이다.)

① 4200 kg
② 4800 kg
③ 5400 kg
④ 6000 kg

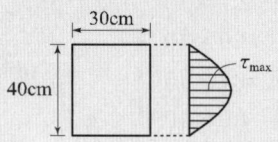

해설 사각형단면의 최대전단응력

$\tau_{\max} = \dfrac{3}{2} \times \dfrac{V}{A}$

$6 = \dfrac{3}{2} \times \dfrac{V}{30 \times 40} \Rightarrow \therefore V = 4800kg$

★★

18 아래 그림과 같은 보에서 A점의 반력이 B점의 반력의 두 배가 되는 거리 x는?

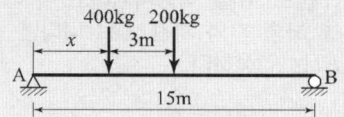

① 2.5 m ② 3.0 m
③ 3.5 m ④ 4.0 m

해설 단순보의 수직반력

1) $V_A = 2V_B$

2) $\sum V = 0$

$V_A - 400 - 200 + V_B = 0$

$2V_B - 400 - 200 + V_B = 0$

$\therefore V_B = 200kg$

3) $\sum M_A = 0$

$-200 \times 15 + 400 \times x + 200 \times (x+3) = 0$

$-3000 + 400x + 200x + 600 = 0$

$\therefore x = 4.0m$

해답 15. ②   16. ④   17. ②   18. ④

19 그림과 같이 폭(b)와 높이(h)가 모두 12cm인 이등변삼각형의 x, y축에 대한 단면상승모멘트 I_{xy}는?

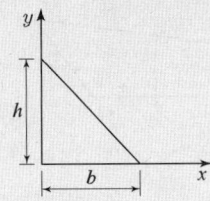

① $576cm^4$ ② $642cm^4$
③ $768cm^4$ ④ $864cm^4$

해설 단면상승모멘트(I_{xy})

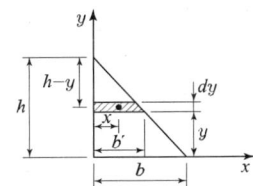

1) $b' = 2x$, $dA = b' \cdot dy = \frac{b}{h}(h-y)dy$

2) $h : b = (h-y) : b'$
   $b' = \frac{b}{h}(h-y) \Rightarrow 2x = \frac{b}{h}(h-y)$
   $\therefore x = \frac{b}{2h}(h-y)$

3) $I_{xy} = \int_0^h x\, y\, dA = \int_0^h \frac{b}{2h}(h-y)\, y\, \frac{b}{h}(h-y)\, dy$
   $= \frac{b^2}{2h^2}\int_0^h (h-y)^2\, y\, dy = \frac{b^2}{2h^2}\int_0^h (h^2y - 2hy^2 + y^3)\, dy$
   $= \frac{b^2}{2h^2}[h^2\frac{y^2}{2} - 2h\frac{y^3}{3} + \frac{y^4}{4}]_0^h$

   $\therefore I_{xy} = \frac{b^2h^2}{24}$ (암기할것)
   $= \frac{12^2 \times 12^2}{24} = 864cm^4$

20 L이 10m인 그림과 같은 내민보의 자유단에 P=2t의 연직하중이 작용할 때 지점 B와 중앙부 C점에 발생되는 모멘트는?

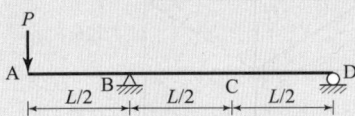

① $M_B = -8t \cdot m$, $M_C = -5t \cdot m$
② $M_B = -10t \cdot m$, $M_C = -4t \cdot m$
③ $M_B = -10t \cdot m$, $M_C = -5t \cdot m$
④ $M_B = -8t \cdot m$, $M_C = -4t \cdot m$

해설 휨모멘트

1) $\sum M_B = 0$
   $-V_D \times 10 - 2 \times 5 = 0$ $\therefore V_D = -1t(\downarrow)$
2) $M_B = -(2)(5) = -10t \cdot m$
3) $M_C = -(1)(5) = -5t \cdot m$

측량학

21 삭제문제

출제기준 변경으로 인해 삭제됨

22 캔트(cant)의 크기가 C인 노선의 곡선 반지름을 2배로 증가시키면 새로운 캔트 C'의 크기는?
① 0.5C   ② C
③ 2C   ④ 4C

해설 캔트(Cant)

1) 캔트: $C = \frac{V^2 S}{g R}$
2) 캔트와 곡선반경은 반비례하므로 R을 2R로 증가시키면 C' = 0.5C로 감소한다.

해답 19. ④ 20. ③ 21. 삭제문제 22. ①

23 대상구역을 삼각형으로 분할하여 각 교점의 표고를 측량한 결과가 그림과 같을 때 토공량은?

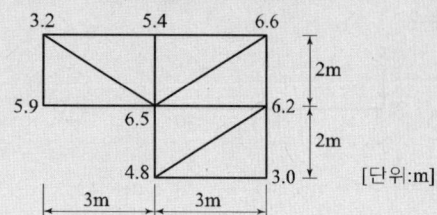

① 98m³　　② 100m³
③ 102m³　　④ 104m³

해설 점고법

1) $a = \frac{1}{2}(3 \times 2) = 3\text{m}^2$
2) $\sum h_1 = 5.9 + 3.0 = 8.9\text{m}$
   $2\sum h_2 = 2(3.2 + 5.4 + 6.6 + 4.8) = 40\text{m}$
   $3\sum h_3 = 3(6.2) = 18.6\text{m}$
   $5\sum h_5 = 5(6.5) = 32.5\text{m}$
3) 삼각형 공식
   $V = \frac{a}{3}[\sum h_1 + 2\sum h_2 + \ldots + 8\sum h_8]$
   $= \frac{3}{3}[8.9 + 40 + 18.6 + 32.5] = 100\text{m}^3$

24 수심 h인 하천의 수면으로부터 0.2h, 0.6h, 0.8h인 곳에서 각각의 유속을 측정한 결과 0.562m/s, 0.497m/s, 0.364m/s이었다. 3점법을 이용한 평균유속은?

① 0.45m/s　　② 0.48m/s
③ 0.51m/s　　④ 0.54m/s

해설 평균유속

1) 0.6h 부분의 유속이 평균유속과 가장 근접하므로 2배의 가중치를 주어 계산한다.
2) $V = \frac{1}{4}(V_{0.2} + 2V_{0.6} + V_{0.8})$
   $= \frac{1}{4}(0.562 + 2 \times 0.497 + 0.364) = 0.48\text{m/sec}$

25 그림과 같은 단면의 면적은? (단, 좌표의 단위는 m이다.)

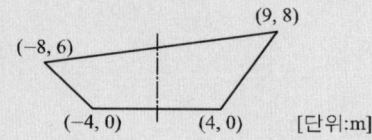

① 174m²　　② 148m²
③ 104m²　　④ 87m²

해설 좌표법

1) y좌표 : 0, 6, 8, 0, 0
   x좌표 : -4, -8, 9, 4, -4
2) $A = \frac{1}{2}\sum y_i(x_{i+1} - x_{i-1})$
   $= \frac{1}{2}[6\{(9)-(-4)\} + 8\{(4)-(-8)\}]$
   $= 87\text{m}^2$

26 각의 정밀도가 ±20″인 각측량기로 각을 관측할 경우, 각오차와 거리오차가 균형을 이루기 위한 줄자의 정밀도는?

① 약 $\frac{1}{10000}$　　② 약 $\frac{1}{50000}$
③ 약 $\frac{1}{100000}$　　④ 약 $\frac{1}{500000}$

해설 거리관측($\frac{d\ell}{\ell}$)과 각 관측($\frac{d\theta''}{\rho''}$)의 정밀도

1) $\frac{d\ell}{\ell} = \frac{d\theta''}{\rho''}$ 이므로,
2) $\frac{d\ell}{\ell} = \frac{20''}{206265''} \fallingdotseq \frac{1}{10000}$

27 노선의 곡선반지름이 100m, 곡선길이가 20m일 경우 클로소이드(clothoid)의 매개변수(A)는?

① 22m　　② 40m
③ 45m　　④ 60m

해설 클로소이드 매개변수(A)
$A = \sqrt{RL} = \sqrt{100 \times 20} = 45\text{m}$

해답 23. ②　24. ②　25. ④　26. ①　27. ③

28 수준점 A, B, C에서 P점까지 수준측량을 한 결과가 표와 같다. 관측거리에 대한 경중률을 고려한 P점의 표고는?

측량경로	거리	P점의 표고
A→P	1km	135.487m
B→P	2km	135.563m
C→P	3km	135.603m

① 135.529m ② 135.551m
③ 135.563m ④ 135.570m

해설 고저측량

1) $P_1 : P_2 : P_3 = \frac{1}{1} : \frac{1}{2} : \frac{1}{3} = 6 : 3 : 2$

2) $H_P = \frac{[PH]}{[P]}$
$= \frac{6 \times 135.487 + 3 \times 135.563 + 2 \times 135.603}{6+3+2}$
$= 135.529m$

29 그림과 같이 교호수준측량을 실시한 결과, a_1=3.835m, b_1=4.264m, a_2=2.375m, b_2=2.812m 이었다. 이 때 양안의 두 점 A와 B의 높이 차는? (단, 양안에서 시준점과 표척까지의 거리CA=DB)

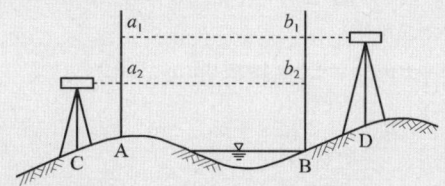

① 0.429m ② 0.433m
③ 0.437m ④ 0.441m

해설 교호수준측량

1) $h = \frac{1}{2}[(a_1 - b_1) + (a_2 - b_2)]$
$= \frac{1}{2}[(3.835 - 4.264) + (2.375 - 2.812)]$
$= -0.433m$

2) A점이 B점보다 0.433m가 높다.

30 GNSS가 다중주파수(multi-frequency)를 채택하고 있는 가장 큰 이유는?
① 데이터 취득 속도의 향상을 위해
② 대류권지연 효과를 제거하기 위해
③ 다중경로오차를 제거하기 위해
④ 전리층지연 효과의 제거를 위해

해설 GNSS의 다중주파수

L1신호와 L2신호가 전리층에서 굴절되는 비율이 서로 다르기 때문에 L1과 L2의 선형조합을 통해 전리층 굴절을 보정할 수 있다.

31 트래버스측량(다각측량)의 폐합오차 조정방법 중 컴파스법칙에 대한 설명으로 옳은 것은?
① 각과 거리의 정밀도가 비슷할 때 실시하는 방법이다.
② 위거와 경거의 크기에 비례하여 폐합오차를 배분한다.
③ 각 측선의 길이에 반비례하여 폐합오차를 배분한다.
④ 거리보다는 각의 정밀도가 높을 때 활용하는 방법이다.

해설 다각측량의 폐합오차 조정법

1) 컴퍼스법칙: 각과 거리관측의 정밀도가 비슷할 때 실시한다.
2) 트랜싯법칙: 각 관측 정밀도가 거리관측의 정밀도보다 좋을 때 실시한다.

32 트래버스측량(다각측량)의 종류와 그 특징으로 옳지 않은 것은?
① 결합 트래버스는 삼각점과 삼각점을 연결시킨 것으로 조정계산 정확도가 가장 높다.
② 폐합 트래버스는 한 측점에서 시작하여 다시 그 측점에 돌아오는 관측 형태이다.
③ 폐합 트래버스는 오차의 계산 및 조정이 가능하나, 정확도는 개방 트래버스보다 낮다.
④ 개방 트래버스는 임의의 한 측점에서 시작하여 다른 임의의 한 점에서 끝나는 관측 형태이다.

해설 트래버스측량(다각측량)

다각측량 정확도: 결합 트래버스 > 폐합 트래버스 > 개방 트래버스

해답 28. ① 29. ② 30. ④ 31. ① 32. ③

★★★
33 삼각망 조정계산의 경우에 하나의 삼각형에 발생한 각오차의 처리 방법은? (단, 각관측 정밀도는 동일하다.)
① 각의 크기에 관계없이 동일하게 배분한다.
② 대변의 크기에 비례하여 배분한다.
③ 각의 크기에 반비례하여 배분한다.
④ 각의 크기에 비례하여 배분한다.

해설 삼각망 조정계산
각 관측 정밀도가 동일한 경우, 각의 크기에 관계없이 동일하게 배분한다.

★
34 종단수준측량에서는 중간점을 많이 사용하는 이유로 옳은 것은?
① 중심말뚝의 간격이 20m 내외로 좁기 때문에 중심말뚝을 모두 전환점으로 사용할 경우 오차가 더욱 커질 수 있기 때문이다.
② 중간점을 많이 사용하고 기고식 야장을 작성할 경우 완전한 검산이 가능하여 종단수준측량의 정확도를 높일 수 있기 때문이다.
③ B.M.점 좌우의 많은 점을 동시에 측량하여 세밀한 종단면도를 작성하기 위해서이다.
④ 핸드레벨을 이용한 작업에 적합한 측량방법이기 때문이다.

해설 종단수준측량의 중간점 사용이유
1) 중심말뚝을 모두 전환점(TP)으로 사용할 경우 오차가 더욱더 커진다.
2) 중간점의 오차는 다른 지반 고에 영향을 주지 않는다.

★
35 표고 또는 수심을 숫자로 기입하는 방법으로 하천이나 항만 등에서 수심을 표시하는데 주로 사용되는 방법은?
① 영선법 ② 채색법
③ 음영법 ④ 점고법

해설 지형의 표시법
1) 자연적 도법: 음영법, 영선법(우모법)
2) 부호적 도법: 점고법, 채색법, 등고선법
3) 점고법: 측점에 표고 또는 수심을 숫자로 기입하는 방법

★★
36 그림과 같은 유심 삼각망에서 점조건, 조정식에 해당하는 것은?

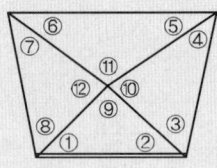

① (①+②+⑨)=180°
② (①+②)=(⑤+⑥)
③ (⑨+⑩+⑪+⑫)=360°
④ (①+②+③+④+⑤+⑥+⑦+⑧)=360°

해설 유심 삼각망 조정 계산
1) 제1조정: 각 조건에 의한 조정 (삼각형 내각의=180°)
2) 제2조정: 점 조건에 의한 조정(⑨+⑩+⑪+⑫=360°)
3) 제3조정: 변 조건에 의한 조정

★★★
37 120m의 측선을 30m 줄자로 관측하였다. 1회 관측에 따른 우연오차가 ±3mm이었다면, 전체 거리에 대한 오차는?
① ±3mm ② ±6mm
③ ±9mm ④ ±12mm

해설 우연오차
1) 관측회수
$$n = \frac{L}{l} = \frac{120}{30} = 4회$$
2) 우연오차(E)
$$E = \pm b\sqrt{n} = \pm 3\sqrt{4} = \pm 6mm$$

★★★
38 완화곡선에 대한 설명으로 틀린 것은?
① 곡선 반지름은 완화곡선의 시점에서 무한대, 종점에서 원곡선의 반지름이 된다.
② 완화곡선에 연한 곡선 반지름의 감소율은 칸트의 증가율과 같다.
③ 완화곡선의 접선은 시점에서 원호에, 종점에서 직선에 접한다.
④ 종점에 있는 칸트는 원곡선의 칸트와 같게 된다.

해설 완화곡선 성질
완화곡선의 접선은 시점에서 직선에, 종점에서 원호에 접한다.

39 축척 1:500 지형도를 기초로 하여 축척 1:3000 지형도를 제작하고자 한다. 축척 1:3000 도면 한 장에 포함되는 축척 1:500 도면의 매수는?
(단, 1:500 지형도와 1:3000 지형도의 크기는 동일하다.)
① 16매　　② 25매
③ 36매　　④ 49매

해설 축척과 면적과의 관계
1) 1:500 지형도의 포함면적
$(\frac{1}{m})^2 = \frac{a(도상면적)}{A_1(실제면적)}$ 에서　$A_1 = a \times 500^2$
2) 1:3000 지형도의 포함면적
$(\frac{1}{m})^2 = \frac{a}{A_2}$ 에서　$A_2 = a \times 3000^2$
3) 필요한 지형도의 매수
$\therefore \frac{A_2}{A_1} = \frac{a \times 3000^2}{a \times 500^2} = 36$매

40 지오이드(Geoid)에 관한 설명으로 틀린 것은?
① 중력장 이론에 의한 물리적 가상면이다.
② 지오이드 면과 기준타원체면은 일치한다.
③ 지오이드는 어느 곳에서나 중력 방향과 수직을 이룬다.
④ 평균 해수면과 일치하는 등포텐셜면이다.

해설 지오이드(Geoid)
1) 지오이드 면과 기준타원체 면을 일치하지 않는다.
2) 육지에서는 지오이드면이 기준타원체 면보다 위에 있고, 바다에서는 지오이드 면이 타원체면 보다 아래에 있다.

수리학 및 수문학

41 다음 중 증발에 영향을 미치는 인자가 아닌 것은?
① 온도　　② 대기압
③ 통수능　　④ 상대습도

해설 증발의 영향인자
1) 온도가 높을수록, 대기압이 낮을수록, 상대습도가 낮을수록 증발량은 증가한다.
2) 통수능: 단면이 물을 통과시키는 능력을 말한다.

42 유역면적이 15km²이고 1시간에 내린 강우량이 150mm일 때 하천의 유출량이 350m³/s이면 유출율은?
① 0.56　　② 0.65
③ 0.72　　④ 0.78

해설 유출율(유출계수)
1) 강우강도: $I = \frac{150mm}{1hr} = \frac{0.15m}{3600sec}$
2) $Q = AI = 15 \times 10^6 \times \frac{0.15}{3600} = 625 m^3/sec$
3) 유출율 = $\frac{유출량}{강우량} = \frac{350}{625} = 0.56$

43 비압축성유체의 연속방정식을 표현한 것으로 가장 올바른 것은?
① $Q = pAV$　　② $p_1 A_1 = p_2 A_2$
③ $Q_1 A_1 V_1 = Q_2 A_2 V_2$　　④ $A_1 V_1 = A_2 V_2$

해설 비압축성유체의 연속방정식
1) 연속방정식은 질량보존법칙이다.
2) $Q_1 = Q_2 \Rightarrow \therefore A_1 V_1 = A_2 V_2$

해답　39. ③　40. ②　41. ③　42. ①　43. ④

44 다음 물의 흐름에 대한 설명 중 옳은 것은?

① 수심은 깊으나 유속이 느린 흐름을 사류라 한다.
② 물의 분자가 흩어지지 않고 질서 정연히 흐르는 흐름을 난류라 한다.
③ 모든 단면에 있어 유적과 유속이 시간에 따라 변하는 것을 정류라 한다.
④ 에너지선과 동수 경사선의 높이의 차는 일반적으로 $\dfrac{V^2}{2g}$이다.

해설 물의 흐름
1) 수심이 깊고 유속이 느린 흐름을 상류라 한다.
2) 물의 분자가 흩어 지지 않고 질서 정연히 흐르는 흐름을 층류라 한다.
3) 모든 단면에 있어 유적과 유속이 시간에 따라 변하는 것을 부정류라 한다.
4) 에너지선은 동수경사선의 값에 속도수두를 더한 값의 크기가 된다.

에너지선 $= Z + \dfrac{P}{w} + \dfrac{v^2}{2g}$

동수경사선 $= Z + \dfrac{P}{w}$

45 미계측 유역에 대한 단위유량도의 합성방법이 아닌 것은?

① SCS 방법
② Clark 방법
③ Horton 방법
④ Snyder 방법

해설 합성단위유량도
1) 정의: 강우량과 유출의 자료 등 관측기록이 없는 경우, 인접지역의 관측 자료를 기초로 단위도를 합성하는 방법
2) 종류: SCS방법, Clark방법, Snyder방법
3) Horton 방법은 침투능 결정 방법이다.

46 표고 20m인 저수지에서 물을 표고 50m인 지점까지 1.0m³/sec의 물을 양수하는데 소요되는 펌프동력은? (단, 모든 손실수두의 합은 3.0m이고 모든 관은 동일한 직경과 수리학적 특성을 지니며, 펌프의 효율은 80%이다.)

① 248kW
② 330kW
③ 404kW
④ 650kW

해설 펌프동력
1) 펌프의 전 양정(H_t)
$H_t = $실양정$+ \sum$손실수두$= (50-20)+3 = 33$m
2) 펌프의 동력
$E = 9.8 \dfrac{Q H_t}{\eta} = 9.8 \dfrac{1 \times 33}{0.8} = 404$kW

47 폭 35cm인 직사각형 위어(weir)의 유량을 측정하였더니 0.03m³/s이었다. 월류수심의 측정에 1mm의 오차가 생겼다면, 유량에 발생하는 오차는? (단, 유량계산은 프란시스(Francis) 공식을 사용하되 월류 시 단면수축은 없는 것으로 가정한다.)

① 1.16%
② 1.50%
③ 1.67%
④ 1.84%

해설 유량오차($\dfrac{dQ}{Q}$)와 수두측정오차($\dfrac{dh}{h}$)
1) 직사각형 위어의 유량(Francis)
$Q = 1.84 \, b_o \, h^{\frac{3}{2}}$ 에서
$h = \left(\dfrac{Q}{1.84 \, b_o}\right)^{\frac{2}{3}}$
$= \left(\dfrac{0.03}{1.84 \times 0.35}\right)^{\frac{2}{3}} = 0.13$m $= 130$mm
2) 유량오차와 수두측정 오차의 관계: 오차원인(h)의 지수 $(n = \dfrac{3}{2})$에 비례한다.
$\dfrac{dQ}{Q} = n \times \dfrac{dh}{h} \Rightarrow \dfrac{dQ}{Q} = \dfrac{3}{2} \times \dfrac{1}{130} = 0.0115 = 1.15\%$

48 여과량이 2m³/s, 동수경사가 0.2, 투수계수가 1cm/s일 때 필요한 여과지 면적은?

① 1000m²
② 1500m²
③ 2000m²
④ 2500m²

해설 Darcy 법칙
1) $K = 1$cm/sec $= 0.01$m/sec
2) $Q = AV = AKI$
∴ $A = \dfrac{Q}{KI} = \dfrac{2}{0.01 \times 0.2} = 1000$m²

해답 44. ④   45. ③   46. ③   47. ①   48. ①

49. 다음 표는 어느 지역의 40분간 집중 호우를 매 5분마다 관측한 것이다. 지속시간이 20분인 최대강우강도는?

시간(분)	우량(mm)
0~5	1
5~10	4
10~15	2
15~20	5
20~25	8
25~30	7
30~35	3
35~40	2

① I=49mm/hr ② I=59mm/hr
③ I=69mm/hr ④ I=72mm/hr

해설 최대강우강도
1) 0~20분: 1+4+2+5=12mm
   5~25분: 4+2+5+8=19mm
   10~30분: 2+5+8+7=22mm
   15~35분: 5+8+7+3=23mm
   20~40분: 8+7+3+2=20mm
   ∴ 20분간 최대강우량=23mm
2) 지속기간 20분 최대강우강도
$$I = \frac{23mm}{20min} \times \frac{60min}{1hr} = \frac{69mm}{hr}$$

50. 길이 13m, 높이 2m, 폭 3m, 무게 20 ton인 바지선의 흘수는?
① 0.51m ② 0.56m
③ 0.58m ④ 0.46m

해설 부력
1) 배수용적: $V' = A \times d = 13 \times 3 \times d$
2) $wV + M = w'V' + M'$
   $20t + 0 = \frac{1t}{m^3} \times 13m \times 3m \times d + 0$
   $\therefore d = 0.51m$

51. 개수로 내의 흐름에 대한 설명으로 옳은 것은?
① 에너지선은 자유표면과 일치한다.
② 동수경사선은 자유표면과 일치한다.
③ 에너지선과 동수경사선은 일치한다.
④ 동수경사선은 에너지선과 언제나 평행하다.

해설 개수로 내의 흐름
1) 동수구배는 위치수두와 압력수두 합이므로 자유표면과 일치한다.
2) 에너지선은 동수경사선보다 속도수두만큼 위에 있다.
3) 등류 흐름인 경우 동수경사선은 에너지선과 언제나 평행하다.

52. 상대조도에 관한 사항 중 옳은 것은?
① Chezy의 유속계수와 같다.
② Manning의 조도계수를 나타낸다.
③ 절대조도를 관지름으로 곱한 것이다.
④ 절대조도를 관지름으로 나눈 것이다.

해설 상대조도
1) 상대조도 $= \frac{e}{D}$
2) 상대조도는 절대조도를 관의 안지름으로 나눈 값을 말한다.

53. 그림과 같이 물 속에 수직으로 설치된 넓이 2m×3m의 수문을 올리는데 필요한 힘은? (단, 수문의 물 속 무게는 1960N이고, 수문과 벽면사이의 마찰계수는 0.25이다.)

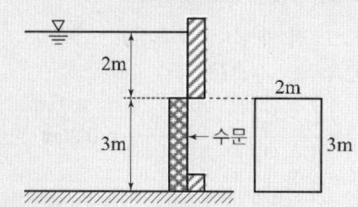

① 5.45kN ② 53.4kN
③ 126.7kN ④ 271.2kN

해설 수문을 들어 올리는데 필요한 힘의 크기
1) 수문에 작용하는 전수압(P)
$$P = wh_G A = \left(\frac{9.8kN}{m^3}\right)\left(2m + \frac{3}{2}m\right)(2m \times 3m) = 205.8kN$$

해답 49. ③ 50. ① 51. ② 52. ④ 53. ②

2) 수문과 벽면사이에 작용하는 마찰력(F)
  F = 마찰계수 × 전수압
    $= 0.25 \times 205.8 = 51.45$ kN
3) 수문을 올리는데 필요한 힘의 크기
  = 수문의 수중무게 + 마찰력
  $= 1.96 + 51.45 = 53.41$ kN

★★★

54 단위중량 w, 밀도 ρ인 유체가 유속 V로서 수평방향으로 흐르고 있다. 지름 d, 길이 ℓ인 원주가 유체의 흐름방향에 직각으로 중심축을 가지고 놓였을 때 원주에 작용하는 항력(D)은? (단, C는 항력계수이다.)

① $D = C \cdot \dfrac{\pi d^2}{4} \cdot \dfrac{wV^2}{2}$

② $D = C \cdot d \cdot \ell \cdot \dfrac{\rho V^2}{2}$

③ $D = C \cdot \dfrac{\pi d^2}{4} \cdot \dfrac{\rho V^2}{2}$

④ $D = C \cdot d \cdot \ell \cdot \dfrac{wV^2}{2}$

해설 항력(D)

1) $D = C \times A \times \dfrac{\rho V^2}{2}$
2) A = 투영면적($d \times \ell$)

★★★

55 도수 전후의 수심이 각각 2m, 4m 일 때 도수로 인한 에너지 손실(수두)은?

① 0.1m ② 0.2m
③ 0.25m ④ 0.5m

해설 도수로 인한 에너지손실(ΔH_e)

1) h_1 = 도수 전 수심(사류수심),
   h_2 = 도수 후 수심(상류수심)

2) $\Delta H_e = \dfrac{(h_2 - h_1)^3}{4 h_2 h_1} = \dfrac{(4-2)^3}{4 \times 4 \times 2} = 0.25$ m

★

56 다음 중 부정류 흐름의 지하수를 해석하는 방법은?

① Theis 방법 ② Dupuit 방법
③ Thiem 방법 ④ Laplace 방법

해설 지하수 해석방법

1) 부정류: Theis 방법, Jacob 방법, Chow 방법
2) 정류: Thiem방법, Dupuit방법

★★★

57 부피 50m³인 해수의 무게(W)와 밀도(ρ)를 구한 값으로 옳은 것은? (단, 해수의 단위중량은 1.025t/m³)

① W = 5t, ρ = 0.1046 kg·sec²/m⁴
② W = 5t, ρ = 104.6 kg·sec²/m⁴
③ W = 5.125t, ρ = 10.46 kg·sec²/m⁴
④ W = 51.25t, ρ = 104.6 kg·sec²/m⁴

해설 유체의 단위중량

1) 해수의 단위중량(w): $\dfrac{무게}{부피}$

   $w = \dfrac{W}{V} \Rightarrow W = w \cdot V = \dfrac{1.025 \text{ t}}{\text{m}^3} \times 50 \text{m}^3 = 51.25$ t

2) 해수의 밀도(ρ)

   $w = \rho g \Rightarrow \rho = \dfrac{w}{g} = \dfrac{1025 \text{kg/m}^3}{9.8 \text{m/sec}^2} = 104.6$ kg·sec²/m⁴

★★★

58 수리학상 유리한 단면에 관한 설명 중 옳지 않은 것은?

① 주어진 단면에서 윤변이 최소가 되는 단면이다.
② 직사각형 단면일 경우 수심이 폭의 1/2인 단면이다.
③ 최대유량의 소통을 가능하게 하는 가장 경제적인 단면이다.
④ 수심을 반지름으로 하는 반원을 외접원으로 하는 제형단면이다.

해설 수리 상 유리한 단면

1) 조건: 윤변이 최소, 경심이 최대 일 때 발생한다.
2) 수리상 유리한 단면은 수심을 반지름으로 하는 반원을 내접원으로 하는 제형단면이다.

★★★

59 오리피스(orifice)에서의 유량 Q를 계산할 때 수두 H의 측정에 1%의 오차가 있으면 유량계산의 결과에는 얼마의 오차가 생기는가?

① 0.1% ② 0.5%
③ 1% ④ 2%

해설 유량오차($\dfrac{dQ}{Q}$)와 수두측정오차($\dfrac{dH}{H}$)

1) 오리피스의 유량

   $Q = CA\sqrt{2gh} = kh^{\frac{1}{2}}$

2) 유량오차와 수두측정 오차의 관계: 오차원인(h)의 지수 ($n = \dfrac{1}{2}$)에 비례한다.

   $\dfrac{dQ}{Q} = n \dfrac{dH}{H} \Rightarrow \dfrac{dQ}{Q} = \dfrac{1}{2} \times 1\% = 0.5\%$

해답 54. ② 55. ③ 56. ① 57. ④ 58. ④ 59. ②

60 폭 8m의 구형단면 수로에 40m³/s의 물을 수심 5m로 흐르게 할 때, 비에너지는? (단, 에너지 보정계수 α=1.11로 가정한다.)

① 5.06m ② 5.87m
③ 6.19m ④ 6.73m

해설 비에너지(H_e)

1) $Q = AV$ 에서 $V = \dfrac{Q}{A} = \dfrac{40}{8 \times 5} = 1\text{m/sec}$

2) $H_e = h + \alpha \dfrac{V^2}{2g}$
   $= 5 + 1.11 \times \dfrac{1^2}{2 \times 9.8} = 5.06\text{m}$

철근콘크리트 및 강구조

61 경간 l=10m인 대칭 T형보에서 양쪽 슬래브의 중심 간 거리 2100mm, 슬래브의 두께(t) 100mm, 복부의 폭(b_w) 400mm일 때 플랜지의 유효폭은 얼마인가?

① 2000mm ② 2100mm
③ 2300mm ④ 2500mm

해설 플랜지 유효폭(대칭 T형보)

1) $16t + b_w = 16 \times 100 + 400 = 2000\text{mm}$
2) 양쪽 슬래브의 중심간 거리 = 2100m
3) 보의 경간 $\times \dfrac{1}{4} = \dfrac{10000}{4} = 2500\text{mm}$

∴ 위의 셋 중 가장 작은 값(2000mm)이 플랜지 유효 폭이다.

62 다음 그림의 고장력 볼트 마찰이음에서 필요한 볼트 수는 최소 몇 개인가? (단, 볼트는 M22(ϕ=22mm), F10T를 사용하며, 마찰이음의 허용력은 48kN이다.)

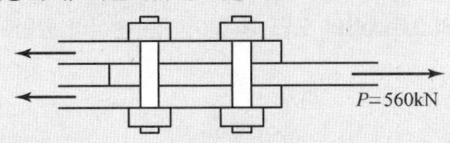

① 3개 ② 5개
③ 6개 ④ 8개

해설 고 장력 볼트

1) 고 장력 볼트의 허용강도
   = 마찰이음의 허용력×2 (∵ 2면 마찰이므로)
   = 2×48kN = 96kN

2) 볼트 수 = $\dfrac{\text{작용하중}}{\text{허용강도}} = \dfrac{560}{96} = 5.83$개

∴ 볼트 수는 올림 정수 6개가 된다.

63 철근 콘크리트보에 스터럽을 배근하는 가장 중요한 이유로 옳은 것은?

① 주철근 상호간의 위치를 바르게 하기 위하여
② 보에 작용하는 사인장 응력에 의한 균열을 제어하기 위하여
③ 콘크리트와 철근과의 부착강도를 높이기 위하여
④ 압축측 콘크리트의 좌굴을 방지하기 위하여

해설 스터럽 배근이유

스터럽은 사 인장 응력에 의한 사 인장 균열을 방지하기 위한 전단응력 보강철근을 말한다.

64 아래의 그림과 같은 두께 12mm 평판의 순단면적은? (단, 구멍의 지름은 23mm이다.)

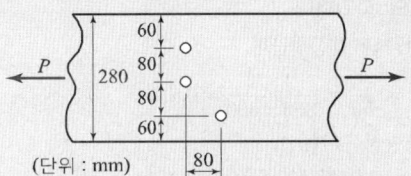

① 2310mm² ② 2440mm²
③ 2772mm² ④ 2928mm²

해설 순단면적(A_n)

1) 순폭
   ① $b_n = b_g - 2d = 280 - 2 \times 23 = 234\text{mm}$
   ② $b_n = b_g - 2d - (d - \dfrac{P^2}{4g})$
      $= 280 - 2 \times 23 - (23 - \dfrac{80^2}{4 \times 80}) = 231\text{mm}$

   ∴ 위의 둘 중 작은 값을 순폭으로 한다.

2) $A_n = b_n \times t = 231 \times 12 = 2772\text{mm}^2$

해답 60. ① 61. ① 62. ③ 63. ② 64. ③

65. 그림과 같은 필릿용접의 유효목두께로 옳게 표시된 것은? (단, 강구조 연결 설계기준에 따름)

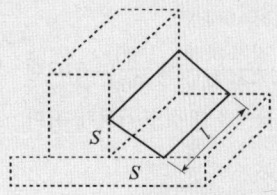

① S ② 0.9S
③ 0.7S ④ 0.5ℓ

해설 유효 목두께(a)
1) 필릿용접: 목두께의 방향은 모재 면과 45°로 한다.
   $$a = \frac{1}{\sqrt{2}}s = 0.707s$$
2) 홈 용접: 목두께는 모재의 두께를 사용한다.

66. $b=300$mm, $d=600$mm, $A_s=3$-D35$=2870$mm²인 직사각형 단면보의 파괴 양상은? (단, 강도 설계법에 의한 $f_y=300$MPa, $f_{ck}=21$MPa이다.)

① 취성파괴
② 연성파괴
③ 균형파괴
④ 파괴되지 않는다.

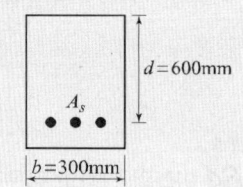

해설 보의 파괴형태
1) 배근된 인장철근비
   $$\rho_s = \frac{A_s}{bd} = \frac{2,870}{300 \times 600} = 0.0159$$
2) 균형철근비(ρ_b)
   $$\rho_b = \frac{\eta(0.85f_{ck})\beta_1}{f_y}\frac{\epsilon_{cu}}{\epsilon_{cu}+\epsilon_y}$$
   $$= \frac{1.0 \times 0.85 \times 21 \times 0.8}{300}\frac{0.0033}{0.0033+0.0015} = 0.0327$$
   여기서, $f_{ck} \leq 40$MPa $\Rightarrow \eta=1.0$, $\beta_1=0.8$,
   $$\epsilon_y = \frac{f_y}{E_s} = \frac{300}{200,000} = 0.0015$$
4) 최대철근비
   $$\rho_{s,\max} = \frac{\eta(0.85f_{ck})\beta_1}{f_y}\frac{\epsilon_{cu}}{\epsilon_{cu}+\epsilon_a}$$
   $$= \frac{1.0 \times (0.85 \times 21) \times 0.8}{300}\frac{0.0033}{0.0033+0.004} = 0.0215$$
5) 보의 파괴 양상
   $\therefore \rho_s < \rho_{s,\max}$ 이므로 연성파괴가 발생한다.

67. 철근콘크리트 부재에서 처짐을 방지하기 위해서는 부재의 두께를 크게 하는 것이 효과적인데, 구조상 가장 두꺼워야 될 순서대로 나열된 것은? (단, 동일한 부재 길이(l)를 갖는다고 가정)

① 캔틸레버 > 단순지지 > 일단연속 > 양단연속
② 단순지지 > 캔틸레버 > 일단연속 > 양단연속
③ 일단연속 > 양단연속 > 단순지지 > 캔틸레버
④ 양단연속 > 일단연속 > 단순지지 > 캔틸레버

해설
1) 처짐을 계산하지 않아도 되는 보의 최소두께

부재	보의 최소 두께($f_y=400$MPa)			
	캔틸레버	단순지지	일단연속	양단연속
보	$\dfrac{\ell}{8}$	$\dfrac{\ell}{16}$	$\dfrac{\ell}{18.5}$	$\dfrac{\ell}{21}$

2) $f_y \neq 400$MPa인 경우는 위의 표의 값에 $\left(0.43 + \dfrac{f_y}{700}\right)$을 곱하여 구한다.
3) 부재의 두께 크기: 캔틸레버>단순지지>일단연속>양단연속

68. 1방향 콘크리트 슬래브에서 설계기준 항복강도(f_y)가 450MPa인 이형철근을 사용한 경우 수축 · 온도철근 비는?

① 0.0016 ② 0.0018
③ 0.0020 ④ 0.0022

해설 수축 · 온도철근 비(ρ)
1) $f_y \leq 400$MPa인 이형철근을 사용한 슬래브: $\rho=0.0020$
2) $f_y > 400$MPa인 경우
   $$\rho = 0.0020 \times \frac{400}{f_y} \geq 0.0014$$
   $$= 0.0020 \times \frac{400}{450} = 0.0018$$

69. 프리스트레스의 도입 후 일어나는 손실의 원인이 아닌 것은?

① 콘크리트의 크리프
② PS강재와 쉬스 사이의 마찰
③ 콘크리트의 건조수축
④ PS강재의 릴랙세이션

해답 65. ③ 66. ② 67. ① 68. ② 69. ②

[해설] 프리스트레스 손실
1) 프리스트레스 도입직후 손실(즉시손실)
   ① 콘크리트 탄성변형
   ② 정착장치 활동
   ③ PS강재와 쉬스 사이의 마찰
2) 프리스트레스 도입후의 손실(시간손실)
   ① 콘크리트 건조수축 및 크리프
   ② PS강재의 릴랙세이션

★★★
70 폭이 400mm, 유효깊이가 500mm인 단철근 직사각형 보 단면에서, 강도설계법에 의한 균형철근량은 약 얼마인가? (단, $f_{ck}=35$MPa, $f_y=400$MPa)
① 6135mm²
② 6623mm²
③ 7400mm²
④ 7841mm²

[해설] 단철근 직사각형 보의 균형철근량
1) $\rho_b = \dfrac{\eta(0.85\beta_1 f_{ck})}{f_y} \cdot \dfrac{\epsilon_{cu}}{\epsilon_{cu}+\epsilon_y}$
   $= \dfrac{1.0 \times 0.85 \times 0.8 \times 35}{400} \cdot \dfrac{0.0033}{0.0033+0.002} = 0.037$
   여기서, $f_{ck} \leq 40$MPa $\Rightarrow \eta=1.0, \beta_1=0.8$
   $\epsilon_y = \dfrac{f_y}{E_s} = \dfrac{400}{200,000} = 0.002$
2) $A_{sb} = \rho_b bd = 0.037 \times 400 \times 500 = 7,400\text{mm}^2$

★★★
71 복철근 콘크리트 단면에 인장철근비는 0.02, 압축철근비는 0.01이 배근된 경우 순간처짐이 20mm일 때 6개월이 지난 후 총 처짐량은? (단, 작용하는 하중은 지속하중이며 6개월 재하기간에 따르는 계수 ξ는 1.20이다.)
① 56mm
② 46mm
③ 36mm
④ 26mm

[해설] 복철근 단면 보의 총 처짐량
1) 장기 처짐 계수(λ_Δ)
   $\lambda_\Delta = \dfrac{\xi}{1+50\rho'} = \dfrac{1.2}{1+50 \times 0.01} = 0.8$
2) 장기처짐량 = $\lambda_\Delta \times$ 순간처짐 = $0.8 \times 20 = 16$
3) 총 처짐량 = 순간처짐 + 장기처짐
   = 20 + 16 = 36mm

★
72 그림과 같은 철근콘크리트 보 단면이 파괴 시 인장철근의 변형률은? (단, $f_{ck}=28$MPa, $f_y=350$MPa, $A_s=1520$mm²)
① 0.004
② 0.008
③ 0.011
④ 0.015

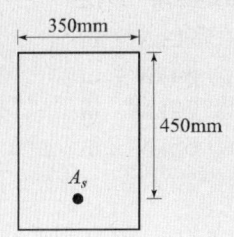

[해설] 인장철근 변형률
1) 등가직사각형 응력블록깊이(a)
   $a = \dfrac{A_s f_y}{\eta(0.85 f_{ck})b}$
   $= \dfrac{1,520 \times 350}{1.0 \times 0.85 \times 28 \times 350} = 63.866\text{ mm}$
   여기서, $f_{ck} \leq 40$MPa $\Rightarrow \eta=1.0, \beta_1=0.8$
2) 중립축까지 거리
   $c = \dfrac{a}{\beta_1} = \dfrac{63.866}{0.8} = 79.83\text{mm}$
3) 최 외단 인장철근의 순인장변형률(ϵ_t)
   $\epsilon_t = \epsilon_{cu}\left(\dfrac{d_t-c}{c}\right) = 0.0033\left(\dfrac{450-79.83}{79.83}\right) = 0.0153$

★
73 다음은 프리스트레스트 콘크리트에 관한 설명이다. 옳지 않은 것은?
① 프리캐스트를 사용할 경우 거푸집 및 동바리공이 불필요하다.
② 콘크리트 전 단면을 유효하게 이용하여 RC부재보다 경간을 길게 할 수 있다.
③ RC에 비해 단면이 작아서 변형이 크고 진동하기 쉽다.
④ RC보다 내화성에 있어서 유리하다.

[해설] PSC 콘크리트 단점
1) RC(철근콘크리트)보다 내화성에 있어서는 불리하다.
2) RC에 비해 단면이 작으므로 변형이 크고 진동하기 쉽다.
3) 공사비가 많이 든다.

해답 70. ③ 71. ③ 72. ④ 73. ④

2019년 과년도출제문제

74 그림과 같은 단면의 중간 높이에 초기 프리스트레스 900kN을 작용시켰다. 20%의 손실을 가정하여 하단 또는 상단의 응력이 영(零)이 되도록 이 단면에 가할 수 있는 모멘트의 크기는?

① 90kN · m
② 84kN · m
③ 72kN · m
④ 65kN · m

해설 PSC의 응력
1) 손실 프리스트레스 : 900×0.2=180kN
2) 유효 프리스트레스 : 900-180=720kN
3) 상·하단에서 응력이 "0"이 되는 조건

$\dfrac{P}{A} = \dfrac{M}{Z}$ 이므로,

$\dfrac{720}{0.3 \times 0.6} = \dfrac{M}{0.3 \times 0.6^2 / 6}$ ⇒ ∴ $M = 72$kN · m

75 철근콘크리트 부재의 피복두께에 관한 설명으로 틀린 것은?

① 최소 피복두께를 제한하는 이유는 철근의 부식방지, 부착력의 증대, 내화성을 갖도록 하기 위해서이다.
② 현장치기 콘크리트로서, 흙에 접하거나 옥외의 공기에 직접 노출되는 콘크리트의 최소 피복두께는 D25 이하의 철근의 경우 40mm이다.
③ 현장치기 콘크리트로서, 흙에 접하여 콘크리트를 친 후 영구히 흙에 묻혀있는 콘크리트의 최소 피복두께는 80mm이다.
④ 콘크리트 표면과 그와 가장 가까이 배치된 철근 표면 사이의 콘크리트 두께를 피복두께라 한다.

해설 최소 피복두께(현장치기 콘크리트)
1) 최소 피복두께 이유: 철근 부식방식, 내화성, 부착력 증대
2) 옥외의 공기나 흙에 직접 접하는 콘크리트
   D29 이상 철근: 60mm
   D25 이하 철근: 50mm
   D16 이하 철근: 40mm

76 옹벽의 토압 및 설계일반에 대한 설명 중 옳지 않은 것은?

① 활동에 대한 저항력은 옹벽에 작용하는 수평력의 1.5배 이상이어야 한다.
② 뒷부벽식 옹벽의 저판은 정밀한 해석이 사용되지 않는 한, 3변 지지된 2방향 슬래브로 설계하여야 한다.
③ 뒷부벽은 T형보로 설계하여야 하며, 앞부벽은 직사각형 보로 설계하여야 한다.
④ 지반에 유발되는 최대 지반반력이 지반의 허용지지력을 초과하지 않아야 한다.

해설 옹벽의 설계일반
뒷부벽식 옹벽의 저판은 정밀한 해석이 사용되지 않는 한, 부벽간 거리를 경간으로 가정한 고정보 또는 연속보로 설계한다.

77 폭 350mm, 유효깊이 500mm인 보에 설계기준 항복강도가 400MPa인 D13 철근을 인장 주철근에 대한 경사각 (α)이 60°인 U형 경사 스터럽으로 설치했을 때 전단보강철근의 공칭강도(V_s)는? (단, 스터럽 간격 s=250mm, D13 철근 1본의 단면적은 127mm²이다.)

① 201.4kN
② 212.7kN
③ 243.2kN
④ 277.6kN

해설 경사 스터럽의 공칭강도(V_s)
1) $A_v = 127 \times 2 = 254$mm²
2) $V_s = \dfrac{A_v f_{yt} d}{s}(\sin\alpha + \cos\alpha)$
   $= \dfrac{254 \times 400 \times 500}{250} \times (\sin 60° + \cos 60°)$
   $= 277572.36$N ≒ 277.6kN

78 보통중량 콘크리트의 설계기준강도가 35MPa, 철근의 항복강도가 400MPa로 설계된 부재에서 공칭지름이 25mm인 압축 이형철근의 기본정착길이는?

① 425mm
② 430mm
③ 1010mm
④ 1015mm

해답 74. ③ 75. ② 76. ② 77. ④ 78. ②

해설 압축 이형철근의 기본 정착 길이(l_{db})

$$l_{db} = \frac{0.25\, d_b f_y}{\lambda \sqrt{f_{ck}}} \geq 0.043\, d_b f_y$$
$$= \frac{0.25 \times 25 \times 400}{1.0 \times \sqrt{35}} \geq 0.043 \times 25 \times 400$$
$$\therefore l_{db} = 430\,\mathrm{mm}$$

★★
79 계수 하중에 의한 단면의 계수휨모멘트(M_u)가 350 kN·m인 단철근 직사각형 보의 유효깊이(d)의 최솟값은?(단, ρ=0.0135, b=300mm, f_{ck}=24MPa, f_y=300MPa, 인장지배 단면이다.)

① 245mm   ② 368mm
③ 490mm   ④ 613mm

해설 단 철근 직사각형 보
1) $\phi = 0.85$ (∵ 인장지배단면)
2) $q = \dfrac{\rho f_y}{\eta f_{ck}} = \dfrac{0.0135 \times 300}{1.0 \times 24} = 0.17$
3) $M_u = \phi b d^2 f_{ck} q(1 - 0.59q)$
   $350 \times 10^6 = 0.85 \times 300 \times d^2 \times 24 \times 0.17(1 - 0.59 \times 0.17)]$
   $\therefore d = 611.48\,\mathrm{mm}$

★★
80 그림과 같은 나선철근 기둥에서 나선철근의 간격(pitch)으로 적당한 것은?(단, 소요나선철근비(ρ_s)는 0.018, 나선철근의 지름은 12mm, D_c는 나선철근의 바깥지름)

① 61mm
② 85mm
③ 93mm
④ 105mm

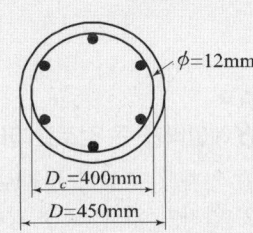

해설 나선철근비(ρ_s)
1) 나선철근 체적=나선철근단면적$\times \pi D_c$
   $= \dfrac{\pi \times 12^2}{4} \times \pi \times 400 = 142122.3\,\mathrm{mm}^2$
2) 심부체적=심부단면적×피치(나선철근 간격)
   $= \dfrac{\pi \times 400^2}{4} \times P = 125663.71 \times P$
3) 나선철근비=$\dfrac{\text{나선철근체적}}{\text{심부체적}}$
   $0.018 = \dfrac{142122.3}{125663.71 \times P}$ ⇒ $\therefore P = 62.83\,\mathrm{mm}$

토질 및 기초

★★★
81 말뚝의 부마찰력에 대한 설명 중 틀린 것은?
① 부마찰력이 작용하면 지지력이 감소한다.
② 연약지반에 말뚝을 박은 후 그 위에 성토를 한 경우 일어나기 쉽다.
③ 부마찰력은 말뚝 주변 침하량이 말뚝의 침하량보다 클 때 아래로 끌어내리는 마찰력을 말한다.
④ 연약한 점토에 있어서는 상대변위의 속도가 느릴수록 부마찰력은 크다.

해설 부 마찰력
연약한 점토에 있어서는 상대변위의 속도가 클수록 부 마찰력은 크다.

★★
82 다음 중 점성토 지반의 개량공법으로 거리가 먼 것은?
① paper drain 공법
② vibro-flotation 공법
③ chemico pile 공법
④ sand compaction pile 공법

해설 점성토 지반의 개량공법
1) 점성토 지반개량 공법: sand drain, paper drain, Preloading 공법, 치환공법 등이 있다.
2) 모래지반 개량 공법: 진동 부유 공법(Vibro-flotation), 약액주입공법, 다짐말뚝, Sand compaction pile 공법 등이 있다.
3) 점성토 지반에 진동을 주면 지반이 교란되어 강도가 현저히 저하된다.

★★★
83 표준압밀실험을 하였더니 하중 강도가 2.4kg/cm²에서 3.6kg/cm²로 증가할 때 간극비는 1.8에서 1.2로 감소하였다. 이 흙의 최종침하량은 약 얼마인가? (단, 압밀층의 두께는 20m 이다.)
① 428.64cm   ② 214.29cm
③ 642.86cm   ④ 285.71cm

해설 압밀침하량(S_c)
1) $C_c = \dfrac{e_1 - e_2}{\log P_2 - \log P_1} = \dfrac{1.8 - 1.2}{\log 3.6 - \log 2.4} = 3.407$
2) $S_c = \dfrac{C_c}{1+e_1} H \log\left(\dfrac{P_2}{P_1}\right) = \dfrac{3.407}{1+1.8} \times 20 \times \log\left(\dfrac{3.6}{2.4}\right)$
   $= 4.2853\,\mathrm{m} = 428.53\,\mathrm{cm}$

해답 79. ④ 80. ① 81. ④ 82. ② 83. ①

★★★
84 아래 그림과 같은 3m×3m 크기의 정사각형 기초의 극한지지력을 Terzaghi 공식으로 구하면?(단, 내부마찰각 (ϕ)은 20°, 점착력(c)은 $5t/m^2$, 지지력계수 N_c=18, N_γ=5, N_q=7.5이다.)

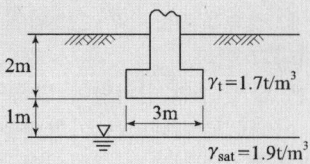

① $135.71t/m^2$　　② $149.52t/m^2$
③ $157.26t/m^2$　　④ $174.38t/m^2$

해설 Tezaghi의 극한지지력(q_u)
1) $\alpha = 1.3, \beta = 0.4$
2) $\gamma_1 B = \gamma_t D + \gamma_{sub}(B-D)$
   $\gamma_1 \times 3 = 1.7 \times 1 + (1.9-1)(3-1)$
   $\therefore \gamma_1 = 1.167 t/m^2$
3) $q_u = \alpha\, C N_c + \beta B \gamma_1 N_r + \gamma_2 D_f N_q$
   $= 1.3 \times 5 \times 18 + 0.4 \times 3 \times 1.167 \times 5 + 1.7 \times 2 \times 7.5$
   $= 149.5 t/m^2$

★★
85 아래 그림과 같이 지표면에 집중하중이 작용할 때 A점에서 발생하는 연직응력의 증가량은?

① $20.6 kg/m^2$
② $24.4 kg/m^2$
③ $27.2 kg/m^2$
④ $30.3 kg/m^2$

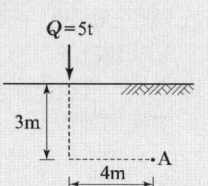

해설 집중응력에 의한 연직응력증가량($\Delta\sigma_z$)
1) $R = \sqrt{4^2 + 3^2} = 5m$
2) $I_\sigma = \dfrac{3}{2\pi}\dfrac{Z^5}{R^5} = \dfrac{3 \times 3^5}{2 \times \pi \times 5^5} = 0.037$
3) $\Delta\sigma_z = I_\sigma \dfrac{Q}{Z^2}$
   $= 0.037 \times \dfrac{5}{3^2} = 0.0206 t/m^2 = 20.6 kg/m^2$

★★★
86 모래지반에 30cm × 30cm의 재하판으로 재하실험을 한 결과 $10t/m^2$의 극한 지지력을 얻었다. 4m × 4m의 기초를 설치할 때 기대되는 극한지지력은?
① $10t/m^2$　　② $100t/m^2$
③ $133t/m^2$　　④ $154t/m^2$

해설 재하시험에 의한 지반의 극한지지력(q_u)
1) 모래지반의 극한지지력은 기초의 폭에 비례한다.
2) $0.3m : 10t/m^2 = 4m : q_u$
   $q_u = 133t/m^2$

★★
87 단동식 증기 해머로 말뚝을 박았다. 해머의 무게 2.5t, 낙하고 3m, 타격 당 말뚝의 평균 관입량 1cm, 안전율 6 일 때 Engineering-News 공식으로 허용지지력을 구하면?
① 250t　　② 200t
③ 100t　　④ 50t

해설 Engineering-news식
1) 극한지지력
   $q_u = \dfrac{W_h\, H}{S + 0.25} = \dfrac{2.5 \times 300}{1 + 0.25} = 600 t$
2) 허용지지력
   $q_a = \dfrac{q_u}{F_s} = \dfrac{600}{6} = 100 t$

★★★
88 예민비가 큰 점토란 어느 것인가?
① 입자의 모양이 날카로운 점토
② 입자가 가늘고 긴 형태의 점토
③ 다시 반죽했을 때 강도가 감소하는 점토
④ 다시 반죽했을 때 강도가 증가하는 점토

해설 예민비(S_t)
1) $S_t = \dfrac{q_u}{q_{ur}} = \dfrac{\text{흐트러지지 않은 시료의 일축압축강도}}{\text{흐트러진 시료의 일축압축강도}}$
2) 흐트러진(다시반죽한) 시료의 강도 감소가 큰 경우 예민비는 증가한다.

해답 84. ②　85. ①　86. ③　87. ③　88. ③

89 사면의 안정에 관한 다음 설명 중 옳지 않은 것은?

① 임계 활동면이란 안전율이 가장 크게 나타나는 활동면을 말한다.
② 안전율이 최소로 되는 활동면을 이루는 원을 임계원이라 한다.
③ 활동면에 발생하는 전단응력이 흙의 전단강도를 초과할 경우 활동이 일어난다.
④ 활동면은 일반적으로 원형활동면으로 가정한다.

해설 사면의 안정
임계활동면이란 안전율이 가장 작게 나타나는 활동면을 말한다.

90 다음과 같이 널말뚝을 박은 지반의 유선망을 작도하는 데 있어서 경계조건에 대한 설명으로 틀린 것은?

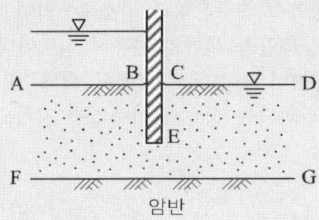

① $\overline{AB}$는 등수두선이다.
② $\overline{CD}$는 등수두선이다.
③ $\overline{FG}$는 유선이다.
④ $\overline{BEC}$는 등수두선이다.

해설 유선망의 경계조건
1) 물 입자의 운동경로를 유선이라 한다.
2) $\overline{BEC}$는 유선이다.

91 토립자가 둥글고 입도분포가 나쁜 모래 지반에서 표준관입시험을 한 결과 N치는 10이었다. 이 모래의 내부 마찰각을 Dunham의 공식으로 구하면?
① 21°　② 26°
③ 31°　④ 36°

해설 Dunham식
1) 토립자가 둥근 경우, 빈 입도: C=15°
   토립자가 둥근 경우, 양 입도: C=20°
   토립자가 모난 경우, 빈 입도: C=20°
   토립자가 모난 경우, 양 입도: C=25°
2) $\phi = \sqrt{12N} + C = \sqrt{12 \times 10} + 15° = 26°$

92 토압에 대한 다음 설명 중 옳은 것은?

① 일반적으로 정지토압 계수는 주동토압 계수보다 작다.
② Rankine 이론에 의한 주동토압의 크기는 Coulomb 이론에 의한 값보다 작다.
③ 옹벽, 흙막이벽체, 널말뚝 중 토압분포가 삼각형 분포에 가장 가까운 것은 옹벽이다.
④ 극한 주동상태는 수동상태보다 훨씬 더 큰 변위에서 발생한다.)

해설 토압
1) 수동토압계수 > 정지토압계수 > 주동토압계수
2) Rankine의 토압 > Coulomb의 토압
3) 수동 상태의 변위 > 주동 상태의 변위

93 유선망의 특징을 설명한 것으로 옳지 않은 것은?

① 각 유로의 침투유량은 같다.
② 유선과 등수두선은 서로 직교한다.
③ 유선망으로 이루어지는 삼각형은 이론상 정사각형이다.
④ 침투속도 및 동수경사는 유선망의 폭에 비례한다.

해설 유선망의 특징
침투속도 및 동수경사는 유선망의 폭에 반비례한다.

해답　89. ①　90. ④　91. ②　92. ③　93. ④

94 어떤 시험 종류의 흙에 대해 직접전단(일면전단) 시험을 한 결과 아래 표와 같은 결과를 얻었다. 이 값으로부터 점착력(c)을 구하면?(단, 시료의 단면적은 10cm²이다.)

수직하중(kg)	10.0	20.0	30.0
전단력(kg)	24.785	25.570	26.355

① 3.0kg/cm²   ② 2.7kg/cm²
③ 2.4kg/cm²   ④ 1.9kg/cm²

해설 직접전단시험

1) 수직응력($\sigma = \dfrac{P}{A}$), 전단응력($\tau = \dfrac{S}{A}$)

수직하중(kg)	10.0	20.0	30.0
수직응력(kg/cm²)	1.0	2.0	3.0
전단력(kg)	24.785	25.570	26.355
전단응력(kg/cm²)	2.4785	2.5570	2.6355

2) $\tau = C + \sigma \tan\phi$
   $2.4785 = C + 1 \times \tan\phi \rightarrow ①$
   $2.5570 = C + 2 \times \tan\phi \rightarrow ②$
   $(① \times 2) - ② \quad \therefore C = 2.4 \text{ kg/cm}^2$

95 모래의 밀도에 따라 일어나는 전단특성에 대한 다음 설명 중 옳지 않은 것은?

① 다시 성형한 시료의 강도는 작아지지만 조밀한 모래에서는 시간이 경과됨에 따라 강도가 회복 된다.
② 내부마찰각(ϕ)은 조밀한 모래일수록 크다.
③ 직접 전단시험에 있어서 전단응력과 수평변위 곡선은 조밀한 모래에서는 peak가 생긴다.
④ 조밀한 모래에서는 전단변형이 계속 진행되면 부피가 팽창한다.

해설 점토지반의 전단특성
1) 틱소트로피 현상: 다시 성형한 시료의 강도는 작아지지만, 함수비 변화 없이 그대로 두면 시간이 경과됨에 따라 강도가 회복되는 현상이다.
2) 틱소트로피 현상은 점토지반의 전단특성 이다.

96 다음은 전단시험을 한 응력경로이다. 어느 경우인가?

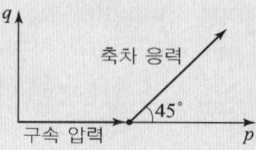

① 초기단계의 최대주응력과 최소주응력이 같은 상태에서 시행한 삼축압축시험의 전응력 경로이다.
② 초기단계의 최대주응력과 최소주응력이 같은 상태에서 시행한 일축압축시험의 전응력 경로이다.
③ 초기단계의 최대주응력과 최소주응력이 같은 상태에서 $K_o=0.5$인 조건에서 시행한 삼축압축시험의 전응력 경로이다.
④ 초기단계의 최대주응력과 최소주응력이 같은 상태에서 $K_o=0.7$인 조건에서 시행한 일축압축시험의 전응력 경로이다.

해설 응력경로
1) 초기단계의 최대주응력과 최소주응력이 같은 상태에서 시행한 삼축압축 시험의 전응력 경로이다.
2) 최소주응력이 일정한 상태에서 최대주응력이 점차 증가하여 파괴되는 경우의 삼축압축 시험의 응력경로 선도이다.

97 흙 입자의 비중은 2.56, 함수비는 35% 습윤단위중량은 1.75g/cm³일 때 간극률은 약 얼마인가?
① 32%   ② 37%
③ 43%   ④ 49%

해설 공극률(n)

1) $\gamma_d = \dfrac{\gamma_t}{1+\dfrac{w}{100}} = \dfrac{1.75}{1+\dfrac{35}{100}} = 1.296 \text{ g/cm}^3$

2) $\gamma_d = \dfrac{G_s \gamma_w}{1+e} \Rightarrow 1.296 = \dfrac{2.56 \times 1}{1+e}$

   $\therefore e = 0.975$

3) $n = \dfrac{e}{1+e} \times 100 = \dfrac{0.975}{1+0.975} \times 100 = 49\%$

해답 94. ③   95. ①   96. ①   97. ④

★★★
98 그림과 같이 모래층에 널말뚝을 설치하여 물막이공 내의 물을 배수하였을 때, 분사현상이 일어나지 않게 하려면 얼마의 압력(↓)을 가하여야 하는가?(단, 모래의 비중은 2.65, 간극비는 0.65, 안전율은 3)

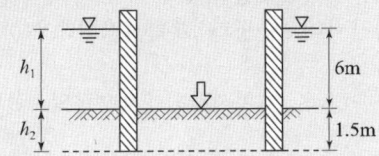

① 6.5t/m² ② 16.5t/m²
③ 23t/m²   ④ 33t/m²

해설 분사현상
1) 수중단위중량
$$\gamma_{sub} = \frac{G_s - 1}{1+e}\gamma_w = \frac{2.65-1}{1+0.65} \times 1 = 1\,t/m^3$$
2) 널말뚝 하단에서의 유효응력
$$\sigma' = \gamma_{sub} \times h_2 = 1 \times 1.5 = 1.5\,t/m^2$$
3) 널말뚝 하단에서의 침투수압
$$F = \gamma_w\,h_1 = 1 \times 6 = 6\,t/m^2$$
4) 널말뚝 하단에서의 안전율
$$F_s = \frac{\sigma' + \Delta\sigma}{F}$$
$$3 = \frac{1.5 + \Delta\sigma}{6} \Rightarrow \therefore \Delta\sigma = 16.5\,t/m^2$$

★★
99 흙의 다짐 효과에 대한 설명 중 틀린 것은?
① 흙의 단위중량 증가
② 투수계수 감소
③ 전단강도 저하
④ 지반의 지지력 증가

해설 흙의 다짐효과
1) 공극의 감소로 인한 흙의 단위중량, 전단강도, 지반의 지지력은 증가한다.
2) 공극의 감소로 인하여 투수계수는 감소한다.

★★
100 Rod에 붙인 어떤 저항체를 지중에 넣어 관입, 인발 및 회전에 의해 흙의 전단강도를 측정하는 원위치 시험은?
① 보링(boring)   ② 사운딩(sounding)
③ 시료채취(sampling) ④ 비파괴 시험(NDT)

해설 사운딩
1) 정의: 로드(Rod) 끝에 저항체를 달아 지중에 관입, 회전, 인발 등의 저항 값을 측정하여 토층의 성질을 탐사하는 시험을 말한다.
2) 사운딩 종류
① 정적 사운딩: 베인 전단 시험, 이스키 미터, 휴대용 원추 관입 시험 등.
② 동적 사운딩: 표준 관입 시험, 동적 원추 관입시험

상하수도공학

★★★
101 슬러지용량지표(SVI : sludge volume index)에 관한 설명으로 옳지 않은 것은?
① 정상적으로 운전되는 반응조의 SVI는 50~150 범위이다.
② SVI는 포기시간, BOD 농도, 수은 등에 영향을 받는다.
③ SVI는 슬러지 밀도지수(SDI)에 100을 곱한 값을 의미한다.
④ 반응조 내 혼합액을 30분간 정체한 경우 1g의 활성슬러지 부유물질이 포함하는 용적을 mL로 표시한 것이다.

해설 슬러지용적지수(SVI)
1) $SVI \cdot SDI = 100 \Rightarrow \therefore SVI = \frac{100}{SDI}$
2) SVI는 100을 슬러지밀도지수로 나눈 값이다.

★★
102 완속여과지에 관한 설명으로 옳지 않은 것은?
① 응집제를 필수적으로 투입해야 한다.
② 여과속도는 4~5m/d를 표준으로 한다.
③ 비교적 양호한 원수에 알맞은 방법이다.
④ 급속여과지에 비해 넓은 부지면적을 필요로 한다.

해설 완속여과지
1) 응집제를 투입하여 플록(floc)을 형성하여 침전하는 시키는 방식은 급속여과의 전처리방식이다.
2) 여과속도
완속여과: 4~5 m/day, 급속여과: 120~150 m/day
3) $Q = AV \Rightarrow \therefore A = \frac{Q}{V}$이므로 완속여과지는 넓은 부지면적을 필요로 한다.

해답 98. ② 99. ③ 100. ② 101. ③ 102. ①

103 수원지에서부터 각 가정까지의 상수도 계통도를 나타낸 것으로 옳은 것은?
① 수원 - 취수 - 도수 - 배수 - 정수 - 송수 - 급수
② 수원 - 취수 - 배수 - 정수 - 도수 - 송수 - 급수
③ 수원 - 취수 - 도수 - 정수 - 송수 - 배수 - 급수
④ 수원 - 취수 - 도수 - 송수 - 정수 - 배수 - 급수

해설 상수도의 계통도
수원 → 취수 → 도수 → 정수 → 송수 → 배수 → 급수

104 하수처리장에서 480000L/day의 하수량을 처리한다. 펌프장의 습정(wet well)을 하수로 채우기 위하여 40분이 소요된다면 습정의 부피는?
① 13.3m³ ② 14.3m³
③ 15.3m³ ④ 16.3m³

해설 펌프장 습정(Wet well)의 부피
1) $Q = 480000\,L/day = 480\,m^3/day$
2) $t = \dfrac{V}{Q} \times 24 \times 60$
$V = \dfrac{Q\,t}{24 \times 60} = \dfrac{480 \times 40}{24 \times 60} = 13.3\,m^3$

105 혐기성 상태에서 탈질산화(denitrification)과정으로 옳은 것은?
① 아질산성 질소 → 질산성 질소 → 질소가스(N_2)
② 암모니아성 질소 → 질산성 질소 → 아질산성 질소
③ 질산성 질소 → 아질산성 질소 → 질소가스(N_2)
④ 암모니아성 질소 → 아질산성 질소 → 질산성 질소

해설 탈질산화현상
1) 탈질산화
질산성질소(NO_3-N)→아질산성질소(NO_2-N)→질소가스(N_2)
2) 질산화
암모니아성 질소(NH_3-N)→아질산성질소(NO_2-N)→질산성질소(NO_3-N)

106 합류식에서 하수 차집관로의 계획하수량 기준으로 옳은 것은?
① 계획시간최대오수량 이상
② 계획시간최대오수량의 3배 이상
③ 계획시간최대오수량과 계획시간최대우수량의 합 이상
④ 계획우수량과 계획시간최대오수량의 합의 2배 이상

해설 합류식의 계획하수량
1) 합류관거=계획 시간 최대오수량+계획 우수량
2) 차집관거=계획 시간 최대오수량의 3배 이상

107 양수량 15.5m³/min, 양정 24m, 펌프효율 80%, 여유율(α) 15%일 때 펌프의 전동기 출력은?
① 57.8kW ② 75.8kW
③ 78.2kW ④ 87.2kW

해설 펌프전동기의 출력
1) 양수량
$Q = \dfrac{15.5\,m^3}{min} \times \dfrac{min}{60\,sec} = 0.258\,m^3/sec$
2) 전동기 출력
$P_s = 9.8\,\dfrac{Q\,H_t}{\eta}(1+\alpha)$
$= 9.8 \times \dfrac{0.258 \times 24}{0.8}(1+\dfrac{15}{100}) = 87.2\,kW$

108 하수관로 매설시 관로의 최소 흙 두께는 원칙적으로 얼마로 하여야 하는가?
① 0.5m ② 1.0m
③ 1.5m ④ 2.0m

해설 하수관로의 최소 매설두께
1) 관거의 최소 매설깊이는 1m 이상으로 한다.
2) 보도는 1m 이상, 차도는 1.2m 이상으로 한다.

해답 103. ③ 104. ① 105. ③ 106. ② 107. ④ 108. ②

109 활성탄처리를 적용하여 제거하기 위한 주요항목으로 거리가 먼 것은?
① 질산성 질소
② 냄새유발물질
③ THM 전구물질
④ 음이온 계면활성제

해설 활성탄처리
1) 흡착능력을 이용하여 물의 맛, 냄새, 색도, THM, 합성세제(계면활성제), 페놀, 유기물 등을 제거한다.
2) THM 전구물질: 잔류염소와 미 반응의 유기물을 말한다.
3) 질산성질소제거방법: 이온교환처리, 생물처리, 역삼투막법, 전기투석 등.

110 정수처리의 단위 조작으로 사용되는 오존처리에 관한 설명으로 틀린 것은?
① 유기물질의 생분해성을 증가시킨다.
② 염소주입에 앞서 오존을 주입하면 염소의 소비량을 감소시킨다.
③ 오존은 자체의 높은 산화력으로 염소에 비하여 높은 살균력을 가지고 있다.
④ 인의 제거능력이 뛰어나고 수온이 높아져도 오존 소비량은 일정하게 유지된다.

해설 오존처리(O_3)특징
1) 유기물질의 생분해성을 증가시킨다.
   미생물에 의하여 제거되도록 유기물을 부분적으로 산화시키며 난분해성 유기물질의 생분해성을 증대시켜 후속 공정의 처리성을 향상시킨다.
2) 염소주입에 앞서 오존을 주입하면 철, 망간 등을 산화시켜 염소의 소비량을 감소시킨다.
3) 오존은 염소에 비해 높은 살균력을 가지고 있으나 소독의 잔류효과는 없다.
4) 수온이 높아지면 용해도가 감소하므로 오존소비량은 증가한다.

111 호수나 저수지에 대한 설명으로 틀린 것은?
① 여름에는 성층을 이룬다.
② 가을에는 순환(turn over)을 한다.
③ 성층은 연직방향의 밀도차에 의해 구분된다.
④ 성층 현상이 지속되면 하층부의 용존산소량이 증가한다.

해설 정체수역의 계절별 특성
1) 성층현상: 수심에 따라 여러 개의 층으로 분리되는 현상으로 물의 온도차에 의해 발생되며 여름과 겨울철에 발생한다.
2) 성층현상이 계속되면 하층부의 용존산소량은 감소한다.
3) 전도현상: 물의 온도에 따른 밀도차로 인해 연직방향의 순환이 발생되며 가을과 봄에 발생한다.

112 전양정 4m, 회전속도 100rpm, 펌프의 비교회전도가 920일 때 양수량은?
① $677\text{m}^3/\text{min}$
② $834\text{m}^3/\text{min}$
③ $975\text{m}^3/\text{min}$
④ $1134\text{m}^3/\text{min}$

해설 펌프의 비교회전도(N_s)
1) 비교회전도

$$N_s = N \frac{Q^{\frac{1}{2}}}{H^{\frac{3}{4}}} \Rightarrow 920 = 100 \times \frac{Q^{\frac{1}{2}}}{4^{\frac{3}{4}}}$$

∴ $Q = 677\text{m}^3/\text{min}$

113 어느 도시의 급수 인구 자료가 표와 같을 때 등비증가법에 의한 2020년도의 예상 급수 인구는?

연도	인구(명)
2005	7200
2010	8800
2015	10200

① 약 12000명
② 약 15000명
③ 약 18000명
④ 약 21000명

해답 109. ① 110. ④ 111. ④ 112. ① 113. ①

해설 등비급수법
1) 인구증가율
$$r = \left(\frac{P_o}{P_t}\right)^{\frac{1}{t}} - 1$$
$$= \left(\frac{10200}{7200}\right)^{\frac{1}{10}} - 1 = 0.035$$
2) 2020년도의 추정인구
$$P_n = P_o(1+r)^n = 10200(1+0.035)^5 = 12114.4명$$

★★
114 수원(水源)에 관한 설명 중 틀린 것은?
① 심층수는 대지의 정화작용으로 인해 무균 또는 거의 이에 가까운 것이 보통이다.
② 용천수는 지하수가 자연적으로 지표로 솟아나온 것으로 그 성질은 대개 지표수와 비슷하다.
③ 복류수는 어느 정도 여과된 것이므로 지표수에 비해 수질이 양호하며, 대개의 경우 침전지를 생략할 수 있다.
④ 천층수는 지표면에서 깊지 않은 곳에 위치하여 공기의 투과가 양호하므로 산화작용이 활발하게 진행된다.

해설 수원별 특징
용천수는 지하수가 자연적으로 지표로 솟아나온 물로 그 성질은 지하수와 같다.

★★★
115 수격현상(water hammer)의 방지 대책으로 틀린 것은?
① 펌프의 급정지를 피한다.
② 가능한 관내 유속을 크게 한다.
③ 토출측 관로에 에어 챔버(air chamber)를 설치한다.
④ 토출관 측에 압력 조정용 수조(surge tank)를 설치한다.

해설 수격현상 방지대책
가능한 관내 유속을 작게 해야 한다.

★★★
116 BOD 200mg/L, 유량 600m³/day인 어느 식료품 공장폐수가 BOD 10mg/L, 유량 2m³/s인 하천에 유입한다. 폐수가 유입되는 지점으로부터 하류 15km 지점의 BOD는? (단, 다른 유입원은 없고, 하천의 유속은 0.05m/s, 20℃ 탈산소계수(K_1)=0.1/day이고, 상용대수, 20℃ 기준이며 기타 조건은 고려하지 않음)
① 4.79mg/L ② 5.39mg/L
③ 7.21mg/L ④ 8.16mg/L

해설 BOD 잔존량
1) 단위를 통일 한다.
$$Q_1 = 600 \text{ m}^3/\text{day}$$
$$Q_2 = \frac{2\text{m}^3}{\text{sec}} \times \frac{24 \times 3600 \text{sec}}{\text{day}} = 172800\text{m}^3/\text{day}$$
2) 혼합 후 하천의 BOD농도
$$C_m = \frac{Q_1 C_1 + Q_2 C_2}{Q_1 + Q_2}$$
$$= \frac{600 \times 200 + 172800 \times 10}{600 + 172800} = 10.657\text{mg/L}$$
$$\therefore L_a = 10.567 \text{ mg/L}$$
3) 유하시간: day단위로 계산해야 한다.
$$t = \frac{L}{V} = \frac{15000\text{m}}{\frac{0.05\text{m}}{\text{sec}}} \times \frac{\text{day}}{24 \times 3600 \text{sec}} = 3.47\text{day}$$
4) BOD 잔존량
$$L_t = L_a \cdot 10^{-k_1 t}$$
$$= 10.657 \times 10^{-0.1 \times 3.47} = 4.79\text{mg/L}$$

★★
117 하수 슬러지처리 과정과 목적이 옳지 않은 것은?
① 소각 - 고형물의 감소, 슬러지 용적의 감소
② 소화 - 유기물과 분해하여 고형물 감소, 질적 안정화
③ 탈수 - 수분제거를 통해 함수율 85% 이하로 양의 감소
④ 농축 - 중간 슬러지 처리공정으로 고형물 농도의 감소

해설 하수 슬러지처리
1) 계통도: 농축 - 소화 - 개량 - 탈수 - 최종처분
2) 농축: 슬러지 함수율 저하로 인한 고형물의 농도가 증가되고, 슬러지의 부피가 감소한다.

해답 114. ② 115. ② 116. ① 117. ④

★★
118 다음 설명 중 옳지 않은 것은?
① BOD가 과도하게 높으면 DO는 감소하며 악취가 발생된다.
② BOD, COD는 오염의 지표로서 하수 중의 용존 산소량을 나타낸다.
③ BOD는 유기물이 호기성 상태에서 분해·안정화 되는데 요구되는 산소량이다.
④ BOD는 보통 20℃에서 5일간 시료를 배양했을 때 소비된 용존산소량으로 표시된다.

해설 BOD(생물화학적 산소요구량)
1) BOD: 미생물을 이용하여 수중의 유기물만 산화시킨다.
2) COD: 산화제를 이용하여 수중의 유기물 무기물을 산화시킨다.
3) DO: 수중의 용존산소량을 나타낸다.

★★★
119 상수도 시설 중 접합정에 관한 설명으로 옳은 것은?
① 상부를 개방하지 않은 수로시설
② 복류수를 취수하기 위해 매설한 유공관로 시설
③ 배수지 등의 유입수의 수위조절과 양수를 위한 시설
④ 관로의 도중에 설치하여 주로 관로의 수압을 조절할 목적으로 설치하는 시설

해설 접합정
1) 접합정(Junction well): 관로의 도중에 설치하여 주로 수압을 조절할 목적으로 설치하는 시설을 말한다.
2) 집수매거: 복류수를 취수하기 위해 매설한 유공관로 시설을 말한다.

★★
120 도수 및 송수관을 자연유하식으로 설계할 때 평균유속의 허용최대한도는?
① 0.3m/s   ② 3.0m/s
③ 13.0m/s   ④ 30.0m/s

해설 도수 및 송수관로 평균유속
1) 최소유속: 0.3 m/s
2) 최대유속: 3.0 m/s

해답 118. ② 119. ④ 120. ②

응용역학

1 다음 3힌지 아치에서 수평반력 H_B는?

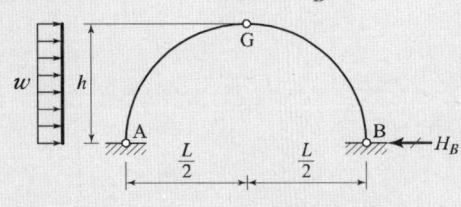

① $\dfrac{1}{4wh}$
② $\dfrac{1}{2wh}$
③ $\dfrac{wh}{4}$
④ $2wh$

해설 3힌지 아치

1) $\sum M_A = 0$
$-V_B \times L + w \times h \times \dfrac{h}{2} = 0$
$\therefore V_B = \dfrac{w\,h^2}{2\,L}$

2) $\sum M_{GR} = 0$
$-\dfrac{w\,h^2}{2\,L} \times \dfrac{L}{2} + H_B \times h = 0$
$\therefore H_B = \dfrac{w\,h}{4}$

2 재질과 단면이 같은 다음 2개의 외팔보에서 자유단의 처짐을 같게 하는 $\dfrac{P_1}{P_2}$의 값은?

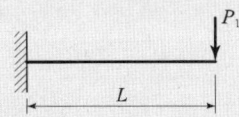

① 0.216
② 0.325
③ 0.437
④ 0.546

해설 외팔보의 처짐

1) $y_1 = \dfrac{P_1 L^3}{3EI}$, $y_2 = \dfrac{P_2(\frac{3}{5}L)^3}{3EI}$

2) 문제의 조건에서 $y_1 = y_2$
$P_1 L^3 = P_2 (\tfrac{3}{5}L)^3 \Rightarrow \therefore \dfrac{P_1}{P_2} = 0.216$

3 동일한 재료 및 단면을 사용한 다음 기둥 중 좌굴하중이 가장 큰 기둥은?
① 양단 힌지의 길이가 L인 기둥
② 양단 고정의 길이가 2L인 기둥
③ 일단 자유 타단 고정의 길이가 0.5L인 기둥
④ 일단 힌지 타단 고정의 길이가 1.2L인 기둥

해설 장주의 좌굴하중(P_c)

1) $P_c = \dfrac{\pi^2 EI}{L_k^2}$
2) $L_k = k\,L$
 ① $L_k = 1.0 \times L = 1.0L$
 ② $L_k = 0.5 \times 2.0L = 1.0L$
 ③ $L_k = 2.0 \times 0.5L = 1.0L$
 ④ $L_k = 0.7 \times 1.2L = 0.84L$
3) ∴ ④번이 L_k가 가장 작으므로, 좌굴하중이 가장 크다.

4 그림과 같은 부정정보에서 지점 A의 휨모멘트 값을 옳게 나타낸 것은? (단, I는 일정)

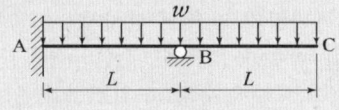

① $\dfrac{wL^2}{8}$
② $-\dfrac{wL^2}{8}$
③ $\dfrac{3wL^2}{8}$
④ $-\dfrac{3wL^2}{8}$

해설 모멘트 분배법

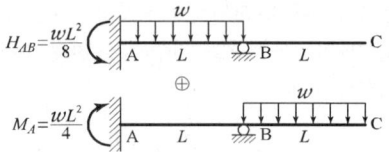

1) 일단 고정지점, 타단 힌지나 롤러지점인 경우 하중항
$H_{AB} = -\dfrac{wL^2}{8}$

2) B점의 분배모멘트
$M_B = w \times L \times \dfrac{L}{2} = \dfrac{w\,L^2}{2}$

3) A지점의 도달모멘트: B점의 분배모멘트$\times \dfrac{1}{2}$
$M_A = \dfrac{w\,L^2}{2} \times \dfrac{1}{2} = \dfrac{w\,L^2}{4}$

4) A지점의 휨모멘트
$M_A = -\dfrac{wL^2}{8} + \dfrac{wL^2}{4} = \dfrac{wL^2}{8}$

해답 1. ③ 2. ① 3. ④ 4. ①

5 그림과 같은 단면의 단면 상승 모멘트 I_{xy}는?

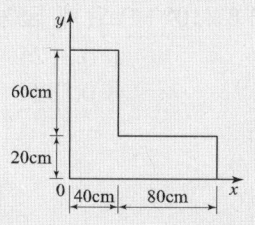

① 3360000cm⁴ ② 3520000cm⁴
③ 3840000cm⁴ ④ 4000000cm⁴

해설 단면상승모멘트(I_{xy})

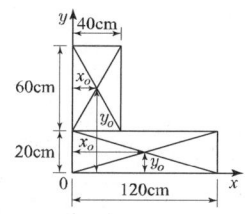

1) 그림과 같이 도형을 분할해서 계산한다.
2) 단면상승모멘트
$I_{xy} = A\,x_o\,y_o$
$= (120 \times 20)(60)(10) + (40 \times 60)(20)(50)$
$= 3840000 \text{cm}^4$

6 그림과 같이 단순지지된 보에 등분포하중 q가 작용하고 있다. 지점 C의 부모멘트와 보의 중앙에 발생하는 정모멘트의 크기를 같게 하여 등분포하중 q의 크기를 제한하려고 한다. 지점 C와 D는 보의 대칭거동을 유지하기 위하여 각각 A와 B로부터 같은 거리에 배치하고자 한다. 이때 보의 A점으로부터 지점 C의 거리 X는?

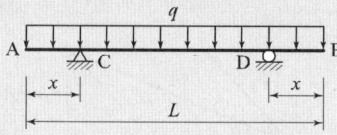

① 0.207L ② 0.250L
③ 0.333L ④ 0.444L

해설 내민보

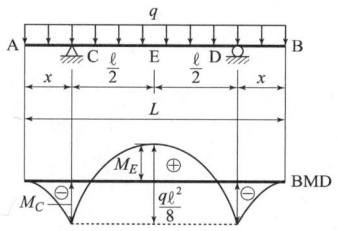

1) C점의 부(−)모멘트 크기: $M_C = \left|-\dfrac{qx^2}{2}\right| = \dfrac{qx^2}{2}$

2) 보의 중앙 점의 정(+)모멘트: $M_E = \dfrac{q\ell^2}{8} - \dfrac{qx^2}{2}$

3) 문제조건: $M_C = M_E$

$\dfrac{qx^2}{2} = \dfrac{q\ell^2}{8} - \dfrac{qx^2}{2}$

$\dfrac{qx^2}{2} + \dfrac{qx^2}{2} = \dfrac{q\ell^2}{8} \Rightarrow \ell = \sqrt{8}\,x$

$\ell = L - 2x$ 이므로

$\therefore x = 0.207L$

7 길이 5m, 단면적 10cm²의 강봉을 0.5mm 늘이는데 필요한 인장력은? (단, 탄성계수 $E = 2 \times 10^5$MPa이다.)

① 20kN ② 30kN
③ 40kN ④ 50kN

해설 재료의 역학적 성질

1) $A = 10\text{cm}^2 = 1000\text{mm}^2$, $\ell = 5\text{m} = 5000\text{mm}$

2) $\Delta\ell = \dfrac{P\ell}{AE}$

$0.5 = \dfrac{P \times 5000}{1000 \times 2 \times 10^5}$

$\therefore P = 20000\text{N} = 20\text{kN}$

8 그림과 같은 라멘에서 A점의 수직반력(R_A)은?

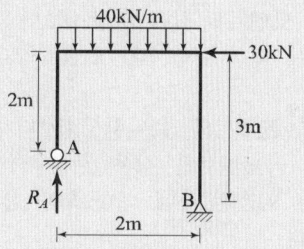

① 65kN ② 75kN
③ 85kN ④ 95kN

해설 라멘의 수직반력

$\sum M_B = 0$

$R_A \times 2 - 40 \times 2 \times 1 - 30 \times 3 = 0$

$\therefore R_A = 85\text{kN}$

해답 5. ③ 6. ① 7. ① 8. ③

9 다음 그림에 있는 연속보의 B점에서의 반력은?
(단, $E=2.1\times10^5$MPa, $I=1.6\times10^4$ cm^4)

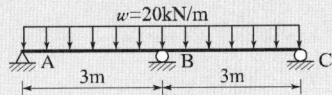

① 63kN ② 75kN
③ 97kN ④ 101kN

해설 부정정구조(연속보 수직반력)

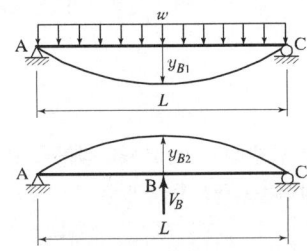

1) $y_{B1} = \dfrac{5wL^4}{384EI}(\downarrow)$, $y_{B2} = \dfrac{V_B L^3}{48EI}(\uparrow)$

2) $y_B = 0 \Rightarrow y_{B1} = y_{B2}$

$\dfrac{5wL^4}{384EI} = \dfrac{V_B L^3}{48EI}$

$\therefore V_B = \dfrac{5wL}{8} = \dfrac{5\times 20\times 6}{8} = 75$kN

10 단면의 성질에 대한 설명으로 틀린 것은?
① 단면2차 모멘트의 값은 항상 0보다 크다.
② 도심 축에 대한 단면 1차 모멘트의 값은 항상 0이다.
③ 단면 상승 모멘트의 값은 항상 0보다 크거나 같다.
④ 단면2차 극모멘트의 값은 항상 극을 원점으로 하는 두 직교좌표축에 대한 단면 2차 모멘트의 합과 같다.

해설 단면의 성질
1) 단면상승모멘트: $I_{xy} = A\,x_o\,y_o$
2) x_o 또는 y_o가 (−)값을 가지는 경우는 단면상승모멘트는 (−)값이다.

11 어떤 금속의 탄성계수(E)가 21×10^4 MPa이고, 전단 탄성 계수(G)가 8×10^4 MPa일 때, 금속의 푸아송 비는?
① 0.3075 ② 0.3125
③ 0.3275 ④ 0.3325

해설 푸아송 비(ν)

$G = \dfrac{E}{2(1+\nu)}$

$8\times 10^4 = \dfrac{21\times 10^4}{2(1+\nu)} \Rightarrow \therefore \nu = 0.3125$

12 다음 그림에서 P_1과 R 사이의 각 θ를 나타낸 것은?

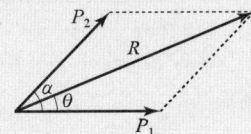

① $\theta = \tan^{-1}\left(\dfrac{P_2\cos\alpha}{P_2 + P_1\cos\alpha}\right)$

② $\theta = \tan^{-1}\left(\dfrac{P_2\cos\alpha}{P_1 + P_2\sin\alpha}\right)$

③ $\theta = \tan^{-1}\left(\dfrac{P_2\sin\alpha}{P_1 + P_2\cos\alpha}\right)$

④ $\theta = \tan^{-1}\left(\dfrac{P_2\sin\alpha}{P_1 + P_2\sin\alpha}\right)$

해설 합력의 방향(θ)

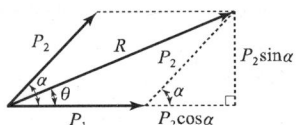

1) $\sum H = P_1 + P_2\cos\alpha$, $\sum V = P_2\sin\alpha$

2) $\tan\theta = \dfrac{\sum V}{\sum H}$

$\therefore \theta = \tan^{-1}\left(\dfrac{P_2\sin\alpha}{P_1 + P_2\cos\alpha}\right)$

해답 9. ② 10. ③ 11. ② 12. ③

13. 외반경 R_1, 내반경 R_2인 중공(中空) 원형단면의 핵은? (단, 핵의 반경을 e로 표시함)

① $e = \dfrac{(R_1^2 + R_2^2)}{4R_1}$ ② $e = \dfrac{(R_1^2 + R_2^2)}{4R_1^2}$

③ $e = \dfrac{(R_1^2 - R_2^2)}{4R_1}$ ④ $e = \dfrac{(R_1^2 - R_2^2)}{4R_1^2}$

해설 단면의 핵반경(e)

1) $A = \pi(R_1^2 - R_2^2)$

2) $Z = \dfrac{I}{y} = \dfrac{\frac{\pi}{4}(R_1^4 - R_2^4)}{R_1} = \dfrac{\frac{\pi}{4}(R_1^2 + R_2^2)(R_1^2 - R_2^2)}{R_1}$

3) $e = \dfrac{Z}{A} \quad \therefore e = \dfrac{(R_1^2 + R_2^2)}{4R_1}$

14. 그림과 같이 두 개의 도르래를 사용하여 물체를 매달 때, 3개의 물체가 평형을 이루기 위한 각 θ값은? (단, 로프와 도르래의 마찰은 무시한다.)

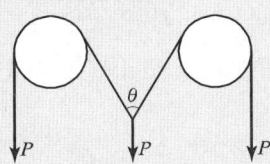

① 30° ② 45°
③ 60° ④ 120°

해설 힘의 평형(θ)

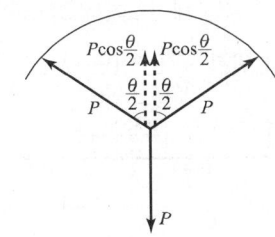

1) 힘의 평형을 생각하면,

2) $\sum V = 0$

$P\cos\dfrac{\theta}{2} + P\cos\dfrac{\theta}{2} - P = 0$

$2P\cos\dfrac{\theta}{2} = P \Rightarrow \cos\dfrac{\theta}{2} = \dfrac{1}{2}$

$\therefore \theta = 120°$

15. 자중이 4kN/m인 그림(a)와 같은 단순보에 그림(b)와 같은 차륜하중이 통과할 때 이 보에 일어나는 최대 전단력의 절댓값은?

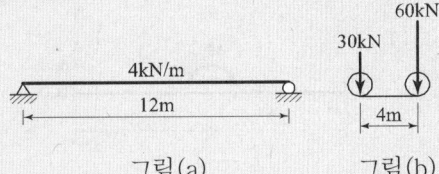

그림(a) 그림(b)

① 74kN   ② 80kN
③ 94kN   ④ 104kN

해설 최대 전단력

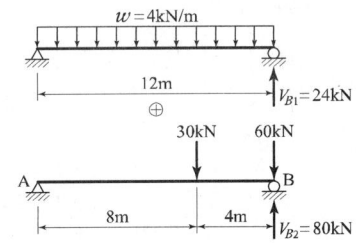

1) 자중과 차륜하중을 나누어 생각한다.
2) 최대전단력=최대반력
3) 최대반력 발생 조건: B지점 위에 60kN이 재하 될 때 발생한다.

① 대칭하중이므로 $V_{B1} = \dfrac{wl}{2} = \dfrac{4 \times 12}{2} = 24\text{kN}$

② $\sum M_A = 0$

$-V_B \times 12 + 30 \times 8 + 60 \times 12 = 0$

$\therefore V_{B2} = 80\text{kN}$

4) 최대 전단력 = $V_{B1} + V_{B2} = 24 + 80 = 104\text{kN}$

16. 아래 그림과 같은 캔틸레버 보에서 B점의 연직변위(δ_B)는? (단, $M_o = 4\text{kN} \cdot \text{m}$, $P = 16\text{kN}$, $L = 2.4\text{m}$, $EI = 6000\text{kN} \cdot \text{m}^2$ 이다.)

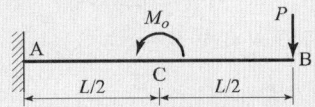

① 1.08cm(↓) ② 1.08cm(↑)
③ 1.37cm(↓) ④ 1.37cm(↑)

해답 13. ① 14. ④ 15. ④ 16. ①

해설 외팔보의 처짐

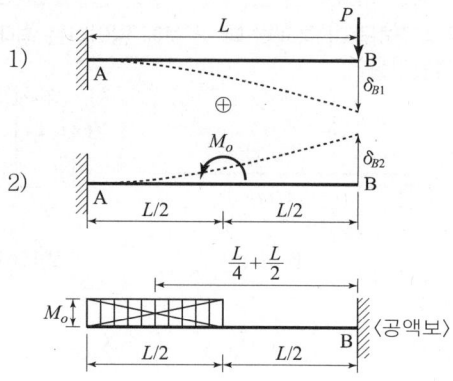

1) $\delta_{B1} = \dfrac{PL^3}{3EI}(\downarrow)$

2) $\delta_{B2} = -\dfrac{M_B}{EI} = -\dfrac{(M_0)(\dfrac{L}{2})(\dfrac{L}{2}+\dfrac{L}{4})}{EI}$

$= -\dfrac{3M_oL^2}{8EI}(\uparrow)$

3) $\delta_B = \delta_{B1} - \delta_{B2} = \dfrac{16\times 2.4^3}{3\times 6000} - \dfrac{3\times 4\times 2.4^2}{8\times 6000}$

$= 0.0123 - 0.00144 = 0.0108\text{m} = 1.08\text{cm}(\downarrow)$

★★★
17 그림과 같은 단면에 15kN의 전단력이 작용할 때 최대 전단응력의 크기는?

① 2.86MPa
② 3.52MPa
③ 4.74MPa
④ 5.95MPa

해설 최대 전단응력($\tau_{\max}$)

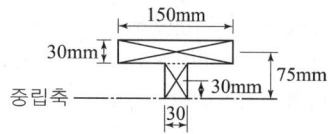

1) 중립축에 대한 단면2차모멘트

$I = \dfrac{1}{12}(BH^3 - bh^3)$

$= \dfrac{1}{12}[(150\times 180^3) - (120\times 120^3)] = 55620000\text{mm}^4$

2) 중립축에서 상단까지 단면의 중립축에 대한 단면1차모 멘트

$G = A\times y_o$
$= 150\times 30\times 75 + 30\times 60\times 30 = 391500\text{mm}^3$

3) 최대전단응력: 중립축에서 발생
① V=15kN=15000N, b=30mm
② $\tau_{\max} = \dfrac{VG}{Ib} = \dfrac{15000\times 391500}{55620000\times 30} = 3.52\text{MPa}$

★
18 아래 [보기]에서 설명하고 있는 것은?

[보기]
탄성체에 저장된 변형에너지 U를 변위의 함수로 나타내는 경우에, 임의의 변위 Δi 에 관한 변형에너지 U의 1차 편도함수는 대응되는 하중 P_i와 같다. 즉, $P_i = \dfrac{\partial U}{\partial \Delta_i}$ 로 나타낼 수 있다.

① 중첩의 원리
② Castigliano의 제1정리
③ Betti의 정리
④ Maxwell의 정리

해설 Castigliano정리

1) Castigliano 1정리: $P_i = \dfrac{\partial U}{\partial \Delta_i}$
— 탄성변형에너지를 변위로 편미분하면 그 점의 하중이 된다.

2) Castigliano 2정리: $\Delta_i = \dfrac{\partial U}{\partial P_i}$
— 탄성변형에너지를 하중으로 편미분하면 그 점의 변위가 된다.

★★
19 그림과 같은 양단 내민보에서 C점(중앙점)에서 휨모멘트가 0이 되기 위한 $\dfrac{a}{L}$는? (단, $P = wL$)

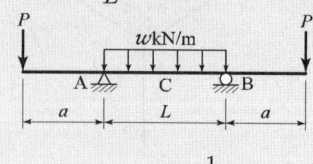

① $\dfrac{1}{2}$
② $\dfrac{1}{4}$
③ $\dfrac{1}{7}$
④ $\dfrac{1}{8}$

해설 휨모멘트
1) 좌우 대칭하중이므로

$\therefore V_A = P + \dfrac{wL}{2} = wL + \dfrac{wL}{2} = \dfrac{3wL}{2}$

해답 17. ② 18. ② 19. ④

2) $M_C = 0$

$V_A \times \dfrac{L}{2} - P \times (a + \dfrac{L}{2}) - w \times \dfrac{L}{2} \times \dfrac{L}{4} = 0$

$(\dfrac{3wL}{2})(\dfrac{L}{2}) - (wL)(a + \dfrac{L}{2}) - \dfrac{wL^2}{8} = 0$

$\dfrac{3wL^2}{4} = wLa + \dfrac{wL^2}{2} + \dfrac{wL^2}{8}$

$\dfrac{wL^2}{8} = wLa \Rightarrow \therefore \dfrac{a}{L} = \dfrac{1}{8}$

★★
20 그림과 같은 보에서 A점의 반력은?

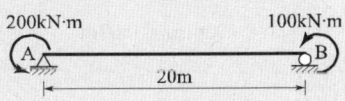

① 15kN　　② 18kN
③ 20kN　　④ 23kN

해설 단순보의 반력

$\sum M_B = 0$

$V_A \times 20 - 200 - 100 = 0$

$\therefore V_A = 15\text{kN}$

측량학

★★★
21 1:50000 지형도의 주곡선 간격은 20m이다. 지형도에서 4% 경사의 노선을 선정하고자 할 때 주곡선 사이의 도상수평거리는?

① 5mm　　② 10mm
③ 15mm　　④ 20mm

해설 축척

1) $i = \dfrac{h}{L} \times 100$

$4 = \dfrac{20}{L} \times 100 \Rightarrow L = 500\text{m}$

2) $\dfrac{1}{m} = \dfrac{\ell(\text{도상거리})}{L(\text{실제거리})}$

$\dfrac{1}{50000} = \dfrac{\ell}{500\text{m}}$

$\therefore \ell = 0.01\text{m} = 10\text{mm}$

★★
22 고속도로 공사에서 각 측점의 단면적이 표와 같을 때, 측점 10에서 측점 12까지의 토량은? (단, 양단면평균법에 의해 계산한다.)

측점	단면적(m²)	비고
NO.10	318	측점 간의 거리 = 20m
NO.11	512	
NO.12	682	

① 15120m³　　② 20160m³
③ 20240m³　　④ 30240m³

해설 토 공량 계산(양 단면 평균법)

$V = [\dfrac{(318+512)}{2} \times 20] + [\dfrac{512+682}{2} \times 20] = 20240 \text{ m}^3$

★★★
23 삼각점 C에 기계를 세울 수 없어서 2.5m를 편심하여 B에 기계를 설치하고 $T' = 31°15'40''$를 얻었다면 T는? (단, $\phi = 300°20'$, $S_1 = 2$km, $S_2 = 3$km)

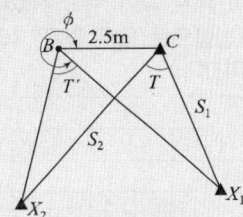

① 31°14′49″　　② 31°15′18″
③ 31°15′29″　　④ 31°15′41″

해설 편심관측

1) $\dfrac{2.5}{\sin x_1} = \dfrac{2000}{\sin(360° - 300°20')}$

$x_1 = \sin^{-1}[\dfrac{2.5}{2000} \times \sin(360° - 300°20')]$

$x_1 = 0°3'43''$

2) $\dfrac{2.5}{\sin x_2} = \dfrac{3000}{\sin(360° - 300°20' + 31°15'40'')}$

$x_2 = \sin^{-1}[\dfrac{2.5}{3000} \times \sin(360° - 300°20' + 31°15'40'')]$

$x_2 = 0°2'52''$

3) $T + x_1 = T' + x_2$

$T = 31°15'40'' + 0°2'52'' - 0°3'43'' = 31°14'49''$

해답　20. ①　21. ②　22. ③　23. ①

24 다각측량에서 어떤 폐합다각망을 측량하여 위거 및 경거의 오차를 구하였다. 거리와 각을 유사한 정밀도로 관측하였다면 위거 및 경거의 폐합오차를 배분하는 방법으로 가장 적합한 것은?
① 측선의 길이에 비례하여 분배한다.
② 각각의 위거 및 경거에 등분배한다.
③ 위거 및 경거의 크기에 비례하여 배분한다.
④ 위거 및 경거 절대값의 총합에 대한 위거 및 경거 크기에 비례하여 배분한다.

해설 다각측량의 폐합오차 조정
1) 거리와 각 관측의 정밀도가 거의 같은 경우는 컴퍼스 법칙으로 오차 조정한다.
2) 폐합오차 조정식
$$e_L = \frac{L(\text{어느 측선 길이})}{\sum L(\text{전 측선 길이})} \times E_L, \quad e_D = \frac{L}{\sum L} \times E_D$$
E_L, E_D : 위거 및 경거오차
3) 컴퍼스 법칙은 측선의 길이에 비례해서 조정한다.

25 승강식 야장이 표와 같이 작성 되었다고 가정 할 때, 성과를 검산하는 방법으로 옳은 것은? (여기서, ⓐ−ⓑ는 두 값의 차를 의미한다.)

측점	후시	전시 T.P.	전시 I.P.	승(+)	강(−)	지반고
BM	0.175					ㅂ
NO.1			0.154	---	---	---
NO.2	1.098	1.237			---	---
NO.3			0.948	---	---	---
NO.4		1.175		---	---	ㅅ
합계	ㄱ	ㄴ	ㄷ	ㄹ	ㅁ	

① ㅅ−ㅂ=ㄱ−ㄴ=ㄹ−ㅁ
② ㅅ−ㅂ=ㄱ−ㄷ=ㄹ−ㅁ
③ ㅅ−ㅂ=ㄱ−ㄹ=ㄷ−ㅁ
④ ㅅ−ㅂ=ㄱ−ㄹ=ㄷ−ㅁ

해설 야장 기입
1) 승강 식 야장

측점	후시	전시 TP	전시 IP	승(+)	강(−)	지반고
BM	0.175					ㅂ
NO. 1			0.154			
NO. 2	1.098	1.237			1.062	
NO. 3			0.948			
NO. 4		1.175			0.077	ㅅ
합계	ㄱ1.273	ㄴ2.412	ㄷ	ㄹ	ㅁ1.139	

2) 지반고 차(ㅅ−ㅂ)=$\sum BS - \sum FS$(ㄱ−ㄴ)=ㄹ−ㅁ

26 100m의 측선을 20m 줄자로 관측하였다. 1회의 관측에 +4mm의 정오차와 ±3mm의 부정오차가 있었다면 측선의 거리는?
① 100.010±0.007m ② 100.010±0.015m
③ 100.020±0.007m ④ 100.020±0.015m

해설 거리관측오차
1) 정오차
$n = \frac{L}{\ell} = \frac{100}{20} = 5회$
$E = \alpha \cdot n$
$= (+4) \cdot 5 = +20mm = 0.02m$
2) 우연오차
$E = \pm b\sqrt{n}$
$= \pm 3\sqrt{5} \fallingdotseq 7mm = 0.007m$
3) 측선의 거리
=(관측거리+정오차)±부정오차
=(100+0.02)±0.007m

27 삼각수준측량에 의해 높이를 측정할 때 기지점과 미지점의 쌍방에서 연직각을 측정하여 평균하는 이유는?
① 연직축오차를 최소화하기 위하여
② 수평분도원의 편심오차를 제거하기 위하여
③ 연직분도원의 눈금오차를 제거하기 위하여
④ 공기의 밀도변화에 의한 굴절 오차의 영향을 소거하기 위하여

해설 삼각수준측량
대기굴절오차 소거를 위해서는 양방향으로 측량하여 평균을 취하면 해결된다.

28 시가지에서 25변형 트래버스 측량을 실시하여 2′50″의 각관측 오차가 발생하였다면 오차의 처리 방법으로 옳은 것은? (단, 시가지의 측각 허용범위=$\pm 20''\sqrt{n} \sim 30''\sqrt{n}$, 여기서 n은 트래버스의 측점 수)
① 오차가 허용오차 이상이므로 다시 관측하여야 한다.
② 변의 길이의 역수에 비례하여 배분한다.
③ 변의 길이에 비례하여 배분한다.
④ 각의 크기에 따라 배분한다.

해답 24. ① 25. ① 26. ③ 27. ④ 28. ①

해설 축척과 면적과의 관계
1) 측각의 허용범위
   $= \pm 20'' \sqrt{25} \sim 30'' \sqrt{25} = \pm 100'' \sim 150''$
2) 각 관측오차
   $= 2'50'' = 170''$
3) 각 관측오차가 측각의 허용범위를 벗어나므로 다시관측 하여야 한다.

29 수애선의 기준이 되는 수위는?
① 평수위 ② 평균수위
③ 최고수위 ④ 최저수위

해설 수애선
1) 수애선: 수면과 하안과의 경계선을 말한다.
2) 수애선은 평수위를 기준으로 한다.

30 측점 M의 표고를 구하기 위하여 수준점 A, B, C로부터 수준측량을 실시하여 표와 같은 결과를 얻었다면 M의 표고는?

구분	표고(m)	관측방향	고저차(m)	노선길이
A	13.03	A→M	+1.10	2km
B	15.60	B→M	-1.30	4km
C	13.64	C→M	+0.45	1km

① 14.13m ② 14.17m
③ 14.22m ④ 14.30m

해설 고저측량
1) 직접수준측량에서 경중률과 노선거리는 반비례한다.
   $P_1 : P_2 : P_3 = \dfrac{1}{2} : \dfrac{1}{4} : \dfrac{1}{1} = 2 : 1 : 4$
2) $H_P = \dfrac{[PH]}{[P]}$
   $= \dfrac{2 \times (13.03 + 1.10) + 1 \times (15.60 - 1.30) + 4 \times (13.64 + 0.45)}{2 + 1 + 4}$
   $= 14.13 \, m$

31 지성선에 관한 설명으로 옳지 않은 것은?
① 철(凸)선을 능선 또는 분수선이라 한다.
② 경사변환선이란 동일 방향의 경사면에서 경사의 크기가 다른 두 변의 접합선이다.
③ 요(凹)선은 지표의 경사가 최대로 되는 방향을 표시한 선으로 유하선이라고 한다.
④ 지성선은 지표면이 다수의 평면으로 구성되었다고 할 때 평면간 접합부, 즉 접선을 말하며 지세선이라고도 한다.

해설 지성선
1) 요(凹)선: 합수선 또는 계곡선이라고 한다.
2) 최대경사선: 지표의 경사가 최대로 되는 방향을 유하선이라고 한다. 유하선은 등고선의 직각방향이다.

32 삼각측량을 위한 기준점성과표에 기록되는 내용이 아닌 것은?
① 점번호 ② 도엽명칭
③ 천문경위도 ④ 평면직각좌표

해설 삼각측량 성과표 내용
1) 삼각점의 등급, 부호 및 명칭
2) 측점 및 시준점
3) 방위각
4) 진북방향각
5) 평면직각좌표
6) 측지 경·위도
7) 삼각점의 표고

33 곡선반지름이 400m인 원곡선을 설계속도 70km/h로 하려고 할 때 캔트(cant)는? (단, 궤간 $b = 1.065m$)
① 73mm ② 83mm
③ 93mm ④ 103mm

해설 캔트
1) $V = 70 km/h = 70000m/3600sec = 19.44 m/sec$
2) $C = \dfrac{V^2 S}{gR}$
   $= \dfrac{19.44^2 \times 1.065}{9.8 \times 400} = 0.103 m = 103 mm$

해답 29. ① 30. ① 31. ③ 32. ③ 33. ④

34 축척 1:2000의 도면에서 관측한 면적이 2500m² 이었다. 이때, 도면의 가로와 세로가 각각 1% 줄었다면 실제 면적은?
① 2451m²　② 2475m²
③ 2525m²　④ 2551m²

해설 면적오차(dA)
1) $L^2 = A$
   $L = \sqrt{A} = \sqrt{2500} = 50\text{m}$
2) 거리오차
   $\dfrac{dl}{L} = 1\%$
   $\dfrac{dl}{50} = \dfrac{1}{100} \Rightarrow \therefore dl = 0.5\text{m}$
3) 수축 전 도면의 가로와 세로길이
   $L_o = L + dl$
   $= 50 + 0.5 = 50.5\text{m}$
4) 실제면적(A_o)
   $A_o = (50.5)^2 = 2550.25\,\text{m}^2$

35 곡률이 급변하는 평면 곡선부에서의 탈선 및 심한 흔들림 등의 불안정한 주행을 막기 위해 고려하여야 하는 사항과 가장 거리가 먼 것은?
① 완화곡선　② 종단곡선
③ 캔트　　　④ 슬랙

해설 도로 설계시 고려사항
1) 완화곡선: 직선과 원곡선 사이에 설치하는 수평곡선
2) 캔트: 차량이 곡선을 따라 주행할 때 원심력을 줄이기 위해 곡선의 바깥쪽을 높여 주행을 안전하도록 하는 것.
3) 슬랙: 곡선부의 안쪽부분을 넓게 하여 차량이 뒷바퀴가 노면 밖으로 탈선되지 않게 하는 것으로 철도에서는 슬랙, 도로에서는 확폭이라 한다.
4) 종단곡선: 종단구배가 급변하는 곳에 설치하는 수직곡선으로 차량을 충격으로부터 보호하고 충분한 시거를 확보하기 위해서 설치한다.

36 기준면으로부터 어느 측점까지의 연직 거리를 의미하는 용어는?
① 수준선(level line)　② 표고(elevation)
③ 연직선(plumb line)　④ 수평면(horizontal plane)

해설 수준측량의 용어
1) 표고: 기준면(평균해수면)으로부터 어느 측점까지의 연직거리를 말한다.
2) 기준면: 표고의 기준이 되는 수평면을 말한다.
3) 수평면: 각 점에 있어서 중력방향에 직각으로 이루어진 곡면이다.

37 하천의 평균유속(V_m)을 구하는 방법 중 3점법으로 옳은 것은? (단, V_2, V_4, V_6, V_8은 각각 수면으로부터 수심(h)의 0.2h, 0.4h, 0.6h, 0.8h인 곳의 유속이다.)
① $V_m = \dfrac{V_2 + V_4 + V_8}{3}$
② $V_m = \dfrac{V_2 + V_6 + V_8}{3}$
③ $V_m = \dfrac{V_2 + 2V_4 + V_8}{4}$
④ $V_m = \dfrac{V_2 + 2V_6 + V_8}{4}$

해설 평균유속
1) 수면으로부터 수심의 0.6h인 곳이 평균유속에 가장 근접하므로 가중치를 2배로 하여 계산한다.
2) $V = \dfrac{1}{4}(V_2 + 2V_6 + V_8)$

38 어느 각을 10번 관측하여 52°12′을 2번, 52°13′을 4번, 52°14′을 4번 얻었다면 관측한 각의 최확값은?
① 52°12′45″　② 52°13′00″
③ 52°13′12″　④ 52°13′45″

해설 경중률이 동일하지 않은 경우의 최확값
1) 경중률과 관측횟수는 비례한다.
   $P_1 : P_2 : P_3 = 2 : 4 : 4$
2) 최확값
   $a_o = \dfrac{[Pa]}{[P]}$
   $= \dfrac{2 \times (52°12′) + 4 \times (52°13′) + 4 \times (52°14′)}{2+4+4}$
   $= 52°13′12″$

해답　34. ④　35. ②　36. ②　37. ④　38. ③

수리학 및 수문학 ③

39 방위각 153°20′25″에 대한 방위는?
① E 63°20′25″S
② E 26°39′35″S
③ S 26°39′35″E
④ S 63°20′25″E

해설 방위
1) 방위는 자오선(NS축)을 기준으로 나타낸다.
2) 방위각 153°20′25″는 2사분면에 위치하므로,
   방위 = S(180° − 153°20′25″)E
        = S26°39′35″E

40 완화곡선 중 클로소이드에 대한 설명으로 옳지 않은 것은? (단, R : 곡선반지름, L : 곡선길이)
① 클로소이드는 곡률이 곡선길이에 비례하여 증가하는 곡선이다.
② 클로소이드는 나선의 일종이며 모든 클로소이드는 닮은꼴이다.
③ 클로소이드의 종점 좌표 x, y는 그 점의 접선각의 함수로 표시된다.
④ 클로소이드에서 접선각 τ을 라디안으로 표시하면 $\tau = \dfrac{R}{2L}$이 된다.

해설 클로소이드의 성질
클로소이드에서 접선각을 라디안으로 표시하면 $\tau = \dfrac{L}{2R}$이 된다.

수리학 및 수문학

41 유선 위 한 점의 x, y, z축에 대한 좌표를 (x, y, z), x, y, z축 방향 속도성분을 각각 u, v, w라 할 때 서로의 관계가 $\dfrac{dx}{u} = \dfrac{dy}{v} = \dfrac{dz}{w}$, $u = -ky$, $v = kx$, $w = 0$인 흐름에서 유선의 형태는? (단, k는 상수)
① 원
② 직선
③ 타원
④ 쌍곡선

해설 유선방정식
1) 유선방정식
$$\dfrac{dx}{u} = \dfrac{dy}{v} = \dfrac{dz}{w}$$
$$\dfrac{dx}{-ky} = \dfrac{dy}{kx} \Rightarrow xdx + ydy = 0$$
2) 유선방정식을 적분하면 유선의 형태를 알 수 있다.
$$\int (xdx + ydy) = c(상수)$$
$$\therefore x^2 + y^2 = c$$
3) 원의 방정식이므로 유선의 형태는 원이다.

42 그림에서 손실수두가 $\dfrac{3V^2}{2g}$일 때 지름 0.1m의 관을 통과하는 유량은? (단, 수면은 일정하게 유지된다.)

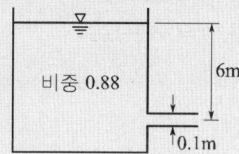

① 0.0399m³/s
② 0.0426m³/s
③ 0.0798m³/s
④ 0.085m³/s

해설 오리피스

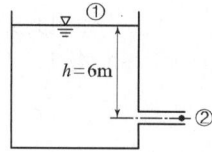

1) 관의 중심선을 기준으로 베르누이 정리 적용하면,
$$Z_1 + \dfrac{P_1}{w} + \dfrac{V_1^2}{2g} = Z_2 + \dfrac{P_2}{w} + \dfrac{V_2^2}{2g} + h_L$$
P_1, P_2 : 대기압으로 무시, $V_2 = V$
$$h + 0 + 0 = 0 + 0 + \dfrac{V^2}{2g} + \dfrac{3V^2}{2g}$$
$$\therefore V = \sqrt{\dfrac{gh}{2}} = \sqrt{\dfrac{9.8 \times 6}{2}} = 5.422 \text{m/sec}$$

해답 39. ③   40. ④   41. ①   42. ②

2) 통과 유량

$$Q = AV = \frac{\pi \times 0.1^2}{4} \times 5.422 = 0.0426 \, m^3/sec$$

43 오리피스에서 수축계수의 정의와 그 크기로 옳은 것은? (단, a_o : 수축단면적, a : 오리피스 단면적, V_o : 수축단면의 유속, V : 이론유속)

① $C_a = \frac{a_o}{a}$, 1.0~1.1
② $C_a = \frac{V_o}{V}$, 1.0~1.1
③ $C_a = \frac{a_o}{a}$, 0.6~0.7
④ $C_a = \frac{V_o}{V}$, 0.6~0.7

해설 수축계수
1) 수축계수(C_a)=수축단면적(a_o) / 오리피스 단면적(a)
2) 수축단면적: 사출수맥의 가장 축소된 부분의 단면적
3) 계수크기
  ① 수축계수(C_a)=0.60~0.70
  ② 유속계수(C_v)=0.95~0.99
  ③ 유량계수(C)=0.60~0.64

44 수로 폭이 3m인 직사각형 개수로에서 비에너지가 1.5m일 경우의 최대유량은? (단, 에너지 보정계수는 1.0이다.)

① 9.39m³/s ② 11.50m³/s
③ 14.09m³/s ④ 17.25m³/s

해설 한계수심
1) 한계수심으로 흐를 때 최대유량이 된다.
2) $h_c = (\frac{\alpha Q^2}{g b^2})^{\frac{1}{3}} = \frac{2}{3} H_e$

$h_c = (\frac{1 \times Q^2}{9.8 \times 3^2})^{\frac{1}{3}} = \frac{2}{3} \times 1.5$

$Q = 9.39 \, m^3/sec$

45 폭이 넓은 개수로($R ≒ h_c$)에서 Chezy의 평균유속계수 $C = 29$, 수로경사 $I = \frac{1}{80}$ 인 하천의 흐름 상태는? (단, $\alpha = 1.11$)

① $I_c = \frac{1}{105}$ 로 사류
② $I_c = \frac{1}{95}$ 로 사류
③ $I_c = \frac{1}{70}$ 로 상류
④ $I_c = \frac{1}{50}$ 로 상류

해설 흐름의 분류
1) 한계경사

$$I_c = \frac{g}{\alpha C^2} = \frac{9.8}{1.11 \times 29^2} ≒ \frac{1}{95}$$

2) $I > I_c$: 하천의 흐름은 사류 상태이다.

46 0.3m³/s의 물을 실양정 45m의 높이로 양수하는데 필요한 펌프의 동력은? (단, 마찰손실수두는 18.6m이다.)

① 186.98kW ② 196.98kW
③ 214.4kW ④ 224.4kW

해설 펌프의 동력(P)
1) 전양정=실양정+Σ손실수두
$H_t = 45 + 18.6 = 63.6 \, m$
2) η값이 주어지지 않는 경우: $\eta = 1.0$

$$P_s = \frac{9.8 \, Q \, H_t}{\eta} = \frac{9.8 \times 0.3 \times 63.6}{1.0} = 186.98 \, kW$$

47 관수로에 물이 흐를 때 층류가 되는 레이놀즈수(Re, Reynolds Number)의 범위는?

① Re < 2000
② 2000 < Re < 3000
③ 3000 < Re < 4000
④ Re > 4000

해설 흐름의 분류
1) 층류와 난류는 점성력에 대한 관성력의 비인 레이놀즈 수로 판정한다.

$$R_e = \frac{V \, D}{\nu}$$

2) 층류: $R_e < 2000$
  난류: $R_e > 4000$

해답 43. ③ 44. ① 45. ② 46. ① 47. ①

48 동수반지름(R)이 10m, 동수경사(I)가 1/200, 관로의 마찰손실계수(f)가 0.04일 때 유속은?

① 8.9m/s ② 9.9m/s
③ 11.3m/s ④ 12.3m/s

해설 Chezy 평균유속

1) $C = \sqrt{\dfrac{8g}{f}} = \sqrt{\dfrac{8 \times 9.8}{0.04}} = 44.27$

2) $V = C\sqrt{RI}$
   $= 44.27\sqrt{10 \times \dfrac{1}{200}} = 9.9 \text{ m/s}$

49 지하수의 투수계수와 관계가 없는 것은?

① 토사의 형상 ② 토사의 입도
③ 물의 단위중량 ④ 토사의 단위중량

해설 투수계수(K)

1) $K = D_s^2 \dfrac{\rho g}{\mu} \dfrac{e^3}{1+e} C$

2) 토사의 단위중량은 투수계수와 무관하다.

50 강우강도를 I, 침투능을 f, 총 침투량을 F, 토양수분 미흡량을 D라 할 때, 지표유출은 발생하나 지하수위는 상승하지 않는 경우에 대한 조건식은?

① $I < f$, $F < D$ ② $I < f$, $F > D$
③ $I > f$, $F < D$ ④ $I > f$, $F > D$

해설 수문곡선의 형상

1) 지표면 유출이 발생하는 조건: $I > f$
2) 지하수위가 상승하는 조건: $F > D$
3) 단기간의 소나비의 특성: $I > f$, $F < D$

51 지하수의 흐름에 대한 Darcy의 법칙은?
(단, V: 유속, Δh: 길이 ΔL에 대한 손실수두, k: 투수계수)

① $V = k\left(\dfrac{\Delta h}{\Delta L}\right)^2$ ② $V = k\left(\dfrac{\Delta h}{\Delta L}\right)$

③ $V = k\left(\dfrac{\Delta h}{\Delta L}\right)^{-1}$ ④ $V = k\left(\dfrac{\Delta h}{\Delta L}\right)^{-2}$

해설 Darcy 법칙

1) 지하수 흐름의 유속
   $V = KI$
2) 동수구배
   $I = \Delta h / \Delta L$

52 그림과 같이 뚜껑이 없는 원통 속에 물을 가득 넣고 중심 축 주위로 회전시켰을 때 흘러넘친 양이 전체의 20%였다. 이 때, 원통 바닥면이 받는 전수압(全水壓)은?

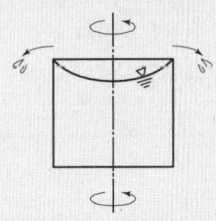

① 정지상태와 비교할 수 없다.
② 정지상태에 비해 변함이 없다.
③ 정지상태에 비해 20%만큼 증가한다.
④ 정지상태에 비해 20%만큼 감소한다.

해설 전 수압

1) 바닥면이 받는 전 수압=바닥면을 밑면으로 하는 연직 물기둥무게
2) 정지 상태에 비해 20%가 넘쳐흘렀기 때문에 연직물기둥 무게도 20%감소한다.

53 단위 유량도(Unit hydrograph)를 작성함에 있어서 기본 가정에 해당되지 않는 것은?

① 비례 가정
② 중첩 가정
③ 직접 유출의 가정
④ 일정 기저시간의 가정

해설 단위유량도의 기본가정

1) 중첩가정: 일정 기간 동안 균일한 강도를 가진 일련의 유효 강우량에 의한 총 유출은 각 기간의 유효 강우량에 의한 개개 유출량을 산술적으로 합한 것과 같다.
2) 비례가정: 수문곡선의 종거의 크기는 강우강도에 비례한다.
3) 일정기저시간의 가정: 강우강도가 다른 각종 강우로 인한 유출량은 그 크기가 다를 지라도 기저시간은 동일하다.

해답 48. ② 49. ④ 50. ③ 51. ② 52. ④ 53. ③

54 직사각형의 위어로 유량을 측정할 경우 수두 H를 측정할 때 1%의 측정오차가 있었다면 유량 Q에서 예상되는 오차는?

① 0.5% ② 1.0%
③ 1.5% ④ 2.5%

해설 유량오차($\frac{dQ}{Q}$)와 수두측정오차($\frac{dh}{h}$)

1) 직사각형 위어의 유량(Francis)
$$Q = \frac{2}{3} Cb\sqrt{2g}\, h^{\frac{3}{2}}$$

2) 유량오차와 수두측정 오차의 관계: 오차원인(h)의 지수 ($n=\frac{3}{2}$)에 비례한다.
$$\frac{dQ}{Q} = n\frac{dh}{h} \Rightarrow \frac{dQ}{Q} = \frac{3}{2} \times 1\% = 1.5\%$$

55 수로의 경사 및 단면의 형상이 주어질 때 최대 유량이 흐르는 조건은?

① 수심이 최소이거나 경심이 최대일 때
② 윤변이 최대이거나 경심이 최소일 때
③ 윤변이 최소이거나 경심이 최대일 때
④ 수로폭이 최소이거나 수심이 최대일 때

해설 수리상 유리한 단면($Q_{\max}$)

1) 조건: 윤변이 최소, 경심이 최대일 때
2) 일정한 단면적에 대하여 최대유량이 흐르는 단면으로 수심을 반지름으로 하는 반원을 내접원으로 하는 단면이다.

56 정수 중의 평면에 작용하는 압력프리즘에 관한 성질 중 틀린 것은?

① 전수압의 크기는 압력프리즘의 면적과 같다.
② 전수압의 작용선은 압력프리즘의 도심을 통과한다.
③ 수면에 수평한 평면의 경우 압력프리즘은 직사각형이다.
④ 한 쪽 끝이 수면에 닿는 평면의 경우에는 삼각형이다.

해설 전수압
1) 전수압의 크기는 압력프리즘의 체적과 같다.
2) 압력프리즘: 수압분포도

57 DAD 해석에 관련된 것으로 옳은 것은?

① 수심 – 단면적 – 홍수기간
② 적설량 – 분포면적 – 적설일수
③ 강우깊이 – 유역면적 – 강우기간
④ 강우깊이 – 유수단면적 – 최대수심

해설 DAD해석
1) Depth – Area – Duration
2) 최대평균우량깊이 – 유역면적 – 강우지속시간의 관계를 나타낸 방법이며 유역면적은 대수축, 최대평균우량은 산술축으로 하여 DAD곡선을 구한다.

58 단순 수문곡선의 분리방법이 아닌 것은?

① N-day법
② S-curve법
③ 수평직선 분리법
④ 지하수 감수곡선법

해설 단순 수문곡선의 분리방법
1) 직접유출과 기저유출의 분리방법을 말한다.
2) 분리방법
   ① 지하수 감수곡선법
   ② 수평직선분리법
   ③ N-day법
   ④ 수정 N-day법

59 밀도가 ρ인 액체에 지름 d인 모세관을 연직으로 세웠을 경우 이 모세관 내에 상승한 액체의 높이는? (단, T: 표면장력, θ: 접촉각)

① $h = \dfrac{4T\cos\theta}{\rho g d^2}$ ② $h = \dfrac{2T\cos\theta}{\rho g d}$
③ $h = \dfrac{2T\cos\theta}{\rho g d^2}$ ④ $h = \dfrac{4T\cos\theta}{\rho g d}$

해설 모관상승고
1) 연직유리관을 세운 경우
$$h = \frac{4T\cos\theta}{\rho g d}$$
2) 2개의 연직평판을 세운 경우
$$h = \frac{2T\cos\theta}{\rho g d}$$

해답 54. ③ 55. ③ 56. ① 57. ③ 58. ② 59. ④

60 도수가 15m 폭의 수문 하류 측에서 발생되었다. 도수가 일어나기 전의 깊이가 1.5m이고 그때의 유속은 18m/s였다. 도수로 인한 에너지 손실 수두는?
(단, 에너지 보정계수 $\alpha = 1$이다.)

① 3.24m   ② 5.40m
③ 7.62m   ④ 8.34m

해설 도수로 인한 에너지손실(ΔH_e)

1) $F_{r1} = \dfrac{V_1}{\sqrt{g\,h_1}} = \dfrac{18}{\sqrt{9.8 \times 1.5}} = 4.69\,\text{m/s}$

2) $h_2 = \dfrac{h_1}{2}(-1 + \sqrt{1 + 8\,F_{r1}^2}\,)$
  $= \dfrac{1.5}{2}(-1 + \sqrt{1 + 8 \times 4.69^2}\,) = 9.23\,\text{m}$

3) $\Delta H_e = \dfrac{(h_2 - h_1)^3}{4\,h_2\,h_1} = \dfrac{(9.23 - 1.5)^3}{4 \times 9.23 \times 1.5} = 8.34\,\text{m}$

철근콘크리트 및 강구조

61 순단면이 볼트의 구멍 하나를 제외한 단면(즉, A-B-C 단면)과 같도록 피치(s)를 결정하면?
(단, 구멍의 지름은 18mm이다.)

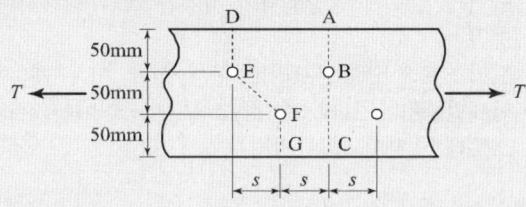

① 50mm   ② 55mm
③ 60mm   ④ 65mm

해설 순폭계산

1) A → B → C
  $b_n = b_g - d$

2) D → E → F → G
  $b_n = b_g - d - (d - \dfrac{S^2}{4g})$

3) $b_g - d = b_g - d - (d - \dfrac{S^2}{4g})$
  $\therefore S = \sqrt{4gd} = \sqrt{4 \times 50 \times 18} = 60\,\text{mm}$

62 휨을 받는 인장 이형철근으로 4-D25 철근이 배치되어 있을 경우 그림과 같은 직사각형 단면 보의 기본정착길이(l_{db})는? (단, 철근의 공칭지름=25.4mm, D25철근 1개의 단면적=507mm², $f_{ck}=24\text{MPa}$, $f_y=400\text{MPa}$, 보통중량콘크리트이다.)

① 519mm
② 1150mm
③ 1245mm
④ 1400mm

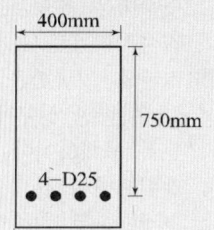

해설 기본정착길이(l_{db})

1) $\lambda = 1.0$

2) $l_{db} = \dfrac{0.6 d_b f_y}{\lambda \sqrt{f_{ck}}}$
  $= \dfrac{0.6 \times 25.4 \times 400}{1.0 \times \sqrt{24}} = 1245\,\text{mm}$

63 그림과 같이 $P=300\text{kN}$의 인장응력이 작용하는 판 두께 10mm인 철판에 $\phi 19\text{mm}$인 리벳을 사용하여 접합할 때 소요 리벳 수는? (단, 허용전단응력=110MPa, 허용지압응력=220MPa이다.)

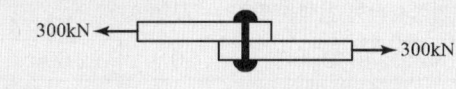

① 8개   ② 10개
③ 12개   ④ 14개

해설 소요리벳 수

1) 리벳의 허용전단강도
  $\rho_s = \nu_a \dfrac{\pi d^2}{4}$
  $= 110 \times \dfrac{\pi \times 19^2}{4} = 31188\,\text{N} = 31.19\,\text{kN}$

2) 리벳의 허용지압강도
  $\rho_b = f_{ba}\,d\,t$
  $= 220 \times 19 \times 10 = 41800\,\text{N} = 41.8\,\text{kN}$

3) 리벳강도: 허용전단강도와 허용지압강도의 둘 중 작은 값
  ∴ 리벳강도 = 31.19kN

4) 리벳 수(n): 올림 정수로 계산한다.
  $n = \dfrac{P}{\text{리벳강도}}$
  $= \dfrac{300}{31.19} = 9.62 = 10$개

해답 60. ④   61. ③   62. ③   63. ②

64. 옹벽의 구조해석에 대한 설명으로 틀린 것은? (단, 기타 콘크리트구조 설계기준에 따른다.)

① 부벽식 옹벽의 전면벽은 2변 지지된 1방향 슬래브로 설계하여야 한다.
② 뒷부벽은 T형보로 설계하여야 하며, 앞부벽은 직사각형보로 설계하여야 한다.
③ 저판의 뒷굽판은 정확한 방법이 사용되지 않는 한, 뒷굽판 상부에 재하되는 모든 하중을 지지하도록 설계하여야 한다.
④ 캔틸레버식 옹벽의 저판은 전면벽과의 접합부를 고정단으로 간주한 캔틸레버로 가정하여 단면을 설계할 수 있다.

해설 옹벽
부벽식 옹벽의 전면 벽은 3변 지지된 2방향 슬래브로 설계한다.

65. 단철근 직사각형보에서 $f_{ck}=32$MPa이라면 등가직사각형 응력블록과 관계된 계수 β_1은?

① 0.850 ② 0.836
③ 0.822 ④ 0.815

해설 등가직사각형 응력분포 변수 값(β_1)

f_{ck}(MPa)	40 이하	50	60
β_1	0.80	0.80	0.76

66. PS 강재응력 $f_{ps}=1200$MPa, PS 강재 도심 위치에서 콘크리트의 압축응력 $f_c=7$MPa일 때, 크리프에 의한 PS 강재의 인장응력 감소율은? (단, 크리프 계수는 2이고, 탄성계수비는 6이다.)

① 7%   ② 8%
③ 9%   ④ 10%

해설 크리프에 의한 PS강재의 인장응력 감소율
1) 크리프에 의한 프리스트레스 감소량
$\Delta f_p = \phi\, n\, f_c = 2 \times 6 \times 7 = 84$MPa
2) 크리프에 의한 PS강재의 인장응력 감소율
$= \dfrac{\Delta f_p}{f_p} \times 100$
$= \dfrac{84}{1200} \times 100 = 7\%$

67. 설계기준압축강도(f_{ck})가 24MPa이고, 쪼갬인장강도(f_{sp})가 2.4MPa인 경량골재 콘크리트에 적용하는 경량콘크리트계수(λ)는?

① 0.75   ② 0.81
③ 0.87   ④ 0.93

해설 경량콘크리트계수(λ)
$\lambda = \dfrac{f_{sp}}{0.56\sqrt{f_{ck}}} = \dfrac{2.4}{0.56\sqrt{24}} = 0.87$

68. 부분 프리스트레싱(partial prestressing)에 대한 설명으로 옳은 것은?

① 부재단면의 일부에만 프리스트레스를 도입하는 방법
② 구조물에 부분적으로 프리스트레스트 콘크리트 부재를 사용하는 방법
③ 사용하중 작용 시 프리스트레스트 콘크리트 부재 단면의 일부에 인장응력이 생기는 것을 허용하는 방법
④ 프리스트레스트 콘크리트 부재 설계 시 부재 하단에만 프리스트레스를 주고 부재 상단에는 프리스트레스 하지 않는 방법

해설 부분 프리스트레싱
1) 부분 프리스트레싱: 사용하중 작용 시 프리스트레스트 콘크리트부재 단면의 일부에 인장응력이 생기는 것을 허용하는 방법
2) 완전 프리스트레싱: 사용하중 작용 시 프리스트레스트 콘크리트부재 단면에 인장응력이 생기는 것을 허용하지 않는 방법

해답 64. ①   65. ③   66. ①   67. ③   68. ③

69 다음 중 최소 전단철근을 배치하지 않아도 되는 경우가 아닌 것은? (단, $\frac{1}{2}\phi V_c < V_u$인 경우이며, 콘크리트구조 전단 및 비틀림 설계기준에 따른다.)
① 슬래브와 기초판
② 전체깊이가 450mm 이하인 보
③ 교대 벽체 및 날개벽, 옹벽의 벽체, 암거 등과 같이 휨이 주거동인 판부재
④ 전단철근이 없어도 계수휨모멘트와 계수전단력에 저항할 수 있다는 것을 실험에 의해 확인할 수 있는 경우

해설 최소전단철근을 배치하지 않아도 되는 경우
전체깊이가 250mm 이하인 보

70 T형 보에서 주철근이 보의 방향과 같은 방향일 때 하중이 직접적으로 플랜지에 작용하게 되면 플랜지가 아래로 휘면서 파괴될 수 있다. 이 휨 파괴를 방지하기 위해서 배치하는 철근은?
① 연결철근 ② 표피철근
③ 종방향 철근 ④ 횡방향 철근

해설 종방향 철근
1) 종방향철근: 보의 길이방향으로 배치한 철근을 종방향철근이라 한다.
2) 횡방향 철근: 부재 축에 직각으로 배치하는 철근으로 띠철근이나 스터럽 등을 말한다.
3) 표피철근: 보의 전체깊이가 900mm를 초과하는 휨 부재 복부의 양 측면에 부재 축 방향으로 배치하는 철근을 말한다.

71 철골 압축재의 좌굴 안정성에 대한 설명 중 틀린 것은?
① 좌굴길이가 길수록 유리하다.
② 단면2차반지름이 클수록 유리하다.
③ 힌지지지보다 고정지지가 유리하다.
④ 단면2차모멘트 값이 클수록 유리하다.

해설 철골 부재의 좌굴에 대한 안전성
1) 좌굴하중: $P_c = \dfrac{\pi^2 EI}{l_k^2}$
2) 좌굴길이(l_k)가 짧을수록 좌굴하중은 증가하므로 유리하다.

72 2방향 슬래브 설계에 사용되는 직접설계법의 제한 사항으로 틀린 것은?
① 각 방향으로 2경간 이상 연속되어야 한다.
② 각 방향으로 연속한 받침부 중심간 경간 차이는 긴 경간의 1/3 이하이어야 한다.
③ 연속한 기둥 중심선을 기준으로 기둥의 어긋남은 그 방향 경간의 10% 이하이어야 한다.
④ 모든 하중은 슬래브 판 전체에 걸쳐 등분포된 연직하중이어야 하며, 활하중은 고정하중의 2배 이하이어야 한다.

해설 직접설계법의 제한 사항
각 방향으로 3경간 이상 연속되어야 한다.

73 다음 설명 중 옳지 않은 것은?
① 과소철근 단면에서는 파괴 시 중립축은 위로 조금 올라간다.
② 과다철근 단면인 경우 강도설계에서 철근의 응력은 철근의 변형률에 비례한다.
③ 과소철근 단면인 보는 철근량이 적어 변형이 갑자기 증가하면서 취성파괴를 일으킨다.
④ 과소철근 단면에서는 계수하중에 의해 철근의 인장응력이 먼저 항복강도에 도달된 후 파괴된다.

해설 보의 휨 파괴
1. 연성파괴
 1) 압축 측 콘크리트가 파괴되기 전에 인장철근이 먼저 항복하여 일어나는 파괴로 철근의 연성으로 인해 파괴가 급작스럽게 일어나지 않고 예측 가능한 파괴형태를 말한다.
 2) 중립축위치가 위로 이동한다.
2. 취성파괴
 1) 철근량이 과다 배근된 경우 철근이 항복하기 전에 압축 측의 콘크리트가 갑작스럽게 파괴되는 형태로 예측이 불가능한 파괴를 말한다.
 2) 중립축위치가 아래로 이동한다.
3. 과소철근보(저보강보): 균형철근비보다 철근을 적게 넣어 연성파괴가 되도록 한 보.
4. 과다철근보(과보강보): 균형철근비보다 철근을 많이 넣어 취성파괴가 되도록 한 보.

해답 69. ② 70. ④ 71. ① 72. ① 73. ③

74
그림과 같이 긴장재를 포물선으로 배치하고, $P = 2500kN$으로 긴장했을 때 발생하는 등분포 상향력을 등가하중의 개념으로 구한 값은?

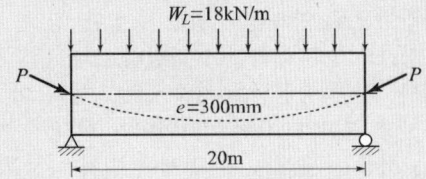

① 10kN/m ② 15kN/m
③ 20kN/m ④ 25kN/m

해설 등분포 상향력(u)
1) $e = 300mm = 0.3m$
2) $u = \dfrac{8\,P\,e}{l^2} = \dfrac{8 \times 2500 \times 0.3}{20^2} = 15kN$

75
단면이 300mm×300mm인 철근콘크리트 보의 인장부에 균열이 발생할 때의 모멘트(M_{cr})가 13.9kN·m이다. 이 콘크리트의 설계기준압축강도(f_{ck})는?
(단, 보통중량콘크리트이다.)

① 18MPa ② 21MPa
③ 24MPa ④ 27MPa

해설 균열모멘트(M_{cr})
1) $Z = \dfrac{b\,h^2}{6} = \dfrac{300 \times 300^2}{6} = 45 \times 10^5 mm^3$
2) $M_{cr} = 13.9 kN \cdot m = 13.9 \times 10^6 N \cdot mm$
3) $M_{cr} = f_r \cdot Z = 0.63\,\lambda\,\sqrt{f_{ck}} \cdot Z$
$13.9 \times 10^6 = 0.63 \times 1.0 \times \sqrt{f_{ck}} \times 45 \times 10^5$
$\therefore f_{ck} = 24MPa$

76
그림과 같은 임의 단면에서 등가 직사각형 응력분포가 빗금 친 부분으로 나타났다면 철근량(A_s)은?
(단, $f_{ck} = 21MPa$, $f_y = 400MPa$)

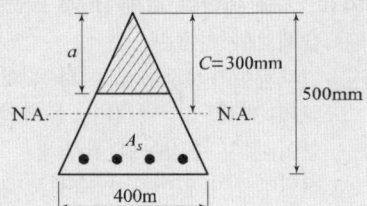

① 874mm²
② 1028mm²
③ 1543mm²
④ 2109mm²

해설 단 철근 직사각형 보의 인장철근량

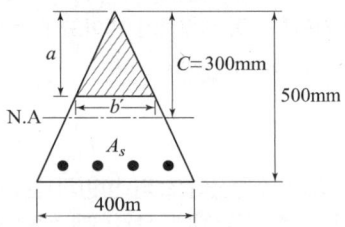

1) 등가직사각형 응력블록깊이(a)
$a = \beta_1 c = 0.8 \times 300 = 240mm$
여기서, $f_{ck} \leq 40MPa \Rightarrow \beta_1 = 0.8,\ \eta = 1.0$
2) 인장철근량: $\sum H = 0 \Rightarrow C_c = T_s$에서
$\eta(0.85 f_{ck})\left(\dfrac{ab'}{2}\right) = A_s f_y$
$1.0 \times 0.85 \times 21 \times \dfrac{240 \times 192}{2} = A_s \times 400$
$\therefore A_s = 1,028 mm^2$
여기서, $a:b' = h:b \Rightarrow b' = 240 \times \dfrac{400}{500} = 192mm$

77
다음 중 공칭축강도에서 최외단 인장철근의 순인장변형률 ϵ_t를 계산하는 경우에 제외되는 것은?
(단, 콘크리트구조 해석과 설계 원칙에 따른다.)
① 활하중에 의한 변형률
② 고정하중에 의한 변형률
③ 지붕활하중에 의한 변형률
④ 유효프리스트레스 힘에 의한 변형률

해설 최 외단 인장철근의 순인장변형률(ε_t)
순인장변형률은 프리스트레스, 크리프, 건조수축 및 온도의 영향을 제외한 계수하중에 의하여 인장철근에 생기는 변형률을 의미한다.

해답 74. ② 75. ③ 76. ② 77. ④

78 그림과 같은 T형 단면을 강도설계법으로 해석 할 경우, 플랜지 내민 부분의 압축력과 균형을 이루기 위한 철근 단면적(A_{sf})은? (단, $f_{ck}=21$MPa, $f_y=400$MPa이다.)

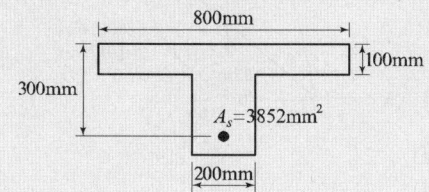

① 1,175.2mm² ② 1,275.0mm²
③ 1,375.8mm² ④ 2,677.5mm²

해설 T형 난년보
$$\sum H=0 \Rightarrow C_f = T_f 에서$$
$$A_{sf} = \frac{\eta\, 0.85 f_{ck}(b-b_w)\,t_f}{f_y}$$
$$= \frac{1.0 \times 0.85 \times 21 \times (800-200) \times 100}{400}$$
$$= 2,677.5\text{mm}^2$$

79 철근콘크리트 보에서 스터럽을 배근하는 주목적으로 옳은 것은?
① 철근의 인장강도가 부족하기 때문에
② 콘크리트의 탄성이 부족하기 때문에
③ 콘크리트의 사인장강도가 부족하기 때문에
④ 철근과 콘크리트의 부착강도가 부족하기 때문에

해설 스터럽 사용 목적
스터럽은 콘크리트의 사인장강도가 부족하기 때문에 사인장균열 발생방지를 위한 전단응력 보강철근이다.

80 단철근 직사각형 보가 균형단면이 되기 위한 압축연단에서 중립축까지 거리는? (단, $f_y=300$MPa, $d=600$mm 이며 강도설계법에 의한다.)
① 494mm ② 413mm
③ 390mm ④ 293mm

해설 1) 인장철근의 항복변형률
$$\epsilon_y = \frac{f_y}{E_s} = \frac{300}{200,000} = 0.0015$$
2) 중립축위치
$$\frac{C_b}{d} = \frac{\epsilon_{cu}}{\epsilon_{cu}+\epsilon_y}$$
$$\frac{C_b}{600} = \frac{0.0033}{0.0033+0.0015}$$
$$\therefore C_b = 412.5\text{mm}$$

토질 및 기초

81 예민비가 매우 큰 연약 점토지반에 대해서 현장의 비배수 전단강도를 측정하기 위한 시험방법으로 가장 적합한 것은?
① 압밀비배수시험 ② 표준관입시험
③ 직접전단시험 ④ 현장베인시험

해설 베인전단시험(Vane Test)
1) 적용: 포화되고 연약한 점토지반의 전단강도를 구함
2) 점착력()
$$C = \frac{T}{\pi D^2(\frac{D}{6}+\frac{H}{2})} \times \mu(수정계수)$$

82 Terzaghi는 포화점토에 대한 1차 압밀이론에서 수학적 해를 구하기 위하여 다음과 같은 가정을 하였다. 이 중 옳지 않은 것은?
① 흙은 균질하다.
② 흙은 완전히 포화되어 있다.
③ 흙 입자와 물의 압축성을 고려한다.
④ 흙 속에서의 물의 이동은 Darcy 법칙을 따른다.

해설 Terzaghi의 1차원 압밀 가정
흙 입자와 물의 압축성을 고려하지 않는다.

해답 78. ④ 79. ③ 80. ② 81. ④ 82. ③

83 점성토 지반굴착 시 발생할 수 있는 Heaving 방지대책으로 틀린 것은?
① 지반개량을 한다.
② 지하수위를 저하시킨다.
③ 널말뚝의 근입 깊이를 줄인다.
④ 표토를 제거하여 하중을 작게 한다.

해설 히빙(Heaving)
1) 히빙: 연약점토지반 굴착 시 굴착저면이 배면토사의 중량으로 인해 굴착저면이 부풀어 오르는 현상을 말한다.
2) 널말뚝의 근입 깊이를 증가시켜야 히빙 현상을 방지할 수 있다.

84 연약점토 지반에 말뚝을 시공하는 경우, 말뚝을 타입 후 어느 정도 기간이 경과한 후에 재하시험을 하게 된다. 그 이유로 가장 적합한 것은?
① 말뚝에 부마찰력이 발생하기 때문이다.
② 말뚝에 주면마찰력이 발생하기 때문이다.
③ 말뚝 타입 시 교란된 점토의 강도가 원래대로 회복하는 데 시간이 걸리기 때문이다.
④ 말뚝 타입 시 말뚝 자체가 받는 충격에 의해 두부의 손상이 발생할 수 있어 안정화에 시간이 걸리기 때문이다.

해설 말뚝재하시험
1) 말뚝을 연약 점토지반에 타입 할 경우 주위 흙이 교란된다.
2) 틱소트로피(Thixotropy)효과에 의한 강도 증진의 영향을 고려하기 위하여 재하시험은 3주 이상의 기간이 경과한 후 행하는 것이 좋다.

85 연약지반 처리공법 중 sand drain 공법에서 연직 및 수평 방향을 고려한 평균 압밀도 U는?
(단, $U_v = 0.20$, $U_h = 0.71$이다.)
① 0.573   ② 0.697
③ 0.712   ④ 0.768

해설 평균압밀도(U_{ave})
$U_{ave} = 1 - (1 - U_v)(1 - U_h)$
$= 1 - (1 - 0.20)(1 - 0.71)$
$= 0.768$

86 그림과 같은 사면에서 활동에 대한 안전율은?

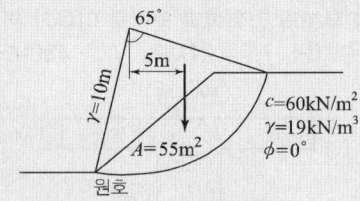

① 1.30   ② 1.50
③ 1.70   ④ 1.90

해설 질량법
1) 토체의 중량
$W = \gamma A = 19 \times 55 = 1045 \, kN/m$
2) 호의 길이
$2\pi r : 360° = L : 65°$
$\therefore L = 11.34 \, m$
3) 안전율
$F_s = \dfrac{M_r}{M_d} = \dfrac{c \cdot L \cdot r}{W \cdot d}$
$= \dfrac{60 \times 11.34 \times 10}{1045 \times 5} = 1.30$

87 토질조사에 대한 설명 중 옳지 않은 것은?
① 표준관입시험은 정적인 사운딩이다.
② 보링의 깊이는 설계의 형태 및 크기에 따라 변한다.
③ 보링의 위치와 수는 지형조건 및 설계형태에 따라 변한다.
④ 보링 구멍은 사용 후에 흙이나 시멘트 그라우트로 메워야 한다.

해설 토질조사
1) 표준관입시험(SPT)은 동적 사운딩이다.
2) 보링은 오거를 이용하여 지반에 구멍을 뚫어 지하수나 토질을 조사하는 것을 말한다.

88 흙 시료의 일축압축시험 결과 일축압축강도가 0.3MPa 이었다. 이 흙의 점착력은? (단, $\phi = 0$인 점토)
① 0.1MPa   ② 0.15MPa
③ 0.3MPa   ④ 0.6MPa

해답 83. ③   84. ③   85. ④   86. ①   87. ①   88. ②

해설 일축압축강도(q_u)
1) 일축압축강도시험은 점토를 대상으로 한다.
2) 일축압축강도
$$q_u = 2 \cdot C \cdot \tan\left(45° + \frac{\phi}{2}\right)$$
$$0.3 = 2 \times C \times \tan(45°)$$
$$\therefore C = 0.15 \text{MPa}$$

89 지표면에 집중하중이 작용할 때, 지중연직 응력 증가량($\Delta\sigma_z$)에 관한 설명 중 옳은 것은? (단, Boussinesq이론을 사용)
① 탄성계수 E에 무관하다.
② 탄성계수 E에 정비례한다.
③ 탄성계수 E의 제곱에 정비례한다.
④ 탄성계수 E의 제곱에 반비례한다.

해설 지중응력
1) 집중하중에 의한 연직응력 증가량($\Delta\sigma_z$)
$$\Delta\sigma_z = I_\sigma \cdot \frac{Q}{Z^2}$$
여기서, I_σ: 영향계수, Q: 집중하중, Z: 임의 점의 연직 깊이
2) 지중응력의 증가량은 영향계수, 하중의 크기에 비례한다.
3) 지중응력의 증가량은 지반의 탄성계수(E)는 무관하다.

90 흙의 투수계수(k)에 관한 설명으로 옳은 것은?
① 투수계수(k)는 물의 단위중량에 반비례한다.
② 투수계수(k)는 입경의 제곱에 반비례한다.
③ 투수계수(k)는 형상계수에 반비례한다.
④ 투수계수(k)는 점성계수에 반비례한다.

해설 투수계수(K)
1) 투수계수
$$K = D_s^2 \frac{\rho g}{\mu} \frac{e^3}{1+e} C$$
2) 투수계수의 특징
 ① 투수계수는 물의 단위중량(ρg)에 비례한다.
 ② 투수계수는 입경(D_s^2)의 제곱에 비례한다.
 ③ 투수계수는 형상계수(C)에 비례한다.
 ④ 투수계수는 점성계수(μ)에 반비례한다.

91 널말뚝을 모래지반에 5m 깊이로 박았을 때 상류와 하류의 수두차가 4m이었다. 이 때 모래지반의 포화단위중량이 19.62kN/m³이다. 현재 이 지반의 분사현상에 대한 안전율은? (단, 물의 단위중량은 9.81kN/m³이다.)
① 0.85 ② 1.25
③ 1.85 ④ 2.25

해설 분사현상
1) 모래의 수중단위중량
 $= 19.62 - 9.81 = 9.81 \text{kN/m}^3$
2) 정수압 상태의 유효응력=모래의 수중단위중량×널말뚝 근입 깊이
 $= 9.81 \times 5 = 49.05 \text{kN/m}^2$
3) 침투수압=물의 단위중량×상류와 하류의 수두 차
 $= \frac{9.81\text{kN}}{\text{m}^3} \times 4\text{m} = 39.24 \text{kN/m}^2$
4) 안전율(F_s)
$$F_s = \frac{49.05}{39.24} = 1.25$$

92 $\Delta h_1 = 50$이고, $k_{v2} = 10k_{v1}$일 때, k_{v3}의 크기는?

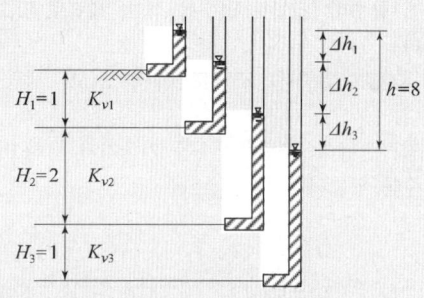

① $1.0k_{v1}$ ② $1.5k_{v1}$
③ $2.0k_{v1}$ ④ $2.5k_{v1}$

해설 투수계수
1) 투수가 수직방향으로 일어날 경우 각 층에서의 유출속도가 같아야한다.
$$v_z = K_{v1} \cdot i = K_{v2} \cdot i = K_{v3} \cdot i$$
$$K_{v1} \cdot \frac{5}{1} = 10K_{v1} \cdot \frac{\Delta h_2}{2}$$
$$\therefore \Delta h_2 = 1$$

해답 89. ① 90. ④ 91. ② 92. ④

2) 전체 손실수두=각 층의 손실수두 합
$h = \Delta h_1 + \Delta h_2 + \Delta h_3$
$8 = 5 + 1 + \Delta h_3$
$\therefore \Delta h_3 = 2$

3) 각 층의 유출속도의 크기는 같으므로,
$v_z = K_{v1} \cdot i = K_{v2} \cdot i = K_{v3} \cdot i$
$K_{v1} \cdot \frac{5}{1} = 10 K_{v1} \cdot \frac{1}{2} = K_{v3} \cdot \frac{2}{1}$
$\therefore K_{v3} = \frac{5}{2} K_{v1}$

★★★
93 흙의 다짐에 대한 설명으로 틀린 것은?
① 최적함수비는 흙의 종류와 다짐 에너지에 따라 다르다.
② 일반적으로 조립토일수록 다짐곡선의 기울기가 급하다.
③ 흙이 조립토에 가까울수록 최적함수비가 커지며 최대건조단위중량은 작아진다.
④ 함수비의 변화에 따라 건조단위중량이 변하는데 건조단위중량이 가장 클 때의 함수비를 최적함수비라 한다.

해설 흙의 다짐특성
1) 최적 함수비: 조립토 일수록 적고, 세립토 일수록 증가한다.
2) 최대건조단위중량: 조립토일수록 크고, 세립토일수록 작다.
3) 다짐곡선형태: 조립토일수록 기울기가 급하고, 세립토일수록 완만하다.

★★★
94 함수비 15%인 흙 2300g이 있다. 이 흙의 함수비를 25%가 되도록 증가시키려면 얼마의 물을 가해야 하는가?
① 200g ② 230g
③ 345g ④ 575g법

해설 함수비
1) 함수비 15%인 경우 흙의 무게와 물의 무게
① $\omega = \frac{W_w}{W_s} \times 100 = \frac{W - W_s}{W_s} \times 100$
$15 = \frac{2300 - W_s}{W_s} \times 100 \Rightarrow \therefore W_s = 2000g$

② $W = W_s + W_w \Rightarrow 2300 = 2000 + W_w$
$\therefore W_w = 300g$

2) 함수비 25%인 경우 물의 무게
$25 = \frac{W_w}{2000} \times 100$
$\therefore W_w = 500g$

3) 추가해야할 물의 무게
$W_w = 500 - 300 = 200g$

★★★
95 어떤 흙에 대해서 직접 전단시험을 한 결과 수직 응력이 1.0MPa일 때 전단저항이 0.5MPa이었고, 또 수직응력이 2.0MPa일 때에는 전단저항이 0.8MPa이었다. 이 흙의 점착력은?
① 0.2MPa ② 0.3MPa
③ 0.8MPa ④ 1.0MPa

해설 전단강도(τ)
1) $\tau = C + \sigma' \tan\phi$
2) $0.5 = C + 1 \cdot \tan\phi \rightarrow ①$
$0.8 = C + 2 \cdot \tan\phi \rightarrow ②$
(①×2−②)로 계산하면,
$\therefore C = 0.2 MPa$

★★
96 Mohr 응력원에 대한 설명 중 옳지 않은 것은?
① 임의 평면의 응력상태를 나타내는데 매우 편리하다.
② σ_1과 σ_3의 차의 벡터를 반지름으로 해서 그린 원이다.
③ 한 면에 응력이 작용하는 경우 전단력이 0이면, 그 연직응력을 주응력으로 가정한다.
④ 평면기점(O_p)은 최소 주응력이 표시되는 좌표에서 최소 주응력면과 평행하게 그은 선이 Mohr 원과 만나는 점이다.

해설 모어(Mohr)의 응력 원
1) 응력원: ($\sigma_1 - \sigma_3$)를 지름으로 해서 그린다.
2) 주응력: 전단응력이 "0"이 될 때의 최대 또는 최소의 수직응력의 크기를 말한다.

해답 93. ③   94. ①   95. ①   96. ②

★★★
97 모래치환법에 의한 밀도 시험을 수행한 결과 파낸 흙의 체적과 질량이 각각 365.0cm³, 745g이었으며, 함수비는 12.5%였다. 흙의 비중이 2.65이며, 실내표준다짐 시 최대건조밀도가 1.90t/m³일 때 상대다짐도는?

① 88.7% ② 93.1%
③ 95.3% ④ 97.8%

해설 모래치환법

1) 습윤밀도: $\gamma_t = \dfrac{745}{365} = 2.04 \text{g/cm}^3$

2) 건조밀도: $\gamma_d = \dfrac{\gamma_t}{1+\dfrac{w}{100}}$
   $= \dfrac{2.04}{1+\dfrac{12.5}{100}} = \dfrac{1.81 \text{g}}{\text{cm}^3} = \dfrac{1.81 \text{t}}{\text{m}^3}$

3) 상대다짐도: $U = \dfrac{\gamma_d}{\gamma_{d\max}} \times 100$
   $= \dfrac{1.81}{1.90} \times 100 = 95.3\%$

★★★
98 접지압(또는 지반반력)이 그림과 같이 되는 경우는?

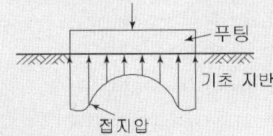

① 푸팅 : 강성, 기초지반 : 점토
② 푸팅 : 강성, 기초지반 : 모래
③ 푸팅 : 연성, 기초지반 : 점토
④ 푸팅 : 연성, 기초지반 : 모래

해설 강성기초의 접지압분포
1) 점토지반: 최대 접지압은 기초의 모서리에서 발생한다.
2) 모래지반: 최대 접지압은 기초의 중앙에서 발생한다.

★
99 통일분류법에 의해 흙이 MH로 분류되었다면, 이 흙의 공학적 성질로 가장 옳은 것은?

① 액성한계가 50% 이하인 점토이다.
② 액성한계가 50% 이상인 실트이다.
③ 소성한계가 50% 이하인 실트이다.
④ 소성한계가 50% 이상인 점토이다.

해설 통일분류법
1) MH: 고압축성의 실트
2) 제 1문자: M=Mo=Silt,
   제 2문자: H=High compression, B선 오른쪽으로 액성한계가 50%이상인 흙으로 고압축성 흙을 의미한다.

★★
100 직경 30cm 콘크리트 말뚝을 단동식 증기 해머로 타입하였을 때 엔지니어링 뉴스 공식을 적용한 말뚝의 허용지지력은? (단, 타격에너지=36kN·m, 해머효율=0.8, 손실상수=0.25cm, 마지막 25mm 관입에 필요한 타격횟수=5이다.)

① 640kN   ② 1280kN
③ 1920kN ④ 3840kN

해설 단동식 증기해머

1) 안전율: $F_s = 6$
2) 타격에너지
   $W_h \cdot H = 36 \text{kN} \cdot \text{m} = 3600 \text{kN} \cdot \text{cm}$
3) 평균관입량(S)
   $S = \dfrac{25}{5} = 5 \text{mm} = 0.5 \text{cm}$
4) 허용지지력
   $q_a = \dfrac{e \cdot W_h \cdot H}{F_s(S+0.25)}$
   $= \dfrac{0.8 \times 3600}{6(0.5+0.25)} = 640 \text{kN}$

상하수도공학

★★★
101 지표수를 수원으로 하는 경우의 상수시설 배치순서로 가장 적합한 것은?

① 취수탑→침사지→응집침전지→여과지→배수지
② 취수구→약품침전지→혼화지→여과지→배수지
③ 집수매거→응집침전지→침사지→여과지→배수지
④ 취수문→여과지→보통침전지→배수탑→배수관망

해설 상수시설 배치순서
1) 일반적인 정수처리 과정: 침전→여과→소독
2) 수원이 표류수인 경우 침사지를 설치한다.
3) 수원이 지하수인 경우 침사지를 생략한다.

해답 97. ③ 98. ① 99. ② 100. ① 101. ①

2019년 과년도출제문제

102 하수도시설기준에 의한 우수관로 및 합류관로거의 표준 최소 관경은?
① 200mm ② 250mm
③ 300mm ④ 350mm

해설 관로의 최소관경
1) 우수관로 및 합류관로거: 250mm
2) 오수관로: 200mm

103 상수도의 계통을 올바르게 나타낸 것은?
① 취수 → 송수 → 도수 → 정수 → 급수 → 배수
② 취수 → 도수 → 정수 → 송수 → 배수 → 급수
③ 취수 → 정수 → 도수 → 급수 → 배수 → 송수
④ 도수 → 취수 → 정수 → 송수 → 배수 → 급수

해설 상수도의 계통
1) 취수 → 도수 → 정수 → 송수 → 배수 → 급수
2) 도수는 원수를 수송하는 과정이므로 가장 앞에 위치한다.

104 관로별 계획하수량에 대한 설명으로 옳지 않은 것은?
① 우수관로는 계획우수량으로 한다.
② 차집관로는 우천 시 계획오수량으로 한다.
③ 오수관로의 계획오수량은 계획1일최대 오수량으로 한다.
④ 합류식 관로에서는 계획시간최대오수량에 계획우수량을 합한 것으로 한다.

해설 계획하수량
오수관로의 계획오수량은 계획시간 최대오수량으로 한다.

105 지름 300mm의 주철관을 설치할 때, 40kgf/cm² 의 수압을 받는 부분에서는 주철관의 두께는 최소한 얼마로 하여야 하는가? (단, 허용인장응력 σ_{ta} = 1400kgf/cm² 이다.)
① 3.1mm ② 3.6mm
③ 4.3mm ④ 4.8mm

해설 관의 두께(t)
1) $D = 300mm = 30cm$
2) $t = \dfrac{P \cdot D}{2 \cdot \sigma_{ta}}$
   $= \dfrac{40 \times 30}{2 \times 1400} = 0.428cm$

106 일반적으로 적용하는 펌프의 특성곡선에 포함되지 않는 것은?
① 토출량 – 양정 곡선
② 토출량 – 효율 곡선
③ 토출량 – 축동력 곡선
④ 토출량 – 회전도 곡선

해설 펌프특성곡선
1) 펌프의 입·출력 곡선으로
2) 토출량과 양정고, 효율, 축 동력과의 관계 곡선을 말한다.

107 정수장 배출수 처리의 일반적인 순서로 옳은 것은?
① 농축 → 조정 → 탈수 → 처분
② 농축 → 탈수 → 조정 → 처분
③ 조정 → 농축 → 탈수 → 처분
④ 조정 → 탈수 → 농축 → 처분

해설 정수장 배출수 처리
조정 → 농축 → 탈수 → 처분

108 활성슬러지법의 여러 가지 변법 중에서 잉여슬러지량을 현저하게 감소시키고 슬러지 처리를 용이하게 하기 위해 개발된 방법으로서 포기시간이 16~24시간, F/M비가 0.03~0.05kgBOD/kgSS·day 정도의 낮은 BOD-SS부하로 운전하는 방식은?
① 장기포기법 ② 순산소포기법
③ 계단식 포기법 ④ 표준활성슬러지법

해설 장시간 포기법 특징
1) 잉여슬러지량이 크게 감소한다.
2) 폭기시간이 길다.(16~24시간)
3) 산소소모량이 많고 유출수의 SS농도가 비교적 높다.

해답 102. ② 103. ② 104. ③ 105. ③ 106. ④ 107. ③ 108. ①

★★★
109 계획오수량을 생활오수량, 공장폐수량 및 지하수량으로 구분할 때, 이것에 대한 설명으로 옳지 않은 것은?

① 지하수량은 1인 1일 최대오수량의 10~20%로 한다.
② 계획 1일 평균오수량은 계획 1일 최대오수량의 70~80%를 표준으로 한다.
③ 합류식에서 우천 시 계획오수량은 원칙적으로 계획시간 최대오수량의 2배 이상으로 한다.
④ 계획1일최대오수량은 1인1일최대오수량에 계획인구를 곱한 후, 여기에 공장폐수량, 지하수량 및 기타 배수량을 더한 것으로 한다.

해설 계획오수량
1) 지하수량=1인 1일 최대오수량 ×(0.10~0.20)
2) 계획1일 평균오수량=계획1일 최대오수량×[0.7(중·소도시) 또는 0.8(대도시)]
3) 우천시 계획오수량(합류식)=계획 시간 최대오수량의 3배이상
4) 계획1일 최대오수량=1인 1일 최대오수량×계획인구+공장폐수량+지하수량+기타 배수량

★
110 다음과 같은 조건으로 입자가 복합되어 있는 플록의 침강속도를 Stokes의 법칙으로 구하면 전체가 흙 입자로 된 플록의 침강속도에 비해 침강속도는 몇 % 정도인가? (단, 비중이 2.5인 흙 입자의 전체부피 중 차지하는 부피는 50%이고, 플록의 나머지 50% 부분의 비중은 0.90이며, 입자의 지름은 10mm이다.)

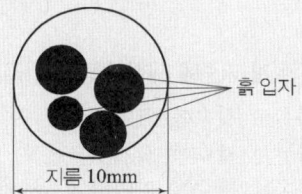

① 38% ② 48%
③ 58% ④ 68%

해설 Stokes법칙
1) 전체부피 : V, 흙 입자의 부피 : V_s, 플록의 부피 : V_f
2) 전체가 흙 입자($V=V_s$)인 경우의 플록무게
$= G_s \cdot V_s \cdot \gamma_w = 2.5 \cdot V \cdot 1$

3) 전체 부피 중 흙 입자와 플록의 부피가 각각 50%인 경우의 무게
$= G_s \cdot V_s \cdot \gamma_w + G_f \cdot V_f \cdot \gamma_w$
$= (2.5 \cdot 0.5 V \cdot 1) + (0.9 \cdot 0.5 V \cdot 1)$
$= 1.7 V$

4) 침강속도 비: 침강속도는 입자무게에 비례한다.
∴ 침강속도비 $= \dfrac{1.7V}{2.5V} \times 100 = 68\%$

★★
111 호수의 부영양화에 대한 설명으로 옳지 않은 것은?

① 부영양화의 주된 원인물질은 질소와 인이다.
② 조류의 이상증식으로 인하여 물의 투명도가 저하된다.
③ 조류의 발생이 과다하면 정수공정에서 여과지를 폐색시킨다.
④ 조류제거 약품으로는 일반적으로 황산알루미늄을 사용한다.

해설 부영양화현상
1) 원인물질: 질소(N), 인(P)
2) 조류제거 약품으로는 일반적으로 황산구리($CuSO_4$)를 사용한다.
3) 황산알루미늄은 응집제로 사용된다.

★★
112 일반적인 정수과정으로서 옳은 것은?

① 스크린 → 소독 → 여과 → 응집침전
② 스크린 → 응집침전 → 여과 → 소독
③ 여과 → 응집침전 → 스크린 → 소독
④ 응집침전 → 여과 → 소독 → 스크린

해설 정수계통도
스크린(걸름망) → 응집·침전 → 여과 → 소독

★★★
113 원수의 알칼리도가 50ppm, 탁도가 500ppm일 때 황산알루미늄의 소비량은 60ppm이다. 이러한 원수가 48000m³/day로 흐를 때 6% 용액의 황산알루미늄의 1일 필요량은? (단, 액체의 비중을 1로 가정한다.)

① 48.0m³/day ② 50.6m³/day
③ 53.0m³/day ④ 57.6m³/day

해답 109. ③ 110. ④ 111. ④ 112. ② 113. ①

해설 황산알루미늄의 1일 소요량

1) 황산알루미늄의 소비농도

$$= 60\text{ppm} = \frac{60\text{mg}}{L}$$
$$= \frac{60\text{mg}}{L} \times \frac{1000}{1000} = \frac{60\text{g}}{\text{m}^3}$$

2) 황산알루미늄의 1일 필요량 = 황산알루미늄의 소비농도 × 처리수량 × $\frac{1}{순도}$

$$= \frac{60\text{g}}{\text{m}^3} \times \frac{48000\text{m}^3}{\text{day}} \times \frac{1}{(6/100)}$$
$$= \frac{48000000\text{g}}{\text{day}} = \frac{48000\text{kg}}{\text{day}} = \frac{48\text{m}^3}{\text{day}}$$

★
114 막여과시설의 약품세척에서 무기물질 제거에 사용되는 약품이 아닌 것은?

① 염산
② 황산
③ 구연산
④ 차아염소산나트륨

해설 막 여과시설
1) 무기물질 제거: 무기산(염산, 황산) 유기산(구연산, 옥살산)
2) 유기물질 제거: 차아염소산나트륨, 수산화나트륨

★★
115 상수도 관로 시설에 대한 설명 중 옳지 않은 것은?

① 배수관 내의 최소 동수압은 150kPa이다.
② 상수도의 송수방식에는 자연유하식과 펌프가압식이 있다.
③ 도수거가 하천이나 깊은 계곡을 횡단할 때는 수로교를 가설한다.
④ 급수관을 공공도로에 부설할 경우 다른 매설물과의 간격을 15cm 이상 확보한다.

해설 상수도 관로시설
급수관을 공공도로에 부설할 경우 다른 매설물과의 간격을 30cm 이상 확보한다.

★★
116 활성슬러지법에서 MLSS가 의미하는 것은?

① 폐수 중의 부유물질
② 방류수 중의 부유물질
③ 포기조 내의 부유물질
④ 반송슬러지의 부유물질

해설 MLSS(Mixed Liquor Suspended Solids)
1) 폭기조 내의 혼합 부유물질의 약자로 폭기조 내의 미생물의 농도를 나타내는 지표로 사용된다.
2) 적정 MLSS농도: $1500\text{mg}/L \sim 2500\text{mg}/L\text{mg}$

★
117 먹는 물의 수질기준 항목인 화학물질과 분류항목의 조합이 옳지 않은 것은?

① 황산이온 – 심미적
② 염소이온 – 심미적
③ 질산성질소 – 심미적
④ 트리클로로에틸렌 – 건강

해설 먹는 물 수질 기준
1) 심미적: 눈, 코, 입을 통해서 직접적인 영향을 느낄 수 있음을 나타낸다.
2) 질산성 질소 – 건강상 유해 영향 무기물질
3) 트리클로로에틸렌 – 건강상 유해 영향 유기물질

★★★
118 하수관로 설계 기준에 대한 설명으로 옳지 않은 것은?

① 관경은 하류로 갈수록 크게 한다.
② 유속은 하류로 갈수록 작게 한다.
③ 경사는 하류로 갈수록 완만하게 한다.
④ 오수관로의 유속은 0.6~3m/s가 적당하다.

해설 하수관로의 설계기준
1) 관거 내의 유속은 하수의 정체 방지를 위해 하류로 갈수록 크게 한다.
2) 관거의 경사: 하류로 갈수록 하수량은 증가되어 관거의 직경이 커지므로 경사가 감소되어도 유속을 크게 할 수 있다.

해답 114. ④ 115. ④ 116. ③ 117. ③ 118. ②

119 관로를 개수로와 관수로로 구분하는 기준은?
① 자유수면 유무
② 지하매설 유무
③ 하수관과 상수관
④ 콘크리트관과 주철관

해설 개수로와 관수로의 차이점
1) 개수로: 자유수면(수면이 대기와 접하는 부분)을 가지고 있는 수로를 말한다.
2) 관수로: 자유수면을 가지고 있지 않는 수로를 말한다.

120 어느 하천의 자정작용을 나타낸 아래 용존 산소 곡선을 보고 어떤 물질이 하천으로 유입되었다고 보는 것이 가장 타당한가?

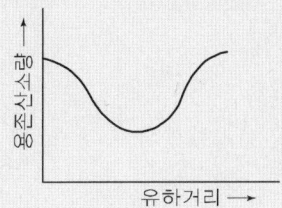

① 생활하수
② 질산성질소
③ 농도가 매우 낮은 폐알칼리
④ 농도가 매우 낮은 폐산(廢酸)

해설 용존산소곡선
1) 유하거리에 따른 용존산소감소는 미생물이 유기물을 산화하면서 용존산소를 소비한 것을 의미하고, 하천의 자정작용으로 다시 용존산소가 증가한 그래프이다.
2) 생활하수는 다량의 유기물을 포함한다.
3) 미생물은 무기물질(질산성질소, 폐알카리, 폐산)을 산화시키지 못한다.

해답 119. ① 120. ①

MEMO

2020년도

과년도기출문제

01 토목기사 2020년 제1·2회 시행 ···· 2

02 토목기사 2020년 제3회 시행 ········ 28

03 토목기사 2020년 제4회 시행 ········ 56

1 2020년 과년도출제문제

응용역학

★★
1 다음 그림과 같은 보에서 B 지점의 반력이 2P가 되기 위한 $\dfrac{b}{a}$ 는?

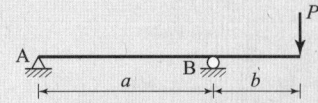

① 0.75
② 1.00
③ 1.25
④ 1.50

해설 단순보의 반력

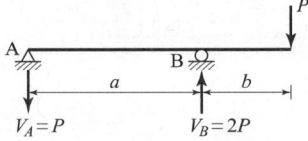

1) $\sum V = 0$
   $-V_A + 2P - P = 0$
   $\therefore V_A = P(\downarrow)$

2) $\sum M_B = 0$
   $-P \cdot a + p \cdot b = 0$
   $\therefore \dfrac{b}{a} = 1$

★★
2 그림의 트러스에서 수직 부재 V의 부재력은?

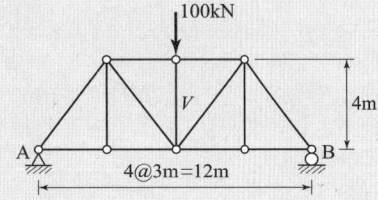

① 100kN(인장)
② 100kN(압축)
③ 50kN(인장)
④ 50kN(압축)

해설 트러스의 부재력

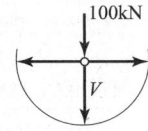

$\sum V = 0$
$-100 - V = 0$
$\therefore V = -100\text{kN (압축)}$

★★★
3 그림과 같은 구조물에 하중 W가 작용할 때 P의 크기는? (단, $0° < \alpha < 180°$이다.)

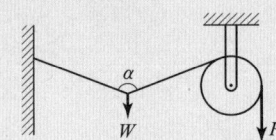

① $P = \dfrac{W}{2\cos\dfrac{\alpha}{2}}$
② $P = \dfrac{W}{2\cos\alpha}$
③ $P = \dfrac{W}{\cos\dfrac{\alpha}{2}}$
④ $P = \dfrac{2W}{\cos\dfrac{\alpha}{2}}$

해설

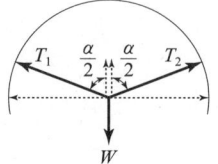

1) $\sum H = 0$
   $-T_1 \cos\dfrac{\alpha}{2} + T_2 \cos\dfrac{\alpha}{2} = 0$
   $\therefore T_1 = T_2 = T$

2) $\sum V = 0$
   $-W + T_1\cos\left(\dfrac{\alpha}{2}\right) + T_2\cos\left(\dfrac{\alpha}{2}\right) = 0$
   $-W + 2T \cdot \cos\left(\dfrac{\alpha}{2}\right) = 0$
   고정도르래이므로 $P = T$
   $\therefore P = \dfrac{W}{2 \cdot \cos\dfrac{\alpha}{2}}$

★★★
4 탄성계수(E)가 2.1×10^5MPa, 푸아송 비(ν)가 0.25일 때 전단탄성계수(G)의 값은?

① 8.4×10^4MPa
② 9.8×10^4MPa
③ 1.7×10^6MPa
④ 2.1×10^6MPa

해설 전단탄성계수(G)

1) $G = \dfrac{mE}{2(m+1)} = \dfrac{E}{2(1+\nu)}$

2) $G = \dfrac{2.1 \times 10^5}{2(1+0.25)} = 8.4 \times 10^4$MPa

해답 1. ② 2. ② 3. ① 4. ①

5 그림과 같은 단순보의 단면에서 최대 전단응력은?

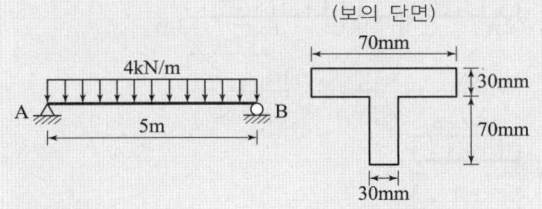

① 2.47MPa ② 2.96MPa
③ 3.64MPa ④ 4.95MPa

해설 최대전단응력

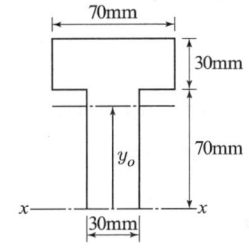

1) 대칭하중이므로 $V_A = \dfrac{4 \times 5}{2} = 10\text{kN}$

   $\therefore V_A = S_{\max} = 10\text{kN} = 10000\text{N}$

2) 중립축위치(y_o)

   $y_o = \dfrac{G_x}{A} = \dfrac{(70 \times 30 \times 85) + (30 \times 70 \times 35)}{70 \times 30 \times 2}$

   $= 60\text{mm}$

3) 단면1차모멘트

   $G = 60 \times 30 \times 30 = 54000\text{mm}^3$

4) 중립축에 대한 단면2차모멘트

   $I_X = \dfrac{70 \times 30^3}{12} + (70 \times 30 \times 25^2)$

   $\qquad + \dfrac{30 \times 70^3}{12} + (30 \times 70 \times 25^2)$

   $= 3640000\text{mm}^4$

5) 최대전단응력은 중립축에서 발생하므로,
   $b = 30\text{mm}$

6) $\tau_{\max} = \dfrac{S_{\max} \cdot G}{I \cdot b}$

   $= \dfrac{10000 \times 54000}{3640000 \times 30} = 4.95\text{MPa}$

6 길이 5m의 철근을 200MPa의 인장응력으로 인장하였더니 그 길이가 5mm만큼 늘어났다고 한다. 이 철근의 탄성계수는? (단, 철근의 지름은 20mm이다.)

① 2×10^4MPa ② 2×10^5MPa
③ 6.37×10^4MPa ④ 6.37×10^5MPa

해설 철근의 탄성계수

1) $\varepsilon = \dfrac{\Delta l}{l} = \dfrac{5\text{mm}}{5000\text{mm}} = \dfrac{1}{1000}$

2) $\sigma = E \cdot \varepsilon$

   $E = \dfrac{\sigma}{\varepsilon} = \dfrac{200}{\dfrac{1}{1000}} = 200000\text{MPa}$

7 그림과 같은 부정정보에 집중하중 50kN이 작용할 때 A점의 휨모멘트(M_A)는?

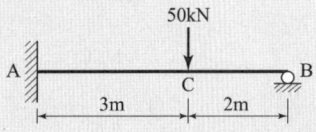

① $-26\text{kN} \cdot \text{m}$ ② $-36\text{kN} \cdot \text{m}$
③ $-42\text{kN} \cdot \text{m}$ ④ $-57\text{kN} \cdot \text{m}$

해설 변위일치법

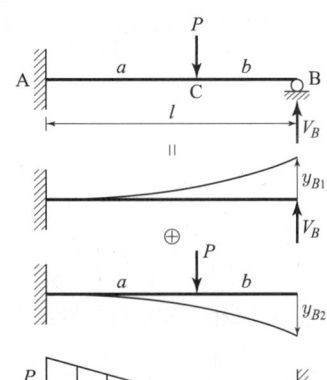

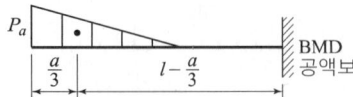

1) $y_{B1} = \dfrac{V_B l^3}{3EI}$

2) $y_{B2} = \dfrac{M_B}{EI} = \dfrac{\left(\dfrac{1}{2} \times P\, a \times a\right) \times \left(l - \dfrac{a}{3}\right)}{EI}$

해답 5. ④ 6. ② 7. ③

3) $y_B = 0 \Rightarrow y_{B1} = y_{B2}$

$$\frac{V_B l^3}{3EI} = \frac{\left(\frac{1}{2} \times P a \times a\right) \times \left(l - \frac{a}{3}\right)}{EI}$$

$$\therefore V_B = \frac{Pa^2 \times (3l-a)}{2l^3}$$

$$= \frac{50 \times 3^2 \times (3 \times 5 - 3)}{2 \times 5^3} = 21.6\text{kN}$$

4) $M_A = 21.6 \times 5 - 50 \times 3 = -42\text{kN} \cdot \text{m}$

★
8 단순보에서 그림과 같이 하중 P가 작용할 때 보의 중앙점의 단면 하단에 생기는 수직응력의 값은?
(단, 보의 단면에서 높이는 h, 폭은 b이다.)

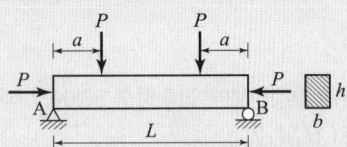

① $\dfrac{P}{bh^2}\left(1 + \dfrac{6a}{h}\right)$ ② $\dfrac{P}{bh}\left(1 - \dfrac{6a}{h}\right)$

③ $\dfrac{P}{b^2h^2}\left(1 - \dfrac{6a}{h}\right)$ ④ $\dfrac{P}{b^2h}\left(1 - \dfrac{a}{h}\right)$

해설 보의 응력

1) $\sigma = \dfrac{P}{A} = \dfrac{P}{bh}$ (압축)

2) $\sigma = -\dfrac{M}{Z} = -\dfrac{Pa}{\frac{bh^2}{6}} = -\dfrac{6Pa}{bh^2}$ (인장)

3) 중앙 점의 단면 하단의 수직응력

$$\sigma = \frac{P}{A} - \frac{M}{Z} = \frac{P}{bh}\left(1 - \frac{6a}{h}\right)$$

★★★
9 아래 그림과 같은 게르버 보에서 E점의 휨모멘트 값은?

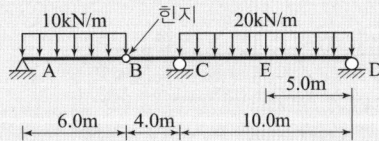

① $190\text{kN} \cdot \text{m}$ ② $240\text{kN} \cdot \text{m}$
③ $310\text{kN} \cdot \text{m}$ ④ $710\text{kN} \cdot \text{m}$

해설 게르버보의 휨모멘트

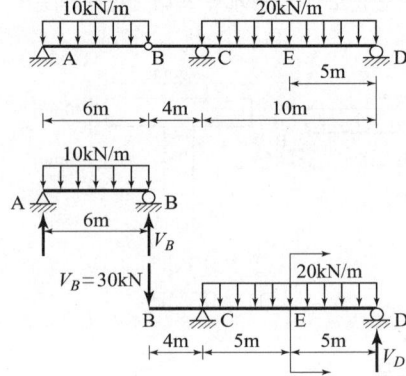

1) $V_B = \dfrac{wl}{2} = \dfrac{10 \times 6}{2} = 30\text{kN}$

2) $\sum M_C = 0$
   $-V_D \times 10 - 30 \times 4 + 20 \times 10 \times 5 = 0$ $\therefore V_D = 88\text{kN}$

3) $M_E = 88 \times 5 - 20 \times 5 \times 2.5 = 190\text{kN} \cdot \text{m}$

★★
10 양단고정의 장주에 중심축하중이 작용할 때 이 기둥의 좌굴응력은? (단, $E = 2.1 \times 10^5 \text{MPa}$이고, 기둥은 지름이 4cm인 원형기둥이다.)

① 3.35MPa
② 6.72MPa
③ 12.95MPa
④ 25.91MPa

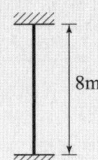

해설 좌굴응력

1) 단면2차모멘트

$$I = \frac{\pi d^4}{64} = \frac{\pi \times 4^4}{64} = 12.566\text{cm}^4 = 125660\text{mm}^4$$

2) 단면적

$$A = \frac{\pi d^2}{4} = \frac{\pi \times 4^2}{4} = 12.566\text{cm}^2 = 1256.6\text{mm}^2$$

3) 좌굴하중(P_{cr})

$$P_{cr} = \frac{n\pi^2 EI}{l^2}$$

$$= \frac{4 \times \pi^2 \times 2.1 \times 10^5 \times 125660}{8000^2} = 16277.8\text{N}$$

4) 좌굴응력

$$\sigma_{cr} = \frac{P_{cr}}{A} = \frac{16277.8}{1256.6}$$

$$= 12.95\text{N/mm}^2 = 12.95\text{MPa}$$

해답 8. ② 9. ① 10. ③

11 휨모멘트를 받는 보의 탄성 에너지를 나타내는 식으로 옳은 것은?

① $U=\int_O^L \frac{M^2}{2EI}dx$ ② $U=\int_O^L \frac{2EI}{M^2}dx$

③ $U=\int_O^L \frac{EI}{2M^2}dx$ ④ $U=\int_O^L \frac{M^2}{EI}dx$

해설 탄성에너지
1) M : 휨모멘트, EI : 휨강성
2) $U=\int_0^L \frac{M^2}{2EI}dx$

12 그림과 같은 단순보에서 B단에 모멘트 하중 M이 작용할 때 경간 AB 중에서 수직 처짐이 최대가 되는 곳의 거리 x는? (단, EI는 일정하다.)

① 0.500L
② 0.577L
③ 0.667L
④ 0.750L

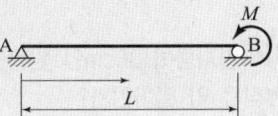

해설

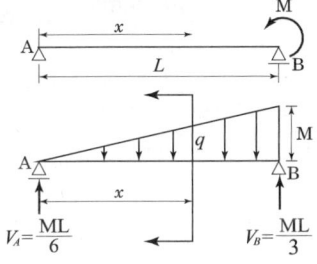

(1) $x : q = L : M$
$q = \frac{M}{L}x$

(2) $S_x = 0$인 위치에서 최대처짐 발생

$\frac{ML}{6} = \frac{1}{2} \cdot q \cdot x$

$\frac{ML}{6} = \frac{1}{2}\left(\frac{M}{L}x\right) \cdot x$

$\therefore x = \frac{L}{\sqrt{3}} = 0.577L$

13 아래 그림의 캔틸레버 보에서 C점, B점의 처짐비 ($\delta_C : \delta_B$)는? (단, EI는 일정하다.)

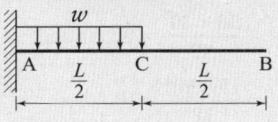

① 3 : 8 ② 3 : 7
③ 2 : 5 ④ 1 : 2

해설 처짐

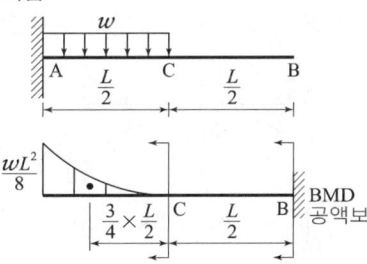

1) BMD를 그리고 공액보로 치환한 다음 C점, B점에서 휨모멘트를 구한다.

$\delta_C = \frac{M_C}{EI}$

$= \frac{1}{EI}\left(\frac{wL^2}{8} \times \frac{L}{2} \times \frac{1}{3}\right)\left(\frac{3}{4} \times \frac{L}{2}\right) = \frac{wL^4}{128EI}$

2) $\delta_B = \frac{M_B}{EI}$

$= \frac{1}{EI}\left(\frac{wL^2}{8} \times \frac{L}{2} \times \frac{1}{3}\right)\left(\frac{3}{4} \times \frac{L}{2} + \frac{L}{2}\right) = \frac{7wL^4}{384EI}$

3) $\delta_C : \delta_B = 3 : 7$

14 그림과 같은 단면을 갖는 부재(A)와 부재(B)가 있다. 동일조건의 보에 사용하고 재료의 강도도 같다면, 휨에 대한 강성을 비교한 설명으로 옳은 것은?

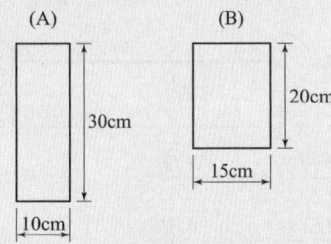

① 보(A)는 보(B) 보다 휨에 대한 강성이 2.0배 크다.
② 보(B)는 보(A) 보다 휨에 대한 강성이 2.0배 크다.
③ 보(A)는 보(B) 보다 휨에 대한 강성이 1.5배 크다.
④ 보(B)는 보(A) 보다 휨에 대한 강성이 1.5배 크다.

해답 11. ① 12. ② 13. ② 14. 전항정답

해설 휨강성
1) 휨강성은 탄성계수×단면2차모멘트($E \cdot I$)이므로 단면2차모멘트의 크기에 비례한다.
2) $I_A = \dfrac{bh^3}{12} = \dfrac{10 \times 30^3}{12} = 22,500\text{cm}^3$

   $I_B = \dfrac{bh^3}{12} = \dfrac{15 \times 20^3}{12} = 10,000\text{cm}^3$
3) 보(A)는 보(B) 보다 휨에 대한 강성이 2.25배 크다.

★★★
15 그림과 같은 3힌지 아치에서 A지점의 반력은?

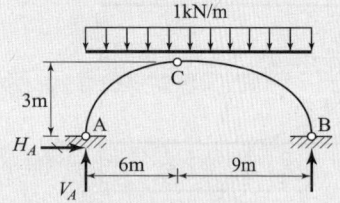

① $V_A = 6.0\text{kN}(\uparrow)$, $H_A = 9.0\text{kN}(\rightarrow)$
② $V_A = 6.0\text{kN}(\uparrow)$, $H_A = 12.0\text{kN}(\rightarrow)$
③ $V_A = 7.5\text{kN}(\uparrow)$, $H_A = 9.0\text{kN}(\rightarrow)$
④ $V_A = 7.5\text{kN}(\uparrow)$, $H_A = 12.0\text{kN}(\rightarrow)$

해설 1) 대칭하중이므로
$$V_A = \dfrac{wl}{2} = \dfrac{1 \times 15}{2} = 7.5\text{kN}$$
2) $\sum M_{CL} = 0$
$-H_A \times 3 + 7.5 \times 6 - 1 \times 6 \times 3 = 0$
∴ $H_A = 9\text{kN}$

★
16 길이가 L인 양단 고정보 AB의 왼쪽 지점이 그림과 같이 작은 각 θ만큼 회전할 때 생기는 반력(R_A, M_A)은? (단, EI는 일정하다.)

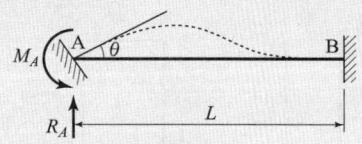

① $R_A = \dfrac{6EI\theta}{L^2}$, $M_A = \dfrac{4EI\theta}{L}$
② $R_A = \dfrac{12EI\theta}{L^3}$, $M_A = \dfrac{6EI\theta}{L^2}$
③ $R_A = \dfrac{4EI\theta}{L^2}$, $M_A = \dfrac{6EI\theta}{L}$
④ $R_A = \dfrac{2EI\theta}{L}$, $M_A = \dfrac{4EI\theta}{L^2}$

해설
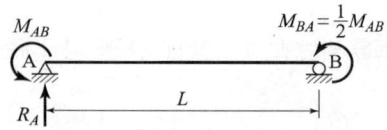

1) $K_{AB} = \dfrac{I}{L}$, $\theta_A = \theta$, $\theta_B = 0$ (∵ 고정지점)
   $R = 0$ (지점침하=0), $C_{AB} = 0$ (상재하중 없으므로)
2) $M_{AB} = M_A = 2EK(2\theta_A + \theta_B - 3R) - C_{AB}$
   $= 2E\dfrac{I}{L}(2\theta + 0 - 0) - 0 = \dfrac{4EI\theta}{L}$
3) $M_{BA} = \dfrac{1}{2}M_{AB} = \dfrac{2EI\theta}{L}$
4) $\sum M_B = 0$
   $R_A \times L - \dfrac{4EI\theta}{L} - \dfrac{2EI\theta}{L} = 0$
   ∴ $R_A = \dfrac{6EI\theta}{L^2}$

★
17 반지름이 30cm인 원형단면을 가지는 단주에서 핵의 면적은 약 얼마인가?
① 44.2cm² ② 132.5cm²
③ 176.7cm² ④ 228.2cm²

해설 핵 면적
1) 핵 반경
$$r = \dfrac{Z}{A} = \dfrac{\pi d^3/32}{\pi d^2/4} = \dfrac{d}{8} = \dfrac{(2 \times 30)}{8} = 7.5\text{cm}$$
2) 핵 면적
$A = \pi r^2 = \pi \times (7.5)^2 = 176.7\text{cm}^2$

★★★
18 다음 중 정(+)의 값뿐만 아니라 부(−)의 값도 갖는 것은?
① 단면계수 ② 단면 2차 반지름
③ 단면 2차 모멘트 ④ 단면 상승 모멘트

해설 단면 상승 모멘트(I_{xy})
1) $I_{xy} = A \cdot x_o \cdot y_o$ 이므로
2) x_o, y_o의 둘 중의 하나의 값이 (−)면 단면상승모멘트는 (−)값이 나온다.

해답 15. ③   16. ①   17. ③   18. ④

19 그림과 같은 삼각형 물체에 작용하는 힘 P_1, P_2를 AC면에 수직한 방향의 성분으로 변환할 경우 힘 P의 크기는?

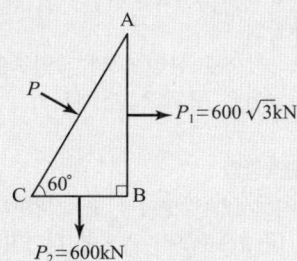

① 1000kN ② 1200kN
③ 1400kN ④ 1600kN

해설
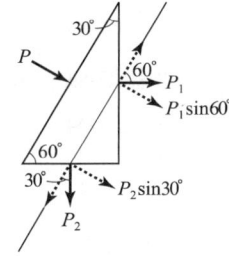

1) 하중 작용점에 AC의 면과 평행선을 작도한 후 P_1, P_2의 분력을 구한다.
2) $P = P_1 \sin 60° + P_2 \sin 30° = 1200$kN

20 지간 10m인 단순보 위를 1개의 집중하중 $P=200$kN이 통과할 때 이 보에 생기는 최대 전단력(S)과 최대 휨모멘트(M)는?

① $S=100$kN, $M=500$kN·m
② $S=100$kN, $M=1000$kN·m
③ $S=200$kN, $M=500$kN·m
④ $S=200$kN, $M=1000$kN·m

해설 최대 단면력
1) 하중이 지점 위에 재하 될 때 최대반력(=최대전단력)이 발생한다.
   ∴ $S = 200$kN
2) 하중이 보의 중앙 점에 재하 되는 경우 최대휨모멘트가 발생한다.
   ∴ $M = \dfrac{Pl}{4} = \dfrac{200 \times 10}{4} = 500$kN·m

측량학

21 종단측량과 횡단측량에 관한 설명으로 틀린 것은?
① 종단도를 보면 노선의 형태를 알 수 있으나 횡단도를 보면 알 수 없다.
② 종단측량은 횡단측량보다 높은 정확도가 요구된다.
③ 종단도의 횡축척과 종축척은 서로 다르게 잡는 것이 일반적이다.
④ 횡단측량은 노선의 종단측량에 앞서 실시한다.

해설 종·횡단측량
1) 종단측량 후에 횡단측량을 실시한다.
2) 종단도의 횡 축척은 소축척으로, 종 축척은 대축척으로 한다.

22 지표상 P점에서 9km 떨어진 Q점을 관측할 때 Q점에 세워야 할 측표의 최소 높이는? (단, 지구 반지름 $R=6370$km이고, P, Q점은 수평면상에 존재한다.)
① 10.2m ② 6.4m
③ 2.5m   ④ 0.6m

해설 구차
1) 구차는 높게 조정하고, 기차는 낮게 조정한다.
2) 구차 $= \dfrac{D^2}{2R} = \dfrac{9^2}{2 \times 6370} = 0.00635$km $\fallingdotseq 6.4$m

23 위성측량의 DOP(Dilution of Precision)에 관한 설명으로 옳지 않은 것은?
① DOP는 위성의 기하학적 분포에 따른 오차이다.
② 일반적으로 위성들 간의 공간이 더 크면 위치정밀도가 낮아진다.
③ DOP를 이용하여 실제 측량 전에 위성측량의 정확도를 예측할 수 있다.
④ DOP 값이 클수록 정확도가 좋지 않은 상태이다.

해설 DOP
1) DOP : 위성의 기하학적 배치에 따른 정밀도 저하율을 의미한다.
2) DOP값이 클수록 정확도가 좋지 않다.
   DOP : 1~3(매우 좋음), 4~5(좋음), 6(보통), >6(불량)
3) 위성들 간의 떨어진 공간이 더 크면 가능한 위성거리 오차는 작아지므로 위치 정밀도는 좋아진다.

해답 19. ② 20. ③ 21. ④ 22. ② 23. ②

★★★
24 캔트(cant)의 계산에서 속도 및 반지름을 2배로 하면 캔트는 몇 배가 되는가?
① 2배 ② 4배
③ 8배 ④ 16배

해설 캔트(Cant)
1) 캔트 : $C = \dfrac{V^2 S}{gR}$
2) 속도(V)와 반지름(R)을 2배로 하면 캔트 값은 2배가 된다.

★★★
25 한 측선의 자오선(종축)과 이루는 각이 60° 00′이고 계산된 측선의 위거가 −60m, 경거가 −103.92m일 때 이 측선의 방위와 거리는?
① 방위=S60°00′E, 거리=130m
② 방위=N60°00′E, 거리=130m
③ 방위=N60°00′W, 거리=120m
④ 방위=S60°00′W, 거리=120m

해설 방위, 거리계산

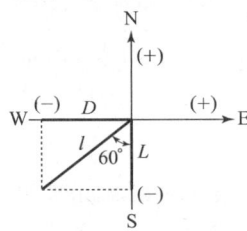

1) 위거 : 측선의 거리를 자오선에 투영한 거리
$L = l \cdot \cos\alpha$
2) 경거 : 측선의 거리를 동서 선에 투영한 거리
$D = l \cdot \sin\alpha$
$103.92 = l \cdot \sin 60° \Rightarrow \therefore l = 120\text{m}$
3) 위거와 경거의 값이 (−)인 경우 측선의 위치는 3사분면에 있다.
4) 방위 : 자오선 축을 기준으로 표시하므로
$S\,60°00′\,W$

★
26 종단점법에 의한 등고선 관측방법을 사용하는 가장 적당한 경우는?
① 정확한 토량을 산출할 때
② 지형이 복잡할 때
③ 비교적 소축척으로 산지 등의 지형측량을 행할 때
④ 정밀한 등고선을 구하려 할 때

해설 등고선 관측방법
종단점법 : 지성선의 방향이나 주요 방향의 여러 개 측선에 대해서 기준점으로부터 필요한 점까지 거리와 높이를 관측하고 등고선을 삽입하는 방법으로 소축척의 산지 등에 사용한다.

★★
27 삼각측량을 위한 삼각망 중에서 유심다각망에 대한 설명으로 틀린 것은?
① 농지측량에 많이 사용된다.
② 방대한 지역의 측량에 적합하다.
③ 삼각망 중에서 정확도가 가장 높다.
④ 동일측점 수에 비하여 포함면적이 가장 넓다.

해설 삼각망
정확도가 가장 높은 삼각망은 사변형 삼각망이다.

★★
28 그림과 같은 토지의 $\overline{BC}$에 평행한 $\overline{XY}$로 m:n=1:2.5의 비율로 면적을 분할하고자 한다. $\overline{AB}=35$m일 때 $\overline{AX}$는?
① 17.7m
② 18.1m
③ 18.7m
④ 19.1m

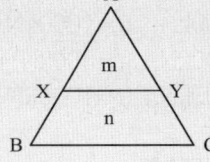

해설 면적분할
1) $\dfrac{m}{m+n} = \left(\dfrac{\overline{AX}}{\overline{AB}}\right)^2 = \left(\dfrac{\overline{AY}}{\overline{AG}}\right)^2$
2) $\overline{AX} = \overline{AB}\sqrt{\dfrac{m}{m+n}}$
$= 35\sqrt{\dfrac{1}{1+2.5}} = 18.7\text{m}$

해답 24. ① 25. ④ 26. ③ 27. ③ 28. ③

29 삭제문제

출제기준 변경으로 인해 삭제됨

★★★
30 트래버스 측량에서 거리 관측의 오차가 관측거리 100m에 대하여 ±1.0mm인 경우 이에 상응하는 각관측 오차는?

① ±1.1″
② ±2.1″
③ ±3.1″
④ ±4.1″

해설 거리관측$\left(\dfrac{d\ell}{\ell}\right)$과 각 관측$\left(\dfrac{d\theta''}{\rho''}\right)$의 정밀도

1) $\dfrac{dl}{l} = \dfrac{d\theta}{\rho''}$ 에서

2) $d\theta = \dfrac{dl}{l}\rho''$

$= \dfrac{\pm 1\text{mm}}{100000\text{mm}} \times 206265'' ≒ \pm 2.1''$

★★★
31 지형도의 이용법에 해당되지 않는 것은?

① 저수량 및 토공량 산정
② 유역면적의 도상 측정
③ 직접적인 지적도 작성
④ 등경사선 관측

해설 지형도의 이용법
1) 도로의 노선계획
2) 등경사선 결정
3) 면적 및 체적결정
4) 유역면적의 도상결정
5) 토공량 산정 등
* 지형도는 정밀도가 낮으므로 지적도(재산문제와 밀접)로는 부적당하다.

★
32 노선측량에서 단곡선의 설치방법에 대한 설명으로 옳지 않은 것은?

① 중앙종거를 이용한 설치방법은 터널 속이나 삼림 지대에서 벌목량이 많을 때 사용하면 편리하다.
② 편각설치법은 비교적 높은 정확도로 인해 고속도로나 철도에 사용할 수 있다.
③ 접선편거와 현편거에 의하여 설치하는 방법은 줄자만을 사용하여 원곡선을 설치할 수 있다.
④ 장현에 대한 종거와 횡거에 의하는 방법은 곡률반지름이 짧은 곡선일 때 편리하다.

해설 단곡선 설치방법
1) 중앙종거법 : 곡선변경 또는 곡선길이가 작은 시가지의 곡선설치나 철도, 도로 등의 기설곡선의 검사 또는 조정에 편리하다.
2) 접선에서 지거를 이용하는 방법 : 터널 내의 곡선설치나 산림지에서 벌목량을 줄일 경우에 적당하다.

★★★
33 그림과 같이 수준측량을 실시하였다. A점의 표고는 300m이고, B와 C구간은 교호 수준 측량을 실시하였다면, D점의 표고는? (표고차 : A→B=+1.233m, B→C=+0.726m, C→B=-0.720m, C→D=-0.926m)

① 300.310m
② 301.030m
③ 302.153m
④ 302.882m

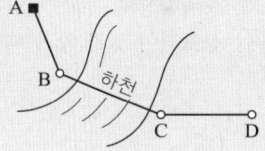

해설 교호수준측량
1) B점과 C점의 표고차
$h = \dfrac{0.726 + 0.720}{2} = 0.723\text{m}$

2) D점의 표고
$H_D = 300 + 1.233 + 0.723 - 0.926$
$= 301.030\text{m}$

34 삼변측량에서 △ABC에서 세변의 길이가 $a=1200.00$m, $b=1600.00$m, $c=1442.22$m라면 변 c의 대각인 ∠C는?

① 45°   ② 60°
③ 75°   ④ 90°

해설 삼변측량

1) $\cos \angle C = \dfrac{a^2+b^2-c^2}{2ab}$

2) $\angle C = \cos^{-1}\left(\dfrac{1200^2+1600^2-1422.22^2}{2\times 1200 \times 1600}\right) = 60°$

35 중력이상에 대한 설명으로 옳지 않은 것은?

① 중력이상에 의해 지표면 밑의 상태를 추정할 수 있다.
② 중력이상에 대한 취급은 물리학적 측지학에 속한다.
③ 중력이상이 양(+)이면 그 지점 부근에 무거운 물질이 있는 것으로 추정할 수 있다.
④ 중력식에 의한 계산값에서 실측값을 뺀 것이 중력이상이다.

해설 중력이상

1) 중력이상은 실측 중력 값에서 중력식에 의한 계산 값(이론중력 값)을 뺀 값을 말한다.
2) 중력이상이 (+)값이면 그 지점부근에 무거운 물질이 있다.
3) 중력이상의 주된 원인은 지하의 물질밀도가 고르게 분포되어 있지 않기 때문이다.

36 삭제문제

출제기준 변경으로 인해 삭제됨

해설 기복변위

1) $f=210$mm$=0.21$m

2) $r_{max} = \dfrac{\sqrt{2}\,a}{2} = \dfrac{\sqrt{2}\times 24}{2} = 16.97$cm

3) 촬영고도
$\dfrac{1}{m} = \dfrac{f}{H} \Rightarrow H = f \cdot m = 0.21 \times 5000 = 1050$m

4) $\dfrac{h}{H} = \dfrac{\Delta r}{r_{max}}$ 에서

$\Delta r = \dfrac{h}{H}\, r_{max} = \dfrac{15\text{m}}{1050\text{m}} \times 16.97\text{cm}$
$\qquad\quad = 0.24\text{cm} = 2.4\text{mm}$

37 아래 종단수준측량의 야장에서 ㉠, ㉡, ㉢에 들어갈 값으로 옳은 것은? (단위 : m)

측점	후시	기계고	전시 전환점	전시 이기점	지반고
BM	0.175	㉠			37.133
No. 1				0.154	
No. 2				1.569	
No. 3				1.143	
No. 4	1.098	㉡	1.237		㉢
No. 5				0.948	
No. 6				1.175	

① ㉠ : 37.308, ㉡ : 37.169, ㉢ : 36.071
② ㉠ : 37.308, ㉡ : 36.071, ㉢ : 37.169
③ ㉠ : 36.958, ㉡ : 35.860, ㉢ : 37.097
④ ㉠ : 36.958, ㉡ : 37.097, ㉢ : 35.860

해설 야장기입

1) 기계고(㉠)=지반고+후시
   $=37.133+0.175=37.308$m
2) 기계고(㉡)=지반고+후시
   $=36.071+1.098=37.169$m
3) 지반고(㉢)=기계고-전시
   $=37.308-1.237=36.071$m

해답 34. ②   35. ④   36. 삭제문제   37. ①

38 종단곡선에 대한 설명으로 옳지 않은 것은?
① 철도에서는 원곡선을 도로에서는 2차포물선을 주로 사용한다.
② 종단경사는 환경적, 경제적 측면에서 허용할 수 있는 범위 내에서 최대한 완만하게 한다.
③ 설계속도와 지형 조건에 따라 종단경사의 기준값이 제시되어 있다.
④ 지형의 상황, 주변 지장물 등의 한계가 있는 경우 10%정도 증감이 가능하다.

해설 종단곡선
종단곡선은 지형의 상황, 주변 지장물 등의 한계가 있는 경우 종단경사 기준 값에서 1%포인트를 더하여 적용할 수 있다.

39 트래버스 측량에서 선점시 주의하여야 할 사항이 아닌 것은?
① 트래버스의 노선은 가능한 폐합 또는 결합이 되게 한다.
② 결합 트래버스의 출발점과 결합점간의 거리는 가능한 단거리로 한다.
③ 거리측량과 각측량의 정확도가 균형을 이루게 한다.
④ 측점간 거리는 다양하게 선점하여 부정오차를 소거 한다.

해설 트래버스 측량의 선점 시 주의 사항
1) 측점간 거리는 되도록 등거리로 하고 매우 짧은 노선은 피해야만 된다.
2) 왜냐하면 기계오차를 작게 하는 동시에 오차를 합리적으로 배분할 수 있기 때문이다.

40 토량 계산공식 중 양단면의 면적차가 클 때 산출된 토량의 일반적인 대소 관계로 옳은 것은? (단, 중앙단면법 : A, 양단면평균법 : B, 각주공식 : C)
① A=C<B   ② A<C=B
③ A<C<B   ④ A>C>B

해설 토공량 산정의 대소 관계
1) 양단면 평균법 > 각주공식 > 중앙단면법
2) 각주공식이 가장 정확하다.

수리학 및 수문학

41 밑변 2m, 높이 3m인 삼각형 형상의 판이 밑변을 수면과 맞대고 연직으로 수중에 있다. 이 삼각형 판의 작용점 위치는? (단, 수면을 기준으로 한다.)
① 1m   ② 1.33m
③ 1.5m   ④ 2m

해설 전수압의 작용점 위치
1) $h_G = \dfrac{1}{3} \times 3 = 1\mathrm{m}$, $A = \dfrac{2 \times 3}{2} = 3\mathrm{m}^2$
2) $h_C = h_G + \dfrac{I_G}{h_G \cdot A}$

$h_C = 1 + \dfrac{\frac{2 \times 3^3}{36}}{1 \times 3} = 1.5\mathrm{m}$

42 시간을 t, 유속을 v, 두 단면간의 거리를 l이라 할 때, 다음 조건 중 부등류인 경우는?
① $\dfrac{v}{t} = 0$ ② $\dfrac{v}{t} \neq 0$
③ $\dfrac{v}{t} = 0$, $\dfrac{v}{l} = 0$ ④ $\dfrac{v}{t} = 0$, $\dfrac{v}{l} \neq 0$

해설 흐름의 분류
1. 정류 : 유체의 유동특성이 시간의 변화에 따라 변하지 않는 흐름
$\dfrac{\partial V}{\partial t} = 0$, $\dfrac{\partial Q}{\partial t} = 0$, $\dfrac{\partial \rho}{\partial t} = 0$

2. 정류의 종류
1) 등류 : 수류의 단면에 따라 유속과 수심이 일정한 흐름
$\dfrac{\partial V}{\partial l} = 0$, $\dfrac{\partial V}{\partial t} = 0$, $\dfrac{\partial Q}{\partial t} = 0$, $\dfrac{\partial \rho}{\partial t} = 0$

2) 부등류 : 수류의 단면에 따라 유속이 수심이 변하는 흐름
$\dfrac{\partial V}{\partial l} \neq 0$, $\dfrac{\partial V}{\partial t} = 0$, $\dfrac{\partial Q}{\partial t} = 0$, $\dfrac{\partial \rho}{\partial t} = 0$

해답 38. ④ 39. ④ 40. ③ 41. ③ 42. 전항정답

43 강우로 인한 유수가 그 유역 내의 가장 먼 지점으로부터 유역출구까지 도달하는데 소요되는 시간을 의미하는 것은?
① 기저시간
② 도달시간
③ 지체시간
④ 강우지속시간

해설 도달시간 정의
1) 도달시간 : 강우로 인한 유수가 분수계의 가장 먼 지점에서 유역출구까지 도달하는데 걸리는 시간
2) 기저시간 : 직접유출이 시작되는 지점에서 끝나는 지점까지의 시간 폭.
3) 지체시간 : 유효우량 주상도의 중심에서 첨두유출이 발생할 때까지 소요시간.

44 지하의 사질 여과층에서 수두차가 0.5m이며 투과거리가 2.5m일 때 이곳을 통과하는 지하수의 유속은? (단, 투수계수는 0.3cm/s이다.)
① 0.03cm/s
② 0.04cm/s
③ 0.05cm/s
④ 0.06cm/s

해설 Darcy 법칙
1) 동수구배
$$I = \frac{\Delta h}{L} = \frac{0.5}{2.5} = 0.2$$
2) 지하수의 유속
$$V = K \cdot I = 0.3 \times 0.2 = 0.06 \, cm/sec$$

45 관망계산에 대한 설명으로 틀린 것은?
① 관망은 Hardy-Cross 방법으로 근사계산할 수 있다.
② 관망계산 시 각 관에서의 유량을 임의로 가정해도 결과는 같아진다.
③ 관망계산에서 반시계방향과 시계방향으로 흐를 때의 마찰 손실수두의 합은 0이라고 가정한다.
④ 관망계산 시 극히 작은 손실의 무시로도 결과에 큰 차를 가져올 수 있으므로 무시하여서는 안된다.

해설 관망(Pipe network)
1) 관망해석방법은 hardy cross 방법으로 풀 수 있다. (시행오차법)
2) 초기유량을 가정하며 마찰손실수두만 고려한다. (미소손실은 무시함)
3) 각 폐합관에 대한 손실수두합은 "0"이다. ($\sum h_L = 0$)
4) 각 분기점 또는 합류점에 유입하는 수량은 그 점에서 정지하지 않고 전부 유출한다.($\sum Q = 0$)

46 다음 중 밀도를 나타내는 차원은?
① $[FL^{-4}T^2]$
② $[FL^4T^{-2}]$
③ $[FL^{-2}T^4]$
④ $[FL^{-2}T^{-4}]$

해설 차원
1) 힘
$$F = m \cdot a = MLT^{-2}$$
$$M = FL^{-1}T^2$$
2) 밀도
$$\rho = \frac{m(질량)}{V(부피)} = \frac{g}{cm^3}$$
$$MLT\,계 = ML^{-3}$$
$$FLT\,계 = (FL^{-1}T^2)L^{-3} = FL^{-4}T^2$$

47 지하수 흐름에서 Darcy 법칙에 관한 설명으로 옳은 것은?
① 정상 상태이면 난류영역에서도 적용된다.
② 투수계수(수리전도계수)는 지하수의 특성과 관계가 있다.
③ 대수층의 모세관 작용은 이 공식에 간접적으로 반영되었다.
④ Darcy 공식에 의한 유속은 공극 내 실제유속의 평균치를 나타낸다.

해설 Darcy 법칙
1) $V = K \times I$
2) Darcy 법칙은 $R_e < 1 \sim 10$ 사이의 층류인 경우에 적용된다.
3) 대수층 내에는 모세관대가 존재하지 않는다.
4) 흐름은 정상류이고, 유속은 입자사이를 흐르는 평균유속이다.

해답 43. ② 44. ④ 45. ④ 46. ① 47. ②

48 일반적인 수로단면에서 단면계수 Z_c와 수심 h의 상관식은 $Z_c^2 = Ch^M$으로 표시할 수 있는데 이 식에서 M은?

① 단면지수 ② 수리지수
③ 윤변지수 ④ 흐름지수

해설 한계류 계산을 위한 단면계수(Z_C)와 수리지수(M)
1) $Z_c^2 = C \cdot h^M$
2) C=계수
3) M=한계류 계산을 위한 수리지수로 단면형과 수심의 함수이다.

49 오리피스(orifice)로부터의 유량을 측정한 경우 수두 H를 추정함에 1%의 오차가 있었다면 유량 Q에는 몇 %의 오차가 생기는가?

① 1% ② 0.5%
③ 1.5% ④ 2%

해설 유량오차$\left(\dfrac{dQ}{Q}\right)$와 수두측정오차$\left(\dfrac{dH}{H}\right)$
1) 오리피스 유량
   $Q = CA\sqrt{2gH}$
2) 유량오차는 오차원인(수두)의 지수($\sqrt{H} = H^k = H^{\frac{1}{2}}$)에 비례한다.
   $\dfrac{dQ}{Q} = k\dfrac{dH}{H} \Rightarrow \dfrac{dQ}{Q} = \dfrac{1}{2} \times 1\% = 0.5\%$

50 강우 강도 $I = \dfrac{5{,}000}{t+40}$ [mm/hr]로 표시되는 어느 도시에 있어서 20분간의 강우량 R_{20}은? (단, t의 단위는 분이다.)

① 17.8mm ② 27.8mm
③ 37.8mm ④ 47.8mm

해설 강우강도
1) 강우강도
   $I = \dfrac{5000}{t+40} = \dfrac{5000}{20+40} = 83.33\mathrm{mm/hr}$
2) 20분간 강우량
   $R_{20} = \dfrac{83.33\mathrm{mm}}{60\mathrm{min}(=\mathrm{hr})} \times 20\mathrm{min} = 27.8\mathrm{mm}$

51 광정 위어(weir)의 유량공식 $Q = 1.704CbH^{\frac{3}{2}}$에 사용되는 수두($H$)는?

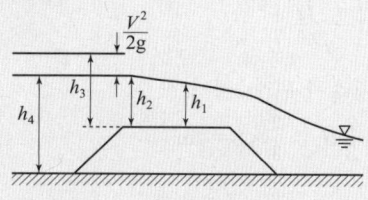

① h_1 ② h_2
③ h_3 ④ h_4

해설 광정위어
1) $Q = 1.704\,Cb\,H^{\frac{3}{2}}$
2) H는 면수축의 영향을 받지 않는 위치에서의
   $h_3\left(=h_2 + \dfrac{V^2}{2g}\right)$를 사용한다.

52 유체의 흐름에 대한 설명으로 옳지 않은 것은?

① 이상유체에서 점성은 무시된다.
② 유관(stream tube)은 유선으로 구성된 가상적인 관이다.
③ 점성이 있는 유체가 계속해서 흐르기 위해서는 가속도가 필요하다.
④ 정상류의 흐름상태는 위치변화에 따라 변화하지 않는 흐름을 의미한다.

해설 유체의 흐름
1) 정상류 : 유체의 유동특성이 시간의 변화에 따라 변하지 않는 흐름
   $\dfrac{\partial V}{\partial t} = 0, \ \dfrac{\partial Q}{\partial t} = 0, \ \dfrac{\partial \rho}{\partial t} = 0$
2) 정상류 중의 부등류는 위치변화에 따라 흐름의 상태(유속, 수심)가 변화한다.

53 주어진 유량에 대한 비에너지(specific energy)가 3m일 때, 한계수심은?

① 1m ② 1.5m
③ 2m ④ 2.5m

해답 48. ②　49. ②　50. ②　51. ③　52. ④　53. ③

해설 한계수심과 비에너지

1) 직사각형 단면 수로의 한계수심
$$h_c = \left(\frac{n\alpha Q^2}{gb^2}\right)^{\frac{1}{3}}$$

2) 한계수심과 비에너지 관계
$$h_c = \frac{2}{3}H_e = \frac{2}{3}\times 3 = 2\text{m}$$

★★
54 강우강도 공식에 관한 설명으로 틀린 것은?

① 자기우량계의 우량자료로부터 결정되며, 지역에 무관하게 적용 가능하다.
② 도시지역의 우수관로, 고속도로 암거 등의 설계 시 기본자료로서 널리 이용된다.
③ 강우강도가 커질수록 강우가 계속되는 시간은 일반적으로 작아지는 반비례 관계이다.
④ 강우강도(I)와 강우지속시간(D)과의 관계로서 Talbot, Sherman, Japanese형의 경험공식에 의해 표현될 수 있다.

해설 강우강도 공식
1) 강우강도의 경험식들은 지역특성에 따라 다른 식을 사용한다.
2) • Sherman : 서울
   • Talbot : 광주
   • Japanese : 대구, 인천

★★★
55 그림과 같이 지름 3m, 길이 8m인 수로의 드럼게이트에 작용하는 전수압이 수문 $\overline{ABC}$에 작용하는 지점의 수심은?

① 2.00m
② 2.25m
③ 2.43m
④ 2.68m

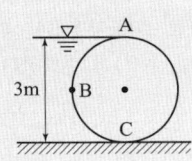

해설 전수압의 작용점 위치

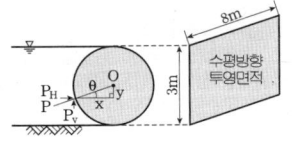

1) 투영면적
$$A' = 3\times 8 = 24\text{m}^2$$

2) $P_h = wh_G A'$
$$= \frac{9.81\text{kN}}{\text{m}^3}\times 1.5\text{m}\times 24\text{m}^2 = 353.16\text{kN}$$

3) $P_V = w\times \frac{1}{2}\times \frac{\pi\times d^2}{4}\times l$
$$= 9.81\times \frac{1}{2}\times \frac{\pi\times 3^2}{4}\times 8 = 277.37\text{kN}$$

4) $\tan\theta = \dfrac{P_V}{P_h} \Rightarrow \theta = \tan^{-1}\left(\dfrac{277.37}{353.16}\right) = 38.1°$

5) $h_c = 1.5 + y = 1.5 + 1.5\times \sin 38.1° \fallingdotseq 2.43\text{m}$

★★
56 그림과 같이 A에서 분기했다가 B에서 다시 합류하는 관수로에 물이 흐를 때 관 I과 II의 손실수두에 대한 설명으로 옳은 것은? (단, 관 I의 지름 < 관 II의 지름이며, 관의 성질은 같다.)

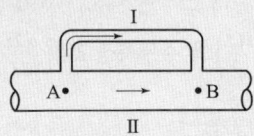

① 관 I의 손실수두가 크다.
② 관 II의 손실수두가 크다.
③ 관 I과 관 II의 손실수두는 같다.
④ 관 I과 관 II의 손실수두의 합은 0이다.

해설 병렬관수로의 손실수두
병렬관수로에서 각 관의 손실수두는 동일하다.

★★★
57 토리첼리(Torricelli) 정리는 다음 중 어느 것을 이용하여 유도할 수 있는가?

① 파스칼 원리　　② 아르키메데스 원리
③ 레이놀즈 원리　④ 베르누이 정리

해설 베르누이 정리의 응용
토리첼리 정리, 피토관, 벤투리미터 등은 베르누이 정리를 응용하여 유속, 유량을 산출한다.

해답　54. ①　55. ③　56. ③　57. ④

58 유역면적 20km² 지역에서 수공구조물의 축조를 위해 다음 아래의 수문곡선을 얻었을 때, 총 유출량은?

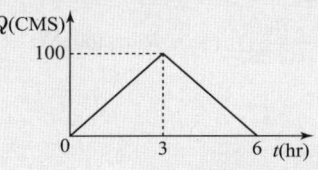

① 108m³ ② 108×10⁴m³
③ 300m³ ④ 300×10⁴m³

해설 총유출량
1) 6hr=6×3600=21600sec
2) 총 유출량=수문곡선 면적(삼각형 면적)
$= \frac{1}{2} \times 21600\text{sec} \times \frac{100\text{m}^3}{\text{sec}} = 108 \times 10^4 \text{m}^3$

59 다음 그림과 같은 사다리꼴 수로에서 수리상 유리한 단면으로 설계된 경우의 조건은?

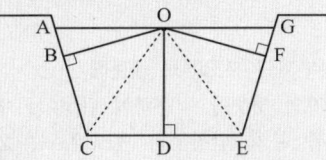

① OB=OD=OF ② OA=OD=OG
③ OC=OG+OA=OE ④ OA=OC=OE=OG

해설 수리상 유리한 단면
1) 조건 : 사다리꼴 단면이 반원에 외접하는 단면
2) $\overline{OB} = \overline{OD} = \overline{OF}$

60 평면상 x, y방향의 속도성분이 각각 $u=ky, v=kx$인 유선의 형태는?

① 원 ② 타원
③ 쌍곡선 ④ 포물선

해설 유선방정식
1. $\frac{dx}{u} = \frac{dy}{v} = \frac{dz}{w}$
2. 유선의 형태는 유선방정식을 적분하면 알 수 있다.
1) $\frac{dx}{ky} = \frac{dy}{kx} \Rightarrow xdx = ydy$
2) 적분하면 $x^2 - y^2 = \text{const}$
∴ 유선의 형태=쌍곡선
※ $x^2 + y^2 = \text{Const}$(원의 형태)
$x \cdot y = \text{Const}$(쌍곡선)
$y^2 = k \cdot x$ (포물선)

철근콘크리트 및 강구조

61 콘크리트의 설계기준압축강도(f_{ck})가 50MPa인 경우 콘크리트 탄성계수 및 크리프 계산에 적용되는 콘크리트의 평균 압축강도(f_{cu})는?

① 54MPa ② 55MPa
③ 56MPa ④ 57MPa

해설 콘크리트의 평균압축강도

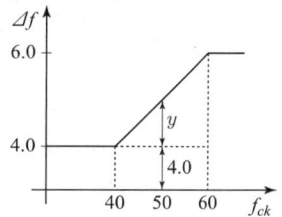

1) Δf 값

f_{ck}(MPa)	40 이하	40 초과 60 미만	60 이상
Δf(MPa)	4.0	직선보간	6.0

2) f_{ck}가 40초과 60미만 사이이므로 직선보간 한다.
$10 : y = 20 : 2 \Rightarrow y = 1$
$\Delta f = 4.0 + y = 4.0 + 1.0 = 5.0$
3) $f_{cu} = f_{ck} + \Delta f = 50 + 5.0 = 55\text{MPa}$

62 프리스트레스트 콘크리트의 경우 흙에 접하여 콘크리트를 친 후 영구히 흙에 묻혀 있는 콘크리트의 최소 피복 두께는?

① 40mm ② 60mm
③ 75mm ④ 100mm

해답 58. ② 59. ① 60. ③ 61. ② 62. ③

해설 최소 피복두께
1) 흙에 접하여 콘크리트를 친 후 영구히 흙에 묻혀 있는 콘크리트 : 75mm
2) 수중에서 타설하는 콘크리트 : 100mm
3) 옥외의 공기나 흙에 직접 접하지 않는 콘크리트의 보, 기둥 : 40mm
4) 옥외의 공기나 흙에 직접 접하는 콘크리트(D16mm 이하 철근) : 40mm

★★★
63 2방향 슬래브의 직접설계법을 적용하기 위한 제한사항으로 틀린 것은?
① 각 방향으로 3경간 이상이 연속되어야 한다.
② 슬래브 판들은 단변 경간에 대한 장변 경간의 비가 2 이하인 직사각형이어야 한다.
③ 모든 하중은 슬래브 판 전체에 걸쳐 등분포된 연직하중이어야 한다.
④ 연속한 기둥 중심선을 기준으로 기둥의 어긋남은 그 방향 경간의 최대 20%까지 허용할 수 있다.

해설 직접설계법
연속한 기둥 중심선을 기준으로 기둥의 어긋남은 그 방향 경간의 최대 10%까지 허용할 수 있다.

★★★
64 경간이 8m인 PSC보에 계수등분포하중(w)이 20kN/m 작용할 때 중앙 단면 콘크리트 하연에서의 응력이 0이 되려면 강재에 줄 프리스트레스 힘(P)은? (단, PS강재는 콘크리트 도심에 배치되어 있다.)

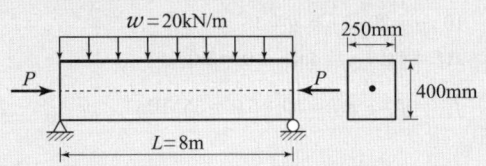

① P=2000kN
② P=2200kN
③ P=2400kN
④ P=2600kN

해설 PSC의 응력개념
1) $A = 0.25 \times 0.4 = 0.1 \text{m}^2$
   $M = \dfrac{wL^2}{8} = \dfrac{20 \times 8^2}{8} = 160\text{kN} \cdot \text{m}$

2) $Z = \dfrac{0.25 \times 0.4^2}{6} = 0.00667 \text{m}^3$

3) $\dfrac{P}{A} = \dfrac{M}{Z}$
   $\dfrac{P}{0.1} = \dfrac{160}{0.00667} \Rightarrow \therefore P = 2400\text{kN}$

★★★
65 철근콘크리트 구조물에서 연속 휨부재의 모멘트 재분배를 하는 방법에 대한 설명으로 틀린 것은?
① 근사해법에 의하여 휨모멘트를 계산한 경우에는 연속 휨부재의 모멘트 재분배를 할 수 없다.
② 어떠한 가정의 하중을 적용하여 탄성이론에 의하여 산정한 연속 휨부재 받침부의 부모멘트는 10% 이내에서 $800\varepsilon_t$% 만큼 증가 또는 감소시킬 수 있다.
③ 경간 내의 단면에 대한 휨모멘트의 계산은 수정된 부모멘트를 사용하여야 한다.
④ 휨모멘트를 감소시킬 단면에서 최외단 인장철근의 순인장변형률 ε_t가 0.0075 이상인 경우에만 가능하다.

해설 연속 휨부재의 부모멘트 재분배
어떠한 가정의 하중을 적용하여 탄성이론에 의하여 산정된 연속 휨 부재 받침부의 부모멘트는 20% 이내에서 $1,000\varepsilon_t$% 만큼 증가 또는 감소시킬 수 있다.

★★
66 복전단 고장력 볼트(bolt)의 마찰이음에서 강판에 P=350kN이 작용할 때 볼트의 수는 최소 몇 개가 필요한가? (단, 볼트의 지름(d)은 20mm이고, 허용전단응력(τ_a)은 120MPa이다.)
① 3개
② 5개
③ 8개
④ 10개

해설 고장력볼트
1) $A = \dfrac{\pi \times 20^2}{4} = 314\text{mm}^2$
2) 허용전단강도
   $\rho_s = \tau_a \times 2A$ (복전단)
   $= 120 \times 2 \times 314 = 75360\text{N} = 75.360\text{kN}$
3) $N = \dfrac{P}{\rho_s} = \dfrac{350}{75.36} = 4.64$ $\therefore N = 5$개

해답 63. ④ 64. ③ 65. ② 66. ②

67 부재의 순단면적을 계산할 경우 지름 22mm의 리벳을 사용하였을 때 리벳 구멍의 지름은 얼마인가? (단, 강구조 연결 설계기준(허용응력설계법)을 적용한다.)

① 21.5mm ② 22.5mm
③ 23.5mm ④ 24.5mm

해설 리벳구멍의 지름
1) 리벳지름 20mm 미만 : $D+1.0$mm
   리벳지름 20mm 이상 : $D+1.5$mm
2) ∴ 리벳구멍의 지름 $= 22+1.5 = 23.5$mm

68 단철근 직사각형 보에서 설계기준압축강도 $f_{ck}=60$MPa 일 때 계수 β_1은? (단, 등가 직사각응력블록의 깊이 $a=\beta_1 c$ 이다.)

① 0.78 ② 0.72
③ 0.76 ④ 0.64

해설 등가직사각형 응력분포 변수 값(β_1)

f_{ck}(MPa)	40 이하	50	60
β_1	0.8	0.8	0.76

69 인장철근의 겹침이음에 대한 설명으로 틀린 것은?
① 다발철근의 겹침이음은 다발 내의 개개철근에 대한 겹침이음길이를 기본으로 결정되어야 한다.
② 어떤 경우이든 300mm 이상 겹침이음한다.
③ 겹침이음에는 A급, B급 이음이 있다.
④ 겹침이음된 철근량이 전체 철근량의 1/2 이하인 경우는 B급이음이다.

해설 인장철근 겹침이음
1) A급이음 : $\dfrac{겹침이음된\ 철근량}{전체\ 철근량} \leq \dfrac{1}{2}$ 이고,
   $\dfrac{배근된\ A_s}{소요\ A_s} \geq 2.0$
2) B급이음 : $\dfrac{겹침이음된\ 철근량}{전체\ 철근량} > \dfrac{1}{2}$ 이고,
   $\dfrac{배근된\ A_s}{소요\ A_s} < 2$

70 아래 그림과 같은 보의 단면에서 표피철근의 간격 s는 약 얼마인가? (단, 습윤환경에 노출되는 경우로서, 표피철근의 표면에서 부재 측면까지 최단거리(c_c)는 50mm, $f_{ck}=$ 28MPa, $f_y=$400MPa이다.)

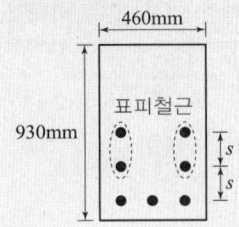

① 170mm ② 200mm
③ 230mm ④ 260mm

해설 표피철근 간격(s)
1) $f_s = \dfrac{2}{3}f_y = \dfrac{2}{3} \times 400 = 266.67$MPa
2) 철근의 노출을 고려한 계수
   $k_{cr}=280$(건조환경), $k_{cr}=210$(그 외의 환경)
3) $s = 375\left(\dfrac{k_{cr}}{f_s}\right) - 2.5C_c$
   $= 375\left(\dfrac{210}{266.67}\right) - 2.5 \times 50 = 170.3$mm
   $s = 300\left(\dfrac{k_{cr}}{f_s}\right) = 300\left(\dfrac{210}{266.67}\right) = 236.25$mm
   ∴ $s = 170$mm (두 값 중 작은 값)

71 강판을 그림과 같이 용접 이음할 때 용접부의 응력은?

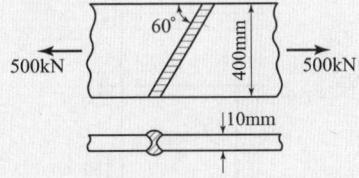

① 110MPa ② 125MPa
③ 250MPa ④ 722MPa

해설 용접부의 인장응력
1) $P=500$kN $=500000$N
2) 용접부 유효길이(l)는 용접부의 길이를 연직면에 투영된 길이를 사용한다.
3) $f_c = \dfrac{P}{\sum al} = \dfrac{500000}{10 \times 400} = 125$MPa

해답 67. ③ 68. ③ 69. ④ 70. ① 71. ②

72. 아래에서 설명하는 부재 형태의 최대 허용처짐은? (단, l은 부재 길이이다.)

| 과도한 처짐에 의해 손상되기 쉬운 비구조 요소를 지지 또는 부착한 지붕 또는 바닥구조 |

① $\dfrac{l}{180}$ ② $\dfrac{l}{240}$
③ $\dfrac{l}{360}$ ④ $\dfrac{l}{480}$

해설 최대허용처짐

부재의 종류	처짐 한계
과도한 처짐에 의해 손상되기 쉬운 비구조 요소를 지지 또는 부착하지 않은 평지붕구조	$\dfrac{l}{180}$
과도한 처짐에 의해 손상되기 쉬운 비구조 요소를 지지 또는 부착하지 않은 바닥구조	$\dfrac{l}{360}$
과도한 처짐에 의해 손상되기 쉬운 비구조 요소를 지지 또는 부착한 평지붕 또는 바닥구조	$\dfrac{l}{480}$
과도한 처짐에 의해 손상될 염려가 없는 비구조 요소를 지지 또는 부착한 지붕 또는 바닥구조	$\dfrac{l}{240}$

73. 아래 그림과 같은 직사각형 보를 강도설계이론으로 해석할 때 콘크리트의 등가사각형 깊이 a는? (단, $f_{ck}=21$MPa, $f_y=300$MPa이다.)

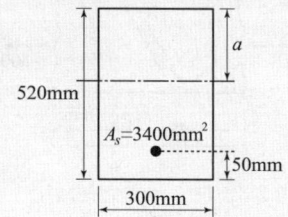

① 109.9mm ② 121.6mm
③ 129.9mm ④ 190.5mm

해설 등가직사각형 응력블록깊이(a)

$a = \dfrac{A_s f_y}{\eta(0.85 f_{ck})b} = \dfrac{3,400 \times 300}{1.0 \times 0.85 \times 21 \times 300} = 190.5\text{mm}$

여기서, $f_{ck} \leq 40$MPa $\Rightarrow \eta = 1.0$

74. 유효깊이(d)가 910mm인 아래 그림과 같은 단철근 T형보의 설계휨강도(ϕM_n)를 구하면? (단, 인장철근량(A_s)은 7652mm², $f_{ck}=21$MPa, $f_y=350$MPa, 인장지배단면으로 $\phi=0.85$, 경간은 3040mm이다.)

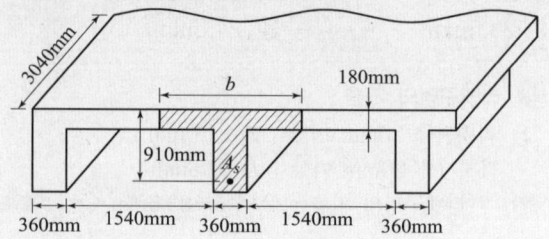

① 1845kN·m ② 1863kN·m
③ 1883kN·m ④ 1901kN·m

해설 T형 보의 설계휨강도

1) 플랜지 유효 폭
  ① $16t_f + b_w = 16 \times 180 + 360 = 3,240$mm
  ② 양쪽슬래브 중심간거리
   $= \dfrac{1,540}{2} + 360 + \dfrac{1,540}{2} = 1900$mm
  ③ 보의 경간 $\times \dfrac{1}{4} = 3,040 \times \dfrac{1}{4} = 760$mm
  ∴ 위의 값 중 최솟값이 플랜지 유효폭 = 760mm

2) T형 보의 판정 : 폭 b인 단철근 직사각형 보로 보고 등가 직사각형 응력 블록 깊이를 구하면
  ① $f_{ck} \leq 40$MPa $\Rightarrow \eta = 1.0$
  ② $a = \dfrac{A_s f_y}{\eta(0.85 f_{ck})b} = \dfrac{7,652 \times 350}{1.0 \times 0.85 \times 21 \times 760}$
    $= 197.42$mm
  ∴ T형보로 설계한다. (∵ $a > t_f = 180$mm)

3) 설계 휨 강도(ϕM_n)
  ① $A_{sf} = \dfrac{\eta 0.85 f_{ck}(b-b_w)t_f}{f_y}$
    $= \dfrac{1.0 \times 0.85 \times 21 \times (760-360) \times 180}{350}$
    $= 3,672$mm²
  ② $a = \dfrac{(A_s - A_{sf})f_y}{\eta(0.85 f_{ck})b_w} = \dfrac{(7,652-3,672) \times 350}{1.0 \times 0.85 \times 21 \times 360}$
    $\doteq 216.78$mm
  ③ $\phi M_n = \phi[A_{sf}f_y(d-\dfrac{t_f}{2}) + (A_s - A_{sf})f_y(d-\dfrac{a}{2})]$
    $= 0.85[3,672 \times 350 \times (910 - \dfrac{180}{2})$
    $+ (7,652-3,672) \times 350 \times (910 - \dfrac{216.78}{2})]$
    $= 1,844,930 \times 721\text{N·mm} \doteq 1,845\text{kN·m}$

해답 72. ④ 73. ④ 74. ①

75 옹벽의 안정조건 중 전도에 대한 저항휨모멘트는 횡토압에 의한 전도모멘트의 최소 몇 배 이상이어야 하는가?
① 1.5배　　　② 2.0배
③ 2.5배　　　④ 3.0배

해설 옹벽의 안정조건
1) 전도에 대한 안정
$$F_s = \frac{저항모멘트}{전도모멘트} \geq 2.0$$
2) 활동에 대한 안정
$$F_s = \frac{활동에 저항하는 힘}{활동을 일으키는 힘} \geq 1.5$$

76 콘크리트 구조물에서 비틀림에 대한 설계를 하려고 할 때, 계수비틀림모멘트(T_u)를 계산하는 방법에 대한 설명으로 틀린 것은?
① 균열에 의하여 내력의 재분배가 발생하여 비틀림모멘트가 감소할 수 있는 부정정 구조물의 경우, 최대 계수비틀림모멘트를 감소시킬 수 있다.
② 철근콘크리트 부재에서, 받침부에서 d 이내에 위치한 단면은 d에서 계산된 T_u보다 작지 않은 비틀림모멘트에 대하여 설계하여야 한다.
③ 프리스트레스콘크리트 부재에서, 받침부에서 d 이내에 위치한 단면을 설계할 때 d에서 계산된 T_u보다 작지 않은 비틀림모멘트에 대하여 설계하여야 한다.
④ 정밀한 해석을 수행하지 않은 경우, 슬래브에 의해 전달되는 비틀림 하중은 전체 부재에 걸쳐 균등하게 분포하는 것으로 가정할 수 있다.

해설 계수비틀림 모멘트(T_u)
프리스트레스콘크리트 부재에서, 받침부에서 $\frac{h}{2}$ 이내에 위치한 단면을 설계할 때 $\frac{h}{2}$에서 계산된 T_u보다 작지 않은 비틀림모멘트에 대하여 설계하여야 한다.

77 그림과 같은 띠철근 기둥에서 띠철근의 최대 수직간격으로 적당한 것은? (단, D10의 공칭직경은 9.5mm, D32의 공칭직경은 31.8mm이다.)

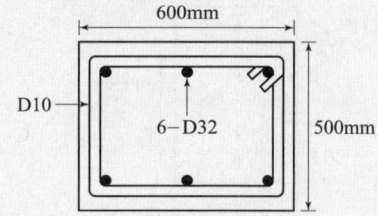

① 456mm　　　② 472mm
③ 500mm　　　④ 509mm

해설 띠철근 간격
1) 축 방향 철근의 공칭직경×16
　 =31.8×16=508.8mm
2) 띠철근의 공칭직경×48
　 =9.5×48=456mm
3) 단면 최소치수=500mm
∴ 위의 값 중 최솟값=456mm

78 $b_w=350$mm, $d=600$mm인 단철근 직사각형 보에서 보통중량콘크리트가 부담할 수 있는 공칭전단강도(V_c)를 정밀식으로 구하면 약 얼마인가? (단, 전단력과 휨모멘트를 받는 부재이며, $V_u=100$kN, $M_u=300$kN·m, $\rho_w=0.016$, $f_{ck}=24$MPa이다.)
① 164.2kN　　　② 171.5kN
③ 176.4kN　　　④ 182.7kN

해설 콘크리트의 공칭 전단강도(V_c)-정밀식
1) $0.29\lambda\sqrt{f_{ck}}\,b_w d$
　 $=0.29 \times 1.0\sqrt{24} \times 350 \times 600$
　 $=298348$N$=298.3$kN
2) $V_c = \left(0.16\lambda\sqrt{f_{ck}} + 17.6\rho_w\frac{V_u d}{M_u}\right)b_w d \leq 0.29\lambda\sqrt{f_{ck}}\,b_w d$
　 $= \left[0.16 \times 1.0 \times \sqrt{24} + 17.6 \times 0.016 \times \frac{100 \times 0.6}{300}\right]$
　 　$\times 350 \times 600 \leq 298.3$kN
　 $= 176432.9$N $= 176.4$kN

해답　75. ②　76. ③　77. ①　78. ③

★★★

79 $A_s = 3600mm^2$, $A_s' = 1200mm^2$로 배근된 그림과 같은 복철근 보의 탄성처짐이 12mm라 할 때 5년 후 지속하중에 의해 유발되는 추가 장기처짐은 얼마인가?

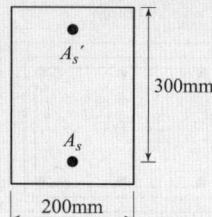

① 6mm ② 12mm
③ 18mm ④ 36mm

해설 장기처짐

1) $\rho' = \dfrac{A_s'}{bd} = \dfrac{1200}{200 \times 300} = 0.02$, $\xi = 2.0$ (5년 이상)

2) $\lambda_\Delta = \dfrac{\xi}{1+50\rho'} = \dfrac{2.0}{1+50 \times 0.02} = 1.0$

3) 장기처짐 = 탄성처짐 × λ_Δ
   $= 12 \times 1.0 = 12mm$

★★★

80 그림과 같은 2경간 연속보의 양단에서 PS강재를 긴장할 때 단 A에서 중간 B까지의 근사법으로 구한 마찰에 의한 프리스트레스의 감소율은? (단, 각은 radian이며, 곡률마찰계수(μ)는 0.4, 파상마찰계수(k)는 0.0027이다.)

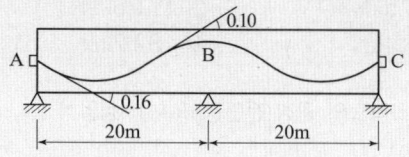

① 12.6% ② 18.2%
③ 10.4% ④ 15.8%

해설 마찰에 의한 프리스트레스 감소율

1) $\alpha = (0.16 + 0.1) = 0.26$

2) $\dfrac{\Delta P}{P_o} = \mu\alpha + kl$
   $= 0.4 \times 0.26 + 0.0027 \times 20$
   $= 0.158 = 15.8\%$

토질 및 기초

★

81 그림과 같은 점토지반에서 안전수(m)가 0.1인 경우 높이 5m의 사면에 있어서 안전율은?

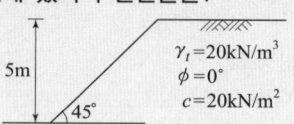

① 1.0 ② 1.25
③ 1.50 ④ 2.0

해설 사면의 안전율(유한사면)

1) $N_s = \dfrac{1}{m} = \dfrac{1}{0.1} = 10$

2) $H_c = \dfrac{C \cdot N_s}{\gamma_t} = \dfrac{20 \times 10}{20} = 10m$

3) $F_s = \dfrac{H_c}{H} = \dfrac{10}{5} = 2.0$

★★

82 어떤 흙의 입경가적곡선에서 $D_{10} = 0.05mm$, $D_{30} = 0.09mm$, $D_{60} = 0.15mm$이었다. 균등계수(C_u)와 곡률계수(C_g)의 값은?

① 균등계수=1.7, 곡률계수=2.45
② 균등계수=2.4, 곡률계수=1.82
③ 균등계수=3.0, 곡률계수=1.08
④ 균등계수=3.5, 곡률계수=2.08

해설 균등계수, 곡률계수

1) $C_u = \dfrac{D_{60}}{D_{10}} = \dfrac{0.15}{0.05} = 3.0$

2) $C_g = \dfrac{(D_{30})^2}{D_{10} \cdot D_{60}} = \dfrac{0.09^2}{0.05 \times 0.15} = 1.08$

★

83 얕은 기초에 대한 Terzaghi의 수정지지력 공식은 아래의 표와 같다. 4m×5m의 직사각형 기초를 사용할 경우 형상계수 α와 β의 값으로 옳은 것은?

$$q_u = \alpha c N_c + \beta \gamma_1 B N_\gamma + \gamma_2 D_f N_q$$

① $\alpha = 1.18$, $\beta = 0.32$ ② $\alpha = 1.24$, $\beta = 0.42$
③ $\alpha = 1.28$, $\beta = 0.42$ ④ $\alpha = 1.32$, $\beta = 0.38$

해답 79. ② 80. ④ 81. ④ 82. ③ 83. ②

해설 직사각형 기초의 형상계수

1) $\alpha = 1.0 + 0.3 \dfrac{B}{L}$
   $= 1.0 + 0.3 \dfrac{4}{5} = 1.24$

2) $\beta = 0.5 - 0.1 \dfrac{B}{L}$
   $= 0.5 - 0.1 \dfrac{4}{5} = 0.42$

★★★
84 지표면에 설치된 2m×2m의 정사각형 기초에 100kN/m²의 등분포 하중이 작용하고 있을 때 5m 깊이에 있어서의 연직응력 증가량을 2:1 분포법으로 계산한 값은?

① 0.83kN/m² ② 8.16kN/m²
③ 19.75kN/m² ④ 28.57kN/m²

해설 2:1법
$\Delta \sigma_Z = \dfrac{q_s \times B \times L}{(B+Z)(L+Z)}$
$= \dfrac{100 \times 2 \times 2}{(2+5)(2+5)} = 8.16 \text{kN/m}^2$

★★★
85 어느 모래층의 간극률이 35%, 비중이 2.66이다. 이 모래의 분사현상(Quick Sand)에 대한 한계동수경사는 얼마인가?

① 0.99 ② 1.08
③ 1.16 ④ 1.32

해설 한계동수경사

1) $e = \dfrac{n}{100-n} = \dfrac{35}{100-35} = 0.538$

2) $i_c = \dfrac{G_s - 1}{1+e} = \dfrac{2.66-1}{1+0.538} = 1.08$

★★
86 100% 포화된 흐트러지지 않은 시료의 부피가 20cm³이고 질량이 36g이었다. 이 시료를 건조로에서 건조시킨 후의 질량이 24g일 때 간극비는 얼마인가?

① 1.36 ② 1.50
③ 1.62 ④ 1.70

해설 공극비(e)

1) $S = 100\%$인 경우는 $V_v = V_w$
2) $W_w = 36 - 24 = 12g$
3) $V_w = \dfrac{W_w}{\gamma_w} = \dfrac{12g}{1g/cm^3} = 12 cm^3$
4) $e = \dfrac{V_v}{V_s} = \dfrac{V_v}{V - V_v} = \dfrac{12}{20-12} = 1.50$

★
87 성토나 기초지반에 있어 특히 점성토의 압밀완료 후 추가 성토 시 단기 안정문제를 검토하고자 하는 경우 적용되는 시험법은?

① 비압밀 비배수시험 ② 압밀 비배수시험
③ 압밀 배수시험 ④ 일축압축시험

해설 압밀비배수시험(CU−Test)
1) 압밀 완료 후는 압밀이 끝난 상태
   : Consolidated(압밀)
2) 추가 성토 시 점토지반의 단기안정해석
   : Undrain(비배수)
∴ 압밀 비배수시험 CU−Test

★★★
88 평판 재하 실험에서 재하판의 크기에 의한 영향(scale effect)에 관한 설명으로 틀린 것은?

① 사질토 지반의 지지력은 재하판의 폭에 비례한다.
② 점토지반의 지지력은 재하판의 폭에 무관하다.
③ 사질토 지반의 침하량은 재하판의 폭이 커지면 약간 커지기는 하지만 비례하는 정도는 아니다.
④ 점토지반의 침하량은 재하판의 폭에 무관하다.

해설 재하판 크기에 대한 영향(Scale effect)
점토지반의 침하량은 재하 판의 폭에 비례한다.

★★
89 압밀시험결과 시간−침하량 곡선에서 구할 수 없는 값은?

① 초기 압축비 ② 압밀계수
③ 1차 압밀비 ④ 선행압밀 압력

해설 압밀시험결과의 곡선
선행압밀 압력은 $e - \log P$ 곡선에서 구할 수 있다.

해답 84. ② 85. ② 86. ② 87. ② 88. ④ 89. ④

90 Paper drain 설계 시 Drain paper의 폭이 10cm, 두께가 0.3cm일 때 Drain paper의 등치환산원의 직경이 약 얼마이면 Sand drain과 동등한 값으로 볼 수 있는가? (단, 형상계수(a)는 0.75이다.)

① 5cm
② 8cm
③ 10cm
④ 15cm

해설 등치환산원의 직경

1) $\alpha \cdot 2(b+t) = \pi \cdot D$ 에서
2) $D = \alpha \dfrac{2(b+t)}{\pi}$
$= 0.75 \times \dfrac{2(10+0.3)}{\pi} \fallingdotseq 5\text{cm}$

91 아래 그림과 같은 지반의 A점에서 전응력(σ), 간극수압(u), 유효응력(σ')을 구하면? (단, 물의 단위중량은 9.81kN/m³이다.)

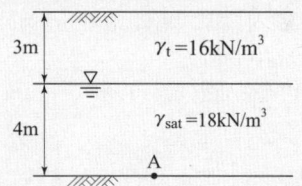

① $\sigma = 100\text{kN/m}^2$, $u = 9.8\text{kN/m}^2$, $\sigma' = 90.2\text{kN/m}^2$
② $\sigma = 100\text{kN/m}^2$, $u = 29.4\text{kN/m}^2$, $\sigma' = 70.6\text{kN/m}^2$
③ $\sigma = 120\text{kN/m}^2$, $u = 19.6\text{kN/m}^2$, $\sigma' = 100.4\text{kN/m}^2$
④ $\sigma = 120\text{kN/m}^2$, $u = 39.2\text{kN/m}^2$, $\sigma' = 80.8\text{kN/m}^2$

해설 지반내의 응력

1) $\sigma = \gamma_t h_1 + \gamma_{sat} h_2$
$= 16 \times 3 + 18 \times 4 = 120\text{kN/m}^2$
2) $u = \gamma_w h_2 = 9.81 \times 4 = 39.2\text{kN/m}^2$
3) $\sigma' = \sigma - u$
$= 120 - 39.2 = 80.8\text{kN/m}^2$

92 사운딩(Sounding)의 종류에서 사질토에 가장 적합하고 점성토에서도 쓰이는 시험법은?

① 표준 관입 시험
② 베인 전단 시험
③ 더치 콘 관입 시험
④ 이스키미터(Iskymeter)

해설 사운딩

1) 로드 끝에 저항체를 달아서 관입, 회전, 인발 시 토층의 저항 값을 측정해서 흙의 강도정수, 지지력 등을 구하는 토질시험.
2) 정적 사운딩과 동적 사운딩으로 분류하며,
3) 동적 사운딩의 하나인 표준관입시험은 사질토에 적합하고 점성토에서도 사용할 수 있다.

93 말뚝 지지력에 관한 여러 가지 공식 중 정역학적 지지력 공식이 아닌 것은?

① Dörr의 공식
② Terzaghi의 공식
③ Meyerhof의 공식
④ Engineering news 공식

해설 정역학적 지지력 공식

1) 정역학적 지지력공식 : Terzaghi, Meyerhof, Dorr 등
2) 동역학적 지지력공식 : Engineering news, Sander, Hiley 등

94 흙의 다짐에 대한 설명으로 틀린 것은?

① 최적함수비로 다질 때 흙의 건조밀도는 최대가 된다.
② 최대건조밀도는 점성토에 비해 사질토일수록 크다.
③ 최적함수비는 점성토일수록 작다.
④ 점성토일수록 다짐곡선은 완만하다.

해설 흙의 다짐

최적 함수비는 점성토일수록 크고, 건조밀도는 작다.

95 흙의 투수성에서 사용되는 Darcy의 법칙 $\left(Q = k \cdot \dfrac{\Delta h}{L} \cdot A\right)$에 대한 설명으로 틀린 것은?

① Δh는 수두차이다.
② 투수계수(k)의 차원은 속도의 차원(cm/s)과 같다.
③ A는 실제로 물이 통하는 공극부분의 단면적이다.
④ 물의 흐름이 난류인 경우에는 Darcy의 법칙이 성립하지 않는다.

해설 Darcy 법칙

1) A는 시료 전체의 단면적이다.
2) 물의 흐름이 층류인 경우에 성립한다.

해답 90. ① 91. ④ 92. ① 93. ④ 94. ③ 95. ③

96 그림에서 A점 흙의 강도정수가 $c'=30kN/m^2$, $\phi'=30°$일 때, A점에서의 전단강도는? (단, 물의 단위중량은 9.81kN/m³이다.)

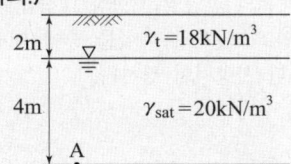

① 69.31kN/m² ② 74.32kN/m²
③ 96.97kN/m² ④ 103.92kN/m²

해설 흙의 전단강도
1) $\sigma' = \gamma_t h_1 + (\gamma_{sat} - \gamma_w)h_2$
   $= 18 \times 2 + (20-9.81) \times 4 = 76.76 kN/m^2$
2) $\tau = C' + \sigma' \tan\phi'$
   $= 30 + 76.76 \times \tan30° = 74.32 kN/m^2$

97 점착력이 8kN/m², 내부 마찰각이 30°, 단위중량 16kN/m³인 흙이 있다. 이 흙에 인장균열은 약 몇 m 깊이까지 발생할 것인가?

① 6.92m ② 3.73m
③ 1.73m ④ 1.00m

해설 인장균열깊이(Z_c)
$Z_c = \dfrac{2C}{\gamma_t}\left(\tan45° + \dfrac{\phi}{2}\right)$
$= \dfrac{2 \times 8}{16}\left(\tan45° + \dfrac{30°}{2}\right) = 1.73m$

98 다음 중 일시적인 지반 개량 공법에 속하는 것은?
① 동결공법
② 프리로딩 공법
③ 약액주입 공법
④ 모래다짐말뚝 공법

해설 일시적 지반 개량공법
1) 동결 공법
2) 대기압 공법
3) 웰포인트 공법

99 Terzaghi의 1차원 압밀이론에 대한 가정으로 틀린 것은?
① 흙은 균질하다.
② 흙은 완전 포화되어 있다.
③ 압축과 흐름은 1차원적이다.
④ 압밀이 진행되면 투수계수는 감소한다.

해설 Tezaghi의 1차원 압밀이론의 가정
투수계수, 체적변화계수는 항상 일정하다.

100 외경이 50.8mm, 내경이 34.9mm인 스플릿 스푼 샘플러의 면적비는?
① 112% ② 106%
③ 53%   ④ 46%

해설 면적비
1) $A_r = \dfrac{D_o^2 - D_e^2}{D_e^2} \times 100 = \dfrac{50.8^2 - 34.9^2}{34.9^2} \times 100 = 112\%$
2) 면적비가 10%보다 크게 나오면 교란시료임.

상하수도공학

101 하수도 계획의 기본적 사항에 관한 설명으로 옳지 않은 것은?
① 계획구역은 계획목표년도까지 시가화 예상구역을 포함하여 광역적으로 정하는 것이 좋다.
② 하수도 계획의 목표년도는 시설의 내용년수, 건설 기간 등을 고려하여 50년을 원칙으로 한다.
③ 신시가지 하수도 계획의 수립시에는 기존시가지를 포함하여 종합적으로 고려해야 한다.
④ 공공수역의 수질보전 및 자연환경보전을 위하여 하수도 정비를 필요로 하는 지역을 계획구역으로 한다.

해설 하수도 계획
하수도 계획의 목표연도는 시설의 내용년수, 건설 기간 등을 고려하여 20년을 원칙으로 한다.

102. 배수 및 급수시설에 관한 설명으로 틀린 것은?

① 배수본관은 시설의 신뢰성을 높이기 위해 2개열 이상으로 한다.
② 배수지의 건설에는 토압, 벽체의 균열, 지하수의 부상, 환기 등을 고려한다.
③ 급수관 분기지점에서 배수관 내의 최대정수압은 1000kPa 이상으로 한다.
④ 관로공사가 끝나면 시공의 적합 여부를 확인하기 위하여 수압 시험 후 통수한다.

해설 배수 및 급수시설
급수관 분기지점에서 배수관 내의 최대정수압은 700KPa이다.

103. 하수관로의 매설방법에 대한 설명으로 틀린 것은?

① 실드공법은 연약한 지반에 터널을 시공할 목적으로 개발되었다.
② 추진공법은 실드공법에 비해 공사기간이 짧고 공사비용도 저렴하다.
③ 하수도 공사에 이용되는 터널공법에는 개착공법, 추진공법, 실드공법 등이 있다.
④ 추진공법은 중요한 지하매설물의 횡단공사 등으로 개착공법으로 시공하기 곤란할 때 가끔 채용된다.

해설 하수관로의 매설방법
개착공법(open cut)은 터널공법이 아니다.

104. 먹는 물에 대장균이 검출될 경우 오염수로 판정되는 이유로 옳은 것은?

① 대장균은 병원균이기 때문이다.
② 대장균은 반드시 병원균과 공존하기 때문이다.
③ 대장균은 번식 시 독소를 분비하여 인체에 해를 끼치기 때문이다.
④ 사람이나 동물의 체내에 서식하므로 병원성 세균의 존재 추정이 가능하기 때문이다.

해설 대장균
1) 인체에 유해하지 않으나 음료수에서 검출되면 병원성 세균의 존재 추정이 가능하다.
2) 소화기 계통의 전염병은 항상 대장균과 함께 존재하며 검출이 쉽고, 인체의 배설물 중에 대량으로 존재하며 병원균보다 저항력이 강하다.

105. 송수에 필요한 유량 $Q=0.7m^3/s$, 길이 $l=100m$, 지름 $d=40cm$, 마찰손실계수 $f=0.03$인 관을 통하여 높이 30m에 양수할 경우 필요한 동력(HP)은? (단, 펌프의 합성효율은 80%이며, 마찰 이외의 손실은 무시한다.)

① 122HP ② 244HP
③ 489HP ④ 978HP

해설 펌프의 동력(P)

1) $V = \dfrac{Q}{A} = \dfrac{Q}{\pi d^2/4}$
   $= \dfrac{0.7}{\pi \times 0.4^2/4} = 5.57 m/sec$

2) $h_L = f \dfrac{\ell}{d} \dfrac{V^2}{2g}$
   $= 0.03 \times \dfrac{100}{0.4} \times \dfrac{5.57^2}{2 \times 9.8} = 11.87m$

3) $H_t = H + h_L$
   $= 30 + 11.87 = 41.87m$

4) $P = 13.33 \dfrac{QH_t}{\eta}$
   $= 13.33 \times \dfrac{0.7 \times 41.87}{0.8} = 488.38HP$

106. 저수시설의 유효저수량 결정방법이 아닌 것은?

① 합리식
② 물수지계산
③ 유량도표에 의한 방법
④ 유량누가곡선 도표에 의한 방법

해설 유효저수량 결정방법
1) 물수지 계산, 유량도표, 유량누가곡선(Ripple법), 가정법 등.
2) 합리식 : 우수유출량 산정방법.

해답 102. ③ 103. ③ 104. ④ 105. ③ 106. ①

107 정수장 침전지의 침전효율에 영향을 주는 인자에 대한 설명으로 옳지 않은 것은?
① 수온이 낮을수록 좋다.
② 체류시간이 길수록 좋다.
③ 입자의 직경이 클수록 좋다.
④ 침전지의 수표면적이 클수록 좋다.

해설 침전효율(E) 영향인자

1) $E = \dfrac{V_s}{V_o} = \dfrac{V_s}{\dfrac{Q}{A}}$

2) 입자의 직경이 클수록 토립자의 침전속도(V_s) 커지므로 침전효율은 증가한다.

3) 침전지의 수표면적이 커질수록 $\dfrac{Q}{A}$는 작아지므로 침전효율은 증가한다.

4) 수온이 낮을수록 유체의 점성계수가 증가하므로 토립자의 침전속도는 감소한다.

108 1/1000의 경사로 묻힌 지름 2400mm의 콘크리트 관내에 20℃의 물이 만관상태로 흐를 때의 유량은? (단, Manning 공식을 적용하며, 조도계수 $n=0.015$)
① 6.78m³/s   ② 8.53m³/s
③ 12.71m³/s   ④ 20.57m³/s

해설 관로의유량

1) $R = \dfrac{A}{P} = \dfrac{\dfrac{\pi d^2}{4}}{\pi d} = \dfrac{d}{4}$

2) $V = \dfrac{1}{n} R^{\frac{2}{3}} I^{\frac{1}{2}}$

$= \dfrac{1}{0.015} \times \left(\dfrac{2.4}{4}\right)^{\frac{2}{3}} \times \left(\dfrac{1}{1000}\right)^{\frac{1}{2}} = 1.5 \text{m/sec}$

3) $Q = A \cdot V$

$= \dfrac{\pi \times 2.4^2}{4} \times 1.5 = 6.78 \text{m}^3/\text{sec}$

109 다음 생물학적 처리 방법 중 생물막 공법은?
① 산화구법   ② 살수여상법
③ 접촉안정법   ④ 계단식 폭기법

해설 생물막 공법
1) 생물 막 공법 : 살수여상법, 회전원판법 등.
2) 부유 생물 공법 : 표준활성슬러지법, 활성슬러지법 변법 (산화구법, 접촉안정법, 계단식폭기법 등)

110 함수율 95%인 슬러지를 농축시켰더니 최초부피의 1/3이 되었다. 농축된 슬러지의 함수율은? (단, 농축 전후의 슬러지 비중은 1로 가정)
① 65%   ② 70%
③ 85%   ④ 90%

해설 슬러지의 함수율과 부피의 관계

1) $V_2 = \dfrac{1}{3} V_1$

V_1 : 농축 전 슬러지 부피
V_2 : 농축 후 슬러지 부피
w_1 : 농축 전 슬러지의 함수율
w_2 : 농축 후 슬러지의 함수율

2) $\dfrac{V_2}{V_1} = \dfrac{(100 - w_1)}{(100 - w_2)}$

$\dfrac{\dfrac{1}{3} V_1}{V_1} = \dfrac{(100 - 95)}{(100 - w_2)}$

∴ $w_2 = 85\%$

111 원형침전지의 처리유량이 10200m³/day, 위어의 월류부하가 169.2m³/m·day라면 원형침전지의 지름은?
① 18.2m   ② 18.5m
③ 19.2m   ④ 20.5m

해설 월류부하 $\left(\dfrac{Q}{L}\right)$

1) 정의 : 침전지 위어의 길이 1m 통하여 넘쳐흐르는 유량을 말한다.

2) 월류부하 $= \dfrac{Q}{L}$

$169.2 = \dfrac{10,200}{\pi \times D}$ ⇒ ∴ $D = 19.2\text{m}$

해답 107. ①   108. ①   109. ②   110. ③   111. ③

112 금속이온 및 염소이온(염화나트륨 제거율 93% 이상)을 제거할 수 있는 막여과공법은?

① 역삼투법 ② 나노여과법
③ 정밀여과법 ④ 한외여과법

해설 막여과 공법

1) 막여과 : 막(membrane)에 물을 통과시켜 현탁물질이나 콜로이드물질을 분리 여과하는 기술.
2) 종류

명칭	막 종류	막 공경	제거 대상 물질
정밀여과 (microfiltration)	MF막	0.1μm	불용성 물질제거 (현탁물질, 조류, 세균 등)
한외여과 (ultrafiltration)	UF막	2~100nm	불용성 물질제거 (현탁물질, 조류, 세균 등)
나노여과 (nanofiltration)	NF막	2~100nm	용해성물질 (소독부산물, 경도성분 등) 염화나트륨 5~93% 제거.
역삼투법 (reverse osmosis)	RO막	1nm 이하	용해성물질 (금속이온, 염소이온), 염화나트륨 93% 이상 제거

※ nanometer = 10^{-9}m

113 정수 처리에서 염소소독을 실시할 경우 물이 산성일수록 살균력이 커지는 이유는?

① 수중의 OCl⁻ 감소
② 수중의 OCl⁻ 증가
③ 수중의 HOCl 감소
④ 수중의 HOCl 증가

해설 염소의 살균효과
1) PH가 낮은 쪽이 살균력이 증가한다.
 (∵ PH ≒ 5 정도에서 HOCL 증가로 살균력 증가)
2) 온도가 높을수록 살균력이 증가한다.
3) 염소농도가 증가하면 살균력이 증가한다.
4) 접촉시간이 길수록 살균력이 증가한다.

114 하수도시설에 관한 설명으로 옳지 않은 것은?

① 하수 배제방식은 합류식과 분류식으로 대별할 수 있다.
② 하수도시설은 관로시설, 펌프장시설 및 처리장시설로 크게 구별할 수 있다.
③ 하수배제는 자연유하를 원칙으로 하고 있으며 펌프시설도 사용할 수 있다.
④ 하수처리장시설은 물리적 처리시설을 제외한 생물학적, 화학적 처리시설을 의미한다.

해설 하수도 시설
하수처리장 시설은 물리적 처리시설, 화학적 처리시설, 생물학적 처리시설을 모두 포함한다.

115 대기압이 10.33m, 포화수증기압이 0.238m, 흡입관 내의 전 손실수두가 1.2m, 토출관의 전 손실수두가 5.6m, 펌프의 공동현상계수(σ)가 0.8이라 할 때, 공동현상을 방지하기 위하여 펌프가 흡입수면으로부터 얼마의 높이까지 위치할 수 있겠는가?

① 약 0.8m까지 ② 약 2.4m까지
③ 약 3.4m까지 ④ 약 4.5m까지

해설 펌프의 공동현상
1) H_a : 대기압수두, H_P : 포화증기압수두, H_S : 흡입관 내의 전 손실수두, H_L : 토출관의 전 손실수두
2) 설비에서 이용 가능한 수두

$$h_{sv} = H_a \times \sigma - \frac{(H_P - H_S + H_L)}{\sigma}$$
$$= 10.33 \times 0.8 - \frac{(0.238 - 1.2 + 5.6)}{0.8} = 2.47m$$

116 상수도 취수시설 중 침사지에 관한 시설기준으로 틀린 것은?

① 길이는 폭의 3~8배를 표준으로 한다.
② 침사지의 체류시간은 계획취수량의 10~20분을 표준으로 한다.
③ 침사지의 유효수심은 3~4m를 표준으로 한다.
④ 침사지 내의 평균유속은 20~30cm/s를 표준으로 한다.

해설 상수 침사지 제원
침사지내의 평균유속은 2~7cm/sec를 표준으로 한다.

해답 112. ① 113. ④ 114. ④ 115. ② 116. ④

117 우수가 하수관로로 유입하는 시간이 4분, 하수관로에서의 유하시간이 15분, 이 유역의 유역면적이 4km², 유출계수는 0.6, 강우강도식 $I = \dfrac{6500}{t+40}$ mm/h일 때 첨두유량은? (단, t의 단위 : [분])

① 73.4m³/s
② 78.8m³/s
③ 85.0m³/s
④ 98.5m³/s

해설 첨두유량(합리식)
1) 유달시간
 t = 유입시간 + 유하시간 = 4 + 15 = 19min
2) 유달시간에 대한 강우강도
 $I = \dfrac{6500}{19+40} = 110.17$mm
3) $Q = \dfrac{1}{3.6}CIA$
 $= \dfrac{1}{3.6} \times 0.6 \times 110.17 \times 4 = 73.4$m³/sec

118 계획급수량을 산정하는 식으로 옳지 않은 것은?

① 계획1인1일평균급수량=계획1인1일평균사용수량/계획첨두율
② 계획1일최대급수량=계획1일평균급수량×계획첨두율
③ 계획1일평균급수량=계획1인1일평균급수량×계획급수인구
④ 계획1일최대급수량=계획1인1일최대급수량×계획급수인구

해설 계획급수량산정.
1) 계획첨두율 = $\dfrac{계획1일최대급수량}{계획1일평균급수량}$
2) 계획1인1일 평균급수량 = $\dfrac{계획1인1일최대급수량}{계획첨두율}$

119 정수장의 약품침전을 위한 응집제로서 사용되지 않는 것은?

① PACl
② 황산철
③ 활성탄
④ 황산알루미늄

해설 응집제 종류
1) 황산알루미늄, 폴리염화알루미늄($PACl$), 황산철, 알루민산나트륨 등
2) 활성탄 : 흡착능력을 이용하여 냄새와 맛을 제거하는 다공성 물질

120 계획오수량에 대한 설명으로 옳지 않은 것은?

① 오수관로의 설계에는 계획시간최대오수량을 기준으로 한다.
② 계획오수량의 산정에서는 일반적으로 지하수의 유입량은 무시할 수 있다.
③ 계획1일평균오수량은 계획1일 최대오수량의 70~80%를 표준으로 한다.
④ 계획시간최대오수량은 계획1일최대오수량의 1시간당 수량의 1.3~1.8배를 표준으로 한다.

해설 계획오수량
1) 계획오수량=생활오수량+공장폐수량+지하수량
2) 지하수량=계획1인1일 최대오수량 10~20%

해답 117. ① 118. ① 119. ③ 120. ②

2020년 과년도출제문제

응용역학

1 아래 그림과 같이 속이 빈 단면에 전단력 $V=150\text{kN}$이 작용하고 있다. 단면에 발생하는 최대 전단응력은?

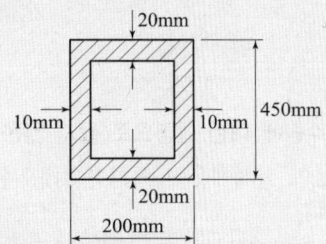

① 9.9MPa ② 19.8MPa
③ 99MPa   ④ 198MPa

해설 최대전단응력

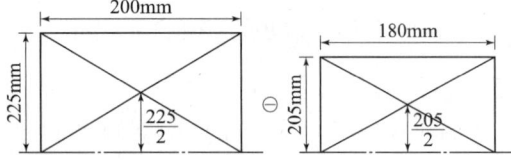

1) 중립축에서 상단까지 단면의 중립축에 대한 단면1차 모멘트

$$G = 200 \times 225 \times \frac{225}{2} - 180 \times 205 \times \frac{205}{2}$$
$$= 1280250 \text{mm}^3$$

2) 중립축에 대한 단면2차모멘트

$$I_X = \frac{1}{12}(200 \times 450^3 - 180 \times 410^3)$$
$$= 484935000 \text{mm}^4$$

3) 최대전단응력은 중립축에서 발생하므로, $b=20\text{mm}$
4) $V=150\text{kN}=150000\text{N}$
5) $\tau_{\max} = \dfrac{V \cdot G}{I \cdot b}$
$$= \frac{150000 \times 1280250}{484935000 \times 20} = 19.8\text{MPa}$$

2 그림과 같은 보의 허용 휨응력이 80MPa일 때 보에 작용할 수 있는 등분포 하중(w)은?

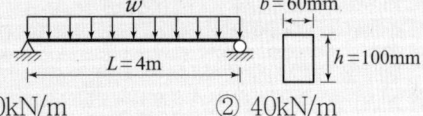

① 50kN/m ② 40kN/m
③ 5kN/m   ④ 4kN/m

해설 휨응력

1) 단면계수
$$Z = \frac{60 \times 100^2}{6} = 100000 \text{mm}^3$$

2) 휨모멘트
$$M = \frac{w \cdot L^2}{8}$$

3) 허용 휨응력
$$\sigma = \frac{M}{Z} \Rightarrow 80 = \frac{\dfrac{w \cdot 4000^2}{8}}{100000}$$
$$\therefore w = 4\text{N/mm} = 4\text{kN/m}$$

3 그림과 같은 캔틸레버보에서 자유단에 집중하중 2P를 받고 있을 때 휨모멘트에 의한 탄성변형에너지는?
(단, EI는 일정하고, 보의 자중은 무시한다.)

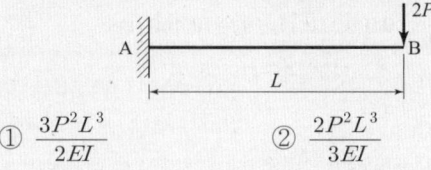

① $\dfrac{3P^2L^3}{2EI}$ ② $\dfrac{2P^2L^3}{3EI}$

③ $\dfrac{P^2L^3}{3EI}$ ④ $\dfrac{P^2L^3}{6EI}$

해설 탄성변형에너지

1) $M_x = (-2P \cdot x)$
2) $U = \displaystyle\int_0^L \frac{M_x^2}{2EI}dx = \int_0^L \frac{(-2Px)^2}{2EI}dx$
$$= \frac{4P^2}{2EI}\int_0^L x^2 dx = \frac{2P^2}{EI}\left[\frac{x^3}{3}\right]_0^L = \frac{2P^2L^3}{3EI}$$

4 지름 $d=120\text{cm}$, 벽두께 $t=0.6\text{cm}$인 긴 강관이 $q=2\text{MPa}$의 내압을 받고 있다. 이 관벽 속에 발생하는 원환응력(σ)의 크기는?

① 50MPa
② 100MPa
③ 150MPa
④ 200MPa

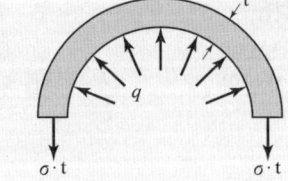

해답 1. ② 2. ④ 3. ② 4. ④

해설 원환응력

1) $t=0.6\text{cm}=6\text{mm}$, $d=120\text{cm}=1200\text{mm}$
2) $q=2\text{MPa}=2\text{N/mm}^2$
3) $\sigma = \dfrac{q \cdot d}{2 \cdot t} = \dfrac{2 \times 1200}{2 \times 6} = 200\text{MPa}$

★★★
5 그림과 같이 단순보의 A점에 휨모멘트가 작용하고 있을 경우 A점에서 전단력의 절댓값은?

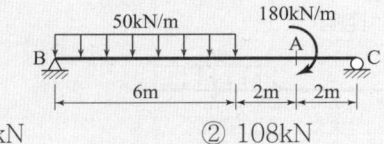

① 72kN   ② 108kN
③ 126kN ④ 252kN

해설 전단력

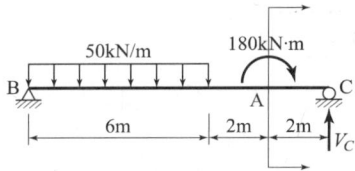

1) $\sum M_B = 0$
   $-V_C \times 10 + 50 \times 6 \times 3 + 180 = 0$
   $\therefore V_C = 108\text{kN}$
2) A점의 전단력(S_A)
   $S_A = |-V_C| = 108\text{kN}$

★
6 전단중심(shear center)에 대한 설명으로 틀린 것은?

① 1축이 대칭인 단면의 전단중심은 도심과 일치한다.
② 1축이 대칭인 단면의 전단중심은 그 대칭축 선상에 있다.
③ 하중이 전단중심 점을 통과하지 않으면 보는 비틀린다.
④ 전단중심이란 단면이 받아내는 전단력의 합력점의 위치를 말한다.

해설 전단중심(S)=단면의 휨축

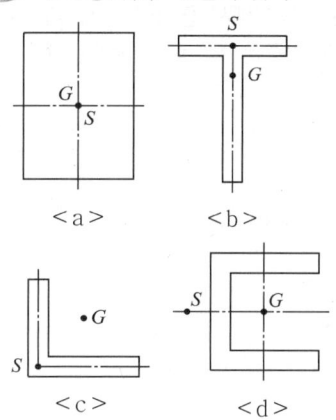

1) 정의 : 외력이 작용하여 부재 단면에 비틀림이 없는 순수 휨 상태만을 유지하기 위한 전단응력의 합력의 통과위치를 전단중심 이라한다.
2) 특성
   - 2축 대칭인 단면의 전단중심(S)은 도심(G)과 일치한다.(그림 a)
   - 단면의 중심선이 한 점에서 교차하는 개(開) 단면인 경우에는 교점이다.(그림 b, c)
   - 1축이 대칭인 단면의 전단중심은 그 대칭축선상에 있고 도심과 일치하지 않는다.(그림 d)

★★★
7 아래 그림과 같은 보에서 A점의 수직반력은?

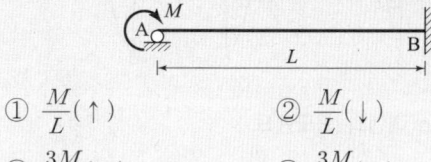

① $\dfrac{M}{L}(\uparrow)$ ② $\dfrac{M}{L}(\downarrow)$
③ $\dfrac{3M}{2L}(\uparrow)$ ④ $\dfrac{3M}{2L}(\downarrow)$

해설

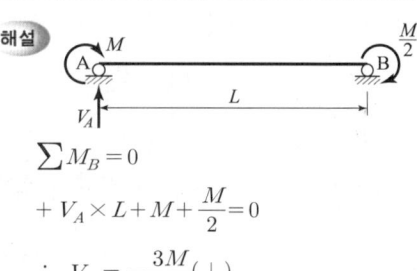

$\sum M_B = 0$
$+V_A \times L + M + \dfrac{M}{2} = 0$
$\therefore V_A = -\dfrac{3M}{2L}(\downarrow)$

해답 5. ② 6. ① 7. ④

2020년 과년도출제문제

8 등분포 하중을 받는 단순보에서 중앙점의 처짐을 구하는 공식은? (단, 등분포 하중은 W, 보의 길이는 L, 보의 휨강성은 EI이다.)

① $\dfrac{WL^3}{24EI}$ ② $\dfrac{WL^3}{48EI}$

③ $\dfrac{WL^4}{8EI}$ ④ $\dfrac{5WL^4}{384EI}$

해설 단순보 중앙점의 처짐

1) 처짐의 크기는 W와 L^4에 비례한다.
2) $y_c = \dfrac{5WL^4}{384EI}$

9 그림과 같은 3힌지 라멘의 휨모멘트도(BMD)는?

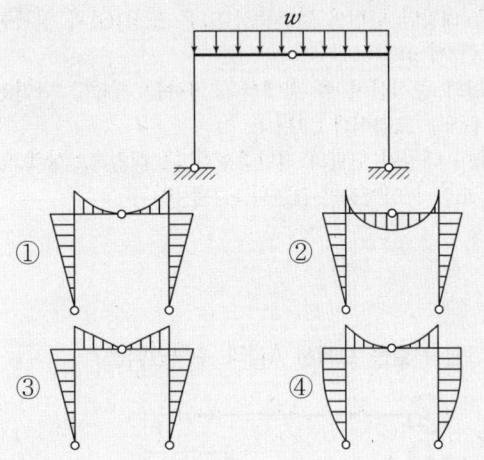

해설 3-hinge 라멘의 휨모멘트

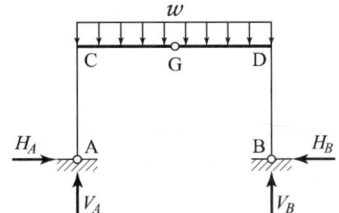

1) A-C부재 : 집중하중(H_A)에 의한 휨모멘트는 직선으로 작도 된다.
2) C-D부재 : 등분포하중(w)에 의한 휨모멘트는 2차포물선으로 작도 된다.
  단, 힌지절점에서 휨모멘트는 "$M_G = 0$"이다.
3) B-D부재 : 집중하중(H_B)에 의한 휨모멘트는 직선으로 작도 된다.

10 그림과 같은 캔틸레버보에서 최대 처짐각(θ_B)은? (단, EI는 일정하다.)

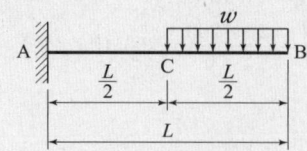

① $\dfrac{3wL^3}{48EI}$ ② $\dfrac{5wL^3}{48EI}$

③ $\dfrac{7wL^3}{48EI}$ ④ $\dfrac{9wL^3}{48EI}$

해설 최대 처짐각

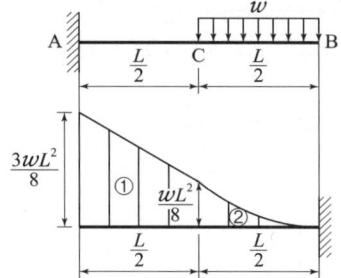

1) 휨모멘트 크기를 구한 후 하중으로 재하 한다.

$$M_B = 0, \quad M_C = \left(-W \cdot \dfrac{L}{2}\right)\left(\dfrac{L}{4}\right) = -\dfrac{WL^2}{8}$$

$$M_A = \left(-W \cdot \dfrac{L}{2}\right)\left(\dfrac{L}{2} + \dfrac{L}{4}\right) = -\dfrac{3WL^2}{8}$$

2) 공액보로 치환 후 B점에서 전단력(① + ②)을 구한다.

① $= \dfrac{\dfrac{3WL^2}{8} + \dfrac{WL^2}{8}}{2} \times \dfrac{L}{2} = \dfrac{WL^3}{8}$

② $= \dfrac{WL^2}{8} \times \dfrac{L}{2} \times \dfrac{1}{3} = \dfrac{WL^3}{48}$

∴ $V_B = \dfrac{7WL^3}{48}$

3) $\theta_B = \dfrac{V_B}{EI} = \dfrac{7WL^3}{48EI}$

해답 8. ④ 9. ① 10. ③

11 그림은 정사각형 단면을 갖는 단주에서 단면의 핵을 나타낸 것이다. x의 거리는?

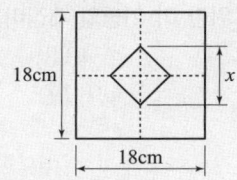

① 3cm ② 4.5cm
③ 6cm ④ 9cm

해설 핵 거리
1) 핵 거리(e)
$$e = \frac{Z}{A} = \frac{b h^2/6}{b h} = \frac{h}{6} = \frac{18}{6} = 3\text{cm}$$
2) $x = 2 \times e = 6\text{cm}$

12 그림과 같은 크레인의 D_1부재의 부재력은?

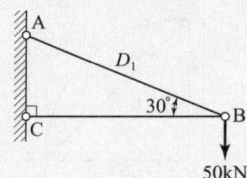

① 43kN ② 50kN
③ 75kN ④ 100kN

해설

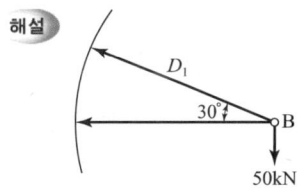

$\sum V = 0$
$-50 + D_1 \cdot \sin 30° = 0$
$D_1 = 100\text{kN}$

13 지름 50mm, 길이 2m의 봉을 길이방향으로 당겼더니 길이가 2mm 늘어났다면, 이 때 봉의 지름은 얼마나 줄어드는가? (단, 이 봉의 푸아송 비는 0.30이다.)

① 0.015mm ② 0.030mm
③ 0.045mm ④ 0.060mm

해설 푸아송 비(ν)
1) 세로변형률
$$\varepsilon = \frac{\Delta l}{l} = \frac{2\text{mm}}{2000\text{mm}} = \frac{1}{1000}$$
2) 프와송 비
$$\nu = \frac{\beta}{\varepsilon} \Rightarrow \beta = \nu \cdot \varepsilon = 0.3 \times \frac{1}{1000}$$
3) 가로변형률(β)
$$\beta = \frac{\Delta d}{d} \Rightarrow \Delta d = \beta \cdot d = 0.3 \times \frac{1}{1000} \times 50 = 0.015\text{mm}$$

14 그림과 같은 직사각형 단면의 보가 최대휨모멘트 $M_{max} = 20\text{kN} \cdot \text{m}$를 받을 때 a-a단면의 휨응력은?

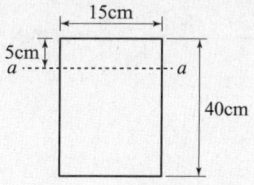

① 2.25MPa ② 3.75MPa
③ 4.25MPa ④ 4.65MPa

해설 휨응력
1) 단면2차모멘트
$$I = \frac{15 \times 40^3}{12} = 80000\text{cm}^4 = 800000000\text{mm}^4$$
2) 중립축으로부터 a-a 까지 거리
$y = 20 - 5 = 15\text{cm} = 150\text{mm}$
3) 최대휨모멘트 = $20\text{kN} \cdot \text{m} = 20{,}000{,}000\text{N} \cdot \text{mm}$
4) 휨응력
$$\sigma = \frac{M}{I} y = \frac{20000000}{800000000} \times 150\text{mm} = 3.75\text{MPa}$$

15 그림과 같은 연속보에서 B점의 지점 반력은?

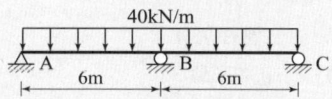

① 240kN ② 280kN
③ 300kN ④ 320kN

해설 변형일치법

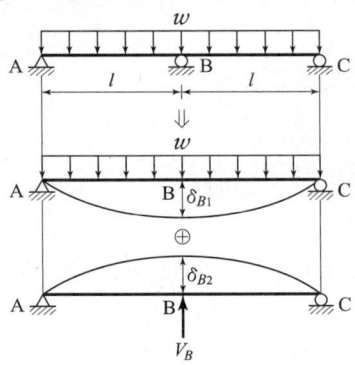

1) $\delta_{B1} = \dfrac{5w(2l)^4}{384EI}$, $\delta_{B2} = \dfrac{V_B(2l)^3}{48EI}$
2) 적합조건 : $\delta_B = 0 \rightarrow \delta_{B1} = \delta_{B2}$
$$\dfrac{5w(2l)^4}{384EI} = \dfrac{V_B(2l)^3}{48EI}$$
3) $\therefore V_B = \dfrac{5wl}{4} = \dfrac{5 \times 40 \times 6}{4} = 300\text{kN}$

★★★
16 그림과 같은 도형에서 빗금 친 부분에 대한 x, y축의 단면 상승 모멘트(I_{xy})는?

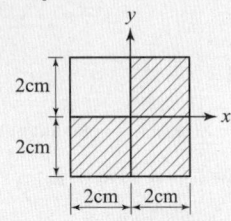

① 2cm^4 ② 4cm^4
③ 8cm^4 ④ 16cm^4

해설 단면 상승모멘트

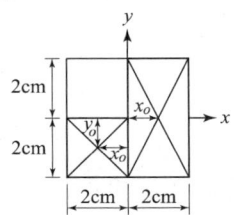

1) 단면 상승 모멘트(I_{xy})
  $I_{xy} = A \cdot x_o \cdot y_o$ 이므로
2) $I_{xy} = 2 \times 2 \times (-1) \times (-1) + 2 \times 4 \times (1) \times (0)$
  $= 4\text{cm}^4$

★
17 길이가 3m이고 가로 200mm, 세로 300mm인 직사각형 단면의 기둥이 있다. 지지상태가 양단힌지인 경우 좌굴응력을 구하기 위한 이 기둥의 세장비는?

① 34.6 ② 43.3
③ 52.0 ④ 60.7

해설 세장비
1) 단면 2차 반지름
$$r_{\min} = \sqrt{\dfrac{I_{\min}}{A}} = \sqrt{\dfrac{\frac{300 \times 200^3}{12}}{200 \times 300}} = 57.73\text{mm}$$
2) 세장비
$$\lambda = \dfrac{l}{r_{\min}} = \dfrac{3000}{57.73} \fallingdotseq 52$$

★★
18 그림과 같은 1/4 원 중에서 음영부분의 도심까지 위치 y_o는?

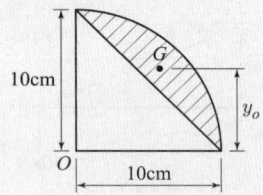

① 4.94cm ② 5.20cm
③ 5.84cm ④ 7.81cm

해설 도심

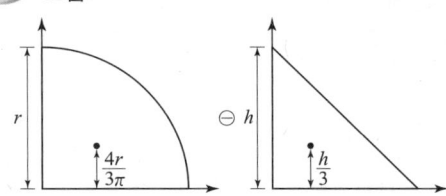

1) $A = \left(\dfrac{\pi \times 10^2}{4}\right) - \left(\dfrac{1}{2} \times 10 \times 10\right) = 28.54\text{cm}^2$
2) $G = \left(\dfrac{\pi \times 10^2}{4} \times \dfrac{4 \times 10}{3 \times \pi}\right) - \left(\dfrac{1}{2} \times 10 \times 10\right) \times \left(\dfrac{1}{3} \times 10\right)$
  $= 166.83\text{cm}^3$
3) $y_0 = \dfrac{G}{A} = \dfrac{166.83}{28.54} = 5.84\text{cm}$

해답 16. ② 17. ③ 18. ③

19 그림과 같은 3힌지 아치에서 B점의 수평반력(H_B)은?

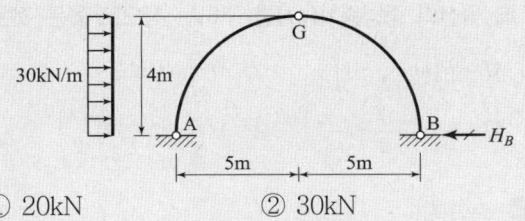

① 20kN ② 30kN
③ 40kN ④ 60kN

해설 3-hinge의 수평반력

1) $\sum M_A = 0$
   $-V_B \times 10 + 30 \times 4 \times 2 = 0$
   $\therefore V_B = 24\text{kN}$

2) $\sum M_{CR} = 0$
   $-24 \times 5 + H_B \times 4 = 0$
   $\therefore V_B = 30\text{kN}$

20 그림에서 합력 R과 P_1 사이의 각을 α라고 할 때 $\tan\alpha$를 나타낸 식으로 옳은 것은?

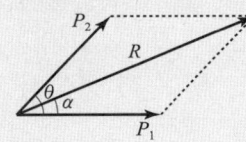

① $\tan\alpha = \dfrac{P_2\sin\theta}{P_1 + P_2\cos\theta}$

② $\tan\alpha = \dfrac{P_1\sin\theta}{P_1 + P_2\cos\theta}$

③ $\tan\alpha = \dfrac{P_2\cos\theta}{P_1 + P_2\sin\theta}$

④ $\tan\alpha = \dfrac{P_1\cos\theta}{P_1 + P_2\sin\theta}$

해설 힘의 합력의 작용 방향

1) $\tan\alpha = \dfrac{\sum V}{\sum H}$

2) $\tan\alpha = \dfrac{P_2\sin\theta}{P_1 + P_2\cos\theta}$

측량학

21 그림과 같이 곡선반지름 $R=500$m인 단곡선을 설치할 때 교점에 장애물이 있어 $\angle ACD = 150°$, $\angle CDB = 90°$, $CD = 100$m를 관측하였다. 이때 C점으로부터 곡선의 시점까지의 거리는?

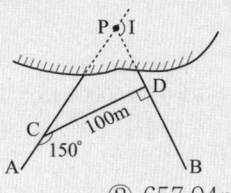

① 530.27m ② 657.04m
③ 750.56m ④ 796.09m

해설 단곡선

1) 교각
   $\angle CPD = 180° - 90° - 30° = 60°$
   $\therefore I = 180° - 60° = 120°$

2) 접선장(교점에서 곡선 시점까지 거리)
   $TL = R\tan\left(\dfrac{I}{2}\right) = 500 \times \tan\left(\dfrac{120°}{2}\right) = 866.03\text{m}$

3) $\dfrac{CP}{\sin 90°} = \dfrac{100}{\sin 60°} \Rightarrow \therefore CP = 115.47\text{m}$

4) C점에서 곡선 시점까지 거리
   $= 866.03 - 115.47 = 750.56\text{m}$

22 다각측량에서 거리관측 및 각관측의 정밀도는 균형을 고려해야 한다. 거리관측의 허용오차가 $\pm\dfrac{1}{10000}$이라고 할 때 각관측의 허용오차는?

① ±20″ ② ±10″
③ ±5″   ④ ±1′

해설 거리관측의 정밀도$\left(\dfrac{dl}{l}\right)$와 각관측$\left(\dfrac{d\theta''}{\rho''}\right)$정밀도

1) $\dfrac{dl}{l} = \dfrac{d\theta}{\rho''}$에서

2) $d\theta = \dfrac{dl}{l}\rho''$
   $= \dfrac{\pm 1}{10000} \times 206265'' \fallingdotseq \pm 20''$

해답 19. ② 20. ① 21. ③ 22. ①

2020년 과년도 출제문제

23 축척 1:50000 지형도 상에서 주곡선 간의 도상 길이가 1cm이었다면 이 지형의 경사는?
① 4% ② 5%
③ 6% ④ 10%

해설 지형의 경사
1) $\dfrac{1}{m} = \dfrac{l}{L}$
∴ $L = 1\text{cm} \times 50000 = 50000\text{cm} = 500\text{m}$
2) 1:50000 지형도에서 주곡선의 지반고차 = 20m
3) 지형의 경사
$i = \dfrac{h}{D} \times 100 = \dfrac{20}{500} \times 100 = 4\%$

24 그림과 같이 $\overline{A_0B_0}$의 노선을 $e=10\text{m}$ 만큼 이동하여 내측으로 노선을 설치하고자 한다. 새로운 반지름 R_N은?
(단, $R_o=200\text{m}$, $I=60°$)

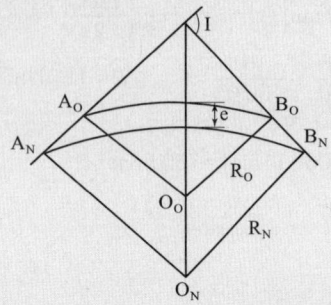

① 217.64m ② 238.26m
③ 250.50m ④ 264.64m

해설 단곡선 설치
1) 구곡선의 외할
$E_o = R_o\left(\sec\dfrac{I}{2} - 1\right) = 200\left(\dfrac{1}{\cos\left(\dfrac{60°}{2}\right)} - 1\right) = 30.94\text{m}$
2) 신곡선의 외할
$E_N = 30.94 + 10 = 40.94\text{m}$
3) 신곡선의 반경
$E_N = R_N\left(\sec\dfrac{I}{2} - 1\right)$
$40.94 = R_N\left(\dfrac{1}{\cos\left(\dfrac{60°}{2}\right)} - 1\right)$
∴ $R_N = 264.64\text{m}$

25 노선설치에서 곡선반지름 R, 교각 I인 단곡선을 설치할 때 곡선의 중앙종거(M)를 구하는 식으로 옳은 것은?
① $M = R\left(\sec\dfrac{I}{2} - 1\right)$ ② $M = R\tan\dfrac{I}{2}$
③ $M = 2R\sin\dfrac{I}{2}$ ④ $M = R\left(1 - \cos\dfrac{I}{2}\right)$

해설 중앙종거
$M = R\left(1 - \cos\dfrac{I}{2}\right)$

26 토적곡선(mass curve)을 작성하는 목적으로 가장 거리가 먼 것은?
① 토량의 배분 ② 교통량 산정
③ 토공기계의 선정 ④ 토량의 운반거리 산출

해설 토적곡선의 목적
1) 토량의 배분
2) 토공기계의 선정
3) 토량의 운반거리 산출
4) 토취장, 토사장 위치 선정

27 하천측량에 대한 설명으로 옳지 않은 것은?
① 수위관측소의 위치는 지천의 합류점 및 분류점으로서 수위의 변화가 일어나기 쉬운 곳이 적당하다.
② 하천측량에서 수준측량을 할 때의 거리표는 하천의 중심에 직각 방향으로 설치한다.
③ 심천측량은 하천의 수심 및 유수부분의 하저 상황을 조사하고 횡단면도를 제작하는 측량을 말한다.
④ 하천측량 시 처음에 할 일은 도상 조사로서 유로 상황, 지역면적, 지형, 토지이용 상황 등을 조사하여야 한다.

해설 수위관측소의 위치
수위관측소의 위치는 지천의 합류점 및 분류점으로서 수위의 변화가 일어나기 쉬운 곳은 부적당하다.

해답 23. ① 24. ④ 25. ④ 26. ② 27. ①

28 각관측 방법 중 배각법에 관한 설명으로 옳지 않은 것은?

① 방향각법에 비하여 읽기 오차의 영향을 적게 받는다.
② 수평각 관측법 중 가장 정확한 방법으로 정밀한 삼각측량에 주로 이용된다.
③ 시준할 때의 오차를 줄일 수 있고 최소 눈금 미만의 정밀한 관측값을 얻을 수 있다.
④ 1개의 각을 2회 이상 반복 관측하여 관측한 각도의 평균을 구하는 방법이다.

해설 각 관측법의 특징
1) 수평각 관측법 중 가장 정확한 방법은 각 관측법(조합각 관측법)이며,
2) 정밀한 삼각측량의 각 관측에 이용된다.

29 그림과 같은 편심측량에서 ∠ABC는?
(단, $\overline{AB}$ = 2.0km, $\overline{BC}$ = 1.5km, e = 0.5m, t = 54°30′, ρ = 300°30′)

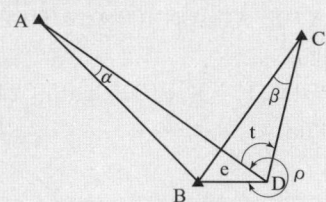

① 54°28′45″
② 54°30′19″
③ 54°31′58″
④ 54°33′14″

해설 편심관측

1) $\dfrac{e}{\sin\alpha} = \dfrac{\overline{AB}}{\sin(360° - \rho)}$

$\dfrac{0.5}{\sin\alpha} = \dfrac{2000}{\sin(360° - 300°30′)}$

∴ $\alpha = \sin^{-1}\left[\left(\dfrac{0.5}{2000}\right)\sin(59°30′)\right] \fallingdotseq 44″$

2) $\dfrac{e}{\sin\beta} = \dfrac{\overline{BC}}{\sin(360° - \rho + t)}$

$\dfrac{0.5}{\sin\beta} = \dfrac{1500}{\sin(360° - 300°30′ + 54°30′)}$

∴ $\beta = \sin^{-1}\left[\left(\dfrac{0.5}{1500}\right)\sin(114°)\right] \fallingdotseq 63″$

3) $\alpha + \angle ABC = \beta + t$
∴ $\angle ABC = 63″ + 54°30′ - 44″ = 54°30′19″$

30 직사각형의 두변의 길이를 $\dfrac{1}{100}$ 정밀도로 관측하여 면적을 산출할 경우 산출된 면적의 정밀도는?

① $\dfrac{1}{50}$
② $\dfrac{1}{100}$
③ $\dfrac{1}{200}$
④ $\dfrac{1}{300}$

해설 면적의 정밀도$\left(\dfrac{dA}{A}\right)$와 거리정밀도$\left(\dfrac{dl}{l}\right)$

1) 면적의 정밀도는 가로와 세로의 거리정밀도를 구하여 합하면 된다.
가로와 세로의 거리정밀도가 같다면, 거리 정밀도의 2배가 된다.

2) $\dfrac{dA}{A} = 2\dfrac{dl}{l}$

$= 2 \times \dfrac{1}{100} = \dfrac{1}{50}$

31 수준측량에서 시준거리를 같게 함으로써 소거할 수 있는 오차에 대한 설명으로 틀린 것은?

① 기포관축과 시준선이 평행하지 않을 때 생기는 시준선 오차를 소거할 수 있다.
② 지구곡률오차를 소거할 수 있다.
③ 표척 시준시 초점나사를 조정할 필요가 없으므로 이로 인한 오차인 시준오차를 줄일 수 있다.
④ 표척의 눈금 부정확으로 인한 오차를 소거할 수 있다.

해설 등시준거리로 소거할 수 있는 오차
1) 시준선 오차
2) 구차, 기차
3) 초점나사 조정으로 발생하는 오차
4) 표척의 읽음 값의 크기가 다르므로, 표척눈금의 부정확으로 인한 오차는 소거할 수 없다.

해답 28. ② 29. ② 30. ① 31. ④

32 직접고저측량을 실시한 결과가 그림과 같을 때, A점의 표고가 10m라면 C점의 표고는? (단, 그림은 개략도로 실제 치수와 다를 수 있음)

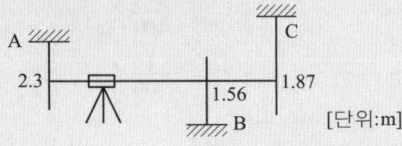

① 9.57m ② 9.66m
③ 10.57m ④ 10.66m

해설 지반고 계산
1) 기계고=지반고+후시(BS)=10+(−2.3)=7.7m
2) C점의 지반고=기계고−전시(FS)=7.7−(−1.87)=9.57m
3) 표척을 거꾸로 사용한 경우의 표척 읽음 값에는 (−)부호를 붙인다.

33 하천측량에서 유속관측에 대한 설명으로 옳지 않은 것은?
① 유속계에 의한 평균유속 계산식은 1점법, 2점법, 3점법 등이 있다.
② 하천기울기(I)를 이용하여 유속을 구하는 식에는 Chezy식과 Manning식 등이 있다.
③ 유속관측을 위해 이용되는 부자는 표면부자, 2중부자, 봉부자 등이 있다.
④ 위어(weir)는 유량관측을 위해 직접적으로 유속을 관측하는 장비이다.

해설 유속관측
1) 위어는 유량관측을 위해 직접적으로 유속을 관측하는 장비가 아니다.
2) 위어는 월류수심(h)을 측정하면 유량을 산정할 수 있다.
2) $Q = 1.84\, b_o\, h^{\frac{3}{2}}$

34 지형의 표시방법 중 하천, 항만, 해안측량 등에서 심천측량을 할 때 측점에 숫자로 기입하여 고저를 표시하는 방법은?
① 점고법   ② 음영법
③ 연선법   ④ 등고선법

해설 점고법
하천, 항만, 해안 측량 등에서 심천측량시 측점에 숫자로 기입하여 높이를 표시하는 방법

35 그림의 다각망에서 C점의 좌표는?
(단, $\overline{AB} = \overline{BC} = 100$m이다.)

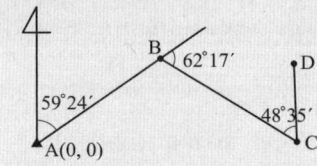

① $X_c = -5.31$m, $Y_c = 160.45$m
② $X_c = -1.62$m, $Y_c = 171.17$m
③ $X_c = -10.27$m, $Y_c = 89.25$m
④ $X_c = 50.90$m, $Y_c = 86.07$m

해설 다각망의 좌표
1) 위거(L) : $L = l \cdot \cos\theta$, 경거(D) : $D = l \cdot \sin\theta$
2) B점의 X좌표 : $X_B = 100 \times \cos 59°24' = 50.9$m
   B점의 Y좌표 : $Y_B = 100 \times \sin 59°24' = 86.07$m
2) C점의 X좌표 $X_c = X_B + 100 \times \cos(59°24' + 62°17')$
   $= -1.62$m
   C점의 Y좌표 $Y_c = Y_B + 100 \times \sin(59°24' + 62°17')$
   $= 171.17$m

36 다음 우리나라에서 사용되고 있는 좌표계에 대한 설명 중 옳지 않은 것은?

우리나라의 평면직각좌표는 ㉠ 4개의 평면직각좌표계(서부, 중부, 동부, 동해)를 사용하고 있다. 각 좌표계의 ㉡ 원점은 위도 38°선과 경도 125°, 127°, 129°, 131°선의 교점에 위치하며, ㉢ 투영법은 TM(Transverse Mercator)을 사용한다. 좌표의 음수 표기를 방지하기 위해 ㉣ 횡좌표에 200,000m, 종좌표에 500000m를 가산한 가좌표를 사용한다.

① ㉠   ② ㉡
③ ㉢   ④ ㉣

해설 평면직각좌표계
좌표의 음수표기를 방지하기 위해 횡좌표에 200000m, 종좌표에 600000m를 가산한 가좌표를 사용한다.

해답 32.① 33.④ 34.① 35.② 36.④

37 폐합다각측량을 실시하여 위거 오차 30cm, 경거 오차 40cm를 얻었다. 다각측량의 전체 길이가 500m라면 다각형의 폐합비는?

① $\dfrac{1}{100}$ ② $\dfrac{1}{125}$
③ $\dfrac{1}{1000}$ ④ $\dfrac{1}{1250}$

해설 다각측량
1) 폐합오차
$$E = \sqrt{위거오차^2 + 경거오차^2}$$
$$= \sqrt{0.3^2 + 0.4^2} = 0.5\text{m}$$
2) 폐합비 $= \dfrac{폐합오차}{전측선길이}$
$$= \dfrac{0.5}{500} = \dfrac{1}{1000}$$

38 삼각측량을 위한 삼각점의 위치선정에 있어서 피해야 할 장소와 가장 거리가 먼 것은?
① 측표를 높게 설치해야 되는 곳
② 나무의 벌목면적이 큰 곳
③ 편심관측을 해야 되는 곳
④ 습지 또는 하상인 곳

해설 삼각점 위치선정시 고려사항
1) 삼각측량은 정밀을 요하므로 측표를 높게 설치해야 하는 곳, 나무의 벌목면적이 큰 곳, 습지 또는 하상인 곳을 피해야 한다.
2) 이런 곳을 피할 수 없는 경우 편심관측을 한다.

39 지반의 높이를 비교할 때 사용하는 기준면은?
① 표고(elevation)
② 수준면(level surface)
③ 수평면(horizontal plane)
④ 평균해수면(mean sea level)

해설 표고의 기준면
1) 지반의 높이를 비교 할 때는 표고가 이용된다.
2) 표고의 기준면은 평균해수면이다.

40 전자파거리측량기로 거리를 측량할 때 발생되는 관측오차에 대한 설명으로 옳은 것은?
① 모든 관측 오차는 거리에 비례한다.
② 모든 관측 오차는 거리에 비례하지 않는다.
③ 거리에 비례하는 오차와 비례하지 않는 오차가 있다.
④ 거리가 어떤 길이 이상으로 커지면 관측 오차가 상쇄되어 길이에 대한 영향이 없어진다.

해설 전자파 거리측량기의 관측오차
1) 거리에 비례하는 오차: 광속도의 오차, 광변조 주파수의 오차, 굴절률의 오차.
2) 거리에 비례하지 않는 오차: 위상차 관측의 오차, 기계정수 및 반사경 정수의 오차.

수리학 및 수문학

41 배수면적이 500ha, 유출계수가 0.70인 어느 유역에 연평균강우량이 1300mm내렸다. 이때 유역 내에서 발생한 최대유출량은?
① 0.1443m³/s ② 12.64m³/s
③ 14.43m³/s ④ 1264m³/s

해설 우수유출량
1) 유출계수 : $C = 0.70$
2) 배수면적 : $A = 500$ha
3) 강우강도
$$I = \dfrac{1300\text{mm}}{년} = \dfrac{1300\text{mm}}{365 \times 24\text{hr}} = 0.148\text{mm/hr}$$
4) $Q = \dfrac{1}{360} CIA$
$$= \dfrac{1}{360} \times 0.7 \times 0.148 \times 500 = 0.144\text{m}^3/\text{sec}$$

해답 37. ③ 38. ③ 39. ④ 40. ③ 41. ①

42 정상적인 흐름에서 1개 유선 상의 유체입자에 대하여 그 속도수두를 $\frac{V^2}{2g}$, 위치수두를 Z, 압력수두를 $\frac{P}{\gamma_o}$라 할 때 동수경사는?

① $\frac{P}{\gamma_o}+Z$를 연결한 값이다.
② $\frac{V^2}{2g}+Z$를 연결한 값이다.
③ $\frac{V^2}{2g}+\frac{P}{\gamma_o}$를 연결한 값이다.
④ $\frac{V^2}{2g}+\frac{P}{\gamma_o}+Z$를 연결한 값이다.

해설 베르누이 정리
1) 동수경사 : 위치수두+압력수두
2) 에너지선 경사 : 위치수두+압력수두+속도수두

43 수중 오리피스(orifice)의 유속에 관한 설명으로 옳은 것은?

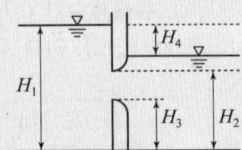

① H_1이 클수록 유속이 빠르다.
② H_2가 클수록 유속이 빠르다.
③ H_3이 클수록 유속이 빠르다.
④ H_4가 클수록 유속이 빠르다.

해설 수중오리피스
1) $V=\sqrt{2gH}$
2) $H=$수위 차$(=H_4)$

44 폭이 50m인 직사각형 수로의 도수 전 수위 $h_1=3$m, 유량 $Q=2000$m³/s일 때 대응수심은?

① 1.6m
② 6.1m
③ 9.0m
④ 도수가 발생하지 않는다.

해설 도수 후의 대응수심(상류수심)
1) 도수전의 유속
$V_1=\frac{2000}{50\times 3}=13.33\text{m/sec}$
2) 도수전의 F_{r1}
$F_{r1}=\frac{V_1}{C}=\frac{V_1}{\sqrt{g\cdot h_1}}$
$=\frac{13.33}{\sqrt{9.8\times 3}}\fallingdotseq 2.46$
3) 대응수심(도수 후의 수심)
$h_2=\frac{h_1}{2}(-1+\sqrt{8F_{r1}^2+1})$
$=\frac{3}{2}(-1+\sqrt{8\times 2.46^2+1})=9.0\text{m}$

45 비피압대수층 내 지름 $D=2$m, 영향권의 반지름 $R=1000$m, 원지하수의 수위 $H=9$m, 집수정의 수위 $h_o=5$m인 심정호의 양수량은? (단, 투수계수 $k=0.0038$m/s)

① 0.0415m³/s ② 0.0461m³/s
③ 0.0968m³/s ④ 1.8232m³/s

해설 깊은 우물
1) $r_0=\frac{2\text{m}}{2}=1\text{m}$
2) $Q=\frac{\pi k(H^2-h_0^2)}{2.303\cdot\log\left(\frac{R}{r_0}\right)}$
$=\frac{\pi\times 0.0038(9^2-5^2)}{2.303\times\log\left(\frac{1000}{1}\right)}=0.0968\text{m}^3/\text{sec}$

46 관의 마찰 및 기타 손실수두를 양정고의 10%로 가정할 경우 펌프의 동력을 마력으로 구하면?
(단, 유량은 $Q=0.07$m³/s이며, 효율은 100%로 가정한다.)

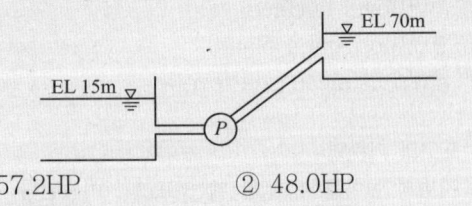

① 57.2HP ② 48.0HP
③ 51.3HP ④ 56.5HP

해답 42. ① 43. ④ 44. ③ 45. ③ 46. ④

해설 펌프의 동력(P)

1) 양정고
 $H = 70 - 15 = 55\text{m}$
2) 손실수두
 $h_L = 55 \times 0.1 = 5.5\text{m}$
3) 전양정
 $H_t = H + h_L = 55 + 5.5 = 60.5\text{m}$
4) $P = 13.33 \dfrac{Q\,H_t}{\eta} = 13.33 \times \dfrac{0.07 \times 60.5}{1.0} = 56.45\,HP$

---

47 왜곡모형에서 Froude 상사법칙을 이용하여 물리량을 표시한 것으로 틀린 것은? (단, X_r은 수평축척비, Y_r은 연직축척비이다.)

① 시간비 : $T_r = \dfrac{X_r}{Y_r^{1/2}}$

② 경사비 : $S_r = \dfrac{Y_r}{X_r}$

③ 유속비 : $V_r = \sqrt{Y_r}$

④ 유량비 : $Q_r = X_r\, Y_r^{5/2}$

해설 Froude의 상사법칙

1) 적용 : 중력과 관성력이 흐름을 지배하는 경우.
 (개수로) 원형수로의 Fr 수 = 모형수로의 Fr 수
2) 유량비
 $Q_r = X_r \cdot Y_r^{\frac{3}{2}}$

---

48 누가우량곡선(rainfall mass curve)의 특성으로 옳은 것은?

① 누가우량곡선의 경사가 클수록 강우강도가 크다.
② 누가우량곡선의 경사는 지역에 관계없이 일정하다.
③ 누가우량곡선으로부터 일정기간 내의 강우량을 산출하는 것은 불가능하다.
④ 누가우량곡선은 자기우량기록에 의하여 작성하는 것보다 보통우량계의 기록에 의하여 작성하는 것이 더 정확하다.

해설 누가우량곡선의 특성

1) 누가우량곡선은 세로축에 누가우량, 가로축에 시간을 표시한다.
2) 누가우량곡선의 경사가 클수록 강우강도가 크다.
3) 누가우량곡선의 경사는 지역에 따라 곡선의 모양은 다르다.
4) 자기우량계가 보통우량계보다 더 정확하다.
5) 누가우량곡선으로부터 일정기간의 강우량을 산출할 수 있다.

---

49 그림과 같은 유역(12km×8km)의 평균강우량을 Thiessen 방법으로 구한 값은?
(단, 작은 사각형은 2km×2km의 정사각형으로서 모두 크기가 동일하다.)

관측점	1	2	3	4
강우량(mm)	140	130	110	100

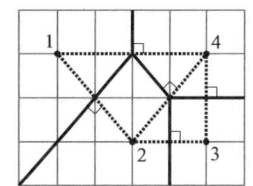

① 120mm ② 123mm
③ 125mm ④ 130mm

해설 평균강우량(Thiessen 방법)

1) Thiessen 다각형 그리기
 - 우량계를 연결한다(점선)
 - 수직이등분선을 작도한다.(굵은실선)
 - 이때 생긴 다각형안의 사각형수를 센다.
2) $A_1 = 2 \times 2 \times 7.5 = 30\,\text{Km}^2$
 $A_2 = 2 \times 2 \times 7 = 28\,\text{Km}^2$
 $A_3 = 2 \times 2 \times 4 = 16\,\text{Km}^2$
 $A_4 = 2 \times 2 \times 5.5 = 22\,\text{Km}^2$
3) $P_m = \dfrac{\sum A \cdot P}{\sum A}$
 $= \dfrac{30 \times 140 + 28 \times 130 + 16 \times 110 + 22 \times 100}{12 \times 8}$
 $\fallingdotseq 123\text{mm}$

해답 47. ④ 48. ① 49. ②

50 지름 25cm, 길이 1m의 원주가 연직으로 물에 떠 있을 때, 물 속에 가라앉은 부분의 길이가 90cm라면 원주의 무게는? (단, 무게 1kgf=9.8N)

① 253N ② 344N
③ 433N ④ 503N

해설 부력

1) 배수용적
$$V' = \frac{\pi \times 0.25^2}{4} \times 0.9 = 0.044 \text{m}^3$$

2) 물의 단위중량
$$w' = \frac{9800N}{\text{m}^3}$$

3) 물체의 무게(wV)
$$wV + M = w'V' + M'$$
$$wV + 0 = w'V' + 0$$
$$\therefore wV = \frac{9800N}{\text{m}^3} \times 0.044\text{m}^3 = 433N$$

51 방파제 건설을 위한 해안지역의 수심이 5.0m, 입사파랑의 주기가 14.5초인 장파(long wave)의 파장(wave length)은? (단, 중력가속도 $g=9.8\text{m/s}^2$)

① 49.5m ② 70.5m
③ 101.5m ④ 190.5m

해설 파장(Wave Length)

1) 장파의 속도
$$C = \sqrt{gh} = \sqrt{9.8 \times 5} = 7\text{m/sec}$$

2) 파장=장파의 속도×주기
$$L = C \times T = 7 \times 14.5 = 101.5\text{m}$$

52 Hardy-Cross의 관망계산 시 가정조건에 대한 설명으로 옳은 것은?

① 합류점에 유입하는 유량은 그 점에서 1/2만 유출된다.
② 각 분기점에 유입하는 유량은 그 점에서 정지하지 않고 전부 유출한다.
③ 폐합관에서 시계방향 또는 반시계 방향으로 흐르는 관로의 손실수두의 합은 0이 될 수 없다.
④ Hardy-Cross 방법은 관경에 관계없이 관수로의 분할 갯수에 의해 유량 분배를 하면 된다.

해설 관망(Pipe network)

1) 관망해석방법은 hardy cross 방법으로 풀 수 있다. (시행오차법)
2) 초기유량을 가정하며 마찰손실수두만 고려한다. (미소손실은 무시함)
3) 각 폐합관에 대한 손실수두합은 "0"이다. ($\sum h_L = 0$)
4) 각 분기점 또는 합류점에 유입하는 수량은 그 점에서 정지하지 않고 전부 유출한다. ($\sum Q = 0$)

53 20℃에서 지름 0.3mm인 물방울이 공기와 접하고 있다. 물방울 내부의 압력이 대기압보다 10gf/cm² 만큼 크다고 할 때 표면장력의 크기를 dyne/cm로 나타내면?

① 0.075 ② 0.75
③ 73.50 ④ 75.0

해설 표면장력

1) $1gf = 980\text{dyne}$, $d = 0.03\text{cm}$
2) 압력차 : $\Delta p = \frac{10\text{gf}}{\text{cm}^2} = \frac{9800\text{dyne}}{\text{cm}^2}$
3) 표면장력
$$T = \Delta p \frac{d}{4} = 9800 \times \frac{0.03}{4} = 73.5\text{dyne}$$

54 홍수유출에서 유역면적이 작으면 단시간의 강우에, 면적이 크면 장시간의 강우에 문제가 발생한다. 이와 같은 수문학적 인자 사이의 관계를 조사하는 DAD 해석에 필요 없는 인자는?

① 강우량 ② 유역면적
③ 증발산량 ④ 강우지속시간

해설 DAD해석(Depth - Area - Duration).

1) DAD해석 : 얻어진 강우량 기록으로부터 우량의 값, 유역면적 및 강우지속시간의 관계해석
2) DAD해석 시 필요한 것
  - 우량깊이 : 강우량 기록지
  - 유역면적 : 구적기 필요
  - 지속시간 : 자기우량 기록지 필요.

해답 50. ③ 51. ③ 52. ② 53. ③ 54. ③

55 그림과 같이 1m×1m×1m인 정육면체의 나무가 물에 떠 있을 때 부체(浮體)로서 상태로 옳은 것은? (단, 나무의 비중은 0.80이다.)

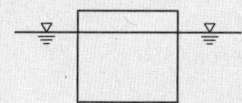

① 안정하다.   ② 불안정하다.
③ 중립상태다.   ④ 판단할 수 없다.

해설 부체의 안정

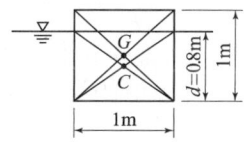

1) 비중 = $\dfrac{\text{물체의 단위중량}(w)}{\text{물의 단위중량}(w')}$

∴ 물체의 단위중량 = 비중×물의 단위중량(9.8kN/m³)
= 0.8×9.8 = 7.84kN/m³

2) $I_{min} = \dfrac{bh^3}{12} = \dfrac{1^4}{12} = \dfrac{1}{12}\text{m}^4$

3) $wV + M = w'V' + M'$
$w \times A \times H + 0 = w' \times A \times d + 0$
∴ $d = \dfrac{w}{w'} \times H = \dfrac{7.84}{9.8} \times 1 = 0.8\text{m}$
∴ $V' = A \times d = (1 \times 1) \times 0.8 = 0.8\text{m}^3$

4) $\overline{GC} = \dfrac{1}{2} - \dfrac{0.8}{2} = 0.1\text{m}$

5) 부체의 안정 조건: $\dfrac{I_{min}}{V'} - \overline{GC} > 0$

$\dfrac{I_{min}}{V'} - \overline{GC} = \dfrac{\frac{1^4}{12}}{0.8} - 0.1 = 0.004\text{m}$

∴ 부체는 안정하다.

56 그림과 같은 개수로에서 수로경사 $S_0 = 0.001$, Manning의 조도계수 $n = 0.002$일 때 유량은?

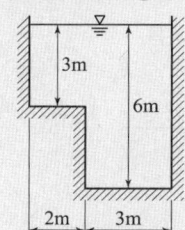

① 약 150m³/s   ② 약 320m³/s
③ 약 480m³/s   ④ 약 540m³/s

해설 유량

1) $P = 3 + 2 + 3 + 3 + 6 = 17\text{m}$

2) $R = \dfrac{A}{P} = \dfrac{24}{17} = 1.411\text{m}$

3) $V = \dfrac{1}{n} R^{\frac{2}{3}} S_o^{\frac{1}{2}}$
$= \dfrac{1}{0.002} \times 1.411^{\frac{2}{3}} 0.001^{\frac{1}{2}} = 19.89\text{m/sec}$

4) $Q = A \cdot V = 24 \times 19.89 = 477.36\text{m}^3/\text{sec}$

57 아래 그림과 같이 지름 10cm인 원 관이 지름 20cm로 급확대되었다. 관의 확대 전 유속이 4.9m/s라면 단면급확대에 의한 손실수두는?

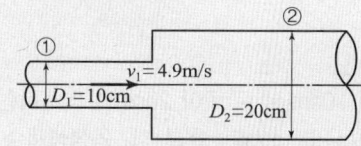

① 0.69m   ② 0.96m
③ 1.14m   ④ 2.45m

해설 단면의 급 확대로 인한 손실수두(h_m)

1) 미소손실계수
$f_{se} = \left(1 - \dfrac{a}{A}\right)^2 = \left(1 - \dfrac{d^2}{D^2}\right)^2 = 0.563$

2) $h_m = f_{se} \dfrac{v^2}{2g} = 0.563 \times \dfrac{4.9^2}{2 \times 9.8} = 0.69\text{m}$

58 수조에서 수면으로부터 2m의 깊이에 있는 오리피스의 이론 유속은?

① 5.26m/s   ② 6.26m/s
③ 7.26m/s   ④ 8.26m/s

해설 오리피스의 이론유속
$V = \sqrt{2gh} = \sqrt{2 \times 9.8 \times 2} = 6.26\text{m/sec}$

해답 55. ①   56. ③   57. ①   58. ②

59 관의 지름이 각각 3m, 1.5m인 서로 다른 관이 연결되어 있을 때, 지름 3m 관내에 흐르는 유속이 0.03m/s이라면 지름 1.5m 관내에 흐르는 유량은?

① 0.157m³/s
② 0.212m³/s
③ 0.378m³/s
④ 0.540m³/s

해설 연속방정식

1) $A_1 V_1 = A_2 V_2$

$$\therefore V_2 = \frac{\frac{\pi}{4} \times 3^2}{\frac{\pi}{4} \times 1.5^2} \times 0.03 = 0.12 \text{m/sec}$$

2) $Q = A_2 \cdot V_2 = \frac{\pi \times 1.5^2}{4} \times 0.12 = 0.212 \text{m}^3/\text{sec}$

60 수심이 10cm, 수로 폭이 20cm인 직사각형 개수로에서 유량 $Q=80\text{cm}^3/\text{s}$가 흐를 때 동점성계수 $v = 1.0 \times 10^{-2} \text{cm}^2/\text{s}$이면 흐름은?

① 난류, 사류
② 층류, 사류
③ 난류, 상류
④ 층류, 상류

해설 흐름의 분류

1) $V = \frac{Q}{A} = \frac{80}{10 \times 20} = 0.4 \text{cm/sec}$

2) 개수로의 층류와 난류
 - 층류 : $R_e < 500$, 난류 : $R_e < 500$
 - $R_e = \frac{Vh}{\nu} = \frac{0.4 \times 10}{1.0 \times 10^{-2}} = 400$
 ∴ 층류

3) 상류와 사류
 - 상류 : $F_r < 1$, 사류 : $F_r > 1$
 - $F_r = \frac{V}{C} = \frac{V}{\sqrt{gh}} = \frac{0.4}{\sqrt{980 \times 10}} = 0.004$
 ∴ 상류

철근콘크리트 및 강구조

61 다음 중 용접부의 결함이 아닌 것은?

① 오버랩(Overlap)
② 언더컷(Undercut)
③ 스터드(Stud)
④ 균열(Crack)

해설 용접부의 결함

1) 용접부의 결함 오버랩, 언더컷, 균열, 기공, 슬래그 혼입 등.
2) 스터드(스터드볼트) : 합성 보에서 강재 보와 철근콘크리트 슬래브를 떨어지지 않게 결합시키는 결합재.

62 철근의 겹침이음에서 A급 이음의 조건에 대한 설명으로 옳은 것은?

① 배근된 철근량이 이음부 전체 구간에서 해석결과 요구되는 소요철근량의 2배 이상이고 소요 겹침이음길이 내 겹침이음된 철근량이 전체 철근량의 1/2 이하인 경우
② 배근된 철근량이 이음부 전체 구간에서 해석결과 요구되는 소요철근량의 1.5배 이상이고 소요 겹침이음길이 내 겹침이음된 철근량이 전체 철근량의 1/2 이상인 경우
③ 배근된 철근량이 이음부 전체 구간에서 해석결과 요구되는 소요철근량의 2배 이상이고 소요 겹침이음길이 내 겹침이음된 철근량이 전체 철근량의 1/3 이하인 경우
④ 배근된 철근량이 이음부 전체 구간에서 해석결과 요구되는 소요철근량의 1.5배 이상이고 소요 겹침이음길이 내 겹침이음된 철근량이 전체 철근량의 1/3 이상인 경우

해설 인장철근 겹침이음

1) A급 이음
$\frac{\text{겹침이음된 철근량}}{\text{전체 철근량}} \leq \frac{1}{2}$ 이고, $\frac{\text{배근된 } A_s}{\text{소요 } A_s} \geq 2.0$

2) B급 이음 :
$\frac{\text{겹침이음된 철근량}}{\text{전체 철근량}} > \frac{1}{2}$ 이고, $\frac{\text{배근된 } A_s}{\text{소요 } A_s} < 2$

해답 59. ② 60. ④ 61. ③ 62. ①

63 깊은보의 전단 설계에 대한 구조세목의 설명으로 틀린 것은?

① 휨인장철근과 직각인 수직전단철근의 단면적 A_v를 $0.0025b_w s$ 이상으로 하여야 한다.
② 휨인장철근과 직각인 수직전단철근의 간격 s를 $d/5$ 이하, 또한 300mm 이하로 하여야 한다.
③ 휨인장철근과 평행한 수평전단철근의 단면적 A_{vh}를 $0.0015b_w s_h$ 이상으로 하여야 한다.
④ 휨인장철근과 평행한 수평전단철근의 간격 S_h를 $d/4$ 이하, 또한 350mm 이하로 하여야 한다.

해설 깊은 보의 구조세목
휨인장철근과 평행한 수평전단철근의 간격 S_h를 $d/5$ 이하, 300mm 이하로 하여야한다.

64 아래 그림과 같은 단면을 가지는 직사각형 단철근 보의 설계휨강도를 구할 때 사용되는 강도감소계수(ϕ) 값은 약 얼마인가? (단, $A_s=3176mm^2$, $f_{ck}=38MPa$, $f_y=400MPa$)

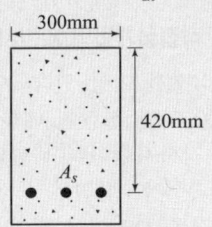

① 0.731　② 0.764
③ 0.817　④ 0.834

해설 강도감소계수

1) $a = \dfrac{A_s f_y}{0.85 f_{ck} b} = \dfrac{3,176 \times 400}{0.85 \times 38 \times 300} = 131.1mm$

2) $\beta_1 = 0.85 - 0.007(38-28) = 0.78$

3) $C = \dfrac{a}{\beta_1} = \dfrac{131.10}{0.78} = 168.08mm$

4) $\epsilon_t = \dfrac{d-c}{c} \times 0.003 = \dfrac{420-168.08}{168.08} \times 0.003 = 0.0045$

∴ $0.002 < \epsilon_t < 0.005$ 이므로 직선 보간한다.

5) $\phi = 0.65 + 0.20\left(\dfrac{\epsilon_t - \epsilon_y}{\epsilon_{t,tcl} - \epsilon_y}\right)$

$= 0.65 + 0.20\left(\dfrac{0.0045 - 0.002}{0.005 - 0.002}\right) \fallingdotseq 0.817$

※ $f_y = E_s \epsilon_y \Rightarrow \epsilon_y = \dfrac{400}{200,000} = 0.002$

※ $\epsilon_{t,tcl} = 0.005$

65 프리스트레스트 콘크리트의 원리를 설명하는 개념 중 아래의 표에서 설명하는 개념은?

> PSC보를 RC보처럼 생각하여, 콘크리트는 압축력을 받고 긴장재는 인장력을 받게 하여 두 힘의 우력 모멘트로 외력에 의한 휨모멘트에 저항시킨다는 개념

① 균등질 보의 개념　② 하중평형의 개념
③ 내력 모멘트의 개념　④ 허용응력의 개념

해설 PSC의 기본 3개념
1) 강도개념 : RC와 같이 압축력은 콘크리트가 받고 인장력은 PS 강재가 받는 것으로 하여 두 힘에 의한 내력 모멘트가 외력 모멘트에 저항한다는 개념.
2) 응력개념(균등질보의 개념) : 콘크리트에 프리스트레스가 가해지면 PSC부재는 탄성재료로 전환되고 이의 해석은 탄성이론으로 가능하다는 개념.
3) 하중평형개념 : 긴장력과 부재에 작용하는 하중(외력)을 같도록 만들게 한다는 개념.

66 그림의 보에서 계수전단력 $V_u=262.5kN$에 대한 가장 적당한 스터럽 간격은? (단, 사용된 스터럽은 D13철근이다. 철근 D13의 단면적은 $127mm^2$, $f_{ck}=24MPa$, $f_{yt}=350MPa$이다.)

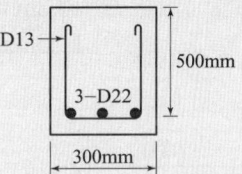

① 125mm　② 195mm
③ 210mm　④ 250mm

해설 전단철근 간격

1) 콘크리트가 부담하는 전단력
$V_c = \dfrac{1}{6} \lambda \sqrt{f_{ck}} b_w d$
$= \dfrac{1}{6} \times 1.0 \times \sqrt{24} \times 300 \times 500$
$= 122,474N \fallingdotseq 122.47kN$

2) 전단철근이 부담해야할 전단력
$V_s = \dfrac{V_u}{\phi} - V_c$
$= \dfrac{262.5}{0.75} - 122.47 = 227.53kN$

해답 63. ④ 64. ③ 65. ③ 66. ②

3) 전단철근 간격

$-V_s \leq \dfrac{\lambda}{3}\sqrt{f_{ck}}\,b_w d$인 경우

$\Rightarrow \dfrac{d}{2}, 600\text{mm}, s = \dfrac{A_v f_{yt} d}{V_s}$

※ $\dfrac{\lambda}{3}\sqrt{f_{ck}}\,b_w d = \dfrac{1}{3}\times\sqrt{24}\times 300\times 500$
$\qquad = 244949\text{N} \fallingdotseq 245\text{kN}$

※ U형 스터럽의 $A_v = 2\times 127 = 254\text{mm}^2$

$\dfrac{d}{2} = \dfrac{500}{2} = 250\text{mm}, 600\text{mm},$

$s = \dfrac{A_v f_{yt} d}{V_s} = \dfrac{(254\times 350\times 500)}{227530} = 195\text{mm}$

∴ 위의 값 중 가장 작은 값 : $s = 195\text{mm}$

★★★
67 $A_s{'} = 1500\text{mm}^2$, $A_s = 1800\text{mm}^2$로 배근된 그림과 같은 복철근 보의 순간처짐이 10mm일 때, 5년 후 지속하중에 의해 유발되는 장기처짐은?

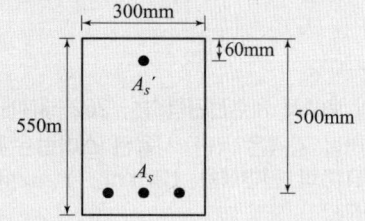

① 14.1mm　② 13.3mm
③ 12.7mm　④ 11.5mm

해설 장기처짐

1) $\rho{'} = \dfrac{A_s{'}}{bd} = \dfrac{1500}{300\times 500} = 0.01$, $\xi = 2.0$ (5년 이상)

2) $\lambda_\Delta = \dfrac{\xi}{1+50\rho{'}} = \dfrac{2.0}{1+50\times 0.01} = 1.33$

3) 장기처짐=순간처짐×λ_Δ
$\qquad = 10\times 1.33 = 13.3\text{mm}$

★★
68 강도설계법의 설계가정으로 틀린 것은?

① 콘크리트의 인장강도는 철근콘크리트 부재 단면의 휨강도 계산에서 무시할 수 있다.
② 콘크리트의 변형률은 중립축부터 거리에 비례한다.
③ 콘크리트의 압축응력의 크기는 $0.80 f_{ck}$로 균등하고, 이 응력은 최대 압축변형률이 발생하는 단면에서 $a = \beta_1 \cdot c$까지의 부분에 등분포 한다.
④ 사용 철근의 응력이 설계기준항복강도 f_y 이하일 때 철근의 응력은 그 변형률에 E_s를 곱한 값으로 취한다.

해설 강도설계법의 기본가정
콘크리트의 압축응력의 크기는 $0.85 f_{ck}$로 균등하고, 이 응력은 최대 압축변형률이 발생하는 단면에서 $a = \beta_1 \cdot c$ 까지 등분포 한다.

★★★
69 2방향 슬래브 직접설계법의 제한사항으로 틀린 것은?

① 각 방향으로 3경간 이상 연속되어야 한다.
② 슬래브 판들은 단변 경간에 대한 장변 경간의 비가 2 이하인 직사각형이어야 한다.
③ 각 방향으로 연속한 받침부 중심간 경간 차이는 긴 경간의 1/3 이하이어야 한다.
④ 연속한 기둥 중심선을 기준으로 기둥의 어긋남은 그 방향 경간의 20% 이하이어야 한다.

해설 직접설계법 제한사항
연속한 기둥 중심선을 기준으로 기둥의 어긋남은 그 방향 경간의 10% 이하이어야 한다.

★★
70 콘크리트 속에 묻혀 있는 철근이 콘크리트와 일체가 되어 외력에 저항할 수 있는 이유로 틀린 것은?

① 철근과 콘크리트 사이의 부착강도가 크다.
② 철근과 콘크리트의 탄성계수가 거의 같다.
③ 콘크리트 속에 묻힌 철근은 부식하지 않는다.
④ 철근과 콘크리트의 열팽창계수가 거의 같다.

해답　67. ②　68. ③　69. ④　70. ②

해설 철근콘크리트의 성립이유
1) 부착강도가 크고, 콘크리트 속에서 철근이 부식하지 않고, 두 재료의 열팽창계수가 거의 같기 때문에 성립한다.
2) 철근과 콘크리트의 탄성계수의 크기는 같지 않다.

★
71 균형철근량 보다 적고 최소철근량 보다 많은 인장철근을 가진 과소철근 보가 휨에 의해 파괴될 때의 설명으로 옳은 것은?
① 인장측 철근이 먼저 항복한다.
② 압축측 콘크리트가 먼저 파괴된다.
③ 압축측 콘크리트와 인장측 철근이 동시에 항복한다.
④ 중립축이 인장측으로 내려오면서 철근이 먼저 파괴된다.

해설 과소철근비의 휨 파괴특성
1) 인장철근이 먼저 항복한다.
2) 중립축이 압축측으로 이동한다.
3) 인장철근의 연성파괴가 발생한다.

★★
72 순단면이 볼트의 구멍 하나를 제외한 단면(즉, A-B-C 단면)과 같도록 피치(s)를 결정하면?
(단, 구멍의 지름은 22mm이다.)

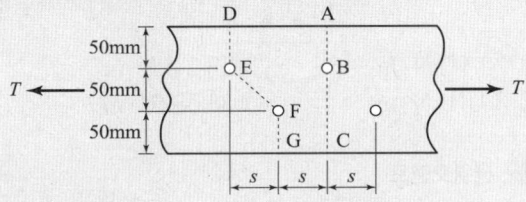

① 114.9mm   ② 90.6mm
③ 66.3mm   ④ 50mm

해설 순 단면적 계산
1) D-E-F-G : $b_n = b_g - d - \left(d - \dfrac{s^2}{4g}\right)$
2) A-B-C : $b_n = b_g - d$
3) 리벳선간거리 : $g = 50mm$
4) 문제 조건에서 D-E-F-G = A-B-C
∴ $d - \dfrac{s^2}{4g} = 0$
∴ $s = \sqrt{4gd} = \sqrt{4 \times 50 \times 22} = 66.3mm$

★★★
73 보의 경간이 10m이고, 양쪽 슬래브의 중심간 거리가 2.0m인 대칭형 T형보에 있어서 플랜지 유효폭은?
(단, 부재의 복부폭(b_w)은 500mm, 플랜지의 두께(t_f)는 100mm이다.)
① 2000mm   ② 2100mm
③ 2500mm   ④ 3000mm

해설 T형 단면 보의 유효 폭
1) $16t_f + b_w = 16 \times 100 + 500 = 2100mm$
2) Slab 중심간 거리 = 2000mm
3) 보의 경간 $\times \dfrac{1}{4} = \dfrac{10000}{4} = 2500mm$
∴ 위의 값 중 가장 작은 값 = 2000mm

★★★
74 PS강재를 포물선으로 배치한 PSC보에서 상향의 등분포력(u)의 크기는 얼마인가? (단, $P=2600$kN, 단면의 폭(b)은 50cm, 높이(h)는 80cm, 지간 중앙에서 PS강재의 편심(s)은 20cm이다.)

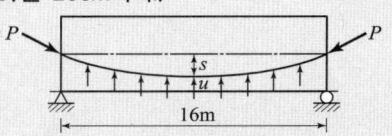

① 8.50kN/m   ② 16.25kN/m
③ 19.65kN/m   ④ 35.60kN/m

해설 등분포 상향력
1) $s = 20cm = 0.2m$
2) $u = \dfrac{8Ps}{l^2} = \dfrac{8 \times 2600 \times 0.2}{16^2} = 16.25kN/m$

★
75 아래 그림과 같은 독립확대기초에서 1방향 전단에 대해 고려할 경우 위험단면의 계수전단력(V_u)는? (단, 계수하중 $P_u = 1500$kN이다.)

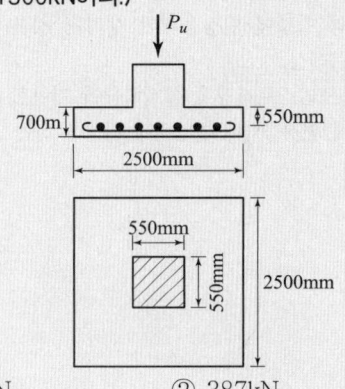

① 255kN   ② 387kN
③ 897kN   ④ 1210kN

해답 71. ①   72. ③   73. ①   74. ②   75. ①

해설 위험단면에서의 계수전단력

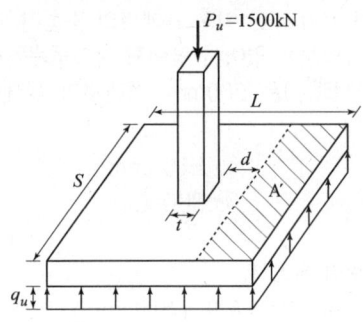

1) $q_u = \dfrac{P_u}{A} = \dfrac{1500\text{kN}}{2.5\text{m} \times 2.5\text{m}} = 240\text{kN/m}^2$

2) 위험단면 위치 : 기둥의 바깥 면에서 d만큼 떨어진 곳
$A' = S\left[\dfrac{(L-t)}{2} - d\right]$
$= 2.5 \times \left[\dfrac{(2.5-0.55)}{2} - 0.55\right] = 1.0625\text{m}^2$

3) 계수전단력
$\therefore V_u = q_u \cdot A' = 240 \times 1.0625 \fallingdotseq 255\text{kN}$

★★
76 부분적 프리스트레싱(Partial Prestressing)에 대한 설명으로 옳은 것은?
① 구조물에 부분적으로 PSC부재를 사용하는 것
② 부재단면의 일부에만 프리스트레스를 도입하는 것
③ 설계하중의 일부만 프리스트레스에 부담시키고 나머지는 긴장재에 부담시키는 것
④ 설계하중이 작용할 때 PSC부재 단면의 일부에 인장응력이 생기는 것

해설 부분적 프리스트레싱
1) 부분적 프리스트레싱 : 설계하중이 작용할 때 PSC부재 단면의 일부에 인장응력이 생기는 것을 허용하는 프리스트레싱.
2) 완전 프리스트레싱 : 설계하중이 작용할 때 PSC부재 단면에 인장응력이 발생하지 않도록 하는 프리스트레싱

★★★
77 그림과 같은 맞대기 용접의 용접 부에 발생하는 인장 응력은?

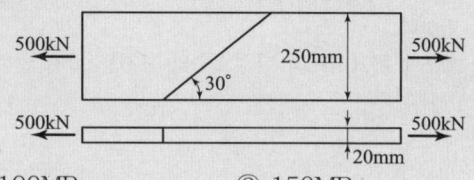

① 100MPa   ② 150MPa
③ 200MPa   ④ 220MPa

해설 용접부의 인장응력
1) $P = 500\text{kN} = 500,000\text{N}$, $a = 20\text{mm}$
2) 용접부 유효길이(l)는 용접부의 길이를 연직면에 투영된 길이를 사용한다.
3) $f = \dfrac{P}{\sum al} = \dfrac{500000}{20 \times 250} = 100\text{MPa}$

★★
78 그림과 같은 단면의 균열모멘트 M_{cr}은? (단, $f_{ck}=$ 24MPa, $f_y=$400MPa, 보통중량 콘크리트이다.)

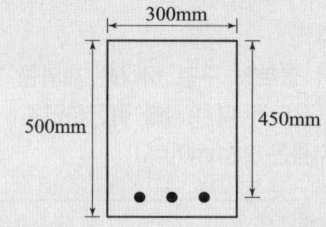

① 22.46kN·m   ② 28.24kN·m
③ 30.81kN·m   ④ 38.58kN·m

해설 균열모멘트
1) $f_r = 0.63\,\lambda\,\sqrt{f_{ck}} = 0.63 \times 1.0 \times \sqrt{24} = 3.086\text{MPa}$
2) $Z = \dfrac{300 \times 500^2}{6} = 12500000\text{mm}^3$
3) $M_{cr} = f_r \cdot Z$
$= 3.086\dfrac{\text{N}}{\text{mm}^2} \times 12500000\text{mm}^3 = 38.58\text{kN}\cdot\text{m}$

79 강도설계법에서 f_{ck}=30MPa, f_y=350MPa일 때 단철근 직사각형 보의 균형철근비(ρ_b)는?

① 0.0351 ② 0.0369
③ 0.0381 ④ 0.0391

해설 균형철근비
1) $f_{ck} \le 40\text{MPa} \Rightarrow \beta_1 = 0.8$
2) $\rho_b = \dfrac{\eta(0.85\beta_1 f_{ck})}{f_y} \dfrac{\epsilon_{cu}}{\epsilon_{cu}+\epsilon_y}$
$= \dfrac{1.0 \times 0.85 \times 0.8 \times 30}{350} \dfrac{0.0033}{0.0033+0.00175} = 0.0381$

여기서, $\epsilon_y = \dfrac{f_y}{E_s} = \dfrac{350}{200,000} = 0.00175$

80 옹벽의 구조해석에 대한 설명으로 틀린 것은?

① 뒷부벽은 직사각형보로 설계하여야 하며, 앞부벽은 T형보로 설계하여야 한다.
② 저판의 뒷굽판은 정확한 방법이 사용되지 않는 한, 뒷굽판 상부에 재하되는 모든 하중을 지지하도록 설계하여야 한다.
③ 캔틸레버식 옹벽의 저판은 전면벽과의 접합부를 고정단으로 간주한 캔틸레버로 가정하여 단면을 설계할 수 있다.
④ 부벽식 옹벽의 전면벽은 3변 지지된 2방향 슬래브로 설계할 수 있다.

해설 옹벽의 구조해석
뒷부벽은 T형보로 설계하여야 하며, 앞부벽은 직사각형 보로 설계하여야 한다.

토질 및 기초

81 다음 중 흙댐(Dam)의 사면안정 검토 시 가장 위험한 상태는?

① 상류사면의 경우 시공 중과 만수위일 때
② 상류사면의 경우 시공 직후와 수위 급강하일 때
③ 하류사면의 경우 시공 직후와 수위 급강하일 때
④ 하류사면의 경우 시공 중과 만수위일 때

해설 흙댐의 안정
1) 상류사면 : 시공직후, 수위 급강하 시.
2) 하류사면 : 시공직후, 정상 침투 시.

82 아래 그림에서 각 층의 손실수두 Δh_1, Δh_2, Δh_3를 각각 구한 값으로 옳은 것은?
(단, k는 cm/s, H와 Δh는 m단위이다.)

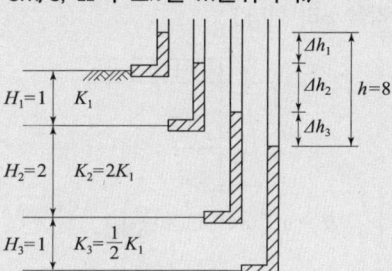

① $\Delta h_1=2$, $\Delta h_2=2$, $\Delta h_3=4$
② $\Delta h_1=2$, $\Delta h_2=3$, $\Delta h_3=3$
③ $\Delta h_1=2$, $\Delta h_2=4$, $\Delta h_3=2$
④ $\Delta h_1=2$, $\Delta h_2=5$, $\Delta h_3=1$

해설 손실수두
1) 투수가 수직방향으로 일어나는 경우, 각 층의 유출속도는 같아야 한다.
$K_1 i_1 = K_2 i_2 = K_3 i_3$
$K_1 \dfrac{\Delta h_1}{H_1} = K_2 \dfrac{\Delta h_2}{H_2} = K_3 \dfrac{\Delta h_3}{H_3}$
$K_1 \dfrac{\Delta h_1}{1} = 2K_1 \dfrac{\Delta h_2}{2} = \dfrac{1}{2} K_1 \dfrac{\Delta h_3}{1}$
$\therefore \Delta h_1 = \Delta h_2 = \dfrac{\Delta h_3}{2}$

2) $h = \Delta h_1 + \Delta h_2 + \Delta h_3$
$8 = \Delta h_1 + \Delta h_1 + 2\Delta h_1 \Rightarrow \therefore \Delta h_1 = 2\text{m}$
$\therefore \Delta h_1 = 2\text{m}, \Delta h_2 = 2\text{m}, \Delta h_3 = 4\text{m}$

83 그림에서 흙의 단면적이 40cm²이고 투수계수가 0.1cm/s일 때 흙 속을 통과하는 유량은?

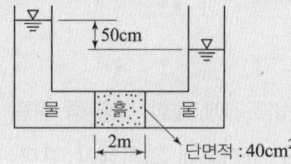

① 1m³/h ② 1cm³/s
③ 100m³/h ④ 100cm³/s

해설 Darcy 법칙
1) $i = \dfrac{h}{L} = \dfrac{50\text{cm}}{200\text{cm}} = 0.25$
2) $Q = AV = AKi$
$= 40 \times 0.1 \times 0.25 = 1\text{cm}^3/\text{sec}$

해답 79. ③ 80. ① 81. ② 82. ① 83. ②

2020년 과년도출제문제

84 그림과 같이 수평지표면 위에 등분포하중 q가 작용할 때 연직옹벽에 작용하는 주동토압의 공식으로 옳은 것은? (단, 뒤채움 흙은 사질토이며, 이 사질토의 단위중량을 γ, 내부마찰각을 ϕ라 한다.)

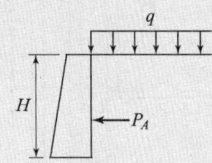

① $P_a = \left(\dfrac{1}{2}\gamma H^2 + qH\right)\tan^2\left(45° - \dfrac{\phi}{2}\right)$

② $P_a = \left(\dfrac{1}{2}\gamma H^2 + qH\right)\tan^2\left(45° + \dfrac{\phi}{2}\right)$

③ $P_a = \left(\dfrac{1}{2}\gamma H^2 + qH\right)\tan^2\phi$

④ $P_a = \left(\dfrac{1}{2}\gamma H^2 + q\right)\tan^2\phi$

해설 지표면에 상재하중 재하 시의 주동토압

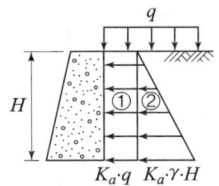

1) 주동토압계수
$$K_a = \dfrac{1-\sin\phi}{1+\sin\phi} = \tan^2\left(45° - \dfrac{\phi}{2}\right)$$

2) 상재하중에 의한 주동토압
　① $= K_a \, q \, H$

3) 뒷채움흙에 의한 주동토압
　② $= \dfrac{1}{2} K_a \, r \, H^2$

　∴ $P_A =$ ①+②

85 기초의 구비조건에 대한 설명 중 틀린 것은?
① 상부하중을 안전하게 지지해야 한다.
② 기초 깊이는 동결 깊이 이하여야 한다.
③ 기초는 전체침하나 부등침하가 전혀 없어야 한다.
④ 기초는 기술적, 경제적으로 시공 가능하여야 한다.

해설 기초의 구비조건
　기초의 침하량은 허용침하량 이내이어야 한다.

86 표준관입시험(SPT)을 할 때 처음 150mm 관입에 요하는 N값은 제외하고, 그 후 300mm 관입에 요하는 타격수로 N값을 구한다. 그 이유로 옳은 것은?
① 흙은 보통 150mm 밑부터 그 흙의 성질을 가장 잘 나타낸다.
② 관입봉의 길이가 정확히 450mm이므로 이에 맞도록 관입시키기 위함이다.
③ 정확히 300mm를 관입시키기가 어려워서 150mm 관입에 요하는 N값을 제외한다.
④ 보링구멍 밑면 흙이 보링에 의하여 흐트러져 150mm 관입 후부터 N값을 측정한다.

해설 표준관입시험(SPT)
1) 표준관입시험은 먼저 보링을 한 후 시험을 한다.
2) 보링으로 인한 지반이 흐트러진 영향을 피하기 위해 샘플러의 관입량이 150mm관입 후부터 N값을 측정한다.

87 모래지층 사이에 두께 6m의 점토층이 있다. 이 점토의 토질시험 결과가 아래 표와 같을 때, 이 점토층의 90% 압밀을 요하는 시간은 약 얼마인가? (단, 1년은 365일로 하고, 물의 단위중량(γ_w)은 9.81kN/m³이다.)

- 간극비 (e) = 1.5
- 압축계수 (a_v) = 4×10^{-3} m²/kN
- 투수계수 (k) = 3×10^{-7} cm/s

① 50.7년　　② 12.7년
③ 5.07년　　④ 1.27년

해설 압밀시간

1) 배수거리(양면배수) : $d = \dfrac{H}{2} = \dfrac{6\text{m}}{2} = 3\text{m}$

2) $T_{90} = 0.848$, $K = 3\times10^{-7}$ cm/sec $= 3\times10^{-9}$ m/sec

3) $K = C_v \dfrac{a_v}{1+e} r_w$

$$C_v = \dfrac{K}{\dfrac{a_v}{1+e} r_w} = \dfrac{3\times10^{-9}}{\dfrac{4\times10^{-3}}{1+1.5}\times 9.81}$$

$$= 1.911\times10^{-7} \text{m}^2/\text{sec}$$

4) $t_{90} = \dfrac{T_{90}\, d^2}{C_v}$

$$= \dfrac{0.848\times 3^2}{1.911\times10^{-7}} = 39,930,624\text{sec} \fallingdotseq 1.27\text{년}$$

해답 84. ①　85. ③　86. ④　87. ④

88 흙의 활성도에 대한 설명으로 틀린 것은?
① 점토의 활성도가 클수록 물을 많이 흡수하여 팽창이 많이 일어난다.
② 활성도는 $2\mu m$ 이하의 점토함유율에 대한 액성지수의 비로 정의된다.
③ 활성도는 점토광물의 종류에 따라 다르므로 활성도로부터 점토를 구성하는 점토광물을 추정할 수 있다.
④ 흙 입자의 크기가 작을수록 비표면적이 커져 물을 많이 흡수하므로, 흙의 활성은 점토에서 뚜렷이 나타난다.

해설 흙의 활성도
1) 소성지수(PI)
   $PI = LL$ (액성한계) $- PL$ (소성한계)
2) 활성도(A)
   $$A = \frac{PI}{2\mu m \text{ 이하의 점토함유율}}$$

89 연약지반 개량공법에 대한 설명 중 틀린 것은?
① 샌드드레인 공법은 2차 압밀비가 높은 점토 및 이탄 같은 유기질 흙에 큰 효과가 있다.
② 화학적 변화에 의한 흙의 강화공법으로는 소결공법, 전기화학적 공법 등이 있다.
③ 동압밀공법 적용 시 과잉간극 수압의 소산에 의한 강도증가가 발생한다.
④ 장기간에 걸친 배수공법은 샌드드레인이 페이퍼드레인보다 유리하다.

해설 샌드드레인(Sand drain) 공법
1) 샌드드레인 공법은 Terzaghi의 1차 압밀이론을 기본으로 점토지반을 개량하는 공법이다.
2) 샌드드레인 공법은 배수거리를 단축하여 1차압밀을 촉진시키는 공법으로, 소성이 높은 점토나 이탄은 2차 압밀량이 크므로 샌드드레인 공법이 적합하지 않다.

90 포화된 점토에 대하여 비압밀비배수(UU) 삼축압축시험을 하였을 때의 결과에 대한 설명으로 옳은 것은? (단, ϕ는 마찰각이고 c는 점착력이다.)
① ϕ와 c가 나타나지 않는다.
② ϕ와 c가 모두 "0"이 아니다.
③ ϕ는 "0"이고 c는 "0"이 아니다.
④ ϕ는 "0"이 아니지만 c는 "0"이다.

해설 삼축압축 시험(UU-Test)
1) 포화된 점토에 비압밀비배수(UU) 시험을 하면 파괴 포락선이 수평선($\phi = 0°$, $C \neq 0$)으로 나온다.
2) 내부마찰각이 $\phi = 0°$이므로, 전단강도는 $\tau_u = C_u$이다.

91 다짐되지 않은 두께 2m, 상대밀도 40%의 느슨한 사질토 지반이 있다. 실내시험결과 최대 및 최소 간극비가 0.80, 0.40으로 각각 산출되었다. 이 사질토를 상대밀도 70%까지 다짐할 때 두께는 얼마나 감소되겠는가?
① 12.41cm ② 14.63cm
③ 22.71cm ④ 25.83cm

해설 다짐으로 인한 두께의 감소량
1) 상대밀도 40%인 경우의 공극비(e_1)
   $$D_r = \frac{e_{max} - e_1}{e_{max} - e_{min}} \times 100$$
   $40 = \frac{0.8 - e_1}{0.8 - 0.4} \times 100 \Rightarrow \therefore e_1 = 0.64$
2) 상대밀도 70%인 경우의 공극비(e_2)
   $70 = \frac{0.8 - e_2}{0.8 - 0.4} \times 100 \Rightarrow \therefore e_2 = 0.52$
3) 두께의 감소량(ΔH)
   $\frac{\Delta H}{H} = \frac{e_1 - e_2}{1 + e_1} \Rightarrow \Delta H = \frac{0.64 - 0.52}{1 + 0.64} \times 200cm$
   $= 14.63cm$

92 그림과 같은 지반에서 유효응력에 대한 점착력 및 마찰각이 각각 $C' = 10kN/m^2$, $\phi = 20°$일 때, A점에서의 전단강도는? (단, 물의 단위중량은 9.81kN/m³이다.)

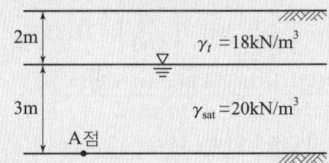

① 34.23kN/m² ② 44.94kN/m²
③ 54.25kN/m² ④ 66.17kN/m²

해답 88. ② 89. ① 90. ③ 91. ② 92. ①

2020년 과년도출제문제

해설 전단강도(τ)

1) $\sigma = \gamma_t h_1 + \gamma_{sat} h_2 = 18 \times 2 + 20 \times 3 = 96 \text{kN/m}^2$
2) $u = \gamma_w h_2 = 9.81 \times 3 = 29.43 \text{kN/m}^2$
3) $\sigma' = \sigma - u = 96 - 29.43 = 66.57 \text{kN/m}^2$
4) $\tau = C' + \sigma' \tan\phi'$
   $= 10 + 66.57 \times \tan 20° = 34.23 \text{kN/m}^2$

★★

93 모래나 점토 같은 입상재료를 전단할 때 발생하는 다일러턴시(dilatancy) 현상과 간극수압의 변화에 대한 설명으로 틀린 것은?

① 정규압밀 점토에서는 (−) 다일러턴시에 (+)의 간극수압이 발생한다.
② 과압밀 점토에서는 (+) 다일러턴시에 (−)의 간극수압이 발생한다.
③ 조밀한 모래에서는 (+) 다일러턴시가 일어난다.
④ 느슨한 모래에서는 (+) 다일러턴시가 일어난다.

해설 다일러턴시(dilatancy)현상

1) 조밀한 모래, 과압밀 점토:
   (+)다일러턴시(dilatancy), (−)간극수압이 발생
2) 느슨한 모래, 정규압밀 점토:
   (−)다일러턴시(dilatancy), (+)간극수압이 발생

★★★

94 중심 간격이 2m, 지름 40cm인 말뚝을 가로 4개, 세로 5개씩 전체 20개의 말뚝을 박았다. 말뚝 한 개의 허용지지력이 150kN이라면 이 군항의 허용지지력은 약 얼마인가? (단, 군말뚝의 효율은 Converse-Labarre 공식을 사용한다.)

① 4500kN ② 3000kN
③ 2415kN ④ 1215kN

해설 군항의 허용지지력

1) $\phi = \tan^{-1}\left(\dfrac{d}{S}\right) = \tan^{-1}\left(\dfrac{40}{200}\right) = 11.31°$
2) $E = 1 - \dfrac{\phi}{90}\left[\dfrac{(m-1)n+(n-1)m}{mn}\right]$
   $= 1 - \dfrac{11.31°}{90}\left[\dfrac{(4-1)5+(5-1)4}{4\times 5}\right] = 0.805$
3) $Q_{ag} = Eq_a N = 0.805 \times 150 \times 20 \fallingdotseq 2415 \text{kN}$

★★★

95 흙의 다짐에 대한 설명 중 틀린 것은?

① 일반적으로 흙의 건조밀도는 가하는 다짐 에너지가 클수록 크다.
② 모래질 흙은 진동 또는 진동을 동반하는 다짐 방법이 유효하다.
③ 건조밀도−함수비 곡선에서 최적 함수비와 최대 건조밀도를 구할 수 있다.
④ 모래질을 많이 포함한 흙의 건조밀도−함수비 곡선의 경사는 완만하다.

해설 흙의 다짐곡선 특성

모래질을 많이 포함한 흙의 건조밀도−함수비 곡선의 경사는 급하다.

★★★

96 Terzaghi의 얕은 기초에 대한 수정지지력 공식에서 형상계수에 대한 설명 중 틀린 것은?
(단, B는 단변의 길이, L은 장변의 길이이다.)

① 연속기초에서 $\alpha = 1.0$, $\beta = 0.5$이다.
② 원형기초에서 $\alpha = 1.3$, $\beta = 0.6$이다.
③ 정사각형기초에서 $\alpha = 1.3$, $\beta = 0.4$이다.
④ 직사각형기초에서 $\alpha = 1 + 0.3\dfrac{B}{L}$, $\beta = 0.5 - 0.1\dfrac{B}{L}$을 이다.

해설 형상계수

원형기초: $\alpha = 1.3$, $\beta = 0.3$

★★

97 흐트러지지 않은 시료를 이용하여 액성한계 40%, 소성한계 22.3%를 얻었다. 정규압밀 점토의 압축지수(C_c) 값을 Terzaghi와 Peck의 경험식에 의해 구하면?

① 0.25 ② 0.27
③ 0.30 ④ 0.35

해설 압축지수(C_c)

1) 액성한계함수비: $\omega_L = 40\%$
2) 압축지수:
   $C_c = 0.009(\omega_L - 10) = 0.009(40 - 10) = 0.27$

해답 93. ④ 94. ③ 95. ④ 96. ② 97. ②

98 흙의 동상에 영향을 미치는 요소가 아닌 것은?
① 모관 상승고   ② 흙의 투수계수
③ 흙의 전단강도   ④ 동결온도의 계속시간

해설 흙의 동상의 영향요인
1) 영향요인 : 모관상승고, 투수계수, 동결온도의 지속시간, 지하수위 위치.
2) 흙의 전단강도는 무관하다.

99 5m×10m의 장방형 기초위에 $q=60kN/m^2$의 등분포하중이 작용할 때, 지표면 아래 10m에서의 연직응력증가량($\Delta\sigma_v$)은? (단, 2:1 응력분포법을 사용한다.)
① $10kN/m^2$ ② $20kN/m^2$
③ $30kN/m^2$ ④ $40kN/m^2$

해설 2:1 응력분포법
$$\Delta\sigma_Z = \frac{q \times B \times L}{(B+Z)(L+Z)}$$
$$= \frac{60 \times 5 \times 10}{(5+10)(10+10)} = 10kN/m^2$$

100 도로의 평판 재하 시험방법(KS F 2310)에서 시험을 끝낼 수 있는 조건이 아닌 것은?
① 재하 응력이 현장에서 예상할 수 있는 가장 큰 접지 압력의 크기를 넘으면 시험을 멈춘다.
② 재하 응력이 그 지반의 항복점을 넘을 때 시험을 멈춘다.
③ 침하가 더 이상 일어나지 않을 때 시험을 멈춘다.
④ 침하량이 15mm에 달할 때 시험을 멈춘다.

해설 평판 재하시험(시험을 끝내는 조건)
1) 재하 응력 > 최대 접지압력
2) 재하 응력 > 지반의 항복점
3) 침하량이 15mm 도달 시

상하수도공학

101 다음 중 오존처리법을 통해 제거할 수 있는 물질이 아닌 것은?
① 철   ② 망간
③ 맛·냄새물질   ④ 트리할로메탄(THM)

해설 오존(O_3)처리
1) 오존처리는 맛·냄새 유발물질, 철·망간의 산화제거, 트리할로메탄의 원인물질제거 등에 유효하다.
2) 트리할로메탄은 정수처리공정의 염소처리에서 유기물과 유리염소가 반응하여 생성되며, 활성탄처리 또는 중간염소처리로 제거한다.

102 하수관로의 유속 및 경사에 대한 설명으로 옳은 것은?
① 유속은 하류로 갈수록 점차 작아지도록 설계한다.
② 관로의 경사는 하류로 갈수록 점차 커지도록 설계한다.
③ 오수관로는 계획1일최대오수량에 대하여 유속을 최소 1.2m/s로 한다.
④ 우수관로 및 합류식관로는 계획우수량에 대하여 유속을 최대 3.0m/s로 한다.

해설 하수관로의 유속과 경사
1) 유속 : 하류로 갈수록 점차 크게 하여 하수가 정체되지 않게 한다.
2) 경사 : 하류로 갈수록 하수량이 많아지고 관경도 커진다. 그러므로 관거의 경사는 완만하게 된다.

평탄지 관거의 경사 : $\frac{1}{관경(mm)}$

3) 오수관로는 계획시간최대오수량에 대하여 유속을 최소 0.6m/s로 한다.

해답 98. ③   99. ①   100. ③   101. ④   102. ④

103 배수지의 적정 배치와 용량에 대한 설명으로 옳지 않은 것은?
① 배수상 유리한 높은 장소를 선정하여 배치한다.
② 용량은 계획1일최대급수량의 18시간분 이상을 표준으로 한다.
③ 시설물의 배치에는 가능한 한 안정되고 견고한 지반의 장소를 선정한다.
④ 가능한 한 비상시에도 단수없이 급수할 수 있도록 배수지 용량을 설정한다.

해설 배수지의 용량
계획1일 최대급수량의 12시간분을 표준으로 한다.

104 하수처리계획 및 재이용계획의 계획오수량에 대한 설명 중 옳지 않은 것은?
① 계획1일최대오수량은 1인1일최대오수량에 계획인구를 곱한 후, 공장폐수량, 지하수량 및 기타 배수량을 더한 것으로 한다.
② 계획오수량은 생활오수량, 공장폐수량 및 지하수량으로 구분한다.
③ 지하수량은 1인1일최대오수량의 20% 이하로 한다.
④ 계획시간최대오수량은 계획1일평균오수량의 1시간당 수량의 2~3배를 표준으로 한다.

해설 계획오수량
계획시간최대오수량은 계획1일 최대오수량의 1시간당 수량의 1.3~1.8를 표준으로 한다.

105 하수 고도처리 중 하나인 생물학적 질소 제거 방법에서 질소의 제거 직전 최종 형태(질소제거의 최종산물)는?
① 질소가스(N_2)
② 질산염(NO_3^-)
③ 아질산염(NO_2^-)
④ 암모니아성 질소(NH_4^+)

해설 하수의 고도처리(질소제거)
1) 생물학적 질소제거 : 질산화-탈질산화법
2) 질산화
암모니아성 질소 → 아질산성 질소 → 질산성질소
$NH_3-N \rightarrow NO_2^- - N \rightarrow NO_3^- - N$
3) 탈질화
질산성 질소 → 아질산성 질소 → 질소(N_2)
$NO_3^- - N \rightarrow NO_2^- - N \rightarrow N_2(\uparrow)$

106 상수도 계통의 도수시설에 관한 설명으로 옳은 것은?
① 수원에서 취한 물을 정수장까지 운반하는 시설을 말한다.
② 정수 처리된 물을 수용가에서 공급하는 시설을 말한다.
③ 적당한 수질의 물을 수원지에서 모아서 취하는 시설을 말한다.
④ 정수장에서 정수 처리된 물을 배수지까지 보내는 시설을 말한다.

해설 도수시설
1) 도수시설 : 수원에서 정수장까지 운반하는 시설
2) 송수시설 : 정수장에서 배수지까지 운반하는 시설

107 하수처리수 재이용 기본계획에 대한 설명으로 틀린 것은?
① 하수처리 재이용수는 용도별 요구되는 수질기준을 만족하여야 한다.
② 하수처리수 재이용지역은 가급적 해당지역 내의 소규모 지역 범위로 한정하여 계획한다.
③ 하수처리 재이용수의 용도는 생활용수, 공업용수, 농업용수, 유지용수를 기본으로 계획한다.
④ 하수처리수 재이용량은 해당지역 물 재이용 관리계획과에서 제시된 재이용량을 참고하여 계획하여야 한다.

해설 하수처리수 재이용 기본계획
하수처리수 재이용지역 및 공급지역은 해당 하수처리시설 뿐만 아니라, 대도시지역이나 물수요가 많은 지역은 지역순환 및 광역순환시스템 방식을 통한 재이용을 검토 적용하여 재이용을 높이도록 한다.

해답 103. ② 104. ④ 105. ① 106. ① 107. ②

108 다음 상수도관의 관종 중 내식성이 크고 중량이 가벼우며 손실수두가 적으나 저온에서 강도가 낮고 열이나 유기용제에 약한 것은?
① 흄관 ② 강관
③ PVC관 ④ 석면 시멘트관

해설 PVC관 특징
1) 산·알카리에 대한 침식이 전혀 없고, 내전식성이 크다.
2) 중량이 가볍고, 손실수두가 적다.
3) 열이나 유기용제에 약하다.

109 아래와 같이 구성된 지역의 총괄유출계수는?

- 주거지역-면적 : 4ha, 유출계수 : 0.6
- 상업지역-면적 : 2ha, 유출계수 : 0.8
- 녹지-면적 : 1ha, 유출계수 : 0.2

① 0.42 ② 0.53
③ 0.60 ④ 0.70

해설 총괄유출계수
1) 유출계수(C)=유출량/강우량
2) 총괄유출계수

$$C_m = \frac{\sum A \cdot C}{\sum A}$$

$$= \frac{4 \times 0.6 + 2 \times 0.8 + 1 \times 0.2}{4+2+1} = 0.6$$

110 구형수로가 수리학상 유리한 단면을 얻으려 할 경우 폭이 28m라면 경심(R)은?
① 3m ② 5m
③ 7m ④ 9m

해설 구형수로의(직사각형) 수리학상 유리한 단면
1) 조건 : $B=2h$ ∴ $h = \frac{28}{2} = 14\text{m}$
2) 윤변 : $P = h+B+h = 14+28+14 = 56\text{m}$
3) 경심
$$R = \frac{A}{P} = \frac{28 \times 14}{56} = 7\text{m}$$

111 오수 및 우수의 배제방식인 분류식과 합류식에 대한 설명으로 틀린 것은?
① 합류식은 관의 단면적이 크기 때문에 폐쇄의 염려가 적다.
② 합류식은 일정량 이상이 되면 우천 시 오수가 월류할 수 있다.
③ 분류식은 별도의 시설 없이 오염도가 높은 초기우수를 처리장으로 유입시켜 처리한다.
④ 분류식은 2계통을 건설하는 경우, 합류식에 비하여 일반적으로 관거의 부설비가 많이 든다.

해설 하수배제방식
1) 분류식 : 초기우수는 우수관을 통해 하천으로 방류되므로 초기우수를 처리할 수 없다.
2) 합류식 : 초기우수와 오수를 합류관거를 통해 하수처리장으로 이송 후 처리한다.

112 조류(algae)가 많이 유입되면 여과지를 폐쇄시키거나 물에 맛과 냄새를 유발시키기 때문에 이를 제거해야 하는데, 조류제거에 흔히 쓰이는 대표적인 약품은?
① $CaCO_3$ ② $CuSO_4$
③ $KMnO_4$ ④ $K_2Cr_2O_7$

해설 조류(Algae)
1) 물에 맛과 냄새를 유발하고 여과지를 폐쇄시킨다.
2) 조류제거에 사용되는 약품 :
C_uSO_4(황산구리), C_uCl_2(염화구리)

113 급수량에 관한 설명으로 옳은 것은?
① 시간최대급수량은 일최대급수량보다 작게 나타난다.
② 계획1일평균급수량은 시간최대급수량에 부하율을 곱해 산정한다.
③ 소화용수는 일최대급수량에 포함되므로 별도로 산정하지 않는다.
④ 계획1일최대급수량은 계획1일평균급수량에 계획첨두율을 곱해 산정한다.

해답 108. ③　109. ③　110. ③　111. ③　112. ②　113. ④

해설 급수량

1) 부하율 = $\dfrac{\text{계획1일 평균급수량}}{\text{계획1일 최대급수량}}$,

   첨두율 = $\dfrac{\text{계획1일 최대급수량}}{\text{계획1일 평균급수량}}$

2) 계획1일 평균급수량은 계획1일 최대급수량에 부하율을 곱해 산정한다.
3) 계획1일 최대급수량은 계획 1일 평균급수량에 첨두율을 곱해 산정한다.

114 활성탄흡착 공정에 대한 설명으로 옳지 않은 것은?

① 활성탄흡착을 통해 소수성의 유기물질을 제거할 수 있다.
② 분말활성탄의 흡착능력이 떨어지면 재생공정을 통해 재활용한다.
③ 활성탄은 비표면적이 높은 다공성의 탄소질 입자로, 형상에 따라 입상활성탄과 분말활성탄으로 구분된다.
④ 모래여과 공정 전단에 활성탄흡착 공정을 두게 되면, 탁도 부하가 높아져서 활성탄 흡착효율이 떨어지거나 역세척을 자주 해야 할 필요가 있다.

해설 분말활성탄

입경이 작은 분말 형태의 활성탄을 응집, 침전 전 단계에 투입하여 유해물질을 흡착제거하며 한번 사용된 분말활성탄은 재생 사용이 곤란하다.

115 다음 펌프 중 가장 큰 비교회전도(N_s)를 나타내는 것은?

① 사류펌프 ② 원심펌프
③ 축류펌프 ④ 터빈펌프

해설 비교회전도(N_s)

1) $N_s = N\dfrac{Q^{\frac{1}{2}}}{H^{\frac{3}{4}}}$
2) 비교회전도 크기순서 : 축류펌프 > 사류펌프 > 원심펌프

116 상수도의 수원으로서 요구되는 조건이 아닌 것은?

① 수질이 좋을 것
② 수량이 풍부할 것
③ 상수 소비지에서 가까울 것
④ 수원이 도시 가운데 위치할 것

해설 수원의 요구조건

1) 수원은 가능한 주위에 오염원이 없는 곳이어야 하므로 도시 가운데는 좋지 않다.
2) 계획취수량이 최대갈수기에도 확보될 수 있도록 수량이 풍부해야 한다.

117 하수처리에 관한 설명으로 틀린 것은?

① 하수처리 방법은 크게 물리적, 화학적, 생물학적 처리공정으로 분류된다.
② 화학적 처리공정은 소독, 중화, 산화 및 환원, 이온교환 등이 있다.
③ 물리적 처리공정은 여과, 침사, 활성탄 흡착, 응집침전 등이 있다.
④ 생물학적 처리공정은 호기성 분해와 혐기성 분해로 크게 분류된다.

해설 하수처리

1) 물리적 처리공정은 스크리닝, 침전, 부상(浮上)분리, 여과, 흡착 등을 말한다.
2) 응집침전은 화학적처리에 속한다.

118 장기 포기법에 관한 설명으로 옳은 것은?

① F/M비가 크다.
② 슬러지 발생량이 적다.
③ 부지가 적게 소요된다.
④ 대규모 하수처리장에 많이 이용된다.

해설 장기폭기법

1) 폭기시간을 길게(18hr~24hr)하여 내생호흡($\dfrac{F}{M}$비 낮게)으로 유지하도록 하여 슬러지 생산량이 매우 적은 방법이다.
2) 장시간 폭기법은 최초침전지 없는 것이 특징이며 소규모하수처리 시설에 주로 이용된다.

해답 114. ② 115. ③ 116. ④ 117. ③ 118. ②

119 알칼리도가 30mg/L의 물에 황산알루미늄을 첨가했더니 20mg/L의 알칼리도가 소비되었다. 여기에 $Ca(OH)_2$를 주입하여 알칼리도를 15mg/L로 유지하기 위해 필요한 $Ca(OH)_2$는? (단, $Ca(OH)_2$ 분자량 74, $CaCO_3$ 분자량 100)

① 1.2mg/L ② 3.7mg/L
③ 6.2mg/L ④ 7.4mg/L

해설 알카리도

1) 알카리도 : 산을 중화시키는 척도로, 수중의 수산화물(OH^-), 탄산이온(CO_3^{2-}), 탄산수소이온(HCO_3^-)의 형태로 함유되어 있는 성분을 탄산칼슘형태로 환산(mg/L)하여 표시한다.
2) 알카리도 주입량
   $= 30 - 20 + x = 15 \Rightarrow \therefore x = 5\,mg/L$
3) 분자의 당량 = 분자량/양이온 가수(Ca=2)
   $CaCO_3 = \frac{100}{2} = 50$
   $Ca(OH)_2 = \frac{74}{2} = 37$
4) 필요한 $Ca(OH)_2$량
   $= \frac{Ca(OH)_2의\ 당량}{CaCO_3의\ 당량} \times 알칼리도주입량$
   $= \frac{37}{50} \times 5 = 3.7\,mg/L$

120 다음 중 계획 1일 최대급수량을 기준으로 하지 않는 시설은?

① 배수시설 ② 송수시설
③ 정수시설 ④ 취수시설

해설 상수도용량산정 시설의 기준수량

1) 취수, 도수, 송수시설은 계획1일 최대급수량으로 한다.
2) 배수시설 중에서 배수본관은 계획 시간 최대급수량을 설계기준으로 한다.

해답 119. ② 120. ①

③ 2020년 과년도출제문제

📘 응용역학

★★★

1 그림과 같은 구조물에서 단부 A, B는 고정, C지점은 힌지일 때 OA, OB, OC 부재의 분배율로 옳은 것은?

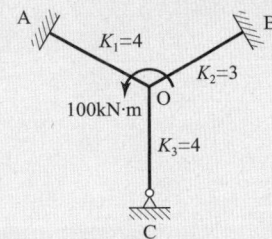

① $DF_{OA}=\dfrac{4}{10}$, $DF_{OB}=\dfrac{3}{10}$, $DF_{OC}=\dfrac{4}{10}$

② $DF_{OA}=\dfrac{4}{10}$, $DF_{OB}=\dfrac{3}{10}$, $DF_{OC}=\dfrac{3}{10}$

③ $DF_{OA}=\dfrac{4}{11}$, $DF_{OB}=\dfrac{3}{11}$, $DF_{OC}=\dfrac{4}{11}$

④ $DF_{OA}=\dfrac{4}{11}$, $DF_{OB}=\dfrac{3}{11}$, $DF_{OC}=\dfrac{3}{11}$

해설 모멘트 분배법

1) OC부재(타단힌지)의 등가강비
$$k_{OC}=\dfrac{3}{4}k_3=\dfrac{3}{4}\times 4=3$$

2) 분배율 : $DF_x=\dfrac{k_x}{\sum k}$

$DF_{OA}=\dfrac{k_{OA}}{\sum k}=\dfrac{4}{4+3+3}=\dfrac{4}{10}$

$DF_{OB}=\dfrac{k_{OB}}{\sum k}=\dfrac{3}{4+3+3}=\dfrac{3}{10}$

$DF_{OC}=\dfrac{k_{OC}}{\sum k}=\dfrac{3}{4+3+3}=\dfrac{3}{10}$

★★

2 동일평면상의 한 점에 여러 개의 힘이 작용하고 있을 때, 여러 개의 힘의 어떤 점에 대한 모멘트의 합은 그 합력의 동일점에 대한 모멘트와 같다는 것은 무슨 정리인가?

① Mohr의 정리   ② Lami의 정리
③ Varignon의 정리   ④ Castigliano의 정리

해설 Varignon정리

1) 정의 : 합력에 의한 모멘트 크기와 분력에 의한 모멘트의 합의 크기는 같다.
2) 용도 : 합력의 작용점위치 구할 때 사용한다.

★★★

3 그림과 같은 캔틸레버 보에서 집중하중(P)이 작용할 경우 최대 처짐(δ_{max})은? (단, EI는 일정하다.)

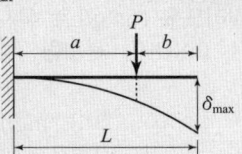

① $\delta_{max}=\dfrac{Pa^2}{3EI}(3L+a)$ ② $\delta_{max}=\dfrac{P^2a}{3EI}(3L-a)$

③ $\delta_{max}=\dfrac{P^2a}{6EI}(3L+a)$ ④ $\delta_{max}=\dfrac{Pa^2}{6EI}(3L-a)$

해설 캔틸레버보의 최대처짐

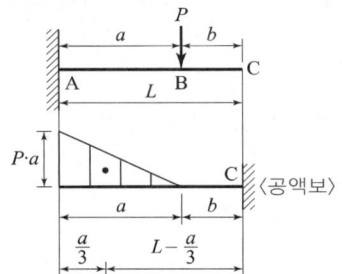

1) 휨모멘트 크기를 구한 후 하중으로 재하 한다.
$M_A=-Pa$, $M_B=0$, $M_C=0$

2) 공액보로 치환 후 C점에서 휨모멘트를 구한다.
$$M_C=\left(\dfrac{1}{2}\times Pa\times a\right)\left(L-\dfrac{a}{3}\right)$$

3) $\delta_{max}=\delta_c=\dfrac{M_c}{EI}$

$=\dfrac{M_c}{EI}=\dfrac{Pa^2}{6EI}(3L-a)$

★

4 그림과 같이 A점과 B점에 모멘트하중(M_o)이 작용할 때 생기는 전단력도의 모양은 어떤 형태인가?

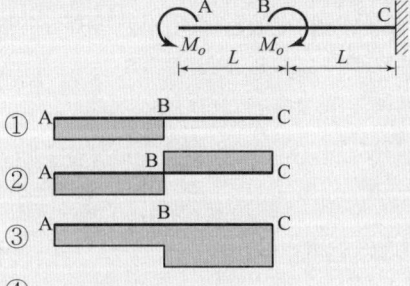

해답 1. ② 2. ③ 3. ④ 4. ④

해설 전단력도
1) 전단력 : 축에 직각으로 작용하여 물체를 자르려고 하는 힘
2) 전단력선도 : ④번
3) 휨모멘트선도 : ①번

★★★
5 탄성계수(E), 전단 탄성계수(G), 푸아송 수(m) 간의 관계를 옳게 표시한 것은?

① $G = \dfrac{mE}{2(m+1)}$ ② $G = \dfrac{m}{2(m+1)}$

③ $G = \dfrac{E}{2(m+1)}$ ④ $G = \dfrac{E}{2(m-1)}$

해설 각 탄성계수들의 관계
1) $G = \dfrac{mE}{2(m+1)}$
2) $G = \dfrac{E}{2(1+\nu)}$

★★
6 그림과 같은 연속보에서 B점의 반력(R_B)은? (단, EI는 일정하다.)

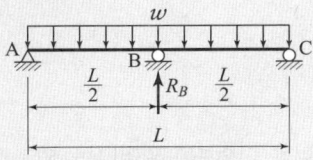

① $\dfrac{3}{10}WL$ ② $\dfrac{3}{8}WL$

③ $\dfrac{5}{8}WL$ ④ $\dfrac{5}{4}WL$

해설 변형일치법

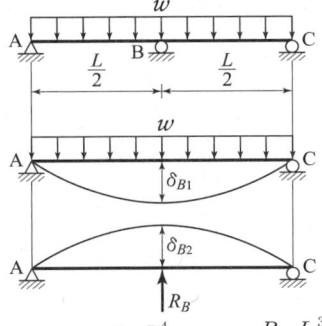

1) $\delta_{B1} = \dfrac{5wL^4}{384EI}$, $\delta_{B2} = \dfrac{R_B L^3}{48EI}$

2) 적합조건 : $\delta_B = 0 \rightarrow \delta_{B1} = \delta_{B2}$

$\dfrac{5wL^4}{384EI} = \dfrac{V_B L^3}{48EI}$

∴ $V_B = \dfrac{5wL}{8}$

★★★
7 탄성변형에너지는 외력을 받는 구조물에서 변형에 의해 구조물에 축적되는 에너지를 말한다. 탄성체이며 선형거동을 하는 길이 L인 캔틸레버 보의 끝단에 집중하중 P가 작용할 때 굽힘모멘트에 의한 탄성변형에너지는? (단, EI는 일정하다.)

① $\dfrac{P^2 L^2}{2EI}$ ② $\dfrac{P^2 L^3}{2EI}$

③ $\dfrac{P^2 L^2}{6EI}$ ④ $\dfrac{P^2 L^3}{6EI}$

해설 탄성변형에너지(U)

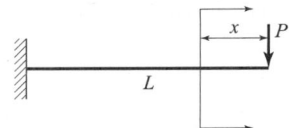

1) $M_x = (-P \cdot x)$

2) $U = \int_0^L \dfrac{M_x^2}{2EI} dx = \int_0^L \dfrac{(-Px)^2}{2EI} dx$

$= \dfrac{P^2}{2EI} \int_0^L x^2 dx = \dfrac{P^2}{2EI} \left[\dfrac{x^3}{3} \right]_0^L$

$= \dfrac{P^2 L^3}{6EI}$

★★
8 지름 D인 원형 단면 보에 휨모멘트 M이 작용할 때 최대 휨응력은?

① $\dfrac{64M}{\pi D^3}$ ② $\dfrac{32M}{\pi D^3}$

③ $\dfrac{16M}{\pi D^3}$ ④ $\dfrac{8M}{\pi D^3}$

해설 최대 휨응력
1) 원형단면의 단면계수 : $Z = \dfrac{\pi D^3}{32}$
2) 최대 휨 응력

$\sigma_{\max} = \dfrac{M}{Z} = \dfrac{M}{\dfrac{\pi D^3}{32}} = \dfrac{32M}{\pi D^3}$

해답 5. ① 6. ③ 7. ④ 8. ②

9 그림과 같은 트러스의 사재 D의 부재력은?

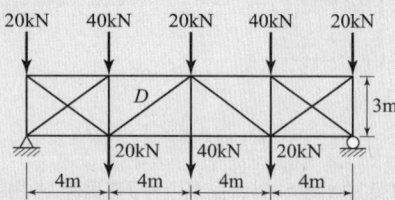

① 50kN(인장) ② 50kN(압축)
③ 37.5kN(인장) ④ 37.5kN(압축)

해설 트러스의 부재력

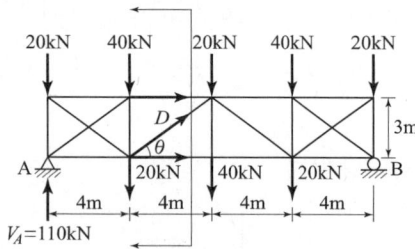

1) 좌우 대칭하중이므로
$$\therefore V_A = \frac{P}{2} = \frac{220}{2} = 110\text{kN}$$

2) $\sin\theta = \dfrac{3}{5}$

3) $\sum V = 0$
$110 - 20 - 40 - 20 + D\sin\theta = 0$
$\therefore D = -37.5\text{kN}\,(압축)$

10 다음 중 정(+)의 값뿐만 아니라 부(−)의 값도 갖는 것은?
① 단면계수 ② 단면 2차 반지름
③ 단면 상승 모멘트 ④ 단면 2차 모멘트

해설 단면 상승모멘트
1) 단면 상승 모멘트(I_{xy})
$I_{xy} = A \cdot x_o \cdot y_o$
2) x_o 또는 y_o 둘 중 하나의 값이 (−)값이면, 단면 상승 모멘트는 부(−)의 값이 된다.

11 그림과 같은 단면의 A−A축에 대한 단면 2차 모멘트는?

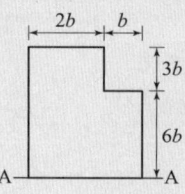

① $558b^4$ ② $623b^4$
③ $685b^4$ ④ $729b^4$

해설 단면2차모멘트

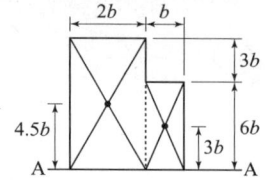

1) 축 이동에 대한 단면2차모멘트
$I_x = I_X + A\,y_0^2$

2) $I_{A-A} = \dfrac{(2b)(9b)^3}{12} + (2b \times 9b)(4.5b)^2$
$\quad\quad\quad + \dfrac{(b)(6b)^3}{12} + (b \times 6b)(3b)^2$
$\quad\quad = 558\,b^4$

12 그림과 같은 단순보에 일어나는 최대 전단력은?

① 27kN ② 45kN
③ 54kN ④ 63kN

해설 최대전단력
1) $\sum M_B = 0$
$V_A \times 10 - 90 \times 7 = 0$
$\therefore V_A = 63\text{kN}$
2) 최대전단력 = 최대반력
$\therefore S_{\max} = 63\text{kN}$

해답 9. ② 10. ③ 11. ① 12. ④

★★★
13 그림과 같이 단순보 위에 삼각형 분포하중이 작용하고 있다. 이 단순보에 작용하는 최대 휨모멘트는?

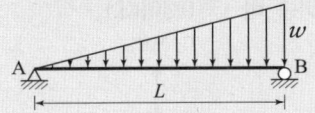

① $0.03214wL^2$ ② $0.04816wL^2$
③ $0.05217wL^2$ ④ $0.06415wL^2$

해설 등변분포하중(암기할 것)

1) 수직반력 : $V_A = \dfrac{wL}{6}$, $V_B = \dfrac{wL}{3}$

2) A지점으로부터 전단력이 "0"인 위치 : $\dfrac{L}{\sqrt{3}} = 0.577L$

3) 최대휨모멘트 : $M_{max} = \dfrac{wL^2}{9\sqrt{3}} = 0.06415wL^2$

★★★
14 그림과 같이 단순보에 이동하중이 작용하는 경우 절대최대휨모멘트는?

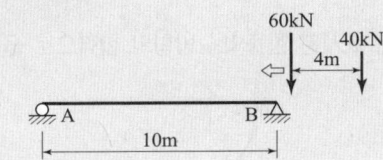

① $176.4kN\cdot m$ ② $167.2kN\cdot m$
③ $162.0kN\cdot m$ ④ $125.1kN\cdot m$

해설 절대최대휨모멘트

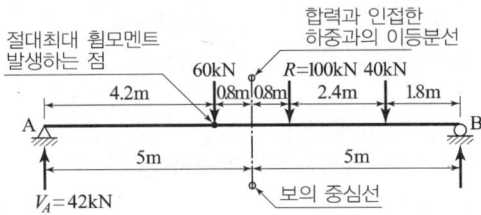

1) 합력의 작용점 위치를 구한다.
   $R = 60 + 40 = 100kN$
   $100 \times x = 40 \times 4 \Rightarrow \therefore x = 1.6m$

2) 합력과 인접한 하중(60kN)과의 이등분선을 보의 중심선과 일치시킨다.

3) 절대최대휨모멘트가 발생하는 곳 : 합력과 인접한 하중의 재하 점
   $\sum M_B = 0$
   $V_A \times 10 - 60 \times 5.8 - 40 \times 1.8 = 0$
   or $V_A \times 10 - 100 \times 4.2 = 0$
   $\therefore V_A = 42kN$

4) 절대 최대 휨모멘트
   $\therefore M_{bmax} = V_A \times 4.2 = 176.4kN\cdot m$

★★
15 그림과 같은 단순보에 등분포 하중(q)이 작용할 때 보의 최대 처짐은? (단, EI는 일정하다.)

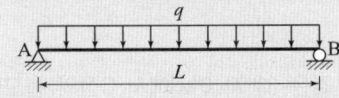

① $\dfrac{qL^4}{128EI}$ ② $\dfrac{qL^4}{64EI}$
③ $\dfrac{qL^4}{38EI}$ ④ $\dfrac{5qL^4}{384EI}$

해설 단순보의 등분포하중 재하 시 최대 처짐
$\delta_{max} = \dfrac{5qL^4}{384EI}$ (암기)

★★★
16 15cm×30cm의 직사각형 단면을 가진 길이가 5m인 양단 힌지 기둥이 있다. 이 기둥의 세장비(λ)는?
① 57.7   ② 74.5
③ 115.5   ④ 149.0

해설 세장비

1) $I_{min} = \dfrac{30 \times 15^3}{12} = 8437.5cm^4$

2) $r_{min} = \sqrt{\dfrac{I_{min}}{A}} = \sqrt{\dfrac{8437.5}{30 \times 15}} = 4.33cm$

3) $\lambda = \dfrac{l_k}{r_{min}} = \dfrac{500cm}{4.33cm} = 115.5$

해답 13. ④ 14. ① 15. ④ 16. ③

★★
17 반지름이 25cm인 원형 단면을 가지는 단주에서 핵의 면적은 약 얼마인가?

① 122.7cm² ② 168.4cm²
③ 254.4cm² ④ 336.8cm²

해설 핵의 면적

1) 원형단면의 핵 점까지 거리(e)
$$e = \frac{Z}{A} = \frac{\pi D^3/32}{\pi D^2/4} = \frac{D}{8} = \frac{2 \times 25}{8} = 6.25\text{cm}$$

2) 핵의 면적
$$A = \pi \times e^2 \fallingdotseq 122.7\text{cm}^2$$

★★
18 그림과 같은 3힌지 아치에서 C점의 휨모멘트는?

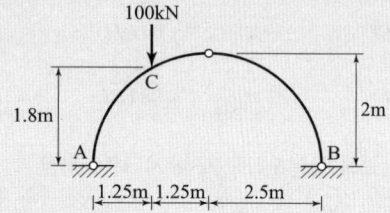

① 32.5kN·m ② 35.0kN·m
③ 37.5kN·m ④ 40.0kN·m

해설 3 Hinge 아치

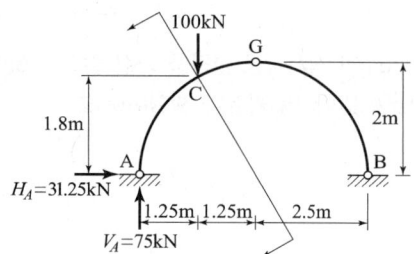

1) $\sum M_B = 0$
$V_A \times 5 - 100 \times 3.75 = 0$
$\therefore V_A = 75\text{kN}$

2) $\sum M_{GL} = 0$
$75 \times 2.5 + H_A \times 2 - 100 \times 1.25 = 0$
$\therefore H_A = 31.25\text{kN}$

3) $M_c = 75 \times 1.25 - 31.25 \times 1.8 = 37.5\text{kN}\cdot\text{m}$

★★★
19 그림과 같이 이축응력(二軸應力)을 받는 정사각형 요소의 체적변형률은? (단, 이 요소의 탄성계수 $E = 2.0 \times 10^5$MPa, 푸아송 비 $v = 0.30$이다.)

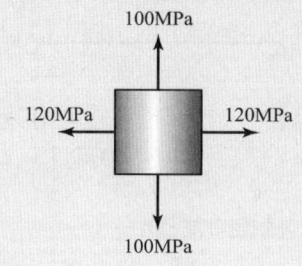

① 3.6×10^{-4} ② 4.4×10^{-4}
③ 5.2×10^{-4} ④ 6.4×10^{-4}

해설 체적변형률

1) $\varepsilon_v = \frac{(1-2\nu)}{E}(\sigma_x + \sigma_y)$

2) $\varepsilon_v = \frac{(1-2\times 0.3)}{2.0 \times 10^5}(120 + 100) = 4.4 \times 10^{-4}$

★
20 그림에 표시된 힘들의 x방향의 합력으로 옳은 것은?

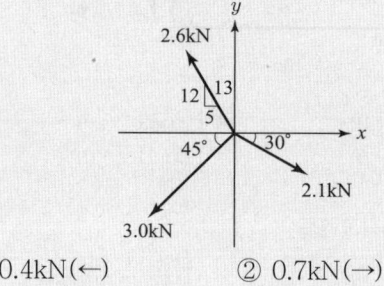

① 0.4kN(←) ② 0.7kN(→)
③ 1.0kN(→) ④ 1.3kN(←)

해설 힘의 X 방향의 합력

1) 각각의 힘의 x방향 분력을 구한다.
$2.1 \times \cos 30° = 1.82\text{kN}$,
$13 : 5 = 2.6 : x \Rightarrow x = 1\text{kN}$
$3 \times \cos 45° = 2.12\text{kN}$

2) $\sum H = 1.82 - 1 - 2.12$
$\therefore 1.3\text{kN}(\leftarrow)$

해답 17. ① 18. ③ 19. ② 20. ④

측량학

21 노선 측량의 일반적인 작업 순서로 옳은 것은?

```
A : 종·횡단측량      B : 중심선 측량
C : 공사측량         D : 답사
```

① A→B→D→C
② A→C→D→B
③ D→B→A→C
④ D→C→A→B

해설 노선측량
작업순서 : 답사 → 중심선 측량 → 종·횡단 측량 → 공사 측량

22 2000m의 거리를 50m씩 끊어서 40회 관측하였다. 관측결과 총오차가 ±0.14m이었고, 40회 관측의 정밀도가 동일하다면, 50m 거리 관측의 오차는?

① ±0.022m
② ±0.019m
③ ±0.016m
④ ±0.013m

해설 우연오차
1) 우연오차
$E = \pm m\sqrt{n}$
2) 50m거리 관측(1회 관측)에 대한 우연오차(m)
$E = \pm m\sqrt{n}$
∴ $m = \pm \dfrac{E}{\sqrt{n}}$
$= \pm \dfrac{0.14}{\sqrt{40}} = \pm 0.022\text{m}$

23 지형측량의 순서로 옳은 것은?

① 측량계획 - 골조측량 - 측량원도 작성 - 세부측량
② 측량계획 - 세부측량 - 측량원도 작성 - 골조측량
③ 측량계획 - 측량원도 작성 - 골조측량 - 세부측량
④ 측량계획 - 골조측량 - 세부측량 - 측량원도 작성

해설 지형측량
순서 : 측량계획 - 골조측량 - 세부측량 - 측량원도 작성

24 교호수준측량을 한 결과로 $a_1 = 0.472\text{m}$, $a_2 = 2.656\text{m}$, $b_1 = 2.106\text{m}$, $b_2 = 3.895\text{m}$를 얻었다. A점의 표고가 66.204m일 때 B점의 표고는?

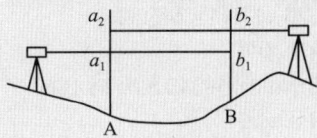

① 64.130m
② 64.768m
③ 65.238m
④ 67.641m

해설 교호수준측량
1) A점과 B점의 지반고차
$h = \dfrac{1}{2}[(a_1 - b_1) + (a_2 - b_2)]$
$= \dfrac{1}{2}[(0.472 - 2.106) + (2.656 - 3.895)]$
$= -1.436\text{m}$
2) B점의 표고
$H_B = H_A + h$
$= 66.204 + (-1.436) = 64.768\text{m}$

25 삭제문제

출제기준 변경으로 인해 삭제됨

26 도로의 노선측량에서 반지름(R) 200m인 원곡선을 설치할 때, 도로의 기점으로부터 교점(I.P)까지의 추가거리가 423.26m, 교각(I)가 42°20′일 때 시단현의 편각은? (단, 중심말뚝간격은 20m이다.)

① 0°50′00″
② 2°01′52″
③ 2°03′11″
④ 2°51′47″

해답 21. ③   22. ①   23. ④   24. ②   25. 삭제문제   26. ②

해설 원곡선

1) $TL = R \tan\left(\dfrac{I}{2}\right) = 200 \times \tan\left(\dfrac{42°20'}{2}\right) = 77.44\text{m}$

2) 도로의 기점에서 원곡선 시점까지 거리(추가거리−TL)
   $= 423.26 - 77.44 = 345.82\text{m}$

3) 시단 현의 길이
   $l_1 = 360(\text{No } 18) - 345.82 = 14.18\text{m}$

4) 시단 현의 편각
   $\delta_1 = \dfrac{l_1}{2R} \rho°$
   $= \dfrac{14.18}{2 \times 200} \times \dfrac{180°}{\pi} = 2°01'52''$

27 구면 삼각형의 성질에 대한 설명으로 틀린 것은?
① 구면 삼각형의 내각의 합은 180°보다 크다.
② 2점간 거리가 구면상에서는 대원의 호길이가 된다.
③ 구면 삼각형의 한 변은 다른 두 변의 합보다는 작고 차보다는 크다.
④ 구과량은 구 반지름의 제곱에 비례하고 구면 삼각형의 면적에 반비례한다.

해설 구면삼각형성질
1) 구과량(e'')
   $e'' = \dfrac{F}{R^2} \rho''$
2) 구과량은 구반경의 제곱에 반비례하고 구면삼각형 면적에 비례한다.

28 수평각 관측을 할 때 망원경의 정위, 반위로 관측하여 평균하여도 소거되지 않는 오차는?
① 수평축 오차   ② 시준축 오차
③ 연직축 오차   ④ 편심 오차

해설 각 관측 측량
1) 정위, 반위로 관측하여 평균하면 소거되는 오차 : 수평축 오차, 시준축 오차, 시준선 편심오차
2) 연직축오차 : 연직축이 정확히 연직선에 있지 않음으로 발생하는 오차로 연직축과 수평기포축과의 직교를 조정해야한다. 정반의 관측으로는 제거되지 않는다.

29 그림과 같은 횡단면의 면적은?

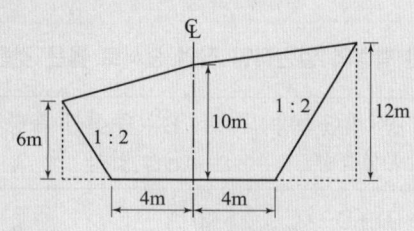

① 196m^2 ② 204m^2
③ 216m^2 ④ 256m^2

해설 횡단면도의 면적

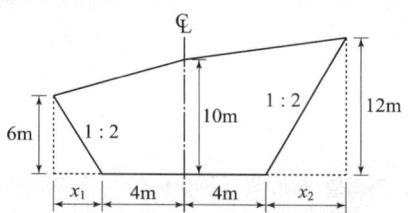

1) 사다리꼴 면적에서 삼각형면적을 빼서 계산한다.
   $1:2 = 6:x_1 \Rightarrow x_1 = 12\text{m}$
   $1:2 = 12:x_2 \Rightarrow x_2 = 24\text{m}$

2) $A = \left[\left(\dfrac{10+6}{2} \times 16\right) - \left(\dfrac{12 \times 6}{2}\right)\right]$
   $\quad - \left[\left(\dfrac{10+12}{2} \times 28\right) - \left(\dfrac{24 \times 12}{2}\right)\right]$
   $= 256\text{m}^2$

30 삼변측량을 실시하여 길이가 각각 $a = 1200\text{m}$, $b = 1300\text{m}$, $c = 1500\text{m}$이었다면 ∠ACB는?

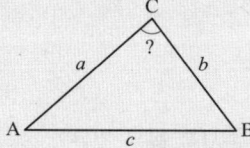

① 73° 31′ 02″   ② 73° 33′ 02″
③ 73° 35′ 02″   ④ 73° 37′ 02″

해설 코사인 제2법칙
1) $\cos \angle \text{ACB} = \dfrac{a^2 + b^2 - c^2}{2ab}$

2) $\angle \text{ACB} = \cos^{-1}\left(\dfrac{1200^2 + 1300^2 - 1500^2}{2 \times 1200 \times 1300}\right)$
   $\therefore \angle \text{ACB} = 73°37'02''$

해답 27. ④   28. ③   29. ④   30. ④

31 30m에 대하여 3mm 늘어나 있는 줄자로써 정사각형의 지역을 측정한 결과 80000m²이었다면 실제의 면적은?
① 80016m²   ② 80008m²
③ 79984m²   ④ 79992m²

해설 정 오차

1) $L_o = L + n\Delta l = L + \dfrac{L}{l}\Delta l = L\left(1 + \dfrac{\Delta l}{l}\right)$

2) $A_o = L_o^2 = L^2\left(1 + \dfrac{\Delta l}{l}\right)^2 = A\left(1 + \dfrac{\Delta l}{l}\right)^2$

∴ $A_o = 80000\left(1 + \dfrac{0.003}{30}\right)^2 = 80016\text{m}^2$

32 GNSS 데이터의 교환 등에 필요한 공통적인 형식으로 원시데이터에서 측량에 필요한 데이터를 추출하여 보기 쉽게 표현한 것은?
① Bernese   ② RINEX
③ Ambiguity   ④ Binary

해설 GNSS측량
- RINEX : Receiver Independent Exchange Format 은 원시 위성 항법 시스템 데이터에 대한 데이터 교환 형식으로, 이를 통해 사용자는 수신된 데이터를 후 처리 하여보다 정확한 결과를 얻을 수 있다.

33 수준망의 관측 결과가 표와 같을 때, 관측의 정확도가 가장 높은 것은?

구분	총거리(km)	폐합오차(mm)
I	25	±20
II	16	±18
III	12	±15
IV	8	±13

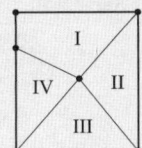

① I   ② II
③ III   ④ IV

해설 수준측량

1) 수준측량의 정밀도(K) : 1km당 수준측량의 오차가 작을수록 정확하다.

$E = \pm K\sqrt{L} \Rightarrow \therefore K = \pm \dfrac{E}{\sqrt{L}}$

2) I : $K = \pm \dfrac{20}{\sqrt{25}} = \pm 4\text{mm}$

II : $K = \pm \dfrac{18}{\sqrt{16}} = \pm 4.5\text{mm}$

III : $K = 0 \pm \dfrac{15}{\sqrt{12}} = \pm 4.33\text{mm}$

IV : $K = \pm \dfrac{13}{\sqrt{8}} = \pm 4.6\text{mm}$

∴ I 구간이 가장 정확하다.

34 GPS 위성측량에 대한 설명으로 옳은 것은?
① GPS를 이용하여 취득한 높이는 지반고이다.
② GPS에서 사용하고 있는 기준타원체는 GRS80 타원체이다.
③ 대기 내 수증기는 GPS 위성 신호를 지연시킨다.
④ GPS 측량은 별도의 후처리 없이 관측값을 직접 사용할 수 있다.

해설 GPS위성측량
1) GPS를 이용하여 취득한 높이는 타원체고이다.
2) GPS에서 사용하고 있는 기준타원체는 WGS-84 타원체이다.
3) GPS 측량은 별도의 후처리를 통해야만 관측 값을 사용할 수 있다.

35 완화곡선에 대한 설명으로 옳지 않은 것은?
① 완화곡선의 접선은 시점에서 원호에, 종점에서 직선에 접한다.
② 완화곡선에 연한 곡선반지름의 감소율은 캔트(cant)의 증가율과 같다.
③ 완화곡선의 반지름은 그 시점에서 무한대, 종점에서는 원곡선의 반지름과 같다.
④ 모든 클로소이드(clothoid)는 닮음 꼴이며 클로소이드 요소는 길이의 단위를 가진 것과 단위가 없는 것이 있다.

해설 완화곡선
완화곡선의 접선은 시점에서 직선에, 종점에서 원호에 접한다.

해답 31. ① 32. ② 33. ① 34. ③ 35. ①

36 축척 1:1500 지도상의 면적을 축척 1:1000으로 잘못 관측한 결과가 10000m²이었다면 실제면적은?

① 4444m²　　② 6667m²
③ 15000m²　　④ 22500m²

해설 축척과 면적과의 관계
1) 면적은 축척분모수에 제곱에 비례한다.
2) $1000^2 : 10000 = 1500^2 : A$
∴ $A = 22500\text{m}^2$

37 수준측량에서 전시와 후시의 거리를 같게 하여 소거할 수 있는 오차가 아닌 것은?
① 지구의 곡률에 의해 생기는 오차
② 기포관축과 시준축이 평행되지 않기 때문에 생기는 오차
③ 시준선상에 생기는 빛의 굴절에 의한 오차
④ 표척의 조정 불완전으로 인해 생기는 오차

해설 등시준거리로 소거할 수 있는 오차
1) 구차, 시준 축 오차, 기차, 초점나사를 움직일 때 발생하는 오차를 소거할 수 있다.
2) 표척의 조정 불완전으로 생기는 오차는 표척을 전·후로 움직여 최솟값을 읽는다.

38 삭제문제

출제기준 변경으로 인해 삭제됨

39 폐합트래버스 ABCD에서 각 측선의 경거, 위거가 표와 같을 때, $\overline{AD}$ 측선의 방위각은?

측선	위거		경거	
	+	−	+	−
AB	50		50	
BC		30	60	
CD		70		60
DA				

① 133°　　② 135°
③ 137°　　④ 145°

해설 방위각

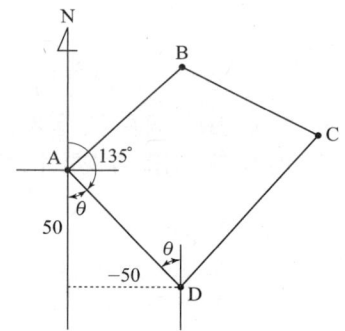

1) $\sum L = 0$, $\sum D = 0$
DA측선의 위거 : $L = +50$
DA측선의 경거 : $D = -50$

측선	위거		경거	
	+	−	+	−
AB	50		50	
BC		30	60	
CD		70		60
DA	50			50

2) DA측선은 (50, −50)이므로 $\theta = 45°$
3) AD측선의 방위각 $= 180° - \theta = 135°$

해답　36. ④　37. ④　38. 삭제문제　39. ②

40 트래버스 측량의 일반적인 사항에 대한 설명으로 옳지 않은 것은?
① 트래버스 종류 중 결합트래버스는 가장 높은 정확도를 얻을 수 있다.
② 각관측 방법 중 방위각법은 한번 오차가 발생하면 그 영향은 끝까지 미친다.
③ 폐합오차 조정방법 중 컴퍼스법칙은 각관측의 정밀도가 거리관측의 정밀도보다 높을 때 실시한다.
④ 폐합트래버스에서 편각의 총합은 반드시 360°가 되어야 한다.

해설 폐합오차 조정방법
1) 컴퍼스법칙 : 각 관측의 정밀도=거리 관측의 정밀도
2) 트랜싯법칙 : 각 관측의 정밀도 > 거리 관측의 정밀도

수리학 및 수문학

41 수면 아래 30m 지점의 수압을 kN/m²으로 표시하면? (단, 물의 단위중량은 9.81kN/m³이다.)
① 2.94kN/m²
② 29.43kN/m²
③ 294.3kN/m²
④ 2943kN/m²

해설 수압
$P = wh$
$= \dfrac{9.81 \text{kN}}{\text{m}^3} \times 30\text{m} = 294.3 \text{kN/m}^2$

42 유출(流出)에 대한 설명으로 옳지 않은 것은?
① 총유출은 통상 직접유출(direct run off)과 기저유출(base flow)로 분류된다.
② 하천에 도달하기 전에 지표면 위로 흐르는 유수를 지표유하수(overland flow)라 한다.
③ 하천에 도달한 후 다른 성분의 유출수와 합친 유수량을 총 유출수(total flow)라 한다.
④ 지하수유출은 토양을 침투한 물이 침투하여 지하수를 형성하나 총 유출량에는 고려하지 않는다.

해설 유출
1) 총 유출=직접유출+기저유출
2) 직접유출=지표면 유출+조기 지표 하 유출+수로 상 강수
3) 기저유출=지연 지표 하 유출+지하수 유출

43 개수로 내의 흐름에서 비에너지(specific energy, H_e)가 일정할 때, 최대 유량이 생기는 수심 h로 옳은 것은? (단, 개수로의 단면은 직사각형이고 $\alpha = 1$이다.)
① $h = H_e$
② $h = \dfrac{1}{2} H_e$
③ $h = \dfrac{2}{3} H_e$
④ $h = \dfrac{3}{4} H_e$

해설 한계수심(직사각형 수로)
1) 비에너지가 일정할 때, 최대유량이 생기는 수심이 한계수심이다.
2) $h = \left(\dfrac{\alpha Q^2}{g b^2} \right)^{\frac{1}{3}} = \dfrac{2}{3} H_e$

44 도수(hydraulic jump) 전후의 수심 h_1, h_2의 관계를 도수 전의 Froude 수 Fr_1의 함수로 표시한 것으로 옳은 것은?
① $\dfrac{h_2}{h_1} = \dfrac{1}{2} (\sqrt{8Fr_1^2 + 1} - 1)$
② $\dfrac{h_1}{h_2} = \dfrac{1}{2} (\sqrt{8Fr_1^2 + 1} + 1)$
③ $\dfrac{h_2}{h_1} = \dfrac{1}{2} (\sqrt{8Fr_1^2 + 1} + 1)$
④ $\dfrac{h_1}{h_2} = \dfrac{1}{2} (\sqrt{8Fr_1^2 + 1} - 1)$

해설 도수 전후 수심의 관계
1) 도수전의 F_{r1}
$F_{r1} = \dfrac{V_1}{C} = \dfrac{V_1}{\sqrt{g \cdot h_1}}$
2) 도수 전후의 수심
$\dfrac{h_2}{h_1} = \dfrac{1}{2} (\sqrt{8 F_{r1}^2 + 1} - 1)$

해답 40. ③ 41. ③ 42. ④ 43. ③ 44. ①

45 오리피스(Orifice)의 압력수두가 2m이고 단면적이 4cm², 접근유속은 1m/s일 때 유출량은? (단, 유량계수 $C=0.63$이다.)
① 1558cm³/s   ② 1578cm³/s
③ 1598cm³/s   ④ 1618cm³/s

해설 오리피스의 유량
1) 접근유속수두
$$h_a = \frac{v_a^2}{2g} = \frac{1^2}{2 \times 9.8} = 0.05\text{m}$$
2) $V = \sqrt{2g(h+h_a)}$
   $= \sqrt{2 \times 9.8 \times (2+0.05)} = 6.34\text{m/sec}$
   $= 634\text{cm/sec}$
3) $Q = C \cdot A \cdot V$
   $= 0.63 \times 4 \times 634 = 1598\text{cm}^3/\text{sec}$

46 위어(weir)에 물이 월류할 경우 위어의 정상을 기준으로 상류측 전수두를 H, 하류수위를 h라 할 때, 수중위어(submerged weir)로 해석될 수 있는 조건은?
① $h < \frac{2}{3}H$ ② $h < \frac{1}{2}H$
③ $h > \frac{2}{3}H$ ④ $h > \frac{1}{3}H$

해설 수중위어

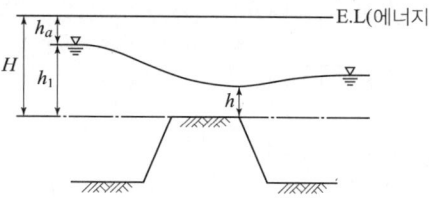

1) 접근유속수두 : $h_a = \frac{v_a^2}{2g}$
2) $H = h_1 + h_a$
3) 수중위어의 조건 : $h > \frac{2}{3}H$

47 부체의 안정에 관한 설명으로 옳지 않은 것은?
① 경심(M)이 무게 중심(G)보다 낮을 경우 안정하다.
② 무게중심(G)이 부심(B)보다 아래쪽에 있으면 안정하다.
③ 경심(M)이 무게중심(G)보다 높을 경우 복원 모멘트가 작용한다.
④ 부심(B)과 무게중심(G)이 동일 연직선 상에 위치할 때 안정을 유지한다.

해설 부체의 안정조건
경심이 무게중심보다 높은 경우 복원모멘트가 작용하여 안정하다.

48 다음 중 베르누이의 정리를 응용한 것이 아닌 것은?
① 오리피스   ② 레이놀즈수
③ 벤츄리미터 ④ 토리첼리의 정리

해설 베르누이 정리
1) 베르누이 정리 응용 : 토리첼리의 정리(오리피스), 벤츄리미터, 피토관
2) 레이놀즈수 : $R_e = \frac{VD}{\nu} = \frac{관성력}{점성력}$

49 DAD 해석에 관한 내용으로 옳지 않은 것은?
① DAD의 값은 유역에 따라 다르다.
② DAD 해석에서 누가우량곡선이 필요하다.
③ DAD 곡선은 대부분 반대수지로 표시된다.
④ DAD 관계에서 최대평균우량은 지속시간 및 유역면적에 비례하여 증가한다.

해설 DAD해석(Depth - Area - Duration).
1) DAD해석 : 얻어진 강우량 기록으로부터 우량의 값, 유역면적 및 강우지속시간의 관계를 해석하여 반대수용지로 표시한다.
2) DAD해석 시 필요한 것
   - 우량깊이 : 강우량 기록지(누가우량곡선)
   - 유역면적 : 구적기
   - 지속시간 : 자기우량 기록지
3) 최대평균우량은 지속시간에 비례하고 유역면적에는 반비례한다.

해답 45. ③   46. ③   47. ①   48. ②   49. ④

50 합성단위 유량도(synthetic unit hydrograph)의 작성 방법이 아닌 것은?
① Snyder 방법
② Nakayasu 방법
③ 순간 단위유량도법
④ SCS의 무차원 단위유량도 이용법

해설 합성단위 유량도
1) 작성방법 : Snyder 방법, Nakayasu 방법, SCS 방법, Clark 방법 등이 있다.
2) 순간단위 유량도법 : 배수 유역 상에 단위 유효우량이 순간적 발생으로부터 이루어지는 유출수문곡선을 말한다.

51 수리학적으로 유리한 단면에 관한 내용으로 옳지 않은 것은?
① 동수반경을 최대로 하는 단면이다.
② 구형에서는 수심이 폭의 반과 같다.
③ 사다리꼴에서는 동수반경이 수심의 반과 같다.
④ 수리학적으로 가장 유리한 단면의 형태는 이등변 직각삼각형이다.

해설 수리학적 유리한 단면
1) 조건 : 윤변(P)이 최소이고, 동수반경(R)이 최대인 경우
2) 직사각형단면(구형) : $B=2h$, $R=\dfrac{h}{2}$
   사다리꼴단면 : $B=2l$, $R=\dfrac{h}{2}$
3) 수리학적으로 가장 유리한 단면의 형태는 수심을 반지름으로 하는 반원에 외접하는 단면이다.

52 마찰손실계수(f)와 Reynolds 수(Re) 및 상대조도(ϵ/d)의 관계를 나타낸 Moody 도표에 대한 설명으로 옳지 않은 것은?
① 층류영역에서는 관의 조도에 관계없이 단일 직선이 적용된다.
② 완전 난류의 완전히 거친 영역에서 f는 Re^n과 반비례하는 관계를 보인다.
③ 층류와 난류의 물리적 상이점은 $f-\text{Re}$ 관계가 한계 Reynolds 수 부근에서 갑자기 변한다.
④ 난류영역에서는 $f-\text{Re}$ 곡선은 상대조도에 따라 변하며 Reynolds 수 보다는 관의 조도가 더 중요한 변수가 된다.

해설 Moody도표
완전 난류의 완전히 거친 영역에서 f는 상대조도$\left(\dfrac{e}{D}\right)$의 함수이다.

53 관수로에서의 마찰손실수두에 대한 설명으로 옳은 것은?
① Froude 수에 반비례한다.
② 관수로의 길이에 비례한다.
③ 관의 조도계수에 반비례한다.
④ 관내 유속의 1/4 제곱에 비례한다.

해설 마찰손실수두(h_L)
1) $h_L = f\,\dfrac{L}{D}\,\dfrac{v^2}{2g}$
2) 마찰손실수두는 마찰손실계수, 관의 길이, 속도수두에 비례한다.

54 수심이 50m로 일정하고 무한히 넓은 해역에서 주태양반일주조(S_2)의 파장은? (단, 주태양반일주조의 주기는 12시간, 중력가속도 $g=9.81\text{m/s}^2$이다.)
① 9.56km
② 95.6km
③ 956km
④ 9560km

해설 파장(Wave Length)
1) 파의 속도
   $C=\sqrt{g\,h}=\sqrt{9.81\times 50}=22.136\text{m/sec}$
2) 파장=파의 속도 × 파의 주기
   $L=C\times T$
   $=\dfrac{22.136\text{m}}{\text{sec}}\times 12\times 3600\text{sec}=956275\text{m} ≒ 956\text{ km}$

55 지름 0.3m, 수심 6m인 굴착정이 있다. 피압대수층의 두께가 3.0m라 할 때 5L/s의 물을 양수하면 우물의 수위는? (단, 영향원의 반지름은 500m, 투수계수는 4m/h이다.)
① 3.848m
② 4.063m
③ 5.920m
④ 5.999m

해답 50. ③ 51. ④ 52. ② 53. ② 54. ③ 55. ②

해설 굴착정

1) $Q = \dfrac{\dfrac{5}{1000}\text{m}^3}{\sec} \times \dfrac{3600\sec}{\text{hr}} = 18\text{m}^3/\text{hr}$

2) $r_o = \dfrac{0.3\text{m}}{2} = 0.15\text{m}$

3) 굴착정
$Q = \dfrac{2\pi ak(H-h_o)}{\ln\left(\dfrac{R}{r_o}\right)}$

$18 = \dfrac{2 \times \pi \times 3 \times 4(6-h_o)}{\ln\left(\dfrac{500}{0.15}\right)}$

∴ $h_o = 4.063\text{m}$

★
56 흐르는 유체 속에 물체가 있을 때, 물체가 유체로부터 받는 힘은?
① 장력(張力) ② 충력(衝力)
③ 항력(抗力) ④ 소류력(掃流力)

해설 항력(D)
1) 정의 : 물체가 유체 속에 있을 때 물체가 유체로부터 받는 힘
2) $D = C_D\, A\, \dfrac{\rho V^2}{2}$

★★★
57 유역면적이 2km²인 어느 유역에 다음과 같은 강우가 있었다. 직접유출용적이 140000m³일 때, 이 유역에서의 ϕ-index는?

시간(30min)	1	2	3	4
강우강도(mm/h)	102	51	152	127

① 36.5mm/h   ② 51.0mm/h
③ 73.0mm/h   ④ 80.3mm/h

해설 ϕ-index 법

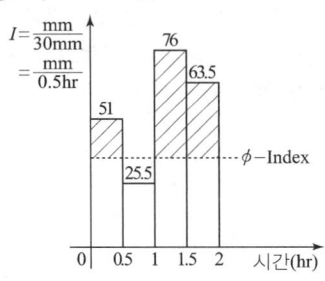

1) 강우강도
$I = \dfrac{102\text{mm}}{\text{hr}} = \dfrac{102\text{mm}/2}{1\text{hr}/2} = \dfrac{50.5\text{mm}}{0.5\text{hr}}$
$I = \dfrac{51\text{mm}}{\text{hr}} = \dfrac{51\text{mm}/2}{1\text{hr}/2} = \dfrac{25.5\text{mm}}{0.5\text{hr}}$
$I = \dfrac{152\text{mm}}{\text{hr}} = \dfrac{152\text{mm}/2}{1\text{hr}/2} = \dfrac{76\text{mm}}{0.5\text{hr}}$
$I = \dfrac{127\text{mm}}{\text{hr}} = \dfrac{127\text{mm}/2}{1\text{hr}/2} = \dfrac{63.5\text{mm}}{0.5\text{hr}}$

2) 총강우량 : 각각의 강우강도 30분(0.5hr)에 대한 강우량
$= \left(\dfrac{50.5\text{mm}}{0.5\text{hr}} \times 0.5\text{hr}\right) + \left(\dfrac{25.5\text{mm}}{0.5\text{hr}} \times 0.5\text{hr}\right)$
$+ \left(\dfrac{76\text{mm}}{0.5\text{hr}} \times 0.5\text{hr}\right) + \left(\dfrac{63.5\text{mm}}{0.5\text{hr}} \times 0.5\text{hr}\right)$
$= 216\text{mm}$

2) 직접유출량
$= \dfrac{직접유출용적}{유역면적} = \dfrac{140000\text{m}^3}{2000000\text{m}^2} = 0.07\text{m} = 70\text{mm}$

3) 총침투량(F)
$F = 강우량 - 직접유출량 = 216 - 70 = 146\text{mm}$

4) 총침투량이 146mm이므로 25.5mm와 51mm 사이로 ϕ선을 가정한다.

5) ϕ-index를 계산한다. (빗금친 면적=직접유출량)
$(51-\phi) + (76-\phi) + (63.5-\phi) = 70$
∴ ϕ-index $= \dfrac{40.167\text{mm}}{0.5\text{hr}} = 80.33\text{mm/hr}$

★★★
58 양정이 5m일 때 4.9kW의 펌프로 0.03m³/s를 양수했다면 이 펌프의 효율은?
① 약 0.3   ② 약 0.4
③ 약 0.5   ④ 약 0.6

해설 펌프의 동력(P)

1) $P = 9.8\,\dfrac{Q\,H}{\eta}$

2) $4.9 = 9.8 \times \dfrac{0.03 \times 5}{\eta}$

∴ $\eta = 0.3$

59 두 개의 수평한 판이 5mm 간격으로 놓여 있고, 점성계수 0.01N·s/cm²인 유체로 채워져 있다. 하나의 판을 고정시키고 다른 하나의 판을 2m/s로 움직일 때 유체 내에서 발생되는 전단응력은?

① 1N/cm² ② 2N/cm²
③ 3N/cm² ④ 4N/cm²

해설 전단응력
1) $dy = 5mm = 0.5cm$
2) $dv = 2m/sec = 200cm/sec$
3) $\tau = \mu \dfrac{dv}{dy} = 0.01 \times \dfrac{200}{0.5} = 4N/cm^2$

60 폭 4m, 수심 2m인 직사각형 단면 개수로에서 Manning 공식의 조도계수 $n = 0.017m^{-1/3} \cdot s$, 유량 $Q = 15m^3/s$일 때 수로의 경사(I)는?

① 1.016×10^{-3} ② 4.548×10^{-3}
③ 15.365×10^{-3} ④ 31.875×10^{-3}

해설 개수로의 수로경사
1) $Q = AV$
   $V = \dfrac{Q}{A} = \dfrac{15}{4 \times 2} = 1.875 m/sec$
2) $R = \dfrac{A}{P} = \dfrac{4 \times 2}{2 + 4 + 2} = 1m$
3) $V = \dfrac{1}{n} R^{\frac{2}{3}} I^{\frac{1}{2}}$
   $1.875 = \dfrac{1}{0.017} \times 1^{\frac{2}{3}} \times I^{\frac{1}{2}}$
   $\therefore I = 1.016 \times 10^{-3}$

철근콘크리트 및 강구조

61 복철근 콘크리트 단면에 인장철근비는 0.02, 압축철근비는 0.01이 배근된 경우 순간처짐이 20mm일 때 6개월이 지난 후 총 처짐량은?
(단, 작용하는 하중은 지속하중이다.)

① 26mm ② 36mm
③ 48mm ④ 68mm

해설 장기 처짐
1) $\rho' = 0.01$, $\xi = 1.2$ (6개월)
2) $\lambda_\Delta = \dfrac{\xi}{1 + 50\rho'} = \dfrac{1.2}{1 + 50 \times 0.01} = 0.8$
3) 장기 처짐 = 순간 처짐 × $\lambda_\Delta = 20 \times 0.8 = 16mm$
4) 총 처짐 = 순간 처짐 + 장기 처짐 = 20 + 16 = 36mm

62 PSC보를 RC보처럼 생각하여, 콘크리트는 압축력을 받고 긴장재는 인장력을 받게 하여 두 힘의 우력 모멘트로 외력에 의한 휨모멘트에 저항시킨다는 개념은?

① 응력개념 ② 강도개념
③ 하중평형개념 ④ 균등질 보의 개념

해설 PSC의 기본 개념
1) 응력 개념(균등질 보의 개념) : 프리스트레스가 도입되면 콘크리트 부재를 탄성이론으로 해석 할 수 있다는 개념
2) 강도 개념(내력모멘트 개념) : 압축력은 콘크리트가 받고 인장력은 PS강재가 받는 것으로 하여 두 힘에 의한 내력모멘트가 외력 모멘트에 저항한다는 개념
3) 하중평형 개념(등가 하중 개념) : 프리스트레싱에 의한 작용과 부재에 작용하는 하중을 평형이 되도록 하자는 개념

63 그림과 같이 단순 지지된 2방향 슬래브에 등분포 하중 w가 작용할 때, ab 방향에 분배되는 하중은 얼마인가?

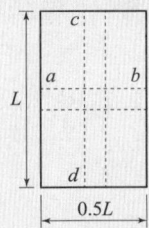

① $0.059w$ ② $0.111w$
③ $0.889w$ ④ $0.941w$

해설 2방향 슬래브의 하중분담
1) ab방향 : S로 표시
2) $w_s = \dfrac{L^4}{L^4 + S^4} \times w$
   $= \dfrac{L^4}{L^4 + (0.5L)^4} \times w = 0.971w$

64 그림과 같은 직사각형 단면을 가진 프리텐션 단순보에 편심 배치한 긴장재를 820kN으로 긴장하였을 때 콘크리트 탄성 변형으로 인한 프리스트레스의 감소량은? (단, 탄성계수비 $n=6$이고, 자중에 의한 영향은 무시한다.)

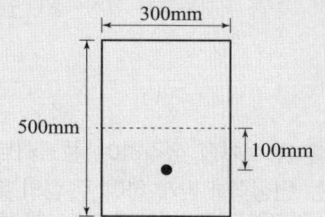

① 44.5MPa ② 46.5MPa
③ 48.5MPa ④ 50.5MPa

해설 콘크리트의 탄성변형으로 인한 프리스트레스 손실

1) $I = \dfrac{bh^3}{12} = \dfrac{300 \times 500^3}{12} = 3.125 \times 10^9 \text{mm}^4$

2) $\Delta f_p = n f_c = n\left(\dfrac{P}{A} + \dfrac{P \times e_p}{I} y_p\right)$
$= 6\left(\dfrac{820000}{300 \times 500} + \dfrac{820000 \times 100}{3.125 \times 10^9} \times 100\right)$
$= 48.5 \text{MPa}$

65 다음 중 전단철근으로 사용할 수 없는 것은?
① 스터럽과 굽힘철근의 조합
② 부재축에 직각으로 배치한 용접철망
③ 나선철근, 원형 띠철근 또는 후프철근
④ 주인장 철근에 30°의 각도로 설치되는 스터럽

해설 전단철근 종류
경사스터럽 : 주인장 철근에 45°의 각도로 설치되는 스터럽

66 그림과 같은 용접 이음에서 이음부의 응력은?

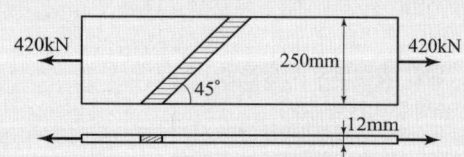

① 140MPa ② 152MPa
③ 168MPa ④ 180MPa

해설 용접이음부의 인장응력
1) 목두께(a) : 모재의 두께
2) 용접부의 유효길이(l): 용접 부의 길이를 응력방향에 투영한 길이를 사용한다.
3) $P = 420\text{kN} = 420000\text{N}$
4) $f = \dfrac{P}{\sum a\, l} = \dfrac{P}{t \cdot l} = \dfrac{420000}{12 \times 250} = 140 \text{MPa}$

67 슬래브의 구조 상세에 대한 설명으로 틀린 것은?
① 1방향 슬래브의 두께는 최소 100mm 이상으로 하여야 한다.
② 1방향 슬래브의 정모멘트 철근 및 부모멘트 철근의 중심 간격은 위험단면에서는 슬래브 두께의 2배 이하이어야 하고, 또한 300mm 이하로 하여야 한다.
③ 1방향 슬래브의 수축·온도철근의 간격은 슬래브 두께의 3배 이하, 또한 400mm 이하로 하여야 한다.
④ 2방향 슬래브의 위험단면에서 철근 간격은 슬래브 두께의 2배 이하, 또한 300mm 이하로 하여야 한다.

해설 슬래브의 구조상세
1방향 슬래브의 수축·온도철근의 간격은 슬래브두께의 5배 이하, 450mm 이하로 하여야한다.

68 강도설계법에서 보의 휨 파괴에 대한 설명으로 틀린 것은?
① 보는 취성파괴 보다는 연성파괴가 일어나도록 설계되어야 한다.
② 과소철근 보는 인장철근이 항복하기 전에 압축연단 콘크리트의 변형률이 극한 변형률에 먼저 도달하는 보이다.
③ 균형철근 보는 인장철근이 설계기준 항복강도에 도달함과 동시에 압축연단 콘크리트의 변형률이 극한 변형률에 도달하는 보이다.
④ 과다철근 보는 인장철근량이 많아서 갑작스런 압축파괴가 발생하는 보이다.

해설 강도설계법의 휨 파괴(과소철근보)
1) 과소철근보는 인장철근이 먼저 항복
2) 중립축이 압축 측으로 이동
3) 인장철근의 연성파괴 발생

해답 64. ③   65. ④   66. ①   67. ③   68. ②

69 $b=300mm$, $d=500mm$, $A_s=3-D25=1520mm^2$가 1열로 배치된 단철근 직사각형 보의 설계 휨강도(ϕM_n)는? (단, $f_{ck}=28MPa$, $f_y=400MPa$이고, 과소철근보이다.)

① 132.5kN·m ② 183.3kN·m
③ 236.4kN·m ④ 307.7kN·m

해설 단 철근 직사각형 보의 설계 휨강도
1) 등가직사각형 응력블록깊이(a)
   ① $f_{ck} \leq 40MPa \Rightarrow \eta = 1.0$
   ② $a = \dfrac{A_s f_y}{\eta(0.85 f_{ck})b} = \dfrac{1,520 \times 400}{1.0 \times 0.85 \times 28 \times 300}$
      $= 85.15mm$
2) $\phi M_n = \phi [A_s f_y (d - \dfrac{a}{2})]$
   $= 0.85[1,520 \times 400 \times (500 - \dfrac{85.15}{2})]$
   $= 236,379,240 N \cdot mm ≒ 236.4 kN \cdot m$
   여기서, $\phi = 0.85$ (∵ 과소철근보)

70 다음 중 반 T형보의 유효폭을 구할 때 고려하여야 할 사항이 아닌 것은? (단, b_w는 플랜지가 있는 부재의 복부폭이다.)
① 양쪽 슬래브의 중심 간 거리
② (한쪽으로 내민 플랜지 두께의 6배)+b_w
③ (보의 경간의 $\dfrac{1}{12}$)+b_w
④ (인접 보와의 내측 거리의 $\dfrac{1}{2}$)+b_w

해설 반T형 보의 플랜지 유효 폭
1) 한쪽으로 내민 플랜지 두께의 6배+b_w
2) 인접 보와의 내측 거리 $\dfrac{1}{2}$+b_w
3) 보의 경간의 $\dfrac{1}{12}$+b_w
∴ 위의 값 중 가장 작은 값을 유효 폭으로 한다.

71 압축 이형철근의 정착에 대한 설명으로 틀린 것은?
① 정착길이는 항상 200mm 이상이어야 한다.
② 정착길이는 기본정착길이에 적용 가능한 모든 보정계수를 곱하여 구하여야 한다.
③ 해석결과 요구되는 철근량을 초과하여 배치한 경우의 보정계수는 $\left(\dfrac{소요 A_s}{배근 A_s}\right)$이다.
④ 지름이 6mm 이상이고 나선 간격이 100mm 이하인 나선철근으로 둘러싸인 압축 이형철근의 보정계수는 0.8이다.

해설 압축이형철근의 보정계수
지름이 6mm 이상, 간격 100mm 이하인 나선철근으로 둘러싸인 압축이형철근의 보정계수는 0.75이다.

72 처짐을 계산하지 않는 경우 단순 지지된 보의 최소 두께(h)는? (단, 보통중량콘크리트($m_c=2300kg/m^3$) 및 $f_y=300MPa$인 철근을 사용한 부재이며, 길이가 10m인 보이다.)
① 429mm ② 500mm
③ 537mm ④ 625mm

해설 처짐을 계산하지 않는 경우 단순 지지된 보의 최소두께
1) 단순보의 최소두께는 $\dfrac{l}{16}$이고, f_y가 400MPa이 아닌 경우 $\left(0.43 + \dfrac{f_y}{700}\right)$를 곱하여 구한다.
2) $h = \dfrac{l}{16}\left(0.43 + \dfrac{f_y}{700}\right)$
   $= \dfrac{10000}{16}\left(0.43 + \dfrac{300}{700}\right) ≒ 537mm$

73 표피철근의 정의로서 옳은 것은?
① 전체 깊이가 900mm를 초과하는 휨부재 복부의 양 측면에 부재 축방향으로 배치하는 철근
② 전체 깊이가 1200mm를 초과하는 휨부재 복부의 양 측면에 부재 축방향으로 배치하는 철근
③ 유효 깊이가 900mm를 초과하는 휨부재 복부의 양 측면에 부재 축방향으로 배치하는 철근
④ 유효 깊이가 1200mm를 초과하는 휨부재 복부의 양 측면에 부재 축방향으로 배치하는 철근

해답 69. ③ 70. ① 71. ④ 72. ③ 73. ①

해설 표피철근

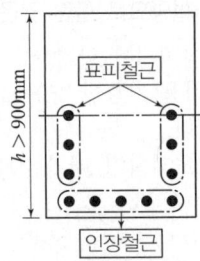

정의 : 전체 깊이가 900mm를 초과하는 휨 부재 복부의 양 측면에 부재 축 방향으로 배치하는 철근

★★★
74 그림과 같은 두께 13mm의 플레이트에 4개의 볼트구멍이 배치되어있을 때 부재의 순단면적은? (단, 구멍의 지름은 24mm이다.)

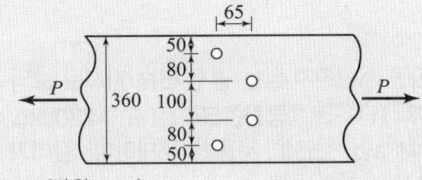

① 4056mm²　　② 3916mm²
③ 3775mm²　　④ 3524mm²

해설 순 단면적 계산

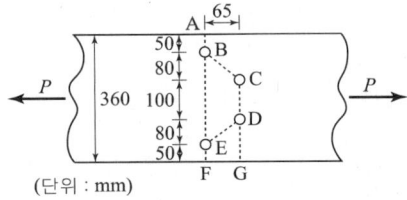

1) 순폭계산(b_n)
 ① A-B-E-F
  $b_n = b_g - 2d = 360 - 2 \times 24 = 312\text{mm}$
 ② A-B-C-D-G
  $b_n = b_g - 2d - \left(d - \dfrac{P^2}{4g}\right)$
  $= 360 - 2 \times 24 - \left(24 - \dfrac{65^2}{4 \times 80}\right) = 301.2\text{mm}$
 ③ A-B-C-D-E-F
  $b_n = b_g - 2d - 2\left(d - \dfrac{P^2}{4g}\right)$
  $= 360 - 2 \times 24 - 2\left(24 - \dfrac{65^2}{4 \times 80}\right) = 290.4\text{mm}$
 ∴ 이 중 최솟값 290.4mm를 순폭으로 한다.

2) 순단면적=순폭×부재의 두께
 $= 290.4 \times 13 = 3775\text{m}^2$

★★
75 옹벽설계에서 안정조건에 대한 설명으로 틀린 것은?
① 전도에 대한 저항휨모멘트는 횡토압에 의한 전도모멘트의 1.5배 이상이어야 한다.
② 옹벽의 활동에 대한 저항력은 옹벽에 작용하는 수평력의 1.5배 이상이어야 한다.
③ 지반에 유발되는 최대 지반반력은 지반의 허용지지력을 초과하지 않아야 한다.
④ 전도 및 지반지지력에 대한 안정조건은 만족하지만, 활동에 대한 안정조건만을 만족하지 못할 경우 활동방지벽 혹은 횡방향 앵커 등을 설치하여 활동저항력을 증대시킬 수 있다.

해설 옹벽의 안정조건
 전도에 대한 저항모멘트는 횡 토압에 의한 전도모멘트의 2.0배 이상이어야 한다.

★★★
76 강도설계법에서 그림과 같은 단철근 T형보의 공칭휨강도(M_n)는? (단, A_s=5000mm², f_{ck}=21MPa, f_y=300MPa, 그림의 단위는 mm이다.)

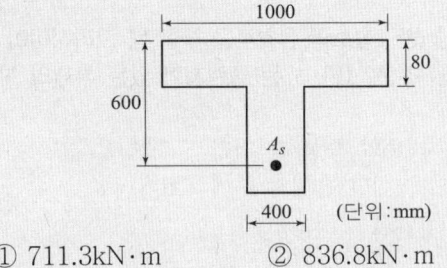

① 711.3kN·m　　② 836.8kN·m
③ 947.5kN·m　　④ 1084.6kN·m

해설 단철근 T형보
1) T형 보의 판정 : 폭 b인 단철근 직사각형 보로 보고 등가 직사각형 응력 블록 깊이를 구하면
 ① $f_{ck} \leq 40\text{MPa} \Rightarrow \eta = 1.0$
 ② $a = \dfrac{A_s f_y}{\eta(0.85 f_{ck})b} = \dfrac{5,000 \times 300}{1.0 \times 0.85 \times 21 \times 1,000}$
  $= 84.03\text{mm}$
 ∴ T형보로 설계한다. (∵ $a > t_f = 80\text{mm}$)

2) 공칭 휨 강도(M_n)
 ① $A_{sf} = \dfrac{\eta 0.85 f_{ck}(b - b_w) t_f}{f_y}$
  $= \dfrac{1.0 \times 0.85 \times 21 \times (1,000 - 400) \times 80}{300}$
  $= 2,856\text{mm}^2$

해답 74. ③　75. ①　76. ②

② $a = \dfrac{(A_s - A_{sf})f_y}{\eta(0.85f_{ck})b_w} = \dfrac{(5,000 - 2,856) \times 300}{1.0 \times 0.85 \times 21 \times 400}$

　$\fallingdotseq 90.08\text{mm}$

③ $M_n = [A_{sf}f_y\left(d - \dfrac{t_f}{2}\right) + (A_s - A_{sf})f_y\left(d - \dfrac{a}{2}\right)]$

　　$= [2,856 \times 300 \times \left(600 - \dfrac{80}{2}\right) + (5,000 - 2,856)$

　　　$\times 300 \times \left(600 - \dfrac{90.08}{2}\right)]$

　　$= 836,758,272\text{N} \cdot \text{mm} \fallingdotseq 836.8\text{kN} \cdot \text{m}$

★★★

77 프리스트레스의 손실 원인은 그 시기에 따라 즉시 손실과 도입 후에 시간적인 경과 후에 일어나는 손실로 나눌 수 있다. 다음 중 손실 원인의 시기가 나머지와 다른 하나는?
① 콘크리트의 크리프
② 콘크리트의 건조수축
③ 긴장재 응력의 릴랙세이션
④ 포스트텐션 긴장재와 덕트 사이의 마찰

해설 프리스트레스의 손실원인
1) 프리스트레스 도입 시 손실(즉시 손실)
   콘크리트의 탄성변형, 강재와 쉬스의 마찰, 정착단의 활동
2) 프리스트레스 도입 후 손실(시간적 손실)
   콘크리트의 건조수축, 콘크리트의 크리프, 강재의 릴랙세이션

★★★

78 $b_w = 250\text{mm}$, $d = 500\text{mm}$ 인 직사각형 보에서 콘크리트가 부담하는 설계전단강도(ϕV_c)는? (단, $f_{ck} = 21\text{MPa}$, $f_y = 400\text{MPa}$, 보통중량 콘크리트이다.)
① 91.5kN　　② 82.2kN
③ 76.4kN　　④ 71.6kN

해설 설계전단강도
1) $\phi = 0.75$
2) $V_c = \dfrac{1}{6}\lambda\sqrt{f_{ck}}\,b_w d$
3) $\phi V_c = 0.75 \times \dfrac{1}{6} \times 1.0 \times \sqrt{21} \times 250 \times 500$
　　$= 71602.75\text{N} \fallingdotseq 71.6\text{kN}$

★★★

79 강도설계법에서 그림과 같은 띠철근 기둥의 최대 설계축강도($\phi P_{n(\max)}$)는? (단, 축방향 철근의 단면적 $A_{st} = 1865\text{mm}^2$, $f_{ck} = 28\text{MPa}$, $f_y = 300\text{MPa}$이고, 기둥은 중심 축하중을 받는 단주이다.)

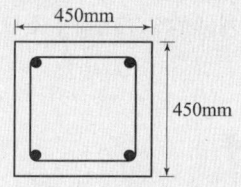

① 1998kN　　② 2490kN
③ 2774kN　　④ 3075kN

해설 띠철근 기둥
1) 강도 감소계수 : $\phi = 0.65$
2) 기둥의 총단면적 : $A_g = 450 \times 450 = 202500\text{mm}^2$
3) $\phi P_n = \phi 0.80\,[\,0.85f_{ck}(A_g - A_{st}) + A_{st}f_y\,]$
　　$= 0.65 \times 0.80[0.85 \times 28 \times (202500 - 1865) + 1865 \times 300]$
　　$= 2773998.76\text{N} \fallingdotseq 2774\text{kN}$

★★

80 그림과 같은 강재의 이음에서 $P = 600\text{kN}$이 작용할 때 필요한 리벳의 수는? (단, 리벳의 지름은 19mm, 허용전단응력은 110MPa, 허용지압응력은 240MPa이다.)

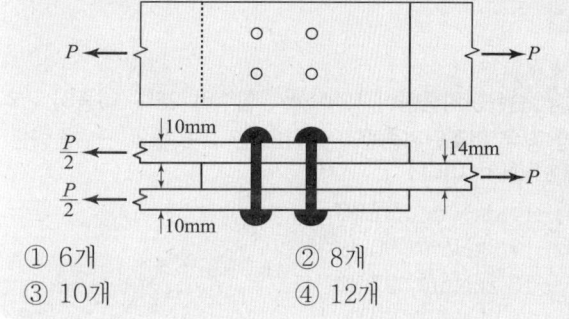

① 6개　　② 8개
③ 10개　　④ 12개

해설 리벳 수량
1) 리벳의 전단강도
　$\rho_s = \nu_a \cdot \dfrac{\pi d^2}{4} \times 2$ (복전단)
　　$= 110 \times \dfrac{\pi \times 19^2}{4} \times 2 = 62376\text{N} = 62.376\text{kN}$
2) 리벳의 지압강도
　$\rho_b = f_{ba}dt$
　　$= 240 \times 19 \times 14 = 63840\text{N} = 63.8\text{kN}$
　※ 여기서, t는 14mm와 (10+10)mm 중 작은 값을 사용한다.

해답　77. ④　78. ④　79. ③　80. ③

3) 리벳의 강도
리벳의 전단강도와 지압강도 중 작은 값 62.38kN이 리벳의 강도이다.
3) 소요 리벳의 수
$$n = \frac{P}{리벳의 강도} = \frac{600}{62.38} = 9.62$$
∴ $n = 10$개(올림정수로 해야 함)

토질 및 기초

81 사질토에 대한 직접 전단시험을 실시하여 다음과 같은 결과를 얻었다. 내부마찰각은 약 얼마인가?

수직응력(kN/m²)	30	60	90
최대전단응력(kN/m²)	17.3	34.6	51.9

① 25° ② 30°
③ 35° ④ 40°

해설 직접전단시험
1) 사질토 이므로 $C = 0$
$\tau = C + \sigma \tan\phi$
$17.3 = 0 + 30 \times \tan\phi \Rightarrow ∴ \phi ≒ 30°$
2) 그래프의 기울기 이용하는 경우
$\tan\phi = \frac{34.6 - 17.3}{60 - 30} \Rightarrow \phi ≒ 30°$

82 습윤단위중량이 19kN/m³, 함수비 25%, 비중이 2.7인 경우 건조단위중량과 포화도는? (단, 물의 단위중량은 9.81kN/m³이다.)

① 17.3kN/m³, 97.8%
② 17.3kN/m³, 90.9%
③ 15.2kN/m³, 97.8%
④ 15.2kN/m³, 90.9%

해설 흙의 건조단위중량
1) $\gamma_d = \frac{\gamma_t}{1 + \frac{w}{100}} = \frac{19}{1 + \frac{25}{100}} = 15.2 \text{kN/m}^3$
2) 공극비
$e = \frac{G_s \gamma_w}{\gamma_d} - 1 = \frac{2.7 \times 9.81}{15.2} - 1 = 0.743$
3) 포화도
$wG_s = Se$
$S = \frac{wG_s}{e} = \frac{25 \times 2.7}{0.743} = 90.9\%$

83 유선망의 특징에 대한 설명으로 틀린 것은?
① 각 유로의 침투유량은 같다.
② 유선과 등수두선은 서로 직교한다.
③ 인접한 유선 사이의 수두 감소량(head loss)은 동일하다.
④ 침투속도 및 동수경사는 유선망의 폭에 반비례한다.

해설 유선망
인접한 등수두선 사이의 수두 감소량은 동일하다.

84 $\gamma_t = 19\text{kN/m}^3$, $\phi = 30°$인 뒤채움 모래를 이용하여 8m 높이의 보강토 옹벽을 설치하고자 한다. 폭 75mm, 두께 3.69mm의 보강띠를 연직 방향 설치간격 $S_v = 0.5\text{m}$, 수평 방향 설치간격 $S_h = 1.0\text{m}$로 시공하고자 할 때, 보강띠에 작용하는 최대 힘($T_{\max}$)의 크기는?
① 15.33kN ② 25.33kN
③ 35.33kN ④ 45.33kN

해설 보강 띠가 받는 최대 힘
1) 주동토압계수
$K_a = \frac{1 - \sin\phi}{1 + \sin\phi} = \frac{1 - \sin 30°}{1 + \sin 30°} = \frac{1}{3}$
2) 보강 띠가 받는 최대 힘
$T_{\max} = K_a \gamma_t H \delta_v \delta_h$
$= \frac{1}{3} \times 19 \times 8 \times 0.5 \times 1.0 = 25.33\text{kN}$

85 사질토 지반에 축조되는 강성기초의 접지압 분포에 대한 설명으로 옳은 것은?
① 기초 모서리 부분에서 최대 응력이 발생한다.
② 기초에 작용하는 접지압 분포는 토질에 관계없이 일정하다.
③ 기초의 중앙 부분에서 최대 응력이 발생한다.
④ 기초 밑면의 응력은 어느 부분이나 동일하다.

해설 강성기초의 접지압
1) 기초에 작용하는 접지압 분포는 흙의 종류에 따라 다르게 나타난다.
2) 사질토지반의 최대 응력은 기초의 중앙부분에서 발생한다.
3) 점토지반의 최대 응력은 기초의 모서리 부분에서 발생한다.

해답 81. ② 82. ④ 83. ③ 84. ② 85. ③

86
아래의 공식은 흙 시료에 삼축압력이 작용할 때 흙 시료 내부에 발생하는 간극수압을 구하는 공식이다. 이 식에 대한 설명으로 틀린 것은?

$$\Delta u = B[\Delta\sigma_3 + A(\Delta\sigma_1 - \Delta\sigma_3)]$$

① 포화된 흙의 경우 $B=1$이다.
② 간극수압계수 A값은 언제나 (+)의 값을 갖는다.
③ 간극수압계수 A값은 삼축압축시험에서 구할 수 있다.
④ 포화된 점토에서 구속응력을 일정하게 두고 간극수압을 측정했다면, 축차응력과 간극수압으로부터 A값을 계산할 수 있다.

해설 간극수압계수
1) 과압밀 점토의 A값 : -0.5 ~ 0
2) 정규압밀 점토의 A값 : 0.5 ~ 1

87
Terzaghi의 극한지지력 공식에 대한 설명으로 틀린 것은?

① 기초의 형상에 따라 형상계수를 고려하고 있다.
② 지지력계수 N_c, N_q, N_γ는 내부마찰각에 의해 결정된다.
③ 점성토에서의 극한지지력은 기초의 근입깊이가 깊어지면 증가된다.
④ 사질토에서의 극한지지력은 기초의 폭에 관계없이 기초 하부의 흙에 의해 결정된다.

해설 Terzaghi의 극한지지력
1) $q_u = \alpha C N_c + \beta B \gamma_1 N_r + \gamma_2 D_f N_q$
2) 사질토의 극한지지력은 기초의 폭에 비례한다.
3) 점토의 극한지지력은 기초의 폭에 무관하다.

88
전체 시추코어 길이가 150cm이고 이중 회수된 코어 길이의 합이 80cm이었으며, 10cm 이상인 코어 길이의 합이 70cm이었을 때 코어의 회수율(TCR)은?

① 56.67% ② 53.33%
③ 46.67% ④ 43.33%

해설 코어의 회수율
1) 회수율 = $\frac{회수된 코어길이의 합}{전체 시추코어 길이} \times 100$
   = $\frac{80}{150} \times 100 = 53.33\%$
2) 암질지수(RQD)
   RQD = $\frac{10cm \text{ 이상 회수된 코어길이의 합}}{전체 시추 코어 길이} \times 100$
   = $\frac{70}{150} \times 100 = 46.67\%$

89
다음 지반 개량공법 중 연약한 점토지반에 적당하지 않은 것은?

① 프리로딩 공법
② 샌드 드레인 공법
③ 생석회 말뚝 공법
④ 바이브로 플로테이션 공법

해설 연약지반 개량공법
바이브로 플로테이션 공법 : 모래지반 개량 공법

90
두께 H인 점토층에 압밀하중을 가하여 요구되는, 압밀도에 달할 때까지 소요되는 기간이 단면배수일 경우 400일이었다면 양면배수일 때는 며칠이 걸리겠는가?

① 800일 ② 400일
③ 200일 ④ 100일

해설 압밀시간(t)
1) $t = \frac{T_v d^2}{C_v}$
2) 압밀시간은 배수거리의 제곱에 비례한다.
   $t_1 : t_2 = d_1^2 : d_2^2$
   $400 : t_2 = H^2 : \left(\frac{H}{2}\right)^2$
   $\therefore t_2 = 100$일

해답 86. ② 87. ④ 88. ② 89. ④ 90. ④

91 현장 흙의 밀도 시험 중 모래치환법에서 모래는 무엇을 구하기 위하여 사용하는가?
① 시험구멍에서 파낸 흙의 중량
② 시험구멍의 체적
③ 지반의 지지력
④ 흙의 함수비

해설 모래치환법
모래치환 이유 : 시험구멍을 파낸 다음 모래를 채워 시험구멍의 체적을 구함.

92 단위중량(γ_t)=19kN/m³, 내부마찰각(ϕ)=30°, 정지토압계수(K_o)=0.5인 균질한 사질토 지반이 있다. 이 지반의 지표면 아래 2m 지점에 지하수위면이 있고 지하수위면 아래의 포화 단위중량(γ_{sat})=20kN/m³이다. 이때 지표면 아래 4m 지점에서 지반 내 응력에 대한 설명으로 틀린 것은? (단, 물의 단위중량은 9.81kN/m³이다.)
① 연직응력(σ_v)은 80kN/m²이다.
② 간극수압(u)은 19.62kN/m²이다.
③ 유효연직응력(σ_v')은 58.38kN/m²이다.
④ 유효수평응력(σ_h')은 29.19kN/m²이다.

해설 지반 내의 응력
1) $\sigma_v = \gamma_t h_1 + \gamma_{sat} h_2 = 19 \times 2 + 20 \times 2 = 78 \text{kN/m}^2$
2) $u = \gamma_w h_2 = 9.81 \times 2 = 19.62 \text{kN/m}^2$
3) $\sigma' = \sigma - u = 78 - 19.62 = 58.38 \text{kN/m}^2$
4) $\sigma_h' = K_o \sigma' = 0.5 \times 58.38 = 29.19 \text{kN/m}^2$

93 어떤 시료를 입도분석 한 결과, 0.075mm체 통과율이 65%이었고, 애터버그한계 시험결과 액성한계가 40%이었으며 소성도표(Plasticity chart)에서 A선 위의 구역에 위치한다면 이 시료의 통일분류법(USCS)상 기호로서 옳은 것은? (단, 시료는 무기질이다.)
① CL   ② ML
③ CH   ④ MH

해설 통일분류법
1) 세립토 : No200체(0.075mm)통과율 50% 이상
2) 점토 : 소성도의 A선 위의 흙
3) 저압축성 흙 : 액성한계함수비 50% 이하

94 그림과 같은 모래시료의 분사현상에 대한 안전율을 3.0 이상이 되도록 하려면 수두차 h를 최대 얼마 이하로 하여야 하는가?

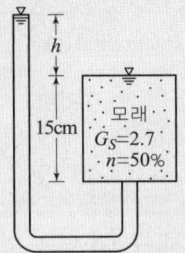

① 12.75cm   ② 9.75cm
③ 4.25cm   ④ 3.25cm

해설 분사현상
1) 공극비
$$e = \frac{n}{100-n} = \frac{50}{100-50} = 1.0$$
2) 한계동수구배
$$i_c = \frac{G_s - 1}{1+e} = \frac{2.7-1}{1+1} = 0.85$$
3) 분사현상에 대한 안전율
$$F_s = \frac{i_c}{i} \Rightarrow 3.0 = \frac{0.85}{\frac{h}{15}} = 4.25\text{cm}$$

95 말뚝기초의 지반거동에 대한 설명으로 틀린 것은?
① 연약지반상에 타입되어 지반이 먼저 변형하고 그 결과 말뚝이 저항하는 말뚝을 주동말뚝이라 한다.
② 말뚝에 작용한 하중은 말뚝주변의 마찰력과 말뚝선단의 지지력에 의하여 주변 지반에 전달된다.
③ 기성말뚝을 타입하면 전단파괴를 일으키며 말뚝주위의 지반은 교란된다.
④ 말뚝 타입 후 지지력의 증가 또는 감소 현상을 시간효과(time effect)라 한다.

해설 말뚝기초의 지반거동
1) 주동말뚝 : 수평력이 작용하는 상부 구조물에 의해 말뚝두부가 먼저 변형되어 주변지반이 저항하는 말뚝.
2) 수동말뚝 : 인접지반의 성토나 압밀 침하 등으로 말뚝 주변 지반이 먼저 변형하고 그 결과 말뚝이 저항하는 말뚝

해답 91. ② 92. ① 93. ① 94. ③ 95. ①

96
어떤 점토의 압밀계수는 $1.92 \times 10^{-7} m^2/s$, 압축계수는 $2.86 \times 10^{-1} m^2/kN$이었다. 이 점토의 투수계수는? (단, 이 점토의 초기간극비는 0.80이고, 물의 단위중량은 $9.81 kN/m^3$이다.)

① 0.99×10^{-5} cm/s
② 1.99×10^{-5} cm/s
③ 2.99×10^{-5} cm/s
④ 3.99×10^{-5} cm/s

해설 투수계수

1) 체적변화계수
$$m_v = \frac{a_v}{1+e} = \frac{2.86 \times 10^{-1}}{1+0.8} = 0.159 \, m^2/kN$$

2) $K = C_v \, m_v \, r_w$
$= 1.92 \times 10^{-7} \times 0.159 \times 9.81$
$= 2.99 \times 10^{-7} \, m/s = 2.99 \times 10^{-5} \, cm/s$

97
두 개의 규소판 사이에 한 개의 알루미늄판이 결합된 3층 구조가 무수히 많이 연결되어 형성된 점토광물로서 각 3층 구조 사이에는 칼륨이온(K^+)으로 결합되어 있는 것은?

① 일라이트(illite)
② 카올리나이트(kaolinite)
③ 할로이사이트(halloysite)
④ 몬모릴로나이트(montmorillonite)

해설 점토광물

1) 카올리나이트
 - 1개의 규소판과 1개의 알루미늄판으로 결합된 2층 구조
 - 활성도가 가장 작고 공학적으로 가장 안정된 구조
2) 일나이트
 - 두 개의 규소판 사이에 알루미늄판이 결합된 3층 구조
 - 3층 구조 단위들이 불치환성 양이온(K^+)으로 결합
3) 몬모릴로나이트
 - 두 개의 규소판 사이에 알루미늄판이 결합된 3층 구조
 - 3층 구조 단위들이 치환성 양이온으로 결합
 - 활성도가 가장 크고 공학적으로 가장 불안정한 구조

98
사운딩에 대한 설명으로 틀린 것은?

① 로드 선단에 지중저항체를 설치하고 지반내 관입, 압입, 또는 회전하거나 인발하여 그 저항치로부터 지반의 특성을 파악하는 지반조사방법이다.
② 정적사운딩과 동적사운딩이 있다.
③ 압입식 사운딩의 대표적인 방법은 Standard Penetration Test(SPT)이다.
④ 특수사운딩 중 측압사운딩의 공내횡방향 재하시험은 보링공을 기계적으로 수평으로 확장시키면서 측압과 수평변위를 측정한다.

해설 사운딩

1) 압입식 사운딩 : 콘 관입 시험
2) Corn 관입시험은 원추형 Corn을 지중에 압입할 때의 저항력측정하여
3) 흙의 연경도를 조사하며 연약한 점토질 지반에 적용

99
그림과 같이 $c=0$인 모래로 이루어진 무한사면이 안정을 유지(안전율≥1)하기 위한 경사각(β)의 크기로 옳은 것은? (단, 물의 단위중량은 $9.81 kN/m^3$이다.)

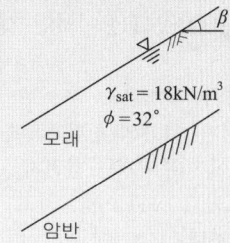

① $\beta \leq 7.94°$
② $\beta \leq 15.87°$
③ $\beta \leq 23.79°$
④ $\beta \leq 31.76°$

해설 사면의 안정

$$F_s = \frac{\gamma_{sub}}{\gamma_{sat}} \cdot \frac{\tan\phi}{\tan\beta}$$

$1.0 \geq \frac{(18-9.81)}{18} \frac{\tan 32°}{\tan \beta}$

∴ $\beta \leq 15.87°$

해답 96. ③ 97. ① 98. ③ 99. ②

③ 2020년 과년도출제문제

★★
100 동상 방지대책에 대한 설명으로 틀린 것은?
① 배수구 등을 설치하여 지하수위를 저하시킨다.
② 지표의 흙을 화학약품으로 처리하여 동결온도를 내린다.
③ 동결 깊이보다 깊은 흙을 동결하지 않는 흙으로 치환한다.
④ 모관수의 상승을 차단하기 위해 조립의 차단층을 지하수위보다 높은 위치에 설치한다.

해설 동상대책
동결 깊이보다 얕은 흙을 동결하지 않는 흙으로 치환한다.

상하수도공학

★★
101 고속응집침전지를 선택할 때 고려하여야 할 사항으로 옳지 않은 것은?
① 처리수량의 변동이 적어야 한다.
② 탁도와 수온의 변동이 적어야 한다.
③ 원수 탁도는 10NTU 이상이어야 한다.
④ 최고 탁도는 10000NTU 이하인 것이 바람직하다.

해설 고속응집침전지
1) 고속응집침전지 : 1개의 침전지내에서 약품혼화, 응집, 침전이 동시에 이루어지는 침전지.
2) 원수의 탁도는 10NTU이상, 최고 탁도는 1000NTU 이하이어야 한다.

★★★
102 경도가 높은 물을 보일러 용수로 사용할 때 발생되는 주요 문제점은?
① Cavitation ② Scale 생성
③ Priming 생성 ④ Foaming 생성

해설 경도가 높은 물의 문제점
1) 공업용수로 사용 시 : 관내에 Scale이나 Slime층이 형성된다.
2) 식수로 사용 시 : 위장장해나 설사 등을 유발한다.

★★
103 지표수를 수원으로 하는 일반적인 상수도의 계통도로 옳은 것은?
① 취수탑 → 침사지 → 급속여과 → 보통침전지 → 소독 → 배수지 → 급수
② 침사지 → 취수탑 → 급속여과 → 응집침전지 → 소독 → 배수지 → 급수
③ 취수탑 → 침사지 → 보통침전지 → 급속여과 → 배수지 → 소독 → 급수
④ 취수탑 → 침사지 → 응집침전지 → 급속여과 → 소독 → 배수지 → 급수

해설 상수도의 계통도
1) 정수처리 순서 : 침전 → 여과 → 소독
2) 급속여과의 전처리 : 응집침전

★★★
104 침전지의 침전효율을 크게 하기 위한 조건과 거리가 먼 것은?
① 유량을 작게 한다.
② 체류시간을 작게 한다.
③ 침전지 표면적을 크게 한다.
④ 플록의 침강속도를 크게 한다.

해설 침전지의 침전효율
1) 표면적 부하
$$\frac{Q}{A} = \frac{H}{t}$$
2) 침전효율
$$E = \frac{V_s(침강속도)}{\frac{Q(유량)}{A(표면적)}}$$
3) 침전효율을 크게 하기 위한 조건
침강속도를 크게, 침전지면적 크게, 유량은 작게, 체류시간을 크게 한다.

★
105 유출계수 0.6, 강우강도 2mm/min, 유역면적 2km²인 지역의 우수량을 합리식으로 구하면?
① $0.007m^3/s$ ② $0.4m^3/s$
③ $0.667m^3/s$ ④ $40m^3/s$

해답 100. ③ 101. ④ 102. ② 103. ④ 104. ② 105. ④

해설 우수유출량(합리식)

1) $I = \dfrac{2mm}{min} \times \dfrac{60min}{1hr} = \dfrac{120mm}{hr}$

2) $Q = \dfrac{1}{3.6} CIA$

   $= \dfrac{1}{3.6} \times 0.6 \times 120 \times 2 = 40 m^3/s$

★★
106 양수량이 500m³/h, 전양정이 10m, 회전수가 1100rpm일 때 비교회전도(N_s)는?

① 362　　② 565
③ 614　　④ 809

해설 비교회전도(N_s)

1) $Q = \dfrac{500 m^3}{h} \times \dfrac{h}{60min} = 8.33 \dfrac{m^3}{min}$

2) $N_s = N \dfrac{Q^{\frac{1}{2}}}{H^{\frac{3}{4}}} = 1100 \times \dfrac{8.33^{\frac{1}{2}}}{10^{\frac{3}{4}}} = 565$

★★
107 여과면적이 1지당 120m²인 정수장에서 역세척과 표면세척을 6분/회씩 수행할 경우 1지당 배출되는 세척수량은? (단, 역세척 속도는 5m/분, 표면세척 속도는 4m/분이다.)

① 1080m³/회　　② 2640m³/회
③ 4920m³/회　　④ 6480m³/회

해설 여과지의 세척수량(Q)

1) 역세척수량
   $Q_1 = AVt = 120 \times 5 \times 6 = 3600 m^3/회$

2) 표면세척수량
   $Q_2 = AVt = 120 \times 4 \times 6 = 2880 m^3/회$

3) 여과지의 세척수량
   $Q = Q_1 + Q_2 = 6480 m^3/회$

★
108 혐기성 소화공정을 적절하게 운전 및 관리하기 위하여 확인해야 할 사항으로 옳지 않은 것은?

① COD 농도 측정
② 가스발생량 측정
③ 상징수의 pH 측정
④ 소화슬러지의 성상 파악

해설 혐기성 소화에 영향을 주는 인자 및 운전지표
1) 유기물 부하
2) 소화슬러지 성상 파악 및 소화온도
3) PH와 알카리도
4) 교반
5) C/N 비
6) 가스발생량과 조성 등.

★★
109 도수관로에 관한 설명으로 틀린 것은?

① 도수거 동수경사의 통상적인 범위는 1/1000~1/3000 이다.
② 도수관의 평균유속은 자연유하식인 경우에 허용 최소한도를 0.3m/s로 한다.
③ 도수관의 평균유속은 자연유하식인 경우에 최대한도를 3.0m/s로 한다.
④ 관경의 산정에 있어서 시점의 고수위, 종점의 저수위를 기준으로 동수경사를 구한다.

해설 도수관로
관경의 산정은 최소 동수경사선 으로 한다. 즉 시점의 저수위, 종점의 고수위를 기준으로 동수경사를 구한다.

★★★
110 잉여슬러지 양을 크게 감소시키기 위한 방법으로 BOD-SS부하를 아주 작게, 포기시간을 길게 하여 내생호흡상으로 유지되도록 하는 활성슬러지 변법은?

① 계단식 포기법(Step Aeration)
② 점감식 포기법(Tapered Aeration)
③ 장시간 포기법(Extended Aeration)
④ 완전혼합 포기법(Complete Mixing Aeration)

해답 106. ②　107. ④　108. ①　109. ④　110. ③

해설 장시간 폭기법
1) 폭기시간을 길게(18hr~24hr)하여 내생호흡($\frac{F}{M}$비 낮게)으로 유지하도록 하여 슬러지 생산량이 매우 적은 방법이다.
2) 장시간 폭기법은 최초침전지 없는 것이 특징이며 소규모하수처리 시설에 주로 이용된다.

★★★
111 하수고도처리 방법으로 질소, 인 동시제거 가능한 공법은?
① 정석탈인법
② 혐기 호기 활성슬러지법
③ 혐기 무산소 호기 조합법
④ 연속 회분식 활성슬러지법

해설 하수의 고도처리
1) 질소, 인 동시제거
A²/O 법(Anaerobic Anoxic Oxic) 혐기 무산소 호기 조합법, 수정 Bardenpho 법, UCT 법 등이 있다.
2) 질소제거 : 질산화-탈질법

★★
112 수질오염 지표항목 중 COD에 대한 설명으로 옳지 않은 것은?
① $NaNO_2$, SO_2^-는 COD값에 영향을 미친다.
② 생물분해 가능한 유기물도 COD로 측정할 수 있다.
③ COD는 해양오염이나 공장폐수의 오염지표로 사용된다.
④ 유기물 농도값은 일반적으로 COD > TOD > TOC > BOD이다.

해설 유기물 농도의 관계
1) 유기물 농도 : TOD > COD > BOD > TOC
※ 시료에 따라 TOC > BOD인 경우도 많다.
2) TOD(total oxygen demand) : 총 산소요구량
수중에 유기물을 함유한 시료를 백금 등의 촉매하에 900℃로 완전 산화할 경우 소비되는 산소량으로 측정한다.
3) TOC(total organic carbon) : 총 유기탄소량
시료중의 유기물을 고온에서 CO_2로 연소시켜 그 발생량을 분석장치로 측정하여 함유탄소량을 계산한다.

★★★
113 원형 하수관에서 유량이 최대가 되는 때는?
① 수심비가 72~78% 차서 흐를 때
② 수심비가 80~85% 차서 흐를 때
③ 수심비가 92~94% 차서 흐를 때
④ 가득차서 흐를 때

해설 최대유량의 조건(원형하수관)
1) $Q_{max} \Rightarrow h = (0.92 \sim 0.94)D$
2) $V_{max} \Rightarrow h = 0.813D$

★
114 하수관로의 배제방식에 대한 설명으로 틀린 것은?
① 합류식은 청천 시 관내 오물이 침전되기 쉽다.
② 분류식은 합류식에 비해 부설비용이 많이 든다.
③ 분류식은 우천 시 오수가 월류하도록 설계한다.
④ 합류식 관로는 단면이 커서 환기가 잘되고 검사에 편리하다.

해설 하수관로 배제방식
합류식은 우천 시 오수가 월류하도록 설계한다.

★★
115 펌프대수 결정을 위한 일반적인 고려사항에 대한 설명으로 옳지 않은 것은?
① 펌프는 용량이 작을수록 효율이 높으므로 가능한 소용량의 것으로 한다.
② 펌프는 가능한 최고효율점 부근에서 운전하도록 대수 및 용량을 정한다.
③ 건설비를 절약하기 위해 예비는 가능한 대수를 적게 하고 소용량으로 한다.
④ 펌프의 설치대수는 유지관리상 가능한 적게 하고 동일용량의 것으로 한다.

해설 펌프대수 결정 시 고려사항
펌프의 효율은 대용량일수록 좋기 때문에 가능한 대용량을 사용한다.

해답 111. ③ 112. ④ 113. ③ 114. ③ 115. ①

116 취수보의 취수구에서의 표준 유입속도는?
① 0.3~0.6m/s ② 0.4~0.8m/s
③ 0.5~1.0m/s ④ 0.6~1.2m/s

해설 취수보
1) 취수보 : 하천흐름에 직각방향으로 보를 막아서 취수하는 시설
2) 유입속도 : 0.4~0.8m/sec

117 오수 및 우수관로의 설계에 대한 설명으로 옳지 않은 것은?
① 우수관경의 결정을 위해서는 합리식을 적용한다.
② 오수관로의 최소관경은 200mm를 표준으로 한다.
③ 우수관로 내의 유속은 가능한 사류상태가 되도록 한다.
④ 오수관로의 계획하수량은 계획시간최대오수량으로 한다.

해설 오수 및 우수 관로의 설계.
우수관로 내의 유속은 가능한 상류상태가 되도록 한다.

118 하천 및 저수지의 수질해석을 위한 수학적 모형을 구성하고자 할 때 가장 기본이 되는 수학적 방정식은?
① 질량보존의 식
② 에너지보존의 식
③ 운동량보존의 식
④ 난류의 운동방정식

해설 수질해석을 위한 수학적 방정식
1) 질량보존법칙을 기초로 한 연속방정식으로 해석한다.
2) 질량보존법칙의 예 : 혼합전의 BOD량=혼합 후의 BOD량
$C_m(Q_1+Q_2) = C_1 \cdot Q_1 + C_2 \cdot Q_2$
Q_1 : 하천유량, Q_2 : 하수량
C_1 : 하천의 BOD농도, C_2 : 하수의 BOD농도
C_m : 혼합 후 BOD농도

119 어떤 지역의 강우지속시간(t)과 강우강도 역수($1/I$)와의 관계를 구해보니 그림과 같이 기울기가 1/3000, 절편이 1/150이 되었다. 이 지역의 강우강도(I)를 Talbot형 $\left(I=\dfrac{a}{t+b}\right)$으로 표시한 것으로 옳은 것은?

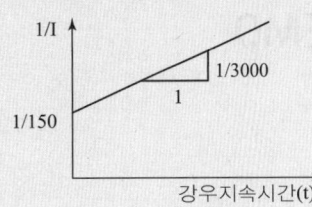

① $\dfrac{3000}{t+20}$ ② $\dfrac{10}{t+1500}$
③ $\dfrac{1500}{t+10}$ ④ $\dfrac{20}{t+3000}$

해설 강우강도(Talbot)
1) Talbot의 강우강도
$I = \dfrac{a}{t+b}$
2) 강우강도식의 역수를 취하면
$\dfrac{1}{I} = \dfrac{t+b}{a} = \dfrac{1}{a}t + \dfrac{b}{a}$
기울기 : $\dfrac{1}{a} = \dfrac{1}{3000} \Rightarrow \therefore a = 3000$
절편 : $\dfrac{b}{a} = \dfrac{1}{150} \Rightarrow \therefore b = \dfrac{1}{150} \times 3000 = 20$
$\therefore I = \dfrac{3000}{t+20}$

120 도수관에서 유량을 Hazen-Williams 공식으로 다음과 같이 나타내었을 때 a, b의 값은? (단, C : 유속계수, D : 관의 지름, I : 동수경사)

$$Q = 0.84935 \cdot C \cdot D^a \cdot I^b$$

① $a = 0.63, \ b = 0.54$
② $a = 0.63, \ b = 2.54$
③ $a = 2.63, \ b = 2.54$
④ $a = 2.63, \ b = 0.54$

해설 Hazen-williams 식
1) $V = 0.35464 \, CD^{0.63} I^{0.54}$
2) $Q = A \cdot V$
$= \dfrac{\pi D^2}{4} \times 0.35464 \, CD^{0.63} I^{0.54}$
$= 0.27853 \, CD^{2.63} I^{0.54}$

해답 116. ② 117. ③ 118. ① 119. ① 120. ④

MEMO

2021년도

과년도기출문제

01 토목기사 2021년 제1회 시행 ········ 2
02 토목기사 2021년 제2회 시행 ········ 30
03 토목기사 2021년 제3회 시행 ········ 58

응용역학

1 그림과 같이 X, Y축에 대칭인 빗금 친 단면에 비틀림우력 50kN·m가 작용할 때 최대전단응력은?

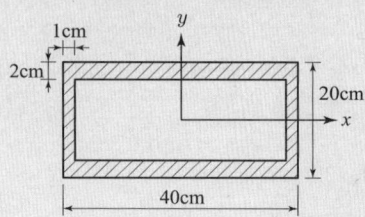

① 15.63MPa   ② 17.81MPa
③ 31.25MPa   ④ 35.61MPa

해설 박판 관 단면의 비틀림 전단응력

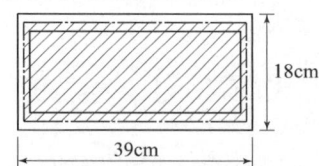

1. $T = 50\text{kN} \cdot \text{m} = 50,000,000\text{N} \cdot \text{mm}$
2. 단면의 중심선으로 둘러 쌓인 면적
   $A_m = 39\text{cm} \times 18\text{cm} = 702\text{cm}^2 = 70,200\text{mm}^2$
3. 비틀림 최대전단응력은 관의 두께가 작은 곳 ($t = 10\text{mm}$)에서 발생한다.
4. 비틀림 최대전단응력
   $\tau_{\max} = \dfrac{T}{2\, t\, A_m} = \dfrac{50,000,000}{2 \times 10 \times 70,200} = 35.61\text{MPa}$

2 그림에서 두 힘 P_1, P_2에 대한 합력(R)의 크기는?

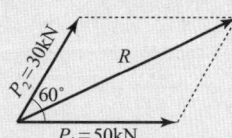

① 60kN   ② 70kN
③ 80kN   ④ 90kN

해설 힘의 작용점이 동일한 두 힘의 합력

$R = \sqrt{P_1^2 + 2P_1 P_2 \cos\alpha + P_2^2}$
$= \sqrt{50^2 + 2 \times 50 \times 30 \times \cos 60° + 30^2}$
$= 70\text{kN}$

3 그림에서 직사각형의 도심축에 대한 단면상승 모멘트(I_{xy})의 크기는?

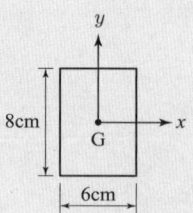

① 0cm^4 ② 142cm^4
③ 256cm^4 ④ 576cm^4

해설 단면 상승 모멘트(I_{XY})

1) $I_{XY} = A \cdot x_o \cdot y_o = (6 \times 8)(0)(0) = 0$
2) x_o : y축에서 도심 까지 거리
   y_o : x축에서 도심 까지 거리

4 그림과 같은 직사각형 단면의 단주에서 편심하중이 작용할 경우 발생하는 최대 압축응력은?
(단, 편심거리(e)는 100mm이다.)

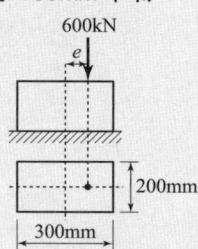

① 30MPa   ② 35MPa
③ 40MPa   ④ 60MPa

해설 단주의 최대압축응력

1. $P = 600\text{kN} = 600,000\text{N}$
2. $M_x = 0$, $M_y = P \cdot e$이므로, y축에 대해 휨응력을 계산한다. 그리고 단면계수 계산 시 y축에 평행한 변을 폭으로 계산해야한다.
   $Z = \dfrac{\text{폭} \times \text{높이}^2}{6} = \dfrac{200 \times 300^2}{6} = 3,000,000\text{mm}^3$
3. $\sigma = \dfrac{P}{A} + \dfrac{M_y}{Z}$
   $= \dfrac{600,000}{200 \times 300} + \dfrac{600,000 \times 100}{3,000,000} = 30\text{MPa}$

해답   1. ④   2. ②   3. ①   4. ①

5. 그림과 같은 보에서 지점 B의 휨모멘트 절댓값은? (단, EI는 일정하다.)

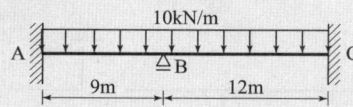

① 67.5kN·m ② 97.5kN·m
③ 120kN·m   ④ 165kN·m

해설 모멘트 분배법

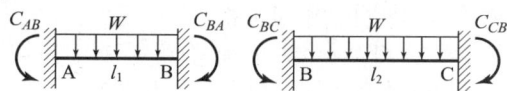

1) 강도: $K_{BA} = \dfrac{I}{9}$, $K_{BC} = \dfrac{I}{12}$, $K_o = \dfrac{I}{36}$

2) 강비: $k_{BA} = \dfrac{K_{BA}}{K_o} = 4$, $k_{BC} = \dfrac{K_{BC}}{K_o} = 3$

3) 분배율: $f_{BA} = \dfrac{4}{4+3} = \dfrac{4}{7}$, $f_{BC} = \dfrac{3}{4+3} = \dfrac{3}{7}$

4) 하중 항: 시계방향(+부호), 반시계방향(-부호)

$$C_{AB} = C_{BA} = \dfrac{w\,l_1^2}{12} = \dfrac{10 \times 9^2}{12} = 67.5\text{kN·m}$$

$$C_{BC} = C_{CB} = \dfrac{w\,l_2^2}{12} = \dfrac{10 \times 12^2}{12} = 120\text{kN·m}$$

5) 불균형모멘트의 크기 =
$C_{BA} + C_{BC} = (67.5) + (-120) = -52.5\text{kN·m}$

6) 해제모멘트 = 52.5kN·m

지점	A	B		C
부재	A B	B A	B C	C B
강비		4	3	
분배율		4/7	3/7	
하중항	-67.5	67.5	-120	120
분배 모멘트		52.5×(4/7) =30	52.5×(3/7) =22.5	
전달 모멘트	30×(1/2) =15			22.5×(1/2) =11.25
최종 모멘트	-52.5	97.5	-97.5	131.25

∴ B점의 휨모멘트의 절댓값의 크기: 97.5kN·m

6. 그림과 같은 라멘 구조물에서 A점의 수직반력(R_A)은?

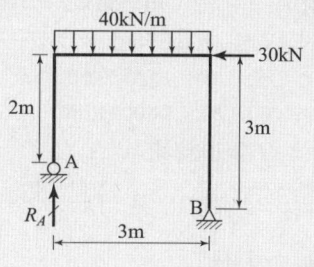

① 30kN   ② 45kN
③ 60kN   ④ 90kN

해설 라멘의 수직반력

$\sum M_B = 0$

$R_A \times 3 - 40 \times 3 \times 1.5 - 30 \times 3 = 0$

∴ $R_A = 90\text{kN}$

7. 그림과 같이 하중을 받는 단순보에 발생하는 최대전단응력은?

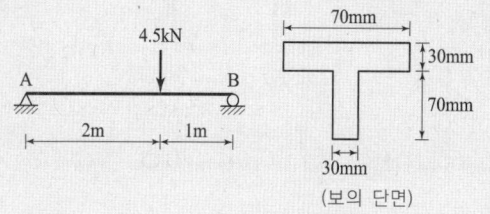

① 1.48MPa   ② 2.48MPa
③ 3.48MPa   ④ 4.48MPa

해설 최대전단응력

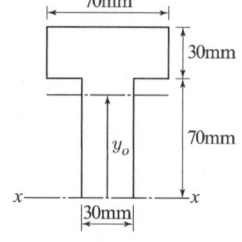

1) $\sum M_A = 0$

$-V_B \times 3 + 4.5 \times 2 = 0$

∴ $V_B = S_{\max} = 3\text{kN} = 3{,}000\text{N}$

해답 5. ②   6. ④   7. ①

2) 중립축위치(y_o)

$$y_o = \frac{G_x}{A} = \frac{(70 \times 30 \times 85) + (30 \times 70 \times 35)}{70 \times 30 \times 2} = 60\text{mm}$$

3) 단면1차모멘트: 중립축에서 하단까지 단면의 단면1차 모멘트

$$G_X = 60 \times 30 \times 30 = 54,000 \text{ mm}^3$$

4) 중립축에 대한 단면2차모멘트

$$I_X = \frac{70 \times 30^3}{12} + (70 \times 30 \times 25^2) + \frac{30 \times 70^3}{12} + (30 \times 70 \times 25^2)$$

$$= 3,640,000 \text{ mm}^4$$

5) 최대전단응력은 중립축에서 발생하므로, $b = 30\text{mm}$

6) $\tau_{\max} = \dfrac{S_{\max} \cdot G}{I \cdot b}$

$= \dfrac{3,000 \times 54,000}{3,640,000 \times 30} = 1.48\text{MPa}$

★★★

8 단면과 길이가 같으나 지지조건이 다른 그림과 같은 2개의 장주가 있다. 장주 (a)가 30kN의 하중을 받을 수 있다면, 장주 (b)가 받을 수 있는 하중은?

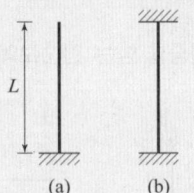

① 120kN ② 240kN
③ 360kN ④ 480kN

해설 좌굴하중(P_{cr})

1) $P_{cr} = \dfrac{n\pi^2 EI}{l^2}$

2) 강도(n)
 ① 캔틸레버: n=1/4
 ② 양단힌지: n=1
 ③ 한쪽고정 타단 힌지: n=2
 ④ 양단고정: n=4

3) 좌굴하중: a기둥에 비해 b기둥의 강도가 16배 크다.

∴ $P_b = 16 P_a = 16 \times 30 = 480\text{kN}$

★★★

9 그림과 같이 단순보에 이동하중이 작용할 때 절대최대 휨모멘트가 생기는 위치는?

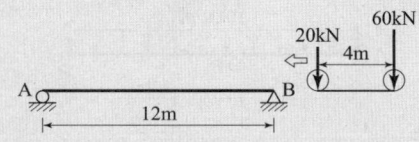

① A점으로부터 6m인 점에 20kN의 하중이 실릴 때 60kN의 하중이 실리는 점
② A점으로부터 7.5m인 점에 60kN의 하중이 실릴 때 20kN의 하중이 실리는 점
③ B점으로부터 5.5m인 점에 20kN의 하중이 실릴 때 60kN의 하중이 실리는 점
④ B점으로부터 9.5m인 점에 20kN의 하중이 실릴 때 60kN의 하중이 실리는 점

해설 절대최대 휨모멘트

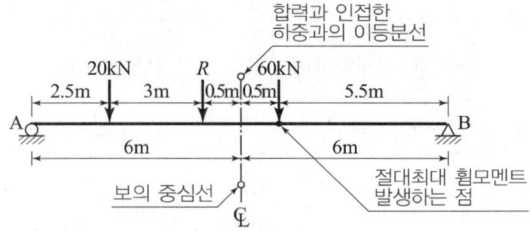

1) 합력의 크기
   $R = 20 + 60 = 80\text{kN}$

2) 합력의 작용점위치
   $80 \cdot x = 20 \times 4 \Rightarrow \therefore x = 1\text{m}$

3) 절대최대휨모멘트 발생 위치

① 합력과 인접한 하중(60kN)과의 이등분선($\dfrac{x}{2} = 0.5\text{m}$)을 작도한다.

② 그 이등분선과 보의 중심선과 일치시켰을 때, 합력과 인접한 하중(60kN)의 작용점에서 절대최대휨모멘트가 발생한다.

∴ B지점으로부터 9.5m 떨어진 점에 20kN의 하중이 재하 될 때 60kN의 하중이 작용하는 점.

해답 8. ④ 9. ④

★
10 그림과 같은 평면도형의 $x-x'$축에 대한 단면 2차 반경(r_x)과 단면 2차 모멘트(I_x)는?

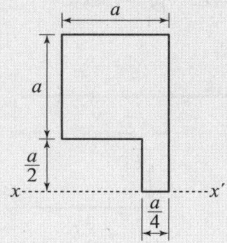

① $r_x = \dfrac{\sqrt{35}}{6}a$, $I_x = \dfrac{35}{32}a^4$

② $r_x = \dfrac{\sqrt{139}}{12}a$, $I_x = \dfrac{139}{128}a^4$

③ $r_x = \dfrac{\sqrt{129}}{12}a$, $I_x = \dfrac{129}{128}a^4$

④ $r_x = \dfrac{\sqrt{11}}{12}a$, $I_x = \dfrac{11}{128}a^4$

해설 단면2차 반경, 단면2차 모멘트

1) 단면2차모멘트
$$I_{X-X'} = I_X + A \times y_0^2$$
$$= \dfrac{a^4}{12} + \left[(a^2)\times\left(\dfrac{a}{2}+\dfrac{a}{2}\right)^2\right] + \left[\dfrac{\dfrac{a}{4}\times\left(\dfrac{a}{2}\right)^3}{12}+\left(\dfrac{a}{2}\times\dfrac{a}{4}\right)\left(\dfrac{a}{4}\right)^2\right]$$
$$= \dfrac{13a^4}{12} + \dfrac{4a^4}{384} = \dfrac{35a^4}{32}$$

2) 단면2차 반경(r_x)
$$r_x = \sqrt{\dfrac{I}{A}} = \sqrt{\dfrac{\dfrac{35a^4}{32}}{a^2+\left(\dfrac{a}{2}\times\dfrac{a}{4}\right)}} = \dfrac{\sqrt{35}}{6}a$$

★★
11 그림과 같은 구조물에서 지점 A에서의 수직반력은?

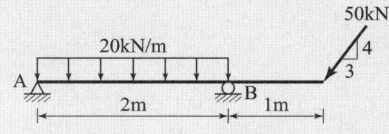

① 0kN ② 10kN
③ 20kN ④ 30kN

해설 내민보의 수직반력
1) 50kN의 수직분력의 크기
   $5 : 4 = 50 : P_V \Rightarrow P_V = 40\text{kN}$
2) $\sum M_B = 0$
   $V_A \times 2 - 20 \times 2 \times 1 + 40 \times 1 = 0$
   $\therefore V_A = 0\text{kN}$

★★
12 그림과 같이 밀도가 균일하고 무게가 W인 구(球)가 마찰이 없는 두 벽면 사이에 놓여 있을 때 반력 R_B의 크기는?

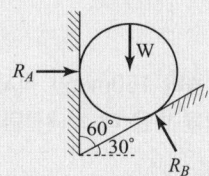

① 0.500W ② 0.577W
③ 0.866W ④ 1.155W

해설 힘의 평형

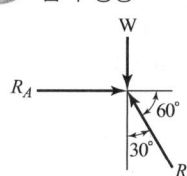

$\sum V = 0$
$-W + R_B \cdot \cos 30° = 0$
$\therefore R_B = 1.155\,W$

★★★
13 그림과 같은 단순보에 등분포하중 w가 작용하고 있을 때 이 보에서 휨모멘트에 의한 탄성변형에너지는? (단, 보의 EI는 일정하다.)

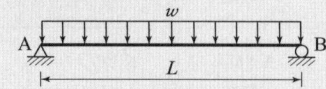

① $\dfrac{w^2L^5}{384EI}$ ② $\dfrac{w^2L^5}{240EI}$

③ $\dfrac{7w^2L^5}{384EI}$ ④ $\dfrac{w^2L^5}{48EI}$

해답 10. ① 11. ① 12. ④ 13. ②

해설 탄성변형에너지(U)

1) $M_x = \dfrac{wL}{2}x - \dfrac{wx^2}{2} = \dfrac{w}{2}(Lx - x^2)$

2) $U = \displaystyle\int_0^L \dfrac{M_x^2}{2EI}dx$

$= \dfrac{1}{2EI}\displaystyle\int_0^L \left[\dfrac{w}{2}(Lx - x^2)\right]^2 dx$

$= \dfrac{w^2}{8EI}\displaystyle\int_0^L (L^2x^2 - 2Lx^3 + x^4)dx$

$= \dfrac{w^2}{8EI}\left[L^2\dfrac{x^3}{3} - 2L\dfrac{x^4}{4} + \dfrac{x^5}{5}\right]_0^L$

$= \dfrac{w^2L^5}{240EI}$

★
14 폭 100mm, 높이 150mm인 직사각형 단면의 보가 $S = 7\text{kN}$의 전단력을 받을 때 최대전단응력과 평균전단응력의 차이는?

① 0.13MPa ② 0.23MPa
③ 0.33MPa ④ 0.43MPa

해설 최대전단응력과 평균전단응력

1) 평균전단응력
$\tau = \dfrac{S}{A} = \dfrac{7000\text{N}}{100\text{mm} \times 150\text{mm}} = 0.467\text{MPa}$

2) 최대전단응력
$\tau_{\max} = 1.5\dfrac{S}{A} = 0.705\text{MPa}$

3) 최대전단응력과 평균전단응력의 차이
$= 0.705 - 0.467 = 0.23\text{MPa}$

★★
15 그림과 같은 단순보에서 A점의 처짐각(θ_A)은?
(단, EI는 일정하다.)

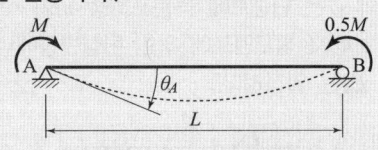

① $\dfrac{ML}{2EI}$ ② $\dfrac{5ML}{6EI}$ ③ $\dfrac{5ML}{12EI}$ ④ $\dfrac{5ML}{24EI}$

해설 단순보의 처짐각

1) $M_A = M$, $M_B = 0.5M$

2) $\theta_A = \dfrac{L}{6EI}(2M_A + M_B)$

$= \dfrac{L}{6EI}(2M + 0.5M) = \dfrac{5ML}{12EI}$

★★★
16 재질과 단면이 동일한 캔틸레버 보 A와 B에서 자유단의 처짐을 같게 하는 $\dfrac{P_2}{P_1}$의 값은?

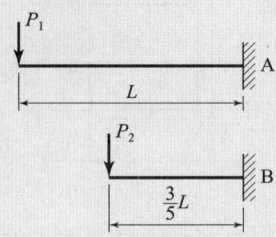

① 0.129 ② 0.216
③ 4.63   ④ 7.72

해설 캔틸레버 보의 처짐

1) $y_A = \dfrac{P_1L^3}{3EI}$, $y_B = \dfrac{P_2\left(\dfrac{3}{5}L\right)^3}{3EI}$

2) A보와 B보의 처짐을 같게 하는 $\dfrac{P_2}{P_1}$

$\dfrac{P_1L^3}{3EI} = \dfrac{P_2\left(\dfrac{3}{5}L\right)^3}{3EI} \Rightarrow \therefore \dfrac{P_2}{P_1} = 4.63$

★★
17 그림과 같이 균일 단면 봉이 축인장력(P)을 받을 때 단면 a-b에 생기는 전단응력(τ)은?
(단, 여기서 m-n은 수직단면이고, a-b는 수직단면과 $\phi = 45°$의 각을 이루고, A는 봉의 단면적이다.)

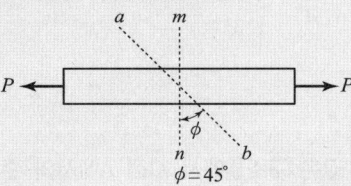

① $\tau = 0.5\dfrac{P}{A}$ ② $\tau = 0.75\dfrac{P}{A}$
③ $\tau = 1.0\dfrac{P}{A}$ ④ $\tau = 1.5\dfrac{P}{A}$

해답 14. ② 15. ③ 16. ③ 17. ①

해설 경사면의 전단응력

1) $\sigma_x = \dfrac{P}{A}$

2) $\tau_\phi = \dfrac{\sigma_x}{2}\sin 2\phi$
   $= \dfrac{\dfrac{P}{A}}{2}\sin(2\times 45°) = 0.5\dfrac{P}{A}$

★★★
18 그림과 같은 3힌지 아치의 C점에 연직하중(P) 400kN이 작용한다면 A점에 작용하는 수평반력(H_A)은?

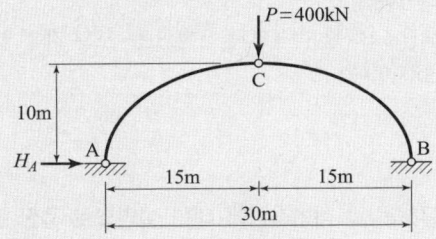

① 100kN   ② 150kN
③ 200kN   ④ 300kN

해설 3-hinge 아치

1) 대칭하중이므로
   $V_A = \dfrac{P}{2} = 200\text{kN}$

2) $\sum M_{CL} = 0$

   $200\times 15 - H_A \times 10 = 0$

   $\therefore H_A = 300\text{kN}$

★★
19 그림과 같은 단순보에서 최대휨모멘트가 발생하는 위치 x(A점으로부터의 거리)와 최대휨모멘트 M_x는?

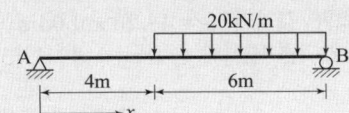

① $x=5.2\text{m},\ M_x=230.4\text{kN}\cdot\text{m}$
② $x=5.8\text{m},\ M_x=176.4\text{kN}\cdot\text{m}$
③ $x=4.0\text{m},\ M_x=180.2\text{kN}\cdot\text{m}$
④ $x=4.8\text{m},\ M_x=96\text{kN}\cdot\text{m}$

해설 최대 휨모멘트

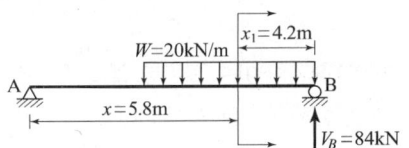

1) $\sum M_A = 0$

   $-V_B \times 10 + 20\times 6\times 7 = 0$

   $\therefore V_B = 84\text{kN}$

2) B지점으로부터 전단력이 "0"인 위치에서 최대휨모멘트가 발생한다.

   $84 = 20\cdot x_1 \Rightarrow \therefore x_1 = 4.2\text{m}$

   $\therefore X = 10 - x_1 = 5.8\text{m}$

3) 최대휨모멘트

   $M_{\max} = 84\times 4.2 - 20\times 4.2\times \dfrac{4.2}{2}$

   $= 176.4\text{kN}\cdot\text{m}$

★★
20 그림과 같은 라멘의 부정정 차수는?

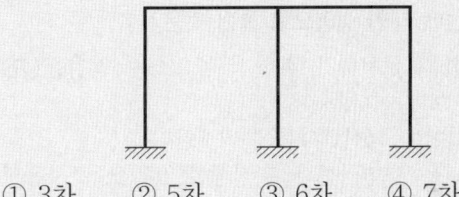

① 3차   ② 5차   ③ 6차   ④ 7차

해설 부정정차수

1) m(부재수)$=5$, r(지점반력수)$=9$
   f(강절점수)$=4$, j(절점수)$=6$

2) $N = m + r + f - 2j$
   $= 5 + 9 + 4 - 2\times 6 = 6$차

3) 별해: Box수 × 3-힌지(hinge)수 $= 2\times 3 - 0 = 6$차

측량학

21 원격탐사(remote sensing)의 정의로 옳은 것은?
① 지상에서 대상 물체에 전파를 발생시켜 그 반사파를 이용하여 측정하는 방법
② 센서를 이용하여 지표의 대상물에서 반사 또는 방사된 전자 스펙트럼을 측정하고 이들의 자료를 이용하여 대상물이나 현상에 관한 정보를 얻는 기법
③ 우주에 산재해 있는 물체의 고유스펙트럼을 이용하여 각각의 구성 성분을 지상의 레이더망으로 수집하여 처리하는 방법
④ 우주선에서 찍은 중복된 사진을 이용하여 지상에서 항공사진의 처리와 같은 방법으로 판독하는 작업

해설 원격탐사의 정의
비행기나 인공위성 등의 플랫폼에 탑재된 센서를 이용하여 대상물에서 반사 또는 방사된 전자스펙트럼을 측정하고 이들의 자료를 이용하여 대상물이나 현상에 관한 정보를 얻는 기법

22 원곡선에 대한 설명으로 틀린 것은?
① 원곡선을 설치하기 위한 기본요소는 반지름(R)과 교각(I)이다.
② 접선길이는 곡선반지름에 비례한다.
③ 원곡선은 평면곡선과 수직곡선으로 모두 사용할 수 있다.
④ 고속도로와 같이 고속의 원활한 주행을 위해서는 복심곡선 또는 반향곡선을 주로 사용한다.

해설 원곡선
1) 접선길이 = $TL = R \cdot \tan\dfrac{I}{2}$
2) 원곡선을 설치하기 위한 기본요소는 곡선반경과 교각이 필요하다.
3) 고속도로와 같이 고속의 원활한 주행을 위해서 완화곡선을 주로 사용한다.

23 삼각망 조정에 관한 설명으로 옳지 않은 것은?
① 임의의 한 변의 길이는 계산경로에 따라 달라질 수 있다.
② 검기선은 측정한 길이와 계산된 길이가 동일하다.
③ 1점 주위에 있는 각의 합은 360°이다.
④ 삼각형의 내각의 합은 180°이다.

해설 삼각망 조정(기하학적 조건)
1) 변 조건: 임의의 한 변의 길이는 계산경로에 따라 달라질 수 없다.
2) 각 조건: 삼각망 중 3각형의 내각의 합은 180°가 되어야 한다.
3) 측점조건: 한 측점의 둘레에 있는 모든 각을 합한 것은 360°이다.

24 삼각측량과 삼변측량에 대한 설명으로 틀린 것은?
① 삼변측량은 변 길이를 관측하여 삼각점의 위치를 구하는 측량이다.
② 삼각측량의 삼각망 중 가장 정확도가 높은 망은 사변형삼각망이다.
③ 삼각점의 선점 시 기계나 측표가 동요할 수 있는 습지나 하상은 피한다.
④ 삼각점의 등급을 정하는 주된 목적은 표석설치를 편리하게 하기 위함이다.

해설 삼각측량과 삼변측량
삼각점의 등급을 정하는 목적은 각 관측 정밀도를 결정하기 위함이다.

25 직사각형 토지의 면적을 산출하기 위해 두변 a, b의 거리를 관측한 결과가 $a = 48.25 \pm 0.04$m, $b = 23.42 \pm 0.02$m이었다면 면적의 정밀도($\Delta A/A$)는?
① $\dfrac{1}{420}$ ② $\dfrac{1}{630}$
③ $\dfrac{1}{840}$ ④ $\dfrac{1}{1080}$

해답 21. ② 22. ④ 23. ① 24. ④ 25. ③

해설 면적의 정밀도($\frac{\Delta A}{A}$)

1) $(a \pm m_a)(b \pm m_b) = ab \pm a\,m_b \pm b\,m_a + m_a m_b$ (무시)
2) $A = ab = (48.25 \times 23.42) = 1130.015 \text{m}^2$
3) $\Delta A = \pm \sqrt{(a\,m_b)^2 + (b\,m_a)^2}$
   $= \pm \sqrt{(48.25 \times 0.02)^2 + (23.42 \times 0.04)^2}$
   $= \pm 1.345 \text{m}^2$
4) $\frac{\Delta A}{A} = \frac{1.345}{1130.015} = \frac{1}{840}$

★★
26 조정계산이 완료된 조정각 및 기선으로부터 처음 신설하는 삼각점의 위치를 구하는 계산순서로 가장 적합한 것은?
① 편심조정 계산 → 삼각형 계산(변, 방향각) → 경위도 결정 → 좌표조정 계산 → 표고 계산
② 편심조정 계산 → 삼각형 계산(변, 방향각) → 좌표조정 계산 → 표고 계산 → 경위도 결정
③ 삼각형 계산(변, 방향각) → 편심조정 계산 → 표고 계산 → 경위도 결정 → 좌표조정 계산
④ 삼각형 계산(변, 방향각) → 편심조정 계산 → 표고 계산 → 좌표조정 계산 → 경위도 결정

해설 삼각점의 위치를 구하는 계산순서
편심조정계산 → 삼각형계산 → 좌표조정계산 → 표고계산 → 경위도 결정

★★★
27 레벨의 불완전 조정에 의하여 발생한 오차를 최소화 하는 가장 좋은 방법은?
① 왕복 2회 측정하여 그 평균을 취한다.
② 기포를 항상 중앙에 오게 한다.
③ 시준선의 거리를 짧게 한다.
④ 전시, 후시의 표척거리를 같게 한다.

해설 전시와 후시를 같게 하면 소거되는 오차
1) 레벨의 조정이 불완전하여 시준선이 기포관축과 평행하지 않을 때의 오차
2) 지구의 곡률오차, 빛의 굴절 오차
3) 시준거리를 같게 하면 촛점나사를 움직일 필요가 없으므로 그 때 발생하는 오차

★★★
28 노선측량에서 단곡선 설치시 필요한 교각이 95°30′, 곡선반지름이 200m일 때 장현(L)의 길이는?
① 296.087m ② 302.619m
③ 417.131m ④ 597.238m

해설 장현길이(L)
$L = 2R \sin \frac{I}{2}$
$= 2 \times 200 \times \sin\left(\frac{95°30′}{2}\right) = 296.087\text{m}$

★★★
29 어느 두 지점 사이의 거리를 A, B, C, D 4명의 사람이 각각 10회 관측한 결과가 다음과 같다면 가장 신뢰성이 낮은 관측자는?

| A : 165.864 ± 0.002m |
| B : 165.867 ± 0.006m |
| C : 165.862 ± 0.007m |
| D : 165.864 ± 0.004m |

① A ② B
③ C ④ D

해설 거리관측의 정밀도
1) $A : \frac{m_o}{L_o} = \frac{0.002}{165.864} = \frac{1}{82,932}$
2) $B : \frac{m_o}{L_o} = \frac{0.006}{165.867} = \frac{1}{27,645}$
3) $C : \frac{m_o}{L_o} = \frac{0.007}{165.862} = \frac{1}{23,695}$
4) $D : \frac{m_o}{L_o} = \frac{0.004}{165.864} = \frac{1}{41,466}$
5) 축척분모수가 작을수록 정밀도가 낮다.

30 삭제문제
출제기준 변경으로 인해 삭제됨

해답 26. ②   27. ④   28. ①   29. ③   30. 삭제문제

1 2021년 과년도 출제문제

31 측지학에 관한 설명 중 옳지 않은 것은?
① 측지학이란 지구내부의 특성, 지구의 형상, 지구 표면의 상호위치관계를 결정하는 학문이다.
② 물리학적 측지학은 중력측정, 지자기측정 등을 포함한다.
③ 기하학적 측지학에는 천문측량, 위성측량, 높이의 결정 등이 있다.
④ 측지측량이란 지구의 곡률을 고려하지 않는 측량으로 11km 이내를 평면으로 취급한다.

해설 측지학
측지측량은 지구의 곡률을 고려한 측량으로 반경 11km 이상, 면적 $400km^2$ 이상의 측량을 말한다.

32 그림과 같이 한 점 O에서 A, B, C방향의 각관측을 실시한 결과가 다음과 같을 때 ∠BOC의 최확값은?

∠AOB 2회 관측 결과 40°30′25″
       3회 관측 결과 40°30′20″
∠AOC 6회 관측 결과 85°30′20″
       4회 관측 결과 85°30′25″

① 45°00′05″
② 45°00′02″
③ 45°00′03″
④ 45°00′00″

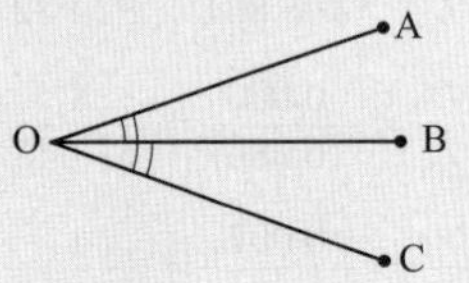

해설 각 측량
1) ∠AOB의 최확치
$$= \frac{[P\alpha]}{[P]}$$
$$= \frac{2 \times 40°30′25″ + 3 \times 40°30′20″}{2+3} = 40°30′22″$$
2) ∠AOC의 최확치
$$= \frac{6 \times 85°30′20″ + 4 \times 85°30′25″}{6+4} = 85°30′22″$$
3) ∠BOC = ∠AOC − ∠AOB = 45°00′00″

33 교호수준측량의 결과가 아래와 같고, A점의 표고가 10m일 때 B점의 표고는?

레벨 P에서 A→B 관측 표고차 : −1.256m
레벨 Q에서 B→A 관측 표고차 : +1.238m

① 8.753m
② 9.753m
③ 11.238m
④ 11.247m

해설 교호수준측량
1) 표고차(h)
$$h = \frac{|-1.256| + 1.238}{2} = 1.247m$$
2) B점의 표고
$H_B = 10 - 1.247 = 8.753\,m$

34 각관측 장비의 수평축이 연직축과 직교하지 않기 때문에 발생하는 측각오차를 최소화 하는 방법으로 옳은 것은?
① 직교에 대한 편차를 구하여 더한다.
② 배각법을 사용한다.
③ 방향각법을 사용한다.
④ 망원경의 정·반위로 측정하여 평균한다.

해설 수평축오차
1) 수평축오차: 수평축과 연직축이 직교하지 않을 때 발생한다.
2) 망원경의 정·반의 읽음 값을 평균하면 없어지는 오차
   ① 수평축 오차
   ② 시준축 오차
   ③ 외심오차(시준선의 편심오차)

35 설계속도 80km/h의 고속도로에서 클로소이드 곡선의 곡선반지름이 360m, 완화곡선길이가 40m일 때 클로소이드 매개변수 A는?
① 100m
② 120m
③ 140m
④ 150m

해설 클로소이드 매개변수
$A = \sqrt{RL}$
$= \sqrt{360 \times 40} = 120m$

해답 31. ④ 32. ④ 33. ① 34. ④ 35. ②

36 해도와 같은 지도에 이용되며, 주로 하천이나 항만 등의 심천측량을 한 결과를 표시하는 방법으로 가장 적당한 것은?
① 채색법 ② 영선법
③ 점고법 ④ 음영법

해설 점고법
1) 지표면상의 표고 또는 수심을 숫자로 표시한다.
2) 하천, 항만, 해양 측량 등에서 심천측량을 할 때 사용한다.

37 기지점의 지반고가 100m이고, 기지점에 대한 후시는 2.75m, 미지점에 대한 전시가 1.40m일 때 미지점의 지반고는?
① 98.65m ② 101.35m
③ 102.75m ④ 104.15m

해설 수준측량
1) 기계고=지반고+후시=100+2.75=102.75m
2) 지반고=기계고-전시=102.75-1.40=101.35m

38 그림과 같은 유토곡선(mass curve)에서 하향구간이 의미하는 것은?

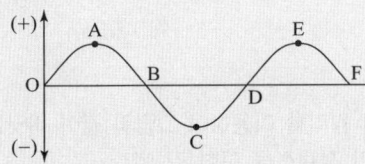

① 성토구간 ② 절토구간
③ 운반토량 ④ 운반거리

해설 유토곡선의 특징
1) 상향구간: 절토구간.
2) 하향구간: 성토구간.

39 등고선에 관한 설명으로 옳지 않은 것은?
① 높이가 다른 등고선은 절대 교차하지 않는다.
② 등고선간의 최단거리 방향은 최대경사 방향을 나타낸다.
③ 지도의 도면 내에서 폐합되는 경우에 등고선의 내부에는 산꼭대기 또는 분지가 있다.
④ 동일한 경사의 지표에서 등고선 간의 간격은 같다.

해설 등고선의 특징
등고선은 절벽이나 동굴 등 특수한 지형 외에는 합쳐지거나 또는 교차하지 않는다.

40 트래버스 측량에서 1회 각 관측의 오차가 ±10″라면 30개의 측점에서 1회씩 각 관측하였을 때의 총 각 관측 오차는?
① ±15″ ② ±17″
③ ±55″ ④ ±70″

해설 총 각 관측 오차
1) 우연오차는 관측횟수의 제곱근에 비례한다.
2) $E = \pm b\sqrt{n}$
   $= \pm 10''\sqrt{30} = \pm 55''$

해답 36. ③ 37. ② 38. ① 39. ① 40. ③

2021년 과년도출제문제

수리학 및 수문학

★★★
41 수로 폭이 10m인 직사각형 수로의 도수 전수심이 0.5m, 유량이 40m³/s이었다면 도수 후의 수심(h_2)은?
① 1.96m   ② 2.18m
③ 2.31m   ④ 2.85m

해설 도수 후 수심(h_2)
1) 도수전의 유속
$$V_1 = \frac{Q}{A} = \frac{40}{10 \times 0.5} = 8 \text{ m/sec}$$
2) 도수전의 F_{r1}
$$F_{r1} = \frac{V_1}{C} = \frac{V_1}{\sqrt{g \cdot h_1}} = \frac{8}{\sqrt{9.8 \times 0.5}} \doteqdot 3.61$$
3) 상류수심(도수 후의 수심)
$$h_2 = \frac{h_1}{2}(-1 + \sqrt{8F_{r1}^2 + 1})$$
$$= \frac{0.5}{2}(-1 + \sqrt{8 \times 3.61^2 + 1}) = 2.31\text{m}$$

★
42 수로경사 1/10000인 직사각형 단면 수로에 유량 30m³/s를 흐르게 할 때 수리학적으로 유리한 단면은?
(단, h: 수심, B: 폭이며, Manning 공식을 쓰고, $n = 0.025\text{m}^{-1/3} \cdot \text{s}$)
① $h = 1.95\text{m}, B = 3.9\text{m}$
② $h = 2.0\text{m}, B = 4.0\text{m}$
③ $h = 3.0\text{m}, B = 6.0\text{m}$
④ $h = 4.63\text{m}, B = 9.26\text{m}$

해설 수리 상 유리한 단면
1) 조건: $B = 2h$, $R = \frac{A}{P} = \frac{2h^2}{4h} = \frac{h}{2}$
2) $V = \frac{1}{n} R^{\frac{2}{3}} I^{\frac{1}{2}}$
3) $Q = AV = (Bh)\left(\frac{1}{n} R^{\frac{2}{3}} I^{\frac{1}{2}}\right)$
$$30 = (2h^2)\left(\frac{1}{0.025}\right)\left(\frac{h}{2}\right)^{\frac{2}{3}}\left(\frac{1}{10000}\right)^{\frac{1}{2}}$$
$$\therefore h = 4.63\text{m}$$
4) $B = 2h = 2 \times 4.63 = 9.26\text{m}$

★★
43 10m³/s의 유량이 흐르는 수로에 폭 10m의 단수축이 없는 위어를 설계할 때, 위어의 높이를 1m로 할 경우 예상되는 월류수심은?
(단, Francis 공식을 사용하며, 접근유속은 무시한다.)
① 0.67m   ② 0.71m
③ 0.75m   ④ 0.79m

해설 위어(Francis)
1) $b_o = b - 0.1nh$에서 단수축이 없으므로($n = 0$)
$\therefore b_0 = b$
2) $Q = 1.84 b_0 h^{\frac{3}{2}}$
$10 = 1.84 \times 10 \times h^{\frac{3}{2}}$
$\therefore h = 0.67\text{m}$

★
44 물의 순환에 대한 설명으로 옳지 않은 것은?
① 지하수 일부는 지표면으로 용출해서 다시 지표수가 되어 하천으로 유입한다.
② 지표에 강하한 우수는 지표면에 도달 전에 그 일부가 식물의 나무와 가지에 의하여 차단된다.
③ 지표면에 도달한 우수는 토양 중에 수분을 공급하고 나머지가 아래로 침투해서 지하수가 된다.
④ 침투란 토양면을 통해 스며든 물이 중력에 의해 계속 지하로 이동하여 불투수층까지 도달하는 것이다.

해설 물의 순환
침루: 토양 면을 통해 스며든 물이 계속 이동하여 지하수면까지 도달한 지하수.

★★★
45 부력의 원리를 이용하여 그림과 같이 바닷물 위에 떠 있는 빙산의 전체적을 구한 값은?

물 위에 나와 있는 체적 $V = 100\text{m}^3$
빙산의 비중 $S = 0.9$
해수의 비중 $= 1.1$

① 550m³   ② 890m³
③ 1000m³   ④ 1100m³

해답 41. ③   42. ④   43. ①   44. ④   45. ①

해설 부력

$$wV + M = w'V' + M'$$
$$0.9 \times V + 0 = 1.1 \times (V - 100) + 0$$
$$\therefore V = 550 \text{ m}^3$$

★★★
46 유역면적 10km², 강우강도 80mm/h, 유출계수 0.70일 때 합리식에 의한 첨두유량(Q_{max})은?

① 155.6m³/s ② 560m³/s
③ 1.556m³/s ④ 5.6m³/s

해설 합리식
1) $C = 0.70$, $I = 80$mm/h, $A = 10$km²
2) $Q = \dfrac{1}{3.6} CIA$
  $= \dfrac{1}{3.6} \times 0.70 \times 80 \times 10 = 155.6 \text{ m}^3/\text{sec}$

★
47 수로 바닥에서의 마찰력 τ_0, 물의 밀도 ρ, 중력 가속도 g, 수리평균수심 R, 수면경사 I, 에너지선의 경사 I_e라고 할 때 등류(㉠)와 부등류(㉡)의 경우에 대한 마찰속도(u_*)는?

① ㉠: $\rho R I_e$, ㉡: $\rho R I$
② ㉠: $\dfrac{\rho R I}{\tau_0}$, ㉡: $\dfrac{\rho R I_e}{\tau_0}$
③ ㉠: $\sqrt{gRI}$, ㉡: $\sqrt{gRI_e}$
④ ㉠: $\sqrt{\dfrac{gRI_e}{\tau_0}}$, ㉡: $\sqrt{\dfrac{gRI}{\tau_0}}$

해설 마찰속도
1) $U_* = \sqrt{\dfrac{\tau_o}{\rho}} = \sqrt{\dfrac{wRI}{\rho}} = \sqrt{gRI}$
2) 등류와 부등류: 등류는 수로바닥경사와 수면경사, 에너지선의 경사가 모두 같고 부등류는 같지 않다. 그러므로 부등류인 경우는 에너지선 경사(I_e)를 사용해야 한다.

★
48 유속을 V, 물의 단위중량을 γ_w, 물의 밀도를 ρ, 중력 가속도를 g라 할 때 동수압(動水壓)을 바르게 표시한 것은?

① $\dfrac{V^2}{2g}$ ② $\dfrac{\gamma_w V^2}{2g}$
③ $\dfrac{\gamma_w V}{2g}$ ④ $\dfrac{\rho V^2}{2g}$

해설 동수압
1) 단위중량: $\gamma_w = \rho g \Rightarrow \rho = \dfrac{\gamma_w}{g}$
2) 동수압 $= \dfrac{\rho V^2}{2} = \dfrac{\gamma_w V^2}{2g}$

★★★
49 단위유량도 이론에서 사용하고 있는 기본가정이 아닌 것은?

① 비례 가정
② 중첩 가정
③ 푸아송 분포 가정
④ 일정 기저시간 가정

해설 단위유량도의 기본가정
1) 비례가정: 강우강도 크기와 수문곡선 종거의 크기는 비례한다.
2) 중첩가정: 일정기간 동안 균일한 강도의 유효강우량에 의한 총유출은 각 기간의 유효우량에 의한 개개 유출량의 합과 같다.
3) 일정기저시간가정: 강우강도가 다른 각종강우로 인한 유출량의 크기는 다를지라도 지저시간은 동일하다.

★★
50 액체 속에 잠겨 있는 경사평면에 작용하는 힘에 대한 설명으로 옳은 것은?

① 경사각과 상관없다.
② 경사각에 직접 비례한다.
③ 경사각의 제곱에 비례한다.
④ 무게중심에서의 압력과 면적의 곱과 같다.

해설 경사평면에 작용하는 전수압
1) $P_h = w h_G A$
2) 전수압의 크기 = 무게중심에서 압력($w h_G$) × 판의 면적(A)

해답 46. ① 47. ③ 48. ② 49. ③ 50. ④

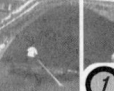

51 중량이 600N, 비중이 3.0인 물체를 물(담수) 속에 넣었을 때 물 속에서의 중량은?
① 100N ② 200N
③ 300N ④ 400N

해설 부력

1) 비중 = $\dfrac{\text{물체의 단위중량}}{\text{물의 단위중량}}$

  $3.0 = \dfrac{\text{물체의 단위중량}}{9.8\text{kN/m}^3}$

  ∴ 물체의 단위중량 = $29.4\text{kN/m}^3 = 29,400\text{N/m}^3$

2) 물체의 부피

  $V = \dfrac{W}{w} = \dfrac{600\text{N}}{29,400\text{N/m}^3} = 0.02\text{m}^3$

3) 물속에서의 중량

  ① 비중이 물보다 크므로 물체는 가라앉으므로 $V = V'$

  ② $wV + M = w'V' + M'$

   $600\text{N} + 0 = \dfrac{9,800\text{N}}{\text{m}^3}(0.02\text{m}^3) + M'$

   ∴ $M' = 404\text{N} \fallingdotseq 400\text{N}$

52 유속 3m/s로 매초 100L의 물이 흐르게 하는데 필요한 관의 지름은?
① 153mm ② 206mm
③ 265mm ④ 312mm

해설 관의 지름

1) $Q = 100L = 100,000\text{cm}^3$
2) $V = 3\text{m/sec} = 300\text{cm/sec}$
3) $Q = AV$

  $100,000 = \dfrac{\pi d^2}{4} \times 300$

  ∴ $d = 20.6\text{cm} = 206\text{mm}$

53 수두차가 10m인 두 저수지를 지름이 30cm, 길이가 300m, 조도계수가 $0.013\text{m}^{-1/3}\cdot\text{s}$인 주철관으로 연결하여 송수할 때, 관을 흐르는 유량(Q)은?
(단, 관의 유입손실계수 $f_e = 0.5$, 유출손실계수 $f_c = 1.0$이다.)
① $0.02\text{m}^3/\text{s}$ ② $0.08\text{m}^3/\text{s}$
③ $0.17\text{m}^3/\text{s}$ ④ $0.19\text{m}^3/\text{s}$

해설 관로의 유량

1) $V = \dfrac{1}{n}R^{\frac{2}{3}}I^{\frac{1}{2}}$

  $= \dfrac{1}{0.013}\left(\dfrac{0.3}{4}\right)^{\frac{2}{3}}\left(\dfrac{10}{300}\right)^{\frac{1}{2}} = 2.498\text{ m/s}$

2) $Q = AV$

  $= \dfrac{\pi \times 0.3^2}{4} \times 2.498 = 0.176\text{ m}^3/\text{s}$

54 관수로의 흐름에서 마찰손실계수를 f, 동수반경을 R, 동수경사를 I, Chezy 계수를 C라 할 때 평균 유속 V는?

① $V = \sqrt{\dfrac{8g}{f}}\sqrt{RI}$ ② $V = fC\sqrt{RI}$

③ $V = \dfrac{\pi d^2}{4}f\sqrt{RI}$ ④ $V = f\dfrac{\ell}{4R}\cdot\dfrac{V^2}{2g}$

해설 Chezy의 평균유속

1) 평균유속계수와 마찰손실계수의 관계

  $C = \sqrt{\dfrac{8g}{f}}$

2) Chezy의 평균유속

  $V = C\sqrt{RI}$

55 피압 지하수를 설명한 것으로 옳은 것은?
① 하상 밑의 지하수
② 어떤 수원에서 다른 지역으로 보내지는 지하수
③ 지하수와 공기가 접해있는 지하수면을 가지는 지하수
④ 두 개의 불투수층 사이에 끼어 있어 대기압보다 큰 압력을 받고 있는 대수층의 지하수

해답 51. ④ 52. ② 53. ③ 54. ① 55. ④

해설 피압지하수
1) 피압지하수: 불투수층 사이에 있는 지하수로 대기압을 피한 지하수.
2) 비피압지하수: 자유수면이 있는 지하수로 대기압영향을 받는 지하수.

56 축척이 1:50인 하천 수리모형에서 원형 유량 10000m³/s에 대한 모형 유량은?
① 0.401m³/s ② 0.566m³/s
③ 14.142m³/s ④ 28.284m³/s

해설 Froude 특별상사법칙
1) Froude 상사법칙: 중력이 흐름을 지배하는 개수로에 적용한다.
2) 유량비와 축척비와의 관계

$$\frac{Q_m(\text{모형유량})}{Q_p(\text{원형유량})} = L_r^{\frac{5}{2}}$$

$$\frac{Q_m}{10,000} = \left(\frac{1}{50}\right)^{\frac{5}{2}}$$

$$\therefore Q_m = 0.566 \text{m}^3/\text{sec}$$

57 어떤 유역에 표와 같이 30분간 집중호우가 발생하였다면 지속시간 15분인 최대 강우 강도는?

시간(분)	0~5	5~10	10~15
우량(mm)	2	4	6

시간(분)	15~20	20~25	25~30
우량(mm)	4	8	6

① 50mm/h ② 64mm/h
③ 72mm/h ④ 80mm/h

해설 지속시간 15분인 최대강우강도(I)
1) 지속시간 15분 강우량
 0~15분: 2+4+6=12mm
 5~20분: 4+6+4=14mm
 10~25분: 6+4+8=18mm
 15~30분: 4+8+6=18mm
2) 최대강우량은 $\frac{18\text{mm}}{15\text{분}}$이므로

$$\therefore I = \frac{18\text{mm}}{15\text{분}} \times \frac{60\text{분}}{h} = \frac{72\text{mm}}{h}$$

58 개수로 내의 흐름에서 평균유속을 구하는 방법 중 2점법의 유속 측정 위치로 옳은 것은?
① 수면과 전수심의 50% 위치
② 수면으로부터 수심의 10%와 90% 위치
③ 수면으로부터 수심의 20%와 80% 위치
④ 수면으로부터 수심의 40%와 60% 위치

해설 평균유속(2점법)
1) $V_m = \frac{1}{2}(V_{0.2} + V_{0.8})$
2) $V_{0.2}$: 수면으로부터 수심의 20%지점의 유속
3) $V_{0.8}$: 수면으로부터 수심의 80%지점의 유속

59 그림과 같은 노즐에서 유량을 구하기 위한 식으로 옳은 것은?
(단, 유량계수는 1.0으로 가정한다.)

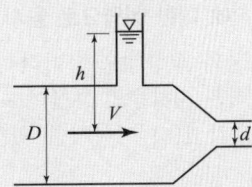

① $\frac{\pi d^2}{4}\sqrt{2gh}$ ② $\frac{\pi d^2}{4}\sqrt{\frac{2gh}{1-\left(\frac{d}{D}\right)^4}}$

③ $\frac{\pi d^2}{4}\sqrt{\frac{2gh}{1-\left(\frac{d}{D}\right)^2}}$ ④ $\frac{\pi d^2}{4}\sqrt{\frac{2gh}{1+\left(\frac{d}{D}\right)^2}}$

해설 관 노즐

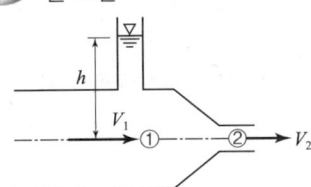

1) 관의 중심선상의 ①번과 ②번 위치에서 베르누이 정리를 적용하면

$$0 + h + \frac{V_1^2}{2g} = 0 + 0 + \frac{V_2^2}{2g}$$

$$\therefore V_2 = \sqrt{2g\left(h + \frac{V_1^2}{2g}\right)} = \sqrt{2gh + V_1^2} \cdots ①$$

해답 56. ② 57. ③ 58. ③ 59. ②

2) 관의 단면적 $\left(A=\dfrac{\pi D^2}{4}\right)$, 노즐의 단면적 $\left(a=\dfrac{\pi d^2}{4}\right)$ 이라 하면

$$Q = A \cdot V_1 = C \cdot a \cdot V_2$$

$$\therefore V_1 = \dfrac{C\,a\,V_2}{A} = \dfrac{a\,V_2}{A} \cdots ②$$

②번식을 ①식에 대입하면

$$V_2 = \sqrt{2gh + \left(\dfrac{aV_2}{A}\right)^2}$$

양변을 제곱해서 정리하면

$$\therefore V_2 = \sqrt{\dfrac{2gh}{1-\left(\dfrac{a}{A}\right)^2}} = \sqrt{\dfrac{2gh}{1-\left(\dfrac{\pi d^2/4}{\pi D^2/4}\right)^2}} = \sqrt{\dfrac{2gh}{1-\left(\dfrac{d}{D}\right)^4}}$$

3) $Q = a \cdot V_2 = \dfrac{\pi d^2}{4} \cdot \sqrt{\dfrac{2gh}{1-\left(\dfrac{d}{D}\right)^4}}$

★★★
60 Darcy의 법칙에 대한 설명으로 옳지 않은 것은?
① 투수계수는 물의 점성계수에 따라서도 변화한다.
② Darcy의 법칙은 지하수의 흐름에 대한 공식이다.
③ Reynolds 수가 100 이상이면 안심하고 적용할 수 있다.
④ 평균유속이 동수경사와 비례관계를 가지고 있는 흐름에 적용될 수 있다.

해설 Darcy법칙
1) 투수계수

$$K = D_s^2 \, \dfrac{\rho g}{\mu} \, \dfrac{e^3}{1+e} \, C$$

2) 투수계수는 점성계수에 반비례한다.
3) Reynolds 수가 4를 기준으로 하고 10이하면 적용이 가능하다.
4) $V = KI$ 이므로 평균유속(V)과 동수구배(I)는 비례한다.

철근콘크리트 및 강구조

★★★
61 아래 그림과 같은 인장재의 순단면적은 약 얼마인가? (단, 구멍의 지름은 25mm이고, 강판두께는 10mm이다.)

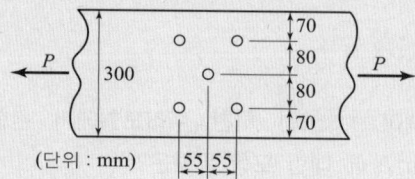

① 2,323mm² ② 2,439mm²
③ 2,500mm² ④ 2,595mm²

해설 인장재의 순단면적

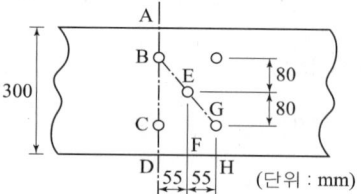

1) $w = d - \dfrac{p^2}{4g} = 25 - \dfrac{55^2}{4 \times 80} = 15.55\,\text{mm}$

2) 순폭(b_n) 계산
① A-B-C-D : $b_n = b_g - 2d = 300 - 2 \times 25 = 250\,\text{mm}$
② A-B-E-F
 : $b_n = b_g - d - w = 300 - 25 - 15.55 = 259.45\,\text{mm}$
③ A-B-E-G-H or A-B-E-C-D
 : $b_n = b_g - d - w - w = 300 - 25 - 2 \times 15.55 = 243.9\,\text{mm}$
 ∴ 위의 값 중 가장 작은 값 243.9mm를 순폭으로 한다.

3) 순단면적=순폭×강판두께
$A_n = 243.9 \times 10 = 2,439\,\text{mm}^2$

★★★
62 그림과 같은 단면의 도심에 PS강재가 배치되어 있다. 초기 프리스트레스 1,800kN을 작용시켰다. 30%의 손실을 가정하여 콘크리트의 하연응력이 0이 되기 위한 휨모멘트 값은? (단, 자중은 무시한다.)

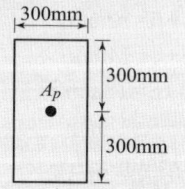

① 120kN·m ② 126kN·m
③ 130kN·m ④ 150kN·m

해설 PS강재를 도심에 배치한 경우의 콘크리트응력

1) 유효 프리스트레스 $= 1,800\left(1-\dfrac{30}{100}\right) = 1,260$ kN

2) $f_{(하연)} = \dfrac{P}{A} - \dfrac{M}{Z} = 0$

$\therefore M = \dfrac{P}{A}Z = \left(\dfrac{1,260}{0.3 \times 0.6}\right)\left(\dfrac{0.3 \times 0.6^2}{6}\right) = 126$ kN·m

63 철근의 정착에 대한 설명으로 틀린 것은?

① 인장 이형철근 및 이형철선의 정착길이(l_d)는 항상 300mm 이상이어야 한다.
② 압축 이형철근의 정착길이(l_d)는 항상 400mm 이상이어야 한다.
③ 갈고리는 압축을 받는 경우 철근정착에 유효하지 않은 것으로 보아야 한다.
④ 단부에 표준갈고리가 있는 인장 이형철근의 정착길이(l_{dh})는 항상 철근의 공칭지름(d_b)의 8배 이상, 또한 150mm 이상이어야 한다.

해설 철근의 정착
압축 이형철근의 정착길이는 항상 200mm 이상이어야 한다.

64 아래 그림과 같은 철근콘크리트 보-슬래브 구조에서 대칭 T형보의 유효폭(b)은?

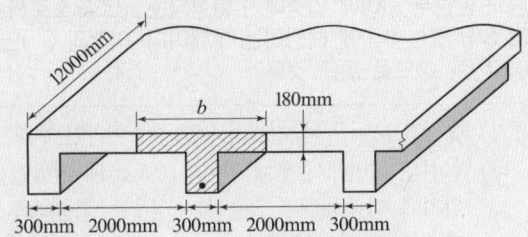

① 2,000mm ② 2,300mm
③ 3,000mm ④ 3,180mm

해설 대칭 T형 보의 유효 폭

1) $16t_f + b_w = 16 \times 180 + 300 = 3,180$ mm
2) Slab 중심간 거리 $= \dfrac{2,000}{2} + 300 + \dfrac{2,000}{2} = 2,300$ mm
3) 보의 경간 $\times \dfrac{1}{4} = \dfrac{12,000}{4} = 3,000$ mm

$\therefore$ 가장 작은 값이 유효폭 $= 2,300$ mm

65 옹벽의 설계에 대한 일반적인 설명으로 틀린 것은?

① 뒷부벽은 캔틸레버로 설계하여야 하며, 앞부벽은 T형보로 설계하여야 한다.
② 활동에 대한 저항력은 옹벽에 작용하는 수평력의 1.5배 이상이어야 한다.
③ 전도에 대한 저항휨모멘트는 횡토압에 의한 전도모멘트의 2.0배 이상이어야 한다.
④ 저판의 뒷굽판은 정확한 방법이 사용되지 않는 한, 뒷굽판 상부에 재하되는 모든 하중을 지지하도록 설계하여야 한다.

해설 옹벽의 설계일반

1) 뒷부벽식 옹벽: T형 보로 설계한다.
2) 앞부벽식 옹벽: 직사각형 보로 설계한다.

66 나선철근 압축부재 단면의 심부 지름이 300mm, 기둥 단면의 지름이 400mm인 나선철근 기둥의 나선철근비는 최소 얼마 이상이어야 하는가?
(단, 나선철근의 설계기준항복강도(f_{yt})는 400MPa, 콘크리트의 설계기준압축강도(f_{ck})는 28MPa이다.)

① 0.0184 ② 0.0201
③ 0.0225 ④ 0.0245

해설 나선철근비(ρ_s)

1) $\dfrac{A_g}{A_{ch}} = \dfrac{\dfrac{\pi D^2}{4}}{\dfrac{\pi D_{ch}^2}{4}} = \dfrac{D^2}{D_{ch}^2} = \left(\dfrac{400}{300}\right)^2 = 1.78$

2) $\rho_s = 0.45\left(\dfrac{A_g}{A_{ch}} - 1\right)\dfrac{f_{ck}}{f_{yt}}$
$= 0.45(1.78 - 1)\dfrac{28}{400} = 0.0245$

67 단면이 300×400mm이고, 150mm²의 PS강선 4개를 단면도심축에 배치한 프리텐션 PS 콘크리트 부재가 있다. 초기 프리스트레스 1000MPa일 때 콘크리트의 탄성수축에 의한 프리스트레스의 손실량은?
(단, 탄성계수비(n)는 6.0이다.)

① 30MPa ② 34MPa
③ 42MPa ④ 52MPa

해답 63. ② 64. ② 65. ① 66. ④ 67. ①

해설 콘크리트 탄성수축에 의한 프리스트레스 손실(Δf_p)

1) $P = f_p A_p = \dfrac{1{,}000\,\text{N}}{\text{mm}^2} \times 150\,\text{mm}^2 \times 4 = 600{,}000\,\text{N}$

2) $f_c = \dfrac{P}{A}$
   $= \dfrac{600{,}000}{300 \times 400} = 5\,\text{MPa}$

3) $\Delta f_p = n f_c = 6 \times 5 = 30\,\text{MPa}$

★★★

68 그림과 같은 맞대기 용접의 용접부에 생기는 인장응력은?

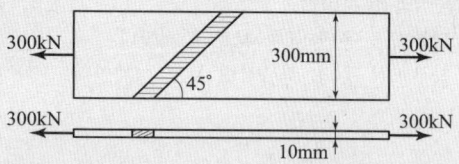

① 50MPa ② 70.7MPa
③ 100MPa ④ 141.4MPa

해설 용접부의 인장응력

1) $P = 300\,\text{kN} = 300{,}000\,\text{N}$
2) 용접부 유효길이(l)는 용접부의 길이를 연직면에 투영된 길이를 사용한다.
3) $f_c = \dfrac{P}{\sum al} = \dfrac{300{,}000}{10 \times 300} = 100\,\text{MPa}$

★★★

69 계수하중에 의한 전단력 $V_u = 75\,\text{kN}$을 받을 수 있는 직사각형 단면을 설계하려고 한다. 기준에 의한 최소 전단철근을 사용할 경우 필요한 보통중량콘크리트의 최소단면적($b_w d$)은?
(단, $f_{ck} = 28\,\text{MPa}$, $f_y = 300\,\text{MPa}$이다.)

① $101{,}090\,\text{mm}^2$ ② $103{,}073\,\text{mm}^2$
③ $106{,}303\,\text{mm}^2$ ④ $113{,}390\,\text{mm}^2$

해설 최소 전단철근 배근 시 보의 최소단면적

1. 최소전단철근 적용범위

$\dfrac{1}{2}\phi V_c < V_u \leq \phi V_c$

$\dfrac{1}{2}\phi\left(\dfrac{1}{6}\lambda\sqrt{f_{ck}}\right)b_w d < V_u \leq \phi\left(\dfrac{1}{6}\lambda\sqrt{f_{ck}}\right)b_w d$

2. 위의 식을 이용하여 계산 했을 때 작은 값이 최소 단면적이다.

$b_w d < \dfrac{12 V_u}{\phi\lambda\sqrt{f_{ck}}} = \dfrac{12 \times 75{,}000}{0.75 \times 1.0 \times \sqrt{28}} = 226{,}779\,\text{mm}^2$

$b_w d < \dfrac{6 V_u}{\phi\lambda\sqrt{f_{ck}}} = \dfrac{6 \times 75{,}000}{0.75 \times 1.0 \times \sqrt{28}} = 113{,}389\,\text{mm}^2$

$\therefore\ b_w d \fallingdotseq 113{,}390\,\text{mm}^2$

★

70 아래는 슬래브의 직접설계법에서 모멘트 분배에 대한 내용이다. 아래의 ( )안에 들어갈 ㉠, ㉡으로 옳은 것은?

> 내부 경간에서는 전체 정적 계수휨모멘트 M_o를 다음과 같은 비율로 분배하여야 한다.
> • 부계수휨모멘트 ················ (㉠)
> • 정계수휨모멘트 ················ (㉡)

① ㉠ : 0.65, ㉡ : 0.35 ② ㉠ : 0.55, ㉡ : 0.45
③ ㉠ : 0.45, ㉡ : 0.55 ④ ㉠ : 0.35, ㉡ : 0.65

해설 직접설계법의 모멘트분배

1) 부($-$)계수 휨모멘트 $= 0.65\,M_0$
2) 정($+$)계수 휨모멘트 $= 0.35\,M_0$

★

71 깊은보는 한쪽 면이 하중을 받고 반대쪽 면이 지지되어 하중과 받침부 사이에 압축대가 형성되는 구조요소로서 아래의 (가) 또는 (나)에 해당하는 부재이다. 아래의 ( )안에 들어갈 ㉠, ㉡으로 옳은 것은?

> (가) 순경간 l_n이 부재 깊이의 (㉠)배 이하인 부재
> (나) 받침부 내면에서 부재 깊이의 (㉡)배 이하인 위치에 집중하중이 작용하는 경우는 집중하중과 받침부 사이의 구간

① ㉠ : 4, ㉡ : 2 ② ㉠ : 3, ㉡ : 2
③ ㉠ : 2, ㉡ : 4 ④ ㉠ : 2, ㉡ : 3

해설 깊은 보(Deep beam)의 조건

1) 순경간(l_n)이 부재 깊이의 4배 이하인 보.
2) 받침부 내면에서 부재 깊이의 2배 이하인 위치에 집중하중이 작용하는 경우는 집중하중과 받침부 사이의 구간

해답 68. ③ 69. ④ 70. ① 71. ①

72 복철근 콘크리트보 단면에 압축철근비 $\rho'=0.01$이 배근되어 있다. 이 보의 순간처짐이 20mm일 때 1년간 지속 하중에 의해 유발되는 전체 처짐량은?

① 38.7mm ② 40.3mm
③ 42.4mm ④ 45.6mm

해설 전체처짐량
1) ξ (1년) = 1.4
2) 장기처짐계수
$$\lambda_\Delta = \frac{\xi}{1+50\rho'} = \frac{1.4}{1+50\times 0.01} = 0.933$$
3) 장기처짐 = 순간처짐 × λ_Δ = 20×0.933 = 18.7mm
4) 전체처짐량 = 20+18.7 = 38.7mm

73 2방향 슬래브의 설계에서 직접설계법을 적용할 수 있는 제한 사항으로 틀린 것은?
① 각 방향으로 3경간 이상 연속되어야 한다.
② 슬래브 판들은 단변 경간에 대한 장변 경간의 비가 2 이하인 직사각형이어야 한다.
③ 각 방향으로 연속한 받침부 중심간 경간 차이는 긴 경간의 1/3 이하이어야 한다.
④ 연속한 기둥 중심선을 기준으로 기둥의 어긋남은 그 방향 경간의 20% 이하이어야 한다.

해설 직접설계법의 적용 시 제한사항
연속한 기둥 중심선을 기준으로 기둥의 어긋남은 그 방향 경간의 10% 이하이어야 한다.

74 아래에서 ( )안에 들어갈 수치로 옳은 것은?

보나 장선의 깊이 h가 ( )mm를 초과하면 종방향 표피철근을 인장연단부터 $h/2$ 지점까지 부재 양쪽 측면을 따라 균일하게 배치하여야 한다.

① 700 ② 800
③ 900 ④ 1,000

해설 표피철근

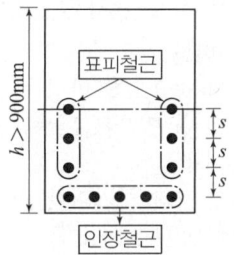

75 단철근 직사각형 보의 폭이 300mm, 유효깊이가 500mm, 높이가 600mm일 때, 외력에 의해 단면에서 휨 균열을 일으키는 휨모멘트(M_{cr})는?
(단, f_{ck}=28MPa, 보통중량콘크리트이다.)

① 58kN·m ② 60kN·m
③ 62kN·m ④ 64kN·m

해설 균열모멘트
1) $f_r = 0.63\lambda\sqrt{f_{ck}} = 0.63 \times 1.0 \times \sqrt{28} = 3.33$MPa
2) $Z = \dfrac{300\times 600^2}{6} = 18,000,000$mm³
3) $M_{cr} = f_r \cdot Z$
$= 3.33\dfrac{N}{mm^2} \times 18,000,000mm^3 \fallingdotseq 59.94$ kN·m

76 콘크리트 설계기준압축강도가 28MPa, 철근의 설계기준항복강도가 350MPa로 설계된 길이가 4m인 캔틸레버 보가 있다. 처짐을 계산하지 않는 경우의 최소 두께는?
(단, 보통중량콘크리트(m_c=2300kg/m³)이다.)

① 340mm ② 465mm
③ 512mm ④ 600mm

해설 처짐을 계산하지 않는 경우의 캔틸레버보의 최소두께
1) 보의 최소두께 $\dfrac{l}{8}$이고, f_y가 400MPa이 아닌 경우 $\left(0.43+\dfrac{f_y}{700}\right)$를 곱하여 구한다.
2) $h = \dfrac{l}{8}\left(0.43+\dfrac{f_y}{700}\right)$
$= \dfrac{4,000}{8}\left(0.43+\dfrac{350}{700}\right) \fallingdotseq 465$mm

해답 72. ① 73. ④ 74. ③ 75. ② 76. ②

77 강도감소계수(ϕ)를 규정하는 목적으로 옳지 않은 것은?
① 부정확한 설계 방정식에 대비한 여유
② 구조물에서 차지하는 부재의 중요도를 반영
③ 재료 강도와 치수가 변동할 수 있으므로 부재의 강도 저하 확률에 대비한 여유
④ 하중의 공칭값과 실제 하중 간의 불가피한 차이 및 예기치 않은 초과하중에 대비한 여유

해설 강도감소계수
1) 강도감소계수
  ① 부정확한 설계방정식에 대한 여유
  ② 부재의 중요도 반영
  ③ 부재의 강도 저하 확률에 대비한 여유
2) 하중계수: 하중의 공칭 값과 실제하중 간의 불가피한 차이 및 예기치 않은 초과 하중에 대비한 여유

78 철근콘크리트 부재에서 V_s가 $\frac{1}{3}\lambda\sqrt{f_{ck}}\,b_w d$를 초과하는 경우 부재축에 직각으로 배치된 전단철근의 간격 제한으로 옳은 것은?
(단, b_w: 복부의 폭, d: 유효깊이, λ: 경량콘크리트 계수, V_s: 전단철근에 의한 단면의 공칭전단강도)
① $\frac{d}{2}$ 이하, 또 어느 경우이든 600mm 이하
② $\frac{d}{2}$ 이하, 또 어느 경우이든 300mm 이하
③ $\frac{d}{4}$ 이하, 또 어느 경우이든 600mm 이하
④ $\frac{d}{4}$ 이하, 또 어느 경우이든 300mm 이하

해설 전단철근 간격
1) $V_s \le \frac{\lambda}{3}\sqrt{f_{ck}}\,b_w d$ 인 경우
  $\frac{d}{2}$ 이하, 600mm 이하, $s = \frac{A_v f_{yt} d}{V_s}$
  ∴ 위의 값 중 가장 작은 값이 전단철근간격이 된다.
2) $V_s > \frac{\lambda}{3}\sqrt{f_{ck}}\,b_w d$ 인 경우
  $\frac{d}{4}$ 이하, 300mm 이하, $s = \frac{A_v f_{yt} d}{V_s}$
  ∴ 위의 값 중 가장 작은 값이 전단철근간격이 된다.

79 용접이음에 관한 설명으로 틀린 것은?
① 내부 검사(X-선 검사)가 간단하지 않다.
② 작업의 소음이 적고 경비와 시간이 절약된다.
③ 리벳구멍으로 인한 단면 감소가 없어서 강도 저하가 없다.
④ 리벳이음에 비해 약하므로 응력 집중 현상이 일어나지 않는다.

해설 용접이음의 단점
1) 응력집중이 생기기 쉽다.
2) 내부검사가 어렵다.
3) 반복하중에 의한 피로에 대해 약하다.

80 포스트텐션 긴장재의 마찰손실을 구하기 위해 아래와 같은 근사식을 사용하고자 할 때 근사식을 사용할 수 있는 조건으로 옳은 것은?

$$P_{px} = \frac{P_{pj}}{(1+Kl_{px}+\mu_p\alpha_{px})}$$

P_{px} : 임의점 x에서 긴장재의 긴장력(N)
P_{pj} : 긴장단에서 긴장재의 긴장력(N)
K : 긴장재의 단위길이 1m당 파상마찰계수
l_{px} : 정착단부터 임의의 지점 x까지 긴장재의 길이(m)
μ_p : 곡선부의 곡률마찰계수
α_{px} : 긴장단부터 임의점 x까지 긴장재의 전체 회전각 변화량(라디안)

① P_{pj}의 값이 5,000kN 이하인 경우
② P_{pj}의 값이 5,000kN 초과하는 경우
③ $(Kl_{px}+\mu_p\alpha_{px})$값이 0.3 이하인 경우
④ $(Kl_{px}+\mu_p\alpha_{px})$값이 0.3 초과인 경우

해설 긴장재의 마찰손실의 근사식을 사용할 수 있는 조건
1) $l_{px} \le 40$m
2) $Kl_{px}+\mu_p\alpha_{px} \le 0.3$

해답 77. ④ 78. ④ 79. ④ 80. ③

토질 및 기초

81 포화단위중량(γ_{sat})이 19.62kN/m³인 사질토로 된 무한사면이 20°로 경사져 있다. 지하수위가 지표면과 일치하는 경우 이 사면의 안전율이 1 이상이 되기 위해서는 흙의 내부마찰각이 최소 몇 도 이상이어야 하는가? (단, 물의 단위중량은 9.81kN/m³이다.)

① 18.21° ② 20.52°
③ 36.06° ④ 45.47°

해설 무한사면의 안정

$$F_s = \frac{\gamma_{sub}}{\gamma_{sat}} \cdot \frac{\tan\phi}{\tan\beta}$$

$$1.0 \geq \frac{(19.62-9.81)}{19.62} \frac{\tan 20°}{\tan\beta}$$

$$\therefore \beta \leq 36.06°$$

82 압밀시험에서 얻은 e-logP곡선으로 구할 수 있는 것이 아닌 것은?

① 선행압밀압력 ② 팽창지수
③ 압축지수   ④ 압밀계수

해설 압밀곡선
1) e-logP곡선: 선행압밀압력, 팽창지수, 압축지수.
2) 시간-침하곡선: 압밀계수, 체적변화계수, 압축계수, 투수계수.

83 흙 시료의 전단시험 중 일어나는 다일러턴시(Dilatancy) 현상에 대한 설명으로 틀린 것은?

① 흙이 전단될 때 전단면 부근의 흙입자가 재배열되면서 부피가 팽창하거나 수축하는 현상을 다일러턴시라 부른다.
② 사질토 시료는 전단 중 다일러턴시가 일어나지 않는 한계의 간극비가 존재한다.
③ 정규압밀 점토의 경우 정(+)의 다일러턴시가 일어난다.
④ 느슨한 모래는 보통 부(-)의 다일러턴시가 일어난다.

해설 다일러턴시(Dilatancy)
1) 촘촘한 모래, 과압밀 점토의 경우 정(+)의 다일러턴시가 일어난다.
2) 느슨한 모래, 정규압밀 점토는 경우 부(-)의 다일러턴시가 일어난다.

84 어떤 모래층의 간극비(e)는 0.2, 비중(G_s)은 2.60이었다. 이 모래가 분사현상(Quick Sand)이 일어나는 한계 동수경사(i_c)는?

① 0.56 ② 0.95
③ 1.33 ④ 1.80

해설 한계 동수경사(i_c)

$$i_c = \frac{G_s - 1}{1+e} = \frac{2.6-1}{1+0.2} = 1.33$$

85 상·하층이 모래로 되어 있는 두께 2m의 점토층이 어떤 하중을 받고 있다. 이 점토층의 투수계수가 5×10^{-7}cm/s, 체적변화계수(m_v)가 5.0cm²/kN일 때 90% 압밀에 요구되는 시간은? (단, 물의 단위중량은 9.81kN/m³이다.)

① 약 5.6일   ② 약 9.8일
③ 약 15.2일 ④ 약 47.2일

해설 압밀시간

1) $\gamma_w = \frac{9.81\text{kN}}{\text{m}^3} = \frac{9.81\text{kN}}{10^6\text{cm}^3}$

2) $K = C_v m_v \gamma_w$ 에서

$$\therefore C_v = \frac{K}{m_v \gamma_w} = \frac{\frac{5\times 10^{-7}\text{cm}}{\text{sec}}}{\frac{5\text{cm}^2}{\text{kN}} \times \frac{9.81\text{kN}}{10^6\text{cm}^3}} = 0.01\text{cm}^2/\text{sec}$$

3) $T_{90} = 0.848$, $d = \frac{2\text{m}}{2} = 1\text{m} = 100\text{cm}$ (∵ 양면배수)

4) $t = \frac{T_{90}d^2}{C_v} = \frac{0.848\times(100\text{cm})^2}{0.01\text{cm}^2/\text{sec}} = 848,000\text{sec}$

$\therefore t = 848,000\text{sec} \times \frac{1\text{day}}{24\times 3,600\text{sec}} \fallingdotseq 9.8\text{ day}$

해답 81. ③ 82. ④ 83. ③ 84. ③ 85. ②

86 연약지반 위에 성토를 실시한 다음, 말뚝을 시공하였다. 시공 후 발생될 수 있는 현상에 대한 설명으로 옳은 것은?
① 성토를 실시하였으므로 말뚝의 지지력은 점차 증가한다.
② 말뚝을 암반층 상단에 위치하도록 시공하였다면 말뚝의 지지력에는 변함이 없다.
③ 압밀이 진행됨에 따라 지반의 전단강도가 증가되므로 말뚝의 지지력은 점차 증가된다.
④ 압밀로 인해 부주면마찰력이 발생되므로 말뚝의 지지력은 감소된다.

해설 부주면 마찰력
1) 연약지반위에 성토를 하면 부마찰력이 발생하여 지지력은 감소한다.
2) 말뚝을 암반층 상단에 위치하도록 시공한 경우라도 부마찰력이 발생하면 말뚝의 지지력은 감소한다.

87 주동토압을 P_A, 수동토압을 P_P, 정지토압을 P_O라 할 때 토압의 크기를 비교한 것으로 옳은 것은?
① $P_A > P_P > P_O$ ② $P_P > P_O > P_A$
③ $P_P > P_A > P_O$ ④ $P_O > P_A > P_P$

해설 토압
1) 토압의 크기: $P_p > P_0 > P_a$
2) 토압계수의 크기: $K_p > K_0 > K_a$

88 흙의 분류법인 AASHTO분류법과 통일분류법을 비교·분석한 내용으로 틀린 것은?
① 통일분류법은 0.075mm체 통과율 35%를 기준으로 조립토와 세립토로 분류하는데 이것은 AASHTO분류법보다 적합하다.
② 통일분류법은 입도분포, 액성한계, 소성지수 등을 주요 분류인자로 한 분류법이다.
③ AASHTO분류법은 입도분포, 군지수 등을 주요 분류인자로 한 분류법이다.
④ 통일분류법은 유기질토 분류방법이 있으나 AASHTO분류법은 없다.

해설 흙의 공학적 분류법
1) 통일분류법: 조립토, 세립토는 0.075mm체 통과율 50%를 기준으로 한다.
2) AASHTO: 조립토, 세립토는 0.075mm체 통과율 35%를 기준으로 한다.

89 도로의 평판재하 시험에서 시험을 멈추는 조건으로 틀린 것은?
① 완전히 침하가 멈출 때
② 침하량이 15mm에 달할 때
③ 재하 응력이 지반의 항복점을 넘을 때
④ 재하 응력이 현장에서 예상할 수 있는 가장 큰 접지 압력의 크기를 넘을 때

해설 평판재하시험에서 시험을 멈추는 조건
1) 침하량이 15mm에 달할 때
2) 재하응력 > 지반의 항복점
3) 재하응력 > 최대접지압력

90 시료채취 시 샘플러(sampler)의 외경이 6cm, 내경이 5.5cm일 때, 면적비는?
① 8.3%   ② 9.0%
③ 16%   ④ 19%

해설 면적비(A_r)
1) $A_r = \dfrac{D_0^2 - D_e^2}{D_e^2} \times 100$
   $= \dfrac{6^2 - 5.5^2}{5.5^2} \times 100 = 19\%$
2) 면적비가 10%보다 크면 교란시료임.

해답 86. ④   87. ②   88. ①   89. ①   90. ④

91 그림과 같은 지반내의 유선망이 주어졌을 때 폭 10m에 대한 침투 유량은?
(단, 투수계수(K)는 2.2×10^{-2} cm/s이다.)

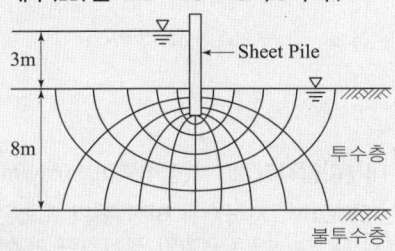

① 3.96 cm³/s ② 39.6 cm³/s
③ 396 cm³/s ④ 3,960 cm³/s

해설 유선망
1) 유로수: $N_f = 6$,
2) 등수두면 수: $N_d = 10$
3) 지반의 폭: $L = 10m = 1,000cm$
4) $Q = KHL \dfrac{N_f}{N_d}$
   $= 2.2 \times 10^{-2} \text{cm/s} \times 300\text{cm} \times 1,000\text{cm} \times \dfrac{6}{10}$
   $= 3,960 \text{ cm}^3/\text{s}$

92 20개의 무리말뚝에 있어서 효율이 0.75이고, 단항으로 계산된 말뚝 한 개의 허용지지력이 150kN일 때 무리말뚝의 허용지지력은?
① 1,125 kN ② 2,250 kN
③ 3,000 kN ④ 4,000 kN

해설 무리말뚝의 허용지지력
$Q_{ag} = E q_a N = 0.75 \times 150 \times 20 = 2,250\text{kN}$

93 연약지반 개량공법 중 점성토지반에 이용되는 공법은?
① 전기충격 공법
② 폭파다짐 공법
③ 생석회말뚝 공법
④ 바이브로플로테이션 공법

해설 연약지반 개량공법
1) 점토지반 개량공법: 생석회 말뚝공법, 치환공법, 샌드드레인 공법 등.
2) 모래지반 개량공법: 전기 충격 공법, 폭파다짐 공법, 바이브로플로테이션 공법, 다짐모래말뚝공법 등.
3) 점토지반 개량공법은 치환, 탈수, 압밀 등으로 지반개량하는 것이고, 모래지반 개량공법은 다짐, 진동, 폭파, 충격 등으로 지반을 개량한다.

94 어떤 지반에 대한 흙의 입도분석결과 곡률계수(C_g)는 1.5, 균등계수(C_u)는 15이고 입자는 모난 형상이었다. 이때 Dunham의 공식에 의한 흙의 내부마찰각(ϕ)의 추정치는?
(단, 표준관입시험 결과 N치는 10이었다.)
① 25° ② 30° ③ 36° ④ 40°

해설 흙의 내부마찰각(ϕ)
1) 흙의 입도 판정
   ① 양 입도 조건: $C_u > 10$, $1 < C_g < 3$
   ② $C_u = 15 > 10$, $C_g = 1.5 (1 < C_g < 3)$이므로 입도분포가 좋은 흙이다.
2) 흙의 입도가 좋고, 토립자가 모난 경우
   $\phi = \sqrt{12N} + 25 = \sqrt{12 \times 10} + 25 = 35.95°$

95 아래와 같은 상황에서 강도정수 결정에 적합한 삼축압축시험의 종류는?

> 최근에 매립된 포화 점성토지반 위에 구조물을 시공한 직후의 초기 안정 검토에 필요한 지반 강도정수 결정

① 비압밀 비배수시험(UU)
② 비압밀 배수시험(UD)
③ 압밀 비배수시험(CU)
④ 압밀 배수시험(CD)

해설 삼축압축시험(비압밀 비배수시험)
1) 점토지반이 시공 중 또는 성토한 후 급속한 파괴가 예상될 때
2) 압밀이나 함수비의 변화가 없이 급속한 파괴가 예상될 때
3) 점토지반의 단기안정해석

해답 91. ④ 92. ② 93. ③ 94. ③ 95. ①

96 베인전단시험(vane shear test)에 대한 설명으로 틀린 것은?
① 베인전단시험으로부터 흙의 내부마찰각을 측정할 수 있다.
② 현장 원위치 시험의 일종으로 점토의 비배수 전단강도를 구할 수 있다.
③ 연약하거나 중간 정도의 점성토 지반에 적용된다.
④ 십자형의 베인(vane)을 땅 속에 압입한 후, 회전모멘트를 가해서 흙이 원통형으로 전단파괴될 때 저항모멘트를 구함으로써 비배수 전단강도를 측정하게 된다.

해설 베인전단시험
1) 베인전단시험은 포화되고 연약한 점토지반의 점착력을 구하는 시험이다.
2) 점착력(비배수 전단강도)
$$C = \frac{T}{\pi d^2 \left(\frac{d}{6} + \frac{h}{2}\right)} \times \mu$$
3) 수정계수 : $\mu = 1.7 - 0.54 \log PI$
여기서, PI(소성지수) $= LL - PL$

97 그림에서 a-a′ 면 바로 아래의 유효응력은?
(단, 흙의 간극비(e)는 0.4, 비중(G_s)은 2.65, 물의 단위중량은 9.81kN/m³이다.)

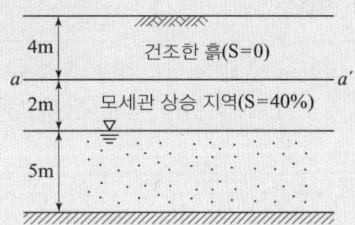

① 68.2 kN/m² ② 82.1 kN/m²
③ 97.4 kN/m² ④ 102.1 kN/m²

해설 유효응력
1) 흙의 건조단위중량
$$\gamma_d = \frac{G_s \gamma_w}{1+e} = \frac{2.65 \times 9.81}{1+0.4} = 18.57 \text{kN/m}^3$$
2) 전응력
$\sigma = \gamma_d h = 18.57 \times 4 = 74.28 \text{ kN/m}^2$

3) 공극수압
$u = -\frac{S}{100} \gamma_w h_c = -\frac{40}{100} \times 9.81 \times 2$
$= -7.85 \text{ kN/m}^2$
4) 유효응력=전응력−공극수압
$\sigma' = 74.28 - (-7.85) = 82.13 \text{ kN/m}^2$

98 흙의 내부마찰각이 20°, 점착력이 50kN/m², 습윤단위중량이 17kN/m³, 지하수위 아래 흙의 포화단위중량이 19kN/m³일 때 3m×3m 크기의 정사각형 기초의 극한지지력을 Terzaghi의 공식으로 구하면?
(단, 지하수위는 기초바닥 깊이와 같으며 물의 단위중량은 9.81kN/m³이고, 지지력계수 $N_c=18$, $N_\gamma=5$, $N_q=7.50$이다.)

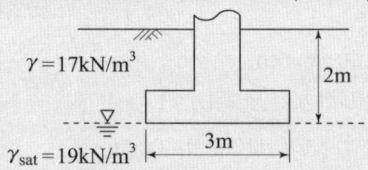

① 1,231.24 kN/m² ② 1,337.31 kN/m²
③ 1,480.14 kN/m² ④ 1,540.42 kN/m²

해설 얕은 기초의 극한지지력(q_u)
1) 정사각형 기초 : $\alpha = 1.3$, $\beta = 0.4$
2) $\gamma_1 = \gamma_{sub} = \gamma_{sat} - \gamma_w = 19 - 9.81 = 9.19 \text{kN/m}^3$, $\gamma_2 = \gamma_t$
3) $q_u = \alpha C N_c + \beta B \gamma_1 N_r + \gamma_2 D_f N_q$
$= 1.3 \times 50 \times 18 + 0.4 \times 3 \times 9.19 \times 5 + 17 \times 2 \times 7.5$
$= 1,480.14 \text{ kN/m}^2$

99 그림에서 지표면으로부터 깊이 6m에서의 연직응력(σ_v)과 수평응력(σ_h)의 크기를 구하면?
(단, 토압계수는 0.60이다.)

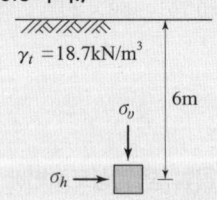

① $\sigma_v = 87.3 \text{kN/m}^2$, $\sigma_h = 52.4 \text{kN/m}^2$
② $\sigma_v = 95.2 \text{kN/m}^2$, $\sigma_h = 57.1 \text{kN/m}^2$
③ $\sigma_v = 112.2 \text{kN/m}^2$, $\sigma_h = 67.3 \text{kN/m}^2$
④ $\sigma_v = 123.4 \text{kN/m}^2$, $\sigma_h = 74.0 \text{kN/m}^2$

해답 96. ① 97. ② 98. ③ 99. ③

해설 응력

1) 연직응력

$\sigma_v = \gamma_{\text{sat}} h = 18.7 \times 6 = 122.2 \text{ kN/m}^2$

2) 수평응력

$\sigma_h = K_o \sigma_v = 0.6 \times 122.2 = 67.3 \text{ kN/m}^2$

★★★
100 다짐에 대한 설명으로 틀린 것은?
① 다짐에너지는 래머(rammer)의 중량에 비례한다.
② 입도배합이 양호한 흙에서는 최대건조 단위중량이 높다.
③ 동일한 흙일지라도 다짐기계에 따라 다짐효과는 다르다.
④ 세립토가 많을수록 최적함수비가 감소한다.

해설 다짐특성
1) 조립토가 많을수록 최대건조단위중량이 크고 최적함수비는 감소한다.
2) 세립토가 많을수록 최대건조단위중량이 적고 최적함수비는 증가한다.

상하수도공학

★
101 펌프의 흡입구경(口徑)을 결정하는 식으로 옳은 것은?
(단, Q : 펌프의 토출량(m³/min), V : 흡입구의 유속(m/s))
① $D = 146\sqrt{\dfrac{Q}{V}}$ (mm) ② $D = 186\sqrt{\dfrac{Q}{V}}$ (mm)
③ $D = 273\sqrt{\dfrac{Q}{V}}$ (mm) ④ $D = 357\sqrt{\dfrac{Q}{V}}$ (mm)

해설 펌프의 흡입구경

1) $D = 146\sqrt{\dfrac{Q}{V}}$

2) $Q = AV = \dfrac{\pi D^2}{4} \times V$

$\therefore D = \sqrt{\dfrac{4Q}{\pi V}}$

★★
102 보통 상수도의 기본계획에서 대상이 되는 기간인 계획(목표)년도는 계획수립시부터 몇 년간을 표준으로 하는가?
① 3~5년간 ② 5~10년간
③ 15~20년간 ④ 25~30년간

해설 상수도의 기본계획
1) 계획년도는 장래예측의 확실성, 시설정비의 합리성, 경영상황 등을 기초로 하여, 가능한 한 장기간으로 설정한다.
2) 계획(목표)년도는 15~20년간을 표준으로 한다.

★
103 정수시설에 관한 사항으로 틀린 것은?
① 착수정의 용량은 체류시간을 5분 이상으로 한다.
② 고속응집침전지의 용량은 계획정수량의 1.5~2.0시간분으로 한다.
③ 정수지의 용량은 첨두수요대처용량과 소독접촉시간용량을 고려하여 최소 2시간분 이상을 표준으로 한다.
④ 플록형성지에서 플록형성시간은 계획정수량에 대하여 20~40분간을 표준으로 한다.

해설 착수정
1) 용량은 체류시간 1.5분 이상으로 한다.
2) 형상은 장방형 또는 원형으로 한다.
3) 2지 이상으로 분할하고 수심은 3~5m정도로 한다.
4) 고수위와 주변벽체 상단간의 여유고는 60cm 이상으로 한다.

★★
104 완속여과지와 비교할 때, 급속여과지에 대한 설명으로 틀린 것은?
① 대규모처리에 적합하다.
② 세균처리에 있어 확실성이 적다.
③ 유입수가 고탁도인 경우에 적합하다.
④ 유지관리비가 적게 들고 특별한 관리기술이 필요치 않다.

해설 여과지
1) 완속여과지 : 세균제거율이 높고, 유입수가 저탁도인 경우에 적합하다.
2) 급속여과지 : 세균제거율이 낮고, 유입수가 고탁도인 경우에 적합하고, 유지관리비 많이 들고 관리기술이 필요하다.

해답 100. ④ 101. ① 102. ③ 103. ① 104. ④

① 2021년 과년도출제문제

105 혐기성 소화 공정의 영향인자가 아닌 것은?
① 온도 ② 메탄함량
③ 알칼리도 ④ 체류시간

해설 혐기성 소화 공정의 영향인자
1) 유기물부하
2) 소화온도
3) PH와 알카리도
4) 교반
5) C/N비 등.

106 자연수 중 지하수의 경도(硬度)가 높은 이유는 어떤 물질이 지하수에 많이 함유되어 있기 때문인가?
① O_2 ② CO_2
③ NH_3 ④ Colloid

해설 경도
경도를 유발하는 물질은 흙속의 미생물 작용으로 발생한 CO_2와 대기중의 CO_2가 빗물에 녹아 생성된 산이 칼슘이나 마그네슘 성분이 포함된 석회암과 접촉하여 생성된다.

107 유량이 100,000m³/d이고 BOD가 2mg/L인 하천으로 유량 1,000m³/d, BOD 100mg/L인 하수가 유입된다. 하수가 유입된 후 혼합된 BOD의 농도는?
① 1.97mg/L ② 2.97mg/L
③ 3.97mg/L ④ 4.97mg/L

해설 BOD혼합농도
$$C_m = \frac{Q_1 C_1 + Q_2 C_2}{Q_1 + Q_2}$$
$$= \frac{(100,000 \times 2) + (1,000 \times 100)}{100,000 + 1,000} = 2.97 \text{mg/L}$$

108 양수량이 8m³/min, 전양정이 4m, 회전수 1,160rpm인 펌프의 비교회전도는?
① 316 ② 985
③ 1,160 ④ 1,436

해설 비교회전도(N_s)
$$N_s = N \times \frac{Q^{\frac{1}{2}}}{H^{\frac{3}{4}}} = 1,160 \times \frac{8^{\frac{1}{2}}}{4^{\frac{3}{4}}} = 1,160$$

109 일반적인 상수도 계통도를 올바르게 나열한 것은?
① 수원 및 저수시설 → 취수 → 배수 → 송수 → 정수 → 도수 → 급수
② 수원 및 저수시설 → 취수 → 도수 → 정수 → 송수 → 배수 → 급수
③ 수원 및 저수시설 → 취수 → 배수 → 정수 → 급수 → 도수 → 송수
④ 수원 및 저수시설 → 취수 → 도수 → 정수 → 급수 → 배수 → 송수

해설 상수도 계통도
1) 수원 및 저수시설→취수→도수→정수→송수→배수→급수
2) 도수는 원수를 이송하고 송수와 배수는 정수를 이송한다.

110 지하의 사질(砂質) 여과층에서 수두차 h가 0.5m이며 투과거리 ℓ이 2.5m인 경우 이곳을 통과하는 지하수의 유속은?
(단, 투수계수는 0.3cm/s)
① 0.06cm/s ② 0.015cm/s
③ 1.5cm/s ④ 0.375cm/s

해설 지하수의 유속
1) $I = \frac{0.5}{2.5} = 0.2$
2) $V = KI = 0.3 \times 0.2 = 0.06 \text{cm/s}$

해답 105. ② 106. ② 107. ② 108. ③ 109. ② 110. ①

111 일반 활성슬러지 공정에서 다음 조건과 같은 반응조의 수리학적 체류시간(HRT) 및 미생물 체류시간(SRT)을 모두 올바르게 배열한 것은?
(단, 처리수 SS를 고려한다.)

[조건]
- 반응조 용량(V): 10,000m³
- 반응조 유입수량(Q): 40,000m³/d
- 반응조로부터의 잉여슬러지량(Q_w): 400m³/d
- 반응조 내 SS 농도(X): 4,000mg/L
- 처리수의 SS 농도(X_e): 20mg/L
- 잉여슬러지농도(X_x): 10,000mg/L

① HRT: 0.25일, SRT: 8.35일
② HRT: 0.25일, SRT: 9.53일
③ HRT: 0.5일, SRT: 10.35일
④ HRT: 0.5일, SRT: 11.53일

해설 HRT와 SRT

1) $\text{HRT} = \dfrac{V}{Q} = \dfrac{10,000}{40,000} = 0.25\,\text{day}$

2) $\text{SRT} = \dfrac{VX}{Q_w X_x + (Q - Q_w) X_e}$
$= \dfrac{10,000 \times 4,000}{400 \times 10,000 + (40,000 - 400) \times 20} = 8.35\,\text{day}$

112 분류식 하수도의 장점이 아닌 것은?
① 오수관내 유량이 일정하다.
② 방류장소 선정이 자유롭다.
③ 사설 하수관에 연결하기가 쉽다.
④ 모든 발생오수를 하수처리장으로 보낼 수 있다.

해설 분류식 하수도
1) 분류식 하수도는 오수는 오수관으로, 우수는 우수관을 이용하여 처리하는 방식이다.
2) 관거의 오접(우수관에 사설 하수관의 연결)은 분류식 하수도의 단점이다.

113 송수시설의 계획송수량은 원칙적으로 무엇을 기준으로 하는가?
① 연평균급수량   ② 시간최대급수량
③ 계획1일평균급수량 ④ 계획1일최대급수량

해설 계획송수량
계획송수량은 계획1일 최대급수량을 기준으로 하고 누수 등의 손실량을 고려하여 10%정도를 여유수량으로 추가한다.

114 배수면적이 2km²인 유역 내 강우의 하수관로 유입시간이 6분, 유출계수가 0.70일 때 하수관로 내 유속이 2m/s인 1km 길이의 하수관에서 유출되는 우수량은?
(단, 강우강도 $I = \dfrac{3,500}{t+25}$mm/h, t의 단위:[분])

① 0.3m³/s   ② 2.6m³/s
③ 34.6m³/s   ④ 43.9m³/s

해설 우수량(합리식)
1) 유하시간
$t = \dfrac{L}{V} = \dfrac{1,000\text{m}}{2\text{m/sec}} = 500\,\text{sec} = 8.33\,\text{min}$
2) 유달시간 = 6+8.33 = 14.33min
3) 유달시간에 대한 강우강도
$I = \dfrac{3,500}{14.33+25} = 88.99\,\text{mm/h}$
4) $Q = \dfrac{1}{3.6} CIA$
$= \dfrac{1}{3.6} \times 0.7 \times 88.99 \times 2 = 34.6\,\text{m}^3/\text{sec}$

115 도수관을 설계할 때 자연유하식인 경우에 평균유속의 허용한도로 옳은 것은?
① 최소한도 0.3m/s, 최대한도 3.0m/s
② 최소한도 0.1m/s, 최대한도 2.0m/s
③ 최소한도 0.2m/s, 최대한도 1.5m/s
④ 최소한도 0.5m/s, 최대한도 1.0m/s

해설 도수관의 평균유속
1) 최소유속: 0.3m/s
2) 최대유속: 3.0m/s

해답 111. ① 112. ③ 113. ④ 114. ③ 115. ①

2021년 과년도출제문제

116 하수도용 펌프 흡입구의 표준 유속으로 옳은 것은? (단, 흡입구의 유속은 펌프의 회전수 및 흡입실양정 등을 고려한다.)
① 0.3~0.5m/s
② 1.0~1.5m/s
③ 1.5~3.0m/s
④ 5.0~10.0m/s

해설 펌프
1) 펌프흡입구의 표준유속은 1.5~3.0m/s를 표준으로 한다.
2) 흡입실의 양정 또는 흡입측 손실수두가 큰 경우 또는 온도가 높은 물 등의 경우는 흡입조건을 좋게 하기 위하여 유속을 느리게 한다.

117 정수장에서 응집제로 사용하고 있는 폴리염화알루미늄(PACl)의 특성에 관한 설명으로 틀린 것은?
① 탁도제거에 우수하며 특히 홍수 시 효과가 탁월하다.
② 최적 주입율의 폭이 크며, 과잉으로 주입하여도 효과가 떨어지지 않는다.
③ 물에 용해되면 가수분해가 촉진되므로 원액을 그대로 사용하는 것이 바람직하다.
④ 낮은 수온에 대해서도 응집효과가 좋지만 황산알루미늄과 혼합하여 사용해야 한다.

해설 폴리염화 알루미늄의 특성
1) 낮은 수온에 대해서도 응집효과가 좋지만 특히 황산알루미늄과 혼합사용하면 침전물이 발생하여 송액관을 막히게 하므로 혼합하여 사용하지 말아야한다.
2) 황산알루미늄보다 응집성이 우수하다.
3) 적정 PH의 범위가 넓으며 알카리도 저하가 적다.

118 펌프의 공동현상(cavitation)에 대한 설명으로 틀린 것은?
① 공동현상이 발생하면 소음이 발생한다.
② 공동현상은 펌프의 성능 저하의 원인이 될 수 있다.
③ 공동현상을 방지하려면 펌프의 회전수를 크게 해야 한다.
④ 펌프의 흡입양정이 너무 작고 임펠러 회전속도가 빠를 때 공동현상이 발생한다.

해설 펌프의 공동현상
공동현상을 방지하려면 펌프의 회전수를 작게 해야 한다.

119 활성슬러지의 SVI가 현저하게 증가되어 응집성이 나빠져 최종 침전지에서 처리수의 분리가 곤란하게 되었다. 이것은 활성슬러지의 어떤 이상 현상에 해당되는가?
① 활성슬러지의 부패
② 활성슬러지의 상승
③ 활성슬러지의 팽화
④ 활성슬러지의 해체

해설 슬러지 팽화
1) 슬러지 용적지수(SVI)가 200이상인 경우에 발생한다.
2) 원인균은 사상형 균으로 최종침전지에서 슬러지가 부풀어 오르는 현상으로 침강, 농축성이 저하된다.

120 하수도 시설에 손상을 주지 않기 위하여 설치되는 전처리(primary treatment) 공정을 필요로 하지 않는 폐수는?
① 산성 또는 알칼리성이 강한 폐수
② 대형 부유물질만을 함유하는 폐수
③ 침전성 물질을 다량으로 함유하는 폐수
④ 아주 미세한 부유물질만을 함유하는 폐수

해설 하수의 전처리 공정
하수도시설의 손상방지를 위하여 산성 또는 알카리성이 강한 폐수(화학적처리), 대형부유물질만을 함유하는 폐수(스크린으로 고액분리), 침전성 물질을 다량으로 함유하는 경우(침전제거)전처리 공정을 필요로 한다.

해답 116. ③ 117. ④ 118. ③ 119. ③ 120. ④

MEMO

2021년 과년도출제문제

응용역학

1 그림과 같이 케이블(cable)에 5kN의 추가 매달려 있다. 이 추의 중심을 수평으로 3m 이동시키기 위해 케이블 길이 5m 지점인 A점에 수평력 P를 가하고자 한다. 이때 힘 P의 크기는?

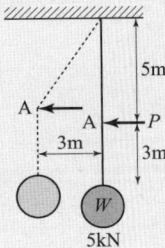

① 3.75kN   ② 4.00kN
③ 4.25kN   ④ 4.50kN

해설

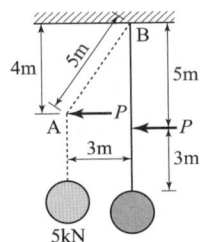

$\sum M_B = 0$

$-5 \times 3 + P \times 4 = 0$

$\therefore P = 3.75\text{kN}$

2 지름이 D인 원형단면의 단면 2차 극모멘트(I_P)의 값은?

① $\dfrac{\pi D^4}{64}$ ② $\dfrac{\pi D^4}{32}$

③ $\dfrac{\pi D^4}{16}$ ④ $\dfrac{\pi D^4}{8}$

해설 단면2차 극모멘트(I_P)

1) 원형단면의 도심에 대한 단면2차모멘트

$I_X = \dfrac{\pi D^4}{64}$

2) 단면2차 극모멘트

$I_P = I_X + I_Y = 2I_X$

$= 2 \times \dfrac{\pi D^4}{64} = \dfrac{\pi D^4}{32}$

3 그림과 같은 3힌지 아치에서 A점의 수평반력(H_A)은?

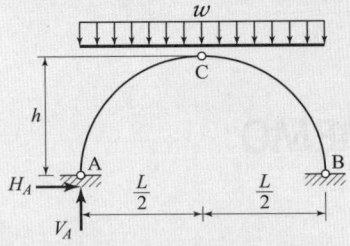

① $\dfrac{wL^2}{16h}$ ② $\dfrac{wL^2}{8h}$

③ $\dfrac{wL^2}{4h}$ ④ $\dfrac{wL^2}{2h}$

해설 3-hinge 아치

1) 대칭하중이므로

$V_A = \dfrac{wL}{2}$

2) $\sum M_{CL} = 0$

$V_A \times \dfrac{L}{2} - H_A \times h - w \times \dfrac{L}{2} \times \dfrac{L}{4} = 0$

$\therefore H_A = \dfrac{wL^2}{8h}$

4 단면 2차 모멘트가 I, 길이가 L인 균일한 단면의 직선상(直線狀)의 기둥이 있다. 기둥의 양단이 고정되어 있을 때 오일러(Euler) 좌굴하중은?
(단, 이 기둥의 탄성계수는 E이다.)

① $\dfrac{4\pi^2 EI}{L^2}$ ② $\dfrac{\pi^2 EI}{(0.7L)^2}$

③ $\dfrac{\pi^2 EI}{L^2}$ ④ $\dfrac{\pi^2 EI}{4L^2}$

해설 좌굴하중(P_{cr})

1) $P_{cr} = \dfrac{n\pi^2 EI}{L^2}$

2) 강도(n)
   ① 캔틸레버기둥: $n = 1/4$
   ② 양단힌지기둥: $n = 1$
   ③ 한쪽고정, 타단 힌지기둥: $n = 2$
   ④ 양단고정기둥: $n = 4$

$\therefore P_{cr} = \dfrac{(4)\pi^2 EI}{L^2}$

해답 1. ①   2. ②   3. ②   4. ①

5 그림과 같은 집중하중이 작용하는 캔틸레버보에서 A점의 처짐은? (단, EI는 일정하다.)

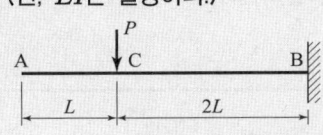

① $\dfrac{14PL^3}{3EI}$ ② $\dfrac{2PL^3}{EI}$

③ $\dfrac{8PL^3}{3EI}$ ④ $\dfrac{10PL^3}{3EI}$

해설 처짐

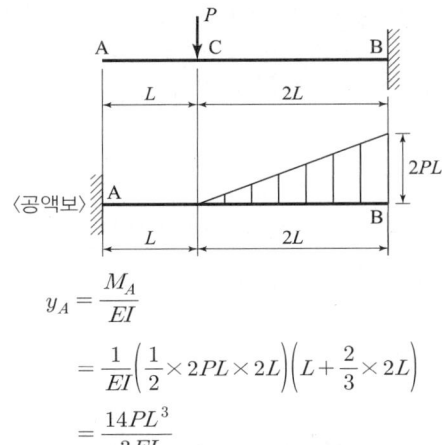

$y_A = \dfrac{M_A}{EI}$

$= \dfrac{1}{EI}\left(\dfrac{1}{2}\times 2PL\times 2L\right)\left(L+\dfrac{2}{3}\times 2L\right)$

$= \dfrac{14PL^3}{3EI}$

6 아래에서 설명하는 것은?

> 탄성체에 저장된 변형에너지 U를 변위의 함수로 나타내는 경우에, 임의의 변위 Δ_i에 관한 변형에너지 U의 1차 편도함수는 대응되는 하중 P_i와 같다. 즉, $P_i = \dfrac{\partial U}{\partial \Delta_i}$이다.

① Castigliano의 제1정리
② Castigliano의 제2정리
③ 가상일의 원리
④ 공액보법

해설 Castigliano의 정리
1) Castigliano의 제1정리: 힘, 모멘트를 구할 때 이용
  ① 정의: 탄성체에 외력 또는 휨모멘트가 작용 할 때 변형에너지를 변위(처짐)로 1차 편미분한 것은 그 점의 힘과 같다.

② 공식: $P_i = \dfrac{\partial U}{\partial \Delta_i}$

2) Castigliano의 제2정리: 변위(처짐, 처짐각)를 구할 때 이용
  ① 정의: 변형에너지를 하중으로 1차 편미분한 것은 그 점의 처짐과 같다.
  ② 공식: $\Delta_i = \dfrac{\partial U}{\partial P_i}$

7 재료의 역학적 성질 중 탄성계수를 E, 전단탄성계수를 G, 푸아송 수를 m이라 할 때 각 성질의 상호관계식으로 옳은 것은?

① $G = \dfrac{E}{2(m-1)}$ ② $G = \dfrac{E}{2(m+1)}$

③ $G = \dfrac{mE}{2(m-1)}$ ④ $G = \dfrac{mE}{2(m+1)}$

해설 각 탄성계수들의 상호관계식

1) 탄성계수 = $\dfrac{응력}{변형률}$

2) 푸아송 수: $m = \dfrac{1}{\nu(\text{푸와송 비})}$

3) 상호관계식: $G = \dfrac{mE}{2(m+1)} = \dfrac{E}{2(1+\nu)}$

8 그림과 같은 단순보에서 C점의 휨모멘트는?

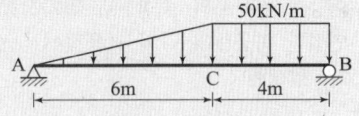

① $320\,kN\cdot m$ ② $420\,kN\cdot m$
③ $480\,kN\cdot m$ ④ $540\,kN\cdot m$

해설 휨모멘트

1) $\sum M_B = 0$
$(V_A \times 10) - \left(\dfrac{50\times 6}{2}\right)\left(\dfrac{1}{3}\times 6 + 4\right) - (50\times 4)(2) = 0$
$\therefore V_A = 130\,kN$

2) C점에서 자른 다음 왼쪽으로 계산하면
$M_C = (130\times 6) - \left(\dfrac{50\times 6}{2}\right)\left(\dfrac{1}{3}\times 6\right) = 480\,kN\cdot m$

해답 5. ① 6. ① 7. ④ 8. ③

9 그림과 같이 2개의 집중하중이 단순보 위를 통과할 때 절대최대 휨모멘트의 크기(M_{max})와 발생위치(x)는?

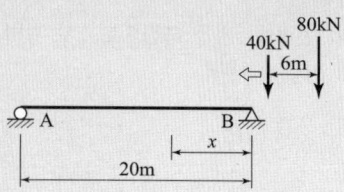

① $M_{max} = 362$kN·m, $x = 8$m
② $M_{max} = 382$kN·m, $x = 8$m
③ $M_{max} = 486$kN·m, $x = 9$m
④ $M_{max} = 506$kN·m, $x = 9$m

해설 절대최대 휨모멘트

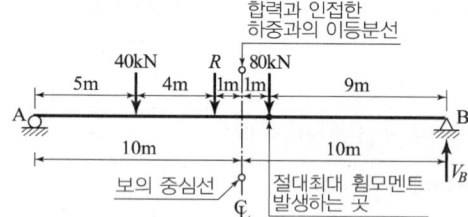

1) 합력의 크기
   $R = 40 + 80 = 120$kN
2) 합력의 작용점위치
   $40 \cdot 6 = 120 \times x \Rightarrow \therefore x = 2$m
3) 절대최대휨모멘트 발생 위치
   ① 합력과 인접한 하중(80kN)과의 이등분선($\frac{x}{2} = 1$m)을 작도한다.
   ② 그 이등분선과 보의 중심선과 일치시켰을 때, 합력과 인접한 하중(80kN)의 작용점에서 절대최대휨모멘트가 발생한다.
   $\therefore x = 9$m
4) 절대최대휨모멘트 크기
   ① $\sum M_A = 0$
   $-(V_B \times 20) + (40 \times 5) + (80 \times 11) = 0$
   or $-(V_B \times 20) + (120 \times 9) = 0$
   $\therefore V_B = 54$kN
   ② $M_{max} = V_B \times 9$m
   $= 54 \times 9 = 486$kN·m

10 그림과 같은 보에서 두 지점의 반력이 같게 되는 하중의 위치(x)는 얼마인가?

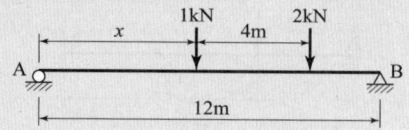

① 0.33m ② 1.33m
③ 2.33m ④ 3.33m

해설 반력
1) $\sum V = 0$
   $V_A + V_B = 1 + 2$
   문제의 조건에서 $V_A = V_B$이므로
   $2V_B = 3 \Rightarrow \therefore V_B = 1.5$kN
2) $\sum M_A = 0$
   $-(V_B \times 12) + (1 \times x) + 2 \times (x+4) = 0$
   $\therefore x = 3.33$m

11 폭 20mm, 높이 50mm인 균일한 직사각형 단면의 단순보에 최대전단력이 10kN 작용할 때 최대 전단응력은?

① 6.7MPa ② 10MPa
③ 13.3MPa ④ 15MPa

해설 최대전단응력과 평균전단응력
1) $S = 10$kN $= 10,000$N
2) 평균전단응력
   $\tau = \dfrac{S}{A} = \dfrac{10,000\text{N}}{20\text{mm} \times 50\text{mm}} = 10$MPa
3) 최대전단응력
   $\tau_{max} = 1.5 \dfrac{S}{A}$
   $= 1.5 \times 10 = 15$MPa

12 그림과 같은 부정정보에서 A점의 처짐각(θ_A)은?
(단, 보의 휨강성은 EI이다.)

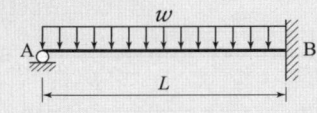

① $\dfrac{wL^3}{12EI}$ ② $\dfrac{wL^3}{24EI}$

③ $\dfrac{wL^3}{36EI}$ ④ $\dfrac{wL^3}{48EI}$

해설 변형일치법

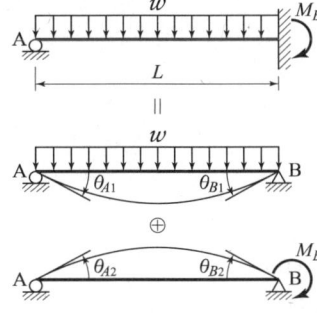

1) 부정정보를 단순보로 정정화시켜 처짐각을 구한다.
$$\theta_{B1}=\dfrac{wL^3}{24EI},\ \theta_{B2}=\dfrac{M_B L}{3EI}$$

2) 적합조건: B지점은 고정지점 이므로 $\theta_B=0$
($\theta_{B1}=\theta_{B2}$)이어야 한다.
$$\dfrac{wL^3}{24EI}=\dfrac{M_B L}{3EI} \quad \therefore M_B=\dfrac{wL^2}{8}$$

3) A점의 처짐각 (θ_A)
$$\theta_A=\theta_{A1}-\theta_{A2}$$
$$\theta_{A1}=\dfrac{wL^3}{24EI},\ \theta_{A2}=\dfrac{M_B L}{6EI}=\dfrac{wL^3}{48EI}$$
$$\therefore \theta_A=\dfrac{wL^3}{24EI}-\dfrac{wL^3}{48EI}=\dfrac{wL^3}{48EI}$$

13 길이가 같으나 지지조건이 다른 2개의 장주가 있다. 그림 (a)의 장주가 40kN에 견딜 수 있다면 그림 (b)의 장주가 견딜 수 있는 하중은?
(단, 재질 및 단면은 동일하며 EI는 일정하다.)

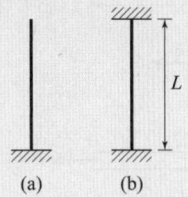

① 40kN ② 160kN
③ 320kN ④ 640kN

해설 좌굴하중(P_{cr})

1) $P_{cr}=\dfrac{n\pi^2 EI}{L^2}$

2) 강도(n)
 ① 캔틸레버기둥: $n=1/4$
 ② 양단고정기둥: $n=4$
 ∴ 캔틸레버기둥과 양단고정 기둥의 강도는 16배 차이가 난다.
 ∴ $P_b=16\times 40=640$kN

14 그림에 표시한 것과 같은 단면의 변화가 있는 AB 부재의 강성도(stiffness factor)는?

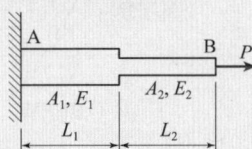

① $\dfrac{PL_1}{A_1 E_1}+\dfrac{PL_2}{A_2 E_2}$

② $\dfrac{A_1 E_1}{PL_1}+\dfrac{A_2 E_2}{PL_2}$

③ $\dfrac{A_1 E_1}{L_1}+\dfrac{A_2 E_2}{L_2}$

④ $\dfrac{A_1 A_2 E_1 E_2}{L_1(A_2 E_2)+L_2(A_1 E_1)}$

해답 12. ④ 13. ④ 14. ④

해설 강성도

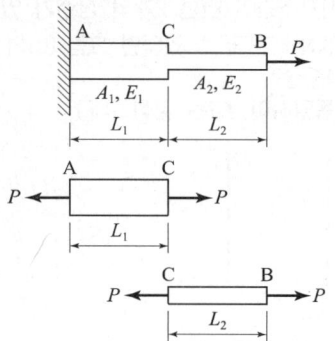

1) 강성도: 단위변형을 일으키는 힘
2) $\Delta l = \dfrac{PL}{AE}$ 에서

$1 = \dfrac{PL_1}{A_1 E_1} + \dfrac{PL_2}{A_2 E_2}$

$\therefore P = \dfrac{1}{\dfrac{L_1}{A_1 E_1} + \dfrac{L_2}{A_2 E_2}} = \dfrac{A_1 A_2 E_1 E_2}{L_1 A_2 E_2 + L_2 A_1 E_1}$

★★
15 그림과 같이 밀도가 균일하고 무게가 W인 구(球)가 마찰이 없는 두 벽면 사이에 놓여 있을 때 반력 R_A의 크기는?

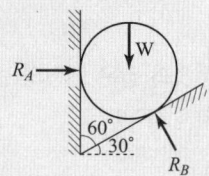

① 0.500W ② 0.577W
③ 0.707W ④ 0.866W

해설

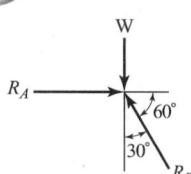

1) $\sum V = 0$

$-W + R_B \cdot \cos 30° = 0$

$\therefore R_B = 1.155\,W$

2) $\sum H = 0$

$R_A - R_B \cdot \sin 30° = 0$

$\therefore R_A = 1.155\,W \times \sin 30° = 0.577\,W$

★★
16 그림과 같은 단순보의 최대전단응력($\tau_{\max}$)을 구하면? (단, 보의 단면은 지름이 D인 원이다.)

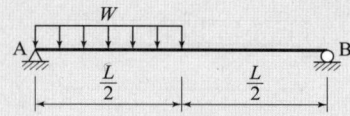

① $\dfrac{9\,WL}{4\pi D^2}$ ② $\dfrac{3\,WL}{2\pi D^2}$
③ $\dfrac{2\,WL}{\pi D^2}$ ④ $\dfrac{WL}{2\pi D^2}$

해설 최대전단응력

1) $\sum M_B = 0$

$-V_A \times L + \left(W\dfrac{L}{2}\right)\left(\dfrac{L}{2} + \dfrac{L}{4}\right) = 0$

$\therefore V_A = S = \dfrac{3\,WL}{8}$

2) 평균전단응력

$\tau = \dfrac{S}{A} = \dfrac{\dfrac{3\,WL}{8}}{\dfrac{\pi D^2}{4}} = \dfrac{3\,WL}{2\pi D^2}$

3) 최대전단응력

$\tau_{\max} = \dfrac{4}{3} \times \dfrac{S}{A} = \dfrac{4}{3} \times \dfrac{3\,WL}{2\pi D^2}$

$= \dfrac{2\,WL}{\pi D^2}$

★★
17 아래 그림에서 $A-A$축과 $B-B$축에 대한 음영 부분의 단면 2차 모멘트가 각각 $8 \times 10^8\,\text{mm}^4$, $16 \times 10^8\,\text{mm}^4$일 때 음영 부분의 면적은?

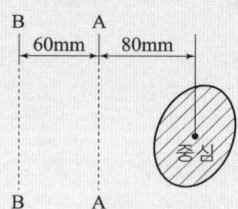

① $8.00 \times 10^4\,\text{mm}^2$ ② $7.52 \times 10^4\,\text{mm}^2$
③ $6.06 \times 10^4\,\text{mm}^2$ ④ $5.73 \times 10^4\,\text{mm}^2$

해답 15. ② 16. ③ 17. ③

해설 경사면의 전단응력

1) $I_{A-A} = I_{도심축} + A \cdot x_0^2$
   $8 \times 10^8 = I_{도심축} + A \cdot 80^2$ ······①

2) $I_{B-B} = I_{도심축} + A \cdot x_0^2$
   $16 \times 10^8 = I_{도심축} + A \cdot 140^2$ ······②

3) ②번 식 에서 -①번 식 을 빼서 정리하면
   $\therefore A = \dfrac{8 \times 10^8}{13,200} = 6.06 \times 10^4 \,\text{mm}^2$

★★★
18 그림과 같은 연속보에서 B점의 지점 반력을 구한 값은?

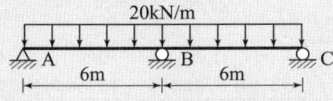

① 100kN ② 150kN
③ 200kN ④ 250kN

해설 연속보(변형일치법)

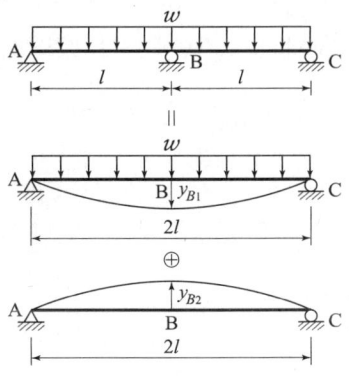

1) $y_{B1} = \dfrac{5W(2l)^4}{384EI}$

2) $y_{B2} = \dfrac{V_B(2l)^3}{48EI}$

3) 적합조건: $y_B = 0 \Rightarrow y_{B1} = y_{B2}$
   $\dfrac{5W(2l)^4}{384EI} = \dfrac{V_B(2l)^3}{48EI}$
   $\therefore V_B = \dfrac{5Wl}{4} = \dfrac{5 \times 20 \times 6}{4} = 150\,\text{kN}$

★★
19 그림과 같은 캔틸레버 보에서 B점의 처짐각은? (단, EI는 일정하다.)

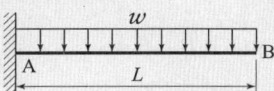

① $\dfrac{wL^3}{3EI}$ ② $\dfrac{wL^3}{6EI}$
③ $\dfrac{wL^3}{8EI}$ ④ $\dfrac{2wL^3}{3EI}$

해설

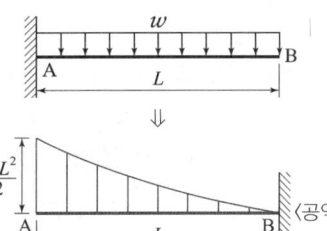

〈공액보〉

$\theta_B = \dfrac{S_B}{EI}$

$= \dfrac{\dfrac{1}{3} \times \dfrac{WL^2}{2} \times L}{EI} = \dfrac{WL^3}{6EI}$

★★★
20 그림과 같은 트러스에서 $L_1 U_1$ 부재의 부재력은?

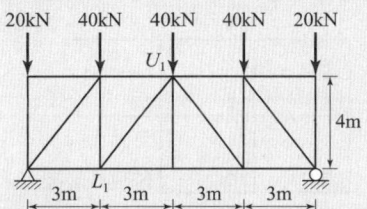

① 22kN(인장) ② 25kN(인장)
③ 22kN(압축) ④ 25kN(압축)

해설

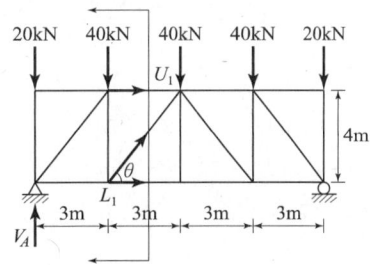

해답 18. ② 19. ② 20. ④

1) 대칭하중이므로
$$V_A = \frac{20+40+40+40+20}{2} = 80\text{kN}$$

2) $\sum V = 0$
$$80 - 20 - 40 + L_1U_1 \cdot \sin\theta = 0$$
$$\therefore L_1U_1 = \frac{-20}{\sin\theta} = \frac{-20}{\frac{4}{5}} = -25\text{kN(압축)}$$

측량학

21 수로조사에서 간출지의 높이와 수심의 기준이 되는 것은?
① 약최고고저면
② 평균중등수위면
③ 수애면
④ 약최저저조면

해설 수로조사
1) 간출지: 썰물 때 드러나고 밀물 때 잠기는 땅
2) 약최저저조면: 가장 낮아진 해수면 높이를 말하며, 해도(海圖)에 간출지의 높이와 수심을 표기하는 기준면.
3) 약최고고조면: 가장 높아진 해수면 높이로 해안선과 항만설계.

22 그림과 같이 각 격자의 크기가 10m×10m로 동일한 지역의 전체 토량은?

1.2	1.4	1.8	2.1
1.5	2.1	2.4	1.4
1.2	1.2	1.8	
[단위:m]

① 877.5m³ ② 893.6m³
③ 913.7m³ ④ 926.1m³

해설 토공량산정(점고법)
1) $V = \frac{a}{4}(\sum h_1 + 2\sum h_2 + 3\sum h_3 + 4\sum h_4)$
$= \frac{10 \times 10}{4}(7.7 + 11.8 + 7.2 + 8.4) = 877.5\text{m}^3$

2) $\sum h_1 = 1.2 + 2.1 + 1.4 + 1.8 + 1.2 = 7.7\text{m}$
$2\sum h_2 = 2(1.4 + 1.8 + 1.2 + 1.5) = 11.8\text{m}$
$3\sum h_3 = 3(2.4) = 7.2\text{m}$
$4\sum h_4 = 4(2.1) = 8.4\text{m}$

23 동일 구간에 대해 3개의 관측군으로 나누어 거리관측을 실시한 결과가 표와 같을 때, 이 구간의 최확값은?

관측군	관측값(m)	관측횟수
1	50.362	5
2	50.348	2
3	50.359	3

① 50.354m ② 50.356m
③ 50.358m ④ 50.362m

해설 거리관측의 최확값
1) 경중률과 관측횟수는 비례한다.
$P_1 : P_2 : P_3 = 5 : 2 : 3$
2) 거리관측의 최확값
$L_0 = \frac{[PL]}{[P]}$
$= \frac{50.362 \times 5 + 50.348 \times 2 + 50.359 \times 3}{5+2+3} = 50.358\text{m}$

24 클로소이드 곡선(clothoid curve)에 대한 설명으로 옳지 않은 것은?
① 고속도로에 널리 이용된다.
② 곡률이 곡선의 길이에 비례한다.
③ 완화곡선의 일종이다.
④ 클로소이드 요소는 모두 단위를 갖지 않는다.

해설 클로소이드 곡선의 특징
1) 모든 클로소이드는 닮음꼴이고 나선의 일종이다.
2) 완화곡선의 일종으로 고속도로에 널리 이용된다.
3) 곡률이 곡선의 길이에 비례한다.
4) 클로소이드 요소는 단위를 갖는 것과 단위를 갖지 않은 것이 있다.

25 표척이 앞으로 3° 기울어져 있는 표척의 읽음값이 3.645m이었다면 높이의 보정량은?
① 5mm ② −5mm
③ 10mm ④ −10mm

해답 21. ④ 22. ① 23. ③ 24. ④ 25. ②

해설 기울어진 표척의 높이 보정량
1) 연직 높이
   $H_o = H \cos \theta = 3.645 \times \cos 3° = 3.64$ m
2) 높이 보정량
   $H - H_o = 3.64 - 3.645$
   $= -0.005$m $= -5$mm

26 최근 GNSS 측량의 의사거리 결정에 영향을 주는 오차와 거리가 먼 것은?
① 위성의 궤도 오차
② 위성의 시계 오차
③ 위성의 기하학적 위치에 따른 오차
④ SA(selective availability) 오차

해설 GNSS측량
1) 의사거리(Pseudorange): GPS측량의 오차가 포함된 거리로 위성과 유저의 수신기 사이 거리를 말한다.
2) 오차인자
   ① 위성의 궤도오차
   ② 위성의 시계오차
   ③ 위성의 기하학적 위치에 따른 오차(DOP) 등.
3) SA(Selective Availability): 선택적 사용이란 뜻으로 미국이 군사적 목적으로 개발한 GPS를 적대국이 사용하지 못하도록 C/A코드에 인위적인 궤도오차 및 시계오차를 첨가한 것.

27 평탄한 지역에서 9개 측선으로 구성된 다각측량에서 2′의 각관측 오차가 발생되었다면 오차의 처리 방법으로 옳은 것은?
(단, 허용오차는 $60″\sqrt{N}$로 가정한다.)
① 오차가 크므로 다시 관측한다.
② 측선의 거리에 비례하여 배분한다.
③ 관측각의 크기에 역비례하여 배분한다.
④ 관측각에 같은 크기로 배분한다.

해설 다각측량의 각 관측오차 처리
1) N(측선수)=9
2) 허용오차 크기
   $E_a = 60″\sqrt{N} = 60″\sqrt{9} = 180″$
3) 오차의 처리: 각 관측오차($2′ = 120″$)가 허용오차보다 작으므로 관측 각에 같은 크기로 배분한다.

28 도로의 단곡선 설치에서 교각이 60°, 반지름이 150m 이며, 곡선시점이 No.8+17m(20m×8+17m) 일 때 종단현에 대한 편각은?
① 0°02′45″
② 2°41′21″
③ 2°57′54″
④ 3°15′23″

해설 곡선설치법(편각법)
1) 곡선길이: $CL = \dfrac{\pi}{180°}RI° = \dfrac{\pi}{180°} \times 150 \times 60°$
   $= 157.08$m
2) 노선의 시점에서 종점까지거리
   = 노선의 시점~곡선의 시점까지 거리+ 곡선길이
   = 20m × 8 + 17m + 157.08m
   = 334.08m (20m × No16 + 14.08m)
3) 종단현 길이: $l_2 = 14.08$m
4) 종단현 편각
   $\delta_2 = \dfrac{l_2}{2R} \times \dfrac{180°}{\pi} = \dfrac{14.08}{2 \times 150} \times \dfrac{180°}{\pi} = 2°41′21″$

29 표고가 300m인 평지에서 삼각망의 기선을 측정한 결과 600m이었다. 이 기선에 대하여 평균해수면 상의 거리로 보정할 때 보정량은?
(단, 지구반지름 R=6,370km)
① +2.83cm
② +2.42cm
③ −2.42cm
④ −2.83cm

해설 평균해수면에 대한 보정
1) 비례식이용
   $R : L_o = R+h : L$
   $L_o = \dfrac{R}{R+h} \times L = \dfrac{6,370,000}{6,370,000+300} \times 600 = 599.9717$m
2) 보정량
   $L_o - L = 599.9717 - 600 = -0.0283$m

30 수치지형도(Digital Map)에 대한 설명으로 틀린 것은?
① 우리나라는 축척 1:5,000 수치지형도를 국토기본도로 한다.
② 주로 필지정보와 표고자료, 수계정보 등을 얻을 수 있다.
③ 일반적으로 항공사진측량에 의해 구축된다.
④ 축척별 포함 사항이 다르다.

해답 26. ④ 27. ④ 28. ② 29. ④ 30. ②

해설 수치지형도
1) 수치지형도: 지표면, 지하, 수중 및 공간의 위치와 지형, 지물 및 지명 등의 각종 지형공간정보를 일정한 축척에 의하여 기호나 문자 등으로 표시한 것으로, 전산시스템을 이용하여 이를 분석·편집 및 입·출력할 수 있도록 제작된 지도
2) 수치지도 축척: 1/1,000, 1/2,500, 1/5,000, 1/25,000.
3) 수치지도는 일반적으로 항공사진측량에 의해 구축되며 축척별 포함사항이 다르다.
4) 필지정보는 지적도에 표시된다. 여기서 필지란 경계를 가지고 구분되는 토지단위로 지적공부에 등록되는 기본단위를 말한다.

31 등고선의 성질에 대한 설명으로 옳지 않은 것은?
① 등고선은 분수선(능선)과 평행하다.
② 등고선은 도면 내·외에서 폐합하는 폐곡선이다.
③ 지도의 도면 내에서 등고선이 폐합하는 경우에 등고선의 내부에는 산꼭대기 또는 분지가 있다.
④ 절벽에서 등고선은 서로 만날 수 있다.

해설 등고선성질
등고선은 분수선(능선)과 직각으로 그려진다.

32 트래버스 측량의 작업순서로 알맞은 것은?
① 선점-계획-답사-조표-관측
② 계획-답사-선점-조표-관측
③ 답사-계획-조표-선점-관측
④ 조표-답사-계획-선점-관측

해설 트래버스(다각) 측량의 작업순서
1) 트래버스 측량: 기준이 되는 측점을 연결하는 측선의 길이와 그 방향을 관측하여 측점의 수평위치를 결정하는 측량으로 트래버스측량 또는 다각측량이라 한다.
2) 순서: 계획-답사-선점(다각점 위치결정)-조표(선점한 위치에 표지설치)-관측

33 지오이드(Geoid)에 대한 설명으로 옳지 않은 것은?
① 평균해수면을 육지까지 연장하여 지구전체를 둘러싼 곡면이다.
② 지오이드면은 등포텐셜면으로 중력방향은 이 면에 수직이다.
③ 지표 위 모든 점의 위치를 결정하기 위해 수학적으로 정의된 타원체이다.
④ 실제로 지오이드면은 굴곡이 심하므로 측지측량의 기준으로 채택하기 어렵다.

해설 지오이드(Geoid)
1) 평균해수면을 육지내부까지 연장했을 때 생기는 가상적인 곡면이다.
2) 지오이드면은 수준측량의 기준면으로 표고가 0이므로 위치에너지가 0인 등포텐셜면이다.
3) 수면은 중력방향에 직각으로 형성되므로 지오이드는 중력의 방향에 수직이다.
4) 지오이드는 굴곡이 심하므로 측지측량의 기준으로 채택하기 어렵다.
5) 수학적으로 정의된 타원체는 회전타원체를 말한다.

34 장애물로 인하여 접근하기 어려운 2점 P, Q를 간접거리 측량한 결과가 그림과 같다. $\overline{AB}$의 거리가 216.90m일 때 PQ의 거리는?

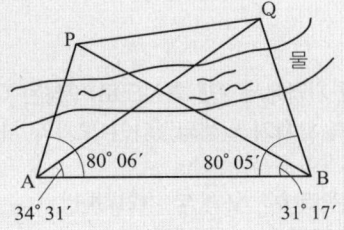

① 120.96m
② 142.29m
③ 173.39m
④ 194.22m

해설 간접거리 측량
1) sin법칙($\triangle APB$)

$$\frac{AP}{\sin 31°17'} = \frac{AB}{\sin(180°-80°06'-31°17')}$$

∴ AP = 120.956m

2) sin법칙($\triangle AQB$)

$$\frac{AQ}{\sin 80°05'} = \frac{AB}{\sin(180°-34°31'-80°05')}$$

∴ AQ = 234.988m

해답 31. ① 32. ② 33. ③ 34. ③

3) PQ거리(cos제 2법칙)

$$PQ = \sqrt{AP^2 + AQ^2 - 2 \cdot AP \cdot AQ \cdot \cos \angle PAQ}$$
$$= \sqrt{120.956^2 + 234.988^2 - 2 \times 120.956 \times 234.988 \times \cos(80°06' - 34°31')}$$
$$= 173.39m$$

35 수준측량야장에서 측점 3의 지반고는?

[단위 : m]

측점	후시	전시 T.P	전시 I.P	지반고
1	0.95			10.00
2			1.03	
3	0.90	0.36		
4			0.96	
5		1.05		

① 10.59m ② 10.46m
③ 9.92m   ④ 9.56m

해설 수준측량

1) 1번 측점의 기계고=지반고+후시=10+0.95=10.95m
2) 2번 측점의 지반고=기계고-전시=10.95-1.03=9.92m
3) 3번 측점의 지반고=기계고-전시=10.95-0.36=10.59m

36 다각측량의 특징에 대한 설명으로 옳지 않은 것은?

① 삼각점으로부터 좁은 지역의 세부측량 기준점을 측설하는 경우에 편리하다.
② 삼각측량에 비해 복잡한 시가지나 지형의 기복이 심한 지역에는 알맞지 않다.
③ 하천이나 도로 또는 수로 등의 좁고 긴 지역의 측량에 편리하다.
④ 다각측량의 종류에는 개방, 폐합, 결합형 등이 있다.

해설 다각측량의 특징
복잡한 시가지나 지형의 기복이 심하여 시준이 어려운 지역의 측량에 적합하다.

37 삭제문제

출제기준 변경으로 인해 삭제됨

38 그림과 같은 수준망에서 높이차의 정확도가 가장 낮은 것으로 추정되는 노선은?

(단, 수준환의 거리 Ⅰ=4km, Ⅱ=3km, Ⅲ=2.4km, Ⅳ(ⓝⓥⓜ)=6km)

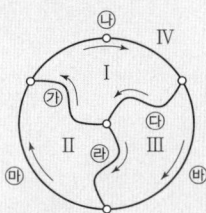

노선	높이차(m)
㉮	+3.600
㉯	+1.385
㉰	-5.023
㉱	+1.105
㉲	+2.523
㉳	-3.912

① ㉮ ② ㉯
③ ㉰ ④ ㉱

해설 수준망

1) 폐합차
① Ⅰ노선(㉮→㉯→㉰)
  =3.6+1.385-5.023=-0.038m
② Ⅱ노선(㉮→㉱→㉲)
  =-(+3.6)+1.105+2.523=0.028m
③ Ⅲ노선(㉰→㉳→㉱)
  =-(-5.023)-3.912-(+1.105)=0.006m
④ Ⅳ노선(㉯→㉳→㉲)
  =1.385-3.912+2.523=-0.004m

2) 각 노선의 정확도(1km당 오차)
① $E = K\sqrt{L} \Rightarrow \therefore K = \dfrac{E}{\sqrt{L}}$

② $\dfrac{0.038}{\sqrt{4}} : \dfrac{0.028}{\sqrt{3}} : \dfrac{0.006}{\sqrt{2.4}} : \dfrac{0.004}{\sqrt{6}}$
  =0.019 : 0.016 : 0.0039 : 0.0016

∴ 폐합결과 (Ⅰ)노선과 (Ⅱ)노선의 정확도가 떨어지므로, (Ⅰ)(Ⅱ)노선에 공통으로 포함된 ㉮노선의 정확도가 가장 낮다.

해답 35. ① 36. ② 37. 삭제문제 38. ①

2021년 과년도출제문제

39 도로의 곡선부에서 확폭량(slack)을 구하는 식으로 옳은 것은?
(단, L : 차량 앞면에서 차량의 뒤축까지의 거리, R : 차선 중심선의 반지름)

① $\dfrac{L}{2R^2}$ ② $\dfrac{L^2}{2R^2}$
③ $\dfrac{L^2}{2R}$ ④ $\dfrac{L}{2R}$

해설 확폭
1) 확폭: 자동차가 곡선 부 주행 시 뒷바퀴는 앞바퀴보다 항상 안쪽을 지난다. 그리하여 직선부 도로보다 곡선부의 도로 폭을 넓게 하는 것을 말한다.
2) 확폭량: $\varepsilon = \dfrac{L}{2R}$

40 표준길이에 비하여 2cm 늘어난 50m 줄자로 사각형 토지의 길이를 측정하여 면적을 구하였을 때, 그 면적이 88m²이었다면 토지의 실제 면적은?

① 87.30m²   ② 87.93m²
③ 88.07m²   ④ 88.71m²

해설 면적의 정도 $\left(\dfrac{dA}{A}\right)$와 길이의 정도 $\left(\dfrac{dl}{l}\right)$
1) 면적오차(dA)
$\dfrac{dA}{A} = 2 \times \dfrac{dl}{l} \Rightarrow \dfrac{dA}{88} = 2 \times \dfrac{0.02}{50}$
$\therefore dA = 0.07\text{m}^2$
2) 토지의 실제면적
$= A + dA = 88 + 0.07 = 88.07\text{m}^2$

수리학 및 수문학

41 지름 1m의 원통 수조에서 지름 2cm의 관으로 물이 유출되고 있다. 관내의 유속이 2.0m/s일 때, 수조의 수면이 저하되는 속도는?

① 0.3cm/s   ② 0.4cm/s
③ 0.06cm/s   ④ 0.08cm/s

해설 수조의 수면저하 속도
1) 관을 통한 유출량
$Q_1 = A_1 V_1$
$= \dfrac{\pi \times 2^2}{4} \times 200 = 628.32\text{cm}^3/\text{sec}$
2) 수조의 유출량
$Q_2 = A_2 V_2 = \dfrac{\pi \times 100^2}{4} \times V_2$
3) 관을 통한 유출량 = 수조의 유출량
$628.32 = \dfrac{\pi \times 100^2}{4} \times V_2$
$\therefore V_2 = 0.08\text{cm/s}$

42 유체의 흐름에 관한 설명으로 옳지 않은 것은?
① 유체의 입자가 흐르는 경로를 유적선이라 한다.
② 부정류(不定流)에서는 유선이 시간에 따라 변화한다.
③ 정상류(定常流)에서는 하나의 유선이 다른 유선과 교차하게 된다.
④ 점성이나 압축성을 완전히 무시하고 밀도가 일정한 이상적인 유체를 완전유체라 한다.

해설 유체의 흐름
1) 정상류란 유체의 유동특성이 시간의 변화에 따라 변하지 않는 흐름을 말한다.
2) 정상류에서는 하나의 유선이 다른 유선과 교차하지 않는다.

해답 39. ③ 40. ③ 41. ④ 42. ③

43 오리피스의 지름이 2cm, 수축단면(Vena Contracta)의 지름이 1.6cm라면, 유속계수가 0.9일 때 유량계수는?

① 0.49
② 0.58
③ 0.62
④ 0.72

해설 유량계수

1) 수축계수 $= C_a = \dfrac{\text{수축단면적}}{\text{오리피스단면적}}$

$= \dfrac{\frac{\pi d^2}{4}}{\frac{\pi D^2}{4}} = \left(\dfrac{d}{D}\right)^2 = \left(\dfrac{1.6}{2}\right)^2 = 0.64$

2) 유량계수$(C) = $수축계수$(C_a) \times $유속계수$(C_v)$

$\therefore C = 0.64 \times 0.9 = 0.576$

44 유역면적이 4km²이고 유출계수가 0.8인 산지하천에서 강우강도가 80mm/h이다. 합리식을 사용한 유역출구에서의 첨두홍수량은?

① 35.5m³/s
② 71.1m³/s
③ 128m³/s
④ 256m³/s

해설 합리식

1) $C = 0.80$, $I = 80\text{mm/h}$, $A = 4\text{km}^2$

2) $Q = \dfrac{1}{3.6} CIA$

$= \dfrac{1}{3.6} \times 0.80 \times 80 \times 4 = 71.1 \text{m}^3/\text{sec}$

45 유역의 평균 강우량 산정방법이 아닌 것은?

① 등우선법
② 기하평균법
③ 산술평균법
④ Thiessen의 가중법

해설 유역의 평균강우량 산정법

1) 등우선법: 산악의 영향을 고려하여 평균강우량을 산정하는 방법이다.
2) 산술평균법: 비교적 평야지역에서 강우분포가 균일하고 500km² 정도 되는 작은 유역에 강우가 발생한 경우에 적용한다.
3) Thiessen의 가중법: 우량계가 불균등하게 분포되어 있어 우량계의 분포상태를 고려하여 평균우량을 산정한다.

46 강우강도(I), 지속시간(D), 생기빈도(F) 관계를 표현하는 식 $I = \dfrac{kT^x}{t^n}$에 대한 설명으로 틀린 것은?

① k, x, n은 지역에 따라 다른 값을 가지는 상수이다.
② T는 강우의 생기빈도를 나타내는 연수(年數)로서 재현기간(년)을 의미한다.
③ t는 강우의 지속시간(min)으로서, 강우지속시간이 길수록 강우강도(I)는 커진다.
④ I는 단위시간에 내리는 강우량(mm/h)인 강우강도이며, 각종 수문학적 해석 및 설계에 필요하다.

해설 $I-D-F$ 곡선

1) 강우강도: $I = \dfrac{kT^x}{t^n}$
2) 강우지속시간(t)이 길수록 강우강도(I)크기는 감소한다.

47 항력(Drag force)에 관한 설명으로 틀린 것은?

① 항력 $D = C_D A \dfrac{\rho V^2}{2}$으로 표현되며, 항력계수 C_D는 Froude의 함수이다.
② 형상항력은 물체의 형상에 의한 후류(Wake)로 인해 압력이 저하하여 발생하는 압력저항이다.
③ 마찰항력은 유체가 물체표면을 흐를 때 점성과 난류에 의해 물체표면에 발생하는 마찰저항이다.
④ 조파항력은 물체가 수면에 떠 있거나 물체의 일부분이 수면위에 있을 때에 발생하는 유체저항이다.

해설 항력(Drag force)

1) 항력: 유체 속에 물체가 있을 때, 물체가 유체로부터 받는 힘.

$D = C_D A \dfrac{\rho V^2}{2}$

2) 여기서, C_D는 항력계수로 Reynolds수의 함수이다.

구(球)의 항력계수: $C_D = \dfrac{24}{R_e}$, A = 수중에서 물체의 투영면적

해답 43. ② 44. ② 45. ② 46. ③ 47. ①

★★★
48 단위유량도(unit hydrograph)를 작성함에 있어서 주요 기본가정(또는 원리)으로만 짝지어진 것은?
① 비례가정, 중첩가정, 직접유출의 가정
② 비례가정, 중첩가정, 일정기저시간의 가정
③ 일정기저시간의 가정, 직접유출의 가정, 비례가정
④ 직접유출의 가정, 일정기저시간의 가정, 중첩가정

해설 단위유량도의 기본가정
1) 비례가정: 강우강도 크기와 수문곡선 종거의 크기는 비례한다.
2) 중첩가정: 일정기간 동안 균일한 강도의 유효강우량에 의한 총 유출은 각 기간의 유효우량에 의한 개개 유출량의 합과 같다.
3) 일정기저시간가정: 강우강도가 다른 각종강우로 인한 유출량의 크기는 다를지라도 기저시간은 동일하다.

★★★
49 레이놀즈(Reynolds) 수에 대한 설명으로 옳은 것은?
① 관성력에 대한 중력의 상대적인 크기
② 압력에 대한 탄성력의 상대적인 크기
③ 중력에 대한 점성력의 상대적인 크기
④ 관성력에 대한 점성력의 상대적인 크기

해설 Reynolds수(R_e)
1) $R_e = \dfrac{\text{관성력}}{\text{점성력}} = \dfrac{VD}{\nu}$
2) 레이놀즈수는 관성력과 점성력과의 비를 말하며, 유체의 흐름 상태(층류와 난류)를 판정할 수 있다.

★★
50 지름 D=4cm, 조도계수 n=0.01m$^{-1/3}$·s인 원형관의 Chezy의 유속계수 C는?
① 10   ② 50
③ 100   ④ 150

해설 Chezy의 유속계수
1) $R = \dfrac{A}{P} = \dfrac{\frac{\pi D^2}{4}}{\pi D} = \dfrac{D}{4} = \dfrac{4}{4} = 1\text{cm}$
2) $C = \dfrac{1}{n} R^{\frac{1}{6}} = \dfrac{1}{0.01} \times 1^{\frac{1}{6}} = 100$

★★★
51 폭이 1m인 직사각형 수로에서 0.5m³/s의 유량이 80cm의 수심으로 흐르는 경우, 이 흐름을 가장 잘 나타낸 것은? (단, 동점성 계수는 0.012cm²/s, 한계수심은 29.5cm이다.)
① 층류이며 상류   ② 층류이며 사류
③ 난류이며 상류   ④ 난류이며 사류

해설 유체의 흐름 판별
1) $R = \dfrac{A}{P} = \dfrac{1 \times 0.8}{1 + 2 \times 0.8} = 0.308\text{m}$
2) $V = \dfrac{Q}{A} = \dfrac{0.5}{1 \times 0.8} = 0.625\,\text{m/sec}$
3) $\nu = 0.012\text{cm}^2/\text{sec} = 0.012 \times 10^{-4}\text{m}^2/\text{sec}$
4) $R_e = \dfrac{VR}{\nu} = \dfrac{0.625 \times 0.308}{0.012 \times 10^{-4}} = 160,416.7$
∴ 난류흐름($\because R_e > 500$)
5) $F_r = \dfrac{V}{\sqrt{gh}} = \dfrac{0.625}{\sqrt{9.81 \times 0.8}} = 0.223$
∴ 상류흐름($\because F_r < 1$)

★★
52 빙산의 비중이 0.92이고 바닷물의 비중은 1.025일 때 빙산이 바닷물 속에 잠겨있는 부분의 부피는 수면 위에 나와 있는 부분의 약 몇 배인가?
① 0.8배   ② 4.8배
③ 8.8배   ④ 10.8배

해설 부력
1) 빙산의 수중 부피
$wV + M = w'V' + M'$
$0.92 \times V + 0 = 1.025 V' + 0$
∴ $V' = 0.898 V$
2) 해수면 위의 빙산 부피
$V - 0.898 V = 0.102 V$
3) 수중부피와 수면 위의 부피 비
∴ $\dfrac{0.898 V}{0.102 V} = 8.8$배

해답 48. ② 49. ④ 50. ③ 51. ③ 52. ③

53. 수온에 따른 지하수의 유속에 대한 설명으로 옳은 것은?

① 4°C에서 가장 크다.
② 수온이 높으면 크다.
③ 수온이 낮으면 크다.
④ 수온에는 관계없이 일정하다.

해설 지하수 유속(V)
1) 투수계수(K)는 수온이 높을수록 점성계수(μ)가 작아지므로 증가한다.
$$K = D_s^2 \frac{\rho g}{\mu} \frac{e^3}{1+e} C$$
2) 지하수 유속은 투수계수와 비례하므로, 수온이 높을수록 유속은 증가한다.
$$V = Ki$$

54. 유체 속에 잠긴 곡면에 작용하는 수평분력은?

① 곡면에 의해 배제된 액체의 무게와 같다.
② 곡면의 중심에서의 압력과 면적의 곱과 같다.
③ 곡면의 연직상방에 실려 있는 액체의 무게와 같다.
④ 곡면을 연직면상에 투영하였을 때 생기는 투영면적에 작용하는 힘과 같다.

해설 곡면에 작용하는 수압
1) 수평수압(P_h): 곡면을 연직면상에 투영했을 때 생기는 투영면적에 작용하는 힘.
$$P_h = w h_G A'$$
여기서, A': 투영면적
2) 연직수압(P_V): 곡면을 저면으로 하는 연직물기둥 무게.

55. 지하수(地下水)에 대한 설명으로 옳지 않은 것은?

① 자유 지하수를 양수(揚水)하는 우물을 굴착정(Artesian well)이라 부른다.
② 불투수층(不透水層) 상부에 있는 지하수를 자유 지하수(自由地下水)라 한다.
③ 불투수층과 불투수층 사이에 있는 지하수를 피압지하수(被壓地下水)라 한다.
④ 흙입자 사이에 충만되어 있으며 중력의 작용으로 운동하는 물을 지하수라 부른다.

해설 지하수
1) 자유지하수: 자유수면이 있는 지하수.
2) 피압지하수: 대기압을 피한 지하수, 즉 자유 수면이 없는 지하수.
3) 굴착정: 피압지하수를 양수하는 우물

56. 월류수심 40cm인 전폭 위어의 유량을 Francis 공식에 의해 구한 결과 0.40m³/s였다. 이 때 위어 폭의 측정에 2cm의 오차가 발생했다면 유량의 오차는 몇 %인가?

① 1.16% ② 1.50%
③ 2.00% ④ 2.33%

해설 유량오차 $\left(\frac{dQ}{Q}\right)$와 월류폭 측정의 오차 $\left(\frac{db}{b}\right)$ 관계
1) $b_o = b - 0.1nh$에서 전폭위어는 단수축이 없으므로 ($n=0$)
$$\therefore b_0 = b$$
2) $Q = 1.84 b h^{\frac{3}{2}}$
$$0.4 = 1.84 \times b \times 0.4^{\frac{3}{2}}$$
$$\therefore b = 85.9 \text{cm}$$
3) $\frac{dQ}{Q} = k \frac{db}{b}$
여기서 k는 오차원인의 지수(b^1) : $k=1.0$
$$\therefore \frac{dQ}{Q} = 1.0 \times \frac{2}{85.9} = 0.0233 = 2.33\%$$

57. 폭 9m의 직사각형 수로에 16.2m³/s의 유량이 92cm의 수심으로 흐르고 있다. 장파의 전파속도 C와 비에너지 E는? (단, 에너지 보정계수 $\alpha = 1.0$)

① $C = 2.0$m/s, $E = 1.015$m
② $C = 2.0$m/s, $E = 1.115$m
③ $C = 3.0$m/s, $E = 1.015$m
④ $C = 3.0$m/s, $E = 1.115$m

해설 장파의 전파속도, 비에너지
1) 장파의 전파속도(C)
$$C = \sqrt{gh} = \sqrt{9.81 \times 0.92} = 3 \text{m/s}$$
2) 비에너지(E)
① $V = \frac{Q}{A} = \frac{16.2}{9 \times 0.92} = 1.96$m/s

해답 53. ② 54. ④ 55. ① 56. ④ 57. ④

② $E = h + \alpha \dfrac{V^2}{2g}$

$= 0.92 + 1.0 \times \dfrac{1.96^2}{2 \times 9.81} = 1.115\text{m}$

★★
58 Chezy의 평균유속 공식에서 평균유속계수 C를 Manning의 평균유속 공식을 이용하여 표현한 것으로 옳은 것은?

① $\dfrac{R^{1/2}}{n}$ ② $\dfrac{R^{1/6}}{n}$

③ $\sqrt{\dfrac{f}{8g}}$ ④ $\sqrt{\dfrac{8g}{f}}$

해설 Chezy의 평균유속과 Manning의 평균유속

1) Manning의 평균유속
$V = \dfrac{1}{n} R^{\frac{2}{3}} I^{\frac{1}{2}}$

2) Chezy의 평균유속
$V = C\sqrt{RI}$

3) Chezy의 평균유속과 Manning의 평균유속 관계
$C\sqrt{RI} = \dfrac{1}{n} R^{\frac{2}{3}} I^{\frac{1}{2}}$

$CR^{\frac{1}{2}} I^{\frac{1}{2}} = \dfrac{1}{n} R^{\frac{1}{2}} R^{\frac{1}{6}} I^{\frac{1}{2}}$

∴ $C = \dfrac{1}{n} R^{\frac{1}{6}}$

★
59 비압축성 이상유체에 대한 아래 내용 중 ( ) 안에 들어갈 알맞은 말은?

> 비압축성 이상유체는 압력 및 온도에 따른 ( )의 변화가 미소하여 이를 무시할 수 있다.

① 밀도 ② 비중
③ 속도 ④ 점성

해설 비압축성 이상유체

1) 밀도(ρ): $\rho = \dfrac{m(\text{질량})}{V(\text{부피})}$

2) 비압축성 유체라면 압력 및 온도의 변화에 따른 부피의 변화가 없으므로 밀도는 일정하다.

★★★
60 수로경사 $I = \dfrac{1}{2,500}$, 조도계수 $n = 0.013\text{m}^{-1/3} \cdot \text{s}$인 수로에 아래 그림과 같이 물이 흐르고 있다면 평균유속은? (단, Manning의 공식을 사용한다.)

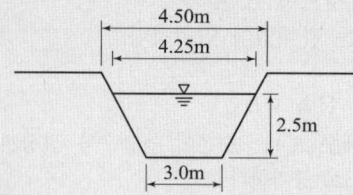

① 1.65m/s ② 2.16m/s
③ 2.65m/s ④ 3.16m/s

해설 Manning의 평균유속

1) 유수단면적
$A = \dfrac{4.25 + 3.0}{2} \times 2.5 = 9.06\text{m}^2$

2) 윤변의 길이
$P = \sqrt{2.5^2 + [(4.25 - 3)/2]^2} \times 2 + 3 = 8.16\text{m}$

3) 경심
$R = \dfrac{A}{P} = \dfrac{9.06}{8.16} = 1.11\text{m}$

4) Manning의 평균유속
$V = \dfrac{1}{n} R^{\frac{2}{3}} I^{\frac{1}{2}} = \left(\dfrac{1}{0.013}\right)(1.11)^{\frac{2}{3}} \left(\dfrac{1}{2500}\right)^{\frac{1}{2}}$

$= 1.65\text{m/s}$

철근콘크리트 및 강구조

★★★
61 옹벽의 구조해석에 대한 설명으로 틀린 것은?

① 뒷부벽식 옹벽의 뒷부벽은 직사각형보로 설계하여야 한다.
② 캔틸레버식 옹벽의 전면벽은 저판에 지지된 캔틸레버로 설계할 수 있다.
③ 저판의 뒷굽판은 정확한 방법이 사용되지 않는 한, 뒷굽판 상부에 재하되는 모든 하중을 지지하도록 설계하여야 한다.
④ 부벽식 옹벽 저판은 정밀한 해석이 사용되지 않는 한, 부벽 사이의 거리를 경간으로 가정한 고정보 또는 연속보로 설계할 수 있다.

해답 58. ② 59. ① 60. ① 61. ①

해설 옹벽의 구조해석
1) 뒷부벽식 옹벽의 뒷부벽은 T형보로 설계하여야 한다.
2) 앞부벽식 옹벽의 앞부벽은 직사각형보로 설계하여야 한다.

62 철근콘크리트가 성립되는 조건으로 틀린 것은?
① 철근과 콘크리트 사이의 부착강도가 크다.
② 철근과 콘크리트의 탄성계수가 거의 같다.
③ 철근은 콘크리트 속에서 녹이 슬지 않는다.
④ 철근과 콘크리트의 열팽창계수가 거의 같다.

해설 철근콘크리트의 성립조건
철근과 콘크리트의 탄성계수의 크기는 다르다.

63 경간이 12m인 대칭 T형보에서 양쪽의 슬래브 중심간 거리가 2.0m, 플랜지의 두께가 300mm, 복부의 폭이 400mm일 때 플랜지의 유효폭은?
① 2,000mm
② 2,500mm
③ 3,000mm
④ 5,200mm

해설 대칭 T형 보의 유효 폭
1) $16t_f + b_w = 16 \times 300 + 400 = 5,200\,mm$
2) Slab 중심간 거리 = 2,000mm
3) 보의 경간 $\times \dfrac{1}{4} = \dfrac{12000}{4} = 3,000\,mm$
∴ 가장 작은 값이 유효 폭 = 2,000mm

64 콘크리트의 크리프에 대한 설명으로 틀린 것은?
① 고강도 콘크리트는 저강도 콘크리트보다 크리프가 크게 일어난다.
② 콘크리트가 놓이는 주위의 온도가 높을수록 크리프 변형은 크게 일어난다.
③ 물-시멘트비가 큰 콘크리트는 물-시멘트비가 작은 콘크리트보다 크리프가 크게 일어난다.
④ 일정한 응력이 장시간 계속하여 작용하고 있을 때 변형이 계속 진행되는 현상을 말한다.

해설 크리프(Creep)
1) 크리프: 장시간의 지속하중으로 인해 탄성변형 외에 더 추가적으로 발생하는 소성변형으로 고강도 콘크리트는 저강도 콘크리트보다 크리프가 작게 일어난다.
2) 탄성변형: 하중이 작용함과 동시에 나타나는 변형.

65 그림과 같은 단순지지 보에서 긴장재는 C점에 150mm의 편차에 직선으로 배치되고, 1,000kN으로 긴장되었다. 보에는 120kN의 집중하중이 C점에 작용한다. 보의 고정하중은 무시할 때 C점에서의 휨모멘트는 얼마인가?
(단, 긴장재의 경사가 수평압축력에 미치는 영향 및 자중은 무시한다.)

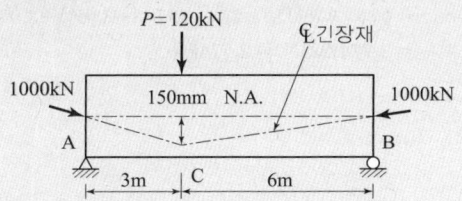

① $-150\,kN \cdot m$
② $90\,kN \cdot m$
③ $240\,kN \cdot m$
④ $390\,kN \cdot m$

해설 휨모멘트

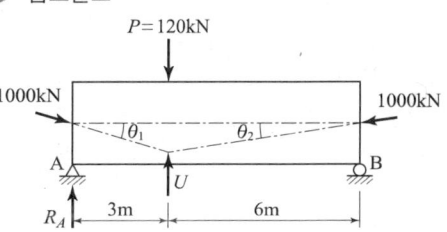

1) 긴강재에 의한 상향력(U)
$$U = P(\sin\theta_1 + \sin\theta_2)$$
$$= 1,000\left(\dfrac{150}{\sqrt{3,000^2+150^2}} + \dfrac{150}{\sqrt{6,000^2+150^2}}\right)$$
$$= 74.93\,kN \fallingdotseq 75\,kN$$

2) A지점의 수직반력
$\sum M_B = 0$
$R_A \times 9 - (120-75) \times 6 = 0$
∴ $R_A = 30\,kN$

3) C점의 휨모멘트
$M_C = R_A \times 3 = 30 \times 3 = 90\,kN \cdot m$

해답 62. ② 63. ① 64. ① 65. ②

66 지름 450mm인 원형 단면을 갖는 중심축하중을 받는 나선철근 기둥에서 강도설계법에 의한 축방향 설계축강도(ϕP_n)는 얼마인가?
(단, 이 기둥은 단주이고, f_{ck}=27MPa, f_y=350MPa, A_{st}=8-D22=3,096mm², 압축지배단면이다.)

① 1,166kN ② 1,299kN
③ 2,425kN ④ 2,774kN

해설 나선철근기둥의 설계축강도
1) $\alpha : 0.85, \quad \phi = 0.70$
2) $A_g = \dfrac{\pi D^2}{4} = \dfrac{\pi \times 450^2}{4} = 159,043 \text{ mm}^2$
3) $\phi P_n = \alpha\phi[0.85 f_{ck}(A_g - A_{st}) + A_{st} f_y]$
$= 0.85 \times 0.70[0.85 \times 27 \times (159,043 - 3,096) + 3,096 \times 350]$
$= 2,774,237\text{N} \fallingdotseq 2,774\text{kN}$

67 옹벽의 활동에 대한 저항력은 옹벽에 작용하는 수평력의 최소 몇 배 이상이어야 하는가?

① 1.5배 ② 2배
③ 2.5배 ④ 3배

해설 옹벽의 안정
1) 활동에 대한 안정
$F_s = \dfrac{\text{활동에 저항하는 힘(마찰력)}}{\text{활동을 일으키는 힘(수평력)}} \geq 1.5$
2) 전도에 대한 안정
$F_s = \dfrac{\text{저항모멘트}}{\text{전도모멘트}} \geq 2.0$

68 폭(b)이 250mm이고, 전체높이(h)가 500mm인 직사각형 철근콘크리트 보의 단면에 균열을 일으키는 비틀림모멘트(T_{cr})는 약 얼마인가?
(단, 보통중량콘크리트이며, f_{ck}=28MPa이다.)

① 9.8kN·m ② 11.3kN·m
③ 12.5kN·m ④ 18.4kN·m

해설 균열비틀림 모멘트(T_{cr})
1) $P_{cp} = 2(b+h) = 2(250+500) = 1,500\text{mm}$
2) $A_{cp} = (b \times h) = (250 \times 500) = 125,000\text{mm}$
3) $T_{cr} = \dfrac{\lambda\sqrt{f_{ck}}}{3} \dfrac{A_{cp}^2}{P_{cp}} = \dfrac{1.0\sqrt{28}}{3} \times \dfrac{125,000^2}{1500}$
$= 18,373,273 \text{ N·mm} \fallingdotseq 18.4\text{kN·m}$

69 프리스트레스트 콘크리트(PSC)의 균등질 보의 개념(homogeneous beam concept)을 설명한 것으로 옳은 것은?

① PSC는 결국 부재에 작용하는 하중의 일부 또는 전부를 미리 가해진 프리스트레스와 평행이 되도록 하는 개념
② PSC보를 RC보처럼 생각하여, 콘크리트는 압축력을 받고 긴장재는 인장력을 받게 하여 두 힘의 우력 모멘트로 외력에 의한 휨모멘트에 저항시킨다는 개념
③ 콘크리트에 프리스트레스가 가해지면 PSC부재는 탄성재료로 전환되고 이의 해석은 탄성이론으로 가능하다는 개념
④ PSC는 강도가 크기 때문에 보의 단면을 강재의 단면으로 가정하여 압축 및 인장을 단면전체가 부담할 수 있다는 개념

해설 PSC콘크리트 기본3개념
1) 균등질 보의 개념: 콘크리트에 프리스트레스가 가해지면 PSC부재는 탄성재료로 전환되고 이의 해석은 탄성이론으로 가능하다는 개념.
2) 강도개념: PSC보를 RC보처럼 생각하여, 콘크리트는 압축력을 받고 긴장재는 인장력을 받게 하여 두 힘의 우력모멘트로 외력에 의한 휨모멘트에 저항한다는 개념.
3) 하중평형개념: PSC는 결국 부재에 작용하는 하중의 일부 또는 전부를 미리 가해진 프리스트레스와 평행이 되도록 하는 개념.

해답 66. ④ 67. ① 68. ④ 69. ③

70 철근콘크리트 구조물 설계 시 철근 간격에 대한 설명으로 틀린 것은?
(단, 굵은 골재의 최대 치수에 관련된 규정은 만족하는 것으로 가정한다.)

① 동일 평면에서 평행한 철근 사이의 수평 순간격은 25mm 이상, 또한 철근의 공칭지름 이상으로 하여야 한다.
② 벽체 또는 슬래브에서 휨 주철근의 간격은 벽체나 슬래브 두께의 3배 이하로 하여야 하고, 또한 450mm 이하로 하여야 한다.
③ 나선철근 또는 띠철근이 배근된 압축 부재에서 축방향 철근의 순간격은 40mm 이상, 또한 철근 공칭 지름의 1.5배 이상으로 하여야 한다.
④ 상단과 하단에 2단 이상으로 배치된 경우 상하 철근은 동일 연직면 내에 배치되어야 하고, 이때 상하 철근의 순간격은 40mm 이상으로 하여야 한다.

해설 철근간격
1) 상단과 하단에 2단 이상으로 배치된 경우 상하 철근은 동일 연직면 내에 배치되어야 하고, 이 때 상하 철근의 순간격은 25mm이상으로 하여야한다.
2) 철근의 순간격: 철근의 표면에서 표면까지 최단거리.

71 철근콘크리트 휨부재에서 최소철근비를 규정한 이유로 가장 적당한 것은?
① 부재의 시공 편의를 위해서
② 부재의 사용성을 증진시키기 위해서
③ 부재의 경제적인 단면 설계를 위해서
④ 부재의 급작스런 파괴를 방지하기 위해서

해설 최소철근비 규정한 이유
부재의 취성파괴(급작스런 파괴)를 방지하기 위함.

72 전단철근이 부담하는 전단력 V_s =150kN일 때 수직 스터럽으로 전단보강을 하는 경우 최대 배치간격은 얼마 이하인가?
(단, 전단철근 1개 단면적=125mm², 횡방향 철근의 설계 기준항복강도(f_{yt})=400MPa, f_{ck}=28MPa, b_w=300mm, d=500mm, 보통중량콘크리트이다.)
① 167mm   ② 250mm
③ 333mm   ④ 600mm

해설 전단철근 간격
1) 전단철근의 전단강도 검토
$$\frac{\lambda}{3}\sqrt{f_{ck}}\,b_w d = \frac{1.0}{3}\sqrt{28}\times 300\times 500$$
$$= 264,575\text{N} \fallingdotseq 264.58\text{kN}$$
2) $V_s \leq \frac{\lambda}{3}\sqrt{f_{ck}}b_w d$ 인 경우의 전단철근 간격
① $\frac{d}{2} = \frac{500}{2} = 250\text{mm}$ 이하
② 600mm 이하
③ $s = \frac{A_v f_{yt} d}{V_s} = \frac{(125\times 2)\times 400\times 500}{150\times 10^3} = 333\text{mm}$
∴ 위의 값 중 가장 작은 값이 전단철근간격이 된다.

73 압축 이형철근의 겹침이음길이에 대한 설명으로 옳은 것은?
(단, d_b는 철근의 공칭직경)
① 어느 경우에나 압축 이형철근의 겹침이음길이는 200mm 이상이어야 한다.
② 콘크리트의 설계기준압축강도가 28MPa 미만인 경우는 규정된 겹침이음길이를 1/5 증가시켜야 한다.
③ f_y가 500MPa 이하인 경우는 $0.72 f_y d_b$ 이상, f_y가 500MPa을 초과할 경우는 $(1.3 f_y - 24)d_b$ 이상이어야 한다.
④ 서로 다른 크기의 철근을 압축부에서 겹침이음하는 경우, 이음길이는 크기가 큰 철근의 정착길이와 크기가 작은 철근의 겹침이음길이 중 큰 값 이상이어야 한다.

해설 압축이형철근의 겹침 이음길이
1) 압축이형철근의 겹침 이음길이: 300mm이상.
2) $f_{ck} < 21\text{MPa}$인 경우: 계산된 겹침 이음길이를 $\frac{1}{3}$ 증가시킴.
3) $f_y \leq 400\text{MPa}$인 경우: $0.072 d_b f_y$ 이하
   $f_y > 400\text{MPa}$인 경우: $(0.13 f_y - 24)d_b$ 이하

해답 70. ④   71. ④   72. ②   73. ④

74 2방향 슬래브의 설계에서 직접설계법을 적용할 수 있는 제한 조건으로 틀린 것은?
① 각 방향으로 3경간 이상이 연속되어야 한다.
② 슬래브 판들은 단변 경간에 대한 장변 경간의 비가 2 이하인 직사각형이어야 한다.
③ 각 방향으로 연속한 받침부 중심간 경간 차이는 긴 경간의 1/3 이하이어야 한다.
④ 모든 하중은 연직하중으로 슬래브 판 전체에 등분포이고, 활하중은 고정하중의 3배 이상이어야 한다.

해설 직접설계법 제한사항
모든 하중은 연직하중으로 슬래브판 전체에 등분포되는 것으로 간주하고, 활하중은 고정하중의 2배 이하라야 한다.

75 아래 그림과 같은 보의 단면에서 표피철근의 간격 s는 최대 얼마 이하로 하여야 하는가?
(단, 건조환경에 노출되는 경우로서, 표피철근의 표면에서 부재 측면까지 최단거리(c_c)는 40mm, f_{ck}=24MPa, f_y=350MPa이다.)

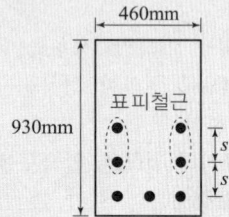

① 330mm ② 340mm
③ 350mm ④ 360mm

해설 표피철근 간격(s)
1) $f_s = \frac{2}{3}f_y = \frac{2}{3} \times 350 = 233.33$MPa
2) 철근의 노출을 고려한 계수
   $k_{cr} = 280$(건조환경), $k_{cr} = 210$(그 외의 환경)
3) 표피철근 간격
   ① $s = 375\left(\frac{k_{cr}}{f_s}\right) - 2.5\,C_c$
   $= 375\left(\frac{280}{233.33}\right) - 2.5 \times 40 = 350$mm
   ② $s = 300\left(\frac{k_{cr}}{f_s}\right) = 300\left(\frac{280}{233.33}\right) = 360$mm
   ∴ $s = 350$mm (둘 중 작은 값)

76 강판형(Plate girder) 복부(web) 두께의 제한이 규정되어 있는 가장 큰 이유는?
① 시공상의 난이 ② 좌굴의 방지
③ 공비의 절약   ④ 자중의 경감

해설 강판형(Plate girder) 복부두께
판형에서 복부 두께를 제한하는 이유는 복부의 좌굴을 방지하기 위함이다.

77 프리스트레스 손실 원인 중 프리스트레스 도입 후 시간의 경과에 따라 생기는 것이 아닌 것은?
① 콘크리트의 크리프
② 콘크리트의 건조수축
③ 정착 장치의 활동
④ 긴장재 응력의 릴랙세이션

해설 프리스트레스 손실원인
1) 프리스트레스 도입 후의 손실(시간적 손실)
   ① 콘크리트의 크리프
   ② 콘크리트의 건조수축
   ③ 긴장재 응력의 릴랙세이션
2) 프리스트레스 도입 시 손실(즉시 손실)
   ① 정착장치의 활동
   ② 긴장재와 쉬스의 마찰
   ③ 콘크리트의 탄성변형

78 강합성 교량에서 콘크리트 슬래브와 강(鋼)주형 상부 플랜지를 구조적으로 일체가 되도록 결합시키기는 요소는?
① 볼트   ② 접착제
③ 전단연결재   ④ 합성철근

해설 전단연결재(Shear connector)
1) 전단연결재 : 합성 보 교량에서 슬래브와 강(鋼)주형 상부 플랜지를 떨어지지 않게 결합시키는 결합재.
2) 전단연결재의 종류
   ① 스터드볼트
   ② 연결철근 등.

해답 74. ④ 75. ③ 76. ② 77. ③ 78. ③

79 리벳으로 연결된 부재에서 리벳이 상·하 두 부분으로 절단되었다면 그 원인은?

① 리벳의 압축파괴 ② 리벳의 전단파괴
③ 연결부의 인장파괴 ④ 연결부의 지압파괴

해설 리벳
1) 리벳의 전단파괴: 모재의 전단력에 의한 파괴로 리벳이 상·하로 절단되는 파괴.
2) 지압파괴: 모재의 지압력에 의해 리벳이 파먹히는 파괴.

80 강도 설계에 있어서 강도감소계수(ϕ)의 값으로 틀린 것은?

① 전단력 : 0.75
② 비틀림모멘트 : 0.75
③ 인장지배단면 : 0.85
④ 포스트텐션 정착구역 : 0.75

해설 강도감소계수(ϕ)
포스트텐션 정착구역: $\phi=0.85$

토질 및 기초

81 흙의 포화단위중량이 20kN/m³인 포화점토층을 45° 경사로 8m를 굴착하였다. 흙의 강도정수 C_u=65kN/m², $\phi=0°$이다. 그림과 같은 파괴면에 대하여 사면의 안전율은? (단, ABCD의 면적은 70m²이고 O점에 ABCD의 무게 중심까지의 수직거리는 4.5m이다.)

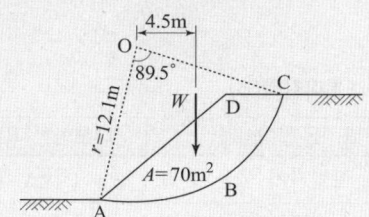

① 4.72 ② 4.21
③ 2.67 ④ 2.36

해설 사면의 안정(질량법)
1) 토체의 중량
$W = \gamma_{sat} \cdot A \cdot 1\text{m}(단위길이) = 20 \times 70 = 1,400 \text{ kN}$
2) 활동모멘트
$M_D = W \cdot d = 1,400 \times 4.5 = 6,300 \text{ kN}\cdot\text{m}$
3) 원호의 길이
$L = 2\pi r \times \frac{89.5°}{360°} = 2 \times \pi \times 12.1 \times \frac{89.5°}{360°} = 18.9\text{m}$
4) 저항모멘트
$M_r = C \cdot L \cdot 1\text{m}(단위길이) \cdot r$
$= 65 \times 18.9 \times 12.1 ≒ 14,865 \text{ kN}\cdot\text{m}$
5) 안전율
$F_s = \frac{M_r}{M_D} = \frac{14,865}{6,300} = 2.36$

82 통일분류법에 의한 분류기호와 흙의 성질을 표현한 것으로 틀린 것은?

① SM : 실트 섞인 모래
② GC : 점토 섞인 자갈
③ CL : 소성이 큰 무기질 점토
④ GP : 입도분포가 불량한 자갈

해설 통일 분류법
CL : 저, 중소성의 무기질 점토

83 다음 중 연약점토지반 개량공법이 아닌 것은?

① 프리로딩(Pre-loading) 공법
② 샌드 드레인(Sand drain) 공법
③ 페이퍼 드레인(Paper drain) 공법
④ 바이브로 플로테이션(Vibro flotation) 공법

해설 연약지반 개량공법
1) 점토지반개량공법: 탈수에 의한 압밀촉진 공법, 치환 공법 등이 있다.
  ① 압밀촉진공법: 샌드드레인공법, 페이퍼드레인공법, 프리로딩공법 등.
  ② 치환공법: 굴착치환, 폭파치환, 압출치환.
2) 모래지반개량공법: 진동이나 충격에 의한 공극을 줄이는 개량공법이다.
  – 다짐 말뚝 공법, 바이브로 플로테이션 공법, 다짐 모래 말뚝 등.

해답 79. ② 80. ④ 81. ④ 82. ③ 83. ④

84 그림과 같은 지반에 재하순간 수주(水柱)가 지표면으로 부터 5m이었다. 20% 압밀이 일어난 후 지표면으로부터 수주의 높이는?
(단, 물의 단위중량은 9.81kN/m³이다.)

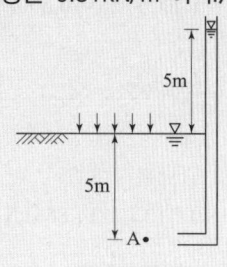

① 1m ② 2m
③ 3m ④ 4m

해설 과잉공극수압
1) 초기과잉공극수압(u_i)
$$u_i = \gamma_w h = 9.81 \times 5 = 49.05 \text{ kN/m}^2$$
2) 압밀도
$$U = \frac{u_i - u_e}{u_i} \times 100(\%)$$
$$20 = \frac{49.05 - u_e}{49.05} \times 100$$
$$\therefore u_e(\text{현재의 과잉공극수압}) = 39.24 \text{ kN/m}^2$$
3) $u_e = \gamma_w h \Rightarrow \therefore h = \frac{u_e}{\gamma_w} = \frac{39.24}{9.81} = 4\text{m}$

85 내부마찰각이 30°, 단위중량이 18kN/m³인 흙의 인장균열 깊이가 3m일 때 점착력은?
① 15.6kN/m² ② 16.7kN/m²
③ 17.5kN/m² ④ 18.1kN/m²

해설 인장균열깊이(Z_c)
$$Z_c = \frac{2C}{\gamma_t} \tan\left(45° + \frac{\phi}{2}\right)$$
$$3 = \frac{2 \times C}{18} \tan\left(45° + \frac{30°}{2}\right)$$
$$\therefore C = 15.6 \text{ kN/m}^2$$

86 일반적인 기초의 필요조건으로 틀린 것은?
① 침하를 허용해서는 안 된다.
② 지지력에 대해 안정해야 한다.
③ 사용성, 경제성이 좋아야 한다.
④ 동해를 받지 않는 최소한의 근입깊이를 가져야 한다.

해설 기초의 필요조건
침하량이 허용치 이내에 들어야 한다.

87 흙 속에 있는 한 점의 최대 및 최소 주응력이 각각 200kN/m² 및 100kN/m²일 때 최대 주응력면과 30°를 이루는 평면상의 전단응력을 구한 값은?
① 10.5kN/m² ② 21.5kN/m²
③ 32.3kN/m² ④ 43.3kN/m²

해설 흙의 요소 내 임의 단면에 작용하는 전단응력(τ)
1) 최대주응력: $\sigma_1 = 200 \text{ kN/m}^2$
2) 최소주응력: $\sigma_3 = 100 \text{ kN/m}^2$
3) 전단응력
$$\tau = \frac{\sigma_1 - \sigma_3}{2} \sin 2\theta$$
$$= \frac{200 - 100}{2} \sin(2 \times 30°) = 43.3 \text{ kN/m}^2$$

88 토립자가 둥글고 입도분포가 양호한 모래지반에서 N치를 측정한 결과 $N=19$가 되었을 경우, Dunham의 공식에 의한 이 모래의 내부 마찰각(ϕ)은?
① 20° ② 25°
③ 30° ④ 35°

해설 흙의 내부마찰각(ϕ)

입도 및 입자상태	내부마찰각(ϕ)
빈입도, 토립자가 둥근 경우	$\phi = \sqrt{12N} + 15°$
양입도, 토립자가 둥근 경우 빈입도, 토립자가 모난 경우	$\phi = \sqrt{12N} + 20°$
양입도, 토립자가 모난 경우	$\phi = \sqrt{12N} + 25°$

$\therefore \phi = \sqrt{12N} + 20° = \sqrt{12 \times 19} + 20° = 35°$

해답 84. ④ 85. ① 86. ① 87. ④ 88. ④

89 그림과 같은 지반에 대해 수직방향 등가투수계수를 구하면?

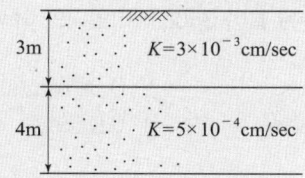

① 3.89×10^{-4} cm/s
② 7.78×10^{-4} cm/s
③ 1.57×10^{-3} cm/s
④ 3.14×10^{-3} cm/s

해설 수직방향의 등가 투수계수($\overline{K_V}$)
1) $H = H_1 + H_2 = 300 + 400 = 700$ cm
2) $\overline{K_V} = \dfrac{H}{\dfrac{H_1}{K_1} + \dfrac{H_2}{K_2}}$
$= \dfrac{700}{\dfrac{300}{3 \times 10^{-3}} + \dfrac{400}{5 \times 10^{-4}}} = 7.78 \times 10^{-4}$ cm/sec

90 다음 중 동상에 대한 대책으로 틀린 것은?
① 모관수의 상승을 차단한다.
② 지표부근에 단열재료를 매립한다.
③ 배수구를 설치하여 지하수위를 낮춘다.
④ 동결심도 상부의 흙을 실트질 흙으로 치환한다.

해설 동상대책
동결심도 상부의 흙을 치환 할 때 실트질의 흙이 아니고 동결되지 않는 흙(조립토)으로 치환해야한다.

91 흙의 다짐곡선은 흙의 종류나 입도 및 다짐에너지 등의 영향으로 변한다. 흙의 다짐 특성에 대한 설명으로 틀린 것은?
① 세립토가 많을수록 최적함수비는 증가한다.
② 점토질 흙은 최대건조단위중량이 작고 사질토는 크다.
③ 일반적으로 최대건조단위중량이 큰 흙일수록 최적함수비도 커진다.
④ 점성토는 건조측에서 물을 많이 흡수하므로 팽창이 크고 습윤측에서는 팽창이 작다.

해설 다짐곡선
1) 조립토: 최적함수비가 작고 최대건조단위중량은 크다.
2) 세립토: 최적함수비가 크고 최대건조단위중량은 작다.
3) 일반적으로 최대건조단위중량이 큰 흙일수록 최적함수비는 작다.

92 현장에서 채취한 흙 시료에 대하여 아래 조건과 같이 압밀시험을 실시하였다. 이 시료에 320kPa의 압밀압력을 가했을 때, 0.2cm의 최종 압밀침하가 발생되었다면 압밀이 완료된 후 시료의 간극비는?
(단, 물의 단위중량은 9.81kN/m³이다.)

- 시료의 단면적(A) : 30cm²
- 시료의 초기 높이(H) : 2.6cm
- 시료의 비중(G_s) : 2.5
- 시료의 건조중량(W_s) : 1.18N

① 0.125   ② 0.385
③ 0.500   ④ 0.625

해설 압밀시험
1) 토립자 부피
$W_s = G_s V_s \gamma_w$
$1.18N = 2.5 \times V_s \times \dfrac{9,810N}{10^6 \text{cm}^3}$
$\therefore V_s = 48.11 \text{cm}^3$

2) 압밀이 완료된 후 시료의 높이
$= 2.6 - 0.2 = 2.4$ cm

3) 압밀이 완료된 후 시료의 전체적
$V = 30 \times 2.4 = 72 \text{cm}^3$

4) 압밀이 완료된 후의 간극비(e)
$e = \dfrac{V_v}{V_s} = \dfrac{V - V_s}{V_s} = \dfrac{72 - 48.11}{48.11} = 0.5$

해답 89. ②   90. ④   91. ③   92. ③

93 노상토 지지력비(CBR)시험에서 피스톤 2.5mm 관입될 때와 5.0mm 관입될 때를 비교한 결과, 관입량 5.0mm에서 CBR이 더 큰 경우 CBR 값을 결정하는 방법으로 옳은 것은?
① 그대로 관입량 5.0mm일 때의 CBR 값으로 한다.
② 2.5mm 값과 5.0mm 값의 평균을 CBR 값으로 한다.
③ 5.0mm 값을 무시하고 2.5mm 값을 표준으로 하여 CBR 값으로 한다.
④ 새로운 공시체로 재시험을 하며, 재시험 결과도 5.0mm 값이 크게 나오면 관입량 5.0mm일 때의 CBR 값으로 한다.

해설 지지력비 시험(CBR)
1) CBR값의 표시
  ① 관입량 2.5mm인 경우 CBR값: $CBR_{2.5}$
  ② 관입량 5.0mm인 경우 CBR값: $CBR_{5.0}$
2) 첫 번째 시험의 결과 값
  $CBR_{2.5} > CBR_{5.0}$ 경우: $CBR = CBR_{2.5}$
  $CBR_{2.5} < CBR_{5.0}$ 경우: 재시험
3) 재시험 후 결과 값
  $CBR_{2.5} < CBR_{5.0}$: $CBR = CBR_{5.0}$

94 다음 중 사운딩 시험이 아닌 것은?
① 표준관입시험   ② 평판재하시험
③ 콘 관입시험   ④ 베인 시험

해설 사운딩(Sounding)
1) 정의: 로드(rod) 끝에 저항체를 달아서 땅속에 관입, 회전, 인발 시 저항 값을 측정해서 토층의 성질을 탐사하는 것.
2) 사운딩 종류
  ① 정적사운딩: 베인 시험, 콘 관입시험(휴대용 원추관입시험, 화란식 원추관입 시험), 이스키미터.
  ② 동적사운딩: 표준관입시험, 동적 원추 관입시험.
3) 평판재하시험은 사운딩이 아니고 지지력을 구하는 시험이다.

95 단면적이 100cm², 길이가 30cm인 모래 시료에 대하여 정수두 투수시험을 실시하였다. 이때 수두차가 50cm, 5분 동안 집수된 물이 350cm³이었다면 이 시료의 투수계수는?
① 0.001cm/s   ② 0.007cm/s
③ 0.01cm/s   ④ 0.07cm/s

해설 정수두 투수시험
1) 실험시간: $t = 5분 = 5 \times 60 = 300\,sec$
2) 투수계수: $K = \dfrac{QL}{Aht} = \dfrac{350 \times 30}{100 \times 50 \times 300}$
  $= 0.007\,cm/sec$

96 아래와 같은 조건에서 AASHTO분류법에 따른 군지수(GI)는?

- 흙의 액성한계 : 45%
- 흙의 소성한계 : 25%
- 200번체 통과율 : 50%

① 7   ② 10
③ 13   ④ 16

해설 AASHTO 분류법
1) 소성지수=액성한계−소성한계=45−25=20%
2) 군지수(GI)
  GI = 0.2a+0.005ac+0.01bd
  $= 0.2 \times 15 + 0.005 \times 15 \times 5 + 0.01 \times 35 \times 10$
  $= 6.875 ≒ 7$(가까운 정수 값)
  a = 200번체통과율−35 = 15
  b = 200번체통과율−15 = 35
  c = 액성한계−40 = 5
  d = 소성지수−10 = 10

97 점토층 지반위에 성토를 급속히 하려한다. 성토 직후에 있어서 이 점토의 안정성을 검토하는데 필요한 강도정수를 구하는 합리적인 시험은?
① 비압밀 비배수시험(UU−test)
② 압밀 비배수시험(CU−test)
③ 압밀 배수시험(CD−test)
④ 투수시험

해답 93. ④   94. ②   95. ②   96. ①   97. ①

해설 삼축압축시험(비압밀 비배수시험)
1) 점토지반의 시공 중 또는 성토직후 급속한 파괴가 예상될 때
2) 압밀이나 함수비의 변화가 없이 급속한 파괴가 예상될 때
3) 점토지반의 단기안정해석

98 연속 기초에 대한 Terzaghi의 극한지지력 공식은 $q_u = cN_c + 0.5\gamma_1 BN_\gamma + \gamma_2 D_f N_q$로 나타낼 수 있다. 아래 그림과 같은 경우 극한지지력 공식의 두 번째 항의 단위중량(γ_1)의 값은?
(단, 물의 단위중량은 9.81kN/m³이다.)

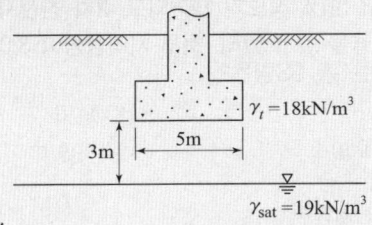

① 14.48kN/m³ ② 16.00kN/m³
③ 17.45kN/m³ ④ 18.20kN/m³

해설 얕은 기초의 극한지지력(q_u)
1) $\gamma_{sub} = \gamma_{sat} - \gamma_w = 19 - 9.81 = 9.19\,kN/m^3$
2) $\gamma_1 \cdot B = \gamma_t \times 3 + \gamma_{sub}(B-3)$
   $\gamma_1 \times 5 = 18 \times 3 + 9.19 \times (5-3)$
   $\therefore \gamma_1 = 14.48\,kN/m^3$

99 점토 지반에 있어서 강성 기초의 접지압 분포에 대한 설명으로 옳은 것은?
① 접지압은 어느 부분이나 동일하다.
② 접지압은 토질에 관계없이 일정하다.
③ 기초의 모서리 부분에서 접지압이 최대가 된다.
④ 기초의 중앙 부분에서 접지압이 최대가 된다.

해설 강성기초의 접지압 분포
1) 점토지반
  ① 최대 접지압: 기초의 모서리 부분.
  ② 최소 접지압: 기초의 중앙부
2) 모래지반
  ① 최대 접지압: 기초의 중앙부
  ② 최소 접지압: 기초의 모서리 부분

100 토질시험 결과 내부마찰각이 30°, 점착력이 50kN/m², 간극수압이 800kN/m², 파괴면에 작용하는 수직응력이 3,000kN/m²일 때 이 흙의 전단응력은?
① 1,270kN/m² ② 1,320kN/m²
③ 1,580kN/m² ④ 1,950kN/m²

해설 흙의 전단응력
1) 유효응력 = 수직응력 − 공극수압
   $\overline{\sigma} = 3,000 - 800 = 2,200\,kN/m^2$
2) 전단응력
   $\tau = C + \overline{\sigma} \tan\phi$
   $= 50 + 2,200 \times \tan 30° = 1,320\,kN/m^2$

상하수도공학

101 수원으로부터 취수된 상수가 소비자까지 전달되는 일반적 상수도의 구성순서로 옳은 것은?
① 도수 → 송수 → 정수 → 배수 → 급수
② 송수 → 정수 → 도수 → 급수 → 배수
③ 도수 → 정수 → 송수 → 배수 → 급수
④ 송수 → 정수 → 도수 → 배수 → 급수

해설 상수도의 계통도
1) 도수는 원수를 이송하므로 맨 앞에 위치해야 한다.
2) 송수는 정수를 이송하므로 정수 뒤에 위치해야 한다.

102 하수관의 접합방법에 관한 설명으로 틀린 것은?
① 관중심접합은 관의 중심을 일치시키는 방법이다.
② 관저접합은 관의 내면하부를 일치시키는 방법이다.
③ 단차접합은 지표의 경사가 급한 경우에 이용되는 방법이다.
④ 관정접합은 토공량을 줄이기 위하여 평탄한 지형에 많이 이용되는 방법이다.

해설 하수관의 접합방법(관정접합)
1) 관의 내면상부를 일치시키는 방식이다.
2) 지세가 급한 곳에 적합한 방식이며, 굴착 깊이가 증가되어 토공량이 많아지고 공사비가 증대된다.

해답 98. ① 99. ③ 100. ② 101. ③ 102. ④

103 계획오수량을 결정하는 방법에 대한 설명으로 틀린 것은?
① 지하수량은 1일1인최대오수량의 20% 이하로 한다.
② 생활오수량의 1일1인최대오수량은 1일1인최대급수량을 감안하여 결정한다.
③ 계획1일평균오수량은 계획1일최소오수량의 1.3~1.8배를 사용한다.
④ 합류식에서 우천 시 계획오수량은 원칙적으로 계획시간최대오수량의 3배 이상으로 한다.

해설 계획오수량
계획1일평균오수량은 계획1일 최대오수량의 0.7~0.8배를 표준으로 한다.

104 하수 배제방식의 특징에 관한 설명으로 틀린 것은?
① 분류식은 합류식에 비해 우천시 월류의 위험이 크다.
② 합류식은 단면적이 크기 때문에 검사, 수리 등에 유리하다.
③ 합류식은 분류식(2계통 건설)에 비해 건설비가 저렴하고 시공이 용이하다.
④ 분류식은 강우초기에 노면의 오염물질이 포함된 세정수가 직접 하천 등으로 유입된다.

해설 하수배제방식
합류식은 분류식에 비해 우천 시 월류의 위험이 크다.

105 호수의 부영양화에 대한 설명으로 틀린 것은?
① 부영양화는 정체성 수역의 상층에서 발생하기 쉽다.
② 부영양화된 수원의 상수는 냄새로 인하여 음료수로 부적당하다.
③ 부영양화로 식물성 플랑크톤의 번식이 증가되어 투명도가 저하된다.
④ 부영양화로 생물활동이 활발하여 깊은 곳의 용존산소가 풍부하다.

해설 부영양화현상
부영양화로 생물활동이 활발하여 깊은 곳의 용존산소는 낮다.

106 하수관로시설의 유량을 산출할 때 사용하는 공식으로 옳지 않은 것은?
① Kutter 공식
② Janssen 공식
③ Manning 공식
④ Hazen-Williams 공식

해설 하수관로 유량 산출 공식
Janssen 공식은 관로 기초 설계 시 매설토에 의한 하중을 구할 때 사용한다.

107 하수처리장 유입수의 SS농도는 200mg/L이다. 1차 침전지에서 30% 정도가 제거되고, 2차 침전지에서 85%의 제거효율을 갖고 있다. 하루 처리용량이 3,000m³/d일 때 방류되는 총 SS량은?
① 63kg/d
② 2,800g/d
③ 6,300kg/d
④ 6,300mg/d

해설 SS량 계산
1) 1차 침전지의 SS제거량: $200 \times 0.3 = 60 \text{mg/L}$
2) 2차침전지에서의 SS제거량:
   $(200-60) \times 0.85 = 119 \text{mg/L}$
3) 제거되지 않은 SS량 $= 200 - (60+119) = 21\text{mg/L}$
   $= \dfrac{21\text{mg}}{\text{L}} \times \dfrac{1000}{1000} = \dfrac{21\text{g}}{\text{m}^3}$
4) 방류되는 SS량 = 제거되지 않은 SS량 × Q
   $= \dfrac{21\text{g}}{\text{m}^3} \times \dfrac{3,000\text{m}^3}{\text{day}} = \dfrac{6,300\text{g}}{\text{m}^3} = \dfrac{63\text{kg}}{\text{m}^3}$

108 상수도관의 관종 선정 시 기본으로 하여야 하는 사항으로 틀린 것은?
① 매설조건에 적합해야 한다.
② 매설환경에 적합한 시공성을 지녀야 한다.
③ 내압보다는 외압에 대하여 안전해야 한다.
④ 관 재질에 의하여 물이 오염될 우려가 없어야 한다.

해설 상수도관 선정 시 고려사항
내압과 외압에 대하여 안전해야 한다.

해답 103. ③ 104. ① 105. ④ 106. ② 107. ① 108. ③

109 하수도 계획에서 계획우수량 산정과 관계가 없는 것은?
① 배수면적　　② 설계강우
③ 유출계수　　④ 집수관로

해설 계획우수량(Q)
1) $Q = \dfrac{1}{3.6}CIA$
2) C: 유출계수, I: 강우강도, A: 배수면적

110 먹는 물의 수질기준 항목에서 다음 특성을 갖고 있는 수질기준항목은?

- 수질기준은 10mg/L를 넘지 아니할 것
- 하수, 공장폐수, 분뇨 등과 같은 오염물의 유입에 의한 것으로 물의 오염을 추정하는 지표항목
- 유아에게 청색증 유발

① 불소　　② 대장균군
③ 질산성질소　　④ 과망간산칼륨 소비량

해설 질산성질소의 특성
1) 청색증: 오염된 물속에 포함된 질산염이 혈액 속의 헤모글로빈과 결합해 산소 공급을 어렵게 해서 나타나는 현상으로 주로 입술, 손가락 끝, 귀 등에서 푸른빛이 나타난다.
2) 청색증 유발물질: 질산성 질소(NO_3-N)

111 관의 길이가 1,000m이고, 지름이 20cm인 관을 지름 40cm의 등치관으로 바꿀 때, 등치관의 길이는? (단, Hazen-Williams 공식을 사용한다.)
① 2,924.2m　　② 5,924.2m
③ 19,242.6m　　④ 29,242.6m

해설 등치관
1) 등치관: 손실수두의 크기가 같으면서 직경의 크기가 다른 관.
2) 등치관의 길이
$L_2 = L_1 \left(\dfrac{D_2}{D_1}\right)^{4.87}$
$= 1,000 \left(\dfrac{0.4}{0.2}\right)^{4.87} = 29,242.6\,\text{m}$

112 폭기조의 MLSS농도 2,000mg/L, 30분간 정치시킨 후 침전된 슬러지 체적이 300mL/L일 때 SVI는?
① 100　　② 150
③ 200　　④ 250

해설 슬러지 용적지수(SVI)
$SVI = \dfrac{SV(mL/L)}{MLSS(mg/L)} \times 1,000$
$= \dfrac{300}{2,000} \times 1,000 = 150$

113 유출계수가 0.60이고, 유역면적 2km²에 강우강도 200mm/h의 강우가 있었다면 유출량은? (단, 합리식을 사용한다.)
① 24.0m³/s　　② 66.7m³/s
③ 240m³/s　　④ 667m³/s

해설 우수유출량
$Q = \dfrac{1}{3.6}CIA$
$= \dfrac{1}{3.6} \times 0.6 \times 200 \times 2 = 66.7\,\text{m}^3/\text{sec}$

114 정수지에 대한 설명으로 틀린 것은?
① 정수지 상부는 반드시 복개해야 한다.
② 정수지의 유효수심은 3~6m를 표준으로 한다.
③ 정수지의 바닥은 저수위보다 1m 이상 낮게 해야 한다.
④ 정수지란 정수를 저류하는 탱크로 정수시설로는 최종단계의 시설이다.

해설 정수지
1) 직사일광으로 인한 조류발생을 방지하기 위해 복개해야 한다.
2) 정수된 물이 오랜 시간이 지나면 물 때 형성되고, 침전물 등이 쌓이므로 저수위 이하의 물은 유출관으로 흘러 들어가지 않도록 하기 위하여 정수지의 바닥은 저수위보다 15cm 이상 낮게 해야 한다.

해답　109. ④　110. ③　111. ④　112. ②　113. ②　114. ③

115 합류식 관로의 단면을 결정하는데 중요한 요소로 옳은 것은?
① 계획우수량
② 계획1일평균오수량
③ 계획시간최대오수량
④ 계획시간평균오수량

해설 합류식관로의 단면결정시 중요요소
1) 합류식 하수도의 계획수량=계획우수량+계획오수량
2) 단면결정: 강우 시 우수량이 오수량에 비해 대단히 많기 때문에 하수관거의 크기는 거의 우수량에 의해 좌우됨.

116 혐기성 소화법과 비교할 때, 호기성 소화법의 특징으로 옳은 것은?
① 최초시공비 과다
② 유기물 감소율 우수
③ 저온시의 효율 향상
④ 소화슬러지의 탈수 불량

해설 호기성 소화법의 장·단점

장 점	단 점
· 초기시설비 절감.	· 저온시의 효율이 저하.
· 처리수의 수질이 양호함.	· 소화슬러지 탈수성이 불량.
· 냄새가 없는 슬러지 생성.	· 병원균 사멸률이 낮음.
· 운전이 용이.	· 유지관리비가 많이 듦.

117 정수처리 시 염소소독 공정에서 생성될 수 있는 유해물질은?
① 유기물
② 암모니아
③ 환원성 금속이온
④ THM(트리할로메탄)

해설 트리할로메탄(THM)
정수처리공정의 염소처리에서 유기물과 유리염소가 반응하여 생성되는 소독의 부산물로 발암물질이다.

118 정수시설 내에서 조류를 제거하는 방법 중 약품으로 조류를 산화시켜 침전처리 등으로 제거하는 방법에 사용되는 것은?
① Zeolite
② 황산구리
③ 과망간산칼륨
④ 수산화나트륨

해설 생물(조류)제거방법
1) 약품주입법: 황산구리($CuSO_4$), 염화구리($CuCl_2$)로 제거한다.
2) Microstrainer: 금속 또는 합성섬유제의 미세망을 사용하여 플랑크톤을 기계적으로 연속하여 제거하는 방법이다.
3) 다층여과법

119 병원성미생물에 의하여 오염되거나 오염될 우려가 있는 경우, 수도꼭지에서의 유리잔류염소는 몇 mg/L 이상 되도록 하여야 하는가?
① 0.1mg/L
② 0.4mg/L
③ 0.6mg/L
④ 1.8mg/L

해설 유리잔류염소 농도
1) 세균의 부활현상을 막기 위해 급수관에서는 항상 0.2 mg/L 이상,
2) 병원성미생물에 오염되거나 오염될 우려가 있는 경우는 0.4mg/L 이상 되어야 한다.

120 배수관의 갱생공법으로 기존 관내의 세척(cleaning)을 수행하는 일반적인 공법으로 옳지 않은 것은?
① 제트(jet) 공법
② 실드(shield) 공법
③ 로터리(rotary) 공법
④ 스크레이퍼(scraper) 공법

해설 관 갱생공법
1) 목적: 관석 등을 제거하여 통수능력을 향상하고 녹물 발생을 방지하고자 함.
2) 종류: 스크레이퍼 공법, 제트공법, 로터리공법, 폴리픽 공법, 에어샌드 공법 등.
3) 실드공법: 터널굴착 공법임.

해답 115. ① 116. ④ 117. ④ 118. ② 119. ② 120. ②

MEMO

③ 2021년 과년도출제문제

응용역학

★★★

1 그림과 같은 구조물의 C점에 연직하중이 작용할 때 AC부재가 받는 힘은?

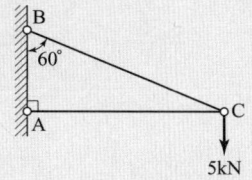

① 2.5kN　　② 5.0kN
③ 8.7kN　　④ 10.0kN

해설

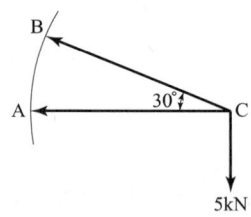

1) $\sum V = 0$
   $-5 + BC \cdot \sin 30° = 0$
   $\therefore BC = 10 \, kN$

2) $\sum H = 0$
   $-AC - BC \cdot \cos 30° = 0$
   $\therefore AC = -8.66 \, kN \, (압축)$

★★

2 그림과 같은 인장부재의 수직변위를 구하는 식으로 옳은 것은? (단, 탄성계수는 E이다.)

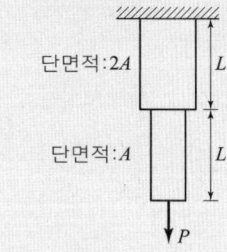

① $\dfrac{PL}{EA}$　　② $\dfrac{3PL}{2EA}$

③ $\dfrac{2PL}{EA}$　　④ $\dfrac{5PL}{2EA}$

해설 인장부재의 수직변위

1) $\Delta l = \dfrac{PL}{AE}$ 에서

2) $\Delta l = \dfrac{PL}{2AE} + \dfrac{PL}{AE}$
   $= \dfrac{3PL}{2AE}$

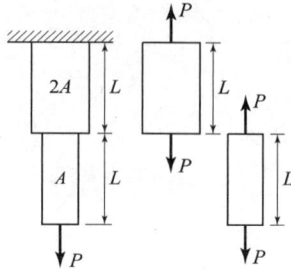

★★★

3 그림과 같은 트러스에서 AC부재의 부재력은?

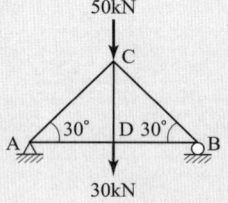

① 인장 40kN　　② 압축 40kN
③ 인장 80kN　　④ 압축 80kN

해설 트러스

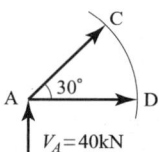

1) 대칭하중이므로
   $\therefore V_A = \dfrac{50+30}{2} = 40 \, kN$

2) $\sum V = 0$
   $40 + AC \cdot \sin 30° = 0$
   $\therefore AC = -80 \, kN \, (압축)$

해답 1. ③　2. ②　3. ④

4 그림과 같은 단순보에서 C점에 30kN·m의 모멘트가 작용할 때 A점의 반력은?

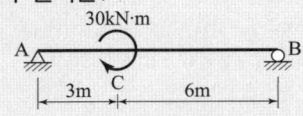

① $\dfrac{10}{3}$ kN(↓)   ② $\dfrac{10}{3}$ kN(↑)

③ $\dfrac{20}{3}$ kN(↓)   ④ $\dfrac{20}{3}$ kN(↑)

해설 단순보의 반력

$\sum M_B = 0$

$V_A \times 9 + 30 = 0$

$\therefore V_A = -\dfrac{30}{9} = -\dfrac{10}{3}$ kN(↓)

5 그림과 같은 기둥에서 좌굴하중의 비 (a) : (b) : (c) : (d)는? (단, EI와 기둥의 길이는 모두 같다.)

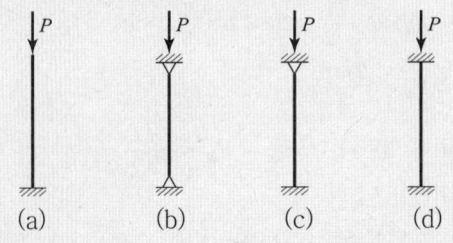

① 1 : 2 : 3 : 4   ② 1 : 4 : 8 : 12
③ 1 : 4 : 8 : 16   ④ 1 : 8 : 16 : 32

해설 좌굴하중(P_{cr})

1) $P_{cr} = \dfrac{n\pi^2 EI}{L^2}$

2) 강도(n)
   ① 캔틸레버기둥: $n = 1/4$
   ② 양단힌지기둥: $n = 1$
   ③ 한쪽고정, 타단 힌지기둥: $n = 2$
   ④ 양단고정기둥: $n = 4$

3) 좌굴하중 비 : 좌굴하중은 기둥의 강도와 비례한다.
   $\therefore P_a : P_b : P_c : P_d = 1 : 4 : 8 : 16$

6 그림과 같은 2개의 캔틸레버 보에 저장되는 변형에너지를 각각 $U_{(1)}$, $U_{(2)}$라고 할 때 $U_{(1)} : U_{(2)}$의 비는? (단, EI는 일정하다.)

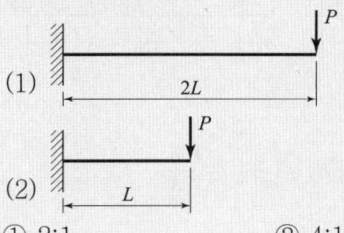

① 2 : 1   ② 4 : 1
③ 8 : 1   ④ 16 : 1

해설 휨모멘트에 의한 변형에너지

1) $U_{(1)} = \int_0^{2L} \dfrac{M_x^2}{2EI} dx$

$= \int_0^{2L} \dfrac{(-P \cdot x)^2}{2EI} dx = \dfrac{P^2}{2EI} \int_0^{2L} x^2 dx$

$= \dfrac{P^2}{2EI} \left[\dfrac{x^3}{3}\right]_0^{2L} = \dfrac{8P^2 L^3}{6EI}$

2) $U_{(2)} = \int_0^L \dfrac{M_x^2}{2EI} dx$

$= \int_0^L \dfrac{(-P \cdot x)^2}{2EI} dx$

$= \dfrac{P^2}{2EI}\left[\dfrac{x^3}{3}\right]_0^L = \dfrac{P^2 L^3}{6EI}$

$\therefore U_{(1)} : U_{(2)} = 8 : 1$

7 그림과 같은 사다리꼴 단면에서 X – X′축에 대한 단면 2차모멘트 값은?

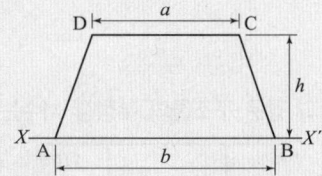

① $\dfrac{h^3}{12}(b + 3a)$ ② $\dfrac{h^3}{12}(b + 2a)$

③ $\dfrac{h^3}{12}(3b + a)$ ④ $\dfrac{h^3}{12}(2b + a)$

해설 단면2차 모멘트

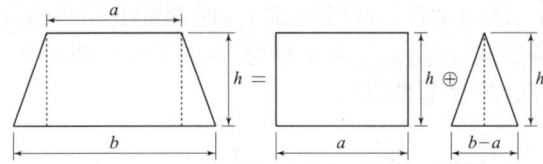

1) 사각형단면
$$I_{X-X'} = I_{X-X} + A \cdot y_o^2$$
$$= \frac{ah^3}{12} + (ah) \times \left(\frac{h}{2}\right)^2 = \frac{ah^3}{3}$$

2) 삼각형단면
$$I_{X-X'} = I_{X-X} + A \cdot y_o^2$$
$$= \frac{(b-a)h^3}{36} + \frac{(b-a)h}{2} \times \left(\frac{h}{3}\right)^2 = \frac{(b-a)h^3}{12}$$

3) 사다리꼴 단면의 $X-X'$에 대한 단면2차모멘트
$$I_{X-X'} = \frac{ah^3}{3} + \frac{(b-a)h^3}{12} = \frac{h^3}{12}(b+3a)$$

★★
8 그림과 같은 단순보에서 C~D구간의 전단력값은?

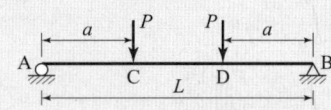

① P   ② 2P
③ $\frac{P}{2}$ ④ 0

해설 단순보에서의 전단력
1) 대칭하중이므로
   $\therefore V_A = P$
2) C~D구간의 전단력
   $S_{C-D} = P - P = 0$

★
9 다음 그림과 같은 구조물의 부정정 차수는?

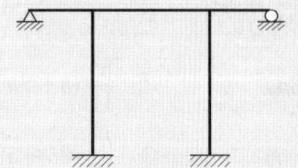

① 6차 부정정   ② 5차 부정정
③ 4차 부정정   ④ 3차 부정정

해설 구조물의 부정정 차수
1) m(부재수)$=5$, r(지점반력수)$=9$
   f(강절점수)$=4$, j(절점수)$=6$
2) $N = m + r + f - 2j$
   $= 5 + 9 + 4 - 2 \times 6 = 6$차 부정정

★★★
10 그림과 같은 하중을 받는 보의 최대 전단응력은?

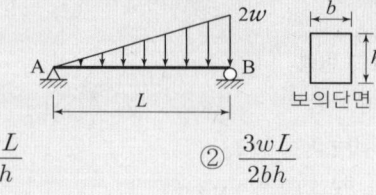

보의단면

① $\frac{2wL}{3bh}$ ② $\frac{3wL}{2bh}$
③ $\frac{2wL}{bh}$ ④ $\frac{wL}{bh}$

해설 보의 최대전단응력
1) B지점의 수직반력
   $\sum M_A = 0$
   $-V_B \times L + \frac{1}{2} \times 2w \times L \times \frac{2}{3}L = 0$
   $\therefore V_B = \frac{2wL}{3}$

2) 최대 전단력 : $S_{\max} = V_B = \frac{2wL}{3}$

3) 최대전단응력
   $\tau_{\max} = \frac{3}{2} \cdot \frac{S_{\max}}{A} = \frac{3}{2} \times \frac{\frac{2wL}{3}}{bh}$
   $= \frac{wL}{bh}$

★★★
11 다음 중 정(+)과 부(-)의 값을 모두 갖는 것은?

① 단면계수   ② 단면 2차 모멘트
③ 단면 2차 반지름   ④ 단면 상승 모멘트

해설 단면 상승 모멘트 (I_{xy})
1) $I_{xy} = A \cdot x_0 \cdot y_0$
2) x_0: y축에서 도심까지 거리
   y_0: x축에서 도심까지 거리
3) 단면 상승 모멘트는 $x_0 \cdot y_0$의 부호에 따라 정(+), 부(-)값이 나올 수 있다.

해답 8. ④ 9. ① 10. ④ 11. ④

12 그림과 같은 캔틸레버 보에서 C의 처짐은?
(단, EI는 일정하다.)

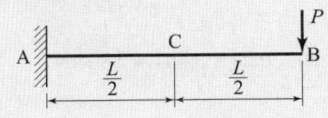

① $\dfrac{PL^3}{24EI}$ ② $\dfrac{5PL^3}{24EI}$

③ $\dfrac{PL^3}{48EI}$ ④ $\dfrac{5PL^3}{48EI}$

해설 캔틸레버 보의 처짐 (y_c)

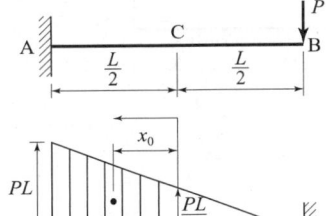

1) $A = \dfrac{(PL)+\left(\dfrac{PL}{2}\right)}{2} \times \left(\dfrac{L}{2}\right) = \dfrac{3PL^2}{8}$

2) $x_0 = \dfrac{\dfrac{L}{2}}{3} \times \dfrac{2(PL)+\left(\dfrac{PL}{2}\right)}{(PL)+\left(\dfrac{PL}{2}\right)} = \dfrac{5L}{18}$

3) $y_c = \dfrac{M_c}{EI}$
   $= \dfrac{1}{EI} \times \left(\dfrac{3PL^2}{8}\right) \times \dfrac{5L}{18} = \dfrac{5PL^3}{48EI}$

13 그림과 같은 단면에 600kN의 전단력이 작용할 때 최대 전단응력의 크기는?

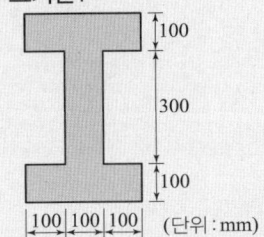

① 12.71MPa ② 15.98MPa
③ 19.83MPa ④ 21.32MPa

해설 최대전단응력

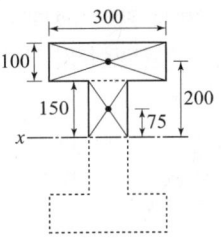

1) $S = 600\text{kN} = 600,000\text{N}$

2) 중립축에 대한 단면1차모멘트
   $G_X = 300 \times 100 \times 200 + 100 \times 150 \times 75 = 7.125 \times 10^6 \text{mm}^3$

3) 중립축에 대한 단면2차모멘트
   $I_X = \dfrac{1}{12}(300 \times 500^3 - 200 \times 300^3)$
   $= 2.675 \times 10^9 \text{mm}^4$

4) 최대전단응력은 중립축에서 발생하므로, $b = 100\text{mm}$

5) $\tau_{\max} = \dfrac{S \cdot G}{I \cdot b} = 15.98\text{MPa}$

14 그림과 같은 단순보에서 B점에 모멘트 M_B가 작용할 때 A점에서의 처짐각(θ_A)은? (단, EI는 일정하다.)

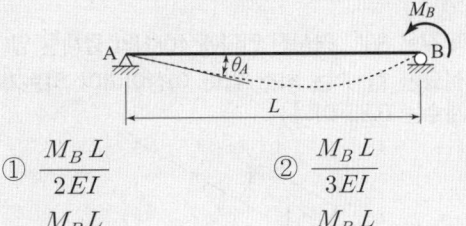

① $\dfrac{M_B L}{2EI}$ ② $\dfrac{M_B L}{3EI}$

③ $\dfrac{M_B L}{6EI}$ ④ $\dfrac{M_B L}{8EI}$

해설 처짐각

1) A지점의 처짐각
   $\theta_A = \dfrac{M_B L}{6EI}$

2) B지점의 처짐각
   $\theta_B = \dfrac{M_B L}{3EI}$

15 다음 그림과 같은 $r=4m$인 3힌지 원호 아치에서 지점 A에서 2m 떨어진 E점에 발생하는 휨모멘트의 크기는?

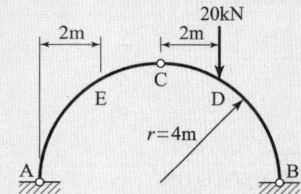

① 6.13kN·m ② 7.32kN·m
③ 8.27kN·m ④ 9.16kN·m

해설 3-hinge 라멘

1) $\sum M_B = 0$
   $V_A \times 8 - 20 \times 2 = 0$
   $\therefore V_A = 5kN$

2) $\sum M_{CL} = 0$
   $V_A \times r - H_A \times r = 0$
   $\therefore H_A = 5kN$

3) $M_E = V_A \times 2 - H_A \times 3.464$
   $\therefore M_B = -7.32 kN \cdot m$

16 그림과 같은 30° 경사진 언덕에 40kN의 물체를 밀어 올릴 때 필요한 힘 P는 최소 얼마 이상이어야 하는가? (단, 마찰계수는 0.25 이다.)

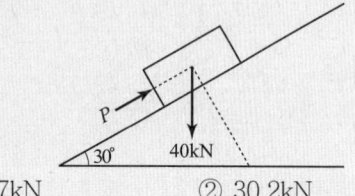

① 28.7kN ② 30.2kN
③ 34.7kN ④ 40.0kN

해설 마찰력

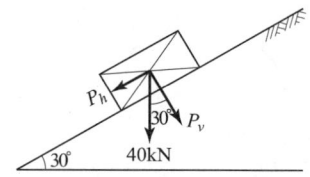

1) 경사면을 따라 내려가려고 하는 힘(P_h)
   $P_h = 40 \times \sin 30° = 20 kN$

2) 경사면에 수직으로 작용하는 힘(P_v)
   $P_v = 40 \times \cos 30° = 34.64 kN$

3) 물체를 밀어 올릴 때 필요한 힘(P)
   $P \geq P_h + 마찰력(\mu \cdot P_v)$
   $\therefore P \geq 20 + 0.25 \times 34.64 \fallingdotseq 28.7 kN$

17 그림과 같은 부정정 구조물에서 B지점의 반력의 크기는? (단, 보의 휨강도 EI는 일정하다.)

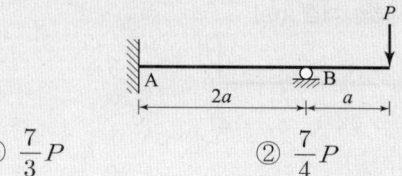

① $\dfrac{7}{3}P$ ② $\dfrac{7}{4}P$
③ $\dfrac{7}{5}P$ ④ $\dfrac{7}{6}P$

해설 모멘트 분배법

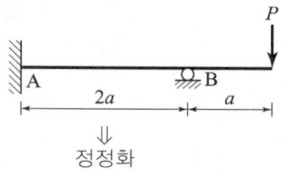

⇓ 정정화

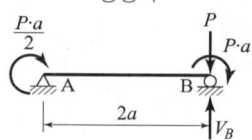

1) B점의 모멘트는 A지점에 1/2만큼 전달된다.
   $M_A = \dfrac{1}{2} M_B = \dfrac{1}{2} Pa$

2) $\sum M_A = 0$
   $-V_B \times 2a + Pa + \dfrac{Pa}{2} + p \times 2a = 0$
   $\therefore V_B = \dfrac{7}{4} P$

해답 15. ② 16. ① 17. ②

18 단면이 100mm×200mm인 장주의 길이가 3m일 때 이 기둥의 좌굴하중은? (단, 기둥의 $E=2.0\times10^4$MPa, 지지상태는 일단 고정, 타단 자유이다.)

① 45.8kN　② 91.4kN
③ 182.8kN　④ 365.6kN

해설 좌굴하중

1) 일단고정, 타단자유인 기둥의 강도: $n=\dfrac{1}{4}$

2) 최소단면 2차모멘트:
$$I_{\min}=\dfrac{200\times100^3}{12}=16,666,667\,\text{mm}^4$$

3) 기둥길이: $L=3\text{m}=3000\text{mm}$

4) 좌굴하중
$$P_{cr}=\dfrac{n\pi^2 EI}{L^2}$$
$$=\dfrac{\dfrac{1}{4}\times\pi^2\times2\times10^4\times16,666,667}{3000^2}$$
$$=91,385N\fallingdotseq91.4\text{kN}$$

19 그림과 같은 단순보에서 A점의 반력이 B점의 반력의 2배가 되도록 하는 거리 x는? (단, x는 A점으로부터의 거리이다.)

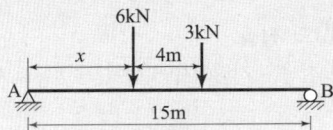

① 1.67m　② 2.67m
③ 3.67m　④ 4.67m

해설 단순보의 지반반력

1) $\sum V=0$
$V_A+V_B-6-3=0$
$3V_B=9$　∴ $V_B=3\text{kN}$

2) $\sum M_A=0$
$-(V_B\times15)+(6\times x)+3\times(x+4)=0$
∴ $x=3.67\text{m}$

20 그림과 같이 이축응력(二軸應力)을 받는 있는 요소의 체적변형률은? (단, 이 요소의 탄성계수 $E=2.0\times10^5$ MPa, 푸아송 비 $\nu=0.3$이다.)

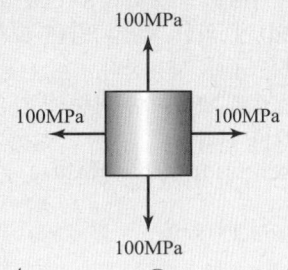

① 3.6×10^{-4}　② 4.0×10^{-4}
③ 4.4×10^{-4}　④ 4.8×10^{-4}

해설 체적변형률(ε_v)
$$\varepsilon_v=\dfrac{(1-2\nu)}{E}(\sigma_x+\sigma_y)$$
$$=\dfrac{(1-2\times0.3)}{2\times10^5}(100+100)=4.0\times10^{-4}$$

측량학

21 A, B 두 점에서 교호수준측량을 실시하여 다음의 결과를 얻었다. A점의 표고가 67.104m일 때 B점의 표고는? (단, $a_1=3.756\text{m}$, $a_2=1.572\text{m}$, $b_1=4.995\text{m}$, $b_2=3.209\text{m}$)

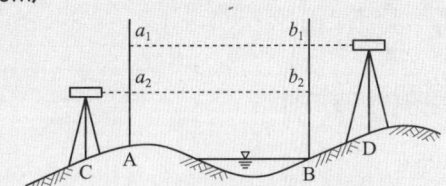

① 64.668m　② 65.666m
③ 68.542m　④ 69.089m

해설 교호수준측량

1) 표고 차(h)
$$h=\dfrac{1}{2}[(a_1-b_1)+(a_2-b_2)]$$
$$=\dfrac{1}{2}[(3.756-4.995)+(1.572-3.209)]=-1.438\text{m}$$

2) B점의 표고
$H_B=67.104-1.438=65.666\text{m}$

22 하천의 심천(측심)측량에 관한 설명으로 틀린 것은?
① 심천측량은 하천의 수면으로부터 하저까지 깊이를 구하는 측량으로 횡단측량과 같이 행한다.
② 측심간(rod)에 의한 심천측량은 보통 수심 5m 정도의 얕은 곳에 사용한다.
③ 측심추(lead)로 관측이 불가능한 깊은 곳은 음향측심기를 사용한다.
④ 심천측량은 수위가 높은 장마철에 하는 것이 효과적이다.

해설 심천측량
1) 로드(rod): 수심 5m정도 이내의 수심측정.
2) 레드(lead): 수심 5이상의 수심측정.
3) 음향측심기: 수심이 깊고 유속이 빠른 장소의 수심측정.
4) 심천측량은 측량선을 사용하여 배의 위치 및 그 위치의 수심을 측정하는 측량으로, 장마철에는 배의 위치를 일정한 방향으로 유지하기가 어려우므로 좋지 않다.

23 곡선반지름 R, 교각 I인 단곡선을 설치할 때 각 요소의 계산 공식으로 틀린 것은?
① $M = R\left(1 - \sin\dfrac{I}{2}\right)$
② $T.L. = R\tan\dfrac{I}{2}$
③ $C.L. = \dfrac{\pi}{180°}RI°$
④ $E = R\left(\sec\dfrac{I}{2} - 1\right)$

해설 단곡선
중앙종거(M)
$M = R\left(1 - \cos\dfrac{I}{2}\right)$

24 수준측량과 관련된 용어에 대한 설명으로 틀린 것은?
① 수준면(level surface)은 각 점들이 중력방향에 직각으로 이루어진 곡면이다.
② 어느 지점의 표고(elevation)라 함은 그 지역 기준타원체로부터의 수직거리를 말한다.
③ 지구곡률을 고려하지 않는 범위에서는 수준면(level surface)을 평면으로 간주한다.
④ 지구의 중심을 포함한 평면과 수준면이 교차하는 선이 수준선(level line)이다.

해설 수준측량
1) 표고: 평균해수면으로부터 측점까지의 수직거리
2) 타원체고: 기준타원체면으로부터 측점까지의 수직거리

25 완화곡선에 대한 설명으로 옳지 않은 것은?
① 완화곡선의 곡선 반지름은 시점에서 무한대, 종점에서 원곡선의 반지름 R로 된다.
② 클로소이드의 형식에는 S형, 복합형, 기본형 등이 있다.
③ 완화곡선의 접선은 시점에서 원호에, 종점에서 직선에 접한다.
④ 모든 클로소이드는 닮은꼴이며 클로소이드 요소에는 길이의 단위를 가진 것과 단위가 없는 것이 있다.

해설 완화곡선의 성질
완화곡선의 접선은 시점에서 직선에, 종점에서 원호에 접한다.

26 토털스테이션으로 각을 측정할 때 기계의 중심과 측점이 일치하지 않아 0.5mm의 오차가 발생하였다면 각 관측 오차를 2″ 이하로 하기 위한 관측 변의 최소길이는?
① 82.51m
② 51.57m
③ 8.25m
④ 5.16m

해설 각 관측정도 $\left(\dfrac{d\theta}{\rho''}\right)$와 거리 관측정도 $\left(\dfrac{dL}{L}\right)$
1) 거리 관측 정도와 각 관측 정도의 크기는 같다.
2) $\dfrac{d\theta}{\rho''} = \dfrac{dL}{L}$

$\dfrac{2''}{206265''} = \dfrac{0.5\,\text{mm}}{L}$

∴ $L = 51{,}566\,\text{mm} \fallingdotseq 51.57\,\text{m}$

해답 22. ④ 23. ① 24. ② 25. ③ 26. ②

27 일반적으로 단열삼각망으로 구성하기에 가장 적합한 것은?
① 시가지와 같이 정밀을 요하는 골조측량
② 복잡한 지형의 골조측량
③ 광대한 지역의 지형측량
④ 하천조사를 위한 골조측량

해설 단열삼각망
1) 단열삼각망: 폭이 좁고 긴 지역에 적합하다. (하천, 도로 등)
2) 유심삼각망: 방대한 지역의 측량에 적합하다. (농지측량)
3) 사변형 삼각망: 가장 정도가 높고 중요한 기선삼각망에 사용된다.

28 지형의 표시법에서 자연적 도법에 해당하는 것은?
① 점고법 ② 등고선법
③ 영선법 ④ 채색법

해설 지형의 표시법
1) 자연적 도법: 영선법, 음영법
2) 부호적 도법: 점고법, 채색법, 등고선법

29 축척 1:5,000인 지형도에서 AB 사이의 수평거리가 2cm이면 AB선의 경사는?

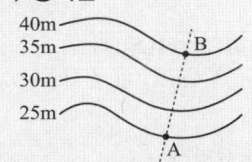

① 10% ② 15%
③ 20% ④ 25%

해설 지형도 이용
1) 수평거리
$$\frac{1}{m}(축척) = \frac{d(도상거리)}{D(실제거리)}$$
∴ $D = m \times d$
$= 5000 \times 2 = 10,000 \text{cm} = 100 \text{m}$
2) 지표면 경사
$i = \frac{h}{D} \times 100$
$= \frac{(40-25)}{100} \times 100 = 15\%$

30 트래버스 측량의 각 관측 방법 중 방위각법에 대한 설명으로 틀린 것은?
① 진북을 기준으로 어느 측점까지 시계방향으로 측정하는 방법이다.
② 방위각법에는 반전법과 부전법이 있다.
③ 각이 독립적으로 관측되므로 오차 발생 시, 개별 각의 오차는 이후의 측량에 영향이 없다.
④ 각 관측값의 계산과 제도가 편리하고 신속히 관측할 수 있다.

해설 트래버스 측량
1) 방위각법 특징: 한번 오차가 발생하면 끝까지 영향을 미치며, 험준하고 복잡한 지형에는 부적합하다.
2) 교각법의 특징: 측점마다 독립관측이 되므로 각 관측에 오차 발생 시, 다른 각에 영향을 주지 않는다.

31 대단위 신도시를 건설하기 위한 넓은 지형의 정지공사에서 토량을 계산하고자 할 때 가장 적당한 방법은?
① 점고법 ② 비례 중앙법
③ 양단면 평균법 ④ 각주공식에 의한 방법

해설 점고법
1) 점고법: 대단위의 신도시, 운동장, 비행장 같은 넓은 지형의 정지공사에서 토공량 계산에 이용된다.
2) 종류: 사각형법, 삼각형법

32 평면측량에서 거리의 허용 오차를 1/500,000까지 허용 한다면 지구를 평면으로 볼 수 있는 한계는 몇 km인가? (단, 지구의 곡률반경은 6370km이다.)
① 22.07km ② 31.2km
③ 2,207km ④ 3,121km

해설 대지측량과 평면측량의 분류
$$\frac{1}{m} = \frac{D^2}{12R^2}$$
$$\therefore D = \sqrt{\frac{12R^2}{m}} = \sqrt{\frac{12 \times 6,370^2}{500,000}} = 31.2 \text{km}$$

해답 27. ④ 28. ③ 29. ② 30. ③ 31. ① 32. ②

33 측점 A에 토털스테이션을 정치하고 B점에 설치한 프리즘을 관측하였다. 이때 기계고 1.7m, 고저각 +15°, 시준고 3.5m, 경사거리가 2000m 이었다면, 두 측점의 고저차는?

① 512.438m
② 515.838m
③ 522.838m
④ 534.098m

해설 두 지점의 고저 차
1) $H_B = H_A + I + l\sin\theta - h$
2) $\therefore H_B - H_A = I + l\sin\theta - h$
   $= 1.7 + 2000 \times \sin 15° - 3.5 = 515.838\,m$

34 상차라고도 하며 그 크기와 방향(부호)이 불규칙적으로 발생하고 확률론에 의해 추정할 수 있는 오차는?

① 착오
② 정오차
③ 개인오차
④ 우연오차

해설 우연오차
1) 우연오차 = 상차 = 부정오차
   ① 우연오차의 원인과 크기를 알 수 없고 방향(부호)도 일정하지 않다.
   ② 오차의 크기를 확률론에 의해 추정하며, 오차를 소거할 수 없고, 오차를 배분한다.
2) 우연오차의 크기(E)
   $E = \pm b\sqrt{n}$
   여기서, $\pm b$: 1회 관측 시 포함하는 우연오차의 크기
   n : 관측횟수

35 종단 및 횡단 수준측량에서 중간점이 많은 경우에 가장 편리한 야장기입법은?

① 고차식
② 승강식
③ 기고식
④ 간접식

해설 야장기입법
1) 기고식: 중간점이 많은 경우에 사용한다.
2) 고차식: 가장 간단한 방법으로 후시와 전시만 있으면 된다.
3) 승강식: 완전한 검사로 정밀측량에 적당하다.

36 GNSS 측량에 대한 설명으로 옳지 않은 것은?

① 상대측위기법을 이용하면 절대측위보다 높은 측위정확도의 확보가 가능하다.
② GNSS 측량을 위해서는 최소 4개의 가시위성(visible satellite)이 필요하다.
③ GNSS 측량을 통해 수신기의 좌표뿐만 아니라 시계오차도 계산할 수 있다.
④ 위성의 고도각(elevation angle)이 낮은 경우 상대적으로 높은 측위정확도의 확보가 가능하다.

해설 GNSS측량
위성의 고도각이 높은 경우 상대적으로 높은 측위정확도의 확보가 가능하다.

37 축척 1:500 도상에서 3변의 길이가 각각 20.5cm, 32.4cm, 28.5cm인 삼각형 지형의 실제면적은?

① 40.70m²
② 288.53m²
③ 6924.15m²
④ 7213.26m²

해설 축척과 면적과의 관계
1) $S = \dfrac{1}{2}(a+b+c)$
   $= \dfrac{1}{2}(20.5 + 32.4 + 28.5) = 40.7\,cm$
2) 도상면적
   $= \sqrt{S(S-a)(S-b)(S-c)}$
   $= \sqrt{40.7(40.7-20.5)(40.7-32.4)(40.7-28.5)}$
   $= 288.53\,cm^2$
3) $\left(\dfrac{1}{m}\right)^2 = \dfrac{도상면적}{실제면적}$
   $\therefore 실제면적 = 500^2 \times 288.53 = 72{,}132{,}645\,cm^2$
   $= 7{,}213.26\,m^2$

해답 33. ② 34. ④ 35. ③ 36. ④ 37. ④

38 삭제문제

출제기준 변경으로 인해 삭제됨

★★
39 폐합 트래버스에서 위거의 합이 -0.17m, 경거의 합이 0.22m이고, 전 측선의 거리의 합이 252m일 때 폐합비는?
① 1/900 ② 1/1,000
③ 1/1,100 ④ 1/1,200

해설 폐합비
1) 트래버스측량에서 정도는 폐합비로 표시한다.
2) 폐합비(R)
$$R = \sqrt{\frac{(\Delta l)^2 + (\Delta d)^2}{\sum L}} = \sqrt{\frac{(-0.17)^2 + (0.22)^2}{252}}$$
$$= \frac{1}{900}$$

★★★
40 곡선 반지름이 500m인 단곡선의 종단현이 15.343m 이라면 종단현에 대한 편각은?
① 0°31'37" ② 0°43'19"
③ 0°52'45" ④ 1°04'26"

해설 종단현 편각(δ_2)
$$\delta_2 = \frac{l_2}{2R} \rho°$$
$$= \frac{15.343}{2 \times 500} \times \frac{180°}{\pi} = 0°52'45''$$

수리학 및 수문학

★★
41 탱크 속에 깊이 2m의 물과 그 위에 비중 0.85의 기름이 4m 들어있다. 탱크 바닥에서 받는 압력을 구한 값은? (단, 물의 단위중량은 9.81kN/m³이다.)

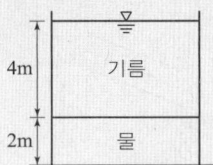

① 52.974kN/m² ② 53.974kN/m²
③ 54.974kN/m² ④ 55.974kN/m²

해설 탱크 바닥의 압력
1) 기름의 단위중량
$$비중(S) = \frac{기름의 단위중량(\omega')}{물의 단위중량(\omega)}$$
$$\therefore \omega' = 0.85 \times 9.81 = 8.339 \text{kN/m}^3$$
2) 탱크 바닥의 압력
$$P = \omega' h_1 + \omega h_2$$
$$= 8.339 \times 4 + 9.81 \times 2 = 52.974 \text{kN/m}^2$$

★★★
42 1차원 정류흐름에서 단위시간에 대한 운동량 방정식은? (단, F : 힘, m : 질량, V_1 : 초속도, V_2 : 종속도, Δt : 시간의 변화량, S : 변위, W : 물체의 중량)
① $F = W \cdot S$ ② $F = m \cdot \Delta t$
③ $F = m\dfrac{V_2 - V_1}{S}$ ④ $F = m(V_2 - V_1)$

해설 운동량 방정식
$$F = ma = m\frac{V_2 - V_1}{\Delta t} \text{에서}$$
$$F\Delta t = m(V_2 - V_1)$$
$$\Delta t = 1일 때 \therefore F = m(V_2 - V_1)$$

해답 38. 삭제문제   39. ①   40. ③   41. ①   42. ④

43 물이 유량 $Q = 0.06\text{m}^3/\text{s}$로 60°의 경사평면에 충돌할 때 충돌 후의 유량 Q_1, Q_2는? (단, 에너지 손실과 평면의 마찰은 없다고 가정하고 기타 조건은 일정하다.)

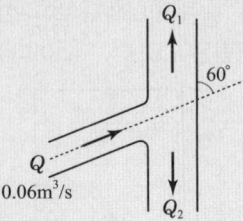

① $Q_1 : 0.03\text{m}^3/\text{s}$, $Q_2 : 0.03\text{m}^3/\text{s}$
② $Q_1 : 0.035\text{m}^3/\text{s}$, $Q_2 : 0.025\text{m}^3/\text{s}$
③ $Q_1 : 0.040\text{m}^3/\text{s}$, $Q_2 : 0.020\text{m}^3/\text{s}$
④ $Q_1 : 0.045\text{m}^3/\text{s}$, $Q_2 : 0.015\text{m}^3/\text{s}$

해설 경사평면에 충돌 후의 유량

1) $Q_1 = \dfrac{Q}{2}(1 + \cos\theta)$
$= \dfrac{0.06}{2}(1 + \cos 60°) = 0.045\text{m}^3/\text{sec}$

2) $Q_2 = \dfrac{Q}{2}(1 - \cos\theta)$
$= \dfrac{0.06}{2}(1 - \cos 60°) = 0.015\text{m}^3/\text{sec}$

44 동점성계수와 비중이 각각 $0.0019\text{m}^2/\text{s}$와 1.2인 액체의 점성계수 μ는? (단, 물의 밀도는 1000kg/m^3)

① $1.9\text{kgf}\cdot\text{s/m}^2$ ② $0.19\text{kgf}\cdot\text{s/m}^2$
③ $0.23\text{kgf}\cdot\text{s/m}^2$ ④ $2.3\text{kgf}\cdot\text{s/m}^2$

해설 점성계수

1) 액체의 밀도

비중 $= \dfrac{\text{액체의 밀도}(\rho)}{\text{물의 밀도}(\rho_w)} \Rightarrow 1.2 = \dfrac{\text{액체의 밀도}}{1,000\,\text{kg/m}^3}$

∴ 액체의 밀도$(\rho) = \dfrac{1,200\,\text{kg}}{\text{m}^3} \times \dfrac{9.81\,\text{m/s}^2}{9.81\,\text{m/s}^2}$

$= \dfrac{1,200\,\text{kgf}}{9.81\,\text{m}^4/\text{s}^2} = \dfrac{122.32\,\text{kgf}\cdot\text{s}^2}{\text{m}^4}$

※ $\text{kgf} = \text{kg} \times 9.81\,\text{m/s}^2$

2) 액체의 점성계수(μ)

$\nu = \dfrac{\mu}{\rho}$에서

∴ $\mu = \nu\rho = 0.0019 \times 122.32 = 0.23\text{kgf}\cdot\text{s/m}^2$

45 직경 4cm, 길이 30cm인 시험원통에 대수층의 표본을 채웠다. 시험원통의 출구에서 압력수두를 15cm로 일정하게 유지할 때 2분 동안 12cm^3의 유출량이 발생하였다면 이 대수층 표본의 투수계수는?

① 0.008cm/s ② 0.016cm/s
③ 0.032cm/s ④ 0.048cm/s

해설 투수계수

1) $t = 2\min = 120\sec$

2) $V = Ki = K\dfrac{h}{L} = K\dfrac{15}{30}$

3) $Q = AVt$

$12 = \dfrac{\pi \times 4^2}{4} \times K \times \dfrac{15}{30} \times 120$

∴ $K = 0.016\text{cm/s}$

46 폭 35cm인 직사각형 위어(weir)의 유량을 측정하였더니 $0.03\text{m}^3/\text{s}$이었다. 월류수심의 측정에 1mm의 오차가 생겼다면, 유량에 발생하는 오차는? (단, 유량계산은 프란시스(Francis) 공식을 사용하고, 월류 시 단면수축은 없는 것으로 가정한다.)

① 1.16% ② 1.50%
③ 1.67% ④ 1.84%

해설 유량오차$\left(\dfrac{dQ}{Q}\right)$와 월류수심 측정의 오차$\left(\dfrac{dh}{h}\right)$관계

1) $b_o = b - 0.1nh$에서 단면수축이 없으므로$(n = 0)$
∴ $b_0 = b$

2) $Q = 1.84bh^{\frac{3}{2}}$

$0.4 = 1.84 \times 0.35 \times h^{\frac{3}{2}}$

∴ $h = 0.13\text{m}$

3) $dh = 1\text{mm} = 0.001\text{m}$

4) 유량오차와 월류수심 측정의 오차

$\dfrac{dQ}{Q} = k\dfrac{dh}{h}$

여기서 k는 오차원인의 지수(h^k) : $k = \dfrac{3}{2}$

∴ $\dfrac{dQ}{Q} = \dfrac{3}{2} \times \dfrac{0.001}{0.13}$

$= 0.0115 = 1.15\%$

해답 43. ④ 44. ③ 45. ② 46. ①

★★★
47 안지름 20cm인 관로에서 관의 마찰에 의한 손실수두가 속도수두와 같게 되었다면 이때 관로의 길이는?(단, 마찰저항 계수 $f = 0.04$이다.)

① 3m　　② 4m
③ 5m　　④ 6m

해설 관마찰손실수두

1) $h_L = f \dfrac{L}{d} \dfrac{v^2}{2g}$ 에서

2) 손실수두(h_L)와 속도수두 $\left(\dfrac{v^2}{2g}\right)$의 크기가 같아지려면,

3) $f \dfrac{L}{d} = 1$

$0.04 \dfrac{L}{20} = 1 \Rightarrow \therefore L = 500\,\text{cm} = 5\,\text{m}$

★
48 폭이 무한히 넓은 개수로의 동수반경(Hydraulic Radius, 경심)은?

① 계산할 수 없다.
② 개수로의 폭과 같다.
③ 개수로의 면적과 같다.
④ 개수로의 수심과 같다.

해설 동수반경 (R)

1) $R = \dfrac{A}{P} = \dfrac{bh}{b+2h} = \dfrac{bh/b}{b+2h/b} = \dfrac{h}{1+\dfrac{2h}{b}}$

2) 하천 폭이 매우 넓으므로 $\dfrac{2h}{b} \fallingdotseq 0$ 이 되므로,

$\therefore R = h$ 즉, 동수반경은 수심과 같다.

★★★
49 압력 150kN/m²을 수은기둥으로 계산한 높이는?(단, 수은의 비중은 13.57, 물의 단위중량은 9.81kN/m³이다.)

① 0.905m　　② 1.13m
③ 15m　　　　④ 203.5m

해설 압력과 수은기둥의 높이

1) 수은의 단위중량

비중 = $\dfrac{\text{수은의 단위중량}(w')}{\text{물의 단위중량}(\omega)}$

$13.57 = \dfrac{w'}{9.81\,\text{kN/m}^3}$

$\therefore w' = 133.12\,\text{kN/m}^3$

2) 수은기둥의 높이

$P = w'h$

$h = \dfrac{P}{w'} = \dfrac{150}{133.12} = 1.13\,\text{m}$

★★★
50 수로 폭이 3m인 직사각형 수로에 수심이 50cm로 흐를 때 흐름이 상류(subcritical flow)가 되는 유량은?

① 2.5m³/sec　　② 4.5m³/sec
③ 6.5m³/sec　　④ 8.5m³/sec

해설 흐름의 분류

1) $F_r = \dfrac{V}{C}$ 에서

$F_r = 1 \Rightarrow V = C$

2) $C = \sqrt{gh} = \sqrt{9.81 \times 0.5} = 2.21\,\text{m/s}$

3) $Q = AV = 3 \times 0.5 \times 2.21 = 3.32\,\text{m}^3/\text{s}$

4) 상류의 조건: $F_r < 1,\ V < C$

$\therefore Q < 3.32\,\text{m}^3/\text{s}$

★★★
51 관수로에서 관의 마찰손실계수가 0.02, 관의 지름이 40cm일 때, 관내 물의 흐름이 100m를 흐르는 동안 2m의 마찰손실수두가 발생하였다면 관내의 유속은?

① 0.3m/sec　　② 1.3m/sec
③ 2.8m/sec　　④ 3.8m/sec

해설 관마찰손실수두(h_L)

1) 관 지름: $d = 40\,\text{cm} = 0.4\,\text{m}$

2) $h_L = f \dfrac{L}{d} \dfrac{v^2}{2g}$

$2 = 0.02 \dfrac{100}{0.4} \dfrac{v^2}{2 \times 9.8}$

$\therefore v = 2.8\,\text{m/sec}$

해답　47. ③　48. ④　49. ②　50. ①　51. ③

52 저수지에 설치된 나팔형 위어의 유량 Q와 월류수심 h와의 관계에서 완전 월류상태는 $Q \propto h^{3/2}$이다. 불완전 월류(수중위어)상태에서의 관계는?

① $Q \propto h^{-1}$ ② $Q \propto h^{1/2}$
③ $Q \propto h^{3/2}$ ④ $Q \propto h^{-1/2}$

해설 나팔 형 수중위어(Weir)
1) C: 유량계수, a: 토출구 단면적
2) $Q = Cah^{\frac{1}{2}}$

53 다음 중 토양의 침투능(Infilrtration Capacity) 결정방법에 해당되지 않는 것은?
① Philip 공식
② 침투계에 의한 실측법
③ 침투지수에 의한 방법
④ 물수지 원리에 의한 산정법

해설 침투능
1) 침투능: 어떤 토양 면을 통해 물이 침투할 수 있는 최대 율.
2) 침투능 결정방법: Philip 공식, 침투계에 의한 방법, 침투지수에 의한 방법, Horton의 침투능 곡선식 등.
3) 물 수지원리에 의한 산정법은 증발량 산정법이다.

54 원형 관내 층류영역에서 사용 가능한 마찰손실계수 식은? (단, Re: Reynolds수)

① $\dfrac{1}{Re}$ ② $\dfrac{4}{Re}$
③ $\dfrac{24}{Re}$ ④ $\dfrac{64}{Re}$

해설 마찰손실계수
1) 층류: $R_e \leq 2,000$
2) 층류 영역의 마찰손실계수: $f = \dfrac{64}{R_e}$

55 다음 중 도수(跳水, hydraulic jump)가 생기는 경우는?
① 사류(射流)에서 사류(射流)로 변할 때
② 사류(射流)에서 상류(常流)로 변할 때
③ 상류(常流)에서 상류(常流)로 변할 때
④ 상류(常流)에서 사류(射流)로 변할 때

해설 도수(hydraulic jump)
1) 도수현상: 유체의 흐름이 사류에서 상류로 변할 때 불연속적으로 수면이 뛰어 오르는 현상.
2) 지배단면: 상류에서 사류로 변하는 단면.

56 1cm 단위도의 종거가 1, 5, 3, 1이다. 유효 강우량이 10mm, 20mm 내렸을 때 직접 유출 수문 곡선의 종거는? (단, 모든 시간 간격은 1시간이다.)
① 1, 5, 3, 1, 1 ② 1, 5, 10, 9, 2
③ 1, 7, 13, 7, 2 ④ 1, 7, 13, 9, 2

해설 수문곡선
1. 10mm 유효강우량으로 인한 단위도 종거: 1, 5, 3, 1.
2. 20mm 유효강우량으로 인한 단위도 종거: 2, 10, 6, 2.
3. 유효강우량이 10mm, 20mm 내렸을 때 직접유출 수문곡선 종거:

      1, 5, 3, 1
+   2, 10, 6, 2
      1, 7, 13, 7, 2

57 자연하천의 특성을 표현할 때 이용되는 하상계수에 대한 설명으로 옳은 것은?
① 최심하상고와 평형하상고의 비이다.
② 최대유량과 최소유량의 비로 나타낸다.
③ 개수 전과 개수 후의 수심 변화량의 비를 말한다.
④ 홍수 전과 홍수 후의 하상 변화량의 비를 말한다.

해설 하상계수

$$하상계수 = \dfrac{최소유량}{최대유량}$$

해답 52. ② 53. ④ 54. ④ 55. ② 56. ③ 57. ②

58. 다음 중 부정류 흐름의 지하수를 해석하는 방법은?
① Theis 방법
② Dupuit 방법
③ Thiem 방법
④ Laplace 방법

해설 지하수 해석방법
1) 부정류: Theis방법, Jacob방법, chow방법
2) 정류: Thiem 방법, Dupuit방법, Laplace 방법

59. 개수로의 흐름에 대한 설명으로 옳지 않은 것은?
① 사류(supercritical flow)에서는 수면변동이 일어날 때 상류(上流)로 전파될 수 없다.
② 상류(subcritical flow)일 때는 Froude 수가 1보다 크다.
③ 수로경사가 한계경사보다 클 때 사류(supercritical flow)가 된다.
④ Reynolds 수가 500보다 커지면 난류(turbulent flow)가 된다.

해설 개수로의 흐름
상류(常流): 하류의 수면변동이 일어날 때 상류(上流)로 전파되는 흐름으로, Froude수가 1보다 작을 때 발생한다.

60. 가능최대강우량(PMP)에 대한 설명으로 옳은 것은?
① 홍수량 빈도해석에 사용된다.
② 강우량의 장기 변동성향을 판단하는 데 사용된다.
③ 최대강우강도와 면적관계를 결정하는 데 사용된다.
④ 대규모 수공구조물의 설계홍수량을 결정하는 데 사용된다.

해설 가능최대강우량(PMP)
1) 가능최대강우량(PMP): 최악의 기상조건하에서의 최대 강우량
2) 용도: 대규모 수공구조물의 설계홍수량을 결정.

철근콘크리트 및 강구조

61. 그림과 같은 나선철근 단주의 강도설계법에 의한 공칭축강도(P_n)는? (단, D32 1개의 단면적=794mm², $f_{ck}=24$MPa, $f_y=400$MPa)

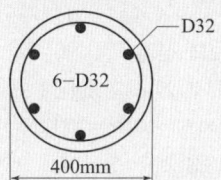

① 2,648kN
② 3,254kN
③ 3,716kN
④ 3,972kN

해설 나선철근기둥의 설계축강도
1) $\alpha : 0.85$, $A_s = 6 \times 794 = 4,764\,\text{mm}^2$
2) $A_g = \dfrac{\pi D^2}{4} = \dfrac{\pi \times 400^2}{4} = 125,663\,\text{mm}^2$
3) $P_n = \alpha[0.85 f_{ck}(A_g - A_{st}) + A_{st} f_y]$
  $= 0.85 \times [0.85 \times 24 \times (125,663 - 4,764) + 4,764 \times 400]$
  $= 3,716,160\,\text{N} \fallingdotseq 3,716\,\text{kN}$

62. 균형철근량 보다 적고 최소철근량 보다 많은 인장철근을 가진 과소철근 보가 휨에 의해 파괴될 때의 설명으로 옳은 것은?
① 인장측 철근이 먼저 항복한다.
② 압축측 콘크리트가 먼저 파괴된다.
③ 압축측 콘크리트와 인장측 철근이 동시에 항복한다.
④ 중립축이 인장측으로 내려오면서 철근이 먼저 파괴된다.

해설 과소 철근 보의 휨 파괴 거동
1) 과소 철근 보의 조건: $\rho_{min} < \rho_s < \rho_{max}$
  ρ_{min}: 최소철근비
  ρ_s: 인장철근비
  ρ_{max}: 최대철근비
2) 과소 철근 보의 휨 파괴 형태: 중립축이 압축 측으로 이동하면서 인장철근이 먼저 항복한다.

해답 58. ① 59. ② 60. ④ 61. ③ 62. ①

63 직접 설계법에 의한 2방향 슬래브 설계에서 전체 정적계수 휨모멘트(M_o)가 340kN·m로 계산되었을 때, 내부 경간의 부계수 휨모멘트는?

① 102kN·m ② 119kN·m
③ 204kN·m ④ 221kN·m

해설 2방향 슬래브의 설계
1) 내부 경간의 부 계수 휨모멘트 크기
   $= 0.65\, M_o = 0.65 \times 340 = 221 \text{kN} \cdot \text{m}$
2) 내부 경간의 정 계수 휨모멘트 크기
   $= 0.35\, M_o = 0.35 \times 340 = 119 \text{kN} \cdot \text{m}$

64 부재의 설계 시 적용되는 강도감수계수(ϕ)에 대한 설명으로 틀린 것은?

① 인장지배 단면에서의 강도감소계수는 0.85이다.
② 포스트텐션 정착구역에서 강도감소계수는 0.80이다.
③ 압축지배단면에서 나선철근으로 보강된 철근콘크리트 부재의 강도감소계수는 0.70이다.
④ 공칭강도에서 최외단 인장철근의 순인장 변형률(ϵ_t)이 압축지배와 인장지배단면 사이일 경우에는, ϵ_t가 압축지배변형률 한계에서 인장지배변형률 한계로 증가함에 따라 ϕ값을 압축지배단면에 대한 값에서 0.85까지 증가시킨다.

해설 강도감소계수
포스트텐션 정착구역에서 강도감소계수는 0.85이다.

65 b_w=400mm, d=700mm인 보에 f_y=400MPa인 D16 철근을 인장 주철근에 대한 경사각 α=60° 인 U형 경사 스터럽으로 설치했을 때 전단철근에 의한 전단 강도(V_s)는? (단, 스터럽 간격 s=300mm, D16 철근 1본의 단면적은 199mm²이다.)

① 253.7kN ② 321.7kN
③ 371.5kN ④ 507.4kN

해설 전단철근에 의한 전단강도(V_s)
1) U형 경사스터럽의 단면적: $A_v = 199 \times 2 = 398 \text{ mm}^2$

2) 전단철근에 의한 전단강도(V_s)

$$V_s = \frac{A_v f_{yt} d}{s}(\sin\alpha + \cos\alpha)$$

$$= \frac{398 \times 400 \times 700}{300}(\sin 60° + \cos 60°)$$

$$= 507,432\text{N} \fallingdotseq 507.4\text{kN}$$

66 그림과 같은 필릿용접의 유효목두께로 옳게 표시된 것은? (단, KDS 14 30 25 강구조 연결 설계기준(허용응력 설계법)에 따른다.)

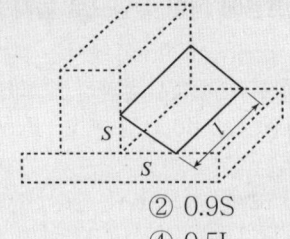

① S ② 0.9S
③ 0.7S ④ 0.5L

해설 필릿용접
1) 필릿용접: 목두께의 방향이 모재와 45°를 이루고 있는 용접.
2) 유효목두께: $a = s \times \sin 45° = 0.707\, s$

67 강도설계법에 의한 콘크리트구조 설계에서 변형률 및 지배단면에 대한 설명으로 틀린 것은?

① 인장철근의 설계기준항복강도 f_y에 대응하는 변형률에 도달하고 동시에 압축 콘크리트가 가정된 극한변형률에 도달할 때, 그 단면이 균형변형률 상태에 있다고 본다.
② 압축연단 콘크리트가 가정된 극한변형률에 도달할 때 최외단 인장철근의 순인장변형률 ϵ_t가 0.0025의 인장지배변형률 한계 이상인 단면을 인장지배단면이라고 한다.
③ 압축연단 콘크리트가 가정된 극한변형률에 도달할 때 최외단 인장철근의 순인장변형률 ϵ_t가 압축지배변형률 한계 이하인 단면을 압축지배단면이라고 한다.
④ 순인장변형률 ϵ_t가 압축지배변형률 한계와 인장지배변형률 한계 사이인 단면은 변화구간 단면이라고 한다.

해답 63. ④ 64. ② 65. ④ 66. ③ 67. ②

해설 인장지배단면

압축연단 콘크리트변형률이 극한변형률($\varepsilon_c = 0.003$)에 도달할 때, 최 외단 인장철근의 순인장변형률 $\varepsilon_t \geq 0.005$인 경우의 단면을 인장지재단면이라고 한다.

★★★
68 경간이 8m인 단순 프리스트레스트 콘크리트 보에 등분포하중(고정하중과 활하중의 합)이 $w = 30$kN/m 작용할 때 중앙 단면 콘크리트 하연에서의 응력이 0이 되려면 PS강재에 작용되어야 할 프리스트레스 힘(P)은? (단, PS강재는 단면 중심에 배치되어 있다.)

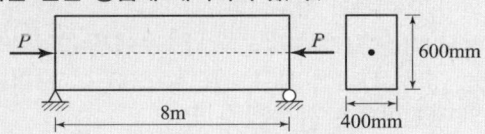

① 2400kN ② 3500kN
③ 4000kN ④ 4920kN

해설 PSC의 응력개념

1) $M = \dfrac{wL^2}{8} = \dfrac{30 \times 8^2}{8} = 240$kN·m

2) $Z = \dfrac{bh^2}{6} = \dfrac{0.4 \times 0.6^2}{6} = 0.024$m³

3) $\dfrac{P}{A} = \dfrac{M}{Z}$

   $\dfrac{P}{0.4 \times 0.6} = \dfrac{240}{0.024} \Rightarrow \therefore M = 2,400$kN

★
69 표피철근(skin reinforcement)에 대한 설명으로 옳은 것은?
① 상하 기둥 연결부에서 단면치수가 변하는 경우에 구부린 주철근이다.
② 비틀림모멘트가 크게 일어나는 부재에서 이에 저항하도록 배치되는 철근이다.
③ 건조수축 또는 온도변화에 의하여 콘크리트에 발생하는 균열을 방지하기 위한 목적으로 배치되는 철근이다.
④ 주철근이 단면의 일부에 집중 배치된 경우일 때 부재의 측면에 발생 가능한 균열을 제어하기 위한 목적으로 주철근 위치에서부터 중립축까지의 표면 근처에 배치하는 철근이다.

해설 철근용어
1) 옵셋철근: 상하 기둥 연결부에서 단면치수가 변하는 경우에 구부린 주 철근.
2) 비틀림철근: 비틀림모멘트가 크게 일어나는 부재에서 이에 저항하도록 배치되는 철근.
3) 배력철근: 건조수축 또는 온도변화에 의하여 콘크리트에 발생하는 균열을 방지하기 위한 철근.
4) 표피철근: 부재의 전체깊이가 900mm를 초과하는 휨 부재 복부의 양 측면에 부재 축방향으로 배치하는 철근.

★★
70 옹벽의 설계에 대한 설명으로 틀린 것은?
① 무근콘크리트 옹벽은 부벽식 옹벽의 형태로 설계하여야 한다.
② 활동에 대한 저항력은 옹벽에 작용하는 수평력의 1.5배 이상이어야 한다.
③ 저판의 뒷굽판은 정확한 방법이 사용되지 않는 한, 뒷굽판 상부에 재하되는 모든 하중을 지지하도록 설계하여야 한다.
④ 부벽식 옹벽의 저판은 정밀한 해석이 사용되지 않는 한 부벽 사이의 거리를 경간으로 가정한 고정보 또는 연속보로 설계할 수 있다.

해설 무근콘크리트옹벽(중력식옹벽)
1) 상단이 좁고 하단이 넓은 사다리꼴형태로 설계한다.
2) 옹벽자중에 의해 토압에 저항한다.
3) 3m 내외의 낮은 옹벽에 적용한다.

★★★
71 압축철근비가 0.01이고, 인장철근비가 0.003인 철근콘크리트보에서 장기 추가처짐에 대한 계수(λ_Δ)의 값은? (단, 하중재하기간은 5년 6개월이다.)

① 0.66 ② 0.80
③ 0.93 ④ 1.33

해설 장기처짐계수(λ_Δ)
1) 5년 이상인 경우: $\xi = 2.0$
2) 장기처짐계수

$\lambda_\Delta = \dfrac{\xi}{1 + 50\rho'}$

$= \dfrac{2.0}{1 + 50 \times 0.01} = 1.33$

해답 68. ① 69. ④ 70. ① 71. ④

72 그림과 같은 맞대기 용접의 인장응력은?

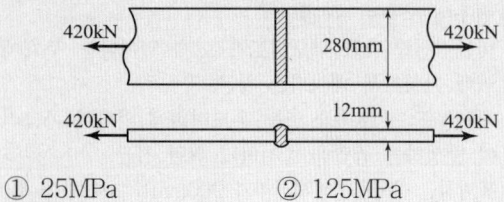

① 25MPa ② 125MPa
③ 250MPa ④ 1,250MPa

해설 용접부의 인장응력
1) 목두께(a)는 부재두께로 계산한다.
2) $f = \dfrac{P}{\sum al} = \dfrac{P}{tl}$
   $= \dfrac{420,000\text{N}}{12\text{mm} \times 280\text{mm}} = 125\,\text{MPa}$

73 그림과 같은 단순 프리스트레스트 콘크리트보에서 등분포하중(자중포함) $w = 30\text{kN/m}$가 작용하고 있다. 프리스트레스에 의한 상향력과 이 등분포 하중이 평형을 이루기 위해서는 프리스트레스 힘(P)를 얼마로 도입해야 하는가?

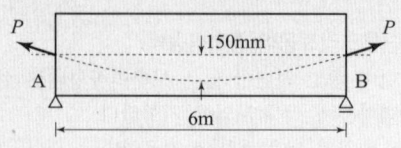

① 900kN ② 1,200kN
③ 1,500kN ④ 1,800kN

해설 등분포 상향력(u)
1) $u = w = 30\text{kN/m}$, $s = 150\text{mm} = 0.15\text{m}$
2) $P \times s = \dfrac{ul^2}{8}$
   $P \times 0.15 = \dfrac{30 \times 6^2}{8}$
   $\therefore P = 900\,\text{kN}$

74 철근의 이음 방법에 대한 설명으로 틀린 것은? (단, l_d는 정착길이)

① 인장을 받는 이형철근의 겹침이음길이는 A급 이음과 B급 이음으로 분류하며, A급 이음은 $1.0l_d$ 이상, B급 이음은 $1.3l_d$ 이상이며, 두 가지 경우 모두 300mm 이상이어야 한다.
② 인장 이형철근의 겹침이음에서 A급 이음은 배치된 철근량이 이음부 전체 구간에서 해석결과 요구되는 소요 철근량의 2배 이상이고, 소요 겹침이음길이 내 겹침이음된 철근량이 전체 철근량의 1/2 이하인 경우이다.
③ 서로 다른 크기의 철근을 압축부에서 겹침이음하는 경우, D41과 D51 철근은 D35 이하 철근과의 겹침이음은 허용할 수 있다.
④ 휨부재에서 서로 직접 접촉되지 않게 겹침이음된 철근은 횡방향으로 소요 겹침이음길이의 1/3 또는 200mm 중 작은 값 이상 떨어지지 않아야 한다.

해설 철근의 이음방법
휨 부재에서 서로 직접 접촉되지 않게 겹침 이음 된 철근은 횡 방향으로 소요 겹침 이음길이의 1/5 이하 또는 150mm 이하여야 한다.

75 옹벽에서 T형보로 설계하여야 하는 부분은?

① 뒷부벽식 옹벽의 전면벽
② 뒷부벽식 옹벽의 뒷부벽
③ 앞부벽식 옹벽의 저판
④ 앞부벽식 옹벽의 앞부벽

해설 옹벽
1) 뒷 부벽식 옹벽의 뒷부벽: T형보로 설계.
2) 앞부벽식 옹벽의 앞부벽: 직사각형보 설계.

해답 72. ② 73. ① 74. ④ 75. ②

76 그림과 같은 필릿용접에서 일어나는 응력으로 옳은 것은? (단, KDS 14 30 25 강구조 연결 설계기준(허용응력설계법)에 따른다.)

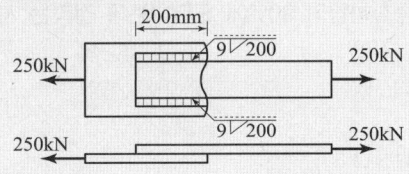

① 82.3MPa ② 95.05MPa
③ 109.02MPa ④ 130.25MPa

해설 용접부의 응력
1) 목두께: $a = 0.707 \times 9 = 6.363$mm
2) 용접부의 유효길이
   $\ell = (L - 2s) \times 2 = (200 - 2 \times 9) \times 2 = 364$mm
3) 용접부의 응력
   $$\nu = \frac{P}{\sum a\ell}$$
   $= \dfrac{250,000\text{N}}{6.363 \times 364} = 109.02\text{MPa}$

77 강도설계법에 대한 기본 가정으로 틀린 것은?
① 철근 및 콘크리트의 변형률은 중립축부터 거리에 비례한다.
② 콘크리트의 인장강도는 철근 콘크리트 부재 단면의 축강도와 휨강도 계산에서 무시한다.
③ 철근의 응력이 설계기준항복강도 f_y 이하일 때 철근의 응력은 그 변형률에 관계없이 f_y와 같다고 가정한다.
④ 휨모멘트 또는 휨모멘트와 축력을 동시에 받는 부재의 콘크리트 압축연단의 극한변형률은 콘크리트의 설계기준압축강도가 40MPa 이하인 경우에는 0.0033으로 가정한다.

해설 강도설계법 기본 가정
철근의 응력이 설계기준항복강도 f_y 이하일 때 철근의 응력은 그 변형률에 E_s를 곱한 값으로 하고 철근의 변형률이 f_y에 대응하는 변형률보다 큰 경우 철근의 응력은 변형률에 관계없이 f_y로 하여야한다.

78 철근콘크리트 구조물의 전단철근에 대한 설명으로 틀린 것은?
① 전단철근의 설계기준항복강도는 450MPa을 초과할 수 없다.
② 전단철근으로서 스터럽과 굽힘철근을 조합하여 사용할 수 있다.
③ 주인장철근에 45° 이상의 각도로 설치되는 스터럽은 전단철근으로 사용할 수 있다.
④ 경사스터럽과 굽힘철근은 부재 중간높이인 0.5d에서 반력점 방향으로 주인장철근까지 연장된 45° 선과 한 번 이상 교차되도록 배치하여야 한다.

해설 전단철근의 상세
전단철근의 설계기준항복강도는 500MPa를 초과할 수 없다.

79 프리스트레스트 콘크리트(PSC)에 대한 설명으로 틀린 것은?
① 프리캐스트를 사용할 경우 거푸집 및 동바리공이 불필요하다.
② 콘크리트 전 단면을 유효하게 이용하여 철근콘크리트(RC) 부재보다 경간을 길게 할 수 있다.
③ 철근콘크리트(RC)에 비해 단면이 작아서 변형이 크고 진동하기 쉽다.
④ 철근콘크리트(RC)보다 내화성에 있어서 유리하다.

해설 PSC콘크리트의 특징
PSC콘크리트는 철근콘크리트보다 내화성에 있어서 불리하다.

80 나선철근 기둥의 설계에 있어서 나선철근비(ρ_s)를 구하는 식으로 옳은 것은? (단, A_g : 기둥의 총 단면적, A_{ch} : 나선철근 기둥의 심부 단면적, f_{yt} : 나선철근의 설계기준 항복강도, f_{ck} : 콘크리트의 설계기준압축강도)

① $0.45\left(\dfrac{A_g}{A_{ch}} - 1\right)\dfrac{f_{yt}}{f_{ck}}$ ② $0.45\left(\dfrac{A_g}{A_{ch}} - 1\right)\dfrac{f_{ck}}{f_{yt}}$

③ $0.45\left(1 - \dfrac{A_g}{A_{ch}}\right)\dfrac{f_{ck}}{f_{yt}}$ ④ $0.85\left(\dfrac{A_{ch}}{A_g} - 1\right)\dfrac{f_{ck}}{f_{yt}}$

해설 나선철근비(ρ_s)
1) 나선철근비: 나선철근체적과 심부의 체적과의 비.
2) $\rho_s = 0.45\left(\dfrac{A_g}{A_{ch}} - 1\right)\dfrac{f_{ck}}{f_{yt}}$

해답 76. ③   77. ③   78. ①   79. ④   80. ②

토질 및 기초

81 그림과 같은 지반에서 재하순간 수주(水柱)가 지표면(지하수위)으로 부터 5m이었다. 40% 압밀이 일어난 후 A점에서의 전체 간극수압은? (단, 물의 단위중량은 9.81kN/m³이다.)

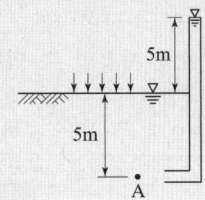

① 19.62kN/m²　　② 29.43kN/m²
③ 49.05kN/m²　　④ 78.48kN/m²

해설 간극수압

1) 초기과잉공극수압(u_i)
$$u_i = \gamma_w h = 9.81 \times 5 = 49.05 \, kN/m^2$$

2) 현재의 과잉공극수압(u_e)
$$U(압밀도) = \frac{u_i - u_e}{u_i} \times 100(\%)$$
$$40 = \frac{49.05 - u_e}{49.05} \times 100$$
$$\therefore u_e = 29.43 \, kN/m^2$$

3) 재하 전의 공극수압(u)
$$u = \gamma_w h = 9.81 \times 5 = 49.05 \, kN/m^2$$

4) 전체 간극수압=현재의 과잉공극수압+재하 전의 공극수압
$$u = 29.43 + 49.05 = 78.48 \, kN/m^2$$

82 다짐곡선에 대한 설명으로 틀린 것은?
① 다짐에너지를 증가시키면 다짐곡선은 왼쪽 위로 이동하게 된다.
② 사질성분이 많은 시료일수록 다짐곡선은 오른쪽 위에 위치하게 된다.
③ 점성분이 많은 흙일수록 다짐곡선은 넓게 퍼지는 형태를 가지게 된다.
④ 점성분이 많은 흙일수록 오른쪽 아래에 위치하게 된다.

해설 다짐곡선
사질성분이 많은 시료일수록 다짐곡선은 왼쪽 위에 위치하게 된다.

83 두께 2cm인 점토시료의 압밀시험 결과 전 압밀량의 90%에 도달하는데 1시간이 걸렸다. 만일 같은 조건에서 같은 점토로 이루어진 2m의 토층 위에 구조물을 축조한 경우 최종침하량의 90%에 도달하는데 걸리는 시간은?
① 약 250일　　② 약 368일
③ 약 417일　　④ 약 525일

해설 압밀시간

1) 압밀시험은 양면배수이므로, 배수거리(H)는 시료두께의 1/2 이다.
$$H_1 = \frac{2cm}{2}, \quad H_2 = \frac{200cm}{2} = 100cm$$

2) 압밀소요시간(t)
$$t = \frac{T_v H^2}{C_v}$$ 이므로, 압밀소요시간은 배수거리의 제곱에 비례한다.
따라서, $t_1 : t_2 = H_1^2 : H_2^2$
$$\therefore t_2 = \frac{100^2}{1^2} \times 1 = 10,000 h_r \fallingdotseq 417 \, day$$

84 Coulomb토압에서 옹벽배면의 지표면 경사가 수평이고, 옹벽배면 벽체의 기울기가 연직인 벽체에서 옹벽과 뒤채움 흙 사이의 벽면마찰각(δ)을 무시할 경우, Coulomb토압과 Rankine 토압의 크기를 비교할 때 옳은 것은?
① Rankine토압이 Coulomb토압 보다 크다.
② Coulomb토압이 Rankine토압 보다 크다.
③ Rankine토압과 Coulomb토압의 크기는 항상 같다.
④ 주동토압은 Rankine토압이 더 크고, 수동토압은 Coulomb토압이 더 크다.

해설 Rankine토압과 Coulomb토압의 관계
1) 옹벽 배면각이 90도 이고 뒤채움 흙이 수평이며, 벽마찰을 무시 하는 경우, Rankine토압과 Coulomb토압의 크기는 같다.
2) 옹벽 배면각이 90도 이고 지표면의 경사각과 옹벽배면과 흙과의 마찰이 같은 경우, Rankine토압과 Coulomb토압의 크기는 같다.

해답 81. ④　82. ②　83. ③　84. ③

85 유효응력에 대한 설명으로 틀린 것은?
① 항상 전응력보다는 작은 값이다.
② 점토지반의 압밀에 관계되는 응력이다.
③ 건조한 지반에서는 전응력과 같은 값으로 본다.
④ 포화된 흙인 경우 전응력에서 공극수압을 뺀 값이다.

해설 유효응력(σ')
1) 유효응력은 전 응력에서 공극수압을 뺀 값이다.
$\sigma' = \sigma - u$
2) 모관영역에서는 부(-)의 공극수압이 발생하므로 유효 응력이 전 응력보다 크다.
3) 건조한 지반에서는 공극수압이 없으므로 전 응력의 크기와 같다.

86 포화상태에 있는 흙의 함수비가 40%이고, 비중이 2.60이다. 이 흙의 간극비는?
① 0.65
② 0.065
③ 1.04
④ 1.40

해설 흙의 각 상태정수들의 관계
1) 포화 상태에 있는 흙: $S_r = 100\%$
2) 흙의 각 상태정수들의 관계식에서
$w \times G_s = S_r \times e$
$40 \times 2.60 = 100 \times e$
$\therefore e = 1.04$

87 아래 그림에서 투수계수 $K = 4.8 \times 10^{-3}$ cm/sec일 때, Darcy의 유출속도(v)와 실제 물의 속도(침투속도, v_s)는?

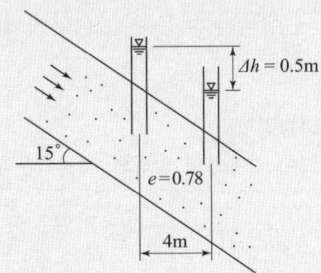

① $v = 3.4 \times 10^{-4}$ cm/sec, $v_s = 5.6 \times 10^{-4}$ cm/sec
② $v = 3.4 \times 10^{-4}$ cm/sec, $v_s = 9.4 \times 10^{-4}$ cm/sec
③ $v = 5.8 \times 10^{-4}$ cm/sec, $v_s = 10.8 \times 10^{-4}$ cm/sec
④ $v = 5.8 \times 10^{-4}$ cm/sec, $v_s = 13.2 \times 10^{-4}$ cm/sec

해설 Darcy 법칙
1) $L = \dfrac{4}{\cos 15°} = 4.14$ m
2) $i = \dfrac{\Delta h}{L} = \dfrac{0.5}{4.14} = \dfrac{1}{8.28}$
3) $n = \dfrac{e}{1+e} \times 100 = \dfrac{0.78}{1+0.78} \times 100 = 43.82\%$
4) $v = Ki$
$= 4.8 \times 10^{-3} \times \dfrac{1}{8.28} ≒ 5.8 \times 10^{-4}$ cm/sec
5) $v_s = \dfrac{v}{\dfrac{n}{100}}$
$= 13.2 \times 10^{-4}$ cm/sec

88 포화된 점토에 대한 일축압축강도시험에서 파괴시 축응력이 0.2MPa일 때, 이 점토의 점착력은?
① 0.1MPa
② 0.2MPa
③ 0.4MPa
④ 0.6MPa

해설 일축압축강도
1) $q_u = 2C \tan\left(45° + \dfrac{\phi}{2}\right)$에서,
2) 포화된 점토이므로 $\phi = 0°$
3) $q_u = 2C$
$\therefore C = \dfrac{q_u}{2} = \dfrac{0.2}{2} = 0.1$ MPa

89 포화된 점토지반에 성토하중으로 어느 정도 압밀된 후 급속한 파괴가 예상될 때, 이용해야 할 강도정수를 구하는 시험은?
① CU-test
② UU-test
③ UC-test
④ CD-test

해설 삼축압축시험
1) 포화된 점토지반에 성토하중으로 어느 정도 압밀된 후 : 압밀된 상태(Consolidated)
2) 급격히 재하 시켜 급속한 파괴가 예상될 경우: 비 배수 상태(Undrain)
∴압밀 비배수 시험(CU-test)

해답 85. ① 86. ③ 87. ④ 88. ① 89. ①

90 보링(boring)에 대한 설명으로 틀린 것은?

① 보링(boring)에는 회전식(rotary boring)과 충격식(percussion boring)이 있다.
② 충격식은 굴진속도가 빠르고 비용도 싸지만 분말상의 교란된 시료만 얻어진다.
③ 회전식은 시간과 공사비가 많이 들뿐만 아니라 확실한 코어(core)도 얻을 수 없다.
④ 보링은 지반의 상황을 판단하기 위해 실시한다.

해설 보링
회전식 보링은 시간과 비용이 많이 드나, 확실한 코어를 얻을 수 있다.

91 수조에 상방향의 침투에 의한 수두를 측정한 결과, 그림과 같이 나타났다. 이때, 수조 속에 있는 흙에 발생하는 침투력을 나타낸 식은? (단, 시료의 단면적은 A, 시료의 길이는 L, 시료의 포화단위중량은 γ_{sat}, 물의 단위중량은 γ_w이다.)

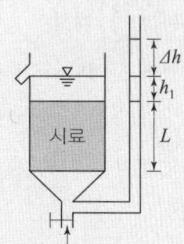

① $\Delta h \cdot \gamma_w \cdot A$
② $\Delta h \cdot \gamma_w \cdot \dfrac{A}{L}$
③ $\Delta h \cdot \gamma_{sat} \cdot A$
④ $\dfrac{\gamma_{sat}}{\gamma_w} \cdot A$

해설 침투력
1. 단위면적당 침투수압: $f = iz\gamma_w = \gamma_w \Delta h$
2. 전 침투력: $F = \gamma_w \Delta h A$

92 4m×4m 크기인 정사각형 기초를 내부마찰각 $\phi = 20°$, 점착력 $c = 30\text{kN/m}^2$인 지반에 설치하였다. 흙의 단위중량(γ) = 19kN/m³이고, 안전율(FS)을 3으로 할 때 Terzaghi 지지력공식으로 기초의 허용하중을 구하면? (단, 기초의 근입깊이는 1m이고, 전반전단파괴가 발생한다고 가정하며, 지지력계수 $N_c = 17.69$, $N_q = 7.44$, $N_r = 4.970$이다.)

① 3,780kN ② 5,239kN
③ 6,750kN ④ 8,140kN

해설 얕은 기초의 지지력
1) 정사각형 기초의 형상계수: $\alpha = 1.3$, $\beta = 0.4$
2) Terzaghi의 극한지지력(q_u)
$q_u = \alpha C N_c + \beta B \gamma_1 N_r + \gamma_2 D_f N_q$
$= 1.3 \times 30 \times 17.69 + 0.4 \times 4 \times 19 \times 4.97 + 19 \times 1 \times 7.44$
$= 982.36 \text{kN/m}^2$
3) 허용지지력(q_a)
$q_a = \dfrac{q_u}{F_s} = \dfrac{982.36}{3} = 327.45 \text{kN/m}^2$
4) 허용하중
$Q_a = q_a A_f = 327.45 \times 4 \times 4 \fallingdotseq 5,239 \text{kN}$

93 말뚝에서 부주면마찰력에 대한 설명으로 틀린 것은?

① 아래쪽으로 작용하는 마찰력이다.
② 부주면마찰력이 작용하면 말뚝의 지지력은 증가한다.
③ 압밀층을 관통하여 견고한 지반에 말뚝을 박으면 일어나기 쉽다.
④ 연약지반에 말뚝을 박은 후 그 위에 성토를 하면 일어나기 쉽다.

해설 부주면 마찰력
부주면마찰력이 작용하면 말뚝의 지지력은 감소한다.

해답 90. ③ 91. ① 92. ② 93. ②

94 지반개량공법 중 연약한 점성토 지반에 적당하지 않은 것은?
① 치환 공법
② 침투압 공법
③ 폭파다짐 공법
④ 샌드 드레인 공법

해설 연약지반 개량공법
1) 점토지반개량공법: 탈수에 의한 압밀촉진 공법, 치환 공법 등이 있다.
  ① 압밀촉진공법: 샌드드레인공법, 페이퍼드레인공법, 프리로딩공법 등이 있다.
  ② 치환공법: 굴착치환, 폭파치환, 압출치환.
2) 모래지반개량공법: 진동이나 충격에 의한 공극을 줄이는 개량공법이다.
  - 다짐 말뚝 공법, 바이브로 플로테이션 공법, 다짐 모래 말뚝 등이 있다.

95 표준관입시험에 대한 설명으로 틀린 것은?
① 표준관입시험의 N값으로 모래지반의 상대밀도를 추정할 수 있다.
② 표준관입시험의 N값으로 점토지반의 연경도를 추정할 수 있다.
③ 지층의 변화를 판단할 수 있는 시료를 얻을 수 있다.
④ 모래지반에 대해서 흐트러지지 않은 시료를 얻을 수 있다.

해설 표준관입시험
표준관입시험은 흐트러지지 않은 시료를 얻을 수 없다.

96 하중이 완전히 강성(剛性)인 푸팅(footing) 기초판을 통하여 지반에 전달되는 경우의 접지압(또는 지반반력) 분포로 옳은 것은?

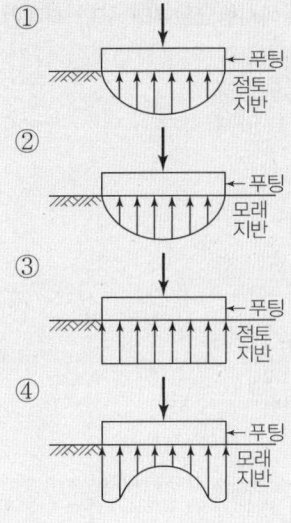

해설 강성기초의 접지압 분포
1) 점토지반
  ① 최대 접지압: 기초의 모서리 부분.
  ② 최소 접지압: 기초의 중앙부
2) 모래지반
  ① 최대 접지압: 기초의 중앙부
  ② 최소 접지압: 기초의 모서리 부분

97 자연상태의 모래지반을 다져 e_{min}에 이르도록 했다면 이 지반의 상대밀도는?
① 0%   ② 50%
③ 75%   ④ 100%

해설 상대밀도
1) $D_r = \dfrac{e_{max} - e_0}{e_{max} - e_{min}} \times 100(\%)$ 에서,
2) $e_0 = e_{min}$ 이므로 $D_r = 100\%$가 된다.

해답 94. ③   95. ④   96. ②   97. ④

98 현장 도로 토공에서 모래치환법에 의한 흙의 밀도 시험 결과 흙을 파낸 구멍의 체적과 파낸 흙의 질량을 각각 1,800cm³, 3,950g이었다. 이 흙의 함수비는 11.2%이고, 흙의 비중은 2.65이다. 실내시험으로부터 구한 최대건조밀도가 2.05g/cm³일 때 다짐도는?
① 92% ② 94%
③ 96% ④ 98%

해설 다짐도(U)
1) 습윤밀도
$$\gamma_t = \frac{3,950}{1,800} = 2.19 \text{ g/cm}^3$$
2) 건조밀도
$$\gamma_d = \frac{\gamma_t}{1+\frac{w}{100}} = \frac{2.19}{1+\frac{11.2}{100}} = 1.97 \text{ g/cm}^3$$
3) 압밀도
$$U = \frac{\gamma_d}{\gamma_{d\max}} \times 100(\%) = \frac{1.97}{2.05} \times 100 ≒ 96\%$$

99 다음 중 사면의 안정해석 방법이 아닌 것은?
① 마찰원법
② 비숍(Bishop)의 방법
③ 펠레니우스(Fellenius) 방법
④ 테르자기(Terzaghi)의 방법

해설 사면의 안정해석 방법의 종류
1) 질량법: φ=0°해석, 마찰원법
2) 절편법: 이질 흙에 적용가능방법으로 Fellenius 방법, Bishop방법, Spencer 방법 등이 있다.
3) Terzaghi의 방법은 기초의 지지력을 구하는 방법이다.

100 그림과 같은 지반에서 x-x′ 단면에 작용하는 유효응력은? (단, 물의 단위중량은 9.81kN/m³이다.)

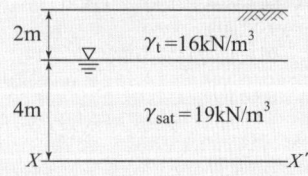

① 46.7kN/m² ② 68.8kN/m²
③ 90.5kN/m² ④ 108kN/m²

해설 유효응력($\bar{\sigma}$)
1) $\gamma_{sub} = \gamma_{sat} - \gamma_w = 19 - 9.81 = 9.19 \text{ kN/m}^3$
2) $\bar{\sigma} = \gamma_t \times h_1 + \gamma_{sub} \times h_2$
$= 16 \times 2 + 9.19 \times 4 = 68.8 \text{ kN/m}^2$

상하수도공학

101 공동현상(Cavitation)의 방지책에 대한 설명으로 옳지 않은 것은?
① 마찰손실을 작게 한다.
② 흡입양정을 작게 한다.
③ 펌프의 흡입관경을 작게 한다.
④ 임펠러(Impeller) 속도를 작게 한다.

해설 공동현상(Cavitation)
펌프의 흡입관경을 크게 하고 펌프의 설치위치를 낮춘다.

102 간이공공하수처리시설에 대한 설명으로 틀린 것은?
① 계획구역이 작으므로 유입하수의 수량 및 수질의 변동을 고려하지 않는다.
② 용량은 우천 시 계획오수량과 공공하수처리 시설의 강우 시 처리가능량을 고려한다.
③ 강우 시 우수처리에 대한 문제가 발생할 수 있으므로 강우 시 3Q처리가 가능하도록 계획한다.
④ 간이공공하수처리시설은 합류식 지역 내 500m³/일 이상 공공하수처리장에 설치하는 것을 원칙으로 한다.

해설 간이공공하수처리시설
1) 간이공공하수처리시설: 강우(降雨)로 인하여 공공하수처리시설에 유입되는 하수가 일시적으로 늘어날 경우, 하수를 신속히 처리하여 하천·바다, 그 밖의 공유수면에 방류하기 위한 시설을 말한다.
2) 간이공공하수처리시설은 배수구역(하수처리구역)내 강우량, 하수처리시설의 강우 시 유입량, 방류량, 유입수질 등을 고려하여 설치계획을 수립하여야 한다.
3) 강우 시 우수처리에 대한 문제가 발생할 수 있으므로, 강우 시 3Q(계획시간최대오수량의 3배) 처리가 가능하도록 계획한다.

해답 98. ③ 99. ④ 100. ② 101. ③ 102. ①

103 하수관로의 개·보수 계획 시 불명수량 산정방법 중 일평균하수량, 상수사용량, 지하수사용량, 오수전환율 등을 주요 인자로 이용하여 산정하는 방법은?

① 물사용량 평가법
② 일최대유량 평가법
③ 야간생활하수 평가법
④ 일최대-최소유량 평가법

해설 불명수량 산정방법(침입수)

종류	주요인자
물 사용량 평가 법	일 평균하수량, 상수 사용량, 지하수 사용량, 오수 전환율
일 최대유량 평가 법	일 최소 하수량
야간 생활하수 평가 법	일 최소하수량, 야간 발생 하수량, 공장 폐수량(상시발생)
일 최대-최소유량 평가 법	일 최대하수량, 공장 폐수량(상시발생)

104 맨홀에 인버트(invert)를 설치하지 않았을 때의 문제점이 아닌 것은?

① 맨홀 내에 퇴적물이 쌓이게 된다.
② 환기가 되지 않아 냄새가 발생한다.
③ 퇴적물이 부패되어 악취가 발생한다.
④ 맨홀 내에 물기가 있어 작업이 불편하다.

해설 인버트
1) 맨홀의 유지관리를 위해 작업원이 작업을 할 경우 맨홀 내의 퇴적물이 쌓이게 되면 상당히 불편하고, 오수가 원활히 흐르지 못하면 부패하여 악취를 발생시킨다.
2) 이를 방지하기 위해 바닥에 설치한 반원형의 수로를 인버트(invert)라고 한다.
3) 오수받이, 합류식받이, 맨홀 등에 설치한다.

105 수중의 질소화합물의 질산화 진행과정으로 옳은 것은?

① $NH_3-N \to NO_2-N \to NO_3-N$
② $NH_3-N \to NO_3-N \to NO_2-N$
③ $NO_2-N \to NO_3-N \to NH_3-N$
④ $NO_3-N \to NO_2-N \to NH_3-N$

해설 질산화
1) 질산화 : 암모니아성 질소 → 아 질산성 질소 → 질산성 질소
 ($NH_3-N \to NO_2-N \to NO_3-N$)
2) 탈질산화 : 질산성 질소 → 아 질산성 질소 → 질소 가스
 ($NO_3-N \to NO_2-N \to N_2$)

106 상수도 시설 중 접합정에 관한 설명으로 옳지 않은 것은?

① 철근 콘크리트조의 수밀구조로 한다.
② 내경은 점검이나 모래반출을 위해 1m 이상으로 한다.
③ 접합정의 바닥을 얕은 우물 구조로 하여 집수하는 예도 있다.
④ 지표수나 오수가 침입하지 않도록 맨홀을 설치하지 않는 것이 일반적이다.

해설 접합정 또는 맨홀
1) 철근콘크리트조로 수밀성이나 내구성이 있도록 설치해야한다.
2) 체류시간은 계획도수량의 1.5분 이상이여야 한다.
3) 유입속도가 클 경우 월류벽을 설치하여 유속을 감소시킨 후 유출시키는 구조로 해야 한다. 또한, 유출관의 중심 높이는 저수위보다 관경의 2배 이상 낮게 설치해야한다.
4) 지표수나 오수가 침입하지 않도록 맨홀을 설치한다.

107 지름 15cm, 길이 50m인 주철관으로 유량 0.03m³/s의 물을 50m 양수하려고 한다. 양수시 발생되는 총 손실수두가 5m이었다면 이 펌프의 소요축동력(kW)은? (단, 여유율은 0이며 펌프의 효율은 80%이다.)

① 20.2 kW ② 30.5 kW
③ 33.5 kW ④ 37.2 kW

해설 펌프의 소요 축동력
1) 전 수두(H_t)
 = 실 양정+총 손실수두=50+5=55m
2) 소요축동력
$$P_s = 9.8 \frac{QH_t}{\eta}$$
$$= 9.8 \times \frac{0.03 \times 55}{0.8} \fallingdotseq 20.2 kW$$

해답 103. ① 104. ② 105. ① 106. ④ 107. ①

108 우수조정지의 구조 형식으로 옳지 않은 것은?
① 댐식(제방높이 15m 미만)
② 월류식
③ 지하식
④ 굴착식

해설 우수조정지(유수지)
우수조정지의 구조형식은 댐식, 굴착 식, 지하 식, 현지저류 식 등이 있다.

109 급수보급율 90%, 계획 1인 1일 최대급수량 440l/인, 인구 12만의 도시에 급수계획을 하고자 한다. 계획 1일 평균급수량은? (단, 계획유효율은 0.85로 가정한다.)
① 33,915m³/day
② 36,660m³/day
③ 38,600m³/day
④ 40,392m³/day

해설 계획1일 평균급수량
1) 급수인구
$= \dfrac{급수보급률}{100} \times 급수구역내 총인구$
$= \dfrac{90}{100} \times 120,000 = 108,000$인
2) 계획 1인 1일 최대급수량
$= 440L/인 = 0.44m^3/인$
3) 계획1일 평균급수량
=계획 1인 1일 최대급수량×급수인구×계획유효율
$= 0.44 \times 108,000 \times 0.85 = 40,392 m^3/day$

110 하수도의 효과에 대한 설명으로 적합하지 않은 것은?
① 도시환경의 개선
② 토지이용의 감소
③ 하천의 수질보전
④ 공중위생상의 효과

해설 하수도의 효과
하수도의 효과는 도시환경의 개선, 토지이용의 증대, 수질보전, 공중위생상의 효과가 있다.

111 혐기성 소화 공정의 영향인자가 아닌 것은?
① 독성물질
② 메탄함량
③ 알칼리도
④ 체류시간

해설 혐기성 소화 공정의 영향인자
1) 유기물부하
2) 소화온도
3) PH와 알카리도
4) 독성물질
5) 체류시간
6) C / N 비 등.

112 비교회전도(N_s)의 변화에 따라 나타나는 펌프의 특성곡선의 형태가 아닌 것은?
① 양정곡선
② 유속곡선
③ 효율곡선
④ 축동력곡선

해설 펌프의 특성곡선
펌프의 특성곡선: 양 수량과 양정고, 효율, 축 동력과의 관계곡선을 말한다.

113 정수시설 중 배출수 및 슬러지처리시설에 대한 아래 설명 중 ㉠, ㉡에 알맞은 것은?

농축조의 용량은 계획슬러지량의 (㉠)시간분, 고형물부하는 (㉡)kg/(m²·d)을 표준으로 하되, 원수의 종류에 따라 슬러지의 농축특성에 큰 차이가 발생할 수 있으므로 처리대상 슬러지의 농축특성을 조사하여 결정한다.

① ㉠ 12~24, ㉡ 5~10
② ㉠ 12~24, ㉡ 10~20
③ ㉠ 24~48, ㉡ 5~10
④ ㉠ 24~48, ㉡ 10~20

해설 농축조
1) 농축조용량: 계획슬러지량의 24~48 시간 분
2) 고형물부하: 10~20 kg/m²· day

해답 108. ② 109. ④ 110. ② 111. ② 112. ② 113. ④

114 우리나라 먹는 물 수질기준에 대한 내용으로 틀린 것은?
① 색도는 2도를 넘지 아니할 것
② 페놀은 0.005mg/L를 넘지 아니할 것
③ 암모니아성 질소는 0.5mg/L 넘지 아니할 것
④ 일반 세균은 1mL 중 100CFU을 넘지 아니할 것

해설 먹는 물 수질기준
1) 색도는 5도를 넘지 아니할 것
2) CFU(Colony Forming unit) : 세균의 집락형성단위(集落形成單位)로 눈에 보이는 균류의 숫자를 측정한다.

115 호소의 부영영화에 관한 설명으로 옳지 않은 것은?
① 부영양화의 원인물질은 질소와 인 성분이다.
② 부영양화는 수심이 낮은 호소에서도 잘 발생된다.
③ 조류의 영향으로 물에 맛과 냄새가 발생되어 정수에 어려움을 유발시킨다.
④ 부영양화된 호소에서는 조류의 성장이 왕성하여 수심이 깊은 곳까지 용존산소 농도가 높다.

해설 호소의 부영양화
부영양화된 호소에서는 사멸된 조류의 분해 작용에 의해 수심이 깊은 곳은 용존산소가 매우 낮다.

116 계획우수량 산정에 필요한 용어에 대한 설명으로 옳지 않은 것은?
① 강우강도는 단위시간 내에 내린 비의 양을 깊이로 나타낸 것이다.
② 유하시간은 하수관로 유입한 우수가 하수관 길이 L을 흘러가는데 필요한 시간이다.
③ 유출계수는 배수구역 내로 내린 강우량에 대하여 증발과 지하로 침투하는 양의 비율이다.
④ 유입시간은 우수가 배수구역의 가장 원거리 지점으로부터 하수관로로 유입하기까지의 시간이다.

해설 계획우수량 산정(Q)
1) $Q = \dfrac{1}{3.6} CIA$
2) C : 유출계수 = $\dfrac{유출량}{강우량}$
   A : 배수면적
   I : 유달시간에 대한 강우강도
   여기서, 유달시간 = 유입시간 + 유하시간

117 상수도에서 많이 사용되고 있는 응집제인 황산알루미늄에 대한 설명으로 옳지 않은 것은?
① 가격이 저렴하다.
② 독성이 없으므로 다량으로 주입할 수 있다.
③ 결정은 부식성이 없어 취급이 용이하다.
④ 철염에 비하여 플록의 비중이 무겁고 적정 pH의 폭이 넓다.

해설 황산알루미늄
철염에 비하여 플록의 비중이 가볍고, 적정 PH폭이 좁은 것이 단점이다.

118 다음 그림은 포기조에서 부유물질의 물질수지를 나타낸 것이다. 포기조내 MLSS를 3000mg/L로 유지하기 위한 슬러지의 반송비는?

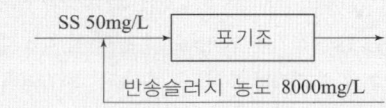

① 39%   ② 49%
③ 59%   ④ 69%

해설 슬러지의 반송률(γ)
$\gamma = \dfrac{X - X_i}{X_r - X} \times 100(\%)$
$= \dfrac{3,000 - 50}{8,000 - 3,000} \times 100 = 59\%$
여기서, X_r : 반송슬러지 농도
X : 포기조 내의 MLSS 농도
X_i : 유입 하수의 SS 농도

해답 114. ①   115. ④   116. ③   117. ④   118. ③

★★★
119 하수의 배제방식에 대한 설명 중 옳지 않은 것은?

① 분류식은 관로오접의 철저한 감시가 필요하다.
② 합류식은 분류식보다 유량 및 유속의 변화폭이 크다.
③ 합류식은 2계통의 분류식에 비해 일반적으로 건설비가 많이 소요된다.
④ 분류식은 관거내의 퇴적이 적고 수세효과를 기대할 수 없다.

해설 하수의 배제방식

구분	합류식	분류식
관로 오접의 감시	필요 없다	필요하다
유량 및 유속의 변화폭	크다	작다
건설비	적게 소요된다	많이 소요된다
수세효과	있다	없다

★★★
120 상수슬러지의 함수율이 99%에서 98%로 되면 슬러지의 체적은 어떻게 변하는가?

① 1/2로 증대 ② 1/2로 감소
③ 2배로 증대 ④ 2배로 감소

해설 함수율과 슬러지 부피

$$\frac{V_2}{V_1} = \frac{100 - w_1}{100 - w_2} \Rightarrow V_2 = \frac{100-99}{100-98} V_1$$

$$\therefore V_2 = \frac{1}{2} V_1$$

V_1 : 농축 전 슬러지의 부피, w_1 : 농축 전 슬러지의 함수율
V_2 : 농축 후 슬러지의 부피, w_2 : 농축 후 슬러지의 함수율

해답 119. ③ 120. ②

2022년도

과년도기출문제

01 토목기사 2022년 제1회 시행 ……… 2

02 토목기사 2022년 제2회 시행 ……… 30

03 토목기사 2022년 제3회 시행 ……… 60

1 2022년 과년도출제문제

응용역학

★★

1 그림과 같이 중앙에 집중하중 P를 받는 단순보에서 지점 A로부터 $\dfrac{L}{4}$인 지점(점 D)의 처짐각(θ_D)과 처짐량(δ_D)은? (단, EI는 일정하다.)

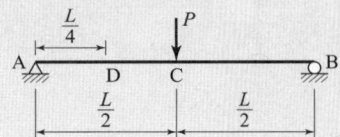

① $\theta_D = \dfrac{3PL^2}{128EI}$, $\delta_D = \dfrac{11PL^3}{384EI}$

② $\theta_D = \dfrac{3PL^2}{128EI}$, $\delta_D = \dfrac{5PL^3}{384EI}$

③ $\theta_D = \dfrac{5PL^2}{64EI}$, $\delta_D = \dfrac{3PL^3}{768EI}$

④ $\theta_D = \dfrac{3PL^2}{64EI}$, $\delta_D = \dfrac{11PL^3}{768EI}$

해설 단순보의 처짐 및 처짐각

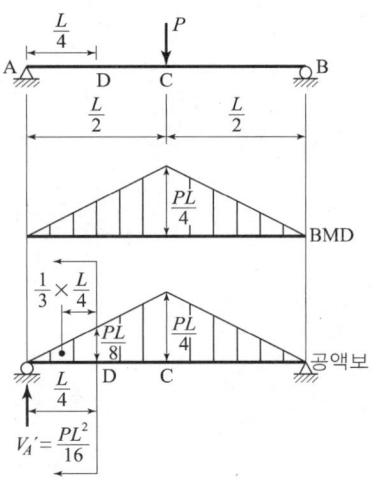

1) 공액보의 A점에서 수직반력(V_A')

대칭하중이므로 $V_A' = \dfrac{1}{2} \times \dfrac{PL}{4} \times \dfrac{L}{2} = \dfrac{PL^2}{16}$

2) 공액보의 D점에서 전단력(S_D)

$S_D = \dfrac{PL^2}{16} - \dfrac{1}{2} \times \dfrac{PL}{8} \times \dfrac{L}{4} = \dfrac{3PL^2}{64}$

3) 공액보의 D점에서 휨모멘트(M_D)

$M_D = \left(\dfrac{PL^2}{16}\right)\left(\dfrac{L}{4}\right) - \left(\dfrac{1}{2} \times \dfrac{PL}{8} \times \dfrac{L}{4}\right)\left(\dfrac{1}{3} \times \dfrac{L}{4}\right)$

$= \dfrac{11PL^3}{768}$

4) D점의 처짐각(θ_D): $\theta_D = \dfrac{S_D}{EI} = \dfrac{3PL^2}{64EI}$

5) D점의 처짐(δ_D): $\delta_D = \dfrac{M_D}{EI} = \dfrac{11PL^3}{768EI}$

★★★

2 길이가 4m인 원형단면 기둥의 세장비가 100이 되기 위한 기둥의 지름은? (단, 지지상태는 양단 힌지로 가정한다.)

① 20cm　② 18cm
③ 16cm　④ 12cm

해설 원형 기둥의 세장비(λ)

1) 기둥의 유효길이: $l_k = kl = 1.0 \times 400 = 400\text{cm}$

2) 단면2차반지름: $\gamma_{\min} = \sqrt{\dfrac{I_{\min}}{A}} = \sqrt{\dfrac{\frac{\pi d^4}{64}}{\frac{\pi d^2}{4}}} = \dfrac{d}{4}$

3) 세장비: $\lambda = \dfrac{l_k}{\gamma} \Rightarrow 100 = \dfrac{400\text{cm}}{\frac{d}{4}}$

$\therefore d = 16\text{cm}$

★★★

3 단면 2차 모멘트가 I이고 길이가 L인 균일한 단면의 직선상(直線狀)의 기둥이 있다. 지지상태가 일단 고정, 타단 자유인 경우 오일러(Euler) 좌굴하중(P_{cr})은? (단, 이 기둥의 영(Young)계수는 E이다.)

① $\dfrac{4\pi^2 EI}{L^2}$　② $\dfrac{2\pi^2 EI}{L^2}$

③ $\dfrac{\pi^2 EI}{L^2}$　④ $\dfrac{\pi^2 EI}{4L^2}$

해설 오일러의 좌굴하중(P_{cr})

1) 양단의 지지상태에 따른 기둥의 강도(n)
　① 켄틸레버: $n=1/4$
　② 양단힌지: $n=1$
　③ 한쪽고정 타단 힌지: $n=2$
　④ 양단고정: $n=4$

2) 좌굴하중: $P_{cr} = \dfrac{n\pi^2 EI}{L^2} = \dfrac{\pi^2 EI}{4L^2}$

해답 1. ④　2. ③　3. ④

4 직사각형 단면 보의 단면적을 A, 전단력을 V라고 할 때 최대 전단응력(τ_{max})은?

① $\dfrac{2}{3}\dfrac{V}{A}$ ② $1.5\dfrac{V}{A}$

③ $3\dfrac{V}{A}$ ④ $2\dfrac{V}{A}$

해설 최대전단응력과 평균전단응력

1) 평균전단응력: $\tau = \dfrac{V}{A}$

2) 최대전단응력(τ_{max})

① 직사각형 단면 : $\tau_{max} = \dfrac{3}{2} \times \dfrac{V}{A}$

② 원형단면 : $\tau_{max} = \dfrac{4}{3} \times \dfrac{V}{A}$

5 단면 2차 모멘트의 특성에 대한 설명으로 틀린 것은?

① 단면 2차 모멘트의 최솟값은 도심에 대한 것이며 "0"이다.
② 정삼각형, 정사각형 등과 같이 대칭인 단면의 도심 축에 대한 단면 2차 모멘트 값은 모두 같다.
③ 단면 2차 모멘트는 좌표축에 상관없이 항상 양(+)의 부호를 갖는다.
④ 단면 2차 모멘트가 크면 휨 강성이 크고 구조적으로 안전하다.

해설 단면 2차 모멘트

① 도심에 대한 단면 1차모멘트의 크기는 "0"이다.
② 도심에 대한 단면 2차모멘트는 최솟값으로 나오나 "0"은 아니다.

6 그림과 같은 단순보에서 휨모멘트에 의한 탄성변형에너지는?(단, EI는 일정하다.)

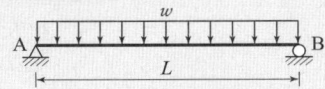

① $\dfrac{w^2 L^5}{40EI}$ ② $\dfrac{w^2 L^5}{96EI}$

③ $\dfrac{w^2 L^5}{240EI}$ ④ $\dfrac{w^2 L^5}{384EI}$

해설 탄성변형에너지(U)

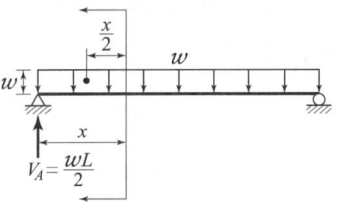

1) $M_x = \dfrac{wL}{2}x - \dfrac{wx^2}{2} = \dfrac{w}{2}(Lx - x^2)$

2) $U = \int_0^L \dfrac{M_x^2}{2EI}dx$

$= \dfrac{1}{2EI}\int_0^L [\dfrac{w}{2}(Lx - x^2)]^2 dx$

$= \dfrac{w^2}{8EI}\int_0^L (L^2 x^2 - 2Lx^3 + x^4)dx$

$= \dfrac{w^2}{8EI}[L^2 \dfrac{x^3}{3} - 2L\dfrac{x^4}{4} + \dfrac{x^5}{5}]_0^L$

$= \dfrac{w^2 L^5}{240EI}$

7 그림과 같은 모멘트 하중을 받는 단순보에서 B지점의 전단력은?

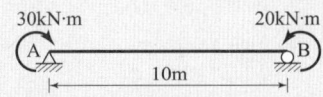

① -1.0kN ② -10kN
③ -5.0kN ④ -50kN

해설 단순보의 지점반력

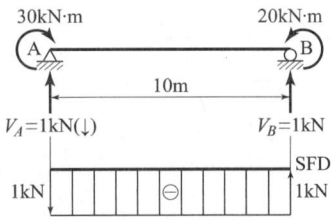

1) 지점반력

① $\sum M_A = 0$
$-V_B \times 10 + 30 - 20 = 0 \Rightarrow \therefore V_B = 1\text{kN}(\uparrow)$

② $\sum V = 0$
$V_A + V_B = 0 \Rightarrow \therefore V_A = -1\text{kN}(\downarrow)$

2) B지점의 전단력: $S_B = V_B = -1$kN

해답 4. ② 5. ① 6. ③ 7. ①

★★★
8 내민보에 그림과 같이 지점 A에 모멘트가 작용하고, 집중하중이 보의 양끝에 작용한다. 이 보에 발생하는 최대휨모멘트의 절댓값은?

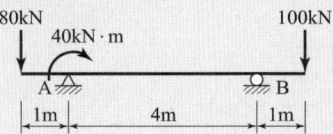

① 60kN·m
② 80kN·m
③ 100kN·m
④ 120kN·m

해설 최대휨모멘트($M_{\max}$)

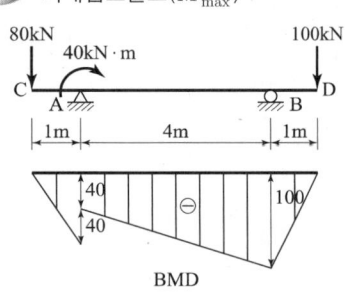

1) $M_A = -80 \times 1 = -80\text{kN·m}$
   $= -80 \times 1 + 40 = -40\text{kN·m}$
2) $M_B = -100 \times 1 = -100\text{kN·m}$
3) $M_{\max} = |-100|\text{kN·m} = 100\text{kN·m}$

★★
9 그림과 같이 양단 내민보에 등분포하중(W)이 1kN/m가 작용할 때 C점의 전단력은?

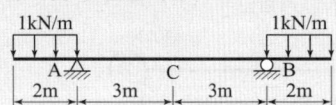

① 0kN
② 5kN
③ 10kN
④ 15kN

해설 전단력계산
1) 지점반력
   대칭하중이므로 ∴ $V_A = 1\text{kN/m} \times 2\text{m} = 2\text{kN}$
2) C점의 전단력
   $S_C = V_A - (1\text{kN/m}) \times 2\text{m} = 0$

★
10 그림과 같은 직사각형 보에서 중립축에 대한 단면계수 값은?

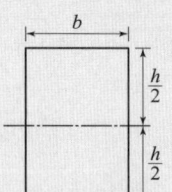

① $\dfrac{bh^2}{6}$
② $\dfrac{bh^2}{12}$
③ $\dfrac{bh^3}{6}$
④ $\dfrac{bh}{4}$

해설 단면계수(Z)

$$Z = \dfrac{I}{y} = \dfrac{\dfrac{bh^3}{12}}{\dfrac{h}{2}} = \dfrac{bh^2}{6}$$

★★
11 그림과 같이 캔틸레버 보의 B점에 집중하중 P와 우력모멘트 M_o가 작용할 때 B점에서의 연직변위(δ_b)는? (단, EI는 일정하다.)

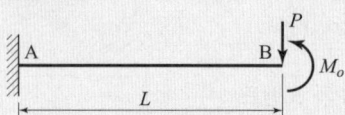

① $\dfrac{PL^3}{4EI} + \dfrac{M_oL^2}{2EI}$
② $\dfrac{PL^3}{4EI} - \dfrac{M_oL^2}{2EI}$
③ $\dfrac{PL^3}{3EI} + \dfrac{M_oL^2}{2EI}$
④ $\dfrac{PL^3}{3EI} - \dfrac{M_oL^2}{2EI}$

해설 캔틸레버보의 처짐

1) 집중하중에 의한 처짐 : $\delta_1 = \dfrac{PL^3}{3EI}(\downarrow)$
2) 모멘트하중에 의한 처짐 : $\delta_2 = -\dfrac{M_oL^2}{2EI}(\uparrow)$
3) B점의 처짐 : $\delta_B = \delta_1 + \delta_2 = \dfrac{PL^3}{3EI} - \dfrac{M_oL^2}{2EI}$

해답 8. ③ 9. ① 10. ① 11. ④

12 전단탄성계수(G)가 81,000MPa, 전단응력(τ)이 81MPa이면 전단변형률(γ)의 값은?

① 0.1 ② 0.01
③ 0.001 ④ 0.0001

해설 전단탄성계수(G)

1) 전단탄성계수 $= \dfrac{전단응력}{전단변형률}$

2) $G = \dfrac{\tau}{\gamma} \Rightarrow 81,000 = \dfrac{81}{\gamma}$

$\therefore \gamma = 0.001$

13 그림과 같은 3힌지 아치에서 A점의 수평 반력(H_A)은?

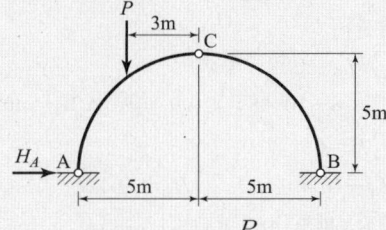

① P ② $\dfrac{P}{2}$
③ $\dfrac{P}{4}$ ④ $\dfrac{P}{5}$

해설 3-hinge 아치

1) $\sum M_B = 0$

$V_A \times 10 - P \times 8 = 0 \Rightarrow \therefore V_A = \dfrac{8P}{10}$

2) $\sum M_{CL} = 0$

$\dfrac{8P}{10} \times 5 - H_A \times 5 - P \times 3 = 0 \Rightarrow \therefore H_A = \dfrac{P}{5}$

14 그림과 같은 라멘 구조물의 E점에서의 불균형 모멘트에 대한 부재 EA의 모멘트 분배율은?

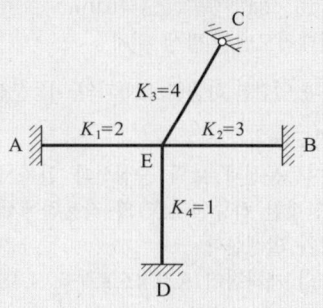

① 0.167 ② 0.222
③ 0.386 ④ 0.441

해설 모멘트 분배법

1) EC부재의 유효강비: $k_{EC} = \dfrac{3}{4} k_3$

2) 분배율(f_{BC})

$f_{EA} = \dfrac{k_{EA}}{\sum k} = \dfrac{2}{2+3+\left(\dfrac{3}{4}\times 4\right)+1} = \dfrac{2}{9}$

15 그림과 같이 지간(span) 8m인 단순보에 연행하중이 작용할 때 절대최대휨모멘트는 어디에서 생기는가?

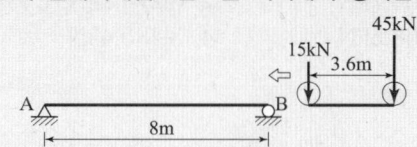

① 45kN의 재하점이 A점으로부터 4m인 곳
② 45kN의 재하점이 A점으로부터 4.45m인 곳
③ 15kN의 재하점이 B점으로부터 4m인 곳
④ 합력의 재하점이 B점으로부터 3.35m인 곳

해설 절대최대 휨모멘트

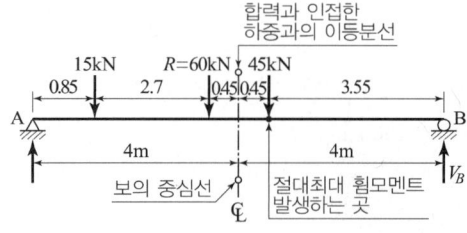

해답 12. ③ 13. ④ 14. ② 15. ②

1) 합력의 크기
   $R = 15 + 45 = 60\,\text{kN}$
2) 합력의 작용점위치
   $60 \cdot x = 15 \times 3.6 \Rightarrow \therefore x = 0.9\,\text{m}$
3) 절대최대휨모멘트 발생 위치
   ① 합력과 인접한 하중(45kN)과의 이등분선($\frac{x}{2} = 0.45\,\text{m}$)을 작도한다.
   ② 그 이등분선과 보의 중심선과 일치시켰을 때, 합력과 인접한 하중(45kN)의 작용점에서 절대최대휨모멘트가 발생한다.
   ∴ 45kN의 재하점이 A지점으로부터 4.45m 떨어진 곳.

16 그림과 같은 구조물에서 부재 AB가 받는 힘의 크기는?

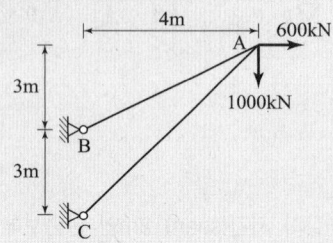

① 3,166.7kN ② 3,274.2kN
③ 3,368.5kN ④ 3,485.4kN

해설

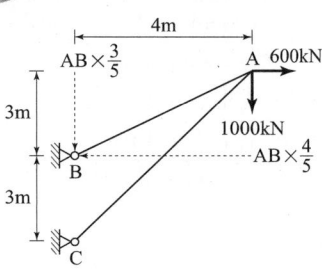

$\sum M_C = 0$
$-\text{AB} \times \frac{4}{5} \times 3 + 1{,}000 \times 4 + 600 \times 6 = 0$
$\therefore \text{AB} = 3{,}166.7\,\text{kN}$

17 ★★ 그림과 같은 구조에서 절댓값이 최대로 되는 휨모멘트의 값은?

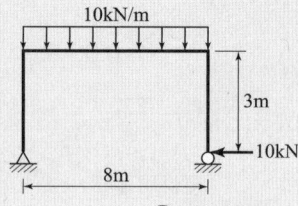

① 80kN·m ② 50kN·m
③ 40kN·m ④ 30kN·m

해설 라멘

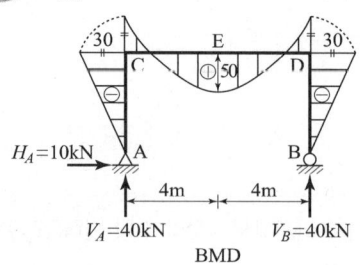

1) 반력계산
   ① $\sum M_B = 0$
      $V_A \times 8 - 10 \times 8 \times 4 = 0 \Rightarrow \therefore V_A = 40\,\text{kN}$
   ② $\sum H = 0$
      $H_A - 10 = 0 \Rightarrow \therefore H_A = 10\,\text{kN}$
2) 최대휨모멘트($M_{\max}$)
   ① $M_A = 0$, $M_B = 0$
   ② $M_C = -10 \times 3 = -30\,\text{kN·m}$
   ③ $M_D = -10 \times 3 = -30\,\text{kN·m}$
   ④ $M_E = 40 \times 4 - 10 \times 3 - 10 \times 4 \times 2 = 50\,\text{kN·m}$
   ∴ $M_{\max} = 50\,\text{kN·m}$

18 ★ 어떤 금속의 탄성계수(E)가 21×10^4 MPa이고, 전단탄성계수(G)가 8×10^4 MPa일 때, 금속의 푸아송 비는?
① 0.3075 ② 0.3125
③ 0.3275 ④ 0.3325

해설 각 탄성계수들의 관계
$G = \dfrac{E}{2(1+\nu)} \Rightarrow 8 \times 10^4 = \dfrac{21 \times 10^4}{2(1+\nu)}$
$\therefore \nu = 0.3125$

해답 16. ① 17. ② 18. ②

19 그림과 같은 단순보의 단면에서 발생하는 최대 전단응력의 크기는?

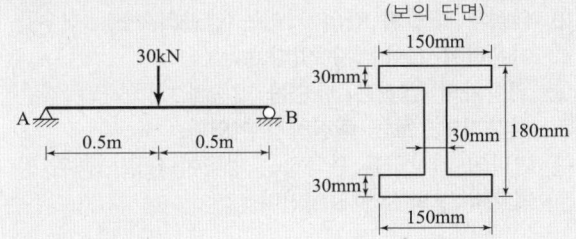

① 3.52MPa
② 3.86MPa
③ 4.45MPa
④ 4.93MPa

해설 최대전단응력

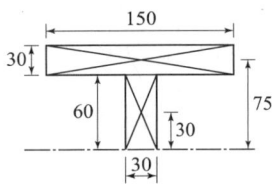

1) 최대전단력
$$V_A = S_{max} = \frac{30kN}{2} = 15kN = 15,000N$$

2) 중립축에 대한 단면1차모멘트
$$G_X = 150 \times 30 \times 75 + 30 \times 60 \times 30 = 391,500 \, mm^3$$

3) 중립축에 대한 단면2차모멘트
$$I_X = \frac{1}{12}(BH^3 - bh^3)$$
$$= \frac{1}{12}(150 \times 180^3 - 120 \times 120^3)$$
$$= 55,620,000 \, mm^4$$

4) 최대전단응력은 중립축에서 발생하므로 $b = 30mm$

5) $\tau_{max} = \dfrac{S_{max} \cdot G}{I \cdot b}$
$$= \frac{15,000 \times 391,500}{55,620,000 \times 30} = 3.52MPa$$

20 그림과 같은 부정정보에서 B점의 반력은?

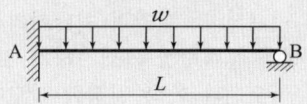

① $\dfrac{3}{4}wL(\uparrow)$
② $\dfrac{3}{8}wL(\uparrow)$
③ $\dfrac{3}{16}wL(\uparrow)$
④ $\dfrac{5}{16}wL(\uparrow)$

해설 변형일치법

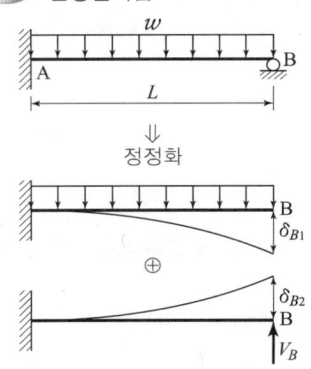

1) 등분포하중에 의한 처짐: $\delta_{B1} = \dfrac{wL^4}{8EI}(\downarrow)$

2) B지점의 수직반력에 의한 처짐: $\delta_{B2} = \dfrac{V_B L^3}{3EI}(\uparrow)$

3) 적합조건: $\delta_B = 0 \Rightarrow \delta_{B1} = \delta_{B2}$
$$\frac{wL^4}{8EI} = \frac{V_B L^3}{3EI} \Rightarrow \therefore V_B = \frac{3wL}{8}$$

측량학

21 노선거리 2km의 결합 트래버스 측량에서 폐합비를 1/5,000로 제한한다면 허용폐합오차는?

① 0.1m
② 0.4m
③ 0.8m
④ 1.2m

해설 트래버스 측량

1) 노선거리: 2km = 2,000m

2) 폐합비 = $\dfrac{폐합오차}{노선거리} \Rightarrow \dfrac{1}{5,000} = \dfrac{폐합오차}{2,000}$

∴ 폐합오차 = 0.4m

1 2022년 과년도출제문제

22 다음 설명 중 옳지 않은 것은?
① 측지선은 지표상 두 점간의 최단거리선이다.
② 라플라스점은 중력측정을 실시하기 위한 점이다.
③ 항정선은 자오선과 항상 일정한 각도를 유지하는 지표의 선이다.
④ 지표면의 요철을 무시하고, 적도반지름과 극반지름으로 지구의 형상을 나타내는 가상의 타원체를 지구타원체라고 한다.

해설 라플라스점
라플라스점 : 방위각, 경도를 측정하여 측지망을 바로 잡는 점.

23 그림과 같은 반지름=50m인 원곡선에서 $\overline{HC}$의 거리는?
(단, 교각=60°, $\alpha=20°$, $\angle AHC = 90°$)

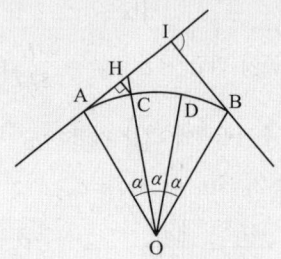

① 0.19m ② 1.98m
③ 3.02m ④ 3.24m

해설 원곡선

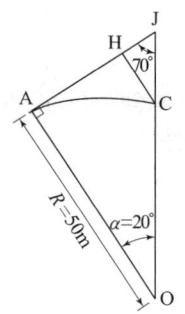

1) $\overline{OJ} = \dfrac{\overline{OA}}{\cos\alpha} = \dfrac{50}{\cos 20°} = 53.21\text{m}$
2) $\overline{JC} = \overline{OJ} - \overline{OC} = 53.21 - 50 = 3.21\text{m}$
3) $\overline{HC} = \overline{JC}\sin 70° = 3.02\text{m}$

24 GNSS 상대측위 방법에 대한 설명으로 옳은 것은?
① 수신기 1대만을 사용하여 측위를 실시한다.
② 위성과 수신기 간의 거리는 전파의 파장 갯수를 이용하여 계산할 수 있다.
③ 위상차의 계산은 단순차, 2중차, 3중차와 같은 차분기법으로는 해결하기 어렵다.
④ 전파의 위상차를 관측하는 방식이나 절대측위 방법보다 정확도가 떨어진다.

해설 GNSS(상대측위)
1) 상대측위는 2대 이상의 수신기를 동시에 조합하여 위치를 결정하는 방식이다.
2) 위성과 수신기 간의 거리는 전파 파장 개수에 파장 길이를 곱히여 계산한다.
3) 위상차의 계산은 단순차, 2중차, 3중차와 같은 차분기법으로 해결이 가능하다.
4) 전파의 위상차를 관측하는 방식(반송파 측정방식)이 절대측위 방법보다 정확도가 좋다.

25 지형측량에서 등고선의 성질에 대한 설명으로 옳지 않은 것은?
① 등고선의 간격은 경사가 급한 곳에서는 넓어지고, 완만한 곳에는 좁아진다.
② 등고선은 지표의 최대 경사선 방향과 직교한다.
③ 동일 등고선 상에 있는 모든 점은 같은 높이이다.
④ 등고선간의 최단거리 방향은 그 지표면의 최대경사 방향을 가리킨다.

해설 등고선의 성질
등고선의 간격은 급경사인 곳에서는 좁고, 완경사인 곳에서는 넓어진다.

해답 22. ② 23. ③ 24. ② 25. ①

26. 지형의 표시법에 대한 설명으로 틀린 것은?
① 영선법은 짧고 거의 평행한 선을 이용하여 경사가 급하면 가늘고 길게, 경사가 완만하면 굵고 짧게 표시하는 방법이다.
② 음영법은 태양광선이 서북쪽에서 45도 각도로 비친다고 가정하고 지표의 기복에 대하여 그 명암을 2~3색 이상으로 채색하여 기복의 모양을 표시하는 방법이다.
③ 채색법은 등고선의 사이를 색으로 채색, 색채의 농도를 변화시켜 포고를 구분하는 방법이다.
④ 점고법은 하천, 항만, 해양측량 등에서 수심을 나타낼 때 측점에 숫자를 기입하여 수심 등을 나타내는 방법이다.

해설 지형의 표시법(영선법)
1) 급경사: 선을 굵고 짧게 표시한다.
2) 완경사: 선을 가늘고 길게 표시한다.

27. 동일한 정확도로 3변을 관측한 직육면체의 체적을 계산한 결과가 1,200m³이었다. 거리의 정확도를 1/10,000까지 허용한다면 체적의 허용오차는?
① 0.08m³ ② 0.12m³
③ 0.24m³ ④ 0.36m³

해설 체적의 정도($\frac{\Delta V}{V}$)와 거리의 정도($\frac{\Delta l}{l}$)
1) 체적의 정도 = 3×거리의 정도
2) $\frac{\Delta V}{V}=3\times\frac{\Delta l}{l}\Rightarrow\frac{\Delta V}{1,200}=3\times\frac{1}{10,000}$
∴ $\Delta V=0.36m^3$

28. △ABC의 꼭지점에 대한 좌표값이 (30, 50), (20, 90), (60, 100)일 때 삼각형 토지의 면적은? (단, 좌표의 단위: m)
① 500m² ② 750m²
③ 850m² ④ 960m²

해설 좌표법
$A=\frac{1}{2}\sum[x_i(y_{i+1})-(y_{i-1})]$
$=\frac{1}{2}[30(90-100)+20(100-50)+60(50-90)]$
$=850m^2$

29. 교각 $I=90°$, 곡선반지름 $R=150m$인 단곡선에서 교점(I.P)의 추가거리가 1,139.250m일 때 곡선종점(E.C)까지의 추가거리는?
① 875.375m ② 989.250m
③ 1,224.869m ④ 1,374.825m

해설 단곡선
1) 접선길이(TL)
$TL=R\times\tan\frac{I}{2}=150\times\tan\frac{90°}{2}=150m$
2) 곡선길이(CL)
$CL=\frac{\pi}{180°}RI°=\frac{\pi}{180°}\times150\times90°=235.619m$
3) 노선의 시점~곡선 시점(BC)까지 거리
= 교점의 추가거리 − TL
= 1,139.250 − 150 = 989.25m
4) 노선의 시점~원곡선 종점(EC)까지 거리
= 989.25m + 곡선길이
= 989.25 + 235.619 = 1,224.869m

30. 수준측량의 부정오차에 해당되는 것은?
① 기포의 순간 이동에 의한 오차
② 기계의 불완전 조정에 의한 오차
③ 지구곡률에 의한 오차
④ 표척의 눈금 오차

해설 수준측량의 오차
1) 정오차: 표척의 눈금 오차, 광선의 굴절에 의한 오차, 지구곡률에 의한 오차, 시준선 오차, 표척의 0점 오차 등.
2) 부정오차: 기포의 순간 이동에 의한 오차, 시차에 의한 오차, 기상변화에 의한 오차 등.

해답 26. ① 27. ④ 28. ③ 29. ③ 30. ①

2022년 과년도출제문제

31 어떤 노선을 수준측량하여 작성된 기고식 야장의 일부 중 지반고 값이 틀린 측점은?
(단, 단위 : m)

측점	B.S	F.S		기계고	지반고
		T.P	I.P		
0	3.121				123.567
1			2.586		124.102
2	2.428	4.065			122.623
3			−0.664		124.387
4		2.321			122.730

① 측점 1 ② 측점 2
③ 측점 3 ④ 측점 4

해설 수준측량

1) 기계고=지반고+B.S
 ① 측점 0의 기계고 : 123.567+3.121=126.688m
 ② 측점 2의 기계고 : 122.623+2.428=125.051m
2) 지반고=기계고−F.S

측점	B.S(m)	F.S(m)	기계고	지반고(m)
0	3.121	TP	IP		123.567
1		2.586		126.688−2.586 =124.102
2	2.428	4.065		126.688−4.065 =122.623
3		−0.664		125.051−(−0.664) =125.715
4		2.321		125.051−2.321 =122.730

32 노선측량에서 실시설계측량에 해당하지 않는 것은?
① 중심선 설치 ② 지형도 작성
③ 다각측량   ④ 용지측량

해설 노선측량

1) 노선측량의 작업순서
 노선선정 → 계획조사측량 → 실시설계측량 → 세부측량 → 용지측량 → 공사시공측량
2) 실시설계측량
 ① 지형도측량
 ② 중심선선정
 ③ 다각측량
 ④ 중심선설치(현지)
 ⑤ 고저측량
 ⑥ 종단면도 작성

33 트래버스 측량에서 측점 A의 좌표가 (100m, 100m)이고 측선 AB의 길이가 50m일 때 B점의 좌표는? (단, AB측선의 방위각은 195°이다)
① (51.7m, 87.1m)   ② (51.7m, 112.9m)
③ (148.3m, 87.1m) ④ (148.3m, 112.9m)

해설 트래버스측량

1. AB측선의 위거=$l \times \cos 195° = 50 \times \cos 195°$
 $= -48.296$m
2. AB측선의 경거=$l \times \sin 195° = 50 \times \sin 195°$
 $= -12.941$m
3. B점의 좌표
 ① B점의 X 좌표=$100 - 48.296 = 51.7$m
 ② B점의 Y 좌표=$100 - 12.941 = 87.059$m

34 수심 H인 하천의 유속측정에서 수면으로부터 깊이 0.2H, 0.4H, 0.6H, 0.8H인 지점의 유속이 각각 0.663 m/s, 0.556m/s, 0.532m/s, 0.466m/s이었다면 3점법에 의한 평균유속은?
① 0.543m/s ② 0.548m/s
③ 0.559m/s ④ 0.560m/s

해설 평균유속(3점법)

$$V_m = \frac{1}{4}(V_{0.2} + 2V_{0.6} + V_{0.8})$$
$$= \frac{1}{4}(0.663 + 2 \times 0.532 + 0.466) = 0.548 \text{m/s}$$

35 L_1과 L_2의 두 개 주파수 수신이 가능한 2주파 GNSS 수신기에 의하여 제거가 가능한 오차는?
① 위성의 기하학적 위치에 따른 오차
② 다중경로오차
③ 수신기 오차
④ 전리층오차

해설 2주파 GNSS수신기 사용 이유

2주파 GNSS 수신기 : L_1, L_2 두 개의 주파수를 수신하는 것은 전리층의 전파지연이 주파수의 2승에 역 비례함을 이용하여 그 전파지연을 교정하기 위함이다.

해답 31. ③ 32. ④ 33. ① 34. ② 35. ④

36 줄자로 거리를 관측할 때 한 구간 20m의 거리에 비례하는 정오차가 +2mm라면 전 구간 200m를 관측하였을 때 정오차는?

① +0.2mm
② +0.63mm
③ +6.3mm
④ +20mm

해설 정오차

1) 관측횟수(n)
$$n = \frac{L}{l} = \frac{200}{20} = 10회$$

2) $E = a \cdot n = (+2) \times 10 = +20mm$

---

37 삼변측량에 대한 설명으로 틀린 것은?

① 전자파거리측량기(EDM)의 출현으로 그 이용이 활성화되었다.
② 관측값의 수에 비해 조건식이 많은 것이 장점이다.
③ 코사인 제2법칙과 반각공식을 이용하여 각을 구한다.
④ 조정방법에는 조건방정식에 의한 조정과 관측방정식에 의한 조정방법이 있다.

해설 삼변측량특징

삼변측량은 단점은 관측 값의 수에 비에 조건식이 적다.

---

38 트래버스 측량의 종류와 그 특징으로 옳지 않은 것은?

① 결합 트래버스는 삼각점과 삼각점을 연결시킨 것으로 조정계산 정확도가 가장 좋다.
② 폐합 트래버스는 한 측점에서 시작하여 다시 그 측점에 돌아오는 관측 형태이다.
③ 폐합 트래버스는 오차의 계산 및 조정이 가능 하나, 정확도는 개방 트래버스보다 좋지 못하다.
④ 개방 트래버스는 임의의 한 측점에서 시작하여 다른 임의의 한 점에서 끝나는 관측 형태이다.

해설 트래버스측량

폐합트래버스 측량의 정도가 개방트래버스 측량의 정도보다 좋다.

---

39 수준점 A, B, C에서 P점까지 수준측량을 한 결과가 표와 같다. 관측거리에 대한 경중률을 고려한 P점의 표고는?

측량경로	거리	P점의 표고
A→P	1km	135.487m
B→P	2km	135.563m
C→P	3km	135.603m

① 135.529m
② 135.551m
③ 135.563m
④ 135.570m

해설 수준측량

1) 경중률
$$P_1 : P_2 : P_3 = \frac{1}{S_1} : \frac{1}{S_2} : \frac{1}{S_3} 에서$$
$$P_1 : P_2 : P_3 = \frac{1}{1} : \frac{1}{2} : \frac{1}{3} = 6 : 3 : 2$$

2) P점의 표고
$$H_P = \frac{[PH]}{[P]}$$
$$= \frac{6 \times 135.487 + 3 \times 135.563 + 2 \times 135.603}{6+3+2}$$
$$= 135.529m$$

---

40 도로노선의 곡률반지름 $R = 2,000m$, 곡선길이 $L = 245m$일 때, 클로소이드의 매개변수 A는?

① 500m
② 600m
③ 700m
④ 800m

해설 클로소이드 매개변수

$$A = \sqrt{RL}$$
$$= \sqrt{2,000 \times 245} = 700m$$

해답 36. ④ 37. ② 38. ③ 39. ① 40. ③

수리학 및 수문학

41 하폭이 넓은 완경사 개수로 흐름에서 물의 단위중량 $W = \rho g$, 수심 h, 하상경사 S일 때 바닥 전단응력 τ_0는?
(단, ρ : 물의 밀도, g : 중력가속도)

① $\rho h S$
② $g h S$
③ $\sqrt{\dfrac{hS}{\rho}}$
④ $W h S$

해설 전단응력(τ_o)
1) 하천 폭이 매우 넓은 경우 경심(R)과 수심(h)은 같다.
2) 전단응력(τ_o)
$$\tau_o = wRS = whS$$

42 베르누이(Bernoulli)의 정리에 관한 설명으로 틀린 것은?
① 회전류의 경우는 모든 영역에서 성립한다.
② Euler의 운동방정식으로부터 적분하여 유도할 수 있다.
③ 베르누이의 정리를 이용하여 Torricelli의 정리를 유도할 수 있다.
④ 이상유체 흐름에 대하여 기계적 에너지를 포함한 방정식과 같다.

해설 베르누이 정리
1) 회전류: 동일 유선 상에서만 성립한다.
2) 비회전류: 모든 영역에서 성립한다.

43 삼각 위어(weir)에 월류 수심을 측정할 때 2%의 오차가 있었다면 유량 산정시 발생하는 오차는?
① 2%
② 3%
③ 4%
④ 5%

해설 유량오차($\dfrac{dQ}{Q}$)와 수두측정오차($\dfrac{dh}{h}$)의 관계
1) 삼각위어 유량(Q): $Q = \dfrac{8}{15} C \tan \dfrac{\theta}{2} \sqrt{2g}\, h^{\frac{5}{2}}$
2) 유량오차와 수두측정오차 와의 관계는 오차원인의 지수(k)에 비례한다.
$$\dfrac{dQ}{Q} = k \dfrac{dh}{h} = \dfrac{5}{2} \times 2\% = 5\%$$

44 다음 사다리꼴 수로의 윤변은?

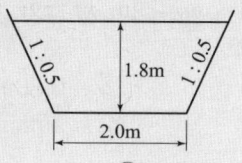

① 8.02m
② 7.02m
③ 6.02m
④ 9.02m

해설 윤변(P)
1) 윤변: 수로의 단면에서 유체와 수로가 접하고 있는 길이
2) $P = \sqrt{1.8^2 + 0.9^2} + 2.0 + \sqrt{1.8^2 + 0.9^2} = 6.02\text{m}$

45 흐르는 유체 속의 한 점(x, y, z)의 각 축방향의 속도 성분을 (u, v, w)라 하고 밀도를 ρ, 시간을 t로 표시할 때 가장 일반적인 경우의 연속방정식은?

① $\dfrac{\partial u}{\partial t} + \dfrac{\partial v}{\partial t} + \dfrac{\partial w}{\partial t} = 0$

② $\dfrac{\partial \rho u}{\partial x} + \dfrac{\partial \rho v}{\partial y} + \dfrac{\partial \rho w}{\partial z} = 0$

③ $\dfrac{\partial \rho}{\partial t} + \dfrac{\partial u}{\partial x} + \dfrac{\partial v}{\partial y} + \dfrac{\partial w}{\partial z} = 0$

④ $\dfrac{\partial \rho}{\partial t} + \dfrac{\partial \rho u}{\partial x} + \dfrac{\partial \rho v}{\partial y} + \dfrac{\partial \rho w}{\partial z} = 0$

해설 연속방정식
1) 압축성유체, 부정류인 경우
$$\dfrac{\partial \rho}{\partial t} + \dfrac{\partial \rho u}{\partial x} + \dfrac{\partial \rho v}{\partial y} + \dfrac{\partial \rho w}{\partial z} = 0$$
2) 비압축성유체, 정류인 경우
$$\dfrac{\partial u}{\partial x} + \dfrac{\partial v}{\partial y} + \dfrac{\partial w}{\partial z} = 0$$
3) 가장 일반적인 경우의 유체: 압축성유체, 부정류.

해답 41. ④ 42. ① 43. ④ 44. ③ 45. ④

46 그림과 같이 수조 A의 물을 펌프에 의해 수조 B로 양수한다. 연결관의 단면적 200cm², 유량 0.196m³/s, 총손실수두는 속도수두의 3.0배에 해당할 때 펌프의 필요한 동력(HP)은?
(단, 펌프의 효율은 98%이며, 물의 단위중량은 9.81kN/m³, 1HP는 735.75N·m/s, 중력가속도는 9.8m/s²)

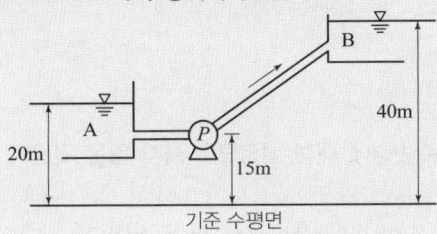

① 92.5HP ② 101.6HP
③ 105.9HP ④ 115.2HP

해설 펌프의 동력(P_s)

1) 연결관의 유속(v): $v = \dfrac{Q}{A}$
$= \dfrac{0.196\text{m}^3}{200 \times \dfrac{1}{10,000}\text{m}^2} = 9.8\text{m/sec}$

2) 속도수두(h): $h = \dfrac{v^2}{2g} = \dfrac{9.8^2}{2 \times 9.8} = 4.9\text{m}$

3) 총 손실수두(h_L): h_L=속도수두×3
$= 4.9 \times 3 = 14.7\text{m}$

4) 전양정(H_t)=실 양정 + 총 손실수두
① 실 양정= 40−20 = 20m
② 전양정(H_t)= 20+14.7 = 34.7m

5) 펌프의 동력(P)
$P_s = 13.33\dfrac{QH_t}{\eta} = 13.33\dfrac{0.196 \times 34.7}{0.98} = 92.51\text{HP}$

47 수리학적으로 유리한 단면에 관한 설명으로 옳지 않은 것은?
① 주어진 단면에서 윤변이 최소가 되는 단면이다.
② 직사각형 단면일 경우 수심이 폭의 1/2인 단면이다.
③ 최대유량의 소통을 가능하게 하는 가장 경제적인 단면이다.
④ 사다리꼴 단면일 경우 수심을 반지름으로 하는 반원을 외접원으로 하는 사다리꼴 단면이다.

해설 수리 상 유리한 단면의 조건
사다리꼴 단면일 경우, 수심을 반지름으로 하는 반원을 내접원으로 하는 사다리꼴 단면이다.

48 여과량이 2m³/s, 동수경사가 0.2, 투수계수가 1cm/s일 때 필요한 여과지 면적은?
① 1,000m² ② 1,500m²
③ 2,000m² ④ 2,500m²

해설 여과지
1) $K = 1\text{cm/s} = 0.01\text{m/s}$
2) $v = Ki = 0.01 \times 0.2 = 0.002\text{m/s}$
3) $Q = AV \Rightarrow A = \dfrac{Q}{V} = \dfrac{2}{0.002} = 1,000\text{m}^2$

49 비중이 0.9인 목재가 물에 떠 있다. 수면 위에 노출된 체적이 1.0m³이라면 목재 전체의 체적은?
(단, 물의 비중은 1.0이다.)
① 1.9m³ ② 2.0m³
③ 9.0m³ ④ 10.0m³

해설 부력
1) 물체의 수중체적(V')
$V' = (V-1)$
여기서 V : 물체의 전체적

2) 비중(S) = $\dfrac{\text{물체의 단위중량}}{\text{물의 단위중량}}$
∴ 물체의 단위중량 = 비중×물의 단위중량(9.81kN/m³)

3) $wV + M = w'V' + M'$
$(0.9 \times 9.81 \times V) + 0 = 1.0 \times 9.81(V-1) + 0$
∴ $V = 10\text{m}^3$

50 두께가 10m인 피압대수층에서 우물을 통해 양수한 결과, 50m 및 100m 떨어진 두 지점에서 수면강하가 각각 20m 및 10m로 관측되었다. 정상상태를 가정할 때 우물의 양수량은? (단, 투수계수는 0.3m/h)
① 7.6×10⁻²m³/s ② 6.0×10⁻³m³/s
③ 9.4m³/s ④ 21.6m³/s

해답 46. ① 47. ④ 48. ① 49. ④ 50. ①

해설 굴착정

1) $K = \dfrac{0.3\,\text{m}}{\text{h}} = \dfrac{0.3\,\text{m}}{3,600\,\text{sec}}$

2) $Q = \dfrac{2\pi a K(H-h_0)}{\ln\left(\dfrac{R}{r_0}\right)}$

$= \dfrac{2\times\pi\times 10\times \dfrac{0.3}{3,600}\times(20-10)}{\ln\left(\dfrac{100}{50}\right)}$

$\therefore Q = 7.6\times 10^{-2}\,\text{m}^3/\text{s}$

★★
51 첨두홍수량 계산에 있어서 합리식의 적용에 관한 설명으로 옳지 않은 것은?
① 하수도 설계 등 소유역에만 적용될 수 있다.
② 우수 도달시간은 강우 지속시간보다 길어야 한다.
③ 강우강도는 균일하고 전유역에 고르게 분포되어야 한다.
④ 유량이 점차 증가되어 평형상태일 때의 첨두유출량을 나타낸다.

해설 합리식 적용 조건
1) 작은 면적의 불투수성 지역이라야 한다.
2) 강우강도가 균일하고, 전 유역에 고르게 분포하는 것으로 한다.
3) 일정한 강도의 강우가 도달시간보다 긴 기간 동안 지속되어야 한다.

★
52 그림과 같은 모양의 분수(噴水)를 만들었을 때 분수의 높이(H_v)는?
(단, 유속계수 C_v : 0.96, 중력가속도 g : 9.8m/s², 다른 손실은 무시한다.)

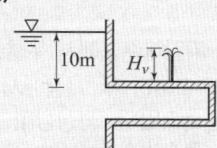

① 9.00m ② 9.22m
③ 9.62m ④ 10.00m

해설 분수(噴水)
1) 실제유속(V)
$V = C_v\sqrt{2gh} = 0.96\sqrt{2\times 9.8\times 10} = 13.44\,\text{m/s}$
2) 분수의 높이
$H_v = \dfrac{V^2}{2g} = \dfrac{13.44^2}{2\times 9.8} = 9.22\,\text{m}$

★★
53 동수반경에 대한 설명으로 옳지 않은 것은?
① 원형관의 경우, 지름의 1/4이다.
② 유수단면적을 윤변으로 나눈 값이다.
③ 폭이 넓은 직사각형수로의 동수반경은 그 수로의 수심과 거의 같다.
④ 동수반경이 큰 수로는 동수반경이 작은 수로보다 마찰에 의한 수두손실이 크다.

해설 동수반경=경심(R)
1) 원형관의 동수반경
$R = \dfrac{A(\text{유수단면적})}{p(\text{윤변})} = \dfrac{\dfrac{\pi d^2}{4}}{\pi d} = \dfrac{d}{4}$
2) 폭이 넓은 직사각형 수로의 동수반경
$R = \dfrac{A}{P} = \dfrac{bh}{h+b+h} = \dfrac{bh}{b+2h} = \dfrac{bh/b}{(b+2h)/b} = \dfrac{h}{1+\dfrac{2h}{b}} \fallingdotseq h$
3) 동수반경이 큰 수로는 동수반경이 작은 수로보다 마찰에 의한 수두손실이 작다.

★★★
54 댐의 상류부에서 발생되는 수면 곡선으로 흐름 방향으로 수심이 증가함을 뜻하는 곡선은?
① 배수 곡선 ② 저하 곡선
③ 유사량 곡선 ④ 수리특성 곡선

해설 수면곡선
1) 배수곡선: 개수로의 어느 곳에 댐 업(dam up)이 발생함으로서 수위가 상승되는 영향이 상류(上流)쪽으로 미치는 현상.
2) 수심은 상류(上流)로 갈수록 등류수심에 접근하는 수면 곡선.

해답 51. ② 52. ② 53. ④ 54. ①

55 일반적인 물의 성질로 틀린 것은?

① 물의 비중은 기름의 비중보다 크다.
② 물은 일반적으로 완전유체로 취급한다.
③ 해수(海水)도 담수(淡水)와 같은 단위중량으로 취급한다.
④ 물의 밀도는 보통 1g/cc=1,000kg/m³=1t/m³를 쓴다.

해설 물의 성질
1) 해수(海水)와 담수(淡水)의 단위 중량의 크기는 같지 않다.
2) 해수의 단위중량은 염분으로 인해 담수보다 1.025배 만큼 크다.

56 강우 자료의 일관성을 분석하기 위해 사용하는 방법은?

① 합리식
② DAD 해석법
③ 누가 우량 곡선법
④ SCS(Soil Conservation Service) 방법

해설 이중누가우량 분석법
장기간에 걸친 강수 자료의 일관성에 대한 검사 및 교정하는 방법.

57 수문자료 해석에 사용되는 확률분포형의 매개변수를 추정하는 방법이 아닌 것은?

① 모멘트법(method of moments)
② 회선적분법(convolution integral method)
③ 최우도법(method of maximum likelihood)
④ 확률가중모멘트법(method of probability weighted moments)

해설 수문자료 해석방법
1) 확률론적 기법: 수문사상의 발생순서는 관계하지 않고 확률통계적 특성만 고려하는 기법.
2) 확률분포형 매개변수를 추정하는 방법
  ① 모멘트법: 가장 오래되고 간단하여 많이 사용하는 추정방법중의 하나로 모집단의 모멘트와 표본자료의 모멘트를 같다고 하여 적용하는 확률분포형의 매개변수를 추정하는 방법.

  ② 최우도법: 추출된 표본자료가 나올수 있는 확률이 최대가 되도록 매개변수를 추정하는 방법.
  ③ 확률가중모멘트법: 매개변수 추정 시 확률분포형의 매개변수 추정에 보다 안정적인 결과를 얻을 수 있는 방법.

58 정수역학에 관한 설명으로 틀린 것은?

① 정수 중에는 전단응력이 발생된다.
② 정수 중에는 인장응력이 발생되는 않는다.
③ 정수압은 항상 벽면에 직각방향으로 작용한다.
④ 정수 중의 한 점에 작용하는 정수압은 모든 방향에서 균일하게 작용한다.

해설 정수역학
정수 중에서는 유체입자의 상대적인 속도차가 없으므로 전단응력이 발생되지 않는다.

59 수심이 1.2m인 수조의 밑바닥에 길이 4.5m, 지름 2cm인 원형관이 연직으로 설치되어있다. 최초에 물이 배수되기 시작할 때 수조의 밑바닥에서 0.5m 떨어진 연직관 내의 수압은?
(단, 물의 단위중량은 9.81kN/m³이며, 손실은 무시한다.)

① 49.05kN/m² ② −49.05kN/m²
③ 39.24kN/m² ④ −39.24kN/m²

해설 베르누이 방정식

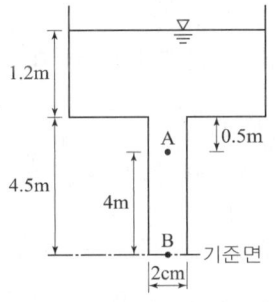

1) A와 B점의 관의 지름이 동일하므로 $V_A = V_B$
2) A와 B점에 베르누이 정리를 적용하면

$$Z_A + \frac{P_A}{w} + \frac{V_A^2}{2g} = Z_B + \frac{P_B}{w} + \frac{V_B^2}{2g}$$

$$Z_A + \frac{P_A}{w} = Z_B + \frac{P_B}{w} \Rightarrow 4 + \frac{P_A}{9.81} = 0 + 0$$

$$\therefore P_A = -4 \times 9.81 = -39.24 \text{kN/m}^2$$

해답 55. ③ 56. ③ 57. ② 58. ① 59. ④

60 어느 유역에 1시간 동안 계속되는 강우기록이 아래 표와 같을 때 10분 지속 최대강우강도는?

시간(분)	0	0~10	10~20	20~30	30~40	40~50	50~60
우량(mm)	0	3.0	4.5	7.0	6.0	4.5	6.0

① 5.1mm/h ② 7.0mm/h
③ 30.6mm/h ④ 42.0mm/h

해설 최대강우강도
1) 10분 지속 최대강우량은 7.0mm이다.
2) 최대강우강도
$$I = \frac{7.0\text{mm}}{10\text{분}} \times \frac{60\text{분}}{1\text{h}} = \frac{42\text{mm}}{\text{h}}$$

철근콘크리트 및 강구조

61 단철근 직사각형 보에서 $f_{ck}=38\text{MPa}$인 경우, 콘크리트 등가 직사각형 압축응력블록의 깊이를 나타내는 계수 β_1은?

① 0.74 ② 0.76
③ 0.80 ④ 0.85

해설 콘크리트 등가 직사각형 압축응력 블록 깊이(a)
1) $f_{ck} \leq 40\text{MPa}$이므로, $\beta = 0.4$
2) $\beta_1 = 2\beta = 2 \times 0.4 = 0.8$

62 표준갈고리를 갖는 인장 이형철근의 정착에 대한 설명으로 틀린 것은?
(단, d_b는 철근의 공칭지름이다.)

① 갈고리는 압축을 받는 경우 철근정착에 유효하지 않는 것으로 보아야 한다.
② 정착길이는 위험단면부터 갈고리의 외측 단부까지 거리로 나타낸다.
③ D35 이하 180° 갈고리 철근에서 정착길이 구간을 $3d_b$ 이하 간격으로 띠철근 또는 스터럽이 정착되는 철근을 수직으로 둘러싼 경우에 보정계수는 0.7이다.
④ 기본 정착 길이에 보정계수를 곱하여 정착길이를 계산하는 데 이렇게 구한 정착길이는 항상 $8d_b$ 이상, 또한 150mm 이상이어야 한다.

해설 표준갈고리를 갖는 인장 이형철근의 정착
D35이하 180° 갈고리 철근에서 정착길이 구간을 $3d_b$ 이하 간격으로 띠철근 또는 스터럽이 정착되는 철근을 수직으로 둘러싼 경우에 보정계수는 0.8이다.

63 프리스트레스를 도입할 때 일어나는 손실(즉시손실)의 원인은?

① 콘크리트의 크리프
② 콘크리트의 건조수축
③ 긴장재 응력의 릴랙세이션
④ 포스트텐션 긴장재와 덕트 사이의 마찰

해설 프리스트레스 손실
1) 프리스트레스 도입 시 손실: 콘크리트의 탄성수축, 정착단의 활동, 긴장재와 덕트사이의 마찰.
2) 프리스트레스 도입 후 손실: 콘크리트 크리프, 콘크리트 건조수축, 긴장재 응력의 릴랙세이션.

64 콘크리트 설계기준압축강도가 28MPa, 철근의 설계기준항복강도 400MPa로 설계된 길이가 7m인 양단 연속보에서 처짐을 계산하지 않는 경우 보의 최소두께는?
(단, 보통중량콘크리트($m_c = 2,300\text{kg/m}^3$)이다.)

① 275mm ② 334mm
③ 379mm ④ 438mm

해설 처짐을 계산하지 않는 경우의 양단 연속보의 최소두께(h)
1) 보의 최소두께는 $\frac{l}{21}$이고, f_y가 400MPa이 아닌 경우 $\left(0.43 + \frac{f_y}{700}\right)$를 곱하여 구한다.
2) $h = \frac{l}{21} = \frac{7,000}{21} = 333.33\text{mm}$
∴ $h = 334\text{mm}$

해답 60. ④ 61. ③ 62. ③ 63. ④ 64. ②

65 철근콘크리트의 강도설계법을 적용하기 위한 설계 가정으로 틀린 것은?

① 철근과 콘크리트의 변형률은 중립축부터 거리에 비례한다.
② 인장 측 연단에서 철근의 극한변형률은 0.003으로 가정한다.
③ 콘크리트 압축연단의 극한변형률은 콘크리트의 설계기준압축강도가 40MPa 이하인 경우에는 0.0033으로 가정한다.
④ 철근의 응력이 설계기준항복강도(f_y) 이하일 때 철근의 응력은 그 변형률에 철근의 탄성계수(E_s)를 곱한 값으로 한다.

해설 강도설계법의 기본가정 (인장 측 연단에서 철근의 변형률)
1) 철근의 응력이 철근의 설계기준 항복강도 이하인 경우
$$f_s \leq f_y \Rightarrow \varepsilon_s = \frac{f_s}{E_s}$$
2) 철근의 응력이 철근의 설계기준 항복강도를 초과 시
$$f_s > f_y \Rightarrow \varepsilon_s = \varepsilon_y = \frac{f_y}{E_s}$$

66 강도설계법에서 구조의 안전을 확보하기 위해 사용되는 강도감소계수(ϕ) 값으로 틀린 것은?

① 인장지배 단면: 0.85
② 포스트텐션 정착구역: 0.70
③ 전단력과 비틀림모멘트를 받는 부재: 0.75
④ 압축지배 단면 중 띠철근으로 보강된 철근콘크리트 부재: 0.65

해설 강도감소계수(ϕ)
포스트텐션 정착구역: $\phi = 0.85$

67 연속보 또는 1방향 슬래브의 휨모멘트와 전단력을 구하기 위해 근사해법을 적용할 수 있다. 근사해법을 적용하기 위해 만족하여야 하는 조건으로 틀린 것은?

① 등분포 하중이 작용하는 경우
② 부재의 단면 크기가 일정한 경우
③ 활하중이 고정하중의 3배를 초과하는 경우
④ 인접 2경간의 차이가 짧은 경간의 20% 이하인 경우

해설 연속보 또는 1방향 슬래브의 근사해법
활하중이 고정하중의 3배를 초과하지 않는 경우.

68 순간 처짐이 20mm 발생한 캔틸레버 보에서 5년 이상의 지속하중에 의한 총 처짐은?
(단, 보의 인장 철근비는 0.02, 받침부의 압축철근비는 0.01이다.)

① 26.7mm   ② 36.7mm
③ 46.7mm   ④ 56.7mm

해설 총 처짐량
1) ξ (5년 이상) = 2.0
2) 장기 처짐 계수
$$\lambda_\Delta = \frac{\xi}{1+50\rho'} = \frac{2.0}{1+50\times 0.01} = 1.333$$
3) 장기처짐=순간처짐×λ_Δ = 20×1.333=26.67mm
4) 총 처짐량=순간 처짐+장기 처짐
= 20+26.67 ≒ 46.7mm

69 그림과 같은 단면을 갖는 지간 20m의 PSC보에 PS 강재가 200mm의 편심거리를 가지고 직선배치 되어있다. 자중을 포함한 계수등분포하중 16kN/m가 보에 작용할 때 보중앙단면의 콘크리트 상연응력은?
(단, 유효 프리스트레스 힘(P_e)은 2,400kN이다.)

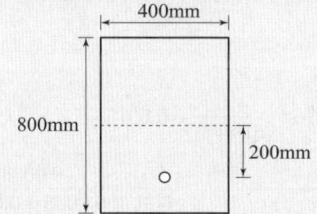

① 6MPa   ② 9MPa
③ 12MPa ④ 15MPa

해설 PSC보의 응력계산
1) $A = bh$, $M = \frac{wL^2}{8}$, $Z = \frac{bh^2}{6}$
2) $f = \frac{P_e}{A} - \frac{P_e \cdot e}{Z} + \frac{M}{Z}$

$$= \frac{2,400\times 10^3}{400\times 800} - \frac{2,400\times 10^3 \times 200}{\frac{400\times 800^2}{6}} + \frac{\frac{16\times 20^2 \times 10^6}{8}}{\frac{400\times 800^2}{6}}$$

= 15MPa

해답 65. ② 66. ② 67. ③ 68. ③ 69. ④

★★★

70 그림과 같은 맞대기 용접의 이음부에 발생하는 응력의 크기는?
(단, $P=360$kN, 강판두께$=12$mm)

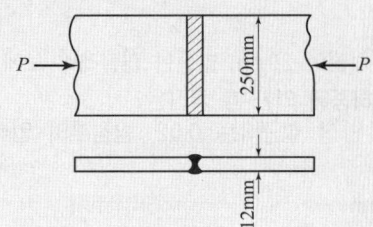

① 압축응력 $f_c = 14.4$MPa
② 인장응력 $f_t = 3,000$MPa
③ 전단응력 $\tau = 150$MPa
④ 압축응력 $f_c = 120$MPa

해설 용접부의 압축응력
1) $P = 360$kN $= 360,000$N
2) $f_c = \dfrac{P}{\sum al} = \dfrac{360,000}{12 \times 250} = 120$MPa

★★

71 유효깊이가 600mm인 단철근 직사각형 보에서 균형 단면이 되기 위한 압축연단에서 중립축까지의 거리는?
(단, $f_{ck}=28$MPa, $f_y=300$MPa, 강도설계법에 의한다.)

① 494.5mm   ② 412.5mm
③ 390.5mm   ④ 293.5mm

해설 균형 보
1) $\varepsilon_y = \dfrac{f_y}{E_s} = \dfrac{300}{200,000} = 0.0015$
2) $\dfrac{C_b}{d} = \dfrac{\varepsilon_{cu}}{\varepsilon_{cu} + \varepsilon_y} \Rightarrow \dfrac{C_b}{600} = \dfrac{0.0033}{0.0033 + 0.0015}$
   ∴ $C_b = 412.5$mm

★★★

72 보의 길이가 20m, 활동량이 4mm, 긴장재의 탄성계수 (E_p)가 200,000MPa일 때 프리스트레스의 감소량 (Δf_{an})은?
(단, 일단 정착이다.)

① 40MPa   ② 30MPa
③ 20MPa   ④ 15MPa

해설 프리스트레스 감소량
1) $l = 20$m $= 20,000$mm
2) $\Delta f_{an} = E_p \times \dfrac{\Delta l}{l} = 200,000 \times \dfrac{4}{20,000} = 40$MPa

★★★

73 그림과 같은 띠철근 기둥에서 띠철근의 최대 수직간격은?
(단, D10의 공칭직경은 9.5mm, D32의 공칭직경은 31.8mm이다.)

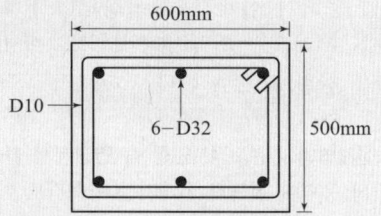

① 400mm   ② 456mm
③ 500mm   ④ 509mm

해설 띠철근 간격
1) 축방향 철근의 공칭직경$\times 16 = 31.8 \times 16 = 508.8$mm
2) 띠철근의 공칭직경$\times 48 = 9.5 \times 48 = 456$mm
3) 단면의 최소치수$= 500$mm
   ∴ 이 중 최솟값이 띠철근 간격: 456mm

★★

74 강판을 리벳(Rivet)이음할 때 지그재그로 리벳을 체결한 모재의 순폭은 총폭으로부터 고려하는 단면의 최초의 리벳 구멍에 대하여 그 지름을 공제하고 이하 순차적으로 다음 식을 각 리벳 구멍으로 공제하는데 이때의 식은?
(단, g: 리벳 선간의 거리, d: 리벳 구멍의 지름, p: 리벳 피치)

① $d - \dfrac{p^2}{4g}$ ② $d - \dfrac{g^2}{4p}$
③ $d - \dfrac{4p^2}{g}$ ④ $d - \dfrac{4g^2}{p}$

해설 모재의 순폭계산
리벳이 지그재그로 배치된 경우 최초구멍은 그 지름을 빼고, 다음 것에 대해서는 순차적으로 ($d - \dfrac{p^2}{4g}$)만큼 빼서 계산한다.

해답 70. ④ 71. ② 72. ① 73. ② 74. ①

★★
75 비틀림철근에 대한 설명으로 틀린 것은?
(단, A_{oh}는 가장 바깥의 비틀림 보강철근의 중심으로 닳혀진 단면적(mm²)이고, p_h는 가장 바깥의 횡방향 폐쇄스터럽 중심선의 둘레(mm)이다.)
① 횡방향 비틀림철근은 종방향 철근 주위로 135° 표준갈고리에 의해 정착하여야 한다.
② 비틀림모멘트를 받는 속빈 단면에서 횡방향 비틀림 철근의 중심선부터 내부 벽면까지의 거리는 $0.5 A_{oh}/p_h$ 이상이 되도록 설계하여야 한다.
③ 횡방향 비틀림철근의 간격은 $p_h/6$보다 작아야 하고, 또한 400mm 보다 작아야 한다.
④ 종방향 비틀림철근은 양단에 정착하여야 한다.

해설 비틀림철근

횡방향 비틀림철근의 간격은 $\dfrac{P_h}{8}$보다 작아야하고, 또한 300mm보다 작아야 한다.

★★
76 뒷부벽식 옹벽에서 뒷부벽을 어떤 보로 설계하여야 하는가?
① T형보   ② 단순보
③ 연속보   ④ 직사각형보

해설 부벽식 옹벽
1) 뒷부벽식 옹벽: 뒷 부벽을 T형 보로 설계한다.
2) 앞부벽식 옹벽: 앞 부벽을 직사각형 보로 설계한다.

★★★
77 직사각형 단면의 보에서 계수전단력 V_u=40kN을 콘크리트만으로 지지하고자 할 때 필요한 최소 유효깊이(d)는?
(단, 보통중량콘크리트이며, f_{ck}=25MPa, b_w=300mm이다.)
① 320mm   ② 348mm
③ 384mm   ④ 427mm

해설 전단철근을 사용하지 않는 경우의 단면설계
1) 강도감소계수: $\phi = 0.75$
2) 콘크리트에 의한 전단강도
$V_c = \dfrac{\lambda}{6}\sqrt{f_{ck}}\, b_w d = \dfrac{1}{6}\sqrt{25} \times 300 \times d = 250\,d$

3) 콘크리트만으로 계수전단력을 지지하는 경우의 조건은 $V_u \leq \dfrac{1}{2}\phi V_c$ 이므로
$40,000 = \dfrac{1}{2} \times 0.75 \times 250d$
$\therefore d = 427\text{mm}$

★★★
78 슬래브와 보가 일체로 타설된 비대칭 T형보(반 T형보)의 유효폭은?
(단, 플랜지 두께=100mm, 복부 폭=300mm, 인접보와의 내측 거리=1,600mm, 보의 경간=6.0m)
① 800mm   ② 900mm
③ 1,000mm   ④ 1,100mm

해설 비대칭 T형 보의 유효 폭
1) $6t_f + b_w = 6 \times 100 + 300 = 900\text{mm}$
2) 인접 보와의 내측거리$\times \dfrac{1}{2} + b_w$
$= \dfrac{1,600}{2} + 300 = 1,100\text{mm}$
3) 보의 경간$\times \dfrac{1}{12} + b_w = \dfrac{6,000}{12} + 300 = 800\text{mm}$
∴ 이 중 최솟값이 유효 폭 : 800mm

★
79 그림과 같은 인장철근을 갖는 보의 유효 깊이는?
(단, D19철근의 공칭단면적은 287mm²이다.)

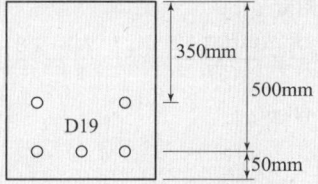

① 350mm   ② 410mm
③ 440mm   ④ 500mm

해설 보의 유효깊이
1) 유효깊이: 압축연단으로 부터 인장철근의 도심까지 거리
2) 유효깊이 계산: 압축연단을 기준 축으로 하여 단면1차 모멘트를 이용해 도심을 구한다.
$(2개 \times A_s \times y_1) + (3개 \times A_s \times y_2) = 5개 \times A_s \times d$
$d = \dfrac{(2개 \times 350) + (3개 \times 500)}{5개} = 440\text{mm}$

해답 75. ③   76. ①   77. ④   78. ①   79. ③

80 인장응력 검토를 위한 $L-150\times90\times12$인 형강(angle)의 전개한 총 폭(b_g)은?

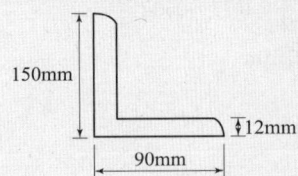

① 228mm ② 232mm
③ 240mm ④ 252mm

해설 L형강의 전개 총 폭(b_g)
$b_g = b_1 + b_2 - t = 150 + 90 - 12 = 228\text{mm}$

토질 및 기초

81 두께 9m의 점토층에서 하중강도 P_1일 때 간극비는 2.0이고 하중강도를 P_2로 증가시키면 간극비는 1.8로 감소되었다. 이 점토층의 최종 압밀 침하량은?

① 20cm ② 30cm
③ 50cm ④ 60cm

해설 압밀침하량
1) 점토층두께: $H = 9\text{m} = 900\text{cm}$
2) 압밀침하량
$$\frac{(e_1-e_2)}{1+e_1} = \frac{\Delta H = S_c}{H} \Rightarrow \frac{2.0-1.8}{1+2.0} = \frac{S_c}{900}$$
$\therefore S_c = 60\text{cm}$

82 지반개량공법 중 주로 모래질 지반을 개량하는데 사용되는 공법은?
① 프리로딩 공법
② 생석회 말뚝 공법
③ 페이퍼 드레인 공법
④ 바이브로 플로테이션 공법

해설 연약지반 개량공법
1) 점토지반 개량공법: 생석회 말뚝공법, 샌드드레인공법, 페이퍼드레인공법, 프리로딩공법 등.
2) 모래지반 개량공법: 전기충격공법, 폭파다짐공법, 바이브로플로테이션공법, 다짐모래말뚝공법 등.
3) 점토지반 개량공법은 치환, 탈수, 압밀 등으로 지반 개량하는 것이고, 모래지반 개량공법은 다짐, 진동, 폭파, 충격 등으로 지반을 개량한다.

83 포화된 점토에 대하여 비압밀비배수(UU) 시험을 하였을 때 결과에 대한 설명으로 옳은 것은?
(단, ϕ: 내부마찰각, c: 점착력)
① ϕ와 c가 나타나지 않는다.
② ϕ와 c가 모두 "0"이 아니다.
③ ϕ는 "0"이 아니지만 c는 "0"이다.
④ ϕ는 "0"이고 c는 "0"이 아니다.

해설 비압밀 비배수 시험(UU-Test)

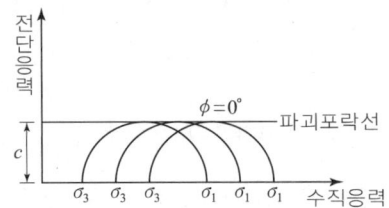

1) UU-Test에서 포화도 100%인 경우, 흙의 종류에 관계없이 파괴포락선이 수평($\phi=0°$)으로 작도된다.
2) 이때 전단강도(C)는 Mohr원의 반지름과 같다.

84 점토지반으로부터 불교란 시료를 채취하였다. 이 시료의 지름이 50mm, 길이가 100mm, 습윤 질량이 350g, 함수비가 40%일 때 이 시료의 건조밀도는?

① 1.78g/cm³ ② 1.43g/cm³
③ 1.27g/cm³ ④ 1.14g/cm³

해설 시료의 건조밀도(γ_d)
1) 시료의 부피: $V = \frac{\pi \times 5^2}{4} \times 10 = 195.35\text{cm}^3$
2) 습윤밀도: $\gamma_t = \frac{W}{V} = \frac{350\text{g}}{195.35} = 1.79\text{g/cm}^3$
3) 건조밀도: $\gamma_d = \frac{\gamma_t}{\left(1+\frac{w}{100}\right)} = \frac{1.79}{\left(1+\frac{40}{100}\right)} \fallingdotseq 1.27\text{g/cm}^3$

해답 80. ① 81. ④ 82. ④ 83. ④ 84. ③

85 말뚝의 부주면마찰력에 대한 설명으로 틀린 것은?

① 연약한 지반에서 주로 발생한다.
② 말뚝 주변의 지반이 말뚝보다 더 침하될 때 발생한다.
③ 말뚝주면에 역청 코팅을 하면 부주면 마찰력을 감소시킬 수 있다.
④ 부주면마찰력의 크기는 말뚝과 흙 사이의 상대적인 변위속도와는 큰 연관성이 없다.

해설 부주면 마찰력
1) 연약지반위에 성토를 하면 부주면 마찰력이 발생하여 말뚝의 지지력은 감소한다.
2) 부주면 마찰력의 크기는 말뚝과 흙 사이의 상대적인 변위속도차가 클수록 증가한다.

86 말뚝기초에 대한 설명으로 틀린 것은?

① 군항은 전달되는 응력이 겹쳐지므로 말뚝 1개의 지지력에 말뚝 개수를 곱한 값보다 지지력이 크다.
② 동역학적 지지력 공식 중 엔지니어링 뉴스 공식의 안전율(F_s)은 6이다.
③ 부주면마찰력이 발생하면 말뚝의 지지력은 감소한다.
④ 말뚝기초는 기초의 분류에서 깊은 기초에 속한다.

해설 말뚝기초
1) 군항은 전달되는 응력이 겹쳐지므로 인해 단항보다 말뚝의 지지력이 작다.
2) 군항의 허용지지력=효율×말뚝1개의 허용지지력×말뚝 수
3) 단항의 허용지지력=말뚝1개의 허용지지력×말뚝 수

87 그림과 같이 폭이 2m, 길이가 3m인 기초에 100kN/m²의 등분포 하중이 작용할 때, A점 아래 4m 깊이에서의 연직응력 증가량은?
(단, 아래 표의 영향계수 값을 활용하여 구하며, $m = \frac{B}{z}$, $n = \frac{L}{z}$이고, B는 직사각형 단면의 폭, L은 직사각형 단면의 길이, z는 토층의 깊이이다.)

【영향계수(I) 값】

m	0.25	0.5	0.5	0.5
n	0.5	0.25	0.75	1.0
I	0.048	0.048	0.115	0.122

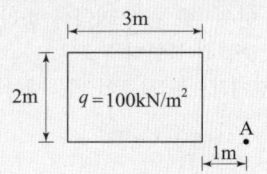

① 6.7kN/m²
② 7.4kN/m²
③ 12.2kN/m²
④ 17.0kN/m²

해설 지중응력 증가량($\Delta \sigma_z$)

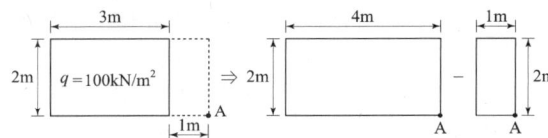

1) $B = 2m$, $L = 4m$인 경우
$m = \frac{B}{Z} = \frac{2}{4} = 0.5$, $n = \frac{L}{Z} = \frac{4}{4} = 1.0$
∴ $I_1 = 0.122$

2) $B = 2m$, $L = 1m$인 경우
$m = \frac{B}{Z} = \frac{2}{4} = 0.5$, $n = \frac{L}{Z} = \frac{1}{4} = 0.25$
∴ $I_2 = 0.048$

3) 지중응력 증가량($\Delta \sigma_z$)
$\Delta \sigma_z = qI_1 - qI_2 = q(I_1 - I_2)$
$= 100(0.122 - 0.048) = 7.4 \text{kN/m}^2$

해답 85. ④   86. ①   87. ②

88 기초가 갖추어야 할 조건이 아닌 것은?
① 동결, 세굴 등에 안전하도록 최소한의 근입깊이를 가져야 한다.
② 기초의 시공이 가능하고 침하량이 허용치를 넘지 않아야 한다.
③ 상부로부터 오는 하중을 안전하게 지지하고 기초지반에 전달하여야 한다.
④ 미관상 아름답고 주변에서 쉽게 구득할 수 있는 재료로 설계되어야 한다.

해설 기초의 구비조건
1) 최소 근입 깊이를 가져야 한다.
2) 침하량이 허용치를 넘지 않아야 한다.
3) 지지력이 충분해야 한다.
4) 기술적, 경제적으로 시공이 가능해야 한다.

89 평판재하시험에 대한 설명으로 틀린 것은?
① 순수한 점토지반의 지지력은 재하판 크기와 관계없다.
② 순수한 모래지반의 지지력은 재하판의 폭에 비례한다.
③ 순수한 점토지반의 침하량은 재하판의 폭에 비례한다.
④ 순수한 모래지반의 침하량은 재하판의 폭에 관계없다.

해설 평판재하시험(PBT)
1) 모래지반의 침하량:
$S_{(기초)} = S_{(재하판)} [\dfrac{2B_{(기초)}}{B_{(재하판)} + B_{(기초)}}]^2$
2) 모래지반의 침하량은 재하판의 폭이 커지면 약간 증가한다.

90 두께 2cm의 점토시료에 대한 압밀 시험결과 50%의 압밀을 일으키는데 6분이 걸렸다. 같은 조건하에서 두께 3.6m의 점토층 위에 축조한 구조물이 50%의 압밀에 도달하는데 며칠이 걸리는가?
① 1,350일   ② 270일
③ 135일   ④ 27일

해설 압밀시간(t)
1) 배수거리(d)
  ① 압밀시험의 배수거리: $\dfrac{2cm}{2} = 1cm$ (∵양면배수상태)
  ② 같은 조건 하에서 3.6m 점토층의 배수거리:
  $\dfrac{3.6m}{2} = 1.8m = 180cm$
2) 압밀시간(t): $t = \dfrac{T_{90}\, d^2}{C_v}$ 이므로, 압밀시간은 배수거리의 제곱에 비례한다.
  $t_1 : t_2 = d_1^2 : d_2^2 \Rightarrow 6분 : t_2 = 1^2 : 180^2$
  ∴ $t_2 = 194{,}400분 = 194{,}400분 \times \dfrac{1일}{24 \times 60분} = 135일$

91 비교적 가는 모래와 실트가 물속에서 침강하여 고리 모양을 이루며 작은 아치를 형성한 구조로 단립구조보다 간극비가 크고 충격과 진동에 약한 흙의 구조는?
① 봉소구조   ② 낱알구조
③ 분산구조   ④ 면모구조

해설 흙의 구조
1) 봉소구조는 아주 가는 모래와 실트가 물속에서 침강하여 아치 형태로 결합되어 있는 구조로
2) 공극비가 크므로 비교적 진동, 충격에 약하다.

92 아래 그림과 같은 흙의 구성도에서 체적 V를 1로 했을 때의 간극의 체적은?
(단, 간극률은 n, 함수비는 w, 흙입자의 비중은 G_s, 물의 단위중량은 γ_w)

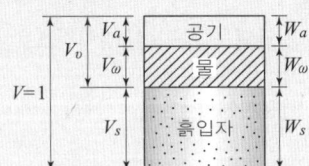

① n ② wG_s
③ $\gamma_w(1-n)$ ④ $[G_s - n(G_s - 1)]\gamma_w$

해설 흙의 3상
간극률(n): $n = \dfrac{V_v}{V} \Rightarrow n = \dfrac{V_v}{1}$
∴ $n = V_v$

해답 88. ④   89. ④   90. ③   91. ①   92. ①

93. 유선망의 특징에 대한 설명으로 틀린 것은?
① 각 유로의 침투수량은 같다.
② 동수경사는 유선망의 폭에 비례한다.
③ 인접한 두 등수두선 사이의 수두손실은 같다.
④ 유선망을 이루는 사변형은 이론상 정사각형이다.

해설 유선망의 특징
침투속도 및 동수경사는 유선망의 폭에 반비례한다.

94. 벽체에 작용하는 주동토압을 P_a, 수동토압을 P_p, 정지토압을 P_o라 할 때 크기의 비교로 옳은 것은?
① $P_a > P_p > P_o$
② $P_p > P_o > P_a$
③ $P_p > P_a > P_o$
④ $P_o > P_a > P_p$

해설 토압
1) 토압의 크기: $P_p > P_0 > P_a$
2) 토압계수의 크기: $K_p > K_0 > K_a$

95. 그림과 같이 3개의 지층으로 이루어진 지반에서 토층에 수직한 방향의 평균 투수계수(K_v)는?

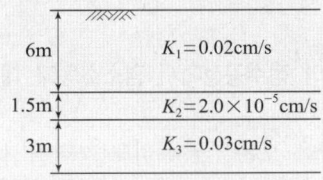

① 2.516×10^{-6} cm/s
② 1.274×10^{-5} cm/s
③ 1.393×10^{-4} cm/s
④ 2.0×10^{-2} cm/s

해설 수직방향의 평균투수계수(K_v)

$$K_v = \frac{H}{\frac{H_1}{K_1} + \frac{H_2}{K_2} + \frac{H_3}{K_3}} = \frac{600 + 150 + 300}{\frac{600}{0.02} + \frac{150}{2.0 \times 10^{-5}} + \frac{300}{0.03}}$$

∴ $K_v = 1.393 \times 10^{-4}$ cm/sec

96. 응력경로(stress path)에 대한 설명으로 틀린 것은?
① 응력경로는 특성상 전응력으로만 나타낼 수 있다.
② 응력경로란 시료가 받는 응력의 변화과정을 응력공간에 궤적으로 나타낸 것이다.
③ 응력경로는 Mohr의 응력원에서 전단응력이 최대인 점을 연결하여 구한다.
④ 시료가 받는 응력상태에 대한 응력경로는 직선 또는 곡선으로 나타난다.

해설 응력경로
응력경로는 특성상 전 응력 경로와 유효응력 경로로 나타낼 수 있다.

97. 암반층 위에 5m 두께의 토층이 경사 15°의 자연사면으로 되어 있다. 이 토층의 강도정수 $c = 15$kN/m², $\phi = 30°$이며, 포화단위중량(γ_{sat})은 18kN/m³이다. 지하수면은 토층의 지표면과 일치하고 침투는 경사면과 대략 평행이다. 이때 사면의 안전율은?
(단, 물의 단위중량은 9.81kN/m³이다.)
① 0.85
② 1.15
③ 1.65
④ 2.05

해설 무한사면의 안정
1) 전단강도($C + \bar{\sigma}\tan\phi$)
① $C = 15$kN/m²
② $\sigma = \gamma_{sat} h \cos^2\beta = 18 \times 5 \times \cos^2 15°$
= 83.97kN/m²
③ $u = \gamma_w h \cos^2\beta = 9.81 \times 5 \times \cos^2 15°$
= 45.76kN/m²
④ $\bar{\sigma}\tan\phi = (\sigma - u)\tan\phi$
= (83.97 - 45.76)tan30° = 22.06kN/m²

2) 전단응력
$\tau = \gamma_{sat} h \sin\beta \cos\beta$
= 18 × 5 × sin15° × cos15° = 22.5kN/m²

3) 안전율
$F_s = \frac{C + \bar{\sigma}\tan\phi}{\tau} = \frac{15 + 22.06}{22.5} = 1.65$

해답 93. ② 94. ② 95. ③ 96. ① 97. ③

98 모래시료에 대해서 압밀배수 삼축압축시험을 실시하였다. 초기 단계에서 구속응력(σ_3)은 100kN/m²이고, 전단파괴시에 작용된 축차응력(σ_{df})은 200kN/m²이었다. 이와 같은 모래시료의 내부마찰각(ϕ) 및 파괴면에 작용하는 전단응력(τ_f)의 크기는?

① $\phi=30°$, $\tau_f=115.47$kN/m²
② $\phi=40°$, $\tau_f=115.47$kN/m²
③ $\phi=30°$, $\tau_f=86.60$kN/m²
④ $\phi=40°$, $\tau_f=86.60$kN/m²

해설 삼축압축시험

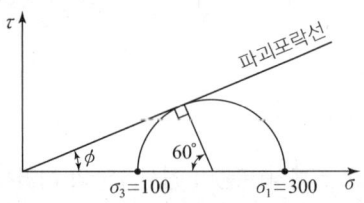

1) 축차응력: $\sigma_{df}=\sigma_1-\sigma_3=200$kN/m²
2) 최소주응력=구속응력: $\sigma_3=100$kN/m²,
3) 최대주응력: $\sigma_1=\sigma_3+(\sigma_1-\sigma_3)$
   $=100+200=300$kN/m²
4) 모래시료의 내부마찰각(ϕ)

$$\sin\phi=\dfrac{\dfrac{\sigma_1-\sigma_3}{2}}{\dfrac{\sigma_1+\sigma_3}{2}}=\dfrac{\dfrac{300-100}{2}}{\dfrac{300+100}{2}}$$

$$\therefore \phi=\sin^{-1}\left(\dfrac{100}{200}\right)=30°$$

5) 파괴 면에 작용하는 전단응력
$$\tau_f=\dfrac{\sigma_1-\sigma_3}{2}\sin 60°=\dfrac{200}{2}\sin 60°=86.6\text{kN/m}^2$$

99 흙의 다짐시험에서 다짐에너지를 증가시킬 때 일어나는 결과는?
① 최적함수비는 증가하고, 최대건조 단위중량은 감소한다.
② 최적함수비는 감소하고, 최대건조 단위중량은 증가한다.
③ 최적함수비와 최대건조단위중량이 모두 감소한다.
④ 최적함수비와 최대건조단위중량이 모두 증가한다.

해설 흙의 다짐
다짐에너지를 증가하면 최적함수비는 감소하고 최대건조 단위중량은 증가한다.

100 토립자가 둥글고 입도분포가 나쁜 모래 지반에서 표준관입시험을 한 결과 N값은 10이었다. 이 모래의 내부마찰각(ϕ)을 Dunham의 공식으로 구하면?
① 21° ② 26°
③ 31° ④ 36°

해설 흙의 내부마찰각(ϕ)
1) C의 값
   ① 토립자가 둥글고 입도분포가 나쁜 경우: $C=15°$
   ② 토립사가 둥글고 입도분포가 좋은 경우: $C=20°$
   ③ 토립자가 모나고 입도분포가 나쁜 경우: $C=20°$
   ④ 토립자가 모나고 입도분포가 좋은 경우: $C=25°$
2) 흙의 내부마찰각(ϕ)
$$\phi=\sqrt{12N}+C=\sqrt{12\times 10}+15°=26°$$

상하수도공학

101 상수도의 정수공정에서 염소소독에 대한 설명으로 틀린 것은?
① 염소살균은 오존살균에 비해 가격이 저렴하다.
② 염소소독의 부산물로 생성되는 THM은 발암성이 있다.
③ 암모니아성질소가 많은 경우에는 클로라민이 형성된다.
④ 염소요구량은 주입염소량과 유리 및 결합잔류염소량의 합이다.

해설 염소소독
1) 염소주입량=염소요구량+잔류염소량
2) 염소요구량=염소주입량－잔류염소량

해답 98. ③ 99. ② 100. ② 101. ④

102 집수매거(infiltration galleries)에 관한 설명으로 옳지 않은 것은?
① 철근콘크리트조의 유공관 또는 권선형 스크린관을 표준으로 한다.
② 집수매거 내의 평균유속은 유출단에서 1m/s 이하가 되도록 한다.
③ 집수매거의 부설방향은 표류수의 상황을 정확하게 파악하여 위수할 수 있도록 한다.
④ 집수매거는 하천부지의 하상 밑이나 구하천부지 등의 땅속에 매설하여 복류수나 자유수면을 갖는 지하수를 취수하는 시설이다.

해설 집수매거의 위치 및 구조
1) 집수매거의 부설방향은 복류수의 상황을 정확하게 파악하여 효율적으로 취수할 수 있도록 한다.
2) 집수매거는 복류수의 흐름방향에 대하여 지형이나 용지 등을 고려하여 가능한 한 직각으로 설치하는 것이 효율적이다.

103 수평으로 부설한 지름 400mm, 길이 1,500m의 주철관으로 20,000m³/day의 물이 수송될 때 펌프에 의한 송수압이 53.95N/cm²이면 관수로 끝에서 발생되는 압력은? (단, 관의 마찰손실계수 $f=0.03$, 물의 단위중량 $\gamma=9.81$kN/m³, 중력가속도 $g=9.8$m/s²)
① 3.5×10^5 N/m²
② 4.5×10^5 N/m²
③ 5.0×10^5 N/m²
④ 5.5×10^5 N/m²

해설 관로의 압력
1) $Q = \dfrac{20{,}000\text{m}^3}{\text{day}} \times \dfrac{1\text{day}}{24 \times 3{,}600\text{sec}} = 0.231\text{m}^3/\text{sec}$
2) $Q=AV$에서 $V=\dfrac{Q}{A}=\dfrac{0.231}{\dfrac{\pi \times 0.4^2}{4}}=1.838\text{m/sec}$
3) $h_L = f\dfrac{L}{d}\dfrac{v^2}{2g} = 0.03 \times \dfrac{1{,}500}{0.4} \times \dfrac{1.838^2}{2 \times 9.8} = 19.39\text{m}$
4) $\Delta P = wh_L = 9.81 \times 19.39 = 190\text{kN/m}^2 = 19\text{N/cm}^2$
5) 관로의 끝에서 압력=송수압$-\Delta P$
   $= 53.95 - 19 = 34.95\text{N/cm}^2 ≒ 3.5 \times 10^5\text{N/m}^2$

104 하수처리시설의 2차 침전지에 대한 내용으로 틀린 것은?
① 유효수심은 2.5~4m를 표준으로 한다.
② 침전지 수면의 여유고는 40~60cm 정도로 한다.
③ 직사각형인 경우 길이와 폭의 비는 3:1 이상으로 한다.
④ 표면부하율은 계획1일 최대오수량에 대하여 25~40m³/m²·day로 한다.

해설 하수 2차 침전지
표면부하율은 계획1일 최대오수량에 대하여 20~30m³/m²·day로 한다.

105 "A"시의 2021년 인구는 588,000명이며 연간 약 3.5%씩 증가하고 있다. 2027년도를 목표로 급수시설의 설계에 임하고자 한다. 1일 1인 평균급수량은 250L이고 급수율을 70%로 가정할 때 계획1일평균급수량은? (단, 인구추정식은 등비증가법으로 산정한다.)
① 약 126,500m³/day
② 약 129,000m³/day
③ 약 258,000m³/day
④ 약 387,000m³/day

해설 계획1일 평균급수량
1) 1일1인 평균급수량 $= \dfrac{250\text{L}}{\text{인·일}} = \dfrac{0.25\text{m}^3}{\text{인·일}}$
2) $P_n = P_0(1+r)^n = 588{,}000\left(1+\dfrac{3.5}{100}\right)^6 = 722{,}802$명
3) 급수인구=급수구역 내 총인구×급수율
   $= 722{,}802 \times \dfrac{70}{100} = 505{,}962$명
4) 계획1일 평균급수량
   = 1일1인 평균급수량 × 급수인구
   $= 0.25 \times 505{,}962 = 126{,}490\text{m}^3/\text{day}$
   ∴ 계획1일 평균급수량은 126,500m³/day으로 한다.

해답 102. ③ 103. ① 104. ④ 105. ①

106 운전 중인 펌프의 토출량을 조절할 때 공동현상을 일으킬 우려가 있는 것은?
① 펌프의 회전수를 조절한다.
② 펌프의 운전대수를 조절한다.
③ 펌프의 흡입측 밸브를 조절한다.
④ 펌프의 토출측 밸브를 조절한다.

해설 펌프의 공동현상 방지법
1) 흡입 측 밸브를 조절하여 펌프의 토출량을 감소시키는 일은 절대 피해야한다.
2) 펌프의 설치위치를 되도록 낮게 하고, 흡입양정을 작게한다.
3) 흡입관은 짧게, 흡입관을 크게 하여 손실수두를 감소시킨다.

107 원수수질 상황과 정수수질 관리목표를 중심으로 정수방법을 선정할 때 종합적으로 검토하여야 할 사항으로 틀린 것은?
① 원수수질
② 원수시설의 규모
③ 정수시설의 규모
④ 정수수질의 관리목표

해설 정수방법 선정 시 선정조건
1) 원수수질
2) 정수수질의 관리목표
3) 정수시설의 규모
4) 정수시설의 운전제어와 유지관리 기술의 수준

108 하수도의 계획오수량 산정 시 고려할 사항이 아닌 것은?
① 계획오수량 산정 시 산업폐수량을 포함하지 않는다.
② 오수관로는 계획시간최대오수량을 기준으로 계획한다.
③ 합류식에서 하수의 차집관로는 우천 시 계획오수량을 기준으로 계획한다.
④ 우천 시 계획오수량 산정 시 생활오수량 외 우천 시 오수관로에 유입되는 빗물의 양과 지하수의 침입량을 추정하여 합산한다.

해설 계획오수량
계획오수량 = 생활오수량+산업폐수량+지하수량

109 주요 관로별 계획하수량으로서 틀린 것은?
① 오수관로 : 계획시간최대오수량
② 차집관로 : 우천 시 계획오수량
③ 우수관로 : 계획우수량 + 계획오수량
④ 합류식 관로 : 계획시간최대오수량 + 계획우수량

해설 하수관거의 계획하수량
우수관로는 계획우수량으로 계획한다.

110 하수도시설에서 펌프의 선정기준 중 틀린 것은?
① 전양정이 5m 이하이고 구경이 400mm 이상인 경우는 축류펌프를 선정한다.
② 전양정이 4m 이상이고 구경이 80mm 이상인 경우는 원심펌프를 선정한다.
③ 전양정이 5~20m이고 구경이 300mm 이상인 경우 원심사류펌프를 선정한다.
④ 전양정이 3~12m이고 구경이 400mm 이상인 경우는 원심펌프를 선정한다.

해설 하수도 펌프의 선정

형식	전양정	펌프구경
원심력 펌프	4m 이상	80mm 이상
사류펌프	3~12m 이상	400mm 이상
축류펌프	5m 이하	400mm 이상
원심-사류 펌프	5~20m 이상	300mm 이상

해답 106. ③ 107. ② 108. ① 109. ③ 110. ④

111 아래 펌프의 표준특성 곡선에서 양정을 나타내는 것은?
(단, Ns: 100~250)

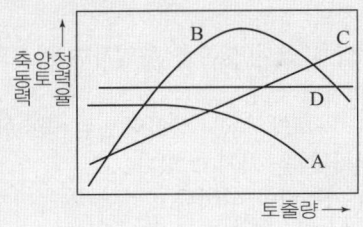

① A ② B
③ C ④ D

해설 펌프의 특성곡선
1) 펌프의 특성곡선: 양정, 축동력, 효율과 토출량과의 관계 곡선
2) A곡선: 펌프의 양정 곡선
   B곡선: 펌프의 효율 곡선
   C곡선: 펌프의 축 동력 곡선

112 양수량이 15.5m³/min이고 전양정이 24m일 때, 펌프의 축동력은?
(단, 펌프의 효율은 80%로 가정한다.)
① 4.65kW ② 7.58kW
③ 46.57kW ④ 75.95kW

해설 펌프의 축동력(P_s)
1) $Q = \dfrac{15.5\text{m}^3}{\text{min}} \times \dfrac{1\text{min}}{60\text{sec}} = 0.2583\text{m}^3/\text{sec}$
2) $P_s = 9.8 \dfrac{QH_t}{\eta} = 9.8 \dfrac{0.2583 \times 24}{0.8} = 75.95\text{kW}$

113 맨홀 설치 시 관경에 따라 맨홀의 최대 간격에 차이가 있다. 관로 직선부에서 관경 600mm 초과 1,000mm 이하에서 맨홀의 최대 간격 표준은?
① 60m ② 75m
③ 90m ④ 100m

해설 맨홀의 최대 간격

관경(mm)	300이하	600이하	1,000이하	1,500이하
설치간격(m)	30(특례)	75	100	150

114 수원의 구비요건으로 틀린 것은?
① 수질이 좋아야 한다.
② 수량이 풍부하여야 한다.
③ 가능한 한 낮은 곳에 위치하여야 한다.
④ 가능한 한 수돗물 소비지에서 가까운 곳에 위치하여야 한다.

해설 수원의 구비조건
수원은 가능한 한 자연유하식을 이용할 수 있는 높은 곳에 위치하여야 수리학적으로 좋다.

115 다음 중 저농도 현탁입자의 침전형태는?
① 단독침전 ② 응집침전
③ 지역침전 ④ 압밀침전

해설 침전형태
1) 단독침전: 저농도의 비응집성 입자의 단독침전
2) 응집침전: 응집성 입자의 플록응집침전
3) 지역침전: 입자의 농도에 의한 경계면 침전
4) 압축침전: 물리적인 경계면에 의한 기계적 압축, 탈수침전

116 계획우수량 산정 시 유입시간을 산정하는 일반적인 Kerby 식과 스에이시 식에서 각 계수와 유입시간의 관계로 틀린 것은?
① 유입시간과 지표면거리는 비례 관계이다.
② 유입시간과 지체계수는 반비례 관계이다.
③ 유입시간과 설계강우강도는 반비례 관계이다.
④ 유입시간과 지표면 평균경사는 반비례 관계이다.

해설 유입시간 산정 (Kerby 식)
1) Kerby 식의 유입시간(t_1)
$$t_1 = 1.44 \left(\dfrac{L \cdot n}{S^{\frac{1}{2}}} \right)^{0.467}$$
여기서, L: 지표면 거리, S: 지표면의 평균경사, n: 지체계수
2) 유입시간과 지체계수는 비례관계이다.

해답 111. ① 112. ④ 113. ④ 114. ③ 115. ① 116. ②

117 자연유하방식과 비교할 때 압송식 하수도에 관한 특징으로 틀린 것은?

① 불명수(지하수 등)의 침입이 없다.
② 하향식 경사를 필요로 하지 않는다.
③ 관로의 매설깊이를 낮게 할 수 있다.
④ 유지관리가 비교적 간편하고 관로 점검이 용이하다.

해설 펌프 압송식 하수도의 특징
유지관리가 까다롭고 관로 점검이 용이하지 않다.

118 염소 소독 시 생성되는 염소성분 중 살균력이 가장 강한 것은?

① OCl^-　　② $HOCl$
③ $NHCl_2$　　④ NH_2Cl

해설 염소소독
1) 유리염소: $HOCL$, OCL^-
2) 클로라민(결합형 잔류염소): NH_2CL, $NHCL_2$, NCl_3
3) 살균력의 크기: $HOCL > OCL^- >$ 클로라민

119 석회를 사용하여 하수를 응집 침전하고자 할 경우의 내용으로 틀린 것은?

① 콜로이드성 부유물질의 침전성이 향상된다.
② 알칼리도, 인산염, 마그네슘 등과도 결합하여 제거 시킨다.
③ 석회첨가에 의한 인 제거는 황산반토보다 슬러지 발생량이 일반적으로 적다.
④ 알칼리제를 응집보조제로 첨가하여 응집침전의 효과가 향상되도록 pH를 조정한다.

해설 석회첨가 응집 침전
석회첨가 응집 침전은 응집제 사용량이 많아지고, 취급이 까다롭고, 다른 금속염(황산반토) 첨가 법에 비해 훨씬 많은 슬러지를 발생시킨다.

120 정수처리의 단위 조작으로 사용되는 오존처리에 관한 설명으로 틀린 것은?

① 유기물질의 생분해성을 증가시킨다.
② 염소주입에 앞서 오존을 주입하면 염소의 소비량을 감소시킨다.
③ 오존은 자체의 높은 산화력으로 염소에 비하여 높은 살균력을 가지고 있다.
④ 인의 제거능력이 뛰어나고 수온이 높아져도 오존 소비량은 일정하게 유지된다.

해설 오존처리 특징
1) 미생물에 의하여 제거되도록 유기물을 부분적으로 산화시켜 난분해성 유기물질의 생분해성을 증가시킨다.
2) 염소주입에 앞서 오존을 주입하면 염소의 소비량을 감소시킨다.
3) 오존은 자체의 높은 산화력으로 염소에 비해 높은 살균력을 가지고 있어 병원성 미생물에 대한 소독시간을 단축할 수 있으나, 수온이 높아지면 오존 소비량이 증가하는 단점이 있다.

해답　117. ④　118. ②　119. ③　120. ④

MEMO

2022년 과년도출제문제

응용역학

★★

1 그림과 같이 이축응력을 받고 있는 요소의 체적변형률은?(단, 탄성계수(E)는 2×10^5MPa, 푸아송 비(ν)는 0.3이다.)

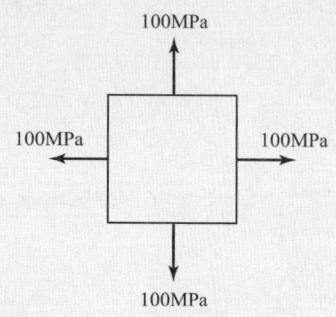

① 2.7×10^{-4} ② 3.0×10^{-4}
③ 3.7×10^{-4} ④ 4.0×10^{-4}

해설 체적변형률(ε_v)

$$\varepsilon_v = \frac{(1-2\nu)}{E}(\sigma_x+\sigma_y)$$

$$= \frac{(1-2\times 0.3)}{2\times 10^5}(100+100) = 4.0\times 10^{-4}$$

★★★

2 그림과 같은 단면의 단면 상승모멘트(I_{xy})는?

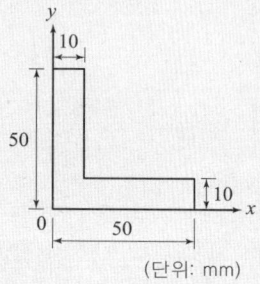

① 77,500mm⁴ ② 92,500mm⁴
③ 122,500mm⁴ ④ 157,500mm⁴

 단면 상승 모멘트 (I_{xy})

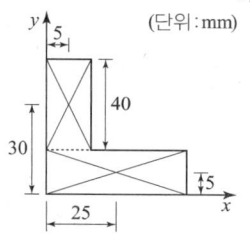

$I_{xy} = A\cdot x_0\cdot y_0$
$= (10\times 50)\times 25\times 5 + (10\times 40)\times 5\times 30$
$= 122,500\ mm^4$

여기서, x_0 : y축에서 도심까지 거리, y_0 : x축에서 도심까지 거리

★★★

3 그림과 같이 봉에 작용하는 힘들에 의한 봉 전체의 수직 처짐의 크기는?

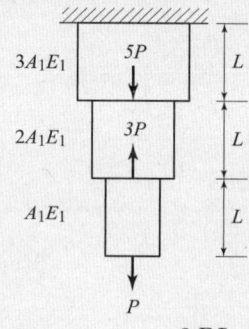

① $\dfrac{PL}{A_1E_1}$ ② $\dfrac{2PL}{3A_1E_1}$
③ $\dfrac{4PL}{3A_1E_1}$ ④ $\dfrac{3PL}{2A_1E_1}$

해설 수직 처짐

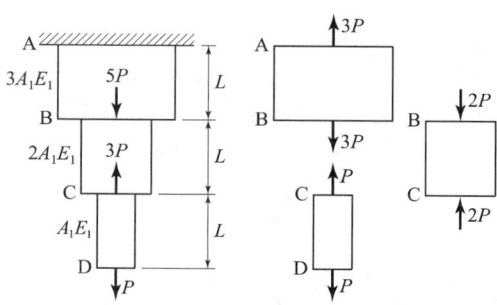

1) 자유물체도를 그린 다음 해석한다. 부호는 인장(+), 압축(−)로 한다.

2) $\delta = \dfrac{PL}{AE}$ 에서

$$\delta = \frac{(3P)L}{3A_1E_1} - \frac{(2P)L}{2A_1E_1} + \frac{(P)L}{A_1E_1}$$

$$= \frac{PL}{A_1E_1}$$

해답 1. ④ 2. ③ 3. ①

4 그림과 같은 구조물의 BD 부재에 작용하는 힘의 크기는?

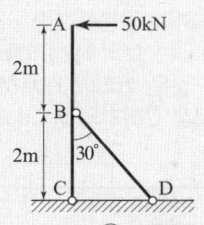

① 100kN ② 125kN
③ 150kN ④ 200kN

해설

$\sum M_c = 0$
$-50 \times 4 + BD \sin 30° \times 2 = 0 \Rightarrow \therefore BD = 200\,kN$

5 그림과 같은 와렌(warren) 트러스에서 부재력이 '0(영)'인 부재는 몇 개인가?

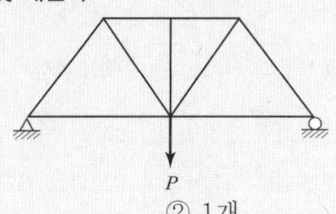

① 0개 ② 1개
③ 2개 ④ 3개

해설 트러스

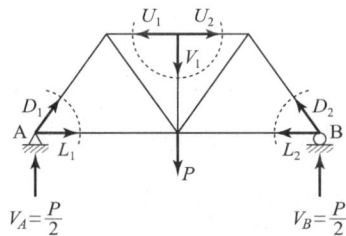

1) 절점에 3부재 결합 시 그 절점에 하중이 작용하지 않는 경우, 일직선으로 되어있는 부재의 부재력의 크기는 같고, 나머지 한 부재는 "0" 부재이다.
   $\therefore U_1 = U_2, \ V_1 = 0$
2) 절점에 2부재 결합 시 그 절점에 하중이 재하된 경우, 그 두 부재는 "0" 부재가 아니다.

6 전단응력도에 대한 설명으로 틀린 것은?

① 직사각형 단면에서는 중앙부의 전단응력도가 제일 크다.
② 원형 단면에서는 중앙부의 전단응력도가 제일 크다.
③ I형 단면에서는 상, 하단의 전단응력도가 제일 크다.
④ 전단응력도는 전단력의 크기에 비례한다.

해설 전단응력 특징

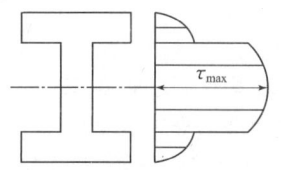

〈I형 단면의 전단응력도〉

1) 최대전단응력(τ_{max})
   ① 직사각형 단면 : $\tau_{max} = \dfrac{3}{2} \times \dfrac{S}{A}$
   ② 원형단면 : $\tau_{max} = \dfrac{4}{3} \times \dfrac{S}{A}$
2) I형 단면에서는 최대전단응력은 중립축에서 발생하고, 최소전단응력은 보의 상·하단에서 발생한다.

7 그림과 같은 2경간 연속보에 등분포 하중 $w = 4\,kN/m$가 작용할 때 전단력이 "0"이 되는 위치는 지점 A로부터 얼마의 거리(x)에 있는가?

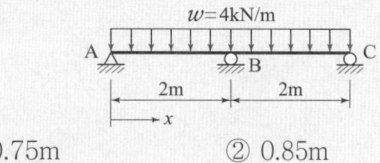

① 0.75m ② 0.85m
③ 0.95m ④ 1.05m

해설 변형일치법(연속보)

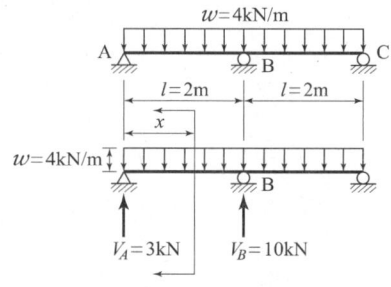

해답 4. ④ 5. ② 6. ③ 7. ①

1) 적합조건 $\delta_B = 0 \Rightarrow \dfrac{5w(2\ell)^4}{384EI} = \dfrac{V_B(2\ell)^3}{48EI}$

$\therefore V_B = \dfrac{5wl}{4} = \dfrac{5 \times 4 \times 2}{4} = 10\text{kN}$

2) $\sum M_c = 0$

$V_A \times 4 - 4 \times 4 \times 2 + 10 \times 2 = 0 \Rightarrow \therefore V_A = 3\text{kN}$

3) $S_x = 0$에서

$V_A - wx = 0 \Rightarrow 3 - 4x = 0$

$\therefore x = 0.75\text{m}$

★★★

8 그림과 같은 3힌지 아치의 중간 힌지에 수평하중 P가 작용할 때 A지점의 수직 반력(V_A)과 수평 반력(H_A)은?

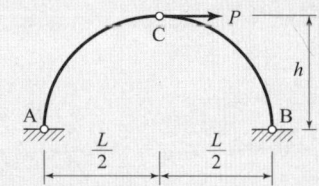

① $V_A = \dfrac{Ph}{L}(\uparrow),\ H_A = \dfrac{P}{2h}(\leftarrow)$

② $V_A = \dfrac{Ph}{L}(\downarrow),\ H_A = \dfrac{P}{2h}(\rightarrow)$

③ $V_A = \dfrac{Ph}{L}(\uparrow),\ H_A = \dfrac{P}{2}(\rightarrow)$

④ $V_A = \dfrac{Ph}{L}(\downarrow),\ H_A = \dfrac{P}{2}(\leftarrow)$

해설 3-hinge 아치

1) $\sum M_B = 0$

$V_A \times L + P \times h = 0 \Rightarrow \therefore V_A = -\dfrac{Ph}{L}(\downarrow)$

2) $\sum M_{CL} = 0$

$-V_A \times \dfrac{L}{2} - H_A \times h = 0 \Rightarrow \therefore H_A = -\dfrac{P}{2}(\leftarrow)$

★★

9 그림과 같이 단순지지된 보에 등분포하중 q가 작용하고 있다. 지점 C의 부모멘트와 보의 중앙에 발생하는 정모멘트의 크기를 같게 하여 등분포하중 q의 크기를 제한하려고 한다. 지점 C와 D는 보의 대칭거동을 유지하기 위하여 각각 A와 B로부터 같은 거리에 배치하고자 한다. 이때 보의 A점으로부터 지점 C까지의 거리(X)는?

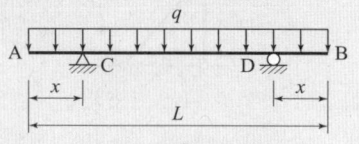

① 0.207L ② 0.250L
③ 0.333L ④ 0.444L

해설 양쪽 내민보

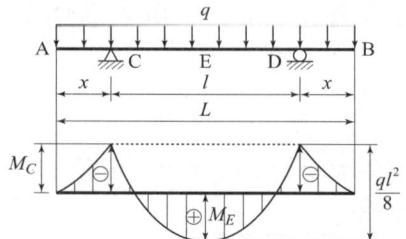

1) 최대 부모멘트 크기(C or D점): $M_C = \left|-\dfrac{qx^2}{2}\right|$

2) 최대 정모멘트 크기(E점): $M_E = \dfrac{q\ell^2}{8} - \dfrac{qx^2}{2}$

3) 최대 부모멘트 크기=최대 정모멘트 크기

① $\left|-\dfrac{qx^2}{2}\right| = \dfrac{q\ell^2}{8} - \dfrac{qx^2}{2} \Rightarrow \therefore x = 0.353\ell$

② $\ell = L - 2x$를 윗 식에 대입해서 정리하면

$\therefore x = 0.207L$

★

10 탄성 변형에너지(Elastic Strain Energy)에 대한 설명으로 틀린 것은?

① 변형에너지는 내적인 일이다.
② 외부하중에 의한 일은 변형에너지와 같다.
③ 변형에너지는 강성도가 클수록 크다.
④ 하중을 제거하면 회복될 수 있는 에너지이다.

해설 탄성변형에너지

1) 탄성변형에너지: $U = \displaystyle\int_0^L \dfrac{M_x^2}{2EI} dx$

2) 변형에너지는 강성도(EI)가 클수록 크다.

해답 8. ④ 9. ① 10. ③

11 그림에서 중앙점(C점)의 휨모멘트(M_c)는?

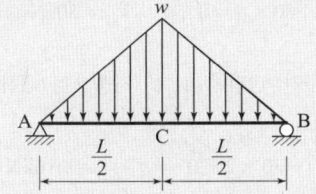

① $\frac{1}{20}wL^2$ ② $\frac{5}{96}wL^2$

③ $\frac{1}{6}wL^2$ ④ $\frac{1}{12}wL^2$

해설 단순보의 휨모멘트

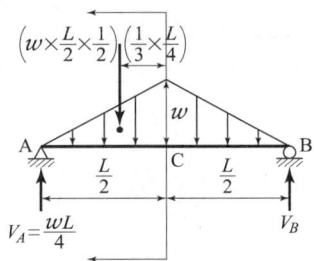

1) 대칭하중 이므로 ∴ $V_A = w \times \frac{L}{2} \times \frac{1}{2} = \frac{wL}{4}$

2) $M_c = \frac{wL}{4} \times \frac{L}{2} - \left(w \times \frac{L}{2} \times \frac{1}{2}\right)\left(\frac{1}{3} \times \frac{L}{2}\right) = \frac{wL^2}{12}$

12 단면이 200mm×300mm인 압축부재가 있다. 부재의 길이가 2.9m일 때 이 압축부재의 세장비는 약 얼마인가? (단, 지지상태는 양단 힌지이다.)

① 33   ② 50
③ 60   ④ 100

해설 세장비(λ)

1) 기둥의 유효길이: $\ell_k = k\ell = 1.0 \times 2.9\text{m} = 2,900\text{mm}$

2) 최소 단면2차반지름:
$\gamma_{min} = \sqrt{\frac{I_{min}}{A}} = \sqrt{\frac{\frac{300 \times 200^3}{12}}{200 \times 300}} = 57.735\text{mm}$

3) 세장비: $\lambda = \frac{\ell_k}{\gamma_{min}} \Rightarrow \lambda = \frac{2,900}{57.735} = 50$

13 그림과 같이 한 변이 a인 정사각형 단면의 $\frac{1}{4}$을 절취한 나머지 부분의 도심(C)의 위치(y_o)는?

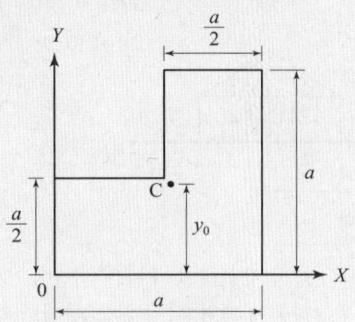

① $\frac{4}{12}a$ ② $\frac{5}{12}a$

③ $\frac{6}{12}a$ ④ $\frac{7}{12}a$

해설 도심

1) $A = \left(\frac{a}{2} \times a\right) + \left(\frac{a}{2} \times \frac{a}{2}\right) = \frac{3a^2}{4}$

2) $G_X = \left(a \times \frac{a}{2}\right)\left(\frac{a}{4}\right) + \left(\frac{a}{2} \times \frac{a}{2}\right)\left(\frac{a}{2} + \frac{a}{4}\right)$
$= \frac{5a^3}{16}$

3) $y_o = \frac{G_X}{A} = \frac{5a^3/16}{3a^2/4} = \frac{5a}{12}$

14 그림과 같은 구조물에서 하중이 작용하는 위치에서 일어나는 처짐의 크기는?

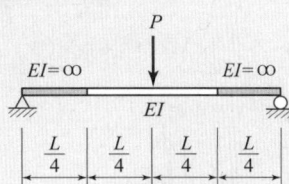

① $\frac{PL^3}{48EI}$ ② $\frac{PL^3}{96EI}$

③ $\frac{7PL^3}{384EI}$ ④ $\frac{11PL^3}{384EI}$

해답 11. ④   12. ②   13. ②   14. ③

해설   캔틸레버보의 처짐

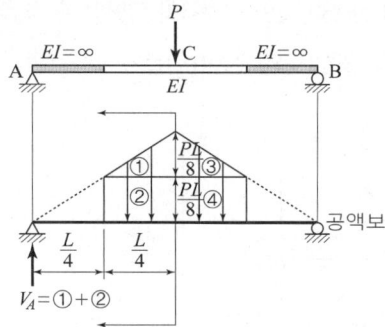

1) 휨강성(EI)이 무한대인 구간은 처짐이 발생하지 않으므로, 탄성하중이 재하 되지 않는 상태로 계산한다.

2) $V_A = ① + ②$ (∵대칭하중) $= \dfrac{3PL^2}{64}$

여기서, $① = \dfrac{1}{2} \cdot \dfrac{L}{4} \cdot \dfrac{PL}{8} = \dfrac{PL^2}{64}$, $② = \dfrac{L}{4} \cdot \dfrac{PL}{8} = \dfrac{PL^2}{32}$

3) $\delta_C = \dfrac{M_C}{EI}$
$= \dfrac{1}{EI}\left[\left(\dfrac{3PL^2}{64}\right)\left(\dfrac{L}{2}\right) - \left(\dfrac{PL^2}{64}\right)\left(\dfrac{1}{3} \times \dfrac{L}{4}\right) - \left(\dfrac{PL^2}{32}\right)\left(\dfrac{1}{2} \times \dfrac{L}{4}\right)\right]$
$= \dfrac{7PL^3}{384EI}$

★★
15 그림과 같은 게르버 보에서 A점의 반력은?

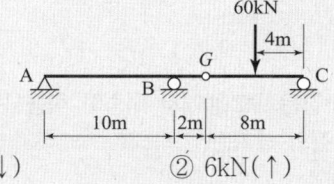

① 6kN(↓)   ② 6kN(↑)
③ 30kN(↓)   ④ 30kN(↑)

해설   게르버 보의 지점반력

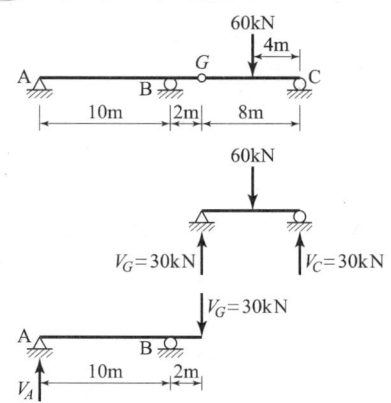

1) G-C 구간: 단순보로 가정하여 해석한다.
$\sum M_c = 0$
$V_G \times 8 - 60 \times 4 = 0 \Rightarrow \therefore V_G = 30\text{kN}$

2) A-G 구간: G점에 V_G를 하중으로 재하 한다.
$\sum M_B = 0$
$V_A \times 10 + 30 \times 2 = 0 \Rightarrow \therefore V_A = -6\text{kN}(↓)$

★★★
16 그림과 같은 부정정보의 A단에 작용하는 휨모멘트는?

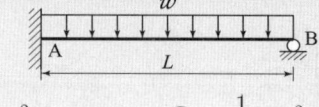

① $-\dfrac{1}{4}wL^2$ ② $-\dfrac{1}{8}wL^2$
③ $-\dfrac{1}{12}wL^2$ ④ $-\dfrac{1}{24}wL^2$

해설   부정정보의 해석(변위일치법)

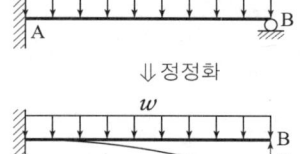

⇓정정화

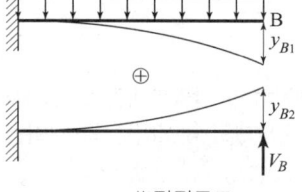

⇓정정구조

$V_B = \dfrac{3}{8}wL$

1) 적합조건 : B지점에서 처짐이 "0"이어야 된다.
$y_B = 0 \Rightarrow y_{B1} = y_{B2}$
$\dfrac{wL^4}{8EI} = \dfrac{V_B L^3}{3EI} \Rightarrow \therefore V_B = \dfrac{3wL}{8}$

2) A지점의 휨모멘트
$M_A = -(wL)\left(\dfrac{L}{2}\right) + \left(\dfrac{3wL}{8}\right)(L) = -\dfrac{wL^2}{8}$

해답 15. ①   16. ②

17 그림과 같이 단순보에 이동하중이 작용할 때 절대최대휨모멘트는?

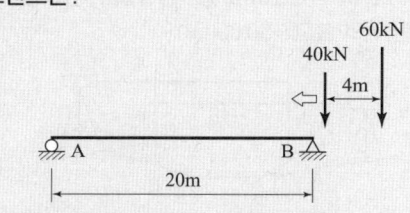

① 387.2kN·m　　② 423.2kN·m
③ 478.4kN·m　　④ 531.7kN·m

해설 절대최대 휨모멘트

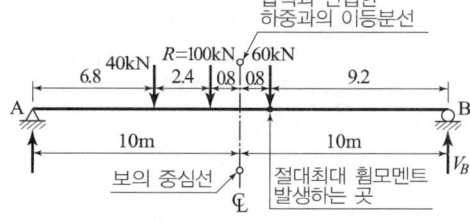

1) 합력의 크기: $R = 60+40 = 100$kN
2) 합력의 작용점위치:
   $100 \cdot x = 40 \times 4 \Rightarrow \therefore x = 1.6$m
3) 절대최대휨모멘트 발생 위치
   ① 합력과 인접한 하중(60kN)과의 이등분선($\frac{x}{2} = 0.8$m)을 작도한다.
   ② 그 이등분선과 보의 중심선과 일치시켰을 때, 합력과 인접한 하중(60kN)의 작용점에서 절대최대휨모멘트가 발생한다.
4) 절대최대휨모멘트($M_{b\max}$)
   $\sum M_A = 0$
   $-V_B \times 20 + 40 \times 6.8 + 60 \times 10.8 = 0$ or
   $-V_B \times 20 + 100 \times 9.2 = 0$
   $\therefore V_B = 46$kN
   $\therefore M_{b\max} = V_B \times 9.2\text{m} = 46 \times 9.2 = 423.2$ kN·m

18 그림과 같은 내민보에서 A점의 처짐은?
(단, $I = 1.6 \times 10^8$mm^4, $E = 2.0 \times 10^5$MPa이다.)

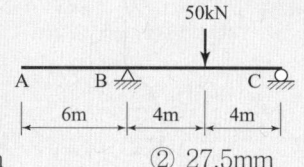

① 22.5mm　　② 27.5mm
③ 32.5mm　　④ 37.5mm

해설 내민보의 처짐
1) B지점의 처짐각
   $\theta_B = \frac{PL^2}{16EI} = \frac{50,000 \times 8,000^2}{16 \times 2.0 \times 10^5 \times 1.6 \times 10^8} = 0.00625$
   여기서, $P = 50$kN $= 50,000$N
2) A점의 처짐
   $y_A = \theta_B \times 6\text{m} = 0.00625 \times 6,000\text{mm} = 37.5\text{mm}$

19 그림과 같이 연결부에 두 힘 50kN과 20kN이 작용한다. 평형을 이루기 위한 두 힘 A와 B의 크기는?

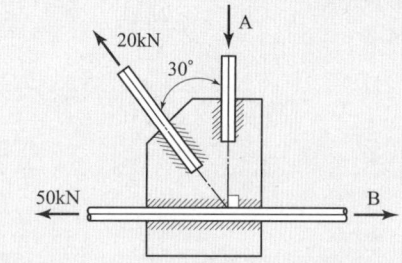

① $A = 10$kN,　　$B = 50 + \sqrt{3}$ kN
② $A = 50 + \sqrt{3}$ kN,　$B = 10$kN
③ $A = 10\sqrt{3}$ kN,　$B = 60$kN
④ $A = 60$kN,　　$B = 10\sqrt{3}$ kN

해설 힘의 평형
1) $\sum V = 0$
   $-A + 20\cos 30° = 0 \Rightarrow \therefore A = 10\sqrt{3}$ kN
   여기서, 부호는 상향(+), 하향: (−)
2) $\sum H = 0$
   $-50 - 20\sin 30° + B = 0 \Rightarrow \therefore B = 60$kN
   여기서, 부호는 우향(+), 좌향: (−)

해답　17. ②　18. ④　19. ③

② 2022년 과년도출제문제

20 바닥은 고정, 상단은 자유로운 기둥의 좌굴 형상이 그림과 같을 때 임계하중은?

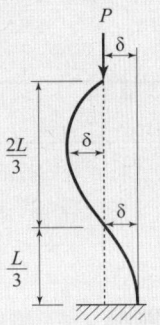

① $\dfrac{\pi^2 EI}{4L}$ ② $\dfrac{9\pi^2 EI}{4L^2}$

③ $\dfrac{13\pi^2 EI}{4L^2}$ ④ $\dfrac{25\pi^2 EI}{4L^2}$

해설 기둥의 임계하중

1) 유효좌굴길이: $l_k = \dfrac{2L}{3}$ or $\dfrac{L}{3}$ 둘 중 큰 값이다.

   $\therefore l_k = KL = \dfrac{2L}{3}$

2) 임계하중: $P_{cr} = \dfrac{\pi^2 EI}{l_k^2} = \dfrac{\pi^2 EI}{\left(\dfrac{2L}{3}\right)^2} = \dfrac{9\pi^2 EI}{4L^2}$

측량학

21 다음 중 완화곡선의 종류가 아닌 것은?

① 렘니스케이트 곡선
② 클로소이드 곡선
③ 3차 포물선
④ 배향 곡선

해설 완화곡선
1) 완화곡선: 직선도로와 원곡선 사이에 설치되는 매끄러운 곡선을 말한다.
2) 완화곡선종류: 클로소이드, 3차포물선, 렘니스케이트 곡선, 반파장 sine체감곡선.
3) 배향곡선: 반향곡선을 연속시켜 만든 머리핀 형태의 곡선으로 원곡선중의 하나이다.

22 그림과 같이 교호수준측량을 실시한 결과가 $a_1 = 0.63m$, $a_2 = 1.25m$, $b_1 = 1.15m$, $b_2 = 1.73m$ 이었다면, B점의 표고는? (단, A의 표고 = 50.00m)

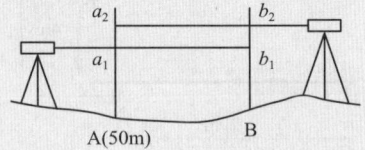

① 49.50m   ② 50.00m
③ 50.50m   ④ 51.00m

해설 교호수준측량

1) 표고차(h)
$$h = \dfrac{[(a_1 - b_1) + (a_2 - b_2)]}{2}$$
$$= \dfrac{[(0.63 - 1.15) + (1.25 - 1.73)]}{2} = -0.5m$$

2) B점의 표고
$\therefore H_B = H_A - h = 50.00 - 0.5 = 49.50\,m$

23 수심 h인 하천의 수면으로부터 0.2h, 0.4h, 0.6h, 0.8h인 곳에서 각각의 유속을 측정하여 0.562m/s, 0.521m/s, 0.497m/s, 0.364m/s의 결과를 얻었다면 3점법을 이용한 평균유속은?

① 0.474m/s   ② 0.480m/s
③ 0.486m/s   ④ 0.492m/s

해설 평균유속(3점법)

$$V_m = \dfrac{1}{4}(V_{0.2} + 2V_{0.6} + V_{0.8})$$
$$= \dfrac{1}{4}(0.562 + 2 \times 0.497 + 0.364) = 0.480\,m/s$$

24 GNSS가 다중주파수(multi-frequency)를 채택하고 있는 가장 큰 이유는?

① 데이터 취득 속도의 향상을 위해
② 대류권지연 효과를 제거하기 위해
③ 다중경로오차를 제거하기 위해
④ 전리층지연 효과의 제거를 위해

해설 GNSS측량
다중 주파수를 사용하는 이유: L_1, L_2 두 개의 주파수를 수신하는 것은 전리층의 전파지연이 주파수의 2승에 역 비례함을 이용하여 그 전파지연을 교정하기 위함이다.

해답 20. ②   21. ④   22. ①   23. ②   24. ④

25 측점간의 시통이 불필요하고 24시간 상시 높은 정밀도로 3차원 위치측정이 가능하며, 실시간 측정이 가능하여 항법용으로도 활용되는 측량방법은?

① NNSS 측량
② GNSS 측량
③ VLBI 측량
④ 토털스테이션 측량

해설 GNSS측량 장점
1) 기상조건에 영향을 받지 않고 관측점 간의 시통의 필요 없다.
2) 높은 정밀도로 3차원 위치측정이 가능하다.
3) 실시간 측정이 가능하고 24시간 상시 높은 정밀도를 유지한다.

27 그림과 같은 구역을 심프슨 제1법칙으로 구한 면적은? (단, 각 구간의 지거는 1m로 동일하다.)

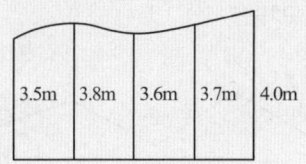

① 14.20m²
② 14.90m²
③ 15.50m²
④ 16.00m²

해설 심프슨 제1법칙
$$A = \frac{d}{3}[y_1 + y_n + 4(y_2 + y_4 \cdots) + 2(y_3 + y_5 \cdots)]$$
$$= \frac{1}{3}[3.5 + 4.0 + 4(3.8 + 3.7) + 2(3.6)] = 14.90 m^2$$

26 어떤 측선의 길이를 관측하여 다음 표와 같은 결과를 얻었다면 최확값은?

관측군	관측값(m)	관측횟수
1	40.532	5
2	40.537	4
3	40.529	6

① 40.530m
② 40.531m
③ 40.532m
④ 40.533m

해설 최확값
1) 경중률과 관측횟수는 비례한다.
$P_1 : P_2 : P_3 = 5 : 4 : 6$
2) 최확값
$$L_o = \frac{[PL]}{[P]} = \frac{5 \times 40.532 + 4 \times 40.537 + 6 \times 40.529}{5 + 4 + 6}$$
$$= 40.532m$$

28 단곡선을 설치할 때 곡선반지름이 250m, 교각이 116°23′, 곡선시점까지의 추가거리가 1,146m일 때 시단현의 편각은? (단, 중심말뚝 간격=20m)

① 0°41′15″
② 1°15′36″
③ 1°36′15″
④ 2°54′51″

해설 곡선설치법(편각법)
1) 시단 현 길이
중심말뚝은 20m간격으로 시공하므로 No 58 위치는 1,160m이다.
∴ l_1 = No58 − BC 시점까지의 추가거리
= 1,160 − 1,146 = 14m
2) 시단 현 편각
$$\delta_1 = \frac{l_1}{2R} \rho° = \frac{14}{2 \times 250} \times \frac{180°}{\pi} = 1°36′15″$$

해답 25. ② 26. ③ 27. ② 28. ③

29 그림과 같은 트래버스에서 AL의 방위각이 29° 40′ 15″, BM의 방위각이 320° 27′ 12″, 교각의 총합이 1,190° 47′ 32″일 때 각관측 오차는?

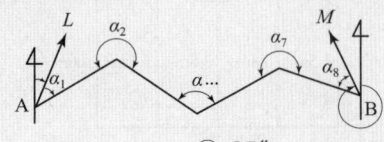

① 45″ ② 35″
③ 25″ ④ 15″

해설 결합트래버스의 각 관측오차
1) 측점 수: $n=5$
2) 각 관측오차
$$E_a = \omega_A - \omega_B + [a] - 180°(n-3)$$
$$= 29°40′15″ - 320°27′12″ + 1,190°47′32″$$
$$+ 180°(5-3) = 35″$$

30 지형측량을 할 때 기본 삼각점만으로는 기준점이 부족하여 추가로 설치하는 기준점은?
① 방향전환점 ② 도근점
③ 이기점   ④ 중간점

해설 도근점
이미 설치된 삼각점만으로는 그 수량이 불충분하여 새로이 측설 하는 보조기준점을 말한다.

31 지구반지름이 6,370km이고 거리의 허용오차가 $1/10^5$이면 평면측량으로 볼 수 있는 범위의 지름은?
① 약 69km ② 약 64km
③ 약 36km ④ 약 22km

해설 평면측량의 범위
1) 거리의 허용오차: $\dfrac{d-D}{D} = \dfrac{1}{10^5}$
2) 평면측량의 범위
$$\dfrac{d-D}{D} = \dfrac{D^2}{12R^2} \Rightarrow \dfrac{1}{10^5} = \dfrac{D^2}{12 \times 6,370^2}$$
$$\therefore D ≒ 69 \text{km}$$

32 그림과 같은 수준망을 각각의 환에 따라 폐합오차를 구한 결과가 표와 같고 폐합오차의 한계가 $\pm 1.0\sqrt{S}$cm일 때 우선적으로 재 관측할 필요가 있는 노선은?
(단, S : 거리[km])

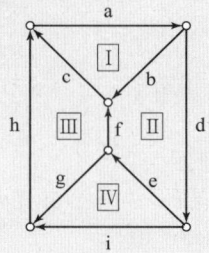

환	노선	거리(km)	폐합오차(m)
I	abc	8.7	−0.017
II	bdef	15.8	0.048
III	cfgh	10.9	−0.026
IV	eig	9.3	−0.083
외주	adih	15.9	−0.031

① e노선 ② f노선
③ g노선 ④ h노선

해설 수준망
1) 폐합오차의 한계

환	폐합오차(m)	폐합오차의 한계
I	−0.017	$\pm 1.0\sqrt{8.7} = 2.95$cm $= 0.0295$m
II	0.048	$\pm 1.0\sqrt{15.8} = 3.97$cm $= 0.0397$m
III	−0.026	$\pm 1.0\sqrt{10.9} = 3.30$cm $= 0.0330$m
IV	−0.083	$\pm 1.0\sqrt{9.3} = 3.05$cm $= 0.0305$m
외주	−0.031	$\pm 1.0\sqrt{15.9} = 3.99$cm $= 0.0399$m

∴ 폐합 오차의 한계를 벗어나는 환: II, IV
2) 재 관측할 노선: II, IV 공통으로 끼인 e노선을 재측한다.

해답 29. ② 30. ② 31. ① 32. ①

33 수준측량에서 발생하는 오차에 대한 설명으로 틀린 것은?

① 기계의 조정에 의해 발생하는 오차는 전시와 후시의 거리를 같게 하여 소거할 수 있다.
② 삼각수준측량은 대지역을 대상으로 하기 때문에 곡률오차와 굴절오차는 그 양이 상쇄되어 고려하지 않는다.
③ 표척의 영눈금 오차는 출발점의 표척을 도착점에서 사용하여 소거할 수 있다.
④ 기포의 수평조정이나 표척면의 읽기는 육안으로 한계가 있으나 이로 인한 오차는 일반적으로 허용오차 범위 안에 들 수 있다.

해설 수준측량 오차
1) 삼각수준측량시 곡률오차(구차)와 굴절오차(기차)를 고려해야 한다.
2) 구차 $= +\dfrac{D^2}{2R}$, 기차 $= -\dfrac{KD^2}{2R}$
   여기서, K는 공기 굴절계수이다.

34 그림과 같은 관측결과 $\theta = 30°11'00''$, $S = 1,000m$ 일 때 C점의 X좌표는?
(단, AB의 방위각=89°49′00″, A점의 X좌표=1,200m)

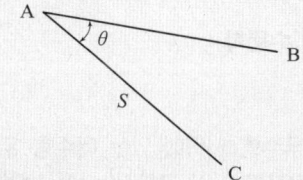

① 700.00m ② 1,203.20m
③ 2,064.42m ④ 2,066.03m

해설 좌표
1) $\overline{AC}$ 측선의 방위각 = AB의 방위각 + θ
   ∴ $\alpha = (89°49'00'' + 30°11'00'') = 120°00'00''$
2) C점의 X좌표 = A점의 X좌표 + $S\cos\alpha$
   $= 1,200 + 1,000\cos(120°00'00'') = 700.00m$

35 그림과 같은 복곡선에서 $t_1 + t_2$의 값은?

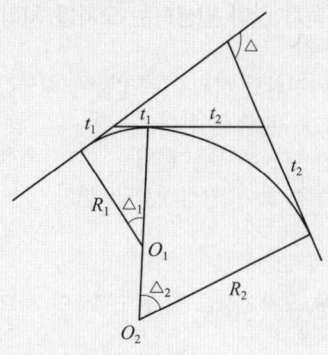

① $R_1(\tan\Delta_1 + \tan\Delta_2)$
② $R_2(\tan\Delta_1 + \tan\Delta_2)$
③ $R_1\tan\Delta_1 + R_2\tan\Delta_2$
④ $R_1\tan\dfrac{\Delta_1}{2} + R_2\tan\dfrac{\Delta_2}{2}$

해설 복곡선
1) 복곡선: 반경이 다른 두개의 원곡선으로 이루어지며 그 접점에 있어서의 공통접선의 같은 축에서 연속되는 곡선으로 복심곡선이라고도 한다.
2) t_1은 R_1 곡선의 접선 길이이므로 $t_1 = R_1\tan\left(\dfrac{\Delta_1}{2}\right)$
   t_2는 R_2 곡선의 접선 길이이므로 $t_2 = R_2\tan\left(\dfrac{\Delta_2}{2}\right)$
   ∴ $t_1 + t_2 = R_1\tan\left(\dfrac{\Delta_1}{2}\right) + R_2\tan\left(\dfrac{\Delta_2}{2}\right)$

36 노선 설치 방법 중 좌표법에 의한 설치방법에 대한 설명으로 틀린 것은?

① 토털스테이션, GPS 등과 같은 장비를 이용하여 측점을 위치시킬 수 있다.
② 좌표법에 의한 노선의 설치는 다른 방법보다 지형의 굴곡이나 시통 등의 문제가 적다.
③ 좌표법은 평면곡선 및 종단곡선의 설치 요소를 동시에 위치시킬 수 있다.
④ 평면적인 위치의 측설을 수행하고 지형표고를 관측하여 종단면도를 작성할 수 있다.

해설 좌표법
좌표법에 의한 노선설치는 평면곡선에 적용되며, 종단곡선의 경우 별도의 측량을 필요로 한다.

해답 33. ② 34. ① 35. ④ 36. ③

37 다각측량에서 각 측량의 기계적 오차 중 시준축과 수평축이 직교하지 않아 발생하는 오차를 처리하는 방법으로 옳은 것은?

① 망원경을 정위와 반위로 측정하여 평균값을 취한다.
② 배각법으로 관측을 한다.
③ 방향각법으로 관측을 한다.
④ 편심관측을 하여 귀심계산을 한다.

해설 각측량의 오차
1) 시준 축 오차 : 시준 축과 수평축이 직교하지 않을 때 생기는 오차
2) 망원경을 정위와 반위로 측정하면 없어지는 오차
 ① 시준 축 오차
 ② 수평 축 오차
 ③ 외심 오차(시준선의 편심오차)

38 30m당 0.03m가 짧은 줄자를 사용하여 정사각형 토지의 한 변을 측정한 결과 150m이었다면 면적에 대한 오차는?

① 41m² ② 43m²
③ 45m² ④ 47m²

해설 면적오차 $\left(\dfrac{dA}{A}\right)$ 와 거리오차 $\left(\dfrac{dl}{l}\right)$ 관계

1) $A = 150 \times 150 = 22{,}500\,\text{m}^2$
2) $\dfrac{dA}{A} = 2\dfrac{dl}{l} \Rightarrow \dfrac{dA}{22{,}500} = 2 \times \dfrac{0.03}{30}$

∴ $dA = 45\,\text{m}^2$

39 지성선에 관한 설명으로 옳지 않은 것은?

① 철(凸)선은 능선 또는 분수선이라고 한다.
② 경사변환선이란 동일 방향의 경사면에서 경사의 크기가 다른 두 면의 접합선이다.
③ 요(凹)선은 지표의 경사가 최대로 되는 방향을 표시한 선으로 유하선이라고 한다.
④ 지성선은 지표면이 다수의 평면으로 구성되었다고 할 때 평면간 접합부, 즉 접선을 말하며 지세선이라고도 한다.

해설 지성선
1) 지성선: 지모의 골격이 되는 선
2) 지성선 종류: 능선, 계곡선, 최대경사선, 경사변환선
3) 요(凹)선: 합수선 또는 계곡선이라고 한다.

40 그림과 같은 지형에서 각 등고선에 쌓인 부분의 면적이 표와 같을 때 각주공식에 의한 토량은? (단, 윗면은 평평한 것으로 가정한다.)

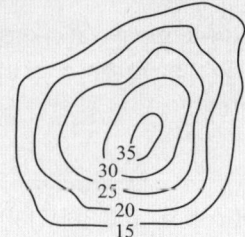

등고선(m)	면적(m²)
15	3,800
20	2,900
25	1,800
30	900
35	200

① 11,400m³ ② 22,800m³
③ 33,800m³ ④ 38,000m³

해설 등고선법
1) 등고선 간격 높이: $h = 5\,\text{m}$
2) 토량
$V = \dfrac{h}{3}[A_1 + A_n + 4(A_2 + A_4\cdots) + 2(A_3 + A_5\cdots)]$
$= \dfrac{5}{3}[3{,}800 + 200 + 4(2{,}900 + 900) + 2(1{,}800)]$
$= 38{,}000\,\text{m}^3$

수리학 및 수문학

41 2개의 불투수층 사이에 있는 대수층 두께 a, 투수계수 k인 곳에 반지름 r_0인 굴착정(artesian well)을 설치하고 일정 양수량 Q를 양수하였더니, 양수 전 굴착정 내의 수위 H가 h_0로 강하하여 정상흐름이 되었다. 굴착정의 영향원 반지름을 R이라 할 때 $(H - h_0)$의 값은?

① $\dfrac{2Q}{\pi a k}\ln\left(\dfrac{R}{r_0}\right)$ ② $\dfrac{Q}{2\pi a k}\ln\left(\dfrac{R}{r_0}\right)$

③ $\dfrac{2Q}{\pi a k}\ln\left(\dfrac{r_0}{R}\right)$ ④ $\dfrac{Q}{2\pi a k}\ln\left(\dfrac{r_0}{R}\right)$

해설 굴착정

$Q = \dfrac{2\pi a k(H - h_o)}{\ln\left(\dfrac{R}{r_o}\right)} \Rightarrow \therefore H - h_o = \dfrac{Q}{2\pi a k}\ln\left(\dfrac{R}{r_o}\right)$

해답 37. ① 38. ③ 39. ③ 40. ④ 41. ②

42 침투능(infiltration capacity)에 관한 설명으로 틀린 것은?
① 침투능은 토양조건과는 무관하다.
② 침투능은 강우강도에 따라 변화한다.
③ 일반적으로 단위는 mm/h 또는 in/h로 표시된다.
④ 어떤 토양면을 통해 물이 침투할 수 있는 최대율을 말한다.

해설 침투능
1) 침투능: 어떤 토양에서 물이 최대로 침투할 수 있는 최대비율.
2) 영향인자: 토양의 종류, 식생의 피복, 토양의 다짐정도, 포화 층의 두께 등에 따라 다르다.

43 3차원 흐름의 연속방정식을 아래와 같은 형태로 나타낼 때 이에 알맞은 흐름의 상태는?

$$\frac{\partial u}{\partial x}+\frac{\partial v}{\partial y}+\frac{\partial w}{\partial z}=0$$

① 압축성 부정류
② 압축성 정상류
③ 비압축성 부정류
④ 비압축성 정상류

해설 3차원 흐름의 연속방정식
1) 압축성 부정류: 일반적인 유체.
$$\frac{\partial \rho}{\partial t}+\frac{\partial \rho u}{\partial x}+\frac{\partial \rho v}{\partial y}+\frac{\partial \rho w}{\partial z}=0$$
2) 비압축성 정상류: 비압축성유체의 ρ는 일정하고, 정상류는 $\frac{\partial \rho}{\partial t}=0$이다.
$$\frac{\partial u}{\partial x}+\frac{\partial v}{\partial y}+\frac{\partial w}{\partial z}=0$$

44 지름 20cm의 원형단면 관수로에 물이 가득 차서 흐를 때의 동수반경은?
① 5cm   ② 10cm
③ 15cm   ④ 20cm

해설 원형단면의 동수반경=경심(R)
1) 윤변(P): 수로와 접하고 있는 유체의 길이.
2) 경심(R): 윤변에 대한 유수단면적 비로 동수반경이라고도 함.
$$R=\frac{A(유수단면적)}{p(윤변)}=\frac{\frac{\pi d^2}{4}}{\pi d}=\frac{d}{4}$$
$$\therefore R=\frac{20}{4}=5\text{cm}$$

45 대수층의 두께 2.3m, 폭 1.0m일 때 지하수 유량은? (단, 지하수류의 상·하류 두 지점 사이의 수두차 1.6m, 두 지점 사이의 평균 거리 360m, 투수계수 $k=192$m/day)
① 1.53m³/day   ② 1.80m³/day
③ 1.96m³/day   ④ 2.21m³/day

해설 지하수의 유량
1) $v=Ki=192\times\frac{1.6}{360}=0.853$m/day
2) $Q=AV=2.3\times 1.0\times 0.853=1.96$m³/day

46 그림과 같은 수조 벽면에 작은 구멍을 뚫고 구멍의 중심에서 수면까지 높이가 h일 때, 유출속도 V는? (단, 에너지 손실은 무시한다.)

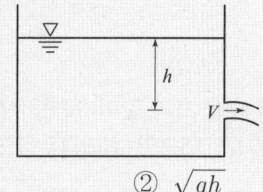

① $\sqrt{2gh}$ ② $\sqrt{gh}$
③ $2gh$ ④ hg

해설 오리피스

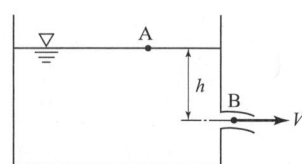

1) A와 B점에 베르누이 정리를 적용하면
$$Z_A+\frac{P_A}{w}+\frac{V_A^2}{2g}=Z_B+\frac{P_B}{w}+\frac{V_B^2}{2g}$$
$$h+0+0=0+0+\frac{v^2}{2g}$$
$$\therefore v=\sqrt{2gh}$$
2) 여기서, A와 B점에 작용하는 대기압은 무시한다.
$P_A=0$, $P_B=0$

해답 42. ① 43. ④ 44. ① 45. ③ 46. ①

47 그림과 같이 원형관 중심에서 V의 유속으로 물이 흐르는 경우에 대한 설명으로 틀린 것은?(단, 흐름은 층류로 가정한다.)

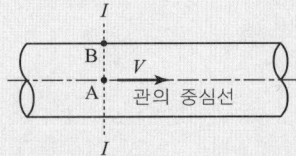

① 지점 A에서의 마찰력은 V^2에 비례한다.
② 지점 A에서의 유속은 단면 평균유속의 2배이다.
③ 지점 A에서 지점 B로 갈수록 마찰력은 커진다.
④ 유속은 지점 A에서 최대인 포물선 분포를 한다.

해설 Hazen-Poiseuille 법칙

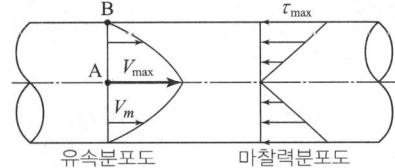

1) 관수로에 층류가 흐를 때 유속분포는 포물선 분포이다.
2) 최대유속은 평균유속의 2배이다.
3) 마찰력은 관의 중심에서 0 이고, 관 벽에서 최대치가 된다.

48 어떤 유역에 다음 표와 같이 30분간 집중호우가 계속 되었을 때, 지속기간 15분인 최대강우강도는?

시간(분)	우량(mm)
0~5	2
5~10	4
10~15	6
15~20	4
20~25	8
25~30	6

① 64mm/h ② 48mm/h
③ 72mm/h ④ 80mm/h

해설 최대강우강도
1) 지속기간 15분인 경우 강우강도
   0분~15분=2+4+6=12mm
   5분~20분=4+6+4=14mm
   10분~25분=6+4+8=18mm
   15분~30분=4+8+6=18mm
   ∴ 15분간 최대강우강도는 18mm이다.

2) 최대강우강도
$$I = \frac{18mm}{15min} \times \frac{60min}{1hr} = \frac{72mm}{hr}$$

49 정지하고 있는 수중에 작용하는 정수압의 성질로 옳지 않은 것은?
① 정수압의 크기는 깊이에 비례한다.
② 정수압은 물체의 면에 수직으로 작용한다.
③ 정수압은 단위면적에 작용하는 힘의 크기로 나타낸다.
④ 한 점에 작용하는 정수압은 방향에 따라 크기가 다르다.

해설 정수압의 특징
한 점에 작용하는 정수압은 모든 방향에 대하여 동일한 크기를 갖는다.

50 단위유량도에 대한 설명으로 틀린 것은?
① 단위유량도의 정의에서 특정 단위시간은 1시간을 의미한다.
② 일정기저시간가정, 비례가정, 중첩가정은 단위유량도의 3대 기본가정이다.
③ 단위유량도의 정의에서 단위 유효우량은 유역 전면적 상의 등가우량 깊이로 측정되는 특정량의 우량을 의미한다.
④ 단위 유효우량은 유출량의 형태로 단위유량도상에 표시되며, 단위유량도 아래의 면적은 부피의 차원을 가진다.

해설 단위유량도
1) 단위유량도: 특정 단위 시간 동안 균일한 강도로 유역 전반에 걸쳐 균등하게 내리는 단위유효우량으로 인해 발생하는 직접유출의 수문곡선을 말한다.
2) 즉, 단위도란 지속시간t를 가진 유효우량이 1cm or 1inch 내렸을 때 이로 인한 직접유출의 수문곡선을 말한다.
3) 단위도에서 특정 단위시간은 1시간을 의미하는 것이 아니고 일정한 시간을 의미하는 것이다.

해답 47. ① 48. ③ 49. ④ 50. ①

51 한계수심에 대한 설명으로 옳지 않은 것은?

① 유량이 일정할 때 한계수심에서 비에너지가 최소가 된다.
② 직사각형 단면 수로의 한계수심은 최소 비에너지의 $\frac{2}{3}$이다.
③ 비에너지가 일정하면 한계수심으로 흐를 때 유량이 최대가 된다.
④ 한계수심보다 수심이 작은 흐름이 상류(常流)이고 큰 흐름이 사류(射流)이다.

해설 한계수심
한계수심보다 수심이 작은 흐름은 사류(射流)이고, 큰 흐름이 상류(常流)이다.

52 개수로 흐름의 도수현상에 대한 설명으로 틀린 것은?

① 비력과 비에너지가 최소인 수심은 근사적으로 같다.
② 도수 전·후의 수심 관계는 베르누이 정리로부터 구할 수 있다.
③ 도수는 흐름이 사류에서 상류로 바뀔 경우에만 발생 된다.
④ 도수 전·후의 에너지 손실은 주로 불연속 수면 발생 때문이다.

해설 도수현상
1) 도수현상은 흐름이 사류에서 상류로 변할 때 수면이 불연속적으로 뛰는 현상으로 에너지의 일부를 와류와 난류를 통하여 소모되므로 베르누이 정리로부터 구할 수 없다.
2) 비력과 비에너지가 최소인 수심은 근사적으로 같고 이때의 수심이 한계수심이다.
3) 도수 전후의 수심관계는 운동량방정식으로부터 구할 수 있다.

53 단면 2m×2m, 높이 6m인 수조에 물이 가득차 있을 때 이 수조의 바닥에 설치한 지름이 20cm인 오리피스로 배수시키고자 한다. 수심이 2m가 될 때까지 배수하는데 필요한 시간은? (단, 오리피스 유량계수 $C=0.6$, 중력가속도 $g=9.8m/s^2$)

① 1분 39초   ② 2분 36초
③ 2분 55초   ④ 3분 45초

해설 단일 수조의 배수시간
1) 수조의 단면적: $A = 2 \times 2 = 4m^2$
2) 오리피스단면적: $a = \frac{\pi d^2}{4} = \frac{\pi \times 0.2^2}{4} = 0.0314m^2$
3) 배수시간
$$T = \frac{2A}{Ca\sqrt{2g}}\left(H_1^{\frac{1}{2}} - H_2^{\frac{1}{2}}\right)$$
$$= \frac{2 \times 4}{0.6 \times 0.0314 \times \sqrt{2 \times 9.8}}\left(6^{\frac{1}{2}} - 2^{\frac{1}{2}}\right) \fallingdotseq 99\sec$$
∴ $T = $ 1분 39초

54 정상류에 관한 설명으로 옳지 않은 것은?

① 유선과 유적선이 일치한다.
② 흐름의 상태가 시간에 따라 변하지 않고 일정하다.
③ 실제 개수로 내 흐름의 상태는 정상류가 대부분이다.
④ 정상류 흐름의 연속방정식은 질량보존의 법칙으로 설명된다.

해설 정상류
1) 정상류는 유선과 유적선이 일치하나, 부정류는 일치하지 않는다.
2) 실제 개수로 내 흐름의 상태는 부정류가 대부분이다.

해답 51. ④ 52. ② 53. ① 54. ③

2022년 과년도출제문제

55 수로의 단위폭에 대한 운동량 방정식은? (단, 수로의 경사는 완만하며, 바닥 마찰저항은 무시한다.)

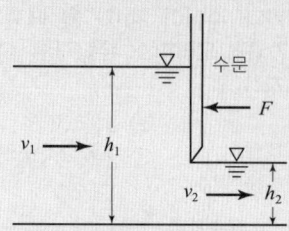

① $\dfrac{\gamma h_1^2}{2} - \dfrac{\gamma h_2^2}{2} - F = \rho Q(V_1 - V_2)$

② $\dfrac{\gamma h_1^2}{2} - \dfrac{\gamma h_2^2}{2} - F = \rho Q(V_2 - V_1)$

③ $\dfrac{\gamma h_1^2}{2} + \dfrac{\gamma h_2^2}{2} - F = \rho Q(V_2 - V_1)$

④ $\dfrac{\gamma h_1^2}{2} + \rho Q V_1 + F = \dfrac{\gamma h_2^2}{2} + \rho Q V_2$

해설 운동량 방정식

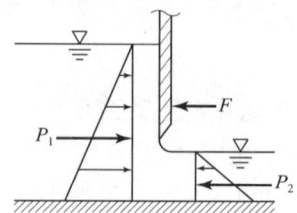

1) $\gamma = \rho g \Rightarrow \rho = \dfrac{\gamma}{g}$

2) $P_1 - F - P_2 = \dfrac{\gamma Q}{g}(V_2 - V_1)$

① $P_1 = \gamma h_G A = \gamma \times \dfrac{h_1}{2} \times (h_1 \times 1) = \dfrac{\gamma h_1^2}{2}$

② $P_2 = \gamma h_G A = \gamma \times \dfrac{h_2}{2} \times (h_2 \times 1) = \dfrac{\gamma h_2^2}{2}$

∴ $\dfrac{\gamma h_1^2}{2} - \dfrac{\gamma h_2^2}{2} - F = \rho Q(V_2 - V_1)$

56 완경사 수로에서 배수곡선(backwater curve)에 해당하는 수면곡선은?

① 홍수 시 하천의 수면곡선
② 댐을 월류할 때의 수면곡선
③ 하천 단락부(段落部) 상류의 수면곡선
④ 상류 상태로 흐르는 하천에 댐을 구축했을 때 저수지 상류의 수면곡선

해설 수면곡선(배수곡선)

1) 배수곡선은 상류(常流)상태로 흐르는 하천에 댐을 구축했을 때 저수지 상류(上流)의 수면곡선.
2) 수심은 상류(上流)로 갈수록 등류수심에 접근하는 수면곡선.

57 지하수의 연직분포를 크게 통기대와 포화대로 나눌 때, 통기대에 속하지 않는 것은?

① 모관수대 ② 중간수대
③ 지하수대 ④ 토양수대

해설 지하수의 분포

1) 통기대: 지하수면 윗부분으로 공기와 물로 구성된다.
통기대=토양수대+중간수대+모관수대
2) 포화대: 지하수면 아랫부분으로 물로 포화되어 있다.
포화대=지하수대

58 하천의 수리모형실험에 주로 사용되는 상사법칙은?

① Weber의 상사법칙
② Cauchy의 상사법칙
③ Froude의 상사법칙
④ Reynolds의 상사법칙

해설 특별상사법칙

1) Froude의 상사법칙: 중력이 흐름을 주로 지배하는 개수로 내의 흐름의 상사법칙.
2) Reynolds의 상사법칙: 점성력이 흐름을 주로 지배하는 관수로 흐름의 상사법칙.
3) Weber의 상사법칙: 표면장력이 흐름을 주로 지배하는 경우의 상사법칙.
4) Cauchy의 상사법칙: 탄성력이 흐름을 주로 지배하는 경우의 상사법칙.

해답 55. ② 56. ④ 57. ③ 58. ③

59 속도분포를 $v = 4y^{\frac{2}{3}}$으로 나타낼 수 있을 때 바닥면에서 0.5m 떨어진 높이에서의 속도경사(Velocity gradient)는? (단, v : m/sec, y : m)

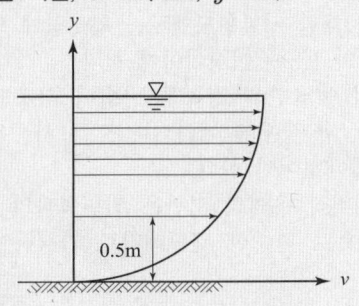

① $2.67\sec^{-1}$
② $3.36\sec^{-1}$
③ $2.67\sec^{-2}$
④ $3.36\sec^{-2}$

해설 속도경사

1) 속도경사 $\dfrac{dv}{dy}$는 속도 v를 바닥면으로부터 거리 y로 미분하여 구한다.

2) $\dfrac{dv}{dy} = 4 \cdot \dfrac{2}{3} \cdot y^{-\frac{1}{3}} = \dfrac{8}{3} \times 0.5^{-\frac{1}{3}} = 3.36\sec^{-1}$

60 수중에 잠겨 있는 곡면에 작용하는 연직분력은?
① 곡면에 의해 배제된 물의 무게와 같다.
② 곡면중심의 압력에 물의 무게를 더한 값이다.
③ 곡면을 밑면으로 하는 물기둥의 무게와 같다.
④ 곡면을 연직면상에 투영했을 때 그 투영면이 작용하는 정수압과 같다.

해설 곡면에 작용하는 수압
1) 연직분력: 곡면을 밑면으로 하는 수면까지의 연직 물기둥무게.
    단, 투영면이 중복되는 부분은 빼준다.
2) 수평분력: 곡면을 연직면상에 투영했을 때 그 투영면에 작용하는 정수압의 크기.

철근콘크리트 및 강구조

61 프리텐션 PSC부재의 단면적이 200,000mm²인 콘크리트 도심에 PS강선을 배치하여 초기의 긴장력(P_i)을 800kN 가하였다. 콘크리트의 탄성변형에 의한 프리스트레스의 감소량은? (단, 탄성계수비(n)는 6이다.)
① 12MPa
② 18MPa
③ 20MPa
④ 24MPa

해설 프리스트레스 감소량(Δf_p)

1) $f_c = \dfrac{P}{A} = \dfrac{800,000\text{N}}{200,000\text{mm}^2} = 4\text{MPa}$

2) $\Delta f_p = n f_c = 6 \times 4 = 24\text{MPa}$

62 경간이 8m인 단순 지지된 프리스트레스트 콘크리트 보에서 등분포하중(고정하중과 활하중의 합)이 $w = 40$kN/m 작용할 때 중앙 단면 콘크리트 하연에서의 응력이 0이 되려면 PS강재에 작용되어야 할 프리스트레스 힘(P)은? (단, PS강재는 단면 중심에 배치되어 있다.)

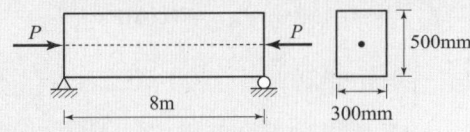

① 1,250kN
② 1,880kN
③ 2,650kN
④ 3,840kN

해설 PSC보의 응력계산

1) 휨모멘트: $M = \dfrac{wL^2}{8} = \dfrac{40 \times 8^2}{8} = 320\text{kN}\cdot\text{m}$

2) 단면계수: $Z = \dfrac{bh^2}{6} = \dfrac{0.3 \times 0.5^2}{6} = 0.0125\text{m}^3$

3) 중앙단면 하연에서 응력

$f_c = \dfrac{P}{A} - \dfrac{M}{Z} = 0 \Rightarrow \dfrac{P}{A} = \dfrac{M}{Z}$

$\dfrac{P}{0.3 \times 0.5} = \dfrac{320}{0.0125} \Rightarrow \therefore P = 3,840\text{kN}$

해답 59. ② 60. ③ 61. ④ 62. ④

63 아래 그림과 같은 직사각형 단면의 단순보에 PS강재가 포물선으로 배치되어 있다. 보의 중앙단면에서 일어나는 상연응력(㉠) 및 하연응력(㉡)은? (단, PS강재의 긴장력은 3,300kN이고, 자중을 포함한 작용하중은 27kN/m이다.)

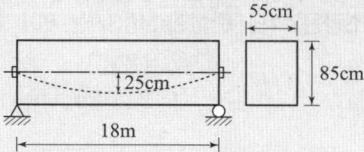

① ㉠ : 21.21MPa, ㉡ : 1.8MPa
② ㉠ : 12.07MPa, ㉡ : 0MPa
③ ㉠ : 11.11MPa, ㉡ : 3.00MPa
④ ㉠ : 8.6MPa, ㉡ : 2.45MPa

해설 PSC보의 응력계산

1) 휨모멘트: $M = \dfrac{wL^2}{8}$, 단면계수: $Z = \dfrac{bh^2}{6}$

2) $e = 25\text{cm} = 250\text{mm}$

3) $f = \dfrac{P}{A} \mp \dfrac{Pe}{Z} \pm \dfrac{M}{Z}$

$= \dfrac{3,300 \times 10^3}{550 \times 850} \mp \dfrac{3,300 \times 10^3 \times 250}{\dfrac{550 \times 850^2}{6}} \pm \dfrac{\dfrac{27 \times 18^2}{8} \times 10^6}{\dfrac{550 \times 850^2}{6}}$

∴ $f_{상연} = 11.11\text{MPa}$, $f_{하연} = 3.00\text{MPa}$

64 2방향 슬래브 설계 시 직접설계법을 적용하기 위해 만족하여야 하는 사항으로 틀린 것은?

① 각 방향으로 3경간 이상이 연속되어야 한다.
② 슬래브 판들은 단변 경간에 대한 장변 경간의 비가 2 이하인 직사각형이어야 한다.
③ 각 방향으로 연속한 받침부 중심간 경간 차이는 긴 경간의 1/3 이하이어야 한다.
④ 연속한 기둥 중심선을 기준으로 기둥의 어긋남은 그 방향 경간의 20% 이하이어야 한다.

해설 직접설계법
연속한 기둥 중심선을 기준으로 기둥의 어긋남은 그 방향 경간의 10% 이하이어야 한다.

65 옹벽의 설계 및 구조해석에 대한 설명으로 틀린 것은?

① 지반에 유발되는 최대 지반반력은 지반의 허용지지력을 초과할 수 없다.
② 전도에 대한 저항휨모멘트는 횡토압에 의한 전도모멘트의 1.5배 이상이어야 한다.
③ 저판의 뒷굽판은 정확한 방법이 사용되지 않는 한, 뒷굽판 상부에 재하되는 모든 하중을 지지하도록 설계하여야 한다.
④ 캔틸레버식 옹벽의 저판은 전면벽과의 접합부를 고정단으로 간주한 캔틸레버로 가정하여 단면을 설계할 수 있다.

해설 옹벽의 설계
1) 전도에 대한 저항휨모멘트는 횡 토압에 의한 전도모멘트의 2.0배 이상이어야 한다.
2) $F_s = \dfrac{저항모멘트(M_r)}{전도모멘트(M_d)} \geq 2.0$

66 그림과 같은 띠철근 기둥에서 띠철근의 최대 수직간격은? (단, D10의 공칭직경은 9.5mm, D32의 공칭직경은 31.8mm이다.)

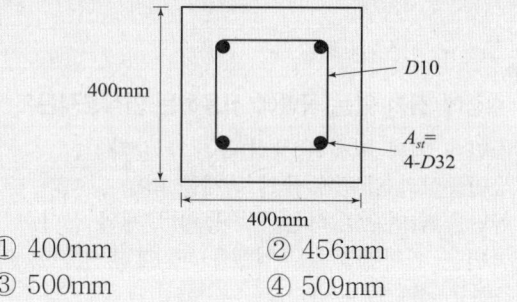

① 400mm ② 456mm
③ 500mm ④ 509mm

해설 띠철근 간격
1) 축 방향 철근의 공칭지름×16 = 31.8×16 = 508.8mm
2) 띠 방향 철근의 공칭지름×48 = 9.5×48 = 456mm
3) 기둥단면의 최소치수 = 400mm
   ∴ 이 중 최솟값이 띠철근 간격: 400mm

해답 63. ③ 64. ④ 65. ② 66. ①

67 강구조의 특징에 대한 설명으로 틀린 것은?

① 소성변형능력이 우수하다.
② 재료가 균질하여 좌굴의 영향이 낮다.
③ 인성이 커서 연성파괴를 유도할 수 있다.
④ 단위면적당 강도가 커서 자중을 줄일 수 있다.

해설 강구조의 특징
1) 강재는 공장 생산되어 재료의 균질성이 매우 좋다.
2) 그러나 강재는 강도가 크기 때문에 부재가 가늘고 길어서 변형이나 좌굴의 우려가 있다.

68 콘크리트와 철근이 일체가 되어 외력에 저항하는 철근콘크리트 구조에 대한 설명으로 틀린 것은?

① 콘크리트와 철근의 부착강도가 크다.
② 콘크리트와 철근의 탄성계수는 거의 같다.
③ 콘크리트 속에 묻힌 철근은 거의 부식하지 않는다.
④ 콘크리트와 철근의 열에 대한 팽창계수는 거의 같다.

해설 철근콘크리트의 성립이유
1) 콘크리트와 철근의 부착강도가 크다.
2) 콘크리트와 철근의 열팽창계수는 거의 같지만, 철근의 탄성계수가 콘크리트의 탄성계수보다 훨씬 크다.
3) 콘크리트 속에 묻힌 철근은 거의 부식하지 않는다.

69 폭이 300mm, 유효깊이가 500mm인 단철근 직사각형 보에서 인장철근 단면적이 1,700mm²일 때 강도설계법에 의한 등가 직사각형 압축응력블록의 깊이(a)는? (단, f_{ck}=20MPa, f_y=300MPa이다.)

① 50mm
② 100mm
③ 200mm
④ 400mm

해설 콘크리트 등가 직사각형 압축응력 블록 깊이(a)
1) $f_{ck} \leq 40\text{MPa} \Rightarrow \eta = 1.0$
2) 압축연단에서 중립축까지 거리(c)

$$a = \frac{A_s f_y}{\eta(0.85 f_{ck})b}$$
$$= \frac{1,700 \times 300}{1.0 \times 0.85 \times 20 \times 300} = 100\text{mm}$$

70 아래에서 설명하는 용어는?

> 보나 지판이 없이 기둥으로 하중을 전달하는 2방향으로 철근이 배치된 콘크리트 슬래브

① 플랫 플레이트
② 플랫 슬래브
③ 리브 쉘
④ 주열대

해설 플랫 플레이트 슬래브(Flat plate slab)
1) 플랫 플레이트 슬래브(Flat plate slab): 보나 지판(drop pannel) 없이 기둥으로만 지지되는 슬래브.
2) 플랫 슬래브(Flat slab): 보는 없고 지판과 기둥머리를 둔 슬래브.

71 그림과 같은 L형강에서 인장응력 검토를 위한 순폭계산에 대한 설명으로 틀린 것은?

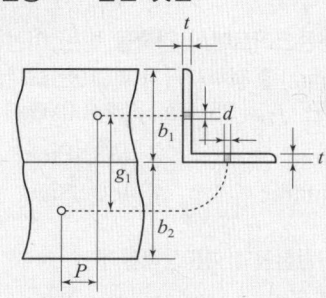

① 전개된 총 폭(b) = $b_1 + b_2 - t$이다.
② 리벳선간 거리(g) = $g_1 - t$이다.
③ $\frac{p^2}{4g} \geq d$인 경우 순폭(b_n) = $b - d$이다.
④ $\frac{p^2}{4g} < d$인 경우 순폭(b_n) = $b - d - \frac{p^2}{4g}$이다.

해설 L형강에서의 순폭계산
1) $\frac{p^2}{4g} \geq d$인 경우의 순폭: $b_n = b - d$
2) $\frac{p^2}{4g} < d$인 경우의 순폭: $b_n = b - d - \left(d - \frac{p^2}{4g}\right)$

해답 67. ② 68. ② 69. ② 70. ① 71. ④

72 단변 : 장변 경간의 비가 1 : 2인 단순 지지된 2방향 슬래브의 중앙점에 집중하중 P가 작용할 때 단변과 장변이 부담하는 하중비($P_S : P_L$)는? (단, P_S : 단변이 부담하는 하중, P_L : 장변이 부담하는 하중)
① 1 : 8 ② 8 : 1
③ 1 : 16 ④ 16 : 1

해설 2방향 슬래브의 하중분담
1) 장변과 단변의 비: $L = 2S$
2) $P_S = \dfrac{L^3}{L^3 + S^3} P = \dfrac{(2S)^3}{(2S)^3 + (S)^3} P = \dfrac{8}{9} P$
3) $P_L = \dfrac{S^3}{L^3 + S^3} P = \dfrac{(S)^3}{(2S)^3 + (S)^3} P = \dfrac{1}{9} P$

$\therefore \dfrac{P_S}{P_L} = 8 : 1$

73 보통중량콘크리트에서 압축을 받는 이형철근 D29(공칭지름 28.6mm)를 정착시키기 위해 소요되는 기본정착길이(l_{db})는? (단, f_{ck} = 35MPa, f_y = 400MPa이다.)
① 491.92mm ② 483.43mm
③ 464.09mm ④ 450.38mm

해설 압축 이형철근의 기본정착길이
1) $l_{db} = \dfrac{0.25 d_b f_y}{\lambda \sqrt{f_{ck}}} = \dfrac{0.25 \times 28.6 \times 400}{1.0 \sqrt{35}} = 483.43\text{mm}$
여기서, $\lambda = 1.0$ (∵ 보통중량콘크리트)
2) $l_{db} = 0.043 d_b f_y = 0.043 \times 28.6 \times 400 = 491.92\text{mm}$
∴ 둘 중 큰 값 491.92mm로 한다.

74 철근콘크리트 부재의 전단철근에 대한 설명으로 틀린 것은?
① 전단철근의 설계기준항복강도는 300MPa을 초과할 수 없다.
② 주인장 철근에 30° 이상의 각도로 구부린 굽힌 철근은 전단철근으로 사용할 수 있다.
③ 최소 전단철근량은 $\dfrac{0.35 b_w s}{f_{yt}}$ 보다 작지 않아야 한다.
③ 부재축에 직각으로 배치된 전단철근의 간격은 d/2 이하, 또한 600mm 이하로 하여야 한다.

해설 전단철근
전단철근의 설계기준항복강도는 500MPa을 초과할 수 없다.

75 폭 350mm, 유효깊이 500mm인 보에 설계기준항복강도가 400MPa인 D13 철근을 인장 주철근에 대한 경사각(α)이 60°인 U형 경사 스터럽으로 설치했을 때 전단보강철근의 공칭강도(V_s)는? (단, 스터럽 간격 s = 250mm, D13 철근 1본의 단면적은 127mm²이다.)
① 201.4kN ② 212.7kN
③ 243.2kN ④ 277.6kN

해설 전단보강철근(경사스티럽)의 공칭강도
$V_s = \dfrac{A_v f_{yt} d}{s}(\sin\alpha + \cos\alpha)$
$= \dfrac{127 \times 400 \times 500}{250}(\sin 60° + \cos 60°)$
$= 277,576\text{N} \fallingdotseq 277.6\text{kN}$

76 철근콘크리트 보를 설계할 때 변화구간 단면에서 강도감소계수(ϕ)를 구하는 식은?
(단, f_{ck} = 40MPa, f_y = 400MPa, 띠철근으로 보강된 부재이며, ϵ_t는 최외단 인장철근의 순인장변형률이다.)
① $\phi = 0.65 + (\epsilon_t - 0.002)\dfrac{200}{3}$
② $\phi = 0.70 + (\epsilon_t - 0.002)\dfrac{200}{3}$
③ $\phi = 0.65 + (\epsilon_t - 0.002) \times 50$
④ $\phi = 0.70 + (\epsilon_t - 0.002) \times 50$

해설 변화구간 단면에서의 강도감소계수
1) 나선철근으로 보강된 부재:
$\phi = 0.70 + (\varepsilon_t - 0.002) \times 50$
2) 기타(띠철근): $\phi = 0.65 + (\varepsilon_t - 0.002)\dfrac{200}{3}$

해답 72. ② 73. ① 74. ① 75. ④ 76. ①

77 그림과 같이 지름 25mm의 구멍이 있는 판(plate)에서 인장응력 검토를 위한 순폭은?

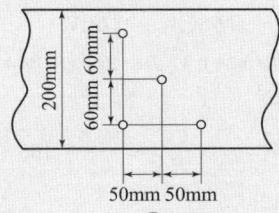

① 160.4mm ② 150mm
③ 145.8mm ④ 130mm

해설 순폭계산

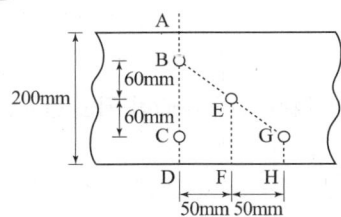

1) A–B–C–D
   $b_n = b_g - 2d = 200 - (2 \times 25) = 150\text{mm}$
2) A–B–E–F
   $b_n = b_g - d - w = 200 - 25 - 14.583 = 160.42\text{mm}$
3) A–B–E–G–H or A–B–E–C–D
   $b_n = b_g - d - w - w = 200 - 25 - 14.583 - 14.583$
   $= 145.83\text{mm}$
   여기서, $w = \left(d - \dfrac{p^2}{4g}\right) = \left(25 - \dfrac{50^2}{4 \times 60}\right) = 14.583\text{mm}$
   ∴ 이 중 최솟값이 순폭: 145.83mm

78 폭이 350mm, 유효깊이가 550mm인 직사각형 단면의 보에서 지속하중에 의한 순간 처짐이 16mm일 때 1년 후 총 처짐량은? (단, 배근된 인장철근량(A_s)은 2,246mm², 압축철근량(A_s')은 1,284mm²이다.)

① 20.5mm ② 26.5mm
③ 32.8mm ④ 42.1mm

해설 총 처짐량
1) $\xi(1\text{년}) = 1.4$, $\rho' = \dfrac{A_s'}{bd} = \dfrac{1,284}{350 \times 550} = 6.67 \times 10^{-3}$
2) 장기 처짐 계수
   $\lambda_\Delta = \dfrac{\xi}{1 + 50\rho'} = \dfrac{1.4}{1 + 50 \times 6.67 \times 10^{-3}} = 1.05$
3) 장기 처짐 = 순간 처짐 × λ_Δ = 16 × 1.05 = 16.8mm
4) 총 처짐량 = 순간 처짐 + 장기 처짐
   = 16 + 16.8 = 32.8mm

79 단철근 직사각형 보에서 $f_{ck} = 32\text{MPa}$인 경우, 콘크리트 등가 직사각형 압축응력블록의 깊이를 나타내는 계수 β_1은?

① 0.74 ② 0.76
③ 0.80 ④ 0.85

해설 등가 직사각형 압축응력 블록 깊이계수
$f_{ck} \leq 40\text{MPa} \Rightarrow \beta_1 = 0.80$

80 폭이 300mm, 유효깊이가 500mm인 단철근 직사각형 보에서 강도설계법으로 구한 균형 철근은? (단, 등가 직사각형 압축응력블록을 사용하며, $f_{ck} = 35\text{MPa}$, $f_y = 350\text{MPa}$이다.)

① 5,285mm² ② 5,890mm²
③ 6,665mm² ④ 7,235mm²

해설 균형철근량
1) 균형철근비(ρ_b)
   $\rho_b = \dfrac{\eta(0.85 f_{ck})\beta_1}{f_y} \cdot \dfrac{\varepsilon_{cu}}{\varepsilon_{cu} + \varepsilon_y}$
   $= \dfrac{1.0 \times (0.85 \times 35) \times 0.8}{350} \cdot \dfrac{0.0033}{0.0033 + \dfrac{350}{200,000}}$
   $\fallingdotseq 0.04443$
   여기서, $f_{ck} \leq 40\text{MPa}$,
   $\Rightarrow \eta = 1.0$, $\beta_1 = 0.8$, $\varepsilon_{cu} = 0.033$
   $\varepsilon_y = \dfrac{f_y}{E_s}$
2) 균형철근량(A_{sb})
   $A_{sb} = \rho_b bd = 0.04443 \times 300 \times 500 = 6,665\text{mm}^2$

토질 및 기초

81 4.75mm체(4번 체) 통과율이 90%, 0.075mm체(200번 체) 통과율이 4%이고, $D_{10}=0.25mm$, $D_{30}=0.6mm$, $D_{60}=2mm$인 흙을 통일분류법으로 분류하면?
① GP
② GW
③ SP
④ SW

해설 통일분류법
1) 모래: 4번체 통과율이 50% 이상
   자갈: 4번체 통과율이 50% 이하
   ∴ 4번체 통과율이 90%이므로 모래(S)이다.
2) 입도분포
   ① 균등계수: $C_u = \dfrac{D_{60}}{D_{10}} = \dfrac{2}{0.25} = 8$
   ② 곡률계수: $C_g = \dfrac{D_{30}^2}{D_{10} \times D_{60}} = \dfrac{0.6^2}{0.25 \times 2} = 0.72$
   ③ 모래의 양 입도 조건: $C_u > 4$, $C_g = 1 \sim 3$
   ∴ C_u는 만족하나, C_g는 불만족 하므로 입도는 불량(P)하다.
3) 흙의 분류
   ∴ SP(입도가 불량한 모래)

82 그림과 같은 정사각형 기초에서 안전율을 3으로 할 때 Terzaghi의 공식을 사용하여 지지력을 구하고자 한다. 이때 한 변의 최소길이(B)는? (단, 물의 단위중량은 9.81kN/m³, 점착력(c)은 60kN/m², 내부 마찰각(ϕ)은 0°이고, 지지력계수 $N_c=5.7$, $N_q=1.0$, $N_\gamma=0$이다.)

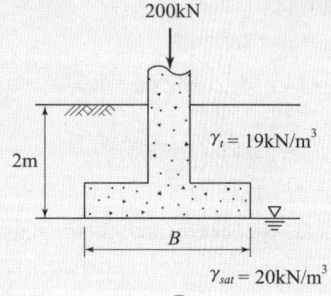

① 1.12m
② 1.43m
③ 1.51m
④ 1.62m

해설 얕은 기초의 허용지지력
1) 정사각형 기초의 형상계수: $\alpha=1.3$, $\beta=0.4$
2) Terzaghi의 극한지지력
$$q_u = \alpha C N_c + \beta B \gamma_1 N_r + \gamma_2 D_f N_q$$
$$= 1.3 \times 60 \times 5.7 + 0.4 \times B \times (20-9.81) \times 0 + 19 \times 2 \times 1.0$$
$$= 482.6 kN$$
3) 허용지지력: $q_a = \dfrac{q_u}{F_s} = \dfrac{482.6}{3} = 160.87 kN$
4) 기초의 크기
$$q_a = \dfrac{P}{A} \Rightarrow 160.87 = \dfrac{200}{B^2}$$
∴ $B=1.12m$

83 접지압(또는 지반반력)이 그림과 같이 되는 경우는?

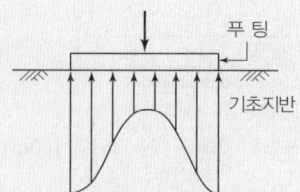

① 푸팅: 강성, 기초지반: 점토
② 푸팅: 강성, 기초지반: 모래
③ 푸팅: 연성, 기초지반: 점토
④ 푸팅: 연성, 기초지반: 모래

해설 강성기초의 접지압
1) 점토지반의 접지압 분포
   • 최대 접지압: 기초의 모서리에서 발생
   • 최소 접지압: 기초의 중앙에서 발생
2) 모래지반의 접지압 분포
   • 최대 접지압: 기초의 중앙에서 발생
   • 최소 접지압: 기초의 모서리에서 발생

84 지표면이 수평이고 옹벽의 뒷면과 흙과의 마찰각이 0°인 연직옹벽에서 Coulomb 토압과 Rankine 토압은 어떤 관계가 있는가? (단, 점착력은 무시한다.)
① Coulomb 토압은 항상 Rankine 토압보다 크다.
② Coulomb 토압과 Rankine 토압은 같다.
③ Coulomb 토압이 Rankine 토압보다 작다.
④ 옹벽의 형상과 흙의 상태에 따라 클 때도 있고 작을 때도 있다.

해답 81. ③ 82. ① 83. ① 84. ②

해설 Rankine 토압과 Coulomb토압의 관계
1) Rankine 토압: 옹벽의 뒷면과 흙과의 마찰을 고려하지 않는다.
2) Coulomb토압: 옹벽의 뒷면과 흙과의 마찰을 고려한다.
  ∴ 문제에서 옹벽의 뒷면과 흙과의 마찰각이 0°이므로 Rankine 토압과 Coulomb토압의 크기는 같다.

85 도로의 평판 재하 시험에서 1.25mm 침하량에 해당하는 하중 강도가 250kN/m²일 때 지반반력 계수는?
① 100MN/m³   ② 200MN/m³
③ 1,000MN/m³ ④ 2,000MN/m³

해설 평판재하시험(PBT)
1) 침하량: 1.25mm=0.00125m
2) 지반반력 계수
$$K = \frac{q(하중강도)}{y(침하량)} = \frac{250}{0.00125} = 200,000 \text{kN/m}^3$$
$$= 200 \text{MN/m}^3$$

86 다음 지반 개량공법 중 연약한 점토지반에 적합하지 않은 것은?
① 프리로딩 공법
② 샌드 드레인 공법
③ 페이퍼 드레인 공법
④ 바이브로 플로테이션 공법

해설 연약지반 개량공법
1) 점토지반 개량공법: 생석회 말뚝공법, 샌드드레인공법, 페이퍼드레인공법, 프리로딩공법 등.
2) 모래지반 개량공법: 전기충격공법, 폭파다짐공법, 바이브로플로테이션공법, 다짐모래말뚝공법 등.
3) 점토지반 개량공법은 치환, 탈수, 압밀 등으로 지반 개량하는 것이고, 모래지반 개량공법은 다짐, 진동, 폭파, 충격 등으로 지반을 개량한다.

87 표준관입시험(S.P.T) 결과 N값이 25이었고, 이때 채취한 교란시료로 입도시험을 한 결과 입자가 둥글고, 입도분포가 불량할 때 Dunham의 공식으로 구한 내부 마찰각(ϕ)은?
① 32.3°   ② 37.3°
③ 42.3°   ④ 48.3°

해설 흙의 내부마찰각(ϕ)
1) C의 값
  ① 토립자가 둥글고 입도분포가 나쁜 경우: $C=15°$
  ② 토립자가 둥글고 입도분포가 좋은 경우: $C=20°$
  ③ 토립자가 모나고 입도분포가 나쁜 경우: $C=20°$
  ④ 토립자가 모나고 입도분포가 좋은 경우: $C=25°$
2) 흙의 내부마찰각(ϕ)
$$\phi = \sqrt{12N} + C = \sqrt{12 \times 25} + 15° = 32.3°$$

88 현장에서 완전히 포화되었던 시료라 할지라도 시료 채취 시 기포가 형성되어 포화도가 저하될 수 있다. 이 경우 생성된 기포를 원상태로 용해시키기 위해 작용시키는 압력을 무엇이라고 하는가?
① 배압(back pressure)
② 축차응력(deviator stress)
③ 구속압력(confined pressure)
④ 선행압밀압력(preconsolidation pressure)

해설 배압(back pressure)
지하수위 아래 흙을 채취하면 물속에 용해되어 있던 산소는 그 수압이 없어져 체적이 커지고 기포를 형성하므로 포화도는 100%보다 떨어진다.
이러한 시료는 불포화된 시료를 형성하므로 올바른 전단강도 정수 값을 얻을 수 없으므로 기포가 다시 용해되도록 원 상태의 압력을 받게 가하는 압력을 배압이라 한다.
(삼축압축시험에 사용)

해답 85. ② 86. ④ 87. ① 88. ①

89 그림과 같은 지반에서 하중으로 인하여 수직응력($\Delta\sigma_1$)이 100kN/m² 증가되고 수평응력($\Delta\sigma_3$)이 50kN/m² 증가되었다면 간극수압은 얼마나 증가되었는가? (단, 간극수압계수 A = 0.50이고, B = 1이다.)

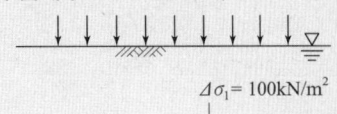

① 50kN/m²   ② 75kN/m²
③ 100kN/m²   ④ 125kN/m²

해설 간극수압증가량
1) S = 100%인 경우: B = 1.0
2) 간극수압증가량

$$\Delta u = B[\Delta\sigma_3 + A(\Delta\sigma_1 - \Delta\sigma_3)]$$
$$= 1.0[50 + 0.5(100-50)] = 75\text{kN/m}^2$$

90 어떤 점토지반에서 베인 시험을 실시하였다. 베인의 지름이 50mm, 높이가 100mm, 파괴 시 토크가 59N·m 일 때 이 점토의 점착력은?

① 129kN/m²   ② 157kN/m²
③ 213kN/m²   ④ 276kN/m²

해설 베인전단 시험
1) 베인의 지름: d=50mm=0.05m
2) 베인의 높이: h=100mm=0.1m
3) 점착력

$$C = \frac{T}{\pi d^2\left(\frac{d}{6}+\frac{h}{2}\right)} = \frac{59}{\pi\times 0.05^2\left(\frac{0.05}{6}+\frac{0.1}{2}\right)}$$
$$= 128,779\text{N/m}^2 \fallingdotseq 129\text{kN/m}^2$$

91 그림과 같이 동일한 두께의 3층으로 된 수평 모래층이 있을 때 토층에 수직한 방향의 평균 투수계수(k_v)는?

3m k_1=2.3×10⁻⁴cm/s
3m k_2=9.8×10⁻³cm/s
3m k_3=4.7×10⁻⁴cm/s

① 2.38×10^{-3}cm/s   ② 3.01×10^{-4}cm/s
③ 4.56×10^{-4}cm/s   ④ 5.60×10^{-4}cm/s

해설 비 균질 흙의 수직방향 평균투수계수
1) $H = 300+300+300 = 900$cm
2) $K_v = \dfrac{H}{\dfrac{H_1}{K_1}+\dfrac{H_2}{K_2}+\dfrac{H_3}{K_3}}$

$$= \frac{900}{\dfrac{300}{2.3\times 10^{-4}}+\dfrac{300}{9.8\times 10^{-3}}+\dfrac{300}{4.7\times 10^{-4}}}$$

$\therefore K_v = 4.56\times 10^{-4}$cm/sec

92 Terzaghi의 1차 압밀에 대한 설명으로 틀린 것은?

① 압밀방정식은 점토 내에 발생하는 과잉간극수압의 변화를 시간과 배수거리에 따라 나타낸 것이다.
② 압밀방정식을 풀면 압밀도를 시간계수의 함수로 나타낼 수 있다.
③ 평균압밀도는 시간에 따른 압밀침하량을 최종압밀침하량으로 나누면 구할 수 있다.
④ 압밀도는 배수거리에 비례하고, 압밀계수에 반비례 한다.

해설 Terzaghi의 1차 압밀
1) 압밀도는 시간계수에 비례한다.
   여기서, 시간계수 $T_v = \dfrac{C_v t}{H^2}$ 이다.
2) 압밀도는 배수거리의 제곱에 반비례하고, 압밀계수(C_v)에 비례한다.

93 흙의 다짐에 대한 설명으로 틀린 것은?

① 다짐에 의하여 간극이 작아지고 부착력이 커져서 역학적 강도 및 지지력은 증대하고, 압축성, 흡수성 및 투수성은 감소한다.
② 점토를 최적함수비보다 약간 건조측의 함수비로 다지면 면모구조를 가지게 된다.
③ 점토를 최적함수비보다 약간 습윤측에서 다지면 투수계수가 감소하게 된다.
④ 면모구조를 파괴시키지 못할 정도의 작은 압력으로 점토시료를 압밀할 경우 건조측 다짐을 한 시료가 습윤측 다짐을 한 시료보다 압축성이 크게 된다.

해답 89. ② 90. ① 91. ③ 92. ④ 93. ④

해설 흙의 다짐
1) 면모구조를 파괴시키지 못할 정도의 작은 압밀 압력으로 점토시료를 압밀할 경우, 건조 측 다짐을 한 시료가 습윤 측 다짐을 한 시료보다 압축성이 작게 된다.
2) 가해진 압력이 입자를 재배열시킬 만큼 충분히 클 때에는 오히려 건조 측에서 다진 흙의 압축이 더 커진다.

94 3층 구조로 구조결합 사이에 치환성 양이온이 있어서 활성이 크고, 시트(sheet) 사이에 물이 들어가 팽창·수축이 크고, 공학적 안정성이 약한 점토 광물은?
① sand
② illite
③ kaolimite
④ montmorillonite

해설 점토광물
1) 카올리나이트(Kaolinite)
   • 1개의 규소판과 1개의 알루미늄 판으로 결합된 2층 구조
   • 활성도가 가장 작고 공학적으로 가장 안정된 구조
2) 일라이트(illite)
   • 두 개의 규소 판 사이에 알루미늄 판이 결합된 3층 구조
   • 3층 구조 단위들이 불치환성 양이온으로 결합
3) 몬모릴로나이트(montmorillonite)
   • 두 개의 규소 판 사이에 알루미늄 판이 결합된 3층 구조
   • 3층 구조 단위들이 치환성 양이온으로 결합
   • 활성도가 가장 크고 공학적으로 가장 불안정한 구조

95 간극비 $e_1=0.80$인 어떤 모래의 투수계수가 $k_1=8.5\times 10^{-2}$cm/s일 때, 이 모래를 다져서 간극비를 $e_2=0.57$로 하면 투수계수 k_2는?
① 4.1×10^{-1}cm/s
② 8.1×10^{-2}cm/s
③ 3.5×10^{-2}cm/s
④ 8.5×10^{-3}cm/s

해설 공극비와 투수계수 관계
1) 투수계수 일반식
$$k = D_s^2 \frac{\rho g}{\eta} \frac{e^3}{1+e} C$$
2) 투수계수는 $\frac{e^3}{1+e}$ 에 비례한다.

$$\frac{k_2}{k_1} = \frac{\frac{e_2^3}{1+e_2}}{\frac{e_1^3}{1+e_1}} \Rightarrow \frac{k_2}{8.5\times 10^{-2}} = \frac{\frac{0.57^3}{1+0.57}}{\frac{0.8^3}{1+0.8}}$$

$\therefore k_2 = 3.5\times 10^{-2}$ cm/sec

96 사면안정 해석방법에 대한 설명으로 틀린 것은?
① 일체법은 활동면 위에 있는 흙덩어리를 하나의 물체로 보고 해석하는 방법이다.
② 마찰원법은 점착력과 마찰각을 동시에 갖고 있는 균질한 지반에 적용된다.
③ 절편법은 활동면 위에 있는 흙을 여러 개의 절편으로 분할하여 해석하는 방법이다.
④ 절편법은 흙이 균질하지 않아도 적용이 가능하지만, 흙 속에 간극수압이 있을 경우 적용이 불가능하다.

해설 사면안정 해석방법(절편법)
1) 절편법은 비 균질 흙에 적용이 가능하다.
2) 흙 속에 간극수압이 있을 경우에도 적용이 가능하다.
3) 절편법의 종류에는 Fellenius 법, Bishop법, Spencer법 등이 있다.

97 그림과 같이 지표면에 집중하중이 작용할 때 A점에서 발생하는 연직응력의 증가량은?

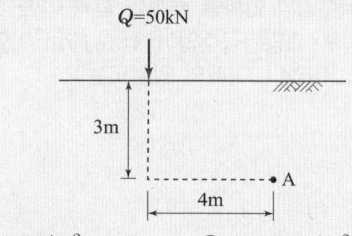

① 0.21kN/m²
② 0.24kN/m²
③ 0.27kN/m²
④ 0.30kN/m²

해설 지중응력
1) 영향계수
$$I_\sigma = \frac{3}{2\pi} \frac{z^5}{R^5} = \frac{3}{2\pi} \times \frac{3^5}{5^5} = 0.037$$
여기서, $R = \sqrt{3^2+4^2} = 5$m
2) 연직응력 증가량
$$\Delta\sigma_z = I_\sigma \frac{Q}{z^2} = 0.037 \times \frac{50}{3^2} = 0.21\text{kN/m}^2$$

해답 94. ④   95. ③   96. ④   97. ①

98 지표에 설치된 3m×3m의 정사각형 기초에 80kN/m²의 등분포하중이 작용할 때, 지표면 아래 5m 깊이에서의 연직응력의 증가량은? (단, 2:1 분포법을 사용한다.)

① 7.15kN/m² ② 9.20kN/m²
③ 11.25kN/m² ④ 13.10kN/m²

해설 지중응력 증가량(2:1법)

$$\Delta\sigma_Z = \frac{q_s \times B \times L}{(B+Z)(L+Z)}$$

$$= \frac{80 \times 3 \times 3}{(3+5)(3+5)} = 11.25 \text{kN/m}^2$$

99 다음 연약지반 개량공법 중 일시적인 개량공법은?

① 치환 공법 ② 동결 공법
③ 약액주입 공법 ④ 모래다짐말뚝 공법

해설 일시적 지반 개량공법
1) 일시적 지반 개량공법: 동결 공법, 대기압 공법, 웰 포인트 공법 등.
2) 모래지반개량공법: 다짐말뚝공법, 모래다짐말뚝 공법, 바이브로플로테이션 공법 등.

100 연약지반에 구조물을 축조할 때 피에조미터를 설치하여 과잉간극수압의 변화를 측정한 결과 어떤 점에서 구조물 축조 직후 과잉간극수압이 100kN/m²이었고, 4년 후에 20kN/m²이었다. 이때의 압밀도는?

① 20% ② 40%
③ 60% ④ 80%

해설 압밀도
1) 압밀도는 소산된 과잉공극수압에 비례한다.
2) 압밀도

$$U = \frac{u_i - u_e}{u_i} \times 100 = \frac{100-20}{100} \times 100 = 80\%$$

상하수도공학

101 1인1일평균급수량에 대한 일반적인 특징으로 옳지 않은 것은?

① 소도시는 대도시에 비해서 수량이 크다.
② 공업이 번성한 도시는 소도시보다 수량이 크다.
③ 기온이 높은 지방이 추운 지방보다 수량이 크다.
④ 정액급수의 수도는 계량급수의 수도보다 소비수량이 크다.

해설 1인1일평균급수량 특징
대도시, 공업도시가 소도시보다 수량이 크다.

102 침전지의 수심이 4m이고 체류시간이 1시간일 때 이 침전지의 표면부하율(Surface loading rate)은?

① 48m³/m²·d ② 72m³/m²·d
③ 96m³/m²·d ④ 108m³/m²·d

해설 표면부하율 $\left(\frac{Q}{A}\right)$

1) 침전시간: $t = \frac{V}{Q} \times 24$

2) 표면부하율 $\left(\frac{Q}{A}\right)$

$$t = \frac{V}{Q} \times 24 = \frac{A \times h}{Q} \times 24$$

$$\therefore \frac{Q}{A} = \frac{24h}{t} = \frac{24 \times 4}{1} = 96 \text{m}^3/\text{m}^2 \cdot \text{d}$$

103 인구가 10,000명인 A시에 폐수 배출시설 1개소가 설치될 계획이다. 이 폐수 배출시설의 유량은 200m³/d이고 평균 BOD 배출농도는 500gBOD/m³이다. 이를 고려하여 A시에 하수종말처리장을 신설할 때 적합한 최소 계획인구수는? (단, 하수종말처리장 건설 시 1인 1일 BOD 부하량은 50gBOD/인·d로 한다.)

① 10,000명 ② 12,000명
③ 14,000명 ④ 16,000명

해답 98. ③ 99. ② 100. ④ 101. ① 102. ③ 103. ②

해설 최소계획인구수
1) 1일 BOD 배출량
   = BOD배출농도×1일 배출 유량
   = $\dfrac{500\text{g}}{\text{m}^3} \times \dfrac{200\text{m}^3}{\text{d}} = 100{,}000\text{g/d}$
2) 1일 배출된 BOD량을 인구수로 환산하면
   = $\dfrac{1\text{일 BOD 배출량}}{1\text{인 1일 BOD 부하량}} = \dfrac{100{,}000\text{g/d}}{50\text{g/인}\cdot\text{d}} = 2{,}000$명
3) 계획인구수 = 10,000 + 2,000 = 12,000명

★★
104 우수관로 및 합류식관로 내에서의 부유물 침전을 막기 위하여 계획우수량에 대하여 요구되는 최소 유속은?
① 0.3m/s
② 0.6m/s
③ 0.8m/s
④ 1.2m/s

해설 하수관로의 최소유속 기준
1) 우수관로 및 합류식관로: 0.8m/sec
2) 오수관로: 0.6m/sec
3) 최소유속은 부유물질의 비중이 클수록 크게 해야 한다.

★★
105 어느 A시의 장래 2030년의 인구추정 결과 85,000명으로 추산되었다. 계획년도의 1인 1일단 평균급수량을 380L, 급수보급율을 95%로 가정할 때 계획년도의 계획 1일 평균 급수량은?
① 30,685m³/d
② 31,205m³/d
③ 31,555m³/d
④ 32,305m³/d

해설 계획1일 평균급수량
1) 1일1인 평균급수량 = $\dfrac{380L}{\text{인}\cdot\text{일}} = \dfrac{0.38\text{m}^3}{\text{인}\cdot\text{일}}$
2) 급수인구 = 급수구역 내 총인구×급수율
   = $85{,}000 \times \dfrac{95}{100} = 80{,}750$명
3) 계획1일 평균급수량 = 1일1인 평균급수량 × 급수인구
   = $0.38 \times 80{,}750 = 30{,}685\text{m}^3/\text{day}$

★
106 정수처리 시 트리할로메탄 및 곰팡이 냄새의 생성을 최소화하기 위해 침전지와 여과지 사이에 염소제를 주입하는 방법은?
① 전염소처리
② 중간염소처리
③ 후염소처리
④ 이중염소처리

해설 중간염소처리
1) 원수 중의 부식질(humic substances) 등의 유기물이 존재하면 유리잔류염소와 반응하여 트리할로메탄 및 곰팡이 냄새 등이 생성되므로,
2) 침전지와 여과지 사이에 염소를 주입하는 것을 중간염소처리라고 한다.

★★★
107 하수도의 관로계획에 대한 설명으로 옳은 것은?
① 오수관로는 계획1일평균오수량을 기준으로 계획한다.
② 관로의 역사이펀을 많이 설치하여 유지관리 측면에서 유리하도록 계획한다.
③ 합류식에서 하수의 차집관로는 우천 시 계획오수량을 기준으로 계획한다.
④ 오수관로와 우수관로가 교차하여 역사이펀을 피할 수 없는 경우는 우수관로를 역사이펀으로 하는 것이 바람직하다.

해설 하수도의 관로계획
1) 오수관로는 계획 시간 최대오수량을 기준으로 계획한다.
2) 역 사이펀은 시공이 어렵고 매설깊이가 깊어 파손되기 쉽고 내부검사나 보수가 용이하지 않으므로 가급적 피하는 것이 좋다.
3) 오수관로와 우수관로가 교차하여 역 사이펀을 피할 수 없는 경우는 오수관로를 역 사이펀으로 하는 것이 바람직하다.

해답 104. ③   105. ①   106. ②   107. ③

108 지름 400mm, 길이 1,000m인 원형 철근 콘크리트 관에 물이 가득 차 흐르고 있다. 이 관로 시점의 수두가 50m라면 관로 종점의 수압(kgf/cm²)은? (단, 손실수두는 마찰손실 수두만을 고려하며 마찰계수(f)=0.05, 유속은 Manning 공식을 이용하여 구하고 조도계수(n)=0.013, 동수경사(I)=0.001이다.)

① 2.92kgf/cm² ② 3.28kgf/cm²
③ 4.83kgf/cm² ④ 5.31kgf/cm²

해설 관로의 압력

1) 경심
$$R = \frac{A(유수단면적)}{P(윤변)} = \frac{\pi d^2/4}{\pi d} = \frac{d}{4} = \frac{0.4m}{4} = 0.1m$$

2) 평균유속
$$V = \frac{1}{n}R^{\frac{2}{3}}I^{\frac{1}{2}} = \frac{1}{0.013}(0.1)^{\frac{2}{3}}(0.001)^{\frac{1}{2}} = 0.524 m/sec$$

3) 마찰손실수두
$$h_L = f\frac{L}{d}\frac{v^2}{2g} = 0.05 \times \frac{1000}{0.4} \times \frac{0.524^2}{2 \times 9.8} = 1.75m$$

4) 관로 종점의 유효수두=50-1.75=48.25m
5) 관로의 종점의 압력
$$P = wh = 1tonf/m^3 \times 48.25m = 48.25tonf/m^2$$
$$= 4.83kgf/cm^2$$

109 교차연결(cross connection)에 대한 설명으로 옳은 것은?

① 2개의 하수도관이 90°로 서로 연결된 것을 말한다.
② 상수도관과 오염된 오수관이 서로 연결된 것을 말한다.
③ 두 개의 하수관로가 교차해서 지나가는 구조를 말한다.
④ 상수도관과 하수도관이 서로 교차해서 지나가는 것을 말한다.

해설 교차연결
1) 정의: 상수도관과 음용하기 부적당한 물을 공급하는 공업용수도 또는 오수관과 연결된 것
2) 대책
 ① 수도관과 공업용 수도관, 하수관과 동일 장소에 매설하지 않는다.
 ② 수도관의 진공발생을 방지하기 위한 공기밸브를 설치한다.
 ③ 오염된 물의 유출구를 상수관보다 낮게 설치한다.

110 슬러지 농축과 탈수에 대한 설명으로 틀린 것은?

① 탈수는 기계적 방법으로 진공여과, 가압여과 및 원심탈수법 등이 있다.
② 농축은 매립이나 해양투기를 하기 전에 슬러지 용적을 감소시켜 준다.
③ 농축은 자연의 중력에 의한 방법이 가장 간단하며 경제적인 처리 방법이다.
④ 중력식 농축조에 슬러지 제거기 설치 시 탱크바닥의 기울기는 1/10 이상이 좋다.

해설 슬러지 농축과 탈수
중력식 농축조의 탱크바닥 기울기는 5/100 이상으로 하면 슬러지를 긁어모으는데 큰 지장이 없다.

111 송수시설에 대한 설명으로 옳은 것은?

① 급수관, 계량기 등이 붙어 있는 시설
② 정수장에서 배수지까지 물을 보내는 시설
③ 수원에서 취수한 물을 정수장까지 운반하는 시설
④ 정수 처리된 물을 소요수량만큼 수요자에게 보내는 시설

해설 송수시설
1) 송수시설: 정수된 물을 정수장에서 배수지까지 물을 보내는 시설.
2) 도수시설: 원수를 정수장까지 보내는 시설.

112 압력식 하수도 수집 시스템에 대한 특징으로 틀린 것은?

① 얕은 층으로 매설할 수 있다.
② 하수를 그라인더 펌프에 의해 압송한다.
③ 광범위한 지형 조건 등에 대응할 수 있다.
④ 유지관리가 비교적 간편하고, 일반적으로는 유리 관리비용이 저렴하다.

해설 압력식 하수도 수집 시스템 특징
1) 그라인더 펌프(수중 분쇄형 펌프)에 의해 하수를 이송한다.
2) 각 펌프에 전원을 공급해야 하므로 유지, 관리비용이 많이 든다.

해답 108. ③ 109. ② 110. ④ 111. ② 112. ④

★
113 pH가 5.6에서 4.3으로 변화할 때 수소이온 농도는 약 몇 배가 되는가?

① 약 13배 ② 약 15배
③ 약 17배 ④ 약 20배

해설 PH(수소이온농도)

1) $PH = \log\left(\dfrac{1}{H^+}\right) = -\log(H^+)$

2) $PH = 5.6$ 인 경우의 수소이온 농도
   $H^+ = 1.0 \times 10^{-5.6}$
   $PH = 4.3$ 인 경우의 수소이온 농도
   $H^+ = 1.0 \times 10^{-4.3}$

3) 수소이온 농도의 비
   $= \dfrac{10^{-4.3}}{10^{-5.6}} = \dfrac{5.012 \times 10^{-5}}{2.512 \times 10^{-6}} = 20$

★★★
114 하수처리계획 및 재이용계획을 위한 계획오수량에 대한 설명으로 옳은 것은?

① 지하수량은 계획1일평균오수량의 10~20%로 한다.
② 계획1일평균오수량은 계획1일최대오수량의 70~80%를 표준으로 한다.
③ 합류식에서 우천 시 계획오수량은 원칙적으로 계획1일평균오수량의 3배 이상으로 한다.
④ 계획1일최대오수량은 계획시간최대오수량을 1일의 수량으로 환산하여 1.3~1.8배를 표준으로 한다.

해설 계획오수량

1) 지하수량은 1인 1일 최대오수량의 10~20%로 한다.
2) 합류식에서 우천 시 계획오수량은 계획시간최대오수량의 3배이상으로 한다.
3) 계획시간최대오수량은 계획1일최대오수량의 1시간당 수량에 1.3~1.8배를 표준으로 한다.

★★★
115 배수관망의 구성방식 중 격자식과 비교한 수지상식의 설명으로 틀린 것은?

① 수리계산이 간단하다.
② 사고 시 단수구간이 크다.
③ 제수밸브를 많이 설치해야 한다.
④ 관의 말단부에 물이 정체되기 쉽다.

해설 배수관망의 특징

분류	격자식	수지상식
수리계산	복잡	간단
단수구간	좁다	넓다
제수밸브 설치	많다	적다
수압보완성	용이하다	용이하지 않다
공사비	크다	작다

★★
116 슬러지 처리의 목표로 옳지 않은 것은?

① 중금속 처리
② 병원균의 처리
③ 슬러지의 생화학적 안정화
④ 최종 슬러지 부피의 감량화

해설 슬러지 처리의 목표

1) 병원균을 제거하는 위생적인 안전화
2) 슬러지 중의 유기물을 무기물로 바꾸는 생화학적 안정화
3) 최종 슬러지 부피의 감량화
4) 처분의 확실성

★★★
117 합류식과 분류식에 대한 설명으로 옳지 않은 것은?

① 분류식의 경우 관로 내 퇴적은 적으나 수세효과는 기대할 수 없다.
② 합류식의 경우 일정량 이상이 되면 우천 시 오수가 월류한다.
③ 합류식의 경우 관경이 커지기 때문에 2계통인 분류식보다 건설비용이 많이 든다.
④ 분류식의 경우 오수와 우수를 별개의 관로로 배제하기 때문에 오수의 배제계획이 합리적이다.

해설 하수의 배제방식
분류식은 오수 및 우수관거를 별도로 매설하므로 건설비용이 많이 소요된다.

해답 113. ④　114. ②　115. ③　116. ①　117. ③

118 하수의 고도처리에 있어서 질소와 인을 동시에 제거하기 어려운 공법은?
① 수정 phostrip 공법
② 막분리 활성슬러지법
③ 혐기무산소호기조합법
④ 응집제병용형 생물학적 질소제거법

해설 하수의 고도처리방법(생물학적 방법)
1) 질소·인 제거방법: 혐기무산소호기조합법(A^2/O), 수정 Phostrip법, 응집제병용형 생물학적 질소제거법, UCT법 등.
2) 막 분리 활성슬러지법: 생물반응조와 분리막(정밀여과막)을 결합하여 이차침전지 및 3차처리 여과시설을 대체하는 시설로서, 생물학적으로 질소를 제거하는 방법이다.

119 저수지에서 식물성 플랑크톤의 과도성장에 따라 부영양화가 발생될 수 있는데, 이에 대한 가장 일반적인 지표기준은?
① COD 농도
② 색도
③ BOD와 DO 농도
④ 투명도(Secchi disk depth)

해설 부영양화
1) 부영양화의 판단지표: 총 질소(T-N), 총인(T-P), chlorophyll-a 농도, 투명도 등이다.
2) 일반적으로 신속히 판단할 수 있는 기준은 투명도이다.

120 정수장의 소독 시 처리수량이 10,000m³/d인 정수장에서 염소를 5mg/L의 농도로 주입할 경우 잔류염소농도가 0.2mg/L이었다. 염소요구량은? (단, 염소의 순도는 80%이다.)
① 24kg/d
② 30kg/d
③ 48kg/d
④ 60kg/d

해설 염소소독
1) 염소요구농도 = 염소주입농도 − 잔류염소농도
$$= 5 - 0.2 = 4.8 \text{mg/L} = 4.8 \text{g/m}^3$$
2) 염소요구량 = 염소요구농도 × 처리수량 × $\dfrac{1}{순도}$
$$= \dfrac{4.8\text{g}}{\text{m}^3} \times \dfrac{10,000\text{m}^3}{\text{d}} \times \dfrac{1}{0.8} = 60,000\text{g/d}$$
$$= 60\text{kg/d}$$

해답 118. ② 119. ④ 120. ④

MEMO

3 2022년 과년도출제문제

응용역학

1 처음에 P_1이 작용했을 때 자유단의 처짐 δ_1이 생기고, 다음에 P_2를 가했을 때 자유단의 처짐이 δ_2만큼 증가되었다고 한다. 이때 외력 P_1이 행한 일은?

① $\dfrac{1}{2}P_1\delta_1 + P_1\delta_2$ ② $\dfrac{1}{2}P_1\delta_1 + P_2\delta_2$

③ $\dfrac{1}{2}(P_1\delta_1 + P_1\delta_2)$ ④ $\dfrac{1}{2}(P_1\delta_1 + P_2\delta_2)$

해설 집중하중에 의한 외력 일

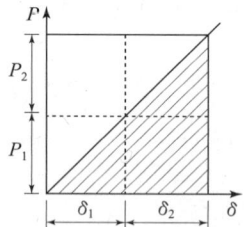

1) P_1하중에 의한 외력일(빗금 친 면적)
$$W_e = \dfrac{1}{2}P_1\delta_1 + P_1\delta_2$$

2) P_2하중에 의한 외력일
$$W_e = \dfrac{1}{2}P_2\delta_2$$

2 보의 단면2차모멘트(I)가 2배로 되면 처짐은 어떻게 변하는가?
① 관계없이 일정하다.
② 2배 증가한다.
③ 4배 증가한다.
④ 절반으로 감소한다.

해설 처짐과 단면2차모멘트의 관계
1) 처짐 일반식: $\delta_x = \dfrac{M_x}{EI}$
2) 처짐의 크기는 단면2차모멘트와 반비례하므로 단면2차모멘트가 2배가 되면 처짐의 크기는 절반으로 감소한다.

3 캔틸레버보에 저장되는 변형에너지를 각각 $U_{(1)}$, $U_{(2)}$라고 할 때 $U_{(1)} : U_{(2)}$의 비는?

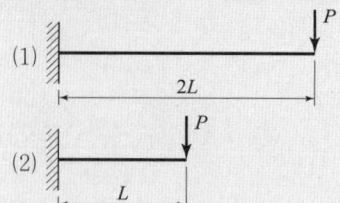

① 2 : 1 ② 4 : 1
③ 8 : 1 ④ 16 : 1

해설 변형에너지(U)

1) $U = \displaystyle\int_0^{2L}\dfrac{M_x^2}{2EI}dx = \int_0^{2L}\dfrac{(-Px)^2}{2EI}dx$
$= \dfrac{P^2}{2EI}\displaystyle\int_0^{2L}x^2dx = \dfrac{P^2}{2EI}\left[\dfrac{x^3}{3}\right]_0^{2L} = \dfrac{8P^2L^3}{6EI}$

여기서, $M_x = (-Px)$

2) $U = \displaystyle\int_0^{L}\dfrac{M_x^2}{2EI}dx = \int_0^{L}\dfrac{(-Px)^2}{2EI}dx$
$= \dfrac{P^2}{2EI}\displaystyle\int_0^{L}x^2dx = \dfrac{P^2}{2EI}\left[\dfrac{x^3}{3}\right]_0^{L} = \dfrac{P^2L^3}{6EI}$

$\therefore \dfrac{U_{(1)}}{U_{(2)}} = \dfrac{8}{1}$

4 구조물 내부의 어떤 면에 35MPa의 전단응력과 28MPa의 인장응력이 작용하고 있고, 이 면과 직각을 이루는 면에 21MPa의 압축응력이 작용하고 있다. 이 경우 최대주응력(σ_1)은?
① 46.2MPa ② 49.8MPa
③ 53.2MPa ④ 59.7MPa

해설 최대주응력(σ_1)
$$\sigma_1 = \dfrac{\sigma_x + \sigma_y}{2} + \sqrt{\left(\dfrac{\sigma_x - \sigma_y}{2}\right)^2 + \tau_{xy}^2}$$
$$= \dfrac{28+21}{2} + \sqrt{\left(\dfrac{28-21}{2}\right)^2 + 35^2}$$
$$= 59.7\text{MPa}$$

해답 1. ①   2. ④   3. ③   4. ④

5 다음 부정정보에서 B점의 반력은? (단, EI는 일정하다.)

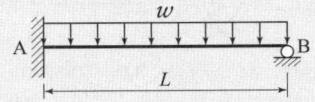

① $\dfrac{5}{16}wL(\uparrow)$ ② $\dfrac{3}{4}wL(\uparrow)$

③ $\dfrac{3}{8}wL(\uparrow)$ ④ $\dfrac{3}{16}wL(\uparrow)$

해설 변형일치법

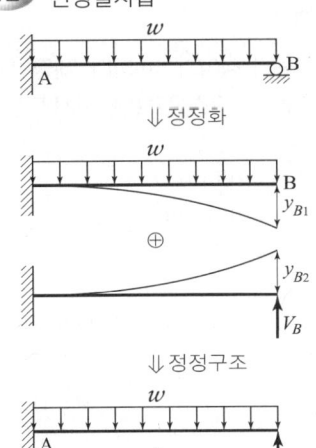

1) 부정정구조물을 정정화시킨다.
2) 적합조건을 적용해서 해석한다.

$\delta_B = 0 \Rightarrow y_{B1} = y_{B2}$

$\dfrac{wL^4}{8EI} = \dfrac{V_B L^3}{3EI}$

$\therefore V_B = \dfrac{3wL}{8}(\uparrow)$

6 두 지점의 반력이 같게 되는 하중의 위치(x)는?

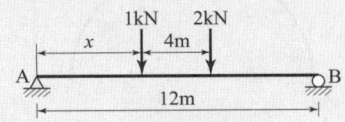

① 0.33m   ② 1.33m
③ 2.33m   ④ 3.33m

해설 단순보의 반력

1) $\sum V = 0$
   $V_A + V_B - 1 - 2 = 0 \Rightarrow$ 문제 조건에서 $V_A = V_B$,
   $2V_B = 3 \Rightarrow \therefore V_B = 1.5$kN

2) $\sum M_A = 0$
   $-(V_B \times 12) + (1 \times x) + 2(x+4) = 0$
   $\therefore x = 3.33$m

7 다음 중 단면1차모멘트와 같은 차원을 갖는 것은?

① 단면2차모멘트   ② 회전반경
③ 단면상승모멘트   ④ 단면계수

해설 단면의 성질 차원

단면의 성질	용도	단위
단면1차모멘트	도심, 전단응력	mm³
단면계수	휨응력	mm³
단면2차모멘트	휨강성, 휨응력	mm⁴
단면상승모멘트	주축	mm⁴
단면회전반지름	좌굴응력	mm

8 다음과 같은 구조물에서 B지점의 휨모멘트는?

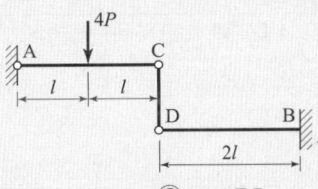

① $-3PL$ ② $-4PL$
③ $-6PL$ ④ $-12PL$

해설 휨모멘트

1) A-C 구간: 단순보로 가정 한 다음 V_C를 구한다.
   $\therefore V_C = 2P(\because$ 대칭하중$)$
2) D-B 구간: V_C를 D점에 하중으로 재하해서 휨모멘트를 구한다.
   $\therefore M_D = -(2P)(2L) = -4PL$

★★★
9 다음 중 정(+)의 값 뿐만 아니라 부(−)의 값도 갖는 것은?

① 단면계수 ② 단면2차모멘트
③ 단면상승모멘트 ④ 단면회전반지름

해설 단면 상승 모멘트(I_{xy})
1) $I_{xy} = A \cdot x_0 \cdot y_0$
   여기서, x_0 : y축에서 도심까지 거리, y_0 : x축에서 도심까지 거리
2) 단면 상승 모멘트의 계산에서 x_0 또는 y_0 둘 중의 하나가 (−) 값인 경우, (−)값이 나온다.

★★
10 그림과 같이 강선 A와 B가 서로 평형상태를 이루고 있다. 이때 각도 θ의 값은?

① 67.84° ② 56.63°
③ 42.26° ④ 28.35°

해설 힘의 평형
1) 힘의 평형조건 : $R_1 = R_2$
2) $R_1 = \sqrt{P_1^2 + 2P_1P_2\cos\theta_1 + P_2^2}$,
   $R_2 = \sqrt{P_3^2 + 2P_3P_4\cos\theta_2 + P_4^2}$
   $\sqrt{30^2 + 2\times30\times60\times\cos60° + 60^2}$
   $= \sqrt{40^2 + 2\times40\times50\times\cos\theta_2 + 50^2}$
   $\therefore \theta = 56.63°$

★★★
11 절점 O는 이동하지 않으며, 재단 A, B, C가 고정일 때 M_{CO}는 얼마인가? (단, K는 강비)

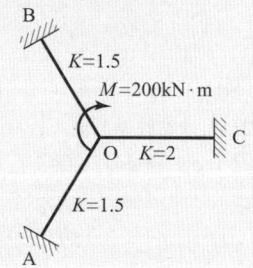

① 25kN·m ② 30kN·m
③ 35kN·m ④ 40kN·m

해설 모멘트 분배법
1) 분배율: $f_{oc} = \dfrac{k_{oc}}{\sum k} = \dfrac{2}{1.5+1.5+2.0} = \dfrac{2}{5}$
2) 분배모멘트: $M_{oc} = f_{oc} \times M = \dfrac{2}{5} \times 200 = 80\text{kN·m}$
3) 도달모멘트는 분배모멘트의 $\dfrac{1}{2}$만큼 전달된다.
   $\therefore M_{co} = \dfrac{1}{2} \times 80 = 40\text{kN·m}$

★★★
12 직경 D인 원형단면 기둥의 길이가 4m이다. 세장비가 100이 되도록 하자면 이 기둥의 직경은? (단, 지지조건은 양단 힌지이다.)

① 120mm ② 160mm
③ 180mm ④ 200mm

해설 세장비(λ)
1) 기둥의 유효길이: $\ell_k = k\ell = 1.0 \times 4.0\text{m} = 4,000\text{mm}$
   여기서, $k = 1.0$ ($\because$ 양단힌지)
2) 최소 단면2차반지름: $\gamma_{\min} = \sqrt{\dfrac{I_{\min}}{A}} = \sqrt{\dfrac{\pi d^4/64}{\pi d^2/4}}$
   $= \dfrac{d}{4}$
3) 세장비: $\lambda = \dfrac{\ell_k}{\gamma_{\min}} \Rightarrow 100 = \dfrac{4,000}{\dfrac{d}{4}}$
   $\therefore d = 160\text{mm}$

★★
13 그림과 같은 3회전단 아치 구조물에서 C점의 휨모멘트는?

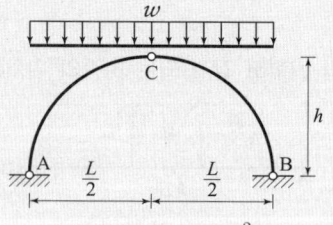

① 0 ② $\dfrac{wL^2}{8}$
③ $\dfrac{wL^2}{16}$ ④ $\dfrac{wL^2}{24}$

해설 3-hinge 아치

1) A점의 수직반력
$V_A = \dfrac{wL}{2}$ (∵ 대칭하중)

2) A점의 수평반력
$\sum M_{CL} = 0$
$V_A \times \dfrac{L}{2} - w \times \dfrac{L}{2} \times \dfrac{L}{4} - H_A \times h = 0$
∴ $H_A = \dfrac{wL^2}{8h}$ (→)

3) C점의 휨모멘트
$M_C = V_A \times \dfrac{L}{2} - w \times \dfrac{L}{2} \times \dfrac{L}{4} - H_A \times h = 0$

★★★
14 그림과 같이 이축응력(二軸應力)을 받고 있는 요소의 체적변형률은? (단, 탄성계수 $E = 200,000\text{MPa}$, 푸아송비 $\nu = 0.3$)

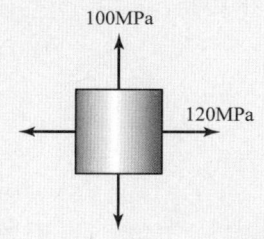

① 3.6×10^{-4}
② 4.0×10^{-4}
③ 4.4×10^{-4}
④ 4.8×10^{-4}

해설 체적변형률(ε_v)
$\varepsilon_v = \dfrac{(1-2\nu)}{E}(\sigma_x + \sigma_y)$
$= \dfrac{(1-2 \times 0.3)}{2 \times 10^5}(120+100) = 4.4 \times 10^{-4}$

★
15 평면 트러스 구조물의 해석에 관한 가정 및 설명으로 틀린 것은?

① 트러스의 모든 부재는 그 끝단에서 마찰이 없는 힌지로 연결되어 있다.
② 트러스에 작용하는 모든 외력은 트러스의 절점에만 작용하고 또한 트러스 평면 내에 작용한다.
③ 하중으로 인한 트러스의 변형을 고려하여 산출한다.
④ 트러스 구조도 보의 역할을 하게 되는데 보의 휨모멘트를 트러스에서는 주로 현재가, 보의 전단력을 트러스에서는 주로 수직재 및 사재가 담당한다.

해설 평면 트러스 해석 시 가정 사항
하중으로 인한 트러스의 변형은 무시하여 산출한다.

★★
16 그림과 같이 밀도가 균일하고 무게 W인 구(球)가 마찰이 없는 두 벽면 사이에 놓여 있을 때 반력 R_B의 크기는?

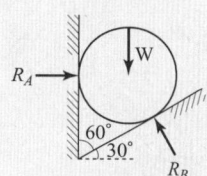

① $0.5W$
② $0.577W$
③ $0.866W$
④ $1.155W$

해설 힘의 평형

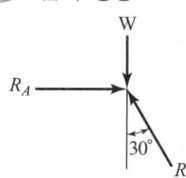

$\sum V = 0$
$-W + R_B \cdot \cos 30° = 0$
∴ $R_B = 1.155W$

★★
17 지름 D인 원형 단면 보에 휨모멘트 M이 작용할 때 최대 휨응력은?

① $\dfrac{64M}{\pi D^3}$
② $\dfrac{32M}{\pi D^3}$
③ $\dfrac{16M}{\pi D^3}$
④ $\dfrac{8M}{\pi D^3}$

해설 최대 휨응력

1) $Z = \dfrac{I}{y} = \dfrac{\dfrac{\pi D^4}{64}}{\dfrac{D}{2}} = \dfrac{\pi D^3}{32}$

2) $\sigma_{max} = \dfrac{M}{Z} = \dfrac{32M}{\pi D^3}$

해답   14. ③   15. ③   16. ④   17. ②

③ 2022년 과년도출제문제

★★★
18 그림과 같은 하중이 작용하는 기둥의 줄음량은?
(단, EA는 일정)

① $\dfrac{2PL}{EA}$ ② $\dfrac{3PL}{EA}$
③ $\dfrac{4PL}{EA}$ ④ $\dfrac{5PL}{EA}$

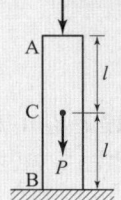

해설 기둥의 줄음량

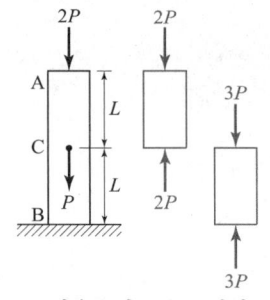

1) 자유물체도를 그려서 해석한다.
2) 기둥의 줄음량
   $\delta = \dfrac{PL}{AE}$ 이므로,
   $\therefore \delta = \dfrac{(2P)L}{AE} + \dfrac{(3P)L}{AE} = \dfrac{5PL}{AE}$

★★★
19 그림과 같은 하중을 받는 보의 최대 전단응력은?

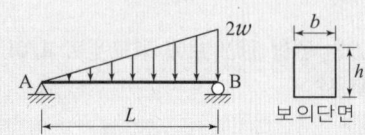

① $\dfrac{2}{3} \cdot \dfrac{wL}{bh}$ ② $\dfrac{3}{2} \cdot \dfrac{wL}{bh}$
③ $2 \cdot \dfrac{wL}{bh}$ ④ $\dfrac{wL}{bh}$

해설 최대 전단응력

1) 최대 전단력: $S_{max} = V_B = \dfrac{(2w)L}{3} = \dfrac{2wL}{3}$

2) 최대 전단응력: $\tau_{max} = \dfrac{3}{2}\left(\dfrac{S_{max}}{A}\right) = \dfrac{3}{2}\left(\dfrac{\frac{2wL}{3}}{bh}\right)$
   $= \dfrac{wL}{bh}$

★★
20 다음 정정보에서의 전단력도(SFD)로 옳은 것은?

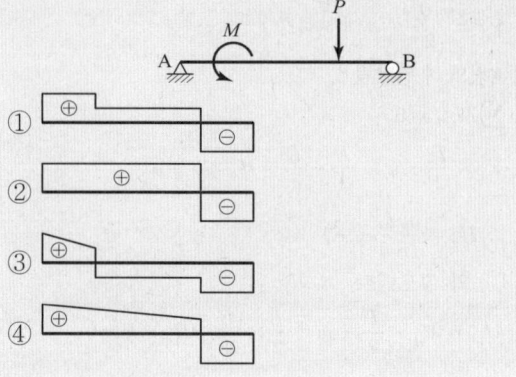

해설 단순보의 전단력도
1) 전단력: 축에 직각방향으로 작용하여 물체를 자르려는 힘을 말한다.
2) 전단력 도는 수직반력과 재하하중을 이용하여 작도하면 ②번 형태가 된다.

측 량 학

★
21 지형의 표시방법으로 옳지 않은 것은?
① 지성선은 능선, 계곡선 및 경사변환선 등으로 표시 된다.
② 등고선의 간격은 일반적으로 주곡선의 간격을 말한다.
③ 부호적 도법에는 영선법과 음영법이 있고 자연적 도법에는 점고법, 등고선과 채색법 등이 있다.
④ 지성선이란 지형의 골격을 나타내는 선이다.

해설 지형의 표시방법
1) 지성선: 지모의 골격이 되는 선으로 능선, 계곡선, 경사변환선, 최대경사선 등으로 표시 된다.
2) 자연적도법: 영선법, 음영법
3) 부호적 도법: 점고법, 등고선법, 채색법

해답 18. ④ 19. ④ 20. ② 21. ③

22 트래버스측량의 각 관측방법 중 방위각법에 대한 설명으로 틀린 것은?

① 진북을 기준으로 어느 측선까지 시계방향으로 측정하는 방법이다.
② 험준하고 복잡한 지역에서는 적합하지 않다.
③ 각각이 독립적으로 관측되므로 오차발생시, 각각의 오차는 이후의 측량에 영향이 없다.
④ 각 관측값의 계산과 제도가 편리하고 신속히 관측할 수 있다.

해설 방위각법

1) 정의: 진북선을 기준으로 어느 측선까지 시계방향으로 측정한 각의 크기를 말한다.
2) 특징: 한번 오차가 발생하면 끝까지 영향을 주며, 계산과 제도가 편리하고 신속히 관측할 수 있다.

23 삼각망 조정에 관한 설명 중 잘못된 것은?

① 1점 주위에 있는 각의 합은 360°이다.
② 삼각형의 내각의 합은 180°이다.
③ 임의 한 변의 길이는 계산 경로가 달라지면 일치하지 않는다.
④ 검기선은 측정한 길이와 계산된 길이가 동일하다.

해설 삼각망조정

1) 점조건: 1점 주위에 있는 각의 합은 360°이다.
2) 각조건: 삼각형의 내각의 합은 180°이다.
3) 변조건: 임의의 한 변의 길이는 계산의 경로와 관계없이 항상 같다.

24 직선 AB의 방위각이 128°30′30″이었다면 직선 BA의 방위각은?

① 128°30′30″
② 51°29′30″
③ 308°30′30″
④ 358°30′30″

해설 방위각

1) BA측선의 방위각=AB측선의 방위각+180°
2) BA측선의 방위각=128°30′30″+180° = 308°30′30″

25 다음 그림과 같이 도로의 횡단면도에서 절토 단면적은? (단, O을 원점으로 하는 좌표(X, Y)의 단위 : [m])

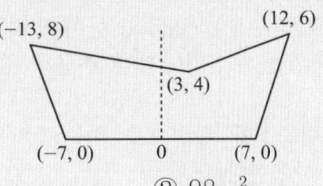

① 94m²
② 98m²
③ 102m²
④ 106m²

해설 좌표법

1) "0"이 많이 들어있는 y좌표를 위에 놓으면 계산이 간단해진다.

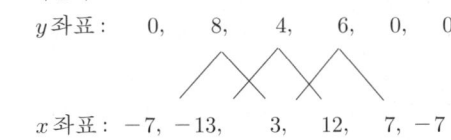

2) $A = \frac{1}{2}\sum[y_i(x_{i+1}-x_{i-1})]$ or $\frac{1}{2}\sum[x_i(y_{i+1}-y_{i-1})]$

$= \frac{1}{2}[8\times\{(3)-(-7)\}+4\times\{(12)-(-13)\}+6\times\{(7)-(3)\}]$

$= 102m^2$

26 완화곡선에 대한 설명으로 옳지 않은 것은?

① 완화곡선의 곡선 반지름은 시점에서 무한대, 종점에서 원곡선의 반지름 R로 된다.
② 클로소이드의 형식에는 S형, 복합형, 기본형 등이 있다.
③ 완화곡선의 접선은 시점에서 원호에, 종점에서 직선에 접한다.
④ 모든 클로소이드는 닮은꼴이며 클로소이드 요소에는 길이의 단위를 가진 것과 단위가 없는 것이 있다.

해설 완화곡선

1) 완화곡선: 직선도로와 원곡선 사이에 설치되는 매끄러운 곡선을 말한다.
2) 완화곡선의 접선: 시점에서 직선에, 종점에서 원호에 접한다.

해답 22. ③ 23. ③ 24. ③ 25. ③ 26. ③

27 GNSS 측량에 대한 설명으로 틀린 것은?

① 다양한 항법위성을 이용한 3차원 측위방법으로 GPS, GLONASS, Galileo 등이 있다.
② VRS 측위는 수신기 1대를 이용한 절대 측위 방법이다.
③ 지구질량중심을 원점으로 하는 3차원 직교좌표 체계를 사용한다.
④ 정지측량, 신속정지측량, 이동측량 등으로 측위 방법을 구분할 수 있다.

해설 GNSS
1) GNSS 운용현황: GPS-미국, GLONASS-러시아, Galileo-EU, Beidou-중국 등.
2) VRS 측위는 상대측위 방법으로 가상기준점 방식(Network RTK)의 실시간 정밀 측량 방법이다.
3) 상대측위는 두 대 이상의 수신기를 동시에 조합하여 위치를 결정하는 방법이다.

28 수면으로부터 수심의 $\frac{2}{10}$, $\frac{4}{10}$, $\frac{6}{10}$, $\frac{8}{10}$인 곳에서 유속을 측정한 결과가 각각 1.2m/s, 1.0m/s, 0.7m/s, 0.3m/s이었다면 평균 유속은? (단, 4점법 이용)

① 1.095m/s ② 1.005m/s
③ 0.895m/s ④ 0.775m/s

해설 평균유속(4점법)
$$V_m = \frac{1}{5}\left[(V_{0.2}+V_{0.4}+V_{0.6}+V_{0.8})+\frac{1}{2}\left(V_{0.2}+\frac{1}{2}V_{0.8}\right)\right]$$
$$=\frac{1}{5}\left[(1.2+1.0+0.7+0.3)+\frac{1}{2}\left(1.2+\frac{1}{2}\times 0.3\right)\right]$$
$$=0.775\text{m/s}$$

29 지구상에서 50km 떨어진 두 점의 거리를 지구곡률을 고려하지 않은 평면측량으로 수행한 경우의 거리오차는? (단, 지구의 반지름은 6,370km이다.)

① 0.257m ② 0.138m
③ 0.069m ④ 0.005m

해설 평면측량의 범위
1) 허용정도
$$\frac{d-D}{D}=\frac{D^2}{12R^2}$$
2) 거리오차
$$d-D=\frac{D^3}{12R^2}=\frac{50^3}{12\times 6,370^2}$$
$$\therefore d-D=0.000257\text{km}=0.257\text{m}$$

30 도로노선의 곡률반지름 $R=2,000$m, 곡선길이 $L=245$m일 때, 클로소이드의 매개변수 A는?

① 500m ② 600m
③ 700m ④ 800m

해설 클로소이드 매개변수(A)
$$A=\sqrt{RL}=\sqrt{2,000\times 245}=700\text{m}$$

31 거리측량의 정확도가 $\frac{1}{10,000}$일 때 같은 정확도를 가지는 각 관측오차는?

① 18.6″ ② 19.6″
③ 20.6″ ④ 21.6″

해설 거리측량의 정도($\frac{dL}{L}$)와 각 관측정도($\frac{d\theta}{\rho}$)
1) 거리측량의 정도와 각 관측정도는 같다.
2) $\frac{dL}{L}=\frac{d\theta}{\rho''}\Rightarrow \frac{1}{10,000}=\frac{d\theta}{206,265''}$
$\therefore d\theta=20.6''$

해답 27. ② 28. ④ 29. ① 30. ③ 31. ③

32 거리 2.0km에 대한 양차는? (단, 굴절계수 K는 0.14, 지구의 반지름은 6,370km이다.)

① 0.27m ② 0.29m
③ 0.31m ④ 0.33m

해설 양차

1) 구차=$+\dfrac{D^2}{2R}$ (높게조정), 기차=$-\dfrac{KD^2}{2R}$ (낮게조정)
2) 양차=구차+기차

$$=\dfrac{D^2}{2R}(1-K)=\dfrac{2^2}{2\times 6,370}(1-0.14)$$

$$=0.00027\text{km}=0.27\text{m}$$

여기서, K는 공기 굴절계수이다.

33 GPS 위성체계에서 이용하는 지구질량 중심을 원점으로 하는 좌표계는?

① 천문 좌표계 ② TUM 좌표계
③ WGS84 좌표계 ④ UPS 좌표계

해설 GPS 측량에 이용되는 좌표계

1) WGS-84좌표: 지구의 질량중심을 원점으로 하는 좌표계로 GPS측량에 사용된다.
2) UPS 좌표계: 위도 80° 이상의 극지방에 대한 좌표를 나타낸다.

34 수준측량에서 전시와 후시의 시준거리를 같게 하면 소거가 가능한 오차가 아닌 것은?

① 관측자의 시차에 의한 오차
② 정준이 불안정하여 생기는 오차
③ 기포관 축과 시준축이 평행 되지 않았을 때 생기는 오차
④ 지구의 곡률에 의하여 생기는 오차

해설 전시와 후시 거리를 같게 하면 소거되는 오차

1) 소거되는 오차
   ① 레벨의 조정이 불완전하여 시준선이 기포관축과 평행하지 않을 때의 오차
   ② 지구의 곡률오차, 빛의 굴절오차
   ③ 초점나사를 움직일 때 발생하는 오차
2) 관측자의 시차는 개인오차로 개인이 조정해야 한다.

35 지성선에 관한 설명으로 옳지 않은 것은?

① 지성선은 지표면이 다수의 평면으로 구성되었다고 할 때 평면간 접합부, 즉 접선을 말하며 지세선이라고도 한다.
② 철(凸)선을 능선 또는 분수선이라 한다.
③ 경사변환선이란 동일 방향의 경사면에서 경사의 크기가 다른 두면의 접합선이다.
④ 요(凹)선은 지표의 경사가 최대로 되는 방향을 표시한 선으로 유하선이라고 한다.

해설 지성선

1) 요(凹)선은 계곡선 또는 합수선이라 한다.
2) 최대경사선은 등고선에 직각방향이며 유하선이라고도 한다.

36 축척 1:1,500 지도상의 면적을 축척 1:1,000으로 잘못 관측한 결과가 10,000m²이었다면 실제면적은?

① 4,444m² ② 6,667m²
③ 15,000m² ④ 22,500m²

해설 축척과 면적

1) 면적은 축척분모수의 제곱에 비례한다.
2) $1,500^2 : 1,000^2 = A : 10,000$
   $\therefore A = 22,500\text{m}^2$

37 다음 우리나라에서 사용되고 있는 좌표계에 대한 설명 중 옳지 않은 것은?

> 우리나라의 평면직각좌표는 ㉠ 4개의 평면직각좌표계(서부, 중부, 동부, 동해)를 사용하고 있다. 각 좌표계의 ㉡ 원점은 위도 38° 선과 경도 125°, 127°, 129°, 131° 선의 교점에 위치하며, ㉢ 투영법은 TM(Transverse Mercator)을 사용한다. 좌표의 음수 표기를 방지하기 위해 ㉣ 횡좌표에 200,000m, 종좌표에 500,000m를 가산한 가좌표를 사용한다.

① ㉠ ② ㉡
③ ㉢ ④ ㉣

해답 32. ① 33. ③ 34. ① 35. ④ 36. ④ 37. ④

해설 좌표계
좌표의 음수를 방지하기 위해 횡좌표에 200,000m 종좌표에 600,000m를 가산한 가좌표를 이용한다.

38 토적곡선(mass curve)을 작성하는 목적으로 가장 거리가 먼 것은?
① 토량의 배분
② 교통량 산정
③ 토공기계의 선정
④ 토량의 운반거리 산출

해설 토적곡선
1) 토적곡선 작도 목적: 토량의 배분, 토공기계의 선정, 평균운반거리 산출, 토취장 및 토사장 위치결정
2) 도적곡선의 성질: 곡선의 상향구간은 절토구간, 곡선의 하향구간은 성토구간이다.

39 직사각형의 두변의 길이를 $\frac{1}{100}$ 정밀도로 관측하여 면적을 산출할 경우 산출된 면적의 정밀도는?
① $\frac{1}{50}$
② $\frac{1}{100}$
③ $\frac{1}{200}$
④ $\frac{1}{300}$

해설 거리측량의 정밀도($\frac{dL}{L}$)와 면적의 정밀도($\frac{dA}{A}$)
1) 두변의 길이를 동일한 정밀도로 관측한 경우로 생각한다.
2) 면적의 정도=2×거리정도
$\frac{dA}{A} = 2\frac{dL}{L} \Rightarrow \therefore \frac{dA}{A} = 2\frac{1}{100} = \frac{1}{50}$

40 그림과 같이 수준측량을 실시하였다. A점의 표고는 300m이고, B와 C구간은 교호 수준 측량을 실시하였다면, D점의 표고는? (표고차 : A→B=+1.233m, B→C=+0.726m, C→B=-0.720m, C→D=-0.926m)
① 300.310m
② 301.030m
③ 302.153m
④ 302.882m

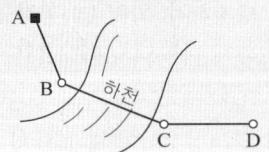

해설 교호수준측량
1) B-C 표고 차(h)
$h = \frac{(0.726+0.720)}{2} = 0.723\text{m}$
2) D점의 표고
$H_B = 300 + 1.233 = 301.233\text{m}$
$H_C = 301.233 + 0.723 = 301.956\text{m}$
$\therefore H_D = 301.956 - 0.926 = 301.030\text{m}$

수리학 및 수문학

41 직경이 10cm인 원관 속에 비중이 0.85인 기름이 0.01m³/sec으로 흐르고 있다. 이 기름의 동점성 계수가 $1 \times 10^{-4}\text{m}^2/\text{sec}$일 때, 이 흐름의 상태는?
① 난류의 흐름
② 층류의 흐름
③ 천이영역의 흐름
④ 부정류의 흐름

해설 흐름의 분류
1) $V = \frac{Q}{A} = \frac{0.01}{\frac{\pi \times 0.1^2}{4}} = 1.27\text{m/sec}$
2) $R_e = \frac{VD}{\nu} = \frac{1.27 \times 0.1}{1 \times 10^{-4}} = 1,270$
$\therefore R_e < 2,000$이므로 층류이다.

42 다음 사항 중 옳지 않은 것은?
① 자연 하천에서 대부분 동일수위에 대한, 수위 상승시와 하강시의 유량이 다르다.
② 수위 - 유량 관계곡선의 연장방법인 Stevens법은 Chezy의 유속공식을 이용한다.
③ 합리식은 어떤 배수영역에 발생한 호우강도와 첨두유량간 관계를 나타낸다.
④ 유량 빈도곡선의 경사가 급하면 홍수가 드물고 지하수의 하천방출이 크다.

해설 유량빈도곡선
1) 유량빈도곡선: 어느 유량의 값보다 같거나 큰 값이 전체시간의 몇 %에 해당하는가를 나타낸 곡선이다.
2) 급경사일 때는 홍수가 빈번하고 지하수의 하천방출이 미소하며 완경사일 때는 홍수가 드물고 지하수의 하천방출이 크게 된다.

해답 38. ② 39. ① 40. ② 41. ② 42. ④

43 S-곡선(S-curve)와 가장 관계가 먼 것은?
① 단위도의 지속시간   ② 평형 유출량
③ 등우선도   ④ 직접유출 수문곡선

해설 S-Curve
1) S-Curve: 단위도의 지속시간 변경 시킬 때 사용하는 방법으로 긴 지속기간을 가진 단위도로부터 짧은 지속시간을 가진 단위도를 유도할 때 사용한다.
2) S-Curve 형상을 지배하는 인자: 단위도의 지속시간, 평형유출량, 직접유출 수문곡선.

44 직사각형 위어에서 위어의 월류수두 h에 2%의 측정오차가 생기면 유량에는 몇 %의 오차가 생기겠는가?
① 1%   ② 2%
③ 3%   ④ 4%

해설 유량오차($\frac{dQ}{Q}$)와 수두측정오차($\frac{dh}{h}$)의 관계

1) 직사각형위어 유량: $Q = \frac{2}{3} cb \sqrt{2g} \, h^{\frac{3}{2}}$
2) 유량오차와 수두측정오차와의 관계는 오차원인의 지수(k)에 비례한다.
$\frac{dQ}{Q} = k \frac{dh}{h} = \frac{3}{2} \times 2\% = 3\%$
여기서, k는 $h^{\frac{3}{2}}$ 이므로 $k = \frac{3}{2}$

45 수리학적 완전상사를 이루기 위한 조건이 아닌 것은?
① 기하학적 상사(Geometric Similarity)
② 운동학적 상사(Kinematic Similarity)
③ 동역학적 상사(Dynamic Similarity)
④ 대수학적 상사(Algebraic Similarity)

해설 수리학적 완전상사 조건
1) 기하학적 상사: 길이의 비($L_r = \frac{L_m(모형길이)}{L_p(원형길이)}$)가 일정
2) 운동학적 상사: 속도비($V_r = \frac{V_m(모형속도)}{V_p(원형속도)}$)가 일정
3) 동역학적 상사: 힘, 질량비($M_r = \frac{M_m(모형질량)}{M_p(원형질량)}$)가 일정

46 폭 5m인 직사각형 수로에 유량 $8 \, m^3/sec$의 물이 항시 수심 0.8m로 흐르는 경우 이 흐름의 Froude 수는? (단, 중력가속도 $g = 9.81 m/sec^2$이다.)
① 0.26   ② 0.54
③ 0.71   ④ 0.93

해설 Froude수
1) 장파의 전달속도
$C = \sqrt{gh} = \sqrt{9.81 \times 0.8} = 2.8 m/sec$
2) 평균유속
$V = \frac{Q}{A} = \frac{8}{5 \times 0.8} = 2 m/sec$
3) Froude수
$F_r = \frac{V}{C} = \frac{2}{2.8} = 0.71$

47 내경 1.8m의 강관에 압력수두 100m의 물을 흐르게 하려면 강관의 필요최소두께는? (단, 물의 단위중량은 $9.81 kN/m^3$이며 강재의 허용인장응력은 $11,000 N/cm^2$이다.)
① 0.6cm   ② 0.7cm
③ 0.8cm   ④ 0.9cm

해설 강관의 최소두께
1) 강관에 작용하는 압력
$P = wh = \frac{9.81 kN}{m^3} \times 100m = 981 kN/m^2 = 98.1 N/cm^2$
2) 강관의 최소두께
$t = \frac{PD}{2\sigma_{ta}} = \frac{98.1 \times 180}{2 \times 11,000} = 0.8 cm$

해답 43. ③   44. ③   45. ④   46. ③   47. ③

48.
그림과 같이 수면에서 5m 깊이에 연직으로 놓여 있는 판의 전수압이 7,000kN이라면 이 판의 폭은? (단, 물의 단위중량은 $9.81\,kN/m^3$이다.)

① 7.14m
② 8.14m
③ 9.14m
④ 10.14m

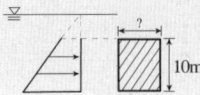

해설 전수압
1) 수면에서 판의 도심까지 거리
$$h_G = 5 + \frac{10}{2} = 10\,m$$
2) 전수압
$$P = wh_G A \Rightarrow 7,000 = 9.81 \times 10 \times B \times 10\,m$$
$$\therefore B = 7.14\,m$$

49.
기온 30°C에서의 포화 증기압은 31.82mmHg, 실제증기압은 19.42mmHg 일 때 상대습도는?

① 51%   ② 61%
③ 71%   ④ 81%

해설 상대습도
$$h = \frac{실제증기압(e)}{포화증기압(e_s)} \times 100 = \frac{19.42}{31.82} \times 100 = 61\%$$

50.
2개의 불투수층 사이에 있는 대수층의 두께 a, 투수계수 k인 곳에 반지름 r_0인 굴착정(artesian well)을 설치하고 일정 양수량 Q를 양수하였더니, 양수전 굴착정 내의 수위 H가 h_0로 강하하여 정상흐름이 되었다. 굴착정의 영향원 반지름을 R이라 할 때 $(H-h_0)$의 값은?

① $\frac{2Q}{\pi ak}\ln\left(\frac{R}{r_0}\right)$ ② $\frac{Q}{2\pi ak}\ln\left(\frac{R}{r_0}\right)$

③ $\frac{2Q}{\pi ak}\ln\left(\frac{r_0}{R}\right)$ ④ $\frac{Q}{2\pi ak}\ln\left(\frac{r_0}{R}\right)$

해설 굴착정
1) 굴착정: 제1불투수층과 제2불투수층 사이에 있는 피압지하수를 양수하는 우물
2) $Q = \frac{2\pi ak(H-h_o)}{\ln\left(\frac{R}{r_o}\right)} \Rightarrow \therefore H-h_o = \frac{Q}{2\pi ak}\ln\left(\frac{R}{r_o}\right)$

51.
다음은 개수로 흐름의 운동량 방정식을 나타낸 것이다. 각 항들의 물리적 의미가 올바르지 못한 것은?

$$\frac{\partial V}{\partial t} + V\frac{\partial V}{\partial x} + g\frac{\partial y}{\partial x} - gS_0 + gS_f = 0$$
$$(\text{I}) \quad (\text{II}) \quad (\text{III}) \quad (\text{IV}) \quad (\text{V})$$

① I항: 대류 가속(Convective Acceleration)항
② I항 및 II항: 흐름의 관성항
③ III항: 수심변화에 따른 압력변화
④ IV항: 흐름에 대한 중력의 영향

해설 개수로 흐름의 운동량 방정식
1) I항: 국소가속도항
2) II항: 대류가속도항
3) V항: 마찰력항

52.
원관 내의 층류에서 유량에 대한 설명으로 옳은 것은?

① 관의 길이에 비례한다.
② 반경의 제곱에 비례한다.
③ 압력강하에 반비례한다.
④ 점성에 반비례한다.

해설 Hazen-Poiseuille 법칙
1) $Q = \frac{wh_L \pi r^4}{8\mu l}$
2) 관의 길이에 반비례한다.
3) 반경의 4승에 비례하고 압력강하량(wh_L)에 비례한다.
4) 액체의 점성에 반비례한다.

53.
중력장에서 단위유체질량에 작용하는 외력 F의 x, y, z축에 대한 성분을 각각 X, Y, Z라고 하고, 각 축방향의 증분을 dx, dy, dz라고 할 때 등압면의 방정식은?

① $\frac{dx}{X} + \frac{dy}{Y} + \frac{dz}{Z} = 0$

② $\frac{X}{dx} + \frac{Y}{dy} + \frac{Z}{dz} = 0$

③ $X \cdot dx + Y \cdot dy + Z \cdot dz = 0$

④ $X \cdot dx + Y \cdot dy + Z \cdot dz = dp$

해답 48. ① 49. ② 50. ② 51. ① 52. ④ 53. ③

해설 등압면방정식

1) $\frac{\partial p}{\partial x}dx + \frac{\partial p}{\partial y}dy + \frac{\partial p}{\partial z}dz = \rho(Xdx + Ydy + Zdz) = 0$ 에서

2) $dp = \rho(Xdx + Ydy + Zdz) = 0$
   밀도(ρ)는 '0'이 될 수 없으므로 $(Xdx + Ydy + Zdz) = 0$ 이 되어야 한다.
   ∴ 등압면 방정식 $(Xdx + Ydy + Zdz) = 0$

★★★
54 프란시스(Francis) 공식으로 전폭위어(weir)의 월류량을 구할 때 위어 폭의 측정에 2%의 오차가 있다면 유량에는 얼마의 오차가 있게 되는가?

① 1%   ② 2%
③ 3%   ④ 5%

해설 유량오차($\frac{dQ}{Q}$)와 위어의 폭 측정오차($\frac{db}{b}$) 관계

1) 사각형위어(Francis) 유량 : $Q = 1.84bh^{\frac{3}{2}}$
2) 유량오차와 위어 폭 측정오차와의 관계는 오차원인의 지수(k)에 비례한다.
   $\frac{dQ}{Q} = k\frac{db}{b} = 1.0 \times 2\% = 2\%$
   여기서, k 는 $b^{1.0}$ 이므로 $k = 1.0$

★★★
55 직사각형 단면의 수로에서 단위폭당 유량이 0.4m³/sec 이고, 수심이 0.8m일 때 비에너지는? (단, 에너지 보정계수는 1.0, 중력가속도는 $9.81\,\text{m/sec}^2$ 으로 한다.)

① 0.817m   ② 0.815m
③ 0.813m   ④ 0.811m

해설 비에너지
1) 평균유속
   $V = \frac{Q}{A} = \frac{0.4}{1 \times 0.8} = 0.5\,\text{m/sec}$
2) 비에너지
   $H_e = h + \alpha\frac{v^2}{2g} = 0.8 + 1.0\frac{0.5^2}{2 \times 9.81} = 0.813\,\text{m}$

★
56 미계측 유역에 대한 단위유량도의 합성방법이 아닌 것은?

① Clark 방법   ② Horton 방법
③ Snyder 방법   ④ SCS 방법

해설 합성단위유량도
1) 합성단위유량도: 강우량 및 유량의 자료 등 관측기록이 없는 미 계측 지역에서 경험적으로 단위도를 만드는 방법을 말한다.
2) 단위유량도의 합성방법: snyder 방법, clark 방법, scs방법 등이 있다.
3) Horton 방법은 침투능 산정방법이다.

★
57 미소진폭파(small-amplitude wave)이론을 가정할 때, 일정 수심 h의 해역을 전파하는 파장 L, 파고 H, 주기 T의 파랑에 대한 설명 중 틀린 것은?

① h/L이 0.05보다 작을 때, 천해파로 정의한다.
② h/L이 1.0보다 클 때, 심해파로 정의한다.
③ 분산관계식은 L, h 및 T 사이의 관계를 나타낸다.
④ 파랑의 에너지는 H^2에 비례한다.

해설 미소진폭파
1) 미소진폭파: 파장에 비해 파고 또는 진폭이 매우 작은 파로 미소진폭파로 취급할 때는 비회전류이고 속도포텐셜(Velocity Potential)을 가지고 있다고 가정한다.
2) 심해파: $\frac{h}{L} \geq 0.5$, 즉 수심이 파장의 0.5배 이상인 경우의 파.

★★★
58 지름 20cm의 원형단면 관수로에 물이 가득차서 흐를 때의 동수반경(R)은?

① 5cm   ② 10cm
③ 15cm   ④ 20cm

해설 원형단면의 동수반경=경심(R)
1) 윤변(P): 수로와 접하고 있는 유체의 길이.
2) 동수반경(R): 윤변에 대한 유수단면적 비로 경심이라고도 함.
   $R = \frac{A(유수단면적)}{p(윤변)} = \frac{\frac{\pi d^2}{4}}{\pi d} = \frac{d}{4}$
   ∴ $R = \frac{20}{4} = 5\,\text{cm}$

해답 54. ②   55. ③   56. ②   57. ②   58. ①

59. 개수로 내 흐름에 있어서 한계수심에 대한 설명으로 옳은 것은?
① 상류쪽의 저항이 하류쪽의 조건에 따라 변한다.
② 유량이 일정할 때 비력이 최대가 된다.
③ 유량이 일정할 때 비에너지가 최소가 된다.
④ 비에너지가 일정할 때 유량이 최소가 된다.

해설 한계수심
1) 한계수심: 유량이 일정할 때 비에너지가 최소일 때 수심을 말한다.
2) 사각형 단면의 한계수심: $h_c = \left(\dfrac{\alpha Q^2}{gb^2}\right)^{\frac{1}{3}}$

60. 물 속에 잠겨진 곡면에 작용하는 전수압의 연직 방향 분력은?
① 곡면을 밑면으로 하는 물기둥 체적의 무게와 같다.
② 곡면 중심에서의 압력에 수직투영 면적을 곱한 것과 같다.
③ 곡면의 수직투영 면적에 작용하는 힘과 같다.
④ 수평분력의 크기와 같다.

해설 곡면에 작용하는 수압
1) 연직분력: 곡면을 밑면으로 하는 수면까지의 연직 물 기둥무게 단, 투영면이 중복되는 부분은 빼준다.
2) 수평분력: 곡면을 연직면상에 투영했을 때 그 투영면에 작용하는 정수압의 크기

철근콘크리트 및 강구조

61. 철근콘크리트가 성립하는 이유에 대한 설명으로 잘못된 것은?
① 철근과 콘크리트와의 부착력이 크다.
② 콘크리트 속에 묻힌 철근은 녹슬지 않고 내구성을 갖는다.
③ 철근과 콘크리트의 탄성계수가 거의 같다.
④ 철근과 콘크리트는 열에 대한 팽창계수가 거의 같다.

해설 철근콘크리트의 성립이유
1) 콘크리트와 철근의 부착강도가 크다.
2) 콘크리트와 철근의 열팽창계수는 거의 같다.
3) 콘크리트 속에 묻힌 철근은 거의 부식하지 않는다.
4) 철근의 탄성계수가 콘크리트의 탄성계수보다 훨씬 크다.

62. 단철근 직사각형 보의 자중이 15kN/m이고 활하중이 23kN/m일 때 계수휨모멘트는 얼마인가? (단, 이 보는 경간 8m인 단순보이다.)
① 416.2kN·m ② 438.4kN·m
③ 452.4kN·m ④ 511.2kN·m

해설 단철근 직사각형보의 계수휨모멘트
1) 계수하중: $w_U = 1.2D + 1.6L \geq 1.4D$
   $= (1.2 \times 15) + (1.6 \times 23) = 54.8\text{N/m}$
2) 계수휨모멘트: $M = \dfrac{w_U L^2}{8} = \dfrac{54.8 \times 8^2}{8} = 438.4\text{kN·m}$

63. $b = 350\text{mm}$, $d = 550\text{mm}$ 단면의 보에서 지속하중에 의한 순간처짐이 16mm이다. 1년 후 총 처짐량은? (단, $A_s = 2,246\text{mm}^2$, $A_s' = 1,284\text{mm}^2$)
① 20.5mm ② 32.8mm
③ 42.1mm ④ 26.5mm

해답 59. ③ 60. ① 61. ③ 62. ② 63. ②

해설 총 처짐량

1) $\xi(1년) = 1.4$, $\rho' = \dfrac{A_s'}{bd} = \dfrac{1,284}{350 \times 550} = 6.67 \times 10^{-3}$

2) 장기 처짐 계수

$\lambda_\Delta = \dfrac{\xi}{1+50\rho'} = \dfrac{1.4}{1+50 \times 6.67 \times 10^{-3}} = 1.05$

3) 장기 처짐 = 순간 처짐 × λ_Δ
   = $16 \times 1.05 = 16.8$mm

4) 총 처짐량 = 순간 처짐 + 장기 처짐
   = $16 \times 16.8 = 32.8$mm

해설 표피철근 간격

1) $f_s = \dfrac{2}{3} f_y = \dfrac{2}{3} \times 400 = 266.67$MPa

2) $s = 375\left(\dfrac{k_{cr}}{f_s}\right) - 2.5 C_c = 375\left(\dfrac{210}{266.67}\right) - 2.5 \times 50$
   $= 170$mm

   $s = 300\left(\dfrac{k_{cr}}{f_s}\right) = 300\left(\dfrac{210}{267.67}\right) = 235.4$mm

여기서, $k_{cr} = 210$(∵ 습윤환경)
표피철근 간격은 둘 중 작은 값으로 한다.
∴ $s = 170$mm

★★★
64 길이 6m의 철근콘크리트 단순보의 처짐을 계산하지 않아도 되는 보의 최소두께는 얼마인가? (단, $f_{ck} = 21$MPa, $f_y = 350$MPa)

① 356mm ② 403mm
③ 375mm ④ 349mm

해설 처짐을 계산하지 않는 경우의 단순보의 최소두께(h)

1) 보의 최소두께: $h = \dfrac{l}{16}$, $f_y \neq 400$MPa 경우
   $\left(0.43 + \dfrac{f_y}{700}\right)$를 곱하여 구한다.

2) $h = \dfrac{6,000}{16} \times \left(0.43 + \dfrac{350}{700}\right) = 349$mm

★★
66 그림과 같이 철근콘크리트 휨부재의 최외단 인장철근의 순인장 변형률(ϵ_t)이 0.0045일 경우 강도감소계수 ϕ는? (단, 나선철근으로 보강되지 않은 경우이고, 사용철근은 $f_y = 400$MPa)

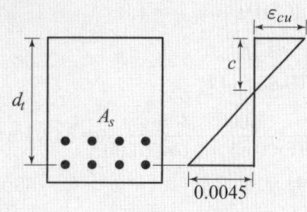

① 0.813 ② 0.817
③ 0.821 ④ 0.825

해설 변화구간 단면에서의 강도감소계수

1) $f_y = E_s \varepsilon_y \Rightarrow \varepsilon_y = \dfrac{400}{200,000} = 0.002$, $\varepsilon_{t,tcl} = 0.005$

2) $\phi = 0.65 + 0.2\left(\dfrac{\varepsilon_t - \varepsilon_y}{\varepsilon_{t,td} - \varepsilon_y}\right)$
   $= 0.65 + 0.2\left(\dfrac{0.0045 - 0.002}{0.005 - 0.002}\right) = 0.817$

★★
65 그림과 같은 보의 단면에서 표피철근의 간격 s는 약 얼마인가? (단, 습윤환경에 노출되는 경우로서, 표피철근의 표면에서 부재 측면까지 최단거리(c_c)는 50mm, $f_{ck} = 28$MPa, $f_y = 400$MPa 이다.)

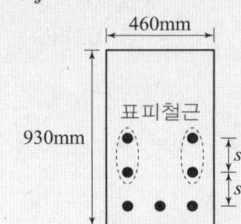

① 170mm ② 190mm
③ 220mm ④ 240mm

★★
67 균형철근량보다 작은 인장철근을 가진 과소철근보가 휨에 의해 파괴될 때의 설명 중 옳은 것은?

① 중립축이 인장측으로 내려오면서 철근이 먼저 파괴된다.
② 압축측 콘크리트와 인장측 철근이 동시에 항복한다.
③ 인장측 철근이 먼저 항복한다.
④ 압축측 콘크리트가 먼저 파괴된다.

해설 과소철근보의 휨 파괴 거동
중립축이 압축 측으로 올라가면서 인장 측 철근이 먼저 항복하는 연성파괴가 나타난다.

해답 64. ④ 65. ① 66. ② 67. ③

68 단철근 T형보에서 주어진 조건에 대하여 공칭휨모멘트강도(M_n)는? (조건 : $b_e=1,000mm$, $t_f=80mm$, $d=600mm$, $b_w=400mm$, $f_{ck}=21MPa$, $f_y=300MPa$, $A_s=5,000mm^2$)

① 711.3kN·m
② 836.8kN·m
③ 947.5kN·m
④ 1,084.6kN·m

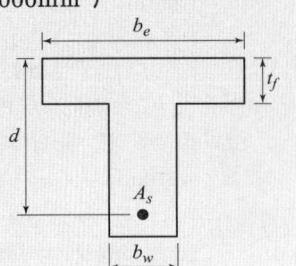

해설 단철근 T형보의 공칭휨모멘트강도

1) T형보의 판정: 폭 b_e인 단철근 직사각형 보로 보고 등가 직사각형 응력 블록 깊이를 구하면
 ① $f_{ck} \leq 40MPa \Rightarrow \eta = 1.0$
 ② $a = \dfrac{A_s f_y}{\eta(0.85 f_{ck}) b_e}$
 $= \dfrac{5,000 \times 300}{1.0 \times 0.85 \times 21 \times 1,000} = 84.03mm$
 ∴ T형보로 설계한다. (∵ $a > t_f = 80mm$)

2) $A_{sf} = \dfrac{\eta(0.85 f_{ck})(b_e - b_w) t_f}{f_y}$
 $= \dfrac{1.0 \times 0.85 \times 21 \times (1,000 - 400) \times 80}{300}$
 $= 2,856mm^2$

3) $a = \dfrac{(A_s - A_{sf})f_y}{\eta(0.85 f_{ck})b_w} = \dfrac{(5,000 - 2,856) \times 300}{1.0 \times 0.85 \times 21 \times 400} = 90mm$

4) $M_n = \left[A_{sf}f_y\left(d - \dfrac{t_f}{2}\right) + (A_s - A_{sf})f_y\left(d - \dfrac{a}{2}\right)\right]$
 $= \left[2,856 \times 300\left(600 - \dfrac{80}{2}\right)\right.$
 $\left. + (5,000 - 2,856) \times 300 \times \left(600 - \dfrac{90}{2}\right)\right]$
 $= 836,784,000N \cdot mm = 836.8kN \cdot m$

69 직사각형(300mm×450mm) 띠철근 단주의 공칭축강도(P_n)는? (단, $A_{st}=3,854mm^2$, $f_{ck}=28MPa$, $f_y=400MPa$)

① 2,611.2kN   ② 3,263.2kN
③ 3,730.3kN   ④ 3,963.4kN

해설 띠철근 단주의 공칭축강도
1) $A_g = 300 \times 450 = 135,000mm^2$
2) $P_n = 0.80[0.85 f_{ck}(A_g - A_{st}) + A_{st}f_y]$
 $= 0.80[0.85 \times 28(135,000 - 3,854) + 3,854 \times 400]$
 $= 3,730,300N = 3,730.3kN$

70 단철근 직사각형 보에서 부재축에 직각인 전단보강철근이 부담해야 할 전단력 $V_s=350kN$일 때 전단보강철근의 간격 s는 얼마 이하이어야 하는가? (단, $A_v=253mm^2$, $f_{yt}=400MPa$, $f_{ck}=28MPa$, $b_w=300mm$, $d=600mm$)

① 150mm   ② 173mm
③ 100mm   ④ 300mm

해설 전단철근 간격
1) $\dfrac{\lambda}{3}\sqrt{f_{ck}}b_w d = \dfrac{1.0}{3}\sqrt{28} \times 300 \times 600$
 $= 317,490N \fallingdotseq 317.5kN$
2) $V_s > \dfrac{\lambda}{3}\sqrt{f_{ck}}b_w d$인 경우의 전단철근간격
 ① $\dfrac{d}{4} = \dfrac{600}{4} = 150mm$
 ② $s = \dfrac{A_v f_{yt} d}{V_s} = \dfrac{(253 \times 400 \times 600)}{350,000} = 173.5mm$
 ③ 300mm
 ∴ 위의 값 중 가장 작은 값 : $s = 150mm$

71 $f_{ck}=21MPa$, $f_y=240MPa$일 때, 단철근 직사각형 보의 균형철근비는?

① 0.039   ② 0.044
③ 0.053   ④ 0.056

해설 균형철근비
1) $f_{ck} \leq 40MPa \Rightarrow \eta=1.0$, $\beta_1=0.8$, $\epsilon_{cu}=0.0033$,
 $\epsilon_y = \dfrac{f_y}{E_s}$
2) 균형철근비(ρ_b)
 $\rho_b = \dfrac{\eta(0.85 f_{ck})\beta_1}{f_y} \dfrac{\epsilon_{cu}}{\epsilon_{cu}+\epsilon_y}$
 $= \dfrac{1.0 \times (0.85 \times 21) \times 0.8}{240} \dfrac{0.0033}{0.0033 + \dfrac{240}{200,000}}$
 $\fallingdotseq 0.044$

해답 68. ②   69. ③   70. ①   71. ②

72 폭(b) 250mm, 전체높이(h) 500mm인 직사각형 철근콘크리트 보의 단면에 균열을 일으키는 비틀림모멘트 T_{cr}은 얼마인가? (단, $f_{ck} = 28\text{MPa}$)

① 9.8kN·m ② 11.3kN·m
③ 12.5kN·m ④ 18.4kN·m

해설 균열 비틀림모멘트
1) $P_{cp} = 2(250+500) = 1,500\text{mm}$
2) $A_{cp} = 250 \times 500 = 125,000\text{mm}^2$
2) $T_{cr} = \dfrac{\lambda\sqrt{f_{ck}}}{3}\dfrac{A_{cp}^2}{P_{cp}} = \dfrac{1.0\sqrt{28}}{3}\dfrac{(125,000)^2}{1,500}$
   $= 18,373,273\text{N}\cdot\text{mm} = 18.4\text{kN}\cdot\text{m}$

73 연속보 또는 1방향 슬래브는 다음 조건을 모두 만족하는 경우에만 콘크리트구조기준에서 제안된 근사해법을 적용할 수 있다. 그 조건에 대한 설명으로 잘못된 것은?

① 2경간 이상이어야 하며, 인접 2경간의 차이가 짧은 경간의 20% 이하인 경우
② 등분포 하중이 작용하는 경우
③ 활하중이 고정하중의 3배를 초과하는 경우
④ 부재의 단면 크기가 일정한 경우

해설 연속보 또는 1방향 슬래브의 근사해법조건
활하중이 고정하중의 3배를 초과하지 않는 경우에 적용한다.

74 옹벽의 안정조건에 대한 설명으로 틀린 것은?

① 활동에 대한 저항력은 옹벽에 작용하는 수평력의 2.5배 이상이어야 한다.
② 지반에 유발되는 최대 지반반력이 지반의 허용지지력의 1.0배 이상이어야 한다.
③ 전도 및 지반지지력에 대한 안정조건은 만족하지만 활동에 대한 안정조건만을 만족하지 못할 경우에는 활동방지벽 혹은 횡방향앵커 등을 설치하여 활동저항력을 증대시킬 수 있다.
④ 전도에 대한 저항휨모멘트는 횡토압에 의한 전도휨모멘트의 2.0배 이상이어야 한다.

해설 옹벽의 안정조건
활동에 대한 저항력이 옹벽에 작용하는 수평력의 1.5배 이상이어야 한다.

75 철근콘크리트 부재의 철근 이음에 관한 설명 중 옳지 않은 것은?

① D35를 초과하는 철근은 겹침이음을 하지 않아야 한다.
② 인장이형철근의 겹침이음에서 A급 이음은 $1.3l_d$ 이상, B급 이음은 $1.0l_d$ 이상 겹쳐야 한다. (단, l_d는 규정에 의해 계산된 인장이형철근의 정착길이이다.)
③ 압축이형철근의 이음에서 콘크리트의 설계기준압축강도가 21MPa 미만인 경우에는 겹침이음길이를 $\dfrac{1}{3}$ 증가시켜야 한다.
④ 용접이음과 기계적연결은 철근의 항복강도의 125% 이상을 발휘할 수 있어야 한다.

해설 인장철근 겹침이음
1) A급 이음 조건 : $\dfrac{\text{겹침이음된 철근량}}{\text{전체 철근량}} \leq \dfrac{1}{2}$ 이고,
   $\dfrac{\text{배근된 }A_s}{\text{소요 }A_s} \geq 2.0$
   A급 이음의 겹침 이음 길이는 $1.0l_d$, 300mm 이상이어야 한다.
2) B급 이음 조건 : $\dfrac{\text{겹침이음된 철근량}}{\text{전체 철근량}} > \dfrac{1}{2}$ 이고,
   $\dfrac{\text{배근된 }A_s}{\text{소요 }A_s} < 2$
   B급 이음의 겹침 이음 길이는 $1.3l_d$, 300mm 이상이어야 한다.

76 PS콘크리트 보에서 PS강재를 포물선으로 배치하여 긴장하는 경우 등분포상향력 u는? (단, $P = 3,000\text{kN}$, $s = 0.2\text{m}$, $b = 400\text{mm}$, $h = 600\text{mm}$)

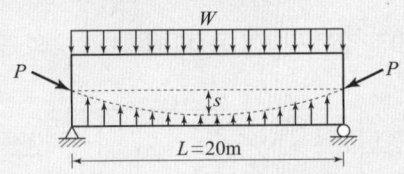

① 8kN/m ② 10kN/m
③ 12kN/m ④ 18kN/m

해설 등분포 상향력
$u = \dfrac{8Ps}{L^2} = \dfrac{8 \times 3,000 \times 0.2}{20^2} = 12\text{kN/m}$

해답 72. ④ 73. ③ 74. ① 75. ② 76. ③

77 프리스트레스 손실원인 중 프리스트레스 도입 후 시간이 경과함에 따라서 생기는 것은 어느 것인가?

① 콘크리트의 탄성수축
② 콘크리트의 크리프
③ PS 강재와 시스의 마찰
④ 정착단의 활동

해설 프리스트레스 손실
1) 도입 직후 손실 : 콘크리트의 탄성수축, ps강재와 시스의 마찰, 정착단의 활동
2) 도입 후 손실(시간손실) : 콘크리트의 건조수축, 콘크리트의 크리프, 강재의 릴렉세이션

78 그림은 필릿(Fillet) 용접한 것이다. 목두께 a를 표시한 것으로 옳은 것은?

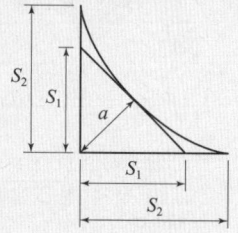

① $a = S_2 \times 0.707$
② $a = S_1 \times 0.707$
③ $a = S_2 \times 0.606$
④ $a = S_1 \times 0.606$

해설 필릿 용접의 목두께
1) 필릿용접은 등치수(s_1)로 하는 것이 원칙으로 한다.
2) 목두께 : $a = s_1 \sin 45° = s_1 \times 0.707$

79 그림과 같은 맞대기 용접이음에서 이음의 응력을 구한 값은?

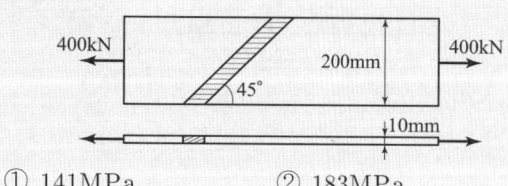

① 141MPa
② 183MPa
③ 200MPa
④ 283MPa

해설 맞대기 용접부의 인장응력
1) 용접부의 유효길이는 연직면에 투영한 길이(200mm)로 계산한다.
2) 맞대기용접의 목두께는 모재의 두께를 사용한다.
3) 용접부의 인장응력
$$f = \frac{P}{al} = \frac{P}{tl} = \frac{400,000}{10 \times 200} = 200\text{MPa}$$

80 PSC 보를 RC 보처럼 생각하여, 콘크리트는 압축력을 받고 긴장재는 인장력을 받게 하여 두 힘의 우력모멘트로 외력에 의한 휨모멘트에 저항시킨다는 생각은 다음 중 어느 개념과 같은가?

① 응력개념(Stress Concept)
② 강도개념(Strength Concept)
③ 하중평형개념(Load Balancing Concept)
④ 균등질 보의 개념(Homogeneous Beam

해설 PSC의 기본 3개념
1) 강도개념 : RC와 같이 압축력은 콘크리트가 받고 인장력은 PS 강재가 받는 것으로 하여 두 힘에 의한 내력모멘트가 외력 모멘트에 저항한다는 개념
2) 응력개념(균등질보의 개념) : 콘크리트에 프리스트레스가 가해지면 PSC부재는 탄성재료로 전환되고 이의 해석은 탄성이론으로 가능하다는 개념
3) 하중평형개념 : 긴장력과 부재에 작용하는 하중(외력)을 같도록 만들게 한다는 개념

토질 및 기초

81 흙의 다짐특성에 대한 설명으로 틀린 것은?

① 세립토는 다짐곡선의 모양이 완만하고 조립토는 급경사를 이룬다.
② 동일한 다짐에너지에서 점성토의 전단강도는 건조측이 습윤측보다 크다.
③ 다짐에너지가 커지면 최대건조밀도는 커지고 최적함수비는 작아진다.
④ 조립토에 가까울수록 최적함수비 및 최대건조밀도가 작아진다.

해설 흙의 다짐특성
1) 조립토 : 최적함수비는 작고 최대건조밀도는 커진다.
2) 세립토 : 최적함수비는 크고 최대건조밀도는 작아진다.

해답 77. ② 78. ② 79. ③ 80. ② 81. ④

82 어떤 점토지반의 정지토압계수가 1.50이다. 다음 설명 중 옳은 것은?
① 정지토압계수 1.50은 있을 수 없는 값이다.
② 이 지반이 정규압밀 상태인지 과압밀 상태인지 알 수 없다.
③ 이 지반은 정규압밀상태이다.
④ 이 지반은 과압밀상태이다.

해설 정지토압계수
1) 모래 및 정규압밀점토: $K_{o(정규압밀)} = 1 - \sin\phi'$
2) 과압밀점토: $K_{o(과압밀)} = K_{o(정규압밀)}\sqrt{OCR}$
   여기서, $OCR = \dfrac{선행압밀하중}{현재의 유효상재하중}$
   ∴ $K_o > 1$경우는 과압밀점토이다.

83 흙의 다짐시험 중 A 다짐에 대한 사항으로 틀린 것은?
① 래머의 질량은 2.5kg이다.
② 다짐층수는 3층이며, 1층당 다짐횟수는 25회이다.
③ 몰드의 안지름은 10cm이다.
④ 시료의 허용 최대 입자 지름은 37.5mm이다.

해설 흙의 다짐시험(A다짐)
1) A다짐의 허용최대입경: 19mm
2) A다짐의 몰드체적: 1,000cm³

84 유선망의 특징에 대한 설명으로 틀린 것은?
① 각 유로의 침투유량은 같다.
② 유선과 등수두선은 서로 직교한다.
③ 유선망으로 이루어지는 사각형은 이론상 정사각형이다.
④ 침투속도 및 동수경사는 유선망의 폭이 비례한다.

해설 유선망의 특징
침투속도 및 동수경사는 유선망의 폭에 반비례한다.

85 Terzaghi의 1차원 압밀이론에 대한 가정으로 틀린 것은?
① 흙은 완전히 포화되어 있다.
② 흙은 균질하다.
③ 흙입자와 물은 비압축성이다.
④ 압밀이 진행되면 투수계수는 감소한다.

해설 Terzaghi의 1차원 압밀이론
압밀이 진행되어도 투수계수는 일정하다.

86 수평방향 투수계수가 0.12cm/s이고, 연직방향 투수계수가 0.03cm/s일 때 단위폭당 1일 침투유량은?

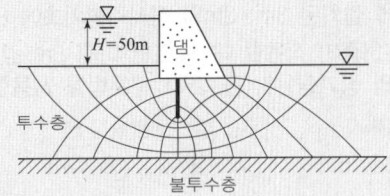

① 1,410m³/day/m
② 1,080m³/day/m
③ 870m³/day/m
④ 1,220m³/day/m

해설 유선망
1) 등가 등방성 투수계수
   $K = \sqrt{K_h K_v} = \sqrt{0.12 \times 0.03}$
   $= 0.06\text{cm/sec} = 0.0006\text{m/sec}$
2) 단위 폭당 1일 침투수량
   $q = KH\dfrac{N_f}{N_d}$
   $= 0.0006 \times 50 \times \dfrac{5}{12} = 0.0125\text{m}^3/\text{sec/m}$
   ∴ $Q = q \times t = 0.0125 \times 60 \times 60 \times 24 = 1,080\text{m}^3/\text{day/m}$

해답 82. ④ 83. ④ 84. ④ 85. ④ 86. ②

87 어떤 흙 시료의 건조단위중량이 16kN/m³, 비중이 2.6일 때 이 흙의 간극률은? (단, 물의 단위중량은 9.81kN/m³이다.)

① 45.29% ② 23.83%
③ 37.27% ④ 25.87%

해설 흙의 간극률

1) 간극비

$$\gamma_d = \frac{G_s \gamma_w}{1+e} \Rightarrow e = \frac{G_s \gamma_w}{\gamma_d} - 1$$

$$\therefore e = \frac{2.6 \times 9.81}{16} - 1 = 0.594$$

2) 간극률

$$n = \frac{e}{1+e} \times 100 = \frac{0.594}{1+0.594} \times 100 = 37.27\%$$

88 지표에 설치된 3m×3m의 정사각형기초에 80kN/m²의 등분포하중이 작용할 때, 지표면 아래 5m 깊이에서의 연직응력의 증가량은? (단, 2:1 분포법을 사용한다.)

① 13.10kN/m² ② 9.20kN/m²
③ 7.15kN/m²   ④ 11.25kN/m²

해설 지중응력 증가량(2:1법)

$$\Delta \sigma_Z = \frac{q_s \times B \times L}{(B+Z)(L+Z)}$$

$$= \frac{80 \times 3 \times 3}{(3+5)(3+5)} = 11.25 \text{kN/m}^2$$

89 포화단위중량(γ_{sat})이 19.62kN/m³인 사질토로 된 무한사면이 20°로 경사져 있다. 지하수위가 지표면과 일치하는 경우 이 사면의 안전율이 1 이상이 되기 위해서는 흙의 내부마찰각이 최소 몇 도 이상이어야 하는가? (단, 물의 단위중량은 9.81kN/m³이다.)

① 45.47° ② 20.52°
③ 36.06° ④ 18.21°

해설 무한사면의 안정

1) $\gamma_{sub} = \gamma_{sat} - \gamma_w = 19.62 - 9.81 = 9.81 \text{kN/m}^3$

2) $F_s = \frac{\gamma_{sub}}{\gamma_{sat}} \frac{\tan\phi}{\tan\beta}$

$1.0 \geq \frac{9.81}{19.62} \frac{\tan\phi}{\tan 20°} \Rightarrow \therefore \phi = 36.06°$

90 동상에 대한 대책으로 틀린 것은?

① 배수구를 설치하여 지하수위를 낮춘다.
② 동결심도 상부의 흙을 실트질 흙으로 치환한다.
③ 모관수의 상승을 차단한다.
④ 지표부근에 단열재료를 매립한다.

해설 동상 대책

1) 동결심도 상부의 흙을 조립토로 치환한다.
2) 실트질 흙은 동상현상이 가장 심하게 나타나는 흙이다.

91 Paper drain 설계 시 Drain paper의 폭이 10cm, 두께가 0.3cm일 때 Drain paper의 등치환산원의 지름이 약 얼마이면 Sand drain과 동등한 값으로 볼 수 있는가? (단, 형상계수(α)는 0.75이다.)

① 5.0cm   ② 2.5cm
③ 10.0cm ④ 7.5cm

해설 등치환산 지름

$$D = \alpha \frac{2(b+t)}{\pi}$$

$$= 0.75 \frac{2(10+0.3)}{\pi} = 5.0 \text{cm}$$

92 압밀 이론에서 선행압밀하중에 대한 설명으로 틀린 것은?

① 현재의 지반응력상태를 평가할 수 있는 과압밀비 산정 시 이용된다.
② 주로 압밀시험으로부터 작도한 $e - \log P$ 곡선을 이용하여 구할 수 있다.
③ 현재 지반 중에서 과거에 받았던 최대의 압밀하중이다.
④ 압밀소요시간의 추정이 가능하여 압밀도 산정에 사용된다.

해설 선행압밀하중

1) 선행압밀하중 : 지반이 과거에 받았던 최대의 압밀하중으로, $e - \log P$ 곡선으로부터 구할 수 있다.
2) 과압밀비 : $OCR = \dfrac{\text{선행압밀하중}}{\text{현재받고 있는 유효연직응력}}$
3) 압밀시간의 추정은 압밀계수로 추정한다.

해답 87. ③ 88. ④ 89. ③ 90. ② 91. ① 92. ④

93 그림과 같이 정사각형 기초에서 안전율을 3으로 할 때 Terzaghi의 공식을 사용하여 지지력을 구하고자 한다. 이 때 한 변의 최소길이(B)는? (단, 물의 단위중량은 9.81kN/m³, 점착력(c)은 60kN/m², 내부마찰각(ϕ)은 0°이고, 지지력계수 $N_c = 5.7$, $N_q = 1.0$, $N_r = 0$이다.)

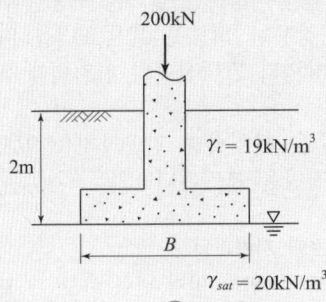

① 1.62m
② 1.12m
③ 1.51m
④ 1.43m

해설 얕은 기초의 허용지지력
1) 정사각형 기초의 형상계수: $\alpha = 1.3$, $\beta = 0.4$
2) Terzaghi의 극한지지력
$q_u = \alpha C N_c + \beta B \gamma_1 N_r + \gamma_2 D_f N_q$
$= 1.3 \times 60 \times 5.7 + 0.4 \times B \times (20-9.81) \times 0 + 19 \times 2 \times 1.0$
$= 482.6$ kN
3) 허용지지력: $q_a = \dfrac{q_u}{F_s} = \dfrac{482.6}{3} = 160.87$ kN
4) 기초의 크기
$q_a = \dfrac{P}{A} \Rightarrow 160.87 = \dfrac{200}{B^2}$
$\therefore B = 1.12$ m

94 흙 시료 채취에 대한 설명으로 틀린 것은?
① 교란된 흙은 자연 상태의 흙보다 압축강도가 작다.
② 교란된 흙은 자연 상태의 흙보다 전단강도가 작다.
③ 흙 시료 채취 직후에 비교적 교란되지 않은 코어(core)는 부($-$)의 과잉간극수압이 생긴다.
④ 교란의 효과는 소성이 낮은 흙이 소성이 높은 흙보다 크다.

해설 흙 시료 채취
1) 교란의 효과는 소성이 높은 흙이 소성이 낮은 흙보다 크다.
2) 시료 채취 직후에는 코어의 체적이 팽창하므로 부($-$)의 과잉간극수압이 발생한다.
3) 교란된 흙은 자연 상태의 흙보다 강도가 작아진다.

95 Mohr 응력원에 대한 설명으로 틀린 것은?
① 평면기점(O_p)은 최소 주응력이 표시되는 좌표에서 최소 주응력면과 평행하게 그은 선이 Mohr 원과 만나는 점이다.
② 주응력 σ_1과 σ_3의 차이를 반지름으로 해서 그린 원이다.
③ 한 면에 응력이 작용하는 경우 전단력이 0이면, 그 연직응력을 주응력으로 가정한다.
④ 임의 평면의 응력상태를 나타내는데 매우 편리하다.

해설 Mohr 응력원
1) Mohr 응력원은 $\sigma_1 - \sigma_3$를 지름으로 해서 그린원이다.
2) 평면기점: 최소 주응력 점에서 최소 주응력 면과 평행선을 그었을 때 모어의 원과의 교점을 말한다.

96 접지압(또는 지반반력)이 그림과 같이 되는 경우는?

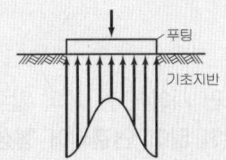

① 푸팅: 강성   기초지반: 점토
② 푸팅: 연성   기초지반: 모래
③ 푸팅: 강성   기초지반: 모래
④ 푸팅: 연성   기초지반: 점토

해설 강성기초의 접지압
1) 점토지반의 접지압 분포
최대 접지압: 기초의 모서리에서 발생
최소 접지압: 기초의 중앙에서 발생
2) 모래지반의 접지압 분포
최대 접지압: 기초의 중앙에서 발생
최소 접지압: 기초의 모서리에서 발생

해답 93. ② 94. ④ 95. ② 96. ①

97 내부마찰각 $\phi = 30°$, 점착력 $c = 0$인 그림과 같은 모래지반이 있다. 지표면에서 6m 아래 지반의 전단강도는? (단, 물의 단위중량은 9.81kN/m³이다.)

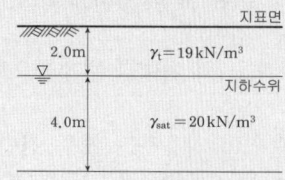

① 96.14kN/m² ② 63.40kN/m²
③ 45.47kN/m² ④ 76.52kN/m²

해설 지반의 전단강도
1) 지표면에서 6m 아래 지반의 유효응력
$$\sigma' = \gamma_t h_1 + \gamma_{sub} h_2$$
$$= 19 \times 2 + (20 - 9.81) \times 4 = 78.76 \text{kN/m}^2$$
2) 지반의 전단강도
$$\tau = C + \sigma' \tan\phi$$
$$= 0 + 78.76 \times \tan 30° = 45.47 \text{kN/m}^2$$

98 두 개의 규소판 사이에 한 개의 알루미늄판이 결합된 3층 구조가 무수히 많이 연결되어 형성된 점토광물로서 각 3층 구조 사이에는 칼륨이온(K^+)으로 결합되어 있는 것은?
① 몬모릴로나이트(montmorillonite)
② 일라이트(illite)
③ 카올리나이트(kaolinite)
④ 할로이사이트(halloysite)

해설 점토광물
1) 카올리나이트(Kaolinite)
 • 1개의 규소판과 1개의 알루미늄 판으로 결합된 2층 구조
 • 활성도가 가장 작고 공학적으로 가장 안정된 구조
2) 일나이트(illite)
 • 두 개의 규소 판 사이에 알루미늄 판이 결합된 3층 구조
 • 3층 구조 단위들이 불치환성 양이온(K^+)으로 결합
3) 몬모릴로나이트(montmorillonite)
 • 두 개의 규소 판 사이에 알루미늄 판이 결합된 3층 구조
 • 3층 구조 단위들이 치환성 양이온으로 결합
 • 활성도가 가장 크고 공학적으로 가장 불안정한 구조

99 말뚝기초의 지반거동에 대한 설명으로 틀린 것은?
① 말뚝 타입 후 지지력의 증가 또는 감소 현상을 시간효과(time effect)라 한다.
② 연약지반상에 타입되어 지반이 먼저 변형하고 그 결과 말뚝이 저항하는 말뚝을 주동말뚝이라 한다.
③ 말뚝에 작용한 하중은 말뚝표면을 따라 생기는 주면 마찰력과 말뚝선단의 지지력에 의하여 지지된다.
④ 기성말뚝을 타입하면 전단파괴를 일으키며 말뚝 주위의 지반은 교란된다.

해설 말뚝기초의 지반거동
1) 수동말뚝: 지반이 먼저 변형 하고 그 결과 말뚝이 저항하는 말뚝
2) 주동말뚝: 말뚝이 먼저 변형하고 그 결과 지반이 저항하는 말뚝

100 사운딩에 대한 설명으로 틀린 것은?
① 정적사운딩과 동적사운딩이 있다.
② 압입식 사운딩의 대표적인 방법은 표준관입시험(SPT)이다.
③ 특수사운딩 중 측압사운딩의 공내횡방향 재하시험은 보링공을 기계적으로 수평으로 확장시키면서 측압과 수평변위를 측정한다.
④ 로드 선단에 지중저항체를 설치하고 지반내 관입, 압입, 또는 회전하거나 인발하여 그 저항치로부터 지반의 특성을 파악하는 지반조사방법이다.

해설 사운딩
1) 압입식 사운딩: 콘 관입시험
2) 콘 관입시험은 원추형 콘을 지중에 압입할 때 저항력을 측정하는 시험이다.
3) 흙의 연경도를 조사하며 점토지반에 적용한다.

해답 97. ③ 98. ② 99. ② 100. ②

상하수도공학

101 수중 알칼리도가 부족한 원수에 적합하며 경도를 증가시키지 않는 응집제는?
① $Al_2(SO_4)_3$
② $Al_2(SO_4)_3 + Ca(OH)_2$
③ $Al_2(SO_4)_3 + Na_2CO_3$
④ $Al_2(SO_4)_3 + CaO$

해설 응집제
1) Na_2CO_3(소다회): 가격이 고가이나 알칼리도가 부족한 원수에 적합하며 경도를 증가시키지 않고 용해도를 증가시키는 알칼리제의 응집보조제이다.
2) $Ca(OH)_2$, CaO : 물의 경도성분을 증가시키고, 용해도가 적다.

102 계획오수량 산정시 고려 사항에 대한 설명으로 옳지 않은 것은?
① 지하수량은 1인1일 최대오수량의 10~20%로 한다.
② 계획1일 평균오수량은 계획1일 최대오수량의 70~80%를 표준으로 한다.
③ 계획시간최대오수량은 계획1일 평균오수량의 1시간당 수량의 0.9~1.2배를 표준으로 한다.
④ 계획1일 최대오수량은 1인1일 최대오수량에 계획인구를 곱한 후 공장폐수량, 지하수량 및 기타 배수량을 더한 값으로 한다.

해설 계획오수량 산정
1) 계획시간 최대오수량은 계획1일 최대오수량의 1시간당 수량의 1.3~1.8배를 표준으로 한다.
2) 계획시간 최대오수량 = $\frac{계획1일최대오수량}{24} \times (1.3~1.8)$

103 취수장에서부터 가정의 수도꼭지까지에 이르는 상수도 계통을 올바르게 나열한 것은?
① 수원 – 취수 – 정수 – 도수 – 송수 – 배수 – 급수
② 수원 – 취수 – 도수 – 송수 – 정수 – 배수 – 급수
③ 수원 – 취수 – 도수 – 정수 – 송수 – 배수 – 급수
④ 수원 – 취수 – 도수 – 송수 – 배수 – 정수 – 급수

해설 상수도의 계통도
1) 도수: 원수를 취수해서 정수장까지 이송한다.
2) 송수: 정수한 물을 정수지에서 배수지로 이송한다.
3) 배수: 배수지에서 급수구역으로 이송한다.

104 정수 중 암모니아성 질소가 있으면 염소소독 처리시 클로라민이란 화합물이 생긴다. 이에 대한 설명으로 옳은 것은?
① 소독력이 떨어져 다량의 염소가 요구된다.
② 소독력이 증가하여 소량의 염소가 요구된다.
③ 소독력에는 거의 영향을 주지 않는다.
④ 경제적인 소독효과를 기대할 수 있다.

해설 클로라민
1) 클로라민: 암모니아를 함유한 물에 염소를 주입하면 염소와 암모니아성질소가 결합하여 클로라민이 생성된다.
2) 클로라민은 살균력이 약해 주입량이 많이 요구된다.

105 관로별 계획하수량에 대한 설명으로 옳지 않은 것은?
① 우수관로는 계획우수량으로 한다.
② 차집관로는 우천시 계획오수량으로 한다.
③ 오수관로의 계획오수량은 계획1일 최대오수량으로 한다.
④ 합류식 관로에서는 계획시간 최대오수량에 계획우수량을 합한 것으로 한다.

해설 계획하수량
오수관로의 계획오수량은 계획 시간 최대 오수량으로 한다.

해답 101. ③ 102. ③ 103. ③ 104. ① 105. ③

106 어느 유역의 강우강도는 $I=\dfrac{400}{t+20}$ (mm/min)로 표시할 수 있고, 유역면적 $0.8km^2$, 유입시간 10분, 유출계수 0.7, 관내 유속이 20m/min이다. 1km의 하수관에서 흘러나오는 우수량은 얼마인가?

① $4.667m^3/sec$ ② $46.67m^3/sec$
③ $466.7m^3/sec$ ④ $4,667m^3/sec$

해설 우수유출량

1) 유달시간 = 유입시간+유하시간($\dfrac{L}{v}$)

$$t=10min+\dfrac{1,000m}{20m/min}=60min$$

2) 유달시간에 대한 강우강도

$$I=\dfrac{400}{t+20}=\dfrac{400}{60+20}=\dfrac{5mm}{min}$$

$$\therefore I=\dfrac{5mm}{min}\times\dfrac{60min}{1hr}=\dfrac{300mm}{hr}$$

3) 우수유출량

$$Q=\dfrac{1}{3.6}CIA=\dfrac{1}{3.6}\times 0.7\times 300\times 0.8=46.67m^3/sec$$

---

107 하수의 염소 요구량이 1mg/L이었다. 0.2mg/L의 잔류 염소량을 유지하기 위하여 $30,000m^3/day$의 하수에 주입하여야 할 염소량은 얼마인가?

① 12kg/day ② 24kg/day
③ 36kg/day ④ 48kg/day

해설 염소주입량

1) 염소주입농도 = 염소요구농도 + 잔류염소농도

$$=\dfrac{1mg}{L}+\dfrac{0.2mg}{L}=\dfrac{1.2mg}{L}\times\dfrac{1,000}{1,000}=\dfrac{1.2g}{m^3}$$

2) 염소주입량 = 염소주입농도×Q

$$=\dfrac{1.2g}{m^3}\times\dfrac{30,000m^3}{day}=36,000g/day=36kg/day$$

---

108 급수방식에 대한 설명으로 틀린 것은?

① 급수방식은 급수전의 높이, 수요자가 필요로 하는 수량 등을 고려하여 결정한다.
② 직결식은의 직결직압식과 직결가압식으로 구분할 수 있다.
③ 저수조식은 수돗물을 일단 저수조에 받아서 급수하는 방식으로 단수나 감수시 물의 확보가 어렵다.
④ 직결식과 저수조식의 병용방식은 하나의 건물에 직결식과 저수조식의 양쪽 급수방식을 병용하는 것이다.

해설 급수방식(저수조식)

1) 배수관의 수압이 소요수압에 대해 부족한 경우
2) 일시에 많은 수량 또는 일정한 수량을 필요로 하는 경우
3) 급수관의 고장에 따른 단수 시에도 어느 정도의 급수를 지속시킬 필요가 있는 경우

---

109 활성슬러지법과 비교하여 생물막법의 특징으로 옳지 않은 것은?

① 운전조작이 간단하다.
② 다량의 슬러지 유출에 따른 처리수 수질악화가 발생하지 않는다.
③ 반응조를 다단화하여 반응효율과 처리안정성 향상이 도모된다.
④ 생물종 분포가 단순하여 처리효율을 높일 수 있다.

해설 생물막법의 특징

1) 개요: 접촉재 및 유동담체 표면에 부착한 생물막을 이용하는 하수처리 방법으로 살수여상법, 회전원판법, 접촉산화법, 호기성 여상법 등이 있다.
2) 특징
- 반송슬러지가 필요 없고 운전조작이 간단하다.
- 반응조를 다단화하여 반응효율 및 처리 안정성이 향상된다.
- 생물종의 분포가 다양하여 처리효율을 높일 수 있다.

해답 106. ② 107. ③ 108. ③ 109. ④

110 하수고도처리에서 인을 제거하기 위한 방법이 아닌 것은?
① 응집제첨가 활성슬러지법
② 활성탄흡착법
③ 정석탈인법
④ 혐기호기조합법

해설 하수고도처리(인 제거 방법)
1) 생물학적 처리공법: 생물학적 처리 시 세포합성을 통해서 가능하고 공법종류로는 혐기 호기 조합법, 응집제 첨가 활성슬러지법 등이 있다.
2) 정석 탈인법: 정석법을 사용한 인제거의 기본조작은 수중의 인을 정석 재 표면에 칼슘이온과 인이 반응하여 난용성 인산칼슘 결정으로 정석 제거하는 것이다.
3) 활성탄흡착법: 맛, 냄새, 색도, THM 등을 흡착반응을 통해 제거하는 방법이다.

111 계획우수량 산정에 있어서 하수도 시설물별 최소설계빈도가 틀린 것은?
① 빗물펌프장 – 30년
② 간선관로 – 30년
③ 지선관로 – 10년
④ 배수펌프장 – 40년

해설 계획우수량 산정시 설계빈도
1) 우수조정지 및 배수펌프장, 빗물펌프장: 30년
2) 지선관로: 10년, 간선관로: 30년

112 펌프의 비속도(N_s)에 대한 설명으로 옳은 것은?
① N_s가 작게 되면 사류형으로 되고 계속 작아지면 축류형으로 된다.
② N_s가 커지면 임펠러 외경에 대한 임펠러의 폭이 작아진다.
③ N_s가 작으면 일반적으로 토출량이 적은 고양정의 펌프를 의미한다.
④ 토출량과 전양정이 동일하면 회전속도가 클수록 N_s가 작아진다.

해설 펌프의 비속도(N_s)
1) $N_s = N \dfrac{Q^{\frac{1}{2}}}{H^{\frac{3}{4}}}$
2) N_s가 작으면 토출량이 적은 고양정 펌프(원심펌프)가 된다.
3) N_s가 크면 토출량이 많은 저양정 펌프(축류펌프)가 된다.
4) 토출량과 전양정이 동일하면 회전속도가 클수록 N_s도 커진다.

113 도수 및 송수관을 자연유하식으로 설계할 때 평균유속의 허용최대한도는?
① 0.3m/s
② 3.0m/s
③ 13.0m/s
④ 30.0m/s

해설 도수 및 송수관의 평균유속
1) 최소유속: 0.3m/s
2) 최대유속: 3.0m/s

114 하천을 수원으로 하는 경우의 취수시설과 가장 거리가 먼 것은?
① 취수탑
② 취수틀
③ 집수매거
④ 취수문

해설 취수시설
1) 하천수 취수시설: 취수탑, 취수틀, 취수문 등
2) 지하수 취수시설: 굴착정, 심정호, 천정호, 집수매거 등

해답 110. ②   111. ④   112. ③   113. ②   114. ③

115 하수배제 방식의 합류식과 분류식에 관한 설명으로 옳지 않은 것은?
① 분류식이 합류식에 비하여 일반적으로 관거의 부설비가 적게 든다.
② 분류식은 강우초기에 비교적 오염된 노면배수가 직접 공공수역에 방류될 우려가 있다.
③ 하수관거내의 유속의 변화폭은 합류식이 분류식보다 크다.
④ 합류식 하수관거는 단면이 커서 관거내 유지관리가 분류식보다 쉽다.

해설 하수배제방식(분류식)
1) 분류식은 우수는 우수관으로 오수는 오수관으로 배제하는 방법이다.
2) 분류식은 오수관과 우수관을 각각 별도로 설치하므로 관거의 부설비가 많이 든다.

116 유량 50,000m³/day, BOD농도 200mg/L인 하수를 체류시간 6시간의 활성슬러지조에서 처리할 경우 슬러지 반송율이 20%라고 할 때, 포기조의 BOD 용적부하는?
① 0.31kg/m³·day
② 0.54kg/m³·day
③ 0.67kg/m³·day
④ 0.89kg/m³·day

해설 BOD 용적부하
1) BOD 농도 = $\dfrac{200\text{mg}}{\text{L}} \times \dfrac{1000}{1000} = \dfrac{200\text{g}}{\text{m}^3} = \dfrac{0.2\text{kg}}{\text{m}^3}$
2) BOD량 = BOD농도 × Q
  = $\dfrac{0.2\text{kg}}{\text{m}^3} \times \dfrac{50,000\text{m}^3}{\text{day}} = 10,000\text{kg/day}$
3) 반송유량: $Q_r = \dfrac{r}{100} \times Q = \dfrac{20}{100} \times 50,000$
  $= 10,000\text{m}^3/\text{day}$
4) 체류시간(t)
  $t = \dfrac{V}{Q+Q_r} \times 24 \Rightarrow 6 = \dfrac{V}{(500,000+10,000)} \times 24$
  ∴ V(포기조부피) = 15,000m³
5) BOD 용적부하 = $\dfrac{\text{BOD량}}{\text{포기조부피}} = \dfrac{10,000}{15,000}$
  = 0.67kg/m³·day

117 상수도의 도수 및 송수관로의 일부분이 동수경사선보다 높을 경우에 취할 수 있는 방법으로 옳은 것은?
① 접합정을 설치하는 방법
② 스크린을 설치하는 방법
③ 감압밸브를 설치하는 방법
④ 상류 측 관로의 관경을 작게 하는 방법

해설 관로의 동수구배 상승법
1) 상류 측 관로의 관경을 크게 하는 방법
2) 접합정을 설치하는 방법

118 상수 취수시설에 있어서 침사지의 유효수심은 얼마를 표준으로 하는가?
① 10~12m
② 6~8m
③ 3~4m
④ 0.5~2m

해설 상수 침사지
1) 침사지의 유효수심: 3~4m
2) 침사지용량: 계획취수량의 10~20분간 체류할 수 있는 크기

119 부영양화에 대한 설명으로 옳지 않은 것은?
① COD가 증가한다.
② 식물성 플랑크톤인 조류가 대량 번식한다.
③ 영양염류인 질소, 인 등의 감소로 발생한다.
④ 최종적으로 용존산소가 줄어든다.

해설 부영양화
1) 정의: 영양염류인 질소(N), 인(P) 등의 유입으로 인해 식물성 플랑크톤의 대량 번식 되어 수질이 악화되는 현상.
2) 부영양화 현상: 탁도 증가, 색도 증가, COD 증가, pH 증가, 용존산소 감소 등

해답 115. ① 116. ③ 117. ① 118. ③ 119. ③

120 콘크리트 하수관의 내부 천장이 부식되는 현상에 대한 대응책이다. 틀린 것은?
① 하수 중의 유기물 농도를 낮춘다.
② 하수 중의 유황 함유량을 낮춘다.
③ 관내의 유속을 감소시킨다.
④ 하수에 염소를 주입한다.

해설 하수관의 관정부식 대책
하수관거의 유속을 증가시켜 침전물 등의 유기물의 농도를 낮춘다.

해답 120. ③

MEMO

2023년도

과년도기출문제

01 토목기사 2023년 제1회 시행 ……… *2*

02 토목기사 2023년 제2회 시행 ……… *28*

03 토목기사 2023년 제3회 시행 ……… *54*

2023년 과년도출제문제

응용역학

1 축인장하중 $P=20\text{kN}$ 을 받고 있는 지름 100mm의 원형봉 속에 발생하는 최대 전단응력은 얼마인가?
① 1.273MPa ② 1.515MPa
③ 1.756MPa ④ 1.998MPa

해설 최대전단응력($\tau_{\max}$)
1) $P=20\text{kN}=20,000\text{N}$
2) $\sigma_x = \dfrac{P}{A} = \dfrac{20,000}{\dfrac{\pi \times 100^2}{4}} = \dfrac{2.546\text{N}}{\text{mm}^2} = 2.546\text{MPa}$
3) 최대전단응력은 $\theta = 45°$ 면에서 발생, 크기는 $\dfrac{\sigma_x}{2}$ 이다.
∴ $\tau_{\max} = \dfrac{2.546}{2} = 1.273\text{MPa}$

2 그림과 같은 보에서 A점의 모멘트는?

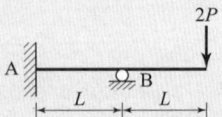

① $\dfrac{PL}{8}$ (시계방향) ② $\dfrac{PL}{2}$ (시계방향)
③ $\dfrac{PL}{2}$ (반시계방향) ④ PL (시계방향)

해설 도달모멘트

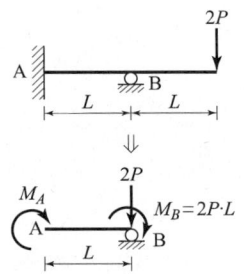

1) B점 모멘트: $M_B = 2PL$ (시계방향)
2) A지점(고정지점)에는 B점 모멘트 $\dfrac{1}{2}$ 크기로 전달된다.
∴ $M_A = \dfrac{1}{2}M_B = \dfrac{2PL}{2} = PL$ (시계방향)

3 최대 단면계수를 갖는 직사각형 단면을 얻으려면 $\dfrac{b}{h}$ 는?

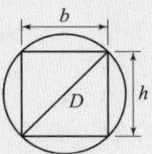

① 1 ② 1/2
③ $1/\sqrt{2}$ ④ $1/\sqrt{3}$

해설 원형단면의 최대단면계수
1) $b:h=1:\sqrt{2}$
2) $b:D=1:\sqrt{3}$

4 그림의 라멘에서 수평반력 H는?

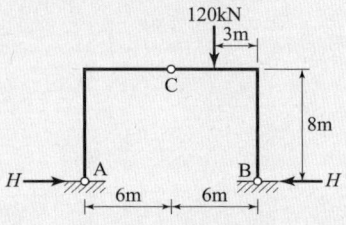

① 90kN ② 45kN
③ 30kN ④ 22.5kN

해설 3-hinge 라멘
1) $\sum M_B = 0$
$V_A \times 12 - 120 \times 3 = 0 \Rightarrow \therefore V_A = 30\text{kN}$
2) $\sum M_{CL} = 0$
$V_A \times 6 - H \times 8 = 0$
∴ $H = 22.5\text{kN}$

5 그림과 같은 트러스에서 부재 U의 부재력은?

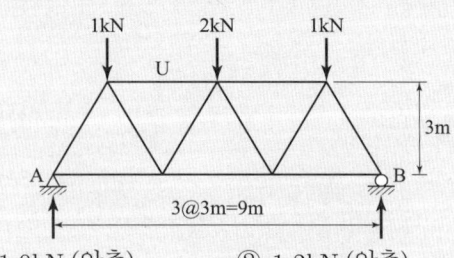

① 1.0kN (압축) ② 1.2kN (압축)
③ 1.3kN (압축) ④ 1.5kN (압축)

해답 1. ① 2. ④ 3. ③ 4. ④ 5. ④

해설 트러스의 부재력

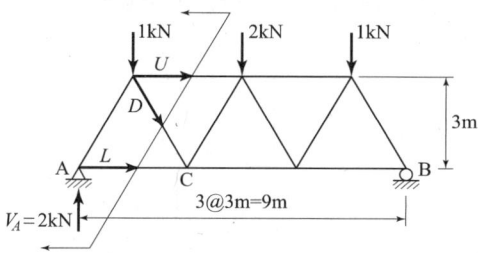

1) 좌우 대칭하중이므로 ∴ $V_A = 2$kN
2) D와 L이 만나는 'C'점에서 모멘트를 취하면
$\sum M_C = 0$
$2 \times 3 - 1 \times 1.5 + U \times 3 = 0$
∴ $U = -1.5$kN (압축)

★★★
6 탄성변형에너지는 외력을 받는 구조물에서 변형에 의해 구조물에 축적되는 에너지를 말한다. 탄성체이며 선형거동을 하는 길이가 L인 캔틸레버 보에 집중하중 P가 작용할 때 굽힘모멘트에 의한 탄성변형에너지는? (단, EI는 일정)

① $\dfrac{P^2 L^2}{6EI}$ ② $\dfrac{P^2 L^2}{2EI}$

③ $\dfrac{P^2 L^3}{6EI}$ ④ $\dfrac{P^2 L^3}{2EI}$

해설 탄성변형에너지

1) $M_x = -Px$
2) $U = \int_0^L \dfrac{M_x^2}{2EI} dx = \dfrac{1}{2EI}\int_0^L (-Px)^2 dx$
$= \dfrac{P^2}{2EI}\int_0^L x^2 dx = \dfrac{P^2}{2EI}\left[\dfrac{x^3}{3}\right]_0^L$
$= \dfrac{P^2 L^3}{6EI}$

★★
7 그림과 같은 단순보에서 최대휨모멘트가 발생하는 위치 x(A점으로부터의 거리)와 최대휨모멘트 M_x는?

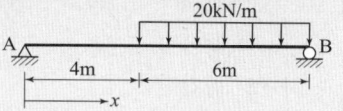

① $x = 4.0$m, $M_x = 180.2$kN·m
② $x = 4.8$m, $M_x = 96$kN·m
③ $x = 5.2$m, $M_x = 230.4$kN·m
④ $x = 5.8$m, $M_x = 176.4$kN·m

해설 최대 휨모멘트

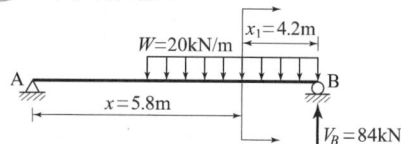

1) $\sum M_A = 0$
$-V_B \times 10 + 20 \times 6 \times 7 = 0$
∴ $V_B = 84$kN
2) B지점으로부터 전단력이 "0"인 위치에서 최대휨모멘트가 발생한다.
$84 = 20 \cdot x_1 \Rightarrow$ ∴ $x_1 = 4.2$m
∴ $X = 10 - x_1 = 5.8$m
3) 최대휨모멘트
$M_{max} = 84 \times 4.2 - 20 \times 4.2 \times \dfrac{4.2}{2}$
$= 176.4$kN·m

★★
8 지름 50mm의 강봉을 80kN로 당길 때 지름은 얼마나 줄어들겠는가?(단, $G = 70,000$MPa, 푸아송비 $\nu = 0.5$)

① 0.003mm ② 0.005mm
③ 0.007mm ④ 0.008mm

해설 Hook's law

1) $G = \dfrac{E}{2(1+\nu)}$에서
$E = 2G(1+\nu) = 2 \times 70,000(1+0.5) = 210,000$MPa
2) $\sigma = \dfrac{P}{A} = \dfrac{80,000}{\dfrac{\pi \times 50^2}{4}} = 40.74$N/mm^2
3) $\sigma = E \cdot \varepsilon \Rightarrow \varepsilon = \dfrac{\sigma}{E} = \dfrac{40.74}{210,000} = 1.94 \times 10^{-4}$
4) $\nu = \dfrac{\beta}{\varepsilon} = \dfrac{\Delta d/d}{\sigma/E}$ 이므로
$0.5 = \dfrac{\dfrac{\Delta d}{50}}{1.94 \times 10^{-4}} \Rightarrow$ ∴ $\Delta d \fallingdotseq 0.005$mm

해답 6. ③   7. ④   8. ②

9 보의 단면에서 휨모멘트로 인한 최대 휨응력이 생기는 위치는 어느 곳인가?
① 중립축
② 중립축과 상단의 중간점
③ 중립축과 하단의 중간점
④ 단면 상·하단

해설 최대휨응력($\sigma_{\max}$)
1) 휨응력: $\sigma = \dfrac{M}{I}y$
2) 최대 휨응력 발생 조건
 $y_{\max}$: 단면의 상·하단
 $M_{\max}$: 보의 중앙

10 그림과 같이 가운데가 비어 있는 직사각형 단면 기둥의 길이 $L = 10\text{m}$일 때 세장비는?

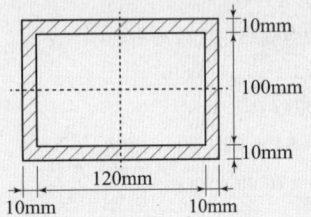

① 1.9
② 191.9
③ 2.2
④ 217.3

해설 세장비
1) 유효길이: $l_k = kL = 1.0 \times 10\text{m} = 10,000\text{mm}$
 여기서, $k = 1.0$(기둥의 양단 지지 조건이 없는 경우 양단 힌지로 가정)
2) 최소 단면2차반지름: $\gamma_{\min} = \sqrt{\dfrac{I_{\min}}{A}}$
 $= \sqrt{\dfrac{\frac{1}{12}(140 \times 120^3 - 120 \times 100^3)}{(140 \times 120) - (120 \times 100)}} = 46\text{mm}$
3) 세장비: $\lambda = \dfrac{\ell_k}{\gamma_{\min}} = \dfrac{10,000}{46} = 217.35$

11 그림과 같은 봉에 작용하는 힘들에 의한 봉 전체의 수직처짐은?

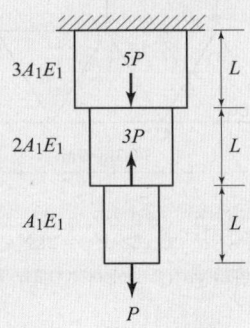

① $\dfrac{PL}{A_1 E_1}$
② $\dfrac{2PL}{3A_1 E_1}$
③ $\dfrac{4PL}{3A_1 E_1}$
④ $\dfrac{3PL}{2A_1 E_1}$

해설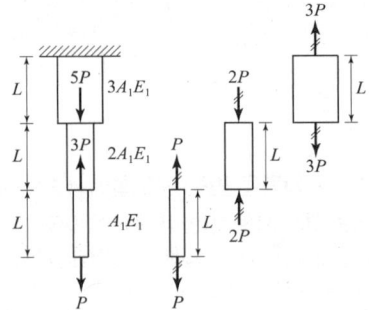

수직처짐량
(1) 인장부재: +부호, 압축부재: (−)부호
(2) $\Delta l = \dfrac{PL}{AE}$
 $= \dfrac{(P)(L)}{A_1 E_1} - \dfrac{(2P)(L)}{2A_1 E_1} + \dfrac{(3P)(L)}{3A_1 E_1}$
 $= \dfrac{PL}{A_1 E_1}$

12 I 형 단면에 작용하는 최대전단응력은?(단, 작용하는 전단력은 40kN)

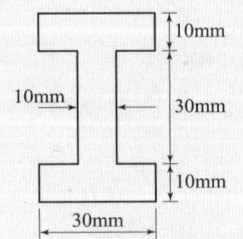

① 89.72MPa
② 106.54MPa
③ 129.91MPa
④ 144.44MPa

해답 9. ④ 10. ④ 11. ① 12. ②

해설 최대전단응력

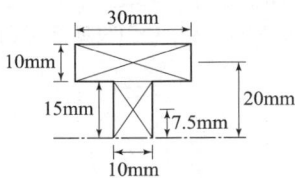

1) $I = \dfrac{1}{12}(30 \times 50^3 - 20 \times 30^3) = 2.675 \times 10^5 \text{mm}^4$
2) $G = 30 \times 10 \times (15+5) + 10 \times 15 \times 7.5$
   $= 7.125 \times 10^3 \text{mm}^3$
3) 최대전단응력은 중립축에서 발생: $b = 10\text{mm}$
4) $V = 40\text{kN} = 40,000\text{N}$
5) $\tau_{max} = \dfrac{V \cdot G}{I \cdot b}$
   $= \dfrac{40,000 \times 7.125 \times 10^3}{2.675 \times 10^5 \times 10}$
   $= 106.54 \text{N/mm}^2 = 106.54 \text{MPa}$

★
13 단면2차모멘트의 특성에 대한 설명으로 옳지 않은 것은?
① 도심축에 대한 단면2차모멘트는 0이다.
② 단면2차모멘트는 항상 정(+)의 값을 갖는다.
③ 단면2차모멘트가 큰 단면은 휨에 대한 강성이 크다.
④ 정다각형의 도심축에 대한 단면2차모멘트는 축이 회전해도 일정하다.

해설 단면2차모멘트의 특성
1) 단면의 종류별 도심 축에 대한 단면 2차모멘트
   ① 직사각형: $I_X = \dfrac{bh^3}{12}$
   ② 삼각형: $I_X = \dfrac{bh^3}{36}$
   ③ 원형: $I_X = \dfrac{\pi d^4}{64}$
2) 도심 축에 대한 단면 2차 모멘트는 0이 아니다.
3) 도심 축에 대한 단면 1차 모멘트가 0이다.

★★
14 그림과 같은 겔버보의 E점(지점 C에서 오른쪽으로 10m 떨어진 점)에서의 휨모멘트 값은?

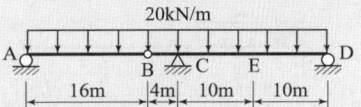

① 600kN·m   ② 640kN·m
③ 1,000kN·m ④ 1,600kN·m

해설 휨모멘트

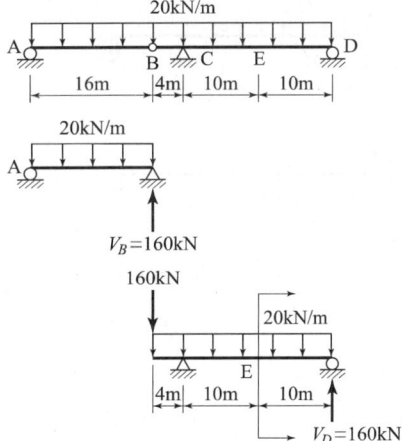

1) $V_B = \dfrac{wl}{2} = \dfrac{20 \times 16}{2} = 160\text{kN}$
2) $\sum M_C = 0$
   $-V_D \times 20 + 20 \times 24 \times 8 - 160 \times 4 = 0$
   $\therefore V_D = 160\text{kN}$
3) E점에서 오른쪽으로 휨모멘트를 계산한다.
   $M_E = V_D \times 10 - 20 \times 10 \times 5 = 600\text{kN} \cdot \text{m}$

★★★
15 그림과 같은 구조물의 BD부재에 작용하는 힘의 크기는?
① 100kN
② 125kN
③ 150kN
④ 200kN

해설 힘의 평형
$\sum M_C = 0$
$-50 \times 4 + BD \sin 30° \times 2 = 0$
$\therefore BD = 200\text{kN}$

해답 13. ①   14. ①   15. ④

16 그림의 캔틸레버보에서 C점, B점의 처짐비($\delta_C : \delta_B$)는? (단, EI는 일정하다.)

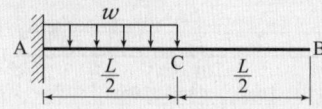

① 3 : 8   ② 3 : 7
③ 2 : 5   ④ 1 : 2

해설 처짐

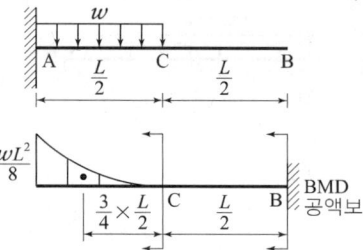

1) BMD를 그리고 공액보로 치환한 다음 C점, B점에서 휨모멘트를 구한다.

$$\delta_C = \frac{M_C}{EI}$$
$$= \frac{1}{EI}\left(\frac{wL^2}{8} \times \frac{L}{2} \times \frac{1}{3}\right)\left(\frac{3}{4} \times \frac{L}{2}\right) = \frac{wL^4}{128EI}$$

2) $\delta_B = \frac{M_B}{EI}$
$$= \frac{1}{EI}\left(\frac{wL^2}{8} \times \frac{L}{2} \times \frac{1}{3}\right)\left(\frac{3}{4} \times \frac{L}{2} + \frac{L}{2}\right) = \frac{7wL^4}{384EI}$$

3) $\delta_c : \delta_B = 3 : 7$

17 내민보에서 반력 R_B의 크기가 집중하중 3kN과 같게 하기 위해서 L_1의 길이는 얼마이어야 하는가?

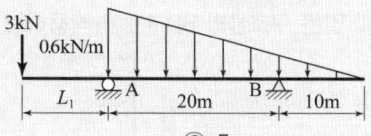

① 0m   ② 5m
③ 10m ④ 20m

해설 보의 길이 산정

1) $R_B = 3$kN
2) $\sum M_A = 0$
$-R_B \times 20 + \left(\frac{1}{2} \times 30 \times 0.6\right) \times \left(\frac{1}{3} \times 30\right) - 3 \times L_1 = 0$
$\therefore L_1 = 10$m

18 직사각형 단면의 최대 전단응력도는 원형 단면의 최대 전단응력도의 몇 배인가? (단, 단면적과 작용하는 전단력의 크기는 같다.)

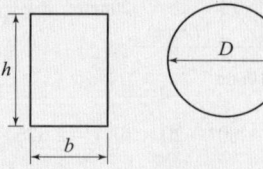

① $\frac{9}{8}$ 배   ② $\frac{8}{9}$ 배
③ $\frac{6}{5}$ 배   ④ $\frac{5}{6}$ 배

해설 단면에 따른 최대전단응력의 비

1) 직사각형 단면: $\tau_{\max} = \frac{3}{2}\frac{V}{A}$

2) 원형 단면: $\tau_{\max} = \frac{4}{3}\frac{V}{A}$

3) 최대 전단응력의 비: $\dfrac{\frac{3}{2}\frac{V}{A}}{\frac{4}{3}\frac{V}{A}} = \frac{9}{8}$

19 장주의 탄성좌굴하중(Elastic Buckling Load) P_{cr}은 아래의 표와 같다. 기둥의 각 지지조건에 따른 n의 값으로 틀린 것은?(단, E: 탄성계수, I: 단면2차모멘트, L: 기둥의 높이)

$$\frac{n \cdot \pi^2 EI}{L^2}$$

① 일단고정 타단자유: $n = \frac{1}{4}$
② 양단힌지: $n = 1$
③ 일단고정 타단힌지: $n = \frac{1}{2}$
④ 양단고정: $n = 4$

해설 장주의 탄성좌굴하중(P_{cr})

1) 탄성좌굴하중: $P_{cr} = \frac{n\pi^2 EI}{L^2}$
2) 양단의 지지상태에 따른 기둥의 강도(n)
   ① 일단 고정, 타단 자유: $n = 1/4$
   ② 양단 힌지: $n = 1$
   ③ 일단 고정, 타단 힌지: $n = 2$
   ④ 양단 고정: $n = 4$

해답 16. ②   17. ③   18. ①   19. ③

20 그림과 같은 구조물에서 C점의 수직처짐은 얼마나 일어나는가? (단, AC 및 BC 부재의 길이는 L, 단면적은 A, 탄성계수는 E)

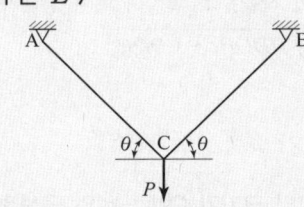

① $\dfrac{PL}{2EA\sin^2\theta}$
② $\dfrac{PL}{2EA\cos^2\theta}$
③ $\dfrac{PL}{2EA\sin^2\theta \cdot \cos\theta}$
④ $\dfrac{PL}{2EA\sin\theta}$

해설 트러스처짐

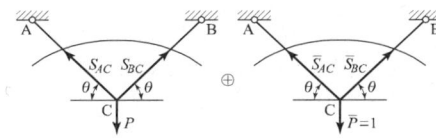

1) $\sum V = 0$
$-P + S_{AC}\sin\theta + S_{BC}\sin\theta = 0$

$S_{AC} = S_{BC}$ 이므로

$-P + 2S_{AC}\sin\theta = 0$

$\therefore S_{AC} = \dfrac{P}{2\sin\theta}$ $\therefore S_{BC} = \dfrac{P}{2\sin\theta}$

2) $\overline{S_{AC}}$, $\overline{S_{BC}}$ 는 가상의 단위하중($\overline{P}=1$) 재하시의 부재력이므로

S_{AC}, S_{BC} 부재력의 값 P에 '1'을 대입하면 된다.

3) $y = \dfrac{S_{AC}\overline{S_{AC}} L_{AC}}{EA} + \dfrac{S_{BC}\overline{S_{BC}} L_{BC}}{EA}$

$= \dfrac{L}{EA}(\dfrac{P}{2\sin\theta} \times \dfrac{1}{2\sin\theta}) + \dfrac{L}{EA}(\dfrac{P}{2\sin\theta} \times \dfrac{1}{2\sin\theta})$

$= \dfrac{PL}{2EA\sin^2\theta}$

측량학

21 A, B, C 점으로부터 수준측량을 하여 P점의 표고를 결정한 경우 P점의 표고는? (단, A→P 표고 = 367.786m, B→P 표고 = 367.732m, C→P 표고 = 367.758m)

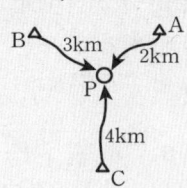

① 367.738m
② 367.743m
③ 367.756m
④ 367.763m

해설 수준측량

1) 경중률

$P_A : P_B : P_C = \dfrac{1}{S_1} : \dfrac{1}{S_2} : \dfrac{1}{S_3}$

$P_A : P_B : P_C = \dfrac{1}{2} : \dfrac{1}{3} : \dfrac{1}{4} = 6 : 4 : 3$

2) 표고의 최확값

$H_P = \dfrac{[PH]}{[P]}$

$= \dfrac{6 \times 367.786 + 4 \times 367.732 + 3 \times 367.758}{6+4+3}$

$= 367.763\text{m}$

22 지형을 표시하는 방법 중에서 짧은 선으로 지표의 기복을 나타내는 방법은?

① 점고법
② 등고선법
③ 영선법
④ 채색법

해설 지형의 표시방법

1) 표시방법
   ① 자연적도법: 영선법, 음영법
   ② 부호적 도법: 점고법, 등고선법, 채색법

2) 영선법은 우모법이라고도 하며 급경사면은 짧고 굵은 선으로 표시하고 완경사는 가늘고 긴 선으로 표시한다.

해답 20. ① 21. ④ 22. ③

23. 다각측량에 관한 설명 중 옳지 않은 것은?
① 각과 거리를 측정하여 점의 위치를 결정한다.
② 근거리이고 조건식이 많아 삼각측량에서 구한 위치보다 정확도가 높다.
③ 선로와 같이 좁고 긴 지역의 측량에 편리하다.
④ 삼각측량에 비해 시가지 또는 복잡한 장애물이 있는 곳의 측량에 적합하다.

해설 다각측량 특징
1) 다각측량은 각과 거리를 측정하여 점의 위치를 결정한다.
2) 삼각측량에서 구한 위치보다 정확도가 낮다.
3) 폭이 좁고 길이가 긴 지역의 측량에 적합하다.

24. 노선 측량의 일반적인 작업 순서로 옳은 것은?

| A : 종·횡단측량 | B : 중심선 측량 |
| C : 공사측량 | D : 답사 |

① A→B→D→C
② D→B→A→C
③ D→C→A→B
④ A→C→D→B

해설 노선측량
작업순서: 도상계획 → 답사 → 선점 → 중심측량 → 종·횡단측량 → 공사측량

25. 위성측량의 DOP(Dilution of Precision)에 관한 설명 중 옳지 않은 것은?
① 기하학적 DOP(GDOP), 3차원위치 DOP(PDOP), 수직위치 DOP(VDOP), 평면위치 DOP(HDOP), 시간 DOP(TDOP) 등이 있다.
② DOP는 측량할 때 수신 가능한 위성의 궤도정보를 항법메시지에서 받아 계산할 수 있다.
③ 위성측량에서 DOP가 작으면 클 때보다 위성의 배치상태가 좋은 것이다.
④ 3차원위치 DOP(PDOP)는 평면위치 DOP(HDOP)와 수직위치 DOP(VDOP)의 합으로 나타난다.

해설 DOP(Dilution of Precision)
1) DOP는 위성의 배치 상태에 따른 정밀도 저하율을 의미한다.
2) DOP 값이 작을수록 위성의 배치 상태가 좋다.
3) $PDOP = \sqrt{HDOP^2 + VDOP^2}$

26. 캔트(cant)의 크기가 C인 노선의 곡선 반지름을 2배로 증가시키면 새로운 캔트 C'의 크기는?
① 0.5C
② C
③ 2C
④ 4C

해설 캔트(Cant)
1) 캔트 : $C = \dfrac{V^2 S}{gR}$
2) 캔트는 곡선 반지름과 반비례하므로 반지름을 2배로 증가시키면 캔트는 0.5C가 된다.

27. 완화곡선에 대한 설명으로 틀린 것은?
① 곡선 반지름은 완화곡선의 시점에서 무한대, 종점에서 원곡선의 반지름이 된다.
② 완화곡선에 연한 곡선 반지름의 감소율은 칸트의 증가율과 같다.
③ 완화곡선의 접선은 시점에서 직선에, 종점에서 원호에 접한다.
④ 종점에 있는 칸트와 원곡선의 칸트는 역수관계이다.

해설 완화곡선의 특성
1) 완화곡선은 직선도로와 원곡선 사이에 설치된다.
2) 완화곡선 종점의 칸트는 원곡선의 칸트는 같다.

28. 100m의 측선을 20m 줄자로 관측하였다. 1회의 관측에 +4mm의 정오차와 ±3mm의 부정오차가 있었다면 측선의 거리는?
① 100.010±0.007m
② 100.010±0.015m
③ 100.020±0.007m
④ 100.020±0.015m

해답 23. ② 24. ② 25. ④ 26. ① 27. ④ 28. ③

해설 거리 관측의 오차

1) 관측 횟수: $n = \dfrac{L}{l} = \dfrac{100}{20} = 5$
2) 정오차: $E_1 = +n\alpha = +5 \times 4 = +20\text{mm} = +0.02\text{m}$
3) 부정오차: $E_2 = \pm b\sqrt{n} = \pm 3\sqrt{5}$
$= \pm 6.7\text{mm} \fallingdotseq \pm 0.007\text{m}$
4) 측선의 거리: $L_0 = L + E_1 \pm E_2 = 100 + 0.02 \pm 0.007$
$= 100.02 \pm 0.007\text{m}$

★
29 기준면으로부터 어느 측점까지의 연직 거리를 의미하는 용어는?
① 수준선(level line)
② 표고(elevation)
③ 연직선(plumb line)
④ 수평면(horizontal plane)

해설 수준측량 용어
1) 표고: 기준면으로부터 어느 측점까지의 수직거리
2) 기준면: 높이의 기준이 되는 수평면을 말하며 ±0으로 정한다.

★★
30 1:25000 지형도에서 10% 경사의 노선을 선정하고자 할 때 주곡선 사이의 도상수평거리는?
① 1mm
② 2mm
③ 3mm
④ 4mm

해설 지형도의 이용
1) 1:25,000 지형도의 주곡선 사이의 높이차: 10m
2) 지표면 경사

경사$(i) = \dfrac{\text{높이차}(H)}{\text{수평거리}(D)} \times 100(\%)$

$10 = \dfrac{10}{D} \times 100 \Rightarrow \therefore D = 100\text{m}$

3) 주곡선 사이의 도상 수평거리

$\dfrac{1}{m} = \dfrac{\text{도상거리}(d)}{\text{실제거리}(D)}$

$\dfrac{1}{25,000} = \dfrac{d}{100\text{m}} \Rightarrow \therefore d = \dfrac{1\text{m}}{250} = 4\text{mm}$

★★
31 직접고저측량을 실시한 결과가 그림과 같을 때, A점의 표고가 10m라면 C점의 표고는? (단, 그림은 개략도로 실제 치수와 다를 수 있음)

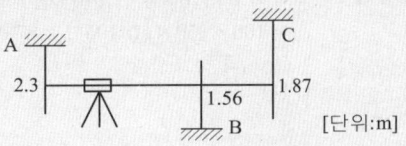

① 9.57m
② 9.66m
③ 10.57m
④ 10.66m

해설 지반고 계산
1) 표척을 거꾸로 세워 관측한 경우는 읽음값에 (−)를 붙여 계산한다.
2) 기계고=지반고(H_A)+후시
$= 10 + (-2.3) = 7.7\text{m}$
3) 지반고=기계고−전시
$= 7.7 - (-1.87) = 9.57\text{m}$

★★
32 그림과 같은 유토곡선(mass curve)에서 하향구간이 의미하는 것은?

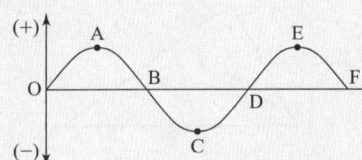

① 성토구간
② 절토구간
③ 운반토량
④ 운반거리

해설 유토곡선
1) 유토곡선은 가로축에 수평거리, 세로축에 누가토량을 나타낸다.
2) 곡선의 상향구간: 흙이 발생(+)하므로 절토구간.
3) 곡선의 하향구간: 흙이 부족(−)하므로 성토구간.

★★
33 트래버스 측량에서 측점 A의 좌표가 (100m, 100m)이고 측선 AB의 길이가 50m일 때 B점의 좌표는? (단, AB측선의 방위각은 195°이다)
① (51.7m, 87.1m)
② (51.7m, 112.9m)
③ (148.3m, 87.1m)
④ (148.3m, 112.9m)

해답 29. ② 30. ④ 31. ① 32. ① 33. ①

해설 좌표계산

1) B점의 X좌표 = A점의 X좌표 + 위거($L\cos\alpha$)
   = $100 + (50 \times \cos 195°) = 51.70\text{m}$
2) B점의 Y좌표 = A점의 Y좌표 + 경거($L\sin\alpha$)
   = $100 + (50 \times \sin 195°) = 87.06\text{m}$

34 수애선의 기준이 되는 수위는?
① 평수위 ② 평균수위
③ 최고수위 ④ 최저수위

해설 수애선
1) 수애선은 수면과 하안과의 경계선을 의미한다.
2) 수애선은 평수위에 의해 정해진다.

35 그림과 같은 삼각형을 직선 AP로 분할하여 $m:n = 3:7$의 면적비율로 나누기 위한 BP의 거리는? (단, BC의 거리 = 500m)

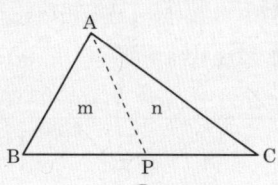

① 100m ② 150m
③ 200m ④ 250m

해설 면적 분할
1) $\dfrac{m}{m+n} = \dfrac{BP}{BC}$ 이므로
2) $BP = \dfrac{m}{m+n} \times BC = \dfrac{3}{3+7} \times 500 = 150\text{m}$

36 그림과 같은 삼각망에서 CD의 거리는?

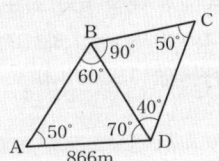

① 1,732m ② 1,000m
③ 866m ④ 750m

해설 삼각망

1) $\dfrac{866}{\sin 60°} = \dfrac{BD}{\sin 50°}$
   $\therefore BD = \dfrac{866}{\sin 60°} \times \sin 50° \fallingdotseq 766\text{m}$
2) $\dfrac{766}{\sin 50°} = \dfrac{CD}{\sin 90°}$
   $\therefore CD = \dfrac{766}{\sin 50°} \times \sin 90° \fallingdotseq 1,000\text{m}$

37 폐합트래버스 측량에서 전체 측선 길이의 합이 900m 일 때 폐합비를 1/5,000로 하기 위해서는 축척 1/500의 도면에서 폐합오차는 얼마까지 허용되는가?
① 0.2mm ② 0.25mm
③ 0.3mm ④ 0.36mm

해설 트래버스 측량
1) 폐합비 = $\dfrac{\text{폐합오차}}{\text{전측선거리}}$ ⇒ $\dfrac{1}{5000} = \dfrac{\text{폐합오차}}{900}$
   $\therefore$ 폐합오차 $= 0.18\text{m} = 180\text{mm}$
2) $\dfrac{1}{m} = \dfrac{\text{도상거리}(l)}{\text{실제거리}(L)}$
   $\dfrac{1}{500} = \dfrac{l}{180}$ ⇒ $\therefore l = \dfrac{180}{500} = 0.36\text{mm}$

38 우리나라는 TM도법에 따른 평면직교좌표계를 사용하고 있는데 그 중 중부도원점의 경위도 좌표는?
① 125°00′00″E, 38°00′00″N
② 127°00′00″E, 38°00′00″N
③ 129°00′00″E, 37°00′00″N
④ 131°00′00″E, 37°00′00″N

해설 평면직교좌표 도원점

명칭	경도	위도
서부도원점	125°00′00″E	38°00′00″N
중부도원점	127°00′00″E	38°00′00″N
동부도원점	129°00′00″E	38°00′00″N
동해도원점	131°00′00″E	38°00′00″N

해답 34. ① 35. ② 36. ② 37. ④ 38. ②

39
곡선 반지름이 500m인 단곡선의 종단현이 15.343m라면 이에 대한 편각은?

① 0°31′37″ ② 0°43′19″
③ 0°52′45″ ④ 1°04′26″

해설 편각 설치법
1) 종단현 길이: $l_2 = 15.343$m
2) 종단현 편각
$$\delta_2 = \frac{l_2}{2R} \rho'' = \frac{15.343}{2 \times 500} \times 206,265'' = 0°52′45''$$

40
GNSS 측량에 대한 설명으로 옳지 않은 것은?

① 상대측위기법을 이용하면 절대측위보다 높은 측위정확도의 확보가 가능하다.
② GNSS 측량을 위해서는 최소 4개의 가시위성 (visible satellite)이 필요하다.
③ GNSS 측량을 통해 수신기의 좌표뿐만 아니라 시계오차도 계산할 수 있다.
④ 위성의 고도각(elevation angle)이 낮은 경우 상대적으로 높은 측위정확도의 확보가 가능하다.

해설 GNSS 측량
1) 위성의 고도각은 지상의 수평면과 천구상의 GPS가 이루는 각을 말한다.
2) 위성의 고도각은 15° 이상일 때 다중경로등의 오차를 최소화 할 수 있다.
3) 그러므로 고도각이 높은 경우 상대적으로 높은 측위정확도의 확보가 가능하다.

수리학 및 수문학

41
해수면상의 체적이 1,205m³인 빙산 위에 무게가 300kg인 곰 10마리가 올라가 있을 경우 수면 아래 빙산의 체적은? (빙산의 비중은 0.92, 해수의 비중은 1.0250이다.)

① 10,558m³ ② 1,112m³
③ 10,587m³ ④ 5,422m³

해설 부력
1) 빙산의 전체적: $V = V' + 1205$
   여기서, V: 물체의 전체적, V': 빙산의 수중 체적
2) 비중$(S) = \dfrac{\text{물체의 단위중량}}{\text{물의 단위중량}(1,000\text{kgf/m}^3)}$
   $= \dfrac{\text{물체의 밀도}}{\text{물의 밀도}(1,000\text{kg/m}^3)}$
3) $wV + M = w'V' + M'$
   $0.92 \times 1,000 \times (V' + 1,205) + (300 \times 10)$
   $= 1.025 \times 1,000 \times V' + 0$
   $\therefore V' = 10,587\text{m}^3$

42
지속기간 2hr인 어느 단위도의 기저시간이 10hr이다. 강우강도가 각각 2.0, 3.0 및 5.0cm/hr이고 강우지속 기간은 똑같이 모두 2hr인 3개의 유효강우가 연속해서 내릴 경우 이로 인한 직접유출수문곡선의 기저시간은 얼마인가?

① 2hr ② 10hr
③ 14hr ④ 16hr

해설 기저시간(T)
(1) 강우강도 크기가 다를지라도 기저시간은 동일하다. ($T_1 = T_2 = T_3$)
(2) 지속기간(t)이 2hr인 강우강도 i_1에 대한 수문곡선을 기저시간 $T_1 = 10hr$으로 작도한다.
(3) 2시간 후 i_2 수문곡선을 $T_2 = 10hr$으로 작도하고, 다시 2시간 후 i_3 수문곡선을 $T_3 = 10hr$으로 하여 작도한다.
$\therefore T = 10 + 2 + 2 = 14hr$

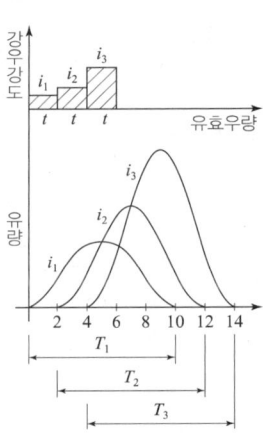

★★
43 베르누이(Bernoulli)의 정리에 관한 설명 중 옳지 않은 것은?
① 부정류(不定流)라고 가정하여 얻은 결과이다.
② 하나의 유선(流線)에 대하여 성립된다.
③ 하나의 유선에 대하여 총 에너지는 일정하다.
④ 두 단면 사이에 있어서 외부와 에너지 교환이 없다고 가정한 것이다.

해설 베르누이 정리의 가정 사항
1) 베르누이 정리는 일반적으로 하나의 유선에 대하여 성립한다.
2) 하나의 유선에 대해서 총에너지가 일정하다.
3) 두 단면에서 외부와의 에너지 교환은 없다고 가정한다.
4) 유체는 비압축성 유체이다.
5) 정류의 가정하에 얻은 결과이므로 부정류에서는 성립하지 않는다.

★★★
44 폭 8m의 구형판으로 물을 수직으로 막고 있을 때, 이 수직판에 작용하는 전수압이 1,000kN이면 수직판의 높이 H는? (단, 물의 단위중량은 9.81kN/m³이다.)
① 3m   ② 4m
③ 5m   ④ 6m

해설 전 수압(P)
1) h_G : 수면에서 판의 도심까지 거리
2) $P = w h_G A$
$1,000 = (9.81)\left(\dfrac{H}{2}\right)(8 \times H)$
∴ $H = 5\text{m}$

★
45 다음 중 무차원량(無次元量)이 아닌 것은?
① 후르드수(Froude수) ② 에너지 보정계수
③ 동점성 계수   ④ 비중

해설 동점성계수의 차원
1) $\nu = \dfrac{\mu}{\rho} = \dfrac{\text{g/cm} \cdot \text{s}}{\text{g/cm}^3} = \text{cm}^2/\text{s}$
2) 동점성계수의 차원: $L^2 T^{-1}$

★
46 용기에 물을 넣고 연직하향 방향으로 가속도 α=4.9 m/sec²만큼 작용했을 때, 용기내 깊이 2m에서 물에 작용하는 압력 P는? (단, 물의 단위중량은 9.81kN/m³이다.)
① 4.9kPa   ② 9.81kPa
③ 19.62kPa   ④ 29.43kPa

해설 상대 정지 문제(연직하향 방향 운동 시)
$P = wh\left(1 - \dfrac{\alpha}{g}\right)$
$= 9.81 \times 2 \times \left(1 - \dfrac{4.9}{9.81}\right) = 9.81\text{kN/m}^2 = 9.81\text{KPa}$

★★
47 대기의 온도 t_1, 상대습도 70%인 상태에서 증발이 진행되었다. 온도가 t_2로 상승하고 대기 중의 증기압이 20% 증가하였다면 온도 t_1 및 t_2에서의 포화 증기압이 각각 10.0mmHg 및 14.0mmHg라 할 때 온도 t_2에서의 상대습도는?
① 50%   ② 60%
③ 70   ④ 80%

해설 상대습도
1) t_1에서의 상대습도
$h = \dfrac{e(\text{실제증기압})}{e_s(\text{포화증기압})} \times 100 \Rightarrow 70 = \dfrac{e}{10} \times 100$
∴ $e = 7\text{mmHg}$
2) t_2에서의 상대습도
$h = \dfrac{e}{e_s} \times 100 = \dfrac{7 + 7 \times 0.2}{14} \times 100$
∴ $h = 60\%$

★★
48 폭이 넓은 직사각형 수로에서 배수곡선의 조건을 바르게 나타낸 항은? (단, i=수로경사, I_e=에너지경사, F_r=Froude 수)
① $i > I_e,\ F_r < 1$ ② $i < I_e,\ F_r < 1$
③ $i < I_e,\ F_r > 1$ ④ $i > I_e,\ F_r > 1$

해설 부등류의 수면형
1) 배수곡선 조건(M_1곡선)
$h > h_n > h_c,\ i > I_e,\ F_r < 1$
2) 저하곡선 조건(M_2곡선)
$h_n > h > h_c,\ i < I_e,\ F_r < 1$

해답 43. ① 44. ③ 45. ③ 46. ② 47. ② 48. ①

49 큰 오리피스의 정의 중 가장 옳은 것은 어느 것인가?
① 직경이 큰 오리피스
② 수심이 큰 오리피스
③ 수면에서 오리피스 중심까지의 수심에 비해 직경이 작은 오리피스
④ 수면에서 오리피스 중심까지의 수심에 비해 직경이 큰 오리피스

해설 오리피스
1) 큰 오리피스의 조건: $\frac{h}{d} < 5$
2) 작은 오리피스의 조건: $\frac{h}{d} < 5$
여기서, d : 오리피스 직경, h : 수면에서 오리피스 중심까지 거리

50 폭이 b인 직사각형 웨어에서 양단수축이 생길 경우 폭 b_0는? (단, Francis 공식 적용)
① $b_0 = b - \frac{h}{10}$
② $b_0 = b - \frac{h}{5}$
③ $b_0 = 2b - \frac{h}{10}$
④ $b_0 = 2b - \frac{h}{5}$

해설 웨어(Francis 식)
1) 월류수맥에 대한 단 수축 폭(b_o)
$b_o = b - \frac{n}{10} h$
2) 수맥의 수축에 대한 계수
$n=2$(양단 수축), $n=1$(일단 수축), $n=0$(무수축)
∴ $b_o = b - \frac{2h}{10} = b - \frac{h}{5}$

51 유선에 대한 다음 설명 중 옳지 않은 것은?
① 정상류에는 유적선과 일치한다.
② 비정상류에는 시간에 따라 유선이 달라진다.
③ 유선이란 유체입자가 움직인 경로를 말한다.
④ 하나의 유선은 다른 유선과 교차하지 않는다.

해설 유선
1) 유선: 어느 순간에 있어서 유체입자 속도 벡터의 접선
2) 유적선: 유체입자의 움직인 경로
3) 정상류: 유선과 유적선은 일치한다.
4) 부정류: 유선과 유적선은 일치하지 않는다.

52 그림과 같은 직사각형 수로에서 수로경사가 1/1,000인 경우 수로바닥과 양벽면에 작용하는 평균마찰응력은?

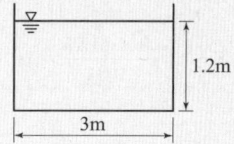

① 11.76 N/m²
② 10.29 N/m²
③ 6.57 N/m²
④ 8.04 N/m²

해설 평균 마찰응력
1) 경심
$R = \frac{A}{P} = \frac{3 \times 1.2}{3 + 2 \times 1.2} = 0.67\text{m}$
2) 평균 마찰응력
$\tau = wRI$
$= \frac{9,810\,N}{\text{m}^3} \times 0.67 \times \frac{1}{1,000} = 6.57\text{N/m}^2$

53 흐름 방향의 단면적이 1.0m²인 정사각형 평판이 유속 2.0m/s인 물속에서 받는 힘은? (단 항력계수 C_D =1.96으로 가정한다.)
① 1.96 kN
② 3.92 kN
③ 19.6 kN
④ 39.2 kN

해설 항력(D)
1) $w = \rho g \Rightarrow \rho = \frac{w}{g}$
2) $D = C_D A \frac{\rho V^2}{2} = C_D A \frac{wV^2}{2g}$
$= 1.96 \times 1.0 \times \frac{9.81 \times 2^2}{2 \times 9.81} = 3.92\text{kN}$

해답 49. ④ 50. ② 51. ③ 52. ③ 53. ②

54 수심이 0.4m, 하폭이 2m, 유량이 9m³/s인 직사각형 개수로에서 비력(충력치)은? (단, 운동량보정계수 $\eta=1.0$, 중력가속도 $g=9.81\text{m/s}^2$이다.)

① 8.78m³ ② 9.56m³
③ 10.48m³ ④ 11.12m³

해설 비력(충력치)
1) $A = 0.4 \times 2 = 0.8\text{m}^2$
2) $h_G = \dfrac{0.4}{2} = 0.2\text{m}$, $V = \dfrac{Q}{A} = \dfrac{9}{0.8} = 11.25\text{m/s}$
3) $M = h_G A + \eta \dfrac{QV}{g}$
$= 0.2 \times 0.8 + 1.0 \dfrac{9 \times 11.25}{9.81} = 10.48\text{m}^3$

55 다음 중 DAD 해석에 관련되는 것으로 옳은 것은?
① 강우깊이 - 유역면적 - 강우지속기간
② 강우깊이 - 유수단면적 - 최대수심
③ 수심 - 단면적 - 홍수기간
④ 적설량 - 분포면적 - 적설일수

해설 DAD해석
1) DAD: Depth(최대평균 강우 깊이)−Area(유역면적)−Duration(강우지속기간)
2) 유역면적을 종좌표(대수축)에 최대 평균강우량을 횡좌표(산술축)
3) 지속시간을 매개 변수로 작성한다.

56 정수두 투수계에 의한 투수계수 측정에서 유량 4cm³/sec, 시료실의 단면적 A가 200cm², 수두차 h가 200cm, 시료실의 길이가 10cm일 때 투수계수는?

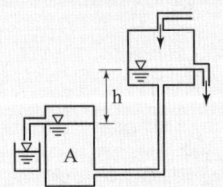

① 0.001cm/sec ② 0.01cm/sec
③ 0.1cm/sec   ④ 1.0cm/sec

해설 정수위 투수시험
$Q = AV = AK\dfrac{h}{L}$
$4 = 200 \times K \times \dfrac{200}{10}$ ∴ $K = 0.001\text{cm/sec}$

57 다음 중 단위유량도 작성시 필요 없는 사항은?
① 직접유출량
② 유효우량의 지속시간
③ 투수계수
④ 유역면적

해설 단위유량도
1) 단위유량도: 특정 단위 시간 동안 균일한 강도로 유역 전반에 걸쳐 균등하게 내린 단위 유효우량으로 인한 직접유출의 수문곡선을 말한다.
2) 단위도 작성 시 투수계수는 필요치 않다.

58 Manning의 조도계수 n에 대한 설명으로 옳지 않은 것은?
① 콘크리트관이 유리관보다 일반적으로 값이 작다.
② Kutter의 조도계수보다 이후에 제안되었다.
③ Chezy의 C계수와는 $C = \dfrac{1}{n} \times R^{\frac{1}{6}}$의 관계가 성립한다.
④ n의 값은 대부분 1보다 작다.

해설 Manning의 조도계수
1) 조도계수(n): 관의 거치름 정도를 나타낸다.
2) 콘크리트관이 유리관보다 일반적으로 조도계수 값이 크다.

59 다르시(Darcy)의 법칙에 대한 설명으로 옳은 것은?
① 지하수 흐름이 층류일 경우 적용된다.
② 투수계수는 무차원의 계수이다.
③ 유속이 클 때에만 적용된다.
④ 유속이 동수경사에 반비례하는 경우에만 적용된다.

해답 54. ③ 55. ① 56. ① 57. ③ 58. ① 59. ①

해설 Darcy 법칙
1) 투수계수의 차원 : LT^{-1} (속도차원)
2) $V = KI = K\dfrac{dh}{dl}$ 이므로 유속은 동수경사와 비례한다.
3) $R_e < 4$ 층류인 경우에 적용되므로 유속은 작을 때 적용된다.

60 0.3m³/s의 물을 실양정 45m의 높이로 양수하는데 필요한 펌프의 동력은? (단, 마찰손실수두는 18.6m이다.)
① 186.98kW ② 196.98kW
③ 214.4kW ④ 224.4kW

해설 펌프의 동력(P_s)
1) 양정(H_t)=실 양정+총 손실수두=45+18.6=63.6 m
2) 효율이 주어지지 않은 경우 $\eta = 1.0$으로 한다.
3) $P_s = 9.8\dfrac{QH_t}{\eta} = 9.8\dfrac{0.3 \times 63.6}{1.0} = 186.98\text{kW}$

철근콘크리트 및 강구조

61 철근 콘크리트 보에 배치되는 철근의 순간격에 대한 설명으로 틀린 것은?
① 동일 평면에서 평행한 철근 사이의 수평 순간격은 25mm 이상이어야 한다.
② 상단과 하단에 2단 이상으로 배치된 경우 상하 철근의 순간격은 25mm 이상으로 하여야 한다.
③ 철근의 순간격에 대한 규정은 서로 접촉된 겹침이음 철근과 인접된 이음철근 또는 연속철근 사이의 순간격에도 적용하여야 한다.
④ 벽체 또는 슬래브에서 휨 주철근의 간격은 벽체나 슬래브 두께의 2배 이하로 하여야 한다.

해설 철근의 순간격
1) 벽체 또는 슬래브에서 휨 주철근 간격은 벽체나 슬래브 두께의 3배 이하로 하여야 한다.
2) 또한 450mm 이하로 하여야 한다.

62 콘크리트의 강도설계에서 등가 직사각형 응력블록의 깊이 $a = \beta_1 c$로 표현할 수 있다. f_{ck}가 60MPa인 경우 β_1의 값은 얼마인가?
① 0.85 ② 0.72
③ 0.74 ④ 0.76

해설 콘크리트 등가 직사각형 압축응력 블록 깊이(a)
1) 등가 직사각형 압축응력 블록 깊이: $a = \beta_1 C$
2) 등가 직사각형 응력분포 변수

f_{ck}(MPa)	≤ 40	50	60	70
β_1	0.8	0.8	0.76	0.74

63 그림과 같은 용접부의 응력은?

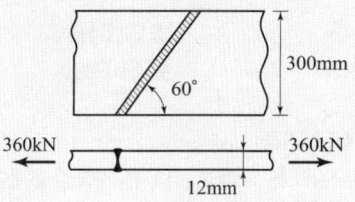

① 115MPa ② 110MPa
③ 100MPa ④ 94MPa

해설 용접부의 인장응력
1) $P = 360\text{kN} = 360{,}000\text{N}$
2) $f_t = \dfrac{P}{\sum al} = \dfrac{360{,}000}{12 \times 300} = 100\text{MPa}$
   l : 용접선이 응력 방향에 경사진 경우에는 응력 방향에 투영시킨 길이를 사용한다.

64 철근콘크리트가 성립하는 이유에 대한 설명으로 잘못된 것은?
① 철근과 콘크리트와의 부착력이 크다.
② 콘크리트 속에 묻힌 철근은 녹슬지 않고 내구성을 갖는다.
③ 철근과 콘크리트의 무게가 거의 같고 내구성이 같다.
④ 철근과 콘크리트는 열에 대한 팽창계수가 거의 같다.

해답 60. ① 61. ④ 62. ④ 63. ③ 64. ③

해설 철근콘크리트의 성립 이유
1) 철근과 콘크리트의 부착력이 크다. → 일체식으로 거동
2) 콘크리트가 불투수층이므로 철근은 녹슬지 않으므로 내구성이 크다.
3) 철근과 콘크리트의 열팽창계수가 거의 같다. → 두 재료 사이의 온도응력 무시할 수 있다.
4) 철근과 콘크리트의 무게와 내구성의 크기는 같지 않다.

★★★
65 그림과 같은 나선철근단주의 공칭축강도(P_n)을 구하면? (단, D32 1개의 단면적=794mm², f_{ck}= 24MPa, f_y= 420MPa)

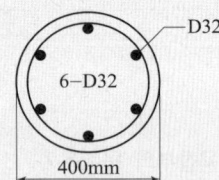

① 2648kN ② 3254kN
③ 3797kN ④ 3972kN

해설 나선철근 기둥
1) 공칭축강도를 구하는 경우는 강도감소계수(ϕ)를 고려하지 않는다.
2) $A_g = \dfrac{\pi \times 400^2}{4} = 125,663.71\,\text{mm}^2$,
   $A_{st} = 6 - D32 = 6 \times 794 = 4,764\,\text{mm}^2$
3) $P_n = \alpha\,[\,0.85 f_{ck}(A_g - A_{st}) + A_{st} f_y\,]$
   $= 0.85[0.85 \times 24(125,663.71 - 4,764) + 4,764 \times 420]$
   $= 3,797,149\,\text{N} \fallingdotseq 3797\,\text{kN}$

★★
66 비틀림철근에 대한 설명으로 틀린 것은? (단, A_{oh}는 가장 바깥의 비틀림 보강철근의 중심으로 닫혀진 단면적이고, P_h는 가장 바깥의 횡방향 폐쇄스터럽 중심선의 둘레이다.)
① 횡방향 비틀림철근은 종방향 철근 주위로 135° 표준갈고리에 의해 정착하여야 한다.
② 비틀림모멘트를 받는 속빈 단면에서 횡방향 비틀림철근의 중심선으로부터 내부 벽면까지의 거리는 $0.5 A_{oh}/P_h$ 이상이 되도록 설계하여야 한다.
③ 횡방향 비틀림철근의 간격은 $P_h/6$ 및 400mm 보다 작아야 한다.
④ 종방향 비틀림철근은 양단에 정착하여야 한다.

해설 비틀림철근 간격
1) 횡방향 비틀림 철근의 간격은 $\dfrac{P_h}{8}$, 및 300mm보다 작아야 한다.
2) P_h: 비틀림 철근의 중심선 둘레길이
   $P_h = 2(x_o + y_o)$

★★★
67 다음 그림과 같이 $W=40$kN/m 일 때 PS강재가 단면 중심에서 긴장되며 인장측의 콘크리트 응력이 "0"이 되려면 PS 강재에 얼마의 긴장력이 작용하여야 하는가?

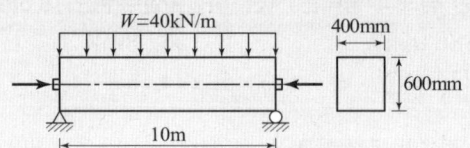

① 4605kN ② 5000kN
③ 5200kN ④ 5625kN

해설 PSC보의 응력
1) $M = \dfrac{wL^2}{8} = \dfrac{40 \times 10^2}{8} = 500\,\text{kN}\cdot\text{m}$
2) $Z = \dfrac{bh^2}{6} = \dfrac{0.4 \times 0.6^2}{6} = 0.024\,\text{m}^3$
3) 인장측 콘크리트의 응력이 "0"인 조건
   $\dfrac{P}{A} = \dfrac{M}{Z}$
   $\dfrac{P}{0.4 \times 0.6} = \dfrac{500}{0.024} \Rightarrow \therefore P = 5,000\,\text{kN}$

★★
68 프리스트레스트콘크리트의 원리를 설명할 수 있는 기본 개념으로 옳지 않은 것은?
① 균등질 보의 개념   ② 내력 모멘트의 개념
③ 하중평형의 개념   ④ 공액보 개념

해설 PSC의 원리
1) 균등질 보의 개념(응력개념): 프리스트레스가 도입되면 콘크리트의 부재는 탄성이론으로 해석할 수 있다는 개념
2) 내력 모멘트의 개념(강도개념): 콘크리트는 압축력을 받고 긴장재는 인장력을 받게 하여 두 힘의 우력모멘트로 외력에 의한 휨모멘트에 저항시킨다는 개념
3) 하중평형의 개념(등가하중개념): 프리스트레싱에 의한 작용과 부재에 작용하는 하중을 평형이 되도록 하자는 개념

해답 65. ③ 66. ③ 67. ② 68. ④

69. 인장응력 검토를 위한 $L-150 \times 90 \times 12$인 형강(angle)의 전개한 총 폭($b_g$)은?

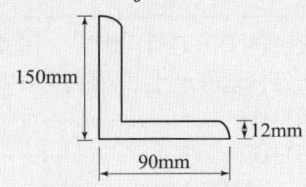

① 228mm ② 232mm
③ 240mm ④ 252mm

해설 L 형강의 전개 총 폭
$$b_g = b_1 + b_2 - t$$
$$= 150 + 90 - 12 = 228\text{mm}$$

71. 다음은 프리스트레스트 콘크리트에 관한 설명이다. 옳지 않은 것은?

① 프리캐스트를 사용할 경우 거푸집 및 동바리공이 불필요하다.
② 콘크리트 전 단면을 유효하게 이용하여 RC부재보다 경간을 길게 할 수 있다.
③ RC에 비해 단면이 작아서 변형이 크고 진동하기 쉽다.
④ RC보다 내화성에 있어서 유리하다.

해설 프리스트레스트 콘크리트의 단점
1) 철근콘크리트(RC)보다 내화성에 있어서 불리하다.
2) 철근콘크리트(RC)보다 단면이 작아서 휨 강성이 작다.
3) 그러므로 변형이 크고 진동하기 쉽다.

70. $b=300\text{mm}$, $d=500\text{mm}$, $A_s=3\text{-}D25=1{,}520\text{mm}^2$가 1열로 배치된 단철근 직사각형 보의 설계 휨강도 ϕM_n은 얼마인가? (단, $f_{ck}=28\text{MPa}$, $f_y=400\text{MPa}$이고, 과소철근보이다.)

① 132.5 kN·m   ② 183.3 kN·m
③ 236.4 kN·m   ④ 307.7 kN·m

해설 단 철근 직사각형 보의 설계 휨강도
1) $f_{ck} \le 40\text{MPa} \Rightarrow \eta = 1.0$, $\beta_1 = 0.80$
2) 압축 연단에서 중립축까지 거리(c)
$$a = \frac{A_s f_y}{\eta(0.85 f_{ck})b}$$
$$= \frac{1{,}520 \times 400}{1.0 \times 0.85 \times 28 \times 300} = 85.15\text{mm}$$
$$a = \beta_1 C \Rightarrow C = \frac{a}{\beta_1} = \frac{85.15}{0.80} = 106.44\text{mm}$$
3) $C : \varepsilon_{cu} = (d-C) : \varepsilon_t \Rightarrow 106.44 : 0.0033$
$$= (500 - 106.44) : \varepsilon_t$$
$\therefore \varepsilon_t = 0.0122 > 0.005 \Rightarrow \therefore$ 인장지배단면 $\phi = 0.85$
4) $\phi M_n = \phi \left[A_s f_y \left(d - \frac{a}{2} \right) \right]$
$$= 0.85 \times \left[1{,}520 \times 400 \times \left(500 - \frac{85.15}{2} \right) \right]$$
$$= 236{,}397{,}240\text{N·mm} \fallingdotseq 236.4\text{kN·m}$$

72. 슬래브의 구조 상세에 대한 설명으로 틀린 것은?

① 1방향 슬래브의 두께는 최소 100mm 이상으로 하여야 한다.
② 1방향 슬래브의 정모멘트 철근 및 부모멘트 철근의 중심 간격은 위험단면에서는 슬래브 두께의 2배 이하이어야 하고, 또한 300mm 이하로 하여야 한다.
③ 1방향 슬래브의 수축·온도철근의 간격은 슬래브 두께의 3배 이하, 또한 400mm 이하로 하여야 한다.
④ 2방향 슬래브의 위험단면에서 철근 간격은 슬래브 두께의 2배 이하, 또한 300mm 이하로 하여야 한다.

해설 1방향 슬래브의 구조 상세
1방향 슬래브의 수축·온도철근의 간격은 슬래브 두께의 3배 이하 또한 450mm 이하로 하여야 한다.

해답 69. ① 70. ③ 71. ④ 72. ③

73 옹벽의 설계 및 구조해석에 대한 설명으로 틀린 것은?
① 지반에 유발되는 최대 지반반력은 지반의 허용지지력을 초과할 수 없다.
② 전도에 대한 저항휨모멘트는 횡토압에 의한 전도모멘트의 1.5배 이상이어야 한다.
③ 저판의 뒷굽판은 정확한 방법이 사용되지 않는 한, 뒷굽판 상부에 재하되는 모든 하중을 지지하도록 설계하여야 한다.
④ 캔틸레버식 옹벽의 저판은 전면벽과의 접합부를 고정단으로 간주한 캔틸레버로 가정하여 단면을 설계할 수 있다.

해설 옹벽의 안정
1) 전도에 대한 안전율은 2.0 이상이어야 한다.
2) $F_s = \dfrac{M_r(\text{저항모멘트})}{M_d(\text{전도모멘트})} \geq 2.0$

74 깊은보는 한쪽 면이 하중을 받고 반대쪽 면이 지지되어 하중과 받침부 사이에 압축대가 형성되는 구조요소로서 아래의 (가) 또는 (나)에 해당하는 부재이다. 아래의 ( ) 안에 들어갈 ㉠, ㉡으로 옳은 것은?

> (가) 순경간 l_n이 부재 깊이의 (㉠)배 이하인 부재
> (나) 받침부 내면에서 부재 깊이의 (㉡)배 이하인 위치에 집중하중이 작용하는 경우는 집중하중과 받침부 사이의 구간

① ㉠: 4, ㉡: 2   ② ㉠: 3, ㉡: 2
③ ㉠: 2, ㉡: 4   ④ ㉠: 2, ㉡: 3

해설 깊은 보의 조건
1) 순 경간이 부재 깊이의 4 이하인 경우 ($\dfrac{l_n}{h} \leq 4.0$)
2) 받침 부 내면에서 부재 깊이의 2배 이하인 위치에 집중하중이 작용하는 경우는 집중하중과 받침 부 사이의 구간($\dfrac{a}{h} \leq 2.0$인 a구간)

75 아래는 슬래브의 직접설계법에서 모멘트 분배에 대한 내용이다. 아래의 ( )안에 들어갈 ㉠, ㉡으로 옳은 것은?

> 내부 경간에서는 전체 정적 계수휨모멘트 M_o를 다음과 같은 비율로 분배하여야 한다.
> • 부계수휨모멘트 ·························· (㉠)
> • 정계수휨모멘트 ·························· (㉡)

① ㉠: 0.65, ㉡: 0.35
② ㉠: 0.55, ㉡: 0.45
③ ㉠: 0.45, ㉡: 0.55
④ ㉠: 0.35, ㉡: 0.65

해설 모멘트 분배
1) 부(−) 계수 휨모멘트: $0.65 M_0$
2) 정(+) 계수 휨모멘트: $0.35 M_0$

76 콘크리트의 크리프에 대한 설명으로 틀린 것은?
① 고강도 콘크리트는 저강도 콘크리트보다 크리프가 작게 일어난다.
② 콘크리트가 놓이는 주위의 온도, 습도가 높을수록 크리프 변형은 크게 일어난다.
③ 물-시멘트비가 큰 콘크리트는 물-시멘트비가 작은 콘크리트보다 크리프가 크게 일어난다.
④ 일정한 응력이 장시간 계속하여 작용하고 있을 때 변형이 계속 진행되는 현상을 말한다.

해설 콘크리트 크리프
1) 콘크리트의 크리프는 응력이 장시간 계속하여 작용하고 있을 때 변형이 계속되는 현상을 말한다.
2) 습도가 높을수록 크리프 변형은 작게 일어난다.

77 그림과 같은 두께 19mm 평판의 순단면적을 구하면? (단, 볼트구멍의 직경은 25mm)

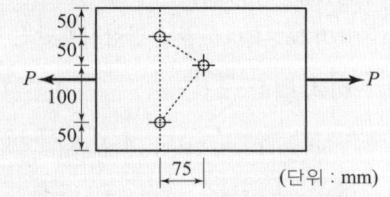

① 3,270mm²   ② 3,800mm²
③ 3,920mm²   ④ 4,530mm²

해답 73. ②   74. ①   75. ①   76. ②   77. ②

해설 평판의 순단면적

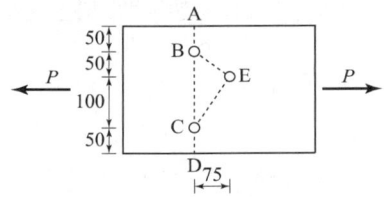

1) 순폭계산
   ① A-B-C-D
   $$b_n = b_g - 2d = 250 - 2 \times 25 = 200\,\text{mm}$$
   ② A-B-E-C-D
   $$b_n = b_g - d - \left(d - \frac{p^2}{4g}\right)$$
   $$= 250 - 25 - \left(25 - \frac{75^2}{4 \times 100}\right) = 214\,\text{mm}$$
   ∴ 둘 중 작은 값이 순폭 = 200mm

2) 순단면적
   $$A_n = b_n \times t = 200 \times 19 = 3{,}800\,\text{mm}^2$$

★
78 인장이형철근의 정착에 대한 설명으로 옳은 것은?
① 인장이형철근의 정착길이는 기본정착길이 l_{db}에 보정계수를 곱하여 구하며, 상부철근(정착길이 아래 300mm를 초과되게 굳지 않은 콘크리트를 친 수평철근)일 때 보정계수(α)는 1.2이다.
② 에폭시 도막철근으로 피복두께가 $3d_b$ 미만 또는 순간격이 $6d_b$ 미만인 경우 보정계수(β)는 1.5이다.
③ 동일한 철근량을 사용할 경우, 굵은 철근을 사용하는 것이 정착길이를 짧게 하며, 정착에 유리하다.
④ 콘크리트의 평균쪼갬인장강도(f_{sp})가 주어지지 않은 경량콘크리트의 보정계수(λ)는 보통중량콘크리트에서 1.3이다.

해설 인장 이형철근의 정착(보정계수)
1) 상부철근: $\alpha = 1.3$
2) 동일한 철근량을 사용할 경우, 가는 철근을 사용하는 것이 정착에 유리하다.
3) 콘크리트의 평균쪼갬인장강도가 주어지지 않은 경량콘크리트의 보정계수는 보통중량 콘크리트에서 1.0이다.

★★★
79 경간(L) 6m인 단철근 직사각형 단순보에 고정하중(자중포함)이 15.5kN/m, 활하중이 35kN/m가 작용할 경우 최대 모멘트가 발생하는 단면의 계수모멘트(M_u)는 얼마인가?(단, 하중조합을 고려할 것)
① 227.3kN·m ② 300.6kN·m
③ 335.7kN·m ④ 373.2kN·m

해설 계수모멘트
1) $W_u = 1.2D + 1.6L \geq 1.4D$
   $= (1.2 \times 15.5) + (1.6 \times 35) \geq 1.4 \times 15.5$
   $= 74.6\,\text{kN/m}$
2) $M_u = \dfrac{W_u L^2}{8} = \dfrac{74.6 \times 6^2}{8} = 335.7\,\text{kN·m}$

★★★
80 $b_w = 250\text{mm}$, $d = 500\text{mm}$, $f_{ck} = 24\text{MPa}$, $f_{yt} = 400\text{MPa}$인 직사각형 보에서 콘크리트가 부담하는 설계전단강도(ϕV_c)는? (단, 보통중량콘크리트 사용)
① 76.5kN ② 86.3kN
③ 94.7kN ④ 98.5kN

해설 설계전단강도
1) 강도감소계수: $\phi = 0.75$ (∵ 전단)
2) $\phi V_c = \phi \dfrac{1}{6} \lambda \sqrt{f_{ck}}\, b_w d$
   $= 0.75 \times \dfrac{1}{6} \times 1.0 \times \sqrt{24} \times 250 \times 500 = 76{,}546\,\text{N}$
   $= 76.5\,\text{kN}$

토질 및 기초

★★★
81 다짐에 대한 다음 설명 중 옳지 않은 것은?
① 세립토의 비율이 클수록 최적함수비는 증가한다.
② 세립토의 비율이 클수록 최대건조단위중량은 증가한다.
③ 다짐에너지가 클수록 최적함수비는 감소한다.
④ 최대건조단위중량은 사질토에서 크고 점성토에서 작다.

해설 흙의 다짐
1) 조립토의 비율이 클수록 최대건조단위중량은 증가한다.
2) 조립토의 비율이 클수록 최적함수비는 작아진다.

해답 78. ② 79. ③ 80. ① 81. ②

82 다음 중 흙의 동상 피해를 막기 위한 대책으로 가장 적합한 것은?
① 동결심도 하부의 흙을 비동결성 흙(자갈, 쇄석)으로 치환한다.
② 구조물을 축조할 때 기초를 동결심도보다 얕게 설치한다.
③ 흙 속에 단열재료(석탄재, 코크스 등)를 넣는다.
④ 하부로부터 물의 공급이 충분하도록 한다.

해설 흙의 동상 대책
1) 동결심도 상부의 흙을 비동결성 흙(자갈, 쇄석)으로 치환한다.
2) 구조물의 기초를 동결심도보다 깊게 설치한다.
3) 하부로부터 물의 공급을 차단한다.

83 다음 중 사면의 안정해석 방법이 아닌 것은?
① 마찰원법
② 비숍(Bishop)의 방법
③ 펠레니우스(Fellenius) 방법
④ 테르자기(Terzaghi)의 방법

해설 사면의 안정해석법의 종류
1) 질량법
 ① $\phi=0°$: 비배수 상태인 균질한 점성토 사면의 안정해석
 ② 마찰원법: $\phi>0°$인 균질한 사면의 안정해석
2) 절편법
 ① Fellenius 방법
 ② Bishop 방법
 ③ Spencer 방법
3) 테르자기 방법: 얕은 기초의 지지력을 구할 때 사용한다.

84 아래와 같은 조건에서 AASHTO분류법에 따른 군지수(GI)는?

- 흙의 액성한계 : 45%
- 흙의 소성한계 : 25%
- 200번체 통과율 : 50%

① 7 ② 10
③ 13 ④ 16

해설 군지수(GI)
1) 소성지수(PI)
 PI=LL-PL=45-25=20%
2) 군지수
 GI=0.2a+0.005ac+0.01bd
  =0.2×15+0.005×15×5+0.01×35×10
  =6.875≒7
 a=200번체 통과율-35=50-35=15
 b=200번체 통과율-15=50-15=35
 c=액성한계-40=45-40=5
 d=소성지수-10=20-10=10
3) 군지수의 값은 가까운 정수를 사용한다.

85 4m×4m 크기인 정사각형 기초를 내부마찰각 $\phi=20°$, 점착력 $c=30kN/m^2$인 지반에 설치하였다. 흙의 단위중량(γ)=19kN/m³이고, 안전율(F_s)을 3으로 할 때 Terzaghi 지지력공식으로 기초의 허용하중을 구하면? (단, 기초의 근입깊이는 1m이고, 전반전단파괴가 발생한다고 가정하며, 지지력계수 $N_c=17.69$, $N_q=7.44$, $N_r=4.970$이다.)

① 3,780kN ② 5,239kN
③ 6,750kN ④ 8,140kN

해설 얕은 기초의 허용하중
1) 정사각형 기초의 형상계수: $\alpha=1.3$, $\beta=0.4$
2) Terzaghi의 극한지지력
 $q_u = \alpha C N_c + \beta B \gamma_1 N_r + \gamma_2 D_f N_q$
 $=1.3×30×17.69+0.4×4×19×4.97+19×1×7.44$
 $=982.358kN/m^2$
3) 허용지지력: $q_a = \dfrac{q_u}{F_s} = \dfrac{982.358}{3} = 327.453kN/m^2$
4) 허용하중
 $Q_a = q_a A_f = 327.453×4×4 ≒ 5,239kN$

해답 82. ③ 83. ④ 84. ① 85. ②

86 다음은 침윤선에 대한 설명이다. 틀린 것은 어느 것인가?

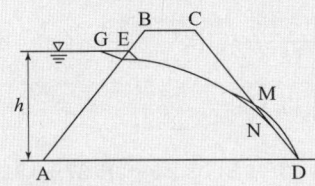

① AE는 등수두선이다.
② AD는 유선이다.
③ 침윤선은 E에서 AB와 직교한다.
④ CD는 등수두선이다.

해설 침윤선
1) AE는 전 수두가 일정하므로 등수두선이다.
2) AD는 불투수층의 경계면으로 최하부 유선이다.
3) CD는 댐의 하류측 사면으로 등수두선과 유선과는 무관하다.

87 어떤 흙의 변수위 투수시험 결과가 아래와 같을 때 이 흙의 투수계수는? (단, 시험시 온도는 15℃이다.)

- 흙 시료의 지름=10cm
- 흙 시료의 길이=20.0cm
- 스탠드 파이프의 지름=0.5cm
- 시험시간=10분
- 측정 개시시각(t_1)=09시20분
- 측정 종료시각(t_2)=09시30분
- 시각 t_1에 있어서의 수위차=30cm
- 시각 t_2에 있어서의 수위차=15cm

① 5.78×10^{-5}cm/s ② 4.95×10^{-4}cm/s
③ 5.45×10^{-4}cm/s ④ 7.39×10^{-5}cm/s

해설 변수위 투수시험
1) 흙 시료의 단면적
$$A = \frac{\pi \times 10^2}{4} = 78.5 \text{cm}^2$$
2) 스탠드 파이프의 단면적
$$a = \frac{\pi \times 0.5^2}{4} = 0.196 \text{cm}^2$$
3) 측정시간: T=10분=10×60=600초
4) 투수계수
$$K = 2.3 \frac{La}{TA} \log \frac{h_1}{h_2}$$
$$= 2.3 \times \frac{20 \times 0.196}{600 \times 78.5} \log\left(\frac{30}{15}\right) = 5.78 \times 10^{-5} \text{cm/s}$$

88 페이퍼 드레인 공법의 설명 중 틀린 것은?
① 압밀촉진 공법으로 시공속도가 빠르다.
② 장기간 사용시 열화현상이 생겨 배수효과가 감소한다.
③ 타설에 의하여 주위 지반을 심하게 교란시킨다.
④ 단면이 깊이에 대해 일정하다.

해설 페이퍼 드레인 특징
타설 시 주위 지반을 거의 교란시키지 않는다.

89 그림과 같은 5m 두께의 포화점토층이 98.1kN/m²의 상재하중에 의하여 30cm의 침하가 발생하는 경우에 압밀도는 약 60%에 해당하는 것으로 추정되었다. 향후 몇 년이면 이 압밀도에 도달하겠는가? (단, 압밀계수(C_v) = 3.6×10^{-4}cm²/sec)

U(%)	T_v
40	0.126
50	0.197
60	0.287
70	0.403

① 약 1.3년 ② 약 1.6년
③ 약 2.2년 ④ 약 2.4년

해설 압밀시간
1) 압밀도 60%에 대한 시간계수: $T_{60} = 0.287$
2) 양면배수인 경우의 배수거리:
$$d = \frac{H}{2} = \frac{5\text{m}}{2} = 2.5\text{m} = 250\text{cm}$$
3) $t_{60} = \frac{T_{60} \times d^2}{C_v} = \frac{0.287 \times 250^2}{3.6 \times 10^{-4}} = 4.9 \times 10^7 \sec$

∴ $t_{60} = 4.9 \times 10^7 \sec \times \frac{1\text{년}}{365 \times 24 \times 60 \times 60 \sec} ≒ 1.6\text{년}$

해답 86. ④ 87. ① 88. ③ 89. ②

1 2023년 과년도출제문제

90 얕은기초의 지지력 계산에 적용하는 Terzaghi의 극한지지력 공식에 대한 설명으로 틀린 것은?
① 기초의 근입깊이가 증가하면 지지력도 증가한다.
② 기초의 폭이 증가하면 지지력도 증가한다.
③ 기초지반이 지하수에 의해 포화되면 지지력은 감소한다.
④ 국부전단 파괴가 일어나는 지반에서 내부마찰각 (ϕ')은 $\frac{2}{3}\phi$를 적용한다.

해설 Terzaghi의 극한지지력
1) 전반 전단파괴 시 극한지지력
$q_u = \alpha C N_c + \beta B \gamma_1 N_r + \gamma_2 D_f N_q$
2) 국부 전단파괴 시 극한지지력
$C' = \frac{2}{3}C$, $\phi' = \tan^{-1}\left(\frac{2}{3}\tan\phi\right)$를 적용한다.

91 점성토에서 점착력이 6.0kN/m^2이고, 내부마찰각이 $30°$이며, 흙의 단위중량이 17.06kN/m^3일 때 주동토압이 0이 되는 깊이는 지표면에서 약 몇 m인가?
① 1.52m ② 1.32m
③ 1.42m ④ 1.22m

해설 주동토압이 0이 되는 깊이=점착고
$Z_c = \frac{2C}{\gamma}\tan\left(45° + \frac{\phi}{2}\right)$
$= \frac{2 \times 6}{17.06} \times \tan\left(45° + \frac{30°}{2}\right) = 1.22\text{m}$

92 그림과 같은 지반에 등분포하중($q = 60\text{kN/m}^2$)을 가하였다. 점토층의 1차 압밀에 의한 침하량은 얼마인가? (단, 지하수면은 지표면과 일치하고 물의 단위중량은 9.81kN/m^3이다.)

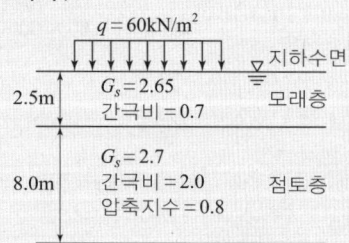

① 102.1cm ② 77.3cm
③ 51.4cm ④ 38.9cm

해설 1차 압밀침하량
1) $\gamma_{sat\,1} = \frac{G_s + e}{1+e}\gamma_w = \frac{2.65 + 0.7}{1+0.7} \times 9.81 = 19.33\text{kN/m}^3$
2) $\gamma_{sat\,2} = \frac{G_s + e}{1+e}\gamma_w = \frac{2.7 + 2.0}{1+2.0} \times 9.81 = 15.37\text{kN/m}^3$
3) $P_1 = \gamma_{sub1}h_1 + \gamma_{sub2}\frac{h_2}{2}$
$= (19.33 - 9.81) \times 2.5 + (15.37 - 9.81) \times \frac{8.0}{2}$
$= 46.04\text{kN/m}^2$
여기서, P_1: 점토층 중앙 단면에서 유효응력의 크기
4) $P_2 = P_1 + q = 46.04 + 60 = 106.04\text{kN/m}^2$
5) $S_c = \frac{C_c}{1+e}H\log\left(\frac{P_2}{P_1}\right)$
$= \frac{0.8}{1+2.0} \times 800 \times \log\left(\frac{106.04}{46.04}\right) = 77.3\text{cm}$

93 토립자가 둥글고 입도분포가 나쁜 모래 지반에서 표준관입시험을 한 결과 N치는 10이었다. 이 모래의 내부마찰각을 Dunham의 공식으로 구하면?
① 21° ② 26°
③ 31° ④ 36°

해설 흙의 내부마찰각(ϕ)
1) C의 값
① 토립자가 둥글고 입도분포가 나쁜 경우: $C=15°$
② 토립자가 둥글고 입도분포가 좋은 경우: $C=20°$
③ 토립자가 모나고 입도분포가 나쁜 경우: $C=20°$
④ 토립자가 모나고 입도분포가 좋은 경우: $C=25°$
2) 흙의 내부마찰각(ϕ)
$\phi = \sqrt{12N} + C = \sqrt{12 \times 10} + 15° = 26°$

94 다음 설명 중 잘못된 것은 어느 것인가?
① 점착력과 내부마찰각은 파괴면에 작용하는 수직응력의 크기에 비례한다.
② 조밀한 모래는 (+) Dilatancy, 느슨한 모래는 (−) Dilatancy가 발생한다.
③ 전단응력이 전단강도를 넘으면 흙 내부에 파괴가 일어난다.
④ 조밀한 모래는 전단변형이 작을 때 전단파괴에 이른다.

해답 90. ④ 91. ④ 92. ② 93. ② 94. ①

해설 흙의 전단강도
1) 전단강도 정수인 점착력과 내부마찰각은 수직응력의 크기와 무관하고
2) 흙의 종류에 대해서는 일정하다.

★★★
95 아래 그림과 같은 지반의 A점에서 전응력(σ), 간극수압(u), 유효응력(σ')을 구하면? (단, 물의 단위중량은 9.81kN/m³이다.)

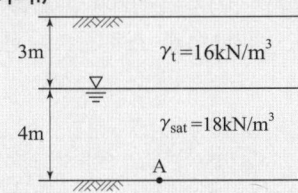

① $\sigma = 100$kN/m², $u = 9.8$kN/m², $\sigma' = 90.2$kN/m²
② $\sigma = 100$kN/m², $u = 29.4$kN/m², $\sigma' = 70.6$kN/m²
③ $\sigma = 120$kN/m², $u = 19.6$kN/m², $\sigma' = 100.4$kN/m²
④ $\sigma = 120$kN/m², $u = 39.2$kN/m²2, $\sigma' = 80.8$kN/m²

해설 흙의 응력
1) $\sigma = \gamma_t h_1 + \gamma_{sat} h_2 = 16 \times 3 + 18 \times 4 = 120$kN/m²
2) $u = \gamma_w h_2 = 9.81 \times 4 = 39.2$kN/m²
3) $\sigma' = \sigma - u = 120 - 39.2 = 80.8$kN/m²

★★
96 간극비(e)가 0.6, 비중(G_s)이 2.64인 흙의 건조단위중량은? (단, 물의 단위중량은 9.81kN/m³이다.)
① 18.15kN/m³ ② 16.19kN/m³
③ 20.50kN/m³ ④ 13.93kN/m³

해설 흙의 건조단위중량
$$\gamma_d = \frac{G_s \gamma_w}{1+e} = \frac{2.64 \times 9.81}{1+0.6} = 16.19\text{kN/m}^3$$

★
97 현장에서 완전히 포화되었던 시료라 할지라도 시료 채취 시 기포가 형성되어 포화도가 저하될 수 있다. 이 경우 생성된 기포를 원상태로 용해시키기 위해 작용시키는 압력을 무엇이라고 하는가?
① 배압(back pressure)
② 축차응력(deviator stress)
③ 구속압력(confined pressure)
④ 선행압밀압력(preconsolidation pressure)

해설 배압(Back pressure)
1) 현장에서 완전히 포화 되었던 시료라 하더라도 실험실에서 삼축압축시험 할 때에는 수분의 증발로 인해 포화도가 떨어지는 것을 방지할 목적으로,
2) 시료를 처음부터 100% 포화시키려고 시료 속에 수압을 가하는 것을 배압(Back pressure)이라 한다.

★
98 점성토를 다지면 함수비의 증가에 따라 입자의 배열이 달라진다. 최적함수비의 습윤측에서 다짐을 실시하면 흙은 어떤 구조로 되는가?
① 단립구조 ② 봉소구조
③ 이산구조 ④ 면모구조

해설 점성토의 다짐 특성
1) 습윤 측 다짐: 이산구조
2) 건조 측 다짐: 면모구조

★★★
99 말뚝이 20개인 군항기초의 효율이 0.80이고, 단항으로 계산된 말뚝 1개의 허용지지력이 200kN일 때, 이 군항의 허용지지력은?
① 4,000kN ② 1,600kN
③ 3,200kN ④ 2,000kN

해설 군항의 허용지지력
1) 군항: 지중응력의 중복이 있는 말뚝으로 무리말뚝이라고도 한다.
2) 군항의 허용지지력
$Q_{ag} = E \cdot q_a \cdot N = 0.8 \times 200 \times 20 = 3,200$kN

해답 95. ④   96. ②   97. ①   98. ③   99. ③

2023년 과년도출제문제

100 표준관입시험(SPT)을 할 때 처음 150mm 관입에 요하는 N값은 제외하고, 그 후 300mm 관입에 요하는 타격수로 N값을 구한다. 그 이유로 옳은 것은?
① 흙은 보통 150mm 밑부터 그 흙의 성질을 가장 잘 나타낸다.
② 관입봉의 길이가 정확히 450mm이므로 이에 맞도록 관입시키기 위함이다.
③ 정확히 300mm를 관입시키기가 어려워서 150mm 관입에 요하는 N값을 제외한다.
④ 보링구멍 밑면 흙이 보링에 의하여 흐트러져 150mm 관입 후부터 N값을 측정한다.

해설 표준관입시험(SPT)
1) N값: 로드 끝에 스플릿스푼 샘플러를 달아 63.5kg 해머로 낙하고 76cm로 타격 시 샘플러를 30cm 관입시키는데 필요한 타격 횟수.
2) 처음 150mm 관입에 요하는 타격횟수를 제외하는 이유: 표준관입시험은 보링을 한 후 시험이므로 보링 구멍 밑면 흙이 보링에 의하여 흐트러져 150mm 관입 후부터 N값을 측정한다.

상하수도공학

101 다음 중 여과과정에서 발생하는 현상이 아닌 것은?
① Cross connection ② Mud ball
③ Air binding   ④ Break through

해설 여과과정에서 발생하는 현상
1) Mud ball: 여과지 표면에 발생하는 작은 진흙 덩어리
2) Air binding: 여재층에 부(-)수압으로 인한 공기층이 형성되어 여과를 방해하는 공기장애현상
3) Break through: 탁질이 세류되어 여과수와 같이 유출되는 탁질누출현상
4) Cross connection(교차연결): 음용수를 공급하고 있는 수도에 위생관리가 불충분하고 부적당한 물을 공급하는 공업용수도 등과 배수관을 서로 연결한 것

102 지표수를 수원으로 하는 경우의 상수시설 배치순서 중 가장 올바른 것은?
① 취수탑 → 침사지 → 응집침전지 → 정수지 → 배수지
② 집수매거 → 응집침전지 → 침사지 → 정수지 → 배수지
③ 취수문 → 여과지 → 보통침전지 → 배수탑 → 배수관망
④ 취수구 → 약품침전지 → 혼화지 → 정수지 → 배수지

해설 상수도의 계통도
1) 취수탑(취수)-침사지-응집침전지-정수지-배수지-급수
2) 정수처리는 침전-여과-소독 순으로 한다.

103 펌프를 선택할 때에 반드시 고려해야 할 사항은?
① 양정   ② 지질
③ 무게   ④ 방향

해설 펌프 선택 시 고려할 사항
1) 펌프의 양정   2) 펌프의 특성
3) 펌프의 효율   4) 펌프의 동력

104 다음 그래프는 어떤 하천의 자정작용을 나타낸 용존산소 부족곡선이다. 다음 어떤 물질이 하천으로 유입되었다고 보는 것이 타당한가?

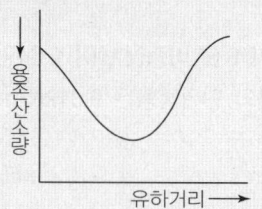

① 광산폐수
② 농도가 매우 낮은 폐산(廢酸)
③ 생활하수
④ 농도가 매우 낮은 폐알카리

해설 용존산소 부족곡선
1) 용존산소가 저하된 것: 미생물이 유기물(생활하수)을 분해하면서 용존산소를 소비한 것을 의미한다.
2) 광산폐수, 폐산, 폐알카리는 미생물이 분해 불가능하므로 용존산소가 저하되지 않는다.

해답 100. ④ 101. ① 102. ① 103. ① 104. ③

105 정수시설 내에서 조류를 제거하는 방법 중 약품으로 조류를 산화시켜 침전처리 등으로 제거하는 방법에 사용되는 것은?
① Zeolite   ② 황산구리
③ 과망간산칼륨   ④ 수산화나트륨

해설 조류 제거하는 방법
1) 조류는 맛과 냄새를 유발하는 미생물이다.
2) 황산구리($CuSO_4$)를 이용하여 조류를 제거한다.

106 정수시설 중 응집지의 플록형성지에서 계획정수량에 대한 표준 플록형성시간(체류시간)은?
① 10~30분   ② 20~40분
③ 30~50분   ④ 1시간 이상

해설 플록형성지의 계획정수량
플록형성지의 계획정수량은 계획정수량의 20~40분을 표준으로 한다.

107 하수관로의 접합 중에서 굴착깊이를 얕게 하여 공사비용을 줄일 수 있으며, 수위상승을 방지하고 양정고를 줄일 수 있어 펌프로 배수하는 지역에 적합한 방법은?
① 관정접합   ② 관저접합
③ 수면접합   ④ 관중심접합

해설 하수관로의 접합(관저접합)
1) 관거의 내면 바닥을 일치시키는 방법이다
2) 토공량을 줄여 공사비의 절감이 가능하다.
3) 수리학적으로 불량한 방법으로 관거의 접합방식으로 가장 부적절하다.

108 정수방법 선정 시의 고려사항(선정조건)으로 가장 거리가 먼 것은?
① 원수의 수질
② 도시발전 상황과 물 사용량
③ 정수수질의 관리목표
④ 정수시설의 규모

해설 정수방법 선정 시의 고려 사항
1) 정수시설 규모   2) 수원
3) 원수수질   4) 정수시설의 관리목표
5) 정수 방법 등

109 하수슬러지 탈수성을 개선하기 위한 슬러지 개량방법으로 이용되지 않는 것은?
① 오존처리   ② 세정
③ 열처리   ④ 약품첨가

해설 슬러지 개량방법
1) 슬러지 개량: 슬러지의 탈수효율을 높이기 위하여 실시하는 전 처리 과정
2) 개량방법: 약품첨가, 슬러지 세정, 열처리, 동결법 등이 있다.

110 하수처리시설의 펌프장시설에 설치되는 침사지에 대한 설명 중 틀린 것은?
① 견고하고 수밀성 있는 철근콘크리트 구조로 한다.
② 유입부는 편류를 방지하도록 고려한다.
③ 침사지의 평균유속은 3.0m/s를 표준으로 한다.
④ 체류시간은 30~60초를 표준으로 한다.

해설 하수침사지
1) 편류(偏流): 침사지의 유입부에서 물이 한쪽으로 치우쳐 흐르는 것을 말한다.
2) 침사지의 평균유속은 0.3m/s를 표준으로 한다.

111 상수도 배수관망 중 격자식 배수관망에 대한 설명으로 틀린 것은?
① 물이 정체하지 않는다.
② 사고시 단수구역이 작아진다.
③ 수리계산이 복잡하다.
④ 제수밸브가 적게 소요되며 시공이 용이하다.

해설 격자식 배수관망의 단점
1) 제수밸브가 많이 소요되므로 공사비가 많이 든다.
2) 시공이 어렵고 관망의 수리 계산이 복잡하다.

해답 105. ② 106. ② 107. ② 108. ② 109. ① 110. ③ 111. ④

112 양수량이 15.5m³/min이고 전양정이 24m일 때, 펌프의 축동력은? (단, 펌프의 효율은 80%로 가정한다.)
① 75.95kW   ② 7.58kW
③ 4.65kW   ④ 46.57kW

해설 펌프의 축동력(P_s)

1) $Q = \dfrac{15.5\text{m}^3}{\text{min}} \times \dfrac{1\min}{60\sec} = 0.2583\text{m}^3/\sec$

2) $P_s = 9.8\,\dfrac{QH_t}{\eta} = 9.8 \times \dfrac{0.2583 \times 24}{0.8} = 75.95\text{kW}$

113 활성슬러지 변법 중 포기조 위치에 따른 산소요구의 변화에 적합하도록 포기하는 방법은?
① 점감식 포기법(tapered aeration)
② 계단식 포기법(step aeration)
③ 장기 포기법(extended aeration)
④ 수정식 포기법(modified aeration)

해설 점감식 포기법
1) 산기식 포기장치를 사용하며 유입부에 많은 산기기를 설치하고,
2) 포기조의 말단부에는 적은 수의 산기기를 설치하는 활성슬러지법의 변형공법

114 하수의 배제방식 중 분류식 하수도에 대한 설명으로 틀린 것은?
① 우수관 및 오수관의 구별이 명확하지 않는 곳에서는 오접의 가능성이 있다.
② 우천시에 수세효과가 있다.
③ 우천시 월류의 우려가 없다.
④ 청천시 월류의 우려가 없다.

해설 하수의 배제방식
1) 수세효과: 관 내부를 물이 씻어주는 효과를 말한다.
2) 우천 시 수세 효과가 있는 방식은 합류식 배제방식의 장점이다.

115 유출계수가 0.6이고, 유역면적 4.6km²에 강우강도 80mm/hr의 강우가 있었다면 유출량은? (단, 합리식을 사용)
① 21.0m³/sec   ② 61.33m³/sec
③ 210m³/sec   ④ 613.3m³/sec

해설 우수유출량(합리식)

$Q = \dfrac{1}{3.6}\,CIA$

$= \dfrac{1}{3.6} \times 0.6 \times 80 \times 4.6 = 61.33\text{m}^3/\sec$

116 다음 관거별 계획 하수량에 대한 사항으로서 틀린 것은?
① 오수관거는 계획 시간 최대오수량으로 한다.
② 우수관거는 우천시 계획오수량으로 한다.
③ 합류식 관거는 계획 시간 최대오수량에 계획우수량을 합한 것으로 한다.
④ 차집관거는 우천시 계획오수량으로 한다.

해설 관거별 계획 하수량
우수관거는 우천 시 계획우수량을 기준으로 계획한다.

117 활성슬러지 공정에서 2차침전지 반송슬러지의 농도가 16,000mg/L였다. 폭기조의 MLSS 농도를 2,500mg/L, 유입수의 농도를 120mg/L로 유지하기 위한 반송율은?
① 13.6%   ② 15.5%
③ 17.6%   ④ 18.5%

해설 슬러지 반송률

$r = \dfrac{X - X_i}{X_r - X} \times 100(\%)$

$= \dfrac{2{,}500 - 120}{16{,}000 - 2{,}500} \times 100(\%) = 17.63\%$

해답 112. ①   113. ①   114. ②   115. ②   116. ②   117. ③

118 다음 중 부식성을 나타내는 지표가 아닌 것은?
① RSI ② SV
③ AI ④ LI

해설 상수도관 부식성의 지표
1) LI(Langelier saturation index)
   ① $LI = PH_a - PH_s$
   여기서, PH_a: 실제 수돗물에서 측정된 PH
   PH_s: 칼슘이온 농도나 혹은 알카리도 값에서 탄산칼슘으로 포화 되었을 때 PH
   ② $LI > 0$(비부식성), $LI = 0$(이상적인 상태), $LI < 0$(부식성)
2) AI(Aggressive index)
   ① $AI = PH + \log[(A), (H)]$
   A=총경도, H=칼슘경도
   ② $AI < 10$(강부식성), $10 \leq AI \leq 12$(약부식성), $AI > 12$(비부식성)
3) RSI(Ryanar Stability index)
   ① $RSI = 2PH_s - PH$
   ② $RSI > 7$(부식성), $7.0 > RSI > 6.5$(평형상태), $RSI < 6.5$(스케일형성)
4) SV(Sludge Volume)는 슬러지 부피를 의미한다.

119 다음 급수량 중 크기(양)가 제일 큰 것은?
① 1일 평균급수량 ② 1일 최대평균급수량
③ 1일 최대급수량 ④ 시간 최대급수량

해설 급수량의 크기

계획급수량 종류	연평균 1일 사용수량에 대한 비율(%)	수도구조물의 명칭
1일 평균급수량	100	수원지, 저수지, 유역면적 결정
1일 최대급수량	150	취수, 도·송수, 정수시설 등의 결정
시간 최대급수량	225	배수본관 구경, 배수펌프 용량 결정

120 수격작용(water hammer)의 방지 또는 감소대책에 대한 설명으로 틀린 것은?
① 펌프의 토출구에 완만히 닫을 수 있는 역지밸브를 설치하여 압력상승을 적게 한다.
② 펌프 설치위치를 높게 하고 흡입양정을 크게 한다.
③ 펌프에 플라이휠(fly wheel)을 붙여 펌프의 관성을 증가시켜 급격한 압력강하를 완화한다.
④ 토출측 관로에 압력조절수조를 설치한다.

해설 수격작용 방지 대책
1) 수격작용은 관로 내 유속의 급격한 변화로 압력변동이 발생하는 현상을 말한다.
2) 방지 대책은 펌프의 설치 위치를 낮게 하고 흡입양정을 작게 해야 한다.

해답 118. ② 119. ④ 120. ②

응용역학

1 $\sigma_x = 1\text{MPa}$, $\sigma_y = 2\text{MPa}$, $\tau_{xy} = 0.5\text{MPa}$를 받고 있는 그림과 같은 평면응력 요소의 최대 주응력은?

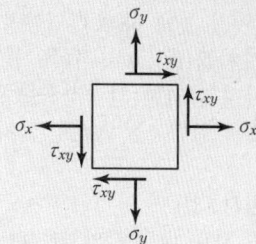

① 2.21MPa ② 2.31MPa
③ 2.41MPa ④ 2.51MPa

해설 최대주응력

1) 최대주응력: 전단응력이 0이 될 때의 최대수직응력
2) $\sigma_{\max} = \dfrac{(\sigma_x + \sigma_y)}{2} + \sqrt{\left(\dfrac{\sigma_x - \sigma_y}{2}\right)^2 + \tau_{xy}^2}$

$= \dfrac{(1+2)}{2} + \sqrt{\left(\dfrac{1-2}{2}\right)^2 + 0.5^2} = 2.21\text{MPa}$

2 직경 D인 원형단면 기둥의 길이가 4m이다. 세장비가 100이 되도록 하자면 이 기둥의 직경은?

① 90mm   ② 130mm
③ 160mm ④ 250mm

해설 세장비(λ)

1) 기둥의 유효길이: 양단힌지 기둥으로 가정 $k=1.0$
   $L_k = kL = 1.0 \times 4\text{m} = 4{,}000\text{mm}$
2) 최소 단면 2차 반지름
   $\gamma_{\min} = \sqrt{\dfrac{I_{\min}}{A}} = \sqrt{\dfrac{\dfrac{\pi D^4}{64}}{\dfrac{\pi D^2}{4}}} = \sqrt{\dfrac{D^2}{16}} = \dfrac{D}{4}$
3) 세장비
   $\lambda = \dfrac{L_k}{\gamma_{\min}} \Rightarrow 100 = \dfrac{4{,}000}{\dfrac{D}{4}}$

   $\therefore D = 160\text{mm}$

3 처음에 P_1이 작용했을 때 자유단의 처짐 δ_1이 생기고, 다음에 P_2를 가했을 때 자유단의 처짐이 δ_2만큼 증가되었다고 한다. 이때 외력 P_1이 행한 일은?

① $\dfrac{1}{2} P_1 \delta_1 + P_1 \delta_2$ ② $\dfrac{1}{2} P_1 \delta_1 + P_2 \delta_2$
③ $\dfrac{1}{2}(P_1 \delta_1 + P_1 \delta_2)$ ④ $\dfrac{1}{2}(P_1 \delta_1 + P_2 \delta_2)$

해설 집중하중에 의한 외력 일

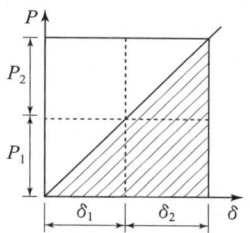

1) P_1하중에 의한 외력일(빗금 친 면적)
   $W_e = \dfrac{1}{2} P_1 \delta_1 + P_1 \delta_2$
2) P_2하중에 의한 외력일
   $W_e = \dfrac{1}{2} P_2 \delta_2$

4 캔틸레버보에 저장되는 변형에너지를 각각 $U_{(1)}$, $U_{(2)}$라고 할 때 $U_{(1)} : U_{(2)}$의 비는?

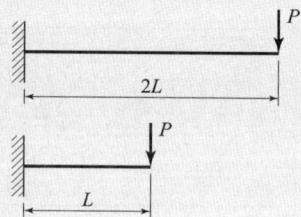

① 2 : 1   ② 4 : 1
③ 8 : 1   ④ 16 : 1

해답 1. ① 2. ③ 3. ① 4. ③

해설 탄성변형에너지

1) $M_x = -Px$
2) 탄성변형에너지

$$U = \int_0^L \frac{M_x^2}{2EI} d_x$$
$$= \frac{1}{2EI} \int_0^L (-P \cdot x)^2 d_x = \frac{P^2}{2EI} \int_0^L x^2 d_x$$
$$= \frac{P^2}{2EI} \left[\frac{x^3}{3}\right]_0^L = \frac{P^2 L^3}{6EI}$$

3) 집중하중에 의한 탄성변형에너지는 보 길이의 3승에 비례한다.

$$\therefore \frac{U_{(1)}}{U_{(2)}} = \frac{(2L)^3}{L^3} = \frac{8}{1}$$

5 다음 정정보에서의 전단력도(SFD)로 옳은 것은?

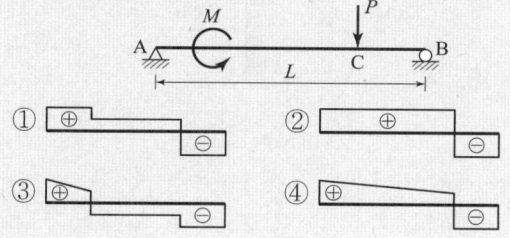

해설 전단력도
1) 전단력은 축에 직각으로 작용하여 물체를 자르려고 하는 힘을 말한다.
2) $\sum M = 0$ 조건식을 이용하여 수직반력을 구한다.
3) V_A, P, V_B가 전단력이므로 이를 이용하여 전단력도를 작성한다.

6 그림과 같은 구조물의 B점의 휨모멘트는?

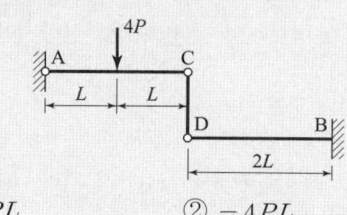

① $-3PL$ ② $-4PL$
③ $-6PL$ ④ $-12PL$

해설 휨모멘트
1) A-C 구간: 단순보로 가정 한 다음 V_C를 구한다.
   $\therefore V_C = 2P (\because 대칭하중)$
2) D-B 구간: V_C를 D점에 하중으로 재하해서 휨모멘트를 구한다.
   $\therefore M_D = -(2P)(2L) = -4PL$

7 트러스 해석 시 가정을 설명한 것 중 틀린 것은?
① 연직하중이 작용하는 평행현 트러스는 일반적인 보와 같이 상현재는 압축력, 하현재는 인장력을 부담한다.
② 하중으로 인한 트러스의 변형을 고려하여 부재력을 산출한다.
③ 부재들은 양단에서 마찰이 없는 핀으로 연결되어진다.
④ 하중과 반력은 모두 트러스의 절점(=격점)에만 작용한다.

해설 트러스 해석 시 가정 사항
1) 하중으로 인한 트러스의 변형을 무시한다.
2) 트러스의 부재력은 축방향력을 의미한다.

8 그림과 같은 하중을 받는 보의 최대 전단응력은?

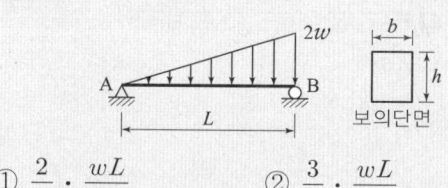

① $\frac{2}{3} \cdot \frac{wL}{bh}$ ② $\frac{3}{2} \cdot \frac{wL}{bh}$
③ $2 \cdot \frac{wL}{bh}$ ④ $\frac{wL}{bh}$

해설 최대 전단응력
1) 최대전단력
   ① $\sum M_A = 0$
   $-V_B \times L + \left(\frac{1}{2} \times 2w \times L\right) \times \left(\frac{2}{3} \times L\right) = 0$
   $\therefore V_B = \frac{2wL}{3}$

해답 5. ② 6. ② 7. ② 8. ④

② $\sum V = 0$

$V_A + V_B - \left(\dfrac{1}{2} \times 2w \times L\right) = 0$

$\therefore V_A = \dfrac{wL}{3}$

∴ 최대전단력: $V_{\max} = V_B = \dfrac{2wL}{3}$

2) 최대전단응력($\tau_{\max}$)

$\tau_{\max} = \dfrac{3}{2}\dfrac{V_{\max}}{A} = \dfrac{3}{2}\dfrac{\frac{2wL}{3}}{bh} = \dfrac{wL}{bh}$

해설 힘의 평형

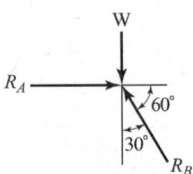

$\sum V = 0$

$-W + R_B \cdot \cos 30° = 0$

$\therefore R_B = 1.155\,W$

★★

11 그림과 같이 이축응력(二軸應力)을 받고 있는 요소의 체적변형률은? (단, 탄성계수 $E = 200,000\text{MPa}$, 푸아송비 $\nu = 0.3$)

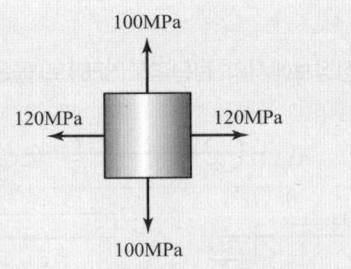

① 3.6×10^{-4} ② 4.0×10^{-4}
③ 4.4×10^{-4} ④ 4.8×10^{-4}

해설 체적변형률(ε_v)

$\varepsilon_v = \dfrac{(1-2\nu)}{E}(\sigma_x + \sigma_y)$

$= \dfrac{(1-2\times 0.3)}{200,000}(120+100) = 4.4 \times 10^{-4}$

★★

9 그림과 같이 강선 A와 B가 서로 평형상태를 이루고 있다. 이때 각도 θ의 값은?

① 67.84°   ② 56.63°
③ 42.26°   ④ 28.35°

해설 힘의 평형

1) 힘의 평형조건

$R_1 = \sqrt{P_1^2 + 2P_1P_2\cos\theta_1 + P_2^2}$,

$R_2 = \sqrt{P_3^2 + 2P_3P_4\cos\theta_2 + P_4^2}$

2) $R_1 = R_2$

$\sqrt{30^2 + 2\times 30\times 60\times\cos 60° + 60^2}$
$= \sqrt{40^2 + 2\times 40\times 50\times\cos\theta + 50^2}$

$\therefore \theta = 56.63°$

★★★

12 다음 중 정(+)의 값 뿐만 아니라 부(−)의 값도 갖는 것은?

① 단면계수   ② 단면2차모멘트
③ 단면상승모멘트   ④ 단면회전반지름

해설 단면 상승 모멘트(I_{xy})

1) $I_{xy} = A \cdot x_0 \cdot y_0$
   여기서, x_0 : y축에서 도심까지 거리, y_0 : x축에서 도심까지 거리

2) 단면 상승 모멘트의 계산에서 x_0 또는 y_0 둘 중의 하나가 (−) 값인 경우, (−)값이 나온다.

★

10 그림과 같이 밀도가 균일하고 무게 W인 구(球)가 마찰이 없는 두 벽면 사이에 놓여 있을 때 반력 R_B의 크기는?

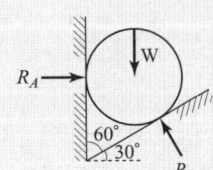

① $0.5\,W$ ② $0.577\,W$
③ $0.866\,W$ ④ $1.155\,W$

해답 9. ② 10. ④ 11. ③ 12. ③

13 단면1차모멘트와 같은 차원을 갖는 것은?
① 회전반경 ② 단면계수
③ 단면2차모멘트 ④ 단면상승모멘트

해설 단면의 성질 차원

단면의 성질	용도	단위
단면1차모멘트	도심, 전단응력	mm^3
단면계수	휨응력	mm^3
단면2차모멘트	휨강성, 휨응력	mm^4
단면상승모멘트	주축	mm^4
회전반경	기둥설계	mm

14 3활절(滑節) 아치에 등분포하중이 작용할 때 C점의 휨 모멘트는?

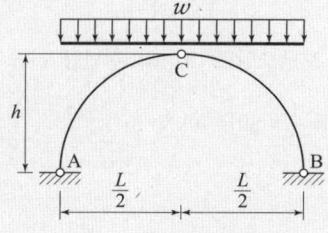

① $\dfrac{wL^2}{8}$ ② $\dfrac{wL^2}{8h}$
③ $\dfrac{wh^2}{8L}$ ④ 0

해설 3-hinge 아치
1) $\sum M_B = 0$
$V_A \times L - \left(w \times L \times \dfrac{L}{2}\right) = 0$
$\therefore V_A = \dfrac{wL}{2}$

2) $\sum M_{CL} = 0$
$V_A \times \dfrac{L}{2} - H_A \times h - w \times \dfrac{L}{2} \times \dfrac{L}{4} = 0$
$\Rightarrow \therefore H_A = \dfrac{wL}{8h}(\rightarrow)$

3) $M_C = \left(V_A \times \dfrac{L}{2}\right) - (H_A \times h) - \left(w \times \dfrac{L}{2}\right)\left(\dfrac{L}{4}\right)$
$\therefore M_C = 0$

4) 힌지절점(C점)에 모멘트 하중이 재하되는 경우는 제외하고, 언제나 휨모멘트는 "0"이 된다.

15 그림과 같은 하중을 받는 기둥의 줄음량은?
(단, EA는 일정)

① $\dfrac{2PL}{AE}$
② $\dfrac{3PL}{AE}$
③ $\dfrac{4PL}{AE}$
④ $\dfrac{5PL}{AE}$

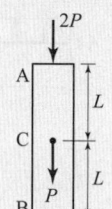

해설 기둥의 줄음량

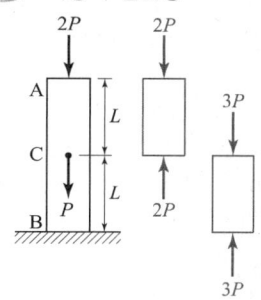

1) 자유물체도를 그려서 해석한다.
2) 기둥의 줄음량
$\delta = \dfrac{PL}{AE}$ 이므로,
$\therefore \delta = \dfrac{(2P)L}{AE} + \dfrac{(3P)L}{AE} = \dfrac{5PL}{AE}$

16 두 지점의 반력이 같게 되는 하중의 위치(x)는?

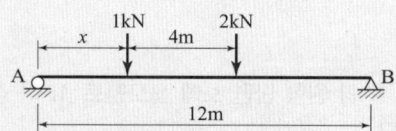

① 0.33m ② 1.33m
③ 2.33m ④ 3.33m

해설 반력
1) $\sum V = 0$
$V_A + V_B - 1 - 2 = 0$
문제의 조건에서 $V_A = V_B$이므로
$2V_A = 3 \Rightarrow \therefore V_A = V_B = 1.5kN$

2) $\sum M_A = 0$
$-(V_B \times 12) + (1 \times x) + (2)(x+4) = 0$
$\therefore x = 3.33m$

해답 13. ② 14. ④ 15. ④ 16. ④

17 다음 부정정보에서 B점의 반력은?
(단, EI는 일정하다.)

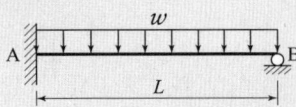

① $\frac{5}{16}wL(\uparrow)$ ② $\frac{3}{4}wL(\uparrow)$

③ $\frac{3}{8}wL(\uparrow)$ ④ $\frac{3}{16}wL(\uparrow)$

해설 변형일치법

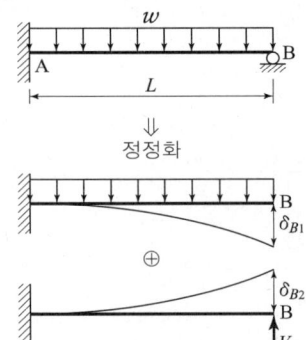

1) 등분포하중에 의한 처짐: $\delta_{B1} = \frac{wL^4}{8EI}(\downarrow)$

2) B지점의 수직반력에 의한 처짐: $\delta_{B2} = \frac{V_B L^3}{3EI}(\uparrow)$

3) 적합조건: $\delta_B = 0 \Rightarrow \delta_{B1} = \delta_{B2}$

$$\frac{wL^4}{8EI} = \frac{V_B L^3}{3EI} \Rightarrow \therefore V_B = \frac{3wL}{8}$$

18 지름 D인 원형 단면 보에 휨모멘트 M이 작용할 때 휨응력은?

① $\frac{64M}{\pi D^3}$ ② $\frac{32M}{\pi D^3}$

③ $\frac{16M}{\pi D^3}$ ④ $\frac{8M}{\pi D^3}$

해설 최대 휨응력

1) $Z = \frac{I}{y} = \frac{\frac{\pi D^4}{64}}{\frac{D}{2}} = \frac{\pi D^3}{32}$

2) $\sigma_{\max} = \frac{M}{Z} = \frac{32M}{\pi D^3}$

19 절점 O는 이동하지 않으며, 재단 A, B, C가 고정일 때 M_{CO}는 얼마인가? (단, K는 강비)

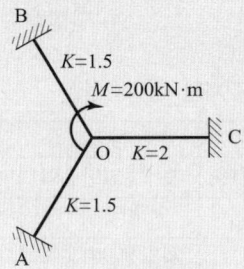

① 25kN · m ② 30kN · m
③ 35kN · m ④ 40kN · m

해설 모멘트 분배법

1) 분배율: $f_{oc} = \frac{k_{oc}}{\sum k} = \frac{2}{1.5 + 1.5 + 2.0} = \frac{2}{5}$

2) 분배모멘트: $M_{oc} = f_{oc} \times M = \frac{2}{5} \times 200$
$= 80 \text{kN} \cdot \text{m}$

3) C점의 도달모멘트: M_{oc}의 $\frac{1}{2}$만큼 전달된다.

$\therefore M_{co} = \frac{1}{2} \times 80 = 40 \text{kN} \cdot \text{m}$

20 단면2차모멘트 I가 2배로 커짐에 따라 보의 처짐은 어떻게 변화하는가?
① I는 처짐에 관계하지 않는다.
② 2배로 된다.
③ 절반으로 감소한다.
④ 변화없이 일정하다.

해설 보의 처짐

1) $y = \frac{PL^3}{EI}$ or $y = \frac{wL^4}{EI}$

2) 보의 처짐과 단면 2차 모멘트 크기는 반비례한다.

3) 단면 2차 모멘트가 2배로 커지면 보의 처짐의 크기는 절반으로 감소한다.

해답 17. ③ 18. ② 19. ④ 20. ③

측량학

21 4회 관측하여 최확값을 얻었다. 최확값의 정확도를 2배 높이려면 몇 회 관측하여야 하는가?
① 32회 ② 16회
③ 8회   ④ 2회

해설 관측횟수와 정도
1) 경중률(P)은 관측횟수(N)에 비례한다.
   $P_1 : P_2 = N_1 : N_2$
2. 경중률은 정도(h)의 제곱에 비례한다.
   $P_1 : P_2 = h_1^2 : h_2^2$
3. 관측 횟수는 정도(h)의 제곱에 비례한다.
   $N_1 : N_2 = h_1^2 : h_2^2 \Rightarrow 4 : N_2 = h_1^2 : (2h_1)^2$
   $\therefore N_2 = 16회$

22 A, B 간의 고저차를 구하기 위해 (1), (2), (3) 경로에 대하여 직접수준측량을 실시하여 다음과 같은 결과를 얻었다. A, B간의 고저차의 최확값은?

노선	관측값	노선길이
(1)	52.243m	2km
(2)	52.245m	1km
(3)	52.252m	1km

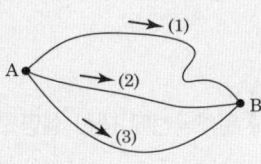

① 52.238m ② 52.245m
③ 52.247m ④ 52.250m

해설 수준측량
1) 경중률
   $P_1 : P_2 : P_3 = \dfrac{1}{S_1} : \dfrac{1}{S_2} : \dfrac{1}{S_3}$
   $P_1 : P_2 : P_3 = \dfrac{1}{2} : \dfrac{1}{1} : \dfrac{1}{1} = 1 : 2 : 2$
2) A, B 간의 고저차의 최확값
   $H_0 = \dfrac{[PH]}{[P]}$
   $= \dfrac{1 \times 52.243 + 2 \times 52.245 + 2 \times 52.252}{1+2+2} = 52.247m$

23 지구상의 △ABC를 측정한 결과, 150km²이었다면 이때 발생하는 구과량은? (단, 지구의 곡선반지름은 6,400km로 가정한다.)
① 1.49″ ② 1.62″
③ 2.04″ ④ 2.24″

해설 구과량(ε)
1) 구과량: 구면삼각형의 내각의 합이 180°를 넘을 때 그 초과된 각의 크기를 말한다.
2) $\varepsilon = \dfrac{A}{R^2}\rho'' = \dfrac{150}{6,400^2} \times 206,265''$
   $\therefore \varepsilon = 1.49''$

24 트래버스측량에서 관측값의 계산은 편리하나 한번 오차가 생기면 그 영향이 끝까지 미치는 각관측 방법은?
① 교각법   ② 편각법
③ 협각법   ④ 방위각법

해설 트래버스 측량(방위각법의 특징)
1) 계산과 제도가 편리하고 신속히 관측할 수 있다.
2) 한번 오차가 발생하면 끝까지 영향을 미치며, 복잡한 지형에는 부적합하다.

25 A와 B의 좌표가 다음과 같을 때 측선 AB의 방위각은? (단, A점의 좌표($X_A = 179,847.1m$, $Y_A = 76,614.3m$), B점의 좌표($X_B = 179,964.5m$ $Y_B = 76,625.1m$))
① 5°23′15″   ② 185°15′23″
③ 185°23′15″ ④ 5°15′22″

해설 방위각계산
1) 위거(L)
   $X_B - X_A = 179,964.5 - 179,847.1 = 117.4m$
2) 경거(D)
   $Y_B - Y_A = 76,625.1 - 76,614.3 = 10.8m$
3) 방위각(α)
   $\alpha = \tan^{-1}\left(\dfrac{D}{L}\right) = \tan^{-1}\left(\dfrac{10.8}{117.4}\right)$
   $\therefore \alpha = 5°15′22″$

해답 21. ② 22. ③ 23. ① 24. ④ 25. ④

26 삼각측량을 위한 삼각망 중에서 유심다각망에 대한 설명으로 틀린 것?
① 농지측량에 많이 사용된다.
② 삼각망 중에서 정확도가 가장 높다.
③ 방대한 지역의 측량에 적합하다.
④ 동일 측점 수에 비하여 포함 면적이 가장 넓다.

해설 삼각망 특징
1) 삼각망 중에서 정확도가 가장 높은 삼각망은 사변형 삼각망이다.
2) 유심삼각망은 측점 하나가 포함하는 면적이 가장 넓고 주로 농지측량에 사용된다.

27 레벨로부터 60m 떨어진 표척을 시준한 값이 1.258m 이며 이때 기포가 1눈금 편위되어 있었다. 이것을 바로 잡고 다시 시준하여 1.267m를 읽었다면 기포의 감도는?
① 25″ ② 27″
③ 29″ ④ 31″

해설 기포관의 감도
1) 위치오차: $l = 1.267 - 1.258 = 0.009$m
2) 감도: $p = \dfrac{l}{nD}\rho'' = \dfrac{0.009}{1 \times 60} \times 206,265'' = 31''$

28 하천 양안의 고저차를 측정할 때 교호수준 측량을 많이 이용하는 가장 큰 이유는 무엇인가?
① 기계오차 및 광선의 굴절에 의한 오차를 소거하기 위하여
② 스타프(함척)를 세우기 편하게 하기 위하여
③ 개인 오차를 제거하기 위하여
④ 과실에 의한 오차를 제거하기 위하여

해설 교호수준측량
1) 교호수준측량을 이용하는 이유는 기계오차 및 광선의 굴절오차 등을 제거하여,
2) 관측 정도를 높이기 위함이다.

29 등고선의 성질에 대한 설명으로 옳지 않은 것은?
① 경사가 급할수록 등고선 간격이 좁다.
② 경사가 일정하면 등고선 간격이 일정하다.
③ 등고선은 분수선과 직교하고 합수선과 평행하다.
④ 등고선의 최단거리 방향은 최대경사방향을 나타낸다.

해설 등고선의 성질
합수선(계곡선), 분수선(능선)은 등고선과 직각으로 만든다.

30 다음 중 지성선에 해당되지 않는 것은?
① 경사변환선 ② 능선
③ 합수선   ④ 도로선

해설 지성선
1) 지성선: 지모의 골격이 되는 선.
2) 지성선의 종류: 능선, 합수선, 경사변환선, 유하선(최대경사선)

31 완화곡선에 대한 설명으로 옳지 않은 것은?
① 모든 클로소이드(clothoid)는 닮음 꼴이며 클로소이드 요소는 길이의 단위를 가진 것과 단위가 없는 것이 있다.
② 완화곡선의 접선은 시점에서 원호에, 종점에서 직선에 접한다.
③ 완화곡선의 반지름은 그 시점에서 무한대, 종점에서는 원곡선의 반지름과 같다.
④ 완화곡선에 연한 곡선반지름의 감소율은 캔트(cant)의 증가율과 같다.

해설 완화곡선
1) 완화곡선: 직선도로와 원곡선 사이에 설치되는 매끄러운 곡선을 말한다.
2) 완화곡선의 접선: 시점에서 직선에, 종점에서 원호에 접한다.

해답 26. ② 27. ④ 28. ① 29. ③ 30. ④ 31. ②

32 교각(I) 60°, 외선 길이(E) 15m인 단곡선을 설치할 때 곡선길이는?

① 85.2m   ② 91.3m
③ 97.0m   ④ 101.5m

해설 단곡선 설치

1) 외선 길이
$$E = R\left(\sec\frac{I}{2} - 1\right) \Rightarrow R = \frac{15}{\sec\left(\frac{60°}{2}\right) - 1} = 96.96\text{m}$$

여기서, $\sec\frac{I}{2} = \dfrac{1}{\cos\left(\dfrac{I}{2}\right)}$

2) 곡선길이
$$CL = \frac{\pi}{180°}RI° = \frac{\pi}{180°} \times 96.96 \times 60° = 101.5\text{m}$$

33 노선측량에서 단곡선 설치 시 필요한 교각 $I = 95°30'$, 곡선 반지름 $R = 300$m일 때 장현(long chord : L)은?

① 222.065m   ② 298.619m
③ 444.131m   ④ 597.238m

해설 단곡선 설치(장현길이)
$$L = 2R\sin\frac{I}{2} = 2 \times 300 \times \sin\left(\frac{95°30'}{2}\right) = 444.131\text{m}$$

34 도로설계에서 상향 종단 기울기 3%, 하향 종단 기울기 4%인 종단면에 종단 곡선을 2차 포물선으로 설치할 때 시점으로부터 장현을 따라 50m인 지점의 절토고(y : 종거)는 얼마인가? (단, 종단 곡선 거리 $l = 180$m))

① 0.436m   ② 0.486m
③ 1.138m   ④ 1.575m

해설 도로의 종단곡선 종거

1) m, n : 상향 기울기(+), 하향 기울기(−)

2) $y = \dfrac{x^2}{2l}\left|\dfrac{m}{100} - \dfrac{n}{100}\right|$
$= \dfrac{50^2}{2 \times 180}\left|\left(\dfrac{3}{100}\right) - \left(\dfrac{-4}{100}\right)\right| = 0.486$m

35 하천의 수위관측소 설치를 위한 장소로 적합하지 않은 것은?

① 상·하류의 길이가 약 100m 정도는 직선인 곳
② 홍수 시 관측소가 유실 및 파손될 염려가 없는 곳
③ 수위표를 쉽게 읽을 수 있는 곳
④ 합류나 분류에 의해 수위가 민감하게 변화하여 다양한 수위의 관측이 가능한 곳

해설 수위관측소 설치장소

1) 지천의 합류점 및 분류점에 의해 수위의 변화가 생기지 않는 곳
2) 하상과 하안이 안전하고 세굴이나 퇴적이 되지 않는 곳
3) 수위가 교각이나 기타 구조물에 의한 영향을 받지 않는 장소

36 축척 1/3,000의 도면에서 면적을 관측한 결과 2,450m²이었다. 그런데 도면의 가로와 세로가 각각 1%씩 줄어있었다면 실제 면적은?

① 2,485m²   ② 2,500m²
③ 2,558m²   ④ 2,588m²

해설 실제 면적

1) 수축 전 도면의 가로 길이
$X = x + dx = x + \dfrac{1}{100}x = x(1 + 0.01)$

2) 수축 전 도면의 세로 길이
$Y = y + dy = y + \dfrac{1}{100}y = y(1 + 0.01)$

3) 실제면적
$A = X \cdot Y = xy(1 + 0.01)^2$
$= 2,450(1 + 0.01)^2 \fallingdotseq 2,500\text{m}^2$

37 도로공사에서 거리 20m인 성토구간의 시작단면 $A_1 = 72$m², 끝 단면 $A_2 = 182$m², 중앙단면 $A_m = 132$m²이라고 할 때에 각주공식에 의한 성토량은?

① 2,540.0m³   ② 2,573.3m³
③ 2,600.0m³   ④ 2,606.7m³

해설 성토량 계산 (각주공식)

1) 중앙단면의 단면적에 4배의 가중치를 주어 계산한다.

2) $V = \dfrac{L}{6}(A_1 + 4A_m + A_2)$
$= \dfrac{20}{6}(72 + 4 \times 132 + 182) = 2,606.7$m³

해답 32. ④   33. ③   34. ②   35. ④   36. ②   37. ④

38 DGPS를 적용할 경우 기지점과 미지점에서 측정한 결과로부터 공통오차를 상쇄시킬 수 있기 때문에 측량의 정확도를 높일 수 있다. 이때 상쇄되는 오차요인이 아닌 것은?

① 위성의 궤도정보오차
② 다중경로오차
③ 전리층 신호지연
④ 대류권 신호지연

해설 DGPS(Differential GPS)-차분측위
1) DGPS: 오차 분을 차감하는 GPS로 두 수신기가 가지는 공통의 오차를 소거하여 높은 정도를 확보하는 측위 방법으로 위성의 시계오차, 위성 궤도오차, 전리층 굴절오차, 대류권 굴절오차 등을 보정 할 수 있다.
2) 다중경로 오차는 수신기 설치 장소의 위성 신호 수신 환경에 의해 발생 되므로 DGPS로 보정이 불가능하다.
3) 다중경로오차: 주변의 구조물에 위성 신호가 반사되어 수신되는 GNSS관측오차.

39 GNSS측량에 대한 설명으로 틀린 것을 고르시오.

① 상대측위기법을 이용하면 절대측위보다 높은 측위정확도의 확보가 가능하다.
② GNSS 측량을 통해 수신기의 좌표뿐만 아니라 시계오차도 계산할 수 있다.
③ 지구질량중심을 원점으로 하는 3차원 직교좌표체계를 사용한다.
④ GNSS측량은 고압선이나 고층건물이 있는 부분이 더 유리하다.

해설 GNSS측량
GNSS 측량은 고압선이나 고층 건물이 있는 부분은 전자파의 수신 오차를 발생시키므로 유리하지 않다.

40 방위각 265°에 대한 측선의 방위는?

① S85°W   ② E85°W
③ N85°E   ④ E85°N

해설 방위 계산
1) 방위: 자오선(NS)을 기준으로 측선의 방향을 좌(W), 우(E)로 90°까지 표시한다.
2) 방위각 265°는 삼사분면에 위치하므로,
3) 방위는 $S(265°-180°)W$ 가 된다.

수리학 및 수문학

41 지름 d 인 모세관을 연직으로 세웠을 경우 이 모세관 내에 상승한 액체의 높이는? (단, T: 표면장력, θ: 접촉각)

① $h = \dfrac{4T\cos\theta}{wd^2}$ ② $h = \dfrac{2T\cos\theta}{wd}$

③ $h = \dfrac{2T\cos\theta}{wd^2}$ ④ $h = \dfrac{4T\cos\theta}{wd}$

해설 모세관현상
1) 유리관을 세운 경우: $h = \dfrac{4T\cos\theta}{wd}$
2) 연직 평판을 세운 경우: $h = \dfrac{2T\cos\theta}{wd}$

42 그림과 같이 경사면에 수문을 설치했을 때 수문에 작용하는 전수압과 작용점은?

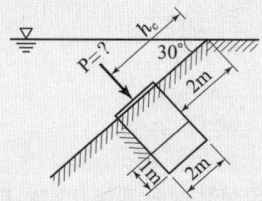

① $P = 18.4$kN, $h_c = 3.11$m
② $P = 18.4$kN, $h_c = 3.28$m
③ $P = 29.4$kN, $h_c = 3.11$m
④ $P = 29.4$kN, $h_c = 3.28$m

해설 전수압(P)
1) $I_G = \dfrac{1 \times 2^3}{12} = 0.67$m
2) $h_G = S_G \sin\theta = 3 \times \sin 30° = 1.5$m
3) $P = wh_G A = 9.81 \times 1.5 \times 1 \times 2 = 29.43$kN
4) $h_C = S_C = S_G + \dfrac{I_G}{S_G A}$

   $= 3 + \dfrac{0.67}{3 \times 1 \times 2} = 3.11$m

해답 38. ② 39. ④ 40. ① 41. ④ 42. ③

★★★
43 내경이 50cm인 관에 800N/cm²의 수압에 견딜 수 있도록 하기 위한 관의 허용인장응력은? (단, 관의 두께는 30mm이다.)

① 5.32kN/cm² ② 6.67kN/cm²
③ 7.04kN/cm² ④ 8.15kN/cm²

해설 관의 허용인장응력
1) 강관에 작용하는 압력
$$P = \frac{800\text{N}}{\text{cm}^2} = \frac{0.8\text{kN}}{\text{cm}^2}$$
2) 관의 두께: $t = 30\text{mm} = 3\text{cm}$
3) 강관의 허용인장응력
$$\sigma_{ta} = \frac{PD}{2t} = \frac{0.8 \times 50}{2 \times 3} = 6.67\text{kN/cm}^2$$

★
44 다음 중에서 질량유량은?

① gAV ② ρAV
③ AV ④ wAV

해설 연속방정식
1) 질량유량: $\rho A_1 V_1 = \rho A_2 V_2$
2) 중량유량: $wA_1 V_1 = wA_2 V_2$

★★
45 잠수함이 수면하 20m를 2m/sec의 속도로 진행하고 있을 때, 잠수함 선수에서의 압력은? (단, 물의 단위중량은 9.81kN/m³)

① 136.2kN/m² ② 196.2kN/m²
③ 198.2kN/m² ④ 258.2kN/m²

해설 총 압력(정체압력)
1) $w = \rho g \Rightarrow \rho = \frac{w}{g}$
2) 총압력=정압력+동압력
$$= wh + \frac{\rho V^2}{2} = wh + \frac{wV^2}{2g}$$
$$= (9.81 \times 20) + \frac{9.81 \times 2^2}{2 \times 9.81} = 198.2\text{kN/m}^2$$

★★
46 작은 오리피스의 단면적을 a, 수축계수 C_a, 유속계수 C_v, 오리피스 중심에서 수면까지의 높이를 h, 중력가속도를 g라 할 때, 유량 공식은?

① $Q = a \cdot C_v \cdot C_a \cdot \sqrt{2gh}$
② $Q = a \cdot \left(\frac{C_v}{C_a}\right) \cdot \sqrt{2gh}$
③ $Q = a \cdot (C_v - C_a) \cdot \sqrt{2gh}$
④ $Q = a \cdot (C_v + C_a) \cdot \sqrt{2gh}$

해설 오리피스
1) 작은 오리피스: $\frac{h}{d} > 5$
2) 유량계수: $C = C_a \cdot C_v$
3) $Q = C \cdot a \cdot V = C_a \cdot C_v \cdot a \sqrt{2gh}$

★
47 수평으로 위치한 노즐로부터 물이 분출되고 있다. 직경이 4cm, 압력이 8.0kg/cm²인 노즐에 작용하는 힘은?

① 0.201 ton ② 0.402 ton
③ 2.01 ton ④ 4.02 ton

해설 노즐에 작용하는 힘
1) $h = \frac{P}{w} = \frac{8\text{kg/cm}^2}{1\text{g/cm}^3} = \frac{8,000\text{g/cm}^2}{1\text{g/cm}^3} = 8,000\text{cm} = 80\text{m}$
2) $v = \sqrt{2gh} = \sqrt{2 \times 9.81 \times 80} = 39.62\text{m/sec}$
3) $Q = AV = \frac{\pi \times 0.04^2}{4} \times 39.62 = 0.05\text{m}^3/\text{sec}$
  여기서, $D = 4\text{cm} = 0.04\text{m}$
4) $F = \frac{wQ}{g}V = \frac{1 \times 0.05}{9.81} \times 39.62 \fallingdotseq 0.201\text{ton}$
  여기서, $w = 1\text{t/m}^3$

★★
48 그림과 같은 수중 오리피스에서 단면적이 50cm²일 때 유출량은? (단, 유량계수 $C = 0.62$임.)

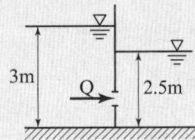

① $9.7 \times 10^{-3}\text{m}^3/\text{s}$ ② $9.7 \times 10^{-4}\text{m}^3/\text{s}$
③ $9.7 \times 10^{-5}\text{m}^3/\text{s}$ ④ $9.7 \times 10^{-6}\text{m}^3/\text{s}$

해답 43. ② 44. ② 45. ③ 46. ① 47. ① 48. ①

해설 수중 오리피스
1) $V=\sqrt{2gh}=\sqrt{2\times 9.81\times(3-2.5)}=3.13\text{m/s}$
2) $Q=C\cdot A\cdot V$
$=0.62\times 50\times 10^{-4}\times 3.13=9.7\times 10^{-3}\text{m}^3/\text{s}$

★★
49 안지름 100m, 조도계수 $n=0.013$의 관으로 물을 보낼 때, 마찰손실계수 f는? (단, Manning 공식을 적용할 것.)
① 0.0306　② 0.0386
③ 0.0453　④ 0.0526

해설 마찰손실계수
$f=\dfrac{124.5n^2}{D^{\frac{1}{3}}}=\dfrac{124.5\times 0.013^2}{100^{\frac{1}{3}}}=0.0453$

★★★
50 관의 직경과 유속이 다른 두 개의 병렬 관수로(looping pipe line)에 대한 설명 중 옳은 것은?
① 각 관의 수두손실은 전손실을 구하기 위하여 합한다.
② 각 관에서의 유량은 같다고 본다.
③ 각 관에서의 손실수두는 같다고 본다.
④ 전 유량이 주어지면 각 관의 유량은 등분하여 결정한다.

해설 병렬관수로의 특징
병렬관수로의 경우 각 관의 손실수두 크기는 같다.

★★★
51 다음 중 동일한 단면과 수로경사에 대하여 최대유량이 흐르는 조건은?
① 수심이 최소이거나 동수반경이 최대일 때
② 수심이 최대이거나 수로 폭이 최소일 때
③ 윤변이 최소이거나 동수반경이 최대일 때
④ 윤변이 최대이거나 동수반경이 최소일 때

해설 수리상 유리한 단면(최대유량)
1) $Q_{\max}=AV_{\max},\ V=C\sqrt{RI}$
2) 최대유량 조건: 유속이 최대가 되면 유량이 최대가 된다. 즉, 윤변(P)이 최소이거나, 동수반경(R)이 최대일 때가 된다.

★★
52 개수로의 상류(subcritical flow)에 대한 설명으로 옳은 것은?
① 유속과 수심이 일정한 흐름
② 수심이 한계수심보다 작은 흐름
③ 유속이 한계유속보다 작은 흐름
④ Froude수가 1보다 큰 흐름

해설 상류(Subcritical flow)
1) 상류: 장파의 전파속도(C)가 유속(V)보다 큰 경우로 장파가 상류로 전달되는 흐름
2) 상류 조건: $F_r<1,\ V<V_C,\ H>H_C,\ I>I_C$

★
53 물의 단위중량 γ, 수면경사 I, 수리평균심 R이라 할 때, 등류 내에서의 유수의 소류력을 구하는 식으로 옳은 것은?
① γRI　② $\dfrac{RI}{\gamma}$
③ $\dfrac{I}{R\gamma}$　④ $\dfrac{R\gamma}{I}$

해설 소류력(τ)
1) 소류력: 유수가 수로의 윤변에 작용하는 마찰력
2) $\tau=\gamma RI$

★★★
54 그림과 같이 우물로부터 일정한 양수율로 양수를 하여 우물 속의 수위가 일정하게 유지되고 있다. 대수층은 균질하며 지하수의 흐름은 우물을 향한 방사상 정상류라 할 때 양수율(Q)을 구하는 식은? (단, k는 투수계수임)

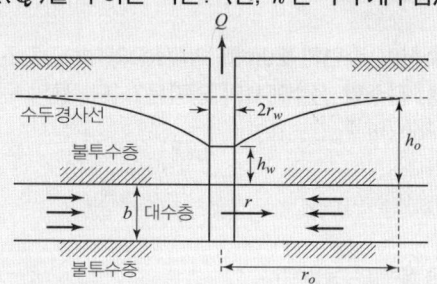

① $Q=2\pi bk\dfrac{h_o-h_w}{\ln\left(\dfrac{r_o}{r_w}\right)}$　② $Q=2\pi bk\dfrac{\ln\left(\dfrac{r_o}{r_w}\right)}{h_o-h_w}$

③ $Q=2\pi bk\dfrac{{h_o}^2-{h_w}^2}{\ln\left(\dfrac{r_o}{r_w}\right)}$　④ $Q=2\pi bk\dfrac{\ln\left(\dfrac{r_o}{r_w}\right)}{{h_o}^2-{h_w}^2}$

해답　49. ③　50. ③　51. ③　52. ③　53. ①　54. ①

해설 굴착정
1) 굴착정: 제1 불투수층과 제2 불투수층 사이에 있는 피압지하수를 양수하는 우물
2) $Q = \dfrac{2\pi bk(h_o - h_w)}{\ln\left(\dfrac{r_0}{r_w}\right)}$

★★
55 축척이 1/50인 댐 모형실험에서 물받이(apron)의 원형의 유속이 7.07m/sec일 때, 모형의 유속은?
① 0.8m/sec　② 1.0m/sec
③ 1.2m/sec　④ 1.4m/sec

해설 Froude의 상사법칙
1) 속도(V_r)의 비는 길이 비(축척)의 $\dfrac{1}{2}$승에 비례한다.
2) $V_r = \dfrac{V_m(\text{모형유속})}{V_p(\text{원형유속})} = L_r^{\frac{1}{2}}$

∴ $V_m = 7.07 \times \left(\dfrac{1}{50}\right)^{\frac{1}{2}} = 1\text{m/sec}$

★
56 항만을 설계하기 위해 관측한 불규칙 파랑의 파고 및 주기가 다음 표와 같을 때, 유의주기($T_{1/3}$)는?

연번	파고(m)	주기(s)
1	9.5	9.4
2	8.9	9.0
3	7.4	8.0
4	7.3	7.4
5	6.5	7.5
6	5.8	6.5
7	4.2	6.2
8	3.3	4.3
9	3.2	5.6

① 8.4sec　② 8.6sec
③ 8.8sec　④ 9.0sec

해설 유의주기
1) 유의파고: 모든 파고 중 큰 순서로 $\dfrac{1}{3}$안에 드는 파고의 평균 높이
2) 유의 주기: 유의파고 주기의 평균 주기

$T_{\frac{1}{3}} = \dfrac{9.4 + 9.0 + 8.0}{3} = 8.8\text{sec}$

★★★
57 강우강도 공식형이 $I = \dfrac{4500}{t + 30}$(mm/hr)로 표시된 어떤 도시에 있어서 15분간의 강우량은? (단, t의 단위는 min이다.)
① 15mm　② 20mm
③ 25mm　④ 30mm

해설 강우량
1) 강우강도
$I = \dfrac{4,500}{15 + 30} = \dfrac{100\text{mm}}{\text{hr}} = \dfrac{100\text{mm}}{60\text{min}}$
2) 강우량 = 강우강도 × 강우지속시간
$= \dfrac{100\text{mm}}{60\text{min}} \times 15\text{min} = 25\text{mm}$

★★
58 다음 중 침투능에 영향을 주는 인자 중 가장 거리가 먼 것은?
① 토양의 종류　② 토양의 다짐정도
③ 지하수위　④ 동결 및 융해

해설 침투능
1) 침투능: 어떤 토양에서 물이 최대로 침투할 수 있는 최대비율(mm/hr)
2) 영향인자: 토양의 종류, 식생의 피복, 토양의 다짐정도, 포화 층의 두께 등에 따라 다르다.

★★
59 수문곡선 중 기저시간(基底時間 : time base)의 정의로 가장 옳은 것은?
① 수문곡선의 상승시점에서 첨두까지의 시간폭
② 강우중심에서 첨두까지의 시간폭
③ 유출구에서 유역의 수리학적으로 가장 먼 지점의 물입자가 유출구까지 유하하는 데 소요되는 시간
④ 직접유출이 시작되는 시간에서 끝나는 시간까지의 시간 폭

해설 기저시간
1) 기저시간: 직접유출이 시작되는 시간에서 끝나는 시간까지의 시간 폭
2) 직접유출: 강수 후 비교적 짧은 시간 내에 하천으로 흘러 들어가는 부분으로 지표면유출, 조기 지표하유출, 수로상 강수 등을 말한다.

해답 55. ②　56. ③　57. ③　58. ④　59. ④

② 2023년 과년도출제문제

60 다음 중 합리식을 적용하여 유출량을 산정할 때, 유역면적은 얼마로 가정하여 산정하는가?
① 1.0km² ② 10km²
③ 100km² ④ 500km²

해설 합리식
1) 합리식은 유역면적이 0.4km² 이상인 경우에 주의해서 사용하고, 5km² 이상일 때는 사용을 삼가야 한다.
2) 우수유출량: $Q = C \cdot I \cdot A$

철근콘크리트 및 강구조

61 철근콘크리트가 성립하는 이유에 대한 설명으로 틀린 것은?
① 철근과 콘크리트와의 부착력이 크다.
② 콘크리트 속에 묻힌 철근은 부식하지 않는다.
③ 철근과 콘크리트의 탄성계수는 거의 같다.
④ 철근과 콘크리트는 온도에 대한 팽창계수가 거의 같다.

해설 철근콘크리트 성립 이유
1) 철근과 콘크리트의 부착력이 크다. → 일체식으로 거동
2) 콘크리트가 불투수층이므로 철근은 녹슬지 않으므로 내구성이 크다.
3) 철근과 콘크리트의 열팽창계수가 거의 같다 → 두 재료 사이의 온도응력 무시할 수 있다.
4) 철근 탄성계수는 콘크리트 탄성계수보다 n배(탄성계수비)만큼 크다.
   $n = \dfrac{E_s}{E_c} \Rightarrow \therefore E_s = nE_c$

62 콘크리트의 설계기준압축강도(f_{ck})가 50MPa인 경우 콘크리트 탄성계수 및 크리프 계산에 적용되는 콘크리트의 평균압축강도(f_{cu})는?
① 54MPa ② 55MPa
③ 56MPa ④ 57MPa

해설 콘크리트의 평균압축강도

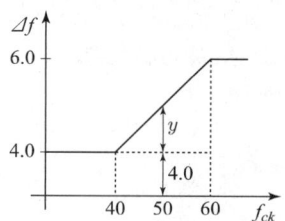

1) Δf 값

f_{ck}(MPa)	40 이하	40 초과 60 미만	60 이상
Δf(MPa)	4.0	직선보간	6.0

2) f_{ck}가 40초과 60미만 사이이므로 직선보간 한다.
   $10 : y = 20 : 2 \Rightarrow y = 1$
   $\Delta f = 4.0 + y = 4.0 + 1.0 = 5.0$
3) $f_{cu} = f_{ck} + \Delta f = 50 + 5.0 = 55\text{MPa}$

63 철근 콘크리트 휨 부재설계에 대한 일반원칙을 설명한 것으로 틀린 것은?
① 인장철근이 설계기준항복강도에 대응하는 변형률에 도달하고 동시에 압축 콘크리트가 가정된 극한변형률인 0.0033에 도달할 때, 그 단면이 균형변형률 상태에 있다고 본다.
② 철근의 항복강도가 400MPa 이하인 경우, 압축연단 콘크리트가 가정된 극한변형률인 0.0033에 도달할 때 최외단 인장철근 순인장변형률이 0.0015 이상인 단면을 인장지배단면이라고 한다.
③ 철근의 항복강도가 400MPa을 초과하는 경우, 인장지배변형률한계를 철근 항복변형률의 2.5배로 한다.
④ 순인장변형률이 압축지배변형률 한계와 인장지배변형률 한계 사이인 단면은 변화구간단면이라고 한다.

해설 인장 지배단면
1) 철근의 항복강도가 400MPa 이하인 경우: 압축 연단 콘크리트가 극한변형률인 0.0033에 도달할 때 최외단 인장철근 순인장변형률이 0.005 이상인 단면
2) 철근의 항복강도가 400MPa을 초과하는 경우: 인장지배변형률 한계는 철근항복변형률의 2.5배로 한다.

해답 60. ① 61. ③ 62. ② 63. ②

64
길이 6m의 철근콘크리트 단순보의 처짐을 계산하지 않아도 되는 보의 최소두께는 얼마인가?
(단, $f_{ck}=21$MPa, $f_y=350$MPa)

① 356mm ② 403mm
③ 375mm ④ 349mm

해설 처짐을 계산하지 않아도 되는 단순 보의 최소두께(h)
1) 보의 최소두께는 $\frac{l}{16}$, f_y가 400MPa이 아닌 경우 $\left(0.43+\frac{f_y}{700}\right)$를 곱하여 구한다.
2) $h=\frac{6,000}{16}\times\left(0.43+\frac{350}{700}\right)=349$mm

65
단철근 직사각형보의 폭 300mm, 유효깊이 500mm, 높이 600mm 일 때, 외력에 의해 단면에서 휨균열을 일으키는 휨모멘트(M_{cr})를 구하면? (단, 보통중량콘크리트 $f_{ck}=24$MPa, 콘크리트 파괴계수 $f_r=0.63\lambda\sqrt{f_{ck}}$)

① 45.2kN·m ② 48.9kN·m
③ 52.1kN·m ④ 55.6kN·m

해설 균열모멘트
1) $Z=\frac{bh^2}{6}$
2) $f_r=0.63\lambda\sqrt{f_{ck}}=0.63\times 1.0\times\sqrt{24}=3.086$N/mm²
3) $M_{cr}=f_r\cdot Z=3.086\times\frac{300\times 600^2}{6}=55,554,427$N·mm $=55.6$kN·m

66
그림과 같은 T형보의 응력사각형 깊이 a는 얼마인가?
(단, $b_e=1,000$mm, $b_w=480$mm, $t_f=100$mm, $d=600$mm, $A_s=14-D25=7,094$mm², $f_{ck}=21$MPa, $f_y=300$MPa)

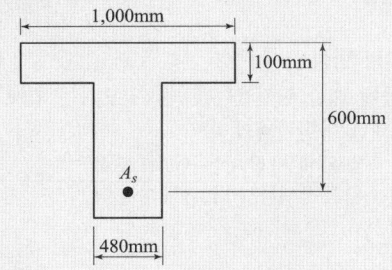

① 120mm ② 130mm
③ 140mm ④ 150mm

해설 T형보의 응력사각형 깊이
1) T형보의 판정: 폭 b인 단철근 직사각형 보로 보고 등가 직사각형 응력 블록 깊이를 구하면
 ① $f_{ck}\le 40$MPa $\Rightarrow \eta=1.0$
 ② $a=\frac{A_s f_y}{\eta(0.85f_{ck})b}$
  $=\frac{7,094\times 300}{1.0\times 0.85\times 21\times 1000}=119.23$mm
 ∴ T형보로 설계한다. (∵ $a>t_f=100$mm)
2) $A_{sf}=\frac{\eta(0.85f_{ck})(b-b_w)t_f}{f_y}$
  $=\frac{1.0\times 0.85\times 21\times(1,000-480)\times 100}{300}$
  $=3,094$mm²
3) $a=\frac{(A_s-A_{sf})f_y}{\eta(0.85f_{ck})b_w}$
  $=\frac{(7,094-3,094)\times 300}{1.0\times 0.85\times 21\times 480}=140$mm

67
전체깊이가 900mm를 초과하는 휨부재 복부의 양 측면에 부재 축방향으로 배근하는 철근의 명칭은?

① 배력철근 ② 표피철근
③ 피복철근 ④ 연결철근

해설 표피철근

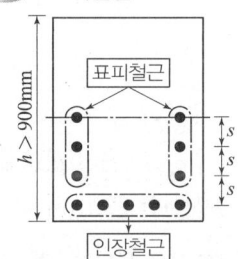

68
그림과 같은 띠철근 기둥에서 띠철근으로 D10(공칭지름 9.5mm) 및 축방향철근으로 D32(공칭지름 31.8mm)의 철근을 사용할 때, 띠철근의 최대 수직간격은?

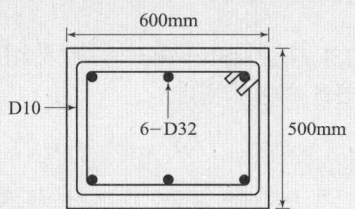

① 450mm ② 456mm
③ 500mm ④ 509mm

해답 64. ④ 65. ④ 66. ③ 67. ② 68. ②

해설 띠철근 간격
1) 축 방향 철근의 공칭지름×16=31.8×16=508.8mm
2) 띠 방향 철근의 공칭지름×48=9.5×48=456mm
3) 기둥 단면의 최소치수=500mm
∴ 이 중 최솟값이 띠철근 간격: 456mm

69 계수전단력 V_u =60kN을 받을 수 있는 직사각형 단면이 전단철근 없이 견딜 수 있는 콘크리트의 유효깊이 d는 최소 얼마 이상인가? (단, f_{ck} =24MPa, b_w =350mm)
① 618mm
② 560mm
③ 434mm
④ 328mm

해설 전단철근을 배근하지 않는 경우의 단면 설계
1) 콘크리트가 부담하는 공칭전단강도
$$V_c = \frac{1}{6} \lambda \sqrt{f_{ck}} b_w d$$
$$= \frac{1}{6} \times 1.0 \times \sqrt{24} \times 350 \times d = 285.77 d$$
2) 전단철근이 필요 없는 조건
$$V_u \le \frac{1}{2} \phi V_c$$
$$60,000 \le \frac{1}{2} \times 0.75 \times 285.77 d \Rightarrow \therefore d = 560mm$$

70 비틀림철근에 대한 설명 중 옳지 않은 것은? (단, P_h : 가장 바깥의 횡방향 폐쇄스터럽 중심선의 둘레 (mm))
① 비틀림철근의 설계기준항복강도는 500MPa을 초과해서는 안된다.
② 횡방향 비틀림철근의 간격은 $P_h/8$ 보다 작아야 하고, 또한 300mm 보다 작아야 한다.
③ 비틀림에 요구되는 종방향철근은 폐쇄스터럽의 둘레를 따라 300mm 이하의 간격으로 분포시켜야 한다.
④ 스터럽의 각 모서리에 최소한 세 개 이상의 종방향 철근을 두어야 한다.

해설 비틀림철근
스터럽의 각 모서리에 최소한 한개 이상의 종방향 철근을 두어야 한다.

71 1방향 철근콘크리트 슬래브에서 수축온도철근의 간격에 대한 설명으로 옳은 것은?
① 슬래브 두께의 3배 이하, 또한 300mm 이하로 하여야 한다.
② 슬래브 두께의 3배 이하, 또한 450mm 이하로 하여야 한다.
③ 슬래브 두께의 5배 이하, 또한 450mm 이하로 하여야 한다.
④ 슬래브 두께의 5배 이하, 또한 300mm 이하로 하여야 한다.

해설 1방향 슬래브의 철근 간격
1) 정(+)·부(-) 철근 간격
① 최대휨모멘트가 일어나는 단면: 슬래브 두께의 2배 이하, 300mm 이하
② 최대휨모멘트가 일어나는 단면이 아닌 경우: 슬래브 두께의 3배 이하, 450mm 이하
2) 수축 및 온도 철근의 간격: 슬래브 두께의 5배 이하, 450mm 이하

72 다음은 옹벽의 안정에 대한 규정이다. 옳지 않은 것은?
① 옹벽의 활동에 대한 저항력은 옹벽에 작용하는 수평력의 2.5배 이상이어야 한다.
② 전도 및 지반지지력에 대한 안정조건을 만족하며, 활동에 대한 안정조건만을 만족하지 못할 경우 활동방지벽을 설치하여 활동저항력을 증대시킬 수 있다.
③ 전도에 대한 저항모멘트는 횡토압에 의한 전도모멘트의 2.0배 이상이어야 한다.
④ 지지 지반에 작용되는 최대 압력이 지반의 허용지지력을 과하지 않아야 한다.

해설 옹벽의 안정
1) 활동에 대한 안전율: 활동을 일으키는 힘에 대한 활동에 대한 저항력과의 비
2) $F_s = \dfrac{활동에 저항하는 힘(마찰력)}{활동을 일으키는 힘(수평력)} \ge 1.5$

해답 69. ② 70. ④ 71. ③ 72. ①

73. 뒷부벽식 옹벽에서 뒷부벽을 어떤 보로 설계하여야 하는가?
① 직사각형보   ② T형보
③ 단순보   ④ 연속보

해설 옹벽의 설계
1) 앞부벽식 옹벽: 앞부벽은 직사각형 보로 설계
2) 뒷부벽식 옹벽: 뒷부벽은 T형 보로 설계

74. U형 스터럽의 정착방법 중 종방향철근을 둘러싸는 표준갈고리 만으로 정착이 가능한 철근의 범위는?
① D16 이하의 철근   ② D19 이하의 철근
③ D22 이하의 철근   ④ D25 이하의 철근

해설 U형 스터럽의 정착방법
1) D16 이하 철근으로 종방향철근을 둘러싸는 표준갈고리로 정착하여야 한다.
2) 폐쇄형으로 배근된 한 쌍의 U형 스터럽이나 띠철근은 겹침이음 길이가 $1.3 l_d$ 이상일 때 적절히 이어진 것으로 본다.

75. 프리스트레스트 콘크리트 구조물의 특징에 대한 설명으로 틀린 것은?
① 철근콘크리트 구조물에 비해 진동에 대한 저항성이 우수하다.
② 설계하중 하에서 균열이 생기지 않으므로 내구성이 크다.
③ 철근콘크리트 구조물에 비하여 복원성이 우수하다.
④ 공사가 복잡하여 고도의 기술을 요한다.

해설 프리스트레스트 콘크리트의 단점
1) 프리스트레스트 콘크리트는 전 단면을 유효하게 이용할 수 있다.
2) 그러므로 철근콘크리트에 비해 단면 치수가 작아진다.
3) 단면치수가 작으면 휨강성이 작아지므로 구조물의 변형이 크고 진동하기 쉽다.

76. 일단정착의 포스트텐션 부재에서 PS강재의 길이가 30m, 초기 프리스트레스 1,000MPa일 때 감소율 3%가 되기 위해서는 활동량이 얼마인가? (단, $E_p = 2.0 \times 10^5$ MPa)
① 3.0mm   ② 3.5mm
③ 4.0mm   ④ 4.5mm

해설 정착 단의 활동량(일단 정착)
1) 프리스트레스 감소율 = 초기프리스트레스 × 감소율
$$= 1,000 \times \frac{3}{100} = 30 \text{MPa}$$
2) 정착 단의 활동에 의한 프리스트레스의 손실
$$\Delta f_p = E_p \varepsilon = E_p \frac{\Delta l}{l}$$
$$30 = 2.0 \times 10^5 \times \frac{\Delta l}{30,000} \Rightarrow \therefore \Delta l = 4.5 \text{mm}$$

77. 그림과 같은 맞대기 용접의 용접부에 발생하는 인장응력은?

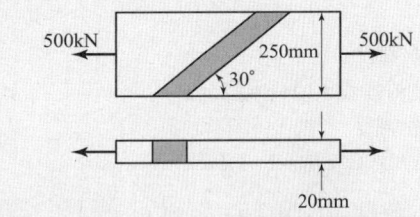

① 100MPa   ② 150MPa
③ 200MPa   ④ 220MPa

해설 용접부의 인장응력
1) $P = 500 \text{kN} = 500,000 \text{N}$
2) $f_t = \dfrac{P}{\sum al} = \dfrac{500,000}{20 \times 250} = 100 \text{MPa}$

l : 용접선이 응력 방향에 경사진 경우에는 응력 방향에 투영시킨 길이를 사용한다.

78. 용접이음에 관한 설명으로 틀린 것은?
① 리벳구멍으로 인한 단면 감소가 없어서 강도 저하가 없다.
② 내부 검사(X선 검사)가 간단하지 않다.
③ 작업의 소음이 적고 경비와 시간이 절약된다.
④ 리벳이음에 비해 약하므로 응력집중 현상이 일어나지 않는다.

해답 73.② 74.① 75.① 76.④ 77.① 78.④

해설 용접이음의 단점
1) 검사가 어렵고, 반복하중에 의한 피로에 약하다.
2) 부분적으로 가열되었다 냉각되기 때문에 잔류응력이 남는다.
3) 응력집중이 생기고 작업자의 숙련도에 따라 강도가 좌우된다.

79 순단면이 볼트구멍 하나를 제외한 단면(즉, A-B-C 단면)과 같도록 피치(s)를 결정하면? (단, 볼트 직경은 19mm이다.)

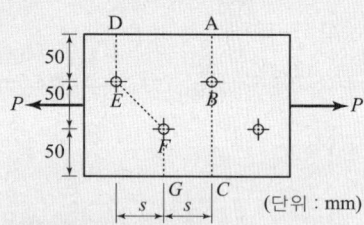

① $s = 114.9mm$ ② $s = 90.6mm$
③ $s = 66.3mm$ ④ $s = 50mm$

해설 순폭 계산
1) 구멍지름: d=19+3=22mm
2) 순폭 계산
 ① A-B-C : $b_n = b_g - d$
 ② D-E-F-G : $b_n = b_g - d - \left(d - \dfrac{S^2}{4g}\right)$
 ①=② 조건이므로 $d - \dfrac{S^2}{4g} = 0$
 ∴ $S = \sqrt{4gd} = \sqrt{4 \times 50 \times 22} = 66.3mm$

80 전단설계 시 깊은보(Deep Beam)란 부재의 상부 또는 압축면에 하중이 작용하는 부재로 $\dfrac{L_n}{h}$이 얼마 이하인 경우인가? (단, L_n: 받침부 내면 사이의 순경간, h : 부재 전체의 깊이 또는 두께)

① 3 ② 4
③ 5 ④ 6

해설 깊은 보의 조건
1) 순경간이 부재깊이의 4배이하인 경우: $\dfrac{L_n}{h} \leq 4$
2) 받침부 내면에서 부재깊이의 2배 이하인 위치에 집중하중이 작용하는 경우는 집중하중과 받침부 사이의 구간: $\dfrac{a}{h} \leq 2$인 a구간

토질 및 기초

81 일축압축강도 시험에 관한 설명 중 옳지 않은 것은?
① Mohr원이 하나 밖에 그려지지 않는다.
② 시료 자체가 서있어야 하므로 점성토에 대해서만 가능하다.
③ 배수조건에서의 시험결과밖에 얻지 못한다.
④ 예민비가 큰 흙을 quick clay라고 한다.

해설 일축압축강도시험
1) σ_1(최대주응력)을 지름으로 하는 Mohr원이 하나만 그려진다.
2) 점토의 압축성 및 강도 추정을 위한 시험이다.
3) 전단 시 배수 조절이 곤란하므로 비압밀-비배수시험(UU-test)조건에만 가능하다.

82 다음 중 일시적 개량공법에 속하는 것은?
① 동결 공법 ② 약액주입 공법
③ 침투압 공법 ④ 다짐모래말뚝 공법

해설 일시적 지반 개량공법 종류
1) 동결공법
2) 진공압밀공법
3) 웰포인트(Well Point) 공법
4) 소결공법

83 다음 설명 중 틀린 것은?
① Mohr원이 Mohr파괴포락선 아래에 존재한다면 그 흙은 불안정하다.
② Mohr원이 Mohr파괴포락선에 접하는 경우 그 흙은 파괴에 도달했음을 의미한다.
③ Mohr원과 Mohr파괴포락선의 교차하게 되는 응력상태는 존재하지 않는다.
④ 포화점토의 비배수 전단강도는 Mohr원의 반경과 같다.

해설 Mohr의 응력원
1) Mohr원이 Mohr파괴포락선 아래에 있는 경우: 안정상태
2) Mohr원이 Mohr파괴포락선에 접하는 경우: 파괴 상태에 도달
3) Mohr원과 Mohr파괴포락선이 교차하게 되는 경우: 존재하지 않음

해답 79. ③ 80. ② 81. ③ 82. ① 83. ①

84. 포화상태에 있는 흙의 함수비가 40%이고, 비중이 2.60이다. 이 흙의 공극비는 얼마인가?

① 0.85
② 0.065
③ 1.04
④ 1.40

해설 흙의 공극비
1) 포화상태에 있는 흙: $S=100\%$
2) $w \cdot G_s = S \cdot e$ 이므로
$$40 \times 2.60 = 100 \times e \Rightarrow \therefore e = 1.04$$

85. 일면배수 상태인 10m 두께의 점토층이 있다. 지표면에 무한히 넓게 등분포압력이 작용하여 1년 동안 40cm의 침하가 발생되었다. 점토층이 90% 압밀에 도달할 때 발생되는 1차 압밀침하량은?(단, 점토층의 압밀계수는 $C_v = 19.7\text{m}^2/\text{yr}$이다.)

① 40cm
② 48cm
③ 72cm
④ 80cm

해설 1차 압밀침하량
1) $C_v = \dfrac{T_v H^2}{t}$

$$19.7 = \dfrac{T_v \times 10^2}{1} \Rightarrow \therefore T_v = 0.197$$

2) $T_v = 0.197$는 압밀도 50%를 의미한다.

압밀도 $= \dfrac{\text{현재까지압밀량}}{\text{최종압밀량}} \times 100$

$50 = \dfrac{40}{\text{최종압밀량}} \times 100 \Rightarrow \therefore$ 최종압밀량 $= 80\text{cm}$

3) 90%일 때 압밀침하량

압밀도 $= \dfrac{\text{현재까지압밀량}}{\text{최종압밀량}} \times 100$

$90 = \dfrac{\text{현재까지 압밀량}}{80} \times 100$

$\therefore$ 압밀도 90%에 대한 압밀침하량 $= 72\text{cm}$

86. 토립자가 둥글고 입도분포가 나쁜 모래지반에서 표준관입 시험을 한 결과 N치$=10$ 이었다. 이 모래의 내부마찰각은 Dunham의 공식으로 구하면 다음 중 어느 것인가?

① 21°
② 26°
③ 31°
④ 36°

해설 흙의 내부마찰각(ϕ)
1) C의 값
 1) 토립자가 둥글고 입도분포가 나쁜 경우: $C=15°$
 2) 토립자가 둥글고 입도분포가 좋은 경우: $C=20°$
 3) 토립자가 모나고 입도분포가 나쁜 경우: $C=20°$
 4) 토립자가 모나고 입도분포가 좋은 경우: $C=25°$
2) 흙의 내부마찰각(ϕ)
$$\phi = \sqrt{12N} + C = \sqrt{12 \times 10} + 15° = 26°$$

87. 그림과 같은 옹벽에서 전주동 토압(P_a)과 작용점의 위치(y)는 얼마인가?

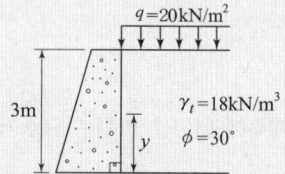

① $P_a = 37\text{kN/m}$, $y = 1.21\text{m}$
② $P_a = 47\text{kN/m}$, $y = 1.79\text{m}$
③ $P_a = 47\text{kN/m}$, $y = 1.21\text{m}$
④ $P_a = 54\text{kN/m}$, $y = 1.79\text{m}$

해설 전 주동토압과 작용점의 위치

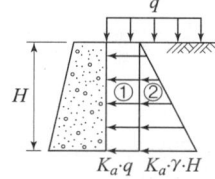

1) $K_a = \dfrac{1-\sin\phi}{1+\sin\phi} = \dfrac{1-\sin 30°}{1+\sin 30°} = \dfrac{1}{3}$

2) $P_a = ① + ② = K_a qH + \dfrac{1}{2} K_a \gamma H^2$
$$= \dfrac{1}{3} \times 20 \times 3 + \dfrac{1}{2} \times \dfrac{1}{3} \times 18 \times 3^2 = 47\text{kN/m}$$

3) $y = \dfrac{(K_a qH)(y_1) + \left(\dfrac{1}{2} K_a \gamma H^2\right)(y_2)}{K_a qH + \dfrac{1}{2} K_a \gamma H^2}$

$$= \dfrac{(20)(1.5) + (27)(1)}{47} = 1.21\text{m}$$

여기서, $y_1 = \dfrac{H}{2} = \dfrac{3}{2} = 1.5\text{m}$, $y_2 = \dfrac{H}{3} = \dfrac{3}{3} = 1\text{m}$

해답 84. ③ 85. ③ 86. ② 87. ③

88 흙의 투수성에 관한 Darcy의 법칙 $Q = K \cdot \dfrac{\Delta h}{l} \cdot A$을 설명하는 말 중 옳지 않은 것은?

① 투수계수 K의 차원은 속도의 차원(cm/sec)과 같다.
② A는 실제로 물이 통하는 공극부분의 단면적이다.
③ Δh는 수두차이다.
④ 물의 흐름이 난류인 경우에는 Darcy의 법칙이 성립하지 않는다.

해설 Darcy 법칙
1) A는 시료의 전 단면적이다.
2) 물의 흐름이 층류인 경우 Darcy 법칙이 성립한다.

89 흙의 투수계수에 영향을 미치는 요소가 아닌 것은?
① 입경
② 물의 점성계수
③ 공극비
④ 압축지수

해설 투수계수
1) $K = D_s^2 \dfrac{\rho g}{\mu} \dfrac{e^3}{1+e} C$
2) 투수계수는 입경이 클수록, 점성계수가 작을수록, 공극비가 클수록 증가한다.

90 직경 30cm 콘크리트 말뚝을 단동식 증기 해머로 타입하였을 때 엔지니어링 뉴스 공식을 적용한 말뚝의 허용지지력은? (단, 타격에너지=36kN·m, 해머효율=0.8, 손실상수=0.25cm, 마지막 25mm 관입에 필요한 타격횟수=50이다.)
① 640kN
② 1,280kN
③ 1,920kN
④ 3,840kN

해설 말뚝의 허용지지력(단동식 증기해머)
1) $Q_u = \dfrac{\alpha \cdot W_h \cdot H}{S + 0.25}$
2) 엔지니어링뉴스 공식의 $F_s = 6$이다.
3) $Q_a = \dfrac{Q_u}{F_s} = \dfrac{0.8 \times 36}{6(0.5 + 0.25)} = 640\text{kN}$
여기서, $S = \dfrac{25}{5} = 5\text{mm} = 0.5\text{cm}$, 타격에너지=$W_h \cdot H$

91 20kN의 무게를 가진 낙추로서 낙하고 2m로 말뚝을 박을 때 최종적으로 1회 타격당 말뚝의 침하량이 20mm였다. 이 때 Sander 공식에 의한 말뚝의 허용지지력은?
① 100kN
② 200kN
③ 670kN
④ 250kN

해설 말뚝의 허용지지력(Sander 공식)
1) $Q_u = \dfrac{W_h \cdot H}{S}$
2) 샌더 공식의 $F_s = 8$이다.
3) $Q_a = \dfrac{Q_u}{F_s} = \dfrac{20 \times 200\text{cm}}{8 \times 2} = 250\text{kN}$
여기서, $H = 2\text{m} = 200\text{cm}$, $S = 20\text{mm} = 2\text{cm}$

92 현장에서 들밀도 시험을 한 결과 파낸 구멍의 용적은 2,000cm³이고 파낸 흙의 질량이 3,240g이며 함수비는 8%였다. 이 흙의 간극비는 얼마인가?(단, 이 흙의 비중은 2.700이다.)
① 0.80
② 0.75
③ 0.70
④ 0.66

해설 들밀도 시험
1) 습윤 밀도
$\gamma_t = \dfrac{W}{V} = \dfrac{3{,}240}{2{,}000} = 1.62\text{g/cm}^3$
2) 건조 밀도
$\gamma_d = \dfrac{\gamma_t}{1 + \dfrac{w}{100}} = \dfrac{1.62}{1 + \dfrac{8}{100}} = 1.5\text{g/cm}^3$
3) 공극비
$\gamma_d = \dfrac{G_s \cdot \gamma_w}{1 + e}$ 에서
$e = \dfrac{G_s \cdot \gamma_w}{\gamma_d} - 1 = \dfrac{2.70 \times 1}{1.5} - 1 = 0.8$

해답 88. ② 89. ④ 90. ① 91. ④ 92. ①

93 다음은 점토지반이 과압밀상태에 있으리라고 예상되는 경우이다. 이 가운데 부적당한 것이 있으면 어느 것인가?
① 점토지반 위에 있었던 상재하중이 경감되었다.
② 점토지반 위에 과거에 큰 빙하가 덮여있었다.
③ 해성점토지반에 있어서 바다의 수위가 낮아졌다.
④ 포화점토지반이 과거에 건조된 적이 있었다.

해설 과압밀비(OCR)
1) $OCR = \dfrac{\text{선행 압밀하중}}{\text{현재의 유효연직하중}}$
2) 과압밀 상태: $OCR > 1$
3) 수중에 있는 흙의 유효응력은 수위의 변화와 관계없이 일정하다. 그러므로 바다의 수위가 낮아져도 정규 압밀 상태이다.

94 지표면에서 2m×2m되는 기초에 100kN/m²의 등분포하중이 작용한다. 깊이 5m 되는 곳에서 이 하중에 의해 일어나는 연직응력을 2:1 분포법으로 계산한 값은?
① 28.57kN/m²
② 8.16kN/m²
③ 0.83kN/m²
④ 19.75kN/m²

해설 2:1 분포법
$$\Delta\sigma_z = \dfrac{q \times B \times L}{(B+Z)(L+Z)} = \dfrac{100 \times 2 \times 2}{(2+5)(2+5)} = 8.16\,\text{kN/m}^2$$

95 어떤 유선망에서 상하류면의 수두 차가 4m, 등수두면의 수가 13개, 유로의 수가 7개일 때 단위 폭 1m당 1일 침투수량은 얼마인가? (단, 투수층의 투수계수 $K = 2.0 \times 10^{-4}$cm/s)
① 9.62×10^{-1} m³/day
② 8.0×10^{-1} m³/day
③ 3.72×10^{-1} m³/day
④ 1.83×10^{-1} m³/day

해설 유선망
1) $K = 2.0 \times 10^{-4}$ cm/s $= 2.0 \times 10^{-6}$ m/s
2) 단위 폭 1m당, 1sec 침투수량
$$q = KH\dfrac{N_f}{N_d} = 2.0 \times 10^{-6} \times 4 \times \dfrac{7}{13} = 4.308 \times 10^{-6}\,\text{m}^3/\text{s}$$
3) 단위 폭 1m당, 1day 침투수량
$$Q = q \cdot t = \dfrac{4.308 \times 10^{-6}}{\text{sec}} \times \dfrac{24 \times 3,600\,\text{sec}}{1\,\text{day}} = 3.72 \times 10^{-1}\,\text{m}^3/\text{day}$$

96 다음의 사운딩(Sounding) 방법 중에서 동적인 사운딩은?
① 이스키메타
② 베인 전단시험
③ 표준관입시험
④ 화란식 원추 관입시험

해설 사운딩(Sounding)
1) 동적 사운딩: 표준 관입시험기, 동적 원추 관입시험기
2) 정적 사운딩: 베인 전단시험기, 휴대용 원추 관입시험기, 이스키메타 등.

97 응력경로(stress path)에 대한 설명으로 옳지 않은 것은?
① 응력경로는 Mohr의 응력원에서 전단응력이 최대인 점을 연결하여 구해진다.
② 응력경로란 시료가 받는 응력의 변화과정을 응력공간에 궤적으로 나타낸 것이다.
③ 응력경로는 특성상 전응력으로만 나타낼 수 있다.
④ 시료가 받는 응력상태에 대해 응력경로를 나타내면 직선 또는 곡선으로 나타내어진다.

해설 응력경로
1) 응력경로는 전응력 경로와 유효 응력경로로 표현할 수 있다.
2) 전응력 경로는 직선으로 그려지고, 유효응력 경로는 곡선으로 그려진다.

해답 93. ③ 94. ② 95. ③ 96. ③ 97. ③

2023년 과년도출제문제

98 다음 그림과 같은 포화점토사면의 파괴에 대한 안전율은?(단, 점토의 포화단위중량이 20kN/m³, 흙의 전단강도계수 $c_u = 65\text{kN/m}^2$, $\phi_u = 0°$, 그리고 안정계수 $\dfrac{1}{N_s} = 0.18$이다.)

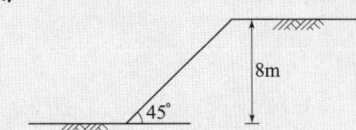

① 2.678　② 3.175
③ 2.257　④ 2.124

해설 단순사면의 안전율
1) 안정계수
$$\frac{1}{N_s} = 0.18 \Rightarrow \therefore N_s = \frac{1}{0.18} = 5.556$$
2) 한계고
$$H_c = \frac{N_s \cdot C}{\gamma} = \frac{5.556 \times 65}{20} = 18.057\,\text{m}$$
2) $F_s = \dfrac{H_c}{H} = \dfrac{18.057}{8} = 2.257$

99 다짐에 관한 다음의 설명 중 타당하지 않은 것은?
① 사질성분이 많이 내포된 흙은 다짐곡선의 기울기가 급하다.
② 최적함수비는 흙의 종류와 다짐 방법에 따라 다르다.
③ 입도분포가 양호한 흙의 건조밀도는 낮다.
④ 다짐을 하면 부착성이 양호해지고 투수성과 압축성이 작아진다.

해설 흙의 다짐
1) 입도분포가 양호한 흙의 최대건조밀도는 높다.
2) 조립토일수록 최적함수비가 낮고 최대건조밀도는 높다.
3) 점성토는 다짐 곡선이 완만하고 조립토는 급경사를 이룬다.

100 A, B 두 종류의 흙에 관한 토질시험결과가 표와 같다. 다음 내용 설명 중 옳은 것은?

구분	A	B
액성한계	30%	10%
소성한계	15%	5%
함수비	23%	12%
비중	2.73	2.67

① A는 B보다 공극비가 작다.
② A는 B보다 점토분을 많이 함유하고 있다.
③ A는 B보다 습윤밀도가 크다.
④ A는 B보다 건조밀도가 크다.

해설 흙의 기본적 성질
1) 소성지수
　① A흙: $PI = LL - PL = 30 - 15 = 15\%$
　② B흙: $PI = LL - PL = 10 - 5 = 5\%$
2) 액성한계와 소성지수가 클수록 점토함유율이 증가한다.
3) A는 B보다 습윤밀도, 건조밀도가 작다.

상하수도공학

101 한 도시의 인구자료가 다음 표와 같을 때 10년 후의 급수인구를 등비급수법을 이용하여 구하면 약 몇 명인가?

년도	인구(명)
2003	15,470
2004	17,130
2005	18,740
2006	20,450
2007	22,100

① 약 53,800명　② 약 54,200명
③ 약 54,600명　④ 약 55,000명

해설 급수인구 추정(등비급수법)
1) 인구증가율
$$\gamma = \left(\frac{P_o}{P_t}\right)^{\frac{1}{t}} - 1 = \left(\frac{22,100}{15,470}\right)^{\frac{1}{4}} - 1 = 0.093$$
여기서, $t = 2007년 - 2003년 = 4년$
2) 10년 후의 급수인구
$$P_n = P_0(1+r)^n = 22,100(1+0.093)^{10} \fallingdotseq 53,800\text{명}$$

해답　98. ③　99. ③　100. ②　101. ①

102 다음 중 수원과 취수시설의 관계로 옳지 않은 것은?
① 하천수 – 취수탑
② 복류수 – 취수관로
③ 천층수 – 집수매거
④ 호소수 – 취수문

해설 수원과 취수시설의 관계
1) 복류수: 하천과 호소의 바닥이나 옆면의 모래 및 자갈층 속을 흐르는 물을 말한다.
2) 복류수는 집수매거로 취수한다.

103 다음 상수 취수시설인 집수매거에 관한 설명으로 틀린 것은?
① 철근콘크리트조의 유공관 또는 권선형 스크린관을 표준으로 한다.
② 집수매거는 수평 또는 흐름방향으로 향하여 완경사로 설치한다.
③ 집수매거의 유출단에서 매거내의 평균유속은 3m/s 이상으로 한다.
④ 집수매거는 가능한 직접 지표수의 영향을 받지 않도록 매설깊이는 5m 이상으로 하는 것이 바람직하다.

해설 집수매거
집수매거 내의 유속: 집수매거 유출 단에서 1m/s 이하가 되도록 한다.

104 다음 설명 중 옳지 않은 것은?
① BOD는 유기물에 의해서 호기성 상태에서 분해 안정화시키는 데 요구되는 산소량이다.
② BOD는 보통 20℃에서 5일간 시료를 배양했을 때 소비된 용존산소량으로 표시된다.
③ BOD가 과도하게 높으면 DO는 감소하며, 악취가 발생한다.
④ BOD와 COD는 오염의 지표로서, 하수 중의 용존 산소량을 나타낸다.

해설 수질오염지표
1) BOD, COD는 오염의 지표로서 오염된 물은 BOD, COD가 높다.
2) DO(Dissolved Oxygen): 수중의 용존산소량을 말한다.

105 다음 상수도 시설에 관한 설명 중 틀린 설명은?
① 계획취수량은 1일 최대급수량을 기준으로 설계한다.
② 계획도수량은 1일 최대급수량을 기준으로 설계한다.
③ 계획정수량은 1일 최대급수량을 기준으로 설계한다.
④ 계획배수량은 1일 최대급수량을 기준으로 설계한다.

해설 계획배수량
1) 평상시: 계획 시간 최대급수량
2) 화재시: 계획 1일 최대급수량의 1시간당 수량 + 소화용수량

106 PH가 5.6에서 4.3으로 변할 때 수소이온 농도는 약 몇 배가 되는가?
① 13배
② 15배
③ 20배
④ 17배

해설 PH(수소이온농도)
1) $PH = \log\left(\dfrac{1}{H^+}\right) = -\log(H^+)$
2) $PH = 5.6$ 인 경우의 수소이온 농도
$H^+ = 1.0 \times 10^{-5.6}$
3) $PH = 4.3$ 인 경우의 수소이온 농도
$H^+ = 1.0 \times 10^{-4.3}$
4) 수소이온 농도의 비(계산기 이용)
$= \dfrac{10^{-4.3}}{10^{-5.6}} = \dfrac{5.012 \times 10^{-5}}{2.512 \times 10^{-6}} = 20$

107 다음은 상수의 도수 및 송수에 관한 설명이다. 틀린 것은?
① 도수 및 송수방식은 에너지의 공급원 및 지형에 따라 자연유하식과 펌프압송식으로 나누어진다.
② 송수관로는 수리학적으로 수압작용 여부에 따라 개수로식과 관수로식으로 분류가능하다.
③ 펌프압송식은 수원이 급수구역과 가까울 때와 지하수를 수원으로 할 때 적당하다.
④ 자연유하식은 평탄한 지형과 도수로가 짧을 때 이용된다.

해답 102. ② 103. ③ 104. ④ 105. ④ 106. ③ 107. ④

해설 도수 및 송수방식(자연유하식 특징)
1) 도수, 송수가 안전하고 확실하다.
2) 유지관리가 용이하고, 비용이 적게 든다.
3) 평탄한 지형에서는 부적합하고 수원의 위치가 높고 도수로가 길 때 적당하다.

★★
108 도수관에 대한 설명으로 틀린 것은?
① 자연유하식 도수관의 최소평균유속은 0.3m/s로 한다.
② 액상화의 우려가 있는 지반에서의 도수관 매설시 필요에 따라 지반을 개량한다.
③ 자연유하식 도수관의 허용 최대한도 유속은 3.0m/s로 한다.
④ 도수관의 노선은 관로가 항상 동수경사선 이상이 되도록 설정한다.

해설 도수관의 매설
도수관의 매설은 최소동수경사선 이하로 매설해야 하고 가급적 단거리로 한다.

★★
109 배수관의 수압에 관한 사항으로 ㉠, ㉡에 들어갈 적정한 값은?

1. 급수관을 분기하는 지점에서 배수관내의 최소 동수압은 (㉠)kPa 이상을 확보한다.
2. 급수관을 분기하는 지점에서 배수관내의 최대 정수압은 (㉡)kPa를 초과하지 않아야 한다.

① ㉠ 150, ㉡ 700
② ㉠ 150, ㉡ 600
③ ㉠ 200, ㉡ 700
④ ㉠ 200, ㉡ 600

해설 배수관의 수압
1) 배수관내의 최소동수압: 150kPa
2) 배수관내의 최대정수압: 700kPa

★★
110 유입수량 100m³/min, 침전지 용량 5,000m³, 침전지의 폭 4m, 길이 10m, 유효수심 5m일 때, 침전지의 수면적 부하는? (단, 단위는 m/day임.)
① 25   ② 72
③ 144   ④ 200

해설 수면적부하($\frac{Q}{A}$)
1) 1일 유입수량: $Q = \frac{100\text{m}^3}{\text{min}} \times \frac{24 \times 60\text{min}}{1\text{day}}$
   $= 144{,}000\text{m}^3/\text{day}$
2) 침전시간: $t = \frac{V}{Q} \times 24 = \frac{5{,}000}{144{,}000} \times 24 = 0.83\text{hr}$
3) 수면적부하($\frac{Q}{A}$)
   $t = \frac{V}{Q} \times 24 = \frac{A \times h}{Q} \times 24$
   $\therefore \frac{Q}{A} = \frac{24h}{t} = \frac{24 \times 5}{0.83} = 144\text{m/day}$

★★
111 정수시설 중 소독(살균)설비에 사용되는 염소제에 대한 설명으로 틀린 것은?
① 잔류효과가 있는 것이 장점이다.
② 트리할로메탄(THM) 등의 유기염소화합물을 생성한다.
③ pH가 낮아질수록 소독효과는 커진다.
④ 수온이 낮아질수록 염소의 살균력은 증대된다.

해설 염소소독
염소는 기화열이 필요하므로 수온이 높을수록 염소의 살균력을 증대된다.

★★★
112 1일 물 공급량은 5,000m³/day이다. 이 수량을 염소 처리하고자 100kg/day의 염소를 주입한 후 잔류염소농도를 측정하였더니 0.5mg/L이었다. 염소요구량 농도는 얼마인가?
① 19mg/L   ② 19.5mg/L
③ 20mg/L   ④ 20.5mg/L

해답 108. ④ 109. ① 110. ③ 111. ④ 112. ②

해설 염소 요구농도
1) 염소 주입농도
$= \dfrac{염소주입량}{Q} = \dfrac{100\text{kg/day}}{5{,}000\text{m}^3/\text{day}} = 20\text{mg/L}$
여기서, 1kg = 1,000g, 1g = 1,000mg
$\Rightarrow \therefore$ 1kg $= 10^6$mg
1m^3 = 1,000L
2) 염소 요구농도
= 염소주입농도 − 잔류염소농도 = 20 − 0.5 = 19.5mg/L

★★
113 하수도의 목적에 관한 설명으로 가장 거리가 먼 것은?
① 하수도는 도시의 건전한 발전을 도모하기 위한 필수시설이다.
② 하수도는 공중위생의 향상에 기여한다.
③ 하수도는 공공수역의 수질을 보전함으로써 국민의 건강보호에 기여한다.
④ 하수도는 경제발전과 산업기반의 정비를 위하여 건설된 시설이다.

해설 하수도의 목적
1) 쾌적한 생활환경 도모
2) 공공수역의 수질오염 방지
3) 침수 등에 의한 재해방지

★★★
114 하수배제방식에 관한 설명 중 잘못된 것은?
① 합류식과 분류식은 각각의 장단점이 있으므로 도시의 실정을 충분히 고려하여 선정할 필요가 있다.
② 합류식은 우천시 오수가 우수에 섞여서 공공수역에 유출되기 때문에 수질보존 대책이 필요하다.
③ 분류식은 우천시 우수가 전부 공공수역에 방류되기 때문에 합류식에 비해 우천시 오탁의 문제는 없다.
④ 분류식의 처리장에서는 시간에 따라 오수 유입량의 변동이 크므로 조정지 등을 통하여 유입량을 조정하면 유지관리가 쉽다.

해설 하수 배제 방식(분류식 특징)
1) 오수는 오수관으로 하수처리장으로 이송하여 처리한다.
2) 우수는 우수관으로 처리장으로 거치지 않고 바로 하천으로 방류된다.
3) 그러므로 분류식은 오염도가 심한 초기우수를 처리할 수 없다.

★
115 하수도 기본계획에서 계획목표년도의 인구추정 방법이 아닌 것은?
① Logistic곡선식에 의한 방법
② 지수함수곡선식에 의한 방법
③ 생잔모형에 의한 조성법(Cohort method)
④ Stevens모형에 의한 방법

해설 하수도 기본 계획 시 인구추정 방법
1) 등차급수법
2) 등비급수법
3) 지수함수곡선법
4) 이론곡선법(Logistic Curve)
5) 생잔모형에 의한 조성법

★★★
116 관거별 계획 하수량에 대한 설명으로 틀린 것은?
① 우수관거는 계획우수량으로 한다.
② 오수관거는 계획시간 최대오수량으로 한다.
③ 차집관거는 우천시 계획우수량으로 한다.
④ 합류관거는 계획시간 최대오수량에 계획우수량을 합한 것으로 한다.

해설 관거별 계획하수량
차집관거: 우천 시 계획 오수량(계획시간 최대 오수량의 3배 이상)을 기준으로 한다.

★★
117 Marstoner 방법을 이용하여 직경 1,000mm의 하수관을 매설할 때 요구되는 폭(B)은?

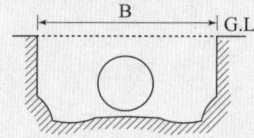

① 150cm ② 180cm
③ 210cm ④ 250cm

해설 하수관거의 매설(Marstoner)
1) 단위에 주의한다. $d = 1{,}000\text{mm} = 100\text{cm}$
2) $B = \dfrac{3}{2}d + 30\text{cm} = \dfrac{3}{2} \times 100 + 30 = 180\text{cm}$

해답 113. ④ 114. ③ 115. ④ 116. ③ 117. ②

118 다음 중 활성슬러지 변법이 아닌 것은?
① 계단식 폭기법
② 장기 폭기법
③ 산화지법
④ 접촉안정법

해설 활성슬러지 변법
1) 표준 활성 슬러지법
2) 단계식 폭기법
3) 접촉 안정법
4) 장시간 폭기법
5) 산화구법 등이 있다.

119 호기성 처리방법에 비해 혐기성 처리방법이 갖고 있는 특징에 대한 설명으로 틀린 것은?
① 슬러지 발생량이 적다.
② 유용한 자원인 메탄이 생성된다.
③ 운전조건의 변화에 적응하는 시간이 짧다.
④ 동력비 및 유지관리비가 적게 든다.

해설 혐기성 소화의 특징
1) 호기성 처리에 비해 반응이 느리므로 운전조건의 변화에 적응하는 시간이 길다.
2) 슬러지 발생이 적고 유용한 자원인 메탄이 생성된다.
3) 유기물의 농도가 높은 하수처리에 적합하고 동력비 및 유지관리비가 적게 든다.

120 펌프의 분류 중 원심펌프의 특징에 대한 설명으로 옳은 것은?
① 일반적으로 효율이 높고, 적용범위가 넓으며, 적은 유량을 가감하는 경우 소요동력이 적어도 운전에 지장이 없다.
② 양정변화에 대하여 수량의 변동이 적고 또 수량변동에 대해 동력의 변화도 적으므로 우수용 펌프 등 수위변동이 큰 곳에 적합하다.
③ 회전수를 높게 할 수 있으므로, 소형으로 되며 전양정이 4m 이하인 경우에 경제적으로 유리하다.
④ 펌프와 전동기를 일체로 펌프흡입실내에 설치하며, 유입수량이 적은 경우 펌프장의 크기에 제한을 받는 경우 등에 사용한다.

해설 원심펌프의 특징
1) 원심펌프: 상·하수도용 펌프로 사용되며 효율이 좋은 고양정용 펌프
2) 사류펌프: 수위의 변동이 큰 곳에 적합한 펌프
3) 축류펌프: 전양정이 4m 이하인 저양정용 펌프

해답 118. ③   119. ③   120. ①

MEMO

응용역학

1 다음의 부정정 구조물을 모멘트 분배법으로 해석하고자 한다. C점이 롤러지점임을 고려한 수정강도계수에 의하여 B점에서 C점으로 분배되는 분배율 DF_{BC}를 구하면?

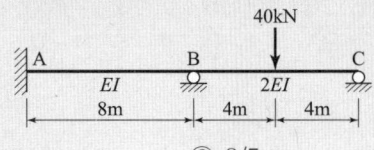

① 1/2
② 3/5
③ 4/7
④ 5/7

해설 모멘트 분배법

1) 강도: $K_{BA} = \dfrac{I}{8}$, $K_{BC} = \dfrac{2I}{8} = \dfrac{I}{4}$,

   K_0(기준강도) $= \dfrac{I}{8}$

2) 강비: $k_{BA} = \dfrac{K_{BA}}{K_0} = 1$, $k_{BC} = \dfrac{K_{BC}}{K_0} \times \dfrac{3}{4} = 1.5$

3) 분배율: $DF_{BC} = \dfrac{K_{BC}}{\sum k} = \dfrac{1.5}{1+1.5} = 0.6$

2 그림과 같은 캔틸레버보에서 C점의 전단력은?

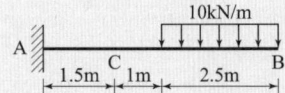

① 10kN
② 15kN
③ 20kN
④ 25kN

해설 전단력(S_c)

1) 전단력: 축에 직각으로 작용하여 물체를 자르려고 하는 힘
2) C점을 기준으로 자유단 쪽(오른쪽)으로 계산한다.
3) C점의 전단력= 등분포하중 면적 크기

   $S_c = \dfrac{10\text{kN}}{m} \times 2.5\text{m} = 25\text{kN}$

3 휨모멘트를 받는 보의 탄성에너지(Strain Energy)를 나타내는 식은?

① $U = \displaystyle\int_0^L \dfrac{M^2}{2EI} dx$
② $U = \displaystyle\int_0^L \dfrac{2EI}{M^2} dx$
③ $U = \displaystyle\int_0^L \dfrac{E}{2M^2} dx$
④ $U = \displaystyle\int_0^L \dfrac{M^2}{EI} dx$

해설 탄성에너지(U)

1) $M_x = x$점에서의 휨모멘트
2) $U = \displaystyle\int_0^L \dfrac{M_x^2}{2EI} d_x$

4 재질과 단면적과 길이가 같은 장주에서 양단활절 기둥의 좌굴하중과 양단고정 기둥의 좌굴하중과의 비는?

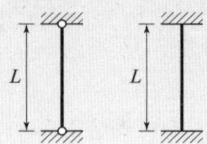

① 1 : 16
② 1 : 8
③ 1 : 4
④ 1 : 2

해설 장주의 좌굴하중(P_{cr})

1) 탄성좌굴하중: $P_{cr} = \dfrac{n\pi^2 EI}{L^2}$
2) 양단의 지지상태에 따른 기둥의 강도(n)
   ① 일단고정 타단자유: $n = 1/4$
   ② 양단힌지: $n = 1$
   ③ 일단고정 타단 힌지: $n = 2$
   ④ 양단고정: $n = 4$
3) 좌굴하중의 비: 기둥의 강도와 좌굴하중은 비례한다.
   ∴ $P_{crA}/P_{crB} = 1 : 4$

5 길이 L인 양단 고정보 중앙에 1kN의 집중하중이 작용하여 중앙점의 처짐이 1mm 이하가 되려면 L은 최대 얼마 이하이어야 하는가?
(단, $E = 2 \times 10^5 \text{MPa}$, $I = 1 \times 10^8 \text{mm}^4$)

① 7.2m
② 10m
③ 12.4m
④ 15.6m

해답 1. ② 2. ④ 3. ① 4. ③ 5. ④

해설 양단고정보(중앙점의 처짐)

1) $P = 1\text{kN} = 1,000\text{N}$
2) $\delta_C = \dfrac{PL^3}{192EI} \Rightarrow 1 \le \dfrac{1,000 \times L^3}{192 \times 2 \times 10^5 \times 1 \times 10^8}$

$\therefore L = \left(\dfrac{192 \times 2 \times 10^5 \times 1 \times 10^8}{1,000}\right)^{\frac{1}{3}}$
$= 15,659\text{ mm} = 15.6\text{ m}$

★
6 그림과 같은 전단력 V가 작용하는 보의 단면에서 $\tau_1 - \tau_2$의 값은?

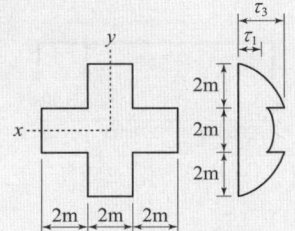

① $\dfrac{V}{29}$ ② $\dfrac{2V}{29}$
③ $\dfrac{3V}{29}$ ④ $\dfrac{4V}{29}$

해설 전단응력

1) $I_X = \dfrac{1}{12}(BH^3 + bh^3)$
$= \dfrac{1}{12}(2 \times 6^3 + 2 \times 2^3 \times 2\text{개}) = \dfrac{116}{3}\text{m}^4$

2) $G_X = A \times y_0 = 2 \times 2 \times 2 = 8\text{m}^3$

3) $\tau_1 - \tau_2 = \dfrac{VG}{I}\left(\dfrac{1}{b_w} - \dfrac{1}{b}\right)$
$= \dfrac{V \times 8}{\frac{116}{3}}\left(\dfrac{1}{2} - \dfrac{1}{6}\right) = \dfrac{2V}{29}$

★★★
7 길이 5m, 단면적 1,000mm²의 강봉을 0.5mm 늘이는 데 필요한 인장력은? (단, $E = 2 \times 10^5 \text{N/mm}^2$)

① 20kN ② 30kN
③ 40kN ④ 50kN

해설 Hook's law

1) $L = 5\text{m} = 5,000\text{mm}$
2) $\Delta l = \dfrac{PL}{AE} \Rightarrow 0.5 = \dfrac{P \times 5,000}{1,000 \times 2 \times 10^5}$

$\therefore P = 20,000\text{N} = 20\text{kN}$

★★★
8 150mm×300mm 직사각형 단면을 가진 길이 5m인 양단힌지 기둥이 있다. 세장비 λ는?

① 57.7 ② 74.5
③ 115.5 ④ 149

해설 세장비(λ)

1) 기둥의 유효길이: $l_k = kl = 1.0 \times 5.0\text{m} = 5,000\text{mm}$
여기서, $k = 1.0$ ($\because$ 양단힌지)

2) 최소반지름
$\gamma_{\min} = \sqrt{\dfrac{I_{\min}}{A}} = \sqrt{\dfrac{bt^3/12}{bt}}$
$= \dfrac{t}{2\sqrt{3}} = \dfrac{150}{2\sqrt{3}} = 43.3\text{mm}$
여기서, t = 최소단면치수(150mm)

3) 세장비: $\lambda = \dfrac{l_k}{\gamma_{\min}} = \dfrac{5,000}{43.3} = 115.47$

★★★
9 그림과 같은 트러스 구조에서 bc부재의 부재력은?

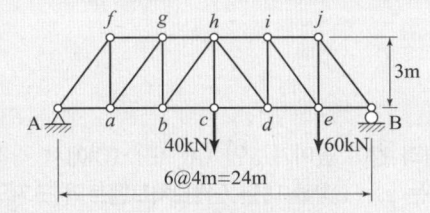

① 20kN ② 40kN
③ 80kN ④ 120kN

해설 트러스

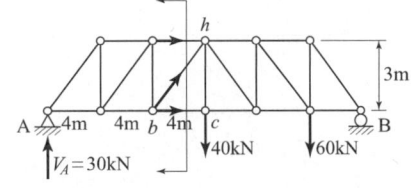

해답 6. ② 7. ① 8. ③ 9. ④

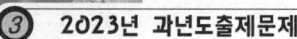

1) $\sum M_B = 0$
   $V_A \times 24 - 40 \times 12 - 60 \times 4 = 0$
   $\therefore V_A = 30\text{kN}$

2) $\sum M_h = 0$
   $30 \times 12 - bc \times 3 = 0$
   $\therefore bc = 120\text{kN}$

★★
10 그림과 같은 내민보에서 A점의 휨모멘트는?

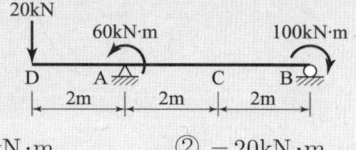

① $+20\text{kN}\cdot\text{m}$ ② $-20\text{kN}\cdot\text{m}$
③ $+40\text{kN}\cdot\text{m}$ ④ $-40\text{kN}\cdot\text{m}$

해설 휨모멘트

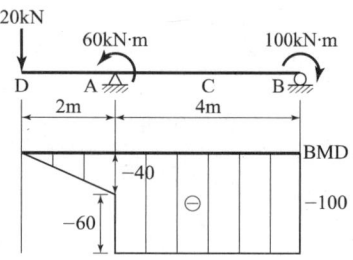

1) A점을 기준으로 좌측으로 계산하면
2) $M_A = -20 \times 2 = -40\text{kN}\cdot\text{m}$
   or $M_A = -20 \times 2 - 60 = -100\text{kN}\cdot\text{m}$

★
11 그림과 같이 높이가 a인 (A), (B), (C)에서 각각 도심을 지나는 $x-x$축에 대한 단면2차모멘트의 크기의 순서로서 맞는 것은?

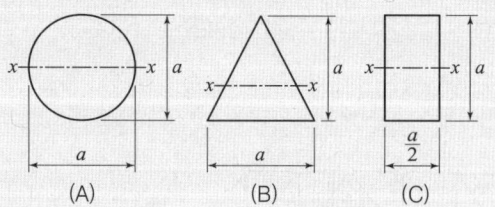

① $A > B > C$ ② $B < C < A$
③ $A < B < C$ ④ $B > C > A$

해설 단면2차모멘트

1) 도심 축에 대한 단면2차모멘트
   $I_A = \dfrac{\pi a^4}{64} = 0.049a^4$, $I_B = \dfrac{a \times a^3}{36} = 0.028a^4$,
   $I_C = \dfrac{\frac{a}{2} \times a^3}{12} = \dfrac{a^4}{24} = 0.042a^4$

2) 단면2차모멘트 크기의 순서
   $\therefore B < C < A$

★★
12 그림과 같은 구조물이 평형을 이루기 위한 하중 P의 크기는?

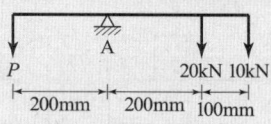

① 15kN ② 25kN
③ 30kN ④ 35kN

해설 힘의 평형

1) 회전의 기준점이 A점이므로, A점에서 모멘트를 취해서 구한다.
2) $\sum M_A = 0$
   $-P \times 200 + 20 \times 200 + 10 \times 300 = 0$
   $\therefore P = 35\text{kN}$

★★★
13 그림과 같은 삼각형 물체가 평형을 이루기 위한 AC면의 저항력 P 값은?

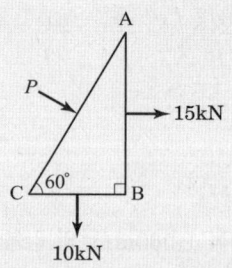

① 15.99kN ② 17.99kN
③ 20.99kN ④ 22.99kN

해설

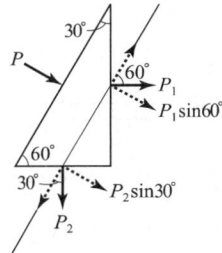

1) 하중 작용점에 AC의 면과 평행선을 작도한 후 P_1, P_2의 분력을 구한다.
2) $P = P_1 \sin 60° + P_2 \sin 30° = 17.99$ kN

★
14 그림과 같은 사다리꼴 단면에서 X–X′축에 대한 단면 2차모멘트 값은?

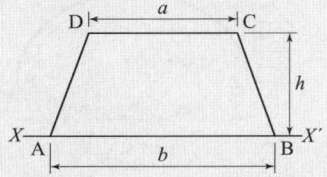

① $\dfrac{h^3}{12}(b+3a)$ ② $\dfrac{h^3}{12}(b+2a)$

③ $\dfrac{h^3}{12}(3b+a)$ ④ $\dfrac{h^3}{12}(2b+a)$

해설 단면2차 모멘트

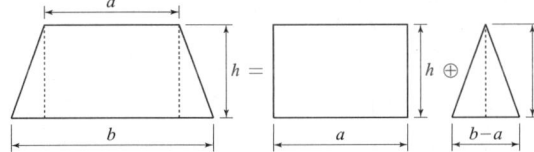

1) 사각형단면

$I_{X-X'} = I_{X-X} + A \cdot y_o^2$

$= \dfrac{ah^3}{12} + (ah) \times \left(\dfrac{h}{2}\right)^2 = \dfrac{ah^3}{3}$

2) 삼각형단면

$I_{X-X'} = I_{X-X} + A \cdot y_o^2$

$= \dfrac{(b-a)h^3}{36} + \dfrac{(b-a)h}{2} \times \left(\dfrac{h}{3}\right)^2 = \dfrac{(b-a)h^3}{12}$

3) 사다리꼴 단면의 X–X′에 대한 단면2차모멘트

$I_{X-X'} = \dfrac{ah^3}{3} + \dfrac{(b-a)h^3}{12} = \dfrac{h^3}{12}(b+3a)$

★★
15 휨강성이 EI인 프레임의 C점의 수직처짐 δ_C를 구하면?

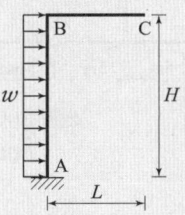

① $\dfrac{wLH^3}{2EI}$ ② $\dfrac{wLH^3}{3EI}$

③ $\dfrac{wLH^3}{6EI}$ ④ $\dfrac{wLH^3}{12EI}$

해설 가상일법

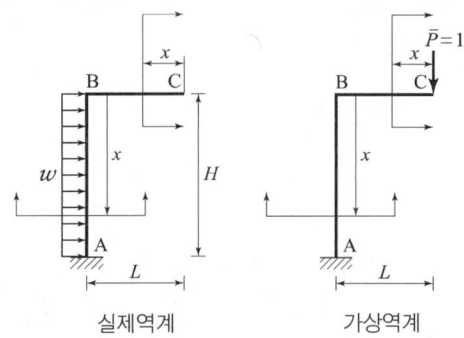

실제역계   가상역계

1) 처짐을 구하는 위치 C점에 단위 가상하중($\overline{P}=1$)을 재하시킨 후 휨모멘트($\overline{M_P}$)를 구한다.

M_x : 실제역계에서 x점의 휨모멘트

$\overline{M_P}$: 가상역계에서 x점의 휨모멘트

부 재	M_x	$\overline{M_P}$
CB	0	$-(1)(x)$
BA	$-\dfrac{wx^2}{2}$	$-L$

2) $\delta_C = \displaystyle\int_0^H \dfrac{M_x \overline{M_P}}{EI} d_x$

$= \displaystyle\int_0^H \dfrac{\left(-\dfrac{wx^2}{2}\right)(-L)}{EI} d_x = \dfrac{wL}{2EI}\int_0^H x^2 d_x$

$= \dfrac{wL}{2EI}\left[\dfrac{x^3}{3}\right]_0^H = \dfrac{wLH^3}{6EI}$

해답 14. ① 15. ③

16 B점에서의 휨모멘트의 값은?

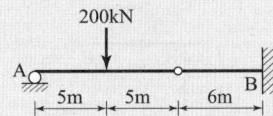

① -150kN·m ② -300kN·m
③ -450kN·m ④ -600kN·m

해설 휨모멘트

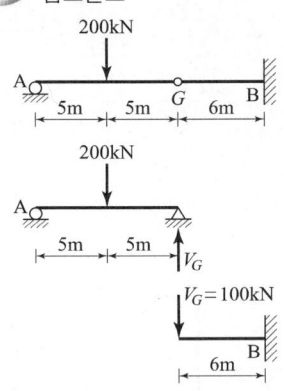

1) 먼저 A–G 구간을 단순보로 보고 V_G를 구한다.
   $V_G = \dfrac{200}{2} = 100$kN (∵ 대칭하중)
2) V_G를 G점에 하중으로 가한 후, B점의 휨모멘트를 구한다.
   $M_B = -100 \times 6 = -600$kN·m

17 그림과 같은 하중을 받는 구조물의 전체 길이의 변화량 δ는 얼마인가? (단, 보는 균일하며 단면적 A와 탄성계수 E는 일정)

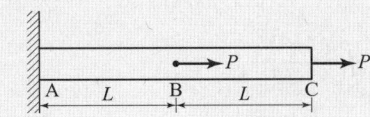

① $\dfrac{PL}{EA}$ ② $\dfrac{1.5PL}{EA}$
③ $\dfrac{3PL}{EA}$ ④ $\dfrac{4PL}{EA}$

해설 전체길이의 변화량

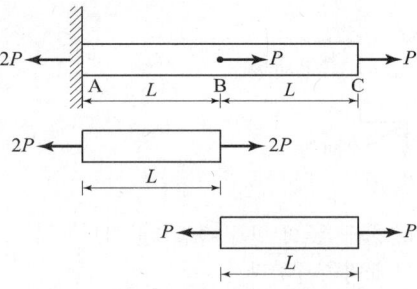

1) 자유물체도를 그려서 해석한다.
2) $\Delta l = \Delta l_1 + \Delta l_2 = \dfrac{2PL}{AE} + \dfrac{PL}{AE}$
   $= \dfrac{3PL}{AE}$

18 그림과 같은 3회전단 구조물의 B점의 수평반력 H_B는?

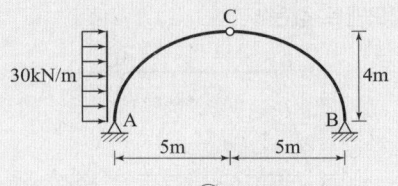

① 20kN ② 30kN
③ 40kN ④ 50kN

해설 3–hinge 아치의 수평반력

1) $\sum M_A = 0$
   $-V_B \times 10 + 30 \times 4 \times 2 = 0$
   ∴ $V_B = 24$kN
2) $\sum M_{CR} = 0$
   $-24 \times 5 + H_B \times 4 = 0$
   ∴ $H_B = 30$kN

19 그림과 같은 단순보의 단면에 발생하는 최대 전단응력의 크기는?

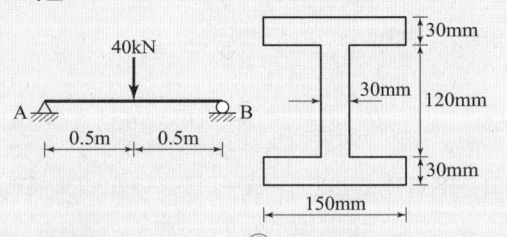

① 2.73MPa ② 3.52MPa
③ 4.69MPa ④ 5.42MPa

해답 16. ④   17. ③   18. ②   19. ③

해설 : 최대 전단응력

1) $V_A = \dfrac{40}{2}$ (대칭하중) $= 20\text{kN} = 20,000\text{N}$

   $\therefore V = V_A = 20,000\text{N}$

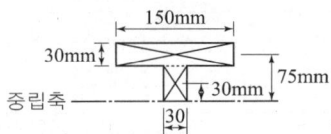

2) $G = A \times y_0$

   $= 150 \times 30 \times 75 + 30 \times 60 \times 30 = 391,500 \text{mm}^3$

3) $I = \dfrac{1}{12}[(150 \times 180^3) - (120 \times 120^3)]$

   $= 55,620,000 \text{mm}^4$

4) $b = 30\text{mm}$

   ($\because$ 최대 전단응력은 중립축에서 발생하므로)

5) $\tau_{max} = \dfrac{VG}{Ib} = 4.69 \text{N/mm}^2 = 4.69 \text{MPa}$

★★
20 다음 그림과 같은 연속보의 B점에서의 반력을 구하면? (단, $E = 2.1 \times 10^5 \text{MPa}$, $I = 1.6 \times 10^8 \text{mm}^4$)

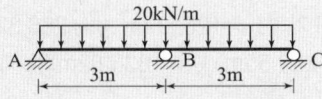

① 63kN
② 75kN
③ 97kN
④ 101kN

해설 : 부정정구조(연속보 수직반력)

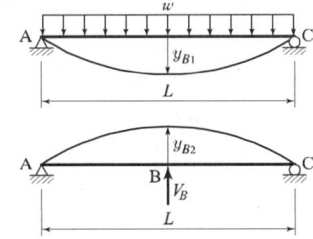

1) $y_{B1} = \dfrac{5wL^4}{384EI}(\downarrow)$, $y_{B2} = \dfrac{V_B L^3}{48EI}(\uparrow)$

2) $y_B = 0 \Rightarrow y_{B1} = y_{B2}$

   $\dfrac{5wL^4}{384EI} = \dfrac{V_B L^3}{48EI}$

   $\therefore V_B = \dfrac{5wL}{8} = \dfrac{5 \times 20 \times 6}{8} = 75\text{kN}$

측 량 학

★★
21 축척 1/3,000의 도면에서 면적을 관측한 결과 2,450m²이었다. 그런데 도면의 가로와 세로가 각각 1%씩 줄어있었다면 실제 면적은?

① 2,485m²
② 2,500m²
③ 2,558m²
④ 2,588m²

해설 : 실제 면적

1) 수축 전 도면의 가로 길이

   $X = x + dx = x + \dfrac{1}{100}x = x(1 + 0.01)$

2) 수축 전 도면의 세로 길이

   $Y = y + dy = y + \dfrac{1}{100}y = y(1 + 0.01)$

3) 실제 면적

   $A = X \cdot Y = xy(1 + 0.01)^2$

   $= 2,450(1 + 0.01)^2 \fallingdotseq 2,500\text{m}^2$

★★
22 완화곡선에 대한 설명으로 옳지 않은 것은?

① 완화곡선의 곡선 반지름은 시점에서 무한대, 종점에서 원곡선의 반지름 R로 된다.
② 클로소이드의 형식에는 S형, 복합형, 기본형 등이 있다.
③ 완화곡선의 접선은 시점에서 원호에, 종점에서 직선에 접한다.
④ 모든 클로소이드는 닮은꼴이며 클로소이드 요소에는 길이의 단위를 가진 것과 단위가 없는 것이 있다.

해설 : 완화곡선

1) 완화곡선은 직선도로와 원곡선 사이에 설치되는 매끄러운 곡선을 말한다.
2) 완화곡선의 접선은 시점에서 직선에, 종점에서 원호에 접한다.

해답 20. ②   21. ②   22. ③

23 좌표를 알고 있는 기지점에 고정용 수신기를 설치하여 보정자료를 생성하고 동시에 미지점에 또 다른 수신기를 설치하여 고정점에서 생성된 보정자료를 이용해 미지점의 관측자료를 보정함으로써 높은 정확도를 확보하는 GPS측위 방법은?

① KINEMATIC ② STATIC
③ SPOT ④ DGPS

해설 DGPS(Differential GPS)-차분측위
1) 기지점에 고정용 수신기를 설치하고 위성을 관측하여 위성의 의사거리 보정 값을 구한 뒤 이를 이용하여 이동국용 수신기의 위치 결정오차를 보정하는 측위방법을 말한다.
2) DGPS는 코드방식(GBAS, SBAS)과 반송파방식(RTK)가 있다.
3) DGPS로 보정 가능한 오차는 위성의 시계오차, 위성의 궤도오차, 전리층 지연오차, 대류권 지연 오차 등이다.

24 다음 중 지구의 형상에 대한 설명으로 틀린 것은?
① 회전타원체는 지구의 형상을 수학적으로 정의한 것이고, 어느 하나의 국가에 기준으로 채택한 타원체를 준거타원체라 한다.
② 지오이드는 물리적인 형상을 고려하여 만든 불규칙한 곡면이며, 높이 측정의 기준이 된다.
③ 임의 지점에서 회전타원체에 내린 법선이 적도면과 만나는 각도를 측지위도라 한다.
④ 지오이드 상에서 중력 포텐셜의 크기는 중력이상에 의하여 달라진다.

해설 지구의 형상
1) 지오이드는 중력장의 등포텐셜면(위치에너지=0)으로 중력 포텐셜의 크기는 일정하다.
2) 중력이상은 중력측량으로 알 수 있고, 중력이상의 원인은 지구 내부의 지질밀도가 고르게 분포되어 있지 않기 때문이다.
3) 중력이상= 중력 실측값-표준 중력식에 의한 값

25 두 점간의 고저차를 정밀하게 측정하기 위하여 A, B 두 사람이 각각 다른 레벨과 표척을 사용하여 왕복관측한 결과가 다음과 같다. 두 점간 고저차의 최확값은?

- A의 결과값 : 25.447m ± 0.006m
- B의 결과값 : 25.609m ± 0.003m

① 25.621m ② 25.577m
③ 25.498m ④ 25.449m

해설 수준측량
1) 경중률: 경중률은 오차의 제곱에 반비례하므로
$$P_1 : P_2 = \frac{1}{m_1^2} : \frac{1}{m_2^2}$$
$$= \frac{1}{0.006^2} : \frac{1}{0.003^2} = 1 : 4$$
2) 두 점간 고저 차의 최확값
$$H_0 = \frac{[PH]}{[P]} = \frac{1 \times 25.447 + 4 \times 25.609}{1+4} = 25.577\text{m}$$

26 A의 좌표가 ($x=125.26\text{m}$, $y=286.32\text{m}$)이고 B의 좌표가 ($x=829.55\text{m}$, $y=1833.82\text{m}$)일 때 BA의 방위각은?

① 53°30′35″ ② 145°29′49″
③ 245°31′44″ ④ 344°32′52″

해설 방위각
1) AB측선의 방위각
$$\tan\theta = \frac{(1833.82-286.32)}{(829.55-125.26)}$$
$$\Rightarrow \theta = \tan^{-1}\left[\frac{(1833.82-286.32)}{(829.55-125.26)}\right]$$
∴ $\theta = 65°31′44″$
2) BA측선의 방위각=AB측선의 방위각+180°
∴ $\theta = 65°31′44″ + 180° = 245°31′44″$

해답 23. ④ 24. ④ 25. ② 26. ③

27. 트래버스 측량에 관한 일반적인 사항에 대한 설명으로 옳지 않은 것은?

① 트래버스 종류 중 결합트래버스는 가장 높은 정확도를 얻을 수 있다.
② 각관측 방법 중 방위각법은 한번 오차가 발생하면 그 영향은 끝까지 미친다.
③ 폐합오차 조정방법 중 컴퍼스법칙은 각관측의 정밀도가 거리관측의 정밀도보다 높을 때 실시한다.
④ 폐합트래버스에서 편각의 총합은 반드시 360°가 되어야 한다.

해설 트래버스 측량의 폐합오차 조정법
1) 컴퍼스 법칙: 각 관측의 정밀도와 거리 관측의 정밀도가 동일한 경우 적용
2) 트랜싯 법칙: 각 관측의 정밀도가 거리 관측의 정밀도보다 높을 때 적용

28. 도로 시공에서 단곡선의 외선장(E)는 10m, 교각(I)는 60°일 때에 이 단곡선의 접선장(T.L)은?

① 42.4m   ② 37.3m
③ 32.4m   ④ 27.3m

해설 단곡선
1) 외선 장
$$E = R\left(\sec\frac{I}{2} - 1\right)$$
$$\Rightarrow R = \frac{10}{\sec\left(\frac{60°}{2}\right) - 1} = 64.64\text{m}$$
여기서, $\sec\frac{I}{2} = \dfrac{1}{\cos\left(\dfrac{I}{2}\right)}$

2) 접선 장
$$TL = R\tan\frac{I}{2} = 64.64 \times \tan\left(\frac{60°}{2}\right) = 37.32\text{m}$$

29. 다음은 교호수준측량의 결과이다. A점의 표고가 10m일 때 B점의 표고는?

레벨 P에서 A→B관측 표고차 $\Delta h = -1.256$m
레벨 Q에서 B→A관측 표고차 $\Delta h = +1.238$m

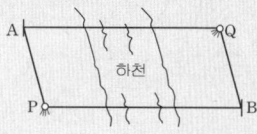

① 11.247m   ② 11.238m
③ 9.753m   ④ 8.753m

해설 교호수준측량
1) 표고 차(h)의 평균
$$h = \frac{(1.256 + 1.238)}{2} = 1.247\text{m}$$
2) B점의 표고
$$H_B = H_A - h = 10 - 1.247 = 8.753\text{m}$$

30. 삼각망의 종류 중 사변형삼각망에 대한 설명으로 옳은 것은?

① 삼각망 가운데 가장 간단한 형태이며 측량의 정확도를 얻기 위한 조건이 부족하므로 특수한 경우 외에는 사용하지 않는다.
② 거리에 비하여 측점수가 가장 적으므로 측량이 간단하며 조건식의 수가 적어 정도가 낮다. 노선 및 하천측량과 같이 폭이 좁고 거리가 먼 지역의 측량에 사용한다.
③ 광대한 지역의 측량에 적합하며 정확도가 비교적 높은 편이다.
④ 가장 높은 정확도를 얻을 수 있으나 조정이 복잡하고 포함된 면적이 작으며 특히 기선을 확대할 때 주로 사용한다.

해설 삼각망
1) 단열삼각망: 도로, 하천 등 좁고 긴 지역에 적합하며 경제적이나 정도가 낮다.
2) 유심삼각망: 측점수에 비해 피복면적이 가장 넓고 정도도 양호하다.
3) 사변형삼각망: 가장 정도가 높으나 피복면적이 작아 비경제적이다.
   주로 기선을 확대할 때 사용한다.

해답 27. ③   28. ②   29. ④   30. ④

31 그림과 같이 표고가 각각 112m, 142m인 A, B두 점이 있다. 두 점 사이에 130m의 등고선을 삽입할 때 이 등고선의 위치는 A점으로부터 AB선상 몇 m에 위치하는가? (단, AB의 직선거리는 200m이고, AB구간은 등경사이다.)

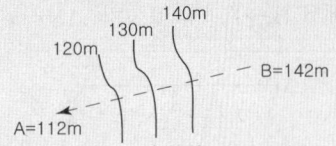

① 120m ② 125m
③ 130m ④ 135m

해설 등고선

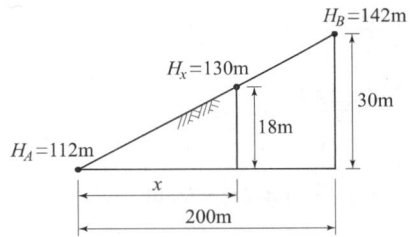

1) 그림을 그려서 비례식을 이용한다.
2) 표고 130m점의 위치
   $x : 18 = 200 : 30 \Rightarrow x = 120m$

32 지형의 표시방법 중 하천, 항만, 해안측량 등에서 심천측량을 할 때 측점에 숫자로 기입하여 고저를 표시하는 방법은?

① 점고법 ② 음영법
③ 영선법 ④ 등고선법

해설 지형의 표시 방법
1) 자연적도법: 영선법, 음영법
2) 부호적 도법: 점고법, 등고선법, 채색법
3) 점고법: 측점에 숫자를 기입하여 고저를 표시하는 방법으로 하천, 항만측량 등에서 사용한다.

33 수심이 h인 하천의 평균 유속을 구하기 위하여 수면으로부터 $0.2h$, $0.6h$, $0.8h$가 되는 깊이에서 유속을 측량한 결과 초당 0.8m, 1.5m, 1.0m이었다. 3점법에 의한 평균 유속은?

① 0.9m/s ② 1.0m/s
③ 1.1m/s ④ 1.2m/s

해설 평균유속(3점법)
1) 수면으로부터 $0.6h$ 깊이의 유속이 평균유속에 가장 근접하므로 2배를 해서 계산한다.
2) $V_m = \frac{1}{4}(V_{0.2} + 2V_{0.6} + V_{0.8}) = \frac{1}{4}(0.8 + 2 \times 1.5 + 1.0)$
   $= 1.2 m/s$

34 한 변의 길이가 10m인 정방형 토지를 축척 1:600 도상에서 측정한 결과, 도상의 변측정오차가 0.2mm 발생하였다. 이때 실제면적의 면적측정오차는 몇 %가 발생하는가?

① 1.2% ② 2.4%
③ 4.8% ④ 6.0%

해설 면적의 오차($\frac{dA}{A}$)와 거리측량의 오차($\frac{dL}{L}$)
1) $\frac{1}{m} = \frac{dl(도상거리오차)}{dL(실제거리오차)} \Rightarrow \frac{1}{600} = \frac{0.2mm}{dL}$
   $\therefore dL = 120mm = 0.12m$
2) 면적의 정도 = 2 × 거리정도
   $\frac{dA}{A} = 2\frac{dL}{L}$
   $\therefore \frac{dA}{A} = 2 \times \frac{0.12}{10} = 0.024 = 2.4\%$

35 삼변측량에서 △ABC에서 세 변의 길이가 $a = 1,200.00m$, $b = 1,600.00m$, $c = 1,442.22m$라면 변 c의 대각인 ∠C는?

① 45° ② 60°
③ 75° ④ 90°

해설 삼변측량 (코사인 제2 법칙)
$\cos \angle C = \frac{a^2 + b^2 - c^2}{2ab}$
$\angle C = \cos^{-1}\left(\frac{1200^2 + 1600^2 - 1442.22^2}{2 \times 1200 \times 1600}\right)$
$\therefore \angle C = 60°$

36 기차 및 구차에 대한 설명 중 옳지 않은 것은?

① 삼각점 상호간의 고저차를 구하고자 할 때와 같이 거리가 상당히 떨어져 있을 때 지구의 표면이 구상이므로 일어나는 오차를 구차라 한다.
② 구차는 시준거리의 제곱에 비례한다.
③ 공기의 온도, 기압 등에 의하여 시준선에서 생기는 오차를 기차라 하며 대략 구차의 1/7 정도이다.
④ 기차 = $\dfrac{L^2}{2R}$, 구차 = $K\dfrac{L^2}{2R}$의 식으로 구할 수 있다. (여기서, L : 2점간의 거리, R : 지구의 반경(6,370km), K : 굴절 계수)

해설 양차
1) 구차 = $+\dfrac{L^2}{2R}$, 기차 = $-\dfrac{KL^2}{2R}$
2) 구차는 높게(+)조정하고, 기차는 낮게(-)조정한다.

37 거리와 각을 동일한 정밀도로 관측하여 다각측량을 하려고 한다. 이때 각 측량기의 정밀도가 10″라면 거리측량기의 정밀도는 약 얼마 정도이어야 하는가?

① $\dfrac{1}{15,000}$
② $\dfrac{1}{18,000}$
③ $\dfrac{1}{21,000}$
④ $\dfrac{1}{25,000}$

해설 거리관측의 정도($\dfrac{dL}{L}$)와 각 관측정도($\dfrac{d\theta''}{\rho''}$)의 관계
1) 거리 관측의 정도와 각 관측 정도는 같다.
2) $\dfrac{dL}{L} = \dfrac{d\theta''}{\rho''}$
∴ $\dfrac{dL}{L} = \dfrac{10''}{206,265''} ≒ \dfrac{1}{21,000}$

38 L_1과 L_2의 두 개 주파수 수신이 가능한 2주파 GNSS 수신기에 의하여 제거가 가능한 오차는?

① 위성의 기하학적 위치에 따른 오차
② 다중경로오차
③ 수신기 오차
④ 전리층오차

해설 전리층오차
1) 2주파 GNSS 수신기를 사용하는 이유는
2) L_1신호와 L_2신호의 굴절 비율이 상이함을 이용하여 L_1/L_2의 선형조합을 통해서 전리층의 전파 지연 오차를 보정할 수 있다.

39 GIS 기반의 지능형 교통정보시스템(ITS)에 관한 설명으로 가장 거리가 먼 것은?

① 고도의 정보처리기술을 이용하여 교통운용에 적용한 것으로 운전자, 차량, 신호체계 등 매순간의 교통상황에 따른 대응책을 제시하는 것
② 도심 및 교통수요의 통제와 조정을 통하여 교통량을 노선별로 적절히 분산시키고 지체 시간을 줄여 도로의 효율성을 증대시키는 것
③ 버스, 지하철, 자전거 등 대중교통을 효율적으로 운행관리하며 운행상태를 파악하여 대중교통의 운영과 운영사의 수익을 목적으로 하는 체계
④ 운전자의 운전행위를 도와주는 것으로 주행 중 차량간격, 차선위반여부 등의 안전운행에 관한 체계

해설 ITS(지능형 교통정보시스템)
1) 교통수단 및 교통시설에 전자제어 및 통신 등 정보처리기술을 이용하여
2) 교통정보 및 서비스를 제공하고 활용하여 교통체계를 효율적으로 운영하고 안정성을 향상시키는 체계를 말한다.

40 시가지에서 5개의 측점으로 폐합트래버스를 구성하여 내각을 측정한 결과, 각관측 오차가 30″이었다. 각관측의 경중률이 동일할 때 각오차의 처리방법은?

① 재측량한다.
② 각의 크기에 관계없이 등배분한다.
③ 각의 크기에 비례하여 배분한다.
④ 각의 크기에 반비례하여 배분한다.

해설 폐합트래버스의 측각오차 조정
1) 측각오차의 허용범위(시가지)
$E_a = 20\sqrt{n} \sim 30\sqrt{n}$
$= 20\sqrt{5} \sim 30\sqrt{5} = 45'' \sim 67''$
2) 각 관측오차의 크기가 측각오차의 허용범위 이하인 경우는 각의 크기에 관계 없이 등 배분한다.

해답 36. ④ 37. ③ 38. ④ 39. ③ 40. ②

수리학 및 수문학

41 차원방정식 [LMT]계를 [LFT]계로 고치고자 할 때 이용되는 식은 어느 것인가?
① $[M]=[FLT]$ ② $[M]=[FL^{-1}T^2]$
③ $[M]=[FLT^2]$ ④ $[M]=[FL^2T]$

해설 차원방정식(LMT계 → LFT계)
1) 가속도(a)의 차원: 가속도의 단위는 m/s²이므로 LT^{-2}
2) $F=ma$에서
$F=MLT^{-2} \Rightarrow \therefore M=FL^{-1}T^2$

42 내경 2m의 강관에 압력수두 500m의 물을 흐르게 하려면 강관의 필요두께는? (단, 물의 단위중량은 9.81 kN/m³이며 강관의 허용인장응력은 12,000N/cm²이다.)
① 21mm ② 31mm
③ 41mm ④ 51mm

해설 강관의 필요 두께
1) 강관에 작용하는 압력
$P = \omega h = \dfrac{9.81\text{kN}}{\text{m}^3} \times 500\text{m}$
$= 4,905\text{kN/m}^2 = 490.5\text{N/cm}^2$
2) 강관의 필요 두께
$t = \dfrac{PD}{2\sigma_{ta}} = \dfrac{490.5 \times 200}{2 \times 12,000} = 4.088\text{cm} \fallingdotseq 41\text{mm}$

43 폭이 4m 길이가 8m이고 무게가 650kN인 직육면체의 배가 바다를 운항하는데 필요한 최소수심은? (단, 바닷물의 단위중량은 10.055kN/m³이다.)
① 1.88m ② 1.95m
③ 2.02m ④ 2.09m

해설 부력
$wV+M=w'V'+M'$
$650+0=10.055(4\times 8\times d)+0$
$\therefore d=2.02\text{m}$

44 다음 중 연속방정식이란 무엇인가?
① 운동량 방정식이다.
② 에너지 방정식이다.
③ 질량 보존의 법칙이다.
④ 오리피스 법칙이다.

해설 연속방정식
1) 연속방정식: 질량보존법칙
2) 베르누이방정식: 에너지보존법칙

45 Δt 시간동안 질량 m인 물체에 속도변화 Δv가 발생할 때, 이 물체에 작용하는 외력 F는?
① $\dfrac{m \cdot \Delta t}{\Delta v}$ ② $m \cdot \Delta v \cdot \Delta t$
③ $\dfrac{m \cdot \Delta v}{\Delta t}$ ④ $m \cdot \Delta t$

해설 운동량 방정식
1) $w=\rho g \Rightarrow \rho=\dfrac{w}{g}$
2) $\rho=\dfrac{m}{V} \Rightarrow m=\rho V=\rho Q=\dfrac{w}{g}Q$
3) $F=ma$에서
$\therefore F = m\dfrac{\Delta v}{\Delta t} = \dfrac{wQ}{g} \times \dfrac{\Delta v}{\Delta t}$

46 폭이 2m, 높이가 9.8m인 평판이 정지수중에서 5m/sec의 속도로 움직일 때 항력계수가 $C_D=0.2$라면 평판에 작용하는 항력(抗力)은? (단, 물의 단위중량은 9.81kN/m³이다.)
① 10kN ② 25kN
③ 29kN ④ 49kN

해설 항력(D)
1) $w=\rho g \Rightarrow \rho=\dfrac{w}{g}$
2) $D=C_D A \dfrac{\rho V^2}{2} = C_D A \dfrac{wV^2}{2g}$
$= 2.0 \times (2\times 9.8) \times \dfrac{9.81 \times 5^2}{2\times 9.81} = 49\text{kN}$

해답 41. ② 42. ③ 43. ③ 44. ③ 45. ③ 46. ④

47 수두가 2m인 작은 오리피스로부터 유출하는 유량은? (단, 오리피스의 직경은 10cm, 유속계수 0.95, 수축계수 0.70이다.)

① 0.053m³/sec
② 0.012m³/sec
③ 0.132m³/sec
④ 0.033m³/sec

해설 작은 오리피스
1) 유량계수: $C = C_a \cdot C_v = 0.95 \times 0.7 = 0.665$
2) $Q = Ca\sqrt{2gh}$
   $= 0.665 \times \dfrac{\pi \times 0.1^2}{4} \times \sqrt{2 \times 9.81 \times 2}$
   $= 0.033 \text{m}^3/\text{sec}$

48 물이 저수지에서 25mm 원관을 통해 600m를 흘러 대기 중으로 유출된다. 유출구가 저수지 수면보다 0.3m 아래에 위치하고 있을 때 관내의 흐름이 층류이면 유출구에서의 유량은? (단, 마찰손실만 있는 것으로 보고, 물의 동점성 계수는 $1.334 \times 10^{-6} \text{m}^2/\text{sec}$이다.)

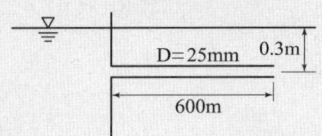

① 43 cm³/sec
② 594 cm³/sec
③ 1,188 cm³/sec
④ 1,464 cm³/sec

해설 관수로
1) $f = \dfrac{64}{R_e} = \dfrac{64}{2,000} = 0.032$
2) $L = 600\text{m} = 60,000\text{cm}$
3) $v = \sqrt{\dfrac{2gh}{f \dfrac{L}{d}}} = \sqrt{\dfrac{2 \times 980 \times 30}{0.032 \times \dfrac{60,000}{2.5}}} = 8.75 \text{cm/sec}$
4) $Q = AV = \dfrac{\pi \times 2.5^2}{4} \times 8.75 = 43 \text{cm}^3/\text{sec}$

49 상업용 관의 마찰 손실계수의 특성 중 옳은 것은?
① Moody 도표로 표시되며 레이놀즈수와 절대조도의 함수이다.
② Moody 도표로 표시되며 레이놀즈수와 상대조도의 함수이다.
③ Stanton 도표로 표시되며 레이놀즈수와 상대조도의 함수이다.
④ Stanton 도표로 표시되며 레이놀즈수와 절대조도의 함수이다.

해설 관 마찰 손실계수(f)
1) 상업용 관의 f는 Moody 도표를 사용하며, 레이놀즈수와 상대조도의 함수이다.
2) 층류영역에서는 관의 조도에 관계 없이 단일 직선이 적용된다.
3) 완전 난류의 완전히 거친 영역에서 f는 R_e^n과 관계 없이 거의 일정한 값을 갖는다.
4) 난류영역에서는 $f - R_e$ 곡선은 상대조도에 따라 변하며 R_e수 보다는 관의 조도가 더 중요한 변수가 된다.

50 개수로에서 지배단면이란 무엇을 뜻하는가?
① 사류에서 상류로 변하는 지점의 단면
② 비에너지가 최대로 되는 지점의 단면
③ 상류에서 사류로 변하는 지점의 단면
④ 층류에서 난류로 변하는 지점의 단면

해설 지배단면
1) 지배단면은 상류에서 사류로 변하는 지점의 단면을 말한다.
2) 지배단면일 때의 경사를 한계경사라 하고 이때의 수심이 한계수심이다.

51 다음 중 상류일 때의 조건은? (단, F_r : Froude Number, I : 경사)

① $F_r > 1$, $I < \dfrac{g}{\alpha C^2}$
② $F_r < 1$, $I < \dfrac{g}{\alpha C^2}$
③ $F_r > 1$, $I > \dfrac{g}{\alpha C^2}$
④ $F_r < 1$, $I > \dfrac{g}{\alpha C^2}$

해설 상류
1) 상류조건: $h > h_c$, $F_r < 1$, $I < I_c = \dfrac{g}{\alpha C^2}$
2) 사류조건: $h < h_c$, $F_r > 1$, $I > I_c = \dfrac{g}{\alpha C^2}$

해답 47. ④ 48. ① 49. ② 50. ③ 51. ②

52 위어에 관한 설명 중 옳지 않은 것은?
① 위어를 월류하는 흐름은 일반적으로 상류에서 사류로 변한다.
② 위어를 월류하는 흐름이 사류일 경우 유량은 하류 수위의 영향을 받는다.
③ 위어는 개수로의 유량측정, 취수를 위한 수위증가 등의 목적으로 설치된다.
④ 작은 유량을 측정 할 경우 3각위어가 효과적이다.

해설 위어
위어를 월류하는 흐름이 사류일 경우 유량은 하류 수위의 영향을 주지 못한다.

53 다음 중 사류(射流)인 흐름의 수면형 계산은?
① 하류로부터 상류 쪽으로 계산해 나간다.
② 상류와 사류의 구분 없이 하류로 계산한다.
③ 상류로부터 하류 쪽으로 계산해 나간다.
④ 지배단면에서 하류로 계산한다.

해설 수면형 계산
1) 사류(射流) : 지배단면에서 하류(下流)로 계산한다.
2) 상류(常流) : 지배단면에서 상류(上流)로 계산한다.

54 그림과 같이 단위폭당 자중이 3.5×10^6 N/m인 직립식 방파제에 1.5×10^6 N/m의 수평 파력이 작용할 때, 방파제의 활동 안전율은? (단, 중력가속도=10.0m/s², 방파제와 바닥의 마찰계수=0.7, 해수의 비중=1로 가정하며, 파랑에 의한 양압력은 무시하고, 부력은 고려한다.)

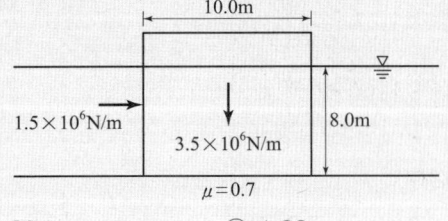

① 1.20 ② 1.22
③ 1.24 ④ 1.26

해설 방파제의 활동에 대한 안전율
1) 단위 폭당 부력의 크기=해수의 단위중량×배수용적
$B = 9,810 \times 10 \times 8 = 784,800$ N/m
2) 단위 폭당 방파제의 수중 무게=방파제의 공기 중 무게 − 부력
$= 3.5 \times 10^6 - 784,800 = 2.7152 \times 10^6$ N/m
3) 안전율
$F_s = \dfrac{\text{마찰저항력}}{\text{수평파력}} = \dfrac{\text{마찰계수} \times \text{방파제 수중무게}}{\text{수평파력}}$
$= \dfrac{0.7 \times 2.7152 \times 10^6}{1.5 \times 10^6} = 1.26$

55 지하수 수리의 문제에서 Darcy의 법칙이 성립하는 Re 수의 범위는?
① Re < 2000 ② Re < 500
③ Re < 45   ④ Re < 4

해설 Darcy 법칙
1) $V = KI = K\dfrac{dh}{dl}$
2) 유속은 동수경사와 비례한다.
3) $R_e < 4$ 층류에 적용한다.

56 개수로 내의 흐름, 댐의 여수토의 흐름에 적용되는 수류의 상사법칙은?
① Reynolds의 상사법칙
② Froude의 상사법칙
③ Weber의 상사법칙
④ Cauchy의 상사법칙

해설 수리학적 상사법칙
1) Froude상사는 중력과 관성력이 흐름을 지배하는 개수로에 적용한다.
2) Froude상사법칙 : 원형의 Froude수=모형의 Froude수
$\dfrac{V_p D_p}{\nu_p} = \dfrac{V_m D_m}{\nu_m}$

해답 52. ② 53. ④ 54. ④ 55. ④ 56. ②

57 어느 지역의 증발접시에 의한 연증발량이 98.2mm이다. 증발접시 계수가 0.7일 때 저수지의 연증발량을 구한 값은?

① 62.81mm   ② 65.39mm
③ 68.74mm   ④ 71.52mm

해설 저수지의 연증발량

증발접시계수 = 저수지 연 증발량 / 증발접시에 의한 연증발량

$0.7 = \frac{\text{저수지 연 증발량}}{98.2}$ ⇒ ∴ 저수지 연 증발량
$= 68.74\text{mm}$

58 1시간 간격의 강우량이 15.2mm, 25.4mm, 20.3mm, 7.6mm이다. 지표 유출량이 47.9mm일 때 ϕ-index는?

① 5.15mm/hr   ② 2.58mm/hr
③ 6.25mm/hr   ④ 4.25mm/hr

해설 ϕ-Index (침투지수법)

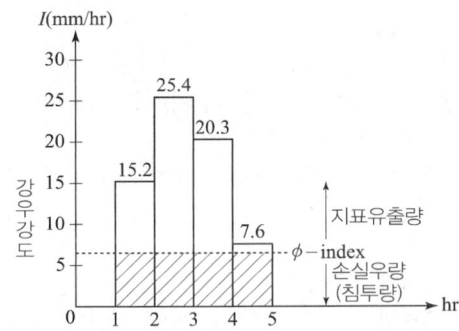

1) ϕ선의 위쪽은 지표유출량을 의미하고 ϕ선 아래는 손실 우량을 의미한다.
2) 손실 우량을 계산한다.
   = (15.2+25.4+20.3+7.6) − 47.9 = 20.6mm
3) ϕ선을 대략 가정(0과 7.6사이)한 후 ϕ값을 구한다.
   $(15.2-\phi)+(25.4-\phi)+20.3-\phi)+(7.6-\phi)=47.9$
   $68.5-4\phi=47.9$ → ∴ $\phi=5.15\text{mm/hr}$

59 다음 유역홍수추적 기법 중 비선형을 고려한 것은?
① Muskingum의 유역추적 방법
② Nash의 유역추적 방법
③ Clark의 유역추적 방법
④ 저류함수법

해설 유역홍수추적 기법
1) 홍수추적은 하천 상류의 기지 수문곡선으로부터 하류의 수문곡선을 계산하는 절차이다.
2) 홍수추적은 수문학적 홍수추적과 수리학적 홍수추적으로 분류한다.
3) 유역의 홍수추적 기법 중 비선형방법으로 Muskingum의 유역추적 방법, 선형방법으로 Clark의 유역추적방법, Nash의 유역추적 방법 등이 있다.

60 유역면적이 1.5km²인 유역에 강우강도가 30mm/hr이고 두 영역 즉, 유역면적 $A_1=1.5\text{km}^2$, $A_2=1.0\text{km}^2$과 유출계수 $C_1=0.7$, $C_2=0.3$으로 나누어질 때 총 유출량은?

① 7.25m³/sec   ② 9.25m³/sec
③ 11.25m³/sec   ④ 13.25m³/sec

해설 우수유출량(합리식)
1) 평균 유출계수
$$C = \frac{\sum AC}{\sum A} = \frac{(1.5 \times 0.7)+(1.0 \times 0.3)}{1.5+1.0} = 0.54$$
2) 우수유출량
$$Q = \frac{1}{3.6} \times C \times I \times A$$
$$= \frac{1}{3.6} \times 0.54 \times 30 \times (1.5+1.0) = 11.25\text{m}^3/\text{sec}$$

해답 57. ③ 58. ① 59. ① 60. ③

철근콘크리트 및 강구조

61 그림과 같은 필릿 용접에서 $S=9mm$일 때 목두께 a의 값은?

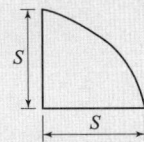

① 5.46mm ② 6.36mm
③ 7.26mm ④ 8.16mm

해설 필릿 용접의 목 두께
$a = 0.707 \times S = 0.707 \times 9 = 6.36mm$

62 다음 필릿 용접의 전단응력은 얼마인가?

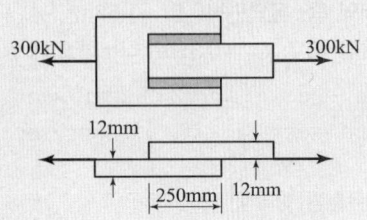

① 67.72MPa ② 78.23MPa
③ 72.72MPa ④ 75.72MPa

해설 용접부의 전단응력
1) 전단력 : V=300kN=300,000N
2) 용접부의 유효길이
$l_e = (l - 2S) \times 2 = (250 - 2 \times 12) \times 2 = 452mm$
여기서, $S = t$
3) 목두께 : $a = 0.707 \times S = 0.707 \times 12 = 8.485mm$
4) $\nu = \dfrac{V}{\sum al_e} = \dfrac{300,000}{8.485 \times 452} = 78.23MPa$

63 2방향 슬래브의 설계에서 직접설계법을 적용할 수 있는 제한조건으로 틀린 것은?
① 슬래브들은 단변경간에 대한 장변경간의 비가 2 이하인 직사각형이어야 한다.
② 각 방향으로 3경간 이상이 연속되어야 한다.
③ 각 방향으로 연속한 받침부 중심간 경간 길이의 차이는 긴 경간의 1/3 이하이어야 한다.
④ 모든 하중은 연직하중으로 슬래브 전체에 등분포이고, 활하중은 고정하중의 2배이상이라야 한다.

해설 직접설계법
모든 하중은 연직하중으로 슬래브 전체에 등분포이고, 활하중은 고정하중의 2배 이하라야 한다.

64 옹벽의 구조해석에 대한 설명으로 틀린 것은?
① 뒷부벽식 옹벽의 저판은 정확한 방법이 사용되지 않는 한, 뒷부벽 간의 거리를 경간으로 가정하여 고정보 또는 연속보로 설계할 수 있다.
② 저판의 뒷굽판은 정확한 방법이 사용되지 않는 한, 뒷굽판 상부에 재하되는 모든 하중을 지지하도록 설계되어야 한다.
③ 캔틸레버 옹벽의 전면벽은 저판에 지지된 캔틸레버 옹벽의 전면벽을 저판에 지지된 캔틸레버로 설계할 수 있다
④ 뒷부벽식 옹벽의 뒷부벽은 직사각형보로 설계하여야 한다.

해설 옹벽의 구조해석
1) 앞부벽식 옹벽: 앞부벽은 직사각형 보로 설계
2) 뒷부벽식 옹벽: 뒷부벽은 T형 보로 설계

65 프리스트레스 손실원인 중 프리스트레스 도입 후 시간이 경과함에 따라서 생기는 것은 어느 것인가?
① 콘크리트의 탄성수축
② 콘크리트의 크리프
③ PS 강재와 시스의 마찰
④ 정착단의 활동

해답 61. ② 62. ② 63. ④ 64. ④ 65. ②

해설 프리스트레스 손실 원인
1) 프리스트레스 도입 후 손실
   ① 콘크리트 크리프
   ② 건조수축
   ③ PS강재의 릴랙세이션
2) 프리스트레스 도입할 때 손실
   ① 콘크리트의 탄성수축
   ② 정착단의 활동
   ③ PS강재와 시스의 마찰

66 콘크리트 크리프에 대한 설명으로 틀린 것은?
① 일정한 응력이 장시간 계속하여 작용하고 있을 때 변형이 계속 진행되는 현상을 말한다.
② 물시멘트비가 큰 콘크리트는 물시멘트비가 작은 콘크리트보다 크리프가 크게 일어난다.
③ 고강도 콘크리트는 저강도 콘크리트보다 크리프가 크게 일어난다.
④ 콘크리트가 놓이는 주위의 온도가 높을수록 크리프 변형은 크게 일어난다.

해설 콘크리트 크리프
고강도 콘크리트는 저강도 콘크리트보다 크리프가 작게 일어난다.

67 철근콘크리트 부재의 피복두께에 관한 설명으로 틀린 것은?
① 최소 피복두께를 제한하는 이유는 철근의 부식방지, 부착력의 증대, 내화성을 갖도록 하기 위해서이다.
② 현장치기 콘크리트로서, 흙에 접하거나 옥외의 공기에 직접 노출되는 콘크리트의 최소 피복두께는 D19 이상의 철근의 경우 40mm이다.
③ 현장치기 콘크리트로서, 흙에 접하여 콘크리트를 친 후 영구히 흙에 묻혀있는 콘크리트의 최소 피복두께는 75mm이다.
④ 콘크리트 표면과 그와 가장 가까이 배치된 철근 표면 사이의 콘크리트 두께를 피복두께라 한다.

해설 현장치기 콘크리트의 최소 피복두께
1) 흙에 접하거나 옥외의 공기에 직접 노출되는 콘크리트
   ① 철근 지름 ≥ D19 : 50mm
   ② 철근 지름 ≤ D16 : 40mm
2) 흙에 접하여 콘크리트를 친 후 영구히 흙에 묻혀있는 콘크리트 : 75mm

68 그림과 같은 보에서 계수전단력 $V_u = 225$kN에 대한 적당한 스터럽 간격은? (단, 사용된 스터럽은 D13으로 단면적은 127mm², $f_{ck} = 24$MPa, $f_{yt} = 350$MPa)

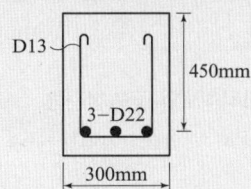

① 110mm
② 150mm
③ 210mm
④ 225mm

해설 스터럽 간격
1) 콘크리트의 공칭 전단강도
$$V_c = \frac{\lambda}{6}\sqrt{f_{ck}}\,b_w d = \frac{1.0}{6} \times \sqrt{24} \times 300 \times 450$$
$$= 110,227\text{N} \fallingdotseq 110\text{kN}$$
2) $V_s = \dfrac{V_u}{\phi} - V_c = \dfrac{225}{0.75} - 110 = 190\text{kN}$
3) 전단 보강 유무 결정
$V_s > \phi V_c = 0.75 \times 110$ ⇒ ∴ 전단보강 해야함
4) $\dfrac{\lambda}{3}\sqrt{f_{ck}}\,b_w d = \dfrac{1.0}{3}\sqrt{24} \times 300 \times 450$
$= 220,454\text{N} \fallingdotseq 220.45\text{kN}$
5) $V_s < \dfrac{\lambda}{3}\sqrt{f_{ck}}\,b_w d$인 경우의 전단철근 간격
   ① $\dfrac{d}{2}$ 이하 $= \dfrac{450}{2} = 225\text{mm}$
   ② $s = \dfrac{A_v f_{yt} d}{V_s} = \dfrac{254 \times 350 \times 450}{190,000} = 210\text{mm}$
   U형 스터럽 다리는 2개이므로,
   $A_v = 127 \times 2 = 254\text{mm}^2$
   ③ 600mm 이하
   ∴ 위의 값 중 가장 작은 값 : $s = 210$mm

69 철근콘크리트 보에서 스터럽을 배근하는 이유로 가장 중요한 것은?
① 보에 작용하는 사인장응력에 의한 균열을 방지하기 위하여
② 주철근 상호의 위치를 정확하게 확보하기 위하여
③ 콘크리트의 부착을 좋게 하기 위하여
④ 압축을 받는 쪽의 좌굴을 방지하기 위하여

해설 전단철근(스터럽) 배근 이유
1) 콘크리트는 사인장 강도가 부족하기 때문에
2) 사인장응력에 의한 균열을 방지하기 위함이다.

해답 66. ③ 67. ② 68. ③ 69. ①

70 $b=300mm$, $d=450mm$인 단철근 직사각형 보의 균형철근량은? (단, $f_{ck}=35MPa$, $f_y=300MPa$)

① 7,590mm² ② 7,320mm²
③ 7,363mm² ④ 7,010mm²

해설 단철근 직사각형보의 균형철근량

1) $f_{ck} \leq 40MPa \Rightarrow \eta=1.0$, $\beta_1=0.8$, $\varepsilon_{cu}=0.0033$,
   $\varepsilon_y = \dfrac{f_y}{E_s}$

2) 균형철근비(ρ_b)
   $$\rho_b = \dfrac{\eta(0.85f_{ck})\beta_1}{f_y}\dfrac{\varepsilon_{cu}}{\varepsilon_{cu}+\varepsilon_y}$$
   $$= \dfrac{1.0\times(0.85\times35)\times0.8}{300}\dfrac{0.0033}{0.0033+\dfrac{300}{200,000}}$$
   $$\fallingdotseq 0.05454$$

3) 균형철근량
   $$A_{sb} = \rho_b bd = 0.05454\times300\times450 = 7,363mm^2$$

71 그림과 같은 보의 유효깊이는 얼마인가? (단, 사용철근의 지름은 동일함)

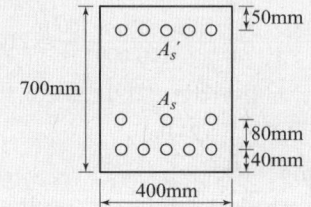

① 580mm ② 630mm
③ 660mm ④ 680mm

해설 보의 유효깊이
1. 유효깊이: 압축 연단으로부터 인장철근의 도심까지 거리
2. 유효깊이 계산: 압축 연단을 기준 축으로 하여 단면1차 모멘트를 이용해 도심을 구한다.
   $(3개\times A_s\times y_1)+(5개\times A_s\times y_2) = 8개\times A_s\times d$
   $d = \dfrac{(3개\times580)+(5개\times660)}{8개} = 630mm$
   여기서, $y_1 = (700-80-40) = 580mm$
   $y_2 = (700-40) = 660mm$

72 강도설계법에서 적용되는 부재별 강도감소계수가 잘못된 것은?

① 인장지배단면 : 0.85
② 압축지배단면 중 나선철근으로 보강된 철근콘크리트 부재 : 0.70
③ 무근콘크리트의 휨모멘트, 압축력, 전단력, 지압력을 받는 부재 : 0.55
④ 콘크리트의 지압력을 받는 부재 : 0.80

해설 강도감소계수(ϕ)
콘크리트의 지압력을 받는 부재 : $\phi=0.65$

73 활하중 20kN/m, 고정하중 30kN/m를 지지하는 경간 8m의 단순보에서 계수모멘트(M_u)는? (단, 하중계수와 하중조합을 고려할 것)

① 512kN·m ② 544kN·m
③ 576kN·m ④ 605kN·m

해설 계수모멘트 계산
1) 계수하중
   $w_u = 1.2D+1.6L \geq 1.4D$
   $= 1.2\times30+1.6\times20 \geq 1.4\times30$
   $= 68kN$
2) 계수모멘트
   $$M_u = \dfrac{w_uL^2}{8} = \dfrac{68\times8^2}{8} = 544kN\cdot m$$

74 경간 $L=10m$인 대칭 T형보에서 양쪽 슬래브의 중심간격 2,100mm, 슬래브 두께 $t_f=100mm$, 복부폭 $b_w=400mm$일 때 플랜지의 유효폭은 얼마인가?

① 2,000mm ② 2,100mm
③ 2,300mm ④ 2,500mm

해설 대칭 T형 보의 유효 폭
1) $16t_f+b_w = 16\times100+400 = 2,000mm$
2) 양쪽 슬래브의 중심간 거리 = 2,100mm
3) 보의 경간$\times\dfrac{1}{4} = 10,000\times\dfrac{1}{4} = 2,500mm$
   ∴ 이 중 최솟값이 유효 폭 : 2,000mm

해답 70.③ 71.② 72.④ 73.② 74.①

75 처짐을 계산하지 않는 경우 단순지지된 보의 최소 두께(h)로 옳은 것은? (단, 보통콘크리트 및 $f_y = 300$MPa인 철근을 사용한 부재의 길이가 10m인 보)

① 429mm ② 500mm
③ 537mm ④ 625mm

해설 처짐을 계산하지 않아도 되는 단순 보의 최소두께(h)
1) 보의 최소두께는 $\dfrac{l}{16}$, f_y가 400MPa이 아닌 경우 $\left(0.43 + \dfrac{f_y}{700}\right)$를 곱하여 구한다.
2) $h = \dfrac{10,000}{16} \times \left(0.43 + \dfrac{300}{700}\right) = 537 \text{mm}$

76 다음 중 표피철근의 정의로서 옳은 것은?
① 유효깊이가 900mm를 초과하는 휨부재 복부의 양 측면에 부재 축방향으로 배치하는 철근
② 유효깊이가 1,200mm를 초과하는 휨부재 복부의 양 측면에 부재 축방향으로 배치하는 철근
③ 전체깊이가 900mm를 초과하는 휨부재 복부의 양 측면에 부재 축방향으로 배치하는 철근
④ 전체깊이가 1,200mm를 초과하는 휨부재 복부의 양 측면에 부재 축방향으로 배치하는 철근

해설 표피철근

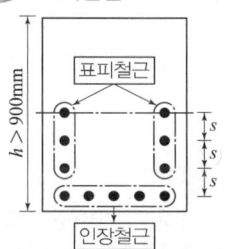

77 단순지지 보에서 긴장재는 C점에 100mm의 편심에 직선으로 배치되고 1,100kN으로 긴장되었다. 보에는 120kN의 집중하중이 C점에 작용한다. 보의 고정하중은 무시할 때 AC구간에서의 전단력은 얼마인가?

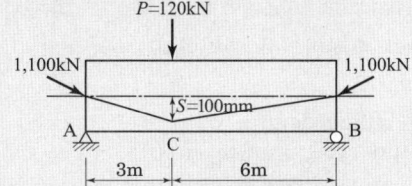

① $V = 36.7$kN(↓) ② $V = 120$kN(↓)
③ $V = 80$kN(↑)   ④ $V = 43.3$kN(↑)

해설 PSC보의 전단력

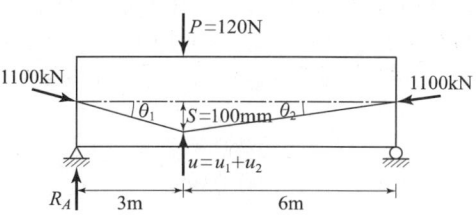

1) 프리스트레스에 의한 상향력
$\sin\theta_1 = \dfrac{100}{\sqrt{3,000^2 + 100^2}}$
$\sin\theta_2 = \dfrac{100}{\sqrt{6,000^2 + 100^2}}$
$U_1 = 1,100 \times \sin\theta_1 = 36.646$kN
$U_2 = 1,100 \times \sin\theta_2 = 18.331$kN
∴ $U = U_1 + U_2 ≒ 55$kN

2) $\sum M_B = 0$
$V_A \times 9 - (120 - 55) \times 6 = 0$
∴ $V_A = V = 43.3$kN(↑)

78 이형철근의 정착길이 산정 시 필요한 보정계수에 대한 설명 중 틀린 것은? (단, f_{sp}는 콘크리트 쪼갬인장강도)
① 상부철근(정착길이 또는 겹침이음부 아래 300mm를 초과되게 굳지 않은 콘크리트를 친 수평철근)인 경우, 철근배근 위치에 따른 보정계수 1.3을 사용한다.
② 에폭시 도막철근인 경우 피복두께 및 순간격에 따라 1.2나 2.0의 보정계수를 사용한다.
③ f_{sp}가 주어지지 않은 전경량콘크리트인 경우 보정계수(λ)는 0.75를 사용한다.
④ 에폭시 도막철근이 상부철근인 경우 상부철근의 위치계수 α와 철근 도막계수 β를 곱한 값이 1.7보다 클 필요는 없다.

해설 에폭시 도막 보정계수
1) 피복두께 ≤ $3d_b$, 순간격 ≤ $6d_b$ ⇒ $\beta = 1.5$
2) 기타, 에폭시도막 ⇒ $\beta = 1.2$
3) 에폭시 도막철근인 경우 피복두께 및 순간격에 따라 1.2나 1.5의 보정계수를 사용한다.

해답 75. ③ 76. ③ 77. ④ 78. ②

★★★
79 유효깊이(d)가 500mm 직사각형 단면 보에 f_y = 400MPa인 인장철근이 1열로 배치되어 있다. 중립축의 위치(c)가 압축연단에서 200mm인 경우 강도감소계수(ϕ)는?

① 0.804　　② 0.817
③ 0.834　　④ 0.847

해설 강도감소계수(ϕ)
1) 최외단 인장철근의 순인장 변형률
$$C : \varepsilon_{cu} = (d-C) : \varepsilon_t$$
$$200 : 0.0033 = (500-200) : \varepsilon_t$$
$$\therefore \varepsilon_t = \frac{300}{200} \times 0.0033 = 0.00495$$

2) $\phi = 0.65 + 0.2\left(\dfrac{\varepsilon_t - \varepsilon_y}{\varepsilon_{t,tcl} - \varepsilon_y}\right)$

$= 0.65 + 0.2\left(\dfrac{0.00495 - 0.002}{0.005 - 0.002}\right) = 0.847$

여기서, $\varepsilon_y = \dfrac{f_y}{E_s} = \dfrac{400}{200,000} = 0.002$

★
80 파셜 프리스트레스 보(Partially Prestressed Beam)란 어떤 보인가?

① 사용하중 하에서 인장응력이 일어나지 않도록 설계된 보
② 사용하중 하에서 얼마간의 인장응력이 일어나도록 설계된 보
③ 계수하중 하에서 인장응력이 일어나지 않도록 설계된 보
④ 부분적으로 철근 보강된 보

해설 파셜 프리스트레스 보의 정의
1) 파셜 프리스트레스 보: 사용하중 하에서 얼마간의 인장응력이 일어나도록 설계된 보
2) 완전 프리스트레스 보: 사용하중 하에서 인장응력이 일어나지 않도록 설계된 보

토질 및 기초

★★
81 유선망의 특징에 대한 설명으로 틀린 것은?

① 각 유로의 침투유량은 같다.
② 유선과 등수두선은 서로 직교한다.
③ 유선망으로 이루어지는 사각형은 이론상 정사각형이다.
④ 침투속도 및 동수경사는 유선망의 폭이 비례한다.

해설 유선망의 특징
침투속도 및 동수구배는 유선망 폭에 반비례한다.

★★
82 어떤 점토의 압밀계수는 $1.92 \times 10^{-7} m^2/s$, 압축계수는 $2.86 \times 10^{-1} m^2/kN$이었다. 이 점토의 투수계수는? (단, 이 점토의 초기간극비는 0.8이고, 물의 단위중량은 $9.81 kN/m^3$이다.)

① 0.99×10^{-5} cm/s　② 1.99×10^{-5} cm/s
③ 2.99×10^{-5} cm/s　④ 3.99×10^{-5} cm/s

해설 투수계수
1) 체적변화계수: $m_v = \dfrac{a_v}{1+e} = \dfrac{2.86 \times 10^{-1}}{1+0.8}$
$= 0.159 m^2/kN$

2) 투수계수: $K = C_v m_v \gamma_w$
$= 1.92 \times 10^{-7} \times 0.159 \times 9.81$
$= 2.99 \times 10^{-7} m/s = 2.99 \times 10^{-5}$ cm/s

★
83 사운딩에 대한 설명으로 틀린 것은?

① 로드 선단에 지중저항체를 설치하고 지반내 관입, 압입, 또는 회전하거나 인발하여 그 저항치로부터 지반의 특성을 파악하는 지반조사방법이다.
② 정적사운딩과 동적사운딩이 있다.
③ 압입식 사운딩의 대표적인 방법은 표준 관입 시험이다.
④ 특수사운딩 중 측압사운딩의 공내횡방향 재하시험은 보링공을 기계적으로 수평으로 확장시키면서 측압과 수평변위를 측정한다.

해설 사운딩(Sounding)
1) 압입식 사운딩: 콘 관입 시험
2) 콘관입시험은 원추형콘을 지중에 압입 할 때의 저항력을 측정하여 흙의 연경도를 조사하며 연약한 점토질 지반에 적용한다.

해답 79. ④　80. ②　81. ④　82. ③　83. ③

84 물의 온도 15℃에서 표면장력은 0.075N/m이다. 이 물이 안지름 0.1mm의 유리관 속을 상승하는 높이는 몇 cm인가? (단, 접촉각은 0°이고 물의 단위중량은 9.81kN/m³이다.)

① 10cm ② 20cm
③ 30cm ④ 40cm

해설 모관 상승고

1) 물의 단위중량: $\gamma_w = 9.81\text{kN/m}^3 = 9,810\,\text{N/m}^3$
2) 유리관 안지름: $d = 0.1\text{mm} = 0.1 \times 10^{-3}\text{m}$
3) 모관상승고

$$h_c = \frac{4T\cos\alpha}{\gamma_w d}$$
$$= \frac{4 \times 0.075 \times \cos 0°}{9,810 \times 0.1 \times 10^{-3}} = 0.3058\text{m} = 30.58\text{cm}$$

85 사면안정 해석방법에 대한 설명으로 틀린 것은?

① 일체법은 활동면 위에 있는 흙덩어리를 하나의 물체로 보고 해석하는 방법이다.
② 마찰원법은 점착력과 마찰각을 동시에 갖고 있는 균질한 지반에 적용된다.
③ 절편법은 활동면 위에 있는 흙을 여러 개의 절편으로 분할하여 해석하는 방법이다.
④ 절편법은 흙이 균질하지 않아도 적용이 가능하지만, 흙 속에 간극수압이 있을 경우 적용이 불가능하다.

해설 사면의 안정해석법(절편법)

1) 적용대상: 흙이 균질하지 않아도 적용이 가능하고, 흙 속에 간극수압이 있는 경우에 적용할 수 있다.
2) 해석방법: Fellenius 방법, Bishop 방법, Spencer 방법 등이 있다.

86 흙의 내부마찰이 20°, 점착력이 50kN/m², 습윤단위 중량이 17kN/m³, 지하수위 아래 흙의 포화단위중량이 19kN/m³일 때 3m×3m 크기의 정사각형 기초의 극한지지력을 Terzaghi의 공식으로 구하면? (단, 지하수위는 기초바닥 깊이와 같으며 물의 단위중량은 9.81kN/m³이고, 지지력계수 $N_c = 18$, $N_r = 5$, $N_q = 7.5$이다.)

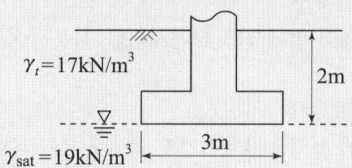

① 1,231.24kN/m²   ② 1,337.31kN/m²
③ 1,480.14kN/m²   ④ 1,540.42kN/m²

해설 Terzaghi의 극한지지력

1) 정사각형 기초의 형상계수: $\alpha = 1.3$, $\beta = 0.4$
2) $\gamma_1 = \gamma_{\text{sub}} = \gamma_{\text{sat}} - \gamma_w$, $\gamma_2 = \gamma_t$를 사용한다.
3) Terzaghi의 극한지지력

$$q_u = \alpha C N_c + \beta B \gamma_1 N_r + \gamma_2 D_f N_q$$
$$= 1.3 \times 50 \times 18 + 0.4 \times 3 \times (19 - 9.81) \times 5 + 17 \times 2 \times 7.5$$
$$= 1480.14\text{kN/m}^2$$

87 지름 $d = 20$cm인 나무말뚝을 25본 박아서 기초 상판을 지지하고 있다. 말뚝의 배치를 5열로 하고 각 열은 등간격으로 5본씩 박혀 있다. 말뚝의 중심간격 $S = 1$m이다. 1본의 말뚝이 단독으로 100kN의 지지력을 가졌다고 하면 이 무리 말뚝은 전체로 얼마의 하중을 견딜 수 있는가?

① 1,000kN ② 2,000kN
③ 3,000kN ④ 4,000kN

해설 무리말뚝의 지지력

1) $\phi = \tan^{-1}\left(\dfrac{d}{S}\right) = \tan^{-1}\left(\dfrac{20}{100}\right) = 11.3°$
2) $E = 1 - \dfrac{\phi}{90}\left[\dfrac{(m-1)n + (n-1)m}{m \cdot n}\right]$
$= 1 - \dfrac{11.3}{90}\left[\dfrac{(5-1)5 + (5-1)5}{5 \times 5}\right] = 0.8$
3) $Q_{ag} = E \cdot q_a \cdot N = 0.8 \times 100 \times 25 = 2,000\text{kN}$

해답 84. ③   85. ④   86. ③   87. ②

③ 2023년 과년도출제문제

88 흙 시료 채취에 대한 설명으로 틀린 것은?
① 오거보링(auger boring)은 흐트러지지 않은 시료를 채취하는데 적합하다.
② 교란된 흙은 자연 상태의 흙보다 전단강도가 작다.
③ 액성한계 및 소성한계 시험에서 교란시료를 사용하여도 괜찮다.
④ 입도분석시험에서는 교란시료를 사용하여도 괜찮다.

해설 흙 시료 채취
1) 오우거 보링은 흐트러지지 않은 시료를 채취할 수 없다.
2) 교란된 흙은 전단강도 정수(C, ϕ)저하로 인하여, 자연 상태의 흙보다 전단강도가 작다.
3) 흙의 물리적 성질(함수비, 입도 등)을 구할 때는 교란된 시료를 사용한다.

89 흙 속에 있는 한 점의 최대 및 최소 주응력이 각각 200kN/m² 및 100kN/m²일 때 최대 주응력면과 30°를 이루는 평면상의 전단응력을 구한 값은?
① 10.5kN/m²   ② 21.5kN/m²
③ 32.3kN/m²   ④ 43.3kN/m²

해설 최대주응력면과 θ각도에서의 전단응력
$$\tau_{30} = \frac{\sigma_1 - \sigma_3}{2} \sin 2\theta$$
$$= \frac{200 - 100}{2} \sin(2 \times 30°) = 43.3 \text{kN/m}^2$$

90 평판재하시험에 대한 설명으로 틀린 것은?
① 순수한 점토지반의 지지력은 재하판 크기와 관계없다.
② 순수한 모래지반의 지지력은 재하판의 폭에 비례한다.
③ 순수한 점토지반의 침하량은 재하판의 폭에 비례한다.
④ 순수한 모래지반의 침하량은 재하판의 폭에 관계없다.

해설 평판재하시험(Scale effect)
1) 지지력
   ① 점토지반: 재하판 폭에 무관하다.
   ② 모래지반: 재하판 폭에 비례한다.
2) 침하량
   ① 점토지반: 재하판 폭에 비례한다.
   ② 모래지반: 재하판 폭이 커지면 약간 커지긴 하지만 폭에 비례하는 정도는 아니다.
$$S_{기초} = S_{재하판}\left[\frac{2B_{기초}}{B_{재하판}+B_{기초판}}\right]^2$$

91 공극비 0.8, 포화도 87.5%, 함수비 25%인 사질점토에서 한계동수구배는 얼마인가?
① 0.8   ② 1.0
③ 1.5   ④ 2.0

해설 한계동수구배
1) $\omega \cdot G_s = S \cdot e \Rightarrow G_s = \frac{87.5 \times 0.8}{25} = 2.8$
2) $i_{cr} = \frac{G_s - 1}{1 + e} = \frac{2.8 - 1}{1 + 0.8} = 1.0$

92 지반의 지지력에 관하여 틀린 것은?
① 기초의 지지력은 흙의 단위중량, 내부마찰각, 점착력 등에 관계된다.
② 극한지지력에 안전율을 곱하면 허용지지력이 나온다.
③ 지반의 허용지지력은 결국 허용하중강도와 같다.
④ 허용지지력은 극한지지력의 $\frac{1}{3}$을 취해서 사용함이 보통이다.

해설 지반의 지지력
1) 안전율 $(F_s) = \frac{극한지지력(q_u)}{허용지지력(q_a)}$
2) 허용지지력은 극한지지력을 안전율로 나눈 값이다.

해답 88. ①   89. ④   90. ④   91. ②   92. ②

93 두께 Hm되는 점토층에서 압밀하중을 가하며 90%압밀이 일어나는데 424일이 소요되었다. 같은 조건하에서 50%에 달하는 데 몇 칠이 걸리겠는가?

① 260.5일　　② 212일
③ 199일　　　④ 98.5일

해설 압밀시간

1) 시간계수: $T_{90}=0.848$, $T_{50}=0.197$
2) 압밀시간과 시간계수는 비례한다.
   $t_{90} : T_{90} = t_{50} : T_{50}$
   $424 : 0.848 = t_{50} : 0.197 \Rightarrow \therefore t_{50} = 98.5$일

94 그림에서 전주동토압을 계산한 값은?

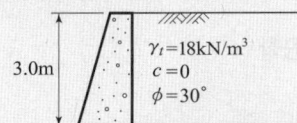

① 37kN/m　　② 30kN/m
③ 27kN/m　　④ 20kN/m

해설 주동토압

1) $K_a = \dfrac{1-\sin\phi}{1+\sin\phi} = \dfrac{1-\sin 30°}{1+\sin 30°} = \dfrac{1}{3}$
2) $P_a = \dfrac{1}{2} K_a \gamma_t h^2$
   $= \dfrac{1}{2} \times \dfrac{1}{3} \times 18 \times 3^2 = 27\text{kN/m}$

95 그림에서 A점 흙의 강도정수가 $c'=30\text{kN/m}^2$, $\phi'=30°$일 때, A점에서의 전단강도는? (단, 물의 단위중량은 9.81kN/m³이다.)

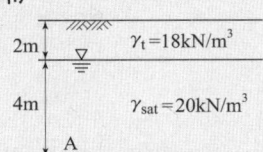

① 69.31kN/m²　　② 74.32kN/m²
③ 96.97kN/m²　　④ 103.92kN/m²

해설 전단강도

1) $\sigma' = \gamma_t h_1 + \gamma_{sub} h_2$
   $= 18 \times 2 + (20-9.81) \times 4 = 76.76\text{kN/m}^2$
2) $\tau = C' + \sigma' \tan\phi'$
   $= 30 + 76.76 \tan 30° = 74.32\text{kN/m}^2$

96 현장 도로 토공에서 모래치환법에 의한 흙의 밀도 시험 결과 흙을 파낸 구멍의 체적과 파낸 흙의 질량을 각각 1,800cm³, 3,950g이었다. 이 흙의 함수비는 11.2%이고, 흙의 비중은 2.65이다. 실내시험으로부터 구한 최대건조밀도가 2.05g/cm³일 때 다짐도는?

① 92%　　② 94%
③ 96%　　④ 98%

해설 다짐도

1) 흙의 습윤밀도
   $\gamma_t = \dfrac{W}{V} = \dfrac{3,950}{1,800} = 2.19\text{g/cm}^3$
2) 흙의 건조밀도
   $\gamma_d = \dfrac{\gamma_t}{1+\dfrac{w}{100}} = \dfrac{2.19}{1+\dfrac{11.2}{100}} = 1.97\text{g/cm}^3$
3) 다짐도
   $R = \dfrac{\gamma_d}{\gamma_{max}} \times 100 = \dfrac{1.97}{2.05} \times 100 = 96\%$

97 말뚝의 부주면마찰력에 대한 설명으로 틀린 것은?

① 연약한 지반에서 주로 발생한다.
② 말뚝 주변의 지반이 말뚝보다 더 침하될 때 발생한다.
③ 말뚝 주면에 역청 코팅을 하면 부주면 마찰력을 감소시킬 수 있다.
④ 부주면마찰력의 크기는 말뚝과 흙 사이의 상대적인 변위속도와는 큰 연관성이 없다.

해설 부주면 마찰력

1) 부주면 마찰력의 크기는 흙의 종류와 말뚝의 재질뿐만 아니라, 말뚝과 흙의 상대적인 변위 속도에 의존한다.
2) 연약한 점토에 있어서는 상대 변위 속도가 클수록 부마찰력이 크다.

해답　93. ④　94. ③　95. ②　96. ③　97. ④

98 두 개의 규소판 사이에 한 개의 알루미늄판이 결합된 3층 구조가 무수히 많이 연결되어 형성된 점토광물로서 각 3층 구조 사이에는 칼륨이온(K^+)으로 결합되어 있는 것은?
① 몬모릴로나이트(montmorillonite)
② 일라이트(illite)
③ 카올리나이트(kaolinite)
④ 할로이사이트(halloysite)

해설 점토광물
1) 카올리나이트(Kaolinite)
   - 1개의 규소판과 1개의 알루미늄판으로 결합된 2층 구조
   - 활성도가 가장 작고 공학적으로 가장 안정된 구조
2) 일나이트(illite)
   - 두 개의 규소 판 사이에 알루미늄판이 결합된 3층 구조
   - 3층 구조 단위들이 불치환성 양이온(K^+)으로 결합
3) 몬모릴로나이트(montmorillonite)
   - 두 개의 규소 판 사이에 알루미늄판이 결합된 3층 구조
   - 3층 구조 단위들이 치환성 양이온으로 결합
   - 활성도가 가장 크고 공학적으로 가장 불안정한 구조

99 어떤 흙의 No.200체(0.075mm) 통과율 50%, 액성한계가 40%, 소성지수가 10%일 때 군지수는?
① 3   ② 4
③ 5   ④ 6

해설 군지수(GI)
GI=0.2a+0.005ac+0.01bd
=0.2×15+0.005×15×0+0.01×35×0=3
a=200번체 통과율-35=50-35=15
b=200번체 통과율-15=50-15=35
c=액성한계-40=40-40=0
d=소성지수-10=10-10=0

100 점토층 지반 위에 성토를 급속히 하려 한다. 성토 직후에 있어서 이 점토의 안정성을 검토하는데 필요한 강도정수를 구하는 합리적인 시험은?
① 비압밀 비배수시험(UU-test)
② 압밀 비배수시험(CU-test)
③ 압밀 배수시험(CD-test)
④ 투수시험

해설 비압밀 비배수시험(UU-Test)
1) 점토지반이 시공 중 또는 성토한 후 급속한 파괴가 예상될 때
2) 압밀이나 함수비의 변화가 없이 급속한 파괴가 예상될 때
3) 점토지반의 단기적 안정해석

상하수도공학

101 취수장에서부터 가정의 수도꼭지까지에 이르는 상수도 계통을 올바르게 나열한 것은?
① 수원 – 취수 – 정수 – 도수 – 송수 – 배수 – 급수
② 수원 – 취수 – 도수 – 송수 – 정수 – 배수 – 급수
③ 수원 – 취수 – 도수 – 정수 – 송수 – 배수 – 급수
④ 수원 – 취수 – 도수 – 송수 – 배수 – 정수 – 급수

해설 상수도의 계통도
1) 계통도: 수원-취수-도수-정수-송수-배수-급수
2) 도수는 원수를 취수해서 정수장까지 이송하고 송수는 정수한 물을 정수지에서 배수지로 이송한다.

102 하천을 수원으로 하는 경우의 취수시설과 가장 거리가 먼 것은?
① 취수탑   ② 취수틀
③ 집수매거 ④ 취수문

해설 취수시설
1) 하천수 취수시설 : 취수탑, 취수틀, 취수문 등.
2) 지하수 취수시설 : 집수매거, 얕은우물, 깊은우물, 굴착정.

해답 98. ②   99. ①   100. ①   101. ③   102. ③

103 상수 취수시설에 있어서 침사지의 유효수심은 얼마를 표준으로 하는가?
① 10 ~ 12m   ② 6 ~ 8m
③ 3 ~ 4m   ④ 0.5 ~ 2m

해설 상수 침사지
1) 침사지의 유효수심: 3~4m
2) 침사지용량: 계획취수량의 10~20분간 체류할 수 있는 크기

104 부영양화에 대한 설명으로 옳지 않은 것은?
① COD가 증가한다.
② 식물성 플랑크톤인 조류가 대량 번식한다.
③ 영양염류인 질소, 인 등의 감소로 발생한다.
④ 최종적으로 용존산소가 줄어든다.

해설 부영양화
1) 정의: 영양염류인 질소(N), 인(P) 등의 유입으로 인해 식물성 플랑크톤의 대량 번식 되어 수질이 악화되는 현상.
2) 부영양화 현상: 탁도 증가, 색도 증가, COD 증가, pH 증가, 용존산소 감소 등

105 도수 및 송수관을 자연유하식으로 설계할 때 평균유속의 허용최대한도는?
① 0.3m/s   ② 3.0m/s
③ 13.0m/s   ④ 30.0m/s

해설 도수 및 송수관의 평균유속
1) 최대 유속: 3.0m/s
2) 최소 유속: 0.3m/s

106 급수방식에 대한 설명으로 틀린 것은?
① 급수방식은 급수전의 높이, 수요자가 필요로 하는 수량 등을 고려하여 결정한다.
② 직결식은 직결직압식과 직결가압식으로 구분할 수 있다.
③ 저수조식은 수돗물을 일단 저수조에 받아서 급수하는 방식으로 단수나 감수시 물의 확보가 어렵다.
④ 직결식과 저수조식의 병용방식은 하나의 건물에 직결식과 저수조식의 양쪽 급수방식을 병용하는 것이다.

해설 급수방식(저수조식)
1) 배수관의 수압이 소요수압에 대해 부족한 경우
2) 일시에 많은 수량 또는 일정한 수량을 필요로 하는 경우
3) 급수관의 고장에 따른 단수 시에도 어느 정도의 급수를 지속시킬 필요가 있는 경우

107 정수시설 중 응집용 약품에 대한 설명으로 틀린 것은?
① 응집제는 황산알루미늄과 철염 등이 있다.
② pH제는 산제와 알칼리제이다.
③ 첨가제는 염화나트륨과 차아염소산 등이 있다.
④ 응집보조제는 활성규산과 알긴산 나트륨 등이 있다.

해설 첨가제(알카리제)
1) 첨가제(알카리제): 응집반응을 실시하면 많은 OH^-기가 소모되어 PH가 저하되므로 알카리제를 투입, 보충하지 않으면 응집효율이 저하된다.
2) 생석회(CaO), 소석회($Ca(OH)_2$), 소다회($NaCO_3$) 등이 알카리제로 사용된다.

108 정수 중 암모니아성 질소가 있으면 염소소독 처리시 클로라민이란 화합물이 생긴다. 이에 대한 설명으로 옳은 것은?
① 소독력이 떨어져 다량의 염소가 요구된다.
② 소독력이 증가하여 소량의 염소가 요구된다.
③ 소독력에는 거의 영향을 주지 않는다.
④ 경제적인 소독효과를 기대할 수 있다.

해설 클로라민의 특징
1) 암모니아가 함유된 물에 염소를 주입하면 염소와 암모니아성질소가 결합하여 클로라민이 생성된다.
2) 클로라민은 소독력이 떨어져 다량의 염소가 요구된다.

해답 103. ③ 104. ③ 105. ② 106. ③ 107. ③ 108. ①

109 하수의 염소요구량이 1mg/L이었다. 0.2mg/L의 잔류염소량을 유지하기 위하여 30,000m³/day의 하수에 주입하여야 할 염소량은 얼마인가?

① 12kg/day
② 24kg/day
③ 36kg/day
④ 48kg/day

해설 염소주입량
1) 염소주입농도 = 염소요구농도 + 잔류염소농도
$= \dfrac{1\text{mg}}{\text{L}} + \dfrac{0.2\text{mg}}{\text{L}} = \dfrac{1.2\text{mg}}{\text{L}} \times \dfrac{1,000}{1,000} = \dfrac{1.2\text{g}}{\text{m}^3}$

2) 염소주입량 = 염소주입농도 × Q
$= \dfrac{1.2\text{g}}{\text{m}^3} \times \dfrac{30,000\text{m}^3}{\text{day}} = 36,000\text{g/day} = 36\text{kg/day}$

110 하수배제방식의 합류식과 분류식에 관한 설명으로 옳지 않은 것은?

① 분류식이 합류식에 비하여 일반적으로 관거의 부설비가 적게 든다.
② 분류식은 강우초기에 비교적 오염된 노면배수가 직접 공공수역에 방류될 우려가 있다.
③ 하수관거내의 유속의 변화폭은 합류식이 분류식보다 크다.
④ 합류식 하수관거는 단면이 커서 관거내 유지관리가 분류식보다 쉽다.

해설 하수배제방식(분류식)
1) 분류식은 우수는 우수관으로 오수는 오수관으로 배제하는 방법이다.
2) 분류식은 오수관과 우수관을 각각 별도로 설치하므로 관거의 부설비가 많이 든다.

111 계획우수량 산정에 있어서 하수도 시설물별 최소설계빈도가 틀린 것은?

① 빗물펌프장 - 30년
② 간선관로 - 30년
③ 지선관로 - 10년
④ 배수펌프장 - 40년

해설 하수도 시설물별 계획우수량 최소설계빈도
1) 우수조정지 및 배수펌프장, 빗물펌프장: 30년
2) 지선관로: 10년, 간선관로: 30년

112 어느 유역의 강우강도는 $I = \dfrac{400}{t+20}$ (mm/min)로 표시할 수 있고, 유역면적 0.8km², 유입시간 10분, 유출계수 0.7, 관내 유속이 20m/min이다. 1km의 하수관에서 흘러나오는 우수량은 얼마인가?

① 4.667m³/sec
② 46.67m³/sec
③ 466.7m³/sec
④ 4,667m³/sec

해설 우수유출량
1) 유달시간 = 유입시간 + 유하시간
$t = 10\text{min} + \dfrac{1000\text{m}}{20\text{m/min}} = 60\text{min}$

2) 유달시간에 대한 강우강도
$I = \dfrac{400}{t+20} = \dfrac{400}{60+20} = \dfrac{5\text{mm}}{\text{min}}$
$\therefore I = \dfrac{5\text{mm}}{\text{min}} \times \dfrac{60\text{min}}{1\text{hr}} = \dfrac{300\text{mm}}{\text{hr}}$

3) 우수유출량
$Q = \dfrac{1}{3.6}CIA = \dfrac{1}{3.6} \times 0.7 \times 300 \times 0.8 = 46.67\text{m}^3/\text{sec}$

113 계획오수량 산정시 고려 사항에 대한 설명으로 옳지 않은 것은?

① 지하수량은 1인1일 최대오수량의 10~20%로 한다.
② 계획1일 평균오수량은 계획1일 최대오수량의 70~80%를 표준으로 한다.
③ 계획시간 최대오수량은 계획1일평균오수량의 1시간당 수량의 0.9~1.2배를 표준으로 한다.
④ 계획1일 최대오수량은 1인1일 최대오수량에 계획인구를 곱한 후 공장폐수량, 지하수량 및 기타 배수량을 더한 값으로 한다.

해설 계획오수량 산정
1) 계획시간최대오수량은 계획1일 최대오수량의 1시간당 수량의 1.3~1.8배를 표준으로 한다.
2) 계획시간최대오수량 = $\dfrac{\text{계획1일최대오수량}}{24} \times k$
여기서, $k = 1.3$(대도시), 1.5(중·소도시), 1.8(아파트, 주택단지)

해답 109. ③ 110. ① 111. ④ 112. ② 113. ③

★★★
114 관로별 계획하수량에 대한 설명으로 옳지 않은 것은?
① 우수관로는 계획우수량으로 한다.
② 차집관로는 우천시 계획오수량으로 한다.
③ 오수관로는 계획1일 최대오수량으로 한다.
④ 합류관로는 계획시간 최대오수량에 계획우수량을 합한 것으로 한다.

해설 관로별 계획하수량
오수관로는 계획 시간 최대오수량을 기준으로 계획한다.

★★
115 콘크리트 하수관의 내부 천장이 부식되는 현상에 대한 대응책이다. 틀린 것은?
① 하수 중의 유기물 농도를 낮춘다.
② 하수 중의 유황 함유량을 낮춘다.
③ 관내의 유속을 감소시킨다.
④ 하수에 염소를 주입한다.

해설 관정부식 대책
관내의 유속을 증가시켜 하수관내 유기물질의 퇴적을 방지해야 한다.

★★★
116 유량 50,000m³/day, BOD농도 200mg/L인 하수를 체류시간 6시간의 활성슬러지조에서 처리할 경우 슬러지 반송율이 20%라고 할 때, 포기조의 BOD 용적부하는?
① 0.31kg/m³ · day   ② 0.54kg/m³ · day
③ 0.67kg/m³ · day   ④ 0.89kg/m³ · day

해설 BOD 용적부하
1) BOD 농도 $= \dfrac{200\mathrm{mg}}{\mathrm{L}} \times \dfrac{1{,}000}{1{,}000} = \dfrac{200\mathrm{g}}{\mathrm{m}^3} = \dfrac{0.2\mathrm{kg}}{\mathrm{m}^3}$

2) BOD량 = BOD농도 × Q
$= \dfrac{0.2\mathrm{kg}}{\mathrm{m}^3} \times \dfrac{50{,}000\mathrm{m}^3}{\mathrm{day}} = 10{,}000\mathrm{kg/day}$

3) 반송유량: $Q_r = \dfrac{r}{100} \times Q = \dfrac{20}{100} \times 50{,}000$
$= 10{,}000\mathrm{m}^3/\mathrm{day}$

4) 체류시간(t)
$t = \dfrac{V}{Q+Q_r} \times 24 \Rightarrow 6 = \dfrac{V}{(500{,}000+10{,}000)} \times 24$
∴ V(포기조부피) $= 15{,}000\mathrm{m}^3$

5) BOD 용적부하 $= \dfrac{\mathrm{BOD량}}{\mathrm{포기조부피}} = \dfrac{10{,}000}{15{,}000}$
$= 0.67\mathrm{kg/m}^3 \cdot \mathrm{day}$

★★
117 활성슬러지법과 비교하여 생물막법의 특징으로 옳지 않은 것은?
① 운전조작이 간단하다.
② 다량의 슬러지 유출에 따른 처리수 수질악화가 발생하지 않는다.
③ 반응조를 다단화하여 반응효율과 처리안정성 향상이 도모된다.
④ 생물종 분포가 단순하여 처리효율을 높일 수 있다.

해설 생물막법의 특징
1) 개요: 접촉재 및 유동 담체 표면에 부착한 생물막을 이용하는 하수처리 방법으로 살수여상법, 회전원판법, 접촉산화법, 호기성 여상법 등이 있다.
2) 특징
 – 반송슬러지가 필요 없고 운전조작이 간단하다.
 – 반응조를 다단화하여 반응 효율과 처리 안정성이 향상된다.
 – 생물종의 분포가 다양하여 처리 효율을 높일 수 있다.

★
118 하수고도처리에서 인을 제거하기 위한 방법이 아닌 것은?
① 응집제첨가 활성슬러지법
② 활성탄 흡착법
③ 정석 탈인법
④ 혐기호기 조합법

해설 하수 고도처리(인 제거 방법)
1) 생물학적 처리공법: 생물학적 처리 시 세포합성을 통해서 가능하고 공법 종류로는 혐기 호기 조합법, 응집제 첨가 활성슬러지법 등이 있다.
2) 정석 탈인법: 정석법을 사용한 인 제거의 기본 조작은 수중의 인을 정석 재 표면에 칼슘이온과 인이 반응하여 난용성 인산칼슘 결정으로 정석 제거하는 것이다.
3) 활성탄 흡착법: 맛, 냄새, 색도, THM 등을 흡착반응을 통해 제거하는 방법이다.

해답 114. ③ 115. ③ 116. ③ 117. ④ 118. ②

★★★
119 펌프의 비속도(Ns)에 대한 설명으로 옳은 것은?

① Ns가 작게 되면 사류형으로 되고 계속 작아지면 축류형으로 된다.
② Ns가 커지면 임펠러 외경에 대한 임펠러의 폭이 작아진다.
③ Ns가 작으면 일반적으로 토출량이 적은 고양정의 펌프를 의미한다.
④ 토출량과 전양정이 동일하면 회전속도가 클수록 Ns가 작아진다.

해설 펌프의 비속도(N_s)

1) $N_s = N \times \dfrac{Q^{\frac{1}{2}}}{H^{\frac{3}{4}}}$

2) N_s가 작으면 토출량이 적은 고양정 펌프(원심펌프)가 된다.
3) N_s가 크면 토출량이 많은 저양정 펌프(축류펌프)가 된다.
4) 토출량과 전양정이 동일하면 회전속도(N)가 클수록 N_s도 커진다.
5) N_s가 가장 큰 펌프는 축류펌프이다.

★
120 송수관로에 성능이 동일한 펌프 2대를 직렬로 연결할 경우에 대한 설명으로 옳은 것은?

① 직렬로 연결된 두 대의 펌프특성곡선의 토출량은 양정고가 일정한 경우 단일 펌프의 두 배이다.
② 직렬로 연결된 두 대의 펌프특성곡선의 양정고는 토출량이 일정한 경우 단일 펌프의 두 배이다.
③ 직렬로 연결된 두 대의 실제 토출량은 양정고가 일정한 경우 펌프 한 대의 두 배이다.
④ 직렬로 연결된 두 대의 실제 양정고는 토출량이 일정한 경우 펌프 한 대의 두 배이다.

해설 펌프의 운전
1) 직렬운전: 단독 운전 시보다 양정이 약 2배 정도 증가한다.
2) 병렬운전: 단독 운전 시보다 양수량이 최대 2배로 증가한다.

해답 119. ③ 120. ②

2024년도

과년도기출문제

01 토목기사 2024년 제1회 시행 ……… *2*

02 토목기사 2024년 제2회 시행 ……… *30*

03 토목기사 2024년 제3회 시행 ……… *58*

1 2024년 과년도출제문제

응용역학

★★★

1 그림과 같은 3회전단 아치구조물의 지점 A의 수평반력은?

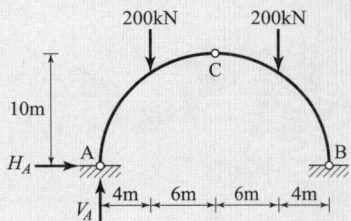

① 100kN ② 40kN
③ 60kN   ④ 80kN

해설 3-hinge 아치
1) 대칭하중이므로 ∴ $V_A = 200$kN
2) $\sum M_{CL} = 0$
   $V_A \times 10 - H_A \times 10 - 200 \times 6 = 0$
   $200 \times 10 - H_A \times 10 - 200 \times 6 = 0$
   ∴ $H_A = 80$kN(→)

★

2 그림(b)는 그림(a)와 같은 겔버보에 대한 영향선이다. 다음 설명 중 옳은 것은?

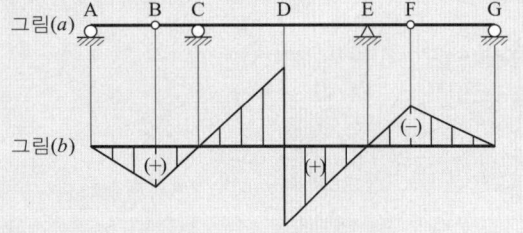

① 힌지점 B의 전단력에 대한 영향선이다.
② D점의 전단력에 대한 영향선이다.
③ D점의 휨모멘트에 대한 영향선이다.
④ C지점의 반력에 대한 영향선이다.

해설 게르버보에 대한 영향선
1) D점에 대한 전단력 영향선(Influence Line)이다.
2) 영향선은 출제 빈도가 낮으므로 답을 숙지하는 것이 좋다.

★★★

3 캔틸레버보에서 휨모멘트에 의한 탄성변형에너지는? (단, EI는 일정)

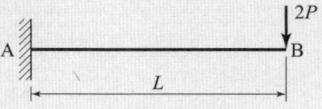

① $\dfrac{2P^2L^3}{3EI}$ ② $\dfrac{P^2L^3}{3EI}$

③ $\dfrac{P^2L^3}{6EI}$ ④ $\dfrac{P^2L^3}{2EI}$

해설 탄성변형에너지

1) $M_x = (-2P \cdot x)$
2) $U = \int_0^L \dfrac{M_x^2}{2EI}dx = \int_0^L \dfrac{(-2Px)^2}{2EI}dx$
   $= \dfrac{4P^2}{2EI}\int_0^L x^2 dx = \dfrac{2P^2}{EI}\left[\dfrac{x^3}{3}\right]_0^L = \dfrac{2P^2L^3}{3EI}$

★

4 그림과 같은 삼각형 단면의 단면2차모멘트의 비 I_x / I_g 값은?

① 2
② 3
③ 4
④ 5

해설 단면2차모멘트
1) $I_g = \dfrac{bh^3}{36}$
2) $I_x = I_g + A \cdot y_0^2 = \dfrac{bh^3}{36} + \left(\dfrac{bh}{2}\right)\left(\dfrac{h}{3}\right)^2 = \dfrac{bh^3}{12}$
3) ∴ $\dfrac{I_x}{I_g} = 3$

해답 1. ④ 2. ② 3. ① 4. ②

5 균질한 균일 단면봉이 그림과 같이 P_1, P_2, P_3의 하중을 B, C, D점에서 받고 있다. 각 구간의 거리 $a=1.0$m, $b=0.4$m, $c=0.6$m이고 $P_2=100$kN, $P_3=50$kN의 하중이 작용 할 때 D점에서의 수직방향 변위가 일어나지 않기 위한 하중 P_1은 얼마인가?

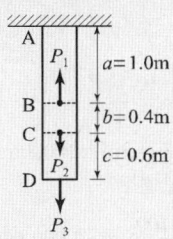

① 50kN ② 60kN
③ 80kN ④ 240kN

해설

(1) 자유물체도

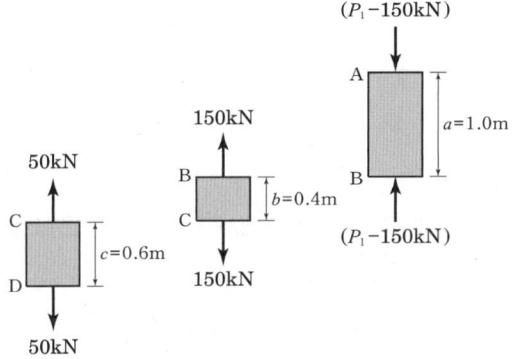

(2) 구간별 변위

① $\Delta L_1 = \dfrac{50 \times 0.6}{AE} = \dfrac{30}{AE}$

② $\Delta L_2 = \dfrac{150 \times 0.4}{AE} = \dfrac{60}{AE}$

③ $\Delta L_3 = \dfrac{(P_1-150) \times 1.0}{AE}$

(3) 적합 조건

변위가 일어나지 않는 조건 : 인장 변형량(①+②)
=압축 변형량(③)

$\dfrac{30}{AE} + \dfrac{60}{AE} = \dfrac{(P_1-150) \times 1.0}{AE}$

∴ $P_1 = 240$kN

6 다음 그림에서 등분포하중이 작용할 때 지점 B의 연직 반력은?

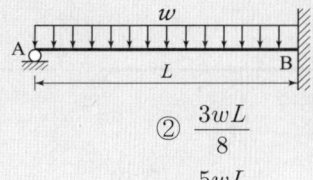

① $\dfrac{wL}{8}$ ② $\dfrac{3wL}{8}$
③ $\dfrac{wL}{4}$ ④ $\dfrac{5wL}{8}$

해설 변위일치법

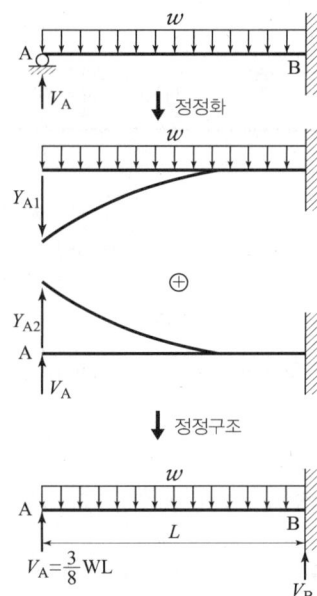

1) 적합 조건을 이용하여 V_A를 구한다.

$y_{A=0} \Rightarrow y_{A1} = y_{A2} \Rightarrow \dfrac{wL^4}{8EI} = \dfrac{V_A L^3}{3EI}$

∴ $V_A = \dfrac{3WL}{8}$

2) A지점에 V_A를 하중으로 가하여 캔틸레버보로 치환한 다음 V_B를 구한다.

$\sum V = 0$

$V_A + V_B - wL = 0 \Rightarrow \dfrac{3wL}{8} + V_B - wL = 0$

∴ $V_B = \dfrac{5wL}{8}$

★★★
7 연행하중이 절대최대휨모멘트가 생기는 위치에 왔을 때, 지점 A에서 하중 10kN까지의 거리(x)는?

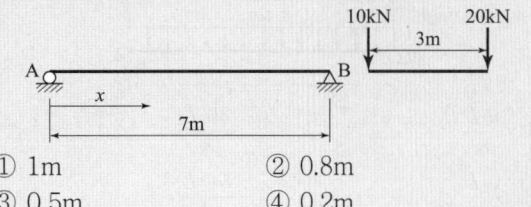

① 1m   ② 0.8m
③ 0.5m ④ 0.2m

해설 절대최대휨모멘트의 발생위치

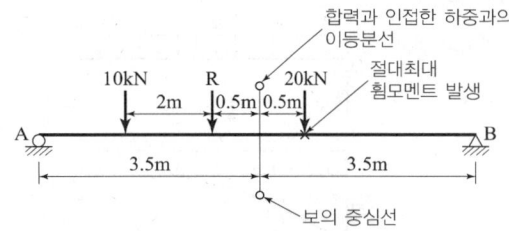

1) 합력의 크기와, 합력과 인접한 하중(20kN)과의 2등분선을 작도 후 보의 중심선과 일치시킨다.
   ① $R = 10 + 20 = 30\text{kN}$
   ② $R \times x = 10 \times 3 \Rightarrow x = 1.0\text{m}, \dfrac{x}{2} = 0.5\text{m}$

2) 절대최대휨모멘트는 합력과 인접한 하중 작용점에서 발생한다.
   ∴ 지점 A에서 10kN까지 거리는 1m이다.

★★★
8 다음 캔틸레버 보의 B점의 처짐각은? (단, EI는 일정하다.)

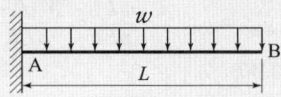

① $\dfrac{wL^3}{8EI}$ ② $\dfrac{wL^3}{4EI}$
③ $\dfrac{wL^3}{3EI}$ ④ $\dfrac{wL^3}{6EI}$

해설 처짐각(암기)
1) 등분포 하중 작용 시 캔틸레버보의 자유단(B)에서 처짐각
   $$\theta = \frac{wL^3}{6EI}$$
2) 등분포 하중 작용 시 캔틸레버보의 자유단(B)에서 처짐
   $$y = \frac{wL^4}{8EI}$$

★★★
9 단면 100mm × 200mm인 장주의 길이가 3m일 때 좌굴하중은? (단, 기둥의 지지상태는 일단고정 타단자유이고, $E = 20{,}000\text{MPa}$)

① 45.8kN   ② 91.4kN
③ 182.8kN ④ 365.6kN

해설 좌굴하중(P_{cr})
1) 기둥의 강도 : $n = \dfrac{1}{4}$
2) 기둥의 길이 : $L = 3\text{m} = 3{,}000\text{mm}$
3) 최소단면 이차모멘트
   : $I_{\min} = \dfrac{200 \times 100^3}{12} = 16{,}666{,}666.67\text{mm}^4$
4) 좌굴하중
   : $P_{cr} = \dfrac{n\pi^2 EI_{\min}}{L^2}$
   $= \dfrac{\frac{1}{4} \times \pi^2 \times 2.0 \times 10^4 \times 1.67 \times 10^7}{3{,}000^2}$
   $= 91{,}385.22\text{N} \fallingdotseq 91.4\text{kN}$

★★
10 그림과 같은 부정정보에서 지점 A의 휨모멘트값을 옳게 나타낸 것은?

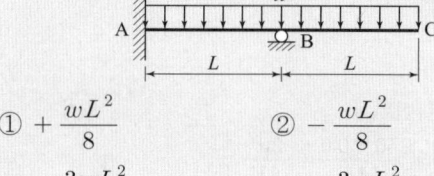

① $+\dfrac{wL^2}{8}$ ② $-\dfrac{wL^2}{8}$
③ $+\dfrac{3wL^2}{8}$ ④ $-\dfrac{3wL^2}{8}$

해설 (1) 모멘트분배법을 적용하되, 2개의 하중조건에 대해 중첩의 원리를 적용 하는 것이 가장 알기 쉽다.
(2) 절점B에서의 휨모멘트 : BC 캔틸레버 구간

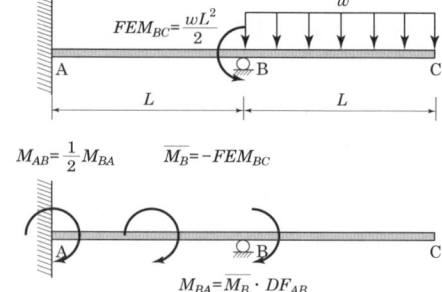

해답 7. ① 8. ④ 9. ② 10. ①

① 절점모멘트 : $M_B = -(w \cdot L)\left(\dfrac{L}{2}\right) = -\dfrac{wL^2}{2}(\curvearrowleft)$

② 해제모멘트 : $\overline{M_B} = +\dfrac{wL^2}{2}(\curvearrowright)$

③ 분배모멘트 : $M_{BA} = \overline{M_B} \cdot DF_{BA} = +\dfrac{wL^2}{2}(\curvearrowright)$

④ 전달모멘트 :
$M_{AB} = \dfrac{1}{2}M_{BA} = \dfrac{1}{2}\left(+\dfrac{wL^2}{2}\right) = +\dfrac{wL^2}{4}(\curvearrowright)$

(3) AB 고정보에서 A단의 휨모멘트 :
$M_{A2} = -\dfrac{wL^2}{8}(\curvearrowleft)$

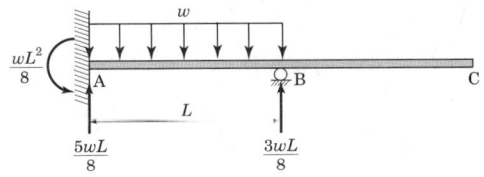

(4) $M_A = +\left(\dfrac{wL^2}{4}\right) - \left(\dfrac{wL^2}{8}\right) = +\dfrac{wL^2}{8}(\curvearrowright)$

★★★
11 그림과 같은 단순보에 등분포하중 q가 작용할 때 보의 최대 처짐은? (단, EI는 일정하다.)

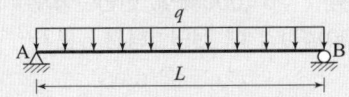

① $\dfrac{qL^4}{128EI}$　　② $\dfrac{qL^4}{64EI}$

③ $\dfrac{qL^4}{38EI}$　　④ $\dfrac{5qL^4}{384EI}$

해설 단순보의 최대 처짐(암기)

1) 등분포하중 작용 시 최대 처짐
$y = \dfrac{5qL^4}{384EI}$

2) 집중하중 작용 시 최대 처짐
$y = \dfrac{pL^3}{48EI}$

★
12 휨모멘트 M을 받고 있는 원형 단면의 보를 설계하려고 한다. 이 보의 허용응력을 σ_a라 할 때 단면의 지름 D는 얼마인가?

① $D = 10.19\,\dfrac{M}{\sigma_a}$　　② $D = 3.19\,\sqrt{\dfrac{M}{\sigma_a}}$

③ $D = 2.17\,\sqrt[3]{\dfrac{M}{\sigma_a}}$　　④ $D = 1.79\,\sqrt[4]{\dfrac{M}{\sigma_a}}$

해설 원형 단면 보의 설계

1) 단면계수 : $Z = \dfrac{\pi d^3}{32}$

2) 휨응력
$\sigma = \dfrac{M}{Z} \le \sigma_{max} \;\Rightarrow\; \dfrac{M}{\dfrac{\pi d^3}{32}} \le \sigma_{max}$

$\therefore d^3 = \dfrac{32M}{\pi \sigma_{max}} = \sqrt[3]{\dfrac{32}{\pi}}\sqrt[3]{\dfrac{M}{\sigma_{max}}} = 2.17\sqrt[3]{\dfrac{M}{\sigma_{max}}}$

★★
13 그림과 같이 밀도가 균일하고 무게 W인 구(球)가 마찰이 없는 두 벽면 사이에 놓여 있을 때 반력 R_B의 크기는?

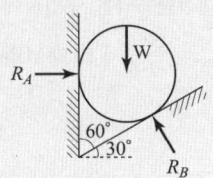

① $0.5W$
② $0.577W$
③ $0.866W$
④ $1.155W$

해설 힘의 평형

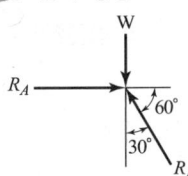

$\sum V = 0$
$-W + R_B \cdot \cos 30° = 0$
$\therefore R_B = 1.155W$

★★★
14 그림과 같은 단면에 600kN의 전단력이 작용할 때 최대 전단응력의 크기는?

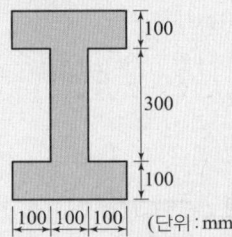

① 12.71MPa　　② 15.98MPa
③ 19.83MPa　　④ 21.32MPa

해답　11. ④　12. ③　13. ④　14. ②

해설 최대전단응력

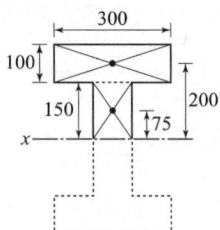

1) $S = 600\text{kN} = 600,000\text{N}$
2) 중립축에 대한 단면1차모멘트
   $G_X = 300 \times 100 \times 200 + 100 \times 150 \times 75 = 7.125 \times 10^6 \text{mm}^3$
3) 중립축에 대한 단면2차모멘트
   $I_X = \dfrac{1}{12}(300 \times 500^3 - 200 \times 300^3)$
   $= 2.675 \times 10^9 \text{mm}^4$
4) 최대전단응력은 중립축에서 발생하므로, $b = 100\text{mm}$
5) $\tau_{\max} = \dfrac{S \cdot G}{I \cdot b} = 15.98\text{MPa}$

(3) C점의 휨모멘트
$M_{C,Right} = -(P)(a) = -Pa$

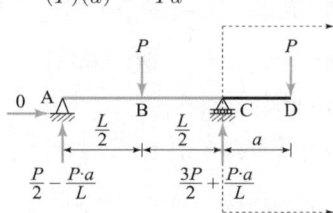

(4) B점의 휨모멘트와 C점의 휨모멘트의 절대값의 크기가 같다는 조건에 의해 $|M_B| = |M_C|$ 에서
$\dfrac{PL}{4} - \dfrac{Pa}{2} = Pa$ 이므로
$\therefore \dfrac{L}{a} = 6$

★★
15 다음 내민보에서 B점의 휨모멘트와 C점의 휨모멘트의 절대값의 크기를 같게 하기 위한 $\dfrac{L}{a}$ 의 값은?

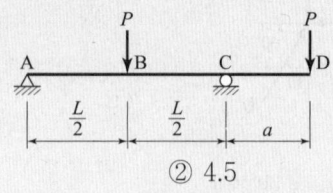

① 6　　　　② 4.5
③ 4　　　　④ 3

해설
(1) $\sum M_C = 0 : +(V_A)(L) - (P)\left(\dfrac{L}{2}\right) + (P)(a) = 0$
$\therefore V_A = +\dfrac{P}{2} - \dfrac{Pa}{L}(\uparrow)$

(2) B점의 휨모멘트
$M_{B,Left} = +\left[+\left(\dfrac{P}{2} - \dfrac{Pa}{L}\right)\left(\dfrac{L}{2}\right)\right] = +\dfrac{PL}{4} - \dfrac{Pa}{2}$

★
16 전단응력 $\tau = 81,000\text{MPa}$, 전단탄성계수 $G = 810,000\text{MPa}$일 때 전단변형률 γ는?
① 0.01　　　② 0.001
③ 0.0001　　④ 0.1

해설 전단탄성계수
1) 전단탄성계수 : $G = \dfrac{\text{전단응력}(\tau)}{\text{전단변형률}(\gamma)}$
2) $G = \dfrac{\tau}{\gamma} \Rightarrow \therefore \gamma = \dfrac{\tau}{G} = \dfrac{81,000}{810,000} = 0.1$

★★★
17 아래 그림과 같은 트러스에서 응력이 발생하지 않는 부재는?
① DE 및 DF
② DE 및 DB
③ AD 및 DC
④ DB 및 DC

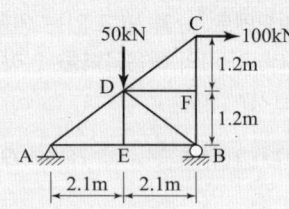

해답 15. ①　16. ④　17. ①

해설

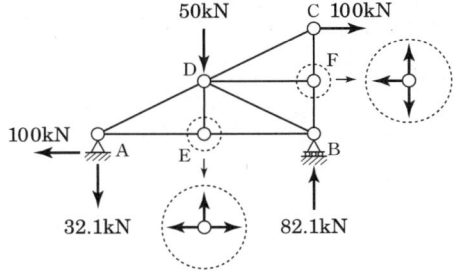

3부재가 연결된 절점에 외력이 작용하지 않는 경우 일직선으로 연결된 두 부재의 부재력은 같고 다른 한 부재의 부재력은 "0"이다.

18 반지름 250mm인 원형 단면을 갖는 단주에서 핵의 면적은 약 얼마인가?

① 12,270mm² ② 16,840mm²
③ 24,540mm² ④ 33,680mm²

해설 원형 단면의 핵 면적

1) 핵 반경 : $e = \dfrac{D}{8} = \dfrac{R}{4} = \dfrac{250}{4} = 62.5\,\text{mm}$

2) 핵 면적 : $A = \pi e^2 = \pi(62.5)^2 = 12,272\,\text{mm}^2$

19 폭 $b = 120\text{mm}$, 높이 $h = 120\text{mm}$ 2등변삼각형의 x, y축에 대한 단면상승모멘트 I_{xy}는?

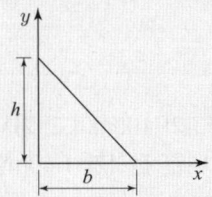

① $6.42 \times 10^6 \text{mm}^4$ ② $8.64 \times 10^6 \text{mm}^4$
③ $10.72 \times 10^6 \text{mm}^4$ ④ $11.52 \times 10^6 \text{mm}^4$

해설 단면상승모멘트(I_{xy})

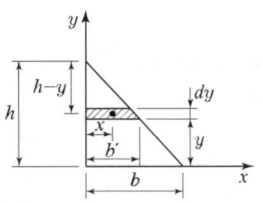

1) $b' = 2x$, $dA = b' \cdot dy = \dfrac{b}{h}(h-y)\,dy$

2) $h : b = (h-y) : b'$

$b' = \dfrac{b}{h}(h-y) \Rightarrow 2x = \dfrac{b}{h}(h-y)$

$\therefore x = \dfrac{b}{2h}(h-y)$

3) $I_{xy} = \displaystyle\int_0^h x\,y\,dA = \int_0^h \dfrac{b}{2h}(h-y)\,y\,\dfrac{b}{h}(h-y)\,dy$

$= \dfrac{b^2}{2h^2}\displaystyle\int_0^h (h-y)^2\,y\,dy = \dfrac{b^2}{2h^2}\int_0^h (h^2y - 2hy^2 + y^3)\,dy$

$= \dfrac{b^2}{2h^2}\left[h^2\dfrac{y^2}{2} - 2h\dfrac{y^3}{3} + \dfrac{y^4}{4}\right]_0^h$

$\therefore I_{xy} = \dfrac{b^2 h^2}{24}$ (암기할것)

$= \dfrac{12^2 \times 12^2}{24} = 864\,\text{cm}^4$

20 그림에서 $P_1 = 200\text{kN}$, $P_2 = 200\text{kN}$일 때 P_1과 P_2의 합 R의 크기는?

① $100\sqrt{2}\,\text{kN}$
② $100\sqrt{3}\,\text{kN}$
③ $200\sqrt{3}\,\text{kN}$
④ $200\sqrt{2}\,\text{kN}$

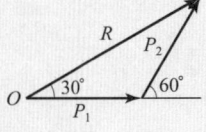

해설 힘의 합력

$R = \sqrt{P_1^2 + 2P_1P_2\cos\alpha + P_2^2}$
$= \sqrt{200^2 + 2 \cdot 200 \cdot 200 \cdot \cos 60° + 200^2} = 200\sqrt{3}\,\text{kN}$

해답 18. ① 19. ② 20. ③

측량학

21 곡선반지름 R, 교각 I인 단곡선을 설치할 때 사용되는 공식으로 틀린 것은?

① $T.L = R\tan\frac{I}{2}$ ② $C.L = \frac{\pi}{180°}RI°$

③ $E = R\left(\sec\frac{I}{2} - 1\right)$ ④ $M = R\left(1 - \sin\frac{I}{2}\right)$

해설 단곡선 공식

중앙종거(M) : $M = R\left(1 - \cos\frac{I}{2}\right)$

22 트래버스 측량의 일반적인 사항에 대한 설명으로 옳지 않은 것은?

① 트래버스 종류 중 결합트래버스는 가장 높은 정확도를 얻을 수 있다.
② 각관측 방법 중 방위각법은 한번 오차가 발생하면 그 영향은 끝까지 미친다.
③ 폐합오차 조정방법 중 컴퍼스 법칙은 각관측의 정밀도가 거리관측의 정밀도보다 높을 때 실시한다.
④ 폐합트래버스에서 편각의 총합은 반드시 360°가 되어야 한다.

해설 트래버스측량
1) 컴퍼스 법칙 : 각과 거리의 정밀도가 비슷할 때 사용한다.
2) 트랜싯 법칙 : 거리 정밀도 보다 각의 정밀도가 높을 때 사용한다.

23 거리와 각을 동일한 정밀도로 관측하여 다각측량을 하려고 한다. 이때 각 측량기의 정밀도가 10″라면 거리측량기의 정밀도는 약 얼마 정도이어야 하는가?

① $\frac{1}{15,000}$ ② $\frac{1}{18,000}$

③ $\frac{1}{21,000}$ ④ $\frac{1}{25,000}$

해설 거리측량의 정도($\frac{dL}{L}$)와 각 관측정도($\frac{d\theta}{\rho}$)

1) 거리측량의 정도와 각 관측 정도는 같다.
2) $\frac{dL}{L} = \frac{d\theta}{\rho''} \Rightarrow \frac{dL}{L} = \frac{10''}{206,265''}$

∴ $\frac{dL}{L} ≒ \frac{1}{21,000}$

24 L_1과 L_2의 두 개 주파수 수신이 가능한 2주파 GNSS 수신기에 의하여 제거가 가능한 오차는?

① 위성의 기하학적 위치에 따른 오차
② 다중경로오차
③ 수신기 오차
④ 전리층오차

해설 GNSS가 다중주파수를 이용하는 이유
1) 위성의 신호가 전리층을 통과할 때 굴절되어 전자파가 지연되어 오차가 발생한다.
2) 다중주파수(L_1, L_2)를 받아 굴절의 상이함을 이용하여 지연 오차의 보정이 가능하다.

25 해도와 같은 지도에 이용되며, 주로 하천이나 항만 등의 심천측량을 한 결과를 표시하는 방법으로 가장 적당한 것은?

① 채색법   ② 영선법
③ 점고법   ④ 음영법

해설 점고법
하천, 항만, 해양 등의 심천측량을 점에 숫자를 기록하여 높이를 표시하는 방법이다.

26 기지점의 지반고가 100m이고, 기지점에 대한 후시는 2.75m, 미지점에 대한 전시가 1.40m일 때 미지점의 지반고는?

① 98.65m   ② 101.35m
③ 102.75m   ④ 104.15m

해설 높이 측량
1) 기계고 : 지반고+후시= 100 + 2.75 = 102.75m
2) 지반고 : 기계고-전시= 102.75 - 1.40 = 101.35m

해답 21. ④   22. ③   23. ③   24. ④   25. ③   26. ②

27
그림과 같이 한 점 O에서 A, B, C 방향의 각관측을 실시한 결과가 다음과 같을 때 ∠BOC의 최확값은?

| ∠AOB 2회 관측 결과 40°30′25″ |
| 3회 관측 결과 40°30′20″ |
| ∠AOC 6회 관측 결과 85°30′20″ |
| 4회 관측 결과 85°30′25″ |

① 45°00′05″
② 45°00′02″
③ 45°00′03″
④ 45°00′00″

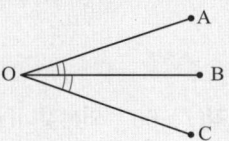

해설 각 관측
1) 경중률은 관측 횟수와 비례한다.
2) $\angle AOB = \dfrac{[P \cdot \alpha]}{[P]}$
$= \dfrac{(2 \times 40°30′25″) + (3 \times 40°30′20″)}{2+3}$
$= 40°30′22″$

$\angle AOC = \dfrac{[P \cdot \alpha]}{[P]}$
$= \dfrac{(6 \times 85°30′20″) + (4 \times 85°30′25″)}{6+4}$
$= 85°30′22″$

∴ $\angle BOC = \angle AOC - \angle AOB = 45°00′00″$

28
하천의 평균유속(V_m)을 구하는 방법 중 3점법으로 옳은 것은? (단, V_2, V_4, V_6, V_8은 각각 수면으로부터 수심(h)의 $0.2h$, $0.4h$, $0.6h$, $0.8h$인 곳의 유속이다.)

① $V_m = \dfrac{V_2 + V_4 + V_8}{3}$

② $V_m = \dfrac{V_2 + V_6 + V_8}{3}$

③ $V_m = \dfrac{V_2 + 2V_4 + V_8}{4}$

④ $V_m = \dfrac{V_2 + 2V_6 + V_8}{4}$

해설 평균유속(3점법)
1) 수면에서 0.6h 깊이의 유속이 평균유속에 가장 가까우므로 2배의 가중치를 두어 계산한다.
2) $V_m = \dfrac{1}{4}(V_2 + 2V_6 + V_8)$

29
삼각점 C에 기계를 세울 수 없어서 2.5m를 편심하여 B에 기계를 설치하고 $T′=31°15′40″$를 얻었다면 T는? (단, $\phi=300°20′$, $S_1=2km$, $S_2=3km$)

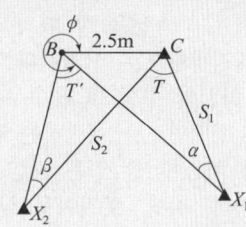

① 31°14′49″
② 31°15′18″
③ 31°15′29″
④ 31°15′41″

해설 편심 관측
1) $\dfrac{e}{\sin \alpha} = \dfrac{S_1}{\sin(360° - \rho)}$

$\dfrac{2.5}{\sin \alpha} = \dfrac{2,000}{\sin(360° - 300°20′)}$

∴ $\alpha = \sin^{-1}\left[\left(\dfrac{2.5}{2,000}\right)\sin(59°40′)\right] = 0°3′43″$

2) $\dfrac{e}{\sin \beta} = \dfrac{S_2}{\sin(360° - \phi + T′)}$

$\dfrac{2.5}{\sin \beta} = \dfrac{3,000}{\sin(360° - 300°20′ + 31°15′)}$

∴ $\beta = \sin^{-1}\left[\left(\dfrac{0.5}{3,000}\right)\sin(90°55′)\right] = 0°2′52″$

3) $\alpha + T = \beta + T′$
∴ $T = \beta + T′ - \alpha$
$= 0°2′52″ + 31°15′40″ - 0°3′43″$
$= 31°14′49″$

30
100m의 측선을 20m 줄자로 관측하였다. 1회의 관측에 +4mm의 정오차와 ±3mm의 부정오차가 있었다면 측선의 거리는?

① 100.010±0.007m
② 100.010±0.015m
③ 100.020±0.007m
④ 100.020±0.015m

해설 거리 관측의 오차
1) 관측회수 : $n = \dfrac{L}{l} = \dfrac{100}{20} = 5$
2) 정오차 : $E_1 = na = 4 \times 5 = 20mm = 0.020m$
3) 부정오차 : $E_2 = \pm(b\sqrt{n})$
$= \pm(3\sqrt{5}) = \pm 6.7mm = \pm 0.007m$
4) 측선의 거리 = L + 정오차 ± 부정오차
$= 100 + 0.02 \pm 0.007 = 100.020 \pm 0.007m$

해답 27. ④ 28. ④ 29. ① 30. ③

★★★
31 하천측량에 대한 설명으로 옳지 않은 것은?
① 수위관측소의 위치는 지천의 합류점 및 분류점으로서 수위의 변화가 일어나기 쉬운 곳이 적당하다.
② 하천측량에서 수준측량을 할 때의 거리표는 하천의 중심에 직각방향으로 설치한다.
③ 심천측량은 하천의 수심 및 유수부분의 하저상황을 조사하고 횡단면도를 제작하는 측량을 말한다.
④ 하천측량 시 처음에 할 일은 도상조사로서 유로상황, 지역면적, 지형, 토지이용 상황 등을 조사하여야 한다.

해설 수위관측소 설치 장소
1) 지천의 합류점 및 분류점에 의해 수위의 변화가 생기지 않는 곳
2) 하상과 하안이 안전하고 세굴이나 퇴적이 되지 않는 곳
3) 수위가 교각이나 기타 구조물에 의한 영향을 받지 않는 장소

★
32 GNSS 데이터의 교환 등에 필요한 공통적인 형식으로 원시데이터에서 측량에 필요한 데이터를 추출하여 보기 쉽게 표현한 것은?
① Bernese ② RINEX
③ Ambiguity ④ Binary

해설 GNSS
1) RINEX(Receiver Independent Exchange Fomat) : GPS관측 데이터의 저장과 교환에 사용되는 세계 표준의 GNSS 데이터 자료형식
2) Berness : 베른대학교의 천문학 연구소에서 개발한 과학적 고정밀 다중 GNSS data s/w
3) Binary : 2진수 기반의 파일로 컴퓨터가 바로 인식할 수 있는 자료형

★★
33 100m²의 정방형 토지의 면적을 0.1m²까지 정확하게 구하고자 할 때 관측의 조건으로 옳은 것은?
① 한 변의 길이를 5mm까지 정확하게 읽어야 한다.
② 한 변의 길이를 5cm까지 정확하게 읽어야 한다.
③ 한 변의 길이를 10mm까지 정확하게 읽어야 한다.
④ 한 변의 길이를 10cm까지 정확하게 읽어야 한다.

해설 면적의 정밀도($\frac{dA}{A}$)와 거리정밀도 ($\frac{dl}{l}$)
1) 한변의 길이 : $l = \sqrt{100} = 10m$
2) $\frac{dA}{A} = 2 \times \frac{dl}{l}$
$\frac{0.1}{100} = 2 \times \frac{dl}{10}$ $\Rightarrow \therefore dl = \frac{1}{200}m = 5mm$

★★
34 교각(I) 60°, 외선길이(E) 15m인 단곡선을 설치할 때 곡선길이는?
① 85.2m ② 91.3m
③ 97.0m ④ 101.5m

해설 단곡선 설치
1) 외선 길이
$E = R(\sec \frac{I}{2} - 1)$
$\Rightarrow R = \frac{15}{\sec(\frac{60°}{2}) - 1} = 96.96m$
여기서, $\sec \frac{I}{2} = \frac{1}{\cos(\frac{I}{2})}$
2) 곡선길이
$CL = \frac{\pi}{180°} RI° = \frac{\pi}{180°} \times 96.96 \times 60° = 101.5m$

★
35 표척이 앞으로 3° 기울어져 있는 표척의 읽음값이 3.645m이었다면 높이의 보정량은?
① 5mm ② −5mm
③ 10mm ④ −10mm

해설 표척의 기울기에 의한 오차
1) $h = 3.645 \times \cos 3° = 3.64 m$
2) $dh = 3.64 - 3.645 = -0.005 m = -5mm$
3) 높이 보정량은 항상 (−)값임

해답 31. ① 32. ② 33. ① 34. ④ 35. ②

36 그림과 같은 토지의 $\overline{BC}$에 평행한 $\overline{XY}$로 m:n = 1:2.5의 비율로 면적을 분할하고자 한다. $\overline{AB}$=35m일 때 $\overline{AX}$는?

① 17.7m
② 18.1m
③ 18.7m
④ 19.1m

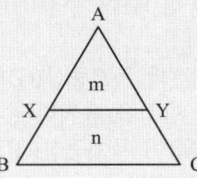

해설 면적 분할

1) $\dfrac{m}{m+n} = \left(\dfrac{\overline{AX}}{\overline{AB}}\right)^2$

2) $\overline{AX} = \overline{AB}\sqrt{\dfrac{m}{m+n}}$

$= 35\sqrt{\dfrac{1}{1+2.5}} ≒ 18.7\text{m}$

37 지구반지름이 6,370km이고 거리의 허용오차가 $1/10^5$이면 평면측량으로 볼 수 있는 범위의 지름은?

① 약 69km
② 약 64km
③ 약 36km
④ 약 22km

해설 평면측량 범위

1) 허용정도 : $\dfrac{1}{m} = \dfrac{d-D}{D} = \dfrac{D^2}{12R^2}$

2) 평면으로 볼 수 있는 범위

$\dfrac{1}{m} = \dfrac{D^2}{12R^2}$

$\Rightarrow \therefore D = \sqrt{\dfrac{12R^2}{m}} = \sqrt{\dfrac{12 \times 6,370^2}{10^5}} ≒ 69\text{km}$

38 클로소이드 곡선에서 $R = 450\text{m}$, 매개변수 $A = 300\text{m}$일 때 곡선의 시점으로부터 100m 지점의 곡률반경은?

① 450m
② 900m
③ 1,350m
④ 1,800m

해설 클로소이드 곡선

$A = \sqrt{RL} \Rightarrow \therefore R = \dfrac{A^2}{L} = \dfrac{300^2}{100} = 900\text{m}$

39 어떤 노선을 수준측량하여 작성된 기고식 야장의 일부 중 지반고 값이 틀린 측점은? (단, 단위 : m)

측점	B.S	F.S		기계고	지반고
		T.P	I.P		
0	3.121				123.567
1			2.586		124.102
2	2.428	4.065			122.623
3			−0.664		124.387
4		2.321			122.730

① 측점 1
② 측점 2
③ 측점 3
④ 측점 4

해설 지반고

1. 기계고=지반고+B.S
   1) 측점 0의 기계고 : 123.567+3.121=126.688m
   2) 측점 2의 기계고 : 122.623+2.428=125.051m
2. 지반고=기계고−F.S

측점	B.S (m)	F.S(m)		기계고	지반고(m)
		T.P	I.P		
0	3.121				123.567
1			2.586		126.688−2.586 =124.102
2	2.428	4.065			126.688−4.065 =122.623
3			−0.664		125.051−(−0.664) =125.715
4		2.321			125.051−2.321 =122.730

40 원격탐사(remote sensing)의 정의로 옳은 것은?

① 지상에서 대상 물체에 전파를 발생시켜 그 반사파를 이용하여 측정하는 방법
② 센서를 이용하여 지표의 대상물에서 반사 또는 방사된 전자 스펙트럼을 측정하고 이들의 자료를 이용하여 대상물이나 현상에 관한 정보를 얻는 기법
③ 우주에 산재해 있는 물체의 고유스펙트럼을 이용하여 각각의 구성성분을 지상의 레이더망으로 수집하여 처리하는 방법
④ 우주선에서 찍은 중복된 사진을 이용하여 지상에서 항공사진의 처리와 같은 방법으로 판독하는 작업

해답 36. ③ 37. ① 38. ② 39. ③ 40. ②

해설 원격탐사의 정의
1) 비행기, 인공위성 등의 플랫포옴에 탑재된 탐측기를 사용하여,
2) 지표의 대상물에서 반사 또는 방사된 전자 스펙트럼을 측정하고 이들의 자료를 이용하여 대상물이나 현상에 관한 정보를 얻는 기법을 말한다.

수리학 및 수문학

★★
41 뉴턴의 점성법칙(粘性法則)에서 점성계수 μ의 차원(次元)으로 옳은 것은?
① $[FL^{-1}T^{-1}]$ ② $[FL^{-1}T]$
③ $[FL^{-2}T]$ ④ $[FL^{-1}T^2]$

해설 점성계수 차원
1) 전단응력
$\tau = \mu \dfrac{dv}{dy}$ 에서
$\therefore \mu = \tau \cdot \dfrac{dy}{dv} = \dfrac{N}{cm^2} \cdot \dfrac{cm}{\frac{cm}{s}} = \dfrac{N}{cm^2} \cdot s$
2) 점성계수 차원
$\mu = [FL^{-2}T]$

★★★
42 물체의 공기 중 무게가 750N이고 물속에서의 무게는 250N일 때 이 물체의 체적은? (단, 무게 1kg=10N)
① $0.05m^3$ ② $0.06m^3$
③ $0.50m^3$ ④ $0.60m^3$

해설 부력
1) 액체의 단위중량
$w' = \dfrac{1,000kg}{m^3} = \dfrac{1,000 \times 10N}{m^3} = \dfrac{10,000N}{m^3}$
2) $wV + M = w'V' + M'$
$750 + 0 = \dfrac{10,000}{m^3} \times V' + 250$
$\therefore V' = 0.05m^3$

★★
43 부체의 안정에 관한 설명으로 옳지 않은 것은?
① 경심(M)이 무게중심(G)보다 낮을 경우 안정하다.
② 무게중심(G)이 부심(B)보다 아래쪽에 있으면 안정하다.
③ 부심(B)과 무게중심(G)이 동일 연직선 상에 위치할 때 안정을 유지한다.
④ 경심(M)이 무게중심(G)보다 높을 경우 복원 모멘트가 작용한다.

해설 부체의 안정조건
1) 경심이 무게중심보다 높은 경우 복원모멘트가 발생하여 안정하다.
2) 경심 : 부력의 작용선과 부체 중심선의 교점 말한다.

★
44 지름 1m의 원통 수조에서 지름 2cm의 관으로 물이 유출되고 있다. 관내의 유속이 2.0m/s일 때, 수조의 수면이 저하되는 속도는?
① 0.4cm/s ② 0.3cm/s
③ 0.08cm/s ④ 0.06cm/s

해설 연속방정식
1) $D = 1m = 100cm$, $V_2 = 2m/s = 200cm/s$
2) $A_1 V_1 = A_2 V_2 \Rightarrow \dfrac{\pi D^2}{4} \times V_1 = \dfrac{\pi d^2}{4} \times V_2$
$\therefore V_1 = \left(\dfrac{d}{D}\right)^2 \times V_2 = \left(\dfrac{2}{100}\right)^2 \times 200 = 0.08cm/s$

★★★
45 2차원 비압축성 정류의 유속성분 u, v가 보기와 같을 때, 연속방정식을 만족하는 것은?
① $u = 4x$, $v = 4y$ ② $u = 4x$, $v = -4y$
③ $u = 4x$, $v = 6y$ ④ $u = 4x$, $v = -6y$

해설 2차원 비압축성 정류의 연속방정식
1) 비압축성 정류의 조건 : $\dfrac{\partial u}{\partial x} + \dfrac{\partial v}{\partial y} = 0$,
2) $\dfrac{\partial u}{\partial x} = \dfrac{\partial}{\partial x}(4x) = 4$, $\dfrac{\partial v}{\partial y} = \dfrac{\partial}{\partial y}(-4y) = -4$
$\therefore \dfrac{\partial u}{\partial x} + \dfrac{\partial v}{\partial y} = 4 - 4 = 0$

해답 41. ③ 42. ① 43. ① 44. ③ 45. ②

★★★
46 지름 d의 구(球)가 밀도 ρ의 유체 속을 유속 V로서 침강할 때 구(球)의 항력(D)은? (단, C_D : 항력계수)

① $D = C_D \pi d^2 \dfrac{V^2}{2g}$ ② $D = \dfrac{1}{4} C_D \cdot \pi d^2 \rho V^2$

③ $D = \dfrac{1}{8} C_D \pi d^2 \rho V^2$ ④ $D = \dfrac{1}{16} C_D \pi d^2 \rho V^2$

해설 구의 항력(D)

1) 구(球)의 투영면적 : $A = \dfrac{\pi \times d^2}{4}$

2) $D = C_D \cdot A \cdot \dfrac{\rho v^2}{2} = \dfrac{1}{8} C_D \pi d^2 \rho v^2$

★★★
47 오리피스(orifice)로부터의 유량을 측정한 경우 수두 H를 추정함에 1%의 오차가 있었다면 유량 Q에는 몇 %의 오차가 생기는가?

① 1% ② 0.5%
③ 1.5% ④ 2%

해설 유량오차($\dfrac{dQ}{Q}$)와 수두측정의 오차($\dfrac{dh}{h}$)관계

1) 오리피스 유량 : $Q = C \cdot A \cdot \sqrt{2gh}$

2) $\dfrac{dQ}{Q} = k \dfrac{dh}{h} = \dfrac{1}{2} \times 1\% = 0.5\%$

여기서, k는 오차 원인의 지수($\sqrt{h} = h^{\frac{1}{2}}$) : $k = \dfrac{1}{2}$

★
48 오리피스(Orifice)의 이론과 가장 관계가 먼 것은?

① 토리첼리(Torricelli) 정리
② 베르누이(Bernoulli) 정리
③ 베나콘트랙타(Vena Contracta)
④ 모세관현상의 원리

해설 오리피스

1) 오리피스 : 수조에 구멍을 뚫어 물을 유출시킬 때 그 구멍을 말한다.
2) 오리피스에서 유출되는 유체의 이론 유속(토리첼리정리) : $V = \sqrt{2gh}$ (베르누이 정리 적용)
3) 베나콘트랙타 : 오리피스를 통과하는 가장 작은 수맥의 단면적 말한다.

★★★
49 수면표고가 18m인 정수장에서 직경 600mm인 강관 900m를 이용하여 수면표고 39m인 배수지로 양수하려고 한다. 유량이 1.0m³/s이고 관로의 마찰손실계수가 0.03일 때 모터의 소요 동력은? (단, 마찰손실만 고려하며, 펌프 및 모터의 효율은 각각 80% 및 70%이다.)

① 520kW ② 620kW
③ 780kW ④ 870kW

해설 소요 동력

1) $Q = AV \Rightarrow V = \dfrac{Q}{A} = \dfrac{1.0}{\dfrac{\pi \times 0.6^2}{4}} = 3.537 \text{m/s}$

2) $h_L = f \dfrac{L}{d} \dfrac{v^2}{2g}$

$= 0.03 \dfrac{900}{0.6} \dfrac{3.537^2}{2 \times 9.8} = 28.72 \text{m}$

3) 전양정(H_t) = 실 양정 + 총 손실수두
 • 실 양정 = 39 − 18 = 21m
 • 전 양정(H_t) = 21 + 28.72 = 49.72m

4) 소요 동력(P)

$P = 9.8 \dfrac{Q H_t}{\eta_1 \eta_2} = 9.8 \dfrac{1.0 \times 49.72}{0.8 \times 0.7} \fallingdotseq 870 \text{kW}$

★★
50 기계적 에너지와 마찰손실을 고려하는 베르누이 정리에 관한 표현식은? (단, E_P 및 E_T는 각각 펌프 및 터빈에 의한 수두를 의미하며, 유체는 점 1에서 점 2로 흐른다.)

① $\dfrac{v_1^2}{2g} + \dfrac{p_1}{\gamma} + z_1 = \dfrac{v_2^2}{2g} + \dfrac{p_2}{\gamma} + z_2 + E_P + E_T + h_L$

② $\dfrac{v_1^2}{2g} + \dfrac{p_1}{\gamma} + z_1 = \dfrac{v_2^2}{2g} + \dfrac{p_2}{\gamma} + z_2 - E_P - E_T - h_L$

③ $\dfrac{v_1^2}{2g} + \dfrac{p_1}{\gamma} + z_1 = \dfrac{v_2^2}{2g} + \dfrac{p_2}{\gamma} + z_2 - E_P + E_T + h_L$

④ $\dfrac{v_1^2}{2g} + \dfrac{p_1}{\gamma} + z_1 = \dfrac{v_2^2}{2g} + \dfrac{p_2}{\gamma} + z_2 + E_P - E_T + h_L$

해설 베르누이 정리

1) 펌프는 에너지를 공급하고, 터빈은 유체로부터 에너지를 뺏어 간다.

2) $Z_1 + \dfrac{P_1}{w} + \dfrac{V_1^2}{2g} + E_P = Z_2 + \dfrac{P_2}{w} + \dfrac{V_2^2}{2g} + E_T + h_L$

해답 46. ③ 47. ② 48. ④ 49. ④ 50. ③

★★★
51 다음 중 한계 수심에 대한 설명 중 옳지 않은 것은?
① 한계 수심에서 비에너지가 최소가 된다.
② 한계 수심보다 수심이 작은 흐름이 상류이고, 큰 흐름이 사류이다.
③ 한계 수심으로 흐를 때 유량이 최대가 된다.
④ 유량이 일정할 때 한계 수심은 비에너지의 2/3이다.

해설 한계수심
한계수심보다 수심이 작은 흐름은 사류(射流)이고, 큰 흐름이 상류(常流)이다.

★
52 수평면상 곡선수로의 상류(常流)에서 비회전흐름인 경우, 유속 V와 곡률반지름 R의 관계로 옳은 것은?
① $V = CR$
② $VR = C$
③ $R + \dfrac{V^2}{2g} = C$
④ $\dfrac{V^2}{2g} + CR = 0$

해설 곡선수로의 흐름 분류
1) 상류인 경우 : $V \times R = C$
2) 사류인 경우 : 충격파가 발생하며 이 때의 마하각 $\sin\beta = \dfrac{1}{F_r}$ 로 나타난다.

★
53 수심이 50m로 일정하고 무한히 넓은 해역에서 주태양반일주조(S_2)의 파장은? (단, 주태양반일주조의 주기는 12시간, 중력가속도 $g = 9.81 \text{m/s}^2$이다.)
① 9.56km
② 95.6km
③ 956km
④ 9,560km

해설 주태양 반일주조의 파장
1) 주기 : $T = 12 \times 3{,}600 = 43{,}200\text{sec}$
2) 파장 : $L = T\sqrt{gh}$
  $= 43{,}200\sqrt{9.81 \times 50} = 956{,}760\text{m} = 956\text{km}$

★★★
54 Darcy의 법칙에 대한 설명으로 옳지 않은 것은?
① Darcy의 법칙은 지하수의 흐름에 대한 공식이다.
② 투수계수는 물의 점성계수에 따라서도 변화한다.
③ Reynolds수가 클수록 안심하고 적용할 수 있다.
④ 평균유속이 동수경사와 비례관계를 가지고 있는 흐름에 적용될 수 있다.

해설 Darcy 법칙
1) 평균유속(V) : $V = KI = K\dfrac{dh}{dl}$ 이므로 평균유속은 동수경사와 비례한다.
2) 투수계수(K) : $K = D_s^2 \dfrac{\rho g}{\mu} \dfrac{e^3}{1+e} C$ 이므로 투수계수와 점성계수는 반비례한다.
3) Reynolds수가 작을수록 안심($R_e < 4$)하고 적용할 수 있다.

★★★
55 여과량이 2m³/s, 동수경사가 0.2, 투수계수가 1cm/s일 때 필요한 여과지 면적은?
① 1,000m²
② 1,500m²
③ 2,000m²
④ 2,500m²

해설 여과지
1) $K = 1\text{cm/s} = 0.01\text{m/s}$
2) $v = Ki = 0.01 \times 0.2 = 0.002\text{m/s}$
3) $Q = AV \Rightarrow A = \dfrac{Q}{V} = \dfrac{2}{0.002} = 1{,}000\text{m}^2$

★★★
56 강수량 자료를 분석하는 방법 중 2중 누가우량곡선법(double mass curve)이 많이 이용되고 있다. 다음 설명 중 맞는 것은?
① 평균 강수량을 계산하기 위하여 사용한다.
② 강수의 지속기간을 알기 위하여 사용한다.
③ 결측자료를 보완하기 위하여 사용한다.
④ 강수량 자료의 일관성을 검증하기 위하여 사용한다.

해설 이중 누가 우량분석법(double mass curve)
1) 우량계의 위치, 노출 상태, 관측 방법 및 주위 환경 등에 변화가 생겼을 경우, 강수 자료의 일관성이 상실된다.
2) 이런 경우 장기간에 걸친 강수 자료의 일관성에 대한 검사 및 교정하는 방법이다.

해답 51. ② 52. ② 53. ③ 54. ③ 55. ① 56. ④

57 그림과 같은 정사각형 모양의 유역에 호우가 발생하여 유역 내 우량 관측점에 기록된 우량이 다음과 같을 때 Thiessen법을 사용하여 유역 평균우량을 구한 값은? (단, 그림에서 $\overline{AE}=\overline{CE}=\overline{BE}=\overline{DE}=10km$이고, 강우량은 $P_A=80mm$, $P_B=60mm$, $P_C=90mm$, $P_D=70mm$, $P_E=100mm$임.)

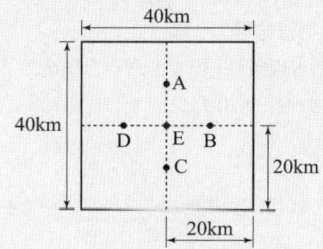

① 80.00mm ② 40.28mm
③ 70.56mm ④ 76.56mm

해설 평균 우량 산정(Thiessen 법)

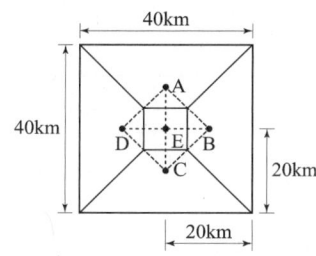

1) Thiessen 다각형 작도법
 • 인접 관측점들을 연결하여 삼각형(점선)을 만든다.
 • 각각의 변에 수직이등분선(실선)을 그었을 때 생긴 다각형을 Thiessen다각형이다.
 • 이것이 각 관측점의 지배면적 또는 유효면적이 된다.
2) 지배면적
 • $A_A=A_B=A_C=A_D$
  $=\dfrac{(40\times40)-(10\times10)}{4}=375km^2$
 • $A_E=10\times10=100km^2$
3) 평균우량
$$P_m=\dfrac{\sum A_iP_i}{\sum A_i}$$
$$=\dfrac{A_AP_A+A_BP_B+A_CP_C+A_DP_D+A_EP_E}{A_A+A_B+A_C+A_D+A_E}$$
$$=\dfrac{(375\times80)+(375\times60)+(375\times90)+(375\times70)+(100\times100)}{40\times40}$$
$$=76.56mm$$

58 다음과 같은 집중호우가 자기기록지에 기록되었다. 지속기간 20분 동안의 최대 강우강도를 구한 값은?

시간(분)	5	10	15	20	25	30	35	40
누가우량(mm)	2	5	10	20	35	40	43	45

① 35mm/hr ② 75mm/hr
③ 95mm/hr ④ 105mm/hr

해설 20분 동안의 최대 강우강도
1) 지속시간 20분에 대한 누가우량
 0분 ~ 20분 : 20mm
 5분 ~ 25분 : 35－2＝33mm
 10분 ~ 30분 : 40－5＝35mm
 15분 ~ 35분 : 43－10＝33mm
 20분 ~ 40분 : 45－20＝25mm
 ∴ 지속시간 20분에 대한 최대누가우량은 35mm이다.
2) 지속시간 20분 동안의 최대 강우강도
$$I=\dfrac{35mm}{20min}\times\dfrac{60min}{1hr}=105mm/hr$$

59 배수면적이 500ha, 유출계수가 0.70인 어느 유역에 연평균강우량이 1,300mm 내렸다. 이때 유역 내에서 발생한 최대유출량은?
① 0.1443m³/s ② 12.64m³/s
③ 14.43m³/s ④ 1,264m³/s

해설 최대 유출량
1) 강우강도
$$I=\dfrac{1,300mm}{1year}\times\dfrac{1year}{(24\times365)hr}=0.148mm/hr$$
2) 최대 유출량
$$Q=\dfrac{1}{360}\cdot C\cdot I\cdot A$$
$$=\dfrac{1}{360}\times0.7\times0.148\times500=0.144m^3/s$$

해답 57. ④ 58. ④ 59. ①

60 단위유량도 이론의 기본가정에 충실한 호우사상을 선별하여 분석하기 위해 선별시 고려해야 할 사항으로 적당하지 않은 것은?
① 가급적 단순호우사상을 택한다.
② 강우지속기간 동안 강우강도의 변화가 가급적 큰 분포를 택한다.
③ 유역 전반에 걸쳐 강우의 공간적 분포가 가급적 균일한 것을 택한다.
④ 강우의 지속기간이 비교적 짧은 호우사상을 택한다.

해설 단위유량도 이론의 기본가정
1) 강우 지속시간 동안 강우강도는 일정해야 한다.
2) 공간적으로도 강우가 균일하게 분포되어야 한다.

철근콘크리트 및 강구조

61 다음 필렛용접의 전단응력은 얼마인가?

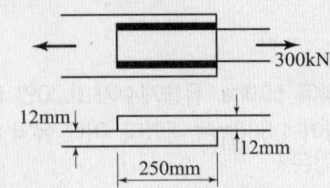

① 67.72MPa ② 78.23MPa
③ 72.72MPa ④ 75.72MPa

해설 용접부의 전단응력
1) 전단력 : $V = 300kN = 300,000N$
2) 용접부의 유효길이
$l_e = (l-2S) \times 2 = (250 - 2 \times 12) \times 2 = 452mm$
여기서, $S = t$
3) 목 두께 : $a = 0.707 \times S = 0.707 \times 12 = 8.485mm$
4) $\nu = \dfrac{V}{\sum al_e} = \dfrac{300,000}{8.485 \times 452} = 78.23MPa$

62 정착구와 커플러의 위치에서 프리스트레스 도입 직후 포스트텐션 긴장재의 응력은 얼마 이하로 하여야 하는가? (단, f_{pu}는 긴장재의 설계기준인장강도)
① $0.6f_{pu}$ ② $0.74f_{pu}$
③ $0.70f_{pu}$ ④ $0.85f_{pu}$

해설 강재의 허용응력
정착구와 커플러의 위치에서 프리스트레스 도입 직후 포스트텐션 긴장재 : $0.70f_{pu}$

63 인장응력 검토를 위한 $L-150 \times 90 \times 12$인 형강(angle)의 전개한 총폭($b_g$)은?

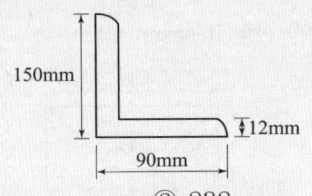

① 228mm ② 232mm
③ 240mm ④ 252mm

해설 L 형강의 전개총폭
$b_g = b_1 + b_2 - t$
$= 150 + 90 - 12 = 228mm$

64 직접설계법에 의한 2방향 슬래브 설계에서 전체 정적계수 휨모멘트(M_o)가 340kN·m로 계산되었을 때, 내부 경간의 부계수휨모멘트는?
① 102kN·m   ② 119kN·m
③ 204kN·m   ④ 221kN·m

해설 직접 설계법의 모멘트 분배
부(−) 계수 휨모멘트 : $0.65M_0 = 0.65 \times 340 = 221kN \cdot m$
정(+) 계수 휨모멘트 : $0.35M_0$

해답 60. ② 61. ② 62. ③ 63. ① 64. ④

65 아래의 표와 같은 조건에서 경량콘크리트를 사용하고, 설계기준항복강도가 400MPa인 D25(공칭지름 : 25.4mm) 철근을 인장철근으로 사용하는 경우 기본정착길이(l_{db})는?

- 콘크리트 설계기준 압축강도(f_{ck}) : 24MPa
- 콘크리트의 인장강도(f_{sp}) : 2.17MPa

① 1,430mm ② 1,515mm
③ 1,535mm ④ 1,575mm

해설 기본 정착길이
1) 경량 콘크리트 계수
$$\lambda = \frac{f_{sp}}{0.56\sqrt{f_{ck}}} \leq 1.0 \Rightarrow \therefore \lambda = \frac{2.17}{0.56 \times \sqrt{24}} = 0.79$$
2) 기본 정착길이
$$l_{db} = \frac{0.6 d_b f_y}{\lambda \sqrt{f_{ck}}} = \frac{0.6 \times 25.4 \times 400}{0.79\sqrt{24}} = 1,575\text{mm}$$

66 PS콘크리트의 균등질보의 개념(homogeneous beam concept)을 설명한 것으로 가장 적당한 것은?
① 콘크리트에 프리스트레스가 가해지면 PSC부재는 탄성재료로 전환되고 이의 해석은 탄성이론으로 가능하다는 개념
② PSC보를 RC보처럼 생각하여, 콘크리트는 압축력을 받고 긴장재는 인장력을 받게 하여 두 힘의 우력모멘트로 외력에 의한 휨모멘트에 저항시킨다는 개념
③ PS콘크리트는 결국 부재에 작용하는 하중의 일부 또는 전부를 미리 가해진 프리스트레스와 평행이 되도록 하는 개념
④ PS콘크리트는 강도가 크기 때문에 보의 단면을 강재의 단면으로 가정하여 압축 및 인장을 단면 전체가 부담할 수 있다는 개념

해설 PSC의 원리
1) 균등 질 보의 개념(응력개념) : 프리스트레스가 도입되면 콘크리트의 부재는 탄성이론으로 해석할 수 있다는 개념
2) 내력 모멘트의 개념(강도개념) : 콘크리트는 압축력을 받고 긴장재는 인장력을 받게 하여 두 힘의 우력모멘트로 외력에 의한 휨모멘트에 저항시킨다는 개념
3) 하중 평형의 개념(등가하중개념) : 프리스트레싱에 의한 작용과 부재에 작용하는 하중을 평형이 되도록 하자는 개념

67 표준갈고리를 갖는 인장이형철근의 정착에 대한 설명으로 틀린 것은? (단, d_b은 철근의 공칭지름이다.)
① 갈고리는 압축을 받는 경우 철근정착에 유효하지 않은 것으로 보아야 한다.
② 정착길이는 위험단면부터 갈고리의 외측단부까지 거리를 나타낸다.
③ D35 이하 180° 갈고리 철근에서 정착길이 구간을 $3d_b$ 이하 간격으로 띠철근 또는 스터럽이 정착되는 철근을 수직으로 둘러싼 경우에 보정계수는 0.7이다.
④ 기본정착길이에 보정계수를 곱하여 정착길이를 계산하는 데 이렇게 구한 정착길이는 항상 $8d_b$ 이상, 또한 150mm 이상이어야 한다.

해설 표준갈고리
D35 이하 180° 갈고리 철근에서 정착길이 구간을 $3d_b$ 이하 간격으로 띠철근 또는 스터럽이 정착되는 철근을 수직으로 둘러싼 경우의 보정계수는 : 0.8

68 강도설계에서 f_{ck} = 29MPa, f_y = 300MPa일 때 단철근 직사각형보의 균형철근비(ρ_b)는?
① 0.034 ② 0.045
③ 0.051 ④ 0.067

해설 균형철근비(ρ_b)
1) $\varepsilon_y = \dfrac{f_y}{E_s} = \dfrac{300}{200,000} = 0.0015$
2) $\rho_b = \dfrac{\eta(0.85 f_{ck})\beta_1}{f_y} \dfrac{\varepsilon_{cu}}{\varepsilon_{cu} + \varepsilon_y}$
$= \dfrac{1.0 \times (0.85 \times 29) \times 0.8}{300} \dfrac{0.0033}{0.0033 + 0.0015} \fallingdotseq 0.045$
여기서, $f_{ck} \leq 40\text{MPa} \Rightarrow \eta = 1.0, \beta_1 = 0.8, \varepsilon_{cu} = 0.033$

69 사용 고정하중(D)과 활하중(L)을 작용시켜서 단면에서 구한 휨모멘트는 각각 M_D = 30kN·m, M_L = 3kN·m이었다. 주어진 단면에 대해서 현행 콘크리트 구조설계기준에 따라 최대소요강도를 구하면?
① 30kN·m   ② 40.8kN·m
③ 42kN·m   ④ 48.2kN·m

해답 65. ④ 66. ① 67. ③ 68. ② 69. ③

해설 최대 소요강도(M_U)
$M_U = 1.2M_D + 1.6M_L \geq 1.4M_D$
$= (1.2 \times 30) + (1.6 \times 3) \geq 1.4 \times 30$
$\therefore M_U = 42\text{kN} \cdot \text{m}$

해설 균열 모멘트
1) $Z = \dfrac{bh^2}{6}$
2) $f_r = 0.63\lambda\sqrt{f_{ck}}$
$= 0.63 \times 1.0 \times \sqrt{24} = 3.086\text{N/mm}^2$
3) $M_{cr} = f_r \cdot Z = 3.086 \times \dfrac{300 \times 550^2}{6}$
$= 46,675,750\text{N} \cdot \text{mm} = 46.7\text{kN} \cdot \text{m}$

70 ★★★ 계수전단강도 $V_u = 60\text{kN}$을 받을 수 있는 직사각형 단면이 최소전단철근 없이 견딜 수 있는 콘크리트의 유효깊이 d는 최소 얼마 이상이어야 하는가?
(단, $f_{ck} = 24\text{MPa}$, 단면의 폭(b)=350mm)

① 560mm ② 525mm
③ 434mm ④ 328mm

해설 전단철근을 사용하지 않는 경우의 단면 설계
1) 강도감소계수 : $\phi = 0.75$
2) 콘크리트에 의한 전단강도
$V_c = \dfrac{\lambda}{6}\sqrt{f_{ck}}\,b_w d = \dfrac{1}{6}\sqrt{24} \times 350 \times d = 285.77d$
3) 최소전단철근 없이 견딜수 있는 콘크리트의 유효깊이
$V_u \leq \dfrac{1}{2}\phi V_c$
$60,000 = \dfrac{1}{2} \times 0.75 \times 285.77d$
$\therefore d = 560\text{mm}$

72 ★ 1방향 철근콘크리트 슬래브의 전체 단면적이 2,000,000mm²이고, 사용한 이형철근의 설계기준항복강도가 500MPa인 경우, 수축 및 온도철근량의 최솟값은?

① 1,800mm² ② 2,400mm²
③ 3,200mm² ④ 3,800mm²

해설 1방향 슬래브의 수축 및 온도 철근량
1) 최소철근비
$\rho_{min} = 0.0020 \times \dfrac{400}{f_y} \geq 0.0014$
$= 0.0020 \times \dfrac{400}{500} \geq 0.0014$
$\therefore \rho_{min} = 0.0016$
2) 수축 및 온도 철근량의 최솟값=최소철근비×슬래브 전체단면적
$A_{s\,min} = 0.0016 \times 2,000,000 = 3,200\text{mm}^2$

71 ★★★ 아래 그림과 같은 보통중량콘크리트 직사각형 단면의 보에서 균열모멘트(M_{cr})은? (단, $f_{ck} = 24\text{MPa}$이다.)

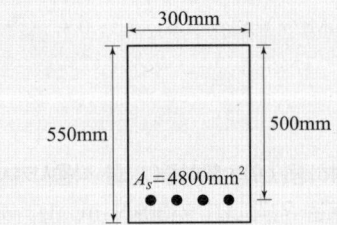

① 46.7kN·m ② 52.3kN·m
③ 56.4kN·m ④ 62.1kN·m

73 ★★ $b = 300\text{mm}$, $d = 500\text{mm}$, $A_S = 3\text{-D}25 = 1,520\text{mm}^2$가 1열로 배치된 단철근 직사각형 보의 설계 휨강도 ϕM_n은 얼마인가? (단, $f_{ck} = 28\text{MPa}$, $f_y = 400\text{MPa}$이고, 과소철근보이다.)

① 132.5kN·m ② 183.3kN·m
③ 236.4kN·m ④ 307.7kN·m

해설 단 철근 직사각형 보의 설계 휨강도
1) $f_{ck} \leq 40\text{MPa} \Rightarrow \eta = 1.0,\ \beta_1 = 0.80$
2) 압축 연단에서 중립축까지 거리(c)
$a = \dfrac{A_s f_y}{\eta(0.85 f_{ck})b}$
$= \dfrac{1,520 \times 400}{1.0 \times 0.85 \times 28 \times 300} = 85.15\text{mm}$
$a = \beta_1 C \Rightarrow C = \dfrac{a}{\beta_1} = \dfrac{85.15}{0.80} = 106.44\text{mm}$

해답 70. ① 71. ① 72. ③ 73. ③

3) $C : \varepsilon_{cu} = (d-C) : \varepsilon_t$
   $\Rightarrow 106.44 : 0.0033 = (500-106.44) : \varepsilon_t$
   $\therefore \varepsilon_t = 0.0122 > 0.005 \Rightarrow \therefore$ 인장지배단면 $\phi = 0.85$

4) $\phi M_n = \phi \left[A_s f_y \left(d - \dfrac{a}{2} \right) \right]$
   $= 0.85 \times \left[1,520 \times 400 \times \left(500 - \dfrac{85.15}{2} \right) \right]$
   $= 236,397,240 \text{N} \cdot \text{mm} \fallingdotseq 236.4 \text{ kN} \cdot \text{m}$

★★
74 복철근 직사각형보에서 다음 주어진 조건에 대하여 등가압축응력의 깊이 a는 약 얼마인가? (단, $b_w=350\text{mm}$, $d=550\text{mm}$, $A_s=1,935\text{mm}^2$, $A_s'=860\text{mm}^2$, $f_{ck}=21\text{MPa}$, $f_y=300\text{MPa}$)

① 39mm ② 45mm
③ 52mm ④ 64mm

해설 복철근 직사각형 보의 등가 압축응력의 깊이
1) $f_{ck} \le 40\text{MPa} : \eta = 1.0$
2) $a = \dfrac{(A_s - A_s')f_y}{\eta(0.85f_{ck})b} = \dfrac{(1,935-860) \times 300}{1.0 \times 0.85 \times 21 \times 350} = 52\text{mm}$

★★
75 철근콘크리트 부재의 전단철근에 대한 설명으로 틀린 것은?
① 전단철근의 설계기준항복강도는 300MPa을 초과할 수 없다.
② 주인장 철근에 30° 이상의 각도로 구부린 굽힘 철근은 전단철근으로 사용할 수 있다.
③ 최소 전단철근량은 $\dfrac{0.35 b_w s}{f_{yt}}$ 보다 작지 않아야 한다.
④ 부재축에 직각으로 배치된 전단철근의 간격은 d/2 이하, 또한 600mm 이하로 하여야 한다.

해설 전단철근
전단철근의 설계기준 항복강도는 500MPa을 초과할 수 없다.

★★
76 그림과 같은 강재의 이음에서 $P=600\text{kN}$이 작용할 때 필요한 리벳의 수는? (단, 리벳의 지름은 19mm, 허용전단응력은 110MPa, 허용지압응력은 240MPa이다.)

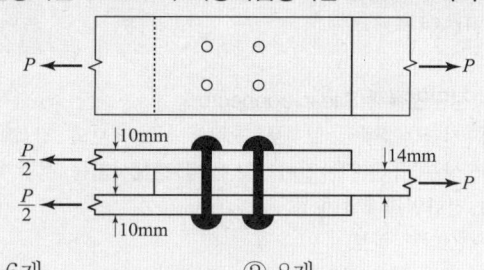

① 6개   ② 8개
③ 10개 ④ 12개

해설 소요 리벳 수
1) 리벳의 허용 전단강도
   $\rho_s = \nu_a \dfrac{\pi d^2}{4} \times 2$ (복전단)
   $= 110 \times \dfrac{\pi \times 19^2}{4} \times 2 = 62,376\text{N} = 62.38\text{kN}$
2) 리벳의 허용 지압강도
   $\rho_b = f_{ba} d t_{\min}$
   $= 240 \times 19 \times 14 = 63,840\text{N} = 63.84\text{kN}$
   여기서, $t_1 = 10\text{mm}$, $t_2 = 14\text{mm}$, $t_3 = 10\text{mm}$
   $t_{\min}$는 $(t_1 + t_3)$ or (t_2) 중 작은 값
3) 리벳강도 : 허용 전단강도와 허용 지압강도, 둘 중 작은 값이다.
   $\therefore$ 리벳강도 $= 62.38\text{kN}$
4) 리벳 수(n) : 올림 정수로 계산한다.
   $n = \dfrac{P}{\text{리벳강도}} \Rightarrow n = \dfrac{600}{62.38} = 9.62 = 10$개

★★
77 다음 중 철근의 피복두께를 필요로 하는 이유로 옳지 않은 것은?
① 철근이 산화되지 않도록 한다.
② 화재에 의한 직접적인 피해를 받지 않도록 한다.
③ 부착응력을 확보한다.
④ 인장강도를 보강한다.

해설 최소 피복두께
1) 철근의 부식방지
2) 내화 구조물을 만들기 위해
3) 철근의 부착강도를 높이기 위해

해답 74. ③ 75. ① 76. ③ 77. ④

78 강합성 교량에서 콘크리트 슬래브와 강(鋼)주형 상부 플랜지를 구조적으로 일체가 되도록 결합시키는 요소는?
① 볼트
② 접착제
③ 전단연결재
④ 합성철근

해설 전단연결재(Shear connector)
1) 전단연결재 : 합성보 교량에서 슬래브와 강(鋼)주형 상부 플랜지를 떨어지지 않게 결합시키는 결합재.
2) 전단연결재의 종류
  • 스터드 볼트
  • 연결 철근 등

79 캔틸레버식 옹벽(역T형 옹벽)에서 뒷굽판의 길이를 결정할 때 가장 주가 되는 것은?
① 전도에 대한 안정
② 침하에 대한 안정
③ 활동에 대한 안정
④ 지반지지력에 대한 안정

해설 옹벽의 안정(활동에 대한 안정)
1) 역 t형 옹벽에서 활동에 대한 안정은 주로 마찰저항력을 증가시키기 위해 뒷 굽판 길이를 길게 한다.
2) 또는 활동방지벽을 시공한다.

80 강도설계법에 있어서의 안전규정에 강도감소계수(ϕ계수)를 규정하는 목적이 되지 않는 것은?
① 재료강도와 치수가 변동할 수 있으므로 부재의 강도 저하 확률에 대비한 여유
② 구조물에서 차지하는 부재의 중요도 등을 반영하기 위해서
③ 주어진 하중 조건에 대한 부재의 연성도와 소요 신뢰도
④ 초과하중의 재하에 대비하기 위한 여유

해설 강도설계법의 안전 규정
초과 하중의 재하에 대비하기 위한 여유는 하중계수에 대한 설명이다.

토질 및 기초

81 그림과 같은 지층단면에서 지표면에 가해진 $50kN/m^2$의 상재하중으로 인한 점토층(정규압밀점토)의 1차압밀 최종침하량(S)을 구하고, 침하량이 5cm일 때 평균압밀도(U)를 구하면? (단, $\gamma_w = 9.81kN/m^3$이다.)

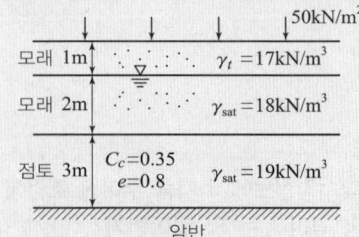

① $S=18.3cm$, $U=27\%$
② $S=14.7cm$, $U=22\%$
③ $S=18.5cm$, $U=22\%$
④ $S=14.7cm$, $U=27\%$

해설 1차 압밀침하량
1) $P_1 = \gamma_t h_1 + \gamma_{sub1} h_2 + \gamma_{sub2} \dfrac{h_3}{2}$
  $= (17 \times 1) + (18-9.81) \times 2 + (19-9.81) \times \dfrac{3.0}{2}$
  $= 47.165 kN/m^2$
  여기서, P_1 : 점토층 중앙 단면에서 유효응력의 크기
2) $P_2 = P_1 + q = 47.165 + 50 = 97.165 kN/m^2$
3) $S = \dfrac{C_c}{1+e} H \log\left(\dfrac{P_2}{P_1}\right)$
  $= \dfrac{0.35}{1+0.8} \times 300 \times \log\left(\dfrac{97.165}{47.165}\right) = 18.31cm$
  여기서, H는 점토층 두께임
4) $U = \dfrac{\text{침하량}}{\text{최종침하량}(S)} \times 100 = \dfrac{5}{18.31} \times 100 = 27\%$

82 그림과 같은 점토지반에서 안정수(m)가 0.1인 경우 높이 5m의 사면에 있어서 안전율은?

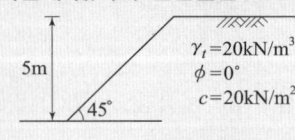

① 1.0
② 1.25
③ 1.50
④ 2.0

해답 78. ③ 79. ③ 80. ④ 81. ① 82. ④

해설 단순사면의 안전율

1) 안정계수
$$N_s = \frac{1}{m} = \frac{1}{0.1} = 10$$

2) 한계고
$$H_c = \frac{C \cdot N_s}{\gamma_t} = \frac{20 \times 10}{20} = 10\text{m}$$

3) 안전율
$$F_s = \frac{H_c}{H} = \frac{10}{5} = 2.0$$

83 그림과 같이 폭이 2m, 길이가 3m인 기초에 100kN/m²의 등분포 하중이 작용할 때, A점 아래 4m 깊이에서의 연직응력 증가량은? (단, 아래 표의 영향계수 값을 활용하여 구하며, $m = \frac{B}{z}$, $n = \frac{L}{z}$이고, B는 직사각형 단면의 폭, L은 직사각형 단면의 길이, z는 토층의 깊이이다.)

【영향계수(I) 값】

m	0.25	0.5	0.5	0.5
n	0.5	0.25	0.75	1.0
I	0.048	0.048	0.115	0.122

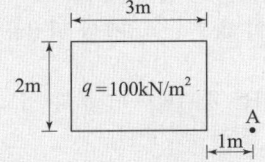

① 6.7kN/m² ② 7.4kN/m²
③ 12.2kN/m² ④ 17.0kN/m²

해설 지중응력 증가량($\Delta\sigma_z$)

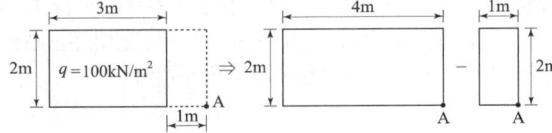

1) $B=2\text{m}$, $L=4\text{m}$인 경우
$$m = \frac{B}{Z} = \frac{2}{4} = 0.5, \quad n = \frac{L}{Z} = \frac{4}{4} = 1.0$$
$$\therefore I_1 = 0.122$$

2) $B=2\text{m}$, $L=1\text{m}$인 경우
$$m = \frac{B}{Z} = \frac{2}{4} = 0.5, \quad n = \frac{L}{Z} = \frac{1}{4} = 0.25$$
$$\therefore I_2 = 0.048$$

3) 지중응력 증가량($\Delta\sigma_z$)
$$\Delta\sigma_z = qI_1 - qI_2 = q(I_1 - I_2)$$
$$= 100(0.122 - 0.048) = 7.4\text{kN/m}^2$$

84 흙의 포화단위중량이 20kN/m³인 포화점토층을 45° 경사로 8m를 굴착하였다. 흙의 강도정수 $C_u = 65\text{kN/m}^2$, $\phi = 0°$이다. 그림과 같은 파괴면에 대하여 사면의 안전율은? (단, ABCD의 면적은 70m²이고 O점에서 ABCD의 무게중심까지의 수직거리는 4.5m이다.)

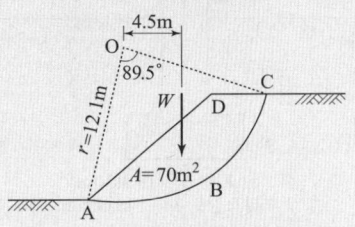

① 4.72 ② 4.21
③ 2.67 ④ 2.36

해설 사면의 안정(질량법)

1) 토체의 중량
$$W = \gamma_{\text{sat}} \cdot A = 20 \times 70 = 1,400\text{kN/m}$$

2. 활동모멘트
$$M_D = W \cdot d = 1,400 \times 4.5 = 6,300\text{kN} \cdot \text{m}$$

3. 원호의 길이
$$L = 2\pi r \times \frac{89.5°}{360°} = 2 \times \pi \times 12.1 \times \frac{89.5°}{360°} = 18.9\text{m}$$

4. 저항모멘트
$$M_r = C \cdot L \cdot r$$
$$= 65 \times 18.9 \times 12.1 \fallingdotseq 14,865\text{kN} \cdot \text{m}$$

5. 안전율
$$F_s = \frac{M_r}{M_D} = \frac{14,865}{6,300} = 2.36$$

85 점성토에서 점착력이 6.0kN/m²이고 내부마찰각이 30°이며, 흙의 단위중량이 17.0kN/m³일 때 주동토압이 0이 되는 깊이는 지표면에서 약 몇 m인가?

① 1.52m ② 1.42m
③ 1.32m ④ 1.22m

해설 주동토압이 0이 되는 깊이(점착고)
$$Z_c = \frac{2C}{\gamma_t} \tan\left(45° + \frac{\phi}{2}\right)$$
$$= \frac{2 \times 6}{17.0} \tan\left(45° + \frac{30°}{2}\right) = 1.22\text{m}$$

해답 83. ② 84. ④ 85. ④

★★★

86 다음 그림과 같이 점토질 지반에 연속기초가 설치되어 있다. Terzaghi 공식에 의한 이 기초의 허용 지지력 q_a 은? (단, $\phi = 0$이며, 폭(B) = 2m, N_c = 5.14, N_q = 1.0, N_r = 0, 안전율 F_s = 3이다.)

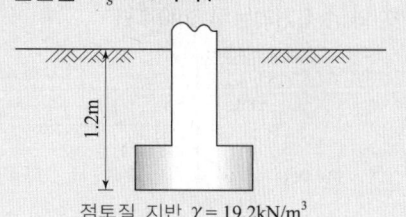

점토질 지반 $\gamma = 19.2 \text{kN/m}^3$
일축압축강도 $q_u = 148.6 \text{kN/m}^2$

① 64kN/m²   ② 135kN/m²
③ 185kN/m² ④ 405kN/m²

해설 얕은 기초의 허용지지력

1) 연속 기초의 형상계수 : $\alpha = 1.0$, $\beta = 0.5$
2) 점착력 : $C = \dfrac{q_u}{2} = \dfrac{148.6}{2} = 74.3 \text{kN/m}^2$
3) Terzaghi의 극한지지력
$$q_u = \alpha C N_c + \beta B \gamma_1 N_r + \gamma_2 D_f N_q$$
$$= 1.0 \times 74.3 \times 5.14 + 0.5 \times 2 \times 19.2 \times 0$$
$$+ 19.2 \times 1.2 \times 1.0$$
$$= 404.94 \text{kN/m}^2$$
4) 허용지지력 : $q_a = \dfrac{q_u}{F_s} = \dfrac{404.94}{3} = 135 \text{kN/m}^2$

★★

87 두 개의 규소판 사이에 한 개의 알루미늄판이 결합된 3층 구조가 무수히 많이 연결되어 형성된 점토광물로서 각 3층 구조 사이에는 칼륨이온(K^+)으로 결합되어 있는 것은?

① 일라이트(illite)
② 카올리나이트(kaolinite)
③ 할로이사이트(halloysite)
④ 몬모릴로나이트(montmorillonite)

해설 점토광물

1) 카올리나이트(Kaolinite)
  • 1개의 규소판과 1개의 알루미늄판으로 결합된 2층 구조
  • 활성도가 가장 작고 공학적으로 가장 안정된 구조

2) 일나이트(illite)
  • 두 개의 규소 판 사이에 알루미늄판이 결합된 3층 구조
  • 3층 구조 단위들이 불 치환성 양이온(K^+)으로 결합
3) 몬모릴로나이트(montmorillonite)
  • 두 개의 규소 판 사이에 알루미늄판이 결합된 3층 구조
  • 3층 구조 단위들이 치환성 양이온으로 결합
  • 활성도가 가장 크고 공학적으로 가장 불안정한 구조

★★★

88 다짐곡선에 대한 설명으로 틀린 것은?

① 다짐에너지를 증가시키면 다짐곡선은 왼쪽 위로 이동하게 된다.
② 사질성분이 많은 시료일수록 다짐곡선은 오른쪽 위에 위치하게 된다.
③ 점성분이 많은 흙일수록 다짐곡선은 넓게 퍼지는 형태를 가지게 된다.
④ 점성분이 많은 흙일수록 오른쪽 아래에 위치하게 된다.

해설 다짐곡선

1) 사질 성분이 많은 시료일수록 다짐곡선은 왼쪽에 위치하게 된다.
2) 다짐에너지를 증가할수록, 흙의 입도분포가 좋을수록 왼쪽 위로 이동하게 된다.

★

89 무게 3kN의 드롭해머로 3m 높이에서 말뚝을 타입할 때 1회 타격당 최종침하량이 1.5cm 발생하였다. Sander 공식을 이용하여 산정한 말뚝의 허용지지력은?

① 75.0kN   ② 86.1kN
③ 93.7kN   ④ 156.7kN

해설 말뚝의 허용지지력(Sander 공식)

1) $Q_u = \dfrac{W_h \cdot H}{S}$
2) 샌더 공식의 안전율 : $F_s = 8$
3) $Q_a = \dfrac{Q_u}{F_s} = \dfrac{3 \times 300 \text{cm}}{8 \times 1.5} = 75.0 \text{kN}$
여기서, $H = 3\text{m} = 300 \text{cm}$

해답 86. ②   87. ①   88. ②   89. ①

90
지표면에 40kN/m²의 성토를 시행하였다. 압밀이 70% 진행되었다고 할 때, 현재의 과잉간극수압은?

① 8kN/m² ② 12kN/m²
③ 22kN/m² ④ 28kN/m²

해설 과잉간극수압
1) 초기 과잉간극수압=성토 압력
   $U_i = 40\text{kN/m}^2$
2) 압밀도
   $U = \dfrac{U_i - U_e}{U_i} \times 100$
   $70 = \dfrac{40 - U_e}{40} \times 100 \Rightarrow \therefore U_e = 12\text{kN/m}^2$

91
어떤 흙의 습윤단위중량이 19.62kN/m³, 함수비 20%, 비중 $G_s = 2.7$인 경우 포화도는 얼마인가?(단, 물의 단위중량은 9.81kN/m³이다.)

① 86.1% ② 87.1%
③ 95.6% ④ 100%

해설 포화도
1) 건조 밀도
   $\gamma_d = \dfrac{\gamma_t}{1 + \dfrac{w}{100}} = \dfrac{19.62}{1 + \dfrac{20}{100}} = 16.35\text{kN/m}^2$
2) 공극비
   $\gamma_d = \dfrac{G_s \cdot \gamma_w}{1 + e}$ 에서
   $e = \dfrac{G_s \cdot \gamma_w}{\gamma_d} - 1 = \dfrac{2.70 \times 9.81}{16.35} - 1 = 0.62$
3) 포화도
   $\omega \cdot G_s = S \cdot e \Rightarrow 20 \times 2.7 = S \times 0.62$
   $\therefore S = 87.1\%$

92
다음은 흙 시료 채취에 대한 설명이다. 틀린 것은?

① 교란의 효과는 소성이 낮은 흙이 소성이 높은 흙보다 크다.
② 교란된 흙은 자연상태의 흙보다 압축강도가 적다.
③ 교란된 흙은 자연상태의 흙보다 전단강도가 작다.
④ 흙시료 채취 직후에 비교적 교란 되지 않은 코어(Core)의 과잉간극수압은 부(負)이다.

해설 흙 시료 채취
1) 소성이 높은 흙은 점토 성분이 많은 흙이다.
2) 그러므로 교란의 효과는 소성이 높은 흙이 소성이 낮은 흙보다 크다.

93
그림과 같은 모래시료의 분사현상에 대한 안전율을 3.0 이상이 되도록 하려면 수두차 h를 최대 얼마 이하로 하여야 하는가?

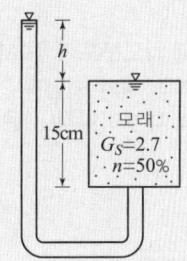

① 12.75cm ② 9.75cm
③ 4.25cm ④ 3.25cm

해설 분사현상에 대한 안전율
1) 공극비
   $e = \dfrac{n}{100 - n} = \dfrac{50}{100 - 50} = 1.0$
2) 한계동수경사
   $i_c = \dfrac{G_s - 1}{1 + e} = \dfrac{2.7 - 1}{1 + 1} = 0.85$
3) 분사현상에 대한 안전율
   $F_s = \dfrac{i_c}{i} = \dfrac{\dfrac{G_s - 1}{1 + e}}{\dfrac{h}{L}}$
   $3.0 = \dfrac{0.85}{\dfrac{h}{15}} \Rightarrow \therefore h = 4.25\text{cm}$

해답 90. ② 91. ② 92. ① 93. ③

94 흙의 분류법인 AASHTO 분류법과 통일분류법을 비교·분석한 내용으로 틀린 것은?

① 통일분류법은 0.075mm 체 통과율을 35%를 기준으로 조립토와 세립토로 분류하는데, 이것이 AASHTO 분류법보다 적절하다.
② 통일분류법은 입도분포, 액성한계, 소성지수 등을 주요 분류인자로 한 분류법이다.
③ AASHTO 분류법은 입도분포, 군지수 등을 주요 분류인자로 한 분류법이다.
④ 통일분류법은 유기질토 분류방법이 있으나 AASHTO 분류법은 없다.

해설 흙의 공학적 분류 방법
1) 통일분류법은 0.075mm체 통과율 50%를 기준으로 조립토와 세립토로 분류한다.
2) AASHTO법은 0.075mm체 통과율 35%를 기준으로 조립토와 세립토로 분류한다.

95 토립자가 둥글고 입도분포가 양호한 모래지반에서 N치를 측정한 결과 $N=19$가 되었을 경우, Dunham의 공식에 의한 이 모래의 내부마찰각(ϕ)은?

① 20° ② 25°
③ 30° ④ 35°

해설 흙의 내부마찰각(ϕ)
1) C의 값
 • 토립자가 둥글고 입도분포가 나쁜 경우 : C=15°
 • 토립자가 둥글고 입도분포가 좋은 경우 : C=20°
 • 토립자가 모나고 입도분포가 나쁜 경우 : C=20°
 • 토립자가 모나고 입도분포가 좋은 경우 : C=25°
2) 흙의 내부마찰각(ϕ)
$\phi = \sqrt{12N} + C = \sqrt{12 \times 19} + 20° = 35°$

96 다음 중 부마찰력이 발생할 수 있는 경우가 아닌 것은?
① 매립된 생활쓰레기 중에 시공된 관측정
② 붕적토에 시공된 말뚝기초
③ 성토한 연약점토지반에 시공된 말뚝기초
④ 다짐된 사질지반에 시공된 말뚝기초

해설 부 마찰력
1) 연약지반에 말뚝을 박은 다음 성토 하중에 의하여 압밀이 진행되어 아래 방향으로 작용하는 주면 마찰력을 부 마찰력이라 한다.
2) 부 마찰력은 말뚝 주면의 지반이 압밀이 발생할 때 발생한다.
3) 다짐된 사질 지반은 압밀이 발생하지 않으므로 부 마찰력이 발생하지 않는다.

97 점성토 시료를 교란시켜 재성형을 한 경우 시간이 지남에 따라 강도가 증가하는 현상을 나타내는 용어는?
① 크립(creep)
② 틱소트로피(thixotropy)
③ 이방성(anisotropy)
④ 아이소크론(isocron)

해설 틱소트로피 현상
1) 점토 지반에 말뚝을 타입하면 지반이 교란되어 흙의 구조는 이산구조로 바뀌어 강도를 상실한 후,
2) 일정 시간이 지나면 다시 흙의 구조는 면모 구조로 바뀌어 강도를 회복하게 된다.
3) 이와 같은 현상을 틱소트로피 현상이라 한다.

98 다음 중 사운딩 시험이 아닌 것은?
① 표준관입시험 ② 평판재하시험
③ 콘관입시험 ④ 베인시험

해설 사운딩(Sounding)
1) 정의 : 로드(rod) 끝에 저항체를 달아서 땅속에 관입, 회전, 인발 시 저항값을 측정해서 토층의 성질을 탐사하는 것이다.
2) 사운딩 종류
 • 정적사운딩 : 베인 시험, 콘 관입시험(휴대용 원추 관입시험, 화란식 원추관입 시험), 이스키미터.
 • 동적사운딩 : 표준관입시험, 동적 원추 관입시험.
3) 평판재하시험은 사운딩이 아니고 지지력을 구하는 시험이다.

해답 94. ① 95. ④ 96. ④ 97. ② 98. ②

99 접지압(또는 지반반력)이 그림과 같이 되는 경우는?

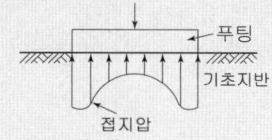

① 푸팅 : 강성, 기초지반 : 점토
② 푸팅 : 강성, 기초지반 : 모래
③ 푸팅 : 연성, 기초지반 : 점토
④ 푸팅 : 연성, 기초지반 : 모래

해설 강성기초의 접지압 분포
1) 점토 지반 : 최대접지압은 기초지반의 모서리에서 발생한다.
2) 모래 지반 : 최대접지압은 기초지반의 중앙에서 발생한다.

100 압밀시험에서 얻은 $e-\log P$ 곡선으로 구할 수 있는 것이 아닌 것은?
① 선행압밀압력 ② 팽창지수
③ 압축지수   ④ 압밀계수

해설 압밀시험
1) e-log P 곡선에서 구할 수 있는 요소
   ① 압축지수
   ② 선행압밀하중
   ③ 팽창지수 등
2) 시간 침하 곡선
   ① 압밀계수
   ② 체적변화계수
   ③ 투수계수 등

상하수도공학

101 정수장으로부터 배수지까지 정수를 수송하는 시설은?
① 도수시설   ② 송수시설
③ 정수시설   ④ 배수시설

해설 상수도의 계통도
1) 계통도 : 수원-취수-도수-정수-송수-배수-급수
2) 도수는 원수를 취수해서 정수장까지 이송하고 송수는 정수한 물을 정수지에서 배수지로 이송한다.

102 어느 도시의 장래 인구증가 현황을 조사한 결과 현재인구가 90,000명이고, 연평균 인구증가율이 2.5%일 때 25년 후의 예상인구는?
① 약 167,000명   ② 약 163,000명
③ 약 160,000명   ④ 약 156,000명

해설 급수인구 추정(등비 급수법)
1) 인구증가율
   $\gamma = 2.5\% = 0.025$
2) 25년 후의 급수인구
   $P_n = P_0(1+r)^n = 90,100(1+0.025)^{25} ≒ 167,000$명

103 알칼리도가 30mg/L의 물에 황산알루미늄을 첨가했더니 20mg/L의 알칼리도가 소비되었다. 여기에 $Ca(OH)_2$를 주입하여 알칼리도를 15mg/L로 유지하기 위해 필요한 $Ca(OH)_2$는? (단, $Ca(OH)_2$: 분자량 74, $CaCO_3$ 분자량 : 100)
① 1.2mg/L   ② 3.7mg/L
③ 6.2mg/L   ④ 7.4mg/L

해답 99. ①   100. ④   101. ②   102. ①   103. ②

해설 알카리도
1) 알카리도 : 산을 중화시키는 척도로 수중의 수산화물 (OH^-), 탄산이온(CO_3^{2-}), 탄산수소이온(HCO_3^-)의 형태로 함유되어 있는 성분을 탄산칼슘($CaCO_3$)형태로 환산하여 표시한다.
2) 알카리도 주입량 : $30 - 20 + x = 15 \Rightarrow x = 5\text{mg/L}$
3) 분자의 당량 = 분자량/양이온 가수($Ca = 2$)

$CaCO_3 = \dfrac{100}{2} = 50$

$Ca(OH)_2 = \dfrac{74}{2} = 37$

4) 필요한 $Ca(OH)_2$량
$= \dfrac{Ca(OH)_2\text{의 당량}}{CaCO_3\text{의 당량}} \times \text{알카리도 주입량}$
$= \dfrac{37}{50} \times 5 = 3.7\text{mg/L}$

★★
104 급수방식에 대한 설명으로 틀린 것은?
① 급수방식은 직결식과 저수조식으로 나누며 이를 병용하기도 한다.
② 저수조식은 급수관으로부터 수돗물을 일단 저수조에 받아서 급수하는 방식이다.
③ 배수관의 압력변동에 관계없이 상시 일정한 수량과 압력을 필요로 하는 경우는 저수조식으로 한다.
④ 재해시나 사고 등에 의한 수도의 단수나 감수 시에도 물을 반드시 확보해야 할 경우는 직결식으로 한다.

해설 급수방식
재해 시나 사고 등에 의한 수도의 단수나 감수 시에도 물을 반드시 확보해야 할 경우는 저수조식으로 한다.

★★★
105 배수관망의 구성방식 중 격자식과 비교한 수지상식의 설명으로 틀린 것은?
① 수리계산이 간단하다.
② 사고 시 단수구간이 크다.
③ 제수밸브를 많이 설치해야 한다.
④ 관의 말단부에 물이 정체되기 쉽다.

해설 수지상식 배수관망의 특징
1) 제수밸브가 적게 설치된다.
2) 일정한 수압의 유지가 어렵다.
3) 관의 말단부에 물이 정체되어 녹물이 발생한다.

★★
106 완속여과지와 비교할 때, 급속여과지에 대한 설명으로 틀린 것은?
① 대규모 처리에 적합하다.
② 세균처리에 있어 확실성이 적다.
③ 유입수가 고탁도인 경우에 적합하다.
④ 유지관리비가 적게 들고 특별한 관리기술이 필요치 않다.

해설 급속 여과지의 특징
1) 급속 여과지의 여과속도는 120~150m/day이다.
2) 유지관리비가 적게 들고 특별한 관리 기술이 필요치 않은 방식은 완속 여과지의 특징이다.

★★★
107 오수 및 우수의 배제방식인 분류식과 합류식에 대한 설명으로 틀린 것은?
① 합류식은 관의 단면적이 크기 때문에 폐쇄의 염려가 적다.
② 합류식은 일정량 이상이 되면 우천시 오수가 월류할 수 있다.
③ 분류식은 합류식에 비하여 일반적으로 관거의 부설비가 많이 든다.
④ 분류식은 별도의 시설 없이 오염도가 심한 초기 우수를 유입시켜 처리한다.

해설 하수 배제 방식(분류식 특징)
1) 오수는 오수관으로 유입된 하수를 하수처리장으로 이송하여 처리한다.
2) 우수는 우수관으로 유입된 우수를 처리장으로 거치지 않고 바로 하천으로 방류된다.
3) 그러므로 분류식은 오염도가 심한 초기우수를 처리할 수 없다.

해답 104. ④   105. ③   106. ④   107. ④

108 어떤 지역의 강우지속시간(t)과 강우강도 역수($1/I$)와의 관계를 구해 보니 그림과 같이 기울기가 1/3,000, 절편이 1/150이 되었다. 이 지역의 강우강도(I)를 Talbot형 $\left(I=\dfrac{a}{t+b}\right)$으로 표시한 것으로 옳은 것은?

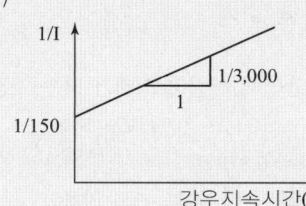

① $\dfrac{3,000}{t+20}$
② $\dfrac{10}{t+1,500}$
③ $\dfrac{1,500}{t+10}$
④ $\dfrac{20}{t+3,000}$

해설 강우강도

1) Talbot의 강우강도 식 : $I=\dfrac{a}{t+b}$
2) 강우강도 식의 역수를 취하면
   $\dfrac{1}{I}=\dfrac{t+b}{a}=\dfrac{1}{a}t+\dfrac{b}{a}$
   여기서, 기울기 : $\dfrac{1}{a}=\dfrac{1}{3,000}$ $\Rightarrow \therefore a=3,000$
   절편 : $\dfrac{b}{a}=\dfrac{1}{150}$ $\Rightarrow \therefore b=\dfrac{1}{150}\times 3,000=20$
3) 강우강도 : $I=\dfrac{a}{t+b}$ $\Rightarrow \therefore I=\dfrac{3,000}{t+20}$

109 계획우수량 산정에 있어서 하수관거의 확률년수는 원칙적으로 몇 년으로 하는가?
① 2~3년
② 3~5년
③ 10~30년
④ 30~50년

해설 하수도 시설물별 계획우수량 최소 설계빈도
1) 우수조정지 및 배수펌프장, 빗물펌프장 : 30년
2) 하수관거 : 지선은 10년, 간선은 30년으로 한다.

110 혐기성 소화에서 탄산염 완충시스템의 관여하는 알칼리도의 종류가 아닌 것은?
① HCO_3^-
② CO_3^{2-}
③ OH^-
④ HPO_4^-

해설 알카리도
1) 알카리도 : 산을 중화시키는 척도로 표시된다.
2) 알카리도 유발 물질 : 수산화물(OH^-), 탄산이온(CO_3^{2-}), 탄산수소이온(HCO_3^-).

111 우수가 하수관로로 유입하는 시간이 4분, 하수관로에서의 유하시간이 15분, 이 유역의 유역면적이 4km², 유출계수는 0.6, 강우강도식 $I=\dfrac{6,500}{t+40}$mm/h일 때 첨두유량은? (단, t의 단위 : [분])
① 73.4m³/s
② 78.8m³/s
③ 85.0m³/s
④ 98.5m³/s

해설 우수유출량
1) 유달시간 : $t=4+15=19\min$
2) 유달시간에 대한 강우강도
   $I=\dfrac{6,500}{t+40}=\dfrac{6,500}{19+40}=\dfrac{110.02\mathrm{mm}}{\mathrm{hr}}$
3) 우수유출량
   $Q=\dfrac{1}{3.6}CIA=\dfrac{1}{3.6}\times 0.6\times 110.02\times 4=73.4\mathrm{m}^3/\mathrm{s}$

112 BOD₅(5일 BOD)가 155mg/L인 폐수에서 탈산소계수(k_1)가 0.2/day일 때, 4일 후에 남아 있는 BOD는? (단, 탈산소계수는 상용대수 기준)
① 27.3mg/L
② 56.4mg/L
③ 127.5mg/L
④ 172.2mg/L

해설 BOD 잔존량
1) BOD 소비량
   $Y=L_a(1-10^{-k_1\cdot t})$ $\Rightarrow 155=L_a(1-10^{-0.2\times 5})$
   $\therefore L_a=172.22\mathrm{mg/L}$
2) BOD 잔존량
   $L_t=L_a\cdot 10^{-k_1\cdot t}=172.22\times 10^{-0.2\times 4}=27.3\mathrm{mg/L}$

해답 108. ① 109. ③ 110. ④ 111. ① 112. ①

2024년 과년도출제문제

113 계획오수량 중 계획시간 최대오수량에 대한 설명으로 옳은 것은?

① 계획 1일 최대오수량의 1시간당 수량의 1.3 ~ 1.8배를 표준으로 한다.
② 계획 1일 최대오수량의 70 ~ 80%를 표준으로 한다.
③ 1인 1일 최대오수량의 10 ~ 20%로 한다.
④ 계획 1일 평균오수량의 3배 이상으로 한다.

해설 계획오수량

1) 계획 시간 최대 오수량
   $= \dfrac{\text{계획1일 최대 오수량}}{24} \times (1.3 \sim 1.8)$

2) 계획 1일 평균 최대 오수량 = 계획 1일 최대오수량 $\times (0.7 \sim 0.8)$

3) 지하수량 = 1인 1일 최대오수량 $\times (0.1 \sim 0.2)$

4) 우천 시 계획오수량 = 계획 시간 최대오수량의 3배 이상

114 하수관거내에 황화수소(H_2S)가 존재하는 이유에 대한 설명으로 옳은 것은?

① 용존산소로 인해 유황이 산화하기 때문이다.
② 용존산소 결핍으로 박테리아가 메탄가스를 환원시키기 때문이다.
③ 용존산소 결핍으로 박테리아가 황산염을 환원시키기 때문이다.
④ 용존산소로 인해 박테리아가 메탄가스를 환원시키기 때문이다.

해설 관정부식

1) 황화수소(H_2S)가 생성 : 하수 내의 유기물, 단백질 기타 황화합물이 혐기성 상태에서 박테리아가 황산염을 환원시켜 황화수소(H_2S)가 생성된다.

2) 관정부식 : H_2S가 호기성 미생물에 의해 산화되어 관정 부의 물방울에 녹아 황산(H_2SO_4)이 되고 H_2SO_4이 황산염이 되어 콘크리트관을 부식시키는 현상을 말한다.

115 원형하수관에서 유량이 최대가 되는 때는?

① 수심비가 72 ~ 78% 차서 흐를 때
② 수심비가 80 ~ 85% 차서 흐를 때
③ 수심비가 92 ~ 94% 차서 흐를 때
④ 가득 차서 흐를 때

해설 원형 하수관에서 유량이 최대가 되는 조건

1) $Q_{\max} \Rightarrow h = (0.92 \sim 0.94)D$
2) $V_{\max} \Rightarrow h = 0.813D$

여기서, h는 수심, D는 관의 지름

116 맨홀에 인버트(invert)를 설치하지 않았을 때의 문제점이 아닌 것은?

① 맨홀 내에 퇴적물이 쌓이게 된다.
② 환기가 되지 않아 냄새가 발생한다.
③ 퇴적물이 부패되어 악취가 발생한다.
④ 맨홀 내에 물기가 있어 작업이 불편하다.

해설 맨홀의 인버트

1) 인버트 : 맨홀의 밑면에 퇴적물을 방지하기 위하여 반원형 모양으로 만든 수로를 말한다.
2) 목적 : 맨홀 내의 퇴적 방지, 악취 방지 등으로 작업을 원활하게 하기 위함이다.
   맨홀의 환기는 맨홀 뚜껑의 구멍을 통해 이루어지므로 목적이 아니다.

117 BOD가 200mg/L인 하수를 1,000m³의 유효용량을 가진 포기조로 처리할 경우 유량이 20,000m³/day이면 BOD 용적부하량은?

① 2.0kg/m³·day   ② 4.0kg/m³·day
③ 5.0kg/m³·day   ④ 8.0kg/m³·day

해답 113. ①   114. ③   115. ③   116. ②   117. ②

해설 ▶ BOD 용적부하

1) BOD 농도 $= \dfrac{200\text{mg}}{\text{L}} \times \dfrac{1{,}000}{1{,}000} = \dfrac{200\text{g}}{\text{m}^3} = \dfrac{0.2\text{kg}}{\text{m}^3}$

2) BOD량 $=$ BOD농도$\times Q$
$= \dfrac{0.2\text{kg}}{\text{m}^3} \times \dfrac{20{,}000\text{m}^3}{\text{day}} = 4{,}000\text{kg/day}$

3) BOD 용적부하 $= \dfrac{\text{BOD량}}{\text{포기조부피}}$
$= \dfrac{4{,}000}{1{,}000} = 4\text{kg/m}^3 \cdot \text{day}$

★★
118 반송찌꺼기(슬러지)의 SS농도가 6,000mg/L이다. MLSS농도를 2,500mg/L로 유지하기 위한 찌꺼기(슬러지) 반송비는?

① 25%   ② 55%
③ 71%   ④ 100%

해설 ▶ 슬러지 반송비

1) 반송슬러지 농도 : $X_r = 6{,}000\text{mg/L}$
2) MLSS농도 : $X_A = 2{,}500\text{mg/L}$
3) 반송비
$\gamma = \dfrac{X_A - X_e}{X_r - X_A} \times 100 = \dfrac{2{,}500 - 0}{6{,}000 - 2{,}500} \times 100 = 71\%$
여기서, X_e는 유출수의 SS농도로 무시한다.

★★
119 활성슬러지법과 비교하여 생물막법의 특징으로 옳지 않은 것은?

① 운전조작이 간단하다.
② 다량의 슬러지 유출에 따른 처리수 수질악화가 발생하지 않는다.
③ 반응조를 다단화하여 반응효율과 처리안정성 향상이 도모된다.
④ 생물종 분포가 단순하여 처리효율을 높일 수 있다.

해설 ▶ 생물막법의 특징

1) 개요 : 접촉재 및 유동 담체 표면에 부착한 생물막을 이용하는 하수처리 방법으로 살수여상법, 회전원판법, 접촉산화법, 호기성 여상법 등이 있다.
2) 특징
 • 반송슬러지가 필요 없고 운전 조작이 간단하다.
 • 반응조를 다단화하여 반응 효율과 처리 안정성이 향상된다.
 • 생물종의 분포가 다양하여 처리 효율을 높일 수 있다.

★★
120 고도처리를 도입하는 이유와 거리가 먼 것은?

① 잔류 용존유기물의 제거
② 잔류염소의 제거
③ 질소의 제거
④ 인의 제거

해설 ▶ 하수의 고도처리

1) 고도처리 : 하수의 2차 처리(생물처리)에서 잘 처리되지 않는 성분을 제거하는 방법이다.
2) 종류
 ① 물리적처리 : 여과, 증류, 부상, 역삼투법 등
 ② 화학적처리 : 응집, 전기투석, 산화, 환원, 중화 등
 ③ 생물학적 처리 : 질소 제거, 인 제거, 질소·인 동시 제거하는 방법 등이 있다.
3) 하수를 방류하기 전에 살균 처리(염소소독, 자외선소독 등)를 하여 방류하므로 잔류염소는 제거 대상 물질이 아니다.

해답 118. ③   119. ④   120. ②

2024년 과년도출제문제

  응용역학

★★★

1 탄성변형에너지는 외력을 받는 구조물에서 변형에 의해 구조물에 축적되는 에너지를 말한다. 탄성체이며 선형거동을 하는 길이가 L인 캔틸레버 보에 집중하중 P가 작용할 때 굽힘모멘트에 의한 탄성변형에너지는? (단, EI는 일정)

① $\dfrac{P^2L^2}{2EI}$ ② $\dfrac{P^2L^3}{2EI}$

③ $\dfrac{P^2L^2}{6EI}$ ④ $\dfrac{P^2L^3}{6EI}$

해설 탄성변형에너지

1) $M_x = -Px$

2) $U = \displaystyle\int_0^L \dfrac{M_x^2}{2EI}dx = \dfrac{1}{2EI}\int_0^L (-Px)^2 dx$
$= \dfrac{P^2}{2EI}\displaystyle\int_0^L x^2 dx = \dfrac{P^2}{2EI}\left[\dfrac{x^3}{3}\right]_0^L = \dfrac{P^2L^3}{6EI}$

★★

2 양단고정의 장주에 중심축하중이 작용할 때 이 기둥의 좌굴응력은? (단, $E = 2.1 \times 10^5$ MPa, 기둥은 지름이 40mm인 원형 기둥이다.)

① 3.35MPa
② 12.95MPa
③ 6.72MPa
④ 25.91MPa

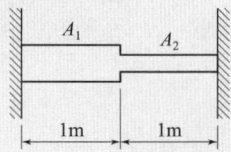

해설 좌굴응력

1) 단면2차모멘트
$I = \dfrac{\pi d^4}{64} = \dfrac{\pi \times 40^4}{64} = 125,660 \text{mm}^4$

2) 단면적
$A = \dfrac{\pi d^2}{4} = \dfrac{\pi \times 40^2}{4} = 1,256.6 \text{mm}^2$

3) 좌굴하중(P_{cr})
$P_{cr} = \dfrac{n\pi^2 EI}{l^2}$
$= \dfrac{4 \times \pi^2 \times 2.1 \times 10^5 \times 125,660}{8,000^2} = 16,277.8\text{N}$

4) 좌굴응력
$\sigma_{cr} = \dfrac{P_{cr}}{A} = \dfrac{16,277.8}{1,256.6}$
$= 12.95 \text{N/mm}^2 = 12.95\text{MPa}$

★★

3 그림과 같은 라멘에서 A점의 반력 R_A는?

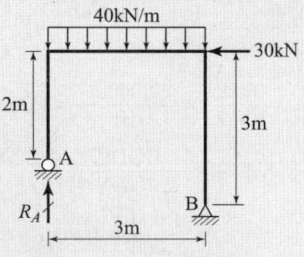

① 30kN   ② 45kN
③ 60kN   ④ 90kN

해설 라멘구조의 수직반력
$\sum M_B = 0$
$R_A \times 3 - 40 \times 3 \times 1.5 - 30 \times 3 = 0$
$\therefore R_A = 90\text{kN}$

★

4 단면적 $A_1 = 10,000\text{mm}^2$, $A_2 = 5,000\text{mm}^2$인 부재가 있다. 부재 양끝은 고정되어 있고 온도가 10℃ 내려갔다. 온도저하로 인해 유발되는 단면력은?
(단, $E = 210,000$ MPa, 선팽창계수 $\alpha = 1 \times 10^{-5}/℃$)

① 105kN
② 140kN
③ 157.5kN
④ 210kN

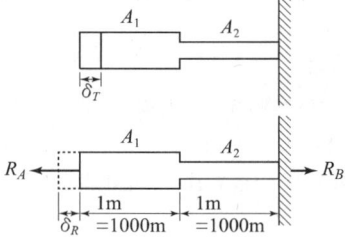

해설 단면력

1) 온도 저하로 인한 압축변형량
$\delta_T = \alpha(L_1 + L_2)\Delta T$
$= (1 \times 10^{-5})(1,000 + 1,000)(10) = 0.2\text{mm}$

해답 1. ④ 2. ② 3. ④ 4. ②

2) 지점 반력으로 인한 인장변형량

① $\sum H = 0$

$R_A - R_B = 0 \Rightarrow \therefore R_A = R_B$

② $\delta_R = \dfrac{R_A L_1}{A_1 E_1} + \dfrac{R_B L_2}{A_2 E_2}$

$= \dfrac{R_A \times 1,000}{(10,000 \times 2.1 \times 10^5)} + \dfrac{R_A \times 1,000}{(5,000 \times 2.1 \times 10^5)}$

3) 적합조건 : 양단이 고정지점이므로 변위가 발생할 수 없으므로 $\delta_T = \delta_R$ 이어야 한다.

$0.2 = \dfrac{R_A \times 1,000}{(10,000 \times 2.1 \times 10^5)} + \dfrac{R_A \times 1,000}{(5,000 \times 2.1 \times 10^5)}$

$\therefore R_A = 140,000\text{N} = 140\,\text{kN}$

★★★

5 그림과 같은 단순보에 등분포하중 w가 작용할 때 보의 최대 처짐은? (단, EI는 일정하다.)

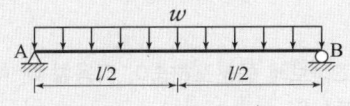

① $\dfrac{wL^4}{128EI}$ ② $\dfrac{wL^4}{64EI}$

③ $\dfrac{wL^4}{38EI}$ ④ $\dfrac{5wL^4}{384EI}$

해설 단순보의 최대 처짐(암기)

1) 등분포하중 작용시 최대처짐

$y = \dfrac{5wL^4}{384EI}$

2) 집중하중 작용시 최대처짐

$y = \dfrac{pL^3}{48EI}$

★★★

6 최대 단면계수를 갖는 직사각형 단면을 얻으려면 $\dfrac{b}{h}$는?

① 1
② 1/2
③ $1/\sqrt{2}$
④ $1/\sqrt{3}$

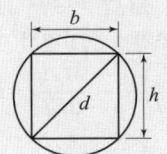

해설 원형 단면의 최대 단면계수(숙지)

1) $b : h = 1 : \sqrt{2}$
2) $b : d = 1 : \sqrt{3}$

★

7 그림과 같은 구조물에서 C점의 반력이 $2P$가 되기 위한 $\dfrac{a}{b}$의 값은?

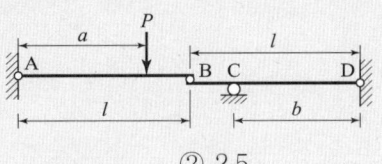

① 2   ② 2.5
③ 3   ④ 4

해설

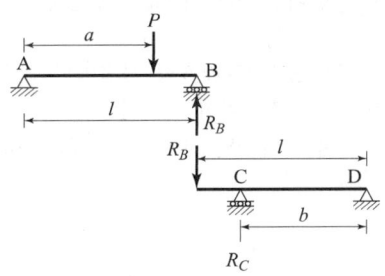

1) $\sum M_A = 0$

$-R_B \times l + P \times a = 0$

$\therefore R_B = \dfrac{Pa}{l}$

2) $\sum M_D = 0$

$R_C \times b - R_B \times l = 0 \Rightarrow R_C \times b = \dfrac{Pa}{l} \times l$

문제의 조건, $R_C = 2P$ 이므로

$2P \times b = \dfrac{Pa}{l} \times l \Rightarrow \therefore \dfrac{a}{b} = 2$

★★

8 휨모멘트가 M인 다음과 같은 직사각형 단면에서 $A-A$에서의 휨응력은?

① $\dfrac{3M}{bh^2}$

② $\dfrac{3M}{4bh^2}$

③ $\dfrac{3M}{2bh^2}$

④ $\dfrac{M}{4b^2h^2}$

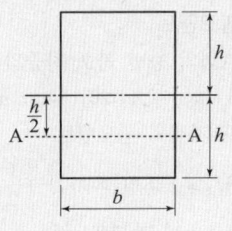

해답 5. ④ 6. ③ 7. ① 8. ②

해설 휨 응력(σ)

1) 도심 축에 대한 단면2차모멘트
$$I = \frac{b(2h)^3}{12} = \frac{2bh^3}{3}$$

2) 도심에서 A-A 단면까지 거리 : $y = \frac{h}{2}$

3) $\sigma = \frac{M}{I}y = \frac{M}{\frac{2bh^3}{3}} \times \frac{h}{2} = \frac{3M}{4bh^2}$

★★
9 트러스 해석 시 가정을 설명한 것 중 틀린 것은?
① 부재들은 양단에서 마찰이 없는 핀으로 연결되어진다.
② 하중과 반력은 모두 트러스의 격점에만 작용한다.
③ 부재의 도심축은 직선이며 연결핀의 중심을 지난다.
④ 하중으로 인한 트러스의 변형을 고려하여 부재력을 산출한다.

해설 트러스 해석 시 가정
하중으로 인한 트러스의 변형은 무시한다.

★★
10 그림과 같은 보의 A점의 휨모멘트는?

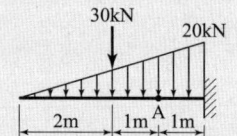

① $-52.5 \text{kN} \cdot \text{m}$ ② $-120 \text{kN} \cdot \text{m}$
③ $-67.5 \text{kN} \cdot \text{m}$ ④ $-90 \text{kN} \cdot \text{m}$

해설 휨모멘트
1) A점의 등변 분포 하중의 크기
$3 : w_x = 4 : 20 \Rightarrow \therefore w_x = 15 \text{kN/m}$
2) A 지점의 휨모멘트
$M_A = -(30) \times (1) - \left(\frac{1}{2} \times 3 \times 15\right) \times \left(\frac{1}{3} \times 3\right)$
$= -52.5 \text{kN} \cdot \text{m}$

★★★
11 그림과 같은 4각형 단면의 단주(短柱)에 있어서 핵거리(核距離) e 는?

① $\frac{b}{3}$
② $\frac{b}{6}$
③ $\frac{h}{3}$
④ $\frac{h}{6}$

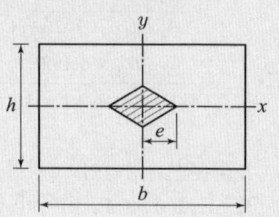

해설 핵 거리
1) 기준 축이 y축이므로 y축에 대한 단면계수를 사용한다.
$$Z_y = \frac{hb^2}{6}$$

2) 핵 거리
$e = \frac{Z_y}{A} = \frac{\frac{hb^2}{6}}{bh} = \frac{b}{6}$

★★★
12 양단 고정보에 등분포하중이 작용할 때 A점에 발생하는 휨모멘트는?

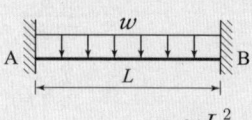

① $-\frac{wL^2}{4}$ ② $-\frac{wL^2}{6}$
③ $-\frac{wL^2}{8}$ ④ $-\frac{wL^2}{12}$

해설 변위일치법(처짐각조건)

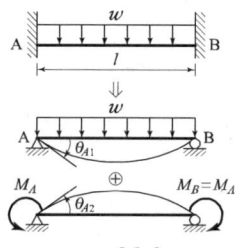

1) $\theta_{A1} = \frac{wl^3}{24EI}$, $\theta_{A2} = -\frac{M_A l}{2EI}$

2) 적합조건 : 고정지점 이므로 $\theta_A = 0$
$\left(\frac{wl^3}{24EI}\right) + \left(-\frac{M_A l}{2EI}\right) = 0$
$\therefore M_A = \frac{wl^2}{12}$

3) A점의 휨모멘트 : $M_A = -\frac{wl^2}{12}$

해답 9. ④   10. ①   11. ②   12. ④

13 블록 A를 뽑아내는데 필요한 힘 P는 최소 얼마 이상이어야 하는가? (단, 블록과 접촉면의 마찰계수 $\mu = 0.3$)

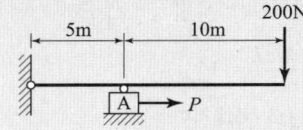

① 60N
② 90N
③ 150N
④ 180N

해설

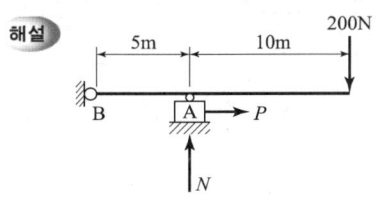

(1) $\sum M_B = 0$
    $(200)(15) - (N \times 5) = 0$ ∴ $N = 600\text{N}$
(2) $P \geq \mu \cdot N$
    $P \geq 0.3 \times 600\text{N}$ ∴ $P \geq 180\text{N}$

14 그림과 같은 단순보에 이동하중이 작용하는 경우 절대최대휨모멘트는?

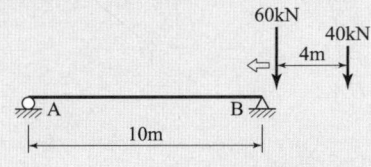

① 176.4kN·m
② 167.2kN·m
③ 162.0kN·m
④ 125.1kN·m

해설 절대 최대 휨모멘트

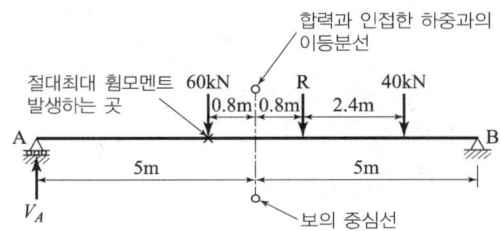

1) 합력의 크기와, 합력과 인접한 하중(20kN)과의 2등분선을 작도 후 보의 중심선과 일치시킨다.
   ① $R = 60 + 40 = 100\text{kN}$
   ② $R \times x = 40 \times 4 \Rightarrow x = 1.6\text{m}, \dfrac{x}{2} = 0.8\text{m}$,

2) 절대최대휨모멘트는 합력과 인접한 하중 작용점에서 발생한다.
   $\sum M_B = 0$
   $V_A \times 10 - 60 \times 5.8 - 40 \times 1.8 = 0$ or
   $V_A \times 10 - 100 \times 4.2 = 0$
   ∴ $V_A = 42\text{kN}$

3) 절대최대휨모멘트
   $M_{b\max} = V_A \times 4.2 = 176.4\text{kN} \cdot \text{m}$

15 탄성계수 $E = 210,000\text{MPa}$, 푸아송비 $\nu = 0.25$일 때 전단탄성계수는?

① 84,000MPa
② 110,000MPa
③ 170,000MPa
④ 210,000MPa

해설 전단탄성계수

$G = \dfrac{mE}{2(m+1)} = \dfrac{E}{2(1+\nu)} = \dfrac{2.1 \times 10^5}{2(1+0.25)}$
$= 8.4 \times 10^4 \text{MPa}$

16 원($D = 400\text{mm}$)과 반원($r = 400\text{mm}$)으로 이루어진 단면의 도심거리 $\bar{y}$ 값은?

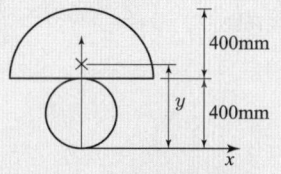

① 175.8mm
② 179.8mm
③ 494.8mm
④ 446.5mm

해설 도심

$y = \dfrac{G_x}{A}$

$= \dfrac{(\pi \times 200^2)(200) + \left(\pi \times 400^2 \times \dfrac{1}{2}\right)\left(400 + \dfrac{4 \times 400}{3\pi}\right)}{(\pi \times 200^2) + \left(\pi \times 400^2 \times \dfrac{1}{2}\right)}$

∴ $y = 446.5\text{mm}$

해답 13. ④ 14. ① 15. ① 16. ④

17 그림과 같이 케이블(cable)에 5kN의 추가 매달려 있다. 이 추의 중심을 수평으로 3m 이동시키기 위해 케이블 길이 5m 지점인 A점에 수평력 P를 가하고자 한다. 이때 힘 P의 크기는?

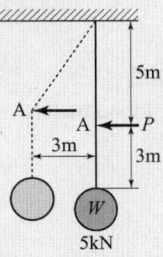

① $P = 3$kN ② $P = 3.5$kN
③ $P = 3.75$kN ④ $P = 4$kN

해설 힘의 평형

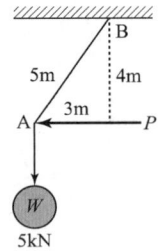

1) 추를 3m 이동시킨 후 힘의 평형($\sum M_B = 0$)을 생각한다.
2) 회전의 기준점은 B점이므로
$\sum M_B = 0$
$-(5 \times 3) + (p \times 4) = 0$
$\therefore P = 3.75$kN

18 그림과 같은 단순보의 최대 전단응력 τ_{max}를 구하면? (단, 보의 단면은 직경이 D인 원이다.)

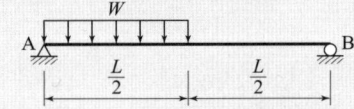

① $\dfrac{wL}{2\pi D^2}$ ② $\dfrac{9wL}{4\pi D^2}$
③ $\dfrac{3wL}{2\pi D^2}$ ④ $\dfrac{2wL}{\pi D^2}$

해설 단순보의 최대전단응력
1) $\sum M_B = 0$
$(V_A \times L) - \left(w \times \dfrac{L}{2}\right)\left(\dfrac{L}{2} + \dfrac{L}{4}\right) = 0$
$\therefore V_A = \dfrac{3wL}{8} = V_{max}$

2) 원형 단면의 최대전단응력
$\tau_{max} = \dfrac{4}{3} \dfrac{V_{max}}{A}$
$= \dfrac{4}{3} \dfrac{\left(\dfrac{3wL}{8}\right)}{\left(\dfrac{\pi D^2}{4}\right)} = \dfrac{2WL}{\pi D^2}$

19 그림과 같은 트러스에서 A점에 연직하중 P가 작용할 때 A점의 연직처짐은? (단, 부재의 축강도는 모두 EA, 부재의 길이는 $AB = 3L$, $AC = 5L$, $BC = 4L$이다.)

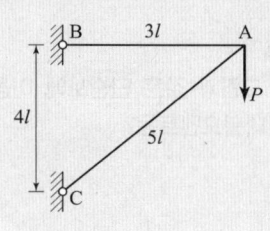

① $8.0 \cdot \dfrac{PL}{EA}$
② $8.5 \cdot \dfrac{PL}{EA}$
③ $9.0 \cdot \dfrac{PL}{EA}$
④ $9.5 \cdot \dfrac{PL}{EA}$

해설 트러스 처짐

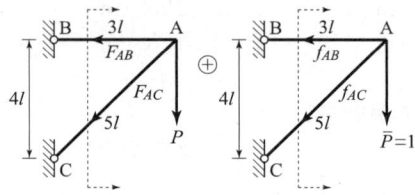

(1) 실제역계에 대한 부재력
$\sum V = 0$
$-P - F_{AC} \times \dfrac{4}{5} = 0$
$\therefore F_{AC} = -\dfrac{5P}{4}$
$\sum H = 0$
$-F_{AB} - F_{AC} \times \dfrac{3}{5} = 0$
$-F_{AB} - \left(-\dfrac{5P}{4}\right) \times \dfrac{3}{5} = 0$
$\therefore F_{AB} = \dfrac{3P}{4}$

(2) 가상역계에 대한 부재력
  ※ 실제 역계에 대한 부재력의 P값에 "$p=1$"을 대입하면 가상역계의 부재력이 된다.

$$f_{AC}=-\frac{5}{4} \qquad f_{AB}=\frac{3}{4}$$

(3) $\delta_A = \sum \dfrac{F \cdot f \cdot l}{AE}$

$= \dfrac{\left(\dfrac{3P}{4}\right)\left(\dfrac{3}{4}\right)(3l)}{AE} + \dfrac{\left(-\dfrac{5P}{4}\right)\left(-\dfrac{5}{4}\right)(5l)}{AE}$

$= \dfrac{27Pl}{16AE} + \dfrac{125Pl}{16AE} = 9.5\dfrac{Pl}{AE}$

★★
20 다음 구조물의 부정정 차수는?

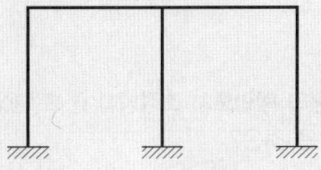

① 3차 ② 6차
③ 9차 ④ 12차

해설 부정정차수
1) 부재수 : m=5, 지점반력수 : r=9, 강절점수 : f=4, 절점수 : j=6
2) $N = m + r + f - 2j$
   $= 5 + 9 + 4 - 2 \times 6 = 6$차
3) 별해 : N=Box수×3-힌지수=2×3-0=6차

📓 **측 량 학**

★★★
21 축척 1:600 지도상의 면적을 축척 1:500으로 계산하여 38.675m²를 얻었을 때 실제 면적은?

① 26.858m² ② 32.229m²
③ 48.410m² ④ 55.692m²

해설 축척과 면적과의 관계
1) 면적은 축척 분모수의 제곱에 비례한다.
2) 실제면적
   $500^2 : 38.675 = 600^2 : A$
   $\therefore A = 55.692\text{m}^2$

★★★
22 그림과 같이 각 격자의 크기가 10m×10m로 동일한 지역의 전체 토량은?

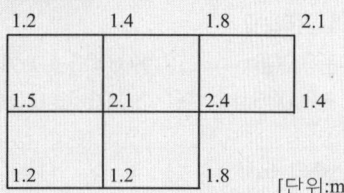
[단위:m]

① 877.5m³ ② 893.6m³
③ 913.7m³ ④ 926.1m³

해설 점고 법
1) 적용 : 넓은 지형의 정지공사에서 토량 계산할 때 편리하다.
2) 토공량(사각형공식)
   ① $a = 10 \times 10 = 100\text{m}^2$
   $\sum h_1 = 1.2 + 2.1 + 1.4 + 1.8 + 1.2 = 7.7\text{m}$
   $\sum h_2 = 1.4 + 1.8 + 1.2 + 1.5 = 5.9\text{m}$
   $\sum h_3 = 2.4\text{m}$
   $\sum h_4 = 2.1\text{m}$
   ② $V = \dfrac{a}{4}\left[\sum h_1 + 2\sum h_2 + 3\sum h_3 + 4\sum h_4\right]$
   $= \dfrac{100}{4}[7.7 + 2(5.9) + 3(2.4) + 4(2.1)] = 877.5\text{m}^3$

★★
23 그림과 같은 유토곡선(mass curve)에서 상향구간이 의미하는 것은?

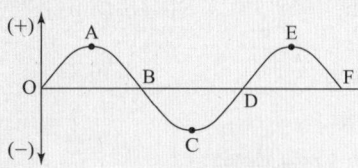

① 성토구간 ② 절토구간
③ 운반토량 ④ 운반거리

해설 유토곡선(Mass curve)
1) 곡선의 하향 구간(A~C, E~F) : 성토 구간(흙이 부족하므로 −)
2) 곡선의 상향 구간(O~A, C~E) : 절토 구간(흙이 발생하므로 +)

해답 20. ② 21. ④ 22. ① 23. ②

② 2024년 과년도출제문제

★★★
24 80m의 측선을 20m 줄자로 관측하였다. 만약 1회의 관측에 +4mm의 정오차와 ±3mm의 부정오차가 있었다면 이 측선의 거리는?

① 80.006±0.006m   ② 80.006±0.016m
③ 80.016±0.006m   ④ 80.016±0.016m

해설 거리 관측의 오차
1) 관측회수
$$n = \frac{L}{l} = \frac{80}{20} = 4$$
2) 정오차
$$E_1 = +(n\,a) = +(4\times 4) = 16\text{mm} = 0.016\text{m}$$
3) 부정오차
$$E_2 = \pm(b\sqrt{n}) = \pm(3\sqrt{4}) = \pm 6\text{mm} = \pm 0.006\text{m}$$
4) 측선의 거리
$$= L + 정오차 \pm 부정오차$$
$$= 80 + 0.016 \pm 0.006 = 80.016 \pm 0.006\text{m}$$

★★★
25 아래 그림과 같이 M점의 표고를 구하기 위하여 수준점 (A, B, C)들로부터 고저 측량을 실시하여 아래 표와 같은 결과를 얻었다. 이 때 M점의 평균 표고는 얼마인가?

측점	표고(m)	측정 방향	고저차(m)
A	11.03	A→M	+2.10
B	13.60	B→M	-0.50
C	11.64	C→M	+1.45

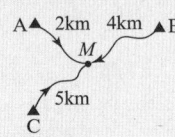

① 13.07m   ② 13.09m
③ 13.11m   ④ 13.13m

해설 수준측량
1) 경중률
$$P_1 : P_2 : P_3 = \frac{1}{S_1} : \frac{1}{S_2} : \frac{1}{S_3}$$
$$P_1 : P_2 : P_3 = \frac{1}{2} : \frac{1}{4} : \frac{1}{4} = 2 : 1 : 1$$
2) M점의 평균 표고
$$H_M = \frac{[PH]}{[P]}$$
$$= \frac{2\times(11.03+2.10)+1\times(13.60-0.50)+1\times(11.64+1.45)}{2+1+1}$$
$$= 13.11\text{m}$$

★★★
26 지구상의 △ABC를 측정한 결과, 두 변의 거리가 $a = 30$km, $b = 20$km이었고, 그 사잇각 80°이었다면 이때 발생하는 구과량은? (단, 지구의 곡선반지름은 6,400km로 가정한다.)

① 1.49″   ② 1.62″
③ 2.04″   ④ 2.24″

해설 구과량
1) $\triangle ABC = \frac{1}{2}\times 30 \times 20 \times \sin 80° = 295.44\text{km}^2$
2) 구과량 : $\epsilon = \frac{\triangle ABC}{R^2}\times \rho''$
$$= \frac{295.44}{6,400^2}\times 206,265'' = 1.49''$$

★★
27 다각측량의 폐합오차 조정방법 중 트랜싯 법칙에 대한 설명으로 옳은 것은?

① 각과 거리의 정밀도가 비슷할 때 실시하는 방법이다.
② 각 측선의 길이에 비례하여 폐합오차를 배분한다.
③ 각 측선의 길이에 반비례하여 폐합오차를 배분한다.
④ 거리보다는 각의 정밀도가 높을 때 활용하는 방법이다.

해설 다각측량의 폐합오차 조정 방법
1) 컴퍼스법칙 : 각과 거리의 정밀도가 비슷할 때 사용한다.
2) 트랜싯법칙 : 거리보다는 각의 정밀도가 높을 때 사용한다.

★★★
28 그림과 같은 도로 횡단면도의 단면적은? (단, 0을 원점으로 하는 좌표(x, y)의 단위 : [m])

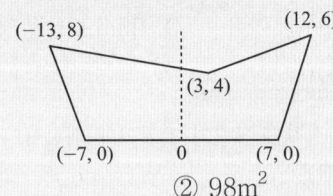

① 94m²   ② 98m²
③ 102m²   ④ 106m²

해답 24. ③   25. ③   26. ①   27. ④   28. ③

해설 좌표법

1) "0"이 많이 들어있는 y좌표를 위에 놓으면 계산이 간단해진다.

2) $A = \frac{1}{2} \sum [y_i (x_{i+1} - x_{i-1})]$

   or $\frac{1}{2} \sum [x_i (y_{i+1} - y_{i-1})]$

   $= \frac{1}{2}[8 \times \{(3)-(-7)\} + 4 \times \{(12)-(-13)\} + 6 \times \{(7)-(3)\}]$

   $= 102 \text{m}^2$

★★★
29 DGPS를 적용할 경우 기지점과 미지점에서 측정한 결과로부터 공통오차를 상쇄시킬 수 있기 때문에 측량의 정확도를 높일 수 있다. 이때 상쇄되는 오차요인이 아닌 것은?

① 위성의 궤도정보오차
② 다중경로오차
③ 전리층 신호지연
④ 대류권 신호지연

해설 DGPS(Differential GPS) – 차분측위

1) 기지점에 고정용 수신기를 설치하고 위성을 관측하여 위성의 의사거리 보정 값을 구한 뒤 이를 이용하여 이동국용 수신기의 위치 결정오차를 보정하는 측위방법을 말한다.
2) DGPS는 코드방식(GBAS, SBAS)과 반송파방식(RTK)이 있다.
3) DGPS로 보정 가능한 오차는 위성의 시계오차, 위성의 궤도오차, 전리층 지연 오차, 대류권 지연 오차 등이다.

★★
30 노선의 곡률반경이 100m, 곡선길이가 20m일 경우 클로소이드(clothoid)의 매개변수(A)는 약 얼마인가?

① 22m ② 40m
③ 45m ④ 60m

해설 클로소이드 매개변수(A)

$A = \sqrt{RL} = \sqrt{100 \times 20} \fallingdotseq 45\text{m}$

★★
31 완화곡선에 대한 설명으로 옳지 않은 것은?

① 완화곡선의 곡선 반지름은 시점에서 무한대에서 원곡선의 반지름 R로 된다.
② 클로소이드의 형식에는 S형, 복합형, 기본형 등이 있다.
③ 완화곡선의 접선은 시점에서 원호에, 종점에서 직선에 접한다.
④ 모든 클로소이드는 닮은꼴이며 클로소이드 요소에는 길이의 단위를 가진 것과 단위가 없는 것이 있다.

해설 완화곡선의 특징

완화곡선의 접선은 시점에서 직선에, 종점에서 원호에 접한다.

★★★
32 원곡선에서 반지름 R=200m, 시점으로부터 교점(I.P)까지의 추가거리 423.26m, 교각 I=42°20′일 때 시단현의 편각은 얼마인가?(단, 중심말뚝간격은 20m임)

① 0°50′00″   ② 2°01′52″
③ 2°03′11″   ④ 2°51′47″

해설 편각 설치법

1) 접선길이 : $TL = R\tan\left(\frac{I}{2}\right)$

   $= 200 \times \tan\left(\frac{42°20'}{2}\right) = 77.44\text{m}$

2) 도로 시점에서 원곡선의 시점(BC)까지 거리
   = 도로 시점에서 교점까지 거리 - 접선길이
   = 423.26 - 77.44 = 345.82m

3) 시단현 길이 : $l_1 = 360 - 345.82 = 14.18\text{m}$

   여기서, 360m는 도로 시점에서 No 18번 말뚝까지 거리이다.

2) 시단현 편각

   $\delta_1 = \frac{l_1}{2R}\rho° = \frac{14.18}{2 \times 200} \times \left(\frac{180°}{\pi}\right) = 2°01'52''$

해답 29. ② 30. ③ 31. ③ 32. ②

33 교호 수준 측량을 하여 다음과 같은 결과를 얻었다. A점의 표고가 120.564m이면 B점의 표고는?

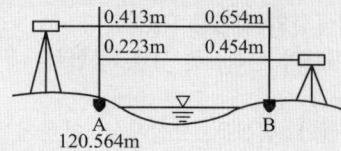

① 120.759m ② 120.672m
③ 120.524m ④ 120.328m

해설 교호 수준측량
1) A점과 B점의 지반고 차
$$h = \frac{1}{2}[(a_1-b_1)+(a_2-b_2)]$$
$$= \frac{1}{2}[(0.413-0.654)+(0.223-0.454)]$$
$$= -0.236\text{m}$$
2) B점의 표고
$$H_B = H_A + h$$
$$= 120.564 + (-0.236) = 120.328\text{m}$$

34 수준측량에서 전·후시 거리를 같게 함으로써 제거되는 오차가 아닌 것은?
① 빛의 굴절오차
② 지구의 곡률오차
③ 시준선이 기포관축과 평행하지 않아 생기는 오차
④ 표척눈금의 부정확에서 오는 오차

해설 전·후시 거리를 같게 함으로써 소거할 수 있는 오차
1) 구차, 시준 축 오차, 기차, 초점나사를 움직일 때 발생하는 오차를 소거할 수 있다.
2) 표척 눈금의 부정확에서 오는 오차는 소거할 수 없다.

35 삼각측량을 위한 삼각망 중에서 유심다각망에 대한 설명으로 틀린 것은?
① 농지측량에 많이 사용된다.
② 방대한 지역의 측량에 적합하다.
③ 삼각망 중에서 정확도가 가장 높다.
④ 동일측점 수에 비하여 포함면적이 가장 넓다.

해설 삼각망의 특징
사변형 삼각망이 정확도가 가장 높다.

36 수심이 h인 하천의 평균유속을 구하기 위하여 수면으로부터 $0.2h$, $0.6h$, $0.8h$가 되는 깊이에서 유속을 측량한 결과 초당 0.8m, 1.5m, 1.0m이었다. 3점법에 의한 평균유속은?
① 0.9m/s ② 1.0m/s
③ 1.1m/s ④ 1.2m/s

해설 평균유속(3점법)
1) 수면에서 0.6h 깊이의 유속이 평균유속에 가장 가까우므로 2배의 가중치를 두어 계산한다.
2) $V_m = \frac{1}{4}(V_{0.2} + 2V_{0.6} + V_{0.8})$
$$= \frac{1}{4}[(0.8)+(2\times 1.5)+(1.0)]$$
$$= 1.2\text{m/s}$$

37 GNSS 측량에 대한 설명으로 옳지 않은 것은?
① 상대측위기법을 이용하면 절대측위보다 높은 측위정확도의 확보가 가능하다.
② GNSS 측량을 위해서는 최소 4개의 가시위성(visible satellite)이 필요하다.
③ GNSS 측량을 통해 수신기의 좌표뿐만 아니라 시계오차도 계산할 수 있다.
④ 위성의 고도각(elevation angle)이 낮은 경우 상대적으로 높은 측위정확도의 확보가 가능하다.

해설 GNSS 측량
1) 위성의 고도각은 지상의 수평면과 천구상의 GPS가 이루는 각을 말한다.
2) 위성의 고도각은 15° 이상일 때 다중경로 등의 오차를 최소화 할 수 있다.
3) 그러므로 고도각이 높은 경우 상대적으로 높은 측위정확도의 확보가 가능하다.

해답 33. ④ 34. ④ 35. ③ 36. ④ 37. ④

38 지성선에 관한 설명으로 옳지 않은 것은?
① 지성선은 지표면이 다수의 평면으로 구성되었다고 할 때 평면간 접합부, 즉 접선을 말하며 지세선이라고도 한다.
② 철(凸)선을 능선 또는 분수선이라 한다.
③ 경사변환선이란 동일 방향의 경사면에서 경사의 크기가 다른 두 면의 접합선이다.
④ 요(凹)선은 지표의 경사가 최대로 되는 방향을 표시한 선으로 유하선이라고 한다.

해설 지성선
1) 요선 : 합수선 또는 계곡선을 말한다.
2) 유하선 : 최대경사선으로 등고선에 직각 방향이다.

39 삼변측량에 대한 설명으로 틀린 것은?
① 전자파거리측량기(EDM)의 출현으로 그 이용이 활성화되었다.
② 관측값의 수에 비해 조건식이 많은 것이 장점이다.
③ 코사인 제2법칙과 반각공식을 이용하여 각을 구한다.
④ 조정방법에는 조건방정식에 의한 조정과 관측방정식에 의한 조정방법이 있다.

해설 삼변측량 특징
1) 관측값에 비해 조건식이 적은 단점이 있다.
2) 코사인 제2법칙, 반각공식을 이용하여 변으로부터 각을 구하고, 이 각과 변으로부터 수평위치를 결정한다.

40 $\overline{AB}$ 측선의 방위각이 50°30′이고 그림과 같이 각 관측을 실시하였다. $\overline{CD}$ 측선의 방위각은?

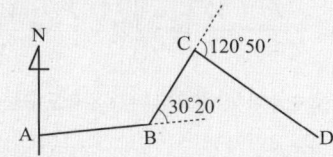

① 139°00′   ② 141°00′
③ 151°40′   ④ 201°40′

해설 방위각(편각 측정시)
1) BC 측선의 방위각 = 50°30′ − 30°20′ = 20°10′
2) CD 측선의 방위각 = 20°10′ + 120°50′ = 141°00′

수리학 및 수문학

41 물속에 존재하는 임의의 면에 작용하는 정수압의 작용방향에 대한 설명으로 옳은 것은?
① 정수압은 수면에 대하여 수평방향으로 작용한다.
② 정수압은 수면에 대하여 수직방향으로 작용한다.
③ 정수압은 임의의 면에 직각으로 작용한다.
④ 정수압의 수직압은 존재하지 않는다.

해설 정수압의 특징
1) 정수 중에는 전단응력이 작용하지 않으므로 항상 면에 직각으로 작용한다.
2) 정수압의 크기는 수심에 비례한다.
3) 정수 중 한점에 작용하는 정수압은 모든 방향에 대해 동일한 크기를 갖는다.

42 길이 13m, 높이 2m, 폭 3m, 무게 20ton인 바지선의 흘수는?
① 0.51m   ② 0.56m
③ 0.58m   ④ 0.46m

해설 흘수
1) 흘수(d) : 부양면에서 부체의 최심부까지의 수심
2) $wV + M = w'V' + M'$
   $20\text{ton} + 0 = \left(\dfrac{1\text{ton}}{\text{m}^3}\right)(13\text{m} \times 3\text{m} \times d) + 0$
   $\therefore d = 0.513\text{m}$

해답 38. ④   39. ②   40. ②   41. ③   42. ①

43 부체의 안정에 관한 설명으로 옳지 않은 것은?
① 경심(M)이 무게중심(G)보다 낮을 경우 안정하다.
② 무게중심(G)이 부심(B)보다 아래쪽에 있으면 안정하다.
③ 경심(M)이 무게중심(G)보다 높을 경우 복원모멘트가 작용한다.
④ 부심(B)과 무게중심(G)이 동일 연직선상에 위치할 때 안정을 유지한다.

해설 부체의 안정조건
1) 경심이 무게중심보다 높은 경우 복원모멘트가 발생하여 안정하다.
2) 경심 : 부력의 작용선과 부체의 중심선의 교점 말한다.

44 유선 위 한 점의 x, y, z축에 대한 좌표를 (x, y, z), x, y, z축 방향 속도성분을 각각 u, v, w라 할 때 서로의 관계가 $\dfrac{dx}{u} = \dfrac{dy}{v} = \dfrac{dz}{w}$, $u = -ky$, $v = kx$, $w = 0$인 흐름에서 유선의 형태는? (단, k는 상수)
① 원 ② 직선
③ 타원 ④ 쌍곡선

해설 유선방정식
1) 유선의 형태는 유선방정식을 적분하면 알 수 있다.
2) $\dfrac{dx}{u} = \dfrac{dy}{v} = \dfrac{dz}{w}$ 의 유선방정식에서,
$\dfrac{dx}{-ky} = \dfrac{dy}{kx} \Rightarrow xdx + ydy = 0$
이를 적분하면,
$\dfrac{1}{2}x^2 + \dfrac{1}{2}y^2 = C \to x^2 + y^2 = C$
∴ 유선의 형태는 원의 형태이다.

45 원형 단면의 수맥이 그림과 같이 곡면을 따라 유량 0.018m³/s가 흐를 때 x방향의 분력은? (단, 관내의 유속은 9.8m/s, 마찰은 무시한다.)

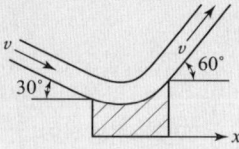

① −18.25N ② 37.83N
③ −64.56N ④ 17.64N

해설 운동량 방정식
1) $V_{1x} = V\cos\theta_1 = 9.8 \times \cos 30° = 8.49\text{m/s}$
$V_{2x} = V\cos\theta_2 = 9.8 \times \cos 60° = 4.9\text{m/s}$
2) $F_x = \dfrac{wQ}{g}(V_{2x} - V_{1x})$
$= \dfrac{9{,}810 \times 0.018}{9.8}(4.9 - 8.49) = -64.56\text{N}$
3) 여기서 (−)값의 의미는 가정 방향이 아니고 반대 방향으로 작용함을 의미한다.

46 유속을 V, 물의 단위중량을 γ_w, 물의 밀도를 ρ, 중력가속도를 g라 할 때 동수압(動水壓)을 바르게 표시한 것은?
① $\dfrac{V^2}{2g}$ ② $\dfrac{\gamma_w V^2}{2g}$
③ $\dfrac{\gamma_w V}{2g}$ ④ $\dfrac{\rho V^2}{2g}$

해설 동수압
1) 수두 항으로 표현한 베르누이 방정식
$Z_1 + \dfrac{P_1}{\gamma_w} + \dfrac{V_1^2}{2g} = Z_2 + \dfrac{P_2}{\gamma_w} + \dfrac{V_2^2}{2g}$
2) 압력 항으로 표현한 베르누이 방정식 : 수두로 표현한 식의 양변에 γ_w를 곱한다.
① $\gamma_w\left(Z_1 + \dfrac{P_1}{\gamma_w} + \dfrac{V_1^2}{2g}\right) = \gamma_w\left(Z_2 + \dfrac{P_2}{\gamma_w} + \dfrac{V_2^2}{2g}\right)$
② 동수압=물의 단위중량(γ_w)×속도수두($\dfrac{V^2}{2g}$)
③ 정수압=P

해답 43. ① 44. ① 45. ③ 46. ②

47
오리피스에서 수축계수의 정의와 그 크기로 옳은 것은? (단, a_o : 수축단면적, a : 오리피스 단면적, V_o : 수축단면의 유속, V : 이론유속)

① $C_a = \dfrac{a_o}{a}$, 1.0 ~ 1.1

② $C_a = \dfrac{V_o}{V}$, 1.0 ~ 1.1

③ $C_a = \dfrac{a_o}{a}$, 0.6 ~ 0.7

④ $C_a = \dfrac{V_o}{V}$, 0.6 ~ 0.7

해설 오리피스
1) 수축계수 : $C_a = \dfrac{a_o}{a}$, 수축계수 범위 : 0.6~0.7
2) 유속계수 : $C_v = \dfrac{실제유속}{이론유속}$,
   유속계수 범위 : 0.96~0.99
3) 유량계수 : $C = C_a \cdot C_v$

48
그림과 같은 관(管)에서 V의 유속으로 물이 흐르고 있을 경우에 대한 설명으로 옳지 않은 것은?

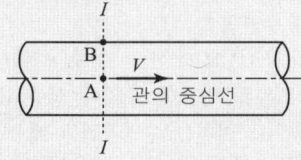

① 흐름이 층류인 경우 A점에서의 유속(流速)은 단면(斷面) I의 평균유속의 2배다.
② A점에서의 마찰저항력은 V^2에 비례한다.
③ A점에서 B점(管壁)으로 갈수록 마찰저항력은 커진다.
④ 유속은 A점에서 최대인 포물선 분포를 한다.

해설 Hazen-Poiseuille 법칙

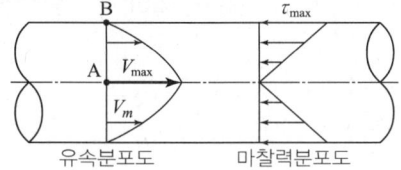

1) 관수로에 층류가 흐를 때 유속분포는 포물선 분포이다.
2) 최대유속은 평균유속의 2배이다.
3) 마찰력은 관의 중심에서 0 이고, 관 벽에서 최대치가 된다.

49
그림과 같은 병렬관수로 ㉠, ㉡, ㉢에서 각관의 지름과 관의 길이를 각각 D_1, D_2, D_3, L_1, L_2, L_3라 할 때 $D_1 > D_2 > D_3$ 이고 $L_1 > L_2 > L_3$이면 A점과 B점 사이의 손실수두는?

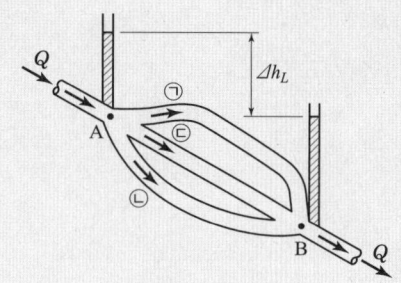

① ㉠의 손실수두가 가장 크다.
② ㉡의 손실수두가 가장 크다.
③ ㉢에서만 손실수두가 발생한다.
④ 모든 관의 손실수두가 같다.

해설 병렬관수로 특징
1) 동일한 두 점 사이의 손실수두의 크기는 방향에 관계없이 일정하다.
2) 그러므로 A점과 B점 사이의 손실수두의 크기는 같다.

50
다음 사다리꼴 수로의 윤변은?

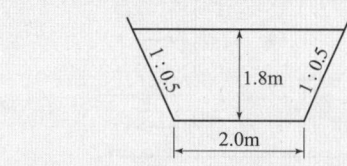

① 8.02m ② 7.02m
③ 6.02m ④ 9.02m

해설 윤변계산
1) 윤변(P) : 수로의 단면에서 유체와 수로가 접하고 있는 길이 부분
2) $P = \sqrt{0.9^2 + 1.8^2} + 2.0 + \sqrt{0.9^2 + 1.8^2} = 6.02\text{m}$

해답 47. ③ 48. ② 49. ④ 50. ③

② 2024년 과년도출제문제

51 도수(hydraulic jump) 전후의 수심 h_1, h_2의 관계를 도수 전의 Froude 수 Fr_1의 함수로 표시한 것으로 옳은 것은?

① $\dfrac{h_2}{h_1} = \dfrac{1}{2}(\sqrt{8Fr_1^2+1}-1)$

② $\dfrac{h_1}{h_2} = \dfrac{1}{2}(\sqrt{8Fr_1^2+1}+1)$

③ $\dfrac{h_2}{h_1} = \dfrac{1}{2}(\sqrt{8Fr_1^2+1}+1)$

④ $\dfrac{h_1}{h_2} = \dfrac{1}{2}(\sqrt{8Fr_1^2+1}-1)$

해설 도수
1) 도수 : 흐름이 사류에서 상류로 흐를 때 수면이 불연속적으로 뛰는 현상.
2) 도수 후 수심(=상류수심=공액수심)
$\dfrac{h_2}{h_1} = \dfrac{1}{2}(\sqrt{8F_{r1}+1}-1)$

52 수로의 단위폭에 대한 운동량방정식은? (단, 수로의 경사는 완만하며, 바닥 마찰저항은 무시한다.)

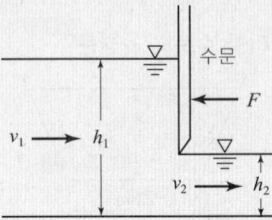

① $\dfrac{\gamma h_1^2}{2} - \dfrac{\gamma h_2^2}{2} - F = \rho Q(V_1 - V_2)$

② $\dfrac{\gamma h_1^2}{2} - \dfrac{\gamma h_2^2}{2} - F = \rho Q(V_2 - V_1)$

③ $\dfrac{\gamma h_1^2}{2} + \dfrac{\gamma h_2^2}{2} - F = \rho Q(V_2 - V_1)$

④ $\dfrac{\gamma h_1^2}{2} + \rho Q V_1 + F = \dfrac{\gamma h_2^2}{2} + \rho Q V_2$

해설 운동량 방정식

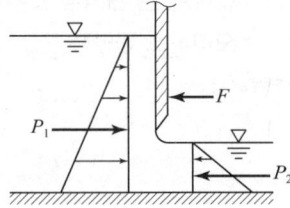

1) $\gamma = \rho g \Rightarrow \rho = \dfrac{\gamma}{g}$

2) $P_1 - F - P_2 = \dfrac{\gamma Q}{g}(V_2 - V_1)$

① $P_1 = \gamma h_G A = \gamma \times \dfrac{h_1}{2} \times (h_1 \times 1) = \dfrac{\gamma h_1^2}{2}$

② $P_2 = \gamma h_G A = \gamma \times \dfrac{h_2}{2} \times (h_2 \times 1) = \dfrac{\gamma h_2^2}{2}$

∴ $\dfrac{\gamma h_1^2}{2} - \dfrac{\gamma h_2^2}{2} - F = \rho Q(V_2 - V_1)$

53 댐의 상류부에서 발생되는 수면곡선으로 흐름방향으로 수심이 증가함을 뜻하는 곡선은?
① 배수곡선 ② 저하곡선
③ 유사량 곡선 ④ 수리특성 곡선

해설 부등류의 수면형
1) 배수곡선 조건(M_1곡선) : 상류(常流) 수로에 댐 등의 수리 구조물을 만들면 수위가 상승되는 영향이 상류(上流)쪽으로 미치는 수면곡선을 배수곡선이라한다.
2) 저하곡선 조건(M_2곡선) : 폭포와 같이 수로가 단락(段落)된 곳에서 나타나는 수면곡선으로 하류로 갈수록 수면이 저하되는 수면곡선을 저하곡선이라 한다.

54 지하수 흐름과 관련된 Dupuit의 공식으로 옳은 것은? (단, q=단위폭당의 유량, l=침윤선 길이, k=투수계수)

① $q = \dfrac{k}{2l}(h_1^2 - h_2^2)$ ② $q = \dfrac{k}{2l}(h_1^2 + h_2^2)$

③ $q = \dfrac{k}{l}\left(h_1^{\frac{3}{2}} - h_2^{\frac{3}{2}}\right)$ ④ $q = \dfrac{k}{l}\left(h_1^{\frac{3}{2}} + h_2^{\frac{3}{2}}\right)$

해설 제방 이론(Dupuit의 침윤선 공식)
1) $q = \dfrac{k}{2l}(h_1^2 - h_2^2)$
2) 여기서, h_1 : 상류측 수위, h_2 : 하류측 수위

해답 51. ① 52. ② 53. ① 54. ①

55 흐름을 지배하는 가장 큰 요인이 점성일 때 흐름의 상태를 구분하는 방법으로 쓰이는 무차원수는?
① Froude 수
② Reynolds 수
③ Weber 수
④ Cauchy 수

해설 특별상사 법칙
1) Froude의 상사법칙 : 중력이 흐름을 주로 지배하는 개수로 흐름의 상사법칙.
2) Reynolds의 상사법칙 : 점성력이 흐름을 주로 지배하는 관수로 흐름의 상사법칙.

56 관측점 X의 우량계 고장으로 1개월 동안 강우량 관측을 할 수 없었다. 이 기간 동안 집중호우가 발생하여 인접 관측점 A, B, C에 다음과 같이 강우량이 측정되었다면 결측 기간 동안 X 관측점의 강우량은?

관측점	강우량(mm)	정상 연평균 강우량(mm)
X	?	951
A	103	1,010
B	90	920
C	118	1,208

① 91.3mm
② 92.3mm
③ 93.3mm
④ 94.3mm

해설 정상 연 평균 강수량 비율법
1) 3개 관측점과 결측 점의 정상 연평균 강우량 차
$= \frac{1,208-951}{951} \times 100 = 27.02\% > 10\%$ 이므로
∴ 정상 연 평균 강우량 비율법으로 구함
2) 결측 우량
$P_X = \frac{N_X}{3}\left(\frac{P_A}{N_A} + \frac{P_B}{N_B} + \frac{P_C}{N_C}\right)$
$= \frac{951}{3}\left(\frac{103}{1,010} + \frac{90}{920} + \frac{118}{1,208}\right) = 94.3\text{mm}$

57 유역의 평균강우량 산정방법이 아닌 것은?
① 산술평균법
② 등우선법
③ Thiessen 가중법
④ 기하평균법

해설 유역의 평균강우량 산정법
1) 산술평균법 : 평야지역, 유역면적이 500km² 미만인 지역에 사용한다.
2) Thiessen법 : 우량계가 유역내에 불균등하게 분포되어 있는 경우, 유역면적이 500km² ~ 5,000km²인 지역에 사용한다.
3) 등우선법 : 강우에 대한 산악의 영향을 고려한 방법이다.

58 침투능에 관한 다음 설명 중 틀린 것은?
① 어떤 토양면을 통해 물이 침투할 수 있는 최대율을 말한다.
② 단위는 통상 mm/hr 또는 in/hr로 표시된다.
③ 침투능은 강우강도에 따라 변화한다.
④ 침투능은 토양 조건과는 무관하다.

해설 침투능
침투능의 지배인자는 토양의 다짐정도, 식생피복, 토양의 함유 수분, 토양의 종류 등이다.

59 유역면적이 4km²이고 유출계수가 0.8인 산지하천에서 강우강도가 80mm/h이다. 합리식을 사용한 유역출구에서의 첨두홍수량은?
① 35.5m³/s
② 71.1m³/s
③ 128m³/s
④ 256m³/s

해설 첨두홍수량
$Q = \frac{1}{3.6} CIA = \frac{1}{3.6} \times 0.8 \times 80 \times 4 = 71.1 \text{m}^3/\text{sec}$

해답 55. ② 56. ④ 57. ④ 58. ④ 59. ②

60 수문자료 해석에 사용되는 확률분포형의 매개변수를 추정하는 방법이 아닌 것은?
① 모멘트법(method of moments)
② 회선적분법(convolution integral method)
③ 최우도법(method of maximum likelihood)
④ 확률가중모멘트법(method of probability weighted moments)

해설 수문자료 해석방법
1) 확률론적 기법 : 수문사상의 발생순서는 관계하지 않고 확률통계적 특성만 고려하는 기법.
2) 확률분포형 매개변수를 추정하는 방법
   ① 모멘트법 : 가장 오래되고 간단하여 많이 사용하는 추정 방법 중의 하나로 모집단의 모멘트와 표본자료의 모멘트를 같다고 하여 적용하는 확률분포형의 매개변수를 추정하는 방법.
   ② 최우도법 : 추출된 표본자료가 나올 수 있는 확률이 최대가 되도록 매개변수를 추정하는 방법.
   ③ 확률가중모멘트법 : 매개변수 추정 시 확률분포형의 매개변수 추정에 보다 안정적인 결과를 얻을 수 있는 방법.

철근콘크리트 및 강구조

61 다음 그림과 같은 복철근보의 유효깊이(d)는? (단, 철근 1개의 단면적은 250mm²이다.)

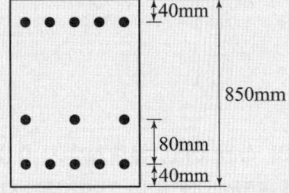

① 730mm ② 740mm
③ 760mm ④ 780mm

해설 보의 유효깊이
1. 유효깊이 : 압축 연단으로부터 인장철근의 도심까지 거리
2. 유효깊이 계산 : 압축 연단을 기준 축으로 하여 단면 1차모멘트를 이용해 도심을 구한다.
$(3개 \times A_s \times y_1) + (5개 \times A_s \times y_2) = 8개 \times A_s \times d$

$d = \dfrac{(3개 \times 730) + (5개 \times 810)}{8개} = 780\text{mm}$

여기서,
$y_1 = (850 - 80 - 40) = 730\text{mm}$,
$y_2 = (850 - 40) = 810\text{mm}$

62 폭(b)이 250mm이고, 전체높이(h)가 500mm인 직사각형 철근콘크리트보의 단면에 균열을 일으키는 비틀림모멘트(T_{cr})는 약 얼마인가? (단, 보통중량콘크리트이며, f_{ck} = 28MPa이다.)
① 9.8kN·m   ② 11.3kN·m
③ 12.5kN·m ④ 18.4kN·m

해설 균열 비틀림 모멘트(T_{cr})
1) 콘크리트 단면의 외부 둘레길이
$P_{cp} = 2(b+h) = 2(250+500) = 1,500\text{mm}$
2) 콘크리트단면에서 외부 둘레로 둘러싸인 면적
$A_{cp} = (b \times h) = (250 \times 500) = 125,000\text{mm}$
3) 균열비틀림 모멘트
$T_{cr} = \dfrac{\lambda \sqrt{f_{ck}}}{3} \dfrac{A_{cp}^2}{P_{cp}} = \dfrac{1.0\sqrt{28}}{3} \times \dfrac{125,000^2}{1,500}$
$= 18,373,273\text{N} \cdot \text{mm} \fallingdotseq 18.4\text{kN} \cdot \text{m}$

63 b_w = 300mm, d = 450mm인 단철근 직사각형 보의 균형철근량은 약 얼마인가? (단, f_{ck} = 35MPa, f_y = 300MPa)
① 7,590mm²   ② 7,320mm²
③ 7,363mm²   ④ 7,010mm²

해설 단철근 직사각형 보의 균형철근량
1) $f_{ck} \leq 40\text{MPa} \Rightarrow \eta = 1.0$, $\beta_1 = 0.8$, $\varepsilon_{cu} = 0.0033$,
$\varepsilon_y = \dfrac{f_y}{E_s}$
2) 균형철근비(ρ_b)
$\rho_b = \dfrac{\eta(0.85f_{ck})\beta_1}{f_y} \dfrac{\varepsilon_{cu}}{\varepsilon_{cu} + \varepsilon_y}$
$= \dfrac{1.0 \times (0.85 \times 35) \times 0.8}{300} \dfrac{0.0033}{0.0033 + \dfrac{300}{200,000}} \fallingdotseq 0.05454$
3) 균형철근량
$A_{sb} = \rho_b bd = 0.05454 \times 300 \times 450 = 7,363\text{mm}^2$

해답 60. ② 61. ④ 62. ④ 63. ③

64 철근콘크리트가 성립되는 조건으로 틀린 것은?
① 철근과 콘크리트 사이의 부착강도가 크다.
② 철근과 콘크리트의 탄성계수가 거의 같다.
③ 철근은 콘크리트 속에서 녹이 슬지 않는다.
④ 철근과 콘크리트의 열팽창계수가 거의 같다.

해설 철근콘크리트의 성립 이유
1) 철근과 콘크리트의 부착력이 크다.
   → 일체식으로 거동
2) 철근의 탄성계수는 콘크리트 탄성계수보다 탄성계수비만큼 크다.
   $n = \dfrac{E_s}{E_c} \Rightarrow E_s = nE_c$
3) 철근은 콘크리트속에서 녹슬지 않으므로 내구성이 크다.
4) 철근과 콘크리트의 열팽창계수가 거의 같다.
   → 두 재료 사이의 온도응력 무시할 수 있다.

65 철근콘크리트 부재의 피복두께에 관한 설명으로 틀린 것은?
① 최소 피복두께를 제한하는 이유는 철근의 부식방지, 부착력의 증대, 내화성을 갖도록 하기 위해서이다.
② 현장치기 콘크리트로서, 흙에 접하거나 옥외의 공기에 직접 노출되는 콘크리트의 최소 피복두께는 D19 이상의 철근의 경우 40mm이다.
③ 현장치기 콘크리트로서, 흙에 접하여 콘크리트를 친 후 영구히 흙에 묻혀 있는 콘크리트의 최소 피복두께는 75mm이다.
④ 콘크리트 표면과 그와 가장 가까이 배치된 철근 표면 사이의 콘크리트 두께를 피복두께라 한다.

해설 철근콘크리트 부재의 피복두께
1) 현장치기 콘크리트로서, 흙에 접하거나 옥외의 공기에 직접 노출되는 콘크리트의 최소 피복두께는 D19 이상의 철근의 경우 50mm이다.
2) 현장치기 콘크리트로서, 흙에 접하거나 옥외의 공기에 직접 노출되는 콘크리트의 최소 피복두께는 D16 이하의 철근의 경우 40mm이다.

66 아래 그림과 같은 보의 단면에서 표피철근의 간격 s는 약 얼마인가? (단, 습윤환경에 노출되는 경우로서, 표피철근의 표면에서 부재 측면까지 최단거리(c_c)는 50mm, $f_{ck}=28$MPa, $f_y=400$MPa이다.)

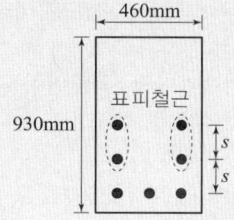

① 170mm ② 200mm
③ 230mm ④ 260mm

해설 표피철근 간격
1) $f_s = \dfrac{2}{3}f_y = \dfrac{2}{3}\times 400 = 266.67\text{MPa}$
2) $s = 375\left(\dfrac{k_{cr}}{f_s}\right) - 2.5C_c$
   $= 375\left(\dfrac{210}{266.67}\right) - 2.5\times 50 = 170\text{mm}$
   $s = 300\left(\dfrac{k_{cr}}{f_s}\right) = 300\left(\dfrac{210}{267.67}\right) = 235.4\text{mm}$
   여기서, $k_{cr} = 210$(∵ 습윤환경), 표피철근 간격은 둘 중 작은 값으로 한다.
   ∴ $s = 170\text{mm}$

67 순간처짐이 20mm 발생한 캔틸레버보에서 5년 이상의 지속하중에 의한 총처짐은? (단, 보의 인장 철근비는 0.02, 받침부의 압축철근비는 0.01이다.)
① 26.7mm ② 36.7mm
③ 46.7mm ④ 56.7mm

해설 총 처짐
1) 장기처짐 계수(λ_Δ)
   $\rho' = 0.01$, $\xi = 2.0$(5년 이상)
   $\lambda_\Delta = \dfrac{\xi}{1+50\rho'} = \dfrac{2.0}{1+50\times 0.01} = 1.33$
2) 장기처짐 = 순간처짐 × 장기처짐 계수
   $= 20\times 1.33 = 26.6\text{mm}$
3) 총 처짐 = 순간처짐 + 장기처짐
   $= 20 + 26.6 = 46.6\text{mm}$

해답 64. ② 65. ② 66. ① 67. ③

68 철근콘크리트의 강도설계법을 적용하기 위한 설계 가정으로 틀린 것은?

① 철근 및 콘크리트의 변형률은 중립축으로부터의 거리에 비례한다.
② 인장 측 연단에서 철근의 극한변형률은 0.003으로 가정한다.
③ 콘크리트 압축연단의 극한변형률은 콘크리트의 설계기준압축강도가 40MPa 이하인 경우에는 0.0033으로 가정한다.
④ 철근의 응력이 설계기준항복강도(f_y) 이하일 때 철근의 응력은 그 변형률에 철근의 탄성계수(E_s)를 곱한 값으로 한다.

해설 강도설계법 설계가정
압축 측 연단에서 콘크리트의 극한변형률은 0.0033으로 가정한다.

69 균형철근량보다 적고 최소철근량보다는 많은 인장철근량을 가진 보가 휨에 의해 파괴되는 경우에 대한 설명으로 옳은 것은?

① 취성파괴를 한다.
② 연성파괴를 한다.
③ 사용철근량이 균형철근량보다 적은 경우는 보로서 의미가 없다.
④ 중립축이 인장측으로 내려오면서 철근이 먼저 파괴한다.

해설 보의 휨 파괴
1) 철근콘크리트 휨 부재는 취성파괴를 막고 연성파괴가 나타나도록 설계되어야 한다.
2) 인장철근량이 균형철근량보다 적고 최소 철근량보다 많이 배근된 경우의 보로 설계하는 이유는 인장철근이 콘크리트보다 먼저 파괴되는 연성파괴를 유도하기 위함이다.

70 그림의 T형보에서 $f_{ck}=28\text{MPa}$, $f_y=400\text{MPa}$일 때 공칭모멘트강도(M_n)를 구하면? (단, $A_s=5,000\text{mm}^2$)

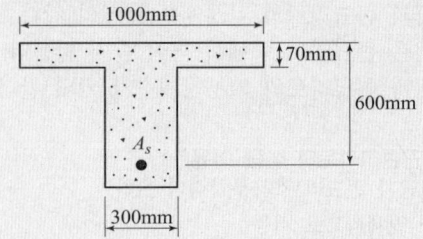

① 1,110.5kN·m
② 1,251.0kN·m
③ 1,372.5kN·m
④ 1,434.0kN·m

해설 단 철근 T형 보의 공칭모멘트강도
1) T형보의 판정 : 폭 b인 단철근 직사각형 보로 보고 등가 직사각형 응력 블록 깊이를 구하면
① $f_{ck} \le 40\text{MPa} \Rightarrow \eta = 1.0$
② $a = \dfrac{A_s f_y}{\eta(0.85 f_{ck})b}$
$= \dfrac{5,000 \times 400}{1.0 \times 0.85 \times 28 \times 1,000} = 84.03\text{mm}$
∴ T형 보로 설계한다. ($\because a > t_f = 70\text{mm}$)

2) $A_{sf} = \dfrac{\eta(0.85 f_{ck})(b-b_w)t_f}{f_y}$
$= \dfrac{1.0 \times 0.85 \times 28 \times (1,000-300) \times 70}{400}$
$= 2,915.5\text{mm}^2$

3) $a = \dfrac{(A_s - A_{sf})f_y}{\eta(0.85 f_{ck})b_w}$
$= \dfrac{(5,000-2,915.5) \times 400}{1.0 \times 0.85 \times 28 \times 300} = 116.78\text{mm}$

4) $M_n = \left[A_{sf}f_y\left(d-\dfrac{t_f}{2}\right) + (A_s - A_{sf})f_y\left(d-\dfrac{a}{2}\right)\right]$
$= \left[2,915.5 \times 400\left(600-\dfrac{70}{2}\right) + (5,000-2,915.5)\right.$
$\left.\times 400 \times \left(600-\dfrac{116.78}{2}\right)\right]$
$= 1,110,497,418\text{N}\cdot\text{mm} \fallingdotseq 1,110.5\text{kN}\cdot\text{m}$

해답 68. ② 69. ② 70. ①

71 프리스트레스 손실 원인 중 프리스트레스 도입 후 시간의 경과에 따라 생기는 것이 아닌 것은?
① 콘크리트의 크리프
② 콘크리트의 건조수축
③ 정착 장치의 활동
④ 긴장재 응력의 릴랙세이션

해설 프리스트레스트 손실
1) 프리스트레스트 도입 직후 손실 : 정착장치의 활동, 콘크리트의 탄성수축, PS강재와 쉬스의 마찰
2) 프리스트레스트 도입 후 손실 : 콘크리트 크리프, 콘크리트의 건조수축, 긴장재 응력의 릴랙세이션

72 옹벽에서 T형보로 설계하여야 하는 부분은?
① 뒷부벽식 옹벽의 전면벽
② 뒷부벽식 옹벽의 뒷부벽
③ 앞부벽식 옹벽의 저판
④ 앞부벽식 옹벽의 앞부벽

해설 옹벽의 설계
1) 뒷부벽식 옹벽의 뒷부벽 : T형 보로 설계
2) 앞부벽식 옹벽의 앞부벽 : 직사각형 보로 설계

73 인장이형철근의 정착길이 산정시 필요한 보정계수에 대한 설명 중 틀린 것은? (단, 보통 중량콘크리트 사용)
① 피복두께가 $3d_b$ 미만 또는 순간격이 $6d_b$ 미만인 에폭시 도막철근일 때 철근 도막계수(β)는 1.5를 적용한다.
② 상부철근(정착길이 또는 겹침이음부 아래 300mm를 초과되게 굳지 않은 콘크리트를 친 수평철근)인 경우, 철근배근 위치에 따른 보정계수(α)는 1.3을 적용한다.
③ 아연도금 철근은 철근 도막계수를 1.0으로 적용한다.
④ 에폭시 도막철근이 상부철근인 경우 상부철근의 위치계수와 철근 도막계수의 곱($\alpha \cdot \beta$)한 값이 1.6보다 크지 않아야 한다.

해설 보정계수
에폭시 도막 철근이 상부철근인 경우 상부철근의 위치계수와 철근 도막계수의 곱($\alpha \cdot \beta$)한 값이 1.7보다 클 필요는 없다.

74 철근콘크리트 1방향 슬래브의 설계에 대한 설명 중 틀린 것은?
① 1방향 슬래브의 두께는 최소 100mm 이상으로 하여야 한다.
② 4변에 의해 지지되는 2방향 슬래브 중에서 단변에 대한 장변의 비가 2배를 넘으면 1방향 슬래브로 해석한다.
③ 슬래브의 정모멘트 및 부모멘트 철근의 중심간격은 위험단면에서는 슬래브 두께의 3배 이하이어야 하고, 또한 450mm 이하로 하여야 한다.
④ 슬래브의 단변방향 보의 상부에 부모멘트로 인해 발생하는 균열을 방지하기 위하여 슬래브의 장변방향으로 슬래브 상부에 철근을 배치하여야 한다.

해설 1방향 슬래브의 설계
1) 위험단면에서 주철근 간격 : 슬래브 두께의 2배 이하, 300mm 이하
2) 기타 단면은 슬래브 두께의 3배 이하, 또한 450mm 이하로 하여야 한다.

75 아래와 같은 맞대기이음부에 발생하는 응력의 크기는? (단, $P=360$kN, 강판두께 : 12mm)

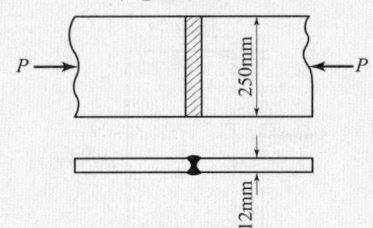

① 압축응력 : $f_c = 14.4$MPa
② 인장응력 : $f_t = 3,000$MPa
③ 전단응력 : $\tau = 150$MPa
④ 압축응력 : $f_c = 120$MPa

해설 용접부의 압축응력
1) $P = 360\text{kN} = 360,000\text{N}$
2) $f_t = \dfrac{P}{\sum al_e} = \dfrac{360,000}{12 \times 250} = 120\text{MPa}$
  여기서, $a = t$, $l_e = b$

해설 PSC 보의 응력
1) $A = bh$, $M = \dfrac{wL^2}{8}$, $Z = \dfrac{bh^2}{6}$
2) 보 중앙 단면의 상연 응력
$$f = \dfrac{P_e}{A} - \dfrac{P_e \cdot e}{Z} + \dfrac{M}{Z}$$
$$= \dfrac{2,400 \times 10^3}{300 \times 500} - \dfrac{2,400 \times 10^3 \times 100}{\dfrac{300 \times 500^2}{6}} + \dfrac{\dfrac{16 \times 10^2 \times 10^6}{8}}{\dfrac{300 \times 500^2}{6}}$$
$$= 12.8\text{MPa}$$

★★★
76 그림과 같은 필렛용접의 유효목두께로 옳게 표시된 것은? (단, KDS 14 30 25 강구조 연결설계 기준(허용응력설계법)에 따른다.)

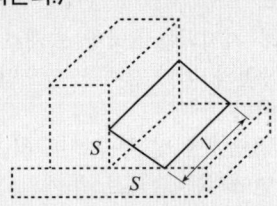

① S ② 0.9S
③ 0.7S ④ 0.5L

해설 유효목두께
1) 목두께 : 응력을 전달하는 용접부의 유효두께
2) 필렛 용접의 유효 목두께 : 목두께의 방향은 모재면과 45°이므로 $a = 0.707S$ 이다.

★★★
78 직사각형보에서 계수전단력 $V_u = 70\text{kN}$을 전단철근 없이 지지하고자 할 경우 필요한 최소유효깊이 d는 약 얼마인가? (단, $b_w = 400\text{mm}$, $f_{ck} = 21\text{MPa}$, $f_y = 350\text{MPa}$)
① $d = 426\text{mm}$ ② $d = 556\text{mm}$
③ $d = 611\text{mm}$ ④ $d = 751\text{mm}$

해설 전단철근을 사용하지 않는 경우의 단면설계
1) 강도감소계수 : $\phi = 0.75$
2) 콘크리트에 의한 전단강도
$$V_c = \dfrac{\lambda}{6}\sqrt{f_{ck}}\, b_w d = \dfrac{1}{6}\sqrt{21} \times 400 \times d = 305.50d$$
3) 콘크리트만으로 계수전단력을 지지하는 경우의 최소 유효깊이
 $V_u \leq \dfrac{1}{2}\phi V_c$ 이므로
 $70,000 = \dfrac{1}{2} \times 0.75 \times 305.50d$
 $\therefore d = 611\text{mm}$

★★★
77 그림과 같은 단면을 갖는 지간 10m의 PSC보에 PS 강재가 100mm의 편심거리를 가지고 직선배치되어있다. 자중을 포함한 계수등분포하중 16kN/m가 보에 작용할 때, 보 중앙단면 콘크리트 상연응력은 얼마인가? (단, 유효 프리스트레스 힘 $P_e = 2,400\text{kN}$)

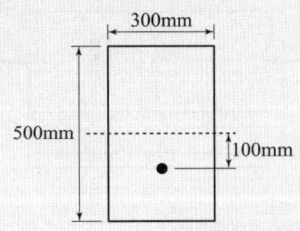

① 11.2MPa ② 12.8MPa
③ 13.6MPa ④ 14.9MPa

★★★
79 그림과 같은 나선철근 단주의 강도설계법에 의한 공칭축강도(P_n)는? (단, D32 1개의 단면적 = 794mm², $f_{ck} = 24\text{MPa}$, $f_y = 400\text{MPa}$)

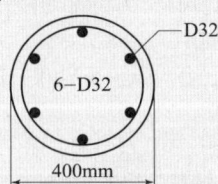

① 2,648kN ② 3,254kN
③ 3,716kN ④ 3,972kN

해답 76. ③ 77. ② 78. ③ 79. ③

해설 나선철근 기둥
1) 공칭축강도를 구하는 경우는 강도감소계수(ϕ)를 고려하지 않는다.
2) $A_g = \dfrac{\pi \times 400^2}{4} = 125,663.71\,\mathrm{mm}^2$,
   $A_{st} = 6 - D32 = 6 \times 794 = 4,764\,\mathrm{mm}^2$
3) $P_n = \alpha[0.85f_{ck}(A_g - A_{st}) + A_{st}f_y]$
   $= 0.85[0.85 \times 24(125,663.71 - 4,764) + 4,764 \times 400]$
   $= 3,716,160\,\mathrm{N} \fallingdotseq 3,716\,\mathrm{kN}$

★★★
80 단면의 폭 400mm, 보의 유효깊이 600mm, 콘크리트의 설계기준압축강도 25MPa로 설계된 전단철근이 있는 보가 있다. 이 보에 계수전단력 $V_u = 300$kN이 작용할 경우, 전단철근이 부담하여야 할 전단력 V_s는? (단, 보통중량콘크리트 사용)

① 75kN ② 100kN
③ 150kN ④ 200kN

해설 전단철근이 부담해야할 전단력
1) 콘크리트에 의한 전단강도
   $V_c = \dfrac{\lambda}{6}\sqrt{f_{ck}}\,b_w d = \dfrac{1}{6}\sqrt{25} \times 400 \times 600 = 200\,\mathrm{kN}$
2) 전단철근이 부담하여야 할 전단력
   $V_s = \dfrac{V_u}{\phi} - V_c = \dfrac{300}{0.75} - 200 = 200\,\mathrm{kN}$

토질 및 기초

★★
81 다음 그림에서 C점의 압력수두 및 전수두 값은 얼마인가?

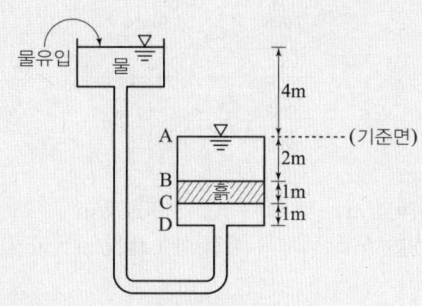

① 압력수두 3m, 전수두 2m
② 압력수두 7m, 전수두 0m
③ 압력수두 3m, 전수두 3m
④ 압력수두 7m, 전수두 4m

해설 수두계산

	압력수두	위치수두	전수두
A 점	0	0	0
B 점	2	-2	0
C 점	7	-3	4
D 점	8	-4	4

★
82 지표면이 수평이고 옹벽의 뒷면과 흙과의 마찰각이 0°인 연직옹벽에서 Coulomb 토압과 Rankine 토압은 어떤 관계가 있는가? (단, 점착력은 무시한다.)

① Coulomb 토압은 항상 Rankine 토압보다 크다.
② Coulomb 토압과 Rankine 토압은 같다.
③ Coulomb 토압이 Rankine 토압보다 작다.
④ 옹벽의 형상과 흙의 상태에 따라 클 때도 있고 작을 때도 있다.

해설 Coulomb 토압과 Rankine 토압
1) 지표면이 수평이고 벽 마찰각을 무시하면 Coulomb 토압과 Rankine 토압의 크기는 같다.
2) 옹벽의 배면각이 90°이고 지표면의 경사각과 옹벽 뒷면과 흙과의 마찰각이 같은 경우는 Coulomb 토압과 Rankine 토압의 크기는 같다.

해답 80. ④ 81. ④ 82. ②

83 아래 그림과 같은 지표면에 2개의 집중하중이 작용하고 있다. 30kN의 집중하중 작용점 하부 2m 지점 A에서의 연직하중의 증가량은 약 얼마인가? (단, 영향계수는 소수점 이하 넷째자리까지 구하여 계산하시오.)

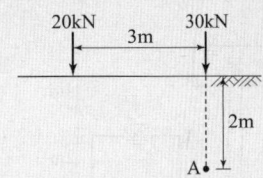

① 3.71kN/m² ② 8.90kN/m²
③ 14.2kN/m² ④ 19.4kN/m²

해설 지중응력

1) 30kN 의 지중응력 증가량
   ① 영향계수 : $I_\sigma = \dfrac{3}{2\pi} = 0.4775$
   ② $\Delta\sigma_z = I_\sigma \dfrac{Q}{z^2} = 0.4775 \times \dfrac{30}{2^2} = 3.581 \text{kN/m}^2$

2) 20kN 의 지중응력 증가량
   ① 영향계수 : $I_\sigma = \dfrac{3}{2\pi}\dfrac{z^5}{R^5} = \dfrac{3}{2\pi} \times \dfrac{2^5}{3.606^5} = 0.025$
   여기서, $R = \sqrt{3^2 + 2^2} = 3.606\text{m}$
   ② $\Delta\sigma_z = I_\sigma \dfrac{Q}{z^2} = 0.025 \times \dfrac{20}{2^2} = 0.125 \text{kN/m}^2$

3) A점의 연직응력 증가량(중첩법)
   $\Delta\sigma_z = 3.581 + 0.125 = 3.71 \text{kN/m}^2$

84 그림에서 흙의 단면적이 40cm²이고 투수계수가 0.1cm/sec일 때 흙 속을 통과하는 유량은?

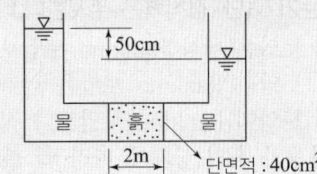

① 1m³/hr ② 1cm³/s
③ 100m³/hr ④ 100cm³/s

해설 흙 속을 통과하는 유량

1) 동수경사 : $i = \dfrac{h}{L} = \dfrac{50}{200} = 0.25$
   여기서, $L = 2\text{m} = 200\text{cm}$
2) $V = K \cdot i$
3) $Q = A \cdot V = 40 \times 0.1 \times 0.25 = 1 \text{cm}^3/\text{s}$

85 다음 중 연약점토지반 개량공법이 아닌 것은?
① 프리로딩(Pre-loading) 공법
② 샌드 드레인(Sand drain) 공법
③ 페이퍼 드레인(Paper drain) 공법
④ 바이브로플로테이션(Vibro flotation) 공법

해설 연약지반 개량공법

1) 점토지반 개량공법 : 탈수에 의한 압밀촉진 공법, 치환 공법 등이 있다.
   • 압밀촉진공법 : 샌드드레인공법, 페이퍼드레인공법, 프리로딩공법 등.
   • 치환공법 : 굴착치환, 폭파치환, 압출치환.
2) 모래지반 개량공법 : 진동이나 충격에 의한 공극을 줄이는 개량공법이다.
   • 다짐 말뚝 공법, 바이브로 플로테이션 공법, 다짐 모래 말뚝 등.

86 함수비 15%인 흙 2,300g이 있다. 이 흙의 함수비를 25%가 되도록 증가시키려면 얼마의 물을 가해야 하는가?
① 200g ② 230g
③ 345g ④ 575g

해설 함수비 변화에 따른 물의 증가량

1) 흙 입자만의 무게 : 함수비를 증가시켜도 흙 입자의 무게는 변함없다.
   $W_s = \dfrac{W}{1+\dfrac{w}{100}} = \dfrac{2,300\text{g}}{1+\dfrac{15}{100}} = 2,000\text{g}$
2) 함수비가 15%인 경우 물의 무게
   $W_w = W - W_s = 2,300 - 2,000 = 300\text{g}$
3) 함수비가 25%인 경우 물의 무게
   $w = \dfrac{W_w}{W_s} \times 100$
   $25 = \dfrac{W_w}{2,000} \times 100 = 500\text{g}$
4) 추가해야 물 무게 : $W_w = 500 - 300 = 200\text{g}$

해답 83. ① 84. ② 85. ④ 86. ①

87 2m×2m 정방형 기초가 1.5m 깊이에 있다. 이 흙의 단위중량 $\gamma = 17\text{kN/m}^3$, 점착력 $c = 0$이며 $N_r = 19$, $N_q = 22$이다. Terzaghi의 공식을 이용하여 전허용하중 (Q_{all})을 구한 값은? (단, 안전율 $F_s = 3$으로 한다)

① 273kN ② 546kN
③ 819kN ④ 1,093kN

해설 얕은 기초의 허용지지력
1) 정사각형 기초의 형상계수 : $\alpha = 1.3$, $\beta = 0.4$
2) Terzaghi의 극한지지력
$$q_u = \alpha C N_c + \beta B \gamma_1 N_r + \gamma_2 D_f N_q$$
$$= 1.3 \times 0 \times N_c + 0.4 \times 2 \times 17 \times 19 + 17 \times 1.5 \times 22$$
$$= 819.4 \text{kN/m}^2$$
3) 허용지지력 : $q_a = \dfrac{q_u}{F_s} = \dfrac{819.4}{3} = 273.13 \text{kN/m}^2$
4) 전 허용하중 : $Q_a = q_a \cdot A$
$$= 273.13 \times 2 \times 2 = 1,093 \text{kN}$$

88 예민비가 매우 큰 연약점토지반에 대해서 현장의 비배수 전단강도를 측정하기 위한 시험방법으로 가장 적합한 것은?

① 압밀 비배수 시험 ② 표준관입시험
③ 직접전단시험 ④ 현장베인시험

해설 베인전단시험
1) 베인전단시험은 포화되고 연약한 점토지반의 전단강도를 측정하는 시험이다.
2) 점토지반의 전단강도는 점착력을 의미한다.

89 통일분류법(統一分類法)에 의해 SP로 분류된 흙의 설명으로 옳은 것은?

① 모래질 실트를 말한다.
② 모래질 점토를 말한다.
③ 압축성이 큰 모래를 말한다.
④ 입도분포가 나쁜 모래를 말한다.

해설 통일분류법
1) SP : 입도분포가 나쁜(Poor graded) 모래(Sand)
2) SW : 입도분포가 좋은(Well graded) 모래(Sand)

90 Terzaghi는 포화점토에 대한 1차 압밀이론에서 수학적 해를 구하기 위하여 다음과 같은 가정을 하였다. 이 중 옳지 않은 것은?

① 흙은 균질하다.
② 흙은 완전히 포화되어 있다.
③ 흙 입자와 물의 압축성을 고려한다.
④ 흙 속에서의 물의 이동은 Darcy 법칙을 따른다.

해설 Terzaghi의 1차원 압밀 가정
1) 흙 입자와 물은 비압축성이다.
2) 흙은 균질하고, 완전히 포화되어 있고, 물의 이동은 Darcy법칙에 따른다.
3) 투수와 압축은 1차원적이다.

91 다음 표는 흙의 다짐에 대해 설명한 것이다. 옳게 설명한 것을 모두 고른 것은?

(1) 사질토에서 다짐에너지가 클수록 최대건조단위중량은 커지고 최적함수비는 줄어든다.
(2) 입도분포가 좋은 사질토가 입도분포가 균등한 사질토보다 더 잘 다져진다.
(3) 다짐곡선은 반드시 영공기간극곡선의 왼쪽에 그려진다.
(4) 양족롤러(Sheep's foot roller)는 점성토를 다지는 데 적합하다.
(5) 점성토에서 흙은 최적함수비보다 큰 함수비로 다지면 면모구조를 보이고 작은 함수비로 다지면 이산구조를 보인다.

① (1), (2), (3), (4) ② (1), (2), (3), (5)
③ (1), (4), (5) ④ (2), (4), (5)

해설 흙의 다짐 특성
1) 점성토에서 흙은 최적함수비보다 큰 함수비로 다지면 이산구조를 보이고,
2) 작은 함수비로 다지면 면모구조를 보인다.

해답 87. ④ 88. ④ 89. ④ 90. ③ 91. ①

92 말뚝이 20개인 군항기초에 있어서 효율이 0.75이고, 단항으로 계산된 말뚝 한 개의 허용지지력이 150kN일 때 군항의 허용지지력은 얼마인가?

① 1,125kN ② 2,250kN
③ 3,000kN ④ 4,000kN

해설 무리말뚝의 지지력
1) 군항의 효율 : $E = 0.75$
2) 군항의 허용지지력
$Q_{ag} = E \cdot q_a \cdot N = 0.75 \times 150 \times 20 = 2,250\text{kN}$

93 폭 10cm, 두께 3mm인 Paper Drain 설계 시 Sand drain의 지름과 동등한 값(등치환산원의 지름)으로 볼 수 있는 것은?

① 2.5cm ② 5.0cm
③ 7.5cm ④ 10.0cm

해설 등치환산원의 지름
1) 형상계수 : $\alpha = 0.75$
2) 등치환산원의 지름
$D_e = \alpha \dfrac{2(b+t)}{\pi} = 0.75 \times \dfrac{2(10+0.3)}{\pi} ≒ 5\text{cm}$

94 아래 그림과 같은 무한사면이 있다. 흙과 암반의 경계면에서 흙의 강도정수 $c = 18\text{kN/m}^2$, $\phi = 25°$이고, 흙의 단위중량 $\gamma = 19\text{kN/m}^3$인 경우 경계면에서 활동에 대한 안전율을 구하면?

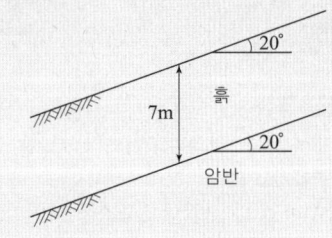

① 1.55 ② 1.60
③ 1.65 ④ 1.70

해설 무한사면의 안정
1) 전단응력
$\tau_d = \gamma_t h \sin\beta \cos\beta = 19 \times 7 \times \sin 20° \times \cos 20°$
$= 42.745 \text{kN/m}^2$
2) 전단강도 : $\tau_f = C + (\sigma - u)\tan\phi$
① $C = 18\text{kN/m}^2$
② $\sigma = \gamma_t h \cos^2\beta = 19 \times 7 \times \cos^2 20°$
$= 117.44 \text{kN/m}^2$
③ $u = \gamma_w h = 0$
3) 안전율
$F_s = \dfrac{\tau_f}{\tau_d} = \dfrac{18 + (117.44 - 0)\tan 25°}{42.745} = 1.7$

95 토립자가 둥글고 입도분포가 양호한 모래지반에서 N치를 측정한 결과 $N = 19$가 되었을 경우, Dunham의 공식에 의한 이 모래의 내부마찰각(ϕ)은?

① 20° ② 25°
③ 30° ④ 35°

해설 흙의 내부마찰각(ϕ)
1) C의 값
- 토립자가 둥글고 입도분포가 나쁜 경우 : C=15°
- 토립자가 둥글고 입도분포가 좋은 경우 : C=20°
- 토립자가 모나고 입도분포가 나쁜 경우 : C=20°
- 토립자가 모나고 입도분포가 좋은 경우 : C=25°
2) 흙의 내부마찰각(ϕ)
$\phi = \sqrt{12N} + C = \sqrt{12 \times 19} + 20° ≒ 35°$

96 Mohr의 응력원에 대한 설명 중 틀린 것은?

① Mohr의 응력원에서 응력상태는 파괴포락선 위쪽에 존재할 수 없다.
② Mohr의 응력원이 파괴포락선과 접하지 않을 경우 전단파괴가 발생됨을 뜻한다.
③ 비압밀비배수 시험조건에서 Mohr의 응력원은 수평축과 평행한 형상이 된다.
④ Mohr의 응력원에 접선을 그었을 때 종축과 만나는 점이 점착력 c이고, 그 접선의 기울기가 내부마찰각 ϕ이다.

해답 92. ② 93. ② 94. ④ 95. ④ 96. ②

해설 Mohr의 응력원
1) Mohr의 응력원이 파괴포락선과 접하지 않은 경우는 전단파괴가 일어나기 전의 상태이다.
2) Mohr의 응력원이 파괴포락선과 접한 경우는 전단파괴에 도달했음을 의미한다.

해설 직접전단시험의 특징
1) 직접전단시험은 전단상자를 이용하여 직접 전단 시키므로 전단파괴 면이 정해진다.
2) 일반적으로 사질토에 적용하고 시험 결과는 조립토일수록, 모래는 조밀할수록 내부마찰각이 크다.

★★★
97 흙의 투수성에서 사용되는 Darcy의 법칙 $\left(Q = k \cdot \dfrac{\triangle h}{L} \cdot A\right)$에 대한 설명으로 틀린 것은?
① $\triangle h$는 수두차이다.
② 투수계수(k)의 차원은 속도의 차원(cm/s)과 같다.
③ A는 실제로 물이 통하는 공극부분의 단면적이다.
④ 물의 흐름이 난류인 경우에는 Darcy의 법칙이 성립하지 않는다.

해설 Darcy 법칙
1) A는 흐름에 직각인 시료의 전 단면적이다.
2) 물의 흐름이 층류인 경우에 Darcy 법칙이 성립한다.

★★
98 흙의 동상에 영향을 미치는 요소가 아닌 것은?
① 모관 상승고
② 흙의 투수계수
③ 흙의 전단강도
④ 동결온도의 계속시간

해설 흙의 동상에 영향을 미치는 요소
1) 흙의 종류, 모관 상승고, 동결온도의 계속시간, 흙의 투수계수 등이 동상에 영향을 미친다.
2) 동상현상과 흙의 전단강도는 무관하다.

★★★
99 흙 시료의 전단파괴면을 미리 정해 놓고 흙의 강도를 구하는 시험은?
① 일축압축시험 ② 삼축압축시험
③ 직접전단시험 ④ 평판재하시험

★★
100 A, B 두 종류의 흙에 관한 토질시험 결과가 표와 같다. 다음 내용 설명 중 옳은 것은?

구분	A	B
액성한계	30%	10%
소성한계	15%	5%
함수비	23%	12%
비중	2.73	2.67

① A는 B보다 간극비가 크다.
② A는 B보다 점토분을 많이 함유하고 있다.
③ A는 B보다 습윤밀도가 크다.
④ A는 B보다 건조밀도가 크다.

해설 토질시험
1) 액성한계와 소성지수가 클수록 점토함유율은 증가한다.
2) A흙의 소성지수 = 30 − 15 = 25%
3) B흙의 소성지수 = 10 − 5 = 5%

상하수도공학

★★★
101 계획 1일 최대급수량을 시설기준으로 하지 않는 것은?
① 배수시설 ② 정수시설
③ 취수시설 ④ 송수시설

해설 상수도 정수시설 설계 정수량
1) 계획 1일 최대급수량 : 정수시설, 취수시설, 송수시설
2) 계획 1시간 최대급수량 : 배수시설 중 배수본관 구경 결정

해답 97. ③   98. ③   99. ③   100. ②   101. ①

102
계획급수인구를 추정하는 이론곡선식이 $y = \dfrac{K}{1+e^{a-bx}}$ 로 표현될 때, 식 중의 K가 의미하는 것은? (단, y : x년 후의 인구, x : 기준년부터의 경과년수, e : 자연대수의 밑, a, b : 상수)

① 현재인구　　② 포화인구
③ 증가인구　　④ 상주인구

해설 이론곡선식(Logistic Curve)
1) 급수인구 추정 방법 중 가장 정확한 방법이다.
2) K는 포화인구를 의미한다.

103
하천에서의 용존산소의 값을 높이기 위한 공학적인 제어방법 중 옳지 못한 것은?

① 하천의 유량증가
② 수중의 폭기시설 설치
③ 유속감소에 따른 퇴적의 촉진
④ 비점원 오염원의 감소

해설 용존산소의 값을 높이기 위한 방법
1) 하천의 유량증가, 수중의 폭기시설 설치, 비 점원 오염원의 감소, 하상 퇴적물의 준설 등은 용존산소를 증가시키나,
2) 유속 감소에 따른 퇴적의 촉진은 유기물이 부패로 인해 용존산소를 감소시킨다.

104
하천 및 저수지의 수질해석을 위한 수학적 모형을 구성하고자 할 때, 가장 기본이 되는 수학적 방정식은?

① 에너지보존의 식　　② 질량보존의 식
③ 운동량보존의 식　　④ 난류의 운동방정식

해설 질량보존 법칙(연속방정식)
1) 수질해석을 위한 적용하는 방정식은 연속방정식 즉 질량보존법칙을 기본으로 한다.
2) 예를 들면(오염물질의 희석 후 혼합농도 식)
$(Q_1 + Q_2)C_m = Q_1 C_1 + Q_2 C_2$
$\Rightarrow C_m = \dfrac{Q_1 C_1 + Q_2 C_2}{(Q_1 + Q_2)}$

105
도수 및 송수관로 중 일부분이 동수경사선보다 높은 경우 조치할 수 있는 방법으로 옳은 것은?

① 상류측에 대해서는 관경(관지름)을 작게 하고, 하류측에 대해서는 관경을 크게 한다.
② 상류측에 대해서는 관경을 작게 하고, 하류측에 대해서는 접합정을 설치한다.
③ 상류측에 대해서는 관경을 크게 하고, 하류측에 대해서는 관경을 작게 한다.
④ 상류측에 대해서는 접합정을 설치하고, 하류측에 대해서는 관경을 크게 한다.

해설 동수구배 상승법
1) 상류측에 대해서는 관경을 크게 하고, 하류측에 대해서는 관경을 작게 한다.
2) 접합정을 설치한다.

106
배수지의 유효수심은 얼마를 표준으로 하는가?

① 1~2m　　② 2~3m
③ 3~6m　　④ 6~8m

해설 배수지
1) 배수지의 유효수심 : 3~6m
2) 상수침사지의 유효수심 : 3~4m

107
하수배제방식의 분류식과 합류식에 대한 설명으로 옳지 않은 것은?

① 분류식은 오수만을 처리장으로 수송하는 방식으로 우천시에 오수를 수역으로 방류하는 일이 없으므로 수질오염 방지상 유리하다.
② 분류식의 오수관거는 소구경이기 때문에 합류식에 비해 경사가 완만하고 매설깊이가 적어지는 장점이 있다.
③ 합류식은 단일관거로 오수와 우수를 배제하기 때문에 침수피해의 다발지역이나 우수배제 시설이 정비되어 있지 않은 지역에서 유리하다.
④ 합류식은 분류식에 비해 시공이 용이하나 우천시에 관거내의 침전물이 일시에 유출되어 처리장에 큰 부담을 줄 수 있다.

해답 102. ② 　103. ③ 　104. ② 　105. ③ 　106. ③ 　107. ②

해설 하수 배제 방식
1) 관거의 경사 : $\dfrac{1}{관지름(mm)}$ (평탄지)
2) 분류식의 오수관거는 소구경이기 때문에 합류식에 비해 경사가 급하고, 매설깊이가 깊어지는 단점이 있다.

108 어느 지역에 비가 내려 배수구역내 가장 먼 지점에서 하수거의 입구까지 빗물이 유하하는 데 5분이 소요되었다. 하수거의 길이가 1,200m, 관내 유속이 2m/sec일 때 유달시간은?
① 5분   ② 11분
③ 15분   ④ 20분

해설 유달시간
1) 유입시간 : $t = 5\,min$
2) 유하시간 : $t = \dfrac{L}{V} = \dfrac{1,200\,m}{\dfrac{2\,m}{sec}} \times \dfrac{1\,min}{60\,sec} = 10\,min$
3) 유달시간 = 유입시간 + 유하시간 = 5 + 10 = 15 min

109 호기성 처리방법과 비교하여 혐기성 처리방법의 특징에 대한 설명으로 틀린 것은?
① 유용한 자원인 메탄이 생성된다.
② 동력비 및 유지관리비가 적게 든다.
③ 하수찌꺼기(슬러지) 발생량이 적다.
④ 운전조건의 변화에 적응하는 시간이 짧다.

해설 혐기성 처리방법의 특징
1) 미생물의 성장 속도가 느리므로 운전조건(온도, 부하량)의 변화에 적응하는 시간이 길어진다.
2) 메탄이 생성, 유지관리비 저렴, 슬러지 발생량이 적다.

110 오수 및 우수관로의 설계에 대한 설명으로 옳지 않은 것은?
① 우수 관경(관지름)의 결정을 위해서는 합리식을 적용한다.
② 오수관로의 최소관경은 200mm를 표준으로 한다.
③ 우수관로 내의 유속은 가능한 사류상태가 되도록 한다.
④ 오수관로의 계획하수량은 계획시간 최대오수량으로 한다.

해설 관로의 설계
우수관로 내의 유속은 가능한 상류(常流)상태가 되도록 한다.

111 상수도 배수관에 사용하는 관의 종류와 특징으로 옳지 않은 것은?
① 경질폴리염화비닐(PVC)관은 내식성이 크고 유기용제, 열 및 자외선에 강하다.
② 덕타일주철관은 강도가 커서 충격에 강하나 비교적 무겁다.
③ 강관은 내압 및 충격에 강하나 부식에 약하며 처짐이 크다.
④ 스테인리스강관은 강도가 크지만 다른 금속과의 절연처리가 필요하다.

해설 경질폴리염화비닐(PVC)관의 특징
1) 경질폴리염화비닐(PVC)관은 내식성이 크다.
2) 가볍고, 시공이 용이하며 저렴하다.
3) 유기용제, 열 및 자외선에 약하다.

112 하천, 수로, 철도 및 이설이 불가능한 지하매설물의 아래에 하수관을 통과시킬 경우 필요한 하수관로 시설은?
① 간선   ② 관정접합
③ 맨홀   ④ 역사이펀

해설 하수도 부대시설
1) 역사이펀 : 하천, 도로, 철도 등 이설이 불가능한 지하매설물을 횡단하기 위해 동수경사선 아래에 매설한 장애물 횡단 공법의 하수관거
2) 맨홀 : 하수관거의 청소, 점검, 장애물 제거, 보수를 위한 사람 및 기계의 출입, 관거의 접합을 위한 시설

해답 108. ③   109. ④   110. ③   111. ①   112. ④

113 우수조정지 설치에 대한 설명으로 옳지 않은 것은?

① 합류식 하수도에만 설치한다.
② 하류관거 유하능력이 부족한 곳에 설치한다.
③ 하류지역 펌프장 능력이 부족한 곳에 설치한다.
④ 우수조정지로부터의 우수방류방식은 자연유하를 원칙으로 한다.

해설 우수조정지 설치장소
1) 하수관거의 유하능력이 부족한 곳
2) 하류지역의 펌프장 능력이 부족한 곳
3) 방류수역의 유하능력이 부족한 곳

114 유입하수량 1,000m³/day, 유입하수의 BOD농도 200mg/l인 오수를 활성슬러지법으로 처리하기 위하여 설계하려고 한다. 폭기조의 MLSS농도를 2,000mg/l 유지하고, F/M비를 0.2로 운전할 경우 폭기조의 수리학적 체류시간은 얼마인가?

① 4hr ② 6hr
③ 8hr ④ 12hr

해설 수리학적 체류시간(HRT)
1) F/M 비

$$F/M \text{ 비} = \frac{BOD \cdot Q}{MLSS \cdot V} \Rightarrow 0.2 = \frac{200 \times 1,000}{2,000 \times V}$$

$$\therefore V = 500\text{m}^3$$

2) 수리학적 체류시간

$$HRT = \frac{V}{Q} \times 24$$

$$= \frac{500}{1,000} \times 24 \Rightarrow \therefore HRT = 12\text{hr}$$

115 슬러지 용적지수(SVI)에 관한 설명 중 옳지 않는 것은?

① 폭기조 내 혼합물을 30분간 정치한 후 침강한 1g의 슬러지가 차지하는 부피(ml)로 나타낸다.
② 정상적으로 운전되는 폭기조의 SVI는 50~150 범위이다.
③ SVI는 슬러지 밀도지수(SDI)에 100을 곱한 값을 의미한다.
④ SVI는 폭기시간, BOD농도, 수온 등에 영향을 받는다.

해설 슬러지 용적지수(SVI)
1) $SVI \cdot SDI = 100 \Rightarrow \therefore SVI = \frac{100}{SDI}$
2) SVI는 100을 슬러지 밀도지수(SVI)로 나눈 값을 의미한다.

116 하수의 슬러지처리 과정과 목적이 옳지 않은 것은?

① 소각 - 고형물의 감소, 슬러지 용적의 감소
② 소화 - 유기물을 분해하여 고형물 감소, 질적 안정화
③ 탈수 - 수분제거를 통해 함수율 85% 이하로 양의 감소
④ 농축 - 중간 슬러지 처리공정으로 고형물 농도의 감소

해설 하수 슬러지처리 과정(농축)
농축 : 슬러지 함수율을 감소시켜 고형물 농도를 증가시킴으로써 부피를 감소시킴.

117 하수도시설에서 펌프장시설의 계획하수량과 설치대수에 대한 설명으로 옳지 않은 것은?

① 오수펌프의 용량은 분류식의 경우, 계획시간 최대오수량으로 계획한다.
② 펌프의 설치대수는 계획오수량과 계획우수량에 대하여 각 2대 이하를 표준으로 한다.
③ 합류식의 경우, 오수펌프의 용량은 우천시 계획오수량으로 계획한다.
④ 빗물펌프는 예비기를 설치하지 않는 것을 원칙으로 하지만, 필요에 따라 설치를 검토한다.

해답 113. ① 114. ④ 115. ③ 116. ④ 117. ②

해설 하수도 펌프장

펌프의 설치 대수는 계획오수량과 계획우수량에 대하여 각각 2~6대가 표준이다.

★★
118 어느 하수처리장에서 600m³/day의 하수를 처리한다. 펌프장 습정의 부피는 얼마 정도로 하면 적당한가? (단, 습정의 체류시간은 40분 정도로 가정)
① 16.7m³
② 25.0m³
③ 400m³
④ 600m³

해설 펌프장 습정의 부피
- 체류시간(t)

$$t = \frac{V}{Q} \times 24 \times 60 \Rightarrow 40 = \frac{V}{600} \times 24 \times 60$$

$$\therefore V = 16.7 \text{m}^3$$

★★★
119 펌프의 비속도(비교회전도, Ns)에 대한 설명으로 틀린 것은?
① Ns가 작으면 유량이 많은 저양정의 펌프가 된다.
② 수량 및 전양정이 같다면 회전수가 클수록 Ns가 크게 된다.
③ 1m³/min의 유량을 1m 양수하는데 필요한 회전수를 의미한다.
④ Ns가 크게 되면 사류형으로 되고 계속 커지면 축류형으로 된다.

해설 펌프의 비속도(N_s)

1) $N_s = N \dfrac{Q^{\frac{1}{2}}}{H^{\frac{3}{4}}}$

2) N_s가 작으면 유량이 적은 고양정 펌프(원심펌프)가 된다.
3) N_s가 크면 토출량이 많은 저양정 펌프(축류펌프)가 된다.
4) 토출량과 전양정이 동일하면 회전속도가 클수록 N_s도 커진다.

★★★
120 깊이 3m, 폭(너비) 10m, 길이 50m인 어느 수평류 침전지에 1,000m³/hr의 유량이 유입된다. 이상적인 침전지임을 가정할 때, 표면부하율은?
① 0.5m/hr
② 1.0m/hr
③ 2.0m/hr
④ 2.5m/hr

해설 표면부하율($\dfrac{Q}{A}$)

1) 침전지 면적
$A = 10 \times 50 = 500 \text{m}^2$

2) 표면부하율($\dfrac{Q}{A}$)

$$\dfrac{Q}{A} = \dfrac{1,000}{500} = \dfrac{2\text{m}}{\text{hr}}$$

해답 118. ① 119. ① 120. ③

응용역학

1 다음과 같은 부정정보에서 A의 처짐각 θ_A는?
(단, 보의 휨강성은 EI)

① $\dfrac{1}{12} \cdot \dfrac{wL^3}{EI}$

② $\dfrac{1}{24} \cdot \dfrac{wL^3}{EI}$

③ $\dfrac{1}{36} \cdot \dfrac{wL^3}{EI}$

④ $\dfrac{1}{48} \cdot \dfrac{wL^3}{EI}$

해설 변위일치법

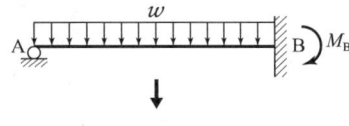

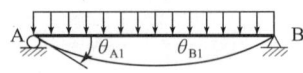

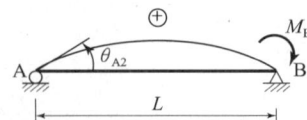

1) $M_B = \dfrac{wl^2}{8}$

2) $\theta_{A1} = \dfrac{wl^3}{24EI}$, $\theta_{A2} = \dfrac{M_B l}{6EI} = \dfrac{\left(\dfrac{wl^2}{8}\right)(l)}{6EI} = \dfrac{wl^3}{48EI}$

3) $\theta_A = \theta_{A1} - \theta_{A2} = \dfrac{wl^3}{24EI} - \dfrac{wl^3}{48EI} = \dfrac{wl^3}{48EI}$

2 다음 그림에서 P_1과 R 사이의 각 θ를 나타낸 것은?

① $\theta = \tan^{-1}\left(\dfrac{P_2\cos\alpha}{P_2 + P_1\cos\alpha}\right)$

② $\theta = \tan^{-1}\left(\dfrac{P_2\sin\alpha}{P_1 + P_2\cos\alpha}\right)$

③ $\theta = \tan^{-1}\left(\dfrac{P_2\cos\alpha}{P_1 + P_2\sin\alpha}\right)$

④ $\theta = \tan^{-1}\left(\dfrac{P_2\sin\alpha}{P_1 + P_2\sin\alpha}\right)$

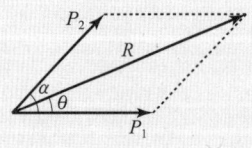

해설 힘의 합성

$\tan\theta = \dfrac{\sum V}{\sum H} = \dfrac{p_2\sin\alpha}{p_1 + p_2\cos\alpha}$

3 그림과 같은 기둥에서 좌굴하중의 비 (a) : (b) : (c) : (d)는? (단, EI와 기둥의 길이(L)는 모두 같다.)

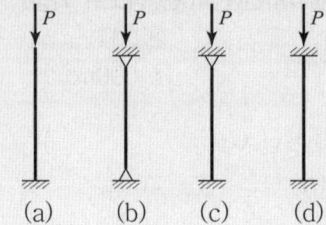

① 1 : 2 : 3 : 4

② 1 : 4 : 8 : 12

③ $\dfrac{1}{4}$: 2 : 4 : 8

④ 1 : 4 : 8 : 16

해설 장주의 좌굴하중(P_{cr})

1) 좌굴하중 : $P_{cr} = \dfrac{n\pi^2 EI}{L^2}$

2) 양단의 지지상태에 따른 기둥의 강도(n)
   ① 일단고정 타단자유 : $n = 1/4$
   ② 양단힌지 : $n = 1$
   ③ 일단고정 타단 힌지 : $n = 2$
   ④ 양단고정 : $n = 4$

3) 좌굴하중의 비 : 기둥의 강도와 좌굴하중은 비례한다.
   $(a) : (b) : (c) : (d) = 1 : 4 : 8 : 16$

4 탄성계수 $2.0 \times 10^5 \text{N/mm}^2$인 재료로 된 경간 10m의 캔틸레버보에 $w = 1.2\text{kN/m}$의 등분포하중이 작용할 때, 자유단의 처짐각은? (단, I_N : 중립축에 대한 단면2차모멘트)

① $\theta = \dfrac{10^6}{I_N}$

② $\theta = \dfrac{10^3}{I_N}$

③ $\theta = 1.5 \times \dfrac{10^6}{I_N}$

④ $\theta = \dfrac{10^4}{I_N}$

해답 1. ④ 2. ② 3. ④ 4. ①

해설 캔틸레버 보의 자유단의 처짐각

1) $l = 10m = 1.0 \times 10^4 mm$
   $w = 1.2 kN/m = 1.2 N/mm$

2) $\theta = \dfrac{wl^3}{6EI_N} = \dfrac{1.2 \times (1.0 \times 10^4)^3}{6 \times 2.0 \times 10^5 \times I_N} = \dfrac{10^6}{I_N}$

★★
5 그림과 같은 트러스 구조에서 AB부재의 부재력은?

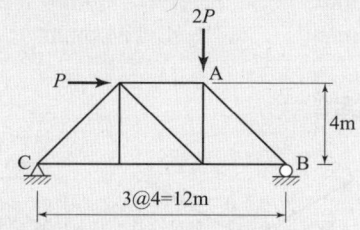

① $1.179P$(압축) ② $2.357P$(압축)
③ $1.179P$(인장) ④ $2.357P$(인장)

해설 트러스의 부재력

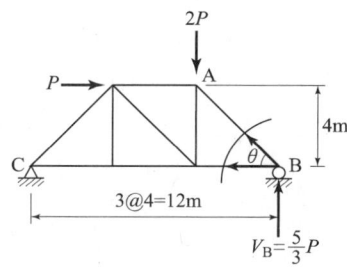

1) B 지점의 수직반력을 구한다.
   $\sum M_C = 0$
   $-(V_B \times 12) + (P \times 4) + (2P \times 8) = 0$
   $\therefore V_B = \dfrac{5P}{3}$

2) 절점법을 이용하여 부재력을 구한다.
   $\sum V = 0$
   $V_B + AB \sin\theta = 0$
   $\therefore AB = \dfrac{-V_B}{\sin\theta} = \dfrac{\left(-\dfrac{5P}{3}\right)}{\dfrac{1}{\sqrt{2}}} = -2.357P$(압축)

★★★
6 직경 D인 원형단면 기둥의 길이가 4m이다. 세장비가 100이 되도록 하자면 이 기둥의 직경은?

① 90mm ② 130mm
③ 160mm ④ 250mm

해설 세장비(λ)

1) 기둥의 유효길이 : $l_k = kl = 1.0 \times 4.0m = 4,000mm$
   여기서, $k = 1.0$ (∵ 양단힌지로 가정)

2) 최소반지름
   $\gamma_{min} = \sqrt{\dfrac{I_{min}}{A}} = \sqrt{\dfrac{\dfrac{\pi d^4}{64}}{\dfrac{\pi d^2}{4}}} = \dfrac{d}{4}$

3) 세장비
   $\lambda = \dfrac{l_k}{\gamma_{min}} \Rightarrow 100 = \dfrac{4,000}{\dfrac{d}{4}}$
   $\therefore d = 160mm$

★
7 그림과 같은 단순보의 중앙점 C에 집중하중 P가 작용하여 중앙점의 처짐 δ가 발생했다. δ가 0이 되도록 양쪽 지점에 모멘트 M을 작용시키려고 할 때 이 모멘트의 크기 M을 하중 P와 경간 L로 나타내면 얼마인가? (단, EI는 일정하다.)

① $M = \dfrac{PL}{6}$ ② $M = \dfrac{PL}{4}$
③ $M = \dfrac{PL}{2}$ ④ $M = \dfrac{PL}{8}$

해설 단순보의 처짐

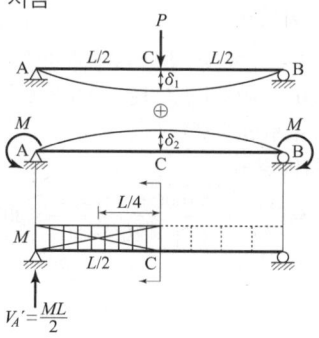

해답 5. ② 6. ③ 7. ①

1) 보의 중앙 점C에 집중하중이 작용할 때의 처짐
$$\delta_1 = \frac{PL^3}{48EI}(\downarrow)$$
2) 양쪽지점에 모멘트하중이 작용할 때의 처짐
$$\delta_2 = \frac{M_C}{EI} = \frac{\frac{ML}{2} \times \frac{L}{2} - M \times \frac{L}{2} \times \frac{L}{4}}{EI} = \frac{ML^2}{8EI}(\uparrow)$$
3) 보의 중앙 점에서 $\delta = 0$인 조건이므로 $\delta_1 = \delta_2$가 되어야 한다.
$$\frac{PL^3}{48EI} = \frac{ML^2}{8EI} \Rightarrow \therefore M = \frac{PL}{6}$$

★★★
8 T형 단면의 캔틸레버 보에서 최대 전단응력은?
(단, T형보 단면의 $I_{N.A} = 8.68 \times 10^5 \text{mm}^4$)

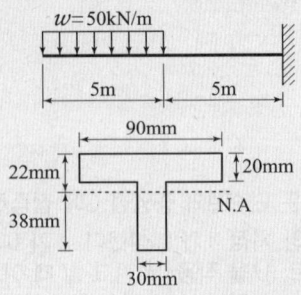

① 207.95MPa   ② 179.72MPa
③ 125.68MPa   ④ 243.32MPa

해설 최대전단응력
1) 최대전단력=고정지점의 수직반력
$$V = \frac{50\text{kN}}{\text{m}} \times 5\text{m} = 250\text{kN} = 250,000\text{N}$$
2) 단면1차모멘트
$$G = A \times y_0 = 30 \times 38 \times 19 = 21,660\text{mm}^3$$
3) $b = 30$ (∵ 최대전단응력은 중립축에서 발생하므로 중립축에서 단면의 폭)
4) 최대전단응력
$$\tau_{max} = \frac{VG}{Ib} = \frac{250,000 \times 21,660}{8.68 \times 10^5 \times 30} = 207.95\text{MPa}$$

★
9 2개의 마찰이 없는 도르래에 로프를 걸고 양단에 5kN씩 하중을 달고 난 다음 도르래 사이 간격의 중앙점인 C점에 4kN의 무게를 달았더니 C점이 D점까지 내려와서 평형이 되고 있다. 이때 C점과 D점간의 거리 y는?

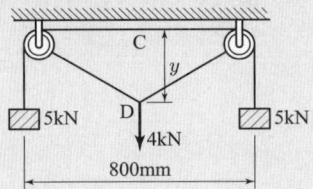

① 344.5mm   ② 254.5mm
③ 474.5mm   ④ 174.5mm

해설 힘의 평형

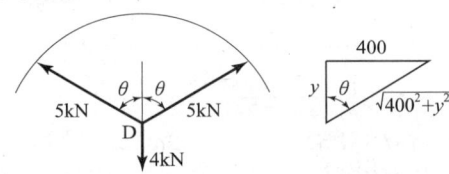

1) D 절점에서 힘의 평형조건식을 적용한다.
$$\sum V = 0$$
$$2(5\cos\theta) - 4 = 0 \Rightarrow \therefore \cos\theta = \frac{2}{5}$$
2) 직각삼각형 조건으로 계산하면
$$\cos\theta = \frac{y}{\sqrt{400^2 + y^2}}$$ 이므로,
$\cos\theta = \frac{2}{5}$ 대입해서 계산하면
$$\therefore y = 174.5\text{mm}$$

★★
10 지름 40mm, 길이 1m의 둥근 막대가 인장력을 받아서 길이가 6mm 늘어나고, 동시에 지름이 0.08mm 만큼 줄어들었을 때 이 재료의 푸아송수는?
① 1.5   ② 2.0
③ 2.5   ④ 3.0

해설 푸아송수(m)
1) $\varepsilon = \frac{\Delta l}{l} = \frac{6}{1,000}$
2) $\beta = \frac{\Delta d}{d} = \frac{0.08}{40}$
3) $m = \frac{\varepsilon}{\beta} = 3$

해답 8. ① 9. ④ 10. ④

11 그림과 같은 단순보에서 두 지점의 반력이 같게 되는 하중의 위치(x)는?

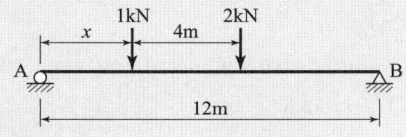

① 0.33m ② 1.33m
③ 2.33m ④ 3.33m

해설 반력

1) $\sum V = 0$
   $V_A + V_B - 1 - 2 = 0$
   문제의 조건에서, $V_A = V_B$이므로
   $2V_B - 1 - 2 = 0 \Rightarrow \therefore V_B = 1.5\text{kN}$

2) $\sum M_A = 0$
   $-(V_B \times 12) + (1 \times x) + 2(x+4) = 0$
   $\therefore x = 3.33\text{m}$

12 그림과 같은 3힌지 아치의 C점에 연직하중(P) 400kN이 작용한다면 A점에 작용하는 수평반력(H_A)은?

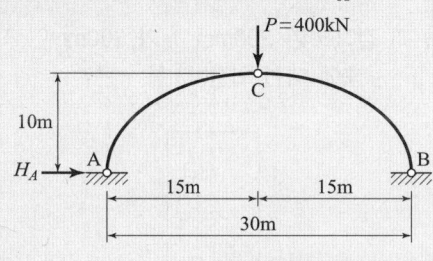

① 100kN ② 150kN
③ 200kN ④ 300kN

해설 3-hinge 아치

1) 대칭하중이므로 $\therefore V_A = 200\text{kN}$
2) $\sum M_{CL} = 0$
   $V_A \times 15 - H_A \times 10 = 0 \Rightarrow 200 \times 15 - H_A \times 10 = 0$
   $\therefore H_A = 300\text{kN}(\rightarrow)$

13 전단중심(Shear Center)에 대한 다음 설명 중 옳지 않은 것은?

① 1축이 대칭인 단면의 전단중심은 그 대칭축 선상에 있다.
② 1축이 대칭인 단면의 전단중심은 도심과 일치한다.
③ 하중이 전단중심점을 통과하지 않으면 보는 비틀린다.
④ 전단중심이란 단면이 받아내는 전단력의 합력점의 위치를 말한다.

해설 전단중심(S)=단면의 휨축

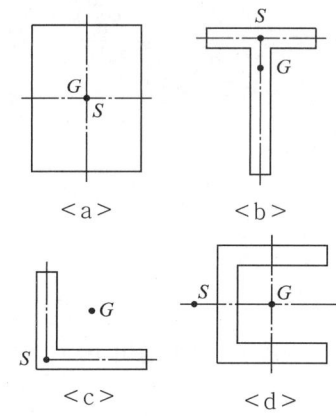

<a>   <b>

<c>   <d>

1) 정의 : 외력이 작용하여 부재 단면에 비틀림이 없는 순수 휨 상태만을 유지하기 위한 전단응력의 합력의 통과위치를 전단중심 이라한다.
2) 특성
   • 2축 대칭인 단면의 전단중심(S)은 도심(G)과 일치한다.(그림 a)
   • 단면의 중심선이 한 점에서 교차하는 개(開) 단면인 경우에는 교점이다.(그림 b, c)
   • 1축이 대칭인 단면의 전단중심은 그 대칭축선상에 있고 도심과 일치하지 않는다.(그림 d)

14 그림과 같이 힘 P가 작용한다면 반력 R_B의 값은?

① $\dfrac{Pa}{L}$

② $\dfrac{Pb}{L}$

③ $\dfrac{P(2a+b)}{L}$

④ $\dfrac{P(a+2b)}{L}$

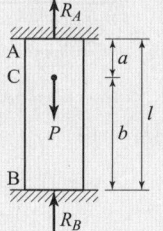

해답 11. ④   12. ④   13. ②   14. ①

해설 반력

1) 힘의 평형조건
$$\sum V = 0$$
$$R_A + R_B - P = 0 \Rightarrow R_A + R_B = P$$
$$\therefore R_A = P - R_B$$

2) 변형 적합 조건($\delta_C = 0$)

① A~C 구간의 인장 변위량 : $\delta = \dfrac{R_A \cdot a}{AE}$

　B~C 구간의 압축 변위량 : $\delta = \dfrac{R_B \cdot b}{AE}$

② C점에서 변위 $\delta_C = 0$이어야 한다.

$$\dfrac{R_A \cdot a}{AE} = \dfrac{R_B \cdot b}{AE} \Rightarrow \dfrac{(P-R_B) \cdot a}{AE} = \dfrac{R_B \cdot b}{AE}$$
$$(P-R_B) \cdot a = R_B \cdot b \Rightarrow P \cdot a = R_B \cdot b + R_B \cdot a$$
$$P \cdot a = R_B(b+a) \Rightarrow \therefore R_B = \dfrac{P \cdot a}{L}$$

★★
15 탄성계수 $E = 210,000$MPa, 푸아송비 $\nu = 0.25$일 때 전단탄성계수는?

① 84,000MPa　　② 110,000MPa
③ 170,000MPa　　④ 210,000MPa

해설 전단탄성계수
$$G = \dfrac{mE}{2(m+1)} = \dfrac{E}{2(1+\nu)} = \dfrac{210,000}{2(1+0.25)}$$
$$= 84,000 \text{MPa}$$

★★★
16 단순보 AB 위에 그림과 같은 이동하중이 지날 때 A점으로부터 10m 떨어진 C점의 최대휨모멘트는?

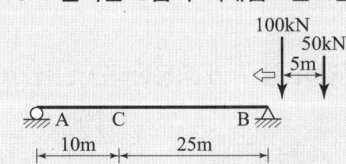

① 850kN·m　　② 950kN·m
③ 1,000kN·m　　④ 1,150kN·m

해설 최대휨모멘트
1) 최대휨모멘트 발생 조건 : 100kN C점에 재하되는 경우에 발생한다.
2) $\sum M_B = 0$
$(V_A \times 35) - (100 \times 25) - (50 \times 20) = 0$
$\therefore V_A = 100$kN
3) $M_{c\,\max} = V_A \times 10 = 1,000$kN·m

★
17 『재료가 탄성적이고 Hooke의 법칙을 따르는 구조물에서 지점침하와 온도 변화가 없을 때, 한 역계 P_n에 의해 변형되는 동안에 다른 역계 P_m이 하는 외적인 가상일은 P_m역계에 의해 변형하는 동안에 P_n역계가 하는 외적인 가상일과 같다.』이것을 무엇이라 하는가?

① 가상일의 원리　　② 카스틸리아노의 정리
③ 최소일의 정리　　④ 베티의 법칙

해설 상반작용의 정리(Betti-Maxwell의 정리)
1) Betti의 정리 : $P_m \delta_{mn} = P_n \delta_{nm}$
2) Maxwell의 정리 : Betti의 정리에서 $P=1$로 할 경우
$\therefore \delta_{mn} = \delta_{nm}$

★★
18 그림과 같이 b가 200mm, h가 300mm인 직사각형 단면의 $y-y$ 축에 대한 회전반지름 r은?

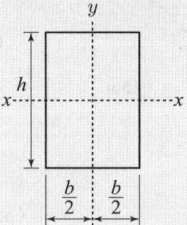

① 57.7mm　　② 75.7mm
③ 86.6mm　　④ 96.6mm

해설 최소 회전반지름
1) 최소 단면2차 모멘트 : $I_{\min} = I_y = \dfrac{300 \times 200^3}{12}$
2) 단면적 : $A = 200 \times 300$
3) 최소 회전반지름 : $\gamma_{\min} = \sqrt{\dfrac{I_{\min}}{A}} = 57.7$mm

해답　15. ①　16. ③　17. ④　18. ①

19 단면이 원형(반지름 R)인 보에 휨모멘트 M이 작용할 때 이 보에 작용하는 최대 휨응력은?

① $\dfrac{4M}{\pi R^3}$　② $\dfrac{12M}{\pi R^3}$
③ $\dfrac{16M}{\pi R^3}$　④ $\dfrac{32M}{\pi R^3}$

해설 원형 단면인 보의 최대 휨 응력

1) $Z = \dfrac{I}{y} = \dfrac{\frac{\pi R^4}{4}}{R} = \dfrac{\pi R^3}{4}$

2) $\sigma = \dfrac{M}{Z} = \dfrac{M}{\left(\frac{\pi R^3}{4}\right)} = \dfrac{4M}{\pi R^3}$

20 단면1차모멘트와 같은 차원을 갖는 것은?

① 단면상승모멘트
② 회전반경
③ 단면2차모멘트
④ 단면계수

해설 단면의 성질 차원

단면의 성질	용도	단위
단면1차모멘트	도심, 전단응력	mm^3
단면계수	휨응력	mm^3
단면2차모멘트	휨강성, 휨응력	mm^4
단면상승모멘트	주축	mm^4
회전반경	기둥설계	mm

측량학

21 노선 측량의 일반적인 작업 순서로 옳은 것은?

A : 종·횡단측량　B : 중심선 측량
C : 공사측량　　　D : 답사

① A→B→D→C　② A→C→D→B
③ D→B→A→C　④ D→C→A→B

해설 노선측량의 일반적인 작업순서
도상계획 → 답사 → 선점 → 중심측량 → 종·횡단측량 → 공사시공측량

22 삼변측량을 실시하여 길이가 각각 $a=1,200m$, $b=1,300m$, $c=1,500m$이었다면 ∠ACB는?

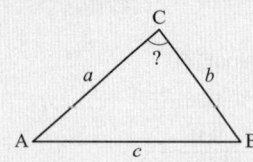

① 73°31′02″　② 73°33′02″
③ 73°35′02″　④ 73°37′02″

해설 삼변측량

$\cos \angle C = \dfrac{a^2+b^2-c^2}{2ab}$

$\therefore \angle C = \cos^{-1}\left(\dfrac{1,200^2+1,300^2-1,500^2}{2 \times 1,200 \times 1,300}\right) = 73°37′02″$

23 30m에 대하여 3mm 늘어나 있는 줄자로서 정사각형의 지역을 측정한 결과 80,000m²이었다면 실제의 면적은?

① 80,016m²　② 80,008m²
③ 79,984m²　④ 79,992m²

해설 정 오차

1) $L_o = L + n\Delta l = L + \dfrac{L}{l}\Delta l = L\left(1+\dfrac{\Delta l}{l}\right)$

2) $A_o = L_o^2$
$= L^2\left(1+\dfrac{\Delta l}{l}\right)^2 = A\left(1+\dfrac{\Delta l}{l}\right)^2$

$\therefore A_o = 80,000\left(1+\dfrac{0.003}{30}\right)^2 = 80,016m^2$

해답 19. ① 20. ④ 21. ③ 22. ④ 23. ①

24 그림과 같은 편심측량에서 ∠ABC는? (단, $\overline{AB}=2.0$km, $\overline{BC}=1.5$km, $e=0.5$m, $t=54°30'$, $\rho=300°30'$)

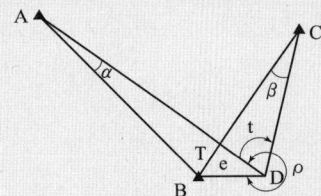

① 54°28′45″
② 54°30′19″
③ 54°31′58″
④ 54°33′14″

해설 편심 관측(sine법칙)

1) △ADB에서 sine 법칙

$$\frac{e}{\sin\alpha}=\frac{\overline{AB}}{\sin(360°-\rho)}$$

$$\frac{0.5}{\sin\alpha}=\frac{2,000}{\sin(360°-300°30')}$$

$$\therefore \alpha=\sin^{-1}\left[\left(\frac{0.5}{2,000}\right)\sin(59°30')\right]\fallingdotseq 44''$$

2) △CBD에서 sine 법칙

$$\frac{e}{\sin\beta}=\frac{\overline{BC}}{\sin(360°-\rho+t)}$$

$$\frac{0.5}{\sin\beta}=\frac{1,500}{\sin(360°-300°30'+54°30')}$$

$$\therefore \beta=\sin^{-1}\left[\left(\frac{0.5}{1,500}\right)\sin(114°)\right]\fallingdotseq 63''$$

3) $\alpha+\angle ABC=\beta+t$

$$\therefore \angle ABC=63''+54°30'-44''=54°30'19''$$

25 직사각형 두 변의 길이를 $\frac{1}{100}$ 정밀도로 관측하여 면적을 산출할 경우 산출된 면적의 정밀도는?

① $\frac{1}{50}$
② $\frac{1}{100}$
③ $\frac{1}{200}$
④ $\frac{1}{300}$

해설 면적의 정밀도($\frac{dA}{A}$)와 거리정밀도($\frac{dl}{l}$)

1) 면적의 정밀도는 가로와 세로의 거리정밀도를 더하면 된다.
2) 가로와 세로의 거리정밀도가 같다면 거리정밀도의 2배가 된다.
3) $\frac{dA}{A}=2\frac{dl}{l}=2\times\frac{1}{100}=\frac{1}{50}$

26 지형의 표시방법으로 옳지 않은 것은?

① 지성선은 능선, 계곡선 및 경사변환선 등으로 표시된다.
② 등고선의 간격은 일반적으로 주곡선의 간격을 말한다.
③ 부호적 도법에는 영선법과 음영법이 있고 자연적 도법에는 점고법, 등고선법과 채색법 등이 있다.
④ 지성선이란 지형의 골격을 나타내는 선이다.

해설 지형의 표시 방법
1) 부호적 도법 : 점고법, 등고선법, 채색법
2) 자연적 도법 : 영선법, 음영법

27 다음의 다각망에서 C점의 좌표는 얼마인가? (단, $\overline{AB}=\overline{BC}=100$m)

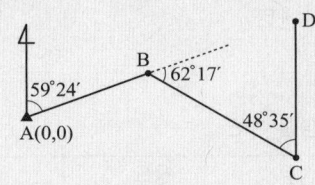

① $X_c=-5.31$m, $Y_c=160.45$m
② $X_c=-1.62$m, $Y_c=171.17$m
③ $X_c=-10.27$m, $Y_c=89.25$m
④ $X_c=50.90$m, $Y_c=86.07$m

해설 다각망의 좌표

1) 위거 : $L=l\cdot\cos\theta$, 경거 : $D=l\cdot\sin\theta$
2) B점의 X좌표 : $X_B=100\times\cos59°24'=50.9$m
   B점의 Y좌표 : $Y_B=100\times\sin59°24'=86.07$m
3) C점의 X좌표 : $X_c=X_B+100\times\cos(59°24'+62°17')$
   $=-1.62$m
   C점의 Y좌표 : $Y_c=Y_B+100\times\sin(59°24'+62°17')$
   $=171.17$m

해답 24. ②   25. ①   26. ③   27. ②

28 트래버스 측량에서 선점 시 주의하여야 할 사항이 아닌 것은?
① 트래버스의 노선은 가능한 폐합 또는 결합이 되게 한다.
② 결합 트래버스의 출발점과 결합점 간의 거리는 가능한 한 단거리로 한다.
③ 거리측량과 각측량의 정확도가 균형을 이루게 한다.
④ 측점 간 거리는 다양하게 선점하여 부정오차를 소거 한다.

해설 트래버스 선점 시 주의 사항
측점 간의 거리는 가능한 등거리로 하고 현저히 짧은 노선은 피한다.

29 위성측량의 DOP(Dilution of Precision)에 관한 설명으로 옳지 않은 것은?
① DOP는 위성의 기하학적 분포에 따른 오차이다.
② 일반적으로 위성들 간의 공간이 더 크면 위치 정밀도가 낮아진다.
③ DOP를 이용하여 실제 측량 전에 위성측량의 정확도를 예측할 수 있다.
④ DOP값이 클수록 정확도가 좋지 않은 상태이다.

해설 DOP
1) DOP : 위성의 기하학적 배치에 따른 정밀도 저하율을 의미한다.
2) DOP 값이 클수록 정확도가 좋지 않다.
   DOP : 1~3(매우 좋음), 4~5(좋음), 6(보통), >6(불량)
3) 위성들 간의 떨어진 공간이 더 크면 가능한 위성거리 오차는 작아지므로 위치 정밀도는 좋아진다.

30 곡선반지름이 400m인 원곡선을 설계속도 70km/h로 하려고 할 때 캔트(cant)는? (단, 궤간 $b = 1.065m$)
① 73mm
② 83mm
③ 93mm
④ 103mm

해설 캔트(Cant)
1) 설계속도 : $V = \dfrac{70km}{h} = \dfrac{70,000m}{3,600sec} = 19.44m/sec$
2) 캔트 : $C = \dfrac{V^2 b}{gR} = \dfrac{19.44^2 \times 1.065}{9.8 \times 400} = 103mm$

31 하천에서 수애선 결정에 관계되는 수위는?
① 갈수위(DWL)
② 최저수위(HWL)
③ 평균최저수위(NLWL)
④ 평수위(OWL)

해설 하천의 수애선
1) 수애선은 수면과 하안과의 경계선을 말한다.
2) 하천에서 수애선은 평수위일 때 물가선을 말한다.

32 시가지에서 25변형 트래버스 측량을 실시하여 2′50″의 각관측 오차가 발생하였다면 오차의 처리방법으로 옳은 것은? (단, 시가지의 측각 허용범위 $= \pm 20″\sqrt{n} \sim 30″\sqrt{n}$, 여기서 n은 트래버스의 측점 수)
① 오차가 허용오차 이상이므로 다시 관측하여야 한다.
② 변의 길이의 역수에 비례하여 배분한다.
③ 변의 길이에 비례하여 배분한다.
④ 각의 크기에 따라 배분한다.

해설 폐합트래버스의 측각오차 조정
1) 측각오차의 허용범위(시가지)
   $E_a = 20\sqrt{n} \sim 30\sqrt{n}$
   $= 20\sqrt{25} \sim 30\sqrt{25} = 100″ \sim 150″$
2) 각 관측오차의 크기 : $2′50″ = (2 \times 60″) + 50″ = 170″$
3) 각 관측오차가 측각오차의 허용범위를 벗어나므로 다시 관측해야 한다.

해답 28. ④ 29. ② 30. ④ 31. ④ 32. ①

③ 2024년 과년도출제문제

33 지오이드(Geoid)에 대한 설명으로 옳은 것은?
① 육지와 해양의 지형면을 말한다.
② 육지 및 해저의 요철(凹凸)을 평균한 매끈한 곡면이다.
③ 회전타원체와 같은 것으로서 지구의 형상이 되는 곡면이다.
④ 평균해수면을 육지내부까지 연장했을 때의 가상적인 곡면이다.

해설 지오이드
1) 평균해수면을 육지 내부까지 연장했을 때의 생기는 가상적인 곡면이다.
2) 어느 점에서나 중력방향에 연직이다.
3) 평균해수면과 일치하는 등포텐셜면이다.
4) 지오이드면과 기준 타원체면과는 일치하지 않는다.
5) 실제로 지오이드면은 굴곡이 심하므로 측지측량의 기준으로 채택하기 어렵다.

34 그림과 같이 2회 관측한 ∠AOB의 크기는 21°36′28″, 3회 관측한 ∠BOC는 63°18′45″, 6회 관측한 ∠AOC는 84°54′37″일 때 ∠AOC의 최확값은?

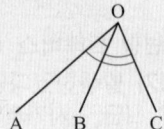

① 84°54′25″   ② 84°54′31″
③ 84°54′43″   ④ 84°54′49″

해설 조건부의 최확치(경중률이 다른 경우)
1) 측각오차
$= (21°36′28″ + 63°18′45″) - 84°54′37″ = 36″$
2) 오차를 보정할 경우, 관측 횟수와 경중률은 반비례한다.
$P_1 : P_2 : P_3 = \dfrac{1}{N_1} : \dfrac{1}{N_2} : \dfrac{1}{N_3} = \dfrac{1}{2} : \dfrac{1}{3} : \dfrac{1}{6}$
$\therefore P_1 : P_2 : P_3 = 3 : 2 : 1$
3) 조정량 $= \dfrac{측각오차}{경중률합} \times$ 조정할 각(∠AOC)의 경중률
$= \dfrac{36″}{(3+2+1)} \times 1 = 6″$
4) 조정각 : (∠AOC + ∠BOC)와 ∠AOC를 비교하여 큰 각에는 (-), 작은 각에는 (+)를 한다.
$\therefore ∠AOC = 84°54′(37″ + 6″) = 84°54′43″$

35 지자기측량을 위한 관측요소가 아닌 것은?
① 지자기의 방향과 자오선과의 각
② 지자기의 방향과 수평면과의 각
③ 자오선으로부터 좌표북 사이의 각
④ 수평면내에서의 자기장의 크기

해설 지자기측량의 관측 요소
1) 편각 : 지자기의 방향과 자오선과의 각
2) 복각 : 지자기의 방향과 수평면과의 각
3) 수평분력 : 수평면 내에서의 자기장의 크기

36 A, B 두 점 간의 비고를 구하기 위해 (1), (2), (3)경로에 대하여 직접고저측량을 실시하여 다음과 같은 결과를 얻었다. A, B 두 점간의 고저차의 최확값은?

노선	관측값	노선길이
(1)	32.234m	2km
(2)	32.245m	1km
(3)	32.240m	1km

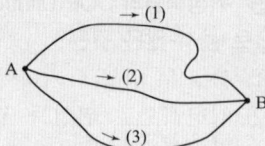

① 32.236m   ② 32.238m
③ 32.241m   ④ 32.243m

해설 수준측량
1) 경중률 : 경중률과 노선 길이는 반비례한다.
$P_1 : P_2 : P_3 = \dfrac{1}{S_1} : \dfrac{1}{S_2} : \dfrac{1}{S_3}$
$P_1 : P_2 : P_3 = \dfrac{1}{2} : \dfrac{1}{1} : \dfrac{1}{1} = 1 : 2 : 2$
2) A, B 간의 고저차의 최확값
$H_0 = \dfrac{[PH]}{[P]}$
$= \dfrac{1 \times 32.234 + 2 \times 32.245 + 2 \times 32.240}{1+2+2}$
$= 32.241\text{m}$

해답 33. ④   34. ③   35. ③   36. ③

★★★
37 좌표를 알고 있는 기지점에 고정용 수신기를 설치하여 보정자료를 생성하고 동시에 미지점에 또 다른 수신기를 설치하여 고정점에서 생성된 보정자료를 이용해 미지점의 관측자료를 보정함으로써 높은 정확도를 확보하는 GPS 측위방법은?

① KINEMATIC ② STATIC
③ SPOT ④ DGPS

해설 DGPS(Differential GPS)-차분측위
1) 기지점에 고정용 수신기를 설치하고 위성을 관측하여 위성의 의사거리 보정 값을 구한 뒤 이를 이용하여 이동국용 수신기의 위치 결정오차를 보정하는 측위방법을 말한다.
2) DGPS는 코드방식(GBAS, SBAS)과 반송파방식(RTK)이 있다.
3) DGPS로 보정 가능한 오차는 위성의 시계오차, 위성의 궤도오차, 전리층 지연 오차, 대류권 지연 오차 등이다.

★★★
38 도로 기점으로부터 교점(I.P)까지의 추가거리가 400m, 곡선반지름 $R=200$m, 교각 $I=90°$인 원곡선을 설치할 경우, 곡선시점(B.C)은? (단, 중심말뚝거리=20m)

① NO.9 ② NO.9+10m
③ NO.10 ④ NO.10+10m

해설 노선측량
1) 접선길이 : $TL = R\tan\left(\dfrac{I}{2}\right)$
   $= 200 \times \tan\left(\dfrac{90°}{2}\right) = 200$m
2) 원곡선의 시점(BC)
   = 도로 기점에서 교점까지 거리의 추가거리-접선길이
   $= 400 - 200 = 200$m
3) 중심말뚝거리는 20m이므로, $\dfrac{200}{20} = 10$
   ∴ 곡선시점은 NO. 10번 말뚝이다.

★★★
39 다음 설명 중 틀린 것은?
① 측지학이란 지구 내부의 특성, 지구의 형상 및 운동을 결정하는 측량과 지구표면상 모든 점들 간의 상호위치 관계를 산정하는 측량을 위한 학문이다.
② 측지측량은 지구의 곡률을 고려한 정밀측량이다.
③ 지각변동의 관측, 항로 등의 측량은 평면측량으로 한다.
④ 측지학의 구분은 물리측지학과 기하측지학으로 크게 나눌 수 있다.

해설 측지측량
1) 측지측량은 지구곡률을 고려한 측량으로 정도 $\dfrac{1}{10^6}$인 경우, 반경 11km, 넓이 400km² 이상인 지역은 측지측량으로 해야 한다.
2) 지각변동의 측정, 항로 등의 측량은 지구의 곡률을 고려한 측지측량으로 한다.

★★★
40 삼각측량의 각 삼각점에 있어 모든 각의 관측 시 만족되어야 하는 조건이 아닌 것은?
① 하나의 측점을 둘러싸고 있는 각의 합은 360°가 되어야 한다.
② 삼각망 중에서 임의의 한 변의 길이는 계산의 순서에 관계없이 같아야 한다.
③ 삼각망 중 각각 삼각형 내각의 합은 180°가 되어야 한다.
④ 모든 삼각형의 포함면적은 각각 일정하여야 한다.

해설 삼각망의 기하학적 조건
1) 측점조건 : 하나의 측점을 둘러싸고 있는 각의 합은 360°가 되어야 한다.
2) 변 조건 : 삼각망 중에서 임의의 한 변의 길이는 계산의 순서에 관계없이 같아야 한다.
3) 각 조건 : 삼각망 중 3각형의 내각의 합은 180°가 되어야 한다.
4) 삼각점의 포함 면적은 평균변장에 따라 다를 수 있다.

해답 37. ④ 38. ③ 39. ③ 40. ④

수리학 및 수문학

41 그림과 같이 정수 중에 있는 판에 작용하는 전수압을 계산하는 식은?

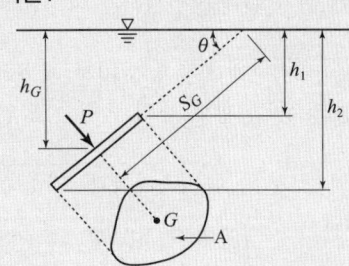

① $P=\gamma S_G A$
② $P=\gamma \dfrac{h_1+h_2}{2} A$
③ $P=\gamma h_G A$
④ $P=\gamma h_G A\sin\theta$

해설 판에 작용하는 전 수압
1) 전 수압을 구할 때의 수심은 자유수면에서 도심(h_G)까지 거리를 곱해서 구한다.
2) $P=\gamma h_G A$

42 그림과 같이 물속에 수직으로 설치된 넓이 2m×3m의 수문을 올리는 데 필요한 힘은? (단, 수문의 물속 무게는 1960N이고, 수문과 벽면사이의 마찰계수는 0.25이다.)

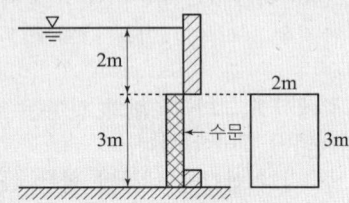

① 5.45kN
② 53.4kN
③ 126.7kN
④ 271.2kN

해설 수문을 들어 올리는데 필요한 힘의 크기
1) 수문에 작용하는 전수압(P)
$P=wh_G A$
$=\left(\dfrac{9.81\text{kN}}{\text{m}^3}\right)\left(2\text{m}+\dfrac{3}{2}\text{m}\right)(2\text{m}\times 3\text{m})=206\text{kN}$
2) 수문과 벽면사이에 작용하는 마찰력(F)
$F=$ 마찰계수 × 전수압 $= 0.25 \times 206 = 51.5$kN
3) 수문을 올리는데 필요한 힘의 크기
= 수문의 수중 무게 + 마찰력
= 1.96 + 51.5 = 53.46kN

43 빙산(氷山)의 부피가 V, 비중이 0.92이고, 바닷물의 비중은 1.025라 할 때 바닷물 속에 잠겨 있는 빙산의 부피는?

① $1.1V$
② $0.9V$
③ $0.8V$
④ $0.7V$

해설 부력
1) 비중 = $\dfrac{\text{물체의 단위중량}}{\text{물의 단위중량}}$
⇒ 물체의 단위중량 = 비중 × 물의 단위중량
∴ 빙산의 단위중량 = 빙산의 비중 × 물의 단위중량
$= 0.92 \times \gamma_w$
∴ 바닷물의 단위중량 = 바닷물의 비중 × 물의 단위중량
$= 1.025 \times \gamma_w$
2) 바닷물 속의 빙산의 부피
$wV+M=w'V'+M'$
$(0.92\times\gamma_w\times V)+0=(1.025\times\gamma_w\times V')+0$
∴ $V'=\dfrac{0.92}{1.025}\times V \fallingdotseq 0.9V$

44 다음 물의 흐름에 대한 설명 중 옳은 것은?
① 수심은 깊으나 유속이 느린 흐름을 사류라 한다.
② 물의 분자가 흩어지지 않고 질서 정연히 흐르는 흐름을 난류라 한다.
③ 모든 단면에 있어 유적과 유속이 시간에 따라 변하는 것을 정류라 한다.
④ 에너지선과 동수 경사선의 높이의 차는 일반적으로 $\dfrac{V^2}{2g}$ 이다.

해설 물의 흐름
1) 장파의 전달속도보다 유속이 빠른 경우의 흐름을 사류라 한다.
2) 물의 분자가 흩어지지 않고 질서 정연히 흐르는 흐름을 층류라 한다.
3) 모든 단면에 있어 유적과 유속이 시간에 따라 변하는 것을 부정류라 한다.

해답 41. ③ 42. ② 43. ② 44. ④

45 오리피스에서 C_c를 수축계수, C_v를 유속계수라 할 때 실제유량과 이론유량과의 비(C)는?

① $C = C_c$
② $C = C_v$
③ $C = C_c / C_v$
④ $C = C_c \cdot C_v$

해설 오리피스

1) 수축계수 : $C_a = \dfrac{\text{수축단면 단면적}}{\text{오리피스 단면적}}$

2) 유속계수 : $C_v = \dfrac{\text{실제유속}}{\text{이론유속}}$

3) 유량계수 : $C = C_a \cdot C_v$

---

46 폭 2.5m, 월류수심 0.4m인 사각형 위어(weir)의 유량은? (단, Francis 공식 : $Q = 1.84B_o h^{3/2}$에 의하며, B_o : 유효폭, h : 월류수심, 접근유속은 무시하며 양단수축이다.)

① 1.117m³/sec
② 1.126m³/sec
③ 1.145m³/sec
④ 1.164m³/sec

해설 사각형 위어 유량(Francis)

1) $B_0 = B - 0.1nh$
   $= 2.5 - 0.1 \times 2 \times 0.4 = 2.42\text{m}$
   여기서, $n = 2$ (∵ 양단수축)

2) $Q = 1.84 B_0 h^{\frac{3}{2}}$
   $= 1.84 \times 2.42 \times 0.4^{\frac{3}{2}} = 1.126\text{m}^3/\text{sec}$

---

47 지름 D인 원관에 물이 반만 차서 흐를 때 경심은?

① $D/4$
② $D/3$
③ $D/2$
④ $D/5$

해설 경심

1) 윤변(P) : 수로의 단면에서 유체와 수로가 접하고 있는 길이

2) 경심(R)

$R = \dfrac{A}{P} = \dfrac{\frac{1}{2} \times \frac{\pi D^2}{4}}{\frac{\pi D}{2}} = \dfrac{D}{4}$

---

48 수위차가 3m인 2개의 저수지를 지름 50cm, 길이 80m의 직선관으로 연결하였을 때의 유량은? (단, 입구손실계수 = 0.5, 관의 마찰손실계수 = 0.0265, 출구손실계수 = 1.0, 이외의 손실은 없다고 한다.)

① 0.124m³/s
② 0.314m³/s
③ 0.628m³/s
④ 1.280m³/s

해설 관수로

1) $D = 50\text{cm} = 0.5\text{m}$

2) $v = \sqrt{\dfrac{2gh}{1.5 + f\dfrac{L}{d}}} = \sqrt{\dfrac{2 \times 9.81 \times 3}{1.5 + 0.0265 \times \dfrac{80}{0.5}}}$
   $= 3.2\text{m/sec}$

3) $Q = AV = \dfrac{\pi \times 0.5^2}{4} \times 3.2 = 0.628\text{m}^3/\text{sec}$

---

49 개수로의 흐름에 가장 지배적인 영향을 미치는 것은?

① 유체의 밀도
② 관성력
③ 중력
④ 점성력

해설 개수로와 관수로

1) 개수로
   ① 자유수면을 갖고 흐르는 수로를 개수로 한다.
   ② 물이 흐를 때 가장 중요한 역할을 하는 힘은 중력, 흐름을 지속시키는 요소는 관성력이다.

2) 관수로
   ① 자유수면을 갖지 않고 흐르는 수로의 흐름을 말한다.
   ② 흐름을 지배하는 힘은 점성력, 흐름을 지속시키는 요소는 두 단면 간의 압력차이다.

---

50 비에너지와 한계수심에 관한 설명으로 옳지 않은 것은?

① 비에너지가 일정할 때 한계수심으로 흐르면 유량이 최소가 된다.
② 유량이 일정할 때 비에너지가 최소가 되는 수심이 한계수심이다.
③ 비에너지는 수로바닥을 기준으로 하는 단위무게 당 흐름에너지이다.
④ 유량이 일정할 때 직사각형단면 수로 내 한계수심은 최소 비에너지의 $\dfrac{2}{3}$이다.

해답 45. ④ 46. ② 47. ① 48. ③ 49. ③ 50. ①

해설 비에너지(H_e)와 한계수심(h_c)
1) 비에너지가 일정할 때 한계수심으로 흐르면 유량이 최대가 된다.
2) 유량이 일정할 때 비에너지가 최소가 되는 수심이 한계수심이다.
3) 직사각형 단면의 한계수심과 비에너지관계
$$h_c = \left(\frac{\alpha Q^2}{gb^2}\right)^{\frac{1}{3}} = \frac{2}{3}H_e$$

51 수심에 비해 수로폭이 매우 큰 사각형 수로에 유량 Q가 흐르고 있다. 동수경사를 I, 평균유속계수를 C라고 할 때, Chezy 공식에 의한 수심은? (단, h: 수심, B: 수로폭)

① $h = \frac{3}{2}\left(\frac{Q}{C^2B^2I}\right)^{1/3}$ ② $h = \left(\frac{Q^2}{C^2B^2I}\right)^{1/3}$

③ $h = \left(\frac{Q}{C^2B^2I}\right)^{2/3}$ ④ $h = \left(\frac{Q^2}{C^2B^2I}\right)^{7/10}$

해설 Chezy공식에 의한 수심
1) Chezy의 평균유속
$V = C\sqrt{RI}$
⇒ 수로 폭이 매우 큰 경우 $R ≒ h$이므로
$V = C\sqrt{hI}$
2) $Q = AV = (Bh)(C\sqrt{hI})$ ⇒ 양변을 제곱하면
$Q^2 = B^2h^2C^2hI$ ⇒ $Q^2 = B^2h^3C^2I$
$h^3 = \frac{Q^2}{B^2C^2I}$ ⇒ ∴ $h = \left(\frac{Q^2}{B^2C^2I}\right)^{\frac{1}{3}}$

52 다음 그림은 개수로에서 동점성계수가 일정하다고 할 때, 수심 h와 유속 V에 대한 한계 레이놀즈수(R_e)와 후르드수(F_r)를 전대수지에 나타낸 것이다. 그림에서 4개의 영역으로 나눌 때 난류인 상류를 나타내는 영역은?

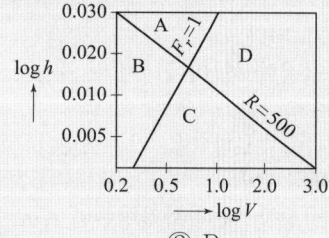

① A   ② B
③ C   ④ D

해설 흐름의 상태
1) $R_e < 500$: 층류, $R_e > 500$: 난류
2) $F_r < 1$: 상류, $F_r > 1$: 사류
3) A: 난류인 상류, B: 층류인 상류, C: 층류인 사류, D: 난류인 사류

53 도수 전후의 수심이 각각 2m, 4m일 때 도수로 인한 에너지 손실(수두)은?
① 0.1m   ② 0.2m
③ 0.25m   ④ 0.5m

해설 도수로 인한 에너지손실(ΔH_e)
1) h_1 = 도수 전 수심(사류수심)
   h_2 = 도수 후 수심(상류수심)
2) $\Delta H_e = \frac{(h_2-h_1)^3}{4h_2h_1} = \frac{(4-2)^3}{4 \times 4 \times 2} = 0.25$m

54 자유수면을 가지고 있는 깊은 우물에서 양수량 Q를 일정하게 퍼냈더니 최소의 수위 H가 h_o로 강하하여 정상흐름이 되었다. 이때의 양수량은? (단, 우물의 반지름 $= r_o$, 영향원의 반지름 $= R$, 투수계수 $= k$)

① $Q = \frac{\pi k(H^2-h_o^2)}{\ln\frac{R}{r_o}}$ ② $Q = \frac{2\pi k(H^2-h_o^2)}{\ln\frac{R}{r_o}}$

③ $Q = \frac{\pi k(H^2-h_o^2)}{2\ln\frac{R}{r_o}}$ ④ $Q = \frac{\pi k(H^2-h_o^2)}{2\ln\frac{r_o}{R}}$

해설 깊은 우물
1) 깊은 우물: 집수정의 바닥이 제1불투수층에 도달한 우물로 물이 측벽으로만 유입된다.
2) $Q = \frac{\pi k(H^2-h_o^2)}{\ln\left(\frac{R}{r_o}\right)}$

55 하천의 수리모형실험에 주로 사용되는 상사법칙은?

① Weber의 상사법칙
② Cauchy의 상사법칙
③ Froude의 상사법칙
④ Reynolds의 상사법칙

해설 수리학적 상사법칙
1) Froude상사는 중력과 관성력이 흐름을 지배하는 개수로(하천흐름)에 적용한다.
2) Froude상사법칙
   원형의 Froude수 = 모형의 Froude수
   $$\frac{V_p}{\sqrt{g_P h_p}} = \frac{V_m}{\sqrt{g m\, h_m}}$$

56 Thiessen 다각형에서 각각의 면적이 20km², 30km², 50km²이고, 이에 대응하는 강우량이 각각 40mm, 30mm, 20mm일 때, 이 지역의 면적평균 강우량은 얼마인가?

① 25mm
② 27mm
③ 30mm
④ 32mm

해설 Thiessen의 면적평균 강우량
$$P_m = \frac{\sum AP}{\sum A}$$
$$= \frac{(20 \times 40) + (30 \times 30) + (50 \times 20)}{20 + 30 + 50} = 27\text{mm}$$

57 관수로에서의 미소 손실(Minor Loss)는?

① 위치수두에 비례한다.
② 압력수두에 비례한다.
③ 속도수두에 비례한다.
④ 레이놀즈수의 제곱에 반비례한다.

해설 미소 손실수두(h_m)
1) 미소 손실수두 : $h_m = f_m \frac{V^2}{2g}$
2) 미소 손실수두는 속도수두($\frac{V^2}{2g}$)에 비례한다.

58 어떤 유역에 70mm의 강우량이 그림과 같은 분포로 내렸을 때 유역의 직접유출량이 30mm이었다면 이때의 ϕ-index는?

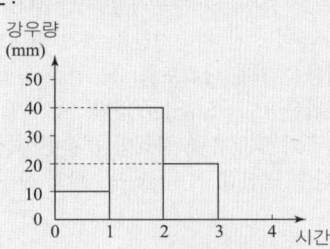

① 10mm/h
② 12.5mm/h
③ 15mm/h
④ 20mm/h

해설 ϕ-Index (침투지수법)
1) ϕ선의 위쪽 : 지표유출량, ϕ선 아래 : 손실우량
2) 손실 우량을 계산한다.
   = 70 − 30 = 40 mm
3) ϕ선을 대략 가정(10과 20사이)한 후 ϕ값을 구한다.
   $(40-\phi) + (20-\phi) = 30$
   $60 - 2\phi = 30$ → ∴ $\phi = 15$mm/h

59 다음 중에서 차원이 다른 것은?

① 증발량
② 침투율
③ 강우강도
④ 유출량

해설 차원
1) 증발량 : mm/day $[LT^{-1}]$
2) 침투율 : mm/h $[LT^{-1}]$
3) 강우강도 : mm/h $[LT^{-1}]$
3) 유출량 : m³/h $[L^3 T^{-1}]$

60 단위도(단위 유량도)에 대한 설명으로 옳지 않은 것은?

① 단위도의 3가지 가정은 일정기저시간가정, 비례가정, 중첩가정이다.
② 단위도는 기저유량과 직접유출량을 포함하는 수문곡선이다.
③ S-Curve를 이용하여 단위도의 단위시간을 변경할 수 있다.
④ Snyder는 합성단위도법을 연구 발표하였다.

해답 55. ③ 56. ② 57. ③ 58. ③ 59. ④ 60. ②

해설 단위유량도

1) 단위유량도 : 특정 단위시간 동안 균일한 강도로 유역 전반에 걸쳐 균등하게 내린 단위유효우량으로 인하여 발생하는 직접유출의 수문곡선을 말한다.
2) S-Curve법 : 긴 지속기간을 가진 단위도로부터 짧은 지속시간을 가진 단위도를 유도하는 방법
3) 합성단위유량도 : Snyder 방법, SCS 방법 등이 있다.
4) 기저유출과 직접유출 분리법 : 수평 직선 분리법, 지하수 감수 곡선법, N-day 법, 수정 N-day 법

철근콘크리트 및 강구조

61 ★★ 경간 25m인 PS 콘크리트보에 계수하중 40kN/m이 작용하고, $P=2,500$kN의 프리스트레스가 주어질 때 등분포상향력 u를 하중평형(Balanced Load) 개념에 의해 계산하여 이 보에 작용하는 순수하향 분포하중을 구하면?

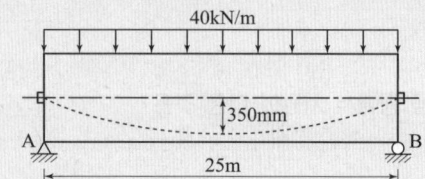

① 26.5kN/m   ② 27.3kN/m
③ 28.8kN/m   ④ 29.6kN/m

해설 순수하향 분포하중

1) 등분포 상향력(u)
$$u = \frac{8Ps}{l^2} = \frac{8 \times 2,500 \times 0.35}{25^2} = 11.2\text{kN}$$
여기서, $s = 350\text{mm} = 0.35\text{m}$

2) 순수하향 분포하중
= 계수하중 − 등분포상향력 = 40 − 11.2 = 28.8kN

62 ★★★ $A_s = 4,000\text{mm}^2$, $A_s' = 1,500\text{mm}^2$로 배근된 그림과 같은 복철근보의 탄성처짐이 15mm이다. 5년 이상의 지속하중에 의해 유발되는 장기처짐은 얼마인가?

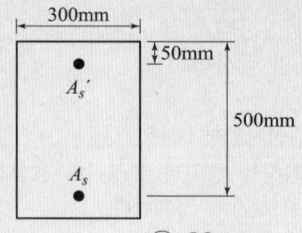

① 15mm   ② 20mm
③ 25mm   ④ 30mm

해설 장기처짐

1) 장기처짐계수(λ_Δ)
$$\rho' = \frac{A_s'}{bd} = \frac{1,500}{300 \times 500} = 0.01$$
$$\lambda_\Delta = \frac{\xi}{1+50\rho'} = \frac{2.0}{1+50 \times 0.01} = 1.33$$
여기서, $\xi = 2.0$ (5년 이상)

2) 장기처짐 = 탄성처짐 × 장기처짐계수
= 15 × 1.33 ≒ 20mm

63 ★★★ 아래 그림과 같은 두께 19mm 평판의 순단면적을 구하면? (단, 볼트 체결을 위한 강판구멍의 작은 직경은 25mm이다.)

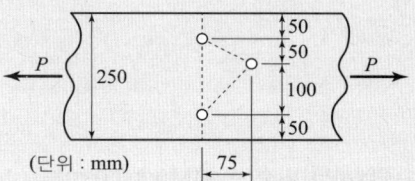

① 3,270mm²   ② 3,800mm²
③ 3,920mm²   ④ 4,530mm²

해설 평판의 순단면적

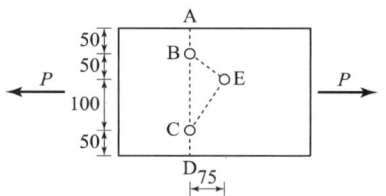

1) 순폭계산
  ① A-B-C-D
  $b_n = b_g - 2d = 250 - 2 \times 25 = 200\text{mm}$
  ② A-B-E-C-D
  $b_n = b_g - d - \left(d - \dfrac{p^2}{4g}\right)$
  $= 250 - 25 - \left(25 - \dfrac{75^2}{4 \times 100}\right) = 214\text{mm}$
  ∴ 둘 중 작은 값이 순폭 = 200mm
2) 순단면적
  $A_n = b_n \times t = 200 \times 19 = 3,800\text{mm}^2$

해설 복철근 직사각형보의 등가압축응력의 깊이
1) $f_{ck} \leq 40\text{MPa}$: $\eta = 1.0$
2) $a = \dfrac{(A_s - A_s')f_y}{\eta(0.85f_{ck})b}$
  $= \dfrac{(5,730 - 1,980) \times 350}{1.0 \times 0.85 \times 24 \times 350} = 183.8\text{mm}$

★★★
64 경간 $l = 10\text{m}$인 대칭 T형보에서 양쪽 슬래브의 중심 간격 2,100mm, 슬래브의 두께(t) 100mm, 복부의 폭 (b_w) 400mm일 때 플랜지의 유효폭은 얼마인가?
① 2,000mm   ② 2,100mm
③ 2,300mm   ④ 2,500mm

해설 대칭 T형 보의 유효 폭
1) $16t_f + b_w = 16 \times 100 + 400 = 2,000\text{mm}$
2) 양쪽 슬래브의 중심간 거리 = 2,100mm
3) 보의 경간 $\times \dfrac{1}{4} = 10,000 \times \dfrac{1}{4} = 2,500\text{mm}$
  ∴ 이 중 최솟값이 유효 폭 : 2,000mm

★★
66 전단철근에 대한 설명으로 틀린 것은?
① 철근콘크리트 부재의 경우 주인장 철근에 45° 이상의 각도로 설치되는 스터럽을 전단철근으로 사용할 수 있다.
② 철근콘크리트 부재의 경우 주인장 철근에 30° 이상의 각도로 구부린 굽힘철근을 전단철근으로 사용할 수 있다.
③ 전단철근으로 사용하는 스터럽과 기타 철근 또는 철선은 콘크리트 압축연단부터 거리 d만큼 연장하여야 한다.
④ 용접 이형철망을 사용할 경우 전단철근의 설계기준항복강도는 500MPa을 초과할 수 없다.

해설 전단철근
용접 이형철망을 사용할 경우 전단철근의 설계기준항복강도는 600MPa을 초과할 수 없다.

★★★
65 그림과 같은 복철근 직사각형 단면에서 응력 사각형의 깊이 a의 값은 얼마인가? (단, $f_{ck} = 24\text{MPa}$, $f_y = 350\text{MPa}$, $A_s = 5,730\text{mm}^2$, $A_s' = 1,980\text{mm}^2$)

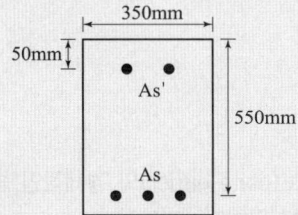

① 227.2mm   ② 199.6mm
③ 217.4mm   ④ 183.8mm

★★
67 그림과 같은 원형철근기둥에서 콘크리트구조설계기준에서 요구하는 최대 나선철근의 간격은 약 얼마인가? (단, $f_{ck} = 24\text{MPa}$, $f_{yt} = 400\text{MPa}$, D10 철근의 공칭단면적은 71.3mm²이다.)

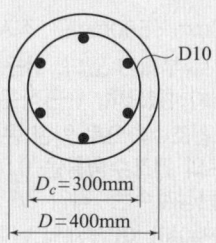

① 35mm   ② 38mm
③ 42mm   ④ 45mm

해답 64. ① 65. ④ 66. ④ 67. ④

해설 나선철근의 간격(=피치)

1) 나선철근비(ρ_s)

$$\rho_s = 0.45\left(\frac{A_g}{A_{ch}}-1\right)\frac{f_{ck}}{f_{yt}}$$

$$= 0.45\left[\left(\frac{400}{300}\right)^2-1\right]\frac{24}{400}=0.021$$

2) 나선철근 체적 = 나선철근단면적 × πD_c
$$= 71.3 \times \pi \times 300 = 67{,}918.67\,\text{mm}^3$$

3) 심부체적 = 심부단면적 × 피치 = $\frac{\pi \times 300^2}{4} \times P$

4) 나선철근비(ρ_s)

$$\rho_s = \frac{\text{나선철근 체적}}{\text{심부 체적}} \Rightarrow 0.021 = \frac{67{,}918.67}{\frac{\pi \times 300^2}{4} \times p}$$

∴ $p = 45\,\text{mm}$

68 ★★ 단순 지지된 2방향 슬래브의 중앙점에 집중하중 P가 작용할 때 경간비가 1 : 2라면 단변과 장변이 부담하는 하중비($P_S:P_L$)는? (단, P_S : 단변이 부담하는 하중, P_L : 장변이 부담하는 하중)

① 1 : 8   ② 8 : 1
③ 1 : 16 ④ 16 : 1

해설 2방향 슬래브의 하중 분담비

1) 장변과 단변의 비 : $L = 2S$

2) $P_S = \frac{L^3}{L^3+S^3}P = \frac{(2S)^3}{(2S)^3+(S)^3}P = \frac{8}{9}P$

3) $P_L = \frac{S^3}{L^3+S^3}P = \frac{(S)^3}{(2S)^3+(S)^3}P = \frac{1}{9}P$

∴ $\frac{P_S}{P_L} = 8:1$

69 ★ 단면이 400mm×500mm인 직사각형이고, 길이가 6m인 철근콘크리트 부재가 있다. 철근은 단면 도심에 대하여 대칭으로 배치하였으며, 단면적은 $A_s = 2{,}000\,\text{mm}^2$이다. 콘크리트의 건조수축으로 인한 콘크리트의 수축응력은? (단, 콘크리트의 건조수축률은 0.000150이고, 콘크리트 및 철근의 탄성계수는 각각 $E_c = 2.85 \times 10^4\,\text{MPa}$, $E_s = 2.0 \times 10^5\,\text{MPa}$이며, 이 부재의 변형은 구속되어 있지 않다.)

① 0.14MPa   ② 0.28MPa
③ 14MPa   ④ 28MPa

해설 건조수축으로 인한 콘크리트의 수축응력

1) 탄성계수비 : $n = \frac{E_s}{E_c} = 7$

2) $f_{ct} = \frac{E_s \varepsilon_{sh} A_s}{A_c + nA_s}$

$$= \frac{2.0 \times 10^5 \times 0.00015 \times 2{,}000}{(400 \times 500)+(7 \times 2{,}000)} = 0.28\,\text{MPa}$$

70 ★★★ 그림과 같이 보의 단면은 휨모멘트에 대해서만 보강되어 있다. 설계기준에 따라 단면에 허용되는 최대계수전단력 V_u는 얼마인가? (단, $f_{ck} = 22\,\text{MPa}$, $f_y = 400\,\text{MPa}$)

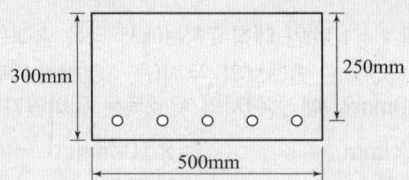

① 32.5kN   ② 36.6kN
③ 42.7kN   ④ 43.3kN

해설 전단보강이 필요 없는 경우의 최대계수전단력

1) 콘크리트의 전단강도

$$V_c = \frac{1}{6} \times \lambda \times \sqrt{f_{ck}} \times b_w \times d$$

$$= \frac{1}{6} \times 1.0 \times \sqrt{22} \times 500 \times 250$$

$$= 97{,}717\,\text{N} = 97.717\,\text{kN}$$

2) 전단보강이 필요 없는 경우의 최대계수전단력

$$V_u \le \frac{1}{2}\phi V_c$$

$$\le \frac{1}{2} \times 0.75 \times 97.727 = 36.6\,\text{kN}$$

여기서, 강도감소계수 $\phi = 0.75$ (전단 및 비틀림)

71 ★ 플레이트보(plate girder)의 경제적인 높이는 다음 중 어느 것에 의해 구해지는가?

① 휨모멘트   ② 전단력
③ 비틀림모멘트 ④ 지압력

해답 68. ②   69. ②   70. ②   71. ①

해설 플레이트 보의 경제적인 보의 높이
1) 경제적인 보의 높이
   $h = 1.1\sqrt{\dfrac{M}{f_{ta} \cdot t_w}}$ 이므로
2) 경제적인 보의 높이는 휨모멘트(M)의 크기에 의해 결정된다.

72 ★★
초기 프리스트레스가 1,200MPa이고, 콘크리트의 건조수축변형률 $\epsilon_{sh} = 1.8 \times 10^{-4}$일 때 긴장재의 인장응력의 감소는? (단, PS 강재의 탄성계수 $E_P = 2.0 \times 10^5$MPa)

① 12MPa ② 24MPa
③ 36MPa ④ 48MPa

해설 콘크리트의 건조수축변형으로 인한 긴장재의 인장응력 감소량
$\Delta f_p = E_p \epsilon_{sh} = 2.0 \times 10^5 \times 1.8 \times 10^{-4} = 36\text{MPa}$

73 ★
다음 중 플랫 슬래브(flat slab)에 대한 설명으로 옳은 것은?

① 보 없이 지판에 의해 하중이 기둥으로 전달되며, 2방향으로 철근이 배치된 콘크리트 슬래브
② 보나 지판이 없이 기둥으로 하중을 전달하는 2방향으로 철근이 배치된 콘크리트 슬래브
③ 상부 수직하중을 하부지반에 분산시키기 위해 저면을 확대시킨 철근콘크리트판
④ 기초 위에 돌출된 압축부재로서 단면의 평균최소 치수에 대한 높이의 비율이 3 이하인 부재

해설 슬래브의 종류
1) 플랫 슬래브 : 보 없이 지판(Drop pannel)에 의해 하중이 기둥으로 전달되며, 2방향철근이 배치된 콘크리트 슬래브
2) 플랫 플레이트 슬래브 : 보나 지판(Drop pannel)이 없이 기둥으로 하중을 전달하는 2방향 철근이 배치된 콘크리트 슬래브

74 ★★★
철근콘크리트에서 콘크리트의 탄성계수로 쓰이며, 철근콘크리트 단면의 결정이나 응력을 계산할 때 쓰이는 것은?

① 전단 탄성계수 ② 할선 탄성계수
③ 접선 탄성계수 ④ 초기접선 탄성계수

해설 콘크리트의 탄성계수(E_c)
실험에 의해 콘크리트의 탄성계수를 구할 때는 일반적으로 할선탄성계수를 콘크리트의 탄성계수로 사용한다.

75 ★
강도설계법에서 사용성 검토에 해당하지 않는 사항은?

① 철근의 피로 ② 처짐
③ 균열 ④ 투수성

해설 사용성
1) 구조물 또는 구조부재에 과대한 처짐, 균열, 피로, 진동 등이 일어나면,
2) 구조물의 기능에 지장을 초래, 사용자에게 불안감 제공하게 되므로,
3) 구조물은 외력에 대해 안전해야 될 뿐만 아니라 사용성(처짐, 균열, 피로 등)도 확보되어야 한다.

76 ★★
그림과 같은 단면의 균열모멘트 M_{cr}은?
(단, $f_{ck} = 24$MPa, $f_y = 400$MPa)

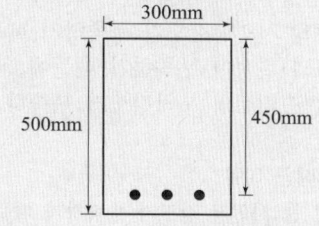

① 30.8kN·m ② 38.6kN·m
③ 28.2kN·m ④ 22.4kN·m

해답 72. ③ 73. ① 74. ② 75. ④ 76. ②

해설 균열모멘트

1) $Z = \dfrac{bh^2}{6}$

2) $f_r = 0.63\lambda\sqrt{f_{ck}}$
   $= 0.63 \times 1.0 \times \sqrt{24} = 3.086\,\text{N/mm}^2$

3) $M_{cr} = f_r \cdot Z = 3.086 \times \dfrac{300 \times 500^2}{6}$
   $= 38{,}575{,}000\,\text{N}\cdot\text{mm} \fallingdotseq 38.6\,\text{kN}\cdot\text{m}$

★★
77 철근콘크리트보에 배치하는 복부철근에 대한 설명으로 틀린 것은?
① 복부철근은 사인장응력에 대하여 배치하는 철근이다.
② 복부철근은 휨 모멘트가 가장 크게 작용하는 곳에 배치하는 철근이다.
③ 굽힘철근은 복부철근의 한 종류이다.
④ 스터럽은 복부철근의 한 종류이다.

해설 복부철근 배근 이유
1) 사인장 응력에 저항하기 위하여 배근하는 철근으로,
2) 복부철근의 종류로는 스터럽, 굽힘철근 등이 있다.
3) 복부철근은 전단력이 크게 작용하는 곳에 배치하는 철근이다.

★★
78 철근콘크리트 보에서 스터럽을 배근하는 주 목적은?
① 철근의 인장강도가 부족하기 때문에
② 콘크리트의 사인장강도가 부족하기 때문에
③ 콘크리트의 탄성이 부족하기 때문에
④ 철근과 콘크리트의 부착강도가 부족하기 때문에

해설 스터럽 배근 이유
1) 콘크리트는 사인장 강도가 부족하기 때문에
2) 사인장응력에 의한 균열을 방지하기 위해 스터럽을 배근한다.

★★★
79 처짐을 계산하지 않는 경우 단순 지지된 보의 최소 두께(h)로 옳은 것은? (단, 보통콘크리트($m_c = 2{,}300\,\text{kg/m}^3$) 및 $f_y = 300\,\text{MPa}$인 철근을 사용한 부재의 길이가 10m인 보)
① 429mm
② 500mm
③ 537mm
④ 625mm

해설 처짐을 계산하지 않아도 되는 단순 보의 최소두께(h)

1) 보의 최소두께는 $\dfrac{l}{16}$, f_y가 400MPa이 아닌 경우 $\left(0.43 + \dfrac{f_y}{700}\right)$를 곱하여 구한다.

2) $h = \dfrac{10{,}000}{16} \times \left(0.43 + \dfrac{300}{700}\right) = 537\,\text{mm}$

★★
80 강도설계에 있어서 안전율을 위한 강도 감소계수 ϕ의 값으로 틀린 것은?
① 인장지배단면 : 0.85
② 전단 : 0.75
③ 비틀림모멘트 : 0.75
④ 나선철근으로 보강된 압축지배단면 : 0.65

해설 강도감소계수
나선철근으로 보강된 압축지배 단면 : $\phi = 0.70$

토질 및 기초

★★★
81 수평방향 투수계수가 0.12cm/sec이고, 연직방향 투수계수가 0.03cm/sec일 때 1일 침투유량은?

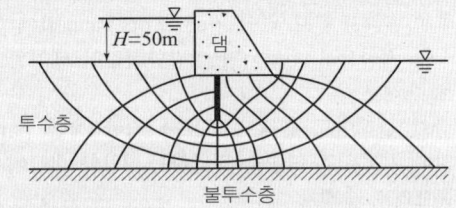

① 970m³/day/m
② 1,080m³/day/m
③ 1,220m³/day/m
④ 1,410m³/day/m

해답 77. ② 78. ② 79. ③ 80. ④ 81. ②

해설 유선망

1) 등가 등방성 투수계수
$$K = \sqrt{K_h K_v} = \sqrt{0.12 \times 0.03}$$
$$= 0.06 \text{cm/sec} = 0.0006 \text{m/sec}$$

2) 단위 폭당 1일 침투수량(Q)
$$q = KH \frac{N_f}{N_d}$$
$$= 0.0006 \times 50 \times \frac{5}{12} = 0.0125 \text{m}^3/\text{sec/m}$$
$$\therefore Q = q \times t$$
$$= 0.0125 \times 60 \times 60 \times 24 = 1,080 \text{m}^3/\text{day/m}$$

★★
82 전단마찰각이 25°인 점토의 현장에 작용하는 수직응력이 50kN/m²이다. 과거 작용했던 최대하중이 100kN/m²이라고 할 때 대상지반의 정지토압계수를 추정하면?

① 0.40　　② 0.57
③ 0.82　　④ 1.14

해설 정지토압계수

1) 과압밀비 : $OCR = \dfrac{P_c}{P_0} = \dfrac{100}{50} = 2$
　$\therefore OCR > 1$이므로 과압밀 상태임.

2) 모래 및 정규압밀점토의 정지토압계수
$$K_o = 1 - \sin\phi = 1 - \sin 25° = 0.577$$

3) 과압밀 점토인 경우의 정지토압계수
$$K = K_{o(정규압밀)} \sqrt{OCR} = 0.577 \sqrt{2} = 0.817$$

★★★
83 그림과 같이 지표면에 집중하중이 작용할 때 A점에서 발생하는 연직응력의 증가량은?

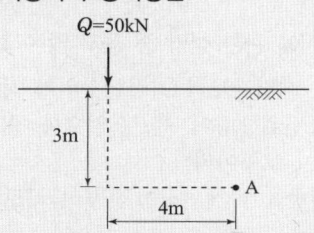

① 0.21kN/m²　　② 0.24kN/m²
③ 0.27kN/m²　　④ 0.30kN/m²

해설 지중응력

1) 영향계수
$$I_\sigma = \frac{3}{2\pi} \frac{z^5}{R^5} = \frac{3}{2\pi} \times \frac{3^5}{5^5} = 0.037$$
여기서, $R = \sqrt{3^2 + 4^2} = 5\text{m}$

2) 연직응력 증가량
$$\Delta\sigma_z = I_\sigma \frac{Q}{z^2} = 0.037 \times \frac{50}{3^2} = 0.21 \text{kN/m}^2$$

★
84 어떤 퇴적층에서 수평방향의 투수계수는 4.0×10^{-4} cm/sec이고, 수직방향의 투수계수는 3.0×10^{-4}cm/sec이다. 이 흙을 등방성으로 생각할 때, 등가의 평균투수계수는 얼마인가?

① 3.46×10^{-4}cm/sec
② 5.0×10^{-4}cm/sec
③ 6.0×10^{-4}cm/sec
④ 6.93×10^{-4}cm/sec

해설 등가 등방성의 평균투수계수
$$K = \sqrt{K_h K_v} = \sqrt{(4.0 \times 10^{-4}) \times (3.0 \times 10^{-4})}$$
$$= 3.46 \times 10^{-4} \text{cm/sec}$$

★★★
85 지반개량공법 중 주로 모래질 지반을 개량하는데 사용되는 공법은?

① 프리로딩 공법
② 생석회 말뚝 공법
③ 페이퍼 드레인 공법
④ 바이브로 플로테이션 공법

해설 연약지반 개량공법

1) 점토지반 개량공법 : 탈수에 의한 압밀촉진 공법, 치환공법 등이 있다.
　• 압밀촉진공법 : 샌드드레인공법, 페이퍼드레인공법, 프리로딩공법 등이 있다.
　• 치환공법 : 굴착치환, 폭파치환, 압출치환.

2. 모래지반개량공법 : 진동이나 충격에 의한 공극을 줄이는 개량공법이다.
　• 다짐 말뚝 공법, 바이브로 플로테이션 공법, 다짐 모래 말뚝 등이 있다.

해답　82. ③　83. ①　84. ①　85. ④

86 그림에서 정사각형 독립기초 2.5m×2.5m가 실트질 모래 위에 시공되었다. 이때 근입깊이가 1.50m인 경우 허용지지력은 약 얼마인가? (단, $N_c=35$, $N_r=N_q=20$, 안전율은 3)

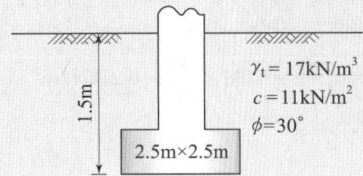

① 250kN/m² ② 300kN/m²
③ 350kN/m² ④ 450kN/m²

해설 Terzaghi의 극한지지력
1) 정사각형 기초의 형상계수 : $\alpha=1.3$, $\beta=0.4$
2) γ_1, $\gamma_2 = 17kN/m^3$
3) Terzaghi의 극한지지력
$q_u = \alpha C N_c + \beta B \gamma_1 N_r + \gamma_2 D_f N_q$
$= 1.3 \times 11 \times 35 + 0.4 \times 2.5 \times 17 \times 20 + 17 \times 1.5 \times 20$
$= 1,350.5 kN/m^2$
4) 허용지지력 : $q_a = \dfrac{q_u}{F_s} = \dfrac{1,350.5}{3} = 450 kN/m^2$

87 그림과 같은 지반에서 유효응력에 대한 점착력 및 마찰각이 각각 $c'=10kN/m^2$, $\phi=20°$일 때, A점에서의 전단강도는? (단, 물의 단위중량은 9.81kN/m³이다.)

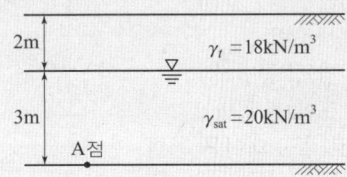

① 34.23kN/m² ② 44.94kN/m²
③ 54.25kN/m² ④ 66.17kN/m²

해설 전단강도
1) A점에서 유효응력
$\sigma' = \gamma_t h_1 + \gamma_{sub} h_2$
$= 18 \times 2 + (20-9.81) \times 3 = 66.67 kN/m^2$
2) A점에서의 전단강도
$\tau = C' + \sigma' \tan\phi'$
$= 10 + 66.67 \tan 20° = 34.23 kN/m^2$

88 어떤 점토지반에서 베인시험을 실시하였다. 베인의 지름이 50mm, 높이가 100mm, 파괴 시 토크가 59N·m일 때 이 점토의 점착력은?

① 129kN/m² ② 157kN/m²
③ 213kN/m² ④ 276kN/m²

해설 베인전단시험
1) 베인의 지름: d=50mm=0.05m
2) 베인의 높이: h=100mm=0.1m
3) 점착력
$C = \dfrac{T}{\pi d^2 \left(\dfrac{d}{6}+\dfrac{h}{2}\right)} = \dfrac{59}{\pi \times 0.05^2 \left(\dfrac{0.05}{6}+\dfrac{0.1}{2}\right)}$
$= 128,779 N/m^2 \fallingdotseq 129 kN/m^2$

89 다음 점성토의 교란에 관련된 사항 중 잘못된 것은?
① 교란 정도가 클수록 $e-\log P$ 곡선의 기울기가 급해진다.
② 교란될수록 압밀계수는 작게 나타낸다.
③ 교란을 최소화하려면 면적비가 작은 샘플러를 사용한다.
④ 교란의 영향을 제거한 SHANSEP 방법을 적용하면 효과적이다.

해설 점성토의 교란
1) 교란의 정도가 클수록 e-log P 곡선의 기울기(C_c)가 완만해진다.
2) 비교란 점토 : $C_c = 0.009(LL-10)$
3) 교란 점토 : $C_c = 0.007(LL-10)$
여기서, LL : 액성한계 함수비

90 흙의 다짐에 관한 설명 중 옳지 않은 것은?
① 조립토는 세립토보다 최적함수비가 작다.
② 최대건조단위중량이 큰 흙일수록 최적함수비는 작은 것이 보통이다.
③ 점성토지반을 다질 때는 진동 롤러로 다지는 것이 유리하다.
④ 일반적으로 다짐에너지를 크게 할수록 최대건조단위중량은 커지고 최적함수비는 줄어든다.

해답 86. ④ 87. ① 88. ① 89. ① 90. ③

해설 흙의 다짐기계
1) 점성토 지반 : 탬핑롤러(tamping roller)
2) 모래 지반 : 진동롤러(Vibratory roller)

91 콘크리트말뚝을 마찰말뚝으로 보고 설계할 때, 총 연직하중을 2,000kN, 말뚝 1개의 극한지지력을 980kN, 안전율을 2.0으로 하면 소요말뚝의 수는?
① 6개 ② 5개
③ 3개 ④ 2개

해설 소요 말뚝 수
1) 말뚝 1개의 허용지지력 : $q_a = \dfrac{q_u}{F_s} = \dfrac{980}{2} = 490\text{kN}$
2) 소요 말뚝 수 : $N = \dfrac{P}{q_a} = \dfrac{2,000}{490} = 4.08$개 ∴ $N = 5$개
소요 말뚝 수는 항상 올림 정수로 해야 한다.

92 습윤단위중량이 19kN/m³, 함수비 25%, 비중이 2.7인 경우 건조단위중량과 포화도는? (단, 물의 단위중량은 9.81kN/m³이다.)
① 17.3kN/m³, 97.8%
② 17.3kN/m³, 90.9%
③ 15.2kN/m³, 97.8%
④ 15.2kN/m³, 90.9%

해설 흙의 건조단위중량, 포화도
1) 흙의 건조단위중량
$$\gamma_d = \dfrac{\gamma_t}{1+\dfrac{w}{100}} = \dfrac{19}{1+\dfrac{25}{100}} = 15.2\text{kN/m}^3$$
2) 간극비
$$\gamma_d = \dfrac{G_s \gamma_w}{1+e} \Rightarrow e = \dfrac{G_s \gamma_w}{\gamma_d} - 1$$
∴ $e = \dfrac{2.7 \times 9.81}{15.2} - 1 = 0.743$
3) $w \cdot G_s = S \cdot e \Rightarrow S = \dfrac{25 \times 2.7}{0.743} = 90.85\%$

93 그림과 같이 $c=0$인 모래로 이루어진 무한사면이 안정을 유지(안전율≥1)하기 위한 경사각(β)의 크기로 옳은 것은? (단, 물의 단위중량은 9.81kN/m³이다.)

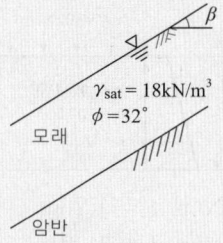

① $\beta \leq 7.94°$ ② $\beta \leq 15.87°$
③ $\beta \leq 23.79°$ ④ $\beta \leq 31.76°$

해설 무한사면의 안정
$$F_s = \dfrac{\gamma_{\text{sub}}}{\gamma_{\text{sat}}} \times \dfrac{\tan\phi}{\tan\beta} \geq 1.0$$
$1.0 \geq \dfrac{(18-9.81)}{18} \times \dfrac{\tan 32°}{\tan\beta}$ ⇒ ∴ $\beta \geq 15.87°$

94 흙의 분류에 사용되는 Casagrande 소성도에 대한 설명으로 틀린 것은?
① 세립토를 분류하는 데 이용한다.
② U선은 액성한계와 소성지수의 상한선으로 U선 위쪽으로는 측점이 있을 수 없다.
③ 액성한계 50%를 기준으로 저소성(L) 흙과 고소성(H) 흙으로 분류한다.
④ A선 위의 흙은 실트(M) 또는 유기질토(O)이며, A선 아래의 흙은 점토(C)이다.

해설 소성도
1) 소성도의 A선 위의 흙은 점토이다.
2) 소성도의 A선 아래의 흙은 실트 또는 유기질토이다.

해답 91. ② 92. ④ 93. ② 94. ④

95 그림과 같이 옹벽 배면의 지표면에 등분포 하중이 작용할 때, 옹벽에 작용하는 전체 주동토압의 합력(P_a)과 옹벽 저면으로부터 합력의 작용점까지의 높이(h)는?

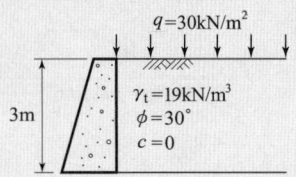

① $P_a = 28.5$kN/m, $h = 1.26$m
② $P_a = 28.5$kN/m, $h = 1.38$m
③ $P_a = 58.5$kN/m, $h = 1.26$m
④ $P_a = 58.5$kN/m, $h = 1.38$m

해설 토압의 작용점

1) $K_a = \dfrac{1-\sin\phi}{1+\sin\phi} = \dfrac{1-\sin 30°}{1+\sin 30°} = \dfrac{1}{3}$

2) $P_a = K_a qH + \dfrac{1}{2}K_a \gamma H^2$
   $= \dfrac{1}{3} \times 30 \times 3 + \dfrac{1}{2} \times \dfrac{1}{3} \times 19 \times 3^2 = 58.5$kN/m

3) $y = \dfrac{(K_a qH)(y_1) + \left(\dfrac{1}{2}K_a \gamma H^2\right)(y_2)}{K_a qH + \dfrac{1}{2}K_a \gamma H^2}$

   $= \dfrac{\left(\dfrac{1}{3} \times 30 \times 3\right)(1.5) + \left(\dfrac{1}{2} \times \dfrac{1}{3} \times 19 \times 3^2\right)(1)}{58.5}$

   $= 1.26$m

   여기서, $y_1 = \dfrac{H}{2} = \dfrac{3}{2} = 1.5$m, $y_2 = \dfrac{H}{3} = \dfrac{3}{3} = 1$m

96 점성토를 다지면 함수비의 증가에 따라 입자의 배열이 달라진다. 최적함수비의 습윤측에서 다짐을 실시하면 흙은 어떤 구조로 되는가?

① 단립구조 ② 봉소구조
③ 이산구조 ④ 면모구조

해설 다짐에 따른 흙의 구조
1) 최적함수비의 습윤측에서 다지면 확산이중층이 팽창하여 반발력이 커져서 이산구조가 된다.
2) 최적함수비의 건조측에서 다지면 확산이중층의 구조가 발달하지 못하여 반발력이 작아져서 면모구조가 된다.

97 크기가 30cm×30cm의 평판을 이용하여 사질토 위에서 평판재하시험을 실시하고 극한지지력 200kN/m²을 얻었다. 크기가 1.8m×1.8m인 정사각형 기초의 총허용하중은 약 얼마인가? (단, 안전율 3을 사용)

① 220kN ② 660kN
③ 1296kN ④ 1500kN

해설 평판재하시험
1) 사질토 지반의 경우 극한지지력과 기초 폭의 크기는 비례한다.
   $0.3 : 200 = 1.8 : q_u \Rightarrow \therefore q_u = 1,200$kN/m²
2) 허용지지력
   $q_a = \dfrac{q_u}{F_s} = \dfrac{1,200}{3} = 400$kN/m²
3) 기초의 총허용하중
   $Q_a = q_a \times A = 400 \times (1.8 \times 1.8) = 1,296$kN

98 다음 그림에서 흙의 저면에 작용하는 단위 면적당 침투수압은? (단, $\gamma_w = 9.81$kN/m³)

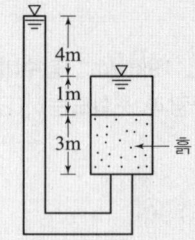

① 79.2kN/m² ② 49.2kN/m²
③ 39.2kN/m² ④ 29.2kN/m²

해설 침투수압
1) 수위 차 : $h = 4$m
2) 침투수압 : $F = \gamma_w \times h = 9.81 \times 4 = 39.2$kN/m²

99 점착력이 50kN/m², $\gamma_t = 18$kN/m³의 비배수 상태($\phi = 0$)인 포화된 점성토지반에 지름 40cm, 길이 10m의 PHC말뚝이 항타시공되었다. 이 말뚝의 선단지지력은? (단, Meyerhof 방법을 사용)

① 15.7kN ② 32.3kN
③ 56.5kN ④ 450kN

해답 95. ③   96. ③   97. ③   98. ③   99. ③

해설 말뚝의 선단지지력(Meyerhof)
1) 단위 면적당 선단지지력
$q_u = c \cdot N_c' = 50 \times 9 = 450 \text{kN/m}^2$
여기서, 지지력계수 N_c' 값으로 9를 많이 사용한다.
2) 말뚝의 선단지지력
$Q_u = q_u \cdot A_p = (450) \times \left(\dfrac{\pi \times 0.4^2}{4}\right) = 56.5 \text{kN}$

★
100 연약한 점성토의 지반특성을 파악하기 위한 현장조사 시험방법에 대한 설명 중 틀린 것은?
① 현장베인시험은 연약한 점토층에서 비배수 전단강도를 직접 산정할 수 있다.
② 정적콘관입시험(CPT)은 콘지수를 이용하여 비배수 전단강도 추정이 가능하다.
③ 표준관입시험에서의 N값은 연약한 점성토지반 특성을 잘 반영해 준다.
④ 정적콘관입시험(CPT)은 연속적인 지층분류 및 전단강도 추정 등 연약점토 특성분석에 매우 효과적이다.

해설 지반특성을 파악하기 위한 조사(SPT)
표준관입시험(SPT)에서의 N값은 모래 지반의 특성을 잘 반영해 준다.

상하수도공학

★★
101 보통 상수도의 기본계획에서 대상이 되는 기간인 계획(목표)년도는 계획수립 시부터 몇 년간을 표준으로 하는가?
① 3~5년간   ② 5~10년간
③ 15~20년간 ④ 25~30년간

해설 상수도 기본 계획 시 목표연도
1) 상수도는 생활 기반 시설로서 영속성과 중요성을 가지므로 안정적이고 효율적으로 운영되어야 하며, 가능한 한 장기간으로 설정하는 것이 기본이다.
2) 기본 계획 시 목표연도는 15~20년이 표준이다.

★
102 인구 30만의 도시에 급수계획을 하고자 한다. 계획 1인 1일 최대 급수량을 350L로 하고, 계획급수 보급률을 80%라 할 때 계획 1일 평균급수량은? (단, 이 도시는 중소도시로 계획 첨두율은 1.5로 가정한다.)
① 126,000m³/day   ② 84,000m³/day
③ 73,500m³/day   ④ 56,000m³/day

해설 계획 1일 평균급수량
1) 급수인구 = 급수구역 내 총인구 × $\dfrac{\text{급수보급률}}{100}$
   = $300,000 \times \dfrac{80}{100} = 240,000$명
2) 계획 1일 최대급수량
   = 계획 1인 1일 최대급수량 × 급수인구
   = $0.35 \times 240,000 = 84,000 \text{m}^3/\text{day}$
   여기서,
   계획 1인 1일 최대급수량 = 350L = 0.35m³/인·일
3) 첨두율 = $\dfrac{\text{계획1일 최대급수량}}{\text{계획1일 평균급수량}}$
   $\Rightarrow 1.5 = \dfrac{84,000}{\text{계획1일 평균급수량}}$
   ∴ 계획1일 평균급수량 = 56,000m³/day

★★
103 다음 중 계획 급수인구의 추정법이 아닌 것은?
① 등차급수법   ② 등비급수법
③ 최소자승법   ④ 누가곡선법

해설 급수인구 추정 방법
1) 추정 방법: 등차급수법, 등비급수법, 논리곡선법, 최소자승법 등.
2) 누가곡선법은 저수지의 용량을 결정하는 방법이다.

★
104 저수시설의 유효저수량 결정방법이 아닌 것은?
① 합리식
② 물수지계산
③ 유량도표에 의한 방법
④ 유량누가곡선도표에 의한 방법

해답 100. ③   101. ③   102. ④   103. ④   104. ①

해설 ▶ 저수시설의 유효저수량
1) 결정방법 : 물수지계산, 유량도표에 의한 방법, 유량누가곡선도표에 의한 방법, 가정법 등.
2) 합리식은 우수유출량을 구하는 방법이다.

★★
105 수질시험 항목에 관한 설명으로 옳지 않은 것은?
① DO(용존산소)는 물속에 용해되어 있는 분자상의 산소를 말하며 온도가 높을수록 DO 농도는 감소한다.
② COD(화학적 산소요구량)는 수중의 산화 가능한 유기물이 일정 조건에서 산화제에 의해 산화되는 데 요구되는 산소량을 말한다.
③ 잔류염소는 처리수를 염소소독하고 남은 염소로 차아염소산이온과 같은 유리잔류염소와 클로라민 같은 결합잔류염소를 말한다.
④ BOD(생물화학적 산소요구량)는 수중 유기물이 혐기성 미생물에 의해 3일간 분해될 때 소비되는 산소량을 ppm으로 표시한 것이다.

해설 ▶ BOD 시험
BOD는 수중유기물이 호기성 미생물에 의해 5일간 분해될 때 소비되는 산소량을 ppm(mg/L)으로 표시한 것이다.

★★★
106 호수나 저수지에 대한 설명으로 틀린 것은?
① 여름에는 성층을 이룬다.
② 가을에는 순환(turn over)을 한다.
③ 성층은 연직방향의 밀도차에 의해 구분된다.
④ 성층현상이 지속되면 하층부의 용존산소량이 증가한다.

해설 ▶ 호수나 저수지의 물순환
1) 성층현상 : 호수의 수심에 따라 여러 개의 층(표층부, 수온약층, 하층부)으로 분리되는 현상으로, 주원인은 수온이고 여름과 겨울에 발생한다.
2) 순환현상 : 호수의 물이 수직으로 혼합되는 현상으로 물의 밀도차가 원인이며, 봄과 가을에 발생한다.
3) 성층현상이 지속되면 하층부는 재폭기 작용이 없어 용존산소량이 부족하다.

★
107 호수의 부영양화에 대한 설명으로 옳지 않은 것은?
① 부영양화의 주된 원인물질은 질소와 인이다.
② 조류의 이상증식으로 인하여 물의 투명도가 저하된다.
③ 조류의 발생이 과다하면 정수공정에서 여과지를 폐색시킨다.
④ 조류제거 약품으로는 일반적으로 황산알루미늄을 사용한다.

해설 ▶ 호수의 부영양화
1) 조류 제거 약품으로는 일반적으로 황산구리($CuSO_4$)를 사용한다.
2) 황산알루미늄은 응집제로 사용된다.

★★★
108 다음 지형도의 상수계통도에 관한 사항 중 옳은 것은?

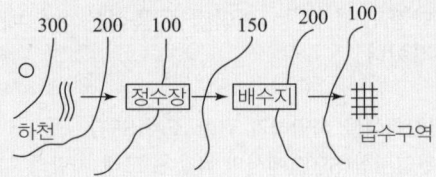

① 도수는 펌프가압식으로 해야 한다.
② 수질을 생각하여 도수로는 개수로를 택하여야 한다.
③ 정수장에서 배수지는 펌프가압식으로 송수한다.
④ 도수와 송수를 자연유하식으로 하여 동력비를 절감한다.

해설 ▶ 상수계통도
1) 하천이 정수장보다 표고가 높은 곳에 있으므로 도수는 자연 유하식으로 한다.
2) 정수장이 배수지보다 표고가 낮으므로 펌프 가압식으로 한다.
3) 수질을 생각한다면 도수로는 관수로를 택하여야 한다.
4) 도수는 자연 유하식, 송수는 펌프 압송식으로 하여야 한다.

해답 105. ④   106. ④   107. ④   108. ③

109 부유물 농도 200mg/L, 유량 3,000m³/day인 하수가 침전지에서 70% 제거된다. 이때 슬러지의 함수율이 95%, 비중 1.1일 때 슬러지의 양은?
① 5.9m³/day
② 6.1m³/day
③ 7.6m³/day
④ 8.5m³/day

해설 슬러지발생량

① 부유물농도 $= \dfrac{200\text{mg}}{\text{L}} \times \dfrac{1{,}000}{1{,}000} = \dfrac{200\text{g}}{\text{m}^3} = \dfrac{0.2\text{kg}}{\text{m}^3}$

② 슬러지의 비중이 1.1이므로, 슬러지 단위중량 $= \dfrac{1{,}100\text{kg}}{\text{m}^3}$

③ 슬러지발생량
= 처리수량 × 제거된 부유물 농도 × $\dfrac{100}{100-\text{함수율}}$ × $\dfrac{1}{\text{단위중량}}$
$= \dfrac{3{,}000\text{m}^3}{\text{day}} \times \dfrac{0.2\text{kg}}{\text{m}^3} \times \dfrac{70}{100} \times \dfrac{100}{100-95} \times \dfrac{\text{m}^3}{1{,}100\text{kg}} = \dfrac{7.64\text{m}^3}{\text{day}}$

110 침전지 내에서 비중이 0.7인 입자의 부상속도를 V라 할 때, 비중이 0.4인 입자의 부상속도는? (단, 기타의 모든 조건은 같다.)
① 0.5V
② 1.25V
③ 1.75V
④ 2V

해설 부상속도(V)

① $V = \dfrac{(\rho_w - \rho_0)gd^2}{18\mu}$

여기서, μ : 점성계수, ρ_w : 물의 밀도, g : 중력가속도, d : 부상 입자의 직경

② 부상 속도 비는 밀도 차에 비례한다.
$(1-0.7) : V = (1-0.4) : x \Rightarrow x = 2V$

111 정수처리 시 생성되는 발암물질인 트리할로메탄(THM)에 대한 대책으로 적합하지 않은 것은?
① 오존, 이산화염소 등의 대체 소독제 사용
② 염소소독의 강화
③ 중간염소처리
④ 활성탄흡착

해설 트리할로메탄(THM)에 대한 대책
1) 대체소독제 사용(오존, 이산화염소)
2) 중간염소처리, 활성탄 흡착, 클로라민 처리 등
3) 염소소독은 염소와 유기물질인 부식질이 반응하여 THM(소독부산물)이 생성된다.

112 합류식과 분류식에 대한 설명으로 옳지 않은 것은?
① 합류식의 경우 관경(관지름)이 커지기 때문에 2계통인 분류식보다 건설비용이 많이 든다.
② 분류식의 경우 오수와 우수를 별개의 관로로 배제하기 때문에 오수의 배제계획이 합리적이 된다.
③ 분류식의 경우 관거 내 퇴적은 적으나 수세효과는 기대할 수 없다.
④ 합류식의 경우 일정량 이상이 되면 우천 시 오수가 월류한다.

해설 하수 배제 방식의 특징
1) 합류식은 오수와 우수를 동일 관거(합류관거)로 배제하는 방법이다.
2) 분류식은 오수와 우수를 각각 오수관과 우수관에 의해 배제하는 방법이다.
3) 분류식은 오수관과 우수관을 각각 별도로 설치하므로 건설비용이 많이 든다.

113 하수도시설 설계시 우수유출량의 산정을 합리식으로 할 때, 토지이용도별 기초유출계수의 표준값이 가장 작은 것은?
① 지붕
② 수면
③ 경사가 급한 산지
④ 잔디, 수목이 많은 공원

해설 유출계수
1) 유출계수는 강우량에 대한 유출량과의 비를 말한다.
2) 유출계수는 지표면 기울기가 클수록, 지면이 불투수층일수록, 수목이 적을수록 커진다.
3) 크기순서 : 수면 > 지붕 > 경사가 급한 산지 > 잔디, 수목이 많은 공원

해답 109. ③ 110. ④ 111. ② 112. ① 113. ④

114 $Q = \dfrac{1}{360} CIA$ 는 합리식으로서 첨두유량을 산정할 때 사용된다. 이 식에 대한 설명으로 옳지 않은 것은?
① C는 유출계수로 무차원이다.
② I는 도달시간 내의 강우강도로 단위는 mm/hr이다.
③ A는 유역면적으로 단위는 km²이다.
④ Q는 첨두유출량으로 단위는 m³/sec이다.

해설 합리식
1) $Q = \dfrac{1}{360} CIA$
   여기서, A는 유역면적으로 단위는 ha이다.
2) $Q = \dfrac{1}{3.6} CIA$
   여기서, A는 유역면적으로 단위는 km²이다.

115 관거별 계획하수량 선정시 고려해야 할 사항으로 적합하지 않은 것은?
① 오수관거는 계획시간 최대오수량을 기준으로 한다.
② 우수관거에서는 계획우수량을 기준으로 한다.
③ 합류식 관거는 계획시간 최대오수량에 계획우수량을 합한 것을 기준으로 한다.
④ 차집관거는 계획시간 최대오수량에 우천시 계획우수량을 합한 것을 기준으로 한다.

해설 관거별 계획하수량
차집관거는 우천 시 계획오수량(계획시간 최대오수량의 3배 이상)을 기준으로 계획한다.

116 생물학적 처리를 위한 영양조건으로 하수의 일반적인 BOD : N : P비는 다음 중 어느 것이 가장 적합한가?
① BOD : N : P = 100 : 50 : 10
② BOD : N : P = 100 : 10 : 1
③ BOD : N : P = 100 : 10 : 5
④ BOD : N : P = 100 : 5 : 1

해설 생물학적 처리를 위한 영양조건
1) BOD : N : P = 100 : 5 : 1
2) 용존산소 : 2mg/L 이상

117 다음 중 활성 슬러지법의 변법이 아닌 것은?
① 호기성 산화지법(aerobic lagoon)
② 장시간 폭기법(extended aeration)
③ 산화구법(oxidation ditch)
④ 계단식 폭기법(step aeration)

해설 활성슬러지법의 변법
1) 활성슬러지법의 종류 : 표준활성슬러지법, 장시간 폭기법, 산화구법, 계단식 폭기법, 접촉 안정법 등이 있다.
2) 산화지법 : 얕은 연못에서 박테리아와 조류 사이 공생관계로 유기물을 분해 처리하는 호기성 처리 방식이다. 이 연못을 산화지라 한다.

118 수분 97%의 슬러지 15m³를 수분 70%로 농축하면 그 부피는? (단, 비중은 모두 1.0으로 가정함)
① 0.5m³
② 1.5m³
③ 2.5m³
④ 3.5m³

해설 슬러지 처리
1) V_1 : 농축 전 슬러지의 부피
   V_2 : 농축 후 슬러지의 부피
   W_1 : 농축 전 슬러지의 함수비
   W_2 : 농축 후 슬러지의 함수비
2) $\dfrac{V_1}{V_2} = \dfrac{100 - W_2}{100 - W_1} \Rightarrow \dfrac{15}{V_2} = \dfrac{100 - 70}{100 - 97}$
   $\therefore V_2 = 1.5 \text{m}^3$

해답   114. ③   115. ④   116. ④   117. ①   118. ②

119 유입수량이 50m³/min, 침전지 용량이 3,000m³, 침전지 유효수심이 6m일 때 수면부하율(m³/m²·day)은?

① 115.2 ② 125.2
③ 144.0 ④ 154.0

해설 수면부하율($\frac{Q}{A}$)

1) 유입수량
$$\frac{50\text{m}^3}{\text{min}} \times \frac{24 \times 60\text{min}}{1\text{day}} = 72{,}000\text{m}^3/\text{day}$$

2) 침전지면적
$$V = A \times H \Rightarrow \therefore A = \frac{V}{H} = \frac{3{,}000}{6} = 500\text{m}^2$$

3) 표면부하율($\frac{Q}{A}$)
$$\frac{Q}{A} = \frac{72{,}000}{500} = 144\text{m}^3/\text{m}^2 \cdot \text{day}$$

120 수격작용을 방지하기 위한 방법으로 옳지 않은 것은?

① 펌프에 플라이휠(fly-wheel)을 붙여 펌프의 관성을 증가시킨다.
② 토출측 관로에 조압수조(surge tank)를 설치한다.
③ 압력수조 또는 공기실(air-chamber)을 설치한다.
④ 펌프 흡입측에 완폐형 역지밸브를 설치한다.

해설 수격작용 방지 대책
펌프의 토출구에 완만히 닫을 수 있는 역지밸브를 설치하여 압력상승을 적게 한다.

해답 119. ③ 120. ④

MEMO

2025년도

과년도기출문제

01 토목기사 2025년 제1회 시행 ········ 2

02 토목기사 2025년 제2회 시행 ········ 30

03 토목기사 2025년 제3회 시행 ········ 58

응용역학

1 그림과 같은 단순보의 C점에서의 전단력의 절대값은?

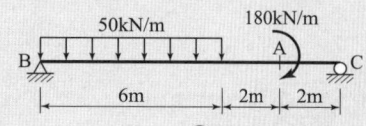

① 72kN ② 108kN
③ 144kN ④ 176kN

해설 전단력

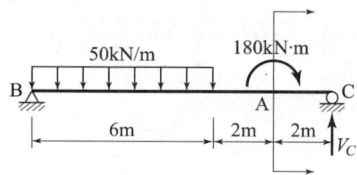

1) $\sum M_B = 0$
   $-V_C \times 10 + 50 \times 6 \times 3 + 180 = 0$
   $\therefore V_C = 108\text{kN}$
2) A점의 전단력(S_A)
   $S_A = |-V_C| = 108\text{kN}$

2 캔틸레버보에서 휨모멘트에 의한 탄성변형에너지는? (단, EI는 일정)

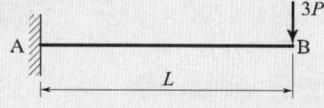

① $\dfrac{P^2 L^3}{3EI}$ ② $\dfrac{P^2 L^3}{2EI}$

③ $\dfrac{2P^2 L^3}{3EI}$ ④ $\dfrac{3P^2 L^3}{2EI}$

해설 탄성변형 에너지

1) $M_x = -3P \cdot x$
2) 탄성변형 에너지(U)

$$U = \int_0^L \frac{M_x^2}{2EI} dx = \int_0^L \frac{(-3px)^2}{2EI} dx$$

$$= \frac{9P^2}{2EI} \int_0^L x^2 dx = \frac{9P^2}{2EI} \left[\frac{x^3}{3}\right]_0^L = \frac{3P^2 L^3}{2EI}$$

3 2경간 연속보의 첫 경간에 등분포하중이 작용한다. 중앙 지점 B의 휨모멘트는?

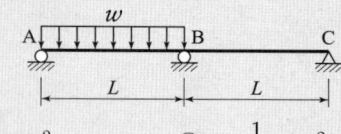

① $-\dfrac{1}{24}wL^2$ ② $-\dfrac{1}{16}wL^2$

③ $-\dfrac{1}{12}wL^2$ ④ $-\dfrac{1}{8}wL^2$

해설 삼연모멘트법

1) 최 외측 지점의 휨모멘트 크기 : $M_A = 0$, $M_C = 0$
2) $L_1 = L_2 = L$, $I_1 = I_2 = I$
   $\theta_{BL} = -\dfrac{WL^3}{24EI}$, $\theta_{BR} = 0$
3) $M_A\left(\dfrac{L_1}{I_1}\right) + 2M_B\left(\dfrac{L_1}{I_1} + \dfrac{L_2}{I_2}\right) + M_C\left(\dfrac{L_2}{I_2}\right)$
   $= 6E[(\theta_{BL}) - (\theta_{BR})]$
   $2M_B\left(\dfrac{L}{I} + \dfrac{L}{I}\right) = 6E\left[\left(-\dfrac{WL^3}{24EI}\right) - (0)\right]$
   $\therefore M_B = -\dfrac{WL^2}{16}$

4 그림과 같은 3-Hinge 아치 구조물의 지점 B에서의 수평반력은?

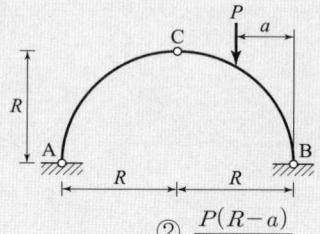

① $\dfrac{Pa}{4R}$ ② $\dfrac{P(R-a)}{2R}$

③ $\dfrac{P(R-a)}{4R}$ ④ $\dfrac{Pa}{2R}$

해설 $\sum M_B = 0$

$V_A \times 2R - P \times a = 0$ $\therefore V_A = \dfrac{Pa}{2R}$

$\sum M_{CL} = 0$

$V_A \times R - H_A \times R = 0$ $\therefore V_A = H_A$

$\sum H = 0$

$H_A - H_B = 0$ $\therefore H_A = H_B = \dfrac{Pa}{2R}$

해답 1. ② 2. ④ 3. ② 4. ④

5 그림과 같은 양단고정보에 30kN/m의 등분포하중과 100kN의 집중하중이 작용할 때 A점의 휨모멘트는?

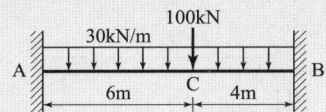

① -316kN·m ② -328kN·m
③ -346kN·m ④ -368kN·m

해설 양단고정보의 A지점 휨모멘트 크기

1) 등분포하중에 의한 A점의 휨모멘트
$$M_{A1} = -\frac{WL^2}{12}$$

2) 집중하중에 의한 A점의 휨모멘트
$$M_{A2} = -\frac{Pab^2}{L^2}$$

3) A점의 휨모멘트
$$M_A = M_{A1} + M_{A2}$$
$$\therefore M_A = -\left(\frac{WL^2}{12} + \frac{Pab^2}{L^2}\right)$$
$$= -\left(\frac{30 \times 10^2}{12} + \frac{100 \times 6 \times 4^2}{10^2}\right)$$
$$= -346\text{kN·m}$$

6 분포하중(w), 전단력(S) 및 굽힘모멘트(M) 사이의 관계가 옳은 것은?

① $-w = \dfrac{dS}{dx} = \dfrac{d^2M}{dx^2}$ ② $-w = \dfrac{dM}{dx} = \dfrac{d^2S}{dx^2}$

③ $w = \dfrac{dM}{dx} = \dfrac{d^2S}{dx^2}$ ④ $w = \dfrac{dS}{dx} = \dfrac{d^2M}{dx^2}$

해설 하중, 전단력, 굽힘 모멘트 관계

1)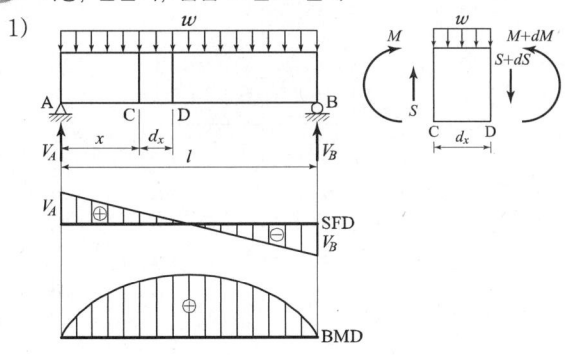

2) $\sum V = 0$
$$S - (S + dS) - wdx = 0 \Rightarrow \therefore \frac{dS}{dx} = -w$$

$\sum M_D = 0$
$$M + S \times dx - (M + dM) - w \times dx \times \frac{dx}{2} = 0$$

여기서, $\left(w \times dx \times \dfrac{dx}{2}\right)$는 미소하므로 무시하면
$$Sdx = dM \Rightarrow \therefore \frac{dM}{dx} = S$$

3) $\dfrac{dM}{dx} = S$에서 양변을 $\dfrac{d}{dx}$하면
$$\frac{d}{dx}\frac{dM}{dx} = \frac{d}{dx}S = -w$$
$$\therefore \frac{d^2M}{dx^2} = \frac{dS}{dx} = -w$$

7 다음의 보에서 C점의 처짐은? (단, EI는 일정하다.)

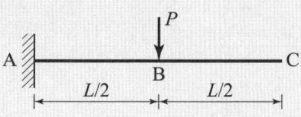

① $\dfrac{5PL^3}{48EI}$ ② $\dfrac{PL^3}{48EI}$

③ $\dfrac{PL^3}{24EI}$ ④ $\dfrac{PL^3}{12EI}$

해설 켄틸레버보의 처짐

1) 휨모멘트도를 그린 다음 공액보로 치환 한다.
2) 공액보상에 휨모멘트도를 하중으로 재하 한다.
3) C점의 휨모멘트 크기를 구하여 EI로 나누면 C점의 처짐이 된다.

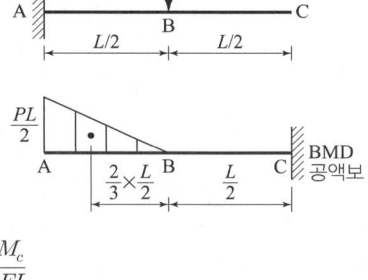

$$y_c = \frac{M_c}{EI}$$
$$= \frac{1}{EI}\left(\frac{PL}{2} \times \frac{L}{2} \times \frac{1}{2}\right)\left(\frac{L}{2} + \frac{2}{3} \times \frac{L}{2}\right) = \frac{5PL^3}{48EI}$$

해답 5. ③ 6. ① 7. ①

★★★
8 경간(Span) 8m인 단순보에 그림과 같은 연행하중이 작용할 때 절대최대휨모멘트는 어디에서 생기는가?

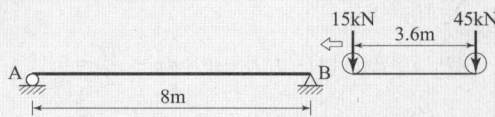

① A지점에서 오른쪽으로 4m되는 점에 45kN의 재하점
② A지점에서 오른쪽으로 4.45m되는 점에 45kN의 재하점
③ B지점에서 왼쪽으로 4m되는 점에 15kN의 재하점
④ B지점에서 왼쪽으로 3.55m 떨어져서 합력의 재하점

해설 절대최대 휨모멘트

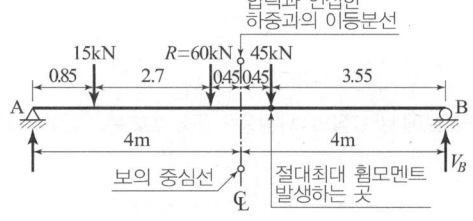

1) 합력의 크기
   $R = 15 + 45 = 60\text{kN}$
2) 합력의 작용점 위치
   $60 \cdot x = 15 \times 3.6 \Rightarrow \therefore x = 0.9\text{m}$
3) 절대최대휨모멘트 발생 위치
   ① 합력과 인접한 하중(45kN)과의 이등분선($\frac{x}{2} = 0.45\text{m}$)을 작도한다.
   ② 그 이등분선과 보의 중심선과 일치시켰을 때, 합력과 인접한 하중(45kN)의 작용점에서 절대최대휨모멘트가 발생한다.
   ∴ 45kN의 재하점이 A지점으로부터 4.45m 떨어진 곳.

★
9 그림과 같이 x, y 축에 대칭인 단면에 비틀림우력 50kN·m가 작용할 때 최대전단응력은?

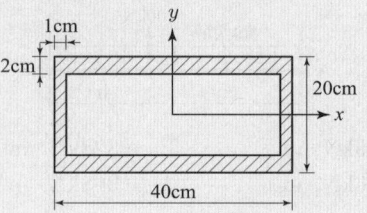

① 35.61MPa   ② 43.55MPa
③ 52.43MPa   ④ 60.27MPa

해설 박판 관 단면의 비틀림 전단응력

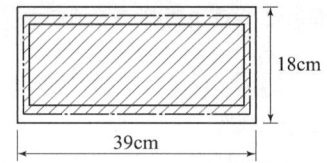

1) $T = 50\text{kN}\cdot\text{m} = 50,000,000\text{N}\cdot\text{mm}$
2) 단면의 중심선으로 둘러 쌓인 면적
   $A_m = 39\text{cm} \times 18\text{cm} = 702\text{cm}^2 = 70,200\text{mm}^2$
3) 비틀림 최대전단응력은 관의 두께가 작은 곳 ($t = 10\text{mm}$)에서 발생한다.
4) 비틀림 최대전단응력
   $\tau_{\max} = \frac{T}{2tA_m} = \frac{50,000,000}{2 \times 10 \times 70,200} = 35.61\text{MPa}$

★★
10 그림은 단면의 핵을 표시한 것이다. e_x, e_y의 값으로 옳은 것은?

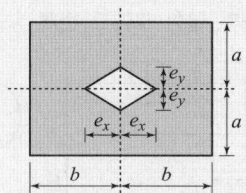

① $e_x = \frac{b}{6}, e_y = \frac{a}{3}$ ② $e_x = \frac{b}{3}, e_y = \frac{a}{6}$
③ $e_x = \frac{b}{6}, e_y = \frac{a}{6}$ ④ $e_x = \frac{b}{3}, e_y = \frac{a}{3}$

해답 8. ②   9. ①   10. ④

해설 단면의 핵

1) $e_x = \dfrac{Z_y}{A} = \dfrac{\dfrac{(2a)(2b)^2}{6}}{2b \times 2a} = \dfrac{b}{3}$

2) $e_y = \dfrac{Z_x}{A} = \dfrac{\dfrac{(2b)(2a)^2}{6}}{2b \times 2a} = \dfrac{a}{3}$

★★
11 T형 단면의 x축에 대한 회전반경은?

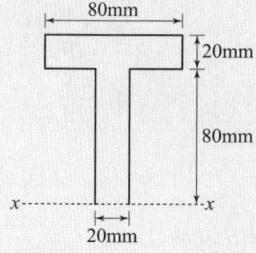

① 71.6mm ② 81.6mm
③ 91.6mm ④ 101.6mm

해설 회전반경

1) $I_X = I_g + A \cdot y_0^2$
$= \left[\dfrac{80 \times 20^3}{12} + (80 \times 20)(90)^2\right]$
$+ \left[\dfrac{20 \times 80^3}{12} + (20 \times 80)(40)^2\right]$
$= 16,426,667\text{mm}^4$
여기서, I_g : 도심축에 대한 단면2차모멘트

2) $A = (80 \times 20) + (20 \times 80) = 3,200\text{mm}^2$

3) 회전반경
$\gamma_X = \sqrt{\dfrac{I_X}{A}} = \sqrt{\dfrac{16,426,667}{3200}} = 71.6\text{mm}$

★★
12 그림과 같은 구조물의 BD부재에 작용하는 힘의 크기는?

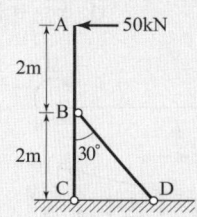

① 100kN ② 125kN
③ 150kN ④ 200kN

해설 힘의 평형
$\sum M_C = 0$
$-50 \times 4 + BD\sin\theta \times 2 = 0$
$\therefore BD = 200\text{kN}$

★★★
13 직사각형 단면 보의 단면적을 A, 전단력을 V라고 할 때 평균전단응력과 최대전단응력($\tau_{\max}$)의 관계는?

① $\dfrac{2}{3} \cdot \dfrac{V_{\max}}{A} = \tau_{\max}$ ② $\dfrac{3}{2} \cdot \dfrac{V_{\max}}{A} = \tau_{\max}$

③ $\dfrac{3}{4} \cdot \dfrac{V_{\max}}{A} = \tau_{\max}$ ④ $\dfrac{4}{3} \cdot \dfrac{V_{\max}}{A} = \tau_{\max}$

해설 평균전단응력과 최대전단응력

1) 직사각형 단면 : $\tau_{\max} = \dfrac{3}{2}\dfrac{V_{\max}}{A}$

2) 원형 단면 : $\tau_{\max} = \dfrac{4}{3}\dfrac{V_{\max}}{A}$

★
14 그림과 같은 캔틸레버보에 모멘트하중(M)이 작용할 때 전단력도의 모양은 어떤 형태인가?

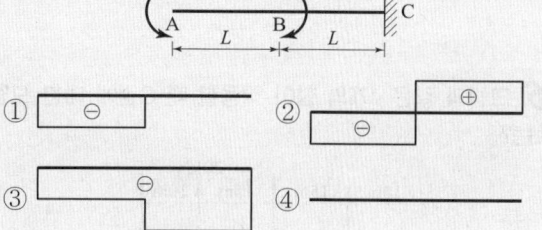

해설 캔틸레버보의 전단력도
1) 전단력은 축에 직각으로 작용하여 물체를 자르려는 힘을 말한다.
2) 그러므로 모멘트하중은 전단력이 아니므로 전단력도는 ④이다.

해답 11. ① 12. ④ 13. ② 14. ④

15 그림과 같은 트러스에서 D_2의 부재력은?

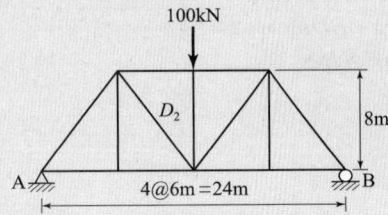

① 62.5kN (인장) ② 80kN (인장)
③ 62.5kN (압축) ④ 80kN (압축)

해설 트러스

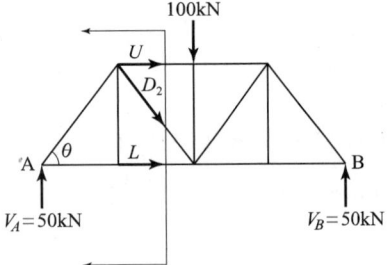

1) 대칭하중이 작용하므로 $V_A = \dfrac{P}{2} = \dfrac{100}{2} = 50\text{kN}$

2) $\sum V = 0$
   $V_A - D_2 \sin\theta = 0$
   $D_2 = \dfrac{V_A}{\sin\theta} = \dfrac{50}{0.8} = 62.5\text{kN}$ (인장)

   여기서, $\sin\theta = \dfrac{8}{10} = 0.8$

16 그림과 같은 4개의 힘이 작용할 때 G점에 대한 모멘트는?

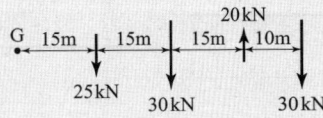

① 1,650kN·m ② 2,025kN·m
③ 2,175kN·m ④ 3,825kN·m

해설 모멘트

1) 모멘트 : 힘×거리
   여기서, 거리는 기준점에서 작용하는 힘까지 최단 거리이다.
2) 시계방향회전을 (+)로 약속한다.
3) $\sum M_G = +(25 \times 15) + (30 \times 30) - (20 \times 45) + (30 + 55)$
   $= 2,025\text{kN·m}$

17 그림과 같은 전단력 V가 작용하는 보의 단면에서 $\tau_1 - \tau_2$의 값은?

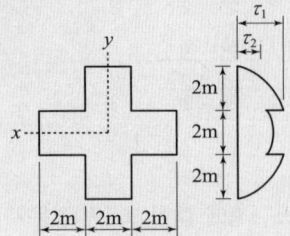

① $\dfrac{V}{29}$ ② $\dfrac{2V}{29}$
③ $\dfrac{3V}{29}$ ④ $\dfrac{4V}{29}$

해설 전단응력

1) $I_X = \dfrac{1}{12}(BH^3 + bh^3)$
   $= \dfrac{1}{12}(2 \times 6^3 + 2 \times 2^3 \times 2개) = \dfrac{116}{3}\text{m}^4$

2) $G_X = A \times y_0 = 2 \times 2 \times 2 = 8\text{m}^3$

3) $\tau_1 - \tau_2 = \dfrac{VG}{I}\left(\dfrac{1}{b_w} - \dfrac{1}{b}\right)$
   $= \dfrac{V \times 8}{\dfrac{116}{3}}\left(\dfrac{1}{2} - \dfrac{1}{6}\right) = \dfrac{2V}{29}$

18 그림과 같은 단순보에서 B단에 모멘트하중 M이 작용할 때 경간 AB 중에서 수직처짐이 최대가 되는 곳의 거리 x는? (단, EI는 일정)

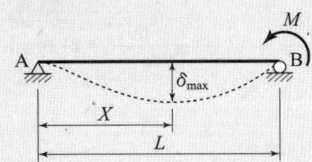

① $x = 0.500L$ ② $x = 0.577L$
③ $x = 0.667L$ ④ $x = 0.750L$

해설

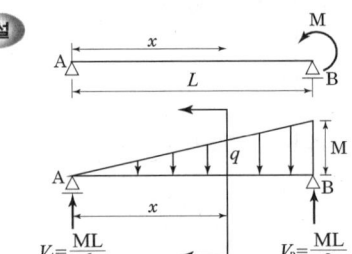

해답 15. ① 16. ② 17. ② 18. ②

(1) $x : q = L : M$

$q = \dfrac{M}{L}x$

(2) $S_x = 0$인 위치에서 최대처짐 발생

$\dfrac{ML}{6} = \dfrac{1}{2} \cdot q \cdot x$

$\dfrac{ML}{6} = \dfrac{1}{2}\left(\dfrac{M}{L}x\right) \cdot x$

$\therefore x = \dfrac{L}{\sqrt{3}} = 0.577L$

★★★
19 단면 100mm × 200mm인 장주의 길이가 3m일 때 좌굴하중은? (단, 기둥의 지지상태는 일단고정 타단자유이고, $E = 20,000$MPa)

① 45.8kN　　② 91.4kN
③ 182.8kN　　④ 365.6kN

해설 좌굴하중(P_{cr})

1) 기둥의 강도 : $n = \dfrac{1}{4}$ (∵ 일단고정, 타단자유)
2) 기둥의 길이 : $L = 3\text{m} = 3,000\text{mm}$
3) 최소 단면2차모멘트

　: $I_{\min} = \dfrac{200 \times 100^3}{12} = 16,666,666.67\text{mm}^4$

4) 좌굴하중

　: $P_{cr} = \dfrac{n\pi^2 EI_{\min}}{L^2} = \dfrac{\dfrac{1}{4} \times \pi^2 \times 20,000 \times 1.67 \times 10^7}{3000^2}$

　　 $= 91,385.22\text{N} \fallingdotseq 91.4\text{kN}$

★★
20 그림과 같은 직사각형 단면의 x축에 대한 단면2차모멘트는?

① $24bh^3$
② $36bh^3$
③ $48bh^3$
④ $60bh^3$

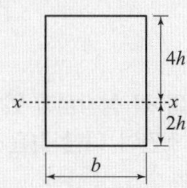

해설 단면2차모멘트

$I_X = I_g + A \cdot y_0^2$

$= \dfrac{(b)(6h)^3}{12} + (b \times 6h)(3h - 2h)^2 = 24bh^3$

여기서, I_g는 도심 축에 대한 단면2차모멘트이다.

측량학

★★
21 등고선의 성질에 대한 설명으로 옳지 않은 것은?

① 경사가 급할수록 등고선 간격이 좁다.
② 경사가 일정하면 등고선 간격이 일정하다.
③ 등고선은 분수선과 직교하고 합수선과 평행하다.
④ 등고선의 최단거리 방향은 최대경사방향을 나타낸다.

해설 등고선의 성질

1) 등고선은 분수선(=능선)과 직교한다.
2) 등고선은 합수선(=계곡선)과 직교한다.

★★★
22 교각(I) 60°, 외선 길이(E) 15m인 단곡선을 설치할 때 곡선길이는?

① 85.2m　　② 91.3m
③ 97.0m　　④ 101.5m

해설 단곡선 설치

1) 외선 길이

$E = R\left(\sec\dfrac{I}{2} - 1\right) \Rightarrow R = \dfrac{15}{\sec\left(\dfrac{60°}{2}\right) - 1} = 96.96\text{m}$

여기서, $\sec\dfrac{I}{2} = \dfrac{1}{\cos\left(\dfrac{I}{2}\right)}$

2) 곡선길이

$CL = \dfrac{\pi}{180°}RI° = \dfrac{\pi}{180°} \times 96.96 \times 60° = 101.5\text{m}$

★★★
23 수심 H인 하천의 유속측정에서 수면으로부터 깊이 0.2H, 0.4H, 0.6H, 0.8H인 지점의 유속이 각각 0.663m/s, 0.556m/s, 0.532m/s, 0.466m/s이었다면 3점법에 의한 평균유속은?

① 0.543m/s　　② 0.548m/s
③ 0.559m/s　　④ 0.560m/s

해설 평균유속(3점법)

1) 수면에서 0.6h 깊이의 유속이 평균유속에 가장 가까우므로 2배의 가중치를 두어 계산한다.
2) $V_m = \dfrac{1}{4}(V_{0.2} + 2V_{0.6} + V_{0.8})$

　 $= \dfrac{1}{4}(0.663 + 2 \times 0.532 + 0.466) = 0.548\text{m/s}$

해답 19. ② 　 20. ① 　 21. ③ 　 22. ④ 　 23. ②

1 2025년 과년도출제문제

24 그림과 같이 교호수준측량을 실시한 결과가 a_1 = 0.63m, a_2 = 1.25m, b_1 = 1.15m, b_2 = 1.73m이었다면, B점의 표고는? (단, A의 표고 = 50.00m)

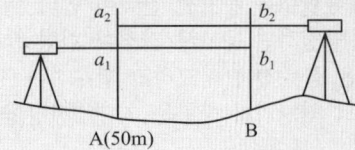

① 49.50m ② 50.00m
③ 50.50m ④ 51.00m

해설 교호수준측량
1) 표고차(h)
$$h = \frac{[(a_1-b_1)+(a_2-b_2)]}{2}$$
$$= \frac{[(0.63-1.15)+(1.25-1.73)]}{2} = -0.5\text{m}$$
2) B점의 표고
$$\therefore H_B = H_A - h = 50.00 - 0.5 = 49.50\text{m}$$

25 A, B, C 점으로부터 수준측량을 하여 P점의 표고를 결정한 경우 P점의 표고는? (단, A→P 표고 = 367.786m, B→P 표고 = 367.732m, C→P 표고 = 367.758m)

① 367.738m
② 367.743m
③ 367.756m
④ 367.763m

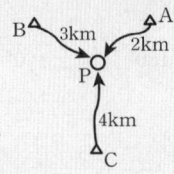

해설 수준측량
1) 경중률
$$P_1 : P_2 : P_3 = \frac{1}{S_1} : \frac{1}{S_2} : \frac{1}{S_3}$$
$$P_1 : P_2 : P_3 = \frac{1}{2} : \frac{1}{3} : \frac{1}{4} = 6 : 4 : 3$$
2) A, B 간의 고저차의 최확값
$$H_0 = \frac{[PH]}{[P]}$$
$$= \frac{6 \times 367.786 + 4 \times 367.732 + 3 \times 367.758}{6+4+3}$$
$$= 367.763\text{m}$$

26 지형의 표시방법 중 하천, 항만, 해안측량 등에서 심천측량을 할 때 측점에 숫자로 기입하여 고저를 표시하는 방법은?
① 점고법   ② 음영법
③ 영선법   ④ 등고선법

해설 점고법
하천, 항만, 해양 등의 심천측량을 점에 숫자를 기록하여 높이를 표시하는 방법이다.

27 그림의 다각망에서 C점의 좌표는? (단, $\overline{AB} = \overline{BC} = 100$m이다.)

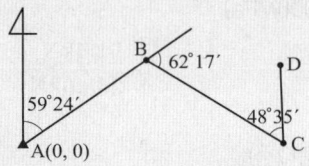

① $X_c = -5.31$m, $Y_c = 160.45$m
② $X_c = -1.62$m, $Y_c = 171.17$m
③ $X_c = -10.27$m, $Y_c = 89.25$m
④ $X_c = 50.90$m, $Y_c = 86.07$m

해설 다각망의 좌표계산
1) 위거: $L = l \cdot \cos\theta$, 경거: $D = l \cdot \sin\theta$
2) B점의 X좌표: $X_B = 100 \times \cos 59°24' = 50.9$m
   B점의 Y좌표: $Y_B = 100 \times \sin 59°24' = 86.07$m
3) C점의 X좌표: $X_c = X_B + 100 \times \cos(59°24' + 62°17')$
   $= -1.62$m
   C점의 Y좌표: $Y_c = Y_B + 100 \times \sin(59°24' + 62°17')$
   $= 171.17$m

28 삼각측량의 각 삼각점에 있어 모든 각의 관측시 만족되어야 하는 조건이 아닌 것은?
① 하나의 측점을 둘러싸고 있는 각의 합은 360°가 되어야 한다.
② 삼각망 중에서 임의의 한 변의 길이는 계산의 순서에 관계없이 같아야 한다.
③ 삼각망 중 각각 삼각형 내각의 합은 180°가 되어야 한다.
④ 모든 삼각점의 포함면적은 각각 일정하여야 한다.

해답 24. ① 25. ④ 26. ① 27. ② 28. ④

해설 삼각망의 기하학적 조건
1) 측점조건 : 하나의 측점을 둘러싸고 있는 각의 합은 360°가 되어야 한다.
2) 변 조건 : 삼각망 중에서 임의의 한 변의 길이는 계산의 순서에 관계없이 같아야 한다.
3) 각 조건 : 삼각망 중 3각형의 내각의 합은 180°가 되어야 한다.
4) 삼각점의 포함 면적은 평균변장에 따라 다를 수 있다.

★★★
29 DGPS를 적용할 경우 기지점과 미지점에서 측정한 결과로부터 공통오차를 상쇄시킬 수 있기 때문에 측량의 정확도를 높일 수 있다. 이때 상쇄되는 오차요인이 아닌 것은?
① 위성의 궤도정보오차
② 다중경로오차
③ 전리층 신호지연
④ 대류권 신호지연

해설 DGPS
1) DGPS : 기지점에 고정용 수신기를 설치, 위성 신호를 수신하여 보정오차 생성하고 동시에 미지점에 또 다른 수신기를 설치, 고정점에서 생성된 보정오차를 이용하여 미지점의 관측자료를 보정하여 높은 정확도를 확보하는 측위방법이다.
2) DGPS 제거되는 오차 : 위성의 궤도오차, 전리층 신호지연 오차, 대류권 신호 지연 오차.
3) 다중경로오차 : 위성 고도 각 조정으로 소거.

★★★
30 철도의 궤도간격 $b = 1.067$m, 곡선반지름 $R = 600$m인 원곡선 상을 열차가 100km/h로 주행하려고 할 때 캔트는?
① 100mm ② 140mm
③ 180mm ④ 220mm

해설 캔트(Cant)
1) 설계속도 : $V = \dfrac{100\text{km}}{\text{h}} = \dfrac{100{,}000\text{m}}{3{,}600\text{sec}} = 27.78\text{m/sec}$
2) 캔트 : $C = \dfrac{V^2 b}{gR} = \dfrac{27.78^2 \times 1.067}{9.81 \times 600} = 0.14\text{m} = 140\text{mm}$

★★
31 시가지에서 25변형 트래버스 측량을 실시하여 2′50″의 각관측 오차가 발생하였다면 오차의 처리 방법으로 옳은 것은? (단, 시가지의 측각 허용범위 $= \pm 20″\sqrt{n} \sim 30″\sqrt{n}$, 여기서 n은 트래버스의 측점 수)
① 오차가 허용오차 이상이므로 다시 관측하여야 한다.
② 변의 길이의 역수에 비례하여 배분한다.
③ 변의 길이에 비례하여 배분한다.
④ 각의 크기에 따라 배분한다.

해설 폐합트래버스의 측각오차 조정
1) 측각오차의 허용범위(시가지)
$E_a = 20\sqrt{n} \sim 30\sqrt{n}$
$= 20\sqrt{25} \sim 30\sqrt{25} = 100″ \sim 150″$
2) 각 관측오차의 크기
: $2′50″ = (2 \times 60″) + 50″ = 170″$
3) 각 관측오차가 측각오차의 허용범위를 벗어나므로 다시 관측해야 한다.

★★★
32 L1과 L2의 두 개 주파수 수신이 가능한 2주파 GNSS 수신기에 의하여 제거가 가능한 오차는?
① 위성의 기하학적 위치에 따른 오차
② 다중경로오차
③ 수신기 오차
④ 전리층오차

해설 GNSS 오차 소거 방법
1) 전리층오차 : 다중주파수(L1, L2) 수신기를 이용하여 소거한다.
여기서, 전리층은 지표에서 50km~1,000km 사이의 층으로 태양에너지에 의해 공기분자가 이온화되어 자유전자가 밀집된 곳으로 GPS 신호 전달에 영향을 준다.
2) 다중경로오차 : 위성의 고도 각을 조정하여 소거
3) 수신기 오차 : 수신기의 정밀검사 실시

★★
33 도로공사에서 거리 20m인 성토구간의 시작단면 $A_1 = 72\text{m}^2$, 끝 단면 $A_2 = 182\text{m}^2$, 중앙단면 $A_m = 132\text{m}^2$이라고 할 때에 각주공식에 의한 성토량은?
① 2,540.0m³ ② 2,573.3m³
③ 2,600.0m³ ④ 2,606.7m³

해답 29. ② 30. ② 31. ① 32. ④ 33. ④

해설 성토량 계산(각주공식)
1) 중앙단면의 단면적에 4배의 가중치를 주어 계산한다.
2) $V = \dfrac{L}{6}(A_1 + 4A_m + A_2) = \dfrac{20}{6}(72 + 4 \times 132 + 182)$
   $= 2,606.7 \text{m}^3$

34 ★★ 지구상의 △ABC를 측정한 결과, 두 변의 거리가 $a = 30$km, $b = 20$km이었고, 그 사잇각이 80°이었다면 이때 발생하는 구과량은? (단, 지구의 곡선반지름은 6,400km로 가정한다.)
① 1.49″ ② 1.62″
③ 2.04″ ④ 2.24″

해설 구과량(ε)
1) 구과량 : 구면삼각형의 내각의 합이 180°를 넘을 때 그 초과된 각의 크기를 말한다.
2) $\varepsilon = \dfrac{A}{R^2}\rho'' = \dfrac{295.442}{6,400^2} \times 206,265''$
   ∴ $\varepsilon = 1.49''$
   여기서, $A = \dfrac{1}{2}ab\sin\theta = \dfrac{1}{2} \times 30 \times 20 \times \sin 80°$
   $= 295.442 \text{km}^2$

35 ★★★ 트래버스 측량에 관한 일반적인 사항에 대한 설명으로 옳지 않은 것은?
① 트래버스 종류 중 결합트래버스는 가장 높은 정확도를 얻을 수 있다.
② 각관측 방법 중 방위각법은 한번 오차가 발생하면 그 영향은 끝까지 미친다.
③ 폐합오차 조정방법 중 컴퍼스법칙은 각관측의 정밀도가 거리관측의 정밀도보다 높을 때 실시한다.
④ 폐합트래버스에서 편각의 총합은 반드시 360°가 되어야 한다.

해설 트래버스측량
1) 컴퍼스 법칙 : 각과 거리의 정밀도가 비슷할 때 사용한다.
2) 트랜싯 법칙 : 거리 정밀도 보다 각의 정밀도가 높을 때 사용한다.

36 ★★★ 원곡선에서 반지름 $R = 200$m, 시점으로부터 교점(I.P)까지의 추가거리 423.26m, 교각 $I = 42°20'$일 때 시단현의 편각은 얼마인가? (단, 중심말뚝간격은 20m임)
① 0°50′0″ ② 2°01′52″
③ 2°03′11″ ④ 2°51′47″

해설 곡선설치법(편각법)
1) $TL = R\tan\dfrac{I}{2} = 200 \times \tan\left(\dfrac{42°20'}{2}\right) = 77.441$m
2) 시점에서 ~ 원곡선 시점까지 거리
   = 시점에서 교점까지 거리 − TL
   = 423.26 − 77.441 = 345.819m
3) 시단현 길이
   $l_1 = \text{No}18 - 345.819 = 360 - 345.819 = 14.181$m
   여기서, No 18 = 18 × 20m = 360m
2) 시단 현 편각
   $\delta_1 = \dfrac{l_1}{2R}\rho° = \dfrac{14.181}{2 \times 200} \times \dfrac{180°}{\pi} = 2°01'52''$

37 ★ 그림과 같이 $\Delta P_1 P_2 C$는 동일 평면상에서 $\alpha_1 = 62°8'$, $\alpha_2 = 56°27'$, $B = 95.00$m이고 연직각 $v_1 = 20°46'$일 때 C로부터 P까지의 높이 H는?

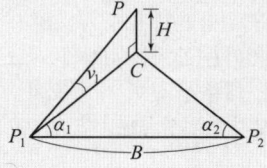

① 30.014m ② 31.940m
③ 33.904m ④ 34.189m

해설 지반고 계산
1) P_1에서 C까지 거리 : sine 법칙 이용
   $\dfrac{P_1 C}{\sin\alpha_2} = \dfrac{B}{\sin(180° - \alpha_1 - \alpha_2)}$
   ∴ $P_1 C = \dfrac{B}{\sin(180° - \alpha_1 - \alpha_2)} \times \sin\alpha_2$
   $= \dfrac{95}{\sin(180° - 62°8' - 56°27')} \times \sin(56°27')$
   $= 90.162$m
2) $PH = P_1 C \times \tan(v_1) = 90.162 \times \tan(20°46')$
   $= 34.189$m

해답 34. ① 35. ③ 36. ② 37. ④

38 표척이 앞으로 3° 기울어져 있는 표척의 읽음값이 3.645m이었다면 높이의 보정량은?
① 5mm ② −5mm
③ 10mm ④ −10mm

해설 표척의 기울기에 의한 오차
1) $h = 3.645 \times \cos 3° = 3.64\text{m}$
2) $dh = 3.64 - 3.645 = -0.005\text{m} = -5\text{mm}$
3) 높이 보정량은 항상 (−)값임

39 축척 1/1,000의 도면에서 어느 지역의 토지를 측정하였더니 가로 2cm, 세로 1cm였다. 이 도면이 전체적으로 1% 수축되어 있었다면 이 토지의 실제면적은 얼마인가?
① 204m² ② 20.4m²
③ 408m² ④ 40.8m²

해설 실제 면적
1) 수축 전 도면의 가로 길이
$X = x + dx = x + \frac{1}{100}x$
$= x\left(1 + \frac{1}{100}\right) = 2(1 + 0.01) = 2.02\text{cm}$
2) 수축 전 도면의 세로 길이
$Y = y + dy = y + \frac{1}{100}y$
$= y\left(1 + \frac{1}{100}\right) = 1(1 + 0.01) = 1.01\text{cm}$
3) 수축 전 도상 면적
$a = 2.02 \times 1.01 = 2.0402\text{cm}^2$
4) 실제 면적
$A = a \cdot m^2 = 2.0402 \times 1,000^2$
$= 2,040,200\text{cm}^2 ≒ 204\text{m}^2$

40 지오이드(Geoid)에 대한 설명 중 옳지 않은 것은?
① 평균해수면을 육지까지 연장한 가상적인 곡면을 지오이드라 하며 이것은 지구타원체와 일치한다.
② 지오이드는 중력장의 등포텐셜면으로 볼 수 있다.
③ 실제로 지오이드면은 굴곡이 심하므로 측지 측량의 기준으로 채택하기 어렵다.
④ 지구타원체의 법선과 지오이드의 법선 간의 차이를 연직선 편차라 한다.

해설 지오이드
1) 지오이드와 지구타원체는 일치하지 않는다.
2) 지구타원체를 측지측량의 기준으로 채택한다.
3) 실제 지구와 가장 가까운 회전타원체를 지구타원체라 한다.

수리학 및 수문학

41 물리량의 차원을 표시한 것으로 옳지 않은 것은?
① 각 가속도 : [T⁻²]
② 힘 : [MLT⁻²]
③ 점성계수 : [ML⁻¹T⁻¹]
④ 탄성계수 : [MLT⁻²]

해설 차원방정식
1) 각 가속도(rad/sec²) : $[T^{-2}]$
2) 힘($F = ma$) : $[MLT^{-2}]$
3) 점성계수($\mu = N \cdot S/cm^2$)
$\mu = FTL^{-2} = (MLT^{-2})TL^{-2} = ML^{-1}T^{-1}$
4) 탄성계수[$E = N/cm^2$]
$E = [FL^{-2}] = (MLT^{-2})(L^{-2}) = ML^{-1}T^{-2}$

42 탱크 속에 깊이 2m의 물과 그 위에 비중 0.85의 기름이 4m 들어있다. 탱크 바닥에서 받는 압력을 구한 값은? (단, 물의 단위중량은 9.81kN/m³이다.)
① 52.974kN/m²
② 53.974kN/m²
③ 54.974kN/m²
④ 55.974kN/m²

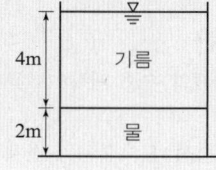

해설 정수압
1) 기름의 단위중량 : $w_1 = 0.85 \times 9.81 = 8.3385\text{kN/m}^3$
2) 탱크 바닥의 압력
$P = w_1 h_1 + w_2 h_2$
$= (8.3385 \times 4) + (9.81 \times 2) = 52.974\text{kN/m}^2$

해답 38. ②　39. ①　40. ①　41. ④　42. ①

1 2025년 과년도출제문제

43 폭 4.8m, 높이 2.7m의 연직 직사각형 수문이 한쪽 면에서 수압을 받고 있다. 수문의 밑면은 힌지로 연결되어 있고 상단은 수평체인(Chain)으로 고정되어 있을 때 이 체인에 작용하는 장력(張力)은? (단, 수문의 정상과 수면은 일치한다.)

① 29.23kN
② 57.21kN
③ 7.87kN
④ 0.88kN

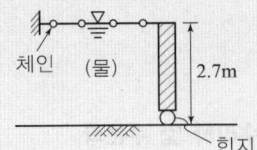

해설

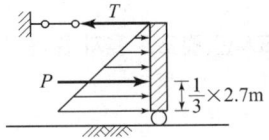

$P = w \cdot h_G \cdot A$
$= 9.81 \times \dfrac{2.7}{2} \times 4.8 \times 2.7 = 171.636 \text{kN}$

힌지를 중심으로 모멘트를 구하면

$171.636 \times \dfrac{1}{3} \times 2.7 = T \times 2.7$

$\therefore T = 57.21 \text{kN}$

44 비중이 0.9인 목재가 물에 떠 있다. 수면 위에 노출된 체적이 1.0m³이라면 목재 전체의 체적은? (단, 물의 비중은 1.00이다.)

① 1.9m³   ② 2.0m³
③ 9.0m³   ④ 10.0m³

해설 부력

1) 물체의 수중 체적(V')
   $V' = (V - 1)$
   여기서 V : 물체의 전체적

2) 비중(S) = $\dfrac{\text{물체의 단위중량}}{\text{물의 단위중량}}$

   ∴ 물체의 단위중량
   = 비중 × 물의 단위중량(9.81kN/m³)

3) $wV + M = w'V' + M'$
   $(0.9 \times 9.81 \times V) + 0 = 1.0 \times 9.81(V-1) + 0$
   $\therefore V = 10\text{m}^3$

45 평면상 x, y 방향의 속도성분이 각각 $u = ky, v = kx$ 인 유선의 형태는?

① 원   ② 타원
③ 쌍곡선   ④ 포물선

해설 유선방정식

1. $\dfrac{dx}{u} = \dfrac{dy}{v} = \dfrac{dz}{w}$

2. 유선의 형태는 유선방정식을 적분하면 알 수 있다.

   1) $\dfrac{dx}{ky} = \dfrac{dy}{kx} \Rightarrow xdx = ydy$

   2) 적분하면 $x^2 - y^2 = \text{const}$

   ∴ 유선의 형태 = 쌍곡선

   ※ $x^2 + y^2 = \text{Const}$ (원의 형태)
   $x \cdot y = \text{Const}$ (쌍곡선)
   $y^2 = k \cdot x$ (포물선)

46 그림과 같이 $d_1 = 1$m인 원통형 수조의 측벽에 내경 $d_2 = 10$cm의 관으로 송수할 때의 평균 유속(V_2)이 2m/s이었다면 이 때의 유량 Q와 수조의 수면이 강하하는 유속 V_1은?

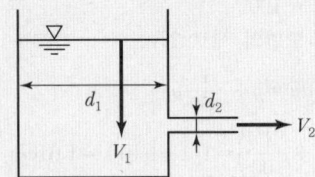

① $Q = 1.57$L/s, $V_1 = 2$cm/s
② $Q = 1.57$L/s, $V_1 = 3$cm/s
③ $Q = 15.7$L/s, $V_1 = 2$cm/s
④ $Q = 15.7$L/s, $V_1 = 3$cm/s

해설 수면강하속도

1) 원통수조의 강하유량
   $Q_1 = A_1 V_1 = \dfrac{\pi \times 100^2}{4} \times V_1$ (수면강하속도)

2) 유출량
   $Q_2 = A_2 V_2 = \dfrac{\pi \times 10^2}{4} \times 200$
   $= 15,707 \text{cm}^3/\sec = 15.7 \text{L/sec}$

3) 원통수조의 강하유량 = 유출량
   $\dfrac{\pi \times 100^2}{4} \times V_1 = 15,707$
   $\therefore V_1 = 2 \text{cm/sec}$

해답 43. ② 44. ④ 45. ③ 46. ③

47 사각 위어에서 유량산출에 쓰이는 Francis 공식에 대하여 양단 수축이 있는 경우에 유량으로 옳은 것은? (단, B : 위어 폭, h : 월류수심)

① $Q = 1.84(B - 0.4h)h^{\frac{3}{2}}$
② $Q = 1.84(B - 0.3h)h^{\frac{3}{2}}$
③ $Q = 1.84(B - 0.2h)h^{\frac{3}{2}}$
④ $Q = 1.84(B - 0.1h)h^{\frac{3}{2}}$

해설 직사각형 위어(Fransis식)
1) 단 수축을 고려한 월류 수맥 폭
$B_o = B - 0.1nh = B - 0.1 \times 2.0 \times h$
여기서, $n = 2.0$ (양단수축)
∴ $B_o = B - 0.2h$
2) $Q = 1.84 B_0 h^{\frac{3}{2}}$

48 직사각형의 단면(폭 4m × 수심 2m) 개수로에서 Manning 공식의 조도계수 $n = 0.017$이고 유량 $Q = 15 \text{m}^3/\text{s}$일 때 수로의 경사($I$)는?

① 1.016×10^{-3}
② 4.548×10^{-3}
③ 15.365×10^{-3}
④ 31.875×10^{-3}

해설 개수로의 수로경사
1) $Q = AV$
$V = \frac{Q}{A} = \frac{15}{4 \times 2} = 1.875 \text{m/sec}$
2) $R = \frac{A}{P} = \frac{4 \times 2}{2 + 4 + 2} = 1\text{m}$
3) $V = \frac{1}{n} R^{\frac{2}{3}} I^{\frac{1}{2}}$
$1.875 = \frac{1}{0.017} \times 1^{\frac{2}{3}} \times I^{\frac{1}{2}}$
∴ $I = 1.016 \times 10^{-3}$

49 Chezy의 평균유속 공식에서 평균유속계수 C를 Manning의 평균유속 공식을 이용하여 표현한 것으로 옳은 것은?

① $\frac{R^{1/2}}{n}$
② $\frac{R^{1/6}}{n}$
③ $\sqrt{\frac{f}{8g}}$
④ $\sqrt{\frac{8g}{f}}$

해설 Chezy의 평균유속과 Manning의 평균유속
1) Manning의 평균유속
$V = \frac{1}{n} R^{\frac{2}{3}} I^{\frac{1}{2}}$
2) Chezy의 평균유속
$V = C\sqrt{RI}$
3) Chezy의 평균유속과 Manning의 평균유속 관계
$C\sqrt{RI} = \frac{1}{n} R^{\frac{2}{3}} I^{\frac{1}{2}}$
$CR^{\frac{1}{2}} I^{\frac{1}{2}} = \frac{1}{n} R^{\frac{1}{2}} R^{\frac{1}{6}} I^{\frac{1}{2}}$
∴ $C = \frac{1}{n} R^{\frac{1}{6}}$

50 동력 20,000kW, 효율 88%인 펌프를 이용하여 150m 위의 저수지로 물을 양수하려고 한다. 손실수두가 10m일 때 양수량은?

① $15.5 \text{m}^3/\text{s}$
② $14.5 \text{m}^3/\text{s}$
③ $11.2 \text{m}^3/\text{s}$
④ $12.0 \text{m}^3/\text{s}$

해설 펌프의 동력(E)
1) $E = 9.8 \frac{Q(H + \sum H_L)}{\eta}$
$20,000 = 9.8 \frac{Q \times (150 + 10)}{0.88}$
∴ $Q = 11.2 \text{m}^3/\text{sec}$
2) 동력을 구할 때는 실 양정에 손실수두를 더한 전 양정으로 계산해야 한다.

해답 47. ③ 48. ① 49. ② 50. ③

2025년 과년도출제문제

51 직사각형 단면수로의 폭이 5m이고 한계수심이 1m일 때의 유량은? (단, 에너지 보정계수 $\alpha = 1.0$)
① 15.65m³/s   ② 10.75m³/s
③ 9.80m³/s   ④ 3.13m³/s

해설 개수로(한계수심으로 흐르는 경우의 유량)

$$h_c = \left(\frac{\alpha Q^2}{gb^2}\right)^{\frac{1}{3}} \Rightarrow 1 = \left(\frac{1.0 \times Q^2}{9.81 \times 5^2}\right)^{\frac{1}{3}}$$

$$\therefore Q = 15.65 \text{m}^3/\text{s}$$

52 수심이 10cm, 수로 폭이 20cm인 직사각형 개수로에서 유량 $Q = 80\text{cm}^3/\text{s}$가 흐를 때 동점성계수 $\nu = 1.0 \times 10^{-2}\text{cm}^2/\text{s}$이면 흐름은?
① 난류, 사류   ② 층류, 사류
③ 난류, 상류   ④ 층류, 상류

해설 흐름의 분류

1) $V = \dfrac{Q}{A} = \dfrac{80}{10 \times 20} = 0.4 \text{cm/sec}$

2) 개수로의 층류와 난류
 - 층류 : $R_e < 500$, 난류 : $R_e > 500$
 - $R_e = \dfrac{Vh}{\nu} = \dfrac{0.4 \times 10}{1.0 \times 10^{-2}} = 400$
 ∴ 층류

3) 상류와 사류
 - 상류 : $F_r < 1$, 사류 : $F_r > 1$
 - $F_r = \dfrac{V}{C} = \dfrac{V}{\sqrt{gh}} = \dfrac{0.4}{\sqrt{980 \times 10}} = 0.004$
 ∴ 상류

53 개수로에서 도수가 발생할 때 도수 전의 수심이 0.5m, 유속이 7m/sec이면 도수 후의 수심은?
① 2.5m   ② 2.0m
③ 1.8m   ④ 1.5m

해설 도수 후의 수심(=상류수심)
1) 도수 전의 후루드수
$$F_{r1} = \dfrac{V_1}{\sqrt{gh_1}} = \dfrac{7}{\sqrt{9.81 \times 0.5}} = 3.16$$

2) 도수 후의 수심
$$h_2 = \dfrac{h_1}{2}(-1 + \sqrt{1 + 8F_{r1}^2})$$
$$= \dfrac{0.5}{2}[-1 + \sqrt{1 + (8 \times 3.16^2)}] = 2.0\text{m}$$

54 지하수의 흐름에서 Darcy 법칙을 적용하는 레이놀즈 수(Re)의 일반적인 범위는?
① Re < 0.1   ② Re < 1~10
③ Re < 500   ④ Re < 2,000

해설 Darcy 법칙
1) 지하수의 흐름에서 Darcy 법칙은 Re 수가 적을수록 안심($R_e < 4$)하고 적용할 수 있다.
2) 일반적인 적용 범위 : Re < (1~10)
3) Darcy 법칙 : $V = KI = K\dfrac{dh}{dl}$

55 다음 중 부정류 흐름의 지하수를 해석하는 방법은?
① Theis 방법   ② Dupuit 방법
③ Thiem 방법   ④ Laplace 방법

해설 지하수 해석법
1) 정류 : Dupuit 방법, Thiem 방법, Laplace 방법
2) 부정류 : Theis 방법, Jacob 방법, chow 방법

56 원형 댐의 월류량(Q_p)이 1,000m³/s이고, 수문을 개방하는 데 필요한 시간(T_p)이 40초라 할 때 1/50 모형(模形)에서의 유량(Q_m)과 개방 시간(T_m)은? (단, 중력가속도비(g_r)는 1로 가정한다.)
① $Q_m = 0.057 \text{m}^3/\text{s}$, $T_m = 5.657\text{s}$
② $Q_m = 1.623 \text{m}^3/\text{s}$, $T_m = 0.825\text{s}$
③ $Q_m = 56.56 \text{m}^3/\text{s}$, $T_m = 0.825\text{s}$
④ $Q_m = 115.00 \text{m}^3/\text{s}$, $T_m = 5.657\text{s}$

해답 51. ① 52. ④ 53. ② 54. ② 55. ① 56. ①

해설 수리학적 상사

1) 유량 비(Q_r)
$$Q_r = \frac{Q_m}{Q_p} = (L_r)^{\frac{5}{2}} \Rightarrow \frac{Q_m}{1,000} = \left(\frac{1}{50}\right)^{\frac{5}{2}}$$
∴ $Q_m = 0.057 \text{m}^3/\text{sec}$
여기서, L_r = 길이 비 = 축척

2) 시간 비(T_r)
$$T_r = \frac{T_m}{T_p} = (L_r)^{\frac{1}{2}} \Rightarrow \frac{T_m}{40} = \left(\frac{1}{50}\right)^{\frac{1}{2}}$$
∴ $T_m = 5.657 \text{m}^3/\text{sec}$

★★★
57 어떤 유역에 표와 같이 30분간 집중호우가 발생하였다. 지속시간 15분인 최대 강우 강도는?

시간(분)	0~5	5~10	10~15	15~20	20~25	25~30
우량(mm)	2	4	6	4	8	6

① 80mm/hr ② 72mm/hr
③ 64mm/hr ④ 50mm/hr

해설 지속시간 15분 최대 강우강도

1) 지속시간 15분에 대한 누가우량
   0분~15분 : 2+4+6 = 12mm
   5분~20분 : 4+6+4 = 14mm
   10분~25분 : 6+4+8 = 18mm
   15분~30분 : 4+8+6 = 18mm
   ∴ 지속시간 15분에 대한 최대누가우량은 18mm 이다.

2) 지속시간 15분 최대 강우강도
$$I = \frac{18\text{mm}}{15\text{min}} \times \frac{60\text{min}}{1\text{hr}} = 72\text{mm/hr}$$

★★
58 강우강도를 I, 침투능을 f, 총 침투량을 F, 토양수분 미흡량을 D라 할 때, 지표유출은 발생하나 지하수위는 상승하지 않는 경우에 대한 조건식은?

① $I < f, F < D$ ② $I < f, F > D$
③ $I > f, F < D$ ④ $I > f, F > D$

해설 강우와 토양

1) 지표면 유출이 발생하는 경우 : $I > f$
2) 지하수 유출이 발생하는 경우 : $F > D$
3) 지표유출은 발생, 지하수위가 상승하지 않는 경우
   : 단시간의 소낙비가 해당한다.
   ∴ $I > f, F < D$

★★★
59 하천의 평균유속 V를 구하는 방법으로서 적절치 못한 것은? (여기서, V_s는 표면유속, $V_{0.2}$, $V_{0.4}$, $V_{0.6}$, $V_{0.8}$는 수면으로부터 수심의 20%, 40%, 60%, 80%에 해당하는 유속을 나타낸다.)

① 표면법 : $V = 0.85 V_s$
② 1점법 : $V = V_{0.6}$
③ 3점법 : $V = \frac{1}{4}(V_{0.2} + V_{0.6} + V_{0.8})$
④ 4점법 : $V = \frac{1}{5}\left[(V_{0.2} + V_{0.4} + V_{0.6} + V_{0.8}) + \frac{1}{2}\left(V_{0.2} + \frac{1}{2}V_{0.8}\right)\right]$

해설 하천의 평균유속(3점법)

1) 수면에서 0.6h 깊이의 유속이 평균유속에 가장 가까우므로 2배의 가중치를 두어 계산한다.
2) $V_m = \frac{1}{4}(V_{0.2} + 2V_{0.6} + V_{0.8})$

★★★
60 다음 중 단위유량도(Unit hydrograph)를 작성함에 있어서 기본가정에 해당되지 않는 것은?

① 비례 가정   ② 중첩 가정
③ 직접 유출의 가정 ④ 일정 기저시간 가정

해설 단위유량도 기본가정

1) 단위유량도 : 단위 유효우량으로 인하여 발생되는 직접 유출의 수문곡선.
2) 기본가정 : 비례가정, 중첩가정, 일정기저시간가정.

해답 57. ② 58. ③ 59. ③ 60. ③

철근콘크리트 및 강구조

61 콘크리트의 설계기준압축강도(f_{ck})가 50MPa인 경우 콘크리트 탄성계수 및 크리프 계산에 적용되는 콘크리트의 평균 압축강도(f_{cu})는?

① 54MPa　② 55MPa
③ 56MPa　④ 57MPa

해설 콘크리트의 평균압축강도

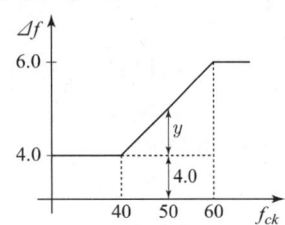

1) Δf 값

f_{ck}(MPa)	40 이하	40 초과 60 미만	60 이상
Δf(MPa)	4.0	직선보간	6.0

2) f_{ck}가 40초과 60미만 사이이므로 직선보간 한다.
   $10 : y = 20 : 2 \Rightarrow y = 1$
   $\Delta f = 4.0 + y = 4.0 + 1.0 = 5.0$

3) $f_{cu} = f_{ck} + \Delta f = 50 + 5.0 = 55$MPa

62 계수전단력 $V_u = 60$kN을 받을 수 있는 직사각형 단면이 전단철근 없이 견딜 수 있는 콘크리트의 유효깊이 d는 최소 얼마 이상인가? (단, $f_{ck} = 24$MPa, $b_w = 350$mm)

① 618mm　② 560mm
③ 434mm　④ 328mm

해설 전단철근을 사용하지 않는 경우의 단면 설계
1) 강도감소계수 : $\phi = 0.75$
2) 콘크리트에 의한 전단강도
   $V_c = \dfrac{\lambda}{6}\sqrt{f_{ck}}\, b_w d = \dfrac{1}{6}\sqrt{24} \times 350 \times d = 285.77d$
3) 최소전단철근 없이 견딜 수 있는 콘크리트의 유효깊이
   $V_u \leq \dfrac{1}{2}\phi V_c$이므로
   $60,000 = \dfrac{1}{2} \times 0.75 \times 285.77d$
   $\therefore\ d = 560$mm

63 그림과 같은 띠철근 기둥에서 띠철근의 최대 수직간격으로 적당한 것은? (단, D10의 공칭직경은 9.5mm, D32의 공칭직경은 31.8mm이다.)

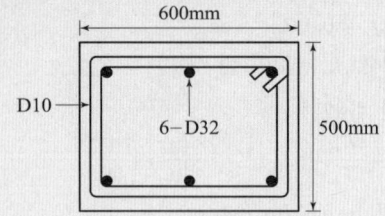

① 456mm　② 472mm
③ 500mm　④ 509mm

해설 띠철근 간격
1) 축 방향 철근의 공칭직경×16 = 31.8×16 = 508.8mm
2) 띠철근의 공칭직경×48 = 9.5×48 = 456mm
3) 단면의 최소치수 = 500mm
   ∴ 이 중 최솟값이 띠철근 간격 = 456mm

64 옹벽의 토압 및 설계일반에 대한 설명 중 옳지 않은 것은?

① 활동에 대한 저항력은 옹벽에 작용하는 수평력의 1.5배 이상이어야 한다.
② 뒷부벽식 옹벽의 저판은 정밀한 해석이 사용되지 않는 한, 3변 지지된 2방향 슬래브로 설계하여야 한다.
③ 뒷부벽은 T형보로 설계하여야 하며, 앞부벽은 직사각형 보로 설계하여야 한다.
④ 지반에 유발되는 최대 지반반력이 지반의 허용지지력을 초과하지 않아야 한다.

해설 옹벽 설계
1) 뒷부벽식 옹벽의 저판은 부벽간 거리를 경간으로 가정한 고정보 또는 연속보로 설계한다.
2) 부벽식 옹벽의 전면벽은 3변 지지된 2방향 슬래브로 설계한다.

해답 61. ②　62. ②　63. ①　64. ②

65 옹벽에서 T형보로 설계하여야 하는 부분은?

① 뒷부벽식 옹벽의 전면벽
② 뒷부벽식 옹벽의 뒷부벽
③ 앞부벽식 옹벽의 저판
④ 앞부벽식 옹벽의 앞부벽

해설 옹벽 설계
1) 뒷 부벽식 옹벽의 뒷부벽 : T형보로 설계
2) 앞 부벽식 옹벽의 앞부벽 : 직사각형보로 설계

66 순단면이 볼트구멍 하나를 제외한 단면(즉, A-B-C 단면)과 같도록 피치(s)를 결정하면? (단, 구멍의 직경은 22mm이다.)

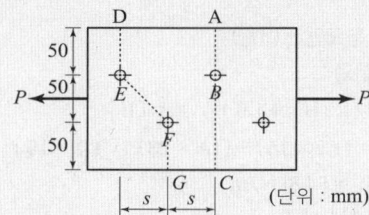

① $s=114.9$mm   ② $s=90.6$mm
③ $s=66.3$mm   ④ $s=50$mm

해설 순폭 계산
1) 구멍지름 : $d=22$mm
2) 순폭 계산
   ① A-B-C : $b_n = b_g - d$
   ② D-E-F-G : $b_n = b_g - d - \left(d - \dfrac{S^2}{4g}\right)$
   ①=② 조건이므로 $d - \dfrac{S^2}{4g} = 0$
   ∴ $S = \sqrt{4gd} = \sqrt{4 \times 50 \times 22} = 66.3$mm

67 크리프 변형 계산 시 초기접선탄성계수를 구하시오. (단, $f_{ck}=29$MPa이며, 보통골재를 사용한 경우이다.)

① 27,264MPa   ② 32,172MPa
③ 45,325MPa   ④ 48,757MPa

해설 크리프 변형 계산 시 초기접선 탄성계수
1) $f_{ck} \leq 40$MPa $\Rightarrow \Delta f = 4$MPa
2) $f_{cm} = f_{ck} + \Delta f = 29 + 4 = 33$MPa
3) 콘크리트 탄성계수(할선계수)
   $E_c = 8,500\sqrt[3]{f_{cm}} = 8,500\sqrt[3]{33} = 27,264$MPa
4) 콘크리트의 초기접선 탄성계수(크리프 변형 계산 시 적용)
   $E_{ci} = 1.18 E_c = 1.18 \times 27,264 = 32,172$MPa

68 그림과 같은 단면의 균열모멘트 M_{cr}은? (단, $f_{ck}=$ 24MPa, $f_y=400$MPa, 보통중량 콘크리트이다.)

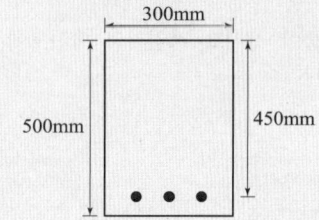

① 22.46kN·m   ② 28.24kN·m
③ 30.81kN·m   ④ 38.58kN·m

해설 균열모멘트
1) $Z = \dfrac{bh^2}{6}$
2) $f_r = 0.63\lambda\sqrt{f_{ck}}$
   $= 0.63 \times 1.0 \times \sqrt{24} = 3.086$N/mm^2
3) $M_{cr} = f_r \cdot Z = 3.086 \times \dfrac{300 \times 500^2}{6}$
   $= 38,575,000$N·mm $\fallingdotseq 38.58$kN·m

69 그림과 같은 맞대기 용접의 용접부에 생기는 인장응력은?

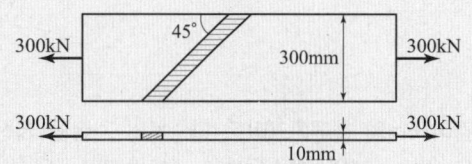

① 50MPa   ② 70.7MPa
③ 100MPa   ④ 141.4MPa

해설 용접부의 압축응력
1) $P = 300$kN $= 300,000$N
2) $f_c = \dfrac{P}{\sum al} = \dfrac{300,000}{10 \times 300} = 100$MPa

70 용접이음에 관한 설명으로 틀린 것은?
① 리벳구멍으로 인한 단면 감소가 없어서 강도 저하가 없다.
② 내부 검사(X선 검사)가 간단하지 않다.
③ 작업의 소음이 적고 경비와 시간이 절약된다.
④ 리벳이음에 비해 약하므로 응력집중 현상이 일어나지 않는다.

해설 용접 이음의 단점
1) 검사가 어렵고, 반복하중에 의한 피로에 약하다.
2) 부분적으로 가열되었다 냉각되기 때문에 잔류응력이 남는다.
3) 응력집중이 생기고 작업자의 숙련도에 따라 강도가 좌우된다.

71 철근콘크리트 부재의 전단철근에 대한 설명으로 틀린 것은?
① 전단철근의 설계기준항복강도는 300MPa을 초과할 수 없다.
② 주인장 철근에 30° 이상의 각도로 구부린 굽힌 철근은 전단철근으로 사용할 수 있다.
③ 최소 전단철근량은 $\dfrac{0.35 b_w s}{f_{yt}}$ 보다 작지 않아야 한다.
④ 부재축에 직각으로 배치된 전단철근의 간격은 $d/2$ 이하, 또한 600mm 이하로 하여야 한다.

해설 전단철근
전단철근의 설계기준항복강도는 500MPa를 초과할 수 없다.

72 길이 6m의 철근콘크리트 단순보의 처짐을 계산하지 않아도 되는 보의 최소두께는 얼마인가? (단, $f_{ck}=$ 21MPa, $f_y=$ 350MPa)
① 356mm ② 403mm
③ 375mm ④ 349mm

해설 처짐을 계산하지 않는 경우의 단순 보의 최소두께(h)
1) 보의 최소두께는 $\dfrac{l}{16}$, f_y가 400MPa이 아닌 경우 $\left(0.43+\dfrac{f_y}{700}\right)$를 곱하여 구한다.
2) $h = \dfrac{6,000}{16} \times \left(0.43 + \dfrac{350}{700}\right) = 349\text{mm}$

73 단철근 직사각형 보의 자중이 15kN/m이고 활하중이 23kN/m일 때 계수휨모멘트는 얼마인가? (단, 이 보는 경간 8m인 단순보이다.)
① 416.2kN·m ② 438.4kN·m
③ 452.4kN·m ④ 511.2kN·m

해설 계수 휨모멘트(M_u)
1) 계수하중
$W_U = 1.2W_D + 1.6W_L \geq 1.4W_D$
$= (1.2 \times 15) + (1.6 \times 23) \geq 1.4 \times 15$
$\therefore W_u = 54.8\text{kN/m}$
2) 계수 휨모멘트
$M_u = \dfrac{W_u L^2}{8} = \dfrac{54.8 \times 8^2}{8} = 438.4\text{kN}\cdot\text{m}$

74 강도설계법에서 그림과 같은 단철근 T형보의 공칭휨강도(M_n)는? (단, $A_s=5,000\text{mm}^2$, $f_{ck}=21\text{MPa}$, $f_y=300\text{MPa}$, 그림의 단위는 mm이다.)

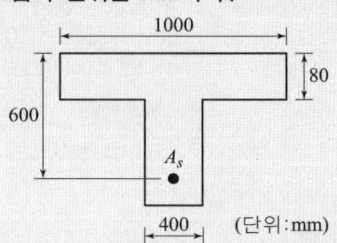

① 711.3kN·m ② 836.8kN·m
③ 947.5kN·m ④ 1,084.6kN·m

해답 70. ④ 71. ① 72. ④ 73. ② 74. ②

해설 단철근 T형보의 공칭휨강도

1) T형보의 판정 : 폭 1,000인 단철근 직사각형 보로 보고 등가 직사각형 응력 블록 깊이를 구하면

① $f_{ck} \le 40\text{MPa} \Rightarrow \eta = 1.0$

② $a = \dfrac{A_s f_y}{\eta(0.85 f_{ck})b} = \dfrac{5,000 \times 300}{1.0 \times 0.85 \times 21 \times 1,000}$
$= 84.03\text{mm}$

∴ T형보로 설계한다. ($\because a > t_f = 80\text{mm}$)

2) $A_{sf} = \dfrac{\eta(0.85 f_{ck})(b-b_w)t_f}{f_y}$
$= \dfrac{1.0 \times 0.85 \times 21 \times (1,000-400) \times 80}{300}$
$= 2,856\text{mm}^2$

3) $a = \dfrac{(A_s - A_{sf})f_y}{\eta(0.85f_{ck})b_w} = \dfrac{(5,000-2,856) \times 300}{1.0 \times 0.85 \times 21 \times 400}$
$= 90\text{mm}$

4) $M_n = \left[A_{sf}f_y\left(d - \dfrac{t_f}{2}\right) + (A_s - A_{sf})f_y\left(d - \dfrac{a}{2}\right)\right]$
$= \left[2,856 \times 300\left(600 - \dfrac{80}{2}\right)\right.$
$\left. + (5,000 - 2,856) \times 300 \times \left(600 - \dfrac{90}{2}\right)\right]$
$= 836,784,000\text{N} \cdot \text{mm} = 836.8\text{kN} \cdot \text{m}$

★★★
75 그림의 보에서 계수전단력 $V_u = 262.5\text{kN}$에 대한 가장 적당한 스터럽 간격은? (단, 사용된 스터럽은 D13철근이다. 철근 D13의 단면적은 127mm², $f_{ck} = 24\text{MPa}$, $f_{yt} = 350\text{MPa}$이다.)

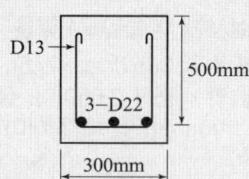

① 125mm ② 195mm
③ 210mm ④ 250mm

해설 전단철근 간격

1) 콘크리트가 부담하는 공칭전단강도(V_c)

$V_c = \dfrac{\lambda}{6}\sqrt{f_{ck}} b_w d$
$= \dfrac{1.0}{6}\sqrt{24} \times 300 \times 500 = 122,474\text{N} \fallingdotseq 122.47\text{kN}$

2) 전단철근이 부담해야 할 전단강도(V_s)

$V_u = \phi(V_c + V_s) \Rightarrow V_s = \dfrac{V_u}{\phi} - V_c$

∴ $V_s = \dfrac{262.5}{0.75} - 122.47 = 227.53\text{kN}$

3) $\dfrac{\lambda}{3}\sqrt{f_{ck}} b_w d = \dfrac{1.0}{3}\sqrt{24} \times 300 \times 500$
$= 244,949\text{N} \fallingdotseq 244.95\text{kN}$

4) $V_s \le \dfrac{\lambda}{3}\sqrt{f_{ck}} b_w d$인 경우의 전단철근 간격

• $\dfrac{d}{2} = \dfrac{500}{2} = 250\text{mm}$

• $s = \dfrac{A_v f_{yt} d}{V_s} = \dfrac{(254 \times 350 \times 500)}{227,530} \fallingdotseq 195\text{mm}$

여기서,' U형 스터럽의 다리는'2개이므로
∴ $A_v = 127 \times 2 = 254\text{mm}^2$

• 600mm 이하
∴ 위의 값 중 가장 작은 값 : $s = 195\text{mm}$

★★
76 철근의 정착에 대한 설명으로 틀린 것은?

① 인장 이형철근 및 이형철선의 정착길이(l_d)는 항상 300mm 이상이어야 한다.
② 압축 이형철근의 정착길이(l_d)는 항상 400mm 이상이어야 한다.
③ 갈고리는 압축을 받는 경우 철근정착에 유효하지 않은 것으로 보아야 한다.
④ 단부에 표준갈고리가 있는 인장 이형철근의 정착길이(l_{dh})는 항상 철근의 공칭지름(d_b)의 8배 이상, 또한 150mm 이상이어야 한다.

해설 철근의 정착
압축 이형철근의 정착길이는 200mm 이상이어야 한다.

★★
77 2방향 슬래브의 설계에서 직접설계법을 적용할 수 있는 제한 사항으로 틀린 것은?

① 각 방향으로 3경간 이상 연속되어야 한다.
② 슬래브 판들은 단변 경간에 대한 장변 경간의 비가 2 이하인 직사각형이어야 한다.
③ 각 방향으로 연속한 받침부 중심간 경간 차이는 긴 경간의 1/3 이하이어야 한다.
④ 연속한 기둥 중심선을 기준으로 기둥의 어긋남은 그 방향 경간의 20% 이하이어야 한다.

해설 직접설계법 제한사항
연속한 기둥 중심선을 기준으로 기둥의 어긋남은 그 방향 경간의 10% 이하이어야 한다.

해답 75. ② 76. ② 77. ④

78 프리스트레스 손실 원인 중 프리스트레스 도입 후 시간의 경과에 따라 생기는 것이 아닌 것은?

① 콘크리트의 크리프
② 콘크리트의 건조수축
③ 정착 장치의 활동
④ 긴장재 응력의 릴랙세이션

해설 프리스트레스 손실
1) 프리스트레스 도입 시 손실
  - 콘크리트의 탄성수축
  - 정착 단의 활동
  - 긴장재와 덕트사이의 마찰
2) 프리스트레스 도입 후 손실
  - 콘크리트 크리프
  - 콘크리트 건조수축
  - 긴장재 응력의 릴랙세이션

79 폭이 300mm, 유효깊이가 500mm인 단철근 직사각형 보에서 인장철근 단면적이 1,700mm²일 때 강도설계법에 의한 등가 직사각형 압축응력블록의 깊이(a)는? (단, f_{ck}=20MPa, f_y=300MPa이다.)

① 50mm
② 100mm
③ 200mm
④ 400mm

해설 단철근 직사각형 보의 압축응력블록 깊이
1) $f_{ck} \leq 40\text{MPa} \Rightarrow \eta = 1.0, \beta_1 = 0.80$
2) 등가 직사각형 압축응력 블록의 깊이
$$a = \frac{A_s f_y}{\eta(0.85 f_{ck})b} = \frac{1,700 \times 300}{1.0 \times 0.85 \times 20 \times 300}$$
$$= 100\text{mm}$$

80 경간이 8m인 PSC보에 계수등분포하중(w)이 20kN/m 작용할 때 중앙 단면 콘크리트 하연에서의 응력이 0이 되려면 강재에 줄 프리스트레스 힘(P)은? (단, PS강재는 콘크리트 도심에 배치되어 있다.)

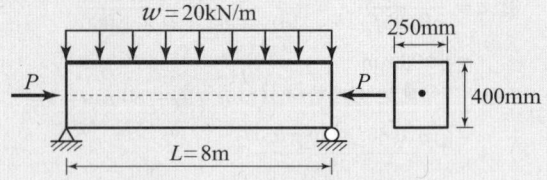

① $P = 2,000$kN
② $P = 2,200$kN
③ $P = 2,400$kN
④ $P = 2,600$kN

해설 PSC보의 응력계산
1) 휨모멘트 : $M = \frac{wL^2}{8} = \frac{20 \times 8^2}{8}$
$= 160\text{kN} \cdot \text{m} = 160,000\text{kN} \cdot \text{mm}$
2) 단면계수 : $Z = \frac{bh^2}{6} = \frac{250 \times 400^2}{6} = 6.67 \times 10^6 \text{mm}^3$
3) 중앙단면 하연에서 응력
$f_c = \frac{P}{A} - \frac{M}{Z} = 0 \Rightarrow \frac{P}{A} = \frac{M}{Z}$
$\frac{P}{250 \times 400} = \frac{160,000}{6.67 \times 10^6} \Rightarrow \therefore P = 2,400\text{kN}$

토질 및 기초

81 현장다짐을 실시한 후 들밀도시험을 수행하였다. 파낸 흙의 체적과 무게 각각 365.0cm³, 745g이었으며, 함수비는 12.5%였다. 흙의 비중이 2.65이다. 실내 표준 다짐 시 최대건조밀도가 1.90g/cm³일 때 상대다짐도는?

① 88.7%
② 93.1%
③ 95.3%
④ 97.8%

해설 들밀도 시험
1) 습윤밀도 : $\gamma_t = \frac{W}{V} = \frac{745}{365} = 2.041\text{g/cm}^3$
2) 건조밀도 : $\gamma_d = \frac{\gamma_t}{\left(1 + \frac{w}{100}\right)} = \frac{2.041}{\left(1 + \frac{12.5}{100}\right)}$
$\fallingdotseq 1.814\text{g/cm}^3$
3) 다짐도
$U = \frac{\gamma_d}{\gamma_{d\max}} = \frac{1.814}{1.90} = 95.4\%$

해답 78. ③ 79. ② 80. ③ 81. ③

82 그림과 같은 사면에서 활동에 대한 안전율은?

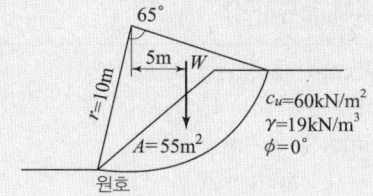

① 1.30
② 1.50
③ 1.70
④ 1.90

해설 사면의 안정해석(질량법)

1) 토체의 중량
$$W = \gamma A = 19 \times 55 = 1,045 \frac{kN}{m}$$

2) 활동모멘트
$$M_D = W \cdot d = 1045 \times 5 = 5,225 \frac{kN}{m} \cdot m$$

3. 원호의 길이
$$L = 2\pi r \times \frac{65°}{360°} = 2 \times \pi \times 10 \times \frac{65°}{360°} = 11.345\,m$$

4. 저항모멘트
$$M_r = C_u \cdot L \cdot r$$
$$= 60 \times 11.345 \times 10 ≒ 6,807 \frac{kN}{m} \cdot m$$

5. 안전율
$$F_s = \frac{M_r}{M_D} = \frac{6,807}{5,225} = 1.3$$

83 연약지반 위에 성토를 실시한 다음, 말뚝을 시공하였다. 시공 후 발생 될 수 있는 현상에 대한 설명으로 옳은 것은?

① 성토를 실시하였으므로 말뚝의 지지력은 점차 증가한다.
② 말뚝을 암반층 상단에 위치하도록 시공하였다면 말뚝의 지지력에는 변함이 없다.
③ 압밀이 진행됨에 따라 지반의 전단강도가 증가되므로 말뚝의 지지력은 점차 증가된다.
④ 압밀로 인해 부의 주면마찰력이 발생되므로 말뚝의 지지력은 감소된다.

해설 부의 주면마찰력
1) 연약 지반 위에 성토를 하면 압밀이 발생한다.
2) 그로 인해 부의 주면마찰이 발생함으로
3) 말뚝의 지지력은 감소한다.

84 유선망(Flow Net)의 성질에 대한 설명으로 틀린 것은?
① 유선과 등수두선은 서로 직교한다.
② 동수경사(i)는 등수두선의 폭에 비례한다.
③ 유선망으로 되는 사각형은 이론상 정사각형이다.
④ 인접한 두 유선 사이, 즉 유로를 흐르는 침투유량은 동일하다.

해설 유선망의 특징
침투속도 및 동수경사는 유선망의 폭에 반비례한다.

85 중심간격이 2.0m 지름 40cm인 말뚝을 가로 4개, 세로 5개씩 전체 20개의 말뚝을 박았다. 말뚝 한 개의 허용지지력이 150kN이라면 이 군항의 허용지지력은 약 얼마인가? (단, 군말뚝의 효율은 Converse-Labarre 공식을 사용)
① 4,500kN
② 300kN
③ 2,415kN
④ 1,145kN

해설 군항의 허용지지력
1) 말뚝의 중심간격 및 수량 : $S = 2m = 200cm$,
$N = 4 \times 5 = 20$
2) 군말뚝의 효율
$$E = 1 - \frac{\phi}{90}\left[\frac{(m-1)n + (n-1)m}{mn}\right]$$
$$= 1 - \frac{11.3°}{90}\left[\frac{(4-1)5 + (5-1)4}{4 \times 5}\right] = 0.805$$
여기서, $\phi = \tan^{-1}\left(\frac{D}{S}\right) = \tan^{-1}\left(\frac{40}{200}\right) = 11.3°$
3) 군항의 허용지지력
$$Q_{ag} = E \cdot q_a \cdot N$$
$$= 0.805 \times 150 \times 20 = 2,415kN$$

해답 82. ① 83. ④ 84. ② 85. ③

86 어느 모래층의 간극률 35%, 비중이 2.66이다. 이 모래의 분사현상(Quick Sand)에 대한 한계동수경사는 얼마인가?

① 0.99 ② 1.08
③ 1.16 ④ 1.32

해설 한계동수경사

1) 공극비
$$e = \frac{n}{100-n} = \frac{35}{100-35} = 0.538$$

2) 한계동수경사
$$i_c = \frac{G_s - 1}{1+e} = \frac{2.66-1}{1+0.538} = 1.08$$

---

87 사운딩에 대한 설명으로 틀린 것은?

① 로드 선단에 지중저항체를 설치하고 지반 내 관입, 압입, 또는 회전하거나 인발하여 그 저항치로부터 지반의 특성을 파악하는 지반 조사 방법이다.
② 정적사운딩과 동적사운딩이 있다.
③ 압입식 사운딩 대표적인 방법은 Standard Penetration Test(SPT)이다.
④ 특수사운딩 중 측압사운딩의 공내 횡방향 재하시험은 보링공을 기계적으로 수평으로 확장시키면서 측압과 수평변위를 측정한다.

해설 사운딩

1) 사운딩 : 로드 선단에 저항체를 설치하고 지반 내 관입, 압입 또는 회전하거나 인발하여 그 저항치로부터 지반의 특성을 파악하는 지반 조사 방법.
2) 압입식 사운딩 : 콘 관입 시험
3) 콘 관입 시험 : 원추형 콘을 지중에 압입 할 때의 저항력을 측정하여 흙의 연경도를 조사하며 점토질 지반에 적용한다.

---

88 입도 분석시험 결과가 아래 표와 같다. 이 흙을 통일 분류법에 의해 분류하면?

- 0.075mm 체 통과율 = 3%
- 2mm체 통과율 = 40%
- 4.75mm체 통과율 = 65%
- $D_{10} = 0.10mm$
- $D_{30} = 0.13mm$
- $D_{60} = 3.2mm$

① GW ② GP
③ SW ④ SP

해설 흙의 공학적 분류방법(통일분류법)

1) 4.75mm 통과율 : 65% > 50% ∴ 모래(S)
2) 균등계수 : $C_u = \frac{D_{60}}{D_{10}} = \frac{3.2}{0.1} = 32$
3) 곡률계수 : $C_g = \frac{(D_{30})^2}{D_{10} \times D_{60}} = \frac{0.13^2}{0.1 \times 3.2} = 0.05$
4) 모래의 양입도 조건 : $C_u > 6$, $1 < C_g < 3$
   ∴ 입도 판정 : 균등계수는 만족하나 곡률계수는 만족하지 못하므로 입도가 불량한 모래(SP)이다.

---

89 두께가 4미터인 점토층이 모래층 사이에 끼어있다. 점토층에 30kN/m²의 유효응력이 작용하여 최종 침하량이 10cm가 발생하였다. 실내압밀시험결과 측정된 압밀계수 (C_v) = 2×10^{-4} cm²/sec라고 할 때 평균압밀도 50%가 될 때까지 소요일수는?

① 288일 ② 312일
③ 388일 ④ 456일

해설 압밀시간

1) 평균압밀도 50%인 경우의 시간계수 : $T_{50} = 0.197$
2) 배수거리 : $H = \frac{4m}{2} = 2m = 200cm$ (∵ 양면배수)
3) 압밀계수
$$C_v = \frac{T_{50} H^2}{t}$$
$$2 \times 10^{-4} = \frac{0.197 \times 200^2}{t} \Rightarrow t = 39,400,000 sec$$
$$\therefore t = 39,400,000 sec \times \frac{1 day}{24 \times 3,600 sec} = 456 day$$

해답 86. ② 87. ③ 88. ④ 89. ④

90 비중이 2.67, 함수비 35%이며 두께 10m인 포화점토층이 압밀 후에 함수비가 25%로 되었다면, 이 토층 높이의 변화량은 얼마인가?

① 113cm   ② 128cm
③ 135cm   ④ 155cm

해설 압밀 침하량(ΔH)

1) 함수비 35%인 경우 공극비(e_1)
   $w\,G_s = S\,e$ 에서
   $35 \times 2.67 = 100 \times e_1$ $\therefore e_1 = 0.93$
2) 함수비 25%인 경우 공극비(e_2)
   $25 \times 2.67 = 100 \times e_2$ $\therefore e_2 = 0.67$
3) $\Delta H = \dfrac{e_1 - e_2}{1 + e_1} H$
   $= \dfrac{0.93 - 0.67}{1 + 0.93} \times 1{,}000\text{cm} = 134.7\text{cm}$

91 점토층 지반 위에 성토를 급속히 하려한다. 성토 직후에 있어서 이 점토의 안정성을 검토하는 데 필요한 강도정수를 구하는 합리적인 시험은?

① 비압밀 비배수 시험(UU-test)
② 압밀 비배수시험(CU-test)
③ 압밀 배수 시험(CD-test)
④ 투수시험

해설 비압밀 비배수시험의 적용
1) 점토지반의 단기 안정해석
2) 성토로 인한 재하속도가 과잉간극수압이 소산되는 속도보다 빠른 경우
3) 즉각적인 함수비 변화, 체적변화가 없이 급속한 파괴가 예상되는 경우

92 그림과 같이 폭 2m, 길이가 3m인 기초에 100kN/m²의 등분포 하중이 작용할 때, A점 아래 4m 깊이에서의 연직응력 증가량은? (단, 아래의 표의 영향 계수 값을 활용하여 $m = \dfrac{B}{z}$, $n = \dfrac{L}{z}$이고, B는 직사각형 단면의 폭, L은 직사각형 단면의 길이, z는 토층의 깊이이다.

【영향계수(I) 값】

m	0.25	0.5	0.5	0.5
n	0.5	0.25	0.75	1.0
I	0.048	0.048	0.115	0.122

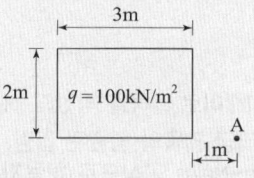

① 6.7kN/m²   ② 7.4kN/m²
③ 12.2kN/m² ④ 17.0kN/m²

해설 지중응력 증가량($\Delta \sigma_z$)

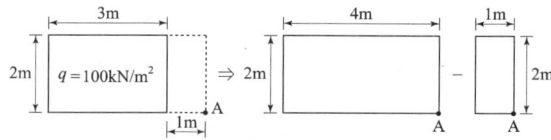

1) $B = 2\text{m}$, $L = 4\text{m}$인 경우
   $m = \dfrac{B}{Z} = \dfrac{2}{4} = 0.5$, $n = \dfrac{L}{Z} = \dfrac{4}{4} = 1.0$
   $\therefore I_1 = 0.122$
2) $B = 2\text{m}$, $L = 1\text{m}$인 경우
   $m = \dfrac{B}{Z} = \dfrac{2}{4} = 0.5$, $n = \dfrac{L}{Z} = \dfrac{1}{4} = 0.25$
   $\therefore I_2 = 0.048$
3) 지중응력 증가량($\Delta \sigma_z$)
   $\Delta \sigma_z = q I_1 - q I_2 = q(I_1 - I_2)$
   $= 100(0.122 - 0.048) = 7.4\text{kN/m}^2$

93 그림과 같은 옹벽배면에 작용하는 토압의 크기를 Rankine의 토압공식으로 구하면?

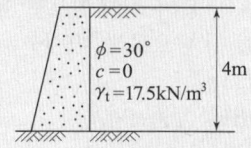

① 32.2kN/m   ② 36.7kN/m
③ 46.7kN/m   ④ 52.0kN/m

해답 90. ③   91. ①   92. ②   93. ③

해설 주동토압 계산

1) 주동토압계수
$$K_a = \frac{1-\sin\phi}{1+\sin\phi} = \frac{1-\sin 30°}{1+\sin 30°} = \frac{1}{3}$$

2) 주동토압크기
$$P_A = \frac{1}{2}K_A\gamma_t h^2$$
$$= \frac{1}{2} \times \frac{1}{3} \times 17.5 \times 4^2 = 46.7 \text{kN/m}$$

해설 베인전단시험

1) 베인전단시험은 포화되고 연약한 점토지반의 점착력을 구하는 시험이다.
2) 점착력(비배수 전단강도)
$$C = \frac{T}{\pi d^2\left(\frac{d}{6}+\frac{h}{2}\right)} \times \mu$$
3) 수정계수 : $\mu = 1.7 - 0.54 \log PI$
여기서, PI(소성지수) $= LL - PL$

★★
94 단동식 증기해머로 말뚝을 박았다. 해머의 무게 25kN, 낙하고 3m, 타격당 말뚝의 평균관 입량 1cm, 안전율 6일 때 Engineering-News 공식으로 허용지지력을 구하면?

① 2,500kN ② 2,000kN
③ 1,000kN ④ 500kN

해설 말뚝의 허용지지력(E-news)

1) Engineering-news공식의 안전율 : $F_s = 6$
2) 극한지지력
$$q_u = \frac{W_h \cdot H}{S+0.25} = \frac{25 \times 300}{1+0.25} = 6,000 \text{kN}$$
3) 허용지지력
$$q_a = \frac{q_u}{F_s} = \frac{6,000}{6} = 1,000 \text{kN}$$

★★★
96 토립자가 둥글고 입도분포가 나쁜 모래지반에서 표준관입시험을 한 결과 N값은 10이었다. 이 모래의 내부마찰각(ϕ)을 Dunham의 공식으로 구하면?

① 21° ② 26°
③ 31° ④ 36°

해설 흙의 내부마찰각(ϕ)

1) C의 값
 • 토립자가 둥글고 입도분포가 나쁜 경우 : $C=15°$
 • 토립자가 둥글고 입도분포가 좋은 경우 : $C=20°$
 • 토립자가 모나고 입도분포가 나쁜 경우 : $C=20°$
 • 토립자가 모나고 입도분포가 좋은 경우 : $C=25°$
2) 흙의 내부마찰각(ϕ)
$$\phi = \sqrt{12N} + C = \sqrt{12 \times 10} + 15° = 26°$$

★
95 베인전단시험(vane shear test)에 대한 설명으로 옳지 않은 것은?

① 베인전단시험으로부터 흙의 내부마찰각을 측정할 수 있다.
② 현장 원위치 시험의 일종으로 점토의 비배수 전단강도를 구할 수 있다.
③ 십자형 베인(vane)을 땅속에 압입한 후, 회전모멘트를 가해서 흙이 원통형으로 전단파괴될 때 저항모멘트를 구함으로써 비배수 전당강도를 측정하게 한다.
④ 연약점토지반에 적용된다.

★★★
97 흙의 다짐에 대한 설명으로 틀린 것은?

① 함수비의 변화에 따라 건조밀도가 변하는데 건조밀도가 가장 클 때의 함수비를 최적함수비라 한다.
② 흙이 조립토에 가까울수록 최적함수비는 작아지며 최대 건조밀도도 작아진다.
③ 일반적으로 조립토일수록 다짐곡선의 기울기가 급하다.
④ 최적함수비가 흙이 종류와 다짐에너지에 따라 다르다.

해설 흙의 다짐 특성
흙이 조립에 가까울수록 최적함수비는 작아지며 최대 건조밀도는 커진다.

해답 94. ③ 95. ① 96. ② 97. ②

98
내부마찰각 $\phi=30°$, 점착력 $c=0$인 그림과 같은 모래지반이 있다. 지표에서 6m 아래 지반의 전단강도는? (단, 물의 단위중량은 9.81kN/m³이다.)

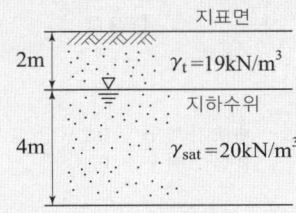

① 78kN/m³ ② 98kN/m³
③ 45kN/m³ ④ 65kN/m³

해설 지반의 전단강도
1) 지표면에서 6m 아래 지반의 유효응력
$$\sigma' = \gamma_t h_1 + \gamma_{sub} h_2$$
$$= 19 \times 2 + (20-9.81) \times 4 = 78.76 \text{kN/m}^2$$
2) 지반의 전단강도
$$\tau = C + \sigma' \tan\phi$$
$$= 0 + 78.76 \times \tan 30° = 45.47 \text{kN/m}^2$$

99
그림의 유선망에 대한 설명 중 틀린 것은? (단, 흙의 투수계수는 2.5×10^{-3} cm/sec)

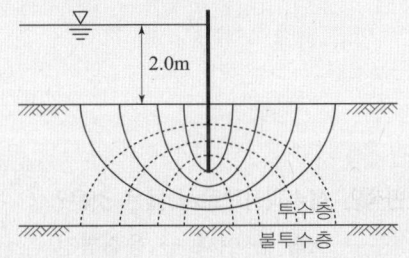

① 유선의 수 = 6
② 등수두선의 수 = 6
③ 유로의 수 = 5
④ 전침투유량 $Q = 0.278$ cm³/sec

해설 유선망
1) 등수두선의 수 = 10개
2) 등수두면의 수 = 등수두선의 수 - 1 = 9개

100
포화상태에 있는 흙의 함수비가 40%이고, 비중이 2.60이다. 이 흙의 간극비는?
① 0.65 ② 0.065
③ 1.04 ④ 1.40

해설 흙의 간극비
1) 포화상태 흙의 포화도 : $S = 100\%$
2) 흙의 각 상태 정수들의 관계
$$w \cdot G_s = S \cdot e \Rightarrow 40 \times 2.60 = 100 \times e$$
$$\therefore e = 1.04$$

상하수도공학

101
상수도 계통의 도수시설에 관한 설명으로 옳은 것은?
① 적당한 수질의 물을 수원지에서 모아서 취수하는 시설을 말한다.
② 수원에서 취수한 물을 정수장까지 운반하는 시설을 말한다.
③ 정수 처리된 물을 수용가에서 공급하는 시설을 말한다.
④ 정수장에서 정수 처리된 물을 배수지까지 보내는 시설을 말한다.

해설 상수도의 계통도
1) 계통도 : 수원-취수-도수-정수-송수-배수-급수
2) 도수는 원수를 취수해서 정수장까지 이송하고,
3) 송수는 정수한 물을 정수지에서 배수지로 이송한다.

102
인구 30만의 도시에 급수계획을 하고자 한다. 계획 1인 1일 최대 급수량을 350L로 하고 계획급수 보급률을 80%라 할 때 계획 1일 평균급수량은? (단, 이 도시는 중소도시로 계획 첨두율은 1.5로 가정한다.)
① 126,000m³/day ② 84,000m³/day
③ 73,500m³/day   ④ 56,000m³/day

해설 계획 1일 평균급수량

1) 계획 1인 1일 최대급수량
   $= 350\text{L/인·일} = 0.35\text{m}^3/\text{인·일}$
2) 급수인구 = 계획급수 보급률×인구수
   $= 0.8 \times 300,000 = 240,000$인
3) 계획 1일 최대급수량
   $= 0.35 \times 240,000 = 84,000\text{m}^3/\text{day}$
4) 첨두율 = $\dfrac{\text{계획1일 최대급수량}}{\text{계획1일 평균급수량}}$
   $\Rightarrow 1.5 = \dfrac{84,000}{\text{계획1일 평균급수량}}$
   ∴ 계획1일평균급수량 $= 56,000\text{m}^3/\text{day}$

105 하천의 재포기(reaeration) 계수가 0.2/day, 탈산소계수가 0.1/day이면 이 하천의 자정계수는?
① 0.1
② 0.2
③ 0.5
④ 2.0

해설 자정계수
자정계수 : $f = \dfrac{\text{재포기계수}}{\text{탈산소계수}} = \dfrac{0.2}{0.1} = 2.0$

103 먹는 물에 대장균이 검출될 경우 오염수로 판정되는 이유로 옳은 것은?
① 대장균은 병원균이기 때문이다.
② 대장균은 반드시 병원균과 공존하기 때문이다.
③ 대장균은 번식 시 독소를 분비하여 인체에 해를 끼치기 때문이다.
④ 사람이나 동물의 체내에 서식하므로 병원성 세균의 존재 추정이 가능하기 때문이다.

해설 대장균
1) 수인성 전염병 균과 같이 존재할 가능성이 높아 병원균 추정의 간접지표로 이용된다.
2) 먹는 물 수질기준 : 100ml에서 미검출

106 지름 300mm의 주철관을 설치할 때, 40kgf/cm²의 수압을 받는 부분에서는 주철관의 두께는 최소한 얼마로 하여야 하는가? (단, 허용인장응력 $\sigma_{ta} = 1,400\text{kgf/cm}^2$이다.)
① 3.1mm
② 3.6mm
③ 4.3mm
④ 4.8mm

해설 관의 최소두께
1) $D = 300\text{mm} = 30\text{cm}$
2) 관의 두께
   $t = \dfrac{PD}{2\sigma_{ta}} = \dfrac{40 \times 30}{2 \times 1,400} = 0.428\text{cm} ≒ 4.3\text{mm}$

104 호소의 부영양화에 관한 설명으로 옳지 않은 것은?
① 부영양화의 원인물질은 질소와 인 성분이다.
② 부영양화는 수심이 낮은 호소에서도 잘 발생된다.
③ 조류의 영향으로 물에 맛과 냄새가 발생되어 정수에 어려움을 유발시킨다.
④ 부영양화된 호소에서는 조류의 성장이 왕성하여 수심이 깊은 곳까지 용존산소 농도가 높다.

해설 부영양화
수심이 깊은 곳은 조류의 사체(死體) 등으로 인한 침전물로 용존산소의 농도가 감소한다.

107 일반적인 정수과정으로서 옳은 것은?
① 스크린 → 소독 → 여과 → 응집침전
② 스크린 → 응집침전 → 여과 → 소독
③ 여과 → 응집침전 → 스크린 → 소독
④ 응집침전 → 여과 → 소독 → 스크린

해설 일반적인 정수 과정
1) 일반적인 정수 과정 : 스크린→응집·침전→여과→소독
2) 일반적인 상수 처리 계통 : 수원→취수→도수→정수→송수→배수→급수

해답 103. ④   104. ④   105. ④   106. ③   107. ②

108 Jar-Test는 적정 응집제의 주입량과 적정 pH를 결정하기 위한 시험이다. Jar-Test 시 응집제를 주입한 후 급속교반 후 완속교반을 하는 이유는?
① 응집제를 용해시키기 위해서
② 응집제를 고르게 섞기 위해서
③ 플록이 고르게 퍼지게 하기 위해서
④ 플록을 깨뜨리지 않고 성장시키기 위해서

해설 Jar Test 응집반응 단계
1) 혼화단계 : 응집제를 투입한 후 급속교반에 의해 탁질성분을 미세한 플록으로 응결시킨다.
2) 플록형성단계 : 혼화단계에서 생성된 미세플록을 완속교반으로 플록을 더욱더 성장시킨다.

109 활성탄처리를 적용하여 제거하기 위한 주요항목으로 거리가 먼 것은?
① 질산성 질소　② 냄새유발물질
③ THM 전구물질　④ 음이온 계면활성제

해설 활성탄처리
1) 활성탄처리 제거 대상 물질 : 맛, 냄새 제거, 색도 제거, THM 전구물질 제거
2) 질산성질소 제거 : 이온교환법, 생물처리법, 역삼투막법 등으로 제거한다.
• 전구물질 : 어떤 물질을 만들기 위한 화학반응에서 최종 생성물에 이르기 전 단계의 물질

110 고속 응집침전지를 선택할 때 고려하여야 할 사항으로 옳지 않은 것은?
① 처리수량의 변동이 적어야 한다.
② 탁도와 수온의 변동이 적어야 한다.
③ 원수 탁도는 10NTU 이상이어야 한다.
④ 최고 탁도는 10,000NTU 이하인 것이 바람직하다.

해설 고속 응집 침전지
1) 최고 탁도 : 1,000 NTU 이하
2) NTU : 탁도 단위

111 정수시설에 관한 사항으로 틀린 것은?
① 착수정의 용량은 체류시간을 5분 이상으로 한다.
② 고속 응집침전지의 용량은 계획정수량의 1.5~2.0 시간분으로 한다.
③ 정수지의 용량은 첨두수요 대처용량과 소독 접촉시간용량을 고려하여 최소 2시간분 이상을 표준으로 한다.
④ 플록형성지에서 플록형성시간은 계획정수량에 대하여 20~40분간을 표준으로 한다.

해설 정수시설(착수정)
1) 착수정의 용량은 체류시간 1.5분 이상으로 한다.
2) 수심은 3~5m 정도로 한다.

112 하수도의 효과에 대한 설명으로 적합하지 않은 것은?
① 도시환경의 개선　② 토지이용의 감소
③ 하천의 수질보전　④ 공중위생상의 효과

해설 하수도의 효과
1) 토지이용의 증대 및 도시환경 개선
2) 하천의 수질보전
3) 공중 위생상의 효과
4) 하천 유지비의 감소 등

113 하수배제방식에 대한 설명 중 틀린 것은?
① 분류식 하수관거는 청천 시 관로내 퇴적량이 합류식 하수관거에 비하여 많다.
② 합류식 하수배제방식은 폐쇄의 염려가 없고 검사 및 수리가 비교적 용이하다.
③ 합류식 하수관거에서는 우천 시 일정유량 이상이 되면 하수가 직접 수역으로 방류될 수 있다.
④ 분류식 하수배제방식은 강우초기에 도로 위의 오염물질이 직접 하천으로 유입되는 단점이 있다.

해설 하수 배제방식
1) 분류식 하수관거는 오수와 우수를 각각 오수관과 우수관에 의해 배제하는 방법이다.
2) 분류식 하수관거는 청천 시 관로 내 퇴적량이 합류식 하수관거에 비하여 적다.

해답　108. ④　109. ①　110. ④　111. ①　112. ②　113. ①

114 수중의 질소화합물의 질산화 진행과정으로 옳은 것은?

① $NH_3-N \to NO_2-N \to NO_3-N$
② $NH_3-N \to NO_3-N \to NO_2-N$
③ $NO_2-N \to NO_3-N \to NH_3-N$
④ $NO_3-N \to NO_2-N \to NH_3-N$

해설 질산화 과정(호기성 조건)
1) 질산화 : $NH_3-N \to NO_2^--N \to NO_3^--N$
2) 질산화 진행 정도에 따라 오염 진행 상태, 오염 발생 시기 등을 알 수 있다.

115 하수도 계획의 기본적 사항에 관한 설명으로 옳지 않은 것은?

① 계획구역은 계획목표년도까지 시가화 예상구역을 포함하여 광역적으로 정하는 것이 좋다.
② 하수도 계획의 목표년도는 시설의 내용년수, 건설기간 등을 고려하여 50년을 원칙으로 한다.
③ 신시가지 하수도 계획의 수립시에는 기존시가지를 포함하여 종합적으로 고려해야 한다.
④ 공공수역의 수질보전 및 자연환경보전을 위하여 하수도 정비를 필요로 하는 지역을 계획 구역으로 한다.

해설 하수도 계획
하수도 계획의 목표연도는 20년을 원칙으로 한다.

116 혐기성 소화 공정의 영향인자가 아닌 것은?

① 체류시간 ② 메탄함량
③ 독성물질 ④ 알칼리도

해설 혐기성 소화 공정의 영향인자
1) 체류시간
2) 독성물질
3) 알카리도
4) 온도, 영양염류, PH

117 유량이 5,000m³/day이고 BOD가 150mg/L인 하수를 500m³의 유효용량을 가진 폭기조에서 처리할 경우, BOD 용적부하량은?

① $1.0kg/(m^3 \cdot day)$ ② $1.5kg/(m^3 \cdot day)$
③ $2.0kg/(m^3 \cdot day)$ ④ $2.5kg/(m^3 \cdot day)$

해설 BOD 용적부하
1) BOD 농도 $= \dfrac{150mg}{L} \times \dfrac{1,000}{1,000} = \dfrac{150g}{m^3} = \dfrac{0.15kg}{m^3}$
2) BOD량 = BOD 농도 × Q
$= \dfrac{0.15kg}{m^3} \times \dfrac{5,000m^3}{day} = 750kg/day$
3) BOD 용적부하 $= \dfrac{BOD량}{폭기조부피} = \dfrac{750}{500}$
$= 1.5kg/m^3 \cdot day$

118 장기 폭기법에 관한 설명으로 옳은 것은?

① F/M비가 크다.
② 슬러지 발생량이 적다.
③ 부지가 적게 소요된다.
④ 대규모 처리장에 많이 이용된다.

해설 장기 폭기법
1) 폭기시간을 길게(18hr ~ 24hr)하여 처리하는 방식이다.
2) F/M 비가 작다.
3) 소규모 하수처리장에 적합하다.

119 함수율 95%인 슬러지를 농축시켰더니 최초부피의 1/3이 되었다. 농축된 슬러지의 함수율은? (단, 농축 전후의 슬러지 비중은 1로 가정한다.)

① 65% ② 70%
③ 85% ④ 90%

해답 114. ① 115. ② 116. ② 117. ② 118. ② 119. ③

해설 슬러지의 함수율과 부피의 관계

1) $V_2 = \dfrac{1}{3} V_1$

   V_1 : 농축 전 슬러지 부피
   V_2 : 농축 후 슬러지 부피
   w_1 : 농축 전 슬러지의 함수율
   w_2 : 농축 후 슬러지의 함수율

2) $\dfrac{V_2}{V_1} = \dfrac{(100 - w_1)}{(100 - w_2)}$

   $\dfrac{\frac{1}{3}V_1}{V_1} = \dfrac{(100-95)}{(100-w_2)}$

   ∴ $w_2 = 85\%$

★★★
120 공동현상(Cavitation)의 방지책에 대한 설명으로 옳지 않은 것은?
① 마찰손실을 작게 한다.
② 흡입양정을 작게 한다.
③ 펌프의 흡입관경을 작게 한다.
④ 임펠러(Impeller) 속도를 작게 한다.

해설 펌프의 공동현상 방지 대책
1) 펌프의 흡입 관경을 크게 하여 마찰 손실 수두를 감소시킨다.
2) 펌프의 설치 위치를 낮게 하고 흡입양정과 유속을 작게 한다.

해답 120. ③

2025년 과년도출제문제

응용역학

1 그림과 같은 구조에서 절댓값이 최대로 되는 휨모멘트의 값은?

① 80kN·m
② 50kN·m
③ 40kN·m
④ 30kN·m

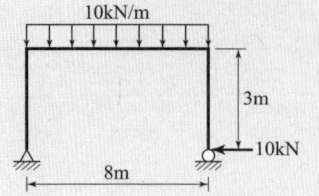

해설 라멘

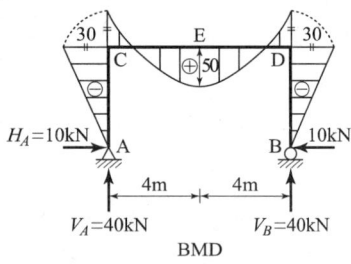

1) 반력계산
   ① $\sum M_B = 0$
   $V_A \times 8 - 10 \times 8 \times 4 = 0 \Rightarrow \therefore V_A = 40$ kN
   ② $\sum H = 0$
   $H_A - 10 = 0 \Rightarrow \therefore H_A = 10$ kN

2) 최대휨모멘트($M_{\max}$)
   ① $M_A = 0$, $M_B = 0$
   ② $M_C = -10 \times 3 = -30$ kN·m
   ③ $M_D = -10 \times 3 = -30$ kN·m
   ④ $M_E = 40 \times 4 - 10 \times 3 - 10 \times 4 \times 2 = 50$ kN·m
   $\therefore M_{\max} = 50$ kN·m

2 그림과 같이 캔틸레버 보의 B점에 집중하중 P와 우력 모멘트 M_o가 작용할 때 B점에서의 연직변위는? (단, 보의 EI는 일정하다.)

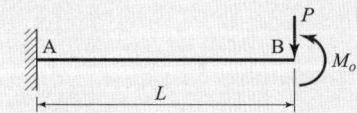

① $\dfrac{PL^3}{4EI} + \dfrac{M_oL^2}{2EI}$
② $\dfrac{PL^3}{4EI} - \dfrac{M_oL^2}{2EI}$
③ $\dfrac{PL^3}{3EI} + \dfrac{M_oL^2}{2EI}$
④ $\dfrac{PL^3}{3EI} - \dfrac{M_oL^2}{2EI}$

해설 캔틸레버보의 처짐
1) 집중하중에 의한 처짐: $\delta_1 = \dfrac{PL^3}{3EI}(\downarrow)$
2) 모멘트하중에 의한 처짐: $\delta_2 = -\dfrac{M_oL^2}{2EI}(\uparrow)$
3) B점의 처짐: $\delta_B = \delta_1 + \delta_2 = \dfrac{PL^3}{3EI} - \dfrac{M_oL^2}{2EI}$

3 단면2차모멘트의 특성에 대한 설명으로 틀린 것은?

① 단면2차모멘트의 최솟값은 도심에 대한 것이며 "0"이다.
② 정삼각형, 정사각형, 정다각형의 도심축에 대한 단면2차모멘트 값은 모두 같다.
③ 단면2차모멘트는 좌표축에 상관없이 항상 (+)의 부호를 갖는다.
④ 단면2차모멘트가 크면 휨강성이 크고 구조적으로 안전하다.

해설 단면2차모멘트의 특성
1) 단면2차모멘트의 최솟값은 도심축에서 발생하고 그 값은 "0"이 아니다.
2) 도심 축에 대한 단면 2차 모멘트
   ① 사각형단면: $\dfrac{bh^3}{12}$
   ② 삼각형단면: $\dfrac{bh^3}{36}$
   ③ 원형단면: $\dfrac{\pi d^4}{64}$

4 그림과 같은 하중을 받는 구조물의 전체 길이의 변화량 δ는 얼마인가? (단, 보는 균일하며 단면적 A와 탄성계수 E는 일정)

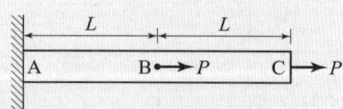

① $\dfrac{PL}{EA}$
② $\dfrac{1.5PL}{EA}$
③ $\dfrac{3PL}{EA}$
④ $\dfrac{4PL}{EA}$

해답 1. ② 2. ④ 3. ① 4. ③

해설 전체길이의 변화량

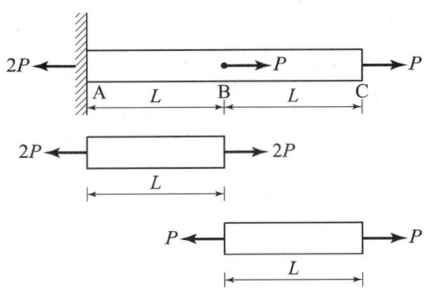

1) 자유물체도를 그려서 해석한다.
2) $\Delta l = \Delta l_1 + \Delta l_2 = \dfrac{2PL}{AE} + \dfrac{PL}{AE}$
   $= \dfrac{3PL}{AE}$

★★
5 그림과 같은 게르버 보에서 A점의 반력은?

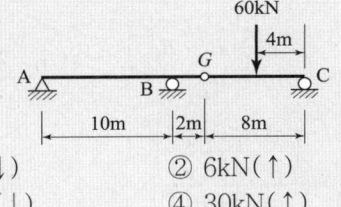

① 6kN(↓) ② 6kN(↑)
③ 30kN(↓) ④ 30kN(↑)

해설 게르버보의 지점 반력

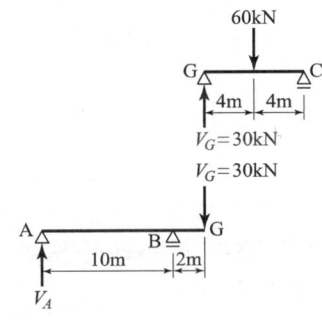

1) GC 구간 : V_G를 구한다.
   $V_G = \dfrac{60}{2} = 30\text{kN}$
2) AG 구간 : G점에 V_G의 크기로 아래 방향으로 재하한다.
   $\sum M_B = 0$
   $(V_A \times 10) + (V_G \times 2) = 0$
   $\therefore V_A = -6\text{kN}(\downarrow)$

★★★
6 그림과 같은 기둥에서 좌굴하중의 비 (a):(b):(c):(d)는? (단, EI와 기둥의 길이(L)는 모두 같다.)

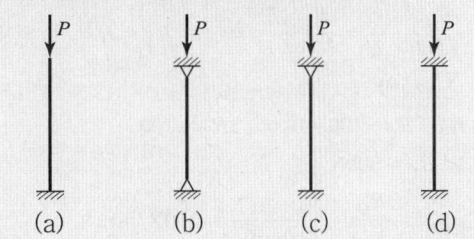

① 1 : 2 : 3 : 4
② 1 : 4 : 8 : 12
③ $\dfrac{1}{4}$: 2 : 4 : 8
④ 1 : 4 : 8 : 16

해설 좌굴하중(P_{cr})

1) $P_{cr} = \dfrac{n\pi^2 EI}{L^2}$
2) 강도(n)
   ① 캔틸레버기둥 : $n = 1/4$
   ② 양단힌지기둥 : $n = 1$
   ③ 한쪽고정, 타단 힌지기둥 : $n = 2$
   ④ 양단고정기둥 : $n = 4$
3) 좌굴하중 비 : 좌굴하중은 기둥의 강도와 비례한다.
   $\therefore P_a : P_b : P_c : P_d = 1 : 4 : 8 : 16$

★
7 다음에서 부재 BC에 걸리는 응력의 크기는?

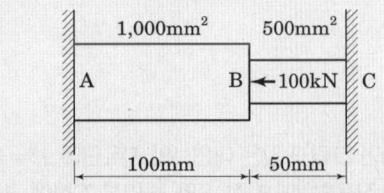

① $\dfrac{200}{3}$MPa ② 100MPa
③ $\dfrac{300}{2}$MPa ④ 200MPa

해설

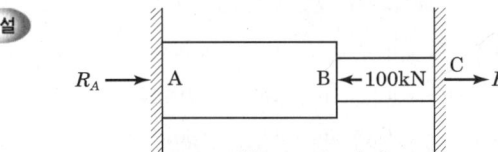

해답 5. ① 6. ④ 7. ②

1) 적합조건 : $\triangle_B = 0 \Rightarrow \triangle l_{BA} = \triangle l_{BC}$

   $\triangle l_{BA} = \dfrac{R_A \times a}{A_{BA} \times E}$, $\triangle l_{BC} = \dfrac{R_C \times b}{A_{BC} \times E}$

   $\dfrac{R_A \times 10}{1,000 \times E} = \dfrac{R_C \times 5}{500 \times E} \Rightarrow \therefore R_A = R_C$

2) $\sum H = 0$

   $R_A + R_C - 100 = 0 \Rightarrow 2R_C = 100$

   $\therefore R_C = 50 \mathrm{kN}$

3) $\sigma_{BC} = \dfrac{R_C}{A_{BC}} = \dfrac{50 \times 10^3 \mathrm{N}}{500 \mathrm{mm}^2} = 100 \mathrm{N/mm}^2$

   $\therefore \sigma_{BC} = 100 \mathrm{MPa}$

해설 휨모멘트

1) $\sum M_D = 0$

   $V_B \times 10 - 20 \times 15 = 0 \Rightarrow \therefore V_B = 30 \mathrm{kN}(\uparrow)$

2) $M_B = -(P)\left(\dfrac{L}{2}\right) = -(20)(5) = -100 \mathrm{kN \cdot m}$

3) $M_C = \left(V_B \times \dfrac{L}{2}\right) - (P \times L)$

   $= (30 \times 5) - (20 \times 10) = -50 \mathrm{kN \cdot m}$

★★
8 200mm×300mm인 단면의 저항모멘트는? (단, 재료의 허용 휨응력은 7MPa이다.)

① 21kN·m ② 30kN·m
③ 45kN·m ④ 60kN·m

해설 저항모멘트

1) 단면계수 : $Z = \dfrac{bh^2}{6} = \dfrac{200 \times 300^2}{6} = 3.0 \times 10^6 \mathrm{mm}^3$

2) 허용휨응력 : $\sigma_a = 7\mathrm{MPa} = 7\mathrm{N/mm}^2$

3) 저항모멘트

   $\sigma_a = \dfrac{M}{Z}$ 에서

   $\Rightarrow M = \sigma_a \times Z = 7 \times 3.0 \times 10^6 \mathrm{N \cdot mm}$

   $\therefore M = 21 \mathrm{kN \cdot m}$

★★
10 외반경 R_1, 내반경 R_2인 중공(中空) 원형단면의 핵은? (단, 핵의 반경을 e로 표시함)

① $e = \dfrac{(R_1^2 + R_2^2)}{4R_1}$ ② $e = \dfrac{(R_1^2 + R_2^2)}{4R_2^2}$

③ $e = \dfrac{(R_1^2 - R_2^2)}{4R_1}$ ④ $e = \dfrac{(R_1^2 - R_2^2)}{4R_1^2}$

해설
1) $Z = \dfrac{I}{y} = \dfrac{\left(\dfrac{\pi}{4}(R_1^4 - R_2^4)\right)}{(R_1)} = \dfrac{(\pi(R_1^4 - R_2^4))}{(4R_1)}$

2) $e = \dfrac{Z}{A} = \dfrac{\left(\dfrac{\pi(R_1^4 - R_2^4)}{4R_1}\right)}{(\pi(R_1^2 - R_2^2))}$

   $= \dfrac{(R_1^2 + R_2^2)(R_1^2 - R_2^2)}{4R_1(R_1^2 - R_2^2)} = \dfrac{R_1^2 + R_2^2}{4R_1}$

★★
9 $L = 10\mathrm{m}$인 그림과 같은 내민보의 자유단에 $P = 20 \mathrm{kN}$의 연직하중이 작용할 때 지점 B와 중앙부 C점에 발생되는 모멘트는?

[그림: 내민보, A점 자유단에 P 하중, B지점, C중앙, D지점, 구간 L/2씩]

① $M_B = -80 \mathrm{kN \cdot m}$, $M_C = -50 \mathrm{kN \cdot m}$
② $M_B = -100 \mathrm{kN \cdot m}$, $M_C = -40 \mathrm{kN \cdot m}$
③ $M_B = -100 \mathrm{kN \cdot m}$, $M_C = -50 \mathrm{kN \cdot m}$
④ $M_B = -80 \mathrm{kN \cdot m}$, $M_C = -40 \mathrm{kN \cdot m}$

★★★
11 그림과 같은 단면에 15kN의 전단력이 작용할 때 최대 전단응력의 크기는?

① 2.86MPa
② 3.52MPa
③ 4.74MPa
④ 5.95MPa

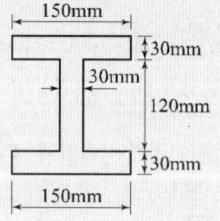

해답 8. ① 9. ③ 10. ① 11. ②

해설 최대 전단응력(τ_{max})

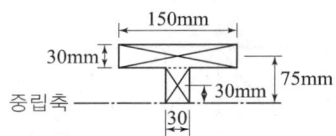

1) 중립축에 대한 단면2차모멘트

$$I = \frac{1}{12}(BH^3 - bh^3)$$
$$= \frac{1}{12}[(150 \times 180^3) - (120 \times 120^3)] = 55,620,000 \text{mm}^4$$

2) 중립축에서 상단까지 단면의 중립축에 대한 단면1차 모멘트

$$G = A \times y_o$$
$$= 150 \times 30 \times 75 + 30 \times 60 \times 30 = 391,500 \text{mm}^3$$

3) 최대전단응력 : 중립축에서 발생
① $V = 15$kN $= 15,000$N, $b = 30$mm
② $\tau_{max} = \dfrac{VG}{Ib} = \dfrac{15,000 \times 391,500}{55,620,000 \times 30} = 3.52$MPa

★★★

12 자중이 4kN/m인 그림(a)와 같은 단순보에 그림(b)와 같은 차륜하중이 통과할 때 이 보에 일어나는 최대 전단력의 절댓값은?

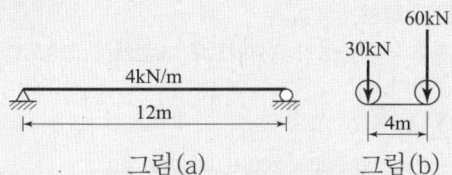

① 74kN ② 80kN
③ 94kN ④ 104kN

해설 최대 전단력

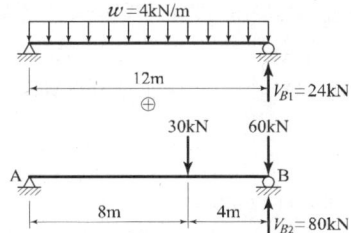

1) 자중과 차륜하중을 나누어 생각한다.
2) 최대전단력=최대반력
3) 최대반력 발생 조건 : B지점 위에 60kN이 재하될 때 발생한다.
① 대칭하중이므로 $V_{B1} = \dfrac{wl}{2} = \dfrac{4 \times 12}{2} = 24$kN

② $\sum M_A = 0$
$-V_{B2} \times 12 + 30 \times 8 + 60 \times 12 = 0$
$\therefore V_{B2} = 80$kN

4) 최대 전단력 $= V_{B1} + V_{B2} = 24 + 80 = 104$kN

★

13 그림과 같은 부정정보에 집중하중 50kN이 작용할 때 A점의 휨모멘트(M_A)는?

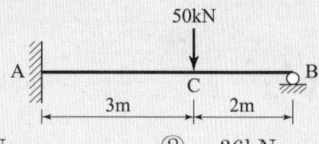

① -26kN·m   ② -36kN·m
③ -42kN·m   ④ -57kN·m

해설 휨모멘트

1) $V_B = \dfrac{Pa^2}{2L^3}(3L - a) = \dfrac{50 \times 3^2}{2 \times 5^3}(3 \times 5 - 3) = 21.6$kN

2) $M_A = V_B \times L - P \times a$
$= 21.6 \times 5 - 50 \times 3 = -42$kN·m

★★★

14 그림의 캔틸레버보에서 C점, B점의 처짐비($\delta_C : \delta_B$)는? (단, EI는 일정하다.)

① 3 : 8
② 3 : 7
③ 2 : 5
④ 1 : 2

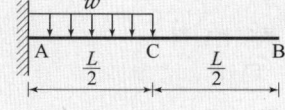

해설 처짐

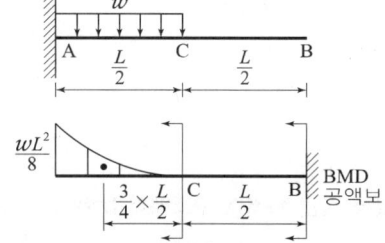

1) BMD를 그리고 공액보로 치환한 다음 C점, B점에서 휨모멘트를 구한다.

$$\delta_C = \dfrac{M_C}{EI} = \dfrac{1}{EI}\left(\dfrac{wL^2}{8} \times \dfrac{L}{2} \times \dfrac{1}{3}\right)\left(\dfrac{3}{4} \times \dfrac{L}{2}\right) = \dfrac{wL^4}{128EI}$$

2) $\delta_B = \dfrac{M_B}{EI}$
$= \dfrac{1}{EI}\left(\dfrac{wL^2}{8} \times \dfrac{L}{2} \times \dfrac{1}{3}\right)\left(\dfrac{3}{4} \times \dfrac{L}{2} + \dfrac{L}{2}\right) = \dfrac{7wL^4}{384EI}$

3) $\delta_C : \delta_B = 3 : 7$

해답 12. ④   13. ③   14. ②

15 길이 3m, 가로 200mm, 세로 300mm인 직사각형 단면의 기둥이 있다. 지지상태가 양단힌지인 경우 좌굴응력을 구하기 위한 이 기둥의 세장비는?

① 34.6　　② 43.3
③ 52.0　　④ 60.7

해설 세장비

1) 단면 2차 반지름

$$r_{\min} = \sqrt{\frac{I_{\min}}{A}} = \sqrt{\frac{\frac{300 \times 200^3}{12}}{200 \times 300}} = 57.73\text{mm}$$

2) 세장비

$$\lambda = \frac{l}{r_{\min}} = \frac{3{,}000}{57.73} \fallingdotseq 52$$

16 그림과 같은 단순보에 일어나는 최대전단력은?

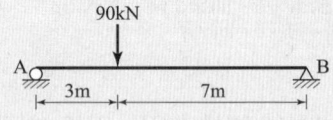

① 27kN　　② 45kN
③ 54kN　　④ 63kN

해설 최대전단력

1) $\sum M_B = 0$
　　$V_A \times 10 - 90 \times 7 = 0$
　　$\therefore V_A = 63\text{kN}$
2) 최대전단력=최대반력
　　$\therefore S_{\max} = 63\text{kN}$

17 그림과 같은 트러스 구조에서 bc부재의 부재력은?

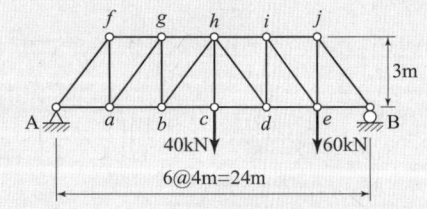

① 20kN　　② 40kN
③ 80kN　　④ 120kN

해설 트러스

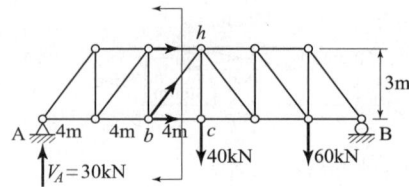

1) $\sum M_B = 0$
　　$V_A \times 24 - 40 \times 12 - 60 \times 4 = 0$
　　$\therefore V_A = 30\text{kN}$
2) $\sum M_h = 0$
　　$30 \times 12 - bc \times 3 = 0$
　　$\therefore bc = 120\text{kN}$

18 그림과 같은 구조물이 평형을 이루기 위한 하중 P의 크기는?

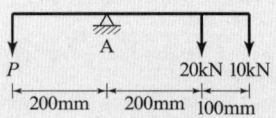

① 15kN　　② 25kN
③ 30kN　　④ 35kN

해설 힘의 평형

1) 회전의 기준점이 A점이므로, A점에서 모멘트를 취해서 구한다.
2) $\sum M_A = 0$
　　$-P \times 200 + 20 \times 200 + 10 \times 300 = 0$
　　$\therefore P = 35\text{kN}$

19 축인장하중 $P = 20\text{kN}$을 받고 있는 지름 100mm의 원형봉 속에 발생하는 최대 전단응력은 얼마인가?

① 1.273MPa　　② 1.515MPa
③ 1.756MPa　　④ 1.998MPa

해설 최대전단응력($\tau_{\max}$)

1) $P = 20\text{kN} = 20{,}000\text{N}$
2) $\sigma_x = \dfrac{P}{A} = \dfrac{20{,}000}{\dfrac{\pi \times 100^2}{4}} = \dfrac{2.546\text{N}}{\text{mm}^2} = 2.546\text{MPa}$
3) 최대전단응력은 $\theta = 45°$면에서 발생, 크기는 $\dfrac{\sigma_x}{2}$이다.
　　$\therefore \tau_{\max} = \dfrac{2.546}{2} = 1.273\text{MPa}$

해답 15. ③　16. ④　17. ④　18. ④　19. ①

★★★
20 탄성변형에너지는 외력을 받는 구조물에서 변형에 의해 구조물에 축적되는 에너지를 말한다. 탄성체이며 선형 거동을 하는 길이가 L인 캔틸레버 보에 집중하중 P가 작용할 때 굽힘모멘트에 의한 탄성변형에너지는? (단, EI는 일정)

① $\dfrac{P^2L^2}{6EI}$ ② $\dfrac{P^2L^2}{2EI}$

③ $\dfrac{P^2L^3}{6EI}$ ④ $\dfrac{P^2L^3}{2EI}$

해설 탄성변형에너지(U)

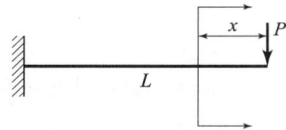

1) $M_x = (-P \cdot x)$

2) $U = \displaystyle\int_0^L \dfrac{M_x^2}{2EI}dx = \int_0^L \dfrac{(-Px)^2}{2EI}dx$

$= \dfrac{P^2}{2EI}\displaystyle\int_0^L x^2 dx = \dfrac{P^2}{2EI}\left[\dfrac{x^3}{3}\right]_0^L$

$= \dfrac{P^2L^3}{6EI}$

측 량 학

★★★
21 수준점 A, B, C에서 P점까지 수준측량을 한 결과가 표와 같다. 관측거리에 대한 경중률을 고려한 P점의 표고는?

측량경로	거리	P점의 표고
A→P	1km	135.487m
B→P	2km	135.563m
C→P	3km	135.603m

① 135.529m   ② 135.551m
③ 135.563m   ④ 135.570m

해설 고저측량

1) $P_1 : P_2 : P_3 = \dfrac{1}{1} : \dfrac{1}{2} : \dfrac{1}{3} = 6 : 3 : 2$

2) $H_P = \dfrac{[PH]}{[P]}$

$= \dfrac{6 \times 135.487 + 3 \times 135.563 + 2 \times 135.603}{6+3+2}$

$= 135.529\text{m}$

★★★
22 완화곡선에 대한 설명으로 옳지 않은 것은?
① 곡선반지름은 완화곡선의 시점에서 무한대, 종점에서 원곡선의 반지름으로 된다.
② 완화곡선의 접선은 시점에서 직선에, 종점에서 원호에 접한다.
③ 완화곡선에 연한 곡선반지름의 감소율은 캔트의 증가율의 2배가 된다.
④ 완화곡선 종점의 캔트는 원곡선의 캔트와 같다.

해설 완화곡선의 성질
완화곡선에 연한 곡선반지름의 감소율은 캔트의 증가율과 동률(부호는 반대)로 된다.

★★
23 수준측량에서 수준 노선의 거리와 무게(경중률)의 관계로 옳은 것은?
① 노선거리에 비례한다.
② 노선거리에 반비례한다.
③ 노선거리의 제곱근에 비례한다.
④ 노선거리의 제곱근에 반비례한다.

해설 경중률(무게)
1) 경중률과 노선의 거리는 반비례한다.

$\left(P_1 : P_2 : P_3 = \dfrac{1}{S_1} : \dfrac{1}{S_2} : \dfrac{1}{S_3}\right)$

2) 노선 거리가 길어질수록 오차 발생 가능성이 높고, 오차의 크기도 커지기 때문이다.

★★
24 하천측량에 대한 설명으로 틀린 것은?
① 제방중심선 및 종단측량은 레벨을 사용하여 직접 수준측량 방식으로 실시한다.
② 심천측량은 하천의 수심 및 유수부분의 하저상황을 조사하고 횡단면도를 제작하는 측량이다.
③ 하천의 수위경계선인 수애선은 평균수위를 기준으로 한다.
④ 수위 관측은 지천의 합류점이나 분류점 등 수위 변화가 생기지 않는 곳을 선택한다.

해설 하천측량
1) 수애선은 평수위를 기준으로 한다.
2) 수애선은 수면과 하안과의 경계선을 말한다.

해답 20. ③   21. ①   22. ③   23. ②   24. ③

25 기선 $D=30$m, 수평각 $\alpha=80°$, $\beta=70°$, 연직각 $V=40°$를 관측하였다면 높이 H는? (단, A, B, C점은 동일평면임.)

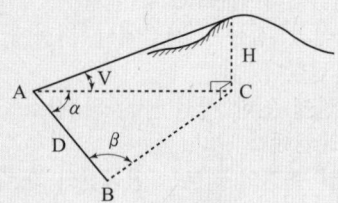

① 31.54m   ② 32.42m
③ 47.31m   ④ 55.32m

해설 간접수준 측량

1) AC 거리 : sine 법칙 이용

$$\frac{AC}{\sin\beta}=\frac{D}{\sin(180°-\alpha-\beta)}$$

$$\therefore AC=\frac{30}{\sin(180°-80°-70°)}\times\sin70°$$

$$=56.381m$$

2) $\therefore H=AC\times\tan(V)=56.381\times\tan40°=47.31m$

26 1/5,000의 지형 측량에서 등고선을 그리기 위한 측점에 높이의 오차가 2.0m였다. 그 지점의 경사각이 1°일 때 그 지점을 지나는 등고선의 오차는 얼마인가?

① 3.5cm   ② 2.3cm
③ 2.1cm   ④ 1.2cm

해설 등고선 오차

1) $\tan(1°)=\dfrac{2m}{D}\Rightarrow D=114.58m=11,458cm$

2) $\dfrac{1}{5,000}$ 지형도에서 등고선 오차

$\dfrac{1}{5,000}=\dfrac{dl}{11,458}\Rightarrow\therefore dl=\dfrac{11,458}{5,000}=2.29cm$

27 표고 $h=326.42$m인 지대에 설치한 기선의 길이가 $L=500$m일 때 평균해면상의 보정량은? (단, 지구 반지름 $R=6,367$km이다.)

① -0.0156m   ② -0.0256m
③ -0.0356m   ④ -0.0456m

해설

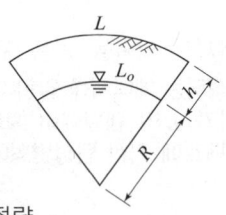

평균해면상 보정량

1) 항상 (−)값을 가진다.
2) 보정량

$$L-L_0=-\frac{Lh}{R}=-\frac{500\times326.42}{6,367,000}=-0.0256m$$

28 트래버스 ABCD에서 각 측선에 대한 위거와 경거 값이 아래 표와 같을 때, 측선 BC의 배횡거는?

측선	위거(m)	경거(m)
AB	+75.39	+81.57
BC	−33.57	+18.78
CD	−61.43	−45.60
DA	+44.61	−52.65

① 81.57m   ② 155.10m
③ 163.14m   ④ 181.92m

해설 배횡거 계산

1) 제1측선의 배횡거 = 제1측선의 경거
2) 임의 측선의 배횡거 = 하나 앞 측선의 배횡거 + 하나 앞 측선의 경거 + 그 측선의 경거
3) AB 측선의 배횡거 = 81.57m
   $\therefore$ BC 측선의 배횡거 = 81.57 + 81.57 + 18.78
   = 181.92m

29 노선 설치 방법 중 좌표법에 의한 설치방법에 대한 설명으로 틀린 것은?

① 토털스테이션, GPS 등과 같은 장비를 이용하여 측점을 위치시킬 수 있다.
② 좌표법에 의한 노선의 설치는 다른 방법보다 지형의 굴곡이나 시통 등의 문제가 적다.
③ 좌표법은 평면곡선 및 종단곡선의 설치요소를 동시에 위치시킬 수 있다.
④ 평면적인 위치의 측설을 수행하고 지형표고를 관측하여 종단면도를 작성할 수 있다.

해답 25. ③ 26. ② 27. ② 28. ④ 29. ③

해설 좌표법 특징
1) 다양한 측량 방법 적용(TS, GPS)
2) 좌표법은 평면곡선 및 종단곡선의 설치요소를 동시에 위치시킬 수 없다.
3) 다른 설치방법보다 지형의 굴곡과 시통 등의 문제가 적다.

★★
32 그림과 같은 터널 내 수준측량의 관측결과에서 A점의 지반고가 20.32m일 때 C점의 지반고는? (단, 관측값의 단위는 m이다.)

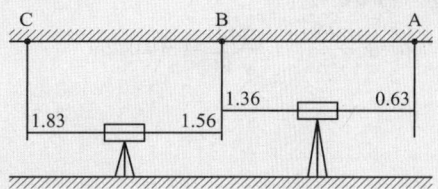

① 21.32m ② 21.49m
③ 16.32m ④ 16.49m

해설 터널 내 수준측량
1) 기계고 = 지반고 + 후시(BS)
2) 지반고 = 기계고 - 전시(FS)
3) $H_B = 20.32 + (-0.63) - (-1.36) = 21.05$m
   $H_C = 21.05 + (-1.56) - (-1.83) = 21.32$m
   여기서, 표척을 거꾸로 세워서 관측한 경우, 그 표척의 읽음값은 (-)를 붙여 계산한다.

★★★
30 지성선에 관한 설명으로 옳지 않은 것은?
① 지성선은 지표면이 다수의 평면으로 구성되었다고 할 때 평면간 접합부, 즉 접선을 말하며 지세선이라고도 한다.
② 철(凸)선을 능선 또는 분수선이라 한다.
③ 경사변환선이란 동일 방향의 경사면에서 경사의 크기가 다른 두 면의 접합선이다.
④ 요(凹)선은 지표의 경사가 최대로 되는 방향을 표시한 선으로 유하선이라고 한다.

해설 지성선
1) 지성선 : 지모의 골격이 되는 선
2) 지성선 종류 : 능선, 계곡선, 유하선, 경사변환선
3) 요(凹)선 : 계곡선 또는 합수선을 말한다.
4) 유하선 : 지표의 경사가 최대로 되는 방향으로 등고선에 직각방향이며 최대경사선이라고도 한다.

★★★
33 GPS 구성부문 중 위성의 신호상태를 점검하고, 궤도 위치에 대한 정보를 모니터링하는 임무를 수행하는 부문은?
① 우주부문 ② 제어부문
③ 사용자부문 ④ 개발부문

해설 GPS의 구성
1) GPS의 구성 : 우주부문, 제어부문, 사용자 부문으로 구성되어 있다.
2) 제어부문 : 위성에서 송신되는 신호의 품질점검, 위성 궤도의 추적, 위성에 탑재된 각종 기기의 동작상태 점검 및 그 밖의 각종 제어작업 등을 시행한다.

★★★
31 100m²인 정사각형 토지의 면적을 0.1m²까지 정확하게 구하고자 한다면 이에 필요한 거리관측의 정확도는?
① 1/2,000 ② 1/1,000
③ 1/500 ④ 1/300

해설 면적의 정밀도$\left(\dfrac{dA}{A}\right)$와 거리정밀도$\left(\dfrac{dl}{l}\right)$ 관계

$\dfrac{dA}{A} = 2 \times \dfrac{dl}{l}$

$\dfrac{0.1}{100} = 2 \times \dfrac{dl}{l} \Rightarrow \therefore \dfrac{dl}{l} = \dfrac{1}{2,000}$

★★★
34 2,000m의 거리를 50m씩 끊어서 40회 관측하였다. 관측결과 오차가 ±0.14m이었고, 40회 관측의 정밀도가 동일하다면, 50m 거리관측의 오차는?
① ±0.022m ② ±0.019m
③ ±0.016m ④ ±0.013m

해답 30. ④ 31. ① 32. ① 33. ② 34. ①

해설 우연오차
1) 관측횟수 : $n = 40$회
2) 1회 관측(50m)시 포함하는 우연오차
$E = \pm b\sqrt{n}$ 에서
$\therefore b = \pm \dfrac{E}{\sqrt{n}} = \pm \dfrac{0.14}{\sqrt{40}} = \pm 0.022\text{m}$

★★★
35 30m에 대하여 3mm 늘어나 있는 줄자로서 정사각형의 지역을 측정한 결과 80,000m²이었다면 실제의 면적은?
① 80,016m²   ② 80,008m²
③ 79,984m²   ④ 79,992m²

해설 정오차
1) 거리 관측 시 포함되는 정오차
$E = a \cdot n = a \cdot \dfrac{L}{l}$
여기서, a : 1회 측정 시 정오차 크기
n : 측정횟수
2) 실제 거리
$L_0 = L + a \cdot n = L + a\dfrac{L}{l} = L\left(1 + \dfrac{a}{l}\right)$
3) 실제 면적
$A_0 = (L_0)^2 = \left[L\left(1 + \dfrac{a}{l}\right)\right]^2$
$\therefore A_0 = A\left(1 + \dfrac{a}{l}\right)^2$
$= 80,000\left(1 + \dfrac{0.003}{30}\right)^2 = 80,016\text{m}^2$

★★
36 평균표고 730m인 지형에서 $\overline{AB}$ 측선의 수평거리를 측정한 결과 5,000m이었다면 평균해수면에서의 환산 거리는? (단, 지구의 반지름은 63,70km)
① 5,000.57m   ② 5,000.66m
③ 4,999.34m   ④ 4,999.43m

해설 표고에 대한 보정
1) $C_h = -\dfrac{DH}{R} = -\dfrac{5,000 \times 730}{6,370,000} = -0.57\text{m}$
2) $L_0 = 5,000 - 0.57 = 4,999.43\text{m}$

★★
37 어느 각을 관측한 결과가 다음과 같을 때, 최확값은? (단, 괄호 안의 숫자는 경중률)

73°40′12″(2),	73°40′10″(1)
73°40′15″(3),	73°40′18″(1)
73°40′09″(1),	73°40′16″(2)
73°40′14″(4),	73°40′13″(3)

① 73°40′10.2″   ② 73°40′11.6″
③ 73°40′13.7″   ④ 73°40′15.1″

해설 경중률이 다른 경우의 최확값
$a_0 = \dfrac{[Pa]}{[P]}$
$= 73°40' + \dfrac{[2 \times 12'' + 1 \times 10'' + 3 \times 15'' + 1 \times 18'' + 1 \times 09'' + 2 \times 16'' + 4 \times 14'' + 3 \times 13'']}{[2+1+3+1+1+2+4+3]}$
$= 73°40'13.7''$

★
38 A, B 두 점 간의 거리를 관측하기 위하여 그림과 같이 세 구간으로 나누어 측량하였다. 측선 $\overline{AB}$의 거리는? (단, Ⅰ : 10m±0.01m, Ⅱ : 20m±0.03m, Ⅲ : 30m±0.05m이다.)

A •――Ⅰ――• ――Ⅱ――• ――Ⅲ――• B

① 60m±0.09m   ② 30m±0.06m
③ 60m±0.06m   ④ 30m±0.09m

해설 거리측량 오차
1) 전 거리에 대한 최확치
$L_0 = L_{01} + L_{02} + L_{03} = 10 + 20 + 30 = 60\text{m}$
2) 전 거리에 대한 확률오차
$M = \pm\sqrt{M_1^2 + M_2^2 + M_3^2}$
$= \pm\sqrt{0.01^2 + 0.03^2 + 0.05^2} = \pm 0.06\text{m}$
3) 측선 AB 거리 $= 60\text{m} \pm 0.06\text{m}$

해답 35. ①   36. ④   37. ③   38. ③

수리학 및 수문학 ③

39 고속도로 공사에서 각 측점의 단면적이 표와 같을 때, 측점 10에서 측점 12까지의 토량은? (단, 양단면평균법에 의해 계산한다.)

측점	단면적(m^2)	비고
NO.10	318	측점 간의 거리 =20m
NO.11	512	
NO.12	682	

① 15,120m^3 ② 20,160m^3
③ 20,240m^3 ④ 30,240m^3

해설 토공량 계산(양단면 평균법)
$$V_1 = \frac{(318+512)}{2} \times 20 = 8,300m^3$$
$$V_2 = \frac{(512+682)}{2} \times 20 = 11,940m^3$$
$$\therefore V = 8,300 + 11,940 = 20,240m^3$$

40 그림에서 AD, BD 간에 단곡선을 설치 할 때 ∠ADB의 2등분 선상의 C점을 곡선의 중점으로 선택하였을 때 이 곡선의 접선 길이를 구한 값은? (단, DC=10.0m, I=80°20′이다)

① 34.05m
② 32.41m
③ 27.35m
④ 15.31m

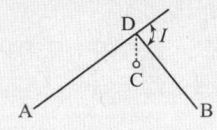

해설 단곡선 설치
1) 외선 길이
$$CD = R\left(\sec\frac{I}{2} - 1\right) \Rightarrow 10 = R(1.3086 - 1)$$
$$\therefore R = 32.40m$$
여기서, $\sec\frac{I}{2} = \frac{1}{\cos\left(\frac{I}{2}\right)} = 1.3086$

2) 접선길이
$$TL = R\tan\frac{I}{2} = 32.40 \times \tan\left(\frac{80°20′}{2}\right) = 27.35m$$

수리학 및 수문학

41 도수 전후의 수심이 각각 1m, 3m일 때 에너지손실은?

① $\frac{1}{3}$m ② $\frac{1}{2}$m
③ $\frac{2}{3}$m ④ $\frac{4}{5}$m

해설 도수현상으로 인한 에너지손실(ΔH_e)
1) h_1 = 도수 전 수심(사류수심),
   h_2 = 도수 후 수심(상류수심)
2) $\Delta H_e = \frac{(h_2-h_1)^3}{4h_2h_1} = \frac{(3-1)^3}{4 \times 3 \times 1} = \frac{2}{3}$m

42 유선(stream line)에 대한 설명으로 옳지 않은 것은?
① 유선에 수직한 방향으로 속도 성분이 존재한다.
② 유선은 어느 순간의 속도 벡터에 접하는 곡선이다.
③ 흐름이 정상류일 때는 유선과 유적선이 일치한다.
④ 유선방정식은 $\frac{dx}{u} = \frac{dy}{v} = \frac{dz}{w}$이다.

해설 유선의 특징
1) 유선은 수직한 속도성분은 "0"이다.
2) 정상류인 경우 유선과 유적선은 일치하나, 비정상류인 경우는 일치하지 않는다.
3) 유선방정식을 적분하면 유선의 형태를 알 수 있다.
   유선방정식 : $\frac{dx}{u} = \frac{dy}{v} = \frac{dz}{w}$

43 수두차가 10m인 두 저수지를 지름이 30cm, 길이가 300m, 조도계수가 0.013$m^{-1/3} \cdot s$인 주철관으로 연결하여 송수할 때, 관을 흐르는 유량(Q)은? (단, 관의 유입손실계수 f_e=0.5, 유출손실계수 f_c=1.00이다.)

① 0.02m^3/s ② 0.08m^3/s
③ 0.17m^3/s ④ 0.19m^3/s

해답 39. ③ 40. ③ 41. ③ 42. ① 43. ③

해설 관로의 유량

1) $V = \dfrac{1}{n} R^{\frac{2}{3}} I^{\frac{1}{2}}$

$= \dfrac{1}{0.013} \left(\dfrac{0.3}{4}\right)^{\frac{2}{3}} \left(\dfrac{10}{300}\right)^{\frac{1}{2}} = 2.498 \text{m/s}$

2) $Q = AV$

$= \dfrac{\pi \times 0.3^2}{4} \times 2.498 = 0.176 \text{m}^3/\text{s}$

★
44 저수지의 측벽에 폭 20cm, 높이 5cm의 직사각형 오리피스를 설치하여 유량 200L/s를 유출시키려고 할 때 수면으로부터의 오리피스 설치 위치는? (단, 유량계수 $C =$ 0.62)

① 33m ② 43m
③ 53m ④ 63m

해설 오리피스

1) $Q = 200 \text{L/sec} = 0.2 \text{m}^3/\text{sec}$
2) $Q = CAV = Cbd\sqrt{2gh}$

$0.2 = 0.62 \times (0.2 \times 0.05) \times \sqrt{2 \times 9.81 \times h}$

∴ $h = 53.1 \text{m}$

★★
45 삼각위어에서 수두를 H라 할 때 위어를 통해 흐르는 유량 Q와 비례하는 것은?

① $H^{-1/2}$ ② $H^{1/2}$
③ $H^{3/2}$ ④ $H^{5/2}$

해설 삼각위어

$Q = \dfrac{8}{15} C \tan\dfrac{\theta}{2} \sqrt{2g} \, H^{\frac{5}{2}}$

∴ $Q \propto H^{\frac{5}{2}}$

★
46 개수로 흐름에 대한 Manning 공식의 조도계수값의 결정요소로 가장 거리가 먼 것은?

① 동수경사
② 하상물질
③ 하도 형상 및 선형
④ 식생

해설 조도계수 결정요소

1) 조도계수 : 흐르는 유체가 접하는 수로 벽면의 거친 정도
2) 조도계수는 하상재료, 식생, 하도 형태 등의 요인에 의해 영향을 받는다.
3) 하도 : 하천에서 물이 흐르는 길
4) 하상 : 하도의 바닥

★★
47 침투능에 관한 설명 중 틀린 것은?

① 어떤 토양면을 통해 물이 침투할 수 있는 최대율을 말한다.
② 단위는 통상 mm/hr 또는 in/hr로 표시된다.
③ 침투능은 강우강도에 따라 변화한다.
④ 침투능은 토양조건과는 무관하다.

해설 침투능

1) 침투능 : 토양면을 통해 물이 침투할 수 있는 최대율
2) 단위 : mm/hr
3) 침투능 영향인자 : 토양의 종류, 토양의 함유 수분, 토양의 다짐 정도 등.

★★★
48 Chezy의 평균유속공식에서 평균유속계수 C를 Manning의 평균유속공식을 이용하여 표현한 것으로 옳은 것은?

① $\dfrac{R^{1/2}}{n}$ ② $\dfrac{R^{1/6}}{n}$
③ $\sqrt{\dfrac{f}{8g}}$ ④ $\sqrt{\dfrac{8g}{f}}$

해답 44. ③ 45. ④ 46. ① 47. ④ 48. ②

해설 Chezy의 평균유속과 Manning의 평균유속

1) Manning의 평균유속
$$V = \frac{1}{n} R^{\frac{2}{3}} I^{\frac{1}{2}}$$

2) Chezy의 평균유속
$$V = C\sqrt{RI}$$

3) Chezy의 평균유속과 Manning의 평균유속 관계
$$C\sqrt{RI} = \frac{1}{n} R^{\frac{2}{3}} I^{\frac{1}{2}}$$
$$CR^{\frac{1}{2}} I^{\frac{1}{2}} = \frac{1}{n} R^{\frac{1}{2}} R^{\frac{1}{6}} I^{\frac{1}{2}}$$
$$\therefore C = \frac{1}{n} R^{\frac{1}{6}}$$

★★★
49 비중이 0.9인 목재가 물에 떠 있다. 수면 위에 노출된 체적이 1.0m³이라면 목재 전체의 체적은? (단, 물의 비중은 1.0이다.)

① 1.9m³　　② 2.0m³
③ 9.0m³　　④ 10.0m³

해설 부력

1) 물체의 수중체적(V')
   $V' = (V-1)$
   여기서 V : 물체의 전체적

2) 비중(S) = $\dfrac{물체의\ 단위중량}{물의\ 단위중량}$
   ∴ 물체의 단위중량 = 비중×물의 단위중량(9.81kN/m³)

3) $wV + M = w'V' + M'$
   $(0.9 \times 9.81 \times V) + 0 = 1.0 \times 9.81(V-1) + 0$
   ∴ $V = 10 \text{m}^3$

★
50 경계층에 대한 설명으로 틀린 것은?

① 전단저항은 경계층 내에서 발생한다.
② 경계층 내에서는 층류가 존재할 수 없다.
③ 이상유체일 경우는 경계층은 존재하지 않는다.
④ 경계층에서는 레이놀즈(Reynolds) 응력이 존재한다.

해설 경계층

1) 경계층 : 물체 표면에 매우 근접한 부분에 존재하는 유체의 층
2) 경계층은 층류와 난류가 존재 하며 층류경계층은 점성이 지배적인 층류흐름을 보이는 경계층, 난류경계층은 난류가 발생하는 경계층으로 소용돌이처럼 복잡한 흐름을 보인다.
3) 경계층에서는 레이놀즈 응력과 층류가 존재한다.
4) 이상유체에서는 경계층이 존재하지 않는다.

★
51 미소진폭파(small-amplitude wave) 이론을 가정할 때, 일정 수심 h의 해역을 전파하는 파장 L, 파고 H, 주기 T의 파랑에 대한 설명 중 틀린 것은?

① h/L이 0.05보다 작을 때, 천해파로 정의한다.
② h/L이 1.0보다 클 때, 심해파로 정의한다.
③ 분산관계식은 L, h 및 T 사이의 관계를 나타낸다.
④ 파랑의 에너지는 H²에 비례한다.

해설 미소진폭파 이론

1) 천해파 : h / L ≤ 00.5
2) 심해파 : h / L ≥ 0.5

★★★
52 레이놀즈(Reynolds)수에 대한 설명으로 옳은 것은?

① 중력에 대한 점성력의 상대적인 크기
② 관성력에 대한 점성력의 상대적인 크기
③ 관성력에 대한 중력의 상대적인 크기
④ 압력에 대한 탄성력의 상대적인 크기

해설 레이놀즈수(R_e)

1) $R_e = \dfrac{VD}{\nu} = \dfrac{관성력}{점성력}$
2) 레이놀즈수는 관성력과 점성력과의 비를 의미하며 무차원 값이다.

해답　49. ④　50. ②　51. ②　52. ②

53 지하수의 투수계수에 관한 설명으로 틀린 것은?
① 같은 종류의 토사라 할지라도 그 간극률에 따라 변한다.
② 흙입자의 구성, 지하수의 점성계수에 따라 변한다.
③ 지하수의 유량을 결정하는 데 사용된다.
④ 지역 특성에 따른 무차원 상수이다.

해설 투수계수
1) 투수계수 : $K = D_s^2 \dfrac{\rho g}{\mu} \dfrac{e^3}{1+e} C$
2) 투수계수는 속도 차원이다(LT^{-1}).

54 수리학적으로 유리한 단면에 관한 내용으로 옳지 않은 것은?
① 동수반경을 최대로 하는 단면이다.
② 구형에서는 수심이 폭의 반과 같다.
③ 사다리꼴에서는 동수반경이 수심의 반과 같다.
④ 수리학적으로 가장 유리한 단면의 형태는 이등변 직각삼각형이다.

해설 수리상 유리한 단면 조건
1) 수리상 유리한 단면 : 일정 단면적에 대하여 최대유량이 흐르는 수로의 단면
2) 조건
  ① 윤변이 최소인 단면, 동수반경(R_{max})이 최대인 단면
  ② 직사각형 단면수로 : $h = \dfrac{B}{2}$, $R_{max} = \dfrac{h}{2}$
  ③ 사다리꼴 단면수로 : $R_{max} = \dfrac{h}{2}$
3) 수리학적으로 가장 유리한 단면의 형태 : 반지름이 h인 반원에 외접하는 단면

55 오리피스(Orifice)의 이론과 가장 관계가 먼 것은?
① 토리첼리(Torricelli) 정리
② 베르누이(Bernoulli) 정리
③ 베나콘트랙타(Vena Contracta)
④ 모세관현상의 원리

해설 오리피스
1) 오리피스 : 수조 구멍을 뚫어 물을 유출시킬 때 그 작은 구멍을 오리피스라 한다.
2) 수축단면(Vena contracta) : 오리피스 유출 수맥이 수축되어 가장 작아진 단면
3) 토리첼리 정리는 베르누이 정리를 이용하여 응용한 것으로, 오리피스를 통과하는 유체의 유속을 구한다.

56 합성 단위유량도의 모양을 결정하는 인자가 아닌 것은?
① 기저시간 ② 첨두유량
③ 지체시간 ④ 강우강도

해설 합성단위유량도 모양 결정인자
1) 합성단위유량도 : 유량과 유량 자료가 없는 경우에 다른 유역에서 얻은 과거의 경험을 토대로 하여 단위도를 합성하여 만든 단위도
2) 모양 결정인자 : 기저시간, 첨두유량, 지체시간

57 그림과 같이 수면에서 5m 깊이에 연직으로 놓여 있는 전수압이 7,000kN이다. 이 판의 폭은? (단, 물의 단위중량은 9.81kN/m³이다.)

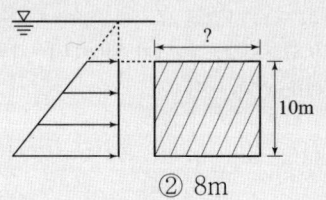

① 7m ② 8m
③ 9m ④ 10m

해설 전수압
1) 수면에서 판의 도심까지 거리
   $h_G = 5 + 5 = 10\text{m}$
2) 전수압
   $P = wh_G A = wh_G bh$
   $7,000 = 9.81 \times 10 \times b \times 10$
   $\therefore b \fallingdotseq 7\text{m}$

해답 53. ④ 54. ④ 55. ④ 56. ④ 57. ①

58 수심에 대한 측정오차(%)가 같을 때 사각형위어 : 삼각형위어 : 오리피스의 유량오차(%) 비는?

① 2 : 1 : 3
② 1 : 3 : 5
③ 2 : 3 : 5
④ 3 : 5 : 1

해설 유량오차$\left(\dfrac{dQ}{Q}\right)$와 수심측정의 오차$\left(\dfrac{dh}{h}\right)$ 관계

1) 유량공식

① 사각형 위어 : $Q = \dfrac{2}{3}C \cdot b \cdot h^{\frac{3}{2}}$

② 삼각형 위어 : $Q = \dfrac{8}{15}C \cdot \tan\dfrac{\theta}{2}\sqrt{2g} \cdot h^{\frac{5}{2}}$

③ 오리피스 : $Q = C \cdot A \cdot \sqrt{2gh} = C \cdot A \cdot h^{\frac{1}{2}}$

2) 유량오차와 수심측정오차 관계 식

$\dfrac{dQ}{Q} = k\dfrac{dh}{h} \Rightarrow \dfrac{dQ}{Q} \propto k$

여기서, k는 오차원인의 지수

∴ 사각형위어 : 삼각형위어 : 오리피스
$= \dfrac{3}{2} : \dfrac{5}{2} : \dfrac{1}{2} = 3 : 5 : 1$

59 그림과 같이 내경이 60mm, $H = 3$m의 호스에 직경 20mm의 노즐을 붙였다. 이때 유속계수 $C_v = 0.98$이라면 노즐로부터 분류하는 실제 유속은?

① 6.56m/sec
② 7.56m/sec
③ 8.56m/sec
④ 9.56m/sec

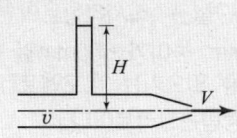

해설 노즐의 실제 유속

1) $V = C_v\sqrt{\dfrac{2gH}{1 - \left(\dfrac{Ca}{A}\right)^2}}$

$= 0.98\sqrt{\dfrac{2 \times 9.81 \times 3}{1 - \left(\dfrac{0.98 \times 0.02^2}{0.06^2}\right)^2}} = 7.56\text{m/s}$

2) 약산식으로 계산하면
$V = C_v\sqrt{2gH} = 0.98\sqrt{2 \times 9.81 \times 3} = 7.52\text{m/s}$

3) 시험 볼 때는 약산식으로 계산하는 것이 좋다.

60 폭 10m인 직사각형 단면수로에서 유량 16m³/sec가 수심 80cm로 흐를 때 비에너지는? (단, 에너지 보정계수 $\alpha = 1.1$)

① 0.82m
② 1.02m
③ 1.52m
④ 2.02m

해설 비에너지(H_e)

1) $Q = AV \Rightarrow V = \dfrac{Q}{A} = \dfrac{16}{10 \times 0.8} = 2\text{m/s}$

2) $H_e = h + \dfrac{\alpha V^2}{2g} = 0.8 + \left(\dfrac{1.1 \times 2^2}{2 \times 9.81}\right)$

∴ $H_e = 1.02$m

철근콘크리트 및 강구조

61 옹벽의 설계 및 해석에 대한 설명으로 틀린 것은?

① 앞부벽식 옹벽에서 앞부벽은 직사각형 보로 설계한다.
② 부벽식 옹벽의 전면벽은 3변 지지된 2방향슬래브로 설계할 수 있다.
③ 옹벽저판의 설계는 슬래브의 설계방법 규정에 따라 수행하여야 한다.
④ 옹벽 상재하중, 뒤채움흙의 중량, 옹벽의 자중 및 옹벽에 작용하는 토압, 필요에 따라서 수압에도 견디도록 설계하여야 한다.

해설 옹벽 저판의 설계

1) 캔틸레버식 옹벽의 저판의 설계는 전면벽과의 접합부를 고정단으로 간주한 캔틸레버로 가정하여 단면을 설계한다.
2) 부벽식 옹벽의 저판은 부벽간의 거리를 경간으로 가정한 고정보 또는 연속보로 설계한다.

해답 58. ④ 59. ② 60. ② 61. ③

★★★

62 강도설계법에서 그림과 같은 T형보의 응력 사각형블록의 깊이(a)는 얼마인가? (단, $A_s = 14-D25 = 7,094mm^2$, $f_{ck} = 21MPa$, $f_y = 300MPa$)

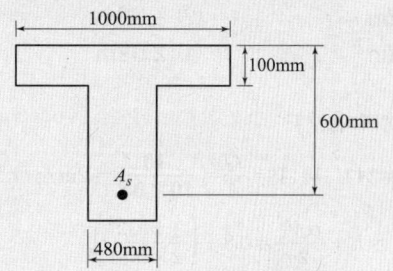

① 120mm　② 130mm
③ 140mm　④ 150mm

해설

1) T형보의 판정 : 폭 b인 단철근 직사각형 보로 보고 등가 직사각형 응력 블록 깊이를 구하면

$$a = \frac{A_s f_y}{\eta(0.85 f_{ck})b}$$
$$= \frac{7,094 \times 300}{1.0 \times 0.85 \times 21 \times 1,000} = 190.76mm$$

여기서, $f_{ck} \leq 40MPa \Rightarrow \eta = 1.0$

∴ T형보로 설계한다. (∵ $a > t_f = 100mm$)

2) 등가직사각형 응력블록깊이(a)

① $A_{sf} = \frac{\eta 0.85 f_{ck}(b-b_w)t_f}{f_y}$
$= \frac{1.0 \times 0.85 \times 21 \times (1,000-480) \times 100}{300}$
$= 3,094mm^2$

② $a = \frac{(A_s - A_{sf})f_y}{\eta(0.85 f_{ck})b_w}$
$= \frac{(7,094-3,094) \times 300}{1.0 \times 0.85 \times 21 \times 480} \fallingdotseq 140mm$

★★

63 강도설계법에 의한 콘크리트구조 설계에서 변형률 및 지배단면에 대한 설명으로 틀린 것은?

① 인장철근의 설계기준항복강도 f_y에 대응하는 변형률에 도달하고 동시에 압축콘크리트가 가정된 극한변형률에 도달할 때, 그 단면이 균형변형률 상태에 있다고 본다.
② 압축연단 콘크리트가 가정된 극한변형률에 도달할 때 최외단 인장철근의 순인장변형률 ϵ_t가 0.0025의 인장지배변형률 한계 이상인 단면을 인장지배단면이라고 한다.
③ 압축연단 콘크리트가 가정된 극한변형률에 도달할 때 최외단 인장철근의 순인장변형률 ϵ_t가 압축지배변형률 한계 이하인 단면을 압축지배단면이라고 한다.
④ 순인장변형률 ϵ_t가 압축지배변형률 한계와 인장지배변형률 한계 사이인 단면은 변화구간 단면이라고 한다.

해설 지배단면

인장지배단면 : 콘크리트 압축연단 변형률이 극한변형률에 도달할 때, 최외단 인장철근의 순인장변형률 ϵ_t가 0.005의 인장지배변형률 한계 이상인 단면

$\epsilon_t \geq \epsilon_{t,tcl} = 0.005$ 또는 ϵ_y

★★★

64 단철근 직사각형보의 폭이 300mm, 유효깊이가 500mm, 높이가 600mm일 때, 외력에 의해 단면에서 휨균열을 일으키는 휨모멘트(M_{cr})는? (단, $f_{ck} = 28MPa$, 보통중량콘크리트이다.)

① 58kN·m　② 60kN·m
③ 62kN·m　④ 64kN·m

해설 균열모멘트

1) 단면계수 : $Z = \frac{bh^2}{6}$

2) 휨인장강도
: $f_r = 0.63\lambda\sqrt{f_{ck}}$
$= 0.63 \times 1.0 \times \sqrt{28} = 3.334 N/mm^2$

3) 균열모멘트
: $M_{cr} = f_r \cdot Z = 3.334 \times \frac{300 \times 600^2}{6}$
$= 60,012,000 N \cdot mm \fallingdotseq 60kN \cdot m$

해답 62. ③　63. ②　64. ②

★★
65 $M_u = 200$kN·m의 계수모멘트가 작용하는 단철근 직사각형보에서 필요한 철근량(A_s)은 약 얼마인가? (단, $b = 300$mm, $d = 500$mm, $f_{ck} = 28$MPa, $f_y = 400$MPa, $\phi = 0.85$이다.)

① 1,072.7mm²
② 1,266.3mm²
③ 1,524.6mm²
④ 1,785.4mm²

해설
1) $a = \dfrac{A_s f_y}{\eta(0.85 f_{ck})b}$

여기서, $f_{ck} \le 40$MPa $\Rightarrow \eta = 1.0$

2) $M_u \le \phi M_n = \phi[A_s f_y(d - \dfrac{a}{2})]$

$200 \times 10^6 \le 0.85[A_s \times 400$
$\times (500 - \dfrac{1}{2} \times \dfrac{A_s \times 400}{1.0 \times 0.85 \times 28 \times 300})]$

∴ $A_s = 1,266.3$mm² (계산기의 solve 기능 사용)

★★★
66 옹벽의 구조해석에 대한 설명으로 틀린 것은? (단, 기타 콘크리트구조 설계기준에 따른다.)

① 부벽식 옹벽의 전면벽은 2변 지지된 1방향 슬래브로 설계하여야 한다.
② 뒷부벽은 T형보로 설계하여야 하며, 앞부벽은 직사각형보로 설계하여야 한다.
③ 저판의 뒷굽판은 정확한 방법이 사용되지 않는 한, 뒷굽판 상부에 재하되는 모든 하중을 지지하도록 설계하여야 한다.
④ 캔틸레버식 옹벽의 저판은 전면벽과의 접합부를 고정단으로 간주한 캔틸레버로 가정하여 단면을 설계할 수 있다.

해설 옹벽의 구조해석
1) 부벽식옹벽의 전면벽은 3변지지된 2방향슬래브로 설계한다.
2) 캔틸레버식 옹벽의 전면벽은 저판에 지지된 캔틸레버로 설계한다.

★
67 플레이트 보(plate girder)의 경제적인 높이는 다음 중 어느 것에 의해 구해지는가?
① 전단력
② 지압력
③ 휨모멘트
④ 비틀림모멘트

해설 플레이트 보의 경제적인 높이(h)
1) $h = 1.1\sqrt{\dfrac{M}{f_{ba} t_w}}$

여기서, M : 설계휨모멘트, f_{ba} : 허용휨응력, t_w : 복부판의 두께

2) 보의 작용하는 휨모멘트가 클수록 보의 높이는 높아져야 한다.

★★
68 지간이 4m이고 단순지지된 1방향 슬래브에서 처짐을 계산하지 않는 경우 슬래브의 최소두께로 옳은 것은? (단, 보통중량 콘크리트를 사용하고, $f_{ck} = 28$MPa, $f_y = 400$MPa인 경우)
① 100mm
② 150mm
③ 200mm
④ 250mm

해설 처짐을 계산하지 않는 경우의 단순지지된 1방향 슬래브의 최소두께(h)

$h = \dfrac{l}{20} = \dfrac{4,000}{20} = 200$mm

★
69 프리스트레스트 콘크리트 중 비부착긴장재를 가진 부재에서 깊이에 대한 경간의 비가 35 이하인 경우 공칭강도를 발휘할 때 긴장재의 인장응력(f_{ps})을 구하는 식으로 옳은 것은? (단, f_{pe} : 긴장재의 유효프리스트레스, ρ_p : 긴장재의 비)

① $f_{ps} = f_{pe} + 70 + \dfrac{f_{ck}}{100 \rho_p}$

② $f_{ps} = f_{pe} + 70 + \dfrac{f_{ck}}{200 \rho_p}$

③ $f_{ps} = f_{pe} + 70 + \dfrac{f_{ck}}{300 \rho_p}$

④ $f_{ps} = f_{pe} + 70 + \dfrac{f_{ck}}{400 \rho_p}$

해답 65. ② 66. ① 67. ③ 68. ③ 69. ①

해설 비부착긴장재를 가진 부재에서 파괴 시 긴장재의 인장
응력 f_{ps}

1) $\dfrac{l}{h} \leq 35$인 경우 : $f_{ps} = f_{pe} + 70 + \dfrac{f_{ck}}{100\rho_p}$

2) $\dfrac{l}{h} > 35$인 경우 : $f_{ps} = f_{pe} + 70 + \dfrac{f_{ck}}{400\rho_p}$

★★★
70 프리스트레스트 콘크리트의 원리를 설명할 수 있는 기본개념으로 옳지 않은 것은?
① 균등질보의 개념
② 내력모멘트의 개념
③ 하중평형의 개념
④ 변형도 개념

해설 PSC의 원리
1) 균등 질 보의 개념(응력개념) : 프리스트레스가 도입되면 콘크리트의 부재는 탄성이론으로 해석할 수 있다는 개념
2) 내력 모멘트의 개념(강도개념) : 콘크리트는 압축력을 받고 긴장재는 인장력을 받게 하여 두 힘의 우력모멘트로 외력에 의한 휨모멘트에 저항시킨다는 개념
3) 하중 평형의 개념(등가하중개념) : 프리스트레싱에 의한 작용과 부재에 작용하는 하중을 평형이 되도록 하자는 개념

★★★
71 복철근으로 설계해야 할 경우를 설명한 것으로 잘못된 것은?
① 단면이 넓어서 철근을 고루 분산시키기 위해
② 정, 부 모멘트를 교대로 받는 경우
③ 크리프에 의해 발생하는 장기처짐을 최소화하기 위해
④ 보의 높이가 제한되어 철근의 증가로 휨강도를 증가시키기 위해

해설 복철근으로 설계하는 경우
1) 정(+), 부(-) 모멘트를 교대로 받는 경우
2) 장기처짐 최소화 : 철근은 크리프 효과가 거의 없어 장기처짐이 감소
3) 단면 치수가 제한이 있는 경우 : 철근의 증가로 휨강도를 증가시키기 위함
4) 연성 증진, 철근조립의 편리, 내진성 향상을 목적으로 복철근으로 설계

★★★
72 폭이 300mm, 유효깊이가 500mm인 단철근 직사각형 보 단면에서 f_{ck} = 35MPa, f_y = 350MPa일 때, 강도설계법으로 구한 균형철근량은 약 얼마인가?
① 5,285mm²
② 5,890mm²
③ 6,665mm²
④ 7,235mm²

해설 균형철근량
1) 균형철근비(ρ_b)

$$\rho_b = \dfrac{\eta(0.85 f_{ck})\beta_1}{f_y} \dfrac{\varepsilon_{cu}}{\varepsilon_{cu}+\varepsilon_y}$$

$$= \dfrac{1.0 \times (0.85 \times 35) \times 0.8}{350} \dfrac{0.0033}{0.0033 + \dfrac{350}{200,000}}$$

$\fallingdotseq 0.04443$

여기서, $f_{ck} \leq 40$MPa,
$\Rightarrow \eta = 1.0, \ \beta_1 = 0.8, \ \varepsilon_{cu} = 0.033$

$\varepsilon_y = \dfrac{f_y}{E_s}$

2) 균형철근량(A_{sb})
$A_{sb} = \rho_b bd = 0.04443 \times 300 \times 500 = 6,665\mathrm{mm}^2$

★
73 철근콘크리트 휨부재에서 최소철근비를 규정한 이유로 가장 적당한 것은?
① 부재의 경제적인 단면 설계를 위해서
② 부재의 사용성을 증진시키기 위해서
③ 부재의 시공 편의를 위해서
④ 부재의 급작스런 파괴를 방지하기 위해서

해설 최소철근비 규정 이유
최소철근비는 콘크리트 구조물의 급작스런 파괴를 방지하고, 균열 발생을 제어하며, 구조물의 안정성을 확보하기 위함이다.

★★★
74 A_g = 180,000mm², f_{ck} = 24MPa, f_y = 350MPa이고, 종방향 철근의 전체 단면적(A_{st}) = 4,500mm²인 나선철근기둥(단주)의 공칭축강도(P_n)는?
① 2,987.7kN
② 3,067.4kN
③ 3,873.2kN
④ 4,381.9kN

해답 70. ④ 71. ① 72. ③ 73. ④ 74. ④

해설 나선철근기둥의 공칭축강도
1) $A_c = A_g - A_{st} = 180,000 - 4,500 = 175,500 mm^2$
2) $P_n = 0.85[0.85f_{ck}(A_g - A_{st}) + f_y A_{st}]$
   $= 0.85[(0.85 \times 24 \times 175,500) + (350 \times 4500)]$
   $= 4,381,920N ≒ 4,381.9kN$

★★
75 이형철근의 정착길이에 대한 설명으로 틀린 것은?(단, d_b : 철근의 공칭지름)
① 표준갈고리가 있는 인장이형철근 : $10d_b$ 이상, 또한 200mm 이상
② 인장 이형철근 : 300mm 이상
③ 압축 이형철근 : 200mm 이상
④ 확대머리 인장 이형철근 : $8d_b$ 이상 또한 150mm 이상

해설 이형철근의 정착길이
표준갈고리가 있는 인장이형철근 : $8d_b$ 이상, 150mm 이상이어야 한다.

★★★
76 계수전단력 $V_u = 75kN$에 대하여 규정에 의한 최소전단철근을 배근하여야 하는 직사각형 철근콘크리트보가 있다. 이 보의 폭이 300mm일 경우 유효깊이(d)의 최소값은? (단, $f_{ck} = 24MPa$, $f_y = 350MPa$)
① 375mm ② 387mm
③ 394mm ④ 409mm

해설 최소전단철근
1) 강도감소계수 : $\phi = 0.75$
2) 콘크리트에 의한 전단강도
   $V_c = \frac{1}{6}\lambda\sqrt{f_{ck}}b_w d \Rightarrow$
   여기서, $\lambda = 1.0$ (∵ 보통중량콘크리트)
3) 전단철근의 최소량을 사용할 범위
   $\frac{1}{2}\phi V_c < V_u \leq \phi V_c$ 에서
   $\frac{1}{2} \times 0.75 \times \frac{1}{6} \times 1.0 \times \sqrt{24} \times 300 \times d$
   $< 75,000 \leq 0.75 \times \frac{1}{6} \times 1.0 \times \sqrt{24} \times 300 \times d$
   ∴ $816mm > d \geq 408mm$

★★
77 아래 그림과 같은 두께 12mm 평판의 순단면적을 구하면? (단, 구멍의 직경은 23mm이다.)

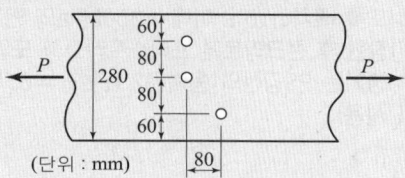

① $2,310mm^2$ ② $2,340mm^2$
③ $2,772mm^2$ ④ $2,928mm^2$

해설 순단면적

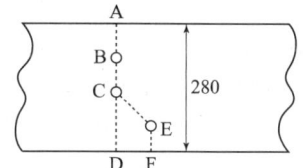

1) 순폭(b_n)
   ① ABCD단면
   $b_n = b_g - nd = 280 - 2 \times 23 = 234mm$
   ② ABCEF단면
   $b_n = b_g - d - d - \left(d - \frac{P^2}{4g}\right)$
   $= 280 - 23 - 23 - \left(23 - \frac{80^2}{4 \times 80}\right) = 231mm$
   둘 중 작은 값이 순폭이므로
   ∴ $b_n = 231mm$
2) 순단면적 = 순폭 × 부재 두께
   $= 231 \times 12 = 2,772mm$

★
78 철골 압축재의 좌굴안정성에 대한 설명으로 틀린 것은?
① 좌굴길이가 길수록 유리하다.
② 힌지지지보다 고정지지가 유리하다.
③ 단면2차모멘트 값이 클수록 유리하다.
④ 단면2차반지름이 클수록 유리하다.

해설 좌굴하중(P_c)
$P_c = \frac{n\pi^2 EI}{l^2} = \frac{\pi^2 EI}{l_k^2}$
1) 좌굴하중은 l_k^2에 반비례 하므로 좌굴길이가 짧을수록 유리하다.
2) 고정지지가 힌지지지보다 좌굴길이가 짧으므로 유리하다.
3) 단면2차모멘트 값이 클수록 유리하다.

해답 75. ① 76. ④ 77. ③ 78. ①

2025년 과년도출제문제

79 직사각형 단면(300mm×400mm)인 프리텐션 부재에 550mm²의 단면적을 가진 PS강선을 콘크리트 단면 도심에 일치하도록 배치하였다. 이때 1,350MPa의 인장응력이 되도록 긴장한 후 콘크리트에 프리스트레스를 도입한 경우 도입직후 생기는 PS강선의 응력은? (단, $n=6$, 단면적은 총단면적 사용)

① 371MPa ② 398MPa
③ 1,313MPa ④ 1,321MPa

해설 PS강선의 응력
1) 콘크리트 탄성변형에 의한 프리스트레스 손실
$$\triangle f_p = n f_c = 6 \times \frac{1,350 \times 550}{300 \times 400} = 37.125 \text{MPa}$$
2) PS강선의 응력
$= 1,350 - 37.125 = 1,312.88 \text{MPa}$

80 압축 이형철근의 겹침이음길이에 대한 다음 설명으로 틀린 것은? (단, d_b는 철근의 공칭지름)

① 겹침이음길이는 300mm 이상이어야 한다.
② 철근의 항복강도(f_y)가 400MPa 이하인 경우의 겹침이음길이는 $0.072 f_y d_b$ 보다 길 필요가 없다.
③ 서로 다른 크기의 철근을 압축부에서 겹침이음하는 경우, 이음길이는 크기가 큰 철근의 정착길이와 크기가 작은 철근의 겹침이음길이 중 큰 값 이상이어야 한다.
④ 압축철근의 겹침이음길이는 인장철근의 겹침이음길이보다 길어야 한다.

해설 압축이형철근의 겹침이음길이
1) $f_y \leq 400 \text{MPa}$
① $0.072 d_b f_y$ 이하
② 인장철근의 겹침이음길이 이하
③ 300mm 이상
2) $f_y > 400 \text{MPa}$
① $(0.13 f_y - 24) d_b$ 이하
② 인장철근의 겹침이음길이 이하
③ 300mm 이상

토질 및 기초

81 두 개의 규소판 사이에 한 개의 알루미늄판이 결합된 3층 구조가 무수히 많이 연결되어 형성된 점토광물로서 각 3층 구조 사이에는 칼륨이온(K^+)으로 결합되어 있는 것은?

① 일라이트(illite)
② 카올리나이트(kaolinite)
③ 할로이사이트(halloysite)
④ 몬모릴로나이트(montmorillonite)

해설 점토광물
1) 카올리나이트(Kaolinite)
① 1개의 규소판과 1개의 알루미늄판으로 결합된 2층 구조
② 활성도가 가장 작고 공학적으로 가장 안정된 구조
2) 일나이트(illite)
① 두 개의 규소 판 사이에 알루미늄판이 결합된 3층 구조
② 3층 구조 단위들이 칼륨이온(K^+)으로 결합
3) 몬모릴로나이트(montmorillonite)
① 두 개의 규소 판 사이에 알루미늄판이 결합된 3층 구조
② 3층 구조 단위들이 치환성 양이온으로 결합
③ 활성도가 가장 크고 공학적으로 가장 불안정한 구조

82 Sand drain의 지배영역에 관한 Barron의 정삼각형 배치에서 샌드드레인의 간격을 d, 유효원의 직경을 d_e라 할 때 d_e를 구하는 식으로 옳은 것은?

① $d_e = 1.128 d$ ② $d_e = 1.028 d$
③ $d_e = 1.050 d$ ④ $d_e = 1.50 d$

해설 샌드드레인 공법(유효원의 직경)
1) 정삼각형 배치 : $d_e = 1.05 d$
2) 정사각형 배치 : $d_e = 1.13 d$

83 그림과 같은 지반에서 하중으로 인하여 수직응력($\Delta \sigma_1$)이 100kN/m² 증가되고 수평응력($\Delta \sigma_3$)이 50 kN/m² 증가되었다면 간극수압은 얼마나 증가되었는가? (단, 간극수압계수 $A = 0.50$이고, $B = 1$이다.)

① 50kN/m²
② 75kN/m²
③ 100kN/m²
④ 125kN/m²

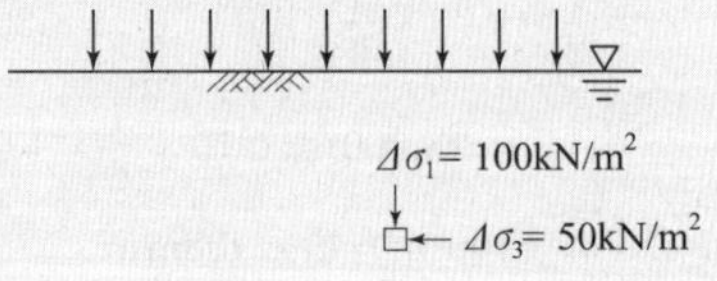

해답 79. ③ 80. ④ 81. ① 82. ③ 83. ②

해설 간극수압증가량

1) $S=100\%$인 경우 : $B=1.0$
2) 간극수압증가량
$$\Delta u = B[\Delta\sigma_3 + A(\Delta\sigma_1 - \Delta\sigma_3)]$$
$$= 1.0[50 + 0.5(100-50)] = 75\text{kN/m}^2$$

★
84 지표면에 집중하중이 작용할 때, 지중연직 응력 증가량 ($\Delta\sigma_z$)에 관한 설명 중 옳은 것은? (단, Boussinesq 이론을 사용)

① 탄성계수 E에 무관하다.
② 탄성계수 E에 정비례한다.
③ 탄성계수 E의 제곱에 정비례한다.
④ 탄성계수 E의 제곱에 반비례한다.

해설 지중응력 증가량

1) 집중하중에 의한 지중응력 증가량은 $\Delta\sigma_z = I_\sigma \dfrac{Q}{Z^2}$ 이므로
2) 지중응력 증가량은 탄성계수(E)와 무관하다.

★★
85 아래의 그림에서 각층의 손실수두 Δh_1, Δh_2, Δh_3를 각각 구한 값으로 옳은 것은?

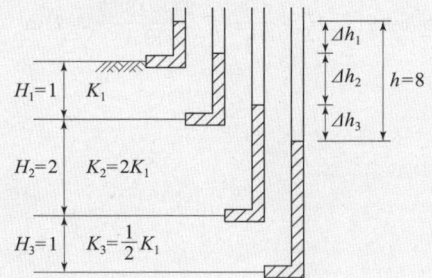

① $\Delta h_1 = 2$, $\Delta h_2 = 2$, $\Delta h_3 = 4$
② $\Delta h_1 = 2$, $\Delta h_2 = 3$, $\Delta h_3 = 3$
③ $\Delta h_1 = 2$, $\Delta h_2 = 4$, $\Delta h_3 = 2$
④ $\Delta h_1 = 2$, $\Delta h_2 = 5$, $\Delta h_3 = 1$

해설 손실수두

1) 투수가 수직방향으로 일어나는 경우, 각 층의 유출속도는 같아야 한다.
$$K_1 i_1 = K_2 i_2 = K_3 i_3$$
$$K_1 \dfrac{\Delta h_1}{H_1} = K_2 \dfrac{\Delta h_2}{H_2} = K_3 \dfrac{\Delta h_3}{H_3}$$
$$K_1 \dfrac{\Delta h_1}{1} = 2K_1 \dfrac{\Delta h_2}{2} = \dfrac{1}{2} K_1 \dfrac{\Delta h_3}{1}$$
$$\therefore \Delta h_1 = \Delta h_2 = \dfrac{\Delta h_3}{2}$$

2) $h = \Delta h_1 + \Delta h_2 + \Delta h_3$
$8 = \Delta h_1 + \Delta h_1 + 2\Delta h_1 \Rightarrow \therefore \Delta h_1 = 2\text{m}$
$\therefore \Delta h_1 = 2\text{m}, \Delta h_2 = 2\text{m}, \Delta h_3 = 4\text{m}$

★★★
86 4m×4m 크기인 정사각형 기초를 내부마찰각 $\phi = 20°$, 점착력 $c = 30\text{kN/m}^2$인 지반에 설치하였다. 흙의 단위중량 $\gamma = 19\text{kN/m}^3$이고, 안전율(F_s)을 3으로 할 때 Terzaghi 지지력 공식으로 기초의 허용하중을 구하면? (단, 기초의 깊이는 1m이고, 전반전단파괴가 발생한다고 가정하며, 지지력계수 $N_c = 17.69$, $N_q = 7.44$, $N_r = 4.97$이다.)

① 3,780kN ② 5,239kN
③ 6,750kN ④ 8,140kN

해설 얕은 기초의 허용하중

1) 정사각형 기초의 형상계수 : $\alpha = 1.3$, $\beta = 0.4$
2) Terzaghi의 극한지지력
$$q_u = \alpha C N_c + \beta B \gamma_1 N_r + \gamma_2 D_f N_q$$
$$= 1.3 \times 30 \times 17.69 + 0.4 \times 4 \times 19 \times 4.97 + 19 \times 1 \times 7.44$$
$$= 982.358 \text{kN/m}^2$$
3) 허용지지력 : $q_a = \dfrac{q_u}{F_s} = \dfrac{982.358}{3} = 327.453 \text{kN/m}^2$
4) 허용하중
$$Q_a = q_a A_f = 327.453 \times 4 \times 4 \fallingdotseq 5,239 \text{kN}$$

★
87 연약지반 개량공법 중 프리로딩 공법에 대한 설명으로 틀린 것은?

① 압밀침하를 미리 끝나게 하여 구조물에 잔류침하를 남기지 않게 하기 위한 공법이다.
② 도로의 성토나 항만의 방파제와 같이 구조물 자체의 일부를 상재하중으로 이용하여 개량 후 하중을 제거할 필요가 없을 때 유리하다.
③ 압밀계수가 작고 압밀토층 두께가 큰 경우에 주로 적용한다.
④ 압밀을 끝내기 위해서는 많은 시간이 소요되므로, 공사기간이 충분해야 한다.

해설 프리로딩공법의 적용

1) 압밀계수가 큰 경우
2) 압밀 토층의 두께가 얇은 경우
3) 연약층이 두껍거나 공사 기간이 짧은 경우는 곤란함

해답 84. ① 85. ① 86. ② 87. ③

★★★
88 그림에서 $a-a'$면 바로 아래의 유효응력은? (단, 흙의 간극비(e)는 0.4, 비중(G_s)은 2.65, 물의 단위중량은 9.81kN/m³이다.)

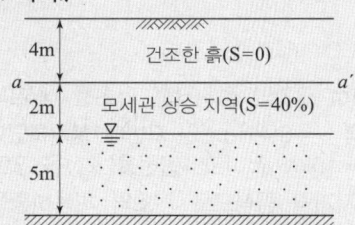

① 68.2kN/m² ② 82.1kN/m²
③ 97.4kN/m² ④ 102.1kN/m²

해설 유효응력

1) 흙의 건조단위중량
$$\gamma_d = \frac{G_s \gamma_w}{1+e} = \frac{2.65 \times 9.81}{1+0.4} = 18.57 \text{kN/m}^3$$

2) 전응력
$$\sigma = \gamma_d h = 18.57 \times 4 = 74.28 \text{ kN/m}^2$$

3) 공극수압
$$u = -\frac{S}{100}\gamma_w h_c = -\frac{40}{100} \times 9.81 \times 2$$
$$= -7.85 \text{kN/m}^2$$

4) 유효응력 = 전응력 - 공극수압
$$\sigma' = 74.28 - (-7.85) = 82.13 \text{ kN/m}^2$$

★★★
89 흙의 내부마찰각이 20°, 점착력이 50kN/m², 습윤단위중량이 17kN/m³, 지하수위 아래 흙의 포화단위중량이 19kN/m³일 때 3m×3m 크기의 정사각형 기초의 극한지지력을 Terzaghi의 공식으로 구하면? (단, 지하수위는 기초바닥 깊이와 같으며 물의 단위중량은 9.81kN/m³이고, 지지력계수 N_c = 18, N_r = 5, N_q = 7.50이다.)

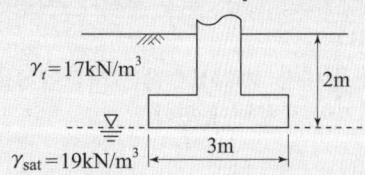

① 1,231.24kN/m² ② 1,337.31kN/m²
③ 1,480.14kN/m² ④ 1,540.42kN/m²

해설 Terzaghi의 극한지지력

1) 정사각형 기초의 형상계수 : $\alpha = 1.3$, $\beta = 0.4$
2) $\gamma_1 = \gamma_{sub} = \gamma_{sat} - \gamma_w$, $\gamma_2 = \gamma_t$를 사용한다.
3) Terzaghi의 극한지지력
$$q_u = \alpha C N_c + \beta B \gamma_1 N_r + \gamma_2 D_f N_q$$
$$= 1.3 \times 50 \times 18 + 0.4 \times 3 \times (19 - 9.81) \times 5 + 17 \times 2 \times 7.5$$
$$= 1,480.14 \text{kN/m}^2$$

★★
90 흙의 내부마찰각(ϕ)은 20°, 점착력(c)이 24kN/m²이고, 단위중량(γ_t)은 19.3kN/m³인 사면의 경사각이 45°일 때 임계높이는 약 얼마인가? (단, 안정수 m = 0.06)

① 15m ② 18m
③ 21m ④ 24m

해설 사면의 임계높이

1) 안정계수 : $N_s = \dfrac{1}{m} = \dfrac{1}{0.06} = 16.67$

2) 임계높이 : $H_c = \dfrac{CN_s}{\gamma} = \dfrac{24 \times 16.67}{19.3} ≒ 21\text{m}$

★
91 다음 중 사운딩 시험이 아닌 것은?

① 표준관입시험 ② 평판재하시험
③ 콘관입시험   ④ 베인시험

해설 사운딩 시험

1) 사운딩 : 로드 끝에 저항체를 달아 관입, 회전, 인발 등의 저항으로 토층의 성질과 상태를 탐사하는 것
2) 동적사운딩 : 표준관입시험, 동적원추관입시험
3) 정적사운딩 : 베인전단시험, 이스키미터, 스웨덴식 원추관입시험 등
4) 평판재하시험(PBT)은 기초지반의 지지력 시험이다.

해답 88. ② 89. ③ 90. ③ 91. ②

92 단면적 100cm², 길이 30cm인 모래시료에 대한 정수두 투수시험 결과가 아래의 표와 같을 때 이 흙의 투수계수는?

- 수두차 : 500cm
- 물을 모은 시간 : 5분
- 모은 물의 부피 : 500cm³

① 0.001cm/sec ② 0.005cm/sec
③ 0.01cm/sec   ④ 0.05cm/sec

해설 정 수두 투수시험
1) 시험시간 : $t = 5\min = 300\sec$
2) 동수구배 : $i = \dfrac{h}{L} = \dfrac{500}{30} = \dfrac{50}{3}$
3) $Q = AKit \Rightarrow 500 = 100 \times K \times \dfrac{50}{3} \times 300$
   $\therefore K = 0.001\text{cm/sec}$

93 활동면위의 흙을 몇 개의 연직평행한 절편으로 나누어 사면의 안정을 해석하는 방법이 아닌 것은?
① Fellenius 방법   ② 마찰원법
③ Spencer 방법   ④ Bishop의 간편법

해설 절편법
1) 절편법(=분할법)의 종류 : Fellenius 방법, Bishop 방법, Spencer 방법 등.
2) 질량법(=일체법) : $\phi = 0°$법, 마찰원 법

94 함수비 15%인 흙 2,300g이 있다. 이 흙의 함수비를 25%로 증가시키려면 얼마의 물을 가해야 하는가?
① 200g   ② 230g
③ 345g   ④ 575g

해설 함수비 변화에 따른 물의 증가량
1) 흙 입자 무게
$W_s = \dfrac{W}{1+\dfrac{w}{100}} = \dfrac{2,300g}{1+\dfrac{15}{100}} = 2,000g$

2) 함수비가 15%인 경우 물의 무게
$W_w = W - W_w = 2,300 - 2,000 = 300g$

3) 함수비가 25%인 경우 물의 무게
$w = \dfrac{W_w}{W_s} \times 100$
$25 = \dfrac{W_w}{2,000} \times 100 = 500g$

4) 추가해야 물 무게 : $W_w = 500 - 300 = 200g$

95 다음 그림에서 흙의 저면에 작용하는 단위 면적당 침투수압은? (단, $\gamma_w = 9.81\text{kN/m}^3$)
① 79.2kN/m²
② 49.2kN/m²
③ 39.2kN/m²
④ 29.2kN/m²

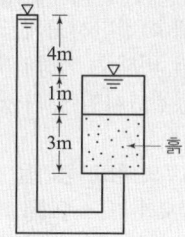

해설 침투수압
1) 수두 차 : $\Delta h = 4m$
2) 침투수압 : $F = \gamma_w \Delta h = 9.81 \times 4 = 39.2\text{kN/m}^2$

96 최대주응력이 100kN/m², 최소주응력이 40kN/m²일 때 최소주응력 면과 45°를 이루는 평면에 일어나는 수직응력은?
① 70kN/m²   ② 30kN/m²
③ 60kN/m²   ④ $40\sqrt{2}$ kN/m²

해설 파괴면에 작용하는 수직응력
$\sigma = \dfrac{\sigma_1 + \sigma_3}{2} + \dfrac{\sigma_1 + \sigma_3}{2}\cos 2\theta$
$= \dfrac{100+40}{2} + \dfrac{100-40}{2}\cos(2\times 45°) = 70\text{kN/m}^2$

해답 92. ① 93. ② 94. ① 95. ③ 96. ①

97 사질토지반에서 지름 30cm의 평판재하시험 결과 300kN/m²의 압력이 작용할 때 침하량이 10mm라면, 지름 1.5m의 실제 기초에 300kN/m²의 하중이 작용할 때 침하량의 크기는?

① 14mm ② 25mm
③ 28mm ④ 35mm

해설 평판재하시험

$$S_{(기)} = S_{(재)} \left[\frac{2B_{(기)}}{B_{(재)} + B_{(기)}} \right]^2$$

$$= 10 \times \left[\frac{2 \times 1.5_{(기)}}{0.3_{(재)} + 1.5_{(기)}} \right]^2 \fallingdotseq 28\text{mm}$$

98 실내시험에 의한 점토의 강도증가율(Cu/P) 산정방법이 아닌 것은?

① 소성지수에 의한 방법
② 비배수 전단강도에 의한 방법
③ 압밀 비배수 삼축압축시험에 의한 방법
④ 직접전단시험에 의한 방법

해설 점토의 강도 증가율 산정 방법
1) 점토의 강도 증가율 : 압밀 진행에 따라 점토의 비 배수 전단강도가 증가하는 비율을 의미한다.
2) 실내 시험을 이용한 산정 법
 ① 비 배수 전단강도에 의한 방법 : UU-Test
 ② 압밀 비 배수 삼축 압축 시험 : CU-Test, $\overline{CU}$-Test
 ③ 소성지수 이용하는 방법

99 흙의 분류법인 AASHTO 분류법과 통일분류법을 비교·분석한 내용으로 틀린 것은?

① 통일분류법은 0.075mm 체 통과율을 35%를 기준으로 조립토와 세립토로 분류하는데, 이것은 AASHTO 분류법보다 적절하다.
② 통일분류법은 입도분포, 액성한계, 소성지수 등을 주요 분류인자로 한 분류법이다.
③ AASHTO 분류법은 입도분포, 군지수 등을 주요 분류 인자로 한 분류법이다.
④ 통일분류법은 유기질토 분류방법이 있으나 AASHTO 분류법은 없다.

해설 AASHTO 분류법과 통일분류법 차이점
조립토와 세립토의 분류 : AASHTO 분류법은 0.075mm 통과율 35%를 기준으로 하고, 통일분류법은 0.075mm 통과율 50%를 기준으로 한다.

100 다음 그림과 같은 점성토지반의 굴착저면에서 바닥 융기에 대한 안전율을 Terzaghi의 식에 의해 구하면? (단, $\gamma = 17.31\text{kN/m}^3$, $c = 24\text{kN/m}^2$ 이다.)

① 3.21
② 2.32
③ 1.64
④ 1.17

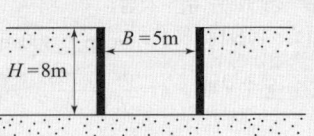

해설 바닥 융기(Heaving)에 대한 안전율

$$F_s = \frac{5.7c}{\gamma H - \frac{cH}{0.7B}} = \frac{5.7 \times 24}{17.31 \times 8 - \frac{24 \times 8}{0.7 \times 5}} = 1.64$$

상하수도공학

101 상수도 취수시설에 있어서 침사지의 유효수심은 얼마를 표준으로 하는가?

① 10~12m ② 6~8m
③ 3~4m   ④ 0.5~2m

해설 상수도 침사지
1) 유효수심 : 3~4m
2) 용량 : 계획취수량을 10~20분간 저류 할 수 있는 크기

102 합류식 하수도는 강우시에 처리되지 않은 오수의 일부가 하천 등의 공공수역에 방류되는 문제점을 갖고 있다. 이에 대한 대책으로 적합하지 않은 것은?

① 차집관거의 축소
② 실시간 제어방법
③ 스월조절조(swirl regulator) 설치
④ 우수저류지 설치

해답 97. ③ 98. ④ 99. ① 100. ③ 101. ③ 102. ①

해설 우수 방류 부하량 조절 및 감소 방법
1) 차집관거 확대
2) 실시간 제어
3) 스월조절조
4) 우수저류지
   • 스월조절조 : 하수도 시설에서 우천 시 월류수의 오염물질을 줄이기 위해 사용되는 장치이며 나선형으로 물을 회전시켜 침전과 부상작용으로 고형물을 분리 제거하는 장치

103 상수원수에 포함된 색도제거를 위한 단위조작으로 거리가 먼 것은?
① 폭기처리
② 응집침전처리
③ 활성탄처리
④ 오존처리

해설 색도 제거 방법
1) 색도 제거 방법 : 오존처리, 활성탄처리, 약품 침전처리
2) 폭기법 : 암모니아 제거, 철·망간 제거

104 하수관거 설계 시 계획하수량에서 고려하여야 할 사항으로 옳은 것은?
① 오수관거에서는 계획최대오수량으로 한다.
② 우수관거에서는 계획시간 최대우수량으로 한다.
③ 합류식 관거에서는 계획시간 최대오수량에 계획우수량을 합한 것으로 한다.
④ 지역의 설정에 따른 계획하수량의 여유는 고려하지 않는다.

해설 하수관거 설계 시 계획하수량
1) 오수관거 : 계획 시간 최대 오수량
2) 우수관거 : 계획우수량
3) 지역의 설정에 따른 계획하수량의 여유를 고려해야 한다.

105 하수 관거 내에 황화수소(H_2S)가 통상 존재하는 이유에 대한 설명으로 옳은 것은?
① 용존산소로 인해 유황이 산화하기 때문이다.
② 용존산소 결핍으로 박테리아가 메탄가스를 환원시키기 때문이다.
③ 용존산소 결핍으로 박테리아가 황산염을 환원시키기 때문이다.
④ 용존산소로 인해 박테리아가 메탄가스를 환원시키기 때문이다.

해설 하수관거 내 황화수소
용존산소가 없으면 혐기성 세균이 황화합물을 분해하여 환원시키기 때문이다.

106 일반적인 상수도 계통도를 올바르게 나열한 것은?
① 수원 및 저수 시설 → 취수 → 배수 → 송수 → 정수 → 도수 → 급수
② 수원 및 저수 시설 → 취수 → 도수 → 정수 → 송수 → 배수 → 급수
③ 수원 및 저수 시설 → 취수 → 배수 → 정수 → 급수 → 도수 → 송수
④ 수원 및 저수 시설 → 취수 → 도수 → 정수 → 급수 → 배수 → 송수

해설 상수도 계통도
1) 수원 및 저류시설 → 취수 → 도수 → 정수 → 송수 → 배수 → 급수
2) 도수 : 취수한 원수를 이송하는 과정
3) 송수 : 정수장으로부터 정수된 물을 배수지로 이송하는 과정

107 먹는 물에 대장균이 검출될 경우 오염수로 판정되는 이유로 옳은 것은?
① 대장균은 병원균이기 때문이다.
② 대장균은 반드시 병원균과 공존하기 때문이다.
③ 대장균은 번식 시 독소를 분비하여 인체에 해를 끼치기 때문이다.
④ 사람이나 동물의 체내에 서식하므로 병원성 세균의 존재 추정이 가능하기 때문이다.

해답 103. ① 104. ③ 105. ③ 106. ② 107. ④

해설 대장균
1) 대장균군은 인체에 유해하지 않으나,
2) 대장균의 존재 여부로 수인성 전염병 균의 존재 가능성을 추정할 수 있기 때문이다.

해설 활성탄처리
1) 활성탄처리 제거 대상 물질 : 맛, 냄새, 색도, THM 전구물질, 트리클로로에틸렌 등
2) 암모니아성 질소 제거법
  ① 물리적 방법 : 공기 탈기 법
  ② 화학적 방법 : 염소처리
  ③ 생물학적 방법 : 질산화와 탈질산화 과정으로 처리

108 다음 상수도관의 관종 중 내식성이 크고 중량이 가벼우며 손실수두가 적으나 저온에서 강도가 낮고 열이나 유기용제에 약한 것은?
① 흄관
② 강관
③ PVC관
④ 석면 시멘트관

해설 PVC관의 특징
1) 내식성, 내전식성이 크다.
2) 가볍고 시공이 용이하고 저렴하다.
3) 강도가 작고 충격에 약하다.
4) 유기용제, 열에 약하다.

111 양수량이 15.5m³/min이고, 전양정이 24m일 때, 펌프의 축동력은? (단, 펌프의 효율은 80%로 가정한다.)
① 75.88kW
② 7.58kW
③ 4.65kW
④ 46.57kW

해설 펌프의 축동력(P_s)
1) $Q = \dfrac{15.5 \text{m}^3}{\text{min}} \times \dfrac{1\text{min}}{60\text{sec}} = 0.258 \text{m}^3/\text{sec}$
2) $P_s = 9.8 \dfrac{QH_t}{\eta} = 9.8 \dfrac{0.258 \times 24}{0.8} \fallingdotseq 75.8 \text{kW}$

109 MLSS 농도 2,000mg/L의 혼합액을 1L 시험관에 취해 30분간 정치시켰을 때 침강슬러지가 차지하는 부피가 200mL이었다. 이 슬러지의 SVI는?
① 120
② 100
③ 80
④ 60

해설 슬러지 용적 지수(SVI)
$SVI = \dfrac{SV}{MLSS} \times 1,000 = \dfrac{200}{2,000} \times 1,000 = 100 \text{ml/g}$

112 상수 원수 중 색도가 높은 경우의 유효처리방법으로 가장 거리가 먼 것은?
① 응집침전처리
② 활성탄처리
③ 오존처리
④ 자외선처리

해설 색도 제거 방법
1) 색도 제거 : 오존처리, 활성탄처리, 약품 침전처리
2) 자외선 처리 : 살균 처리(박테리아, 바이러스, 원생동물 등)

110 흡착에 의한 시설에서 활성탄을 사용하는 이유가 아닌 것은?
① 냄새 제거
② 오염 물질 제거
③ 트리클로로에틸렌 제거
④ 암모니아성 질소

113 오존을 사용하여 살균처리를 할 경우의 장점에 대한 설명 중 틀린 것은?
① 살균효과가 염소보다 뛰어나다.
② 유기물질의 생분해성을 증가시킨다.
③ 맛, 냄새물질과 색도 제거의 효과가 우수하다.
④ 오존이 수중 유기물과 작용하여 다른 물질로 잔류하게 되므로 잔류효과가 크다.

해설 오존처리
1) 소독의 잔류효과가 없다.
2) 경제성이 낮다.

해답 108. ③ 109. ② 110. ④ 111. ① 112. ④ 113. ④

114 상수의 도수 및 송수에 관한 설명 중 틀린 것은?
① 도수 및 송수방식은 에너지의 공급원 및 지형에 따라 자연유하식과 펌프가압식으로 나눌 수 있다.
② 송수관로는 개수로식과 관수로식으로 분류할 수 있다.
③ 수원이 급수구역과 가까울 때나 지하수를 수원으로 할 때는 펌프가압식이 더 효율적이다.
④ 자연유하식은 평탄한 지형에서 유리한 방식이다.

해설 도·송수 방식
자연 유하식은 수원의 위치가 높고 도수로가 길 때 적당한 방식으로 경사진 지형에서 적합하다.

115 동일한 조건에서 비중 2.5인 입자의 침전속도는 비중 2.0인 입자의 몇 배인가? (단, stoke's 법칙 기준)
① 1.25배 ② 1.5배
③ 1.6배 ④ 2.5배

해설 Stoke's 침전속도(V_s)
1) $V_s = \dfrac{(\rho_s - \rho_w)gd^2}{18\mu}$
2) 침전속도는 밀도차(=비중차)에 비례한다.
∴ 침전 속도 차 = $\dfrac{2.5-1}{2.0-1} = 1.5$
여기서, 1은 물의 비중이다.

116 하수관으로 폐수를 운반할 때 하수관의 직경이 0.5m에서 0.3m로 변환되었을 경우, 직경이 0.5m인 하수관내의 유속이 2m/s이었다면 직경이 0.3m인 하수관내의 유속은?
① 0.72m/s ② 1.20m/s
③ 3.33m/s ④ 5.56m/s

해설 하수관의 유속
1) $Q = AV \Rightarrow \therefore V = \dfrac{Q}{A} = \dfrac{Q}{\dfrac{\pi d^2}{4}}$
2) 관내의 유속은 관의 지름의 제곱에 반비례한다.
$\dfrac{V_2}{V_1} = \dfrac{d_1^2}{d_2^2} \Rightarrow \dfrac{V_2}{2} = \dfrac{0.5^2}{0.3^2}$
∴ $V_2 = 5.56$m/sec

117 정수처리 시 생성되는 발암물질인 트리할로메탄(THM)에 대한 대책으로 적합하지 않은 것은?
① 오존, 이산화염소 등의 대체 소독제 사용
② 염소소독의 강화
③ 중간염소처리
④ 활성탄흡착

해설 트리할로메탄(THM) 제거
1) 트리할로메탄(THM) 제거법 : 중간염소처리, 활성탄처리, 오존처리 등
2) 트리할로메탄은 염소소독의 부산물이므로,
3) 염소소독의 강화는 트리할로메탄을 더 많이 생성하게 된다.

118 어떤 하수의 5일 BOD 농도가 300mg/L, 탈산소계수(상용 대수)값이 0.2day^{-1}일 때, 최종 BOD 농도는?
① 310.0mg/L ② 333.3mg/L
③ 366.7mg/L ④ 375.5mg/L

해설 최종 BOD 농도(L_a)
1) $t = 5$day
2) $Y = L_a(1 - 10^{-k_1 t})$
$300 = L_a(1 - 10^{-0.2 \times 5})$
∴ $L_a = 333.33$mg/L

119 슬러지의 처분에 관한 일반적인 계통도로 알맞은 것은?
① 생슬러지 – 개량 – 농축 – 소화 – 탈수 – 최종처분
② 생슬러지 – 농축 – 소화 – 개량 – 탈수 – 최종처분
③ 생슬러지 – 농축 – 탈수 – 개량 – 소각 – 최종처분
④ 생슬러지 – 농축 – 탈수 – 소각 – 개량 – 최종처분

해설 하수 슬러지 처리 계통도
생슬러지 → 농축 → 소화 → 개량 → 탈수 → 최종처분

해답 114. ④ 115. ② 116. ④ 117. ② 118. ② 119. ②

120 초기 강우 시 도시의 우수유출량이 증가하여 하류시설 및 수로능력을 증대시키기 위해서 사용되는 시설물은?
① 유수지
② 침사지
③ 토구
④ 역사이폰

해설 유수지(우수조정지)
1) 유수지 : 우천시 우수를 저장하므로써 침수를 방지하기 위한 시설이다.
2) 설치장소
   - 기설 관거의 유하 능력이 부족한 곳
   - 펌프장의 능력이 부족한 곳
   - 방류지역 수로 등의 유하능력이 부족한 곳

해답 120. ①

MEMO

응용역학

1 길이가 L인 양단고정보 AB의 왼쪽 지점이 그림과 같이 작은 각 θ 만큼 회전할 때 생기는 반력(R_A, M_A)은? (단, EI는 일정하다.)

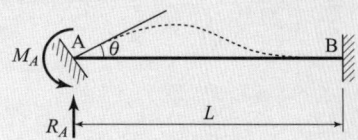

① $R_A = \dfrac{6EI\theta}{L^2}$, $M_A = \dfrac{4EI\theta}{L}$

② $R_A = \dfrac{12EI\theta}{L^3}$, $M_A = \dfrac{6EI\theta}{L^2}$

③ $R_A = \dfrac{4EI\theta}{L^2}$, $M_A = \dfrac{6EI\theta}{L}$

④ $R_A = \dfrac{2EI\theta}{L}$, $M_A = \dfrac{4EI\theta}{L^2}$

해설

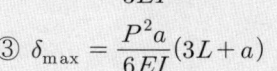

1) $K_{AB} = \dfrac{I}{L}$, $\theta_A = \theta$, $\theta_B = 0$ (∵ 고정지점)
   $R = 0$ (지점침하=0), $C_{AB} = 0$ (상재하중 없으므로)

2) $M_{AB} = M_A = 2EK(2\theta_A + \theta_B - 3R) - C_{AB}$
   $= 2E\dfrac{I}{L}(2\theta + 0 - 0) - 0 = \dfrac{4EI\theta}{L}$

3) $M_{BA} = \dfrac{1}{2} M_{AB} = \dfrac{2EI\theta}{L}$

4) $\sum M_B = 0$
   $R_A \times L - \dfrac{4EI\theta}{L} - \dfrac{2EI\theta}{L} = 0$
   ∴ $R_A = \dfrac{6EI\theta}{L^2}$

2 그림은 정사각형 단면을 갖는 단주에서 단면의 핵을 나타낸 것이다. x의 거리는?

① 3cm
② 4.5cm
③ 6cm
④ 9cm

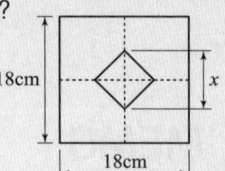

해설 핵 거리

1) 핵 거리(e)
   $e = \dfrac{Z}{A} = \dfrac{bh^2/6}{bh} = \dfrac{h}{6} = \dfrac{18}{6} = 3\text{cm}$

2) $x = 2 \times e = 6\text{cm}$

3 다음 캔틸레버 보에 집중하중(P)이 작용할 경우 최대 처짐($\delta_{\max}$)은? (단, EI는 일정하다.)

① $\delta_{\max} = \dfrac{Pa^2}{3EI}(3L+a)$

② $\delta_{\max} = \dfrac{P^2 a}{3EI}(3L-a)$

③ $\delta_{\max} = \dfrac{P^2 a}{6EI}(3L+a)$

④ $\delta_{\max} = \dfrac{Pa^2}{6EI}(3L-a)$

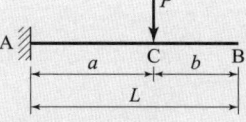

해설 캔틸레버보의 최대처짐

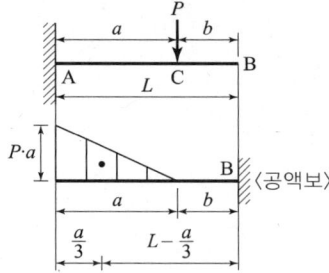

1) 휨모멘트 크기를 구한 후 하중으로 재하 한다.
   $M_A = -Pa$, $M_B = 0$, $M_C = 0$

2) 공액보로 치환 후 B점에서 휨모멘트를 구한다.
   $M_B = \left(\dfrac{1}{2} \times Pa \times a\right)\left(L - \dfrac{a}{3}\right)$

3) $\delta_{\max} = \delta_B = \dfrac{M_B}{EI}$
   $= \dfrac{M_B}{EI} = \dfrac{Pa^2}{6EI}(3L-a)$

해답 1. ① 2. ③ 3. ④

4 그림과 같은 내민보에서 D점에 집중하중 $P=50$kN이 작용할 경우 C점의 휨모멘트는 얼마인가?

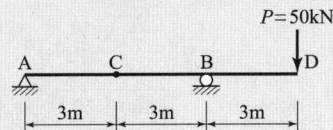

① -25kN·m
② -50kN·m
③ -75kN·m
④ -100kN·m

 1) $\sum M_B = 0$
$(V_A)(6) - (50)(3) = 0 \Rightarrow \therefore V_A = -25$kN($\downarrow$)
2) $M_C = -(25)(3) = -75$kN·m

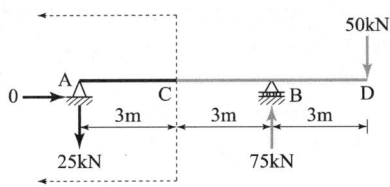

5 그림과 같은 3힌지 아치에서 A점의 수평반력(H_A)은?

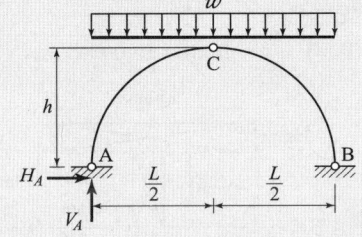

① $\dfrac{wL^2}{16h}$
② $\dfrac{wL^2}{8h}$
③ $\dfrac{wL^2}{4h}$
④ $\dfrac{wL^2}{2h}$

해설 3-hinge 아치
1) 대칭하중이므로
$V_A = \dfrac{wL}{2}$
2) $\sum M_{CL} = 0$
$V_A \times \dfrac{L}{2} - H_A \times h - w \times \dfrac{L}{2} \times \dfrac{L}{4} = 0$
$\therefore H_A = \dfrac{wL^2}{8h}$

6 그림과 같은 라멘 구조물의 E점에서의 불균형 모멘트에 대한 부재 EA의 모멘트 분배율은?

① 0.222
② 0.1667
③ 0.2857
④ 0.40

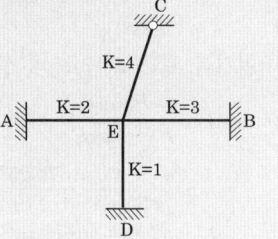

해설 1) 지점 C는 힌지이므로 수정강도계수 $K^R = \dfrac{3}{4}K$ 적용한다.
2) $DF_{EA} = \dfrac{2}{2+3+4 \times \dfrac{3}{4}+1} = \dfrac{2}{9} = 0.222$

7 다음 평면 구조물의 부정정 차수는?

① 2차
② 3차
③ 4차
④ 5차

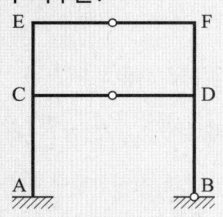

해설 구조물의 부정정차수
1) $N = m + r + f - 2j$
$m = 8, r = 3, f = 6, j = 8$
$\therefore N = 8 + 5 + 6 - 2 \times 8 = 3$차
2) 별해
$N = BOX \times 3 - 힌지수 = 2 \times 3 - 3 = 3$차

8 그림과 같이 $R=90$kN의 힘을 $P_1=70$kN, $P_2=45$kN으로 분해할 때 β각의 크기는?

① $29°25'16''$
② $49°49'47''$
③ $54°20'15''$
④ $60°40'24''$

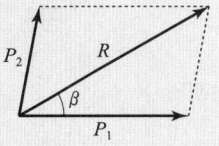

해답 4. ③ 5. ② 6. ① 7. ② 8. ①

3 2025년 과년도출제문제

해설 합력의 방향

1) $R = \sqrt{P_1^2 + 2P_1P_2\cos\alpha + P_2^2}$ 에서

   $90 = \sqrt{70^2 + 2 \cdot 70 \cdot 45 \cdot \cos\alpha + 45^2}$

   ∴ $\alpha = 79.25°$

   여기서, α는 P_1과 P_2의 사잇각이다.

2) $\tan\beta = \dfrac{P_2 \sin\alpha}{P_1 + P_2 \cos\alpha}$ 에서

   $\beta = \tan^{-1}\left(\dfrac{45 \cdot \sin 79.25°}{70 + 45 \cdot \cos 79.25°}\right)$

   ∴ $\beta = 29.42° = 29°25'16''$

★★★

9 단면과 길이가 같으나 지지조건이 다른 그림과 같은 2개의 장주가 있다. 장주 (a)가 30kN의 하중을 받을 수 있다면, 장주 (b)가 받을 수 있는 하중은?

① 120kN
② 240kN
③ 360kN
④ 480kN

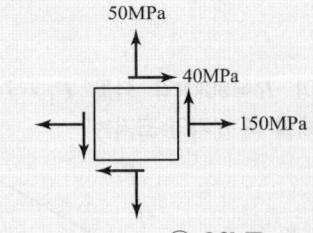

해설 장주의 좌굴하중(P_{cr})

1) 좌굴하중 : $P_{cr} = \dfrac{n\pi^2 EI}{L^2}$

2) 양단의 지지상태에 따른 기둥의 강도(n)
   ① 기둥(a) : $n = 1/4$
   ② 기둥(b) : $n = 4$

3) 좌굴하중의 비 : 기둥의 강도와 좌굴하중은 비례한다.
   · 강도의 비 : $(a) : (b) = 1 : 16$
   ∴ $P_{cr} = 30 \times 16 = 480\text{kN}$

★★

10 평면응력을 받는 요소가 다음과 같이 응력을 받고 있다. 최대주응력은?

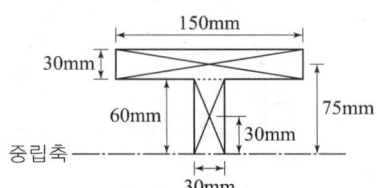

① 64MPa
② 36MPa
③ 136MPa
④ 164MPa

해설 최대주응력

1) 최대주응력 : 전단응력이 0이 될 때의 최대수직응력의 크기

2) $\sigma_{\max} = \dfrac{(\sigma_x + \sigma_y)}{2} + \sqrt{\left(\dfrac{\sigma_x - \sigma_y}{2}\right)^2 + \tau_{xy}^2}$

   $= \dfrac{(150 + 50)}{2} + \sqrt{\left(\dfrac{150 - 50}{2}\right)^2 + 40^2}$

   $= 164\text{MPa}$

★★★

11 그림과 같은 단면에 10kN의 전단력이 작용할 때 최대전단응력의 크기는?

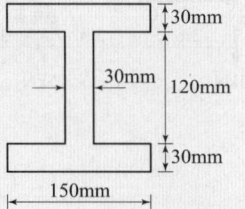

① 2.35MPa
② 2.84MPa
③ 3.52MPa
④ 4.33MPa

해설 최대전단응력

1) 최대전단력 : $V = 10\text{kN} = 10,000\text{N}$

2) 단면1차모멘트

   $G = A \times y_0$

   $= (150 \times 30 \times 75) + (30 \times 60 \times 30) = 391,500\text{mm}^3$

3) 중립축에 대한 단면2차모멘트

   $I = \dfrac{1}{12}(BH^3 - bh^3)$

   $= \dfrac{1}{12}(150 \times 180^3 - 120 \times 120^3) = 55,620,000\text{mm}^4$

4) $b = 30$ (∵ 최대전단응력은 중립축에서 발생)

5) 최대전단응력

   $\tau_{\max} = \dfrac{VG}{Ib} = \dfrac{10,000 \times 391,500}{55,620,000 \times 30} = 2.35\text{MPa}$

해답 9. ④ 10. ④ 11. ①

12 다음 단면에서 y축에 대한 회전반지름은?

① 3.07cm
② 3.20cm
③ 3.81cm
④ 4.24cm

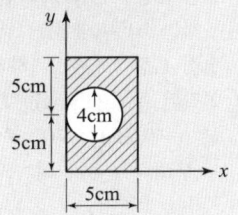

해설 $r_y = \sqrt{\dfrac{I_y}{A}}$

$= \sqrt{\dfrac{\left[\dfrac{(10)(5)^3}{12}+(10\times 5)(2.5)^2\right]-\left[\dfrac{\pi(4)^4}{64}+\dfrac{\pi(4)^2}{4}(2)^2\right]}{(10\times 5)-\left(\dfrac{\pi(4)^2}{4}\right)}}$

$= 3.074\text{cm}$

13 그림과 같은 속이 찬 지름 6cm의 원형축이 비틀림 $T=4\text{kN}\cdot\text{m}$를 받을 때 단면에서 발생하는 최대전단응력은?

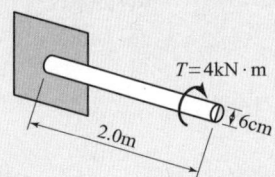

① 92.65MPa ② 93.26MPa
③ 94.31MPa ④ 95.02MPa

해설 최대 전단응력

1) $I_p = I_x + I_y = \dfrac{\pi d^4}{32}, \quad r = \dfrac{d}{2}$

2) $d = 6\text{cm} = 60\text{mm}, \quad T = 4\text{kN}\cdot\text{m} = 4\times 10^6 \text{N}\cdot\text{mm}$

3) $\tau_{\max} = \dfrac{T\cdot r}{I_p} = \dfrac{16T}{\pi d^3}$

$= \dfrac{16\times 4.0\times 10^6}{\pi\times 60^3} = 94.3\text{MPa}$

14 지름 5cm의 강봉을 80kN로 당길 때 지름은 약 얼마나 줄어들겠는가? (단, $G = 7.0\times 10^4\text{MPa}$, 포아송비 $\nu = 0.5$)

① 0.003mm ② 0.005mm
③ 0.007mm ④ 0.008mm

해설 Hook's law

1) $G = \dfrac{E}{2(1+\nu)}$ 에서

$E = 2G(1+\nu) = 2\times 70{,}000(1+0.5) = 210{,}000\text{MPa}$

2) $\sigma = \dfrac{P}{A} = \dfrac{80{,}000}{\dfrac{\pi\times 50^2}{4}} = 40.74\text{N/mm}^2$

3) $\sigma = E\cdot\varepsilon \Rightarrow \varepsilon = \dfrac{\sigma}{E} = \dfrac{40.74}{210{,}000} = 1.94\times 10^{-4}$

4) $\nu = \dfrac{\beta}{\varepsilon} = \dfrac{\Delta d/d}{\sigma/E}$ 이므로

$0.5 = \dfrac{\dfrac{\Delta d}{50}}{1.94\times 10^{-4}} \Rightarrow \therefore \Delta d \fallingdotseq 0.005\text{mm}$

15 그림과 같은 구조물에서 C점의 연직 반력이 작용력 P의 2배가 되려면 $\dfrac{a}{b}$의 비는?

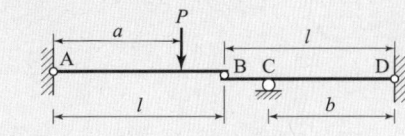

① $\dfrac{a}{b} = \dfrac{1}{2}$ ② $\dfrac{a}{b} = 1$
③ $\dfrac{a}{b} = 2$ ④ $\dfrac{a}{b} = 1$이고, $a = b = 1$

해설

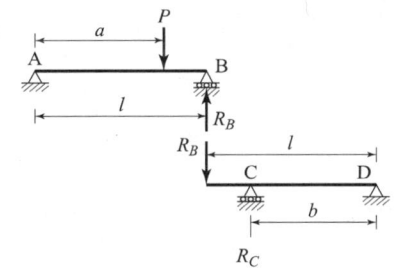

1) $\sum M_A = 0$

$-R_B\times l + P\times a = 0$

$\therefore R_B = \dfrac{Pa}{l}$

2) $\sum M_D = 0$

$R_C\times b - R_B\times l = 0 \Rightarrow R_C\times b = \dfrac{Pa}{l}\times l$

문제의 조건, $R_C = 2P$ 이므로

$2P\times b = \dfrac{Pa}{l}\times l \Rightarrow \therefore \dfrac{a}{b} = 2$

해답 12. ① 13. ③ 14. ② 15. ③

16 부양력 2kN인 기구가 수평선과 60°의 각으로 정지상태에 있을 때 기구의 끈에 작용하는 인장력(T)과 풍압(W)을 구하면?

① $T=2.21$kN, $W=1.05$kN
② $T=2.31$kN, $W=1.15$kN
③ $T=2.21$kN, $W=1.25$kN
④ $T=2.31$kN, $W=1.35$kN

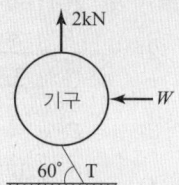

해설 힘의 평형

1) 기구를 하나의 절점으로 간주한다.

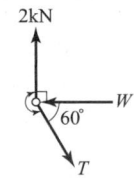

2) $\Sigma V=0$
   $2-T\sin 60° \Rightarrow \therefore T=2.31$kN
3) $\Sigma H=0$
   $-W+T\cos 60° \Rightarrow \therefore W=1.15$kN

★★★
17 어떤 금속이 탄성계수 $E=21\times 10^4$MPa이고, 전단탄성계수 $G=8\times 10^4$MPa일 때 이 금속의 포아송비는?

① 0.3075 ② 0.3125
③ 0.3275 ④ 0.3325

해설 각 탄성계수들의 관계
$G=\dfrac{E}{2(1+\nu)} \Rightarrow 8\times 10^4 = \dfrac{21\times 10^4}{2(1+\nu)}$
$\therefore \nu = 0.3125$

★★
18 그림과 같은 트러스에서 부재력이 0이 되는 부재의 개수는?

① 1
② 2
③ 3
④ 4

해설 트러스(부재력이 0이 되는 부재 수)

1) 절점 E점 : E점 재하된 하중이 없으므로 EF부재, ED부재는 "0"부재이다.
2) 절점 G점 : G점 재하된 하중이 없으므로 일직선으로 연결된 부재(GH=GF)의 부재력의 크기는 같고, 나머지 한 부재(GD)는 "0"부재이다.
∴ 부재력이 0이 되는 부재 수 = 3부재

★★★
19 다음 라멘의 수직반력 R_B는?

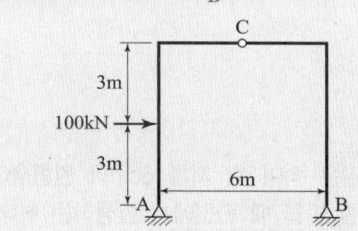

① 20kN ② 30kN
③ 40kN ④ 50kN

해설 라멘의 수직반력
$\Sigma M_A = 0$
$(100)(3) - (R_B)(6) = 0 \Rightarrow \therefore R_B = 50$kN(↑)

★★★
20 내민보에 그림과 같이 지점 A에 모멘트가 작용하고, 집중하중이 보의 양 끝에 작용한다. 이 보에 발생하는 최대 휨모멘트의 절댓값은?

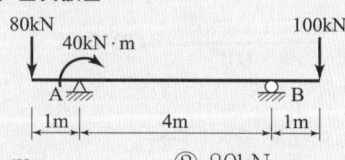

① 60kN·m ② 80kN·m
③ 100kN·m ④ 120kN·m

해답 16. ② 17. ② 18. ③ 19. ④ 20. ③

해설 최대휨모멘트(M_{max})

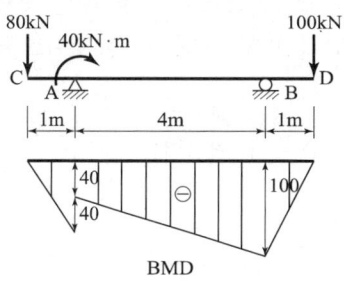

1) $M_A = -80 \times 1 = -80 \text{kN·m}$
   $= -80 \times 1 + 40 = -40 \text{kN·m}$
2) $M_B = -100 \times 1 = -100 \text{kN·m}$
3) $M_{max} = |-100| \text{kN·m} = 100 \text{kN·m}$

측 량 학

★★★
21 대상구역을 삼각형으로 분할하여 각 교점의 표고를 측량한 결과가 그림과 같을 때 토공량은?

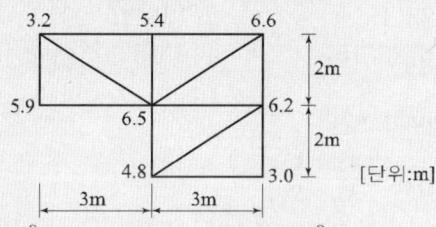

① 98m³ ② 100m³
③ 102m³ ④ 104m³

해설 점고법

1) $a = \dfrac{1}{2}(3 \times 2) = 3\text{m}^2$
2) $\sum h_1 = 5.9 + 3.0 = 8.9\text{m}$
   $2\sum h_2 = 2(3.2 + 5.4 + 6.6 + 4.8) = 40\text{m}$
   $3\sum h_3 = 3(6.2) = 18.6\text{m}$
   $5\sum h_5 = 5(6.5) = 32.5\text{m}$
3) 삼각형 공식
   $V = \dfrac{a}{3}[\sum h_1 + 2\sum h_2 + \cdots + 8\sum h_8]$
   $= \dfrac{3}{3}[8.9 + 40 + 18.6 + 32.5] = 100\text{m}^3$

★★
22 그림과 같은 트래버스에서 AL의 방위각이 19°48′26″, BM의 방위각이 310°36′43″, 관측한 교각의 총 합이 1,190°47′22″일 때 측각오차의 크기는?

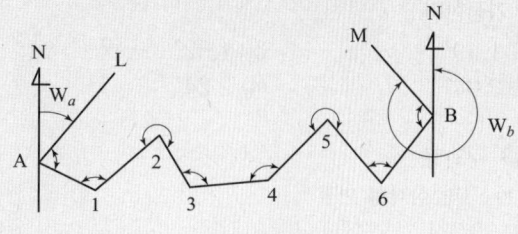

① 15″ ② 25″
③ 47″ ④ 55″

해설 결합트래버스의 측각오차

1) 측점 수 : $n = 8$
2) 각 관측 오차
   $E_a = w_a - w_b + [a] - 180°(n-3)$
   $= 19°48′26″ - 310°36′43″ + 1,190°47′22″ - 180°(8-3)$
   $= 55″$

★★
23 축척 1:25,000의 수치지형도에서 경사가 10%인 등경사 지형의 주곡선간 도상거리는?

① 2mm ② 4mm
③ 6mm ④ 8mm

해설 축척

1) $\dfrac{1}{25,000}$ 지형도에서 주곡선 간격 : 10m
2) 경사 10%인 지형에서 주곡선 간의 수평거리
   $i = \dfrac{h}{L} \times 100 \Rightarrow 10 = \dfrac{10}{L} \times 100$
   ∴ $L = 100\text{m} = 100,000\text{mm}$
3) $\dfrac{1}{25,000}$ 지형도에서 주곡선 간의 도상거리
   $\dfrac{1}{25,000} = \dfrac{l}{L} \Rightarrow \dfrac{1}{25,000} = \dfrac{l}{100,000}$
   ∴ $l = 4\text{mm}$

해답 21. ② 22. ④ 23. ②

★★★
24 지구상의 △ABC를 측정한 결과, 두 변의 거리가 $a=30$km, $b=20$km이었고, 그 사잇각 80°이었다면 이때 발생하는 구과량은? (단, 지구의 곡선반지름은 6,400km로 가정한다.)

① 1.49″ ② 1.62″
③ 2.04″ ④ 2.24″

해설 구과량

1) 구면 삼각형 면적
$$F = \frac{1}{2}ab\sin\alpha = \frac{1}{2}\times 30 \times 20 \times \sin 80° = 295.442 \text{km}^2$$

2) 구과량
$$\varepsilon'' = \frac{F}{r^2}\rho'' = \frac{295.442}{6,400^2}\times 206,265'' = 1.49''$$

★
26 다각측량을 위한 수평각 측정방법 중 어느 측선의 바로 앞 측선의 연장선과 이루는 각을 측정하여 각을 측정하는 방법은?

① 편각법   ② 교각법
③ 방위각법 ④ 전진법

해설 수평각 측정방법

1) 편각법 : 전 측선의 연장선과 다음 측선이 이루는 각 측정
2) 교각법 : 전 측선과 다음 측선이 이루는 각을 시계 또는 반시계방향으로 각 측정
3) 방위각법 : 진북선을 기준으로 어느 측선까지 시계방향으로 잰 수평각을 측정

★
25 그림과 같은 복곡선(Compound Curve)에서 관계식으로 틀린 것은?

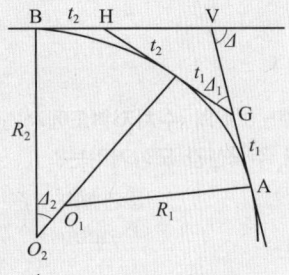

① $\Delta_1 = \Delta - \Delta_2$
② $t_2 = R_2\tan\dfrac{\Delta_2}{2}$
③ $VG = (\sin\Delta_2)\left(\dfrac{GH}{\sin\Delta}\right)$
④ $VB = (\sin\Delta_2)\left(\dfrac{GH}{\sin\Delta}\right) + t_2$

해설 복곡선

1) sine법칙으로 VH 거리를 구한다.
 ① $\sin(180-\Delta) = \sin\Delta$
 ② $\dfrac{VH}{\sin\Delta_1} = \dfrac{GH}{\sin\Delta} \Rightarrow \therefore VH = \dfrac{GH}{\sin\Delta}\sin\Delta_1$

2) $VB = VH + t_2$
$\qquad = \dfrac{GH}{\sin\Delta}\sin\Delta_1 + t_2$

★★
27 A와 B의 좌표가 다음과 같을 때 측선 AB의 방위각은?

A점의 좌표 = (179847.1m, 76614.3m)
B점의 좌표 = (179964.5m, 76625.1m)

① 5°23′15″   ② 185°15′23″
③ 185°23′15″ ④ 5°15′22″

해설 방위각 계산

1) $\tan\alpha = \dfrac{Y_B - Y_A}{X_B - X_A}$ 에서
$$\alpha = \tan^{-1}\left(\dfrac{Y_B - Y_A}{X_B - X_A}\right)$$
$$= \tan^{-1}\left(\dfrac{76625.1 - 76614.3}{179964.5 - 179847.1}\right) = 5°15'22''$$

2) 측선이 1사분면에 있으므로 방위각은 $\alpha = 5°15'22''$이다.

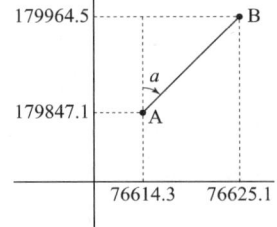

해답 24. ① 25. ④ 26. ① 27. ④

28 거리 2.0km에 대한 양차는? (단, 굴절계수 K는 0.14, 지구의 반지름은 6,370km이다.)

① 0.27m ② 0.29m
③ 0.31m ④ 0.33m

해설 양차

1) 구차=$+\dfrac{D^2}{2R}$ (높게조정), 기차=$-\dfrac{KD^2}{2R}$ (낮게조정)
2) 양차=구차+기차
$$=\dfrac{D^2}{2R}(1-K)=\dfrac{2^2}{2\times 6,370}(1-0.14)$$
$$=0.00027\text{km}=0.27\text{m}$$
여기서, K는 공기 굴절계수이다.

29 삼각망의 종류 중 유심삼각망에 대한 설명으로 옳은 것은?

① 삼각망 가운데 가장 간단한 형태이며 측량의 정확도를 얻기 위한 조건이 부족하므로 특수한 경우 외에는 사용하지 않는다.
② 가장 높은 정확도를 얻을 수 있으나 조정이 복잡하고 포함된 면적이 작으며 특히 기선을 확대할 때 주로 사용한다.
③ 거리에 비하여 측점수가 가장 적으므로 측량이 간단하며 조건식의 수가 적어 정도가 낮다.
④ 광대한 지역의 측량에 적합하며 정확도가 비교적 높은 편이다.

해설 유심삼각망 특징
① 삼각점 하나의 포함면적이 가장 넓다.
② 신도시, 공단 조성 등의 광대한 측량에 적합하다.
③ 정밀도 : 사변형삼각망 > 유심삼각망 > 단열삼각망

30 아래 종단수준측량의 야장에서 ㉠, ㉡, ㉢에 들어갈 값으로 옳은 것은? (단위 : m)

측점	후시	기계고	전시		지반고
			전환점	중간점	
BM	0.175	㉠			37.133
No. 1				0.154	
No. 2				1.569	
No. 3				1.143	
No. 4	1.098	㉡	1.237		㉢
No. 5				0.948	
No. 6				1.175	

① ㉠ : 37.308, ㉡ : 37.169, ㉢ : 36.071
② ㉠ : 37.308, ㉡ : 36.071, ㉢ : 37.169
③ ㉠ : 36.958, ㉡ : 35.860, ㉢ : 37.097
④ ㉠ : 36.958, ㉡ : 37.097, ㉢ : 35.860

해설 야장기입
1) 기계고(㉠)=지반고+후시
   =37.133+0.175=37.308m
2) 기계고(㉡)=지반고+후시
   =(37.308−1.237)+1.098=37.169m
3) 지반고(㉢)=기계고−전시
   =37.308−1.237=36.071m

31 수평각관측방법에서 그림과 같이 각을 관측하는 방법은?

① 방향각관측법
② 반복관측법
③ 배각관측법
④ 조합각관측법

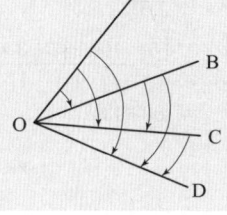

해설 조합각관측법(= 각관측법)
1) 가장 정확한 수평각 관측법으로 삼각측량에 이용
2) 방향선 사이의 모든 각을 방향각법으로 관측하여 최소제곱법으로 최확값 산정

해답 28. ① 29. ④ 30. ① 31. ④

32 별을 이용한 천문측량 시 보정해야 할 사항이 아닌 것은?
① 부게보정
② 시차보정
③ 기차보정
④ 광행차보정

해설 천문측량
1) 천문측량 : 지구 자전축과 연직선을 기준으로 하는 천체, 즉 태양, 별 등을 관측함으로써 시 및 경위도의 방위각을 결정하는 측량
2) 관측상의 주의할 점 : 기차보정, 시차보정, 지구가 회전함에 따른 광행차인 연주광행차, 일주광행차 등을 보정해야 한다.
3) 중력측량에서의 중력보정 : 고도보정, 지형보정, 부게보정

33 어떤 측선의 길이를 3인(A, B, C)이 관측하여 아래와 같은 결과를 얻었을 때 최확값은?

A : 100.287m(5회 관측)
B : 100.376m(3회 관측)
C : 100.432m(2회 관측)

① 100.298m
② 100.312m
③ 100.343m
④ 100.376m

해설 경중률이 다른 경우의 최확값
1) 경중률은 관측 횟수에 비례한다.
$P_A : P_B : P_C = 5 : 3 : 2$
2) 최확값
$$L_0 = \frac{[PL]}{[P]}$$
$$= \frac{[5 \times 100.287 + 3 \times 100.376 + 2 \times 100.432]}{[5+3+2]}$$
$$= 100.343\text{m}$$

34 △ABC의 꼭지점에 대한 좌표값이 (30, 50), (20, 90), (60, 100)일 때 삼각형 토지의 면적은? (단, 좌표의 단위 : m)
① 500m²
② 750m²
③ 850m²
④ 960m²

해설 좌표법
1) 　　　　A　　　B　　　C　　　A
x좌표 : 30,　　20,　　60,　　30
y좌표 : 50,　　90,　　100,　 50

2) $A = \frac{1}{2} \sum [x_i(y_{i+1} - y_{i-1})]$
$= \frac{1}{2}[30(90-100) + 20(100-50) + 60(50-90)]$
$= 850\text{m}^2$

35 도로 설계 시에 단곡선의 외할(E)은 10m, 교각은 60°일 때, 접선길이($T.L$)은?
① 42.4m
② 37.3m
③ 32.4m
④ 27.3m

해설 단곡선
1) 외할(E)
$E = R\left(\sec\frac{I}{2} - 1\right) \Rightarrow 10 = R\left(\sec\frac{60°}{2} - 1\right)$
∴ $R = 64.64$m
여기서, $\sec\frac{I}{2} = \frac{1}{\cos\frac{I}{2}}$

2) 접선길이
$T.L = R\tan\frac{I}{2} = 64.64 \times \tan\frac{60°}{2}$
$= 37.3$m

36 노선측량에서 단곡선 설치 시 필요한 교각 $I = 95°30'$, 곡선반지름 $R = 300$m일 때 장현(long chord : L)은?
① 222.065m
② 298.619m
③ 444.131m
④ 597.238m

해설 장현길이
$L = 2R\sin\frac{I}{2} = 2 \times 300 \times \sin\frac{95°30'}{2}$
$= 444.131$m

해답 32. ①　33. ③　34. ③　35. ②　36. ③

측량학 ②

37 다음 우리나라에서 사용되고 있는 좌표계에 대한 설명 중 옳지 않은 것은?

> 우리나라의 평면직각좌표는 ㉠ 4개의 평면직각 좌표계(서부, 중부, 동부, 동해)를 사용하고 있다. 각 좌표계의 ㉡ 원점은 위도 38°선과 경도 125°, 127°, 129°, 131° 선의 교점에 위치하며, ㉢ 투영법은 TM(Transverse Mercator)을 사용한다. 좌표의 음수 표기를 방지하기 위해 ㉣ 횡좌표에 200000m, 종좌표에 500000m를 가산한 가좌표를 사용한다.

① ㉠ ② ㉡
③ ㉢ ④ ㉣

해설 평면 직각좌표계
1) 가산한 가좌표를 사용하는 이유 : 좌표의 음수 표기를 방지하기 위함
2) 횡좌표 : 200,000m, 종좌표 : 600,00m를 가산한 가좌표를 사용

38 측지학과 관련된 설명으로 옳은 것은? (단, N : 지구의 횡곡률반지름, R : 지구의 자오선 곡률반지름, a : 타원지구의 적도반지름, b : 타원지구의 극반지름)

① 측량의 원점에서의 평균 곡률반지름은 $\dfrac{a+2b}{3}$ 이다.

② 타원에 대한 지구의 곡률반지름은 $\dfrac{a-b}{a}$ 로 표시된다.

③ 지구의 편평률은 $\sqrt{N \cdot R}$ 로 표시된다.

④ 지구의 이심률(편심률)은 $\dfrac{\sqrt{a^2-b^2}}{a}$ 로 표시된다.

해설 지구의 형상과 크기
1) 원점에서 평균곡률 반경(지구를 구로 간주)
$= \dfrac{2a+b}{3}$
2) 편평률 $= \dfrac{a-b}{a}$
3) 타원에 대한 지구의 곡률 반경(중등곡률반경)
$= \sqrt{N \cdot R}$

39 지자기측량을 위한 관측요소가 아닌 것은?
① 지자기의 방향과 자오선과의 각
② 지자기의 방향과 수평면과의 각
③ 자오선으로부터 좌표북 사이의 각
④ 수평면내에서의 자기장의 크기

해설 지자기 측량을 위한 관측요소
1) 편각 : 지자기방향과 자오선과의 각
2) 복각 : 지자기방향과 수평면과의 각
3) 수평분력 : 수평면내에서 자기장의 크기

40 삼각형 토지의 3변 길이가 각각 25.4m, 40.8m, 50.6m 일 때, 축척 1/600 도면상의 면적은?
① 14.3cm² ② 12.8cm²
③ 0.86cm² ④ 0.74cm²

해설 면적계산(삼변법)
1) 삼각형 면적
$A = \sqrt{S(S-a)(S-b)(S-c)}$
$= \sqrt{58.4(58.4-25.4)(58.4-40.8)(58.4-50.6)}$
$= 514.36 \text{m}^2 = 5,143,600 \text{cm}^2$

여기서, $S = \dfrac{a+b+c}{2} = \dfrac{25.4+40.8+50.6}{2} = 58.4\text{m}$

2) 도면상의 면적
$\left(\dfrac{1}{m}\right)^2 = \dfrac{a}{A} \Rightarrow \left(\dfrac{1}{600}\right)^2 = \dfrac{a}{5,143,600}$
$\therefore a = 14.3 \text{cm}^2$

해답 37. ④ 38. ④ 39. ③ 40. ①

수리학 및 수문학

41 수표면적이 10km²되는 어떤 저수지 수면으로부터 2m 위에서 측정된 대기의 평균온도가 25℃, 상대습도가 65%이고, 저수지 수면 6m 위에서 측정한 풍속이 4m/s, 증발률(E_o)이 1.44mm/day이었다면 이 저수지 수면으로부터의 일증발량(E_{day})은?

① 42,300m³/day ② 32,900m³/day
③ 27,300m³/day ④ 14,400m³/day

해설 일 증발량

1) 1일 증발률 = $\dfrac{1.44\text{mm}}{\text{day}} = \dfrac{1.44 \times 10^{-3}\text{m}}{\text{day}}$

2) 1일 증발량
E_{day} = 수표면적×1일 증발률
$= 10 \times 10^6 \times \dfrac{1.44 \times 10^{-3}}{\text{day}}$
∴ $E_{day} = 14,400\text{m}^3/\text{day}$

42 비력(special force)에 대한 설명으로 옳은 것은?

① 물의 충격에 의해 생기는 힘의 크기
② 비에너지가 최대가 되는 수심에서의 에너지
③ 한계수심으로 흐를 때 한 단면에서의 총에너지 크기
④ 개수로의 어떤 단면에서 단위중량당 동수압과 정수압의 합계

해설 비력(M)

1) $M = h_G A + \eta \dfrac{QV}{g}$ 이므로

2) 비력 = (정수압 + 동수압) / 물의 단위중량

43 중량이 600N, 비중이 3.0인 물체를 물(담수) 속에 넣었을 때 물속에서의 중량은?

① 100N ② 200N
③ 300N ④ 400N

해설 부력

1) $3.0 = \dfrac{\text{물체의 단위중량}}{\dfrac{9,810\text{N}}{\text{m}^3}}$

∴ 물체의 단위중량 = 29,430N/m³

2) 단위중량 = $\dfrac{무게}{부피}$ ⇒ 부피 = $\dfrac{무게}{단위중량}$

∴ 물체의 부피(V) = $\dfrac{600}{\dfrac{29,430}{\text{m}^3}} = 0.0204\text{m}^3$

3) $wV + M = w'V' + M'$
$600 + 0 = (9,810 \times 0.0204) + M'$
∴ $M' = 400\ N$
여기서, $V' = V$
(∴ 물체의 비중이 1보다 크므로)

44 직각삼각형 예연 위어의 월류수심이 30cm일 때 이 위어를 통과하여 1시간 동안 방출된 수량은? (단, 유량계수(C)=0.6)

① 0.069m³ ② 0.091m³
③ 251.3m³ ④ 318.8m³

해설 직각삼각형 위어

1) 직각삼각형 위어 : $\theta = 90°$

2) $Q = \dfrac{8}{15} C \tan\dfrac{\theta}{2} \sqrt{2g}\, H^{\frac{5}{2}}$

$= \dfrac{8}{15} \times 0.6 \times \tan\dfrac{90°}{2} \times \sqrt{2 \times 9.81} \times 0.3^{\frac{5}{2}}$

$≒ 0.07\text{m}^3/\text{sec}$

∴ $Q = \dfrac{0.07\text{m}^3}{\text{sec}} \times \dfrac{3,600\text{sec}}{\text{hr}} = 251.3\text{m}^3/\text{hr}$

45 자연하천에서 수위-유량관계곡선이 loop형을 이루게 되는 이유가 아닌 것은?

① 배수 및 저수 효과
② 하도의 인공적 변화
③ 홍수 시 수위의 급변화
④ 조류 발생

해답 41. ④ 42. ④ 43. ④ 44. ③ 45. ④

해설 수위-유량 관계 곡선(Raing Curve)
1) 자연 하천의 경우 수위-유량 곡선은 수위가 상승할 때와 하강할 때 다른 모양을 형성한다.
2) 즉, loop형이 되는데 그 이유는 준설, 세굴, 퇴적 등에 의한 하천의 변화, 배수 및 저수 효과, 홍수 시 수위의 급상승 또는 하강 등의 효과 때문이다.

46 강우자료의 일관성을 분석하기 위해 사용하는 방법은?
① 합리식
② DAD 해석법
③ 누가우량곡선법
④ SCS(Soil Conservation Service) 방법

해설 이중 누가 우량분석법(double mass curve)
1) 우량계의 위치, 노출 상태, 관측 방법 및 주위 환경 등에 변화가 생겼을 경우, 강수 자료의 일관성이 상실된다.
2) 이런 경우 장기간에 걸친 강수 자료의 일관성에 대한 검사 및 교정하는 방법이다.

47 개수로에서 일정한 단면적에 대하여 최대유량이 흐르는 조건은?
① 수심이 최대이거나 수로폭이 최소일 때
② 수심이 최소이거나 수로폭이 최대일 때
③ 윤변이 최소이거나 경심이 최대일 때
④ 윤변이 최대이거나 경심이 최소일 때

해설 수리상 유리한 단면 조건
1) 수리상 유리한 단면 : 일정한 단면적에 대하여 최대유량이 흐르는 수로의 단면
2) 조건
 ① 윤변이 최소인 단면, 경심(=동수반경)이 최대인 단면
 ② 직사각형 단면수로 : $h = \frac{B}{2}$, $R_{max} = \frac{h}{2}$
 ③ 사다리꼴 단면수로 : $R_{max} = \frac{h}{2}$
3) 수리학적으로 가장 유리한 단면의 형태 : 반지름이 h인 반원에 외접하는 단면

48 원형댐의 월류량(Q_p)이 1,000m³/s이고 수문을 개방하는 데 필요한 시간(T_p)이 40초라 할 때 1/50 모형(模形)에서의 유량(Q_m)과 개방시간(T_m)은? (단, 중력가속도비(g_r)는 1로 가정한다.)
① $Q_m = 0.057$m³/s, $T_m = 5.657$s
② $Q_m = 1.623$m³/s, $T_m = 0.825$s
③ $Q_m = 56.56$m³/s, $T_m = 0.825$s
④ $Q_m = 115.00$m³/s, $T_m = 5.657$s

해설 Froude 특별상사
1) 유량 비(Q_r)
$$Q_r = \frac{Q_m}{Q_p} = (L_r)^{\frac{5}{2}} \Rightarrow \frac{Q_m}{1,000} = \left(\frac{1}{50}\right)^{\frac{5}{2}}$$
∴ $Q_m = 0.057$m³/sec
여기서, L_r = 길이 비 = 축척
2) 시간 비(T_r)
$$T_r = \frac{T_m}{T_p} = (L_r)^{\frac{1}{2}} \Rightarrow \frac{T_m}{40} = \left(\frac{1}{50}\right)^{\frac{1}{2}}$$
∴ $T_m = 5.657$m³/sec

49 개수로 지배단면의 특성으로 옳은 것은?
① 하천흐름이 부정류인 경우에 발생한다.
② 완경사의 흐름에서 배수곡선이 나타나면 발생한다.
③ 상류흐름에서 사류흐름으로 변화할 때 발생한다.
④ 사류인 흐름에서 도수가 발생할 때 발생한다.

해설 지배단면
1) 지배단면 : 상류 → 사류
2) 도수현상 : 사류 → 상류

50 수심 H에 위치한 작은 오리피스(orifice)에서 물이 분출할 때 일어나는 손실수두(Δh)의 계산식으로 틀린 것은? (단, V_a는 오리피스에서 측정된 유속이며 C_v는 유속계수이다.)
① $\Delta h = H - \frac{V_a^2}{2g}$
② $\Delta h = H(1 - C_v^2)$
③ $\Delta h = \frac{V_a^2}{2g}\left(\frac{1}{C_v^2} - 1\right)$
④ $\Delta h = \frac{V_a^2}{2g}\left(\frac{1}{C_v^2 + 1}\right)$

해답 46. ③ 47. ③ 48. ① 49. ③ 50. ④

해설 손실수두

1) H_V(분수높이) $= \dfrac{V_a^2}{2g}$,
   V_a(측정유속) $= C_V\sqrt{2gH}$

2) $\Delta h = H - H_v \Rightarrow \Delta h = H - \dfrac{V_a^2}{2g}$
   $V_a = C_V\sqrt{2gH}$에서 $\Rightarrow H = \dfrac{V_a^2}{2gC_V^2}$
   $\Delta h = \dfrac{V_a^2}{2gC_V^2} - \dfrac{V_a^2}{2g} = \dfrac{V_a^2}{2g}\left(\dfrac{1}{C_V^2} - 1\right)$

★
51 베르누이 정리를 $\dfrac{\rho}{2}V^2 + wZ + P = H$로 표현할 때, 이 식에서 정체압(stagnation pressure)은?

① $\dfrac{\rho}{2}V^2 + wZ$로 표시한다.
② $\dfrac{\rho}{2}V^2 + P$로 표시한다.
③ $wZ + P$로 표시한다.
④ P로 표시한다.

해설 베르누이 정리
1) 정체압력(= 총압력) = 동압력 + 정압력
2) 정체압력 $= \dfrac{\rho V^2}{2} + P$

★★
52 그림과 같이 $d_1 = 1$m인 원통형 수조의 측벽에 안지름 $d_2 = 10$cm의 관으로 송수할 때의 평균유속(V_2)이 2m/s 이었다면 이때의 유량 Q와 수조의 수면이 강하하는 유속 V_1은?

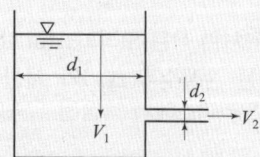

① $Q = 1.57$L/s, $V_1 = 2$cm/s
② $Q = 1.57$L/s, $V_1 = 3$cm/s
③ $Q = 15.7$L/s, $V_1 = 2$cm/s
④ $Q = 15.7$L/s, $V_1 = 3$cm/s

해설 수면강하속도
1) 원통수조의 강하유량
   $Q_1 = A_1 V_1 = \dfrac{\pi \times 100^2}{4} \times V_1$(수면강하속도)

2) 유출량
   $Q_2 = A_2 V_2 = \dfrac{\pi \times 10^2}{4} \times 200$
   $= 15,707 \text{cm}^3/\text{sec} = 15.7 \text{L/sec}$

3) 원통수조의 강하유량 = 유출량
   $\dfrac{\pi \times 100^2}{4} \times V_1 = 15,707$
   $\therefore V_1 = 2\text{cm/sec}$

★★★
53 Hardy-Cross의 관망계산 시 가정조건에 대한 설명으로 옳은 것은?

① 합류점에 유입하는 유량은 그 점에서 1/2만 유출된다.
② 각 분기점에 유입하는 유량은 그 점에서 정지하지 않고 전부 유출한다.
③ 폐합관에서 시계방향 또는 반시계방향으로 흐르는 관로의 손실수두의 합은 0이 될 수 없다.
④ Hardy-Cross 방법은 관경에 관계없이 관수로의 분할 개수에 의해 유량분배를 하면 된다.

해설 Hardy-Cross의 관망계산 시 가정사항
1) 각 분기점 또는 합류점에 유입하는 유량은 그 점에서 정지하지 않고 전부 유출한다.
2) 각 폐합관에서 흐르는 관로의 손실수두의 합은 "0"이다.
3) 마찰손실수두만 고려한다.

★
54 대규모 수공구조물의 설계우량으로 가장 적합한 것은?

① 평균면적 우량
② 발생 가능 최대강수량(PMP)
③ 기록상의 최대우량
④ 재현기간 100년에 해당하는 강우량

해설 PMP(Probable Maximum Precipitation)
1) 어떤 유역에 최악의 기상조건과 수문조건이 동시에 발생한 경우 유역에 내릴 수 있는 가상의 최대강우량
2) 대규모 수공구조물의 설계홍수량을 결정하거나 매우 중요한 수공구조물을 설계 시 기준으로 삼는 우량

해답 51. ② 52. ③ 53. ② 54. ②

★★
55 유역면적 20km² 지역에서 수공구조물의 축조를 위해 다음 아래의 수문곡선을 얻었을 때, 총유출량은?

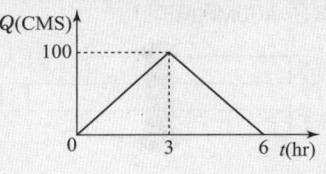

① 108m³
② 108×10⁴m³
③ 300m³
④ 300×10⁴m³

해설 총유출량
1) $t = 6\text{hr} = 6 \times 3{,}600\,\text{sec} = 21{,}600\,\text{sec}$
2) Q = 수문곡선면적 = 삼각형면적
$$= \frac{1}{2} \times \frac{100\text{m}^3}{\text{sec}} \times 21{,}600\,\text{sec} = 1{,}080{,}000\text{m}^3$$
- CMS : Cubic Meter Second, m³/sec

★★★
56 그림에서 $h = 25\text{cm}$, $H = 40\text{cm}$이다. A, B 두 점의 압력차는 얼마인가?

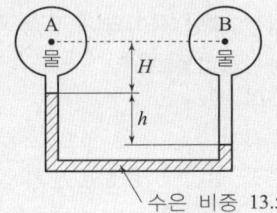

① 1N/cm²
② 3N/cm²
③ 49N/cm²
④ 100N/cm²

해설 액주계
1) 물의 단위중량 $= \dfrac{9.8\text{kN}}{\text{m}^3}$
2) 수은의 단위중량 = 수은의 비중 × 물의 단위중량
$$= 13.55 \times \frac{9.8\text{kN}}{\text{m}^3} = 132.79\text{kN/m}^3$$
3) $P_B - P_A = h(w_1 - w)$
$$= 0.25(132.79 - 9.8) = 30.75\text{kN/m}^2$$
$$= 30{,}750\text{N}/10{,}000\text{cm}^2 = 3.075\text{N/cm}^2$$

★★★
57 수리학에서 취급되는 다음 여러 가지 양에 대한 차원이 옳은 것은?

① 유량 = $[L^3 T^{-1}]$
② 힘 = $[MLT^{-3}]$
③ 동점성계수 = $[L^3 T^{-1}]$
④ 운동량 = $[MLT^{-2}]$

해설 차원
1) 힘 = $[MLT^{-2}]$
2) 동점성계수 = $[L^2 T^{-1}]$
3) 운동량 = $[MLT^{-1}]$

★
58 관수로에 물이 흐를 때 층류가 되는 레이놀즈수(Re, Reynolds Number)의 범위는?

① $Re < 2{,}000$
② $2{,}000 < Re < 3{,}000$
③ $3{,}000 < Re < 4{,}000$
④ $Re > 4{,}000$

해설 흐름의 분류
1) 층류 : $R_e < 2{,}000$
2) 불완전 층류 : $2{,}000 < R_e < 4{,}000$
3) 난류 : $R_e > 4{,}000$

★★
59 그림과 같은 관로의 흐름에 대한 설명으로 옳지 않은 것은? (단, h_1, h_2는 위치 1, 2에서의 수두, h_{LA}, h_{LB}는 각각 관로 A 및 B에서의 손실수두이다.)

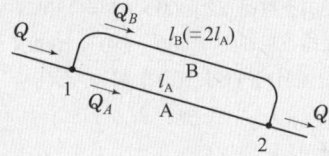

① $h_{LA} = h_{LB}$
② $Q = Q_A + Q_B$
③ $Q_A = Q_B$
④ $h_2 = h_1 + h_{LA}$

해설 병렬관수로
1) 병렬관수로에서 수두손실($h_{LA} = h_{LB}$)은 서로 같다.
2) 연속방정식($Q = Q_A + Q_B$)이 성립한다.
3) $Q_A \neq Q_B$

해답 55. ② 56. ② 57. ① 58. ① 59. ③

60 수리실험에서 점성력이 지배적인 힘이 될 때 사용할 수 있는 모형법칙은?
① Reynolds 모형법칙 ② Froude 모형법칙
③ Weber 모형법칙 ④ Cauchy 모형법칙

해설 수리학적 특별상사 법칙
1) Reynolds 상사법칙 : 마찰력과 점성력이 흐름을 지배하는 관수로에 적용
   • 원형의 Reynolds수 = 모형의 Reynolds수
2) Froude 상사법칙 : 중력과 관성력이 흐름을 지배하는 개수로에 적용
   • 원형의 Fr 수 = 모형의 Fr 수

철근콘크리트 및 강구조

61 그림과 같은 단면의 중간 높이에 초기 프리스트레스 900kN을 작용시켰다. 20%의 손실을 가정하여 하단 또는 상단의 응력이 영(零)이 되도록 이 단면에 가할 수 있는 모멘트의 크기는?
① 90kN·m
② 84kN·m
③ 72kN·m
④ 65kN·m

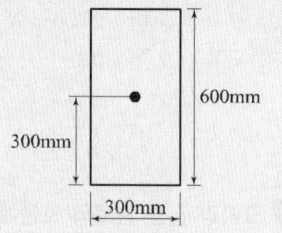

해설 PSC의 응력
1) 손실 프리스트레스 : $900 \times 0.2 = 180$kN
2) 유효 프리스트레스 : $900 - 180 = 720$kN
3) 상·하단에서 응력이 "0"이 되는 조건
   $\dfrac{P}{A} = \dfrac{M}{Z}$ 이므로
   $\dfrac{720}{0.3 \times 0.6} = \dfrac{M}{0.3 \times 0.6^2/6} \Rightarrow \therefore M = 72$kN·m

62 그림과 같은 리벳 연결에서 리벳의 허용력은? (단, 리벳 지름은 12mm이며, 리벳의 허용전단응력은 200MPa, 허용지압응력은 400MPa이다.)

① 60.2kN ② 55.2kN
③ 45.2kN ④ 40.2kN

해설
1) 전단강도
복전단이므로 $\rho_s = v_a\left(\dfrac{\pi d^2}{2}\right) = 200\left(\dfrac{\pi \times 12^2}{2}\right)$
$= 45,238$N ≒ 45.2kN
2) 지압강도
$\rho_b = f_{ba}(dt_{min}) = 400(12 \times 12) = 57,600$N $= 57.6$kN
여기서, 최소두께는 방향을 고려하므로
$t_{min} = [10+10, \ 12]_{min} = 12$mm
허용력은 둘 중 작은 값인 45.2kN으로 한다.

63 깊은보에 대한 전단설계의 규정내용으로 틀린 것은?

단, l_n : 받침부 내면 사이의 순경간
 λ : 경량콘크리트 계수
 b_w : 복부의 폭
 d : 유효깊이
 s : 종방향 철근에 평행한 방향으로 전단철근의 간격
 s_h : 종방향 철근에 수직방향으로 전단철근의 간격

① l_n이 부재 깊이의 3배 이상인 경우 깊은보로서 설계한다.
② 깊은보의 V_n은 $(5\lambda\sqrt{f_{ck}}/6)b_w d$ 이하이어야 한다.
③ 휨인장철근과 직각인 수직전단철근의 단면적 A_v를 $0.0025b_w s$ 이상으로 하여야 한다.
④ 휨인장철근과 평행한 수평전단철근의 단면적 A_{vh}를 $0.0015b_w s_h$ 이상으로 하여야 한다.

해설 깊은 보에 대한 전단설계
l_n이 부재 깊이의 4배 이상인 경우 깊은 보로서 설계한다.

해답 60. ① 61. ③ 62. ③ 63. ①

64 인장 이형철근의 정착길이 산정시 필요한 보정계수에 대한 설명으로 틀린 것은? (단, f_{sp}는 콘크리트의 쪼갬인장강도)

① 상부철근(정착길이 또는 겹침이음부 아래 300mm를 초과되게 굳지 않은 콘크리트를 친 수평철근)인 경우, 철근배근 위치에 따른 보정계수 1.3을 사용한다.
② 에폭시 도막철근인 경우, 에폭시 도막 혹은 아연-에폭시 이중 도막 철근인 경우 1.2나 2.0의 보정계수를 사용한다.
③ f_{sp}가 주어지지 않은 전경량콘크리트인 경우, 보정계수(λ)는 0.75를 사용한다.
④ 에폭시 도막철근이 상부철근인 경우에 상부철근의 위치계수와 철근 도막계수의 곱이 1.7보다 클 필요는 없다.

해설 인장 이형철근의 정착길이 산정 시 에폭시 도막계수
1) 피복두께가 $3d_b$ 미만, 또는 순간격이 $6d_b$ 미만인 에폭시 도막 혹은 아연-에폭시 이중 도막 철근인 경우 : 1.5
2) 기타 에폭시 도막 혹은 아연-에폭시 이중 도막 철근인 경우 : 1.2
3) 아연도금 혹은 도막되지 않은 철근 : 1.0

65 그림과 같은 철근콘크리트 보 단면이 파괴 시 인장철근의 변형률은? (단, $f_{ck}=28$MPa, $f_y=350$MPa, $A_s=1,520$mm²)

① 0.004
② 0.008
③ 0.011
④ 0.015

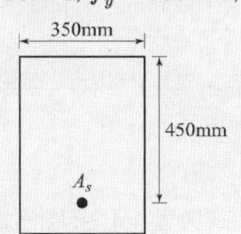

해설 인장철근 변형률
1) 등가직사각형 응력블록깊이(a)
$$a=\frac{A_s f_y}{\eta(0.85f_{ck})b}$$
$$=\frac{1,520\times 350}{1.0\times 0.85\times 28\times 350}=63.866\text{ mm}$$
여기서, $f_{ck}\leq 40$MPa $\Rightarrow \eta=1.0$, $\beta_1=0.8$

2) 중립축까지 거리
$$c=\frac{a}{\beta_1}=\frac{63.866}{0.8}=79.83\text{mm}$$

3) 최 외단 인장철근의 순인장변형률(ϵ_t)
$$\epsilon_t=\epsilon_{cu}\left(\frac{d_t-c}{c}\right)=0.0033\left(\frac{450-79.83}{79.83}\right)=0.0153$$

66 주어진 T형 단면에서 전단에 대해 위험단면에서 $V_u d/M_u=0.28$이었다. 휨철근 인장강도의 40% 이상의 유효 프리스트레스트 힘이 작용할 때 콘크리트의 공칭전단강도(V_c)는 얼마인가? (단, $f_{ck}=45$MPa, V_u : 계수전단력, M_u : 계수휨모멘트, d : 압축측 표면에서 긴장재 도심까지의 거리)

① 185.7kN
② 230.5kN
③ 321.7kN
④ 462.7kN

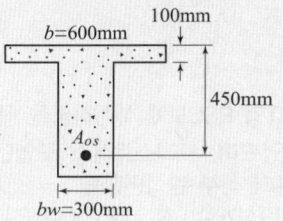

해설 콘크리트의 전단강도(근사식)
$$V_c=\left(0.05\sqrt{f_{ck}}+4.9\frac{V_u d}{M_u}\right)b_w d$$
$$=(0.05\sqrt{45}+4.9\times 0.28)\times 300\times 450$$
$$=230,500.38\text{N}\fallingdotseq 230.5\text{kN}$$

67 그림과 같은 복철근 직사각형보에서 공칭모멘트 강도(M_n)는? (단, $f_{ck}=24$MPa, $f_y=350$MPa, $A_s=5,730$mm², $A_s'=1,980$mm²)

① 947.7kN·m
② 886.5kN·m
③ 805.6kN·m
④ 725.3kN·m

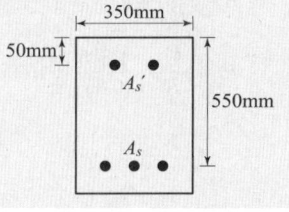

해답 64. ② 65. ④ 66. ② 67. ①

해설 1) 등가직사각형 응력블록깊이(a)

$$a = \frac{(A_s - A_{sf})f_y}{\eta(0.85f_{ck})b_w} = \frac{(5,730-1,980)\times 350}{1.0\times 0.85\times 24\times 350}$$
$$= 183.82\,\text{mm}$$

여기서, $f_{ck} \leq 40\,\text{MPa} \Rightarrow \eta = 1.0$

2) 공칭모멘트강도

$$M_n = \left[(A_s - A_s')f_y\left(d - \frac{a}{2}\right) + A_s'f_y(d-d')\right]$$
$$= \left[(5,730-1,980)\times 350\times\left(550 - \frac{183.82}{2}\right)\right.$$
$$\left. + 1,980\times 350\times (550-50)\right]$$
$$= 947,743,125\,\text{N}\cdot\text{mm} \fallingdotseq 947.7\,\text{kN}\cdot\text{m}$$

★★
68 T형 PSC보에 설계하중을 작용시킨 결과 보의 처짐은 0이었으며, 프리스트레스 도입단계부터 부착된 계측장치로부터 상부 탄성변형률 $\epsilon = 3.5\times 10^{-4}$을 얻었다. 콘크리트 탄성계수 $E_c = 26,000\,\text{MPa}$, T형보의 단면적 $A_g = 150,000\,\text{mm}^2$, 유효율 $R = 0.85$일 때, 강재의 초기 긴장력 P_i를 구하면?

① 1,606kN   ② 1,365kN
③ 1,160kN   ④ 2,269kN

해설 (1) 유효프리스트레스 힘(P_e)
설계하중이 재하 된 후 처짐이 없으므로 프리스트레스 힘만의 응력을 받고 있다.

$$f_c = \frac{P_e}{A_g} = E_c\epsilon_{상연}$$에서

$\therefore P_e = E_c A_g \epsilon = 26,000\times 150,000\times (3.5\times 10^{-4})$
$= 1,365,000\,\text{N} = 1,365\,\text{kN}$

(2) 초기 프리스트레스 힘(P_i)

$R = \dfrac{P_e}{P_i}$에서

$P_i = \dfrac{P_e}{R} = \dfrac{1,365}{0.85} \fallingdotseq 1,606\,\text{kN}$

★
69 부분적 프리스트레싱(Partial Prestressing)에 대한 설명으로 옳은 것은?
① 구조물에 부분적으로 PSC 부재를 사용하는 것
② 부재단면의 일부에만 프리스트레스를 도입하는 것
③ 설계하중의 일부만 프리스트레스에 부담시키고 나머지는 긴장재에 부담시키는 것
④ 설계하중이 작용할 때 PSC 부재 단면의 일부에 인장응력이 생기는 것

해설 부분적 프리스트레싱(Partial prestressing)
1) 부분적 프리스트레싱 : 설계하중이 작용할 때 psc 부재 단면의 일부에 인장응력이 생기는 것
2) 완전 프리스트레싱 : 설계하중이 작용할 때 psc 부재의 어느 부분에서도 인장응력이 생기지 않도록 프리스트레스를 가하는 것

★★★
70 그림과 같이 긴장재를 포물선으로 배치하고 $P = 2,500\,\text{kN}$으로 긴장했을 때 발생하는 등분포상향력을 등가하중의 개념으로 구한 값은?

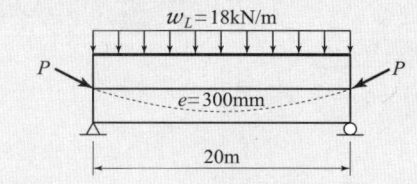

① 10kN/m   ② 15kN/m
③ 20kN/m   ④ 25kN/m

해설 등분포 상향력(등가하중 개념)
1) $e = 300\,\text{mm} = 0.3\,\text{m}$
2) 등분포 상향력

$$u = \frac{8Pe}{l^2} = \frac{8\times 2,500\times 0.3}{20^2} = 15\,\text{kN/m}$$

★★★
71 강도설계법에서 인장철근 D29(공칭직경 $d_b = 28.6\,\text{mm}$)을 정착시키는 데 소요되는 기본정착길이는? (단, $f_{ck} = 24\,\text{MPa}$, $f_y = 300\,\text{MPa}$으로 한다.)

① 682mm   ② 785mm
③ 827mm   ④ 1,051mm

해설 기본 정착길이

$$l_{db} = \frac{0.6d_b f_y}{\sqrt{f_{ck}}} = \frac{0.6\times 28.6\times 300}{\sqrt{24}} = 1,050.83\,\text{mm}$$

해답 68. ①   69. ④   70. ②   71. ④

72 그림과 같은 직사각형 단면의 프리텐션 부재의 편심 배치한 직선 PS강재를 820kN으로 긴장했을 때 탄성변형으로 인한 프리스트레스의 감소량은? (단, $I = 3.125 \times 10^9 mm^4$, $n = 6$이고, 자중에 의한 영향은 무시한다.)

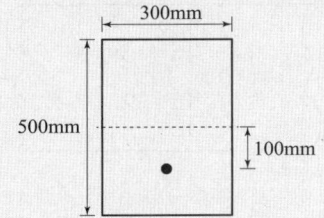

① 44.5MPa　② 46.5MPa
③ 48.5MPa　④ 50.5MPa

해설 콘크리트의 탄성변형으로 인한 프리스트레스 손실

1) $I = \dfrac{bh^3}{12} = \dfrac{300 \times 500^3}{12} = 3.125 \times 10^9 mm^4$

2) $\Delta f_p = n f_c = n\left(\dfrac{P}{A} + \dfrac{P \times e_p}{I} y_p\right)$
$= 6\left(\dfrac{820,000}{300 \times 500} + \dfrac{820,000 \times 100}{3.125 \times 10^9} \times 100\right)$
$= 48.5 MPa$

73 철근콘크리트 구조물에서 연속 휨부재의 모멘트 재분배를 하는 방법에 대한 다음 설명 중 틀린 것은?

① 근사해법에 의하여 휨모멘트를 계산한 경우에는 연속 휨부재의 모멘트 재분배를 할 수 없다.
② 휨모멘트를 감소시킬 단면에서 최외단 인장철근의 순인장변형률 ε_t가 0.0075 이상인 경우에만 가능하다.
③ 경간내의 단면에 대한 휨모멘트의 계산은 수정된 부모멘트를 사용하여야 한다.
④ 재분배량은 산정된 부모멘트의 $20\left[1 - \dfrac{\rho - \rho'}{\rho_b}\right]\%$ 이다.

해설 연속 휨부재의 부모멘트 재분배
1) 근사해법에 의해 휨모멘트를 계산한 경우에는 연속 휨부재의 모멘트를 재분배할 수 없다.
2) 어떠한 가정의 하중을 적용하여 탄성이론에 의하여 산정한 부모멘트는 20% 이내에서 $1,000\varepsilon_t$ % 만큼 증가 또는 감소시킬 수 있다. 여기서, ε_t는 최외단 인장철근의 순인장변형률이다.

74 주어진 T형 단면에서 부착된 프리스트레스트 보강재의 인장응력(f_{ps})은 얼마인가? (단, 긴장재의 단면적은 $A_{ps} = 1,290 mm^2$이고, 프리스트레싱 긴장재의 종류에 따른 계수 $r_p = 0.4$, 긴장재의 설계기준 인장강도 $f_{pu} = 1,900 MPa$, $f_{ck} = 35 MPa$이다.)

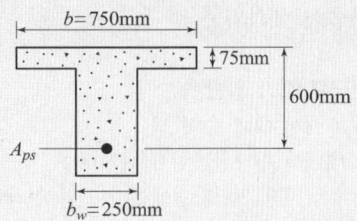

① $f_{sp} = 1,900 MPa$　② $f_{sp} = 1,861 MPa$
③ $f_{sp} = 1,804 MPa$　④ $f_{sp} = 1,752 MPa$

해설 $f_{ps} = f_{pu}\left[1 - \dfrac{\gamma_p}{\beta_1}\left\{\rho_p \dfrac{f_{pu}}{f_{ck}} + \dfrac{d}{d_p}(w - w')\right\}\right]$

여기서, ρ_p : 프리스트레스 보강재비 $\left(\dfrac{A_{ps}}{bd_p}\right)$

w : 인장철근의 강재지수 $\left(\rho \dfrac{f_y}{f_{ck}}\right)$

w' : 압축철근의 강재지수 $\left(\rho' \dfrac{f_y}{f_{ck}}\right)$

∴ $f_{ps} = 1,900\left[1 - \dfrac{0.4}{0.80}\left(\dfrac{1,290}{750 \times 600} \times \dfrac{1,900}{35}\right)\right]$
$\fallingdotseq 1,752 MPa$

여기서, $f_{ck} \leq 40 MPa \Rightarrow \beta_1 = 0.8$

75 나선철근으로 둘러싸인 압축부재의 축방향 주철근의 최소 개수는?

① 3개　② 4개
③ 5개　④ 6개

해설 나선철근 기둥
1) 축 방향 주철근은 6개 이상이어야 한다.
2) 나선철근 기둥에 사용하는 콘크리트의 설계기준강도는 21MPa 이상이어야 한다.

76 휨부재에서 철근의 정착에 대한 안전을 검토하여야 하는 곳으로 거리가 먼 것은?
① 최대응력점
② 경간 내에서 인장철근이 끝나는 곳
③ 경간 내에서 인장철근이 굽혀진 곳
④ 집중하중이 재하되는 점

해설 휨 철근의 정착 일반
1) 휨 부재에서 최대 응력 점
2) 경간 내에서 인장철근이 끝나거나,
3) 철근이 굽혀진 위험단면에서 철근의 정착에 대한 안전을 검토하여야 한다.

77 다음 설명 중 옳지 않은 것은?
① 과소철근 단면에서는 파괴 시 중립축은 위로 조금 올라간다.
② 과다철근 단면인 경우 강도설계에서 철근의 응력은 철근의 변형률에 비례한다.
③ 과소철근 단면인 보는 철근량이 적어 변형이 갑자기 증가하면서 취성파괴를 일으킨다.
④ 과소철근 단면에서는 계수하중에 의해 철근의 인장응력이 먼저 항복강도에 도달된 후 파괴된다.

해설 과소철근보
1) 과소철근보는 중립축이 위로(압축 측으로) 이동
2) 인장철근이 먼저 파괴
3) 인장철근의 연성파괴 발생

78 다음과 같은 띠철근 단주 단면의 공칭축하중 강도 (P_n)는? (단, 종방향 철근(A_{st})=4-D29=2,570mm², f_{ck}=21MPa, f_y=400MPa)
① 3,331.7kN
② 3,070.5kN
③ 2,499.3kN
④ 2,187.2kN

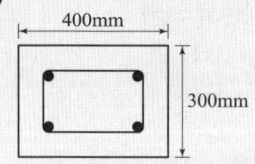

해설 띠철근기둥의 공칭축하중 강도
1) $A_c = A_g - A_{st} = (400 \times 300) - 2,570 = 117,430 \text{mm}^2$
2) $P_n = 0.80[0.85f_{ck}(A_g - A_{st}) + f_y A_{st}]$
   $= 0.80[(0.85 \times 21 \times 117,430) + (400 \times 2,570)]$
   $= 2,499,300.4\text{N} \fallingdotseq 2,499.3\text{kN}$

79 그림과 같은 두께 13mm의 플레이트에 4개의 볼트구멍이 배치되어 있을 때 부재의 순단면적은? (단, 볼트구멍의 지름은 24mm이다.)

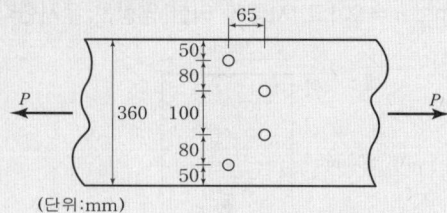

① 4,056mm²
② 3,916mm²
③ 3,775mm²
④ 3,524mm²

해설
1) 순폭(b_n)
$b_n = b_g - 2d = 360 - 2 \times 24 = 312\text{mm}$
$b_n = b_g - 2d - \left(d - \frac{p^2}{4g}\right) = 360 - 2 \times 24 - \left(24 - \frac{65^2}{4 \times 80}\right)$
$= 301.2\text{mm}$
$b_n = b_g - 2d - 2\left(d - \frac{p^2}{4g}\right)$
$= 360 - 2 \times 24 - 2\left(24 - \frac{65^2}{4 \times 80}\right) = 290.4\text{mm}$
∴ 이 중 최솟값 $b_n = 290.4\text{mm}$
2) 순단면적(A_n)
$A_n = b_n t = 290.4 \times 13 = 3,775.2\text{mm}^2$

80 처짐과 균열에 대한 다음 설명 중 틀린 것은?
① 처짐에 영향을 미치는 인자로는 하중, 온도, 습도, 재령, 함수량, 압축철근의 단면적 등이다.
② 크리프, 건조수축 등으로 인하여 시간의 경과와 더불어 진행되는 처짐이 탄성처짐이다.
③ 균열폭을 최소화하기 위해서는 적은 수의 굵은 철근보다는 많은 수의 가는 철근을 인장측에 잘 분포시켜야 한다.
④ 콘크리트 표면의 균열폭은 피복두께의 영향을 받는다.

해설 처짐과 균열
크리프, 건조수축 등으로 인하여 시간의 경과와 더불어 진행되는 처짐은 장기처짐이다.

해답 76.④ 77.③ 78.③ 79.③ 80.②

토질 및 기초

81 흐트러지지 않은 연약한 점토시료를 채취하여 일축압축시험을 실시하였다. 공시체의 지름이 35mm, 높이가 100mm이고 파괴 시의 하중계의 읽음값이 20N, 축방향의 변형량이 12mm일 때 이 시료의 전단강도는?

① $4kN/m^2$
② $6kN/m^2$
③ $9kN/m^2$
④ $12kN/m^2$

해설 일축압축강도 시험

1) 연약한 점토의 전단강도는 점착력을 의미한다.
2) 시료단면적 : $A = \dfrac{\pi \times 3.5^2}{4} = 9.62cm^2$
3) 환산단면적 : $A_1 = \dfrac{A}{1-\varepsilon} = \dfrac{9.62}{1-\left(\dfrac{12}{80}\right)} = 11.32cm^2$
4) 일축압축강도 : $\sigma_1 = \dfrac{P_1}{A_1} = \dfrac{20}{11.32}$
   $= 1.77N/cm^2 = 17.7kN/m^2$
5) 전단강도 : $\tau = C_u = \dfrac{\sigma_1}{2} = \dfrac{17.7}{2} ≒ 9kN/m^2$

82 아래 그림에서 투수계수 $K = 4.8 \times 10^{-3}$ cm/sec일 때 Darcy 유출속도 v와 실제 물의 속도(침투속도) v_s는?

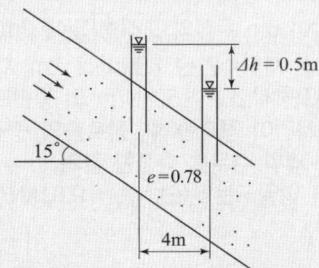

① $v = 3.4 \times 10^{-4}$ cm/sec, $v_s = 5.6 \times 10^{-4}$ cm/sec
② $v = 3.4 \times 10^{-4}$ cm/sec, $v_s = 9.4 \times 10^{-4}$ cm/sec
③ $v = 5.8 \times 10^{-4}$ cm/sec, $v_s = 10.8 \times 10^{-4}$ cm/sec
④ $v = 5.8 \times 10^{-4}$ cm/sec, $v_s = 13.2 \times 10^{-4}$ cm/sec

해설 Darcy 법칙

1) $L = \dfrac{4}{\cos 15°} = 4.14m$
2) $i = \dfrac{\Delta h}{L} = \dfrac{0.5}{4.14} = \dfrac{1}{8.28}$
3) $n = \dfrac{e}{1+e} \times 100 = \dfrac{0.78}{1+0.78} \times 100 = 43.82\%$
4) $v = Ki$
   $= 4.8 \times 10^{-3} \times \dfrac{1}{8.28} ≒ 5.8 \times 10^{-4}$ cm/sec
5) $v_s = \dfrac{v}{\dfrac{n}{100}}$
   $= 13.2 \times 10^{-4}$ cm/sec

83 어떤 흙의 변수위투수시험을 한 결과 시료의 직경과 길이가 각각 5.0cm, 2.0cm이었으며, 유리관의 내경이 4.5mm, 1분 10초 동안에 수두가 40cm에서 20cm로 내렸다. 이 시료의 투수계수는?

① 4.95×10^{-4} cm/s
② 5.45×10^{-4} cm/s
③ 1.60×10^{-4} cm/s
④ 7.39×10^{-4} cm/s

해설 변수위 투수시험에 의한 투수계수

1) $a = \dfrac{\pi d^2}{4} = \dfrac{\pi \times 0.45^2}{4} = 0.159cm^2$
2) $A = \dfrac{\pi D^2}{4} = \dfrac{\pi \times 5^2}{4} = 19.635cm^2$
3) $K = 2.3 \dfrac{aL}{AT} \log \dfrac{h_1}{h_2} = 2.3 \dfrac{0.159 \times 2.0}{19.635 \times 70} \log \dfrac{40}{20}$
   $= 1.6 \times 10^{-4}$ cm/sec

84 암질을 나타내는 항목과 직접 관계가 없는 것은?

① N치
② RQD값
③ 탄성파 속도
④ 균열의 간격

해설 암질 평가 요소

1) 암질 평가 요소 : 암석의 강도, 암질지수(RQD), 절리의 상태, 절리의 간격 등.
2) 탄성파 속도 : 강한 암석일수록, 암질이 좋을수록 탄성파 속도가 빠르다.
3) N치 : 표준관입시험(SPT)에서 구한 N치 값으로 모래지반, 점토지반의 토층의 성질에 대해 추정할 수 있다.

해답 81. ③ 82. ④ 83. ③ 84. ①

★★★
85 어떤 모래의 건조단위중량이 17kN/m³이고, 이 모래의 $\gamma_{d\max}=18$kN/m³, $\gamma_{d\min}=16$kN/m³라면, 상대밀도는?

① 47%   ② 49%
③ 51%   ④ 53%

해설 상대밀도

$$D_r = \frac{\gamma_{d\max}}{\gamma_d}\cdot\frac{(\gamma_d-\gamma_{d\min})}{(\gamma_{d\max}-\gamma_{d\min})}\times100$$

$$=\frac{18}{17}\cdot\frac{(17-16)}{(18-16)}\times100=53\%$$

★
86 굳은 점토지반에 앵커를 그라우팅하여 고정시켰다. 고정부의 길이가 5m, 지름 20cm, 시추공의 지름은 10cm이었다. 점토의 비배수전단강도(c_u)=0.1MPa, $\phi=0°$이라고 할 때 앵커의 극한지지력은? (단, 표면마찰계수는 0.6으로 가정한다.)

① 94.4kN   ② 157.4kN
③ 188.5kN ④ 313.3kN

해설 앵커의 극한지지력

1) 점착력 : $C_u = 0.1$MPa
   $= 0.1 \times 1,000$kPa $= 100$kN/m²
2) 부착력 : $C_a = \alpha \times C_u = 0.6 \times 100 = 60$kN/m²
3) 앵커의 극한지지력
   $q_u = C_a \cdot \pi \cdot d \cdot l = 60 \times \pi \times 0.2 \times 5 = 188.5$kN
   여기서, 지름은 고정부의 지름을 사용한다.
   $d = 20$cm $= 0.2$m

★★
87 다음은 정규압밀점토의 삼축압축 시험결과를 나타낸 것이다. 파괴시의 전단응력 τ와 수직응력 σ를 구하면?

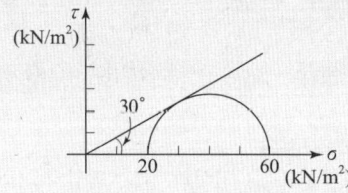

① $\tau=17.3$kN/m², $\sigma=25.0$kN/m²
② $\tau=14.1$kN/m², $\sigma=30.0$kN/m²
③ $\tau=14.1$kN/m², $\sigma=25.0$kN/m²
④ $\tau=17.3$kN/m², $\sigma=30.0$kN/m²

해설 삼축압축시험
1) 최대주응력 : $\sigma_1 = 60$kN/m²,
   최소주응력 : $\sigma_3 = 20$kN/m²
2) 파괴면과 최대주응력면이 이루는 각
   $\theta = 45° + \dfrac{\phi}{2} = 45° + \dfrac{30°}{2} = 60°$
3) 파괴면에 작용하는 전단응력
   $\tau_\theta = \dfrac{\sigma_1-\sigma_3}{2}\sin 2\theta$
   $= \dfrac{60-20}{2}\sin(2\times 60°) = 17.3$kN/m²
4) 파괴면에 작용하는 수직응력
   $\sigma_\theta = \dfrac{\sigma_1+\sigma_3}{2}+\dfrac{\sigma_1+\sigma_3}{2}\cos 2\theta$
   $= \dfrac{60+20}{2}+\dfrac{60-20}{2}\cos(2\times 60°) = 30$kN/m²

★★★
88 $\phi=33°$인 사질토에 25° 경사의 사면을 조성하려고 한다. 이 비탈면의 지표까지 포화되었을 때 안전율을 계산하면? (단, 사면 흙의 $\gamma_{sat}=18$kN/m³, $\gamma_w=9.81$kN/m³이다.)

① 0.63   ② 0.70
③ 1.12   ④ 1.41

해설 사면의 안정
1) $\gamma_{sub} = 18 - 9.81 = 8.19$kN/m³
2) $F_s = \dfrac{\gamma_{sub}}{\gamma_{sat}}\cdot\dfrac{\tan\phi}{\tan\beta} = \dfrac{8.19}{18}\times\dfrac{\tan 33°}{\tan 25°} = 0.63$

★★★
89 그림과 같이 6m 두께의 모래층 밑에 2m 두께의 점토층이 존재한다. 지하수면은 지표아래 2m 지점에 존재한다. 이 때, 지표면에 $\Delta P = 50$kN/m²의 등분포하중이 작용하여 상당한 시간이 경과한 후, 점토층의 중간높이 A점에 피에조미터를 세워 수두를 측정한 결과, $h=4.0$m로 나타났다면 A점의 압밀도는? (단, $\gamma_w = 9.81$kN/m³이다.)

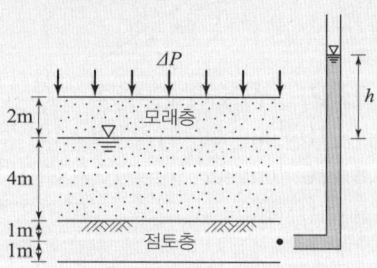

① 22%   ② 32%
③ 52%   ④ 82%

해답 85. ④ 86. ③ 87. ④ 88. ① 89. ①

해설   압밀도

1) 초기 과잉공극수압=상재하중
   $U_i = \Delta P = 50\text{kN/m}^2$
2) 현재의 과잉공극수압
   $U_e = \gamma_w h = 9.81 \times 4 = 39.24\text{kN/m}^2$
3) 압밀도
   $U = \dfrac{U_i - U_e}{U_i} \times 100 = \dfrac{50 - 39.24}{50} \times 100 \fallingdotseq 22\%$

해설   점토광물

1) 활성도
   $A = \dfrac{\text{소성지수}}{2\mu \text{ 이하의 점토함유율}} = \dfrac{60-20}{90} = \dfrac{4}{9}$
2) 활성도가 0.75보다 작으므로, 카올리나이트(Kaolinite)이다.

★★
90 아래 그림과 같은 폭(B) 1.2m, 길이(L) 1.5m인 사각형 얕은 기초에 폭(B) 방향에 대한 편심이 작용하는 경우 지반에 작용하는 최대압축응력은?

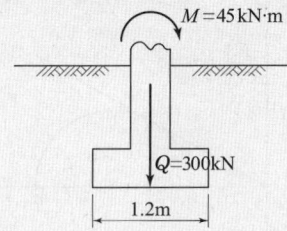

① 292kN/m²   ② 385kN/m²
③ 397kN/m²   ④ 415kN/m²

★★
92 그림과 같은 20m×30m 전면기초인 부분보상기초(partially compensated foundation)의 지지력파괴에 대한 안전율은?

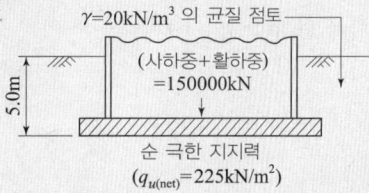

① 3.0   ② 2.5
③ 2.0   ④ 1.5

해설   부분 보상기초

1) 순 압력
   $q_{net} = \dfrac{Q}{A} - \gamma D_f$
   $= \dfrac{150{,}000}{20 \times 30} - (20 \times 5) = 150\text{kN/m}^2$
2) 안전율
   $F_s = \dfrac{\text{순 극한 지지력}}{\text{순압력}} = \dfrac{225}{150} = 1.5$

해설   지반에 작용하는 최대 압축응력

1) 편심거리 : $e = \dfrac{M}{Q} = \dfrac{45}{300} = 0.15\text{m}$
2) 최대압축응력 : $q_{\max} = \dfrac{Q}{B \cdot L}\left(1 + \dfrac{6e}{B}\right)$
   $= \dfrac{300}{1.2 \times 1.5}\left(1 + \dfrac{6 \times 0.15}{1.2}\right)$
   $\fallingdotseq 292\text{kN/m}^2$

★★
93 말뚝재하시험시 연약점토지반인 경우는 pile 타입 후 20여 일이 지난 다음 말뚝재하시험을 한다. 그 이유는?
① 주면마찰력이 너무 크게 작용하기 때문에
② 부마찰력이 생겼기 때문에
③ 타입 시 주변이 교란되었기 때문에
④ 주위가 압축되었기 때문에

★★
91 어느 점토의 체가름시험과 액·소성시험 결과 0.002mm (2μm) 이하의 입경이 전시료 중량의 90%, 액성한계 60%, 소성한계 20%이었다. 이 점토광물의 주성분은 어느 것으로 추정되는가?
① Kaolinite   ② Illite
③ Calcite   ④ Montmorillonite

해설   틱소트로피(Thixotrophy)

1) 연약지반에 말뚝을 타입하면 타입 시 지반이 교란된다.
2) 그러므로 지반 교란에 대한 영향을 줄이기 위해 재하시험은 3주 이상의 기간이 경과한 후에 행하는 것이 좋다.

해답   90. ①   91. ①   92. ④   93. ③

2025년 과년도출제문제

94 사면안정계산에 있어서 Fellenius법과 간편 Bishop법의 비교 설명으로 틀린 것은?
① Fellenius법은 간편 Bishop법보다 계산은 복잡하지만 계산결과는 더 안전측이다.
② 간편 Bishop법은 절편의 양쪽에 작용하는 연직방향의 합력이 0(zero)이라고 가정한다.
③ Fellenius법은 절편의 양쪽에 작용하는 합력이 0(zero)이라고 가정한다.
④ 간편 Bishop법은 안전율을 시행착오법으로 구한다.

해설 사면의 안정해석법
Bishop 법이 Fellenius 방법보다 계산은 훨씬 복잡하나, 계산 결과는 더 안전측이다.

95 흙의 다짐에 있어 래머의 중량이 25N, 낙하고 30cm, 3층으로 각층 다짐횟수가 25회일 때 다짐에너지는? (단, 몰드의 체적은 1,000cm³이다.)
① 56.25N·cm/cm³   ② 59.65N·cm/cm³
③ 104.55N·cm/cm³   ④ 6.65N·cm/cm³

해설 다짐에너지
$$E_c = \frac{W_R \cdot H \cdot N_L \cdot N_b}{V}$$
$$= \frac{25 \times 30 \times 3 \times 25}{1000} = 56.25 \text{N·cm/cm}^3$$

96 기초폭 4m인 연속기초에서 기초면에 작용하는 합력의 연직성분은 100kN이고 편심거리가 0.4m일 때, 기초지반에 작용하는 최대압력은?
① 20kN/m²   ② 40kN/m²
③ 60kN/m²   ④ 80kN/m²

해설 기초지반에 작용하는 최대압력
1) 연속기초는 $L = 1$m 로 계산한다.
2) $q_{max} = \frac{P_v}{B}\left(1 + \frac{6e}{B}\right)$
   $= \frac{100}{4}\left(1 + \frac{6 \times 0.4}{4}\right) = 40$kN/m²

97 정규압밀점토에 대하여 구속응력 100kN/m²로 압밀배수 시험한 결과 파괴 시 축차응력이 200kN/m²이었다. 이 흙의 내부마찰각은?
① 20°   ② 25°
③ 30°   ④ 45°

해설 삼축압축시험
1) 최소주응력 : $\sigma_3 = $ 구속응력 $= 100$kN/m²
2) 최대주응력 = 최소주응력+축차응력
   $\sigma_1 = \sigma_3 + (\sigma_1 - \sigma_3) = 100 + 200 = 300$kN/m²
3) $\sin\phi = \dfrac{\text{원의 반경}\left(\dfrac{\sigma_1 - \sigma_3}{2}\right)}{\text{원의 중점}\left(\dfrac{\sigma_1 + \sigma_3}{2}\right)} = \dfrac{\dfrac{300 - 100}{2}}{\dfrac{300 + 100}{2}} = 0.5$

∴ $\phi = 30°$

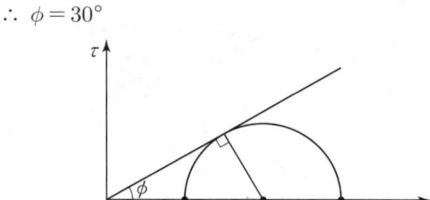

98 평판재하시험 결과로부터 지반의 허용지지력값은 어떻게 결정하는가?
① 항복강도의 $\dfrac{1}{2}$, 극한강도의 $\dfrac{1}{3}$ 중 작은 값
② 항복강도의 $\dfrac{1}{2}$, 극한강도의 $\dfrac{1}{3}$ 중 큰 값
③ 항복강도의 $\dfrac{1}{3}$, 극한강도의 $\dfrac{1}{2}$ 중 작은 값
④ 항복강도의 $\dfrac{1}{3}$, 극한강도의 $\dfrac{1}{2}$ 중 큰 값

해설 평판재하시험의 허용지지력 결정
허용지지력은 지반의 항복강도 $\times \dfrac{1}{2}$ 또는 극한강도 $\times \dfrac{1}{3}$ 중 작은 값을 허용지지력으로 결정한다.

해답 94. ① 95. ① 96. ② 97. ③ 98. ①

99. 사질토지반에 축조되는 강성기초의 접지압 분포에 대한 설명 중 맞는 것은?
① 기초 모서리 부분에서 최대응력이 발생한다.
② 기초에 작용하는 접지압 분포는 토질에 관계없이 일정하다.
③ 기초의 중앙 부분에서 최대응력이 발생한다.
④ 기초 밑면의 응력은 어느 부분이나 동일하다.

해설 강성기초의 접지압 분포
1) 사질토 지반인 경우
   - 최대접지압 : 기초의 중앙부
   - 최소접지압 : 기초의 모서리부
2) 점토 지반인 경우
   - 최대접지압 : 기초의 모서리부
   - 최소접지압 : 기초의 중앙부

100. 압밀시험결과 시간 – 침하량 곡선에서 구할 수 없는 값은?
① 초기압축비   ② 압밀계수
③ 1차 압밀비   ④ 선행압밀압력

해설 압밀시험
1) 시간-침하 곡선 : 압밀계수, 체적변화계수, 1차 압밀비, 초기 압축비, 투수계수 등.
2) 하중-공극비 곡선 : 선행압밀압력, 압축지수, 압축계수 등

상하수도공학

101. 상수도의 도수, 취수, 송수, 정수시설의 용량산정에 기준이 되는 수량은?
① 계획 1일 평균급수량
② 계획 1일 최대급수량
③ 계획 1인 1일 평균급수량
④ 계획 1인 1일 최대급수량

해설 상수도 시설의 규모 결정 시 설계 정수량
1) 계획 1일 최대 급수량 : 취수, 도수, 정수, 송수시설
2) 계획 시간 최대 급수량 : 배수본관 구경

102. 상수 취수시설인 집수매거에 관한 설명으로 틀린 것은?
① 철근콘크리트조의 유공관 또는 권선형 스크린관을 표준으로 한다.
② 집수매거의 경사는 수평 또는 흐름방향으로 향하여 완경사로 설치한다.
③ 집수매거의 유출단에서 매거내의 평균유속은 3m/s 이상으로 한다.
④ 집수매거는 가능한 직접 지표수의 영향을 받지 않도록 매설깊이는 5m 이상으로 하는 것이 바람직하다.

해설 집수매거
집수매거 내의 유속 : 유출 단에서 매거 내의 유속은 1m/sec 이하가 되도록 한다.

103. 계획하수량을 수용하기 위한 관거의 단면과 경사를 결정함에 있어 고려할 사항으로 틀린 것은?
① 관거의 경사는 일반적으로 지표경사에 따라 결정하며, 경제성 등을 고려하여 적당한 경사를 정한다.
② 오수관거의 최소 관지름은 200mm를 표준으로 한다.
③ 관거의 단면은 수리학적으로 유리하도록 결정한다.
④ 경사는 하류로 갈수록 점차 급해지도록 한다.

해설 하수관거 경사
1) 하수관거의 유속 : 하류로 갈수록 증가
2) 하수관거의 경사 : 하류로 갈수록 완만

104. MLSS 농도 3000mg/L의 혼합액을 1L 매스실린더에 취해 30분간 정치했을 때 침강슬러지가 차지하는 용적이 440mL이었다면 이 슬러지의 슬러지밀도지수(SDI)는?
① 0.68   ② 0.97
③ 78.5   ④ 89.8

해설 슬러지 밀도 지수
1) 슬러지 용적지수
$$SVI = \frac{SV}{MLSS} \times 1,000 = \frac{440}{3,000} \times 1,000 ≒ 147$$
2) 슬러지 밀도지수
$SVI \cdot SDI = 100$
$$\therefore SDI = \frac{100}{SVI} = 0.68$$

해답 99. ③   100. ④   101. ②   102. ③   103. ④   104. ①

105 수분 97%의 슬러지 15m³를 수분 70%로 농축하면 그 부피는? (단, 비중은 모두 1.0으로 가정)
① 0.5m³   ② 1.5m³
③ 2.5m³   ④ 3.5m³

해설 함수율과 슬러지부피

$$\frac{V_2}{V_1}=\frac{(100-w_1)}{(100-w_2)} \Rightarrow \frac{V_2}{15}=\frac{(100-97)}{(100-70)}$$

$$\therefore V_2 = 1.5\text{m}^3$$

106 어떤 상수원수의 Jar-test 실험결과 원수시료 200mL에 대해 0.1% PAC 용액 12mL를 첨가하는 것이 가장 응집효율이 좋았다. 이 경우 상수원수에 대해 PAC 용액 사용량은 몇 mg/L인가?
① 40mg/L   ② 50mg/L
③ 60mg/L   ④ 70mg/L

해설 PAC 용액 주입 농도
PAC 용액 최적 농도
$$=\frac{12\text{mL}}{200\text{mL}}=\frac{12\text{mL}}{200\text{mL}}\times\frac{5}{5}=\frac{60\text{mL}}{1,000\text{mL}}$$

$$\therefore \text{PAC 용액 사용량}=\frac{60\text{mL}}{\text{L}}$$

107 5일의 BOD값이 100mg/L인 오수의 최종 BOD_u 값은? (단, 탈산소계수(자연대수)=0.25day⁻¹)
① 약 140mg/L   ② 약 349mg/L
③ 약 240mg/L   ④ 약 340mg/L

해설 최종 BOD 농도(L_a)
1) $t=5$day,
   $e=$자연대수 밑($\fallingdotseq 2.718$), $k_1=0.25\text{day}^{-1}$
2) $Y=L_a(1-e^{-k_1 t})$
   $100=L_a(1-e^{-0.25\times 5})$
   $\therefore L_a \fallingdotseq 140\text{mg/L}$

108 1일 22,000m³을 정수처리를 하는 정수장에서 고형 황산알루미늄을 평균 25mg/L씩 주입할 때 필요한 응집제의 양은?
① 250kg/day   ② 320kg/day
③ 480kg/day   ④ 550kg/day

해설 응집제 주입량
1) 황산알루미늄 주입 농도
$$=\frac{25\text{mg}}{\text{L}}=\frac{25\text{mg}}{\text{L}}\times\frac{1000}{1000}=\frac{25\text{g}}{\text{m}^3}$$
2) 황산알루미늄 주입량
= 황산알루미늄 주입농도 × 1일 처리수량
$$=\frac{25\text{g}}{\text{m}^3}\times\frac{22,000\text{m}^3}{\text{day}}=\frac{550,000\text{g}}{\text{day}}$$

$$\therefore \text{황산알루미늄 주입량}=\frac{550\text{kg}}{\text{day}}$$

109 정수과정의 전염소처리 목적과 거리가 먼 것은?
① 철과 망간의 제거
② 맛과 냄새의 제거
③ 트리할로메탄의 제거
④ 암모니아성 질소와 유기물의 처리

해설 전염소처리 목적
1) 염소를 침전지 이전에 주입하는 것으로 소독 작용이 아닌 산화 분해작용이 주목적이다.
2) 트리할로메탄(THM)은 염소소독으로 인해 발생되는 소독부산물로서 발암성물질이다.

110 상수도의 펌프설비에서 캐비테이션(공동현상)의 대책에 대한 설명으로 옳은 것은?
① 펌프의 설치위치를 높게 한다.
② 펌프의 회전속도를 낮게 선정한다.
③ 펌프를 운전할 때 흡입측 밸브를 완전히 개방하지 않도록 한다.
④ 동일한 토출량과 회전속도이면 한쪽흡입펌프가 양쪽흡입펌프보다 유리하다.

해답 105. ② 106. ③ 107. ① 108. ④ 109. ③ 110. ②

해설 펌프의 공동현상에 대한 대책
1) 펌프의 설치 위치를 낮게 하고, 흡입관의 직경을 크게 한다.
2) 펌프의 회전속도를 낮게 선정한다.
3) 펌프 운전시 흡입측 밸브를 완전히 개방한다.
4) 동일한 토출량과 회전속도이면 양쪽흡입펌프가 한쪽 흡입펌프보다 유리하다.

★★
111 인구 200,000명인 도시에서 1인당 하루 300L를 급수할 경우, 급속여과지의 표면적은? (단, 여과속도는 150m/day이다.)
① 150m²
② 300m²
③ 400m²
④ 600m²

해설 급속여과지
1) 1인 1일 급수량 = $\dfrac{300L}{day} = \dfrac{0.3m^3}{day}$
2) 1일 급수량 = 1인1일 급수량×인구수
   $= 0.3 \times 20,000 = \dfrac{6,000m^3}{day}$
3) 급속여과지 표면적
   $Q = A \cdot V \Rightarrow A = \dfrac{Q}{V}$
   $\therefore A = \dfrac{6,000}{150} = 400m^2$

★★
112 장기폭기법에 관한 설명으로 옳은 것은?
① F/M비가 크다.
② 슬러지 발생량이 적다.
③ 부지가 적게 소요된다.
④ 대규모 처리장에 많이 이용된다.

해설 장기폭기법
1) 폭기조내 활성슬러지를 장시간 폭기하여 내생호흡단계에서 유기물질이 제거되도록 설계한 활성슬러지 변형 공법이다.
2) F/M비를 아주 작게하여 잉여슬러지량을 크게 감소시키기 위한 방법이다.
3) 소규모 하수처리장에 적합한 방식이다.

★
113 물의 흐름을 원활히 하고 관로의 수압을 조절할 목적으로 수로의 분기, 합류 및 관수로로 변하는 곳에 설치하는 것은?
① 맨홀
② 우수토실
③ 접합정
④ 여수토구

해설 용어
1) 우수토실 : 합류식 하수도에서 강우 시에 하수관거의 도중에서 우수를 배제하거나 분류시키는 시설
2) 맨홀 : 하수관거의 청소, 환기, 점검 및 조사 등을 위한 시설
3) 여수토구 : 정수장 등의 사고에 의해 급히 물의 흐름을 차단해야 할 필요가 있을 때 수로 도중에 물을 배수하기 위해 설치

★
114 상수도에서 배수지의 용량으로 기준이 되는 것은?
① 계획시간 최대급수량의 12시간분 이상
② 계획시간 최대급수량의 24시간분 이상
③ 계획 1일 최대급수량의 12시간분 이상
④ 계획 1일 최대급수량의 24시간분 이상

해설 배수지
1) 배수지 : 정수를 저장하였다가 배수량의 시간적 변화를 조절하는 저류시설
2) 배수지 유효용량 : 계획 1일 최대급수량의 12시간분 이상을 표준으로 함

★★★
115 하수도계획의 원칙적인 목표년도로 옳은 것은?
① 10년
② 20년
③ 50년
④ 100년

해설 하수도 계획의 목표 년도
1) 하수도시설의 내용년수, 장기간의 건설기간, 관거 하수량의 증가에 따라 단계적으로 단면을 증가시키기가 곤란하므로,
2) 장기적인 관거계획을 수립할 필요가 있는 하수도 계획의 목표연도는 20년을 원칙으로 한다.

해답 111. ③ 112. ② 113. ③ 114. ③ 115. ②

116. 용존산소 부족곡선(DO Sag Curve)에서 산소의 복귀율(회복속도)이 최대로 되었다가 감소하기 시작하는 점은?
① 임계점　② 변곡점
③ 오염 직후 점　④ 포화 직전 점

해설 용존산소부족곡선
용존산소의 복귀율이 최대로 되었다가 감소하기 시작하는 점을 변곡점이라 한다.

117. 하수관거의 접합 중에서 굴착깊이를 얕게 함으로 공사비용을 줄일 수 있으며, 수위상승을 방지하고 양정고를 줄일 수 있어 펌프로 배수하는 지역에 적합한 방법은?
① 관정접합　② 관저접합
③ 수면접합　④ 관중심접합

해설 관저접합 특징
1) 평탄한 지역에서 토공량을 줄여 공사비를 줄일 수 있다.
2) 수위상승방지, 양정고를 줄일 수 있어 펌프배수지역에 적합한 방식이다.
3) 하수관거의 접합 중에서 수리학적으로 가장 좋지 않은 방법이다.

118. 펌프의 토출량이 0.94m³/min이고, 흡입구의 유속이 2m/s라 가정할 때 펌프의 흡입구경은?
① 100mm　② 200mm
③ 250mm　④ 300mm

해설 펌프의 흡입구경 결정
1) $Q = \dfrac{0.94\text{m}^3}{\text{min}} \times \dfrac{1\text{min}}{60\text{sec}} = 0.0157\text{m}^3/\text{sec}$
2) $Q = A \cdot V = \dfrac{\pi d^2}{4} \times V$
$d = \sqrt{\dfrac{4Q}{\pi v}} = \sqrt{\dfrac{4 \times 0.0157}{\pi \times 2}} \fallingdotseq 0.1\text{m} = 100\text{mm}$
또는, $d = 146\sqrt{\dfrac{Q}{v}} = 146\sqrt{\dfrac{0.94}{2}} = 100\text{mm}$

119. 다음 중 일반적으로 적용되는 펌프의 특성곡선에 포함되지 않는 것은?
① 토출량 – 양정 곡선
② 토출량 – 효율 곡선
③ 토출량 – 축동력 곡선
④ 토출량 – 회전도 곡선

해설 펌프의 특성곡선
펌프의 특성곡선은 토출량과 양정고, 효율, 축동력 곡선을 말한다.

120. 지표수를 수원으로 하는 경우의 상수시설 배치순서로 가장 적합한 것은?
① 취수탑 – 침사지 – 응집침전지 – 여과지 – 배수지
② 집수매거 – 응집침전지 – 침사지 – 여과지 – 배수지
③ 취수문 – 여과지 – 보통침전지 – 배수탑 – 배수관망
④ 취수구 – 약품침전지 – 혼화지 – 여과지 – 배수지

해설 상수시설 계통도
1) 상수의 정수 과정 : 침전 → 여과 → 살균(소독)
2) 급속여과 방식 : 취수탑 → 침사지 → 혼화지 → 응집지 → 약품침전지 → 급속여과 → 소독 → 배수지

해답 116. ②　117. ②　118. ①　119. ④　120. ①

10개년 핵심 단기완성
토목기사 과년도문제해설

定價 46,000원

저 자	김창원 · 남수영
	심기오 · 안진수
	염창열 · 정경동
발행인	이 종 권

2004年 5月   3日 초 판 발 행
2023年 1月 18日 20차개정1쇄발행
2024年 1月 17日 21차개정1쇄발행
2025年 1月 24日 22차개정1쇄발행
2026年 1月 14日 23차개정1쇄발행

發行處 **(주) 한솔아카데미**

(우)06775 서울시 서초구 마방로10길 25 트윈타워 A동 2002호
TEL : (02)575-6144/5   FAX : (02)529-1130
〈1998. 2. 19 登錄 第16-1608號〉

※ 본 교재의 내용 중에서 오타, 오류 등은 발견되는 대로 한솔아카데미 인터넷 홈페이지를 통해 공지하여 드리며 보다 완벽한 교재를 위해 끊임없이 최선의 노력을 다하겠습니다.
※ 파본은 구입하신 서점에서 교환해 드립니다.

www.inup.co.kr / www.bestbook.co.kr

ISBN 979-11-6654-798-0 13530

한솔아카데미 발행도서

건축기사시리즈
①건축계획
이종석, 이병억 공저
432쪽 | 27,000원

건축기사시리즈
②건축시공
김형중, 한규대, 이명철 공저
570쪽 | 27,000원

건축기사시리즈
③건축구조
안광호, 홍태화, 고길용 공저
796쪽 | 27,000원

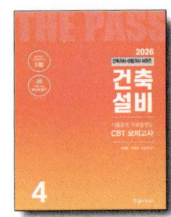
건축기사시리즈
④건축설비
오병칠, 권영철, 오호영 공저
564쪽 | 27,000원

건축기사시리즈
⑤건축법규
현정기, 조영호, 한웅규, 김주석 공저
622쪽 | 27,000원

건축기사 필기
(The Bible)
안광호, 백종엽, 이병억 공저
1,192쪽 | 45,000원

건축기사 4주완성
남재호, 송우용 공저
1,412쪽 | 47,000원

건축산업기사 4주완성
남재호, 송우용 공저
1,136쪽 | 44,000원

7개년 기출문제
건축산업기사 필기
한솔아카데미 수험연구회
868쪽 | 38,000원

건축설비기사 4주완성
남재호 저
1,088쪽 | 46,000원

건축설비산업기사 4주완성
남재호 저
872쪽 | 40,000원

10개년 핵심 건축설비기사 과년도
남재호 저
1,148쪽 | 40,000원

건축기사 실기
한규대, 김형중, 안광호, 이병억 공저
1,708쪽 | 53,000원

건축기사 실기
(The Bible)
안광호, 백종엽, 이병억 공저
1,000쪽 | 41,000원

건축기사 실기 14개년 과년도
안광호, 백종엽, 이병억 공저
688쪽 | 34,000원

건축산업기사 실기
한규대, 김형중, 안광호, 이병억 공저
696쪽 | 33,000원

건축산업기사 실기
(The Bible)
안광호, 백종엽, 이병억 공저
300쪽 | 30,000원

실내건축기사 4주완성
남재호 저
1,320쪽 | 39,000원

실내건축산업기사 4주완성
남재호 저
1,096쪽 | 32,000원

시공실무
실내건축(산업)기사 실기
안동훈, 이병억 공저
422쪽 | 30,000원

Hansol Academy

**건축사 과년도출제문제
1교시 대지계획**
한솔아카데미 건축사수험연구회
346쪽 | 33,000원

**건축사 과년도출제문제
2교시 건축설계1**
한솔아카데미 건축사수험연구회
192쪽 | 33,000원

**건축사 과년도출제문제
3교시 건축설계2**
한솔아카데미 건축사수험연구회
436쪽 | 33,000원

**건축물에너지평가사
①건물 에너지 관계법규**
건축물에너지평가사 수험연구회
852쪽 | 32,000원

**건축물에너지평가사
②건축환경계획**
건축물에너지평가사 수험연구회
516쪽 | 30,000원

**건축물에너지평가사
③건축설비시스템**
건축물에너지평가사 수험연구회
708쪽 | 32,000원

**건축물에너지평가사
④건물 에너지효율설계·평가**
건축물에너지평가사 수험연구회
648쪽 | 32,000원

**건축물에너지평가사
2차실기(상)**
건축물에너지평가사 수험연구회
940쪽 | 45,000원

**건축물에너지평가사
2차실기(하)**
건축물에너지평가사 수험연구회
905쪽 | 50,000원

**토목기사시리즈
①응용역학**
안광호, 김창원, 염창열, 정용욱 공저
540쪽 | 28,000원

**토목기사시리즈
②측량학**
남수영, 정경동, 고길용 공저
392쪽 | 28,000원

**토목기사시리즈
③수리학 및 수문학**
심기오, 노재식, 한웅규 공저
396쪽 | 28,000원

**토목기사시리즈
④철근콘크리트 및 강구조**
정경동, 정용욱, 고길용, 김지우 공저
464쪽 | 28,000원

**토목기사시리즈
⑤토질 및 기초**
안진수, 박광진, 김창원, 홍성협 공저
588쪽 | 28,000원

**토목기사시리즈
⑥상하수도공학**
노재식, 이상도, 한웅규, 정용욱 공저
544쪽 | 28,000원

**10개년 핵심 토목기사
과년도문제해설**
김창원 외 5인 공저
1,076쪽 | 46,000원

**토목기사 4주완성
핵심 및 과년도문제해설**
이상도, 고길용, 안광호, 한웅규, 홍성협, 김지우 공저
1,054쪽 | 45,000원

**토목산업기사 4주완성
과년도문제해설**
이상도, 정경동, 고길용, 안광호, 한웅규, 홍성협 공저
752쪽 | 42,000원

토목기사 실기
김태선, 박광진, 홍성협, 김창원, 김상욱, 이상도, 한웅규 공저
1,540쪽 | 52,000원

**토목기사 실기
과년도문제해설**
김태선, 이상도, 한웅규, 홍성협, 김상욱, 김지우 공저
892쪽 | 38,000원

www.bestbook.co.kr

콘크리트기사 · 산업기사
4주완성(필기)
정용욱, 고길용, 전지현, 김지우 공저
856쪽 | 39,000원

콘크리트기사
과년도(필기)
정용욱, 고길용, 김지우 공저
684쪽 | 30,000원

콘크리트기사 · 산업기사
3주완성(실기)
정용욱, 한웅규, 홍성협, 전지현 공저
784쪽 | 33,000원

건설재료시험기사
4주완성(필기)
박광진, 이상도, 김지우, 전지현 공저
742쪽 | 39,000원

건설재료시험기사
과년도(필기)
고길용, 정용욱, 홍성협, 전지현 공저
692쪽 | 32,000원

건설재료시험기사
3주완성(실기)
고길용, 홍성협, 전지현, 김지우 공저
728쪽 | 33,000원

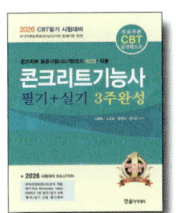
콘크리트기능사
3주완성(필기+실기)
고길용, 염창열, 전지현 공저
538쪽 | 27,000원

지적기능사(필기+실기)
3주완성
염창열, 정병노 공저
640쪽 | 30,000원

측량기능사 3주완성
염창열, 정병노, 고길용 공저
580쪽 | 29,000원

전산응용토목제도기능사
필기 3주완성
염창열, 김지우, 최진호 공저
644쪽 | 29,000원

건설안전기사 4주완성
필기
지준석, 조태연 공저
1,388쪽 | 38,000원

산업안전기사 4주완성
필기
지준석, 조태연 공저
1,560쪽 | 38,000원

공조냉동기계기사 필기
조성안, 이승원, 강희중 공저
1,358쪽 | 41,000원

공조냉동기계산업기사
필기
조성안, 이승원, 강희중 공저
1,236쪽 | 36,000원

공조냉동기계기사 실기
조성안, 강희중 공저
1,040쪽 | 38,000원

조경기사 · 산업기사
필기
이윤진 저
1,464쪽 | 49,000원

조경기사 · 산업기사
실기
이윤진 저
784쪽 | 45,000원

조경기능사 필기
이윤진 저
682쪽 | 29,000원

조경기능사 실기
이윤진 저
360쪽 | 29,000원

조경기능사 필기
한상엽 저
712쪽 | 28,000원

Hansol Academy

조경기능사 실기
한상엽 저
823쪽 | 30,000원

산림기사·산업기사 1권
이윤진 저
888쪽 | 27,000원

산림기사·산업기사 2권
이윤진 저
974쪽 | 27,000원

전기기사시리즈(전6권)
대산전기수험연구회
2,240쪽 | 131,000원

전기기사 5주완성
전기기사수험연구회
2,140쪽 | 43,000원

전기산업기사 5주완성
전기산업기사수험연구회
1,964쪽 | 43,000원

전기공사기사 5주완성
전기공사기사수험연구회
2,096쪽 | 43,000원

전기공사산업기사 5주완성
전기공사산업기사수험연구회
1,606쪽 | 43,000원

전기(산업)기사 실기
대산전기수험연구회
766쪽 | 43,000원

전기기사 실기 20개년 과년도문제해설
대산전기수험연구회
992쪽 | 38,000원

전기기사시리즈(전6권)
김대호 저
3,230쪽 | 136,000원

전기기사 실기 기본서
김대호 저
964쪽 | 39,000원

전기기사 실기 기출문제
김대호 저
1,340쪽 | 43,000원

전기산업기사 실기 기본서
김대호 저
920쪽 | 39,000원

전기산업기사 실기 기출문제
김대호 저
1,076쪽 | 41,000원

전기기사/전기산업기사 실기 마인드 맵
김대호 저
232쪽 | 15,000원

CBT 전기기사 단기완성
이승원, 김승철, 윤종식 공저
1,244쪽 | 42,000원

전기기능사 3단계 핵심 및 과년도
김승철, 신면순, 오용환, 이승원 공저
876쪽 | 28,000원

전기기능사 3주완성
이승원, 김승철, 윤종식 공저
532쪽 | 27,000원

소방설비기사 기계분야 필기
김흥준, 윤중오 공저
1,212쪽 | 40,000원

 www.bestbook.co.kr

소방설비기사 전기분야 필기
김흥준, 신면순 공저
1,148쪽 | 40,000원

공무원 건축계획
이병억 저
800쪽 | 37,000원

7·9급 토목직 응용역학
정경동 저
1,192쪽 | 42,000원

응용역학개론 기출문제
정경동 저
686쪽 | 40,000원

측량학(9급 기술직/서울시·지방직)
정병노, 염창열, 정경동 공저
756쪽 | 29,000원

응용역학(9급 기술직/서울시·지방직)
이국형 저
628쪽 | 23,000원

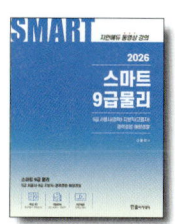
스마트 9급 물리 (서울시·지방직)
신용찬 저
422쪽 | 23,000원

7급 공무원 스마트 물리학개론
신용찬 저
996쪽 | 45,000원

1종 운전면허
도로교통공단 저
110쪽 | 13,000원

2종 운전면허
도로교통공단 저
110쪽 | 13,000원

지게차 운전기능사
건설기계수험연구회 편
216쪽 | 15,000원

굴삭기 운전기능사
건설기계수험연구회 편
224쪽 | 15,000원

지게차 운전기능사 3주완성
건설기계수험연구회 편
338쪽 | 12,000원

굴삭기 운전기능사 3주완성
건설기계수험연구회 편
356쪽 | 12,000원

초경량 비행장치 무인멀티콥터
권희춘, 김병구 공저
258쪽 | 22,000원

시각디자인 산업기사 4주완성
김영애, 서정술, 이원범 공저
1,102쪽 | 36,000원

시각디자인 기사·산업기사 실기
김영애, 이원범 공저
508쪽 | 35,000원

토목 BIM 설계활용서
김영휘, 박형순, 송윤상, 신현준, 안서현, 박진훈, 노기태 공저
388쪽 | 30,000원

BIM 전문가 토목 2급자격(필기+실기)
BIM전문가 토목연구회 공저
324쪽 | 32,000원

BIM 구조편
(주)알피종합건축사사무소 (주)동양구조안전기술 공저
536쪽 | 32,000원

Hansol Academy

BIM 기본편
(주)알피종합건축사사무소
402쪽 | 32,000원

BIM 기본편 2탄
(주)알피종합건축사사무소
380쪽 | 28,000원

BIM 건축계획설계 Revit 실무지침서
BIMFACTORY
607쪽 | 35,000원

전통가옥에서 BIM을 보며
김요한, 함남혁, 유기찬 공저
548쪽 | 32,000원

BIM 주택설계편
(주)알피종합건축사사무소
박기백, 서창석, 함남혁, 유기찬 공저
514쪽 | 32,000원

BIM 활용편 2탄
(주)알피종합건축사사무소
380쪽 | 30,000원

BIM 건축전기설비설계
모델링스토어, 함남혁
572쪽 | 32,000원

BIM 토목편
송현혜, 김동욱, 임성순, 유자영, 심창수 공저
278쪽 | 25,000원

디지털모델링 방법론
이나래, 박기백, 함남혁, 유기찬 공저
380쪽 | 28,000원

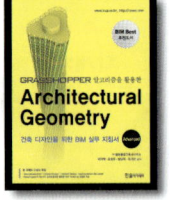
건축디자인을 위한 BIM 실무 지침서
(주)알피종합건축사사무소
박기백, 오정우, 함남혁, 유기찬 공저
516쪽 | 30,000원

BIM 전문가 건축 2급자격(필기+실기)
모델링스토어
760쪽 | 36,000원

BIM 전문가 토목 2급 실무활용서
채재현, 김영휘, 박준오, 소광영, 김소희, 이기수, 조수연
614쪽 | 35,000원

BE Architect
유기찬, 김재준, 차선민, 신수진, 홍유찬 공저
282쪽 | 20,000원

BE Architect 라이노&그래스호퍼
유기찬, 김재준, 조준상, 오주연 공저
288쪽 | 22,000원

BE Architect AUTO CAD
유기찬, 김재준 공저
400쪽 | 25,000원

건축관계법규(전3권)
최한석, 김수영 공저
3,544쪽 | 110,000원

건축법령집
최한석, 김수영 공저
1,490쪽 | 60,000원

건축법해설
김수영, 이종석, 김동화, 김용환, 조영호, 오호영 공저
918쪽 | 32,000원

건축설비관계법규
김수영, 이종석, 박호준, 조영호, 오호영 공저
790쪽 | 34,000원

건축계획
이순희, 오호영 공저
422쪽 | 23,000원

www.bestbook.co.kr

건축시공학
이찬식, 김선국, 김예상, 고성석,
손보식, 유정호, 김태완 공저
776쪽 | 30,000원

**현장실무를 위한
토목시공학**
남기천,김상환,유광호,강보순,
김종민,최준성 공저
1,212쪽 | 45,000원

알기쉬운 토목시공
남기천, 유광호, 류명찬, 윤영철,
최준성, 고준영, 김연덕 공저
818쪽 | 28,000원

Auto CAD 오토캐드
김수영, 정기범 공저
364쪽 | 25,000원

친환경 업무매뉴얼
정보현, 장동원 공저
352쪽 | 30,000원

**건축시공기술사
기출문제**
배용환, 서갑성 공저
1,146쪽 | 69,000원

**합격의 정석
건축시공기술사**
조민수 저
904쪽 | 67,000원

**건축시공기술사
용어해설**
조민수 저
1,438쪽 | 70,000원

**건축전기설비기술사
(상,하)**
서학범 저
1,584쪽 | 70,000원(각 권)

**디테일 기본서 PE
건축시공기술사**
백종엽 저
730쪽 | 62,000원

**디테일 마법지 PE
건축시공기술사**
백종엽 저
504쪽 | 50,000원

**용어설명1000 PE
건축시공기술사(상,하)**
백종엽 저
2,148쪽 | 70,000원(각권)

역학의 정석
김성민, 김성범 공저
788쪽 | 52,000원

**합격의 정석
토목시공기술사**
김무섭, 조민수 공저
874쪽 | 60,000원

건설안전기술사
이태엽 저
776쪽 | 60,000원

소방기술사 上
윤정득, 박건용 공저
656쪽 | 55,000원

소방기술사 下
윤정득, 박건용 공저
730쪽 | 55,000원

**소방시설관리사 1차
(상,하)**
김흥준 저
1,630쪽 | 63,000원

건축에너지관계법해설
조영호 저
614쪽 | 27,000원

ENERGYPULS
이광호 저
236쪽 | 25,000원

Hansol Academy

수학의 마술(2권)
아서 벤저민 저, 이경희, 윤미선, 김은현, 성지현 옮김
206쪽 | 24,000원

스트레스, 과학으로 풀다
그리고리 L. 프리키온, 애너이브 코비치, 앨버트 S.융 저
176쪽 | 20,000원

행복충전 50Lists
에드워드 호프만 저
272쪽 | 16,000원

지치지 않는 뇌 휴식법
이시카와 요시키 저
188쪽 | 12,800원

지능형홈관리사
김일진, 이의신, 송한춘, 황준호, 장우성 공저
500쪽 | 35,000원

스마트 건설, 스마트 시티, 스마트 홈
김선근 저
436쪽 | 19,500원

e-Test 엑셀 ver.2016
임창인, 조은경, 성대근, 강현권 공저
268쪽 | 17,000원

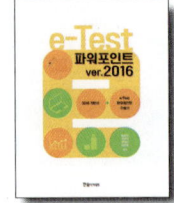

e-Test 파워포인트 ver.2016
임창인, 권영희, 성대근, 강현권 공저
206쪽 | 15,000원

e-Test 한글 ver.2016
임창인, 이권일, 성대근, 강현권 공저
198쪽 | 13,000원

e-Test 엑셀 2010(영문판)
Daegeun-Seong
188쪽 | 25,000원

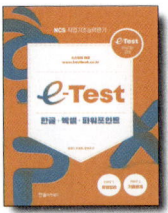

e-Test 한글+엑셀+파워포인트
성대근, 유재휘, 강현권 공저
412쪽 | 28,000원

재미있고 쉽게 배우는 포토샵 CC2020
이영주 저
320쪽 | 23,000원

토목기사 실기

김태선, 박광진, 홍성협, 김창원, 김상욱, 이상도, 한웅규
1,540쪽 | 52,000원

토목기사실기 12개년 과년도

김태선, 이상도, 한웅규, 홍성협, 김상욱, 김지우
892쪽 | 38,000원

※ 구입처는 **전국대형서점**에서 구매하실 수 있습니다.